# MICROBIOLOGIA

## FUNDAMENTOS E PERSPECTIVAS

# MICROBIOLOGIA

## FUNDAMENTOS E PERSPECTIVAS


**JACQUELYN G. BLACK**

*Marymount University, Arlington, Virginia*

**LAURA J. BLACK**

JACQUELYN e LAURA BLACK


**Revisão Técnica**

Roberto Nepomuceno de Souza Lima

Doutor em Relação Patógeno-Hospedeiro pelo programa de Pós-Graduação do Instituto de Ciência Biomédicas da Universidade de São Paulo.
Professor Doutor de Microbiologia, Parasitologia e Imunologia da Faculdade São Leopoldo MANDIC.

**Tradução**

Patricia Lydie Voeux


**Décima edição**


GEN | GUANABARA KOOGAN

- Data do fechamento do livro: 03/12/2020

- **Atendimento ao cliente: (11) 5080-0751 | faleconosco@grupogen.com.br**
- Traduzido de:
  MICROBIOLOGY, TENTH EDITION

  This translation published under license with the original publisher John Wiley & Sons Inc.
  ISBN 978-1-119-39011-4

  **EDITORA GUANABARA KOOGAN LTDA.**
  *Uma editora integrante do GEN | Grupo Editorial Nacional*
  Travessa do Ouvidor, 11
  Rio de Janeiro – RJ – CEP 20040-040
  www.grupogen.com.br

- Imagem de capa: © Steve Gschmeissner/SPL/Getty Images, Inc.
- Editoração eletrônica: Anthares
- Ficha catalográfica

**CIP-BRASIL. CATALOGAÇÃO NA PUBLICAÇÃO**
**SINDICATO NACIONAL DOS EDITORES DE LIVROS, RJ**

B562m
10. ed.

Black, Jacqueline G.
Microbiologia : fundamentos e perspectivas / Jacqueline G. Black, Laura J. Black; revisão técnica Roberto Lima ; tradução Patricia Lydie . - 10. ed. - Rio de Janeiro : Guanabara Koogan, 2021.
; 28 cm.

Inclui índice
ISBN 978-85-277-3603-9

1. Microbiologia. 2. Microbiologia médica. I. Black, Laura J. II. Lima, Roberto. III. Lydie, Patricia. IV. Título.

19-59996 CDD: 616.904.1
CDU: 579.61

Meri Gleice Rodrigues de Souza - Bibliotecária CRB-7/6439

*Este livro é dedicado a*
*Ellie, Robbie e Richard.*

# Prefácio

Seja bem-vindo ao seu curso de microbiologia. Para compreendermos os papéis que os micróbios desempenham em nossas vidas, inclusive a interação entre microrganismos e seres humanos, precisamos examiná-los, aprender a seu respeito e estudar o seu mundo — o mundo da microbiologia. O desenvolvimento da microbiologia — desde as fabulosas observações de "animálculos" feitas por Leeuwenhoek, o primeiro uso da vacina antirrábica, em seres humanos, por Pasteur, e a descoberta da penicilina por Fleming, até a corrida atual para o desenvolvimento de uma vacina contra a AIDS — tem sido uma das histórias mais extraordinárias na história da ciência.

Os microrganismos são encontrados por toda parte. Existem em uma diversidade de ambientes; de montanhas e vulcões a fontes hidrotermais nas profundezas do mar e fontes termais. Podem ser encontrados no ar que respiramos, no alimento que ingerimos e até mesmo no interior de nosso próprio corpo. Com efeito, entramos em contato com inúmeros microrganismos todos os dias. Embora possam provocar doenças, alguns micróbios, em sua maioria, não são causadores de doenças; na verdade, podem desempenhar um papel fundamental nos processos que fornecem energia e que tornam a vida possível. Alguns microrganismos até mesmo impedem a ocorrência de doenças, enquanto outros são utilizados na tentativa de curá-las. Como os microrganismos desempenham funções diversas no mundo, a microbiologia continua sendo uma disciplina empolgante e de importância fundamental. E, como os micróbios afetam nossa vida diária, a microbiologia está associada a muitos desafios, mas também nos oferece muitas recompensas.

A ideia que permeia todo este livro é a de que a microbiologia é uma ciência atual, relevante, emocionante e de importância central, que afeta a todos nós. Em incontáveis áreas — da agricultura ao estudo da evolução, da ecologia à odontologia —, a microbiologia contribui para o conhecimento científico, bem como para a solução de problemas humanos. Assim sendo, um dos objetivos desta obra é oferecer-lhe um sentido da história dessa ciência, sua metodologia, suas variadas contribuições para a humanidade e os inúmeros caminhos em que continua ocupando um lugar de destaque nos avanços científicos.

Este livro se mantém fiel a esses objetivos e princípios e foi totalmente atualizado com dados e conhecimentos atuais na área. Um novo capítulo foi elaborado para a décima edição: o Capítulo 2, *Microbioma*. As pesquisas sobre o microbioma representam um campo da microbiologia bastante recente e empolgante. Essa nova introdução ao tema fornece informações discutidas posteriormente no livro, no contexto dessa área em desenvolvimento. Informações atualizadas incluem tópicos relevantes, como o vírus Zika, dados e mapas atualizados dos Centers for Disease Control (CDC) e da Organização Mundial da Saúde (OMS) e diversas fotografias novas ao longo do texto.

## AGRADECIMENTOS

Nossos sinceros agradecimentos a todos que ajudaram para que esta edição se tornasse uma realidade. Os principais membros da equipe incluem Alan Haflen, Senior Acquisitions Editor; Bonnie Roesch, Freelance Project Manager; Lauren Elfers, Project Manager, Melissa Edwards, Development Editor; Linda Muriello, Senior Product Designer; Trish McFadden, Senior Production Editor; Wendy Lai, Senior Designer; Mary Ann Price, Senior Photo Researcher; Sherrill Redd, Aptara Full Service Production Editor; Kristine Ruff Tynan, Executive Marketing Manager e Mary Alice Skidmore, Editorial Assistant.

Somos gratas aos colaboradores que participaram ou que prestaram auxílio no conteúdo *online*. Suas contribuições asseguraram que a exploração digital do conteúdo seja rica e gratificante. Ficamos muito agradecidas a: Sandy Buczynski, University of San Diego; Anne Hemsley, Antelope Valley College e Heather Townsend, Community College of Rhode Island.

Gostaríamos de agradecer particularmente aos revisores que dedicaram o seu tempo para compartilhar comentários e sugestões, enriquecendo cada edição deste texto. Suas contribuições fizeram uma diferença considerável: Brittany Gasper-Warrick (Florida Southern College); Janice Haggart (North Dakota State University); Kathy Kresge (Northampton Community College); Robert Leunk (Grand Rapids Community College); Suzanne Long (Monroe Community College); Laurie Shannon Meadows (Roane State Community College, Harriman Campus); Thomas Owen (Ramapo College of New Jersey); Josh Sharp (Northern Michigan University); Eric Warrick (State College of Florida, Bradenton Campus); Derek Weber (Raritan Valley Community College); e Tit-Yee Wong (University of Memphis).

Comentários, sugestões e questões sobre o livro são bem-vindos. O contato pode ser feito através da editora Wiley. Desejamos que vocês tirem o máximo de proveito deste livro e também o melhor em sua futura carreira.

**Jacquelyn e Laure Black**
**Arlington, Virginia**

# Material Suplementar

Este livro conta com o seguinte material suplementar:

- Apêndice F: Doenças e Organismos Causadores
- Apêndice G: Doenças Causadas por Patógenos
- Apêndice H: Parasitas
- Questões de múltipla escolha.

O acesso ao material suplementar é gratuito. Basta que o leitor se cadastre e faça seu *login* em nosso *site* (www.grupogen.com.br), clicando em GEN-IO, no *menu* superior do lado direito.

*O acesso ao material suplementar online fica disponível até seis meses após a edição do livro ser retirada do mercado.*

Caso haja alguma mudança no sistema ou dificuldade de acesso, entre em contato conosco (gendigital@grupogen.com.br).

genio
GEN | Informação Online

GEN-IO (GEN | Informação Online) é o ambiente virtual de aprendizagem do GEN | Grupo Editorial Nacional

# Sumário

# MICROBIOLOGIA

## FUNDAMENTOS E PERSPECTIVAS

CAPÍTULO 1

# Campo de Atuação e História da Microbiologia

M.N. Spilde & P.J. Boston

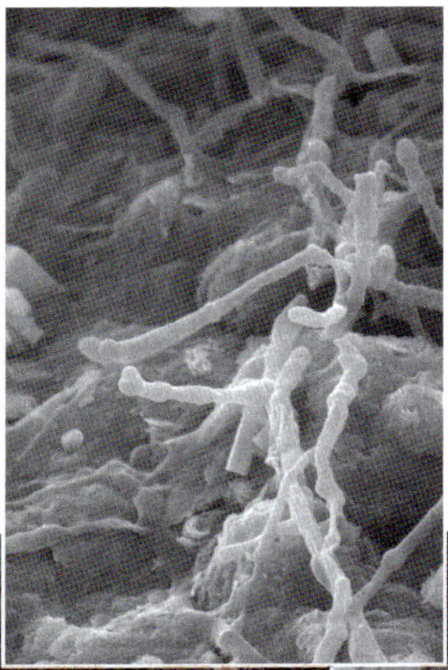

## Uma caverna que mata em 30 minutos! O que um microbiologista estaria fazendo nela?

Acompanhe o geomicrobiologista Dr. Penny Boston nas profundezas do deserto de Chihuahua, no México, em uma caverna cheia de cristais de gipsita pesando, cada um deles, mais de 5 toneladas. Uma bomba drenou a água quente escaldante em que estavam imersos havia mais de 100 milhões de anos. A caverna situa-se no topo de uma câmara de magma vulcânico que a aquece a 50°C, com 99% de umidade. Mesmo com roupas especiais, aparelhos de respiração e bolsas de gelo, o ser humano pode sobreviver nesse local por não mais que 30 minutos. Entretanto, Penny Boston encontrou mais de 80 tipos de bactérias que vivem dentro de um líquido nos cristais. Nenhuma foi vista antes na face da Terra. Ele analisou o DNA de cada uma delas, e todos são únicos. Cada gota de líquido também contém mais de 200 milhões de bacteriófagos, um tipo de vírus que come bactérias! À medida que os cristais cresceram, defeitos em sua rede de moléculas deixaram pequenos orifícios que foram preenchidos com a água que os banhavam – uma água quente e cheia de microrganismos. Posteriormente, o crescimento contínuo fechou esses orifícios, preservando as bactérias e os vírus vivos dentro do líquido. A maioria ainda está viva! Trata-se de fósseis vivos de mais de meio milhão de anos de idade! Eles não estão em estado dormente. Apresentam um metabolismo superlento, e qualquer alimento extra simplesmente os matará. As bactérias de cor vermelha que cresceram nas paredes de calcário da caverna, de 80 a 85 bilhões de anos, também estão vivas.

Cientistas (à esquerda) em roupas resfriadas com gelo exploram a caverna dos Cristais mortalmente quente do México. (*C. Oscar Necoechea – S/F [speleoresearch and film].*)

Esses microrganismos estão vivendo na denominada "bioesfera profunda e quente", de modo muito semelhante àquilo com que se parecia a Terra primitiva.

Esses microrganismos não necessitam de luz, nem de matéria orgânica; eles se alimentam dos minerais nos quais estão enterrados. Existem condições semelhantes em outros planetas ou em suas luas que também poderiam ter dado origem à vida? Europa, uma lua de Júpiter, coberta de gelo, tem um oceano de nitrogênio líquido de mais de 96 quilômetros de profundidade, que está situado sobre o calor vulcânico. É certamente profundo e quente – talvez seja uma "biosfera profunda e quente". Titã e Encélado, luas de Saturno, também têm locais como este. Durante grande parte do tempo em que existe vida na Terra, essa foi unicamente representada por bactérias e vírus. Talvez iremos encontrar mais tipos de microrganismos em outras partes do universo. Estudar aqueles encontrados na caverna de Cristal pode nos dar uma ideia melhor do que procurar.

Mais surpresas estão por vir. Ah, com este livro, aprender será uma verdadeira aventura!

Para ler mais sobre explorações de cavernas pelo Dr. Penny Boston e pela Dra. Diana Northrup, veja o Capítulo 26.

## MAPA DO CAPÍTULO

**Siga o mapa do capítulo para auxiliar na identificação dos conceitos principais do texto.**



Antes do século XX, quase metade das crianças com menos de 10 anos de idade morria de doenças infecciosas.

**"É apenas algum 'micróbio' rondando."** Você deve ter ouvido essa frase de outras pessoas ou você mesmo a disse quando esteve doente por 1 ou 2 dias. De fato, as pequenas enfermidades não identificadas que todos nós temos de vez em quando e que atribuímos a um "**micróbio**" são provavelmente causadas por vírus, os menores de todos os *microrganismos*. Outros grupos de **microrganismos** – bactérias, fungos, protozoários e algumas algas – também têm membros que causam doenças. Por isso, antes de estudar microbiologia, é provável que tenhamos pensado em microrganismos como germes que causam doenças. Os cientistas da área de saúde estão envolvidos exatamente com esses microrganismos e com o tratamento e a prevenção das doenças que eles causam. Entretanto, menos de 1% dos microrganismos conhecidos causa doença, de modo que concentrar nosso estudo dos microrganismos exclusivamente na doença nos proporciona uma visão muito limitada da microbiologia.

## POR QUE ESTUDAR MICROBIOLOGIA?

### Os microrganismos no meio ambiente e na saúde humana

Se você fosse retirar a poeira de sua mesa e agitasse o pano sobre a superfície de um meio desenvolvido para o crescimento de microrganismos, encontraria, depois de 1 dia ou mais, uma variedade de microrganismos crescendo nesse meio. Se você tossisse nesse mesmo meio ou se marcasse suas impressões digitais, encontraria mais tarde uma variedade diferente de microrganismos crescendo no meio. Quando você tem dor de garganta e o seu médico solicita uma cultura de garganta, uma variedade de microrganismos estará presente na cultura – incluindo, talvez, aquele que está causando a sua dor de garganta. Desse modo, os microrganismos têm estreita associação com os seres humanos. Eles estão em nós, sobre nós e praticamente em todos os lugares à nossa volta (Figura 1.1). Uma das razões para estudar microbiologia é que os *microrganismos*

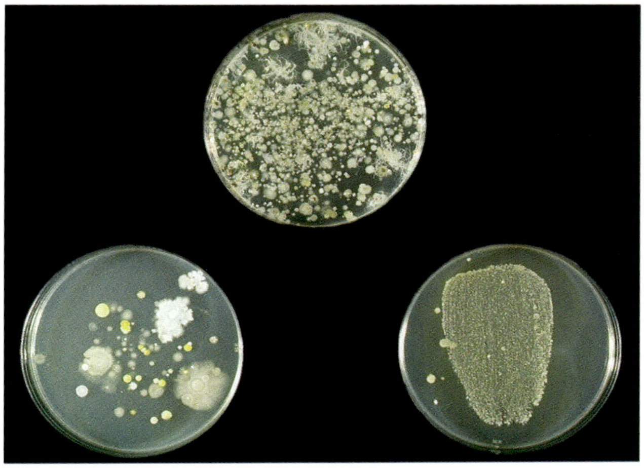

**Figura 1.1 Um experimento simples mostra que os microrganismos estão em quase toda parte do nosso meio ambiente.** Adicionou-se uma amostra de solo ao ágar nutriente, um meio de cultura (placa na parte superior); outra placa com ágar foi exposta ao ar (à esquerda, na parte inferior), e foi feita a impressão de uma língua em uma superfície de ágar (à direita na parte inferior). Depois de 3 dias de incubação em condições favoráveis, pode-se observar facilmente um crescimento microbiano abundante em todas as três placas. *(Cortesia de Jacquelyn G. Black.)*

*fazem parte do ambiente humano e, portanto, são importantes para a saúde dos seres humanos.*

Os microrganismos são essenciais para a teia da vida em todos os ambientes. Muitos microrganismos que residem nos oceanos e na água doce captam a energia da luz solar e a armazenam em moléculas que outros organismos utilizam como alimento. Microrganismos decompõem os organismos mortos, os produtos de excreção dos seres vivos e até mesmo alguns tipos de resíduos industriais. Eles tornam o nitrogênio disponível para as plantas.

Estes são apenas alguns dos numerosos exemplos de como os microrganismos interagem com outros organismos e ajudam a manter o equilíbrio na natureza. A grande maioria dos microrganismos é, direta ou indiretamente, benéfica, não apenas para outros organismos, mas também para seres humanos. Eles formam ligações essenciais em muitas cadeias alimentares que produzem plantas e animais que os seres humanos consomem. Microrganismos aquáticos servem de alimento a pequenos animais macroscópicos, os quais, por sua vez, servem de alimento a peixes e mariscos que os seres humanos consomem. Alguns microrganismos residem no sistema digestório de animais herbívoros, como o gado bovino e os ovinos, e ajudam nos processos digestivos desses animais. Sem esses microrganismos, as vacas não poderiam digerir o pasto, e os cavalos não poderiam obter nutrientes do feno. Em certas ocasiões, os seres humanos ingerem diretamente microrganismos, como algumas algas e fungos. Os cogumelos, por exemplo, são os corpos reprodutivos macroscópicos de massas de fungos microscópicos. As reações bioquímicas realizadas por microrganismos também são utilizadas pela indústria de alimentos na preparação de picles, chucrute, iogurte e outros produtos derivados do leite, frutose usada em refrigerantes e o adoçante artificial aspartame. As reações de fermentação nos microrganismos são utilizadas na fabricação da cerveja e do vinho, bem como na preparação do pão, na massa levedada.

Uma bactéria pode pesar aproximadamente 0,00000000001 grama; entretanto, os microrganismos em seu conjunto representam cerca de 60% da biomassa da Terra.

Um dos benefícios mais importantes proporcionados pelos microrganismos é a sua capacidade de sintetizar *antibióticos*, substâncias derivadas de um organismo que matam ou inibem o crescimento de outros microrganismos. Deste modo, os microrganismos podem ser utilizados para curar doenças, bem como para causá-las. Por fim, os microrganismos constituem ferramentas importantes da engenharia genética. Várias substâncias importantes para os seres humanos, como o interferon e o hormônio do crescimento, podem ser agora produzidos de forma econômica por microrganismos por causa da engenharia genética.

Novos organismos estão sendo criados por engenharia genética para degradar vazamentos de petróleo, remover materiais tóxicos do solo e digerir explosivos cuja manipulação é muito perigosa. Eles também serão instrumentos importantes na limpeza de nosso ambiente. Outros organismos serão desenvolvidos para transformar resíduos em energia. Outros, ainda, receberão genes desejáveis de outros tipos de organismos – por exemplo, plantas cultivadas receberão genes bacterianos que produzem compostos contendo nitrogênio necessário para o crescimento das plantas. O cidadão de hoje – e ainda mais o de amanhã – precisa ser educado em ciências, para compreender os muitos produtos e processos microbianos.

Embora apenas alguns microrganismos causem doenças, é de grande importância aprender como essas doenças são transmitidas e como estabelecer o seu diagnóstico, definir o seu tratamento e realizar sua prevenção em uma carreira em ciências da saúde. Esse conhecimento irá ajudar aqueles que buscam essa carreira a cuidar de pacientes e evitar que se infectem.

## Visão dos processos vitais

Outro motivo para estudar microbiologia é que ela *proporciona uma visão dos processos vitais em todas as formas de vida*. Os biólogos, em muitas disciplinas diferentes, utilizam ideias provenientes da microbiologia e fazem uso dos próprios microrganismos. Os ecologistas baseiam-se nos princípios da microbiologia para compreender como a matéria é

### SAIBA MAIS

#### Não estamos sozinhos

"Estamos em menor número. Em média, os seres humanos são constituídos por cerca de 10 trilhões de células. O ser humano abriga, em média, cerca de 10 vezes mais microrganismos, ou seja, 100 trilhões de seres microscópicos. [...] Enquanto permanecem em equilíbrio e no local ao qual pertencem, [eles] não nos causam prejuízo. [...] Na verdade, muitos deles nos proporcionam alguns serviços importantes. [Entretanto,] a maioria é oportunista, o que quer dizer que, se tiverem a oportunidade de aumentar o seu crescimento ou de invadir novos territórios, eles irão causar infecção."

– Robert J. Sullivan, 1989

decomposta e torna-se disponível para reciclagem contínua. Os bioquímicos utilizam os microrganismos para estudar as vias metabólicas – isto é, as sequências de reações químicas que ocorrem nos organismos vivos. Os geneticistas utilizam os microrganismos para estudar como a informação hereditária é transferida e como essa informação controla a estrutura e as funções dos organismos.

Os microrganismos são particularmente úteis na pesquisa por pelo menos três razões:

1. Quando comparados com outros organismos, os microrganismos possuem estruturas relativamente simples. É mais fácil estudar a maioria dos processos vitais em organismos unicelulares simples do que em organismos multicelulares complexos
2. Um grande número de microrganismos pode ser utilizado em um experimento para obter resultados estatisticamente confiáveis, a um custo razoável. O crescimento de um bilhão de bactérias custa menos do que a manutenção de 10 ratos. Experimentos realizados com grande número de microrganismos proporcionam resultados mais confiáveis do que aqueles realizados com um pequeno número de organismos com variações individuais
3. Como os microrganismos se reproduzem com muita rapidez, eles são particularmente úteis para estudos que envolvem a transferência de informação genética. Algumas bactérias podem sofrer três divisões celulares em uma hora, de modo que os efeitos da transferência de genes podem ser rapidamente acompanhados ao longo de muitas gerações.

Ao estudar os microrganismos, os cientistas conseguiram um notável sucesso na compreensão dos processos vitais e no controle das doenças. Por exemplo, nessas últimas décadas, as vacinas praticamente erradicaram várias doenças fatais da infância – incluindo o sarampo, a poliomielite, a rubéola, a caxumba e a varicela. A varíola, que outrora era responsável por uma em cada 10 mortes na Europa, não apresenta nenhum registro de caso no planeta desde 1978. Muita coisa também foi aprendida sobre as mudanças genéticas que levam à resistência aos antibióticos e sobre como manipular a informação genética em bactérias. Porém, ainda existe muito mais para aprender. Por exemplo, como as vacinas podem se tornar acessíveis em nível mundial? Como o desenvolvimento de novos antibióticos pode acompanhar o ritmo das mudanças genéticas que ocorrem nos microrganismos? Como as crescentes viagens pelo mundo continuarão afetando a disseminação de infecções? A invasão contínua de florestas virgens pelos seres humanos resultará no surgimento de novas doenças? É possível desenvolver uma vacina ou um tratamento efetivo para a síndrome da imunodeficiência adquirida (AIDS)? Como podemos lutar contra o vírus Ebola e o vírus Zika? Temos aqui alguns dos desafios para a próxima geração de biólogos e cientistas da saúde.

### Somos o planeta das bactérias

O alcance e a importância geral das bactérias para o nosso planeta só agora estão sendo revelados. Projetos de perfuração profunda descobriram bactérias que vivem em profundidades que ninguém acreditava ser possível. No início, a sua presença foi atribuída a materiais de perfuração contaminados na superfície. No entanto, vários estudos cuidadosos confirmaram agora a existência de populações de bactérias verdadeiramente nativas a profundidades de até 1,6 km na França, 4,2 km no Alasca e 5,2 km na Suécia. Parece que, qualquer que seja a profundidade de perfuração, encontraremos sempre bactérias vivendo nessas profundezas. Mas, à medida que nos aproximamos do interior quente da Terra, a temperatura aumenta com a profundidade. As bactérias do Alasca estavam vivendo a 110°C! Reuniram-se evidências sobre a existência de uma "**biosfera profunda e quente**", assim denominada pelo cientista americano Thomas Gold. Essa região de vida microbiana pode estender-se até 10 km abaixo de nossa "biosfera de superfície". Em lugares ao longo da fronteira entre essas duas biosferas, materiais como petróleo, sulfeto de hidrogênio ($H_2S$) e metano ($CH_4$) estão aflorando, carregando consigo bactérias provenientes das profundidades de nosso planeta. Os cientistas agora falam de uma "cultura subtectônica contínua" de bactérias preenchendo uma zona profunda e quente abaixo de toda a superfície da Terra. A massa de bactérias na biosfera de superfície é muito maior que o peso total de todos os outros seres vivos. Acrescente-se a isso o peso de todas as bactérias que vivem dentro da biosfera profunda e quente, e fica então evidente que nossa Terra é verdadeiramente "o planeta das bactérias".

A caverna mostrada na foto no início deste capítulo é um desses lugares ao longo da fronteira entre as duas biosferas. Neste livro, iremos examinar as bactérias em outras zonas de fronteira (p. ex., as fumarolas negras de fontes termais localizadas no fundo do oceano; as emanações frias em partes mais superficiais do oceano, nas plataformas continentais; e as fontes termais ou fumarolas, como as do Parque Nacional de Yellowstone, nos EUA, e na península de Kamchatka, na Rússia). E, naturalmente, iremos nos deter mais nessas fascinantes cavernas mostradas no início deste capítulo.

## CAMPO DE ATUAÇÃO DA MICROBIOLOGIA

A **microbiologia** é o estudo dos **microrganismos**, isto é, organismos tão pequenos que é necessário o uso de um microscópio para estudá-los. Iremos considerar duas dimensões no campo de atuação da microbiologia: (1) a variedade de tipos de microrganismos e (2) os tipos de trabalho realizado pelos microbiologistas.

### Microrganismos

Os principais grupos de organismos estudados em microbiologia são as bactérias, as algas, os fungos, os vírus e os protozoários (Figura 1.2A-E). Todos esses organismos estão largamente distribuídos na natureza. Por exemplo, um estudo recente do denominado pão das abelhas (nutriente derivado do pólen ingerido por abelhas operárias) mostrou que ele contém 188 tipos de fungos e 29 tipos de bactérias. Os microrganismos são constituídos, em sua maioria, por uma única célula. (As células são as unidades básicas de estrutura e função nos seres vivos; são discutidas no Capítulo 5.) Os vírus, que são entidades acelulares minúsculas, na fronteira entre os seres vivos e a matéria não viva, comportam-se como

500 bactérias, cada uma delas medindo 1 μm (1/1.000 de um milímetro) de comprimento, se encaixariam uma ao lado da outra formando o ponto acima da letra "i".

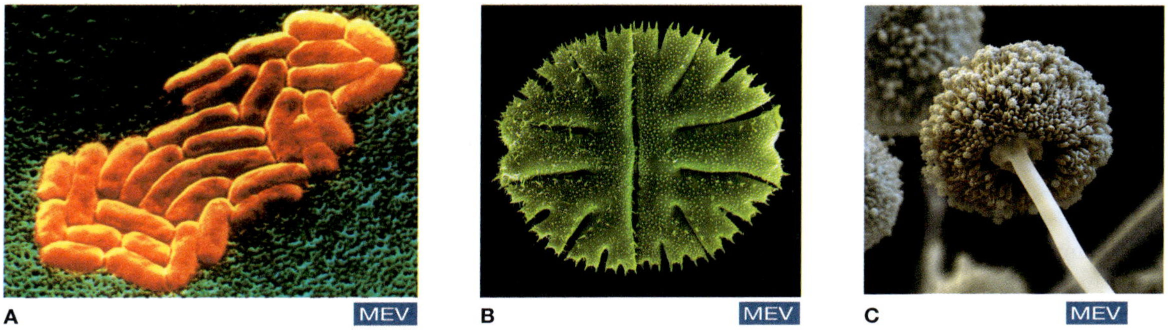


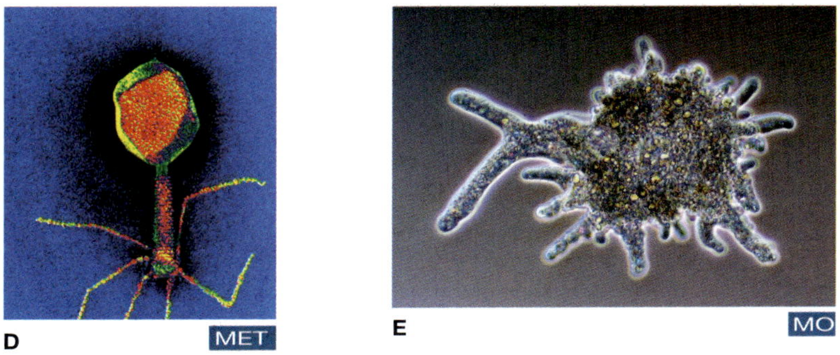


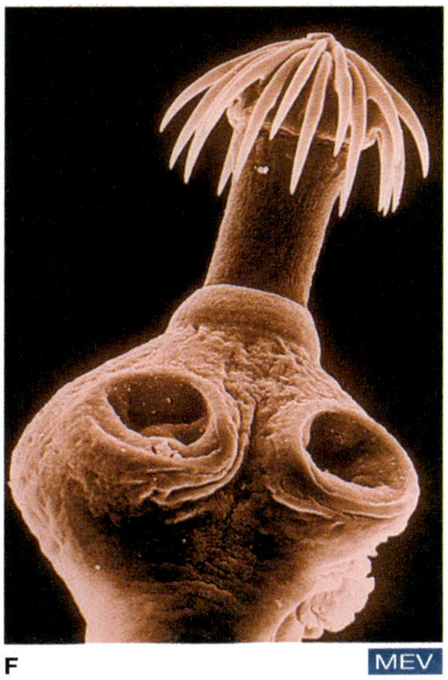

**Figura 1.2 Microrganismos típicos (realçados com coloração artificial).** **A.** Várias células de *Klebsiella pneumoniae*, uma bactéria que pode causar pneumonia em seres humanos (5.821×). *(Science Photo Library/Science Source.)* **B.** *Micrasterius*, uma alga verde que vive em água doce. *(SciencePR/Oxford Scientific/Getty.)* **C.** Esporo sustentando corpos de frutificação do fungo *Aspergillus niger*. *(Eye of Science/Science Source Images.)* **D.** Bacteriófagos (vírus que infectam bactérias; 35.500×). *(Eye of Science/Science Source.)* **E.** *Amoeba*, um protozoário (183×). *(Roland Birke/Photolibrary/Getty.)* **F.** Cabeça da tênia *Acanthrocirrus retrirostris* (189×). Na parte superior da cabeça, encontram-se ganchos e ventosas que o helminto utiliza para se fixar aos tecidos intestinais do hospedeiro. *(Department of Zoology, University of Hull/SPL/Science Source.)*

organismos vivos quando entram nas células. Eles também são estudados na microbiologia. Os microrganismos variam quanto ao tamanho, desde pequenos vírus com 20 nm de diâmetro até grandes protozoários, com 5 mm ou mais de diâmetro. Em outras palavras, os maiores microrganismos alcançam até 250.000 vezes o tamanho dos menores! (Consulte o Apêndice A para uma revisão das unidades métricas.)

## Bactérias

Entre a grande variedade de microrganismos que foram identificados, as bactérias têm sido provavelmente as mais detalhadamente estudadas. As **bactérias** são, em sua maioria, organismos unicelulares com formatos esféricos, em bastão ou espirais; todavia, alguns tipos formam filamentos. A maioria é tão pequena que só pode ser vista com o auxílio de microscópio óptico, em grande aumento. Embora sejam celulares, as bactérias são desprovidas de núcleo celular e não têm as estruturas intracelulares envolvidas por membranas, que são encontradas na maioria das outras células. Muitas bactérias absorvem nutrientes de seu ambiente, mas algumas produzem seus próprios nutrientes por meio da fotossíntese ou de outros processos de síntese. Algumas são fixas, enquanto outras são móveis. As bactérias estão amplamente distribuídas na natureza, por exemplo, em ambientes aquáticos e na matéria em decomposição. Algumas, em certas ocasiões, causam doenças.

## Archaea

O grupo conhecido como Archaea é muito semelhante às bactérias. Archaea e as bactérias pertencem ao mesmo Reino, denominado Monera. Surgiu uma nova categoria de classificação, o **Domínio,** considerado superior ao Reino. Existem três Domínios – Bacteria, Archaea e Eukarya –, que são discutidos no Capítulo 10. À semelhança das bactérias, Archaea são organismos unicelulares que não têm núcleo. Entretanto, são muito diferentes tanto genética quanto metabolicamente. Muitos organismos Archaea são extremófilos, preferindo viver em ambientes com temperaturas, pH, salinidade e pressões hidrostática e osmótica extremos. Os lipídios, os envoltórios celulares e os flagelos de Archaea diferem consideravelmente daqueles das bactérias. Archaea não demonstraram causar doença em seres humanos; de fato, muitas são de grande importância no sistema digestório de animais ruminantes.

Diferentemente das bactérias, vários grupos de microrganismos são constituídos por células maiores e mais complexas, que possuem um núcleo celular. Incluem as algas, os fungos e os protozoários, e todos podem ser facilmente vistos com o uso de um microscópio óptico.

## Algas

Muitas **algas** são organismos unicelulares microscópicos, enquanto algumas algas marinhas são organismos multicelulares grandes e relativamente complexos. Diferentemente das bactérias, as algas possuem um núcleo celular claramente definido e numerosas estruturas intracelulares envolvidas por membranas. Todas as algas fotossintetizam seu próprio alimento, como o fazem as plantas, e muitas podem se deslocar. As algas estão amplamente distribuídas tanto na água doce quanto nos oceanos. Por serem tão numerosas e pela sua capacidade de capturar a energia da luz solar para a produção de seu alimento, as algas representam uma importante fonte de alimento para outros organismos. As algas têm pouca importância médica; apenas uma espécie, *Protótheca,* demonstrou causar doença nos seres humanos. Por ter perdido a sua clorofila e, consequentemente, a capacidade de produzir seu próprio alimento, essa alga utiliza agora os seres humanos para suas refeições.

### Fungos

À semelhança das algas, muitos **fungos,** como as leveduras e alguns tipos de bolor, são organismos unicelulares microscópicos. Alguns, como os cogumelos, são organismos multicelulares macroscópicos. Os fungos também possuem um núcleo celular e estruturas intracelulares. Todos os fungos absorvem nutrientes já prontos a partir de seu meio ambiente. Alguns fungos formam redes extensas de filamentos ramificados, porém os organismos em si geralmente não se movimentam. Os fungos estão amplamente distribuídos na água e no solo, como decompositores dos organismos mortos. Alguns são importantes na medicina como agentes causadores de doenças, como dermatofitoses e infecções vaginais por levedura, ou como fontes de antibióticos.

### Vírus

Os **vírus** são entidades acelulares, muito pequenos para serem vistos ao microscópio óptico. São compostos de substâncias químicas específicas – um ácido nucleico e algumas proteínas (ver Capítulo 3). De fato, alguns vírus podem ser cristalizados e conservados em um recipiente por vários anos, porém eles mantêm a sua capacidade de invadir as células. Os vírus replicam-se e exibem outras propriedades dos organismos vivos apenas quando invadem células. Muitos vírus são capazes de invadir células humanas e causar doença. Os **viroides** (ácido nucleico sem revestimento proteico) e os **príons** (proteína sem qualquer ácido nucleico) são agentes acelulares ainda menores causadores de doença. Foi constatado que os viroides causam várias doenças em plantas, enquanto os príons são responsáveis pela doença da vaca louca e distúrbios relacionados. Novas informações sobre os príons sugiram apenas nos últimos 2 anos. Esses agentes serão explorados no Capítulo 11.

### Protozoários

Os **protozoários** também são organismos unicelulares microscópicos, que apresentam pelo menos um núcleo e numerosas estruturas intracelulares. Algumas espécies de amebas são grandes o suficiente para serem vistas a olho nu; entretanto, só podemos estudar a sua estrutura com o uso de um microscópio. Muitos protozoários obtêm o seu alimento englobando ou ingerindo microrganismos menores. Os protozoários são, em sua maioria, capazes de se mover, mas alguns, particularmente os que causam doenças, são imóveis. Os protozoários são encontrados em uma variedade de ambientes aquáticos e no solo, bem como em animais, como os mosquitos que carregam o protozoário causador da malária.

### Helmintos e artrópodes

Além dos organismos que pertencem ao domínio da microbiologia propriamente dita, iremos considerar alguns *helmintos* (vermes) (Figura 1.2F) e *artrópodes* (insetos e organismos semelhantes) macroscópicos. Em alguns estágios microscópicos em seus ciclos de vida, os helmintos que podem causar doenças, e os artrópodes podem transmitir esses estágios, bem como outros microrganismos causadores de doenças.

### Taxonomia

Iremos aprender mais sobre a classificação dos microrganismos no Capítulo 10. Por enquanto, é importante saber apenas que os organismos celulares são designados por dois nomes: o nome do *gênero* e o nome da *espécie.* Por exemplo, uma espécie bacteriana comumente encontrada no intestino humano é denominada *Escherichia coli,* e uma espécie de protozoário que pode causar diarreia grave é denominada *Giardia intestinalis.* A nomenclatura dos vírus é menos precisa. Alguns vírus, como o herpes-vírus, são denominados com base no grupo ao qual pertencem. Outros, como o poliovírus, recebem o seu nome com referência à doença que causam.

Os organismos causadores de doenças e as doenças que eles provocam nos seres humanos são discutidos de modo detalhado nos Capítulos 20 a 25. A ciência médica já conhece centenas de doenças infecciosas. Algumas das mais importantes – que os médicos devem notificar aos Centers for Disease Control and Prevention (CDC) dos EUA – estão na **Tabela 1.1**. Os CDC formam uma agência federal dos EUA que reúne dados sobre doenças e desenvolve formas de controlá-las.

## Microbiologistas

Os microbiologistas estudam muitos tipos de problemas que envolvem os microrganismos. Alguns estudam os microrganismos principalmente para descobrir mais sobre um tipo específico de organismo – por exemplo, os estágios de vida de determinado fungo. Outros microbiologistas estão interessados em um tipo particular de função, como o metabolismo de determinado açúcar ou a ação de um gene específico. Outros ainda concentram-se diretamente em problemas práticos, como purificar ou sintetizar um novo antibiótico ou como produzir uma vacina contra determinada doença. Com muita frequência, as descobertas feitas em um projeto são úteis em outro, como no caso dos cientistas envolvidos na agricultura, que utilizam as informações dos microbiologistas para controlar as pragas e melhorar a produção das culturas, ou quando ambientalistas procuram manter as cadeias alimentares naturais e evitar danos ao meio ambiente. Alguns campos da microbiologia estão descritos na **Tabela 1.2**.

Os microbiologistas trabalham em uma variedade de cenários (Figura 1.3). Alguns trabalham em universidades, onde podem ensinar, pesquisar e treinar estudantes a realizar pesquisas. Os microbiologistas tanto nas universidades quanto em laboratórios comerciais estão ajudando a desenvolver os microrganismos utilizados na engenharia genética. Algumas empresas de advocacia estão contratando microbiologistas para ajudar nas complexidades de patentear novos organismos obtidos por engenharia genética. Esses organismos podem ser utilizados de maneiras importantes, como na limpeza do meio ambiente (*biorremediação*), no controle das pragas de insetos, na melhoria dos alimentos e na luta contra doenças. Muitos microbiologistas ocupam cargos

**Tabela 1.1** Doenças infecciosas, classificadas com base no agente etiológico, de notificação compulsória nos EUA* (U.S. 2017, CDC).[1]

**Doenças bacterianas**

Antraz

Botulismo

- Transmitido por alimentos; do lactente; outros tipos (de ferida e não especificado)

Brucelose

Cancroide

Cólera

Coqueluche (*pertussis*)

Difteria

Doença de Lyme

Doença meningocócica

Erlichiose/anaplasmose

- *Ehrlichia chaffeensis; Ehrlichia euringii; Anaplasma phagocytophilum;* não determinada

*Escherichia coli* produtora de toxina Shiga (STEC)

Febre Q

- Aguda; crônica

Febre tifoide

Gonorreia

*Haemophilus influenzae* (doença invasiva)

Hanseníase (doença de Hansen)

Infecções por *Chlamydia trachomatis*

Legionelose

Leptospirose

Listeriose

Peste

Psitacose

Riquetsiose com febre maculosa

Salmonelose

Shigelose

Sífilis

- Primária; secundária; latente; latente precoce; latente tardia; latente de duração desconhecida; neurossífilis; tardia, não neurológica; do natimorto; congênita

Síndrome do choque tóxico (não causada por *Streptococcus*)

Síndrome do choque tóxico estreptocócico

Síndrome hemolítico-urêmica, pós-diarreica

*Staphylococcus aureus* de resistência intermediária à vancomicina (VISA)

*Staphylococcus aureus* resistente à vancomicina (VRSA)

*Streptococcus pneumoniae* (doença invasiva)

Tétano

Tuberculose

Tularemia

Vibriose

**Doenças virais**

AIDS, reclassificada como HIV de estágio III

Caxumba

Dengue

- Febre da dengue; febre hemorrágica da dengue, síndrome do choque da dengue

Doença por coronavírus associada à síndrome respiratória aguda grave (SARS-CoV)

Doenças por arbovírus neuroinvasivas e não neuroinvasivas

Doença pelo vírus da encefalite de St. Louis

Doença pelo vírus da encefalite equina do leste

Doença pelo vírus do oeste do Nilo

Doença pelo vírus da encefalite equina do oeste

Doença pelo vírus Powassan

Doença por vírus de sorogrupo da Califórnia

Febre amarela

Febre hemorrágica viral devido a:

- Vírus Ebola; vírus Marburg; arenavírus, vírus da febre hemorrágica da Crimeia-Congo; vírus Lassa; vírus lujo; arenavírus do Novo Mundo (vírus Gunarito, Machupo, Junin e Sabia)

Hepatite

- A, aguda; B, aguda; B, crônica; vírus B, infecção perinatal; C, aguda; C, crônica

Infecção pelo HIV

- A AIDS foi reclassificada como HIV de estágio III
- Infecção pelo HIV, adulto/adolescente (idade > = 13 anos)
- Infecção pelo HIV, criança (idade > = 18 meses e < 13 anos)
- Infecção pelo HIV, pediátrica (idade < 18 meses)

Morbidade por varicela (catapora, herpes-zóster)

Mortalidade pediátrica associada à influenza

Novas infecções por vírus influenza A (p. ex., H1N1)

Poliomielite, não paralítica

Poliomielite, paralítica

Raiva (animal, humana)

Rubéola

Rubéola, síndrome congênita

Sarampo

Síndrome pulmonar por hantavírus

Varicela (apenas mortes)

Varíola

**Doenças causadas por algas**

Nenhuma

**Doenças causadas por fungos**

Coccidioidomicose

**Doenças causadas por protozoários**

Babesiose

Criptosporidiose

Ciclosporíase

Giardíase

Malária

**Doenças causadas por helmintos**

Triquinose

*Nos EUA, a notificação das doenças infecciosas varia de acordo com o estado. Esta tabela fornece uma lista das doenças comumente notificadas aos U.S. Centers for Disease Control and Prevention (CDC) até 2017.

[1]N.R.T.: Veja a lista de doenças infecciosas de notificação compulsória no Brasil no site do Ministério da Saúde.

**Tabela 1.2** Campos da microbiologia.

| Campo | Exemplos do tipo de estudo |
|---|---|
| Taxonomina microbiana | Classificação dos microrganismos |
| **Campos de acordo com os organismos estudados** | |
| Bacteriologia | Bactérias |
| Ficologia | Algas (*phyco,* "planta marinha") |
| Micologia | Fungos (*myco,* "um fungo") |
| Protozoologia | Protozoários (*proto,* "primeiro"; *zoo,* "animal") |
| Parasitologia | Parasitas |
| Virologia | Vírus |
| **Campos de acordo com os processos ou funções estudados** | |
| Metabolismo microbiano | Reações químicas que ocorrem nos microrganismos |
| Genética microbiana | Transmissão e ação da informação genética nos microrganismos |
| Ecologia microbiana | Relações dos microrganismos entre si e com o meio ambiente |
| **Campos relacionados com a saúde** | |
| Imunologia | Como os hospedeiros se defendem das infecções microbianas |
| Epidemiologia | Frequência e distribuição das doenças |
| Etiologia | Causas das doenças |
| Controle das infecções | Como controlar a disseminação das infecções nosocomiais, ou adquiridas no hospital |
| Quimioterapia | Desenvolvimento e uso de substâncias químicas para o tratamento de doenças |
| **Campos de acordo com as aplicações do conhecimento** | |
| Tecnologia dos alimentos e das bebidas | Como proteger os seres humanos contra organismos causadores de doenças em alimentos frescos e conservados |
| Microbiologia ambiental | Como manter a água potável, eliminar resíduos e controlar a poluição ambiental de maneira segura |
| Microbiologia industrial | Como aplicar os conhecimentos dos microrganismos na fabricação de alimentos fermentados e outros produtos provenientes de microrganismos |
| Microbiologia farmacêutica | Como fabricar antibióticos, vacinas e outros produtos relacionados com a saúde |
| Engenharia genética | Como utilizar os microrganismos para sintetizar produtos úteis aos seres humanos |

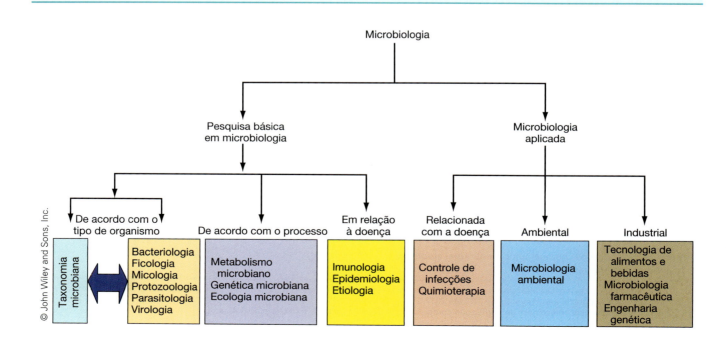

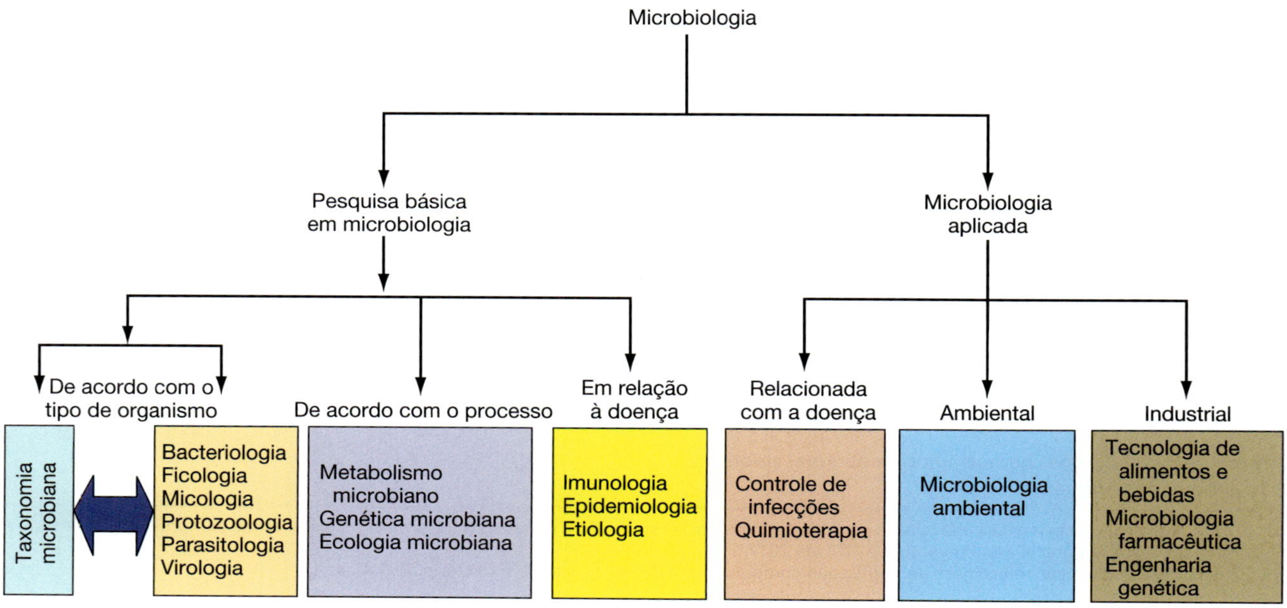

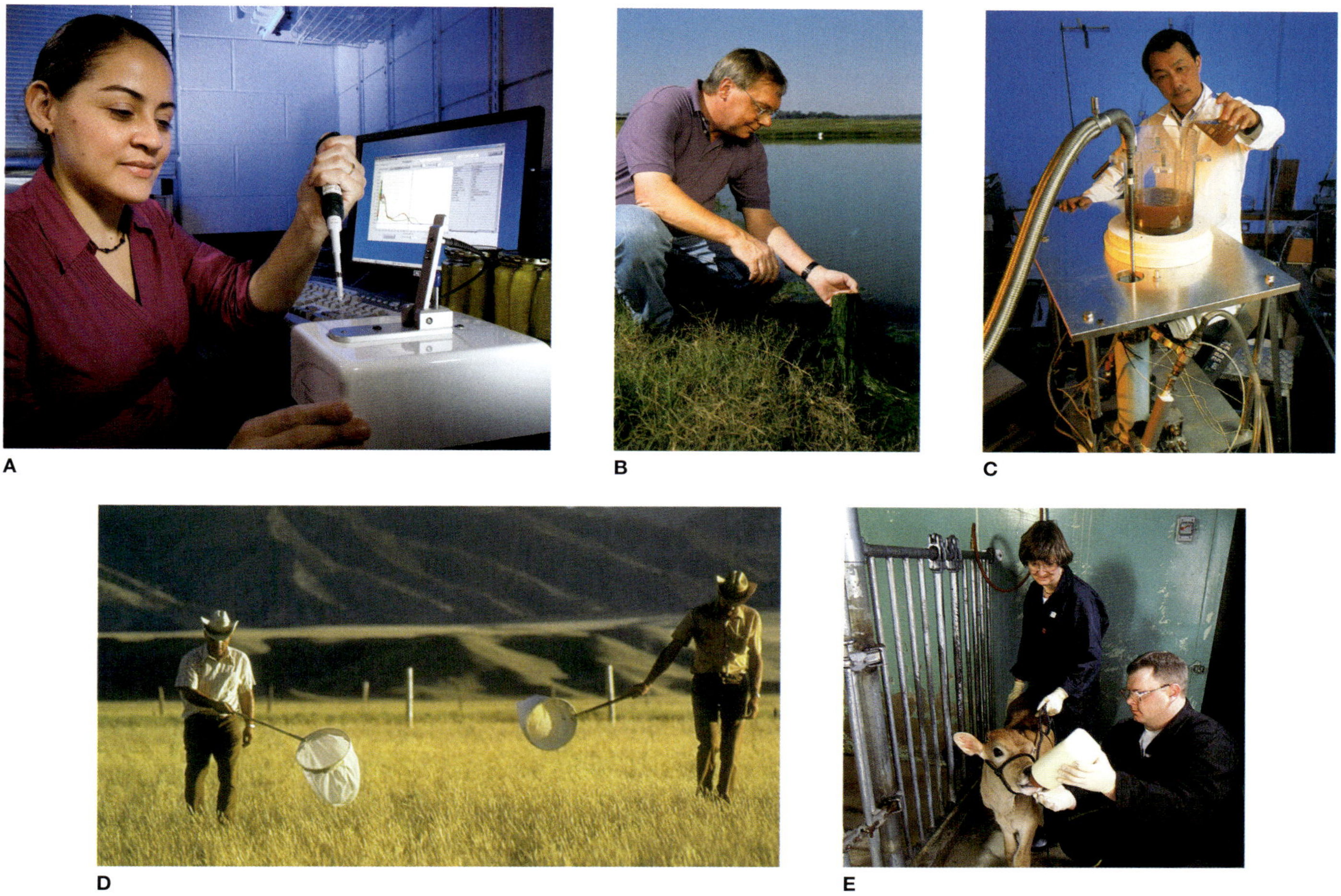


**Figura 1.3 A microbiologia é utilizada em diversas carreiras.** Essas carreiras incluem atividades como: (**A**) exame de salmoura de pepino por microbiologista de alimentos *(Peggy Greb/cortesia de USDA)*; (**B**) algas examinadas por um microbiologista agrícola *(Peggy Greb/cortesia de USDA)*; (**C**) uso de bactérias para descontaminação de resíduos tóxicos *(Science Photo Library/Science Source)*; (**D**) uso de redes de coleta para pesquisar carrapatos que podem disseminar doenças ao gado bovino e aos seres humanos *(cortesia de United States Department of Agriculture)*; (**E**) microbiologistas veterinários vacinando um bezerro por via oral (VO) *(Stephen Ausmus/cortesia de USDA)*.

relacionados com a saúde. Alguns trabalham em laboratórios clínicos, realizando testes para o diagnóstico de doenças ou para determinar que antibióticos irão curar determinada doença. Alguns microbiologistas desenvolvem novos testes clínicos. Outros trabalham em laboratórios industriais para desenvolver ou fabricar antibióticos, vacinas ou produtos biológicos semelhantes. Outros ainda, envolvidos no controle da disseminação das infecções e dos problemas de saúde pública relacionados, trabalham em hospitais ou em laboratórios do governo.

Do ponto de vista das ciências da saúde, a pesquisa atual representa a fonte de novas tecnologias do futuro. A pesquisa em *imunologia* está aumentando enormemente o nosso conhecimento sobre o modo pelo qual os microrganismos desencadeiam respostas do hospedeiro e como os microrganismos escapam dessas respostas. Ela também está contribuindo para o desenvolvimento de novas vacinas e para o tratamento de distúrbios imunológicos. As pesquisas em *virologia* estão ampliando nossa compreensão de como os vírus causam infecções e como eles estão envolvidos no câncer. As pesquisas em *quimioterapia* estão aumentando o número de fármacos disponíveis para o tratamento de infecções e também estão ampliando nosso conhecimento sobre como esses fármacos atuam. Por fim, as pesquisas em *genética* estão fornecendo novas informações sobre a transferência da informação genética e, em particular, sobre como a informação genética atua em nível molecular.

**PARE e RESPONDA**

1. Cite três motivos para estudar microbiologia.
2. Qual é a diferença entre microbiologia e bacteriologia?
3. Qual é a diferença entre etiologia e epidemiologia?
4. Cite cinco doenças causadas por bactérias e cinco doenças causadas por vírus.

## RAÍZES HISTÓRICAS

Muitas das antigas leis de Moisés encontradas na Bíblia sobre o saneamento básico foram utilizadas através dos séculos e ainda contribuem para nossas práticas de medicina preventiva. No Deuteronômio, Capítulo 13, Moisés instruiu os soldados a carregar pás e enterrar os resíduos sólidos. A Bíblia também refere-se à hanseníase (lepra) e ao isolamento dos leprosos. Embora naquela época o termo *lepra* provavelmente incluísse outras doenças infecciosas e não infecciosas, o isolamento limitava a disseminação das doenças infecciosas.

Os gregos anteciparam a microbiologia, assim como fizeram com tantas coisas. O médico grego Hipócrates, que viveu em torno de 400 a.C., estabeleceu padrões éticos para a prática da medicina que ainda são utilizados hoje. Hipócrates era um sábio no assunto das relações humanas e também era um observador perspicaz. Ele associou determinados sinais e sintomas a doenças específicas e percebeu que as doenças podiam ser transmitidas de uma pessoa para outra através das roupas ou de outros objetos. Aproximadamente na mesma época, o historiador grego Tucídides observou que as pessoas que tinham se recuperado da peste podiam cuidar de outras vítimas da peste sem o perigo de contrair novamente a doença.

Os romanos também contribuíram para a microbiologia desde o século I a.C. O estudioso e escritor Varrão sugeriu que animais minúsculos e invisíveis entravam no corpo pela boca e pelo nariz, causando doença. Lucrécio, um poeta filósofo, descreveu as "sementes" da doença em seu *De Rerum Natura (Sobre a natureza das coisas).*

A peste bubônica, também denominada Peste Negra, apareceu na região do Mediterrâneo em torno de 542 d.C., onde alcançou proporções epidêmicas e matou milhões de pessoas. Em 1347, a peste invadiu a Europa ao longo das rotas das caravanas e das rotas marítimas provenientes da Ásia central, afetando em primeiro lugar a Itália e, em seguida, a França, a Inglaterra e, por fim, a Europa setentrional. Embora nenhum registro preciso tenha sido mantido naquela época, estima-se que dezenas de milhões de pessoas na Europa tenham morrido durante esse surto e em outros surtos sucessivos de peste no decorrer dos 300 anos subsequentes. A Peste Negra foi um grande nivelador – matou igualmente ricos e pobres (**Figura 1.4**). Os ricos fugiam para se isolar em casas de verão, porém carregavam consigo as pulgas infectadas tanto nos cabelos quanto nas roupas que não eram lavados. Em meados do século XIV (1347-1351), a peste sozinha exterminou 25 milhões de pessoas – um quarto da população da Europa e de regiões vizinhas – em apenas 5 anos. Nos arredores do mosteiro de Sedlec, perto de Praga, mais de 30.000 pessoas morreram de peste em 1 ano. Seus ossos são agora exibidos em um ossuário (**Figura 1.5**).

Até o século XVII, o avanço da microbiologia foi dificultado pela falta de instrumentos apropriados para observar os microrganismos. Em torno de 1665, o cientista inglês Robert Hooke construiu um microscópio composto (um microscópio em que a luz passa através de duas lentes) e o utilizou para

**Figura 1.4** ***O triunfo da morte*, de Pieter Brueghel, o Velho.** O que as pessoas estariam pensando e sentindo quando Brueghel pintou o quadro na metade do século XVI, uma época em que os surtos de peste ainda eram comuns em muitas partes da Europa? A pintura dramatiza a rapidez e a impossibilidade de escapar da morte de pessoas de todas as classes sociais e econômicas. *(Pieter Brueghel, o Velho (1528-1569), Flemish, Trionfolo della Morte, Painting, Prado, Madrid, Spain/Scala/Art Resource, NY.)*

**Figura 1.5 Ossuário no mosteiro de Sedlec, localizado perto de Praga.** Os ossos são, em sua maioria, das vítimas do surto de peste ocorrido em 1347-1351, em que morreram mais de 30.000 pessoas. *(Michal Cizek/AFP/Getty/NewsCom.)*

observar fatias finas de cortiça. Ele criou o termo *célula* para descrever a disposição ordenada das pequenas caixas que ele via, pois elas o lembravam das celas (pequenos aposentos vazios) dos monges. Entretanto, foi Anton van Leeuwenhoek (Figura 1.6), um comerciante holandês de tecidos e amador no polimento de lentes, quem primeiro fabricou e utilizou lentes para observar microrganismos vivos. As lentes fabricadas por Leeuwenhoek eram de excelente qualidade; algumas ampliavam até 300×, e eram notáveis por não produzirem distorções. Fazer essas lentes e olhar através delas eram as paixões de sua vida. Em toda parte que ele olhava, encontrava o que denominou de "animálculos". Leeuwenhoek os encontrou na água parada, em pessoas doentes e até mesmo em sua própria boca.

**Figura 1.6 Anton van Leeuwenhoek (1632-1723),** retratado ao segurar um de seus microscópios simples. *(Bettmann/Getty Images.)*

Com o passar dos anos, Leeuwenhoek observou todos os principais tipos de microrganismos – protozoários, algas, leveduras, fungos e bactérias em suas formas esféricas, em bastonete e espiraladas. Certa vez, escreveu: "Eu posso julgar por mim mesmo (apesar de limpar a minha boca, como já disse) que todas as pessoas que vivem na Holanda não são tantas quantos os animais vivos que eu carrego em minha própria boca hoje". A partir da década de 1670, escreveu numerosas cartas dirigidas à Sociedade Real de Londres e dedicou-se a seus estudos até a morte, em 1723, aos 91 anos de idade. Leeuwenhoek recusou vender seus microscópios a outras pessoas e, em consequência, não estimulou o desenvolvimento da microbiologia tanto quanto poderia tê-lo feito.

Após a morte de Leeuwenhoek, não houve nenhum avanço na microbiologia por mais de um século. Por fim, os microscópios tornaram-se mais amplamente disponíveis, e o progresso recomeçou. Vários pesquisadores descobriram maneiras de corar os microrganismos para torná-los mais visíveis.

O botânico sueco Carolus Linnaeus desenvolveu um sistema de classificação geral para todos os organismos vivos. O botânico alemão Matthias Schleiden e o zoólogo, também alemão, Theodor Schwann formularam a **teoria celular,** que estabelece que as células constituem as unidades fundamentais da vida e realizam todas as funções básicas dos seres vivos. Hoje, essa teoria ainda se aplica a todos os organismos celulares, mas não aos vírus.

## TEORIA GERMINAL DAS DOENÇAS

A **teoria germinal das doenças** afirma que os microrganismos (germes) podem invadir outros organismos e causar doenças. Embora seja uma ideia simples e geralmente aceita hoje, não era amplamente aceita quando foi formulada em meados do século XIX. Muitas pessoas acreditavam que o caldo, quando deixado em repouso, tornava-se turvo devido à presença de algo contido nele. Mesmo após ter mostrado que os microrganismos contidos no caldo causavam a sua turvação, as pessoas acreditavam que os microrganismos, como os "vermes" (larvas de mosca ou outras larvas) na carne podre, surgiam a partir de matéria não viva, um conceito conhecido como **geração espontânea**. A crença disseminada na geração espontânea, mesmo entre cientistas, dificultou ainda mais o desenvolvimento da ciência da microbiologia e a aceitação da teoria germinal das doenças. Enquanto acreditaram que os microrganismos podiam se originar a partir de substâncias não vivas, os cientistas não viam propósito em considerar como as doenças eram transmitidas ou como poderiam ser controladas. Desmistificar a crença na geração espontânea levou anos de árduos esforços.

### Primeiros estudos

Desde que os seres humanos existem, algumas pessoas provavelmente acreditavam que, de algum modo, os seres vivos originavam-se de modo espontâneo a partir da matéria não viva. As teorias de Aristóteles sobre os quatro "elementos" – fogo, terra, ar e água – parecem ter sugerido que forças não vivas de algum modo contribuíam para a geração da vida. Mesmo alguns naturalistas acreditavam que os roedores surgiam a partir de grãos úmidos; os insetos, da poeira; e os vermes e as rãs, da lama. Até o século XIX, parecia óbvio para a maioria das pessoas que a carne podre dava origem às "larvas".

No fim do século XVII, o médico italiano Francesco Redi planejou um conjunto de experimentos para demonstrar que, se pedaços de carne fossem cobertos com gaze, de modo que as moscas não pudessem alcançá-los, nenhuma "larva" iria aparecer na carne, por mais podre que estivesse (**Figura 1.7**). Entretanto, as larvas eclodiam de ovos das moscas depositados em cima da gaze. Apesar da prova de que as larvas não surgiam espontaneamente, alguns cientistas continuavam acreditando na geração espontânea – pelo menos, a dos microrganismos. Lazzaro Spallanzani, um clérigo e cientista italiano, foi mais cético. Ferveu infusões de caldo contendo matéria orgânica (viva ou anteriormente viva) e tampou os frascos para demonstrar que nenhum organismo poderia se desenvolver espontaneamente no seu interior. Os críticos não aceitaram isso como prova contrária à geração espontânea. Argumentaram que a fervura tinha retirado o oxigênio (que acreditavam que fosse necessário para todos os organismos) e que o fechamento dos frascos tinha impedido o seu retorno.

Vários cientistas tentaram diferentes maneiras de introduzir ar para anular essa crítica. Schwann aqueceu ar antes de introduzi-lo em frascos, e outros cientistas filtraram o ar através de substâncias químicas ou tampões de algodão. Todos esses métodos impediam o crescimento de microrganismos nos frascos. Porém, os críticos ainda alegavam que a alteração do ar impedia a geração espontânea.

Até mesmo cientistas no século XIX, com algum renome, continuaram argumentando clamorosamente a favor da geração espontânea. Acreditavam que um composto orgânico, previamente formado pelos organismos vivos, continha uma "força vital" a partir da qual surgia a vida. Naturalmente, essa força necessitava do ar, e eles acreditavam que todos os métodos de introdução de ar de algum modo o modificavam, de maneira que ele não podia mais interagir com a força.

Os proponentes da geração espontânea foram finalmente derrotados, em grande parte pelo trabalho do químico Frances Louis Pasteur e do físico inglês John Tyndall. Quando a Academia Francesa de Ciência patrocinou uma competição, em 1859, para "tentar por meio de experimentos bem realizados lançar uma nova luz à questão da geração espontânea", Pasteur entrou na competição.

Durante os anos em que Pasteur trabalhou na indústria de vinho, ele estabelecera que o álcool só era transformado em vinho na presença de levedura, e então ele aprendeu muito sobre o crescimento dos microrganismos. O experimento de Pasteur utilizado na competição envolveu seus famosos frascos em "pescoço de cisne" (**Figura 1.8**). Ele fervia as *infusões* (caldos de alimentos) em frascos, aquecia os gargalos e os transformava em longos tubos curvos abertos na extremidade. O ar podia então entrar nos frascos sem ser submetido a qualquer um dos tratamentos que os críticos alegavam ter a capacidade de destruir a sua efetividade. Os microrganismos transportados pelo ar também podiam entrar nos gargalos dos frascos, porém ficavam retidos em suas curvas e nunca alcançavam as infusões. As infusões dos experimentos de Pasteur permaneciam estéreis, a não ser que um frasco fosse inclinado de tal maneira que a infusão fluísse para dentro do gargalo e, em seguida, de volta ao frasco. Essa manipulação permitia que os microrganismos retidos no gargalo fossem levados com a infusão, onde poderiam crescer e produzir turvação da infusão. Em outro experimento, Pasteur filtrou o ar através de três tampões de algodão. Em seguida, imergiu os tampões em infusões estéreis, demonstrando que o crescimento ocorria nas infusões a partir dos organismos retidos nos tampões.

Tyndall deu outro golpe à ideia da geração espontânea quando utilizou frascos tampados contendo infusão fervida e os colocou em uma caixa hermeticamente fechada. Após deixar que todas as partículas de poeira sedimentassem no fundo da caixa, ele retirou cuidadosamente as tampas dos frascos. Esses frascos também permaneceram estéreis. Tyndall tinha mostrado que o ar poderia ser esterilizado pelo processo de sedimentação, sem qualquer tratamento que impedisse a ação da "força vital".

Tanto Pasteur quanto Tyndall foram bem-sucedidos, visto que os organismos presentes em suas infusões por ocasião da fervura foram destruídos pelo calor. Outros que tentaram os

© John Wiley and Sons, Inc.

**Figura 1.7 Experimento de Redi, refutando a geração espontânea de larvas na carne.** Quando a carne é exposta em um frasco aberto, as moscas depositam seus ovos sobre ela, e esses ovos eclodem, liberando larvas. Entretanto, em um frasco tampado, nenhuma larva aparece. Se o frasco for coberto com gaze, as larvas eclodem dos ovos depositados pelas moscas sobre a gaze, porém nenhuma larva aparece na carne.

**Figura 1.8 Um frasco em "pescoço de cisne" que Pasteur utilizou para refutar a teoria da geração espontânea.** Embora o ar pudesse entrar nos frascos, os micróbios ficavam retidos nas curvas do pescoço e nunca alcançavam o conteúdo do frasco. Desse modo, o conteúdo permanecia estéril – e ainda permanece até hoje, no museu – apesar da exposição ao ar. *(Charles O'Rear/Getty Images.)*

mesmos experimentos observaram que as infusões tornavam-se turvas em consequência do crescimento de microrganismos. Sabemos agora que as infusões nas quais houve crescimento continham microrganismos resistentes ao calor ou formadores de esporos; todavia, naquela época, o crescimento desses organismos era visto como evidência de geração espontânea. Assim, os trabalhos de Pasteur e Tyndall contestaram com sucesso a geração espontânea diante da maioria dos cientistas daquela época. O reconhecimento de que os microrganismos precisam ser introduzidos em um meio antes que o seu crescimento possa ser observado preparou o caminho para o desenvolvimento posterior da microbiologia – particularmente o desenvolvimento da teoria germinal das doenças.

## Outras contribuições de Pasteur

Louis Pasteur (**Figura 1.9**) foi um gigante incomparável entre os cientistas do século XIX que trabalhavam na microbiologia, de modo que precisamos ainda considerar algumas de suas numerosas contribuições. Nascido em 1822, filho de um sargento do exército de Napoleão, Pasteur trabalhou como pintor de retratos e como professor antes de iniciar os estudos de química em suas horas livres. Esses estudos o levaram a ocupar cargos em várias universidades francesas como professor de química e a contribuir de modo significativo para as indústrias de vinho e de seda. Ele descobriu que as leveduras cuidadosamente selecionadas produziam um bom vinho, mas que misturas de outros microrganismos competiam com a levedura pelo açúcar e tornavam o vinho oleoso ou com sabor azedo. Para combater esse problema, Pasteur desenvolveu a técnica de pasteurização (aquecimento do vinho a 56°C na ausência de oxigênio, durante 30 minutos) para matar os microrganismos indesejáveis. Enquanto estudava o bicho-da-seda, ele identificou três microrganismos diferentes que causavam, cada um deles, uma doença diferente. A associação que ele estabeleceu entre organismos específicos e a ocorrência de doenças particulares, embora acometendo o bicho-da-seda, em vez dos seres humanos, representou um primeiro passo importante para provar a teoria germinal das doenças.

Apesar da tragédia pessoal – a morte de três filhas e uma hemorragia cerebral que o deixou com paralisia permanente –, Pasteur continuou contribuindo para o desenvolvimento das vacinas. A mais conhecida de suas vacinas é a vacina antirrábica, preparada a partir da medula espinal seca de coelhos nos quais era injetado o vírus da raiva, que foi testada em animais. Quando um menino de 9 anos de idade, que tinha sido gravemente mordido por um cão raivoso, foi trazido até ele, Pasteur administrou a vacina, porém somente depois de uma longa noite de reflexões. Ele não era um médico e nunca tinha praticado antes medicina. O menino, que estava condenado a morrer, sobreviveu e tornou-se a primeira pessoa a ser imunizada contra a raiva. Mais tarde, durante a Segunda Guerra Mundial, o jovem então crescido foi morto por soldados alemães ao impedir que tivessem acesso ao túmulo de Pasteur, de modo que pudessem profanar seus ossos.

Em 1894, Pasteur tornou-se o diretor do Instituto Pasteur, que foi construído para ele em Paris. Até a sua morte, em 1895, dirigiu o treinamento e o trabalho de outros cientistas no instituto. Hoje, o Instituto Pasteur representa um centro de pesquisa bem-sucedido – um memorial apropriado a seu fundador.

**Figura 1.9 Louis Pasteur em seu laboratório.** A primeira vacina contra a raiva, desenvolvida por Pasteur, foi produzida a partir da medula espinal seca de coelhos infectados. *(Hulton Archive/Getty.)*

## Contribuições de Koch

Robert Koch (**Figura 1.10**), um contemporâneo de Pasteur, terminou o seu curso de medicina em 1872 e trabalhou como médico na Alemanha durante a maior parte de sua carreira. Depois de adquirir um microscópio e um equipamento fotográfico, passou a maior parte de seu tempo estudando as bactérias, particularmente as que causam doenças. Koch identificou a bactéria causadora do antraz, uma doença altamente contagiosa e letal no gado bovino e, algumas vezes, nos seres humanos. Ele observou a existência de células tanto em divisão ativa quanto dormentes (esporos) e desenvolveu técnicas para estudá-las *in vitro* (fora de um organismo vivo).

Koch também descobriu uma maneira de obter o crescimento de bactérias em *culturas puras* – culturas que continham apenas um tipo de organismo. Tentou semear suspensões de bactérias sobre fatias de batata e, em seguida, sobre gelatina solidificada. Mas a gelatina derrete na temperatura da incubadora (temperatura do corpo); mesmo em temperatura ambiente, alguns microrganismos a liquefazem. Por fim, Angelina Hesse (**Figura 1.11**), a esposa norte-americana de

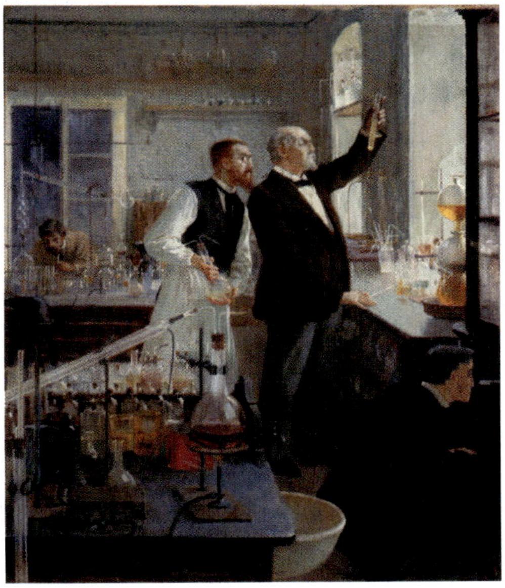

**Figura 1.10 Robert Koch em seu laboratório com assistentes.** Koch formulou quatro postulados para associar determinado organismo a uma doença específica. *(SuperStock.)*

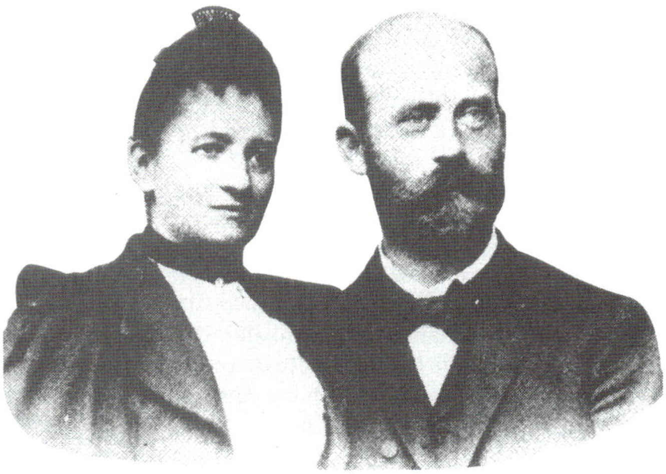

**Figura 1.11 Angelina e Walther Hesse.** A esposa norte-americana de um dos assistentes de Koch sugeriu solidificar os caldos com ágar para ajudar na obtenção de culturas puras. Ela utilizava o ágar para solidificar caldos na cozinha, e hoje continuamos utilizando o ágar em nossos laboratórios. *(De ASM News 47(7)392, 1961. Reproduzida, com autorização, da American Society for Microbiology.)*

um dos colegas de Koch, sugeriu que Koch adicionasse ágar (um espessante utilizado na cozinha) a seu meio bacteriológico. Isso criou uma superfície firme sobre a qual foi possível semear os microrganismos em uma camada muito fina – tão fina que alguns organismos eram separados de todos os outros. Cada organismo individual multiplicou-se então, produzindo uma colônia de milhares de descendentes. A técnica de Koch para a preparação de culturas puras continua sendo utilizada hoje em dia.

A notável realização de Koch foi a formulação de quatro postulados para associar determinado organismo a uma doença específica. Os **postulados de Koch,** que forneceram aos cientistas um método para estabelecer a teoria germinal das doenças, são os seguintes:

1. O agente causador específico precisa ser encontrado em todos os casos da doença
2. O organismo causador da doença deve ser isolado em cultura pura
3. A inoculação de uma amostra da cultura em um animal saudável e suscetível deve produzir a mesma doença
4. O organismo causador da doença deve ser recuperado a partir do animal inoculado.

Nesses postulados de Koch, está implícito o conceito de um organismo/uma doença. Os postulados pressupõem que uma doença infecciosa seja causada por um único organismo, e eles foram direcionados para estabelecer esse fato. Esse conceito também representou um importante avanço no desenvolvimento da teoria germinal das doenças.

Após obter um cargo no laboratório da Universidade de Bonn, em 1880, Koch conseguiu dedicar seu tempo integral ao estudo dos microrganismos. Identificou a bactéria causadora da tuberculose, desenvolveu um método complexo de coloração desse microrganismo e contestou a ideia de que a tuberculose fosse herdada. Ele também orientou a pesquisa que levou ao isolamento do *Vibrio cholerae*, a bactéria causadora da cólera.

Em poucos anos, Koch tornou-se professor de higiene na Universidade de Berlim, onde ministrou um curso de microbiologia, que se acredita tenha sido o primeiro oferecido. Ele também desenvolveu a *tuberculina*, que esperava vir a se tornar uma vacina contra a tuberculose. Por ter subestimado a dificuldade de matar o microrganismo causador da tuberculose, o uso da tuberculina resultou em várias mortes causadas pela doença. Embora a tuberculina não fosse aceitável como vacina, o seu desenvolvimento representou a base para o desenvolvimento de um teste cutâneo para o diagnóstico da tuberculose. Após o desastre da vacina, Koch deixou a Alemanha. Fez várias visitas à África, pelo menos duas visitas à Ásia e uma aos EUA.

Nos últimos 15 anos de sua vida, seus progressos foram numerosos e variados. Conduziu pesquisas sobre a malária, a febre tifoide, a doença do sono e várias outras doenças. Seus estudos sobre a tuberculose lhe deram o Prêmio Nobel de Fisiologia e Medicina, em 1905, e o seu trabalho na África e na Ásia fez com que fosse tratado com grande respeito nesses continentes.

## Trabalhos para controlar as infecções

À semelhança de Koch e Pasteur, dois médicos do século XIX, Ignaz Philipp Semmelweis, da Áustria, e Joseph Lister, da Inglaterra, estavam convencidos de que os microrganismos causavam infecções (**Figura 1.12**). Semmelweis reconheceu a existência de uma ligação entre autópsias e febre puerperal. Muitos médicos saíam diretamente das autópsias para examinar mulheres em trabalho de parto sem ter o cuidado de lavar as mãos. Quando Semmelweis tentou incentivar práticas mais higiênicas, ele foi ridicularizado e perseguido até sofrer uma crise nervosa, quando foi internado em um asilo. Por fim, ele sofreu a curiosa ironia de morrer de uma infecção causada pelo mesmo microrganismo que produz a febre puerperal. Em 1865, Lister, que tinha lido o trabalho de Pasteur sobre a pasteurização e o trabalho de Semmelweis sobre a melhora das condições higiênicas, iniciou o uso do ácido carbólico diluído nas ataduras e instrumentos, com a finalidade de reduzir as infecções. Lister também foi ridicularizado; entretanto,

### SAIBA MAIS

### O que existe na última gota?

Durante o século XIX, os cientistas franceses e alemães foram extremamente competitivos. Uma área de competição foi a preparação de culturas puras. O método confiável de Koch na preparação de culturas puras a partir de colônias em meios sólidos permitiu aos microbiologistas alemães fazerem progressos. O método de diluição do caldo, desenvolvido pelos microbiologistas franceses, embora agora seja frequentemente utilizado para a contagem dos microrganismos (ver Capítulo 7), dificultou os progressos. Eles acrescentavam algumas gotas de uma cultura a um caldo fresco, misturavam e adicionavam algumas gotas da mistura a um caldo mais fresco. Depois de várias diluições sucessivas, chegavam à conclusão de que o último caldo que apresentasse micróbios em crescimento continha um único organismo. Infelizmente, a diluição final frequentemente continha mais de um organismo, e, algumas vezes, os organismos eram de diferentes tipos. Essa técnica errada levou a vários fracassos, como a inoculação de animais com doses letais de microrganismos, em vez de vaciná-los.

A B

**Figura 1.12 Dois pioneiros do século XIX no controle das infecções. A.** Ignaz Philipp Semmelweis, que morreu em um asilo antes que suas inovações fossem amplamente aceitas, retratado em um selo austríaco de 1965. *(Universal Images Group/Getty Images.)* **B.** Joseph Lister, realizando uma cirurgia com pulverização de ácido carbólico sobre o campo cirúrgico, continuou com sucesso o trabalho de Semmelweis no desenvolvimento de técnicas assépticas. *(Bettmann/Getty Images.)*

devido a seu temperamento imperturbável, vontade obstinada e tolerância às críticas hostis, ele foi capaz de continuar o seu trabalho. Seus métodos, que constituem as primeiras *técnicas assépticas*, demonstraram ser efetivos para diminuir as infecções das feridas cirúrgicas nas enfermarias. Com a idade de 75 anos, cerca de 37 anos após ter introduzido o uso do ácido carbólico, Lister foi agraciado com a Ordem do Mérito pelo seu trabalho na prevenção da disseminação das infecções. Ele é considerado o pai da cirurgia antisséptica.

**PARE e RESPONDA**

1. Que semelhanças e diferenças você percebe quando são comparadas as epidemias antigas de peste com a epidemia atual da AIDS?
2. Descreva a teoria germinal das doenças. Tente fornecer uma explicação para as causas das doenças que seja contrária à teoria germinal.
3. Como o experimento de Pasteur com frascos em "pescoço de cisne" contestou a teoria da geração espontânea?
4. Por que o método dos microbiologistas franceses de diluição dos caldos foi inadequado para a obtenção de culturas puras de organismos?

## SURGIMENTO DE CAMPOS ESPECIAIS DA MICROBIOLOGIA

Pasteur, Koch e a maioria dos outros microbiologistas considerados até agora eram generalistas interessados em uma grande variedade de problemas. Outros cientistas que contribuíram para a microbiologia apresentavam interesses mais específicos; todavia, suas realizações não foram menos valiosas. De fato, esses empreendimentos ajudaram a estabelecer os campos especiais da imunologia, da virologia, da quimioterapia e da genética microbiana – campos que hoje representam áreas de pesquisa intensa. A Tabela 1.2 fornece as definições de campos selecionados da microbiologia.

### Imunologia

A doença depende não apenas dos microrganismos que invadem um hospedeiro, mas também da resposta desse hospedeiro à invasão. Hoje, sabemos que a resposta do hospedeiro representa, em parte, uma resposta do sistema imune.

Os antigos chineses sabiam que uma pessoa com cicatrizes de varíola não iria adquirir a doença outra vez. Eles tiravam as crostas secas das lesões das pessoas que estavam se recuperando da doença e as moíam até transformá-las em pó que eles aspiravam. Em consequência da inalação de microrganismos enfraquecidos, eles adquiriam uma forma leve da varíola, porém ficavam protegidos contra infecções posteriores.

Pocahontas morreu de varíola em 1617, na Inglaterra.

A varíola era desconhecida na Europa até que os cruzados a trouxeram do Oriente Médio, no século XII. No século XVII, a doença tinha se disseminado. Em 1717, Lady Mary Ashley Montagu, esposa do embaixador britânico na Turquia, introduziu um tipo de imunização na Inglaterra. Uma linha era embebida com líquido de uma vesícula da varíola e introduzido no braço por meio de uma pequena incisão. Essa técnica, denominada *variolação,* foi utilizada inicialmente por apenas algumas pessoas importantes, porém acabou se tornando disseminada.

No fim do século XVIII, Edward Jenner observou que as ordenhadoras, que frequentemente apresentavam varíola bovina, não adquiriam varíola humana, e ele então inoculou o seu próprio filho com o líquido de uma vesícula da varíola bovina. Posteriormente, ele inoculou de modo semelhante uma criança de 8 anos de idade e, subsequentemente, inoculou-a com o vírus da varíola. A criança permaneceu saudável. O termo *vacínia* (do latim *vacca,* "vaca") deu origem tanto ao nome do vírus que causa a varíola bovina quanto à palavra *vacina.* No início do século XIX, Jenner recebeu subsídios que

Os bezerros – tosados, inoculados e cobertos com lesões da varíola – eram levados de casa em casa por negociantes que ofereciam vacinação durante o período colonial da América do Norte.

somaram 30.000 libras esterlinas para prosseguir seu trabalho sobre vacinação. Hoje, essas doações equivaleriam a mais de 1 milhão de dólares. Podem ter sido o primeiro financiamento para pesquisa médica.

Com seu trabalho sobre vacinas contra raiva e cólera, Pasteur contribuiu de modo significativo para o surgimento da imunologia. Em 1879, quando Pasteur estava estudando a cólera em galinhas, seu assistente utilizou acidentalmente uma cultura velha de bactérias causadoras da cólera de galinhas para inocular algumas galinhas. As galinhas não apresentaram sintomas da doença. Quando, posteriormente, o assistente inoculou as mesmas galinhas com uma cultura recente, elas permaneceram saudáveis. Embora a princípio não tivesse planejado utilizar culturas velhas, Pasteur percebeu que as galinhas tinham sido imunizadas contra a cólera. Deduziu que os microrganismos deviam ter perdido a sua capacidade de produzir doença, mas que mantiveram a capacidade de produzir imunidade. Essa constatação levou Pasteur a pesquisar técnicas capazes de exercer o mesmo efeito sobre outros organismos. O desenvolvimento da vacina antirrábica por Pasteur foi uma tentativa bem-sucedida.

Com Jenner e Pasteur, o zoologista russo do século XIX Elie Metchnikoff foi um pioneiro da imunologia (Figura 1.13). Na década de 1880, muitos cientistas acreditavam que a imunidade fosse devida a substâncias acelulares presentes no sangue. Metchnikoff descobriu que determinadas células do corpo eram capazes de ingerir microrganismos. Ele denominou essas células de *fagócitos*, o que literalmente significa "que come células". A identificação dos fagócitos como células que defendem o corpo contra microrganismos invasores foi um primeiro passo na compreensão da imunidade. Metchnikoff também desenvolveu várias vacinas. Algumas tiveram sucesso, mas, infelizmente, outras infectaram os receptores com os microrganismos contra os quais estavam sendo supostamente imunizados. Alguns de seus indivíduos adquiriram gonorreia e sífilis em consequência de suas vacinas. Metchnikoff utilizou o método francês de obter culturas supostamente "puras".

**Figura 1.13 Elie Metchnikoff.** Metchnikoff foi um dos primeiros cientistas a estudar as defesas do corpo contra microrganismos invasores. *(North Wind Picture Archives/Alamy.)*

## Virologia

A ciência da virologia surgiu depois da bacteriologia, visto que os vírus só puderam ser identificados após o desenvolvimento de certas técnicas para estudar e isolar partículas maiores, como as bactérias. Quando Charles Chamberland, um colaborador de Pasteur, desenvolveu um filtro de porcelana para remover as bactérias da água, em 1884, ele não tinha ideia de que algum tipo de agente infeccioso pudesse passar através do filtro. Mas pesquisadores logo perceberam que alguns filtrados (materiais que passavam através dos filtros) permaneciam infecciosos, mesmo após a filtração das bactérias. Martinus Beijerinck, microbiologista holandês, estabeleceu a razão pela qual esses filtrados eram infecciosos e, portanto, foi o primeiro a caracterizar os vírus. O termo *vírus* era usado anteriormente para se referir a venenos e a agentes infecciosos em geral. Beijerinck empregou o termo para referir-se a moléculas *patogênicas* (causadoras de doenças) específicas incorporadas às células. Ele também acreditava que essas moléculas podiam tomar emprestado, para seu próprio uso, os mecanismos metabólicos e de replicação existentes das células infectadas, conhecidas como *células hospedeiras*.

O progresso no campo da virologia necessitava do desenvolvimento de técnicas para o isolamento, propagação e análise dos vírus. Wendell Stanley, cientista americano, cristalizou o vírus do mosaico do tabaco em 1935, mostrando que um agente dotado de propriedades de um organismo vivo também se comportava como uma substância química (Figura 1.14). Os cristais consistiam em proteína e ácido ribonucleico (RNA). Em pouco tempo, constatou-se que o ácido nucleico era importante na infecciosidade dos vírus. Os vírus foram observados pela primeira vez com um microscópio eletrônico em 1939. A partir desse momento, foram realizados estudos tanto químicos quanto microscópicos para investigar os vírus.

Em 1952, os biólogos americanos Alfred Hershey e Martha Chase já tinham demonstrado que o material genético de

### SAIBA MAIS

### Um problema "espinhoso"

A vida pessoal de Metchnikoff teve um papel na descoberta dos fagócitos. Viúvo, quando voltou a se casar, teve que assumir, com a esposa de 16 anos, uma dúzia de irmãos e irmãs mais novos como parte do acordo nupcial. Certa ocasião, Metchnikoff deixou em seu microscópio uma estrela-do-mar que estava estudando antes de ir almoçar com a esposa. Enquanto a estrela-do-mar estava sem supervisão, as crianças maliciosas colocaram espinhos no animal. Metchnikoff ficou enfurecido ao descobrir que a sua estrela-do-mar tinha sido mutilada, porém ele a examinou mais uma vez ao microscópio antes de descartá-la. Ficou espantado ao descobrir que as células da estrela-do-mar tinham se agrupado em torno dos espinhos. Depois de um estudo mais detalhado, ele identificou as células como *leucócitos* (glóbulos brancos) e constatou que eles eram capazes de devorar partículas estranhas. Criou o termo *fagocitose* (*phago:* "comer"; *kytos:* "célula") para descrever esse processo. Ele percebeu que o processo que tinha descoberto representava um importante mecanismo de defesa do corpo, para o qual recebeu o Prêmio Nobel em 1908, tornando-se conhecido como o pai da imunologia. Incidentalmente, ele nunca teve filhos.

A B

**Figura 1.14 Vírus do mosaico do tabaco.** **A.** Micrografia eletrônica do vírus do mosaico do tabaco (aumento aproximado de 617.000×). *(Omikron/Science Source.)* **B.** Estrutura do vírus do mosaico do tabaco. Um cerne helicoidal de RNA é envolto por uma capa, que consiste em unidades proteicas repetidas. A estrutura das partículas é tão regular que o vírus pode ser cristalizado.

alguns vírus consistia em outro ácido nucleico, o ácido desoxirribonucleico (DNA). Em 1953, o estudante americano de pós-doutorado James Watson e o biofísico inglês Francis Crick determinaram a estrutura do DNA. Isso criou as condições adequadas para um rápido avanço na compreensão de como o DNA funciona como material genético, tanto nos vírus quanto nos organismos celulares. Desde a década de 1950, centenas de vírus foram isolados e caracterizados. Embora muito ainda exista para ser aprendido sobre os vírus, houve enormes progressos na compreensão de sua estrutura e função.

## Quimioterapia

O médico grego Dioscórides compilou a obra *Materia Medica* no século I d.C. Esse trabalho de cinco volumes listou uma série de substâncias derivadas de plantas medicinais que ainda são utilizadas – digitálicos, curare, efedrina e morfina – juntamente com uma lista de medicações herbáceas. O crédito pela introdução da fitoterapia nos EUA é atribuído a muitos grupos de colonizadores, porém os nativos americanos já utilizavam muitas ervas medicinais antes da chegada dos europeus à América. Muitos dos denominados povos primitivos continuam utilizando ervas extensivamente, e algumas empresas farmacêuticas financiam expedições para a bacia Amazônica e outras áreas remotas para investigar o uso que os nativos fazem das plantas que crescem em seu ambiente.

Durante a Idade Média, não houve praticamente nenhum avanço no uso de substâncias químicas para o tratamento de doenças. No início do século XVI, o médico suíço Paracelso utilizou elementos químicos metálicos para tratar determinadas doenças – por exemplo, o antimônio para infecções em geral e o mercúrio para a sífilis. Em meados do século XVII, Thomas Sydenham, médico inglês, introduziu o uso da casca da árvore chichona para o tratamento da malária. Essa casca, que agora sabemos que contém quinina, tinha sido utilizada para o tratamento de febres na Espanha e na América do Sul. No século XIX, a morfina foi extraída da papoula e utilizada clinicamente para aliviar a dor.

Paul Ehrlich, o primeiro pesquisador importante no campo da quimioterapia (Figura 1.15), recebeu o grau de doutor pela Universidade de Leipzig, na Alemanha, em 1878. A descoberta que ele fez de que certos corantes tingiam microrganismos, mas não células animais, sugeriu que os corantes ou outras substâncias químicas poderiam matar seletivamente as células microbianas. Essa observação o levou a pesquisar uma "bala mágica", uma substância química capaz de destruir bactérias específicas, sem provocar dano aos tecidos. Ehrlich criou o termo *quimioterapia* e dirigiu o primeiro instituto do mundo dedicado ao desenvolvimento de substâncias para o tratamento de doenças.

No início do século XX, a pesquisa pela "bala mágica" prosseguiu, particularmente entre os cientistas do instituto de Ehrlich. Após testar centenas de compostos (e numerar cada um deles), Ehrlich constatou que o composto 418 (arsenofenilglicina) era efetivo contra a doença do sono, enquanto o composto 606 (Salvarsan [arsfenamina]) era efetivo contra a sífilis.

**Figura 1.15 Paul Ehrlich.** Ehrlich foi um pioneiro no desenvolvimento da quimioterapia para as doenças infecciosas. *(Bettmann/Getty Images.)*

## SAÚDE PÚBLICA

### Ar de pântano ou mosquitos?

Durante o esforço americano na construção do canal do Panamá, em 1905, a febre amarela atacou os homens que trabalhavam nos pântanos. A febre amarela era uma doença terrível e fatal. Como descreveu Paul de Kruif em *Microbe Hunters* (*Caçadores de micróbios*), "quando moradores de uma cidade começavam a ficar amarelos e a apresentar soluços e vômitos negros por centenas de vezes a cada dia – a única solução era levantar-se e sair da cidade". Todo o projeto do canal estava ameaçado por causa da doença, e coube ao médico Walter Reed a tarefa de controlar a doença. Reed ouviu os conselhos do Dr. Carlos Finlay y Barres de Havana, Cuba, que durante anos afirmou que a febre amarela era transmitida por mosquitos. Reed ignorou aqueles que criticavam o Dr. Finlay como velho teorizador tolo e insistiam que a febre amarela era causada pelo ar do pântano. Várias pessoas, incluindo James Carroll, antigo colaborador de Reed, apresentaram-se como voluntários para ser picados por mosquitos que se sabiam tinham picado pacientes com febre amarela. Embora Carroll tenha sobrevivido após quase ter sofrido uma parada cardíaca, a maior parte dos outros voluntários morreu. Jesse Lazear, médico que trabalhava com Reed, foi acidentalmente picado por mosquitos enquanto trabalhava com pacientes. Começou a apresentar sintomas em 5 dias e faleceu em 12 dias. Consequentemente, ficou claro que os mosquitos eram os agentes transmissores da febre amarela. Experimentos semelhantes em que voluntários dormiam com lençóis embebidos com o vômito de pacientes com febre amarela demonstrou que o ar insalubre e a água, lençóis e pratos contaminados não estavam envolvidos. Posteriormente, Later Carroll fez passar o sangue de vítimas da febre amarela por um filtro de porcelana e utilizou o filtrado para inocular três pessoas que não tinham tido febre amarela. Não se sabe como Carroll teve a aceitação desses voluntários, porém sabe-se que dois deles morreram de febre amarela. O agente que passou através do filtro de porcelana foi posteriormente identificado como um vírus.

Durante 40 anos, o Salvarsan continuou sendo o melhor tratamento disponível para essa doença. Em 1922, Alexander Fleming, médico escocês, descobriu que a lisozima, uma enzima encontrada nas lágrimas, na saliva e no suor, tinha a capacidade de matar bactérias. A lisozima foi a primeira secreção corporal que demonstrou ter propriedades quimioterápicas.

O desenvolvimento dos **antibióticos** começou em 1917, com a observação de que determinadas bactérias (actinomicetos) interrompiam o crescimento de outras bactérias. Em 1928, Fleming (**Figura 1.16**) observou que uma colônia do bolor *Penicillium*, que estava contaminando uma cultura de bactérias do gênero *Staphylococus*, tinha impedido o crescimento das bactérias adjacentes a ele. Embora não tenha sido o primeiro a observar esse fenômeno, Fleming foi o primeiro a reconhecer o seu potencial de combater infecções. Entretanto, a purificação de quantidades suficientes da substância, à qual deu o nome de *penicilina*, demonstrou ser muito difícil. A enorme necessidade de uma substância desse tipo durante a Segunda Guerra Mundial, o dinheiro do Instituto Rockefeller e o trabalho intenso do bioquímico alemão Ernst Chain, do patologista australiano Howard Florey e dos pesquisadores da Universidade de Oxford possibilitaram a realização dessa tarefa. A penicilina tornou-se disponível como agente quimioterápico seguro e versátil para uso nos seres humanos.

**Figura 1.16 Alexander Fleming.** Fleming descobriu as propriedades antibacterianas da penicilina. *(Science Source/Getty Images.)*

Enquanto esse trabalho estava sendo realizado, as sulfas estavam sendo desenvolvidas. Em 1935, o Prontosil Rubrum, um corante avermelhado contendo um grupo químico de sulfonamida, foi utilizado no tratamento de infecções estreptocócicas. Estudos conduzidos posteriormente mostraram que as sulfonamidas eram convertidas no corpo em sulfanilamidas; em consequência, muitos trabalhos subsequentes foram dedicados ao desenvolvimento de substâncias contendo sulfanilamida. O químico alemão Gerhard Domagk desempenhou um importante papel nesse trabalho, e uma das substâncias, o Prontosil, salvou a vida de sua filha. Em 1939, foi agraciado com o Prêmio Nobel pelo seu trabalho, porém Hitler se recusou a permitir que ele viajasse para receber o prêmio. Os desdobramentos do trabalho de Domagk levaram ao desenvolvimento da isoniazida, um agente efetivo contra a tuberculose. Tanto as sulfas quanto a isoniazida continuam sendo utilizadas hoje em dia.

O desenvolvimento dos antibióticos foi retomado com o trabalho de Selman Waksman, que nasceu na Ucrânia e mudou-se para os EUA em 1910. Inspirado pela descoberta da tirotricina, um antibiótico produzido por bactérias do solo, pelo microbiologista francês Rene Dubos, em 1939, Waksman examinou amostras do solo de todas as partes do mundo à procura de microrganismos ou seus produtos capazes de inibir o crescimento. Em 1941, criou o termo *antibiótico* para descrever a actinomicina e outros produtos que ele isolou. Tanto a tirotricina quanto a actinomicina demonstraram ser excessivamente tóxicas para uso geral como antibióticos. Depois de esforços repetidos, Waksman isolou, em 1943, uma substância menos tóxica, a estreptomicina. A estreptomicina representou um importante avanço no tratamento da tuberculose. Na mesma década, Waksman e outros pesquisadores isolaram a neomicina, o cloranfenicol e a clortetraciclina.

O exame de amostras de solo provou ser uma boa maneira de descobrir antibióticos, e tanto exploradores quanto cientistas ainda hoje coletam amostras de solo para análise. Os organismos mais comuns produtores de antibióticos são repetidamente redescobertos, porém sempre continua existindo a possibilidade de descobrir um novo organismo. Até mesmo o mar forneceu antibióticos, particularmente a partir do fungo *Cephalosporium acremonium*. O microbiologista italiano Giuseppe Brotzu observou a ausência de organismos causadores de doença na água do mar nos locais de saída de esgoto, e ele deduziu que deveria haver algum antibiótico presente. Subsequentemente, a cefalosporina foi purificada, e vários derivados da cefalosporina estão atualmente disponíveis para o tratamento de doenças em seres humanos.

O fato de que muitos antibióticos tenham sido descobertos não deve interromper a pesquisa de mais antibióticos. Enquanto houver doenças infecciosas sem tratamento, a pesquisa deverá continuar. Mesmo quando um tratamento efetivo se torna disponível, é sempre possível que seja encontrado um tratamento melhor, menos tóxico e mais barato. Entre os numerosos agentes quimioterápicos atualmente disponíveis, nenhum tem a capacidade de curar infecções virais. Consequentemente, grande parte da atual pesquisa de substâncias está direcionada para o desenvolvimento de agentes antivirais efetivos.

## Genética e biologia molecular

A genética moderna começou em 1900, com a redescoberta dos princípios de genética de Gregor Mendel. Mesmo depois desse importante acontecimento, pouco se progrediu por quase três décadas na compreensão de como as características microbianas são herdadas. Por esse motivo, a genética microbiana é o ramo mais recente da microbiologia. Em 1928, o cientista inglês Frederick Griffith descobriu que bactérias anteriormente inócuas poderiam modificar a sua própria natureza, adquirindo a capacidade de causar doenças. O aspecto notável dessa descoberta foi que as bactérias vivas demonstraram adquirir traços herdados das bactérias mortas. No início da década de 1940, Oswald Avery, Maclyn McCarty e Colin MacLeod, do Instituto Rockefeller em Nova York, demonstraram que a mudança ocorrida era produzida pelo DNA. Depois desse achado, veio a descoberta crucial da estrutura do DNA por James Watson e Francis Crick. Esse avanço conduziu à era moderna da genética molecular.

Aproximadamente na mesma época, os geneticistas norte-americanos Edward Tatum e George Beadle utilizaram variações genéticas do fungo *Neurospora* para demonstrar como o metabolismo é controlado pela informação genética. No início da década de 1950, a geneticista Barbara McClintock descobriu que alguns genes (unidades de informação herdadas) podem se deslocar de um local para outro de um cromossomo. Antes do trabalho de McClintock, acreditava-se que os genes permaneciam estacionários. Sua descoberta revolucionária forçou os geneticistas a rever seus conceitos sobre os genes.

Mais recentemente, os cientistas descobriram a base genética subjacente à capacidade do corpo humano de produzir uma enorme diversidade de *anticorpos* – moléculas produzidas pelo sistema imune para combater microrganismos invasores e seus produtos tóxicos. No interior das células do sistema imune, os genes são misturados e reunidos em várias combinações, de modo que o corpo possa produzir milhões de anticorpos diferentes, incluindo alguns que podem nos proteger das ameaças que o corpo nunca tenha encontrado anteriormente.

## HISTÓRIA DO AMANHÃ

A descoberta de hoje transforma-se na história do amanhã. Em um campo de pesquisa ativo como o da microbiologia, é impossível fornecer uma história completa. Alguns dos microbiologistas omitidos nessa discussão estão relacionados na **Tabela 1.3**. O período apresentado, de 1874 a 1917, é denominado a idade de ouro da microbiologia. Você pode constatar que muitos dos termos empregados para descrever as realizações desses cientistas não são familiares, porém você irá se familiarizar com eles à medida que for estudando a microbiologia. Desde 1900, os prêmios Nobel têm sido concedidos anualmente a cientistas de destaque, muitos dos quais nos campos da fisiologia ou da medicina (**Tabela 1.4**). Em alguns anos, o prêmio foi compartilhado por vários cientistas, embora possam ter feito contribuições independentes. Consulte as Tabelas 1.3 e 1.4 à medida que começar a estudar cada nova área da microbiologia.

Com base na Tabela 1.4, você pode constatar que a microbiologia tem estado na vanguarda da pesquisa em medicina e biologia durante várias décadas, e provavelmente nunca tanto quanto hoje. Um dos motivos é o foco renovado e direcionado às doenças infecciosas em consequência do aparecimento da AIDS. Outra razão é o notável progresso realizado na engenharia genética nas últimas duas décadas. Os microrganismos têm sido e continuam sendo uma parte essencial da revolução da engenharia genética. A maior parte das descobertas fundamentais que levaram ao nosso atual conhecimento da genética surgiu de pesquisas realizadas com microrganismos. Hoje, os cientistas estão procurando modificar microrganismos para várias finalidades (ver Capítulo 9). As bactérias foram transformadas em fábricas que produzem fármacos, hormônios, vacinas e uma variedade de compostos biologicamente importantes. E os microrganismos, em particular os vírus, constituem frequentemente os veículos nos quais os cientistas introduzem novos genes em outros organismos. Essas técnicas estão começando a permitir a produção de melhores variedades de plantas e animais, como culturas resistentes a pragas, e podem até mesmo nos capacitar a corrigir defeitos genéticos nos seres humanos.

Em setembro de 1990, uma menina de 4 anos de idade tornou-se a primeira paciente a receber terapia gênica. Ela tinha herdado um gene defeituoso que incapacitava o seu sistema imune. Médicos dos National Institutes of Health (NIH) dos EUA inseriram, no laboratório, uma cópia normal do gene em alguns de seus leucócitos e, em seguida, injetaram essas células tratadas com genes de volta em seu corpo, onde se esperava que eles iriam restaurar o seu sistema imune. Os críticos estavam preocupados com o fato de que um novo gene aleatoriamente inserido nos leucócitos da menina pudesse causar dano a outros genes e provocar câncer. O experimento foi um sucesso, e a paciente hoje goza de boa saúde.

Novas descobertas estão sendo feitas constantemente e, algumas vezes, suplantam achados mais antigos. Em certas ocasiões, novas descobertas levam quase imediatamente ao desenvolvimento de aplicações médicas, como ocorreu com a penicilina e, muito provavelmente, ocorrerá quando for descoberta a cura ou uma vacina para a AIDS. Entretanto, ideias antigas, como a da geração espontânea, e práticas antigas, como medidas não sanitárias em medicina, podem levar anos para serem substituídas. Muitos problemas bioéticos irão exigir reflexão considerável. Decisões sobre a realização de testes

**Tabela 1.3** A idade de ouro da microbiologia: os primeiros microbiologistas e suas realizações.

| Ano | Pesquisador | Realização |
|---|---|---|
| 1874 | Billroth | Descoberta das bactérias redondas em cadeias |
| 1876 | Koch | Identificação de *Bacillus anthracis* como agente etiológico do antraz |
| 1878 | Koch | Diferenciação dos estafilococos |
| 1879 | Hansen | Descoberta de *Mycobacterium leprae* como agente etiológico da hanseníase |
| 1880 | Neisser | Descoberta de *Neisseria gonorrhoeae* como agente etiológico da gonorreia |
| 1880 | Laveran e Ross | Identificação do ciclo de vida dos parasitas da malária nos eritrócitos de seres humanos infectados |
| 1880 | Eberth | Descoberta de *Salmonella typhi* como agente etiológico da febre tifoide |
| 1880 | Pasteur e Sternberg | Isolamento e cultura dos cocos causadores da pneumonia a partir da saliva |
| 1881 | Koch | Imunização de animais com bacilo do antraz atenuado |
| 1882 | Leistikow e Loeffler | Cultura de *Neisseria gonorrhoeae* |
| 1882 | Koch | Descoberta de *Mycobacterium tuberculosis* como agente etiológico da tuberculose |
| 1882 | Loeffler e Schutz | Identificação de *Actinobacillus* que causa o mormo em animais |
| 1883 | Koch | Identificação de *Vibrio cholerae* como agente da cólera |
| 1883 | Klebs | Identificação de *Corynebacterium diphtheriae* (e toxina) como agente causador da difteria |
| 1884 | Loeffler | Cultura de *Corynebacterium diphtheriae* |
| 1884 | Rosenbach | Cultura pura de estreptococos e estafilococos |
| 1885 | Escherich | Identificação de *Escherichia coli* como habitante natural do intestino humano |
| 1885 | Bumm | Cultura pura de *Neisseria gonorrhoeae* |
| 1886 | Flugge | Coloração para diferenciar bactérias |
| 1886 | Fraenckel | Relação de *Streptococcus pneumoniae* com pneumonia |
| 1887 | Weichselbaum | Relação de *Neisseria meningitidis* com meningite |
| 1887 | Bruce | Identificação de *Brucella melitensis* como agente etiológico da brucelose no gado bovino |
| 1887 | Petri | Invenção da placa de cultura |
| 1888 | Roux e Yersin | Descoberta da ação da toxina diftérica |
| 1889 | Charrin e Roger | Descoberta da aglutinação das bactérias no soro imune |
| 1889 | Kitasato | Descoberta da produção da toxina tetânica por *Clostridium tetani* |
| 1890 | Pfeiffer | Identificação do bacilo de Pfeiffer, *Haemophilus influenzae* |
| 1890 | von Behring e Kitasato | Imunização de animais com toxina diftérica |
| 1892 | Ivanovski | Descoberta da capacidade de filtração do vírus do mosaico do tabaco |
| 1894 | Roux e Kitasato | Identificação de *Yersinia pestis* como agente etiológico da peste bubônica |
| 1894 | Pfeiffer | Descoberta da bacteriólise no soro imune |
| 1895 | Bordet | Descoberta da alexina (complemento) e da hemólise |
| 1896 | Widal e Grunbaum | Desenvolvimento do teste diagnóstico com base na aglutinação dos bacilos da febre tifoide pelo sistema imune |
| 1897 | van Ermengem | Descoberta de *Clostridium botulinum* como agente etiológico do botulismo |
| 1897 | Kraus | Descoberta das precipitinas |
| 1897 | Ehrlich | Formulação da teoria da cadeia lateral na formação dos anticorpos |
| 1898 | Shiga | Descoberta de *Shigella dysenteriae* como agente etiológico da disenteria |
| 1898 | Loeffler e Frosch | Descoberta da capacidade de filtração do vírus que causa a doença mão-pé-boca |
| 1899 | Beijerinck | Descoberta da reprodução intracelular do vírus do mosaico do tabaco |
| 1901 | Bordet e Gengou | Identificação de *Bordetella pertussis* como agente etiológico da coqueluche; desenvolvimento do teste de fixação do complemento |
| 1901 | Reed e colaboradores | Identificação do vírus que causa a febre amarela |
| 1902 | Portier e Richet | Trabalho sobre anafilaxia |
| 1903 | Remlinger e Riffat-Bey | Identificação do vírus causador da raiva |
| 1905 | Schaudinn e Hoffmann | Identificação de *Treponema pallidum* como agente etiológico da sífilis |
| 1906 | Wasserman, Neisser e Bruck | Desenvolvimento da reação de Wasserman para anticorpos contra a sífilis |
| 1907 | Asburn e Craig | Identificação do vírus que causa a dengue |
| 1909 | Flexner e Lewis | Identificação do vírus que causa a poliomielite |
| 1915 | Twort | Descoberta dos vírus que infectam as bactérias |
| 1917 | d'Herelle | Redescoberta independente dos vírus que infectam as bactérias (bacteriófagos) |

e registros da AIDS, sobre transplantes, clonagem, limpeza ambiental e questões relacionadas não serão tomadas com facilidade ou rapidamente. Em razão da enorme quantidade de conhecimentos anteriores, é provável que você aprenderá mais sobre a microbiologia em um simples curso do que muitos pioneiros aprenderam durante toda uma vida. Contudo, esses pioneiros merecem grande crédito, visto que trabalharam com o desconhecido e tiveram poucas pessoas para ensiná-los.

O futuro da microbiologia promete avanços interessantes. Uma área envolve a utilização de **bacteriófagos**, vírus que atacam e matam tipos específicos de bactérias. Isso confirma: "as grandes pulgas têm pequenas pulgas para picá-las, e assim por diante *ad infinitum*". O uso de fagos para o tratamento das infecções bacterianas foi desenvolvido nas décadas de 1920 e 1930 na Europa Oriental e na então União Soviética. Com a descoberta dos antibióticos na década de 1940, o uso dos fagos foi

**Tabela 1.4** Prêmios Nobel conferidos a pesquisas envolvendo a microbiologia.

| Ano do prêmio | Vencedor do prêmio | Tópico estudado |
|---|---|---|
| 1901 | von Behring | Soroterapia contra difteria |
| 1902 | Ross | Malária |
| 1905 | Koch | Tuberculose |
| 1907 | Laveran | Protozoários e geração de doenças |
| 1908 | Ehrlich e Metchnikoff | Imunidade |
| 1913 | Richet | Anafilaxia |
| 1919 | Bordet | Imunidade |
| 1928 | Nicolle | Tifo exantemático |
| 1939 | Domagk | Efeito antibacteriano do Prontosil |
| 1945 | Fleming, Chain e Florey | Penicilina |
| 1951 | Theiler | Vacina contra a febre amarela |
| 1952 | Waksman | Estreptomicina |
| 1954 | Enders, Weller e Robbins | Cultura do poliovírus |
| 1958 | Lederberg | Mecanismos genéticos |
| | Beadle e Tatum | Transmissão das características hereditárias |
| 1959 | Ochoa e Kornberg | Substâncias químicas em cromossomos que desempenham papel na hereditariedade |
| 1960 | Burnet e Medawar | Tolerância imunológica adquirida |
| 1962 | Watson, Crick e Wilkins | Estrutura do DNA |
| 1965 | Jacob, Lwoff e Monod | Mecanismos reguladores em genes microbianos |
| 1966 | Rous | Vírus e câncer |
| 1968 | Holley, Khorana e Nirenberg | Código genético |
| 1969 | Delbruck, Hershey e Luria | Mecanismo de infecção das células vivas por vírus |
| 1972 | Edelman e Porter | Estrutura e natureza química dos anticorpos |
| 1975 | Baltimore, Temin e Dulbecco | Interações entre os vírus de tumores e o material genético da célula |
| 1976 | Blumberg e Gajdusek | Novos mecanismos para a origem e a disseminação das doenças infecciosas |
| 1978 | Smith, Nathans e Arber | Enzimas de restrição para corte do DNA |
| 1980 | Benacerraf, Snell e Dausset | Fatores imunológicos em transplantes de órgãos |
| 1980 | Berg | DNA recombinante |
| 1984 | Milstein, Köhler e Jerne | Imunologia |
| 1987 | Tonegawa | Genética da diversidade dos anticorpos |
| 1988 | Black, Elion e Hitchings | Princípios de farmacoterapia |
| 1989 | Bishop e Varmus | Base genética do câncer |
| 1990 | Murray, Thomas e Corey | Técnicas de transplante e fármacos |
| 1993 | Mullis | Método da reação em cadeia da polimerase para amplificar (copiar) o DNA |
| 1993 | Smith | Método para junção (*splice*) de componentes estranhos ao DNA |
| 1993 | Sharp e Roberts | Genes podem ser descontínuos |
| 1996 | Doherty e Zinkernagel | Reconhecimento das células infectadas por vírus pelas defesas imunes |
| 1997 | Prusiner | Príons |
| 2005 | Marshall e Warren | *Helicobacter pylori* como causa de úlceras gástricas |
| 2006 | Fire e Mello | RNA de interferência |
| 2008 | Zur Hausen | HPV como causa de câncer de colo do útero |
| 2008 | Barré-Sinoussi e Montagnier | HIV |
| 2011 | Beutler e Huoffman | Ativação da imunidade inata |
| 2011 | Steinman | Descoberta das células dendríticas e o seu papel na imunidade adaptativa |
| 2015 | Campbell e Omura | Tratamento contra nematódeos parasitas (avermectina) |
| 2015 | Tu | Terapia contra a malária (artemisinina) |
| 2015 | Lindahl, Modrich e Sancor | Reparo de mutações do DNA |
| 2016 | Ohsumi | Autofagia na levedura de padeiro |

abandonado e, na realidade, nunca foi introduzido na prática da medicina ocidental. Entretanto, nos países da ex-União Soviética, a terapia com fagos é preferida ao uso de antibióticos até hoje. As tropas soviéticas carregavam embalagens codificadas por cores de vários fagos, específicos para as doenças bacterianas que provavelmente iriam encontrar. Quando os primeiros homens contraíam a doença "A", todos eram instruídos a abrir a "embalagem vermelha" e a consumi-la; para a doença "B", a "embalagem azul" etc., levando consequentemente à prevenção de surtos epidêmicos. As crianças na escola também recebiam essas embalagens. Hoje, no Ocidente, estamos lutando contra bactérias que desenvolveram resistência aos antibióticos – algumas contra todos os antibióticos conhecidos –, levando os cientistas a reexaminar a utilidade dos fagos. Em 2010, vacinas à base de fagos foram patenteadas para uso no Japão.

Recentemente, observou-se que problemas agrícolas e alimentares podem ter soluções mediadas por fagos. *Listeria monocytogenes*, um patógeno transmitido por alimentos que pode viver e crescer em temperaturas de refrigerador, provoca diarreia bacteriana, que é fatal em 20% dos casos. Demonstrou-se a existência de um fago que controla o crescimento de *Listeria* em maçãs e melões cortados melhor do que sanitizantes químicos ou lavagem. Rebanhos de animais também podem ser protegidos com fagos. O Departamento de Agricultura dos EUA aprovou, em janeiro de 2007, o uso de pulverização ou lavagem contendo fagos dirigidos contra *E. coli* O157:H7, para aplicação a animais vivos antes do abate. Essa bactéria provoca disenteria hemorrágica frequentemente fatal. A sua remoção da pele do animal antes do abate impedirá a sua introdução em produtos, como carne moída, e ajudará a manter a segurança de nosso suprimento de alimentos. Hoje, existem testes em andamento para determinar a efetividade dos fagos em doenças humanas. Espera-se que, em breve, tenhamos fagos substitutos para antibióticos.

Infelizmente, outro problema que o futuro nos reserva é a ameaça do bioterrorismo. Talvez os fagos sejam capazes de nos ajudar nesse problema também, visto que, por exemplo, já isolamos fagos que são capazes de destruir muitas cepas de antraz. Outras doenças promovidas por bioterrorismo, métodos de uso e controle serão discutidos no Capítulo 16, bem como em partes relevantes dos capítulos sobre as respectivas doenças. As palavras do Dr. Ken Alibek, ex-chefe do programa secreto de guerra biológica da União Soviética, em seu livro *Biohazard* (1999) deve nos provocar arrepios: "Nossa fábrica é capaz de produzir duas toneladas de antraz por dia, em um processo tão confiável e eficiente quanto produzir tanques, caminhões, carros ou Coca-Cola." Ele também explica que "seriam necessários apenas cinco quilogramas de antraz 836 desenvolvido na base do Cazaquistão para infectar metade das pessoas que vivem em uma área de 1 quilômetro quadrado".

Os agricultores que lutam contra ervas daninhas em seus campos poderão em breve receber a ajuda do Departamento de Agricultura dos EUA. Os cientistas (**Figura 1.17**) estão pesquisando microrganismos especialistas capazes de atacar seletivamente as sementes das ervas daninhas no solo, causando o seu apodrecimento e morte, sem o uso de pulverização química.

## Genômica

As técnicas de genética microbiana tornaram possível um empreendimento científico colossal: o Projeto Genoma Humano. Seu propósito é identificar a localização e a sequência química

**Figura 1.17 Microrganismos matando sementes de ervas daninhas.** O cientista do Departamento de Agricultura dos EUA mostra uma cultura de sementes de ambrósia gigante (*Ambrosia trifida*) em ágar, algumas apresentando crescimento excessivo com microrganismos do solo. Ele está pesquisando como e por que algumas sementes de ervas daninhas não são destruídas por esses organismos. *(Peggy Greb/cortesia de USDA.)*

de todos os genes no genoma humano – isto é, todo o material genético existente na espécie humana. Iniciado em 1990, deveria ser concluído em 2005, com um custo de aproximadamente 3 bilhões de dólares. Incrivelmente, o projeto concluiu-se em maio de 2000, antes da data programada e abaixo do orçamento previsto! Outra surpresa foi a descoberta de que os seres humanos possuem pouco mais de 25.000 genes, em vez das estimativas que alcançavam até 142.000 genes. Em fevereiro de 2001, publicaram-se relatórios em diferentes revistas científicas pelos dois grupos rivais que tinham concluído o projeto: o Dr. J. Craig Venter, então presidente da Celera Genomics (Rockville, Maryland) na revista *Science*, e na revista *Nature* pelo Dr. Eric Lander, representante do International Human Genome Sequencing Consortium, um grupo de centros acadêmicos fundados principalmente pelos NIH e pelo Wellcome Trust de Londres. Nem todos os 3 bilhões de pares de bases no genoma humano codificam genes funcionais. Estimou-se que 75% codificam "DNA lixo". Entretanto, os cientistas acreditam que futuramente descobriremos usos para aquilo que hoje consideramos "lixo".

O trabalho no Projeto Genoma Humano foi baseado em técnicas desenvolvidas pela primeira vez para o sequenciamento de genomas microbianos, que são menores e mais fáceis trabalhar. Até o momento, foi efetuado o sequenciamento de mais de 80.000 genomas microbianos. Uma grande surpresa foi descobrir que algumas bactérias apresentam dois ou três cromossomos, em vez do único cromossomo que se acreditava que todas as bactérias pudessem ter. É interessante o fato de que 113 genes, e possivelmente mais, do genoma humano sejam derivados diretamente de bactérias. Venter sequenciou posteriormente o genoma do camundongo e relatou que os seres humanos possuem apenas 300 genes que não são encontrados nesse animal. As funções de 41,7% dos genes humanos permanecem desconhecidas. Venter declara: "Os segredos da vida estão todos explicados no genoma, só temos que aprender a fazer a sua leitura." Ajudar a ler o genoma humano representa grande parte dos experimentos que usam microrganismos.

Venter sintetizou o primeiro vírus totalmente artificial (um bacteriófago) e, em 2010, criou uma bactéria sintética. Essas proezas da engenharia genética são discutidas nos Capítulos 8 e 9. Venter também espera criar novas bactérias que produzirão petróleo e gás natural, liberando, assim, nossa dependência dos combustíveis fósseis e substituindo-os por energia limpa.

No próximo capítulo, investigaremos os efeitos poderosos das comunidades de micróbios que vivem em nosso interior e na nossa superfície, e como a ocorrência de uma perturbação em sua população pode causar sérios problemas de saúde. Sua mãe teve você por parto cesariano? Isso o torna mais propenso a desenvolver diabetes melito? Veja o que o Capítulo 2 tem a dizer.

**PARE e RESPONDA**

1. Quais foram as contribuições científicas de Jenner, Metchnikoff, Ehrlich, Fleming, McClintock e Venter?
2. Quando foi a idade de ouro da microbiologia? Que tipos de descobertas foram feitas principalmente durante esse período?
3. O que é o Projeto Genoma Humano? Como a microbiologia tem sido associada a ele?

## SAIBA MAIS

### Método científico

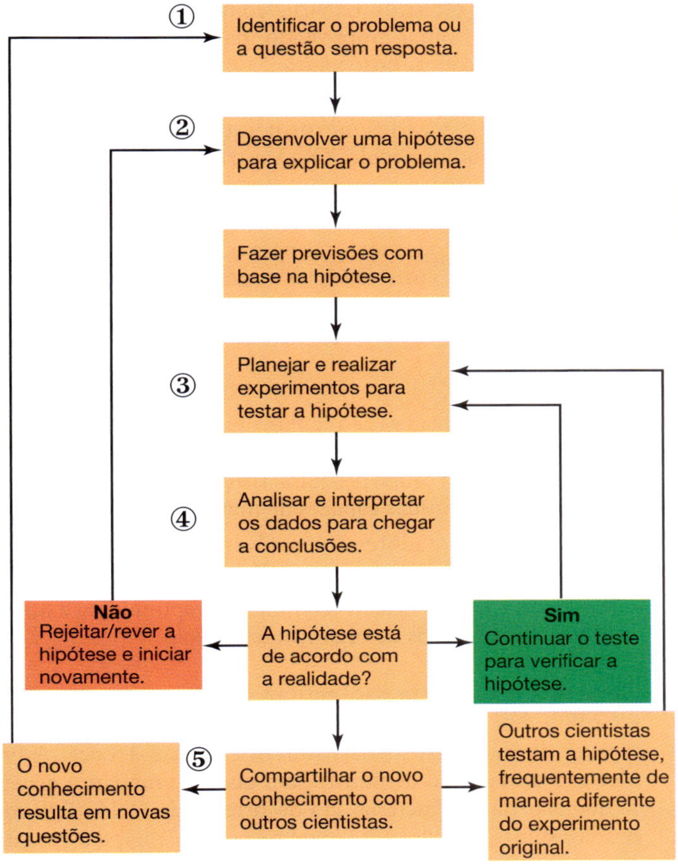




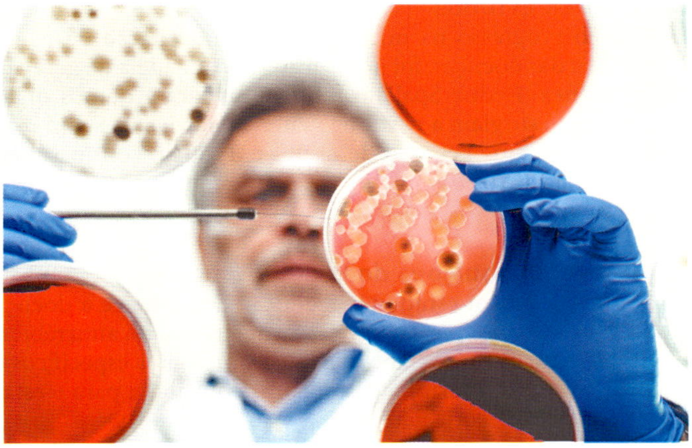

poba/Getty Images

As principais etapas do método científico estão aqui delineadas.

# RESUMO

## POR QUE ESTUDAR MICROBIOLOGIA?

- Os microrganismos fazem parte do ambiente humano e, portanto, são importantes para a saúde e as atividades dos seres humanos
- O estudo dos microrganismos fornece uma visão dos processos vitais em todas as formas de vida.

## CAMPO DE ATUAÇÃO DA MICROBIOLOGIA

### Microrganismos

- A **microbiologia** é o estudo de todos os **microrganismos** de dimensão microscópica. Incluem **bactérias**, **algas**, **fungos**, **vírus**, **viroides**, **príons** e **protozoários**.

### Microbiologistas

- A imunologia, a virologia, a quimioterapia e a genética são campos de pesquisa particularmente ativos da microbiologia
- Os microbiologistas trabalham como pesquisadores ou professores em universidades, em clínicas e em indústrias. Eles realizam pesquisas básicas em ciências biológicas; ajudam a realizar ou desenvolver testes diagnósticos; desenvolvem e testam antibióticos e vacinas; trabalham no controle de infecções, na proteção da saúde pública e na defesa do meio ambiente; e desempenham importantes papéis nas indústrias de alimentos e bebidas.

## RAÍZES HISTÓRICAS

- Os antigos gregos, romanos e judeus contribuíram para o entendimento inicial do processo de disseminação de doenças
- Algumas doenças, como a peste bubônica e a sífilis, causaram milhões de mortes, pela falta de conhecimento sobre como controlar ou tratar as infecções
- O desenvolvimento de lentes de alta qualidade por Leeuwenhoek tornou possível a observação dos microrganismos e, posteriormente, a formulação da **teoria celular**.

## TEORIA GERMINAL DAS DOENÇAS

- A **teoria germinal das doenças** afirma que os microrganismos (germes) podem invadir outros organismos e causar doença.

### Primeiros estudos

- Para o progresso na microbiologia e a aceitação da teoria germinal das doenças, foi necessário refutar a ideia da **geração espontânea**. Redi e Spallanzani demonstraram que os organismos não surgiam a partir de matéria não viva. Pasteur, com seus frascos em "pescoço de cisne", e Tyndall, com o seu ar desprovido de poeira, finalmente eliminaram a ideia da geração espontânea.

### Outras contribuições de Pasteur

- Pasteur também estudou a produção de vinhos e a doença do bicho-da-seda e desenvolveu a primeira vacina antirrábica. A associação que ele estabeleceu entre micróbios específicos e a ocorrência de determinadas doenças contribuiu para o estabelecimento da teoria germinal.

### Contribuições de Koch

- Koch formulou quatro postulados que ajudaram o estabelecimento definitivo da teoria germinal das doenças. Os **postulados de Koch** são os seguintes:
  - O agente causador específico precisa ser encontrado em todos os casos da doença
  - O organismo causador da doença deve ser isolado em cultura pura
  - A inoculação de uma amostra da cultura em um animal saudável e suscetível deve produzir a mesma doença
  - O organismo causador da doença deve ser recuperado a partir do animal inoculado
- Koch também desenvolveu técnicas para o isolamento de microrganismos, identificou o bacilo que causa a tuberculose, desenvolveu a tuberculina e estudou várias doenças na África e na Ásia.

### Trabalhos para controlar infecções

- Lister e Semmelweis contribuíram para melhorar as condições higiênicas em medicina, aplicando a teoria germinal e utilizando técnicas assépticas.

## SURGIMENTO DE CAMPOS ESPECIAIS DA MICROBIOLOGIA

### Imunologia

- A imunização foi utilizada pela primeira vez contra a varíola; Jenner utilizou o líquido de vesículas da varíola bovina para imunizar contra essa doença
- Pasteur desenvolveu técnicas para enfraquecer os organismos, de modo que pudessem produzir imunidade sem provocar doença.

### Virologia

- Beijerinck caracterizou os vírus como moléculas patogênicas que podem tomar emprestado, para seu próprio uso, os mecanismos da célula hospedeira
- Reed demonstrou que os mosquitos transportavam o agente da febre amarela e vários outros pesquisadores identificaram os vírus no início do século XX. A estrutura do DNA – o material genético existente em muitos vírus e em todos os organismos celulares – foi descoberta por Watson e Crick
- Foram desenvolvidas técnicas para o isolamento, a propagação e a análise dos vírus. Os vírus puderam ser então observados e, em muitos casos, cristalizados, e foi possível estudar os seus ácidos nucleicos.

### Quimioterapia

- Substâncias derivadas de plantas medicinais eram, praticamente, a única fonte de agentes quimioterápicos até Ehrlich começar a realizar uma pesquisa sistemática de substâncias quimicamente definidas capazes de matar as bactérias
- Fleming e colaboradores desenvolveram a penicilina, e Domagk e outros desenvolveram as sulfas
- Waskman e outros desenvolveram a estreptomicina e outros antibióticos derivados de organismos do solo.

### Genética e biologia molecular

- Griffith descobriu que bactérias originalmente inócuas eram capazes de modificar a sua natureza e causar doença. Avery, McCarty e MacLeod demonstraram que essa mudança genética que ocorria nas bactérias era decorrente do DNA. Tattum e Beadle estudaram mutantes bioquímicos de *Neurospora* para demonstrar como a informação genética controla o metabolismo.

## HISTÓRIA DO AMANHÃ

- A microbiologia tem estado na vanguarda da pesquisa em medicina e biologia, e os microrganismos continuam desempenhando um papel de importância crítica na engenharia genética e na terapia gênica
- Vírus bacteriófagos podem ser capazes de curar doenças e ajudar a garantir a segurança de alimentos.

### Genômica

- O Projeto Genoma Humano identificou a localização e a sequência de todas as bases no genoma humano. Os microrganismos e as técnicas microbiológicas contribuíram para esse trabalho
- Foi estabelecida a sequência completa de mais de 80.000 genomas bacterianos. Alguns organismos apresentam dois ou três cromossomos, em vez de um.

## TERMOS-CHAVE

algas
antibióticos
bactérias
bacteriófagos
biosfera profunda e quente
domínio
fungos
geração espontânea
micróbio
microbiologia
microrganismos
postulados de Koch
príons
protozoários
teoria celular
teoria germinal das doenças
viroides
vírus

CAPÍTULO 2

# Microbioma

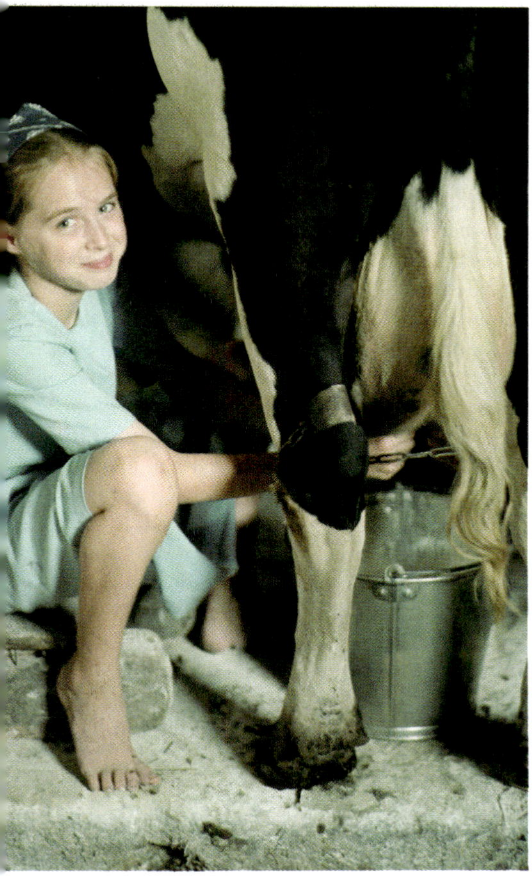

David Turnley/Getty Images

## Você foi criado em um curral? Que bom!

A pergunta "Você foi criado em um curral?" deixa de ser uma ofensa quando consideramos os microbiomas. A Universidade de Chicago realizou um estudo para descobrir por que as crianças Amish apresentam menores taxas de asma. As crianças Amish foram comparadas com as Huteritas,[1] visto que possuem culturas, dietas e genética semelhantes, têm grandes famílias, são vacinadas, amamentadas, bebem leite cru e não têm animais de estimação. Entretanto, diferem no modo pelo qual realizam suas atividades agropecuárias. Os povos Amish têm uma fazenda para cada família, enquanto os Huteritas têm grandes fazendas comunitárias, que utilizam máquinas. Consequentemente, as crianças Amish estão regularmente em contato com os animais da fazenda, enquanto as crianças Huteritas não mantêm contato regular com os animais.

Quando pesquisadores analisaram as taxas de asma entre os dois grupos, constataram que 5% das crianças Amish tinham asma, em comparação com 21,3% das crianças Huteritas. A taxa média de asma nos EUA é de 10%. Em seguida, os pesquisadores coletaram amostras das residências de ambos os grupos. As casas dos Amish demonstraram ter melhor variedade e maior quantidade de microrganismos do que as dos Huteritas. Isso modificava o microbioma das crianças Amish, fornecendo-lhes proteção contra asma.

No futuro, tirar o pó de sua casa pode incluir a adição de poeira antialergênica antiasmática, em vez de procurar removê-la por completo. Até esse momento chegar, escreva uma solicitação pedindo alguns animais de estimação em sua lista de presentes e faça o seu próprio curral.

## MAPA DO CAPÍTULO

**Siga o mapa do capítulo para auxiliar na identificação dos conceitos principais do texto.**



[1]N.R.T.: Huteritas são uma divisão do grupo de anabatistas, cristãos protestantes que adotam o batismo de adultos, assim como os Amish. Vivem em colônias rurais, mas diferem dos Amish por apresentarem certo grau de industrialização rural.

## INTRODUÇÃO AO MICROBIOMA

Você nunca está sozinho; ninguém jamais está sozinho. Recobrindo todo tipo de superfície, inclusive o nosso corpo, existe um mundo de bactérias, vírus, fungos e outros microrganismos. Esses microrganismos criam o que denominamos **microbioma**. O microbioma encontra-se até mesmo no interior de seu corpo – na boca, nos seios paranasais, no intestino – em toda parte! Seu microbioma individual influencia muitas particularidades sobre você. Anteriormente, olhávamos as pessoas com traços desejáveis, como capacidade de consumir qualquer alimento e não engordar, ou raramente adoecer, e atribuíamos a esses traços uma "boa genética". Agora, os cientistas estão descobrindo que pode tratar-se de um bom microbioma. Um microbioma ruim é conhecido como **disbiose**. O microbioma é tão específico a cada indivíduo quanto suas impressões digitais.

A investigação do microbioma é um campo bastante recente e fascinante da microbiologia. Cientistas estão descobrindo que o microbioma pode ser responsável por certas doenças, como asma, Alzheimer ou enxaqueca, e que ele pode representar um fator contribuinte para a cura do câncer. Diversos estudos recentes mostram a existência de correlações entre o microbioma e doenças neurodegenerativas, como a esclerose múltipla.

Outros pesquisadores descobriram que nos camundongos é o microbioma que faz a diferença entre a rejeição e o sucesso de um transplante de pele. Ao assegurar a presença de uma variedade correta de bactérias nos beneficiários de transplantes, a realização de transplante pode ter maiores taxas de sucesso. Os pesquisadores estão começando a encontrar relações semelhantes para outros transplantes além da pele, e, a longo prazo, a garantia de um microbioma compatível poderá ajudar a impedir a rejeição de transplantes pelo sistema imune.

## GORDO OU MAGRO

As bactérias intestinais podem ajudá-lo a tornar-se gordo ou magro? Naturalmente, numerosos fatores estão envolvidos na obesidade: exercício, quantidade e tipos de alimentos consumidos, hormônios como o hormônio tireoidiano, apetite etc. Entretanto, os pesquisadores demonstraram agora que existe uma complexa interação entre os genes das bactérias intestinais e os genes intestinais (microbioma intestinal) do hospedeiro humano, que vivem juntos em um tipo de comunidade ou ecossistema (**enterótipo**). Os genes humanos e bacterianos afetam-se constantemente uns aos outros. Entretanto, o que é surpreendente é que existem apenas três tipos de enterótipos nos seres humanos, designados como 1, 2 e 3. Esses enterótipos não estão em uma escala contínua e são distintos. Até mesmo os chimpanzés possuem os mesmos três grupos, com diferenças menores. No futuro, além de seu tipo sanguíneo, o médico poderá solicitar a determinação de seu enterótipo.

Os indivíduos com sobrepeso ou obesidade apresentam diferentes enterótipos (Figura 2.1). Eles até mesmo possuem bactérias orais diferentes – algum brincalhão sugeriu que a obesidade fosse denominada "doença da boca". Entretanto, as bactérias deglutidas na saliva são, em sua maioria, destruídas pelo ácido gástrico e contribuem pouco para a colonização do intestino ou da vesícula biliar. Ficamos colonizados nas primeiras 24 a 48 horas após o nascimento. Essa colonização é somente aleatória – ou existe algum genótipo humano que permite apenas o crescimento de determinadas bactérias? Bactérias específicas podem causar alterações no metabolismo intestinal humano (com ou sem suscetibilidade genética humana) para a síntese de produtos capazes de sustentar o seu crescimento? Quando um grupo passa a formar uma comunidade, ele impede a entrada de outros enterótipos. Os indivíduos obesos possuem bactérias que obtêm mais calorias dos alimentos consumidos e induzem o armazenamento dessas calorias na forma de gordura. Até mesmo um pequeno ganho diário contribui para uma grande quantidade em poucos anos! Crianças obesas eliminam fezes com menos conteúdo calórico do que crianças magras.

Experimentos com ratos que cresceram em colônias desprovidas de microrganismos, aos quais foram administrados transplantes fecais de ratos obesos, imediatamente ganharam peso, mantiveram subsequentemente o enterótipo adquirido e ganhavam peso até mesmo quando eram alimentados apenas com uma dieta hipocalórica. Os ratos que receberam fezes de ratos magros permaneceram magros, mesmo quando receberam dietas com alto teor calórico. As pessoas agora estão se perguntando se os transplantes fecais (por enema) poderiam curar a sua obesidade. Outros estão querendo saber como colonizar seus filhos ao nascimento com o "material correto". A obesidade não está apenas relacionada com a sua aparência. Ela pode levar ao desenvolvimento da "síndrome metabólica", que pode causar diabetes melito, hipertensão, acidente vascular encefálico e doença cardíaca. A epidemia de obesidade está se alastrando pelo mundo. Se pudermos utilizar as bactérias para tratar ou prevenir a doença relacionada com a obesidade, poderemos salvar muitas vidas. Além disso, os microrganismos intestinais afetam a maneira pela qual você metaboliza diferentes substâncias e destoxifica as toxinas. Assim, o médico poderá ser capaz de descobrir o melhor tratamento para você e o seu enterótipo.

O tipo 1 caracteriza-se por altos níveis de *Bacteroides* e tende a torná-lo obeso. O tipo 2 apresenta níveis elevados de *Prevotella*, enquanto o tipo 3 caracteriza-se pela presença de *Ruminococcus*. O tipo 3 é o mais frequente.

**Figura 2.1** **Pessoas obesas apresentam diferentes enterótipos.**

**PARE e RESPONDA**

1. O que é um microbioma?
2. O que é disbiose?
3. O que é um enterótipo? Os enterótipos são contínuos?

## DIVERSIDADE DOS MICROBIOMAS

Conforme descrito, os microrganismos encontrados em várias associações simbióticas com os seres humanos não causam necessariamente doenças. O corpo humano de um adulto consiste em aproximadamente $10^{13}$ (10 trilhões) de células eucarióticas. Ele abriga um número adicional de $10^{14}$ (100 trilhões) de microrganismos procarióticos e eucarióticos na superfície da pele, nas membranas mucosas e nas vias de passagem dos sistemas digestório, respiratório e reprodutor. Por conseguinte, existem 10 vezes mais células microbianas na superfície ou no interior do corpo humano do que células que compõem o corpo!

Essas bactérias têm mais de 5 milhões de genes, ou seja, 100 vezes o número de genes humanos. Isso constitui um "segundo genoma", o microbioma. Os seres humanos selecionam e alimentam esses organismos, incluindo bactérias, vírus, protozoários e fungos, por meio da produção de secreções e nutrientes que irão ajudá-los a crescer. Os microrganismos, por meio de seus genes, afetam as células hospedeiras de muitas maneiras. Juntos, os microrganismos e os seres humanos formam de maneira ideal uma relação simbiótica.

Desde a última edição deste livro, adquiriram-se muitos conhecimentos sobre os microbiomas humanos. O microbioma da pele foi investigado até mesmo em locais detalhados, como o umbigo. Entretanto, o mais estudado tem sido o microbioma intestinal, que é composto de maior número de organismos e revela as maiores surpresas. O microbioma intestinal afeta muitas funções, algumas das quais são consideradas detalhadamente aqui.

### Como você adquire o seu microbioma

Ao nascer, você adquire pela primeira vez o seu microbioma intestinal. O parto vaginal fornece microrganismos provenientes da vagina da mãe e das áreas imediatamente fora da vagina. Os lactentes que nascem por cesariana não recebem esses microrganismos, porém recebem o microbioma da pele, bem como organismos presentes na sala de parto – uma diversidade muito menor de microrganismos. Admitindo que a evolução otimiza uma população de microrganismos que afeta o metabolismo e o desenvolvimento adequado do sistema imune, os microbiomas anormais resultam em efeitos a longo prazo sobre o lactente. A amamentação não elimina a falta de diversidade de microrganismos observada nos partos por cesariana. Um único ciclo de antibióticos pode afetar o microbioma intestinal por um período de até 2 anos. Durante o período crítico do início da vida, quando o microbioma afeta o desenvolvimento do sistema imune, não se deveriam administrar antibióticos de modo desnecessário.

Os lactentes amamentados com leite materno apresentam maior diversidade de microrganismos do que aqueles alimentados com mamadeira. O leite das mães submetidas a cesariana tem uma diversidade menor do que o daquelas que tiveram parto vaginal. Curiosamente, existe outra diferença entre cesarianas eletivas e não eletivas. O trabalho de parto desempenha um grande papel, resultando na produção de um leite mais semelhante ao das mães que tiveram parto vaginal. O estresse do trabalho de parto provavelmente afeta a permeabilidade do intestino, possibilitando a entrada de mais microrganismos no leite. Até mesmo o colostro (líquido secretado antes do leite) é diferente. O leite verdadeiro só recupera a sua diversidade dentro de pelo menos 6 meses após um parto por cesariana.

### Microbioma: considerações práticas

Os pais e seus médicos deveriam estar cientes das implicações para a saúde das crianças quando tomam decisões sobre o tipo de parto (vaginal *versus* cesariana) e alimentação (leite materno *versus* mamadeira). Entretanto, os problemas começam mais cedo; com efeito, as mães obesas ou aquelas que ganham peso em excesso durante a gestação apresentam um microbioma do leite diferente e menos diversificado. Esse microbioma anormal é transmitido ao lactente e carregado até a idade adulta, causando talvez obesidade nessa época. Ocorre uma série de mudanças no microbioma intestinal da mãe durante os três trimestres da gestação, tornando-se menos diversificado com o passar do tempo. Isso seria prejudicial para uma mulher não grávida, causando síndrome metabólica, incluindo ganho de peso, resistência à insulina e inflamação; entretanto, na mulher grávida, isso sustenta o crescimento do feto. Dessa maneira, pode-se considerar que o microbioma atua como um "instrumento" para suprir as necessidades do hospedeiro.

Quando você começa a viver, o microbioma intestinal afeta a expressão de seus genes. Há uma constante "comunicação cruzada" entre os microrganismos existentes no leite e a velocidade com que você cresce, bem como com sua probabilidade de desenvolver obesidade. Grupos específicos de microrganismos correlacionam-se com aumento ou redução do crescimento; por exemplo, a detecção de *Bacteroides* em meninos com 30 dias de idade foi associada a uma redução do crescimento. Entretanto, a presença de *Escherichia coli* dos dias 4 a 30 correlaciona-se com um crescimento normal em ambos os sexos. Os pais já estão com a esperança de fornecer a seus filhos o "material correto" pouco depois do nascimento para que possam ter um bom início na vida. Entretanto, precisamos saber em primeiro lugar o que os microrganismos fazem. Acréscimos bem intencionados ao microbioma podem ter efeitos prejudiciais.

### Função cerebral e comportamento

O consumo regular de probióticos (bactérias benéficas) por meio de alimentos como o iogurte parece reduzir a ansiedade e a depressão. O bioma intestinal influencia a produção dos hormônios do estresse pelo cérebro. O estresse é uma estrada de mão dupla, e ele também pode afetar o microbioma. O estresse afeta a atividade motora, a exploração e a capacidade de aprendizagem dos camundongos. Existe uma janela crítica no início do desenvolvimento, quando o cérebro é programado para comportamentos subsequentes, e os efeitos podem ser permanentes. Até mesmo camundongos adultos desprovidos de microrganismos podem adquirir o comportamento de uma cepa diferente de camundongos por meio de transplante fecal.

## SAÚDE PÚBLICA

### Microbioma e doença de Alzheimer

tommaso lizzul/Shutterstock

O microbioma intestinal pode ter a chave para a cura da doença de Alzheimer. Pesquisadores foram surpreendidos com o fato de que os microrganismos no intestino poderiam causar problemas no cérebro, tendo em vista a distância entre os dois sistemas. Entretanto, os neurobiologistas descobriram que o intestino pode atuar como "segundo cérebro", produzindo alterações no humor por meio de sinalização do cérebro com uma série de sinais químicos. Isso levou os pesquisadores a estudar como os microrganismos influenciam a química do cérebro. Após modificar o microbioma de camundongos com a administração de antibióticos, os animais tiveram uma acentuada redução das placas de Alzheimer, e o sistema imune foi capaz de limpar essas placas.

Entretanto, o que dizer da influência dos produtos do bioma intestinal da mãe sobre o feto? Nos seres humanos, foi constatado que um bioma intestinal materno desfavorável pode causar o dobramento anormal de um pequeno lobo do cérebro, resultando em uma forma rara de epilepsia. **É necessário um bom intestino para obter um bom cérebro**.

Crianças com autismo (distúrbio neurobiológico caracterizado por comportamentos anormais) apresentam um bioma intestinal diferente daquele das crianças normais. Com frequência, apresentam graves problemas do sistema digestório, envolvendo particularmente inflamação, que podem contribuir para os problemas comportamentais. As bactérias gram-negativas que contêm endotoxina de lipopolissacarídio em suas paredes celulares podem causar inflamação no cérebro, afetando o comportamento. Crianças autistas também exibem uma química urinária diferente, que pode permitir a realização de um teste diagnóstico no início da vida, possibilitando um tratamento mais efetivo.

## Outros sistemas e fatores que afetam os microbiomas

Acredita-se que o diabetes melito tipo 2 tenha a sua origem no intestino. Neste caso também, as bactérias gram-negativas podem liberar lipopolissacarídio (LPS), causando inflamação do intestino, que se torna permeável ao LPS, e resulta em níveis sanguíneos mais elevados e até mesmo na entrada de bactérias nas células intestinais. A inflamação provoca resistência à insulina, que, por sua vez, causa mais inflamação, resultando em diabetes melito.

A obesidade foi discutida anteriormente neste capítulo. O bioma intestinal também pode afetar preferências alimentares.

A idade afeta os microbiomas. No início da vida, os microbiomas são mais variáveis, enquanto os microbiomas do adulto são mais padronizados. Os lactentes e as crianças que sofrem de eczema (inflamação persistente da pele) têm um microbioma menos diversificado do que o microbioma típico de adultos. Curiosamente, têm mais tendência a desenvolver eczema se consumirem *fast food* 3 vezes/semana. A geografia e o estilo de vida também são importantes. As dietas rurais de tipo não ocidental produzem um microbioma que se assemelha mais estreitamente às amostras fecais obtidas de sítios arqueológicos de 1.400 a 8.000 anos atrás, incluindo Otzi, o Homem de Gelo. Talvez aumentos na ocorrência de algumas doenças e alergias sejam decorrentes de um afastamento do tipo de biomas intestinais com os quais evoluímos. O sabão, a água corrente e um maior padrão de higiene podem constituir fatores importantes. Talvez seja melhor deixar as crianças um pouco mais sujas e ter mais animais de estimação. Isso é conhecido como a "hipótese da higiene".

Existe um viés de sexo, em que mais mulheres do que homens sofrem de distúrbios autoimunes, como diabetes melito tipo 1. Quando os meninos alcançam a puberdade, o seu microbioma intestinal modifica-se de modo a induzir a produção de mais testosterona. O transplante fecal em fêmeas jovens de camundongo também induz a produção de mais testosterona. A testosterona é protetora contra o diabetes tipo 1. Muitos hormônios sexuais são afetados pelo microbioma intestinal e podem afetar a fertilidade.

## Nível intestinal

A doença inflamatória intestinal (DII), incluindo colite ulcerativa e doença de Crohn, consiste em uma interação entre os microrganismos intestinais e mais de 140 genes associados a eles. Encontram-se quantidades substanciais de enterovírus no revestimento intestinal e em gânglios nervosos profundos no intestino de pacientes com DII. Os indivíduos normais têm poucos ou nenhum vírus. Acredita-se que o vírus possa seguir o seu trajeto dentro das fibras nervosas, sendo responsável pelo comprometimento de múltiplas partes do intestino e de todas as camadas intestinais. As espécies bacterianas provavelmente também estão envolvidas, porém nenhuma foi identificada de modo conclusivo.

A pressão arterial é regulada, em parte, por moléculas de acetato e proprionato liberadas pelas bactérias intestinais quando digerem o amido e a celulose de alimentos de origem

## SAIBA MAIS

### Emulsificantes

Scott Olson/Getty Images

O câncer colorretal, juntamente com as doenças inflamatórias intestinais (DIIs) como a doença de Crohn, são afetados pelo microbioma. Constatou-se que dois emulsificantes, que são aditivos alimentares comuns empregados para impedir a separação e conferir ao alimento processado uma textura macia, ajudam as bactérias nocivas a romper a barreira proporcionada pelas células epiteliais no intestino. Os emulsificantes produzem uma alteração no microbioma do intestino, e agora estão associados à inflamação que promove as DIIs e o câncer colorretal.

## SAIBA MAIS

### O microbioma do presidente

David J. Griffin/Icon Sportswire/ Getty Images

Combater o câncer com imunoterapia salvou a vida do ex-presidente dos EUA Jimmy Carter. Em 2015, Jimmy Carter foi diagnosticado com melanoma metastático que tinha se disseminado para o fígado e o cérebro. Utilizando fármacos "inibidores dos pontos de checagem", médicos podem modificar a microflora do paciente, induzindo o corpo a atacar as células cancerosas, de forma semelhante ao modo pelo qual o corpo ataca os vírus. Cientistas constataram originalmente que camundongos de determinados laboratórios tinham mais capacidade de combater vários cânceres, e pesquisaram a diferença que existia entre os camundongos. Eles observaram que a presença de bactérias intestinais muito específicas faz uma enorme diferença na capacidade de lutar contra o câncer. Com a transferência de *Bifidobacterium* nos camundongos, houve uma melhora significativa do prognóstico. O presidente Carter recebeu uma imunoterapia semelhante e, alguns meses depois, em 2016, foi declarada a remissão de seu câncer.

vegetal. Essas moléculas entram na corrente sanguínea, onde receptores sensíveis a odor (iguais aos do nariz), localizados nos vasos sanguíneos de todo o corpo, particularmente no coração, nos rins, no diafragma, nos músculos esqueléticos e na pele, são capazes de "cheirá-las" ou detectar a sua presença. Isso provoca uma elevação da pressão arterial. Entretanto, outro receptor não relacionado a odores também detecta as mesmas moléculas e induz uma redução da pressão arterial. Como o receptor não relacionado a odores tem um efeito mais potente do que o receptor de odores, a alteração efetiva na pressão arterial consiste em uma queda. O acetato também protege o hospedeiro da infecção por cepas letais de *E. coli*.

Distúrbios do metabolismo do colesterol, que levam à formação de placas nos vasos sanguíneos (aterosclerose), têm sido associados ao microbioma intestinal. São encontradas bactérias da boca e do intestino no interior das placas (depósitos de colesterol), onde contribuem para a inflamação e a ruptura da placa, resultando em acidente vascular encefálico. O estreitamento dos vasos sanguíneos pela placa provoca elevação da pressão arterial e doença cardiovascular. A quantidade de bactérias encontradas no interior das placas correlaciona-se com a contagem de leucócitos, uma medida da inflamação.

### PARE e RESPONDA

1. V ou F: Existem 1.000 vezes mais células microbianas na superfície ou no interior do corpo humano do que células humanas.
2. V ou F: Todas essas bactérias presentes na superfície ou no interior do corpo humano possuem 100 vezes mais genes do que o número total de genes das células humanas.
3. V ou F: O bioma intestinal influencia a produção do hormônio do estresse pelo cérebro.
4. V ou F: A idade, mas não o sexo, afeta o microbioma intestinal.
5. V ou F: Lactentes nascidos de parto cesariano apresentam menos diversidade de microrganismos no intestino e no leite de suas mães.

## RESUMO

### INTRODUÇÃO AO MICROBIOMA

- Você nunca está sozinho. No interior de seu corpo e fora dele, você tem uma coleção de microrganismos, denominada **microbioma**
- O microbioma, tão único quanto as suas impressões digitais, influencia muitas particularidades relacionadas a você
- Um microbioma ruim é denominado **disbiose**, e pode levar a muitos problemas
- O estudo dos microbiomas é um novo campo, e levou a muitas descobertas fascinantes.

### GORDO OU MAGRO

- Existem apenas três tipos de **enterótipos** nos seres humanos
- Diferentes enterótipos têm microbiomas diferentes
- Indivíduos obesos possuem bactérias que obtêm mais calorias dos alimentos que elas consomem
- Constatou-se que transplantes fecais em camundongos desprovidos de microrganismos determinam se eles irão ganhar ou perder peso, mesmo com uma dieta com alto teor de calorias
- O enterótipo do tipo 1 apresenta altos níveis de *Bacteroides* e tende a tornar o indivíduo obeso
- O enterótipo do tipo 2 apresenta altos níveis de *Prevotella*, enquanto o tipo 3 apresenta mais *Ruminococcus* e é o tipo mais frequente.

### DIVERSIDADE DOS MICROBIOMAS

- Existem 10 vezes mais células microbianas na superfície ou no interior do corpo humano do que células que compõem e corpo

- As bactérias do microbioma têm 100 vezes o número de genes humanos. Trata-se de nosso "segundo genoma"
- O genoma intestinal é o mais estudado.

### Como você adquire o seu microbioma

- Os lactentes que nascem de parto vaginal obtêm microrganismos a partir do canal de nascimento da mãe, o que não ocorre com os lactentes que nascem de parto por cesariana. Eles só adquirem microrganismos da pele e da sala de parto, constituindo uma disbiose
- Os lactentes amamentados obtêm mais microrganismos do que aqueles alimentados com mamadeiras
- Após uma cesariana, são necessários 6 meses para a recuperação da diversidade no leite.

### Microbioma: considerações práticas

- Você escolherá uma cesariana eletiva?
- Você amamentará o seu filho? Por quanto tempo?

### Função cerebral e comportamento

- A disbiose pode afetar o desenvolvimento do cérebro e modificar o comportamento do adulto
- O estresse afeta o microbioma e uma química urinária diferente.

### Outros sistemas e fatores

- A idade, o sexo, a geografia e o estilo de vida afetam o microbioma
- A inflamação, causada por bactérias do microbioma, afeta muitos processos vitais, como a pressão arterial e o colesterol.

## TERMOS-CHAVE

disbiose

enterótipo

microbioma

CAPÍTULO 3

# Fundamentos de Química

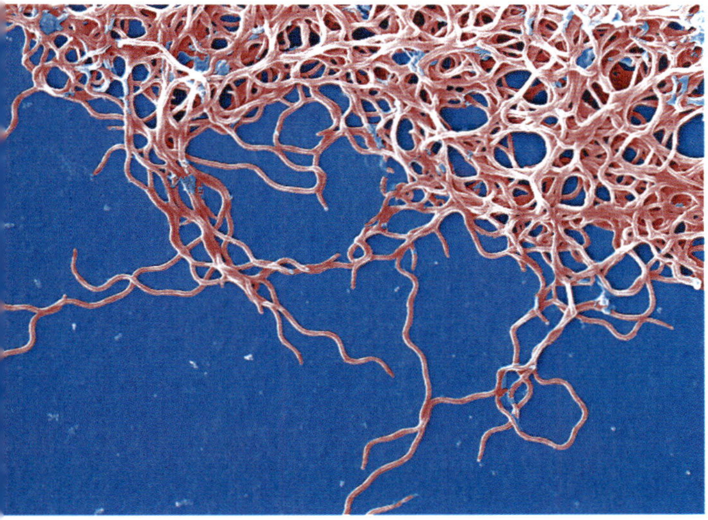

Borrelia burgdorferi. (Janice Haney Carr/CDC.)

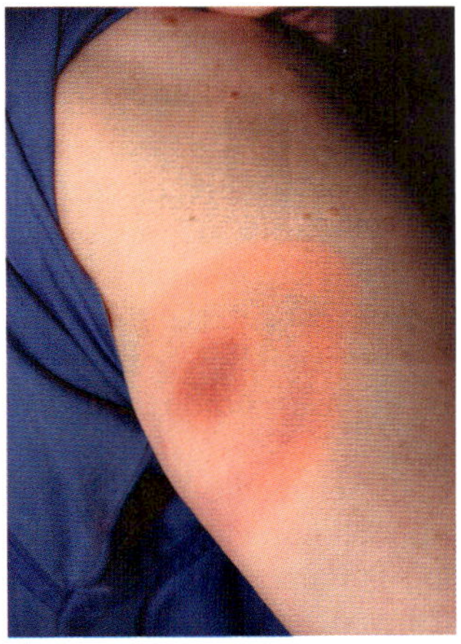

Eritema migratório da doença de Lyme. (James Gathany/CDC.)

Todos os seres vivos necessitam de ferro? A resposta é não para *Borrelia burgdorferi*, a bactéria que causa a doença de Lyme. Imagine a surpresa dos microbiologistas quando, recentemente, descobriram que essa bactéria não tem o elemento que outros microrganismos utilizam para manter a forma apropriada de suas enzimas. Se *B. burgdorferi* tem enzimas ativas, o que então ela utiliza? Quem faz o truque é o manganês, um truque na verdade muito inteligente. Trata-se de uma adaptação que permite a evasão de *B. burgdorferi* da tentativa do sistema imune inato do hospedeiro de matar os patógenos. As bactérias típicas adquirem o ferro necessário a partir da molécula de heme da hemoglobina. O ferro é necessário à produção de enzimas e proteínas – de fato, na sua ausência, a bactéria morre. Nosso corpo produz um hormônio que impede a absorção do ferro pelo intestino e deste último para a corrente sanguínea, onde ficaria disponível para as bactérias. É possível que você se torne um pouco anêmico, porém está salvo dos patógenos. Mas se você é uma bactéria que não necessita de ferro, quem se importa com a falta de ferro? *Borrelia* continua crescendo, e é muito difícil matá-la. O tratamento da doença de Lyme é extremamente difícil. Agora que sabemos que essa bactéria utiliza manganês em vez de ferro, somos capazes de encontrar um tratamento que irá limitar o seu acesso ao manganês, privando-a do elemento necessário.

**Todos os seres vivos e as coisas não vivas,** inclusive os microrganismos, são compostos de matéria. Portanto, não é surpreendente que todas as propriedades dos microrganismos sejam determinadas pelas propriedades da matéria.

## MAPA DO CAPÍTULO

**Siga o mapa do capítulo para auxiliar na identificação dos conceitos principais do texto.**

## POR QUE ESTUDAR QUÍMICA?

A *química* é a ciência que trata das propriedades básicas da matéria. Por essa razão, precisamos conhecer um pouco de química para começar a entender os microrganismos. As substâncias químicas sofrem mudanças e interagem entre si em *reações químicas*. O metabolismo, que se refere ao uso de nutrientes para a obtenção de energia e para formar a substância das células, consiste em numerosas reações químicas diferentes. Esse processo ocorre independentemente de o organismo ser um ser humano ou um microrganismo. Desse modo, compreender os princípios básicos da química é essencial para entender os processos metabólicos nos seres vivos. O microbiologista utiliza a química para compreender a estrutura e a função dos microrganismos e entender como eles afetam os seres humanos nos processos infecciosos e também como afetam toda a vida na Terra.

## ELEMENTOS QUÍMICOS DE BASE E LIGAÇÕES QUÍMICAS

### Elementos químicos de base

A matéria é composta de partículas muito pequenas, que formam os elementos químicos de base. Ao longo dos anos, os químicos vêm observando a matéria e deduziram as características dessas partículas. Assim como o alfabeto pode ser usado para formar milhares de palavras, os elementos químicos de base podem ser utilizados para fazer milhares de substâncias diferentes. A complexidade das substâncias químicas excede, em muito, a das palavras. As palavras raramente contêm mais de 20 letras, ao passo que algumas substâncias químicas complexas contêm até 20.000 elementos químicos de base!

A menor unidade química da matéria é o **átomo**. Existem muitos tipos diferentes de átomos. A matéria composta de um tipo de átomo é denominada **elemento**. Cada elemento possui propriedades específicas que o distinguem dos outros elementos. O carbono é um elemento; uma amostra pura de carbono consiste em um vasto número de átomos de carbono. O oxigênio e o nitrogênio também são elementos, que são encontrados como gases na atmosfera da Terra. Os químicos utilizam símbolos de uma ou de duas letras para designar os elementos – como C para o carbono, O para o oxigênio, N para o nitrogênio e Na para o sódio (de seu nome em latim, *natrium*).

Os átomos combinam-se quimicamente de várias maneiras. Algumas vezes, os átomos de um único elemento combinam-se entre si. Por exemplo, os átomos de carbono formam cadeias longas que são importantes na estrutura dos seres vivos. Tanto o oxigênio quanto o nitrogênio formam átomos em pares, isto é, $O_2$ e $N_2$. Com mais frequência, os átomos de um elemento combinam-se com átomos de outros elementos. O dióxido de carbono ($CO_2$) contém um átomo de carbono e dois átomos de oxigênio; a água ($H_2O$) contém dois átomos de hidrogênio e um átomo de oxigênio. (Os números subscritos nessas fórmulas indicam o número de átomos presentes de cada elemento.)

Quando dois ou mais átomos combinam-se quimicamente, eles formam uma **molécula**. As moléculas podem consistir em átomos do mesmo elemento, como $N_2$ ou em átomos de diferentes elementos, como $CO_2$. As moléculas formadas por átomos de dois ou mais elementos são denominadas **compostos**. Assim, o $CO_2$ é um composto, mas não o $N_2$. As propriedades dos compostos são diferentes daquelas dos seus elementos componentes. Por exemplo, em seu estado elementar, tanto o hidrogênio quanto o oxigênio são gases em temperaturas normais. Entretanto, podem se combinar para formar água, que é um líquido em temperaturas normais.

*O nitrogênio é denominado Stickstoff em alemão e azoto em italiano, porém o seu símbolo é N em todos os países do mundo.*

Os seres vivos são constituídos de átomos de relativamente poucos elementos, principalmente carbono, hidrogênio, oxigênio e nitrogênio, mas esses átomos combinam-se em compostos altamente complexos. Uma simples molécula de açúcar, $C_6H_{12}O_6$, contém 24 átomos. Muitas moléculas encontradas nos organismos vivos contêm milhares de átomos.

### A estrutura dos átomos

Embora o átomo seja a menor unidade de qualquer elemento que conserve as propriedades desse elemento, os átomos na verdade contêm partículas ainda menores que, juntas, são responsáveis por essas propriedades. Os físicos estudam muitas dessas partículas subatômicas, porém só iremos discutir os **prótons**, os **nêutrons** e os **elétrons**. Essas partículas têm três propriedades importantes: a massa atômica, a carga elétrica e a localização no átomo (**Tabela 3.1**). A *massa atômica* é medida em termos de *unidades de massa atômica* (uma ou u). A massa de um próton ou de um nêutron é praticamente igual a 1 u; os elétrons apresentam uma massa muito menor. Quanto à carga elétrica, os elétrons têm carga negativa (–), enquanto os prótons têm carga positiva (+). Os nêutrons são neutros, isto é, não têm carga elétrica. Normalmente, os átomos apresentam um número igual de prótons e de elétrons, de modo que eles são eletricamente neutros. Os prótons e os nêutrons, partículas pesadas, são acondicionados no *núcleo* central muito pequeno do átomo, enquanto os elétrons, mais leves, movem-se em torno do núcleo, descrevendo trajetórias comumente descritas como órbitas.

Os átomos de determinado elemento têm sempre o mesmo número de prótons, e este número de prótons é o **número atômico** do elemento. Os números atômicos variam de 1 a mais de 100. Os números de nêutrons e de elétrons nos átomos de muitos elementos podem mudar, porém o número de prótons – e, portanto, o número atômico – permanece o mesmo para todos os átomos de determinado elemento.

Os prótons e os elétrons têm cargas elétricas opostas. Em consequência, eles se atraem. Essa atração mantém os elétrons próximos ao núcleo de um átomo. Os elétrons estão em movimento constante e rápido, formando uma nuvem de elétrons em torno do núcleo. Como alguns elétrons têm mais energia do que outros, os químicos passaram a utilizar um modelo

**Tabela 3.1** Propriedades das partículas atômicas.

| Partícula | Massa atômica | Carga elétrica | Localização |
|---|---|---|---|
| Próton | 1 | + | Núcleo |
| Nêutron | 1 | Nenhuma | Núcleo |
| Elétron | 1/1.836 | – | Orbitando o núcleo |

com círculos concêntricos ou *camadas eletrônicas*, para sugerir diferentes níveis de energia. Os elétrons com menor energia estão localizados mais próximos ao núcleo, enquanto os que possuem mais energia estão mais distantes do núcleo. Cada nível de energia corresponde a uma camada eletrônica (Figura 3.1).

Um átomo de hidrogênio tem apenas um elétron, localizado na camada eletrônica mais interna. O átomo de hélio tem dois elétrons nessa camada; de fato, dois é o número máximo de elétrons que podem ser encontrados na camada mais interna. Os átomos com mais de dois elétrons sempre têm dois elétrons na camada mais interna e até oito elétrons adicionais na segunda camada eletrônica. A camada mais interna é preenchida antes que qualquer elétron ocupe a segunda camada. A segunda camada é preenchida antes que qualquer elétron ocupe a terceira camada, e assim sucessivamente. Os átomos muito grandes apresentam várias camadas de elétrons de maior capacidade; mas nos elementos encontrados nos seres vivos, a camada eletrônica mais externa é quimicamente estável se ela tiver oito elétrons. Esse princípio, conhecido como **regra dos octetos**, é importante para compreender ligações químicas, que iremos discutir de maneira sucinta.

Os átomos cujas camadas eletrônicas mais externas estão quase preenchidas (contendo seis ou sete elétrons) ou quase vazias (contendo um ou dois elétrons) tendem a formar íons. Um **íon** é um átomo carregado produzido quando um átomo ganha ou perde um ou mais elétrons (Figura 3.2A). Quando um átomo de sódio (número atômico 11) perde o elétron de sua camada mais externa, sem perder um próton, ele se torna um íon de carga positiva, denominado **cátion**. Quando um átomo de cloro (número atômico 17) ganha um elétron para preencher a sua camada mais externa, ele se torna um íon de carga negativa, denominado **ânion**. No estado ionizado, o cloro é designado como cloreto. Os íons de elementos como o sódio ou o cloro são quimicamente mais *estáveis* do que os átomos desses mesmos elementos, visto que as suas camadas eletrônicas mais externas estão completas. Muitos elementos são encontrados nos microrganismos ou em seus ambientes na forma de íons (Tabela 3.2). Aqueles com um ou dois elétrons em sua camada mais externa tendem a perdê-los e a formar íons com cargas +1 ou +2, respectivamente; aqueles com sete elétrons em sua camada mais externa tendem a ganhar um elétron, formando íons com uma carga de –1. Alguns íons, como o íon hidroxila ($OH^-$), são compostos – eles contêm mais de um elemento.

Embora todos os átomos do mesmo elemento tenham o mesmo número atômico, eles podem não ter a mesma *massa atômica*, algumas vezes denominada *peso atômico*. O **número de massa** é a soma do número de prótons e de nêutrons em um átomo. Muitos elementos consistem em átomos com pesos atômicos diferentes. Por exemplo, o carbono tem habitualmente seis prótons e seis nêutrons; possui peso atômico 12. Entretanto, alguns átomos de carbono de ocorrência natural apresentam um ou dois nêutrons extras, de modo que esses

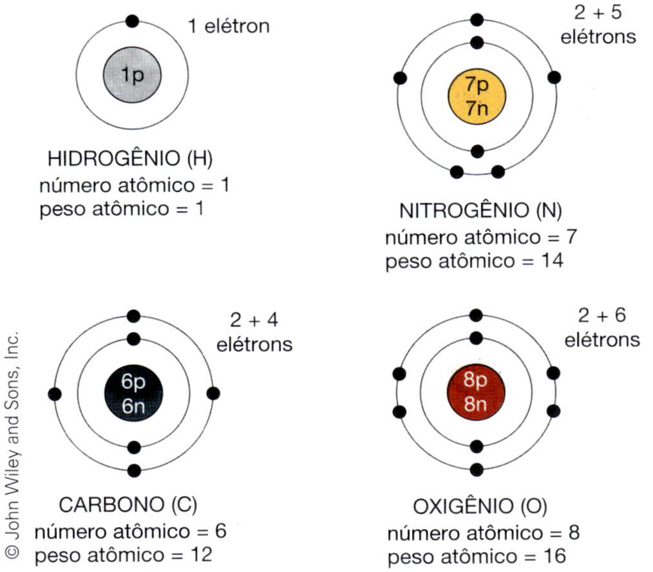


**Figura 3.1 Estrutura de quatro átomos biologicamente importantes.** O hidrogênio, que é o elemento mais simples, possui um átomo cujo núcleo é formado de um único próton, com um único elétron na primeira camada eletrônica. No carbono, no nitrogênio e no oxigênio, a primeira camada é ocupada com dois elétrons, enquanto a segunda camada está preenchida em parte. O carbono, com seis prótons em seu núcleo, possui seis elétrons, quatro deles na segunda camada eletrônica. O nitrogênio tem cinco elétrons, e o oxigênio seis elétrons na segunda camada. São os elétrons situados na camada mais externa que participam da ligação química.

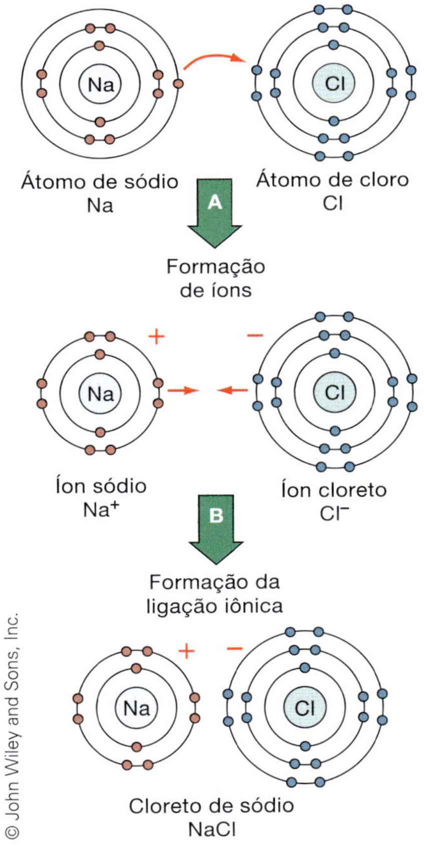


**Figura 3.2 Formação de íons ou átomos com carga elétrica.** **A.** Quando um átomo de sódio neutro perde o único elétron existente em sua camada mais externa, ele se torna um íon sódio, $Na^+$. Quando um átomo de cloro neutro ganha um elétron extra em sua camada mais externa, ele se torna um íon cloreto, $Cl^-$. **B.** Íons de cargas opostas se atraem. Essa atração cria uma ligação iônica e resulta na formação de um composto iônico, neste caso o cloreto de sódio (NaCl).

**Tabela 3.2** Alguns íons comuns.

| Íon | Nome | Breve descrição |
|---|---|---|
| $Na^+$ | Sódio | Contribui para a salinidade dos corpos de água naturais e líquidos orgânicos de organismos multicelulares. |
| $K^+$ | Potássio | Íon importante que mantém a turgidez celular. |
| $H^+$ | Hidrogênio | Responsável pela acidez das soluções; geralmente regula a motilidade. |
| $Ca^{2+}$ | Cálcio | Com frequência, atua como mensageiro químico. |
| $Mg^{2+}$ | Magnésio | Geralmente necessário para a ocorrência das reações químicas. |
| $Fe^{2+}$ | Ferro ferroso | Transporta elétrons para o oxigênio durante algumas reações químicas que produzem energia. Pode impedir o crescimento de alguns microrganismos que causam doenças humanas. |
| $NH_4^+$ | Amônio | Encontrado em excreções animais e degradado por algumas bactérias. |
| $Cl^-$ | Cloreto | Frequentemente encontrado com um íon de carga positiva, onde ele habitualmente neutraliza a carga. |
| $OH^-$ | Hidroxila | Em geral, presente em excesso em soluções básicas onde há depleção de $H^+$. |
| $HCO_3^-$ | Bicarbonato | Com frequência, neutraliza a acidez dos corpos de água e dos líquidos corporais. |
| $NO_3^-$ | Nitrato | Produto da ação de certas bactérias que convertem o nitrito em uma forma que pode ser usada pelas plantas. |
| $SO_4^{2-}$ | Sulfato | Componente do ácido sulfúrico em poluentes atmosféricos e na chuva ácida. |
| $PO_4^{3-}$ | Fosfato | Pode ser combinado com outras moléculas para formar ligações de alta energia, onde a energia é armazenada em uma forma que pode ser usada pelos seres vivos. |

átomos têm peso atômico 13 ou 14. Além disso, dispõe-se de técnicas de laboratório para criar átomos com diferentes números de nêutrons. Os átomos de determinado elemento que contêm diferentes números de nêutrons são denominados **isótopos**. O sobrescrito à esquerda do símbolo do elemento indica o peso atômico do isótopo em particular. Por exemplo, o carbono com peso atômico 14, que é frequentemente usado para datar fósseis, é escrito como $^{14}C$. O peso atômico de um elemento que possui isótopos de ocorrência natural é o peso atômico médio da mistura natural de isótopos. Assim, os pesos atômicos nem sempre são números inteiros, embora qualquer átomo em particular contenha um número específico de nêutrons e prótons. A Tabela 3.3 fornece os pesos atômicos de alguns elementos encontrados nos seres vivos, bem como algumas outras propriedades.

O **peso molecular em gramas** ou **mol** é o peso de uma substância em gramas (g), igual à soma dos pesos atômicos dos átomos em uma molécula da substância. Por exemplo,

**Tabela 3.3** Algumas propriedades de elementos importantes encontrados nos organismos vivos (por ordem de abundância e importância).

| Elemento | Símbolo | Número atômico | Massa atômica | Elétrons na camada mais externa | Ocorrência biológica |
|---|---|---|---|---|---|
| Oxigênio | O | 8 | 16,0 | 6 | Componente de moléculas biológicas; necessário para o metabolismo aeróbico |
| Carbono | C | 6 | 12,0 | 4 | Átomo essencial de todos os compostos orgânicos |
| Hidrogênio | H | 1 | 1,0 | 1 | Componente de moléculas biológicas; $H^+$ liberado por ácidos |
| Nitrogênio | N | 7 | 14,0 | 5 | Componente de proteínas e ácidos nucleicos |
| Cálcio | Ca | 20 | 40,1 | 2 | Encontrado nos ossos e nos dentes; regulador de muitos processos celulares |
| Fósforo | P | 15 | 31,0 | 5 | Encontrado nos ácidos nucleicos, no ATP e em alguns lipídios |
| Enxofre | S | 16 | 32,0 | 6 | Encontrado nas proteínas; metabolizado por algumas bactérias |
| Ferro | Fe | 26 | 55,8 | 2 | Transporta oxigênio; metabolizado por algumas bactérias |
| Potássio | K | 19 | 39,1 | 1 | Íon intracelular importante |
| Sódio | Na | 11 | 23,0 | 1 | Íon extracelular importante |
| Cloro | Cl | 17 | 35,4 | 7 | Íon extracelular importante |
| Magnésio | Mg | 12 | 24,3 | 2 | Necessário para muitas enzimas |
| Cobre | Cu | 29 | 63,6 | 1 | Necessário para algumas enzimas; inibe o crescimento de alguns microrganismos |
| Iodo | I | 53 | 126,9 | 7 | Componente dos hormônios tireoidianos |
| Flúor | F | 9 | 19,0 | 7 | Inibe o crescimento microbiano |
| Manganês | Mn | 25 | 54,9 | 2 | Necessário para algumas enzimas |
| Zinco | Zn | 30 | 65,4 | 2 | Necessário para algumas enzimas; inibe o crescimento microbiano |

1 mol de glicose, $C_6H_{12}O_6$, pesa 180 gramas: [6 átomos de carbono × 12 (peso atômico)] + [12 átomos de hidrogênio × 1 (peso atômico)] + [6 átomos de oxigênio × 16 (peso atômico)] = 180 gramas. O mol é definido de modo que 1 mol de qualquer substância sempre contenha $6{,}023 \times 10^{23}$ partículas.

Alguns isótopos são estáveis, e outros, não. Os núcleos dos isótopos instáveis tendem a emitir partículas subatômicas e radiação. Esses isótopos são *radioativos* e designados como **radioisótopos**. As emissões dos núcleos radioativos podem ser detectadas por contadores de radiação. Essas emissões podem ser úteis no estudo dos processos químicos, mas elas também podem prejudicar os seres vivos.

## Ligações químicas

As **ligações químicas** formam-se entre átomos por meio de interações dos elétrons existentes em suas camadas eletrônicas mais externas. A energia associada a esses elétrons de ligação mantém os átomos juntos, formando moléculas. Os três tipos de ligações químicas comumente encontrados nos organismos vivos são as ligações iônicas, as ligações covalentes e as pontes de hidrogênio.

As **ligações iônicas** resultam da atração entre íons que têm cargas opostas. Por exemplo, os íons sódio, com uma carga positiva ($Na^+$), combinam-se com íons cloreto, com uma carga negativa ($Cl^-$) (Figura 3.2B).

Muitos compostos, particularmente os que contêm carbono, são mantidos unidos por **ligações covalentes**. Em vez de ganhar ou perder elétrons, como na ligação iônica, o carbono e alguns outros átomos das ligações covalentes compartilham pares de elétrons (Figura 3.3). Um átomo de carbono, que possui quatro elétrons em sua camada eletrônica mais externa, pode compartilhar um elétron com cada um dos quatro átomos de hidrogênio. Ao mesmo tempo, cada um dos quatro átomos de hidrogênio compartilha um elétron com um átomo de carbono. Quatro pares de elétrons são compartilhados, e cada par consiste em um elétron do carbono e um elétron do hidrogênio. Esse compartilhamento mútuo torna um átomo de carbono estável com oito elétrons em sua camada mais externa, enquanto o átomo de hidrogênio também é estável com dois elétrons em sua camada eletrônica mais externa. Um compartilhamento igual produz *compostos não polares* – compostos que não têm nenhuma região com carga. Algumas vezes, um átomo de carbono e outro átomo, como um átomo de oxigênio, compartilham dois pares de elétrons para formar uma dupla ligação. A regra dos octetos ainda se aplica, e cada átomo apresenta oito elétrons em sua camada eletrônica mais externa e, portanto, é estável. Nas fórmulas estruturais, os químicos utilizam uma linha simples para representar um único par de elétrons compartilhados e uma linha dupla para representar dois pares de elétrons compartilhados (ver Figura 3.3).

Átomos de quatro elementos – carbono, hidrogênio, oxigênio e nitrogênio – formam comumente ligações covalentes que preenchem suas camadas eletrônicas mais externas. O carbono compartilha quatro elétrons; o hidrogênio, um elétron; o oxigênio, dois elétrons; e o nitrogênio, três elétrons. Diferentemente de muitas ligações iônicas, as ligações covalentes são estáveis e, portanto, são importantes em moléculas que formam estruturas biológicas.

As **pontes de hidrogênio**, apesar de serem mais fracas do que as ligações iônicas e covalentes, são importantes em estruturas biológicas e normalmente estão presentes em grandes números. Os núcleos atômicos do oxigênio e do nitrogênio atraem fortemente elétrons. Quando o hidrogênio se liga covalentemente ao oxigênio ou ao nitrogênio, os elétrons da ligação covalente são compartilhados de modo desigual – são mantidos mais próximos ao oxigênio ou nitrogênio do que ao hidrogênio. Assim, o átomo de hidrogênio tem uma carga positiva parcial, e o outro átomo apresenta uma carga negativa parcial. Nesse caso de compartilhamento desigual, a molécula é denominada **composto polar**, em virtude de suas regiões com cargas opostas. A atração fraca entre essas cargas parciais é denominada ponte de hidrogênio.

Os compostos polares, como a água, frequentemente contêm pontes de hidrogênio. Em uma molécula de água, os elétrons dos átomos de hidrogênio estão mais próximos ao átomo de oxigênio, e os átomos de hidrogênio ficam de um lado do átomo de oxigênio (Figura 3.4). Desse modo, as moléculas de água são moléculas polares que têm uma região positiva próxima aos hidrogênios e uma região negativa próxima ao oxigênio. As ligações covalentes entre os átomos de hidrogênio e de oxigênio mantêm os átomos juntos. As pontes de hidrogênio entre as regiões do hidrogênio e do oxigênio de diferentes moléculas de água mantêm as moléculas em aglomerados.

As pontes de hidrogênio também contribuem para a estrutura de grandes moléculas, como as proteínas e os ácidos

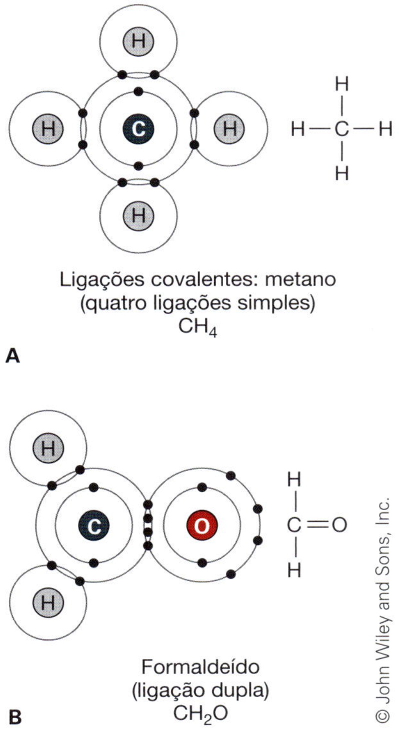


**Figura 3.3 As ligações covalentes são formadas pelo compartilhamento de elétrons. A.** No metano, um átomo de carbono, com quatro elétrons em sua camada eletrônica mais externa, compartilha pares de elétrons com quatro átomos de hidrogênio. Dessa maneira, todos os cinco átomos adquirem camadas eletrônicas mais externas completas e estáveis. Cada par de elétrons compartilhado constitui uma ligação covalente simples. **B.** No formaldeído, um átomo de carbono compartilha pares de elétrons com dois átomos de hidrogênio e também compartilha dois pares de elétrons com um átomo de oxigênio, formando uma ligação covalente dupla.

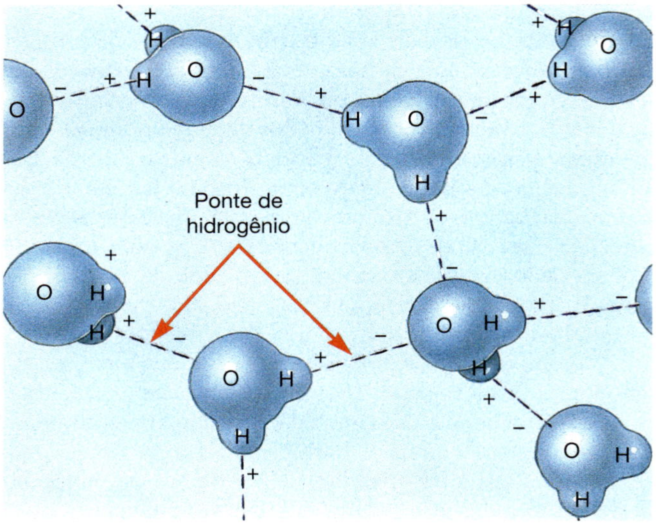




**Figura 3.4 Compostos polares e pontes de hidrogênio.** As moléculas de água são polares – elas possuem uma região com carga positiva parcial (os átomos de hidrogênio) e uma região com uma carga negativa parcial (o átomo de oxigênio). As pontes de hidrogênio, criadas pela atração entre regiões de cargas opostas de diferentes moléculas, mantêm as moléculas de água juntas em aglomerados.

nucleicos, que contêm longas cadeias de átomos. As cadeias são espiraladas ou enoveladas em uma configuração tridimensional, que é mantida, em parte, por pontes de hidrogênio.

**PARE e RESPONDA**

1. Qual é o número que revela a identidade de um átomo?
2. É possível ter uma molécula de um elemento? Uma molécula de um composto? Cite exemplos.
3. Se os isótopos podem ser considerados como "gêmeos", "trigêmeos", "sêxtuplos" e assim por diante, em que aspectos eles são idênticos? E diferentes?
4. Qual é o tipo de ligação produzida pelo compartilhamento igual de um par de elétrons entre dois átomos? E pelo compartilhamento desigual?

## Reações químicas

As reações químicas nos organismos vivos normalmente envolvem o uso de energia para formar ligações químicas e a liberação de energia quando as ligações químicas são rompidas. Por exemplo, o alimento que ingerimos consiste em moléculas que possuem muita energia armazenada em suas ligações químicas. Durante o **catabolismo**, a decomposição das substâncias, o alimento é degradado, e parte dessa energia armazenada é liberada. Os microrganismos utilizam os nutrientes do mesmo modo geral. Uma reação catabólica pode ser simbolizada da seguinte maneira:

$$X - Y \longrightarrow X + Y + \text{energia}$$

em que X – Y representa uma molécula de nutriente e onde a energia era originalmente armazenada na ligação entre X e Y.

As reações catabólicas são **exergônicas** – isto é, elas liberam energia. Em contrapartida, a energia é usada para formar ligações químicas na síntese de novos compostos. No **anabolismo**, isto é, construção ou *síntese* de substâncias, a energia é utilizada para criar ligações. Uma reação anabólica pode ser simbolizada da seguinte maneira:

$$X + Y + \text{energia} \longrightarrow X - Y$$

em que a energia é armazenada na nova substância X – Y. As reações anabólicas ocorrem nas células vivas quando pequenas moléculas são utilizadas para sintetizar moléculas grandes. As células podem armazenar pequenas quantidades de energia para uso posterior ou podem gastar energia na formação de novas moléculas. As reações anabólicas são, em sua maioria, **endergônicas** – isto é, necessitam de energia.

# ÁGUA E SOLUÇÕES

A água, um dos compostos químicos mais simples, também é um dos mais importantes para os seres vivos. Ela toma parte diretamente em muitas reações químicas. Numerosas substâncias dissolvem-se na água ou formam misturas, denominadas dispersões coloidais. Os ácidos e as bases existem e funcionam principalmente em misturas aquosas.

## Água

A água é tão essencial à vida que os seres humanos só podem viver poucos dias sem ela. Muitos microrganismos morrem quase imediatamente se forem removidos de seus ambientes aquosos normais, como lagos, poças, oceanos e solo úmido. Entretanto, outros conseguem sobreviver por várias horas ou dias sem água, e os esporos formados por alguns microrganismos sobrevivem muitos anos na ausência de água. Vários tipos de bactérias utilizam como ambiente ideal as secreções úmidas e ricas em nutrientes das glândulas da pele humana.

A água tem várias propriedades que a tornam importante para os seres vivos. Por ser um composto polar e apresentar pontes de hidrogênio, a água pode formar finas camadas nas superfícies e pode atuar como *solvente* ou meio de dissolução. A água é um bom solvente para íons, visto que suas moléculas polares circundam os íons. A região positiva das moléculas de água é atraída pelos íons negativos, enquanto a região negativa das moléculas de água é atraída por íons positivos. Em consequência, muitos tipos diferentes de íons podem se distribuir de modo uniforme através do meio aquoso, formando uma *solução* (Figura 3.5).

A água forma finas camadas em virtude de sua alta tensão superficial. A **tensão superficial** é um fenômeno em que a superfície da água atua como uma fina membrana elástica invisível (Figura 3.6). A polaridade das moléculas de água lhes confere uma forte atração uma pela outra, porém nenhuma atração pelas moléculas de gás no ar presente na superfície da água. Por conseguinte, as moléculas de água na superfície unem-se formando pontes de hidrogênio com outras moléculas abaixo da superfície. Nas células vivas, essa característica da tensão superficial permite que as membranas sejam cobertas por uma fina película de água, mantendo-as úmidas.

A água tem alto *calor específico*, isto é, pode absorver ou liberar grandes quantidades de energia térmica com pouca mudança de temperatura. Essa propriedade da água ajuda a

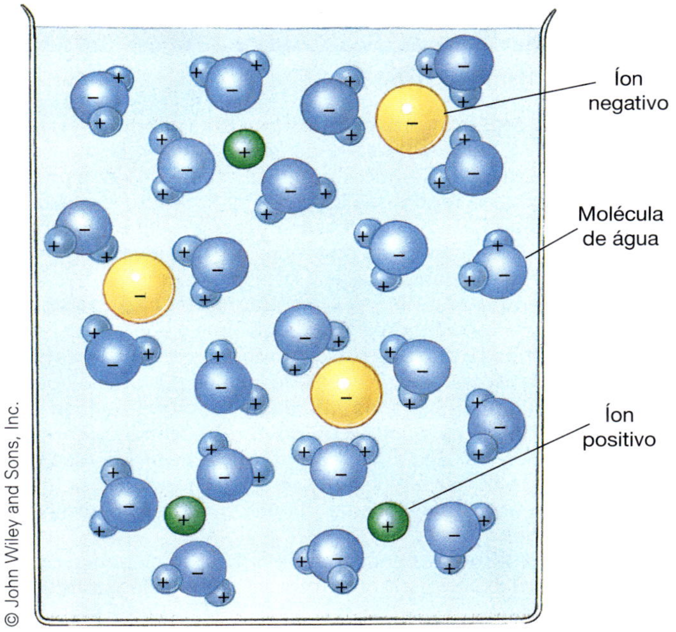


**Figura 3.5 Polaridade e moléculas de água.** A polaridade permite que a água dissolva muitos compostos iônicos. As regiões positivas das moléculas de água circundam os íons negativos, enquanto as regiões negativas das moléculas de água circundam íons positivos, mantendo os íons em solução.

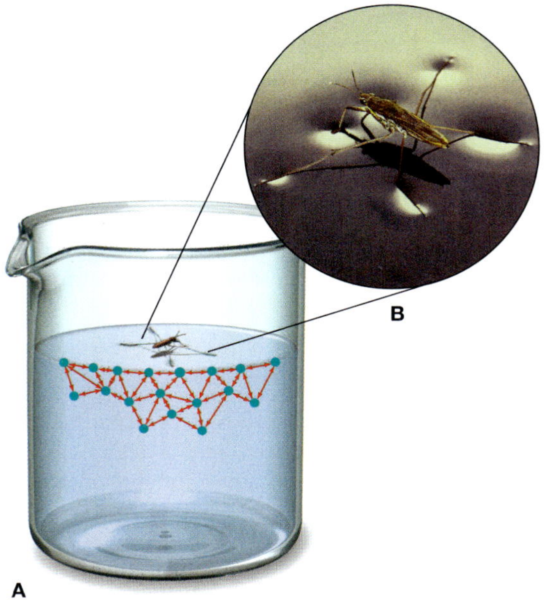


© John Wiley and Sons, Inc.

**Figura 3.6 Tensão superficial.** **A.** A ponte do hidrogênio entre moléculas de água cria tensão superficial, que leva a superfície da água a se comportar como uma membrana elástica. **B.** A tensão superficial da água é forte o suficiente para sustentar o peso de insetos gerrídeos que se deslocam sobre a superfície da água. *(Hermann Eisenbeiss/Science Source.)*

estabilizar a temperatura dos organismos vivos, que são compostos principalmente de água, bem como dos corpos de água onde vivem muitos microrganismos.

Por fim, a água fornece o meio para a maioria das reações químicas nas células e participa de muitas dessas reações. Suponha, por exemplo, que a substância X possa ganhar ou perder $H^+$, e que a substância Y possa ganhar ou perder $OH^-$. As substâncias que entram em uma reação são denominadas **reagentes**. Em qualquer reação anabólica, os componentes da água ($H^+$ ou $OH^-$) são removidos dos reagentes para formar uma molécula de produto maior:

$$X - H + HO - Y \rightarrow X - Y + H_2O$$

Esse tipo de reação, denominada **síntese por desidratação**, está envolvida na síntese dos carboidratos complexos, de alguns lipídios (gorduras) e proteínas. Por outro lado, em muitas reações catabólicas, a água é adicionada a um reagente para formar produtos simples:

$$X - Y + H_2O \rightarrow X - H + HO - Y$$

Esse tipo de reação, denominada **hidrólise**, ocorre na degradação de grandes moléculas de nutrientes para liberar açúcares simples, ácidos graxos e aminoácidos.

## Soluções e coloides

As soluções e dispersões coloidais são exemplos de misturas. Diferentemente de um composto químico, que consiste em moléculas cujos átomos estão presentes em proporções específicas, uma **mistura** consiste em duas ou mais substâncias que estão combinadas em qualquer proporção e que não estão ligadas quimicamente. Cada substância em uma mistura confere suas propriedades à mistura. Por exemplo, uma mistura de açúcar e sal poderia ser obtida com o uso de qualquer proporção dos dois ingredientes. O grau de doçura ou de salinidade da mistura dependerá das quantidades relativas de açúcar e sal presentes, porém ambas, a doçura e a salinidade, são detectáveis.

Uma **solução** é uma mistura de duas ou mais substâncias em que as moléculas das substâncias estão igualmente distribuídas e normalmente não irão se separar com a solução em repouso. Em uma solução, o meio no qual as substâncias estão dissolvidas é denominado **solvente**. A substância dissolvida no solvente é o **soluto**. Os solutos podem consistir em átomos, íons ou moléculas. Nas células e no meio onde elas vivem, a água é o solvente em quase todas as soluções. Os solutos típicos incluem o açúcar glicose, os gases dióxido de carbono e oxigênio e muitos tipos diferentes de íons. Muitas proteínas menores também podem atuar como solutos em soluções verdadeiras.

Poucos seres vivos são capazes de sobreviver em soluções altamente concentradas. Utilizamos esse fato para preservar vários tipos de alimentos. Pense nos alimentos que frequentemente não são mantidos refrigerados e em recipientes abertos por longos períodos de tempo. As compotas, as geleias e os doces não estragam facilmente, visto que a maioria dos microrganismos não consegue tolerar as altas concentrações de açúcar. As carnes salgadas são muito salgadas para possibilitar o crescimento da maioria dos microrganismos, e os picles são excessivamente ácidos para a maioria dos microrganismos.

Às vezes, partículas demasiadamente grandes para formar soluções verdadeiras podem formar *dispersões coloidais* ou **coloides**. A gelatina servida na sobremesa é um coloide em que a proteína gelatina está dispersa em meio aquoso. De modo semelhante, as dispersões coloidais nas células são habitualmente formadas por grandes moléculas de proteínas dispersas na água. A substância fluida ou semifluida no interior das células vivas é um complexo sistema coloidal. As grandes partículas estão suspensas por oposição de cargas elétricas, por camadas de moléculas de água ao seu redor e por outras forças. Os meios para o crescimento de microrganismos algumas vezes são solidificados com ágar; esses meios consistem em dispersões coloidais. Alguns sistemas coloidais têm a capacidade de mudar de um estado semissólido, como a gelatina fria, para um estado mais líquido, como a gelatina que derreteu. As amebas parecem se mover, em parte, em virtude da capacidade de seu material coloidal de mudar do estado semissólido para o líquido, e vice-versa.

## Ácidos, bases e pH

Em termos químicos, a maioria dos seres vivos encontra-se em ambientes relativamente neutros, porém alguns microrganismos vivem em ambientes que são *ácidos* ou *básicos* (*alcalinos*). É importante ter uma compreensão dos ácidos e das bases no estudo dos microrganismos e de seus efeitos sobre as células humanas. Um **ácido** é um doador de íon hidrogênio ($H^+$). (O íon hidrogênio é um próton.) Um ácido doa $H^+$ para uma solução. Os ácidos encontrados nos organismos vivos habitualmente são ácidos fracos, como o ácido acético (vinagre), embora alguns sejam ácidos fortes, como o ácido clorídrico. Os ácidos liberam $H^+$ quando os grupos carboxila (–COOH) sofrem ionização em $COO^-$ e $H^+$. Uma **base** é um aceptor de prótons ou um doador de íon hidroxila. A base aceita $H^+$ da solução ou doa $OH^-$ (íon hidroxila) à solução. As bases encontradas nos organismos vivos habitualmente são bases fracas, como o grupo amino ($NH_2$), que aceita o $H^+$ para formar $NH_3^+$.

Os químicos desenvolveram o conceito de **pH** para especificar a acidez ou a alcalinidade de uma solução. A escala de pH (**Figura 3.7**), que relaciona a concentração de prótons com o pH, é uma escala logarítmica. Isso significa que a concentração de íons hidrogênio (prótons) muda por um fator de 10 para cada unidade da escala. A faixa da escala de pH na prática é de 0 a 14. Uma solução com pH de 7 é **neutra** – isto é, nem ácida nem **alcalina** (básica). A água pura tem pH de 7, visto que as concentrações de $H^+$ e $OH^-$ são iguais. A Figura 3.7 mostra o pH de alguns líquidos corporais, alimentos selecionados e outras substâncias. O ácido clorídrico em seu estômago digere a sua refeição, bem como a maioria das bactérias que podem estar no alimento ou em seu interior. As pessoas sem ácido gástrico apresentam muito mais infecções do sistema digestório.

### PARA TESTAR
#### Dilema de inverno

Imagine o seguinte: um inverno rigoroso, com neve e gelo, as estradas cobertas de sal e de areia. Agora é primavera. Entretanto, há algo errado com as árvores e outras plantas que crescem ao longo das estradas. A liberação excessiva de substâncias químicas do escoamento do sal do inverno teria afetado a química do solo ou a capacidade do solo de manter os microrganismos?

Como cientista ambiental nos laboratórios do Estado, é seu trabalho investigar. Você testa o solo e a água de escoamento à procura de substâncias químicas usadas durante o inverno. Há altas concentrações de produtos químicos para degelo próximo às estradas afetadas? Quão longe eles se espalharam? Onde se observa de novo o crescimento normal das plantas? Os solos coletados demonstram populações microbianas típicas e diversificadas? Há quaisquer patologias incomuns associadas às plantas que estão crescendo perto da área afetada?

Coloque-se nesse cenário e use o método científico para planejar um experimento que mostre o que está ocorrendo nesse caso.

### PARE e RESPONDA

1. Qual é a diferença entre reações químicas endergônicas e exergônicas?
2. Quais propriedades de uma molécula de água a tornam capaz de atuar como bom solvente para moléculas iônicas?
3. Por que um número mais alto, como pH 11, indica uma base mais forte do que pH 9, enquanto um número mais alto, como pH 5, indica um ácido mais fraco do que pH 3?

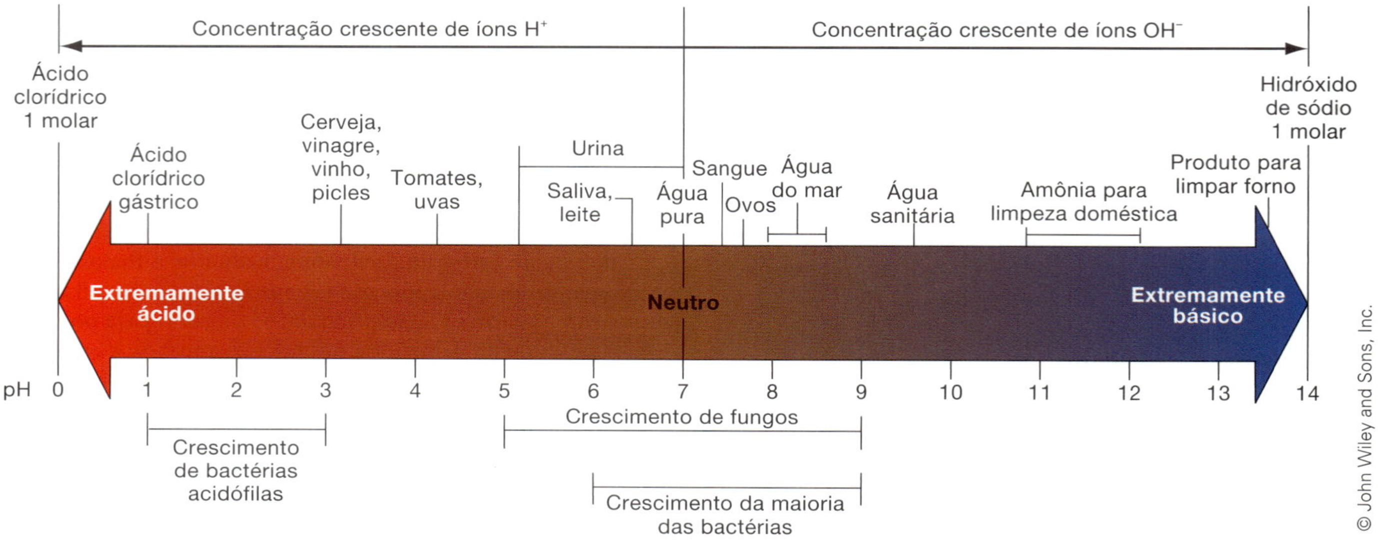


**Figura 3.7 Valores de pH de algumas substâncias comuns.** Cada unidade da escala de pH representa um aumento ou uma diminuição de 10 vezes na concentração de íons hidrogênio. Assim, por exemplo, o vinagre é 10.000 vezes mais ácido do que a água pura.

## APLICAÇÃO NA PRÁTICA

### Ácidos bacterianos estão comendo *A Última Ceia*

As civilizações passadas construíam seus templos, túmulos e monumentos de pedra para durarem para sempre. De fato, estruturas como as pirâmides do Egito estão erguidas há milhares de anos. No entanto, recentemente, as pedras antigas começaram a se desintegrar em pó. A princípio, os especialistas acreditaram que a destruição das pedras era devida a poluentes gasosos lançados no ar por automóveis e chaminés industriais. Agora, entretanto, eles descobriram que um mundo totalmente novo – um diminuto sistema de microrganismos – está vivendo nas próprias pedras, interagindo com os gases poluentes e causando estragos químicos.

O principal vilão que devora o mármore antigo é *Thiobacillus thioparis*, uma bactéria que converte o gás poluente dióxido de enxofre ($SO_2$) em ácido sulfúrico ($H_2SO_4$). O ácido sulfúrico atua sobre o carbonato de cálcio ($CaCO_3$) do mármore, formando dióxido de carbono ($CO_2$) e o sal sulfato de cálcio ($CaSO_4$), que é uma forma de gesso. As bactérias usam o $CO_2$ como fonte de carbono. O gesso produzido por esse processo é macio e arrastado pelas chuvas ou apenas se desintegra e cai. Em muitas construções, como o Parthenon na Grécia, essa "epidemia" bacteriana já transformou em gesso uma camada da superfície do mármore de 5 cm de espessura. Na verdade, uma quantidade muito maior de mármore foi destruída nos últimos 35 anos do que nos 300 anos anteriores.

Todavia, nem todo o dano é causado por processos químicos. Parte do dano resulta das atividades físicas de fungos que introduzem na rocha seus filamentos de crescimento (hifas), rachando-a e reduzindo-a a pó. Dezenas de tipos de bactérias, leveduras, fungos filamentosos e até mesmo algas produzem ácidos que acabarão destruindo as pedras. Até mesmo as pinturas não estão imunes aos efeitos do crescimento bacteriano. Afrescos pintados em paredes, como *A Última Ceia*, de Leonardo da Vinci, também estão sendo consumidos, com pedaços descascando e cores perdendo o seu brilho.

Existe alguma cura para essas invasões microbianas? Um plano de tratamento identifica que microrganismos estão atacando as pedras e, em seguida, determina que antibióticos irão matá-los mais efetivamente. A administração de antibióticos a uma construção é uma tarefa complicada. Em vez de uma agulha hipodérmica ou de comprimidos, é necessário usar uma pistola de pulverização. Mas alguns antibióticos não podem ser aplicados por borrifamento, de modo que é difícil encontrar um método apropriado. Algumas vezes, são usados desinfetantes, como o cloreto de isotiazolinona, porém esses produtos químicos precisam ser utilizados com cuidado. Em Angkor, no Camboja, por exemplo, trabalhadores não especializados do exército, armados com escovas duras e soluções fungicidas, rasparam pinturas de templos antigos na tentativa de remover os fungos.

Detalhe da obra *A Última Ceia* de Leonardo da Vinci mostra a deterioração causada pela ação microbiana. Santa Maria della Grazie, Milano. *(Marka/SuperStock.)*

Infelizmente, o tratamento antibiótico não reverte o dano que já ocorreu. As estátuas não podem readquirir uma nova pele, como você consegue fazê-lo após se recuperar de uma infecção. Por isso, os pesquisadores estão trabalhando em um processo para endurecer a camada de gesso formada pelos microrganismos por meio de cozimento das peças afetadas em altas temperaturas. Entretanto, é muito difícil usar esse método para uma estátua inteira ou uma catedral. E como podemos proteger essas estruturas vulneráveis enquanto os poluentes permanecerem na atmosfera? Entre as medidas provisórias, estão guardar algumas estátuas em locais fechados e construir cúpulas protetoras para outras. A resposta real – porém inatingível – consiste em limpar nosso ambiente.

## MOLÉCULAS ORGÂNICAS COMPLEXAS

Os princípios básicos da química geral aplicam-se também à **química orgânica**, o estudo dos compostos que contêm carbono. O estudo das reações químicas que ocorrem nos sistemas vivos é um ramo da química orgânica conhecido como **bioquímica**. No início do século XIX, acreditava-se que as moléculas dos seres vivos estavam cheias de uma "força vital" sobrenatural e, portanto, não podiam ser explicadas pelas leis da química e da física. Era considerado impossível produzir *compostos orgânicos* fora dos sistemas vivos. Essa ideia foi refutada em 1828, quando o cientista alemão Friedrich Wohler sintetizou o composto orgânico ureia, uma pequena molécula excretada como produto de degradação por muitos animais. Desde então, milhares de compostos orgânicos – plásticos, fertilizantes e medicamentos – foram sintetizados em laboratório. Os compostos orgânicos, como os carboidratos, os lipídios, as proteínas e os ácidos nucleicos, ocorrem naturalmente nos seres vivos e nos produtos ou restos dos seres vivos. A capacidade dos átomos de carbono de formar ligações covalentes e ligar-se em cadeias longas torna possível a formação de um número quase infinito de compostos orgânicos.

Os compostos de carbono mais simples são os *hidrocarbonetos*, isto é, cadeias de átomos de carbono com seus átomos de hidrogênio associados. Por exemplo, a estrutura do propano, $C_3H_8$, um hidrocarboneto, é a seguinte:

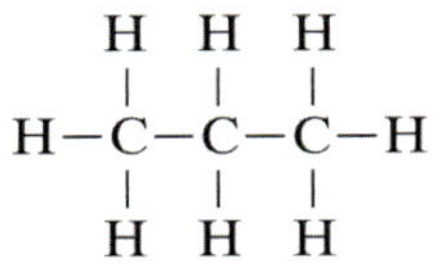

As cadeias de carbono podem ter não apenas hidrogênio, mas também outros átomos ligados a elas, como oxigênio e nitrogênio. Alguns desses átomos formam grupos funcionais. Um **grupo funcional** é uma parte de uma molécula que geralmente participa em reações químicas, como uma unidade, e confere à molécula algumas de suas propriedades químicas.

Quatro grupos significativos de compostos – os álcoois, os aldeídos, as cetonas e os ácidos orgânicos – apresentam grupos funcionais que contêm oxigênio (**Figura 3.8**). Um álcool tem um ou mais grupos hidroxila (–OH). Um aldeído tem um grupo carbonila (–CO) na extremidade da cadeia de carbono; uma cetona tem um grupo carbonila dentro da cadeia. Um ácido orgânico apresenta um ou mais grupos carboxila (–COOH). Um grupo funcional essencial que não contém oxigênio é o grupo amino ($-NH_2$). Os grupos amino, encontrados nos aminoácidos, são responsáveis pela presença do nitrogênio nas proteínas.

A quantidade relativa de oxigênio em diferentes grupos funcionais é significativa. Os grupos com pouco oxigênio, como os grupos alcoólicos, são denominados *reduzidos*; enquanto os grupos com relativamente mais oxigênio, como os grupos carboxila, são denominados *oxidados* (ver Figura 3.8). Como veremos no Capítulo 6, a *oxidação* é a adição de oxigênio ou a remoção de hidrogênio ou de elétrons de uma substância. A combustão é um exemplo de oxidação. A *redução* refere-se à remoção de oxigênio ou à adição de hidrogênio ou de elétrons a uma substância. Em geral, quanto mais reduzida uma molécula, mais energia ela contém. Os hidrocarbonetos, como a gasolina, não têm oxigênio e, portanto, representam o extremo das moléculas reduzidas ricas em energia. Essas moléculas constituem bons combustíveis, visto que apresentam uma quantidade muito grande de energia. Em contrapartida, quanto mais oxidada uma molécula, menos energia ela contém. O dióxido de carbono ($CO_2$) representa o extremo de uma molécula oxidada, visto que não mais do que dois átomos de oxigênio podem ligar-se a um único átomo de carbono. Como veremos adiante, a oxidação libera energia das moléculas.

Iremos considerar agora as principais classes de moléculas bioquímicas grandes e complexas que compõem todos os seres vivos, incluindo os microrganismos.

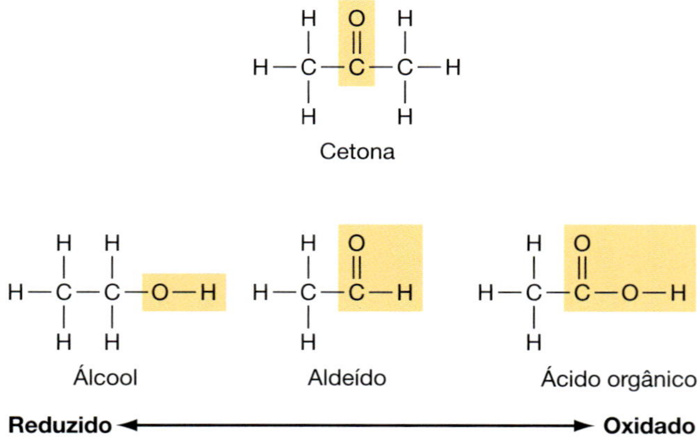




**Figura 3.8 Quatro classes de compostos orgânicos que contêm oxigênio.** Os álcoois contêm um ou mais grupos hidroxila (–OH), os aldeídos e as cetonas contêm grupos carbonila (–C=O) e os ácidos orgânicos contêm grupos carboxila (–COOH).

## Carboidratos

Os **carboidratos** servem como principal fonte de energia para a maioria dos seres vivos. As plantas produzem carboidratos, incluindo carboidratos estruturais, como a celulose, e carboidratos de armazenamento de energia, como o amido. Os animais usam os carboidratos como alimento, e muitos, inclusive os seres humanos, armazenam energia em um carboidrato denominado *glicogênio*. Muitos microrganismos utilizam carboidrato de seu ambiente para obter energia e também produzem uma variedade de carboidratos. Nas membranas das células, os carboidratos podem atuar como marcadores, tornando uma célula quimicamente reconhecível. O reconhecimento químico é importante nas reações imunológicas e em outros processos que ocorrem nos seres vivos.

Todos os carboidratos contêm os elementos carbono, hidrogênio e oxigênio, geralmente na proporção de dois átomos de hidrogênio para cada átomo de carbono e de oxigênio. Existem três grupos de carboidratos: os monossacarídios, os dissacarídios e os polissacarídios. Os **monossacarídios** consistem em uma cadeia ou anel de carbonos com vários grupamentos alcoólicos e outro grupamento funcional, que pode ser um grupamento aldeído ou uma cetona. Vários monossacarídios, como a glicose e a frutose, são **isômeros** – isto é, eles apresentam a mesma forma molecular, $C_6H_{12}O_6$, porém estruturas e propriedades diferentes (**Figura 3.9**). Por conseguinte, mesmo em nível químico, podemos constatar que a estrutura e a função estão relacionadas.

A glicose, que é o monossacarídio mais abundante, pode ser representada esquematicamente como uma cadeia linear, como um anel ou como uma estrutura tridimensional. Na **Figura 3.10A**, a estrutura em cadeia mostra claramente um grupo carbonila no carbono 1 (o primeiro carbono da cadeia, na parte superior, nesta orientação) e grupos álcoois em todos os outros carbonos. A **Figura 3.10B** mostra como uma molécula de glicose em solução sofre rearranjo e liga-se a si própria para formar um anel fechado. A projeção tridimensional na **Figura 3.10C** aproxima-se mais estreitamente do verdadeiro

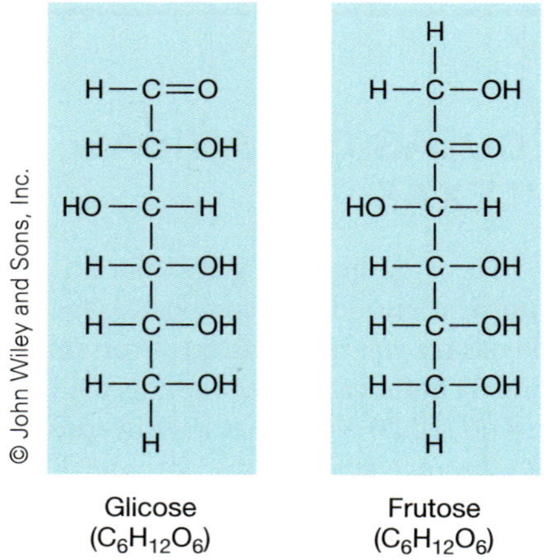


**Figura 3.9 Isômeros.** A glicose e a frutose são isômeros: contêm os mesmos átomos, porém diferem em sua estrutura.

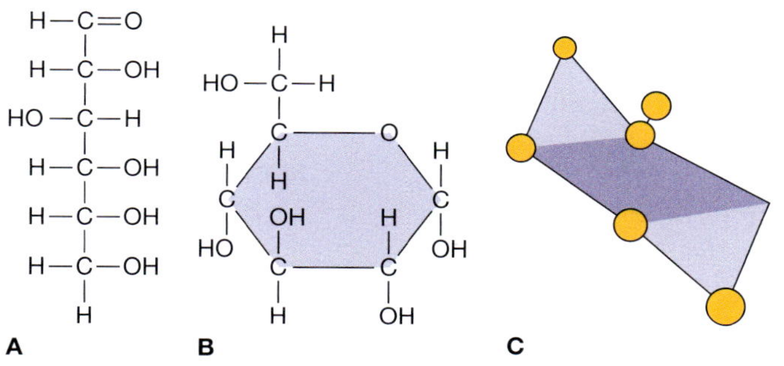




**Figura 3.10 Três maneiras de representar a molécula de glicose.** **A.** Em solução, a forma em cadeia linear é raramente encontrada. **B.** Na verdade, a molécula liga-se a si própria, formando um anel de seis membros. Por convenção, o anel é desenhado como um hexágono plano. **C.** A verdadeira estrutura tridimensional é mais complexa. Nesta figura, as esferas representam átomos de carbono.

## APLICAÇÃO NA PRÁTICA

### Alguns gostam do azedo

A grande maioria dos ambientes naturais na Terra apresenta valores de pH situados entre 5 e 9, e os microrganismos que vivem nesses locais crescem dentro dessa faixa de pH. As espécies conhecidas de bactérias que crescem em valores de pH abaixo de 2 ou acima de 10 frequentemente exibem propriedades singulares das quais podemos tirar proveito. Certas bactérias que vivem em pH baixo, as acidófilas, são usadas para lixiviar[1] metais economicamente importantes de minérios de baixa produção. O minério de cobre de baixo grau, despejado em uma grande pilha, é tratado com um líquido contendo ácido sulfúrico diluído e a bactéria *Thiobacillus ferrooxidans*. A presença de *T. ferrooxidans* aumenta a velocidade de oxidação do sulfito de cobre e a produção de sulfato de cobre. Como o sulfato de cobre é extremamente hidrossolúvel, é possível extrair e precipitar economicamente o cobre do líquido coletado da lixívia do despejo.

formato da molécula. Ao estudar as fórmulas estruturais, é importante imaginar cada molécula como um objeto tridimensional.

Os monossacarídios podem ser reduzidos para formar desoxiaçúcares e álcoois glicídicos (Figura 3.11). O desoxiaçúcar *desoxirribose*, que contém um átomo de hidrogênio em vez de um grupo –OH em um de seus carbonos, é um componente do DNA. Certos álcoois glicídicos, que têm um grupo álcool adicional, em vez de um grupo aldeído ou cetona, podem ser metabolizados por determinados microrganismos. O manitol e outros álcoois glicídicos são usados para identificar alguns microrganismos em testes para diagnóstico.

Os **dissacarídios** são formados quando dois monossacarídios são unidos pela remoção de uma molécula de água e formação de uma **ligação glicosídica**, uma ligação álcool glicídico/açúcar (Figura 3.12A). A sacarose, o açúcar comum de mesa, é um dissacarídio formado de glicose e frutose. Os **polissacarídios** são formados quando muitos monossacarídios são unidos por ligações glicosídicas (Figura 3.12B). Os polissacarídios, como o amido, o glicogênio e a celulose, são **polímeros** – longas cadeias de unidades repetidas – de glicose. Entretanto, as ligações glicosídicas em cada polímero exibem arranjos diferentes. As plantas e a maioria das algas produzem amido e celulose. O amido atua como meio de armazenar energia, enquanto a celulose é um componente estrutural das paredes celulares. Os animais produzem e armazenam o glicogênio, que eles podem decompor em glicose à medida que a energia é necessária. Os microrganismos contêm vários outros polissacarídios importantes, como veremos em capítulos posteriores.

A **Tabela 3.4** fornece um resumo dos tipos de carboidratos.

*Quanto maior o conteúdo de gordura dos alimentos, mais lento o movimento das fezes pelo intestino, onde as bactérias convertem as gorduras não digeridas em compostos que causam câncer.*

## Lipídios

Os **lipídios** constituem um grupo quimicamente diverso de substâncias que inclui as gorduras, os fosfolipídios e os

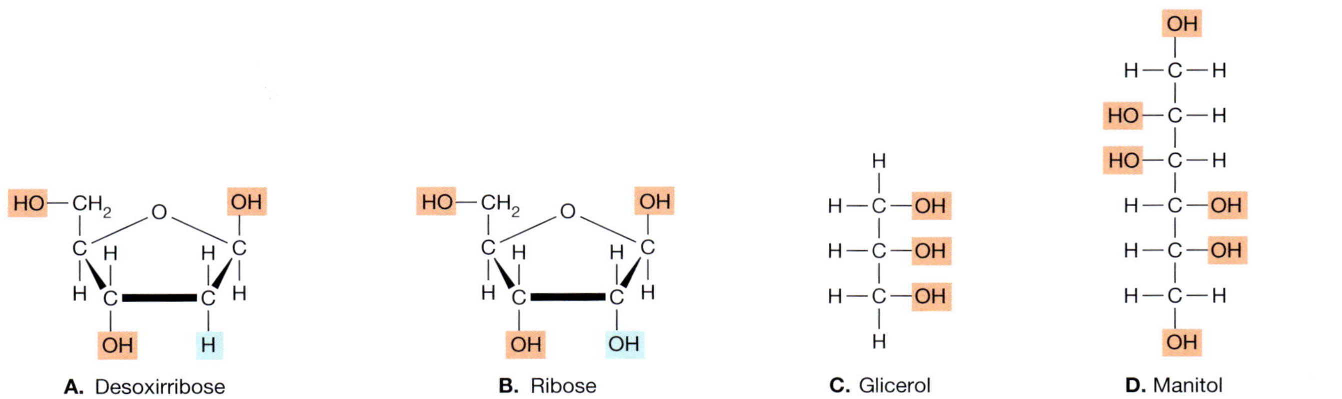




**Figura 3.11 Desoxiaçúcares e álcoois glicídicos.** **A.** "Desoxi" indica um átomo de oxigênio a menos – um dos átomos de carbono do desoxiaçúcar desoxirribose não possui um grupo hidroxila que a ribose (**B**) tem. **C.** O glicerol é um álcool glicídico com três carbonos, que é um componente dos lipídios. **D.** O manitol é um álcool glicídico utilizado em testes diagnósticos de certos microrganismos.

[1]N.R.T.: Lixiviar significa dissolver e remover os constituintes.

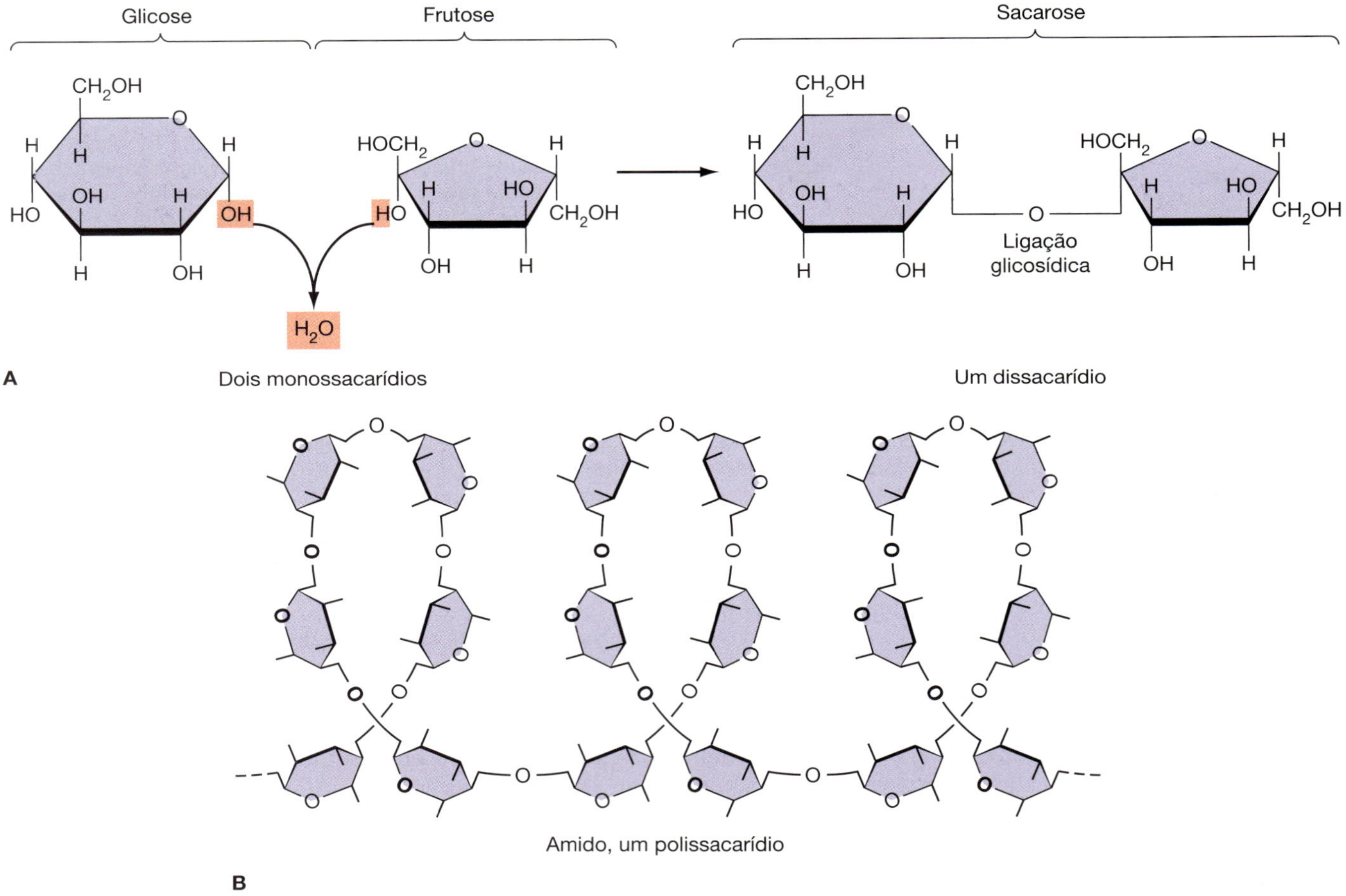




**Figura 3.12 Dissacarídios e polissacarídios.** **A.** Dois monossacarídios são ligados para formar um dissacarídio por meio de síntese por desidratação e formação de ligação glicosídica. **B.** Os polissacarídios, como o amido, são formados por reações semelhantes que ligam muitos monossacarídios em cadeias longas.

esteroides. São relativamente insolúveis em água, porém solúveis em solventes apolares, como o éter e o benzeno. Os lipídios fazem parte da estrutura das células, particularmente das membranas celulares, e muitos podem ser usados para a obtenção de energia. Em geral, os lipídios contêm relativamente mais hidrogênio e menos oxigênio do que os carboidratos e, portanto, contêm mais energia do que os carboidratos.

As **gorduras** são constituídas pelo álcool glicerol de três carbonos e por um ou mais ácidos graxos. Um **ácido graxo**

**Tabela 3.4** Tipos de carboidratos.

| Classe de carboidratos | Exemplos | Descrição e ocorrência |
|---|---|---|
| Monossacarídios | Glicose | Açúcar encontrado na maioria dos organismos |
| | Frutose | Açúcar encontrado em frutas |
| | Galactose | Açúcar encontrado no leite |
| | Ribose | Açúcar encontrado no RNA |
| | Desoxirribose | Açúcar encontrado no DNA |
| Dissacarídios | Sacarose | Glicose e frutose; açúcar de mesa |
| | Lactose | Glicose e galactose; açúcar do leite |
| | Maltose | Duas unidades de glicose; produto da digestão do amido |
| Polissacarídios | Amido | Polímero de glicose armazenado em plantas, digerível pelos seres humanos |
| | Glicogênio | Polímero de glicose armazenado no fígado e nos músculos esqueléticos dos animais |
| | Celulose | Polímero de glicose encontrado nas plantas, não digerível pelos seres humanos; digerido por alguns microrganismos |

As paredes do corpo dos carrapatos são impermeáveis à maioria dos pesticidas graças à presença de quitina, um polissacarídio também encontrado nas paredes das células dos fungos.

consiste em uma longa cadeia de átomos de carbono com átomos de hidrogênio associados e um grupo carboxila em uma extremidade da cadeia. A síntese de uma gordura a partir do glicerol e dos ácidos graxos envolve a remoção de água e a formação de uma ligação éster entre o grupo carboxila do ácido graxo e o grupo álcool do glicerol (Figura 3.13A). Um **triacilglicerol**, anteriormente denominado *triglicerídio*, é uma gordura formada quando há ligação de três ácidos graxos ao glicerol. Os *monoacilgliceróis* (monoglicerídios) e os *diacilgliceróis* (diglicerídios) contêm um e dois ácidos graxos, respectivamente, e são formados habitualmente a partir da digestão dos triacilgliceróis.

Os ácidos graxos podem ser saturados ou insaturados. Um **ácido graxo saturado** contém todos os hidrogênios que ele pode ter, isto é, está saturado de hidrogênio (Figura 3.13B). Um **ácido graxo insaturado** perdeu, pelo menos, dois átomos de hidrogênio e contém uma dupla ligação entre os dois carbonos que perderam os átomos de hidrogênio (Figura 3.13C). Portanto, o termo "insaturado" significa não estar completamente saturado com hidrogênio. O ácido oleico é um ácido graxo insaturado. As *gorduras poli-insaturadas*, muitas das quais são óleos vegetais que permanecem líquidos em temperatura ambiente, contêm muitos ácidos graxos insaturados.

Alguns lipídios contêm uma ou mais de outras moléculas, além dos ácidos graxos e do glicerol. Por exemplo, os **fosfolipídios**, que são encontrados em todas as membranas celulares, diferem das gorduras pela substituição de um dos ácidos graxos por ácido fosfórico ($H_3PO_4$) (Figura 3.14A). O grupo fosfato com carga ($-HPO_4^-$) elétrica liga-se normalmente a outro grupo com carga. Ambos podem misturar-se com água, mas não a extremidade do ácido graxo (Figura 3.14B). Essas propriedades dos fosfolipídios são importantes para determinar as características das membranas celulares (ver Capítulo 5).

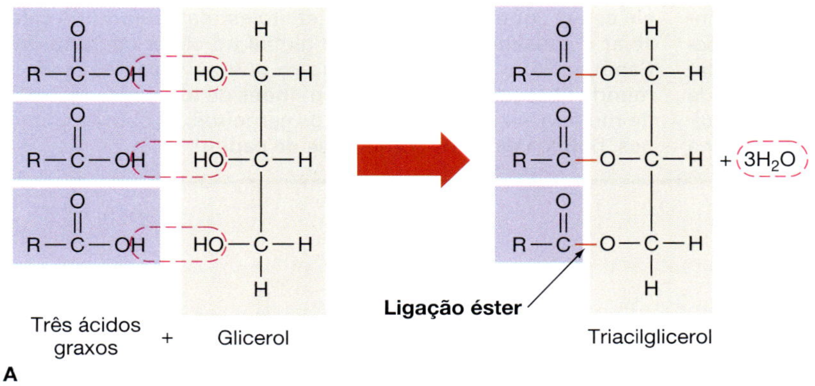


**Figura 3.13 Estrutura das gorduras.** **A.** Três ácidos graxos combinam-se com o glicerol para formar uma molécula de triacilglicerol, um tipo de gordura. O grupo designado como R é uma longa cadeia de hidrocarboneto, cujo comprimento varia em diferentes ácidos graxos. Pode ser saturada ou insaturada. **B.** Os ácidos graxos saturados apresentam apenas ligações covalentes simples entre os átomos de carbono em suas cadeias e, portanto, podem acomodar o número máximo possível de hidrogênios. **C.** Os ácidos graxos insaturados, como o ácido oleico, têm uma ou mais ligações duplas entre os carbonos e, assim, contêm menos hidrogênios. A ligação dupla causa uma dobra na cadeia de carbonos. Em (**B**) e em (**C**), são mostradas as fórmulas estruturais e os modelos de preenchimento espacial.

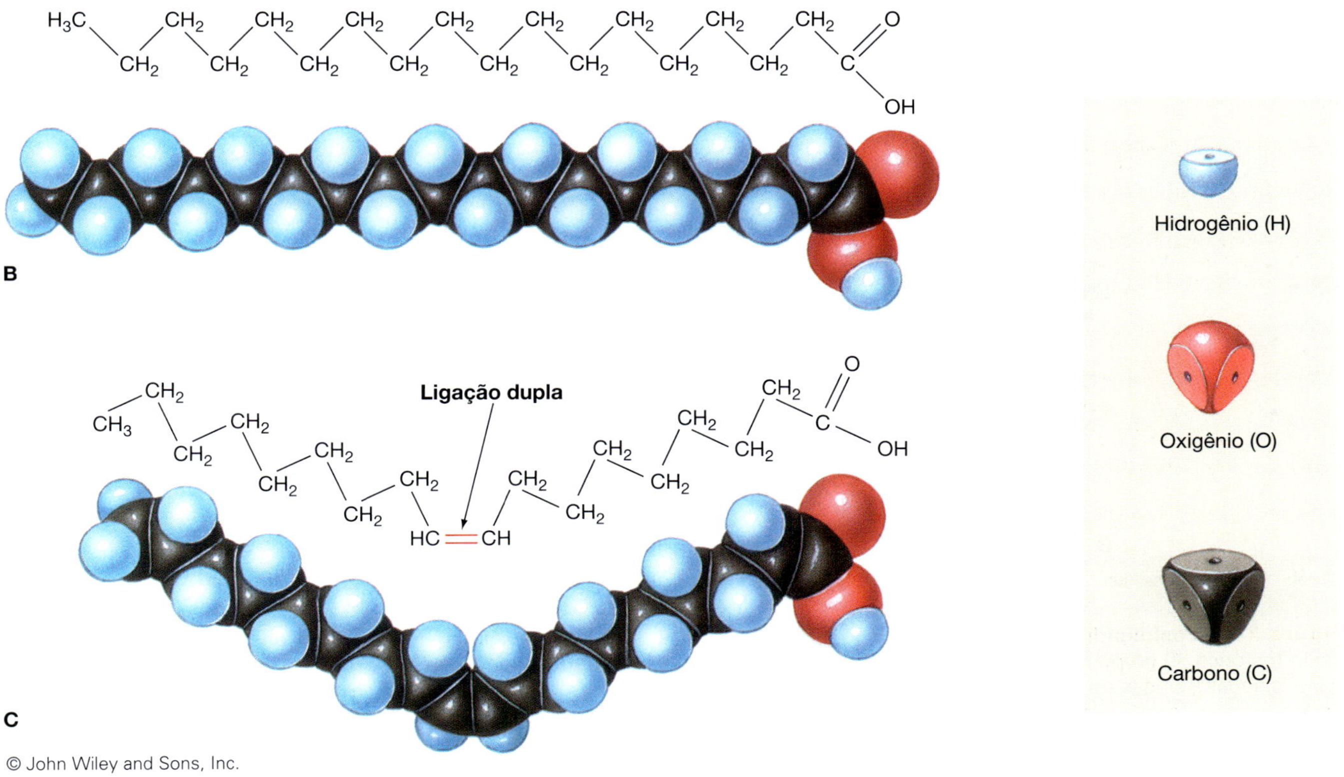

## APLICAÇÃO NA PRÁTICA

### Pode uma vaca realmente explodir?

As vacas obtêm uma boa quantidade de nutrientes a partir do capim, do feno e de outras matérias vegetais fibrosas, que não são comestíveis para os seres humanos. Somos incapazes de digerir a celulose, o principal componente das plantas. Se você tivesse que viver de feno, você provavelmente iria morrer de fome. Então, como as vacas e outros animais de casco conseguem viver com essa dieta?

Por mais estranho que possa parecer, as vacas também não conseguem digerir a celulose. Mas elas não precisam digeri-la – alguém o faz por elas. As vacas e seus parentes abrigam no estômago grandes populações de microrganismos que realizam o trabalho de degradar a celulose em açúcares que o animal pode utilizar. O mesmo ocorre com os cupins: não fossem os microrganismos em seus intestinos que os ajudam a digerir a celulose, eles não poderiam alimentar-se das vigas de madeira de sua casa.

A celulose é muito semelhante ao amido – ambos consistem em longas cadeias de moléculas de glicose. Entretanto, as ligações entre essas moléculas são ligeiramente diferentes em sua geometria nessas duas substâncias. Em consequência, as enzimas que os animais utilizam para degradar uma molécula de amido em suas unidades componentes de glicose não têm nenhum efeito sobre a celulose. De fato, muito poucos organismos produzem enzimas capazes de atacar a celulose. Mesmo os protistas (organismos unicelulares dotados de um núcleo) que vivem no estômago das vacas e dos cupins não podem fazê-lo por si sós. Assim como as vacas e os cupins dependem dos protistas que residem em seus estômagos, os protistas também dependem frequentemente de certas bactérias que residem permanentemente dentro deles. São essas bactérias que de fato produzem as enzimas digestivas essenciais.

As atividades dos microrganismos intestinais que executam esses serviços digestivos representam uma dádiva mista tanto para as vacas quanto para os seres humanos que os mantêm. As bactérias também produzem o gás metano, $CH_4$ – entre 190 e 380 ℓ em uma única vaca. A produção de metano pode ser tão rápida que o estômago da vaca pode sofrer ruptura se a vaca não puder arrotar. Alguns inventores engenhosos patentearam válvulas de segurança para a vaca liberar o acúmulo de gás diretamente pela parte lateral do animal. Quando esse gás finalmente sai da vaca por uma via ou outra, ele sobe para a atmosfera superior. Há suspeita de que ele esteja contribuindo para o "efeito estufa", retendo o calor solar e causando aquecimento global no clima da Terra (ver Capítulo 26). Cientistas estimaram que as vacas em todo o mundo liberam anualmente 50 milhões de toneladas métricas de metano – e isso sem contar os carneiros, as cabras, antílopes, búfalos e outros comedores de capim!

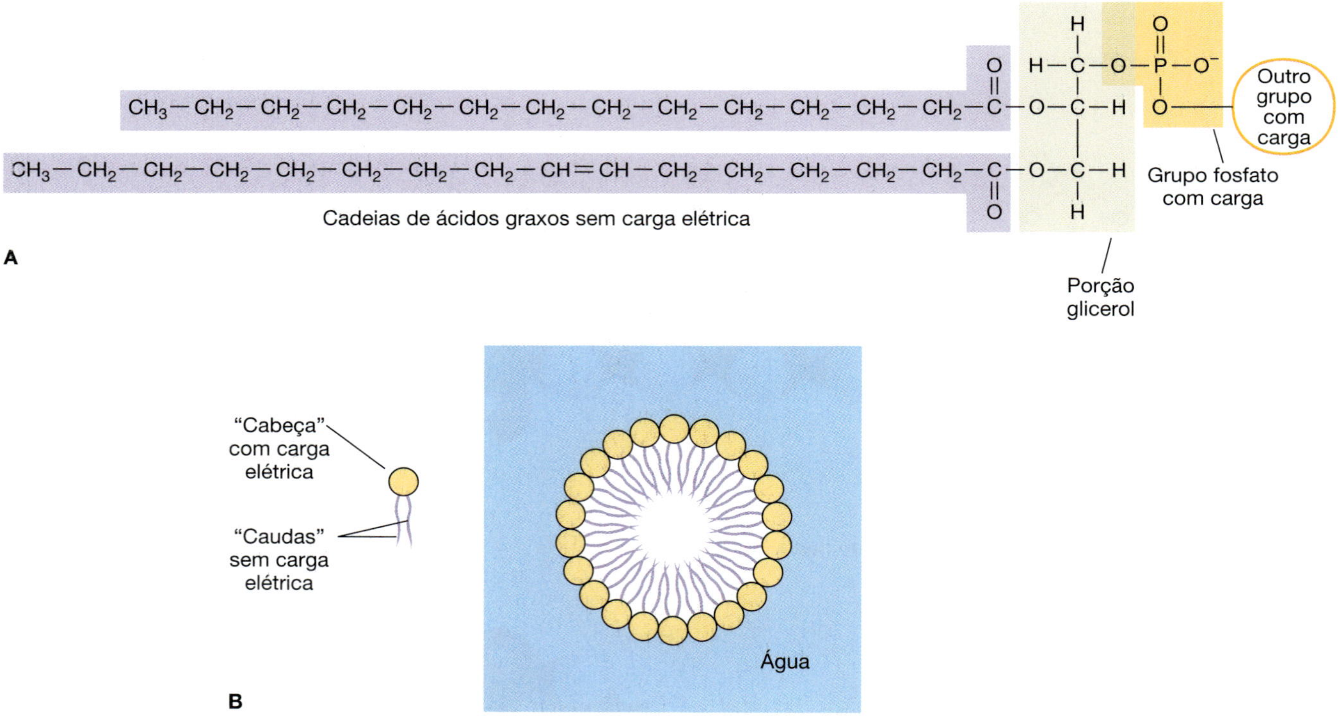




**Figura 3.14 Fosfolipídios. A.** Nos fosfolipídios, uma das cadeias de ácidos graxos de uma molécula de gordura é substituída por ácido fosfórico. O grupo fosfato com carga e outro grupo ligado podem interagir com moléculas de água, que são polares, porém as duas "caudas" longas de ácidos graxos sem carga elétrica não podem fazê-lo. **B.** Em consequência, as moléculas de fosfolipídios na água tendem a formar estruturas globulares, com os grupos fosfato voltados para fora e os ácidos graxos para o interior.

Os **esteroides** apresentam uma estrutura de quatro anéis (Figura 3.15A) e são muito diferentes dos outros lipídios. Incluem o colesterol, os hormônios esteroides e a vitamina D. O colesterol (Figura 3.15B) é insolúvel na água e é encontrado nas membranas celulares das células animais e no grupo de bactérias denominadas micoplasmas. Os hormônios esteroides e a vitamina D são importantes em muitos animais.

# Proteínas

## Propriedades das proteínas e dos aminoácidos

Entre as moléculas encontradas nos seres vivos, as proteínas exibem a maior diversidade de estrutura e de função. As **proteínas** são compostas de elementos químicos de base, denominados **aminoácidos**, que possuem pelo menos um grupo amino ($-NH_2$) e um grupo carboxila ácido ($-COOH$). As estruturas gerais de um aminoácido e de alguns dos 20 aminoácidos encontrados nas proteínas são mostradas na Figura 3.16. Cada aminoácido pode ser distinguido por um grupo químico diferente, denominado **grupo R**, ligado ao átomo de carbono central. Como todos os aminoácidos contêm carbono, hidrogênio, oxigênio e nitrogênio, e alguns também apresentam enxofre, as proteínas também contêm esses elementos.

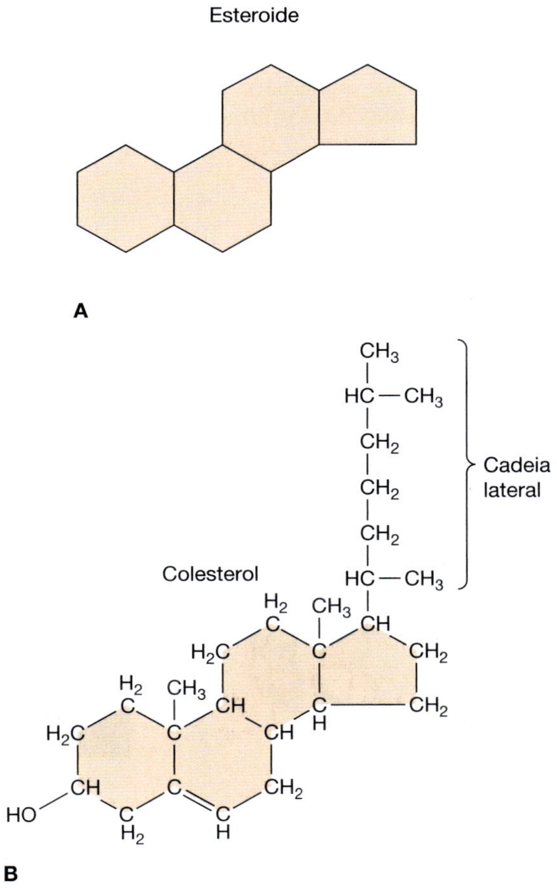




**Figura 3.15 Esteroides.** A. Os esteroides são lipídios com estrutura característica de quatro anéis. Os grupos químicos específicos ligados aos anéis são os que determinam as propriedades dos diferentes esteroides. B. Um dos esteroides biologicamente mais importantes é o colesterol, um componente das membranas das células animais e de um grupo de bactérias.

Uma proteína é um polímero de aminoácidos unidos por **ligações peptídicas** – isto é, ligações covalentes que ligam um grupo amino de um aminoácido a um grupo carboxila de outro aminoácido (Figura 3.17). Dois aminoácidos ligados

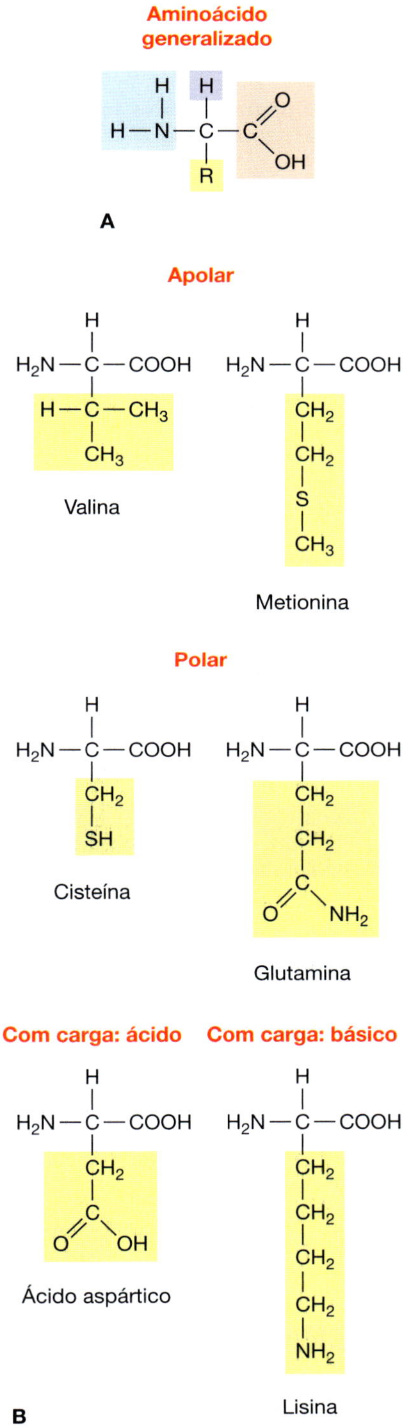


**Figura 3.16 Aminoácidos.** A. Estrutura geral de um aminoácido e (B) seis exemplos representativos. Todos os aminoácidos têm quatro grupos ligados ao átomo de carbono central: um grupo amino ($-NH_2$), um grupo carboxila ($-COOH$), um átomo de hidrogênio e um grupo designado como R, que é diferente em cada aminoácido. O grupo R determina muitas das propriedades químicas da molécula – por exemplo, se ela é apolar, polar, ácida ou básica.

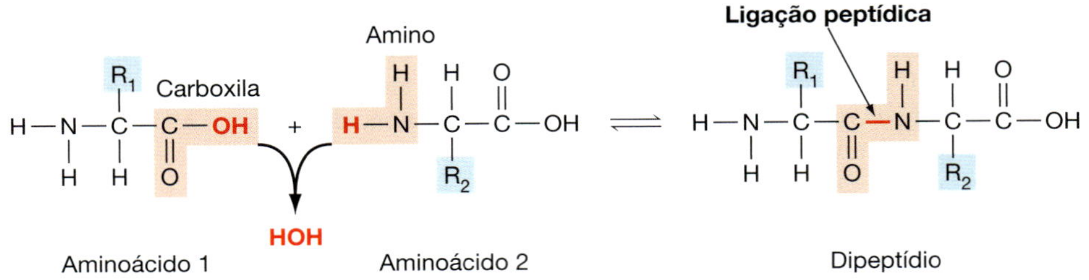




**Figura 3.17 Ligação peptídica.** Dois aminoácidos são unidos pela remoção de uma molécula de água (síntese por desidratação) e pela formação de uma ligação peptídica entre o grupo –COOH de um aminoácido e o grupo $-NH_2$ do outro.

entre si formam um *dipeptídio*, três aminoácidos ligados entre si formam um *tripeptídio*, e muitos aminoácidos formam um **polipeptídio**. Além dos grupos amino e carboxila, alguns aminoácidos possuem um grupo R, denominado *grupo sulfidrila* (–SH). Os grupos sulfidrila em cadeias adjacentes de aminoácidos podem perder hidrogênio e formar *ligações dissulfeto* (–S–S–) de uma cadeia para outra.

## Estrutura das proteínas

As proteínas apresentam vários níveis de estrutura. A **estrutura primária** de uma proteína consiste na sequência específica de seus aminoácidos em uma cadeia polipeptídica (Figura 3.18A). A **estrutura secundária** de uma proteína consiste no enovelamento ou na disposição espiralada das cadeias de aminoácidos em um padrão específico, como hélice ou folha pregueada (Figura 3.18B). As pontes de hidrogênio são responsáveis por esses padrões. O dobramento e enovelamento posteriores em formas globulares (esféricas irregulares) ou em fitas filiformes fibrosas produzem a **estrutura terciária** (Figura 3.18C). Algumas proteínas grandes, como a hemoglobina, apresentam uma **estrutura quaternária**, formada pela associação de várias cadeias polipeptídicas de estrutura terciária (Figura 3.19). As estruturas terciárias e quaternárias são mantidas por ligações dissulfeto, pontes de hidrogênio e outras forças entre os grupos R dos aminoácidos. As formas tridimensionais das moléculas de proteínas e a natureza dos sítios aos quais outras moléculas podem ligar-se a elas são extremamente importantes na determinação de como as proteínas funcionam nos organismos vivos.

Diversas condições podem romper as pontes de hidrogênio e de outras forças fracas que mantêm a estrutura da proteína, incluindo condições altamente ácidas ou básicas e temperaturas acima de 50°C. Essa ruptura das estruturas secundária, terciária e quaternária é denominada **desnaturação**. Os procedimentos de esterilização e desinfecção frequentemente recorrem ao uso do calor ou produtos químicos que

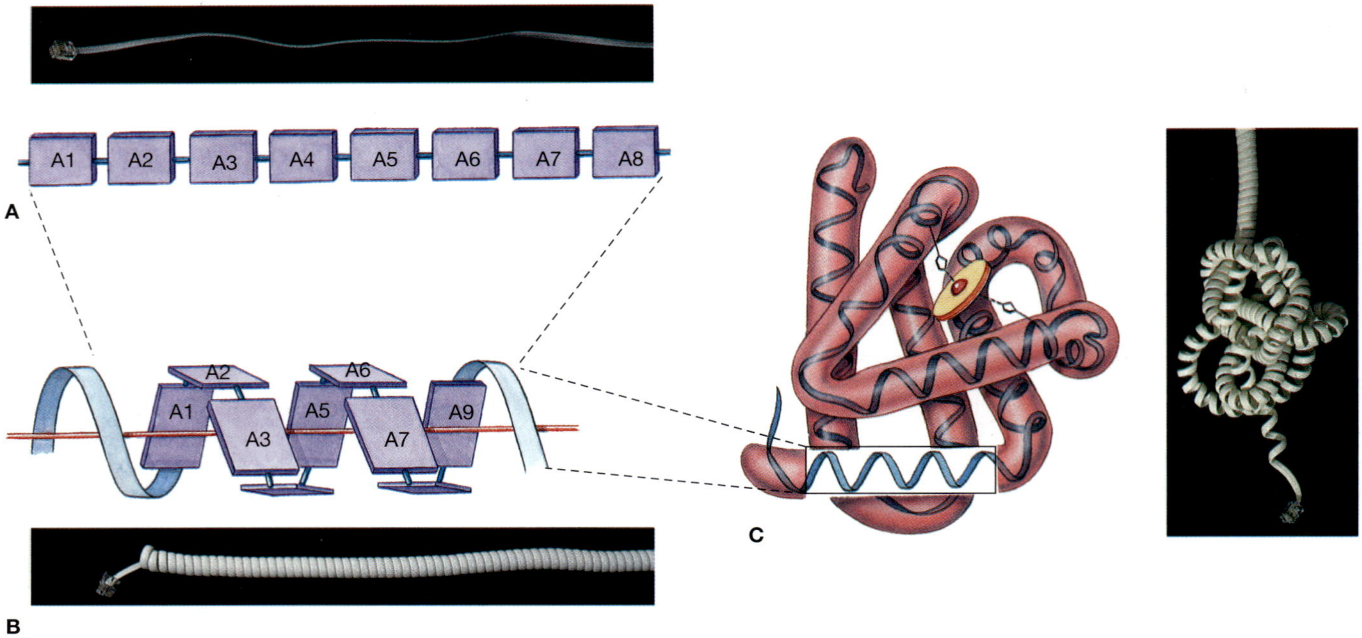


**Figura 3.18 Os três níveis da estrutura das proteínas.** **A.** A estrutura primária refere-se à sequência de aminoácidos (A1, A2 etc.) em uma cadeia polipeptídica. Imagine-a como um fio reto de telefone. **B.** As cadeias polipeptídicas, particularmente as das proteínas estruturais, tendem a se dispor em espiral ou a sofrer enovelamento, formando alguns padrões tridimensionais regulares e simples, denominados estrutura secundária. Imagine agora o fio do telefone como um fio enrolado. **C.** As cadeias polipeptídicas das enzimas e de outras proteínas solúveis também podem exibir uma estrutura secundária. Além disso, as cadeias tendem a se dobrar em formas globulares complexas, que constituem a estrutura terciária da proteína. Imagine o emaranhado formado quando um fio de telefone enrolado se entrecruza. *(Cortesia de Jacquelyn G. Black.)*

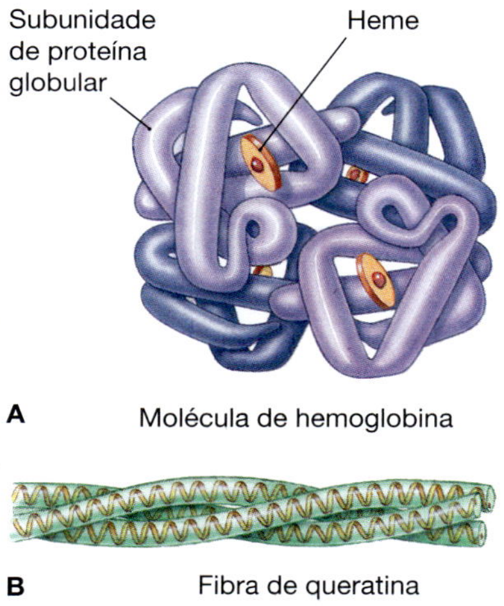



**Figura 3.19 Estrutura quaternária da proteína.** A. Proteínas muito grandes, como a hemoglobina, que transporta o oxigênio nos eritrócitos humanos, são compostas de várias cadeias polipeptídicas. O arranjo dessas cadeias forma a estrutura quaternária da proteína. B. A queratina, um componente da pele e do cabelo humanos, também consiste em várias cadeias polipeptídicas e, portanto, apresenta uma estrutura quaternária.

## APLICAÇÃO NA PRÁTICA

### "Por água abaixo"

Você já lavou pratos suficientes para saber que o sabão retira as substâncias gordurosas dos pratos, transferindo-as para a água. Embora você provavelmente não imagine como o sabão atua, a química dos sabões é uma aplicação do que você acabou de aprender neste capítulo. Como a água é uma molécula polar, ela possui uma alta tensão superficial e forma gotas nas superfícies limpas. Para tornar a água "mais molhada", é necessário reduzir a tensão superficial pela adição de surfactantes. Os sabões são surfactantes aniônicos, compostos de gorduras e óleos tratados com álcalis fortes. Esse processo produz uma molécula complexa, com um grupo carboxila com carga elétrica em uma extremidade e um hidrocarboneto saturado não ionizado na outra extremidade. O hidrocarboneto saturado da molécula de sabão mistura-se com a gordura nos pratos, enquanto o grupo carboxila com carga mistura-se com a água para lavar os pratos. A interação química entre a gordura, o sabão e a água solta as partículas de alimentos de seus pratos e os arrasta pelo cano da pia.

matam os microrganismos ao desnaturar suas proteínas. Além disso, o cozimento da carne a torna macia pela desnaturação de suas proteínas. Assim, os microrganismos e as células de organismos maiores precisam ser mantidos dentro de faixas razoavelmente estreitas de pH e de temperatura para impedir a ruptura da estrutura das proteínas.

## Classificação das proteínas

As proteínas podem ser classificadas, em sua maioria, com base nas suas principais funções, em proteínas estruturais ou enzimas. As **proteínas estruturais**, como o próprio nome sugere, contribuem para a estrutura tridimensional das células, de partes das células e das membranas. Certas proteínas, denominadas *proteínas de mobilidade*, contribuem tanto para a estrutura quanto para o movimento. São responsáveis pela contração das células musculares dos animais e por alguns tipos de movimento nos microrganismos. As **enzimas** são *catalisadores* proteicos – substâncias que controlam a velocidade das reações químicas nas células. Algumas proteínas não são nem proteínas estruturais nem enzimas. Incluem as proteínas que formam receptores para determinadas substâncias sobre as membranas celulares e os anticorpos que participam das reações imunes do corpo (ver Capítulo 18).

## Enzimas

As enzimas aumentam a velocidade de ocorrência das reações químicas dentro dos organismos vivos na faixa de temperatura compatível com a vida. Discutiremos as enzimas de modo mais detalhado no Capítulo 6, mas aqui iremos resumir as suas propriedades. Em geral, as enzimas aumentam a velocidade das reações ao diminuir a energia necessária para iniciá-las. Elas também mantêm as moléculas reagentes em estreita proximidade e na orientação adequada para que as reações possam ocorrer. Cada enzima possui um **sítio ativo**, que é o local onde ela se combina com o seu **substrato**, a substância sobre a qual uma enzima atua. As enzimas têm **especificidade** – isto é, cada enzima atua sobre determinado substrato ou sobre um tipo específico de ligação química.

Como os catalisadores nas reações químicas inorgânicas, as enzimas não são afetadas permanentemente nem usadas nas reações que elas iniciam. As moléculas das enzimas podem ser utilizadas repetidamente para catalisar determinadas reações, porém não indefinidamente. Por serem proteínas, as enzimas são desnaturadas por extremos de temperatura e de pH. Entretanto, alguns microrganismos que vivem em condições extremas de alta temperatura ou em ambientes muito ácidos possuem enzimas capazes de resistir a essas condições.

## Nucleotídios e ácidos nucleicos

As propriedades químicas dos *nucleotídios* permitem que esses compostos desempenhem várias funções essenciais. Uma função fundamental consiste no armazenamento de energia em **ligações de alta energia** – ligações que, quando rompidas, liberam mais energia do que a maioria das ligações covalentes. Os nucleotídios unidos para formar *ácidos nucleicos* são, talvez, as mais notáveis de todas as substâncias bioquímicas. Eles armazenam informações que dirigem a síntese de proteínas e que podem ser transferidas dos progenitores para a progênie.

Um **nucleotídio** consiste em três partes: (1) uma base nitrogenada, assim denominada pela presença de nitrogênio e por ter propriedades alcalinas; (2) um açúcar de cinco carbonos; e (3) um ou mais grupos fosfato, conforme ilustrado na **Figura 3.20A** para o nucleotídio *trifosfato de adenosina* (*ATP*). O açúcar e a base sozinhos formam um *nucleosídio* (**Figura 3.20B**).

O nucleotídio ATP constitui a principal fonte de energia nas células, visto que ele armazena a energia química em uma forma passível de ser usada pelas células. As ligações entre os fosfatos no ATP, que são ligações de alta energia, são representadas como linhas onduladas (**Figura 3.20C**). Elas contêm mais energia do que a maioria das ligações covalentes, e ocorre liberação de mais

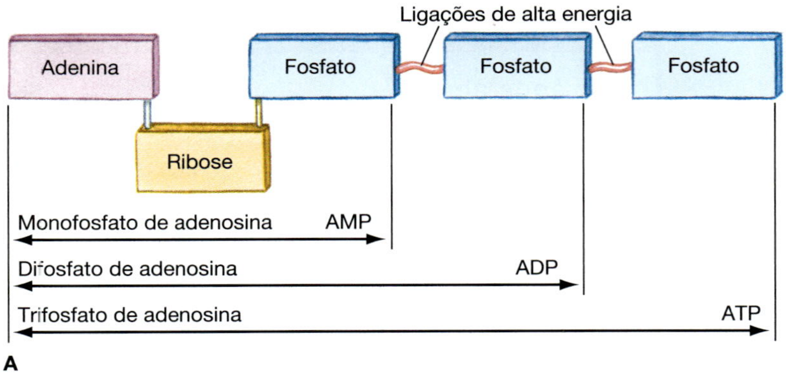


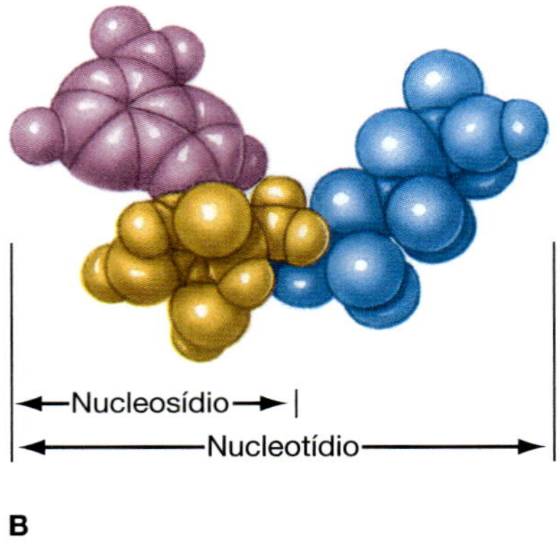


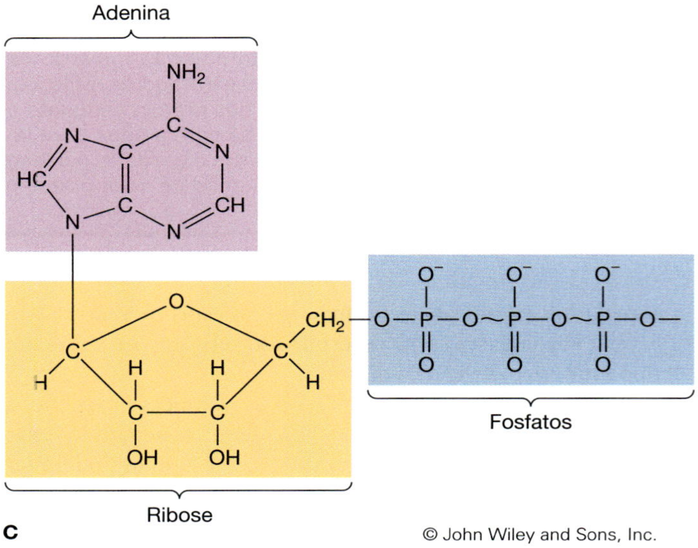


© John Wiley and Sons, Inc.

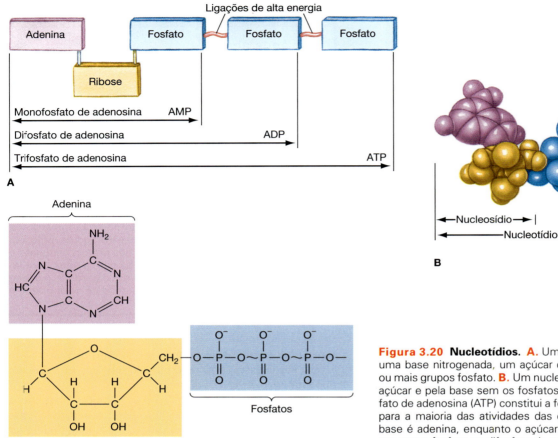

**Figura 3.20 Nucleotídios.** **A.** Um nucleotídio consiste em uma base nitrogenada, um açúcar de cinco carbonos e um ou mais grupos fosfato. **B.** Um nucleosídio é constituído pelo açúcar e pela base sem os fosfatos. **C.** O nucleotídio trifosfato de adenosina (ATP) constitui a fonte imediata de energia para a maioria das atividades das células vivas. No ATP, a base é adenina, enquanto o açúcar é a ribose. A adição de um grupo fosfato ao difosfato de adenosina aumenta acentuadamente a energia da molécula; a remoção do terceiro grupo fosfato libera a energia que pode ser usada pela célula.

energia quando são rompidas. As enzimas controlam a formação e a quebra das ligações de alta energia, de modo que seja liberada quando necessária dentro das células. A captura, o armazenamento e o uso de energia constituem um importante componente do metabolismo celular (ver Capítulo 6).

Os **ácidos nucleicos** consistem em longos polímeros de nucleotídios, denominados **polinucleotídios**. Eles contêm a informação genética que determina todas as características hereditárias de um organismo vivo, seja um microrganismo ou um ser humano. Essa informação é transmitida de geração a geração e coordena a síntese de proteínas em cada organismo. Pelo fato de dirigir a síntese de proteínas, os ácidos nucleicos determinam as proteínas estruturais e as enzimas que serão produzidas em um organismo. As enzimas determinam que outras substâncias o organismo é capaz de produzir e que reações ele pode realizar.

Os dois ácidos nucleicos encontrados nos organismos vivos são o **ácido ribonucleico (RNA)** e o **ácido desoxirribonucleico (DNA)**. Com exceção de alguns vírus, o RNA é uma cadeia polinucleotídica simples, enquanto o DNA é uma cadeia dupla de polinucleotídios, dispostos em uma dupla hélice. Em ambos os ácidos nucleicos, as moléculas de fosfato e de açúcar formam uma "espinha dorsal" resistente, porém inerte, a partir da qual se projetam as bases nitrogenadas. No DNA, cada cadeia está conectada por pontes de hidrogênio entre as bases, de modo que a molécula inteira assemelha-se a uma escada com muitos degraus (Figura 3.21A).

O DNA e o RNA contêm elementos químicos de base ligeiramente diferentes (Tabela 3.5). O RNA contém o açúcar ribose, enquanto o DNA contém desoxirribose, que possui um átomo de oxigênio a menos do que a ribose. Tanto no DNA quanto no RNA são encontradas três bases nitrogenadas: a adenina, a citosina e a guanina. Além disso, o DNA contém a base timina, e o RNA, a base uracila. Dessas bases, a adenina e a guanina são **purinas**, isto é, moléculas de bases nitrogenadas que apresentam estruturas de anéis duplos, enquanto a timina, a citosina e a uracila são **pirimidinas**, isto é, moléculas de base nitrogenadas que contêm uma estrutura de anel único (Figura 3.22). Todos os organismos celulares contêm DNA e RNA. Os vírus apresentam DNA ou RNA, mas não ambos.

As duas cadeias de nucleotídios do DNA são mantidas unidas por pontes de hidrogênio entre as bases e por outras forças. As pontes de hidrogênio sempre conectam a adenina com a timina e a citosina com a guanina, conforme ilustrado na Figura 3.21B. Essa ligação de bases específicas é denominada **pareamento de bases complementares**, proporcionando um diâmetro igual a cada degrau da escada do DNA. Essa disposição permite que a molécula de DNA assuma a forma helicoidal (ver Figura 3.22). O pareamento é determinado pelos tamanhos e formas das bases. O mesmo tipo de pareamento de bases complementares também ocorre quando a informação é transmitida do DNA para o RNA no início da síntese de proteínas (ver Capítulo 8). Nessa situação, a adenina no DNA pareia-se com a uracila no RNA.

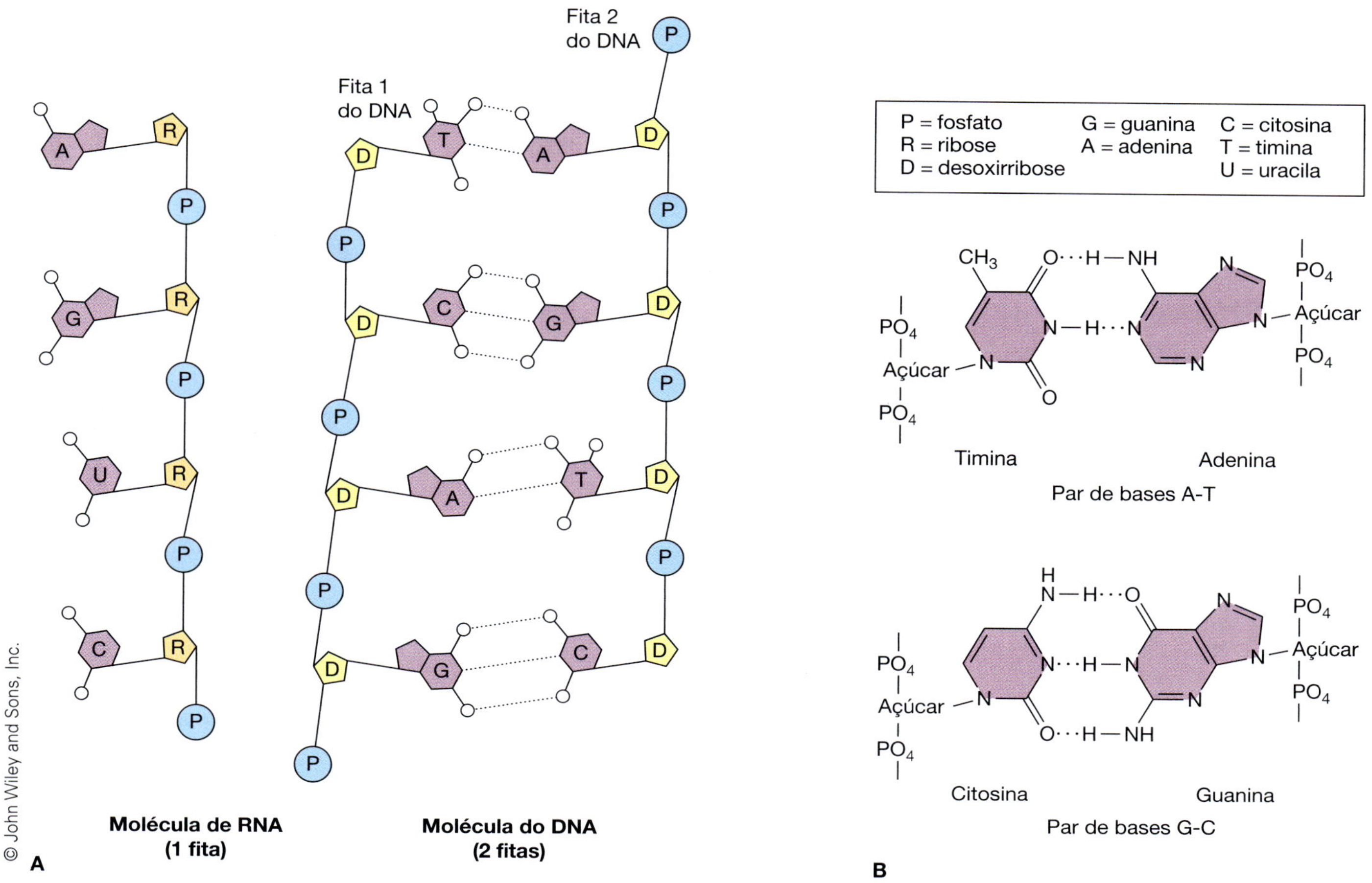


**Figura 3.21 Estrutura do ácido nucleico.** Os ácidos nucleicos consistem em um arcabouço de grupos de açúcar e de fosfato aos quais estão ligados às bases nitrogenadas. **A.** O RNA é habitualmente de fita simples. As moléculas de DNA consistem normalmente em duas cadeias mantidas unidas por pontes de hidrogênio entre as bases. **B.** Pares de bases complementares no DNA, mostrando como são formadas as pontes de hidrogênio.

**Tabela 3.5** Componentes do DNA e do RNA.

| Componente | | DNA | RNA |
|---|---|---|---|
| | Ácido fosfórico | X | X |
| Açúcares | Ribose | | X |
| | Desoxirribose | X | |
| Bases | Adenina | X | X |
| | Guanina | X | X |
| | Citosina | X | X |
| | Timina | X | |
| | Uracila | | X |

As cadeias de DNA e RNA contêm centenas ou milhares de nucleotídios, com as bases dispostas em determinada sequência. Essa sequência de nucleotídios, à semelhança da sequência de letras nas palavras e frases, contém informações que determinam que proteínas um organismo terá. Conforme assinalado anteriormente, as proteínas estruturais e as enzimas de um organismo determinam, por sua vez, o que o organismo é e o que ele pode fazer. Como a mudança de uma letra em uma palavra, a mudança de um nucleotídio em uma sequência pode modificar a informação que ela carrega. O número

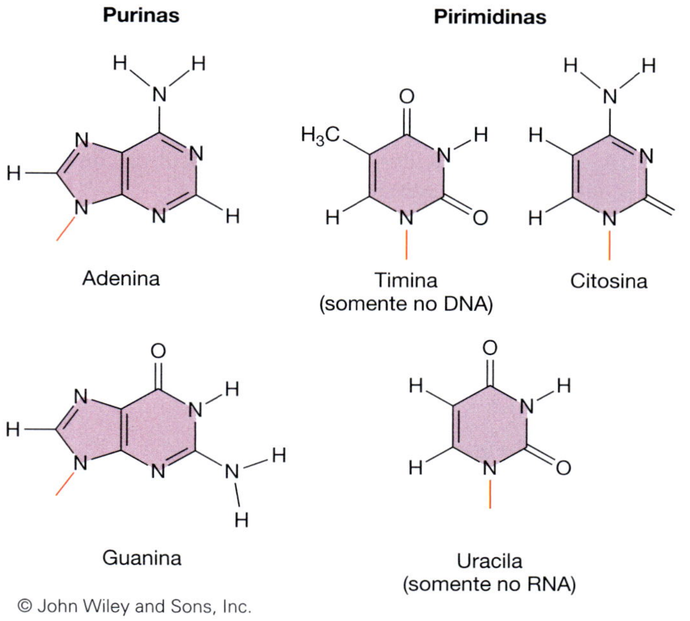


**Figura 3.22 As cinco bases encontradas nos ácidos nucleicos.** O DNA contém as purinas adenina e guanina e as pirimidinas citosina e timina. No RNA, a timina é substituída pela pirimidina uracila.

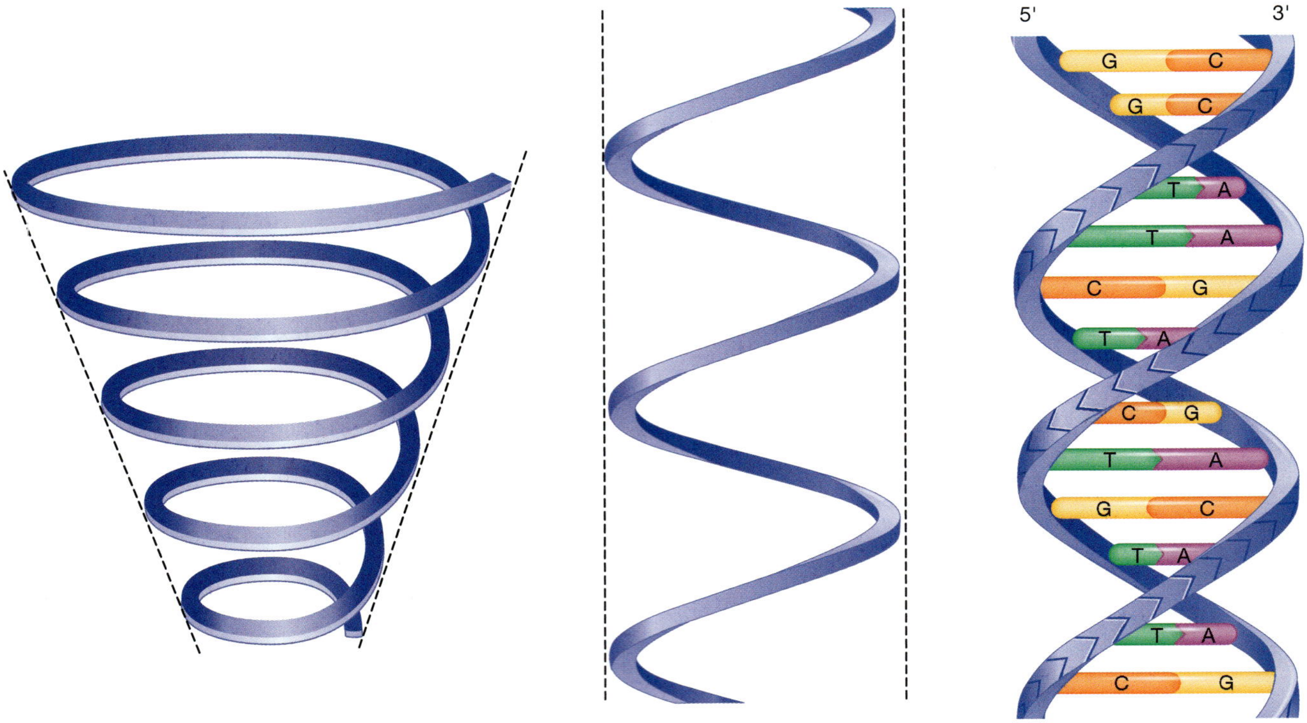




**Figura 3.23** Comparação entre uma (**A**) espiral, uma (**B**) hélice e uma (**C**) dupla hélice.

de diferentes sequências possíveis de bases é quase infinito, de modo que o DNA e o RNA podem conter inúmeros fragmentos de informação diferentes.

As funções do DNA e do RNA estão relacionadas com a sua capacidade de transmitir informações. O DNA é transmitido de uma geração para a seguinte. Ele determina as características hereditárias do novo indivíduo, fornecendo-lhe informações para as proteínas que suas células irão conter. Por outro lado, o RNA transporta a informação do DNA para os locais das células onde as proteínas são sintetizadas. Nesses locais, ele dirige e participa da montagem efetiva das proteínas. As funções dos ácidos nucleicos são discutidas de modo mais detalhado nos Capítulos 8 e 9.

O que é uma hélice? Você pode pensar em um bloco de notas com encadernação em espiral – mas não é! A espiral tem voltas que diminuem de diâmetro, enquanto todas as voltas de uma hélice têm o mesmo diâmetro. É isso mesmo, você tem um bloco de notas com encadernação helicoidal. O DNA possui uma estrutura em dupla hélice (Figura 3.23).

**PARE e RESPONDA**

1. Por que o amido, o DNA e o RNA são todos considerados polímeros?
2. Diferencie os níveis primário, secundário, terciário e quaternário da estrutura das proteínas.
3. Como você poderia distinguir entre carboidratos, lipídios, proteínas e ácidos nucleicos?

# RESUMO

## POR QUE ESTUDAR QUÍMICA?

- É necessário um conhecimento de química básica para compreender como os microrganismos funcionam e como eles afetam os seres humanos e o nosso meio ambiente.

## ELEMENTOS QUÍMICOS DE BASE E LIGAÇÕES QUÍMICAS

### Elementos químicos de base

- A menor unidade química da matéria é o **átomo**. Um **elemento** é um tipo fundamental de matéria, e a menor unidade de um elemento é um átomo. Um elemento é composto de apenas um tipo de átomo. Uma **molécula** consiste em dois ou mais átomos quimicamente combinados do mesmo tipo ou de tipos distintos. Uma molécula de um **composto** consiste em dois ou mais tipos diferentes de átomos combinados quimicamente

- Os elementos mais comuns em todas as formas de vida são o carbono (C), o hidrogênio (H), o oxigênio (O) e o nitrogênio (N).

### A estrutura dos átomos

- Os átomos consistem em **prótons** de carga positiva e em **nêutrons** eletricamente neutros no núcleo atômico e em **elétrons** muito pequenos, de carga negativa, orbitando pelo núcleo
- O número de prótons em um átomo é igual a seu **número atômico**. O número total de prótons e de nêutrons determina a **massa atômica** ou **peso atômico** do elemento
- Os **íons** são átomos ou moléculas que ganharam ou que perderam um ou mais elétrons
- Os **isótopos** são átomos do mesmo elemento que contêm diferentes números de nêutrons. Os **radioisótopos** são isótopos instáveis que emitem partículas subatômicas e radiação.

### Ligações químicas

- Os átomos das moléculas são mantidos juntos por **ligações químicas**
- As **ligações iônicas** formam-se devido à atração de íons de carga oposta. Nas **ligações covalentes**, os átomos compartilham pares de elétrons. As **pontes de hidrogênio** consistem em atrações fracas entre as regiões polares dos átomos de hidrogênio e átomos de oxigênio ou nitrogênio.

### Reações químicas

- As reações químicas rompem ou formam ligações químicas e liberam ou utilizam energia
- O **catabolismo**, que se refere à decomposição das moléculas, libera energia. O **anabolismo**, que é a síntese de moléculas maiores, necessita de energia.

## ÁGUA E SOLUÇÕES

### Água

- A água é um **composto polar**, que atua como solvente e forma camadas finas, em virtude de sua alta **tensão superficial**
- A água também tem calor específico alto e atua como meio para muitas reações químicas e participa dessas reações.

### Soluções e coloides

- As **soluções** são **misturas** com um ou mais **solutos** igualmente distribuídos pelo **solvente**
- Os **coloides** contêm partículas grandes demais para formar soluções verdadeiras.

### Ácidos, bases e pH

- Na maioria das soluções que contêm ácidos ou bases, os **ácidos** liberam íons $H^+$, enquanto as **bases** aceitam íons $H^+$ (ou liberam íons $OH^-$)
- O **pH** de uma solução é uma medida de sua acidez ou alcalinidade. Um pH 7 é **neutro**, abaixo de 7 é ácido e acima de 7 é básico ou **alcalino**.

## MOLÉCULAS ORGÂNICAS COMPLEXAS

- A **química orgânica** é o estudo dos compostos que contêm carbono
- Os compostos orgânicos, como álcoois, aldeídos, cetonas, ácidos orgânicos e aminoácidos, podem ser identificados pelos seus **grupos funcionais**.

### Carboidratos

- Os **carboidratos** consistem em cadeias de carbono nas quais a maioria dos átomos de carbono tem um grupo álcool associado e um carbono tem um grupo aldeído ou cetona
- Os carboidratos mais simples são os **monossacarídios**, que podem se combinar para formar **dissacarídios** e **polissacarídios**. As cadeias longas de unidades que se repetem são denominadas **polímeros**
- O corpo utiliza os carboidratos principalmente para a obtenção de energia.

### Lipídios

- Todos os **lipídios** são insolúveis em água, porém solúveis em solventes apolares
- As **gorduras** consistem em glicerol e em **ácidos graxos**
- Os **fosfolipídios** contêm um grupo fosfato em vez de um ácido graxo
- Os **esteroides** têm uma estrutura complexa de quatro anéis.

### Proteínas

- As **proteínas** consistem em cadeias de **aminoácidos** unidas por **ligações peptídicas**
- As proteínas formam parte da estrutura das células, atuam como enzimas e contribuem para outras funções, como motilidade, transporte e regulação
- As **enzimas** são catalisadores biológicos de grande **especificidade** que aumentam a velocidade das reações químicas nos organismos vivos. Cada enzima tem um **sítio ativo** ao qual se liga o seu **substrato**.

### Nucleotídios e ácidos nucleicos

- Um **nucleotídio** consiste em uma base nitrogenada, um açúcar e um ou mais fosfatos
- Alguns nucleotídios contêm **ligações de alta energia**
- Os **ácidos nucleicos** são moléculas importantes contendo informações que consistem em cadeias de nucleotídios. Os ácidos nucleicos que ocorrem nos organismos vivos são o **ácido ribonucleico (RNA)** e o **ácido desoxirribonucleico (DNA)**.

## TERMOS-CHAVE

ácido
ácido desoxirribonucleico (DNA)
ácido graxo
ácido graxo insaturado
ácido graxo saturado
ácido nucleico
ácido ribonucleico (RNA)
alcalino
aminoácido
anabolismo
ânion
átomo
base
bioquímica
carboidrato
catabolismo
cátion
coloide
composto
composto polar
desnaturação
dissacarídio
elemento
elétron
endergônico
enzima
especificidade
esteroide
estrutura primária
estrutura quaternária
estrutura secundária
estrutura terciária
exergônico
fosfolipídio
gordura
grupo funcional
grupo R
hidrólise
íon
isômero
isótopo
ligação covalente
ligação de alta energia
ligação glicosídica
ligação iônica
ligação peptídica
ligação química
lipídio
massa atômica (peso atômico)
mistura
mol
molécula
monossacarídio
neutro
nêutron
nucleotídio
número atômico
número de massa
pareamento de bases complementares
peso molecular em gramas
pH
pirimidina
polímero
polinucleotídio
polipeptídio
polissacarídio
pontes de hidrogênio
proteína
proteína estrutural
próton
purina
química orgânica
radioisótopo
reagente
regra dos octetos
síntese por desidratação
sítio ativo
solução
soluto
solvente
substrato
tensão superficial
triacilglicerol

CAPÍTULO

# 4 Microscopia e Coloração

Scripps Institution of Oceanography at the UC San Diego

## Você gostaria de trabalhar com esse microscópio?

O microscópio subaquático bentônico (*benthic underwater microscope* [BUM]) foi inventado pelo Scripps Institute of Oceanography da University of California, em San Diego, nos EUA. Foi usado pela primeira vez durante o verão de 2016 para estudar recifes de corais. Sua resolução é de 2 a 3 micrômetros, o que permite ver células individuais. Foi utilizado principalmente em profundidades de 9 metros (30 pés), mas pode alcançar uma profundidade de até 30 metros (100 pés). Esse microscópio é formado por duas partes: (1) um computador subaquático e (2) o microscópio propriamente dito, circundado por luzes LED e uma lente ajustável, que pode ser curvada como a íris do olho humano, de modo a fornecer imagens tridimensionais.

Ocorrem inúmeras interações no fundo dos oceanos que não podem ser reproduzidas no laboratório, particularmente em nível microscópico. O coral "branqueia" quando ocorre elevação da temperatura do oceano, e, em consequência, as algas que vivem no interior dos pólipos do coral saem para o exterior. Os pólipos permanecem vivos, porém em pouco tempo outras algas se estabelecem sobre eles e os recobrem, matando o coral. Outros corais morrem de infecção por patógenos bacterianos humanos provenientes de esgotos que são inadequadamente despejados. Os microbiologistas podem aprender muito sobre as relações bacterianas no oceano com o uso do BUM. Assista aos vídeos *online* para algumas cenas nunca vistas antes sobre a estrutura e o uso do microscópio.

# MAPA DO CAPÍTULO

**Siga o mapa do capítulo para auxiliar na identificação dos conceitos principais do texto.**



## HISTÓRICO DA MICROSCOPIA

Anton van Leeuwenhoek (1632-1723), que viveu em Delft, na Holanda, foi muito provavelmente a primeira pessoa a ver e observar microrganismos individualmente. Construiu microscópios simples, capazes de ampliar objetos de 100 a 300 vezes. Tais instrumentos eram diferentes do que costumamos imaginar de um microscópio atual. Esses microscópios, que consistiam em uma única lente minúscula, cuidadosamente imobilizada, tinham, na realidade, lentes de aumento muito poderosas (Figura 4.1). Era tão difícil focalizar algo nos microscópios de Leeuwenhoek, que, em vez de trocar as amostras, ele construía um novo microscópio para cada amostra, deixando juntos a amostra anterior com o seu microscópio. Quando pesquisadores estrangeiros visitaram o laboratório de Leeuwenhoek para examinar as amostras nos microscópios, ele solicitou que os pesquisadores mantivessem as mãos nas costas para evitar que tocassem e perdessem o foco!

Em 1676, em uma carta dirigida à Royal Society de Londres, Leeuwenhoek descreveu suas primeiras observações de bactérias e protozoários existentes na água. Entretanto, manteve as suas técnicas em segredo. Mesmo hoje em dia, não temos certeza absoluta de seus métodos de iluminação, embora seja provável que tivesse usado iluminação indireta, sendo a luz refletida a partir das laterais das amostras, e não passando através delas. Leeuwenhoek também demonstrava pouca disposição em compartilhar com qualquer pessoa um dos 419 microscópios que tinha construído. Somente perto de sua morte é que a filha, sob instrução dele, enviou 100 microscópios à Royal Society.

Após a morte de Leeuwenhoek, em 1723, ninguém surgiu para continuar o trabalho de aperfeiçoar o modelo e a construção de microscópios, o que retardou o progresso da microbiologia. Contudo, ele havia dado os primeiros passos. Por meio das cartas de Leeuwenhoek enviadas à Royal Society em meados da década de 1670, revelou-se a existência dos microrganismos à comunidade científica. E, em 1683, ele descreveu bactérias retiradas de sua própria boca. Entretanto, Leeuwenhoek só conseguiu ver poucos detalhes da estrutura dessas bactérias. Estudos mais detalhados exigiam o desenvolvimento de microscópios mais complexos, como veremos adiante.

## PRINCÍPIOS DA MICROSCOPIA

### Unidades métricas

A **microscopia** é a tecnologia de tornar coisas muito pequenas visíveis ao olho humano. Como os microrganismos são extremamente pequenos, as unidades utilizadas para medi-los provavelmente não são conhecidas dos estudantes novatos, que costumam lidar com um mundo macroscópico (**Tabela 4.1**).

O **micrômetro** (μm), anteriormente denominado mícron (μ), é igual a 0,000001 m. Um micrômetro também pode ser expresso como $10^{-6}$ m. A segunda unidade, o **nanômetro** (nm), antigamente denominado milimícron (mμ), é igual a 0,000000001 m. É também expresso como $10^{-9}$ m. Uma terceira unidade, o **angstrom** (Å), é encontrada em grande parte da literatura atual e mais antiga, porém não tem mais reconhecimento oficial. Equivale a 0,0000000001 m, 0,1 nm ou $10^{-10}$ m. A Figura 4.2 mostra uma escala que resume as unidades equivalentes do sistema métrico, as diversidades de tamanhos que podem ser detectados a olho nu pelo homem e por vários tipos de microscópios e exemplos do local onde vários organismos se encontram nessa escala.

### Propriedades da luz: comprimento de onda e resolução

A luz tem diversas propriedades que afetam nossa capacidade de visualizar objetos, tanto a olho nu quanto com o uso (indispensável) do microscópio. A compreensão dessas propriedades permitirá que você melhore a sua prática de microscopia.

Uma das propriedades mais importantes da luz é o **comprimento de onda**, ou comprimento de um raio luminoso (Figura 4.3). Representado pela letra grega lambda (λ), o comprimento de onda é igual à distância entre duas cristas adjacentes ou dois vales adjacentes de uma onda. O sol produz um *espectro* contínuo de radiação eletromagnética com ondas de diversos comprimentos (Figura 4.4). Os raios solares visíveis, bem como os raios ultravioleta e infravermelhos, constituem partes específicas desse espectro. A luz branca é a combinação de todas as cores da luz visível. O preto é a ausência de luz visível.

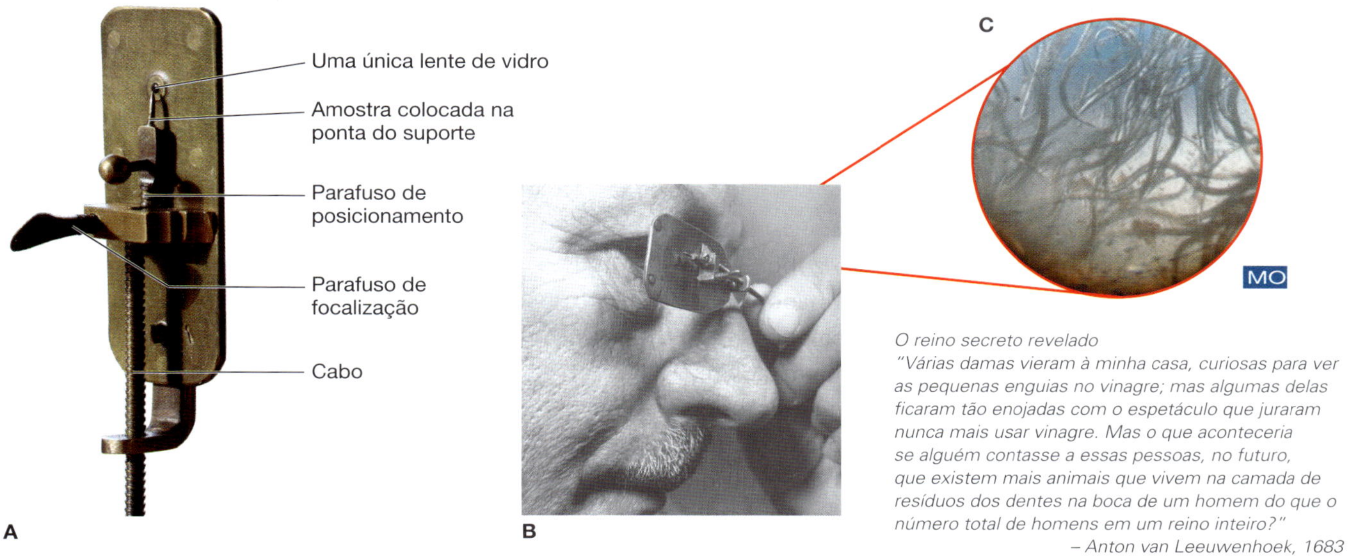


**Figura 4.1 Pesquisas de Leeuwenhoek.** **A.** Uma réplica de um dos microscópios de Leeuwenhoek. Esse microscópio simples, que realmente possibilita um aumento muito poderoso, usa uma única lente muito pequena e quase esférica, fixada a uma placa de metal. A amostra é colocada na extremidade pontiaguda da haste vertical e examinada pelo lado oposto através da lente. Os vários parafusos são usados para posicionar a amostra e focalizá-la – o que era um processo muito difícil. *(Jeroen Rouwkema.)* **B.** A maneira correta de examinar através do microscópio de Leeuwenhoek. *(Yale Joel/Time & Life Pictures/Getty Images.)* **C.** Um trecho dos escritos de Leeuwenhoek e as enguias do vinagre (nematódeos) que tanto perturbaram os amigos de Leeuwenhoek (80×). *(Fatima Lasay.)*

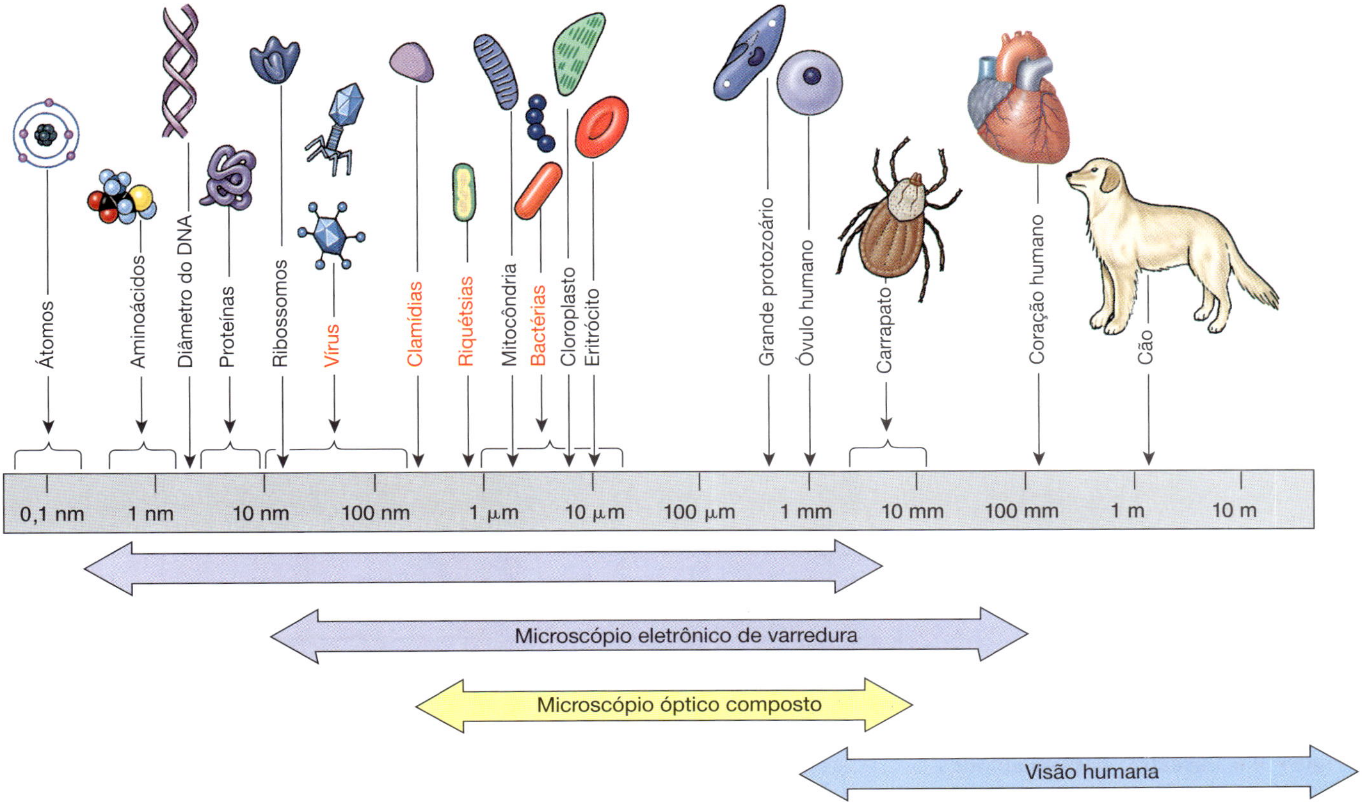




**Figura 4.2 Tamanho relativo dos objetos.** Os tamanhos são mostrados em relação a uma escala métrica; os nomes em vermelho são organismos estudados em microbiologia. As clamídias e as riquétsias são grupos de bactérias cujo tamanho é muito menor que o das outras bactérias. A figura também mostra a amplitude do uso efetivo de diversos instrumentos.

**Tabela 4.1** Algumas unidades de comprimento comumente utilizadas.

| Unidade (abreviatura) | Prefixo | Equivalente métrico | Equivalente inglês |
|---|---|---|---|
| metro (m) | | | 3,28 pés |
| centímetro (cm) | *centi* = um centésimo | 0,01 m = $10^{-2}$ m | 0,39 polegada |
| milímetro (mm) | *milli* = um milésimo | 0,001 m = $10^{-3}$ m | 0,039 polegada |
| micrômetro (μm) | *micro* = um milionésimo | 0,000001 m = $10^{-6}$ m | 0,000039 polegada |
| nanômetro (nm) | *nano* = um bilionésimo | 0,000000001 m = $10^{-9}$ m | 0,000000039 polegada |
| angstrom (Å) | | 0,0000000001 m = $10^{-10}$ m | 0,0000000039 polegada |

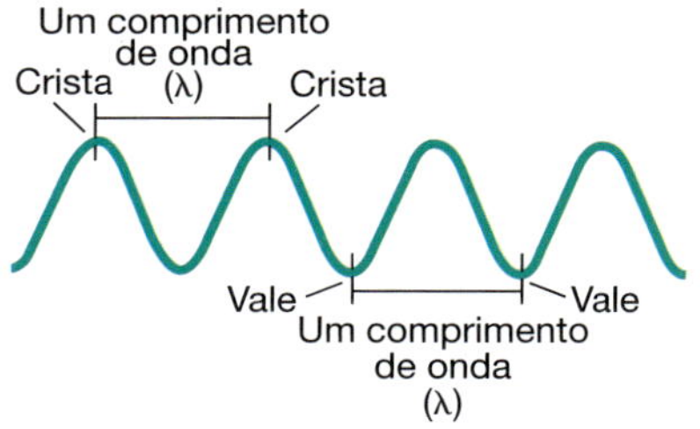




**Figura 4.3 Comprimento de onda.** A distância entre duas cristas adjacentes ou dois vales adjacentes de qualquer onda é definida como um comprimento de onda, designado pela letra grega lambda (λ).

O comprimento de onda utilizado para observação está fundamentalmente relacionado com a resolução que pode ser obtida. A **resolução** refere-se à capacidade de enxergar dois itens como unidades separadas e distintas (Figura 4.5A), e não como uma única imagem sobreposta e imprecisa (Figura 4.5B). Podemos ampliar objetos, mas se não se obtiver boa resolução, o aumento será inútil. Para que dois objetos possam ser vistos como coisas separadas, a luz precisa passar entre eles. Se o comprimento de onda da luz pela qual vemos os objetos for excessivamente longo para passar entre eles, eles irão aparecer como um só objeto. A chave para a resolução é obter luz de um comprimento de onda curto o suficiente para passar entre os objetos que desejamos ver separadamente. As

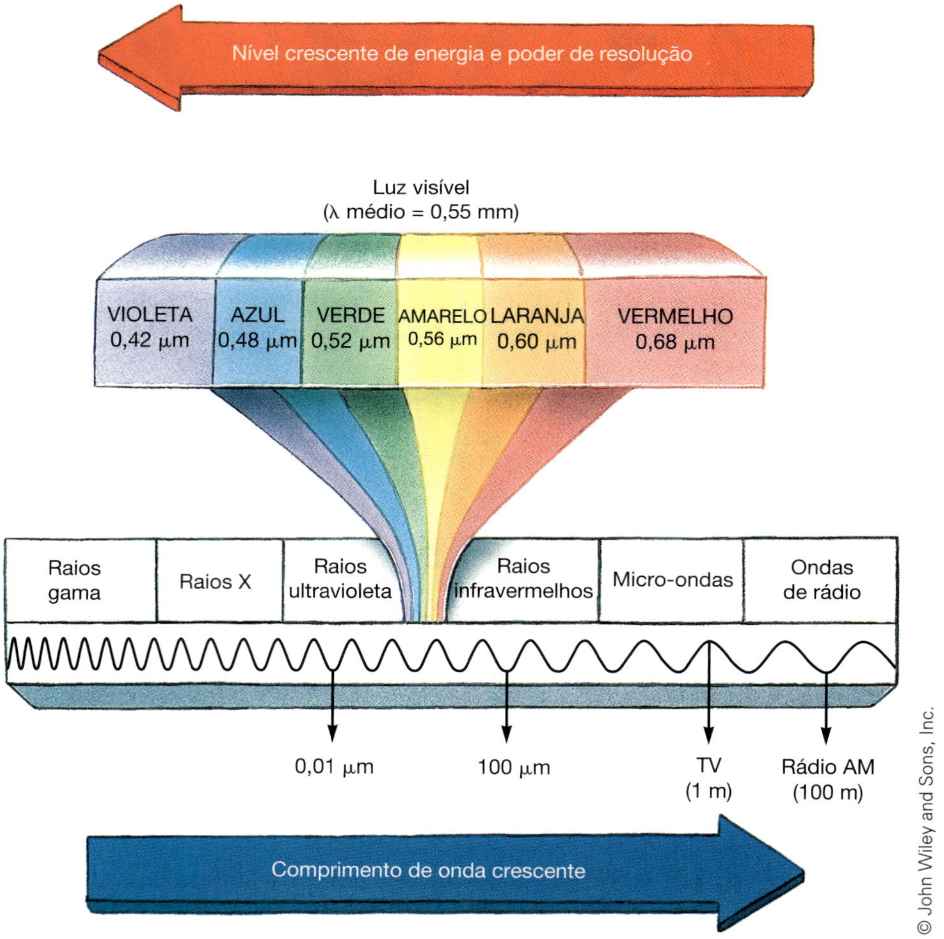


**Figura 4.4 Espectro eletromagnético.** Apenas uma faixa estreita de comprimentos de onda – os da luz visível e ultravioleta – é utilizada na microscopia óptica. Quanto mais curto o comprimento de onda usado, maior a resolução alcançada. A luz branca é a combinação de todas as cores da luz visível.

© John Wiley and Sons, Inc.

**Figura 4.5 Resolução.** A. Os dois pontos estão nítidos – isto é, podem ser vistos claramente como estruturas separadas. B. Esses dois pontos não estão nítidos – parecem estar unidos.

estruturas celulares com menos da metade de um comprimento de onda não serão visíveis.

Para visualizar esse fenômeno, imagine um alvo com uma letra "E" de cerca de 30 cm de altura, pendurada em frente de um fundo branco. Suponha que você atire a esse alvo objetos cobertos de tinta, com diâmetros correspondentes a vários comprimentos de onda (Figura 4.6). Se um objeto tiver um diâmetro menor do que a distância entre os "braços" da letra "E", ele irá passar entre os braços, que então serão distinguíveis como estruturas separadas. Em primeiro lugar, imagine bolas de basquete sendo arremessadas. Como não cabem entre os braços da letra "E", os raios de luz que correspondem a esse tamanho proporcionarão uma resolução fraca. Em seguida, arremesse bolas de tênis. A resolução será melhor. Depois tente atirar jujubas e, por fim, pequenas contas. A cada diminuição no diâmetro do objeto arremessado, o número de objetos capazes de passar entre os braços da letra "E" aumenta. A resolução melhora, e o formato da letra é revelado com precisão cada vez maior.

Para melhorar a resolução, os microscopistas utilizam comprimentos de onda de radiação eletromagnética cada vez menores. A luz visível, que tem um comprimento de onda médio de 550 nm, é incapaz de proporcionar a resolução de objetos separados por uma distância de menos de 220 nm. A luz ultravioleta, cujo comprimento de onda é de 100 a 400 nm, pode separar distâncias tão pequenas quanto 110 nm. Por esse motivo, os microscópios que usavam luz ultravioleta em vez de luz visível permitiram aos pesquisadores descobrir mais sobre os detalhes das estruturas celulares. Entretanto, a invenção do microscópio eletrônico, que utiliza elétrons em vez de luz, foi o principal passo para aumentar a capacidade de resolução de objetos. Os elétrons comportam-se tanto como partículas quanto como ondas. Seu comprimento de onda é de cerca de 0,005 nm, o que possibilita a resolução de distâncias de até 0,2 nm.

O **poder de resolução (PR)** de uma lente é a medida numérica da resolução que pode ser obtida com esta lente. Quanto menor a distância entre os objetos que podem ser distinguidos, maior o poder de resolução da lente. Podemos calcular o PR de uma lente se conhecermos a sua **abertura numérica (AN)**, uma expressão matemática que relaciona a extensão pela qual a luz é concentrada pelas lentes condensadoras e coletada pela objetiva. A fórmula para calcular o poder de resolução é $PR = \lambda/2AN$. Conforme indicado pela fórmula, quanto menor o valor de $\lambda$ e maior o valor de AN, maior será o poder de resolução da lente.

Os valores AN das lentes diferem de acordo com o poder de ampliação e outras propriedades. O valor de AN é gravado na lateral de cada lente objetiva (a lente mais próxima da platina) de um microscópio óptico. Na próxima vez que for ao laboratório, procure os valores de AN no microscópio que

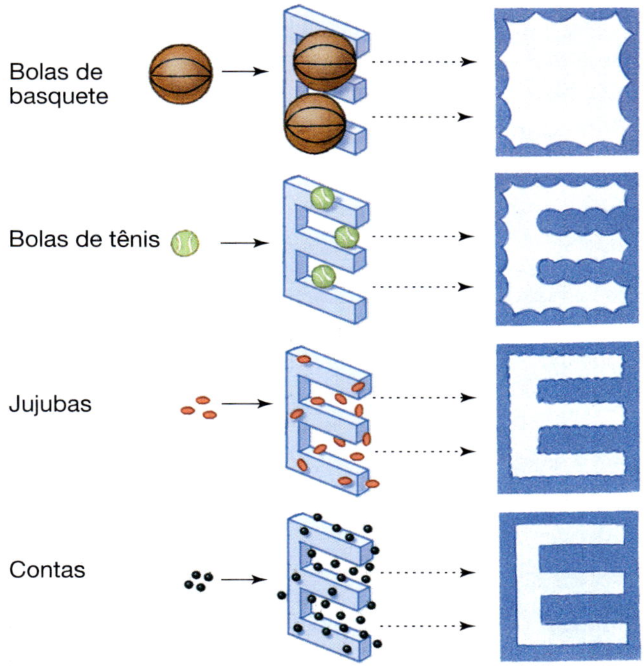


© John Wiley and Sons, Inc.

**Figura 4.6 Analogia para o efeito do comprimento de onda sobre a resolução.** Objetos menores (que correspondem a comprimentos de onda mais curtos) podem passar facilmente entre os braços da letra E, definindo-a mais claramente e produzindo uma imagem mais nítida.

estiver usando. Os valores típicos para lentes objetivas comumente encontrados nos modernos microscópio ópticos são de 0,25 para baixo poder de resolução, 0,65 para alto poder de resolução e 1,25 para lente de imersão em óleo. Quanto mais alto o valor de AN, melhor a resolução obtida.

## Propriedades da luz: luz e objetos

Vários fenômenos podem ocorrer à luz quando ela atravessa um meio como o ar ou a água e atinge um objeto (Figura 4.7). Vejamos alguns desses fenômenos agora e consideremos como eles podem afetar o que examinamos através de um microscópio.

### Reflexão

Se a luz atinge um objeto e retorna (dando cor ao objeto), dizemos que ocorreu **reflexão.** Por exemplo, os raios luminosos na faixa verde do espectro são refletidos pela superfície das folhas das plantas. Os raios refletidos são responsáveis pelo fato de vermos as folhas na cor verde.

### Transmissão

A **transmissão** refere-se à passagem da luz através de um objeto. Você não pode ver através de uma pedra, visto que a luz não consegue passar através dela, como o faz através de uma janela de vidro. Para que você possa ver objetos através de um microscópio, a luz precisa ser refletida dos objetos ou transmitida através deles. A maior parte das observações dos microrganismos é feita utilizando a luz transmitida.

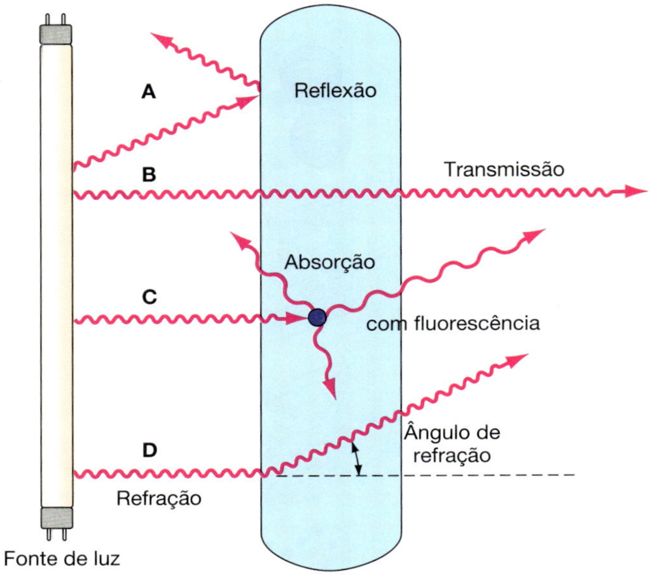




**Figura 4.7 Várias interações da luz com um objeto no qual incide.** **A.** A luz pode ser refletida pelo objeto. Os comprimentos de onda específicos que são refletidos para o olho determinam a cor percebida do objeto. **B.** A luz pode ser transmitida diretamente através do objeto. **C.** A luz pode ser absorvida ou capturada pelo objeto. Em alguns casos, os raios de luz absorvidos são reemitidos em comprimentos de onda mais longos, um fenômeno conhecido como fluorescência. **D.** A luz que passa através do objeto pode ser refratada ou desviada por ele.

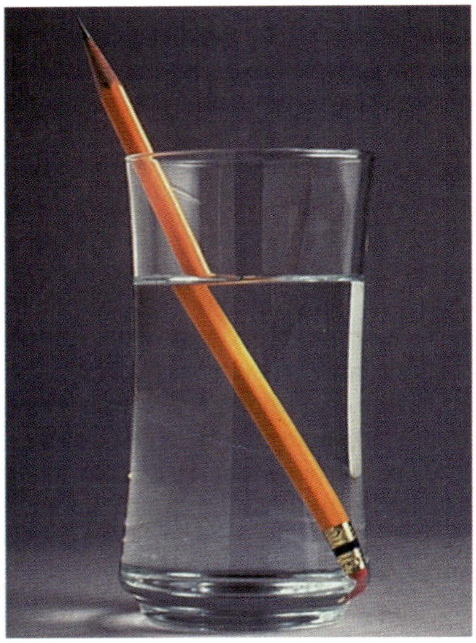

**Figura 4.8 Refração.** A refração dos raios de luz que passam da água para o ar faz com que o lápis pareça quebrado. *(Southern Illinois University/Getty Images.)*

## Absorção

Se os raios de luz não passam através de um objeto nem se refletem nele, mas são capturados pelo objeto, dizemos que ocorreu **absorção.** A energia nos raios luminosos absorvidos pode ser utilizada de diversas maneiras. Por exemplo, todos os comprimentos de onda da luz solar, com exceção daqueles na faixa verde, são absorvidos por uma folha. Parte da energia nesses outros raios luminosos é capturada na fotossíntese e utilizada pela planta para produzir alimento. A energia da luz absorvida também pode elevar a temperatura de um objeto. Um objeto de cor preta, que não reflete nenhuma luz, irá adquirir calor muito mais rapidamente do que um objeto branco, que reflete todos os raios luminosos.

Em alguns casos, os raios luminosos absorvidos, particularmente os raios ultravioleta, são transformados em comprimentos de onda maiores e são reemitidos. Esse fenômeno é conhecido como **luminescência**. Se a luminescência ocorrer apenas durante a irradiação (quando os raios de luz estão atingindo um objeto), dizemos que o objeto **fluoresce.** Muitos corantes fluorescentes são importantes em microbiologia, particularmente no campo da imunologia, visto que nos ajudam a visualizar reações imunes e processos internos nos microrganismos. Se um objeto continua emitindo luz quando os raios luminosos não incidem mais nele, esse objeto é **fosforescente.** Algumas bactérias que vivem nas profundezas dos oceanos são fosforescentes.

## Refração

A **refração** refere-se à mudança de direção da luz quando passa de um meio para outro de densidade diferente. A mudança de direção dos raios de luz produz um *ângulo de refração*, isto é, o grau de desvio (Figura 4.7D). Você provavelmente já deve ter visto como a parte submersa de uma vara que sai da água ou de um canudo em um copo de água parece estar quebrada (Figura 4.8). Quando retiramos o objeto da água, verificamos que este está nitidamente direito. O fato de parecer quebrado deve-se ao fato de que os raios de luz se desviam ou inclinam quando eles passam da água para o ar, visto que a sua velocidade muda através da interface água-ar. O **índice de refração** de um material é uma medida da velocidade com que a luz passa através dele. Quando duas substâncias apresentam diferentes índices de refração, a luz mudará de direção ao passar de um material para outro.

A luz que passa através de uma lâmina de vidro de um microscópio, através do ar e, em seguida, através de uma lente de vidro é refratada toda vez que passa de um meio para outro. Isso resulta em perda de luz e em uma imagem embaçada. Para evitar esse problema, os microscopistas utilizam **óleo de imersão,** que tem o mesmo índice de refração do vidro, de modo a substituir o ar. A lâmina e as lentes são unidas por uma camada de óleo, de modo que não há refração para tornar a imagem embaçada (Figura 4.9). Se se esquecer de utilizar óleo com a lente de imersão em óleo de um microscópio, será impossível focalizar claramente a amostra. A coloração de uma amostra aumenta as diferenças nos índices de refração, facilitando a observação dos detalhes.

O óleo de imersão não é novidade. Robert Hooke, um dos primeiros microscopistas, foi o primeiro a mencionar o uso de uma forma desse óleo em 1678.

## Difração

À medida que a luz passa através de uma pequena abertura, como um orifício, uma fenda ou o espaço entre duas estruturas celulares adjacentes, as ondas de luz sofrem desvio ao redor da abertura. Esse fenômeno é denominado **difração.**

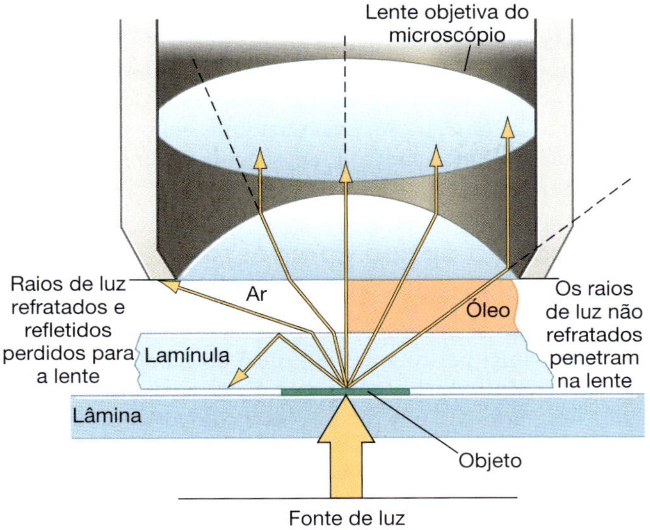




**Figura 4.9 Óleo de imersão.** O óleo de imersão é utilizado para evitar a perda de luz que resulta da refração. A focalização da maior quantidade de luz possível contribui para a nitidez da imagem. O óleo de imersão também pode ser acrescentado entre a parte superior do condensador e a parte inferior da lâmina, de modo a eliminar outro local de refração.

A Figura 4.10 mostra padrões de difração formados quando a luz passa através de uma pequena abertura ou ao redor da borda de um objeto. Ocorrem padrões semelhantes quando a água passa através de uma abertura de um quebra-mar ou por trás dele. Procure olhar esses padrões na próxima vez que estiver voando por sobre a água.

A difração é um problema para os microscopistas, pois a lente atua como uma pequena abertura através da qual a luz deve passar. O resultado é uma imagem embaçada. Quanto maior o poder de aumento de uma lente, menor ela deve ser e, portanto, maior a difração e a perda de nitidez. A lente de imersão em óleo (100×), com a sua capacidade total de aumento de cerca de 1.000× (quando combinada com uma

## PARA TESTAR

### Uma vida de crime

Se você quiser passar com alguns diamantes pela alfândega sem declará-los, aqui está como fazê-lo. Obtenha um óleo com o mesmo índice de refração dos diamantes. Despeje-o em uma garrafa de vidro transparente com um rótulo "Óleo de bebê" e ponha nela os diamantes. Os diamantes ficarão invisíveis se as suas superfícies estiverem limpas. Esse truque funciona, visto que a luz não é desviada quando passa de um meio para outro com o mesmo índice de refração. Desse modo, o limite entre os diamantes e o óleo não é aparente.

Se o crime não pertencer à sua personalidade, ou se o preço dos diamantes não cabe em seu bolso, tente essa atividade divertida que não é ilegal. Limpe um bastão de vidro e mergulhe-o e retire-o de uma garrafa com óleo de imersão. Observe que ele desaparece e reaparece. Esse experimento irá ajudá-lo a entender o que ocorre quando você utiliza a lente de imersão em óleo.

(Richard Megna/Fundamental Photographs.)

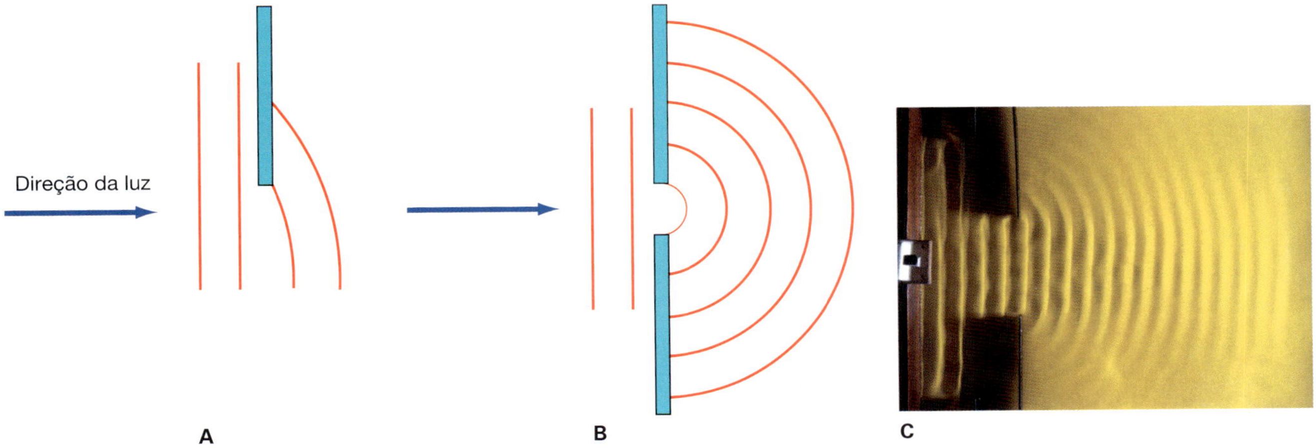


**Figura 4.10 Difração.** As ondas de luz sofrem difração à medida que passam (**A**) ao redor da borda de um objeto e (**B**) através de uma pequena abertura. Ondas de água (**C**) difratadas à medida que passam por uma abertura em um quebra-mar. *(Andrew Lambert Photography/Science Source.)*

lente ocular de 10×), representa o limite de aumento útil do microscópio óptico. O pequeno tamanho das lentes de maior aumento resulta em difração tão acentuada, que a resolução é impossível.

**PARE e RESPONDA**

1. Qual a cor da luz que proporcionaria melhor resolução ao utilizar o microscópio: vermelha (comprimento de onda 0,68 μm) ou azul (comprimento de onda 0,48 μm)? Por quê?
2. Se você construísse um microscópico óptico com poder de aumento total de 5.000×, ele proporcionaria uma resolução melhor, pior ou igual àquela obtida com um aumento de 1.000×? Por quê?
3. Por que as ondas de rádio e as micro-ondas são inapropriadas para examinar os microrganismos?
4. O óleo de imersão padrão colocado em uma lâmina de plástico poderia evitar a refração? Por que ou por que não?

# MICROSCOPIA ÓPTICA

A **microscopia óptica** (MO) refere-se ao uso de qualquer tipo de microscópio que utiliza a luz visível para a observação de amostras. O microscópio óptico moderno não descende das lentes únicas de Leeuwenhoek, porém do microscópio composto de Hooke – um microscópio com mais de uma lente (ver Capítulo 1). As lentes únicas produzem dois problemas: não podem focalizar o campo inteiro simultaneamente e apresentam anéis coloridos ao redor dos objetos no campo. Hoje em dia, ambos os problemas são resolvidos com o uso de múltiplas lentes de correção colocadas próximo à lente de aumento principal (Figura 4.11). As lentes corretivas usadas nas objetivas e oculares dos microscópios compostos modernos proporcionam imagens quase desprovidas de distorção.

Com o passar dos anos, foram desenvolvidos vários tipos de microscópios ópticos, cada um deles adaptado a determinados tipos de observação. Examinaremos em primeiro lugar o microscópio óptico padrão e, em seguida, alguns tipos especiais de microscópios.

## Microscópio óptico composto

O **microscópio óptico** passou por vários aprimoramentos desde a época de Leeuwenhoek e essencialmente alcançou o seu estado atual pouco antes do início do século XX. Esse é um **microscópio óptico composto** (*i. e.*, com mais de uma lente). As partes de um microscópio composto moderno e o trajeto que a luz percorre em seu interior são mostrados na Figura 4.12. Um microscópio composto com uma única ocular é denominado **monocular**; aquele com duas oculares é designado como **binocular**.

A luz entra no microscópio a partir de uma fonte situada na **base** e, com frequência, passa através de um filtro azul, que filtra os comprimentos de onda longos, deixando passar os mais curtos, com consequente melhora da resolução. Em seguida, passa por um **condensador**, que converge os feixes de luz, de modo que possam passar através da amostra. O **diafragma íris** controla a quantidade de luz que passa através da amostra e alcança a lente objetiva. Quanto maior o aumento, maior a quantidade de luz necessária para ver claramente a amostra. A **lente objetiva** aumenta a imagem antes de ela passar através do **tubo** ou canhão até a lente ocular. A **lente ocular** aumenta ainda mais a imagem. A **platina mecânica** permite o controle preciso do movimento da lâmina, o que é particularmente útil no estudo dos microrganismos.

O mecanismo de focalização consiste em um **ajuste macrométrico** (grosseiro), que modifica com bastante rapidez

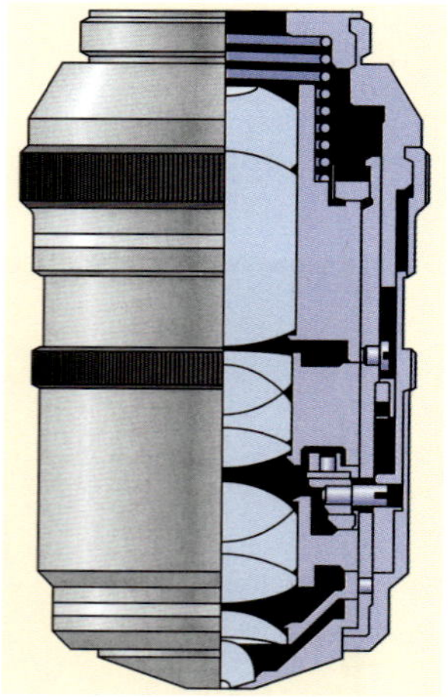



**Figura 4.11 Vista em corte de uma objetiva de microscópio moderno.** O que descrevemos como lente objetiva única é, na realidade, uma série de lentes, que são necessárias para corrigir as aberrações de cor e de foco. As melhores objetivas podem ter até uma dúzia ou mais de elementos.

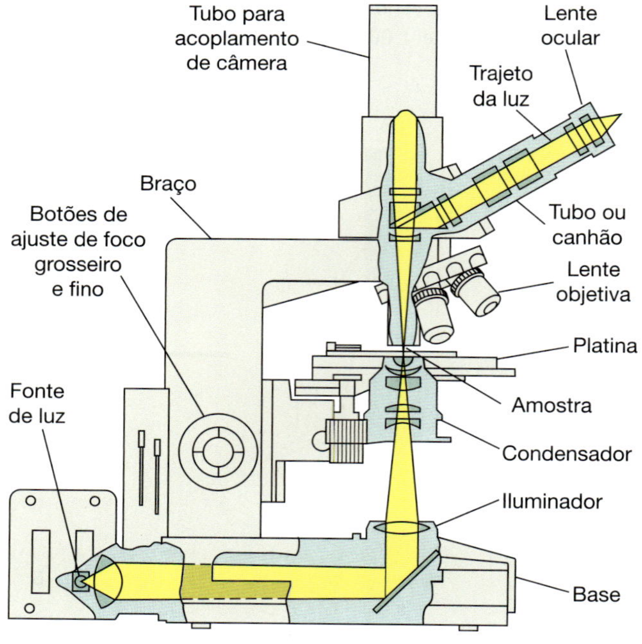




**Figura 4.12 Microscópio óptico composto.** A cor amarela indica o trajeto da luz através do microscópio.

a distância entre a lente objetiva e a amostra, e em um **ajuste micrométrico** (fino), que modifica muito lentamente a distância. O ajuste macrométrico é utilizado para localizar a amostra. O ajuste micrométrico é utilizado para trazer a amostra em foco preciso.

Os microscópios compostos possuem até seis lentes objetivas permutáveis, que têm diferentes poderes de aumento.

O **aumento total** de um microscópio óptico é calculado multiplicando-se o poder de aumento da lente objetiva (a lente usada para visualizar a amostra) pelo poder de aumento da lente ocular (a lente mais próxima dos olhos). Os valores típicos para um microscópio com lente ocular 10× são os seguintes:

- Varredura (3×) × (10×) = aumento de 30×
- Baixo poder (10×) × (10×) = aumento de 100×
- Alto poder "a seco" (40×) × (10×) = aumento de 400×
- Imersão em óleo (100×) × (10×) = aumento de 1.000×.

Os microscópios foram projetados, em sua maior parte, para que, quando o microscopista aumentar ou diminuir a ampliação, mudando uma lente objetiva por outra, a amostra permaneça quase totalmente em foco. Esses microscópios são designados como **parfocais** (*par* significa "igual"). O desenvolvimento dos microscópios parfocais melhorou acentuadamente a eficiência dos microscópios e reduziu os danos causados às lâminas e às lentes objetivas. Hoje em dia, os microscópios usados por estudantes são, em sua maior parte, parfocais.

Alguns microscópios são equipados com um **micrômetro ocular** para medir os objetos examinados. Trata-se de um disco de vidro com uma escala gravada, que é colocado dentro da ocular entre suas lentes. Essa escala precisa ser inicialmente calibrada com um micrômetro na platina, que possui unidades métricas gravadas. Quando essas unidades são identificadas através do microscópio em vários aumentos, o microscopista pode determinar os valores métricos correspondentes das divisões no micrômetro ocular para cada lente objetiva. Em seguida, só precisa contar o número de divisões cobertas pelo objeto observado e multiplicá-lo pelo fator de calibração da lente em questão, de modo a determinar o tamanho real do objeto.

## Microscopia de campo escuro

O condensador utilizado em um microscópio óptico comum faz com que a luz seja concentrada e transmitida diretamente através da amostra, conforme ilustrado na Figura 4.13A. Isso proporciona uma **iluminação de campo claro** (Figura 4.14A). Todavia, em alguns casos, particularmente com organismos sensíveis à luz, é mais conveniente examinar amostras sem contraste com o fundo em um campo claro sob outra iluminação. As espiroquetas vivas, que são bactérias espiraladas que causam sífilis e outras doenças, fornecem exatamente um exemplo desses organismos. Nessa situação, utiliza-se a **iluminação de campo escuro.** Um microscópio adaptado para a iluminação de campo escuro possui um condensador que impede que a luz seja transmitida através da amostra; em vez disso, faz com que a luz seja refletida da amostra em ângulo (Figura 4.13B). Quando esses raios são reunidos e focalizados em uma imagem, observa-se um objeto claro em um fundo escuro (Figura 4.14B).

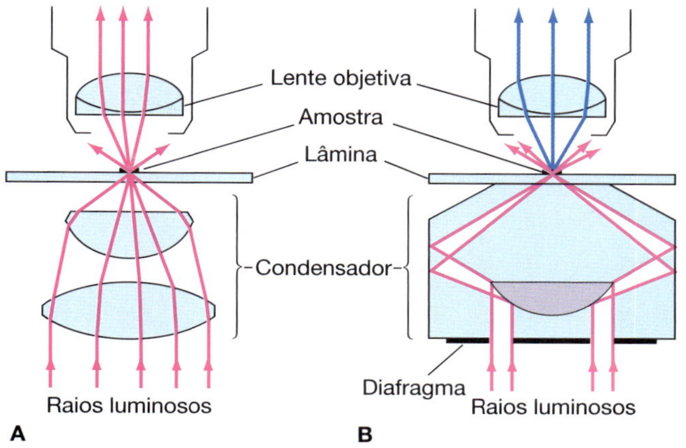




**Figura 4.13 Comparação da iluminação na microscopia de campo claro com a microscopia de campo escuro.** A. O condensador de microscópio de campo claro concentra e transmite a luz diretamente através da amostra. B. O condensador de campo escuro deflete os raios de luz, de modo que eles se refletem da amostra em ângulo antes de serem coletados e focalizados em uma imagem.

## Microscopia de contraste de fase

É difícil examinar a maioria dos microrganismos vivos, visto que eles não podem ser corados – os corantes habitualmente matam os organismos. Para observá-los vivos e sem corantes, é necessário o uso da **microscopia de contraste de fase**. Um microscópio de contraste de fase possui um condensador especial e lentes objetivas que acentuam pequenas diferenças no índice de refração de várias estruturas encontradas no interior do organismo. A luz que passa através de objetos com diferentes índices de refração tem a sua velocidade reduzida e é difratada. As mudanças na velocidade da luz aparecem como diferentes graus de luminosidade (Figura 4.15).

## Microscopia de Nomarski (de contraste de interferência diferencial)

A **microscopia de Nomarski,** à semelhança da microscopia de contraste de fase, utiliza as diferenças nos índices de refração para visualizar células e estruturas não coradas. Entretanto, o microscópio utilizado, um *microscópio de contraste de interferência diferencial,* produz uma resolução muito maior do que o microscópio de contraste de fase padrão. Tem uma *profundidade de campo* (a espessura da amostra que está em foco a qualquer momento) muito curta e pode produzir uma imagem quase tridimensional (Figura 4.16).

## Microscopia de fluorescência

Na **microscopia de fluorescência**, a luz ultravioleta é utilizada para excitar moléculas, de modo que possam liberar luz de um comprimento de onda maior do que a que originalmente incidiu nelas (ver Figura 4.7C). Os diferentes comprimentos de onda produzidos são frequentemente observados como sombras brilhantes de cor laranja, amarela ou verde-amarelada. Alguns organismos, como *Pseudomonas*, fluorescem

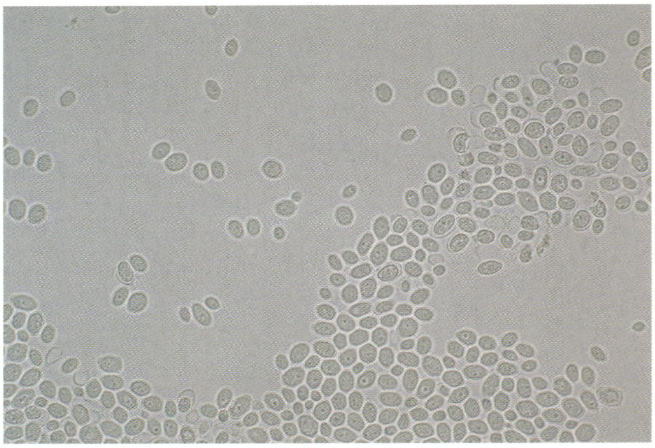

A

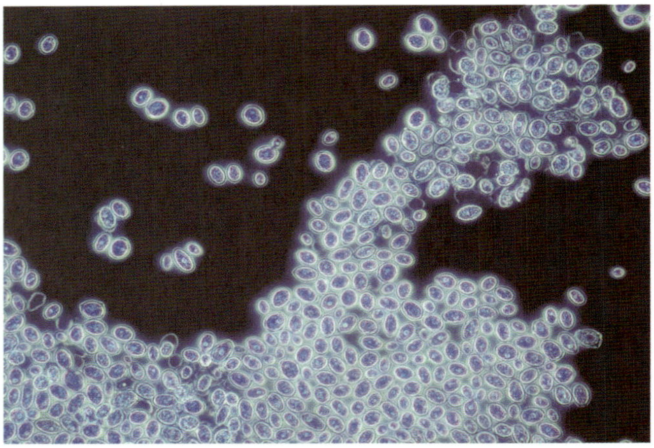

B

**Figura 4.14 Comparação entre imagens de campo claro e imagens de campo escuro.** Observações de *Saccharomyces cerevisiae* (levedura de padeiro, aumento de 975×) com (**A**) microscópio de campo claro e (**B**) microscópio de campo escuro. A iluminação em campo escuro proporciona um enorme aumento no contraste. (*A, B: © James Solliday/Biological Photo Service.*)

naturalmente quando irradiados com luz ultravioleta. Outros organismos, como *Mycobacterium tuberculosis* e *Treponema pallidum* (a causa da sífilis), precisam ser tratados com um corante fluorescente, denominado *fluorocromo*. Dessa maneira, eles sobressaem nitidamente contra um fundo escuro (Figura 4.17). O laranja de acridina é um fluorocromo que se liga aos ácidos nucleicos e os cora de verde-claro, verde-alaranjado ou amarelo, dependendo do sistema de filtros usado com o microscópio de fluorescência. Algumas vezes, é usado para examinar amostras à procura de crescimento microbiano, em que as células vivas aparecem na cor laranja-clara ou verde.

Hoje em dia, a **coloração fluorescente de anticorpos** é amplamente utilizada em procedimentos diagnósticos para determinar a presença de um *antígeno* (uma substância estranha, como um microrganismo). Os *anticorpos* – moléculas produzidas pelo corpo como resposta imune contra um antígeno invasor – são encontrados em muitas amostras clínicas, como sangue e soro. Se a amostra de um paciente tiver um antígeno específico, este antígeno e os anticorpos especificamente produzidos contra ele irão reagir. Entretanto, essa reação habitualmente não é visível. Deste modo, moléculas de corante fluorescente são ligadas às moléculas de anticorpo. Se as moléculas de corante forem retidas pela amostra, pressupõe-se que o antígeno esteja presente, e pode-se estabelecer um diagnóstico positivo. Portanto, se anticorpos marcados com corante fluorescente dirigidos contra microrganismos causadores da sífilis forem acrescentados a uma amostra contendo espiroquetas e se eles se ligarem aos organismos, estes últimos podem ser identificados como a causa da sífilis. Essa técnica é particularmente importante na *imunologia*, em que as reações entre antígenos e anticorpos são estudadas de modo detalhado (ver Capítulos 18 e 19, particularmente a Figura 19.31, sobre a técnica de coloração fluorescente de anticorpos). Com frequência, o diagnóstico pode ser estabelecido em minutos, em vez de horas ou dias que seriam necessários para isolar, cultivar e identificar os organismos.

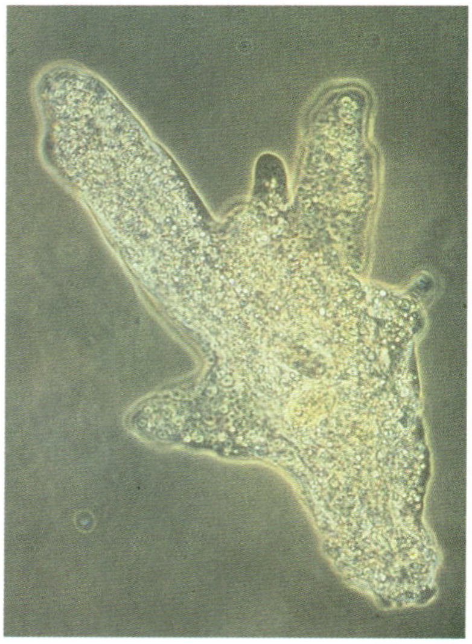

**Figura 4.15 Imagem de contraste de fase.** *Amoeba*, um protozoário (160×). (*Biophoto Associates/Science Source.*)

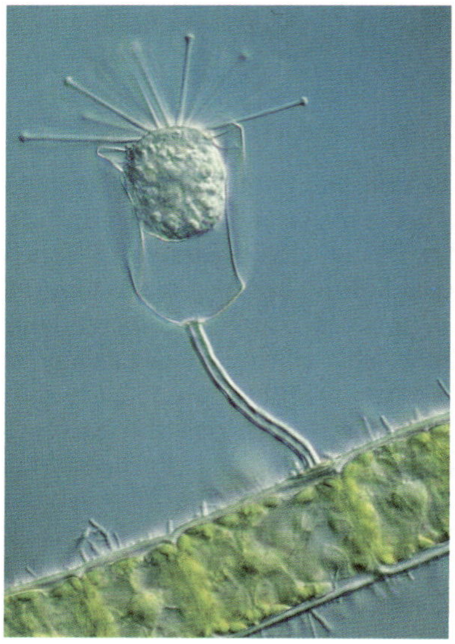

**Figura 4.16 Imagem de Nomarski.** O protozoário *Paracineta* está fixado por um longo pedúnculo à alga verde *Spongomorpha* (ampliada 400×). (*© Paul W. Johnson/Biological Photo Service.*)

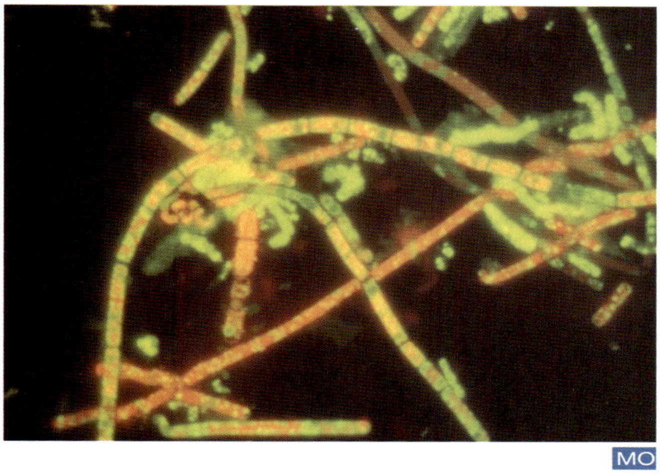

Figura 4.17 **Coloração fluorescente de anticorpos.** Os anticorpos marcados com corante fluorescente mostram claramente células bacterianas vivas (na cor verde) e células mortas (em vermelho) (854×). *(David Phillips/Science Source Images.)*

A Figura 4.18 mostra as imagens produzidas por quatro técnicas diferentes de microscopia.

## Microscopia confocal

Os sistemas de **microscopia confocal** utilizam feixes de *laser* ultravioleta para excitar moléculas de corante químico fluorescentes em luz emissora (que retorna) (Figura 4.19). O feixe de luz no estado excitado é focalizado na amostra (habitualmente não viva) por meio de uma fibra óptica fina ou pela passagem através de uma pequena abertura na forma de ponto diminuto ou fenda. As emissões fluorescentes resultantes são focalizadas em um detector, que também possui uma pequena abertura ou fenda à sua frente. Quanto menores as aberturas usadas em ambos os locais, maior a quantidade de luz fora de foco bloqueada a partir do detector. Um computador procede à reconstrução de uma imagem a partir da luz emitida, com resolução que pode ser até 40% maior que a com outros tipos de microscopia óptica. Devido à nitidez do foco, a imagem assemelha-se a um corte muito fino com lâmina através da amostra. Para amostras espessas, toda uma série de cortes sucessivos em plano focal podem ser registradas e montadas em um modelo tridimensional. Isso é muito útil para o estudo de comunidades de microrganismos sem perturbá-los, examinando-os em biofilmes vivos. Podem-se obter também imagens com intervalo de tempo.

## Microscopia digital

Já passou por momentos de frustração no laboratório quando não conseguia obter o foco de uma lâmina? Esta é uma situação em que gostaria de ter o autofoco, a autoabertura, a autoiluminação, a platina motorizada e os ajustes macrométricos autônomos de um **microscópio digital** (Figura 4.20). Não só isso, mas esses microscópios também vêm com uma câmera digital incorporada e um *software* pré-carregado. Tudo o que você precisa fazer é ligá-los à tomada, ligar o aparelho e

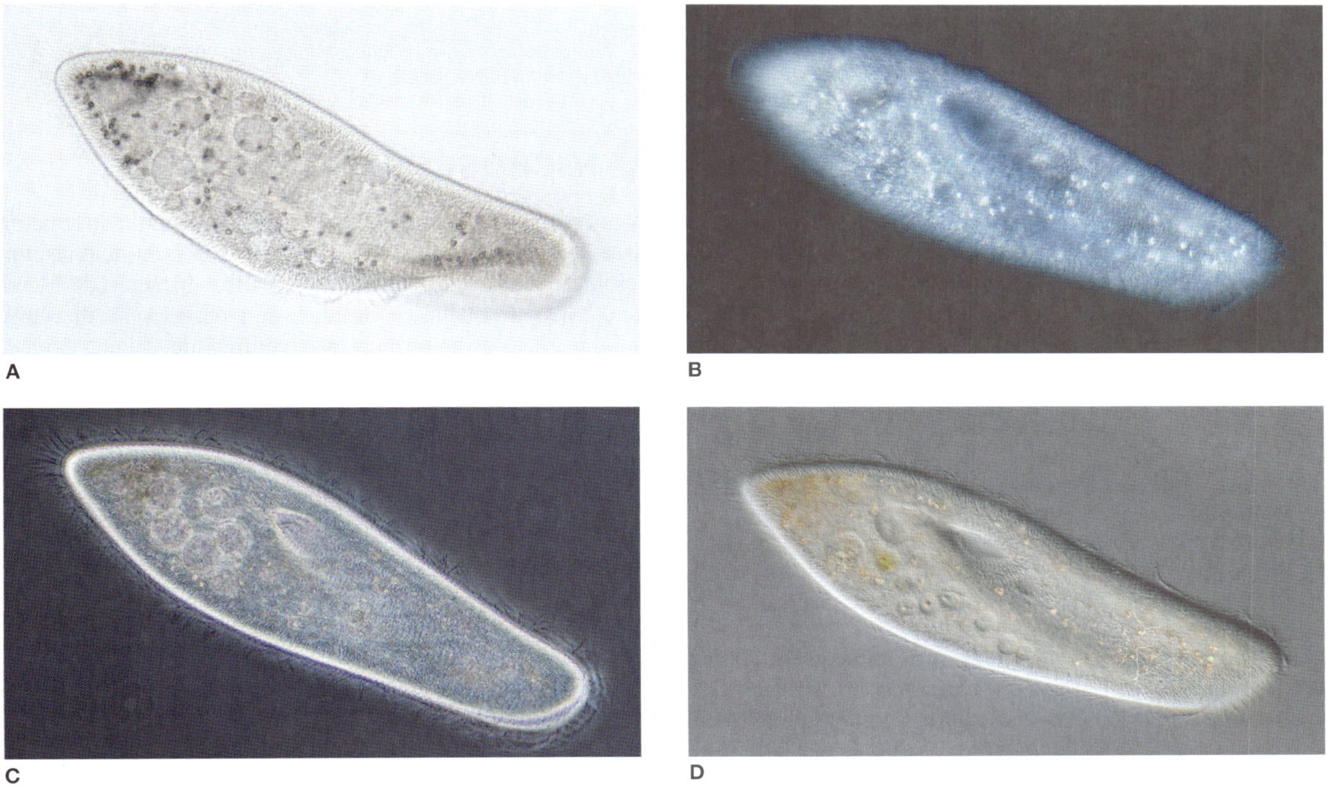

Figura 4.18 **Imagens do mesmo organismo (*Paramecium*, 338×) obtidas por quatro técnicas diferentes.** A. Microscopia de campo claro. B. Microscopia de campo escuro. C. Microscopia de contraste de fase. D. Microscopia de Nomarski. Um microscópio pode ter a óptica para todas essas quatro técnicas. *(A, B, C, D: Wim van Egmond/SPL/Science Source.)*

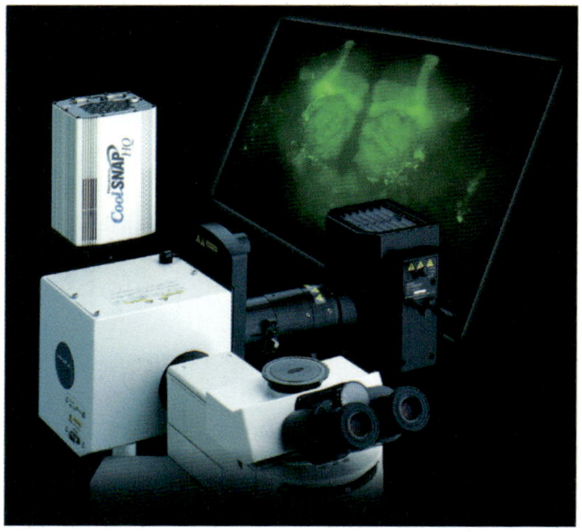


A

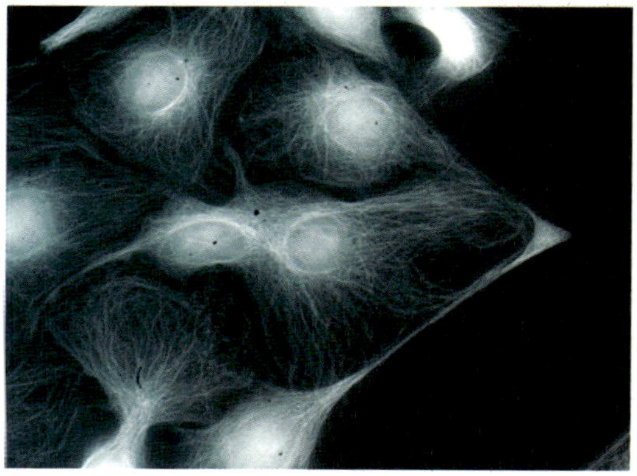

B

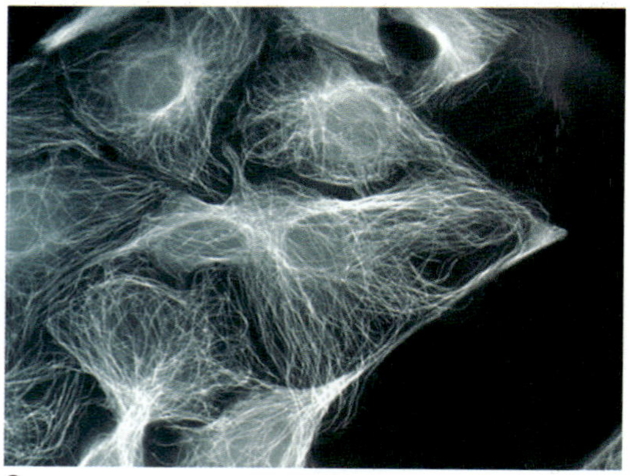

C

**Figura 4.19 Sistema de microscópio confocal (A) fabricado por Olympus.** Célula com fragmentos microtubulares mostrada com o uso da (B) microscopia fluorescente padrão e (C) microscopia confocal. *(A, B, C: cortesia de Olympus Corporation, Scientific Equipment Division.)*

utilizar o mouse para visualizar amostras vivas ou coradas em um monitor ou para observação em grupo em uma tela com o uso de um projetor. Além disso, pode ser integrado em uma rede local ou de grande área para ensino a distância ou teleconferência. Imagine você mostrando a seu primo em Kansas imagens vivas dos organismos que nadam em uma amostra de água de lago. Entretanto, existem algumas limitações: o aumento máximo é bastante limitado, e o preço é elevado.

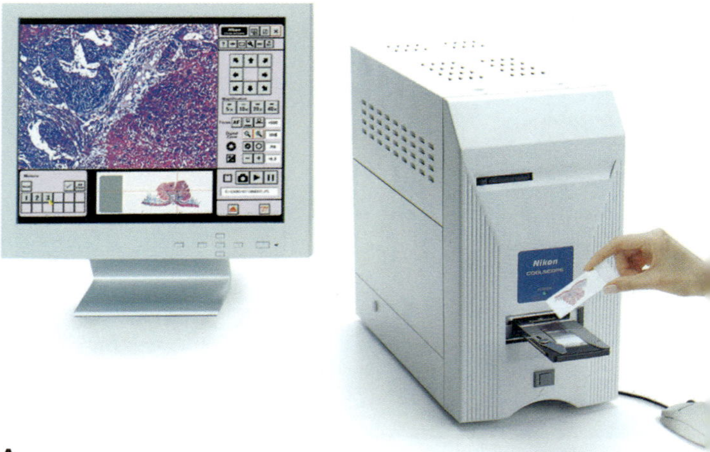

A

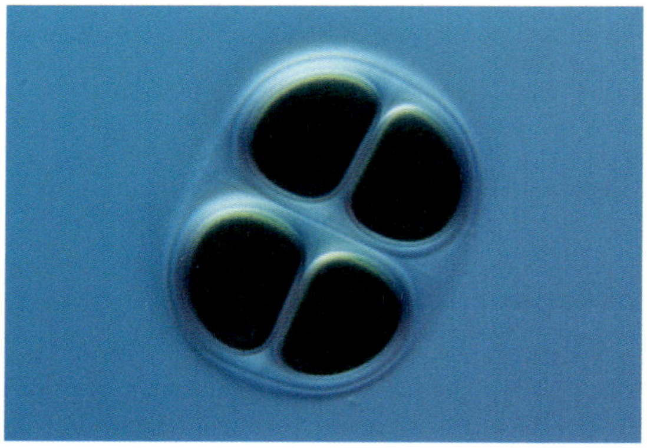

B

**Figura 4.20 A.** Sistema de microscópio digital fabricado por Nikon Instruments, Inc. *(Cortesia de Nikon Instruments Inc.)* **B.** Cianobactéria *Chroococcus*, vista por microscopia digital. *(Wim Van Egmond/Getty Images.)*

## MICROSCOPIA ELETRÔNICA

O microscópio óptico abriu as portas para o mundo dos microrganismos. Entretanto, como não conseguia proporcionar uma resolução de objetos separados por uma distância de menos de 0,2 $\mu$m, a visualização limitava-se a observações de células inteiras e seus arranjos. Poucas estruturas subcelulares podiam ser identificadas; o mesmo ocorria com os vírus. O advento do **microscópio eletrônico (ME)** possibilitou a visualização e o estudo dessas pequenas estruturas. O ME foi desenvolvido em 1932 e, desde o início da década de 1940 já era utilizado por muitos laboratórios.

*Foram os alemães que inventaram o ME. No fim da Segunda Guerra Mundial, os EUA confiscaram o ME do médico particular de Hitler. Os cientistas norte-americanos estudaram o seu funcionamento para também aprenderem a fabricar microscópios eletrônicos.*

O ME utiliza um feixe de elétrons em vez de um feixe de luz, e são usados eletroímãs em vez de lentes de vidro para focalizar o feixe (Figura 4.21). Os elétrons precisam percorrer um vácuo, visto que as colisões com as moléculas de ar iriam dispersá-los e resultar em uma imagem distorcida. Os microscópios eletrônicos são muito mais caros do que os microscópios ópticos. Eles também exigem muito mais espaço e necessitam de salas adicionais para o preparo das amostras e o processamento das fotografias.

As fotografias obtidas de qualquer microscópio são denominadas *micrografias*; aquelas realizadas com um microscópio eletrônico são denominadas **micrografias eletrônicas.** Nada consegue revelar os grandes detalhes das minúsculas estruturas biológicas além dos MEs (Figura 4.22).

Os dois tipos mais comuns de microscópios eletrônicos são o microscópio eletrônico de transmissão e o microscópio de varredura. Ambos são utilizados para o estudo de diversas formas de vida, inclusive os microrganismos. O microscópio

## APLICAÇÃO NA PRÁTICA

### Microscopia eletrônica: agora em cores

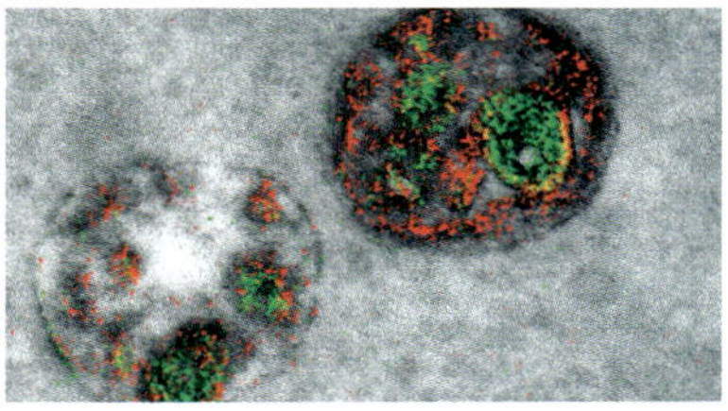

S. R. Adams et al., *Cell Chemical Biology 23, 10 (17 November 2016)* © Elsevier Ltd.

Depois de 13 anos de trabalho de engenharia, em novembro de 2016, foi lançado o primeiro microscópio eletrônico capaz de produzir imagens coloridas. Os modelos anteriores só produziam imagens coloridas por computador. As primeiras cores que o microscópio pode utilizar diretamente são o vermelho e o verde, que permitem uma maior visualização do mundo microscópico que nos rodeia. As novas cores também proporcionam a possibilidade de observar com maior riqueza de detalhes. Assim, os cientistas foram capazes de identificar proteínas sendo comprimidas em uma parede celular. No futuro, o microscópio será capaz de registrar mais cores de modo acurado, fornecendo aos microbiologistas uma melhor ferramenta para compreender o mundo à nossa volta.

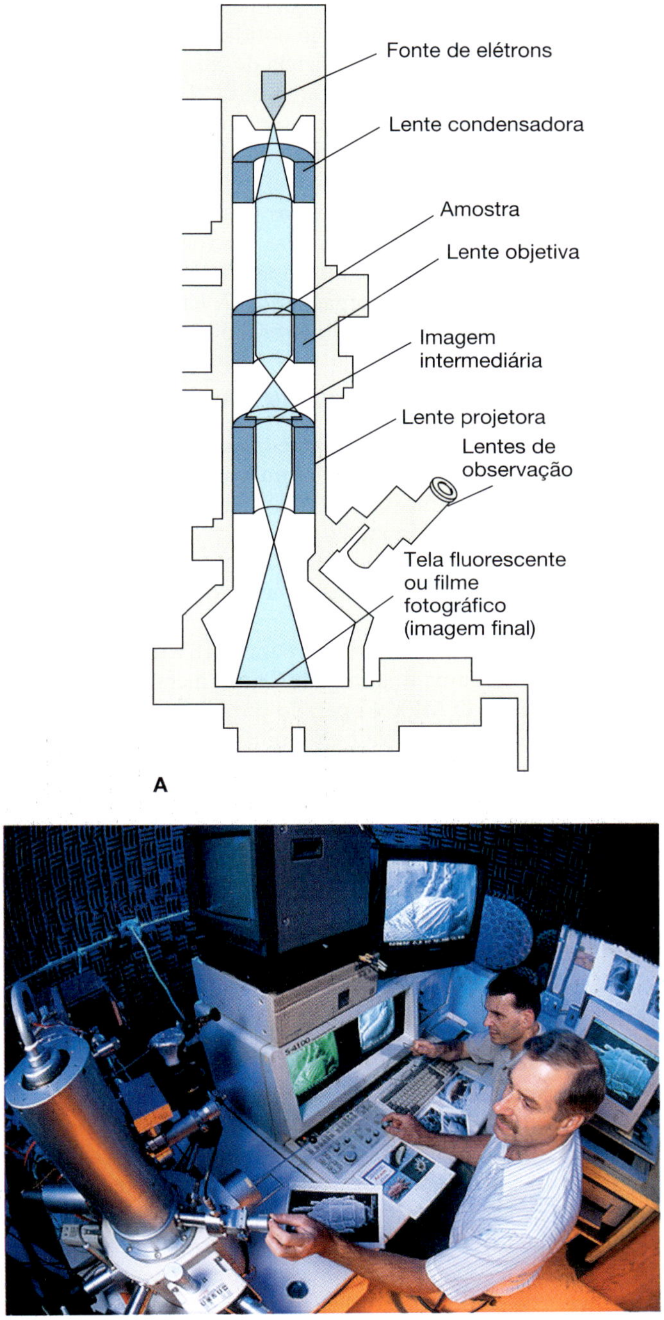


**Figura 4.21 Microscópio eletrônico.** **A.** Diagrama em corte transversal de um microscópio eletrônico, mostrando os caminhos do feixe de elétrons quando ele é focalizado por lentes eletromagnéticas. **B.** Microscópio eletrônico de varredura moderno em uso. *(© pf/Alamy.)*

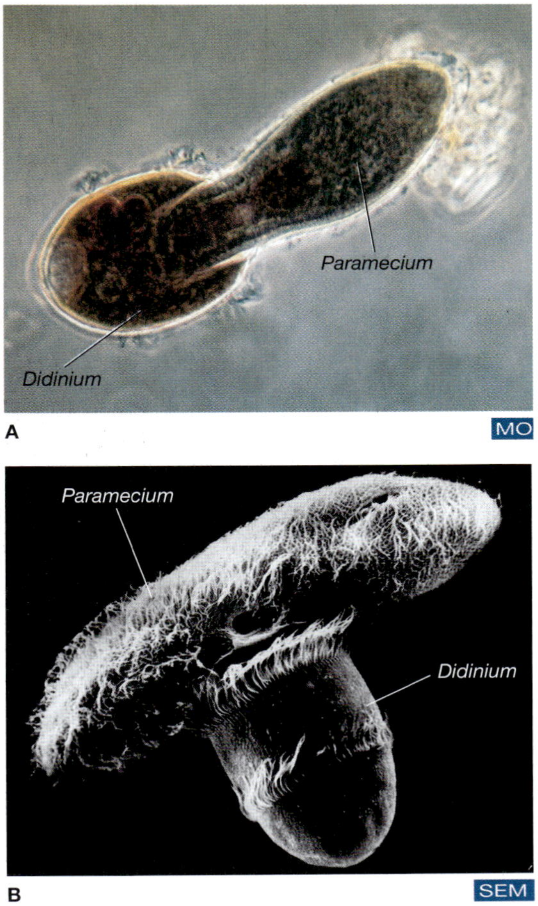


**Figura 4.22 Comparação de imagens na microscopia óptica e eletrônica.** **A.** Imagens ao microscópio óptico (160×) (*Eric V. Grave/Science Source*). **B.** Imagens ao microscópio eletrônico (425×) de um *Didinium* alimentando-se de um *Paramecium*. Observe a maior riqueza de detalhes revelada pela micrografia eletrônica de varredura. *(Science Source/Science Source.)*

de tunelamento com varredura e o microscópio de força atômica mais avançados possibilitam a observação de moléculas e até mesmo de átomos individuais.

## Microscopia eletrônica de transmissão

O **microscópio eletrônico de transmissão (MET)** proporciona uma melhor visualização da estrutura interna dos microrganismos em comparação com outros tipos de microscópios. Devido ao comprimento de onda muito curto da iluminação (elétrons) com o qual opera o MET, pode-se obter uma resolução de objetos de até 1 nm e ampliar microrganismos (e outros objetos) até 500.000×. Para preparar amostras para a microscopia eletrônica de transmissão, a amostra pode ser impregnada em um bloco de plástico e cortada com uma lâmina de vidro ou diamante, de modo a produzir fatias muito finas (*cortes*). Essas fatias são colocadas em telas de arame finas para visualização, de modo que um feixe de elétrons possa passar diretamente através do corte. O corte precisa ser extremamente fino (70 a 90 nm), visto que os elétrons são incapazes de penetrar profundamente nos materiais. As amostras também podem ser tratadas com preparações especiais que contenham elementos de metais pesados. Os metais pesados dispersam os elétrons e contribuem para a formação de uma imagem.

As amostras muito pequenas, como moléculas ou vírus, podem ser colocadas diretamente em telas revestidas de plástico. Em seguida, um metal pesado, como ouro ou platina, é pulverizado obliquamente sobre a amostra, uma técnica conhecida como **metalização.** Uma fina camada de metal é depositada. As áreas por trás da amostra que não recebem a aplicação da camada de metal aparecem como "sombras", podendo conferir à imagem um efeito tridimensional (Figura 4.23). Os feixes de elétrons são desviados pelas partes da amostra densamente cobertas, porém, em sua maior parte, passam através das sombras.

É também possível visualizar o interior de uma célula com MET por uma técnica denominada **criofratura.** Nessa técnica, a célula é congelada e, em seguida, fraturada com lâmina. A clivagem de uma amostra revela as superfícies das estruturas internas da célula (Figura 4.24A). A **fratura por congelamento,** que envolve a evaporação da água da amostra congelada e fraturada, pode então revelar superfícies adicionais para exame (Figura 4.24B). Essas superfícies também precisam ser cobertas com uma camada de metal pesado, que produz sombras. Essa camada, denominada *réplica*, é visualizada pelo MET (Figura 4.24C).

**Figura 4.23 Metalização.** A pulverização de um metal pesado (como o ouro ou a platina) formando um ângulo com a amostra deixa uma "sombra" ou área escurecida, onde não há deposição do metal. Essa técnica, conhecida como *metalização*, produz imagens com aparência tridimensional, como nesta fotografia do vírus da poliomielite (aumento de 330.480×). Se souber o ângulo usado para pulverizar o metal, você pode calcular a altura dos organismos a partir do comprimento de suas sombras. *(© John J. Cardamone, Jr., and B.A. Phillips/Biological Photo Service.)*

A imagem formada pelo feixe de elétrons torna-se visível como uma imagem clara em uma tela fluorescente ou monitor. (A imagem verdadeira formada pelo feixe de elétrons não é visível e queimaria seus olhos se tentasse olhar para ela diretamente.) Os elétrons são utilizados para excitar fósforos (compostos geradores de luz) que recobrem a tela. Entretanto, o feixe de elétrons eventualmente queimará a amostra. Por esse motivo, antes que isso ocorra, são obtidas micrografias eletrônicas, fotografando a imagem na tela de vídeo ou substituindo a própria tela por uma placa fotográfica (Figura 4.25A). As micrografias eletrônicas podem ser ampliadas, exatamente como você amplia qualquer fotografia, de modo a obter imagens ampliadas 20 milhões de vezes! As micrografias são registros permanentes das amostras observadas e podem ser estudadas livremente. O estudo das micrografias eletrônicas proporcionou grande parte do nosso conhecimento sobre a estrutura interna dos microrganismos. A letra "M" nas siglas MET e MEV pode referir-se a microscópio ou micrografia.

## Microscopia eletrônica de varredura

O **microscópio eletrônico de varredura (MEV)** é uma invenção mais recente do que o MET e é utilizado para criar imagem das superfícies das amostras. O MEV tem uma capacidade de resolução de objetos de até 20 nm, proporcionando ampliações de até aproximadamente 50.000×. O MEV nos proporciona vistas tridimensionais magníficas do exterior das células (Figura 4.25B).

A preparação de uma amostra para o MEV necessita que ela seja coberta com uma fina camada de um metal pesado, como ouro ou paládio. O MEV é operado por meio de varredura de um feixe de elétrons muito estreito (uma sonda de elétrons) para a frente e para trás, através de uma amostra coberta com metal. Elétrons secundários ou retrodifundidos que deixam a superfície da amostra são coletados, a corrente é aumentada, e a imagem resultante é apresentada em uma tela. Para um estudo mais detalhado, podem-se obter fotografias e ampliá-las.

As vistas tridimensionais do mundo microbiano, como mostra a Figura 4.26, são deslumbrantes.

## Microscopia de tunelamento por varredura

Em 1980, Gerd Binning e Heinrich Rohrer inventaram o primeiro de uma série de **microscópios de tunelamento por varredura (STMs,** ***scannning tunneling microscopes***), de aperfeiçoamento rápido, também denominados microscópios de sonda de varredura. Cinco anos depois, eles receberam o Prêmio Nobel pela sua descoberta.

Uma sonda fina de fio de platina e virídio é utilizada para rastrear a superfície de uma substância, de modo muito semelhante a como você utiliza os dedos para sentir as protuberâncias durante a leitura Braille. As nuvens de elétrons (regiões de movimento dos elétrons) das superfícies da sonda e da amostra se sobrepõem, produzindo um tipo de trajeto através do qual os elétrons podem "formar um túnel" dentro das nuvens uns dos outros. Esse tunelamento estabelece uma corrente observável. Quanto mais forte a corrente, mais

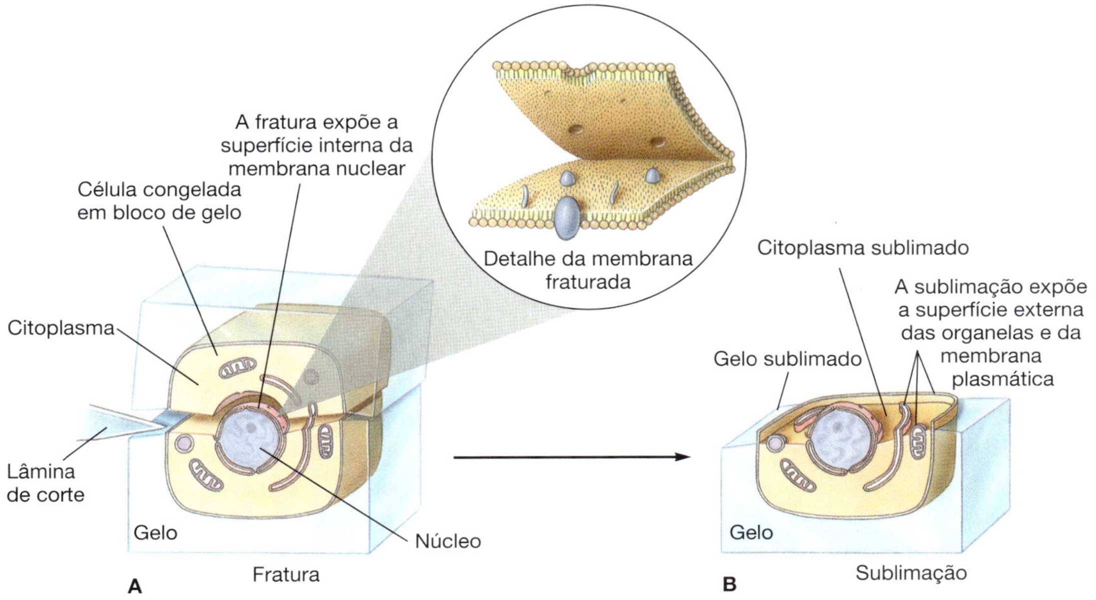


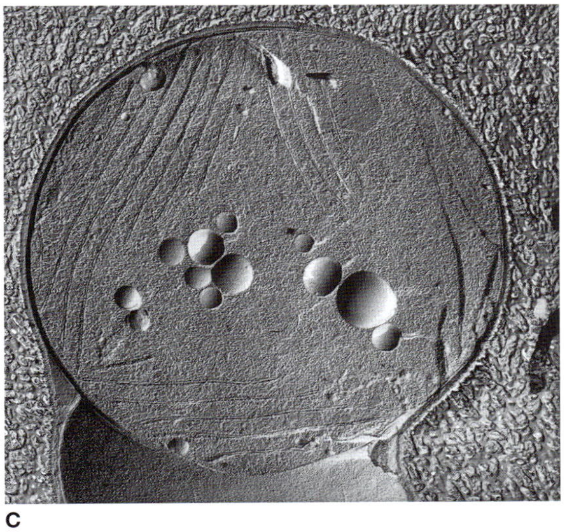


**Figura 4.24 Criofratura e fratura por congelamento. A.** Na criofratura, uma amostra é congelada em um bloco de gelo e fraturada com uma lâmina muito afiada. A fratura revela o interior das estruturas celulares e normalmente passa através do centro da bicamada da membrana, expondo suas faces internas. **B.** Na fratura por congelamento, a água é evaporada diretamente do gelo e do citoplasma congelado da amostra fraturada, revelando superfícies adicionais para observação. **Preparação de fratura por congelamento. C.** Cianobactéria tóxica *Microcystis aeruginosa* (aumento de 18.000×) mostrando detalhes de grandes vesículas esféricas de gás. *(© Garry T. Cole/Biological Photo Service.)*

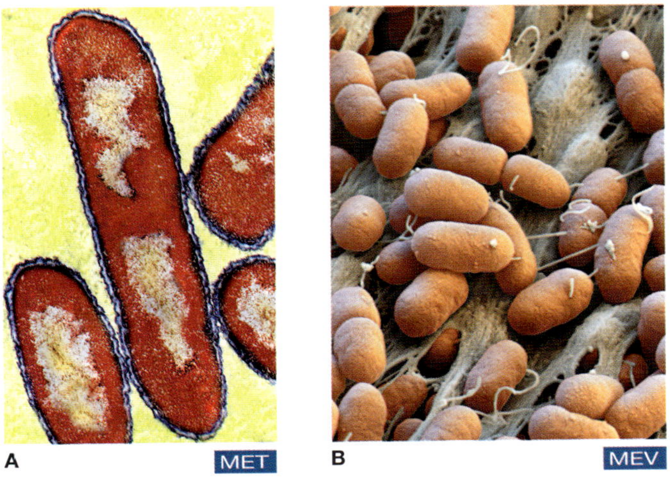


**Figura 4.25 Comparação entre MET e MEV.** Micrografias eletrônicas coloridas de *Escherichia coli* produzidas por (**A**) microscopia eletrônica de transmissão (66.952×) *(Associates-Biophoto/Science Source/Getty)* e (**B**) microscopia eletrônica de varredura (39.487×). *(Eye of Science/Science Source.)*

próxima a extremidade do átomo está em relação à sonda. O percurso da sonda em uma linha reta revela altos e baixos de moléculas individuais ou átomos presentes em uma superfície (Figura 4.27).

É possível até mesmo produzir filmes com o uso dessa técnica. O primeiro filme desse tipo a ser produzido mostrou moléculas individuais de fibrina juntando-se para formar um coágulo sanguíneo. A microscopia de tunelamento por varredura também funciona bem debaixo da água e pode ser utilizada para examinar amostras *ao vivo*, como células infectadas por vírus explodindo e liberando vírus recém-formados.

O **microscópio de força atômica (AFM, *atomic force microscope*)**, um membro mais avançado dessa família de microscópio, fornece imagens tridimensionais e permite efetuar medidas de estruturas de tamanho atômico até cerca de 1 μm. O AFM tem sido muito útil no estudo do DNA, visto que permite aos pesquisadores diferenciar as bases, como adenina e guanina, a partir de diferenças em seus estados de densidade eletrônica. A microscopia de força atômica também tem sido utilizada debaixo da água para estudar reações químicas em

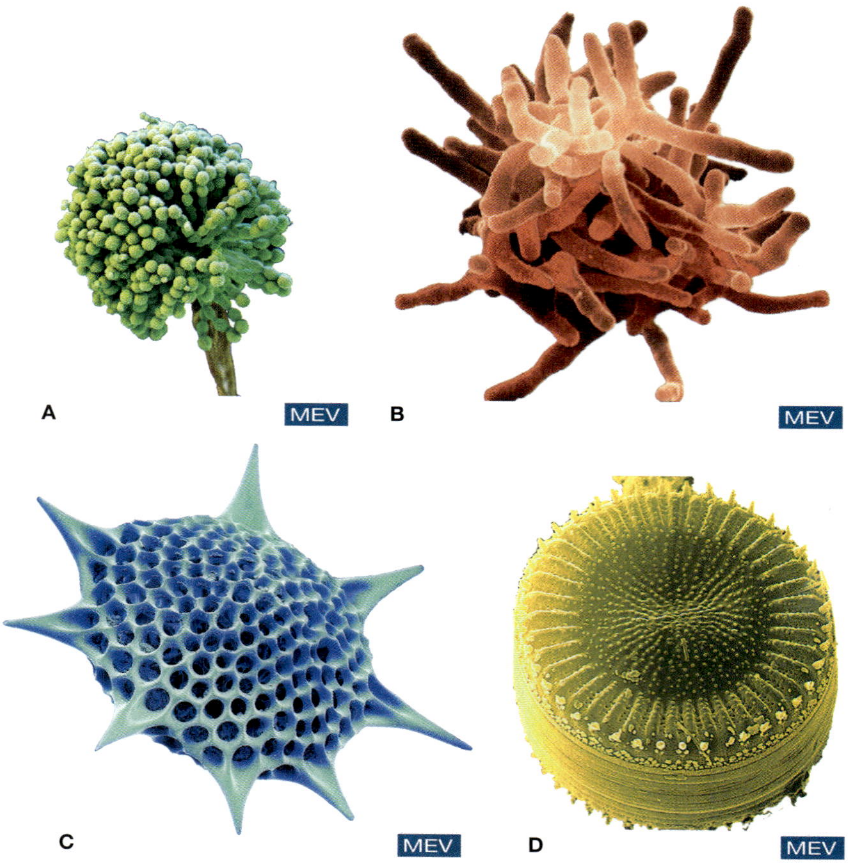


**Figura 4.26 Fotografias coloridas por MEV de microrganismos representativos.** **A.** O fungo *Aspergillus*, causa de doença respiratória humana (10.506×). *(Eye of Science/Science Source.)* **B.** *Actinomyces*, bactéria ramificada (5.670×). *(David M. Phillips/Science Source.)* **C.** Radiolário do Oceano Índico. *(Steve Gschmeissner/SPL/Getty Images.)* **D.** Diatomácea *Cyclotella meneghiniana*, uma das muitas que realizam fotossíntese e formam a base de muitas cadeias alimentares aquáticas (1.584×). *(Science Photo Library/Science Source.)*

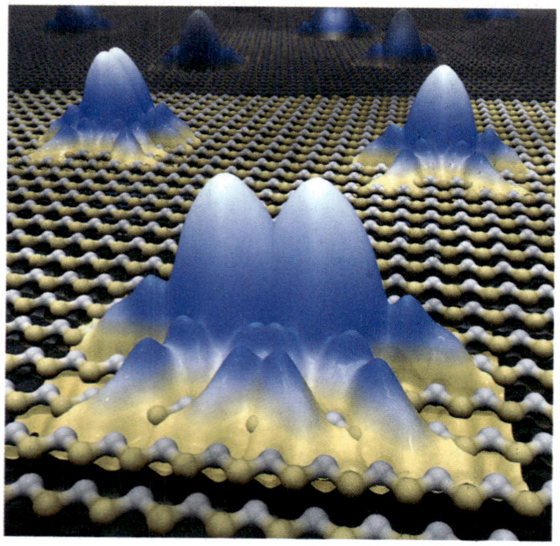

**Figura 4.27 Microscopia de tunelamento por varredura.** Micrografia colorida composta de microscópio de tunelamento por varredura (STM) mostrando interações ferromagnéticas (azul e amarelo) entre átomos de manganês em um semicondutor de arsenieto de gálio (branco e amarelo, mostrado como modelo molecular). As órbitas dos átomos interagem por meio de uma nuvem de elétrons. Os átomos de gálio no semicondutor foram substituídos por átomos de manganês utilizando o microscópio de tunelamento com varredura, que possibilita a substituição precisa de um átomo em determinado momento. Isso cria um semicondutor magnético que tem a capacidade de armazenar dados, bem como processá-los. *(Drs. Ali Yazdani & Daniel J. Hor/Science Source.)*

superfícies de células vivas (Figura 4.28), o que ajuda a confirmar as análises químicas do material das paredes celulares.

Além de produzir imagens, o AFM pode medir forças – por exemplo, a força necessária para desnaturar uma proteína localizada em uma membrana. Além disso, é possível determinar a flexibilidade de uma molécula de polissacarídio – isto é, saber até que ponto ela pode ser alongada antes de sofrer ruptura. Essa informação é importante no estudo da ligação de células adjacentes para formar agregados, como colônias e biofilmes, ou a capacidade de fixar a células hospedeiras.

A **Tabela 4.2** fornece um resumo dos vários tipos de microscopia e suas aplicações.

**PARE e RESPONDA**

1. O que o microscópio eletrônico utiliza em vez de feixes de luz e lentes de vidro? O que o microscópio de fluorescência utiliza?
2. Como é possível distinguir entre micrografias MET e MEV? Qual é o tipo de micrografia na Figura 4.24 C?
3. Por que as fotos coloridas das micrografias eletrônicas são designadas como "coloridas" ou "de cor falsa"?
4. Classifique os seguintes tipos de microscópios de acordo com o comprimento de onda do feixe luminoso que eles utilizam, começando com o comprimento de onda mais longo: fluorescente, MET, de campo claro. Que efeito o comprimento de onda tem sobre o poder de resolução desses microscópios?

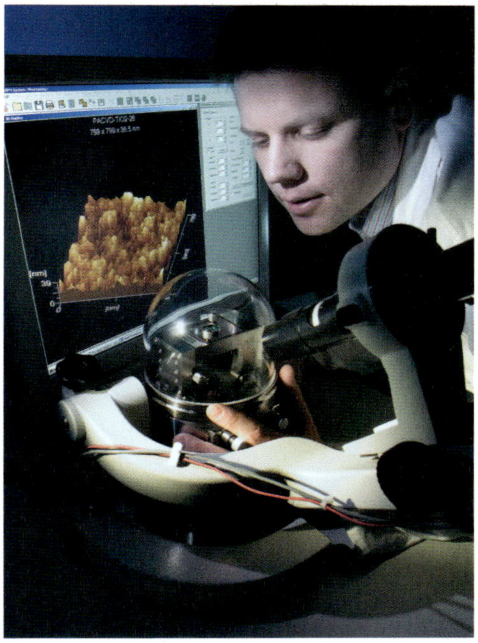

A

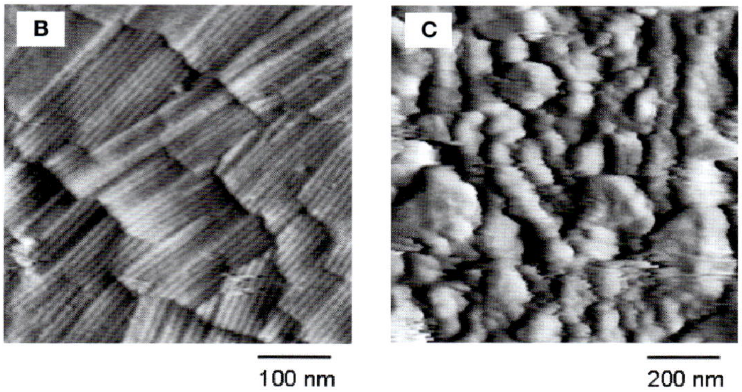


**Figura 4.28 A.** Microscópio de força atômica. *(U. Belhaeuser/ScienceFoto/GettyImages, Inc.)* **B.** A superfície de um esporo dormente do fungo *Aspergillus oryzae* mostra uma cobertura de pequenos bastonetes proteicos. **C.** Algumas horas mais tarde, os pequenos bastonetes sofreram desintegração, formando uma camada de material mole, começando a revelar as paredes internas dos esporos compostas de polissacarídios. Todo o processo pode ser acompanhado ao vivo, debaixo da água e filmado com o microscópio de força atômica. *(B, C: De B. Jean and H. Hörben, Force Microscopy, Wiley Liss, 2006, Fig. 5-4cd, page 77.)*

**Tabela 4.2** Comparação dos tipos de microscopia.

| Tipo | Características especiais | | Aparência | Aplicações |
|---|---|---|---|---|
| De campo claro | Utiliza a luz visível; simples de usar, de menor custo |  *a* | Amostra corada ou transparente em fundo claro | Observação de organismos corados e mortos ou de organismos vivos com contraste suficiente pela sua cor natural |
| De campo escuro | Utiliza a luz visível com um condensador especial que possibilita o reflexo dos raios de luz da amostra formando um ângulo | 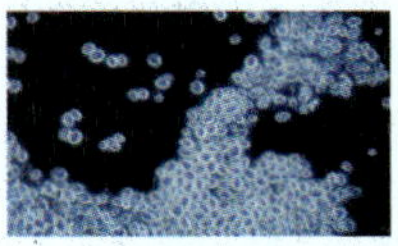 *b* | Amostra clara sobre fundo escuro | Observação de organismos vivos não corados ou de coloração difícil; permite a observação do movimento |
| De contraste de fase | Utiliza a luz visível, além de uma placa de deslocamento de fase na objetiva, com um condensador especial que faz com que alguns raios de luz incidam na amostra fora de fase | 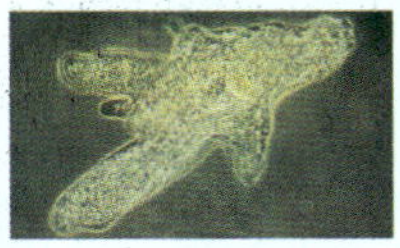 *c* | A amostra apresenta diferentes graus de luminosidade e escuro | Observação detalhada da estrutura interna de organismos vivos não corados |
| De Nomarski | Utiliza a luz visível fora de fase; apresenta maior resolução do que o microscópio de contraste de fase convencional | 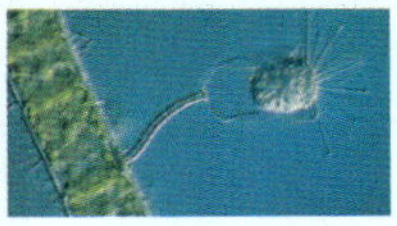 *d* | Produz uma imagem quase tridimensional | Observação de detalhes mais finos da estrutura interna de organismos vivos não corados |
| De fluorescência | Utiliza a luz ultravioleta para excitar moléculas, de modo a emitir luz de diferentes comprimentos de onda, frequentemente de cores brilhantes; como a luz UV pode queimar os olhos, são utilizadas lentes especiais | 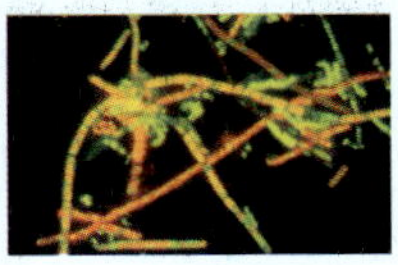 *e* | Amostra colorida, clara e fluorescente sobre um fundo escuro | Ferramenta de diagnóstico para a detecção de organismos ou anticorpos em amostras clínicas ou para estudos imunológicos |
| Confocal | Utiliza *laser* para obter cortes finos em nível focal por meio de uma amostra, com resolução 40 vezes maior e menor perda de luz pelo foco | 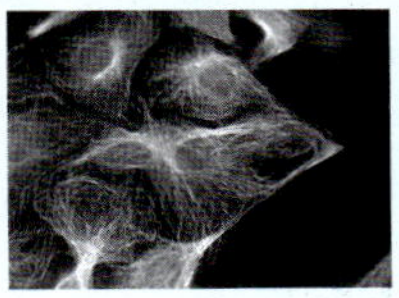 *f* | Imagem em corte fino não difusa | Observação de níveis muito específicos da amostra |

(*continua*)

**Tabela 4.2** Comparação dos tipos de microscopia. *(continuação)*

| Tipo | Características especiais | | Aparência | Aplicações |
|---|---|---|---|---|
| Digital | Utiliza a tecnologia do computador para focalização automática, ajuste da luz e obtenção de fotografias das amostras; pode ser acoplado diretamente *online* | *g* 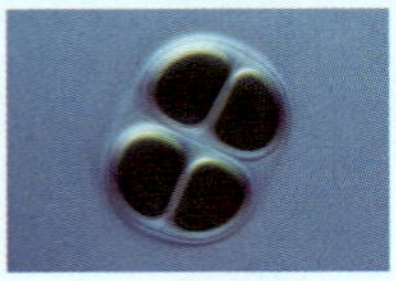 | Imagem padrão | Facilidade de operação e uso *online* |
| De transmissão eletrônica | Utiliza feixes de elétrons, em vez de raios de luz, e lentes eletromagnéticas, em vez de lentes de vidro; a imagem é projetada em uma tela de vídeo; custo muito alto; a preparação exige tempo considerável e prática | *h* 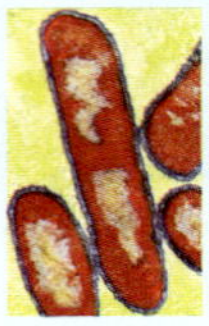 | Imagem detalhada e altamente ampliada; não é tridimensional, exceto com metalização | Exame de cortes finos de células para detalhes da estrutura interna, parte externa das células e vírus ou superfícies quando se utiliza a técnica de criofratura |
| De varredura eletrônica | Utiliza feixes de elétrons e lentes eletromagnéticas; de alto custo; a preparação exige tempo considerável e prática | *i* 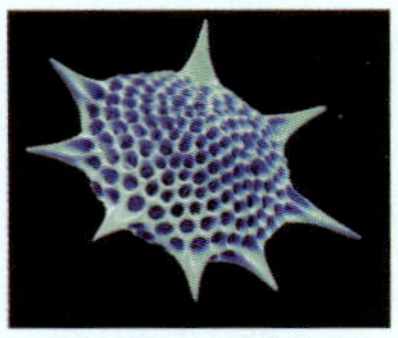 | Vista tridimensional das superfícies | Observação das superfícies externas das células ou superfícies internas |
| De tunelamento por varredura | Utiliza uma sonda de fio para rastrear as superfícies, permitindo o movimento (formação de túnel) dos elétrons, gerando, assim, correntes elétricas que revelam altos e baixos da superfície da amostra | *j*  | Vista tridimensional das superfícies | Observação das superfícies externas de átomos ou moléculas |

*(a: Wim van Egmond/Getty Images; b: © James Solliday/Biological Photo Service; c: Biophoto Associates/Science Source; d: © Paul W. Johnson/ Biological Photo Service; e: David Philips/Science Source Images; f: Courtesy Olympus Corporation, Scientific Equipment Division; g: Wim van Egmond/ Getty Images; h: Associates-Biophoto/Science Source/Getty; i: Steve Gschmeissner/SPL/Getty Images; j: Drs. Ali Yazdani & Daniel J. Hor/Science Source.)*

## TÉCNICAS DE MICROSCOPIA ÓPTICA

Os microscópios têm pouca aplicação, a não ser que as amostras a serem observadas sejam preparadas corretamente. Aqui, iremos explicar algumas técnicas importantes utilizadas na microscopia óptica.

Embora a resolução e o aumento sejam importantes na microscopia, o grau de contraste entre as estruturas a serem observadas e o seu fundo é igualmente importante. Nada pode ser visto sem contraste, de modo que foram desenvolvidas técnicas especiais para aumentá-lo.

### Preparação de amostras para microscopia óptica

#### Preparações a fresco

As **preparações a fresco**, que consistem em colocar uma gota de meio contendo o organismo sobre uma lâmina de microscópio, podem ser utilizadas para visualizar microrganismos vivos. A adição de uma solução a 2% de carboximetilcelulose, uma solução espessa e xaroposa, ajuda a diminuir o movimento dos organismos que se movimentam rapidamente, de modo que possam ser estudados. Uma versão especial de preparação a fresco, denominada **gota pendente**, é frequentemente utilizada com iluminação de campo escuro (Figura 4.29). Coloca-se uma gota de cultura sobre uma lamínula, que é circundada com vaselina. A

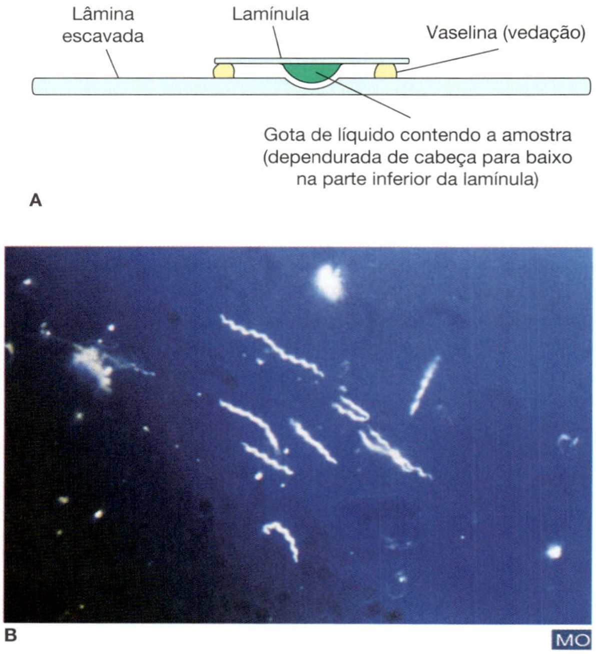


**Figura 4.29 Técnica da gota pendente. A.** Uma gota de cultura é colocada em uma lamínula, circundada com vaselina e, em seguida, invertida e colocada sobre a cavidade de uma lâmina escavada. A vaselina forma uma vedação para impedir a evaporação. **B.** Micrografia de campo escuro de uma preparação de gota pendente (2.500×) mostrando a bactéria espiralada *Borrelia burgdorferi*, a causa da doença de Lyme. *(CDC.)*

lamínula e a gota são então invertidas sobre a cavidade de uma lâmina escavada. A gota fica pendurada na lamínula, e a vaselina forma uma vedação que impede a evaporação. Essa preparação fornece uma boa visualização da motilidade microbiana.

## Esfregaços

Os **esfregaços,** em que os microrganismos coletados com uma alça bacteriológica são espalhados na superfície de uma lâmina de vidro, podem ser utilizados para visualizar organismos mortos. Embora ainda estejam vivos quando colocados sobre a lâmina, eles são mortos pelas técnicas utilizadas para fixá-los à lâmina. A preparação de um esfregaço é frequentemente difícil para os principiantes. Se você fizer um esfregaço muito espesso, você terá dificuldade em visualizar células individuais; se fizer um esfregaço muito fino, poderá não encontrar nenhum organismo. Se manipular muito a gota do meio à medida que a espalha pela lâmina, os arranjos celulares poderão ser rompidos. Você poderá ver organismos que normalmente aparecem em tétrades (grupos de quatro) como organismos isolados ou duplos. Essas variações levam alguns principiantes a imaginar que eles estão vendo mais de um tipo de organismo quando, na verdade, os organismos são todos da mesma espécie.

Uma vez preparado o esfregaço, deve-se deixá-lo secar ao ar por completo. Em seguida, é passado rapidamente três ou quatro vezes através de uma chama. Esse processo é denominado **fixação pelo calor.** A fixação pelo calor tem três objetivos: (1) matar os organismos, (2) possibilitar a adesão dos organismos à lâmina e (3) alterar os organismos de modo que possam aceitar mais prontamente os corantes. Se a lâmina não estiver completamente seca quando for passada através da chama, os organismos são fervidos e destruídos. Se a fixação pelo calor for insuficiente, os organismos podem não aderir à lâmina e serem eliminados nas etapas subsequentes. Qualquer célula que permaneça viva cora-se fracamente. Se a fixação pelo calor for excessiva, os organismos podem ser incinerados, e você irá visualizar células distorcidas e restos celulares. Determinadas estruturas, como as cápsulas encontradas em alguns microrganismos, são destruídas na fixação pelo calor; logo, essa etapa é omitida, e esses microrganismos são fixados à lâmina apenas por meio da secagem ao ar.

## Princípios de coloração

Um **corante** é uma molécula que pode se ligar a uma estrutura celular e conferir-lhe cor. As técnicas de colocação fazem com que os microrganismos se destaquem contra o fundo. Os corantes também são utilizados para ajudar os pesquisadores a agrupar as principais categorias de microrganismos, examinar as diferenças estruturais e químicas nas estruturas celulares e observar as partes da célula.

Em microbiologia, os corantes mais comumente utilizados são **corantes catiônicos** (com carga positiva) ou **básicos,** como o azul de metileno, o cristal violeta, a safranina e o verde de malaquita. Esses corantes são atraídos por qualquer componente celular com carga negativa. As membranas celulares da maioria das bactérias possuem superfícies com cargas negativas, atraindo assim os corantes básicos de carga positiva. Outros corantes, como a eosina e o ácido pícrico, são **corantes aniônicos** (com carga negativa) ou **ácidos.** São atraídos por qualquer material celular de carga positiva.

Em microbiologia, são utilizados dois tipos principais de coloração, a coloração simples e a coloração diferencial. Elas são comparadas na **Tabela 4.3**. A **coloração simples** utiliza um único corante e revela os formatos básicos das células e

**Tabela 4.3** Comparação das técnicas de coloração.

| Tipo | Exemplos | Resultado | Aplicações |
|---|---|---|---|
| **Colorações simples** | | | |
| Uso de um único corante; não distinguem organismos ou estruturas por meio de diferentes reações de coloração | Azul de metileno<br>Safranina<br>Cristal violeta →<br>*a*  | Coloração azul uniforme<br>Coloração vermelha uniforme<br>Coloração púrpura uniforme | Mostra os tamanhos, formatos e arranjos das células |
| **Colorações diferenciais** | | | |
| Uso de dois ou mais corantes que reagem diferentemente com vários tipos ou partes de bactérias, possibilitando a sua diferenciação | Coloração de Gram<br>*b* 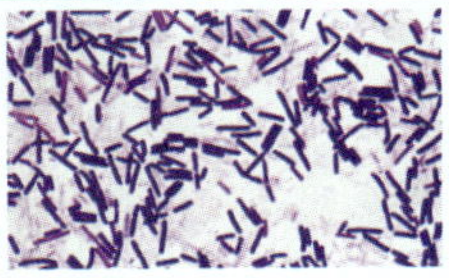 | Gram-positivos: cor púrpura com cristal violeta<br>Gram-negativos: vermelho com contracorante safranina<br>Gram-variáveis: cores intermediárias ou misturadas (algumas coram-se + e outras – na mesma lâmina)<br>Gram-não reativos: coram-se fracamente ou não se coram | Distingue os organismos gram-positivos, gram-negativos, gram-variáveis e gram-não reativos |
| | Coloração álcool-acidorresistente de Ziehl-Neelsen<br>*c* 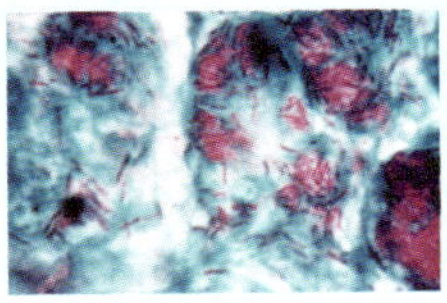 | As bactérias álcool-acidorresistentes retêm a carbolfucscina e aparecem na cor vermelha. As bactérias não álcool-acidorresistentes aceitam o contracorante azul de metileno e aparecem na cor azul | Distingue membros dos gêneros *Mycobacterium* e *Nocardia* de outras bactérias |

(continua)

**Tabela 4.3** Comparação das técnicas de coloração. *(continuação)*

| Tipo | Exemplos | Resultado | Aplicações |
|---|---|---|---|
| **Colorações simples** | | | |
| | Coloração negativa 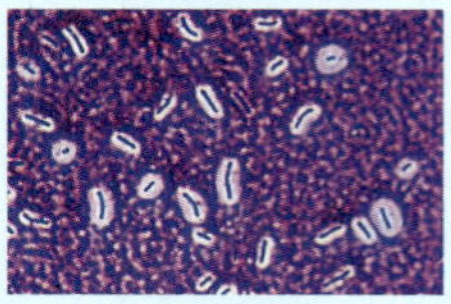 *d* | As cápsulas aparecem claras contra um fundo escuro | Possibilita a visualização de organismos com estruturas que não aceitarão a maioria dos corantes, como as cápsulas |
| **Corantes especiais** | | | |
| Identificam várias estruturas especializadas | Coloração para flagelos  | Os flagelos aparecem como linhas escuras com prata ou como linhas vermelhas com carbolfucsina | Indica a presença de flagelos por meio do acúmulo de camadas de corante em sua superfície |
| | Coloração para esporos de Schaeffer-Fulton 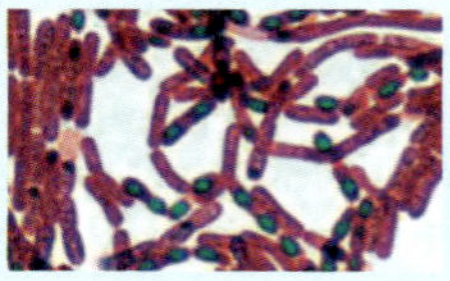 *e* | Os endósporos retêm o corante verde de malaquita<br>As células vegetativas aceitam o contracorante safranina e aparecem na cor vermelha | Possibilita a visualização de endósporos bacterianos de coloração difícil, como membros dos gêneros *Clostridium* e *Bacillus* |

*(a: Science Stock Photography/Science Source Images; b: CNRI/Science Source; c: John D. Cunningham/Getty Images, Inc.; d: Michael Abbey/Science Source/Getty Images; e: Cordesia de Larry Stauffer/Oregon State Public Health Lab/CDC.)*

seus arranjos. O azul de metileno, a safranina, a carbolfucsina e o cristal violeta são corantes simples comumente utilizados. A **coloração diferencial** utiliza dois ou mais corantes e diferencia dois tipos de organismos ou duas partes diferentes de determinado organismo. As colorações diferenciais comuns são a coloração de Gram, a coloração acidorresistente de Ziehl-Neelsen e a coloração de esporos de Schaeffer-Fulton.

## Coloração de Gram

A **coloração de Gram**, provavelmente a coloração diferencial utilizada com mais frequência, foi desenvolvida pelo médico dinamarquês Hans Christian Gram, em 1884. Gram estava testando novos métodos de coloração de materiais de biopsia e necropsia, e percebeu então que, com o uso de determinados métodos, algumas bactérias se coravam de modo diferente do que os tecidos adjacentes. Em consequência de seus experimentos com corantes, foi desenvolvida a coloração de Gram de grande utilidade. Na coloração de Gram, as células bacterianas captam o cristal violeta. A seguir, acrescenta-se iodo, que atua como **mordente**, uma substância química que ajuda a reter o corante em determinadas células. As estruturas que não conseguem reter o cristal violeta são descoradas com etanol a 95% ou com uma solução de etanol-acetona, lavadas e subsequentemente coradas (contracoradas) com safranina. As etapas para o procedimento da coloração de Gram são mostradas na Figura 4.30.

Quatro grupos de organismos podem ser diferenciados com a coloração de Gram: (1) organismos *gram-positivos*, cuja parede celular retém o corante cristal violeta; (2) organismos *gram-negativos*, cuja parede celular não retém o corante cristal violeta; (3) organismos *gram-não reativos*, que não se coram ou que se coram fracamente; e (4) organismos *gram-variáveis*, que se coram de modo desigual. A diferenciação entre organismos gram-positivos e gram-negativos revela uma diferença fundamental na natureza do envoltório celular das bactérias, conforme será explicado no Capítulo 5. Além disso, as reações das bactérias à coloração de Gram têm auxiliado na distinção

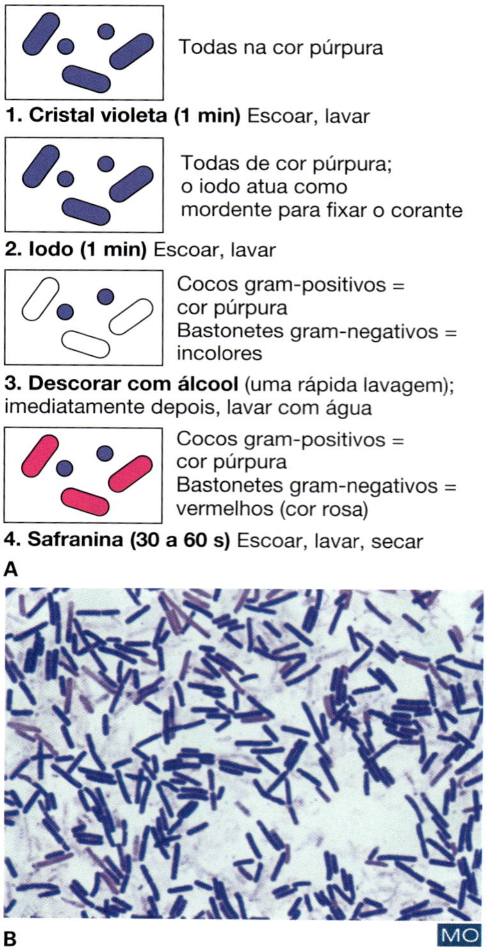

Todas na cor púrpura
1. Cristal violeta (1 min) Escoar, lavar
Todas de cor púrpura; o iodo atua como mordente para fixar o corante
2. Iodo (1 min) Escoar, lavar
Cocos gram-positivos = cor púrpura
Bastonetes gram-negativos = incolores
3. Descorar com álcool (uma rápida lavagem); imediatamente depois, lavar com água
Cocos gram-positivos = cor púrpura
Bastonetes gram-negativos = vermelhos (cor rosa)
4. Safranina (30 a 60 s) Escoar, lavar, secar
A
B
MO


**Figura 4.30 Coloração de Gram. A.** Etapas na coloração de Gram. **B.** As células gram-positivas retêm a cor púrpura do cristal violeta, enquanto as células gram-negativas são descoradas com álcool e, subsequentemente, captam a cor vermelha do contracorante safranina. *(CNRI/Science Source.)*

de grupos gram-positivos, gram-negativos e gram-não reativos que pertencem a grupos taxonômicos radicalmente diferentes (ver Capítulo 10).

De algum modo, os organismos gram-variáveis perdem a sua capacidade de reagir de maneira distinta à coloração de Gram. Os organismos de culturas com mais de 48 horas (e, algumas vezes, com apenas 24 horas) são, com frequência, gram-variáveis, provavelmente devido às alterações da parede celular que ocorrem com o envelhecimento. Deste modo, para determinar a reação de um organismo à coloração de Gram, você deve utilizar organismos de culturas de 18 a 24 horas.

## Coloração álcool-acidorresistente de Ziehl-Neelsen

A **coloração álcool-acidorresistente de Ziehl-Neelsen** é uma modificação de um método de coloração desenvolvido por Paul Ehrlich, em 1882. Pode ser utilizada para detectar organismos do gênero *Mycobacterium* que causam tuberculose e hanseníase (Figura 4.31). As lâminas com os organismos são cobertas com carbolfucsina e aquecidas, lavadas e descoradas com ácido clorídrico (HCl) a 3% diluído em etanol a 95%, lavadas mais uma vez e, em seguida, coradas com azul de metileno de Loeffler. Os gêneros de bactérias, em sua maioria, irão perder a coloração vermelha da carbolfucsina quando descorados. Entretanto, os que são "*álcool-acidorresistentes*" irão reter a cor vermelho-clara. Os componentes lipídicos de suas paredes, que são responsáveis por essa característica, são discutidos no Capítulo 5. As bactérias que não são álcool-acidorresistentes perdem a cor vermelha e, portanto, podem ser coradas de azul com o contracorante azul de metileno de Loeffler.

## Procedimentos especiais de coloração

**Coloração negativa.** Os **corantes negativos** são utilizados quando uma amostra – ou parte dela, como a cápsula – resiste à captação de um corante. A *cápsula* é uma camada de material polissacarídico que envolve muitas células bacterianas e pode atuar como barreira para os mecanismos de defesa do hospedeiro. Ela também repele os corantes. Na coloração negativa, o fundo ao redor dos organismos é preenchido com um corante, como tinta nanquim, ou com um corante ácido, como a nigrosina. Esse processo deixa os próprios organismos como objetos claros e não corados, que se destacam do fundo escuro. Um segundo corante simples ou diferencial pode ser utilizado para demonstrar a presença da célula no interior da cápsula. Assim, uma lâmina típica irá mostrar um fundo escuro e áreas claras não coradas de material capsular, dentro do qual há células de cor púrpura coradas com cristal violeta (Figura 4.32) ou células azuis coradas com azul de metileno.

**Coloração para flagelos.** Os *flagelos*, apêndices que algumas células possuem e utilizam para a sua locomoção, são muito finos para serem facilmente visualizados ao microscópio óptico. Quando é necessário determinar a sua presença ou dis-

### PARA TESTAR

#### Você é positivo? Ou sem fios amarrados

A coloração de Gram não é infalível. Alguns organismos gram-positivos anaeróbicos descoram-se facilmente e podem aparecer falsamente como gram-negativos. Organismos gram-negativos como *Streptobacillus moniliformis* podem se corar como gram-positivos. Existe alguma maneira de ter certeza da reação correta do organismo com a coloração de Gram? Sim, existem várias maneiras. Uma delas é o teste do hidróxido de potássio (KOH).

Coloque duas gotas de uma solução de KOH a 3% em uma lâmina. Remova o organismo em questão de uma colônia pura com uma alça bacteriológica. Acrescente a solução de KOH à lâmina, e misture continuamente durante 30 segundos. Enquanto mexe, levante de vez em quando a alça a 1 ou 2 cm da superfície para verificar se há "fios" de material viscoso pendurados. Se o organismo for verdadeiramente gram-negativo, a solução de KOH irá quebrar a parede celular, liberar o DNA e formar fios. Os organismos gram-positivos não formam fios.

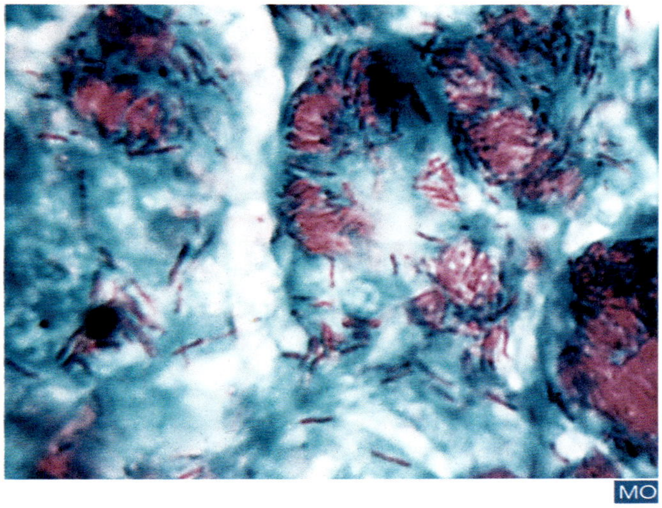


**Figura 4.31 Coloração álcool-acidorresistente de Ziehl-Neelsen.** Essa coloração produz uma cor vermelha intensa nos organismos álcool-acidorresistentes, como *Mycobacterium leprae* (aumento de 3.844×), a causa da hanseníase. *(John D. Cunningham/Getty Images, Inc.)*

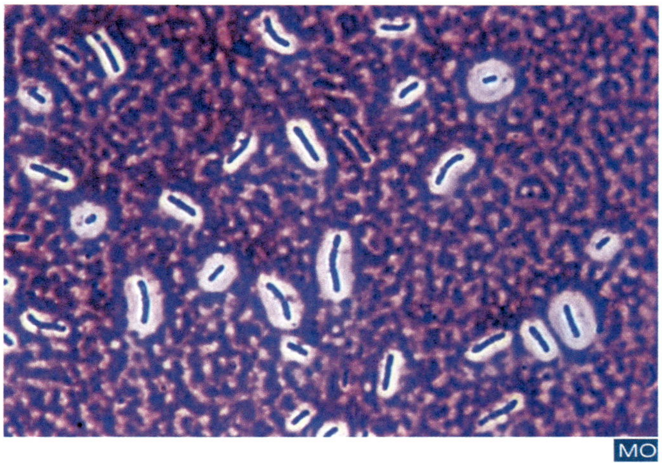


**Figura 4.32 Coloração negativa.** A coloração negativa para cápsulas revela uma área transparente (a cápsula, que não aceita corante) em um fundo rosa-escuro da tinta nanquim e do contracorante cristal violeta. As próprias células são coradas de roxo intenso com o contracorante. As bactérias são *Streptococcus pneumoniae* (3.399×), que estão dispostas em pares. *(Michael Abbey/Science Source/Getty Images.)*

posição, **colorações para flagelos** são preparadas cuidadosamente para cobrir a superfície dos flagelos com corante ou com um metal, como a prata. Essas técnicas são muito difíceis e demoradas e, portanto, são habitualmente omitidas nos cursos para iniciantes em microbiologia. (Ver na Figura 5.12 alguns exemplos de flagelos corados.)

**Coloração para endósporos.** Poucos tipos de bactérias produzem células resistentes, denominadas *endósporos.* As paredes dos endósporos são muito resistentes à penetração dos corantes habituais. Quando se utiliza uma coloração simples, os esporos são visualizados como áreas claras, vítreas e facilmente reconhecíveis dentro da célula bacteriana. Deste modo, a rigor, não é absolutamente necessário efetuar uma coloração para endósporos de modo a visualizá-los. Entretanto, a **coloração para esporos de Schaeffer-Fulton** diferencial possibilita uma visualização mais fácil dos esporos (**Figura 4.33**). Os esfregaços fixados pelo calor são cobertos com verde de malaquita e, em seguida, ligeiramente aquecidos até evaporação. Cerca de 5 minutos dessa evaporação fazem com que a parede do endósporo torne-se mais permeável ao corante. Todavia, dispõe-se atualmente de novos corantes que não necessitam de evaporação. A lâmina é então lavada com água por 30 segundos para remover o corante verde de todas as partes da célula, exceto dos endósporos que o retêm. Em seguida, coloca-se um contracorante de safranina na lâmina para corar as áreas vegetativas não formadoras de esporos das células. As células de culturas desprovidas de endósporos aparecem na cor vermelha; aquelas que possuem endósporos têm esporos verdes e células vegetativas vermelhas.

Embora as técnicas de microscopia e de coloração possam oferecer informações valiosas sobre os microrganismos, esses métodos em geral não são suficientes para possibilitar a identificação da maioria dos microrganismos. Muitas espécies aparecem idênticas ao microscópio – afinal, existe apenas um número limitado de formas básicas, arranjos e reações aos corantes, porém milhares de tipos de bactérias. Isso significa que as características bioquímicas e genéticas habitualmente precisam ser determinadas para que se possa efetuar uma identificação (ver Capítulo 10).

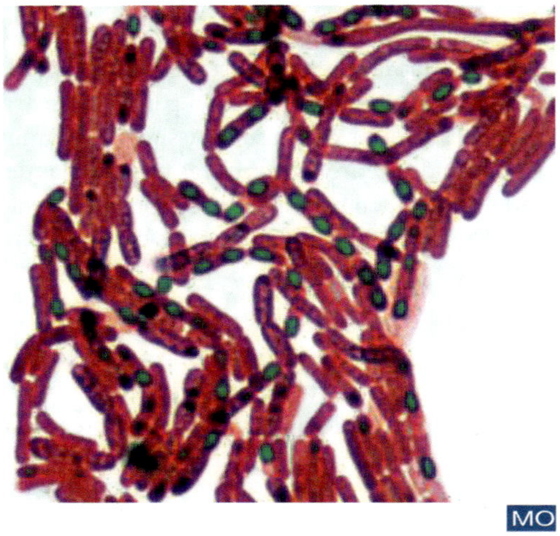


**Figura 4.33 Coloração para esporos de Schaeffer-Fulton.** Os endósporos de *Bacillus megaterium* (2.335×) são visíveis como estruturas verdes e ovais dentro e fora das células em forma de bastonete. As células vegetativas, que representam um estágio não formador de esporos e as regiões celulares sem esporos coram-se de vermelho. *(Cortesia de Larry Stauffer/Oregon State Public Health Lab/CDC.)*

**PARE e RESPONDA**

1. O que pode ser observado em uma preparação a fresco ou em uma preparação de gota pendente que não pode ser visualizado em lâminas fixadas pelo calor?
2. Qual é a diferença entre colorações simples e colorações diferenciais?
3. Qual a cor dos organismos gram-negativos após a coloração de Gram? Qual é a cor dos organismos gram-positivos?

**PARA TESTAR**

### Semeadura em picada

Você quer encontrar esporos no mundo real à sua volta? Obtenha uma agulha de inoculação reta (sem alça), esfregue-a em algum solo e, em seguida, faça uma semeadura em "picada" introduzindo-a até o fundo de um tubo de ensaio repleto de ágar nutriente. Retire a agulha e incube o tubo por 24 a 48 horas. O crescimento deve ficar visível ao longo do trajeto da picada. Retire parte do crescimento e faça uma coloração pelo método de Schaeffer-Fulton. Você irá visualizar numerosas células contendo endósporos, provavelmente membros do gênero *Clostridium,* famoso por causar doenças como o tétano, o botulismo e a gangrena gasosa.

Que condição de oxigênio você acredita que exista profundamente no ágar? O que isso tem a ver com a formação de endósporos?

# RESUMO

## HISTÓRICO DA MICROSCOPIA

- A existência dos microrganismos era desconhecida até a invenção do microscópio. Leeuwenhoek, provavelmente o primeiro a visualizar microrganismos (no século XVII), deu início à **microscopia,** a tecnologia que torna objetos muito pequenos visíveis ao olho humano
- Os microscópios simples de Leeuwenhoek conseguiam revelar poucos detalhes das amostras. Hoje em dia, microscópios compostos de múltiplas lentes nos fornecem imagens quase sem nenhuma distorção, permitindo um maior aprofundamento no estudo dos microrganismos.

## PRINCÍPIOS DA MICROSCOPIA

### Unidades métricas

- As três unidades mais comumente utilizadas para descrever os microrganismos são o **micrômetro** (μm), anteriormente denominado mícron, que é igual a 0,000001 m, também escrito como $10^{-6}$ m; o **nanômetro** (nm), anteriormente denominado milimícron (μm), que é igual a 0,000000001 m ou $10^{-9}$ m; e o **angstrom** (Å), que equivale a 0,0000000001 m, 0,1 nm ou $10^{-10}$ m, mas que não é mais reconhecido oficialmente.

### Propriedades da luz: comprimento de onda e resolução

- O **comprimento de onda** ou comprimento dos raios de luz é um fator limitante na resolução
- A **resolução** refere-se à capacidade de visualizar dois objetos como entidades distintas e separadas. Os comprimentos de onda da luz devem ser pequenos o suficiente para passar entre dois objetos, de modo que estes sejam nítidos
- O **poder de resolução** pode ser definido como PR = $\lambda$/2AN, em que $\lambda$ = comprimento de onda da luz. Quanto menor o valor de $\lambda$ e quanto maior o valor de AN, maior o poder de resolução da lente
- A **abertura numérica** (AN) relaciona-se com a extensão em que a luz é concentrada pelo condensador e coletada pela objetiva. Seu valor está gravado na parte lateral de cada lente objetiva.

### Propriedades da luz: luz e objetos

- Se a luz incide em um objeto e é refletida, isso significa que ocorreu **reflexão** (que confere cor ao objeto)
- **Transmissão** é a passagem da luz através de um objeto. A luz precisa ser refletida ou transmitida através de um objeto para que este possa ser visto com um microscópio óptico
- A **absorção** dos raios luminosos ocorre quando eles não são refletidos nem passam através de um objeto, porém são captados por esse objeto. A energia luminosa absorvida é utilizada na realização da fotossíntese ou na elevação da temperatura do corpo irradiado
- A reemissão da luz absorvida na forma de luz de comprimento de onda mais longo é conhecida como **luminescência.** Quando a reemissão ocorre apenas durante a irradiação, diz-se que o objeto é **fluorescente.** Se a reemissão continua após cessar a irradiação, diz-se que o objeto é **fosforescente**
- A **refração** é o desvio da luz quando esta passa de um meio para outro de densidade diferente. O **óleo de imersão**, que tem o mesmo **índice de refração** do vidro, é utilizado para substituir o ar e evitar a refração em uma interface vidro-ar
- A **difração** refere-se ao desvio das ondas de luz à medida que passam através de uma pequena abertura, como um orifício, uma fenda, um espaço entre duas estruturas celulares adjacentes ou lentes de pequeno aumento e alto poder de resolução no microscópio. Os raios de luz desviados causam distorção da imagem obtida e limitam a utilidade do microscópio óptico.

## MICROSCÓPIO ÓPTICO (MO)

### Microscópio óptico composto

- As principais partes de um microscópio óptico composto e as suas funções são as seguintes:
  - **Base** Estrutura de suporte que geralmente contém a fonte de luz
  - **Condensador** Converge os feixes de luz para passar através da amostra
  - **Diafragma** Controla a quantidade de luz que passa através da amostra
  - **Lente objetiva** Aumenta a imagem
  - **Tubo ou canhão** Conduz a luz até a lente ocular
  - **Lente ocular** Aumenta a imagem a partir da objetiva. Um microscópio com uma lente ocular é **monocular**; um microscópio com duas oculares é **binocular**
  - **Platina** Permite o controle preciso na movimentação da lâmina
  - **Ajuste macrométrico** Parafuso utilizado para localizar a amostra
  - **Ajuste micrométrico** Parafuso utilizado para focalizar a amostra
  - O **aumento total** de um microscópio óptico é calculado multiplicando-se o poder de aumento da lente objetiva pelo poder de aumento da lente ocular. Um aumento maior não é o ideal, a não ser que possa ser também mantida uma boa resolução.

### Microscopia de campo escuro

- A **iluminação de campo claro** é utilizada no microscópio óptico comum, com passagem da luz diretamente através da amostra
- A **iluminação de campo escuro** utiliza um condensador especial que permite que a luz seja refletida da amostra em ângulo, em vez de passar diretamente através dela.

### Microscopia de contraste de fase

- A **microscopia de contraste de fase** utiliza microscópios com condensadores especiais, que acentuam pequenas diferenças no índice de refração de estruturas no interior da célula, permitindo o exame de organismos vivos e não corados.

### Microscopia de Nomarski (contraste de interferência diferencial)

- A **microscopia de Nomarski** utiliza microscópios que operam essencialmente como microscópios de contraste de fase, porém com uma resolução muito maior e profundidade de campo muito curta. Produzem uma imagem quase tridimensional.

### Microscopia de fluorescência

- A **microscopia de fluorescência** utiliza a luz ultravioleta, em vez da luz branca, para excitar moléculas dentro da amostra ou moléculas de corante fixadas à amostra. Essas moléculas emitem diferentes comprimentos de onda, frequentemente com cores brilhantes.

### Microscopia confocal

- A **microscopia confocal** utiliza *laser* para obter cortes finos em nível focal através de uma amostra, com poder de resolução 40 vezes maior e menor perda de luz pelo foco.

### Microscopia digital

- A **microscopia digital** utiliza a tecnologia do computador para focalizar automaticamente, ajustar a luz e obter fotografias das amostras. Pode-se fazer *upload* direto dessas fotografias, que ficam disponíveis *online*.

## MICROSCOPIA ELETRÔNICA

- O **microscópio eletrônico (ME)** utiliza um feixe de elétrons, em vez de um feixe de luz, e eletroímãs, em vez de lentes de vidro, para focalizar. O ME é de custo muito mais alto e difícil de ser utilizado, porém proporciona aumentos de até 500.000× e um poder de resolução inferior a 1 nm. Os vírus só podem ser vistos com o uso de ME
- Os modelos avançados de ME podem visualizar moléculas e átomos individuais.

### Microscopia eletrônica de transmissão

- No **microscópio eletrônico de transmissão (MET)**, são utilizadas fatias (cortes) muito finas de uma amostra, revelando a estrutura interna das células microbianas e de outras células.

### Microscopia eletrônica de varredura

- Para o **microscópio eletrônico de varredura (MEV)**, é necessário cobrir a amostra com um metal. O feixe de elétrons varre essa camada para formar uma imagem tridimensional.

### Microscopia de tunelamento por varredura

- O **microscópio de tunelamento por varredura (STM)** pode produzir imagens tridimensionais de moléculas e átomos individuais, bem como biofilmes. O microscópio de força atômica também pode mostrar alterações moleculares na superfície das células.

## TÉCNICAS DE MICROSCOPIA ÓPTICA

### Preparação de amostras para microscopia óptica

- As preparações a fresco são utilizadas para visualizar organismos vivos. A técnica **da gota pendente** é um tipo especial de preparação a fresco, frequentemente utilizada para determinar se os organismos são móveis
- Os **esfregaços** de espessura adequada são deixados secar por completo ao ar e, em seguida, são passados através de uma chama. Esse processo, denominado **fixação pelo calor**, mata os organismos, permitindo que eles fiquem aderidos à lâmina e aceitem mais prontamente os corantes.

### Princípios de coloração

- Um **corante** é uma molécula capaz de se ligar a uma estrutura, conferindo-lhe cor
- Os corantes microbianos são, em sua maioria, **catiônicos** (com carga positiva) ou **básicos,** como o azul de metileno. Como a maioria das superfícies bacterianas tem carga negativa, esses corantes são atraídos para elas
- As **colorações simples** utilizam um corante e revelam formas básicas e arranjos das células. As colorações diferenciais utilizam dois ou mais corantes e distinguem várias propriedades dos organismos. São exemplos a **coloração de Gram**, a **coloração para esporos de Schaeffer-Fulton** e a coloração **álcool-acidorresistente de Ziehl-Neelsen**
- A **coloração negativa** cora o fundo ao redor das células e suas partes, ressaltando as estruturas que resistem à captação do corante
- As **colorações para flagelos** acrescentam camadas de corante ou de metal à superfície dos flagelos para torná-los visíveis
- Na coloração para esporos de Schaeffer-Fulton, os endósporos retêm o verde, devido à captação do verde de malaquita, enquanto as células vegetativas coram-se de vermelho, devido à captação de safranina.

## TERMOS-CHAVE

abertura numérica (AN)
absorção
ajuste macrométrico
ajuste micrométrico
angstrom (Å)
aumento total
base
binocular
coloração álcool-acidorresistente de Ziehl-Neelsen
coloração de Gram
coloração diferencial
coloração fluorescente de anticorpos
coloração negativa
coloração para esporos de Schaeffer-Fulton
coloração para flagelos
coloração simples
comprimento de onda
condensador
corante
corante aniônico (ácido)
corante catiônico (básico)
criofratura
diafragma íris
difração
esfregaço
fixação pelo calor
fluorescência
fosforescente
fratura por congelamento
gota pendente
iluminação de campo claro
iluminação de campo escuro
índice de refração
lente objetiva
lente ocular
luminescência
metalização
micrografia eletrônica
micrômetro
micrômetro ocular
microscopia
microscopia confocal
microscopia de contraste de fase
microscopia de Nomarski
microscopia óptica (MO)
microscópio de fluorescência
microscópio de força atômica (AFM)
microscópio de tunelamento por varredura (STM)
microscópio digital
microscópio eletrônico (ME)
microscópio eletrônico de transmissão (MET)
microscópio eletrônico de varredura (MEV)
microscópio óptico
microscópio óptico composto
monocular
mordente
nanômetro
óleo de imersão
parfocal
platina
poder de resolução (PR)
preparação a fresco
reflexão
refração
resolução
transmissão
tubo ou canhão

CAPÍTULO

# 5 Características das Células Procarióticas e Eucarióticas

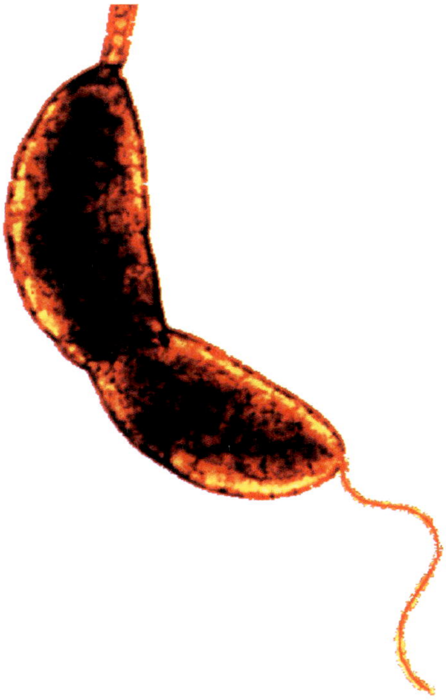

Cortesia de Yves Brun.

Quando uma bactéria se divide por fissão binária, as duas células-filhas resultantes devem ser idênticas, certo? Errado – nem sempre! *Caulobacter crescentus*, uma bactéria gram-negativa aquática, encontrada em quase todos os locais no solo e na água doce e na salgada, divide-se de modo assimétrico. Formam-se duas células-filhas muito diferentes. Uma delas, dotada de um flagelo, nada explorando outros locais que possam oferecer mais nutrientes. Por outro lado, a sua irmã é uma célula dotada de um "gancho", que se ancora a uma superfície, utilizando uma espécie de cola considerada uma das mais fortes já identificadas. Com suas duas células-filhas, essas bactérias são capazes de explorar ambientes tanto conhecidos quanto novos. Depois de cerca de 30 a 45 minutos, a bactéria nadadora perde o seu flagelo e se estabelece para formar um gancho, que se estende em uma longa haste tubular. As bactérias dotadas de flagelo não se dividem, porém, imediatamente após a formação do gancho, começa a ocorrer replicação dos cromossomos e divisão celular. A genética que controla esse complicado tipo de divisão celular foi bem estudada.

*Caulobacter crescentus* frequentemente vive em áreas com escassez de nutrientes e procura fontes alimentares incomuns, incluindo urânio e metais pesados. No mundo inteiro, existem muitos locais contaminados que precisam ser identificados e limpos. Estudos recentes mostraram que *Caulobacter* pode ajudar tanto a identificação quanto a limpeza – são duas irmãs muito úteis!

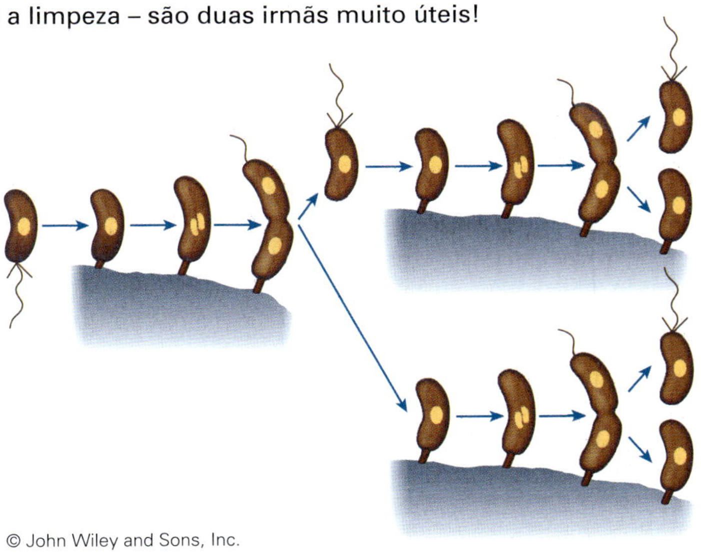

© John Wiley and Sons, Inc.

# MAPA DO CAPÍTULO

**Siga o mapa do capítulo para auxiliar na identificação dos conceitos principais do texto.**



## TIPOS BÁSICOS DE CÉLULAS

Todas as células vivas podem ser classificadas em procarióticas, das palavras gregas *pro* (antes) e *karyon* (núcleo), ou eucarióticas, do grego *eu* (verdadeiro) e *karyon* (núcleo). As **células procarióticas** não possuem núcleo e outras estruturas delimitadas por membrana, enquanto as **células eucarióticas** possuem essas estruturas.

Todos os procariontes são organismos unicelulares, e todos são bactérias. A maior parte deste livro é dedicada ao estudo dos procariontes. Os eucariontes incluem todos os vegetais, animais, fungos e protistas (organismos como *Amoeba*, *Paramecium* e o parasita da malária). Estudaremos também os eucariontes, particularmente os fungos e vários parasitas, além das interações que ocorrem entre células eucarióticas e procarióticas.

As células procarióticas e eucarióticas são *semelhantes* em vários aspectos. Ambas são circundadas por uma *membrana celular* ou *membrana plasmática*. Embora algumas células tenham estruturas que se estendem além dessa membrana ou que as circundam, a membrana é que define os limites da célula viva. Tanto as células procarióticas quanto as eucarióticas também codificam informações genéticas em moléculas de DNA.

Esses dois tipos de células *diferem* em outros aspectos importantes. Nas células eucarióticas, o DNA encontra-se em um núcleo circundado por um *envoltório nuclear* membranoso; todavia, nas células procarióticas, o DNA situa-se em uma região nuclear não circundada por membrana. As células eucarióticas também possuem uma variedade de estruturas internas, denominadas **organelas** ou "pequenos órgãos", que são circundadas por uma ou mais membranas. Em geral, as células procarióticas não têm organelas circundadas por membrana. Aproveitamos algumas das diferenças entre células humanas eucarióticas e células bacterianas procarióticas quando procuramos controlar as bactérias causadoras de doença sem prejudicar o hospedeiro humano.

Neste capítulo, iremos examinar as semelhanças e as diferenças entre células procarióticas e células eucarióticas, conforme resumido na **Tabela 5.1**. (Consulte essa tabela toda vez que você aprender sobre uma nova estrutura celular.) Os vírus não se encaixam em nenhuma dessas categorias, visto que eles são acelulares. Entretanto, alguns vírus infectam células procarióticas, enquanto outros infectam as eucarióticas. (Os vírus serão examinados em detalhes no Capítulo 11.)

## CÉLULAS PROCARIÓTICAS

Estudos detalhados das células revelaram que os procariontes diferem o suficiente para serem divididos em dois grandes grupos, denominados *domínios*. O domínio, que é um conceito relativamente novo na classificação biológica, representa a categoria mais alta, até mesmo acima do reino. Existem três domínios: dois procariontes e um eucarionte:

- Archaea (arqueobactérias) (de *archae*, antigo)
- Bacteria (eubactérias)
- Eukarya.

Todos os membros dos domínios Archaea e Bacteria são procariontes e, tradicionalmente, tem sido denominados tipos de bactérias. Entretanto, surge um problema de terminologia com o uso da letra b em maiúscula *versus* minúscula na palavra *bactéria*. Todas as bactérias (com b minúsculo) são procariontes, mas nem todos os procariontes pertencem ao domínio Bacteria (B em maiúscula). As diferenças entre Archaea e Bacteria são mais moleculares do que estruturais. Assim, a maior parte do que precisamos dizer sobre "bactérias" neste capítulo aplica-se a ambos os domínios: Archaea e Bacteria. (O domínio Archaea será discutido mais detalhadamente no Capítulo 12.)

As bactérias neste planeta, tanto as que vivem no meio ambiente quanto as que residem no interior ou sobre os seres humanos, são, em sua maioria, membros do domínio Bacteria. Até o momento, não temos conhecimento de nenhuma Archaea causadora de doença, mas esses organismos podem estar envolvidos em infecções das gengivas. Todavia, são muito importantes para a ecologia de nosso planeta, particularmente em ambientes extremos, como fontes hidrotermais em águas profundas do mar, onde a água carregada de enxofre, em temperaturas que excedem o ponto de ebulição da água, jorra das fissuras no fundo do oceano.

**Tabela 5.1** Semelhanças e diferenças entre células procarióticas e eucarióticas.

| Característica | Células procarióticas | Células eucarióticas |
|---|---|---|
| **Estruturas genéticas** | | |
| Material genético (DNA) | Habitualmente encontrado em um único cromossomo circular | Normalmente encontrado em cromossomos pareados |
| Localização da informação genética | Região nuclear (nucleoide) | Núcleo envolvido por membrana |
| Nucléolo | Ausente | Presente |
| Histonas | Ausentes | Presentes |
| DNA extracromossômico | Em plasmídios | Em organelas, como mitocôndrias e cloroplastos, e em plasmídios |
| **Estruturas intracelulares** | | |
| Fuso mitótico | Ausente | Presente durante a divisão celular |
| Membrana plasmática | Estrutura em mosaico fluido sem esteróis | Estrutura em mosaico fluido contendo esteróis |
| Membranas internas | Apenas em organismos fotossintéticos | Numerosas organelas envolvidas por membrana |
| Retículo endoplasmático | Ausente | Presente |
| Enzimas respiratórias | Membrana celular | Mitocôndria |
| Cromatóforos | Presentes em bactérias fotossintéticas | Ausentes |
| Cloroplastos | Ausentes | Presentes em algumas |
| Complexo de Golgi | Ausente | Presente |
| Lisossomos | Ausentes | Presentes |
| Peroxissomos | Ausentes | Presentes |
| Ribossomos | 70S | 80S no citoplasma e no retículo endoplasmático, 70S nas organelas |
| Citoesqueleto | Ausente | Presente |
| **Estruturas extracelulares** | | |
| Parede celular | Peptidoglicano encontrado na maioria das células | Celulose, quitina ou ambas encontradas em células vegetais e fúngicas |
| Camada externa | Cápsula ou camada limosa | Película, carapaça ou concha em determinados protistas |
| Flagelos | Quando presentes, consistem em fibrilas de flagelina | Quando presentes, consistem em uma estrutura complexa envolvida por membrana, com disposição de microtúbulos "9 + 2" |
| Cílios | Ausentes | Presentes como estruturas mais curtas do que os flagelos, porém semelhantes a eles, em algumas células eucarióticas |
| *Pili* | Presentes como *pili* de fixação ou de conjugação em algumas células procarióticas | Ausentes |
| **Processo reprodutivo** | | |
| Divisão celular | Fissão binária | Mitose e/ou meiose |
| Troca sexual de material genético | Não constitui parte da reprodução | Meiose |
| Reprodução sexuada ou assexuada | Apenas reprodução assexuada | Reprodução sexuada ou assexuada |

## Tamanho, forma e arranjo

### Tamanho

Os procariontes estão entre os menores de todos os organismos. A maioria mede de 0,5 a 2,0 μm de diâmetro. Para comparação, um eritrócito humano mede cerca de 7,5 μm de diâmetro. Entretanto, é preciso ter em mente que, apesar de usarmos com frequência o diâmetro para especificar o tamanho de uma célula, muitas células não têm forma esférica. Algumas bactérias espiraladas exibem um diâmetro bem maior, e algumas cianobactérias (anteriormente denominadas algas azul-esverdeadas) medem 60 μm de comprimento. Em virtude de seu pequeno tamanho, as bactérias apresentam uma grande relação superfície-volume. Por exemplo, as bactérias esféricas com diâmetro de 2 μm apresentam área de superfície de cerca de 12 $\mu m^2$ e volume de aproximadamente 4 $\mu m^3$. Sua relação superfície-volume é de 12:4 ou 3:1. Por outro lado, as células eucarióticas com diâmetro de 20 mm apresentam uma área de superfície de cerca de 1.200 $\mu m^2$ e um volume de aproximadamente 4.000 $\mu m^3$. Sua relação superfície-volume é de 1.200:4.000 ou 0,3:1 – um décimo menor que as bactérias. A alta relação superfície-volume das bactérias significa que nenhuma parte interna da célula está muito distante da superfície, e que os nutrientes podem alcançar com facilidade e rapidamente todas as partes da célula.

## Forma

Normalmente, as bactérias apresentam três formas básicas – esférica, em bastão e espiral (Figura 5.1) –, porém existem inúmeras variações. As bactérias esféricas são denominadas **cocos**, enquanto as bactérias em bastão são conhecidas como **bacilos**. Algumas bactérias, denominadas *cocobacilos*, são pequenos bastonetes de formato intermediário entre os cocos e os bacilos. As bactérias espiraladas exibem uma variedade de formas curvas. Uma bactéria em forma de vírgula é denominada **vibrião**, enquanto uma bactéria de formato ondulado rígido é designada como **espirilo**, e uma com formato de saca-rolhas é denominada **espiroqueta**. Algumas bactérias não se encaixam em nenhuma das categorias precedentes, mas possuem formatos fusiformes ou lobados e irregulares. Foram descobertas bactérias quadradas na costa do mar Vermelho, em 1981. Cada lado mede 2 a 4 $\mu m$ e, algumas vezes, essas bactérias agregam-se em camadas semelhantes a *waffles*. Bactérias triangulares só foram descobertas em 1986.

Até mesmo as bactérias de um mesmo tipo algumas vezes variam no seu tamanho e formato. Quando os nutrientes estão presentes em abundância no meio ambiente, e a divisão celular é rápida, os bastonetes são, com frequência, duas vezes maiores do que os que se encontram em um ambiente com suprimento apenas moderado de nutrientes. Embora as variações observadas no formato dentro de uma mesma espécie de bactéria sejam geralmente pequenas, existem exceções. Algumas bactérias variam amplamente na sua forma, mesmo dentro de uma única cultura, um fenômeno conhecido como **pleomorfismo**. Além disso, em culturas antigas, onde os organismos utilizaram a maior parte dos nutrientes e depositaram resíduos, as células não apenas são em geral, menores, mas também exibem frequentemente uma grande diversidade de formatos incomuns.

## Arranjo

Além de suas formas características, muitas bactérias também são encontradas em arranjos distintos, formando grupos de células (Figura 5.2). Esses grupos formam-se quando as células se dividem sem ocorrer separação. Os cocos podem se dividir em um ou mais planos ou de modo aleatório. A divisão em um plano produz células em pares (indicadas pelo prefixo **diplo**-) ou em cadeias (**estrepto**-). A divisão em dois planos produz células em **tétrades** (quatro células dispostas em um cubo). A divisão em três planos produz **sarcinas** (oito células dispostas em um cubo). Os planos de divisão aleatória produzem agrupamentos semelhantes a cachos de uvas (**estafilo**-). Os bacilos dividem-se em apenas um plano, mas podem produzir células conectadas pelas suas extremidades (como vagões de trem) ou lado a lado. As bactérias espiraladas geralmente não formam grupos.

Os procariontes multiplicam-se por fissão binária, em vez de por mitose ou meiose. A nova parede celular cresce, e a célula comprime-se em duas metades através dessa área. No seu interior, houve duplicação do cromossomo, e cada célula-filha passa a ter um cromossomo.

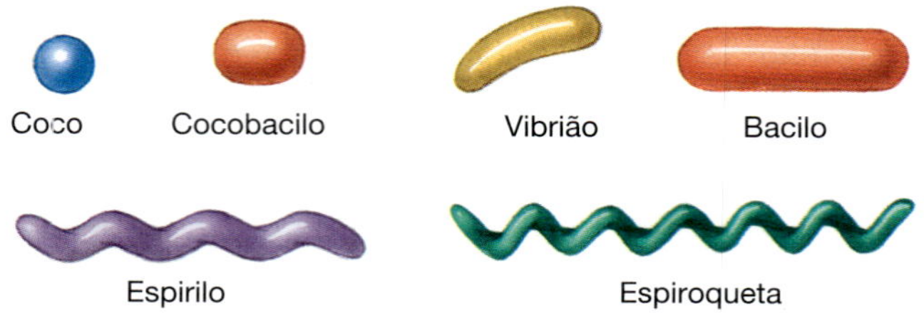


**Figura 5.1 Formas mais comuns de bactérias.**

**PARE e RESPONDA**

1. Os vírus são procariontes? Eucariontes? Por quê? Ou por que não?
2. Compare as relações de superfície-volume dos procariontes e dos eucariontes. Qual a importância dessa diferença?
3. Explique como o sexo *não* está relacionado com a reprodução nos procariontes. Qual *é* então o seu propósito?
4. Os procariontes não têm mitocôndrias. Que estrutura *executa* as funções das mitocôndrias nos procariontes?

## Visão geral da estrutura

Do ponto de vista estrutural, as células bacterianas (Figura 5.3) consistem em:

1. Uma membrana celular, geralmente circundada por uma parede celular e, algumas vezes, por uma camada externa adicional
2. Citoplasma interno com ribossomos, uma região nuclear e, em alguns casos, grânulos e/ou vesículas
3. Uma variedade de estruturas externas, como cápsulas, flagelos e *pili*.

Examinaremos, em seguida, cada um desses tipos de estruturas de modo detalhado.

## Parede celular

A **parede celular** semirrígida situa-se do lado externo da membrana celular em quase todas as bactérias, desempenhando duas funções importantes. Em primeiro lugar, mantém a forma característica da célula. Se a parede celular for digerida por enzimas, a célula adquire uma forma esférica. Em segundo lugar, impede o rompimento da célula quando ocorre um fluxo de líquido para o seu interior por *osmose* (descrita mais adiante neste capítulo). Embora a parede celular envolva a membrana celular, em muitos casos ela é extremamente porosa e não desempenha um papel importante na regulação da entrada de materiais na célula.

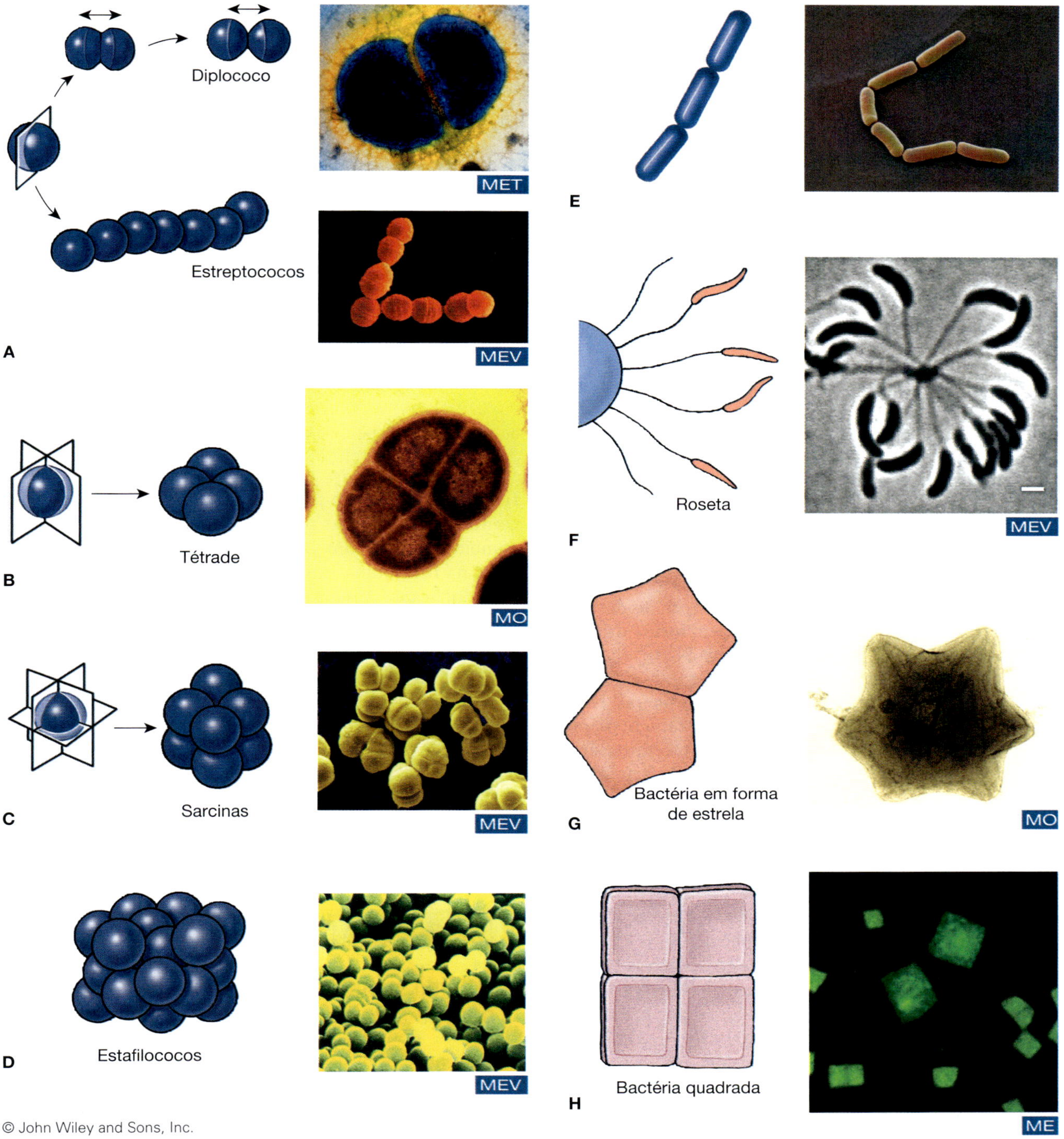




**Figura 5.2 Arranjos das bactérias.** **A.** Cocos dispostos em pares (diplococos de *Neisseria*) e em cadeias (*Streptococcus*), formados por divisão em um plano (parte superior, 22.578×; parte inferior, 9.605×). *(Kwangshin Kim/Science Source, SciMAT/Science Source.)* **B.** Cocos dispostos em tétrade *(Merisopedia*, 100×*)*, formada pela divisão em dois planos. *(Michael J. Daly/Science Source.)* **C.** Cocos dispostos em sarcina *(Sarcina lutea*, 16.000×*)*, formada pela divisão em três planos. *(R. Kessel & G. Shih/Science Source.)* **D.** Cocos dispostos de modo aleatório em um agrupamento *(Staphylococcus*, 5.400×*)*, formado pela divisão em muitos planos. *(Dr. Tony Brain/Science Source.)* **E.** Os bacilos dispostos em cadeias são denominados estreptobacilos *(Bacillus megaterium*, 6.017×*)*. *(Dr. Stanley Flegler/Getty Images.)* **F.** Bacilos dispostos em roseta *(Caulobacter*, 2.400×*)*, fixados por hastes a um substrato. *(Cortesia de Jennifer Heinritz e Christine Jacobs Wagner.)* **G.** Bactérias em forma de estrela *(Stella)*. *(Cortesia de Dr. Heinz Schlesner, University of Kiel, Alemanha.)* **H.** Bactéria em forma de quadrado, *Haloarcula*, um membro halófilo de Archaea. *(Cortesia de Mike Dyall-Smith, University of Melbourne, Austrália.)*

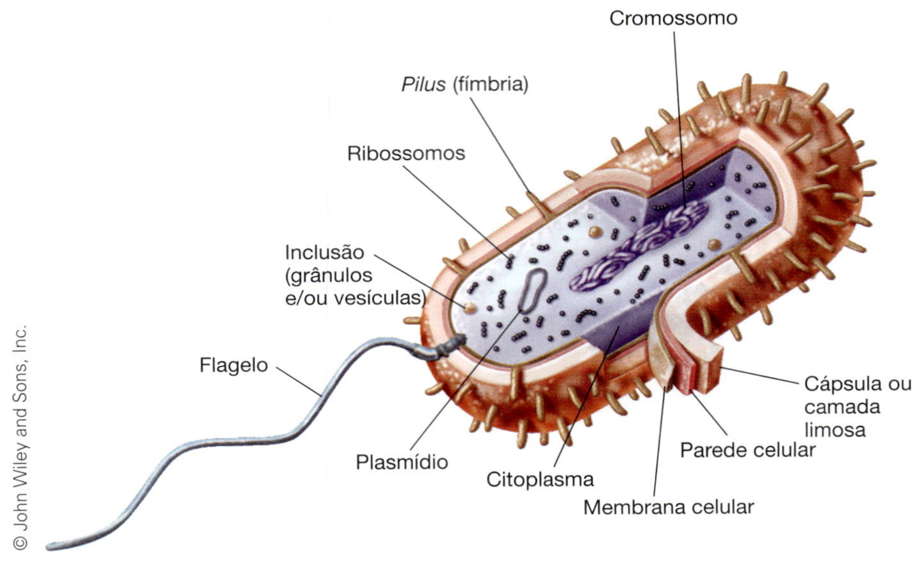


**Figura 5.3 Célula procariótica típica.** A célula ilustrada é um bacilo com flagelo polar (um flagelo em uma das extremidades).

## Componentes das paredes celulares

**Peptidoglicano.** O **peptidoglicano**, também denominado *mureína* (de *murus*, parede), é o componente mais importante da parede celular bacteriana. É um polímero tão grande que pode ser considerado como uma única molécula imensa unida por ligações covalentes. O peptidoglicano forma uma rede de sustentação ao redor da bactéria, que se assemelha a uma cerca presa por múltiplas fileiras de correntes (Figura 5.4). As células gram-positivas podem ter até 40 dessas fileiras. No polímero de peptidoglicano, as moléculas de *N*-acetilglicosamina (gluNAc) alternam com moléculas de ácido *N*-acetilmurâmico (murNAc). Essas moléculas são unidas de forma cruzada por tetrapeptídios, isto é, cadeias de quatro aminoácidos. Na maioria dos organismos gram-positivos, o terceiro aminoácido é a lisina; na maioria dos organismos gram-negativos, é o ácido diaminopimélico. Os aminoácidos, assim como muitos outros compostos orgânicos, possuem *estereoisômeros* – estruturas que são imagens especulares umas das outras, exatamente como a mão esquerda é a imagem especular da mão direita. Alguns dos aminoácidos nas cadeias tetrapeptídicas são imagens especulares dos aminoácidos mais comumente encontrados nos seres vivos. Essas cadeias não são facilmente clivadas, visto que a maioria dos organismos não possuem enzimas capazes de digerir as formas estereoisoméricas.

As paredes celulares dos organismos gram-positivos possuem uma molécula adicional, o ácido teicoico. O **ácido teicoico**, que consiste em glicerol, fosfatos e um poliálcool ribitol, ocorre em polímeros de até 30 unidades de comprimento. Esses polímeros estendem-se além da parede celular e até mesmo além da cápsula nas bactérias encapsuladas. Embora a sua função exata não esteja bem definida, o ácido teicoico fornece sítios de ligação para bacteriófagos (vírus que infectam bactérias) e provavelmente atua no movimento de íons para dentro e para fora da célula.

**Membrana externa.** A **membrana externa**, encontrada principalmente em bactérias gram-negativas, é uma membrana em bicamada (discutida posteriormente neste capítulo). Forma a camada mais externa do envoltório celular bacteriano e está ligada ao peptidoglicano por uma camada quase contínua de pequenas moléculas de lipoproteínas (proteínas combinadas com um lipídio). As lipoproteínas estão inseridas na membrana externa e ligadas de modo covalente ao peptidoglicano. A membrana externa atua como uma peneira grosseira e exerce pouco controle sobre o movimento de substâncias para dentro e para fora da célula. Entretanto, ela controla o transporte de determinadas proteínas provenientes do meio. Proteínas denominadas porinas formam canais através da membrana externa. As bactérias gram-negativas são menos sensíveis à penicilina do que as gram-positivas, em parte porque a membrana externa inibe a entrada do antibiótico na célula. A superfície externa da membrana externa possui antígenos de superfície e receptores. Determinados vírus podem ligar-se a alguns receptores como primeira etapa na infecção da bactéria.

### SAIBA MAIS

#### É difícil visualizar a estrutura da parede celular?

Sim, é muito difícil imaginar algo em três dimensões quando tudo o que você tem é um desenho feito em duas dimensões em uma folha plana. Portanto, tente visualizar a parede celular de uma bactéria dessa maneira: imagine duas cercas de arame correndo paralelamente uma em relação à outra, separadas por um espaço de cerca de 30 ou 60 centímetros. Acrescente um grande número de barras metálicas resistentes cruzando o espaço entre elas e fixando-as firmemente uma à outra. Agora você tem uma estrutura bem robusta e resistente. Em seguida, acrescente muito mais fileiras de cercas de arame e ligue-as entre elas com um grande número dessas barras metálicas. Você acredita que seria fácil atravessar esse tipo de cerca maciça? Não, e também não é fácil atravessar a parede celular de uma bactéria. Mas existem sujeitos fora da cerca com grandes "cortadores de arame" (p. ex., antibióticos e enzimas) que algumas vezes podem abrir caminho e entrar.

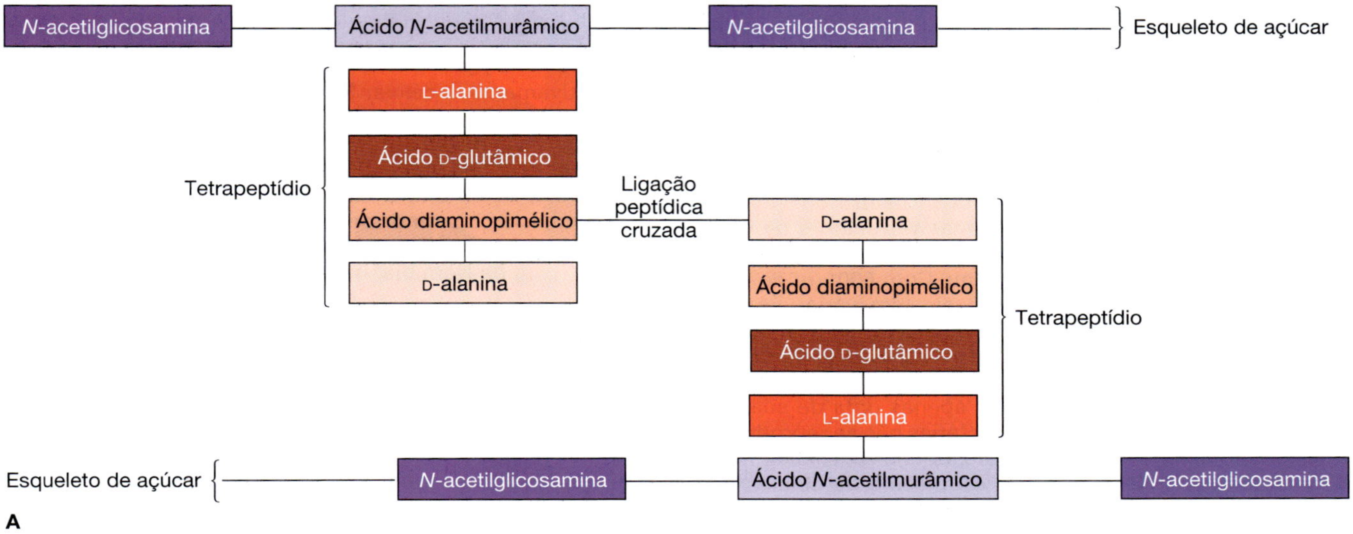


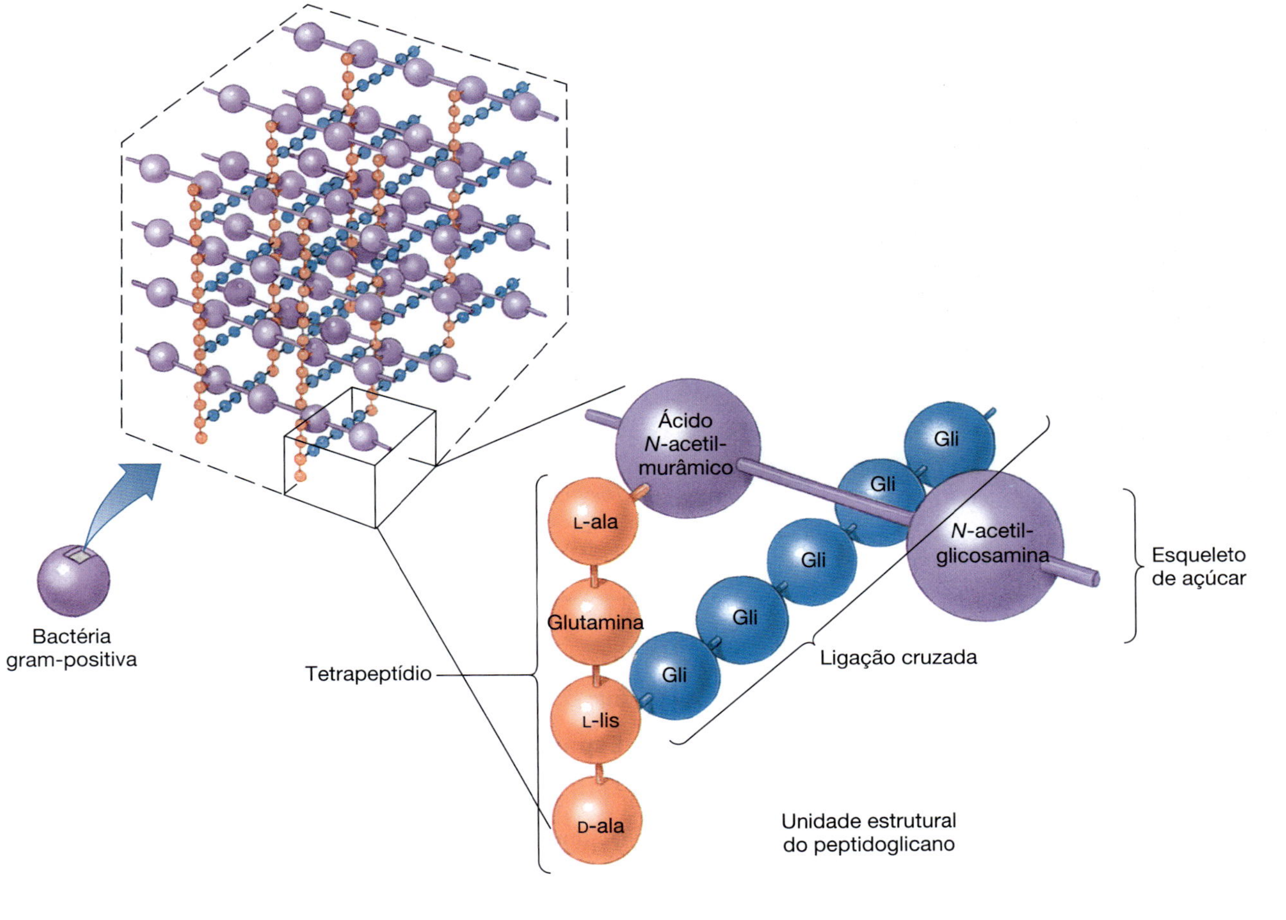




**Figura 5.4 Peptidoglicano.** **A.** Visão bidimensional do peptidoglicano da bactéria gram-negativa *Escherichia coli*, um polímero de duas unidades alternadas de açúcares (roxo), *N*-acetilglicosamina e ácido *N*-acetilmurâmico, ambos derivados da glicose. Os açúcares estão ligados por cadeias peptídicas curtas (tetrapeptídios), que consistem em quatro aminoácidos (vermelho). Os açúcares e os tetrapeptídios ligam-se de modo cruzado por meio de uma ligação peptídica simples. **B.** Visão tridimensional do peptidoglicano da bactéria gram-positiva *Staphylococcus aureus*. Os aminoácidos são mostrados em vermelho. Compare os componentes com aqueles de *A*. Diferentes organismos podem ter aminoácidos diferentes na cadeia tetrapeptídica, bem como ligações cruzadas diferentes.

## SAIBA MAIS

### Bactérias grandes e muito grandes

Existe uma exceção à regra do tamanho extremamente pequeno das células procarióticas, que foi encontrada em 1985 e que vive de modo simbiótico dentro do intestino do peixe esturjão capturado no mar Vermelho e na grande barreira de coral da Austrália. A bactéria, *Epulopiscium fishelsoni*, pode ser vista a olho nu. Com 600 μm de comprimento e 80 μm de diâmetro, ela tem várias vezes o comprimento de eucariontes unicelulares, como *Paramecium caudatum*, e é 1 milhão de vezes maior do que a bactéria *Escherichia coli*. Você pode vê-la sem a necessidade de microscópio! Todavia, esta é apenas uma de suas características singulares. Essas bactérias não se reproduzem por fissão binária, mas por uma estranha espécie de "nascimento vivo". No interior do citoplasma da célula-mãe, formam-se duas "bactérias bebês" em miniatura. Essas bactérias são liberadas ("nascem") por meio de uma abertura semelhante a uma fenda em uma das extremidades da célula-mãe. Acredita-se que esse mecanismo possa estar relacionado com ancestrais que eram formadores de esporos. Outra característica peculiar de *Epulopiscium* é o fato de que, em virtude de seu grande tamanho, é possível inserir cuidadosamente sondas intracelulares sem danificar significativamente a célula. Seria então possível estudar diversos tipos de funções celulares. Obviamente, as bactérias comuns são muito pequenas para esses experimentos.

Então, em 1997, um estudante alemão de microbiologia marinha, Heide Shultz descobriu a maior bactéria até agora conhecida, um enorme coco, que pode alcançar até 750 μm de diâmetro. Esse coco vive em sedimentos oceânicos na costa da Namíbia, na África, onde cresce formando cadeias de até 50 células, que exibem um brilho branco produzido por centenas de grânulos de enxofre no interior de seu citoplasma, fazendo com que se assemelhe a um colar de pérolas. Recebeu o nome muito apropriado de *Thiomargarita namibia* (*thio*, enxofre; *margarita*, pérola). Em virtude de seu tamanho gigante, esses cocos dispõem de espaço para armazenar alimento suficiente para mantê-los por um período de 3 meses, sem a necessidade de obter nutrientes adicionais.

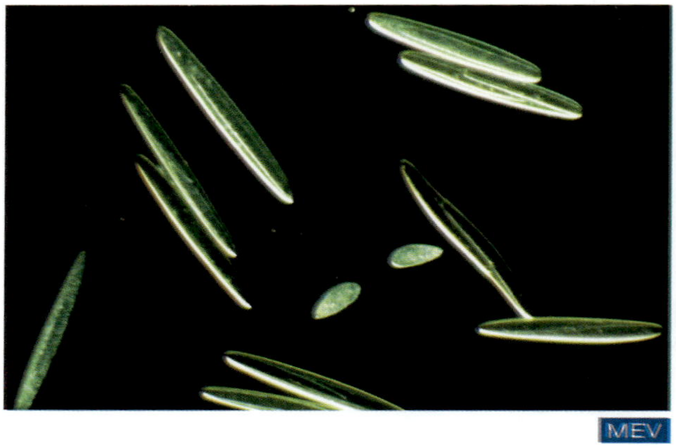


*Epulopiscium fishelsoni*. (© Esther R. Angert, Ph.D/Medical Images.)

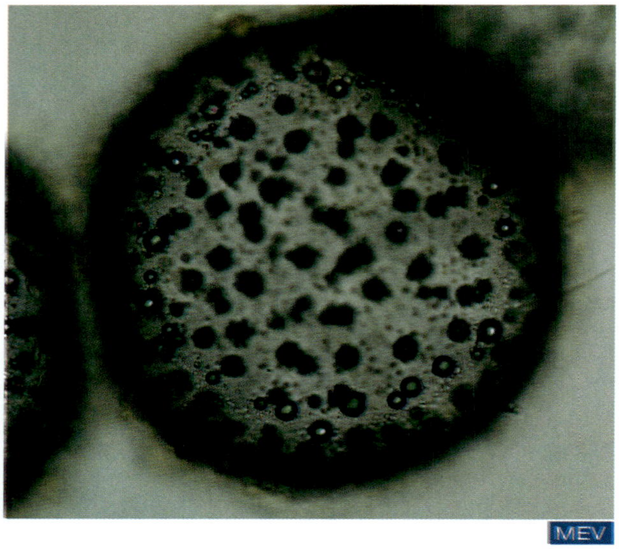


*Thiomargarita namibia*, um coco gigante, que contém centenas de grânulos de enxofre. (Cortesia de Heide Schulz, Max Planck Institute for Marine Mikrobiology, Bremen, Alemanha.)

O **lipopolissacarídio (LPS)**, também denominado **endotoxina**, constitui uma importante parte da membrana externa e pode ser utilizado para a identificação das bactérias gram-negativas. Trata-se de uma parte integrante do envoltório celular, que não é liberada até que o envoltório celular da bactéria morta seja decomposto. O LPS consiste em polissacarídios e **lipídio A** (Figura 5.5). Os polissacarídios são encontrados em cadeias laterais repetidas, que se estendem para fora do organismo. São essas unidades repetidas que são utilizadas na identificação das diferentes bactérias gram-negativas. O lipídio A é responsável pelas propriedades tóxicas que fazem com que qualquer infecção por bactérias gram-negativas constitua um problema médico potencialmente grave. A endotoxina causa febre e dilata os vasos sanguíneos, resultando em queda acentuada da pressão arterial. Como as bactérias liberam endotoxinas principalmente quando estão morrendo, matá-las pode aumentar a concentração dessa substância muito tóxica. Por essa razão, os antibióticos administrados tardiamente para tratar uma infecção podem provocar agravamento dos sintomas ou até mesmo morte do paciente.

**Espaço periplasmático.** Outra característica que distingue muitas bactérias é a presença de um espaço entre a membrana celular e a parede celular. Esse espaço é observado mais facilmente na microscopia eletrônica das bactérias gram-negativas. Nesses organismos, o espaço é denominado **espaço periplasmático**. Representa uma área muito ativa de metabolismo celular. Esse espaço contém não apenas o peptidoglicano da parede celular, mas também muitas enzimas digestivas e proteínas de transporte, que destroem substâncias potencialmente prejudiciais e que transportam metabólitos para dentro do citoplasma da bactéria, respectivamente. O *periplasma* é constituído pelo peptidoglicano, constituintes proteicos e metabólitos encontrados no espaço periplasmático.

Raramente são observados espaços periplasmáticos nas bactérias gram-positivas. Entretanto, essas bactérias precisam

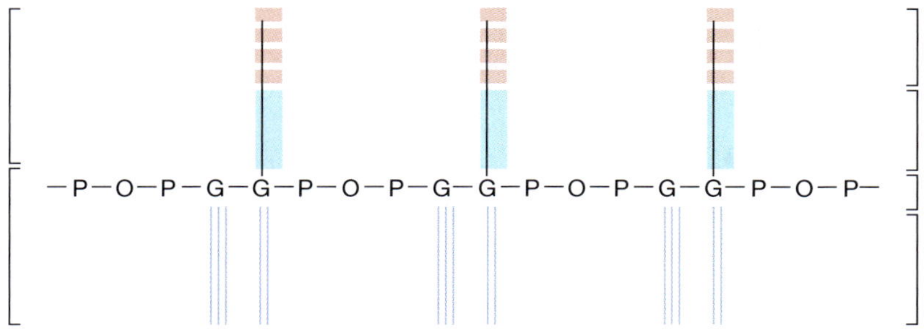


A

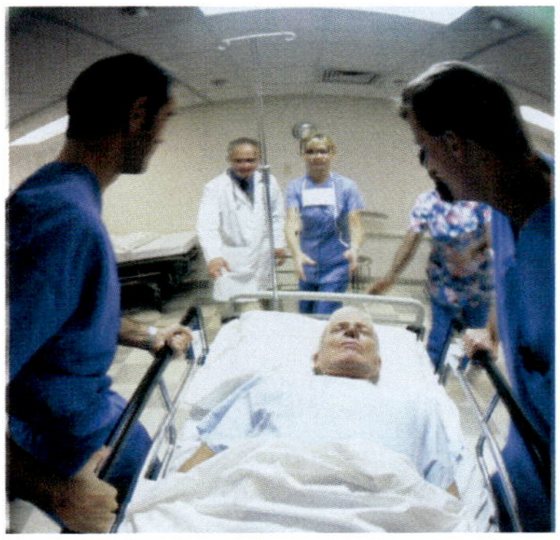

B

**Figura 5.5 Lipopolissacarídio. A.** O lipopolissacarídio (LPS), também denominado endotoxina, é um importante componente da membrana externa no envoltório celular dos microrganismos gram-negativos. O lipídio A da molécula consiste em um arcabouço de unidades de pirofosfato alternadas (POP, grupos fosfato ligados) e glicosamina (G, um derivado da glicose) ao qual estão ligadas cadeias laterais longas de ácidos graxos. O lipídio A é uma substância tóxica, que contribui para o perigo das infecções por bactérias gram-negativas. As cadeias laterais de polissacarídios que se estendem para fora das unidades de glicosamina compõem a parte restante da molécula. **B.** É perigoso aguardar muito tempo para iniciar a terapia com antibióticos no caso de uma infecção por bactérias gram-negativas. Matar uma grande população de células gram-negativas pode resultar em enorme liberação de LPS (endotoxina) com a desintegração de suas paredes celulares. Pode haver necessidade de hospitalização, e pode até mesmo ocorrer morte. (*Arthur Tilley/Taxi/Getty Images.*)

executar muitas das mesmas funções metabólicas e de transporte que as bactérias gram-negativas. Atualmente, acredita-se que a maioria das bactérias gram-positivas tenha apenas periplasmas – e não espaços periplasmáticos – onde ocorre digestão metabólica e onde se liga o peptidoglicano da parede celular em formação. O periplasma nas células gram-positivas constitui, portanto, parte do envoltório celular.

## Distinção das bactérias pelos envoltórios celulares

Os envoltórios celulares exibem certas propriedades que produzem diferentes reações às colorações. As bactérias gram-positivas, gram-negativas e álcool-acidorresistentes podem ser diferenciadas com base nessas reações (Tabela 5.2 e Figura 5.6).

**Bactérias gram-positivas.** O envoltório celular nas bactérias gram-positivas possui uma camada relativamente espessa de peptidoglicano, de 20 a 80 nm. A camada de peptidoglicano está firmemente fixada à superfície externa da membrana celular. A análise química mostra que 60 a 90% da parede celular de uma bactéria gram-positiva consiste em peptidoglicano. Com exceção dos estreptococos, a maioria dos envoltórios celulares das bactérias gram-positivas contém muito pouca proteína. Se o peptidoglicano for digerido do envoltório celular, as bactérias gram-positivas transformam-se em **protoplastos** ou células com membrana celular, porém sem parede celular. Os protoplastos murcham ou sofrem ruptura, a não ser que sejam mantidos em uma solução *isotônica* – uma solução que tem a mesma pressão osmótica que a encontrada no interior da célula.

As paredes celulares espessas das bactérias gram-positivas retêm no citoplasma certos corantes, como o corante cristal violeta-iodo, mas as células leveduriformes, muitas das quais possuem envoltórios espessos, porém sem peptidoglicano,

**Tabela 5.2** Características das paredes celulares das bactérias gram-positivas, gram-negativas e álcool-acidorresistentes.

| Característica | Bactérias gram-positivas | Bactérias gram-negativas | Bactérias álcool-acidorresistentes |
|---|---|---|---|
| Peptidoglicano | Camada espessa | Camada fina | Quantidade relativamente pequena |
| Ácido teicoico | Frequentemente presente | Ausente | Ausente |
| Lipídios | Presentes em quantidade muito pequena | Lipopolissacarídio | Ácido micólico e outras ceras e glicolipídios |
| Membrana externa | Ausente | Presente | Ausente |
| Espaço periplasmático | Ausente | Presente | Ausente |
| Forma de célula | Sempre rígida | Rígida ou flexível | Rígida ou flexível |
| Resultado da digestão enzimática | Protoplasto | Esferoplasto | Difícil de digerir |
| Sensibilidade a corantes e antibióticos | Mais sensíveis | Moderadamente sensíveis | Menos sensíveis |
| Exemplos | *Staphylococcus aureus* | *Escherichia coli* | *Mycobacterium tuberculosis* |

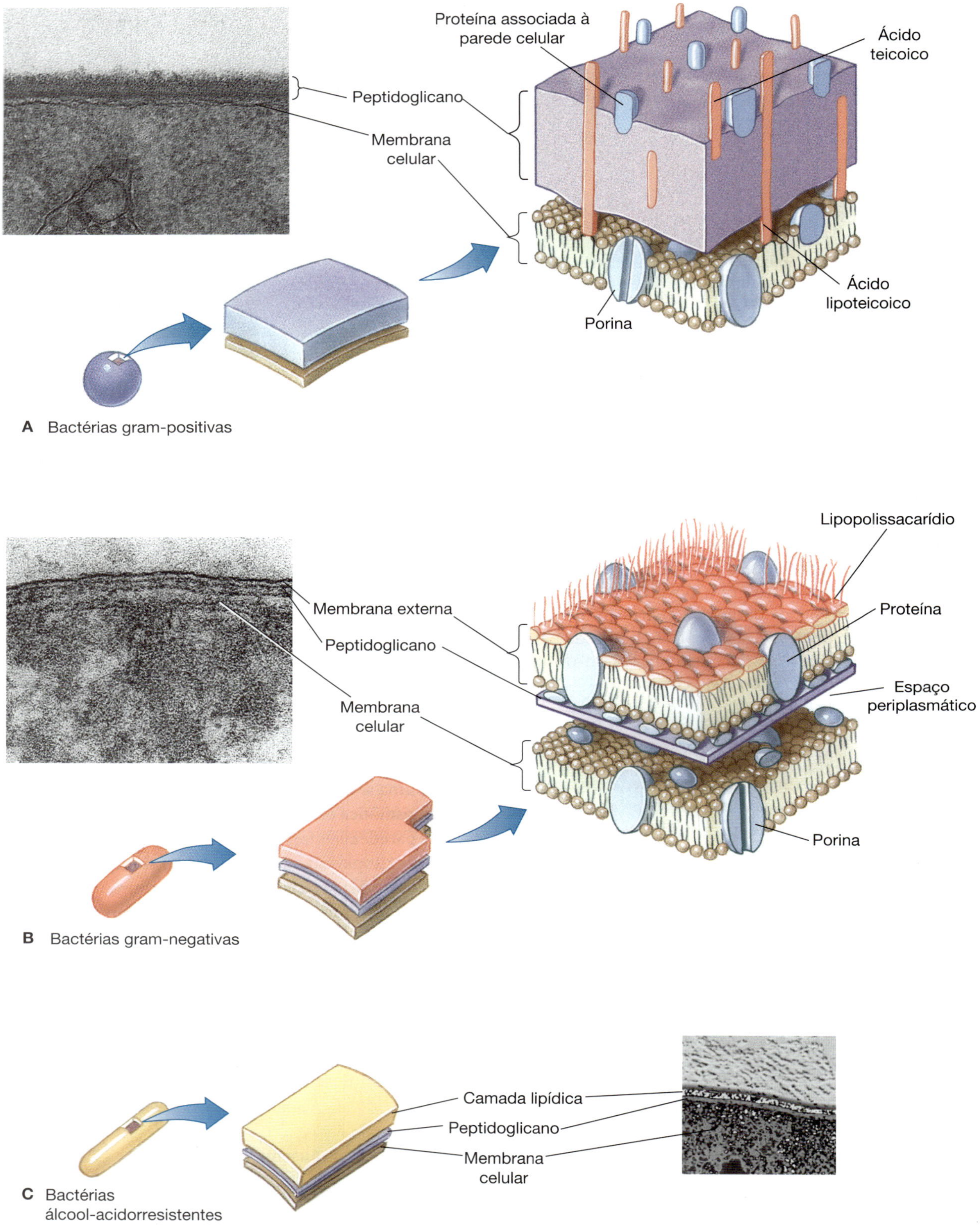


**Figura 5.6 Envoltório celular bacteriano.** Desenhos esquemáticos, comparados com fotos de bactérias representativas na MET. **A.** Bactéria gram-positiva (*Bacillus fastidosus*), aumento desconhecido. *(Biological Photo Service.)* **B.** Bactéria gram-negativa (*Azomonas insignis*) (280.148×). *(Dr. T. J. Beveridge/Biological Photo Service.)* **C.** Bactéria álcool-acidorresistente. *(Alfred Pasieka/Science Source.)*

também retêm esses corantes. Assim, a retenção do corante de Gram parece estar diretamente relacionada com a espessura do envoltório, e não com a presença de peptidoglicano. O dano fisiológico ou o envelhecimento podem tornar o envoltório celular de uma célula gram-positiva mais permeável, com consequente escapamento do corante. Esses organismos podem tornar-se gram-variáveis ou até mesmo gram-negativos à medida que envelhecem. Deste modo, a coloração de Gram precisa ser realizada em culturas de menos de 24 horas.

As bactérias gram-positivas não possuem membrana externa e espaço periplasmático. Assim, as enzimas digestivas não retidas no periplasma são liberadas no ambiente, onde algumas vezes tornam-se tão diluídas que os organismos não obtêm benefício delas.

**Bactérias gram-negativas.** O envoltório celular de uma bactéria gram-negativa é mais fino, porém mais complexo que o de uma bactéria gram-positiva. Apenas 10 a 20% do envoltório celular consiste em peptidoglicano; o remanescente é formado por vários polissacarídios, proteínas e lipídios. O envoltório celular contém uma membrana externa, que constitui a superfície externa do envoltório, deixando apenas um espaço periplasmático muito estreito. A superfície interna da parede celular é separada da membrana celular por um espaço periplasmático mais largo. As toxinas e as enzimas permanecem no espaço periplasmático em concentrações suficientes para ajudar a destruir substâncias que poderiam prejudicar a bactéria, mas que não prejudicam o organismo que as produz. Se a parede celular for digerida, as bactérias gram-negativas tornam-se **esferoplastos**, que possuem uma membrana celular e a maior parte da membrana externa. As bactérias gram-negativas não retêm o corante cristal violeta-iodo durante o processo de descoloração, devido, em parte, aos seus envoltórios celulares finos e, em parte, às quantidades relativamente grandes de lipoproteínas e lipopolissacarídios na parede.

**Bactérias álcool-acidorresistentes.** Embora o envoltório celular das *bactérias álcool-acidorresistentes*, as micobactérias, seja espesso, como o das bactérias gram-positivas, ele tem aproximadamente 60% de lipídios e contém muito menos peptidoglicano. Na coloração álcool-acidorresistente, a carbolfucsina liga-se ao citoplasma e resiste a ser removida após o uso de uma mistura álcool-ácida (ver Capítulo 4). Os lipídios tornam os organismos álcool-acidorresistentes impermeáveis à maioria dos outros corantes e os protegem dos ácidos e dos álcalis. Os organismos crescem lentamente, visto que os lipídios impedem a entrada de nutrientes nas células, e estas precisam gastar grandes quantidades de energia para a síntese dos lipídios. As células álcool-acidorresistentes podem ser coradas pelo método de Gram; coram-se como organismos gram-positivos.

**Controle das bactérias por meio de dano aos envoltórios celulares.** Alguns métodos para controlar bactérias baseiam-se nas propriedades do envoltório celular. Por exemplo, o antibiótico penicilina bloqueia os estágios finais da síntese de peptidoglicano. Se a penicilina está presente quando as células bacterianas estão se dividindo, as células não podem formar paredes celulares completas e morrem. De modo semelhante, a enzima lisozima, que é encontrada nas lágrimas e em outras secreções do corpo humano, digere o peptidoglicano. Essa enzima ajuda a evitar a entrada de bactérias no corpo e constitui o principal mecanismo de defesa contra infecções oculares (ver Figura 20.3).

## Organismos deficientes em paredes

As bactérias que pertencem ao gênero *Mycoplasma* não possuem nenhuma parede celular. Elas são protegidas da turgidez e ruptura provindas da pressão osmótica por uma membrana celular fortalecida que contém esteróis. Os esteróis são moléculas típicas dos eucariontes e raramente encontradas nos procariontes. Entretanto, a proteção não é completa e, com frequência, os micoplasmas necessitam de meios especiais para o seu crescimento. Na ausência de uma parede celular rígida, eles variam amplamente de forma e, com frequência, aparecem como filamentos finos e ramificados e exibem extremo pleomorfismo.

Outros gêneros de bactérias normalmente podem ter uma parede celular; todavia, elas subitamente podem perder a sua capacidade de formar paredes celulares. Essas cepas com deficiência de parede são denominadas **formas L**, assim designadas em homenagem ao Instituto Lister, onde foram descobertas há mais de 70 anos. A perda da parede celular pode ocorrer naturalmente ou pode ser provocada por tratamento químico. As formas L podem desempenhar um papel em doenças crônicas ou recorrentes. O tratamento com antibióticos que afetam a síntese da parede celular irá matar a maioria das bactérias em algumas infecções, porém algumas células bacterianas podem sobreviver como formas L. Quando o tratamento é interrompido, as formas L podem voltar a sintetizar paredes celulares, voltando a crescer para formar uma população infectante. Um exemplo disso é a associação da bactéria *Mycobacterium paratuberculosis* com a doença de Crohn, um distúrbio crônico do intestino.

Alguns organismos Archaea podem ser totalmente desprovidos de paredes celulares, enquanto outros possuem paredes incomuns de polissacarídios ou de proteínas, porém não possuem peptidoglicano verdadeiro. Em seu lugar, esses organismos apresentam um composto semelhante, denominado pseudomureína.

**PARE e RESPONDA**

1. Compare o peptidoglicano e o ácido teicoico quanto à sua localização e função.
2. O que ocorre no espaço periplasmático? Que organismos possuem esse espaço?
3. Explique como os seguintes termos estão relacionados entre si: *parede celular, membrana externa, lipopolissacarídio, endotoxina, lipídio A* e *morte da célula*.
4. Compare os envoltórios celulares das bactérias gram-positivas, gram-negativas e álcool-acidorresistentes.

## Membrana celular

A **membrana celular**, ou *membrana plasmática*, é uma membrana viva, que estabelece a divisa entre a célula e o seu meio ambiente. Também conhecida como membrana citoplasmática, essa membrana dinâmica e em constante mudança não pode ser confundida com a parede celular. Esta última é uma estrutura mais estática, externa à membrana celular.

As membranas celulares das bactérias têm a mesma estrutura geral que as membranas de todas as outras células. Essas membranas, antigamente denominadas *membranas unitárias*, consistem principalmente em fosfolipídios e proteínas. O **modelo do mosaico fluido** (Figura 5.7) representa a nossa atual compreensão da estrutura dessa membrana. O nome do modelo

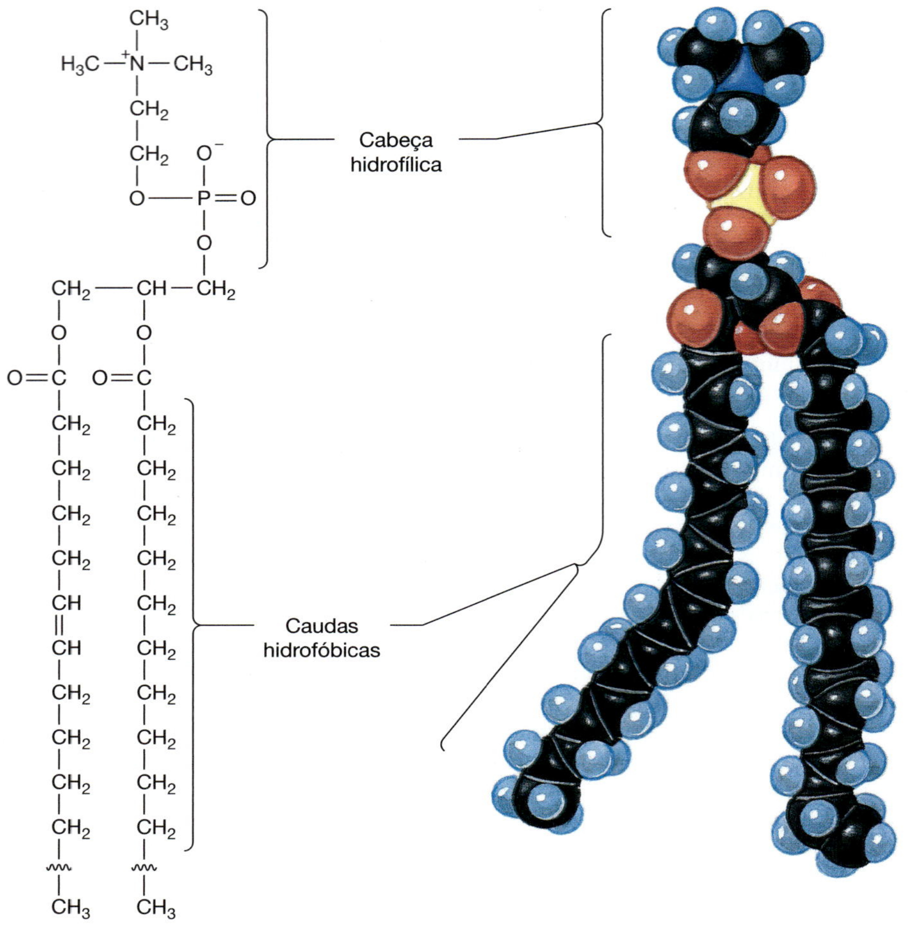


A

**Figura 5.7 Modelo do mosaico fluido da membrana celular.** **A.** O componente estrutural básico da membrana é a molécula de fosfolipídio. Um fosfolipídio tem duas "caudas" longas de ácidos graxos de hidrocarbonetos. As caudas são muito hidrofóbicas – não interagem com a água e formam uma barreira oleosa à maioria das substâncias hidrossolúveis. A "cabeça" da molécula consiste em um grupo fosfato com carga elétrica, habitualmente ligado a um grupo iônico contendo nitrogênio. A cabeça é muito hidrofílica – interage com água. **B.** Modelo do mosaico fluido da estrutura da membrana. Os fosfolipídios formam uma bicamada, na qual as caudas hidrofóbicas constituem o núcleo central, enquanto as cabeças hidrofílicas formam as superfícies voltadas tanto para o interior da célula quanto para o meio ambiente externo. Nessa bicamada fluida, as proteínas flutuam como *icebergs*. Algumas se estendem através da bicamada; outras estão ancoradas nas superfícies interna ou externa. As proteínas e os lipídios de membrana aos quais estão ligadas as cadeias de carboidratos são denominados *glicoproteínas* e *glicolipídios*, respectivamente. Algumas bactérias, como os micoplasmas, possuem moléculas de colesterol em suas membranas celulares, assim como a maioria dos eucariontes. Os micoplasmas são desprovidos de parede celular, e as moléculas de colesterol acrescentam rigidez à membrana celular.

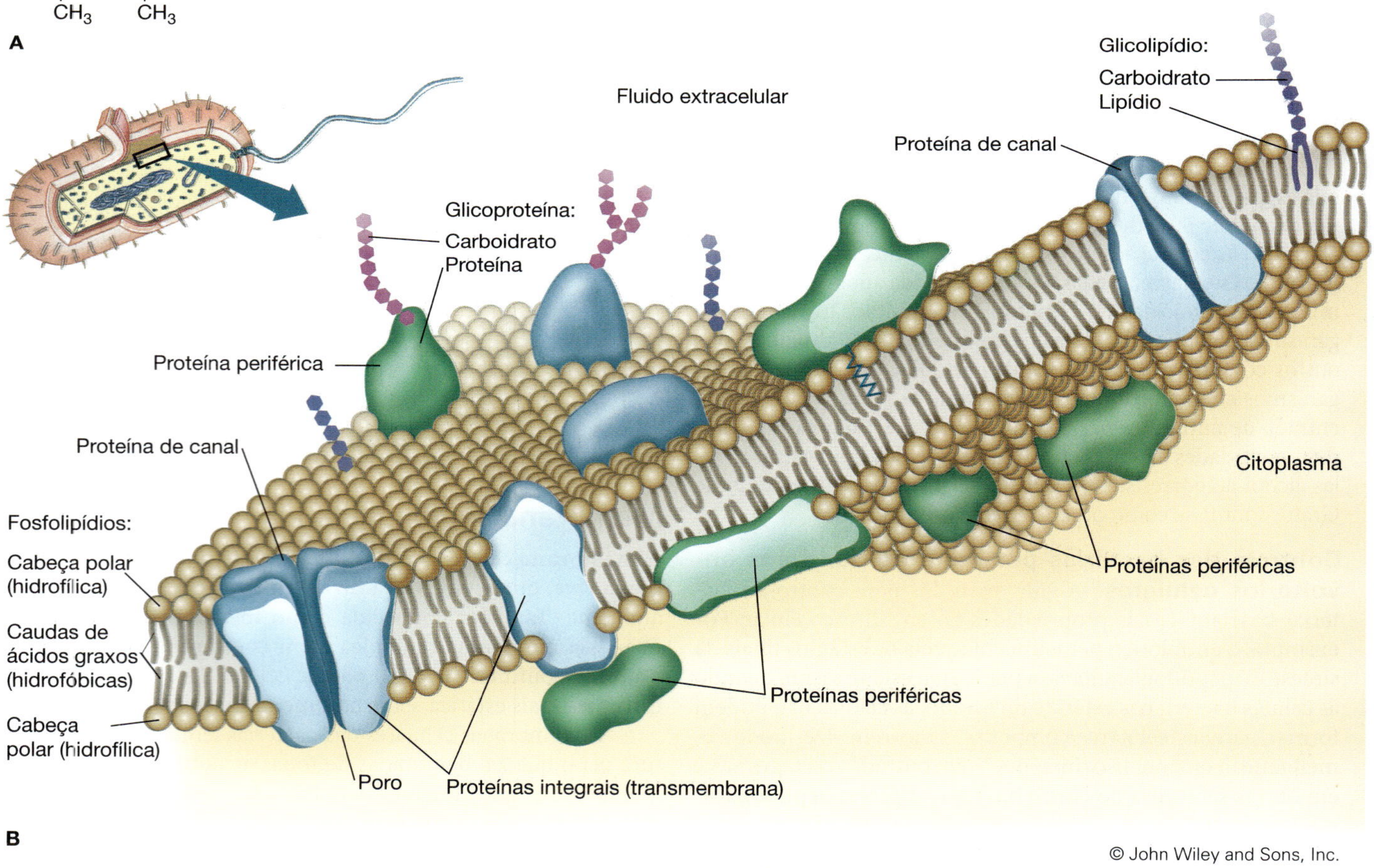


B

provém do fato de que os fosfolipídios na membrana estão em um estado fluido, enquanto as proteínas estão dispersas entre as moléculas de lipídios, formando um padrão em mosaico.

Os fosfolipídios da membrana formam uma *bicamada*, ou duas camadas adjacentes. Em cada camada, as extremidades de fosfato das moléculas de lipídio estendem-se em direção à superfície da membrana, e as extremidades dos ácidos graxos estendem-se para dentro dela. As extremidades de fosfato com carga elétrica das moléculas são **hidrofílicas** (gostam de água) e, portanto, podem interagir com o ambiente aquoso (ver Figura 5.7A). As terminações de ácidos graxos, que são constituídas, em grande parte, de cadeias de hidrocarbonetos não polares, são **hidrofóbicas** (temem a água) e formam uma barreira entre a célula e o seu meio ambiente. Algumas membranas também contêm outros lipídios. As membranas dos micoplasmas, que são bactérias que não contam com parede celular, incluem lipídios, denominados *esteróis*, que proporcionam rigidez.

Intercaladas entre as moléculas de lipídios estão as moléculas de proteína (ver Figura 5.7B). Algumas se estendem por toda a membrana e atuam como carreadoras ou formam poros ou canais através dos quais os materiais entram na célula e saem dela. As proteínas situadas na superfície externa incluem as que tornam a célula identificável como organismo específico. Outras estão inseridas na superfície interna ou externa da membrana ou frouxamente ligadas a ela. As proteínas na superfície interna são habitualmente enzimas. Algumas bactérias, como os micoplasmas, possuem moléculas de colesterol em suas membranas celulares, assim como a maioria dos eucariontes. Os micoplasmas são desprovidos de parede celular, e as moléculas de colesterol acrescentam rigidez à membrana celular.

As membranas celulares são entidades dinâmicas em constante mudança. Os materiais movem-se constantemente através dos poros e através dos próprios lipídios, porém de modo seletivo. Além disso, tanto os lipídios quanto as proteínas presentes nas membranas mudam continuamente de posição. Alguns antibióticos e desinfetantes matam as bactérias tornando suas membranas celulares permeáveis, como iremos discutir no Capítulo 14.

A principal função da membrana celular consiste em regular o movimento de materiais para dentro e para fora da célula por mecanismos de transporte, que serão discutidos neste capítulo. Nas bactérias, essa membrana também desempenha algumas funções realizadas por outras estruturas nas células eucarióticas. Ela sintetiza componentes do envoltório celular, ajuda a replicação do DNA, secreta proteínas, realiza a respiração e captura energia na forma de ATP. Contém também as bases de apêndices denominados *flagelos*; as ações das bases desencadeiam o movimento dos flagelos. Por fim, algumas proteínas na membrana celular das bactérias respondem a substâncias químicas do meio.

## Estrutura interna

Normalmente, as células bacterianas contêm *ribossomos*, um *nucleoide* e uma variedade de *vacúolos* dentro do *citoplasma*. A Figura 5.3 mostra as localizações dessas estruturas em uma célula procariótica comum. Algumas vezes, certas bactérias também apresentam *endósporos*.

### Citoplasma

O **citoplasma** das células procarióticas é a substância semifluida dentro da membrana celular. Como essas células normalmente só apresentam poucas estruturas claramente definidas, como um, dois ou três cromossomos e alguns ribossomos, elas são constituídas principalmente de citoplasma. O citoplasma consiste em cerca de quatro quintos de água e um quinto de substâncias dissolvidas ou suspensas nessa água. As substâncias encontradas no citoplasma incluem enzimas e outras proteínas, carboidratos, lipídios e uma variedade de íons inorgânicos. Muitas reações químicas, tanto anabólicas quanto catabólicas, ocorrem no citoplasma. Diferentemente do citoplasma dos eucariontes, o dos procariontes não realiza o movimento conhecido como "ciclose".[1]

### Ribossomos

Os **ribossomos** consistem em RNA e proteína. São abundantes no citoplasma das bactérias, onde ocorrem frequentemente agrupados em longas cadeias, denominadas **polirribossomos**. Os ribossomos são quase esféricos, coram-se densamente e contêm uma subunidade maior e uma subunidade menor. Eles atuam como locais para a síntese de proteínas (ver Capítulo 8).

Os tamanhos relativos dos ribossomos e de suas subunidades podem ser determinados por meio de seu *coeficiente de sedimentação* – a velocidade na qual se movem em direção à base de um tubo quando este gira rapidamente em um instrumento denominado *centrífuga* (Figura 5.8). Os coeficientes de sedimentação, que geralmente variam de acordo com o tamanho molecular, são expressos em termos de *unidades Svedberg* (S). Os ribossomos bacterianos inteiros, que são menores do que os dos eucariontes, têm um coeficiente de sedimentação de 70S; suas subunidades têm coeficientes de 30S e 50S. Determinados antibióticos, como a estreptomicina e a eritromicina, ligam-se especificamente aos ribossomos 70S e interrompem a síntese de proteínas nas bactérias. Como esses antibióticos não afetam os ribossomos 80S maiores encontrados nas células eucarióticas, eles matam as bactérias sem prejudicar as células hospedeiras.

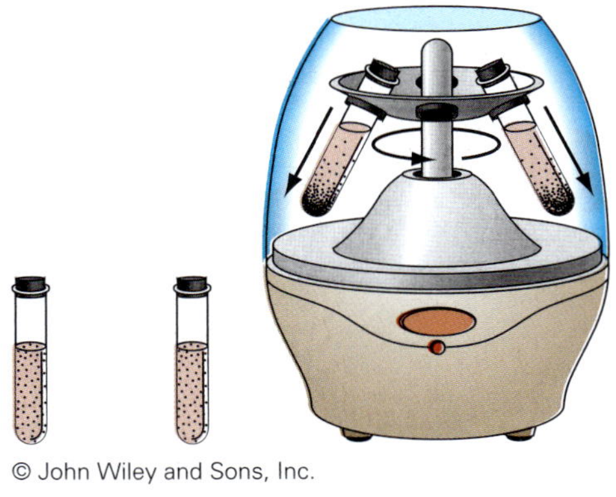



**Figura 5.8 Centrífuga.** As partículas suspensas em líquidos dentro dos tubos giram em alta velocidade, produzindo a sua deposição no fundo dos tubos ou a formação de bandas em diferentes níveis. A velocidade para a deposição ou a localização das bandas pode ser usada para determinar o tamanho, o peso e o formato das partículas. As localizações das bandas são fornecidas em unidades Svedberg (S).

[1]N.R.T.: Ciclose é a movimentação contínua dos fluidos citoplasmáticos em consequência da contração de proteínas do citoesqueleto de células eucarióticas.

## Região nuclear

Uma das características fundamentais que diferencia as células procarióticas das eucarióticas é a ausência de um núcleo delimitado por uma membrana nuclear. Em vez do núcleo, as bactérias possuem uma **região nuclear** ou **nucleoide** (Figura 5.9). A região nuclear de localização central consiste principalmente em DNA, mas tem um pouco de RNA e proteínas associadas. Durante muito tempo, acreditou-se que o DNA estivesse sempre disposto em um grande cromossomo circular. Porém, em 1989, foram identificados dois cromossomos circulares na bactéria fotossintética aquática *Rhodobacter sphaeroides*. De modo semelhante, *Agrobacterium rhizogenes* tem dois cromossomos circulares, mas seu parente próximo, *Agrobacterium tumefaciens*, que provoca tumores em plantas, tem um cromossomo circular e um segundo cromossomo linear. *Brucella suis*, um patógeno de suínos, é singular, visto que algumas de suas cepas possuem dois cromossomos, enquanto outras cepas da mesma espécie têm apenas um. A bactéria causadora de cólera, *Vibrio cholerae*, apresenta dois cromossomos circulares: um grande e o outro aproximadamente com um quarto do tamanho do primeiro. Ambos são essenciais para a reprodução. Algumas bactérias também contêm moléculas circulares menores de DNA, denominadas *plasmídios*. A informação genética nos plasmídios suplementa a informação existente no cromossomo (ver Capítulo 9). Os aspectos relacionados com a evolução do número de cromossomos nas bactérias serão discutidos no Capítulo 10.

## Sistemas de membranas internas

As bactérias fotossintéticas e as cianobactérias contêm sistemas de membranas internas, algumas vezes conhecidos como **cromatóforos** (Figura 5.10). As membranas dos cromatóforos, derivadas da membrana celular, contêm os pigmentos utilizados para capturar a energia luminosa para a síntese de açúcares. As bactérias nitrificantes, organismos do solo que convertem compostos nitrogenados em formas passíveis de serem usadas pelos vegetais clorofilados, também possuem membranas internas. Elas abrigam as enzimas utilizadas na obtenção de energia a partir da oxidação de compostos de nitrogênio (ver Capítulo 6).

As micrografias eletrônicas de células bacterianas frequentemente revelam grandes invaginações da membrana celular, denominadas *mesossomos*. Embora fossem originalmente consideradas como estruturas presentes nas células vivas, foi comprovado que se trata de artefatos de técnica, isto é, foram criadas pelos processos empregados na preparação de amostras para microscopia eletrônica.

## Inclusões

As bactérias podem apresentar dentro de seu citoplasma uma variedade de pequenos corpos, designados coletivamente como **inclusões**. Algumas dessas inclusões são denominadas *grânulos*; outras são descritas como *vesículas*.

Os **grânulos**, apesar de não estarem delimitados por membrana, contêm substâncias tão densamente compactadas que não se dissolvem com facilidade no citoplasma. Cada grânulo contém uma substância específica, como glicogênio ou polifosfato. O *glicogênio*, um polímero da glicose, é utilizado para a obtenção de energia. O *polifosfato*, um polímero do fosfato, fornece fosfato para uma variedade de processos metabólicos. Os grânulos de polifosfato são denominados **volutina**, ou **grânulos metacromáticos**, visto que exibem **metacromasia**. Isso significa que, embora a maioria das substâncias coradas com um único corante, como o azul de metileno, adquira uma cor sólida e uniforme, os grânulos metacromáticos exibem diferentes intensidades de cor. Apesar de serem muito numerosos em algumas bactérias, esses grânulos desaparecem durante períodos de escassez de alimentos. As bactérias que obtêm energia pelo metabolismo do enxofre podem conter grânulos de reserva de enxofre em seu citoplasma.

Certas bactérias possuem estruturas especializadas envoltas por uma membrana, denominadas **vesículas** (ou *vacúolos*). Algumas bactérias fotossintéticas aquáticas e cianobactérias têm vacúolos rígidos cheios de gás (mostrados na Figura 4.25).

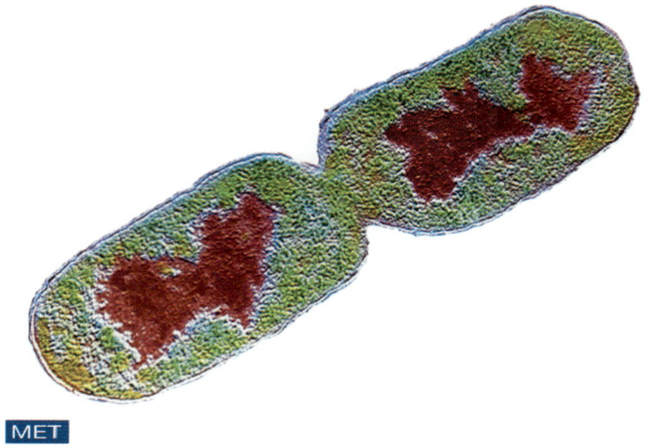


**Figura 5.9 Região nuclear das bactérias.** MET colorida de um corte fino de *Escherichia coli*, mostrando o DNA em vermelho (42.382×). (*PTP/Medical Images.*)

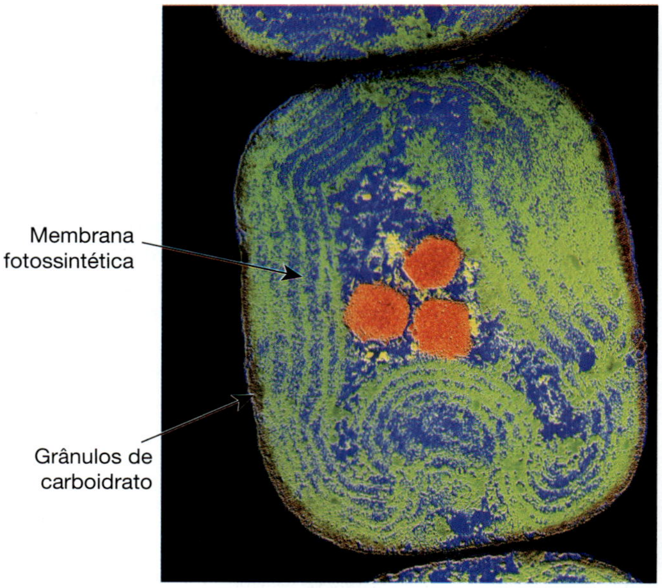


**Figura 5.10 Sistemas de membranas internas.** MET da cianobactéria *Synechocystis* mostrando cromatóforos. As regiões externas da célula são preenchidas com membranas fotossintéticas. Os pontos escuros entre as membranas são grânulos no interior dos quais são armazenados os carboidratos produzidos pela fotossíntese. (*Dr. Kari Lounatmaa/Science Source.*)

Esses organismos regulam a quantidade de gás nos vacúolos e, assim, a profundidade na qual flutuam, de modo a obter a luz ideal para a fotossíntese. Outro tipo de vesícula, encontrado apenas nas bactérias, contém depósitos de poli-$\beta$-hidroxibutirato. Esses depósitos de lipídios funcionam como armazéns de energia e como fontes de carbono para a síntese de novas moléculas. Leia "Magnetos vivos" para uma descrição das vesículas que contêm ferro, denominadas **magnetossomos**.

## Endósporos

As propriedades das células bacterianas descritas anteriormente pertencem às **células vegetativas** ou células que estão metabolizando nutrientes. Entretanto, as células vegetativas de algumas bactérias, como *Bacillus* e *Clostridium*, produzem estágios de dormência, denominados **endósporos**. Embora os endósporos bacterianos sejam, em geral, designados simplesmente como *esporos*, eles não devem ser confundidos com os esporos dos fungos. Uma bactéria produz um único endósporo, que simplesmente ajuda aquele organismo a sobreviver, não sendo, portanto, um meio de reprodução. Um fungo produz numerosos esporos, que ajudam o organismo a sobreviver e proporcionam um meio de reprodução.

:m 1877, F. Cohn oi o primeiro demonstrar existência le esporos acterianos.

Os endósporos, que são formados dentro das células, contêm pouquíssima água e são altamente resistentes ao calor, à dessecação, aos ácidos, bases, certos desinfetantes e até mesmo à radiação. A depleção de um nutriente habitualmente induz a produção de esporos por um grande número de células. Entretanto, muitos pesquisadores acreditam que os esporos sejam parte do ciclo de vida normal e que alguns sejam formados até mesmo quando os nutrientes estão em quantidades adequadas e as condições ambientais são favoráveis. Deste modo, a *esporulação* ou formação de endósporos parece constituir um meio pelo qual algumas bactérias preparam-se para a possibilidade de futuras condições adversas, da mesma maneira que países mantêm "exércitos permanentes" em caso de guerra.

Do ponto de vista estrutural, um endósporo consiste em um *cerne*, circundado por um *córtex*, uma *capa do esporo* e, em algumas espécies, uma camada fina delicada, denominada *exósporo* (Figura 5.11). O cerne possui uma parede externa, uma membrana celular, uma região nuclear e outros componentes celulares. Diferentemente das células vegetativas, os endósporos contêm *ácido dipicolínico* e uma grande quantidade de íons cálcio ($Ca^{++}$). Esses materiais, que provavelmente são armazenados no cerne, parecem contribuir para a resistência dos endósporos ao calor, assim como o seu conteúdo muito baixo de água.

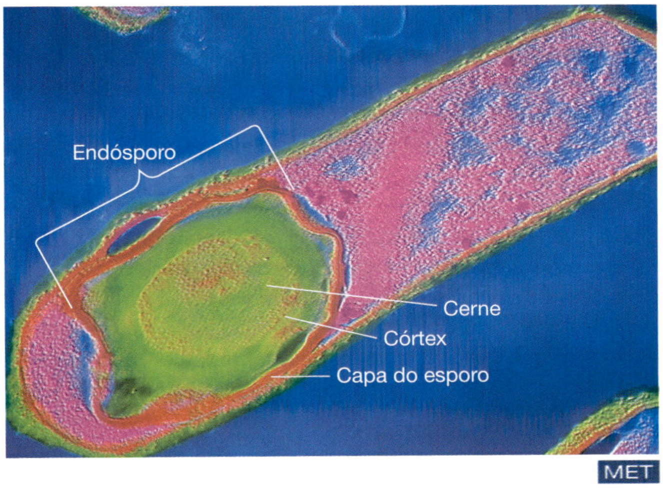


**Figura 5.11 Endósporos.** Micrografia eletrônica colorida de um endósporo dentro de uma célula de *Clostridium perfringens* (29.349×). (*Institut Pasteur/Medical Images.*)

Os endósporos são capazes de sobreviver em condições ambientais adversas por longos períodos de tempo, alguns por mais de 10.000 anos (há quem afirme que endósporos aprisionados no âmbar conseguiram sobreviver por mais de 25 milhões de anos). Os esporos de bactérias da Antártica podem permanecer dormentes durante pelo menos 10.000 anos a uma temperatura de –14°C no gelo a uma profundidade de 430 metros. Alguns suportam horas em ebulição. Quando as condições se tornam mais favoráveis, os endósporos *germinam* ou começam a se transformar em células vegetativas funcionais. (Os processos de formação dos esporos e sua germinação são discutidos no Capítulo 7, enquanto fotos obtidas com microscópio de força atômica das alterações que ocorrem na superfície de um esporo fúngico em germinação são mostradas no Capítulo 4.) Por serem tão resistentes, é preciso usar métodos especiais para matar os endósporos durante a esterilização. Caso contrário, eles germinam e crescem em meios considerados estéreis. Os métodos para assegurar que os endósporos estejam mortos quando são esterilizados em meios de cultura ou alimentos são descritos no Capítulo 14. Você também irá constatar que, no laboratório, pode ser difícil a coloração dos endósporos. Um exemplo de sua resistência foi demonstrado com a dificuldade e também o custo em matar os esporos do antraz em prédios do governo dos EUA contaminados por atividades terroristas.

## Estrutura externa

Além dos envoltórios celulares, muitas bactérias possuem estruturas que se estendem além do envoltório celular ou que a circundam. Os *flagelos* e os *pili* estendem-se a partir da membrana celular, atravessam a parede celular e a ultrapassam. O envoltório celular é circundado por *cápsulas* e *camadas limosas*.

## Flagelos

Cerca da metade de todas as bactérias conhecidas são *móveis* ou capazes de realizar movimentos. Com frequência, movimentam-se com velocidade e propósito aparentemente definidos e, em geral, o fazem por meio de apêndices longos, finos e helicoidais, denominados **flagelos**. Uma bactéria pode ter um, dois ou muitos flagelos. As bactérias com um único flagelo *polar* localizado em uma das extremidades ou polo são designadas como **monotríquias** (Figura 5.12A); as bactérias com dois flagelos, um em cada extremidade, são denominadas **anfitríquias** (Figura 5.12B), e ambos os tipos são considerados *polares*. As bactérias com dois ou mais flagelos em uma ou em ambas as extremidades são **lofotríquias** (Figura 5.12C), e aquelas com flagelos distribuídos em toda superfície são **peritríquias** (Figura 5.12D). As bactérias desprovidas de flagelos são **atríquias**. Os cocos raramente têm flagelos.

O diâmetro de um flagelo de procarionte é cerca de um décimo daquele de um eucarionte. É constituído por subunidades proteicas denominadas *flagelinas*. Cada flagelo está ligado à membrana celular por uma região basal, que consiste em uma proteína diferente da flagelina (Figura 5.13). A região basal apresenta uma estrutura semelhante a um gancho e um *corpo basal* complexo.

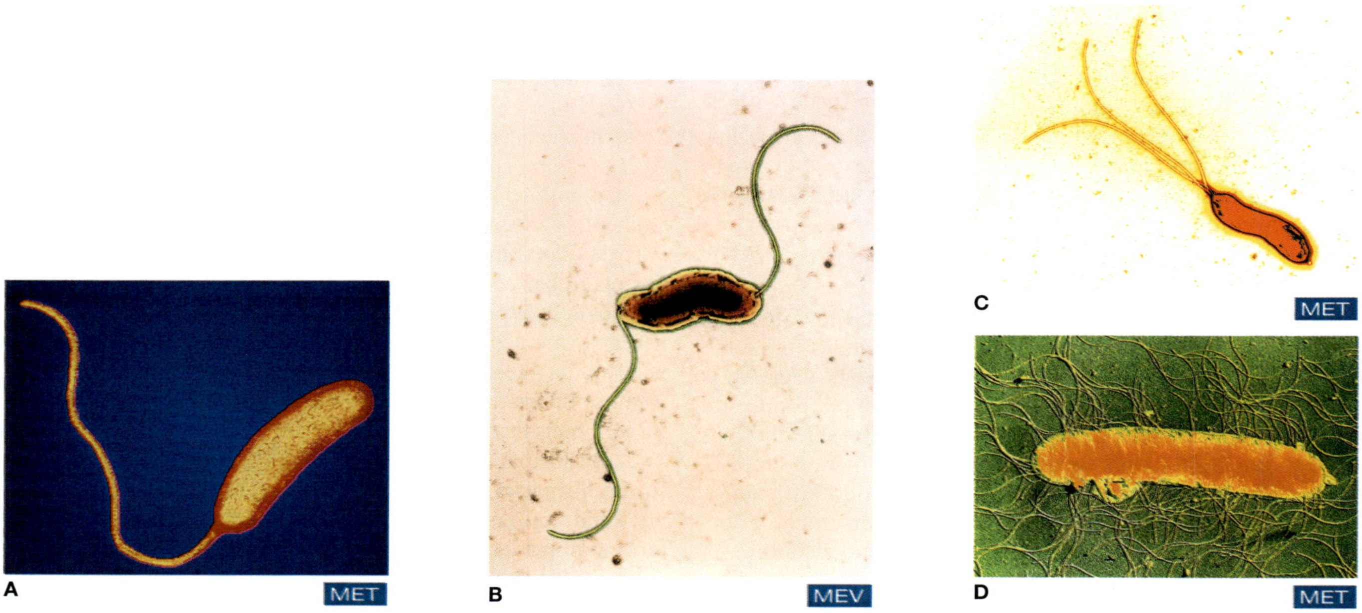


**Figura 5.12 Arranjos dos flagelos bacterianos.** A. *Bdellovibrio bacteriovorus.* Monotríquio polar (um único flagelo em uma das extremidades) (aumento desconhecido). *(Moredun Animal Health Ltd./Science Source.)* B. *Campylobacter fetus venerealis.* Anfitríquio polar (um único flagelo em cada extremidade) (aumento desconhecido). *(© SPL/Science Source.)* C. *Helicobacter pylori.* Lofotríquio (com um tufo de flagelos em uma ou em ambas as extremidades) (aumento desconhecido). (*SPL/Science Source.*) D. *Proteus mirabilis.* Peritríquio (flagelos distribuídos por toda a célula) (5.000×.) *(John D. Cunningham/Science Source.)*

O corpo basal consiste em uma haste central circundada por um conjunto de anéis. As bactérias gram-negativas possuem um par de anéis inseridos na membrana celular e outro par associado ao peptidoglicano e às camadas de lipopolissacarídio do envoltório celular. As bactérias gram-positivas possuem um anel inserido na membrana celular e outro na parede celular.

A maioria dos flagelos gira como ganchos rotatórios em forma de L, como o gancho para preparo de massa em uma batedeira de cozinha ou como as lâminas giratórias de um cortador de grama manual. Acredita-se que o movimento ocorre à medida que a energia é utilizada para fazer um dos anéis na membrana celular girar em relação ao outro. Quando os flagelos se juntam em feixes (Figura 5.14A), eles giram em sentido anti-horário, e as bactérias *correm* ou se deslocam em linha reta. Quando os flagelos giram em sentido horário, o feixe se separa, fazendo com que a bactéria *gire* e se movimente sem direção definida (Figura 5.14B). Tanto as corridas quanto os giros são, em geral, movimentos aleatórios, isto é, nenhuma direção de movimento tem mais probabilidade de ocorrer do que qualquer outra. As corridas duram, em média, 1,0 segundo, durante o qual a bactéria nada aproximadamente 10 a 20 vezes o comprimento de seu corpo. Os giros duram cerca de 0,1 segundo, e não há progressão da bactéria para a frente. A "velocidade de cruzeiro" para as bactérias corresponde a cerca de 10 comprimentos de seu corpo/segundo, o que seria uma "velocidade de voo" para os seres humanos.

**Quimiotaxia.** Algumas vezes, as bactérias movem-se em direção a substâncias em seu ambiente ou em direção contrária a elas por um processo direcionado, denominado **quimiotaxia** (Figura 5.14C). As concentrações da maioria das substâncias no meio ambiente variam ao longo de determinado gradiente – isto é, de uma concentração alta para uma concentração baixa. Quando uma bactéria está se movendo em direção a uma concentração crescente de um atraente (como um nutriente), ela tende a prolongar suas corridas e a reduzir a frequência dos giros. Quando está se afastando do atraente, ela diminui suas corridas e aumenta a frequência dos giros. Embora a direção das corridas individuais ainda seja aleatória, o resultado final é o movimento em direção ao atraente ou *quimiotaxia positiva*. O movimento em direção contrária ao repelente ou *quimiotaxia negativa* resulta das respostas opostas: longas corridas e poucos giros enquanto a bactéria movimenta-se na direção da menor concentração de substância nociva, com corridas curtas e muitos giros enquanto se movimenta em direção à concentração mais alta do repelente. O mecanismo exato que produz esses comportamentos não está totalmente elucidado; entretanto, determinadas estruturas na superfície da célula bacteriana são capazes de detectar mudanças de concentração ao longo do tempo. As células de *Escherichia coli* apresentam pelo menos quatro tipos diferentes de receptores (denominados *transdutores*), que se estendem através da membrana celular e que detectam substâncias químicas e sinalizam à célula para que ela responda.

Existem também bactérias que utilizam o movimento helicoidal para se orientar em direção a sinais externos. Elas não nadam em direção retilínea, porém seguem um percurso helicoidal, que tem uma trajetória efetiva em determinada direção. Os organismos podem modificar o sentido de mão da hélice. O sentido de mão direita produz taxia positiva (aproximação), enquanto o sentido de mão esquerda resulta em taxia negativa (afastamento). A marinha dos EUA aprofundou o estudo microbiano desse mecanismo para construir um pequeno robô autônomo subaquático (o "Micro Hunter", de 17 cm e 70 g) que utiliza trajetórias helicoidais na busca de "bens perdidos" para recuperação, por exemplo, ferramentas de metal caídas no oceano.

**Fototaxia.** Algumas bactérias podem mover-se em direção à luz ou em sentido contrário a ela; essa resposta é denominada

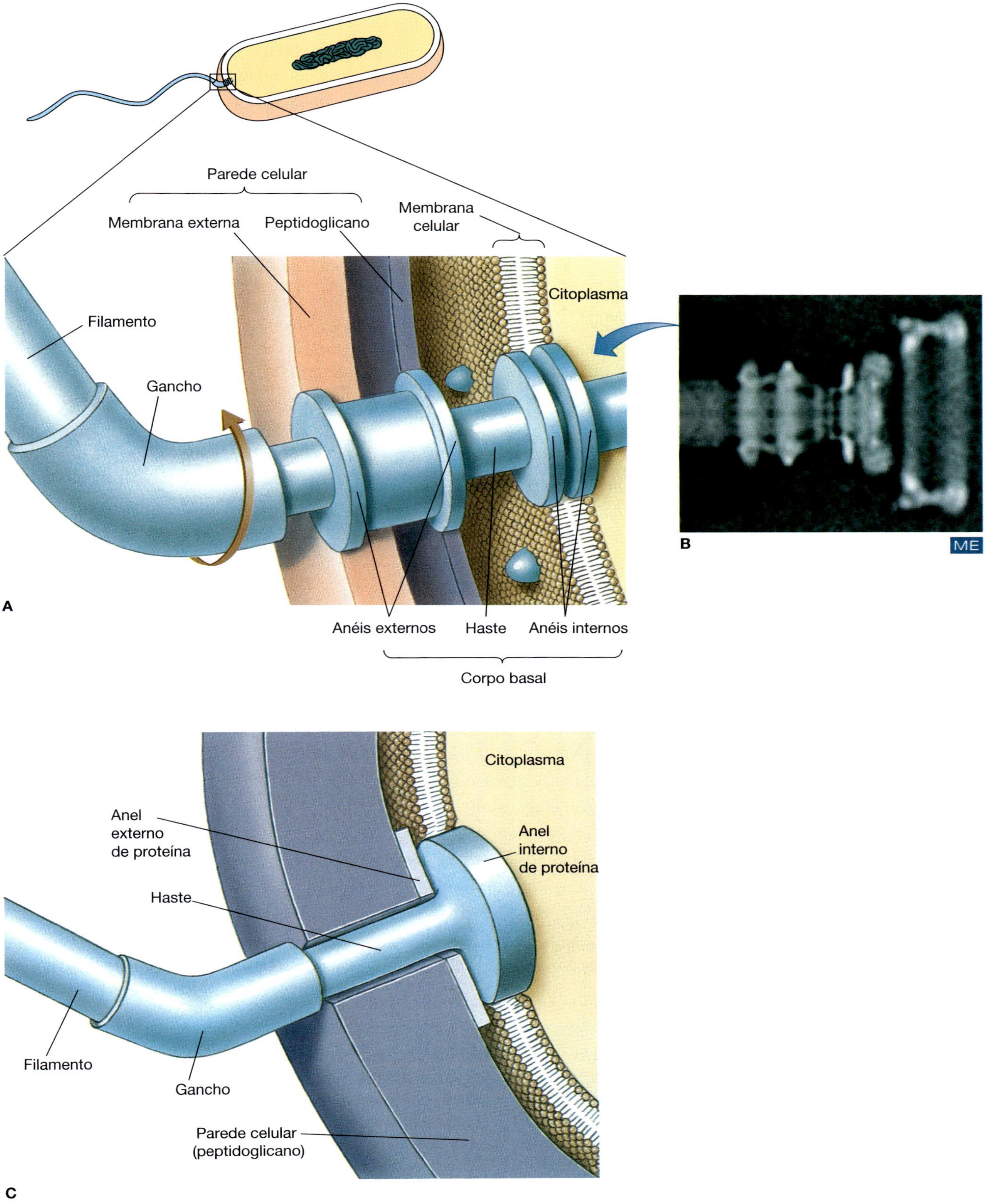


**Figura 5.13 Estrutura de dois flagelos bacterianos diferentes.** Ilustração (**A**) e micrografia eletrônica (**B**) da região basal do flagelo de uma bactéria gram-negativa. O flagelo é constituído de três partes principais: um filamento, um gancho e um corpo basal, que consiste em uma haste circundada por quatro anéis. *(Cortesia de David DeRosier, de Structures of Bacterial Flagellar Motors from Two FliF-FliG Gene Fusion Mutants by Dennis Thomas and David J. DeRosier, J. of Bacteriology, 183: 6404–6412, issue 21, November 2001.)* **C.** As bactérias gram-positivas possuem apenas dois anéis, um deles ligado ao peptidoglicano do envoltório celular e o outro à membrana celular.

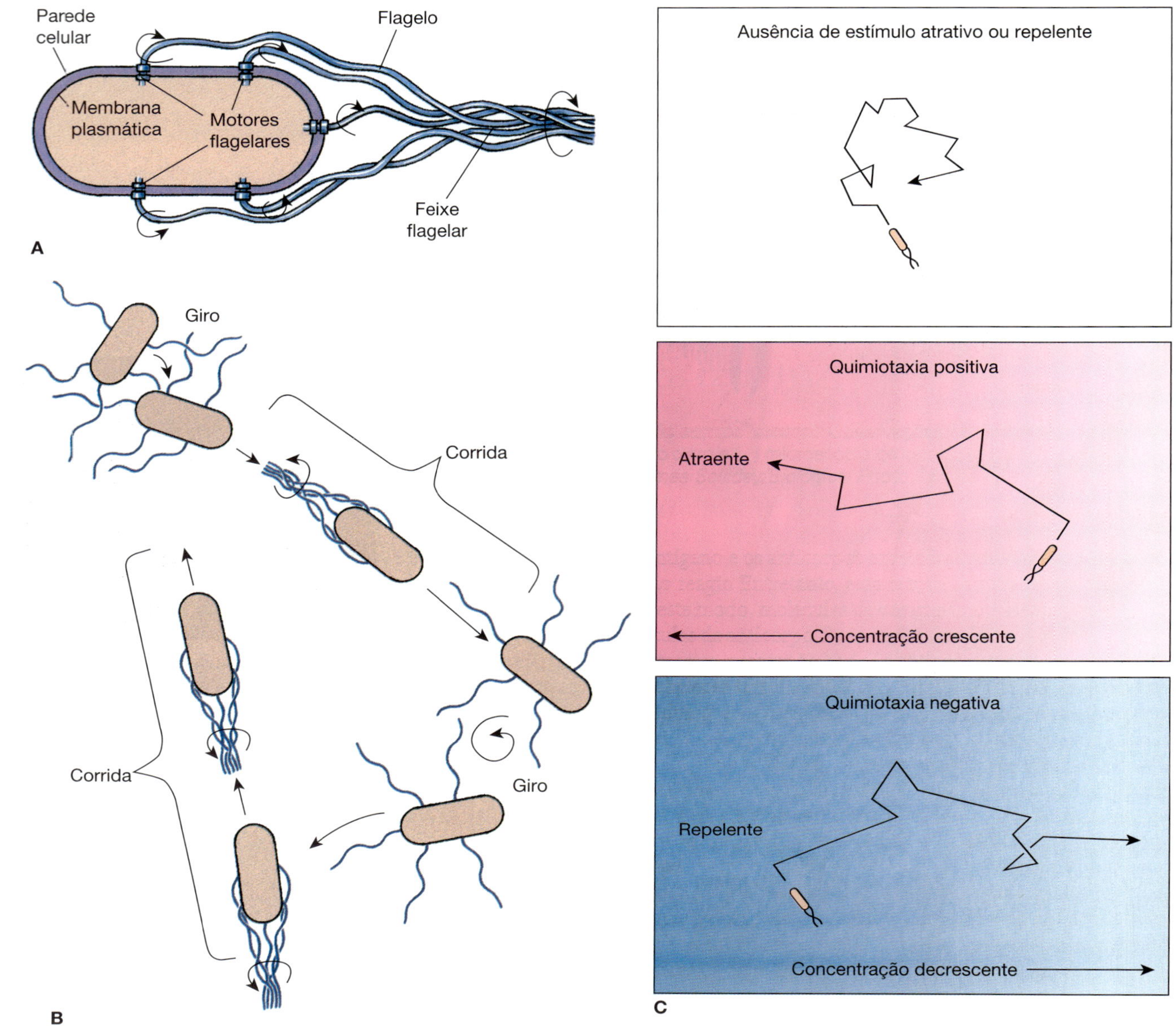




**Figura 5.14 Quimiotaxia. A.** Quando todos os flagelos de uma bactéria giram em sentido anti-horário, os flagelos juntam-se em feixes e empurram a bactéria em um movimento relativamente reto e para a frente, denominado *corrida*. Quando os flagelos mudam o sentido e passam a girar em sentido horário, o feixe se separa, cada flagelo atua independentemente, e as células se movimentam em direções aleatórias, um movimento denominado *giro*. **B.** Bactérias flageladas peritríquias e lofotríquias fazendo corridas e giros. Observe que a célula nada para a frente (corrida) somente quando os flagelos estão reunidos em feixes, enquanto muda de direção após um giro. **C.** Quando nada atrai ou repele uma bactéria, ela apresenta giros frequentes e corridas curtas, resultando em movimento aleatório.

**fototaxia**. As bactérias que se movem em direção à luz exibem *fototaxia positiva*, enquanto as que se movem em direção oposta à luz apresentam *fototaxia negativa*. O movimento pode ser realizado por meio de flagelos. Ou, no caso de algumas bactérias aquáticas fotossintéticas, inclusões de gotículas de óleo em seu citoplasma podem conferir-lhes a flutuabilidade necessária para subir em direção à superfície da água, onde existe mais luz.

## Filamentos axiais

As espiroquetas possuem **filamentos axiais** ou **endoflagelos**, em vez de flagelos, que se estendem além do envoltório celular (Figura 5.15). Cada filamento está ligado em uma de suas extremidades aos limites do cilindro citoplasmático que forma o corpo da espiroqueta. Por estarem situados entre a bainha externa e a parede celular, o movimento rotatório dos filamentos axiais faz com que o corpo rígido da espiroqueta gire como um saca-rolhas.

## *Pili*

Os ***pili*** (singular: *pilus*) são projeções muito pequenas e ocas. Os *pili* são utilizados para fixar as bactérias às superfícies e não estão envolvidos no movimento. Um *pilus* é composto

*O sexo não resulta em reprodução bacteriana, nem faz com que uma bactéria fêmea fique grávida. Em vez disso, o sexo a transforma em uma moça de mais idade, porém com maior sabedoria, tendo adquirido novas informações genéticas de seu parceiro masculino.*

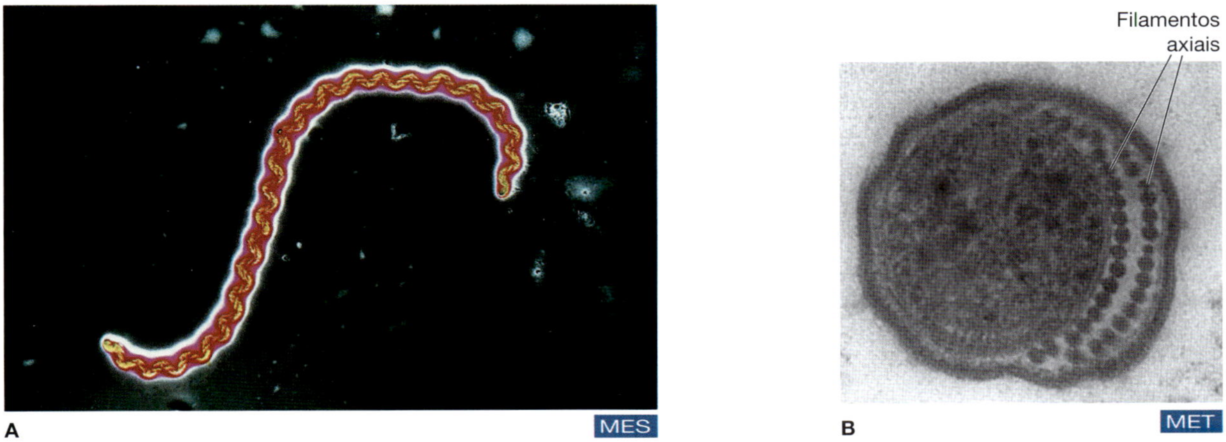


**Figura 5.15 Filamentos axiais ou endoflagelos.** **A.** Filamentos axiais tornados visíveis por meio de falsa coloração são claramente visualizados como fitas amarelas espiraladas que se estendem dentro do envoltório celular, ao longo do corpo da espiroqueta *Leptospira interrogans* (50.000×). (*CNRI/Science Source.*) **B.** MET (corte transverso) de uma espiroqueta, mostrando numerosos filamentos axiais (círculos escuros). Os filamentos axiais situam-se entre a bainha externa e a parede celular. (*Cortesia de Dr. Max Listgarten, School of Dental Medicine, University of Pennsylvania, como publicado no Journal of Bacteriology 88:1087–1103.*)

de subunidades da proteína *pilina*. As bactérias podem ter dois tipos de *pili* (Figura 5.16): (1) *pili de conjugação* longos, ou *pili F* (também denominados *pili sexuais*), e (2) *pili de fixação* curtos, ou *fímbrias*.

***Pili* de conjugação.** Os ***pili* de conjugação** (ou *pili sexuais*), que são encontrados apenas em determinados grupos de bactérias, ligam duas células entre si e podem proporcionar uma via para a transferência do material genético, o DNA. Esse processo de transferência é denominado *conjugação* (ver Figuras 5.16 e 9.7). A transferência de DNA proporciona variedade genética para as bactérias, assim como a reprodução sexuada o faz para muitas outras formas de vida. Essas transferências entre bactérias causam problemas para os seres humanos, pois a resistência aos antibióticos pode ser passada adiante com a transferência do DNA. Como consequência, mais e mais bactérias adquirem resistência, e os seres humanos precisam procurar novas maneiras de controlar o crescimento dessas bactérias.

**Uma substância química encontrada no suco de oxicoco (*cranberry*) ajuda a prevenir infecções do sistema urinário ao impedir a formação de *pili* de fixação.**

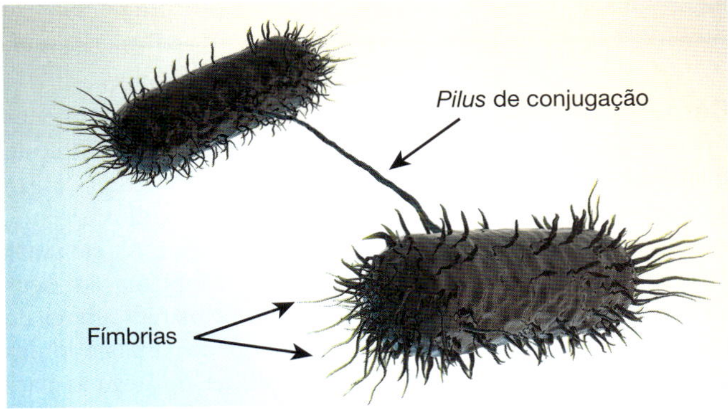


**Figura 5.16 *Pili*.** Uma célula de *Escherichia coli* (14.300×) mostrando dois tipos de *pili*. Os menores são fímbrias, que são utilizadas na fixação às superfícies. O longo tubo que toca a outra célula é um *pilus* de conjugação, talvez utilizado para a transferência de DNA. (*Karsten Schneider/Science Source.*)

***Pili* de fixação.** Os ***pili* de fixação**, ou **fímbrias**, ajudam as bactérias a aderir às superfícies, como as superfícies celulares e a interface entre água e ar. Contribuem para a *patogenicidade* de determinadas bactérias – a sua capacidade de provocar doença – aumentando a colonização (o desenvolvimento de colônias) nas superfícies das células de outros organismos. Por exemplo, algumas bactérias aderem aos eritrócitos por meio de *pili* de fixação e provocam a sua agregação, um processo denominado *hemaglutinação*. Em determinadas espécies de bactérias, alguns indivíduos possuem *pili* de fixação e outros não. Em *Neisseria gonorrhoeae*, as cepas sem *pili* raramente são capazes de causar gonorreia, mas as que possuem *pili* são altamente infecciosas, visto que se fixam às células epiteliais do sistema urogenital. Esses *pili* também permitem a sua fixação a espermatozoides, contribuindo para sua disseminação para outro indivíduo.

Algumas bactérias aeróbicas formam uma camada fina, brilhante ou felpuda na interface água-ar de um caldo de cultura. Essa camada, denominada **película**, consiste em muitas bactérias que aderem à superfície pelos *pili* de fixação. Por conseguinte, os *pili* de fixação permitem aos organismos permanecer no caldo, a partir do qual obtêm nutrientes, enquanto se agrupam próximo ao ar, onde a concentração de oxigênio é maior. Em 2010, foi descoberto que os bacilos do gênero *Pseudomonas* utilizam seus *pili* de fixação para ficarem eretos e "andar" sem interrupção, explorando seu ambiente. Esses organismos também podem usar os seus *pili* para se mover rapidamente sobre as superfícies quando estão na posição horizontal.

## Glicocálice

O **glicocálice** é o termo atualmente aceito para referir-se a todas as substâncias que contêm polissacarídios, encontradas externamente ao envoltório celular, desde as *cápsulas* mais espessas até as *camadas limosas* mais delgadas. Todas as bactérias possuem pelo menos uma camada limosa delgada.

**Cápsula.** A **cápsula** é uma estrutura protetora localizada fora do envoltório celular do organismo que a secreta. Apenas determinadas bactérias têm a capacidade de formar cápsulas, e nem todos os membros de uma espécie possuem cápsulas. Por

## PARA TESTAR

### Magnetos vivos

As *bactérias magnetotáticas* sintetizam a magnetita ($Fe_3O_4$), ou calamita, e a armazenam em vesículas membranosas, denominadas *magnetossomos*. (A calamita foi a primeira substância com propriedades magnéticas a ser descoberta.) A presença dessas inclusões magnéticas permite a essas bactérias responder a campos magnéticos. No hemisfério norte, as bactérias magnetotáticas nadam em direção ao polo norte; no hemisfério sul, elas nadam em direção ao polo sul; e, próximo ao equador, algumas nadam para o norte e outras para o sul. Entretanto, as bactérias também nadam para baixo na água, visto que a força magnética dos polos da Terra é defletida através da Terra e não sobre o seu horizonte. O ato de nadar em direção a um polo magnético é denominado *magnetotaxia*. Sua resposta magnetotática para baixo parece ajudar essas bactérias anaeróbicas a se deslocarem em direção aos sedimentos, onde o seu alimento (óxido de ferro) é abundante, e onde o oxigênio, que elas não podem tolerar, é deficiente.

As bactérias magnetotáticas vivem na lama e em águas salobras, e foram identificadas mais de uma dúzia de espécies. A maioria possui um único flagelo, porém *Aquaspirillum magnetotacticum* tem dois flagelos, um em cada extremidade, de modo que ela pode nadar para a frente ou para trás. Quando bactérias magnetotáticas com um único flagelo são colocadas no campo eletromagnético, elas fazem voltas em "U" quando os polos do magneto são invertidos. É possível que os magnetossomos tenham se formado como uma forma de proteção ao ferro, que é letal para as células.

Os magnetossomos possuem um tamanho quase constante e estão orientados em cadeias paralelas, como uma fileira de pequenos magnetos. Atualmente, estão sendo realizados experimentos para utilizar essas bactérias na fabricação de ímãs, fitas de áudio e fitas de vídeo.

Foram encontrados magnetossomos no interior de meteoritos de Marte. Estão associados a estruturas em forma de bacilo, e alguns cientistas acreditam que sejam formas de vida bacteriana de Marte.

Você pode encontrar facilmente suas próprias bactérias magnetotáticas. São organismos muito comuns. Traga um balde com alguns centímetros de lama coletada de um lago, com água do lago suficiente para encher o resto do balde. Obtenha lama de diferentes locais: água fresca, água salgada e água salobra (mistura de água doce com salgada). Cubra o balde e mantenha-o no escuro (já que não quer que cresçam algas) por cerca de 1 mês.

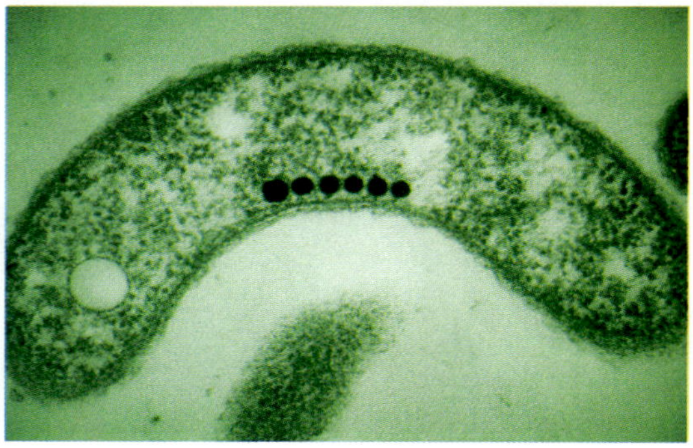

A

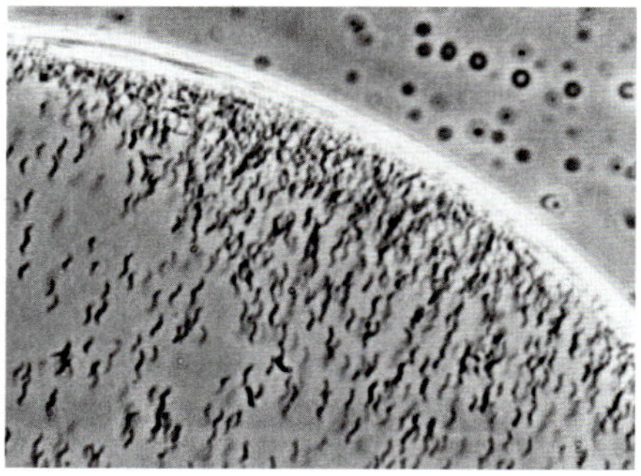

B

**A.** Micrografia eletrônica da bactéria magnetotática *Aquaspirillum magnetotacticum*. As numerosas inclusões quadradas e escuras, denominadas magnetossomos, são compostas de óxido de ferro ($Fe_3O_4$). (*Science VU/D. Balkwill-D. Maratea/Getty Images*.) **B.** Os magnetossomos permitem a esses organismos orientarem-se em um campo magnético. (*Cortesia de Richard Blakemore, University of New Hampshire*.)

Retire do balde um grande béquer de água e coloque um magneto contra o lado de fora do vidro. Mantenha-o nessa posição por 1 ou 2 dias até que você perceba um ponto esbranquiçado na água próximo à extremidade do magneto. O que atrai mais os organismos: o polo norte ou o polo sul do magneto? Com uma pipeta, remova uma amostra do líquido turvo e examine-a ao microscópio. Quando você coloca um magneto na platina, quaisquer bactérias magnetotáticas que estejam presentes irão se orientar em direção ao campo. Elas podem ser purificadas semeando-as por estrias no ágar e, em seguida, incubando-as na ausência de oxigênio, um processo descrito no Capítulo 7. A microbiologia não existe apenas em livros ou em laboratórios. Ela encontra-se em todos os lugares à sua volta no mundo real – apenas procure por ela!

exemplo, a bactéria que causa o antraz, uma doença encontrada principalmente no gado, não produz uma cápsula quando cresce fora de um organismo, porém passa a apresentá-la quando infecta um animal. Normalmente, as cápsulas consistem em moléculas de polissacarídios complexas, dispostas em um gel frouxo. Entretanto, a composição química de cada cápsula é exclusiva da cepa da bactéria que a secretou. As bactérias que causam antraz possuem uma cápsula composta de proteína. Quando bactérias encapsuladas invadem um hospedeiro, a cápsula impede que as bactérias sejam destruídas pelos mecanismos de defesa do hospedeiro, como a fagocitose. Se perderem as suas cápsulas, as bactérias têm menos probabilidade de causar doença e tornam-se mais vulneráveis à destruição.

**Camada limosa.** Uma **camada limosa** está ligada menos firmemente ao envoltório celular e, em geral, é mais fina do que uma cápsula. Quando presente, protege a célula contra a desidratação, ajuda a capturar nutrientes próximos à célula e, algumas vezes, liga as células umas às outras. As camadas limosas permitem às bactérias aderirem a objetos em seus ambientes, como superfícies rochosas ou pelos radiculares de plantas, de modo que possam permanecer próximas a fontes de nutrientes ou de oxigênio. Esse "biofilme" protege as bactérias presentes na parte inferior das camadas de substâncias químicas do ambiente ou sintetizadas pelo homem. Algumas bactérias da boca, por exemplo, aderem por meio de suas camadas limosas e formam o biofilme dental (**Figura 5.17**). A camada limosa mantém as bactérias em estreita proximidade com a superfície do dente, onde podem causar cáries dentárias. O biofilme dental permanece fortemente ligado à superfície do dente. Se não for removido regularmente por meio de escovação, só poderá ser removida por um dentista, em um procedimento denominado *raspagem*.

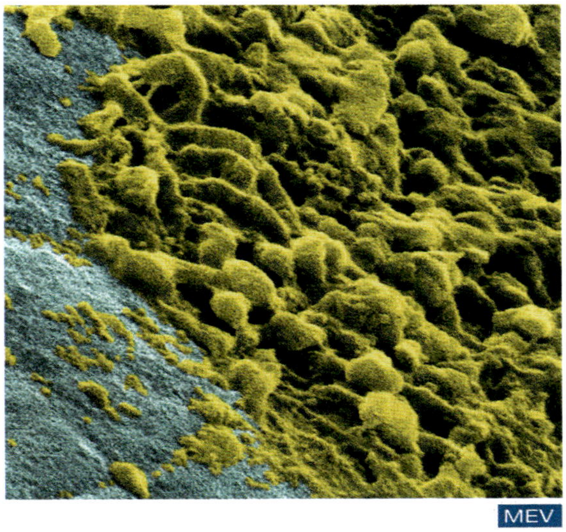


**Figura 5.17 Camada limosa.** Bactérias crescendo sobre o esmalte do dente, ao qual aderem inicialmente por meio da camada limosa (9.088×). Isso forma um "biofilme" e protege as bactérias na parte inferior da camada da pasta de dente e dos enxaguatórios bucais. (*Dr. Tony Brain/Science Source*.)

**PARE e RESPONDA**

1. Como as bactérias se movem na quimiotaxia? Diferencie as corridas dos giros e suas frequências.
2. Que risco correria uma espécie de bactéria formadora de esporo se ela não produzisse qualquer esporo até que as condições se tornassem adversas?
3. Quais são as funções dos *pili*?
4. Diferencie o núcleo do nucleoide.

# CÉLULAS EUCARIÓTICAS

## Visão geral da estrutura

As células eucarióticas são maiores e mais complexas do que as células procarióticas. A maioria das células eucarióticas apresenta um diâmetro de mais de 10 μm, e muitas delas são bem maiores. Elas também contêm uma variedade de estruturas altamente diferenciadas. Essas células constituem a unidade estrutural básica de todos os organismos nos reinos Protista, Plantae, Fungi e Animalia (ver Capítulo 10). Os organismos eucarióticos incluem os protozoários, as algas e os fungos microscópicos e, portanto, são apropriadamente considerados na microbiologia. A **Figura 5.18** ilustra a estrutura geral das células eucarióticas.

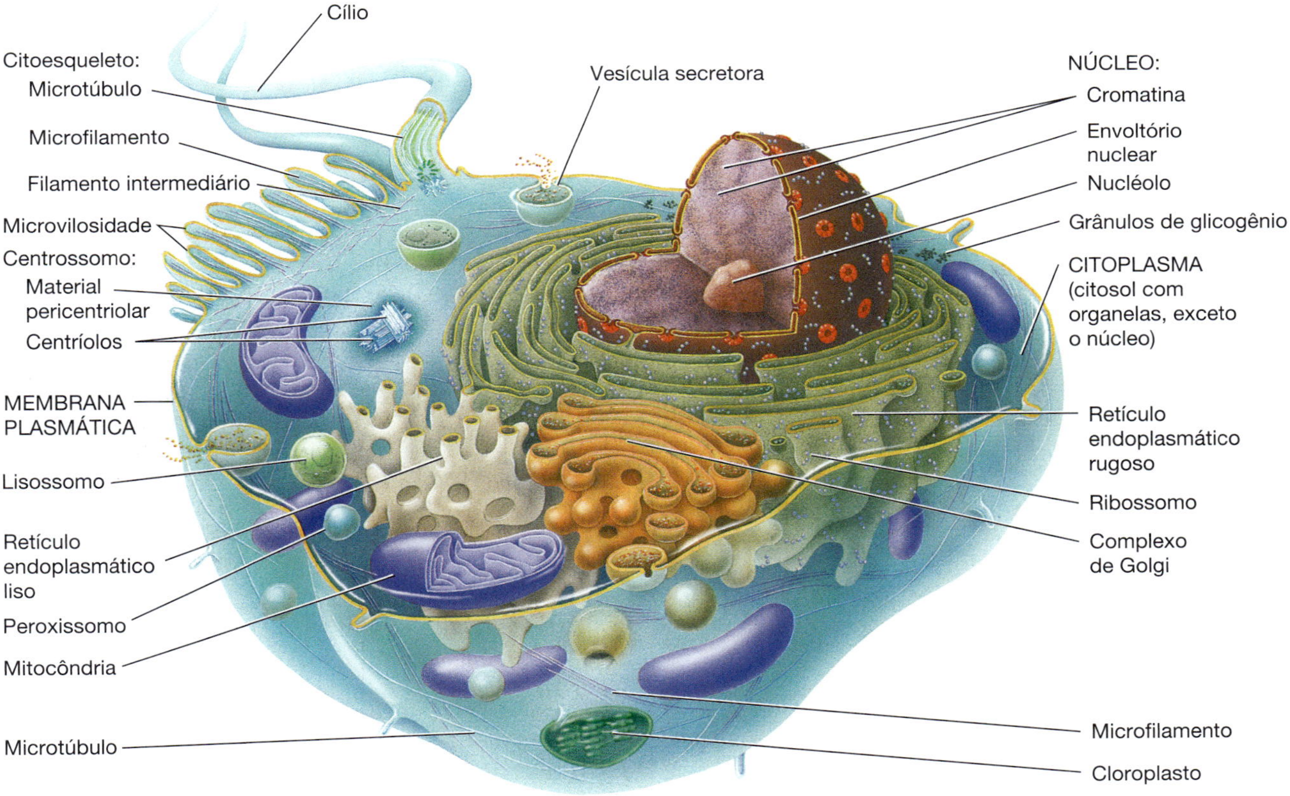




**Figura 5.18 Representação geral de uma célula eucariótica.** A maior parte dos componentes mostrados está presente em quase todas as células eucarióticas, porém alguns (os centríolos, as microvilosidades e os lisossomos) só ocorrem nas células animais, enquanto outros (os cloroplastos) são encontrados apenas em células capazes de realizar fotossíntese.

## Membrana plasmática

A membrana celular, ou **membrana plasmática**, de uma célula eucariótica possui a mesma estrutura em mosaico fluido de uma célula procariótica. Além disso, os eucariontes também contêm diversas organelas envolvidas por membranas, que apresentam uma estrutura membranácea semelhante.

As membranas dos eucariontes diferem das membranas procarióticas em alguns aspectos, particularmente na grande variedade de lipídios que elas contêm. As membranas eucarióticas possuem esteróis, que, nos procariontes, são apenas encontrados nos micoplasmas. Os esteróis conferem rigidez à membrana, e isso pode ser importante para manter as membranas intactas nas células eucarióticas. Em virtude de seu grande tamanho, as células eucarióticas apresentam uma relação superfície-volume muito menor que a das células procarióticas. À medida que o volume de citoplasma delimitado por uma membrana aumenta, a membrana é submetida a maior estresse. Os esteróis presentes na membrana podem ajudá-la a suportar o estresse.

Do ponto de vista funcional, as membranas plasmáticas dos eucariontes são menos versáteis do que as dos procariontes. Elas não possuem enzimas respiratórias que capturam a energia metabólica e a armazenam no ATP; durante o processo de evolução, a função foi assumida pelas mitocôndrias em todos os eucariontes, com poucas exceções.

## Estrutura interna

A estrutura interna das células eucarióticas é extremamente mais complexa que a das células procarióticas. É também muito mais organizada e contém numerosas organelas.

## Citoplasma

O citoplasma compreende uma porção relativamente menor das células eucarióticas do que das células procarióticas, porque grande parte do espaço em uma célula eucariótica é ocupado pelo *núcleo* e por muitas organelas. À semelhança do citoplasma das células procarióticas, o citoplasma das eucarióticas é uma substância semifluida, que consiste principalmente em água com as mesmas substâncias dissolvidas nela. Além disso, esse citoplasma contém elementos de um *citoesqueleto*, uma rede fibrosa que confere a essas células maiores a sua forma e suporte.

## Núcleo celular

A diferença mais óbvia entre as células eucarióticas e procarióticas é a presença de um núcleo nas células eucarióticas. O **núcleo celular** (Figura 5.19) é uma organela distinta envolvida por um envelope nuclear e que contém nucleoplasma, nucléolos e cromossomos (normalmente em pares). O **envelope nuclear** consiste em uma dupla membrana, em que cada camada é estruturalmente semelhante à membrana plasmática. Os **poros nucleares** no envelope possibilitam a saída de moléculas de RNA da porção semifluida do núcleo, conhecida como **nucleoplasma**, e sua participação na síntese de proteínas. Cada núcleo tem um ou mais **nucléolos**, que contêm uma quantidade significativa de RNA e funcionam como locais para a montagem dos ribossomos.

O núcleo da maioria dos organismos eucariontes também tem **cromossomos** pareados, contendo, cada um, DNA e proteínas denominadas **histonas**. As histonas contribuem diretamente para a estrutura dos cromossomos, e outras proteínas

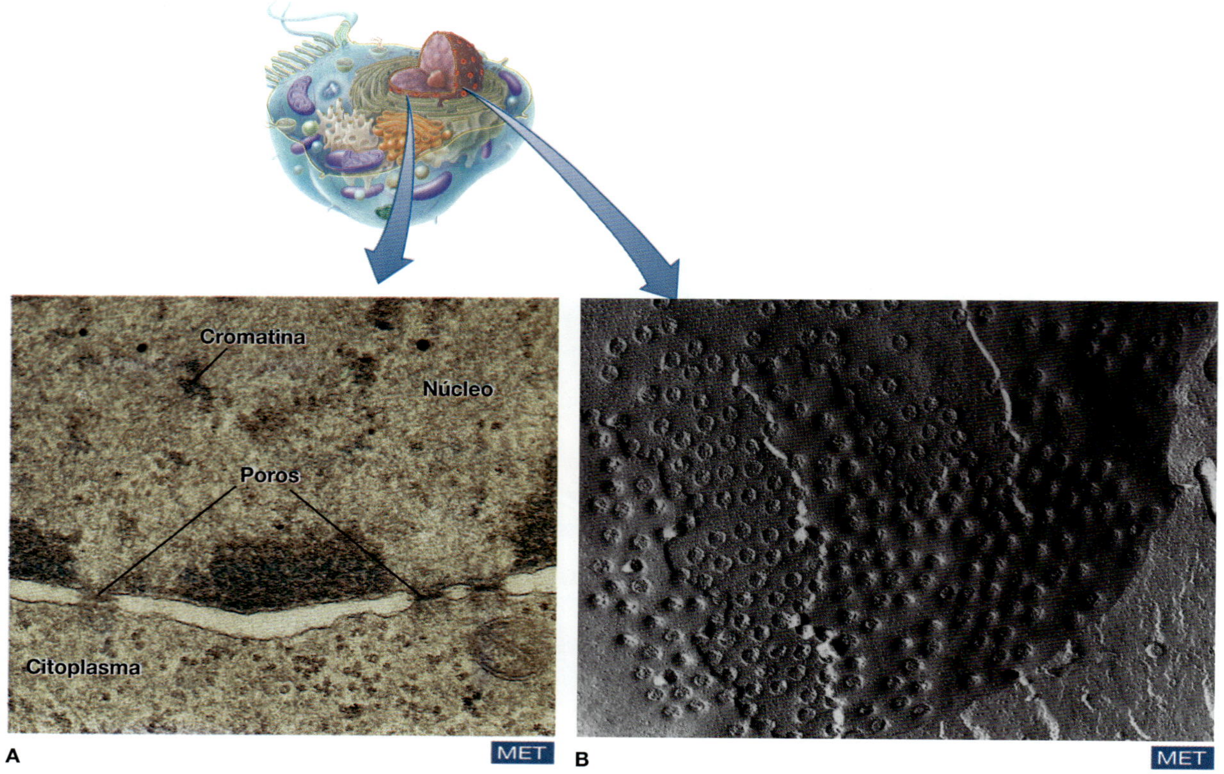


**Figura 5.19 Poros através do núcleo da célula. A.** O material granular e escuro é a cromatina. Os poros na membrana nuclear possibilitam a entrada e a saída de materiais (120.000×). (*Don Fawcett/Science Source.*) **B.** Criofratura de um núcleo (compare com a Figura 4.23). As numerosas estruturas circulares são os poros nucleares (213.429×). (*Don Fawcett/Science Source.*)

provavelmente regulam a função dos cromossomos. Durante a divisão celular, os cromossomos são extensamente enovelados e dobrados em estruturas compactas. Todavia, entre as divisões, os cromossomos estão desenovelados e visíveis apenas como um emaranhado de finos filamentos, denominado **cromatina**, que confere ao núcleo uma aparência granular.

Os núcleos das células eucarióticas dividem-se pelo processo de **mitose** (Figura 5.20A). Antes da divisão efetiva do núcleo, os cromossomos replicam-se mas permanecem ligados, formando **díades**. Na maioria das células eucarióticas, o envelope nuclear fragmenta-se durante a mitose, e um sistema de fibras muito pequenas, denominado **aparelho mitótico**, guia o movimento dos cromossomos. As díades agregam-se no centro do fuso mitótico e separam-se em cromossomos simples à medida que se movem ao longo das fibras em direção aos polos do fuso. Cada nova célula recebe uma cópia de cada cromossomo que estava presente na célula-mãe. Como a célula-mãe continha cromossomos em pares, a progênie também contém cromossomos em pares. As células com cromossomos pareados são designadas como células **diploides** (2*N*).

Durante a reprodução sexuada, os núcleos das células sexuais dividem-se por um processo denominado **meiose** (Figura 5.20B). Após a replicação dos cromossomos, formando díades, os pares de díades se juntam. Durante o curso de duas divisões celulares, as díades são distribuídas em quatro novas células. Desse modo, cada célula recebe apenas um cromossomo de cada par. Essas células são designadas como células **haploides** (1*N*). As células haploides podem se tornar gametas ou esporos. Os **gametas** são células haploides que participam da reprodução sexuada; os gametas de cada um dos dois organismos parentais unem-se para formar um **zigoto** diploide, que é a primeira célula de um novo indivíduo. Alguns **esporos** tornam-se dormentes, enquanto outros se reproduzem por mitose como células vegetativas haploides. Os esporos dormentes permitem a sobrevivência do organismo durante condições ambientais adversas. Quando as condições melhoram, os esporos germinam e começam a se dividir. Por fim, algumas dessas células produzem gametas, que podem se unir para formar zigotos. Dessa maneira, o organismo alterna entre gerações haploides e diploides.

## Mitocôndrias e cloroplastos

As **mitocôndrias**, conhecidas como as "usinas geradoras de energia" das células eucarióticas, são organelas de suma

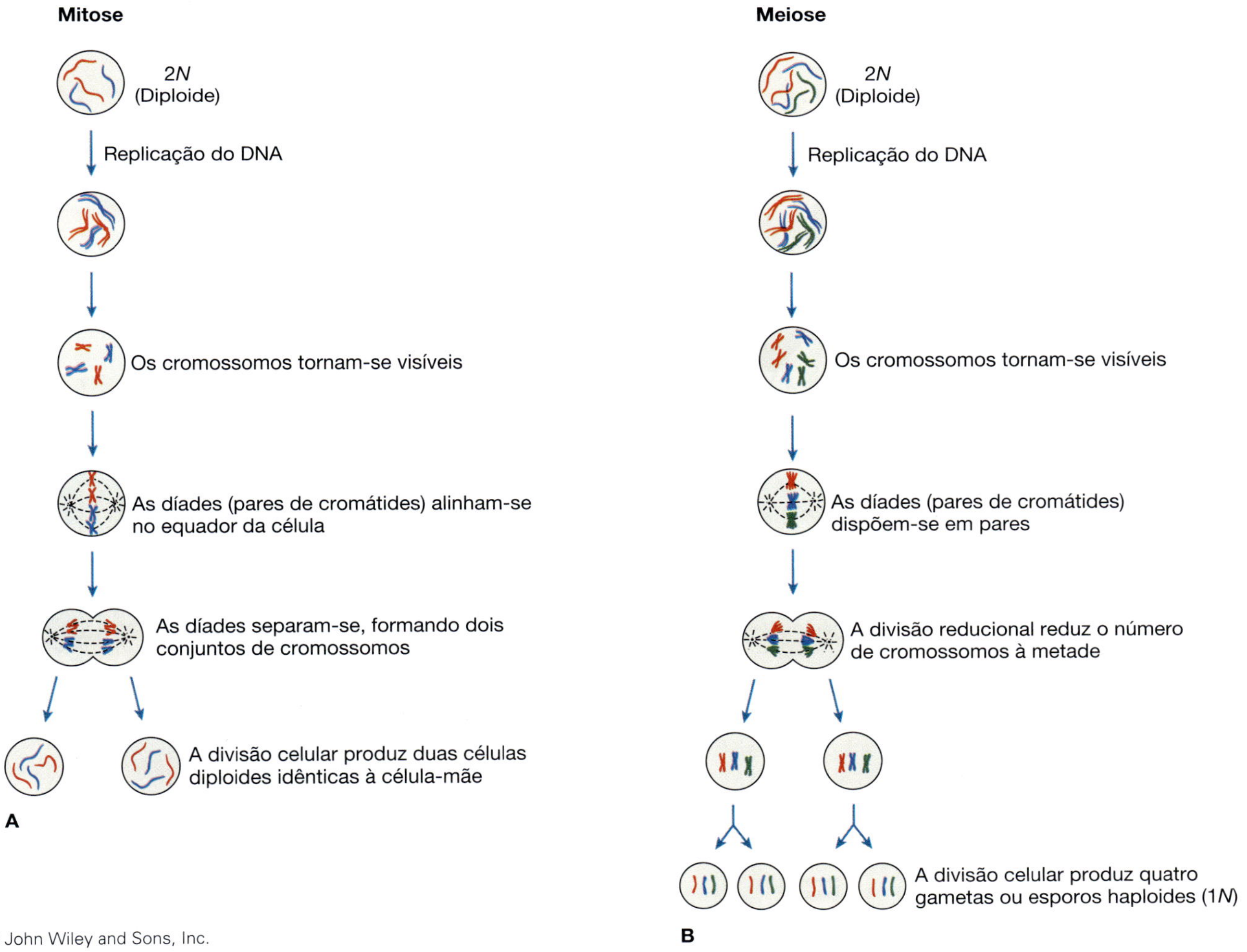




**Figura 5.20 Comparação entre mitose e meiose.** Ambos os processos são precedidos pela duplicação do DNA; pouco depois, os cromossomos tornam-se visíveis. **A.** A mitose produz duas células-filhas idênticas, com o mesmo número e tipos de cromossomos. **B.** Na meiose, duas divisões dão origem a quatro células, cada uma com metade do número de cromossomos da célula-mãe original. Por esse motivo, a meiose é algumas vezes denominada *divisão reducional*.

importância. São muito numerosas em algumas células e podem representar até 20% do volume celular. As mitocôndrias são estruturas complexas de cerca de 1 μm de diâmetro, com uma membrana externa, uma membrana interna e uma **matriz** preenchida de líquido delimitada pela membrana interna (Figura 5.21). A membrana interna é extensamente pregueada, formando **cristas**, que se estendem para dentro da matriz. As mitocôndrias realizam as reações oxidativas que captam a energia na forma de ATP. A energia armazenada como ATP representa uma forma de energia passível de ser usada pelas células para executar suas atividades.

As células eucarióticas capazes de realizar fotossíntese contêm **cloroplastos** (Figura 5.22). Essas organelas também possuem uma membrana externa e uma interna. O **estroma** interno dessas organelas corresponde estruturalmente à matriz das mitocôndrias. Diferentemente destas últimas, os cloroplastos possuem membranas internas separadas, denominadas **tilacoides**, que contêm o pigmento *clorofila*, que captura a energia da luz durante o processo de fotossíntese. Tanto as mitocôndrias quanto os cloroplastos contêm DNA e podem sofrer replicação independentemente da célula na qual desempenham suas funções. Esta e outras evidências levaram muitos biólogos a especular que essas organelas podem ter-se originado a partir de organismos de vida livre.

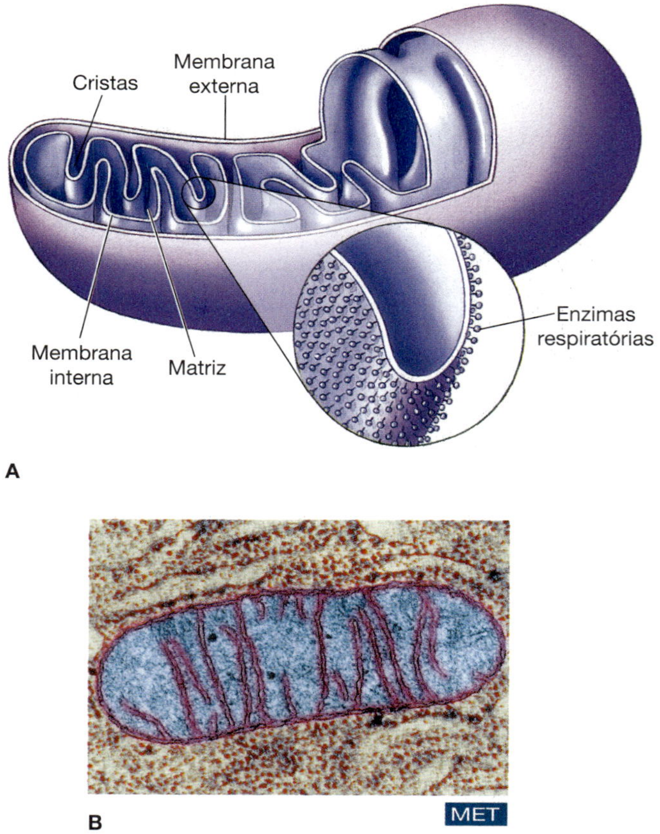


**Figura 5.21 Mitocôndrias. A.** As enzimas respiratórias que produzem o ATP estão localizadas na superfície da membrana interna e cristas, que são invaginações da membrana interna. **B.** MET de uma mitocôndria em corte longitudinal (45.000×). (*CNRI/Science Source.*)

## Ribossomos

Os ribossomos das células eucarióticas, que são maiores do que os das células procarióticas, são constituídos por cerca de 60% de RNA e 40% de proteínas. Apresentam um coeficiente de sedimentação de 80S, e suas subunidades têm coeficientes de sedimentação de 60S e 40S. A montagem dos ribossomos ocorre nos nucléolos do núcleo. Todos os ribossomos possuem sítios para a síntese de proteínas, e alguns estão dispostos em cadeias, na forma de polirribossomos. Os ribossomos que estão ligados a uma organela denominada *retículo endoplasmático* geralmente sintetizam proteínas a serem secretadas pela célula. Os que estão livres no citoplasma em geral produzem proteínas para uso na própria célula.

## Retículo endoplasmático

O **retículo endoplasmático (RE)** (ver Figura 5.18) é um extenso sistema de membranas que forma numerosos tubos e placas no citoplasma. O retículo endoplasmático pode ser de

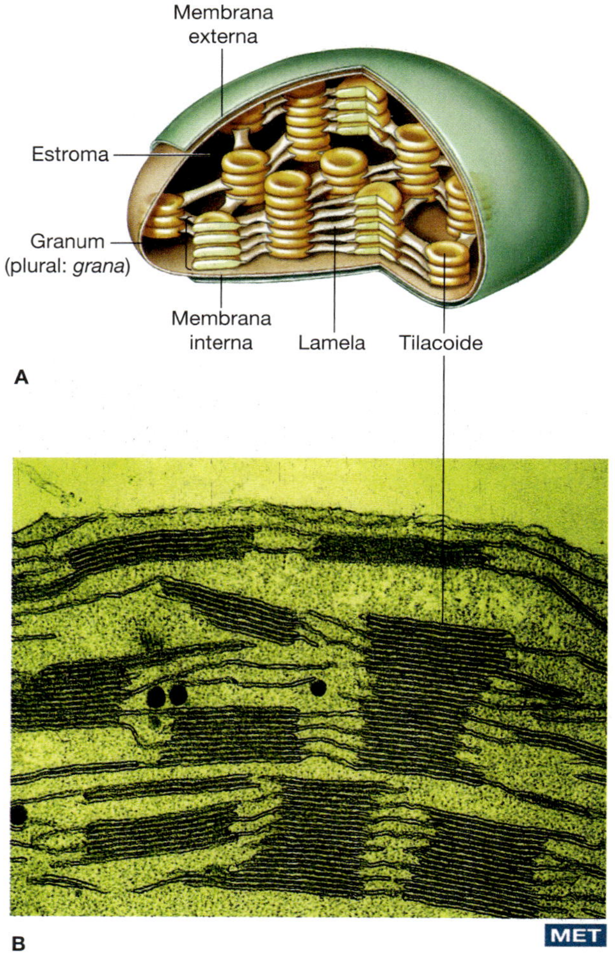


**Figura 5.22 Cloroplastos. A.** As membranas tilacoides contêm clorofila, outros pigmentos e enzimas necessárias para a fotossíntese. Os tilacoides dispõem-se em pilhas, denominadas *grana*, que são unidas por folhas planas membranosas denominadas *lamelas*. **B.** MET colorida de um cloroplasto (aumento de 61.680×) de uma folha de milho. (*Dr. Kenneth R. Miller/Science Source.*)

textura lisa ou rugosa. O *retículo endoplasmático liso* contém enzimas que sintetizam lipídios, particularmente aqueles utilizados na produção de membranas. O *retículo endoplasmático rugoso* possui ribossomos ligados à sua superfície, conferindo-lhe uma textura rugosa. Juntamente com os ribossomos, sua função consiste em sintetizar proteínas. As vesículas desse sistema de membranas transportam para o complexo de Golgi os lipídios e as proteínas sintetizados dentro ou sobre a membrana do retículo endoplasmático.

### Complexo de Golgi

O **complexo de Golgi** (ver Figura 5.18) consiste em uma "pilha de sacos membranosos achatados". O complexo de Golgi recebe substâncias transportadas a partir do retículo endoplasmático, as armazena e normalmente altera a sua estrutura química. Ele acondiciona essas substâncias em pequenos segmentos de membrana, denominados **vesículas secretoras**. Essas vesículas fundem-se com a membrana plasmática e liberam as secreções para o exterior da célula. O complexo de Golgi também ajuda a formação da membrana plasmática e das membranas dos lisossomos.

### Lisossomos

Os **lisossomos** (ver Figura 5.18) são organelas extremamente pequenas, cobertas por membrana e produzidas pelo complexo de Golgi nas células animais. Contêm múltiplos tipos de enzimas digestivas, que poderiam destruir uma célula se essas enzimas fossem liberadas no citoplasma. Os lisossomos fundem-se com os *vacúolos*, que se formam à medida que uma célula ingere substâncias, e liberam então as enzimas que digerem as substâncias existentes no interior dos vacúolos. Muitas bactérias que penetram nas células, particularmente as que são fagocitadas por leucócitos, são destruídas por enzimas lisossômicas.

### Peroxissomos

Os **peroxissomos** são pequenas organelas envoltas por membrana e repletas de enzimas. Os peroxissomos são encontrados nas células tanto animais quanto vegetais, porém parecem desempenhar funções diferentes nesses dois tipos de células. Nas células animais, suas enzimas oxidam aminoácidos, ao passo que, nas células vegetais, elas normalmente oxidam gorduras. Os peroxissomos são assim denominados pela capacidade de suas enzimas de converter o peróxido de hidrogênio em água nas células tanto animais quanto vegetais. Se o peróxido de hidrogênio se acumulasse nas células, as levaria à morte, exatamente como mata as bactérias quando os seres humanos o utilizam como antisséptico.

### Vacúolos

Nas células eucarióticas, os **vacúolos** são estruturas envoltas por membrana, que armazenam materiais como amido, glicogênio ou gordura para serem usados como energia. Alguns vacúolos formam-se quando as células ingerem partículas de alimentos. Conforme assinalado anteriormente, o conteúdo desses vacúolos é finalmente digerido por enzimas lisossomais. Os vacúolos repletos de água contribuem para a rigidez das células vegetais. A perda dessa água provoca definhamento das estruturas vegetais.

### Citoesqueleto

O **citoesqueleto** é uma rede de fibras proteicas constituída por **microtúbulos** (que são tubos ocos) e **microfilamentos** (que são fibras filamentosas). O citoesqueleto sustenta e fornece rigidez e formato à célula. Ele também participa dos movimentos celulares, como os que ocorrem quando as células englobam substâncias ou quando realizam *movimentos ameboides* (que são explicados posteriormente neste capítulo). Estudos recentes indicam que algumas bactérias podem ter túbulos e filamentos semelhantes aos encontrados nos eucariontes.

## Estrutura externa

À semelhança das células procarióticas, as estruturas externas das células eucarióticas ajudam o movimento ou proporcionam um revestimento protetor para a membrana plasmática. Essas estruturas incluem flagelos, cílios, paredes celulares e outros revestimentos. Embora os *pseudópodes* não sejam, estritamente falando, estruturas externas, eles realizam movimentos e, por isso, são discutidos aqui. As células das algas e dos vegetais clorofilados macroscópicos possuem paredes celulares, e alguns protozoários apresentam revestimentos celulares especiais.

### Flagelos

Os flagelos nos eucariontes, que são maiores e mais complexos do que os dos procariontes (**Figura 5.23A**), consistem em dois microtúbulos centrais e nove pares de microtúbulos periféricos (uma disposição 9 + 2) circundados por uma membrana (**Figura 5.23B**). Cada fibra é um microtúbulo composto da proteína *tubulina*. Um desses microtúbulos tem aproximadamente o mesmo tamanho de um flagelo completo de procarionte. Associadas a cada par de microtúbulos periféricos, são encontradas pequenas moléculas da proteína *dineína*. Os flagelos dos eucariontes movem-se como um chicote (**Figura 5.23C**), enquanto os flagelos dos procariontes movem-se como um gancho giratório. Um mecanismo do movimento flagelar dos eucariontes consiste na formação de uma ponte cruzada entre a dineína e outras proteínas flagelares. Por meio de hidrólise do ATP, a dineína desempenha um papel na conversão da energia química do ATP em energia mecânica, que possibilita o movimento do flagelo. Acredita-se que os microtúbulos no flagelo deslizem em direção à base da célula ou afastando-se dela, de uma maneira semelhante a uma onda promovendo o movimento de todo o flagelo.

Os flagelos são mais comuns entre os protozoários, mas também são encontrados entre as algas. A maioria dos eucariontes flagelados tem um flagelo, porém alguns têm dois ou mais. As únicas células humanas flageladas são os espermatozoides.

### Cílios

Os **cílios** são mais curtos e mais numerosos do que os flagelos, mas possuem a mesma composição química e disposição básica dos microtúbulos. Os cílios são encontrados principalmente entre os protozoários ciliados, que têm 10.000 ou mais cílios distribuídos pela sua superfície celular (ver Figura 5.23). Cada cílio passa por um ciclo de "golpe e recuperação" quando age. Juntos, os cílios de um organismo batem de acordo com um padrão coordenado, criando uma onda que passa de uma

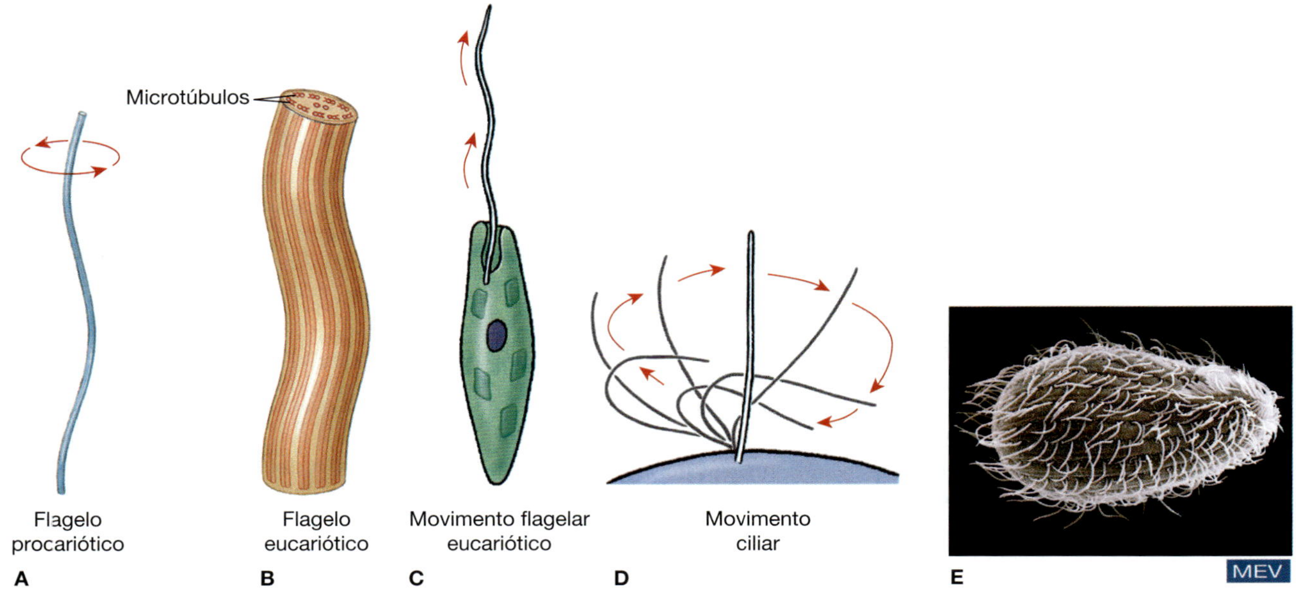


**Figura 5.23 Comparação entre os flagelos dos procariontes e os dos eucariontes.** A. Flagelo de procarionte. B. Flagelo de eucarionte. Observe a diferença substancial entre o diâmetro dessas duas estruturas. C. Movimento de um flagelo eucariótico. D. Movimento ciliar. E. Protozoário ciliado. (*Aaron J. Bell/Science Source.*)

extremidade do organismo para a outra. O grande número de cílios e seus batimentos coordenados permitem que organismos ciliados, como os paramécios, possam se movimentar mais rapidamente do que os com flagelos. Em algumas células, os cílios também podem propelir líquidos, partículas dissolvidas, bactérias, muco, entre outros ao longo da célula. Essa função pode assumir grande importância na defesa do hospedeiro contra doenças, particularmente no sistema respiratório, onde, nos seres humanos, é conhecida como "escada rolante mucociliar".

## Pseudópodes

Os **pseudópodes**, ou "pés falsos", são projeções temporárias do citoplasma associadas ao **movimento ameboide**. Esse tipo de movimento ocorre apenas em células sem paredes, como as amebas e alguns leucócitos, e somente quando a célula está em repouso sobre uma superfície sólida. Quando uma ameba estende parte de seu corpo para formar um pseudópode, o citoplasma é muito menos denso no pseudópode do que nas outras regiões da célula (Figura 5.24). Em consequência, o citoplasma de outras partes do organismo flui para dentro do pseudópode pela **ciclose citoplasmática**. O movimento ameboide é um processo lento e gradual.

## Paredes celulares

Diversos organismos eucarióticos unicelulares possuem paredes celulares, nenhuma das quais contém o peptidoglicano que é característico das bactérias. As paredes celulares das algas consistem principalmente em celulose, porém algumas contêm outros polissacarídios. As paredes celulares dos fungos são constituídas de celulose ou quitina ou de ambas. A *quitina* é um polissacarídio estrutural, que também é comum no exoesqueleto dos artrópodes, como insetos e crustáceos. Os protozoários possuem revestimentos externos flexíveis, denominados películas. Independentemente da composição, a parede celular confere rigidez às células e as protege de sua ruptura quando a água do meio penetra no seu interior.

*O movimento ameboide resulta da interação entre os filamentos de actina e de miosina, à semelhança daqueles presentes em nossos músculos.*

## BIOTECNOLOGIA

### Qual é a procedência de seu DNA?

Os núcleos das células eucarióticas podem ser removidos das células de uma espécie (como os seres humanos) e implantados no citoplasma do óvulo de outra célula (como uma vaca) da qual removeu-se o núcleo original. Entretanto, as mitocôndrias citoplasmáticas da segunda espécie conservam seu próprio DNA. Pode ocorrer desenvolvimento do embrião resultante, porém ele terá DNA das duas espécies. Isso confere um novo significado à letra de uma música *country* norte-americana, de 1975, intitulada "Mamas, Don't Let Your Babies Grow Up to Be Cowboys" ("Mães, não deixem seus filhos crescerem para serem caubóis", em tradução livre).

## EVOLUÇÃO POR ENDOSSIMBIOSE

Os biólogos acreditam que a vida surgiu na Terra (ou talvez tenha sido "semeada" por meteoritos) há aproximadamente 4 bilhões de anos, na forma de organismos simples, muito semelhantes aos procariontes de hoje. Entretanto, evidências obtidas de fósseis sugerem que os organismos eucariontes surgiram há apenas cerca de 1 bilhão de anos. Não se sabe como ocorreu o desenvolvimento dos eucariontes a partir dos

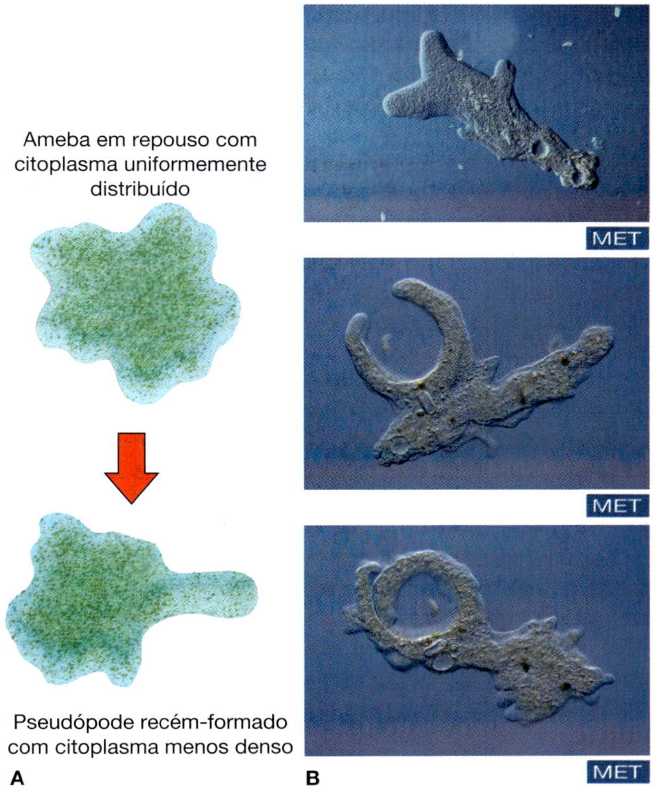


**Figura 5.24 Pseudópodes. A.** Formação de um pseudópode, uma extensão citoplasmática que permite a organismos como as amebas mover-se e capturar alimentos. **B.** Micrografias de uma ameba englobando partículas de alimento (53×). (*Parte superior: M.I. Walker/Science Source; centro e parte inferior: Wim van Egmond/Getty Images.*)

procariontes, porém a **teoria endossimbiótica** oferece uma explicação plausível. Como já vimos, a principal diferença entre procariontes e eucariontes é a presença nestes últimos de organelas especializadas delimitadas por membrana, incluindo um núcleo verdadeiro. De acordo com a teoria da endossimbiose, as organelas das células eucarióticas surgiram a partir de células procarióticas, que desenvolveram uma relação *simbiótica* com a célula eucarionte em formação. A simbiose é uma relação entre dois tipos diferentes de organismos que vivem em contato íntimo. Se um deles viver dentro do outro, a relação é conhecida como *endossimbiose*.

Sugere-se que a primeira célula eucariótica foi uma célula semelhante a uma ameba que, de algum modo, desenvolveu um núcleo. Conhecendo a facilidade com que porções da membrana celular se destacam para formar vesículas, é fácil imaginar que um cromossomo primitivo pode ter sido envolvido por uma membrana, criando, dessa maneira, um núcleo rudimentar. Esse eucarionte primitivo provavelmente era uma célula fagocítica, isto é, uma célula que obtém os nutrientes englobando materiais presentes no seu meio ambiente, incluindo, presumivelmente, outras células. Embora as células procarióticas fagocitadas provavelmente fossem, em sua maioria, digeridas e usadas como fonte de nutriente para o fagócito, algumas aparentemente sobreviveram e tornaram-se residentes permanentes dentro do citoplasma, incorporando-se finalmente como organelas. Ambos os organismos se beneficiaram desse arranjo. Os procariontes englobados eram protegidos pelo eucarionte, e este adquiria algumas capacidades novas em virtude da presença de seus simbiontes.

As evidências que sustentam essa teoria provêm de uma comparação das características das organelas eucarióticas com as dos organismos procariontes:

- As mitocôndrias e os cloroplastos têm aproximadamente o mesmo tamanho das células procarióticas
- Diferentemente de outras organelas, as mitocôndrias e os cloroplastos possuem seu próprio DNA. O DNA das organelas está presente na forma de uma única molécula circular, semelhante ao cromossomo de um procarionte (Figura 5.25)
- As organelas possuem seus próprios ribossomos 70S, que são semelhantes aos ribossomos dos procariontes, diferentemente dos ribossomos 80S dos eucariontes
- O DNA das organelas e os ribossomos realizam a síntese de proteínas pelo mesmo processo que ocorre nas bactérias, diferentemente da síntese que ocorre quando dirigida pelo DNA nuclear dos eucariontes modernos
- Os antibióticos que inibem a síntese de proteínas pelos ribossomos bacterianos exercem o mesmo efeito sobre os ribossomos dos cloroplastos e das mitocôndrias
- As mitocôndrias e os cloroplastos sofrem divisão independentemente do ciclo celular dos eucariontes, por meio de fissão binária
- As estruturas de dupla membrana das mitocôndrias e dos cloroplastos assemelham-se fortemente às membranas celulares das bactérias gram-negativas, apresentando o mesmo tipo de poros
- Os cloroplastos assemelham-se estreitamente à estrutura das cianobactérias procarióticas fotossintéticas que contêm clorofila
- O DNA mitocondrial corresponde mais estreitamente ao DNA da bactéria *Rickettsia prowazekii*.

Além disso, a noção de procariontes endossimbióticos que residem dentro de eucariontes não é uma mera especulação. Exemplos dessas relações são abundantes na natureza. Certos eucariontes que vivem em ambientes com baixo teor de oxigênio não possuem mitocôndrias; apesar disso, continuam sobrevivendo muito bem, graças às bactérias que residem no seu interior e atuam como "mitocôndrias substitutas". Os protistas que vivem de modo simbiótico no intestino posterior de cupins são, por sua vez, colonizados por bactérias simbióticas semelhantes às mitocôndrias no seu tamanho e distribuição (Figura 5.26). Nessa condição de baixo teor de oxigênio, as bactérias funcionam melhor do que as mitocôndrias. Elas oxidam alimentos e fornecem energia na forma de ATP a seu parceiro protista. Alguns eucariontes primitivos ainda hoje são desprovidos de mitocôndrias. *Giardia*, um protista parasita que provoca diarreia, é um exemplo de eucarionte que provavelmente nunca adquiriu quaisquer mitocôndrias.

Existe uma ameba gigante, *Pelomyxa palustris*, que vive na lama do fundo de lagos. Ela também não apresenta mitocôndrias e possui, pelo menos, dois tipos de bactérias endossimbióticas. O uso de antibióticos para matar apenas as bactérias leva ao acúmulo de ácido láctico na ameba. Isso sugere que as bactérias oxidam os produtos finais da fermentação da glicose, uma função normalmente exercida pelas mitocôndrias. O que mais podem fazer as mitocôndrias? Elas precisam exercer alguma função necessária para a formação

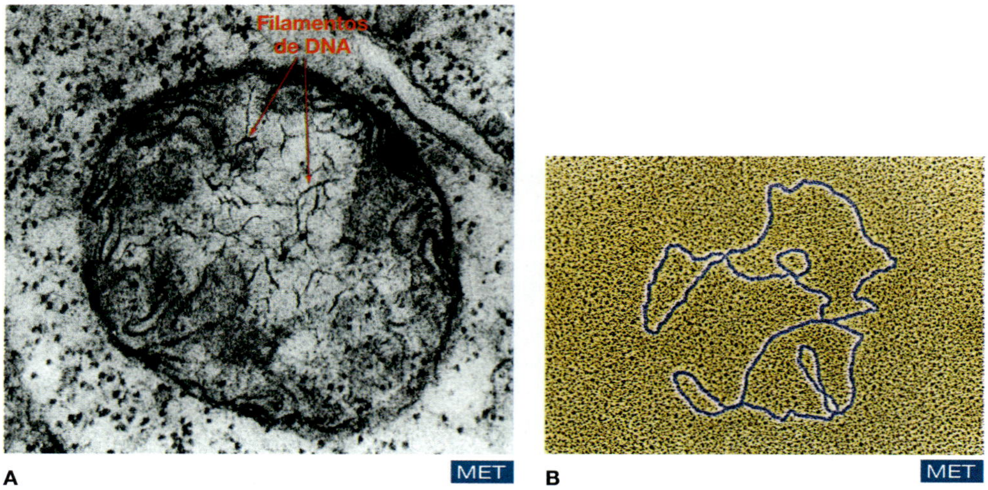


**Figura 5.25 As mitocôndrias, como organismos antigamente independentes, têm seu próprio DNA. A.** Filamentos de DNA vistos no interior da mitocôndria de uma célula de rã (390.206×). (*Don W. Fawcett/Science Source.*) **B.** Filamentos de DNA (5 a 6 μm de comprimento) isolados da mitocôndria. (*Don W. Fawcett/Science Source.*)

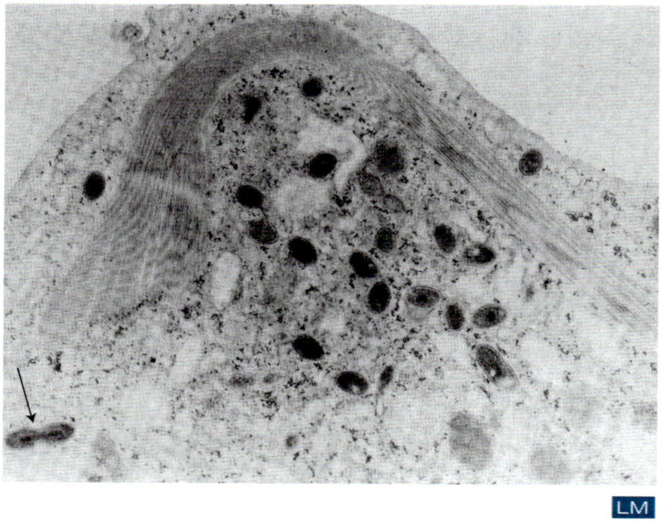


**Figura 5.26 Endossimbiose.** No citoplasma de *Pyrsonympha*, um protista que vive de modo simbiótico no intestino posterior de cupins, as bactérias (ovais escuras) atuam como mitocôndrias para o protista. À esquerda, na parte inferior, uma das bactérias está se dividindo (seta). (*Micrografia de David G. Chase de Early Life by Lynn Margulis ©1984 by Jones & Bartlett Publishers, Inc., Fig. 4-8, p. 90.*)

ou o funcionamento do complexo de Golgi. Esse grupo inclui todos os procariontes. Talvez a integração de endossimbiontes bacterianos dentro de uma célula tenha levado ao desenvolvimento das mitocôndrias e do complexo de Golgi.

Dra. Lynn Margulis propõe que tanto os flagelos quanto os cílios dos eucariontes (ela os denomina "undulipódios") tenham se originado de associações simbióticas de bactérias móveis, denominadas espiroquetas, com protistas não fotossintéticos. Essas associações entre espécies atuais são bem conhecidas. *Mixotricha paradoxa*, um endossimbionte protista encontrado no intestino posterior do cupim australiano *Mastotermes darwiniensis*, utiliza os quatro flagelos em sua extremidade frontal para guiar o seu movimento, porém depende do meio milhão de espiroquetas que cobre a sua superfície para a sua força propulsora. Essas espiroquetas têm uma tendência natural a revestir superfícies vivas ou mortas. Filmagens notáveis mostram que, uma vez fixadas, elas coordenam suas ondulações e batem em uníssono, propelindo a célula hospedeira para a frente. Margulis formulou a hipótese de que algumas espiroquetas antigas integraram-se às suas células hospedeiras, transformando-se em cílios e flagelos. Ela ainda sugere que outras espiroquetas tenham sido introduzidas dentro da célula (um processo que pode ser observado em espécies modernas), transformando-se finalmente em microtúbulos.

As espiroquetas aparentemente teriam obtido nutrientes que escapavam do eucarionte, enquanto lhe proporcionavam motilidade. Os poliquetas *Riftia pachyptila* (1,80 m de comprimento), que vivem perto de fontes hidrotermais nas profundezas dos oceanos, não apresentam boca, ânus nem sistema digestório. O que os mantêm vivos? Seus tecidos internos são colonizados por bactérias procarióticas endossimbióticas. As bactérias geram energia por meio do metabolismo do sulfeto de hidrogênio expelido das fontes hidrotermais. A energia em excesso é transferida para os poliquetas. Existe uma relação semelhante entre bactérias endossimbióticas e moluscos gigantes que vivem nas fontes hidrotermais. A endossimbiose é um padrão de vida comum.

## MOVIMENTO DAS SUBSTÂNCIAS ATRAVÉS DAS MEMBRANAS

A célula viva, seja ela procariótica ou eucariótica, é uma entidade dinâmica. A célula é separada de seu ambiente por uma membrana, através da qual há um constante movimento de substâncias de maneira cuidadosamente controlada. Para compreender como uma célula funciona, é essencial entender como esses movimentos ocorrem. As substâncias polares muito pequenas, como a água, pequenos íons e pequenas moléculas hidrossolúveis, provavelmente passam através dos poros da membrana. As substâncias não polares, como os lipídios e outras partículas sem carga elétrica (moléculas ou íons), dissolvem-se e passam através dos lipídios da membrana. Outras substâncias ainda atravessam a membrana por meio de moléculas carreadoras. A maioria das grandes moléculas é incapaz de entrar nas células sem o auxílio de carreadores específicos.

Os mecanismos pelos quais as substâncias se movem através das membranas podem ser passivos ou ativos. No transporte passivo, a célula não gasta nenhuma energia para mover as substâncias ao longo de um *gradiente de concentração*, isto é, da maior concentração para a menor. Os processos passivos incluem a *difusão simples*, a *difusão facilitada* e a *osmose*. Nos processos ativos, a célula gasta energia do ATP, possibilitando o transporte de substâncias contra um gradiente de concentração. Esse processo inclui o *transporte ativo*. Os processos de *endocitose* e *exocitose*, que só ocorrem nas células eucarióticas, são mecanismos separados para o movimento de substâncias através da membrana plasmática.

## Difusão simples

Todas as moléculas têm energia cinética, isto é, estão constantemente em movimento e são continuamente redistribuídas. A **difusão simples** consiste no movimento efetivo de partículas de uma região de maior concentração para uma região de menor concentração (**Figura 5.27**). Por exemplo, suponha que você deixe cair um torrão de açúcar em uma xícara de café. No início, existe um gradiente de concentração, em que a concentração de açúcar é máxima no torrão e mínima na borda da xícara. Entretanto, com o passar do tempo, as moléculas de açúcar tornam-se uniformemente distribuídas por todo o café (elas alcançam o *equilíbrio*), mesmo sem agitá-lo.

A difusão ocorre devido ao movimento aleatório das partículas. Embora se movam em alta velocidade, as partículas não vão longe em uma linha reta antes de colidir com outras partículas em movimento aleatório. Mesmo assim, algumas partículas de uma região de alta concentração movem-se finalmente para uma região de menor concentração. Um número menor de partículas move-se na direção contrária por dois motivos: (1) há menor quantidade dessas partículas em regiões de baixa concentração, e (2) elas tendem a ser repelidas pela colisão com partículas da região de alta concentração.

O tempo necessário para que ocorra difusão das partículas através de uma célula aumenta de acordo com o seu diâmetro. Os materiais podem difundir-se muito rapidamente através de pequenas células procarióticas e com velocidade suficiente em células eucarióticas maiores para suprir os nutrientes e remover os resíduos com bastante eficiência. Se as células fossem muito maiores, a difusão através da célula seria muito lenta para sustentar a vida, de modo que as taxas de difusão podem ser responsáveis, em parte, pela limitação do tamanho das células.

A presença de qualquer membrana limita seriamente a difusão, porém muitas substâncias difundem-se através dos lipídios das membranas. A difusão através da bicamada fosfolipídica é afetada por diversos fatores: (1) a solubilidade da

## SAIBA MAIS

### Um microrganismo dentro de outro

Se a mitocôndria era originalmente uma bactéria, o que outra bactéria estaria fazendo no interior de uma mitocôndria? Comendo-a, naturalmente! Os pesquisadores, estudando o carrapato *Ixodes ricinus*, o principal vetor da doença de Lyme, identificaram um DNA estranho nas amostras. Buscaram sua origem e o atribuíram a uma nova espécie de bactéria que vive no interior dos ovos nos ovários da fêmea do carrapato. Entretanto, os novos "microrganismos" estavam dentro das mitocôndrias, e não no citoplasma. Entraram de alguma maneira, entre as membranas interna e externa das mitocôndrias e comeram todo o seu conteúdo, deixando apenas a membrana externa. Os carrapatos não parecem ser prejudicados com isso. Talvez seja devido ao fato de que essa nova bactéria só coma cerca da metade das mitocôndrias.

Impressionados com o primeiro caso até agora conhecido de uma bactéria infectando uma mitocôndria, os pesquisadores obtiveram outros carrapatos da mesma espécie de todas as partes do mundo. E, realmente, 100% das amostras das fêmeas continham a mesma bactéria infectando seus ovos. Em 2006, a bactéria recebeu oficialmente o nome de *Midichloria mitochondril*.

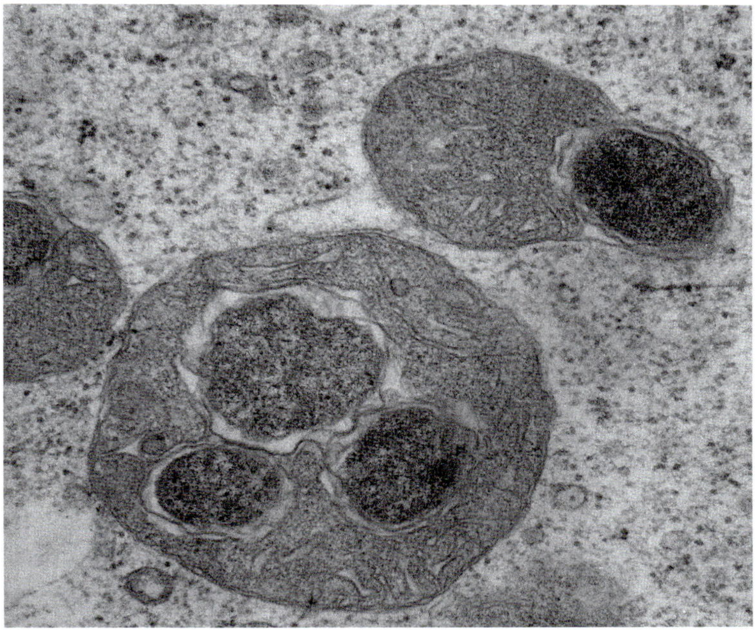

Bactérias simbióticas nas mitocôndrias de um carrapato. Observe que essas mitocôndrias são grandes o suficiente para acomodar facilmente as bactérias. (*Cortesia de Luciano Sacchi, University of Pavia, Itália.*)

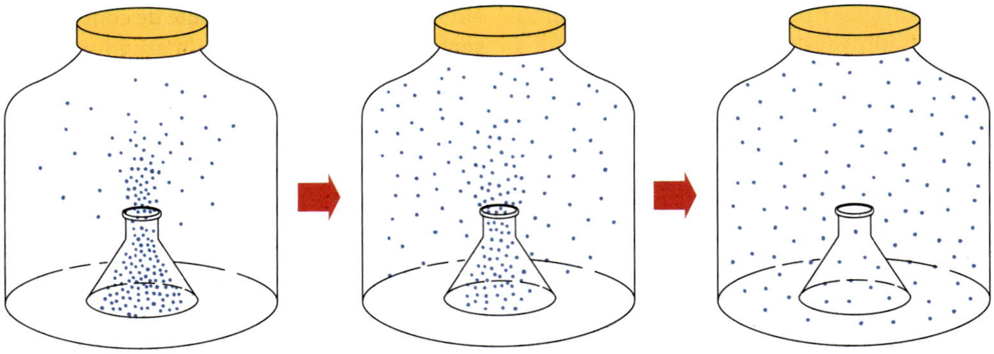



**Figura 5.27 Difusão simples.** Os movimentos aleatórios das moléculas fazem com que elas se espalhem (sofram difusão) de uma área de alta concentração para áreas de menor concentração, até que finalmente alcancem uma distribuição igual por todo o espaço disponível (*i. e.*, alcancem o equilíbrio).

substância que sofre difusão nos lipídios, (2) a temperatura e (3) a diferença entre a concentração mais alta e a concentração mais baixa da substância em processo de difusão. As substâncias não polares, como esteroides e gases ($CO_2$, $O_2$), atravessam rapidamente a membrana, dissolvendo-se nas caudas de ácidos graxos não polares dos fosfolipídios da membrana.

Algumas substâncias também se difundem através de poros. Essa difusão é afetada pelo tamanho e pela carga elétrica das partículas em difusão e pelas cargas na superfície dos poros. Os poros provavelmente têm um diâmetro inferior a 0,8 nm, de modo que apenas a água, pequenas moléculas hidrossolúveis e íons, como $H^+$, $K^+$, $Na^+$ e $Cl^-$, podem atravessá-los. Esta é uma das razões pelas quais a membrana é descrita como **seletivamente permeável** (*semipermeável*).

## Difusão facilitada

A **difusão facilitada** é a difusão que ocorre ao longo de um gradiente de concentração e através de uma membrana com o auxílio de poros especiais ou moléculas carreadoras. De fato, as membranas contêm poros proteicos para íons específicos. Esses poros apresentam uma disposição de cargas elétricas que possibilita a rápida passagem de determinados íons. As moléculas carreadoras são proteínas inseridas na membrana, que se ligam a uma ou algumas moléculas específicas e auxiliam o seu movimento. Por meio de um possível mecanismo de difusão facilitada, um carreador atua como porta giratória que proporciona um canal de sentido único conveniente para o movimento de substâncias através da membrana (Figura 5.28). As moléculas carreadoras podem se tornar saturadas, e moléculas semelhantes algumas vezes competem pelo mesmo carreador. Ocorre saturação quando todas as moléculas carreadoras estão movimentando a substância em difusão o mais rápido possível. Nessas condições, a velocidade de difusão alcança o seu máximo e não pode aumentar mais do que isso. Quando uma molécula carreadora pode transportar mais de uma substância, as substâncias competem pelo carreador de modo proporcional às suas concentrações. Por exemplo, se houver duas vezes mais substância A do que B, a substância A atravessará a membrana duas vezes mais rapidamente do que a substância B.

## Osmose

A **osmose** é um caso especial de difusão em que moléculas de água se difundem através de uma membrana seletivamente permeável. Para demonstrar a osmose, iremos começar com dois compartimentos separados por uma membrana apenas permeável à

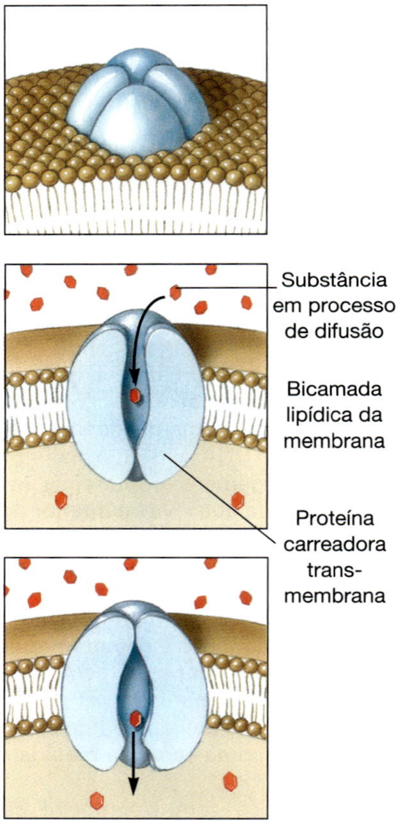





**Figura 5.28 Difusão facilitada.** Moléculas de proteínas carreadoras ajudam o movimento de substâncias através da membrana celular, porém apenas ao longo de seu gradiente de concentração (de uma região de alta concentração para uma região onde a sua concentração é baixa). Esse processo não exige o gasto de nenhuma energia (ATP) pela célula.

água. Um dos compartimentos contém água pura, enquanto o outro contém algumas moléculas grandes, como proteínas ou açúcares, que não podem se difundir (Figura 5.29A). As moléculas de água movem-se em ambas as direções, mas o movimento efetivo é da água pura (concentração de 100%) para a água que contém outras moléculas (concentração inferior a 100%; Figura 5.29B). Assim, a osmose consiste no fluxo efetivo de moléculas de água de uma região de maior concentração de moléculas de água para uma região de menor concentração através de uma membrana semipermeável (Figura 5.29C).

A **pressão osmótica** é definida como a pressão necessária para *impedir* o fluxo efetivo de água por osmose. A quantidade mínima de pressão hidrostática necessária para impedir o movimento de água de uma determinada solução em direção a água pura é a pressão osmótica da solução. A pressão osmótica de uma solução é proporcional ao número de partículas dissolvidas em determinado volume dessa solução. Assim, o NaCl e outros sais que formam dois íons por molécula exercem duas vezes mais pressão osmótica do que a glicose e outras substâncias que não sofrem ionização, contanto que cada composto esteja presente na mesma concentração.

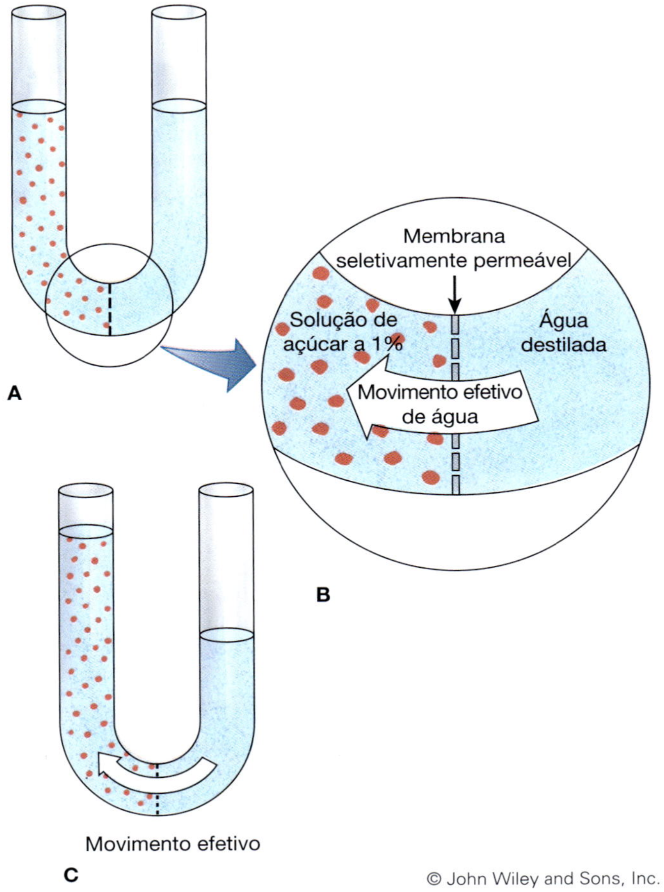


**Figura 5.29 Osmose. A.** A difusão de água de uma área com maior concentração de água (lado direito) para uma área de menor concentração (lado esquerdo) através de uma membrana semipermeável. **B.** Aqui, o movimento efetivo de água ocorre em direção à solução de açúcar, visto que a concentração de água nessa solução é ligeiramente menor que a do outro lado da membrana. **C.** Em consequência do movimento efetivo de água, a coluna sobe à esquerda.

O aspecto importante para um microbiologista no que concerne à osmose e pressão osmótica é saber como as partículas dissolvidas em meios líquidos afetam os microrganismos nesses meios (Figura 5.30). Para esse propósito, a tonicidade é um conceito útil. A *tonicidade* descreve o comportamento das células em meio líquido. As células são o ponto de referência, e os meios líquidos são comparados com elas. O líquido que envolve as células é **isotônico** para elas quando não há nenhuma alteração no volume da célula (ver Figura 5.30A). O líquido é **hipotônico** para as células se elas incham ou sofrem ruptura à medida que a água se move do meio para dentro delas (ver Figura 5.30B). O líquido é **hipertônico** para as células quando elas diminuem de tamanho ou encolhem à medida que a água se move para fora delas em direção ao meio líquido (ver Figura 5.30C). Embora as bactérias se tornem desidratadas, e o seu citoplasma sofra contração em relação à parede celular em um meio hipertônico, suas paredes celulares geralmente impedem que elas inchem ou sofram ruptura nos meios hipotônicos onde normalmente habitam. A alta concentração de açúcar em compotas e geleias é um exemplo da tonicidade na prática, impedindo o crescimento de bactérias.

## Transporte ativo

Diferentemente dos processos passivos, o **transporte ativo** movimenta moléculas e íons contra gradientes de concentração, de regiões de menor concentração para regiões de concentração mais alta. Esse processo é análogo a empurrar algo ladeira acima e exige que a célula gaste energia do ATP. O transporte ativo é importante nos microrganismos para movimentar os nutrientes que estão presentes em baixas concentrações no meio ambiente das células. Requer a presença de proteínas de membrana que atuam tanto como carreadoras quanto como enzimas (Figura 5.31). Essas proteínas exibem especificidade em que cada carreador transporta uma única substância ou algumas substâncias estreitamente relacionadas. Os resultados do transporte ativo consistem em concentrar uma substância em um lado da membrana e em mantê-la contra um gradiente. À semelhança da difusão facilitada, os carreadores do transporte ativo também estão sujeitos à saturação e competição dos sítios de ligação por moléculas semelhantes.

**Reações de translocação de grupos** movem uma substância do lado externo de uma célula bacteriana para o seu interior enquanto modificam quimicamente a substância de modo que ela não possa se difundir para fora. Esse processo permite que moléculas como a glicose sejam acumuladas contra um gradiente de concentração. Como a molécula modificada que está dentro da célula é diferente daquela que está fora, não existe nenhum gradiente de concentração real. A energia para esse processo é suprida pelo fosfoenolpiruvato (PEP), um composto de fosfato de alta energia. Muitas células eucarióticas têm um mecanismo de transporte ativo semelhante para impedir a difusão.

## Endocitose e exocitose

Além dos processos que movem as substâncias diretamente através das membranas, as células eucarióticas movem substâncias pela formação de vesículas delimitadas por membrana. Essas vesículas são formadas a partir de porções da membrana plasmática. Quando são formadas por invaginação e envolvem

| Situação | Isotônica | Hipotônica | Hipertônica |
|---|---|---|---|
| Um saco, permeável à água mas não ao sal, é colocado em um béquer contendo uma de três soluções diferentes de sal. | 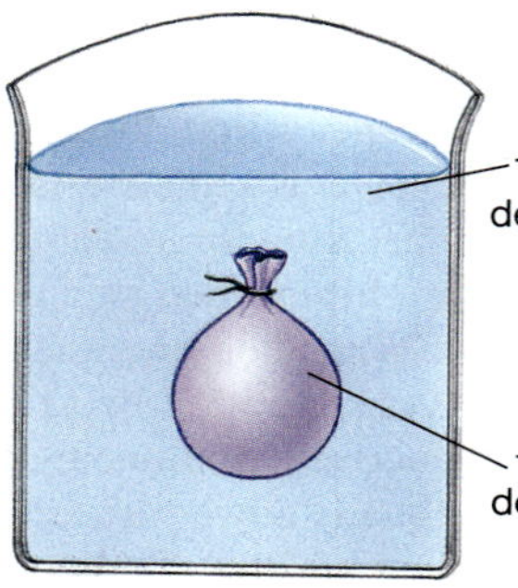  | 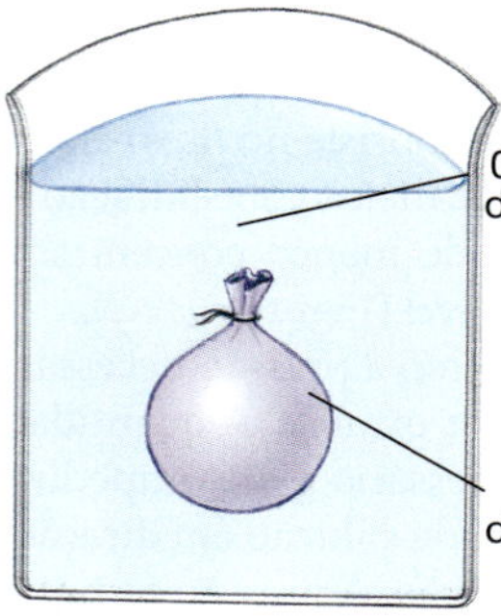  | 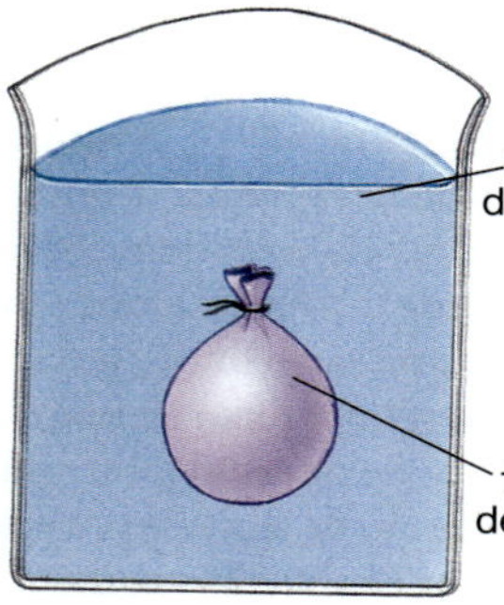  |
| **P:** Como sabemos o nome da solução no béquer (o meio)?<br>**R:** Ao comparar a concentração de material dissolvido no meio com a concentração dissolvida dentro do saco. | Elas possuem a *mesma* concentração, de modo que o meio é denominado *iso*tônico. | 0,5% é *menor* do que 1%, de modo que a solução no béquer é denominada *hipo*tônica. | 3% é *maior* do que 1%, de modo que a solução no béquer é denominada *hiper*tônica. |
| **P:** Em que direção a água irá fluir?<br>**R:** A água flui de uma área de maior concentração de água para uma de menor concentração (ao longo de um gradiente de concentração). | Meio = 99% de $H_2O$<br>Dentro do saco = 99% de $H_2O$<br>*FLUXO IGUAL* para dentro e para fora do saco<br>*NÃO HÁ MUDANÇA EFETIVA*<br>Não há gradiente de concentração. | Ambiente = 99,5% de $H_2O$<br>Dentro do saco = 99,0% de $H_2O$<br>A água flui *PARA DENTRO* do saco. | Meio = 97% de $H_2O$<br>Dentro do saco = 99% de $H_2O$<br>A água flui *PARA FORA* do saco em direção ao meio. |
| **P:** Se o saco fosse uma célula, o que aconteceria?<br>**R:** Veja as ilustrações: | 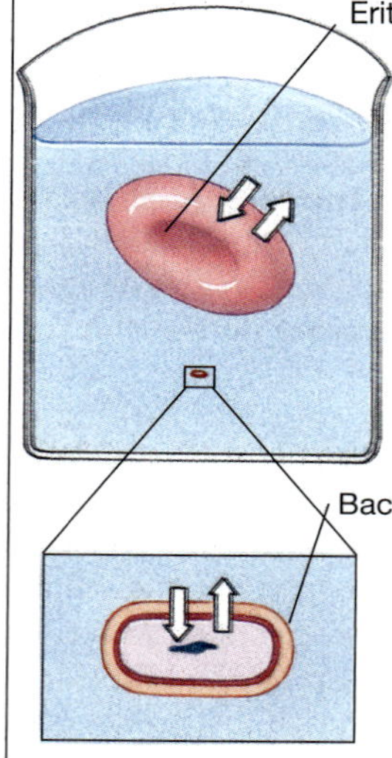 <br>**A** Isotônica | 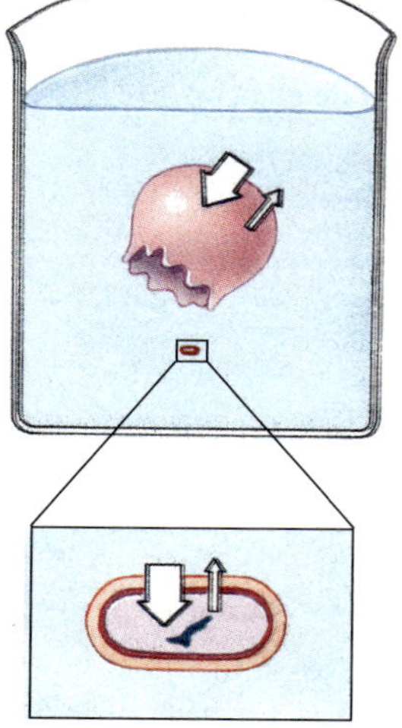<br>**B** Hipotônica | 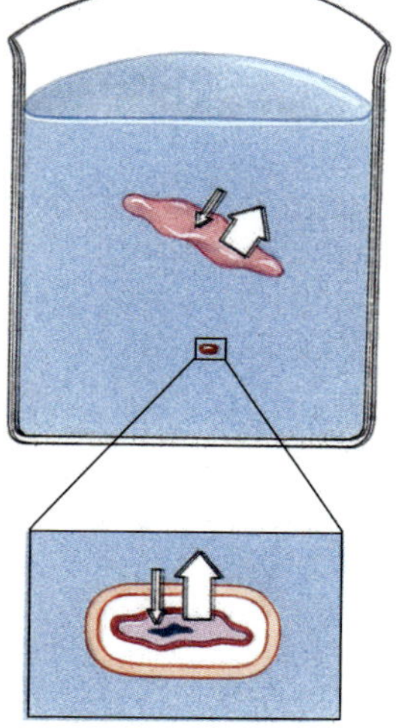<br>**C** Hipertônica |



**Figura 5.30 Experimentos que examinam os efeitos da tonicidade sobre a osmose.** **A.** Em uma célula em meio isotônico – um meio com a concentração de material dissolvido igual à do interior da célula – não haverá nenhum ganho ou perda efetivos de água, e a célula conservará a sua forma original. **B.** Em uma célula em meio hipotônico – um meio com concentração mais baixa de material dissolvido do que o interior da célula – haverá um ganho de água, e a célula inchará. Diferentemente de uma célula bacteriana, o eritrócito sofrerá ruptura, visto que ele é desprovido de parede celular. **C.** Em uma célula em meio hipertônico – um meio com concentração mais alta de material dissolvido do que o interior da célula – haverá perda de água, e a célula murchará.

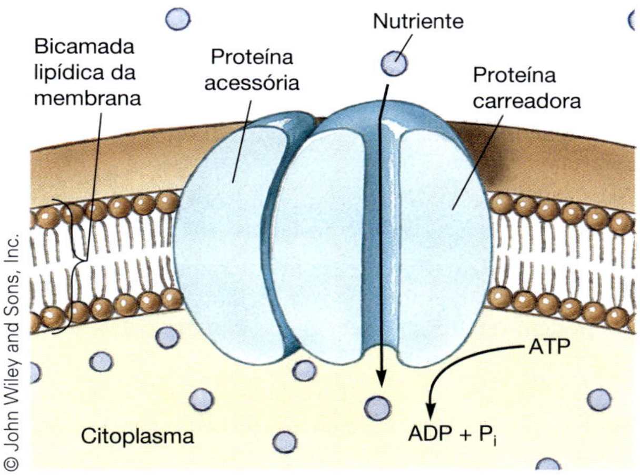


**Figura 5.31 Transporte ativo.** As moléculas de proteína carreadoras ajudam o movimento das moléculas através da membrana. Esse processo pode ocorrer contra um gradiente de concentração e, portanto, requer o uso de energia (na forma de ATP) pela célula. A proteína acessória participa da função da proteína carreadora. (Pi é o fosfato inorgânico, $HPO_4^-$.)

substâncias fora da célula, o processo é denominado **endocitose**. Essas vesículas destacam-se da membrana plasmática e entram na célula. Quando as vesículas dentro da célula se fundem com a membrana plasmática e expelem o seu conteúdo da célula, o processo é denominado **exocitose**. Tanto a endocitose quanto a exocitose necessitam de energia, provavelmente por possibilitar o movimento das vesículas pelas proteínas contráteis do citoesqueleto da célula.

## Endocitose

Existem vários tipos de endocitose. Em um deles, conhecido como *endocitose mediada por receptor*, uma substância fora da célula liga-se à membrana plasmática, que sofre invaginação e envolve a substância. Os mecanismos exatos que desencadeiam a ligação e a invaginação dependem de receptores específicos na membrana plasmática. Quando a substância está totalmente envolta pela membrana plasmática, formando uma vesícula, a vesícula se destaca da membrana plasmática.

*Se for utilizar a endocitose por apenas 5 minutos, uma ameba pode adquirir 50 vezes mais proteína do que o seu conteúdo original de proteína.*

De todos os tipos de endocitose, apenas a fagocitose tem interesse especial para os microbiologistas. Na **fagocitose**, formam-se grandes vacúolos, denominados *fagossomos*, ao redor de microrganismos e restos celulares provenientes de lesão tecidual. Esses vacúolos entram na célula, carregando grandes quantidades de membrana plasmática (Figura 5.32). A membrana do vacúolo funde-se com os lisossomos, que liberam suas enzimas nos vacúolos. As enzimas digerem então o conteúdo dos vacúolos (*fagolisossomos*) e liberam pequenas moléculas no citoplasma. Com frequência, partículas não digeridas em corpos residuais retornam e fundem-se com a membrana plasmática. As partículas são liberadas da célula por exocitose. Alguns leucócitos são particularmente competentes no processo de fagocitose e desempenham uma importante função na defesa do corpo contra infecções por microrganismos.

## Exocitose

A exocitose, o mecanismo pelo qual as células liberam secreções, pode ser considerada como o oposto da endocitose. Os produtos secretórios são sintetizados, em sua maior parte, nos ribossomos ou no retículo endoplasmático liso. São transportados através da membrana do retículo endoplasmático, acondicionados em vesículas e transportados até o complexo de Golgi, onde o seu conteúdo é processado para formar o produto secretado final. Após a sua formação, as vesículas secretoras movem-se em direção à membrana plasmática e fundem-se com ela (ver Figura 5.32). O conteúdo das vesículas é então liberado da célula.

**PARE e RESPONDA**

1. A maioria dos procariontes não possui esteróis em suas membranas plasmáticas. Que funções os esteróis, como o colesterol, desempenham nas membranas plasmáticas eucarióticas?
2. Compare o número e a estrutura dos cromossomos nos procariontes e eucariontes.
3. Apresente dois argumentos específicos para sustentar a ideia de que os procariontes foram envolvidos na evolução dos eucariontes por meio da endossimbiose.

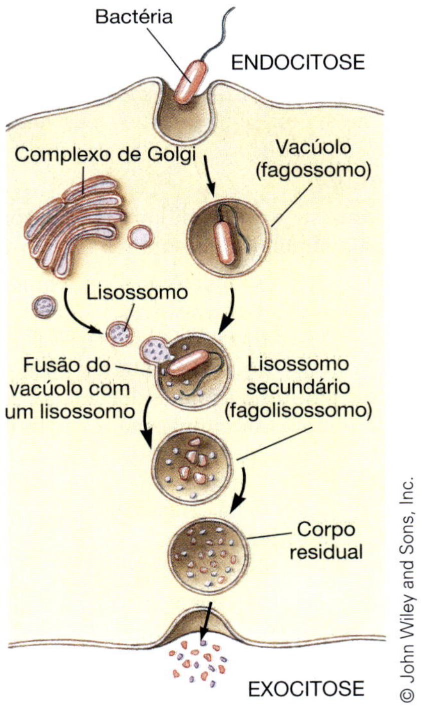


**Figura 5.32 Endocitose e exocitose.** A endocitose é o processo de transporte de materiais para dentro da célula, enquanto a exocitose é o processo de liberação de materiais de dentro da célula. O material capturado na forma de endocitose denominada *fagocitose* é envolvido em vacúolos, conhecidos como *fagossomos*. Os fagossomos fundem-se com os lisossomos, os quais liberam enzimas poderosas que degradam o conteúdo dos vacúolos. Os componentes reutilizáveis são absorvidos pela célula, enquanto os resíduos não utilizáveis são liberados por exocitose.

# RESUMO

## TIPOS CELULARES BÁSICOS

- Tanto as **células procarióticas** quanto as **células eucarióticas** possuem membranas que definem os limites da célula viva, e ambas contêm a informação genética armazenada no DNA
- As células procarióticas diferem das eucarióticas pela ausência de um núcleo definido e **organelas** delimitadas por membrana (com exceção de alguns corpos simples recobertos por membrana em certos tipos de procariontes).

## CÉLULAS PROCARIÓTICAS

- Todos os procariontes são classificados no domínio Archaea ou no domínio Bacteria.

### Tamanho, forma e arranjo

- Os procariontes são os menores organismos vivos
- As bactérias são agrupadas pela sua forma: **cocos** (esféricos), **bacilos** (em bastão), **espirilos** (rígidos e ondulados), **vibriões** (em forma de vírgula) e **espiroquetas** (em forma de saca-rolhas)
- Os arranjos das bactérias incluem grupamentos como pares, **tétrades**, **sarcinas**, grupos semelhantes a cachos de uvas (**estafilo-**) e cadeias longas (**estrepto-**).

### Visão geral da estrutura

- As células bacterianas possuem uma membrana celular, citoplasma, ribossomos, uma região nuclear e estruturas externas.

### Envoltório celular

- A **parede celular** rígida, situada fora da membrana celular, é composta principalmente pelo polímero de **peptidoglicano**
- Os envoltórios celulares diferem na sua composição e estrutura. Nas bactérias gram-positivas, o envoltório celular consiste em uma camada espessa e densa de peptidoglicano, que contém **ácido teicoico**. Nas bactérias gram-negativas, o envoltório celular tem uma camada delgada de peptidoglicano, separada da membrana citoplasmática pelo **espaço periplasmático** e envolta por uma **membrana externa** composta de **lipopolissacarídio** ou **endotoxina**. Nas bactérias álcool-acidorresistentes, o envoltório celular consiste principalmente em lipídios, alguns dos quais consistem em ceras verdadeiras, enquanto outros são glicolipídios
- Algumas paredes celulares bacterianas são danificadas pela penicilina e pela lisozima.

### Membrana celular

- A **membrana celular** possui uma estrutura em **mosaico fluido**, em que os fosfolipídios formam uma bicamada, enquanto as proteínas estão intercaladas em um padrão em mosaico
- A principal função da membrana celular consiste em regular o movimento de materiais para dentro da célula e para fora dela
- As membranas das células bacterianas também desempenham funções habitualmente realizadas por organelas das células eucarióticas.

### Estrutura interna

- O **citoplasma** é uma substância semifluida situada dentro da membrana celular
- Os **ribossomos**, que consistem em RNA e proteína, servem como sítios para a síntese de proteínas
- A **região nuclear** geralmente inclui apenas um grande cromossomo circular, embora possa ter dois ou três, alguns dos quais podem ter forma linear e que contêm o DNA e algum RNA e proteína
- As bactérias contêm uma variedade de **inclusões**, incluindo **grânulos**, que armazenam o glicogênio ou outras substâncias, e as vesículas, preenchidas com gás ou compostos de ferro (**magnetossomos**)
- Algumas bactérias formam **endósporos** resistentes. O cerne de um endósporo contém material viável e é circundado por um córtex, capa do esporo e exósporo.

### Estrutura externa

- As bactérias móveis possuem um ou mais **flagelos**, que propelem a célula pela ação de anéis existentes em seu corpo basal
- Grande parte do movimento bacteriano é aleatório, porém algumas bactérias exibem **quimiotaxia** (movimento em direção a atraentes e contra repelentes) e/ou **fototaxia** (movimento em direção à luz ou contra ela)
- Algumas bactérias possuem ***pili***: os ***pili* de conjugação** possibilitam a troca de DNA, enquanto os ***pili* de fixação** (**fímbrias**) ajudam as bactérias a aderir às superfícies
- O **glicocálice** inclui todos os polissacarídios no lado externo do envoltório celular bacteriano. As **cápsulas** impedem que as células hospedeiras destruam a bactéria; as cápsulas de quaisquer espécies de bactérias têm uma composição química específica. As **camadas limosas** protegem as células bacterianas da desidratação, capturam nutrientes e, algumas vezes, unem as células umas às outras, como no biofilme dental.

## CÉLULAS EUCARIÓTICAS

### Visão geral da estrutura

- As células eucarióticas, que geralmente são maiores e mais complexas do que as procarióticas, constituem a unidade estrutural básica dos organismos microscópicos e macroscópicos dos reinos Protista, Plantae, Fungi e Animalia.

### Membrana plasmática

- A **membrana plasmática** das células eucarióticas é quase idêntica àquela das células procarióticas, exceto que ela contém esteróis. Entretanto, a função das membranas plasmáticas eucarióticas é limitada principalmente a regular o movimento de substâncias para dentro das células e para fora delas.

### Estrutura interna

- As células eucarióticas caracterizam-se pela presença de um **núcleo celular** envolvido por membrana, com um **envelope nuclear**, **nucleoplasma**, **nucléolos** e **cromossomos** (normalmente em pares), que contêm DNA e proteínas denominadas **histonas**

- Na divisão celular por **mitose**, cada célula recebe um de cada cromossomo encontrado na célula-mãe. Na divisão celular por meiose, cada célula recebe um membro de cada par de cromossomos, e a progênie pode consistir em **gametas** ou **esporos**
- As **mitocôndrias**, que representam a usina geradora de energia das células eucarióticas, realizam as reações oxidativas que produzem energia na forma de ATP
- As células fotossintéticas contêm **cloroplastos**, que produzem energia a partir da luz
- Os ribossomos dos eucariontes são maiores que os dos procariontes e podem estar livres ou ligados ao retículo endoplasmático. Os ribossomos livres sintetizam a proteína que será utilizada na célula; aqueles ligados ao retículo endoplasmático sintetizam proteínas a serem secretadas
- O **retículo endoplasmático** é uma extensa rede de membranas. Sem os ribossomos (RE liso), o retículo endoplasmático sintetiza lipídios; quando combinado a ribossomos (RE rugoso), produz proteínas
- O **complexo de Golgi** é um conjunto de membranas empilhadas que recebem, modificam e acondicionam proteínas em **vesículas secretoras**
- Os **lisossomos** nas células animais são organelas que contêm enzimas digestivas, as quais destroem células mortas e digerem o conteúdo dos vacúolos
- Os **peroxissomos** são organelas envoltas por membrana, que convertem peróxidos em água e oxigênio e, algumas vezes, oxidam aminoácidos e gorduras
- Os **vacúolos** contêm várias substâncias armazenadas e materiais englobados por fagocitose
- O **citoesqueleto** é uma rede de **microfilamentos** e **microtúbulos** que sustenta e confere rigidez às células e proporciona o movimento celular.

### Estrutura externa

- Os componentes externos das células eucarióticas estão relacionados, em sua maior parte, com o movimento. Os flagelos dos eucariontes são compostos de microtúbulos, e o deslizamento das proteínas em sua base provoca o seu movimento
- Os **cílios** são menores do que os flagelos e se movem em ondas coordenadas
- Os **pseudópodes** são projeções no interior das quais o citoplasma flui, produzindo um movimento rastejante
- As células eucarióticas vegetais e os fungos possuem paredes celulares, assim como as algas protistas.

## EVOLUÇÃO POR ENDOSSIMBIOSE

- De acordo com a **teoria da endossimbiose**, as organelas das células eucarióticas surgiram de procariontes que foram fagocitados e sobreviveram para desenvolver uma relação simbiótica vivendo dentro da célula maior
- Acredita-se que as mitocôndrias, os cloroplastos, os flagelos e os microtúbulos tenham se originado de procariontes endossimbióticos
- Existem muitos exemplos de procariontes modernos que vivem de modo endossimbiótico dentro de eucariontes.

## MOVIMENTO DAS SUBSTÂNCIAS ATRAVÉS DAS MEMBRANAS

- Em todos os processos passivos de movimento de substâncias através de membranas, o movimento efetivo ocorre de uma região de maior concentração para uma região de menor concentração. Esses processos não necessitam de gasto de energia pela célula.

### Difusão simples

- A **difusão simples** resulta da energia cinética molecular e do movimento aleatório das partículas. O papel da difusão nos seres vivos depende do tamanho das partículas, da natureza das membranas e da distância que as substâncias precisam percorrer dentro das células.

### Difusão facilitada

- A **difusão facilitada** utiliza moléculas de proteínas carreadoras ou poros proteicos nas membranas para mover íons ou moléculas de uma região de alta concentração para outra de baixa concentração.

### Osmose

- A **osmose** refere-se ao movimento efetivo de moléculas de água através de uma membrana **seletivamente permeável** de uma região de maior concentração de água para uma região de menor concentração. A **pressão osmótica** de uma solução é a pressão necessária para impedir esse fluxo.

### Transporte ativo

- Os processos ativos que movimentam substâncias através das membranas geralmente resultam em movimento de regiões de concentração mais baixa das substâncias para regiões de maior concentração e exigem o gasto de energia pela célula
- O **transporte ativo** necessita de uma molécula de proteína carreadora na membrana, uma fonte de ATP e uma enzima para liberar a energia do ATP
- O transporte ativo é importante nas funções da célula, visto que permite à célula captar substâncias que estão em baixas concentrações no ambiente e concentrá-las dentro da célula.

### Endocitose e exocitose

- A **endocitose** e a **exocitose**, que só ocorrem em células eucarióticas, envolvem a formação de vesículas a partir de fragmentos da membrana plasmática e fusão das vesículas com a membrana plasmática, respectivamente
- Na endocitose, a vesícula entra na célula, como na **fagocitose**
- Na exocitose, a vesícula deixa a célula, como na secreção
- A endocitose e a exocitose são importantes, já que possibilitam um movimento de quantidades relativamente grandes de materiais através das membranas plasmáticas.

## TERMOS-CHAVE

ácido teicoico
anfitríquio
aparelho mitótico
atríquio
bacilo
camada limosa
cápsula
célula eucariótica
célula procariótica
célula vegetativa
ciclose
cílio
citoesqueleto
citoplasma
cloroplasto
coco
complexo de Golgi
crista
cromatina
cromatóforo
cromossomo
díade
difusão facilitada
difusão simples
diplo-
diploide
endocitose
endoflagelo
endósporo
endotoxina
envelope nuclear
esferoplasto
espaço periplasmático
espirilo
espiroqueta
esporo
estafilo-
estrepto-
estroma
exocitose
fagocitose
filamento axial
fímbria
flagelo
formas L
fototaxia
gameta
glicocálice
grânulo
grânulo metacromático
haploide
hidrofílico
hidrofóbico
hipertônico
hipotônico
histona
inclusão
isotônico
lipídio A
lipopolissacarídio (LPS)
lisossomo
lofotríquio
magnetossomo
matriz
meiose
membrana celular
membrana externa
membrana plasmática
metacromasia
microfilamento
microtúbulo
mitocôndria
mitose
modelo em mosaico fluido
monotríquio
movimento ameboide
núcleo celular
nucleoide
nucléolo
nucleoplasma
organela
osmose
parede celular
película
peptidoglicano
peritríquio
peroxissomo
*pilus*
*pilus* de conjugação
*pilus* de fixação
pleomorfismo
polirribossomo
poro nuclear
pressão osmótica
protoplasto
pseudópode
quimiotaxia
região nuclear
retículo endoplasmático
ribossomo
sarcina
seletivamente permeável
teoria da endossimbiose
tétrade
tilacoide
transporte ativo
transporte por translocação de grupo
vacúolo
vesícula
vesícula secretora
vibrião
volutina
zigoto

CAPÍTULO 6

# Conceitos Essenciais de Metabolismo

Cortesia de Jacquelyn G. Black.

Você está certo! Estou com meu braço dentro da vaca. Lá dentro, no rúmen – um dos quatro compartimentos do estômago da vaca –, é quente e mole. O capim e a forragem que ela comeu estão sendo digeridos nesse local. Por que não podemos digerir esses alimentos de baixo custo? Não possuímos as enzimas necessárias – como a vaca tem – para as vias metabólicas que digerem o capim. Entretanto, a vaca tem bilhões de microrganismos, uma diferente mistura deles em cada um dos quatro "estômagos", que metabolizam o capim para ela. Sem esses microrganismos, ela morreria de fome. Estou agora retirando uma amostra do conteúdo do rúmen. Irei extrair o suco e examiná-lo ao microscópio; em seguida, tentarei fazer crescer alguns desses microrganismos fascinantes em cultura. Os microrganismos apresentam muito mais tipos de metabolismo do que os seres humanos. E lembre-se, a maior parte do metano da atmosfera da Terra provém dos microrganismos do rúmen. O metabolismo microbiano mantém o nosso mundo funcionando ativamente. Acompanhe-me agora para conhecer essa vaca muito cooperativa.

## MAPA DO CAPÍTULO

**Siga o mapa do capítulo para auxiliar na identificação dos conceitos principais do texto.**

## METABOLISMO: VISÃO GERAL

O **metabolismo** é a soma de todos os processos químicos realizados pelos organismos vivos (Figura 6.1). Inclui o **anabolismo**, isto é, o conjunto de reações que necessitam de energia para sintetizar moléculas complexas a partir de moléculas mais simples, e o **catabolismo**, isto é, o conjunto de reações que liberam energia por meio de quebra de moléculas complexas em moléculas mais simples, que então podem ser reutilizadas como blocos de construção. O anabolismo é necessário para o crescimento, a reprodução e o reparo das estruturas celulares. O catabolismo fornece ao organismo a energia necessária para os processos vitais, incluindo o movimento, o transporte e a síntese de moléculas complexas – isto é, para o anabolismo.

Todas as reações catabólicas envolvem a *transferência de elétrons*, que possibilita a captura de energia em ligações de alta energia no ATP e em moléculas semelhantes (ver Apêndice E). A transferência de elétrons está diretamente relacionada com oxidação e redução (Tabela 6.1). A **oxidação** pode ser definida como a perda ou a retirada de elétrons. Embora muitas substâncias se combinem com o oxigênio e a transferência de elétrons seja direcionada para ele, a sua presença não é necessária se houver disponibilidade de outro aceptor de elétrons. A **redução** pode ser definida como o ganho de elétrons. Quando uma substância perde elétrons ou é oxidada, ocorre liberação de energia, porém outra substância precisa ganhar elétrons ou ser reduzida ao mesmo tempo. Por exemplo, durante a oxidação de moléculas orgânicas, átomos de hidrogênio são removidos e utilizados para reduzir o oxigênio, formando água:

$$2\,H_2 + O_2 \rightarrow 2\,H_2O$$

**hidrogênio oxigênio água**

*O delineador utilizado na maquiagem é o alimento favorito do ácaro dos cílios, visto que contém todos os nutrientes necessários para ele sobreviver.*

Nesta reação, o hidrogênio é um **doador de elétrons** ou *agente redutor*, enquanto o oxigênio é um **aceptor de elétrons** ou *agente oxidante*. Como a oxidação e a redução precisam ocorrer simultaneamente, as reações nas quais elas ocorrem são algumas vezes denominadas *reações redox*.

Entre todos os seres vivos, os microrganismos são particularmente versáteis nas maneiras de obtenção de energia. Os modos pelos quais os diferentes microrganismos obtêm energia e carbono podem ser classificados em **autotrofismo** – "autoalimentação" ou produção de seu próprio alimento – ou **heterotrofismo** – "alimentar-se de outros" (Figura 6.2). Os **autotróficos** utilizam dióxido de carbono (uma substância inorgânica) para sintetizar moléculas orgânicas. Incluem os **fotoautotróficos**, que obtêm energia proveniente da luz, e os **quimioautotróficos**, que obtêm energia a partir da oxidação de substâncias inorgânicas simples, como sulfetos e nitritos. Os **heterotróficos** adquirem o seu carbono a partir de moléculas orgânicas já produzidas, que eles obtêm de outros organismos, vivos ou mortos. Incluem os **foto-heterotróficos,** que obtêm energia química a partir da luz, e os **quimio-heterotróficos**, que obtêm energia química a partir da decomposição de compostos orgânicos já produzidos.

O metabolismo autotrófico (particularmente a fotossíntese) é importante como forma de captação de energia em muitos microrganismos de vida livre. Entretanto, esses microrganismos geralmente não causam doença. Serão enfatizados os processos metabólicos que ocorrem nos quimio-heterotróficos, visto que muitos microrganismos, incluindo quase todos os microrganismos infecciosos, são quimio-heterotróficos. Esses processos incluem a *glicólise* (oxidação da glicose até ácido pirúvico),

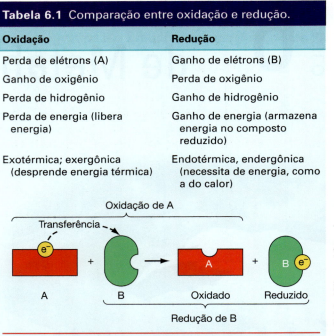

**Tabela 6.1** Comparação entre oxidação e redução.

| Oxidação | Redução |
|---|---|
| Perda de elétrons (A) | Ganho de elétrons (B) |
| Ganho de oxigênio | Perda de oxigênio |
| Perda de hidrogênio | Ganho de hidrogênio |
| Perda de energia (libera energia) | Ganho de energia (armazena energia no composto reduzido) |
| Exotérmica; exergônica (desprende energia térmica) | Endotérmica, endergônica (necessita de energia, como a do calor) |

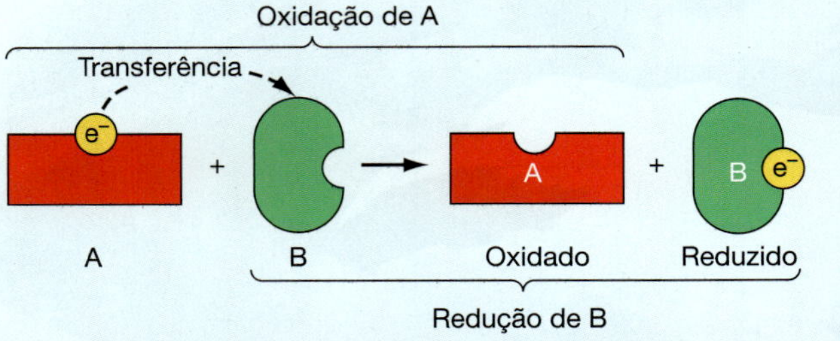




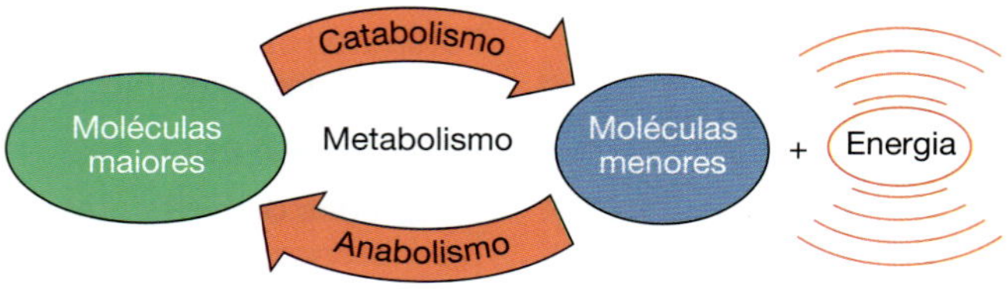




**Figura 6.1 Metabolismo, a soma de catabolismo e anabolismo.** As grandes moléculas complexas são, em geral, mais ricas em energia do que as moléculas pequenas e simples. As reações catabólicas decompõem as grandes moléculas em pequenas, liberando energia. Os organismos capturam parte dessa energia para seus processos vitais. As reações anabólicas utilizam a energia para sintetizar moléculas maiores a partir de componentes menores. As moléculas sintetizadas dessa maneira são usadas para o crescimento, a reprodução e o reparo.

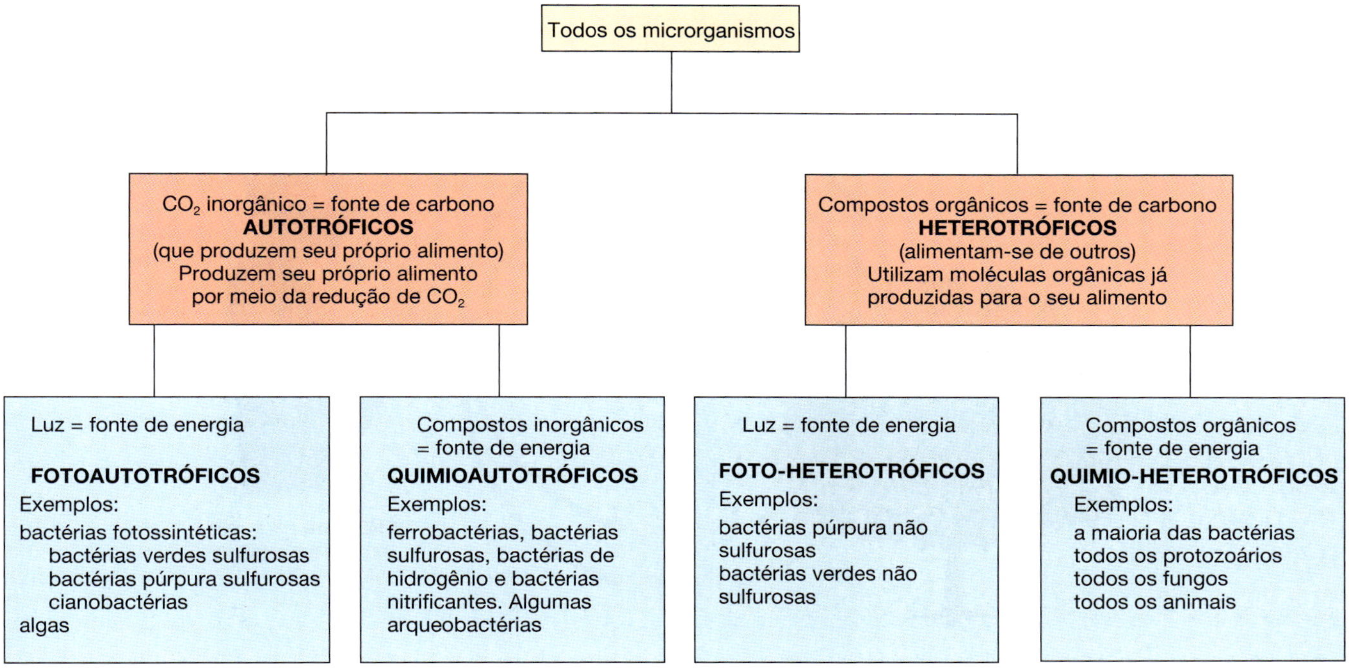




**Figura 6.2 Principais tipos de metabolismo que captam energia.**

a *fermentação* (conversão do ácido pirúvico em álcool etílico, ácido láctico ou outros compostos orgânicos) e a *respiração aeróbica* (oxidação do ácido pirúvico em dióxido de carbono e água). A glicólise e a fermentação (processos anaeróbicos) não necessitam de oxigênio, e apenas uma pequena quantidade de energia existente em uma molécula de glicose é capturada no ATP. A respiração aeróbica exige a presença de oxigênio como aceptor de elétrons e captura uma quantidade relativamente grande de energia de uma molécula de glicose no ATP. A oxidação completa da glicose pela glicólise e respiração aeróbica pode ser resumida na seguinte equação:

$$\underset{\textbf{glicose}}{C_6H_{12}O_6} + \underset{\textbf{oxigênio}}{6O_2} \longrightarrow \underset{\textbf{dióxido de carbono}}{6CO_2} + \underset{\textbf{água}}{6\,H_2O} + \text{energia}$$

Um grande número de microrganismos obtém energia por meio da *fotossíntese*, que consiste na utilização da energia solar e do hidrogênio da água ou de outros compostos para reduzir o dióxido de carbono a uma substância orgânica contendo mais energia. A síntese global da glicose pela fotossíntese nas cianobactérias e nas algas (e vegetais verdes) pode ser resumida na seguinte equação:

$$\underset{\textbf{dióxido de carbono}}{6CO_2} + \underset{\textbf{água}}{6H_2O} \xrightarrow[\text{clorofila}]{\text{energia luminosa}} \underset{\textbf{glicose}}{C_6H_{12}O_6} + \underset{\textbf{oxigênio}}{6O_2}$$

(Outras bactérias fotossintéticas, como veremos posteriormente, utilizam uma versão diferente desse processo.) Os organismos fotossintéticos utilizam então a glicose ou outros carboidratos produzidos dessa maneira para a obtenção de energia. Observe que as duas equações anteriores são o inverso uma da outra. A Figura 6.3 mostra a relação entre a respiração e a fotossíntese.

Como observado em quase todos outros processos químicos que ocorrem nos organismos vivos, a glicólise, a fermentação, a respiração aeróbica e a fotossíntese consistem em uma série de reações químicas, em que o *produto* de uma reação serve como *substrato* (material para reação) da próxima reação: A → B → C → D → E, e assim por diante. Cada cadeia de reações é denominada **via metabólica**. Cada reação em uma via é controlada por uma enzima específica. Nesta via, A é o *substrato* inicial, E é o produto final, e B, C e D são *intermediários*.

As vias metabólicas podem ser catabólicas ou anabólicas (biossintéticas). As **vias catabólicas** captam energia em uma forma passível de ser utilizada pelas células. As **vias anabólicas** produzem as moléculas complexas que formam a estrutura das células, as enzimas e outras moléculas que controlam as células. Essas vias utilizam blocos de construção, como açúcares, glicerol, ácidos graxos, aminoácidos, nucleotídios e outras moléculas para sintetizar carboidratos, lipídios, proteínas, ácidos nucleicos ou combinações dessas substâncias, como glicolipídios (sintetizados a partir de carboidratos e lipídios), glicoproteínas (a partir de carboidratos e proteínas), lipoproteínas (a partir de lipídios e proteínas) e nucleoproteínas (a partir de ácidos nucleicos e proteínas). As moléculas de ATP são os elos entre as vias catabólicas e anabólicas. A energia liberada nas reações catabólicas é capturada e armazenada na forma de moléculas de ATP, que posteriormente são decompostas para fornecer a energia necessária na produção de novas moléculas em vias de biossíntese. As bactérias transferem cerca de 40% da energia de uma molécula de glicose para o ATP durante o metabolismo aeróbico e 5% durante os processos de fermentação anaeróbica. O rendimento é maior

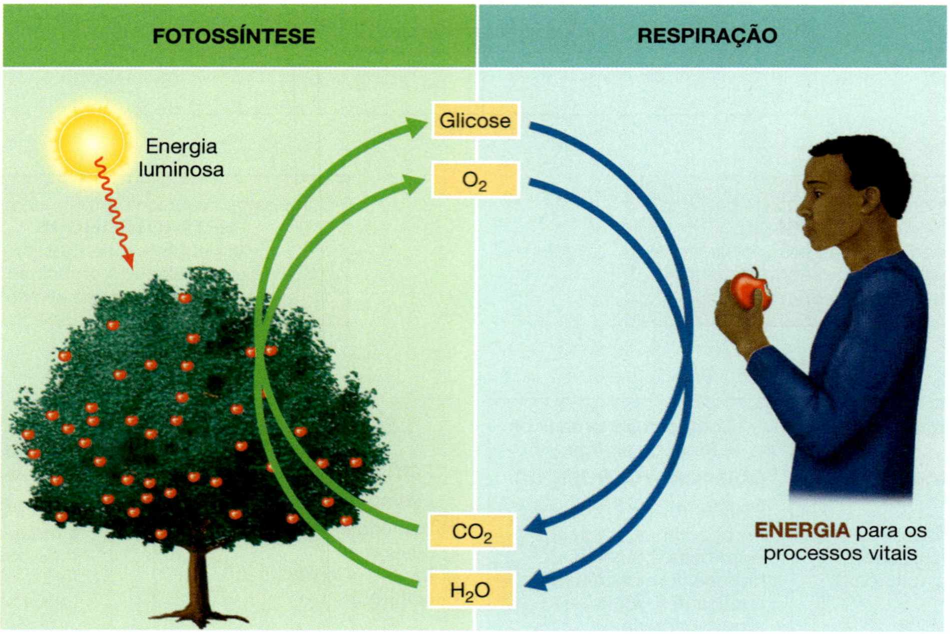


© John Wiley and Sons, Inc.

**Figura 6.3 A fotossíntese e a respiração formam um ciclo.** Na fotossíntese, a energia luminosa é utilizada para reduzir o dióxido de carbono, formando compostos em energia, como a glicose e outros carboidratos. Na respiração aeróbica, compostos ricos em energia são oxidados em dióxido de carbono e água, e parte da energia liberada é capturada para uso nos processos vitais. (A forma de fotossíntese ilustrada aqui é realizada por cianobactérias, algas e vegetais clorofilados. As bactérias verdes e púrpura utilizam outros compostos em vez de água como fonte de átomos de hidrogênio para reduzir o $CO_2$.)

nos processos aeróbicos, visto que seus produtos finais são altamente oxidados, enquanto os produtos finais dos processos anaeróbicos são apenas parcialmente oxidados.

**PARE e RESPONDA**

1. Como a fotossíntese e a respiração estão relacionadas entre si?
2. Qual é a principal diferença entre os quimioautotróficos e os quimio-heterotróficos? Em qual desses grupos estão incluídas as bactérias? E qual desses grupos inclui os organismos que causam doenças nos seres humanos?

## ENZIMAS

As **enzimas** constituem uma categoria especial de proteínas encontradas em todos os organismos vivos. Com efeito, a maioria das células contém centenas de enzimas, e as células sintetizam constantemente proteínas, muitas das quais são enzimas. As enzimas atuam como *catalisadores* – substâncias que permanecem inalteradas enquanto elas aumentam a velocidade das reações em até um milhão de vezes a velocidade não catalisada, que normalmente não é suficiente para manter a vida. A única outra maneira de acelerar a velocidade de uma reação seria aumentar a temperatura: em geral, um aumento de 10 graus na temperatura resulta em duplicação da velocidade de uma reação. Entretanto, a maioria das células morreria quando expostas a essa elevação de temperatura. Por esse motivo, as enzimas são necessárias para manter a vida em temperaturas que as células possam suportar. Para explicar como as enzimas executam essa tarefa, precisamos considerar as suas propriedades (ver Capítulo 3).

*Os limpadores de encanamento ecologicamente corretos contêm bactérias ou enzimas bacterianas que decompõem cabelo e gordura.*

### Propriedades das enzimas

Em geral, as reações químicas que liberam energia podem ocorrer sem a entrada de energia proveniente do ambiente externo. Entretanto, essas reações ocorrem, com frequência, em velocidades incomensuravelmente baixas, visto que as moléculas não têm a energia necessária para iniciar a reação. Por exemplo, embora a oxidação da glicose libere energia, essa reação não ocorre a menos que haja disponibilidade de energia para iniciá-la. A energia necessária para iniciar uma reação desse tipo é denominada **energia de ativação** (Figura 6.4). A energia de ativação pode ser considerada como um obstáculo que as moléculas precisam vencer para que uma reação seja iniciada. Por analogia, uma rocha localizada em uma depressão no topo de uma colina rolaria facilmente se fosse retirada da depressão. A energia de ativação é semelhante à energia necessária para retirar a rocha de dentro da depressão.

Um modo comum de ativar uma reação é aumentar a temperatura, aumentando assim o movimento das moléculas, como você faz quando risca um palito de fósforo. Os palitos de fósforo habitualmente não se acendem espontaneamente. Se for adicionada a energia de fricção (riscando o fósforo) aos

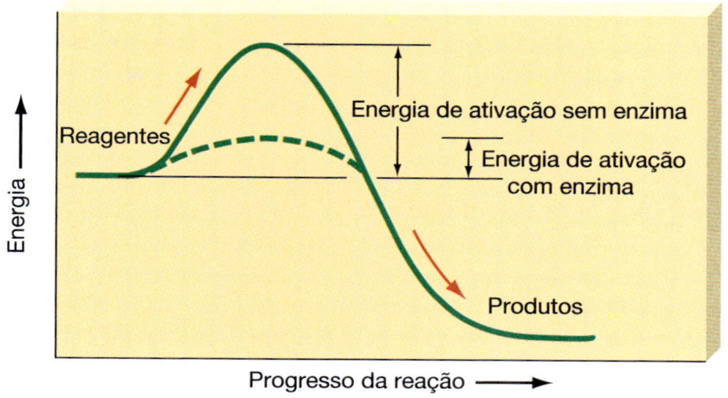




**Figura 6.4 Efeito das enzimas sobre a energia de ativação.** Uma reação química não pode ocorrer, a não ser que exista uma determinada quantidade de energia de ativação disponível para iniciá-la. As enzimas diminuem a quantidade de energia de ativação necessária para iniciar uma reação. Assim, tornam possível a ocorrência de reações biologicamente importantes em temperaturas relativamente baixas que podem ser toleradas pelos organismos vivos.

reagentes presentes na cabeça do palito de fósforo, a temperatura aumenta, e o palito se acende. Esse tipo de reação nas células elevaria a temperatura o suficiente para desnaturar as proteínas e evaporar os líquidos. As enzimas diminuem a energia de ativação, de modo que as reações possam ocorrer em temperaturas amenas nas células vivas.

As enzimas também fornecem uma superfície sobre a qual podem ocorrer reações. Cada enzima tem uma determinada área em sua superfície denominada **sítio ativo**, um sítio de ligação. O sítio ativo é a região onde a enzima forma uma associação fraca com o seu **substrato**, a substância sobre a qual a enzima atua (Figura 6.5A). Como todas as moléculas, uma molécula de substrato tem energia cinética e colide com várias outras moléculas dentro da célula. Quando colide com o sítio ativo de sua enzima, forma-se um **complexo enzima-substrato** (Figura 6.5B). Em consequência da ligação à enzima, algumas das ligações químicas no substrato são enfraquecidas. Em seguida, o substrato sofre alteração química, ocorre formação do produto ou produtos, e a enzima se desprende.

Em geral, as enzimas apresentam alto grau de **especificidade**; catalisam apenas um tipo de reação, e a maioria atua em apenas um substrato específico. A forma de uma enzima (sua estrutura terciária; ver Capítulo 3), particularmente a forma e a carga elétrica de seu sítio ativo, é responsável pela sua especificidade. Quando uma enzima atua em mais de um substrato, ela habitualmente atua sobre substratos com o mesmo grupo funcional ou com o mesmo tipo de ligação química. Por exemplo, as enzimas *proteolíticas* ou enzimas que clivam proteínas atuam em diferentes proteínas, porém sempre a sua ação é exercida nas ligações peptídicas dessas proteínas.

Em geral, as enzimas são designadas pelo acréscimo do sufixo *-ase* ao nome do substrato sobre o qual atuam. Por exemplo, as fosfatases atuam nos fosfatos, a sacarase cliva o açúcar sacarose, as lipases clivam os lipídios, e as peptidases rompem as ligações peptídicas. As enzimas podem ser divididas em duas categorias, com base no seu local de ação. As **endoenzimas**, ou enzimas intracelulares, atuam dentro da célula que as produziu. As **exoenzimas**, incluindo as enzimas extracelulares, são sintetizadas em uma célula, mas atravessam a membrana celular para atuar no espaço periplasmático ou no ambiente externo à célula.

**Figura 6.5 Ação das enzimas sobre substratos na formação de produtos. A.** Modelo gerado por computador de uma enzima (azul e púrpura) com uma molécula de substrato (amarelo) ligada ao sítio ativo. O sítio ativo da enzima é uma fenda ou bolsa com uma forma e composição química que permitem a sua ligação a um substrato específico – a molécula sobre a qual a enzima atua. (*The Royal Institution/SPL/Science Source.*) **B.** Cada substrato liga-se a um sítio ativo, produzindo um complexo enzima-substrato. A enzima ajuda uma reação química a ocorrer, e são formados um ou mais produtos. Neste exemplo, a reação consiste na união de duas moléculas de substrato. Outras reações catalisadas por enzimas podem envolver a clivagem de uma molécula de substrato em duas ou mais partes ou a modificação química de um substrato.

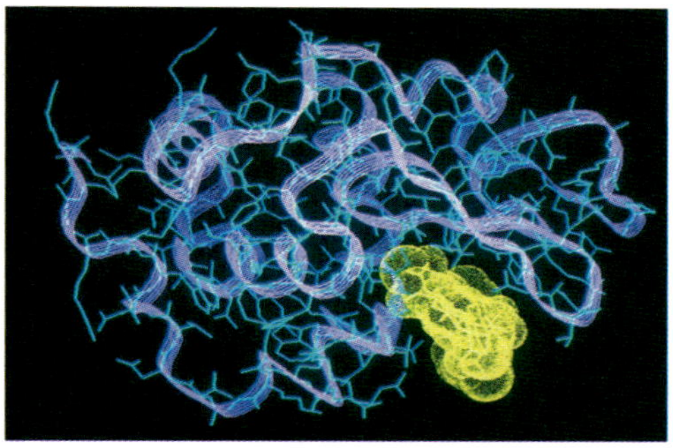

A

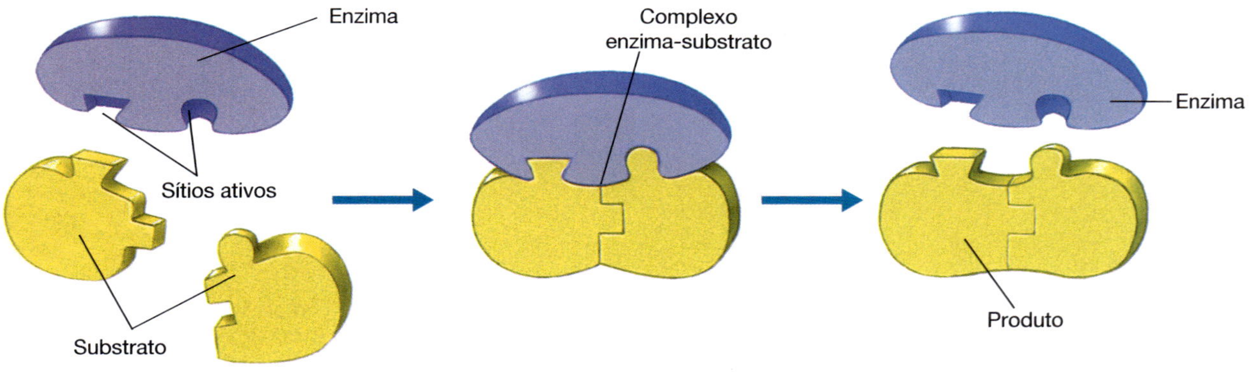


B

## Propriedades das coenzimas e dos cofatores

Muitas enzimas podem catalisar uma reação somente na presença de determinadas substâncias, denominadas *coenzimas* ou *cofatores*. Essas enzimas consistem em uma porção proteica, denominada **apoenzima,** que precisa se combinar com uma coenzima ou um cofator não proteicos para formar uma **holoenzima** ativa (Figura 6.6). Uma **coenzima** é um a molécula orgânica não proteica ligada ou associada fracamente a uma enzima. Muitas coenzimas são sintetizadas a partir de *vitaminas*, que são nutrientes essenciais exatamente devido à sua presença necessária na formação de coenzimas. Por exemplo, a *coenzima A* é sintetizada a partir da vitamina ácido pantotênico, e o **NAD** (*dinucleotídio de nicotinamida adenina*) é sintetizado a partir da vitamina niacina. Um **cofator** é habitualmente um íon inorgânico, como magnésio, zinco ou manganês. Com frequência, os cofatores melhoram o encaixe de uma enzima com o seu substrato, e a sua presença pode ser essencial para permitir que a reação prossiga.

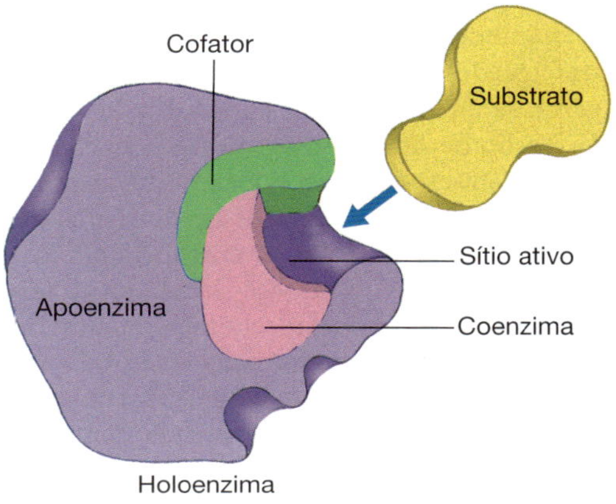




**Figura 6.6 Partes de uma enzima.** Muitas enzimas consistem em uma apoenzima proteica que deve se combinar com uma coenzima não proteica (uma molécula orgânica) ou um cofator (íon inorgânico) ou ambos para formar a holoenzima funcional. Você poderia explicar por que as vitaminas e os minerais são importantes em sua dieta?

Moléculas carreadoras, como citocromos e coenzimas, transportam átomos de hidrogênio ou elétrons em muitas reações oxidativas (Figura 6.7). Quando uma coenzima recebe átomos de hidrogênio ou elétrons, ela é reduzida; quando os libera, ela sofre oxidação. A coenzima **FAD** (*dinucleotídio de flavina adenina*), por exemplo, recebe dois átomos de hidrogênio, transformando-se em $FADH_2$ (FAD reduzido). A coenzima NAD tem uma carga positiva em seu estado oxidado ($NAD^+$). No seu estado reduzido, NADH, transporta um átomo de hidrogênio e um elétron de outro átomo de hidrogênio, cujo próton permanece nos líquidos celulares. Em todas essas reações de oxirredução, o elétron transporta a energia que é transferida de uma molécula para outra. Assim, para simplificar, iremos nos referir à *transferência de elétrons*, sem levar em consideração se elétrons "nus" ou átomos de hidrogênio (elétrons com prótons) são transferidos.

## INIBIÇÃO ENZIMÁTICA

Nenhum organismo pode manter uma atividade máxima contínua de todas as suas enzimas. Isso não apenas é um desperdício de materiais e de energia, mas também pode possibilitar o acúmulo de quantidades prejudiciais de compostos, enquanto outros estarão faltando. Desse modo, devem existir meios de inibir a atividade enzimática, de modo a reduzir ou até mesmo interromper a sua velocidade. Como, então, as enzimas são inibidas? Saber essas respostas pode nos ajudar a controlar a velocidade do crescimento microbiano ou a produção de determinados produtos que eles formam.

Uma molécula com estrutura semelhante a um substrato algumas vezes pode ligar-se ao sítio ativo de uma enzima, embora a molécula não seja capaz de reagir. Diz-se que essa molécula, que não é um substrato, atua como **inibidor**

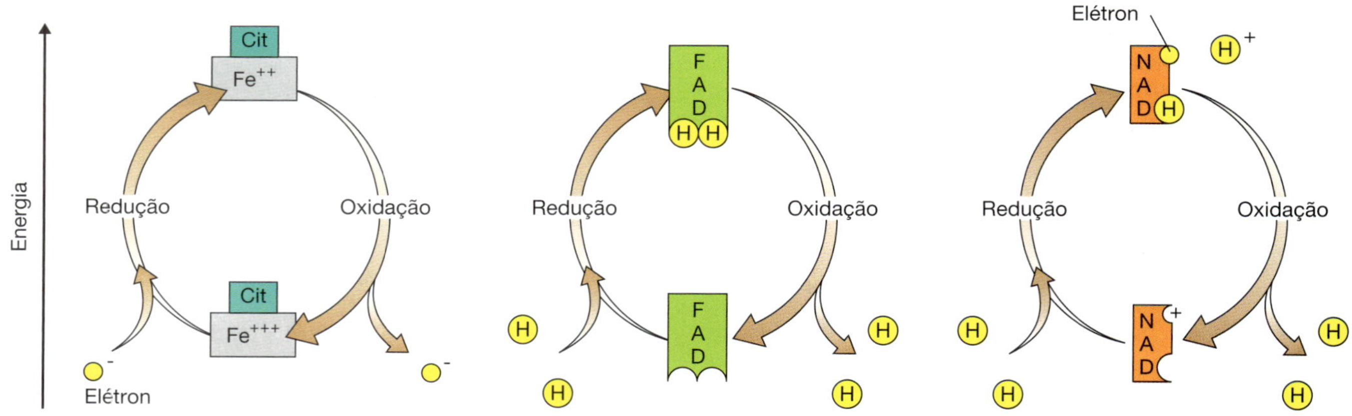




**Figura 6.7 Transferência de energia por moléculas carreadoras.** Moléculas carreadoras, como os citocromos (cit) e algumas coenzimas, transportam a energia na forma de elétrons em muitas reações bioquímicas. Coenzimas como FAD transportam átomos de hidrogênio inteiros (elétrons juntamente com prótons); o NAD transporta um átomo de hidrogênio e um elétron "nu". Quando as coenzimas são reduzidas (ganho de elétrons), a sua energia aumenta; quando são oxidadas (perda de elétrons), a energia diminui.

## PARA TESTAR

### Espaguete ou macarrão?

Algumas bactérias, como *Bacillus* spp., produzem uma exoenzima que digere a proteína gelatina. Você provavelmente pesquisará a sua presença ou ausência no laboratório utilizando tubos de ensaio com gelatina solidificada. Entretanto, a gelatina só permanece sólida em temperaturas baixas – tente levar um molde de gelatina para um piquenique em 1 dia quente e veja como ela derrete pela mesa. Uma vez inoculados os microrganismos do teste em seu tubo de gelatina sólida, você precisa colocá-lo em uma incubadora – para alcançar a temperatura em que irá derreter a gelatina. Assim, quando retirar o tubo da incubadora, será necessário refrigerá-lo para verificar se a gelatina irá endurecer novamente. Caso não ocorra gelificação, isso significa que as bactérias deverão ter liberado a exoenzima gelatinase, que digere a gelatina, de modo que você tem agora um resultado positivo. Mas o que isso significa? Pense na seguinte analogia: imagine que as longas moléculas proteicas de gelatina são longos fios de espaguete. Tentar separar apenas um único fio de espaguete é difícil, pois todos os fios estão emaranhados, formando uma grande massa. Isso é semelhante à situação em que a gelatina está solidificada. Agora imagine que a exoenzima gelatinase é uma tesoura. Ela irá cortar (hidrolisar) os fios de espaguete em pequenos pedaços de macarrão. Você consegue apanhar facilmente certa quantidade de macarrão, que tem o formato de tubos curtos? Eles deslizam pelos seus dedos e não permanecem juntos. Isso é semelhante ao estado líquido de um teste de gelatinase positivo. A etapa delicada do teste da gelatinase é a leitura dos resultados na temperatura correta: se for muito alta, você pode obter um resultado falso-positivo; se for muito baixa, pode ter um resultado falso-negativo. Então, existe alguma maneira mais fácil? Tente fazer esse experimento. Corte uma tira de filme de raios X exposto à luz, mas não revelado, pequena o suficiente para caber em um tubo de ensaio. Acrescente caldo nutriente em quantidade suficiente para cobrir a metade inferior da tira. Inocule o seu organismo do teste no caldo e incube. Se a bactéria produzir gelatinase, a exoenzima irá digerir (hidrolisar) o revestimento de gelatina que mantém os grãos de prata sensíveis à luz no dorso do filme de plástico. Você verá apenas o plástico transparente. Se o filme permanecer escuro, significa que não houve digestão da gelatina. E você não precisa se preocupar com a temperatura correta!

O filme de plástico claro é revelado por causa da ação da gelatinase. (*Reimpressa de L. Dela Maza, M. Pezzlo & E. J. Baron, Color Atlas of Diagnostic Microbiology, Mosby, 1997, p. 47. Reproduzida, com autorização, de Elsevier.*)

**competitivo** da reação, porque ela compete com o substrato pelo sítio ativo (**Figura 6.8**). Quando o inibidor se liga a um sítio ativo, ele impede a ligação do substrato e, portanto, inibe a reação.

Como a ligação desse inibidor competitivo é reversível, o grau de inibição depende das concentrações relativas de substrato e inibidor. Quando a concentração do substrato está elevada, e a do inibidor está baixa, os sítios ativos de apenas algumas moléculas de enzima são ocupados pelo inibidor, e a velocidade da reação é apenas levemente reduzida. Quando a concentração do substrato está baixa, e a do inibidor elevada, os sítios ativos de muitas moléculas da enzima são ocupados pelo inibidor, e a velocidade da reação é acentuadamente reduzida.

As *sulfas* (ver Capítulo 14) são inibidores competitivos. Normalmente, as células bacterianas possuem as enzimas necessárias para converter o *ácido para-aminobenzoico* (*PABA*) em ácido fólico, uma vitamina essencial. As sulfas, quando presentes, competem com o PABA pelos sítios ativos das enzimas. Quanto maior a concentração das sulfas, maior a inibição da síntese de ácido fólico.

**A AZT (zidovudina), fármaco utilizado no tratamento da AIDS, é um inibidor competitivo da enzima transcriptase reversa, que é necessária para a replicação viral.**

As enzimas também podem ser inibidas por substâncias denominadas **inibidores não competitivos**. Alguns inibidores não competitivos ligam-se à enzima em um **sítio alostérico**, que é um sítio diferente do sítio ativo (**Figura 6.9**). Esses inibidores distorcem a estrutura terciária da proteína e alteram o formato do sítio ativo. Qualquer molécula de enzima assim afetada não tem mais capacidade de ligar-se ao substrato, de modo que ela não pode mais catalisar uma reação. Embora alguns inibidores não competitivos se liguem reversivelmente, outros o fazem de modo irreversível e inativam de forma permanente as moléculas enzimáticas, reduzindo acentuadamente a velocidade da reação. Na inibição não competitiva, o aumento da concentração de substrato não aumenta a velocidade da reação, conforme observado na presença de um inibidor competitivo. O chumbo, o mercúrio e outros metais pesados, apesar de não serem inibidores não competitivos, podem ligar-se a outros sítios na molécula da enzima e modificar permanentemente o seu formato, resultando em sua inativação.

A **inibição por retroalimentação** (*feedback*), um tipo de inibição não competitiva reversível, regula a velocidade de muitas vias metabólicas. Por exemplo, quando o produto final da via se acumula, ele frequentemente se liga à enzima que catalisa a primeira reação da via, inativando-a. A inibição por retroalimentação é discutida de modo mais detalhado no Capítulo 8.

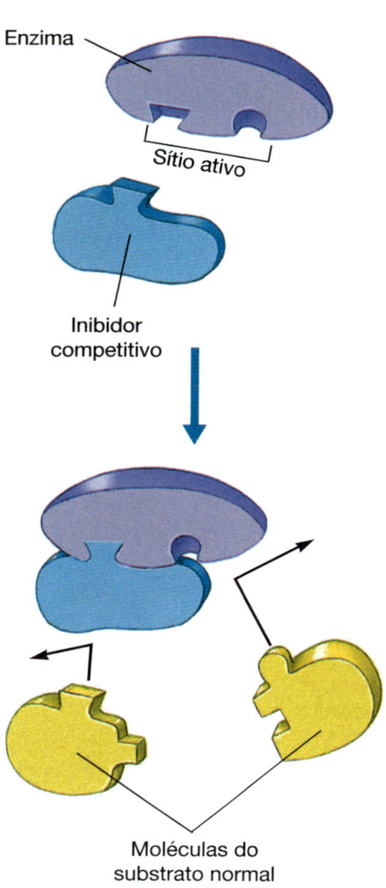




**Figura 6.8 Inibição competitiva das enzimas.** Um inibidor competitivo liga-se ao sítio ativo de uma enzima, impedindo que o substrato normal o alcance, porém não participa da reação.

**PARE e RESPONDA**

1. **Diferencie uma coenzima de um cofator. Como as vitaminas estão relacionadas com eles?**
2. **Por que os inibidores que se ligam ao sítio alostérico são denominados inibidores não competitivos?**

## Fatores que afetam as reações enzimáticas

Os fatores que afetam a velocidade das reações enzimáticas incluem:

- Temperatura
- pH
- Concentrações do substrato, do produto e da enzima.

### Temperatura e pH

À semelhança de outras proteínas, as enzimas são afetadas pelo calor e por extremos de pH. Até mesmo pequenas mudanças de pH podem alterar a carga elétrica de vários grupos químicos nas moléculas das enzimas, alterando assim a capacidade da enzima de se ligar a seu substrato e de catalisar uma reação.

A maioria das enzimas humanas tem uma *temperatura ideal*, próxima à temperatura normal do corpo, e um *pH ideal*, próximo ao pH neutro, em que elas catalisam mais rapidamente uma reação. As enzimas microbianas também funcionam melhor em temperaturas e pH ideais, que estão relacionados com o ambiente normal desse organismo. As enzimas dos microrganismos que infectam os seres humanos têm aproximadamente as mesmas exigências de temperatura e pH ideais que as enzimas humanas.

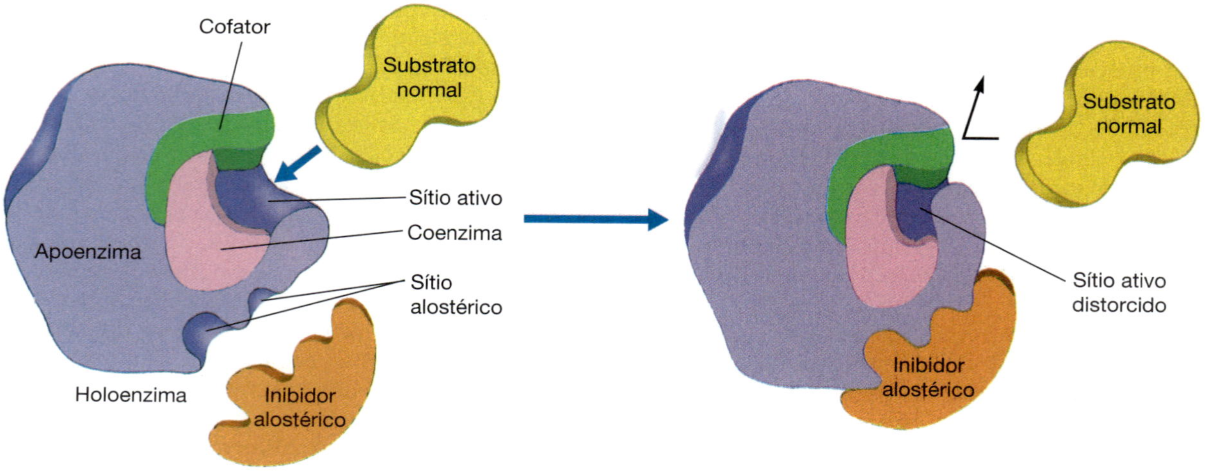




**Figura 6.9 Inibição não competitiva (alostérica) das enzimas.** Um inibidor não competitivo (alostérico) liga-se geralmente a um sítio diferente do sítio ativo (*i. e.*, a um sítio alostérico). A sua presença modifica o formato da enzima o suficiente para interferir na ligação do substrato normal. Alguns inibidores não competitivos são utilizados na regulação de vias metabólicas, porém outros são venencs.

## APLICAÇÃO NA PRÁTICA

### Como destruir uma enzima

Se uma enzima desempenha uma função metabólica vital, seu inibidor atua, portanto, como um veneno. Um inibidor competitivo envenena temporariamente as moléculas enzimáticas e retarda a velocidade da reação. Se esse inibidor se ligar ao sítio ativo de todas as moléculas ao mesmo tempo, ele pode interromper a reação. Entretanto, a enzima em si não é danificada e retorna à sua função se o veneno for removido. Se o veneno formar uma ligação covalente com a enzima, ele é um veneno permanente, e a capacidade da enzima de funcionar é irreversivelmente destruída.

A inibição enzimática tem aplicações variadas. Alguns antibióticos, como a penicilina, matam as bactérias danificando a parede celular e causando lise. O antibiótico liga-se e inativa as enzimas que são necessárias para reparar as quebras nas moléculas de peptidoglicano da parede celular durante o crescimento celular. Quando a célula se torna suficientemente enfraquecida, ocorre lise. O fluoreto, que atua na prevenção das cáries dentárias, endurece o esmalte e atua como veneno para as enzimas. Em baixas concentrações, o fluoreto mata as bactérias na boca sem danificar as células humanas; entretanto, se a sua concentração for alta o suficiente, ele também pode matar as células humanas. Muitos pesticidas e herbicidas exercem seus efeitos por inibição competitiva. Determinados agentes quimioterápicos utilizados no tratamento do câncer inibem enzimas que são mais ativas nas células em rápida divisão, incluindo as células malignas. Por fim, os metais pesados inativam as enzimas de modo não competitivo e permanentemente, de modo que são usados como ingredientes ativos em muitos desinfetantes.

As mudanças na *atividade enzimática*, a velocidade na qual uma enzima catalisa uma reação, são mostradas na Figura 6.10. No primeiro gráfico, a atividade enzimática aumenta com a temperatura até a temperatura ideal da enzima. Entretanto, acima de 40°C, a enzima sofre rápida desnaturação, e, em consequência, a sua atividade diminui (ver Capítulo 3). O segundo gráfico mostra que a atividade é máxima no pH ótimo da enzima e diminui à medida que o pH aumenta ou diminui em relação ao ponto ótimo. À semelhança das temperaturas elevadas, as condições extremamente ácidas ou alcalinas também desnaturam as enzimas. Essas condições são utilizadas para matar ou controlar o crescimento dos microrganismos.

## Concentração

Para compreender os efeitos das concentrações de substratos e produtos sobre as reações catalisadas por enzimas, precisamos ressaltar, em primeiro lugar, que todas as reações químicas são, em teoria, reversíveis. As enzimas podem catalisar uma reação em ambas as direções: AB ⟶ A + B ou A + B ⟶ AB. As concentrações dos substratos e dos produtos estão entre os vários fatores que determinam a direção de uma reação. Uma alta concentração de AB direciona a reação para a formação de A e B. A utilização de A e B em outras reações tão logo esses produtos sejam formados também direciona a reação para a formação de mais A e B. Por outro lado, a utilização de AB em outra reação, de modo que a sua concentração permaneça baixa, direciona a reação para a formação de AB. Quando nem AB nem A e B são removidos do sistema, a reação finalmente alcança um estado de equilíbrio dinâmico, conhecido como **equilíbrio químico.** Em equilíbrio, não ocorre nenhuma mudança efetiva nas concentrações de AB, A ou B.

A quantidade de enzima disponível controla habitualmente a velocidade de uma reação metabólica. Uma única molécula de enzima pode catalisar apenas um número específico de reações por segundo, isto é, pode atuar apenas em um número específico de moléculas do substrato. A velocidade da reação aumenta com o número de moléculas de enzima e

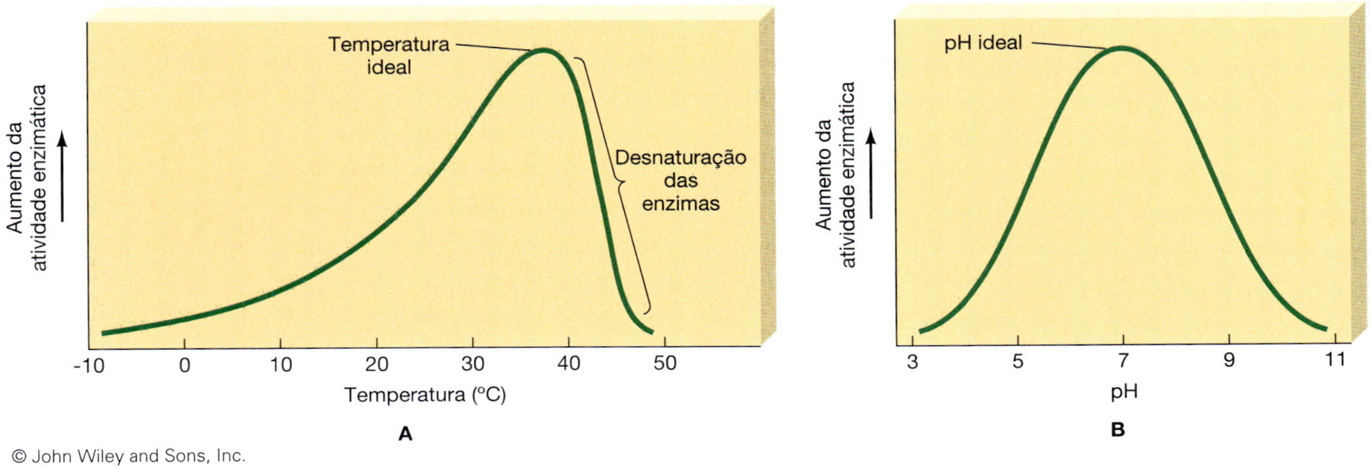




**Figura 6.10 Fatores que afetam a atividade enzimática.** **A.** As enzimas tornam-se mais ativas à medida que a temperatura aumenta. Acima de cerca de 40°C, entretanto, a maioria das enzimas sofre desnaturação, e a sua atividade cai acentuadamente. **B.** A maioria das enzimas também tem um valor ótimo de pH em que elas funcionam de modo mais efetivo. Como a adição de vinagre (um ácido) ao alimento poderia retardar a sua deterioração pelos microrganismos?

alcança um valor máximo quando todas as moléculas disponíveis de enzima estão atuando com capacidade total. Entretanto, se a concentração do substrato for muito baixa para manter todas as moléculas de enzima trabalhando em sua capacidade máxima, a concentração do substrato determinará a velocidade da reação.

Com uma visão geral dos processos metabólicos e o conhecimento das enzimas e como elas trabalham, estamos prontos para analisar os processos metabólicos de modo mais detalhado. Começaremos com a glicólise, a fermentação e a respiração aeróbica, processos utilizados pela maioria dos microrganismos para obter energia.

## METABOLISMO ANAERÓBICO: GLICÓLISE E FERMENTAÇÃO

### Glicólise

A **glicólise**, também denominada via de Embden-Meyerhof, é a via metabólica utilizada pela maioria dos organismos autotróficos e heterotróficos, tanto aeróbios quanto anaeróbios, para começar a degradação da glicose. O termo glicólise significa literalmente clivagem (*lise*) de açúcar (*glico-*). Não necessita de oxigênio, mas pode ocorrer tanto na sua presença quanto na sua ausência. A Figura 6.11 mostra as 10 etapas da via glicolítica, na qual ocorrem quatro eventos importantes:

1. Fosforilação em nível do substrato (transferência de grupos fosfato do ATP para a glicose)
2. Quebra de uma molécula de seis carbonos (glicose) em duas moléculas de três carbonos
3. Transferência de dois elétrons para a coenzima NAD
4. Captura de energia no ATP.

A **fosforilação** é a adição de um grupo fosfato a uma molécula, frequentemente a partir do ATP. Em geral, essa adição aumenta a energia da molécula. Desse modo, os grupos fosfato servem comumente como carreadores de energia nas reações bioquímicas. No início da glicólise, grupos fosfato de duas moléculas de ATP são adicionados à glicose. Esse gasto de 2 ATPs aumenta o nível energético da glicose. Em seguida, ela pode participar de reações subsequentes (como a rocha retirada da depressão no topo da colina) e torna-se incapaz de deixar a célula. A molécula fosforilada direciona as reações metabólicas celulares.

Após a fosforilação, a glicose é clivada em duas moléculas de três carbonos, e cada molécula é oxidada quando dois elétrons são transferidos dela para o NAD. Os produtos finais consistem em duas moléculas de ácido pirúvico (denominado piruvato em sua forma ionizada) e duas moléculas de NAD reduzido (NADH).

A energia é capturada no ATP em nível do substrato – isto é, no ciclo direto da glicólise – em duas reações separadas que ocorrem posteriormente no processo. Com a disponibilidade de *difosfato de adenosina* (*ADP*) e *fosfato inorgânico* ($P_i$) no citoplasma, a energia liberada das moléculas de substrato é utilizada para formar ligações de alta energia entre ADP e $P_i$:

$$ADP + P_i + \text{energia} \longrightarrow ATP$$

A glicólise fornece às células uma quantidade relativamente pequena de energia. A energia é capturada em duas moléculas de ATP durante o metabolismo de cada molécula de três carbonos, e há formação de um total de 4 ATPs quando uma molécula de glicose de seis carbonos é metabolizada pela glicólise em duas moléculas de ácido pirúvico. (Ver Apêndice E para uma descrição mais detalhada da glicólise.) Como a energia de 2 ATPs foi usada nas fosforilações iniciais, a glicólise resulta em uma captação de energia efetiva de apenas 2 ATPs por molécula de glicose. Quando o oxigênio atmosférico está presente, e o organismo dispõe das enzimas necessárias para realizar a respiração aeróbica, os elétrons do NAD reduzido são transferidos para o oxigênio durante a oxidação biológica, conforme explicado adiante.

### Alternativas à glicólise

Além da glicólise, muitos microrganismos contam com uma ou duas outras vias metabólicas para a oxidação da glicose. Por exemplo, muitas bactérias, incluindo *Escherichia coli* e *Bacillus subtilis*, apresentam uma *via das pentoses fosfato*. Esta via, que pode funcionar ao mesmo tempo que a glicólise, cliva não apenas a glicose, mas também a açúcares de cinco carbonos (pentoses). (Essa via está descrita no Apêndice E.) Em algumas espécies de bactérias, incluindo *Pseudomonas*, as enzimas realizam a *via de Entner-Doudoroff*, que substitui as vias glicolítica e das pentoses fosfato. Nessa via, a glicose sofre uma pequena série de reações, entre as quais um produto intermediário (gliceraldeído-3-fosfato) passa pelas cinco etapas finais de uma glicólise típica e produz duas moléculas de ATP no processo de formação do ácido pirúvico.

Duas características adicionais ilustram os princípios que se aplicam às vias metabólicas em geral:

1. Cada reação é catalisada por uma enzima específica. Embora, para maior simplicidade, se tenha omitido o nome das enzimas em nossa discussão, é importante lembrar que cada reação em uma via metabólica é catalisada por uma enzima
2. Quando os elétrons são removidos de intermediários em vias metabólicas, eles são transferidos para uma de duas coezimas – NAD ou NADP (*fosfato de dinucleotídio de nicotinamida adenina*). Na forma reduzida (NADH ou NADPH), essas coenzimas armazenam um *poder redutor* da célula. Por exemplo, na glicólise, o $NAD^+$ oxidado torna-se NAD reduzido (NADH). Conforme explicado a seguir, os elétrons são removidos do NAD reduzido durante a fermentação, deixando-o livre para remover mais elétrons da glicose e manter a glicólise em funcionamento. Como as células contêm quantidades limitadas de enzimas e de coenzimas, a velocidade com que as reações da glicólise e de outras vias ocorrem é limitada pela disponibilidade dessas moléculas importantes.

Embora a glicose seja o principal nutriente de alguns microrganismos, outros micróbios podem obter energia a partir de outros açúcares. Em geral, esses organismos apresentam enzimas específicas para converter um açúcar em um intermediário na via glicolítica. Após a sua entrada na glicólise, o açúcar é metabolizado em ácido pirúvico e, em seguida, fermentado ou metabolizado de modo aeróbico por processos descritos posteriormente.

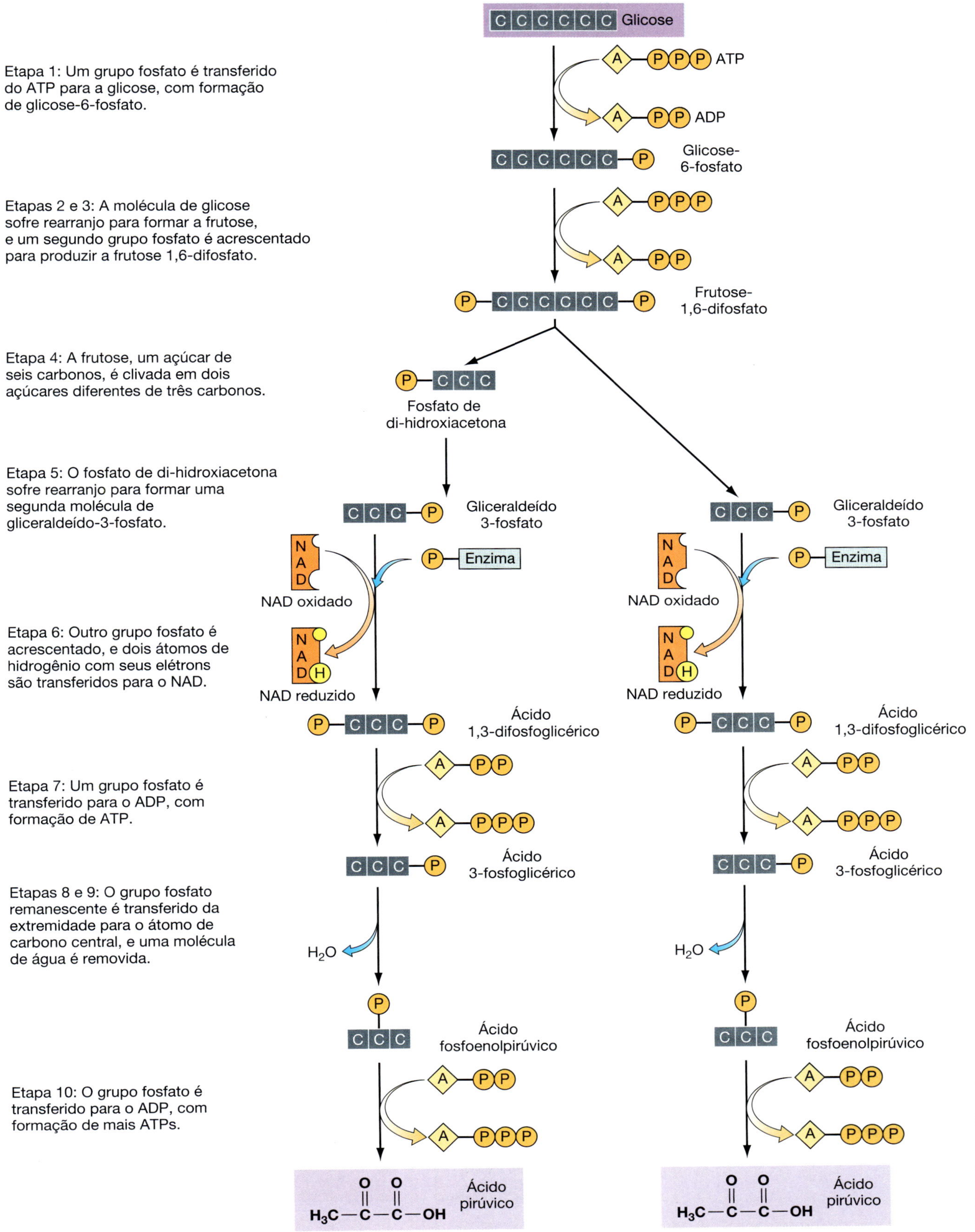




**Figura 6.11 Reações da glicólise.** Observe que nas etapas 1 e 3 são utilizadas duas moléculas de ATP (A = adenosina). Nas etapas 7 e 10, ocorre formação de duas moléculas de ATP. Como cada molécula de glicose produz dois açúcares de três carbonos que participam das reações 7 e 10, são formadas, na realidade, quatro moléculas de ATP, com rendimento efetivo de 2 ATPs por glicose.

## Fermentação

O metabolismo da glicose ou de outro açúcar pela glicólise é um processo realizado por quase todas as células. A **fermentação** é um processo pelo qual o ácido pirúvico é subsequentemente metabolizado na ausência de oxigênio. A fermentação é o resultado da necessidade de reciclar a quantidade limitada de NAD por meio da passagem dos elétrons do NAD reduzido para outras moléculas. Isso ocorre por muitas vias diferentes (Figura 6.12). A fermentação ácido-láctica e a fermentação alcoólica são duas das vias mais importantes e de ocorrência frequente. Nenhuma delas obtém energia para formação de ATP a partir do metabolismo do ácido pirúvico, porém ambas as vias removem elétrons do NAD reduzido, de modo que ele possa continuar atuando como aceptor de elétrons. Assim, elas promovem indiretamente a captação de energia mantendo a glicólise funcionando.

> As leveduras e as bactérias em frutos podem fermentar seus açúcares a álcool. Os pássaros que se alimentam desses frutos podem ficar bastante embriagados, como se pode verificar pelos seus padrões de voo.

## Fermentação ácido-láctica

A via mais simples para o metabolismo do ácido pirúvico é a **fermentação ácido-láctica**, em que só há produção de ácido láctico (Figura 6.13). O ácido pirúvico é convertido diretamente em ácido láctico, utilizando os elétrons do NAD reduzido. Diferentemente de outras fermentações, esse tipo não produz nenhum gás. Ocorre em alguns tipos de bactérias

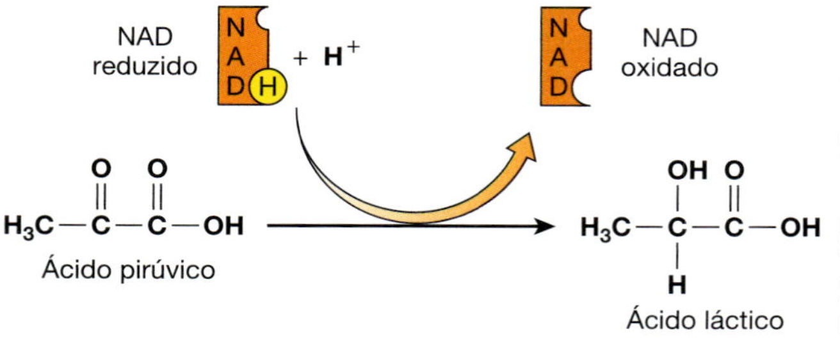

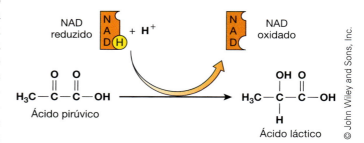

**Figura 6.13 Fermentação ácido-láctica.** O ácido pirúvico é reduzido a ácido láctico pelo NAD na etapa 6 da glicólise (ver Figura 6.11).

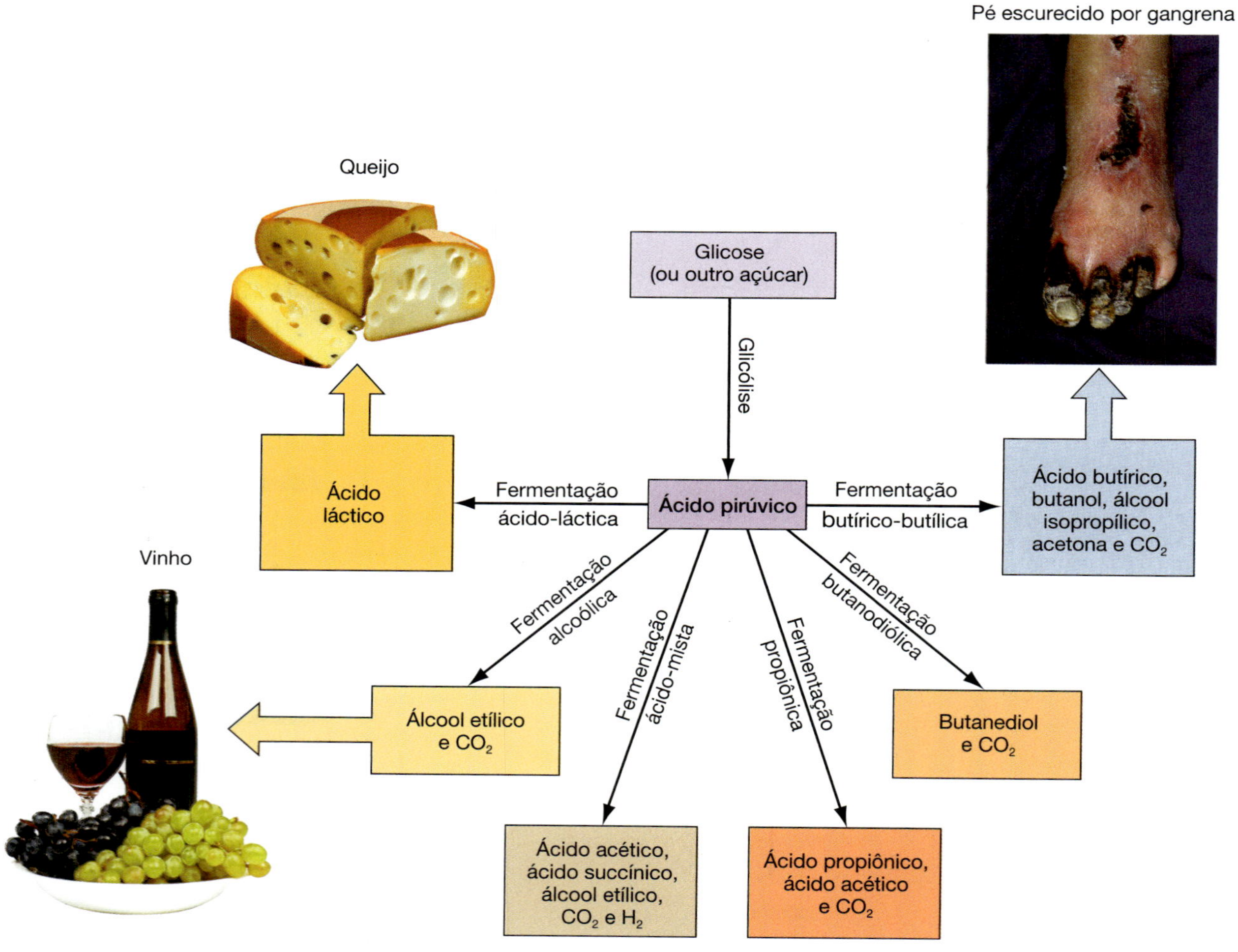


**Figura 6.12 Vias de fermentação.** Muitas vias diferentes de fermentação são encontradas entre os microrganismos. Dois microrganismos diferentes, cada um fermentando uma quantidade do mesmo material, irão produzir necessariamente os mesmos produtos ou subprodutos? E quanto ao sabor? *(© Alexey Romanov/Stockpohto; © Vassiliy Mikhailin/Getty Images; Scott Camazine/Science Source/ Getty Images.)*

denominados lactobacilos, em estreptococos e nas células musculares dos mamíferos. Essa via nos lactobacilos é utilizada na produção de alguns queijos.

## Fermentação alcoólica

Na **fermentação alcoólica** (Figura 6.14), o dióxido de carbono é liberado a partir do ácido pirúvico para formar o intermediário acetaldeído, que é rapidamente reduzido a álcool etílico por elétrons do NAD reduzido. A fermentação alcoólica, apesar de ser rara nas bactérias, é comum em leveduras e é utilizada na produção de pão e vinho. O Capítulo 27 trata extensamente desses tópicos.

## Outros tipos de fermentação

Os outros tipos de fermentação, resumidos na Figura 6.12, são realizados por uma grande variedade de microrganismos. Uma das características mais importantes desses processos é que eles ocorrem em determinados organismos infecciosos, cujos produtos são utilizados no estabelecimento do diagnóstico. Por exemplo, o teste de Voges-Proskauer para acetoína, um intermediário na fermentação do butanodiol, ajuda a detectar a bactéria *Klebsiella pneumoniae*, que pode causar pneumonia. A fermentação anaeróbica butírico-butílica é observada em espécies de *Clostridium* que causam tétano e botulismo. A produção de ácido butírico pelo *Clostridium perfringens* constitui uma importante causa das lesões teciduais graves da gangrena. Essa fermentação também produz os odores desagradáveis da manteiga e do queijo rançosos.

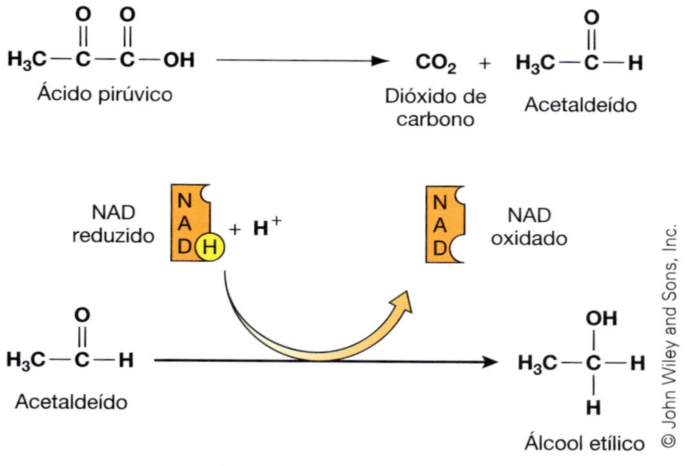


**Figura 6.14 Fermentação alcoólica.** Nesse processo em duas etapas, uma molécula de dióxido de carbono é inicialmente removida do ácido pirúvico para formar acetaldeído. Em seguida, o acetaldeído é reduzido a álcool etílico pelo NAD.

A capacidade de fermentar outros açúcares em vez da glicose forma a base de outros testes diagnósticos. Um desses testes (Figura 6.15) utiliza o açúcar manitol e o indicador de pH, o vermelho de fenol. A bactéria patogênica *Staphylococcus aureus* fermenta o manitol e produz ácido, fazendo com que o vermelho de fenol do meio se torne amarelo. A bactéria não patogênica *Staphylococcus epidermidis* é incapaz de fermentar o manitol e não modifica a cor do meio.

Muitos dos produtos formados por essas e outras fermentações, como ácido acético, acetona e glicerol, são de valor comercial. O Capítulo 27 discutirá os produtos industriais, farmacêuticos e alimentícios produzidos por fermentação microbiana. Alguns deles podem permitir reduzir nossa dependência dos produtos petroquímicos caros.

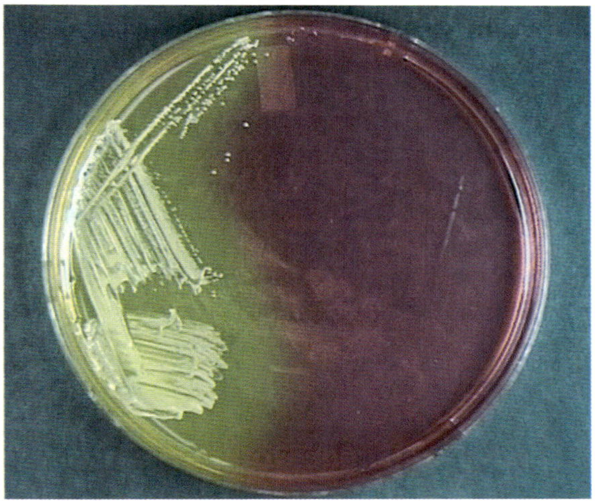

**Figura 6.15 Teste de fermentação do manitol positivo (amarelo).** Esse teste diferencia *Staphylococcus aureus* patogênico (à esquerda) da maioria das espécies de *Staphylococcus* não patogênicas. *S. aureus* fermenta o manitol, produzindo ácido, que torna o indicador de pH (vermelho de fenol) amarelo no meio. Antes da inoculação (à direita) o meio tem uma cor vermelho-clara. *(© Tsang and Shields/American Society for Microbiology Microblibrary.)*

## APLICAÇÃO NA PRÁTICA

### Embriaguez involuntária

Um homem foi preso na Virgínia por estar dirigindo bêbado. Forneceu uma justificativa bastante incomum como defesa: embriaguez involuntária – em consequência da fermentação do alimento em seu estômago por leveduras, produzindo, assim, álcool que foi absorvido pela sua corrente sanguínea. O juiz não levou muito a sério o seu argumento e o considerou culpado. O nível de álcool no sangue desse acusado em particular foi considerado mais alto do que aquele normalmente encontrado em indivíduos com essas infecções. Entretanto, existem casos documentados no Japão e nos EUA de pessoas que eram incapazes de permanecer sóbrias, devido a infecções gástricas por cepas peculiares da levedura *Candida albicans*. *Candida* é encontrada em várias partes do sistema digestório, onde habitualmente não causa nenhum problema. Entretanto, essas cepas curiosas convertem qualquer refeição ou bebida contendo carboidratos em álcool, embora em quantidade habitualmente não suficiente para elevar os níveis sanguíneos de álcool aos limites legais de intoxicação (a não ser que a pessoa tenha consumido uma grande refeição). Felizmente, a infecção pode ser curada, e a vítima pode retornar ao estado de sobriedade. Entretanto, até que isso ocorra, parece prudente que pessoas com esse problema evitem dirigir.

As leveduras que fermentam o pão também produzem álcool. Por que, então, você não fica bêbado quando come seus pãezinhos no café da manhã? A razão é que a pequena quantidade de álcool que se forma evapora no forno durante o cozimento.

# METABOLISMO AERÓBICO: RESPIRAÇÃO

Conforme já assinalado, a maioria dos organismos obtém alguma energia por meio do metabolismo da glicose a piruvato por glicólise. Entre os microrganismos, tanto os anaeróbios quanto os aeróbios realizam essas reações. Os **anaeróbios** são organismos que não utilizam o oxigênio; incluem alguns que são mortos pela exposição ao oxigênio. Os **aeróbios** são organismos que *utilizam* o oxigênio; incluem alguns que necessitam de sua presença. Além disso, um número significativo de espécies de microrganismos consiste em *anaeróbios facultativos* (ver Capítulo 7), que utilizam o oxigênio quando este está disponível, mas que podem funcionar na sua ausência. Embora os aeróbios obtenham parte de sua energia a partir da glicólise, eles a utilizam principalmente como início para um processo muito mais produtivo, que possibilita a obtenção de muito mais da energia potencialmente disponível na glicose. Esse processo é a **respiração aeróbica** por meio do *ciclo de Krebs* e da *fosforilação oxidativa*.

## APLICAÇÃO NA PRÁTICA

### Luz da minha morte

A cultura que cerca as tradições relacionadas com a morte e os funerais passou por muitas mudanças. Nos primeiros anos da colonização da América e até o início do século XX, o cadáver era frequentemente mantido em casa por vários dias antes do enterro. Mais tarde, quando capelas e casas funerárias se tornaram populares, o corpo passou a ser exibido por um período de tempo maior. Antes do armazenamento do corpo em necrotérios refrigerados, o acúmulo de gás e o inchaço em consequência da fermentação eram um problema prático e cosmético comum que os agentes funerários tinham que controlar. Para evitar a deformação do cadáver devido ao acúmulo de gases bacterianos, os agentes funerários faziam pequenos orifícios no corpo e colocavam por um curto período de tempo uma vela acesa nos orifícios. Grandes chamas azuis apareciam, alimentadas pelos gases que escapavam do cadáver. Essas chamas duravam 3 ou 4 dias até que todo o gás tivesse sido consumido. Como essa evidência explica a observação de que o metabolismo aeróbico tem 19 vezes mais energia captada do que a fermentação?

## Ciclo de Krebs

O **ciclo de Krebs,** assim denominado em homenagem ao bioquímico alemão Hans Krebs, que identificou suas etapas no final da década de 1930, metaboliza unidades de dois carbonos, denominadas *grupos acetil*, em $CO_2$ e $H_2O$. O ciclo de Krebs é também denominado **ciclo do ácido tricarboxílico (ATC)**, porque algumas moléculas no ciclo possuem três grupos carboxila (COOH), ou **ciclo do ácido cítrico**, pois o ácido cítrico é um importante intermediário.

Antes que o ácido pirúvico (o produto da glicólise) possa entrar no ciclo de Krebs, ele precisa ser convertido em *acetil-CoA*. Essa reação complexa envolve a remoção de uma molécula de $CO_2$, a transferência de elétrons para o NAD e a adição da coenzima A (CoA) (**Figura 6.16**). Nos procariontes, essas reações ocorrem no citoplasma, ao passo que, nos eucariontes, ocorrem na matriz das mitocôndrias.

O ciclo de Krebs é uma sequência de reações nas quais os grupos acetil são oxidados em dióxido de carbono. Os átomos de hidrogênio também são removidos, e seus elétrons são transferidos para coenzimas, que atuam como carreadores de elétrons (**Figura 6.17**). (Os hidrogênios, como veremos adiante, combinam-se finalmente com oxigênio para formar água.) Cada reação no ciclo de Krebs é controlada por uma enzima específica, e as moléculas são passadas de uma enzima para a próxima durante todo o ciclo. As reações formam um ciclo, porque o ácido oxaloacético (oxaloacetato), o reagente inicial, é regenerado no fim do ciclo. À medida que um grupo acetil é metabolizado, o oxaloacetato combina-se com outro grupo para formar ácido cítrico e seguir novamente pelo ciclo. (O Apêndice E fornece mais detalhes sobre o ciclo de Krebs.)

Determinados eventos no ciclo de Krebs têm importância especial:

- Oxidação do carbono
- Transferência de elétrons para coenzimas
- Captação de energia ao nível do substrato.

À medida que cada grupo acetil passa pelo ciclo, surgem duas moléculas de dióxido de carbono a partir da oxidação completa de seus dois carbonos. Quatro pares de elétrons são transferidos para as coenzimas: três pares para o NAD e um par para o FAD. Muita energia provém desses elétrons na fase seguinte da respiração aeróbica, como veremos logo em seguida. Por fim, alguma energia é capturada em uma ligação de alta energia no trifosfato de guanosina (GTP). Essa reação ocorre em nível do substrato, isto é, ocorre diretamente durante uma reação do ciclo de Krebs. A energia no GTP é facilmente transferida pra o ATP. Observe que, como cada molécula de glicose produz duas moléculas de acetil-CoA, as quantidades dos produtos anteriormente citados devem ser duplicadas para representar o rendimento do metabolismo de uma única molécula de glicose.

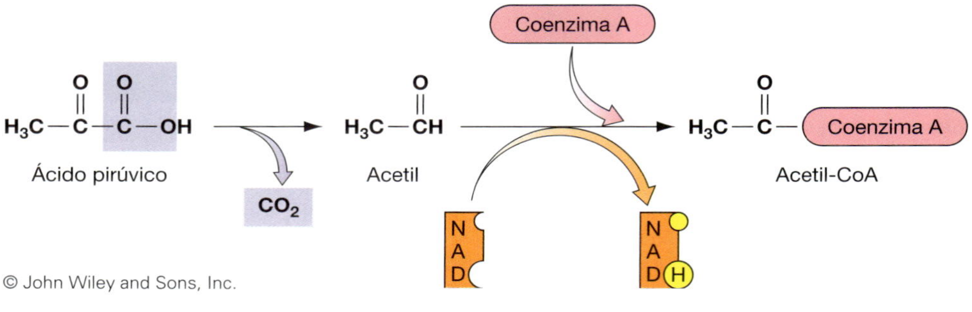




**Figura 6.16 A entrada para o ciclo de Krebs.** O ácido pirúvico perde uma molécula de $CO_2$ e é oxidado pelo NAD. O grupo acetil de dois carbonos resultante liga-se à coenzima A, formando acetil-CoA.

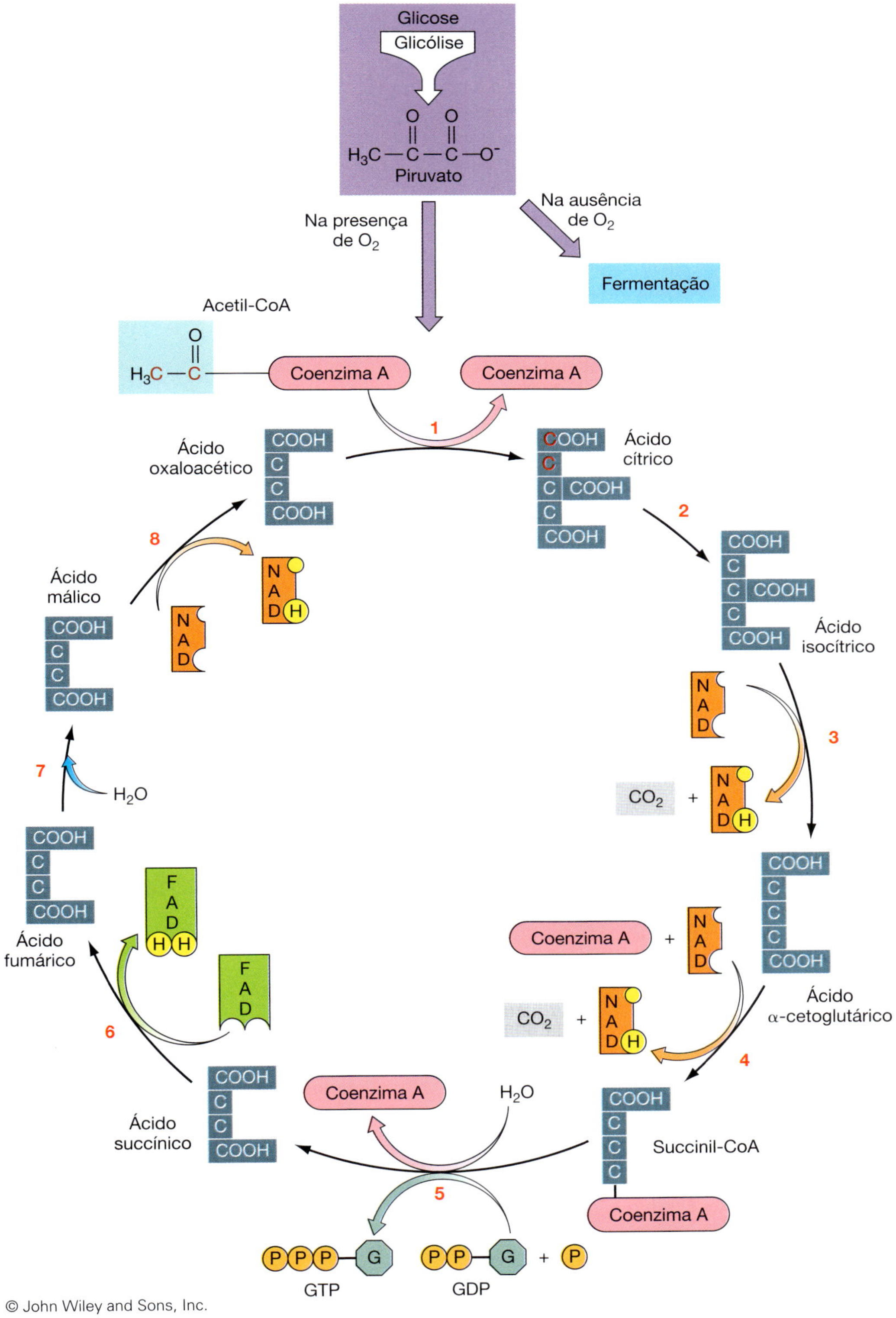




**Figura 6.17 Reações do ciclo de Krebs.** Os intermediários foram simplificados para mostrar apenas o número de átomos de carbono e os grupos carboxila de cada um. Um grupo acetil de dois carbonos entra no ciclo como acetil-CoA na etapa 1, e dois átomos de carbono deixam o ciclo como moléculas de $CO_2$ nas etapas 3 e 4. A energia é capturada no trifosfato de guanosina (GTP) na etapa 5 e finalmente transferida para o ATP. Além disso, os elétrons são removidos por coenzimas nas etapas 3, 4, 6 e 8. Mais energia será extraída desses elétrons quando entrarem subsequentemente na cadeia de transporte de elétrons.

## Transporte de elétrons e fosforilação oxidativa

O transporte de elétrons e a fosforilação oxidativa podem ser comparados a uma série de cascatas, em que a água faz muitas quedas pequenas e três maiores (Figura 6.18). Na maioria das transferências de elétrons (as pequenas quedas), são liberadas apenas pequenas quantidades de energia. Em três pontos (as quedas maiores), ocorre liberação de mais energia, parte da qual é utilizada para formar ATP pela adição de $P_i$ ao ADP.

O **transporte de elétrons**, processo que leva à transferência de elétrons do substrato para o $O_2$, começa durante uma das reações de desidrogenação do catabolismo que liberam energia. Dois átomos de hidrogênio (cada um consistindo em um elétron e um próton) são transferidos para o NAD, formando NAD reduzido. Por sua vez, o composto resultante transfere os pares de átomos para o primeiro de uma série de outros compostos carreadores localizados na membrana celular das bactérias ou na membrana interna das mitocôndrias. Esses compostos carreadores formam uma **cadeia de transporte de elétrons**, que é frequentemente denominada *cadeia respiratória* (Figura 6.19). Por meio de uma série de reações de oxirredução, a cadeia transportadora de elétrons desempenha

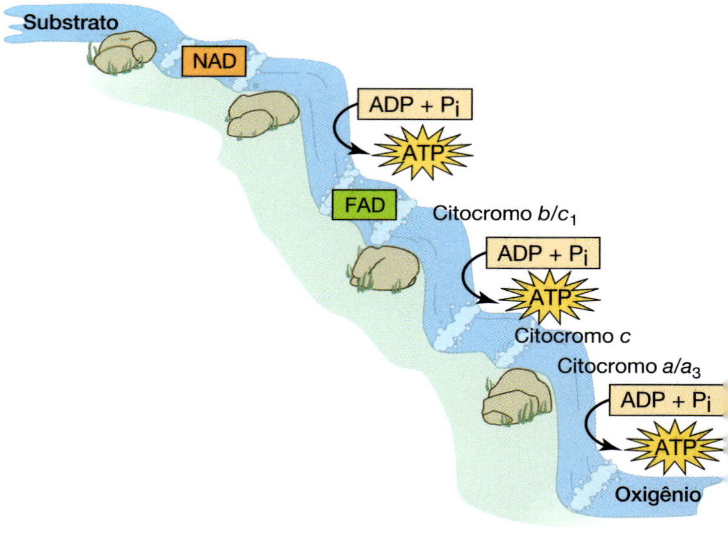




**Figura 6.18 Cadeia de transporte de elétrons conforme o modelo cascata.** À medida que os elétrons passam de um carreador para outro na cadeia, a sua energia diminui, e parte da energia que eles perdem é utilizada na produção de ATP.

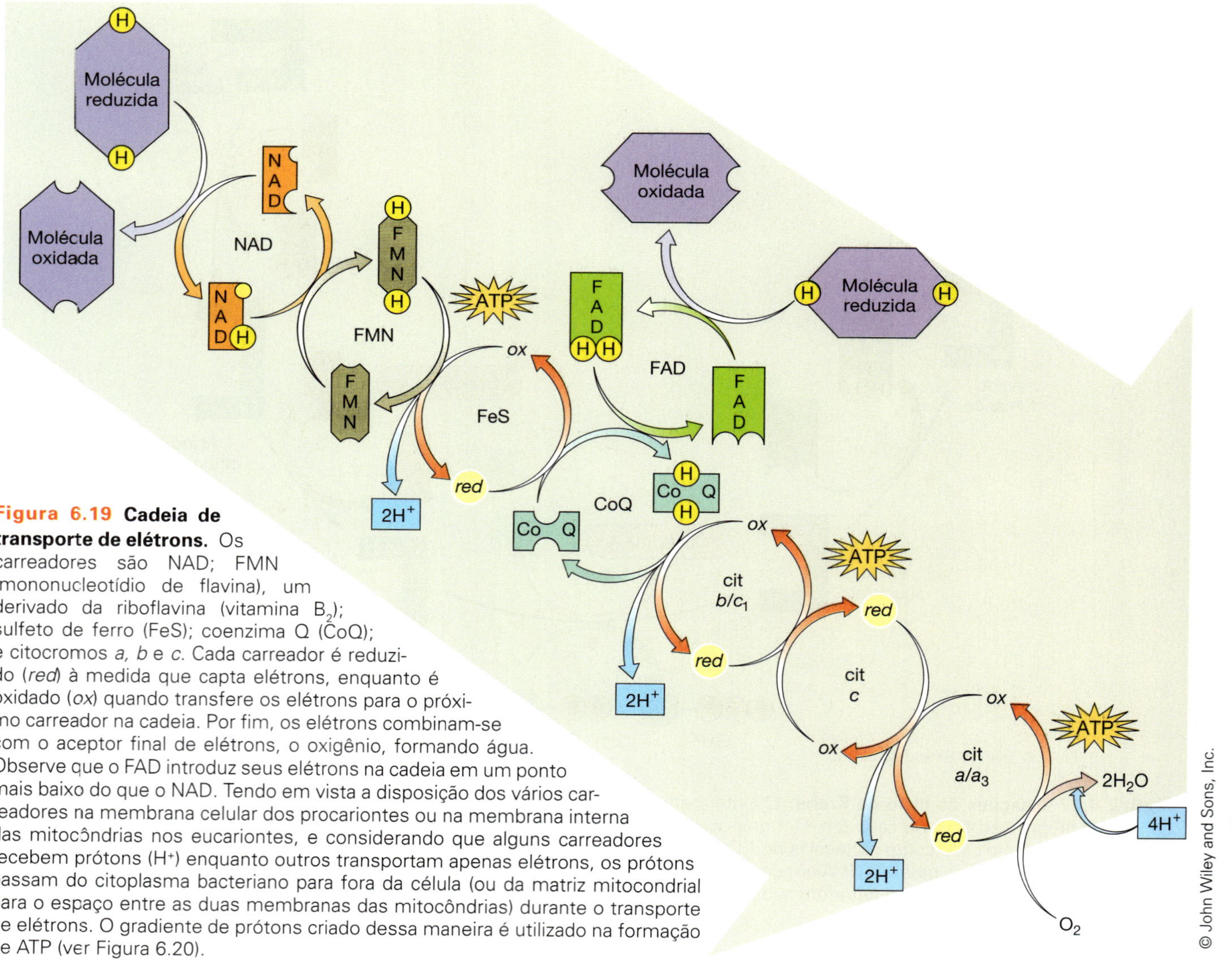




**Figura 6.19 Cadeia de transporte de elétrons.** Os carreadores são NAD; FMN (mononucleotídio de flavina), um derivado da riboflavina (vitamina $B_2$); sulfeto de ferro (FeS); coenzima Q (CoQ); e citocromos *a*, *b* e *c*. Cada carreador é reduzido (*red*) à medida que capta elétrons, enquanto é oxidado (*ox*) quando transfere os elétrons para o próximo carreador na cadeia. Por fim, os elétrons combinam-se com o aceptor final de elétrons, o oxigênio, formando água. Observe que o FAD introduz seus elétrons na cadeia em um ponto mais baixo do que o NAD. Tendo em vista a disposição dos vários carreadores na membrana celular dos procariontes ou na membrana interna das mitocôndrias nos eucariontes, e considerando que alguns carreadores recebem prótons ($H^+$) enquanto outros transportam apenas elétrons, os prótons passam do citoplasma bacteriano para fora da célula (ou da matriz mitocondrial para o espaço entre as duas membranas das mitocôndrias) durante o transporte de elétrons. O gradiente de prótons criado dessa maneira é utilizado na formação de ATP (ver Figura 6.20).

# BIOTECNOLOGIA

## Trabalho para os microrganismos

O que você poderia obter de *Klebsiella pneumoniae* além de pneumonia? Plásticos acrílicos, roupas, produtos farmacêuticos e tintas – todos produtos do composto original, 3-hidroxipropionaldeído, que *K. pneumoniae* produz por meio de fermentação do glicerol. O glicerol é um subproduto comum do processamento de gorduras animais e óleos vegetais, como os da soja. Assim, produtos agrícolas excedentes do país poderiam finalmente ajudar a substituir derivados do petróleo importados e caros, graças à fermentação microbiana.

Os cientistas também estão explorando a possibilidade de modificar outros microrganismos, como *Saccharomyces cerevisiae* (levedura do pão) e *S. carlsbergensis* (levedura de cerveja), de modo a torná-los mais úteis para nós. Esses cientistas esperam obter da levedura uma enzima de ação rápida que, quando administrada por via intravenosa, dissolverá coágulos sanguíneos e, assim, reduzirá o dano causado por ataques cardíacos e acidentes vasculares encefálicos. A versatilidade bioquímica das leveduras também pode ajudar a remover do ar os poluentes da indústria petroquímica. A levedura *Pachysolen tannaphilus* converte a xilose, um açúcar encontrado em partes lenhosas das plantas como o pé de milho, diretamente em álcool etílico. O Departamento de Agricultura dos EUA estima que essas leveduras poderiam produzir 4 bilhões de galões de álcool combustível de queima limpa a partir de resíduos agrícolas por ano.

duas funções básicas: (1) receber elétrons de um doador de elétrons e transferi-los para um aceptor de elétrons; e (2) conservar para a síntese de ATP parte da energia liberada durante a transferência de elétrons. As grandes quantidades de energia obtidas a partir da respiração aeróbica resultam da transferência de elétrons através da cadeia de transporte de elétrons, de um nível de alta energia para um de baixa energia, com formação de ATP (ver Figura 6.19). A energia é capturada em ligações de alta energia quando o $P_i$ combina-se com ADP para formar ATP. Esse processo é conhecido como **fosforilação oxidativa**. Cada membro da cadeia torna-se reduzido quando capta elétrons; em seguida, ao doar elétrons para o próximo membro na sequência, ele é oxidado. Na respiração aeróbica, o oxigênio constitui o aceptor final de elétrons e sofre redução a água (ver Figura 6.19).

Vários tipos de complexos enzimáticos estão envolvidos no transporte de elétrons. Incluem a NADH desidrogenase, a citocromo redutase e a citocromo oxidase. Os carreadores de elétrons incluem **flavoproteínas** (como FAD e mononucleotídio de flavina, FMN), proteínas contendo ferro-enxofre (FeS) e **citocromos**, proteínas com um anel contendo ferro, denominado *heme*. Um grupo de carreadores de elétrons não proteicos e lipossolúveis, conhecidos como **quinonas** ou *coenzimas Q*, também são encontrados nos sistemas de transporte de elétrons.

As cadeias de transporte de elétrons não são todas iguais; diferem de um organismo para outro, e, algumas vezes, determinado organismo pode ter mais de um tipo dessas cadeias. Entretanto, todas possuem compostos, como as flavoproteínas e as quinonas, que só aceitam átomos de hidrogênio, e compostos como os citocromos, que aceitam apenas elétrons. A não ser que os elétrons sejam continuamente transferidos do NAD e FAD reduzidos para o oxigênio por meio da cadeia de transporte de elétrons, essas enzimas não podem aceitar mais elétrons do ciclo de Krebs, e todo o processo deixa então de existir.

A partir do metabolismo de uma única molécula de glicose, 10 pares de elétrons são transportados pelo NAD (dois pares da glicólise, dois pares da conversão do ácido pirúvico em acetil-CoA e seis pares do ciclo de Krebs). Dois pares adicionais são transportados pelo FAD (do ciclo de Krebs). Todos esses elétrons são passados para outros carreadores de elétrons na cadeia de transporte de elétrons.

Em nossa analogia de uma cascata, podemos pensar na água entrando nas quedas em dois locais, um mais alto na montanha do que o outro. A água das quedas mais altas cai mais longe do que a água que entra na parte mais baixa da montanha. Nas bactérias, os elétrons que entram na cadeia de transporte de elétrons no NAD começam no topo, e a sua queda libera energia suficiente para a formação de 3 ATPs. Os elétrons que entram no FAD começam em parte do caminho pela cadeia e contribuem com energia apenas suficiente para produzir 2 ATPs. Desse modo, durante o metabolismo aeróbico de uma molécula de glicose, os 10 pares de elétrons do NAD produzem 30 ATPs, e dois pares do FAD produzem 4 ATPs, com total de 34 ATPs. Incluindo as duas moléculas de ATP da glicólise e as duas moléculas de GTP (= 2 ATPs) do ciclo de Krebs, temos um rendimento total de 38 ATPs por molécula de glicose.

A fosforilação oxidativa, quando comparada com a fermentação, gera a maior quantidade de energia a partir da glicose. A fermentação, por meio da produção de ATP em nível de substrato durante a glicólise, tem um rendimento de apenas cerca de 5%. O ganho efetivo de ATP a partir da fermentação é de duas moléculas.

# PARA TESTAR

## Combustível para a reprodução

Dois estudantes, trabalhando no laboratório, observaram o crescimento de levedura em uma solução de açúcar em lâminas de microscópio. Um dos estudantes focalizou o microscópio próximo à borda da lamínula, onde os níveis de oxigênio são suficientes para a respiração aeróbica. O outro focalizou o microscópio em uma levedura crescendo no centro da lamínula. Ambos os estudantes mantiveram focalizados os mesmos campos durante todo o período da aula, e eles contaram o número de leveduras no campo a cada 20 a 30 minutos.

Você pode prever os resultados? O que explicaria os resultados obtidos? Com o consentimento de seu instrutor, você poderia facilmente tentar esse experimento enquanto completa seus exercícios de laboratório e, então, compartilhar seus dados com o restante da turma. Você acredita que esse experimento forneceria os mesmos resultados com todos os tipos de organismos? Por quê?

### Quimiosmose

Os elétrons para os átomos de hidrogênio removidos das reações do ciclo de Krebs são transferidos através do sistema de transporte de elétrons, que gera as ligações de alta energia do ATP. O ADP é convertido em ATP por um grande complexo de síntese de ATP, denominado *ATP sintase* (ou *ATPase*), em um processo conhecido como **quimiosmose**. Esse processo resulta de uma série de reações químicas que ocorrem dentro e ao redor de uma membrana. Embora o mecanismo do processo, inicialmente proposto pelo bioquímico inglês Peter Mitchell em 1961, tenha levado vários anos para ser totalmente aceito, ele agora é reconhecido como a principal contribuição na compreensão de como o ATP é formado durante o transporte de elétrons. Mitchell recebeu o Prêmio Nobel em 1978 pelo desenvolvimento da hipótese da quimiosmose.

A quimiosmose ocorre na membrana celular de procariontes (Figura 6.20), como *Escherichia coli*, e na membrana interna das mitocôndrias dos eucariontes. À medida que os elétrons são transferidos ao longo da cadeia de transporte de elétrons, os prótons são bombeados para fora da membrana, de modo que a concentração de íons hidrogênio é maior no lado externo da membrana do que no lado interno. Esse processo produz uma redução da concentração de prótons no interior e o desenvolvimento de uma força que direciona os prótons de volta ao interior da célula ou para a matriz mitocondrial, de modo a igualar suas concentrações em ambos os lados da membrana. Qualquer gradiente de concentração tende naturalmente a se equilibrar por si só.

Além do gradiente de concentração de prótons através da membrana, existe também um gradiente eletroquímico, que transforma a membrana em um tipo de bateria biológica capaz de fornecer a energia necessária para a formação de ATP. O excesso de $H^+$ em um lado da membrana confere a este lado uma carga positiva, em comparação com o outro lado. A força gerada pelo gradiente é denominada *força motriz de prótons*. Os prótons fluem através de canais especiais para dentro do complexo sintase. A energia é então liberada e utilizada para formar ATP a partir de ADP e fosfato inorgânico ($P_i$).

## Respiração anaeróbica | Uma alternativa bacteriana

Algumas bactérias utilizam apenas partes do ciclo de Krebs e da cadeia de transporte de elétrons. Trata-se de bactérias anaeróbicas que não utilizam o $O_2$ livre como aceptor final de elétrons. Na realidade, em um processo denominado **respiração anaeróbica**, elas utilizam moléculas inorgânicas contendo oxigênio, como nitrato ($NO_3^-$), nitrito ($NO_2^-$) e sulfato ($SO_4^{2-}$) (Figura 6.21). Como as bactérias anaeróbicas utilizam menos as vias metabólicas, elas produzem um menor número de moléculas de ATP do que os organismos aeróbicos.

Uma das reações da respiração anaeróbica comumente testada no exame de urina é a remoção de um átomo de oxigênio do nitrato para formar nitrito. Um teste positivo para nitrito indica a presença de bactérias como *E. coli*. Outras bactérias podem reduzir ainda mais os nitritos a compostos como a amônia ($NH_3$) ou até mesmo gás nitrogênio livre ($N_2$). Trata-se de reações importantes no ciclo do nitrogênio, que são discutidas de modo detalhado no Capítulo 26.

## Importância da obtenção de energia

Na glicólise e na fermentação, conforme observamos anteriormente, há habitualmente uma produção efetiva de 2 ATPs para cada molécula de glicose metabolizada de modo anaeróbico.

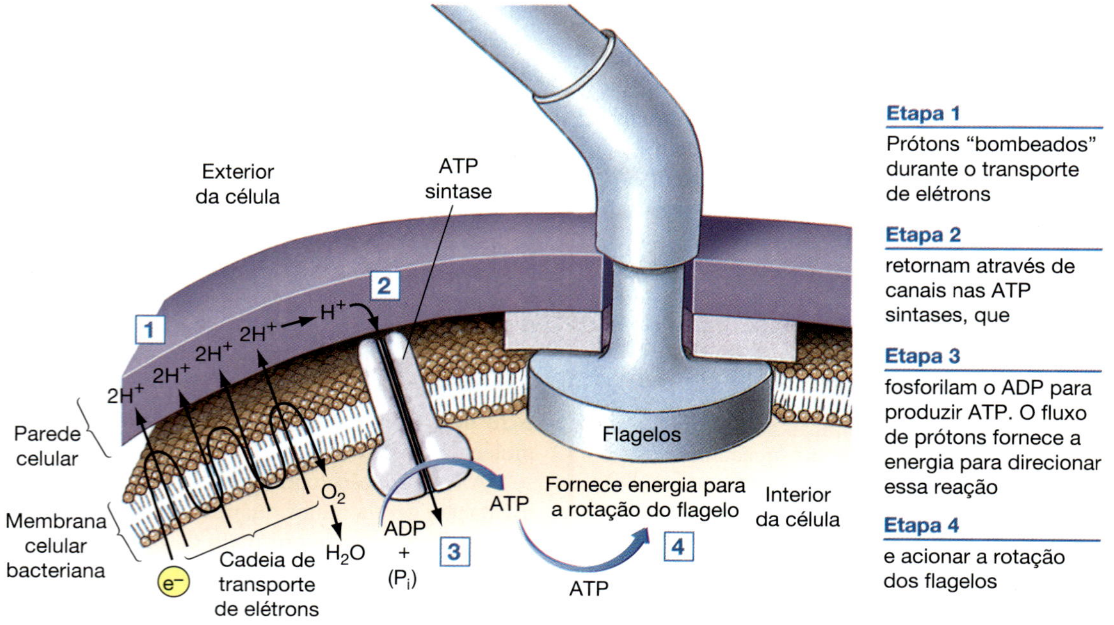




**Figura 6.20 Quimiosmose.** Esta figura mostra a captação de energia por quimiosmose em uma membrana celular bacteriana. (1) Os prótons "bombeados" para fora durante o transporte de elétrons (2) retornam através de canais nas ATP sintases, que (3) fosforilam o ADP para produzir ATP. O fluxo de prótons fornece a energia para redirecionar essa reação (4) e acionar a rotação dos flagelos.

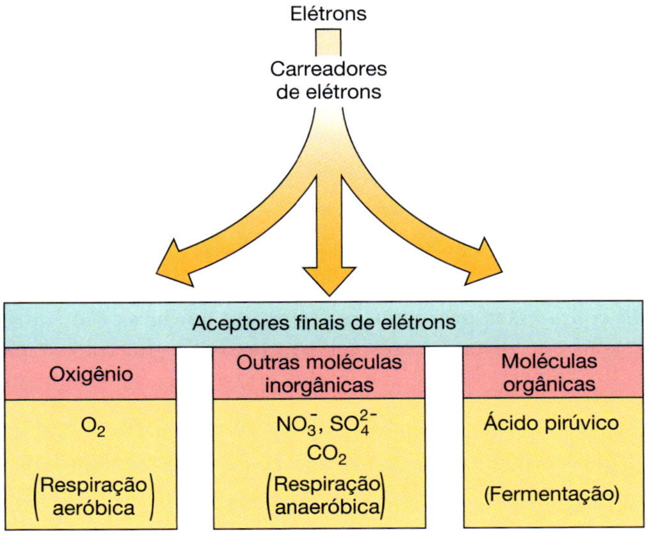




**Figura 6.21 Aceptores finais de elétrons.** A respiração aeróbica, a respiração anaeróbica e a fermentação possuem diferentes aceptores finais de elétrons.

Quando a glicólise é seguida de respiração aeróbica, cada molécula de glicose produz 2 ATPs adicionais ao nível do substrato no ciclo de Krebs e 34 ATPs por fosforilação oxidativa. Por conseguinte, uma molécula de glicose produz 38 ATPs por metabolismo aeróbico, porém apenas 2 ATPs pela glicólise e fermentação (**Tabela 6.2**). Assim, há uma obtenção de 19 vezes mais energia no metabolismo aeróbico em comparação com a fermentação! Desse modo, os microrganismos aeróbicos em ambientes com ampla disponibilidade de oxigênio em geral crescem mais rapidamente do que os anaeróbios. Mas os aeróbios morrerão se houver depleção de oxigênio, a não ser que possam passar para a fermentação. A **Tabela 6.3** fornece um resumo dos processos metabólicos que estudamos até agora.

**Tabela 6.2** Energia obtida em moléculas de ATP a partir de uma molécula de glicose por metabolismo anaeróbico e metabolismo aeróbico nos procariontes.

| Processo metabólico nos procariontes | Número de moléculas de ATP | |
|---|---|---|
| | **Condições anaeróbicas** | **Condições aeróbicas** |
| **Glicólise** | | |
| Nível do substrato | 4 | 4 |
| Hidrogênio para o NAD | 0 | 6 |
| **Piruvato em acetil-CoA** | | |
| Hidrogênio para o NAD | 0 | 6 |
| **Ciclo de Krebs** | | |
| Nível do substrato | 0 | 2 |
| Hidrogênio para o NAD | 0 | 18 |
| Hidrogênio para o FAD | 0 | 4 |
| **Menos energia para a fosforilação** | –2 | –2 |
| Total | 2 | 38 |

**Tabela 6.3** Comparação dos processos metabólicos.

| | Glicólise | Fermentação | Ciclo de Krebs[a] | Cadeia de transporte de elétrons |
|---|---|---|---|---|
| Localização | No citoplasma | No citoplasma | Procariontes: no citoplasma<br>Eucariontes: na matriz mitocondrial | Procariontes: na membrana celular<br>Eucariontes: nas membranas internas das mitocôndrias |
| Condições de oxigênio | Anaeróbica; não há necessidade de oxigênio; entretanto, não é interrompida na presença de oxigênio | Na ausência de $O_2$; a presença de oxigênio provoca interrupção | Aeróbica | Aeróbica |
| Molécula(s) iniciadora(s) | 1 glicose (6C) | Várias moléculas de substrato entram na glicólise, produzindo 2 ácidos pirúvicos | 2 ácidos pirúvicos | 6 $O_2$ |
| Moléculas finais | 2 ácidos pirúvicos (3C)<br>2 NADHs | Várias, dependendo da forma de fermentação, por exemplo, etanol, ácido láctico, $CO_2$, ácido acético | 6 $CO_2$<br>8 NADHs<br>2 FADHs | 6 $H_2O$ |
| Quantidade de ATP produzida | 4 ATPs (produção efetiva de 2 ATPs) | Várias, dependendo da forma de fermentação, habitualmente 2 ou 3 ATPs; sempre bem menos da quantidade produzida na respiração aeróbica | 2 GTPs<br>(= 2 ATPs) | 34 ATPs |

[a]Inclui a etapa do ácido pirúvico → acetil-CoA.

**PARE e RESPONDA**

1. Se houver oxigênio, ele irá interromper a glicólise? A fermentação? O ciclo de Krebs? E a cadeia de transporte de elétrons?
2. Se quatro moléculas de ATP são efetivamente produzidas para cada molécula de glicose que entra na glicólise, por que declaramos que a glicose tem um rendimento de apenas 2 ATPs?
3. Quais são as funções do NAD (NADH) e do FAD (FADH)?
4. Onde a cadeia de transporte de elétrons atua nos procariontes? E nos eucariontes?

## METABOLISMO DAS GORDURAS E DAS PROTEÍNAS

Na maioria dos organismos, incluindo os microrganismos, a glicose constitui a principal fonte de energia. No entanto, para praticamente qualquer substância orgânica, podemos encontrar um tipo de microrganismo capaz de degradá-la (catabolizá-la) para a obtenção de energia. Esse atributo dos microrganismos, somado ao fato de serem encontrados em quase todos os lugares do nosso planeta, responde pelas sua capacidade de degradar remanescentes mortos e em decomposição e dejetos de todos os organismos.

### Metabolismo das gorduras

A maioria dos microrganismos, assim como a maioria dos animais, tem a capacidade de obter energia a partir dos lipídios. Os exemplos a seguir fornecerão uma ideia geral de como esses processos ocorrem. As gorduras são hidrolisadas em glicerol e três ácidos graxos. O glicerol é metabolizado pela glicólise. Os ácidos graxos, que habitualmente têm um número par de carbonos (16, 18 ou 20), são clivados em fragmentos de dois carbonos por uma via metabólica denominada **betaoxidação**. Nesse processo, um ácido graxo combina-se inicialmente com a coenzima A. A oxidação do carbono beta (o segundo carbono a partir do grupo carboxila) do ácido graxo resulta na liberação de acetil-CoA e na formação de um ácido graxo com dois átomos de carbono menos. O processo é então repetido, com liberação de outra molécula de acetil-CoA. A acetil-CoA recém-formada é então oxidada através do ciclo de Krebs para a obtenção de energia adicional (**Figura 6.22**).

## BIOTECNOLOGIA

### Limpeza microbiana

Algumas espécies de bactérias, como alguns membros do gênero *Pseudomonas*, podem utilizar o óleo não refinado para obter energia. Podem crescer na água do mar tendo como nutrientes apenas petróleo, fosfato de potássio e ureia (fonte de nitrogênio). Esses organismos podem limpar derramamentos de petróleo no oceano, atuando como "biorremediadores". Além disso, provaram ser úteis na degradação do petróleo que permanece na água carregada por petroleiros como lastros após descarregamento do petróleo. Assim, a água bombeada desses navios-tanques para o mar na preparação de um novo carregamento não polui. Recentemente, uma substância semelhante a detergente foi isolada desses organismos. Quando o detergente é acrescentado a determinada quantidade de borra de petróleo, ele converte 90% da borra em petróleo aproveitável em cerca de 4 dias, reduzindo assim o desperdício e fornecendo uma maneira conveniente de limpeza dos tanques sujos de petróleo. Em um derramamento em 2010, as bactérias consumiram 85% dos hidrocarbonetos, particularmente aqueles encontrados no gás natural.

Área de derramamento de petróleo no golfo do México em 2010. (*Justin E. Stumberg/ U.S. Navy/Getty Images, Inc.*)

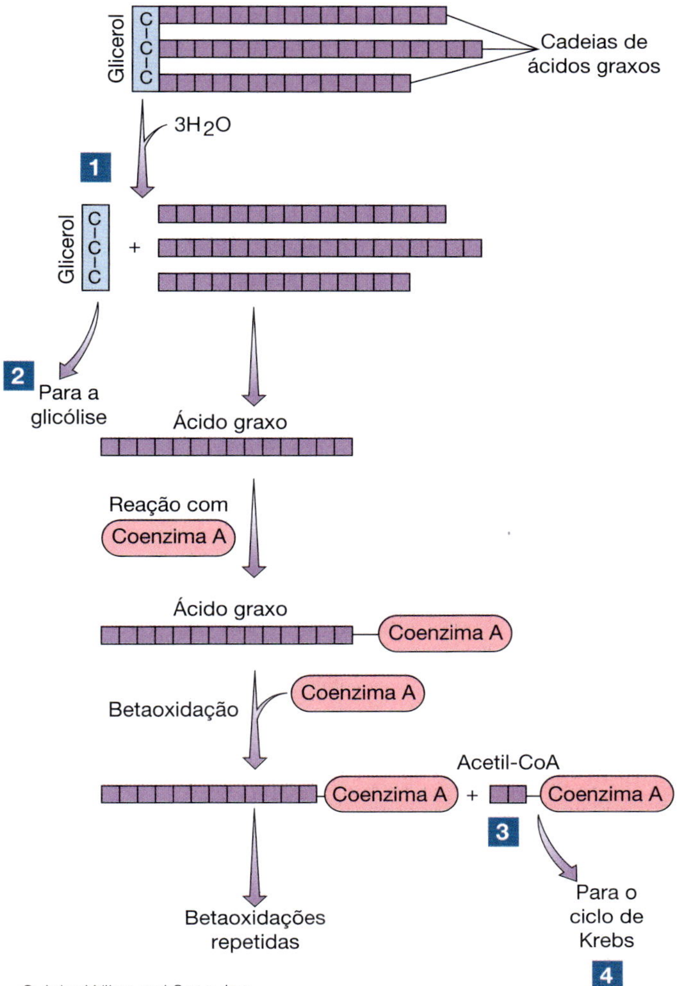




**Figura 6.22 Catabolismo das gorduras.** Os triglicerídios são hidrolisados em glicerol e ácidos graxos. O glicerol é clivado por meio da glicólise. Os ácidos graxos são clivados em unidades de dois carbonos e entram no ciclo de Krebs, onde são metabolizados para produzir energia adicional.

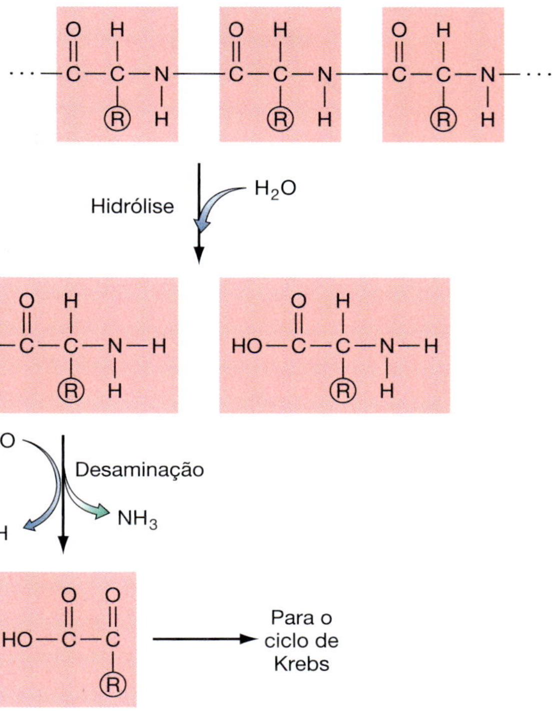




**Figura 6.23 Catabolismo das proteínas.** Os polipeptídios são hidrolisados em aminoácidos. Os aminoácidos são desaminados, e as moléculas resultantes entram em vias que levam ao ciclo de Krebs.

## Metabolismo das proteínas

As proteínas também podem ser metabolizadas para o fornecimento de energia (**Figura 6.23**). São inicialmente hidrolisadas em aminoácidos individuais por *enzimas proteolíticas* (que digerem proteínas). Em seguida, os aminoácidos sofrem *desaminação* – isto é, seus grupos amino são removidos. As moléculas desaminadas resultantes entram na glicólise, na fermentação ou no ciclo de Krebs. O metabolismo de todos os principais nutrientes (gorduras, carboidratos e proteínas) para a obtenção de energia está resumido na **Figura 6.24**.

# OUTROS PROCESSOS METABÓLICOS

Uma vez considerada a obtenção de energia nos quimio-heterotróficos, iremos agora descrever de maneira sucinta a obtenção de energia nos fotoautotróficos, foto-heterotróficos e quimioautotróficos.

## Fotoautotrofismo

Os organismos denominados fotoautotróficos realizam a **fotossíntese**, que consiste na captação de energia a partir da luz e o uso dessa energia na produção de carboidratos a partir de dióxido de carbono. A fotossíntese ocorre nas bactérias verdes e púrpura, nas cianobactérias, nas algas e nos vegetais superiores. As bactérias fotossintéticas, que provavelmente se desenvolveram no início da evolução dos organismos vivos, realizam a sua própria versão da fotossíntese na ausência de $O_2$. Entretanto, as algas e os vegetais clorofilados produzem grande parte do suprimento mundial de carboidratos, de modo que iremos considerar em primeiro lugar o processo que ocorre nesses organismos e, em seguida, veremos como ele difere nas bactérias verdes e púrpura.

Nos vegetais clorofilados, nas algas e nas cianobactérias, a fotossíntese ocorre em duas etapas – a parte "foto" ou *reações da fase clara*, em que a energia luminosa é convertida em energia química, e a parte de "síntese" ou *reações da fase escura*, em que a energia química é utilizada para produzir moléculas orgânicas. Cada fase envolve uma série de etapas.

Nas **reações da fase clara (dependentes de luz)**, a luz incide no pigmento verde, a clorofila *a*, nos tilacoides dos cloroplastos (ver Capítulo 5). Os elétrons na clorofila tornam-se excitados – isto é, passam para um nível mais elevado de energia. Esses elétrons participam na geração de ATP na fotofosforilação cíclica e na fotorredução não cíclica (**Figura 6.25**). Na **fotofosforilação cíclica,** os elétrons excitados da clorofila passam por uma cadeia de transporte de elétrons. À medida

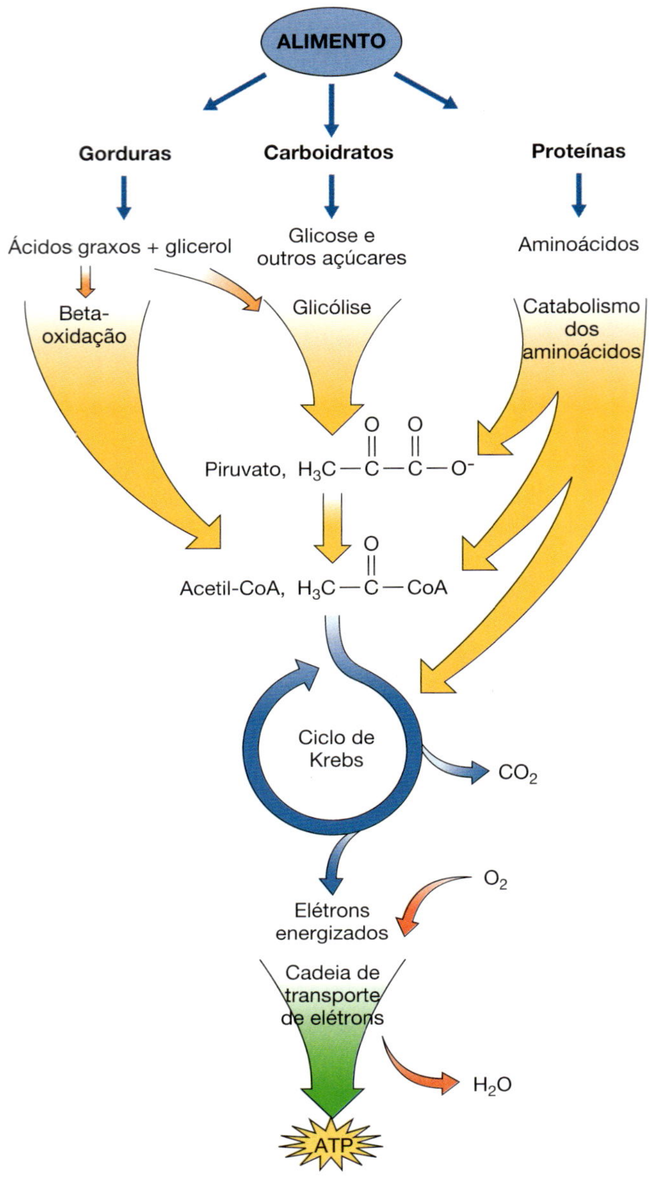




**Figura 6.24 Metabolismo das principais classes de biomoléculas: resumo.** Todo o processo pode ser considerado como um funil gigante que canaliza finalmente todos os três tipos de nutrientes para o ciclo de Krebs.

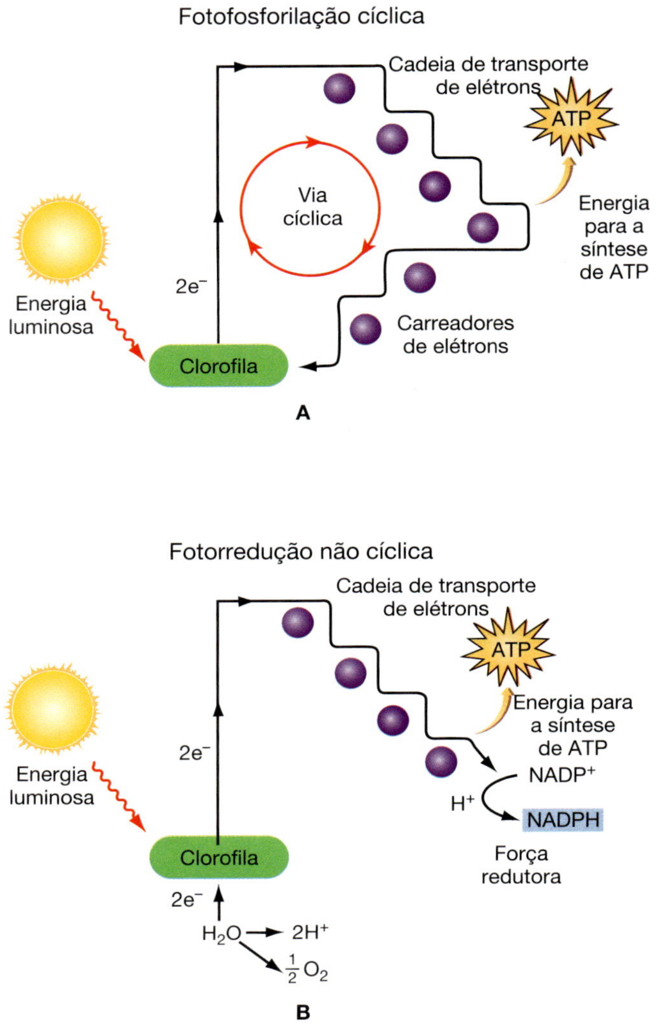




**Figura 6.25 Reações da fase clara da fotossíntese realizadas por cianobactérias, algas e vegetais clorofilados.** Os elétrons na clorofila recebem um impulso de energia proveniente da luz, e essa energia extra é utilizada na produção de ATP. Na via da fotofosforilação cíclica (**A**), os elétrons retornam à clorofila e, portanto, podem ser usados repetidamente. Na fotorredução não cíclica (**B**), os elétrons recebem um segundo impulso que fornece energia suficiente para reduzir o NADP. Os elétrons são repostos por meio de clivagem da água.

que são transferidos, a energia é capturada no ATP por quiomiosmose (conforme descrito anteriormente na fosforilação oxidativa). Quando os elétrons retornam à clorofila, eles podem ser excitados repetidamente, de modo que o processo é denominado cíclico.

Na **fotorredução não cíclica**, a energia também é obtida por quimiosmose. Além disso, as proteínas de membrana e a energia luminosa são utilizadas para clivar moléculas de água em prótons, elétrons e moléculas de oxigênio, um processo denominado **fotólise**. Os elétrons substituem aqueles perdidos da clorofila, que então são liberados para reduzir a enzima NADP. O ATP e o NADP reduzido (NADPH) – os produtos da reação da fase clara – e o $CO_2$ atmosférico participam subsequentemente das reações da fase escura.

As **reações da fase escura (independentes de luz)**, ou *fixação do carbono*, ocorrem no estroma dos cloroplastos. O dióxido de carbono é reduzido por elétrons do NADPH em um processo conhecido como *ciclo de Calvin-Benson* (ver Apêndice E). A energia proveniente do ATP e os elétrons do NADPH são necessários nesse processo de síntese. Vários carboidratos, principalmente a glicose, são os produtos da reação da fase escura (**Figura 6.26**).

A fotossíntese nas bactérias verdes e púrpura sulfurosas difere daquela nos vegetais clorofilados, nas algas e nas cianobactérias, de acordo com a evolução dos organismos. Os primeiros organismos fotossintéticos provavelmente foram bactérias púrpura e verdes, que evoluíram em uma atmosfera contendo hidrogênio, porém sem oxigênio. Elas diferem dos

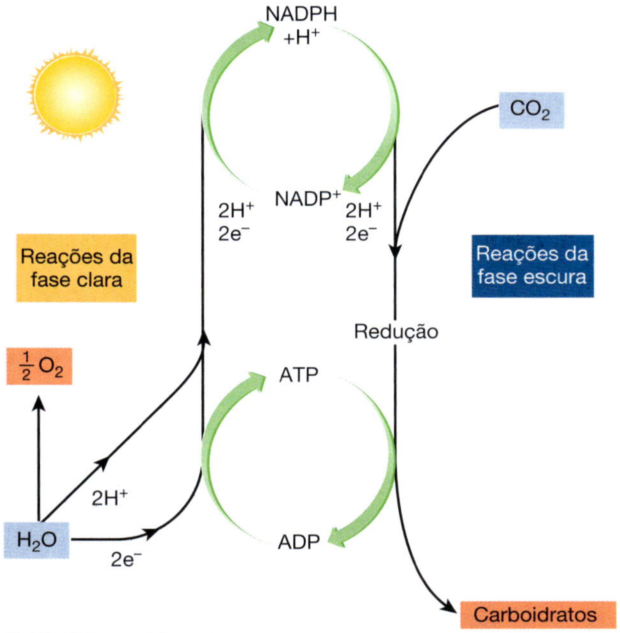




**Figura 6.26 Relação entre as reações da fase clara e da fase escura.** Nas reações da fase escura, o ATP e o NADPH (os produtos das reações da fase clara) são utilizados para reduzir o dióxido de carbono, formando carboidratos, como a glicose. As reações da fase escura não necessitam de escuridão; são assim designadas por que elas podem ocorrer no escuro, contanto que os produtos das reações da fase clara estejam disponíveis.

vegetais clorofilados, das algas e das cianobactérias nos seguintes aspectos:

1. A clorofila bacteriana absorve luz em comprimentos de onda ligeiramente maiores do que a clorofila *a*
2. Elas utilizam compostos de hidrogênio, como sulfeto de hidrogênio ($H_2S$), em vez de água ($H_2O$), para reduzir o dióxido de carbono. Os elétrons de seus pigmentos alcançam um nível energético alto o suficiente para clivar o $H_2S$ (mas não suficiente para clivar $H_2O$) e para gerar um gradiente de $H^+$ para a síntese de ATP. (Algumas bactérias púrpura e verdes produzem enxofre elementar como subproduto; algumas produzem ácido sulfúrico forte)
3. Em geral, são anaeróbios estritos e só podem viver na ausência de oxigênio. Não liberam oxigênio como produto da fotossíntese, como o fazem os vegetais clorofilados.

As características dos grupos de bactérias que realizam essa forma primitiva de fotossíntese estão resumidas na **Tabela 6.4**.

As cianobactérias também são fotossintéticas, porém elas provavelmente evoluíram depois das bactérias púrpura e verdes. Apesar de serem procariontes, as cianobactérias liberam oxigênio durante a fotossíntese, como o fazem os vegetais clorofilados e as algas. De fato, as cianobactérias provavelmente são responsáveis pela adição de oxigênio à atmosfera primitiva.

## Foto-heterotrofismo

Os foto-heterotróficos constituem um pequeno grupo de bactérias que podem utilizar a energia proveniente da luz, mas que necessitam de substancias orgânicas, como alcoóis, ácidos graxos ou carboidratos, como fontes de carbono. Esses organismos incluem as bactérias não sulfurosas púrpura ou verdes.

**Tabela 6.4** Características das bactérias fotossintéticas.

| Grupo | Família e gênero representativo | Pigmentos |
|---|---|---|
| Bactérias verdes sulfurosas | Chlorobiaceae *Chlorobium* | Clorofila bacteriana |
| Bactérias púrpura sulfurosas | Chromaticeae *Chromatium* | Clorofila bacteriana e pigmentos carotenoides vermelhos e púrpura |

## Quimioautotrofismo

As bactérias quimioautotróficas (também denominadas *quimiolitotróficas*) são incapazes de realizar a fotossíntese, mas podem oxidar substâncias inorgânicas para a obtenção de energia. Com essa energia e o dióxido de carbono como fonte de carbono, essas bactérias podem sintetizar uma grande variedade de substâncias, incluindo carboidratos, gorduras, proteínas, ácidos nucleicos e substâncias que são necessárias, como as vitaminas, para muitos organismos.

A capacidade de oxidar e, portanto, de extrair energia de substâncias inorgânicas constitui provavelmente a característica mais notável dos quimioautotróficos, porém essas bactérias possuem outros atributos relevantes. As bactérias nitrificantes são particularmente importantes, uma vez que aumentam a quantidade disponível de compostos nitrogenados utilizáveis para as plantas e repõem o nitrogênio que as plantas removem do solo. *Thiobacillus* e algumas outras bactérias sulfurosas produzem ácido sulfúrico por meio de oxidação do enxofre elementar ou sulfeto de hidrogênio. As bactérias sulfurosas têm produzido acidez até um pH inferior a 1,0. O enxofre é algumas vezes acrescentado a solos alcalinos para acidificá-los, uma prática que funciona por causa da presença de numerosos tiobacilos na maioria dos solos. Por fim, algumas arqueobactérias quimioautotróficas foram encontradas próximo a fendas vulcânicas no fundo do oceano, onde crescem em temperaturas extremamente altas e, algumas vezes, em condições muito ácidas. As características dos quimioautotróficos estão resumidas na **Tabela 6.5**.

**Tabela 6.5** Características das bactérias quimioautotróficas.

| Grupo e gênero(s) representativo(s) | Fonte de energia | Produtos após a reação de oxidação |
|---|---|---|
| Bactérias nitrificantes | | |
| *Nitrobacter* | $HNO_2$ | $HNO_3$ |
| *Nitrosomonas* | $NH_3$ | $HNO_2 + H_2O$ |
| Bactérias sulfurosas não fotossintéticas | | |
| *Thiothrix* | $H_2S$ | $H_2O + 2S$ |
| *Thiobacillus* | S | $H_2SO_4$ |
| Ferrobactérias | | |
| *Siderocapsa* | $Fe^{2+}$ | $Fe^{31} + OH^-$ |
| Bactérias de hidrogênio | | |
| *Alcaligenes* | $H_2$ | $H_2O$ |

**PARE e RESPONDA**

1. Os lipídios são degradados em glicerol e ácidos graxos. Como cada um desses compostos é ainda metabolizado subsequentemente?
2. O que retorna à clorofila na fotofosforilação cíclica que não retorna na fotorredução não cíclica?
3. Quais foram provavelmente os principais tipos de organismos fotossintéticos em nosso planeta? Eram aeróbios ou anaeróbios? Liberavam gás oxigênio como produto da fotossíntese?
4. Qual é o tipo de metabolismo característico das bactérias nitrificantes? Por que elas são organismos importantes?

## USOS DA ENERGIA

Os microrganismos utilizam a energia para processos como a biossíntese, o transporte através das membranas, o movimento e o crescimento. Aqui, resumiremos algumas atividades de biossíntese e alguns mecanismos de transporte e movimento através das membranas. O crescimento microbiano será abordado no Capítulo 7.

### Atividades de biossíntese

Os microrganismos compartilham muitas características bioquímicas com outros organismos. Todos os organismos necessitam dos mesmos blocos de construção para sintetizar proteínas e ácidos nucleicos. Muitos desses blocos de construção (aminoácidos, purinas, pirimidinas e ribose) podem ser obtidos de produtos intermediários provenientes de vias catabólicas que produzem energia (**Figura 6.27**). Quando as vias de produção de energia foram descobertas, acreditava-se que fossem exclusivamente catabólicas. Agora que sabemos que muitos de seus produtos intermediários estão envolvidos na biossíntese, elas são mais corretamente denominadas **vias anfibólicas**, porque são capazes de produzir energia ou blocos de construção para as reações de síntese.

Algumas vias biossintéticas são muito complexas. Por exemplo, a síntese de aminoácidos nos organismos que podem sintetizá-los frequentemente necessita de muitas reações, com uma enzima para cada reação. A síntese de tirosina exige não menos do que 10 enzimas, enquanto a do triptofano necessita de pelo menos 13 enzimas. As vias de síntese das purinas e das pirimidinas também são complexas. A ausência de uma única enzima em uma via de síntese pode impedir a síntese de uma substância. Qualquer substância essencial que um organismo seja incapaz de sintetizar precisa estar disponível no meio ambiente, ou o organismo morrerá. Portanto, a ausência de enzimas aumenta as necessidades nutricionais dos organismos.

Muitos tipos diferentes de microrganismos também sintetizam uma variedade de carboidratos e lipídios. A velocidade com a qual eles realizam a síntese varia e depende da disponibilidade e atividade das enzimas necessárias. Alguns organismos, como o aeróbio *Acetobacter*, sintetizam a celulose, que é normalmente encontrada nos vegetais. À medida que as fibras de celulose alcançam a superfície celular, formam uma rede que aprisiona bolhas de dióxido de carbono, mantendo a célula flutuando. Como esses organismos precisam de oxigênio, a rede contribui para a sua sobrevivência, mantendo-os próximo à superfície, onde o oxigênio é abundante.

Muitas bactérias sintetizam peptidoglicano, lipopolissacarídios e outros polímeros associados ao envoltório celular (ver Capítulo 5). Algumas bactérias formam cápsulas, particularmente em meios que contêm soro ou grandes quantidades de açúcar. Em geral, as cápsulas consistem em polímeros de um ou mais monossacarídios. Entretanto, na bactéria *Bacillus anthracis*, que causa o antraz, a cápsula é constituída de um polipeptídio de ácido glutâmico. Os processos de biossíntese (anabólicos) nos microrganismos estão resumidos na **Figura 6.28**.

### Transporte através das membranas e movimento

Além de utilizar a energia para os processos de biossíntese, os microrganismos também a utilizam para o transporte de substâncias através das membranas e para os próprios movimentos. Esses usos da energia são tão importantes para a sobrevivência dos organismos quanto as suas atividades de biossíntese.

**SAIBA MAIS**

**O pântano com eterno mau cheiro**

É possível transformar um belo lago em um "pântano com eterno mau cheiro", visto que existe um delicado equilíbrio ambiental entre a respiração aeróbica e a fermentação. Quando há nutrientes em excesso, como carbono, nitrogênio ou fósforo, ocorre aumento no crescimento tanto das plantas quanto das bactérias. As bactérias aeróbicas eliminam o oxigênio dissolvido do lago. À medida que mais peixes, plantas e animais morrem, as bactérias anaeróbicas assumem uma vantagem ecológica. São regras da fermentação! Nosso bucólico lago é agora uma sopa borbulhante, emitindo gases metano e sulfeto de hidrogênio, temperados com putrescina e cadaverina – os odores da morte.

(© Julie Weiss/iStockphoto.)

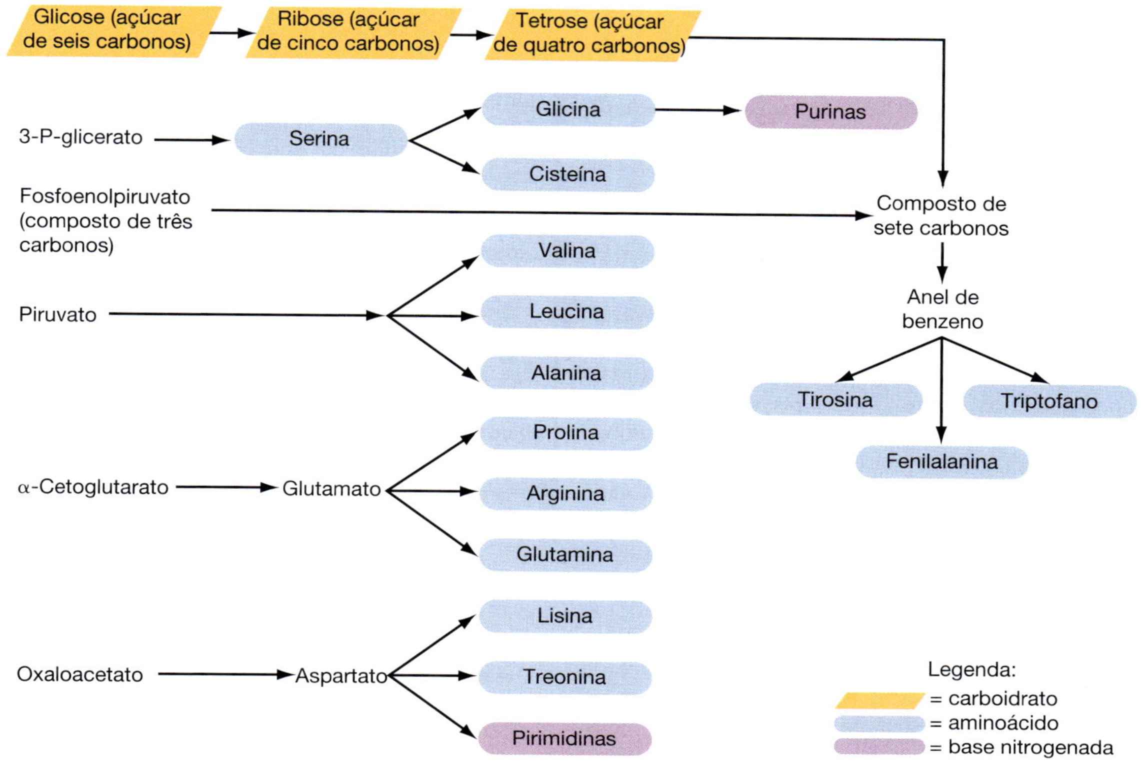




**Figura 6.27 Algumas vias de biossíntese.** Esse fluxograma mostra como os aminoácidos, as bases dos ácidos nucleicos e a ribose são produzidos a partir de intermediários na glicólise e a partir do ciclo de Krebs.

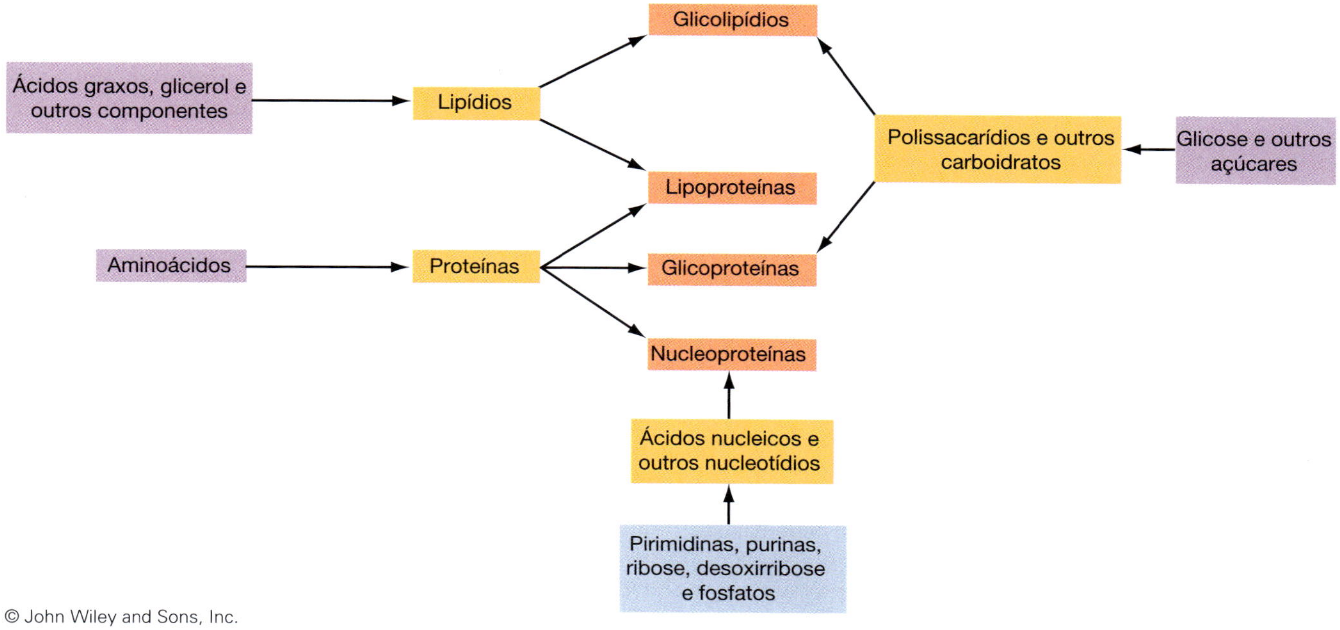




**Figura 6.28 Formação de biomoléculas complexas a partir de componentes mais simples.**

## Transporte através das membranas

Os microrganismos utilizam a energia para movimentar a maioria dos íons e metabólitos através das membranas celulares contra gradientes de concentração. Por exemplo, as bactérias podem transportar um açúcar ou um aminoácido de uma região de baixa concentração no lado externo da célula para uma região de concentração mais alta no interior da célula. Isso significa que essas bactérias acumulam nutrientes dentro das células em concentrações de centenas a mil vezes maiores que a concentração existente fora da célula. Elas também concentram determinados íons inorgânicos pelos mesmos processos.

Existem dois mecanismos nas bactérias para concentrar substâncias no interior das células, e ambos necessitam de energia. Um mecanismo de transporte ativo é específico das bactérias gram-negativas, como *E. coli*. Essas bactérias possuem duas membranas – a membrana celular, que envolve o citoplasma da célula, e a membrana externa, que constitui parte do envoltório celular (ver Capítulo 5). Proteínas carreadoras transmembrana, denominadas **porinas**, formam canais através da membrana externa. As porinas possibilitam a entrada de íons e de pequenos metabólitos hidrofílicos por meio de *difusão facilitada* (ver Capítulo 5). Após a sua entrada no espaço periplasmático, um dos íons ou metabólitos que sofreram difusão combina-se com uma proteína periplasmática específica. Em seguida, essa proteína periplasmática facilita o transporte da substância até o citoplasma por meio de uma proteína carreadora específica na membrana celular. Essas substâncias geralmente entram na célula por transporte ativo. Por meio da hidrólise do ATP, a proteína carreadora modifica a sua forma, possibilitando a passagem do metabólito para dentro do citoplasma (ver Figura 5.32).

Outro mecanismo, encontrado em todas as bactérias, é denominado **sistema de fosfotransferases (PTS)**. Esse sistema consiste em complexos de enzimas específicas para açúcares, denominadas **permeases**, que formam um sistema de transporte através da membrana celular. O PTS utiliza a energia proveniente da molécula de fosfato de alta energia, o fosfoenolpiruvato (PEP). Quando o PEP está presente no citoplasma, ele pode fornecer energia e um grupo fosfato para uma permease na membrana. Em seguida, a permease transfere o fosfato para uma molécula de açúcar e, ao mesmo tempo, o transporta através da membrana. Um açúcar fosforilado é dessa maneira transportado para dentro da célula e preparado para sofrer metabolismo. Essa *translocação de grupo* foi discutida no Capítulo 5.

## Movimento

As bactérias móveis movimentam-se, em sua maioria, por meio de flagelos, mas algumas se movimentam por deslizamento ou rastejamento ou em espiral, semelhante a um saca-rolhas. As bactérias flageladas movem-se pela rotação de seus flagelos (ver Capítulo 5). O mecanismo de rotação, embora ainda não esteja totalmente elucidado, parece envolver um gradiente de prótons, como na quimiosmose. À medida que os prótons se movem ao longo do gradiente, eles acionam a rotação. As bactérias que se movem por deslizamento só o fazem quando estão em contato com uma superfície sólida, como matéria orgânica em decomposição. A rotação da célula sobre o seu próprio eixo frequentemente ocorre com o deslizamento. Foram propostos diversos mecanismos para explicar o deslizamento, porém o mecanismo que impulsiona o deslizamento da bactéria *Myxococcus* é o mais conhecido. Esse organismo utiliza energia para secretar uma substância, denominada **surfactante**, que diminui a tensão superficial na extremidade posterior da bactéria. A diferença de tensão superficial nas extremidades anterior e posterior (um fenômeno passivo) produz o deslizamento do *Myxococcus*.

As espiroquetas gastam energia para os movimentos tanto de rastejamento quanto de contorção. Quando estão em uma superfície sólida, elas rastejam de modo semelhante a uma lagarta-mede-palmos, aderindo alternadamente as extremidades anterior e posterior. Suspensas em meio líquido, elas se contorcem (rodam e giram). Tanto o movimento por rastejamento quanto o de contorção provavelmente ocorrem por meio de ondas de contração dentro da substância celular, que exercem força contra os filamentos axiais.

> **APLICAÇÃO NA PRÁTICA**
>
> **Algo para todos**
>
> Os cientistas ambientais observaram que os locais com resíduos perigosos que sustentam o crescimento de populações microbianas altamente diversas são muito mais fáceis de biorremediar do que os locais habitados por poucas espécies microbianas. Os locais habitados por populações diversas recuperam-se mais rapidamente e com menos problemas associados à produção e ao acúmulo de subprodutos metabólicos tóxicos. A razão disso é encontrada no cometabolismo – uma situação vantajosa em que um organismo, no processo de oxidação de determinado substrato, também oxida um segundo substrato. O segundo metabólito não constitui uma fonte de nutrientes ou energia para o organismo oxidante, mas serve como nutriente para o segundo organismo. Os locais com resíduos perigosos onde o cometabolismo é favorecido podem mineralizar eficientemente resíduos orgânicos em dióxido de carbono e água.

## Bioluminescência

A bioluminescência, capacidade de um organismo de emitir luz, parece ter-se desenvolvido como subproduto do metabolismo aeróbico. As bactérias dos gêneros *Photobacterium* e *Achromobacter*, os vagalumes e determinados organismos marinhos que vivem em grandes profundidades nos oceanos exibem bioluminescência (Figura 6.29). Muitos organismos que emitem luz possuem a enzima *luciferase*, juntamente com outros componentes do sistema de transporte de elétrons. (O nome luciferase deriva de Lúcifer, que significa "estrela da manhã".) A luciferase catalisa uma complexa reação em que o oxigênio molecular é utilizado para oxidar um aldeído ou cetona de cadeia longa em ácido carboxílico. Ao mesmo tempo, o $FMNH_2$ da cadeia de transporte de elétrons sofre oxidação em uma forma excitada de *flavina mononucleotídio* (FMN), uma molécula carreadora derivada da riboflavina (vitamina $B_2$), que emite luz quando retorna a seu estado não excitado. Nesse processo, as reações de fosforilação são evitadas, e não há geração de ATP. Em vez disso, a energia é liberada na forma de luz.

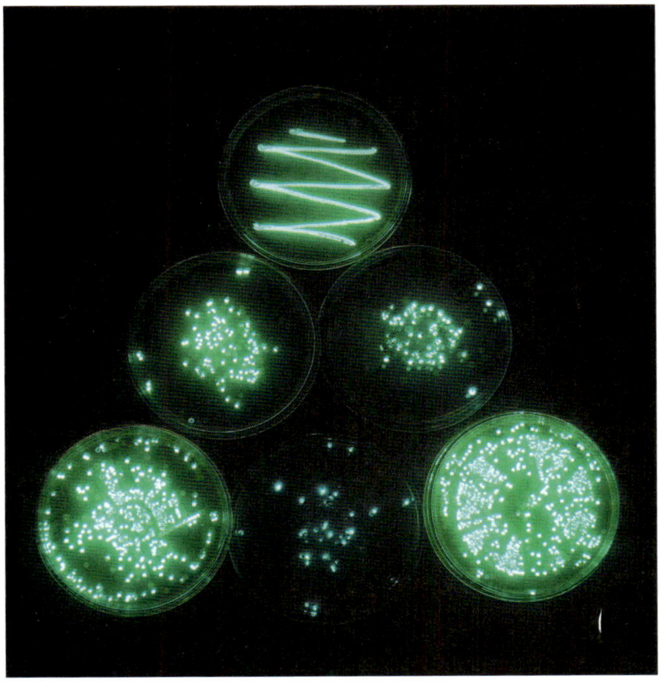

A

B

**Figura 6.29 Microrganismos bioluminescentes.** **A.** Bactérias bioluminescentes em placas de Petri. *(Margarita Zarubin e Victor China.)* **B.** Peixe pescador ilumina as profundezas escuras do oceano com bactérias bioluminescentes que vivem de forma simbiótica em sua longa barbatana dorsal "encantadora", que atrai presas ao alcance de suas mandíbulas. *(Peter David/Taxi/Getty Images.)*

Os microrganismos luminescentes frequentemente vivem na superfície de organismos marinhos, como algumas lulas e peixes. Há mais de 300 anos, o químico irlandês Robert Boyle observou que o brilho familiar na pele de peixes mortos durava apenas enquanto houvesse oxigênio. Naquela época, o sistema de transporte de elétrons e o papel do oxigênio não eram conhecidos.

A bioluminescência exibida por organismos maiores tem valor na sobrevivência. Trata-se da única fonte luminosa para criaturas marinhas que habitam as grandes profundidades, e ajuda organismos terrestres, como os vagalumes, no acasalamento. Não se sabe ao certo como a bioluminescência se estabeleceu entre os microrganismos. Uma hipótese aventada é a de que, no início da evolução dos seres vivos, a bioluminescência servia para remover o oxigênio da atmosfera à medida que era produzido por alguns dos primeiros organismos fotossintéticos. Embora isso não represente uma vantagem para os aeróbios, é vantajoso para os anaeróbios estritos. Como a maioria dos microrganismos que existiam naquela época eram anaeróbios suscetíveis aos efeitos tóxicos do oxigênio, a bioluminescência teria sido benéfica para eles. Hoje, muitos micróbios bioluminescentes são beneficiários de relações simbióticas com seus hospedeiros. Eles fornecem luz em troca de proteção e nutrientes.

Os cientistas descobriram uma maneira de utilizar as bactérias bioluminescentes. No Teste de Toxicidade Aguda Microtox, as bactérias bioluminescentes são expostas a uma amostra de água para determinar se essa amostra é tóxica. Qualquer mudança – positiva ou negativa – no crescimento das bactérias pode ser observada na forma de mudança na sua produção de luz. A toxicidade da amostra é calculada comparando-se as leituras dos níveis de luz antes e depois da exposição à água. Esse teste de toxicidade, uma criação da Microbics Corp. of Carlsbad, Califórnia, leva apenas alguns minutos para ser realizado.

O Teste de Toxicidade Aguda Microtox é útil para testar a qualidade da água potável, bem como para numerosas outras aplicações industriais. Por exemplo, estações de tratamento de águas o utilizam para determinar rapidamente se os efluentes tratados serão capazes de passar nos testes governamentais de aprovação de toxicidade. Fábricas de papel utilizam o teste para determinar a quantidade necessária de desinfetante para livrar seus equipamentos do crescimento microbiano, que diminui a velocidade do processo de fabricação e afeta a qualidade dos produtos. Fabricantes de produtos de limpeza domésticos, xampus ou cosméticos também utilizam esse teste em vez dos testes controversos realizados em animais, que consiste em aplicar gotas dos produtos aos olhos de coelhos para determinar os níveis de irritação causados pelos produtos. E, diferentemente das técnicas de cultura de células, o teste exige pouca habilidade para a sua realização e interpretação. No futuro, a bioluminescência poderá ser um processo muito importante para a indústria.

# RESUMO

## METABOLISMO: VISÃO GERAL

- O metabolismo é a soma de todos os processos químicos que ocorrem em um organismo vivo. Consiste no **anabolismo**, isto é, um conjunto de reações que necessitam de energia para sintetizar moléculas complexas a partir de moléculas mais simples, e **catabolismo**, isto é, um conjunto de reações que liberam energia por meio da decomposição de moléculas complexas em moléculas mais simples

- Os seres **autotróficos**, que utilizam dióxido de carbono para sintetizar moléculas orgânicas, incluem os **fotoautotróficos** (que realizam a fotossíntese) e os **quimioautotróficos**
- Os seres **heterotróficos**, que utilizam moléculas orgânicas produzidas por outros organismos, incluem os **quimio-heterotróficos** e os **foto-heterotróficos**
- Para o crescimento, o movimento e outras atividades, as **vias metabólicas** utilizam a energia obtida nas **vias catabólicas**.

## ENZIMAS

### Propriedades das enzimas

- As **enzimas** são proteínas que catalisam reações químicas nos organismos vivos por meio de redução da **energia de ativação** necessária para a ocorrência de uma reação
- As enzimas possuem um **sítio ativo**, que é o sítio de ligação ao qual o **substrato** (a substância sobre a qual atua a enzima) se liga para formar um **complexo enzima-substrato**. Normalmente, as enzimas exibem um alto grau de **especificidade** nas reações que catalisam.

### Propriedades das coenzimas e dos cofatores

- Algumas enzimas necessitam de **coenzimas**, isto é, moléculas orgânicas não proteicas que podem se combinar com a **apoenzima**, a porção proteica da enzima, formando uma **holoenzima**. Algumas enzimas também necessitam de íons inorgânicos como **cofatores**.

## INIBIÇÃO ENZIMÁTICA

- A atividade enzimática pode ser reduzida por **inibidores competitivos**, que consistem em moléculas que competem com o substrato pelo sítio ativo da enzima, ou por **inibidores não competitivos**, moléculas que se ligam a um **sítio alostérico**, isto é, um sítio diferente do sítio ativo.

### Fatores que afetam as reações enzimáticas

- Os fatores que afetam a velocidade das reações enzimáticas incluem temperatura, pH e concentrações do substrato, do produto e da enzima.

## METABOLISMO ANAERÓBICO: GLICÓLISE E FERMENTAÇÃO

### Glicólise

- A **glicólise** é uma via metabólica por meio da qual a glicose é oxidada em ácido pirúvico
- Em condições anaeróbicas, a glicólise tem uma produção efetiva de 2 ATPs por molécula de glicose.

### Alternativas à glicólise

- Alguns organismos utilizam a via das pentoses fosfato ou então utilizam a via de Entner-Doudoroff em vez da glicólise.

### Fermentação

- A **fermentação** refere-se às reações de vias metabólicas pelas quais o NADH é oxidado em NAD. Uma molécula orgânica é o aceptor final de elétrons
- Seis vias de fermentação estão resumidas na Figura 6.12. As **fermentações** do **ácido láctico** e **alcoólica** são duas das vias de fermentação mais comuns e importantes.

## METABOLISMO AERÓBICO: RESPIRAÇÃO

- Os **anaeróbios** não utilizam oxigênio, enquanto os **aeróbios** utilizam oxigênio e obtêm energia principalmente por meio da **respiração aeróbica**.

### Ciclo de Krebs

- O **ciclo de Krebs** metaboliza compostos de dois carbonos a $CO_2$ e $H_2O$, produz um ATP diretamente a partir de cada grupo acetil e transfere átomos de hidrogênio para o sistema de transporte de elétrons
- Na produção de energia, o ciclo de Krebs processa a acetil-CoA, de modo que (na cadeia de transporte de elétrons) os átomos de hidrogênio possam ser oxidados para a obtenção de energia.

### Transporte de elétrons e fosforilação oxidativa

- O **transporte de elétrons** é a transferência de elétrons para o oxigênio (o aceptor final de elétrons)
- A **fosforilação oxidativa** envolve a **cadeia de transporte de elétrons** para a síntese de ATP e constitui um processo regulado pela membrana não diretamente relacionado com o metabolismo de substratos específicos
- A teoria da **quimiosmose** explica como a energia é utilizada para a síntese de ATP
- A **respiração anaeróbica** ocorre na ausência de oxigênio livre e não utiliza todas as etapas do ciclo de Krebs ou da cadeia de transporte de elétrons, resultando em menor produção de ATP. Os aceptores finais de elétrons consistem em moléculas inorgânicas.

### A importância da obtenção de energia

- Nos procariontes, o metabolismo aeróbico (oxidativo) obtém 19 vezes mais energia do que o metabolismo anaeróbico.

## METABOLISMO DAS GORDURAS E DAS PROTEÍNAS

- A maioria dos organismos obtém energia principalmente a partir da glicose. Mas, para quase toda substância orgânica, existe algum microrganismo capaz de metabolizá-la.

### Metabolismo das gorduras

- O metabolismo das gorduras envolve a hidrólise e a formação enzimática de glicerol e ácidos graxos livres. Por sua vez, os ácidos graxos são oxidados por meio de **betaoxidação**, que resulta na liberação de acetil-CoA. Em seguida, a acetil-CoA entra no ciclo de Krebs.

### Metabolismo das proteínas

- O metabolismo das proteínas envolve a decomposição das proteínas em aminoácidos, a desaminação desses aminoácidos e o seu metabolismo subsequente na glicólise, na fermentação ou no ciclo de Krebs.

## OUTROS PROCESSOS METABÓLICOS

### Fotoautotrofismo

- A **fotossíntese** é o uso da energia luminosa para a síntese de carboidratos: (1) As **reações da fase clara (dependentes**

**de luz)** podem incluir a **fotofosforilação cíclica** ou **fotólise** acompanhada de **fotorredução não cíclica** de NADP; e (2) as **reações da fase escura (independentes de luz)** envolvem a redução do $CO_2$ em carboidrato

- A fotossíntese nas cianobactérias e nas algas fornece um meio de produzir nutrientes, como ocorre nos vegetais clorofilados; entretanto, as bactérias fotossintéticas geralmente utilizam algumas substâncias além da água para reduzir o dióxido de carbono.

### Foto-heterotrofismo

- O **foto-heterotrofismo** é o uso da luz como fonte de energia. Necessita de compostos orgânicos como fontes de carbono.

### Quimioautotrofismo

- Os seres **quimioautotróficos** ou **quimiolitotróficos** oxidam substâncias inorgânicas para a obtenção de energia. Os quimiolitotróficos necessitam apenas de dióxido de carbono como fonte de carbono.

## USOS DA ENERGIA

### Atividades de biossíntese

- Uma **via anfibólica** é uma via metabólica que pode obter energia ou sintetizar substâncias necessárias para a célula
- A Figura 6.27 fornece um resumo dos produtos intermediários do metabolismo produtor de energia e de alguns dos blocos de construção para reações de síntese que podem ser realizadas a partir deles
- As bactérias sintetizam uma variedade de polímeros da parede celular.

### Transporte através das membranas e movimento

- O transporte através das membranas utiliza energia derivada do sistema de transporte de elétrons produtor de ATP na membrana para concentrar substâncias contra um gradiente. Ocorre por transporte ativo e pelo **sistema de fosfotransferases**
- O movimento nas bactérias pode ocorrer por meio de flagelos, deslizamento ou rastejamento ou por filamentos axiais.

### Bioluminescência

- A capacidade de um organismo de emitir luz pode ter-se desenvolvida como maneira de remover o oxigênio do ambiente dos microrganismos anaeróbicos primitivos nos primórdios da história da Terra. Hoje, a bioluminescência frequentemente funciona em relações simbióticas com organismos de maior porte.

## TERMOS-CHAVE

aceptor de elétrons
aeróbio
anabolismo
anaeróbio
apoenzima
autotrófico
autotrofismo
betaoxidação
cadeia de transporte de elétrons
catabolismo
ciclo de Krebs
ciclo do ácido cítrico
ciclo do ácido tricarboxílico (ATC)
citocromo
coenzima
cofator
complexo enzima-substrato
doador de elétrons
endoenzima
energia de ativação
enzima
equilíbrio químico
especificidade
exoenzima
FAD
fermentação
fermentação alcoólica
fermentação do ácido láctico
flavoproteína
fosforilação
fosforilação oxidativa
fotoautotrófico
fotofosforilação cíclica
foto-heterotrófico
fotólise
fotorredução não cíclica
fotossíntese
glicólise
heterotrófico
heterotrofismo
holoenzima
inibição por retroalimentação (*feedback*)
inibidor competitivo
inibidor não competitivo
metabolismo
NAD
oxidação
permease
porina
quimioautotrófico
quimio-heterotrófico
quimiosmose
quinona
reações da fase clara (dependentes de luz)
reações da fase escura (independentes de luz)
redução
respiração aeróbica
respiração anaeróbica
sistema de fosfotransferases (PTS)
sítio alostérico
sítio ativo
substrato
surfactante
transporte de elétrons
via anabólica
via anfibólica
via catabólica
via metabólica

CAPÍTULO 7

# Crescimento e Cultura de Bactérias

Courtesy Jacquelyn G. Black

Fiquei deslumbrada, próxima ao gêiser, na Islândia, completamente alheia à grandeza do ambiente que me cercava. O único motivo da minha expedição estava ondulando delicadamente na corrente de água que escoava diante de mim. Os extensos filamentos ondulantes de bactérias sulfurosas pareciam longos cabelos louros esvoaçando em uma suave brisa. Eram magníficas! Finalmente, eu conseguia ver com meus próprios olhos as bactérias sobre as quais estava lendo havia anos.

Minha excitação me dominou, e, apesar do vapor que emanava da água como um aviso, mergulhei a mão na água. Queria apenas descobrir a sensação produzida pelos filamentos, mas acredito que nunca vou saber. A água quase fervente queimou imediatamente a minha mão. Mais tarde, quando tratava das bolhas na minha mão e do meu orgulho ferido, refleti sobre os fenômenos que permitiam o crescimento das bactérias em um ambiente tão hostil à maioria das formas de vida (inclusive a mim).

**Neste capítulo**, utilizaremos o que aprendemos no Capítulo 6 sobre a obtenção e o uso de energia nos microrganismos para estudar como conseguir seu crescimento no laboratório. O crescimento bacteriano, que tem sido estudado de modo mais detalhado do que o crescimento de outros microrganismos, é afetado por uma variedade de fatores físicos e nutricionais. É importante saber como esses fatores influenciam o crescimento para cultivarmos organismos no laboratório e impedirmos o seu crescimento em locais indesejáveis. Além disso, o crescimento dos microrganismos em culturas puras é fundamental para a realização de exames complementares, que são utilizados na identificação de vários organismos causadores de doença.

# MAPA DO CAPÍTULO

**Siga o mapa do capítulo para auxiliar na identificação dos conceitos principais do texto.**



## CRESCIMENTO E DIVISÃO CELULAR

### Definição de crescimento microbiano

Na linguagem cotidiana, o crescimento refere-se a um aumento de tamanho. Estamos acostumados a ver crianças, outros animais e vegetais crescerem. Os organismos unicelulares também crescem; entretanto, tão logo uma célula, denominada **célula-mãe** (ou *parental*), alcança aproximadamente o dobro de seu tamanho e duplica o seu conteúdo intracelular, ela se divide em duas **células-filhas**. Em seguida, as células-filhas crescem e, subsequentemente, dividem-se também. Como as células individuais crescem apenas para se dividir em dois novos indivíduos, o **crescimento microbiano** não é definido em termos de tamanho celular, mas sim como o aumento no número de células que ocorre por divisão celular.

### Divisão celular

A divisão celular nas bactérias, diferentemente daquela observada nos eucariontes, ocorre habitualmente por *fissão binária*, ou algumas vezes por *brotamento*. Na **fissão binária**, a célula duplica seus componentes e divide-se em duas células (Figura 7.1A). As células-filhas tornam-se independentes quando um *septo* (divisória) cresce entre elas, separando-as (Figura 7.1C). Diferentemente das células eucarióticas, as células procarióticas não possuem um ciclo celular com um período específico de síntese do DNA. Em vez disso, nas células em contínua divisão, a síntese do DNA também é contínua e replica o cromossomo bacteriano imediatamente antes de a célula se dividir. O cromossomo está ligado à membrana celular, que cresce e separa os cromossomos replicados. A replicação do cromossomo termina antes da divisão celular, quando a célula contém temporariamente dois ou mais nucleoides. Em algumas espécies, a separação incompleta das células produz

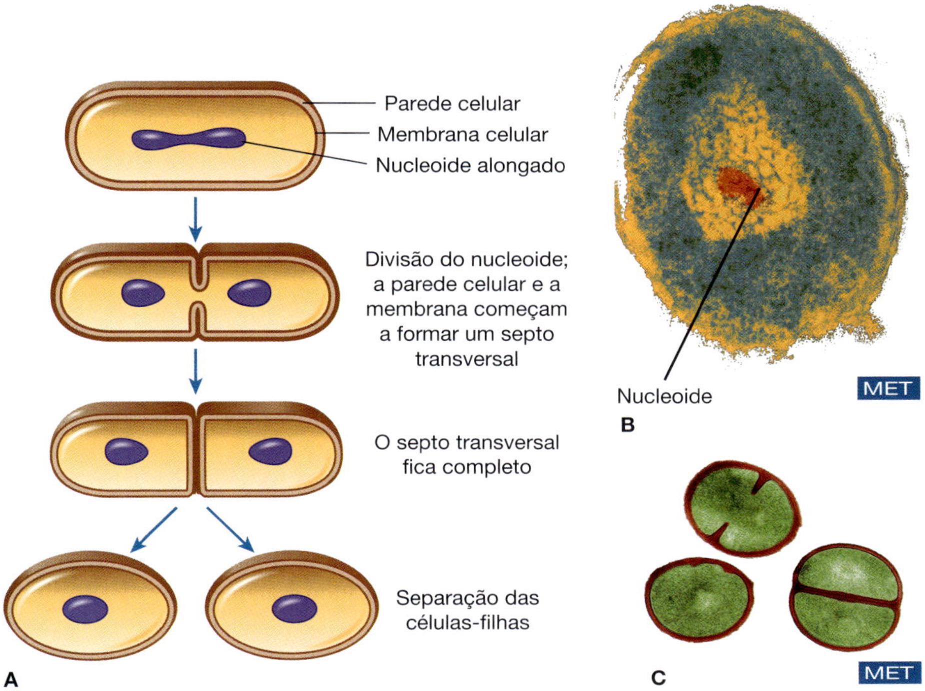


**Figura 7.1 Fissão binária. A.** Estágios da fissão binária de uma célula bacteriana. **B.** Nucleoide de uma célula bacteriana (85.714×). *(Carson/Getty Images, Inc. PAID.)* **C.** Corte fino da bactéria *Staphylococcus*, que está sofrendo divisão binária (51.027×). *(SPL/Science Source.)*

cadeias lineares (bacilos ligados), **tétrades** (grupos de quatro cocos em forma de cubo), **sarcinas** (grupos de oito cocos em um pacote cúbico), ou grupos semelhantes a cachos de uvas (estafilococos) (ver Figura 4.2). Alguns bacilos sempre formam cadeias ou filamentos enquanto outros só os formam em condições desfavoráveis de crescimento. Os estreptococos formam cadeias quando crescem em meios artificiais, mas podem ocorrer como células isoladas ou em pares quando observamos material colhido de uma lesão em rápido crescimento em um hospedeiro humano infectado.

**Cada centímetro quadrado de pele abriga, em média, 100.000 organismos. As bactérias se reproduzem tão rapidamente que a sua população é restaurada dentro de poucas horas após a lavagem da pele.**

A divisão celular nas leveduras e em algumas bactérias ocorre por **brotamento**. Nesse processo, uma pequena célula nova desenvolve-se a partir da superfície de uma célula existente e, subsequentemente, separa-se da célula-mãe (Figura 7.2).

## Fases de crescimento

Considere uma população de organismos introduzida em um **meio de cultura** fresco e rico em nutrientes, isto é, uma mistura de substâncias sobre ou dentro da qual crescem os microrganismos. Esses microrganismos passam por quatro fases principais de crescimento: (1) a fase *lag*, (2) a fase *log* (logarítmica), (3) a fase estacionária e (4) a fase de declínio ou de morte. Essas fases formam a **curva padrão de crescimento bacteriano** (Figura 7.3).

### Fase *lag*

Na **fase *lag***, os organismos não aumentam significativamente em número, porém apresentam metabolismo ativo – crescem em tamanho, sintetizam enzimas e incorporam várias moléculas provenientes do meio. Durante essa fase, os organismos bacterianos individuais aumentam de tamanho e produzem grandes quantidades de energia na forma de ATP.

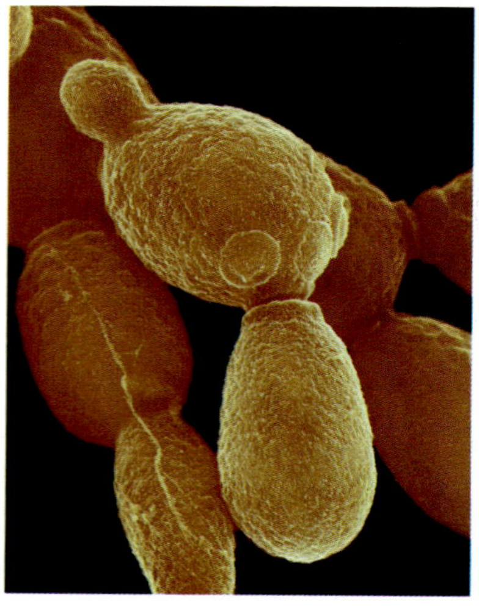

**Figura 7.2 Brotamento em levedura** (12.000×). *(SPL/Science Source.)*

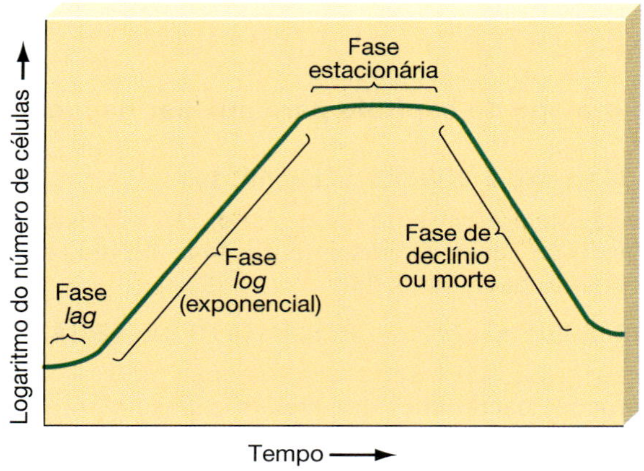


© John Wiley and Sons, Inc.

**Figura 7.3 Curva padrão de crescimento bacteriano.**

A duração da fase *lag* é determinada, em parte, pela característica das espécies bacterianas e, em parte, pelas condições do meio de cultura – tanto o meio do qual provêm os organismos quanto daquele para o qual são transferidos. Algumas espécies adaptam-se ao novo meio em 1 ou 2 horas, enquanto outras levam vários dias. Os organismos provenientes de culturas antigas, adaptados a quantidades limitadas de nutrientes e a um grande acúmulo de resíduos, levam mais tempo para se ajustar ao novo meio do que aqueles transferidos de um meio relativamente fresco e rico em nutrientes.

### Fase *log*

Após a adaptação dos organismos ao meio, ocorre crescimento da população em uma **taxa exponencial**, ou **logarítmica** (*log*). Quando a escala do eixo vertical é logarítmica, o crescimento nessa **fase *log*** aparece no gráfico como uma linha diagonal reta, que representa o tamanho da população bacteriana. (Na escala logarítmica de base 10, cada unidade sucessiva representa um aumento de 10 vezes no número de organismos; ver Apêndice A.) Durante a fase *log*, os organismos dividem-se em sua velocidade mais rápida – um intervalo regular e geneticamente determinado, denominado **tempo de geração**. A população de organismos duplica a cada tempo de geração. Por exemplo, uma cultura contendo 1.000 organismos por mililitro com tempo de geração de 20 minutos deverá conter 2.000 organismos por mililitro depois de 20 minutos, 4.000 organismos depois de 40 minutos, 8.000 depois de 1 hora, 64.000 depois de 2 horas e 512.000 depois de 3 horas. Esse crescimento é denominado *exponencial* ou *logarítmico*.

O tempo de geração para a maioria das bactérias situa-se entre 20 minutos e 20 horas, e é normalmente de menos de 1 hora. Algumas bactérias, como as que causam a tuberculose e a hanseníase, têm tempos de geração muito mais longos. Algumas células individuais levam um tempo ligeiramente maior do que outras para passar da fase *leg* para a fase *log*, e nem todas se dividem precisamente juntas. Se todas se dividissem juntas, e o tempo de geração fosse exatamente de 20 minutos, o número de células em uma cultura aumentaria em um padrão em degraus de escada, duplicando exatamente a cada 20 minutos – uma situação hipotética denominada **crescimento síncrônico**. Em uma cultura real, cada célula divide-se em algum momento durante o tempo de geração de 20 minutos, com cerca de 1/20 das células dividindo-se a cada minuto – uma situação natural denominada **crescimento não sincrônico**. O crescimento não sincrônico aparece como uma linha reta, e não como degraus, em um gráfico (Figura 7.4).

Os organismos dentro de um tubo de meio de cultura podem manter um crescimento logarítmico apenas por um tempo limitado. À medida que aumenta o número de organismos, os nutrientes são consumidos, ocorre acúmulo de resíduos metabólicos, o espaço pode tornar-se limitado, e os organismos aeróbicos sofrem com a depleção de oxigênio. Em geral, o fator limitante para o crescimento logarítmico parece ser a taxa com que a energia pode ser produzida na forma de ATP. À medida que a disponibilidade de nutrientes diminui, as células tornam-se menos capazes de gerar ATP, e a sua taxa de crescimento diminui. A redução na taxa de crescimento é mostrada na Figura 7.3 por um decréscimo gradual da curva de crescimento (o segmento curvo à direita da fase *log*).

O nivelamento do crescimento é seguido da fase estacionária, a não ser que seja acrescentado um meio fresco ou que os organismos sejam transferidos para um novo meio de cultura. O crescimento logarítmico pode ser mantido por meio de um dispositivo, muito semelhante a um termostato, denominado **quimiostato** (Figura 7.5), que dispõe de uma câmara de crescimento e um reservatório a partir do qual o meio fresco é continuamente adicionado à câmara de crescimento, à medida que o meio antigo é retirado. Como alternativa, os organismos de uma cultura que se encontra na fase estacionária podem ser transferidos para um meio fresco. Depois de uma breve fase *lag*, esses organismos retornam rapidamente à fase *log* de crescimento.

> Em condições ideais, uma bactéria pode multiplicar-se e produzir 2.097.152 novas bactérias no período de 7 horas.

## Fase estacionária

Quando a divisão celular diminui até o ponto em que novas células são produzidas na mesma velocidade com que as células antigas morrem, o número de células vivas permanece constante. A cultura encontra-se então na **fase estacionária**, representada por uma linha reta horizontal na Figura 7.3. O meio contém uma quantidade limitada de nutrientes e pode apresentar quantidades tóxicas de metabólitos. Além disso, o suprimento de oxigênio pode tornar-se inadequado para os organismos aeróbicos, e podem ocorrer alterações prejudiciais do pH.

## Fase de declínio (morte)

À medida que as condições do meio se tornam cada vez menos favoráveis para a divisão celular, muitas células perdem a sua capacidade de sofrer divisão e, consequentemente, morrem. Nessa **fase de declínio**, ou **fase de morte**, o número de células vivas diminui em velocidade logarítmica, conforme indicado pela linha reta diagonal em declive na Figura 7.3. Durante a fase de declínio, muitas células sofrem involução – isto é, assumem uma variedade de formas incomuns, o que dificulta a sua identificação. Em culturas de organismos formadores de esporos, observa-se uma sobrevivência de mais esporos do que células vegetativas (que são metabolicamente ativas). A duração dessa fase é altamente variável, assim como a duração da fase de crescimento logarítmico.

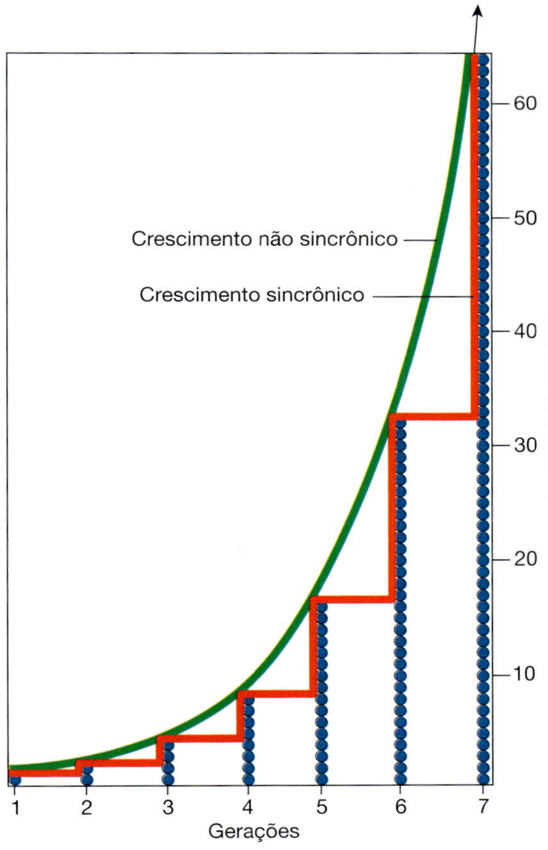

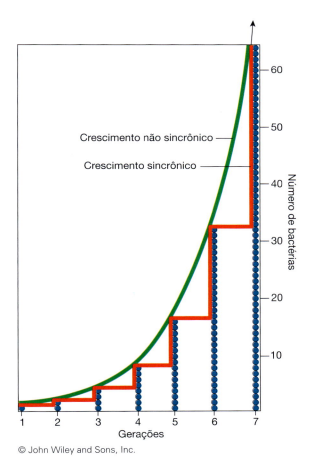

**Figura 7.4 Crescimento sincrônico *versus* não sincrônico.** Curva de crescimento de uma população em aumento exponencial, representada graficamente para uma população em divisão sincrônica (linha vermelha) e para uma população em divisão não sincrônica (linha verde). As esferas azuis representam o número de bactérias existentes em cada geração, após iniciar com uma única célula.

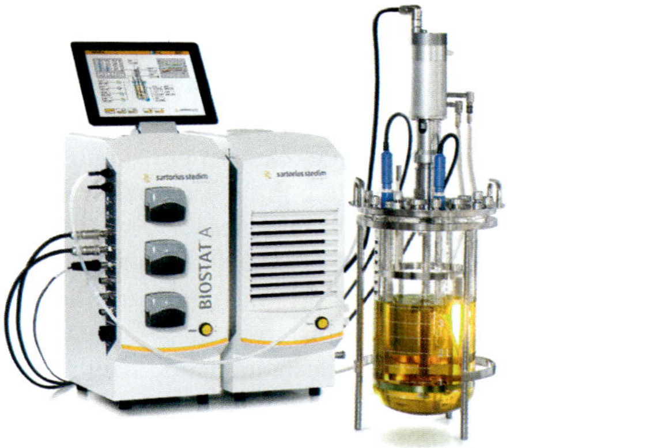


**Figura 7.5 O BIOSTAT® é um sistema fermentador biorreator autoclavável e compacto, também conhecido como quimiostato.** Os dados são transferidos para um *notebook* convencional. A renovação constante dos nutrientes em uma cultura possibilita o crescimento contínuo dos organismos na fase *log*. *(Cortesia de Sartorius BBI Systems, Inc.)*

Ambas dependem principalmente das características genéticas do organismo. As culturas de algumas bactérias passam por todas as fases de crescimento, morrendo em poucos dias; outras contêm alguns organismos vivos depois de meses ou até mesmo anos.

### Crescimento em colônias

As fases de crescimento são representadas de diferentes maneiras em colônias que crescem em meio sólido. Normalmente, uma célula divide-se de modo exponencial, formando uma pequena **colônia** – constituída por todos os descendentes da célula original. A colônia cresce rapidamente em suas bordas; as células localizadas mais próximas do centro exibem um crescimento mais lento ou começam a morrer, visto que dispõem de menores quantidades de nutrientes e ficam expostas a mais metabólitos tóxicos. Todas as fases da curva de crescimento ocorrem simultaneamente em uma colônia – isto é, o crescimento é não sincrônico.

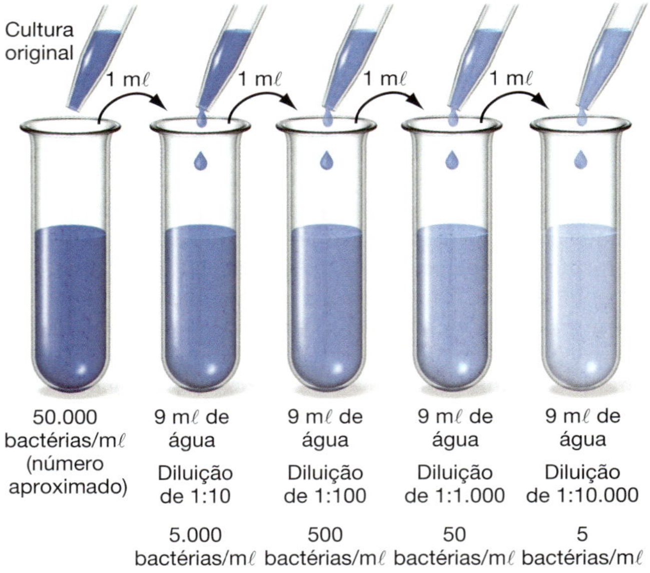




**Figura 7.6 Diluição em série.** Um mililitro é retirado de uma cultura em caldo e acrescentado a 9 mℓ de água estéril, diluindo assim a cultura por um fator de 10. Esse procedimento é repetido até que seja alcançada a concentração desejada.

## Medida do crescimento bacteriano

O crescimento bacteriano é medido a partir da estimativa do número de células produzidas por fissão binária durante uma fase de crescimento. Essa medida é expressa como o número de organismos *viáveis* (vivos) por mililitro de cultura. Dispõe-se de vários métodos para medir o crescimento bacteriano.

### Diluição em série e contagem em placas

A *contagem em placas* constitui um dos métodos para medir o crescimento bacteriano. Essa técnica baseia-se no fato de que, em condições adequadas, apenas uma bactéria viva irá se dividir e formar uma colônia visível em uma placa de ágar. Uma *placa de ágar* é uma placa de Petri contendo um meio nutritivo solidificado com **ágar**, um polissacarídio complexo extraído de determinadas algas marinhas. Como é difícil efetuar uma contagem de mais de 300 colônias em uma placa de ágar, em geral é necessário diluir a cultura bacteriana original antes de plaquear (transferir) um volume conhecido da cultura para uma placa sólida. Esse propósito é alcançado com *diluições seriadas*.

Para fazer **diluições seriadas** (Figura 7.6), inicia-se com organismos em meio líquido. Acrescenta-se 1 mℓ desse meio a 900 mℓ de água estéril, obtendo, assim, uma diluição 1:10; a adição de 1 mℓ da diluição 1:10 a 9 mℓ de água estéril produz uma diluição de 1:100, e assim por diante. O número de bactérias por mililitro de líquido é reduzido em 9/10 a cada diluição. As diluições subsequentes são realizadas nas proporções de 1:1.000, 1:10.000, 1:100.000, 1:1.000.000 ou até mesmo 1:10.000.000 se a cultura original contiver um número extremamente grande de organismos.

A partir de cada diluição, iniciando habitualmente com a diluição 1:100, 0,1 mℓ da cultura é transferido para uma placa de ágar. (Um décimo de mililitro da diluição 1:10 normalmente contém um número de organismos muito grande para produzir colônias contáveis quando transferido para uma placa de Petri.) A transferência pode ser feita pelo método de *pour plate* ou pelo método de espalhamento em placa (Figura 7.7). Prepara-se um ***pour plate*** pela adição inicial de 1 mℓ de uma cultura diluída obtida de uma diluição seriada a 9 mℓ de ágar nutriente fundido. Após a mistura do meio, ele é vertido em uma placa de Petri vazia. Após resfriamento, solidificação e incubação do meio de ágar, observa-se o desenvolvimento de colônias tanto dentro do meio quanto em sua superfície. As células suspensas no ágar fundido durante a preparação podem estar danificadas pelo calor e, portanto, não formarão colônias. As que crescem dentro do ágar formarão colônias menores do que as que crescem na superfície. O **método de espalhamento em placa** elimina esses problemas, porque todas as células permanecem na superfície do meio sólido. A amostra diluída é inicialmente colocada no centro de um meio de ágar sólido e resfriado. A amostra é, então, espalhada uniformemente sobre a superfície do meio com uma alça de vidro estéril. Após a incubação, ocorre desenvolvimento de colônias na superfície do ágar.

Em qualquer local onde for depositada uma bactéria viva isolada em uma placa de ágar, ela irá se dividir e formar uma colônia. Cada bactéria representa uma **unidade formadora de colônia (UFC)**. Uma ou mais placas devem ter um número pequeno de colônias o suficiente para que cada uma delas seja claramente distinta e possa ser contada. Se as diluições forem feitas adequadamente, você obterá placas com um **número contável** de colônias (30 a 300 por placa).

Para contar o número real de colônias presentes, deve-se colocar a placa sob a lupa de aumento de um *contador de colônias* (Figura 7.8), e as colônias existentes em toda a placa são então contadas. Para determinar o número de **unidades formadoras de colônias** na cultura original, deve-se multiplicar o número de colônias encontradas na placa pelo *fator de diluição*; se este for uma fração, é necessário usar o denominador. Um fator de diluição de 1.000 seria expresso como 1:1.000 ou 1/1.000, enquanto um fator de diluição de 10.000 seria expresso como 1:10.000. Um cálculo típico de uma contagem

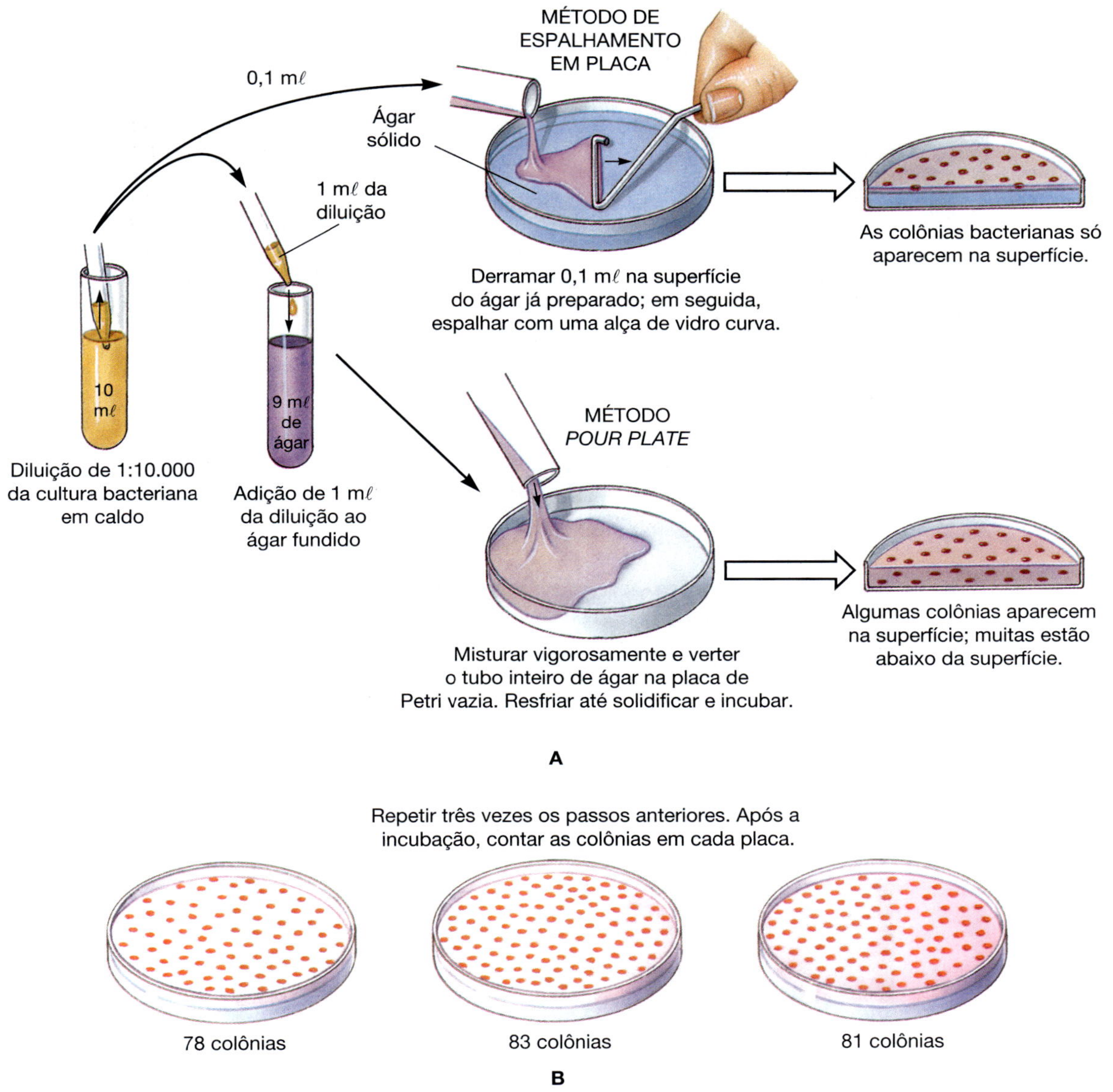




**Figura 7.7 Cálculo do número de bactérias por mililitro de cultura utilizando a diluição em série.** **A.** Um mililitro (1 mℓ) de uma diluição de 1:10.000 é misturado com 9 mℓ de ágar fundido, que é aquecido o suficiente para permanecer no estado líquido, mas não o suficiente para matar os microrganismos que estão sendo misturados nele. Após mistura vigorosa, o ágar aquecido é rapidamente vertido em uma placa de Petri vazia e estéril (pelo método de *pour plate*). Após resfriamento até solidificação, a placa é então incubada. Como alternativa, 0,1 mℓ de uma diluição de 1:10.000 é derramado em uma superfície de ágar já preparado e, em seguida, espalhado com uma alça de vidro estéril (pelo método de espalhamento em placa). Em seguida, a placa é incubada. **B.** As colônias que se desenvolvem são contadas. A obtenção de uma única medição não é muito confiável, de modo que o procedimento é repetido pelo menos três vezes, calculando-se então a média dos resultados. O número médio de colônias é multiplicado pelo fator de diluição para obter o número total de organismos por mililitro da cultura original.

média de colônias de 81 bactérias produzidas pelo plaqueamento de uma diluição de 1/100.000 (fator de diluição = 100.000) seria o seguinte:

$$81 \times 100.000 = 8.100.000 \text{ ou } 8{,}1 \times 10^6 \text{ UFC/m}\ell$$

A precisão da diluição em série e do método de contagem em placa depende da dispersão homogênea dos organismos em cada diluição. Os erros podem ser minimizados agitando-se cada cultura antes da coleta da amostra e preparando várias placas a partir de cada diluição. A precisão também é afetada pela morte das células. Tendo em vista que o número de colônias contadas representa o número de organismos vivos, ele não inclui os organismos que podem ter morrido no momento em que foi feito o plaqueamento, tampouco inclui organismos que não podem crescer no meio sólido escolhido. O uso de culturas jovens na fase *log* de crescimento minimiza esse tipo de erro.

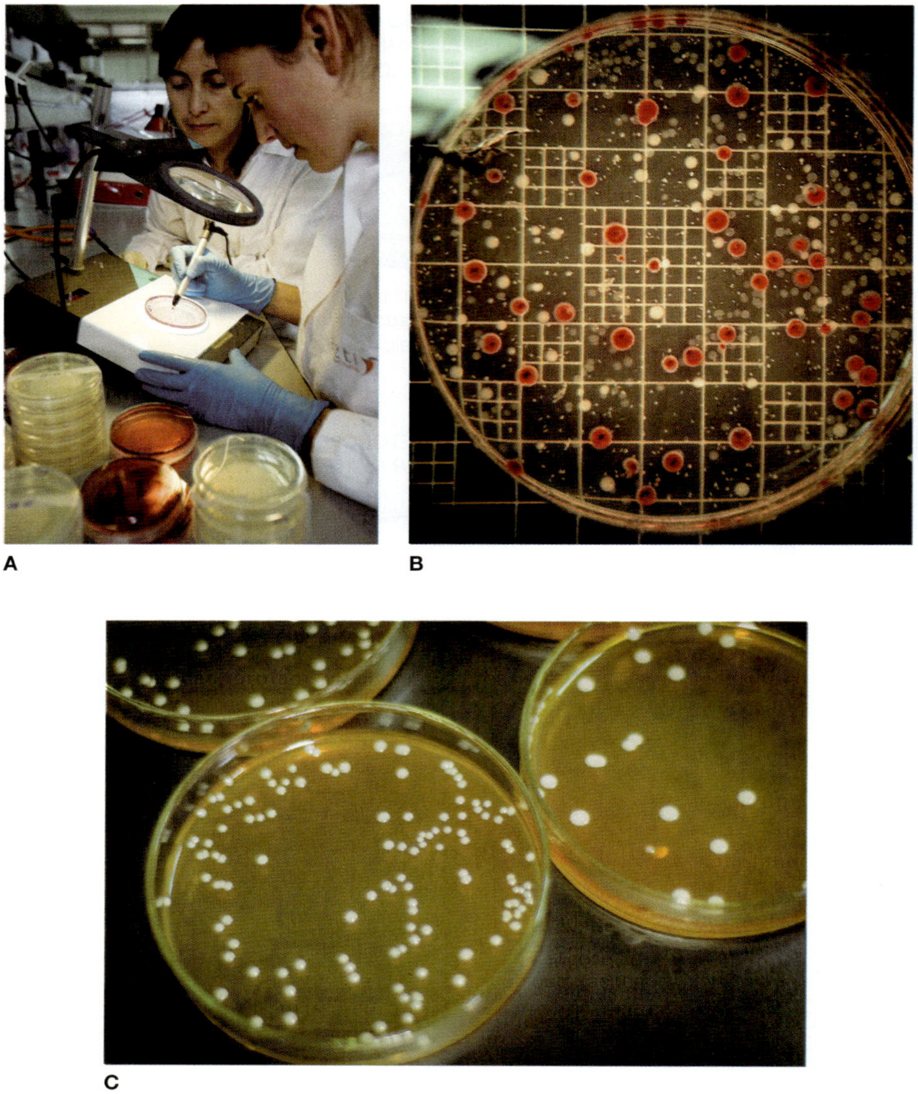

**Figura 7.8 Contagem de colônias.** **A.** Com o uso de um contador de colônias bacterianas. (*age fotostock/SuperStock.*) **B.** Colônias bacterianas vistas através da lupa de aumento contra uma grade de contagem de colônias. A placa foi obtida pelo método *pour plate*. Quantos tipos diferentes de colônias você pode identificar nessa placa? Existem pelo menos cinco. (*© Barbara J. Miller/Biological Photo Service.*) **C.** Qual dessas placas seria a correta para contar? Por quê? (*KuLouKu/Getty Images.*)

## Contagens microscópicas diretas

O crescimento bacteriano pode ser medido pela **contagem microscópica direta**. Nesse método, um volume conhecido de meio é colocado em uma lâmina de vidro especialmente calibrada, com grade de contagem, denominada *câmara de contagem de Petroff-Hausser* (Figura 7.9), também conhecida como hemocitômetro. Uma suspensão bacteriana é introduzida na câmara com uma pipeta calibrada. Após as bactérias terem sedimentado e a suspensão estabilizada, os microrganismos são contatos em áreas calibradas específicas. Seu número por unidade de volume da suspensão original é calculado utilizando uma fórmula apropriada. O número de bactérias por mililitro de meio pode ser estimado com um grau razoável de precisão. A precisão das contagens microscópicas diretas depende da presença de mais de 10 milhões de bactérias por mililitro de cultura. Isso se deve ao fato de que as câmaras de contagem são projetadas para possibilitar contagens precisas apenas na presença de um grande número de células. Uma contagem precisa também exige uma distribuição homogênea das bactérias por toda a cultura. Essa técnica tem a desvantagem de geralmente não distinguir entre células vivas e mortas.

## Número mais provável

Quando amostras contêm um número muito pequeno de organismos para fornecer uma medida confiável do tamanho da população pelo método de contagem de placas, como no caso de estudos de saneamento de água e alimentos, ou quando os microrganismos não crescerão em ágar, utiliza-se o método do **número mais provável (NMP)**. Com esse método, o técnico observa a amostra, estima o número de células existentes e efetua uma série de diluições progressivamente maiores. À medida que aumenta o fator de diluição, um

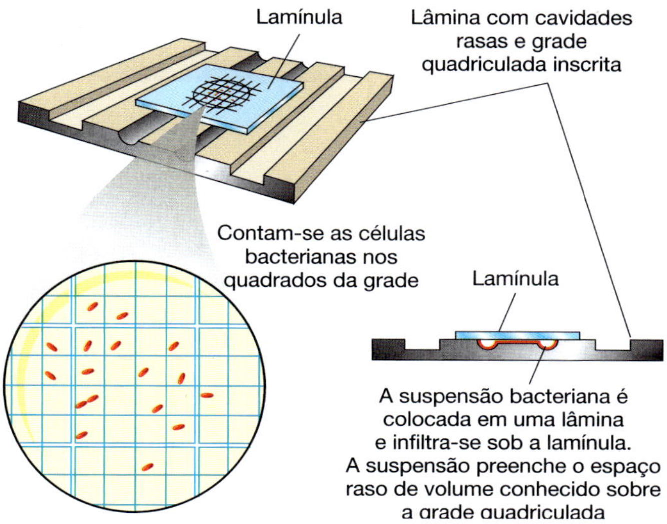




**Figura 7.9 Câmara de contagem de Petroff-Hausser (hemocitômetro).** O volume de suspensão que preenche o espaço estreito entre a base quadriculada e a lamínula é conhecido, de modo que o número de bactérias por unidade de volume pode ser calculado.

ponto deve ser alcançado em que alguns tubos irão conter um único organismo, e outros, nenhum. Um teste de NMP típico consiste em cinco tubos, cada um com três volumes (10, 1 e 0,1 mℓ) de determinada diluição (Figura 7.10). Os tubos que contêm organismos irão exibir um crescimento pela produção de bolhas de gás e/ou por se tornarem turvos quando incubados. O número de organismos na cultura original é estimado com base em uma tabela de números mais prováveis. Os valores na tabela, que se baseiam em probabilidades estatísticas, especificam que o número de organismos na cultura original tem 95% de chance de cair dentro de uma determinada faixa. A Tabela 7.1 fornece uma tabela completa de NMP. Quanto maior o número de tubos mostrando a ocorrência de crescimento, particularmente em diluições maiores, maior o número de organismos presentes na amostra. Para utilizar a tabela do NMP, associe o número de tubos positivos para cada diluição (5, 2 e 0, ver Figura 7.10A) com o valor na coluna do índice de NMP/100 mℓ (50 organismos/100 mℓ neste exemplo).

Uma das aplicações mais úteis do método do NMP consiste em testar a pureza da água. Veja no Capítulo 26 uma explicação sobre o método de fermentação em múltiplos tubos, que fornece uma estimativa do número de coliformes (bactérias de origem fecal).

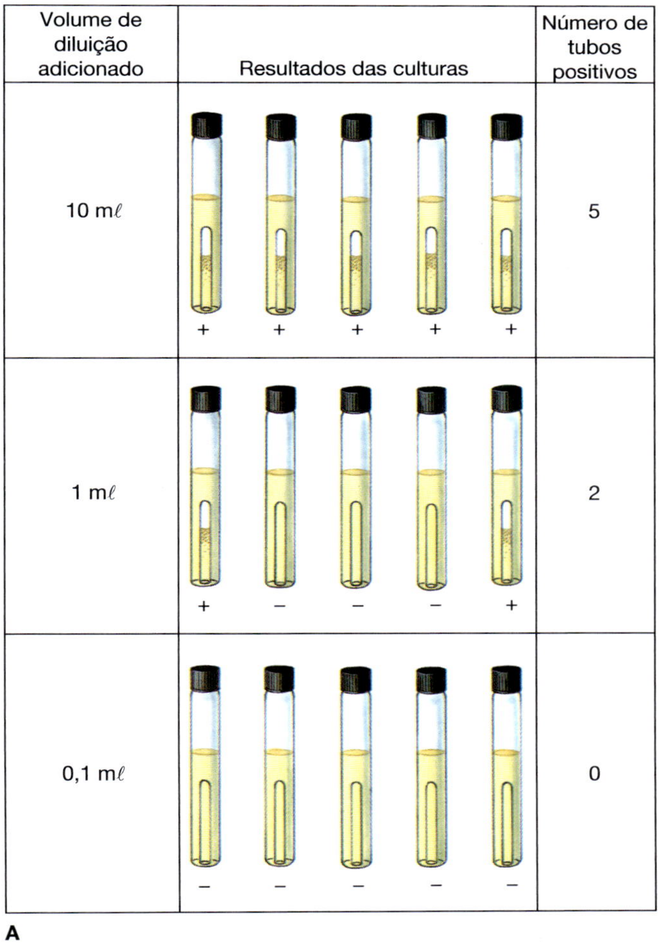


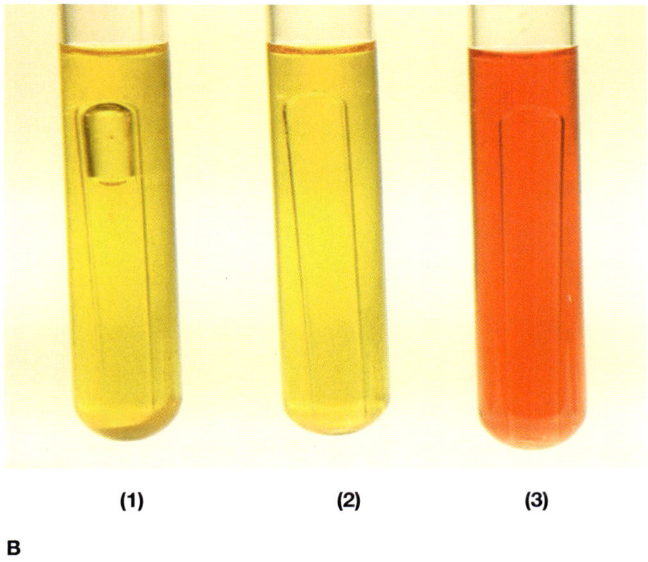


**Figura 7.10 Teste do número mais provável (NMP). A.** Os tubos nos quais há bolhas de gás visíveis (marcados com 1) contêm organismos. O gás que eles produziram pela fermentação do meio ascendeu e foi retido na forma de bolhas na parte superior dos pequenos tubos invertidos (tubos de Durham). **B.** Vista aumentada de: (1) um teste de fermentação de carboidrato positivo, mostrando o gás $CO_2$ retido dentro de um tubo de Durham; (2) teste positivo em que houve produção de ácido, mas não de gás; e (3) teste negativo, em que não houve produção nem de ácido nem de gás. O indicador de pH no caldo permanece vermelho, em vez de se tornar amarelo, como ocorreria na presença de ácido. *(Cortesia de Jacquelyn G. Black.)*

**Tabela 7.1** Índice do número mais provável (*I*) para combinações de resultados positivos e negativos quando são utilizados cinco tubos por diluição (cada um dos cinco de 10 mℓ, 1 mℓ e 0,1 mℓ).

| Número de tubos com resultados positivos | | | | | | | |
|---|---|---|---|---|---|---|---|
| **10 mℓ** | **1 mℓ** | **0,1 mℓ** | **Índice de NMP/100 mℓ** | **10 mℓ** | **1 mℓ** | **0,1 mℓ** | **Índice de NMP/100 mℓ** |
| 0 | 0 | 0 | < 2 | 4 | 3 | 1 | 33 |
| 0 | 0 | 1 | 2 | 4 | 4 | 0 | 34 |
| 0 | 1 | 0 | 2 | 5 | 0 | 0 | 23 |
| 0 | 2 | 0 | 4 | 5 | 0 | 1 | 30 |
| 1 | 0 | 0 | 2 | 5 | 0 | 2 | 40 |
| 1 | 0 | 1 | 4 | 5 | 1 | 0 | 30 |
| 1 | 1 | 0 | 4 | 5 | 1 | 1 | 50 |
| 1 | 1 | 1 | 6 | 5 | 1 | 2 | 60 |
| 1 | 2 | 0 | 6 | 5 | 2 | 0 | 50 |
| 2 | 0 | 0 | 4 | 5 | 2 | 1 | 70 |
| 2 | 0 | 1 | 7 | 5 | 2 | 2 | 90 |
| 2 | 1 | 0 | 7 | 5 | 3 | 0 | 80 |
| 2 | 1 | 1 | 9 | 5 | 3 | 1 | 110 |
| 2 | 2 | 0 | 9 | 5 | 3 | 2 | 140 |
| 2 | 3 | 0 | 12 | 5 | 3 | 3 | 170 |
| 3 | 0 | 0 | 8 | 5 | 4 | 0 | 130 |
| 3 | 0 | 1 | 11 | 5 | 4 | 1 | 170 |
| 3 | 1 | 0 | 11 | 5 | 4 | 2 | 220 |
| 3 | 1 | 1 | 14 | 5 | 4 | 3 | 280 |
| 3 | 2 | 0 | 14 | 5 | 4 | 4 | 350 |
| 3 | 2 | 1 | 17 | 5 | 5 | 0 | 240 |
| 4 | 0 | 0 | 13 | 5 | 5 | 1 | 300 |
| 4 | 0 | 1 | 17 | 5 | 5 | 2 | 500 |
| 4 | 1 | 0 | 17 | 5 | 5 | 3 | 900 |
| 4 | 1 | 1 | 21 | 5 | 5 | 4 | 1.600 |
| 4 | 1 | 2 | 26 | 5 | 5 | 5 | ≥ 1.600 |
| 4 | 2 | 0 | 22 | | | | |
| 4 | 2 | 1 | 26 | | | | |
| 4 | 3 | 0 | 27 | | | | |

*Fonte:* A. E. Greenberg, L. S. Clesceri, and A. D. Eaton, Eds. *Standard Methods for the Examination of Water and Wastewater.* 18th ed. Washington, DC: American Public Health Association, 1992.

## Filtração

Outro método para estimar o tamanho de pequenas populações de bactérias utiliza a **filtração**. Um volume conhecido de água ou de ar passa através de um filtro dotado de poros muito pequenos para permitir a passagem de bactérias. Quando o filtro é então colocado em meio sólido, cada colônia que cresce representa originalmente um organismo coletado pelo filtro. Assim, é possível calcular o número de organismos por litro de água ou de ar (ver Figura 26.19, que mostra o processo de filtração e as colônias que cresceram no filtro).

## Outros métodos

Existem vários outros métodos de monitoramento do crescimento bacteriano, incluindo a simples observação com ou sem instrumentos especiais, a medição dos produtos metabólicos pela detecção da produção de gás ou de ácido e a determinação do peso seco das células.

A **turbidez** (aspecto turvo) em um tubo de cultura indica a presença de organismos (Figura 7.11). Podem-se obter estimativas bastante precisas do crescimento por meio da medição da turbidez com um dispositivo fotelétrico, como um

**Figura 7.11 Turbidez.** A turbidez, ou aparência turva, é um indicador do crescimento bacteriano na urina no tubo da esquerda. *(Richard Megna/Fundamental Photographs.)*

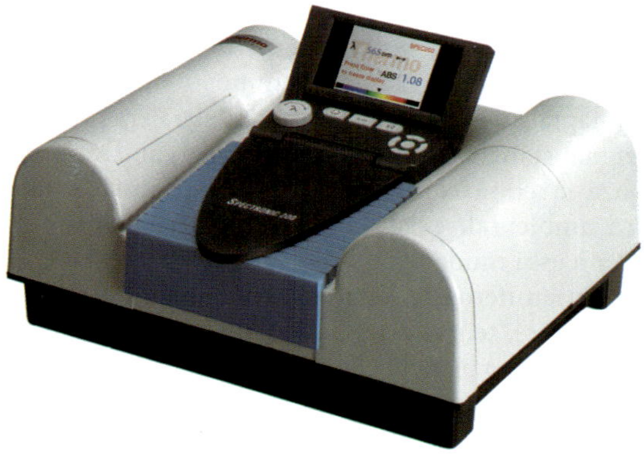

**Figura 7.12 Espectrofotômetro.** Esse instrumento pode ser utilizado para medir o crescimento bacteriano pela determinação do grau de transmissão da luz através da cultura. Amostras de cultura em tubos especiais opticamente transparentes são colocadas dentro do espectrofotômetro e medidas conforme padrões. *(Cortesia de Thermo Electron Corporation.)*

*colorímetro* ou um *espectrofotômetro* (Figura 7.12). Esse método é particularmente útil no monitoramento da taxa de crescimento sem interferir na cultura. Entretanto, as amostras com densidades celulares muito altas precisam ser diluídas, a fim de assegurar uma leitura precisa. As medidas do crescimento bacteriano com base na turbidez também estão particularmente sujeitas a erro quando as culturas contêm menos de 1 milhão de células por mililitro. Essas culturas podem exibir pouca ou nenhuma turbidez, mesmo quando está ocorrendo crescimento. Por outro lado, a turbidez pode ser produzida por uma alta concentração de células mortas na cultura.

A medição dos produtos metabólicos de uma população pode ser utilizada como uma estimativa indireta do crescimento bacteriano. A velocidade com que produtos metabólicos, como gases e/ou ácidos, são formados por uma cultura reflete a massa de bactérias presentes. É possível detectar (em vez de medir) a produção de gás pela sua captação em pequenos tubos invertidos colocados dentro de tubos maiores de meio líquido contendo bactérias. A produção de ácido pode ser detectada pela incorporação de *indicadores de pH* – substâncias químicas que mudam de cor com as mudanças do pH – em um meio líquido contendo bactérias metabolicamente ativas (ver Figura 7.10B).

A velocidade com que um substrato, como a glicose ou o oxigênio, é consumido também reflete a massa celular presente. Por exemplo, um método para a estimativa da massa bacteriana é o *teste de redução do corante*, que mede a captação direta ou indireta do oxigênio. Nesse teste, um corante, como o azul de metileno, é incorporado a um meio contendo leite. As bactérias inoculadas no meio utilizam o oxigênio à medida que metabolizam o leite. O azul de metileno tem a sua cor azul na presença de oxigênio e torna-se incolor na sua ausência. Assim, quanto mais rápido o meio perde a cor, mais rápido o oxigênio está sendo consumido, e presume-se que mais bactérias estejam presentes. A velocidade com que o corante é descorado (redução do corante) é uma abordagem muito indireta; não fornece uma medida precisa de massa de bactérias.

Por fim, o número de células em uma cultura pode ser determinado pelas *medidas de peso seco*. Para calcular o peso seco das células, elas precisam ser separadas do meio por algum procedimento físico, como filtração ou centrifugação. Em seguida, as células são secas, e a massa resultante é, então, pesada.

**PARE e RESPONDA**

1. Quais são as diferenças entre a fase *lag* e a fase *log* da curva de crescimento bacteriano?
2. De que maneira a taxa logarítmica de aumento difere da taxa aritmética de aumento? Qual é o tipo de taxa de aumento da seguinte sequência de números de células: 1, 2, 4, 8, 16, 32?
3. Se uma cultura em caldo de bactérias, contendo inicialmente 37.000 bactérias/mℓ, for diluída para 1:1.000, quantas bactérias/mℓ do caldo diluído estarão presentes em média?
4. Por que uma contagem microscópica direta de bactérias utilizando uma câmara de Petroff-Hausser não fornece uma contagem de bactérias viáveis? De que maneira esse método difere dos métodos de espalhamento em placa e *pour plate*?

## FATORES QUE AFETAM O CRESCIMENTO BACTERIANO

Microrganismos são encontrados em quase todos os ambientes da Terra, inclusive ambientes onde nenhuma outra forma de vida pode sobreviver. Os microrganismos podem ocorrer em numerosos ambientes, pois são pequenos e de fácil dispersão, ocupam pouco espaço, só necessitam de pequenas quantidades de nutrientes e são notavelmente diversificados nas suas exigências nutricionais. Eles também possuem grande capacidade de adaptação às mudanças ambientais. Para praticamente qualquer substância, existe algum microrganismo capaz de metabolizá-la como nutriente; para praticamente qualquer mudança ambiental, existe algum microrganismo capaz de sobreviver a essa mudança.

Como mamíferos de sangue quente, que respiram ar e são de vida terrestre, temos a tendência de esquecer que 72% da superfície de nosso planeta é formada por água, que 90% dessa água é salgada, e que os ambientes onde se encontram organismos vivos apresentam uma temperatura média de cerca de 5°C. Diferentemente dos seres humanos, os microrganismos vivem principalmente na água, e muitos estão adaptados a temperaturas acima ou abaixo das que consideramos ótimas. Os organismos de interesse nas ciências da saúde representam apenas uma fração de todos os microrganismos – os que se adaptaram às condições encontradas na superfície ou no interior do corpo humano.

Espécies distintas de microrganismos podem crescer em uma ampla variedade de ambientes – desde condições altamente ácidas até aquelas ligeiramente alcalinas, do gelo da Antártida até fontes termais, em fontes de água pura ou em pântanos salgados, em oceanos com ou sem oxigênio e até mesmo sob grande pressão e em fendas de vapor fervente no fundo do oceano. Os microrganismos utilizam uma variedade de substâncias para obter energia, e alguns necessitam de nutrientes especiais.

*O peso total do número de bactérias que vivem no solo e no subsolo é estimado em 10.034 trilhões de toneladas.*

Os tipos de organismos encontrados em determinado ambiente e as velocidades de seu crescimento podem ser influenciados por uma variedade de fatores, tanto físicos quanto bioquímicos. Os **fatores físicos** incluem pH, temperatura, concentração de oxigênio, umidade, pressão hidrostática, pressão osmótica e radiação. Os **fatores nutricionais** (*bioquímicos*) incluem disponibilidade de carbono, nitrogênio, enxofre, fósforo, oligoelementos e, em alguns casos, vitaminas.

## Fatores físicos

### pH

Lembre-se de que a acidez ou a alcalinidade de um meio são expressas em termos de pH (ver Capítulo 3). Embora a escala de pH seja agora amplamente utilizada em química, ela foi inventada pelo químico dinamarquês Søren Sørenson para descrever os limites de crescimento de microrganismos em diversos meios. Os microrganismos apresentam um **pH ótimo** – o pH no qual eles crescem melhor. O pH ótimo para os microrganismos habitualmente está próximo da neutralidade (pH 7). A maioria dos micróbios não cresce em um pH de mais de uma unidade acima ou abaixo de seu pH ótimo.

De acordo com a sua tolerância à acidez ou à alcalinidade, as bactérias são classificadas em:

- Acidófilas
- Neutrófilas
- Alcalófilas.

Entretanto, nenhuma espécie consegue tolerar toda a faixa de pH de qualquer uma dessas categorias, e muitas delas toleram uma faixa de pH que se sobrepõe a duas categorias. As espécies **acidófilas**, ou organismos que têm afinidade por ácidos, crescem melhor na presença de um pH de 0,1 a 5,4. *Lactobacillus*, que produz ácido láctico, é um acidófilo, mas tolera apenas uma acidez leve. Entretanto, algumas bactérias que oxidam o enxofre em ácido sulfúrico podem criar e tolerar condições com um pH baixo de até 1,0. Agora, sabe-se que bactérias produtoras de ácido sulfúrico forte o suficiente para comer suas roupas alimentaram-se do calcário de algumas cavernas gigantes (p. ex., Cavernas de Carlsbad no sudoeste da América do Norte). O ácido goteja de longas colônias pendentes de bactérias que têm a consistência de fios de muco, levando à sua designação de "esnotites". Os organismos **neutrófilos** vivem em uma faixa de pH de 5,4 a 8,0. As bactérias que causam doenças nos seres humanos são, em sua maioria, neutrófilas. Os organismos **alcalófilos** ou organismos com afinidade por álcalis (bases) são encontrados em valores de pH de 7,0 a 11,5. *Vibrio cholerae*, o agente causador da cólera asiática, cresce melhor em pH de cerca de 9,0. *Alcaligenes faecalis*, que algumas vezes infecta seres humanos já enfraquecidos por outra doença, pode criar e tolerar condições alcalinas com pH de 9,0 ou mais. A bactéria do solo *Agrobacterium* cresce em solo alcalino de pH de 12,0.

Os efeitos do pH sobre os organismos podem, em parte, estar relacionados com a concentração de ácidos orgânicos no meio e com a proteção algumas vezes proporcionadas pelos envoltórios celulares bacterianos. *Lactobacillus* e outros organismos que produzem ácidos orgânicos durante a fermentação inibem o seu próprio crescimento pela produção de ácidos, como os ácidos láctico e pirúvico, que se acumulam no meio. Parece que os próprios ácidos é que inibem o crescimento, em vez dos íons hidrogênio em si. As mudanças de pH podem levar à desnaturação de enzimas e de outras proteínas e podem interferir no bombeamento de íons na membrana celular. Outros organismos têm envoltórios celulares relativamente impermeáveis, que impedem a exposição da membrana celular a extremos de pH no meio. Esses organismos parecem tolerar a acidez ou a alcalinidade do ambiente, visto que a própria célula é mantida em pH próximo da neutralidade.

Com frequência, muitas bactérias produzem quantidades suficientes de ácidos como subprodutos metabólicos, que acabam interferindo em seu próprio crescimento. Para evitar essa situação em culturas laboratoriais de bactérias, são incorporados *tampões* no meio de crescimento, a fim de manter níveis apropriados de pH. Para esse propósito, são comumente utilizados sais de fosfato.

### Temperatura

A maioria das espécies de bactérias pode crescer em uma faixa de temperatura acima de 30°C, porém as temperaturas máxima e mínima variam de modo considerável entre diferentes espécies. A água do mar permanece líquida abaixo de 0°C, e os organismos que vivem em águas oceânicas frias podem tolerar temperaturas abaixo das temperaturas de congelamento. De acordo com a sua faixa de temperatura para crescimento, as bactérias podem ser classificadas em:

- Psicrófilas
- Mesófilas
- Termófilas.

## SAIBA MAIS

### Em todos os recantos

As bactérias podem habitar efetivamente qualquer local adequado à existência de vida – nosso intestino ecologicamente complexo, as geleiras da Antártida e sob as extremas pressões barométricas e temperaturas encontradas em fontes termais no fundo dos oceanos. Em temperaturas acima de 71°C, toda a vida detectada na Terra é bacteriana. A bactéria *Thermophila acidophilum* desenvolve-se a uma temperatura de 60°C, em pH de 1 ou 2. Esse organismo, que é encontrado na superfície do carvão em combustão e em fontes termais, "congela" até a morte a 37,7°C. Recentemente, foram encontradas comunidades microbianas vivas a 900 metros abaixo da superfície terrestre no basalto do rio Columbia. Essas bactérias são anaeróbicas, obtêm a sua energia da reação do hidrogênio produzido entre os minerais no basalto e da água subterrânea infiltrada entre as rochas. A caracterização das bactérias que vivem em ambientes extremos fornece uma visão da diversidade de estratégias de vida, bem como a oportunidade de produzir e utilizar moléculas biológicas com capacidades singulares.

Todavia, a maioria das bactérias não tolera toda a faixa de temperatura de determinada categoria, e algumas toleram uma faixa que se sobrepõe a categorias. Dentro desses grupos, as bactérias são ainda classificadas em obrigatórias ou facultativas. O termo **obrigatório** significa que o organismo *precisa* da condição ambiental específica. Já o termo **facultativo** significa que o organismo é *capaz* de se ajustar à condição ambiental e tolerá-la, embora também possa viver em outras condições.

Os **psicrófilos**, ou organismos com afinidade pelo frio, crescem melhor em temperaturas de 15 a 20°C, embora alguns possam viver bem a 0°C. Esses organismos podem ser ainda divididos em **psicrófilos obrigatórios**, como *Bacillus globisporus*, que não pode crescer acima de 20°C, e **psicrófilos facultativos,** como *Xanthomonas pharmicola,* que cresce melhor abaixo de 20°C, mas que também pode crescer acima dessa temperatura. Os organismos psicrófilos vivem principalmente em água e solo frios. Nenhum deles consegue viver no corpo humano; entretanto, alguns, como *Listeria monocytogenes*, são conhecidos por causar deterioração de alimentos refrigerados e doença subsequente em seres humanos, que algumas vezes é fatal.

Os organismos **mesófilos**, que incluem a maioria das bactérias, crescem melhor em temperaturas situadas entre 25 e 40°C. Os patógenos humanos estão incluídos nessa categoria, e a maioria cresce melhor próximo da temperatura do corpo humano (37°C). Os organismos *termodúricos* habitualmente vivem como mesófilos, mas são capazes de suportar curtos períodos de exposição a altas temperaturas. O aquecimento inadequado durante o processo de preparo de conservas ou pasteurização pode deixar esses organismos vivos, que consequentemente poderão causar deterioração dos alimentos.

Os **termófilos**, ou organismos com afinidade pelo calor, crescem melhor em temperaturas de 50 a 60°C. Muitos são encontrados em pilhas de compostagem, e alguns toleram temperaturas altas de até 110°C em fontes termais em ebulição. Esses organismos podem ser ainda classificados em **termófilos obrigatórios**, que só podem crescer em temperaturas acima de 37°C, ou **termófilos facultativos**, que podem crescer tanto acima quanto abaixo de 37°C. *Bacillus stearothermophilus*, que habitualmente é considerado como termófilo obrigatório, apresenta velocidade máxima de crescimento em 65 a 75°C, mas pode apresentar crescimento mínimo e causar deterioração dos alimentos em temperaturas tão baixas quanto 30°C. As bactérias sulfurosas termofílicas apresentam zonas de temperaturas ótimas de crescimento nos canais de correntes de gêiser (Figura 7.13). Diferentes espécies reúnem-se em vários locais ao longo desses canais. As espécies mais tolerantes ao calor são encontradas próximo ao gêiser, enquanto aquelas com menor tolerância distribuem-se em regiões onde a água tenha esfriado até a sua temperatura ótima. Nos canais profundos, as espécies mais tolerantes ao calor são encontradas nas maiores profundidades, enquanto as menos tolerantes encontram-se próximo à superfície, onde a água esfriou. Em condições de laboratório que utilizam uma alta pressão para aumentar a temperatura da água acima de 100°C, micorganismos Archaea provenientes de fontes termais das

Os vírus da gripe aviária podem sobreviver por décadas no gelo de lagos congelados. O aquecimento global pode liberá-los para infectar aves migratórias que irão disseminá-los.

O ágar suco de tomate, um meio de cultura que é constituído, na realidade, de suco de tomate, é utilizado para o cultivo de lactobacilos.

**Figura 7.13 Termófilos.** Fontes termais de um gêiser, no deserto de Black Rock, Nevada. As bactérias sulfurosas termofílicas podem viver e crescer nas águas desses gêiseres, apesar das temperaturas próximas da ebulição. *(Jeff Foott/Getty Images, Inc. PAID.)*

profundezas do mar cresceram a 115°C. (O Capítulo 10 fornece mais informações sobre esses notáveis organismos.)

A faixa de temperatura na qual cresce um organismo é determinada, em grande parte, pelas temperaturas nas quais as suas enzimas funcionam. Dentro dessa faixa, podem ser identificadas três temperaturas críticas:

1. A *temperatura mínima de crescimento*, que é a menor temperatura em que as células podem se dividir
2. A *temperatura máxima de crescimento*, que é a temperatura mais alta em que as células podem se dividir
3. A *temperatura ótima de crescimento*, que é a temperatura em que as células se dividem mais rapidamente – isto é, apresentam o menor tempo de geração.

Independentemente do tipo de bactéria, o crescimento aumenta de modo gradual da temperatura mínima até a temperatura ótima e diminui de modo muito acentuado da temperatura ótima até a temperatura máxima. Além disso, a temperatura ótima situa-se, com frequência, muito próxima da temperatura máxima (Figura 7.14). Essas propriedades de crescimento são devidas a alterações na atividade das enzimas (ver Capítulo 6). Em geral, a atividade enzimática duplica a cada aumento de 10°C na temperatura até que a temperatura alta comece a causar desnaturação de todas as proteínas, inclusive as enzimas. O rápido declínio da atividade enzimática em uma temperatura apenas ligeiramente acima da temperatura ótima ocorre quando as moléculas de enzima se tornam tão distorcidas pela desnaturação que são incapazes de catalisar as reações.

A temperatura é importante não apenas para proporcionar condições ao crescimento microbiano, mas também para evitá-lo. A refrigeração dos alimentos, habitualmente a 4°C, diminui o crescimento dos psicrófilos e impede o da maioria das outras bactérias. Entretanto, alimentos e outros materiais, como o sangue, podem sustentar o crescimento de algumas bactérias, mesmo quando refrigerados. Por esse motivo, os materiais perecíveis que podem suportar o congelamento são conservados a temperaturas de –30°C se tiverem que ser guardados por longos períodos de tempo. Podem-se utilizar também altas temperaturas para impedir o crescimento bacteriano (ver Capítulo 12). Os equipamentos de laboratório e meios de cultura são geralmente esterilizados com calor, e com frequência, os alimentos são conservados mediante aquecimento e armazenamento em recipientes fechados. As bactérias estão mais aptas a sobreviver em extremos de frio do que em extremos de calor; as enzimas não são desnaturadas pelo resfriamento, mas podem sofrer desnaturação permanente pelo calor.

As temperaturas frias podem ter ajudado a preservar *Exiguobacterium* sp., uma bactéria isolada do gelo permanente do subsolo na Sibéria de 2 a 3 milhões de anos de idade. Essa bactéria cresce bem a uma temperatura de –2,5°C e está associada a infecções humanas. Contrariamente às expectativas, constatou-se que fungos que residem no solo em regiões montanhosas dos EUA apresentam um aumento de seu número e biomassa abaixo do gelo e da neve no inverno, em comparação com a sua abundância no verão.

Uma bactéria, *Planococcus halocryophilus*, vive no Ártico canadense a –15°C, onde a temperatura é quase tão fria quanto a superfície de Marte. Esta é a mais baixa temperatura relatada para o crescimento bacteriano. Abaixo do gelo permanente (a –25°C) essa bactéria sobrevive nos finos veios de água muito salgada. O sal impede que a água fique congelada (estado sólido). A bactéria possui várias adaptações a esse ambiente adverso, incluindo alterações nas membranas que a envolvem e grandes quantidades de proteínas adaptadas ao frio, que atuam como anticongelantes.

## Oxigênio

As bactérias, particularmente as heterotróficas, podem ser divididas em aeróbias, que necessitam de oxigênio para o crescimento, e anaeróbias, que não tem essa necessidade (ver Capítulo 6). Entre as aeróbias, as culturas de células que se dividem rapidamente necessitam de mais oxigênio do que as culturas de células de divisão lenta. As **aeróbias obrigatórias**, como *Pseudomonas*, que representa uma causa comum de infecções hospitalares, precisam de oxigênio livre para a respiração aeróbica, enquanto as **anaeróbias obrigatórias**, como *Clostridium botulinum*, *C. tetani* e *Bacteroides*, morrem na presença de oxigênio livre. Em um tubo de cultura contendo caldo nutriente, as bactérias aeróbias obrigatórias crescem próximo à superfície, onde o oxigênio atmosférico difunde-se para o meio; as anaeróbias obrigatórias crescem próximo ao fundo do tubo, onde pouco ou nenhum oxigênio livre as alcança (Figura 7.15).

Quanto aos organismos aeróbicos, o oxigênio constitui frequentemente o fator ambiental que limita a taxa de

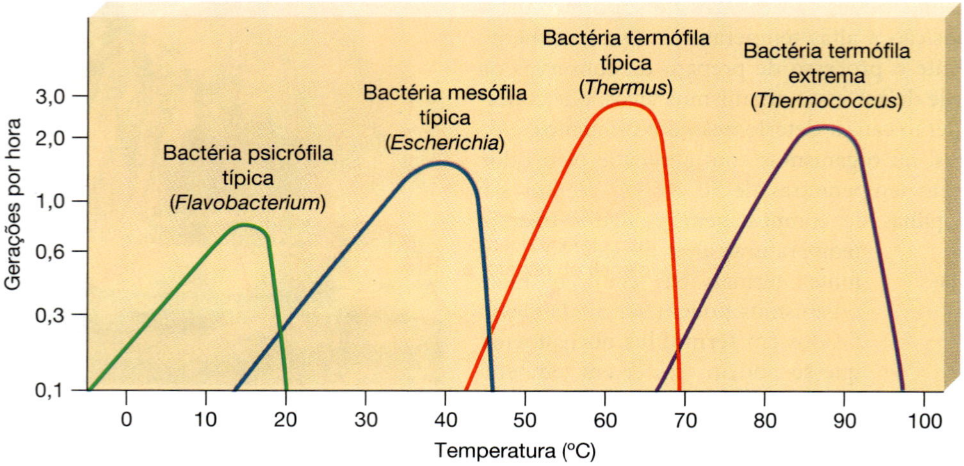




**Figura 7.14 Taxas de crescimento das bactérias psicrófilas, mesófilas e termófilas.** Observe a sobreposição das faixas de temperatura em que esses organismos são capazes de sobreviver. As taxas de crescimento são muito mais lentas nas extremidades das faixas.

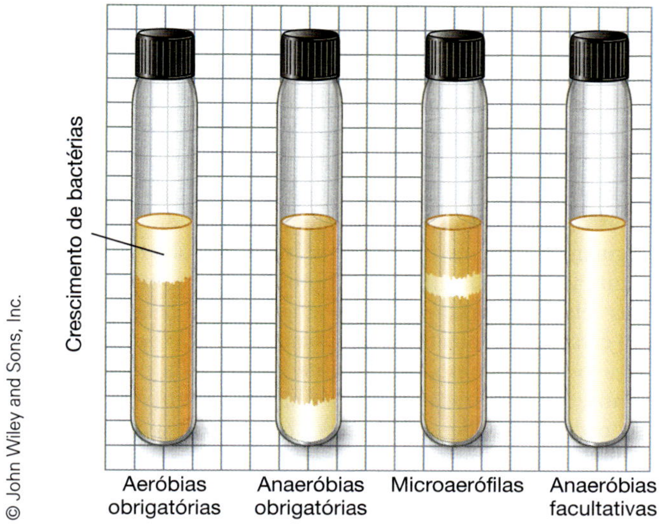


**Figura 7.15 Padrões de uso do oxigênio.** Diferentes organismos incubados por 24 horas em tubos de caldo nutriente acumulam-se em diferentes regiões, dependendo de sua necessidade de oxigênio ou da sensibilidade à sua presença.

crescimento. O oxigênio é pouco solúvel em água, e, algumas vezes, são utilizados diversos métodos para manter uma alta concentração de $O_2$ nas culturas, incluindo mistura vigorosa ou aeração forçada por borbulhamento de ar na cultura, como se efetua em um aquário de peixes. Esse procedimento é particularmente importante em processos comerciais como a produção de antibióticos e o tratamento de esgotos.

Entre os extremos das bactérias aeróbias obrigatórias e anaeróbias obrigatórias estão as *microaerófilas*, as *anaeróbias facultativas* e as *anaeróbias aerotolerantes*. As **microaerófilas** parecem crescer melhor na presença de uma pequena quantidade de oxigênio livre. Crescem abaixo da superfície do meio em cultura em tubo, no nível onde a disponibilidade de oxigênio corresponde às suas necessidades. As bactérias microaerófilas, como *Campylobacter*, que podem causar distúrbios intestinais, também são **capnófilas**, isto é, organismos com afinidade pelo dióxido de carbono. Essas bactérias crescem em condições de baixa concentração de oxigênio e alta concentração de dióxido de carbono. Em geral, as **anaeróbias facultativas** realizam o metabolismo aeróbico na presença de oxigênio, porém mudam para o metabolismo anaeróbico quando não há oxigênio. *Staphylococcus* e *Escherichia coli* são anaeróbios facultativos; com frequência, são encontrados nos sistemas digestório e urinário, onde existe apenas uma pequena quantidade de oxigênio disponível. As bactérias **anaeróbias aerotolerantes** conseguem sobreviver na presença de oxigênio, mas não o utilizam no metabolismo. Por exemplo, *Lactobacillus* sempre obtém energia por fermentação, independentemente da presença ou não de oxigênio no ambiente.

Em comparação com outros grupos de organismos definidos de acordo com as necessidades de oxigênio, as bactérias anaeróbias facultativas possuem o sistema enzimático mais complexo. Apresentam um conjunto de enzimas que possibilitam o uso do oxigênio como aceptor final de elétrons, bem como outro conjunto que permite o uso de outro aceptor final de elétrons quando não há disponibilidade de oxigênio. Por outro lado, as enzimas dos outros grupos definidos aqui limitam-se à respiração aeróbica ou anaeróbica.

## SAIBA MAIS

### Quando a situação ficar difícil, esconda-se dentro de uma rocha

Algumas bactérias vivem em vales secos e extremamente frios da Antártida, onde pouquíssimos outros organismos conseguem sobreviver. A umidade relativa é tão baixa que a água passa diretamente do estado congelado para o estado de vapor e raramente é encontrada no estado líquido. Entretanto, os organismos que vivem nessas regiões conseguem realizar suas atividades metabólicas, utilizando o vapor de água ou derretendo quantidades muito pequenas de gelo com o seu calor metabólico. No entanto, essas bactérias não conseguem sobreviver às condições rigorosas da atmosfera da Antártida. Elas precisam se esconder dentro de rochas translúcidas (como o quartzo, o feldspato e certos mármores), que permitem a entrada dos raios de sol para que essas bactérias possam realizar a fotossíntese. Como não produzem substâncias químicas que dissolvem minerais, esses organismos endolíticos precisam colonizar apenas as rochas porosas. Em geral, são capazes de penetrar até vários milímetros dentro da rocha, onde encontram um refúgio seguro até que a rocha sofra erosão pelo vento.

O planeta Marte era originalmente quente, mas sofreu resfriamento quando perdeu a atmosfera. Se a vida tivesse evoluído em Marte durante a sua época quente, essa forma de vida teria procurado abrigo dentro das rochas de superfície? O exame de meteoritos de Marte revela evidências de possíveis formas primitivas de vida que se assemelham a bactérias enterradas naquilo que pode ter sido o seu último refúgio.

As bactérias anaeróbias obrigatórias são mortas não pelo oxigênio no estado gasoso, mas por uma forma de oxigênio altamente reativa e tóxica, denominada **superóxido** ($O_2^-$). O superóxido é formado por determinadas enzimas oxidativas e é convertido em oxigênio molecular ($O_2$) e em peróxido de hidrogênio ($H_2O_2$) tóxico por uma enzima denominada **superóxido dismutase**. O peróxido de hidrogênio é convertido em água e oxigênio molecular pela enzima **catalase**. As bactérias aeróbias obrigatórias e a maior parte das anaeróbias facultativas possuem ambas as enzimas. Algumas bactérias anaeróbias facultativas e aerotolerantes possuem a superóxido dismutase, porém não apresentam a catalase. A maioria das anaeróbias obrigatórias não possui as duas enzimas e sucumbe aos efeitos tóxicos do superóxido e do peróxido de hidrogênio.

## Umidade

Todas as células com metabolismo ativo geralmente necessitam de um ambiente aquoso. Diferentemente dos organismos maiores que possuem revestimentos protetores e ambientes internos líquidos, os organismos unicelulares ficam diretamente expostos ao ambiente. As células vegetativas podem sobreviver, em sua maioria, apenas algumas horas sem umidade; somente os esporos dos organismos formadores de esporos podem existir em um estado dormente em um ambiente seco.

## Pressão hidrostática

A água dos oceanos e dos lagos exerce uma **pressão hidrostática**, isto é, a pressão exercida pela água em repouso, proporcional à

## SAIBA MAIS

### Cor-de-rosa

NNehring/Getty Images

O Grande Lago Salgado em Utah é um ambiente extremamente salgado, que contribui para o crescimento de bactérias. Esse lago, que é quase 10 vezes mais salgado do que a água do oceano, abriga muitas variedades de halobactérias. Como as halobactérias não têm peptidoglicano em seus envoltórios celulares, elas são gram-negativas. Além disso, mostram-se insensíveis à maioria dos antibióticos, contêm plasmídios inusitadamente grandes e são aeróbias obrigatórias. As halobactérias necessitam de grandes quantidades de sódio para crescer, uma exigência que não é suprida quando um íon semelhante é utilizado em seu lugar. Determinadas espécies de halófilas extremas utilizam um mecanismo mediado pela luz para produzir ATP. Diferentemente das plantas verdes, os pigmentos que elas utilizam para a síntese de ATP dependente de luz consistem nos carotenoides vermelho-alaranjados e nas bacteriorruberinas e bacteriorrodopsinas de coloração vermelho-púrpura. A cor brilhante dessas bactérias pode ser vista quando lagos de alta salinidade e bacias de retenção são fotografados do alto – dando a clara aparência de uma colcha de retalhos cor-de-rosa.

sua profundidade. Essa pressão duplica a cada 10 m de profundidade. Por exemplo, em um lago de 50 m de profundidade, a pressão é 32 vezes a pressão atmosférica. Alguns vales oceânicos têm profundidades de mais de 7.000 m, e determinadas bactérias constituem os únicos organismos conhecidos que sobrevivem à pressão extrema dessas profundidades. As bactérias que vivem em altas pressões, mas que morrem se forem deixadas no laboratório por algumas horas na pressão atmosférica padrão, são denominadas **barófilas**. Parece que suas membranas e enzimas não apenas toleram a pressão, mas necessitam dela para funcionar de modo adequado. A alta pressão é necessária para manter suas moléculas de enzimas na configuração tridimensional apropriada. Sem ela, as enzimas perdem a sua forma e sofrem desnaturação, causando morte do organismo.

### Pressão osmótica

No Capítulo 5, aprendemos que as membranas de todos os microrganismos são seletivamente permeáveis. A membrana celular permite o movimento de água entre o citoplasma e o meio externo por osmose (ver Figura 5.31). Os ambientes que contêm substâncias dissolvidas exercem pressão osmótica, e essa pressão pode ultrapassar aquela exercida pelas substâncias dissolvidas presentes no interior das células. As células nesses meios *hiperosmóticos* perdem água e sofrem **plasmólise**, ou retração da célula. Nos microrganismos dotados de parede celular, a membrana celular ou plasmática separa-se da parede celular. Por outro lado, as células em água destilada apresentam uma pressão osmótica maior que a do seu meio; portanto, ganham água. Nas bactérias, a parede celular rígida impede que a célula sofra intumescimento e ruptura, porém as células se enchem de água e tornam-se *túrgidas* (distendidas).

As células bacterianas podem, em sua maioria, tolerar uma faixa bastante ampla de concentrações de substâncias dissolvidas. Suas membranas celulares contêm sistemas de transporte que regulam o movimento das substâncias dissolvidas através da membrana (ver Capítulo 6). Contudo, se as concentrações fora das células se tornarem muito altas, a perda de água pode inibir o crescimento ou até mesmo matar as células bacterianas.

O uso de sal como conservante na salga de presunto e toucinho e na preparação de picles baseia-se no fato de que altas concentrações de substâncias dissolvidas exercem uma pressão osmótica suficiente para matar ou inibir o crescimento microbiano. O uso de açúcar como conservante no preparo de geleias e doces baseia-se no mesmo princípio.

As bactérias denominadas **halófilas**, ou organismos que gostam de sal, necessitam de quantidades moderadas ou grandes de sal (cloreto de sódio). Seus sistemas de transporte através das membranas transportam ativamente íons sódio para fora das células e concentram íons potássio no seu interior. Foram propostas duas explicações possíveis sobre a razão pela qual as bactérias halófilas necessitam de sódio. Uma delas propõe que as células necessitam de sódio para manter uma alta concentração intracelular de potássio, de modo que suas enzimas possam funcionar. A outra explicação é a de que elas necessitam de sódio para manter a integridade de seus envoltórios celulares.

As halófilas são normalmente encontradas nos oceanos, onde a concentração de sal (3,5%) é ideal para o seu crescimento. As halófilas extremas necessitam de concentrações de sal de 20 a 30% (**Figura 7.16**). São encontradas em corpos de água excepcionalmente salgados, como o mar Morto, e algumas vezes até mesmo em tonéis de salmoura, onde causam deterioração dos picles que estão sendo preparados.

### Radiação

A energia radioativa, como os raios gama e a luz ultravioleta, podem causar mutações (alterações no DNA) e até mesmo matar os organismos. Entretanto, alguns microrganismos são dotados de pigmentos que filtram a radiação e ajudam a impedir qualquer dano ao DNA. Outros têm sistemas enzimáticos que são capazes de proceder ao reparo de certos tipos de dano ao DNA.

A bactéria *Deinococcus radiodurans* pode sobreviver a 10.000 Grays (Gy) de radiação. O Gy é a unidade de medida para a dose absorvida de radiação: 5 Gy irão matar um ser humano, enquanto 1.000 Gy irão esterilizar uma cultura de *E. coli*. As bactérias que conseguem suportar altos níveis de radiação podem ser valiosas para o seu uso na limpeza de sítios contaminados.

## Fatores nutricionais

O crescimento dos microrganismos é afetado por fatores nutricionais, bem como por fatores físicos. Os nutrientes necessários aos microrganismos incluem o carbono, o nitrogênio, o enxofre, o fósforo, determinados oligoelementos e vitaminas. Embora estejamos interessados nos modos pelos quais os microrganismos satisfazem suas próprias necessidades nutricionais, podemos observar que, ao suprir essas necessidades,

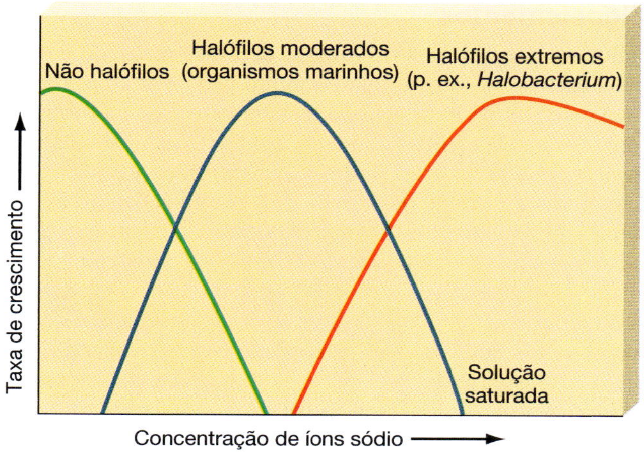


A

B

**Figura 7.16 Respostas ao sal. A.** As taxas de crescimento dos organismos halofílicos (que gostam de sal) e não halofílicos estão relacionadas com a concentração de íons sódio. **B.** O Grande Lago Salgado em Utah é um exemplo de ambiente onde crescem organismos halofílicos. Observe as áreas brancas de sal seco nas margens do lago. *(Eric Broder Van Dyker/Shutterstock.)*

## SAIBA MAIS

### Comedores exigentes

Espécies de *Spiroplasma* – minúsculas bactérias espiraladas que não possuem paredes celulares – estão entre os organismos nutricionalmente mais fastidiosos conhecidos. Recentemente, Kevin Hackett, um cientista do U.S. Department of Agriculture (USDA) desenvolveu uma fórmula exata de 80 ingredientes, incluindo lipídios, carboidratos, aminoácidos, sais, vitaminas, ácidos orgânicos e penicilina (para suprimir competidores potenciais), com capacidade de satisfazer as necessidades nutricionais dessas espécies. Em seu laboratório, ele utiliza esse meio nutritivo para manter mais de 30 espécies de espiroplasmas vivos e em boas condições, permitindo aos pesquisadores estudá-los fora das mais de 100 espécies de insetos, carrapatos e plantas nos quais normalmente habitam. Até então, era impossível manter a maioria das espécies de *Spiroplasma* vivas fora de seus hospedeiros.

Os espiroplasmas são responsáveis por centenas de doenças em plantações e em animais. Pesquisadores da área médica têm interesse particular por uma espécie que causa tumores experimentais em animais. Outra espécie mata abelhas produtoras de mel, e uma terceira vive sem causar prejuízo no besouro-da-batata-do-colorado, um inseto que danifica plantações de batatas, berinjelas e tomates. Os cientistas esperam modificar geneticamente esta última espécie, de modo que possa matar seu hospedeiro, o besouro-da-batata.

Os cientistas do USDA estão agora procurando formular meios complexos para o crescimento de organismos semelhantes aos micoplasmas, um grupo relacionado de bactérias que também não apresentam paredes celulares. Essas bactérias são responsáveis por centenas de doenças em plantações e por perdas econômicas de milhões de dólares a cada ano. São disseminadas de uma planta para outra por insetos infectados. Outro meio está sendo planejado para o crescimento da bactéria *Mycoplasma pneumoniae*, que é a causa de uma forma de "pneumonia atípica" em seres humanos.

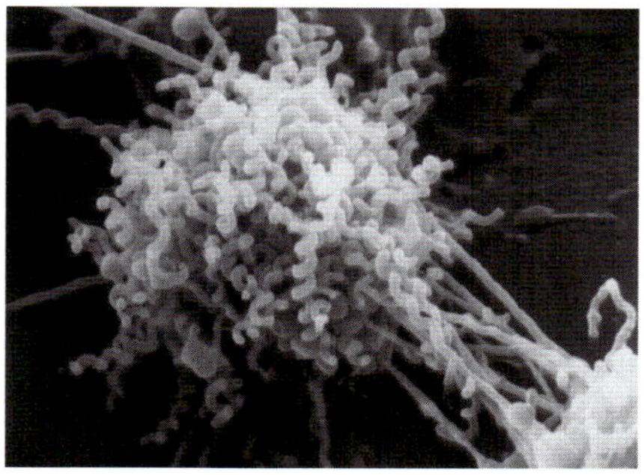

Espiroplasma (aumento de 9.301×). *(David M. Phillips/Science Source.)*

O cientista Kevin Hackett do USDA trabalhando com a sua "poção de bruxa" microbiana – uma mistura de cerca de 80 ingredientes que sustentará o crescimento de espiroplasmas nutricionalmente fastidiosos fora de seus hospedeiros. *(Cortesia de Agricultural Research Service, USDA.)*

eles também ajudam a reciclar elementos no ambiente. As atividades dos microrganismos nos ciclos do carbono, do nitrogênio, do enxofre e do fósforo são descritas no Capítulo 27. Alguns micróbios são **fastidiosos** – isto é, possuem necessidades nutricionais especiais, que podem ser difíceis de serem obtidas em laboratório. Alguns organismos fastidiosos, incluindo os que causam gonorreia, crescem muito bem no corpo humano, porém ainda não podem fazê-lo facilmente no laboratório em meios de cultivo.

## Fontes de carbono

A maioria das bactérias utiliza alguns compostos que contêm carbono como fonte de energia, e muitas delas usam compostos que contêm carbono como blocos de construção para a síntese dos componentes celulares. Os organismos fotoautotróficos reduzem o dióxido de carbono em glicose e outras moléculas orgânicas. Os organismos tanto autotróficos quanto heterotróficos podem obter energia a partir da glicose por meio da glicólise, da fermentação ou do ciclo de Krebs. Eles também sintetizam alguns componentes celulares a partir de intermediários dessas vias.

## Fontes de nitrogênio

Todos os organismos, inclusive os microrganismos, necessitam de nitrogênio para sintetizar enzimas, outras proteínas e ácidos nucleicos. Alguns microrganismos obtêm nitrogênio a partir de fontes inorgânicas, e um pequeno número até obtém energia pelo metabolismo de substâncias inorgânicas contendo nitrogênio. Muitos microrganismos reduzem íons nitrato ($NO_3^-$) em grupos amino ($NH_2$) e utilizam esses grupos amino para produzir aminoácidos. Alguns são capazes de sintetizar todos os 20 aminoácidos encontrados nas proteínas, enquanto, para outros, é necessário que um ou alguns aminoácidos sejam obtidos de seu meio ambiente. Determinados organismos fastidiosos necessitam de todos os 20 aminoácidos e outros blocos de construção existentes em seus meios. Muitos organismos causadores de doenças obtêm aminoácidos para produzir proteínas e outras moléculas nitrogenadas a partir de células humanas e de outros organismos que eles invadem.

Uma vez sintetizados os aminoácidos ou obtidos do meio, eles então podem ser usados na síntese de proteínas. De modo semelhante, as purinas e as pirimidinas podem ser utilizadas na produção de DNA e de RNA. Os processos pelos quais as proteínas e os ácidos nucleicos são sintetizados estão diretamente relacionados com a informação genética contida em uma célula. Assim, a síntese de proteínas e de ácidos nucleicos será discutida nos Capítulos 8 e 9.

## Enxofre e fósforo

Além do carbono e do nitrogênio, os microrganismos necessitam de um suprimento de certos minerais, particularmente enxofre e fósforo, que constituem componentes importantes das células. Os microrganismos obtêm enxofre a partir de sais de sulfato inorgânicos e de aminoácidos contendo enxofre. Eles utilizam o enxofre e aminoácidos contendo enxofre para sintetizar proteínas, coenzimas e outros componentes celulares. Alguns organismos podem sintetizar aminoácidos contendo enxofre a partir do enxofre inorgânico e de outros aminoácidos. Os microrganismos obtêm fósforo principalmente a partir de íons fosfato inorgânico ($PO_4^{3-}$). Eles utilizam o fósforo (na forma de fosfato) para sintetizar ATP, fosfolipídios e ácidos nucleicos.

## Oligoelementos

Muitos microrganismos necessitam de uma variedade de **oligoelementos**, isto é, quantidades muito pequenas de minerais, como cobre, ferro, zinco e cobalto, habitualmente na forma de íons. Os oligoelementos frequentemente servem de cofatores nas reações enzimáticas. Todos os organismos exigem certa quantidade de sódio e de cloreto, e os halófilos necessitam de grandes quantidades desses íons. O potássio, o zinco, o magnésio e o manganês são utilizados na ativação de certas enzimas. O cobalto é necessário para os organismos que têm a capacidade de sintetizar vitamina $B_{12}$. O ferro é necessário para a síntese de compostos que contêm heme (como os citocromos do sistema de transporte de elétrons) e para determinadas enzimas. Embora seja necessária uma quantidade pequena de ferro, a ocorrência de uma escassez retarda acentuadamente o crescimento. O cálcio é necessário para as bactérias gram-positivas na síntese das paredes celulares, bem como para os organismos formadores de esporos para a síntese de seus esporos.

## Vitaminas

Uma **vitamina** é uma substância orgânica que um organismo necessita em pequenas quantidades e que normalmente é utilizada como coenzima. Muitos microrganismos sintetizam as suas próprias vitaminas a partir de substâncias mais simples. Outros microrganismos exigem a presença de diversas vitaminas em seu meio, porque não têm as enzimas necessárias para sintetizá-las. As vitaminas exigidas por alguns microrganismos incluem o ácido fólico, a vitamina $B_{12}$ e a vitamina K. Com frequência, patógenos humanos necessitam de uma variedade de vitaminas e, portanto, são capazes de crescer adequadamente apenas quando conseguem obter essas substâncias do hospedeiro. O crescimento desses organismos no laboratório exige um meio complexo que contenha todos os nutrientes que eles normalmente obtêm dos hospedeiros. Os micróbios que vivem no intestino humano produzem vitamina K, que é necessária para a coagulação sanguínea, e algumas das vitaminas B, beneficiando, assim, o hospedeiro.

## Complexidade nutricional

A **complexidade nutricional** de um organismo – número de nutrientes que ele precisa obter para crescer – é determinada pelo tipo e pelo número de suas enzimas. A ausência de uma única enzima pode tornar o organismo incapaz de sintetizar uma substância específica. Desse modo, o organismo precisa obter de seu meio a substância na forma de nutriente. Os microrganismos variam quanto ao número de enzimas que têm. Os microrganismos que apresentam muitas enzimas têm necessidades nutricionais simples, pois são capazes de sintetizar quase todas as substâncias de que precisam. Aqueles com menor número de enzimas possuem necessidades nutricionais complexas, porque não têm capacidade de sintetizar muitas das substâncias necessárias para o seu crescimento. Dessa maneira, a complexidade nutricional reflete uma deficiência de enzimas de biossíntese.

## Localização das enzimas

A maioria dos microrganismos movimenta uma variedade de pequenas moléculas através de suas membranas celulares ou plasmáticas e as metaboliza. Essas substâncias incluem glicose, aminoácidos, pequenos peptídios, nucleosídios e fosfatos, bem como vários íons inorgânicos. Além das endoenzimas que são produzidas para uso dentro da célula (ver Capítulo 6), muitas bactérias (e fungos) produzem **exoenzimas** e as liberam através da membrana celular ou plasmática. Essas enzimas incluem **enzimas extracelulares**, que habitualmente são produzidas por bastonetes gram-positivos, que atuam no meio existente ao redor do organismo, e as **enzimas periplasmáticas**, habitualmente produzidas por organismos gram-negativos, que atuam no espaço periplasmático. As exoenzimas são, em sua maioria, hidrolases; adicionam água à medida que clivam grandes moléculas de carboidratos, lipídios ou proteínas em moléculas menores que podem ser absorvidas (**Tabela 7.2**). Embora os microrganismos sejam incapazes de transportar grandes moléculas através das membranas, na natureza eles utilizam essas grandes moléculas provindas de outros organismos, digerindo-as com exoenzimas antes de absorvê-las.

**Tabela 7.2** Exemplos de exoenzimas.

| Enzima | Ação |
|---|---|
| **Enzimas que atuam sobre carboidratos complexos** | |
| Carboidrases | Decompõem grandes moléculas de carboidratos em moléculas menores |
| Amilase | Decompõe o amido em maltose |
| Celulase | Decompõe a celulose em celobiose |
| **Enzimas que atuam em açúcares** | |
| Sacarase | Decompõe a sacarose em glicose e frutose |
| Lactase | Decompõe a lactose em glicose e galactose |
| Maltase | Decompõe a maltose em duas moléculas de glicose |
| **Enzimas que atuam em lipídios** | |
| Lipase | Decompõe as gorduras em glicerol e ácidos graxos |
| **Enzimas que atuam em proteínas** | |
| Proteases | Decompõem proteínas em peptídios e aminoácidos |
| Caseinase | Decompõe a proteína do leite em aminoácidos e peptídios |
| Gelatinase | Decompõe a gelatina em aminoácidos e peptídios |

## Adaptação a nutrientes em quantidades limitadas

Os microrganismos adaptam-se a quantidades limitadas de nutrientes de diversas maneiras:

1. Alguns sintetizam quantidades maiores de enzimas para a captação e o metabolismo de nutrientes em quantidades limitadas. Isso permite aos organismos obter e utilizar uma proporção maior das poucas moléculas de nutrientes disponíveis
2. Outros possuem a capacidade de sintetizar enzimas necessárias para utilizar um nutriente diferente. Por exemplo, se houver uma escassez no suprimento de glicose, alguns microrganismos podem produzir enzimas para captar e utilizar um nutriente mais abundante, como a lactose
3. Muitos organismos ajustam a taxa de metabolismo dos nutrientes e a velocidade com que sintetizam as moléculas necessárias para o crescimento, a fim de se ajustar à disponibilidade dos nutrientes presentes em quantidades menos abundantes. Tanto o metabolismo quanto o crescimento tornam-se mais lentos, porém não há perda de nenhuma energia na síntese de produtos que não podem ser utilizados. O crescimento será tão rápido quanto as condições do meio permitirem.

## Interações bacterianas que afetam o crescimento

Você acredita que as bactérias constituídas por uma única célula, que não apresentam sistema nervoso, capacidade de falar, audição, visão e assim por diante, poderiam se comunicar umas com as outras? Na verdade, por que elas deveriam estabelecer uma comunicação? A maioria dos microbiologistas era da opinião que isso não era possível até 1994, quando foi criado o termo ***quorum sensing*** (percepção de quórum) para explicar alguns aspectos adaptativos peculiares da bioluminescência bacteriana (ver Capítulo 6). Uma bactéria sozinha é incapaz de produzir luz suficiente para atrair a atenção – são necessárias muitas bactérias juntas para que isso ocorra. A produção de uma quantidade ineficaz de luz significa gastar energia e nutrientes, porém algumas bactérias encontraram uma melhor maneira de se adaptar. Elas têm a capacidade de produzir moléculas **indutoras**, as quais, por sua vez, irão ativar genes de bioluminescência, porém apenas quando os indutores estiverem presentes em uma concentração suficientemente alta. A palavra latina *quorum* refere-se à presença de um número suficiente de membros para realizar alguma tarefa. As culturas não produzirão luz até que haja presença de um quórum.

A percepção de um quórum também pode levar à produção de moléculas, como toxinas, enzimas digestivas e filamentos de moléculas adesivas. Os **biofilmes** representam um dos resultados mais importantes do sistema de *quorum sensing*. Na natureza, os micróbios ocorrem, em sua maioria, em biofilmes formados por muitas espécies diferentes – por exemplo, o biofilme dental que produz cáries, a camada limosa sob rochas em um córrego, depósitos no interior e fora de cateteres e outros dispositivos médicos que se encontram no interior de pacientes, até mesmo a sujeira em sua cortina de banheiro, os anéis de sujeira no vaso sanitário e a parte interna dos encanamentos. Muitas doenças, como a tuberculose, a pneumonia por *Pseudomonas aeruginosa* em pacientes portadores de fibrose cística e a cicatrização deficiente de feridas, como úlceras de pé diabético, são todos exemplos de biofilmes. A formação dos biofilmes (**Figura 7.17A**) começa com alguns microrganismos flutuantes que se depositam e aderem a uma superfície, onde liberam algumas moléculas de indutor. À medida que aumenta a concentração de células para formar um quórum, a concentração de moléculas indutoras aumenta, causando a sua entrada nas células bacterianas e a ativação de genes específicos, resultando em uma resposta adaptativa, como bioluminescência ou produção de toxina. Todo o biofilme fica envolto em uma matriz de proteínas, DNA e açúcares.

O biofilme atua como um tipo de "superorganismo" em que diferentes células respondem de maneira diferente em seu interior. Algumas células irão obter mais oxigênio, nutrientes ou proteção contra substâncias químicas. Durante muito tempo,

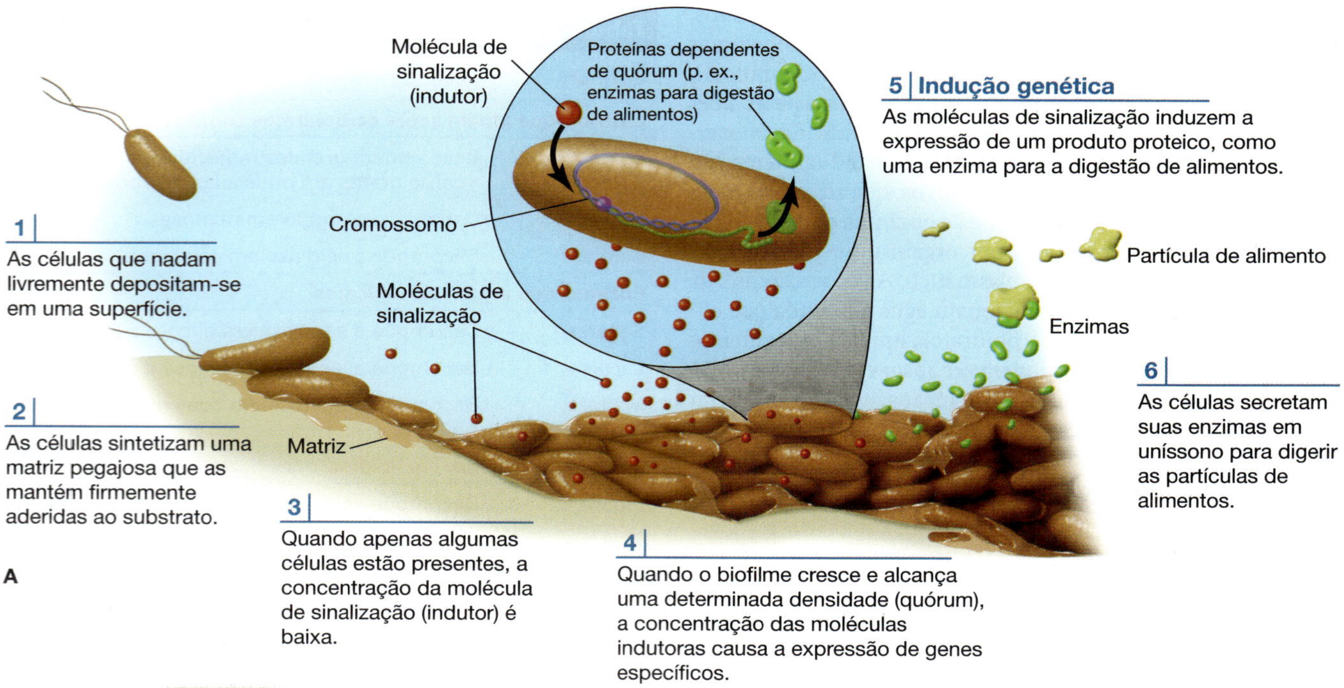

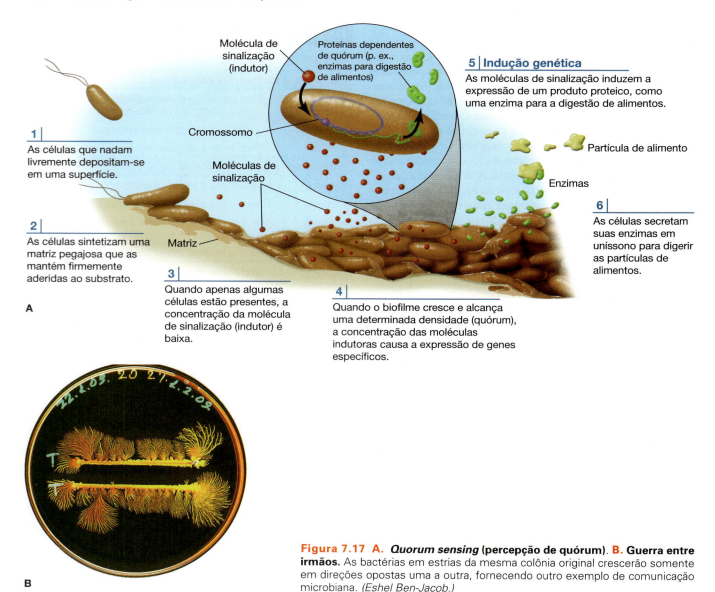

**Figura 7.17 A. *Quorum sensing* (percepção de quórum). B. Guerra entre irmãos.** As bactérias em estrias da mesma colônia original crescerão somente em direções opostas uma a outra, fornecendo outro exemplo de comunicação microbiana. *(Eshel Ben-Jacob.)*

acreditou-se que as células no fundo de um biofilme poderiam não ser alcançadas por antibióticos, explicando assim a dificuldade de se livrar de infecções por biofilmes. Entretanto, os pesquisadores, utilizando membranas especiais como superfície para o crescimento de um biofilme, foram capazes de aplicar antibióticos diretamente nas camadas de células existentes no fundo do biofilme. Os antibióticos são ineficazes. De algum modo, o metabolismo das células no interior de um biofilme está modificado. O que funciona muito bem no tratamento de infecções por biofilmes é a terapia com bacteriófagos. Esses vírus alimentam-se de bactérias e continuam se alimentando através de um biofilme até não haver mais nenhuma bactéria (ver Figura 11.9, que apresenta fotografias de uma úlcera de pé diabético antes e depois do tratamento).

O que mais ocorre dentro de um biofilme? As células adjacentes, frequentemente de espécies diferentes, trocam genes por meio de transformação, transdução e conjugação, ou seja, formas de transferência lateral de genes que discutiremos no Capítulo 9. As plantas podem detectar moléculas indutoras de *quorum sensing* bacterianas em concentrações menores do que as bactérias. Imediatamente, as plantas podem produzir moléculas semelhantes que simulam as moléculas bacterianas e, dessa maneira, confundem o *quorum sensing*, impedindo que as bactérias sintetizem produtos prejudiciais.

Outra forma de comportamento adaptativo das bactérias que afeta o crescimento envolve a produção de substâncias químicas letais para impedir que colônias competidoras tenham acesso aos recursos. A Figura 7.17B mostra uma "terra de ninguém" vazia entre duas estrias da mesma espécie de bactérias – provindas de uma mesma colônia original, apelidada "guerra de irmãos". Essas bactérias só crescerão em direções opostas a outra. A comunicação microbiana, agora denominada "sociomicrobiologia", é um novo campo que está apenas começando a nos revelar muitos de seus segredos.

A forma das colônias, um tipo de biofilme, pode ser afetada pela força de sua matriz extracelular. Uma matriz muito forte pode causar morte de algumas células, devido à compressão. As células mortas curvam-se para cima e dobram-se dentro da área curvada, produzindo uma ruga, que é observada em alguns tipos de colônias (Figura 7.18). A ruga é benéfica

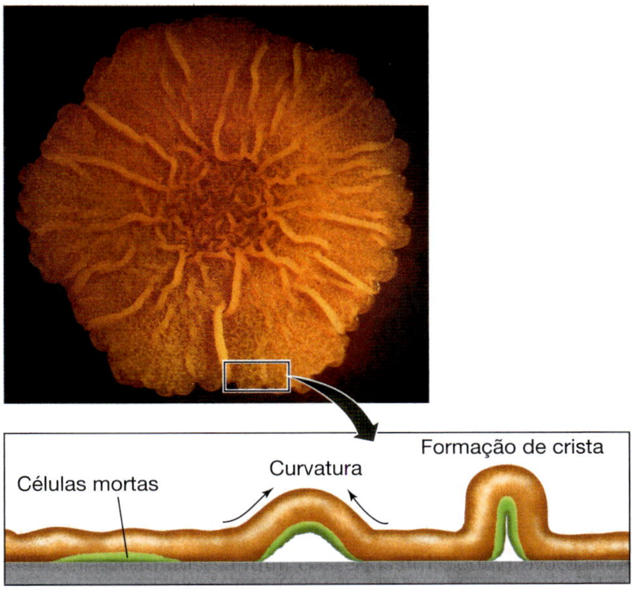


**Figura 7.18 Origem das rugas nas colônias.** Com o passar do tempo, a matriz extracelular dos biofilmes restringe o movimento das células em seu interior, cansando-lhes a morte (áreas verdes). Isso as força a se curvar para cima e dobrar formando áreas sob as rugas observadas em algumas colônias. As rugas impedem a penetração de água, gases e antibióticos na colônia. *(Munehiro Asally/Süel Lab.)*

para a colônia, visto que impede a penetração de água e de gases, ajudando assim a colônia a escapar dos antibióticos.

As bactérias têm mais sentidos do que pensávamos anteriormente. Elas são dotadas de um "sentido de olfato", ou seja, são capazes de detectar de algum modo substâncias químicas transportadas pelo ar (p. ex., amônia) que indicam a proximidade de bactérias rivais. Elas respondem a esses odores por meio da formação de um biofilme com seu limo associado. Nos barcos, isso é conhecido como "bioincrustação" e também pode ocorrer em implantes ou dispositivos médicos. Interferir no "olfato" das bactérias pode ser uma maneira de controlar esses mecanismos.

**PARE e RESPONDA**

1. O que significa o sufixo *–filo*? Diferencie os termos *obrigatório* e *facultativo*.
2. Que enzimas estão ausentes na maioria dos anaeróbios obrigatórios? Como essa falta leva à sua morte na presença de oxigênio?
3. Os microrganismos fastidiosos apresentam maior ou menor número de tipos de enzimas do que os microrganismos com necessidades nutricionais mais simples? Por quê?

## ESPORULAÇÃO

A **esporulação** – formação de endósporos – ocorre nos gêneros *Bacillus*, *Clostridium* e em alguns outros gêneros de bactérias gram-positivas, porém foi estudada mais profundamente em *B. subtilis* e em *B. megaterium*. Não confunda os endósporos bacterianos, em que apenas um deles se forma dentro da célula bacteriana, com os esporos dos fungos. Os esporos dos fungos são produzidos em grandes quantidades e constituem uma forma de reprodução (ver Capítulo 12). As bactérias que formam endósporos geralmente o fazem durante a fase estacionária, em resposta a sinais ambientais, metabólicos e do ciclo celular.

Quando nutrientes como o carbono ou o nitrogênio passam a ser um fator limitante, ocorre formação de endósporos altamente resistentes dentro das células-mãe. (Com pouca frequência, algumas bactérias formam endósporos mesmo quando há nutrientes disponíveis.) Embora os endósporos não sejam metabolicamente ativos, eles podem sobreviver por longos períodos de seca e são resistentes à destruição por temperaturas extremas, radiação e algumas substâncias químicas tóxicas. Alguns endósporos podem suportar temperaturas muito mais altas do que as células vegetativas. O endósporo em si não pode se dividir, e a célula-mãe pode produzir apenas um endósporo, de modo que a esporulação é um mecanismo de proteção ou sobrevivência, e não uma forma de reprodução.

Quando começa a formação de um endósporo, o DNA é replicado e forma um longo *nucleoide axial* compacto (**Figura 7.19**). Os dois cromossomos formados por replicação separam-se e movem-se para diferentes locais na célula. Em algumas bactérias, o endósporo forma-se próximo ao centro da célula, ao passo que, em outras bactérias, forma-se em uma das extremidades (**Figura 7.20**). O DNA onde o endósporo irá se formar dirige a sua formação. A maior parte do RNA da célula e algumas moléculas de proteínas citoplasmáticas reúnem-se ao redor do DNA para formar o **cerne**, ou parte viva do endósporo. O cerne contém **ácido dipicolínico** e íons cálcio, que provavelmente contribuem para a resistência do endósporo ao calor, estabilizando a estrutura das proteínas. O **septo do endósporo**, que é constituído pela membrana celular mas não apresenta parede celular, cresce ao redor do cerne, envolvendo-o em uma dupla camada de membrana celular (ver Figura 7.19). Ambas as camadas dessa membrana sintetizam peptidoglicanos, que são liberados no espaço existente entre as duas membranas. Assim, forma-se uma camada laminada, denominada **córtex**. O córtex protege o cerne contra mudanças da pressão osmótica, como as que resultam do ressecamento. Uma **capa do esporo** de proteína semelhante à queratina, que é impermeável a muitas substâncias químicas, é depositada ao redor do córtex pela célula-mãe. Por fim, em alguns endósporos, a célula-mãe produz um **exósporo**, uma membrana lipoproteica formada fora da capa. A função do exósporo não é conhecida. Em condições laboratoriais, a esporulação leva cerca de 7 horas.

Quando as condições favoráveis retornam, o endósporo transforma-se em uma célula vegetativa, sem as propriedades de resistência do endósporo. A **germinação**, processo pelo qual o esporo retorna a seu estado vegetativo, ocorre em três estágios. O primeiro estágio, denominado *ativação*, geralmente exige algum agente traumático, como pH baixo ou calor, que danifique a capa do endósporo. Sem esse dano, alguns endósporos germinam lentamente ou não germinam. O segundo estágio, a *germinação propriamente dita*, necessita de água e de um agente de germinação (como o aminoácido alanina ou certos íons inorgânicos) que penetre

Os endósporos aprisionados em âmbar por 25 milhões de anos germinam quando colocados em meios nutrientes.

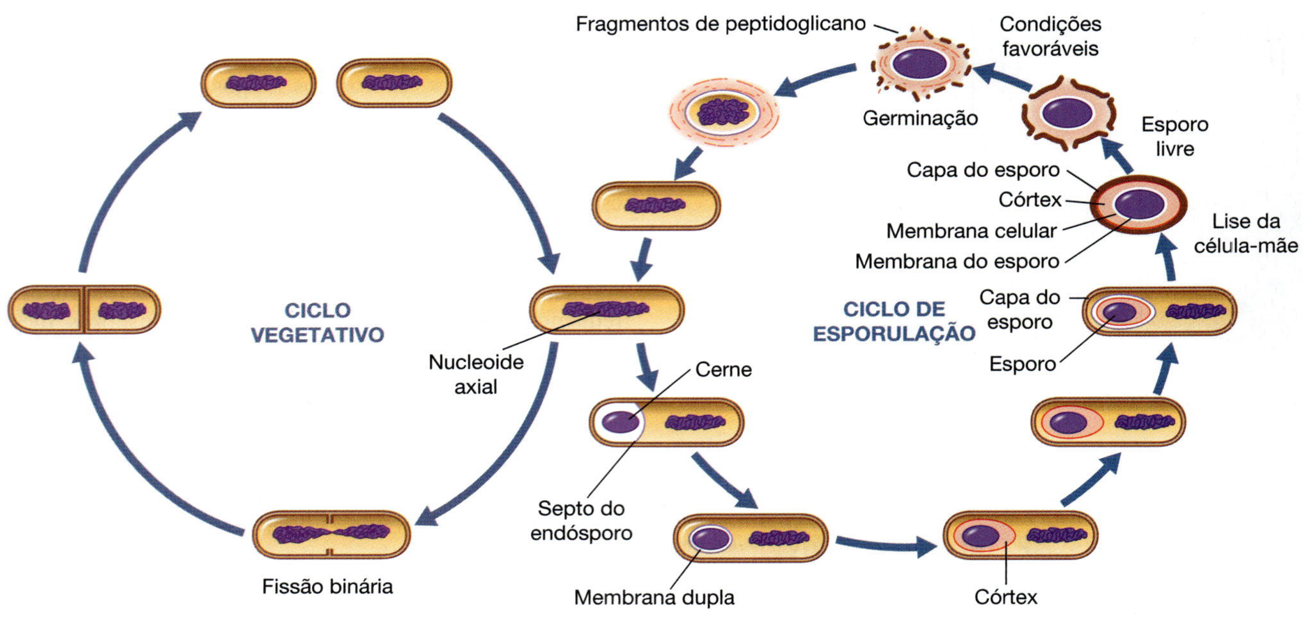




**Figura 7.19 Ciclos vegetativo e de esporulação em bactérias com capacidade de esporulação.**

na capa danificada. Durante esse processo, grande parte do peptidoglicano do córtex é degradado, e seus fragmentos são liberados no meio. A célula viva (que ocupou o cerne) capta agora grandes quantidades de água e perde a sua resistência ao calor e coloração, bem como a sua *refringência* (capacidade de desviar os raios luminosos). Por fim, ocorre *crescimento* em um meio contendo nutrientes adequados. As proteínas e o RNA são sintetizados, e em cerca de 1 hora começa a síntese do DNA. A célula agora é uma célula vegetativa que sofre fissão binária.

Desse modo, as células bacterianas capazes de sofrer esporulação exibem dois ciclos – o *ciclo vegetativo* e o *ciclo de esporulação* (ver Figura 7.17). O ciclo vegetativo se repete a intervalos de 20 minutos ou mais, enquanto o ciclo de esporulação é iniciado periodicamente. Foram observados endósporos com 300 anos ou mais que sofreram germinação quando colocados em um meio favorável. Eles representam uma forma muito boa de garantia contra a extinção da espécie.

Um parente incomum de *Epulopiscium fishelsoni* é *Metabacterium polyspora*, uma bactéria encontrada no sistema digestório de cobaias. Ambas as espécies estão relacionadas com *Clostridium* formador de esporos. *M. polyspora* produz múltiplos endósporos em cada extremidade de sua célula por divisões dos endósporos no início de seu desenvolvimento. Isso representa uma exceção à regra de que a formação de endósporos não constitui uma forma de reprodução nas bactérias.

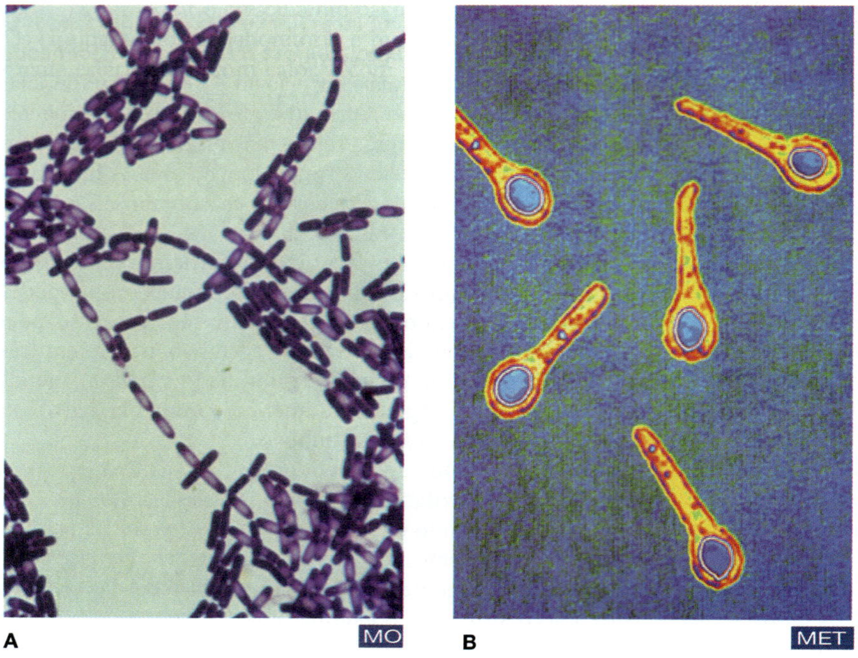


**Figura 7.20 Endósporos bacterianos em duas espécies de *Clostridium*. A.** Células com endósporos de localização central (1.214×). *(John Durham/Science Source.)* **B.** Células com endósporos localizados na extremidade, que conferem aos organismos uma aparência em forma de clava (17.976×). *(Alfred Pasieka/Science Photo Library/Science Source.)*

## Outras estruturas bacterianas semelhantes a esporos

Determinadas bactérias, como *Azotobacter*, formam **cistos** resistentes, isto é, células esféricas de paredes espessas que se assemelham aos endósporos. À semelhança destes últimos, os cistos são metabolicamente inativos e resistem ao ressecamento. Entretanto, diferentemente dos endósporos, eles não apresentam ácido dipicolínico e só exibem resistência limitada às altas temperaturas. Os cistos germinam dando origem a uma única célula e, portanto, não representam um meio de reprodução.

Algumas bactérias filamentosas, como *Micromonospora* e *Streptomyces*, formam **conídios** por reprodução assexuada, que consistem em cadeias de esporos aéreos com paredes externas espessas. Esses esporos são temporariamente dormentes, porém não apresentam resistência particular ao calor ou ao ressecamento. Quando os esporos, que são produzidos em grandes quantidades, são dispersados em um meio apropriado, eles formam novos filamentos. Diferentemente dos endósporos, esses esporos contribuem para a reprodução das espécies.

# CULTURA DE BACTÉRIAS

## Métodos de obtenção de culturas puras

Conquanto agora possa parecer simples, a técnica de isolamento de culturas puras foi difícil de desenvolver. Tentativas de isolar células por diluição seriada eram, com frequência, malsucedidas, porque dois ou mais organismos de diferentes espécies estavam frequentemente presentes nas diluições mais altas. A técnica de Koch de espalhar bactérias em uma fina camada sobre uma superfície sólida foi mais efetiva, visto que depositava uma única bactéria em alguns locais. Ele tentou várias substâncias sólidas diferentes e estabeleceu o ágar como o agente solidificante ideal. Apenas um número muito pequeno de organismos o digere, e, em solução de 1,5%, ele não se funde a uma temperatura abaixo de 95°C. Além disso, depois de fundido, o ágar permanece no estado líquido até esfriar a cerca de 40°C, uma temperatura suficientemente baixa para permitir a adição de nutrientes e de organismos vivos que poderiam ser destruídos pelo calor.

### Método de esgotamento

Hoje em dia, o **método de esgotamento**, que utiliza placas de ágar, constitui a maneira aceita de preparar culturas puras. As bactérias são coletadas em uma alça metálica estéril, que é movida levemente ao longo da superfície do ágar, depositando as bactérias em estrias na superfície. A alça de inoculação é flambada, e algumas bactérias são retiradas da região já depositada e espalhadas em uma nova região, como mostra a Figura 7.21. Um número cada vez menor de bactérias é depositado à medida que continua o espalhamento, e a alça é flambada depois de cada estriamento. Os organismos individuais são depositados na última região estriada. Após a incubação da placa a uma temperatura de crescimento apropriada para o organismo, aparecem pequenas colônias – cada uma derivada de uma única célula bacteriana. A alça metálica é utilizada para retirar uma porção de uma colônia isolada e transferi-la para qualquer meio estéril apropriado para estudo posterior. O uso de uma técnica estéril (asséptica) assegura que o novo meio só irá conter organismos de uma única espécie.

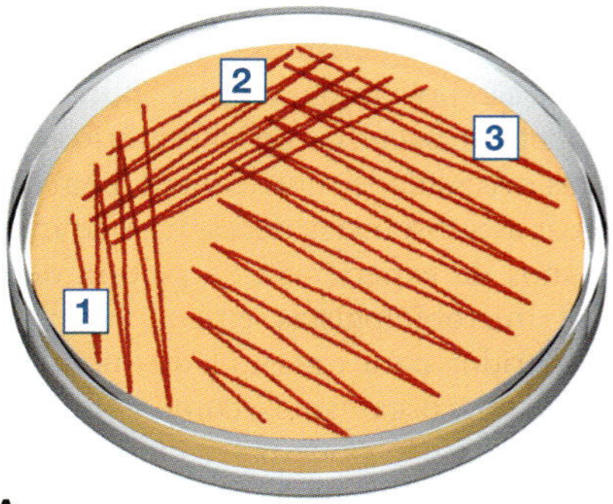


A

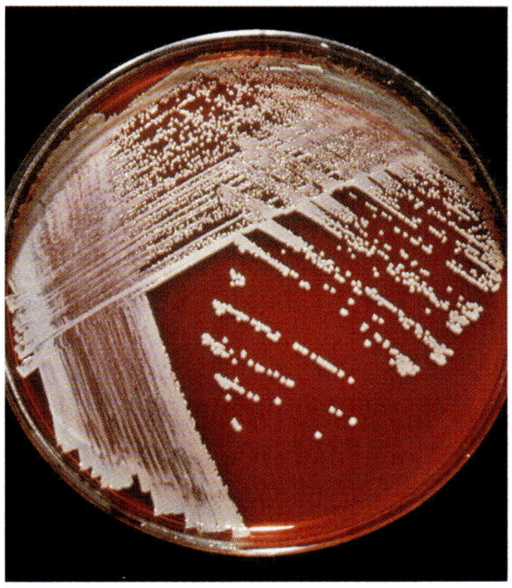

B

**Figura 7.21 Método de esgotamento para a obtenção de culturas puras.** **A.** Uma gota de cultura em uma alça metálica de inoculação é levemente estriada na parte superior do ágar na região 1. A alça é flambada, a placa é girada, e alguns organismos são retirados da região 1 e estriados da região 2. A alça é novamente flambada, e o mesmo processo é repetido na região 3. Em seguida, a placa é incubada. **B.** Placa de *Serratia marcescens* após semeadura por esgotamento e incubação. Observe o número acentuadamente reduzido de colônias em cada região sucessiva. *(Biophoto Associates/Science Source.)*

### Método *pour plate*

Outra maneira de obter culturas puras, o **método *pour plate***, utiliza diluições em série (ver Figura 7.7A). São efetuadas diluições seriadas, de modo que a diluição final contenha cerca de 1.000 organismos. Em seguida, coloca-se 1 mℓ do meio líquido da diluição final em 9 mℓ de ágar fundido (45°C), e o meio é rapidamente vertido em uma placa estéril. A placa resultante irá conter um pequeno número de bactérias, algumas das quais formarão colônias isoladas no ágar. Como esse método introduz alguns organismos no meio, ele é particularmente útil para o crescimento de microaerófilos que não podem tolerar a exposição ao oxigênio do ar presente na superfície do meio.

## Meios de cultura

Na natureza, muitas espécies de bactérias e outros microrganismos são encontrados crescendo juntos em oceanos, lagos e solo, bem como na matéria orgânica viva ou morta. Esses meios podem ser considerados como *meios de cultura naturais*.

Embora amostras do solo e da água sejam frequentemente trazidas ao laboratório, os organismos existentes neles são normalmente isolados, e são preparadas culturas puras para estudo.

O crescimento de bactérias no laboratório exige um conhecimento de suas necessidades nutricionais, bem como a capacidade de fornecer as substâncias necessárias ao meio de cultura. Ao longo de anos de experiência na cultura de bactérias em laboratório, os microbiologistas entenderam que nutrientes precisam ser supridos para cada um dos numerosos organismos diferentes. Certos organismos, como os que causam a sífilis e a hanseníase, ainda não podem ser cultivados em meios de laboratório. Precisam crescer em culturas contendo células vivas humanas ou de outros animais. Muitos outros organismos, cujas necessidades nutricionais são razoavelmente bem conhecidas, podem crescer em um ou mais tipos de meios.

## Tipos de meios

Os meios de laboratório são, em geral, meios sintéticos, em oposição aos meios naturais anteriormente mencionados. Um **meio sintético** é um meio preparado no laboratório a partir de materiais de composição precisa ou razoavelmente bem definida. Um **meio sintético definido** é um meio que contém tipos e quantidades específicas conhecidas de substâncias químicas. As Tabelas 7.3 e 7.4 reúnem exemplos de meios sintéticos definidos. Um **meio complexo**, ou **meio quimicamente não definido**, é um meio que contém materiais razoavelmente conhecidos, mas que varia ligeiramente na sua composição química de um lote para outro. Esses meios contêm sangue ou extratos de carne de vaca, levedura, soja e outros organismos. A **peptona**, um produto da digestão enzimática das proteínas, é um ingrediente comum. Além disso, fornece pequenos peptídios que podem ser utilizados pelos microrganismos. Embora as concentrações exatas não sejam conhecidas, os oligoelementos e as vitaminas devem estar presentes em quantidades suficientes nos meios complexos para sustentar o crescimento de muitos organismos. Tanto o caldo nutriente líquido quanto o meio de ágar solidificado usados para a cultura de muitos organismos constituem meios complexos. A Tabela 7.5 apresenta um exemplo de um meio complexo.

## Meios comumente utilizados

As culturas de rotina nos laboratórios utilizam, em sua maioria, meios contendo peptona de carne de vaca ou de peixe em caldo nutriente ou meio de ágar sólido. Esses meios são algumas vezes enriquecidos com **extrato de levedura**, que contém diversas vitaminas, coenzimas e nucleosídios. O **hidrolisado**

**Tabela 7.3** Meio sintético definido para o cultivo de *Proteus vulgaris*.

| Ingrediente | Quantidade | Ingrediente | Quantidade |
|---|---|---|---|
| Água | 1 ℓ | $K_2HPO_4$ | 1 g |
| $MgSO_4 \cdot 7H_2O$ | 200 mg | $FeSO_4 \cdot 7H_2O$ | 10 mg |
| $CaCl_2$ | 10 mg | Glicose | 5 g |
| $NH_4Cl$ | 1 g | Ácido nicotínico | 0,1 mg |
| Oligoelementos (Mn, Mo, Cu, Co, Zn como sais inorgânicos, quantidades conhecidas de 0,02 a 0,5 mg de cada um) | | | |

*Fonte:* Adaptada de *The Microbial World*, 5th ed. by Roger Y. Stanier *et al.* Copyright © 1986 by Prentice-Hall. Reimpressa, com autorização, de Pearson Education, Inc.

**Tabela 7.4** Meio sintético definido para o cultivo da bactéria fastidiosa *Leuconostoc mesenteroides*.

| Ingrediente | Quantidade | Ingrediente | Quantidade |
|---|---|---|---|
| Água | 1 ℓ | | |
| **Fonte de energia** | | | |
| Glicose | 25 g | | |
| **Fonte de nitrogênio** | | | |
| $NH_4Cl$ | 3 g | | |
| **Minerais** | | | |
| $KH_2PO_4$ | 600 mg | $FeSO_4 \cdot 7H_2O$ | 10 mg |
| $K_2HPO_4$ | 600 mg | $MnSO_4 \cdot 4H_2O$ | 20 mg |
| $MgSO_4 \cdot 7H_2O$ | 200 mg | NaCl | 10 mg |
| **Ácido orgânico** | | | |
| Acetato de sódio | 20 g | | |
| **Aminoácidos** | | | |
| DL-α-alanina | 200 mg | L-lisina · HCl | 250 mg |
| L-arginina | 242 mg | DL-metionina | 100 mg |
| L-asparagina | 400 mg | DL-fenilalanina | 100 mg |
| Ácido L-aspártico | 100 mg | L-prolina | 100 mg |
| L-cisteína | 50 mg | DL-serina | 50 mg |
| Ácido L-glutâmico | 300 mg | DL-treonina | 200 mg |
| Glicina | 100 mg | DL-triptofano | 40 mg |
| L-histidina · HCl | 62 mg | L-tirosina | 100 mg |
| DL-isoleucina | 250 mg | DL-valina | 250 mg |
| DL-leucina | 250 mg | | |
| **Purinas e pirimidinas** | | | |
| Sulfato de adenina · $H_2O$ | 10 mg | Uracila | 10 mg |
| Guanina · HCl · $2H_2O$ | 10 mg | Xantina · HCl | 10 mg |
| **Vitaminas** | | | |
| Tiamina · HCl | 0,5 mg | Riboflavina | 0,5 mg |
| Piridoxina · HCl | 1,0 mg | Ácido nicotínico | 1,0 mg |
| Piridoxamina · HCl | 0,3 mg | Ácido p-amino-benzoico | 0,1 mg |
| Piridoxal · HCl | 0,3 mg | Biotina | 0,001 mg |
| Pantotenato de cálcio | 0,01 mg | Ácido fólico | 0,01 mg |

*Fonte:* H. E. Sauberlich and C. A. Baumann. "A factor required for the growth of *Leuconostoc citrovorum*." *J. Biol. Chem.* 176(1948):166.

**Tabela 7.5** Meio complexo apropriado para muitos organismos heterotróficos.

| Ingredientes do caldo nutriente | Quantidade |
|---|---|
| Água | 1 ℓ |
| Peptona | 5 g |
| Extrato de carne de vaca | 3 g |
| NaCl | 8 g |
| Meio solidificado | |
| Ágar | 15 g |
| Ingredientes acima nas quantidades especificadas | |

O "ágar chocolate" parece ser delicioso, mas, na verdade, não contém chocolate. A cor provém do sangue cozido! É utilizado para a cultura de organismos fastidiosos.

**de caseína**, obtido da proteína do leite, contém muitos aminoácidos e é utilizado para enriquecer determinados meios. Como o sangue contém muitos nutrientes necessários para os patógenos fastidiosos, o **soro** (a parte líquida do sangue após a retirada dos fatores de coagulação), o sangue total e o sangue total aquecido podem ser úteis no enriquecimento de meios de cultura. O **ágar-sangue** é útil na identificação de organismos que podem causar hemólise ou degradação dos eritrócitos. O sangue de carneiro é utilizado pelo fato de a sua hemólise ser mais claramente definida do que quando se utiliza sangue humano no meio ágar.

## Meios seletivos, diferenciais e de enriquecimento

Para o isolamento e a identificação de microrganismos específicos, particularmente os de pacientes com doenças infecciosas, são utilizados com frequência *meios seletivos*, *diferenciais* ou de *enriquecimento*. Esses meios especiais constituem uma parte essencial da moderna microbiologia diagnóstica. A **Tabela 7.6** oferece exemplos de meios diagnósticos especiais.

Um **meio seletivo** é aquele que favorece o crescimento de alguns organismos, mas suprime o crescimento de outros. Por exemplo, para identificar *Clostridium botulinum* em amostras de alimento com suspeita de serem agentes de envenenamento alimentar, os antibióticos sulfadiazina e sulfato de polimixina (SPS) são acrescentados a culturas anaeróbicas da espécie de *Clostridium*. Esse meio de cultura é denominado *ágar SPS*. Ele permite o crescimento de *Clostridium botulinum*, enquanto inibe o crescimento da maioria das outras espécies de *Clostridium*.

Um **meio diferencial** tem um constituinte que produz uma mudança observável (mudança de cor ou do pH) no meio quando ocorre uma reação bioquímica específica. Essa mudança permite aos microbiologistas diferenciar um determinado tipo de colônia de outras que estão crescendo na mesma placa (**Figura 7.22**). O ágar SPS também serve como meio diferencial. As colônias de *Clostridium botulinum* formadas nesse meio são pretas, devido ao sulfeto de hidrogênio formado pelos organismos a partir dos aditivos contendo enxofre.

Muitos meios, como o ágar SPS e o ágar MacConkey, são tanto seletivos quanto diferenciais. O *ágar MacConkey* contém cristal violeta e sais biliares, que inibem o crescimento das bactérias gram-positivas, enquanto permite o das bactérias gram-negativas. O ágar MacConkey também contém o açúcar lactose, bem como um indicador de pH que torna as colônias de fermentadores da lactose vermelhas e deixa as colônias de não fermentadores incolores ou translúcidas. Apesar da existência de algumas exceções, os organismos que normalmente são encontrados nos intestinos humanos fermentam, em sua maioria, a lactose, o que não ocorre com a maior parte dos patógenos (microrganismos causadores de doenças).

Um **meio de enriquecimento** contém nutrientes especiais que possibilitam o crescimento de um organismo específico que, de outro modo, poderia não estar presente em número suficiente para permitir seu isolamento e identificação. Diferentemente do meio seletivo, um meio de enriquecimento não suprime outros organismos. Por exemplo, uma vez que *Samonella typhi* pode não estar presente em números suficientes em uma amostra de fezes para possibilitar uma identificação positiva, esses organismos são cultivados em um meio contendo o oligoelemento selênio, que favorece o seu crescimento. Após incubação no meio de enriquecimento, o maior número de organismos aumenta a possibilidade de uma identificação positiva.

## APLICAÇÃO NA PRÁTICA

### Não saia de casa sem o seu $CO_2$!

O transporte de amostras de pacientes até o laboratório algumas vezes representa um problema. Os organismos não devem ser submetidos a condições de ressecamento, nem a muito ou pouco oxigênio. Naturalmente, as pessoas que manuseiam as amostras precisam ser protegidas das infecções. As culturas que podem conter *Neisseria gonorrhoeae* de pacientes com gonorreia representam um desses problemas – necessitam de uma atmosfera relativamente rica em dióxido de carbono. Estão disponíveis sistemas comerciais, como o JEMBEC (John E. Martin Biological Environment Chamber). Esse sistema consiste em uma pequena placa de plástico de meio seletivo e um comprimido de bicarbonato de sódio e ácido cítrico. A placa é inoculada, e o comprimido é colocado sobre ela. Em seguida, a placa é colocada em uma bolsa plástica, que é lacrada. A umidade proveniente do meio faz com que o comprimido libere dióxido de carbono; obtém-se uma concentração apropriada de 5 a 10%. A cultura é incubada para permitir o início do crescimento antes do transporte para o laboratório.

## Controle do teor de oxigênio do meio

As bactérias aeróbias obrigatórias, as microaerófilas e as anaeróbias obrigatórias necessitam de atenção especial para manter concentrações adequadas de oxigênio para o seu crescimento. A maioria dos organismos aeróbios obrigatórios obtém oxigênio suficiente do caldo nutriente ou da superfície do meio de ágar solidificado, porém alguns precisam de uma quantidade maior. O gás oxigênio é infundido através do meio ou dentro do ambiente de incubação com filtros entre a fonte de gás e o meio, de modo a prevenir a contaminação da cultura. As bactérias microaerófilas podem ser incubadas em tubos de meio nutriente ou em placas de ágar em uma jarra na qual se acende uma vela antes de ser lacrada (**Figura 7.23**). (Velas perfumadas não devem ser utilizadas, visto que os óleos que elas contêm inibem o crescimento bacteriano.) A vela que está queimando utiliza o oxigênio da jarra e acrescenta dióxido de carbono. Quando o dióxido de carbono apaga a chama, as condições são ótimas para o crescimento de microrganismos que necessitam de pequenas quantidades de dióxido de carbono, como a bactéria *Neisseria gonorrhoeae*, que causa a gonorreia.

Para cultivar anaeróbios obrigatórios, todo o oxigênio molecular precisa ser removido e mantido fora do meio. A adição de agentes de ligação do oxigênio ao meio de cultura, como o tioglicolato, o aminoácido cisteína ou o sulfeto de sódio, impede que o oxigênio exerça efeitos tóxicos sobre os anaeróbios. Os meios podem ser vertidos em tubos vedados com tampa de rosca, completamente cheios para excluir o ar, ou em placas de Petri. Quando é necessário efetuar a cultura em placas, de modo que o crescimento das colônias possa ser estudado, são utilizadas jarras especiais que possam conter tanto placas quanto tubos. As placas de ágar são incubadas em

**Tabela 7.6** Exemplos selecionados de meios diagnósticos.

| Meio | Organismo(s) identificado(s) | Seletividade e/ou diferenciação obtida |
|---|---|---|
| Ágar verde brilhante<br>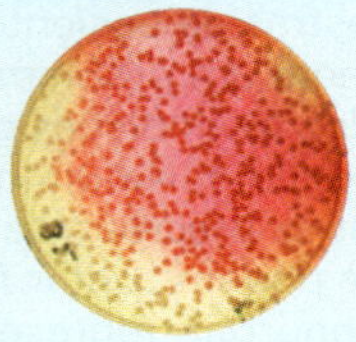<br>a | *Salmonella* | **Seletivo**<br>O corante verde brilhante inibe as bactérias gram-positivas e, dessa maneira, seleciona as bactérias gram-negativas.<br>**Diferencial**<br>Diferencia colônias de *Shigella* (que não fermentam a lactose ou a sacarose e são de cor vermelha a branca) de outros organismos que fermentam um desses açúcares e são de cor amarela a verde. |
| Ágar eosina azul de metileno (EMB)<br><br>b | Bactérias gram-negativas entéricas (Enterobacteriaceae) | **Seletivo**<br>O meio inibe parcialmente as bactérias gram-positivas.<br>**Diferencial**<br>A eosina e o azul de metileno diferenciam os organismos: as colônias de *Escherichia coli* são de cor púrpura e normalmente exibem um brilho verde metálico; as colônias de *Enterobacter aerogenes* são de cor rosada, indicando que fermentam a lactose; e as colônias de outros organismos são incolores, indicando que não fermentam a lactose. |
| Ágar MacConkey<br>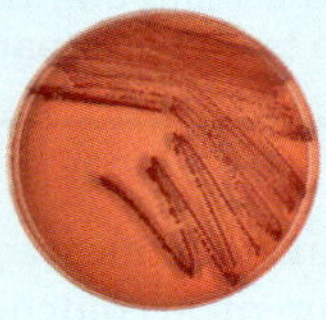<br>c | Bactérias gram-negativas entéricas | **Seletivo**<br>O cristal violeta e os sais biliares inibem as bactérias gram-positivas<br>**Diferencial**<br>A lactose e o indicador de pH vermelho neutro (vermelho quando ácido) indicam os fermentadores de lactose como colônias vermelhas e os não fermentadores como rosa-claro. Os patógenos intestinais são, em sua maioria, não fermentadores e, portanto, não produzem ácido. |
| Ágar ferro-açúcar triplo (TSI)<br>1  d<br>2  e<br>3  f<br>4  g | Bactérias gram-negativas entéricas | **Não seletivo**<br>**Diferencial**<br>Usado em tubos de ágar inclinados (tubos resfriados em posição inclinada), onde a diferenciação baseia-se tanto no crescimento aeróbico na superfície (inclinação) quanto no crescimento anaeróbico no ágar na base do tubo (fundo). O meio contém quantidades específicas de glicose, sacarose e lactose, aminoácidos contendo enxofre, ferro e um indicador de pH, de modo que é possível detectar o uso relativo de cada açúcar e a formação de $H_2S$.<br>1 Tubo de TSI não inoculado.<br>2 Inoculado: vermelho na superfície inclinada e vermelho no fundo = nenhuma mudança; não houve fermentação de nenhum açúcar.<br>3 Superfície inclinada amarela e fundo amarelo = fermentação da lactose e da glicose, produzindo ácido; as bolhas retidas no fundo indicam fermentação com produção de ácido e gás.<br>4 Superfície inclinada vermelha (a lactose não é fermentada) e fundo amarelo (glicose fermentada com produção de ácido); precipitado preto = produção de $H_2S$; algumas vezes, obscurece o fundo amarelo. Quase todos os patógenos entéricos produzem uma cor vermelha na superfície inclinada e uma cor amarela no fundo, com ou sem $H_2S$ e/ou gás. |

Diferenciação dos bacilos intestinais com base no TSI

- Vermelho na superfície inclinada; Vermelho no fundo → *Pseudomonas*, *Acinetobacter*, *Alcaligenes*
- Amarelo na superfície inclinada; Amarelo no fundo; Sem produção de $H_2S$ → *Escherichia*, *Enterobacter*, *Klebsiella*
- Amarelo na superfície inclinada; Amarelo no fundo; Produção de $H_2S$ → *Citrobacter*, *Arizona*, Algumas espécies de *Proteus*
- Vermelho na superfície inclinada; Amarelo no fundo; Sem produção de $H_2S$ → *Shigella*, Algumas espécies de *Proteus*
- Vermelho na superfície inclinada; Amarelo no fundo; Produção de $H_2S$ → A maioria das espécies de *Salmonella*, *Citrobacter*, *Arizona*

*(a: Fancy/Alamy Limited; b: Carolina Biological Supply Company/Phototake; c: ScienceFoto/Photolibrary; d: Zaharia Bogdan Rares/Shutterstock Photo; e: Zaharia Bogdan Rares/Shutterstock; f: CDC; g: Elizabeth Fitzgerald.)*

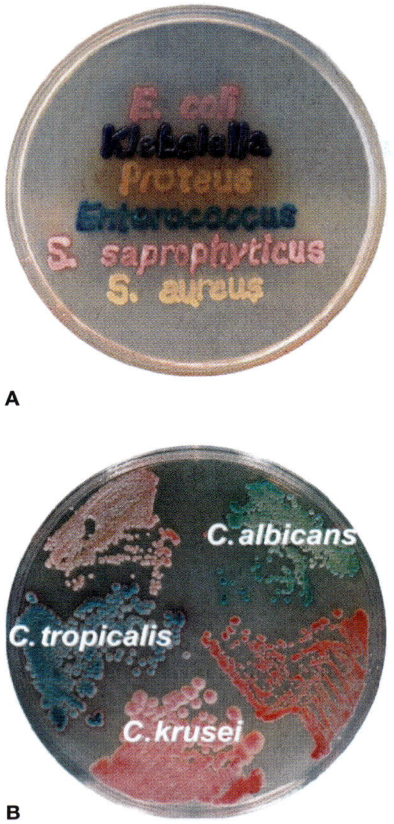


**Figura 7.22 Meios diferenciais.** A. A identificação de patógenos bacterianos do sistema urinário é facilitada com esse ágar especial produzido por CHROMagarE. *(Cortesia de CHROMAGAR/DRG International, Inc.)* B. Três espécies do fungo do gênero *Candida* podem ser diferenciadas em cultura mista quando cultivadas em placas de *Candida* CHROMagar. *(Cortesia de CHROMAGAR/DRG International, Inc.)*

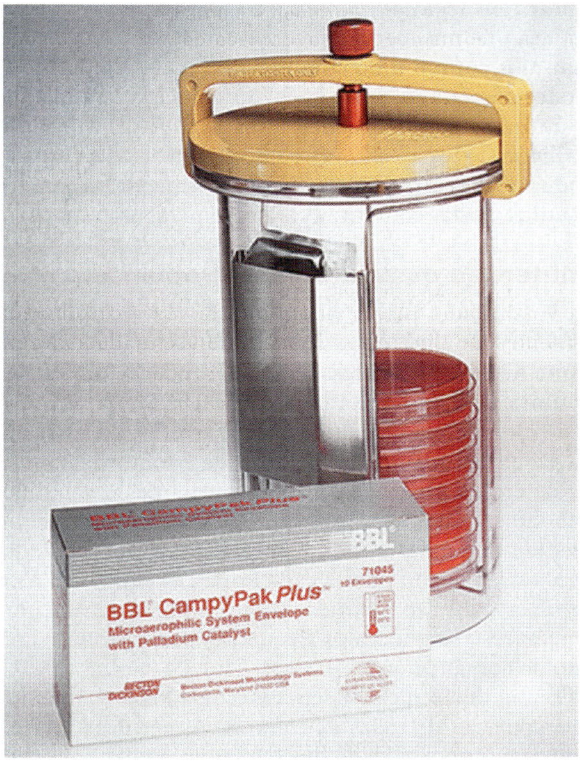


**Figura 7.24 Incubadora de $CO_2$.** Quando ativados, esses reagentes químicos removem o oxigênio e são colocados com culturas em uma jarra lacrada para criar uma câmara anaeróbica. Esse método é útil para o laboratório de pequeno porte que só possui algumas placas para incubação anaeróbica. *(Cortesia de © Becton, Dickinson and Company.)*

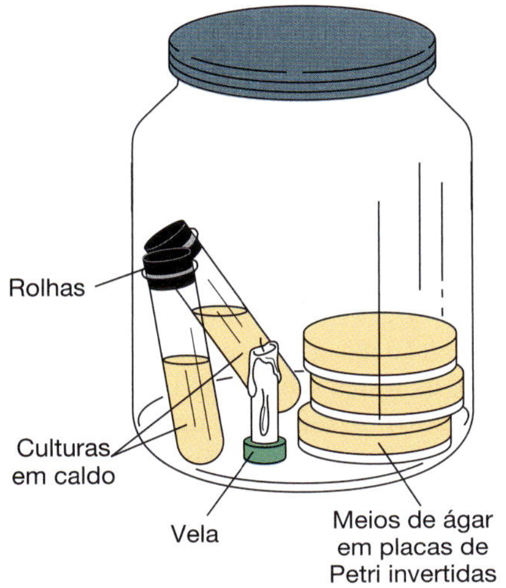


**Figura 7.23 Cultura de anaeróbios e microaerófilos em jarra com vela.** Os microaerófilos estão crescendo em tubos de ensaio e em placas de Petri em uma jarra fechada, onde uma vela queimou até ser apagada pelo acúmulo de dióxido de carbono na atmosfera da jarra. Uma pequena quantidade de oxigênio ainda permanece. Embora esse método não seja mais muito utilizado, antigamente era a principal forma de crescimento de anaeróbios.

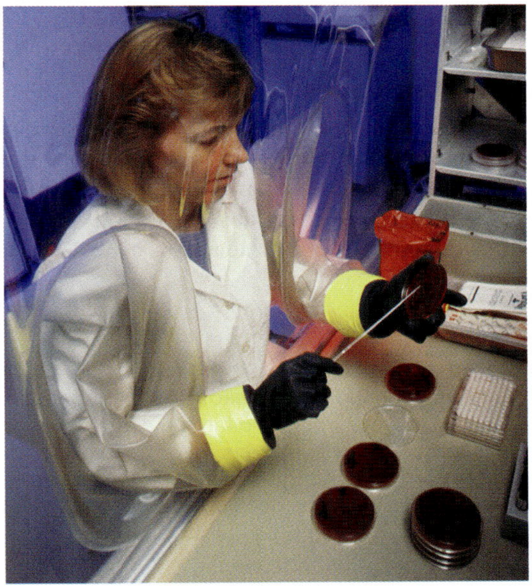

**Figura 7.25 Transferência anaeróbica.** Uma grande câmara anaeróbica com vedação de ar para a introdução de equipamento e culturas e com aberturas para possibilitar a manipulação das culturas. *(Hank Morgan/Science Source.)*

jarras lacradas contendo substâncias químicas que removem o oxigênio do ar e geram dióxido de carbono (**Figura 7.24**). *Culturas com semeadura em picada* podem ser obtidas pela introdução de uma agulha de inoculação reta recoberta com organismos em um tubo com meio de ágar solidificado. Nos laboratórios onde os anaeróbios são regularmente manipulados, utiliza-se com frequência uma *câmara de transferência anaeróbica* (**Figura 7.25**). O equipamento e as culturas são introduzidos na câmara através de um vedador de ar, e o técnico utiliza portas com luvas para manipular as culturas.

## Manutenção das culturas microbianas

Uma vez isolado, um organismo pode ser mantido indefinidamente em uma cultura pura, denominada **cultura de estoque**. Quando há necessidade de estudá-lo, uma amostra de cultura de estoque é inoculada em meio fresco. A cultura de estoque nunca é utilizada em estudos de laboratório. Todavia, os organismos em culturas de estoque passam pelas fases de crescimento, depleção de nutrientes e acúmulo de metabólitos, exatamente como aqueles em qualquer cultura. À medida que envelhecem, os organismos podem adquirir formas estranhas ou outras características alteradas. As culturas de estoque são mantidas pela produção de subculturas em meio fresco a intervalos frequentes para manter o crescimento dos organismos.

O uso de técnicas assépticas cuidadosas é importante na manipulação de todas as culturas. As **técnicas assépticas** minimizam a possibilidade de contaminação das culturas por organismos provenientes do ambiente ou o risco de que os organismos, particularmente os patógenos, escapem para o meio. Essas técnicas são particularmente importantes quando são efetuadas subculturas a partir de culturas de estoque. De outro modo, um organismo indesejável poderia ser introduzido, e seria necessário isolar novamente o organismo de estoque. Mesmo com transferências regulares de organismos de culturas de estoque para meios frescos, os organismos podem sofrer mutações (alterações no DNA) e desenvolver características alteradas.

## Culturas preservadas

Para evitar o risco de contaminação e reduzir a taxa de mutação, os organismos das culturas de estoque também devem ser mantidos em uma **cultura preservada**, uma cultura na qual os organismos são mantidos em estado dormente. A técnica mais comumente utilizada para a preservação das culturas é a *liofilização* (criodessecação), em que as células são rapidamente congeladas, desidratadas enquanto congeladas e lacradas em frascos sob vácuo (ver Capítulo 13). Essas culturas podem ser mantidas indefinidamente em temperatura ambiente.

Como os microrganismos frequentemente sofrem alterações genéticas, são mantidas culturas de referência. Uma **cultura de referência** é uma cultura preservada que mantém os organismos com as características originalmente definidas. Na American Type Culture Collection (ATCC), são mantidas culturas de referência de todas as espécies e cepas de bactérias conhecidas e de muitos outros microrganismos, e muitas também são mantidas em universidades e centros de pesquisa. Assim, se as culturas de estoque em determinado laboratório sofrerem qualquer alteração, ou se outros laboratórios quiserem obter determinados organismos para estudo, as culturas de referência estão sempre disponíveis.

**PARE e RESPONDA**

1. Por que os endósporos não são considerados uma forma de reprodução? Por que o fato de esperar a ocorrência de condições desfavoráveis antes de iniciar a formação de esporos faz com que um organismo corra maior risco do que se ele formasse esporos continuamente?
2. Diferencie os vários tipos de meios: sintético, complexo, definido, seletivo, diferencial, de enriquecimento e de transporte. É possível que determinado meio possa ser de mais de um desses tipos?
3. Qual é o propósito de uma cultura de estoque? Por que esta nunca é utilizada para testes laboratoriais?

# Métodos para a realização de múltiplos testes de diagnóstico

Muitos laboratórios de diagnóstico utilizam sistemas de culturas que contêm um grande número de meios diferenciais e seletivos, como o Enterotube Multitest System ou o Analytical Profile Index (API). Esses sistemas possibilitam a determinação simultânea da reação de um organismo a uma variedade de meios diagnósticos cuidadosamente escolhidos a partir de uma única inoculação. As vantagens desses sistemas são que eles utilizam pequenas quantidades de meios, ocupam pouco espaço em uma incubadora e fornecem um meio eficiente e confiável de efetuar uma identificação positiva dos organismos infecciosos.

O Enterotube System é utilizado para identificar patógenos entéricos ou organismos que causam doenças intestinais, como febres tifoide e paratifoide, shigelose, gastrenterite e alguns tipos de envenenamento alimentar. Os organismos causadores são todos bastonetes gram-negativos indistinguíveis uns dos outros sem a realização de testes bioquímicos. O Enterotube System consiste em um tubo com compartimentos, contendo, cada um deles, um ou mais meios diferentes, e um bastão inoculador estéril (**Figura 7.26A**). Cada compartimento é inoculado quando a extremidade do bastão toca uma colônia e o bastão é deslocado pelo tubo. Após a incubação do tubo durante 24 horas a 37°C, os resultados de 15 testes bioquímicos podem ser obtidos observando (1) se houve produção de gás e (2) a cor do meio em cada compartimento. Os testes são agrupados em conjuntos de três; dentro de cada grupo, os testes são designados pelos números 1, 2 ou 4 (**Figura 7.26B**). A soma dos números dos testes positivos em cada grupo indica quais são os testes positivos. Uma soma 3 significa que os testes 1 e 2 foram positivos; a soma 5 indica que os testes 1 e 4 foram positivos; a soma 6, que os testes 2 e 4 foram positivos; e a soma 7, que todos os testes foram positivos. As somas de um único dígito para cada um dos cinco conjuntos de testes são combinadas para formar um número de identificação de cinco dígitos para determinado organismo. Por exemplo, 36601 refere-se a *Escherichia coli*, e 34363, a *Klebsiella pneumoniae*. Uma lista dos números de identificação e os organismos correspondentes é fornecida no sistema.

A

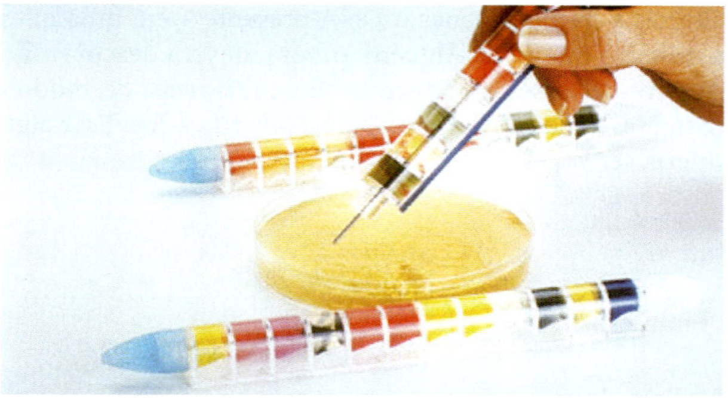

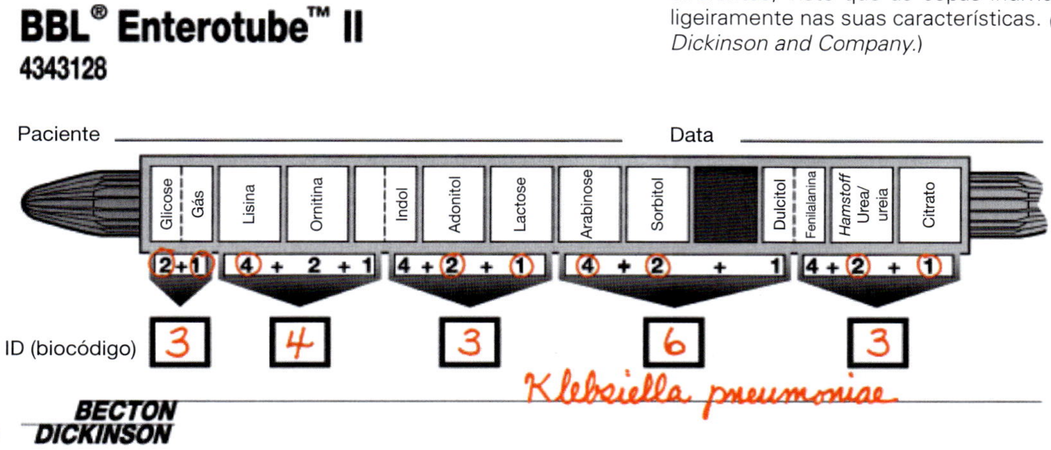


B

**Figura 7.26 Enterotube Multitest System.** **A.** A remoção de uma tampa estéril permite a "coleta" de uma colônia da superfície de uma placa. O fio metálico é então deslocado por todos os compartimentos, inoculando assim cada um deles. **B.** Após a inoculação e a incubação, os compartimentos com resultados positivos recebem um número. Os números são somados dentro de zonas para obter um número indicador definitivo, que identifica um organismo na lista do manual de códigos. Quaisquer testes confirmatórios necessários também são registrados. Numerando-se cada teste em uma zona com um dígito igual a uma potência de 2 (1, 2, 4, 8, e assim por diante), a soma de qualquer conjunto de reações positivas resulta em um único número. Entretanto, uma determinada espécie pode ser codificada por muitos números diferentes, visto que as cepas individuais dessa espécie variam ligeiramente nas suas características. *(A, B: cortesia de © Becton, Dickinson and Company.)*

O API consiste em uma bandeja de plástico com 20 microtubos denominados *cúpulas*, contendo, cada um deles, um tipo diferente de meio desidratado (Figura 7.27). O meio de cada cúpula é reidratado e inoculado com uma suspensão de bactérias de uma colônia isolada. Como no caso de Enterotubes, a bandeja é incubada, os resultados dos testes são determinados, e os valores de 1, 2 e 4 são somados por grupos de três testes. O organismo é identificado por um número de perfil de sete dígitos.

Nessa breve discussão dos sistemas de diagnóstico, consideramos apenas a ponta do *iceberg*. Entre os inúmeros outros testes disponíveis, uma grande variedade baseia-se nas propriedades imunológicas dos organismos. Iremos considerar alguns deles quando discutirmos a imunologia ou os agentes infecciosos específicos. Além disso, dispomos de muito conhecimento sobre quais organismos têm probabilidade de infectar determinados órgãos e tecidos humanos, e muitos testes para diagnóstico são desenvolvidos para distinguir os organismos encontrados nas secreções respiratórias, em amostras de fezes, no sangue, em outros tecidos e líquidos corporais.

## ORGANISMOS VIVOS, MAS NÃO CULTIVÁVEIS

Todo este capítulo teve por objetivo discutir como cultivar os microrganismos. Talvez você fique surpreso ao saber que a *maioria* dos microrganismos não pode ser cultivada no laboratório e até agora nunca foi identificada. Podemos examiná-los ao microscópio e podemos recuperar o seu DNA, mas não conseguimos cultivá-los nem compreender suas atividades e o lugar que ocupam em nosso ambiente. Nos dois capítulos seguintes (sobre genética), aprenderemos a

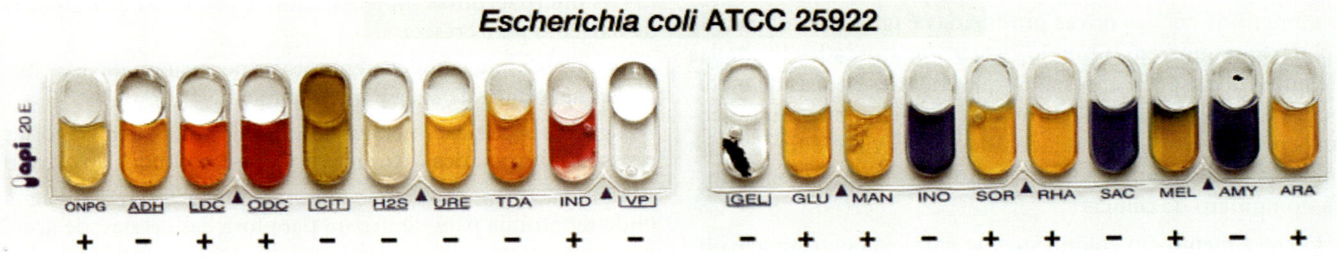


**Figura 7.27 Analytical Profile Index (API) 20E System.** Várias espécies de Enterobacteriaceae são mostradas aqui com as diferenças nas reações que permitem a sua identificação. Esse sistema possibilita a identificação até o nível de espécie de 125 bacilos gram-negativos intestinais. *(Cortesia de API/CounterPart Diagnostics/bioMerieux, Inc.)*

identificação dos microrganismos com base em amostras de seu DNA. Os laboratórios hospitalares e de campo do futuro não ficarão ocupados com o grande número de prateleiras de culturas que vemos nos laboratórios atuais. Tampouco aguardaremos dias ou até mesmo semanas para o crescimento das culturas. Veremos apenas o DNA presente – em uma questão de minutos ou horas. Alguém, porém, deverá descobrir como fazer crescer esses organismos não cultiváveis, de modo que possamos estudá-los, e não apenas identificá-los. Esse alguém poderia ser você?

# RESUMO

## CRESCIMENTO E DIVISÃO CELULAR

### Definição de crescimento microbiano

- O crescimento microbiano pode ser definido como um aumento ordenado na quantidade de todos os componentes celulares e do número de células de um organismo
- Em razão do aumento limitado do tamanho das células e da frequência de divisão celular, o crescimento dos microrganismos é medido pelo aumento do número de células.

### Divisão celular

- As divisões celulares nas bactérias ocorrem, em sua maioria, por **fissão binária**, em que o corpo nuclear divide-se, e a célula forma um septo transverso que separa a célula original em duas células
- As leveduras e algumas bactérias dividem-se por **brotamento**, em que uma pequena célula nova se desenvolve da superfície de uma célula existente.

### Fases de crescimento

- Em um **meio** rico em nutrientes (uma mistura de substâncias sobre ou no interior da qual os microrganismos crescem), as bactérias sofrem rápida divisão. O tempo necessário para que ocorra uma divisão é denominado **tempo de geração**. Esse crescimento ocorre em uma **taxa exponencial** ou **logarítmica**
- As bactérias introduzidas em um meio fresco e rico em nutrientes exibem quatro principais fases de crescimento: (1) Na **fase *lag***, os organismos são metabolicamente ativos – crescem e sintetizam várias substâncias, porém não aumentam em número. (2) Na **fase *log***, os organismos dividem-se em uma taxa exponencial ou logarítmica e com tempo de geração constante. Essas propriedades de crescimento na fase *log* podem ser utilizadas para calcular tanto o número de gerações quanto o tempo de geração. As culturas podem ser mantidas nesta fase pelo uso de um **quimiostato**, que permite a adição contínua de meio fresco. (3) Na **fase estacionária**, o número de células novas produzidas é igual ao número de células que morrem. O meio contém quantidades limitadas de nutrientes e pode apresentar quantidades tóxicas de metabólitos. (4) Na **fase de declínio** ou **fase de morte**, muitas células perdem a sua capacidade de sofrer divisão e finalmente morrem. O resultado consiste em uma diminuição logarítmica do número de células
- O crescimento em colônias segue paralelamente àquele observado em meio líquido, exceto que a maior parte do crescimento ocorre nas bordas da colônia, e todas as fases de crescimento ocorrem simultaneamente em algum local na colônia.

### Medida do crescimento bacteriano

- O crescimento pode ser medido por **diluição em série**, em que são realizadas diluições sucessivas de 1:10 de uma cultura líquida de bactérias, que são então transferidas para uma **placa de ágar**; as colônias que surgem são contadas. Cada colônia representa uma célula viva presente na amostra original
- O crescimento também pode medido por **contagens microscópicas diretas**, pela técnica do **número mais provável (NMP)**, por **filtração**, pela observação ou medição da **turbidez**, pela medição dos produtos do metabolismo e pela obtenção do peso seco das células.

## FATORES QUE AFETAM O CRESCIMENTO BACTERIANO

### Fatores físicos

- A acidez e a alcalinidade do meio afetam o crescimento, e a maioria dos organismos apresenta uma faixa de **pH ótimo** que não pode variar mais de uma unidade de pH
- A temperatura afeta o crescimento bacteriano. (1) A maioria das bactérias pode crescer em uma faixa de temperatura de 30°C. (2) As bactérias podem ser classificadas de acordo com a temperatura de seu crescimento em três categorias: as **psicrófilas**, que crescem a baixas temperaturas (abaixo de 25°C); as **mesófilas**, que crescem melhor em temperaturas entre 25 e 40°C; e as **termófilas**, que crescem em altas temperaturas (acima de 40°C). (3) A faixa de temperatura de um organismo está estreitamente relacionada com a temperatura na qual suas enzimas atuam melhor
- A quantidade de oxigênio no ambiente afeta o crescimento das bactérias. (1) As **aeróbias obrigatórias** necessitam de quantidades relativamente grandes de oxigênio molecular livre para o seu crescimento. (2) As **anaeróbias obrigatórias** são destruídas pelo oxigênio livre e precisam ser cultivadas na ausência dele. (3) As **anaeróbias facultativas** podem metabolizar substâncias de modo aeróbico se houver oxigênio disponível, ou anaerobicamente, na sua ausência. (4) As **anaeróbias aerotolerantes** metabolizam substâncias de modo anaeróbico, porém não são prejudicadas pela presença de oxigênio livre. (5) As **microaerófilas** só necessitam de pequenas quantidades de oxigênio para crescer
- As bactérias metabolicamente ativas necessitam de determinada quantidade de água em seu ambiente
- Algumas bactérias, e nenhum outro ser vivo, podem suportar **pressões hidrostáticas** extremas em vales profundos do oceano
- A pressão osmótica afeta o crescimento bacteriano, e a água pode ser atraída para dentro ou para fora das células, de acordo com a pressão osmótica relativa criada por substâncias dissolvidas na célula e no meio ambiente. (1) O transporte ativo minimiza os efeitos da pressão osmótica elevada no meio ambiente. (2) As bactérias denominadas **halófilas** necessitam de

quantidades moderadas a grandes de sal e são encontradas nos oceanos e em corpos de água excepcionalmente salgados.

### Fatores nutricionais

- Todos os organismos necessitam de uma fonte de carbono: (1) os autotróficos utilizam o $CO_2$ como fonte de carbono e sintetizam outras substâncias de que necessitam; e (2) os heterotróficos precisam de glicose e de outra fonte orgânica de carbono a partir da qual obtêm energia e intermediários para o processo de síntese
- Os microrganismos necessitam de fontes orgânicas e inorgânicas de nitrogênio a partir das quais sintetizam proteínas e ácidos nucleicos. Eles também necessitam de uma fonte de outros elementos encontrados no seu interior, incluindo enxofre, fósforo, potássio, ferro e muitos **oligoelementos**
- Os microrganismos que não têm as enzimas necessárias para a síntese de **vitaminas** específicas precisam obtê-las do meio ambiente
- As necessidades nutricionais de um organismo são determinadas pelo tipo e número de suas enzimas. A **complexidade nutricional** reflete uma deficiência nas enzimas de biossíntese
- As técnicas de bioensaio usam as propriedades metabólicas dos organismos para determinar as quantidades de vitaminas e de outros compostos em alimentos e outros materiais
- A maioria dos microrganismos transporta substâncias de baixo peso molecular através de suas membranas celulares e as metaboliza internamente. Algumas bactérias (e fungos) também produzem exoenzimas que digerem grandes moléculas fora da membrana celular do organismo
- Os microrganismos ajustam-se a suprimentos limitados de nutrientes aumentando as quantidades de enzimas que produzem, sintetizando enzimas para metabolizar outros nutrientes disponíveis ou ajustando suas atividades metabólicas, de modo a crescer em uma velocidade compatível com a disponibilidade de nutrientes.

### Interações bacterianas que afetam o crescimento

- As bactérias comunicam-se umas com as outras por meio de ***quorum sensing*** (percepção de quórum). Na presença de bactérias em números suficientes (um quórum), a quantidade de moléculas indutoras que elas liberam é suficiente para ativar genes adaptativos específicos (p. ex., para a bioluminescência e a produção de toxinas)
- Os **biofilmes**, que habitualmente são compostos de diversas espécies, constituem a maneira mais comum de crescimento das bactérias na natureza. Muitas doenças e implantes envolvem biofilmes e são difíceis de tratar. A especialização das células dentro de um biofilme as torna capazes de atuar como um "superorganismo"
- A troca de material genético entre os organismos que compõem um biofilme leva à diversidade genética
- As bactérias que crescem próximas umas das outras "percebem" a presença das outras e liberam fatores letais para matá-las
- O estudo da comunicação microbiana, agora denominado "sociomicrobiologia", é um novo campo.

## ESPORULAÇÃO

- A **esporulação**, que ocorre nos gêneros *Bacillus*, *Clostridium* e em alguns outros gêneros gram-positivos, envolve as etapas resumidas na Figura 7.19
- A esporulação permite à bactéria suportar longos períodos de ressecamento e temperaturas extremas
- Quando condições mais favoráveis são restauradas, ocorre **germinação** – os endósporos começam a se transformar em células vegetativas.

### Outras estruturas bacterianas semelhantes a esporos

- Os cistos resistentes assemelham-se a endósporos, porém não possuem ácido dipicolínico.

## CULTURA DE BACTÉRIAS

### Métodos de obtenção de culturas puras

- O **método de esgotamento** para a obtenção de uma **cultura pura** envolve o estriamento de bactérias em uma superfície sólida e estéril, como uma placa de ágar, de modo que a progênie de uma única célula possa ser retirada da superfície e transferida para um meio estéril
- O **método *pour plate*** para a obtenção de uma cultura pura envolve diluições em série, transferência para ágar fundido de um volume específico da diluição, que contém alguns organismos, e retirada de células de uma colônia no ágar.

### Meios de cultura

- Na natureza, os microrganismos crescem em meios naturais ou nos nutrientes disponíveis na água, no solo e em materiais orgânicos vivos ou mortos
- No laboratório, os microrganismos são cultivados em **meios sintéticos**: (1) um **meio sintético definido** consiste em quantidades conhecidas de nutrientes específicos; (2) **meios complexos** consistem em nutrientes de composição razoavelmente bem conhecida, que variam na sua composição de um lote para outro
- As culturas de rotina dos laboratórios utilizam, em sua maioria, **peptonas** ou carne digerida ou proteínas de peixe. Algumas vezes, são acrescentadas outras substâncias, como **extrato de levedura**, **hidrolisado de caseína**, **soro**, sangue total ou sangue total aquecido
- Os meios de diagnóstico incluem: (1) **meios seletivos**, quando favorecem o crescimento de alguns organismos, enquanto inibem o crescimento de outros; (2) **meios diferenciais**, quando permitem distinguir diferentes tipos de colônias na mesma placa; ou (3) **meios de enriquecimento**, quando proporcionam um nutriente que promove o crescimento de determinado organismo
- As culturas são mantidas como **culturas de estoque** para trabalhos de rotina, como **culturas preservadas** para evitar o risco de contaminação ou alteração das características, e como **culturas de referência** para preservar características específicas das espécies e das cepas.

### Métodos para a realização de múltiplos testes de diagnóstico

- Esses sistemas permitem reações simultâneas de um organismo a um grande número de meios diferenciais e seletivos. A análise dos resultados permite a rápida identificação do organismo
- Os dois sistemas mais comumente utilizados são o Enterotube Multitest System® e o Analytic Profile Index (API).

## ORGANISMOS VIVOS, MAS NÃO CULTIVÁVEIS

- Os organismos, em sua maioria, não podem ser cultivados. Eventualmente, poderão ser identificados pelo DNA.

## TERMOS-CHAVE

ácido dipicolínico
acidófilo
aeróbio obrigatório
ágar
ágar-sangue
alcalófilo
anaeróbio aerotolerante
anaeróbio facultativo
anaeróbio obrigatório
barófilo
biofilme
brotamento
capa do esporo
capnófilo
catalase
célula-filha
célula-mãe
cerne
cisto
colônia
complexidade nutricional
conídio
contagem microscópica direta
córtex
crescimento microbiano
crescimento não sincrônico
crescimento sincrônico
cultura de estoque
cultura de referência
cultura preservada
curva de crescimento bacteriano
diluição em série
enzima extracelular
enzima periplasmástica
esporulação
exoenzima
exósporo
extrato de levedura
facultativo
fase de declínio
fase de morte
fase estacionária
fase *lag*
fase *log*
fastidioso
fator físico
fator nutricional
filtração
fissão binária
germinação
halófilo
hidrolisado de caseína
indutor
meio
meio complexo
meio de enriquecimento
meio diferencial
meio quimicamente não definido
meio seletivo
meio sintético
meio sintético definido
mesófilo
método de esgotamento
método de espalhamento em placa
método *pour plate*
microaerófilo
neutrófilo
número contável
número mais provável (NMP)
obrigatório
oligoelemento
peptona
pH ótimo
plasmólise
*pour plate*
pressão hidrostática
psicrófilo
psicrófilo facultativo
psicrófilo obrigatório
quimiostato
*quorum sensing* (percepção de quórum)
sarcina
septo do endósporo
soro
superóxido
superóxido dismutase
taxa exponencial
taxa logarítmica
técnica asséptica
tempo de geração
termófilo
termófilo facultativo
termófilo obrigatório
tétrade
turbidez
unidade formadora de colônias (UFC)
vitamina

CAPÍTULO

# 8 Genética Microbiana

*Deinococcus radiodurans*, que ganhou o apelido de "Conan, a Bactéria", em referência a "Conan, o Bárbaro", entrou na lista do *Guinness Book of World Records* como a bactéria mais resistente do mundo. Ela pode sobreviver a 3 mil vezes a quantidade de radiação que mataria um ser humano. Também sobrevive a extremos de dessecação, exposição à luz ultravioleta e peróxido de hidrogênio, o que lhe valeu o nome de poliextremófilo. O que lhe confere esse notável poder de sobrevivência? A bactéria conta com um envelope externo incomum de seis camadas, utiliza compostos de manganês (II) ($Mn^{2+}$) para proteger suas proteínas e tem um genoma de organização muito especial.

A Dra. Karen Nelson, do TIGR (The Institute for Genomic Research), em Rockville, Maryland, nos EUA, decidiu sequenciar seu genoma. Frustrada após trabalhar durante meses sem sucesso, ultrapassando o tempo que normalmente levaria, ela teve um momento revelador. E se a bactéria tivesse dois cromossomos? Previamente, imaginava-se que todas as bactérias tinham apenas um cromossomo. Foi, então, constatado que *Deinococcus* possui dois cromossomos circulares, mais um megaplasmídio e um plasmídio menor. A sequência completa do DNA foi publicada pelo TIGR em 1999.

Pesquisas subsequentes revelaram que sempre existem pelo menos quatro cópias do genoma em cada célula e de oito a dez cópias por célula durante a divisão. Os genomas são toroidais – isto é, têm formato semelhante a um *donut*. Os toroides são empilhados um sobre o outro e mantidos estreitamente unidos. Quando a radiação fragmenta o DNA em centenas de pedaços, eles não se separam. Acima ou abaixo de cada quebra encontra-se um segmento intacto que atua como molde e como *primer*[1] para o reparo preciso da quebra. As enzimas utilizadas nesse processo são muito incomuns e foram usadas para construir cromossomos sintéticos no TIGR, um dos quais foi utilizado para produzir a primeira bactéria artificial, *Mycoplasma laboratorium* (ver abertura do Capítulo 9).

O DNA de *Deinococcus radiodurans* é facilmente manipulado, e podem ser acrescentados genes, que irão metabolizar os contaminantes de mercúrio e tolueno em locais de lixo radioativo. As enzimas de reparo do DNA dessa bactéria poderão até mesmo algum dia curar doenças genéticas.

[1]N.R.T.: *Primer*, também conhecido como iniciador, é a região do DNA reconhecida pela enzima DNA polimerase que faz a síntese de novas moléculas de DNA.

Cortesia de Karen Nelson/TIGR.

S. Levin-Zaidman e A. Minsky do Weizmann Institute of Science, Israel

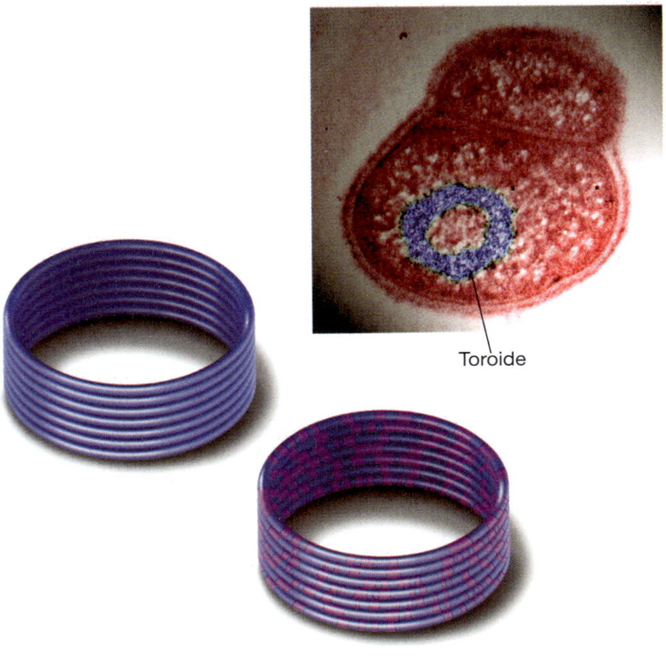

# MAPA DO CAPÍTULO

**Siga o mapa do capítulo para auxiliar na identificação dos conceitos principais do texto.**



**Em capítulos anteriores, consideramos muitos aspectos do metabolismo e do crescimento**, mas precisamos ainda considerar a síntese dos ácidos nucleicos e das proteínas. A síntese dessas moléculas complexas constitui a base da **genética**, o estudo da hereditariedade. A genética dos microrganismos é uma área de pesquisa estimulante e ativa e também uma área gratificante para os microbiologistas. Desde a criação do Prêmio Nobel anual em fisiologia ou medicina em 1900, mais de 35 prêmios foram concedidos em campos relacionados com a microbiologia, particularmente a genética microbiana. Em razão dessas pesquisas intensivas, adquiriram-se muitos conhecimentos sobre a genética microbiana. Começaremos o nosso estudo de genética examinando como as bactérias sintetizam os ácidos nucleicos – DNA e RNA – e como estes estão envolvidos na síntese de proteínas. Iremos também descobrir como os *genes* (segmentos específicos do DNA) atuam, como são regulados e como são alterados por mutações. No capítulo seguinte, discutiremos os mecanismos pelos quais a informação genética é transferida entre microrganismos.

## VISÃO GERAL DOS PROCESSOS GENÉTICOS

### Base da hereditariedade

Toda a informação necessária para a vida está armazenada no material genético de um organismo, o DNA, ou, para muitos vírus, o RNA. Para explicar a **hereditariedade** – a transmissão dessa informação de um organismo para a sua progênie (prole) –, precisamos considerar a natureza dos cromossomos e dos genes.

Um **cromossomo** é normalmente uma molécula de DNA circular (nos procariontes) ou linear (nos eucariontes) semelhante a uma fita. Lembre-se de que o DNA consiste em uma dupla cadeia de nucleotídios, em que cada nucleotídio é composto de um açúcar, um fosfato e uma base nitrogenada (adenina, timina, guanina ou citosina). Os nucleotídios estão dispostos em uma hélice, como os **pares de base** de nucleotídios mantidos unidos por pontes de hidrogênio (**Figura 8.1**; ver também Capítulo 3). A sequência específica de nucleotídios no DNA pode ser copiada para produzir outra molécula de DNA ou utilizada para produzir RNA que, em seguida, será necessário na síntese de proteínas.

Uma célula procariótica típica contém um único cromossomo circular, composto principalmente de uma única molécula de DNA de cerca de 1 mm de comprimento quando totalmente estendida – aproximadamente mil vezes mais longa do que a própria célula. Essa imensa molécula dispõe-se de forma compacta no interior da célula, onde forma o nucleoide (ver Capítulo 5) torcendo-se firmemente sobre si mesma, em um processo conhecido como *superenovelamento*. Quando uma célula procariótica se reproduz por divisão binária, o cromossomo se reproduz ou *replica*, e cada célula-filha recebe um dos cromossomos. Esse mecanismo é responsável pela transmissão ordenada da informação genética da célula-mãe para as células-filhas.

Parece que há sempre exceções em microbiologia. Lembre-se de que os microbiologistas descobriram bactérias tão grandes que não exigiam o uso de um microscópio para a sua visualização, e que bactérias do gênero *Mycoplasma* são desprovidas de parede celular. Assim, não é surpreendente que os cientistas tenham encontrado exceções para os cromossomos bacterianos. Em primeiro lugar, foram descobertas algumas bactérias que possuem um cromossomo linear, em vez de circular. Nesses últimos anos, cientistas como Karen E. Nelson (apresentada na abertura deste capítulo) descobriram que pelo menos cerca de 20 espécies de bactérias possuem dois cromossomos (ou até mesmo três!) e que, algumas vezes, um desses cromossomos é linear! *Vibrio cholerae* possui dois cromossomos circulares, um grande e outro pequeno. Por que o cromossomo menor não é considerado apenas um grande plasmídio? A resposta encontra-se na definição de cromossomo: para

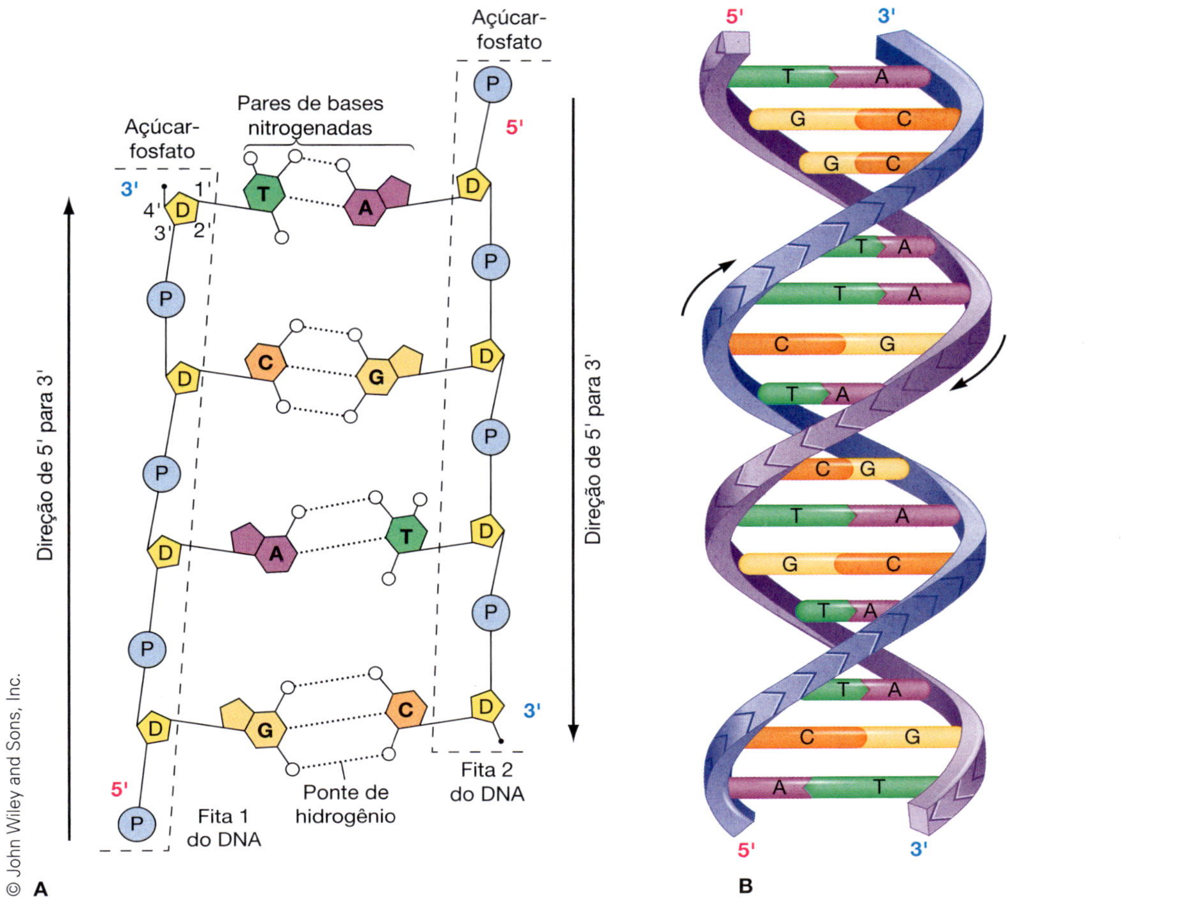


**Figura 8.1** **Estrutura do DNA. A.** As duas fitas verticais, compostas do açúcar desoxirribose (D) e de grupos fosfato (P), estão ligadas por pontes de hidrogênio entre bases complementares. A adenina (A) sempre se pareia com a timina (T), enquanto a guanina (G) sempre se pareia com a citosina (C). Dessa maneira, cada fita pode fornecer a informação necessária para a formação de uma nova molécula de DNA. **B.** A molécula de DNA é torcida em uma dupla hélice. As duas fitas de açúcar-fosfato correm em direções opostas (antiparalelas). Cada nova fita cresce da extremidade 5′ para a extremidade 3′.

ser um cromossomo, uma molécula de DNA precisa conter informação genética essencial para a sobrevivência dos organismos. Os plasmídios contêm apenas a informação genética que pode ser útil ou trazer uma vantagem aos organismos, porém eles podem sobreviver sem os plasmídios. Em contrapartida, o pequeno cromossomo de *V. cholerae* contém genes "essenciais". Diversas vias metabólicas importantes contêm a informação para algumas etapas controladas por genes em um cromossomo, enquanto outras etapas são controladas por genes presentes no outro cromossomo. As células que contêm apenas o maior cromossomo podem permanecer vivas por algum tempo, porém não podem se reproduzir.

Na ausência de mitose, ainda não foi elucidado como as células-filhas obtêm uma cópia de cada tipo de cromossomo. Evidentemente, ocorrem erros com frequência, à medida que populações de células apenas com o maior cromossomo acumulam-se em biofilmes (camadas finas de bactérias que crescem em uma superfície). Acredita-se que, enquanto estão vivas, é possível bombear para fora moléculas úteis para as células adjacentes que contêm dois cromossomos, que então adquirem a capacidade de crescer e de se multiplicar mais rapidamente. As células que recebem outros números e combinações dos dois cromossomos ainda precisam ser estudadas – outras aventuras e mais descobertas aguardam os microbiologistas! De modo semelhante, eles examinarão detalhadamente *Deinococcus radiodurans*, uma bactéria extremamente resistente à radiação, que também tem dois cromossomos.

O **gene**, a unidade básica da hereditariedade, é uma sequência linear de nucleotídios do DNA, que forma uma unidade funcional de um cromossomo ou de um plasmídio. Toda a informação para a estrutura e o funcionamento de um organismo está codificada em seus genes. Em muitos casos, um gene determina uma única característica. Entretanto, a informação em um gene específico, encontrado em determinado ***locus*** (localização) no cromossomo ou no plasmídio, nem sempre é a mesma. Genes com informações diferentes no mesmo *locus* são denominados **alelos**. Como os procariontes têm um único cromossomo, eles geralmente apresentam apenas uma versão ou alelo de cada gene. (No Capítulo 9, descobriremos exceções a essa regra.) Muitos eucariontes (mas nem todos) têm dois conjuntos de cromossomos e, por conseguinte, dois alelos de cada gene, que podem ser os mesmos ou que podem ser diferentes. Por exemplo, nos tipos sanguíneos humanos, qualquer um dos três genes variantes ou alelos – A, B e O – pode ocupar determinado *locus*. O alelo A é responsável pela presença de determinada glicoproteína na superfície dos eritrócitos, que designaremos como molécula A. O alelo B codifica a molécula B, enquanto o alelo O está associado à ausência da molécula de glicoproteína na superfície celular. Os indivíduos com tipo sanguíneo AB produzem tanto moléculas A quanto B, visto que possuem ambos os alelos, A e B.

Variações hereditárias nas características da progênie podem surgir de mutações. Uma **mutação** é uma alteração permanente no DNA. As mutações habitualmente modificam a sequência de nucleotídios no DNA e, portanto, alteram a sua informação. Quando o DNA que sofreu mutação é transmitido a uma célula-filha, esta pode ser diferente da célula-mãe em uma ou mais características. No Capítulo 9, veremos que as variações hereditárias nas características dos procariontes podem surgir em consequência de uma variedade de mecanismos.

## Ácidos nucleicos no armazenamento e na transferência da informação

### Armazenamento da informação

Toda a informação para a estrutura e o funcionamento de uma célula está armazenada no DNA. Por exemplo, no cromossomo da bactéria *Escherichia coli*, cada uma das fitas pareadas do DNA contém cerca de 5 milhões de bases dispostas em uma sequência linear específica. A informação nessas bases é dividida em unidades de várias centenas de bases. Cada uma dessas unidades é um gene. A **Figura 8.2** mostra alguns dos genes e suas localizações no cromossomo de *E. coli*.

Podemos imaginar um gene como uma frase na linguagem dos ácidos nucleicos. Cada frase nessa linguagem é construída com base em um alfabeto de quatro letras, que correspondem às quatro bases nitrogenadas do DNA: adenina (A), timina (T), citosina (C) e guanina (G). Quando essas quatro letras se combinam para formar "frases" com várias centenas de letras, o número de frases possíveis torna-se quase infinito. De modo semelhante, existe um número quase infinito de genes possíveis. Se cada gene tivesse 500 bases, um cromossomo contendo 5 milhões de bases poderia conter 10 mil genes diferentes. Assim, a capacidade de armazenamento da informação no DNA é extremamente grande!

**Os genomas microbianos são pequenos, mais fáceis de estudar e, habitualmente, não contêm mais de 10 milhões de pares de base de DNA, em comparação com cerca de 3 bilhões no genoma humano e no genoma murino.**

*Haemophilus influenzae* foi o primeiro microrganismo a ter o

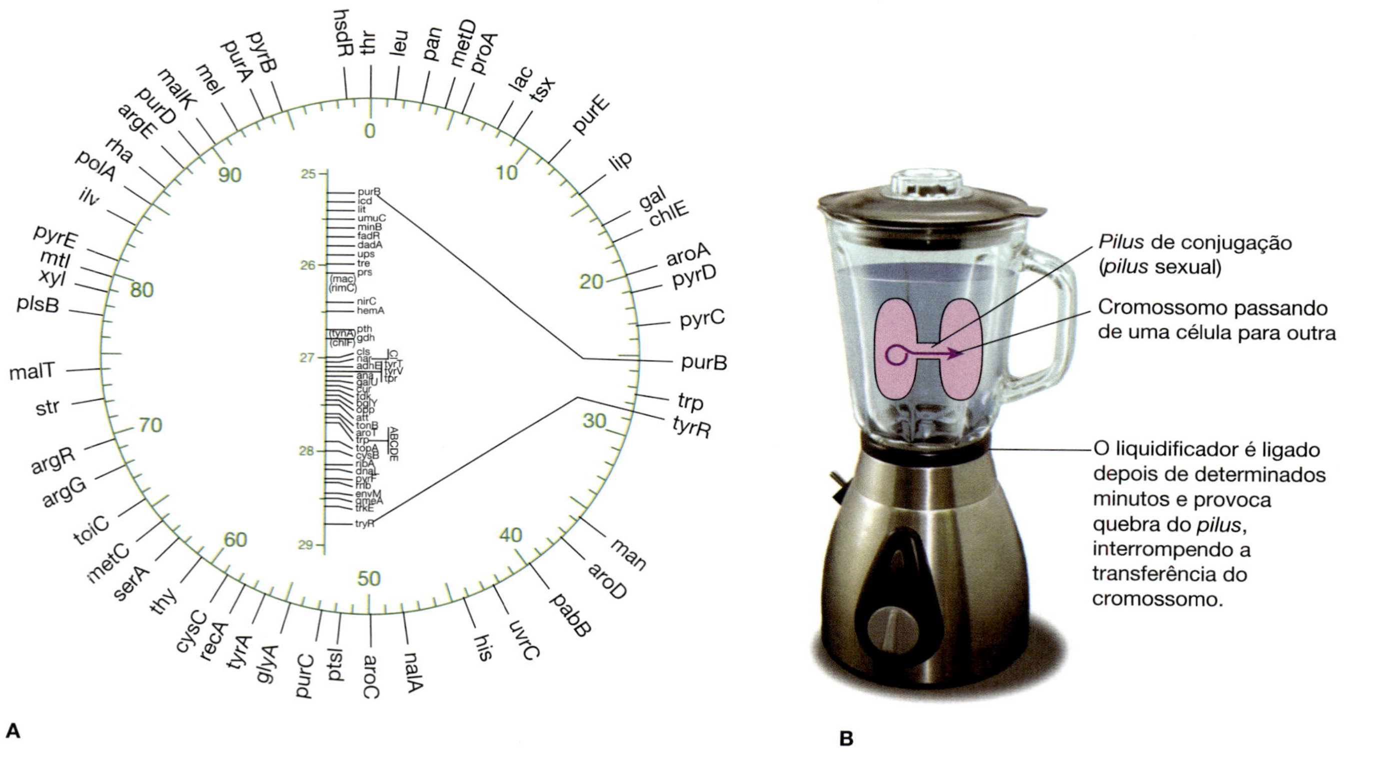




**Figura 8.2 Mapeamento parcial do cromossomo de *E. coli*. A.** O genoma completo de *E. coli* consiste em aproximadamente 4 mil genes. O círculo externo é uma representação simplificada do cromossomo, indicando alguns genes comumente estudados. São necessários cerca de 100 minutos para a transferência de todo o cromossomo de uma célula doadora para a célula receptora durante a conjugação (ver Capítulo 9), um mecanismo pelo qual os genes são transferidos entre bactérias. Os números indicados no interior do círculo representam o número de minutos necessários para que a transferência alcance esse ponto no cromossomo. O detalhe é um pequeno segmento do mapa de *E. coli* aumentado para mostrar alguns dos genes adicionais que foram localizados dentro dessa região (modificado de Bachman). **B.** Esses tempos são determinados permitindo a conjugação de duas cepas diferentes de bactérias no interior de um liquidificador, que é ligado após determinados minutos, acarretando a ruptura dos *pili* sexuais e interrompendo assim a transferência do cromossomo. Em seguida, as células receptoras são cultivadas e examinadas para determinar os genes que foram transferidos. Variando o tempo utilizado, os pesquisadores podem descobrir a ordem dos genes no cromossomo.

SAIBA MAIS

## O menor genoma bacteriano conhecido | Um meio de se tornar uma organela?

Em outubro de 2006, *Nanoarchaeum equitans* perdeu o recorde de menor genoma bacteriano conhecido. Essa bactéria tem 491 mil pares de base do DNA. A nova campeã, *Carsonella ruddii*, contém apenas um terço desse número, 159.662, que fornece apenas 182 genes codificadores de proteínas.

*C. ruddii* é uma bactéria endossimbiótica que vive no interior de células especiais (bacteriócitos) dentro de estruturas especializadas, denominadas bacteriomas (ver foto), localizados no inseto psilídeo sugador de seiva, que dissemina a doença *greening*[2] entre plantas cítricas. A seiva da planta é pobre em nutrientes, de modo que alguns insetos sugadores de seiva dependem das bactérias endossimbiônticas para suprir as necessidades, como aminoácidos, que então são compartilhados. Em alguns casos, o inseto e as bactérias evoluíram juntos a tanto tempo, que nenhum deles é capaz de sobreviver sem o outro. No interior de seu inseto hospedeiro, as bactérias necessitam de menos genes para sobreviver, visto que o hospedeiro supre muitas de suas necessidades. Talvez alguns dos genes bacterianos tenham sido transferidos para o genoma do inseto, que então assumiu o trabalho de sustentar as bactérias. Posteriormente, caso a bactéria perdesse esses genes, isso não seria nenhum problema; isso apenas permitiu a redução do genoma bacteriano. *C. ruddii* perdeu genes que são considerados absolutamente necessários para a vida. Essas bactérias de genoma reduzido podem estar a caminho de se tornarem organelas no interior da célula hospedeira. Lembre-se da "evolução por endossimbiose" do Capítulo 5.

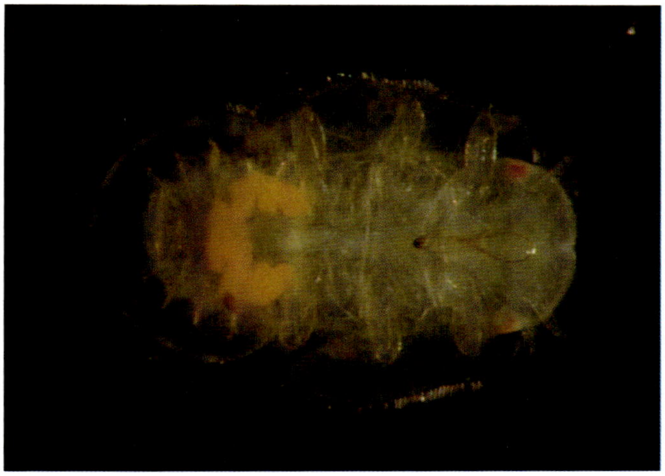

A estrutura amarela brilhante (bacterioma) no interior desse inseto contém bactérias endossimbióticas (*Carsonella ruddii*), que apresentam o menor genoma até agora encontrado (outubro de 2006) entre as bactérias. *(Cortesia de Nancy Moran, Yale University.)*

[2]N.R.T.: A doença *greening*, também conhecida como *huanglongbing* (HLB), é um dos mais sérios problemas da citricultura brasileira e mundial. Um fruto contaminado não pode ser tratado e torna-se nocivo para o restante do pomar, levando a perdas econômicas importantes.

*O genoma de E. coli consiste em 4.639.221 pares de base, que codificam, pelo menos, 4.288 proteínas.*

seu genoma (1,83 megabase; 1 megabase (mb) = 1.000.000 pares de base) completamente sequenciado em laboratório. Sua sequência foi publicada na revista *Science* de 28 de julho de 1995. Desde então, foi efetuado o sequenciamento de mais de 350 genomas microbianos, incluindo um genoma finalizado em apenas 1 dia por cinco laboratórios diferentes, cada um deles trabalhando em uma região diferente. Hoje, a obtenção da sequência completa de um genoma microbiano leva menos de 1 hora com ajuda de equipamento automatizado, e existem mais de 800 mil genomas sequenciados.

## Transferência da informação

A informação armazenada no DNA é utilizada tanto para guiar a replicação do DNA na preparação para a divisão celular quanto para dirigir a síntese de proteínas. As três maneiras pelas quais essa informação é transferida são as seguintes:

1. *Replicação:* o DNA produz um novo DNA
2. *Transcrição:* o DNA produz um RNA como primeira etapa na síntese de proteínas
3. *Tradução:* o RNA guia a ligação entre aminoácidos para formar proteínas.

Tanto na replicação quanto na transcrição do DNA, o DNA serve como **molde** (muito semelhante a um molde de costura) para a síntese de um novo polímero de nucleotídios. A sequência de bases em cada novo polímero é complementar àquela do DNA original. Esse arranjo é efetuado pelo pareamento de bases. Como discutido no Capítulo 3, lembre-se de que, durante o pareamento de bases complementares no DNA, a adenina sempre se pareia com a timina (A–T), enquanto a guanina sempre se pareia com a citosina (G–C). Lembre-se também de que, quando o DNA serve como molde para síntese de RNA, o pareamento é diferente: no RNA, a timina é substituída pela uracila (U), que se pareia com a adenina.

Na **replicação do DNA**, o novo polímero também é um DNA. Na síntese de proteínas, o novo polímero é um tipo específico de RNA, denominado *RNA mensageiro* (*mRNA*), que serve então como segundo molde, que determinará a disposição dos aminoácidos em uma proteína. Algumas proteínas formam a estrutura de uma célula, enquanto outras (enzimas) regulam o seu metabolismo e outras ainda transportam substâncias através de membranas.

No processo global da síntese de proteínas, a síntese de mRNA a partir de um molde de DNA é denominada **transcrição**, enquanto a síntese de proteínas a partir da informação no mRNA é denominada **tradução**. Por analogia, a transcrição transfere informação de um ácido nucleico para outro, assim como podemos transcrever frases manuscritas em frases

## APLICAÇÃO NA PRÁTICA

### DNA inimigo

Como as células de seu sistema imune identificam invasores estranhos, como as bactérias e os vírus? Até agora, os imunologistas acreditavam que as proteínas na superfície externa das células invasoras e dos vírus eram os gatilhos que alertavam o sistema de defesa do organismo. Agora, entretanto, estudos preliminares realizados pelo Dr. Arthur M. Krieg, da University of Iowa College of Medicine, indicam que, antes mesmo que nosso organismo responda a essas proteínas de superfície, ele reconhece o DNA bacteriano e viral e inicia um combate aos invasores. Ele detecta um padrão de bases exclusivo das bactérias e dos vírus – uma ocorrência frequente de sequências C–G. Essa combinação de bases é incomum no DNA dos mamíferos. Quando ocorre, existe um grupo metila ligado à citosina – algo totalmente ausente nas sequências C–G das bactérias e dos vírus.

Há algumas evidências de que indivíduos com lúpus eritematoso sistêmico, uma doença autoimune em que o sistema imune ataca o próprio DNA do corpo, podem não ter a capacidade normal de acrescentar grupos metila ao DNA. Por conseguinte, o DNA desses indivíduos pode aparecer como DNA estranho ao sistema imune. Talvez a cura dessa doença consista em aumentar a capacidade do paciente de acrescentar grupos metila. Outra aplicação clínica pode estar na administração de sequências C–G produzidas artificialmente a pacientes cujo sistema imune necessite de estimulação. No laboratório, a adição dessas sequências C–G a frascos contendo linfócitos B (células imunes que produzem anticorpos ou proteínas que respondem a invasores estranhos) induz a multiplicação de 95% das células nos primeiros 30 minutos. São necessárias pesquisas adicionais para verificar se o mesmo efeito ocorre em organismos como um todo.

datilografadas no mesmo idioma. A tradução transfere informações da linguagem dos ácidos nucleicos para a linguagem dos aminoácidos, assim como você pode traduzir frases do português para outro idioma. Existem até mesmo enzimas de "revisão", que procuram eliminar quaisquer erros que possam ocorrer, assegurando assim a produção de uma cópia correta.

No caso dos vírus que têm RNA como material genético, os cientistas foram inicialmente incapazes de compreender como esses vírus poderiam produzir mais RNA. Então, a descoberta de enzimas para **transcrição reversa** revelou um processo pelo qual o RNA pode produzir DNA. Em seguida, esse DNA pode produzir mais RNA. Esses vírus são conhecidos como *retrovírus*, devido a esse processo reverso. (Estudaremos mais detalhadamente no Capítulo 11.) O HIV, o vírus causador da AIDS, é um retrovírus. A transcrição reversa é um processo menos preciso do que a transcrição regular. Erros não corrigidos são passados adiante como mutações ou mudanças permanentes nos genes de um organismo. O HIV apresenta uma taxa de mutação 500 vezes maior do que a maioria dos organismos, uma péssima notícia para a produção de vacinas.

A replicação, a transcrição e a tradução do DNA transferem a informação de uma molécula para outra (Figura 8.3). Esses processos permitem que a informação no DNA seja transferida para cada nova geração de células e seja utilizada para controlar o funcionamento das células por meio da síntese de proteínas.

**PARE e RESPONDA**

1. Compare e diferencie os cromossomos nos procariontes e eucariontes.
2. O DNA nem sempre é o material genético. Quais são as exceções?
3. Como as mutações poderiam dar origem a novos alelos de um gene?
4. De que maneira o DNA bacteriano e o DNA viral diferem do DNA humano? Que doença pode estar relacionada com essa diferença?
5. Em que aspectos a tradução difere da transcrição?

## REPLICAÇÃO DO DNA

Para compreender a replicação do DNA, precisamos lembrar, conforme discutido no Capítulo 3, que pares de fitas helicoidais do DNA permanecem unidas pelo pareamento de bases de adenina com timina e citosina com guanina. Precisamos também saber que as extremidades de cada fita são diferentes. Em uma extremidade, denominada extremidade 3′ (3 linha), o carbono 3 da desoxirribose está livre para ligar-se a outras moléculas. Na outra extremidade, a extremidade 5′ (5 linha),

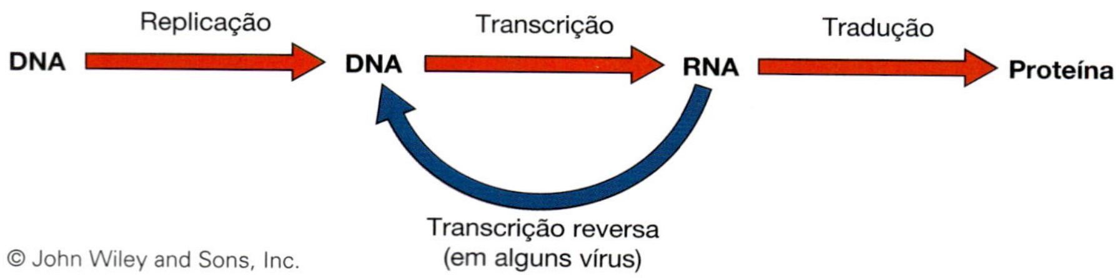




**Figura 8.3 Transferência da informação do DNA para proteínas.** Como veremos posteriormente, determinados vírus, como o que causa a AIDS, podem dirigir a síntese de DNA a partir de seu RNA (transcrição reversa).

o carbono 5 da desoxirribose está ligado a um fosfato (ver Figura 8.1). Essa estrutura é um tanto análoga a um trem de carga, em que a extremidade 3′ é a locomotiva, e a extremidade 5′ o vagão. Quando as duas fitas de uma dupla hélice se combinam por pareamento de bases, elas o fazem de maneira **antiparalela**. O arranjo das fitas é ligeiramente semelhante a dois trens deslocando-se em direções opostas, e o pareamento de bases é como se os passageiros nos dois trens estivessem apertando as mãos.

A replicação do DNA começa em um local específico (a **origem de replicação**) no cromossomo circular de uma célula procariótica e habitualmente prossegue simultaneamente em ambas as direções a partir da origem. Isso cria duas **forquilhas de replicação**, que são os pontos onde as duas fitas de DNA se separam para possibilitar a sua replicação (Figura 8.4). Várias enzimas (helicases) rompem as pontes de hidrogênio entre as bases nas duas fitas de DNA, desenrolam as fitas uma da outra e estabilizam as fitas isoladas expostas, impedindo que voltem a se unir. As moléculas da enzima **DNA polimerase** movem-se então ao longo da fita, atrás de cada forquilha de replicação, sintetizando novas fitas de DNA complementares às originais, em uma velocidade aproximada de 1.000 nucleotídios por segundo. A DNA polimerase também realiza uma "*revisão*" da fita em crescimento, corrigindo erros, como bases de pareamento impróprio. Até mesmo nessas altas velocidades, a revisão habitualmente deixa algum erro em apenas 1 em cada 10 pares de base.

A enzima DNA polimerase só pode acrescentar nucleotídios na extremidade 3′ de uma fita de DNA em crescimento. Em consequência, somente uma fita do DNA original pode servir como molde para a síntese de uma nova fita contínua, a **fita líder**, indo na direção de 5′ para 3′. Ao longo da outra fita, que corre na direção de 3′ para 5′, a **fita descontínua**, a síntese de novo DNA precisa ser *descontínua*, isto é, a polimerase deve estar continuamente adiante e atuar para trás, produzindo uma série de segmentos curtos de DNA, denominados **fragmentos de Okazaki**, que consistem em 100 a 1.000 pares de base. Cada fragmento precisa ter um pequeno trecho de RNA, denominado **RNA iniciador (*primer*)** ligado ao DNA parental, de modo a iniciar a síntese de novo DNA. Posteriormente, a DNA polimerase irá digerir o RNA iniciador e substituí-lo por DNA. Os fragmentos são então unidos por outra enzima, denominadas **ligase**. A formação das fitas líder e descontínua ocorre simultaneamente. Entretanto, como a DNA polimerase que produz os fragmentos de Okazaki precisa aguardar até que uma região de DNA suficiente tenha sido aberta na forquilha de replicação para a formação de um RNA iniciador, dizemos que ela é "defasada". Por fim, formam-se dois cromossomos separados (Figura 8.4), em que cada dupla hélice consiste em uma fita do DNA antigo ou parental e em uma fita de DNA novo. Essa replicação é denominada **replicação semiconservativa**, visto que uma fita é sempre conservada.

## APLICAÇÃO NA PRÁTICA

### Se o DNA produz apenas proteínas, quem produz os carboidratos e os lipídios?

Se a informação genética no DNA é utilizada especificamente para determinar a estrutura das proteínas, como então são determinadas as estruturas dos carboidratos e dos lipídios? Pare e pense sobre os tipos de proteínas que uma célula possui. Muitas são enzimas e, naturalmente, algumas dessas enzimas dirigem a síntese dos carboidratos e dos lipídios. A célula inteira é controlada pelo DNA – seja diretamente, na replicação do DNA e na síntese de proteínas estruturais, seja indiretamente, pela síntese de enzimas que, por sua vez, controlam a síntese dos carboidratos e dos lipídios.

## SÍNTESE DE PROTEÍNAS

### Transcrição

Todas as células precisam sintetizar constantemente proteínas para executar seus processos vitais: reprodução, crescimento, reparo e regulação do metabolismo. Essa síntese envolve a transferência correta da informação linear das fitas de DNA (genes) em uma sequência linear de aminoácidos nas proteínas.

Para iniciar a síntese de proteínas, as pontes de hidrogênio entre as bases nas fitas do DNA são rompidas enzimaticamente em determinadas regiões, com consequente separação das fitas. Assim, pequenas sequências de bases do DNA não pareadas são expostas para servir como moldes no processo da transcrição. Apenas uma fita dirige a síntese do mRNA para qualquer gene; a fita complementar é utilizada como molde durante a replicação do DNA ou durante a transcrição de algum outro gene. Lembre-se de que o RNA contém a base uracila em vez de timina (ver Capítulo 3). Por conseguinte, quando o mRNA é transcrito a partir do DNA, a uracila se pareia com a adenina; nos demais casos, as bases se pareiam exatamente como o fazem durante a replicação do DNA. O RNA mensageiro é formado na direção de 5′ para 3′.

Para transcrever o seu DNA, a célula precisa dispor de quantidades suficientes de nucleotídios contendo ligações de fosfato de alta energia, que fornecem energia para que os nucleotídios participem em reações subsequentes. Após separar as fitas de DNA, a enzima **RNA polimerase** liga-se a uma fita do DNA exposto, reconhecendo uma sequência de bases de nucleotídios no DNA, que indica que este é o início de um gene (*sequência promotora*). Como ilustrado na Figura 8.5, após a ligação de uma enzima à primeira base no DNA (neste caso, a adenina), o nucleotídio apropriado liga-se ao complexo base nitrogenada-enzima do DNA. Em seguida, a nova base liga-se pelo pareamento de bases à base do molde de DNA. A enzima desloca-se para a próxima base do DNA, e o nucleotídio fosforilado apropriado une-se ao complexo. O fosfato do segundo nucleotídio liga-se à ribose do primeiro nucleotídio, e ocorre liberação de *pirofosfato* (duas moléculas ligadas de fosfato). Isso forma a primeira ligação no novo polímero de RNA. A energia necessária para formar essa ligação provém da hidrólise do ATP e da liberação de mais dois grupos fosfato. Esse processo se repete até que a molécula de RNA esteja completa.

Nos procariontes, a transcrição e a tradução ocorrem no citoplasma, ao passo que, nos eucariontes, a transcrição ocorre no núcleo da célula. O mRNA na transcrição dos eucariontes precisa estar completamente formado e ser transportado através da membrana nuclear para o citoplasma antes que possa ser iniciado o processo de tradução. Além disso, a molécula de mRNA sofre processamento adicional antes de estar pronta para deixar o núcleo. Nas células eucarióticas, bem como em determinados tipos de bactérias conhecidas como Archaea

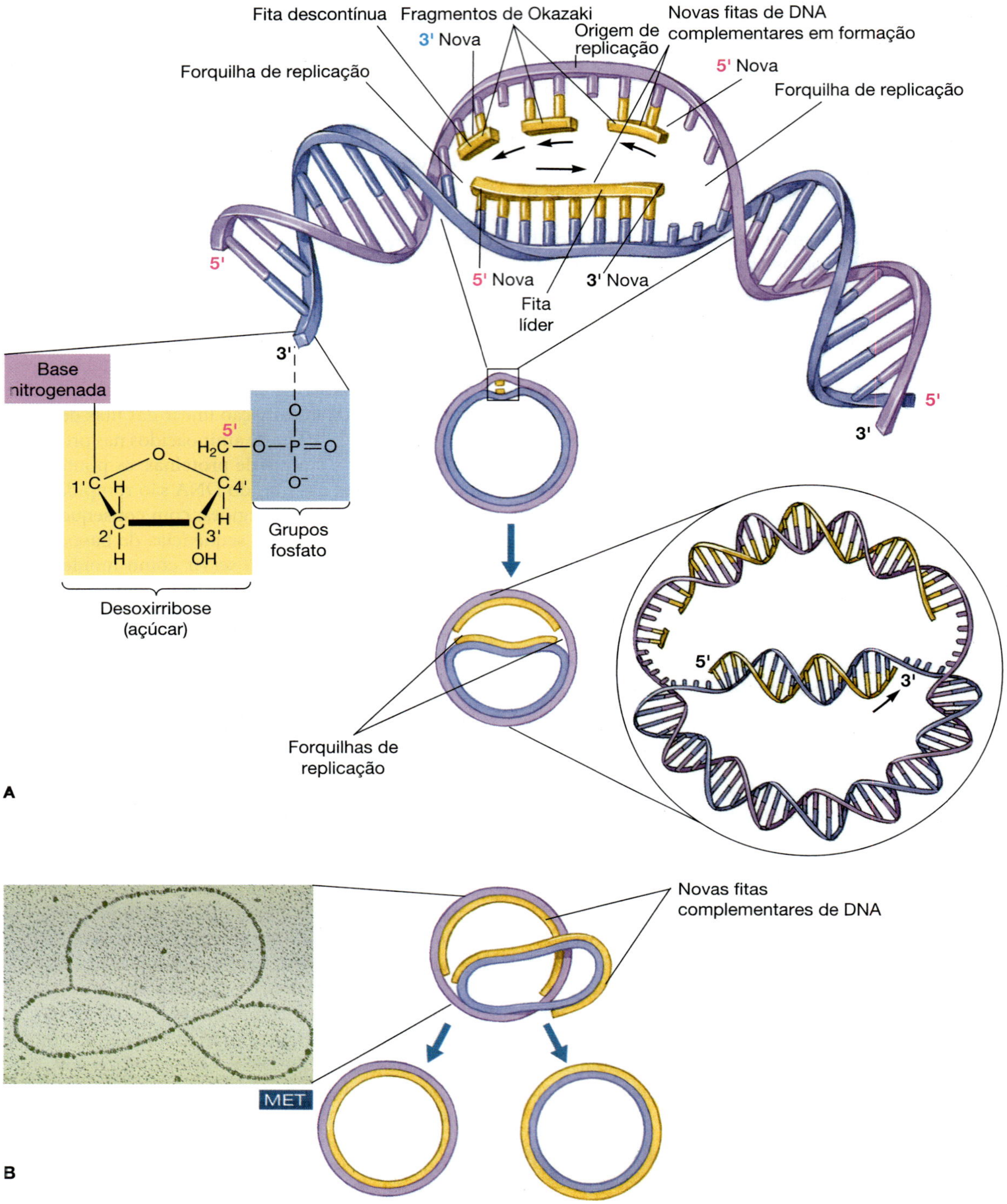


**Figura 8.4 Replicação do DNA em um procarionte.** **A.** As fitas do DNA separam-se, e a replicação começa em uma forquilha de replicação em cada fita. À medida que a síntese prossegue, cada fita de DNA serve como molde para a replicação de sua parceira. Observe o arranjo antiparalelo das fitas complementares da dupla hélice do DNA. Como a síntese de novo DNA só pode ocorrer em uma única direção, o processo precisa ser descontínuo ao longo de uma fita. Pequenos segmentos são formados e, em seguida, unidos, conforme indicado pelas setas. **B.** Quando as duas forquilhas de replicação se encontram, os dois cromossomos novos separam-se, cada um deles constituído por uma fita antiga e uma nova fita, fornecendo um exemplo de replicação semiconservativa. Cada nova célula pode sofrer replicações subsequentes (21.011×). (NIH/Kakefuda/Science Source.)

(discutidas no Capítulo 10), as regiões dos genes que codificam as proteínas são denominadas **éxons**. Normalmente, os éxons são separados dentro de um gene por segmentos de DNA que não codificam proteínas. Essas *regiões intercaladas* não codificantes são denominadas **íntrons**. No núcleo, a RNA polimerase forma inicialmente o mRNA a partir do gene inteiro, incluindo todos os éxons e os íntrons. A molécula longa de mRNA recém-formada é aprimorada por outras enzimas, que removem os íntrons e unem os éxons. O mRNA resultante está pronto para dirigir a síntese de proteínas e deixar o núcleo (Figura 8.6).

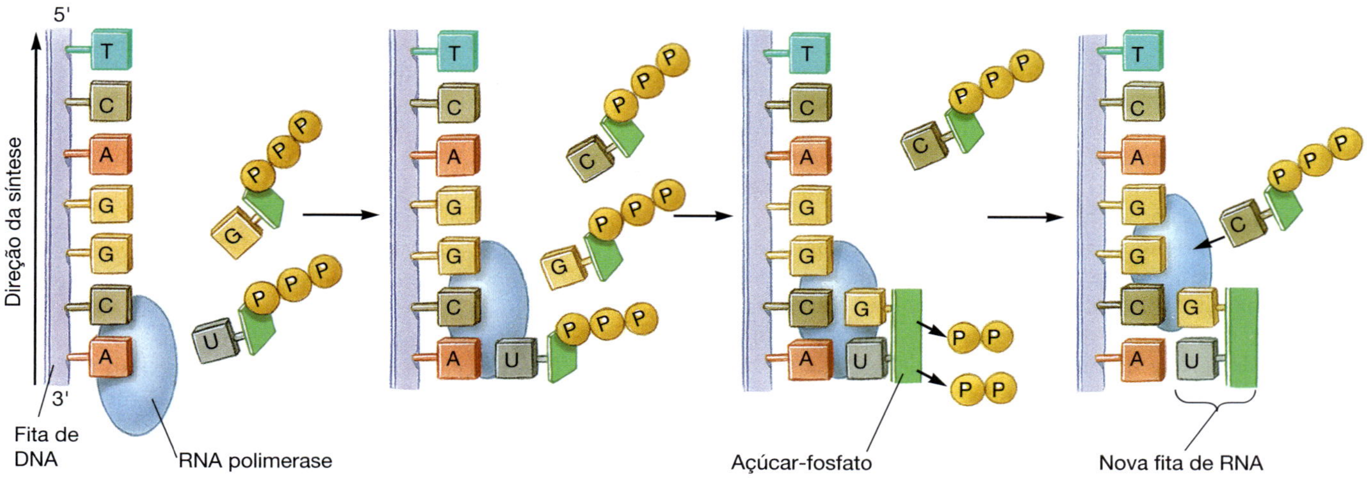




**Figura 8.5 Transcrição do RNA a partir de um molde de DNA.** PPP representa um trifosfato, e PP, um pirofosfato. No RNA, U (em vez de T) pareia-se com A.

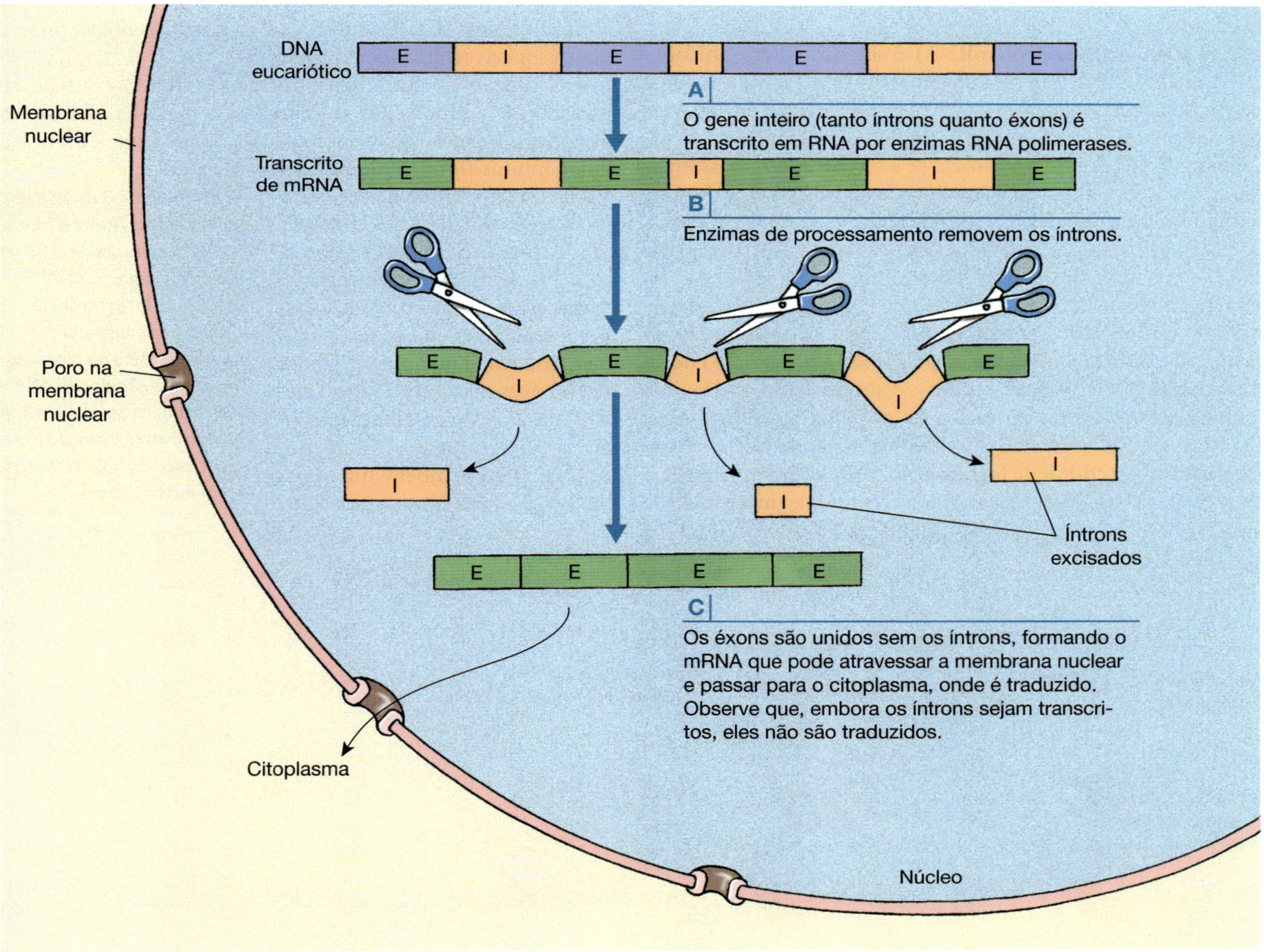




**Figura 8.6 Os genes eucarióticos diferem na sua complexidade dos genes procarióticos.** Sequências codificadoras de DNA, denominadas éxons (E), alternam com sequências não codificadoras, denominadas íntrons (I). Após a transcrição de ambas no RNA, os íntrons são removidos, deixando apenas os éxons unidos para entrar no citoplasma, onde serão traduzidos. Todos os procariontes, com exceção de Archaea, são desprovidos de íntrons.

## Tipos de RNA

Três tipos de RNA – o *RNA ribossômico*, o *RNA mensageiro* e o *RNA transportador* – participam da síntese de proteínas. Cada RNA é constituído de uma única fita de nucleotídios e é sintetizado por transcrição, utilizando o DNA como molde. Para completar a história da síntese de proteínas, necessitamos de mais informações sobre esses tipos de RNA.

O **RNA ribossômico (rRNA)** liga-se estreitamente a certas proteínas para formar dois tipos de subunidades ribossômicas. Uma subunidade de cada tipo combina-se para formar um ribossomo. Lembre-se de que os ribossomos constituem os locais de síntese de proteínas na célula (ver Capítulo 5). Eles atuam como sítios de ligação para o RNA transportador, e algumas de suas proteínas agem como enzimas que controlam a síntese de proteínas. Os ribossomos procarióticos são constituídos de uma subunidade menor (30S) e uma subunidade maior (50S). (Os ribossomos eucarióticos são formados por uma subunidade 40S e uma subunidade 60S.) Após a junção das duas subunidades ao redor da fita do mRNA (Figura 8.7), começa a síntese de um peptídio. A cadeia polipeptídica recém-formada cresce passando por um túnel na subunidade 50S.

O **RNA mensageiro (mRNA)** é sintetizado em unidades que contêm informação suficiente para dirigir a síntese de uma ou mais cadeias polipeptídicas. Uma molécula de mRNA corresponde a um ou mais genes, as unidades funcionais do DNA. Cada molécula de mRNA associa-se a um ou mais ribossomos. No ribossomo, a informação codificada no mRNA atua durante a tradução para ditar a sequência de aminoácidos na proteína.

Na tradução, cada trinca (sequência de três bases) no mRNA constitui um **códon**. Os códons são as "palavras" na linguagem dos ácidos nucleicos. Cada códon especifica determinado aminoácido ou atua como códon de terminação. O primeiro códon em uma molécula de mRNA atua como **códon de iniciação**. Ele sempre codifica o aminoácido metionina, embora esta possa ser removida da proteína posteriormente. O último códon a ser traduzido na molécula de mRNA é um **finalizador**, ou **códon de terminação**. Atua como uma espécie de sinal de pontuação para indicar o término de uma molécula de proteína. Utilizando uma frase como analogia, o códon da metionina é a letra maiúscula no início da frase, enquanto o códon de terminação é o ponto final.

Existe pelo menos um códon para cada um dos 20 aminoácidos encontrados nas proteínas. Existem vários códons para alguns aminoácidos; por exemplo, seis códons diferentes codificam a leucina (Leu). Você pode encontrá-los na Figura 8.8. A relação entre cada códon e um aminoácido específico constitui o **código genético** (ver Figura 8.8). Durante os estudos iniciais do código genético, pesquisadores descobriram alguns códons que não codificavam nenhum aminoácido. Posteriormente, foi constatado que estes eram códons de terminação. Embora a informação genética esteja armazenada no DNA, o código genético é escrito em códons de mRNA. Naturalmente, a informação nos códons deriva *diretamente* do DNA pelo pareamento de bases complementares durante a transcrição.

As comparações dos códons entre diferentes organismos mostraram que eles são quase os mesmos em todos os organismos, desde bactérias até o homem. Essa universalidade do código genético permite que as pesquisas realizadas em outros organismos sejam aplicadas para compreender a transmissão das informações nas células humanas. Grande parte de nossos conhecimentos sobre como o código genético opera provém das pesquisas realizadas em bactérias.

A função do **RNA transportador (tRNA)** consiste em transportar aminoácidos do citoplasma para os ribossomos para a sua inclusão em uma molécula de proteína. Foram isolados muitos tipos diferentes de tRNA do citoplasma das células. Uma molécula de tRNA consiste em 75 a 80 nucleotídios e dobra-se sobre si mesma para formar várias alças que são estabilizadas por pareamento de bases complementares (Figura 8.9). Cada tRNA possui um **anticódon** de três bases, que é complementar a determinado códon do mRNA. Tem também um sítio de ligação para um aminoácido

O Prêmio Nobel de 2006 foi concedido a Andrew Fire e Craig Mello pela descoberta de outro tipo de RNA, o RNA de interferência (RNAi), que silencia um gene por meio de bloqueio da expressão de um RNA mensageiro específico. Isso pode revelar a função desse gene ou como ele interage com outros genes.

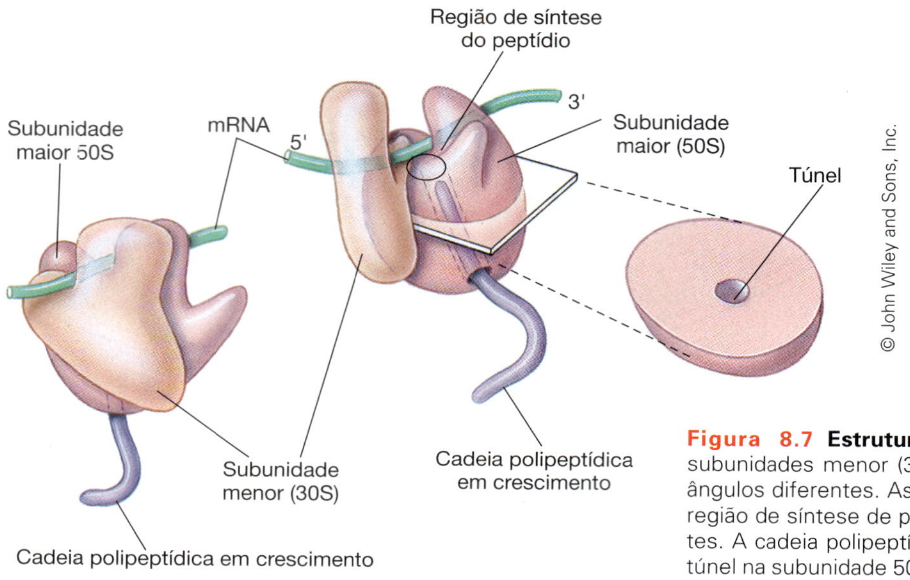


**Figura 8.7 Estrutura do ribossomo de procariontes.** As subunidades menor (30S) e maior (50S) são mostradas em dois ângulos diferentes. As subunidades envolvem a fita de mRNA. A região de síntese de peptídios é a junção desses três componentes. A cadeia polipeptídica em crescimento passa através de um túnel na subunidade 50S, que pode ser visto em corte transversal.

| Primeira posição | Segunda posição: U | C | A | G | Terceira posição |
|---|---|---|---|---|---|
| U | **UUU** Phe | **UCU** Ser | **UAU** Tyr | **UGU** Cys | U |
| | **UUC** Phe | **UCC** Ser | **UAC** Tyr | **UGC** Cys | C |
| | **UUA** Leu | **UCA** Ser | **UAA** *Terminação* | **UGA** *Terminação* | A |
| | **UUG** Leu | **UCG** Ser | **UAG** *Terminação* | **UGG** Trp | G |
| C | **CUU** Leu | **CCU** Pro | **CAU** His | **CGU** Arg | U |
| | **CUC** Leu | **CCC** Pro | **CAC** His | **CGC** Arg | C |
| | **CUA** Leu | **CCA** Pro | **CAA** Gln | **CGA** Arg | A |
| | **CUG** Leu | **CCG** Pro | **CAG** Gln | **CGG** Arg | G |
| A | **AUU** Ile | **ACU** Thr | **AAU** Asn | **AGU** Ser | U |
| | **AUC** Ile | **ACC** Thr | **AAC** Asn | **AGC** Ser | C |
| | **AUA** Ile | **ACA** Thr | **AAA** Lys | **AGA** Arg | A |
| | **AUG** Met | **ACG** Thr | **AAG** Lys | **AGG** Arg | G |
| G | **GUU** Val | **GCU** Ala | **GAU** Asp | **GGU** Gly | U |
| | **GUC** Val | **GCC** Ala | **GAC** Asp | **GGC** Gly | C |
| | **GUA** Val | **GCA** Ala | **GAA** Glu | **GGA** Gly | A |
| | **GUG** Val | **GCG** Ala | **GAG** Glu | **GGG** Gly | G |



**Figura 8.8 O código genético, com abreviaturas padrão de três letras para os aminoácidos.** Para encontrar o aminoácido codificado pelo códon AGU do mRNA, desça pela coluna da esquerda até o quadrado identificado por A, prossiga horizontalmente até o quarto quadrado identificado por G na parte superior da figura e encontre a primeira linha no quadrado marcado com U no lado direito da figura. Nesse local, você encontrará a abreviatura Ser (serina). A palavra *terminação* designa um códon de terminação, que aparece três vezes. O códon de *iniciação* é AUG, que também codifica a metionina. Portanto, a síntese de proteínas sempre começa com a metionina. Entretanto, a metionina é geralmente removida mais tarde, de modo que nem todas as proteínas começam de fato com a metionina. Quando encontrado no meio de uma fita de mRNA, o AUG codifica a metionina.

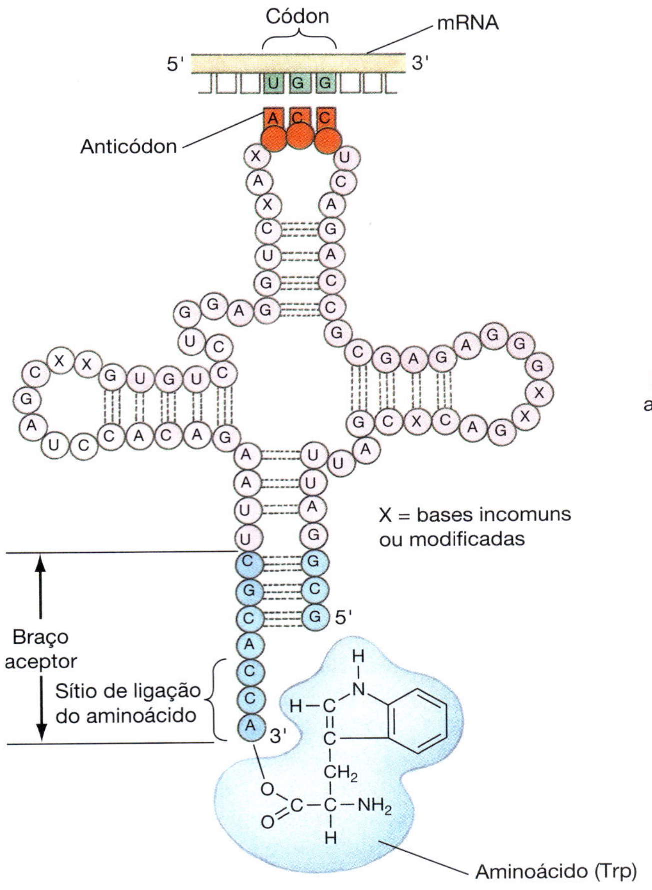


A

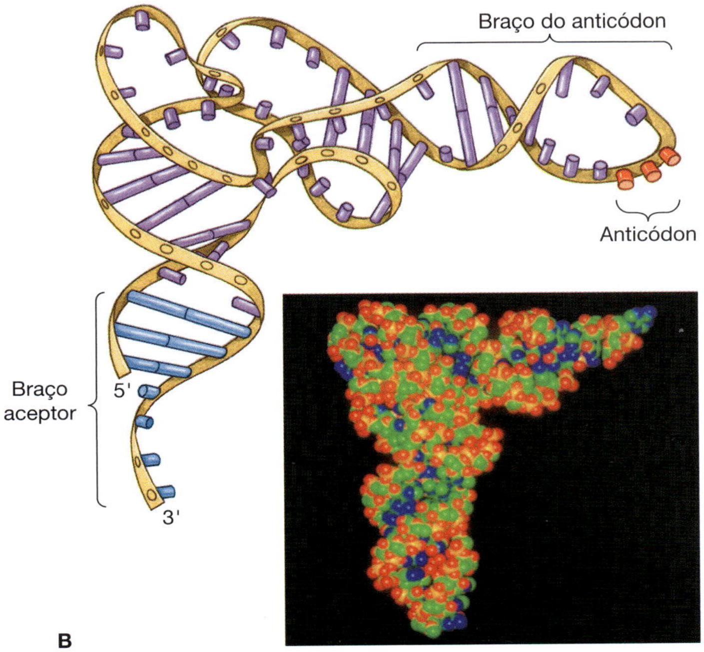


B

**Figura 8.9 RNA transportador. A.** Estrutura bidimensional do RNA transportador de triptofano. A extremidade do anticódon irá se parear com um códon na fita do RNA mensageiro e entregará o aminoácido desejado (triptofano), que está ligado ao braço aceptor em sua extremidade oposta. A molécula é mantida em seu padrão de trevo-de-quatro-folhas por meio de pontes de hidrogênio entre as fitas que formam os braços (linhas tracejadas). **B.** Uma molécula de tRNA dobrada em seu complexo formato tridimensional, em forma de diagrama e como modelo gerado por computador. *(Leonard Lessin/Science Source.)*

– o aminoácido particular especificado pelo códon do mRNA. (Naturalmente, o códon do mRNA obteve a sua informação diretamente do DNA.) Por conseguinte, os tRNAs representam a ligação entre os códons e os aminoácidos correspondentes. A ligação dos aminoácidos a moléculas específicas de tRNA é obtida pela ação de enzimas aminoacil-tRNA sintetases e energia proveniente do ATP.

O anticódon liga-se por pareamento de bases complementares ao códon apropriado do mRNA, de modo que seu aminoácido esteja alinhado para a sua incorporação a uma proteína. A precisão da colocação de um aminoácido no processo de síntese de proteínas depende desse pareamento preciso de códons e anticódons. A Tabela 8.1 fornece um resumo das propriedades dos três tipos de RNA.

## Tradução

A síntese de proteínas, um importante processo no crescimento das bactérias, utiliza de 80% a 90% da energia da célula bacteriana. Em geral, durante a síntese de proteínas, os vários RNAs e os aminoácidos estão disponíveis em quantidades suficientes. Os RNAs podem ser reutilizados muitas vezes antes de perder a sua capacidade de funcionar. Entre os tipos de RNA, o mRNA é produzido na quantidade mais precisa, de acordo com a necessidade de determinada proteína pela célula. A Figura 8.10 mostra os três tipos de RNA e como eles funcionam na síntese de proteínas.

Após a transcrição de uma molécula de mRNA e sua combinação com um ribossomo, este inicia a síntese de proteínas e fornece o sítio para a montagem dessas proteínas. Cada ribossomo liga-se inicialmente à extremidade do mRNA, que corresponde ao início de uma proteína. O comprimento de cada cadeia polipeptídica que se estende a partir de um ribossomo corresponde à quantidade de mRNA que o ribossomo "leu". Vários ribossomos podem estar ligados a diferentes pontos ao longo de uma molécula de mRNA, formando um **polirribossomo** (ou *polissomo*) (Figura 8.11).

**Tabela 8.1** Propriedades dos diferentes tipos de RNA.

| Tipo de RNA | Propriedades |
|---|---|
| Ribossômico | Combina-se com proteínas específicas para formar ribossomos.<br>Serve como sítio para síntese de proteínas.<br>As enzimas associadas atuam no controle da síntese de proteínas. |
| Mensageiro | Transporta a informação do DNA para a síntese de proteínas.<br>As moléculas correspondem, em seu comprimento, a um ou mais genes no DNA.<br>Possui trincas de bases denominadas códons, que constituem o código genético.<br>Liga-se a um ou mais ribossomos. |
| Transportador | Encontrado no citoplasma, onde captura aminoácidos e os transfere para o mRNA.<br>As moléculas possuem a forma de um trevo-de-quatro-folhas, com um sítio de ligação para um aminoácido específico.<br>Cada um possui uma única trinca de bases denominada anticódon, que se pareia de modo complementar com o códon correspondente no mRNA. |

Nos procariontes (diferentemente dos eucariontes), a transcrição e a tradução ocorrem no citoplasma, onde todas as enzimas necessárias e os ribossomos se encontram. Nos eucariontes, o mRNA formado no núcleo precisa atravessar a membrana nuclear antes que se torne disponível para os ribossomos, que realizam a síntese de proteínas.

As principais etapas na síntese de proteínas (Figura 8.12) podem ser resumidas da seguinte maneira: o processo começa quando uma molécula de mRNA torna-se corretamente posicionada em um ribossomo. À medida que cada códon do mRNA é "lido", o tRNA apropriado combina-se com ele e, assim, entrega um aminoácido específico ao sítio de montagem das proteínas. A localização no ribossomo onde o primeiro tRNA se pareia é denominada *sítio P*. O segundo códon do mRNA pareia-se então com um tRNA que transporta o segundo aminoácido ao *sítio A*, que é o próximo sítio em relação ao sítio P. A correspondência entre códon e anticódon pelo pareamento de bases permite que a informação codificada no mRNA especifique a sequência de aminoácidos em uma proteína. Qualquer tRNA com anticódons não correspondentes simplesmente não se liga ao ribossomo. À medida que os aminoácidos são transportados e entregues um após o outro, e ligações peptídicas entre eles são formadas, o comprimento da cadeia polipeptídica aumenta. Esse processo continua até que o ribossomo reconheça um códon de terminação. Quando o ribossomo "lê" um códon de terminação no sítio A, ele libera a proteína finalizada a partir do sítio P.

Qualquer molécula de mRNA pode dirigir simultaneamente a síntese de muitas moléculas proteicas idênticas – uma para cada ribossomo que passa por ela. Os ribossomos, os mRNAs e os tRNAs são reutilizáveis. Os tRNAs deslocam-se para a frente e para trás, capturando aminoácidos no citoplasma e levando-os até o ribossomo, onde eles são incorporados às proteínas.

## Notícia importante: descoberta de um segundo código de DNA

No dia 13 de dezembro de 2013, na revista *Science*, volume 342, número 6164, páginas 1367–1372, foi publicado um artigo intitulado "Exonic Transcription Fator Binding Directs Codon Choice and Affects Protein Evolution" (em tradução livre, "A ligação do fator de transcrição exônico dirige a escolha de códons e afeta a evolução das proteínas"). O Dr. John Stamatoyannopoulos da Universidade de Washington, chefe da equipe de autores, anunciou a descoberta de um **segundo código de DNA** inserido acima do outro código do DNA. Seus esforços foram parte do projeto Encyclopedia of DNA element (enciclopédia de elementos do DNA), também conhecido como ENCODE. Cerca de 15% dos códons no DNA desempenham, na realidade, duas funções e foram designados como "códons de duplo uso" ou "**dúons**". Em vez de designá-lo como segundo código do DNA, seria mais apropriado referir-se a ele como código do DNA de segunda função.

O código genético escreve em duas linguagens separadas, uma escrita por cima da outra, o que explica porque se levou tanto tempo para descobrir a segunda linguagem. Ambas evoluíram juntas em coordenação e são altamente conservadas, resultando em uma molécula adequadamente dobrada. O modo pelo qual o DNA é dobrado é que determina a sua função. Podem ocorrer mutações em consequência de uma dobra incorreta. A função mais conhecida dos códons consiste em controlar a sequência de aminoácidos nas proteínas. A função recém-descoberta está relacionada com o controle gênico, regulando o gene por meio de fatores de transcrição. Esses fatores ligam-se aos genes e determinam se eles devem se "ativar" ou "desativar". Por exemplo, é importante que células renais não sejam ativadas no cérebro. Se uma ou ambas as funções de um dúon forem comprometidas, podem ocorrer várias doenças humanas, como o câncer. Muitas pesquisas interessantes precisam ser realizadas para desvendar esses processos. Talvez você faça parte dessa pesquisa no futuro.

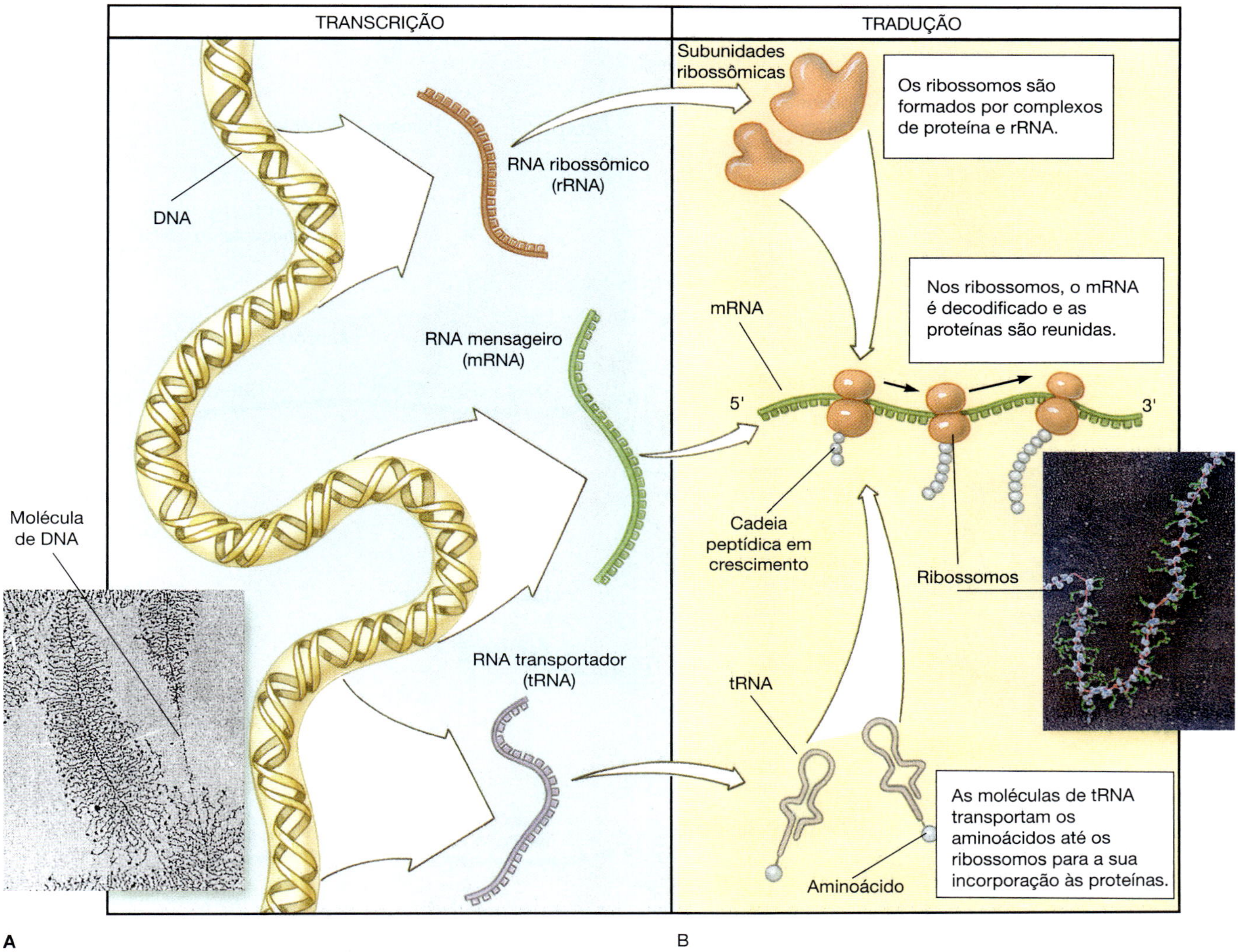


**Figura 8.10 Transcrição e tradução.** **A.** Transcrição do DNA em RNA. *(O. L. Miller, Jr., e B. R. Beatty, Journal of Cellular Physiology 74, 1969.)* **B.** Tradução do RNA em proteína. Muitos ribossomos que estão ligados e efetuam a leitura do mesmo trecho do mRNA constituem um polirribossomo. *(Dra. Elena Kiseleva/Science Source.)*

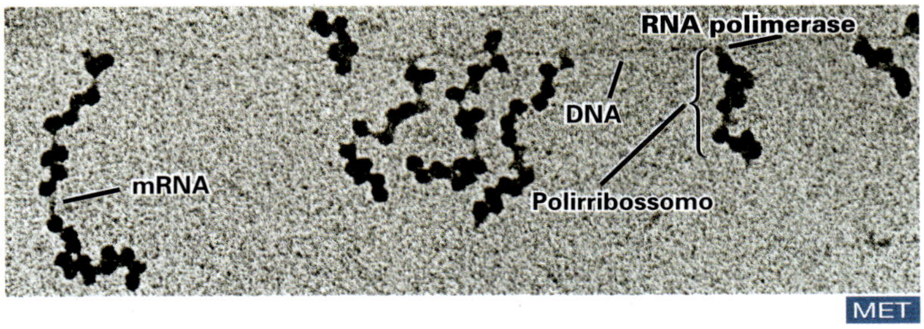


**Figura 8.11 Transcrição e tradução concomitantes nos procariontes.** Uma porção do DNA de *E. coli* está localizada horizontalmente nesta micrografia eletrônica (24.013×). Os ribossomos estão ligados aos trechos de mRNA e estão sintetizando proteínas que podem ser vistas, com aumento de seu comprimento da direita para a esquerda, indicando a direção da transcrição. A presença de muitos ribossomos, todos "ligados" simultaneamente ao longo de um trecho de mRNA, explica a designação de *polirribossomo* (ou *polissomo*). *(Oscar L. Miller/Science Source.)*

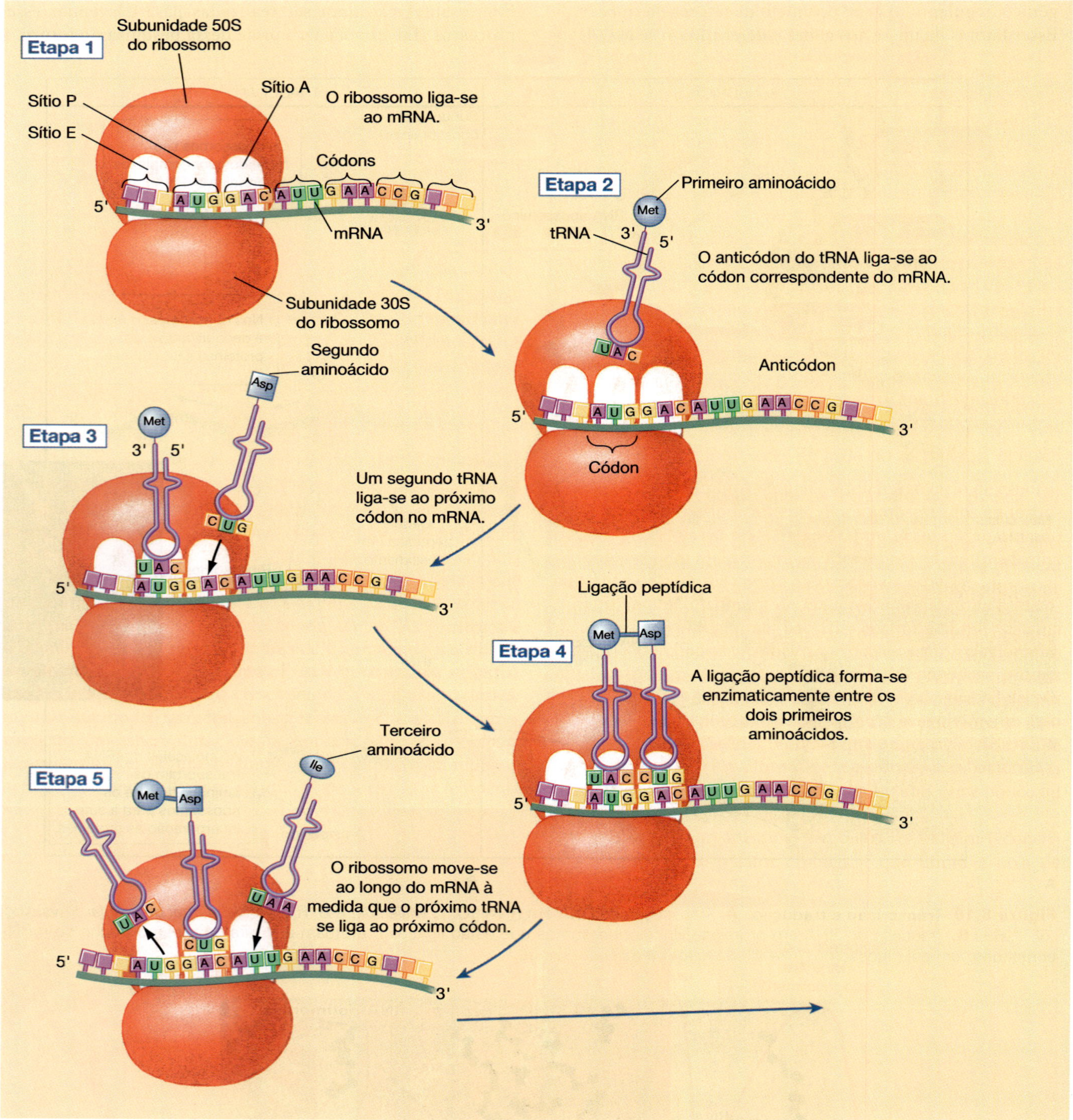




**Figura 8.12 Síntese de proteínas.** Etapas 1 a 5: principais etapas na síntese de proteínas. Etapas 6 e 7: muitos ribossomos podem decodificar simultaneamente a mesma fita de mRNA. Os ribossomos são mostrados deslocando-se da esquerda para a direita. (*Continua*)

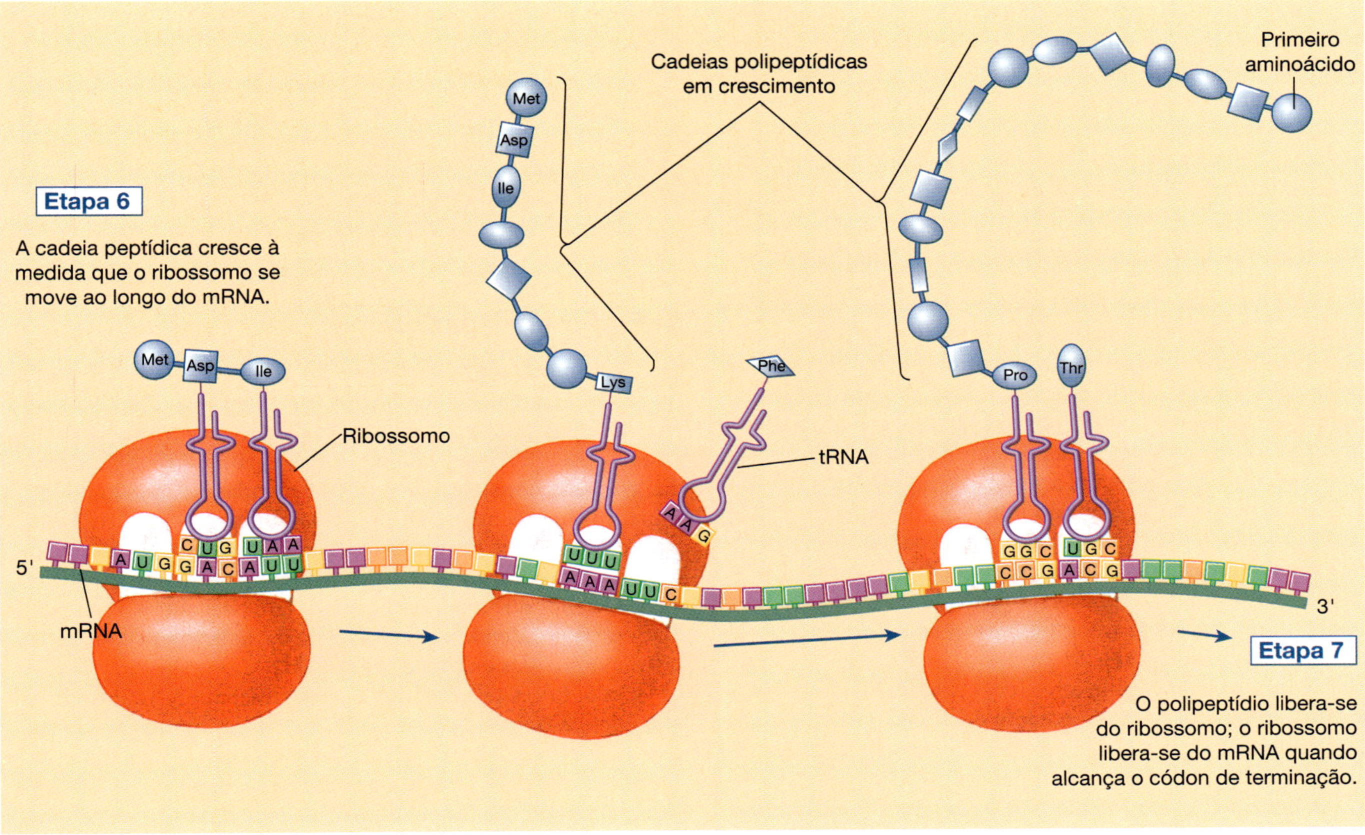



**Figura 8.12** (*Continuação*)

**PARE e RESPONDA**

1. Diferencie fita líder de fita descontínua.
2. A que se referem 5′ e 3′? Como determinam a direção da síntese do novo DNA?
3. O código genético tem sinônimos?
4. Compare os três tipos de RNA. O DNA produz todos os três tipos?

# REGULAÇÃO DO METABOLISMO

## Importância dos mecanismos reguladores

As bactérias utilizam a maior parte de sua energia para a síntese de substâncias necessárias a seu crescimento. Essas substâncias incluem proteínas estruturais, que formam as partes das células, e enzimas, que controlam tanto a produção de energia quanto as reações de síntese. A sobrevivência das bactérias depende de sua capacidade de crescer mesmo quando as condições estão abaixo das ideais – por exemplo, quando há escassez de nutrientes. Durante a sua evolução, as células bacterianas (e todos os outros organismos) desenvolveram mecanismos para ativar e desativar as reações metabólicas de acordo com as suas necessidades. A energia e os materiais são muito valiosos para serem desperdiçados. Além disso, a célula dispõe de uma quantidade limitada de espaço para armazenar materiais em excesso que ela sintetiza. Assim, as células utilizam a energia para sintetizar substâncias nas quantidades necessárias e interrompem o processo antes que tenham sido produzidos excessos desnecessários.

Acredita-se que todos os organismos vivos tenham mecanismos de controle que regulam suas atividades metabólicas. No entanto, mais pesquisas sobre os mecanismos de controle foram realizadas em bactérias do que em todos os outros organismos. As bactérias são ideais para esses estudos por diversos motivos:

1. Podem crescer em grandes números de modo relativamente barato, em uma variedade de condições ambientais controladas
2. Produzem rapidamente muitas novas gerações
3. Como elas se reproduzem com tanta rapidez, pode-se observar uma variedade de mutações em um tempo relativamente curto.

Os organismos mutantes que possuem alguma alteração em seus mecanismos de controle podem ser isolados e estudados com organismos não mutantes para compreender melhor o processo de atuação desses mecanismos de controle.

## Categorias de mecanismos reguladores

Os mecanismos que controlam o metabolismo regulam a atividade enzimática diretamente ou regulam a síntese de enzimas pela ativação ou desativação de genes que codificam determinadas enzimas. Entre os vários mecanismos que regulam o metabolismo, três foram extensamente pesquisados em bactérias:

- Inibição por retroalimentação (*feedback*)
- Indução enzimática
- Repressão enzimática.

Na *inibição por retroalimentação (feedback)*, a atividade enzimática é regulada diretamente, e o mecanismo de controle determina com que velocidade as enzimas já presentes irão catalisar as reações. Na *indução enzimática* e na *repressão enzimática*, a regulação ocorre de modo indireto pela síntese de enzimas, e o mecanismo de controle determina quais enzimas serão sintetizadas e em que quantidade.

## Inibição por retroalimentação (*feedback*)

Na **inibição por retroalimentação**, também denominada **inibição pelo produto final**, o produto final de uma via de biossíntese inibe diretamente a primeira enzima da via. Esse mecanismo foi descoberto quando se observou que a adição de um dos vários aminoácidos a um meio de cultura poderia levar uma bactéria a interromper subitamente a síntese desse aminoácido específico. Por exemplo, a síntese do aminoácido treonina é regulada por meio de inibição por retroalimentação. A treonina é produzida a partir do aspartato, e a enzima alostérica que atua sobre o aspartato é inibida pela treonina (Figura 8.13). (O aspartato provém do oxaloacetato formado no ciclo de Krebs.) Quando um inibidor (a treonina) liga-se ao sítio alostérico, ele altera o formato da enzima, de modo que o substrato (aspartato) é incapaz de se ligar ao sítio ativo (ver Capítulo 6). Desse modo, ocorre inibição por retroalimentação quando o produto final de uma sequência de reações liga-se ao sítio alostérico da enzima envolvida na primeira etapa da sequência.

A inibição por retroalimentação regula a síntese de várias substâncias além dos aminoácidos (as pirimidinas, por exemplo). Esse mecanismo regulador também é observado em muitos organismos além das bactérias. Como a inibição por retroalimentação atua rapidamente e de modo direto sobre um processo metabólico, ela permite que a célula conserve energia de duas maneiras:

1. Quando presente em quantidades abundantes, o inibidor (produto final) liga-se à enzima; quando há escassez, ele é liberado da enzima. Assim, a célula gasta energia para sintetizar o produto final somente quando é necessário
2. A regulação da atividade enzimática exige menos energia do que os processos mais complexos que regulam a expressão gênica.

## Indução enzimática

Em certo momento na investigação da regulação metabólica, foi descoberto que determinados organismos sempre contêm enzimas ativas para o metabolismo da glicose, mesmo quando esta não está presente no meio. Essas enzimas são denominadas **enzimas constitutivas**; são sintetizadas de maneira contínua, independentemente da disponibilidade dos nutrientes para o organismo. Os genes que produzem essas enzimas são sempre ativos. Em contrapartida, as enzimas que são sintetizadas por genes que algumas vezes são ativos e outras vezes são inativos, dependendo da presença ou da ausência de substrato, são denominadas **enzimas indutivas**.

Quando bactérias como *E. coli* crescem em meio nutritivo que não contém lactose, as células não produzem as enzimas que seriam necessárias para utilizar a lactose como fonte de energia. Entretanto, quando a lactose está presente, as células passam a sintetizar as enzimas necessárias para o seu metabolismo. Esse fenômeno fornece um exemplo de **indução enzimática**. A indução enzimática controla a degradação de nutrientes à medida que se tornam disponíveis no meio de cultura. Esse tipo de sistema é ativado quando há disponibilidade

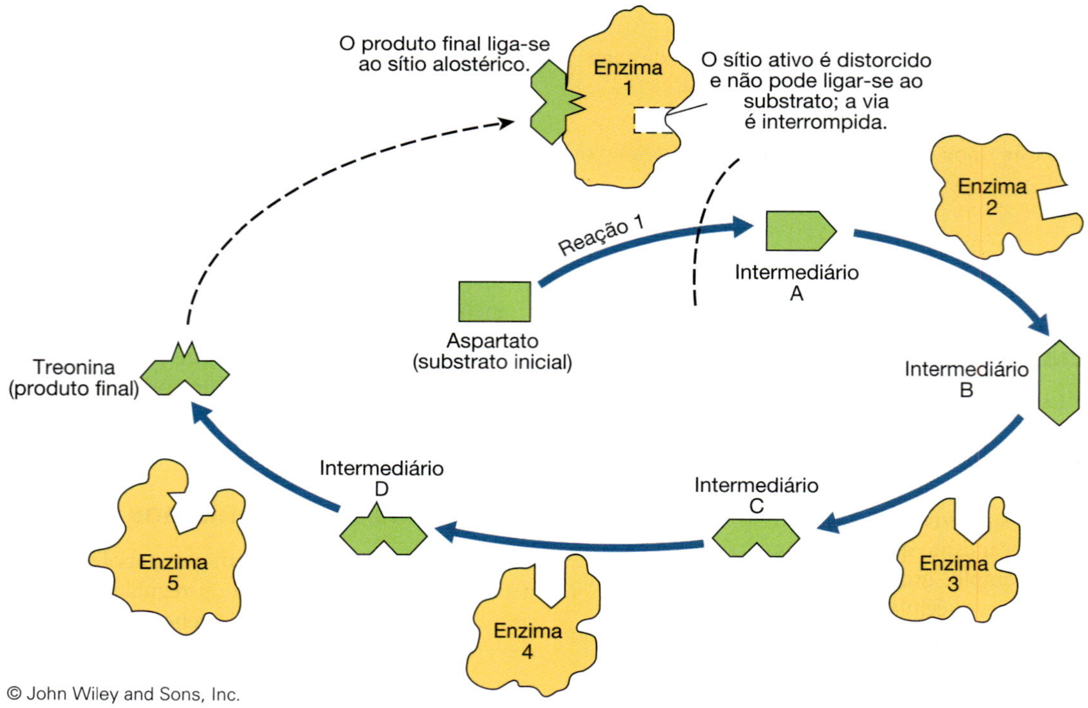




**Figura 8.13 Inibição por retroalimentação.** A síntese de treonina apresenta cinco reações enzimaticamente controladas (setas) e quatro produtos intermediários (A, B, C e D). A treonina (o produto final) inibe uma enzima alostérica 1 que catalisa a reação 1. A enzima alostérica é funcional quando o seu sítio alostérico não está ocupado e é não funcional quando o produto final da sequência de reações liga-se a esse sítio.

de um nutriente e desativado quando este sofre depleção. O próprio nutriente atua como **indutor** da produção da enzima.

A *teoria do óperon*, um modelo que explica a regulação da síntese de algumas proteínas nas bactérias, foi proposta em 1961 pelos cientistas franceses Francois Jacob e Jacques Monod, que receberam o Prêmio Nobel em 1965 pelo seu trabalho. Embora o modelo se aplique a vários óperons, iremos ilustrá-lo com o óperon *lac*, que regula o metabolismo da lactose. Um **óperon** é uma sequência de genes estreitamente associados que regulam a produção de enzimas. Um óperon inclui um ou mais **genes estruturais**, que carregam a informação para a síntese de proteínas específicas, como moléculas enzimáticas, e **sítios reguladores**, que controlam a expressão dos genes estruturais. Um **gene regulador** (*i*) atua em conjunto com o óperon, mas pode estar localizado a alguma distância dele. Nos procariontes, vários genes estruturais são controlados por um óperon – um método mais eficiente que o dos eucariontes, em que cada gene é controlado pelo seu próprio sítio regulador. O óperon parece estar quase totalmente limitado aos procariontes. Até o momento, os únicos eucariontes que apresentam óperons são os nematódeos, como *Caenorhabditis elegans*.

O óperon *lac* (Figura 8.14) consiste em sítios reguladores, denominados *promotor* e *operador*, e em três genes estruturais,

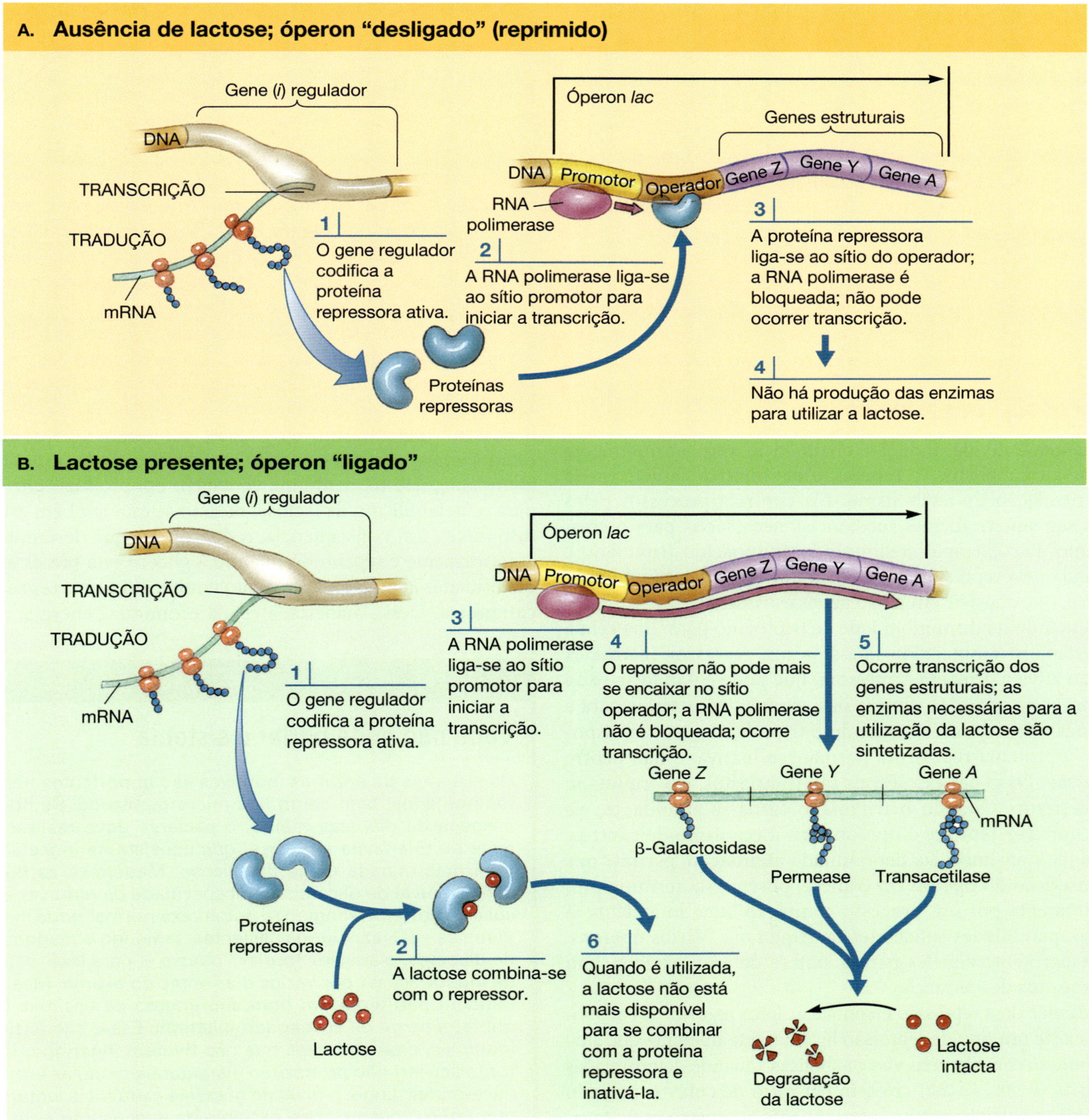




**Figura 8.14 Indução enzimática.** Mecanismos de atuação do óperon *lac*. **A.** Na ausência de lactose, o repressor liga-se ao operador, impedindo a transcrição dos genes que codificam as enzimas utilizadas no metabolismo da lactose. **B.** Quando a lactose está presente, ela se liga ao repressor e o inativa. Ocorre transcrição dos genes estruturais do óperon, e as enzimas necessárias para o metabolismo da lactose são sintetizadas. O gene (*i*) regulador pode estar situado a alguma distância do óperon.

*Z*, *Y* e *A*, que dirigem a síntese de enzimas específicas. É necessária a ligação de uma molécula de RNA polimerase ao promotor antes que a transcrição possa começar. O gene *i*, fora do óperon *lac*, é responsável pela síntese de uma substância denominada *repressor lac*. O **repressor** é uma proteína que se liga a operador e impede a transcrição dos genes adjacentes *Z*, *Y* e *A*. Consequentemente, não ocorre síntese das enzimas que metabolizam a lactose. O gene *i* fornece um exemplo de *gene constitutivo* – promove a síntese de proteínas para produzir mais proteína repressora e não é controlado pelo promotor.

Quando presente no meio, a lactose atua como indutor, ligando-se ao repressor *lac* e inativando-o. O repressor então não bloqueia mais o operador. Em seguida, a RNA polimerase liga-se ao promotor, fazendo com que o operador inicie a transcrição dos genes *Z*, *Y* e *A* como uma única fita longa de mRNA. Esse mRNA associa-se a ribossomos e dirige a síntese de três enzimas: a β-galactosidase (gene *Z*), a permease (gene *Y*) e a transacetilase (gene *A*). A descoberta do óperon levou ao reconhecimento de que uma única molécula de mRNA tem a capacidade de codificar a produção de mais de uma proteína, por exemplo, as três enzimas no óperon *lac*. A permease transporta a lactose para dentro das células, enquanto a β-galactosidase degrada a lactose em glicose e galactose (ver Figura 8.14B). Embora o papel da transacetilase não esteja bem esclarecido, acredita-se que ela possa facilitar o escape de galactosídios.[3] Quando a lactose disponível estiver degradada, não haverá mais nenhuma disponível para ligação ao repressor. O repressor ativo mais uma vez liga-se ao operador, e o óperon é desativado.

## Repressão enzimática

Diferentemente da indução enzimática, que normalmente regula o catabolismo, a **repressão enzimática** caracteriza-se pela regulação do anabolismo. Ela controla processos pelos quais são sintetizadas as substâncias necessárias para o crescimento. Por exemplo, a síntese do aminoácido triptofano é regulada pela repressão enzimática por meio da ação do óperon *trp*, que consiste em cinco genes estruturais.

Quando há disponibilidade de triptofano para uma célula bacteriana, o aminoácido liga-se a um repressor inativo. A ligação ativa a proteína repressora, que pode então ligar-se ao promotor e reprimir a síntese das enzimas necessárias para a produção de triptofano. Quando o triptofano não está disponível, a proteína repressora permanece inativa, e não ocorre repressão. Os genes estruturais são transcritos, e o triptofano é sintetizado. Quando o triptofano torna-se abundante, ele mais uma vez reprime o óperon. Um mecanismo de controle ainda mais aprimorado, denominado **atenuação**, permite que a transcrição do óperon *trp* comece, porém esta termina prematuramente por um processo complexo quando a célula já possui quantidades suficientes de triptofano. Vários óperons, particularmente aqueles para a síntese de aminoácidos, têm mecanismos de atenuação.

Apesar de a repressão enzimática típica regular vias anabólicas, existe um tipo de repressão ligeiramente diferente que atua em conexão com algumas vias catabólicas. Quando determinadas bactérias (p. ex., *E. coli*) crescem em meio de cultivo contendo tanto glicose quanto lactose, o crescimento ocorre em ritmo logarítmico enquanto houver glicose disponível. Quando a glicose se

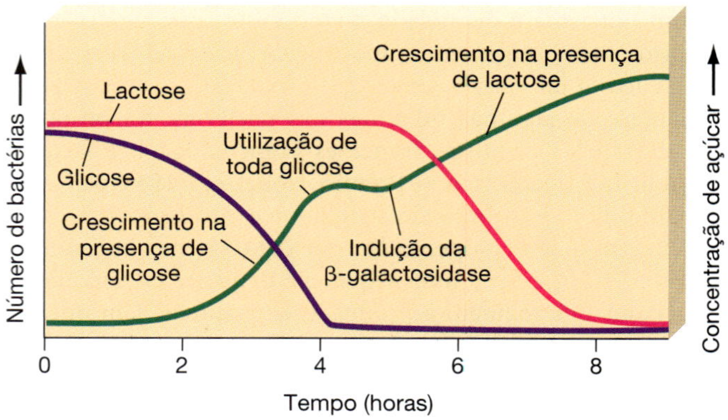


© John Wiley and Sons, Inc.

**Figura 8.15 Repressão catabólica.** Curva de crescimento de bactérias em meio contendo inicialmente tanto glicose quanto lactose. Quando a glicose é totalmente utilizada, o crescimento é interrompido temporariamente, porém recomeça em uma taxa mais lenta, utilizando a lactose como fonte de energia.

esgota, as bactérias entram em uma fase estacionária, porém logo começam a crescer novamente em ritmo logarítmico, embora não tão rapidamente (Figura 8.15). Nesse momento a taxa de crescimento logarítmico resulta do metabolismo da lactose. A fase estacionária é o período durante o qual as enzimas necessárias para utilizar a lactose estão sendo sintetizadas.

Por que a síntese dessas enzimas não é induzida antes que ocorra depleção da glicose, visto que a lactose estava presente no meio desde o início? A resposta é que as bactérias utilizam a glicose como nutriente com alta eficiência. As enzimas usadas no metabolismo da glicose, por serem constitutivas, estão sempre presentes na célula. Assim, quando a glicose é abundante, não há nenhuma vantagem em produzir enzimas para o metabolismo da lactose, mesmo se esta também estiver disponível. Em consequência, o óperon *lac* que descrevemos anteriormente é reprimido quando a glicose está presente em quantidades adequadas, um efeito conhecido como **repressão catabólica**. Dessa maneira, a célula economiza energia, visto

## APLICAÇÃO NA PRÁTICA

### Você não pode burlar o sistema

Os sistemas de enzimas indutivas são importantes nos seres humanos, bem como nos microrganismos. Se houver suspeita de diabetes melito, o paciente deve realizar um teste de tolerância à glicose, que consiste na ingestão de uma determinada carga de glicose. Medem-se as flutuações no nível de glicemia. A incapacidade de remover a glicose da corrente sanguínea numa taxa normal *pode* indicar diabetes – talvez. Alguns pacientes, temendo o diagnóstico de diabetes, planejam "burlar" o teste e, para isso, deixam de ingerir açúcar por vários dias antes do exame. Mas eles também não terão um bom suprimento de enzimas para utilizar a carga de açúcar administrada. Essas são enzimas indutivas, e os pacientes que não tiverem ingerido o indutor (o açúcar) não produzirão instantaneamente as enzimas necessárias. Logo, o nível de glicemia cairá mais lentamente do que o normal. Um paciente deve consumir pelo menos a quantidade de açúcar contida em uma pequena barra de chocolate de 50 g durante os 3 dias anteriores ao teste, de modo a induzir a maior quantidade possível de enzima.

[3]N.R.T.: Galactosídios são glicosídeos contendo galactose.

## BIOTECNOLOGIA

### Muitas escolhas

A biorremediação consiste em utilizar microrganismos para digerir materiais perigosos que estão contaminando o solo ou as águas subterrâneas. Com frequência, antes que seja iniciado um projeto de remediação no campo, os organismos devem ser testados no laboratório quanto à sua capacidade de metabolizar o contaminante. Tudo funciona maravilhosamente no laboratório, mas, quando os microrganismos mágicos são levados ao local do teste, praticamente nada acontece! "Deve estar muito frio ou, talvez, não haja nitrogênio suficiente para sustentar o crescimento microbiano", dizem eles. Depois de muita conversa, descobre-se finalmente que o local também é rico em matéria vegetal apodrecida, e as bactérias a estão utilizando para o seu crescimento, em vez dos resíduos perigosos. No final das contas, por que um microrganismo deveria passar por dificuldades e gastos metabólicos para induzir enzimas quando existem maneiras mais fáceis de obter calorias?

que não produz enzimas que não são necessárias. Quando o suprimento de glicose diminui, a repressão é retirada, os genes do óperon *lac* são transcritos, e a célula passa a utilizar a lactose. Em resumo, a transcrição do óperon *lac* exige tanto a presença da lactose quanto a *ausência da glicose*.

Tanto a indução quanto a repressão enzimáticas constituem mecanismos reguladores que controlam a produção de enzimas pela alteração da expressão gênica. Embora esses dois mecanismos apresentem efeitos diferentes, eles na realidade representam dois exemplos da atuação de um único mecanismo para a ativação e desativação dos genes (**Tabela 8.2**).

**PARE e RESPONDA**

1. O que "retroalimenta" na inibição por retroalimentação? O que ela inibe? Como ela o faz?
2. Qual é o indutor para o óperon *lac*?
3. Compare a indução enzimática com a repressão enzimática.

## MUTAÇÕES

As mutações, ou alterações no DNA, podem ser agora definidas de modo mais preciso como alterações hereditárias na sequência de nucleotídios no DNA. As mutações são responsáveis pelas mudanças evolutivas nos microrganismos (e nos organismos maiores) e por alterações que produzem diferentes cepas dentro das espécies. Consideraremos agora como o DNA é modificado durante as mutações e como essas alterações afetam os organismos.

### Tipos de mutações e seus efeitos

Antes de considerarmos as mutações e seus efeitos, precisamos distinguir entre genótipo e fenótipo de um organismo. O **genótipo** refere-se à informação genética contida no DNA do organismo. O **fenótipo** refere-se às características específicas exibidas pelo organismo. As mutações sempre modificam o genótipo. Essa alteração pode ou não ser expressa no fenótipo, dependendo da natureza da mutação.

Dois tipos importantes de mutações são as *mutações pontuais*, que afetam uma única base, e a *mutações por deslocamento do quadro de leitura*, que podem afetar mais de uma base no DNA. Com frequência, as mutações fazem com que o organismo seja incapaz de sintetizar uma ou mais proteínas. A ausência de uma proteína frequentemente leva a alterações na estrutura do organismo ou na sua capacidade de metabolizar determinada substância.

Um terceiro tipo de mutação não envolve uma alteração quanto às bases presentes, como no caso das mutações pontuais e por mudanças de fase de leitura. Em vez disso, um trecho do cromossomo muda de posição, talvez até mesmo se separando e passando para outra parte do mesmo cromossomo ou para um cromossomo diferente (*transpósons*). Ou então pode voltar a se inserir na mesma localização, porém ao avesso (*inversões*). Se você lembrar do óperon *lac*, poderá perceber por que é importante que os genes mantenham a sua sequência correta em um cromossomo. Imagine o que poderia ocorrer se um trecho de um cromossomo se inserisse subitamente no meio de um óperon! No Capítulo 9, examinaremos como os engenheiros genéticos que inserem genes em cromossomos precisam considerar esse aspecto.

#### Mutações pontuais

Uma **mutação pontual** envolve uma substituição de uma base ou reposição de nucleotídio, em que uma base é substituída por outra em um local específico do gene. A mutação modifica um único códon no mRNA e pode ou não modificar a sequência de aminoácidos em uma proteína. Vamos ver alguns exemplos (**Figura 8.16**).

Suponhamos que uma sequência de três bases de DNA seja mudada de AAA para AAT. Durante a transcrição, o códon do mRNA mudará de UUU para UUA. (Lembre-se de que a uracila no RNA se pareia com a adenina no DNA; Capítulo 3.) Quando a informação no mRNA for utilizada para a síntese de proteínas, o aminoácido leucina irá substituir a fenilalanina

**Tabela 8.2** Efeitos dos sistemas reguladores envolvendo um óperon.

| Mecanismo regulador (exemplo) | Tipo de via regulada | Substância regulada | Condição que leva à expressão gênica |
|---|---|---|---|
| Indução enzimática (óperon *lac*) | Catabólica (de degradação) e liberação de energia | Nutriente (lactose) | Presença do nutriente (lactose) |
| Repressão enzimática (óperon *trp*) | Anabólica (de biossíntese) e utilização de energia | Produto final (triptofano) | Ausência do produto final (triptofano) |

na proteína. (Para verificar isso, recorra ao código genético na Figura 8.8.) Dada a substituição de um único aminoácido, a nova proteína será diferente da proteína normal. Os efeitos sobre o fenótipo do organismo serão insignificantes se a nova proteína funcionar tão bem quanto a original. Entretanto, serão significativos se a nova proteína funcionar precariamente ou não funcionar. Em raros casos, a nova proteína pode funcionar melhor e produzir um fenótipo mais bem adaptado a seu meio do que o fenótipo original.

Se o código no DNA fosse mudado de AAA par AAG, o código do mRNA se tornaria UUC em vez de UUU. Como os códons UUC e UUU codificam a fenilalanina, a mutação não tem nenhum efeito sobre a proteína sintetizada. Nesse caso, acreditou-se durante muito tempo que o fenótipo não é afetado, embora o genótipo tenha sido modificado. Entretanto, sabemos agora que essas mutações não são "silenciosas". Estas, de fato, resultam em desvios ligeiramente diferentes nas porcentagens dos produtos.

Algumas vezes, a substituição de uma única base no DNA produz um códon de terminação do mRNA. Se este códon for introduzido no meio de uma molécula de mRNA destinada a produzir uma única proteína, a síntese será interrompida na metade da molécula. Um polipeptídio que mais provavelmente será incapaz de funcionar na célula será liberado, e não haverá síntese da proteína apropriada. Se a proteína perdida for essencial para a estrutura ou a função da célula, o efeito pode ser letal.

## Mutações por deslocamento do quadro de leitura

Uma **mutação por deslocamento do quadro de leitura** é uma mutação em que há uma **deleção** ou uma **inserção** de uma ou mais bases (Figura 8.17). Essas mutações alteram todas as sequências de três bases posteriores à deleção ou inserção. Quando o mRNA transcrito a partir desse DNA alterado é

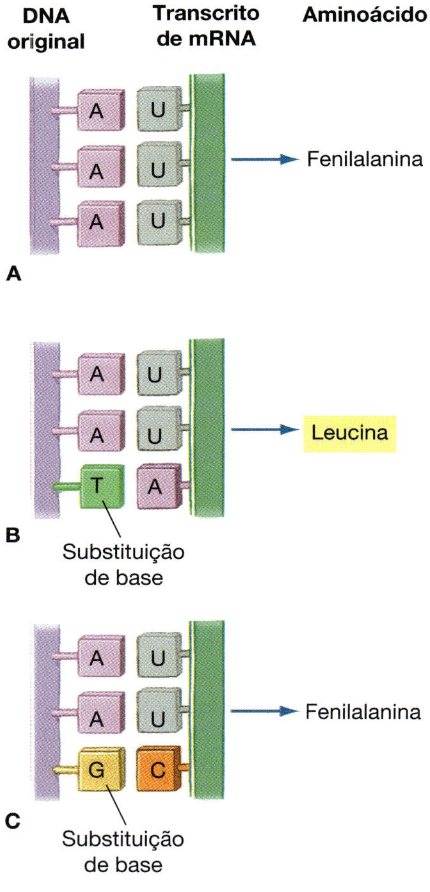



**Figura 8.16 Efeitos da substituição de base (mutação pontual).** A proteína resultante pode ou não ser significativamente afetada, dependendo de o novo códon especificar ou não o mesmo aminoácido, um aminoácido com propriedades semelhantes ou um totalmente diferente. Nessa ilustração, uma alteração em uma única base transforma um códon de codificação da fenilalanina (**A**) em um códon que codifica a leucina ou (**B**) em outro códon que é um sinônimo para a fenilalanina (**C**), isto é, uma mutação "silenciosa".

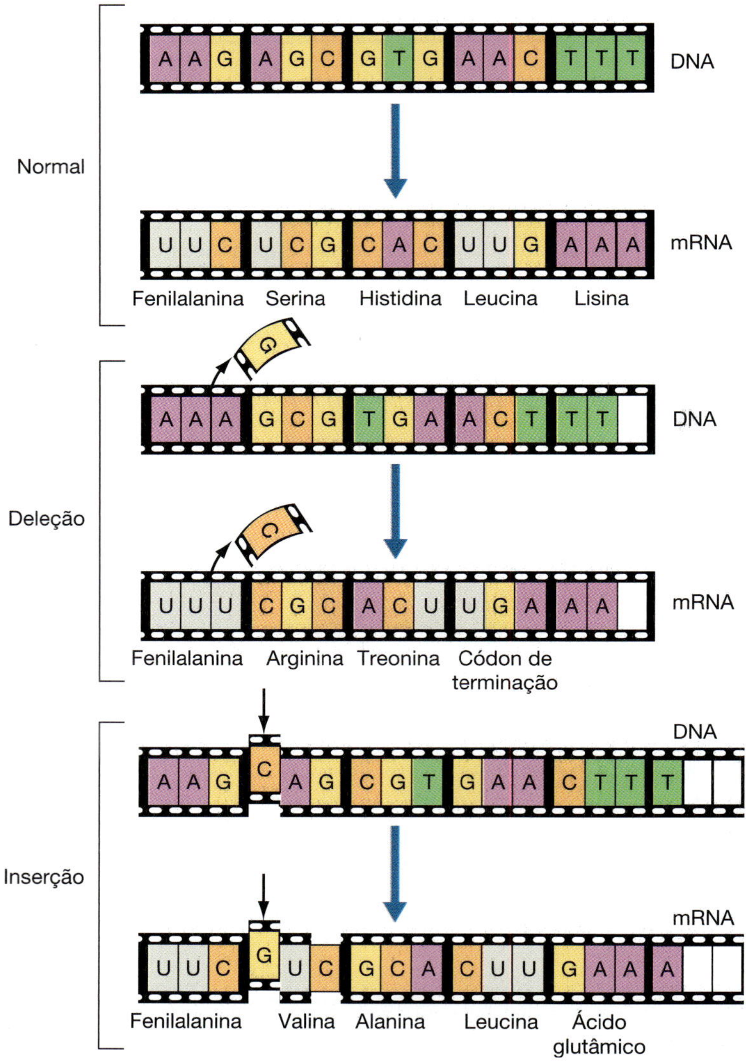



**Figura 8.17 Efeitos das mutações por mudanças de fase de leitura.** A adição ou a deleção de um ou mais nucleotídios modifica a sequência de aminoácidos codificada pelo gene inteiro a partir desse ponto. (A adição ou a deleção de três nucleotídios pode não afetar muito a proteína resultante. Você pode perceber por quê?)

utilizado na síntese de uma proteína, muitos aminoácidos na sequência podem estar alterados. (Lembre-se de que um ribossomo lê um mRNA em códons, isto é, conjuntos de três bases.) Essas mutações também introduzem comumente códons de terminação e causam interrupção da síntese de proteínas após a síntese de um polipeptídio curto. Em geral, as mutações por deslocamento do quadro de leitura impedem a síntese de determinada proteína, e elas modificam tanto o genótipo quanto o fenótipo. Seu efeito sobre o organismo depende do papel desempenhado pela proteína ausente no funcionamento do organismo. As mutações pontuais e por deslocamento do quadro de leitura estão resumidas na **Tabela 8.3**, junto com seus efeitos. Se três bases ou um múltiplo de três bases fossem inseridos ou perdidos, o que aconteceria? Ocorreria ganho ou perda de um ou mais aminoácidos.

## Variação fenotípica

As variações fenotípicas frequentemente observadas em bactérias que sofreram mutações consistem em alterações na morfologia e na cor das colônias ou nas necessidades nutricionais. Por exemplo, em vez de formar uma colônia normal lisa, brilhante e elevada, uma colônia com DNA mutante pode exibir uma aparência plana e rugosa. A mutação comprometeu a síntese de determinadas substâncias da superfície celular. Nos organismos que normalmente formam cápsulas, a ocorrência de uma mutação pode impedir a síntese de polissacarídios capsulares. As mutações que alteram as exigências nutricionais geralmente aumentam as exigências nutricionais de um organismo, comprometendo em geral a capacidade do organismo de sintetizar uma ou mais enzimas. Como resultado, o organismo pode necessitar de certos aminoácidos ou vitaminas em seu meio, pois já não é capaz de produzi-los.

**Tabela 8.3** Tipos de mutações e seus efeitos sobre os organismos.

| Tipos de mutações | Efeitos sobre os organismos |
|---|---|
| **Mutação pontual** | |
| Mudança de uma única base no DNA, sem alteração no aminoácido especificado pelo códon do mRNA | Nenhum efeito sobre a proteína; mutação "silenciosa" |
| Mudança no DNA com alteração na sequência do aminoácido especificado pelo códon do mRNA | Mudança na proteína pela substituição de um aminoácido por outro; pode alterar significativamente a função da proteína |
| Mudança no DNA, criando um códon de terminação no mRNA | Produz polipeptídio sem utilidade para o organismo e impede a síntese da proteína normal |
| **Mutação por deslocamento do quadro de leitura** | |
| Deleção ou inserção de uma ou mais bases no DNA | Modifica toda a sequência de códons e altera acentuadamente a sequência de aminoácidos; pode introduzir um códon de terminação e produzir polipeptídios sem utilidade, em vez de proteínas normais |

Os estudos de bactérias que perderam a capacidade de sintetizar determinada enzima desempenharam um importante papel em nossa compreensão das vias metabólicas. Esses mutantes nutricionalmente deficientes são denominados **auxotróficos** (*auxo*, "aumentar", e *trofos*, "alimento"); eles necessitam de substâncias especiais obtidas de seu meio para manter o crescimento. Em contraposição aos auxotróficos, as formas normais não mutantes são denominadas **prototróficos** ou *cepas selvagens*. As comparações das características dos auxotróficos e dos prototróficos mostram os efeitos de uma mutação sobre o metabolismo. Observando os metabólitos que se acumulam e os nutrientes que precisam ser acrescentados ao meio dos auxotróficos, os microbiologistas determinaram as etapas específicas no metabolismo de certas substâncias.

> **Quando há escassez de alimentos, *E. coli* aumenta a taxa de mutação, elevando, assim, a sua probabilidade de sobrevivência em razão do aumento da possibilidade de uma mutação útil.**

Outro tipo de variação fenotípica de origem genética é a sensibilidade à temperatura. Por exemplo, suponha que um organismo, em algum momento, fosse capaz de crescer em diversas temperaturas ambientes. Em consequência de uma mutação, esse organismo perde a capacidade de crescer nas temperaturas mais altas de sua faixa anterior. Ele ainda consegue crescer a 25°C, mas já não pode fazê-lo a 40°C. Esse fenômeno pode ser decorrente de uma mutação pontual, que modificou um único aminoácido em uma enzima. A enzima ligeiramente alterada pode funcionar em temperaturas moderadas, mas pode ser facilmente desnaturada e inativada em temperaturas mais altas.

Algumas variações fenotípicas são causadas por fatores ambientais e ocorrem sem qualquer mudança no genótipo (alteração no DNA). Por exemplo, grandes quantidades de açúcar ou de irritantes no meio podem fazer com que alguns organismos formem uma cápsula maior do que o normal. Alguns organismos, como a bactéria causadora do antraz, formam esporos no ar livre, no sangue derramado ou em superfícies teciduais, mas não no interior dos tecidos. A síntese de pigmentos pode ser afetada por variações na temperatura ambiente. Em geral, *Serratia marcescens* produz pigmento na temperatura ambiente, porém não o produz em temperaturas mais altas. Esse organismo possui o gene para a produção de pigmento, porém ele só é expresso em determinadas temperaturas.

## Mutações espontâneas e induzidas

As mutações parecem ser eventos aleatórios ou casuais; é habitualmente impossível prever quando uma mutação ocorrerá e que genes serão alterados. Embora todas as mutações resultem de alterações permanentes no DNA, elas podem ser espontâneas ou induzidas. As **mutações espontâneas** ocorrem na ausência de qualquer agente conhecido capaz de provocar alterações no DNA. Surgem durante a replicação do DNA e parecem ser causadas por erros no pareamento de bases dos nucleotídios nas fitas molde e nova do DNA. Vários genes no DNA das bactérias possuem diferentes *taxas de mutação* espontâneas, que variam de $10^{-3}$ a $10^{-9}$ por divisão celular. Em outras palavras, um gene pode sofrer uma mutação espontânea uma vez a cada 1.000 divisões celulares ($1/10^3$), enquanto outro gene pode sofrer uma mutação espontânea apenas uma vez a cada bilhão ($1/10^9$) de divisões celulares. As **mutações**

**Tabela 8.4** Alguns agentes mutagênicos e seus efeitos.

| Agente mutagênico | Efeitos |
|---|---|
| **Agentes químicos** | |
| Análogos de base<br>*Exemplos*: cafeína, 5-bromouracila | Substitui a base nitrogenada normal por uma molécula "parecida" durante a replicação do DNA → mutação pontual |
| Agente alquilante<br>*Exemplo*: nitrosoguanidina | Acrescenta um grupo alquil, como um grupo metila (–$CH_3$), a uma base nitrogenada, resultando em pareamento incorreto → mutação pontual |
| Agente desaminante<br>*Exemplo*: ácido nitroso, nitratos, nitritos | Remove um grupo amino (–$NH_2$) de uma base nitrogenada → mutação pontual |
| Derivado da acridina<br>*Exemplo*: corantes de acridina, quinacrina | Insere-se na escada do DNA entre os arcabouços para formar um novo degrau, distorcendo a hélice → mutação por deslocamento do quadro de leitura |
| **Radiação** | |
| Ultravioleta | Liga pirimidinas adjacentes entre si, como na formação do dímero de timina, impedindo assim a replicação. |
| Raios X e raios gama | Ionizam e quebram moléculas nas células para formar radicais livres, os quais, por sua vez, quebram o DNA. |

**induzidas** são produzidas por agentes denominados **mutagênicos**, que aumentam a taxa de mutação acima da taxa de mutação espontânea. Os agentes mutagênicos incluem os agentes químicos e a radiação (**Tabela 8.4**).

## Agentes mutagênicos químicos

Os agentes mutagênicos químicos atuam em nível molecular, alterando a sequência de bases no DNA. Incluem análogos de bases, agentes alquilantes, agentes desaminantes e derivados da acridina.

Um **análogo de base** é uma molécula muito semelhante na sua estrutura a uma das bases nitrogenadas normalmente encontradas no DNA. Uma célula pode incorporar um análogo de base em seu DNA em vez da base normal. Por exemplo, a 5-bromouracila pode ser inserida no DNA em vez da timina (Figura 8.18). Quando o DNA contendo 5-bromouracila é replicado, o análogo pode causar um erro no pareamento de bases. A 5-bromouracila que substituiu a timina pode parear-se com a guanina, em vez de adenina, que normalmente se pareia com a timina. Quando o DNA sofre replicação na presença de uma quantidade significativa de 5-bromouracila, o análogo pode ser incorporado em muitos sítios na molécula do DNA. Ocorre mutação sempre que o análogo provoca a inserção de guanina em vez de adenina na replicação subsequente. Outro análogo de base purínica, a cafeína, pode causar mutações em um feto. Por esse motivo, as mulheres grávidas são aconselhadas a evitar ou limitar o consumo de cafeína.

Os **agentes alquilantes** são substâncias que adicionam grupos alquila (como um grupo metila, —$CH_3$) a outras

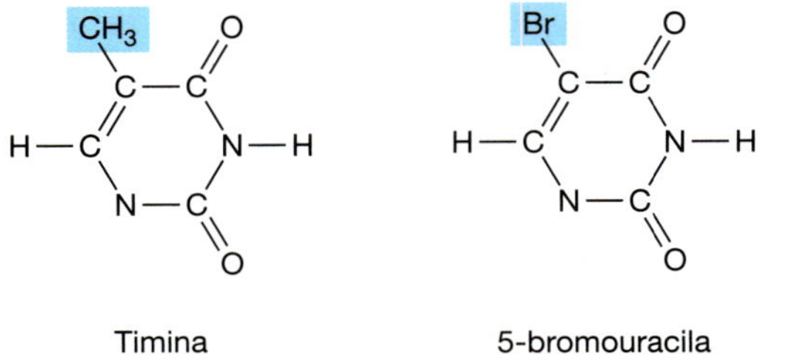

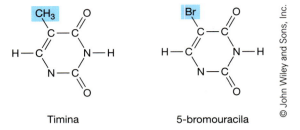

**Figura 8.18 Análogos de bases.** A semelhança entre a estrutura do análogo de base 5-bromouracila e a estrutura da base normal timina permite que, em alguns casos, seja colocada no lugar da timina. O bromo (Br) ocupa uma área aproximadamente do mesmo tamanho que o grupo metila ($CH_3$).

moléculas. A adição de um grupo alquila a uma base nitrogenada altera o formato da base e pode causar um erro no pareamento de bases. Por exemplo, a adição de um grupo metila à guanina pode induzir o seu pareamento com a timina, em vez da citosina. Essa alteração pode dar origem a uma mutação pontual. Alguns agentes alquilantes podem causar vários tipos de mutações: mutações pontuais; mutações por deslocamento do quadro de leitura; e até mesmo quebras em cromossomos, resultando em dano muito grave ou morte. O agente alquilante mais infame foi provavelmente o gás mostarda utilizado na guerra de trincheiras da Primeira Guerra Mundial, quando matou milhares de soldados.

Os **agentes desaminantes**, como o ácido nitroso ($HNO_2$), removem um grupo amino (—$NH_2$) de uma base nitrogenada. A remoção de um grupo amino da adenina faz com que ela se assemelhe à guanina, e a base desaminada pareia-se com a citosina, em vez da timina. Os nitratos ($NO_3^-$) e os nitritos ($NO_2^-$) são algumas vezes acrescentados a alimentos, como cachorros-quentes e frios, para produzir coloração, intensificar o sabor ou por exercer ação antibacteriana. O perigo desses aditivos é que, no organismo, eles formam nitrosaminas – agentes desaminantes conhecidos pela sua capacidade de causar defeitos congênitos, câncer e outras mutações em animais de laboratório.

Diferentemente dessas alterações, que provocam mutações pontuais, os **derivados da acridina** causam mutações por deslocamento do quadro de leitura. A molécula de acridina contém um anel pirimidínico e dois anéis de benzeno (Figura 8.19). Essa molécula ou um de seus derivados podem se inserir na dupla hélice do DNA, deslocando ambos os membros de um par de bases. Essa modificação provoca distorção da hélice e leva ao desenovelamento parcial das fitas do DNA. A distorção possibilita a adição ou deleção de uma ou mais bases, resultando em mutação por deslocamento do quadro de leitura. A substância quinacrina (Atabrina) é um derivado da acridina que foi usado no tratamento da malária até que outros fármacos com efeitos colaterais menos desagradáveis fossem desenvolvidos. A quinacrina provoca mutações no parasita da malária e, possivelmente, do hospedeiro humano que recebe o fármaco.

## Radiação como agente mutagênico

A **radiação**, como os raios X e os raios ultravioleta, podem atuar como agente mutagênico. Os raios ultravioleta afetam apenas a pele dos seres humanos, uma vez que não têm energia

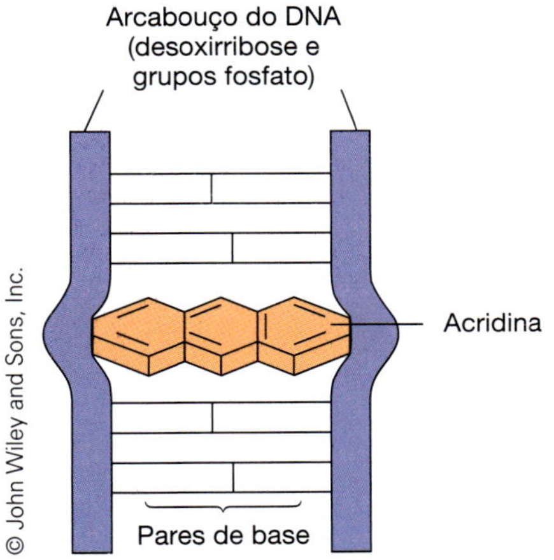


**Figura 8.19 Acridina, um agente mutagênico químico.** A inserção da acridina em uma hélice do DNA pode produzir uma mutação por deslocamento do quadro de leitura.

para uma penetração mais profunda, porém exercem efeitos significativos sobre os microrganismos, nos quais penetram facilmente. A luz ultravioleta é algumas vezes utilizada em hospitais e laboratórios para matar bactérias do ar. Quando os raios ultravioleta incidem no DNA, podem levar à ligação de bases adjacentes de pirimidina, criando assim um dímero de pirimidina. Um **dímero** consiste em duas pirimidinas adjacentes (duas timinas, duas citosinas ou uma timina e uma citosina) ligadas entre si em uma fita de DNA (Figura 8.20). A ligação das pirimidinas umas às outras impede o pareamento de bases durante a replicação da fita adjacente do DNA, com consequente produção de uma lacuna no DNA replicado. A transcrição do mRNA é interrompida na lacuna, e o gene afetado é incapaz de transmitir a informação.

Os raios X e os raios gama, que são mais energéticos do que a radiação ultravioleta, quebram facilmente as ligações químicas nas moléculas (ver Capítulo 4). Com frequência, o produto consiste em um *radical livre*, um átomo, molécula ou íon altamente reativos que, por sua vez, atacam outras moléculas da célula, inclusive o DNA.

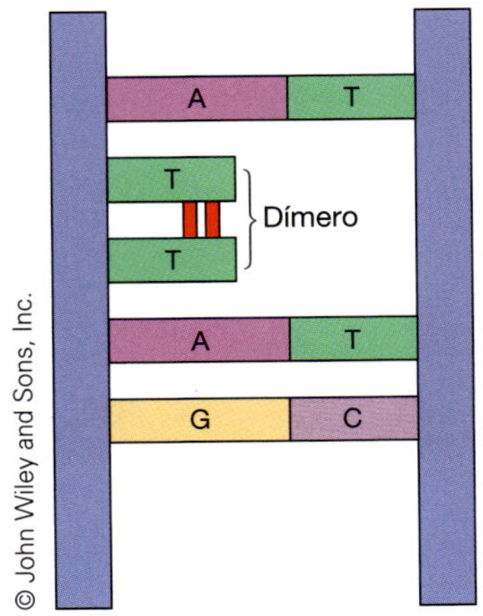


**Figura 8.20 Dímeros de timina causados pela radiação.** A formação de um dímero impede o pareamento das bases afetadas na cadeia complementar do DNA, impedindo a replicação e a transcrição.

Até recentemente, os microbiologistas não tinham nenhum controle sobre que genes iriam sofrer mutação quando os organismos fossem tratados com agentes mutagênicos. Hoje em dia, dispõe-se de certas enzimas que facilitam enormemente esses estudos. As **endonucleases (enzimas de restrição)** cortam o DNA em sequências de bases precisas, enquanto as exonucleases removem segmentos de DNA. Essas enzimas possibilitam o isolamento e a mutação de genes individuais em regiões predeterminadas. O gene mutante pode ser inserido no cromossomo de um hospedeiro, e o efeito da mutação específica é então estudado.

## Reparo de danos ao DNA

Muitas bactérias e também outros organismos possuem enzimas capazes de reparar determinados tipos de dano ao DNA. Dois mecanismos, o *reparo na presença de luz* e o *reparo no escuro*, são conhecidos pela sua capacidade de reparar danos causados por dímeros.

O **reparo na presença de luz**, ou **fotorreativação**, ocorre na presença de luz visível em bactérias previamente expostas à luz ultravioleta. Quando organismos contendo dímeros são mantidos na luz visível, a luz ativa uma enzima que quebra as ligações entre as pirimidinas de um dímero (Figura 8.21A). Assim, as mutações que poderiam ter passado para as células-filhas são corrigidas, e o DNA retorna a seu estado normal. Esse mecanismo contribui para a sobrevivência das bactérias, porém cria um problema para os microbiologistas. Culturas que são irradiadas com luz ultravioleta para induzir mutações precisam ser mantidas no escuro para que as mutações sejam preservadas.

O **reparo no escuro**, que ocorre em algumas bactérias e que pode ser observado na presença ou na ausência de luz, requer várias reações controladas por enzimas (Figura 8.21B). Em primeiro lugar, uma endonuclease quebra a fita de DNA defeituosa próxima ao dímero. Em segundo lugar, uma DNA polimerase sintetiza um novo DNA para substituir o segmento defeituoso, utilizando a fita complementar normal como molde. Em terceiro lugar, uma exonuclease remove o segmento defeituoso de DNA. Por fim, uma ligase conecta o segmento reparado com o restante da fita de DNA. Essas reações foram identificadas em *E. coli*, mas atualmente se sabe que elas ocorrem em muitas outras bactérias. As células humanas possuem mecanismos semelhantes; alguns cânceres de pele em seres humanos, como o xeroderma pigmentoso (Figura 8.22), são causados por um defeito no mecanismo celular de reparo do DNA.

## Estudo das mutações

Os microrganismos são particularmente úteis para estudar as mutações, em virtude de seu curto tempo de geração e custo relativamente baixo para a manutenção de grandes populações de organismos mutantes para estudo. Comparações entre organismos normais e mutantes levaram a importantes avanços na compreensão dos mecanismos genéticos e das vias metabólicas. Os microrganismos continuam sendo importantes para os pesquisadores que procuram aumentar nosso conhecimento sobre esses processos. Entretanto, o estudo das mutações não é desprovido de problemas. São encontrados dois problemas comuns: (1) distinguir entre mutações espontâneas

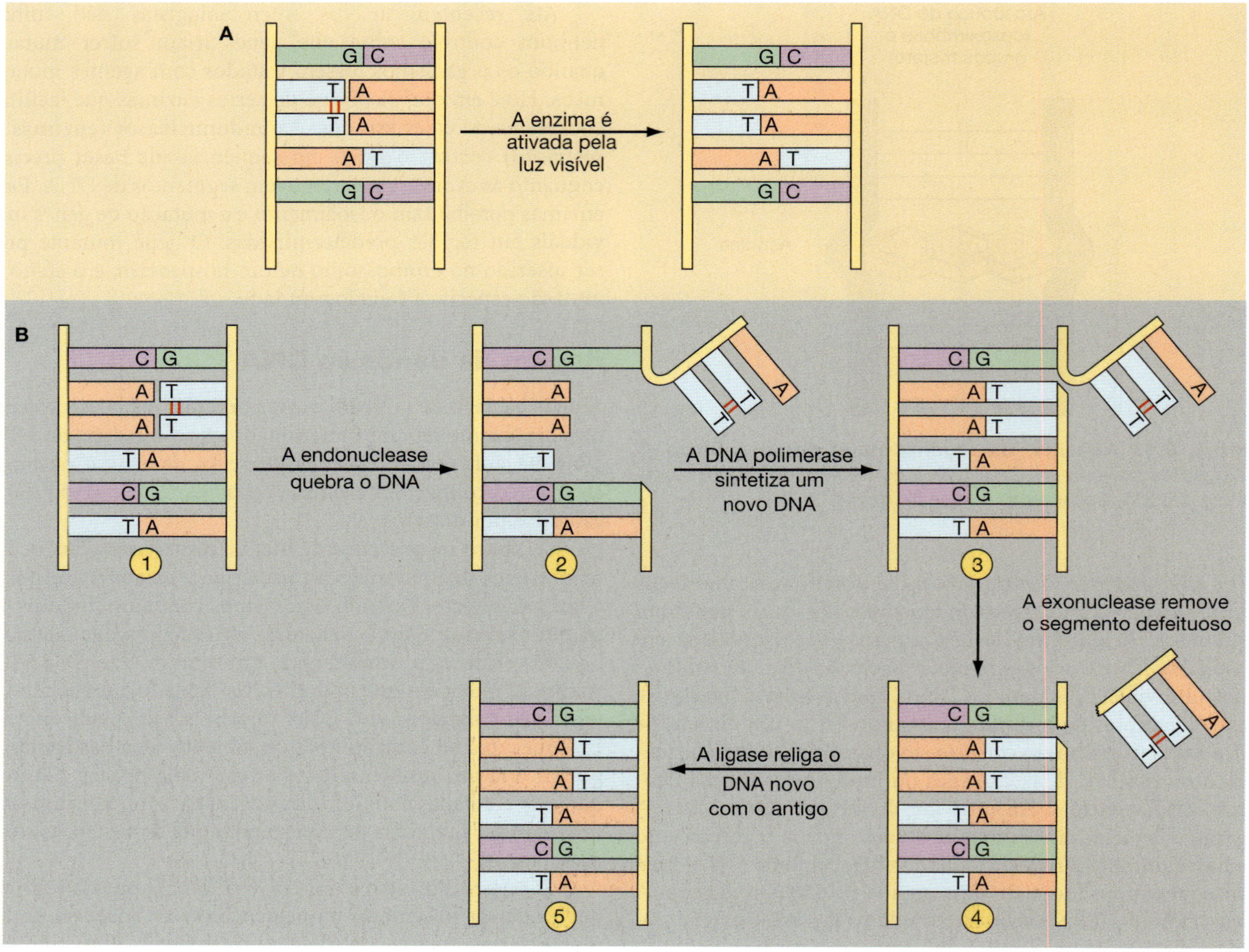


**Figura 8.21 Reparos de dímeros de timina.** **A.** O reparo do DNA na presença de luz (fotorreativação) remove os dímeros. **B.** No reparo no escuro, um segmento defeituoso do DNA é cortado e substituído.

A

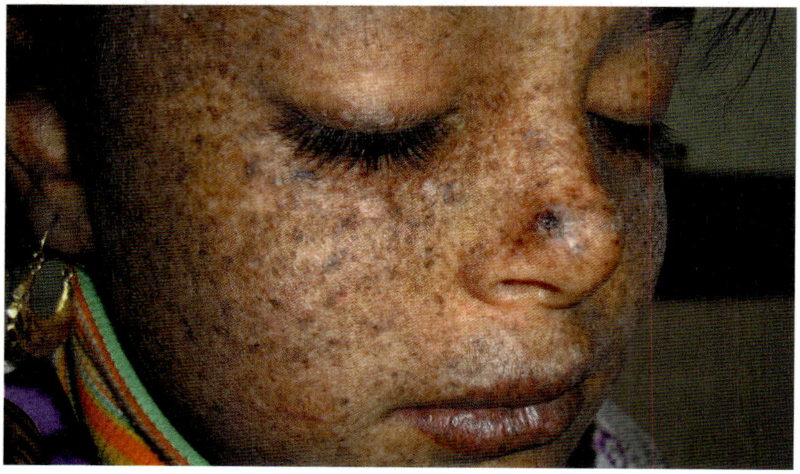

B

**Figura 8.22 Incapacidade de reparo de dímeros causados pela UV.** **A.** As pessoas que tomam banho de sol adquirem dímeros causados pela radiação UV, que podem causar câncer de pele se não forem reparados. *(Brand X Pictures/Getty Images.)* **B.** O xeroderma pigmentoso é uma doença genética em que as enzimas que normalmente realizam o reparo do dano ao DNA causado pela UV são defeituosas, de modo que a exposição à luz solar resulta em múltiplos cânceres de pele, observados aqui como pontos escuros na pele. *(Cortesia do Dr. Nameer Al-Sudany.)*

BIOTECNOLOGIA

## Biossensores de ozônio

Como o ozônio ($O_3$) filtra a radiação ultravioleta prejudicial, a descoberta de buracos na camada de ozônio da atmosfera terrestre levantou muita preocupação sobre a quantidade de luz ultravioleta que alcança a superfície terrestre. Existe um interesse particular sobre as questões da profundidade alcançada pela radiação ultravioleta na água do mar e como ela afeta os organismos marinhos, especialmente o plâncton (microrganismos flutuantes) e os vírus que atacam o plâncton. O plâncton forma a base da cadeia alimentar marinha, e acredita-se que ele afeta a temperatura e o clima de nosso planeta por meio da captação de $CO_2$ para a fotossíntese.

Deneb Karentz, uma pesquisadora do Laboratory of Radiobiology and Environmental Health (University of San Francisco), desenvolveu um método simples para medir a penetração e a intensidade da luz ultravioleta. Trabalhando no oceano Antártico, ela submergiu em várias profundidades sacos de plástico finos contendo cepas especiais de *E. coli* que são quase totalmente incapazes de reparar o dano ao DNA causado pela radiação ultravioleta (UV). As taxas de morte bacteriana nesses sacos foram comparadas com as taxas em sacos de controle não expostos à UV contendo os mesmos organismos. Os "biossensores" bacterianos revelaram um dano constante significativo pela radiação ultravioleta em profundidades de 10 m e, com frequência, a 20 e 30 m. Karentz planeja realizar estudos adicionais para descobrir como a radiação ultravioleta pode afetar as proliferações (*blooms*) sazonais de plâncton (crescimento rápido) nos oceanos.

Instalação de dosímetros para *E. coli* no oceano Antártico para medir a penetração de UV. *(Cortesia de Deneb Karentz, University of San Francisco.)*

e induzidas; e (2) isolar mutantes específicos de uma cultura contendo organismos tanto normais quanto mutantes. O *teste de oscilação* e a técnica com *carimbo replicador* são utilizados para distinguir entre mutações espontâneas e induzidas; a técnica com *carimbo replicador* também é utilizada para isolar mutantes.

Por que é importante diferenciar as mutações espontâneas das induzidas? Essa distinção nos ajuda a entender os mecanismos na evolução dos microrganismos e, presumivelmente, de outros organismos também. Por exemplo, alguns organismos são resistentes à penicilina – eles crescem na presença de penicilina, apesar de suas propriedades antibióticas. Teoricamente, existem duas maneiras pelas quais os organismos podem adquirir essa resistência: a penicilina *induz* uma alteração no organismo que o torna capaz de crescer na sua presença, ou ocorre uma mutação *espontaneamente*, que permitirá ao organismo crescer se ele for posteriormente exposto à penicilina. Neste último caso, a penicilina matará os organismos não resistentes, levando assim à *seleção* do mutante resistente. Vários experimentos, dos quais dois são descritos adiante, mostraram que o segundo mecanismo, isto é, a seleção de mutantes espontâneos, constitui a principal forma de evolução nos microrganismos.

O **teste de flutuação**, projetado por Salvador Luria e Max Delbruck, em 1943, baseia-se na seguinte hipótese: se as mutações que conferem resistência ocorrem espontaneamente e de modo aleatório, podemos esperar uma grande flutuação no número de organismos resistentes por cultura entre um grande número de culturas. Essa flutuação poderia ocorrer independentemente da presença ou não da substância à qual a resistência foi desenvolvida. Uma mutação pode ocorrer no início do período de incubação, no final desse período ou pode não ocorrer. As culturas com mutações iniciais irão conter muita progênie mutante. Aquelas com mutações tardias irão apresentar pouca progênie mutante, e as que não sofreram mutação, não terão nenhuma progênie mutante. Uma hipótese alternativa é a de que as mutações que conferem resistência a determinada substância só ocorrem na presença desta substância. Consequentemente, pode-se esperar que as culturas contendo a substância terão aproximadamente um número igual de organismos resistentes, enquanto a cultura sem a substância não terá nenhum organismo resistente.

Para testar essas hipóteses, Luria e Delbruck inocularam um grande frasco de meio líquido com um tipo de bactéria que era sensível ao antibiótico estreptomicina. Ao mesmo tempo, inocularam 100 pequenos tubos de meio líquido com a mesma bactéria. Não foi colocada nenhuma estreptomicina no frasco nem nos tubos. Tanto o frasco quanto os tubos foram incubados até alcançar um crescimento máximo ($10^9$ organismos por mililitro). Em seguida, foram utilizadas amostras de 1 mililitro para inocular placas de ágar contendo estreptomicina; foi preparada uma placa a partir de cada tubo, e foram feitas múltiplas placas com a cultura crescida no frasco. Depois de 24 horas, as colônias em cada placa foram contadas. Cada colônia representa um mutante resistente capaz de crescer na presença da estreptomicina. Foi observada uma maior flutuação no número de colônias entre as placas inoculadas dos tubos do que entre as placas inoculadas do frasco (**Figura 8.23**). Deste modo, as mutações devem ter ocorrido

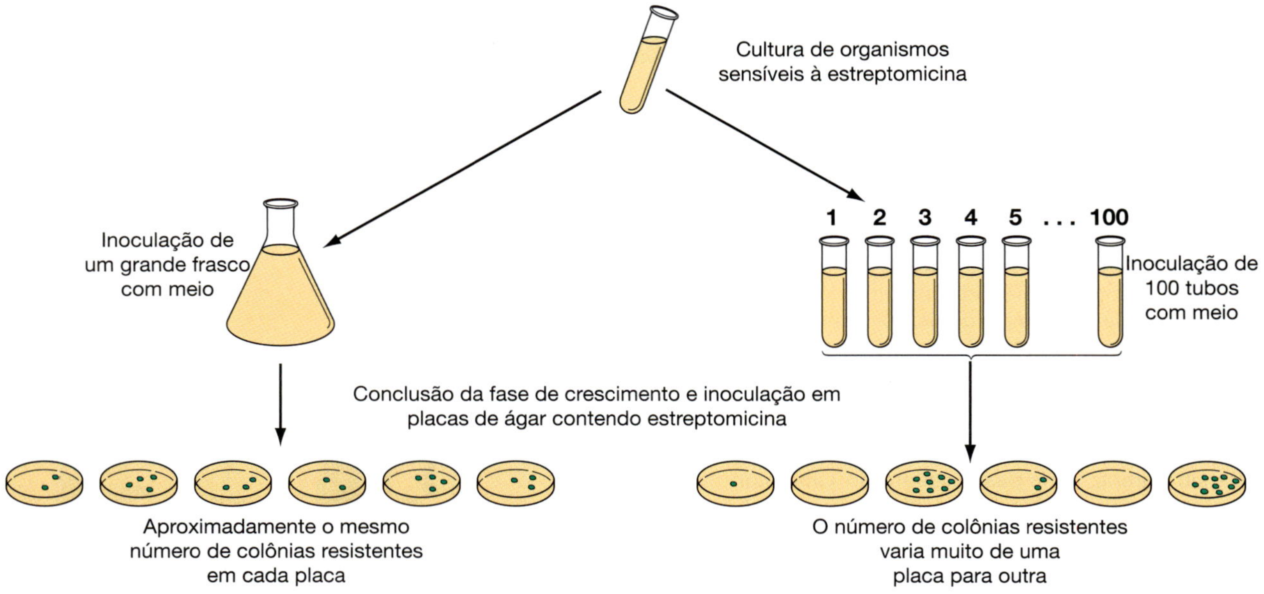




**Figura 8.23 Teste de flutuação.** O teste de flutuação de Luria e Delbruck prova que as mutações que conferem resistência aos antibióticos são aleatórias – não são induzidas pela exposição ao antibiótico.

em momentos diferentes nos vários tubos ou não ter ocorrido de forma alguma. As mutações também devem ter ocorrido em diferentes momentos no frasco, porém a progênie de organismos mutantes distribui-se por todo o meio, de modo que o número de mutantes em cada amostra não variou acentuadamente. Luria e Delbruck concluíram que a resistência foi conferida por mutações aleatórias que ocorreram em diferentes momentos entre os organismos nos tubos, e não devido à exposição à estreptomicina. (Você poderia prever os resultados que poderiam ter sido obtidos se a resistência surgisse apenas em consequência da exposição à estreptomicina?)

A técnica com **carimbo replicador**, que foi desenvolvida por Joshua e Esther Lederberg, em 1952, é também utilizada para estudar as mutações. Baseada no mesmo raciocínio do teste de flutuação, a hipótese é a de que a resistência a determinada substância surge espontaneamente e de modo aleatório, sem a necessidade de exposição à substância. Nos estudos originais da técnica com carimbo replicador (Figura 8.24), as bactérias de uma cultura líquida foram uniformemente espalhadas em uma placa de ágar (placa-mãe) e deixadas crescer por 4 a 5 horas. Em seguida, uma almofada de veludo estéril foi delicadamente pressionada contra a superfície da placa-mãe para coletar os organismos de cada colônia. As minúsculas fibras do veludo atuam como centenas de minúsculas agulhas de inoculação. A almofada foi cuidadosamente mantida na mesma orientação e utilizada para inocular uma placa com ágar contendo uma substância, como a penicilina, à qual as bactérias poderiam ser resistentes. Após incubação, foram observadas as posições exatas das colônias correspondentes nas duas placas. As bactérias nas colônias encontradas na placa contendo penicilina eram resistentes sem nunca terem sido expostas a ela.

A técnica do carimbo replicador não apenas demonstra a espontaneidade das mutações que conferem resistência, mas

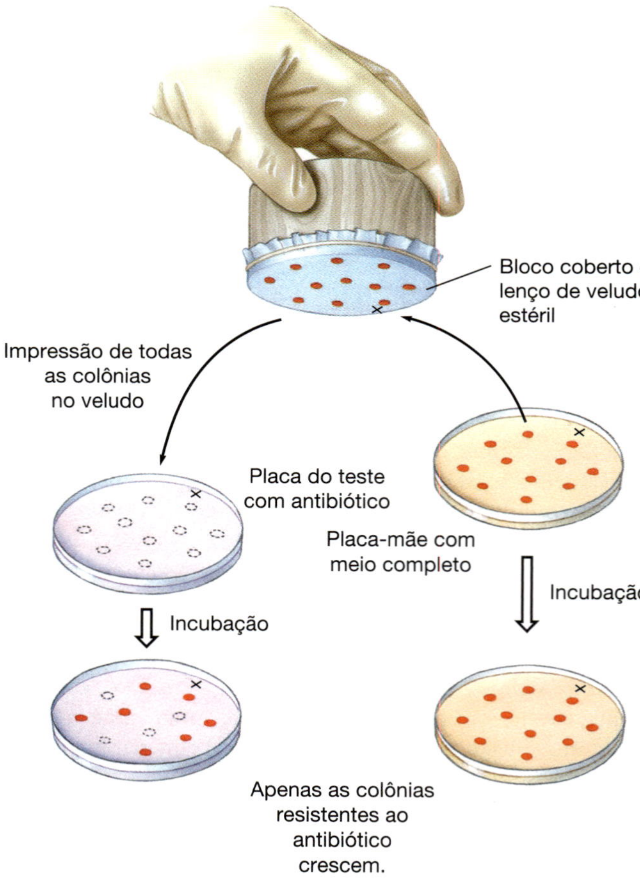




**Figura 8.24 Técnica com carimbo replicador.** Essa técnica permite a detecção de organismos resistentes a um antibiótico. O X ao lado da placa fornece uma referência para a identificação de colônias do mesmo organismo.

também proporciona um meio de isolar organismos resistentes sem a necessidade de expô-los a uma substância. Mantendo a almofada de veludo em alinhamento perfeito durante o processo de transferência, as colônias na placa original que contêm os organismos resistentes podem ser identificadas pela sua localização em relação às colônias na placa-mãe contendo penicilina.

Hoje em dia, a técnica com carimbo replicador é amplamente usada para estudar alterações nas características de muitas bactérias. As almofadas de veludo foram substituídas por outros materiais que são mais fáceis de esterilizar e manipular. Essa técnica é particularmente útil para a identificação de mutantes cujas necessidades nutricionais tenham mudado. As réplicas podem ser transferidas a uma variedade de diferentes meios, cada um deles deficiente em determinado nutriente. A incapacidade de crescimento de determinadas colônias no meio deficiente indica que uma mutação impediu o organismo de sintetizar o nutriente ausente.

## Teste de Ames

É possível induzir cânceres humanos por meio de substâncias do ambiente que atuam causando alteração do DNA. Atualmente, grande parte dos esforços em pesquisa está sendo dedicada a determinar que substâncias são **carcinogênicas** (compostos que causam câncer). Os carcinógenos tendem a ser mutagênicos; assim, determinar se uma substância é ou não mutagênica constitui frequentemente o primeiro passo

## APLICAÇÃO NA PRÁTICA

### Reação em cadeia da polimerase (PCR) | Chave para o passado e futuro do mundo do DNA

Existe privacidade no túmulo? Não mais. O DNA ancestral, algumas vezes com 17 milhões de anos, está sendo recuperado, e as suas bases sequenciadas. Quais genes os antigos organismos possuíam? Quantos foram transmitidos para nós e quantas versões mutantes temos? O DNA foi extraído dos cérebros de 91 nativos norte-americanos pré-históricos enterrados e mumificados em turfeiras na Flórida, há 7.500 anos. Esse DNA está agora sendo submetido a análise, graças à **reação em cadeia da polimerase (PCR)**, uma técnica que surgiu e tornou-se disponível em 1985. A PCR permite produzir (amplificar) rapidamente 1 bilhão de cópias de DNA sem a necessidade de uma célula viva. Essas grandes quantidades são então facilmente analisadas.

Como funciona a amplificação do DNA pela PCR? Para replicar ou fazer mais cópias de um pedaço de DNA, você precisa saber a composição de uma curta sequência de nucleotídios nas extremidades do pedaço de DNA que deseja copiar. Cópias dessa sequência curta podem ser obtidas em menos de 24 horas com equipamento sintetizador automático. Essas sequências curtas são denominadas oligonucleotídios (*oligos*, "poucas"). Esses oligonucleotídios atuarão como um iniciador (*primer*), ligando-se ao DNA-alvo e proporcionando um ponto de partida para a síntese de DNA na reação da PCR. Se o DNA-alvo a ser replicado for muito longo, ele pode ser cortado em pedaços menores por enzimas denominadas *endonucleases* (*enzimas de restrição*), que realizam cortes em sequências nucleotídicas específicas no DNA.

A sequência de eventos na amplificação pela PCR é mostrada na figura da próxima página a seguir. O processo de aquecimento (ciclo termal), que converte o DNA recém-formado em fita simples, é repetido até obter a produção de bilhões de cópias do pedaço desejado de DNA. O DNA é então facilmente detectado (como em um teste diagnóstico clínico) ou analisado quanto à sequência total de bases. Cortar um grande pedaço de DNA em pedaços menores, determinar a sequência das quantidades dos pedaços amplificados pela PCR e, em seguida, procurar as sobreposições nas extremidades permite finalmente estabelecer a sequência de todo o pedaço de DNA original.

Os cientistas aplicaram essa ferramenta a muitas questões relacionadas com o passado. Por exemplo, extraíram o DNA de fósseis de moscas incrustados em âmbar – e, ironicamente, fizeram isso logo após o livro *O Parque dos Dinossauros* ter sido escrito. Estudaram também o DNA de fósseis de folhas incrustadas em xisto em Idaho, há 17 milhões de anos (o DNA é muito semelhante ao encontrado nas magnólias modernas) e das manchas de sangue, cabelos e fragmentos de ossos preservados por médicos que atenderam Abraham Lincoln na ocasião em que foi assassinado. Suspeita-se que Lincoln era portador da doença hereditária denominada síndrome de Marfan, que provoca enfraquecimento das artérias, as quais podem sofrer ruptura, causando morte. A maioria dos indivíduos com síndrome de Marfan morre antes de alcançar a idade de Lincoln. Se Lincoln não tivesse sido assassinado, teria morrido logo depois? Podemos agora criar uma biblioteca do DNA de Lincoln. À medida que o Projeto Genoma Humano identifica a sequência de vários genes (inclusive os relacionados com a síndrome de Marfan), poderemos compará-los com o DNA de Lincoln e saber com certeza que genes ele tinha.

Um problema forense moderno trouxe o termo *PCR* aos lábios dos norte-americanos comuns. Os advogados no julgamento de O. J. Simpson argumentaram sobre a análise do DNA e a confiabilidade das técnicas de PCR diante de milhões de pessoas no mundo inteiro. Raramente um progresso científico tinha chegado tão rapidamente ao conhecimento do público. Prisioneiros já encarcerados havia muitos anos começaram a solicitar a análise de seu DNA como evidência em seus julgamentos. A PCR tornou possível fornecer evidências que anteriormente não eram disponíveis.

A análise do DNA pode ser utilizada para proteger e libertar inocentes, bem como para condenar culpados. Após efetuar uma análise do DNA por PCR em amostras de sêmen, um homem condenado por estupro não foi mais apontado como o estuprador. Sua família nunca tinha perdido a fé na sua inocência ao longo dos 10 anos em que permaneceu encarcerado. (A análise do sêmen em casos de violência sexual levou à liberdade de 30% dos suspeitos iniciais.)

Essas técnicas constituem poderosos instrumentos forenses. Pode-se recuperar uma quantidade suficiente de DNA para ser amplificado por PCR a partir do suor na borda de um boné de beisebol, de modo que se identifique o usuário com certeza extremamente alta. A análise do DNA na saliva no verso de um selo em um envelope pode identificar a pessoa que lambeu o selo. Atualmente, o DNA pode ser extraído de uma amostra de sangue ou *swab* passado na parte interna da bochecha em apenas 2 a 3 minutos.

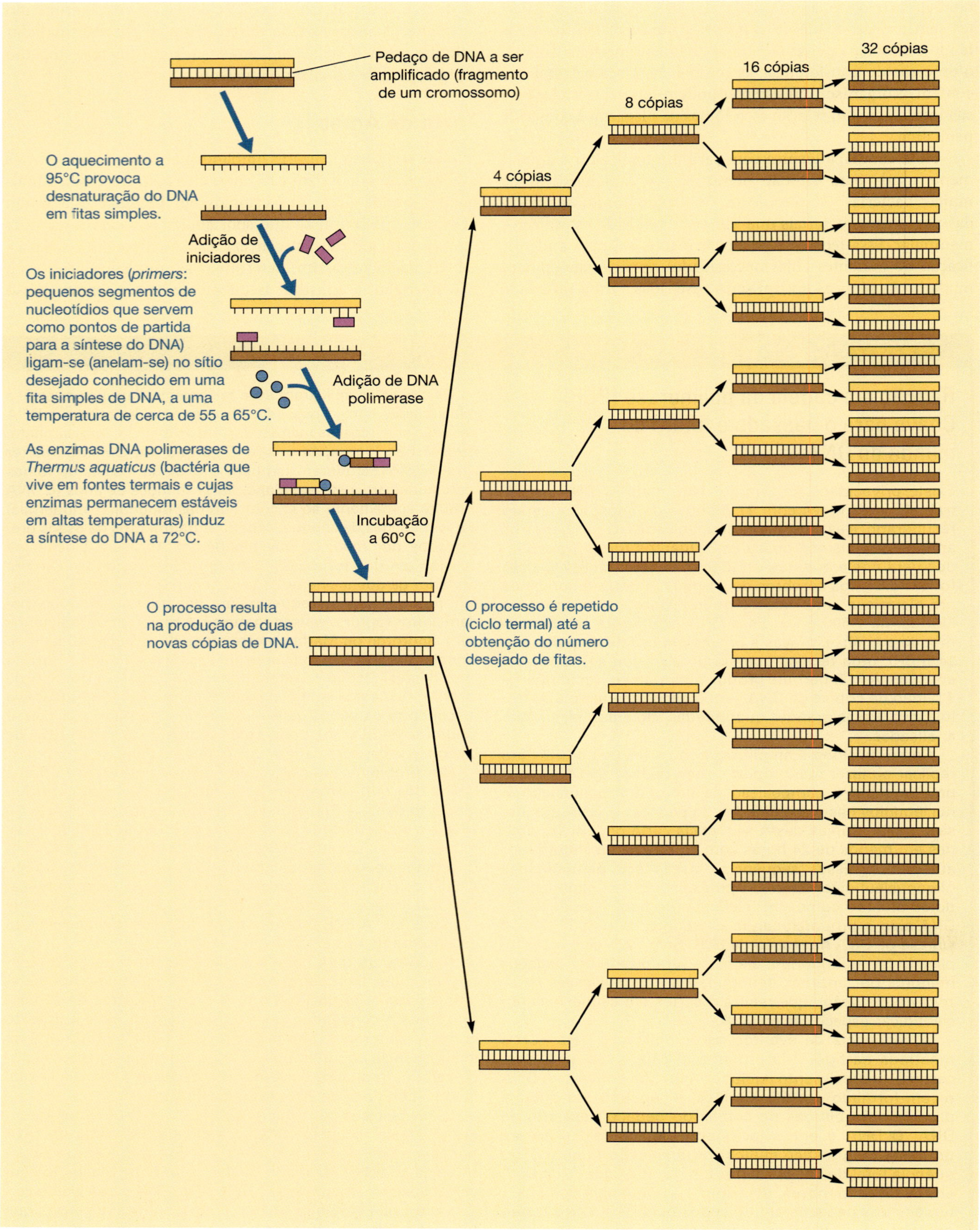
Pedaço de DNA a ser amplificado (fragmento de um cromossomo)
O aquecimento a 95°C provoca desnaturação do DNA em fitas simples.
Adição de iniciadores
Os iniciadores (*primers*: pequenos segmentos de nucleotídios que servem como pontos de partida para a síntese do DNA) ligam-se (anelam-se) no sítio desejado conhecido em uma fita simples de DNA, a uma temperatura de cerca de 55 a 65°C.
Adição de DNA polimerase
As enzimas DNA polimerases de *Thermus aquaticus* (bactéria que vive em fontes termais e cujas enzimas permanecem estáveis em altas temperaturas) induz a síntese do DNA a 72°C.
Incubação a 60°C
O processo resulta na produção de duas novas cópias de DNA.
O processo é repetido (ciclo termal) até a obtenção do número desejado de fitas.
4 cópias
8 cópias
16 cópias
32 cópias

para identificá-la como carcinógeno. As bactérias, por serem sujeitas a mutações e por serem mais fáceis e mais baratas de estudar do que os organismos maiores, são organismos ideais para uso no rastreamento de substâncias com propriedades mutagênicas. Provar que uma substância causa mutações em bactérias não prova que ela também o faz em células humanas. Até mesmo provar que uma substância causa mutações em células humanas tampouco prova que as mutações levarão ao desenvolvimento de câncer. São necessários testes adicionais, inclusive testes em animais, para identificar carcinógenos, porém o rastreamento inicial com bactérias pode eliminar algumas substâncias de estudos subsequentes. Se determinada substância não induz nenhuma mutação em uma grande população de bactérias, a maioria dos pesquisadores, incluindo a agência norte-americana Food and Drug Administration (FDA), acredita que ela provavelmente não é um carcinógeno.

O **teste de Ames** (**Figura 8.25A**) desenvolvido pelo microbiologista norte-americano Bruce Ames, é utilizado para testar se as substâncias induzem mutações em certas cepas de *Salmonella* (auxotróficas) que perderam a sua capacidade de sintetizar o aminoácido histidina. Essas cepas sofrem facilmente outra mutação, que restaura a sua capacidade de sintetizar a histidina. O teste de Ames baseia-se na hipótese de que, se uma substância for mutagênica, ela aumentará a taxa com que esses organismos revertem para voltar a sintetizar a histidina (**Figura 8.25B**). Além disso, quanto mais poderosa a capacidade mutagênica de uma substância, maior o número de microrganismos revertidos que ela induz. Na prática, coloca-se o organismo para crescer na presença de uma substância a ser testada. Se algum organismo recuperar a sua capacidade de sintetizar a histidina, a suspeita é de que a substância seja mutagênica. Quanto maior o número de organismos que recuperam a capacidade de síntese, mais forte provavelmente será a capacidade mutagênica da substância.

**PARE e RESPONDA**

1. Se você tivesse de ser exposto a um agente mutagênico, preferiria que fosse um que causasse mutações pontuais ou um que causasse mutações por deslocamento de quadro de leitura? Por quê?
2. Como uma mudança no genótipo não leva a uma mudança no fenótipo? Uma mudança no fenótipo sempre exige que haja uma mudança no genótipo?
3. Por que os nitratos e nitritos, que foram adicionados a salsichas para retardar o crescimento bacteriano e, assim, impedir qualquer intoxicação alimentar, representam um perigo para os seres humanos?
4. A exposição a antibióticos causa mutações nas bactérias de modo que elas se tornam resistentes a eles? Como isso foi provado?

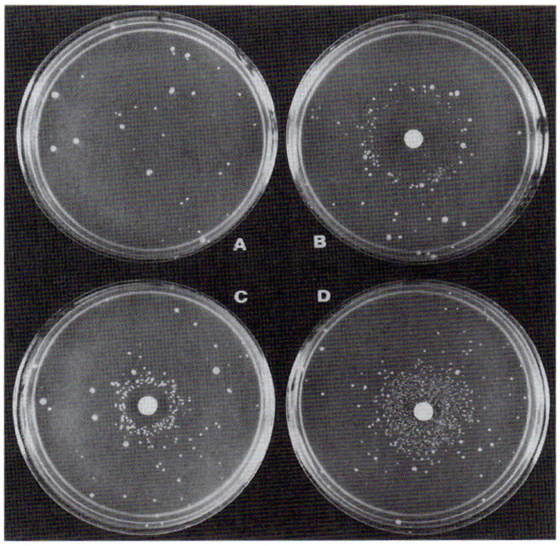


A

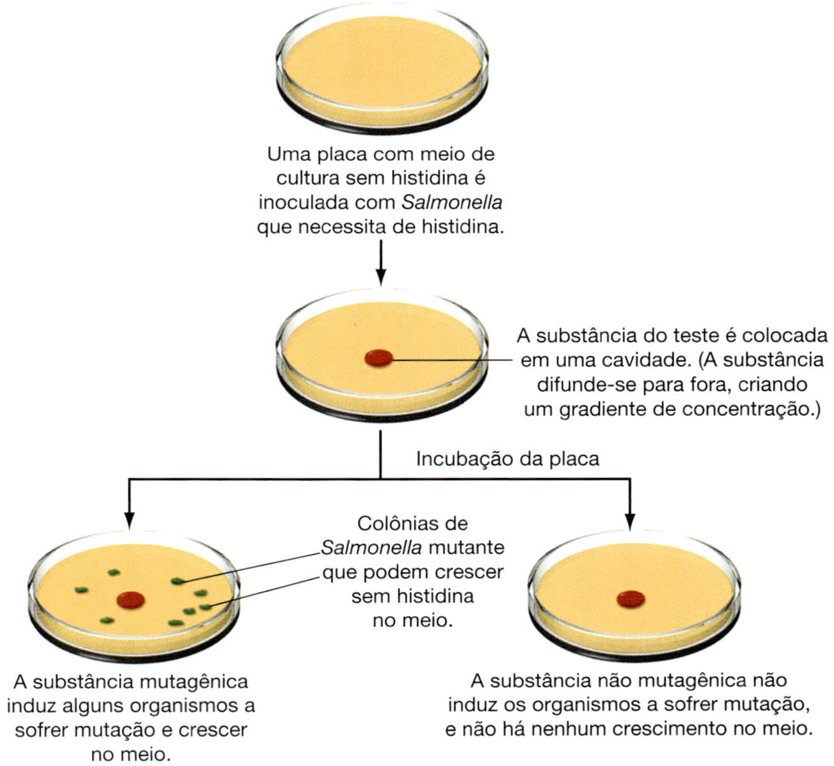


B

**Figura 8.25 Teste de Ames para as propriedades mutagênicas de substâncias químicas.** **A.** Placas utilizadas no teste de Ames. *(Cortesia de Bruce N. Ames, University of California at Berkeley.)* **B.** O teste é usado para determinar se uma substância é mutagênica e, portanto, um carcinógeno em potencial.

# RESUMO

## VISÃO GERAL DOS PROCESSOS GENÉTICOS

### Base da hereditariedade

- A **hereditariedade** envolve a transmissão da informação de um organismo para a sua progênie
- Os **genes** são sequências lineares de DNA que carregam a informação codificada para a estrutura e o funcionamento de um organismo
- Os cromossomos procarióticos são estruturas circulares filiformes, compostas de DNA. A transmissão da informação nos procariontes normalmente ocorre durante a reprodução assexuada, em que o cromossomo é reproduzido (replicado), e cada célula-filha recebe um cromossomo igual ao da célula-mãe. Um número muito pequeno de bactérias contém dois e, mais raramente, três cromossomos por célula
- As **mutações** (alterações no DNA) transmitidas à progênie são responsáveis por grande parte das variações observadas nos organismos.

### Ácidos nucleicos no armazenamento e na transferência da informação

- Toda a informação para o funcionamento de uma célula é armazenada no DNA em uma sequência específica de bases nitrogenadas: adenina, timina, citosina e guanina
- A informação armazenada no DNA é utilizada para dois propósitos: (1) replicação do DNA na preparação para divisão celular e (2) o fornecimento da informação para a síntese de proteínas. Em ambos os processos, a informação é transferida pelo pareamento de bases.

## REPLICAÇÃO DO DNA

- A **replicação** do DNA bacteriano começa em um ponto específico no cromossomo circular e, em geral, prossegue em ambas as direções simultaneamente. As principais etapas na replicação do DNA estão resumidas na Figura 8.4
- A replicação do DNA é **semiconservativa** – cada cromossomo consiste em uma fita do DNA antigo (parental) e uma fita do DNA recém-sintetizado.

## SÍNTESE DE PROTEÍNAS

### Transcrição

- Na **transcrição, o RNA mensageiro (mRNA)** é transcrito a partir do DNA, conforme resumido na Figura 8.5, e serve como molde para a síntese de proteínas.

### Tipos de RNA

- Além do mRNA, dois outros tipos de RNA são produzidos de modo semelhante e, em seguida, utilizados para a síntese de proteínas: (1) o **RNA ribossômico (rRNA)**, que se combina com proteínas específicas para formar ribossomos, os locais de montagem das proteínas, e (2) o **RNA transportador (tRNA)**, que carrega os aminoácidos até o local de montagem.

### Tradução

- No processo de **tradução**, sequências de três bases no mRNA atuam como **códons** e são emparelhadas por pareamento de bases com **anticódons** do tRNA. Os códons do mRNA constituem o **código genético** – um código que é essencialmente o mesmo em todos os organismos vivos e que determina a sequência pela qual aminoácidos específicos são ligados entre si para finalmente formar uma proteína
- Após o alinhamento do mRNA com os ribossomos, o processo de síntese de proteínas prossegue, conforme resumido na Figura 8.12, até que seja alcançado um **códon de terminação**, ou **códon finalizador**.

### Notícia importante: descoberta de um segundo código de DNA

- Trata-se de um segundo código associado à função conhecida do código do DNA (primeiro código), desenvolvido em coordenação entre eles
- Quinze por cento dos códons têm um duplo propósito e são denominados dúons
- O primeiro propósito dos dúons consiste em especificar um aminoácido. O segundo é regular os genes que devem ser ativados e desativados.

## REGULAÇÃO DO METABOLISMO

### Importância dos mecanismos reguladores

- Os mecanismos que regulam o metabolismo ativam reações e as inativam de acordo com as necessidades das células, permitindo que elas utilizem várias fontes de energia, limitando a síntese de substâncias às quantidades necessárias.

### Categorias de mecanismos reguladores

- Existem duas categorias básicas de mecanismos reguladores: (1) os mecanismos que regulam a atividade das enzimas já disponíveis na célula; e (2) os mecanismos que regulam a ação dos genes, os quais determinam que enzimas e outras proteínas estarão disponíveis.

### Inibição por retroalimentação (*feedback*)

- Na **inibição por retroalimentação**, o produto final de uma via bioquímica inibe diretamente a primeira enzima da via (ver Figura 8.13)
- As enzimas sujeitas a essa regulação são, em geral, alostéricas
- A inibição por retroalimentação regula a atividade das enzimas existentes e constitui um mecanismo de controle de ação rápida.

### Indução enzimática

- Na **indução enzimática** (ver Figura 8.14), a presença de um substrato ativa um **óperon**, uma sequência de genes estreitamente associados, que inclui **genes estruturais** e **sítios reguladores**: (1) na ausência de lactose, um **repressor** – um produto do **gene regulador** (*i*) – liga-se ao operador e impede a transcrição dos genes do óperon *lac*. (2) Quando presente, a lactose inativa o repressor e possibilita a transcrição dos genes do óperon *lac*.

### Repressão enzimática

- Na **repressão enzimática**, a presença de um produto sintetizado inibe a sua síntese posterior pela inativação de um óperon: (1) Quando presente, o triptofano liga-se à proteína repressora e reprime os genes do óperon *trp*. (2) Na ausência de triptofano, o repressor não é ativado, e ocorre transcrição dos genes do óperon *trp*

- Na **repressão catabólica**, a presença de um nutriente preferido (frequentemente glicose) reprime a síntese de enzimas que seriam utilizadas para metabolizar alguma substância alternativa
- Tanto a indução enzimática quanto a repressão enzimática são reguladas pela alteração da transcrição gênica. O efeito sobre a síntese enzimática em ambos os casos depende da presença ou da ausência da substância reguladora – lactose, triptofano ou glicose nos exemplos anteriores.

## MUTAÇÕES

### Tipos de mutações e seus efeitos

- A constituição genética de um organismo é o seu **genótipo**; a expressão física do genótipo constitui o **fenótipo**
- As mutações causam uma mudança no genótipo de um organismo; a mudança pode ou não ser expressa no fenótipo
- As duas principais classes de mutações são (ver Tabela 8.3): (1) as **mutações pontuais**, que consistem em mudanças de um único nucleotídio; e (2) as **mutações por deslocamento do quadro de leitura**, que consistem na **inserção** ou **deleção** de um ou mais nucleotídios
- Uma terceira classe de mutações envolve movimentos de partes dos cromossomos.

### Variação fenotípica

- As variações fenotípicas produzidas pelas mutações podem consistir em alterações na morfologia das colônias, nas necessidades nutricionais ou na sensibilidade à temperatura.

### Mutações espontâneas e induzidas

- As **mutações espontâneas** ocorrem na ausência de qualquer agente mutagênico conhecido e parecem ser produzidas por erros no pareamento de bases durante a replicação do DNA. Vários genes apresentam diferentes taxas de mutação
- As **mutações induzidas** são mutações produzidas por agentes denominados **mutagênicos**. Os agentes mutagênicos aumentam a taxa de mutação.

### Agentes mutagênicos químicos

- Os agentes mutagênicos químicos incluem **análogos de bases**, **agentes alquilantes**, **agentes desaminantes** e **derivados da acridina**.

### Radiação como agente mutagênico

- Com frequência, a **radiação** provoca a formação de **dímeros** – como duas bases pirimidínicas adjacentes, que estão ligadas uma à outra, formando um dímero de timina, que interfere na replicação do DNA.

### Reparo de danos ao DNA

- Muitas bactérias contêm enzimas capazes de reparar determinados danos ao DNA (ver Figura 8.20). (1) O **reparo na presença de luz** utiliza uma enzima que é ativada pela luz visível e que quebra as ligações entre as pirimidinas de um dímero. (2) O **reparo no escuro** utiliza várias enzimas que não necessitam de luz para sua ativação; elas realizam a excisão do DNA defeituoso e o substituem por DNA complementar à fita do DNA normal.

### Estudo das mutações

- Os microrganismos são úteis no estudo das mutações, porque muitas gerações podem ser produzidas rapidamente e com baixo custo
- O **teste de flutuação** demonstra que a resistência a substâncias químicas ocorre espontaneamente, em vez de ser induzida
- A **técnica com carimbo replicador** também demonstra a natureza espontânea das mutações; essa técnica também pode ser utilizada para o isolamento de mutantes sem expô-los à substância à qual são resistentes.

### Teste de Ames

- O **teste de Ames** baseia-se na capacidade de bactérias **auxotróficas** de sofrer mutações, revertendo a sua capacidade original de síntese. Esse teste é utilizado para rastreamento de substâncias químicas com propriedades mutagênicas, indicando serem **carcinógenos** em potencial.

## TERMOS-CHAVE

agente alquilante
agente desaminante
agente mutagênico
alelo
análogo de base
anticódon
antiparalelo
atenuação
auxotrófico
carcinógeno
código genético
códon
códon de iniciação
códon de terminação
cromossomo
deleção
derivado da acridina
dímero
DNA polimerase
dúon
endonuclease
enzima constitutiva
enzima indutiva
éxon
exonuclease
fenótipo
finalizador
fita descontínua
fita líder
forquilha de replicação
fotorreativação
fragmento de Okazaki
gene
gene estrutural
gene regulador
genética
genótipo
hereditariedade
indução enzimática
indutor
inibição pelo produto final
inibição por retroalimentação (*feedback*)
inserção
íntron
ligase
*locus*
molde

mutação
mutação espontânea
mutação induzida
mutação pontual
mutação por deslocamento do quadro de leitura
óperon
origem de replicação
par de bases
polirribossomo
prototrófico
radiação
reação em cadeia da polimerase (PCR)
reparo na presença de luz
reparo no escuro
replicação do DNA
replicação semiconservativa
repressão catabólica
repressão enzimática
repressor
RNA iniciador (*primer*)
RNA mensageiro (mRNA)
RNA polimerase
RNA ribossômico (rRNA)
RNA transportador (tRNA)
segundo código do DNA
sítio regulador
técnica com carimbo replicador
teste de Ames
teste de flutuação
tradução
transcrição
transcrição reversa

CAPÍTULO 9

# Transferência de Genes e Engenharia Genética

Pode o homem desenvolver e criar novas formas de vida, começando de genes que ele escolheu ou até mesmo construiu? Bem, este homem existe e está tentando fazer exatamente isso: é o Dr. J. Craig Venter. Já famoso pelo seu trabalho na finalização do Projeto Genoma Humano, ele agora iniciou um novo projeto: "biologia sintética".

O Dr. Venter já produziu um vírus bacteriófago sintético totalmente novo em 1 semana, unindo genes em seu laboratório. Mas a maioria dos biologistas não considera os vírus como seres vivos. Em 21 de maio de 2010, a revista científica *Science* divulgou que a equipe de Venter tinha criado uma bactéria totalmente nova, denominada *Mycobacterium laboratorium*. Venter já teria criado uma vida "nova" ou "artificial"? As pessoas estão discutindo sobre essa possibilidade. Vamos examinar o que ele realizou e, em seguida, você poderá decidir. O Dr. Venter trabalhou com duas bactérias do mesmo gênero, porém de espécies diferentes: *Mycoplasma mycoides* e *Mycoplasma capricolum*. Com o auxílio de um computador, ele sintetizou o cromossomo de *M. mycoides* e o transplantou em uma célula de *M. capricolum* da qual tinha retirado o seu cromossomo. Venter descreveu o feito como "a primeira espécie a ter como pais um computador". Deu-lhe o apelido de "Synthia". Ela se reproduz rapidamente, e, depois de algumas gerações, o conteúdo original de proteína não é mais detectável. Ele colocou "marca–d'água" no código do DNA sintético, de modo a identificar os criadores dessa nova bactéria.

A nova empresa de Venter, Synthetic Genomics, dedica-se a construir micróbios "artificiais" para produzir etanol e hidrogênio como combustíveis alternativos. Nas próprias palavras de Venter: "Estamos passando da leitura do código genético para o momento de escrevê-lo".

Cortesia do J. Craig Venter Institute.

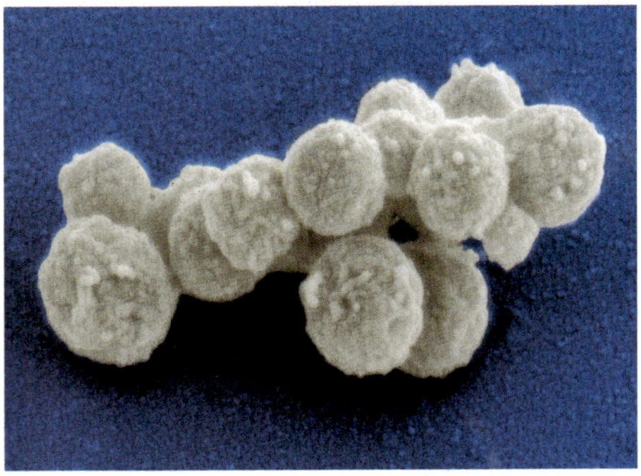

Thomas Deerinck, NCMIR/Science Source

"Synthia"

**A transferência de material genético de um organismo** para outro pode ter profundas consequências. Nos microrganismos, proporciona meios para que os vírus possam introduzir informação genética em bactérias e mecanismos para que as bactérias aumentem suas capacidades de causar doenças ou para que se tornem resistentes aos antibióticos. As informações obtidas do estudo da transferência de material genético entre microrganismos podem ser aplicadas à agricultura, à indústria, a problemas médicos e aos problemas específicos de prevenção e tratamento de doenças infecciosas. Neste capítulo, serão discutidos os mecanismos pelos quais ocorrem as transferências genéticas e a importância dessas transferências.

# MAPA DO CAPÍTULO

**Siga o mapa do capítulo para auxiliar na identificação dos conceitos principais do texto.**



## TIPOS E IMPORTÂNCIA DA TRANSFERÊNCIA DE GENES

A **transferência de genes** refere-se ao movimento da informação genética entre organismos. Na maioria dos eucariontes, constitui uma parte essencial do ciclo de vida dos organismos e, em geral, ocorre por reprodução sexuada. Os machos e as fêmeas produzem *gametas* (células sexuais), que se unem para formar um zigoto, a primeira célula de um novo indivíduo. Como cada genitor produz muitos gametas geneticamente diferentes, muitas combinações diferentes do material genético podem ser transferidas aos descendentes. Nas bactérias, a transferência de genes não constitui uma parte essencial do ciclo de vida. Quando ela ocorre, em geral apenas alguns dos genes da célula *doadora* são transferidos para a outra célula participante ou célula *receptora*. Essa combinação de genes (DNA) a partir de duas células diferentes é denominada **recombinação**, e a célula resultante é designada como *recombinante*.

A transferência de genes dos genitores para a prole é denominada **transferência vertical de genes**. A reprodução sexuada dos vegetais e dos animais é o que habitualmente consideramos como transferência vertical de genes. Em contrapartida, as bactérias realizam a transferência vertical de genes quando se reproduzem de modo assexuado por divisão binária. Além disso, as bactérias também podem realizar a transferência horizontal, ou **transferência lateral de genes**, quando transferem genes para outros microrganismos da mesma geração. Antes da década de 1920, acreditava-se que as bactérias só se reproduziam por divisão binária e que não tinham nenhuma forma de transferência genética comparável àquela obtida por meio da reprodução sexuada nos eucariontes. Desde então, foram descobertos três mecanismos de transferência lateral de genes nas bactérias, nenhum dos quais está associado à reprodução. Neste capítulo, discutiremos cada mecanismo – *transformação, transdução* e *conjugação*.

A transferência de genes é importante, pois aumenta acentuadamente a diversidade genética dos organismos. Conforme apresentado no Capítulo 8, as mutações são responsáveis por alguma diversidade genética, porém a transferência de genes entre organismos é responsável por uma diversidade maior. Quando os organismos ficam sujeitos a mudanças nas condições ambientais, a diversidade genética aumenta a probabilidade de que alguns organismos irão se adaptar a qualquer condição particular. Essa diversidade leva a mudanças evolutivas. Os organismos com genes que possibilitam a adaptação a determinado ambiente sobrevivem e se reproduzem, enquanto os organismos desprovidos desses genes acabam morrendo. Se todos os organismos fossem geneticamente idênticos, todos iriam sobreviver e se reproduzir ou todos iriam morrer. No Capítulo 10, iremos discutir as evidências recentemente obtidas de que a transferência lateral de genes tem sido muito mais comum na história da evolução do que se suspeitava. Essa descoberta levou a grandes mudanças no modo pelo qual interpretamos agora as relações evolutivas.

Na *tecnologia do DNA recombinante*, genes de um tipo de organismo são introduzidos por transferência lateral no genoma de outro tipo de organismo (p. ex., quando genes humanos são inseridos nas células de um suíno). Os engenheiros genéticos aprenderam a manipular artificialmente as três formas naturais de transferência lateral de genes para criar DNA e organismos recombinantes desejados. Examinaremos agora esses três mecanismos básicos.

## TRANSFORMAÇÃO

### Descoberta da transformação

A **transformação** bacteriana, que consiste em uma mudança nas características de um organismo decorrente da transferência de informação genética, foi descoberta em 1928 por Frederick Griffith, médico militar inglês, que estava estudando infecções pneumocócicas em camundongos. Os pneumococos com cápsulas (ver Capítulo 5) produzem colônias lisas (tipo

S) e brilhantes. Os que não têm cápsulas produzem colônias rugosas (tipo R) com aparência grosseira e sem brilho. Apenas os pneumococos produtores de cápsulas (encapsulados) inoculados em camundongos eram *patogênicos* – isto é, tinham a capacidade de causar doença (pneumonia). Esse tipo de organismo pode multiplicar-se rapidamente e matar um camundongo! Os camundongos são considerados "notavelmente" sensíveis aos pneumococos, razão pela qual são excelentes animais de laboratório. As cápsulas ajudam a evitar que moléculas produzidas pelo sistema imune do camundongo alcancem a superfície da bactéria. Elas também dificultam a fagocitose das bactérias invasoras pelos leucócitos. Em outras palavras, a cápsula protege as bactérias do sistema imune do camundongo.

Griffith injetou pneumococos lisos e mortos pelo calor em um grupo de camundongos, pneumococos lisos vivos em um segundo grupo, pneumococos rugosos vivos em um terceiro grupo e, por fim, uma mistura de pneumococos rugosos vivos e lisos, mortos pelo calor, em um quarto grupo (**Figura 9.1**). Conforme esperado, os camundongos que receberam pneumococos lisos vivos desenvolveram pneumonia e morreram, enquanto os que receberam pneumococos lisos mortos pelo calor ou pneumococos rugosos vivos não desenvolveram pneumonia e sobreviveram. Surpreendentemente, os que receberam a mistura também morreram de pneumonia. Imagine a surpresa de Griffith quando ele isolou organismos lisos vivos desses camundongos. Ele não tinha como saber exatamente o que

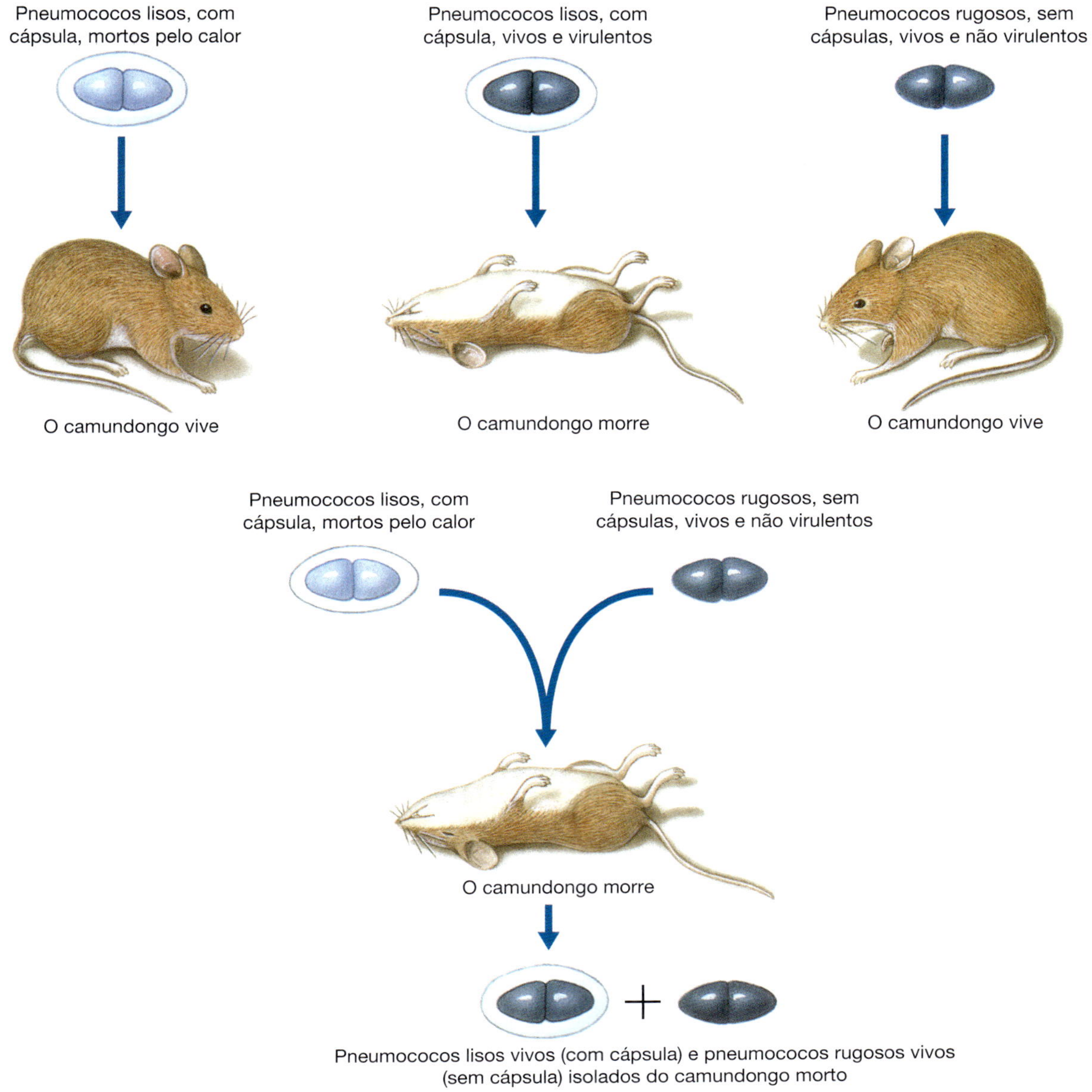




**Figura 9.1 Descoberta da transformação: experimento de Griffith com infecções pneumocócicas em camundongos.** Quando pneumococos do tipo S (que produzem colônias de aparência lisa, devido à presença de cápsulas) são injetados em camundongos, os animais morrem de pneumonia. Os camundongos sobrevivem quando lhe são injetados pneumococos do tipo R (que produzem colônias de aparência rugosa, devido à ausência de cápsula) ou pneumococos do tipo S mortos pelo calor. Entretanto, quando se inocula uma mistura de pneumococos do tipo R vivos e pneumococos do tipo S mortos pelo calor – os quais não são letais por si só –, os camundongos morrem, e organismos do tipo S vivos, bem como organismos do tipo R, são recuperados dos animais mortos.

havia acontecido, porém percebeu que algumas células do tipo R foram "transformadas" em tipo S. Além disso, a mudança era hereditária. Sabemos agora que as bactérias do tipo R capturaram o DNA desnudo ("livre") liberado das bactérias de tipo S mortas e desintegradas e o incorporaram a seu próprio DNA. As bactérias do tipo R que capturaram o DNA que continha genes para a produção de cápsula foram geneticamente transformadas em organismos do tipo S.

Em estudos de transformação subsequentes, Oswald Avery descobriu que um polissacarídio capsular era responsável pela virulência dos pneumococos. Em 1944, Avery, Colin MacLeod e Maclyn McCarty isolaram a substância responsável pela transformação dos pneumococos e determinaram que era o DNA. Retrospectivamente, essa descoberta marcou o "nascimento" da genética molecular, mas, na época, não se sabia que o DNA transportava a informação genética. Pesquisadores trabalhando com cromossomos de vegetais e animais tinham isolado tanto o DNA quanto proteínas, porém eles acreditavam que a informação genética estava contida na proteína. Somente quando James Watson e Francis Crick determinaram a estrutura do DNA é que ficou evidente como o DNA codifica a informação genética.[1] Depois desse trabalho original com pneumococos (agora denominados *Streptococcus pneumoniae*), a transformação natural foi observada em organismos pertencentes a uma grande variedade de gêneros, incluindo *Acinetobacter*, *Bacillus*, *Haemophilus*, *Neisseria* e *Staphylococcus*, bem como na levedura *Saccharomyces cerevisiae*. Além da transformação natural, os cientistas descobriram maneiras de transformar artificialmente bactérias no laboratório.

## Mecanismo da transformação

Para estudar o mecanismo da transformação, os cientistas extraem o DNA de organismos doadores por meio de um complexo processo bioquímico, que produz centenas de fragmentos de DNA desnudo ("livre") de cada cromossomo bacteriano. (O *DNA desnudo ou livre* é o DNA que foi liberado de um organismo, frequentemente após a lise da célula, e o DNA que não está mais incorporado aos cromossomos ou outras estruturas.) Quando o DNA desnudo extraído é colocado em um meio contendo organismos capazes de incorporá-lo, a maioria desses organismos pode captar um número máximo de cerca de 10 fragmentos, o que corresponde a menos de 5% da quantidade de DNA normalmente presente no organismo.

A captação do DNA só ocorre em determinado estágio do ciclo de vida da célula, em resposta a uma alta densidade celular e à depleção de nutrientes. Nesse estágio, uma proteína, denominada **fator de competência**, é liberada no meio e facilita aparentemente a entrada do DNA. Quando o fator de competência de uma cultura é utilizado para tratar uma cultura desprovida desse fator, as células na cultura tratada tornam-se *competentes* para receber o DNA – elas agora são capazes de captar fragmentos de DNA. Entretanto, nem todas as bactérias podem tornar-se competentes; por conseguinte, nem todas as bactérias podem ser transformadas. A entrada do DNA depende de determinados fatores, como modificações da parede celular e formação de sítios receptores específicos na membrana plasmática capazes de ligar-se ao DNA. São também necessárias proteínas de transporte do DNA (proteínas que fazem entrar o DNA na célula), bem como uma DNA exonuclease (uma enzima que corta o DNA). A maioria das bactérias com capacidade de transformação natural captura o DNA de qualquer fonte; as exceções são *Neisseria gonorrhoeae* e *Haemophilus influenza*, que só captam DNA de suas próprias espécies. Sequências de nucleotídios específicas no DNA dessas duas espécies são reconhecidas pela proteína receptora na superfície das bactérias competentes da mesma espécie (**Figura 9.2**).

Quando o DNA alcança os sítios de entrada, as endonucleases cortam o DNA de fita dupla em unidades de 7.000 a 10.000 nucleotídios. As fitas se separam, e apenas uma delas entra na célula. O DNA de fita simples é vulnerável ao ataque de várias nucleases e só pode entrar na célula se as nucleases na superfície da célula de algum modo tiverem sido inativadas. No interior da célula, o DNA de fita simples do doador precisa imediatamente se combinar por pareamento de bases com uma porção do cromossomo do receptor ou, caso contrário, será destruído. No processo de transformação, bem como em outros mecanismos de transferência de genes, o DNA de fita simples do doador é posicionado ao longo do DNA do receptor, de modo que os *loci* idênticos estejam próximos uns dos outros. A união (*splicing*) de uma fita de DNA envolve a quebra da fita, a retirada de um segmento, a inserção de um novo segmento e a ligação das extremidades. Esse processo é denominado recombinação homóloga. As enzimas na célula receptora excisam (cortam) uma porção do DNA do receptor e a substituem (recombinam) com o DNA do doador, tornando-o agora uma parte permanente do cromossomo do receptor. O DNA restante do receptor é subsequentemente clivado, de modo que o número de nucleotídios no DNA da célula permanece constante.

## Importância da transformação

Embora a transformação tenha sido observada principalmente no laboratório, ela ocorre na natureza. Provavelmente, ocorre após a degradação de organismos mortos em um ambiente onde estão presentes organismos vivos da mesma espécie ou de espécies estreitamente relacionadas. Entretanto, o grau com que a transformação contribui para a diversidade genética dos organismos na natureza não é totalmente conhecido. No laboratório, os pesquisadores induzem artificialmente a transformação, utilizando substâncias químicas, calor, frio ou uma forte corrente elétrica, de modo a estudar os efeitos do DNA que diferem do DNA que o organismo já possui. A transformação também pode ser utilizada para estudar as localizações dos genes em um cromossomo e para inserir o DNA de uma espécie no DNA de outra espécie, produzindo, assim, um DNA *recombinante*.

# TRANSDUÇÃO

## Descoberta da transdução

À semelhança da transformação, a **transdução** é um método de transferência de material genético de uma bactéria para outra (*trans*, "através", *ductio*, "puxar"; os vírus arrastam ou

[1]N.R.T.: A pesquisadora Rosalind Franklin foi uma das peças mais importantes na determinação da estrutura da molécula de DNA, com base em imagens de cristalografia de raios X. Apesar de sua importância, ela não foi agraciada com o Prêmio Nobel de Fisiologia ou Medicina de 1953, que agraciou os pesquisadores James Watson, Francis Crick e Maurice Wilkins pelo feito.

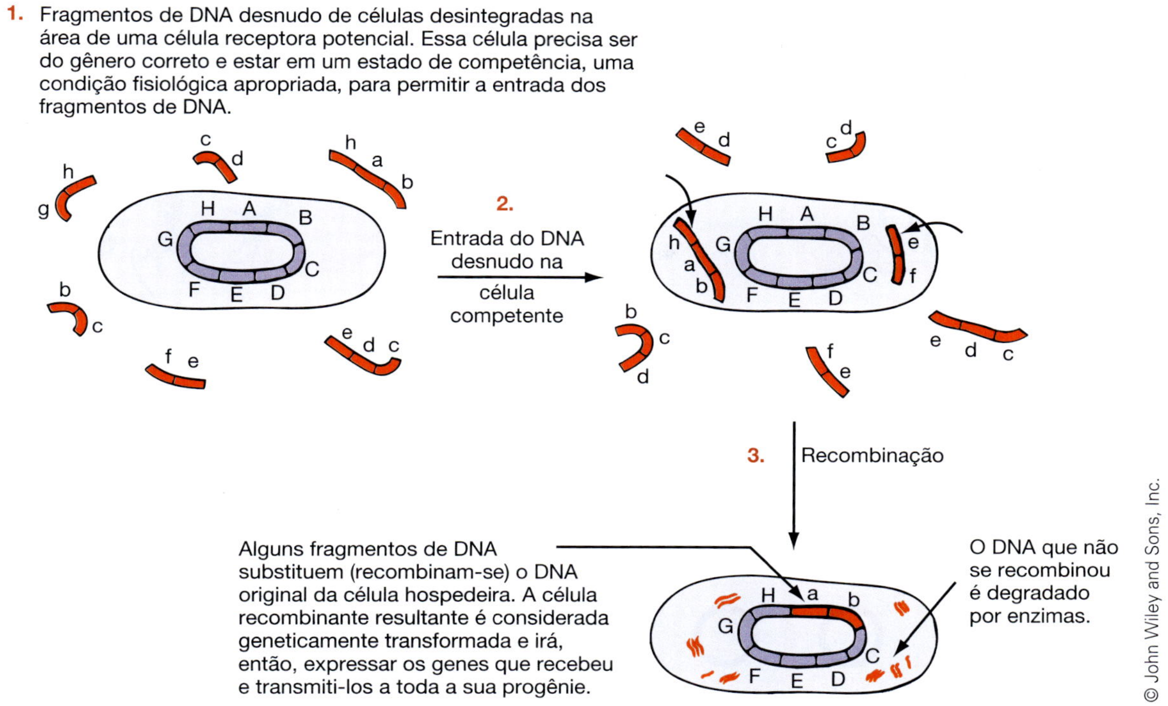


**Figura 9.2 Mecanismo da transformação bacteriana.**

*Os seres humanos não são os únicos a serem infectados por vírus. Existem vírus que infectam especificamente bactérias, plantas, outros animais, fungos, algas e até mesmo protozoários.*

puxam os genes de uma célula para outra). Diferentemente da transformação, em que ocorre transferência de DNA livre, o DNA na transdução é carregado por um **bacteriófago** – um vírus capaz de infectar bactérias. O fenômeno de transdução foi originalmente descoberto em *Salmonella* por Joshua Lederberg e Norton Zinder, em 1952, e desde então tem sido observado em muitos gêneros diferentes de bactérias.

## Mecanismos da transdução

Para compreender os mecanismos da transdução, precisamos descrever de maneira sucinta as propriedades dos bacteriófagos, também denominados **fagos**. Os fagos, que são descritos de modo mais detalhado no Capítulo 11, são constituídos de um cerne de ácido nucleico coberto por uma capa proteica. Os fagos infectam células bacterianas (*hospedeiros*) e se reproduzem no seu interior, conforme ilustrado na Figura 9.3. Um fago com capacidade de infectar uma bactéria liga-se a um sítio receptor no envoltório celular. O ácido nucleico do fago entra na célula bacteriana após uma enzima do fago ter enfraquecido a parede celular. A capa proteica permanece do lado de fora, fixada ao envoltório celular. Após a entrada do ácido nucleico na célula, os eventos posteriores seguem uma de duas vias, dependendo se o fago é *virulento* ou *temperado*.

Um **fago virulento** tem a capacidade de causar infecção e, por fim, destruição e morte de uma célula bacteriana. Após a entrada do ácido nucleico do fago na célula, os genes do fago induzem a célula a sintetizar ácidos nucleicos e proteínas que são específicos do fago. Algumas das proteínas destroem o DNA da célula hospedeira, enquanto ocorre montagem de outras proteínas e dos ácidos nucleicos em fagos completos. Quando a célula fica preenchida com uma centena ou mais de fagos, as enzimas desses fagos rompem a célula, liberando os fagos recém-formados, que então podem infectar outras células. Como esse ciclo resulta em **lise** ou ruptura da célula infectada (hospedeira), é denominado **ciclo lítico**.

Um **fago temperado** geralmente não provoca infecção com ruptura da célula. Em vez disso, o DNA do fago incorpora-se ao DNA da bactéria e replica-se com ele. Esse fago também produz uma substância repressora, que impede a destruição do DNA bacteriano, e o DNA do fago não dirige a síntese de partículas do fago. O DNA do fago incorporado ao DNA da bactéria hospedeira é denominado **profago**. A persistência de um profago sem replicação do fago e destruição da célula bacteriana é denominada **lisogenia**, e as células que contêm um profago são consideradas **lisogênicas**. São conhecidas diversas maneiras de induzir essas células a entrar no ciclo lítico, e a maioria envolve a inativação da substância repressora.

Os fagos temperados podem replicar-se como um profago em um cromossomo bacteriano, ou independentemente, pela sua montagem em novos fagos. Ocorre transdução quando, em vez de ocorrer apenas acondicionamento do DNA do fago nas cabeças dos fagos recém-formados, algum DNA bacteriano também é acondicionado nas cabeças. Os fagos temperados podem realizar formas de transdução tanto generalizada quanto especializada. Na *transdução generalizada*, qualquer gene bacteriano pode ser transferido pelo fago; na *transdução especializada*, apenas genes específicos são transferidos.

### Transdução especializada

Sabe-se que vários fagos lisogênicos realizam a transdução especializada, porém o fago lambda (λ) em *Escherichia coli* foi

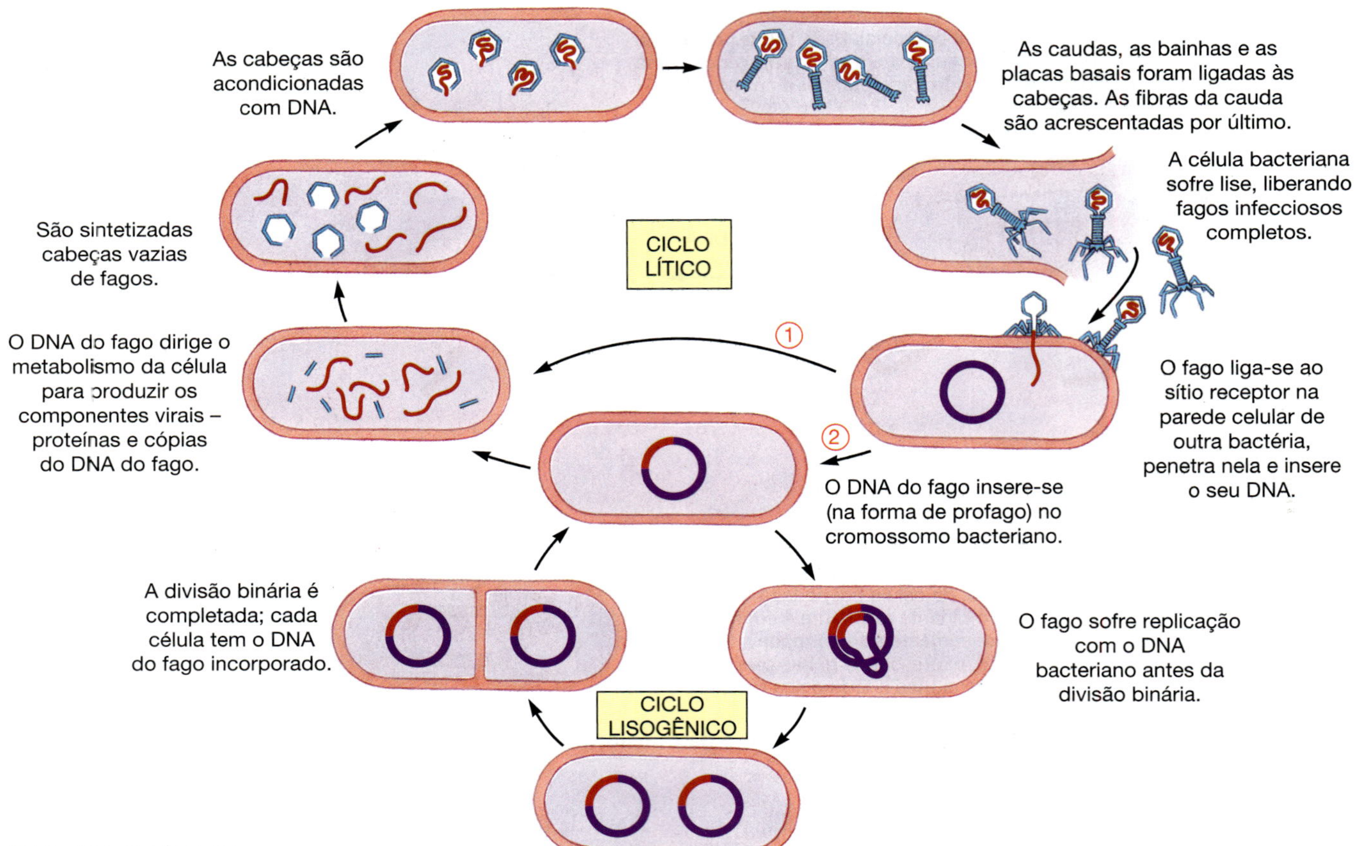




**Figura 9.3 Ciclos de vida dos bacteriófagos.** Quando um bacteriófago injeta seu DNA viral em uma célula bacteriana hospedeira, são possíveis pelo menos dois resultados diferentes. No ciclo lítico, que é característico dos fagos virulentos, o DNA do fago assume o controle da célula e ① induz a síntese de novos componentes virais, que são montados em partículas virais inteiras. A célula sofre lise, liberando os vírus infecciosos, que então podem entrar em novas células hospedeiras. No ciclo lisogênico, o DNA de um fago temperado entra na célula hospedeira, ② incorpora-se ao cromossomo bacteriano na forma de profago e replica-se com o cromossomo por meio de muitas divisões celulares. Entretanto, um fago lisogênico pode repentinamente reverter para o ciclo de vida lítico. Desse modo, um profago é um tipo de "bomba-relógio" localizada no interior da célula infectada.

extensamente estudado. Em geral, os fagos inserem-se em uma localização específica quando se integram com um cromossomo. O fago lambda insere-se no cromossomo de *E. coli* entre o gene *gal*, que controla o uso da galactose, e o gene *bio*, que controla a síntese de biotina. Os genes *gal* e *bio* são partes de óperons (ver Capítulo 8). Quando células contendo fagos lambda são induzidas a entrar no ciclo lítico, os genes do fago formam uma alça e são excisados do cromossomo bacteriano (Figura 9.4). Em seguida, o DNA do fago lambda dirige a síntese e a montagem de novas partículas de fago, e a célula sofre lise.

Na maioria dos casos, as novas partículas de fago liberadas contêm apenas genes do fago. Raramente (cerca de uma excisão em um milhão), o fago contém um ou mais genes bacterianos que estavam adjacentes ao DNA do fago quando ele constituía parte do cromossomo bacteriano. Por exemplo, o gene *gal* poderia ser incorporado em uma partícula de fago. Quando infecta outra célula bacteriana, a partícula transfere não apenas os genes do fago, mas também o gene *gal*. Esse processo, em que uma partícula de fago transduz (transfere) genes específicos de uma célula bacteriana para outra, é denominado **transdução especializada**. Na transdução especializada, o DNA bacteriano transduzido é limitado a um ou a alguns genes adjacentes ao profago.

## Transdução generalizada

Quando células bacterianas contendo DNA de fagos entram no ciclo lítico, as enzimas do fago clivam o DNA da célula hospedeira em muitos segmentos pequenos (Figura 9.5). À medida que o fago dirige a síntese e a montagem de novas partículas de fago, ele acondiciona o DNA até "preencher a cabeça" (DNA suficiente para preencher a cabeça de um vírus). Isso permite que um fragmento do DNA bacteriano seja ocasionalmente incorporado a uma partícula do fago. De modo semelhante, o DNA de plasmídios ou de outros vírus que infectam a célula pode ser acondicionado na cabeça do fago. Quando essa partícula do fago, com o DNA bacteriano recém-adquirido, deixa o hospedeiro infectado, ela pode infectar outra bactéria suscetível, transferindo, assim, os genes bacterianos pelo processo de **transdução generalizada**. Cada fragmento bacteriano do cromossomo da célula hospedeira tem uma chance igual de se tornar acidentalmente parte de partículas de fago durante o ciclo de replicação do fago.

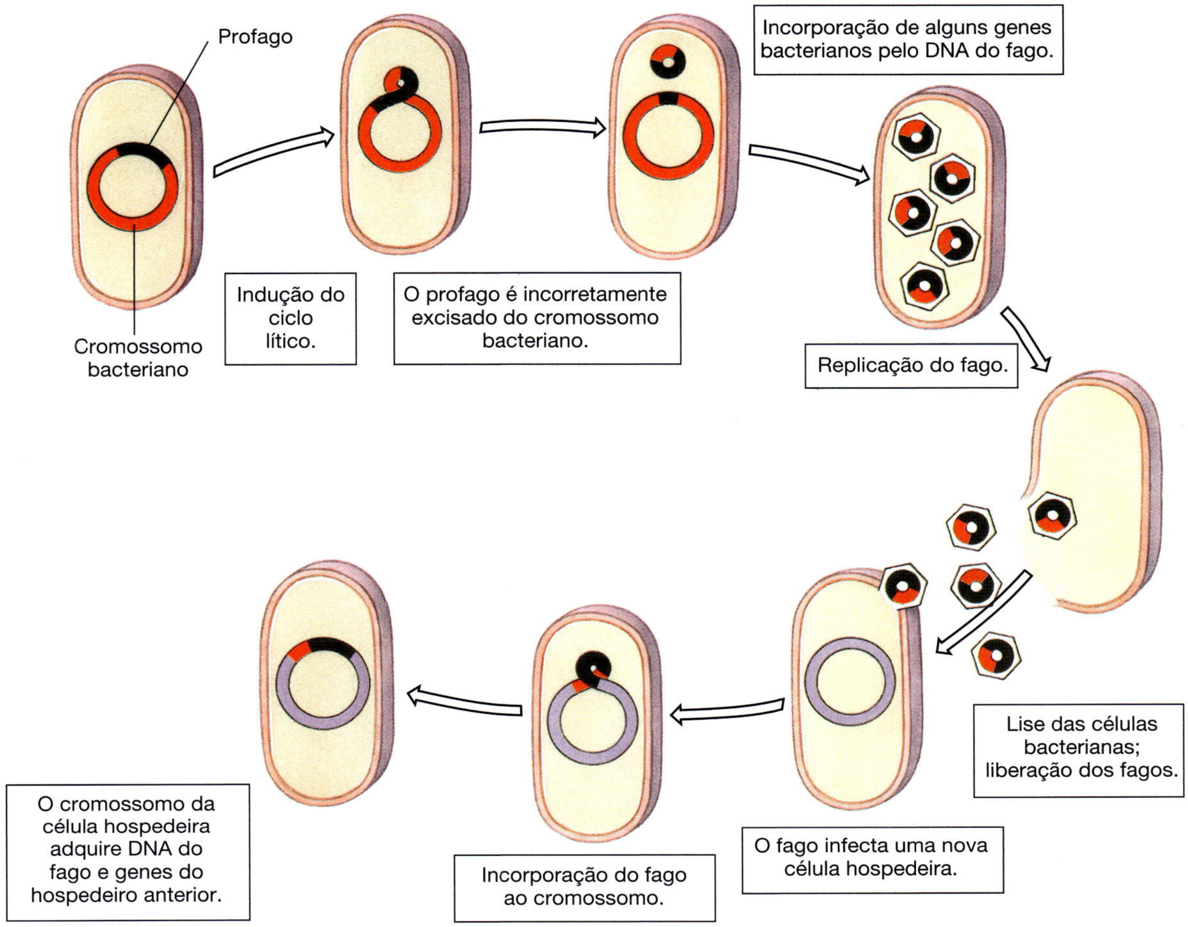




**Figura 9.4 Transdução especializada pelo fago lambda (λ) em *E. coli*.** Nesse processo, o DNA do fago sempre se insere no cromossomo do hospedeiro bacteriano, em um sítio específico. Quando o DNA do fago sofre replicação, ele carrega genes bacterianos de ambos os lados do sítio e os acondiciona com o seu próprio DNA em novos fagos. Apenas os genes adjacentes ao sítio de inserção, e não os genes de outras partes do cromossomo do hospedeiro, são transduzidos. Em seguida, esses genes podem ser introduzidos na próxima célula hospedeira do fago, onde irão conferir novas características genéticas.

## Importância da transdução

A transdução é importante por várias razões. Primeiro, ela transfere material genético de uma célula bacteriana para outra e altera as características genéticas da célula receptora. Conforme demonstrado pela transdução especializada dos genes *gal*, uma célula sem a capacidade de metabolizar a galactose pode adquirir essa habilidade. Outras características também podem ser transferidas por meio da tradução especializada ou generalizada.

Segundo, a incorporação do DNA do fago a um cromossomo bacteriano demonstra uma estreita relação evolutiva entre o profago e a célula bacteriana hospedeira. O DNA do profago e o do cromossomo da célula hospedeira precisam ter regiões com sequências de bases bastante semelhantes. Caso contrário, o profago não irá se ligar ao cromossomo bacteriano.

Terceiro, a descoberta de que um profago pode existir em uma célula por um longo período sugere um possível mecanismo semelhante para a origem viral do câncer. Se um profago pode existir em uma célula bacteriana e, em algum ponto, pode alterar a expressão do DNA da célula, isso poderia explicar como os vírus animais provocam alterações malignas. Por exemplo, genes virais inseridos em um cromossomo humano podem alterar a regulação de alguns genes, permitindo que genes estruturais se tornem ativos em momentos errados, continuamente ou, talvez, nunca se ativem. Os genes fetais causam uma rápida proliferação das células durante o desenvolvimento inicial, porém o crescimento logo se torna mais lento e, por fim, cessa na idade adulta. Se esses genes fetais fossem novamente ligados em um grupo de células posteriormente durante a vida, essas células poderiam crescer rapidamente, transformando-se em tumor. (Os vírus e o câncer são discutidos no Capítulo 11.)

Quarto, uma ideia interessante é a de que alguns vírus animais provavelmente trouxeram genes de seu(s) hospedeiro(s) anterior(es) quando infectaram novos hospedeiros humanos (p. ex., você). Esses hospedeiros anteriores não eram necessariamente seres humanos. Nesse sentido, isso significa que você pode não ser inteiramente humano agora! Você pode ser "transgênico".

Por fim, e mais importante para os geneticistas moleculares, a transdução fornece uma maneira de estudar a ligação dos genes. Os genes são considerados *ligados* quando estão

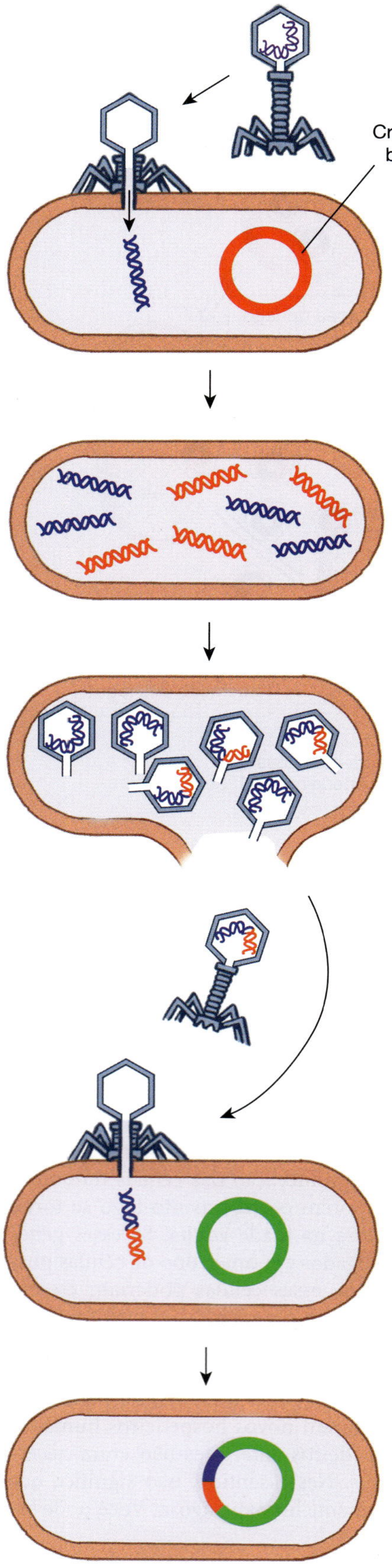




tão estreitamente unidos em um segmento de DNA que provavelmente serão transferidos juntos. Diferentes fagos podem ser incorporados em um cromossomo bacteriano, e cada tipo entra habitualmente em um sítio específico. Com o estudo de muitas transduções de fagos diferentes, os cientistas podem determinar onde foram inseridos no cromossomo e que genes adjacentes são capazes de transferir. Os achados combinados de muitos estudos desse tipo finalmente permitirão a identificação da sequência dos genes em um cromossomo. Esse procedimento é denominado **mapeamento cromossômico**.

**PARE e RESPONDA**

1. Em que a transformação difere da transdução?
2. Como a transferência de genes nos procariontes difere daquela nos eucariontes?
3. Que genes são transferidos na transdução generalizada? E na transdução especializada?

# CONJUGAÇÃO

## Descoberta da conjugação

Na **conjugação**, assim como na transformação e na transdução, a informação genética é transferida de uma célula bacteriana para outra. A conjugação difere desses outros mecanismos em dois aspectos: (1) exige o contato entre as células doadora e receptora e (2) transfere quantidades muito maiores de DNA (e, em certas ocasiões, cromossomos inteiros).

A conjugação foi descoberta em 1946 por Joshua Lederberg, que, na época, ainda era estudante de medicina. Em seus experimentos, Lederberg utilizou cepas mutantes de *E. coli*, que eram incapazes de sintetizar determinadas substâncias. Ele selecionou duas cepas, cada uma delas com deficiência em uma via de síntese diferente, e as fez crescer em um meio rico em nutrientes (Figura 9.6). Retirou as células de cada cultura e as lavou para remover os resíduos do meio nutritivo. Em seguida, procurou cultivar células de cada cepa em placas de ágar sem os nutrientes especiais necessários para a cepa. Ele também misturou as células das duas cepas e as plaqueou no mesmo meio. Enquanto as células das culturas originais não conseguiram crescer, houve crescimento de algumas das culturas mistas. Estas últimas devem ter adquirido a capacidade de sintetizar todas as substâncias necessárias. Lederberg e outros pesquisadores continuaram estudando esse fenômeno e, por fim, descobriram muitos dos detalhes do mecanismo da conjugação.

**Figura 9.5 Transdução generalizada.** A infecção de uma bactéria hospedeira por um bacteriófago inicia o ciclo lítico. O cromossomo bacteriano é clivado em muitos fragmentos, e qualquer um deles pode ser capturado e acondicionado com o DNA do fago em novas partículas de fago. Quando essas partículas são liberadas e infectam outra célula bacteriana, o novo hospedeiro adquire os genes que foram trazidos (transduzidos) da célula hospedeira bacteriana anterior.

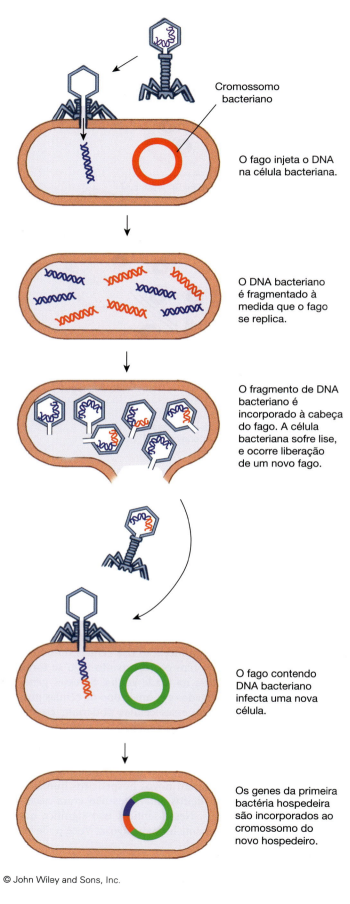

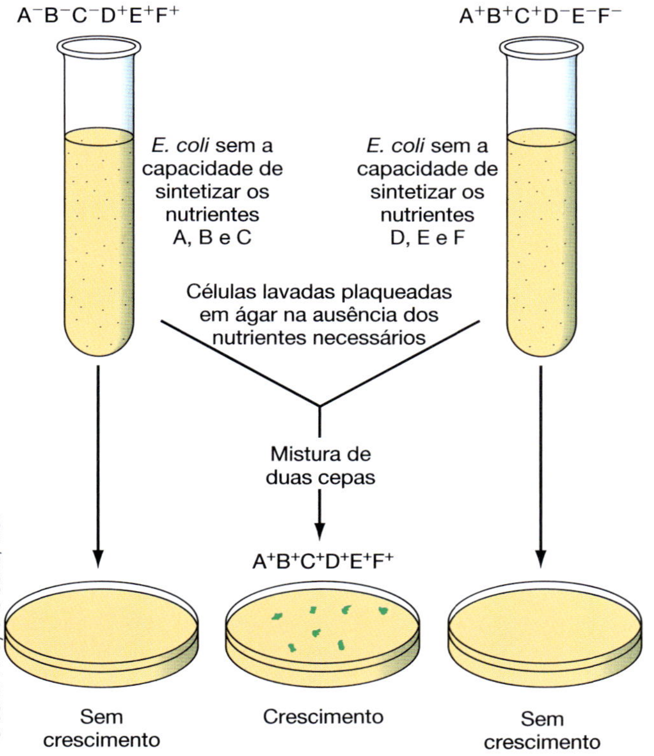




**Figura 9.6 Descoberta da conjugação: experimento de Lederberg.**

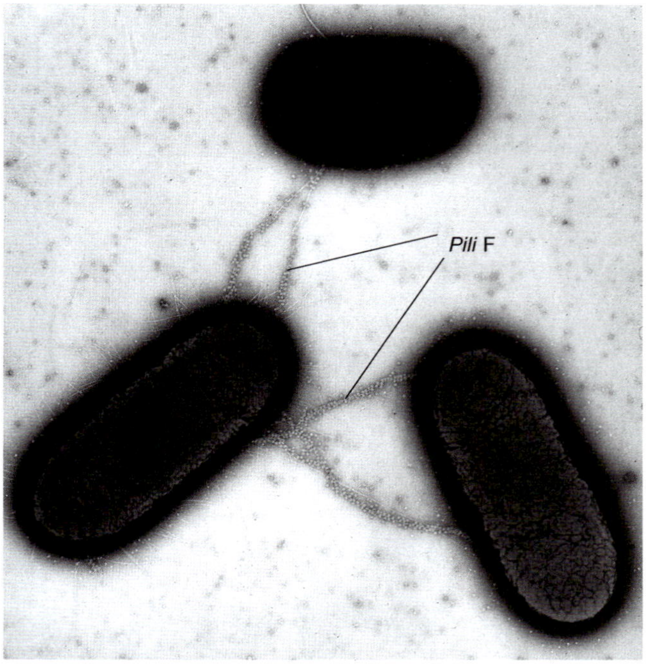


**Figura 9.7 MET dos *pili* F de *E. coli*.** (1 $F^+$ e 2 $F^-$; 18.000×). Os fagos ao longo dos *pili* os tornam visíveis. Diferentemente dos *pili* de fixação mais curtos (fímbrias), esse tipo de *pilus* longo é utilizado para a transferência de genes na conjugação e é frequentemente denominado *pilus* sexual. *(Dr. L. Caro/Science Source.)*

Lederberg foi, de fato, feliz na sua escolha dos organismos, visto que em estudos semelhantes com outras cepas de *E. coli* não se conseguiu demonstrar a ocorrência de conjugação. Além das mutações que levaram a deficiências de síntese nos organismos de Lederberg, também calhou de ele utilizar dois tipos de células de *E. coli* que tinham a capacidade de conjugação.

## Mecanismos da conjugação

Os mecanismos envolvidos na conjugação foram esclarecidos por meio de vários experimentos importantes, cada um dos quais com base nos achados dos precedentes. Desses experimentos, iremos considerar três: a transferência de plasmídios F, as recombinações de alta frequência e a transferência de plasmídios F′. Conforme assinalado no Capítulo 5, os **plasmídios** são pequenas moléculas de *DNA extracromossômico*. As células bacterianas frequentemente contêm vários plasmídios diferentes, que carregam informação genética para várias funções celulares não essenciais.

**Os plasmídios F são moléculas de DNA circular de fita dupla contendo cerca de 100.000 pares de nucleotídios (isso corresponde a cerca de 2% de um cromossomo bacteriano).**

### Transferência de plasmídios F

Após o experimento inicial de Lederberg, foi realizada uma importante descoberta sobre o mecanismo da conjugação. Constatou-se que existem dois tipos de células, denominadas $F^+$ e $F^-$, em qualquer população de *Escherichia coli* capaz de realizar a conjugação. As **células $F^+$** contêm DNA extracromossômico, denominado **plasmídio F (fertilidade)**; as **células $F^-$** não têm plasmídio F. (Lederberg criou o termo *plasmídio* na década de 1950 para descrever esses fragmentos de DNA.)

Entre as informações genéticas carreadas no plasmídio F, encontra-se a informação para síntese de proteínas que formam os *pili* F. As células $F^+$ produzem um ***pilus* F** (ou pilus *sexual* ou pilus *de conjugação*), uma ponte por meio da qual ela se fixa à célula $F^-$ quando ocorre conjugação das células $F^+$ e $F^-$ (Figura 9.7) (ver Capítulo 5). Em seguida, uma cópia do plasmídio F é transferida da célula $F^+$ para a célula $F^-$ (Figura 9.8). As células $F^+$ são denominadas células *doadoras* ou *masculinas*, enquanto as células $F^-$ são denominadas células *receptoras* ou *femininas*.

Embora o processo exato de transferência permaneça desconhecido, o DNA é transferido na forma de uma fita simples por uma *ponte de conjugação* (canal de acasalamento). Como o *pilus* sexual contém uma cavidade que permitiria a passagem de uma fita simples de DNA, é possível, porém não absolutamente certo, que o DNA entre no receptor através desse canal. Entretanto, há também evidências sugerindo que as células de acasalamento sofrem fusão temporária, durante a qual ocorre transferência do DNA. O *pilus* estabelece contato com um sítio receptor na superfície da célula $F^-$ (receptora). Nesse local, forma-se um poro. No interior da célula $F^-$, o *pilus* é tracionado e desmontado. Isso aproxima ainda mais as duas células. O DNA da célula $F^+$ entra na célula $F^-$ nesse sítio. Em seguida, cada célula sintetiza a fita complementar de DNA, de modo que ambas irão apresentar um plasmídio F completo. Como todas as células $F^-$ em uma cultura mista de células $F^+$ e $F^-$ recebem o plasmídio F, toda a população torna-se rapidamente $F^+$; todavia, em uma cultura constituída apenas por células $F^-$, não ocorre nenhuma transferência, e as células permanecem células $F^-$.

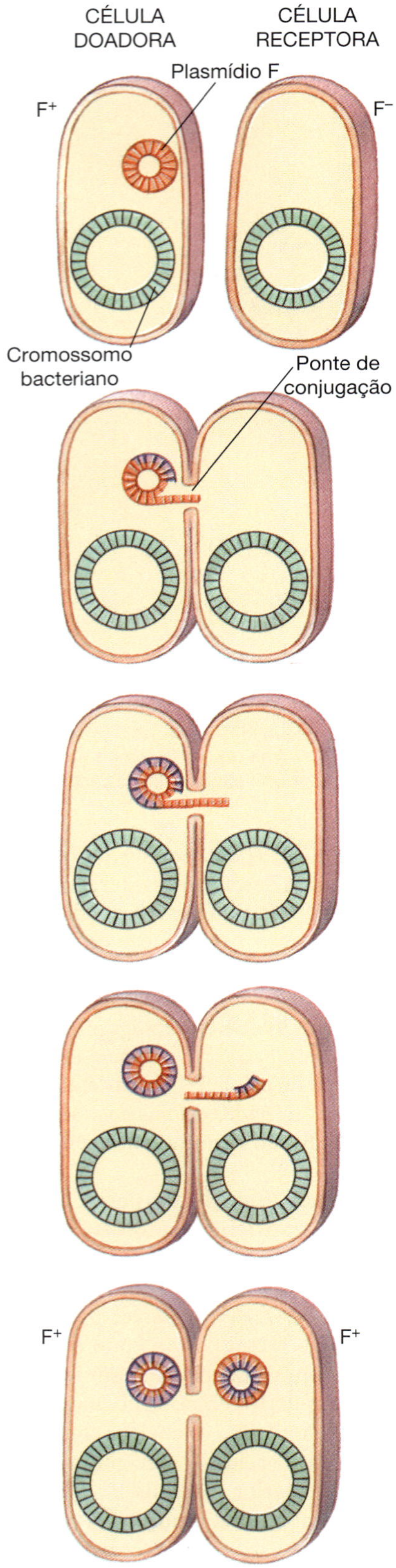


© John Wiley and Sons, Inc.

**Figura 9.8 Cruzamento $F^+ \times F^-$.** A célula $F^+$ transfere uma fita de DNA de seu plasmídio F para a célula $F^-$ por meio da ponte de conjugação. Quando isso ocorre, as fitas complementares de DNA do plasmídio F são sintetizadas. Assim, a célula receptora adquire uma cópia completa do plasmídio F, e a célula doadora conserva uma cópia completa.

## Recombinações de alta frequência

Os mecanismos da conjugação foram posteriormente esclarecidos quando o cientista italiano L. L. Cavalli-Sforza isolou um **clone**, um grupo de células idênticas descendentes de uma única célula-mãe, a partir de uma cepa $F^+$, que poderia induzir mais de 1.000 vezes o número de recombinações genéticas observadas nas conjugações de $F^+$ e $F^-$. Essa cepa doadora é denominada **cepa de recombinação de alta frequência (Hfr)**.

As cepas Hfr surgem a partir de cepas $F^+$ quando o plasmídio F é incorporado ao cromossomo bacteriano em um de vários sítios possíveis (Figura 9.9A). Quando uma célula Hfr atua como doadora na conjugação, o plasmídio F inicia a transferência do DNA cromossômico. Em geral, apenas parte do plasmídio F, denominado **segmento de iniciação**, é transferido, juntamente com alguns genes cromossômicos adjacentes (Figura 9.9B). A célula receptora não se transforma em célula $F^+$ doadora, visto que apenas uma parte do plasmídio F é transferida.

Na década de 1950, os cientistas franceses Elie Wollman e Francois Jacob estudaram esse processo de Hfr em uma série de experimentos de cruzamento interrompido. Combinaram células de uma cepa Hfr com células de uma cepa $F^-$ e retiraram amostras de células a intervalos curtos. Cada amostra de células foi submetida a agitação mecânica por meio de vibração ou rotação em um liquidificador para interromper o processo de conjugação. Células de cada amostra foram plaqueadas em uma variedade de meios, cada um dos quais com ausência de determinado nutriente, de modo a estabelecer as suas necessidades nutricionais. Por meio de cuidadosa observação das características genéticas das células de muitos experimentos, os pesquisadores determinaram que a transferência do DNA na conjugação ocorre de modo linear e de acordo com uma escala de tempo precisa. Quando a conjugação foi interrompida depois de 8 minutos, a maioria das células receptoras já tinha recebido um gene. Quando interrompida depois de 120 minutos, as células receptoras tinham recebido muito mais DNA, algumas vezes até mesmo um cromossomo inteiro. Em intervalos intermediários, o número de genes dos doadores transferidos foi proporcional ao período em que foi permitida a ocorrência da conjugação. Todavia, devido à tendência dos cromossomos sofrerem ruptura durante a transferência, algumas células receberam menos genes do que o previsto pelo intervalo de tempo permitido. Qualquer que fosse o número de genes transferidos, eles eram sempre transferidos em sequência linear a partir do sítio de iniciação criado pela incorporação do plasmídio F.

## Transferência de plasmídios F′

O processo de incorporação de um plasmídio F a um cromossomo bacteriano é reversível. Em outras palavras, o DNA incorporado a um cromossomo pode ser separado dele, voltando a ser um plasmídio F. Em alguns casos, essa separação ocorre de modo impreciso, e um fragmento do cromossomo é carregado juntamente com o plasmídio F, criando o denominado **plasmídio F′ (F linha)** (Figura 9.10). As células que contêm esses plasmídios são denominadas *cepas F′*. Quando as células F′ sofrem conjugação com células $F^-$, ocorre transferência de todo o plasmídio (incluindo os genes do cromossomo). Em consequência, as células receptoras possuem dois

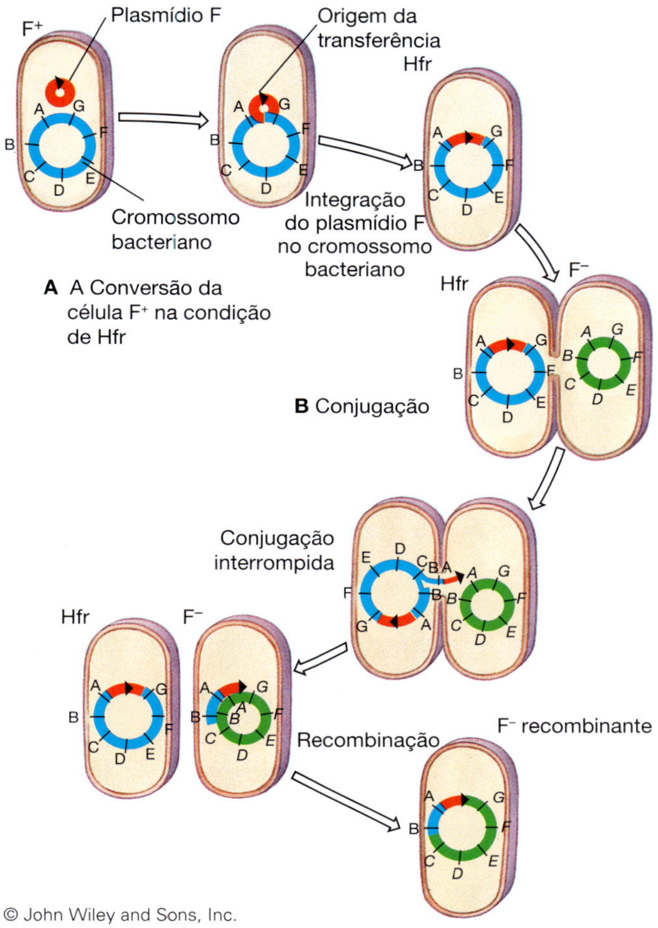




**Figura 9.9 Recombinações de alta frequência. A.** Conversão de células $F^+$ na condição Hfr. As células Hfr surgem a partir de células $F^+$ quando o seu plasmídio F é incorporado a um cromossomo bacteriano em um de vários sítios possíveis. **B.** Durante a conjugação, o sítio de iniciação (rosa) do plasmídio F e os genes adjacentes são transferidos para uma célula receptora. Os genes são transferidos em sequência linear, e o número de genes transferidos depende da duração da conjugação e da fita de DNA ser clivada ou permanecer intacta.

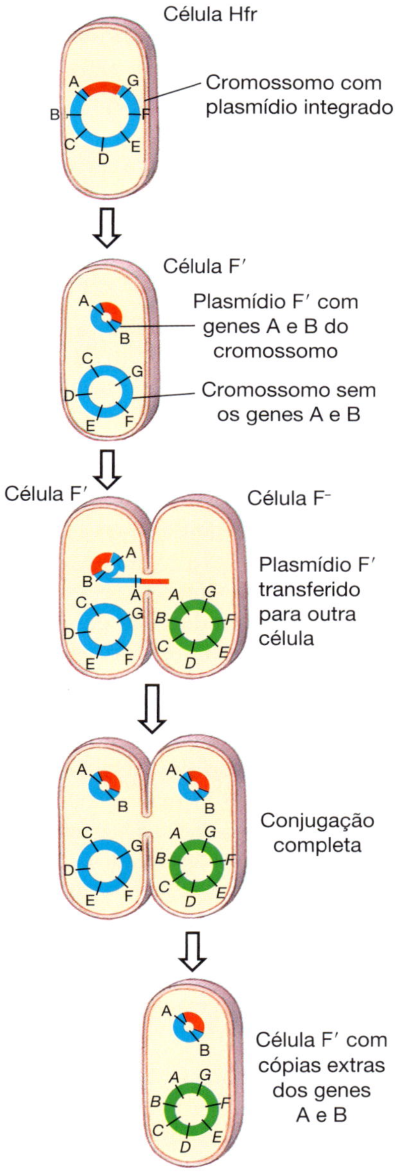




**Figura 9.10 Formação e transferência de plasmídios F′.** Quando o plasmídio F em uma célula Hfr separa-se do cromossomo bacteriano, ele pode carregar algum DNA cromossômico. Em seguida, esse plasmídio F′ pode ser transferido por conjugação para uma célula $F^-$. A célula receptora terá, portanto, duas cópias de alguns genes – uma de seu cromossomo e uma do plasmídio.

de alguns genes cromossômicos – um oriundo dos cromossomos e outro associado ao plasmídio. Em geral, os plasmídios F′ não se tornam parte do cromossomo da célula receptora.

No processo de transferência de plasmídios $F^+$ e F′, à semelhança de todas as outras transferências durante a conjugação, a célula doadora conserva todos os genes que ela tinha antes da transferência, incluindo cópias do plasmídio F. O DNA de fita simples é transferido, e tanto as células doadoras quanto as receptoras sintetizam uma fita complementar para qualquer DNA de fita simples que contenham.

A **Tabela 9.1** fornece um resumo dos resultados da conjugação com transferências de $F^+$, Hfr e F′.

## Importância da conjugação

À semelhança de outros mecanismos de transferência de genes, a conjugação é importante, porque contribui para a variação genética. Quantidades maiores de DNA são transferidas na conjugação em comparação com outros mecanismos de transferências, de modo que a conjugação é particularmente importante para aumentar a diversidade genética. De fato, a conjugação pode representar um estágio evolutivo entre os processos assexuados de transdução e de transformação e a fusão efetiva de células inteiras (os gametas) que ocorre durante a reprodução sexuada nos eucariontes. Para os geneticistas microbianos, a conjugação tem importância especial, visto que a transferência linear precisa de genes é útil no mapeamento dos cromossomos.

**Tabela 9.1** Resultados de conjugações selecionadas.

| Doadora | Receptora | Molécula(s) transferida(s) | Produto |
|---|---|---|---|
| $F^+$ | $F^-$ | Plasmídio F | Células $F^+$ |
| Hfr | $F^-$ | Segmento de iniciação do plasmídio F e quantidade variável de DNA cromossômico | $F^-$ com quantidade variável de DNA cromossômico |
| F′ | $F^-$ | Plasmídio F′ e alguns genes cromossômicos carregados com ele | Célula F′ com alguns pares de genes duplicados: um no cromossomo e um no plasmídio |

A conjugação também possibilita a reposição de genes que foram danificados por mutação, em que os mecanismos de reparo de genes foram incapazes de proceder ao reparo. Após exposição à luz ultravioleta, que provoca mutações, alguns espécimes Archaea produzirão rapidamente *pili* que irão aderir a outros da mesma espécie, tornando a conjugação mais provável, com consequente substituição dos genes danificados.

Os plasmídios que são autotransmissíveis – isto é, que possuem genes para a formação de um *pilus* F – algumas vezes podem ser transferidos em outras espécies diferentes da sua própria espécie. Esses plasmídios são denominados **promíscuos**. Algumas vezes, as espécies são apenas remotamente relacionadas; em outros casos, a transferência ocorre até mesmo em células eucarióticas! Obviamente, isso tem implicações importantes para a saúde e a evolução.

Algumas bactérias gram-positivas possuem plasmídios autotransmissíveis, que não formam *pili* F. Em vez disso, as bactérias que não têm esses plasmídios secretam compostos peptídicos, que estimulam bactérias adjacentes que contêm os plasmídios a cruzar com elas. Quando uma bactéria adquire o plasmídio, ela interrompe a produção do peptídio de atração. Isso representa uma engenhosa conservação de energia. Entretanto, essas células ainda irão secretar outros peptídios que atuarão como iscas de cruzamento para outros plasmídios que elas ainda não adquiriram.

## COMPARAÇÃO ENTRE OS MECANISMOS DE TRANSFERÊNCIA DE GENES

As diferenças mais fundamentais entre os principais tipos de transferência da informação genética referem-se à quantidade de DNA transferida e ao mecanismo pelo qual a transferência ocorre. Na transformação, menos de 1% do DNA em uma célula bacteriana é transferido para outra, e o processo de transferência envolve apenas o DNA cromossômico.

Na transdução, a quantidade de DNA transferida varia desde alguns genes a grandes fragmentos do cromossomo, e um bacteriófago sempre está envolvido no processo. Na transdução especializada, o fago insere-se em um cromossomo bacteriano e carrega alguns genes do hospedeiro quando ele se separa. Na transdução generalizada, o fago provoca fragmentação do cromossomo bacteriano; alguns dos fragmentos são acidentalmente acondicionados nos vírus durante a sua montagem.

Na conjugação, a quantidade de DNA transferida é altamente variável, dependendo do mecanismo. Um plasmídio está sempre envolvido na transferência. O próprio plasmídio F pode ser transferido, conforme observado na conjugação de $F^+$ e $F^-$. Na conjugação Hfr, ocorre transferência de um segmento de iniciação de um plasmídio e qualquer quantidade de DNA cromossômico – desde alguns genes até um cromossomo inteiro. Um plasmídio e quaisquer genes cromossômicos que tenha carregado do cromossomo são transferidos na conjugação F′. Essas características estão resumidas na **Tabela 9.2**.

## PLASMÍDIOS

### Características dos plasmídios

O plasmídio F anteriormente descrito foi o primeiro plasmídio a ser descoberto. Desde a sua descoberta, foram identificados muitos outros plasmídios. A maioria consiste em DNA extracromossômico circular, de fita dupla. Esses plasmídios são autorreplicáveis pelo mesmo mecanismo utilizado por qualquer outro DNA em sua replicação. Os plasmídios foram identificados, em sua maioria, devido a alguma função

**Tabela 9.2** Resumo dos efeitos de várias transferências da informação genética.

| Tipo de transferência | Efeitos |
|---|---|
| **Transformação** | Transfere menos de 1% do DNA da célula |
| | Exige o fator de competência. Modifica determinadas características de um organismo, dependendo dos genes transferidos |
| **Transdução** | A transferência é efetuada por um bacteriófago |
| Especializada | Apenas os genes próximos ao profago são transferidos para outra bactéria |
| Generalizada | Os fragmentos do DNA da bactéria hospedeira de comprimento e número variáveis são acondicionados na cabeça do vírus |
| **Conjugação** | A transferência é efetuada por um plasmídio |
| $F^+$ | Um único plasmídio é transferido |
| Hfr | Ocorre transferência de um segmento de iniciação do plasmídio e uma sequência linear do DNA bacteriano que está adjacente ao segmento de iniciação |
| F′ | Ocorre transferência de um plasmídio e quaisquer genes bacterianos aderidos a ele quando ele deixa a bactéria |

reconhecível que eles exercem em uma bactéria. Essas funções incluem as seguintes:

1. Os plasmídios F (fatores de fertilidade) promovem a síntese de proteínas, cuja automontagem gera *pili* de conjugação
2. Os *plasmídios de resistência* (*R*) carregam genes que fornecem resistência a vários antibióticos, como cloranfenicol e tetraciclina, bem como a metais pesados, como arsênio e mercúrio
3. Outros plasmídios dirigem a síntese de proteínas bactericidas (que matam bactérias), denominadas *bacteriocinas*
4. Os plasmídios de virulência, como os de *Salmonella*, ou os genes de neurotoxina carregados em plasmídios em *Clostridium tetani*, causam sinais e sintomas de doença
5. Os plasmídios indutores de tumores (Ti) podem causar a formação de tumores em plantas
6. Alguns plasmídios contêm genes para enzimas catabólicas.

Em geral, os plasmídios carregam genes que codificam funções não essenciais ao crescimento celular, enquanto o cromossomo possui os genes que codificam funções essenciais.

## Plasmídios de resistência

Os **plasmídios de resistência**, também conhecidos como *plasmídios R* ou *fatores R*, foram descobertos quando se observou que algumas bactérias entéricas – bactérias encontradas no sistema digestório – tinham adquirido resistência a vários antibióticos comumente utilizados. Não sabemos como os plasmídios de resistência surgem, porém sabemos que eles não são induzidos por antibióticos. Isso foi demonstrado pela observação de que culturas mantidas em estoque em uma época anterior ao uso de antibióticos já exibiam resistência a antibióticos na primeira exposição a esses fármacos. Entretanto, os antibióticos contribuem para a sobrevivência de cepas que contêm plasmídios de resistência. Isto é, quando uma população de organismos contendo tanto organismos resistentes quanto não resistentes é exposta a determinado antibiótico, os organismos resistentes sobrevivem e multiplicam-se, enquanto os não resistentes morrem. Por conseguinte, diz-se que os organismos resistentes foram *selecionados* para sobreviver. Essa seleção constitui uma importante força na mudança evolutiva, como percebeu Charles Darwin.

A resistência a antibióticos pode ser adquirida por mutação ou por transferência de genes.

De acordo com Darwin, todos os organismos vivos estão sujeitos à *seleção natural*, que é a sobrevivência dos organismos com base na sua capacidade de adaptação ao meio ambiente. Após estudar muitos tipos diferentes de plantas e de animais, Darwin chegou a duas conclusões importantes. Primeiro, os organismos vivos apresentam determinadas características hereditárias – isto é, genéticas – que os ajudam a se adaptar ao ambiente. Em segundo lugar, quando as condições ambientais mudam, os organismos com características que lhes permitem adaptar-se ao novo ambiente irão sobreviver e se reproduzir. Os organismos que não têm essas características irão morrer, sem deixar nenhuma prole. Uma mudança nas condições ambientais não leva diretamente os organismos a sofrer mudanças. Ela simplesmente proporciona um teste para a sua capacidade de adaptação. Somente os organismos que podem realizar seus processos vitais nas novas condições é que irão sobreviver.

Em geral, os plasmídios de resistência (Figura 9.11) contêm dois componentes: um **fator de transferência de resistência (RTF)** e um ou mais **genes de resistência (R)**. O DNA em um RTF assemelha-se ao dos plasmídios F. O RTF implementa a transferência por conjugação do plasmídio de resistência inteiro e é essencial para transferência da resistência de um organismo para outro. Cada gene R carrega informação que confere resistência a um antibiótico específico ou a um metal tóxico. No caso da resistência a antibióticos, esses genes promovem habitualmente a síntese de uma enzima que inativa o antibiótico. Alguns plasmídios de resistência carregam genes R para resistência a quatro antibióticos amplamente utilizados: sulfanilamida, cloranfenicol, tetraciclina e estreptomicina. A transferência desse plasmídio para qualquer receptor confere resistência a todos os quatro antibióticos. Outros plasmídios de resistência carregam genes que conferem resistência a um ou mais desses antibióticos. Alguns plasmídios carregam genes que conferem resistência a até 10 antibióticos.

A transferência dos plasmídios de resistência de organismos resistentes para organismos não resistentes é rápida, de modo que grandes números de organismos previamente não resistentes podem adquirir resistência rapidamente. Além disso, a transferência de plasmídios de resistência ocorre não apenas dentro de uma espécie específica, mas também entre gêneros estreitamente relacionados, como *Escherichia*, *Klebsiella*, *Salmonella*, *Serratia*, *Shigella* e *Yersinia*. O processo de transferência tem sido observado até mesmo entre gêneros menos estreitamente relacionados. A transferência de plasmídios de resistência é de grande importância médica, visto que ela contribui para populações cada vez maiores de organismos resistentes e reduz o uso efetivo dos antibióticos.

À medida que os cientistas acumulam informações sobre os plasmídios e o modo pelo qual conferem resistência a antibióticos, eles ficam mais preocupados com o desenvolvimento de cepas resistentes, como *MRSA*, *Staphylococcus aureus* resistente à meticilina, e o perigo potencial que representam para a saúde pública. Como veremos no Capítulo 14, já existem cepas de *Neisseria gonorrhoeae*, *Haemophilus influenzae* e algumas espécies de *Staphylococcus* resistentes à penicilina. Atualmente, outros antibióticos precisam ser utilizados para o tratamento de doenças causadas por essas cepas, e poderá

BIOTECNOLOGIA

### Vá em frente e atire

Quando você ouve falar que os plasmídios infectam plantas, pode imediatamente pensar que eles as prejudicam. Mas isso não é necessariamente verdade. Graças à engenharia genética, os cientistas conseguiram unir segmentos gênicos contendo genes favoráveis aos plasmídios que são conhecidos por infectarem naturalmente as células vegetais. Esses plasmídios tratados por engenharia podem, então, transferir genes que permitem à planta fixar o nitrogênio, resistir a herbicidas e realizar uma fotossíntese de alta eficiência. Talvez um método mais interessante que os cientistas utilizam para inserir plasmídios seja uma "pistola de genes", que atira pequenas "balas" metálicas cobertas de DNA dentro das células vivas. Portanto, se a genética vegetal estiver em seus futuros planos, você poderá ter a oportunidade de mirar e atirar!

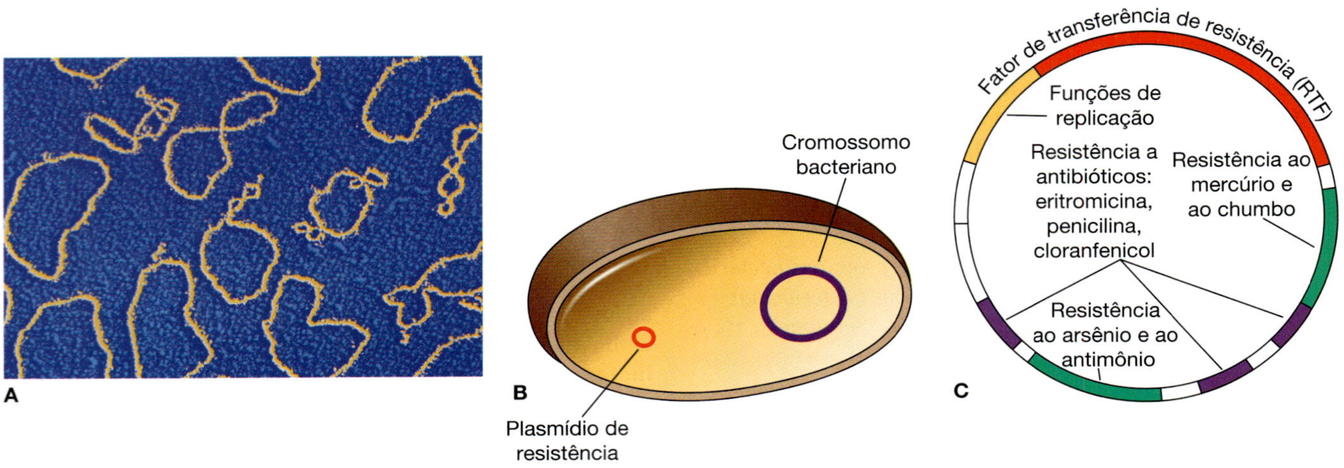


**Figura 9.11 Plasmídios de resistência. A.** Plasmídios de resistência (aumento de 27.867×). *(Dr. Gopal Murti/Science Source.)* **B.** Esses pedaços circulares de DNA são muito menores do que um cromossomo bacteriano. **C.** Um plasmídio de resistência típico pode carregar genes para resistência a vários antibióticos e a substâncias tóxicas inorgânicas, que algumas vezes são utilizadas em desinfetantes. O fator de transferência de resistência inclui genes necessários para que o plasmídio sofra conjugação.

chegar o dia em que nenhum antibiótico conseguirá tratá-las efetivamente. Quanto mais frequentemente os antibióticos são utilizados, maior a seleção de cepas resistentes. Desse modo, é de suma importância identificar o antibiótico ao qual determinado organismo é mais sensível antes de administrar qualquer antibiótico para o tratamento de uma doença.

Quando antibióticos matam bactérias tanto boas quanto prejudiciais, isso deixa "espaços vazios" onde outros microrganismos podem expandir suas populações, causando frequentemente efeitos colaterais, como diarreia. Seria melhor interromper as atividades prejudiciais de patógenos e deixá-los, tanto eles quanto seus vizinhos, em seu lugar. Uma nova maneira de fazer isso consiste em livrar os patógenos dos plasmídios que carregam os genes para a produção de toxina e/ou a resistência a antibióticos. Em janeiro de 2007, foi desenvolvido um novo método para essa estratégia – as **displacinas**. As displacinas consistem em pedaços de DNA isolados de bactérias do solo e ligados a bactérias da espécie *E. coli* habitualmente inócuas. Quando liberadas em uma população de bactérias, as displacinas movem-se de *E. coli* para dentro dos patógenos, onde literalmente deslocam os plasmídios que carregam genes prejudiciais, transformando os patógenos anteriores em organismos inócuos.

## Transpósons

Além de sua transferência em plasmídios de resistência por meio de conjugação, os genes R também podem passar de um plasmídio para outro em uma célula ou podem ser até mesmo inseridos no cromossomo. A capacidade de uma sequência genética de se mover de um local para outro é denominada **transposição**. Essa sequência genética móvel é denominada **elemento de transposição**. O tipo mais simples de elemento de transposição, uma *sequência de inserção*, contém um gene que codifica uma enzima (transposase), necessária para a transposição da sequência de inserção; esse gene é flanqueado, em ambos os lados, por uma sequência de 9 a 41 nucleotídios denominados *repetições invertidas*. Os elementos de transposição só se replicam quando estão em um plasmídio ou em um cromossomo. Durante a transposição, a sequência de inserção é copiada pela transposase e por enzimas celulares. A cópia insere-se de modo aleatório no cromossomo bacteriano ou em outro plasmídio; o elemento de inserção original permanece em sua posição original. Entretanto, a capacidade de se mover entre plasmídios ou para um cromossomo aumenta acentuadamente os modos pelos quais um elemento de transposição pode afetar a constituição genética de uma célula. A sequência codificante ou as regiões reguladoras de qualquer gene em que um elemento de transposição se insere podem ser interrompidas. Sabe-se que os elementos de transposição provocam mutações e podem ser responsáveis por algumas mutações espontâneas.

Um **transpóson** é um elemento de transposição que contém os genes para a transposição, bem como um ou mais

### SAIBA MAIS

### Trabalho em condições difíceis

Atualmente, os geneticistas ganharam respeito com suas pesquisas e descobertas, de modo que você pode ficar surpreso ao ver o pequeno laboratório Cold Spring Harbor da geneticista Barbara McClintock. Você também pode ficar surpreso ao ver uma raquete de tênis, um par de patins, uma tábua de passar roupa e uma placa de aquecimento entre as placas de Petri e os bicos de Bunsen. Barbara McClintock trabalhou e morou em pequenos laboratórios antes da época das verbas para pesquisa, enormes laboratórios e equipes de pesquisadores, em uma época em que a pesquisa científica era considerada além das capacidades da maioria das mulheres. Consequentemente, seus relatórios apresentados em meados da década de 1940 sobre transpósons não foram aceitos pela maioria dos colegas cientistas até a década de 1970, quando a pesquisa genética verificou suas descobertas. Entretanto, uma vida de rejeição pela comunidade científica não a impediu de se estabelecer entre os grandes geneticistas do século XX; seu trabalho, concluído há mais de 70 anos, é altamente respeitado e relevante hoje em dia.

## BIOTECNOLOGIA

### Bactérias que não merecem ter má reputação

Ultimamente, nos noticiários, escutamos história sobre bactérias que causam surtos de envenenamento alimentar. Mas você sabia que as bactérias podem impedir que o alimento se deteriore? Certas bactérias possuem proteínas de ocorrência natural, denominadas bacteriocinas, que são capazes de controlar o crescimento de cepas bacterianas responsáveis pela deterioração dos alimentos. A agência norte-americana Food and Drug Administration (FDA) já aprovou o uso de uma bacteriocina, a nisina, no queijo pasteurizado; ela inibe o crescimento do *Clostridium botulinum*, uma cepa microbiana que provoca envenenamento alimentar. Cientistas estão pesquisando outras bacteriocinas que matam quase todas as células bacterianas associadas aos tecidos de carne bovina magra e gordurosa. Em breve, poderemos agradecer às bactérias pelos derivados do leite e produtos à base de carne que são mais seguros e permanecem frescos por mais tempo. Os vírus bacteriófagos foram atualmente aprovados para uso com a finalidade de matar as bactérias que podem causar envenenamento alimentar ou deterioração dos alimentos.

outros genes (**Figura 9.12**). Normalmente, esses outros genes são para a produção de toxina ou são genes R, que conferem resistência a antibióticos, como tetraciclina, cloranfenicol ou ampicilina. Desse modo, um transpóson pode mover genes R de um plasmídio para outro ou para o cromossomo bacteriano. Os vírus e os plasmídios podem até mesmo mover o transpóson para uma célula diferente, até mesmo uma célula de uma espécie diferente. Esse movimento pode ocorrer entre procariontes e eucariontes. A transposição de um transpóson pode interromper a função de um gene, dependendo do local onde ele se insere. Entretanto, a maioria insere-se entre genes, e não dentro de um gene. Os horticultores estão constantemente à procura de novas cores para as flores. Algumas delas são causadas por transpósons.

Em 1983, Barbara McClintock ganhou o Prêmio Nobel pelo seu trabalho sobre transpósons utilizando milho. Posteriormente, foram encontrados transpósons em microrganismos, e eles agora são considerados um fenômeno universal. A transposição é um evento relativamente raro, que não é facilmente detectado nos eucariontes. É mais fácil detectar a transposição em bactérias, porque os pesquisadores podem trabalhar com grandes populações, que podem ser testadas com mais facilidade à procura de características específicas.

## Bacteriocinogênicos

Em 1925, o cientista belga André Gratia observou que algumas cepas de *E. coli* liberam uma proteína que inibe o crescimento de outras cepas do mesmo organismo. Isso lhes permite competir com mais sucesso pelo alimento e espaço contra outras cepas. Foram identificadas cerca de 20 dessas proteínas, denominadas **colicinas** em *E. coli*, e foram também identificadas proteínas semelhantes em muitas outras bactérias. Todas essas proteínas inibidoras do crescimento são atualmente denominadas **bacteriocinas**. Normalmente, as bacteriocinas só inibem o crescimento de outras cepas da mesma espécie ou de espécies estreitamente relacionadas.

A produção de bacteriocinas é dirigida por um plasmídio denominado **bacteriocinogênico**. Embora os bacteriocinogênicos sejam reprimidos na maioria das situações, o plasmídio, em alguns casos, escapa da repressão e induz a síntese de sua bacteriocina. A radiação ultravioleta pode induzir a formação e liberação de bacteriocina. Quando uma bacteriocina é liberada, ela pode exercer um efeito muito potente sobre células suscetíveis; uma molécula de bacteriocina pode matar uma bactéria.

Os mecanismos de ação das bacteriocinas são muito variáveis. Algumas entram na célula bacteriana e destroem o DNA. Outras interrompem a síntese de proteínas ao alterar a estrutura molecular dos ribossomos necessários para a síntese proteica. Outras ainda atuam nas membranas celulares, inibindo o transporte ativo ou aumentando a permeabilidade da membrana aos íons.

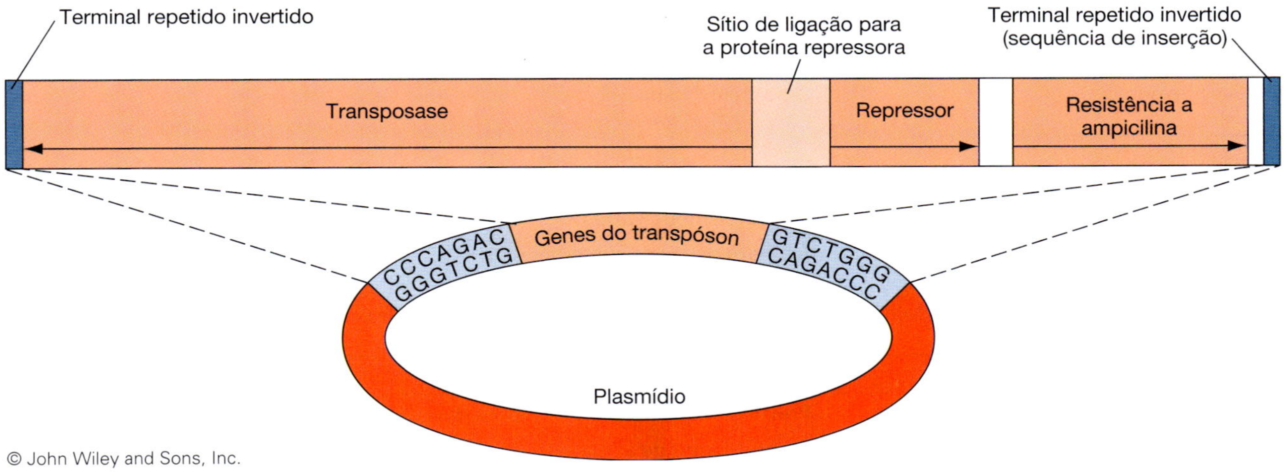




**Figura 9.12 Transpósons.** Um transpóson típico está ligado por terminais repetitivos invertidos – segmentos de DNA com sequências de bases que são idênticas quando lidas em direções opostas em fitas diferentes. Um gene que codifica uma enzima transposase que cliva o DNA nessas sequências de inserção permite ao transpóson efetuar o seu próprio corte dentro e fora de plasmídios e cromossomos. Existe também um gene para uma proteína repressora, que pode impedir a transcrição do gene da transposase.

**PARE e RESPONDA**

1. O que significam as designações $F^+$, $F^-$, $F'$ e Hfr?
2. Os plasmídios de resistência são induzidos por antibióticos?
3. Como os genes de resistência são movidos por transpósons?
4. Cite várias maneiras pelas quais a inserção de um transpóson pode interferir no funcionamento do óperon *lac* (ver Figura 8.14).
5. O que são displacinas? O que elas fazem?

## ENGENHARIA GENÉTICA

A **engenharia genética** refere-se à manipulação intencional do material genético para alterar as características de um organismo de uma maneira desejada (**Tabela 9.3**). Vários métodos de manipulação genética permitem aos geneticistas microbianos criarem novas combinações de material genético nos microrganismos. A transferência de genes entre diferentes membros da mesma espécie ocorre na natureza e tem sido realizada no laboratório há várias décadas. O experimento de Lederberg (ver Figura 9.6) é um exemplo dessa técnica.

**Tabela 9.3** Alguns produtos e aplicações da engenharia genética.

| Produtos farmacêuticos | Uso |
|---|---|
| Insulina humana | Tratamento do diabetes |
| Hormônio do crescimento humano | Prevenção do nanismo hipofisário |
| Fator VIII da coagulação sanguínea | Tratamento da hemofilia |
| Eritropoetina | Tratamento da anemia; estimulação da formação de novos eritrócitos |
| Interferons alfa, beta e gama | Tratamento do câncer e de doenças virais |
| Fator de necrose tumoral | Desintegração de células cancerosas |
| Interleucina-2 | Tratamento do câncer e de imunodeficiências |
| Ativador do plasminogênio tecidual | Tratamento de ataques cardíacos, dissolução de coágulos |
| Taxol | Tratamento dos cânceres de ovário e de mama |
| Fator do crescimento ósseo | Consolidação de fraturas ósseas, tratamento da osteoporose, estimulação do crescimento ósseo |
| Fator de crescimento da epiderme | Cicatrização de feridas |
| Anticorpos monoclonais | Diagnóstico e tratamento de doenças |
| Vacinas contra hepatites A e B | Prevenção da hepatite |
| Vacina de subunidade do vírus da AIDS (em fase de ensaios clínicos) | Vacina de vírus incompleta |
| Hemoglobina humana | Substituta do sangue em emergências (produzida em suínos com genes alterados) |
| Antibióticos | Inibição do crescimento microbiano ou morte dos microrganismos (aumento do rendimento por amplificação gênica) |
| **Estudos genéticos** | |
| Sondas de DNA e de RNA | Identificação de organismos, doenças, defeitos genéticos em fetos e adultos |
| Terapia gênica | Inserção de gene ausente ou substituição de gene defeituoso em adultos ou no óvulo e espermatozoide; tratamento da fibrose cística |
| Bibliotecas de genes | Compreensão da estrutura e função dos genes, relação entre organismos, Projeto Genoma Humano |
| **Aplicações industriais** | |
| Bactérias recombinantes que ingerem petróleo | Limpeza de derramamento de petróleo, remoção de resíduos de petróleo de navios-tanque vazios |
| Bactérias recombinantes que degradam poluentes/materiais tóxicos | Limpeza de locais contaminados |
| Enzimas, vitaminas, aminoácidos, produtos químicos industriais | Várias aplicações (aumento do rendimento por amplificação gênica em micróbios produtores) |
| **Aplicações na agricultura** | |
| Bactérias Frostban (*Pseudomonas syringae*) | Prevenção de danos a plantações de morangos causados por geada |
| Criação de novos tipos de plantas e animais | Fornecimento de alimentos, decoração, outros usos |
| Plantações resistentes a herbicidas | Sobrevivência de plantações por meio de controle de ervas daninhas com pulverização de herbicidas; somente as plantações sobrevivem |
| Vírus usados como inseticidas | Infecção e morte de insetos |

A transferência de genes entre diferentes espécies também é possível atualmente. Aqui discutiremos cinco técnicas de engenharia genética: *fusão genética*, *fusão de protoplastos*, *amplificação de genes*, *tecnologia do DNA recombinante* e criação de *hibridomas*.

## Fusão genética

A **fusão genética** possibilita a transposição de genes de um local em um cromossomo para outro. Também pode envolver a deleção de um segmento de DNA, resultando na união de porções de dois óperons. Por exemplo, suponha que o óperon *gal*, que regula o uso da galactose, e o óperon *bio*, que regula a síntese de biotina, estejam adjacentes em um cromossomo (Figura 9.13). A deleção dos genes de controle do óperon *bio* e o acoplamento subsequente dos óperons constituiriam uma fusão genética. Essa fusão permitira aos genes que controlam a utilização da galactose controlar todo o óperon, incluindo a produção das enzimas envolvidas na síntese de biotina.

Como descrito, a principal aplicação da fusão genética dentro de uma espécie consiste em estudos de pesquisa das propriedades dos microrganismos. Entretanto, as técnicas desenvolvidas para experimentos de fusão genética foram ampliadas e modificadas no desenvolvimento de outros tipos de engenharia genética.

Uma aplicação da fusão genética envolve *Pseudomonas syringae*, uma bactéria que cresce em plantas. Foram desenvolvidas cepas geneticamente alteradas que aumentam a resistência de plantas, como a batata e o morango, ao dano causado por geada. As cepas dessa bactéria, que ocorrem naturalmente nas folhas das plantas, produzem uma proteína que forma um núcleo para a formação de cristais de gelo. Os cristais de gelo danificam as plantas, causando rachaduras nas células e nas folhas. Com a remoção de parte do gene que produz a proteína dos "cristais de gelo", os cientistas produziram cepas de *P. syringae* que são incapazes de sintetizar a proteína. Quando organismos dessa cepa são pulverizados nas folhas das plantas, eles expulsam as cepas de ocorrência natural. As plantas tratadas tornam-se então resistentes ao dano pela geada em temperaturas de até –5°C.

## Fusão de protoplastos

Um **protoplasto** é um organismo com sua parede celular removida. A **fusão de protoplastos** (Figura 9.14) é obtida pela remoção enzimática das paredes celulares de organismos de duas cepas e mistura dos protoplastos resultantes. Isso permite a fusão das células e de seus materiais genéticos, isto é, o material de uma cepa recombina-se com aquele de outra cepa antes da produção de novas paredes celulares. Embora a recombinação genética ocorra na natureza em cerca de uma em um milhão de células, ela ocorre na fusão de protoplastos em até uma em cada cinco células. Desse modo, a fusão de protoplastos simplesmente acelera um processo que ocorre

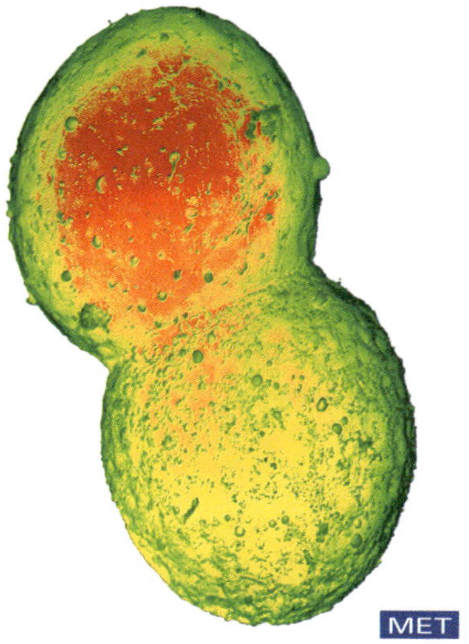


**Figura 9.14 Fusão de protoplastos.** MET colorida de duas células da folha de tabaco (aumento de 775×) em processo de fusão de protoplastos. A fusão de protoplastos envolve o uso de enzimas para digerir as paredes celulares dos organismos de duas cepas diferentes. Quando colocadas juntas, as células sofrem fusão e desenvolvem uma nova parede celular ao redor da célula híbrida que contém os genes de ambos os organismos. *(Science Source.)*

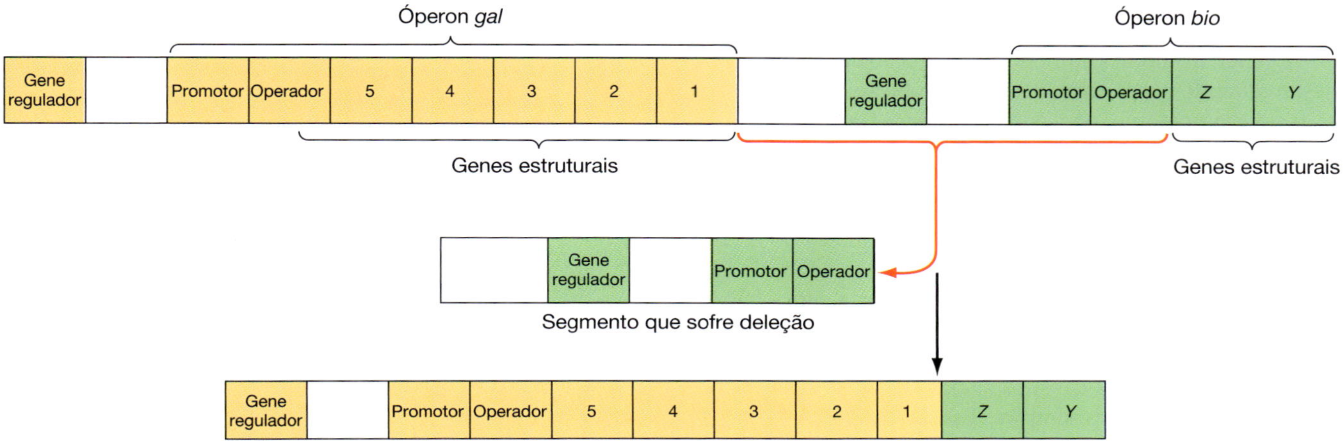




**Figura 9.13 Fusão genética.** Um possível exemplo em que a deleção de uma parte de um cromossomo leva à união de dois óperons adjacentes diferentes. Os mecanismos de controle do primeiro óperon irão agora regular a expressão dos genes que faziam originalmente parte do segundo óperon.

de modo muito limitado na natureza. A fusão de protoplastos tem sido utilizada para a fusão de células bacterianas, fúngicas e de plantas.

Com a mistura de duas cepas, cada uma com uma característica desejável, é possível obter novas cepas que tenham ambas as características. Por exemplo, uma cepa de crescimento lento que produz grandes quantidades de uma substância desejada pode ser misturada com uma cepa de crescimento rápido e produtora precária. Após a fusão dos protoplastos, alguns organismos provavelmente serão de crescimento rápido e bons produtores da substância. Os organismos que exibirem crescimento lento e produção deficiente da substância são descartados. Como alternativa, dois bons produtores podem ser misturados para obter um superprodutor. Isso foi realizado com duas cepas da bactéria *Nocardia lactamdurans*, que produz o antibiótico cefalomicina. As novas cepas produzem de 10% a 15% mais antibiótico do que a melhor das cepas parentais.

A fusão dos protoplastos funciona melhor entre cepas da mesma espécie. Entretanto, já foi realizada em fungos filamentosos, entre duas espécies do mesmo gênero (*Aspergillus nidulans* e *A. rugulosus*) e até mesmo entre dois gêneros de leveduras (*Candida* e *Endomycopsis*).

Os microbiologistas estão explorando possíveis aplicações da fusão de protoplastos. Ela oferece muita perspectiva para o futuro, à medida que os procedimentos são aprimorados, e são desenvolvidas cepas úteis. Além disso, genomas inteiros de ambos os organismos, e não apenas genes individuais, são transferidos, evitando, assim, manobras difíceis, como a transferência de promotores corretos.

## Amplificação de genes

A **amplificação de genes** é um processo pelo qual plasmídios ou, em alguns casos, bacteriófagos são induzidos a se reproduzir no interior das células em alta velocidade. Se os genes necessários para a produção de uma substância estiverem nos plasmídios ou for possível movê-los para eles, o aumento no número de plasmídios aumentará a produção da substância pelas células hospedeiras.

A maioria das bactérias e muitos fungos, incluindo os que produzem antibióticos, contêm plasmídios. Esses plasmídios, que frequentemente carregam genes para a síntese de antibióticos, fornecem muitas oportunidades para o uso da amplificação de genes, de modo a aumentar a produção dos antibióticos. Mesmo quando genes envolvidos na produção de antibióticos estão no cromossomo, os cientistas podem transferi-los para plasmídios. A reprodução aumentada dos plasmídios aumentaria acentuadamente o número de cópias de genes que atuam na síntese de antibióticos. Isso, por sua vez, aumentaria substancialmente a quantidade de antibióticos que essas células poderiam produzir.

As possíveis aplicações da amplificação de genes não se limitam a aumentar a produção de antibióticos. Na verdade, a amplificação de genes pode tornar-se ainda mais efetiva no aumento da produção de substâncias que são sintetizadas por vias um tanto mais simples. Essas substâncias incluem enzimas e outros produtos, como aminoácidos, vitaminas e nucleotídios.

A rápida reprodução dos bacteriófagos já está sendo utilizada na produção do aminoácido triptofano. Os bacteriófagos que carregam o óperon *trp* (genes que controlam a síntese das enzimas envolvidas na produção do triptofano) de *E. coli* são induzidos a se reproduzir rapidamente. Assim, células contendo grandes números de cópias do óperon *trp* sintetizam grandes quantidades das enzimas. A análise subsequente dessas células demonstrou que metade das proteínas intracelulares consiste em enzimas para a síntese do triptofano.

## Tecnologia do DNA recombinante

De todas as técnicas de engenharia genética, uma das mais úteis é a produção de **DNA recombinante** – DNA que contém informações de duas espécies diferentes de organismos. Se esses genes se integrarem permanentemente no óvulo ou no espermatozoide, de modo que os genes possam ser transferidos para a progênie, o organismo resultante é designado como organismo **transgênico** ou *recombinante*. A produção de DNA recombinante envolve três processos:

1. A manipulação do DNA *in vitro* – isto é, fora das células (*in vitro* significa literalmente "dentro de vidro")
2. A recombinação do DNA de outro organismo com o DNA bacteriano em um fago ou plasmídio
3. A *clonagem*, ou produção de muitas progênies geneticamente idênticas, de fagos ou plasmídios que carregam o DNA externo.

Esses processos foram realizados pela primeira vez em 1972 por Paul Berg e A. D. Kaiser, que inseriram um DNA procariótico distinto em bactérias, e, em seguida, por S. N. Cohen e Herbert Boyer, que inseriram DNA eucariótico em bactérias.

Bactérias geneticamente modificadas para serem bioluminescentes podem ser inoculadas em camundongo. Seu transporte e a doença relacionada podem ser seguidos pelo monitoramento de seu brilho.

O DNA de células procarióticas ou eucarióticas é removido das células e cortado em pequenos segmentos. Em seguida, os segmentos de DNA do doador são incorporados em um **vetor**, ou carreador autorreplicável, como um fago ou um plasmídio (**Figura 9.15**). Em primeiro lugar, utiliza-se uma endonuclease (uma enzima que cliva o DNA em sequências de nucleotídios específicas) para cortar o DNA de fita dupla no DNA do vetor e do doador. Os cortes deixam extremidades sobrepostas. Uma endonuclease específica sempre produz as mesmas regiões terminais complementares.

**Figura 9.15 Produção de DNA recombinante.** As principais etapas no procedimento mostrado consistem em [1] obtenção da liberação do DNA contendo um gene de interesse a partir de células de mamíferos ou de outros tipos de células; [2] construção de moléculas de DNA recombinante com o uso de enzimas de restrição (endonucleases), que cortam (clivam) o DNA em sítios específicos e em pequenos segmentos. A clivagem do DNA deixa "extremidades adesivas", que podem ser unidas por pontes de hidrogênio a extremidades semelhantes em qualquer segmento do DNA clivado com a mesma endonuclease; [3] a introdução do DNA recombinante em um hospedeiro bacteriano; [4] a identificação e o isolamento das células que carregam o gene de interesse. Os vetores de clonagem (plasmídios) podem carregar um ou mais genes para a resistência a antibióticos, que são valiosos no isolamento e na identificação de células que carregam o DNA recombinante.

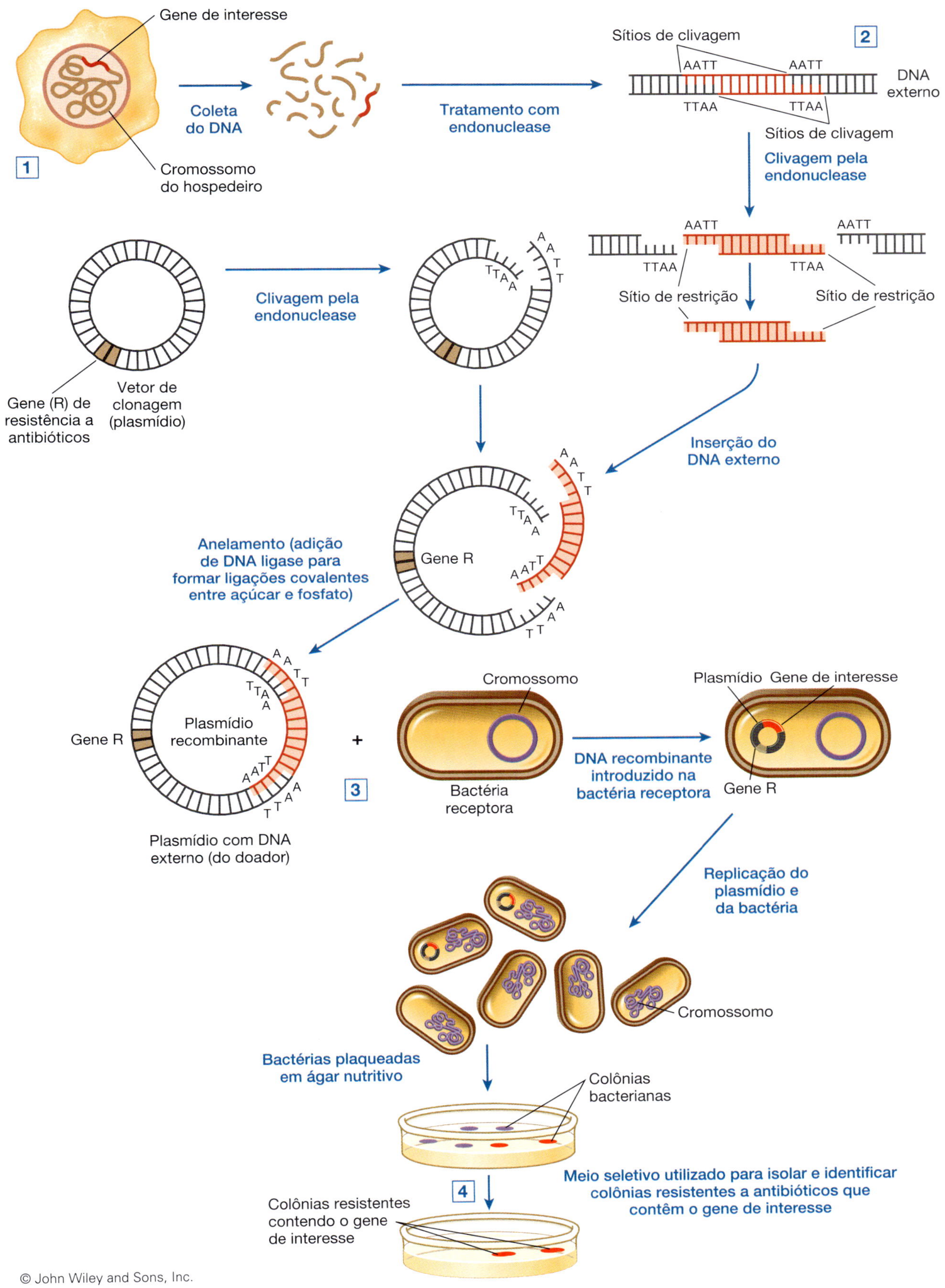
Gene de interesse
Coleta do DNA
Tratamento com endonuclease
Cromossomo do hospedeiro
1
Sítios de clivagem
2
AATT
AATT
DNA externo
TTAA
TTAA
Sítios de clivagem
Clivagem pela endonuclease
AATT
AATT
TTAA
TTAA
Sítio de restrição
Sítio de restrição
Clivagem pela endonuclease
Gene (R) de resistência a antibióticos
Vetor de clonagem (plasmídio)
Inserção do DNA externo
Anelamento (adição de DNA ligase para formar ligações covalentes entre açúcar e fosfato)
Gene R
Gene R
Plasmídio recombinante
+
3
Cromossomo
Bactéria receptora
DNA recombinante introduzido na bactéria receptora
Plasmídio
Gene de interesse
Gene R
Plasmídio com DNA externo (do doador)
Replicação do plasmídio e da bactéria
Cromossomo
Bactérias plaqueadas em ágar nutritivo
Colônias bacterianas
Meio seletivo utilizado para isolar e identificar colônias resistentes a antibióticos que contêm o gene de interesse
4
Colônias resistentes contendo o gene de interesse

Em seguida, o DNA do doador é incorporado ao vetor por uma enzima denominada *ligase*, que une as extremidades das cadeias de nucleotídios. Deste modo, o vetor contém todo o DNA original mais um novo segmento do DNA do doador.

Após a inserção desse novo segmento de DNA no vetor, ele pode ser introduzido em células, como *E. coli*, que se tornaram competentes por meio de aquecimento (anelamento) em uma solução de cloreto de cálcio ou por **eletroporação**. Essa técnica utiliza um pulso elétrico curto para produzir poros temporários na membrana celular através dos quais o vetor pode passar. À medida que as células de *E. coli* sofrem divisão, os vetores no seu interior também são reproduzidos por clonagem. Essas células que contêm vetores podem ser identificadas, cultivadas e lisadas, e os vetores que contêm um segmento clonal específico do DNA do doador podem ser recuperados. Em outros casos, podem ser obtidas grandes quantidades do produto proteico expresso pelo gene do doador.

As **endonucleases** são frequentemente designadas apenas como **enzimas de restrição**. Existem centenas de tipos de enzimas de restrição em várias células bacterianas. Essas enzimas protegem as bactérias contra infecção por bacteriófagos, cortando o DNA do fago estranho em pequenos segmentos. Essa capacidade de limitar o crescimento dos fagos é denominada *restrição*. As bactérias protegem o próprio DNA pela adição de grupos metila (durante a síntese do DNA) a sítios onde suas próprias enzimas de restrição iriam atuar de outro modo. Cada tipo de enzima de restrição reconhece uma sequência específica de quatro a oito pares de bases de DNA, que é então "cortada", criando o denominado **fragmento de restrição**. As enzimas que fazem um corte reto ou "cego" através de ambas as fitas do DNA criam pedaços de DNA cuja união com outra fita de DNA é difícil. Outros fragmentos de DNA que são cortados em sítios intercalados (ver Figura 9.15) apresentam um segmento de fita simples curto aderente em cada extremidade. Essas extremidades foram designadas como extremidades "coesivas", visto que elas facilmente se combinam com porções complementares de fita simples de moléculas de DNA-alvo de *qualquer* outro organismo. Em seguida, as enzimas ligase unem definitivamente os fragmentos curtos em um cromossomo ou plasmídio.

Cientistas isolaram e purificaram centenas de enzimas de restrição bacterianas, cada uma delas com um alvo conhecido. Com o uso desses instrumentos, os cientistas atualmente podem remover e/ou unir genes específicos em sítios escolhidos de maneira exata em cromossomos ou plasmídios. Este é o método pelo qual o gene da insulina humana foi cortado de um cromossomo humano e inserido em um plasmídio bacteriano. As enzimas de restrição recebem o seu nome com base no organismo a partir do qual foram isoladas, utilizando a primeira letra do nome do gênero e as primeiras duas letras da designação da espécie, mais o número da endonuclease, que é o número da ordem na qual foi descoberta. Assim, EcoRI é a primeira endonuclease encontrada em *E. coli* tipo R, enquanto HpaI é a do *Haemophilus parainfluenzae*.

As sequências de DNA podem ser ligeiramente diferentes entre membros da mesma espécie. Isso leva aos denominados **polimorfismos de comprimento de fragmentos de restrição (RFLP)** – polimórficos (*poly*, "muitos", *morphos*, "formato, tamanho"). Quando o DNA de diferentes indivíduos dentro de uma espécie é cortado com as mesmas enzimas de restrição, os fragmentos de restrição terão comprimentos diferentes, devido a deleções ou inserções do DNA entre os sítios onde a enzima de restrição atua. Os RFLP podem ser utilizados para determinar a ancestralidade de um indivíduo, identificar o DNA de um indivíduo específico, estabelecer a localização dos genes responsáveis por doenças genéticas ou identificar novos genes inseridos ou sequências de DNA.

## Aplicações médicas do DNA recombinante

Uma das aplicações médicas da tecnologia do DNA recombinante de maior importância é a modificação de células bacterianas para a produção de substâncias úteis ao homem. Para fazer as células bacterianas produzirem proteínas humanas, um gene do DNA humano com a informação para a síntese da proteína é inserido no vetor. O interferon, uma substância utilizada no tratamento de determinadas infecções virais e cânceres (ver Capítulo 17), e o hormônio insulina estão entre os primeiros produtos que foram obtidos pela tecnologia do DNA recombinante. Atualmente, o hormônio do crescimento humano pode ser produzido dessa maneira, e foram desenvolvidos novos produtos – vacinas, proteínas da coagulação sanguínea para indivíduos com hemofilia e enzimas, como a colesterol oxidase para diagnóstico de distúrbios no metabolismo do colesterol. Muitos dos produtos listados na Tabela 9.3 resultam da tecnologia do DNA recombinante.

O uso da tecnologia do DNA recombinante para produzir substâncias úteis ao homem torna determinados tratamentos potencialmente mais seguros, mais baratos e disponíveis para maior número de pacientes. Por exemplo, antes da utilização do DNA recombinante para a produção de insulina humana, a insulina para pacientes diabéticos vinha exclusivamente do abate de bovinos e suínos. Alguns pacientes desenvolviam alergias a essa insulina, e o número de pacientes que necessitam de insulina está aumentando. A produção de insulina humana não alérgica e o aumento do suprimento de insulina constituem dois benefícios importantes da produção de insulina pela tecnologia do DNA recombinante. Nos EUA, a maioria dos pacientes com diabetes tipo 1 utiliza agora uma preparação contendo insulina obtida por engenharia genética.

A insulina recombinante recebeu aprovação da FDA em 1982. Sua produção é um negócio que rende 500 milhões de dólares por ano; isso faz da insulina recombinante um dos 200 fármacos mais vendidos.

De modo semelhante, antes da produção do hormônio do crescimento humano pela tecnologia do DNA recombinante, o hormônio era obtido das hipófises de cadáveres na necropsia, e eram necessários vários cadáveres para obter uma única dose para o tratamento de crianças que apresentavam nanismo hipofisário, uma doença congênita. Esse tratamento foi suspenso em abril de 1985 tanto nos EUA quanto no Reino Unido devido a relatos de vários casos da doença neurológica de Creutzfeldt-Jakob, doença neurológica degenerativa e fatal (semelhante à doença da vaca louca). Porém, mais tarde, em 1985, a FDA aprovou uma forma do hormônio obtida por engenharia genética, que produz os mesmos efeitos que o hormônio de cadáveres humanos. Além de corrigir distúrbios congênitos, esse produto da tecnologia do DNA recombinante poderia ser útil no tratamento de cicatrização tardia de feridas ou consolidação de fraturas, bem como nos problemas metabólicos associados ao envelhecimento.

A produção de determinadas proteínas da coagulação sanguínea pela tecnologia do DNA recombinante torna essas substâncias mais facilmente disponíveis para indivíduos portadores de hemofilia ou outros distúrbios hematológicos. Ela também assegura que o receptor não irá adquirir AIDS ou hepatite B a partir de um hemocomponente contaminado.

O DNA recombinante está sendo utilizado para produzir vacinas de modo mais econômico e em maiores quantidades do que antes. Nessa aplicação, alguns microrganismos são utilizados para combater a capacidade de outros de provocar doenças. Os genes que dirigem a síntese de substâncias específicas, denominadas *antígenos*, de uma bactéria, vírus ou protozoário parasita causadores de doenças são inseridos em outro organismo. Em seguida, esse organismo produz um antígeno puro. Quando o antígeno é introduzido em um ser humano, seu sistema imune produz outra substância específica, denominada *anticorpo*, que faz parte da defesa do corpo contra o organismo causador de doença (ver Capítulo 18).

**A vacina contra hepatite B, licenciada em 1981, foi a primeira vacina para uso humano a ser produzida pela tecnologia do DNA recombinante.**

## BIOTECNOLOGIA

### Precisa de uma transfusão de sangue? Peça um porco geneticamente modificado

Pesquisadores esperam conseguir em breve a aprovação governamental de um produto substituto do sangue – composto principalmente de hemoglobina humana – produzido por porcos transgênicos (geneticamente modificados). A empresa de biotecnologia DNX, localizada em Princeton, Nova Jersey, começou o projeto injetando milhares de cópias de dois genes da hemoglobina humana em embriões de porcos de 1 dia de vida, que foram removidos do útero de suas mães. Em seguida, os embriões foram implantados no útero de uma segunda porca para crescer até o nascimento. Dois dias após o nascimento, os leitões foram testados para verificar se produziam hemoglobina humana, juntamente com a hemoglobina suína – isto é, se eram transgênicos. Apenas cerca de 0,5% dessas transferências foram bem-sucedidas.

O custo para produzir um animal transgênico é de 50.000 a 75.000 dólares. Inicialmente, a DNX foi bem-sucedida na produção de três desses porcos. Em seguida, a empresa acasalou o macho transgênico com mais de 1.000 fêmeas normais e cruzou a prole desses cruzamentos. Durante esse período, a empresa foi vendida duas vezes. O dono atual, Baxter Healthcare, tem agora centenas de porcos transgênicos. Esses cruzamentos continuaram por muitas gerações. Os genes da hemoglobina humana ainda funcionam perfeitamente nos porcos alterados, afastando o temor de que os genes pudessem sofrer mutação ou desintegrar em seu novo ambiente. Atualmente, os porcos transgênicos produzem sangue contendo mais de 50% de hemoglobina humana.

Para obter o substituto sanguíneo, os porcos são sangrados, e os eritrócitos são rompidos. A hemoglobina humana pura é separada da hemoglobina híbrida humana/suína e da hemoglobina suína por um processo de purificação em múltiplas etapas, que utiliza todas as formas disponíveis de cromatografia – como medidas de segurança para evitar utilizar um único método que poderia falhar e manter impurezas.

O produto substituto apresenta diversas vantagens sobre o sangue humano verdadeiro:

1. Possui um tempo de conservação de meses, em vez de semanas
2. Como a hemoglobina pura não estimula o sistema imune a atuar contra ela, como o fazem os eritrócitos intactos contendo hemoglobina, ela pode ser transfundida a qualquer indivíduo sem a necessidade de tipagem sanguínea e prova cruzada
3. Pode garantir segurança contra patógenos humanos (inclusive o vírus da AIDS) que atualmente podem contaminar o sangue humano
4. Devido à sua capacidade de transporte de oxigênio, a hemoglobina pode atuar como fonte imediata de oxigênio em terremotos, em acidentes ou em épocas de guerra, permitindo, assim, a sobrevivência dos feridos durante o trajeto até o hospital.

Recentemente, os custos do sangue humano elevaram-se para 200 a 600 dólares por unidade. Em última análise, o substituto do sangue pode ter o mesmo custo de uma unidade de sangue ou ser até mais barato. A estocagem será mais barata, e os custos relacionados com a tipagem sanguínea serão eliminados.

Uma desvantagem desse procedimento é que, uma vez realizada a transfusão, a hemoglobina pura dura apenas horas ou dias, em vez de 6 meses, mas esse tempo pode ser suficiente para tratar casos de emergência. Outro problema relacionado com esse produto é a possível contaminação com moléculas dos porcos ou com seus patógenos, se os processos de purificação falharem. Uma questão que *não* parece ser um problema é o uso desse produto por judeus, que, por motivos religiosos, não consomem carne de porco. O diretor do Conselho Rabínico da América declarou que provavelmente não haveria nenhuma objeção religiosa. De acordo com a lei judaica, os porcos podem ser utilizados para outros propósitos que não a alimentação (como fontes de substitutos de valvas cardíacas e insulina), e as leis *kosher* são suspensas em casos de vida ou morte.

Este porco tem genes para a produção da hemoglobina humana. Esses animais serão cruzados e sangrados para coletar hemoglobina humana destinada a salvar vidas por transfusão. Trata-se de um exemplo de "farmácia" biotecnológica de moléculas. *(Anat-oli/Shutterstock.)*

Dispõe-se do uso de DNA recombinante para a produção de vacinas para as hepatites A e B e para a influenza. As vacinas não apenas são mais baratas do que as convencionais, mas também são mais puras e mais específicas e causam menos efeitos colaterais indesejáveis. As vacinas demonstraram ser altamente específicas e extremamente efetivas contra as hepatites A e B.

Muitas outras aplicações das técnicas do DNA recombinante estão em fase de desenvolvimento. Uma aplicação particularmente importante é o diagnóstico de defeitos genéticos no feto, que pode ser realizado pelo estudo das enzimas em células fetais do líquido amniótico. Esses defeitos são detectados utilizando DNA recombinante com uma sequência de nucleotídios conhecida para identificar erros na sequência de nucleotídios nos segmentos do DNA fetal. Esses erros no DNA fetal denotam defeitos genéticos, que podem ser responsáveis pela ausência de enzimas ou pela presença de enzimas defeituosas. A aplicação dessas técnicas poderá melhorar substancialmente o diagnóstico pré-natal de muitos defeitos genéticos. Por fim, com o aprimoramento das técnicas para a preparação de DNA recombinante em células animais, poderá ser possível inserir um gene ausente ou substituir um defeituoso nas células humanas (*terapia gênica*). De fato, a inserção de genes funcionais em células apropriadas pode ter curado a doença genética conhecida como imunodeficiência combinada grave (ver Capítulo 19). A inserção desse gene em um gameta defeituoso (óvulo ou espermatozoide) poderia evitar a herança de uma doença genética na prole.

As aplicações forenses da tecnologia de DNA recombinante estão começando rapidamente a ser utilizadas nos tribunais, particularmente a amplificação do DNA por PCR e a análise de RFLP. Por exemplo, em casos de paternidade, os peritos são agora capazes de determinar com uma certeza de quase 99% que determinado homem é o pai de determinada criança, com base na comparação do DNA (ver Capítulo 8). Estupradores e assassinos também podem ser identificados pelas "impressões digitais do DNA" que eles deixam na cena do crime, na forma de sêmen, sangue, cabelo ou tecido debaixo das unhas das vítimas. Uma quantidade de DNA suficiente pode ser coletada para análise até mesmo da borda de um copo de bebida ou da faixa de transpiração de um chapéu.

## Aplicações industriais do DNA recombinante

Os processos de fermentação utilizados na produção de vinho, antibióticos e outros compostos podem ser substancialmente melhorados com o uso do DNA recombinante. Por exemplo, a adição de genes para a síntese de amilase na levedura *Saccharomyces* pode permitir que esses organismos produzam álcool a partir do amido. Malte de cereais para produzir cerveja seria desnecessário, e os vinhos poderiam ser produzidos a partir de sucos contendo amidos, em vez de açúcares. Outras aplicações ainda podem incluir a degradação da celulose e da lignina (materiais vegetais frequentemente descartados), a fabricação de combustíveis, a remoção de poluentes ambientais e a lixiviação de metais a partir de minérios de baixo teor. As cepas de *Pseudomonas putida*, já conhecidas pela sua capacidade de degradar diferentes componentes do petróleo, poderiam ser obtidas por engenharia, de modo que uma cepa pudesse degradar todos os componentes. A lixiviação industrial, ou extração de metais a partir de minérios de cobre e urânio, já é realizada por determinadas bactérias do gênero *Thiobacillus*. Se esses microrganismos pudessem ser mais resistentes ao calor e à toxicidade dos metais que eles lixiviam, o processo de extração poderia ser acentuadamente acelerado.

## Aplicações do DNA recombinante na agricultura

Algumas bactérias estão sendo modificadas para controlar insetos que destroem plantações. Recentemente, a Monsanto Company modificou a composição genética de uma cepa de *Pseudomonas fluorescens*, que coloniza as raízes do milho. Essa bactéria foi induzida a carregar a informação genética inserida nela a partir de *Bacillus thuringiensis*, permitindo a síntese por *P. fluorescens* de uma proteína que mata insetos (**Figura 9.16**). A toxina produzida por *B. thuringiensis* tem sido extraída e utilizada durante muitos anos como inseticida. Atualmente, as pseudomonas, aplicadas à superfície das sementes de milho, podem produzir a toxina à medida que crescem ao redor das raízes.

Se as pseudomonas sobrevivessem nas plantações de milho tão bem quanto nas estufas, elas poderiam substituir o uso de inseticidas químicos para o controle da lagarta-rosca e, provavelmente, de outras larvas de insetos que danificam as

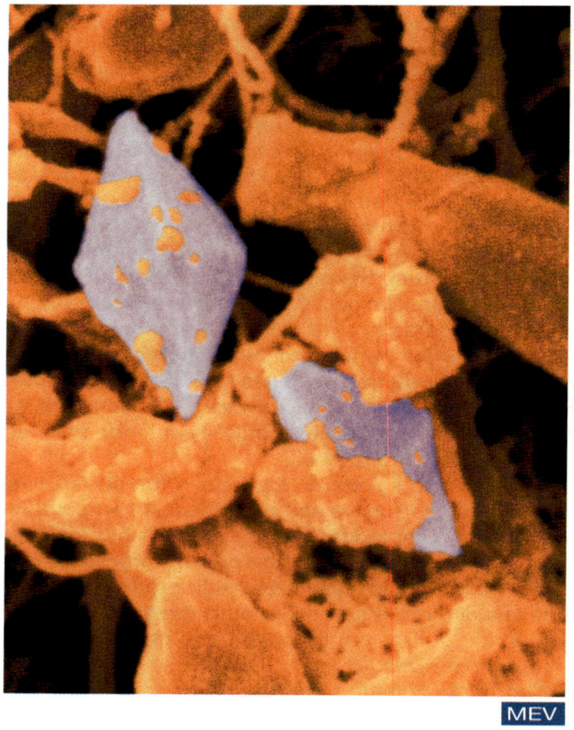


**Figura 9.16 Foto de MEV de cristais de uma substância tóxica para muitos insetos.** Os genes para produção dessa toxina estão sendo obtidos de *Bacillus thuringiensis*, que a produz naturalmente, e estão sendo incorporados em outros organismos por técnicas de engenharia genética. Imagine os benefícios das plantações que produzem o seu pesticida: não há gastos com pesticidas químicos, nenhum perigo durante a aplicação, nenhum acúmulo no solo ou na água e nenhuma entrada ou aumento dos pesticidas na cadeia alimentar. Entretanto, pode haver um preço a pagar. Cientistas relataram casos de resistência à toxina Bt em traças das crucíferas e lagarta-do-algodão. *(SciMAT/Science Source.)*

BIOTECNOLOGIA

## Vírus com ferrão de escorpião

Os vírus que causam convulsões, paralisia e morte provavelmente não são os vírus que você deseja manter ao seu redor. Entretanto, agricultores são gratos aos geneticistas que criaram um vírus com essas características. Em circunstâncias habituais, as lagartas que devoram plantações valiosas são algumas vezes infectadas por um vírus de ocorrência natural, que é inofensivo para outros organismos. As lagartas desenvolvem uma doença de longa duração, que culmina com a sua escalada até o ápice de uma planta e explosão, liberando uma chuva de partículas virais infecciosas. Mas, durante essa longa doença, elas ainda se alimentam muito da plantação. Engenheiros genéticos inseriram o gene do veneno do escorpião nesse vírus. As lagartas com vírus recombinantes produzem o veneno do escorpião e rapidamente desenvolvem convulsões, paralisia e morte, tudo isso sem parar para comer. Não se preocupe – qualquer vírus alterado que permaneça é destruído pela luz solar, e nenhum resíduo de pesticida químico entra na cadeia alimentar.

plantações. Com pesquisas adicionais, outras bactérias normalmente presentes em plantações poderiam ser modificadas para controlar outras pragas. Alguns cientistas otimistas acreditam que os pesticidas químicos podem ser substituídos por esses métodos mais seguros e mais baratos de controle de pragas.

Sementes geneticamente modificadas para plantações também estão em desenvolvimento para obter alto rendimento e outras características desejáveis, além de resistir aos herbicidas que matam as ervas daninhas. A Environmental Protection Agency (EPA) dos EUA iniciou os procedimentos necessários para aprovar o crescimento de plantações geneticamente modificadas, a fim de aumentar os suprimentos de sementes que produzirão seus próprios inseticidas. A batata, o milho e o algodão receberam genes de *B. thuringiensis* para a produção de toxina que mata insetos. Suas sementes irão matar o besouro-da-batata-do-colorado, a broca-europeia-do-milho e outros insetos semelhantes a mariposas, bem como a lagarta-do-algodoeiro, a lagarta-rosada-do-algodão e a lagarta-do-tabaco. Os fazendeiros serão capazes de comprar sementes que irão solucionar muitos problemas de cultivo. Também se fizeram tentativas para introduzir genes fixadores de nitrogênio em plantas não leguminosas. (Discutiremos a fixação do nitrogênio no Capítulo 26.) Esse trabalho foi bem-sucedido em algumas plantas, mas não ainda em cultivo de plantas importantes. Se for possível estendê-lo a essas plantas, muitas plantações agrícolas poderão suprir suas necessidades de nitrogênio e crescer sem o uso de fertilizantes comerciais, que são caros e tendem a poluir as águas subterrâneas. Isso seria particularmente benéfico em alguns países em desenvolvimento, onde a fome é uma constante ameaça, e não há dinheiro para a aquisição de fertilizantes de alto custo. Entretanto, a preocupação quanto à obtenção de doses uniformes faz com que essa ideia não esteja sendo atualmente utilizada.

## Hibridomas

Juntamente com o estudo das recombinações genéticas nos microrganismos, surgiram estudos dessas combinações em organismos superiores. A primeira combinação útil na microbiologia industrial foi a fusão de uma célula de mieloma (câncer de medula óssea) com um leucócito produtor de anticorpos. A fusão dessas duas células é denominada **hibridoma**, ou célula híbrida (Figura 9.17). Esse hibridoma específico pode crescer no laboratório e produzir anticorpos específicos puros, denominados **anticorpos monoclonais**, dirigidos contra qualquer antígeno ao qual o leucócito foi previamente sensibilizado. Antes da produção dos hibridomas e de seus anticorpos monoclonais, não existia nenhuma fonte de anticorpos puros. Atualmente, muitos tipos diferentes de anticorpos monoclonais são produzidos comercialmente, e esses anticorpos representam um grande avanço na imunologia. A produção e os usos dos anticorpos monoclonais são discutidos de modo mais detalhado no Capítulo 17.

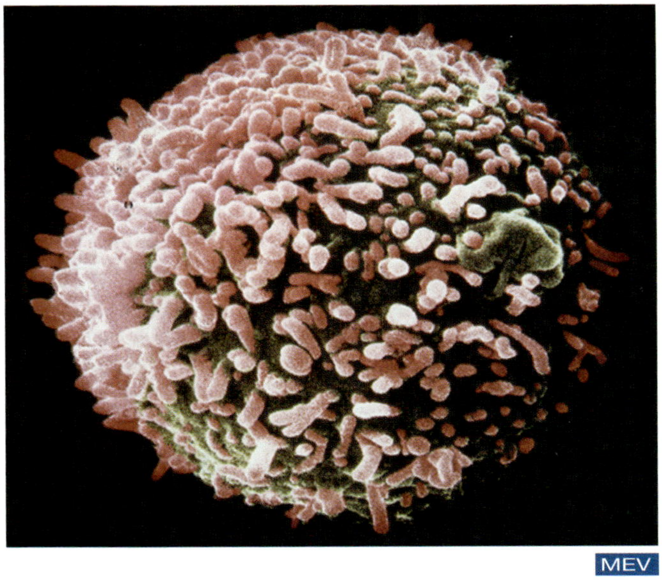


**Figura 9.17 Hibridoma.** MEV colorida (11.875×) de um hibridoma, uma única célula obtida da fusão de outras duas células. Os hibridomas são frequentemente produzidos pela fusão de um plasmócito produtor de anticorpos e uma célula cancerosa. Esta última mantém a divisão e o crescimento da cultura indefinidamente, enquanto o plasmócito faz com que o hibridoma produza anticorpos puros contra o antígeno ao qual foi sensibilizado. *(Science Source.)*

No futuro, a capacidade de produzir hibridomas poderá levar a outros avanços importantes. Recentemente, cientistas focados em agricultura utilizaram essa técnica para fundir células de batata comercial com células de uma cepa selvagem extremamente rara. A cepa selvagem foi selecionada pelo fato de conter o gene para a produção de um repelente natural de insetos. Os pesquisadores foram capazes de fazer crescer as células fusionadas em uma planta que tem as propriedades comerciais necessárias, mas que também sintetiza o repelente de inseto em suas folhas.

## Como pesar os riscos e os benefícios do DNA recombinante

Apesar dos numerosos benefícios potenciais da pesquisa do DNA recombinante, alguns cientistas trabalhando com essa técnica ficaram a princípio preocupados com os perigos associados.

BIOTECNOLOGIA

## Devemos produzir animais de estimação por engenharia genética?

Os peixes-zebra ("paulistinha") tropicais de aquário são os primeiros animais de estimação geneticamente modificados e aprovados nos EUA! Como resultado da inserção de um gene de um coral marinho, apresentam brilho vermelho e azul, particularmente sob luz ultravioleta. Originalmente produzidos em um laboratório de Cingapura, acreditava-se que brilhavam quando nadavam em água poluída – um tipo de sistema indicador vivo. Entretanto, depois que esses peixes começam a brilhar, esse brilho não cessa. Desde então, os aquariófilos vêm comprando cada 1 a 5 dólares.

Em dezembro de 2003, a agência norte-americana Food and Drug Administration (FDA) determinou que esses peixes não precisavam ser controlados, liberando, assim, a sua venda. Um peixe-arroz (medaka) de brilho verde produzido por engenharia genética não foi nem mesmo submetido a análise pela FDA e também está sendo vendido. Entretanto, nem todo mundo está contente com isso, e surgem as perguntas a seguir. É ético alterar a constituição genética de um animal sem nenhum motivo, a não ser para o nosso prazer? Quão grotescas podem ser as alterações produzidas e, ainda assim, ser permitidas? O que aconteceria se animais geneticamente modificados escapassem para a natureza e sobressaíssem na competição com espécies nativas? (O peixe-zebra e o medaka não podem viver em águas frias.) Qual é a sua opinião sobre esse assunto?

Peixes geneticamente modificados. *(© AP/Wide World Photos.)*

Peixe-zebra normal. *(Paul Zahl/NG Image Collection.)*

BIOTECNOLOGIA

## Declaração da American Society for Microbiology (ASM) sobre organismos geneticamente modificados

A seguir, um trecho da declaração da American Society for Microbiology (ASM) sobre organismos geneticamente modificados. A ASM é a maior associação no mundo de cientistas das ciências da vida. Essa declaração, divulgada em 17 de julho de 2000, resume a opinião da sociedade sobre um tema muito debatido:

"Nos últimos meses, o entendimento que o público tem sobre biotecnologia foi confrontado por controvérsias relacionadas com organismos geneticamente modificados. O público viu-se confundido com acusações e contra-acusações sobre os riscos e benefícios associados ao uso da biotecnologia para a produção de alimentos de qualidade e em grandes quantidades. Como a biotecnologia possibilita a transferência de genes bem caracterizados de um organismo para outro com precisão e previsibilidade maiores do que as que podem ser alcançadas com o uso dos tradicionais métodos de cruzamento, a ASM está suficientemente convencida para assegurar ao público que as variedades de plantas e produtos criados com a biotecnologia possuem o potencial de fornecer uma melhor nutrição, melhor sabor e maior prazo de validade.

Nada na vida é totalmente desprovido de risco. Entretanto, para minimizar o risco, é importante apoiar-se mais em fatos do que no medo, e a ASM não tem conhecimento de qualquer evidência aceitável de que alimentos produzidos pela biotecnologia e sujeitos à fiscalização pela FDA representem um alto risco ou não sejam seguros. Longe disso, as variedades de plantas criadas com a biotecnologia crescem de modo mais eficiente e de modo mais econômico do que as culturas tradicionais. Definitivamente, isso deve resultar em um produto mais nutritivo e de menor custo para o consumidor, bem como em redução do uso de pesticidas e maior proteção ambiental. Aqueles que resistem aos avanços da biotecnologia precisam analisar como alimentar de outro modo e cuidar da saúde de uma população global em rápido crescimento que, segundo estimativas, aumenta em uma taxa de quase 90 milhões de pessoas por ano. Entretanto, a manifestação contínua de preocupação do público nos níveis atuais deve ser entendida pelos órgãos federais como motivo para promover mais pesquisas e melhorar a qualidade de acesso do público a informações sobre a regulamentação dos produtos de biotecnologia [...]

Em novembro de 2016, mais de 2 mil organizações consideraram os organismos geneticamente modificados como seguros."

*Fonte:* David Pramer, "Statement of the American Society for Microbiology on Genetically Modified Organisms," *ASM News* 66 (2000):590–591. A declaração foi elaborada por uma comissão *ad hoc* da ASM.

Temiam que alguns recombinantes pudessem ser novos patógenos especialmente virulentos contra os quais os seres humanos não teriam nenhuma defesa natural nem tratamento efetivo. Em 1974, solicitaram uma moratória para determinados experimentos até que os riscos pudessem ser avaliados. A partir dessa avaliação, surgiu a ideia de contenção biológica – a prática de produzir DNA recombinante apenas em organismos com mutações que os impedem de sobreviver fora do laboratório.

Em 1981, as restrições impostas à pesquisa do DNA recombinante foram flexibilizadas, devido às seguintes observações:

1. Nenhuma doença que tenha acometido pesquisadores de laboratório pôde ser atribuída aos recombinantes
2. A cepa de *E. coli* utilizada nos experimentos não infectou seres humanos que voluntariamente a receberam em grandes doses
3. A incorporação de genes de mamíferos em *E. coli* foi observada na natureza, e esses genes comprometeram invariavelmente a capacidade do organismo de se adaptar ao meio ambiente. Isso sugeriu que, se houvesse qualquer escape de organismos do laboratório, eles provavelmente não iriam sobreviver no ambiente natural
4. Mutantes de *E. coli* contendo DNA recombinante foram submetidos a controle por práticas sanitárias aceitas.

A maioria dos cientistas concorda agora que as técnicas do DNA recombinante, como são atualmente praticadas, oferecem benefícios significativos e apresentam riscos extremamente pequenos aos seres humanos.

Você nunca consumiu alimentos geneticamente modificados? Claro que SIM! Desde 1994, quando foi introduzido o primeiro vegetal geneticamente modificado (o tomate Flavr Savr) nos EUA, a indústria disparou. Atualmente, nos EUA, 88% do milho e 94% da soja são geneticamente modificados. Isso inclui o milho utilizado para produzir o xarope de milho rico em frutose que é utilizado nos refrigerantes.

**PARE e RESPONDA**

1. Defina engenharia genética.
2. O que é DNA recombinante?
3. Quais são os três processos envolvidos na produção de DNA recombinante?
4. O que é uma enzima de restrição?

# RESUMO

## TIPOS E IMPORTÂNCIA DA TRANSFERÊNCIA DE GENES

- A **transferência de genes** refere-se ao movimento da informação genética entre organismos. A **transferência vertical de genes** refere-se à passagem de genes dos genitores para a prole. A **transferência lateral de genes** consiste na passagem de genes para outras células da mesma geração. Ocorre em bactérias por meio de transformação, transdução e conjugação
- A transferência de genes é importante, visto que aumenta a diversidade genética dentro de uma população, aumentando, assim, a probabilidade de que alguns membros da população possam sobreviver a mudanças ambientais.

## TRANSFORMAÇÃO

### Descoberta da transformação

- A **transformação** bacteriana foi descoberta em 1928 por Griffith, que demonstrou que uma cultura mista de pneumococos rugosos vivos e pneumococos lisos mortos pelo calor poderia produzir pneumococos lisos vivos capazes de matar camundongos
- Posteriormente, Avery mostrou que um polissacarídio capsular era responsável pela virulência, e que o DNA era a substância responsável pela transformação. Watson e Crick determinaram a estrutura do DNA, levando à realização de estudos que demonstraram que a informação genética de uma célula é codificada em seus ácidos nucleicos.

### Mecanismo da transformação

- A transformação envolve a liberação de fragmentos de DNA desnudo e sua captura por outras células em determinado estágio de seu ciclo de crescimento: (1) A captura do DNA exige uma proteína denominada **fator de competência** para tornar as células receptoras prontas para a ligação do DNA. (2) As endonucleases cortam o DNA de fita dupla em unidades; as fitas se separam, e apenas uma delas é transferida. (3) Por fim, o DNA do doador é unido ao DNA receptor. O DNA restante do receptor é clivado, de modo que o DNA total de uma célula permanece constante.

### Importância da transformação

- A transformação é importante, porque (1) contribui para a diversidade genética; (2) pode ser utilizada para introduzir DNA em um organismo, observar seus efeitos e estudar a localização dos genes; (3) pode ser utilizada para criar DNA recombinante.

## TRANSDUÇÃO

### Descoberta da transdução

- Na **transdução**, o material genético é carregado por um **bacteriófago (fago)**.

### Mecanismos da transdução

- Os fagos podem ser virulentos ou temperados. (1) Os **fagos virulentos** destroem o DNA da célula hospedeira, promovem a síntese das partículas de fago e provocam lise da célula hospedeira no ciclo lítico. (2) Os **fagos temperados** podem se replicar na forma de **profago** – parte de um cromossomo bacteriano – ou, por fim, produzir novas partículas de fago e provocar lise da célula hospedeira. A persistência do fago na célula sem a destruição da célula hospedeira é denominada **lisogenia**

- O profago pode ser incorporado ao cromossomo bacteriano, ou pode existir na forma de plasmídio, um segmento de DNA extracromossômico. As células que contêm um profago são denominadas células **lisogênicas**, visto que elas têm o potencial de entrar no **ciclo lítico**
- A transdução pode ser especializada ou generalizada. (1) Na **transdução especializada**, o fago é incorporado ao cromossomo e pode transferir apenas genes adjacentes ao fago. (2) Na **transdução generalizada**, o fago existe na forma de plasmídio e pode transferir qualquer fragmento de DNA ligado a ele.

### Importância da transdução

- A transdução é importante, já que ela transfere material genético e demonstra uma estreita relação evolutiva entre o profago e o DNA da célula hospedeira. Além disso, a sua persistência em uma célula sugere um mecanismo para as origens virais do câncer e proporciona um possível mecanismo para estudar a ligação dos genes.

## CONJUGAÇÃO

### Descoberta da conjugação

- Na **conjugação**, grandes quantidades de DNA são transferidas de um organismo para outro durante o contato entre as células doadora e receptora
- A conjugação foi descoberta por Lederberg em 1946, quando observou que a mistura de cepas de *E. coli* com diferentes deficiências metabólicas permitia que as células superassem as respectivas deficiências
- Os **plasmídios** são moléculas de DNA extracromossômico.

### Mecanismos da conjugação

- Foram observados três mecanismos de conjugação: (1) na transferência de **plasmídios F**, um fragmento do DNA extracromossômico (um **plasmídio**) é transferido. (2) Nas recombinações de alta frequência, partes dos plasmídios F que foram incorporadas ao cromossomo (**segmento de iniciação**) são transferidas juntamente com genes bacterianos adjacentes. (3) Um plasmídio F incorporado ao cromossomo e subsequentemente separado torna-se um **plasmídio F′** e transfere os genes cromossômicos ligados a ele.

### Importância da conjugação

- A importância da conjugação reside na sua capacidade de aumentar a diversidade genética; ela pode representar um estágio evolutivo entre as reproduções assexuada e sexuada e fornece um meio para o mapeamento dos genes nos cromossomos bacterianos.

## COMPARAÇÃO ENTRE OS MECANISMOS DE TRANSFERÊNCIA DE GENES

- Os mecanismos de transferência de genes diferem na quantidade de DNA transferido.

## PLASMÍDIOS

### Características dos plasmídios

- Os plasmídios consistem em DNA extracromossômico de fita dupla autorreplicável e circular, que carregam a informação que habitualmente não é essencial para o crescimento celular.

### Plasmídios de resistência

- Os **plasmídios de resistência (R)** carregam a informação genética que confere resistência a vários antibióticos e a determinados metais pesados. Em geral, consistem em um **fator de transferência da resistência (RTF)** e um ou mais **genes de resistência (R)**. Esses plasmídios podem ser removidos de uma bactéria por **displacinas**.

### Transpósons

- Os genes R que se movem de um plasmídio para outro em uma célula ou que se inserem no cromossomo constituem parte de um **transpóson**, porque transpõem ou mudam suas localizações.

### Bacteriocinogênicos

- Os **bacteriocinogênicos** são plasmídios que produzem **bacteriocinas**, que são proteínas capazes de inibir o crescimento de outras cepas da mesma espécie ou de espécies estreitamente relacionadas.

## ENGENHARIA GENÉTICA

- A **engenharia genética** refere-se à manipulação do material genético para alterar as características de um organismo.

### Fusão genética

- A **fusão genética** permite a transposição de genes de um local para outro do cromossomo, algumas vezes com deleção de uma porção, levando, assim, à união de genes de dois óperons diferentes.

### Fusão de protoplastos

- A **fusão de protoplastos** combina **protoplastos** (organismos desprovidos de parede celular) e possibilita a mistura da informação genética.

### Amplificação de genes

- A **amplificação de genes** envolve a adição de plasmídios a microrganismos, de modo a aumentar a produção de substâncias úteis.

### Tecnologia do DNA recombinante

- O **DNA recombinante** refere-se ao DNA produzido quando genes de um tipo de organismo são introduzidos no genoma de um tipo de organismo diferente. O organismo resultante é conhecido como organismo **transgênico**, ou recombinante
- O DNA recombinante demonstrou ser particularmente útil na medicina, na indústria e na agricultura.

### Hibridomas

- Os **hibridomas** são recombinações genéticas que envolvem células de organismos superiores.

### Como pesar os riscos e os benefícios do DNA recombinante

- Quando as técnicas do DNA recombinante foram desenvolvidas pela primeira vez, os cientistas ficaram preocupados com a possível criação de patógenos virulentos e, assim, desenvolveram procedimentos de contenção. À medida que a pesquisa prosseguiu, e não foi observada nenhuma doença causada por recombinantes, a maioria dos cientistas começou a acreditar que os benefícios das técnicas do DNA recombinante superam os riscos.

## TERMOS-CHAVE

amplificação de genes
anticorpo monoclonal
bacteriocina
bacteriocinogênico
bacteriófago
célula $F^-$
célula $F^+$
cepa de recombinação de alta frequência (Hfr)
ciclo lítico
clone
colicina
conjugação
displacina
DNA recombinante
elemento de transposição
eletroporação
endonuclease
engenharia genética
enzima de restrição
fago
fago temperado
fago virulento
fator de competência
fator de transferência de resistência (RTF)
fragmento de restrição
fusão de protoplastos
fusão genética
gene de resistência (R)
hibridoma
lise
lisogenia
lisogênico
mapeamento cromossômico
*pilus* F
plasmídio
plasmídio de resistência (R)
plasmídio F (fertilidade)
plasmídio F′ (F linha)
polimorfismo de comprimento de fragmentos de restrição (RFLP)
profago
promíscuo
protoplasto
recombinação
segmento de iniciação
transdução
transdução especializada
transdução generalizada
transferência de genes
transferência lateral de genes
transferência vertical de genes
transformação
transgênico
transposição
transpóson
vetor

CAPÍTULO

# 10 Introdução à Taxonomia: Bactérias

A ATCC conta com instalações de armazenamento destinadas a acomodar as necessidades individuais de todas as amostras. Foto: cortesia da ATCC.

Ao beber vinho ou comer queijo, alguma vez você já se perguntou sobre os microrganismos necessários para fazer esses produtos? De onde eles vieram? Como são conservados? Eles podem estar mantidos na ATCC (American Type Culture Collection) em Manassas, na Virgínia. A ATCC é uma organização global sem fins lucrativos que preserva, autentica e distribui microrganismos e outros materiais biológicos para a comunidade científica. Além de assegurar a disponibilidade de culturas microbianas de alta qualidade para pesquisa e desenvolvimento, a ATCC é um local seguro de depósito para culturas industriais pertencentes a organizações comerciais, incluindo fabricantes de vinho, de cerveja e de queijos. A ATCC guarda essas valiosas culturas por meio de um sistema de segurança de múltiplos níveis em grandes tanques de nitrogênio líquido, a temperaturas muito baixas (ver a foto ao lado). Os fabricantes de vinho, de queijo ou de outros produtos que exigem microrganismos podem preservar com toda segurança suas culturas na ATCC até que necessitem delas para repor seus estoques.

Outras culturas conservadas na ATCC estão disponíveis para uso em projetos de pesquisa e desenvolvimento em muitos campos. A ATCC tem até mesmo algumas culturas do laboratório de Louis Pasteur. Armazenam células tumorais, células-tronco, ácidos nucleicos virais e contam com 8 milhões de genes clonados de vários organismos. A ATCC também cultiva organismos de crescimento difícil no laboratório comum, como fungos dos vales secos da Antártida. Os cientistas da ATCC asseguram que as culturas utilizadas por pesquisadores estejam corretamente identificadas e que as propriedades genéticas e bioquímicas das cepas sejam mantidas. Determinadas culturas, como as do antraz e da peste, apenas estão disponíveis com a devida autorização do governo.

# MAPA DO CAPÍTULO

**Siga o mapa do capítulo para auxiliar na identificação dos conceitos principais do texto.**



## TAXONOMIA: A CIÊNCIA DA CLASSIFICAÇÃO

Em ciências, nomes precisos e padronizados são essenciais. Todos os químicos precisam dizer a mesma coisa quando se referem a um elemento ou a um composto; os físicos devem concordar com os termos quando discutem sobre matéria ou energia; e os biólogos precisam concordar com os nomes dos organismos, sejam eles tigres ou bactérias.

Diante do grande número e da diversidade de organismos, os biólogos utilizam as características dos diferentes organismos para descrever formas específicas de vida e para identificar novas formas. O agrupamento de organismos relacionados entre si constitui a base da *classificação*. As razões mais evidentes para a classificação consistem em (1) estabelecer critérios para identificar organismos, (2) reunir organismos relacionados em grupos e (3) fornecer informações importantes sobre como os organismos evoluíram. A **taxonomia** é a ciência da classificação. Fornece uma base ordenada para a denominação dos organismos e para enquadrá-los em uma categoria ou **táxon**.

Outro aspecto importante da taxonomia é que ela utiliza e dá sentido aos conceitos fundamentais de unidade e diversidade entre os seres vivos. Os organismos classificados em qualquer grupo particular têm certas características comuns – isto é, eles têm unidade em relação a essas características. Por exemplo, os seres humanos caminham eretos e possuem um encéfalo bem desenvolvido; *Escherichia coli* apresenta células em forma de bastonete e possui um envoltório celular gram-negativo. Os organismos dentro de grupos taxonômicos também exibem diversidade. Até mesmo os membros da mesma espécie apresentam variações quanto a seu tamanho, forma e outras características. Os seres humanos variam em altura, peso, cor de cabelos e de olhos e traços faciais. Certos tipos de bactérias variam ligeiramente quanto a sua forma e capacidade de formar estruturas específicas, como os endósporos.

Um princípio básico da taxonomia é que os membros de grupos de nível superior compartilham menos características do que os de grupos inferiores. À semelhança de todos os outros vertebrados, os seres humanos têm uma coluna vertebral, porém compartilham um número menor de características com os peixes e as aves do que com outros mamíferos. De modo semelhante, quase todas as bactérias apresentam um envoltório celular, mas em algumas o envoltório é gram-positivo, ao passo que, em outras, é gram-negativo.

### Nomenclatura binomial

Atribui-se ao botânico sueco do século XVIII, Carlos Lineu (em latim, *Carolus Linnaeus*), a criação da ciência da taxonomia (Figura 10.1). Ele desenvolveu a **nomenclatura binomial**, um sistema que continua sendo atualmente utilizado para denominar todos os seres vivos. No sistema binomial ou de "dois nomes", o primeiro nome designa o **gênero** de um organismo, e a sua primeira letra é maiúscula. O segundo nome é o **epíteto específico**, cuja primeira letra não é escrita com letra maiúscula, mesmo quando derivado do nome da pessoa que o descobriu. Juntos, o gênero e o epíteto específico identificam a **espécie** à qual o organismo pertence. Ambas as palavras são escritas em itálico quando impressas e sublinhadas quando manuscritas. Quando não existe nenhum risco de confusão, o nome do gênero pode ser abreviado por uma única letra. Assim, escreve-se frequentemente *Escherichia coli* como *E. coli*, e os seres humanos (*Homo sapiens*) podem ser identificados como *H. sapiens*.

O nome de um organismo frequentemente diz algo sobre ele, como a sua forma, onde é encontrado, que nutrientes utiliza, quem o descobriu ou que doença causa. A **Tabela 10.1** fornece alguns exemplos de nomes e seus significados.

Por que taxonomia? Os nomes comuns são confusos. *Passer domesticus* é *english sparrow* na América do Norte, *house sparrow* na Inglaterra, *gorrion* na Espanha, *musch* na Holanda, *hussparf* na Suécia e pardal no Brasil.

Figura 10.1 **Carlos Lineu (1707–1778).** Lineu é conhecido como o pai da taxonomia. É mostrado aqui no traje de esqui nórdico que ele usava para coletar amostras na Lapônia. As pontas das botas curvadas mantinham os esquis em seus pés. *(Wellcome Images/ Science Source Images.)*

**Tabela 10.1** Significado dos nomes de alguns microrganismos.

| Nome do microrganismo | Significado do nome |
|---|---|
| *Entamoeba histolytica* | *Ent*, intestinal; *amoebae*, forma e meios de movimento; *histo*, tecido; *lytic*, lisar ou digerir tecido |
| *Escherichia coli* | Denominada em homenagem a Theodor Escherich em 1888; encontrada no cólon |
| *Haemophilus ducreyi* | *Hemo*, sangue; *phil*, amor; denominado em homenagem a Augusto Ducrey, em 1889 |
| *Neisseria gonorrhoeae* | Denominado em homenagem a Albert L. Neisser em 1879; causa a gonorreia |
| *Saccharomyces cerevisiae* | *Saccharo*, açúcar; *myco*, bolor; *cerevisia*, cerveja |
| *Staphylococcus aureus* | *Staphylo*, grupo; *kokkus*, baga; *aureus*, dourado |
| *Lactococcus lactis* | *Lacto*, leite; *kokkus*, baga |
| *Shigella etousae* | Denominada em homenagem a Kiyoshi Shiga em 1898; European Theater of Operations of the U.S. Army (a letra *e* no fim da palavra confere a terminação latina correta) |

Os membros de uma espécie geralmente apresentam várias características comuns que distinguem essa espécie de todas as outras espécies. Como regra, os membros de uma espécie não podem ser divididos em grupos significativamente diferentes com base em uma característica particular; todavia, existem exceções a essa regra. Algumas vezes, os membros de uma espécie são divididos com base em uma diferença genética pequena, porém permanente, como a necessidade de um nutriente específico, a resistência a determinado antibiótico ou a presença de um antígeno particular. Quando organismos em uma cultura pura de uma espécie diferem dos organismos de outra cultura pura da mesma espécie, os organismos em cada cultura são designados como cepas. Uma **cepa** é um subgrupo de uma espécie com uma ou mais características que a distinguem de outros subgrupos da mesma espécie. Cada cepa é identificada por um nome, número ou letra que acompanha o epíteto específico. Por exemplo, *E. coli* cepa K12 foi extensamente estudada devido a seus plasmídios e outras características genéticas, e *E. coli* cepa 0157:H7 causa inflamação hemorrágica do cólon nos seres humanos.

Cerca de 4.400 animais e mais de 7.700 plantas continuam mantendo os nomes dados por Lineu. Um "L" após o nome de uma espécie indica que foi denominada por Lineu.

Além de introduzir o sistema binomial de nomenclatura, Lineu também estabeleceu uma hierarquia de níveis taxonômicos: espécie, gênero, família, ordem, classe, filo ou divisão e reino. No nível mais alto, Lineu dividiu todos os seres vivos em dois *reinos* – plantas e animais. Nessa hierarquia taxonômica, grande parte da qual ainda é utilizada hoje em dia, cada organismo recebe um nome de espécie, e espécies de organismos muito semelhantes são agrupadas em um gênero. À medida que prosseguimos na hierarquia, vários gêneros semelhantes são reunidos para formar uma *família*, várias famílias são agrupadas para formar uma *ordem*, e assim por diante, até o topo da hierarquia. Algumas hierarquias hoje em dia apresentam níveis adicionais, como *subfilo*. Além disso, tornou-se aceita a prática de se referir às primeiras categorias dentro do reino animal como *filos* e aquelas dentro de outros reinos (agora existem cinco reinos) como *divisões*. Recentemente, os cinco reinos foram reorganizados em três *domínios*, uma nova categoria ainda mais elevada do que o reino. Os domínios serão discutidos mais adiante neste capítulo. A Figura 10.2 mostra as classificações de um ser humano, um cão, um lobo e uma bactéria.

## USO DE UMA CHAVE TAXONÔMICA

Os biólogos frequentemente utilizam uma *chave* taxonômica para identificar os organismos de acordo com as suas características. O tipo mais comum é a **chave dicotômica**, que apresenta afirmativas pareadas para descrever as características dos organismos. As afirmativas pareadas apresentam uma forma de escolha "ou-ou", de modo que apenas uma delas seja verdadeira. Cada afirmativa é seguida de orientações para se dirigir a outro par de afirmativas, até aparecer finalmente o nome do organismo. A Figura 10.3 é uma chave dicotômica

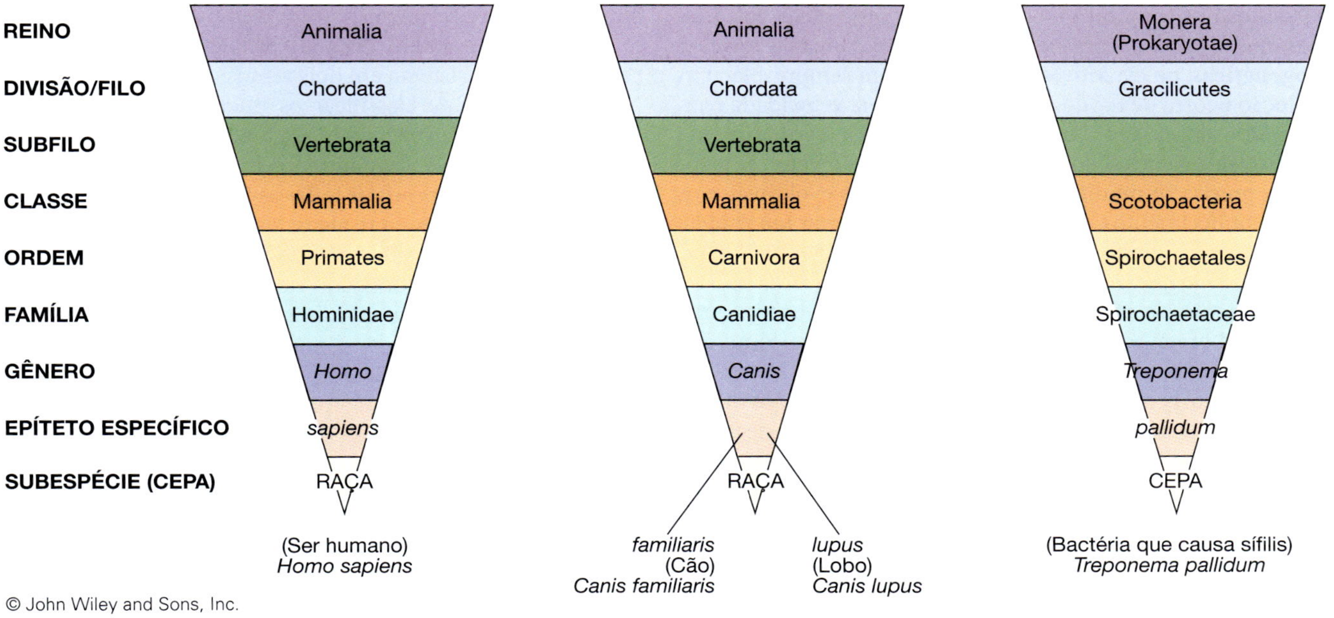




**Figura 10.2** **Classificação de um ser humano, um cão, um lobo e uma bactéria.**

que identificará cada uma das quatro moedas mais comuns dos EUA: *quarters*, *dimes*, *nickels* e *pennies*. Leia as afirmativas 1a e 1b e decida qual delas se aplica a uma determinada moeda. Olhe para o número à direita da afirmativa; ele lhe indica para que par de afirmativas você deve se dirigir em seguida. Prossiga dessa maneira até alcançar a designação de um grupo. Se tiver seguido cuidadosamente a chave, a designação irá denominar a moeda.

Naturalmente, você não precisa de uma chave taxonômica para identificar algo tão simples e tão familiar quanto moedas. Mas identificar todos os numerosos tipos de bactérias no mundo é uma tarefa bem mais difícil. Os principais grupos de bactérias podem ser identificados com a chave apresentada na Figura 10.4. Chaves mais detalhadas utilizam reações de coloração, reações metabólicas (fermentação de determinados açúcares ou liberação de diferentes gases), crescimento em diferentes temperaturas, propriedades das colônias em meios sólidos e características semelhantes de culturas. Prosseguindo passo a passo através da chave, você deve ser capaz de identificar um organismo desconhecido ou mesmo uma cepa se a chave for suficientemente detalhada.

| | | |
|---|---|---|
| 1a | Bordas lisas | Ir para 2 |
| 1b | Bordas rugosas | Ir para 3 |
| 2a | Cor de prata | *Nickel* |
| 2b | Cor de cobre | *Penny* |
| 3a | Grande (cerca de 2,5 cm de diâmetro) | *Quarter* |
| 3b | Pequena (cerca de 1,8 cm de diâmetro) | *Dime* |

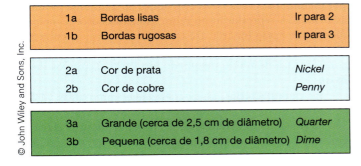

**Figura 10.3** **Chave dicotômica para classificação de moedas norte-americanas típicas.** Por que a palavra *plana* não seria útil nessa chave?

## Problemas em taxonomia

Entre os objetivos de um sistema taxonômico estão a organização do conhecimento sobre os seres vivos e o estabelecimento de nomes padronizados para os organismos, de modo que

| | | |
|---|---|---|
| 1a | Gram-positivas | Ir para 2 |
| 1b | Não gram-positivas | Ir para 3 |
| 2a | Células de forma esférica | Cocos gram-positivos |
| 2b | Células não esféricas | Ir para 4 |
| 3a | Gram-negativas | Ir para 5 |
| 3b | Não gram-negativas (ausência de parede celular) | Micoplasma |
| 4a | Células em forma de bastonete | Bacilos gram-positivos |
| 4b | Células sem forma de bastonete | Ir para 6 |
| 5a | Células de forma esférica | Cocos gram-negativos |
| 5b | Células de forma não esférica | Ir para 7 |
| 6a | Células claviformes | Corinebactérias |
| 6b | Células de forma variável | Propionibactérias |
| 7a | Células em forma de bastonete | Bacilos gram-negativos |
| 7b | Células sem forma de bastonete | Ir para 8 |
| 8a | Células helicoidais com várias voltas | Espiroquetas |
| 8b | Células em forma de vírgula | Vibrioides |



**Figura 10.4** **Chave dicotômica para classificação dos principais grupos de bactérias.**

possamos nos comunicar sobre eles. De modo ideal, gostaríamos de classificar os organismos de acordo com suas relações **filogenéticas**, ou evolutivas, porém isso nem sempre é fácil. A evolução ocorre de modo contínuo e em uma velocidade relativamente alta nos microrganismos, e o nosso conhecimento da história evolutiva dos organismos é incompleto. A taxonomia precisa se modificar com as mudanças evolutivas e os novos conhecimentos. *É muito mais importante ter um sistema taxonômico que possa refletir nosso conhecimento atual do que ter um sistema que nunca se modifica.*

A criação de um sistema taxonômico que forneça uma visão geral organizada de todos os seres vivos e de como eles se relacionam entre si apresenta alguns problemas. Dois desses problemas surgem nos extremos opostos da hierarquia taxonômica: (1) decidir o que constitui uma espécie e (2) decidir o que constitui um reino ou a que domínio pertence um reino. No primeiro caso, os taxonomistas tentam decidir o grau de diversidade que pode ser tolerado dentro da unidade de uma espécie. No segundo caso, os taxonomistas procuram decidir como distribuir as diversas características dos seres vivos em categorias que possam refletir diferenças fundamentais de importância evolutiva. Nos organismos mais avançados, como as plantas e os animais, as espécies que se reproduzem sexuadamente são diferenciadas principalmente pela sua capacidade de reprodução. Um macho e uma fêmea da mesma espécie são capazes de transferir o DNA por meio do acasalamento e produção de uma progênie fértil, enquanto membros de espécies diferentes habitualmente não podem cruzar com sucesso ou terão uma progênie estéril. A *morfologia* (características estruturais) e a distribuição geográfica também são consideradas na definição de espécie.

No que concerne às bactérias, esses critérios normalmente não podem ser utilizados na definição de uma espécie, principalmente pelo fato de que a transferência lateral de genes (recombinação genética) entre as bactérias tem sido muito comum na evolução, porém as diferenças morfológicas são mínimas. Uma espécie bacteriana é definida pelas semelhanças encontradas entre seus membros. Para definir uma espécie bacteriana, são utilizadas propriedades como DNA, reações bioquímicas, composição química, estruturas celulares e características genéticas e imunológicas. A identificação de uma espécie e a determinação de seus limites representam os aspectos de maior desafio da classificação biológica – e isso é válido para qualquer tipo de organismo.

## Avanços desde a época de Lineu

Antes dos taxonomistas dirigirem a atenção para os microrganismos, o sistema de dois reinos das plantas e dos animais funcionava razoavelmente bem. Qualquer um pode distinguir plantas de animais – por exemplo, árvores de cães. As plantas produzem o seu próprio alimento, mas não podem se mover, e os animais se movem, porém são incapazes de produzir o seu próprio alimento. Isso é bastante simples, ou não é? Nesse esquema, como você classifica *Euglena*, um microrganismo móvel que produz o seu próprio alimento? Como você classificaria as águas-vivas e as esponjas, que apresentam movimento ou que são imóveis, dependendo de seu estágio de vida? E como você classificaria os fungos incolores, que não se movem nem produzem o seu próprio alimento? Por fim, como você classifica os fungos limosos, que podem ser unicelulares ou multicelulares e móveis ou imóveis? Obviamente, muitos organismos apresentam diversos problemas quando se procura utilizar um sistema em dois reinos.

O problema de classificar os microrganismos foi abordado pela primeira vez pelo biólogo alemão Ernst H. Haeckel em 1866, quando ele criou um terceiro reino, o reino Protista. Ele incluiu entre os protistas todas as formas "simples" de vida, como as bactérias, muitas algas, os protozoários, os fungos multicelulares e as esponjas. O termo original de Haeckel, *Protista*, continua sendo utilizado nos esquemas de taxonomia, porém agora se limita principalmente aos organismos eucarióticos unicelulares.

A classificação das bactérias criou problemas taxonômicos ao longo dos séculos e estão presentes ainda hoje. Até pouco tempo, muitos taxonomistas consideravam as bactérias como pequenas plantas desprovidas de clorofila. Até 1957, a sétima edição do *Bergey's Manual of Determinative Bacteriology*, um trabalho dedicado à identificação das bactérias, as considerava como plantas unicelulares. Esse ponto de vista começou a mudar à medida que foram desenvolvidos os instrumentos para o estudo das bactérias.

Em 1969, Whittaker propôs um *sistema de classificação de cinco reinos*, em que os fungos foram removidos do reino das plantas e colocados em um reino específico. Desde então, foi substituído por um *sistema de três domínios*, em que o reino Monera foi dividido em duas partes: os domínios Bacteria e Archaea. Entretanto, os reinos continuam sendo utilizados para descrever muitos organismos, de modo que precisamos nos familiarizar com eles.

# SISTEMA DE CLASSIFICAÇÃO EM CINCO REINOS

As propriedades e os membros de cada um dos cinco reinos no **sistema de classificação em cinco reinos** são descritos adiante e resumidos na **Tabela 10.2** e na **Figura 10.5**.

## Reino Monera

O reino **Monera**, também denominado reino **Prokaryotae**, é constituído por todos os organismos procarióticos, incluindo as eubactérias ("bactérias verdadeiras"), as cianobactérias e os organismos Archaea (**Figura 10.6**).

Todas as moneras são unicelulares; não têm núcleo verdadeiro e, em geral, são desprovidas de organelas envoltas por membrana. O seu DNA tem pouca ou nenhuma proteína associada. A reprodução no reino Monera ocorre principalmente por fissão binária. De todas as moneras, as **eubactérias** são de maior importância nas ciências da saúde e serão consideradas de modo detalhado em vários capítulos deste livro.

As **cianobactérias**, antes conhecidas como algas verde-azuladas, têm importância especial no equilíbrio da natureza. São organismos fotossintéticos e normalmente unicelulares, embora as células algumas vezes possam estar conectadas, formando filamentos. As cianobactérias, por serem autotróficas, não invadem outros organismos, de modo que não representam nenhuma ameaça à saúde dos seres humanos, exceto pelas toxinas (venenos) que algumas delas liberam na água.

**Tabela 10.2** Sistema de classificação em cinco reinos.

| | Monera (Prokaryotae) | Protista | Fungi | Plantae | Animalia |
|---|---|---|---|---|---|
| Tipo de célula | Procariótica | Eucariótica | Eucariótica | Eucariótica | Eucariótica |
| Organização celular | Unicelular; ocasionalmente em grupos | Unicelular; ocasionalmente multicelular | Unicelular ou multicelular | Multicelular | Multicelular |
| Parede celular | Presente na maioria | Presente em alguns, ausente em outros | Presente | Presente | Ausente |
| Nutrição | Absorção, alguns organismos fotossintéticos, alguns quimiossintéticos | Ingestão ou absorção, alguns fotossintéticos | Absorção | Absortiva, fotossintética | Ingestão; ocasionalmente em alguns parasitas por absorção |
| Reprodução | Assexuada, geralmente por fissão binária | Principalmente assexuada, em certas ocasiões tanto sexuada quanto assexuada | Tanto sexuada quanto assexuada, envolvendo frequentemente um complexo ciclo de vida | Tanto sexuada quanto assexuada | Principalmente sexuada |

As cianobactérias crescem em uma grande variedade de hábitats, incluindo anaeróbicos, onde elas frequentemente servem de fonte alimentar para organismos heterotróficos mais complexos. Algumas "fixam" o nitrogênio atmosférico, convertendo-o em compostos nitrogenados que as algas e outros organismos podem utilizar. Algumas cianobactérias também se desenvolvem em água rica em nutrientes e são responsáveis pela floração (*bloom*) de algas – uma camada espessa de algas que se forma na superfície da água, impedindo a penetração da luz na água que se encontra embaixo. Essas florações liberam substâncias tóxicas, que podem conferir à água um odor desagradável e podem até prejudicar os peixes e o gado que bebe essa água.

Os organismos **Archaea**, que agora formam um domínio, são procariontes primitivos adaptados a ambientes extremos. As metanogênicas reduzem compostos que contêm carbono a gás metano. Os halófilos extremos vivem em ambientes excessivamente salgados, e os termoacidófilos vivem em ambientes ácidos e quentes, como as fontes vulcânicas no fundo do oceano (Figura 10.7). Nessas fontes vulcânicas, algumas espécies de bactérias formam relações simbióticas com organismos, como poliquetas tubícolas gigantes (de até 2 metros de altura). Esses poliquetas tubícolas não têm boca, intestino ou ânus – como então eles se alimentam? Bactérias Archaea quimiolitotróficas, que vivem no interior desses poliquetas tubícolas, possuem um metabolismo que fixa fontes inorgânicas ($CO_3^-$, $HCO_3^-$) em fontes orgânicas de carbono por meio das mesmas enzimas utilizadas no ciclo de Calvin de certos autotróficos. Os poliquetas tubícolas são então capazes de utilizar as fontes de carbono orgânico em processos celulares.

O que os poliquetas tubícolas fazem para as bactérias? Os poliquetas tubícolas possuem "plumas" bem vascularizadas que capturam o $O_2$ e o $H_2S$ das fontes termais e transportam

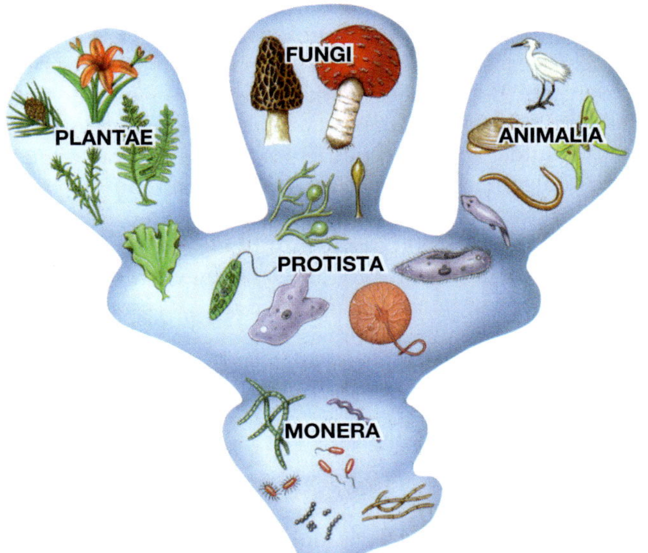




**Figura 10.5 Sistema de classificação em cinco reinos.**

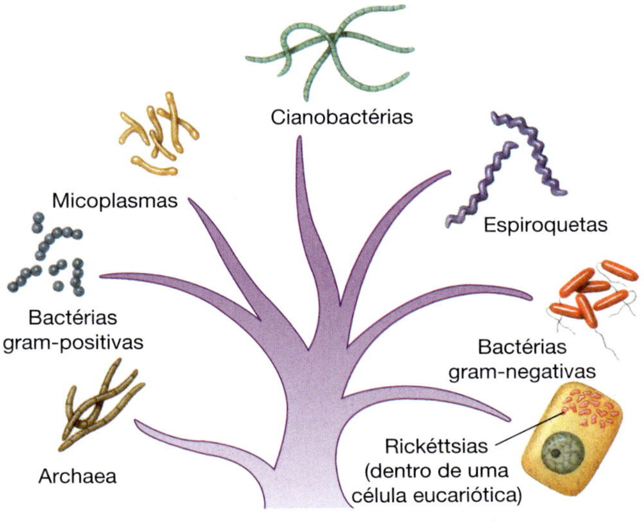




**Figura 10.6 Algumas moneras típicas.** As moneras são organismos procariontes desprovidos de núcleo celular e de outras estruturas internas envoltas por membrana.

**Figura 10.7 Extremófilos Archaea são capazes de explorar o hábitat incomum de uma fonte termal conhecida como "chaminé negra" ("*black smoker*").** Esses organismos Archaea, que vivem em fontes termais nas profundezas do oceano, onde gases vulcânicos sulfurosos quentes são liberados do interior da Terra, sobrevivem em um dos ambientes mais extremos conhecidos. Essa fonte termal está localizada na crista oceânica do Atlântico, a 3.100 metros de profundidade – sob uma tremenda pressão de água, e a uma temperatura de 360°C. As bactérias obtêm a sua energia a partir dos compostos de enxofre. *(Cortesia de New Zealand American Submarine Ring of Fire 2007 Exploration, NOAA Vents Program, the Institute of Geological & Nuclear Sciences and NOAA-OE.)*

essas substâncias até organismos quimiolitotróficos. Essas bactérias utilizam o $O_2$ e o $H_2S$ em suas reações energéticas para a sustentação da vida, fornecendo nutrientes a seu ecossistema. Consideradas a princípio como de origem muito antiga, sabe-se agora que elas estão mais estreitamente relacionadas com os **eucariontes** do que com Bacteria. Constatou-se que as arqueias diferem das eubactérias de maneiras distintas, inclusive a estrutura de seus envoltórios celulares e de sua RNA-polimerase. Esses organismos serão discutidos de modo mais detalhado posteriormente neste capítulo.

## Reino Protista

Embora o moderno grupo protista seja muito diversificado, ele contém menos tipos de organismos do que quando foi inicialmente definido por Haeckel. Todos os organismos agora classificados no reino **Protista** (Figura 10.8) são eucariontes. A maior parte é unicelular, mas alguns estão organizados em colônias. Os protistas possuem um núcleo verdadeiro envolvido por membrana e organelas dentro de seu citoplasma, à semelhança de outros eucariontes. Muitos protistas vivem na

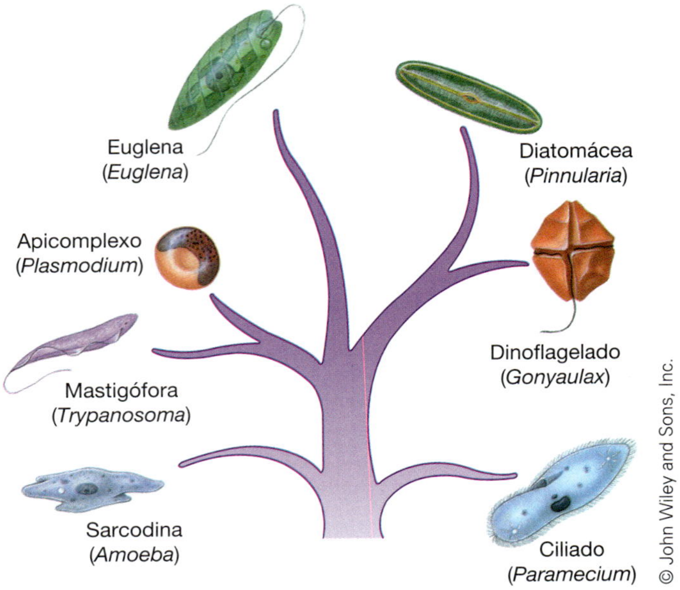


**Figura 10.8 Alguns protistas típicos.** Os protistas são organismos eucarióticos unicelulares.

água doce, alguns são encontrados na água salgada e poucos vivem no solo. São mais diferenciados por aquilo que não possuem ou não fazem do que por aquilo que eles têm ou fazem. Os protistas não se desenvolvem a partir de um embrião, como as plantas e os animais, tampouco se desenvolvem a partir de esporos característicos, conforme observado nos fungos. Contudo, entre os protistas estão incluídas as algas, que se assemelham às plantas; os protozoários, que se assemelham a animais; e os euglenoides, que exibem características tanto de vegetais quanto de animais. Os protistas de maior interesse para os cientistas da saúde são os protozoários que podem causar doença (ver Capítulo 12).

## Reino Fungi

O reino **Fungi** (Figura 10.9) inclui principalmente organismos multicelulares e alguns unicelulares. Os fungos obtêm nutrientes exclusivamente pela absorção de matéria orgânica proveniente de organismos mortos. Mesmo quando invadem tecidos vivos, os fungos normalmente matam as células e, em seguida, absorvem nutrientes delas. Embora os fungos tenham algumas características em comum com as plantas, suas estruturas são muito mais simples quanto à organização do que as folhas ou os caules verdadeiros. Os fungos formam esporos, mas não produzem sementes. Muitos fungos não representam nenhuma ameaça a outros seres vivos, mas alguns atacam plantas e animais e até mesmo seres humanos (ver Capítulo 12). Outros, como as leveduras e os cogumelos, são importantes como alimentos ou na produção de alimentos (ver Capítulo 27).

## Reino Plantae

A colocação da maior parte dos eucariontes microscópicos com os protistas deixa apenas as plantas verdes macroscópicas no reino **Plantae**. A maioria das plantas vive na terra e contém

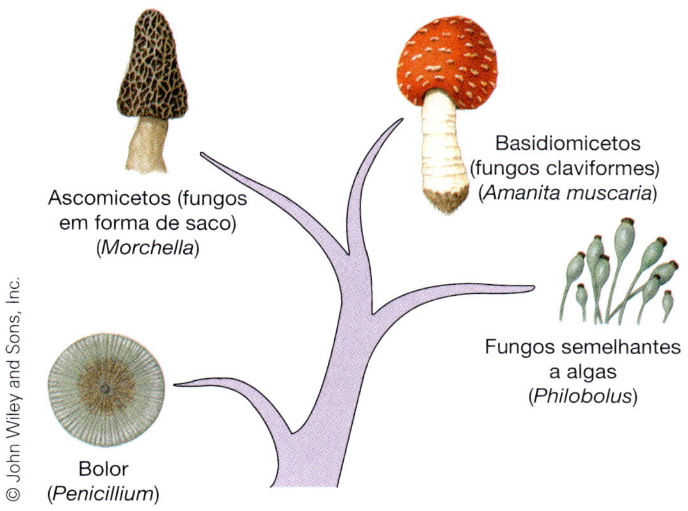


**Figura 10.9 Alguns fungos típicos.** Os fungos são organismos eucarióticos, que possuem paredes celulares e não realizam fotossíntese. Os fungos obtêm alimento de outras fontes orgânicas (*i. e.*, são quimioeterotróficos).

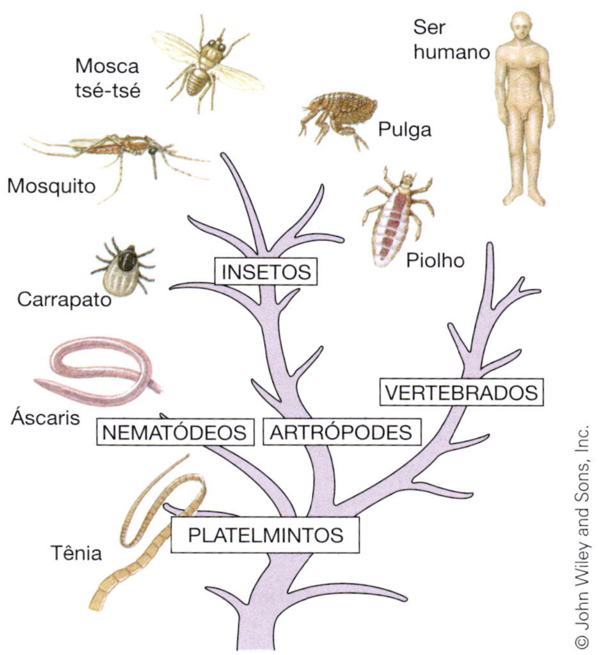


**Figura 10.10 Grupos do reino Animalia que são relevantes para a microbiologia.**

clorofila em organelas denominadas cloroplastos, que são utilizados no processo da fotossíntese. As plantas são de interesse para os microbiologistas pelo fato de que algumas contêm substâncias medicinais, como a quinina, que têm sido utilizadas no tratamento de infecções microbianas. Muitos microbiologistas têm grande interesse nas interações entre plantas e microrganismos, particularmente no que concerne a patógenos de plantas, que ameaçam os suprimentos alimentares.

## Reino Animalia

O reino **Animalia** inclui todos os animais derivados de zigotos (uma célula formada pela união de dois gametas, como um óvulo e um espermatozoide). Embora quase todos os membros desse reino sejam macroscópicos e, portanto, não tenham nenhum interesse para os microbiologistas, vários grupos de animais vivem na superfície ou no interior de outros organismos, e alguns servem de transportadores de microrganismos (Figura 10.10).

Alguns *helmintos* (vermes) são parasitas de seres humanos e de outros animais. Os helmintos incluem os trematódeos, as tênias e os nematódeos, que vivem dentro do corpo de seus hospedeiros. Incluem também as sanguessugas, que vivem na superfície de seus hospedeiros. Com frequência, os microbiologistas precisam identificar formas de helmintos tanto microscópicas quanto macroscópicas (ver Capítulo 12).

A helmintíase é a infecção parasitária humana mais disseminada. Atualmente, *Ascaris* infecta 1,4 bilhão de pessoas; *Trichuris*, 1,3 bilhão; e ancilóstomos, 2 bilhões.

Certos *artrópodes* vivem na superfície de seus hospedeiros, e alguns disseminam doenças. Carrapatos, ácaros, piolhos e pulgas são artrópodes que vivem na superfície de hospedeiros, pelo menos durante parte da vida. Carrapatos, piolhos, pulgas e mosquitos podem disseminar microrganismos infecciosos de seus corpos para os seres humanos ou outros animais (ver Capítulo 12).

### SAIBA MAIS

#### Ir aonde ninguém jamais esteve antes

Se você fosse um microrganismo, adoraria ser capaz de crescer em lugares onde os microrganismos competidores não conseguissem sobreviver. Foi isso que as arqueias fizeram. Na época de sua descoberta, em 1977, as arqueias já eram consideradas muito bizarras. Viviam em salmouras cinco vezes mais salgadas do que os oceanos, em ambientes geotérmicos que cozinhariam outros organismos até ficarem crocantes e em hábitats anaeróbicos onde nem mesmo um traço de oxigênio poderia ser encontrado. Agora, demonstraram ser ainda mais singulares. *Pyrolobus fumarii* detém o recorde atual de vida em altas temperaturas, crescendo em temperaturas tão altas quanto 113°C. As arqueias na Antártida crescem a –1,8°C. Foram também encontradas arqueias em arrozais, em solos terrestres, sedimentos de lagos de água doce e até mesmo subprodutos vinícolas.

## SISTEMA DE CLASSIFICAÇÃO EM TRÊS DOMÍNIOS

Os estudos dos organismos Archaea no final da década de 1970 por Carl Woese, G. E. Fox e outros sugeriram que esses seres vivos representavam um terceiro tipo de célula, e eles propuseram então outro esquema para a evolução dos seres vivos a partir de um ancestral universal comum (Figura 10.11). Formularam a hipótese de que um grupo de *urcariontes*, as

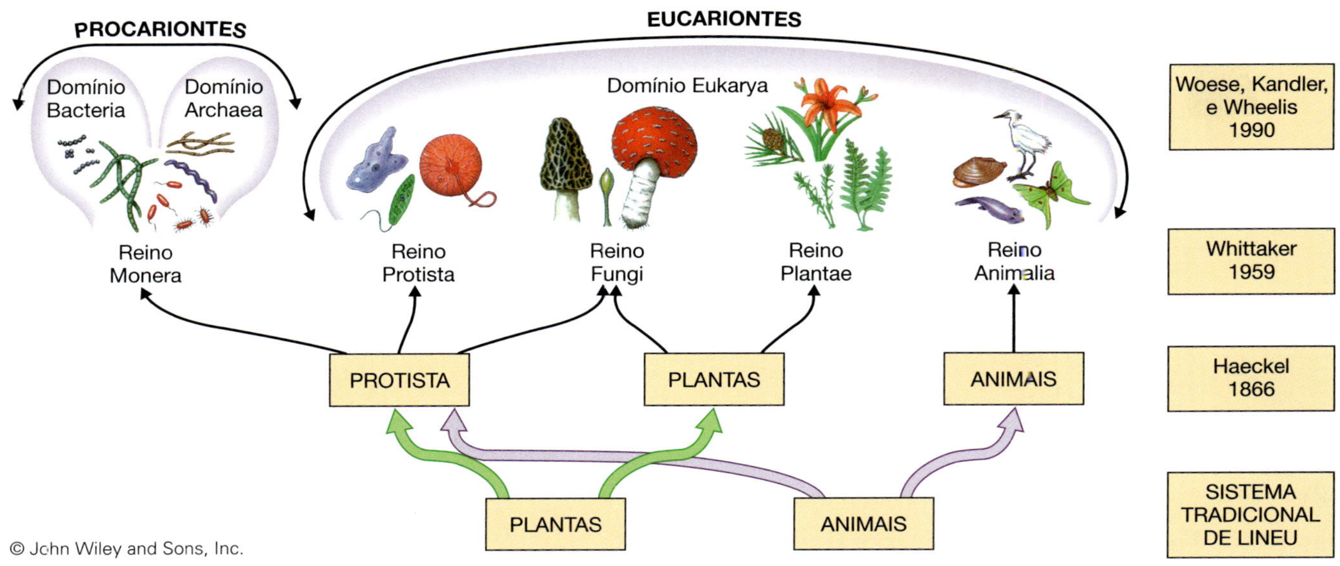


**Figura 10.11 Mudanças nos sistemas de classificação.** Os sistemas de classificação progrediram do modelo simples de Lineu de dois reinos até a organização atual em cinco reinos e três domínios.

células mais antigas ou originais, deram origem aos eucariontes diretamente, e não por meio dos **procariontes**. Propuseram também que os urcariontes nucleados transformaram-se em eucariontes verdadeiros pela aquisição de organelas por meio de endossimbiose de certas eubactérias (ver Capítulo 5).

## Evolução dos organismos procariontes

*Os estromatólitos fósseis são tão comuns na China que são utilizados como pisos e superfície para escorregas de playground de crianças.*

Aproximadamente na mesma época em que os organismos Archaea estavam sendo investigados pela primeira vez, estudos sobre os estromatólitos também estavam sendo conduzidos. Os **estromatólitos** são procariontes fotossintéticos fossilizados, que aparecem como massas de células ou tapetes microbianos. Os estromatólitos, que são comumente encontrados associados a lagoas ou fontes termais, ainda estão se formando hoje em alguns locais. Por serem procariontes fossilizados, os estromatólitos não fornecem qualquer evidência de relação filogenética ou evolutiva, mas podem ser utilizados para determinar o período durante o qual surgiram. Os estudos dos estromatólitos indicam que a vida surgiu há quase 4 bilhões de anos, e que uma "Era dos Microrganismos", durante a qual não havia organismos multicelulares vivos, estendeu-se por cerca de 3 bilhões de anos. Evidências combinadas de estudos de Archaea e dos estromatólitos mais antigos convenceram muitos cientistas sobre a formação de três ramos da árvore da vida durante a Era dos Microrganismos e sobre a hipótese de que cada ramo deu origem a grupos claramente diferentes de organismos. Esse sistema é agora denominado **sistema em três domínios**.

## Criação dos domínios

Em 1990, Woese sugeriu que uma nova categoria taxonômica, o **Domínio**, fosse criada acima do nível do Reino. Baseou essa sugestão em estudos comparativos dos procariontes e dos eucariontes em nível molecular e na sua provável relação evolutiva. Woese concluiu que os organismos Archaea podem estar mais estreitamente relacionados com os eucariontes do que com as eubactérias.

Em 1998, Woese discutiu teorias sobre como os três domínios podem ter surgido (Figura 10.12). O ponto de vista padrão é o de que um ancestral universal comum tenha se dividido inicialmente em **Bacteria** e **Archaea**, e, em seguida, **Eukarya** ramificou-se de Archaea. Um segundo ponto de vista sustenta que todos os três domínios surgiram simultaneamente de um grupo de ancestrais comuns, que eram todos capazes de trocar genes entre si – daí o código genético universal.

Um terceiro ponto de vista procura explicar como tantos genes estão presentes em Eukarya, porém ausentes em Archaea e Bacteria. Postulou-se a existência de um quarto domínio, que contribuísse com genes diretamente para Eukarya e, em seguida, fosse parcialmente extinto. Hoje, acreditamos que os vírus possam ser o quarto domínio, visto que os vírus gigantes (Figura 10.13) possuem genomas maiores que algumas bactérias e exibem padrões de enovelamento de proteína em suas enzimas que são encontrados na maioria dos organismos celulares. Os vírus originais eram maiores do que os vírus gigantes atuais, tendo perdido grande parte de seus genomas. Isso explica a sua adaptação a um estilo de vida parasitário. Acredita-se que os vírus tenham sido os primeiros a aparecer há muito tempo na evolução.

Os três domínios propostos por Woese são mostrados na Figura 10.14. O domínio Eukarya contém todos os reinos dos organismos eucariontes – os animais, as plantas, os fungos e os protistas. O reino tradicional Monera foi dividido em dois domínios: o domínio Bacteria e o domínio Archaea. A **Tabela 10.3** fornece uma comparação desses três domínios.

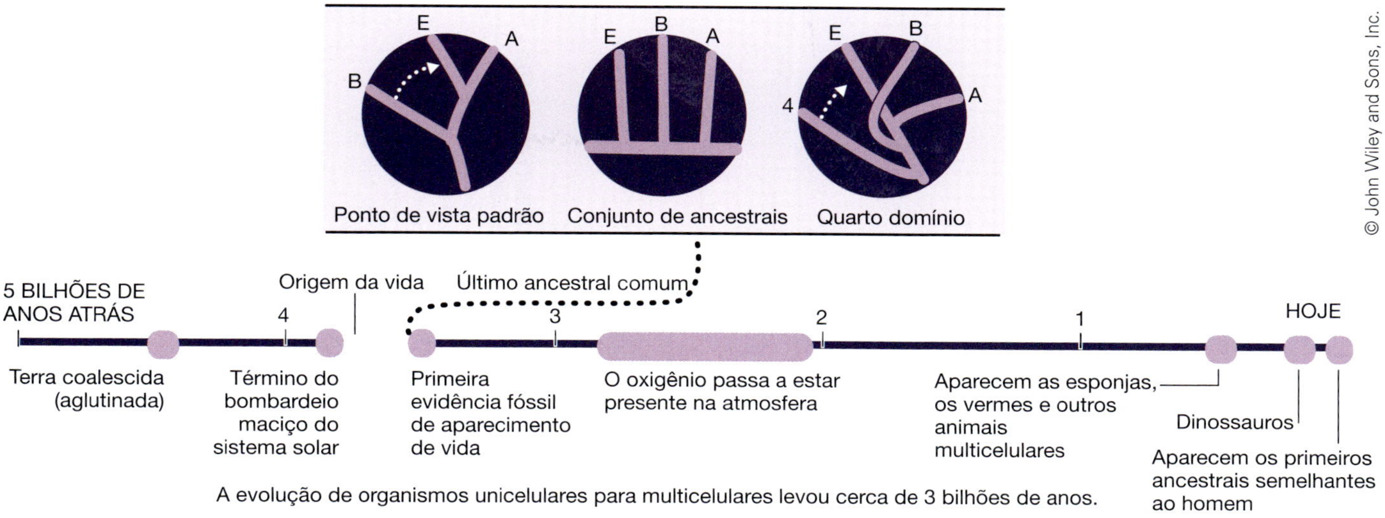




**Figura 10.12 Teorias sobre os três domínios.** O ponto de vista padrão é que o ancestral universal dividiu-se em Bacteria e Archaea, e que, em seguida, Eukarya ramificou-se de Archaea. Um ponto de vista emergente é que todos os três ramos evoluíram independentemente do mesmo conjunto de genes. Uma terceira visão é que houve um quarto ramo, possivelmente vírus, que forneceu genes a Eukarya. (*Fonte:* Adaptada de Dr. Carl Woese and Dr. Norman R. Pace, *New York Times*, April 14, 1998, p. C1.)

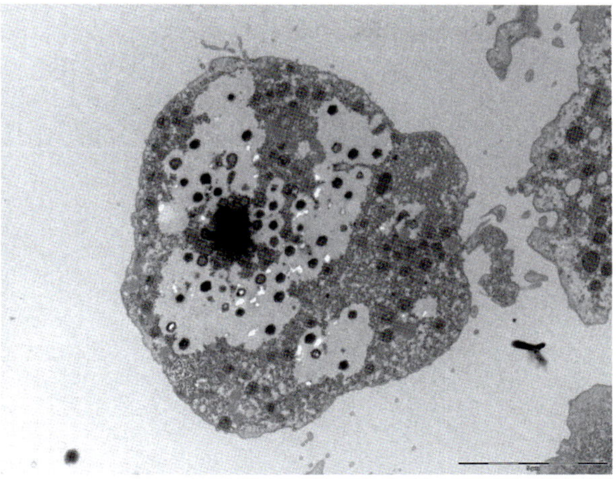

**Figura 10.13 Os vírus gigantes devem ser incluídos em reconstruções da árvore da vida, segundo relato dos pesquisadores em um novo estudo.** O *mimivírus*, que está infectando (*pequenos hexágonos pretos*) uma ameba, *é tão grande quanto algumas células bacterianas e compartilha algumas estruturas proteicas antigas com a maioria dos organismos. (Bernard LA-SCOLA.)*

## A árvore da vida é substituída por um arbusto

À medida que sequências completas de genomas estão se tornando disponíveis em números cada vez maiores, o conceito de um *ancestral universal comum* dando origem a uma árvore da vida linear e ramificada aparece agora como uma simplificação excessiva, ou simplesmente um erro! De acordo com o ponto de vista convencional (ver Figura 10.12), a linha comum ancestral dividiu-se inicialmente em duas linhas: Bacteria e Archaea. Em seguida, o ramo Eukarya surgiu de Archaea e, posteriormente, recebeu duas vezes genes de Bacteria: uma vez para os cloroplastos (e para fotossíntese) e outra vez para as mitocôndrias (e para a respiração). Desse modo, Archaea não deve ter nenhum gene das bactérias, e Eukarya só deve ter aqueles que lidam com a fotossíntese e a respiração. Entretanto – as coisas *não* são assim! *Thermotoga maritima*, a bactéria cuja sequência foi determinada por Karen Nelson, tem 24% de seu genoma constituído de genes Archaea, que a cientista acredita tenham sido adquiridos por transferência lateral de genes (ver Capítulo 9). *Archaeoglobus fulgidus*, um organismo Archaea, possui numerosos genes das bactérias, que o ajudam a utilizar óleos submarinos. E muitos organismos Eukarya possuem genes de bactérias que não têm nenhuma relação com a fotossíntese ou a respiração. Alguns organismos têm genes de todos os três domínios. *Galdieria sulphuraria*, uma alga vermelha unicelular, utiliza genes emprestados de Bacteria e Archaea para suportar as condições de extremo calor e acidez das fontes termais de enxofre onde vive. Possui também uma bomba de efluxo de arsênico bacteriana que nunca foi identificada antes nos eucariontes. Estima-se que 5% de seus genes tenham sido transferidos por transferência lateral de genes, provavelmente há várias centenas de milhões de anos.

W. Ford Doolittle, da Dalhousie University na Nova Escócia, no Canadá, criou um diagrama de "**arbusto da vida**" que representa de maneira mais adequada o nosso atual entendimento da evolução inicial da vida (Figura 10.15). Nele há muitas raízes, em vez de uma única linha ancestral, e os ramos se cruzam e se unem repetidamente. As fusões não representam junções de genomas inteiros, mas apenas transferências de um único gene ou de alguns genes (Figura 10.16).

Sabemos que a transferência lateral de genes, isto é, a troca de genes com organismos contemporâneos, ocorre hoje em dia. Trata-se do modo pelo qual os genes de resistência a antibacterianos, transportados por plasmídios, são disseminados entre várias bactérias, e os genes virais são adquiridos por eucariontes, particularmente as células tumorais, que são mais receptivas do que outras células. O que agora estamos apenas

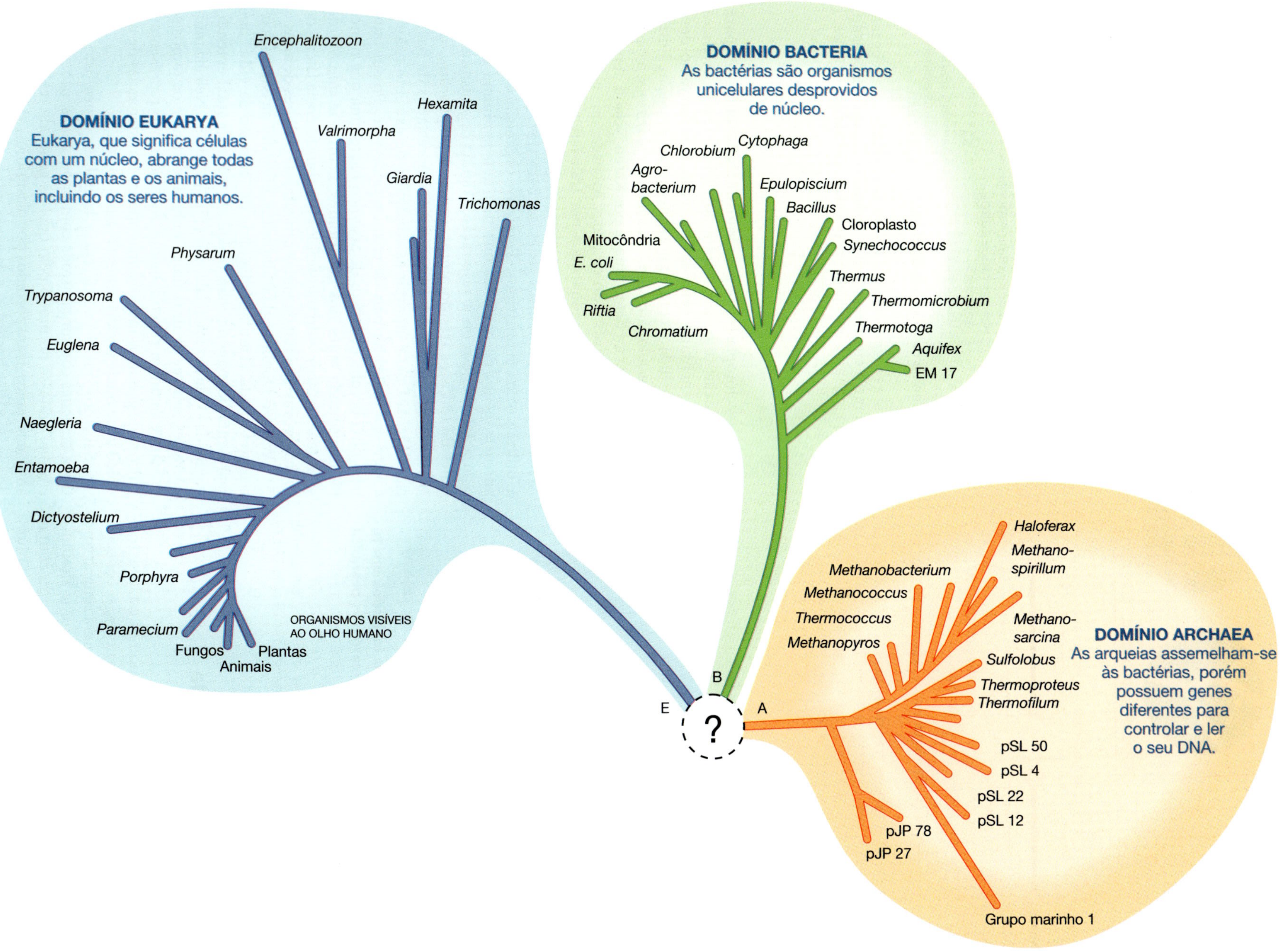




**Figura 10.14** **Sistema de classificação em três domínios.** São mostrados aqui membros selecionados dos três domínios. A extensão dos ramos indica o grau de diferenças genéticas de cada organismo, com base em semelhanças de seu RNA ribossômico. (*Fonte:* Adaptada de Dr. Carl Woese and Dr. Norman R. Pace, *New York Times*, April 14, 1998, p. C1.)

**Tabela 10.3** Comparação entre Bacteria, Archaea e Eukarya.

| | Bacteria | Archaea | Eukarya |
|---|---|---|---|
| Tipo de célula | Procariótica | Procariótica | Eucariótica |
| Tamanho típico | 0,5 a 4 μm | 0,5 a 4 μm | > 5 μm |
| Envoltório celular | Geralmente presente, contém peptidoglicano | Presente, desprovida de peptidoglicano | Ausente ou constituída de outros materiais |
| Lipídios nas membranas | Presença de ácidos graxos ligados por ligações éster | Presença de isoprenos, ligados por ligações éster | Presença de ácidos graxos ligados por ligações éster |
| Síntese de proteínas | Primeiro aminoácido = metionina; comprometida por antibióticos como o cloranfenicol | Primeiro aminoácido = formilmetionina; não comprometida por antibióticos como o cloranfenicol | Primeiro aminoácido = metionina; a maioria não é comprometida por antibióticos como cloranfenicol |
| Material genético | Cromossomo circular pequeno e plasmídios; ausência de histonas | Pequeno cromossomo circular e plasmídios, presença de proteínas semelhantes à histona | Núcleo complexo com mais de um cromossomo grande e linear, presença de histonas |
| RNA polimerase | Simples | Complexa | Complexa |
| Locomoção | Flagelos simples, deslizamento, vesículas de gás | Flagelos simples, vesículas de gás | Flagelos complexos, cílios, patas, nadadeiras, asas |
| Hábitat | Ampla variedade de ambientes | Em geral, apenas em ambientes extremos | Ampla variedade de ambientes |
| Organismos típicos | Bactérias entéricas, cianobactérias | Bactérias produtoras de metano, halobactérias, termófilos extremos | Algas, protozoários, fungos, plantas e animais |

começando a aprender é quão importante a transferência lateral de genes tem sido e continua sendo na evolução. Isso tudo parece confuso? Você foi conduzido por um caminho errado? Doolittle responde:

> Alguns biólogos consideram essas noções confusas e desanimadoras. É como se tivéssemos fracassado com a tarefa que nos deu Darwin: delinear a estrutura singular da árvore da vida. Contudo, na verdade, nossa ciência está trabalhando exatamente como deveria. Uma hipótese ou modelo (a árvore isolada) interessante sugeriu a realização de experimentos, neste caso, a obtenção de sequências de genes e a sua análise com os métodos de filogenia molecular. Os dados mostram que o modelo é muito simples. Agora, há necessidade de novas hipóteses, cujas formas finais ainda não podemos imaginar.
>
> W. Ford Doolittle, "Uprooting the Tree of Life," *Scientific American* (February 2000), p. 95.

## Archaea

Archaea exibe muitas diferenças de Bacteria. Uma das primeiras variações a ser notada foi a da estrutura do envoltório celular, e, desde então, foi observado um número significativo de variações (ver Tabela 10.3). Entretanto, nem todas as arqueias são iguais. Em geral, são reconhecidos três grandes grupos: os organismos metanogênicos, os halófilos extremos e os termófilos extremos. Esses grupos baseiam-se nas características fisiológicas dos organismos e, portanto, não podem ser considerados como classificações filogenéticas ou evolutivas. Os **metagênicos** são organismos estritamente anaeróbicos, isolados de ambientes anaeróbicos muito divergentes, como solos alagados, sedimentos de lagos, pântanos, sedimentos marinhos e sistema digestório de animais, incluindo seres humanos. Como membros da cadeia alimentar anaeróbica, esses organismos degradam moléculas orgânicas a metano. Os **halófilos extremos** crescem em ambientes altamente salinos, como o Grande Lago Salgado, o mar Morto, lagos com evaporação de sal e superfície de alimentos conservados com sal. Diferentemente dos organismos metagênicos, os halófilos extremos são, em geral, aeróbios obrigatórios. Os **termoacidófilos extremos** ocupam nichos únicos, onde as bactérias são muito raramente encontradas, como fontes termais, sedimentos marinhos geotermicamente aquecidos e fontes hidrotermais submarinas. Com temperaturas ideais que habitualmente ultrapassam 80°C, esses organismos podem ser aeróbios obrigatórios, aeróbios facultativos ou anaeróbios obrigatórios. As enzimas termoestáveis, conhecidas como *extremozimas* encontradas nesses organismos adquiriram interesse especial para os cientistas.

## CLASSIFICAÇÃO DOS VÍRUS

Os **vírus** são agentes infecciosos acelulares menores do que as células. Contêm ácido nucleico (DNA ou RNA) e são recobertos de proteína. Os vírus não foram classificados em nenhum reino. De fato, eles apresentam somente algumas características associadas aos organismos vivos.

Inicialmente, os vírus foram classificados de acordo com os hospedeiros invadidos e pelas doenças que causavam. À medida

*Quem é responsável pela denominação dos vírus? Essa função é desempenhada por mais de 400 virologistas participantes do International Committee on Taxonomy of Viruses (ICTV).*

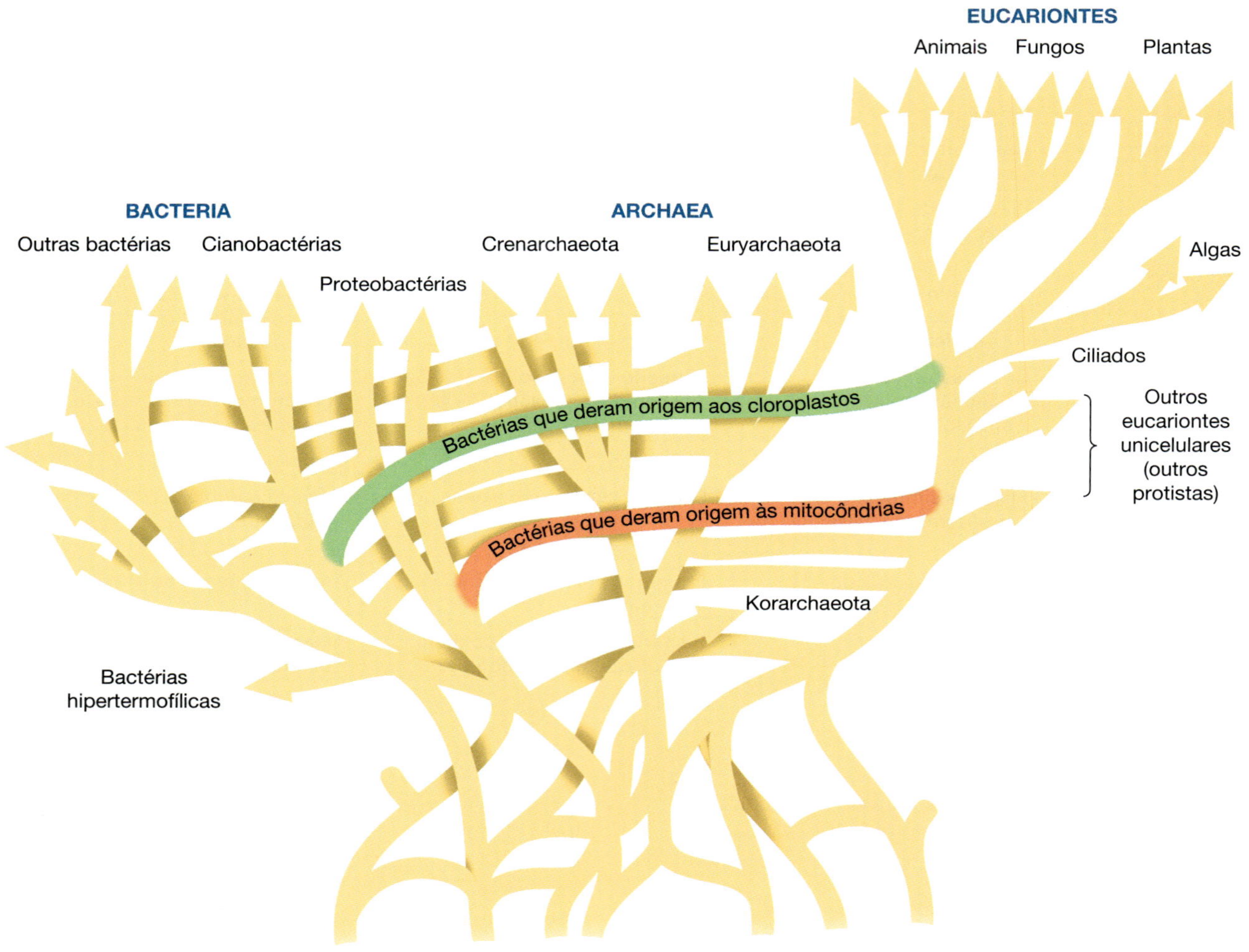




**Figura 10.15 O arbusto da vida.** Apesar de ainda se assemelhar a uma árvore no topo, a base não provém de um tronco que se origina de um único ancestral comum. A vida provavelmente surgiu de uma grande população de muitas células primitivas diferentes, que finalmente trocaram e compartilharam seus genes por transferência lateral de genes. Essas ligações são mostradas por ramificações cruzadas de localização um tanto aleatória, visto que a sequência específica da maioria das transferências não é conhecida. Entretanto, mostra que os eucariontes obtiveram das bactérias os cloroplastos e as mitocôndrias.

**Figura 10.16 Transferência lateral de genes.** As linhas coloridas, que surgem de uma variedade de diferentes células ancestrais, indicam a transferência lateral de genes de um tipo de célula para outro. À medida que genes de fontes diversas são combinados, dão origem a novos tipos de linhagens celulares, que têm múltiplas origens ancestrais.

## APLICAÇÃO NA PRÁTICA

### Usos das extremozimas

Várias arqueias têm a capacidade de sobreviver em condições ambientais altamente adversas. Desde águas geladas até fontes termais no fundo do mar, desde salmoura concentrada até fontes termais de enxofre. As condições presentes nesses ambientes inativariam ou causariam a desnaturação da maioria das enzimas. Para que esses organismos não apenas sobrevivam, mas também possam proliferar nessas condições, eles precisam apresentar adaptações especiais – isto é, enzimas resistentes. As enzimas que podem sobreviver e funcionar nessas condições adversas são denominadas extremozimas.

(Miroslav Boskov/iStockphoto)

Durante muitos anos, as enzimas microbianas comuns foram utilizadas em processos de fabricação, como a produção de adoçantes artificiais e de *jeans* "desbotados" (*stonewashed*), bem como na PCR e *fingerprinting* do DNA. Um grande problema tem sido manter condições ambientais apropriadas para a ação ou o armazenamento de enzimas microbianas. O uso de extremozimas eliminaria esse problema. Na PCR (ver Capítulo 8), as reações precisam ser submetidas a ciclos de baixas e altas temperaturas. A temperatura elevada inativa as DNA polimerases comuns, que então precisam ser novamente acrescentadas à medida que a temperatura diminui. A *Taq* DNA polimerase isolada do termófilo *Thermus aquaticus*, sobrevive ao ciclo de alta temperatura e permitiu o desenvolvimento de uma tecnologia do PCR totalmente automatizada. Uma DNA polimerase ainda mais resistente ao calor, *Pfu*, foi isolada do hipertermófilo *Pyrococcus furiosus* ("bola de fogo flamejante"). Essa enzima atua melhor a 100°C.

As proteases e as lipases derivadas de bactérias alcalinofílicas estão sendo utilizadas como aditivos de detergentes para aumentar a sua capacidade de remover manchas. Essas enzimas também estão sendo usadas para produzir a aparência desbotada do brim. À medida que mais arqueobactérias e suas extremozimas estão sendo descobertas, novas aplicações industriais certamente serão desenvolvidas.

que se adquiriu mais conhecimento sobre os vírus, o conceito inicial de "um vírus, uma doença" utilizado na classificação tornou-se inválido para muitos vírus. Hoje em dia, os vírus são classificados pelas características químicas e físicas, como o tipo e a disposição de seus ácidos nucleicos, a forma (cúbica ou tubular), a simetria do revestimento de proteína que envolve o ácido nucleico e a presença ou ausência de estruturas como envoltório de membrana (denominado envelope), enzimas, estruturas da cauda ou lipídios (Figura 10.17). Esses grupamentos refletem apenas características comuns, e não se pretende com eles representar relações evolutivas.

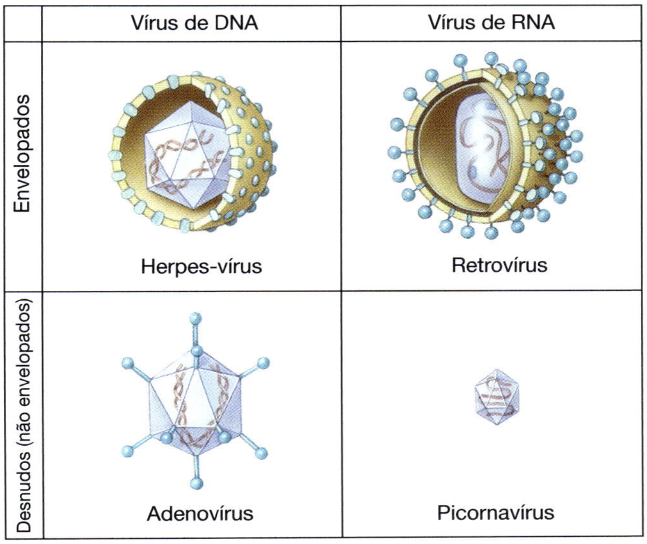


© John Wiley and Sons, Inc.

**Figura 10.17 Algumas categorias de vírus.**

O estudo dos vírus, ou *virologia*, é extremamente importante em qualquer curso de microbiologia por duas razões: (1) a virologia é um ramo reconhecido da microbiologia, e as técnicas para o estudo dos vírus provêm de técnicas microbiológicas; e (2) os vírus são de interesse para os cientistas da saúde, visto que muitos deles causam doenças em seres humanos, outros animais, plantas e, até mesmo, em microrganismos.

## SAIBA MAIS

### Viroides e príons

A ciência muda. Durante muito tempo, todos pensavam que os vírus fossem os menores agentes infecciosos. Entretanto, partículas ainda menores do que os vírus foram descobertas recentemente, e algumas parecem atuar como agentes infecciosos. Incluem os viroides e os príons. Um viroide é simplesmente um fragmento de RNA. O viroide que causa a doença do tubérculo afilado da batata contém apenas 359 bases – uma informação suficiente para especificar a localização de apenas 119 aminoácidos se todas as bases funcionarem como códons. Isso representa um décimo da quantidade de ácido nucleico encontrada nos menores vírus! Os príons, ou *partículas proteináceas infecciosas*, têm apenas um décimo do tamanho de um vírus e consistem em uma molécula de proteína que apresenta enovelamento incorreto em consequência de mutação. Essas partículas, que são autorreplicadoras, são responsáveis por algumas infecções cerebrais misteriosas em seres humanos, bem como pela doença da vaca louca no gado.

**PARE e RESPONDA**

1. Qual é a diferença entre táxon e taxonomia?
2. Qual é a diferença entre espécie e epíteto específico?
3. O que significa um sistema de taxonomia filogenético? Por que esse sistema muda com frequência?
4. Qual é a diferença entre reino e domínio? Cite os cinco reinos, os três domínios e os tipos de organismos contidos em cada um deles.
5. Onde os vírus, viroides e príons se encaixam na taxonomia atual?

## PESQUISA DAS RELAÇÕES EVOLUTIVAS

Muitos biólogos estão interessados no modo pelo qual os seres vivos evoluíram e como eles estão relacionados entre si. De fato, a maioria das pessoas tem alguma curiosidade sobre como a vida se originou e deu origem à grande diversidade de seres vivos que temos hoje. Embora os detalhes da pesquisa das relações evolutivas sejam de interesse principalmente dos taxonomistas, eles possuem alguma importância para os cientistas da saúde. Por exemplo, muitas das propriedades bioquímicas utilizadas para estabelecer as relações evolutivas também podem ser usadas na identificação de microrganismos. Quer se trate de uma associação simbiótica (p. ex., entre bactérias fixadoras de nitrogênio e leguminosas) ou de uma relação entre um agente infeccioso e o seu hospedeiro, as relações evolutivas geralmente progridem juntas. O conhecimento dessa evolução é útil para compreender as circunstâncias nas quais um organismo torna-se capaz de infectar outro, resultando, algumas vezes, em uma relação simbiótica e, outras vezes, em um processo mórbido.

A comprovação de que não é mais verdade a ideia, sustentada há muito tempo, de que todas as bactérias possuem um único cromossomo circular (**Tabela 10.4**) levantou muitas questões. Por exemplo, como múltiplos cromossomos, alguns dos quais são lineares, passaram a existir? E, na ausência de mitose, como fica assegurado que cada célula-filha receberá o número e os tipos corretos de cromossomos?

Em primeiro lugar, vamos lembrar a definição de cromossomo. Os plasmídios contêm genes que são necessários apenas em certas ocasiões, mas que não são essenciais para a sobrevivência. Se um grande plasmídio (*megaplasmídio*) adquirir um conjunto de genes de "manutenção" que são necessários para a vida diária, ele passa então para a categoria de cromossomo. De maneira bastante confusa, os genes e os plasmídios podem ser adquiridos verticalmente ou por transferência horizontal. Além disso, os transpósons podem transferir genes de cromossomos para plasmídios. Ou um cromossomo pode sofrer ruptura, liberando uma porção de seu genoma capaz de autorreplicação no citoplasma. Estas são as maneiras pelas quais um ancestral com um único cromossomo pode adquirir um segundo cromossomo.

Por outro lado, os estudos genômicos de bactérias estreitamente relacionadas sugerem que, em alguns casos, o organismo ancestral tinha dois cromossomos que finalmente se fundiram em um cromossomo. De fato, algumas unidades aceitas sem questionamento como plasmídios, em virtude de seu pequeno tamanho, podem na realidade conter genes essenciais, podendo ser pequenos cromossomos. Alguns genomas de espécies sem plasmídios revelam sequências de genes de virulência de tipo plasmídio localizadas em seu único cromossomo, que mais provavelmente se originaram de fusão horizontal.

Dentro de cepas separadas (biovares) de uma única espécie, como *Brucella suis*, o genoma pode existir na forma de um ou dois cromossomos, sem conferir qualquer vantagem óbvia para o biovar. Isso significa que a presença de um *versus*

**Tabela 10.4** Algumas bactérias com dois cromossomos.

| Organismo | Tamanho do cromossomo principal em quilobases (kb) (1 kb = 1.000 bases) | Tamanho do cromossomo menor em kb (1 kb = 1.000 bases) |
|---|---|---|
| *Agrobacterium rhizogenes* | 4.000 | 2.700 |
| *Agrobacterium tumefaciens* | 3.000 | 2.100 (linear) |
| *Rhizobium galegae* | 5.850 | 1.200 |
| *Rhizobium loti* | 5.500 | 1.200 |
| *Sinorhizobium meliloti* | 3.400 | 1.700 |
| *Brucella suis* (biovar 3) | 3.100 | Nenhum |
| *Brucella suis* (biovar 2 e 4) | 1.850 | 1.350 |
| *Brucella ovis* | 2.100 | 1.150 |
| *Brucella melitensis* | 2.100 | 1.150 |
| *Brucella abortus* | 2.100 | 1.150 |
| *Ochrobactrum intermedium* | 2.700 | 1.900 |
| *Rhodobacter sphaeroides* | 3.046 | 914 |
| *Deinococcus radiodurans* | 2.649 | 412 |

dois cromossomos não tem nenhum impacto evolutivo, pelo menos nessa espécie. Entretanto, quando genes duplicados são encontrados em ambos os cromossomos dentro de uma célula, eles podem ter produtos ligeiramente diferentes (devido a mutações), que são regulados diferentemente. Isso pode representar uma vantagem. Entretanto, como podemos denominar essas células? Elas não são haploides nem monoploides, mas também não são totalmente diploides, visto que apenas alguns genes estão duplicados. Foi sugerido o termo *mesoploide*.

Neste exato momento, há mais perguntas do que respostas. A distribuição correta de múltiplos cromossomos ainda não foi elucidada. Alguns pesquisadores acreditam que ela seja auxiliada por um processo semelhante à mitose, que ainda não está bem definido, mas que depende de supostos microfilamentos presentes no citoplasma. Entretanto, sabemos que as células que não recebem ambos os tipos de cromossomos continuam vivas por um tempo, porém acabam morrendo. Talvez não exista nenhum "sistema" para assegurar uma distribuição correta, e as células que não têm sorte simplesmente morrem.

Uma visão extrema de toda essa troca de genes e reorganização de genomas é a que considera todo o universo bacteriano como um único superorganismo gigantesco que possui uma estrutura semelhante a uma rede. Um reservatório de informação genética é acessível a todas as células bacterianas por meio de trânsito vertical e horizontal e encontra-se em contínuo movimento de uma parte do superorganismo a outra. De fato, durante um longo tempo, os cientistas acreditaram que a recombinação genética entre bactérias era extremamente rara, e que a mutação representava a principal força propulsora da evolução. Entretanto, precisamos agora repensar essa noção tendo em vista a frequência muito maior da transferência horizontal de genes.

Os genes eucarióticos entram nesse reservatório principalmente por endossimbiose intracelular. Os genes bacterianos são transferidos horizontalmente nos cromossomos da célula hospedeira, os quais, por sua vez, doam parte de seus genes à bactéria. Por fim, alguns genes essenciais de cada um misturam-se no genoma do outro, e ambos são então incapazes de existência independente. Sua simbiose tornou-se obrigatória. Algumas vezes, bactérias patogênicas utilizam seus *pili* para inserir sequências de genes de virulência nas células eucarióticas. Partes dessas sequências de virulência de origem bacteriana não são encontradas integradas nos cromossomos eucarióticos. Assim, talvez não devêssemos pensar apenas em todas as bactérias, porém em toda vida como um gigantesco superorganismo, transferindo material genético entre suas partes por meio de uma estrutura em rede, em vez de ser limitado a uma descendência clonal vertical.

## Métodos especiais necessários para os procariontes

A taxonomia da maioria dos eucariontes baseia-se na morfologia (características estruturais) dos organismos vivos, nos aspectos genéticos e no conhecimento de suas relações evolutivas a partir do registro de fósseis. Entretanto, a morfologia e o registro de fósseis fornecem poucas informações sobre os procariontes. Em primeiro lugar, os procariontes deixaram poucos registros fósseis. Conforme assinalado anteriormente, os estromatólitos, que são tapetes fossilizados de procariontes, têm sido encontrados principalmente em locais onde o ambiente, há milhões de anos, permitiu a deposição de camadas densas de bactérias (**Figura 10.18A** e **B**).

Os estromatólitos forneceram grande parte de nosso conhecimento sobre a origem dos organismos Archaea. Infelizmente, a maioria das bactérias não forma esses tipos de tapetes, de modo que a maioria dos ancestrais procariontes desapareceu sem deixar rastro.

Foram descobertas algumas rochas contendo fósseis de células individuais de cianobactérias (**Figura 10.18C**), mas

A B C

**Figura 10.18 Estromatólitos.** **A.** Tapetes de cianobactérias crescendo como estromatólitos na água rasa do mar da Austrália ocidental. Essas formações têm de 1.000 a 2.000 anos. *(Francois Gohier/Science Source.)* **B.** Corte transversal através de estromatólitos fósseis da Bolívia, mostrando as camadas horizontais de crescimento bacteriano. *(Dirk Wiersma/Science Source.)* **C.** Cianobactérias filamentosas (*Paleolyngbya*) da Formação Lakhanda, no leste da Sibéria. Esses microfósseis datam do período Pré-Cambriano e têm aproximadamente 950 milhões de anos. *(Cortesia de J. William Schopf, UCLA.)*

SAIBA MAIS

### Vida ainda mais primitiva do que a que conhecemos

(James L. Amos/Corbis/Getty Images)

Um recente afloramento de rochas antigas que foi exposto pela neve derretendo em Isua, Groenlândia, revelou estromatólitos de *3,7 bilhões de anos*, ou seja, 220 bilhões de anos mais antigos do que quaisquer outros estromatólitos anteriormente conhecidos. O que isso significa? A Terra primitiva foi o berço da vida há muito mais tempo do que imaginávamos. Os estromatólitos são ecossistemas complexos, de modo que havia vida em abundância quando nosso planeta era semelhante a Marte. A procura de vida em outros planetas do nosso universo pode ser feita com a pesquisa dos estromatólitos.

não revelaram muitas informações sobre os organismos. Além disso, os procariontes têm poucas características estruturais, e essas características estão sujeitas a rápida mudança quando o ambiente muda. Os grandes organismos tendem a necessitar de um período bastante longo para se reproduzir, porém os procariontes se reproduzem rapidamente. Pressupondo o mesmo número de mutações por geração, os organismos que se reproduzem mais rapidamente acumulam um número maior de mutações ao longo de determinado período. Em virtude dessa rápida taxa de alteração mutacional, é muito mais difícil mostrar a relação entre as formas fossilizadas dos procariontes e os organismos atuais.

Como a morfologia e a evolução são pouco utilizadas na classificação dos procariontes, as reações metabólicas, as relações genéticas e outras propriedades especializadas têm sido usadas em seu lugar. Os cientistas da saúde recorrem a essas propriedades para identificar os procariontes infecciosos no laboratório, mas essa identificação não reflete necessariamente as relações evolutivas entre os organismos.

### Sequenciamento do DNA e do RNA

O equipamento automatizado para identificar as sequências de bases no DNA ou no RNA está atualmente disponível a um custo razoável (Figura 10.19). Desse modo, é mais fácil do que antes pesquisar em uma cultura as sequências de bases que são específicas de determinadas espécies. Utilizando a técnica da PCR e um sintetizador de DNA, é possível produzir um grande número de **sondas**, isto é, fragmentos de DNA de fita simples que possuem sequências complementares àquelas que estão sendo investigadas (ver Capítulo 8). Um corante fluorescente ou um marcador radioativo (uma molécula indicadora) podem ser ligados à sonda. Quando a sonda encontra o seu DNA-alvo, ela se liga de modo complementar e não é retirada quando lavada. A amostra é então examinada quanto à presença do corante fluorescente ou de radioatividade. A presença ou ausência da sequência específica do DNA ajuda na identificação da amostra.

**Figura 10.19 Sequenciador de DNA.** Sistemas automatizados podem identificar a sequência de bases de nucleotídios em um segmento de DNA. *(age fotostock/Alamy Stock Photo.)*

## Outras técnicas

Outras técnicas para estudar a relação evolutiva incluem a determinação das reações imunológicas e a fagotipagem.

### Reações imunológicas

As reações imunológicas também são utilizadas para identificar e estudar estruturas de superfície e a composição dos microrganismos, conforme explicado no Capítulo 18. Como veremos adiante, uma técnica altamente específica e sensível envolve proteínas denominadas *anticorpos monoclonais*. Os anticorpos monoclonais podem ser criados de modo que possam se ligar a uma proteína específica, em geral uma proteína encontrada em uma superfície celular. Se os anticorpos se ligarem às superfícies de mais de um tipo de organismo, significa que eles têm essa proteína em comum. Essa técnica promete ser particularmente útil na identificação das propriedades bioquímicas específicas dos microrganismos. Por sua vez, a identificação dessas propriedades será de grande utilidade na determinação das relações taxonômicas.

### Fagotipagem

A **fagotipagem** envolve o uso de bacteriófagos, isto é, vírus que atacam as bactérias, para determinar semelhanças entre diferentes bactérias. Uma placa de ágar separada é inoculada para cada bactéria que está sendo estudada. Utiliza-se um *swab* de algodão ou uma alça de vidro para espalhar o inóculo sobre a superfície de ágar. Após incubação, uma *camada* ou lâmina contínua de crescimento bacteriano *confluente* será produzida. Por ocasião do espalhamento na placa, o lado inferior da placa é marcado com quadrados numerados, de modo que as gotas de fagos conhecidos possam ser aplicadas em zonas específicas da placa e posteriormente

Existem 10 vezes mais tipos de fagos do que tipos de bactérias.

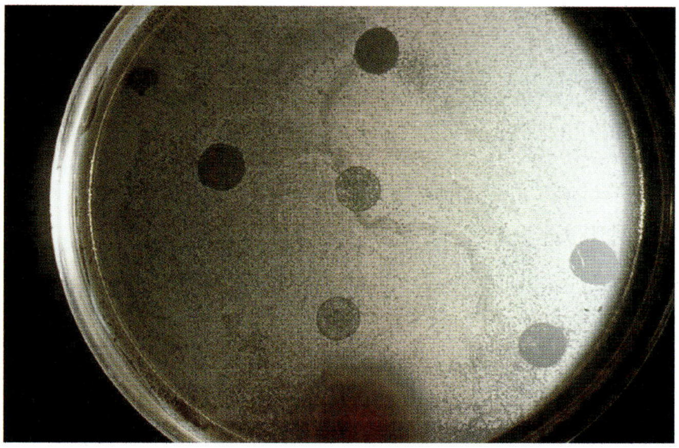

**Figura 10.20 Fagotipagem.** Os sítios receptores para bacteriófagos são altamente específicos; determinadas cepas de uma espécie de bactéria são atacadas apenas por tipos específicos de fagos. As zonas claras (placas) aparecem quando os fagos matam as células bacterianas. Com base nos fagos que atacaram uma cultura bacteriana, é possível determinar que cepa da espécie bacteriana está presente. *(Cortesia do Dr. Edward J. Bottone, Mount Sinai School of Medicine.)*

identificadas. Depois de um período de incubação apropriado, à medida que a camada cresce, aparecem zonas de lise (*placas*) na camada bacteriana (Figura 10.20). Como os sítios receptores para bacteriófagos são altamente específicos, determinadas cepas de uma espécie de bactérias são atacadas apenas por tipos específicos de fagos. Observando quais os fagos que produzem orifícios na camada, os pesquisadores podem identificar a cepa. Acredita-se que as cepas lisadas pelos mesmos fagos sejam mais estreitamente relacionadas do que as cepas que exibem padrões diferentes de lise pelos fagos.

## Importância dos achados

A principal importância dos métodos de determinação das relações evolutivas é a possibilidade de utilizá-los para agrupar organismos estreitamente relacionados e separá-los dos organismos menos relacionados. Quando são identificados grupos de organismos estreitamente relacionados, presume-se que eles provavelmente tiveram um ancestral comum, e que as pequenas diferenças observadas entre eles surgiram por *evolução divergente*. Ocorre **evolução divergente** à medida que certos subgrupos de uma espécie com ancestrais comuns sofrem mutações suficientes para serem identificados como uma espécie separada.

Dentro de Bacteria, uma divergência inicial deu origem a dois subgrupos importantes: as bactérias gram-positivas e as bactérias gram-negativas. Uma divergência subsequente dentro de cada grupo deu origem a muitas espécies modernas de bactérias. Entre as bactérias gram-negativas, as bactérias púrpura não sulfurosas deram origem às bactérias modernas que residem no sistema digestório de animais.

**PARE e RESPONDA**

1. O que são estromatólitos? O que eles podem nos dizer sobre a evolução dos procariontes?

# TAXONOMIA E NOMENCLATURA DAS BACTÉRIAS

## Critérios para classificação das bactérias

Os organismos macroscópicos podem ser, em sua maioria, classificados preliminarmente de acordo com suas características estruturais observáveis. Entretanto, é mais difícil classificar os organismos microscópicos, particularmente as bactérias, visto que muitas delas possuem estruturas semelhantes. Separar as bactérias de acordo com a forma, o tamanho e o arranjo da célula não produz um sistema de classificação muito útil. Tampouco a presença de estruturas específicas, como flagelos, endósporos ou cápsulas, possibilitam a identificação de espécies particulares. Desse modo, é necessário utilizar outros critérios. Além da morfologia, as reações de coloração, particularmente o método de Gram, estiveram entre as primeiras propriedades a serem usadas para a classificação das bactérias. Outras propriedades agora utilizadas incluem características relacionadas com o crescimento, necessidades nutricionais, fisiologia, bioquímica, genética e análise molecular. Essas características incluem propriedades do DNA e proteínas. A **Tabela 10.5** fornece um resumo dos critérios importantes utilizados na classificação das bactérias, enquanto a **Tabela 10.6** descreve os testes bioquímicos usados na sua classificação e identificação.

Por meio de vários critérios de classificação, podemos identificar um organismo como pertencente a determinado gênero e espécie. No caso das bactérias, uma espécie é considerada como um conjunto de cepas que compartilham muitas características em comum e que diferem significativamente de outras cepas. Uma *cepa* bacteriana consiste nos descendentes de um único organismo isolado em cultura pura. Os bacteriologistas designam uma cepa de uma espécie como **cepa-tipo**. Em geral, trata-se da primeira cepa descrita. É a portadora do nome da espécie e é preservada em uma ou mais coleções de culturas-tipo. A American Type Culture Collection (ATCC), uma organização científica sem fins lucrativos fundada em 1925, coleta, preserva e distribui culturas-tipo autenticadas de microrganismos (ver a abertura deste capítulo). Muitas pesquisas importantes relacionadas com a classificação, identificação e usos industriais dos microrganismos seriam muito difíceis sem os serviços da ATCC.

No caso de muitas cepas de bactérias, cientistas são capazes de determinar se são membros de uma espécie particular. Entretanto, para outras cepas, é preciso efetuar avaliações difíceis para decidir se a cepa pertence a uma espécie existente ou se difere o suficiente para ser definida como espécie separada. Nesses últimos anos, as semelhanças observadas no DNA e nas proteínas entre os microrganismos demonstraram ser um meio seguro de relacionar uma cepa com uma espécie existente ou de estabelecer a base para uma nova espécie.

> Menos de 0,5% dos 2 a 3 bilhões estimados de espécies microbianas foram identificados, quanto mais classificados corretamente!

Curiosamente, a classificação de gêneros de bactérias em níveis taxonômicos superiores – famílias, ordens, classes e divisões (ou filos) – pode ser ainda mais difícil do que a organização de espécies e cepas *dentro* dos gêneros. Muitos

**Tabela 10.5** Critérios para classificação das bactérias.

| Critérios | Exemplos | Usos |
|---|---|---|
| Morfologia | Tamanho e forma das células; arranjos em pares, grupos ou filamentos; presença de flagelos, *pili*, endósporos, cápsulas | Distinção primária de gêneros e, algumas vezes, de espécies |
| Coloração | Gram-positivas, gram-negativas, álcool-acidorresistentes | Separa as eubactérias em divisões |
| Crescimento | Características em culturas líquidas e sólidas, morfologia das colônias, desenvolvimento de pigmento | Diferencia espécies e gêneros |
| Nutrição | Autotrófica, heterotrófica, fermentativa com diferentes produtos; fontes de energia, fontes de carbono, fontes de nitrogênio, necessidades de nutrientes especiais | Diferencia espécies, gêneros e grupos superiores |
| Fisiologia | Temperatura (ótima e na faixa); pH (ótimo e na faixa), necessidades de oxigênio, necessidade de sal, tolerância osmótica, sensibilidade e resistência aos antibacterianos | Diferencia espécies, gêneros e grupos superiores |
| Bioquímica | Natureza dos componentes celulares, como envoltório celular, moléculas de RNA, ribossomos, inclusões de armazenamento, pigmentos, antígenos; testes bioquímicos | Diferencia espécies, gêneros e grupos superiores |
| Genética | Porcentagem de bases do DNA (relação G + C); hibridização do DNA | Determina a relação dentro dos gêneros e das famílias |
| Sorologia | Aglutinação em lâmina, anticorpos marcados com fluorescência | Diferencia cepas e algumas espécies |
| Fagotipagem | Suscetibilidade a um grupo de bacteriófagos | Identificação e diferenciação das cepas |
| Sequência de bases no rRNA | Sequenciamento do rRNA | Determinação da relação entre todos os seres vivos |
| Perfis de proteína | Separação de proteínas por PAGE (eletroforese) bidimensional | Diferenciação das cepas |

**Tabela 10.6** Testes bioquímicos específicos algumas vezes utilizados na identificação e na classificação das bactérias.

| Teste bioquímico | Natureza do teste |
|---|---|
| Fermentação do açúcar | O organismo é inoculado em meio contendo um açúcar específico; observa-se a ocorrência de crescimento e os produtos finais da fermentação, incluindo gases. A fermentação anaeróbica pode ser detectada pela inoculação dos organismos por meio de cultura com semeadura "em picada" em meio sólido. |
| Liquefação da gelatina | O organismo é inoculado (por picada) em um meio sólido contendo gelatina; a liquefação à temperatura ambiente ou a incapacidade de nova solidificação na temperatura do refrigerador indicam a presença de enzimas proteolíticas (que digerem proteínas). |
| Hidrólise do amido | O organismo é inoculado em meio de ágar contendo amido; após cobrir-se a placa com iodo da coloração de Gram, as áreas claras em torno das colônias indicam a presença de enzimas que digerem o amido. |
| Leite de tornassol | O organismo é inoculado em meio de leite de tornassol (10% de leite desnatado em pó mais indicador tornassol); a ocorrência de mudanças características, como alteração do pH para ácido ou alcalino, desnaturação da proteína caseína (coagulação) e produção de gás pode ser utilizada para ajudar a identificar organismos específicos. |
| Catalase | Aplica-se peróxido de hidrogênio ($H_2O_2$) sobre o crescimento intenso de um organismo em ágar inclinado; a liberação de bolhas de gás $O_2$ indica a presença de catalase, que oxida o $H_2O_2$ em $H_2O$ e $O_2$. |
| Oxidase | Duas ou três gotas (ou um disco) de um reagente de teste de oxidase são acrescentadas a uma cultura de organismo em placa ágar; uma mudança de cor do reagente do teste para azul, púrpura ou preto indica a presença de citocromo oxidase. |
| Utilização do citrato | O organismo é inoculado em meio ágar de citrato, em que o citrato constitui a única fonte de carbono; um indicador no meio muda de cor se houver metabolismo do citrato; o consumo do citrato indica a presença do complexo permease que transporta o citrato para dentro da célula. |
| Sulfeto de hidrogênio | O organismo é inoculado em meio de peptona ferro; a formação de sulfeto de ferro de cor preta indica a produção de sulfeto de hidrogênio ($H_2S$) pelo organismo. |
| Produção de indol | O organismo é inoculado em um meio contendo aminoácido triptofano; a produção de indol, um produto de degradação nitrogenado do triptofano, indica a presença de um conjunto de enzimas que convertem o triptofano em indol. |
| Redução do nitrato | O organismo é inoculado em um meio contendo nitrato ($NO_3^-$); a presença de nitrito ($NO_2^-$) indica que o organismo possui a enzima nitrato redutase; a ausência de nitrito indica tanto a ausência de nitrato redutase quanto a presença de nitrito redutase (que reduz o nitrito a $N_2$ ou $NH_3$). |

(*continua*)

**Tabela 10.6** Testes bioquímicos específicos algumas vezes utilizados na identificação e na classificação das bactérias. (*continuação*)

| Teste bioquímico | Natureza do teste |
|---|---|
| Vermelho de metila | O organismo é cultivado em caldo MR-VP; acrescenta-se o indicador vermelho de metila; a presença de ácido provoca uma mudança na cor do indicador (vermelho). |
| Voges-Proskauer | O organismo é cultivado em caldo MR-VP; são acrescentados alfanaftol e KOH-creatina; a presença da enzima citocromo oxidase produz uma mudança de cor em um indicador (cor rosa). |
| Fenilalanina desaminase | O organismo é inoculado em um meio contendo fenilalanina e íons férricos; a formação de fenilpiruvato e a sua reação com íons férricos produz uma mudança de cor, que demonstra a presença da enzima fenilalanina desaminase. |
| Urease | O organismo é inoculado em um meio contendo ureia; a produção de amônia, que é geralmente detectada por um indicador de pH alcalino, indica a presença da enzima urease. |
| Nutriente específico | O organismo é inoculado em um meio contendo um nutriente específico, como determinado aminoácido (p. ex., cisteína) ou vitamina (p. ex., niacina); o crescimento de um organismo que deixa de crescer em um meio desprovido do nutriente específico pode ser utilizado para a identificação de alguns auxotróficos. |

organismos macroscópicos são classificados pelo estabelecimento de suas relações evolutivas com outros organismos de registros fósseis. Esforços estão sendo realizados para também classificar as bactérias pelas relações evolutivas; entretanto, esses esforços são dificultados pelos registros fósseis incompletos e pelas informações limitadas coletadas dos fósseis que foram encontrados. Mesmo um registro fóssil completo pode fornecer apenas informações morfológicas e, portanto, não seria adequado para a determinação das relações evolutivas.

## História e importância dos manuais de Bergey

Os manuais de Bergey são comumente citados como referência aceita para a identificação das bactérias. A primeira edição do *Bergey's Manual of Determinative Bacteriology* foi publicada em 1923 pela American Society for Microbiology; David H. Bergey foi o presidente do conselho editorial. Desde então, foram publicadas oito edições, uma versão resumida e vários suplementos. As *informações determinativas* (informações utilizadas para a identificação das bactérias) foram reunidas em um único volume, a nona edição, publicada em 1994. Esta obra tornou-se uma referência internacionalmente reconhecida para a taxonomia das bactérias. Serviu também como ponto de referência confiável para profissionais médicos interessados na identificação dos agentes etiológicos das infecções.

No entanto, é importante lembrar que, em seu estado atual, tais publicações *não* fornecem uma imagem precisa das relações evolutivas entre as bactérias. Na verdade, são agrupamentos práticos de bactérias que facilitam a sua identificação. Ainda não dispomos de informação suficiente para traçar uma árvore evolutiva completa das bactérias.

Por sua vez, a segunda edição do *Bergey's Manual of Systematic Bacteriology*, com cinco volumes, representa um grande avanço em comparação com a primeira edição, bem como com a oitava e a nona edições do *Bergey's Manual of Determinative Bacteriology*. Baseia-se em uma estrutura filogenética (evolutiva), mais do que em um agrupamento não evolutivo por fenótipos. O sequenciamento do rDNA 16S forneceu a orientação necessária para isso, porém ainda há muito "trabalho em andamento".

## Problemas associados à taxonomia das bactérias

Apesar do extraordinário esforço despendido na classificação das bactérias, a situação dos bacteriologistas concentrados na taxonomia das bactérias pode ser descrita da seguinte maneira: aqueles que partem do nível mais alto para o nível mais baixo podem propor pelo menos divisões plausíveis dos procariontes. Os bacteriologistas que partem da base e olham para cima podem estabelecer cepas, espécies e gêneros e, algumas vezes, podem classificar as bactérias em grupos de nível mais alto. Contudo, pouquíssimo se sabe a respeito das relações evolutivas para estabelecer classes e ordens taxonômicas claramente definidas para muitas bactérias.

As dificuldades na classificação das bactérias são enormemente ampliadas quando se prossegue com o sequenciamento do genoma total e a descoberta de exemplos cada vez mais numerosos de transferência lateral de genes.

## SAIBA MAIS

### Caçada feliz

A maioria das pessoas já ouviu falar de Dolly, a ovelha clonada, ou do Sr. Jefferson, o bezerro clonado. Com descobertas genéticas bem-sucedidas e experimentos como estes, é provável que você tenha deduzido que os organismos que vivem na Terra são, em sua maioria, bem conhecidos. Mas isso não é verdade. A biologia ainda está descobrindo informações básicas sobre os organismos mais abundantes, amplamente distribuídos e bioquimicamente versáteis do planeta – os procariontes. Embora os procariontes tenham surgido na Terra há mais de 3,5 bilhões de anos, desempenhem papéis fundamentais nas transformações químicas do carbono, nitrogênio e enxofre de nossa biosfera e possam viver em toda parte, até mesmo em hábitats extremos e bizarros, eles provavelmente são os organismos menos compreendidos da Terra. Um estudo recente de um único hábitat, por exemplo, revelou uma grande variedade de novos grupos de bactérias, quase duplicando o número de filos de bactérias! Os microbiologistas não precisam ter medo – ainda existe um mundo microbiano vasto e em grande parte inexplorado a ser descoberto.

## Nomenclatura das bactérias

Apesar de todos os problemas taxonômicos, existe uma nomenclatura estabelecida para as bactérias. A *nomenclatura bacteriana* refere-se à denominação das espécies de acordo com regras internacionalmente definidas. Tanto a taxonomia quanto a nomenclatura estão sujeitas a mudanças à medida que são obtidas novas informações. Algumas vezes, os organismos são transferidos de uma categoria para outra, e seus nomes oficiais são, às vezes, modificados. Por exemplo, a bactéria que causa a tularemia, uma febre adquirida em consequência do manuseio de coelhos infectados, foi durante muitos anos denominada *Pasteurella tularensis*. O nome de seu gênero foi trocado para *Francisella* após a realização de estudos de hibridização do DNA, que revelaram que não ocorre hibridização entre o seu DNA e aquele das espécies de *Pasteurella*. Entretanto, apresenta uma correspondência de 78% com o DNA de *Francisella novicida*. Quando se consideram ordens e famílias específicas, precisamos lembrar que esses nomes possuem terminações coerentes: as ordens sempre terminam em *-ales*, e as famílias, em *-aceae*.

## Bactérias

Alguns grupos de bactérias, como **Rickettsiae** e **Chlamydiae**, contêm organismos bastante incomuns. Esses dois grupos crescem no interior de células vivas. As clamídias possuem um ciclo de vida complexo e interessante (Figura 10.21), em vez de se reproduzir por divisão binária, como o fazem as rickéttsias e a maioria das outras bactérias. Os **micoplasmas** são desprovidos de parede celular e formam colônias que se assemelham a ovos fritos com a gema voltada para cima (Figura 10.22). Eles apresentam esteróis em suas membranas celulares, conferindo-lhes uma grande flexibilidade de forma (pleomorfismo; ver Capítulo 5). Os **ureaplasmas** também são interessantes; esses organismos apresentam paredes celulares e/ou membranas celulares incomuns. A Tabela 10.7 fornece uma comparação desses grupos com bactérias mais típicas e vírus.

**Figura 10.22 Colônias de *Mycoplasma* sp., mostrando a sua forma em "ovo frito".** *(@ F. Thiacourt-CIRAD-France.)*

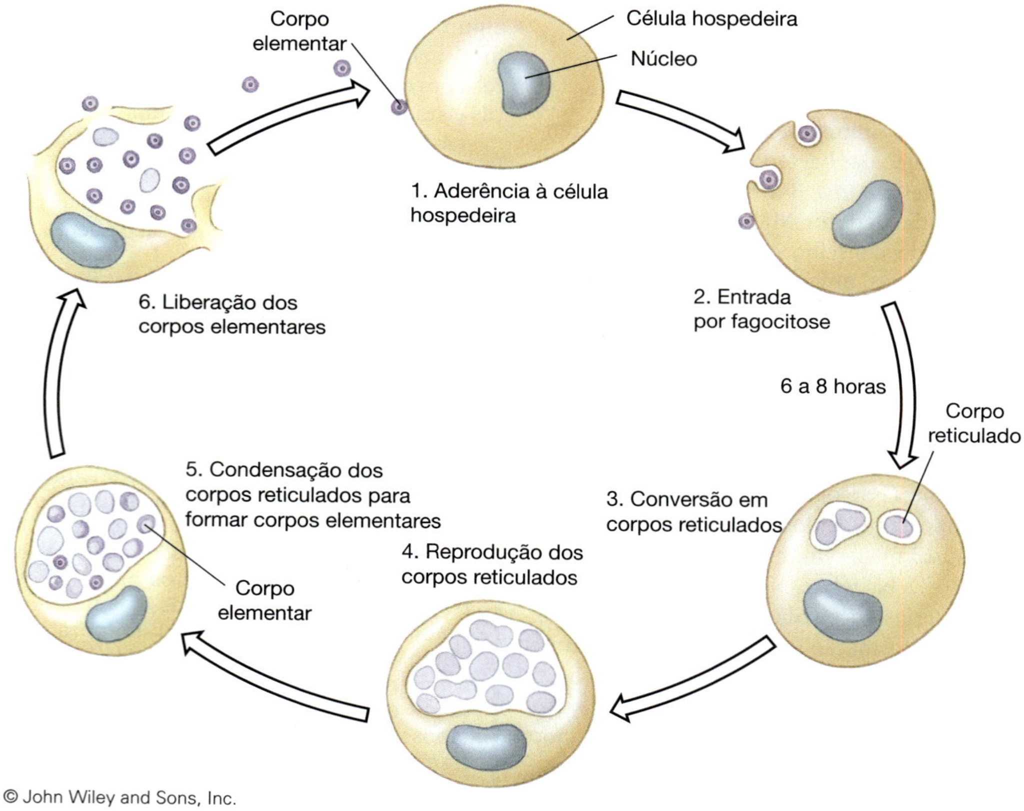


**Figura 10.21 Ciclo de vida de uma clamídia.** (**Etapa 1**) Os pequenos corpos elementares escuros (o único estágio infeccioso do ciclo de vida das clamídias) aderem a uma célula hospedeira e (**2**) entram por fagocitose. (**3**) Os corpos elementares, envolvidos dentro de vacúolos delimitados por membrana, perdem suas paredes espessas e crescem, transformando-se em corpos reticulados. (**4**) Os corpos reticulados se reproduzem por fissão binária, enchendo rapidamente a célula. (**5**) Condensam-se para formar corpos elementares infecciosos, que (**6**) são então liberados por lise, ficando livres para aderir a uma nova célula hospedeira.

## SAIBA MAIS

### Descoberta de novos organismos

Existem novos mundos a serem descobertos ou novas criaturas vivendo neles? A resposta é sim! Nesses últimos anos, cientistas descobriram a existência de organismos vivos em ambientes tão diversos quanto as fontes termais submarinas, o interior dos vulcões e poços de petróleo profundos. Em 1990, uma equipe conjunta dos EUA e da então União Soviética descobriu fontes termais na água doce, com uma comunidade associada de Archaea, vermes, esponjas e outros organismos.

As fontes termais situam-se há mais de 400 metros de profundidade em um lago Russo incomum, o lago Baikal, que é o lago mais profundo do mundo e abriga a maior quantidade de água doce. Localizado na Ásia central, na Sibéria, ele está situado em uma depressão entre duas placas continentais. A Ásia formou-se como uma massa sólida quando várias placas colidiram uma após a outra e permaneceram juntas. A área do lago Baikal está sendo separada, formando um vale aberto e futuramente um novo oceano. Essa região é comparável aos centros (cristas) que se disseminam no fundo do oceano Pacífico, onde foram encontradas outras comunidades em fontes termais. Em ambos os locais, materiais quentes estão emergindo das profundezas da Terra. O lago Baikal é um tesouro único para estudar a evolução da vida e as formas microbianas. A maioria dos lagos tem apenas milhares de anos, mas o lago Baikal pode ter 25 milhões de anos. Microrganismos semelhantes aos dos estágios iniciais da evolução da vida ainda podem existir em suas profundezas.

O monte Santa Helena, mostrado aqui durante a erupção de julho de 1980, é residência de arqueobactérias. *(InterNetwork Media/Getty Images.)*

O que pode viver dentro de um vulcão? Estudos realizados após as erupções vulcânicas do monte Santa Helena, em 1980, levantaram algumas questões interessantes. As arqueias, anteriormente conhecidas de fontes termais vulcânicas do fundo do mar (chaminés negras), localizadas há 2.200 metros abaixo da superfície do mar, foram encontradas vivendo sobre e dentro do monte Santa Helena, em temperaturas de 100°C. De onde vieram esses organismos? Alguns cientistas acreditam que possam ter estado presentes nas profundidades do vulcão. Nesse aspecto, de onde provêm as arqueias nas fontes termais submarinas? A sua presença indica uma ligação entre a atividade vulcânica terrestre e submarina? Temos tendência a pensar na vida como se estivesse presente apenas na *superfície* da Terra, mas talvez exista toda uma gama diferente de vida, sobre a qual nada conhecemos, *dentro* da crosta terrestre. Diariamente, um número cada vez maior de evidências acumula-se a favor da ideia de uma "cultura contínua da crosta".

Materiais obtidos do centro dos poços de petróleo mais profundos perfurados na Terra revelam a presença de Archaea em locais não ligados a atividades vulcânicas. Bactérias primitivas dos estágios iniciais de formação do nosso planeta ainda podem estar colonizando o interior anaeróbico quente da Terra – locais cujas condições se assemelham àquelas da superfície da Terra antigamente, como a caverna de cristais descrita na abertura do Capítulo 1.

Diversos problemas ecológicos levaram cientistas de universidades, governos e indústrias a procurar novos microrganismos com propriedades que tornem os organismos úteis na limpeza do meio ambiente. Cientistas da Woods Hole Oceanographic Institution, em Massachusetts, conduziram suas pesquisas a uma profundidade de mais de 1.800 metros no golfo da Califórnia, onde descobriram bactérias anaeróbicas capazes de degradar o naftaleno e, possivelmente, outros hidrocarbonetos que possam ser encontrados em derramamentos de petróleo. Os locais que necessitam de biorremediação frequentemente não têm oxigênio, tornando impossível a utilização de organismos aeróbicos para a limpeza – daí a busca de organismos em ambientes anaeróbicos profundos. A General Electric também encontrou uma bactéria anaeróbica que planeja utilizar para destruir bifenilos policlorados (PCBs), subprodutos químicos industriais que se acumulam em tecidos animais e provocam dano, incluindo câncer e defeitos congênitos.

Uma nova bactéria, inicialmente designada como GS-15, mas agora denominada *Geobacter metallireducens*, foi descoberta no Rio Potomac por cientistas do U.S. Geological Survey (USGS). Ela transforma o ferro de uma forma para outra. Entretanto, parece que essas bactérias podem facilmente alimentar-se de urânio, obtendo o dobro de energia durante o processo e transformando o urânio em um precipitado insolúvel. A equipe do USGS utilizou a GS-15 para remover o urânio da água de poços e de irrigação contaminada encontrada em grande parte do oeste dos EUA e em locais de mineração de urânio, processamento e resíduos nucleares.

Existem ainda muitos microrganismos novos a serem descobertos. Além das espécies de ocorrência natural, novas espécies serão desenvolvidas por cientistas utilizando técnicas de engenharia genética – ou, possivelmente, até mesmo descobertas em outro planeta! Todas essas espécies precisarão ser classificadas e denominadas. Evidentemente, a obra de Bergey nunca será "concluída".

**Tabela 10.7** Características das bactérias típicas, rickéttsias, clamídias, micoplasmas, ureaplasmas e vírus.

| Característica | Bactérias típicas | Rickéttsias | Clamídias | Micoplasmas | Ureaplasmas | Vírus |
|---|---|---|---|---|---|---|
| Parede celular | Sim | Sim | Sim | Não | Algumas vezes | Não |
| Crescimento apenas em células | Não | Sim | Sim | Não | Não | Sim |
| Necessidade de esteróis | Não | Não | Não | Algumas vezes | Sim | Não |
| Contém DNA e RNA | Sim | Sim | Sim | Sim | Sim | Não |
| Apresenta sistema metabólico | Sim | Sim | Sim | Sim | Sim | Não |

PARE e RESPONDA

1. O que são uma cepa-tipo e uma coleção de cultura-tipo? Por que esse tipo de coleção é essencial para os pesquisadores?
2. Por que grande parte da primeira edição do manual de Bergey não está filogeneticamente organizada?
3. Que tipos de informações estão contidas no *Bergey's Manual of Determinative Bacteriology* em comparação com o *Bergey's Manual of Systematic Bacteriology*?

# RESUMO

## TAXONOMIA: A CIÊNCIA DA CLASSIFICAÇÃO

• Os organismos são denominados de acordo com suas características, onde são encontrados, quem os descobriu ou que doenças elas causam. A **taxonomia** é a ciência da classificação, e cada categoria é um **táxon**.

### Nomenclatura binomial

• Lineu desenvolveu o sistema da **nomenclatura binomial**, um sistema de identificação com dois nomes para cada organismo vivo

• O **gênero** e o **epíteto específico** de cada organismo identificam a **espécie** a que pertence

• Lineu também estabeleceu a hierarquia da taxonomia e classificou os organismos em dois reinos: Plantae e Animalia.

## USO DE UMA CHAVE TAXONÔMICA

• Uma chave dicotômica consiste em uma série de pares de afirmativas apresentados como escolhas de "ou-ou" que descrevem características dos organismos. Ao escolher as afirmativas apropriadas para progredir pela chave, é possível classificar os organismos e, se a chave for suficientemente detalhada, identificá-los até o nível de gênero e espécie.

### Problemas em taxonomia

• De maneira ideal, os organismos deveriam ser classificados pelas suas relações **filogenéticas** ou evolutivas

• Os problemas encontrados na taxonomia incluem o ritmo acelerado das mudanças evolutivas nos microrganismos e a dificuldade em decidir o que constitui um reino e o que constitui uma espécie.

### Avanços desde a época de Lineu

• Desde a época de Lineu, vários taxonomistas propuseram sistemas de classificação de três e de quatro reinos, com base em várias características fundamentais dos seres vivos. Whittaker propôs um sistema de cinco reinos em 1969

• Desde 1925, o *Bergey's Manual of Determinative Bacteriology* tem servido como importante instrumento na identificação das bactérias.

## SISTEMA DE CLASSIFICAÇÃO EM CINCO REINOS

• Os reinos do sistema de classificação em cinco reinos são Monera (Prokaryotae), Protista, Fungi, Plantae e Animalia. A Tabela 10.2 fornece um resumo das características dos membros de cada reino.

### Reino Monera

• Todas as moneras são **procariontes** unicelulares: em geral, não têm organelas, não apresentam núcleos verdadeiros e seu DNA tem pouca ou nenhuma proteína associada

• As **cianobactérias** são moneras fotossintéticas de grande importância ecológica.

### Reino Protista

• Os protistas formam um grupo diversificado de **eucariontes** principalmente unicelulares.

### Reino Fungi

• Os fungos incluem alguns organismos unicelulares e muitos organismos multicelulares que obtêm nutrientes exclusivamente por absorção.

### Reino Plantae

• As plantas vivem em sua maioria na terra e contêm clorofila em organelas denominadas cloroplastos.

### Reino Animalia

• Todos os animais derivam de zigotos; a maioria é macroscópica.

## SISTEMA DE CLASSIFICAÇÃO EM TRÊS DOMÍNIOS

### Evolução dos organismos procariontes

- Os estudos de estromatólitos indicam que a vida surgiu há quase 4 milhões de anos e que a "Era dos Microrganismos", na qual não havia organismos multicelulares vivos, durou cerca de 3 bilhões de anos.

### Criação dos domínios

- Os três **Domínios** estão acima da categoria de reino. Incluem: **Bacteria**, **Archaea** e **Eukarya**. Suas características estão resumidas na Tabela 10.3
- Todas as bactérias são procariontes unicelulares e incluem as eubactérias ("bactérias verdadeiras").

### A árvore da vida é substituída por um arbusto

- O conceito de um ancestral universal comum com uma árvore da vida linear foi atualmente substituído por um arbusto da vida com muitas raízes, dada a transferência lateral de genes.

### Archaea

- Todos os organismos Archaea são procariontes unicelulares e possuem um envoltório celular constituído de materiais diferentes do peptidoglicano.

## CLASSIFICAÇÃO DOS VÍRUS

- Os **vírus**, agentes infecciosos acelulares que compartilham apenas algumas características com os organismos vivos, não estão incluídos em nenhum dos reinos. Os vírus são classificados com base nos seus ácidos nucleicos, na composição química e na morfologia.

## PESQUISA DAS RELAÇÕES EVOLUTIVAS

### Métodos especiais necessários para os procariontes

- São necessários métodos especiais para determinar as relações evolutivas entre os procariontes, visto que eles possuem poucas características morfológicas e deixaram apenas registros fósseis esparsos.

### Outras técnicas

- Outros métodos utilizam as propriedades das reações imunológicas e a **fagotipagem**.

### Importância dos achados

- As relações evolutivas podem ser utilizadas para agrupar organismos estreitamente relacionados. Pequenas diferenças entre os organismos descendentes de um ancestral comum surgem por **evolução divergente**. Uma divergência inicial deu origem aos dois principais subgrupos das eubactérias, as bactérias gram-positivas e as gram-negativas.

## TAXONOMIA E NOMENCLATURA DAS BACTÉRIAS

### Critérios para classificação das bactérias

- Os critérios empregados para a classificação das bactérias estão resumidos na Tabela 10.5. Esses critérios podem ser utilizados para classificar as bactérias em espécies e até mesmo em cepas dentro das espécies
- Para muitas espécies, uma determinada cepa é designada como **cepa-tipo**, que é preservada em uma coleção de cultura-tipo.

### História e importância dos manuais de Bergey

- O *Bergey's Manual of Determinative Bacteriology* foi publicado pela primeira vez em 1923 e revisado várias vezes; a nona edição foi publicada em 1994
- O *Bergey's Manual of Systematic Bacteriology* (um conjunto de cinco volumes) fornece informações definitivas sobre a identificação e a classificação das bactérias.

### Problemas associados à taxonomia das bactérias

- Os taxonomistas não concordam quanto ao modo como os membros do reino Prokaryotae (Monera) devem ser divididos. Muitas espécies de bactérias foram agrupadas em gêneros e algumas em famílias. Foram estabelecidas quatro *divisões* (o equivalente a filos). São necessárias muitas informações para determinar as relações evolutivas e estabelecer classes e ordens.

### Nomenclatura das bactérias

- Os nomes oficiais são frequentemente mudados.

### Bacteria

- Os grupos de bactérias importantes incluem as espiroquetas, os micoplasmas, as rickéttsias, as clamídias, as micobactérias e as cianobactérias.

## TERMOS-CHAVE

Animalia
arbusto da vida
Archaea
Bacteria
cepa
cepa tipo
chave dicotômica
Chlamydiae
cianobactérias
domínio
epíteto específico
espécie
estromatólito
eubactérias
eucarionte
Eukarya
evolução divergente
fagotipagem
filogenético
Fungi
gênero
halófilo extremo
metanogênico
micoplasmas
Monera
nomenclatura binomial
Plantae
procarionte
Prokaryotae
Protista
Rickettsiae
sistema de classificação em cinco reinos
sistema em três domínios
sonda
táxon
taxonomia
termoacidófilo extremo
ureaplasmas
vírus

CAPÍTULO

# 11 Vírus

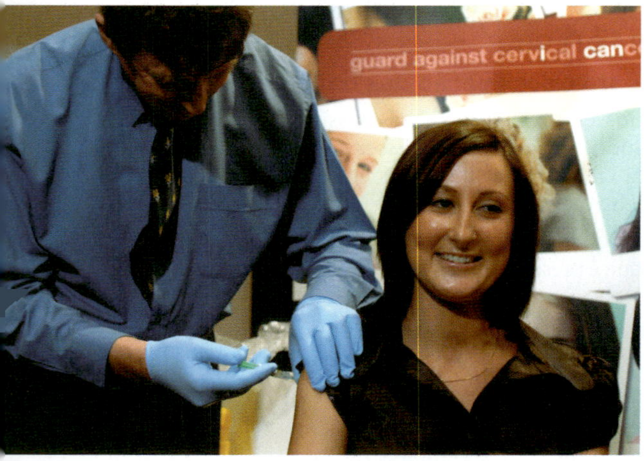

Mick Tsikas/EPA/Redux Pictures

Por que esse médico e a sua paciente estão tão contentes? O motivo é que, agora, ela não será mais uma das 300.000 mulheres no mundo inteiro que morrem anualmente de câncer de colo do útero. Apenas nos EUA, o número de mortes é superior a 4.000, e a faixa etária mais jovem é a mais afetada (ver tabela de estatísticas de câncer de colo do útero, a seguir).

**Estatísticas do câncer de colo do útero.**

| Idade por ocasião do diagnóstico | Número de casos |
|---|---|
| 18 a 20 | 507 |
| 21 a 29 | 6.299 |
| 30 a 39 | 3.774 |
| 40 a 49 | 1.575 |
| > 50 | 937 |

Quantas dessas mulheres sabiam que esse tipo de câncer é uma doença sexualmente transmissível, causada pelo papilomavírus humano (HPV)? Esse vírus está presente em 99,7% de todos os tecidos acometidos de câncer de colo do útero. Mas agora dispomos de três novas vacinas que podem evitar o câncer cervical: Cervatrix®, Gardasil-4® e Gardasil-9®. A vacina Gardasil-9®, licenciada em 2014, evita o desenvolvimento de câncer causado por nove cepas diferentes de HPV. Existem mais de 100 cepas do HPV, das quais 13 são responsáveis por 99% de todos os casos de câncer de colo do útero. Outras cepas podem causar verrugas genitais (ver Figura 20.14, no Capítulo 20). Hoje, nos EUA, aproximadamente 20 milhões de pessoas estão infectadas pelo HPV. Oitenta por cento das mulheres sexualmente ativas estarão infectadas aos 50 anos de idade. Felizmente, cerca de 90% dessas infecções têm cura espontânea e não causam nenhum prejuízo. As cepas que causam verrugas não levam ao desenvolvimento do câncer de colo do útero – o que pode causar câncer são as infecções "silenciosas" que não produzem sintomas, mas que se tornam infecções crônicas de longa duração.

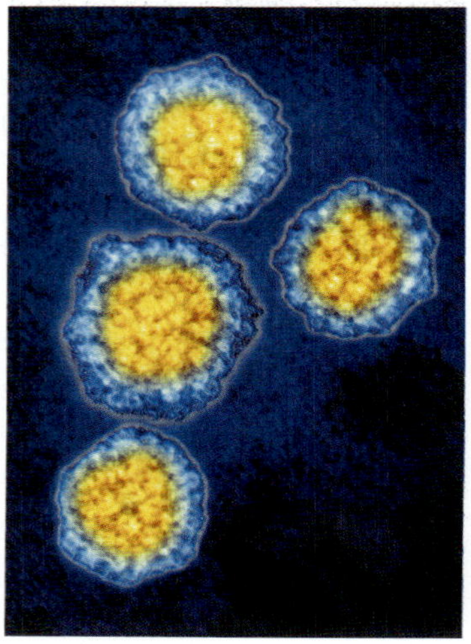
James Cavallini/Science Source

Papilomavírus humano.

Não existe cura para as infecções pelo HPV – apenas prevenção, que consiste no uso das vacinas extremamente seguras e cuja eficácia é de mais de 99%, todas dirigidas contra as duas cepas do HPV, 16 e 18, que são responsáveis por 70% de todos os casos de câncer de colo do útero. As vacinas Gardasil-4® e Gardasil-9® também são efetivas contra as duas cepas que causam 30% das verrugas genitais. Nenhuma dessas vacinas irá curar uma infecção já existente, mas pode impedir que a pessoa adquira as cepas específicas apresentadas pelas vacinas, em cima de cepas que porventura já possua. Essas vacinas destinam-se a meninas e mulheres que ainda não tiveram relação sexual, com idade sugerida de 9 a 26 anos. Demonstrou-se agora que a vacina é igualmente efetiva em mulheres de 26 a 45 anos de idade e evita 90% das verrugas genitais em homens. As vacinas Gardasil-4® e Gardasil-9® foram aprovadas para indivíduos do sexo masculino de 9 a 26 anos de idade. O HPV também pode causar câncer de ânus, pênis, boca, pescoço e pulmões. Atualmente, são consideradas necessárias duas doses, com intervalo de 2 meses, em vez de três. Cada dose tem um custo de 135 a 150 dólares, porém nem todos os planos de saúde cobrem esse custo.

Nos EUA, alguns estados procuraram exigir a vacinação de todas as meninas, de preferência antes dos 6 anos de idade. Alguns pais protestaram contra essa decisão. As razões incluem o medo de que a vacina possa causar algum dano, ou que seja muito dispendiosa, ou que o seu efeito não dure por muito tempo, ou ainda que as meninas vacinadas irão se sentir "protegidas" e, assim, poderão ter maior atividade sexual do que teriam se não fossem vacinadas. No mundo inteiro, vários estudos estatísticos de grande porte demonstraram claramente não haver nenhum aumento na atividade sexual. Mas o que aconteceria se essas meninas fossem estupradas ou, posteriormente, tivessem maridos infiéis? Qual a sua opinião e qual a de suas colegas de classe? Isso é a microbiologia acontecendo agora!

## MAPA DO CAPÍTULO

**Siga o mapa do capítulo para auxiliar na identificação dos conceitos principais do texto.**



**Ao longo da história da humanidade**, as epidemias virais nos levaram a ter uma maior conscientização do impacto que os microrganismos exercem sobre as nossas vidas e também sobre o curso da história. No século passado, só precisamos lembrar das pandemias de gripe suína de 1918 e 1919, que mataram meio milhão de norte-americanos em apenas 10 meses. Felizmente, a epidemia de 2009–2010 foi menos grave, causando muita preocupação, porém levando a apenas 18 mil mortes em 214 países.

A mídia está repleta de relatos populares e científicos sobre os "novos" vírus ou vírus "reemergentes", como o Zika e o Ebola. Que fatores estão contribuindo para o seu maior impacto? A dengue, também conhecida como "febre quebra-ossos" pelos seus sintomas muito dolorosos e algumas vezes letais, está se disseminando rapidamente por todo o globo. Desde 1970, epidemias da forma mais letal da dengue propagaram-se de nove países para um número quatro vezes maior de países. Os EUA há muito tempo vêm sendo atingidos por surtos ao longo da fronteira entre o Texas e o México, porém em 2009 alcançou Key West, na Flórida, e a expectativa é que a epidemia alcance a península. Em decorrência do aquecimento global, os mosquitos *Aedes*, que transmitem o vírus da dengue, conseguem sobreviver aos invernos cada vez mais ao norte. A expectativa é que muitas outras doenças "tropicais" também possam alcançar os EUA.

Algumas formas de câncer são definitivamente causadas por vírus – vírus que sabemos serem transmitidos de uma pessoa para outra. Qual é a sua probabilidade de "pegar" câncer?

Esta é apenas uma das muitas questões voltadas para o nosso atual conhecimento das infecções virais.

Este capítulo examinará a estrutura e o comportamento dos vírus e dos agentes semelhantes a vírus. No fim do capítulo, você deverá ter uma melhor compreensão e apreciação de um dos grupos de microrganismos de menores dimensões encontrados na natureza, porém extremamente perigosos. De fato, o próprio nome *vírus* origina-se da palavra latina que significa "veneno".

# CARACTERÍSTICAS GERAIS DOS VÍRUS

## O que são vírus?

Os **vírus** são agentes infecciosos muito pequenos para serem vistos ao microscópio óptico e que não são células. Os vírus são desprovidos de núcleo, organelas ou citoplasma. Quando invadem células hospedeiras suscetíveis, exibem algumas propriedades dos organismos vivos, de modo que parecem estar situados na fronteira entre os seres vivos e os não vivos. Os vírus podem se *replicar* ou multiplicar somente no interior de uma célula hospedeira viva. Por essa razão, são denominados **parasitas intracelulares obrigatórios**, uma distinção que eles compartilham com as clamídias e as rickéttsias. Talvez tenhamos que reconsiderar a definição tradicional dos vírus a partir do comunicado feito em dezembro de 1991 por E. Wimmer, A. Molla e A. Paul, que obtiveram, com sucesso, a produção de poliovírus inteiros em tubos de ensaio contendo células humanas trituradas, porém na ausência de células vivas. O RNA de poliovírus foi adicionado ao extrato desprovido de células, e, depois de cerca de 5 horas, começaram a aparecer novas partículas virais completas. Esse trabalho foi reproduzido por muitos outros grupos de pesquisadores, porém ainda não foi repetido com outros vírus.

Em novembro de 2003, o Dr. Craig Venter (já famoso por seu desempenho no Projeto Genoma Humano) liderou uma equipe no Institute for Biological Energy Alternatives na criação de um novo vírus sintético. A equipe nem mesmo contribuiu com as partes em si. Foram solicitadas de várias empresas comerciais. Em seguida, juntaram mais de 5 mil blocos de construção de DNA e proteínas, criando, assim, um bacteriófago. Esperavam desenvolver finalmente organismos geneticamente modificados passíveis de consumir dióxido de carbono e limpar o ambiente. Alguns ambientalistas estão muito preocupados, temendo que esses organismos possam ficar fora de controle.

Os vírus diferem das células em diversos aspectos importantes. Enquanto as células procarióticas e eucarióticas contêm tanto DNA quanto RNA, as partículas virais individuais só contêm um tipo de ácido nucleico – DNA ou RNA, mas nunca ambos ao mesmo tempo. Todavia, pesquisadores que trabalham agora em Boilling Springs Lake no Lassen Volcanic Park no norte da Califórnia, descobriram um novo tipo de vírus – um vírus híbrido DNA-RNA. O sequenciamento do genoma inteiro desse vírus mostrou claramente que houve uma transferência lateral de genes de um vírus de RNA apenas para um vírus de DNA apenas. Essa recombinação pode representar um importante passo na compreensão da transição do antigo mundo de RNA, que foi o primeiro a aparecer, para o atual mundo de DNA. As células crescem e se dividem, porém os vírus não têm essa capacidade. A replicação dos vírus exige que uma partícula viral infecte uma célula e programe a maquinaria da célula hospedeira para sintetizar os componentes necessários à montagem de novas partículas virais. A célula infectada pode produzir centenas a milhares de novos vírus e, em seguida, normalmente morre. O dano tecidual em consequência da morte celular responde pelos efeitos destrutivos observados em muitas doenças virais.

## Componentes dos vírus

Os componentes típicos dos vírus são mostrados na Figura 11.1. Esses componentes consistem em um cerne de ácido nucleico e uma capa proteica, denominado **capsídio**. Além disso, alguns vírus apresentam uma membrana circundante constituída por uma bicamada lipídica, denominada **envelope**. A partícula viral completa, incluindo o seu envelope, se tiver algum, é denominada **vírion**.

### Ácidos nucleicos

O imunologista britânico Peter Medawar, que compartilhou o Prêmio Nobel de Fisiologia ou Medicina, em 1960, uma vez descreveu os vírus como "um pedaço de má notícia embrulhado em proteína". O ácido nucleico representa a "má notícia", visto que os vírus utilizam o seu **genoma**, isto é, a sua informação genética (ver Capítulo 8), para se replicar em células hospedeiras. O resultado frequentemente consiste em interrupção das atividades celulares ou morte do hospedeiro. Os genomas virais são constituídos de DNA ou de RNA. A replicação viral depende da expressão do genoma viral para a formação de proteínas virais e a replicação de novos genomas virais no interior da célula hospedeira infectada. O ácido nucleico viral pode ser de fita simples ou de fita dupla e também pode ser linear, circular ou segmentado (existindo na forma de vários

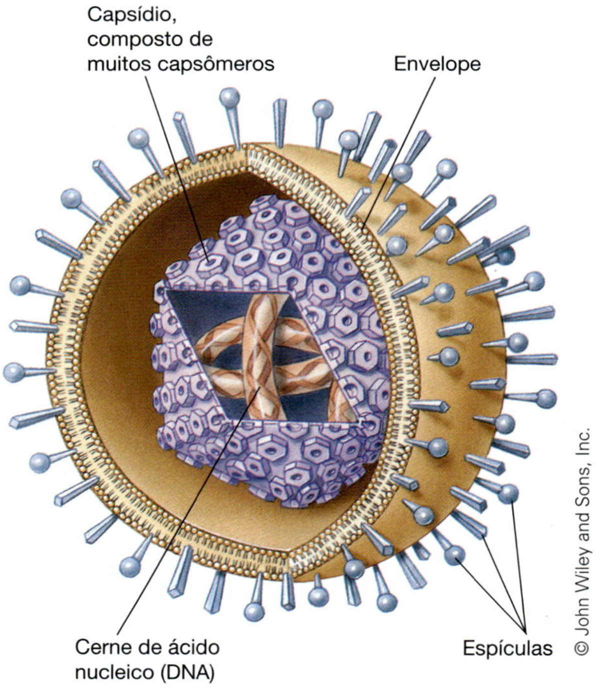


**Figura 11.1 Componentes de um vírus animal (herpes-vírus).**

fragmentos). Toda a informação genética nos vírus de RNA é carregada pelo RNA. Os genomas de RNA só ocorrem em vírus e em um agente semelhante a vírus, denominado viroide.

## Capsídios

Na maioria dos casos, o ácido nucleico de um vírion individual está contido dentro de um capsídio, que o protege e determina o formato do vírus. Os capsídios também desempenham um importante papel na adesão de alguns vírus às células hospedeiras. Cada capsídio é composto de subunidades proteicas, denominadas **capsômeros** (ver Figura 11.1). Em alguns vírus, as proteínas encontradas no capsômero são de um único tipo. Em outros vírus, pode-se observar a presença de várias proteínas diferentes. O número de proteínas e o arranjo dos capsômeros virais constituem características de vírus específicos e, portanto, podem ser úteis na identificação e na classificação dos vírus.

## Envelopes

Os **vírus envelopados** possuem uma membrana típica em bicamada, localizada externamente aos capsídios. Esses vírus adquirem o envelope após a sua montagem na célula hospedeira, quando *brotam* ou se movem através de uma ou várias membranas. O **nucleocapsídio** de um vírion compreende o genoma viral juntamente com o capsídio. Os vírus que só possuem um nucleocapsídio, sem envelope, são conhecidos como **vírus desnudos**, ou não envelopados. A composição de um envelope é, em geral, determinada pelo ácido nucleico do vírus e pelas substâncias derivadas das membranas do hospedeiro. Os envelopes são, em sua maioria, formados por combinações de lipídios, proteínas e carboidratos. Dependendo do vírus, projeções denominadas **espículas** (ver Figura 11.1) podem ou não se estender a partir do envelope viral. Essas projeções de superfície consistem em **glicoproteínas**, que servem para a fixação dos vírions a sítios receptores específicos na superfície das células hospedeiras suscetíveis. Em determinados vírus, a presença de espículas induz vários tipos de eritrócitos a sofrer agregação ou *hemaglutinação* – uma propriedade útil na identificação dos vírus.

Que vantagens o envelope pode proporcionar aos vírus? Como os envelopes são adquiridos a partir das membranas da célula hospedeira e, portanto, são semelhantes a elas, os vírus podem ficar "escondidos" do ataque do sistema imune do hospedeiro. Além disso, os envelopes ajudam os vírus a infectar novas células por meio de sua fusão com a membrana celular ou plasmática do hospedeiro. Por outro lado, os vírus envelopados são facilmente danificados. As condições ambientais que destroem as membranas – aumento da temperatura, congelamento e descongelamento, pH abaixo de 6 ou acima de 8, solventes lipídicos e alguns desinfetantes químicos como cloro, peróxido de hidrogênio e fenol – também destruirão o envelope. Os vírus desnudos ou não envelopados geralmente são mais resistentes a essas condições ambientais.

## Tamanhos e formas

Os vírus são, em sua maioria, muito pequenos para serem vistos ao microscópio óptico, mas a **Figura 11.2** mostra que eles apresentam uma variedade de tamanhos. Os maiores têm

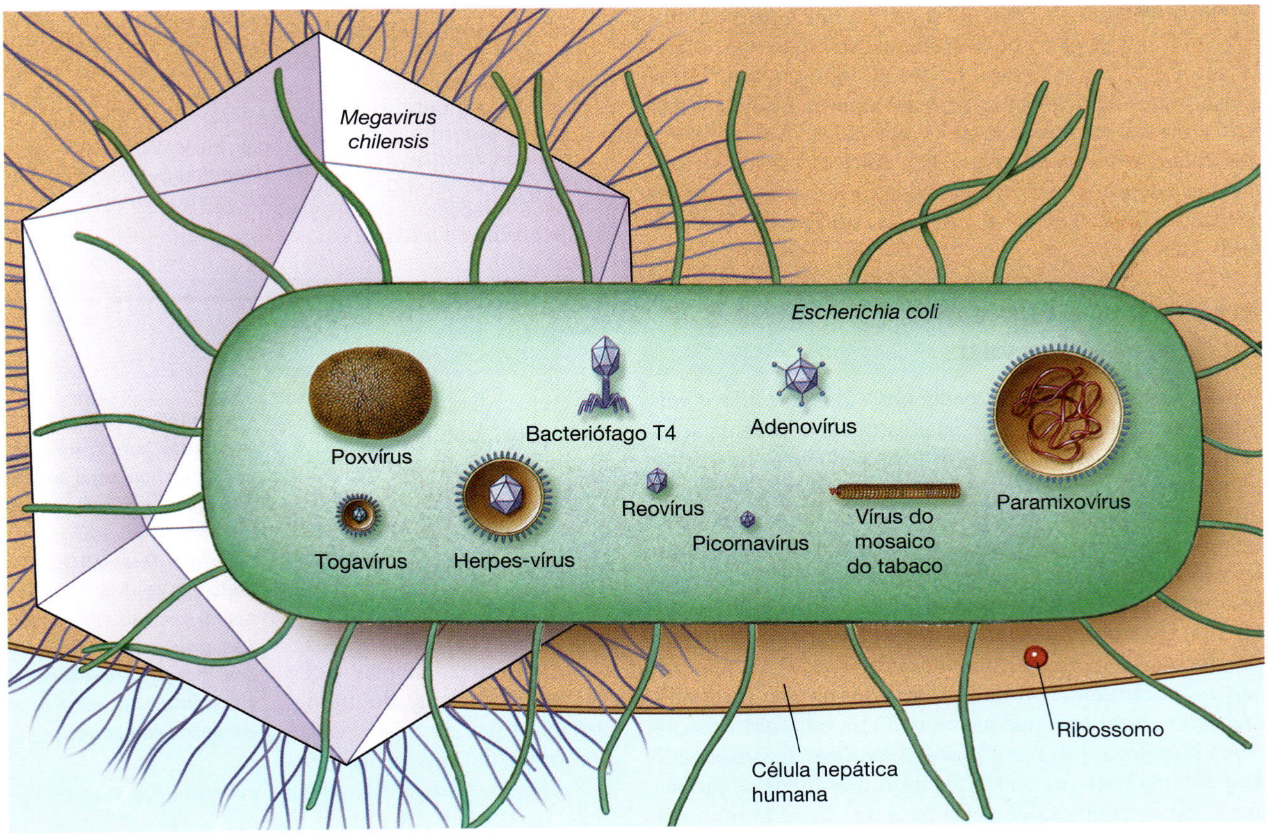




**Figura 11.2 Tamanhos e formas dos vírus.** Variações nas formas e nos tamanhos dos vírus em comparação com uma célula bacteriana, uma célula animal e um ribossomo eucariótico.

dimensões entre 1.200 nm e 1.500 nm, como *Megavirus chilensis*, um vírus gigante encontrado no litoral do Chile. Os bacteriófagos complexos medem cerca de 65 nm por 200 nm. Entre os menores vírus conhecidos estão os enterovírus, cujo diâmetro é inferior a 30 nm. Entretanto, como mostra a Figura 11.2, os vírus são, em sua maioria, muito pequenos quando comparados com as bactérias ou com células eucarióticas. Para fazer uma comparação, considere que os ribossomos típicos têm cerca de 25 a 30 nm de diâmetro.

Embora alguns vírus sejam variáveis quanto à forma, a maior parte tem um formato específico, que é determinado pelos capsômeros ou pelo envelope. A Figura 11.2 mostra vários exemplos de simetria viral. Um capsídio *helicoidal* é constituído por uma proteína semelhante a uma fita, que forma uma espiral em torno do ácido nucleico. O vírus do mosaico do tabaco é um vírus helicoidal (ver Capítulo 1). Os vírus *poliédricos* têm muitos lados. Os picornavírus e os adenovírus humanos são vírus poliédricos. Uma das formas mais comuns de capsídio poliédrico é o icosaedro; os vírus *icosaédricos* apresentam 20 faces triangulares. Um capsídio *complexo* refere-se a uma combinação de formas helicoidal e icosaédrica, e alguns vírus possuem um capsídio em forma de *bala de revólver*.

Os vírus envelopados apresentam, em sua maioria, uma forma esférica. Por exemplo, o herpes-vírus mostrado na Figura 11.1 tem um capsídio poliédrico e um envelope. Os filovírus (p. ex., os vírus Ebola e Marburg) são filiformes.

As células hospedeiras frequentemente têm 1.000 vezes o volume de um vírus que as infecta.

Os poxvírus e muitos vírus bacterianos são denominados **vírus complexos**, porque apresentam um revestimento ou capsídio mais elaborado (ver Figura 11.2). Muitos **bacteriófagos**, ou vírus que infectam bactérias, apresentam forma complexa, que incorpora estruturas especializadas, como cabeça, cauda e fibras da cauda (ver Figura 11.2). À semelhança das espículas, as fibras da cauda são utilizadas pelos vírions para a sua adesão à bactéria hospedeira. Outras estruturas especializadas dos bacteriófagos são utilizadas para infectar as células bacterianas.

## APLICAÇÃO NA PRÁTICA

### Vírus de plantas

Além da especificidade que alguns vírus exibem por bactérias e seres humanos, outros vírus são específicos em infectar plantas. Os vírus, em sua maioria, entram nas células vegetais através de áreas danificadas da parede celular e disseminam-se pelas conexões citoplasmáticas, denominadas *plasmodesmos*.

Como os vírus de plantas causam sérias perdas em plantações, eles têm sido foco de muitas pesquisas. O vírus do mosaico do tabaco infecta o tabaco. Outros vírus de plantas, que possuem genomas de DNA ou de RNA, infectam diversas plantas ornamentais, incluindo cravos e tulipas. As culturas agrícolas não são imunes às infecções virais. Alface, batatas, beterrabas, pepinos, tomates, feijões, milho, couve-flor e nabos estão todos sujeitos a infecções por vírus específicos de plantas.

Os insetos são bem conhecidos pela sua capacidade de provocar graves perdas à agricultura, em virtude de seus hábitos alimentares vorazes. Todavia, muitos insetos também transportam e transmitem vírus de plantas. Quando danificam as plantas durante a sua alimentação, os insetos proporcionam um excelente mecanismo de infecção para os vírus de plantas que eles carregam. Atualmente, pesquisadores esperam controlar alguns insetos que destroem plantações por meio de sua infecção com vírus específicos de insetos.

As bonitas listras nessa tulipa são produzidas por uma infecção viral. Infelizmente, a infecção (que pode se disseminar de uma planta para outra) também enfraquece ligeiramente as tulipas. Por essa razão, os criadores de plantas desenvolveram variedades cujas listras são geneticamente produzidas. *(Fotolia.)*

## Gama de hospedeiros e especificidade dos vírus

Embora os vírus sejam muito pequenos e possam diferir uns dos outros na sua estrutura e em suas estratégias de replicação, eles são capazes de infectar todas as formas de vida (hospedeiros). A **gama de hospedeiros** de um vírus refere-se ao espectro de hospedeiros que um vírus pode infectar. Diferentes vírus podem infectar bactérias, fungos, algas, protozoários, plantas, vertebrados ou até mesmo invertebrados. Entretanto, a maioria dos vírus limita-se a apenas um hospedeiro e somente as células e/ou tecidos específicos deste hospedeiro. Por exemplo, os poliovírus podem crescer no laboratório em células de rim de macaco, porém nunca foram observados como causadores de infecção natural em qualquer outro animal, com exceção dos seres humanos. Em contrapartida, o vírus da raiva pode atacar o sistema nervoso central de muitos animais de sangue quente. A gama de hospedeiros do vírus da raiva é muito mais extensa que a dos poliovírus.

A **especificidade viral**, outra propriedade importante dos vírus, refere-se aos tipos específicos de células passíveis de serem infectados por um vírus. Por exemplo, determinados papilomavírus, que causam verrugas, são tão específicos em sua estratégia de replicação que só infectam as células da pele. Por outro lado, os citomegalovírus, conhecidos pelos seus efeitos letais, atacam as células das glândulas salivares, do tubo gastrintestinal, do fígado, dos pulmões e de outros órgãos. Eles também podem atravessar a placenta e atacar os tecidos fetais, particularmente os do sistema nervoso central. A descoberta de que um determinado vírus pode causar sintomas variáveis em diversos sistemas diferentes do corpo tornou insustentável o conceito de "um vírus, uma doença".

Os órgãos de suínos utilizados para transplantes em seres humanos podem carregar vírus suínos capazes de infectar as células humanas. Desde 1998, todos os órgãos de origem suína, como valvas cardíacas, precisam ser testados e certificados como isentos de vírus antes de serem usados em seres humanos.

## PARA TESTAR

### Outra perversidade do tabaco

Mantenha os fumantes longe de sua plantação de tomates. O tabaco do cigarro contém alguns vírus do mosaico do tabaco – o suficiente para iniciar uma infecção em plantações de tomate quando os vírus são trazidos pelas mãos dos fumantes ou bitucas de cigarros. Faça um experimento: a água em que foi imerso o tabaco do cigarro é capaz de transmitir a doença do mosaico do tabaco? E o tabaco seco? E a fumaça do cigarro? Os dedos de fumantes que foram lavados *versus* que não foram lavados? Foram desenvolvidas algumas variedades de tomateiros que resistem à infecção pelo vírus do mosaico do tabaco. Utilize uma variedade suscetível.

A especificidade viral é determinada principalmente pela capacidade ou não de adesão de um vírus a uma célula. A adesão depende da presença de sítios receptores específicos nas superfícies das células hospedeiras e de estruturas específicas de fixação nos capsídios ou envelopes dos vírus. A especificidade também é afetada pela disponibilidade, no interior da célula, de enzimas apropriadas do hospedeiro e de outras proteínas de que o vírus necessita para a sua replicação. Por fim, a especificidade é afetada pela possibilidade ou não de o vírus replicado ser liberado da célula para disseminar a infecção em outras células.

## Origens dos vírus

Os vírus são, claramente, muito diferentes dos microrganismos celulares. Os vírus livres são incapazes de se reproduzir – eles precisam infectar células hospedeiras, desnudar o seu material genético e, em seguida, usar a maquinaria do hospedeiro para copiar ou transcrever o material genético viral. Assim, continua havendo algumas discussões quanto ao fato de os vírus serem agregados químicos vivos ou não vivos. Como os vírus não podem se reproduzir nem metabolizar ou realizar funções metabólicas para si próprios, alguns cientistas declaram que eles não são vivos. Outros cientistas defendem que, como os vírus possuem a informação genética para a sua replicação, e como essa informação é ativa após a infecção, eles são vivos. Grande parte da regulação genética dos genes virais é semelhante à regulação dos genes do hospedeiro. Além disso, os vírus utilizam os ribossomos do hospedeiro para o metabolismo envolvido na replicação viral.

Atualmente, não podemos concluir de maneira definitiva se os vírus são vivos ou não vivos. Mas podemos nos perguntar: Quais são as origens dos vírus? Tampouco sabemos a resposta. Existem provavelmente várias maneiras diferentes que levaram ao aparecimento dos vírus. De fato, eles podem aparecer e desaparecer continuamente ao longo do tempo em nosso planeta. Entretanto, como os vírus são incapazes de sofrer replicação sem uma célula hospedeira, é provável que eles não estivessem presentes antes do aparecimento das células primitivas. Uma hipótese sugere que os vírus e os organismos celulares desenvolveram-se juntos, ambos tendo como origem moléculas capazes de autorreplicação presentes no mundo pré-celular. Outra ideia, algumas vezes designada como evolução reversa, é a de que os vírus eram outrora células que perderam todas as funções celulares, conservando apenas a informação para se replicar com o uso dos processos metabólicos de outra célula. Uma terceira hipótese propõe que os vírus se desenvolveram dentro das células que eles infectam, possivelmente a partir de plasmídios – as moléculas de DNA de replicação independente encontradas em muitas células bacterianas (ver Capítulo 9) – ou a partir de retrotranspósons (ver Capítulo 9). Os plasmídios têm a capacidade de autorreplicação e ocorrem tanto na forma de DNA quanto na de RNA. Entretanto, não têm genes para formar capsídios. De fato, foi proposto que os plasmídios desenvolveram-se a partir de viroides. Como alguns viroides movem-se de uma célula para outra, o RNA viroide pode ter captado vários fragmentos de informação genética, incluindo a informação para a síntese de uma capa proteica. De fato, os vírus, os viroides, os plasmídios e os transpósons são todos agentes de evolução por meio da transferência lateral de genes (ver Capítulo 9). Os vírus que se inserem em células produtoras de óvulos ou espermatozoides transmitem-se de uma geração para a seguinte, passando a constituir um acréscimo permanente no genoma da espécie.

Os virologistas, procurando entender a origem dos vírus, descobriram algumas relações de sequência de nucleotídios comuns a determinados vírus. Com base nessa informação, esses vírus foram classificados em famílias com sequências de nucleotídios e organização genética semelhantes. Entretanto, é possível que tenham tido origens diferentes. Pode ser possível prever os efeitos potenciais de vírus recém-descobertos na produção de doença por meio da análise das sequências de nucleotídios de seus genomas e comparando-as com as sequências encontradas em outros vírus conhecidos.

**PARE e RESPONDA**

1. Por que as células hospedeiras são necessárias para a replicação viral?
2. Diferencie o capsídio do capsômero.
3. Diferencie os vírus desnudos dos vírus envelopados.

# CLASSIFICAÇÃO DOS VÍRUS

Antes de conhecer grande parte da estrutura ou das propriedades químicas dos vírus, os virologistas classificam os vírus pelo tipo de hospedeiro infectado ou pelo tipo de estruturas infectadas no hospedeiro. Assim, os vírus foram classificados em vírus bacterianos (bacteriófagos), vírus de plantas ou vírus de animais. E os vírus animais foram agrupados, com base nos tecidos que eles atacam, em *dermotrópicos*, quando infectam a pele, *neurotrópicos*, quando infectam o tecido nervoso, *viscerotrópicos*, quando infectam órgãos do sistema digestório, ou *pneumotrópicos*, quando infectam o sistema respiratório.

> A virologia, como campo de estudo científico, existe há apenas 100 anos.

À medida que se aprendeu mais sobre a estrutura dos vírus em níveis bioquímico e molecular, a classificação passou a ser baseada no tipo e na estrutura de seus ácidos nucleicos, no método de replicação, na gama de hospedeiros e em outras características químicas e físicas. E, à medida que mais vírus foram descobertos (agora, existem mais de 40 mil cepas no mundo inteiro), surgiram sistemas de classificação conflitantes, resultando em muita confusão e algum desentendimento. A necessidade de um único esquema taxonômico universal para os vírus levou ao estabelecimento, em 1966, do ICTV (International Committee on Taxonomy of Viruses). Esse comitê, que se reúne a cada 4 anos, estabelece as regras de classificação dos vírus. A classificação dos vírus está resumida no Apêndice B.

Como os vírus são extremamente diferentes dos organismos celulares, é difícil classificá-los de acordo com categorias taxonômicas típicas – reino, filo e assim por diante. A família foi a mais alta categoria taxonômica utilizada pelo ICTV. Os gêneros virais também foram estabelecidos, porém a maioria é nova, e a sua aceitação tem sido lenta. Apesar dos avanços na classificação, os problemas de definição e denominação das *espécies virais* – um grupo de vírus que compartilham o mesmo genoma e as mesmas relações com os organismos – e da distinção entre espécies virais e cepas virais ainda não foram resolvidos por completo. Atualmente, o ICTV exige que o nome comum no vernáculo, em vez de um termo binomial latinizado, seja utilizado para designar as espécies virais. Por exemplo, as designações taxonômicas formais para o vírus da raiva seriam as seguintes: família: Rhabdoviridae; gênero: *Lyssavirus*; espécie: vírus da raiva. Para o vírus HIV, a designação taxonômica é a seguinte: família: Retroviridae; gênero: *Lentivirus*; espécie: vírus da imunodeficiência humana (HIV).

Os nomes de vírus específicos frequentemente são constituídos de um nome de grupo e um número, como HIV-1 ou HIV-2. Com frequência, as famílias de vírus são diferenciadas inicialmente com base no tipo de ácido nucleico, simetria (forma) do capsídio, envelope e tamanho (**Tabelas 11.1** e **11.2**). O ICTV distribuiu mais de 5.000 vírus

**Tabela 11.1** Classificação dos principais grupos de vírus de RNA que causam doenças em seres humanos.

| Família | Envelope e forma do capsídio | Exemplo (gênero ou espécie) | Infecção ou doença | Tamanho típico (nm) | |
|---|---|---|---|---|---|
| **Vírus de RNA de sentido (+)** | | | | | |
| Picornaviridae (1 cópia) | Não envelopados, poliédricos | *Enterovirus*<br>*Rhinovirus*<br>*Hepatovirus* | Poliomielite<br>Resfriado comum<br>Hepatite A | 18 a 30 |  |
| Togaviridae (1 cópia) | Envelopados, poliédricos | Vírus da rubéola<br>Vírus da encefalite equina | Rubéola (sarampo alemão)<br>Encefalite equina | 40 a 90 |  |
| Flaviviridae (1 cópia) | Envelopados, poliédricos | *Flavivirus* | Febre amarela | 40 a 90 | 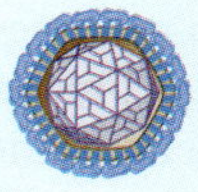 |
| Retroviridae (2 cópias) | Envelopados, esféricos | HTLV-1<br>HIV | Leucemia do adulto, tumores<br>AIDS | 100 |  |
| **Vírus de RNA de sentido (–)** | | | | | |
| Paramyxoviridae (1 cópia) | Envelopados, helicoidais | *Morbillivirus* | Sarampo | 150 a 200 |  |
| Rhabdoviridae (1 cópia) | Envelopados, helicoidais | *Lyssavirus* | Raiva | 70 a 180 | 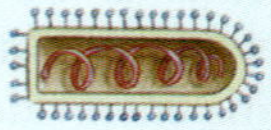 |
| Orthomyxoviridae (1 cópia com 8 segmentos) | Envelopados, helicoidais | *Influenzavirus* | Influenza A e B | 100 a 200 | 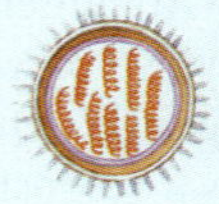 |
| Filoviridae (1 cópia) | Envelopados, filamentosos | *Filovirus* | Marburg, Ebola | 80 |  |
| Bunyaviridae (1 cópia com 3 segmentos) | Envelopados, esféricos | *Hantavírus* | Síndrome pulmonar, febres hemorrágicas | 90 a 120 |  |
| **Vírus de RNA de fita dupla** | | | | | |
| Reoviridae (1 cópia com 10 a 12 segmentos) | Não envelopados, poliédricos | *Rotavirus* | Infecções respiratórias e gastrintestinais | 70 |  |

**Tabela 11.2** Classificação dos principais grupos de vírus de DNA que causam doenças em seres humanos.

| Família | Envelope e forma do capsídio | Exemplo (gênero ou espécie) | Infecção ou doença | Tamanho típico (nm) | |
|---|---|---|---|---|---|
| **Vírus de DNA de fita dupla** | | | | | |
| Adenoviridae (DNA linear) | Não envelopados, poliédricos | Adenovírus humanos | Infecções respiratórias | 75 | 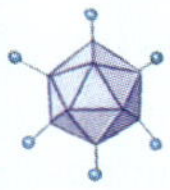 |
| Herpesviridae (DNA linear) | Envelopados, poliédricos | *Simplexvirus*<br>*Varicellovirus* | Herpes oral e genital<br>Varicela, zóster | 120 a 200 |  |
| Poxviridae (DNA linear) | Envelopados, forma complexa | *Orthopoxvirus* | Varíola humana, varíola bovina | 230 a 270 | 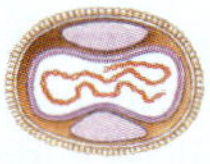 |
| Papovaviridae (DNA circular) | Não envelopados, poliédricos | Papilomavírus humanos | Verrugas, câncer de colo do útero e de pênis | 45 a 55 |  |
| Hepadnaviridae | Envelopados, poliédricos | Vírus da hepatite B | Hepatite B | 40 a 55 |  |
| **Vírus de DNA de fita simples** | | | | | |
| Parvoviridae (DNA linear) | Não envelopados, poliédricos | B19 | Quinta doença (eritema infeccioso) em crianças | 22 |  |



# SAIBA MAIS

## Denominação dos vírus

Embora o ICTV aprove todos os nomes dos vírus, os virologistas frequentemente são criativos ao dar nomes aos vírus recém-descobertos, como os nomes das seguintes famílias: os vírus da família Picornaviridae receberam esse nome por serem vírus extremamente pequenos (do italiano *piccolo*, "muito pequeno"), que contêm *RNA* como informação genética. Os vírus da família Retroviridae possuem RNA como genoma e o utilizam para dirigir a síntese de DNA, revertendo (do latim *retro*, "retrógrado") o sentido habitual da transcrição. Os vírus da família Parvoviridae são vírus muito pequenos (do latim *parvus*, "pequeno"), enquanto a família Togaviridae teve esse nome dado por alguém que deve ter pensado que o envelope de um togavírus se assemelhava a uma toga ou capa. E, por fim, os arbovírus compreendem um conjunto de vírus ar*thropo-d*bo*rne* (transmitidos por artrópodes) (que incluem os togavírus, os flavivírus, os buniavírus e os arenavírus). Pode imaginar como os vírus da família Coronaviridae ganharam o seu nome (do latim *corona*, "coroa")?

Quando se tornou possível cultivar vírus, constatou-se que alguns vírus isolados não podiam ser associados a nenhuma doença conhecida e que eles tampouco causavam doença em animais de laboratório. Esses vírus receberam o apelido de "órfãos". Assim, os vírus da família Reoviridae são vírus órfãos entéricos respiratórios. Embora o ICTV não permita que o nome de uma pessoa seja usado para designar um vírus, pode-se utilizar a sua localização geográfica. Os vírus da família Bunyaviridae receberam o seu nome da cidade de *Bunia*, Uganda, onde foram descobertos.

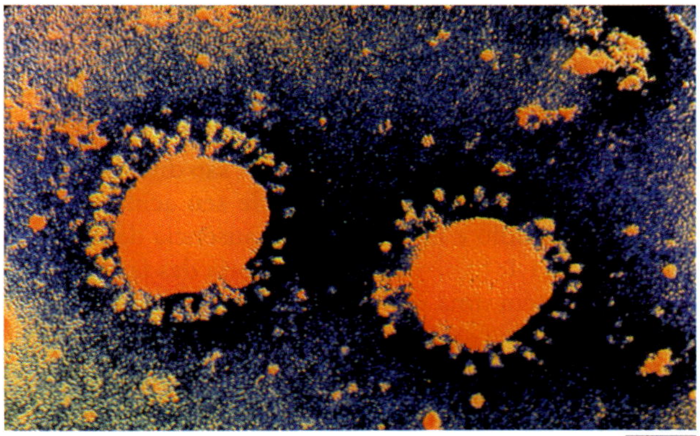

MET

Você pode imaginar por que esse vírus é denominado coronavírus? A SARS (síndrome respiratória aguda grave) é causada por um coronavírus (112.059×). (*Dr. Steve Patterson/Science Source.*)

em 108 famílias e 203 gêneros, mais 30 gêneros que ainda não foram classificados em famílias. Muitas das famílias de vírus contêm indivíduos que causam infecções importantes em seres humanos e em outros animais. Outras famílias contêm vírus que só infectam outros animais, plantas, fungos, algas ou bactérias.

## Classificação com base no ácido nucleico

Os principais grupos de vírus foram inicialmente classificados com base no conteúdo de seu ácido nucleico em vírus de RNA ou de DNA. As subdivisões subsequentes baseiam-se, em grande parte, em outras propriedades dos ácidos nucleicos. Os vírus de RNA podem ser de fita simples (*fsRNA*) ou de fita dupla (*fdRNA*), porém a maioria é de fita simples (ver Tabela 11.1). Como a maior parte das células eucarióticas é desprovida de enzimas para copiar as moléculas de RNA viral, os vírus de RNA precisam carregar as enzimas ou possuir os genes para essas enzimas como parte do genoma. A Tabela 11.1 identifica dois tipos de vírus de RNA de fita simples – os vírus de RNA de sentido positivo e de sentido negativo. Muitos vírus de fsRNA contêm **RNA de sentido positivo** (+), o que significa que, durante uma infecção, o RNA atua como um mRNA e pode ser traduzido pelos ribossomos da célula hospedeira. Outros vírus de fsRNA são **RNA de sentido negativo** (–). Nesses vírus, o RNA atua como molde durante a transcrição para produzir um mRNA de sentido complementar (+) após a entrada em uma célula hospedeira (ver Capítulo 3). Essa fita é traduzida pelos ribossomos da célula hospedeira. Para realizar a etapa de transcrição, os vírus de RNA de sentido (–) precisam carregar uma RNA polimerase dentro do vírion.

À semelhança dos vírus de RNA, os vírus de DNA também podem ocorrer nas formas de fita simples ou fita dupla (Tabela 11.2). Por exemplo, os adenovírus humanos, responsáveis por alguns resfriados comuns, e os herpes-vírus são vírus de DNA de fita dupla (*fdDNA*). Apenas um vírus de DNA de fita simples (*fsDNA*) é atualmente conhecido como vírus causador de doença humana.

Com essa base de conhecimentos, iremos examinar de maneira sucinta várias famílias de vírus de RNA e de DNA que infectam animais.

# Vírus de RNA

## Propriedades gerais dos vírus de RNA

As diferentes famílias de vírus de RNA são diferenciadas umas das outras com base no conteúdo de seu ácido nucleico, na forma do capsídio e na presença ou ausência de um envelope (ver Tabela 11.1; Figura 11.3). A maioria das famílias de vírus de RNA contém uma molécula de RNA de sentido (+) ou de RNA de sentido (–). Entretanto, alguns vírus estão classificados em famílias separadas quando o RNA existe como duas cópias completas de RNA de sentido (+) ou contém pequenos segmentos de RNA de sentido (–). Por fim, uma família apresenta fdRNA segmentado.

## Grupos importantes de vírus de RNA

**Picornaviridae.** Os **picornavírus** são vírus de RNA de sentido (+) muito pequenos (30 nm de diâmetro), não envelopados e poliédricos. Compreendem mais de 150 espécies que causam doenças nos seres humanos. Após a infecção, esses vírus interrompem rapidamente todas as funções do DNA e do RNA na célula hospedeira. A família Picornaviridae divide-se em vários grupos, incluindo os gêneros *Enterovirus*, *Hepatovirus* e *Rhinovirus*.

Os **enterovírus** (do grego *entero*, "intestino") compreendem os poliovírus (ver Figura 11.3A). Esses vírus são resistentes a muitas substâncias químicas e podem se replicar e atravessar o sistema digestório intacto. A não ser que sejam inativados pelos mecanismos de defesa do hospedeiro, os vírus invadem o sangue e a linfa, disseminando-se por todo o corpo, porém particularmente no sistema nervoso. Condições sanitárias precárias aumentam o número de enterovírus, e as aglomerações humanas facilitam a sua disseminação. Em consequência da exposição precoce e frequente, crianças que vivem nessas condições adquirem em sua maioria a infecção na lactância, quando a paralisia tem pouca probabilidade de ocorrer, e os sintomas são principalmente de tipo gripal. São as crianças de mais idade e os adultos que habitualmente desenvolvem paralisia. Desse modo, as epidemias de poliomielite paralítica são incomuns nos países em desenvolvimento.

> Durante a década de 1940, na cidade de Nova York, para cada caso de poliomielite paralítica, mais 100 pessoas apresentavam casos assintomáticos de infecção por poliovírus.

As condições sanitárias precárias também são responsáveis pela disseminação de determinados **hepatovírus** (do grego *hepato*, "fígado"). Por exemplo, o vírus da hepatite A é transmitido por via fecal-oral, e a doença surge em consequência da ingestão de água ou alimento contaminados. O fígado é o principal órgão infectado.

O gênero *Rhinovirus* (do grego *rhino*, "nariz"), que inclui mais de 100 tipos de **rinovírus** humanos, é um dos gêneros de vírus responsáveis pelo resfriado comum. Os rinovírus humanos não causam doença do sistema digestório, visto que não podem sobreviver nas condições ácidas existentes no estômago. Na verdade, esses vírus entram no corpo através das mucosas das passagens nasais e se replicam nas células epiteliais da parte superior do sistema respiratório. Recentemente, adquiriram-se conhecimentos sobre os capsídios dos rinovírus (Figura 11.4). Os virologistas descobriram que esses capsídios ligam-se somente a alguns receptores presentes nas mucosas nasais. Assim, poderá ser possível, no futuro, prevenir resfriados por meio do desenvolvimento de substâncias químicas que cobrirão esses receptores, impedindo, assim, a ligação dos rinovírus.

> Os rinovírus, que causam o resfriado comum, podem sobreviver em objetos domésticos por até 3 dias.

**Togaviridae.** Os **togavírus** são vírus de RNA de sentido (+) pequenos, envelopados e poliédricos, que se multiplicam no citoplasma das células hospedeiras de muitos mamíferos e artrópodes. Os togavírus conhecidos como vírus transmitidos por artrópodes são transmitidos por mosquitos e causam vários tipos de encefalite em seres humanos e em equinos. O vírus que causa a rubéola (sarampo alemão) pertence a essa família, porém não é transmitido por artrópodes, mas de pessoa para pessoa.

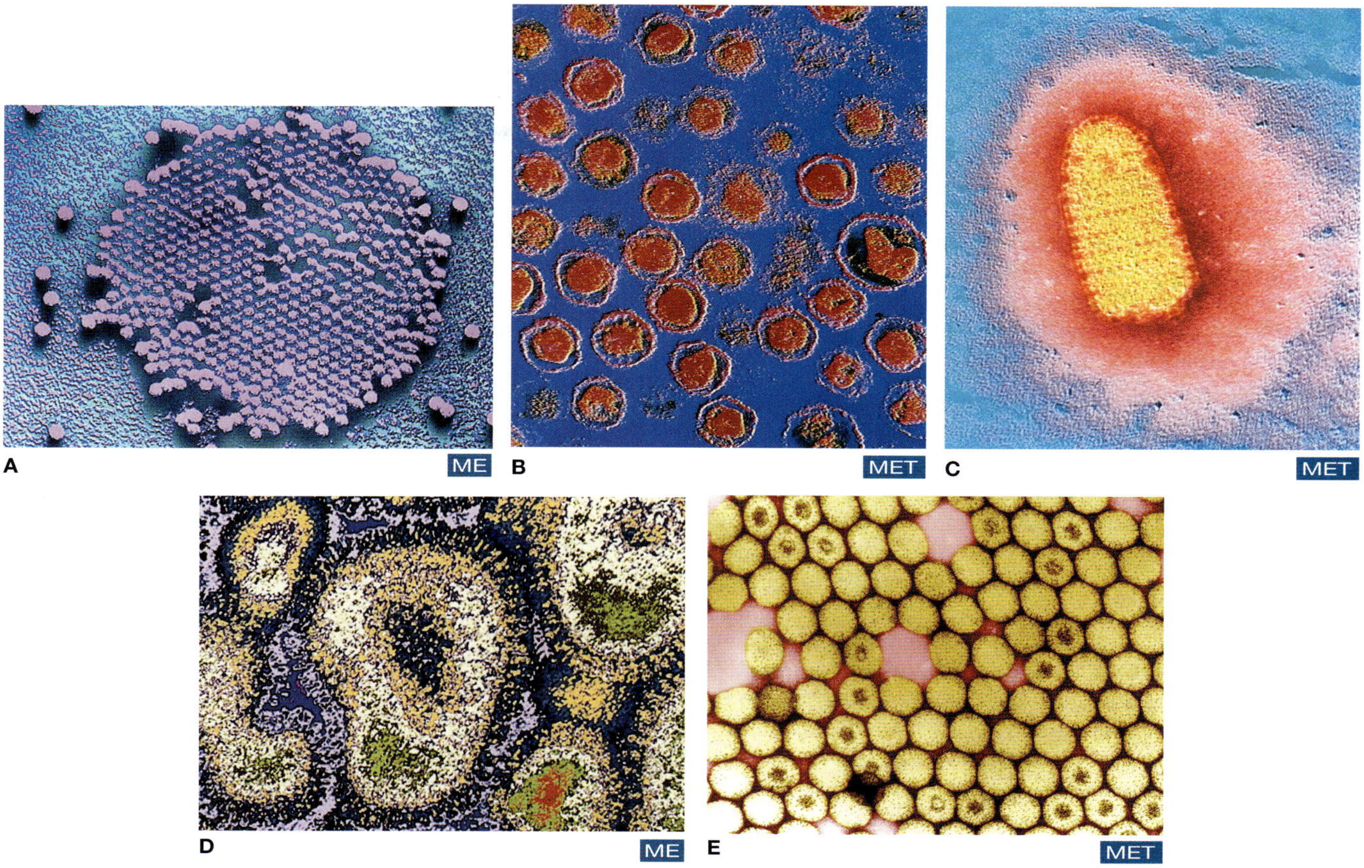


**Figura 11.3 Micrografias eletrônicas artificialmente coloridas de vírus de RNA representativos. A.** Picornavírus (*poliovírus*; 71.500×). *(Omikron/Science Source.)* **B.** Retrovírus (*oncovírus*; 42.500×). *(CNRI/Science Source.)* **C.** Rabdovírus (*vírus da raiva*; 164.121×). *(Tektoff-RM/CNRI/Science Source.)* **D.** Ortomixovírus (*vírus influenza*; 186.098×). *(D.A. Wagner Productions LLC./Medical Images.)* **E.** Reovírus (*vírus respiratórios*; 780.411×). *(© BSIP SA/Alamy.)*

**Flaviviridae.** Os **flavivírus** são vírus de RNA de sentido (+), envelopados e poliédricos, que são transmitidos por mosquitos e carrapatos. Esses vírus provocam uma variedade de encefalites ou febres nos seres humanos. O vírus da febre amarela é um flavivírus que causa febre hemorrágica – em que os vasos sanguíneos na pele, nas membranas mucosas e nos órgãos internos sangram de modo incontrolável. A hepatite C, a dengue e a infecção pelo vírus Zika também são causadas por flavivírus.

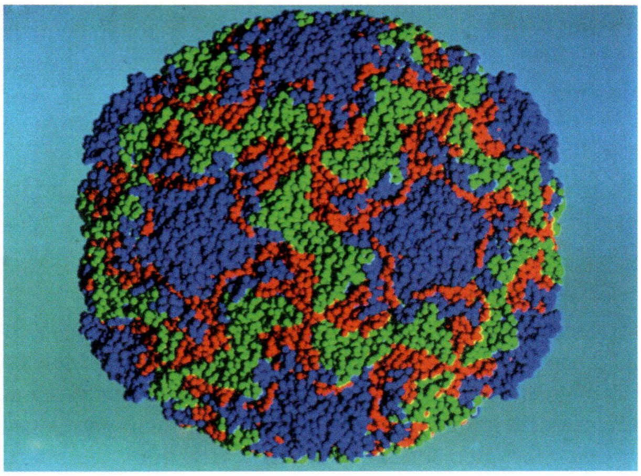

**Figura 11.4 Vírus do resfriado.** Modelo gerado por computador de um rinovírus humano, a causa do resfriado comum. As cores representam diferentes capsômeros do capsídio. *(Cortesia de Michael G. Rossmann, Purdue University.)*

**Retroviridae.** Os **retrovírus** são vírus envelopados que possuem duas cópias completas de RNA de sentido (+) (ver Figura 11.3B). Além disso, possuem a enzima **transcriptase reversa**, que utiliza o RNA viral para formar uma fita complementar de DNA, que então é replicada para formar um fdDNA. Essa reação é exatamente o inverso da etapa de transcrição típica (DNA → RNA) na síntese de proteínas. Para que a replicação do vírus continue, o DNA recém-formado precisa ser transcrito em RNA viral, que atuará como mRNA para a síntese de proteínas virais e será incorporado em novos vírions. Para esse processo, o DNA precisa inicialmente migrar para o núcleo da célula hospedeira e ser incorporado aos cromossomos do hospedeiro. Esse DNA viral integrado é conhecido como **pró-vírus**. Os retrovírus causam tumores e leucemia em roedores e aves, bem como nos seres humanos. Os retrovírus humanos invadem as células de defesa do sistema imune, denominadas *linfócitos T*, e são designados como vírus da leucemia de células T humanas (HTLV – *human T cell leukemia viruses*). Tanto o HTLV-1 quanto o HTLV-2 estão associados a neoplasias malignas (leucemia e outros tumores), enquanto o vírus da imunodeficiência humana (HIV – *human immunodeficiency virus*) (cepas HIV-1 e HIV-2) causa a síndrome de imunodeficiência adquirida (AIDS). A AIDS é discutida no Capítulo 19.

**Paramyxoviridae.** Os **paramixovírus** (do latim *para*, "perto"; do grego *myxo*, "muco") são vírus de RNA de sentido (–), de tamanho médio e envelopados, com nucleocapsídio helicoidal. Diferentes gêneros de paramixovírus são responsáveis pela ocorrência de caxumba, sarampo, pneumonia viral e bronquite em crianças e por infecções leves da parte superior do sistema respiratório em adultos jovens.

A raiva é uma doença antiga. Já era reconhecida no Egito, antes de 2300 a.C. e na Grécia antiga, onde foi bem descrita por Aristóteles.

**Rhabdoviridae.** Outro grupo de vírus de RNA de sentido (–), os **rabdovírus** (do grego *rhabdo*, "haste"), é constituído por vírus envelopados, de tamanho médio. Embora esses vírus tenham um envelope, o capsídio é helicoidal e faz com que o vírus tenha uma forma quase em haste ou bala de revólver (ver Figura 11.3C). Os vírions da família Rhabdoviridae contêm RNA polimerase RNA-dependente, que utiliza a fita de sentido (–) para formar uma fita de sentido (+). A fita recém-produzida atua como mRNA e como molde para a síntese de novo RNA viral. A raiva humana quase sempre resulta de uma mordida de animal raivoso que carrega o vírus da raiva. Os rabdovírus também infectam outros vertebrados, invertebrados ou plantas. O vírus Lago, que produz doença em morcegos, e o vírus Mokolo, que infecta musaranhos[1] na África, estão estreitamente relacionados com o vírus da raiva.

**Ortomyxoviridae.** Os **ortomixovírus** (do grego *ortho*, "reto") são vírus de RNA de sentido (–), de tamanho médio e envelopados, cuja forma varia de esférica a helicoidal (ver Figura 11.3D). Seu genoma é segmentado em oito partes. À semelhança dos paramixovírus, os ortomixovírus têm afinidade pela mucosa. O vírus influenza A, com o qual todos estamos bem familiarizados, é um ortomixovírus que também infecta aves, suínos, equinos e baleias. O vírus influenza B parece ser específico dos seres humanos.

**Filoviridae.** Os **filovírus** são vírus de RNA de fita simples, de sentido (–), envelopados e filamentosos. Esses vírus podem ser transmitidos de pessoa para pessoa por contato com sangue, sêmen ou outras secreções ou pelo uso de agulhas contaminadas. Os filovírus incluem os vírus responsáveis pelas doenças de Marburg e Ebola, que são febres hemorrágicas, e são discutidos mais adiante neste capítulo.

**Bunyaviridae.** Os **buniavírus** são vírus de RNA de sentido (–) também envelopados, cujo genoma apresenta três segmentos. Os buniavírus são transmitidos por artrópodes, porém os roedores são normalmente os principais hospedeiros. O membro mais recentemente reconhecido da família Bunyaviridae é o hantavírus, que é responsável pela síndrome pulmonar por hantavírus (SPH). Outras formas no gênero *Hantavirus* causam febres hemorrágicas.

[1]N.R.T.: Pequenos mamíferos de metabolismo muito rápido.

**Arenaviridae.** À semelhança dos buniavírus, os **arenavírus** são vírus de RNA de sentido (–) e envelopados, porém o seu genoma possui apenas dois segmentos. Os arenavírus são transmitidos por roedores. As infecções humanas ocorrem por meio de aerossóis, exposição à urina ou fezes infectadas ou mordidas de ratos. As febres hemorrágicas argentina e boliviana e a febre de Lassa são infecções causadas por arenavírus.

**Reoviridae.** Os **reovírus** possuem um capsídio poliédrico não envelopado (ver Figura 11.3E). São vírus de fdRNA de tamanho médio. Replicam-se no citoplasma e formam inclusões distintas, que se coram pela eosina. Os reovírus incluem os ortorreovírus, os orbivírus e os rotavírus. Os rotavírus constituem a causa mais comum de diarreia intensa em lactentes e crianças pequenas com menos de 2 anos de idade. São também responsáveis por infecções menores da parte superior do sistema respiratório e gastrintestinais em adultos. Os outros reovírus infectam outros animais.

A ingestão de apenas 10 partículas de rotavírus é suficiente para causar infecção e diarreia.

## Vírus de DNA

### Propriedades gerais dos vírus de DNA

À semelhança dos vírus de RNA, os vírus de DNA de animais são agrupados em famílias, com base na organização de seu DNA (ver Tabela 11.2; Figura 11.5). Os vírus de fdDNA são ainda divididos em famílias, com base na forma de seu DNA (linear ou circular), na forma do capsídio e na presença ou ausência de um envelope. Apenas uma família de vírus apresenta fsDNA.

### Grupos importantes de vírus de DNA

**Adenoviridae.** Os **adenovírus** (do grego *adeno*, "glândula") são vírus de tamanho médio e não envelopados, com fdDNA linear. Identificados pela primeira vez em tecidos adenoides, esses vírus são altamente resistentes a agentes químicos e são estáveis em pH de 5 a 9 e em temperaturas de 36°C a 47°C. O congelamento provoca pouca perda da infectividade. Foram identificados mais de 80 tipos diferentes de adenovírus, muitos dos quais são responsáveis por doenças respiratórias humanas. Os adenovírus dos tipos 40 e 41 causam 10% a 30% de todos os casos de diarreia grave em lactentes e crianças pequenas. Somente 50% das crianças com o vírus na garganta ficam realmente doentes.

As doenças causadas por adenovírus são geralmente agudas (*i. e.*, são de início súbito e curta duração). Logo após a sua entrada no corpo, o vírus aparece no sangue, e pode-se observar o desenvolvimento de um exantema semelhante ao do sarampo. As fontes de adenovírus incluem secreções respiratórias e fezes de indivíduos infectados.

**Herpesviridae.** Os **herpes-vírus** (do grego *herpes*, "rastejar") são vírus envelopados e relativamente grandes, com fdDNA linear (ver Figura 11.5A). Os herpes-vírus estão amplamente distribuídos na natureza, e os animais são, em sua maioria, infectados por um ou mais dos 100 tipos descobertos. Esses vírus causam um amplo espectro de doenças, que estão resumidas na **Tabela 11.3**.

O cerne do vírion contém proteínas ao redor das quais o DNA está enrolado. Nas células infectadas por herpes-vírus,

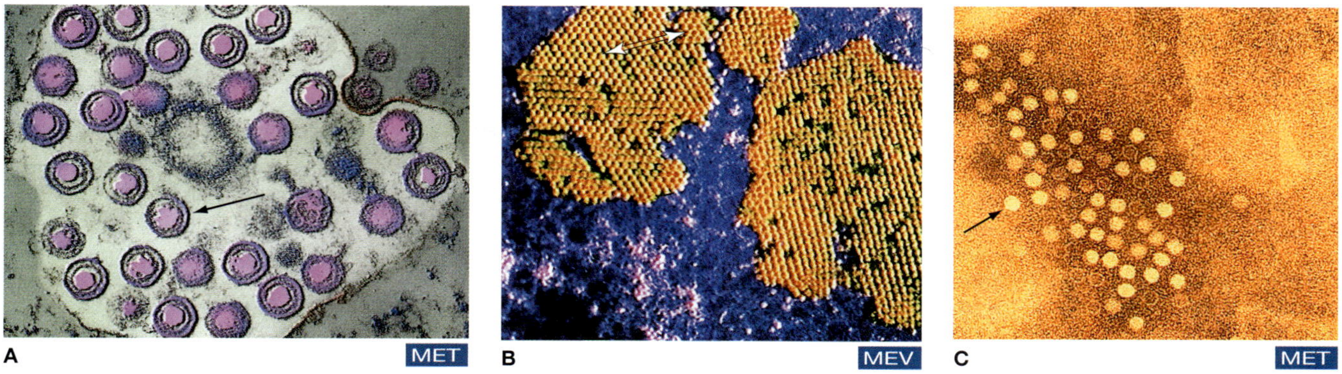


**Figura 11.5 Micrografias eletrônicas artificialmente coloridas de vírus de DNA representativos (as setas indicam um vírion).** **A.** Herpes-vírus (esferas rosadas no interior da célula, 148.924×). *(Centers for Disease Control/Science Source.)* **B.** Papovavírus (papilomavírus humanos; 61.100×). *(CNRI/Science Source.)* **C.** Parvovírus (147.000×). *(Central Veterinary Laboratory, Weybridge, England/Science Source.)*

o fdDNA viral pode ocorrer como pró-vírus. Desse modo, uma propriedade universal dos herpes-vírus é a latência, que se refere à capacidade de permanecer nas células hospedeiras, habitualmente nos neurônios, por longos períodos e de conservar a capacidade de replicação. Por exemplo, uma criança que se recuperou da catapora (varicela) ainda abrigará o vírus em uma forma latente. Anos ou décadas depois, o vírus pode ser reativado em consequência de estresse e/ou outros fatores físicos. Essa doença do adulto, que pode ser muito dolorosa e debilitante, é denominada *cobreiro* (zóster). Os líquidos que exsudam das vesículas carregam o vírus varicela-zóster, que pode então causar varicela em indivíduos que previamente não foram infectados pelo vírus. Dos mais de 100 genes identificados nos herpes-vírus, 11 estão envolvidos com a latência.

**Poxiviridae.** Os **poxvírus**, outro grupo de vírus de fdDNA linear envelopados, constituem os maiores e mais complexos de todos os vírus. Estão amplamente distribuídos na natureza, e praticamente toda espécie animal pode ser infectada por uma forma de poxvírus. Os poxvírus humanos (ortopoxvírus) são grandes vírus envelopados, em forma de tijolo, que medem 250 a 450 nm de comprimento por 160 a 260 nm de largura. Esses vírus multiplicam-se em porções especializadas do citoplasma da célula hospedeira, denominadas *viroplasma*, onde podem causar lesões cutâneas típicas da varíola humana, do molusco contagioso e da varíola bovina. Outros poxvírus, como a varíola do macaco, podem infectar os seres humanos que têm contato íntimo com animais infectados.

O vírus da varíola humana representa o primeiro patógeno humano erradicado na face da Terra.

**Papovaviridae.** Os **papovavírus** são assim denominados devido aos três vírus relacionados: o papilomavírus, o poliomavírus e os vírus vacuolantes. Trata-se de pequenos vírus de fdDNA não envelopados e poliédricos, que se replicam nos núcleos das células hospedeiras. Os papovavírus estão amplamente distribuídos na natureza, e foram encontrados mais de 25 papilomavírus e dois poliomavírus humanos. Os papiloma-

**Tabela 11.3** Herpes-vírus que causam doenças humanas.

| Gênero | Tipo de vírus | Infecção ou doença |
|---|---|---|
| *Simplexvirus* | Herpes simples tipo 1 | Herpes oral (algumas vezes herpes genital e neonatal), encefalite |
| | Herpes simples tipo 2 | Herpes genital e neonatal (algumas vezes, herpes oral), meningoencefalite |
| *Varicellovirus* | Varicela-zóster | Catapora (varicela) e cobreiro (zóster) |
| *Cytomegalovirus* | Citomegalovírus (vírus das glândulas salivares) | Doença febril aguda; infecções em pacientes com AIDS, receptores de transplantes e outros indivíduos com redução da função do sistema imune; importante causa de defeitos congênitos |
| *Roseolovirus* | Roséola infantil (anteriormente denominada herpes-vírus 6) | Exantema súbito (roséola infantil), uma doença comum da lactância, caracterizada por exantema e febre |
| *Lymphocryptovirus* | Vírus Epstein-Barr | Mononucleose infecciosa e linfoma de Burkitt (câncer de mandíbula, observado principalmente em crianças africanas); também associado à doença de Hodgkin (câncer de linfócitos) e linfomas de células B, bem como ao câncer nasofaríngeo em asiáticos |
| Herpes-vírus humano 8 | Vírus do sarcoma de Kaposi | Sarcoma de Kaposi ligado à AIDS |

## SAÚDE PÚBLICA

### Novas doenças virais em animais

Foram identificados diversos vírus como causa de doença em animais, além dos seres humanos. Um retrovírus encontrado em gatos, denominado vírus da imunodeficiência felina (FIV – *feline immunodeficiency virus*) é muito semelhante ao vírus da imunodeficiência humana (HIV). Nos EUA, cerca de 1 a 3% dos gatos testados de modo aleatório são infectados. O FIV infecta os linfonodos do gato, porém não produz sintomas imediatos. Entretanto, à semelhança do HIV, o FIV ataca gradualmente o sistema imune ao longo de 3 a 6 anos, resultando em infecções frequentes da boca, da pele e do sistema respiratório. A perda das defesas imunes também leva à ocorrência de diarreia, perda de peso, pneumonia, febre e doença neurológica. Diferentemente do HIV, o FIV não é sexualmente transmissível, nem pode ser transmitido a seres humanos ou a outros animais. A transmissão entre gatos é feita habitualmente por meio de mordida. Os veterinários acreditam que o vírus, à semelhança do HIV, tem existido há décadas, e ainda não existe nenhuma cura.

vírus são frequentemente encontrados nos núcleos das células hospedeiras sem se integrar a seu DNA (ver Figura 11.5B); os poliomavírus estão quase sempre integrados como pró-vírus. Os papilomavírus causam verrugas tanto benignas quanto malignas nos seres humanos, e cerca de 13 cepas de papilomavírus estão associadas ao câncer de colo do útero. O vírus vacuolante mais extensamente estudado é o vírus símio 40 (SV-40). Esse vírus tem sido utilizado pelos virologistas para estudar os mecanismos de replicação viral, integração e oncogênese (desenvolvimento de células cancerosas).

**Hepadnaviridae.** Os **hepadnavírus** são pequenos vírus envelopados, em sua maioria de fdDNA (parcialmente fsDNA). Seu nome provém da infecção do fígado – hepatite – por um vírus de DNA. Os hepadnavírus podem causar infecções hepáticas crônicas (*i. e.*, de duração longa e continuada) nos seres humanos e em outros animais, incluindo patos. Nos seres humanos, o vírus da hepatite B provoca hepatite B, que pode evoluir para o câncer de fígado. No Capítulo 23, serão discutidas outras formas de hepatite causadas por vírus.

**Parvoviridae.** Os **parvovírus** são pequenos vírus de fsDNA linear, não envelopados (ver Figura 11.5C). Sua informação genética é tão limitada que eles precisam da ajuda de um vírus auxiliar não relacionado ou de uma célula hospedeira em divisão para a sua replicação. Nos vertebrados, foram identificados três gêneros: *Dependovirus*, *Parvovirus* e *Erythrovirus*. Os dependovírus são frequentemente denominados vírus adenoassociados, visto que necessitam de coinfecção com adenovírus (ou herpes-vírus) para a replicação de mais vírions. Não existe nenhuma doença humana conhecida associada a esse gênero. Os membros do gênero *Parvovirus* podem causar doença em ratos, camundongos, suínos, gatos e cães. O parvovírus de rato provoca defeitos congênitos nos fetos. O parvovírus canino é responsável por gastrenterite grave e, algumas vezes, fatal em cães e filhotes. O único parvovírus conhecido que infecta seres humanos (predominantemente crianças) é o *Erythrovirus*, também denominado B19. Esse vírus, identificado em 1974, é responsável pela "quinta doença" (eritema infeccioso). É assim designado pelo fato de ter sido a quinta doença listada como doença infantil clássica associada a exantema. Ocupa o quinto lugar depois do sarampo, da escarlatina, da rubéola e de uma quarta doença produtora de exantema que não é mais observada. O B19 causa exantema vermelho intenso nas bochechas e orelhas das crianças e tanto exantema quanto artrite em adultos. O vírus B19 pode atravessar a placenta e causar lesão às células formadoras de sangue no feto, resultando em anemia, insuficiência cardíaca e até mesmo morte fetal.

**PARE e RESPONDA**

1. Em que bases os vírus são atualmente classificados?
2. Diferencie o RNA de sentido positivo (+) do RNA de sentido negativo (–).
3. Qual é a diferença entre fdDNA e fsDNA?

## VÍRUS EMERGENTES

Os vírus vêm infectando os seres humanos há milhares de anos, e as doenças que causam têm sido responsáveis por milhões de mortes. Os microbiologistas acreditam que muitas doenças virais recentes e inesperadas tenham sido causadas por **vírus emergentes** – vírus que anteriormente eram *endêmicos* (baixos níveis de infecção em áreas localizadas) ou que "ultrapassaram as barreiras de espécie" – isto é, que expandiram a sua gama de hospedeiros para outras espécies. Por exemplo, embora o poliovírus tenha sido endêmico desde a antiguidade, somente a partir de 1900 é que houve *pandemias* (altos níveis de infecção no mundo inteiro) causadas por esse vírus, com numerosos surtos anuais. Por que esse aumento da doença?

O poliovírus não sofreu mutações ao longo dos séculos que o tornassem uma forma mais patogênica. De fato, os virologistas e os epidemiologistas sugerem que as populações urbanas que se desenvolveram depois da Revolução Industrial proporcionaram um ambiente ideal para a disseminação dos vírus. Os grandes números de indivíduos não imunes que emigraram de áreas não endêmicas ficaram expostos a pessoas imunes que carregavam o poliovírus. Em consequência o poliovírus propagou-se rapidamente – e com resultados letais. Somente por meio do desenvolvimento de vacinas para a poliomielite, na década de 1950, é que a epidemia foi detida. Embora ainda existam áreas onde a pólio é endêmica, a Organização Mundial da Saúde (OMS) esperava erradicar o poliovírus por meio de programas de vacinação até 2010. Em março de 2006, o Egito cumpriu o requisito de 3 anos sem nenhum surto de poliomielite exigido para declarar um país "livre de pólio". Entretanto, vários outros países continuam tendo surtos de pólio, incluindo a Síria, onde os conflitos civis têm impedido a vacinação, de modo que a meta de eliminação da pólio ainda não deverá ser alcançada nos próximos anos. Mas, à semelhança da varíola humana, uma vez erradicada a pólio, ela deverá desaparecer para sempre, uma vez que só acomete os seres humanos e não tem nenhum reservatório.

Outras doenças virais endêmicas transmitidas entre os seres humanos, como o sarampo, também sofrem recorrência como resultado das mudanças na densidade populacional humana e de viagens. Entretanto, diversas doenças virais envolvem outros animais, que atuam como *reservatórios* (organismo "saudável" que abriga um agente infeccioso capaz de infectar outro hospedeiro) ou como *vetores* (transportadores) de um vírus. Nesses casos, os vírus podem ultrapassar as barreiras de espécie se o vetor transmitir o vírus de uma espécie que atua como reservatório para os seres humanos. Por exemplo, antes de 1930, acreditava-se que o vírus da febre amarela era transportado apenas por uma espécie de mosquito, *Aedes aegypti*. Com o controle desses mosquitos nas áreas urbanas (por meio de vacinação e pulverização com DDT), foi possível controlar a doença. Entretanto, no fim da década de 1950, ocorreu um surto de febre amarela que não foi transmitida pelo *A. aegypti*. De fato, o vírus da febre amarela silvestre (da selva) era transportado por outro mosquito do gênero *Haemagogus*. Na selva, esses mosquitos transmitem o vírus entre macacos que vivem nas altas copas das árvores. O desflorestamento trouxe o mosquito *Haemagogus* das copas das árvores para o solo da floresta, onde passou a transmitir o vírus a pessoas que trabalhavam no corte das madeiras e em atividades agrícolas.

Essa situação da febre amarela representa um excelente exemplo de como as doenças virais podem permanecer endêmicas nas partes do mundo onde vive o inseto vetor. Entretanto, em áreas tropicais onde terras anteriormente não habitadas estão sendo convertidas para uso em agricultura, o contato com os insetos (e os vírus que eles carregam) é inevitável.

Dos mais de 500 arbovírus conhecidos, cerca de 80 causam doenças nos seres humanos; destes, 20 são considerados como vírus emergentes. Os vírus mais perigosos são o vírus da febre amarela, que permaneceu endêmico por mais de um século – e atualmente está reemergindo – e os vírus da dengue, que estão se alastrando mais ao norte à medida que progride o aquecimento global. Agora, está entrando nos EUA. Ambos são transmitidos por mosquitos, assim como o vírus Zika.

## Zika

O **vírus Zika** pertence à família Flaviviridae e ao gênero *Flavivirus*. Está mais estreitamente relacionado com os vírus da dengue, da febre amarela, da encefalite do Nilo ocidental e encefalite japonesa. Trata-se de um vírus envelopado e icosaédrico, que possui um genoma de RNA de fita simples não segmentado. Seu nome procede da floresta Zika em Uganda, onde foi descoberto em 1942.

Casos de Zika eram raros na África e no Sudeste Asiático até 2017, quando se propagou para várias ilhas do Pacífico. Em abril de 2015, disseminou-se para a América do Sul, América Central e Caribe. Agora, alcançou proporções epidêmicas. Apenas uma em quatro pessoas que adquirem o vírus Zika apresenta sintomas. Os casos sintomáticos são, em sua maior parte, muito leves, tem uma duração de apenas cerca de 1 semana, não exigem hospitalização, e os casos fatais são raros. Os sintomas consistem em cefaleia, olhos avermelhados, dor atrás dos olhos, febre, mialgias, dor articular e exantema. A incidência e a gravidade variam com a geografia. O tratamento consiste habitualmente em paracetamol. Até 2017, não havia vacina disponível, mas existem vacinas para a febre amarela, a dengue e a encefalite japonesa, de modo que existe uma boa probabilidade do desenvolvimento de uma vacina contra Zika. Entretanto, ela deverá levar algum tempo para ser aprovada.

O lado sombrio das infecções pelo vírus Zika é representado por outras duas síndromes: a microcefalia e a síndrome de Guillain-Barré (SGB). Ocorre microcefalia quando o vírus atravessa a placenta e infecta o feto de uma mãe infectada, causando dano encefálico e tamanho da cabeça menor do que o normal (Figura 11.6). As complicações da microcefalia consistem em distorção facial, deficiência mental, nanismo, hipersensibilidade, crises convulsivas e morte. Foram observadas anormalidades oculares afetando a visão em 34,5% dos lactentes que apresentaram microcefalia. Em janeiro de 2016, o Ministério da Saúde do Brasil notificou 3.174 recém-nascidos com microcefalia.

A síndrome de Guillain-Barré é um distúrbio autoimune, em que ocorre enfraquecimento e paralisia, permanente ou temporária, de um ou mais membros. Excluindo a ocorrência de traumatismo, constitui a causa mais comum de paralisia. Os pacientes com SGB e infectados pelo vírus Zika demonstraram taxas de recuperação mais rápida do que aqueles sem infecção pelo Zika. Cinquenta e sete por cento desses pacientes conseguiram andar sem assistência no decorrer de 3 meses, e não houve nenhum caso de morte.

Como o vírus Zika é transmitido? Vários mosquitos do gênero *Aedes* são transmissores conhecidos, dos quais *Aedes aegypti* e *Aedes albopictus* (o mosquito tigre asiático) são os que causam mais preocupação nos EUA. Esses mosquitos picam durante o período diurno e podem até mesmo transmitir o vírus Zika para ovos e a progênie dos mosquitos. Pode ser necessário matar mais do que apenas os mosquitos adultos. Em Washington, D.C., descobriu-se que os mosquitos *Aedes* sobrevivem por até quatro invernos, provavelmente em algum refúgio subterrâneo. As transfusões de sangue representam outro meio de transmissão. Foi constatado também que a saliva, a urina e as lágrimas transmitem o vírus infeccioso.

Mas uma grande fonte inesperada de infecção é a transmissão sexual: tanto do homem para a mulher quanto da mulher para o homem. Como apenas 1 em 4 pessoas apresenta sintomas, é difícil saber quem está infectado. Nos EUA, a maioria dos casos foi sexualmente transmitida por pessoas que viajaram para países tropicais. Em setembro de 2016, os Centers for Disease Control and Prevention (CDC) anunciaram novas recomendações para casais cujo homem poderia ter

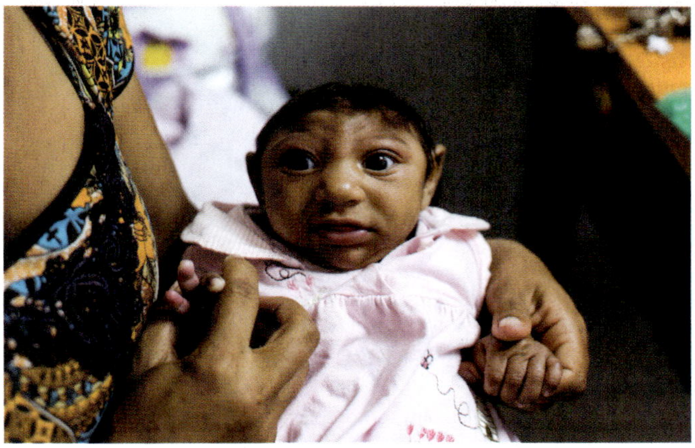


**Figura 11.6 Criança com microcefalia decorrente de infecção pelo vírus Zika que causou dano ao encéfalo.** Quando mais cedo for a infecção durante a gestação, mais graves são os resultados.

tido uma possível exposição ao vírus Zika, mas sem nenhum sintoma. A detecção do vírus em pacientes infectados teve um aumento de pelo menos 8 semanas (orientação anterior) para pelo menos 6 meses após a última exposição. Desse modo, o tempo mínimo para uso de preservativos ou abstinência sexual também aumentou para 6 meses. As mulheres com possível exposição ao vírus Zika que não residem na área de exposição ativa devem aguardar pelo menos 8 semanas após a última exposição antes de tentar engravidar. A diferença nas orientações para homens e mulheres deve-se à sobrevivência prolongada do vírus no sêmen. Alguns outros países publicaram advertências para evitar a gravidez por um período de 8 meses. As mulheres correm maior risco de infecção pelo vírus Zika na vagina, porque essa região apresenta uma resposta imune suprimida para a produção de interferon, que começa a combater o vírus (ver Capítulo 17), que, nestes casos, aparece 1 semana mais tarde do que o normal.

Quais serão os custos sociais e monetários do vírus Zika? No Brasil, o governo investirá 163 milhões de dólares para dar assistência e fornecer fisioterapia e fonoaudiologia a bebês com microcefalia nos primeiros 3 anos de vida. Mas quanto isso irá custar depois desses 3 anos? Algumas crianças microcefálicas vivem até a adolescência e mais ainda. O governo pretende treinar mais de 7.500 médicos, fisioterapeutas e psicólogos em técnicas destinadas a ajudar essas crianças. Quanto mais isso irá custar em todo o mundo?

## Ebola

A **doença pelo vírus Ebola (DVE)** ocorreu pela primeira vez em 1976 em aldeias remotas da África Central e recebeu o seu nome do rio Ebola na República Democrática do Congo. Em 2015, o vírus propagou-se para áreas mais populosas da África Ocidental, começando na Guiné e, em seguida, alcançando Serra Leoa e Libéria, onde causou um enorme surto. As taxas de mortalidade variam de 25 a 90%, com média de 50%. As mortes totais causadas pelo surto de 2015 alcançaram 11.310 de 28.616 casos. O período de incubação é de 2 a 21 dias. As pessoas não são infecciosas até o aparecimento dos sintomas, que consistem em início súbito de febre, cefaleia, dor muscular, fraqueza intensa e faringite, seguidos de exantema, vômitos, diarreia e sangramento externo e interno. O volume de sangramento, descrito por R. Preston em seu livro *Zona quente*, geralmente não é observado. O sangramento é mínimo.

A transmissão ocorre por meio de líquidos corporais. Animais silvestres, como morcegos de frutas e macacos, são largamente consumidos, e o abate ou o consumo de carne inadequadamente cozida podem levar à infecção. O tratamento dos pacientes era extremamente perigoso para as equipes médicas, que careciam até mesmo de itens básicos, como luvas e água corrente. Dos 881 casos de DVE contraída por profissionais de saúde, 512 foram fatais.

Vinte por cento das novas infecções ocorriam durante o sepultamento dos pacientes com DVE. Os rituais tradicionais de enterro incluíam tocar e lavar a cabeça do defunto. Em áreas pantanosas, os cadáveres emergiam até a superfície após o sepultamento e continuavam ainda infectantes. Por fim, o presidente da Libéria ordenou que todas as pessoas que morressem de DVE fossem cremadas – apesar da consternação da população –, mas finalmente com a sua aceitação.

Os homens sobreviventes deviam fornecer amostras de sêmen para pesquisa do vírus nos primeiros 3 meses após o aparecimento dos sintomas. Para os casos com teste positivo, era exigida a realização de um novo teste a cada mês até a obtenção de dois testes negativos.

Alguns casos de DVE foram transmitidos para outros países, inclusive os EUA, por viajantes. Felizmente, esses casos foram rapidamente isolados e controlados. Até 2017, não havia nenhuma vacina licenciada disponível, mas duas possibilidades estão sendo testadas. A princípio 600 e, por fim, até 27 mil voluntários na Libéria estão participando desse esforço.

### SAÚDE PÚBLICA

#### E se ele chegar até a porta de sua casa?

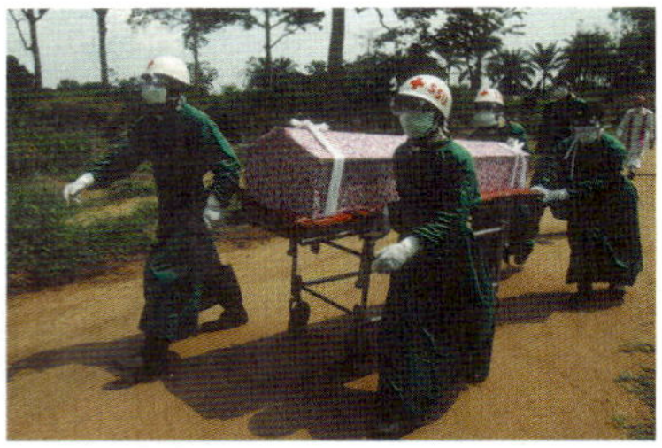

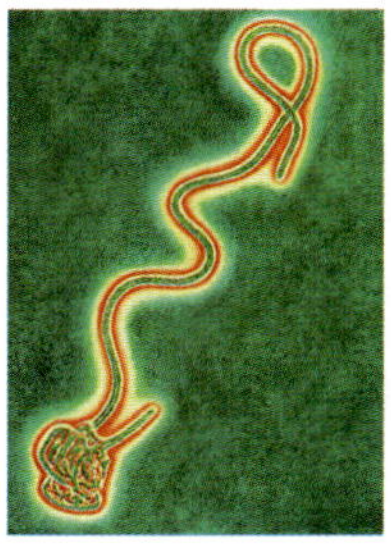

Ocorreram surtos de Ebola no Zaire e no Sudão – centenas de casos em cada um dos surtos. A taxa de mortalidade alcançou 88% no Zaire e foi de 51% no Sudão. Uma variante do Ebola alcançou uma instalação de quarentena de macacos em Reston, na Virgínia, próximo de Washington D.C. Leia o livro *Zona quente*, de Richard Preston, para conhecer a verdadeira história desse surto. O vírus Ebola retorna repetidas vezes. Não há cura. Os antibacterianos não têm efeito. Não existe nenhuma vacina. O que aconteceria se ele se espalhasse até o local onde você vive?

(Fotografia de cima: Malcolm Linton/Liaison/Getty Images; fotografia de baixo: Barry Dowsett/Science Source.)

## Vírus da imunodeficiência humana

Muitos virologistas acreditam que um evento semelhante pode ter ocorrido no caso do HIV. Existem retrovírus semelhantes ao HIV em gatos domesticados (vírus da imunodeficiência felina, FIV) e em macacos (vírus da imunodeficiência símia, SIV). É possível que uma forma mutante do SIV tenha alcançado os seres humanos a partir do contato com macacos infectados. Entretanto, foram encontrados anticorpos contra o SIV nos seres humanos. Desse modo, o próprio SIV pode ter inicialmente infectado seres humanos e, posteriormente, ter sofrido mutação. A seleção natural pode ter favorecido essas mutações, visto que os mutantes eram mais bem adaptados do que o SIV ao novo hospedeiro humano.

## Hantavírus

Nos EUA, um vírus emergente recente é o hantavírus, transmitido aos seres humanos pelas fezes e urina de roedores. O vírus, que causa a síndrome pulmonar por hantavírus (SPH), atingiu primeiro o Novo México em maio de 1993. Embora não saibamos como os vírus penetraram na população de roedores, a análise genética e o folclore sugerem que o vírus tenha sido endêmico nos roedores durante muitos anos. Sabemos que as condições eram favoráveis a uma explosão na população de roedores, garantindo, assim, um maior contato entre as fezes desses animais e os seres humanos. Sabe-se que outros hantavírus provocam febre hemorrágica em milhões de pessoas no mundo. O primeiro, denominado vírus Hantaan, foi isolado na Coreia, em 1978, porém acredita-se que estejam causando doença desde a década de 1930 (ver Capítulo 22).

## Influenza

As novas cepas do vírus influenza causam particularmente muita preocupação. Se uma célula hospedeira for infectada simultaneamente por dois vírus influenza diferentes (p. ex., um vírus humano e um vírus animal), eles podem "trocar" partes de seus genomas, criando, assim, um novo vírus do tipo mutante (**Figura 11.7**). Esse vírus pode ser tão acentuadamente alterado, talvez com um cerne do vírus influenza humano coberto por um capsídio do tipo do vírus influenza de galinhas, patos ou porcos, que o sistema imune do hospedeiro não será capaz de reconhecê-lo, nem sequer de atacá-lo. A rápida multiplicação no hospedeiro pode então resultar em doença grave ou até mesmo em morte. Isso foi o que aconteceu na grande pandemia de gripe suína de 1918, que matou 20 a 40 milhões de pessoas no mundo (ver Capítulo 22). Recentemente, vírus recuperados de corpos de vítimas exumadas foram analisados, e constatou-se que eram uma combinação do material genético de vírus influenza tanto humanos quanto de porcos. O gene para a espícula de hemaglutinina tinha sequências em seu início e término de um vírus influenza humano, enquanto as sequências intermediárias provinham de um vírus influenza suíno. Em consequência, as autoridades de saúde ficaram muito alarmadas em 1997, 1999 e 2003 quando a "gripe do frango" (também conhecida como gripe aviária ou influenza aviária) surgiu em Hong Kong, e pessoas que entravam em contato com aves doentes começavam a adoecer com uma forte gripe. Desde 1998, um novo vírus influenza de origem tripla (vírus humano, de pato e de porco) esteve circulando nos EUA, o que também causa muita preocupação.

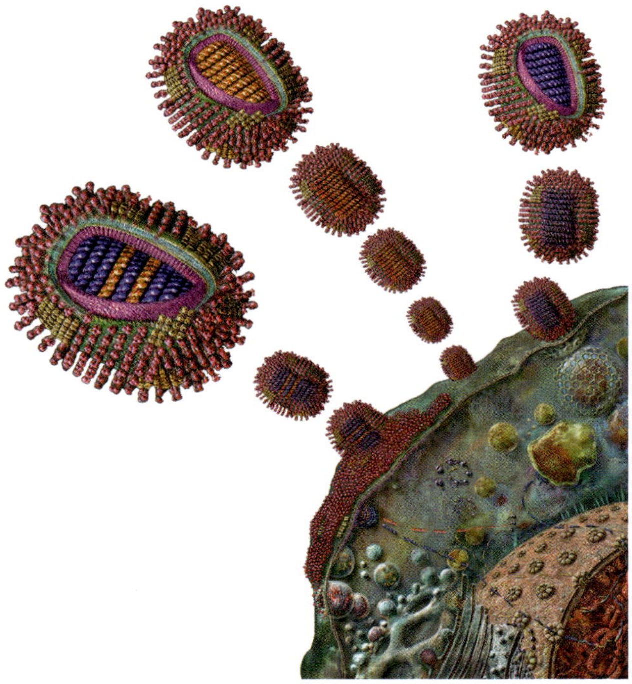

**Figura 11.7 Produção de uma nova cepa do vírus influenza.** Dois tipos diferentes de vírus infectaram a mesma célula (genoma de cor púrpura na parte inferior à esquerda e genoma cor de laranja na parte inferior média). Durante a reprodução, partes dos genomas podem ser "trocadas" entre as duas cepas, resultando em um novo vírus mutante recombinante (parte superior média, cor púrpura e laranja). Essa nova cepa pode ter o potencial de rápida disseminação, com resultados letais. Pode até mesmo ser capaz de atacar uma gama mais ampla de hospedeiros. *(Russell Kightley/Science Source.)*

O vírus da influenza aviária está presente nas fezes de galinhas, patos, gansos e outras aves domésticas infectadas, bem como de aves aquáticas migratórias. Partículas de fezes são facilmente espalhadas no ar pelo batimento das asas e pelas unhas das patas riscando o solo. Em 1997, foram internadas 18 pessoas, das quais 6 morreram – uma taxa de mortalidade de um terço! Todo o estoque de avicultura de Hong Kong, de 1,4 milhão de aves, foi abatido para interromper a disseminação da doença.

O surto de 1999 mais uma vez ocorreu em Hong Kong, mas em 2003 espalhou-se para 10 países vizinhos: Tailândia, Camboja, Indonésia, Japão, Laos, Vietnã, China, Coreia do Sul, Paquistão e Taiwan. Dezenas de milhões de aves foram abatidas (**Figura 11.8**). O sequenciamento do genoma do vírus influenza indicou que o vírus continua sendo inteiramente aviário. Ainda não ocorreu nenhuma "troca". Entretanto, enquanto humanos e aves domésticas continuarem tendo um contato próximo, é provavelmente uma questão de tempo para que isso possa ocorrer. Recomendou-se que o comércio de aves vivas seja proibido, e que os animais sejam abatidos antes de serem transportados para a cidade. Até agora, parece que os casos de doença são em sua maioria causados por contato próximo com aves, e a capacidade de transmissão por contato entre seres humanos é extremamente limitada. A preocupação é que a "troca" de genes possa produzir mutantes que sejam facilmente transmitidos entre humanos, levando a uma pandemia descontrolada. Os frangos e os ovos adequadamente cozidos não demonstraram causar doença. Entretanto, aves migratórias que deixam Hong Kong fazem seus ninhos na Sibéria e na Coreia do Norte, onde podem contribuir para a disseminação global da influenza aviária.

Em 2013, surgiu uma epidemia de influenza aviária na China, que matou cerca de um terço das vítimas. Até então, cerca de 50% dos casos foram disseminados entre humanos; as aves não sofrem nenhum efeito prejudicial do vírus. Os CDC estão apressando a produção de uma vacina contra essa gripe aviária, no caso de ela se tornar mais capaz de se disseminar entre seres humanos. A influenza aviária também foi registrada fora da China, em pequenos números.

Um dos mecanismos de transmissão de doenças de grande importância atual é a viagem aérea. Desde a década de 1950, o número anual de passageiros de viagens aéreas internacionais aumentou de 2 milhões para quase 600 milhões. No sistema de ar confinado de um avião a jato (uma atmosfera ideal para a rápida disseminação de doenças), uma pessoa ou um mosquito abrigando um vírus emergente pode, de um dia para outro, transportar o vírus pelo mundo. O que é

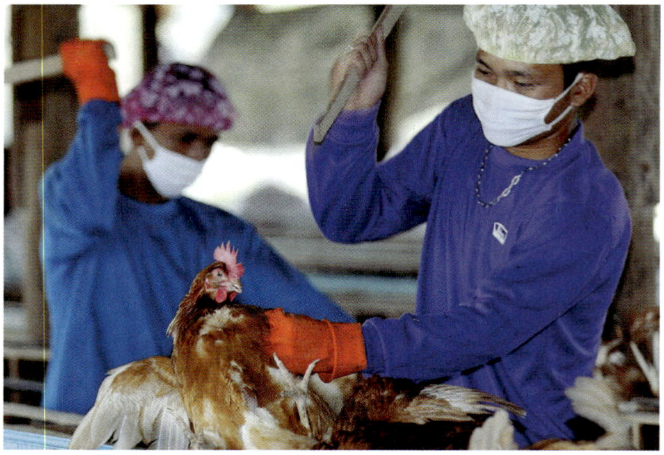

A

B

**Figura 11.8 A.** Em 2003, um surto de "gripe do frango" exigiu o abate de dezenas de milhões de aves. *(©AP/Vide World Photos.)* **B.** O contato próximo entre seres humanos e aves pode facilmente levar à coinfecção por cepas de influenza humana e aviária. A recombinação pode produzir mutantes muito perigosos. *(STR/EPA/Newscom.)*

particularmente importante agora é a transmissão da síndrome respiratória aguda grave (SARS). Felizmente, a doença não tem sido observada nos últimos anos.

Assim, como podemos nos proteger dessas ameaças virais potenciais? Muitos virologistas sugerem que sejam estabelecidos "postos avançados para vírus" com a finalidade de detectar vírus emergentes antes de sua propagação. Vírus como o HIV, que se propagam lentamente, podem ser difíceis de detectar, pois a sua emergência em escala global leva anos. Por outro lado, o vírus da febre amarela produz sintomas clínicos em indivíduos não imunizados dentro de poucos dias, senão horas. Talvez seja necessária uma quarentena para as pessoas que visitam ou trabalham em áreas com suspeita de abrigarem vírus emergentes.

Foram propostos diversos fatores que poderiam contribuir para a emergência de doenças virais (e outras doenças infecciosas). Incluem mudanças ecológicas e desenvolvimento (contato humano com hospedeiros naturais ou reservatórios), mudanças demográficas humanas (normalmente em consequência de fome ou guerra), as viagens e o comércio internacionais (possibilitando a rápida introdução de vírus em novos hábitats e hospedeiros), a tecnologia e a indústria (p. ex., durante o processamento e extração de produtos de animais infectados), adaptações e alterações microbianas (taxas elevadas de mutação ou mudanças na composição genética) e alterações ambientais (como ampliação da gama de vetores em consequência do aquecimento global).

# REPLICAÇÃO VIRAL

## Características gerais da replicação

Em geral, os vírus passam pelas cinco etapas seguintes em seus **ciclos de replicação** para produzir mais vírions:

1. **Adsorção**, que é a fixação dos vírus às células hospedeiras.
2. **Penetração**, a entrada dos vírions (ou de seu genoma) nas células hospedeiras.
3. **Síntese**, que se refere à síntese de novas moléculas de ácido nucleico, proteínas do capsídio e outros componentes virais no interior das células hospedeiras, utilizando a maquinaria metabólica dessas células.
4. **Maturação**, que se refere à montagem dos componentes virais recém-sintetizados em vírions completos.
5. **Liberação**, a saída dos novos vírions das células hospedeiras. Em geral, a liberação mata (lisa) as células hospedeiras.

## Replicação dos bacteriófagos

Os *bacteriófagos*, ou simplesmente *fagos*, são vírus que infectam as bactérias (Figura 11.9). Os fagos foram observados pela primeira vez em 1915 por Frederic Twort, na Inglaterra, e em

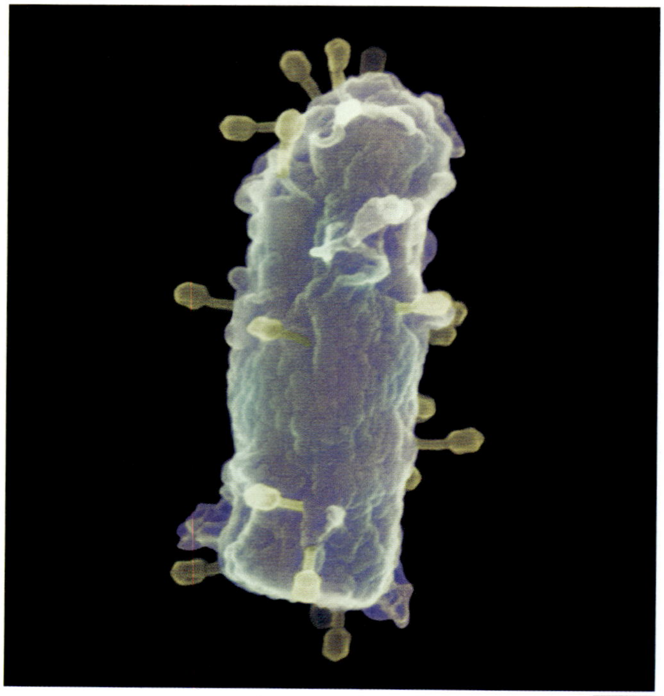


**Figura 11.9** ***Escherichia coli*** **sob ataque de bacteriófagos.** *(Juergen Berger/Science Source.)*

1917 por Felix d'Herelle, na França. d'Herelle os denominou bacteriófagos, um termo que significa "comedores de bactérias". d'Herelle era um ardente comunista e, em 1923, juntamente com Giorgi Eliava, fundou um instituto em Tbilisi, na Geórgia soviética, para o estudo dos fagos e da **fagoterapia** para as doenças bacterianas. Uma cabana foi construída para ele no terreno do instituto, e ele pretendia viver lá para sempre. Entretanto, após a execução de Eliava pela polícia secreta de Stalin, em 1937, d'Herelle foi embora e nunca mais retornou à Geórgia.

Enquanto isso, o instituto prosseguiu, tornando-se a maior instituição do mundo dedicada ao desenvolvimento e à produção de produtos para terapia com fagos. Stalin ordenou que, quando fossem descobertas bactérias resistentes a antibacterianos, elas deveriam ser enviadas ao instituto em Tbilisi. Lá especialistas iriam isolar cepas de fagos capazes de curar infecções causadas por esses organismos. Posteriormente, o projeto secreto de guerra biológica da União Soviética prosseguiu para transformar bactérias em armas biológicas de guerra, como o antraz. Amostras dessas bactérias também foram enviadas a Tbilisi para identificação de fagos que seriam terapeuticamente ativos contra esses "supermicrorganimos". O KGB (polícia secreta da União Soviética) era responsável pela segurança do instituto, e a publicação dos resultados era extremamente restrita. Em seu auge, na década de 1980, o instituto tinha aproximadamente 1.200 empregados e produzia cerca de 2 toneladas/dia de preparações de fagos. Em toda a União Soviética, a fagoterapia era preferida ao uso de antibacterianos. Os bacteriófagos eram altamente específicos, atacando apenas as bactérias-alvo, deixando vivas as bactérias potencialmente benéficas que normalmente habitam o sistema digestório humano e outros locais. Os fagos também são baratos, efetivos em pequenas doses e raramente provocam efeitos colaterais. Um tratamento típico consistia em 10 comprimidos ou uma aplicação de aerossol, e a recuperação podia ser tão rápida quanto 1 ou 2 dias. O microbiologista polonês Stefan Slopek e seus colegas utilizaram fagos com sucesso no tratamento de 138 pacientes com infecções bacterianas prolongadas resistentes a antibacterianos. Todos os pacientes beneficiaram-se do tratamento, e 88% obtiveram uma cura completa. Esses resultados foram publicados em inglês, na década de 1980, constituindo a primeira publicação disponível ao mundo ocidental. A fagoterapia é particularmente efetiva no tratamento de infecções em biofilmes. Enquanto houver mais bactérias hospedeiras, os fagos continuam se alimentando delas, até que todas desapareçam. As úlceras de pé diabético são infecções em biofilmes. A Figura 11.10 mostra a eficácia da fagoterapia. Foi possível evitar muitas amputações dessa maneira. Atualmente, existem ensaios clínicos em andamento nos EUA para o tratamento de feridas crônicas com fagos.

Com a descoberta dos antibacterianos na década de 1940 e o sigilo mantido pela Rússia Soviética, a medicina ocidental afastou-se da fagoterapia. Eli Lilly, que estava produzindo sete preparações de fagos nos EUA, cessou a produção. A fagoterapia continuou apenas na União Soviética e suas repúblicas. Então, com o colapso da União Soviética em 1992 e a nova independência da República da Geórgia, as fontes de financiamento para o instituto em Tbilisi desapareceram. Os cientistas da Geórgia tiveram de voltar-se para o Ocidente à procura de dinheiro. E o Ocidente, atormentado pelos perigos crescentes de cepas resistentes a antibacterianos, começou a voltar a sua atenção para esses cientistas. Com a desistência de grandes empresas farmacêuticas na corrida extremamente onerosa à procura de novos antibacterianos, é possível que em breve não tenhamos mais escolha a não ser o uso da fagoterapia.

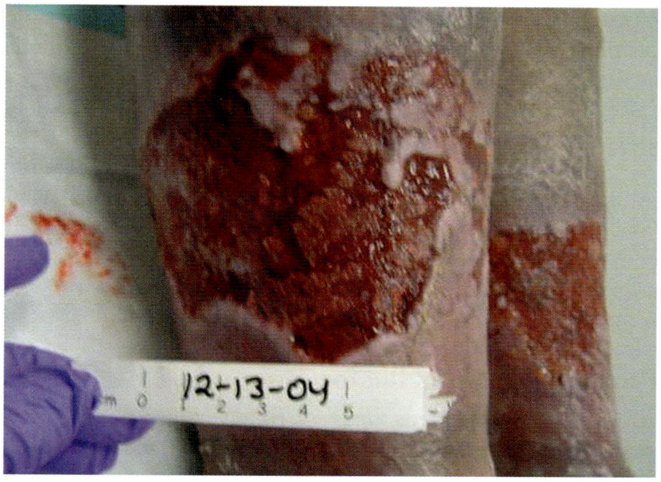


A

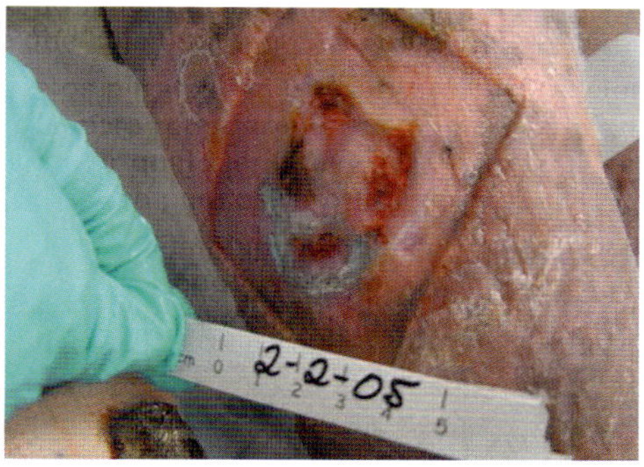


B

**Figura 11.10 Úlcera de perna venosa infectada.** Antes (**A**) e depois (**B**) do tratamento com fagos. A úlcera já tinha recebido tratamento convencional, incluindo antibacterianos, por mais de 10 anos, sem resolução. O coquetel de fagos utilizado continha oito cepas diferentes: cinco contra *Pseudomonas*, uma contra *Escherichia coli* e duas contra *Staphylococcus aureus*. Ocorreu cicatrização completa, que durou mais de uma década. A marca retangular em (**B**) é o local de biópsia. *(Cortesia de Randall Wolcott, MD.)*

A água do mar pode conter 100 milhões de bacteriófagos por mℓ.

Uma nota pessoal: durante uma de minhas viagens à Rússia, recebi fagoterapia para tratar uma infecção, e em 48 horas estava de pé. Os fagos, que se replicam em uma taxa de centenas de novos vírus para cada acesso a uma célula bacteriana, podem rapidamente superar em número a população bacteriana, que, no mesmo período, só pode duplicar o seu número por fissão binária. Uma vez eliminada a população de bactérias-alvo, os fagos remanescentes não podem se reproduzir e são removidos no decorrer de um período de vários dias pelo sistema reticuloendotelial. Pode ocorrer resistência bacteriana a determinado fago; entretanto, habitualmente em poucos dias, os pesquisadores conseguem desenvolver com rapidez uma nova preparação de fagos que passa a atuar. No entanto, as preparações de fagos mais comuns consistem em "coquetéis" de 20 a 50 cepas diferentes de fagos, aumentando assim as chances de sucesso (ver Capítulo 1). Em 2013, uma enzima lítica de um fago foi utilizada para matar uma ampla variedade de bactérias, incluindo MRSA (*Staphylococcus aureus* resistente à meticilina) e antraz.

No Ocidente, os fagos vêm sendo estudados de modo muito detalhado, já que é muito mais fácil manipular células bacterianas e seus vírus no laboratório do que trabalhar com vírus de hospedeiros multicelulares. De fato, o trabalho com fagos está dando ensejo ao início da moderna biologia molecular.

## Propriedades dos bacteriófagos

À semelhança de outros vírus, os bacteriófagos podem ter a sua informação genética na forma de RNA ou de DNA de fita dupla ou de fita simples. Eles podem exibir uma estrutura relativamente simples ou complexa.

Para entender a replicação dos fagos, examinaremos os *fagos T pares*. Esses fagos, designados como T2, T4 e T6 (T para "tipo"), são fagos não envelopados, bem estudados e complexos, que possuem fdDNA como material genético. O mais amplamente estudado é o fago T4, um parasita obrigatório da bactéria entérica comum *Escherichia coli*. O fago T4 possui um capsídio de formato distinto, com cabeça, colar e cauda (Figura 11.11; **Tabela 11.4**). O DNA é acondicionado na cabeça poliédrica, que está ligada a uma cauda helicoidal.

## Replicação dos fagos T pares

A infecção e a replicação de novos fagos T4 ocorrem em uma série de etapas que estão ilustradas na Figura 11.12.

**Adsorção.** Se os fagos T4 entrarem em contato com a célula hospedeira na orientação correta, eles irão aderir à superfície da célula hospedeira, em um processo conhecido como adsorção.

**Tabela 11.4** Funções dos componentes estruturais dos bacteriófagos.

| Componente | Função |
|---|---|
| Genoma | Carrega a informação genética necessária para a replicação de novas partículas do fago |
| Bainha da cauda | Sofre retração de modo que o genoma possa se mover da cabeça do fago para o interior do citoplasma da célula hospedeira |
| Placa e fibras da cauda | Fixa o fago a sítios receptores específicos na parede celular de uma bactéria hospedeira suscetível |

A adsorção é uma atração química; exige a presença de fatores de reconhecimento de proteínas específicas encontrados nas fibras da cauda do fago, que se ligam a sítios receptores específicos nas células hospedeiras. As fibras se curvam e permitem que os pinos entrem em contato com a superfície celular. Embora muitos fagos, incluindo o fago T4, se liguem ao envoltório celular, outros fagos podem se adsorver a flagelos ou a *pili*.

**Penetração.** A enzima *lisozima*, que está presente na cauda dos fagos, enfraquece a parede celular da bactéria. Quando a bainha da cauda se contrai, o tubo oco (cerne) da cauda é forçado a penetrar na parede celular enfraquecida e a estabelecer contato com a membrana celular da bactéria. Em seguida, o DNA viral move-se da cabeça, através do tubo, para o interior da célula bacteriana. Ainda não está bem esclarecido se o DNA é introduzido diretamente no citoplasma; de acordo com evidências recentes, os fagos T4 introduzem o seu DNA no espaço periplasmático, entre a membrana celular e a parede

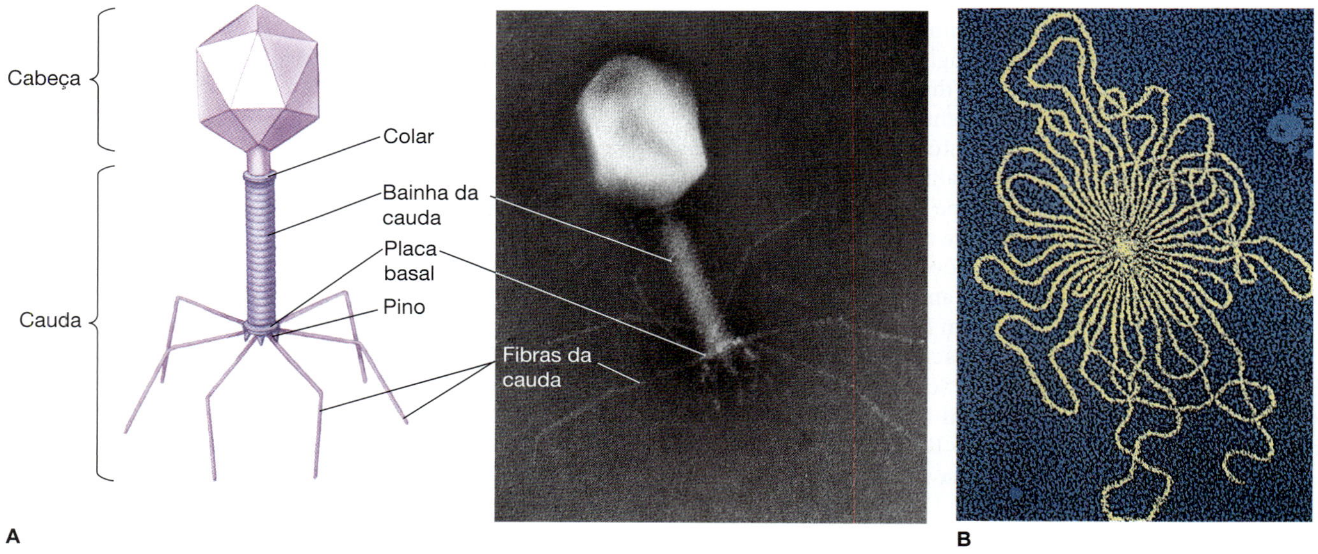


**Figura 11.11 Bacteriófagos.** A. Estrutura e micrografia eletrônica de um bacteriófago T par (T4) (191.500×). *(Cortesia de Robley C. Williams, University of California.)* B. O DNA é normalmente acondicionado na cabeça do fago. A lise osmótica liberou o DNA desse fago, mostrando a grande quantidade de DNA que precisa ser acondicionada dentro de um fago (ou no interior de um vírus de animal ou de planta; 72.038×). *(Omikron/Science Source.)*

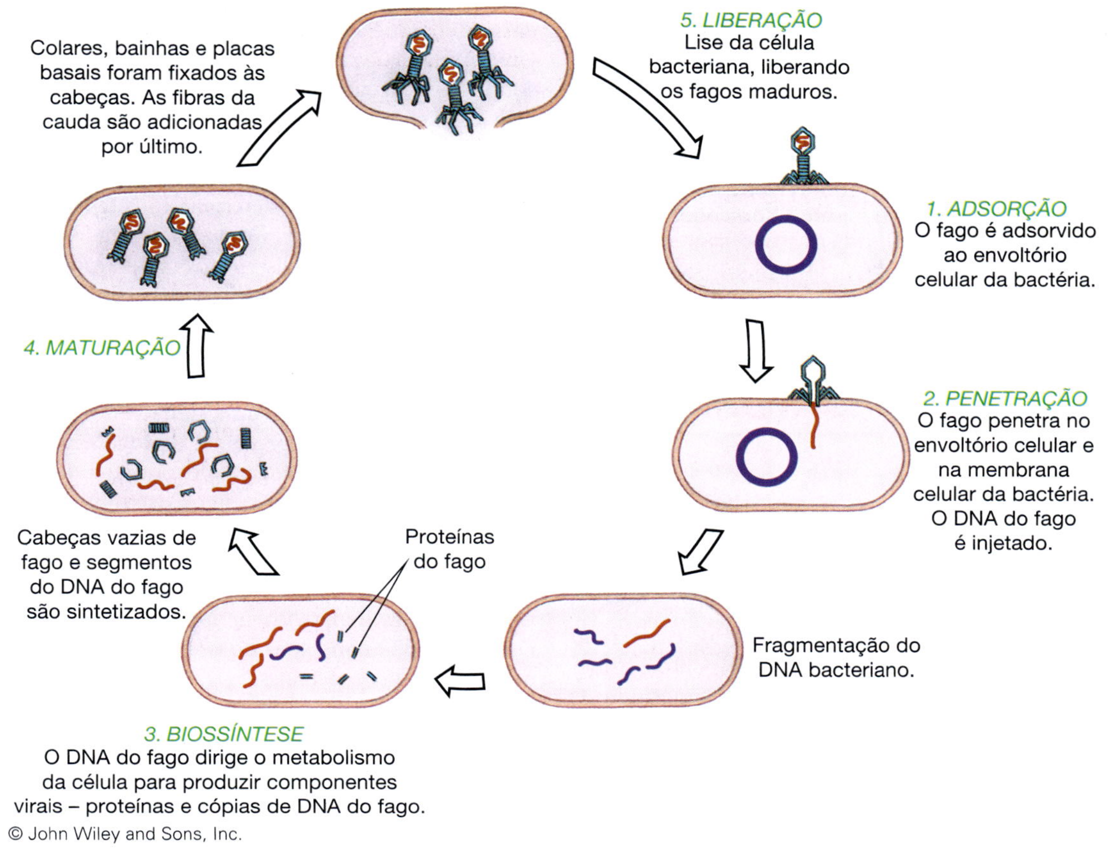


**Figura 11.12 Replicação de um bacteriófago virulento.** Um fago virulento sofre um ciclo lítico para produzir novas partículas de fago dentro de uma célula bacteriana. A lise da célula libera novas partículas de fago que podem infectar mais bactérias.

celular. De qualquer modo, o capsídio do fago permanece fora da bactéria.

**Síntese.** Os genomas virais, que consistem em apenas alguns milhares a 250 mil nucleotídios, são muito pequenos para conter toda a informação genética necessária para a sua própria replicação. Por esse motivo, eles precisam utilizar a maquinaria de biossíntese presente nas células hospedeiras. Quando o DNA do fago entra na célula hospedeira, seus genes assumem o controle da maquinaria metabólica dessa célula. Em geral, o DNA bacteriano é fragmentado, de modo que os nucleotídios dos ácidos nucleicos hidrolisados possam ser utilizados como blocos de construção para um novo fago. O DNA do fago é transcrito em mRNA, utilizando a maquinaria da célula hospedeira. O mRNA, traduzido nos ribossomos do hospedeiro, dirige então a síntese das proteínas do capsídio e das enzimas virais. Algumas dessas enzimas consistem em DNA polimerases que replicam o DNA do fago. Assim, a infecção pelo fago dirige a célula hospedeira para que ela sintetize apenas produtos virais – isto é, DNA viral e proteínas virais.

**Maturação.** Ocorre montagem da cabeça de um fago T4 no citoplasma da célula hospedeira a partir das proteínas do capsídio recém-sintetizadas. Em seguida, uma molécula de fdDNA viral é acondicionada no interior de cada cabeça. Ao mesmo tempo, ocorre montagem das caudas dos fagos a partir das placas basais, bainhas e colares recém-formados. Quando a cabeça está adequadamente acondicionada com DNA, cada cabeça liga-se a uma cauda. Somente após a ligação da cabeça com a cauda é que as fibras da cauda são adicionadas para formar um fago maduro e infectante.

**Liberação.** A enzima lisozima, que é codificada por um gene do fago, decompõe a parede celular, possibilitando o escape dos vírus. Nesse processo, ocorre lise da célula hospedeira bacteriana. Desse modo, os fagos como T4 são denominados **fagos virulentos (líticos)**, porque eles lisam e destroem as bactérias que infectam (ver Capítulo 9). Nesse estágio, os fagos liberados podem infectar mais bactérias suscetíveis, iniciando mais uma vez todo o processo de infecção. Essas infecções por fagos virulentos representam o **ciclo lítico** da infecção.

O tempo decorrido entre a adsorção e a liberação é denominado **tempo de liberação viral (*burst time*)**; varia de 20 a 40 minutos para diferentes fagos. O número de novos vírions, liberados de cada célula hospedeira bacteriana representa a **produção viral** ou **tamanho da população liberada (*burst size*)**. Nos fagos como o T4, podem ser liberados de 50 a 200 novos fagos a partir de uma bactéria infectada.

## Crescimento dos fagos e estimativa de seu número

À semelhança do crescimento das bactérias, o crescimento viral (biossíntese e maturação) pode ser descrito por uma **curva de replicação**, que em geral se baseia em observações

SAIBA MAIS

## Protetores solares dos vírus

Não somos os únicos que devemos nos proteger do sol. A luz UV também causa dano aos vírus, como os bacteriófagos. Assim, como esses vírus sobrevivem no oceano, onde ficam expostos à luz solar direta? Ironicamente, as próprias bactérias que eles tentam destruir acabam por protegê-los. A luz UV estimula as bactérias a produzir fotoliase, uma enzima que repara o DNA bacteriano danificado. Esse processo é denominado fotorreativação. Dessa maneira, as bactérias sadias protegem o ácido nucleico do vírus, permitindo que ele se replique e, por fim, provoque lise da célula bacteriana que o protegeu.

de bactérias infectadas por fagos em culturas de laboratório (Figura 11.13). A curva de replicação de um fago inclui um **período de eclipse**, que se estende da penetração até o estágio de biossíntese. Durante o período de eclipse, não é possível detectar vírions maduros nas células hospedeiras. O **período de latência** estende-se da penetração até o momento de liberação dos fagos. Como mostra a Figura 11.13, o período de latência é mais longo do que o período de eclipse e o inclui. O número de vírus por célula hospedeira infectada aumenta depois do período de eclipse e, por fim, se estabiliza.

Se você tiver uma suspensão de fagos em um tubo de ensaio, como poderia determinar o número de vírus no tubo? Os fagos não podem ser vistos ao microscópio óptico, e não é possível contá-los em micrografias eletrônicas. Por essa razão, os virologistas e os microbiologistas recorrem a uma abordagem diferente para estimar o número de fagos. O método de ensaio viral utilizado é denominado **ensaio de formação de placas**. Para a realização desse ensaio, os virologistas começam

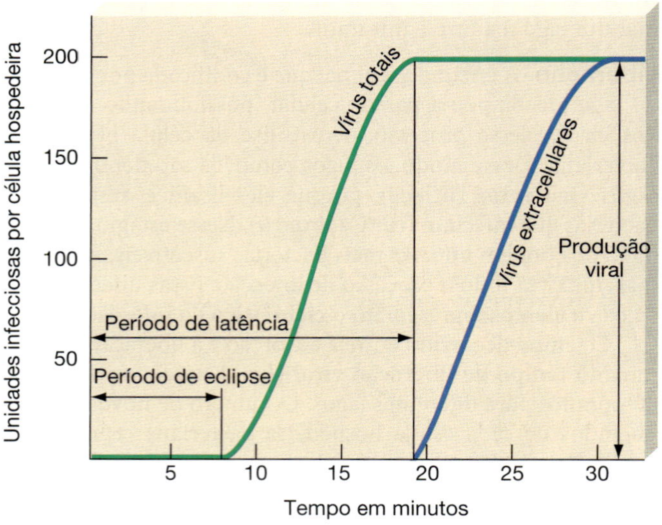




**Figura 11.13 Curva de crescimento de um bacteriófago.** O período de eclipse representa o tempo levado após a penetração até a biossíntese de fagos maduros. O período de latência representa o tempo desde a penetração até a liberação de fagos maduros. O número de vírus por célula infectada é a produção viral ou tamanho da população liberada.

com uma suspensão de fagos. São preparadas diluições seriadas, como aquelas descritas para as bactérias (ver Capítulo 7). Uma amostra de cada diluição é então inoculada em uma placa contendo uma **camada de bactérias** suscetíveis – uma lâmina de bactérias. Em condições ideais, os virologistas querem uma diluição que permita que apenas um fago infecte uma bactéria. Em consequência da infecção, novos fagos são produzidos a partir de cada célula bacteriana infectada, causando lise da célula. Esses fagos infectam então as células suscetíveis adjacentes, causando a sua lise. Após incubação e vários ciclos de lise, a camada bacteriana exibe áreas claras, denominadas **placas** (Figura 11.14). As placas representam áreas onde os vírus causaram lise das células hospedeiras. Em outras partes das camadas de bactérias, as bactérias não infectadas multiplicam-se rapidamente e formam uma camada de crescimento.

Cada placa deve representar a progênie de um fago infeccioso. Assim, pela contagem do número de placas e multiplicando esse número pelo fator de diluição, os virologistas podem estimar o número de fagos presentes em um mililitro de suspensão. Todavia, algumas vezes dois fagos foram depositados muito perto um do outro, de modo que produzem uma única placa. E, além disso, nem todos os fagos são infectantes. Desse modo, a contagem do número de placas irá se aproximar, porém poderá não ser exatamente igual, ao número de fagos infecciosos na suspensão. Com isso, essas contagens são habitualmente referidas como **unidades formadoras de placas** (ufp), e não como número de fagos.

## Lisogenia

### Propriedades gerais da lisogenia

Os bacteriófagos que descrevemos até agora, isto é, os fagos virulentos, destroem suas células hospedeiras. Os **fagos**

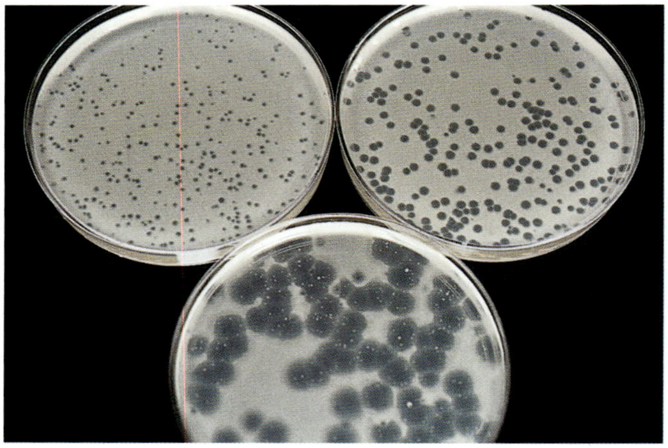

**Figura 11.14 Ensaio de formação de placas.** O número de bacteriófagos em uma amostra é analisado espalhando a amostra sobre uma "camada" de crescimento bacteriano sólido. Quando os fagos se replicam e destroem as células bacterianas, eles deixam uma área clara, denominada placa, na camada de bactérias. O número de placas corresponde aproximadamente ao número de fagos que estavam inicialmente presentes na amostra. Diferentes tipos de fagos produzem placas de diferentes tamanhos ou formas quando se replicam na mesma espécie bacteriana – neste caso, *Escherichia coli*. A placa do lado esquerdo superior foi inoculada com fago T2; a placa do lado direito superior foi inoculada com fago T4; e a placa inferior, com fago lambda. *(Fotomicrografia de Bruce Iverson.)*

**temperados** nem sempre passam por um ciclo lítico. Na maioria das vezes, eles exibem **lisogenia**, que é uma relação estável e duradoura entre o fago e seu hospedeiro, em que o ácido nucleico do fago torna-se incorporado ao ácido nucleico do hospedeiro.

As bactérias que participam dessa relação são denominadas *células lisogênicas*. Um dos fagos lisogênicos mais amplamente estudados é o fago lambda (λ) de *Escherichia coli* (Figura 11.15). Os fagos lambda aderem às células bacterianas e inserem o seu DNA linear no interior do citoplasma da bactéria (Figura 11.16). Entretanto, uma vez no citoplasma, o DNA do fago torna-se circular e, em seguida, integra-se ao cromossomo circular da bactéria em um local específico. Esse DNA viral dentro do cromossomo da bactéria é denominado **prófago**. A combinação de uma bactéria com um fago temperado é denominada **lisógeno**.

A inserção de um fago lambda em uma bactéria altera as características genéticas da bactéria. Dois genes presentes no prófago produzem proteínas que reprimem a replicação viral. O prófago também contém outro gene que proporciona "imunidade" à infecção por outro fago do mesmo tipo. Esse processo, denominado **conversão lisogênica**, impede a adsorção ou a biossíntese de fagos cujo DNA já está contido no lisógeno. O gene responsável por essa imunidade não protege o lisógeno contra a infecção por um tipo diferente de fago temperado ou por um fago virulento.

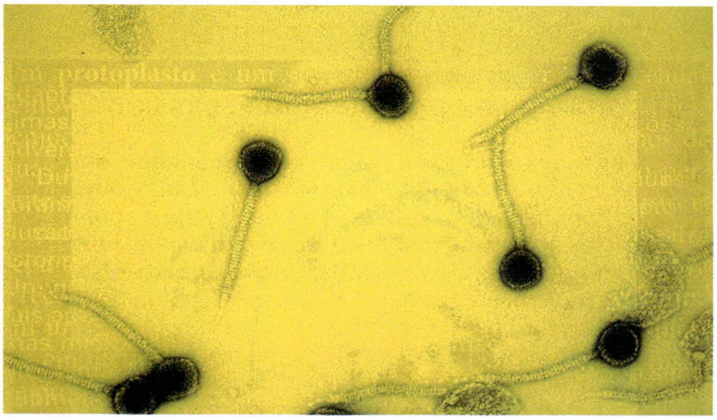

**Figura 11.15 MET artificialmente colorida do fago lambda temperado (85.680×).** Esse vírus infecta a bactéria *Escherichia coli*. *(M. Wurtz, Biozentrum/Science Source.)*

A conversão lisogênica pode ser de importância médica, visto que os efeitos tóxicos de algumas infecções bacterianas são causados pelos prófagos que as bactérias contêm. Por exemplo, as bactérias *Corynebacterium diphtheriae* e

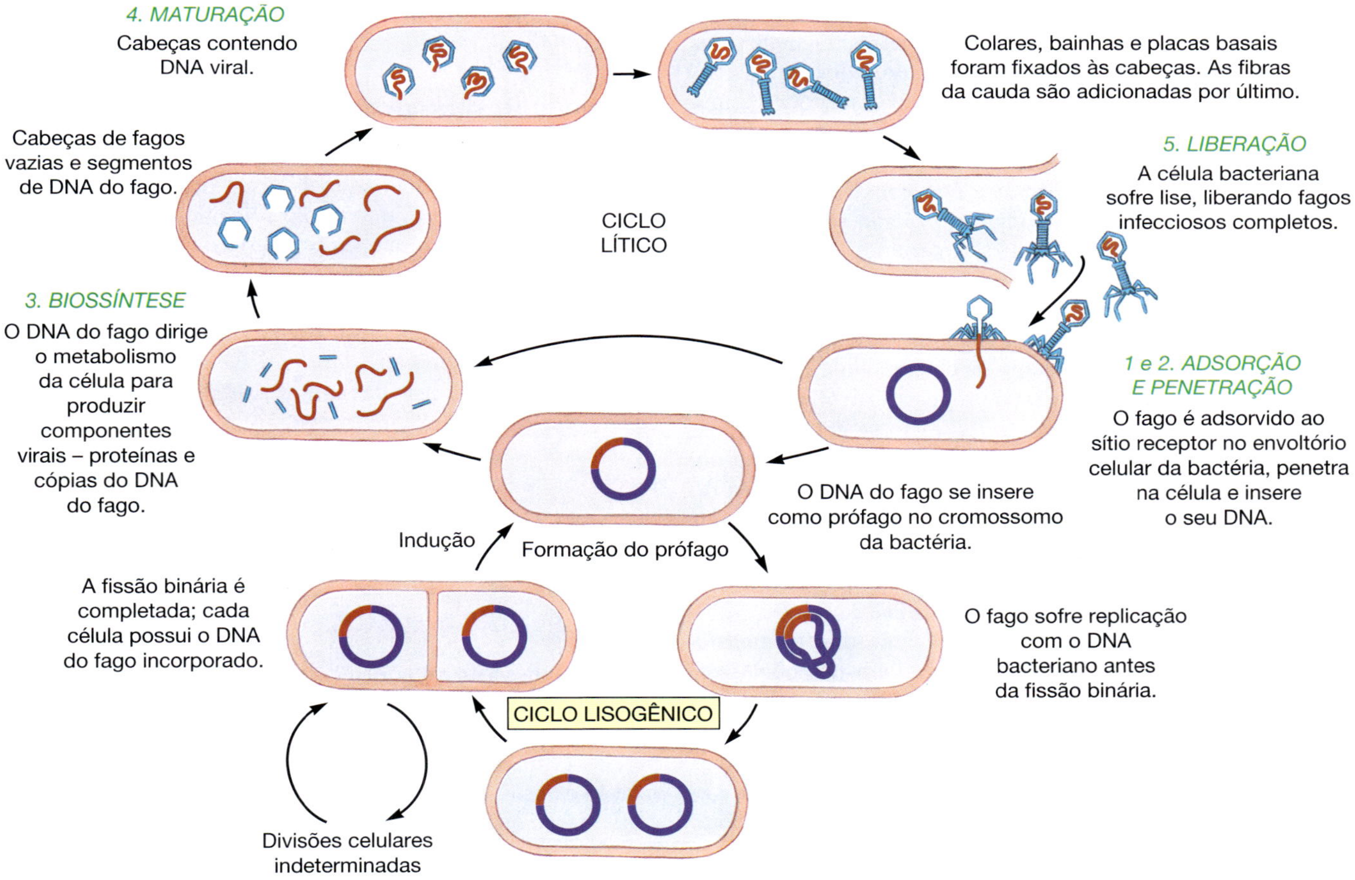




**Figura 11.16 Replicação de um bacteriófago temperado.** Após adsorção e penetração, o vírus passa pelo processo de formação de prófago. No ciclo lisogênico, os fagos temperados inócuos podem existir como prófagos no interior da célula hospedeira por longos períodos. Toda vez que o cromossomo bacteriano sofre replicação, o prófago também é replicado; todas as células-filhas bacterianas são "infectadas" pelo prófago. A indução envolve uma excisão do prófago do cromossomo bacteriano espontânea ou induzida por fatores ambientais. Ocorre um ciclo lítico típico, envolvendo a biossíntese e a maturação, e são liberados novos fagos temperados.

## PARA TESTAR

### Encontre o seu próprio fago assassino

Obtenha uma amostra que provavelmente contenha bacteriófagos. As amostras originais utilizadas quando os fagos foram descobertos eram água de rio contaminada por esgoto. O esterco também constitui uma fonte rica. Centrifugue para a retirada das grandes partículas e dos organismos macroscópicos. Utilize um sistema de filtro de membrana, como o do Millipore, com um tamanho adequado dos poros para remover as bactérias, mas não os vírus. Você agora deve ter uma suspensão de partículas de fagos. Entretanto, pode estar excessivamente concentrada, sendo necessário, portanto, efetuar várias diluições de 1:10 antes que encontre uma que irá fornecer um número contável de placas.

Acrescente uma gota da amostra original ou de uma de suas diluições a alguns mililitros de uma cultura em caldo fresco da bactéria que pretende estudar. Misture bem. Espalhe 0,1 mℓ da mistura na superfície de uma placa de ágar nutriente. Incube a 37°C por várias horas. Em seguida, a placa deve ter uma "camada" de bactérias com áreas claras (= placas) onde as bactérias não estão crescendo. Cada placa contém uma população de bacteriófagos que provocam lise da bactéria específica. Com uma alça de inoculação estéril, remova uma amostra de uma das placas. Adicione essa amostra a uma cultura em caldo turva da mesma bactéria em crescimento. Incube o caldo, examinando-o com frequência. Depois de algumas horas, a sua aparência turva deve se tornar clara, à medida que as bactérias são lisadas pelos fagos. Você agora possui uma cultura de estoque rica de fagos. A multiplicação do número de placas pelo fator de diluição fornecerá uma estimativa do número total de fagos presentes na amostra original.

Como variação, tente isolar um fago que causará lise de cianobactérias, eliminando o crescimento indesejável da alga.

*Clostridium botulinum* contêm prófagos que possuem um gene que codifica a produção de uma toxina. A conversão do estado de não produção de toxina para o estado de produção de toxina é responsável, em grande parte, pelo dano tecidual observado na difteria e no botulismo, respectivamente. Na ausência de prófagos, as bactérias não causam doenças.

Uma vez estabelecido como prófago, o vírus pode permanecer latente por um longo período. Toda vez que uma bactéria se divide, o prófago é copiado e faz parte do cromossomo bacteriano na progênie da bactéria. Desse modo, esse período de crescimento bacteriano com um prófago representa um *ciclo lisogênico* (ver Figura 11.15). No entanto, seja de modo espontâneo ou em resposta a algum estímulo externo, o prófago pode tornar-se ativo e iniciar um ciclo lítico típico. Esse processo, denominado **indução**, pode ser devido a uma falta de nutrientes para o crescimento da bactéria ou à presença de produtos químicos tóxicos para o lisógeno. O pró-vírus parece perceber que as condições de "vida" estão se deteriorando e que já é hora de encontrar um novo lar. Por meio da indução, o pró-vírus retira-se do cromossomo bacteriano. O DNA do fago codifica então proteínas virais para a montagem de novos fagos temperados, de modo semelhante ao processo utilizado pelos fagos líticos. Como resultado, novos fagos temperados amadurecem e são liberados por meio de lise da célula.

O microbiologista francês Andre Lwoff foi o primeiro a descrever a lisogenia, em 1950. Ele também descobriu que apenas uma pequena proporção de lisógenos produz fagos em qualquer momento determinado. Os que o fazem são lisados em consequência da liberação dos fagos. Os lisógenos remanescentes não sofrem indução e, devido à conversão lisogênica, permanecem protegidos da infecção por fagos do mesmo tipo. Em 1965, Lwoff compartilhou o Prêmio Nobel de Fisiologia ou Medicina com François Jacob e Jacques Monod.

A maioria dos bacteriófagos sofre lisogenia. A razão disso pode estar relacionada com a replicação. Lembre-se de que os fagos virulentos só podem ser transportados de um hospedeiro para outro por meio da formação de novos fagos, que são liberados de uma célula e que infectam outra célula. Em contrapartida, o ciclo lisogênico permite que os fagos temperados "infectem" mais bactérias, sem a necessidade de formar novos bacteriófagos. Em consequência da fissão binária, uma cópia do DNA do fago é distribuída para cada nova célula bacteriana.

## Replicação dos vírus de animais

À semelhança de outros vírus, os vírus de animais invadem e se replicam em células animais pelos processos de adsorção, penetração, síntese, maturação e liberação. Entretanto, os vírus de animais realizam esses processos de maneira que diferem daquelas empregadas pelos bacteriófagos – e também de diferentes modos entre eles próprios (**Tabela 11.5**). A **Figura 11.17** fornece um resumo do ciclo de replicação completo para um vírus de DNA animal, enquanto dois mecanismos para a replicação dos vírus de animais de RNA de sentido (+) estão resumidos na **Figura 11.18**.

> **Alguns vírus, como o HIV, apropriam-se da força motriz das células eucarióticas que aciona os cílios, os flagelos ou produz o movimento dos cromossomos durante a mitose e a utilizam para o seu próprio transporte até o núcleo da célula.**

### Adsorção

Conforme descrito anteriormente, os bacteriófagos são dotados de estruturas especializadas para a sua adesão às paredes celulares das bactérias. Embora as células animais careçam de paredes celulares, os vírus de animais possuem mecanismos de fixação às células hospedeiras. A especificidade envolve uma combinação do vírus e reconhecimento da célula hospedeira.

Os vírus não envelopados apresentam sítios de adesão (proteínas) na superfície de seus capsídios que se ligam aos sítios correspondentes nas células hospedeiras apropriadas. Por exemplo, os virologistas mostraram que os rinovírus possuem "cânions", ou depressões, em seus capsídios que se ligam a uma proteína de membrana específica normalmente envolvida na adesão celular (**Figura 11.19A**). Por outro lado, os

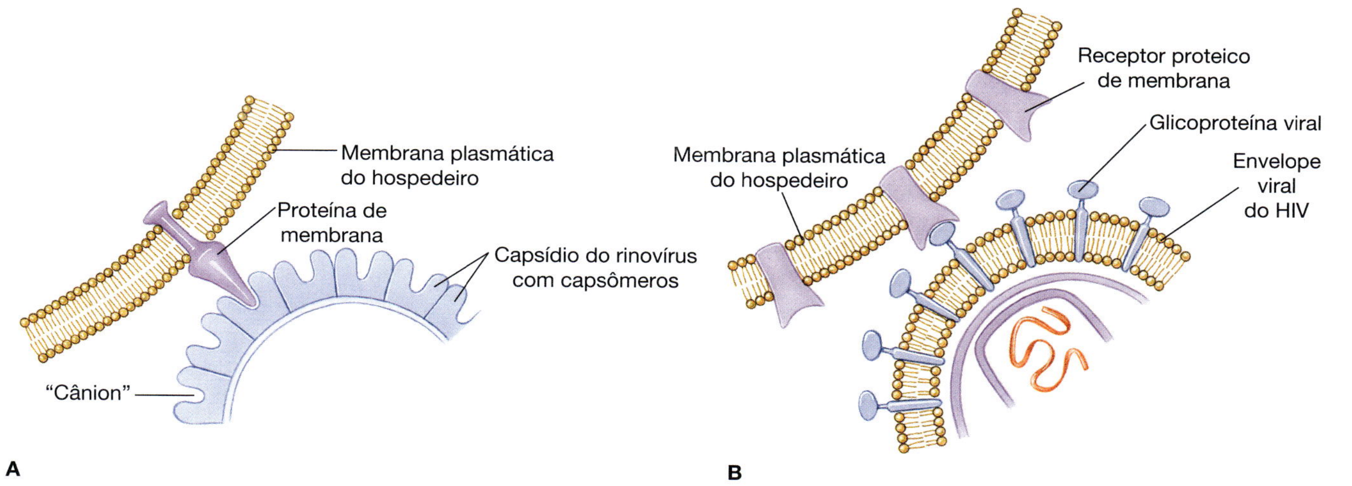


**Figura 11.19 Reconhecimento viral de uma célula hospedeira animal.** A. Os rinovírus possuem "cânions", ou depressões, no capsídio que se ligam a proteínas específicas da membrana da célula hospedeira. B. O HIV possui espículas específicas (glicoproteínas virais) no envelope que se ligam a um receptor proteico de membrana na superfície de células específicas de defesa imune do hospedeiro.

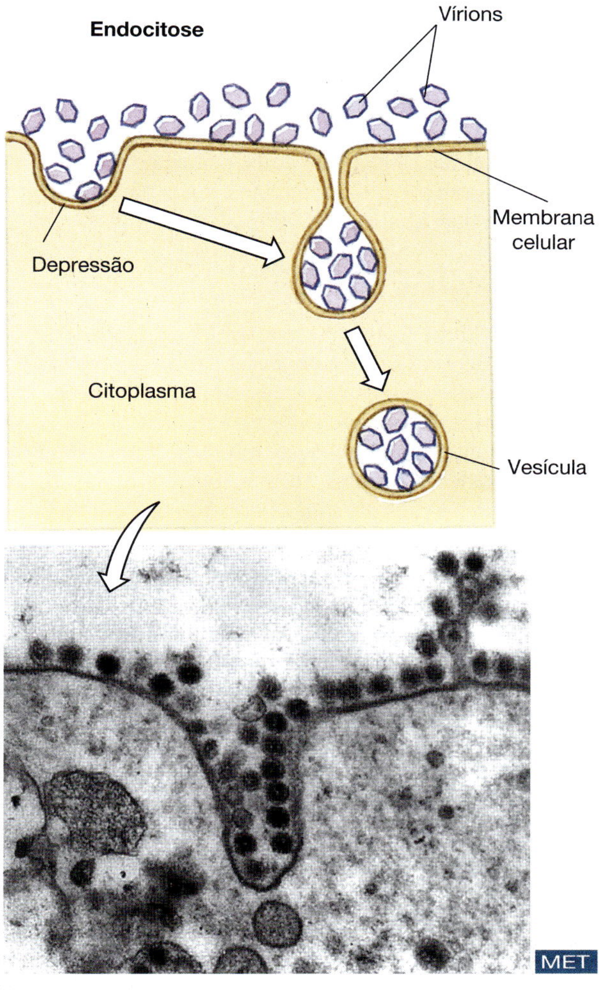


**Figura 11.20 Penetração de vírus de animais em células hospedeiras.** Muitos vírions não envelopados aderem à superfície da célula e ficam retidos em depressões da membrana celular. Essas depressões sofrem invaginação, formando vesículas citoplasmáticas separadas. Na micrografia eletrônica, coronavírus estão sendo capturados no citoplasma de uma célula hospedeira (aumento desconhecido). *(Centers for Disease Control and Prevention CDC.)*

por enzimas proteolíticas provenientes das células hospedeiras ou dos próprios vírus. O desnudamento dos vírus, como os poxvírus, é completado por uma enzima específica, que é codificada pelo DNA viral e produzida logo após a infecção. Os poliovírus começam o processo de desnudamento até mesmo antes de a penetração ser concluída.

## Síntese

A síntese de novo material genético e de proteínas depende da natureza do vírus infectante.

**Síntese nos vírus de DNA de animais.** Em geral, os vírus de DNA de animais replicam o seu DNA no núcleo da célula hospedeira com o auxílio de enzimas virais e sintetizam o seu capsídio e outras proteínas no citoplasma, utilizando enzimas da célula hospedeira. As novas proteínas virais passam para o núcleo, onde se combinam com o novo DNA viral, formando vírions (ver Figura 11.17). Esse padrão é típico dos adenovírus, hepadnavírus, herpes-vírus e papovavírus. Os poxvírus são a única exceção: seus componentes são sintetizados no citoplasma da célula hospedeira.

Nos vírus de fdDNA, a replicação prossegue por meio de uma complexa série de etapas, designadas como transcrição e tradução *iniciais* e *tardias*. Os eventos iniciais ocorrem antes da síntese do DNA viral e resultam na produção das enzimas e de outras proteínas necessárias para replicação do DNA viral. Os eventos tardios ocorrem após a síntese do DNA viral e levam à produção das proteínas estruturais necessárias para a construção de novos capsídios. Quando comparada com a replicação dos bacteriófagos, a síntese na replicação dos vírus de animais pode ser muito mais demorada. Por exemplo, os capsídios dos herpes-vírus contêm tantas proteínas, que a sua síntese exige de 8 a 16 horas.

Alguns vírus, como os adenovírus, contêm apenas fsDNA. Antes que a replicação viral possa ser iniciada, é preciso que o DNA viral seja copiado, formando um genoma viral de fdDNA.

**Síntese dos vírus de RNA de animais.** A síntese nos vírus de RNA de animais ocorre por meio de uma maior variedade de maneiras em comparação com a dos vírus de

DNA de animais. Nos vírus de RNA, como os picornavírus, o RNA de sentido (+) atua como mRNA, e as proteínas virais são sintetizadas imediatamente após a penetração e o desnudamento (ver Figura 11.17). O núcleo da célula hospedeira não está envolvido. As proteínas virais também desempenham funções essenciais na síntese desses vírus. Uma das proteínas inibe as atividades de síntese da célula hospedeira. Para a síntese, uma enzima utiliza o RNA de sentido (+) como molde para produzir um RNA de sentido (–). Por sua vez, esse RNA de sentido (–) atua como molde de RNA para replicar muitas moléculas de RNA de sentido (+) para a formação dos vírions.

Nos retrovírus, como o HIV, as duas cópias de RNA de sentido (+) não atuam como mRNA. Em vez disso, elas são transcritas em fsDNA com o auxílio da transcriptase reversa (ver Figura 11.17). Em seguida, o fsDNA sofre replicação por meio do pareamento de bases complementares para formar moléculas de fdDNA. Uma vez no interior do núcleo da célula, essa molécula se insere como pró-vírus em um cromossomo da célula hospedeira. O pró-vírus pode permanecer nesse local por um período indefinido. Quando as células infectadas sofrem divisão, o pró-vírus é replicado juntamente com o resto do cromossomo do hospedeiro. Dessa maneira, a informação genética do vírus é transmitida à progênie das células hospedeiras.

No entanto, diferentemente dos prófagos, o pró-vírus não pode ser excisado. Se ocorrer algum evento que ative o pró-vírus, seus genes são expressos, isto é, os genes são utilizados para produzir mRNA viral, que dirige a síntese de proteínas virais. Moléculas completas de RNA de sentido (+) também são transcritas a partir do prófago. Ocorre acondicionamento de duas cópias do RNA de sentido (+) em cada vírion.

Nos vírus de animais de RNA de sentido (–), como os vírus que causam o sarampo e a influenza A, uma transcriptase acondicionada utiliza o RNA de sentido (–) para produzir moléculas de RNA de sentido (+) (mRNA). Antes da montagem, um novo RNA de sentido (–) é formado a partir de moldes de RNA de sentido (+). O processo é essencialmente o mesmo, independentemente do RNA viral ter um segmento (sarampo) ou muitos segmentos (influenza A).

Nos reovírus, o fdRNA codifica várias proteínas virais. Cada fita do fdRNA atua como molde para o seu par. À semelhança da replicação do DNA, a do RNA é semiconservativa, de modo que as moléculas produzidas apresentam uma fita do RNA antigo e uma fita do RNA novo. Esses vírus têm um capsídio de parede dupla, que nunca é totalmente removido, e a replicação ocorre dentro do capsídio.

### Maturação

Uma vez ocorrida a síntese de ácido nucleico viral, enzimas e outras proteínas em grandes quantidades, começa então a montagem dos componentes em vírions completos. Essa etapa constitui a maturação ou a montagem da progênie viral. O local celular de maturação varia, dependendo do tipo de vírus. Por exemplo, a montagem dos nucleocapsídios dos adenovírus humanos ocorre no núcleo da célula (ver Figura 11.17), enquanto vírus como o HIV são montados na superfície interna da membrana plasmática da célula hospedeira. A montagem dos poxvírus, dos poliovírus e dos picornavírus ocorre no citoplasma.

A maturação dos vírus envelopados é um processo mais longo e mais complexo que o da maioria dos bacteriófagos. Conforme discutido anteriormente, tanto o vírus infectante quanto os ácidos nucleicos e as enzimas produzidos na célula hospedeira participam da síntese dos componentes. Entre os componentes destinados aos vírus da progênie, as proteínas e as glicoproteínas são codificadas pelo genoma viral; os lipídios e as glicoproteínas do envelope são sintetizados por enzimas da célula hospedeira e estão presentes na membrana plasmática do hospedeiro. Se o vírus tiver um envelope, o vírion não estará completo até o seu brotamento através de uma membrana do hospedeiro – a membrana nuclear, a do retículo endoplasmático, a do complexo de Golgi ou a membrana plasmática – dependendo do vírus específico (ver Figura 11.17).

### Liberação

O brotamento de novos vírions a partir de uma membrana pode ou não matar a célula hospedeira. Por exemplo, os adenovírus humanos brotam a partir da célula hospedeira de maneira controlada. Esse *brotamento* de novos vírions não causa lise das células hospedeiras. Outros tipos de vírus de animais matam a célula hospedeira. Quando uma célula animal infectada é repleta de vírions da progênie, ocorre lise da membrana plasmática, com liberação da progênie. Com frequência, a lise das células provoca os sintomas clínicos da infecção ou doença. Os herpes-vírus que causam vesículas e os poxvírus destroem as células da pele em consequência da liberação dos vírions. Já os poliovírus destroem as células nervosas durante o processo de liberação.

## Infecções virais latentes

Muitos indivíduos sofrem recidiva de erupções da pele, comumente denominadas herpes labial. Essas erupções são causadas pelo herpes-vírus simples, um membro dos herpes-vírus. Conforme assinalado anteriormente, trata-se de vírus de fdDNA que podem apresentar um ciclo lítico. Além disso, podem permanecer latentes no interior das células do organismo hospedeiro durante toda a vida do indivíduo – não nas células da pele, mas nas células nervosas. Quando ativados, seja pelo frio, febre, estresse ou imunossupressão, eles voltam a se replicar, resultando em lise das células.

A capacidade de permanecer em estado latente é uma característica dos herpes-vírus. Outro herpes-vírus, responsável pela varicela, também pode permanecer latente no sistema nervoso central. Quando se torna ativo, geralmente por causa de alterações na imunidade mediada por células, o vírus provoca um exantema ao longo do nervo onde permaneceu latente. Essa reativação é conhecida como cobreiro (herpes-zóster). Muitos indivíduos carregam esses vírus durante toda a vida, sem nunca apresentar nenhum sintoma.

**PARE e RESPONDA**

1. Liste na ordem correta as cinco etapas da replicação viral.
2. Como esses cinco estágios diferem entre bacteriófagos e vírus de animais?
3. Compare a lisogenia com o ciclo lítico nos bacteriófagos.

# CULTURA DE VÍRUS DE ANIMAIS

## Desenvolvimento dos métodos de cultura

Inicialmente, quando um virologista queria estudar os vírus, estes tinham que crescer em animais inteiros. Isso dificultava a observação de efeitos específicos dos vírus em nível celular. Na década de 1930, os virologistas descobriram que ovos embrionados (intactos, fertilizados) de galinha poderiam ser utilizados para obter o crescimento de herpes-vírus, poxvírus e vírus influenza. Embora o embrião de galinha tenha uma organização mais simples que a de um camundongo ou coelho inteiro, mesmo assim, ele é um organismo complexo. O uso de embriões não resolveu por completo o problema do estudo dos efeitos celulares causados pelos vírus. Outro problema era representado pelas bactérias, que também crescem bem em embriões, de modo que, com frequência, os efeitos dos vírus não podiam ser determinados de maneira precisa em embriões contaminados por bactérias. A virologia progrediu lentamente durante aqueles anos, até o aprimoramento de técnicas para o crescimento de vírus em culturas.

Duas descobertas melhoraram significativamente a utilidade das culturas de células para os virologistas e outros cientistas. Em primeiro lugar, a descoberta e o uso dos antibacterianos permitiram a prevenção da contaminação bacteriana. Em segundo lugar, os biólogos constataram que as enzimas proteolíticas, particularmente a tripsina, podem liberar células animais dos tecidos adjacentes sem causar lesão das células liberadas. Após lavagem dessas células, elas são contadas e, em seguida, colocadas em garrafas de plástico, tubos, placas de Petri ou garrafas rolantes (*roller bottles*) (Figura 11.21). As células nessas suspensões aderem à superfície plástica, multiplicam-se e espalham-se, formando camadas de uma célula de espessura, denominadas **monocamadas**. Essas monocamadas podem ser subcultivadas. A **subcultura** ou **passagem** refere-se ao processo pelo qual células de uma cultura já existente são transferidas para novos recipientes contendo meios nutrientes novos. É possível efetuar um grande número de passagens a partir de uma única amostra de tecido, assegurando assim um conjunto razoavelmente homogêneo de culturas para o estudo dos efeitos virais.

O termo **cultura de tecidos** continua sendo amplamente empregado para descrever a técnica precedente, embora o termo **cultura de células** seja talvez mais preciso. Hoje em dia, as culturas de células são feitas, em sua maioria, na forma de monocamadas que crescem a partir de células separadas enzimaticamente. Com a disponibilidade de uma ampla variedade de cultura de células e com os antibacterianos para controlar a contaminação, a virologia entrou em sua "Idade de Ouro". Nas décadas de 1950 e 1960, mais de 400 vírus foram isolados e caracterizados. Embora novos vírus ainda estejam sendo descobertos, a ênfase atual é caracterizar os vírus em mais detalhes e determinar as etapas precisas envolvidas na infecção e na replicação virais.

Ensaios de formação de placas semelhantes aos utilizados para o estudo dos fagos podem ser usados para os vírus animais. Por exemplo, culturas de células humanas suscetíveis são crescidas em monocamadas de células e, em seguida, inoculadas com vírus. Se os vírus causarem lise das células, vários ciclos de infecção produzirão placas.

## Tipos de culturas de células

Três tipos básicos de culturas de células são amplamente utilizados em virologia clínica e de pesquisa: (1) culturas primárias de células, (2) linhagens de fibroblastos diploides e (3) linhagens celulares contínuas. As **culturas primárias de células** são obtidas diretamente do animal e não são subcultivadas. Quanto mais jovem a fonte animal, mais tempo as células sobreviverão na cultura. Normalmente, consistem em uma mistura de tipos celulares, como células musculares e epiteliais. Embora essas células geralmente não se dividam mais do que poucas vezes, elas sustentam o crescimento de uma ampla variedade de vírus.

Se forem efetuadas passagens repetidas das culturas primárias de células, um tipo de célula se tornará dominante, e a cultura será então denominada **linhagem celular**. Nas

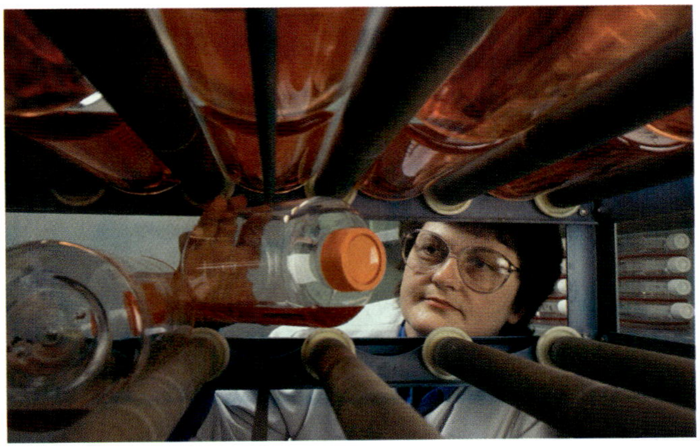

**Figura 11.21 Vista do fundo de uma garrafa revestida com espirais de plástico.** Um modo de aumentar a densidade das células consiste em aumentar a área de superfície à qual podem aderir. A garrafa gira lentamente em cerca de 5 rev/h, de modo que se pode utilizar um pequeno volume de cultura líquida. As células toleram uma permanência fora do líquido de cultura por curtos períodos. *(Keith Weller/Cortesia USDA.)*

### SAÚDE PÚBLICA

### Pode uma lagarta produzir a sua próxima vacina contra a influenza?

Você é alérgico a vacinas feitas em ovos? Alegre-se! Um novo método mais rápido, que utiliza uma cultura de células de inseto, poderá em breve substituir o ovo. Um vírus de inseto (baculovírus), que cresce em cultura de células de inseto, foi geneticamente modificado para produzir proteínas do vírus influenza. Essas proteínas estimulam o sistema imune dos seres humanos e têm sido utilizadas para produzir uma vacina influenza que demonstrou ser segura e 100% efetiva quando administrada em doses apropriadas.

Mais importante é o fato de que grandes quantidades dessas proteínas do vírus influenza são produzidas mais rapidamente do que no procedimento que utiliza ovos, que leva 6 meses. As autoridades de saúde pública estão impacientes por conseguir a rápida produção de grandes quantidades de vacina efetiva contra novas cepas do vírus influenza, de modo a evitar a escassez sofrida no recente surto de gripe suína H1N1.

linhagens celulares, todas as células são geneticamente idênticas umas às outras. Podem ser subcultivadas por várias gerações, com apenas uma probabilidade muito baixa de que alterações nas próprias células possam interferir na determinação dos efeitos virais.

Entre as linhagens celulares mais amplamente utilizadas estão as **linhagens de fibroblastos diploides**. Os *fibroblastos* são células imaturas que produzem colágeno e outras fibras, bem como a substância dos tecidos conjuntivos, como a derme da pele. Essas linhagens, derivadas de tecidos fetais, conservam a capacidade fetal de divisões celulares rápidas e repetidas. Também sustentam o crescimento de uma ampla variedade de vírus e são, em geral, livres de vírus contaminantes, que frequentemente são encontrados em linhagens celulares de animais adultos. Por esse motivo, são utilizadas na produção de vacinas virais.

O terceiro tipo de cultura de células de uso extenso é a linhagem celular contínua. Uma **linhagem celular contínua** consiste em células que se reproduzem por grande número de gerações. A mais famosa dessas culturas é a linhagem celular HeLa, que tem sido mantida e cultivada desde 1951 e usada por muitos pesquisadores no mundo inteiro. As células originais da linhagem celular HeLa provêm de uma mulher com câncer de colo do útero e foram denominadas a partir das iniciais de seu nome. De fato, muitas das linhagens celulares contínuas iniciais utilizavam células malignas, em virtude de sua capacidade de rápido crescimento. Essas linhagens celulares imortais crescem no laboratório sem envelhecer, sofrem divisão rápida e repetidamente e possuem necessidades nutricionais mais simples do que as células normais. Por exemplo, a linhagem celular HeLa contém dois genes virais necessários para a sua própria imortalidade. As linhagens celulares imortais são heteroploides (possuem diferentes números de cromossomos) e, portanto, são geneticamente diversas.

As culturas de células substituíram, em grande parte, os animais e os ovos embrionados para o estudo em virologia animal. Contudo, o ovo embrionado de galinha continua sendo um dos melhores sistemas de hospedeiro para o vírus influenza A (Figura 11.22). Além disso, filhotes albinos de camundongos *Swiss* ainda são utilizados para a cultura de *arbovírus* (arthropod-borne viruses [vírus transmitidos por artrópodes]) e outras linhagens celulares de mamíferos – bem como linhagens celulares de mosquitos – têm sido utilizadas durante algum tempo.

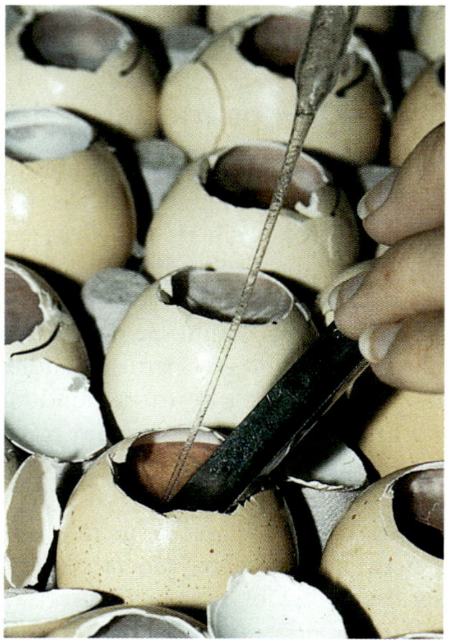

**Figura 11.22 Cultura de vírus em ovos.** Alguns vírus, como os vírus influenza, crescem em ovos embrionados de galinha. *(Phototake, Inc./Medical Images.)*

## Efeito citopático

O efeito visível produzido pelos vírus nas células é denominado **efeito citopático (ECP)**. As células em cultura exibem vários efeitos comuns, incluindo alterações na forma da célula e separação das células adjacentes ou do recipiente de cultura (Figura 11.23). Entretanto, o ECP pode ser tão característico, que um virologista experiente frequentemente pode usá-lo para efetuar uma identificação preliminar do vírus infectante.

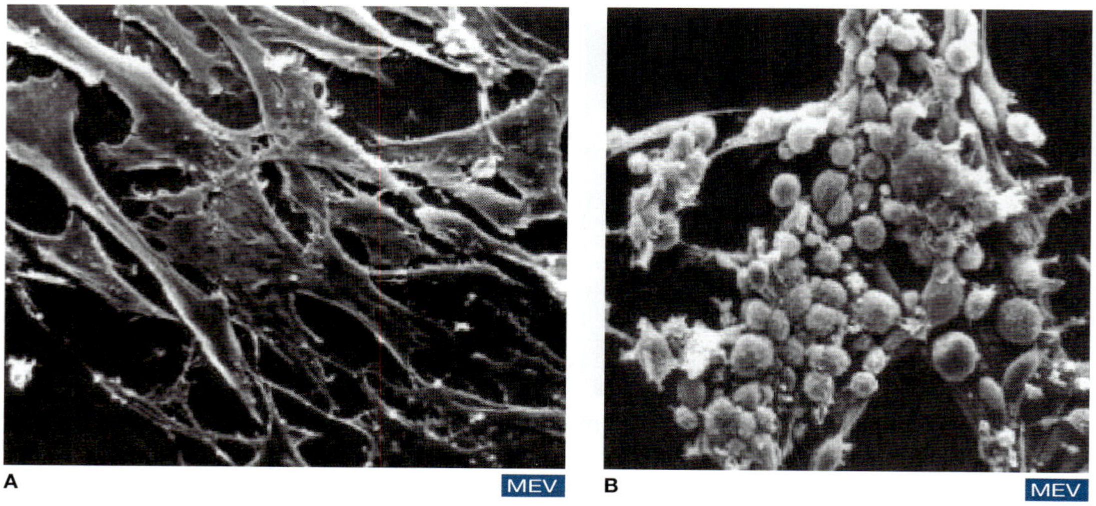


**Figura 11.23 Transformação viral de células.** Células normais (A) e células transformadas (malignas) (B) em cultura (ambas 8.171×). Essa transformação fornece um exemplo de efeito citopático (ECP) causado por infecção pelo vírus do sarcoma de Rous (RSV). No estado transformado, as células tornam-se arredondadas e não aderem ao recipiente de cultura. *(Jerry Guyden e G. Steven Martin.)*

Alguns vírus de crescimento lento, como os citomegalovírus, o vírus da rubéola e alguns adenovírus, podem não produzir ECP óbvio durante 1 a 4 semanas.

Por exemplo, os adenovírus e os herpes-vírus humanos causam intumescimento das células infectadas, devido ao acúmulo de líquido, enquanto os picornavírus interrompem as funções celulares quando entram na célula e provocam a sua lise quando saem dela. Os paramixovírus provocam a fusão de células adjacentes em cultura, com formação de células gigantes multinucleadas, denominadas **sincícios**. Os sincícios podem conter de 4 a 100 núcleos em um citoplasma comum. Outro tipo de ECP produzido por alguns vírus é a *transformação*: a conversão de células normais em malignas, que discutiremos mais adiante neste capítulo.

Uma série de testes sanguíneos, frequentemente designados como **série TORCH**, é algumas vezes utilizada para a identificação de doenças possivelmente teratogênicas em mulheres grávidas e em recém-nascidos. Esses testes detectam anticorpos contra toxoplasma (um protozoário), outros vírus causadores de doença (incluindo em geral o vírus da hepatite B e o vírus da varicela ou catapora), vírus da rubéola, CMV e HSV. Todas essas doenças podem ser transmitidas ao feto pela placenta. Além disso, podem ocorrer doenças intrauterinas no recém-nascido além daquelas testadas na série TORCH (p. ex., sífilis e HIV). Desse modo, a realização do teste TORCH não garante um lactente sadio.

A infecção por citomegalovírus durante a gravidez constitui, atualmente, a principal causa viral de anormalidades congênitas no recém-nascido.

## VÍRUS E TERATOGÊNESE

A **teratogênese** é a indução de defeitos durante o desenvolvimento embrionário. Um **teratógeno** é uma substância ou outro agente capaz de induzir esses efeitos. Determinados vírus são conhecidos por atuarem como teratógenos e podem ser transmitidos através da placenta, infectando o feto. Quanto mais cedo na gestação o embrião for infectado, mais extensos tendem a ser os danos. Durante os estágios iniciais do desenvolvimento embrionário, quando um órgão ou sistema orgânico pode ser representado por apenas algumas células, o dano viral a essas células pode interferir no desenvolvimento daquele órgão ou sistema. As infecções virais que ocorrem mais tarde durante o desenvolvimento podem danificar menos células e, portanto, podem ter um efeito proporcionalmente menor. Isso se deve ao fato de que, nessa ocasião, a população total de células no feto aumentou acentuadamente, e cada órgão ou sistema orgânico consiste em milhares de células.

Três vírus humanos – o citomegalovírus (CMV), o herpes-vírus simples (HSV) tipos 1 e 2 e o vírus da rubéola – são responsáveis por um grande número de efeitos teratogênicos. Ocorrem infecções por citomegalovírus (CMV) em cerca de 1% dos nascidos vivos; desses casos, cerca de 1 em 10 irá morrer de infecção pelo CMV. Os defeitos são, em sua maior parte, neurológicos, e as crianças apresentam graus variáveis de deficiência mental. Algumas também apresentam esplenomegalia, lesão hepática e icterícia. Em geral, as infecções por HSV são adquiridas por ocasião do nascimento ou logo depois. As infecções adquiridas antes do nascimento são raras. Nos casos de infecções disseminadas (as que se espalham por todo o corpo), alguns lactentes morrem, e os sobreviventes apresentam danos permanentes nos olhos e no sistema nervoso central.

As infecções pelo vírus da rubéola na mãe durante os primeiros 4 meses de gravidez têm mais tendência a causar defeitos no feto, designados como "síndrome da rubéola". Esses defeitos incluem surdez, dano a outros órgãos dos sentidos, defeitos cardíacos e outros defeitos circulatórios e deficiência mental. O grau de comprometimento é muito variável. Algumas crianças adaptam-se às suas incapacidades e levam vidas produtivas; em outros casos, o feto fica tão comprometido, que ocorre morte e aborto natural. A rubéola congênita é discutida no Capítulo 20.

## AGENTES SEMELHANTES A VÍRUS: SATÉLITES, VIRÓFAGOS, VIROIDES E PRÍONS

Os vírus representam os menores microrganismos que, na maioria dos casos, possuem a informação genética para produzir novos vírions em uma célula hospedeira. As exceções são os vírus que não possuem a sua própria informação genética para a produção de novos vírions. Mencionamos anteriormente que vírus como os dependovírus (família Parvoviridae) precisam utilizar um vírus auxiliar para suprir os componentes necessários para a produção de novos vírions. Todavia, existem agentes infecciosos ainda menores que podem causar doença: os satélites, os viroides e os príons.

### Satélites

Os satélites são pequenas moléculas de RNA de fita simples, em geral de 500 a 2.000 nucleotídios de comprimento, sem os genes necessários para sua replicação. Entretanto, essas moléculas podem se replicar na presença de um vírus auxiliar. Existem dois tipos: os **vírus satélite** e os **ácidos nucleicos satélite** (também conhecidos como **virusoides**). São denominados satélite pelo fato de que a sua reprodução "orbita" em torno de um vírus auxiliar.

Os vírus satélite não são versões deficientes de seus vírus auxiliares, no sentido de terem perdido fragmentos ou sofrido rearranjos de partes do genoma dos vírus auxiliares. O vírus auxiliar não é seu genitor. Os dois vírus não têm nenhuma relação entre si. O satélite é deficiente em virtude de sua incapacidade de se replicar por si só. Entretanto, ele possui genes que codificam o capsídio que o envolve, diferentemente dos ácidos nucleicos satélite (virusoides), que são cobertos por um capsídio codificado pelo vírus auxiliar.

Os satélites estão associados, em sua maioria, aos vírus de plantas. Diferentemente dos vírus de animais, os vírus de plantas frequentemente possuem genomas divididos em vários segmentos, cada um deles encapsulado separadamente, todos os quais constituem, coletivamente, o vírus. A transmissão de um hospedeiro animal para outro hospedeiro, ou de uma célula para outra célula dentro de um hospedeiro, não parece ser capaz de transferir conjuntos completos de múltiplas partículas. Uma exceção parece ser o vírus da hepatite delta, que

(CSIRO, fotógrafo Carl Davies)

só infecta seres humanos e parece ser um tipo de híbrido entre um satélite e um viroide (discutido na seção adiante). As origens dos viroides e dos satélites não estão bem esclarecidas.

## Hepatite delta

O **vírus da hepatite delta (HDV)** foi descoberto em meados da década de 1970. O sequenciamento de seu genoma revelou uma semelhança com os RNAs de viroides e virusoides que infectam plantas. Inicialmente, acreditou-se que o HDV fosse parte do vírus da hepatite B (HBV), pois nunca era encontrado sem a presença de hepatite B. No entanto, o HDV não era observado em todos os casos de hepatite B, mas apenas em casos particularmente graves, com uma taxa de mortalidade 10 vezes maior do que na presença apenas da hepatite B. Em 1980, descobriu-se que se tratava de um patógeno deficiente separado, que necessitava da coinfecção pelo vírus da hepatite B para se replicar. O HDV é incapaz de replicar o material de seu próprio capsídio, como os vírus satélite, e utiliza o capsídio do HBV. Pode ser evitado pela vacina HBV, porque é incapaz de produzir infecção na ausência de seu vírus auxiliar. O HDV possui o menor genoma de qualquer vírus animal conhecido, com apenas 1.679 a 1.683 nucleotídios de comprimento. Por outro lado, o HBV possui 3.000 a 3.300 nucleotídios. O HDV não apresenta um capsídio próprio e bem definido e é circundado pela porção do HBV que codifica o antígeno de superfície (anteriormente denominado antígeno Austrália) do HBV. É principalmente transmitido pelo sangue e por seus produtos. Embora seja encontrada no mundo inteiro, a hepatite delta é particularmente frequente (taxa de infecção de mais de 60%) em partes da bacia Amazônica, África central e Oriente Médio. No mundo inteiro, há 15 milhões de pessoas infectadas.

## Virófagos

Recentemente, foi descoberta uma nova categoria de entidades virais no interior de uma ameba, *Acanthamoeba polyphaga*. O Mimivírus gigante que a infecta é um dos maiores vírus conhecidos (Figura 11.24), medindo 1.256 nm e tendo mais de 1 milhão de pares de bases de DNA. Acredita-se que seja capaz de causar pneumonia no homem. Por sua vez, esse vírus é infectado por outro vírus menor, o vírus Sputnik, atualmente denominado "**virófago**". Não se trata realmente de um fago, mas atua de modo semelhante, visto que compromete a replicação de seu vírus hospedeiro em 70%. Isso representa um benefício para a ameba. O Sputnik não tem os genes necessários para a sua replicação, a não ser que coinfecte com o Mimivírus. O virófago difere dos outros vírus satélite, pois é o único que apresenta efeitos negativos sobre a replicação de seu vírus hospedeiro. A princípio, foram identificados apenas três virófagos. Em seguida, em 2013, as pesquisas revelaram uma abundância mundial dos virófagos em todas as regiões geográficas, incluindo as profundezas do oceano, lagos de gelo, lagos hidrotermais e até mesmo o intestino humano. São geneticamente diversos e possuem pelo menos três linhagens principais.

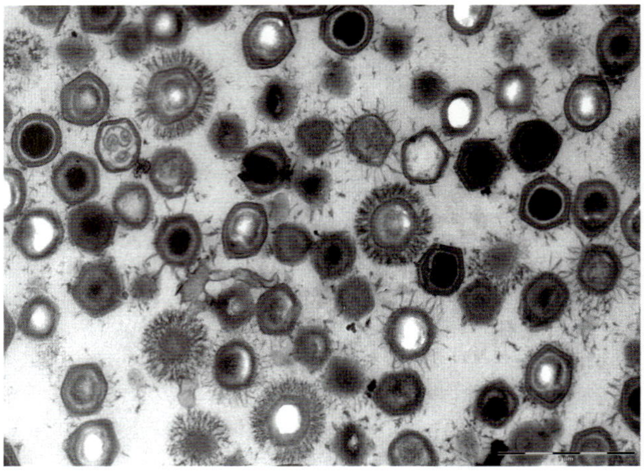

**Figura 11.24** **Mimivírus**, mostrando as extensões piliformes em torno de sua parte externa. *(Dr. Didier Raoult.)*

## Viroides

Em 1971, o patologista vegetal T. O. Diener descreveu um novo tipo de agente infeccioso. Diener estava estudando a doença do tubérculo afilado da batata, que se acreditava ser causada por um vírus. Entretanto, não foi possível detectar nenhum vírion. Na verdade, Diener descobriu moléculas de RNA nos núcleos das células vegetais doentes (Figura 11.25A). Ele propôs o conceito de **viroide**, uma partícula de RNA infecciosa menor do que um vírus. Desde então, foi constatado que os viroides diferem dos vírus em seis aspectos:

1. Cada viroide consiste em uma única molécula de RNA circular de baixo peso molecular, de 246 a 399 nucleotídios de comprimento.
2. Os viroides são encontrados no interior das células, geralmente dentro dos núcleos, como partículas de RNA desprovidas de capsídios ou envelopes.
3. Diferentemente dos vírus, como os parvovírus, os viroides não necessitam de um vírus auxiliar.
4. O RNA dos viroides não produz proteínas.
5. Diferentemente do RNA dos vírus, que pode ser copiado no citoplasma ou no núcleo da célula hospedeira, o RNA do viroide é sempre copiado no núcleo da célula hospedeira.
6. As partículas viroides não são aparentes nos tecidos infectados sem o uso de técnicas especiais para identificar sequências de nucleotídios no RNA.

A

B

**Figura 11.25 Viroides e seus efeitos.** **A.** Partículas viroides que causam a doença do tubérculo afilado da batata (mostradas como bastonetes amarelos nessa interpretação artística de uma micrografia eletrônica) são segmentos muito curtos de RNA contendo apenas 300 a 400 nucleotídios. A fita muito maior (azul e púrpura) é o DNA de um bacteriófago T7. Essas comparações ilustram como os viroides passaram despercebidos durante muitos anos. *(Reimpressa de Agricultural Research, vol. 37, no. 5 (May 1989), p. 4, Agricultural Research Service of the USDA.)* **B.** O tomateiro à esquerda é normal, enquanto o da direita está infectado por um viroide causador da doença de atrofia apical do tomate. *(Cortesia United States Department of Agriculture.)*

Os viroides devem de algum modo interferir no metabolismo da célula hospedeira; entretanto, como não há produção de nenhum produto proteico, não está bem esclarecido como os viroides e seu RNA causam doença. Podem interferir na capacidade da célula de processar moléculas de mRNA. Na ausência de moléculas de mRNA maduras, não pode haver síntese de proteínas. Se for assim, o metabolismo celular estaria tão afetado que poderia resultar em morte celular. Embora alguns viroides não causem efeito aparente ou só exerçam efeitos patogênicos discretos no hospedeiro, outros viroides são conhecidos pela sua capacidade de causar várias doenças letais em plantas, como a doença do tubérculo afilado da batata, doença de subdesenvolvimento do crisântemo, doença do pepino pálido e doença por atrofia apical do tomate (Figura 11.25B). Nenhuma dessas doenças era reconhecida antes de 1922, apesar de séculos de intenso cultivo dessas plantas. Recentemente, foram identificadas várias outras doenças. Alguns cientistas acreditam que, enquanto plantas isoladas podem ter contido viroides por um número desconhecido de anos, os modernos métodos de agricultura, como o cultivo de grandes números da mesma planta em estreita associação e o uso de maquinaria para a coleta, podem ter permitido a propagação das doenças causadas por viroides, possibilitando a sua observação e o seu reconhecimento. O viroide pode ter entrado em plantas de cultivo a partir de plantas silvestres desconhecidas, uma ideia sustentada pela observação de que as primeiras plantas de cultura infectadas por viroides aparecem ao longo das margens dos campos que fazem divisa com áreas silvestres. Os viroides podem ser até mesmo transmitidos por sementes ou por pulgões. Até o momento, não se conhece nenhum viroide que infecte animais, porém não há nenhuma razão para supor que eles não sejam capazes de fazê-lo.

Pelo menos duas hipóteses foram propostas para explicar a origem dos viroides. Uma delas propõe que surgiram precocemente com a evolução pré-celular, quando o material genético primário provavelmente consistia em RNA. A segunda hipótese sugere que são agentes infecciosos relativamente novos, que representam o exemplo mais extremo de parasitismo.

## Príons de mamíferos

Na década de 1920, Hans Gerhard Creutzfeldt e Alfons Maria Jakob observaram, independentemente, diversos casos de uma doença de demência lenta, porém progressiva, em seres humanos. A doença, agora denominada *doença de Creutzfeldt-Jakob* (DCJ), caracteriza-se por degeneração mental, perda da função motora e, por fim, morte. Desde aquele tempo, foram descritas várias doenças neurológicas degenerativas semelhantes (ver Capítulo 25). Uma delas é o *kuru*, que causava perda do controle motor voluntário e levava finalmente à morte de nativos da Nova Guiné. Essas mortes foram atribuídas a um agente infeccioso transmitido em consequência do canibalismo. Em outros animais, o tremor epizoótico (*scrapie*) de ovinos e a *encefalopatia espongiforme bovina* (EEB) – comumente denominada doença da vaca louca – em gado leiteiro têm sido observadas como causa de perda lenta da função neuronal, que leva à morte. O consumo de produtos de gado infectado resultou em casos humanos, designados como *nova variante de DCJ*. Em 2003, foram encontrados gados infectados nos EUA e no Canadá. Procure a Figura 25.14 para ver os orifícios em um corte de cérebro que deu à doença o nome de "espongiforme". No oeste dos EUA, algumas manadas de cervos e alces americanos apresentam encefalopatia espongiforme, denominada doença consumptiva crônica. Lamentavelmente, alguns caçadores morreram em consequência de infecção priônica, presumivelmente adquirida durante o abate e o esfolamento desses animais. Os camundongos também estão de algum modo envolvidos.

Embora algumas pesquisas recentes sobre essas doenças semelhantes indiquem que elas podem ser causadas por vírus, outras evidências apontam para um tipo diferente de agente infeccioso. Esse agente pode ser uma partícula proteinácea infecciosa extremamente pequena. Em 1982, Stanley Prusiner propôs o nome de **príon** para referir-se a essa partícula infecciosa. Em 1987, Prusiner recebeu o Prêmio Nobel de Medicina e o Prêmio Louisa Gross Horwitz da Columbia University por seu trabalho com príons. Os príons apresentam as seguintes características:

1. Os príons são resistentes à inativação pelo calor a 90°C, uma temperatura que inativa os vírus.
2. A infecção por príons não é sensível ao tratamento com radiação, que danifica os genomas virais.

3. Os príons não são destruídos por enzimas que digerem DNA ou RNA.
4. Os príons são sensíveis aos agentes que desnaturam as proteínas, como fenol e ureia.
5. Os príons apresentam pareamento direto de aminoácidos.

Veja uma comparação das características dos vírus, viroides e príons na Tabela 11.6.

As pesquisas de Prusiner e de outros cientistas sugerem que os príons são proteínas normais que sofrem enovelamento incorreto, possivelmente em consequência de uma mutação (Figura 11.26). As proteínas normais e inócuas são encontradas na membrana plasmática de muitas células de mamíferos, particularmente células cerebrais. Acredita-se que as proteínas dos príons (*PrP*) aderem umas às outras no interior das células, formando pequenas fibras ou fibrilas. Como as fibrilas não podem ser organizadas corretamente na membrana plasmática, esses agregados acabam matando a célula. As fibrilas que não aderem à membrana celular não causam doença.

A questão mais urgente é determinar como ocorre a disseminação de uma doença causada por príons. Pesquisadores acreditam que os príons causem enovelamento inapropriado de outras cópias da proteína normal. Em um surto de doença da vaca louca na Inglaterra, no início da década de 1990, o príon infeccioso foi originalmente proveniente de um suplemento de proteína na ração. Esse suplemento incluiu produtos derivados de ovinos infectados por tremor epizoótico! De fato, experimentos mostram que, quando camundongos são inoculados com extratos de príons, ocorre doença. Nos últimos 6 anos, houve uma explosão de novas informações sobre os príons. Foi constatado que os príons migram facilmente de uma espécie para outra (Figura 11.27). Quando inoculado, determinado príon pode infectar muitas espécies diferentes. Os príons não parecem ser sempre específicos de espécies. Relatos recentes da Suíça demonstraram a reversão da condição espongiforme do cérebro em camundongos, no início da infecção, quando se impede o acúmulo da proteína priônica nos neurônios. Células gliais (não neuronais) adjacentes foram acondicionadas com proteína priônica, e os camundongos permaneceram normais.

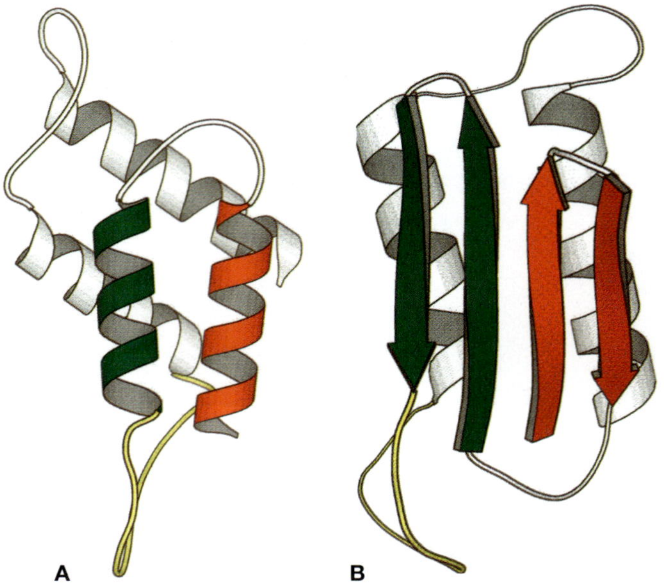




**Figura 11.26 Modelo de estrutura proteica das duas formas da proteína priônica (PrP).** As hélices da proteína estão representadas como fitas espiraladas: (**A**) forma inócua; (**B**) forma prejudicial.

Agora, os príons foram recentemente associados a muitas doenças, como a doença de Alzheimer, a doença de Parkinson, a doença de Huntington, a esclerose lateral amiotrófica, as demências frontotemporais, incluindo transtorno de estresse pós-traumático e lesões causadas por esportes, diabetes tipo II e câncer. Desse modo, estamos muito preocupados em elucidar como os príons podem ser transmitidos aos seres humanos. Foi constatado que o tecido mamário inflamado em ovelhas e cabras transmite príons infecciosos no leite. Apenas 1 a 2 ℓ de leite são suficientes para causar infecções em cordeiros. Os saguis que receberam tecido cerebral acometido com doença de Alzheimer desenvolvem a doença depois de 3,5 anos. Como podemos ter certeza de que animais aparentemente saudáveis não possam transmitir príons?

**Tabela 11.6** Comparação entre vírus, viroides e príons.

| | Vírus | Viroide | Príon |
|---|---|---|---|
| Ácido nucleico | + (fsDNA, fdDNA, fsRNA ou fdRNA) | + fs(RNA) | – |
| Presença de capsídio ou envelope | + | – | – |
| Presença de proteína | + | – | + |
| Necessidade de vírus auxiliares | +/– (Necessários para alguns dos menores vírus, como os parvovírus) | | |
| Observado por | Microscopia eletrônica | Identificação da sequência de nucleotídios | Dano à célula hospedeira |
| Afetado pelo calor e por agentes que causam desnaturação das proteínas | + | – | – |
| Afetado pela radiação das enzimas que digerem o DNA e o RNA | + | + | – |
| Hospedeiro | Bactérias, animais ou plantas | Plantas | Mamíferos |

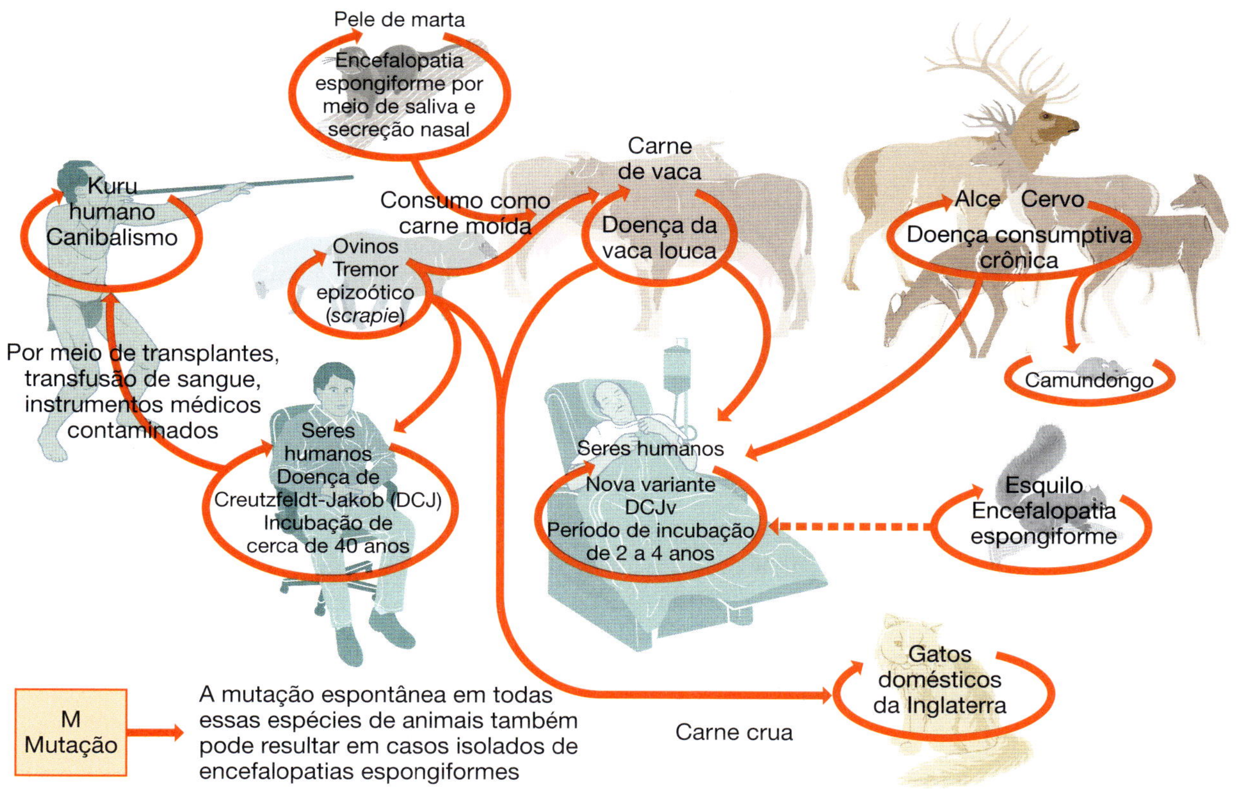




**Figura 11.27 Doenças de encefalopatia espongiforme causadas por príons.** Essas doenças acometem muitas espécies e podem ser transmitidas de uma espécie para outra. Mutações espontâneas também produzem certo número de casos por ano, sem envolver a transmissão a partir de outro animal. Vários animais de zoológico adquiriram essa doença quando foram alimentados com carne crua. Veja informações mais detalhadas no Capítulo 25.

Os tecidos linfoides como o baço, os linfonodos e o tecido mamário são sete vezes mais facilmente infectados por príons de outras espécies do que os tecidos cerebrais, mesmo quando os príons são inoculados diretamente no cérebro. A propagação nos tecidos linfoides pode ser necessária para que o tecido nervoso possa ser infectado. A administração por via oral tem como alvo o tecido linfoide. O comprometimento cerebral pode não ser observado, uma vez que o tempo de vida do animal é muito curto; todavia, a transmissão de príons pode ocorrer assim mesmo. Talvez seja necessário examinar todos os animais que consumimos à procura dessas infecções "silenciosas". Existem testes para príons que podemos utilizar com os suprimentos de sangue e hemocomponentes. Os testes do líquido cerebrospinal têm uma precisão de 88%.

Mais assustadora ainda é a informação transmitida pelo Ministério da Saúde britânico, em abril de 2013, segundo a qual um número estimado de 1.000 pessoas podem morrer da versão humana da doença da vaca louca causada por sangue contaminado administrado em hospitais da Inglaterra. Acredita-se que cerca de 30.000 britânicos, ou 1 em cada 2.000, tenham infecções "silenciosas", o dobro do número anteriormente considerado. Essas pessoas são capazes de transmitir os príons fatais em doações de sangue. Neste exato momento, pessoas de todas as idades são incentivadas a doar sangue. Seria mais seguro selecionar para doação de sangue apenas doadores jovens, nascidos depois de 1996, quando a doença da "vaca louca" foi erradicada da cadeia alimentar. Seria também prudente excluir qualquer pessoa que já tivesse recebido uma transfusão de sangue.

Para obter informações mais detalhadas sobre esses dados e as doenças associadas a príons, veja o Capítulo 25.

Então, como os príons podem causar doenças como câncer? A proteína supressora tumoral p53 pode apresentar enovelamento incorreto, atuando como um príon. Se houver perda da função da proteína p53, como o que ocorre em mais de 50% de todos os casos de câncer humano, o resultado poderia ser uma divisão celular descontrolada. Quanto mais baixo o nível de p53, mais sombrio o prognóstico para um paciente com câncer. A proteína priônica normal poderia ser necessária para o funcionamento apropriado das células. Quando camundongos não apresentam a proteína priônica normal, suas células cerebrais tornam-se hiperativas e morrem. Talvez a proteína de formato normal proteja os neurônios. É necessário efetuar muito mais pesquisas nessa área.

## Príons de leveduras

Nas leveduras, demonstrou-se definitivamente que os príons possuem efeito benéfico. A capacidade de induzir príons foi possivelmente adquirida como maneira de obter rapidamente novos fenótipos, alguns dos quais poderiam ser benéficos. Pode representar um remanescente de uma época

**Figura 11.28 Células fúngicas de Saccharomyces cerevisiae, infectadas por príons.** *(Cortesia de Susan Lindquist.)*

em que a herança era em nível **epigenético**. "Epi" significa "acima" e refere-se a mudanças de fenótipos que ocorrem sem envolver mudanças do DNA subjacente, como o caso de mutações. As alterações epigenéticas ocorrem em resposta a mudanças ambientais. Nas leveduras, a formação de príons constitui definitivamente uma resposta epigenética ao estresse ambiental.

Dezenas de proteínas nas leveduras podem atuar como príons, exibindo reenovelamento em condições de estresse e induzindo traços potencialmente benéficos (Figura 11.28). Um príon, quando o álcool de uma levedura fermentadora alcança cerca de 10 vezes o normal, apresenta reenovelamento e desencadeia uma mudança para uma forma filamentosa multicelular do fungo. Essa forma é capaz de sobreviver a um ambiente com alto teor de álcool. O fungo retorna à forma de levedura quando o nível de álcool cai. Outro príon recém-descoberto ajuda a levedura a sobreviver à exposição a fármacos antifúngicos, como fluconazol, cetoconazol e clotrimazol, aumentando a porcentagem da forma reenovelada. Quando cessa a exposição aos fármacos, a forma normal da proteína torna-se dominante. A levedura utiliza conversão priônica apenas quando necessário para a sobrevivência, utilizando-a como se fosse um tipo de interruptor.

Alguns príons formam compostos adesivos, ajudando as bactérias a aderir a superfícies e a formar colônias. Outros aumentam a resistência das cascas dos ovos de insetos e seda de aranha. Os príons são muito mais comuns do que se acreditava anteriormente.

### PARE e RESPONDA

1. Quais são os três tipos mais importantes de cultura de células utilizados para o crescimento de vírus?
2. Como as linhagens celulares se tornam imortais?
3. Defina efeito citopático (ECP), sincícios e transformação.
4. Forneça dois exemplos de teratogênese viral.
5. O que são satélites? Como diferem os dois tipos de satélites?
6. Compare vírus, viroides e príons.

## VÍRUS E CÂNCER

O câncer é conhecido como um conjunto de doenças que afetam o comportamento e o funcionamento normais das células. Podemos definir o **câncer** como um crescimento descontrolado e invasivo de células anormais – em outras palavras, as células do câncer dividem-se repetidamente. Em muitos casos, elas não podem parar de se dividir, e o resultado é uma **neoplasia**, ou acúmulo localizado de células, conhecido como **tumor**. Uma neoplasia pode ser **benigna** – ou seja, um crescimento não canceroso. Entretanto, quando as células invadem e interferem no funcionamento do tecido normal adjacente, o tumor é **maligno**. Os tumores malignos e suas células podem **metastatizar** ou disseminar-se para outros tecidos do corpo.

Em 1911, F. Peyton Rous descobriu que os vírus eram capazes de causar alguns cânceres em animais. Rous demonstrou que determinados *sarcomas* (neoplasias de tecido conjuntivo) em galinhas eram causados por um vírus, denominado *vírus do sarcoma de Rous* (RSV). Desse modo, não foi surpreendente descobrir que os vírus também podem estar associados a cânceres nos seres humanos. Embora a maioria dos cânceres humanos se origine de mutações genéticas, e os danos celulares causados por substâncias químicas do ambiente também possam causar câncer, os epidemiologistas estimam que cerca de 15% dos cânceres humanos resultem de infecções virais.

## VÍRUS DE CÂNCERES HUMANOS

Depois de muitos anos de pesquisa e de testes, sabemos agora que pelo menos seis tipos de vírus estão associados a cânceres humanos. É provável que existam muitos mais ainda a serem identificados.

O vírus Epstein-Barr (EBV) talvez seja, de todos os vírus de cânceres humanos, o mais bem elucidado. Esse vírus de DNA é um herpes-vírus, que foi descoberto em crianças africanas acometidas de linfoma de Burkitt, um tumor maligno que provoca aumento de tamanho e destruição final da mandíbula (ver Figura 24.19). De fato, evidências indicam que existem três outros tumores também associados ao EBV.

Vários dos papilomavírus humanos (HPV) demonstraram ter uma forte correlação com alguns cânceres humanos. Embora alguns desses vírus de DNA causem apenas verrugas benignas, outros tipos (HPV-8 e HPV-16) levam ao desenvolvimento de um *carcinoma* (neoplasia de tecido epitelial) do colo do útero. Literalmente, 99,7% de todos os casos de câncer de colo do útero são causados por HPV e são sexualmente transmitidos. Outro vírus de DNA potencial causador de câncer é o vírus da hepatite B (HBV). O HBV causa inflamação do fígado e pode responder por 80% de todos os cânceres hepáticos. O *sarcoma de Kaposi*, um câncer de células endoteliais dos vasos sanguíneos ou do sistema linfático, está associado ao herpes-vírus humano 8.

Os principais vírus de cânceres humanos descobertos até agora são vírus de fdDNA. Entretanto, alguns vírus de RNA de sentido (+), especificamente os retrovírus, também estão associados a cânceres; por exemplo, o HTLV-1 causa *leucemia/linfoma de células T do adulto*.

## Como os vírus associados ao câncer causam câncer

À semelhança dos bacteriófagos, alguns vírus de animais que infectam células animais frequentemente provocam morte celular por meio de lise da célula. Outros vírus de animais podem infectar as células e formar pró-vírus. Em alguns casos, essas infecções resultam em alterações físicas e genéticas nas células hospedeiras – o ECP discutido anteriormente. Por exemplo, o RSV faz com que células em cultura se desprendam do frasco de cultura e fiquem arredondadas (ver Figura 11.23). No caso dos **vírus de DNA tumoral**, que podem existir na forma de pró-vírus, o principal ECP consiste em divisão descontrolada das células infectadas. Esse processo, denominado **transformação neoplásica**, é típico dos vírus de DNA tumoral. Muitos desses vírus inserem todo o seu DNA ou parte dele em sítios aleatórios no DNA do hospedeiro. Entretanto, apenas alguns desses genes virais são necessários para a transformação.

Os papilomavírus (família Papovaviridae) que causam cânceres humanos infectam as células, porém o seu DNA viral permanece livre no citoplasma da célula hospedeira (Figura 11.29). Alguns genes do papilomavírus são ativos, de modo que o vírus pode se replicar a cada divisão celular. Se o DNA viral se integrar acidentalmente ao DNA da célula hospedeira, poderá ocorrer replicação desregulada das proteínas virais. Essas proteínas podem induzir a divisão descontrolada das células hospedeiras. Algumas dessas proteínas virais bloqueiam os efeitos dos genes supressores tumorais, que impedem a ocorrência de divisões celulares descontroladas. Na ausência dos produtos desses genes, o hospedeiro sofre divisões celulares descontroladas – com consequente desenvolvimento de um tumor.

*Após o sequenciamento do genoma, agora é possível, com o uso de uma tecnologia avançada denominada "microarranjos", determinar os genes que são ativados em uma amostra de tecido normal em comparação com aqueles ativados em tecido canceroso. Pode-se verificar também os fármacos que desativam genes específicos. Isso deverá levar a rápidos progressos na pesquisa do câncer.*

Muitos dos retrovírus são **vírus de RNA tumoral**. Lembre-se de que os retrovírus utilizam a sua própria transcriptase reversa para transcrever o RNA de sentido (+) em DNA que, em seguida, é integrado como pró-vírus no cromossomo da célula hospedeira. O pró-vírus do HTLV-1 codifica proteínas que transformam as células hospedeiras em células neoplásicas. A infecção também leva à produção de novos vírions por meio de brotamento, o que não mata a célula infectada. Dessa maneira, os vírus de RNA tumoral podem continuar infectando outras células não infectadas ou células sexuais. Neste último caso, a presença de partículas virais assegura a transmissão dos vírions à prole.

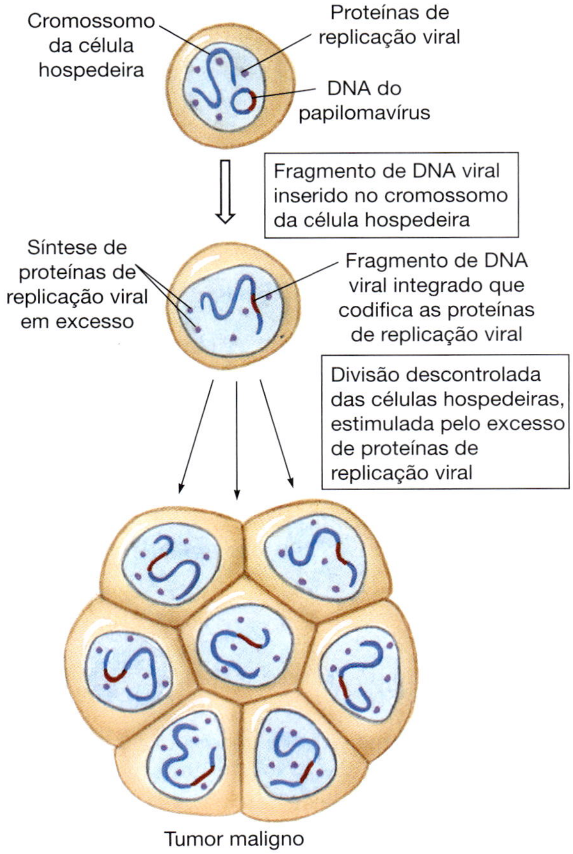




**Figura 11.29 Formação de tumor maligno.** Esse tumor particular é causado por um papilomavírus (vírus de DNA tumoral). A integração do pró-vírus leva à síntese de proteínas de replicação viral, que promovem as divisões da célula hospedeira, levando ao desenvolvimento de câncer.

## Oncogenes

As proteínas produzidas por vírus tumorais que provocam divisão descontrolada da célula hospedeira provêm de segmentos de DNA denominados **oncogenes** (do grego *onco*, "massa"). Nos vírus de DNA causadores de tumores, os oncogenes não apenas provocam neoplasia, mas também contêm a informação para a síntese de proteínas virais necessárias para a replicação do vírus. Os oncogenes nos vírus de RNA tumoral são muito diferentes. Os virologistas e os biólogos celulares mostraram que alguns vírus de RNA tumoral captam genes "extras" das células hospedeiras normais durante a replicação viral. Esses genes, que são semelhantes aos oncogenes, são denominados proto-oncogenes. Um **proto-oncogene** é um gene normal que, quando está sob o controle de um vírus, pode causar divisão celular descontrolada, isto é, pode atuar como oncogene. Esses oncogenes transportados por vírus não são necessários para a replicação viral.

Muitos oncogenes foram descobertos em vírus oncogênicos, e a maioria codifica a informação que resulta em divisões celulares ilimitadas. Esses oncogenes são genes mutantes que contêm deleções ou substituições (ver Capítulo 8). Essas mutações causam alterações estruturais nas proteínas codificadas pelos genes. Os oncogenes atuam de uma entre duas maneiras: (1) O produto do oncogene pode interferir na função normal da célula, levando à ocorrência de divisões celulares. (2) O oncogene é controlado por reguladores virais próximo ao sítio de sua integração no cromossomo da célula hospedeira. Esses reguladores "ativam" o gene, de modo que ocorre síntese de proteína normal – porém em quantidades excessivas ou no momento errado do ciclo de vida da célula hospedeira. Mais uma vez, ocorrem divisões celulares em excesso. A descoberta dos oncogenes nos vírus teve um grande impacto em nossa compreensão do câncer. Embora ainda haja muito a ser aprendido sobre o câncer nos seres humanos, talvez no futuro seja possível prevenir os cânceres induzidos por vírus com agentes antivirais efetivos. O RNA inibitório (RNAi) também pode ser utilizado para "inativar" genes específicos.

# RESUMO

## CARACTERÍSTICAS GERAIS DOS VÍRUS

### O que são vírus?

- Os **vírus** são **parasitas intracelulares obrigatórios** submicroscópicos – eles só se replicam no interior de uma célula hospedeira viva.

### Componentes dos vírus

- Os vírus consistem em um cerne de ácido nucleico e um **capsídio** proteico. Alguns vírus também apresentam um **envelope** membranoso
- A informação genética dos vírus está contida no DNA ou no RNA – mas não em ambos
- Os capsídios são constituídos de subunidades denominadas **capsômeros**
- O capsídio e o genoma virais formam um **nucleocapsídio**. Esses vírus são denominados **vírus desnudos** (não envelopados); os que possuem um nucleocapsídio circundado por um envelope são denominados **vírus envelopados**.

### Tamanhos e formas

- Os vírus têm formas poliédricas, helicoidais, com duas partes, em bala de revólver ou complexas, e variam quanto ao tamanho de 20 a 300 nm de diâmetro.

### Gama de hospedeiros e especificidade dos vírus

- Os vírus variam quanto à **gama de hospedeiros** e **especificidade viral**. Muitos vírus infectam um tipo específico de célula em uma única espécie hospedeira; outros infectam vários tipos de células, vários hospedeiros ou ambos.

### Origens dos vírus

- Os vírus surgiram e, provavelmente, continuam surgindo a partir de múltiplas origens
- Os vírus atuam como agentes de evolução, devido à sua participação na transferência lateral de genes.

### Infecções virais latentes

- Todos os herpes-vírus têm a capacidade de se tornarem latentes, permanecendo em um estado dormente. A ativação geralmente envolve alterações na imunidade celular do hospedeiro.

## CLASSIFICAÇÃO DOS VÍRUS

- Os vírus são classificados de acordo com o ácido nucleico (DNA ou RNA) que contêm, com outras propriedades químicas e físicas, com o seu modo de replicação, a sua forma e a gama de hospedeiros. Algumas dessas características estão resumidas nas Tabelas 11.1 e 11.2
- Vírus semelhantes são agrupados em gêneros, e os gêneros são, por sua vez, agrupados em famílias. Os vírus que compartilham o mesmo genoma e relacionamentos com organismos geralmente constituem uma espécie viral.

### Vírus de RNA

- Entre as famílias de vírus de RNA de sentido (+) estão os da família Picornaviridae, que incluem o poliovírus, o vírus da hepatite A e os rinovírus; os da família Togaviridae, que incluem o vírus causador da rubéola; os da família Flaviviridae, que incluem o vírus da febre amarela; e os da família Retroviridae, que causam alguns cânceres e AIDS. Os vírus de RNA de sentido (–) incluem os da família Paramyxoviridae, que causam o sarampo, a caxumba e vários distúrbios respiratórios; os da família Rhabdoviridae, um dos quais causa raiva; os da família Orthomyxoviridae, que incluem os vírus influenza; os da família Filoviridae, que causam as doenças de Marburg e Ebola; os da família Arenaviridae, responsáveis pela febre de Lassa; e os da família Bunyaviridae, um dos quais causa a síndrome pulmonar por hantavírus. As famílias dos vírus de RNA de fita dupla incluem os da família Reoviridae, que causam uma variedade de infecções da parte superior do sistema respiratório e gastrintestinais.

### Vírus de DNA

- As famílias dos vírus de fdDNA incluem os da família Adenoviridae, alguns dos quais causam infecções respiratórias; os da família Herpesviridae, que constituem a causa do herpes oral e genital, varicela, zóster e mononucleose infecciosa; os da família Poxviridae, que causam a varíola humana e infecções semelhantes mais leves. Os vírus da família Papovaviridae causam verrugas; alguns papovavírus estão associados a determinados cânceres. Os vírus da família Hepadnaviridae causam a hepatite B humana, enquanto os da família Parvoviridae causam infecções humanas relativamente raras.

## VÍRUS EMERGENTES

- Muitas doenças emergentes são causadas por vírus que eram endêmicos em baixos níveis em áreas localizadas, mas que "ultrapassaram" a barreira de espécie e adquiriram uma nova gama de hospedeiros e propagação, algumas vezes também em consequência de atividades humanas – por exemplo, a colonização de florestas anteriormente não habitadas. Os vírus Zika e Ebola têm sido um problema recente.

## REPLICAÇÃO VIRAL

### Características gerais da replicação

- Em geral, os vírus passam por cinco etapas no processo de replicação: **adsorção**, **penetração**, **síntese**, **maturação** e **liberação**. Essas etapas diferem ligeiramente nos bacteriófagos e nos vírus de animais.

### Replicação dos bacteriófagos

- A replicação dos **bacteriófagos** foi detalhadamente estudada nos fagos T pares, que são **fagos virulentos**
- A **fagoterapia** pode substituir os antibacterianos
- Os fagos T pares apresentam fatores de reconhecimento que se ligam a receptores específicos nos envoltórios celulares das bactérias durante a etapa de adsorção. Enzimas enfraquecem a parede bacteriana, de modo que o ácido nucleico viral possa penetrar na célula
- Durante a biossíntese, o DNA viral dirige a produção dos componentes virais
- No estágio de maturação, ocorre montagem dos componentes virais em vírions completos
- A liberação, que é o estágio final, é facilitada pela enzima lisozima. O **tempo de replicação viral** (*burst time*) é o tempo decorrido entre a adsorção e a liberação da progênie de vírions; o **tamanho da população liberada** (*burst size*) é o número de fagos da progênie liberados de uma célula hospedeira
- A curva de crescimento de um fago inclui um **período de eclipse** (o tempo que se estende desde a penetração até a biossíntese) e um **período de latência** (tempo após a ocorrência da penetração até a liberação)
- O número de fagos produzidos em uma infecção pode ser determinado pela contagem do número de **placas** produzidas em uma camada de bactérias infectadas por vírus **(ensaio de formação de placas)**. Cada placa representa uma **unidade formadora de placa**
- Os fagos que passam por esses estágios de replicação, levando à destruição da célula hospedeira, representam um **ciclo lítico** de infecção.

### Lisogenia

- A **lisogenia**, que se refere a um relacionamento estável e duradouro entre determinados fagos e bactérias hospedeiras, ocorre nos **fagos temperados**. O DNA dos fagos temperados pode existir como **prófago** ou pode reverter por meio de **indução** para o ciclo lítico
- Os prófagos, como o fago lambda (λ), se inserem em um cromossomo bacteriano, em um sítio específico.

### Replicação dos vírus de animais

- As proteínas existentes na superfície de alguns vírus são utilizadas para ligação às membranas plasmáticas das células hospedeiras durante o estágio de adsorção; dessa maneira, os vírus animais entram na célula. O **desnudamento** (perda do capsídio) ocorre na membrana plasmática ou no citoplasma
- A síntese e a maturação diferem nos vírus de DNA e de RNA. Na maioria dos vírus de DNA, o DNA é sintetizado em uma sequência ordenada no núcleo, e as proteínas são sintetizadas no citoplasma da célula hospedeira. Nos vírus de RNA, o RNA pode atuar como molde para a síntese de proteínas, para a produção de mRNA ou para a formação de DNA por transcrição reversa. A montagem dos vírions ocorre na célula; algumas vezes, o DNA viral é incorporado como **pró-vírus** no cromossomo da célula hospedeira
- A liberação pode ocorrer por lise direta da célula hospedeira ou por brotamento através da membrana da célula hospedeira.

## CULTURA DE VÍRUS DE ANIMAIS

### Desenvolvimento dos métodos de cultura

- A descoberta dos antibacterianos utilizados na prevenção da contaminação bacteriana de embriões de galinha e **culturas de células** e o uso da tripsina para separar as células em sistemas de cultura em **monocamadas** proporcionaram um importante impulso para o estudo da virologia.

### Tipos de culturas de células

- As **culturas primárias de células** provêm diretamente de animais e não são subcultivadas
- Todas as células de uma **linhagem celular**, que derivam de passagens de culturas primárias de células, são muito semelhantes. As **linhagens de fibroblastos diploides** obtidas de culturas primárias de tecidos fetais produzem culturas estáveis que podem ser mantidas por anos; são utilizadas na produção de vacinas
- As **linhagens celulares contínuas**, geralmente derivadas de células cancerosas, crescem no laboratório sem envelhecer, podem sofrer divisão repetidamente, apresentam necessidades nutricionais acentuadamente reduzidas e exibem heteroploidia
- Os efeitos visíveis produzidos pelos vírus nas células hospedeiras infectadas são denominados coletivamente de **efeito citopático (ECP)**.

## VÍRUS E TERATOGÊNESE

- Um **teratógeno** é um agente que induz defeitos durante o desenvolvimento embrionário
- Os vírus podem atuar como teratógenos atravessando a placenta e infectando células embrionárias. Quanto mais cedo uma infecção ocorre durante a gestação, mais extenso tende a ser o dano
- O vírus da rubéola pode ser responsável pela morte de fetos e por graves defeitos congênitos; os citomegalovírus e, em certas ocasiões, os herpes-vírus também atuam como teratógenos.

## AGENTES SEMELHANTES A VÍRUS: SATÉLITES, VIRÓFAGOS, VIROIDES E PRÍONS

### Satélites

- Os **satélites** são pequenas moléculas de RNA incapazes de sofrer replicação na ausência de um vírus auxiliar não relacionado. Existem dois tipos: os **vírus satélite**, que codificam a proteína de seu próprio capsídio, e os **ácidos nucleicos satélite** (= **virusoides**), cujo vírus auxiliar codifica o seu capsídio. Os satélites estão associados, em sua maioria, a vírus de plantas.

### Virófagos

- Os **virófagos** infectam vírus gigantes, comprometendo a sua replicação.

### Viroides

- Os **viroides** são muito diferentes dos vírus; cada viroide consiste exclusivamente em uma pequena molécula de RNA
- Os viroides podem causar doenças em plantas, interferindo no processamento do mRNA.

### Príons de mamíferos

- Os **príons** são partículas infecciosas formadas de proteína. As pesquisas realizadas indicam que os príons são proteínas anormais, que sofrem enovelamento incorreto
- Os príons causam doenças neurológicas degenerativas, incluindo doença de Creutzfeldt-Jakob, kuru, tremor epizoótico (*scrapie*), doença da vaca louca e doença consumptiva crônica.

### Príons de leveduras

- Os príons de **leveduras** frequentemente atuam de modo benéfico para os fungos que eles infectam por meio de um efeito epigenético.

## VÍRUS E CÂNCER

- O **câncer** é geralmente um crescimento descontrolado e/ou invasivo de células anormais.

## VÍRUS DE CÂNCERES HUMANOS

- Os **tumores**, ou **neoplasias**, são **benignos** (não cancerosos) ou **malignos** (cancerosos). Os tumores malignos disseminam-se por **metástases**
- Acredita-se que diversos vírus de animais causem algumas formas de câncer, incluindo o vírus Epstein-Barr, determinados papilomavírus humanos, o vírus da hepatite B e alguns retrovírus, como o HTLV-1.

### Como os vírus associados ao câncer causam câncer

- Os **vírus de DNA tumoral** contêm genes virais, cujos produtos proteicos interferem nas atividades das proteínas normais da célula hospedeira que controlam a divisão celular
- Os **vírus de RNA tumoral** contêm genes virais utilizados para a **transformação neoplásica** e a replicação viral.

### Oncogenes

- Os **oncogenes** são genes virais que levam as células hospedeiras a sofrer divisão descontroladamente
- Os **proto-oncogenes** são genes normais que, quando estão sob o controle de um vírus, atuam como oncogenes, causando divisão celular descontrolada
- Os oncogenes nos vírus de RNA tumorais produzem proteínas em quantidades excessivas ou nos momentos errados. Em ambos os casos, as células hospedeiras infectadas começam a divisão celular descontrolada.

## TERMOS-CHAVE

ácido nucleico satélite
adenovírus
adsorção
arenavírus
bacteriófago
benigno
buniavírus
camada bacteriana
câncer
capsídio
capsômero
ciclo de replicação
ciclo lítico
conversão lisogênica
cultura de células
cultura de tecidos
cultura primária de células
curva de replicação
desnudamento
doença pelo vírus Ebola (DVE)
efeito citopático (ECP)
ensaio de formação de placas
enterovírus
envelope
epigenético
especificidade viral
espícula
fago lítico
fago temperado
fago virulento (lítico)
fagoterapia (com fagos ou bacteriófagos)
filovírus
flavivírus
gama de hospedeiros
genoma
glicoproteína
hepadnavírus
hepatovírus
herpes-vírus
indução
latência
liberação
linhagem celular
linhagem celular contínua
linhagem de fibroblastos diploides
lisogenia
lisógeno
maligno
maturação
metastatizar
monocamada
neoplasia
nucleocapsídio
oncogene
ortomixovírus
papovavírus
paramixovírus
parasita intracelular obrigatório
parvovírus
penetração
período de eclipse
período de latência
picornavírus
placa
poxvírus
príon
produção viral
prófago
proto-oncogene
pró-vírus
rabdovírus
reovírus
retrovírus
rinovírus
RNA de sentido negativo (–)
RNA de sentido positivo (+)
série TORCH
sincícios
síntese
subcultura (passagem)
tamanho da população liberada (*burst size*)
tempo de replicação viral (*burst time*)
teratogênese
teratógeno
togavírus
transcriptase reversa
transformação neoplásica
tumor
unidade formadora de placa
vírion
virófago
viroide
vírus
vírus complexo
vírus da hepatite delta (HDV)
vírus de DNA tumoral
vírus de RNA tumoral
vírus desnudo ou não envelopado
vírus emergente
vírus envelopado
vírus satélite
vírus Zika
virusoide

# 12 Microrganismos Eucarióticos e Parasitas

(Stephen Doggett, Medical Entomology, Westmead Hospital,Sydney, Austral)

(Stephen Ausmus/USDA)

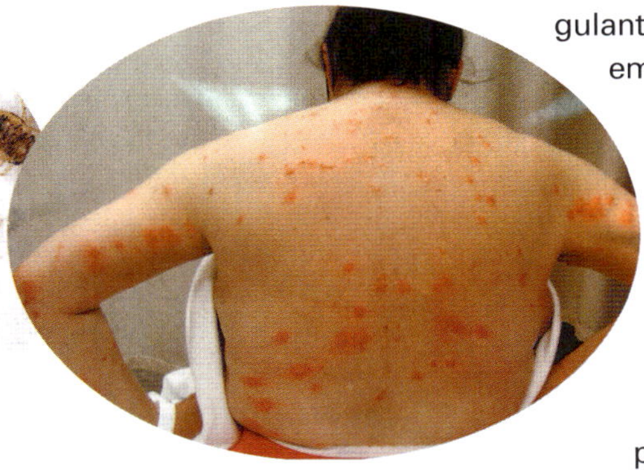

(Bryan Smith/ZUMAPRESS.com/NewsCom)

## Durma bem! Não deixe os percevejos-de-cama picá-lo!

Para milhões de pessoas, isso é impossível. Nessa última década, houve um enorme aumento global na incidência de picadas de percevejo-de-cama – 5.000% apenas na Austrália desde 1999. Esses insetos tornaram-se resistentes aos inseticidas comuns. Infestam casas, escolas, salas de cinema, hotéis, alojamentos, hospitais e até mesmo arquivos em escritórios. Os percevejos têm corpo achatado e podem se esconder nas menores fendas das camas, colchões, tábuas de assoalho, tapetes e até mesmo atrás do papel de parede solto. Seus esconderijos podem estar um pouco distantes do hospedeiro. Eles não têm asas, porém podem se locomover rapidamente, guiados pelo aumento da temperatura e $CO_2$ promovido pelo hospedeiro.

Os percevejos não vivem nos seres humanos – eles picam por 5 a 10 minutos, em geral à noite, e deixam rapidamente o seu hospedeiro. Inoculam um anticoagulante, e manchas de sangue nos lençóis, em consequência de exsudação das picadas, são típicas das infestações. O seu ciclo de vida compreende cinco estágios imaturos entre a eclosão da larva e o último estágio larval, exigindo, cada um deles, pelo menos uma refeição de sangue antes de passar para o próximo estágio. Tanto os machos quanto as fêmeas picam, e o canibalismo é comum. É necessária uma refeição de sangue para que os machos se acasalem e as fêmeas depositem os ovos. As fêmeas depositam dois ou três ovos por dia, que eclodem em cerca de 10 dias. O ciclo de vida inteiro leva cerca de 37 dias. Os adultos podem passar 4 meses e meio sem refeição de sangue e podem até mesmo subsistir 18 meses sem refeição.

Seu hospedeiro preferido é o ser humano, porém os morcegos e as aves que vivem em cavernas também são alvos importantes. Em alguns ninhos de aves de caverna, foram encontrados mais de 700 percevejos. É provável que, quando viviam em cavernas, os seres humanos também adquiriam percevejos famintos.

Algumas pessoas não têm reação às picadas dos percevejos, mas a maioria apresenta inflamação e intenso prurido no local de picada, estendendo-se habitualmente por 2 a 6 cm, podendo alcançar 20 cm (ver foto). Em geral, o percevejo pica à medida que se locomove, deixando um rastro linear de picadas. Não se demonstrou que eles transmitam qualquer doença.

Os percevejos exalam um odor desagradável, que confere ao aposento um odor característico que pode ser detectado por cães treinados. Os cães são frequentemente utilizados em prédios para identificar unidades infestadas. O tratamento é difícil, e pode ser necessário repeti-lo. Quando estiver em um hotel, até mesmo um de cinco estrelas, não deixe a sua mala sobre a cama ou no chão. Na falta de um suporte de bagagens, algumas pessoas utilizam a banheira!

# MAPA DO CAPÍTULO

**Siga o mapa do capítulo para auxiliar na identificação dos conceitos principais do texto.**



**Em nossa pesquisa sobre os microrganismos,** dedicamos uma atenção significativa às bactérias dos domínios Bacteria e Archaea, bem como aos vírus. Entretanto, alguns membros do domínio Eukarya também são de interesse para os microbiologistas, os ecologistas e os cientistas da área da saúde. Os reinos Protista e Fungi contêm um grande número de espécies microscópicas, algumas das quais fornecem alimento e antibióticos, enquanto outras causam doença. O reino Animalia contém helmintos que provocam doenças e artrópodes que causam ou transmitem doenças. O estudo dos eucariontes microscópicos, bem como dos helmintos e dos artrópodes, constitui uma parte significativa do treinamento dos cientistas na área da saúde. A não ser que eles façam um curso de parasitologia, suas únicas oportunidades de aprender sobre os helmintos e os artrópodes serão em conjunto com o estudo dos agentes infecciosos microscópicos.

## PRINCÍPIOS DE PARASITOLOGIA

Um **parasita** é um organismo que vive à custa de outro organismo, denominado **hospedeiro**. Os parasitas variam quanto ao grau de danos que infligem a seus hospedeiros. Embora alguns causem pouco prejuízo, outros provocam danos moderados a graves. Os parasitas que causam doenças são denominados **patógenos**. A **parasitologia** é o estudo dos parasitas.

Embora poucas pessoas tenham percebido, entre todas as formas vivas, existem provavelmente mais organismos parasitas do que não parasitas. Muitos desses parasitas são microscópicos durante o seu ciclo de vida ou em algum estágio dele. Historicamente, no desenvolvimento da ciência da biologia, a parasitologia surgiu para tratar do estudo dos protozoários, dos helmintos e dos artrópodes que vivem à custa de outros organismos. Utilizaremos o termo *parasita* para nos referir a esses organismos. Estritamente falando, as bactérias e os vírus que vivem à custa de seus hospedeiros também são parasitas.

A maneira pela qual os parasitas afetam seus hospedeiros difere, em alguns aspectos, daquela descrita em capítulos anteriores para as bactérias e os vírus. Também são empregados termos especiais para descrever os parasitas e seus efeitos. Essa introdução à parasitologia tornará mais proveitosas as discussões sobre os parasitas aqui e em capítulos posteriores.

### Importância do parasitismo

Os parasitas têm sido um verdadeiro flagelo ao longo da história da humanidade. De fato, mesmo com a tecnologia moderna para o tratamento e controle das doenças causadas por parasitas, existem mais infecções parasitárias do que seres humanos vivos. Estima-se que, entre os 60 milhões de pessoas que morrem a cada ano, um quarto morra de infecções parasitárias ou de suas complicações.

Os parasitas desempenham um importante papel, ainda que negativo, na economia mundial. Por exemplo, menos da metade de todas as terras cultiváveis do mundo é utilizada para o cultivo, principalmente porque os parasitas endêmicos (que estão sempre presentes) nas terras remanescentes impedem que os seres humanos e os animais domésticos habitem algumas delas. Com o aumento da população mundial e a consequente necessidade de alimentos, o cultivo dessas terras se tornará mais importante. Em algumas regiões habitadas, muitas pessoas sofrem de fome e estão gravemente debilitadas por parasitas. Além disso, as infecções parasitárias em animais selvagens e domésticos proporcionam fontes de infecção humana e causam debilitação e morte entre os animais, impedindo assim a criação de gado e de outros animais como fontes de alimento. Tendo em vista os numerosos problemas humanos causados pelos parasitas, todos os cidadãos – e particularmente os cientistas da área da saúde – precisam compreender os problemas associados ao controle e tratamento das doenças parasitárias.

## Parasitas e seus hospedeiros

Uma única tênia pode viver por 30 a 35 anos. Sua cabeça piriforme tem cerca de 1 a 2 mm de diâmetro, e ela pode alcançar 10 m de comprimento.

Os parasitas podem ser divididos em **ectoparasitas**, como os carrapatos e os piolhos, que vivem na superfície de outros organismos, e em **endoparasitas**, como alguns protozoários e vermes, que vivem no interior do corpo de outros organismos. Os parasitas são, em sua maioria, **parasitas obrigatórios**: precisam passar pelo menos parte de seu ciclo de vida dentro de um hospedeiro ou sobre ele. Por exemplo, o protozoário que causa a malária invade os eritrócitos. Alguns parasitas são **parasitas facultativos**: normalmente são de vida livre, como alguns fungos do solo, mas podem obter nutrientes de um hospedeiro, como muitos fungos o fazem quando causam infecções da pele. Os hospedeiros que são invadidos por parasitas habitualmente não têm defesas efetivas contra eles, de modo que essas doenças podem ser graves e, algumas vezes, fatais.

Os parasitas também são classificados de acordo com a duração de sua associação com os hospedeiros. Os **parasitas permanentes**, como as tênias, permanecem dentro de um hospedeiro ou sobre ele após invadi-lo. Os **parasitas temporários**, como muitos insetos picadores, alimentam-se de seus hospedeiros e, em seguida, os deixam. Os **parasitas acidentais** invadem um organismo diferente de seu hospedeiro normal. Os carrapatos, que normalmente se fixam em cães ou animais silvestres, algumas vezes atacam os seres humanos; os carrapatos são, nessas situações, parasitas acidentais. O **hiperparasitismo** refere-se a um parasita que apresenta seus próprios parasitas. Alguns mosquitos, que são parasitas temporários, abrigam o parasita da malária ou outros parasitas. Esses insetos atuam como **vetores** ou agentes de transmissão de muitas doenças parasitárias humanas.

Um organismo que transfere um parasita para um novo hospedeiro é um vetor. O vetor no qual o parasita realiza parte de seu ciclo de vida é um **vetor biológico**. O mosquito da malária é tanto um hospedeiro quanto um vetor biológico. Um **vetor mecânico** é um vetor no qual o parasita não realiza nenhum estágio de seu ciclo de vida. As moscas que carregam ovos de parasitas, bactérias ou vírus provenientes de fezes para alimentos humanos são vetores mecânicos.

Os hospedeiros são classificados em **hospedeiros definitivos** quando abrigam um parasita durante a sua reprodução sexuada; são considerados **hospedeiros intermediários** quando abrigam o parasita em algum outro estágio de desenvolvimento. O mosquito é o hospedeiro definitivo do parasita causador da malária, visto que o parasita se reproduz de modo sexuado no mosquito; o ser humano é um hospedeiro intermediário, embora sofra danos maiores causados pelo parasita. Os **hospedeiros reservatórios** são organismos infectados que tornam os parasitas disponíveis para a sua transmissão a outros hospedeiros. Os hospedeiros reservatórios de doenças parasitárias humanas normalmente são animais silvestres ou domésticos. A **especificidade de hospedeiros** refere-se à gama de diferentes hospedeiros nos quais um parasita pode amadurecer. Alguns parasitas são muito específicos quanto ao hospedeiro – eles se desenvolvem em apenas um hospedeiro. O parasita causador da malária desenvolve-se principalmente nos mosquitos do gênero *Anopheles*. Outros parasitas podem se desenvolver em muitos hospedeiros diferentes. O verme que causa a triquinose pode desenvolver-se em quase todos os animais de sangue quente, porém o parasita é mais frequentemente adquirido pelo ser humano a partir de suínos em consequência do consumo de carne de porco contaminada e cozida inadequadamente.

Ao longo de milhares de anos de evolução, os parasitas demonstraram uma tendência a se tornar menos prejudiciais a seus hospedeiros. Esse arranjo preserva o hospedeiro, de modo que os parasitas tenham um suprimento contínuo e garantido de nutrientes. O parasita que destrói o seu hospedeiro também destrói seu próprio meio de sustentação. A adaptação dos parasitas e hospedeiros entre si está estreitamente relacionada com os mecanismos de defesa do hospedeiro. Muitos parasitas apresentam um ou mais dos seguintes mecanismos para escapar dos mecanismos de defesa do hospedeiro:

1. *Encistamento*, formação de um envoltório externo que protege o parasita contra condições ambientais desfavoráveis. Esses estágios de cistos resistentes também fornecem algumas vezes um local para a reorganização interna do organismo e a divisão celular, ajudam na adesão do parasita a um hospedeiro ou servem para transmitir o parasita de um hospedeiro para outro
2. Mudança dos antígenos de superfície (moléculas que desencadeiam a imunidade) do parasita mais rapidamente do que a produção de novos anticorpos (moléculas que reconhecem e que atacam os antígenos) pelo hospedeiro
3. Indução do sistema imune do hospedeiro a produzir anticorpos que não são capazes de reagir com os antígenos do parasita
4. Invasão das células do hospedeiro, onde os parasitas ficam fora do alcance dos mecanismos de defesa.

Quando os parasitas escapam com sucesso das defesas do hospedeiro, eles podem causar vários tipos de danos. Todos os parasitas roubam nutrientes de seus hospedeiros. Alguns retiram uma porção tão grande de nutrientes ou danificam tanto a área de superfície do intestino do hospedeiro que este acaba recebendo nutrientes em quantidades insuficientes. Muitos parasitas causam traumatismo significativo aos tecidos do hospedeiro. Provocam o aparecimento de feridas na pele, destroem células em tecidos e órgãos, causam obstrução dos vasos sanguíneos e os danificam e podem até mesmo provocar hemorragias internas. Os parasitas que não escapam dos mecanismos de defesa algumas vezes desencadeiam reações inflamatórias e imunológicas graves. Por exemplo, o tratamento para livrar o hospedeiro humano de algumas infecções por helmintos mata efetivamente os vermes, porém as toxinas provenientes dos vermes mortos provocam mais danos aos tecidos do que os próprios parasitas vivos. O verme-do-coração-do-cão,

*Dirofilaria immitis*, perfura a parede do coração e deixa orifícios quando morre e se decompõe. Por esse motivo, é importante que um veterinário realize testes em todos os cães quanto à presença de filárias antes da administração preventiva de um medicamento para dirofilariose.

Uma característica marcante de muitos parasitas é a sua capacidade de reprodução. O parasitismo, embora possibilite uma vida fácil uma vez que o parasita tenha se estabelecido, é uma existência perigosa durante a transferência de um hospedeiro para outro. Por exemplo, muitos parasitas que deixam o corpo humano através das fezes morrem por dessecação (retirada da água) antes que possam alcançar outro hospedeiro. Se houver necessidade de vários hospedeiros para completar o ciclo de vida, os riscos multiplicam-se enormemente. Em razão desse fato, muitos parasitas possuem capacidades reprodutivas excepcionais. Alguns parasitas, como determinados protozoários, sofrem **esquizogonia**, ou divisão múltipla, em que uma célula dá origem a muitas células, todas as quais são infectantes. Outros, como vários helmintos, produzem grande quantidade de ovos. Alguns vermes são **hermafroditas** – isto é, um organismo que possui tanto o sistema reprodutor masculino quanto o feminino, e ambos funcionais. De fato, determinados helmintos, como as tênias, não apresentam sistema digestório e são constituídos quase exclusivamente de sistemas reprodutivos.

### *Wolbachia*

Alguns parasitas tornam-se tão integrados a seus hospedeiros que a relação se transforma em mutualismo simbiótico e, finalmente, um ou ambos são incapazes de viver ou de se reproduzir sem o outro. Este é o caso da bactéria intracelular *Wolbachia*, da família das rickéttsias, que infecta várias filárias, como as que causam elefantíase, cegueira do rio e dirofilariose. Se o hospedeiro for tratado com doxiciclina, um antibiótico, que mata *Wolbachia*, o verme perde a capacidade de se reproduzir e finalmente morre. Isso evita o uso de medicamentos anti-helmínticos muito tóxicos, que podem conter até mesmo arsênio. Entretanto, ainda existe o problema dos vermes mortos que precisam ser retirados cirurgicamente. Acredita-se que a bactéria *Wolbachia* provoca inflamação efetiva, levando ao crescimento excessivo e edema dos tecidos (ver Figura 12.24). Para tornar o problema ainda mais complexo, existe um bacteriófago que vive no interior de *Wolbachia*, criando uma simbiose tripartida (em três partes).

Nos artrópodes, por exemplo, insetos, aranhas, ácaros e isópodes, *Wolbachia* apresenta diferentes maneiras de manipular a reprodução. Isso envolve aproximadamente 70% de todos os insetos, o que equivale a quase um milhão de espécies. Por exemplo, *Wolbachia* pode inserir todo o seu genoma nos cromossomos da mosca-das-frutas. Os antibacterianos podem livrar a mosca das bactérias *Wolbachia* visíveis (células bacterianas vegetativas), mas o seu genoma permanece funcional dentro do genoma do inseto. Isso parece ser uma antiga associação de 100 milhões de anos. Durante esse tempo, houve evidentemente muita transferência lateral de genes, visto que os genomas de *Wolbachia* são compostos de genes de muitas outras bactérias estreitamente relacionadas.

Existem muitas cepas de *Wolbachia*, algumas das quais possivelmente são, de fato, espécies diferentes. Elas exercem diferentes efeitos sobre a reprodução de hospedeiros distintos, incluindo:

1. Matam os machos (exterminação de todos os machos)
2. Feminização (os machos infectados tornam-se fêmeas)
3. Partenogênese (fêmeas infectadas desenvolvem-se na ausência de machos)
4. Incompatibilidade citoplasmática (os espermatozoides infectados que fertilizam ovos não infectados são incapazes de sofrer mitose de maneira correta; os espermatozoides infectados que fertilizam ovos infectados têm o seu desenvolvimento normal, assegurando o nascimento de uma prole infectada).

A prole infectada é resistente a várias infecções virais, por exemplo, a dengue, que é transmitida por mosquitos. Na Austrália, realizam-se esforços para promover a máxima infecção das populações de mosquitos por *Wolbachia*, para que os insetos sejam incapazes de transmitir a dengue. Pesquisadores também estão investigando maneiras de interromper a transmissão da malária pelos mosquitos com o uso de *Wolbachia*.

## PROTISTAS

### Características dos protistas

Os **protistas**, membros do reino Protista, compreendem uma grande variedade de organismos que compartilham determinadas características. Os protistas são organismos unicelulares (embora algumas vezes encontrados na forma de colônias) e eucarióticos, cujas células apresentam um núcleo verdadeiro e organelas envoltas por membranas. Embora os protistas sejam, em sua maioria, microscópicos, eles variam de 5 μm a 5 mm de diâmetro.

> Os protozoários são tão minúsculos que alguns se desenvolvem nas glândulas salivares de insetos.

### Importância dos protistas

Os protistas despertaram o interesse dos biologistas desde que Leeuwenhoek fabricou seus primeiros microscópios. De fato, os "animálculos" que ele observou eram, em sua maior parte, protistas. Como Leeuwenhoek, muitas pessoas consideram os protistas extremamente interessantes, e os biologistas aprenderam muito sobre os processos vitais com esses organismos.

Os protistas também são importantes para o ser humano por outros motivos. Por exemplo, constituem uma parte essencial das cadeias alimentares. Os protistas autotróficos obtêm energia a partir da luz solar. Alguns protistas heterotróficos ingerem autótrofos e outros heterótrofos. Outros decompõem ou digerem a matéria orgânica morta, que então pode ser reciclada para os organismos vivos. Os protistas também servem de alimento para os consumidores de nível mais alto. Por fim, parte da energia originalmente capturada pelos protistas alcança os seres humanos. Por exemplo, a energia proveniente do sol é transferida aos protistas, os quais são ingeridos por mexilhões, que, por sua vez, são consumidos pelo ser humano.

Os protistas podem ser economicamente benéficos ou prejudiciais. Certos protistas possuem **carapaças**, ou conchas, de carbonato de cálcio. As conchas de carbonato, depositadas em grande quantidade por esses protistas que viveram em antigos oceanos, formaram os penhascos brancos de Dover, na Inglaterra, e a pedra calcária utilizada na construção das pirâmides do Egito. Como diferentes protistas formadores de carapaças adquiriram proeminência durante diferentes eras geológicas, a identificação dos protistas em camadas rochosas ajuda a determinar a idade das rochas. Determinados protistas formadores de carapaças tendem a aparecer em camadas rochosas, próximo a depósitos de petróleo, de modo que os geólogos à procura de petróleo ficam entusiasmados quando os encontram. Alguns protistas autotróficos produzem toxinas que não prejudicam as ostras que os consomem; todavia, as toxinas acumuladas podem causar doença ou até mesmo morte em pessoas que subsequentemente ingerem essas ostras. As ostras cultivadas, quando infectadas por esses protistas, podem causar grandes prejuízos econômicos aos ostreicultores. Outros protistas autotróficos multiplicam-se muito rapidamente na presença de nutrientes inorgânicos abundantes e formam uma "floração" (*bloom*), uma camada espessa de organismos sobre um corpo de água. Esse processo, denominado **eutrofização**, bloqueia a luz solar, matando os vegetais localizados abaixo da floração e levando os peixes à inanição. Os microrganismos que decompõem os vegetais e os animais mortos utilizam grandes quantidades de oxigênio, e a falta de oxigênio leva a mais mortes. Em seu conjunto, esses eventos resultam em grandes perdas econômicas para a indústria pesqueira.

Por fim, alguns protistas são parasitas. Causam debilitação em grande número de pessoas e, algumas vezes, morte, particularmente em países pobres sem os recursos necessários para a erradicação desses organismos. As doenças parasitárias causadas por protozoários incluem disenteria amebiana, malária, doença do sono, leishmaniose e toxoplasmose. Juntas, essas doenças são responsáveis por graves perdas na produtividade humana, miséria incalculável e muitas mortes.

## Classificação dos protistas

Como todos os grupos de seres vivos, os protistas exibem uma grande variabilidade, proporcionando uma base para dividir o reino Protista em seções e filos. Entretanto, os taxonomistas não concordam com o modo pelo qual essas classificações devem ser feitas. A fim de realizar nosso propósito principal, que é ilustrar a diversidade e evitar problemas de taxonomia, podemos agrupar os protistas de acordo com o reino de organismos macroscópicos com o qual se assemelham (**Tabela 12.1**). Assim, iremos nos referir a protistas que se assemelham a plantas (**Figura 12.1**), protistas que se assemelham a fungos (**Figura 12.2**) e protistas que se assemelham a animais (**Figura 12.3**).

**Tabela 12.1** Propriedades dos protistas.

| Grupo | Características | Exemplos |
|---|---|---|
| Protistas semelhantes a plantas | Possuem cloroplastos; vivem em ambientes úmidos e ensolarados | Euglenoides, diatomáceas e dinoflagelados |
| Protistas semelhantes a fungos | A maioria é saprófita; podem ser unicelulares ou multicelulares | Fungos aquáticos; fungos limosos plasmodiais e celulares |
| Protistas semelhantes a animais | Heterótrofos; a maioria é unicelular e de vida livre, porém alguns são comensais ou parasitas | Mastigóforos, sarcodíneos, apicomplexos e ciliados |

### PARA TESTAR

### Como livrar-se da camada de algas verdes nos lagos

Uma recente descoberta na Inglaterra pode manter nossos lagos de fazendas ou de jardins livres das algas que surgem no verão. Quarenta e cinco quilos de palha de cevada flutuando em um lago de 4.000 m² (independentemente da profundidade da água) irão combater as algas e manter o lago limpo. Um saco, em geral, pesa cerca de 10 quilos, custa de 3 a 5 dólares e dura cerca de 90 dias. Deve ser embalado em uma tela de arame ou rede de galinheiro e pode necessitar de flutuadores de plástico vazios para mantê-lo flutuando. As aves e as tartarugas gostam de ficar sobre ele para pegar sol, enquanto os peixes se escondem abaixo dele. Além disso, ele produz uma boa compostagem.

Mas como ocorre esse milagre? Possivelmente, o saco de palha de cevada atua como um gigante saco de chá, liberando substâncias químicas inibitórias na água. Qual é a fonte dessas substâncias químicas? Poderia ser o trabalho dos microrganismos? Tente planejar experimentos para investigar esse fenômeno.

### SAÚDE PÚBLICA

### Marés vermelhas

*The Asahi Shimbun/Getty Images*

Certas espécies de *Gonyaulax, Pfiesteria piscicida* e alguns outros dinoflagelados[1] produzem duas toxinas. Acredita-se que uma delas seja uma proteção contra os predadores famintos do zooplâncton. As bactérias simbióticas que vivem na superfície dos dinoflagelados provavelmente ajudam a sintetizar as toxinas. A outra toxina afeta apenas os vertebrados. Quando esses organismos marinhos aparecem sazonalmente em grande quantidade, eles provocam uma floração (*bloom*) conhecida como *maré vermelha.* Quando a população utiliza nutrientes disponíveis, por exemplo, nitrogênio e fósforo, esses organismos tornam-se de duas a sete vezes mais tóxicos. As toxinas acumulam-se nos corpos de mariscos, como ostras e mexilhões que se alimentam de protistas. Embora a toxina não cause danos aos mariscos, ela provoca envenenamento paralisante em alguns peixes e nos seres humanos que consomem os mexilhões infectados. Até mesmo animais de grande porte, como os golfinhos, têm sido mortos em grandes quantidades por essa toxina. A inalação de ar contendo pequenas quantidades da toxina pode irritar as membranas respiratórias, de modo que as pessoas sensíveis devem evitar o mar e seus produtos durante as marés vermelhas.

Nos últimos 30 anos, o número de marés vermelhas no mundo aumentou de modo significativo – possivelmente em consequência do aumento da poluição. Isso representa particularmente um problema na criação de peixes, que não podem sair nadando do cativeiro para escapar da morte.

[1]N.R.T.: Dinoflagelados são organismos unicelulares flagelados, geralmente plânctons marinhos ou de água doce.

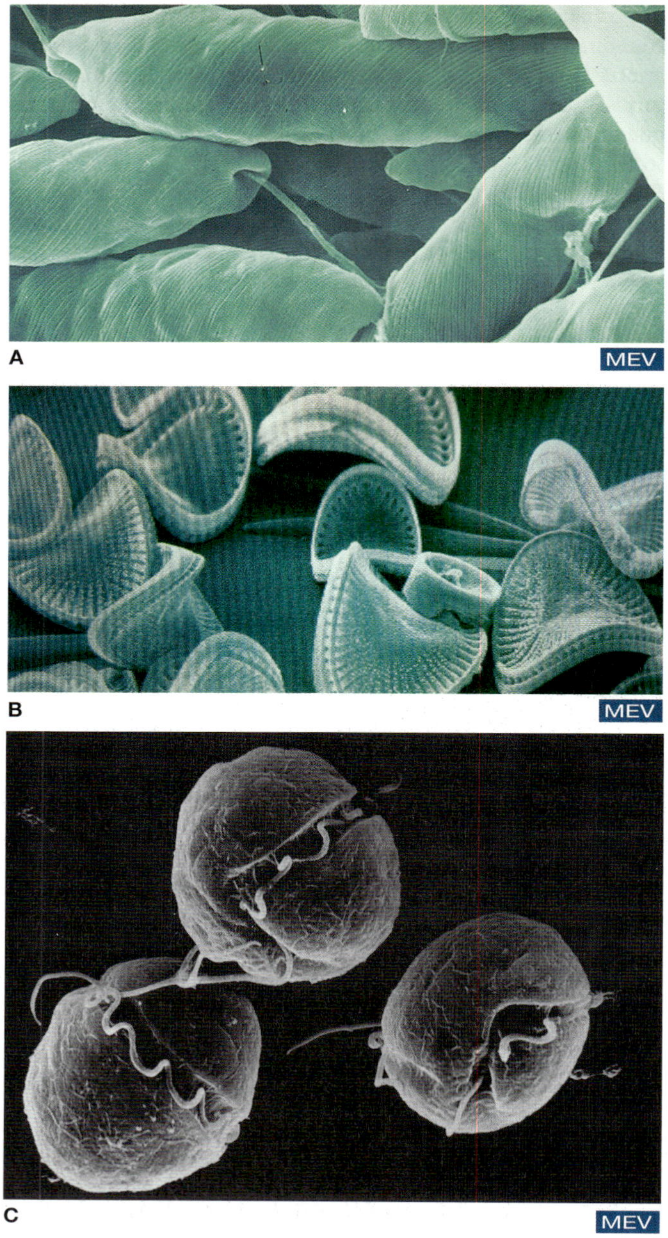


**Figura 12.1 Representantes de algas ou protistas semelhantes a plantas.** **A.** *Euglena*, um euglenoide (895×). *(Carolina Biological Supply Company/Medical Images.)* **B.** A diatomácea *Campylodiscus hibernicus* (250×). *(Andrew Syred/Science Source.)* **C.** *Gonyaulax*, um dinoflagelado que causa as marés vermelhas (9.605×). *(David M. Phillips/Science Source.)*

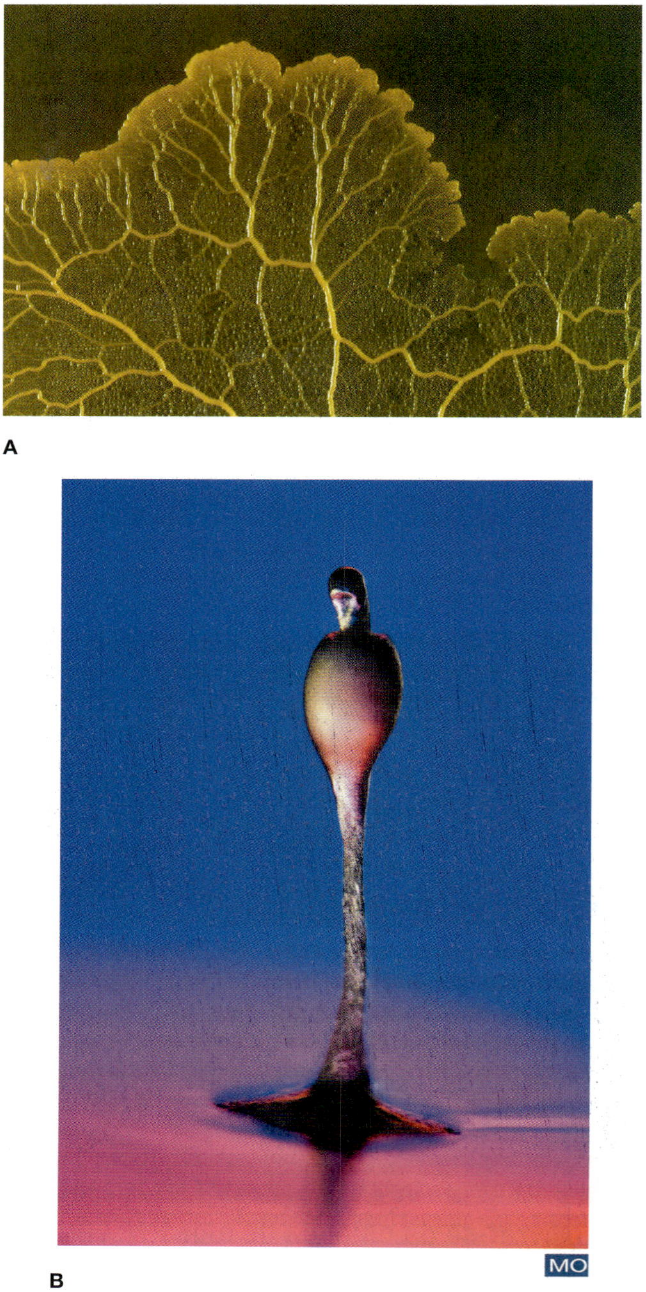


**Figura 12.2 Representantes de protistas semelhantes a fungos.** **A.** Fungo limoso plasmodial do gênero *Physarum*. *(Scott Camazine/Science Source.)* **B.** Pseudoplasmódios de um fungo limoso celular, *Dictyostelium discoideum* (93.583×). *(Carolina Biological Supply Company/Medical Images.)*

## Protistas semelhantes a plantas

Os protistas semelhantes a plantas, ou algas, possuem cloroplastos e realizam a fotossíntese. São encontrados em ambientes úmidos e ensolarados. A maioria tem uma parede celular e um ou dois flagelos, que possibilitam a locomoção. Os **euglenoides** em geral possuem um único flagelo e uma mancha ocular pigmentada, denominada *estigma*. O estigma pode orientar o movimento do flagelo, de modo que o organismo possa se locomover em direção à luz. Um euglenoide típico, *Euglena gracilis* (ver Figura 12.1A), possui um corpo alongado, em forma de charuto, e flexível. Em vez de uma parede celular, esse organismo possui uma **película** ou revestimento membranoso externo. Em geral, os euglenoides se reproduzem por fissão binária. A maioria vive em água doce, porém alguns são encontrados no solo.

Outro grupo de protistas semelhantes a plantas apresenta pigmentos, além da clorofila. Em geral, esses protistas possuem paredes celulares envolvidas por uma carapaça secretada e frouxamente fixada, que contém silício ou carbonato de cálcio. A maioria se reproduz por fissão binária. Incluem as

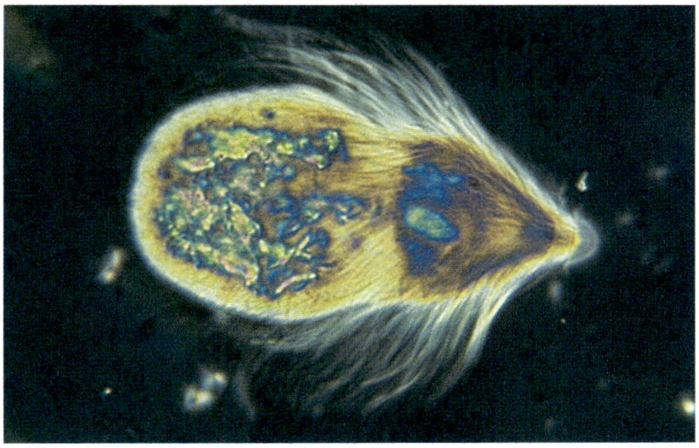


**Figura 12.3 Protista semelhante a animais.** *Trichonympha*, um mastigóforo, endossimbionte do intestino do cupim. As partículas observadas no interior do corpo são partículas de madeira ingeridas (324×). *(ScienceSource.)*

**diatomáceas**, que não apresentam flagelos (Figura 12.1B), e vários outros grupos, que apresentam flagelos e se distinguem pelos seus pigmentos amarelos e marrons. As diatomáceas formam um grupo particularmente numeroso e são importantes como produtores tanto em ambientes de água doce quanto marinhos. Depósitos fósseis de diatomáceas, conhecidos como terra de diatomáceas, são utilizados como agentes filtrantes e abrasivos em várias indústrias.

Os **dinoflagelados** são protistas semelhantes a plantas que habitualmente têm dois flagelos – um que se estende atrás do organismo como uma cauda, e outro situado em um sulco transverso (ver Figura 12.1C). São organismos pequenos, que podem ou não ter uma parede celular. Alguns apresentam uma *teca*, camada secretada e firmemente fixada, que habitualmente contém celulose. A celulose é uma substância incomum nos protistas, embora seja abundante nas plantas. Embora os dinoflagelados tenham, em sua maioria, clorofila e sejam capazes de realizar a fotossíntese, outros são incolores e alimentam-se de matéria orgânica. Alguns deles produzem toxinas letais (ver o boxe Saúde Pública sobre *Pfiesteria piscicida*, a seguir. Diversos dinoflagelados exibem bioluminescência. Os dinoflagelados fotossintéticos estão em segundo lugar como produtores (fotossintetizadores) nos ambientes marinhos, perdendo apenas para as diatomáceas.

## APLICAÇÃO NA PRÁTICA

### Mantenha o colarinho de sua cerveja!

Os taxonomistas discordam sobre o modo pelo qual as algas eucarióticas são classificadas. Algumas vezes, são classificadas como protistas, outras como plantas e outras, ainda, são divididas entre os reinos dos protistas e das plantas. As algas eucarióticas não devem ser confundidas com as algas verde-azuladas (agora denominadas cianobactérias), que são procariontes.

Embora tanto as algas eucarióticas quanto as procarióticas sejam importantes como organismos produtores em muitos ambientes, elas geralmente não têm importância médica. (Entretanto, foi relatado que as cianobactérias do gênero *Prototheca*, que perderam a sua clorofila, provocam lesões cutâneas.) O ágar, que é de grande importância no laboratório de microbiologia, é um produto extraído de algas marinhas menores (algas vermelhas). Algumas algas eucarióticas, como as laminárias (*kelps*) (algas pardas), são utilizadas como alimento e na fabricação de produtos, como pastas de queijo, pasta de dente e maionese, aos quais adicionam cremosidade e facilidade de espalhar. Elas também permitem que a cerveja mantenha um "colarinho de espuma".

## Protistas semelhantes a fungos

Os protistas semelhantes a fungos, ou fungos aquáticos e fungos limosos, apresentam algumas características de fungos e algumas de animais.

**Fungos aquáticos.** Os **mofos de água** e protistas relacionados que causam mofo – **Oomycota** – são algumas vezes classificados como fungos. Esses bolores, míldios e indutores de lesões nos vegetais produzem esporos flagelados, denominados *zoósporos*, durante a reprodução assexuada, bem como grandes gametas móveis durante a reprodução sexuada. A fase mais proeminente de seu ciclo de vida consiste em células diploides provenientes da união de gametas. Esses protistas vivem livremente na água doce ou como parasitas de plantas; causam doenças, como o míldio em videiras e beterrabas e ferrugem tardia em batatas. Um membro dos organismos Oomycota foi apontado como responsável pela Grande Fome das batatas na Irlanda, na década de 1840. Entretanto, esse organismo foi agora reclassificado como alga vermelha, para a grande surpresa de todos! Com poucas exceções, os fungos aquáticos não têm importância médica para o ser humano. Entretanto, provocam doenças em peixes e em outros organismos aquáticos.

**Fungos limosos.** Os **fungos limosos** são comumente encontrados na forma de massas de limo viscosas e brilhantes em troncos em decomposição; eles também vivem em outras matérias em decomposição ou no solo. Os fungos limosos são, em sua maioria, **saprófitas**, ou seja, organismos que se alimentam de matéria morta ou em decomposição. Um problema comum para a polícia da Flórida são os proprietários residenciais que denunciam a presença de uma forma de vida "alienígena" rastejando pelo seu gramado. Trata-se, na realidade, de um grande fungo limoso alimentando-se da grama cortada e das bactérias que estão crescendo sobre ela. Alguns destes são parasitas de algas, de fungos ou de plantas floridas, mas não de seres humanos. Os fungos limosos ocorrem na forma de fungos limosos plasmodiais e fungos limosos celulares.

Os **fungos limosos plasmodiais** (ver Figura 12.2A) formam uma massa ameboide multinucleada, denominada **plasmódio**, que se move lentamente e fagocita a matéria morta. Algumas vezes, o plasmódio deixa de se mover e forma *corpos de frutificação*. Cada corpo de frutificação desenvolve *esporângios*, que consistem em sacos que produzem esporos. Quando são liberados, os esporos germinam e transformam-se em gametas flagelados. Dois gametas se fundem, perdem seus flagelos e formam um novo plasmódio. À medida que o plasmódio se alimenta e cresce, ele também pode se dividir e produzir diretamente novos plasmódios.

**Fungos limosos celulares** (ver Figura 12.2B) produzem pseudoplasmódios, corpos de frutificação e esporos, com

## SAÚDE PÚBLICA

### Não são apenas os peixes que são prejudicados

Sozinhos em seus laboratórios, tarde da noite, e procurando a causa da morte de mais de 1 bilhão de peixes em estuários da Carolina do Norte, alguns cientistas participaram de suas próprias história de terror. Eles foram atingidos por toxinas produzidas por *Pfiesteria piscicida*, um dinoflagelado cuja população pode de repente crescer de forma excepcional durante uma floração (*bloom*) de algas. Uma das toxinas é transportada pela água, a outra pelo ar. Por um capricho do destino, o ar do laboratório onde *Pfiesteria* esteve crescendo foi reciclado pelos tubos de ventilação em direção à sala ao lado onde estavam os cientistas.

Essa toxina produz um efeito devastador no sistema imune e nas funções cerebrais superiores. No início, a visão fica embaçada, há dificuldade em respirar; depois, horas de náuseas e vômitos são seguidas de ataques descontrolados de raiva. Depois de sair de um delírio semelhante ao produzido por narcóticos, a mente parece estar fugindo, e aparecem lesões hemorrágicas na pele. A vítima não consegue lembrar-se de seu nome, torna-se incapaz de formar frases e não consegue ler. Depois de 5 a 7 anos, o dano neurológico persiste. Logo após a exposição à toxina, 20 a 40% do sistema imune é destruído, e o comprometimento persiste por vários anos. Agora, *Pfiesteria* cresce em recipientes fechados, e os cientistas respiram por meio de máscaras com filtro de ar. Barqueiros locais contam histórias de problemas semelhantes após conduzir embarcações por áreas de peixes mortos. Os peixes que entram em contato com as toxinas flutuam de barriga para cima em apenas 30 segundos, debatem-se desorientados e morrem em 1 minuto.

Durante o inverno, *Pfiesteria* alimenta-se de algas, das quais obtém cloroplastos intactos, que então utiliza para realizar a fotossíntese quando o suprimento de algas diminui. Um novo termo criado para descrever esse uso dos cloroplastos é "cleptocloroplastos", que literalmente significa "cloroplastos roubados". Quando o esterco é descarregado ou escoa em águas costeiras de baías, os nutrientes em excesso causam floração de algas, atraindo os peixes. O odor das fezes dos peixes faz com que *Pfiesteria* suba até a superfície da água, mudando, durante a sua ascensão, de sua forma ameboide pacífica para outra dotada de "garras" que despedaçam o peixe à medida que *Pfiesteria* se alimenta dele. O ataque começa geralmente no ânus do peixe. *Pfiesteria* é o representante máximo dos seres com capacidade de "metamorfose" – são conhecidos mais de 20 estágios e formas em seu ciclo de vida.

*(Burkholder Lab/Center for Applied Aquatic Ecology.)*

## PARA TESTAR

### Você precisa de um animal de estimação pequeno e tranquilo?

Alguns fungos limosos crescem facilmente em um recipiente de plástico coberto – por exemplo, uma placa de Petri – com papel úmido no fundo e alguns flocos secos de aveia salpicados como alimento. Observe o fungo limoso crescer e se mover. Nenhum latido, nenhuma mordida. E, quando chegar a época das férias, deixe-o secar sobre o papel, guarde-o em um envelope e, no outono, simplesmente acrescente água. Você pode até mesmo cortar o papel pela metade e presentear algum amigo.

características muito diferentes daquelas observadas nos fungos limosos plasmodiais. Um **pseudoplasmódio** é uma agregação ligeiramente móvel de células. Produz corpos de frutificação, os quais, por sua vez, produzem esporos. Os esporos germinam em células fagocíticas ameboides, que sofrem divisões repetidas, produzindo mais células ameboides independentes. A depleção do suprimento alimentar induz a agregação das células em novos pseudoplasmódios frouxamente organizados.

## Protistas semelhantes a animais

Os protistas semelhantes a animais, ou **protozoários**, são organismos heterotróficos e, em sua maioria, unicelulares, embora alguns formem colônias. A maioria é de vida livre. Alguns são **comensais**, ou seja, vivem no interior ou na superfície de outros organismos sem prejudicá-los, enquanto outros são parasitas. Os protozoários parasitas têm interesse particular nas ciências da saúde. Muitos protozoários vivem em ambientes aquáticos e sofrem encistamento quando as condições não são favoráveis. Alguns protozoários são protegidos por uma película externa resistente. Muitos são móveis e classificados com base no seu meio de locomoção. Os protozoários que você irá encontrar neste livro pertencem aos grupos Mastigophora, Sarcodina, Apicomplexa (também conhecido como Sporozoa) ou Ciliata (também conhecido como Ciliophora).

**Mastigóforos.** Os **mastigóforos** possuem flagelos. Algumas espécies são de vida livre e ocorrem em água doce ou salgada, porém a maioria vive em relações simbióticas com plantas ou com animais. O simbionte *Trichonympha* (ver Figura 12.3) vive no intestino de cupins e contribui com enzimas que digerem a celulose. Os mastigóforos que parasitam os seres humanos incluem membros dos gêneros *Leishmania*, *Giardia* e *Trichomonas*. Os tripanossomos causam a doença do sono africana, as leishmânias provocam lesões cutâneas ou doença sistêmica com febre, as giárdias causam diarreia e as tricômonas provocam inflamação vaginal. As leishmânias foram particularmente um problema para as tropas no Iraque.

**Amebozoa.** Os **amebozoários** (anteriormente denominados **sarcodíneos**) locomovem-se por meio de pseudópodes (Figura 12.4) (ver Capítulo 5). Alguns amebozoários possuem flagelos em algum estágio de seu ciclo de vida. Alimentam-se principalmente de outros microrganismos, incluindo outros protozoários e pequenas algas. Os amebozoários incluem os foraminíferos e os radiolários, que possuem conchas e são

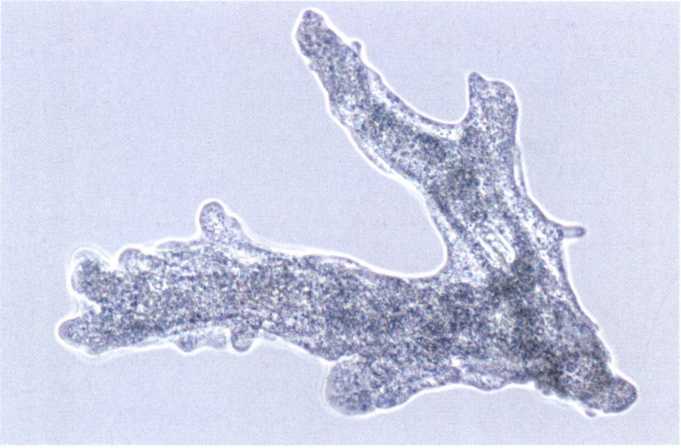

**Figura 12.4** ***Amoeba proteus*** **(222×), um sarcodíneo de vida livre habitante de lagos.** *(M I WALKER/Getty Images.)*

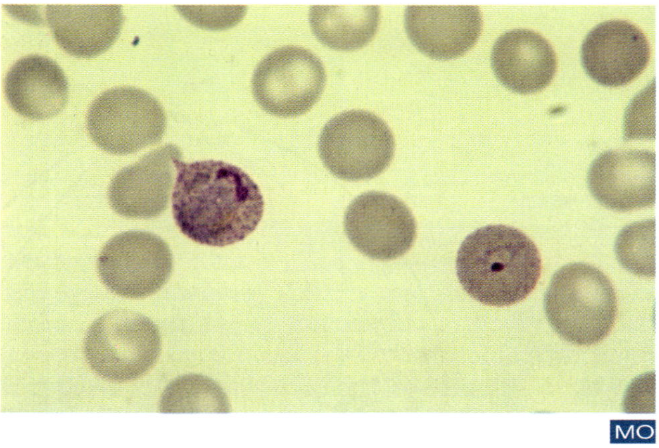


**Figura 12.5** ***Plasmodium vivax*** **(no interior de eritrócitos), um apicomplexo e um dos parasitas causadores da malária (1.081×).** *(Luis M de la Maza, Ph.D. M.D./Medical Images.)*

encontrados principalmente em ambientes marinhos, bem como as amebas, que não têm concha e são normalmente parasitas.

Numerosas espécies de amebas são capazes de habitar o sistema digestório humano. As amebas formam, em sua maioria, cistos, que as ajudam a suportar as condições adversas. Os gêneros mais comumente observados – *Entamoeba*, *Dientamoeba*, *Endolimax* e *Iodamoeba* – causam disenterias amebianas de gravidade variável. *Entamoeba gingivalis* encontra-se na boca. *Dientamoeba fragilis*, que é incomum pela presença de dois núcleos e por não formar cistos, é encontrada no intestino grosso de cerca de 4% da população humana. Seu modo de transmissão não é conhecido. Embora seja habitualmente considerada como comensal, ela pode causar diarreia crônica leve.

**Apicomplexos.** Os **apicomplexos** (ou esporozoários) são parasitas e imóveis (Figura 12.5). As enzimas presentes em grupos (complexos) de organelas nas extremidades (ápices) de suas células digerem o material que está em seu caminho nas células hospedeiras, dando ao grupo o nome de Apicomplexa. Esses parasitas apresentam habitualmente ciclos de vida complexos. Um importante exemplo é o ciclo de vida do parasita causador da malária, *Plasmodium*, que necessita tanto do ser humano quanto de um mosquito como hospedeiros (Figura 12.6). (Não confunda esse apicomplexo com a forma plasmodial dos fungos limosos.) Os parasitas, que estão presentes na forma de **esporozoítos** nas glândulas salivares do mosquito infectado, penetram no sangue humano por meio da picada do mosquito. Os esporozoítos migram até o fígado e transformam-se em **merozoítos**. Depois de cerca de 10 dias, emergem no sangue, invadem os eritrócitos e transformam-se em **trofozoítos**. Os trofozoítos se reproduzem de modo assexuado, dando origem a muito mais merozoítos, que são liberados no sangue pela ruptura dos eritrócitos. A multiplicação e a liberação dos merozoítos ocorrem repetidamente, várias vezes durante um surto de malária. Alguns merozoítos entram na fase reprodutiva sexuada e transformam-se em **gametócitos** ou células sexuais masculinas e femininas. Quando o mosquito se alimenta do sangue de um ser humano infectado, ele também ingere gametócitos, dos quais a maioria amadurece e une-se para formar zigotos no revestimento do estômago do mosquito. Os zigotos atravessam a parede do estômago e produzem esporozoítos, que finalmente seguem o seu trajeto até as glândulas salivares.

Os indivíduos que não têm a proteína do grupo sanguíneo Duffy são resistentes à malária causada pelo *Plasmodium vivax*; 90% dos negros da África Ocidental e 60% dos afro-americanos não têm essa molécula.

A malária é causada por várias espécies de *Plasmodium*, e cada uma delas exibe variações no ciclo de vida anteriormente descrito, bem como na espécie particular de mosquito que atua como hospedeiro apropriado. *Toxoplasma gondii*, outro apicomplexo, provoca infecções linfáticas e cegueira em adultos e grave dano neurológico aos fetos de mulheres grávidas infectadas. Recentemente, foi também implicado como possível causa de esquizofrenia. O contato com gatos domésticos infectados e suas fezes, o consumo de carne crua contaminada e a não lavagem das mãos após manipulação dessas carnes constituem formas de transmissão do parasita. Veja no Capítulo 24 uma descrição do ciclo de vida de *T. gondii* e mais informações.

**Ciliados.** O maior grupo dos protozoários é constituído pelos **ciliados**, que possuem cílios na maior parte de sua superfície. Os cílios têm um corpo basal próximo à sua origem, que os ancora no citoplasma e possibilita a sua extensão a partir da superfície celular. Os cílios possibilitam a motilidade dos organismos e, em alguns gêneros, como *Paramecium* (Figura 12.7), auxiliam a captação do alimento. *Balantidium coli*, o único ciliado que parasita o ser humano, provoca disenteria.

Os ciliados possuem várias estruturas altamente especializadas. A maioria dos ciliados tem um vacúolo contrátil bem desenvolvido, que regula os líquidos celulares. Alguns exibem uma película resistente. Outros possuem **tricocistos**, tentáculos que podem ser utilizados para a captura de presas, ou longas hastes pelas quais aderem às superfícies. Os ciliados também sofrem **conjugação**. Diferentemente da conjugação nas bactérias, em que um organismo recebe informação genética do outro, a conjugação nos ciliados possibilita a troca de informação genética entre dois organismos.

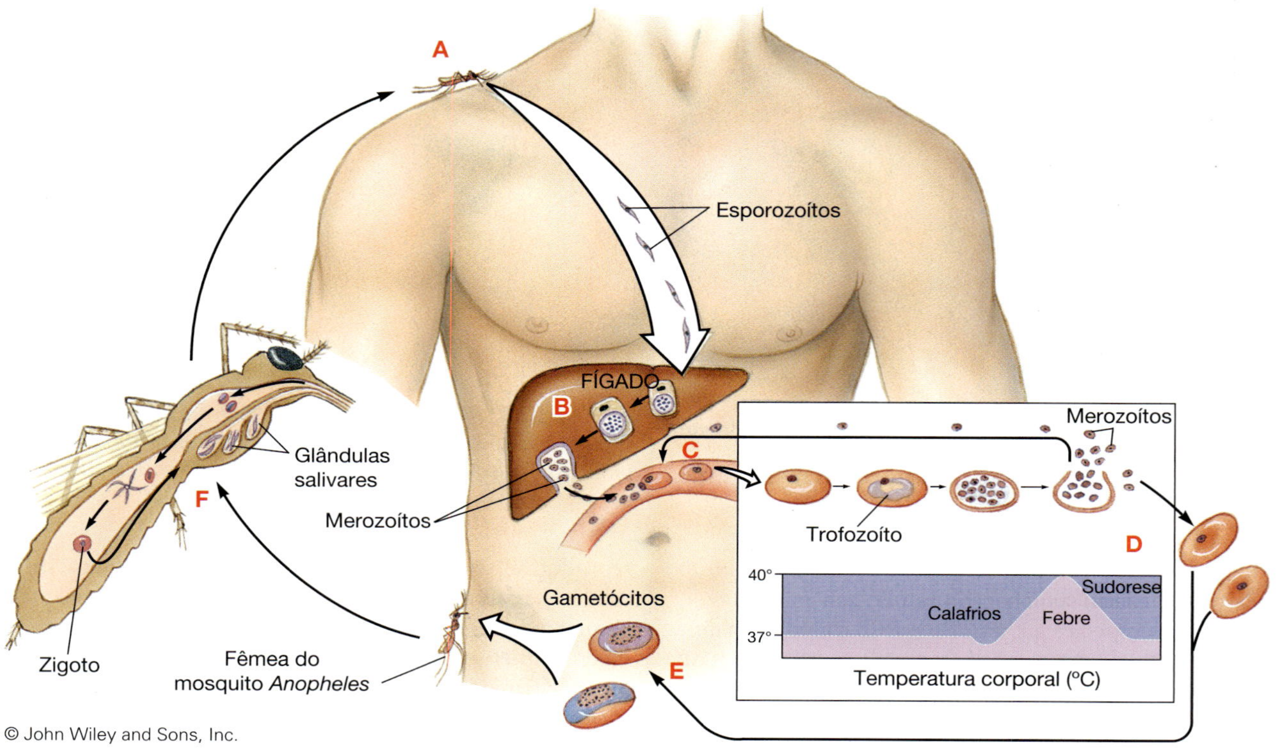


**Figura 12.6 Ciclo de vida do *Plasmodium*, o parasita da malária.** **A.** A fêmea do mosquito *Anopheles* transmite os esporozoítos de suas glândulas salivares quando pica um ser humano. Os esporozoítos seguem o seu trajeto pelo sangue humano até o fígado. **B.** No fígado, os esporozoítos multiplicam-se e transformam-se em merozoítos, que são liberados na corrente sanguínea quando as células hepáticas sofrem ruptura. **C.** Os merozoítos entram nos eritrócitos e se tornam trofozoítos, que se alimentam e, por fim, formam muito mais merozoítos. **D.** Os merozoítos são liberados pela ruptura dos eritrócitos, acompanhada de calafrios, febre alta (40°C) e sudorese. Podem então infectar outros eritrócitos. **E.** Depois de vários desses ciclos assexuados, ocorre produção de gametócitos (estágios sexuados). **F.** Após a sua ingestão por um mosquito, os gametócitos formam um zigoto, que dá origem a mais esporozoítos infectantes nas glândulas salivares. Os esporozoítos podem então infectar outras pessoas.

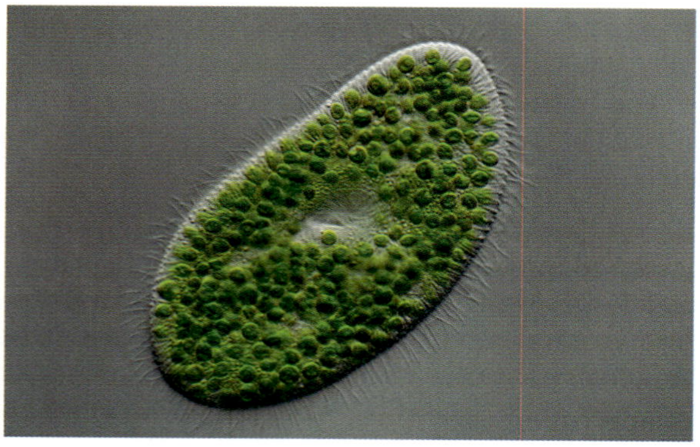

**Figura 12.7 *Paramecium caudatum* (171×), um ciliado.** *(blickwinkel/Alamy Stock Photo.)*

**PARE e RESPONDA**

1. Como os parasitas se diferem dos predadores?
2. Se um parasita invadiu recentemente uma nova população, é mais provável que produza sintomas e efeitos graves ou leves?
3. O que é uma "floração" de protistas? Por que ocorre? Que efeitos pode ter?

# FUNGOS

## Características dos fungos

Os **fungos**, estudados no campo especializado da **micologia**, constituem um grupo diverso de heterótrofos. Muitos são saprófitas que digerem a matéria orgânica morta e os resíduos orgânicos. Alguns são parasitas que obtêm nutrientes dos tecidos de outros organismos. Os fungos, como os bolores e os cogumelos, são, em sua maioria, multicelulares, mas as leveduras são unicelulares.

O corpo de um fungo é denominado **talo**. O talo da maioria dos fungos multicelulares consiste em um **micélio**, uma massa de estruturas filiformes frouxamente organizadas, denominadas **hifas** (Figura 12.8). O micélio é imerso em matéria orgânica em decomposição, no solo ou nos tecidos de um organismo vivo. As células do micélio liberam enzimas que digerem o *substrato* (a superfície sobre a qual o fungo cresce) e absorvem pequenas moléculas de nutrientes. As paredes celulares de alguns fungos contêm celulose, mas a parede celular da maioria dos fungos apresenta **quitina**, um polissacarídio também encontrado no exoesqueleto (revestimento externo) de artrópodes, como carrapatos e aranhas. Todos os fungos têm enzimas lisossômicas, que digerem as células danificadas e ajudam os fungos parasitas a invadir seus hospedeiros.

## SAÚDE PÚBLICA

### A guerra contra a malária: passos em falso e marcos históricos

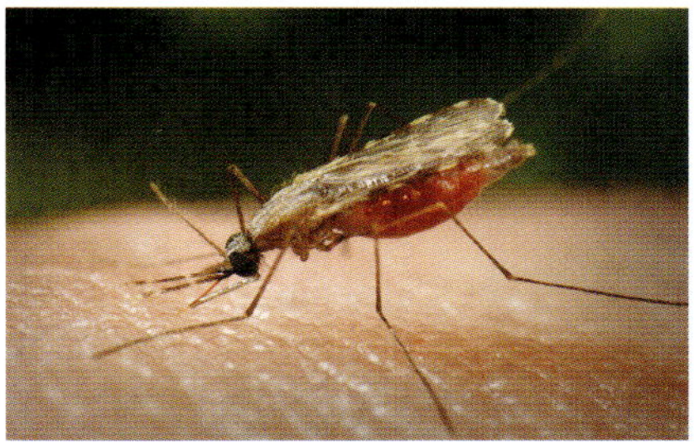

James Gathany/CDC

A malária, causada por protozoários do gênero *Plasmodium*, é uma das infecções parasitárias mais graves que afligem os seres humanos. A despeito dos grandes esforços para controlar a disseminação dessa doença, a cada ano ela acomete até 500 milhões de pessoas e mata de 1,5 a 3 milhões por ano, muitas delas são crianças. A malária é um antigo flagelo da humanidade. Registros escritos em papiros egípcios datando de 1500 a.C. descrevem uma doença com febre alta intermitente, que deve certamente ter sido a malária. Referem-se ao uso de óleos vegetais como repelentes de mosquitos – embora somente depois de cerca de 30 séculos tenha ficado provado que o mosquito era o vetor (ou transmissor) da doença. Em algumas cidades antigas situadas em áreas baixas, quase toda a população sucumbia à doença. No verão, apenas os ricos tinham condições para "subir a serra", para escapar do calor, dos mosquitos e da febre. Muitos dos cruzados da época medieval também morreram de malária, e o tráfico de escravos posteriormente contribuiu de modo significativo para a sua propagação. O lado positivo nessa história triste foi a descoberta, no século XVI, de que a malária poderia ser tratada com quinina, uma substância obtida da árvore *Chinchona.*

Uma ligação entre os pântanos e as febres já era reconhecida havia muito tempo, mas era interpretada de modo errôneo. A maioria das investigações iniciais sobre a causa da malária concentrou-se no ar – de fato, a doença recebeu o seu nome porque se acreditava que o "mal ar" (*mal*) fosse responsável –, bem como na água. A associação entre a doença e os mosquitos sugerida nos registros egípcios foi ignorada. Na década de 1870, com o advento da teoria germinal, alguns cientistas passaram a acreditar que a malária era causada por uma bactéria, à qual deram o nome de *Bacillus malariae.*

Alphonse Laveran, um médico do exército francês no norte da África, não estava convencido de que o organismo responsável pela malária tinha sido encontrado. Com preparações não coradas e de baixa qualidade e com um microscópio de baixa resolução, ele continuou pesquisando o organismo responsável. Por fim, ele encontrou no sangue humano o que hoje sabemos ser as células sexuais masculinas do parasita da malária. A maioria dos cientistas rejeitou os achados de Laveran a favor da teoria de *Bacillus* até que ele demonstrou as células sexuais masculinas para Pasteur, em 1884. Somente assim é que a comunidade científica aceitou que os protozoários do gênero *Plasmodium* causavam a malária.

Em 1885, o fisiologista italiano Camillo Golgi contribuiu para o trabalho de Laveran, identificando várias espécies de *Plasmodium.* E, em 1891, pesquisadores russos desenvolveram o método de coloração de Romanovsky (azul de metileno e eosina) para esfregaços de sangue infectado pelo parasita da malária. Com pequenas modificações, esse método continua sendo utilizado.

Embora o agente etiológico da malária tivesse sido descoberto, a sua transmissão ainda não tinha sido elucidada. Ronald Ross, um médico assistente na Índia, passou anos pesquisando, em suas horas de folga, a prova de que os parasitas da malária eram transportados por mosquitos. Finalmente, encontrou os parasitas no mosquito *Anopheles*, embora nunca tenha explicado por completo o modo de transmissão. Seus esforços não foram reconhecidos nem apoiados por seus superiores; todavia, em 1902, recebeu o Prêmio Nobel em Fisiologia ou Medicina.

Identificado o vetor da malária, pesquisadores voltaram a sua atenção para o controle da transmissão da doença por meio de controle das populações de vetores. Coube ao médico norte-americano William Crawford Gorgas, médico chefe do serviço de saneamento durante a construção do canal do Panamá, no início do século XX, o mérito pelo desenvolvimento das primeiras medidas efetivas para o controle dos mosquitos. Com a drenagem de áreas alagadas e a instituição do uso de telas de proteção contra mosquitos, Gorgas reduziu significativamente a incidência tanto da malária quanto da febre amarela entre as pessoas que trabalhavam no canal.

Nas décadas de 1930 e 1940, avanços no tratamento e no controle da malária levaram muitas pessoas a acreditar que a doença não era mais uma ameaça. Entretanto, quando soldados da Primeira Guerra Mundial considerados curados pelo tratamento com quinina sofreram recaídas após terem deixado as áreas infestadas com malária, os pesquisadores iniciaram um novo ciclo de investigações. Desta vez, procuraram os locais onde os parasitas permaneciam retidos nos tecidos humanos. Sabe-se agora que o parasita desaparece da corrente sanguínea, fora do alcance dos medicamentos, invadindo as células do fígado e de outros tecidos.

A guerra contra a malária continua, mas com sucesso limitado. Na década de 1960, a aplicação maciça de inseticida (DDT) parecia ter erradicado a doença de muitas regiões do mundo; porém, logo surgiram mosquitos resistentes ao DDT. A incidência da doença aumentou, alcançando, algumas vezes, proporções epidêmicas. Algumas cepas do parasita também se tornaram resistentes à cloroquina, um dos melhores fármacos para o tratamento da malária.

Outro fator que está contribuindo para o recente reaparecimento da malária pode consistir nas mudanças ambientais que estão ocorrendo nos países em desenvolvimento. Por exemplo, no final da década de 1950, os habitantes da planície de Karo, no Quênia, substituíram o seu modo de subsistência com cultivo de milho e criação de gado por culturas de arroz lucrativas. O arroz cresce em condições alagadas, de modo que as planícies secas foram inundadas, e o gado foi banido da área. No entanto, juntamente com o cultivo do arroz, a planície de Karo logo abrigou mosquitos *Anopheles.* Atraídos pela água e pelo aumento da umidade, os mosquitos transmissores da malária passaram a superar em número os mosquitos não transmissores da malária, em uma proporção de 2 para 1. E como o hospedeiro favorito dos mosquitos *Anopheles* – o gado – tinha sido retirado dos campos, os mosquitos passaram a procurar seres humanos para suas refeições. O resultado de todas essas mudanças ambientais foi um aumento assustador na incidência da malária. De fato, a previsão é de que o aquecimento global irá acarretar a propagação do *P. falciparum*, a espécie que causa a forma mais letal da malária. Modelos computadorizados fornecem uma previsão de que a doença deverá se espalhar para o leste dos EUA e Canadá, para a maior parte da Europa e para a Austrália.

No momento, vários novos métodos estão sendo estudados para o controle da malária. Todavia, ainda não foi desenvolvida uma vacina efetiva. Isso significa que a educação sanitária e substitutos acessíveis e econômicos para a cloroquina são de suma importância no controle da malária. Telas para mosquitos impregnadas com agentes químicos capazes de matá-los também poderiam ser efetivas. Na Gâmbia, a mortalidade infantil por malária caiu de modo surpreendente em 63% após a introdução dessas telas.

***Phytophtora infestans*, o "fungo" que causou a Grande Fome da batata na Irlanda e levou à morte de 1 milhão de irlandeses e à emigração de outros 2 milhões, foi agora reclassificado como alga vermelha.**

Muitos fungos sintetizam e armazenam grânulos de glicogênio, o nutriente polissacarídico. Alguns fungos, como as leveduras, são conhecidos pela presença de plasmídios. Esses plasmídios podem ser utilizados para clonar genes estranhos em leveduras, uma técnica muito utilizada em engenharia genética (ver Capítulo 9).

As células das hifas da maioria dos fungos possuem um ou dois núcleos, e muitas células são separadas por divisórias, denominadas **septos**. Existem poros nos septos que permitem a passagem do citoplasma e dos núcleos entre as células. Os septos de alguns fungos apresentam tantos poros que parecem peneiras, enquanto outros fungos são totalmente desprovidos de septos. Determinados fungos com um único poro no septo possuem uma organela denominada *corpo de Woronin*. Quando uma célula da hifa envelhece ou é danificada, o corpo de Woronin move-se e bloqueia o poro, impedindo a entrada de materiais da célula danificada em uma célula saudável.

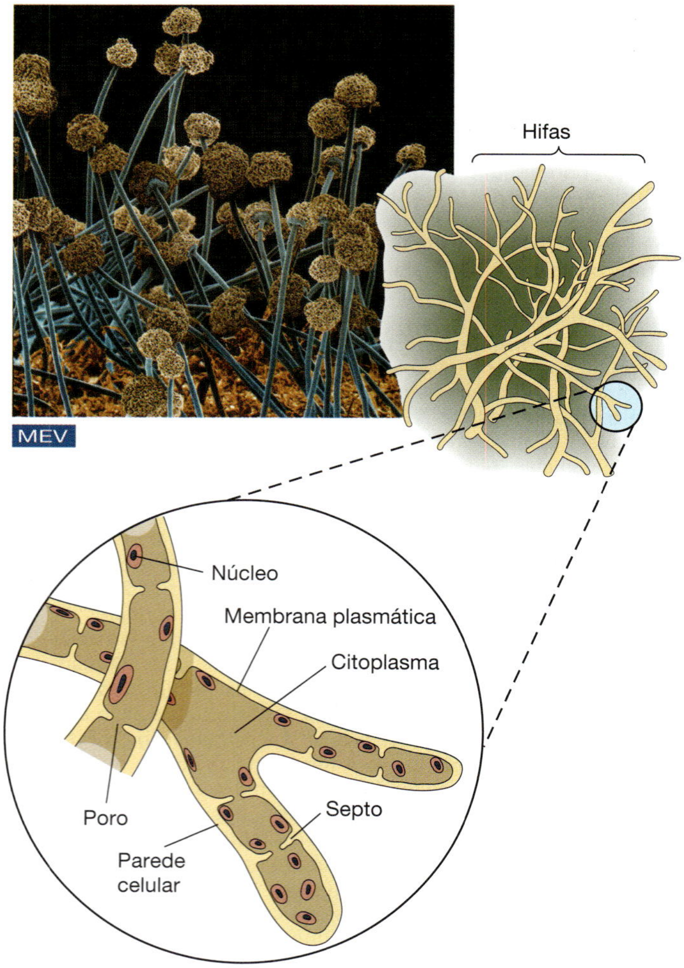


**Figura 12.8 Micélio de um fungo típico.** O bolor *Aspergillus niger* (85×) consiste em hifas filamentosas, cujas células podem ser multinucleadas e separadas por septos contendo poros. *(David Scharf/Science Source.)*

Muitos fungos apresentam reprodução tanto sexuada quanto assexuada, mas alguns só se reproduzem de modo assexuado. A reprodução assexuada sempre envolve uma divisão celular mitótica que, nas leveduras, ocorre por brotamento (Figura 12.9). A reprodução sexuada ocorre de diversas maneiras. Em uma delas, os gametas haploides unem-se, e os seus citoplasmas se misturam em um processo denominado **plasmogamia**. Entretanto, se não houver união dos núcleos,

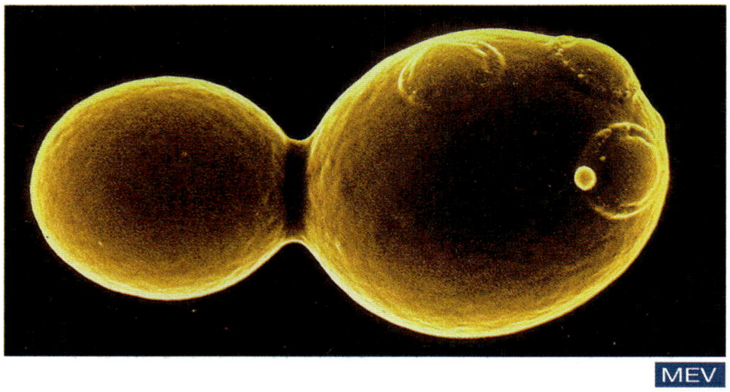


**Figura 12.9 Levedura em brotamento.** As cicatrizes circulares na superfície da célula à direita representam locais de brotamento anterior (6.160×). Depois de 20 a 30 divisões, as cicatrizes recobrem toda a superfície da célula, que não pode mais se dividir. *(J. Forsdyke/Science Source.)*

## SAIBA MAIS

### Companheiros liquens – um trio, e não apenas uma dupla!

Um *líquen* não é um único organismo, mas um bolor e uma levedura que vivem em simbiose com uma cianobactéria ou com uma alga verde. A levedura foi descoberta em 2016 em todos os liquens examinados e encontrados em todos os continentes. Como não percebemos isso antes? Os membros do trio podem ser separados, e cada um deles irá viver a sua vida normal de modo independente. Presumivelmente, existem vantagens em viver juntos. A maioria dos cientistas concorda que os liquens representam uma relação mutualística, em que cada membro compartilha benefícios. O bolor obtém alimento do organismo fotossintético, enquanto fornece a ele uma estrutura e proteção contra os elementos (particularmente a desidratação).

Liquens em uma rocha. *(William Mullins/Alamy Stock Photo)*

Os organismos formadores de liquens apresentam formas diferentes e muito específicas quando crescem em associação. Os *liquens crostosos* crescem em superfícies e assemelham-se a uma crosta. Os *liquens foliosos* assemelham-se a folhas e crescem em camadas rugosas que se projetam de um substrato, geralmente de uma rocha ou do tronco de uma árvore. Os *liquens fruticosos* são os mais altos e, algumas vezes, têm a aparência de florestas em miniatura. O musgo de rena não é um musgo verdadeiro, porém um exemplo de um líquen fruticoso.

forma-se uma célula **dicariótica** ("dois núcleos"), e isso pode persistir por várias divisões celulares. Por fim, os núcleos sofrem fusão em um processo denominado **cariogamia**, para produzir uma célula diploide. Essas células ou sua progênie produzem posteriormente novas células haploides. Alguns fungos também podem se reproduzir de modo sexuado durante as fases dicarióticas (diploides) de seu ciclo de vida. Os fungos habitualmente passam pelas fases haploide, dicariótica e diploide em seu ciclo de vida (Figura 12.10).

Os fungos podem produzir esporos tanto sexuada quanto assexuadamente, e esses esporos podem apresentar um ou vários núcleos (Figura 12.11). Normalmente, os fungos aquáticos produzem esporos móveis com flagelos, enquanto os fungos terrestres produzem esporos com paredes protetoras espessas. Os esporos que germinam produzem células individuais ou tubos germinativos. Os *tubos germinativos* são estruturas filamentosas que brotam a partir da parede enfraquecida do esporo e que se desenvolvem em hifas.

## Importância dos fungos

Nos ecossistemas, os fungos são decompositores importantes. Nas ciências da saúde, são importantes como parasitas facultativos – podem obter nutrientes da matéria orgânica morta ou de organismos vivos. Os fungos nunca são parasitas obrigatórios, visto que todos eles podem obter nutrientes de organismos mortos. Mesmo quando os fungos parasitam organismos vivos, eles matam as células e obtêm nutrientes como saprófitas. Quase todas as formas de vida são parasitadas por algum tipo de fungo. Alguns fungos produzem antibióticos, que inibem o crescimento das bactérias ou as matam. Os fungos parasitas variam de acordo com o dano infligido. Fungos como os que causam o pé de atleta quase sempre estão presentes na pele e raramente provocam danos graves. Entretanto, o fungo que causa a histoplasmose pode se disseminar pelo sistema linfático, causando febre, anemia e morte.

Os fungos saprofíticos são benéficos como decompositores e produtores de antibióticos. As atividades digestivas desses fungos fornecem nutrientes não apenas para os próprios fungos, mas também para outros organismos. Os compostos de carbono e de nitrogênio que eles liberam a partir dos organismos mortos contribuem significativamente para a reciclagem das substâncias nos ecossistemas. Os fungos são essenciais na decomposição das ligninas e de outras substâncias provenientes da madeira. Alguns fungos excretam resíduos metabólicos que são tóxicos para outros organismos, particularmente os

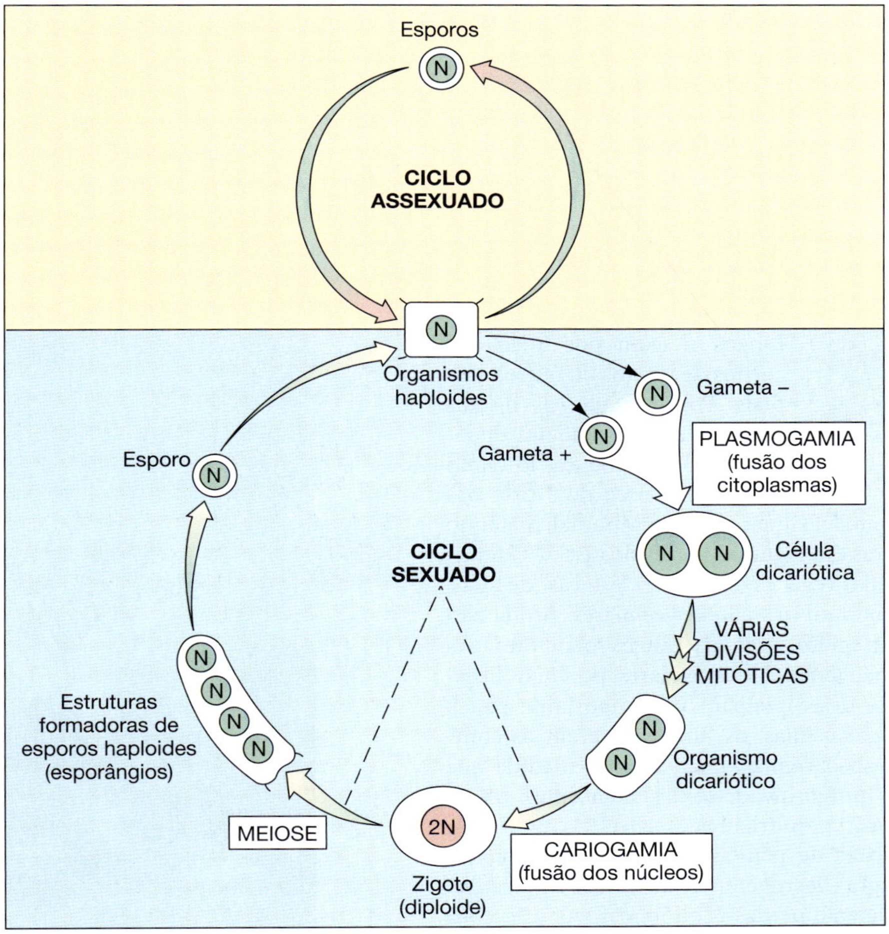




**Figura 12.10 Um método de reprodução sexuada nos fungos.** Os organismos haploides podem se manter por meio da formação assexuada de esporos (fundo amarelo) ou por brotamento. Como alternativa (fundo azul), podem produzir gametas que inicialmente sofrem plasmogamia (fusão de suas porções citoplasmáticas). Depois de várias divisões mitóticas dos núcleos ainda separados, os dois núcleos sofrem cariogamia (fusão dos núcleos) para formar um zigoto diploide. Em seguida, o zigoto sofre meiose para retornar ao estado haploide e produzir esporos reprodutivos.

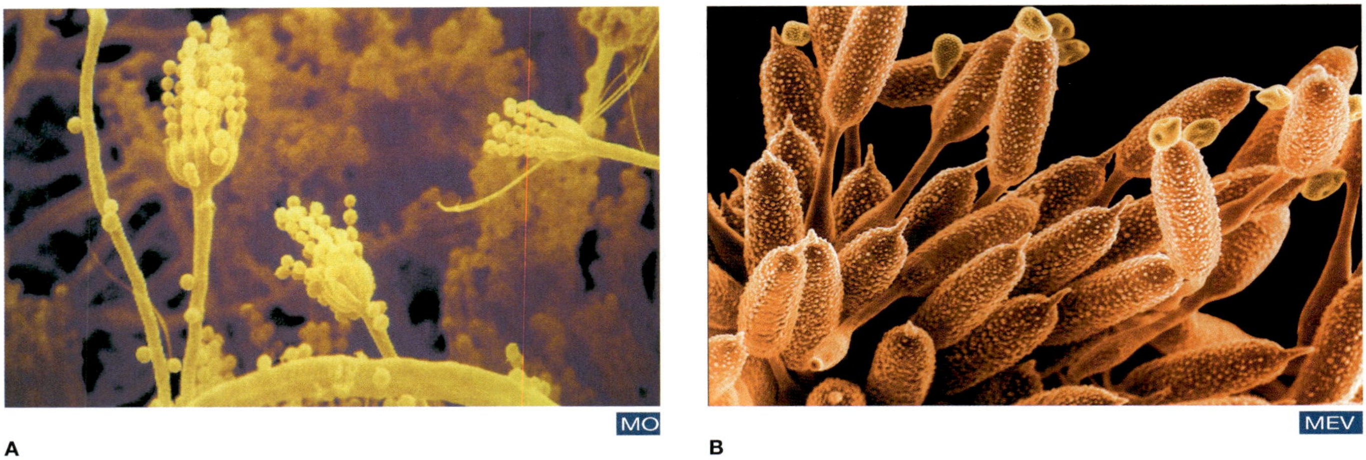


**Figura 12.11 Formação de esporos assexuados (conidiósporos).** A. Agrupamentos de cadeias de esporos (1.400×) do fungo *Penicillium*, semelhante a uma escova. *(Andrew Syred/Science Source.)* B. Esporos do fungo *Phragmidium* causador de ferrugem das roseiras (1.000×). *(Pascal Goetgheluck/Science Source.)*

microrganismos do solo. No solo, a produção dessas toxinas, que são antibióticos, é denominada **antibiose**. Essas toxinas presumivelmente ajudam as espécies que as produzem a competir e sobreviver. Os antibióticos, quando extraídos e purificados, são utilizados no tratamento de infecções nos seres humanos (ver Capítulo 13).

Os fungos parasitas podem ser destrutivos quando invadem outros organismos. Esses fungos apresentam três requisitos para a invasão: (1) proximidade do hospedeiro, (2) capacidade de penetrar no hospedeiro e (3) capacidade de digerir e absorver nutrientes das células hospedeiras. Muitos fungos alcançam seus hospedeiros por meio da produção de esporos que são transportados pelo vento ou pela água. Outros fungos chegam por meio dos corpos de insetos ou outros animais. Por exemplo, os insetos que perfuram a madeira disseminaram os esporos do fungo causador da doença do Olmo holandês (Figura 12.12) por toda a América do Norte nas décadas que se seguiram à Primeira Guerra Mundial, matando quase todas as olmeiras em algumas partes dos EUA. Os fungos penetram nas células vegetais, formando "estacas" de hifas, que pressionam e penetram nas paredes celulares. Ainda não está totalmente esclarecido como os fungos penetram nas células animais, que não têm paredes celulares, porém os lisossomos aparentemente desempenham um importante papel. Após a sua entrada nas células, os fungos digerem os componentes celulares e absorvem os nutrientes. À medida que as células morrem, o fungo invade células adjacentes, continuando a digerir e absorver nutrientes.

Entre as aproximadamente 70.000 espécies de fungos conhecidas, apenas cerca de 300 são patogênicas para os seres humanos.

Os fungos parasitas de plantas causam doenças como murcha, míldio, mangra e ferrugem, produzindo assim extensos prejuízos nas coletas e perdas econômicas. As infecções fúngicas de aves e mamíferos domésticos também são responsáveis por grandes perdas econômicas. Os fungos que invadem o ser humano provocam sofrimento humano, redução da produtividade e, algumas vezes, gastos médicos a longo prazo. As doenças fúngicas nos seres humanos, ou **micoses**, frequentemente são causadas por mais de um organismo. As micoses podem ser classificadas em superficiais, subcutâneas ou sistêmicas. As doenças *superficiais* afetam apenas o tecido queratinizado da pele, dos cabelos e das unhas. As doenças *subcutâneas* afetam as camadas da pele abaixo do tecido queratinizado e podem se disseminar para os vasos linfáticos. As doenças *sistêmicas* invadem os órgãos internos e causam destruição significativa. Alguns fungos são oportunistas; normalmente, não causam doença, mas podem fazê-lo em indivíduos com comprometimento das defesas, como pacientes portadores de AIDS e receptores de transplante que estão recebendo agentes imunossupressores. Um número maior de indivíduos com infecções fúngicas está agora procurando tratamento hospitalar.

**Figura 12.12 Doença do Olmo holandês.** Olmo americano (*Ulmus americana*) morto pela doença do Olmo holandês. *(Bedrich Grunzweig/Science Source.)*

SAIBA MAIS

## Fungos e orquídeas

Quando os exploradores trouxeram pela primeira vez as orquídeas da América de Sul em seu retorno à Inglaterra durante o século XIX, os ingleses ficaram encantados em ter espécimes tão belos em suas estufas. Entretanto, tiveram uma grande decepção quando as plantas não se desenvolveram, por mais cuidados que fossem dispensados na sua plantação em terra fresca e vasos novos. Foram necessários vários anos de experimentação aos ingleses e, talvez, a feliz importação de algumas orquídeas em seu meio nativo para que aprendessem a cultivar as orquídeas fora do seu ambiente natural. Por fim, foi descoberto que as orquídeas necessitam de determinados fungos para o seu crescimento. Esses fungos formam associações simbióticas com as raízes das orquídeas, e essas associações são denominadas *micorrizas*. Quando o substrato em que as orquídeas tinham crescido foi utilizado para plantar novos espécimes, as orquídeas e os fungos formaram micorrizas e ambos se desenvolveram.

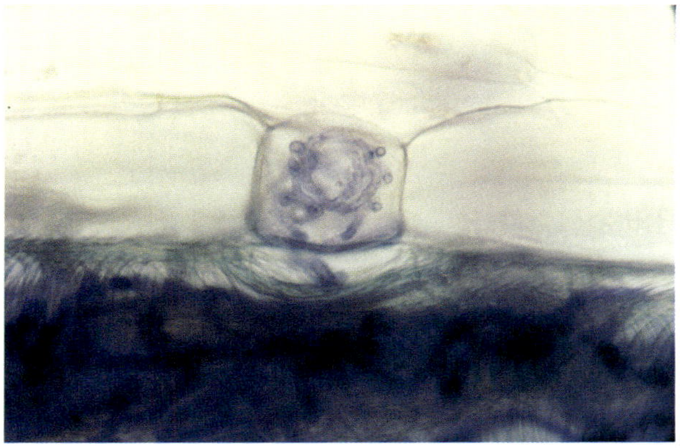

Fotomicrografia de micorrizas de fungos crescendo em associação com raízes de orquídea. *(© The School of Biological Sciences, University of Sidney.).*

Orquídea florida mostrando as raízes. *(Popova Tetiana/Shutterstock.)*

A cultura e a identificação dos agentes etiológicos das micoses exigem técnicas laboratoriais especiais. Meios de cultura ácidos com alta concentração de açúcares, aos quais são adicionados antibacterianos, ajudam a prevenir o crescimento de bactérias, possibilitando o crescimento dos fungos. O ágar Sabouraud, que foi desenvolvido há quase um século por um micologista francês, ainda é utilizado em muitos laboratórios. Nas melhores condições, a maioria dos fungos patogênicos em cultura apresenta um crescimento lento; alguns podem levar de 2 a 4 semanas para crescer na mesma proporção que as bactérias o fazem em 24 horas. Isso, recentemente, causou um problema nos EUA com líquidos de injeção de esteroides contaminados com fungos. Os fungos cresceram tão lentamente que a contaminação não foi rapidamente identificada nos produtos, como teria sido em caso de contaminação bacteriana. Os pacientes infectados também só foram diagnosticados vários meses após a injeção.

## Classificação dos fungos

Os fungos são classificados de acordo com a natureza do estágio sexual em seu ciclo de vida. Essa classificação é complicada por dois problemas: (1) não se observa nenhum ciclo sexual em alguns fungos e (2) é frequentemente difícil correlacionar os estágios sexuado e assexuado em alguns fungos. Por exemplo, um pesquisador pode estudar uma fase assexuada e dar um nome ao fungo; outro pesquisador pode estudar uma fase sexuada e dar um nome diferente ao mesmo fungo. Como a relação entre as fases sexuada e assexuada nem sempre é aparente, uma determinada espécie de fungo pode receber dois nomes, até que outro pesquisador descubra que as duas fases ocorrem no mesmo organismo. Por exemplo, o fungo causador do pé de atleta é denominado *Trichophyton* quando ele se reproduz de modo assexuado, porém é conhecido como *Arthroderma* quando se reproduz sexuadamente. Outro problema é que muitos fungos tem aparência muito diferente quando crescem em tecidos (leveduriformes) e quando crescem em seus hábitats naturais (filamentosos). A capacidade de um organismo de alterar a sua estrutura quando muda de hábitat é denominada **dimorfismo** (Figura 12.13). Isso se deve frequentemente a príons, conforme discutido no Capítulo 11. O dimorfismo nos fungos complicou o problema da identificação dos agentes causadores de doenças fúngicas. Iremos considerar os bolores de pão, os ascomicetos (fungos em forma de saco), os basidiomicetos (fungos claviformes) e os denominados fungos imperfeitos, que se acredita tenham perdido o seu ciclo sexuado (**Tabela 12.2**).

### Bolores de pão

Os **bolores de pão, Zygomycota**, ou fungos de conjugação, possuem micélios complexos, compostos de hifas (não

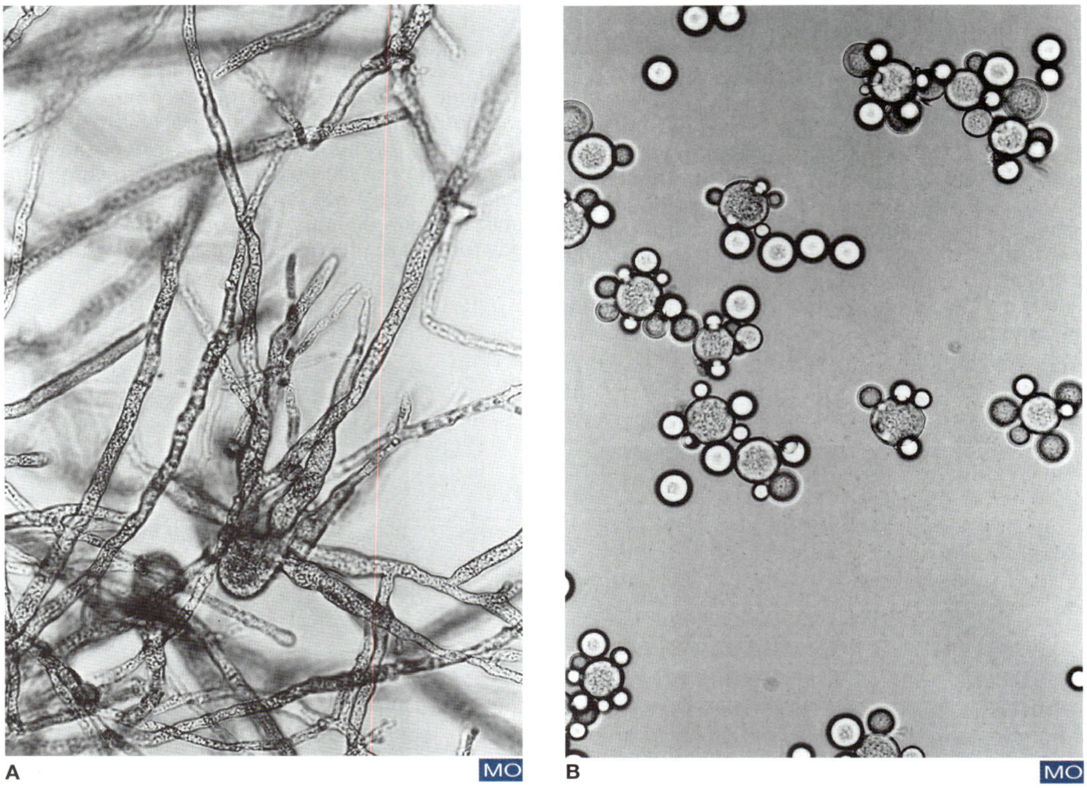


**Figura 12.13 Dimorfismo nos fungos. A.** Hifas de *Mucor* (920×). *(Cortesia de Michael E. Oriowski.)* **B.** Forma leveduriforme de *Mucor* (920×). *(Cortesia de Michael E. Oriowski.)*

septadas) com paredes quitinosas. O bolor negro do pão, *Rhizopus* (Figura 12.14), possui hifas que crescem rapidamente ao longo de uma superfície e dentro do substrato. Algumas hifas do bolor de pão produzem esporos, que são facilmente transportados por correntes de ar. Quando os esporos alcançam um substrato apropriado, eles germinam para produzir novas hifas. Algumas vezes ramificações curtas de hifas de duas cepas diferentes, denominadas cepas positiva e negativa, crescem juntas. Essa união das hifas levou ao nome fungos de conjugação. Existem quimioatraentes envolvidos na atração das hifas umas pelas outras. Formam-se células multinucleadas no local de junção das hifas, e muitos pares de núcleos positivos e negativos fundem-se para formar zigotos. Cada zigoto é envolto em um **zigósporo**, uma estrutura resistente, de parede espessa, que também produz esporos. A informação genética dos zigósporos provém das duas cepas, ao passo que, nos esporos das hifas, a informação provém de uma única cepa.

Embora os bolores de pão tenham interessado os micologistas e frustrado os bacteriologistas cujas culturas contaminam, eles habitualmente não provocam doenças nos seres humanos. Entretanto, *Rhizopus* é um patógeno oportunista para o ser humano e mostra-se particularmente perigoso para pessoas com diabetes melito não controlado de maneira adequada.

## Fungos em forma de saco (ascomicetos)

Os **fungos em forma de saco** formam um grupo diverso, que compreende mais de 30.000 espécies, incluindo as leveduras. Esses fungos apresentam quitina nas paredes celulares e produzem esporos sem flagelo. Com exceção de algumas leveduras, que não formam hifas, as hifas dos fungos em forma de saco possuem septos com um poro central. Esses fungos são mais

**Tabela 12.2** Propriedades dos fungos.

| Filo | Nome comum | Características | Exemplos |
|---|---|---|---|
| Zygomycota | Bolores de pão | Sofrem conjugação | *Rhizopus* e outros bolores de pão |
| Ascomycota | Ascomicetos (fungos em forma de saco) | Produzem ascos e ascósporos durante a reprodução sexuada | *Neurospora, Penicillium, Saccharomyces* e outras leveduras; *Candida, Trichophyton* e vários outros patógenos humanos |
| Basidiomycota | Basidiomicetos (fungos claviformes) | Produzem basídios e basidiósporos | *Amanita* e outros cogumelos; *Claviceps* (que produz ergotina); *Cryptococcus* |
| Deuteromycota | Fungos imperfeitos | Estágio sexuado inexistente ou desconhecido, daí a designação "imperfeito" | Organismos do solo; vários patógenos humanos |

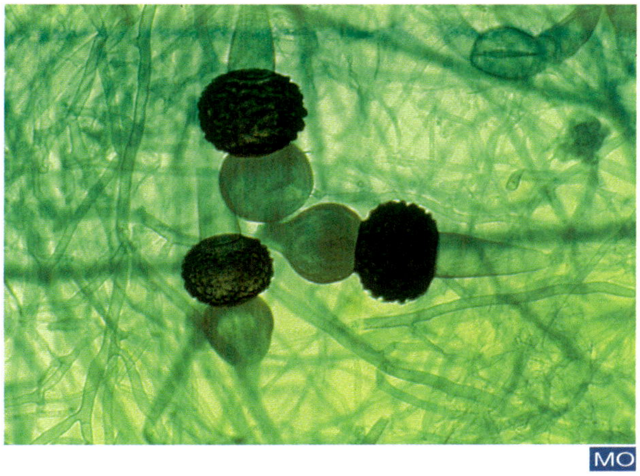


**Figura 12.14 Bolor negro do pão, *Rhizopus nigricans*.** Os zigósporos sexuados (estruturas pretas e espinhosas) resultam da união e fusão dos materiais genéticos nas extremidades de ramificações laterais especiais de hifas. Os zigósporos germinam para produzir um esporângio, que, por sua vez, produz muitos esporos assexuados (377×). *(Science Photo Library/Science Source.)*

apropriadamente denominados **Ascomycota** (ascomicetos); diferentemente dos outros fungos, eles produzem um **asco** em forma de saco durante a reprodução sexuada (Figura 12.15). As leveduras estão incluídas entre os ascomicetos, embora a maioria delas não tenha nenhum estágio sexuado conhecido. Em espécies com reprodução tanto sexuada quanto assexuada, a fase assexuada produz esporos, denominados **conídios**, nas extremidades de hifas modificadas. Na fase sexuada, uma cepa possui um grande *ascogônio*, enquanto uma cepa adjacente tem um *anterídio* de tamanho menor. Essas estruturas sofrem fusão, seus núcleos se misturam, e as células das hifas com núcleos dicarióticos crescem a partir da massa fundida. Por fim, os núcleos dicarióticos fundem-se também para formar um zigoto, e o núcleo do zigoto divide-se, formando oito núcleos em cada asco. Cada asco forma oito **ascósporos**, que algumas vezes são expelidos vigorosamente.

Vários ascomicetos são de interesse em microbiologia. *Neurospora* se destaca, visto que o estudo de seus ascósporos forneceu informações genéticas importantes. *Penicillium notatum* produz o antibiótico penicilina, enquanto *P. roquefortii* e

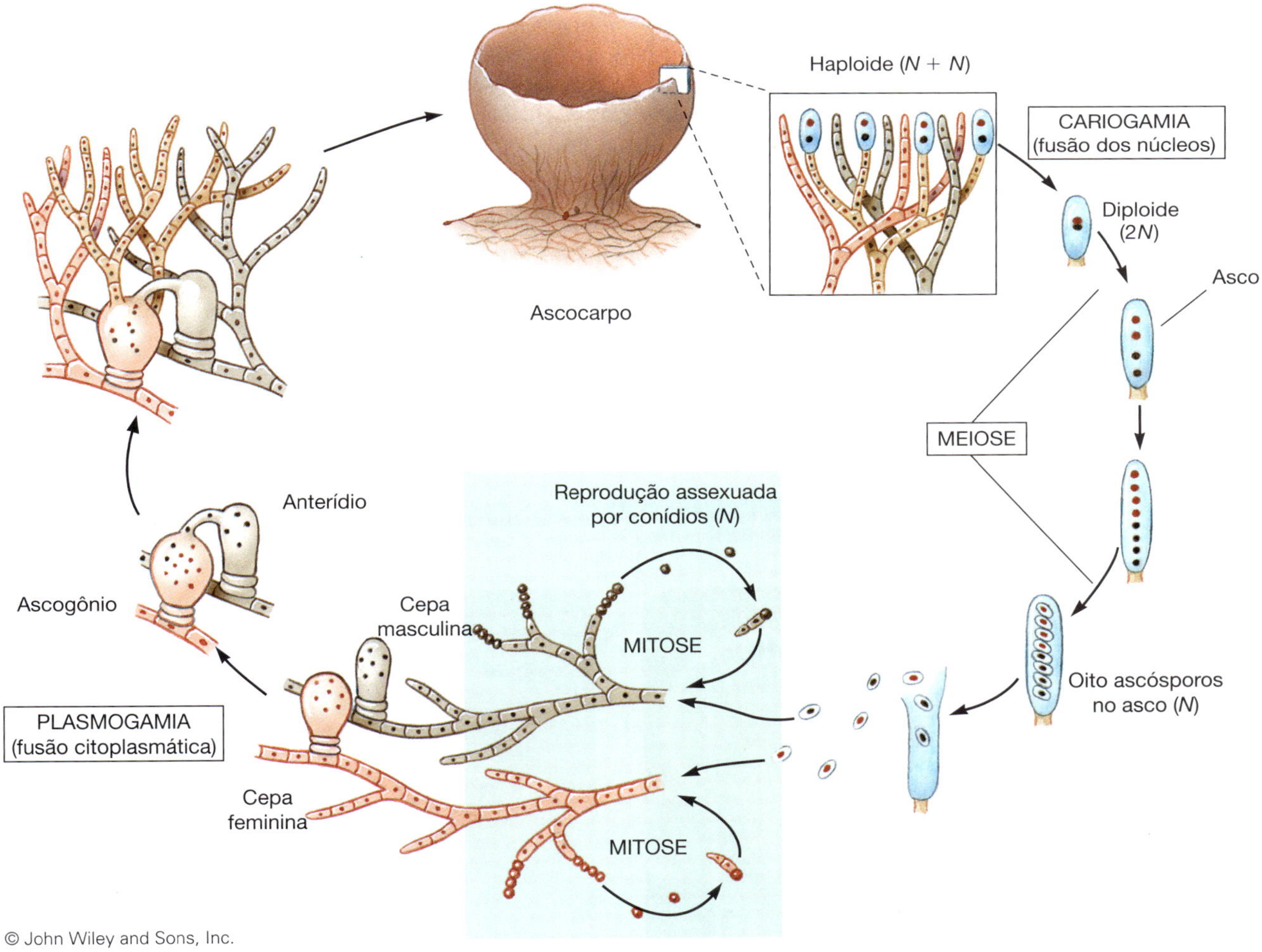




**Figura 12.15 Ciclo de vida de um ascomiceto.** Na fase assexuada, esporos denominados conídios são formados nas extremidades de hifas modificadas. Na fase sexuada, o micélio que produz conídios também forma as estruturas produtoras de gametas, os anterídeos (masculinos) e os ascogônios (femininos). Após ocorrer fusão citoplasmática dessas estruturas, observa-se o desenvolvimento de células dicarióticas das hifas, que se entrelaçam em um ascocarpo, onde os ascos em forma de saco crescem. Em cada asco, os núcleos dicarióticos fundem-se para formar um zigoto, e o núcleo do zigoto divide-se em oito núcleos. A partir desses núcleos, formam-se oito ascósporos, que são vigorosamente expelidos.

*P. camemberti* são responsáveis pela cor, textura e sabor dos queijos Roquefort e Camembert. As leveduras, particularmente as do gênero *Saccharomyces*, liberam dióxido de carbono e álcool como produtos metabólicos da fermentação e são utilizadas para fermentar o pão e produzir álcool na cerveja e no vinho (ver Capítulo 26). Vários ascomicetos são patógenos em seres humanos. *Candida albicans* causa infecções vaginais por leveduras. *Trichophyton* está associado ao pé de atleta, e *Aspergillus* é responsável por infecções respiratórias oportunistas. Espécies de *Blastomyces* e *Histoplasma* provocam infecções respiratórias e podem se disseminar por todo o corpo.

## Fungos claviformes (basidiomicetos)

Os **fungos claviformes** incluem os cogumelos, os cogumelos venenosos, as ferrugens e as fuligens. A ferrugem e a fuligem parasitam plantas e provocam danos significativos em culturas. Além dos agregados de hifas formando micélios, os fungos claviformes possuem estruturas sexuadas em forma de clava, denominadas **basídios**, que deram origem ao nome **Basidiomycota** (Figura 12.16). Em um ciclo de vida típico dos basidiomicetos, os esporos sexuais, denominados **basidiósporos**, germinam para formar micélios septados, e as células dos micélios unem-se em formas dicarióticas. O micélio dicariótico cresce e produz basídios, os quais, por sua vez, produzem basidiósporos. Acompanhe-me a uma visita a uma plantação de cogumelos na abertura do Capítulo 27. Alguns cogumelos, como *Amanita*, produzem toxinas que podem ser letais para os seres humanos. *Claviceps purpurea*, um parasita do centeio, produz a substância tóxica conhecida como ergotina. Essa substância pode ser utilizada em pequenas quantidades para o tratamento da enxaqueca e para a indução de contrações uterinas, mas em quantidades maiores pode ser letal (ver Capítulo 23). A levedura *Cryptococcus* provoca infecções respiratórias oportunistas, que podem ser fatais se houver disseminação para o sistema nervoso central, causando meningite e infecção cerebral. Esse organismo está sendo cada vez mais observado em pacientes com AIDS.

## Fungos imperfeitos

Os **fungos imperfeitos**, ou **Deuteromycota**, são denominados "imperfeitos" porque não foi observado nenhum estágio sexuado em seus ciclos de vida. Sem informações sobre o ciclo sexuado, os taxonomistas não podem classificá-los em um grupo taxonômico. Entretanto, com base nas suas características vegetativas e na produção de esporos assexuados, a maioria desses fungos parece pertencer ao grupo dos ascomicetos. Muitos desses fungos imperfeitos foram recentemente incluídos em outros filos, recebendo nomes de novos gêneros. Entretanto, iremos manter as antigas designações, pois as novas ainda não são familiares nem amplamente utilizadas

## PARA TESTAR

### Impressões de esporos

(GFC Collection/Alamy Stock Photo.)

A identificação dos cogumelos requer o conhecimento dos esporos de seu espécime desconhecido. Algumas pistas para a identificação dos cogumelos estão relacionadas com a cor dos esporos. Como obter essa informação? Tente este método simples.

Em primeiro lugar, colete cogumelos frescos cujos chapéus (píleos) estejam apenas se abrindo ou que já estejam totalmente abertos. Corte o talo com a base do chapéu. Coloque o chapéu, com as lamelas voltadas para baixo sobre um pedaço de papel. Deixe-o sem mexer durante toda a noite ou até secar. Levante delicadamente o chapéu e observe o padrão em raios de sol dos esporos que foi deixado pela superfície das lamelas. Se você tiver dois cogumelos da mesma variedade, utilize um pedaço de papel preto para um e um pedaço de papel branco para o outro antes do processo de secagem, já que você não sabe qual é a cor dos esporos. Os esporos podem variar desde uma cor preta até branca, castanha ou até mesmo rosada.

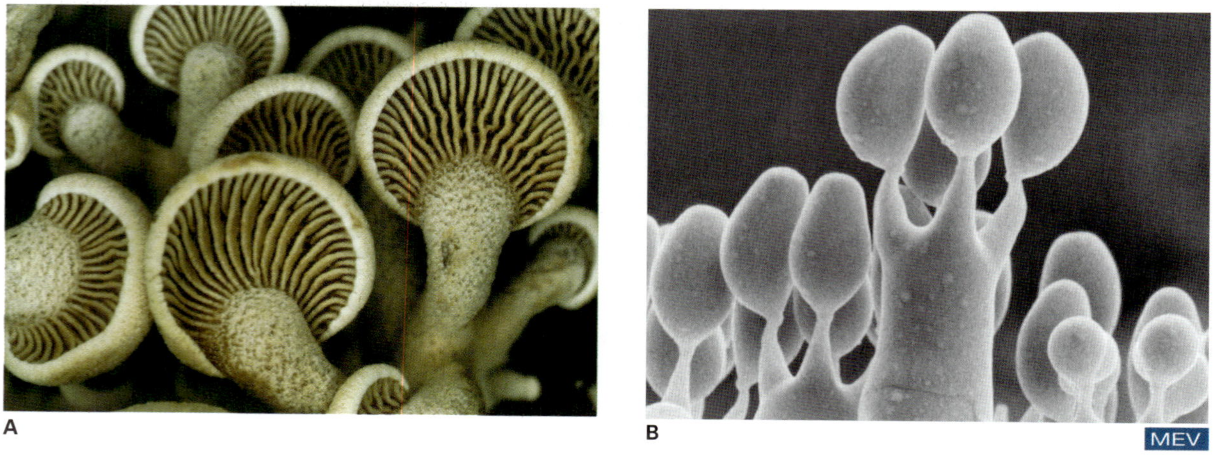


**Figura 12.16 Esporos de cogumelos.** **A.** As lamelas na parte inferior do píleo de um cogumelo (*Panellus stipticus*) possuem estruturas claviformes microscópicas, denominadas basídios. *(Vaughan Fleming/Science Source.)* **B.** Cada basídio (de *Coprinus disseminatus*) produz quatro estruturas em forma de balão, denominadas basidiósporos. *(Biophoto Associates/Science Source.)*

em pesquisa clínica. O termo **anamórfico** refere-se a estágios assexuados do ciclo de vida, enquanto **teleomórfico** refere-se a estágios sexuados.

PARE e RESPONDA

1. Estabeleça a distinção entre talo, micélio e hifas.
2. Explique o que é dimorfismo, como ele surge e os problemas que pode causar.
3. Por que os fungos imperfeitos são considerados "imperfeitos"?

# HELMINTOS

## Características dos helmintos

Os **helmintos**, ou vermes, possuem simetria bilateral – isto é, as metades esquerda e direita são imagens especulares. Um helminto também possui uma cabeça e uma extremidade na forma de cauda, e os seus tecidos são diferenciados em três camadas distintas: o ectoderma, o mesoderma e o endoderma. Os helmintos que parasitam os seres humanos incluem os platelmintos e os nematódeos (**Tabela 12.3**).

### Platelmintos

Os **platelmintos** (vermes achatados) são vermes primitivos, que geralmente não medem mais do que 1 mm de espessura, mas alguns, como as grandes tênias, podem alcançar até 10 m de comprimento. Os platelmintos não apresentam **celoma,** uma cavidade situada entre o sistema digestório e a parede corporal nos animais superiores. A maioria dos platelmintos tem sistema digestório simples, com uma única abertura, mas alguns platelmintos parasitas, as tênias, perderam seus sistemas digestórios. Os platelmintos são, em sua maioria, hermafroditas, cada indivíduo possui sistemas reprodutores tanto masculino quanto feminino. Apresentam uma agregação de neurônios na extremidade da cabeça, representando um estágio inicial na evolução de um cérebro. Os platelmintos são desprovidos de sistema circulatório, e a maioria absorve os nutrientes e o oxigênio através das paredes do corpo.

Foram identificadas mais de 15.000 espécies de platelmintos. Incluem organismos de vida livre, principalmente

SAIBA MAIS

## Os fungos são os maiores e mais antigos organismos da Terra?

Com um peso de cerca de 100 toneladas (mais do que uma baleia azul) e estendendo-se por quase 160.000 metros quadrados de solo em uma floresta próxima à cidade de Crystal Falls localizada no estado americano de Michigan, encontra-se um representante gigante do fungo *Armillaria bulbosa.* Entre 1.500 e 10.000 anos atrás, mais provavelmente no final da última Era do Gelo, um único par de esporos compatíveis expelidos de cogumelos genitores, germinaram e cruzaram. Começaram a crescer e continuam a fazê-lo até hoje. O fungo cresce principalmente sob o solo, razão pela qual não é habitualmente visível ao observador comum. As hifas de seu micélio sondam o solo, à procura de restos de madeira para decompor e reciclar. Medições experimentais da velocidade de seu crescimento através do solo permitiram aos cientistas estimar o tempo que foi necessário para que esse cogumelo alcançasse o seu tamanho atual.

A análise do DNA de 12 genes das estruturas de frutificação do organismo – comumente denominadas *cogumelos em botão* ou *de mel* (*button, honey mushrooms*) – e suas estruturas subterrâneas de colonização semelhantes a cordões – denominadas *rizomorfos* – revelou que o enorme fungo é um clone gigante. Todas as partes do clone têm uma composição genética idêntica. Embora sejam observadas pequenas rupturas em sua continuidade, ele ainda é considerado como um único indivíduo.

Apesar do tamanho desse fungo, seus descobridores, Myron Smith e James Anderson, da University of Toronto, e Johann Bruhn, da Michigan Technological University, conjecturam que ele poderia não ser o maior organismo de sua espécie. Escrevendo para a revista *Nature*, em abril de 1992, explicaram que haviam encontrado o fungo em uma floresta mista, contendo muitos tipos de árvores. Em uma floresta com apenas um tipo de árvore, como uma grande área de pétalas ou de álamos, um fungo com preferência por esse tipo de árvore poderia alcançar um tamanho ainda maior. Entretanto, esse fungo provavelmente alcançou o seu tamanho máximo, visto que está colidindo com fungos competidores ao longo de suas bordas.

Cogumelos (*Armillaria bulbosa*) (Cortesia de Johann N. Bruhn, University of Missouri.)

A previsão dos cientistas rapidamente provou ser profética. Aproximadamente 1 mês depois da publicação do artigo na revista *Nature*, dois patologistas florestais – Ken Rusell, do State Department of Natural Resources, e Terry Shaw, do U.S. Forest Service – anunciaram que haviam estudado um fungo ainda maior localizado próximo ao monte Adams, no sudoeste de Washington. Esse organismo, um indivíduo da espécie *Armillaria ostoyae*, cobre uma área de cerca de 6,5 quilômetros quadrados, o que o faz quase 40 vezes maior do que o fungo do Michigan. O fungo de Washington cresce em uma região ocupada, em grande parte, por um único tipo de árvore – neste caso o pinheiro – e, portanto, desfruta de uma vasta fonte de alimento. Embora o fungo de Washington ultrapasse o fungo do Michigan em tamanho, ele na realidade é mais jovem: tem uma idade estimada entre 400 e 1.000 anos. Desse modo, o fungo do Michigan continua mantendo o título de "o mais velho" (pelo menos até agora), mas não o de "o maior".

Os cientistas eventualmente irão descobrir fungos ainda maiores do que o fungo de Washington? É muito provável que sim. De fato, em uma entrevista, Shaw referiu-se a um espécime de *A. ostoyae* no Oregon que poderia ser maior do que o fungo que ele descobriu em Washington. E fungos ainda maiores podem ser descobertos. A busca do "maior e mais velho" promete ser um excitante episódio no campo da microbiologia.

**Tabela 12.2** Propriedades dos helmintos.

| Grupo | Características | Exemplos |
|---|---|---|
| Platelmintos (vermes achatados) | Os vermes vivem no interior de hospedeiros ou em sua superfície | As tênias são endoparasitas; as fascíolas podem ser endoparasitas ou ectoparasitas |
| Nematódeos (vermes cilíndricos) | A maioria dos vermes vive no intestino ou no sistema circulatório de hospedeiro | Os ancilóstomos, os oxiúros e vários outros nematódeos vivem no intestino ou no sistema linfático |

organismos aquáticos, como as *planárias*, e duas classes de organismos parasitas, os **trematódeos** (*fascíola*) e os **cestódeos** (*tênias*). Ambos os grupos de parasitas têm sistemas reprodutores altamente especializados e ventosas ou ganchos por meio dos quais se fixam ao hospedeiro. Os trematódeos podem ser endoparasitas ou ectoparasitas. *Fasciola hepatica* e vários outros trematódeos parasitam o ser humano. As tênias parasitam quase exclusivamente o intestino delgado de animais, mas ocasionalmente ocorrem nos olhos ou no cérebro. A tênia do boi, *Taenia saginata*, e vários outros vermes parasitam os seres humanos.

## Nematódeos

Os **nematódeos** ou **vermes cilíndricos** compartilham muitas características com os platelmintos, porém eles apresentam um **pseudoceloma**, uma cavidade corporal primitiva, preenchida com líquido, sem o revestimento completo encontrado nos animais superiores. Os nematódeos possuem corpos cilíndricos com extremidades afiladas e são cobertos por uma espessa cutícula protetora. O seu comprimento varia de menos de 1 mm a mais de 1 m. Contrações dos músculos fortes existentes na parede do corpo exercem pressão sobre o líquido no pseudoceloma e enrijecem o corpo. Em virtude de suas extremidades pontudas e corpos rígidos, os nematódeos são capazes de se mover facilmente através do solo e dos tecidos. As fêmeas são maiores do que os machos. O acasalamento é intensificado por quimioatraentes liberados pelas fêmeas, que atraem os machos. As fêmeas podem depositar até 200.000 ovos por dia. Esse grande número de ovos, que são bem protegidos por cascas resistentes, assegura que alguns irão sobreviver e se reproduzir.

Foram descritas mais de 80.000 espécies de nematódeos. Esses vermes são de vida livre no solo, na água doce e na água salgada e ocorrem como parasitas em todas as espécies de plantas e animais já estudados. Apenas meio hectare de solo pode conter bilhões de nematódeos. Muitos parasitam insetos e plantas; apenas um número relativamente pequeno de espécies infecta os seres humanos, mas causam debilitação significativa, sofrimento e morte. Os nematódeos que parasitam o ser humano, como os ancilóstomos e os oxiúros, vivem, em sua maioria, principalmente no sistema digestório; porém, alguns, como *Wuchereria*, têm formas larvais que vivem no sangue ou na linfa, podendo causar elefantíase. Os efeitos dos nematódeos sobre os seres humanos foram registrados pela primeira vez em antigos escritos chineses e, desde então, têm sido observados em quase todas as civilizações. (Para uma descrição das modernas experiências norte-americanas com *sushi* e outras formas de peixe cru, que podem abrigar nematódeos, ver o boxe sobre *sushi* no Capítulo 23.)

## Helmintos parasitas

Concentraremos nosso estudo apenas nos helmintos parasitas e consideraremos quatro grupos: os trematódeos, os cestódeos (tênias), os nematódeos (vermes cilíndricos) adultos do intestino e as larvas de nematódeos (Figura 12.17). Como os

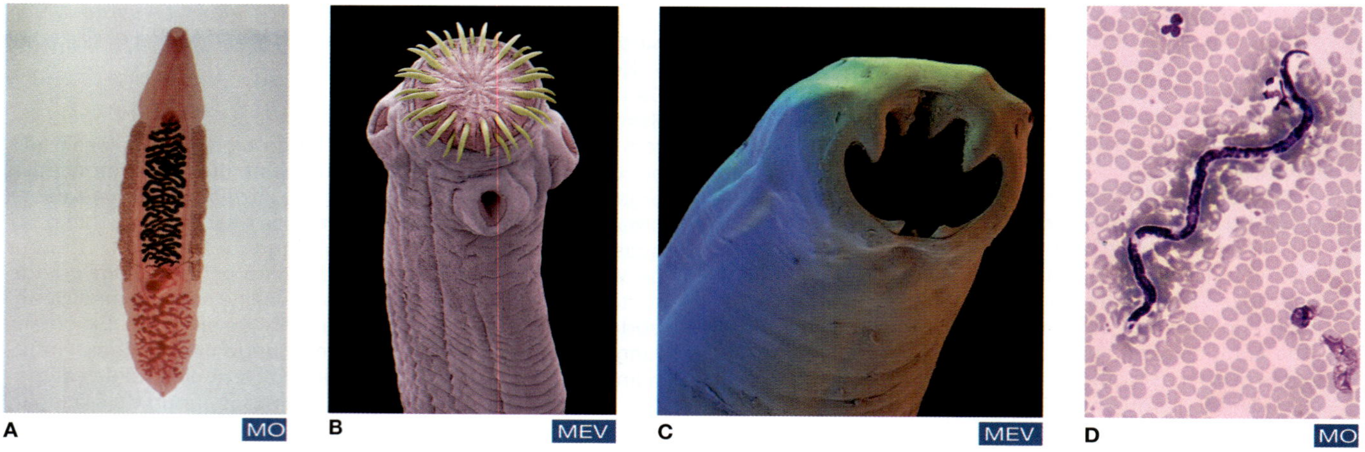


**Figura 12.17 Helmintos representativos.** **A.** *Clonorchis sinensis*, a fascíola hepática chinesa, corada para mostrar os órgãos internos. Esse verme infesta a vesícula biliar, os ductos biliares e os ductos pancreáticos, onde causa cirrose biliar e icterícia (32×). *(Eric V. Grave/Science Source.)* **B.** Cabeça (escólex) de uma tênia (38×). Os ganchos e as ventosas são utilizados para a fixação do verme à superfície do intestino. *(Steve Gschmeissner/Science Source Images.)* **C.** Boca de *Ancylostoma duodenale*, comum no Velho Mundo (172×). A faringe muscular desse nematódeo bombeia o sangue a partir do revestimento intestinal de seu hospedeiro. *(© RGB Ventures LLC dba SuperStock/Alamy.)* **D.** Estágio de microfilária (larva em miniatura) de *Dirofilaria immitis*, em uma amostra de sangue de cão (160×), que é transmitida por picadas de mosquito. Os estágios maiores vivem dentro do coração e perfuram suas paredes. *(Ed Reschke/Photolibrary/Getty Images.)*

helmintos têm ciclos de vida complexos relacionados com a sua capacidade de causar doenças, iremos considerar um ciclo de vida típico para cada grupo.

## Trematódeos

Nos seres humanos, ocorrem dois tipos de infecções por trematódeos. Uma delas envolve trematódeos que parasitam tecidos e se fixam aos ductos biliares, pulmões e outros tecidos; o segundo tipo envolve trematódeos do sangue, que são encontrados no sangue em alguns estágios de seu ciclo de vida. Os trematódeos que parasitam tecidos humanos incluem o trematódeo do pulmão, *Paragonimus westermani*, e as fascíolas hepáticas, *Clonorchis sinensis* (ver Figura 12.17A) e *Fasciola hepatica*. Os trematódeos do sangue incluem várias espécies do gênero *Schistosoma*.

Os trematódeos parasitas têm um ciclo de vida complexo (**Figura 12.18**), que frequentemente envolve vários hospedeiros. A fusão dos gametas masculino e feminino produz ovos fertilizados, que adquirem uma casca resistente durante a sua passagem pelo útero da fêmea. Os ovos são eliminados do hospedeiro com as fezes. Quando os ovos alcançam a água, eles eclodem em formas natatórias de vida livre, denominadas **miracídios**. Os miracídios penetram em um caramujo ou outro molusco hospedeiro, transformam-se em **esporocistos** e migram até a glândula digestiva do hospedeiro. As células no interior dos esporocistos normalmente se dividem por mitose, formando **rédias**. Por sua vez, as rédias dão origem a **cercárias** natatórias de vida livre, que escapam do molusco para a água. As cercárias, utilizando enzimas para atravessar a pele exposta, penetram em outro hospedeiro (frequentemente um artrópode) e, em seguida, se encistam na forma de **metacercárias**. Quando esse hospedeiro é ingerido pelo hospedeiro definitivo, as metacercárias sofrem desencistamento e desenvolvem-se em trematódeos maduros no intestino do hospedeiro.

## Cestódeos

Os cestódeos (tênias) são constituídos de um **escólex**, ou extremidade da cabeça (ver Figura 12.17B), com ventosas que

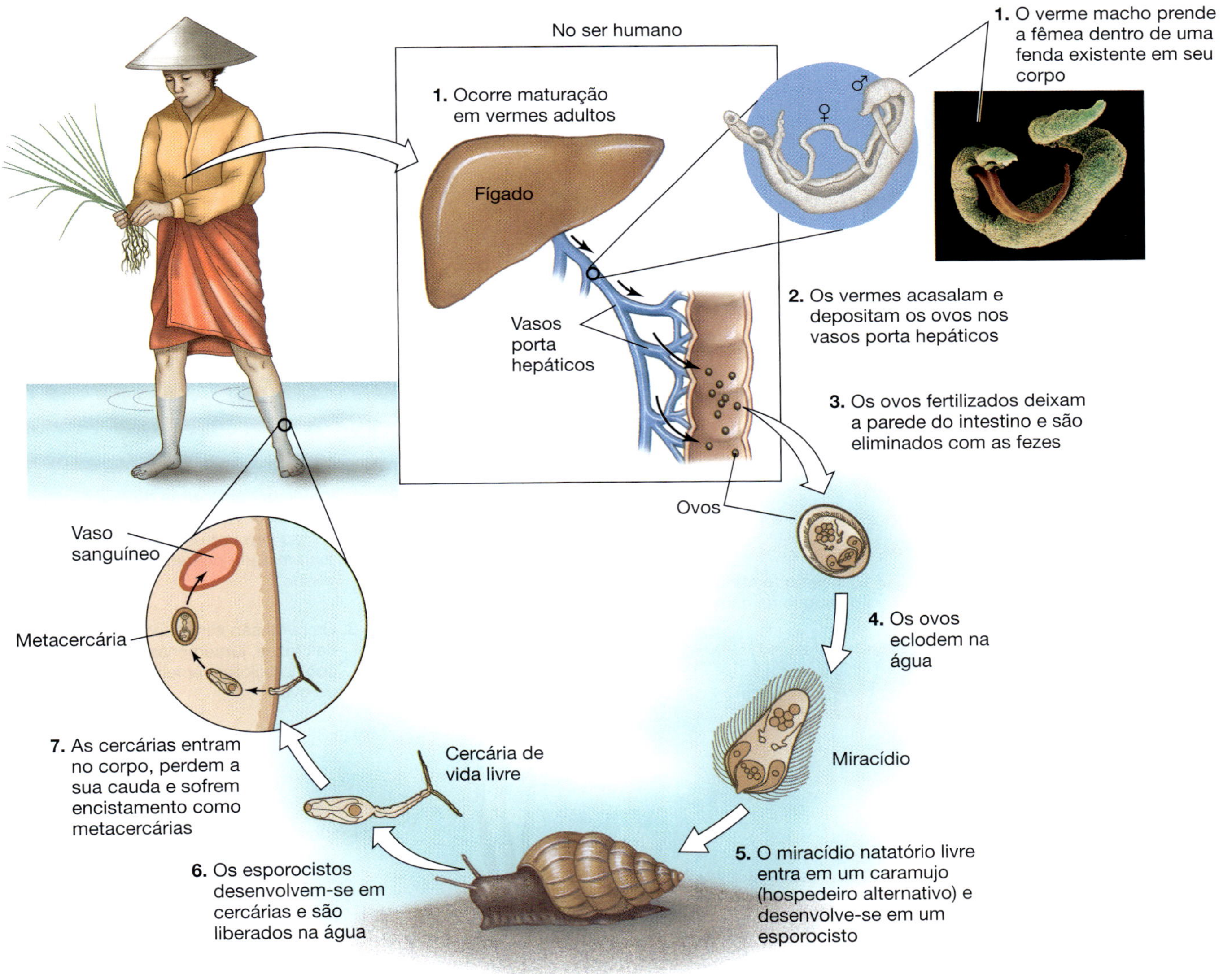




**Figura 12.18 Ciclo de vida de um trematódeo do sangue, *Schistosoma japonicum*.** Esse organismo causa a esquistossomose. Diferentemente de alguns trematódeos, *S. japonicum* não apresenta o estágio de rédia, nem tem um hospedeiro artrópode. (*Juergen Berger/Science Source.*)

aderem à parede do intestino e uma longa cadeia de **proglotes** hermafroditas, isto é, componentes do corpo que contêm principalmente órgãos reprodutivos de ambos os sexos. Novos proglotes desenvolvem-se atrás do escólex, amadurecem e se autofertilizam. Os mais velhos se desintegram e liberam ovos na extremidade posterior. Entre os cestódeos que podem infectar o ser humano estão as tênias do boi e do porco, que são espécies de *Taenia*, as tênias anã e do rato, que são espécies de *Hymenolepis*, e o verme hidático *Echinococcus*, a tênia do cão *Dipylidium* e a tênia do peixe *Diphyllobothrium*.

Embora diferentes espécies exibam variações mínimas, o ciclo de vida dos cestódeos (Figura 12.19) habitualmente é constituído pelos seguintes estágios: os embriões desenvolvem-se no interior dos ovos e são liberados das proglotes; as proglotes e os ovos deixam o corpo do hospedeiro através das fezes. Quando outro animal ingere vegetais ou água contaminada com ovos, eles eclodem em larvas, que invadem a parede intestinal, podendo migrar para outros tecidos. A larva pode se desenvolver em um **cisticerco** ou verme em forma de bexiga, ou pode formar um cisto. O cisticerco pode permanecer na parede intestinal ou pode migrar através dos vasos sanguíneos para outros órgãos. O cisto pode crescer e desenvolver muitas cabeças do verme no seu interior, transformando-se em **cisto hidático** (ver Capítulo 23). Se um animal consumir carne contendo esses cistos, cada escólex pode se desenvolver em um novo verme.

## Nematódeos adultos

A maioria dos nematódeos que parasitam o ser humano passa grande parte de seu ciclo de vida no sistema digestório. Em geral, entram no corpo pela ingestão de alimento ou de água; todavia, alguns, como os ancilóstomos, penetram pela pele. Esses helmintos compreendem o nematódeo do porco *Trichinella spiralis*, a lombriga *Ascaris lumbricoides*, o verme-da-guiné *Dracunculus medinensis*, o poxiúro *Enterobius vermicularis*, e os ancilóstomos *Ancylostoma duodenale* (ver Figura 12.17C) e *Necator americanus*.

Os ciclos de vida dos nematódeos intestinais exibem variações consideráveis. Iremos descrever o ciclo de vida de *Trichinella spiralis* como exemplo (Figura 12.20). Esses vermes entram nos seres humanos na forma de larvas encistadas no músculo de porcos infectados, quando o indivíduo consome carne de porco malcozida. As paredes dos cistos são digeridas com a carne, e as larvas são liberadas no intestino. Amadurecem sexualmente em cerca de 2 dias e, em seguida, se

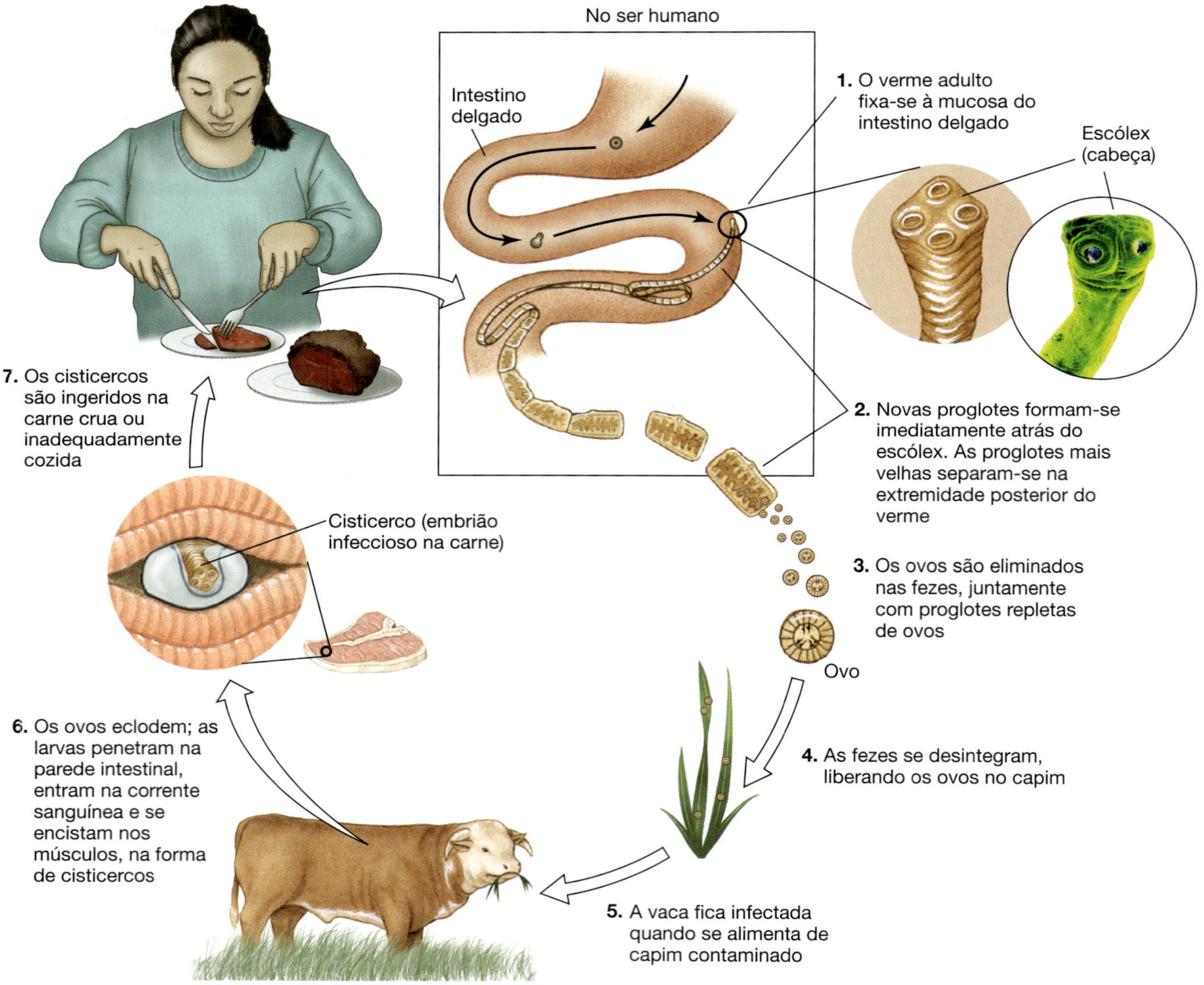



**Figura 12.19 Ciclo de vida da tênia do boi, *Taenia saginata*.** *(CNRI/Science Source.)*

**Aves adultas podem atuar temporariamente como hospedeiros de *Trichinella spiralis*, mas o verme não se encista nos músculos da ave nem nos de animais de sangue frio.**

acasalam. As fêmeas penetram na parede intestinal e produzem ovos, que eclodem no interior do verme adulto e emergem como larvas. As larvas migram para os vasos linfáticos e são transportadas até o sangue. A partir do sangue, as larvas penetram nos músculos e se encistam. Esses cistos podem permanecer nos músculos durante vários anos. O mesmo processo é observado nos próprios porcos, que abrigam os cistos em seus tecidos.

## Larvas de nematódeos

Enquanto os nematódeos causam, em sua maioria, danos teciduais no intestino quanto adultos, alguns causam danos em outros tecidos principalmente na forma de larvas. Esses nematódeos incluem *Wuchereria bancrofti*, que vive nos tecidos linfáticos e causa elefantíase; *Loa loa*, que infecta os olhos e suas membranas; *Onchocerca volvulus*, a causa da cegueira do rio, que infecta tanto a pele quanto os olhos; e *Dracunculus medinensis* (verme-da-guiné), cujo ciclo de vida e sintomas são mostrados na Figura 12.21.

A erradicação do verme-da-guiné é o principal foco da Carter Foundation, de Atlanta, na Geórgia. Em 1986, quando começaram sua campanha, havia 3,5 milhões de casos em 21 países. Já em 2012, havia apenas 542 casos conhecidos de verme-da-guiné, distribuídos da seguinte maneira: Sudão do Sul (521), Chade (10), Mali (7) e Etiópia (4). Esforços internacionais monitoram 7.000 aldeias. No Sudão do Sul, há 110 funcionários do governo e mais de 12.000 voluntários não remunerados. Infelizmente, o conflito civil em Mali interferia nesses esforços. Em 2013, foi estabelecido o ano de 2015 como meta para erradicação global. Pense um instante: você pode estar estudando microbiologia quando erradicarmos pela segunda vez uma doença do mundo. A varíola foi a primeira, e foi uma luta longa e difícil. A seguir encontra-se a minha entrevista com o ex-presidente Jimmy Carter (Figura 12.22), que descreve o ciclo de vida e os sintomas dessa doença, e com o Dr. Donald Hopkins, que lidera o projeto da Carter Foundation (Figura 12.23).

**Dracunculus nos EUA! Uma espécie diferente infecta guaxinins e, às vezes, pode ser observada como longos "fios" brancos que pendem dos punhos dos guaxinins enquanto lavam seus alimentos em um lago.**

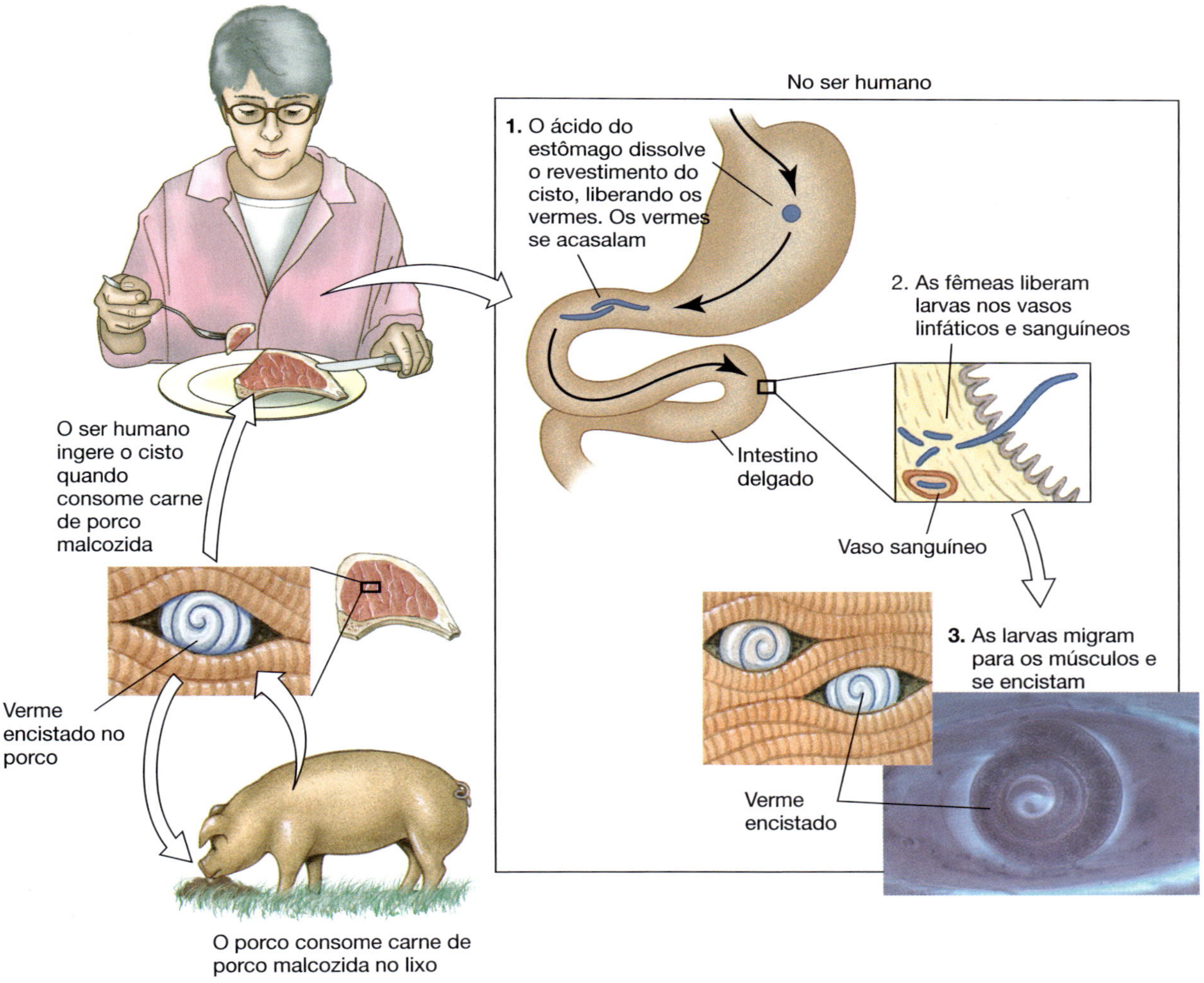




**Figura 12.20 Ciclo de vida do nematódeo *Trichinella spiralis*.** Esse nematódeo causa a triquinose. *(© James Solliday/Biological Photo Service.)*

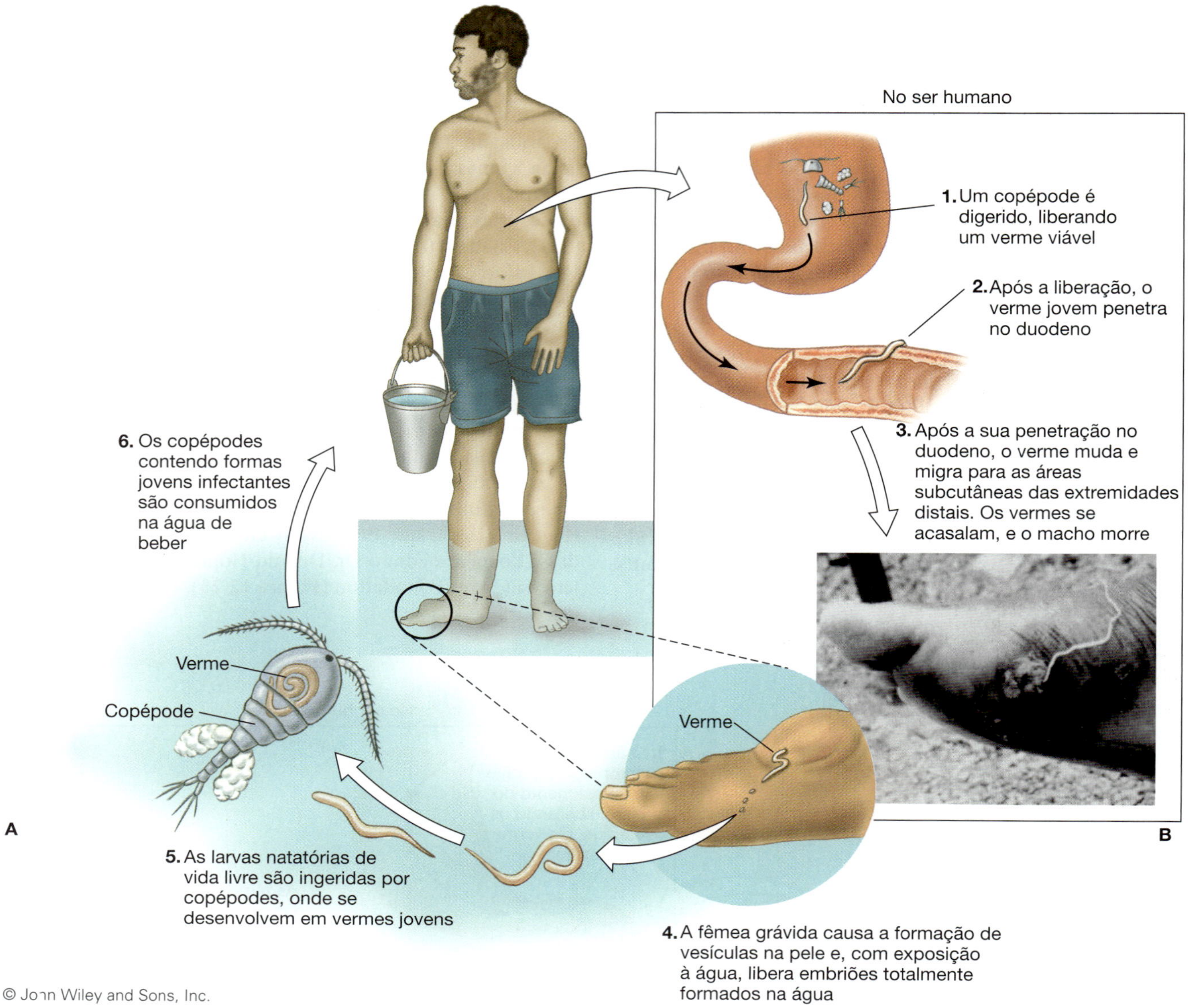




**Figura 12.21** ***Dracunculus medinensis*** **(verme-da-guiné).** **A.** Ciclo de vida. **B.** Fêmea do verme-da-guiné emergindo de uma vesícula no pé de uma vítima. *(CDC/Science Source.)*

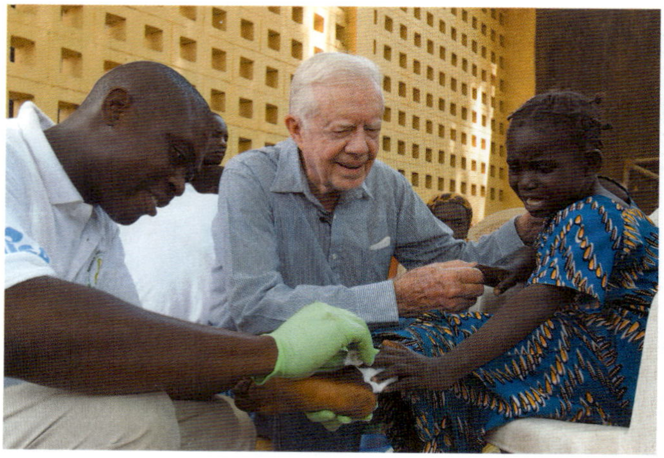

**Figura 12.22 Ex-presidente Jimmy Carter auxiliando uma criança infectada pelo verme-da-guiné em viagem à África.** *(L. Gubb/The Carter Center.)*

**Figura 12.23 Dr. Donald Hopkins em uma aldeia da África.** *(L. Gubb/The Carter Center.)*

**Ex-presidente Jimmy Carter:** Quem já viu uma criança pequena com um verme-da-guiné vivo de mais de meio metro ou um metro de comprimento saindo de seu corpo, exatamente através de sua pele, jamais se esquecerá dessa cena. Eu presenciei pela primeira vez os efeitos devastadores do verme-da-guiné em duas aldeias perto de Acra, capital de Gana, em março de 1988. Em apenas alguns minutos, Rosalynn e eu vimos quase 200 vítimas, incluindo pessoas com vermes saindo de seus tornozelos, joelhos, virilha, pernas, braços e outras partes do corpo. Uma mulher, em grande agonia, estava embalando o seu seio como se fosse um bebê. Nele havia um abscesso do tamanho de um punho, a partir do qual um verme-da-guiné estava para emergir. Vi pessoas com até uma dúzia ou mais desses vermes emergindo ao mesmo tempo. Fiquei chocado ao constatar que essa doença debilitante, que atinge quase 10 milhões de pessoas por ano, poderia ser facilmente prevenida. A doença é causada pela ingestão de água contaminada e a prevenção consiste apenas em mostrar às pessoas como tornar os seus suprimentos de água seguros.

Somos uma nação solidária, e isso é um motivo para nos importarmos com pessoas que ainda sofrem desnecessariamente em decorrência dessa doença. O mundo está repleto de problemas difíceis que ainda não podemos solucionar. Entretanto, este é um dos que podemos solucionar, e podemos fazê-lo rapidamente se nos concentrarmos nele. O Dr. Donald Hopkins, consultor sênior dos programas de saúde do Global 2000, dirige o centro para erradicação do verme-da-guiné. Ele ajudou a obter o apoio dos governos e de organizações sem fins lucrativos nessa luta e também tem ajudado a implementar programas de erradicação em vários países da África.

**Dr. Donald Hopkins:** Até cerca de 1980, a comunidade internacional não acreditava que fosse possível erradicar por completo o verme-da-guiné. De fato, nem mesmo tinham uma ideia da dimensão do problema em seus próprios países, particularmente nas áreas rurais. Antes de 1988, Gana relatava uma média anual de 4.500 casos de doença pelo verme-da-guiné à Organização Mundial da Saúde. Então, em 1989, Gana conduziu a sua primeira pesquisa de âmbito nacional de casos e, como resultado, relatou mais de 170.000 casos. Um estudo do Unicef, no sudeste da Nigéria, estimou que os fazendeiros de arroz naquela área de 1,6 milhão de pessoas estão perdendo 20 milhões de dólares por ano em lucros potenciais, visto que muitos deles tornam-se incapacitados pela doença do verme-da-guiné na época da colheita. Em um distrito fortemente afetado, na região norte de Gana, a produção de inhame aumentou em cerca de 33% durante os primeiros 9 meses de 1991, porque muitos fazendeiros tinham recuperado a sua plena produtividade em consequência da acentuada redução do verme-da-guiné.

**Sr. Carter:** O valor não é apenas em termos monetários. As mães sadias podem cuidar melhor de seus filhos. As crianças podem ter uma melhor educação. A infecção pelo verme-da-guiné leva as crianças a perder, em média, 12 semanas de escola por ano quando são infectadas, em comparação com uma perda total de 1 a 2 semanas devido a todas as outras causas combinadas. Com frequência, as crianças estão tão atrasadas quando retornam à escola, particularmente quando isso ocorre por vários anos consecutivos, que elas abandonam permanentemente os estudos. Uma renda adicional significa que as pessoas podem melhorar suas casas e fazer todas as coisas que não podiam fazer antes. Além disso, tornam-se mais autossuficientes. Enfrentar o próximo problema torna-se mais fácil quando elas têm orgulho do sucesso de seus esforços.

A infecção pelo verme-da-guiné é contraída pela ingestão de água de lagos, poços, cisternas e outras fontes de água estagnada, que foram contaminadas pelas larvas do verme. O verme-da-guiné, *Dracunculis medinensis*, só afeta os seres humanos e, com efeito, utiliza o hospedeiro humano para completar o seu ciclo de vida. A água contaminada contém pulgas-d'água que se alimentam de larvas imaturas do verme-da-guiné. As larvas escapam quando os sucos digestivos no estômago da pessoa matam a pulga-d'água. As larvas penetram na parede do estômago, vagueiam pelo abdome, amadurecem em poucos meses e se acasalam, após o que os machos morrem. Somente a fêmea é que cresce e alcança de 60 a 90 cm de comprimento e, cerca de 1 ano depois, secreta uma toxina que causa uma vesícula na pele. Quando a vesícula se rompe, em geral quando a parte infectada do corpo está imersa em água fria, o verme começar a emergir. Esse processo pode levar de 30 a 100 dias antes que o verme finalmente termine o seu percurso de saída do corpo. Quando uma pessoa infectada entra em um lago ou tanque da aldeia, o verme descarrega centenas de milhares de minúsculas larvas na água, dando início a um novo ciclo.

**Dr. Hopkins:** Uma pequena incisão feita antes da elevação da vesícula em formação permite que o verme seja retirado gradualmente, enrolado em um bastão. Isso pode ter sido a origem do símbolo da profissão médica, o caduceu, uma serpente enrolada em um bastão. Muitos eruditos acreditam que o verme-da-guiné seja a "serpente abrasadora" da Bíblia. São necessárias várias semanas de enrolamento diário delicado para a retirada completa de um verme. Se o verme se rompe e morre, ele se decompõe dentro do hospedeiro, causando supuração e infecção. Se parte do verme se retrair dentro do tecido, pode carregar esporos de tétano com ele, resultando em tétano fatal. Em alguns países, a prática local de aplicar estrume de vaca sobre a ferida torna o tétano particularmente comum. Na República de Alto Volta e na Nigéria, o verme-da-guiné constitui a terceira causa principal de tétano. Outros tipos de microrganismos também podem entrar na ferida, e as infecções secundárias são frequentes, mesmo que o tétano seja evitado. Se o verme emergir próximo a uma grande articulação, a cicatrização permanente leva ao enrijecimento e incapacidade da articulação. Um homem morreu de inanição quando o verme emergiu debaixo de sua língua, impedindo-o de se alimentar. A maioria dos vermes emerge a partir dos membros inferiores; entretanto, podem ser encontrados em qualquer parte, como no escroto, no couro cabeludo, no tórax e na face.

Imagine a insegurança de viver em uma área onde o verme-da-guiné é encontrado em abundância. Você terá vermes novamente este ano? Quantos você terá? Onde eles irão emergir? Você ficará incapacitado, infectado ou morrerá de tétano? Você conseguirá ir ao trabalho ou à escola? A época de transmissão ocorre apenas durante os períodos chuvosos. Na África subsaariana, isso corresponde aos meses de junho, julho e agosto. Os vermes emergem cerca de 12 meses depois, durante a estação seguinte de chuva. Nos anos em que há seca, o número de infecções diminui.

**Sr. Carter:** Não há cura, apenas prevenção. Não importa quantas vezes você tenha sido infectado por vermes-da-guiné, não ocorre desenvolvimento de imunidade. A prevenção consiste em providenciar fontes seguras de suprimento de água potável, como poços artesianos, onde as pessoas com vermes que estão emergindo não podem entrar e contaminar a água. A infecção também pode ser evitada ensinando os moradores das aldeias a ferver a água (embora muitos não possam adquirir combustível suficiente para fazê-lo) ou filtrar a água para beber em um tecido fino e limpo. A E. I. DuPont Company, em associação com o Precision Fabrics Group, doou 1,4 milhão de filtros de tecido de monofilamento de náilon ao Carter Center para uso na campanha de erradicação. A American Cyanamid Company doou mais de 2 milhões de dólares do larvicida Abate, que é utilizado no tratamento adequado da água, matando as pulgas-d'água e os vermes-da-guiné, sem causar outros prejuízos. A empresa comprometeu-se com a doação contínua do Abate até que seja alcançada a meta de erradicação. Com o uso de filtros de náilon e o larvicida Abate, as duas aldeias que visitei em Gana, em março de 1988, tinham reduzido o número de casos de infecção pelo verme-da-guiné em mais de 90% em 1 ano.

**Dr. Hopkins:** O dinheiro é o fator limitante em nossa luta contra a infecção pelo verme-da-guiné. Temos o treinamento e a mão de obra. O Sr. Carter e sua esposa têm sido muito ativos, realizando várias viagens à África para conversar com os líderes, visitar as aldeias e explicar como o verme é transmitido e ensinar às pessoas como quebrar a cadeia da transmissão. Este é um problema que afeta 19 nações e que, provavelmente, necessitará de 65 milhões de dólares para a sua erradicação. Os próprios países não podem arcar com todo o gasto, de modo que a ajuda deve vir de nações mais ricas. Os japoneses construíram 191 poços. A Suécia, a Holanda e a Dinamarca são os únicos países europeus que estão ajudando.

Fiz parte da equipe internacional que erradicou a varíola. É empolgante estar trabalhando em outro projeto de erradicação que está tão próximo do sucesso.

**Sr. Carter:** Há algum tempo, perguntaram-me quais eu achava terem sido as minhas principais realizações como presidente. Naturalmente, houve coisas como os tratados do canal do Panamá, o acordo de Camp David entre Israel e Egito e a normalização das relações com a China. Entretanto, se, no final, constatarmos que onde havia 10 milhões de casos de infecção pelo verme-da-guiné, não há mais nenhum, eu diria que a erradicação do verme-da-guiné é a minha realização mais importante.

*Mais de 1 bilhão de pessoas em 73 países correm risco de contrair elefantíase, e há mais de 120 milhões de pessoas já infectadas.*

Os ciclos de vida de alguns nematódeos que parasitam o ser humano na forma de larvas também necessitam de um mosquito hospedeiro (Figura 12.24). Esses vermes entram no corpo humano como larvas imaturas, denominadas **microfilárias**, por meio da picada de um mosquito infectado. As microfilárias migram através dos tecidos até as glândulas e ductos linfáticos, amadurecem e se acasalam durante a sua migração. As fêmeas produzem um grande número de novas microfilárias, que entram no sangue (ver Figura 12.17D), geralmente à noite. As microfilárias são ingeridas pelos mosquitos quando estes picam seres humanos infectados. Qualquer uma de várias espécies de mosquitos pode atuar como hospedeiro. Quando as microfilárias alcançam o intestino médio do mosquito, elas penetram em sua parede e migram inicialmente até os músculos torácicos e, em seguida, até a região bucal do mosquito. Lá, podem ser transferidas para um novo hospedeiro humano, onde o ciclo se repete. Duas empresas farmacêuticas se ofereceram para doar os medicamentos necessários para a erradicação da elefantíase até o ano de 2020.

*Os vermes Loa loa adultos migram através do tecido subcutâneo a uma velocidade de 2,5 cm em 2 minutos. São particularmente problemáticos quando atravessam a ponte do nariz.*

**PARE e RESPONDA**

1. Como os trematódeos diferem dos cestódeos?
2. Descreva as etapas do ciclo de vida de um cestódeo, incluindo os estágios de cisticerco e cisto hidático.
3. O que são microfilárias? Como elas são habitualmente transmitidas? Em que se transformam?
4. Quais são os hospedeiros nos ciclos de vida das tênias e dos esquistossomos?

# ARTRÓPODES

## Características dos artrópodes

Os **artrópodes** constituem o maior grupo de organismos vivos; até 80% de todas as espécies animais pertencem ao filo Arthropoda. Os artrópodes caracterizam-se por exoesqueletos quitinosos articulados, corpos segmentados e apêndices articulados associados a alguns ou a todos os segmentos. O nome artrópode deriva de *arthros* (articulação) e *podos* (pé). O exoesqueleto protege o organismo e também fornece os locais para a inserção dos músculos. Esses organismos possuem celoma verdadeiro, preenchido com um líquido que fornece nutrientes, à semelhança do sangue nos organismos superiores. Os artrópodes possuem um cérebro pequeno e uma extensa rede de nervos. Vários grupos têm diferentes estruturas que extraem o oxigênio do ar ou de ambientes aquáticos. Nos artrópodes, os sexos são distintos, e as fêmeas depositam muitos ovos. Os artrópodes são encontrados em praticamente todos os ambientes – artrópodes de vida livre no solo, na vegetação, na água doce e na salgada e artrópodes como parasitas de muitas plantas e animais.

## Classificação dos artrópodes

Determinados membros dos três subgrupos (classes) de artrópodes, os aracnídeos, os insetos e os crustáceos (**Tabela 12.4**), são importantes como parasitas ou como vetores de doenças (Figura 12.25). As doenças transmitidas por artrópodes estão resumidas na **Tabela 12.5**.

### Aracnídeos

Os **aracnídeos** têm o corpo dividido em duas regiões – o cefalotórax e o abdome – com quatro pares de patas e peças bucais que são utilizadas para capturar e dilacerar a presa. Compreendem as aranhas, escorpiões, carrapatos e ácaros. As picadas de aranhas e as ferroadas de escorpiões podem provocar inflamação localizada e morte dos tecidos, e suas toxinas podem produzir efeitos sistêmicos graves. Os carrapatos e os ácaros são ectoparasitas de muitos animais, e alguns também atuam como vetores de agentes infecciosos.

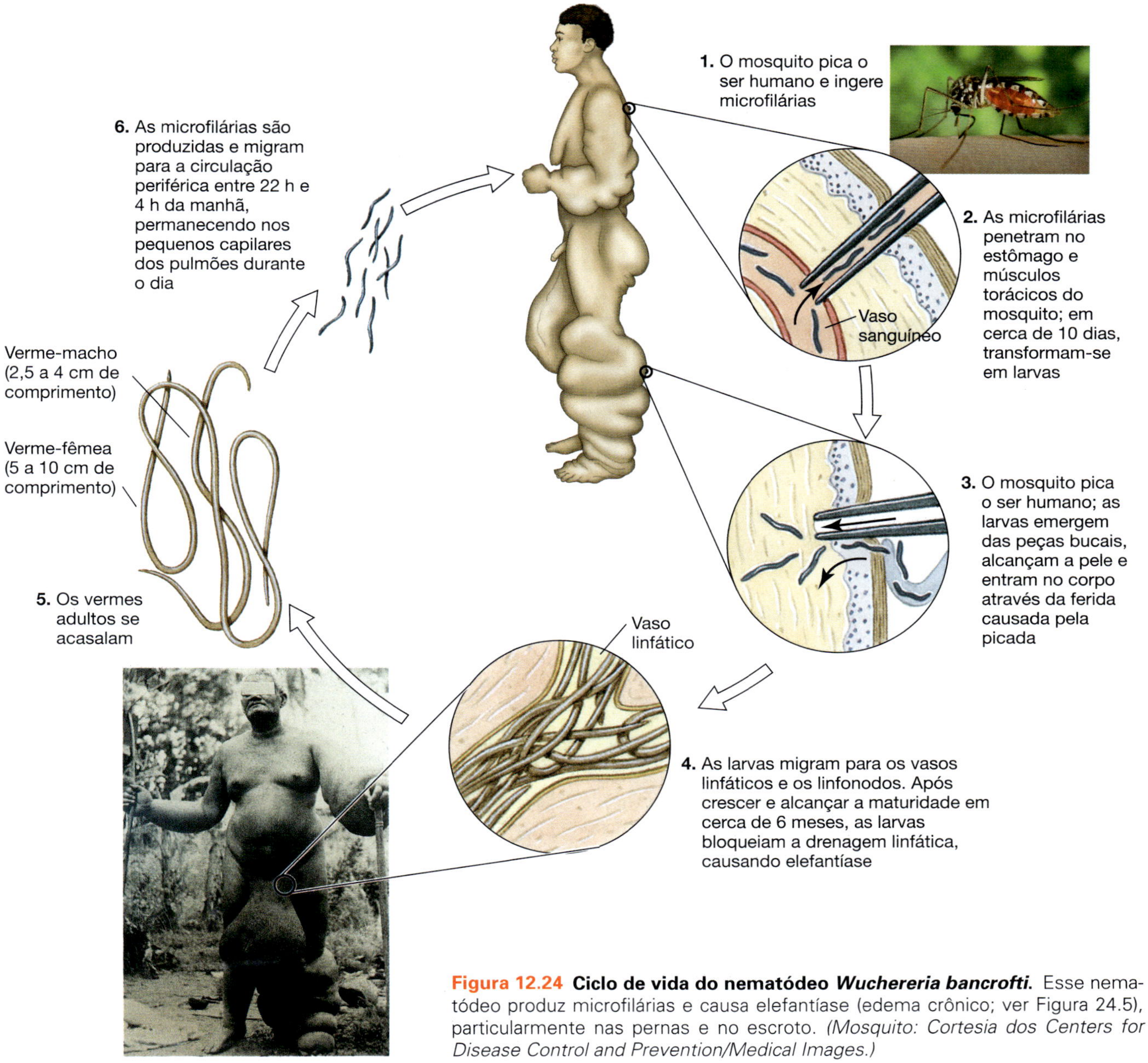


**Figura 12.24 Ciclo de vida do nematódeo *Wuchereria bancrofti*.** Esse nematódeo produz microfilárias e causa elefantíase (edema crônico; ver Figura 24.5), particularmente nas pernas e no escroto. *(Mosquito: Cortesia dos Centers for Disease Control and Prevention/Medical Images.)*

**Tabela 12.4** Propriedades das três classes de artrópodes.

| Grupo de identificação | Características | Exemplos |
|---|---|---|
| Aracnídeos | Oito patas | Aranhas, escorpiões, carrapatos, ácaros |
| Insetos | Seis patas | Piolhos, pulgas, moscas, mosquitos, percevejos |
| Crustáceos | Par de apêndices em cada segmento do corpo | Caranguejos, lagostas, copépodes |

Os carrapatos são desprovidos de visão e audição. Em seu lugar, órgãos nas pontas das patas dianteiras detectam o calor, a presença de dióxido de carbono e vibrações que os ajudam a encontrar os hospedeiros. Durante a sua vida média de 2 a 4 anos, a fêmea do carrapato pode sobreviver com apenas três grandes refeições de sangue. Se não houver interferência, a refeição pode durar cerca de 1 semana. Os machos têm várias refeições de menor duração. Substâncias químicas na saliva dos carrapatos impedem a sensação de coceira no local da picada, permitindo a sua alimentação por um longo período antes de serem descobertos.

Os carrapatos infectados transmitem várias doenças ao ser humano. Certas espécies de *Ixodes* carregam vírus que causam encefalite e a espiroqueta *Borrelia burgdorferi*, causadora

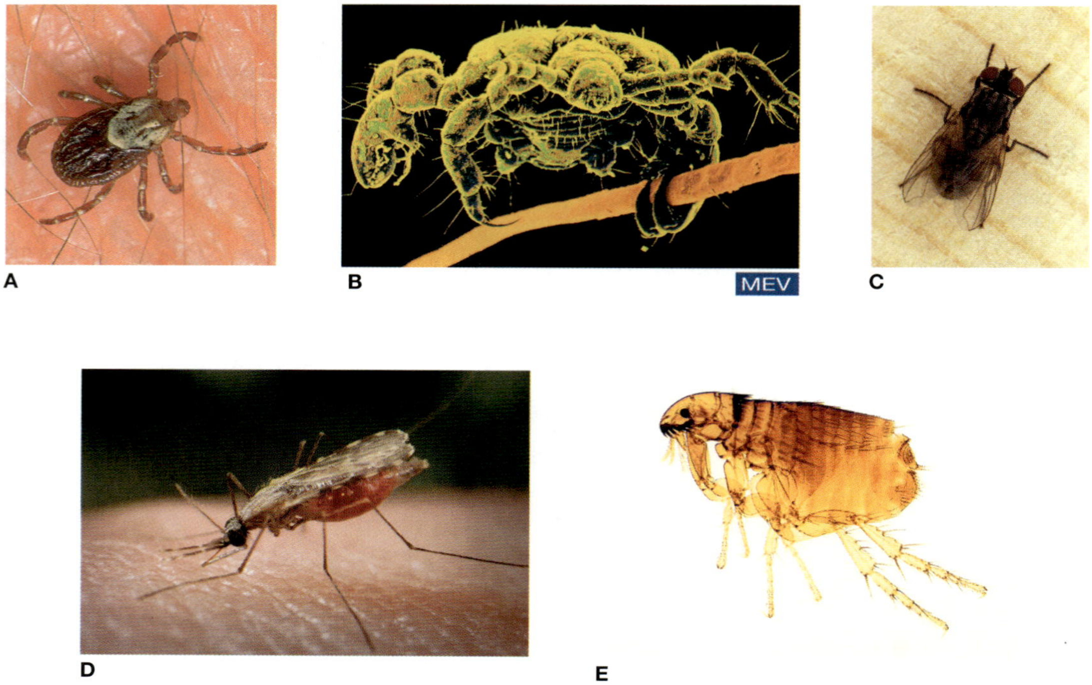


**Figura 12.25 Artrópodes representativos que são parasitas ou podem ser vetores de doenças.** A. Carrapato *Dermacentor andersoni*. *(L. West/Science Source.)* B. MEV artificialmente colorida do piolho-do-púbis, *Phthirus pubis*, também conhecido como "chato", fixado a um pelo púbico humano (55×). Os piolhos sugam sangue, alimentando-se cerca de 5 vezes/dia. *(Photo Researchers.)* C. Mosca doméstica, *Musca domestica* (4×) pode carregar micróbios em seu corpo. *(© Scott Camazine/Alamy.)* D. Mosquito *Anopheles*. *(James Gathany/CDC.)* E. Pulga, *Ctentocephalidis canis* (56×). *(Michael Abbey/Science Source.)*

da doença de Lyme. O carrapato comum *Dermacentor andesoni*, que pode causar paralisia do carrapato, também pode transportar os vírus que causam encefalite e febre do carrapato-do-colorado, as rickéttsias que causam a febre maculosa das Montanhas Rochosas e a bactéria causadora da tularemia. Diversas espécies de carrapatos do gênero *Amblyoma* também carregam as rickéttsias que causam a febre maculosa das Montanhas Rochosas, e o carrapato *Ornithodorus* transmite a espiroqueta responsável pela febre recorrente. Os ácaros atuam como vetores para as rickéttsias que causam tifo rural e febre Q.

Nos EUA, estudos recentes mostraram que 24% dos indivíduos tratados para determinada doença transmitida por carrapatos também estão infectados por uma segunda ou terceira doença transmitida por carrapatos. Por isso, essas infecções são denominadas *polimicrobianas*. O tratamento que mata um dos microrganismos pode deixar o paciente com as outras doenças não diagnosticadas.

## Insetos

Os insetos têm o corpo dividido em três regiões – cabeça, tórax e abdome –, com três pares de patas e peças bucais altamente especializadas. Alguns insetos possuem peças bucais especializadas para perfurar a pele e sugar o sangue, podendo causar picadas dolorosas. Os insetos que podem atuar como vetores de doença incluem todas as espécies de piolhos e pulgas e certas moscas, mosquitos e percevejos, como percevejo-de-cama e os da família Reduviidae, como o barbeiro. Embora todos os insetos sejam frequentemente designados como *bugs*, os entomologistas – cientistas que se dedicam ao estudo dos insetos – empregam o termo *true bug* (percevejo) para referir-se a

### APLICAÇÃO NA PRÁTICA

### Qual é a melhor maneira de se livrar de um carrapato?

*(Steven Ellingson/Shutterstock)*

As peças bucais (probóscide) são firmemente mantidas cravadas na pele por pequenos ganchos. Se você cobrir o carrapato com um produto químico, como removedor de esmalte de unha ou vaselina, que impeça a sua respiração, o carrapato irá lutar e eliminar saliva contendo microrganismos na picada. Utilizando pinças estreitas, segure o carrapato exatamente pela parte posterior, onde entrou na pele. Não esmague nem despedace o corpo do carrapato, porque isso também irá forçar líquidos carregados de microrganismos na picada. Puxe para trás lentamente e com cuidado até que toda a probóscide esteja fora da pele. As peças bucais quebradas que ficam no local da picada podem deteriorar e se tornar infectadas. Conserve o carrapato para identificação, talvez em uma pequena quantidade de álcool para assepsia. Jogue os carrapatos extras no vaso sanitário, dando descarga, ou queime-os. Eles simplesmente irão fugir da lata de lixo se você não tomar essas medidas! Esmagá-los com as unhas dos dedos irá liberar microrganismos em seus dedos. E, além disso, os carrapatos duros são difíceis de esmagar!

**Tabela 12.5** Doenças transmitidas por artrópodes.

| Doença | Agentes causadores | Principais vetores | Áreas endêmicas |
|---|---|---|---|
| Peste | *Yersinia pestis* | Pulgas | Apenas esporádica nos tempos modernos; o reservatório da infecção é mantido em roedores |
| Tularemia | *Francisella tularensis* | Pulgas e carrapatos | Oeste dos EUA |
| Salmonelose | Espécies de *Salmonella* | Moscas | Mundial |
| Doença de Lyme | *Borrelia burgdorferi* | Carrapatos | Partes dos EUA, Austrália e Europa |
| Febre recorrente | Espécies de *Borrelia* | Carrapatos e piolhos | Montanhas Rochosas e costa do Pacífico dos EUA; muitas regiões tropicais e subtropicais |
| Tifo | *Rickettsia prowazekii* | Piolhos | Ásia, norte da África e Américas Central e do Sul |
| Tifo do carrapato | *Rickettsia conorii* | Carrapatos | Área do Mediterrâneo; partes da África, Ásia e Austrália |
| Tifo rural | *Rickettsia tsutsugamushi* | Ácaros | Ásia e Austrália |
| Tifo murino | *Rickettsia typhi* | Pulgas | Regiões tropicais e subtropicais |
| Febre maculosa das Montanhas Rochosas | *Rickettsia rickettsii* | Carrapatos | EUA, Canadá, México e partes da América do Sul |
| Febre Q | *Coxiella burnetii* | Carrapatos e ácaros | Mundial |
| Febre das trincheiras | *Rochalimaea quintana* | Piolhos | Conhecida apenas em exércitos em combate |
| Encefalite viral | Togavírus | Mosquitos | Mundial, porém varia de acordo com o vírus e o vetor |
| Febre amarela | Togavírus | Mosquitos | Trópicos e subtrópicos |
| Dengue | Togavírus | Mosquitos | Índia, Extremo Oriente, Havaí, Ilhas do Caribe e África |
| Febre do mosquito-pólvora | Vírus, provavelmente da família dos buniavírus | Fêmea do mosquito-pólvora | Região do Mediterrâneo, Índia e partes da América do Sul |
| Febre do carrapato-do-colorado | Orbivírus | Carrapatos | Oeste dos EUA |
| Encefalite transmitida por carrapatos | Vários vírus | Carrapatos | Europa e Ásia |
| Doença do sono africana | Tripanossomos | Mosca tsé-tsé | África |
| Doença de Chagas | *Trypanosoma cruzi* | Inseto verdadeiro | América do Sul |
| Calazar e outras leishmanioses | Espécies de *Leishmania* | Barbeiro | Regiões tropicais e subtropicais |
| Malária | Espécies de *Plasmodium* | Mosquito-pólvora | Regiões tropicais e subtropicais |

determinados insetos que apresentam asas espessas e cerosas e peças bucais sugadoras, em vez de trituradoras.

O piolho é o principal vetor das rickéttsias que causam tifo e febre das trincheiras, bem como de uma espiroqueta que causa febre recorrente. (Essa espiroqueta é uma espécie diferente de *Borrelia* daquela transportada por carrapatos.) Epidemias de todas as doenças transmitidas por piolhos ocorrem geralmente em locais de aglomeração e condições sanitárias precárias. Todos os agentes causadores de doenças transmitidos por piolhos entram no corpo quando as fezes dos piolhos são espalhadas nas feridas produzidas pelas picadas.

O piolho-do-púbis, ou "chato", morre em 2 dias sem alimento. Ambos os sexos sugam sangue.

A pulga que acomete o ser humano, *Pulex irritans*, vive em outros hospedeiros e pode transmitir a peste. Entretanto, as pulgas que normalmente parasitam os ratos e outros roedores têm mais probabilidade de transmitir a peste aos seres humanos. Essa doença bacteriana ainda ocorre nos EUA em indivíduos que tiveram contato com roedores silvestres e suas pulgas.

Vários tipos de mosquitos alimentam-se em seres humanos e atuam como vetores para várias doenças. A mosca doméstica comum, *Musca domestica*, não faz parte do ciclo de vida de nenhum patógeno, porém constitui um importante transmissor de quaisquer patógenos encontrados nas fezes. Essa mosca é atraída tanto por alimentos quanto por fezes humanas e deixa um rastro de bactérias, vômito e fezes onde passa. Outros insetos, como os borrachudos, servem como vetores de *Onchocerca volvulus*, que causa a cegueira do rio. O mosquito-pólvora serve como vetor para leishmânias, para bactérias que causam a bartonelose e para vírus responsáveis pela febre do mosquito-pólvora e várias outras doenças. As

Os piolhos-da-cabeça e piolhos-do-corpo procriam entre si, produzindo uma progênie fértil.

moscas tsé-tsé são vetores de tripanossomos que causam a doença do sono africana, e as moscas-do-cervo são vetores do verme que causa a loíase. Os mosquitos dos olhos, que se assemelham a minúsculas moscas domésticas, podem ser responsáveis pela transmissão da conjuntivite bacteriana e da espiroqueta que causa a bouba.

Muitas espécies de mosquitos servem de vetores para doenças. *Culex pipiens*, um mosquito comum, se acasala em qualquer tipo de água e alimenta-se à noite. Trata-se de um vetor de *Wuchereria*. Outro mosquito, *C. tarsalis*, procria na água em locais ensolarados e também se alimenta à noite. Trata-se de um vetor para vírus que causam a encefalite equina do oeste (EEO) e a encefalite de St. Louis. Embora a EEO mais frequentemente cause doença grave em equinos, ela também pode provocar encefalite grave em crianças e doença mais leve em adultos, com febre e infecção do sistema nervoso central. (Esta última forma é algumas vezes denominada doença do sono, porém não deve ser confundida com a doença do sono africana.) Muitas espécies de *Aedes* desempenham um papel no desconforto e na doença em seres humanos. *Aedes aegypti* é um vetor de uma variedade de doenças virais, incluindo dengue (febre quebra-ossos), febre amarela e febre hemorrágica epidêmica. Várias espécies de *Anopheles* servem de vetores para a malária. Têm uma variedade de hábitos de procriação, de modo que o seu controle exige a aplicação de vários métodos diferentes de erradicação.

Várias espécies de insetos da família Reduviidae transmitem o parasita que causa a doença de Chagas, que constitui uma importante causa de distúrbios cardiovasculares das Américas Central e do Sul. Os percevejos-de-cama causam dermatite e podem ser responsáveis pela disseminação de um tipo de hepatite, uma infecção do fígado.

### Crustáceos

Em geral, os **crustáceos** são artrópodes aquáticos, que normalmente possuem um par de apêndices associado a cada segmento. Esses apêndices incluem as peças bucais, pinças, patas para locomoção e apêndices que auxiliam a natação e a copulação. Os crustáceos que são hospedeiros de agentes causadores de doenças que infectam seres humanos incluem algumas lagostas, caranguejos e crustáceos menores, denominados copépodes. O verme-da-guiné é transmitido por copépodes.

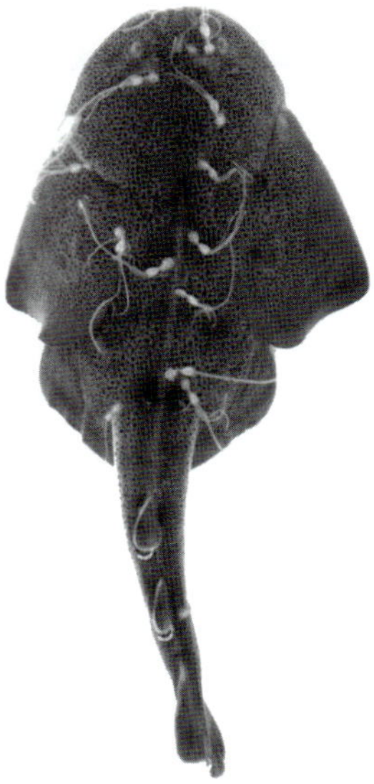

**Figura 12.26 Embrião de tubarão-anjo japonês infectado por copépodes parasitas.** As fêmeas adultas de copépodes de abdome longo sugam o sangue como ectoparasitas, enquanto vivem dentro do útero do peixe como endossimbiontes – um ectoparasita endossimbiótico! *(Cortesia de George W. Benz, from K. Nagasawa, et al., The Journal of Parasitology, Vol. 84, No. 6, pp. 1218–1330, Dec. 1998.)*

Um copépode muito incomum, *Trebius shiinoi*, é, ao mesmo tempo, ectoparasita e endossimbionte (Figura 12.26). As fêmeas adultas desse copépode vivem no interior do útero das fêmeas do tubarão-anjo japonês, *Squatina japonica*, o que as qualifica como endossimbiontes, enquanto sugam o sangue da superfície dos embriões que se desenvolvem dentro do útero, atuando assim como ectoparasitas. O mundo da parasitologia é repleto de exemplos fantásticos da flexibilidade biológica!

**PARE e RESPONDA**

1. Em que os artrópodes diferem de outros parasitas?
2. Cite as três classes ou subgrupos de artrópodes que estão associados a doenças humanas.

# RESUMO

## PRINCÍPIOS DE PARASITOLOGIA

- Um **parasita** é um organismo que vive à custa de outro organismo, o **hospedeiro**. Os **patógenos** são parasitas que causam doença
- A **parasitologia** é o estudo dos parasitas, que normalmente incluem os protozoários, os helmintos e os artrópodes.

### Importância do parasitismo

- Os parasitas são responsáveis por muitas doenças e mortes de seres humanos, plantas e animais e por grandes perdas econômicas.

### Parasitas e seus hospedeiros

- Os parasitas podem viver na superfície ou dentro dos hospedeiros. Os parasitas podem ser **obrigatórios** ou **facultativos** e podem ser **permanentes**, **temporários** ou **acidentais**. Os **vetores** são agentes de transmissão de parasitas

- Os parasitas se reproduzem sexuadamente nos **hospedeiros definitivos** e passam outros estágios da vida em **hospedeiros intermediários**. Os **hospedeiros reservatórios** podem transmitir parasitas ao ser humano
- A **especificidade de hospedeiros** refere-se ao número de diferentes hospedeiros nos quais um parasita pode amadurecer
- Ao longo do tempo, os parasitas tornaram-se mais adaptados e menos destrutivos para seus hospedeiros. Os parasitas têm, em sua maioria, mecanismos para escapar das defesas do hospedeiro e capacidades reprodutivas excepcionalmente adaptadas
- As bactérias *Wolbachia* formam uma endossimbiose essencial com filárias e infectam 70% dos insetos, interferindo na sua reprodução.

## PROTISTAS

### Características dos protistas

- Os **protistas** são eucariontes, e a maioria é unicelular. Podem ser autotróficos ou heterotróficos, e alguns são parasitas.

### Importância dos protistas

- Os protistas são importantes na cadeia alimentar como produtores e decompositores; podem ser economicamente benéficos ou prejudiciais.

### Classificação dos protistas

- Os protistas incluem organismos semelhantes a plantas (como os **euglenoides**, as **diatomáceas** e os **dinoflagelados**), organismos semelhantes a fungos (**fungos aquáticos** e **fungos limosos**) e organismos semelhantes a animais (os **protozoários**, como os **mastigóforos**, os **amebozoários**, os **apicomplexos** e os **ciliados**). Os grupos dos protistas estão resumidos na Tabela 12.1
- Os **saprófitas** são organismos que se alimentam de matéria morta.

## FUNGOS

### Características dos fungos

- Os **fungos** são saprófitas ou parasitas que, em geral, apresentam um **micélio**, uma massa frouxamente organizada de **hifas** filiformes. Os fungos se reproduzem, em sua maioria, tanto de modo sexuado quanto de modo assexuado, e seus estágios sexuados são utilizados para a sua classificação.

### Importância dos fungos

- Os fungos são importantes como decompositores nos ecossistemas e como parasitas nas ciências da saúde.

### Classificação dos fungos

- Os fungos compreendem os **bolores de pão**, os **ascomicetos** (fungos em forma de saco), os **basidiomicetos** (fungos claviformes) e os **fungos imperfeitos**, que não podem ser classificados em outro grupo, visto que não têm um estágio sexuado ou pelo fato de esse estágio ainda não ter sido identificado. Os grupos de fungos estão resumidos na Tabela 12.2.

## HELMINTOS

### Características dos helmintos

- Os **helmintos**, ou vermes, exibem simetria bilateral e apresentam cabeça e extremidade em cauda, bem como camadas teciduais diferenciadas.

### Helmintos parasitas

- Apenas dois grupos de helmintos, os platelmintos e os nematódeos, contêm espécies parasitas
- Os **platelmintos** são desprovidos de **celoma**, possuem um sistema digestório simples com uma abertura e são **hermafroditas**. Incluem os **cestódeos** (tênias) e os **trematódeos**
- Os **nematódeos** (vermes cilíndricos) possuem um **pseudoceloma**, sexos separados e corpo cilíndrico. Incluem os ancilóstomos, os oxiúrus e outros parasitas do sistema digestório e do sistema linfático.

## ARTRÓPODES

### Características dos artrópodes

- Os **artrópodes** apresentam exoesqueleto quitinoso articulado, corpo segmentado e apêndices articulados.

### Classificação dos artrópodes

- Os artrópodes parasitas e vetores incluem alguns aracnídeos e insetos; alguns crustáceos também servem como hospedeiros intermediários para parasitas humanos. Os artrópodes vetores de doenças estão resumidos na Tabela 12.5
- Os **aracnídeos** têm oito patas; incluem os escorpiões, as aranhas, os carrapatos e os ácaros
- Os **insetos** têm seis patas; incluem os piolhos, as pulgas, as moscas, os mosquitos e os percevejos
- Os **crustáceos** são, em geral, artrópodes aquáticos, normalmente com um par de apêndices em cada segmento; incluem as lagostas, os caranguejos e os copépodes.

# TERMOS-CHAVE

amebozoários
anamórfico
antibiose
apicomplexo
aracnídeo
artrópode
asco
Ascomycota
ascósporo
basídio
Basidiomycota
basidiósporo
bolor de pão
carapaça
cariogamia
celoma
cercária
ciliado
cisticerco
cisto hidático

comensal
conídio
conjugação
crustáceo
Deuteromycota
diatomácea
dicariótico
dimorfismo
dinoflagelado
ectoparasita
endoparasita
escólex
especificidade de hospedeiros
esporocisto
esporozoíto
esquizogonia
euglenoide
eutrofização
Fungi
fungo aquático
fungo claviforme
fungo em forma de saco
fungo limoso
fungo limoso celular
fungo limoso plasmodial
fungos imperfeitos
gametócito
helminto
hermafrodita
hifa
hiperparasitismo
hospedeiro
hospedeiro definitivo
hospedeiro intermediário
hospedeiro reservatório
inseto
líquen
mastigóforo
merozoíto
metacercária
micélio
micologia
micose
microfilária
miracídio
nematódeo
Oomycota
parasita
parasita acidental
parasita facultativo
parasita obrigatório
parasita permanente
parasita temporário
parasitologia
patógeno
película
plasmódio
plasmogamia
platelminto
proglote
protista
protozoários
pseudoceloma
pseudoplasmódio
quitina
rédia
saprófita
septo
talo
teleomórfico
tênia
trematódeo
tricocisto
trofozoíto
verme cilíndrico (nematódeo)
vetor
vetor biológico
vetor mecânico
zigósporo
Zygomycota

CAPÍTULO

# 13 Esterilização e Desinfecção

NASA/Johnson Space Center

O astronauta Koichi Wakata orbitou na estação espacial por 4 meses e meio, porém só levou quatro pares de cuecas. Usou cada par por cerca de 1 mês – entretanto, não foi observado nenhum problema quanto ao odor produzido por bactérias. Ele também testou camisas, calças e meias feitas com o mesmo tecido criado por japoneses, que incorpora íons prata microbicidas no próprio fio do tecido. A prata já era reconhecida pelos gregos e romanos da Antiguidade por suas propriedades benéficas contra doenças e capacidade de cura. Os navegadores fenícios e os desbravadores norte-americanos que viajaram para a Califórnia colocavam água, leite e vinagre em garrafas de prata ou acrescentavam moedas de prata às garrafas, de modo a prolongar o tempo em que o conteúdo permanecia fresco. Os íons prata ($Ag^+$) são bactericidas em virtude de sua combinação com as enzimas respiratórias das bactérias e são mais eficientes contra organismos gram-negativos do que gram-positivos. Talvez a camada mais espessa de peptidoglicano nas paredes celulares das bactérias gram-positivas seja protetora (ver Figura 4.6).

Atualmente, a prata é utilizada em sabões e pastas de dentes, em tanques de água em navios e aeronaves, incorporada aos assentos de plástico de vasos sanitários, a teclados e *mouse* de computadores, às tubulações que abastecem banheiras de hidromassagem (mantendo-as 99% livres de microrganismos) e máquinas de lavar, que injetam 100 quatrilhões de íons prata nos ciclos de lavar e enxaguar para matar 99% das bactérias que causam odores, sem utilizar água quente ou alvejante.

Os usos médicos da prata incluem curativos e ataduras impregnados de prata, creme de sulfadiazina de prata (SSD) aplicada a queimaduras graves e meias para diabéticos. Os tubos de respiração endotraqueal recobertos de prata, quando utilizados em ventiladores mecânicos, reduzem o risco de pneumonia. Os cateteres com liga de prata são mais eficientes para reduzir as infecções do sistema urinário. Seu custo é justo. Um revestimento de prata no interior dos ductos de ar em hospitais mata as bactérias transportadas pelo ar.

Retornando à prata e outras vestimentas: a retenção dos íons prata varia acentuadamente de acordo com o produto. Alguns perdem quase toda a sua prata em apenas quatro lavagens; outros ainda contêm prata depois de 250 lavagens. Entretanto, é preciso estar atento com a drenagem da água contendo íons prata em um sistema de tanque séptico. Ela mata todos os microrganismos que digerem os efluentes, promovendo o acúmulo do esgoto e exigindo bombeamento, limpeza e reabastecimento com organismos benéficos. Os cientistas também estão preocupados com a entrada de água contendo íons prata nos riachos e no solo. Enquanto isso, não existe nenhuma maneira de lavar as roupas no espaço. Os objetos utilizados são ejetados juntamente com o lixo para queimar no momento da reentrada. Algum dia iremos explorar regiões mais distantes do nosso sistema solar e até mesmo muito além dele. Até lá, precisamos solucionar o problema das roupas de baixo livres de odor.

# MAPA DO CAPÍTULO

**Siga o mapa do capítulo para auxiliar na identificação dos conceitos principais do texto.**



**Você gosta de pratos apimentados?** Talvez você não goste dos motivos originais para a popularidade deles. Antes da disponibilidade dos modernos métodos de conservação de alimentos, como enlatamento e refrigeração, o controle do crescimento de microrganismos nos alimentos era um problema difícil. Inevitavelmente, depois de um curto período, o alimento começava a adquirir o sabor ruim causado pelo processo de deterioração. Os temperos eram utilizados para mascarar esses sabores desagradáveis. Alguns temperos também eram efetivos como conservantes. Os efeitos antimicrobianos do alho são conhecidos há muito tempo. Felizmente, não precisamos ingerir alimentos deteriorados hoje em dia, e podemos utilizar temperos apenas para aumentar nosso prazer em alimentos conservados de forma segura.

Os cuidados médicos, particularmente no centro cirúrgico, também são mais seguros hoje em dia. Como observamos no trabalho de Ignaz Semmelweis e de Joseph Lister, a lavagem cuidadosa e o uso de agentes químicos são efetivos no controle de muitos microrganismos infecciosos (ver Capítulo 1). Neste capítulo, iremos considerar as propriedades de vários agentes químicos e físicos utilizados no controle dos microrganismos em laboratórios, em ambientes médicos e no lar.

## PRINCÍPIOS DE ESTERILIZAÇÃO E DESINFECÇÃO

A **esterilização** é a morte ou remoção de todos os microrganismos em determinado material ou objeto. Não existem graus de esterilidade – a **esterilidade** significa que *não* existem organismos vivos no interior ou na superfície de um material. Quando adequadamente executados, os procedimentos de esterilização asseguram que até mesmo os endósporos bacterianos e esporos de fungos altamente resistentes sejam destruídos. Grande parte da controvérsia a respeito da geração espontânea no século XIX resultou da falha em matar células resistentes em materiais que se acreditava estivessem estéreis. Diferentemente da esterilização, a **desinfecção** significa reduzir o número de organismos patogênicos em objetos ou materiais, de modo que não representem uma ameaça de doença.

Os agentes denominados **desinfetantes** são normalmente aplicados a objetos inanimados, enquanto os agentes denominados **antissépticos** são aplicados a tecidos vivos. Alguns agentes são apropriados como desinfetantes e antissépticos, embora os desinfetantes sejam, em sua maioria, muito agressivos para serem utilizados no tecido cutâneo delicado. Os *antibacterianos*, apesar de serem, com frequência, aplicados à pele, são abordados separadamente no Capítulo 14. Os termos relacionados com a esterilização e a desinfecção são definidos na **Tabela 13.1**.

### Controle do crescimento microbiano

Conforme explicado na discussão das curvas de crescimento no Capítulo 7, tanto o crescimento quanto a morte dos microrganismos ocorrem em taxas logarítmicas. Aqui, estudaremos a taxa de mortalidade e os efeitos dos agentes antimicrobianos

**BIOTECNOLOGIA**

### Microrganismos no espaço

Nunca foi um problema para Han Solo; entretanto, no mundo real das viagens espaciais, as bactérias transportadas pelos astronautas representam uma preocupação real. Alguns dos problemas envolvidos incluem doenças infecciosas, alergia aos metabólitos microbianos e deterioração de materiais estruturais pelos microrganismos. A prevenção de problemas microbianos dentro dos veículos espaciais exige limitar as vias de disseminação das doenças infecciosas e o uso de um sistema de recuperação de esgoto eficiente. Embora a esterilidade não seja possível, as vias familiares de transmissão de doenças estão, em sua maioria, presentes dentro dos veículos espaciais: água, comida, aerossóis e superfícies ambientais. O fornecimento de água potável para viagens espaciais de longa duração tem sido um desafio desde o início do programa espacial. Nesses últimos 15 anos, vários protótipos de sistemas de recuperação da água de esgoto foram desenvolvidos pelo Marshall Space Flight Center, da NASA (National Aeronautics and Space Administration). Com o uso desses sistemas, a água potável é produzida pela coleta e tratamento da umidade condensada, da água usada na higiene, da urina e da água da câmara de combustível para remover os microrganismos e contaminantes químicos.

**Tabela 13.1** Termos relacionados com esterilização e desinfecção.

| Termo | Definição |
|---|---|
| Esterilização | Destruição ou remoção de todos os microrganismos em determinado material ou objeto. |
| Desinfecção | Redução do número de microrganismos patogênicos a ponto de não representarem nenhum risco de causar doença. |
| Antisséptico | Agente químico que pode ser utilizado externamente, com segurança, nos tecidos vivos para destruir os microrganismos ou para inibir o seu crescimento. |
| Desinfetante | Agente químico utilizado em objetos inanimados para destruir microrganismos. A maioria dos desinfetantes não mata os esporos. |
| Sanitizante | Agente químico normalmente utilizado em equipamentos de manipulação de alimentos e utensílios culinários para reduzir o número de bactérias, de modo a cumprir os padrões de saúde pública. A sanitização pode referir-se simplesmente a uma lavagem minuciosa apenas com sabão ou detergente. |
| Agente bacteriostático | Agente que inibe o crescimento de bactérias. |
| Germicida | Agente capaz de matar rapidamente os microrganismos; alguns desses agentes matam efetivamente determinados microrganismos, porém só inibem o crescimento de outros. |
| Bactericida | Agente que mata bactérias. A maioria desses agentes não mata os esporos. |
| Viricida | Agente que inativa os vírus. |
| Fungicida | Agente que mata os fungos. |
| Esporocida | Agente que mata endósporos bacterianos ou esporos fúngicos. |

– substâncias que matam os microrganismos ou que inibem o seu crescimento – sobre ela.

Os organismos tratados com agentes antimicrobianos obedecem às mesmas leis sobre as taxas de mortalidade relacionadas com o declínio do número por causas naturais. Ilustraremos esse princípio usando o calor como agente, visto que seus efeitos foram mais extensamente estudados. Quando se aplica calor a determinado material, a taxa de mortalidade dos organismos presentes no interior ou na superfície desse material continua sendo logarítmica, porém é acentuadamente acelerada. O calor atua como agente antimicrobiano. Se 20% dos organismos morrem no primeiro minuto, 20% dos que permanecem vivos morrerão no segundo minuto, e assim por diante. Se, em uma temperatura diferente, 30% morrem no primeiro minuto, 30% dos remanescentes morrerão no segundo minuto, e assim por diante. Com base nessas observações, podemos deduzir o princípio de que ***uma proporção definida dos organismos morre em determinado intervalo de tempo.***

Considere, então, o que ocorre quando o número de organismos vivos que permanecem torna-se pequeno – 100, por exemplo. Com uma taxa de mortalidade de 30% por minuto, 70 permanecerão depois de 1 minuto, 49 depois de 2 minutos, 34 depois de 3 minutos e apenas 1 depois de 12 minutos. Em pouco tempo, a probabilidade de encontrar um único organismo vivo torna-se muito pequena. A maioria dos laboratórios declara que uma amostra está estéril se a probabilidade não for maior do que uma chance em um milhão de encontrar um organismo vivo.

O número total de organismos presentes quando se inicia a desinfecção afeta o tempo necessário para eliminá-los. Podemos estabelecer um segundo princípio: ***Quanto menor o número de organismos presentes, menor o tempo necessário para obter a esterilização.*** Limpar minuciosamente os objetos antes de tentar esterilizá-los é uma aplicação desse princípio na prática. É também importante remover os restos teciduais e o sangue dos objetos, visto que a presença dessa matéria orgânica compromete a eficiência de muitos agentes químicos.

Diferentes agentes antimicrobianos afetam várias espécies de bactérias e seus endósporos de modo diferente. Além disso, uma determinada espécie pode ser mais sensível a um agente antimicrobiano em uma fase de crescimento do que em outra fase. A fase mais suscetível para a maioria dos organismos é a fase de crescimento logarítmico, pois, nessa fase, muitas enzimas estão efetuando ativamente reações de síntese, e a interferência até mesmo em uma única enzima pode matar o organismo. Com base nessas observações, é possível estabelecer um terceiro princípio: ***Os microrganismos diferem na sua sensibilidade aos agentes antimicrobianos.***

## AGENTES ANTIMICROBIANOS QUÍMICOS

### Potência dos agentes químicos

A potência, ou efetividade, de um agente antimicrobiano químico é afetada pelo tempo, temperatura, pH e concentração. A taxa de mortalidade dos organismos é afetada pelo tempo durante o qual ficam expostos ao agente antimicrobiano, conforme explicado anteriormente para o calor. Por isso, sempre se deve deixar passar um tempo adequado para que um agente possa matar o número máximo de organismos. A taxa de mortalidade dos organismos expostos a um agente químico é acelerada pelo aumento da temperatura. O aumento da temperatura em 10°C aproximadamente duplica a velocidade das reações químicas e, portanto, aumenta a potência do agente químico. Um pH ácido ou alcalino pode aumentar ou diminuir a potência do agente. Um pH que aumenta o grau de ionização de um agente químico frequentemente aumenta a sua capacidade de penetrar em uma célula. Esse pH também pode alterar o conteúdo da própria célula. Por fim, o aumento da concentração pode aumentar os efeitos da maioria dos agentes antimicrobianos químicos. Altas concentrações podem ser **bactericidas** (com capacidade de matar), enquanto concentrações mais baixas podem ser **bacteriostáticas** (inibidoras do crescimento).

Tanto o álcool etílico quanto o álcool isopropílico constituem exceções à regra sobre o aumento das concentrações. Sabe-se, há muito tempo, que são mais potentes a 70% do que em concentrações mais altas, embora também sejam efetivos em uma concentração de até 99%. É necessária a presença de um pouco de água para que os álcoois atuem como desinfetantes, porque eles agem por meio da coagulação (desnaturação permanente) das proteínas, sendo a água necessária para as reações de coagulação. Além disso, uma mistura de álcool a 70% e água penetra mais profundamente do que o álcool puro na maioria dos materiais a serem desinfetados.

**Tabela 13.2** Coeficientes fenólicos de vários agentes químicos.

| Agente químico | *Staphylococcus aureus* | *Salmonella typhi* |
|---|---|---|
| Fenol | 1,0 | 1,0 |
| Cloramina | 133,0 | 100,0 |
| Cresóis | 2,3 | 2,3 |
| Álcool etílico | 6,3 | 6,3 |
| Formol | 0,3 | 0,7 |
| Peróxido de hidrogênio | – | 0,01 |
| Lisol | 5,0 | 3,2 |
| Cloreto de mercúrio | 100,0 | 143,0 |
| Tintura de iodo | 6,3 | 5,8 |

## Avaliação da efetividade dos agentes químicos

Muitos fatores afetam a potência dos agentes antimicrobianos químicos, de modo que é difícil avaliar a sua efetividade. Não se dispõe de nenhum método totalmente satisfatório. Entretanto, precisamos de algum meio de comparar a efetividade dos agentes desinfetantes, particularmente os novos produtos que aparecem no mercado. Você deve acreditar no vendedor quando ele lhe diz que o composto químico que ele está vendendo é melhor? Pergunte-lhe qual é o seu coeficiente fenólico.

### Coeficiente fenólico

Desde a introdução do *fenol* (ácido carbólico) como desinfetante por Lister, em 1867, ele passou a ser o desinfetante padrão com o qual outros desinfetantes são comparados nas mesmas condições. O resultado dessa comparação é denominado **coeficiente fenólico**. Dois organismos, *Salmonella typhi*, um patógeno do sistema digestório, e *Staphylococcus aureus*, um patógeno comum de feridas, são normalmente utilizados para determinar os coeficientes fenólicos. Um desinfetante com coeficiente fenólico de 1,0 possui a mesma efetividade que o fenol. Um coeficiente inferior a 1,0 significa que o desinfetante é menos eficiente do que o fenol, e um coeficiente superior a 1,0 significa que ele é mais efetivo. Os coeficientes fenólicos são relatados separadamente para os dois organismos testados (**Tabela 13.2**). Por exemplo, o lisol possui um coeficiente de 5,0 contra *Staphylococcus aureus*, porém de apenas 3,2 quando usado contra *Salmonella typhi*, enquanto o álcool etílico tem um valor de 6,3 contra ambos os organismos.

O coeficiente fenólico pode ser determinado por meio das seguintes etapas. Prepare várias diluições de um agente químico, e coloque o mesmo volume em diferentes tubos de ensaio. Prepare um conjunto idêntico de tubos de ensaio, utilizando diluições do fenol. Coloque ambos os conjuntos de tubos em banho-maria a 20°C, durante pelo menos 5 minutos, para assegurar que o conteúdo de todos os tubos esteja na mesma temperatura. Transfira 0,5 mℓ de uma cultura de um organismo teste padrão para cada tubo. Depois de 5, 10 e 15 minutos, utilize uma alça estéril para transferir um volume específico de líquido de cada tubo para um tubo separado de caldo nutriente e incube os tubos. Depois de 48 horas, observe as culturas quanto à ocorrência de turvação e encontre a menor concentração (maior diluição) do agente que matou todos os organismos em 10 minutos, mas não em 5 minutos. Encontre a razão entre essa diluição e a diluição do fenol que teve o mesmo efeito. Por exemplo, se uma diluição de 1:1.000 de um agente químico tem o mesmo efeito do que uma diluição 1:100 de fenol, o coeficiente fenólico desse agente é 10 (1.000/100). Se você realizou esse teste com um novo desinfetante e obteve esses resultados, você poderá ter encontrado um desinfetante muito bom! O coeficiente fenólico fornece um meio aceitável de avaliar a efetividade dos agentes químicos derivados do fenol, porém é menos aceitável para outros agentes. Outro problema é que os materiais em cuja superfície ou interior os organismos são encontrados podem afetar a utilidade de um agente químico pela formação de complexos ou inativação deste agente. Esses efeitos não se refletem no valor do coeficiente fenólico.

### Método do papel de filtro

O **método do papel de filtro** para avaliar um agente químico é mais simples do que a determinação do coeficiente fenólico. Nesse método, são utilizados pequenos discos de papel de filtro, cada um deles embebido com um agente químico diferente. Os discos são colocados na superfície de uma placa de ágar que foi inoculada com um organismo do teste. Utiliza-se uma placa diferente para cada organismo do teste. Após incubação, um agente químico que inibe o crescimento do organismo teste é identificado por uma área clara ao redor do disco onde as bactérias foram mortas (**Figura 13.1**). Nota: O que é efetivo contra determinado organismo pode exercer pouco ou nenhum efeito sobre os outros. O agente químico que apresenta a zona mais larga de inibição ao seu redor será o mais efetivo? Talvez não. A presença de matéria orgânica, como sangue, fezes ou vômito, pode interferir na sua ação. Além disso, alguns agentes químicos podem ter moléculas capazes de se deslocar mais rapidamente ou a uma maior distância através do ágar do que os outros agentes testados.

### Teste da diluição de uso

Um terceiro método para avaliação de agentes químicos, o **teste da diluição de uso**, utiliza preparações padrão de certas bactérias de teste. Um caldo de cultura de uma dessas bactérias é colocado em pequenos cilindros de ácido inoxidável e

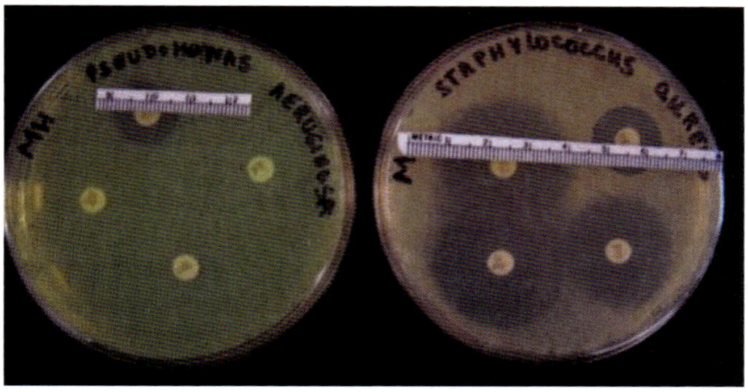

**Figura 13.1 Teste de disco-difusão.** A comparação dos resultados de um organismo gram-negativo (*Pseudomonas aeruginosa*, à esquerda) com os de um organismo gram-positivo (*Staphylococcus aureus*, à direita) mostra diferentes sensibilidades aos mesmos quatro discos de antibacterianos. O disco na parte superior à esquerda é tetraciclina, o da parte superior à direita, vancomicina, o da parte inferior à esquerda, ampicilina, e o da parte inferior à direita, cloranfenicol. Placas de ágar Mueller-Hinton foram semeadas por estrias de modo confluente com o organismo apropriado, foram aplicados discos, e as placas foram incubadas durante a noite a 30°C. *(Anh-Hue Tu, Georgia Southwestern State University/ American Society for Microbiology.)*

deixado secar. Em seguida, cada cilindro é mergulhado em uma de várias diluições do agente químico durante 10 minutos, removido, lavado com água e colocado em um tubo com caldo de cultura. Os tubos são incubados e, em seguida, observados quanto à presença ou ausência de crescimento. Os agentes que impedem o crescimento nas maiores diluições são considerados os mais efetivos. Na opinião de muitos microbiologistas, essa medição é mais significativa do que o coeficiente fenólico.

## Seleção dos desinfetantes

Devem-se considerar várias qualidades na decisão de qual desinfetante usar. Um desinfetante ideal deve:

1. Ser de rápida ação, mesmo na presença de substâncias orgânicas, como líquidos corporais.
2. Ser efetivo contra todos os tipos de agentes infecciosos, sem destruir os tecidos do hospedeiro ou atuar como veneno se for ingerido.
3. Penetrar facilmente no material a ser desinfetado, sem danificar ou descorar o material.
4. Ser fácil de preparar e estável, mesmo quando exposto à luz, ao calor ou a outros fatores ambientais.
5. Ser barato e fácil de obter e usar.
6. Não ter odor desagradável.

É provável que nenhum desinfetante preencha todos esses critérios, de modo que o agente escolhido será aquele que apresentar o maior número de critérios para a tarefa.

Na prática, muitos agentes são testados em uma ampla variedade de situações e são recomendados para uso onde forem mais efetivos. Assim, alguns agentes são selecionados para sanitização de equipamentos de cozinha e utensílios culinários, enquanto outros são escolhidos para tornar as culturas patogênicas inócuas. Além disso, determinados agentes podem ser utilizados em concentrações diluídas na pele e em concentrações mais fortes em objetos inanimados.

**PARE e RESPONDA**

1. Existem graus de esterilidade? Por que sim ou por que não?
2. Vale a pena pagar mais por um item "sanitizado"? Explique.
3. O desinfetante A apresenta um coeficiente fenólico de 0,5, e o desinfetante B, um coeficiente de 5,0. Como esses dois desinfetantes são comparados com o fenol?

## Mecanismos de ação dos agentes químicos

Os agentes antimicrobianos químicos matam os microrganismos por meio de sua participação em uma ou mais reações químicas que provocam dano aos componentes celulares. Embora os tipos de reações sejam quase tão numerosos quanto os agentes, estes podem ser agrupados pela sua capacidade de afetar as proteínas, as membranas ou outros componentes celulares.

### Reações que afetam proteínas

Grande parte de uma célula é constituída de proteína, e todas as suas enzimas são proteínas. A alteração da estrutura proteica é denominada *desnaturação* (ver Capítulo 3 e Figura 3.18). Na desnaturação, ocorre ruptura das ligações de hidrogênio e sulfeto, e o formato funcional da molécula de proteína é destruído. Qualquer agente com capacidade de desnaturar proteínas impede que elas possam exercer suas funções normais. Quando tratadas com aquecimento leve ou com alguns ácidos, bases ou outros agentes diluídos por um curto período, as proteínas sofrem desnaturação temporária. Após a remoção do agente, algumas proteínas conseguem readquirir a sua estrutura normal. Entretanto, os agentes antimicrobianos são utilizados, em sua maioria, em concentrações fortes o suficiente, durante um período suficiente, para provocar desnaturação permanente das proteínas. A desnaturação permanente das proteínas de um microrganismo leva à sua morte. A desnaturação é bactericida quando altera permanentemente a proteína, de modo que o seu estado normal não pode ser restaurado. A desnaturação é bacteriostática quando altera temporariamente a proteína, e a sua estrutura normal pode ser recuperada (Figura 13.2).

As reações que desnaturam as proteínas incluem a hidrólise, a oxidação e a ligação de átomos ou de grupos químicos. Lembre-se de que a hidrólise se refere à quebra de uma molécula pela adição de água, enquanto a oxidação consiste na adição de oxigênio ou na remoção de hidrogênio de uma molécula (ver Capítulo 3). Os ácidos, como o ácido bórico, e os álcalis fortes destroem a proteína por meio de hidrólise. Os agentes oxidantes (aceptores de elétrons), como o peróxido de hidrogênio e o permanganato de potássio, oxidam as ligações dissulfeto (—S—S—) ou os grupos sulfidrila (—SH). Os agentes que contêm halogênios – os elementos cloro, flúor, bromo e iodo – algumas vezes atuam também como agentes oxidantes. Os metais pesados, como o mercúrio e a prata, ligam-se aos grupos sulfidrila. Os agentes alquilantes, que contêm grupos metila (—$CH_3$) ou grupos semelhantes, doam esses grupos às proteínas. O formaldeído e alguns

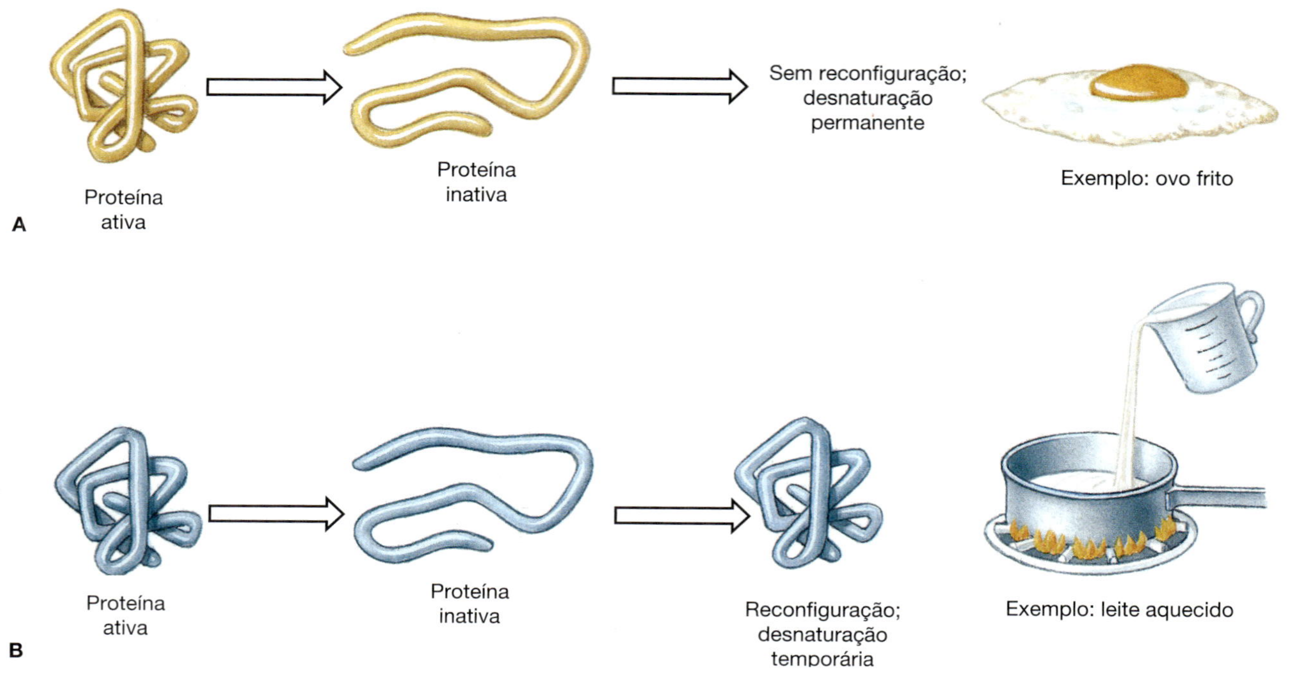




**Figura 13.2 Desnaturação de proteínas. A.** Uma proteína que sofre desnaturação permanente, como a de um ovo frito, não pode retornar à sua configuração original. **B.** Uma proteína desnaturada temporariamente, como a do leite aquecido, pode recuperar o seu enovelamento e readquirir a sua configuração original. A estrutura da proteína do leite que foi aquecido é recuperada quando o leite esfria.

corantes são agentes alquilantes. Os halogênios podem substituir o hidrogênio nos grupos carboxila (—COOH), sulfidrila, amino (—$NH_2$) e álcool (—OH). Todas essas reações podem matar os microrganismos.

## Reações que afetam as membranas

As membranas contêm proteínas e, portanto, podem ser alteradas por todas as reações precedentes. As membranas também contêm lipídios e, consequentemente, podem ser rompidas por substâncias que dissolvem os lipídios. Os **surfactantes** são compostos solúveis que reduzem a tensão superficial, assim como os sabões e os detergentes que rompem as partículas de gordura na água de lavar pratos (Figura 13.3). Os surfactantes incluem os álcoois, os detergentes e os **compostos de amônio quaternário**, como o cloreto de benzalcônio, que dissolve lipídios. Os fenóis, que são álcoois, dissolvem os lipídios e também desnaturam as proteínas. As soluções detergentes, também denominadas **agentes umectantes,** são frequentemente utilizadas com outros agentes químicos para ajudá-los a penetrar em substâncias gordurosas. Embora as soluções detergentes por si sós habitualmente não matem os microrganismos, elas ajudam a remover os lipídios e outros materiais orgânicos, de modo que os agentes antimicrobianos possam alcançar os organismos.

## Reações que afetam outros componentes celulares

Outros componentes celulares afetados pelos agentes químicos incluem os ácidos nucleicos e os sistemas produtores de energia. Os agentes alquilantes podem substituir o hidrogênio nos grupos amino ou álcool dos ácidos nucleicos. Determinados corantes, como o cristal violeta, interferem na formação da parede celular. Algumas substâncias, como o ácido láctico e o ácido propiônico (produtos finais da fermentação), inibem a fermentação e, assim, impedem a produção de energia em certas bactérias, fungos e alguns outros organismos.

> As esponjas não devem ser utilizadas no laboratório de microbiologia, porque o sabão não impede o crescimento bacteriano. As esponjas espalham um "caldo bacteriano" nas superfícies. Utilize papel toalha!

## Reações que afetam vírus

Como muitos microrganismos celulares, os vírus podem causar infecções e precisam ser controlados. O controle dos vírus exige a sua inativação – isto é, torná-los permanentemente incapazes de infectar células ou de se replicar no interior delas. A inativação pode ser efetuada pela destruição do ácido nucleico ou das proteínas dos vírus.

Os agentes alquilantes, como o óxido de etileno, o ácido nitroso e a hidroxilamina, atuam como mutagênicos químicos – eles alteram o DNA ou o RNA. Se a alteração impedir o DNA ou o RNA de dirigir a síntese de novas partículas virais, os agentes alquilantes são considerados inativadores efetivos. Os detergentes, os álcoois e outros agentes que provocam desnaturação das proteínas atuam da mesma maneira sobre as bactérias e os vírus. Certos corantes, como o laranja de acridina e o azul de metileno, tornam os vírus suscetíveis à inativação quando expostos à luz visível. Esse processo rompe a estrutura do ácido nucleico viral.

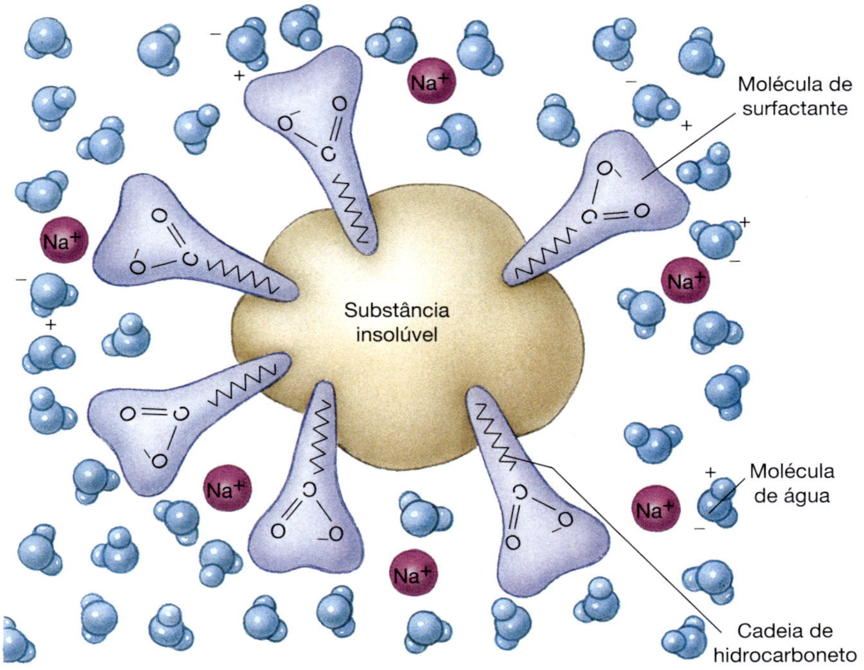




**Figura 13.3 Ação de um surfactante.** Aqui, a molécula de surfactante foi ionizada em íons sódio e longas cadeias de hidrocarboneto, cujas extremidades em zigue-zague, ligadas de modo covalente, são capazes de penetrar em uma substância insolúvel, como a graxa. A outra extremidade dessas moléculas tem um grupo carboxila com oxigênio de carga negativa. Essas cargas negativas atraem os lados de carga positiva das moléculas de água, tornando, assim, a substância insolúvel na qual está ligada em substância solúvel em água, de modo que a substância possa ser eliminada.

Algumas vezes, os vírus permanecem infecciosos, mesmo após a desnaturação de suas proteínas, logo os métodos utilizados para eliminar materiais das bactérias podem não ser tão eficazes para os vírus infecciosos. Além disso, o uso de um agente que não inativa os vírus pode levar à ocorrência de infecções adquiridas em laboratório.

## Agentes antimicrobianos químicos específicos

Após termos considerado os princípios gerais da esterilização e da desinfecção, bem como os tipos de reações causadas por esses agentes, podemos analisar alguns agentes específicos e suas aplicações. As fórmulas estruturais de alguns dos compostos mais importantes discutidos são apresentadas na Figura 13.4.

### Sabões e detergentes

Os sabões e os detergentes removem microrganismos, substâncias oleosas e sujeira. A escovação mecânica aumenta acentuadamente a sua ação. De fato, a lavagem vigorosa das mãos é um dos modos mais fáceis e mais baratos de prevenção da disseminação de doenças entre pacientes em hospitais, clínicas médicas e odontológicas, entre empregados e

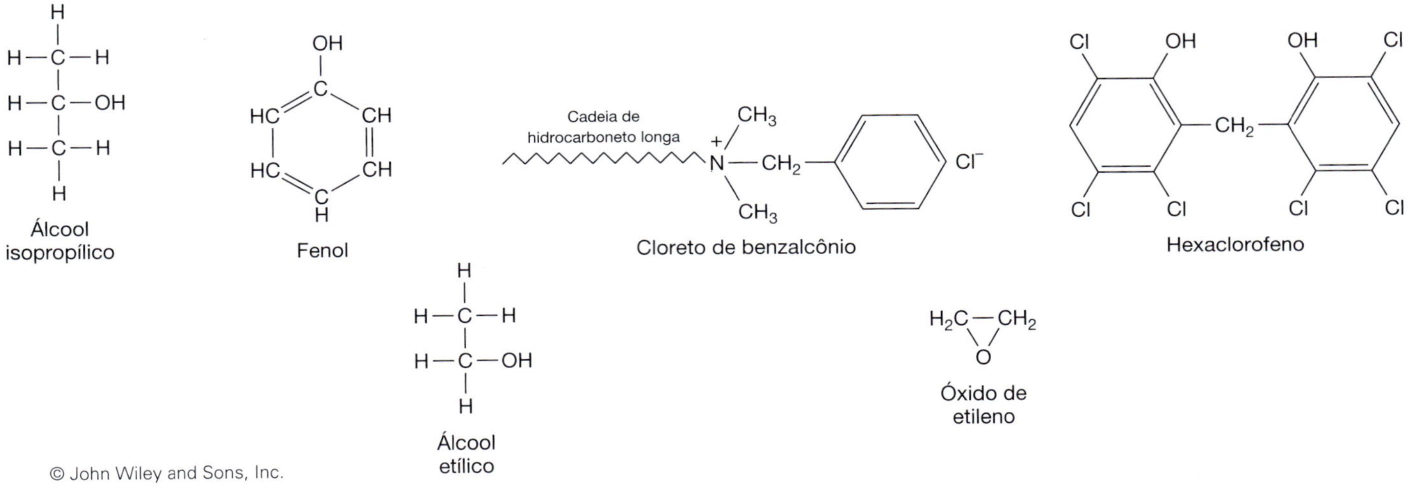




**Figura 13.4 Fórmulas estruturais de alguns desinfetantes importantes.**

patrões em estabelecimentos de alimentação e entre os membros de uma família. Diferentemente das escovas cirúrgicas de limpeza de mãos, os sabões germicidas em geral não são desinfetantes significativamente melhores do que os sabões comuns.

Os sabões contêm álcalis e sódio e irão matar muitas espécies de *Streptococcus*, *Micrococcus* e *Neisseria*, além de destruir os vírus influenza. Muitos patógenos que sobrevivem à lavagem com sabão podem ser destruídos por um desinfetante aplicado após a lavagem. Uma prática comum após lavar e enxaguar as mãos e objetos inanimados consiste em aplicar uma solução de álcool a 70%. Mesmo essas medidas não eliminam necessariamente todos os patógenos presentes nas mãos. Em consequência, são utilizadas luvas descartáveis nos locais onde os profissionais de saúde correm risco de ficar infectados ou de transmitir patógenos a outros pacientes.

> Em banheiros públicos, observou-se que apenas 68% das pessoas lavam as mãos após o uso do vaso sanitário.

> Alguns esporos de bactérias podem sobreviver por 20 anos em álcool etílico a 70%.

Os detergentes, quando utilizados em concentrações fracas na água de lavar, permitem que a água penetre em todas as cavidades e retire a sujeira e os microrganismos, que são assim eliminados. Os detergentes são denominados *catiônicos* quando possuem cargas positivas e *aniônicos* quando têm cargas negativas. Os detergentes catiônicos são utilizados para sanitizar utensílios culinários. Embora não sejam efetivos para matar endósporos, eles inativam alguns vírus. Os detergentes aniônicos são utilizados na lavagem de roupas e como agentes de limpeza doméstica. São agentes sanitizantes menos efetivos do que os detergentes catiônicos, provavelmente pelo fato de que serem repelidos pelas cargas negativas dos envoltórios celulares das bactérias.

Muitos detergentes catiônicos são **compostos de amônio quaternário**, ou ***quats***, que consistem em quatro grupos orgânicos ligados a um átomo de nitrogênio. O íon amônio ($NH_4$) tem quatro átomos de hidrogênio, e cada um deles pode ser substituído por um grupo orgânico que se liga ao átomo de nitrogênio central. *Quat* é a abreviatura da palavra latina *quattuor*, que significa "quatro". Dispõe-se de uma variedade de *quats* como agentes desinfetantes; suas estruturas químicas variam de acordo com os seus grupos orgânicos. Um problema relacionado com os *quats* é a redução de sua efetividade na presença de sabões, íons cálcio ou magnésio ou substâncias porosas, como a gaze. Um problema ainda mais sério com esses agentes é o fato de que eles sustentam o crescimento de algumas bactérias do gênero *Pseudomonas*, em vez de matá-las. O Zephiran® (cloreto de benzalcônio) era, antigamente, muito utilizado como antisséptico para a pele. Não é mais recomendado porque é menos efetivo do que se acreditava originalmente e está sujeito aos mesmos problemas que os outros *quats*. Com frequência, o cloreto de benzalcônio ainda é encontrado em *kits* para "cuidados com *piercing*". Hoje em dia, os compostos de amônio quaternário são frequentemente misturados com outro agente para superar alguns desses problemas e para aumentar a sua eficácia. Zephiran® dissolvido em álcool mata cerca de duas vezes mais microrganismos no mesmo período do que uma solução aquosa da mesma quantidade do produto. Os colutórios que fazem espuma quando agitados habitualmente contêm um composto de amônio quaternário.

## SAÚDE PÚBLICA

### Sabão e sanitização

A lavagem e a secagem das roupas em modernas lavanderias públicas é, em geral, uma prática segura, já que a roupa é praticamente desinfetada se a temperatura da água for alta o suficiente. Os sabões, os detergentes e os alvejantes matam muitas bactérias e inativam muitos vírus. A agitação das roupas nas máquinas de lavar proporciona uma boa esfregação mecânica. Muitos microrganismos que sobrevivem a essa ação são destruídos pelo aquecimento no processo de secagem. O uso de sabão em barra em uma lavanderia pública não é uma prática tão segura. O sabão pode constituir uma fonte de agentes infecciosos. Em um estudo de 84 amostras de sabão em barra coletadas de lavanderias públicas, todas continham microrganismos. Foram isoladas mais de 100 cepas de bactérias e fungos das amostras de sabão, e alguns dos organismos eram patógenos potenciais. Por esse motivo, muitos restaurantes e outros estabelecimentos instalaram dispensadores de sabão líquido. De fato, muitas jurisdições tornaram ilegal o uso de sabão em barra nesses estabelecimentos.

## PARA TESTAR

### Os limpadores de mãos sem água funcionam adequadamente?

É frequentemente difícil encontrar um lugar para lavar as mãos. Recentemente, apareceram muitos produtos no mercado, que afirmam ter a capacidade de limpar suas mãos com uma pequena quantidade de gel, em vez do antiquado método do sabão e água. Mas eles realmente funcionam? Os estudantes em meu laboratório verificaram que alguns são excelentes, enquanto muitos outros têm pouco ou nenhum efeito. Aqui está uma chance para você planejar um pequeno projeto de pesquisa. Verifique com o seu instrutor a validade de seu projeto e métodos utilizados e, naturalmente, a permissão de implementá-lo no laboratório.

### Ácidos e álcalis

O sabão é um álcali leve, e suas propriedades alcalinas ajudam a destruir os microrganismos. Alguns ácidos orgânicos reduzem o pH dos materiais o suficiente para inibir a fermentação. Vários deles são utilizados como conservantes de alimentos. Os ácidos láctico e propiônico retardam o crescimento de bolores em pães e outros produtos. O ácido benzoico e vários de seus derivados são utilizados para impedir o crescimento de fungos em refrigerantes, no *ketchup* e na margarina. O ácido sórbico e os sorbatos são utilizados para impedir o crescimento de fungos em queijos e em uma variedade de outros alimentos. O ácido bórico, outrora utilizado como colírio, não é mais recomendado em virtude de sua toxicidade.

## Metais pesados

Os metais pesados utilizados em agentes químicos incluem o selênio, o mercúrio, o cobre e a prata. Até mesmo quantidades minúsculas desses metais podem ser muito efetivas na inibição do crescimento bacteriano (**Figura 13.5**). O nitrato de prata era outrora amplamente utilizado na prevenção da infecção gonocócica em recém-nascidos. Algumas gotas de solução de nitrato de prata eram colocadas nos olhos do bebê no momento do parto, para protegê-lo contra a infecção por gonococos que entram nos olhos durante a passagem através do canal do parto. Durante algum tempo, muitos hospitais substituíram o nitrato de prata por antibacterianos, como a eritromicina. Entretanto, o desenvolvimento de cepas de gonococos resistentes ao antibacteriano levou alguns locais a exigir o uso de nitrato de prata, ao qual os gonococos não desenvolvem resistência. Conforme explicado na abertura deste capítulo, estão sendo descobertos novos usos da prata na inibição do crescimento bacteriano.

Os compostos organomercuriais, como o mertiolate e o mercurocromo, são utilizados para desinfetar ferimentos superficiais da pele. Esses agentes matam a maioria das bactérias no estado vegetativo, porém não matam os esporos. Não são efetivos contra *Mycobacterium*. Em geral, o mertiolate é preparado como **tintura**, isto é, dissolvido em álcool. O álcool em uma tintura pode ter maior ação germicida do que o composto de metal pesado. O timerosal, outro composto organomercurial, pode ser utilizado para desinfetar a pele e instrumentos e como conservante de vacinas. O nitrato fenilmercúrico e o naftenato mercúrico inibem tanto as bactérias quanto os fungos e são utilizados como desinfetantes laboratoriais.

O sulfeto de selênio mata fungos, incluindo esporos. Preparações contendo selênio são comumente utilizadas no tratamento de infecções fúngicas da pele. Os xampus que contêm selênio são efetivos no controle da caspa. A caspa, que consiste em formação de crosta e descamação do couro cabeludo, é frequentemente, mas nem sempre, causada por fungos. Os ácaros algumas vezes desempenham um papel.

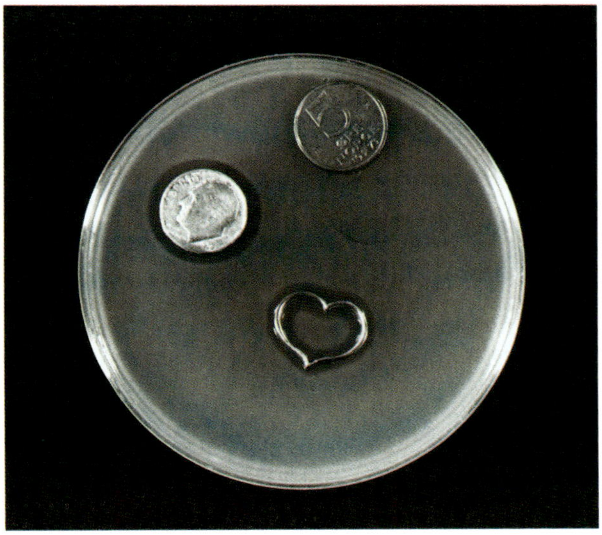

**Figura 13.5 Efeito oligodinâmico da prata.** Observe as zonas claras em torno da moeda de dez centavos e do coração. *(© Richard Humbert/Biological Photo Service.)*

**PARA TESTAR**

### Para ter um aquário limpo

Se você tem um aquário, provavelmente teve problemas com a água, que se assemelhava a uma sopa de ervilhas, devido ao grande número de algas crescendo nele. Esse problema pode ser corrigido colocando-se algumas moedas de cobre no aquário. Uma quantidade de cobre suficiente para inibir o crescimento das algas dissolve-se das moedas na água. Com esse pequeno investimento, você pode aumentar acentuadamente a visibilidade e apreciar seus peixes. Entretanto, isso provavelmente não é bom para os peixes.

O sulfato de cobre é utilizado para controlar o crescimento das algas. Embora o crescimento de algas geralmente não represente um problema médico direto, é um problema para manter a qualidade da água nos sistemas de aquecedores e condicionadores de ar e piscinas ao ar livre. (A Environmental Protection Agency (EUA) está avaliando o sulfato de cobre como risco ambiental.)

## Halogênios

O ácido hipocloroso, formado pela adição de cloro à água, controla efetivamente os microrganismos na água potável e nas piscinas. Trata-se do ingrediente ativo dos alvejantes domésticos, utilizado para desinfetar utensílios de cozinha e equipamento de ordenha. O ácido hipocloroso mostra-se efetivo na destruição das bactérias e na inativação de muitos vírus. Entretanto, o próprio cloro é facilmente inativado pela presença de materiais orgânicos. Esta é a razão pela qual uma substância, como o sulfato de cobre, é usada para controlar o crescimento de algas em água a ser purificada com cloro.

O iodo também é um agente antimicrobiano efetivo. Entretanto, não deve ser utilizado em pessoas com alergia conhecida ao iodo. Com frequência, as alergias aos frutos do mar são desencadeadas pela presença de iodo neles. A tintura de iodo foi um dos primeiros antissépticos utilizados para a pele. Hoje em dia, os *iodóforos*, compostos de liberação lenta, em que o iodo é combinado com moléculas orgânicas, são mais comumente utilizados. Nessas preparações, as moléculas orgânicas atuam como surfactantes. Betadine® e Isodine® são usados para limpeza cirúrgica e na pele onde será feita uma incisão. Esses compostos levam vários minutos para atuar e não esterilizam a pele. Betadine® em concentrações de 3 a 5% destrói fungos, amebas e vírus, bem como a maioria das bactérias, porém não destrói os endósporos bacterianos. Relatou-se a contaminação de Betadine® com *Pseudomonas cepacia.*

O bromo é algumas vezes utilizado na forma de brometo de metila gasoso para fumigar o solo que será utilizado na propagação de plantas de canteiros. É também usado em algumas piscinas e banheiras aquecidas em recintos fechados, pois não emite o odor forte do cloro.

A cloramina, uma combinação de cloro e amônia, é menos efetiva do que outros compostos de cloro para matar microrganismos, porém é superior na eliminação de problemas de sabor e odor. É usada no tratamento de canal para limpeza de ferida e, com frequência, é acrescentada a procedimentos de tratamento de água. Mas, cuidado! Seus resíduos matam peixes nos aquários e tanques. No entanto, dispõe-se de produtos comerciais para neutralizar esse efeito.

## Álcoois

Quando misturados com água, os álcoois desnaturam as proteínas. Também são solventes de lipídios e dissolvem membranas. Os álcoois etílico e isopropílico podem ser usados como antissépticos para a pele. Nos EUA, o álcool isopropílico é utilizado com mais frequência, devido à regulamentação legal do álcool etílico. Desinfeta a pele onde serão aplicadas injeções e onde será coletada uma amostra de sangue. O álcool desinfeta, mas não esteriliza a pele, visto que ele evapora rapidamente e permanece em contato com os microrganismos por apenas alguns segundos. Ele também não penetra profundamente nos poros da pele. Mata os microrganismos vegetativos na superfície da pele, porém não mata os endósporos, as células resistentes ou as células de dentro dos poros cutâneos. Uma imersão durante 10 a 15 minutos em álcool etílico a 70% é habitualmente suficiente para desinfetar um termômetro.

## Fenóis

O *fenol* e seus derivados, denominados *fenólicos*, causam ruptura das membranas celulares, desnaturação das proteínas e inativação das enzimas. São utilizados para desinfetar superfícies e para destruir culturas descartadas, visto que a sua ação não é comprometida pela presença de materiais orgânicos. Amphyl®, que contém amilfenol, destrói as formas vegetativas de bactérias e fungos e inativa os vírus. Pode ser utilizado na pele, em instrumentos médicos, louça e mobília. Quando usado em superfície, o fenol conserva a sua ação antimicrobiana por vários dias. O ortofenilfenol presente no lisol lhe confere propriedades semelhantes. Uma mistura de derivados do fenol, denominados *cresóis*, é encontrada no creosoto, uma substância utilizada para impedir o apodrecimento de postes de madeira, cercas e dormentes de ferrovia e outros. Entretanto, o uso do creosoto é limitado, porque é irritante para a pele e é um carcinógeno. A adição de halogênios a moléculas fenólicas aumenta habitualmente a sua efetividade. O hexaclorofeno e o diclorofeno, que são fenóis halogenados, inibem os estafilococos e os fungos, respectivamente, na pele e em outras partes. O gliconato de clorexidina (Hibiclens®), que é clorado e possui estrutura semelhante à do hexaclorofeno, é efetivo contra uma ampla variedade de micróbios, mesmo na presença de material orgânico. Trata-se de um agente adequado para limpeza cirúrgica.

A triclosana, que consiste em dois anéis fenólicos unidos, tornou-se muito popular em produtos de consumo, como sabões antibacterianos, tábuas para cortar de cozinha, bandejas de cadeiras para alimentação de crianças, brinquedos, loções para mãos etc. É bastante efetivo contra bactérias, porém tem pouca ação sobre vírus e fungos. Além disso, as bactérias podem desenvolver resistência ao produto.

## Agentes oxidantes

Os *agentes oxidantes* clivam as ligações dissulfeto nas proteínas e, portanto, alteram a estrutura das membranas e das proteínas. O peróxido de hidrogênio ($H_2O_2$), que forma superóxido altamente reativo ($O_2^-$), é usado para a limpeza de feridas por punção. Quando o peróxido de hidrogênio se decompõe em oxigênio e água, o oxigênio mata os anaeróbios obrigatórios presentes nas feridas. O peróxido de hidrogênio é rapidamente inativado por enzimas de tecidos danificados. É também muito efetivo na desinfecção de lentes de contato, porém é preciso remover quaisquer traços antes do uso das lentes, porque pode causar irritação dos olhos. Um método de esterilização recentemente desenvolvido, que utiliza peróxido de hidrogênio vaporizado, pode ser agora utilizado para pequenas salas ou áreas, como caixas de luvas e

> **Pedaços de aipo acrescentados à salada de batata comercial são mergulhados em peróxido de hidrogênio para matar bactérias, visto que não serão cozidos.**

## APLICAÇÃO NA PRÁTICA

### Esterilizante e barato: toda casa pode tê-lo à mão

Preocupado com bioterrorismo? Essa fórmula irá matar até mesmo os esporos mais antigos e resistentes de antraz, e tudo mais que houver. Toda casa deve dispor desses ingredientes. Misture-os em uma área bem ventilada para uso dentro de um prazo de 8 horas. Aplique por 20 minutos e, em seguida, enxágue para remover o cloro. Mantenha essa receita à mão:

4 ℓ de água
1 xícara de alvejante
1 xícara de vinagre

O ácido no vinagre permite a liberação de mais íons cloro do alvejante. O alvejante puro e água não são tão efetivos.

## SAÚDE PÚBLICA

### Hexaclorofeno

O *hexaclorofeno* é um excelente desinfetante da pele. Em solução a 3%, ele mata os estafilococos e a maioria dos outros organismos Gram-positivos, e seu resíduo na pele é fortemente bacteriostático. Como as infecções estafilocócicas da pele podem se disseminar facilmente entre recém-nascidos nos hospitais, esses antissépticos foram extensamente utilizados na década de 1960 para os banhos diários dos lactentes. O inesperado preço pago pelo controle das infecções foi a ocorrência de dano cerebral permanente nos lactentes banhados nessa substância ao longo de um período. O hexaclorofeno é absorvido através da pele e circula no sangue até alcançar o cérebro. O talco para bebês contendo hexaclorofeno matou 40 bebês na França, em 1972. Atualmente disponível nos EUA apenas sob prescrição, o hexaclorofeno é utilizado rotineiramente, embora com muita cautela, em unidades neonatais hospitalares, visto que ele continua sendo o agente mais efetivo na prevenção da disseminação de infecções estafilocócicas.

## APLICAÇÃO NA PRÁTICA

### Todas as bactérias são removidas na lavagem?

Em setembro de 2006, o espinafre fresco foi retirado das prateleiras dos supermercados americanos. A cepa O157:H7 de *Escherichia coli*, que provoca diarreia hemorrágica e promove uma morbidade muito grave, foi responsável por 139 casos de infecção, incluindo uma morte, em 26 estados norte-americanos e no Canadá. Esses casos foram atribuídos ao espinafre contaminado. Os norte-americanos gastam 4,4 bilhões de dólares por ano com espinafre e alface, dos quais 80% para produtos embalados. Essas embalagens de verduras cortadas são vendidas como produtos "prontos para consumo", sem necessidade de lavagem adicional. Evidentemente, "algo saiu errado". O que pode ter acontecido? O governo norte-americano exige que os processadores sigam os regulamentos BPF (boas práticas de fabricação). Entretanto, esses regulamentos são muito gerais, e as empresas têm muita margem de liberdade quanto ao modo de segui-los. O padrão é de três lavagens das folhas, porém varia o grau de eficácia com que são lavadas. Quando o produto chega, os funcionários removem os galhos, pedaços de sujeira e, naturalmente, produtos abaixo do padrão exigido. Em seguida, o produto é agitado em cubas de água levemente clorada para remover os resíduos do local de cultivo. A lavagem seguinte utiliza água mais intensamente clorada, contendo, em geral, 15 a 20 ppm (partes por milhão) de cloro livre, ou seja, uma concentração muito maior do que a da água corrente (3 ppm). A terceira lavagem é, realmente, mais um enxague para remover o odor do cloro. Em seguida, o produto é centrifugado para secagem e embalado.

A água clorada mata de 90 a 99% dos microrganismos nas hortaliças quando o processo de lavagem é adequadamente realizado. Em um recente período de 6 anos, 12 de 36 instalações de processamento inspecionadas pela FDA (Food and Drug Administration) não cumpriram os padrões de cloração. Algumas companhias nem utilizavam cloro; outras nem mesmo monitoravam os níveis de cloro; e, em alguns locais, os funcionários não entendiam as medidas; outra apresentou uma concentração de apenas 1,5 a 3,0 ppm. Desse modo, não seria melhor você lavar o seu produto em casa? Talvez! Depende da limpeza de suas mãos, da pia, dos utensílios etc. Outros fatores incluem o grau de contaminação das verduras que você comprou. Havia vacas depositando o esterco pela estrada onde as verduras que você adquiriu estavam crescendo, resultando em maior contaminação com *E. coli*? A maioria das alfaces tem o seu talo cortado no local por ocasião de sua coleta. A sujeira que entra nas superfícies cortadas é mais difícil de remover e pode até mesmo penetrar mais profundamente na planta. O que fazer? Reconheça que o consumo de verduras cruas representa um risco.

A

B

**Todas as bactérias são removidas na lavagem?** A. *(Andy Washnik.)* B. *(John Moore/Getty Images.)*

capelas de transferência (Figura 13.6). Outro agente oxidante, o permanganato de potássio, é utilizado para desinfetar instrumentos e, em baixas concentrações, para limpar a pele.

### Agentes alquilantes

Os *agentes alquilantes* rompem a estrutura das proteínas e dos ácidos nucleicos. Devido à sua capacidade de interferir nos ácidos nucleicos, esses agentes podem causar câncer e não devem ser utilizados em situações nas quais possam afetar as células humanas. O formaldeído, o glutaraldeído e a β-propiolactona são utilizados em soluções aquosas. O óxido de etileno é usado na forma gasosa.

O formaldeído inativa os vírus e as toxinas, sem destruir suas propriedades antigênicas. O glutaraldeído mata todos os tipos de microrganismos, incluindo esporos, e esteriliza equipamentos expostos a ele durante 10 horas. A betapropiolactona destrói os vírus da hepatite, bem como a maioria dos outros microrganismos, porém penetra pouco nos materiais. Entretanto, é utilizada para inativar os vírus nas vacinas.

O óxido de etileno gasoso apresenta extraordinário poder de penetração. Utilizado em uma concentração de 500 mℓ/ℓ a 50°C por 4 horas, ele esteriliza objetos de borracha, colchões, plásticos e outros materiais destruídos por temperaturas mais altas. Além disso, a NASA tem utilizado o óxido de etileno para esterilizar sondas espaciais que, de outro modo, poderiam transportar microrganismos da Terra para outros planetas. O equipamento especial utilizado durante a esterilização com óxido de metileno é mostrado na Figura 13.7. Como iremos explicar

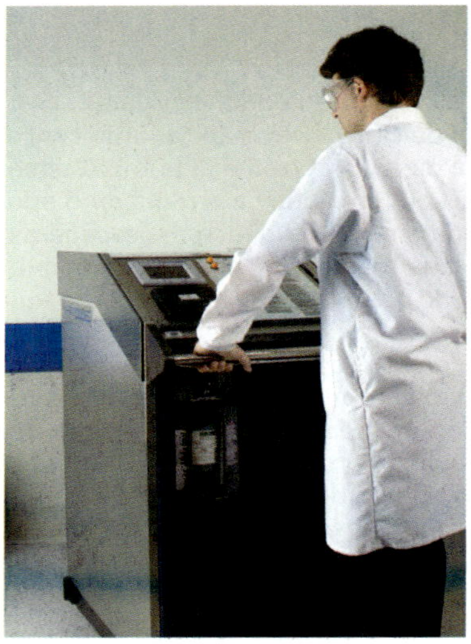

**Figura 13.6 Desinfecção pelo peróxido de hidrogênio vaporizado (PHV).** O processo de desinfecção pelo PHV em baixa temperatura é totalmente controlado, reproduzível e validado com facilidade. Esse processo a "seco" opera em baixas concentrações e é altamente eficaz. É rápido e compatível com uma ampla gama de materiais de superfície e componentes. É utilizado no mundo inteiro para teste de esterilidade em isoladores, salas e outros recintos selados. *(Fotografia de VHP(R) 1000 Mobile, cortesia de STERIS Corporation.)*

**Figura 13.7 Esterilização pelo óxido de etileno (OE).** A esterilização pelo OE, outrora um padrão industrial para esterilização em baixa temperatura, está sendo lentamente substituída pelo peróxido de hidrogênio vaporizado e métodos de esterilização por vaporização, à medida que os usuários tendem a usar opções mais ecológicas para o ambiente. *(Fotografia de Eagle (R) 3017 100% EO Sterilizer, cortesia da STERIS Corporation.)*

quando discutirmos a autoclavagem, uma *ampola* (recipiente de vidro selado) de endósporos deve ser processada com esterilização pelo óxido de etileno para verificar a eficácia do processo.

Todos os materiais esterilizados com óxido de metileno precisam ser bem ventilados com ar estéril, durante 8 a 12 horas, para remover todos os traços desse gás tóxico, que pode causar queimaduras se alcançar os tecidos vivos, além de ser *altamente explosivo*. Após exposição ao óxido de etileno, materiais como cateteres, linhas intravenosas, válvulas internas e tubos de borracha, precisam ser limpos por completo com ar estéril. Tanto a toxicidade quanto a inflamabilidade do óxido de etileno podem ser reduzidas pelo seu uso na forma de gás, que contém 90% de dióxido de carbono. ***É de suma importância que os trabalhadores estejam protegidos dos vapores de óxido de etileno, que são tóxicos para a pele, os olhos e as membranas mucosas e que podem causar câncer.***

## Corantes

O corante acridina, que interfere na replicação celular devido à produção de mutações no DNA (ver Capítulo 8), pode ser utilizado para a limpeza de feridas. O azul de metileno inibe o crescimento de algumas bactérias em culturas. O cristal violeta (violeta de genciana) bloqueia a síntese das paredes celulares, possivelmente pela mesma reação que leva esse corante a ligar-se ao material da parede celular na coloração de Gram. O cristal violeta inibe efetivamente o crescimento das bactérias gram-positivas em cultura e nas infecções da pele. Pode ser também utilizado no tratamento das infecções por protozoários (*Trichomonas*) e por leveduras (*Candida albicans*).

## Outros agentes

Determinados óleos vegetais têm uso antimicrobiano especial. O timol, derivado do tomilho, é utilizado como conservante, e o eugenol, derivado do óleo do cravo-da-índia, é usado em odontologia para desinfetar cavidades. Vários outros agentes são utilizados principalmente como conservantes de alimentos. Incluem os sulfitos e o dióxido de enxofre, que são utilizados na conservação de frutas secas e melados; o diacetato de sódio, usado para retardar o crescimento de bolores no pão; e o nitrito de sódio, utilizado para conservar carnes curadas e alguns frios. Os alimentos que contêm nitritos devem ser consumidos com moderação, visto que os nitritos são convertidos durante a digestão em substâncias que podem causar câncer.

As propriedades dos agentes antimicrobianos químicos estão resumidas na **Tabela 13.3**.

**PARE e RESPONDA**

1. Como atua um surfactante?
2. Se as bactérias podem crescer no sabão, por que nós o utilizamos para a limpeza de objetos?
3. Explique as ações antimicrobianas da acridina, do mercurocromo e do lisol.
4. Quais são as desvantagens do uso do óxido de etileno?

## APLICAÇÃO NA PRÁTICA

### Sapos em formalina nunca mais

A formalina, uma solução aquosa de formaldeído a 37%, foi, durante muitos anos, o material padrão utilizado para conservar espécimes de laboratório para dissecção. Entretanto, o formaldeído é tóxico para os tecidos e pode causar câncer, de modo que hoje em dia ele raramente é utilizado como conservante. Atualmente, dispõe-se de uma variedade de outros conservantes. Embora sejam menos tóxicos para os estudantes que realizam dissecções, eles também são menos efetivos para conservação a longo prazo. Os fungos que crescem na superfície dos espécimes representam agora um problema comum.

**Tabela 13.3** Propriedades dos agentes antimicrobianos químicos.

| Agentes | Ações | Usos |
|---|---|---|
| Sabões e detergentes | Redução da tensão superficial, tornam os microrganismos acessíveis a outros agentes | Lavagem das mãos, lavagem de roupas, sanitização da cozinha e equipamentos da indústria de laticínios |
| Surfactantes | Dissolvem os lipídios, rompem as membranas, provocam desnaturação das proteínas e em altas concentrações inativam as enzimas; atuam como agentes umectantes em baixas concentrações | Os detergentes catiônicos são utilizados para sanitizar utensílios; os detergentes aniônicos, para a lavagem de roupas e limpeza de objetos caseiros; os compostos de amônio quaternário são algumas vezes usados como antissépticos na pele |
| Ácidos | Reduzem o pH e provocam desnaturação das proteínas | Conservantes alimentares |
| Álcalis | Aumentam o pH e provocam desnaturação das proteínas | Encontrados em sabões |
| Metais pesados | Provocam desnaturação das proteínas | O nitrato de prata é utilizado na prevenção de infecções gonocócicas, os compostos de mercúrio são usados para desinfetar a pele e os objetos inanimados, o cobre, para inibir o crescimento de algas, e o selênio, para inibir o crescimento de fungos |
| Halogênios | Oxidam os componentes celulares na ausência de matéria orgânica | O cloro é utilizado para matar patógenos na água e para desinfetar utensílios; os compostos de iodo são utilizados como antissépticos para a pele |
| Álcoois | Provocam desnaturação das proteínas quando misturados com água | O álcool isopropílico é utilizado para desinfetar a pele; o etilenoglicol e o propileno glicol podem ser utilizados em aerossóis |
| Fenóis | Rompem as membranas, provocam desnaturação das proteínas e inativam as enzimas; não são prejudicados por matéria orgânica | O fenol é utilizado para desinfetar superfícies e destruir culturas descartadas; o amilfenol destrói organismos vegetativos e inativa os vírus na pele e em objetos inanimados; o gliconato de clorexidina é particularmente efetivo para limpeza cirúrgica |
| Agentes oxidantes | Rompem as ligações dissulfeto | O peróxido de hidrogênio é utilizado para limpar feridas por punção, e o permanganato de potássio, para desinfetar instrumentos |
| Agentes alquilantes | Rompem a estrutura das proteínas e dos ácidos nucleicos | O formaldeído é utilizado para inativar vírus sem destruir as propriedades antigênicas, o glutaraldeído, para esterilizar equipamentos, a betapropiolactona, para destruir os vírus da hepatite, e o óxido de etileno, para esterilizar objetos inanimados que podem ser danificados por altas temperaturas |
| Corantes | Podem interferir na replicação ou bloquear a síntese da parede celular | A acridina é utilizada na limpeza de feridas, e o cristal violeta, no tratamento de algumas infecções por protozoários e fungos |

## AGENTES ANTIMICROBIANOS FÍSICOS

Durante séculos, agentes antimicrobianos físicos têm sido utilizados para a conservação de alimentos. Os antigos egípcios secavam alimentos perecíveis para preservá-los. Os escandinavos faziam buracos nos centros de pedaços de pão seco, plano e torrado para pendurá-los no ar em suas casas durante o inverno; de modo semelhante, guardavam sementes de grãos em locais secos. Caso contrário, tanto a farinha quanto os grãos iriam mofar durante os invernos longos e muito úmidos. Os europeus usavam o calor no processo de conservação do alimento em conservas 50 anos antes do trabalho de Pasteur explicar por que o aquecimento impedia a deterioração dos alimentos. Hoje em dia, os agentes físicos que destroem os organismos continuam sendo utilizados na conservação e no preparo dos alimentos. Esses agentes continuam sendo uma importante arma na prevenção de doenças infecciosas. Os agentes antimicrobianos físicos incluem várias formas de aquecimento, refrigeração, dessecação (secagem), irradiação e filtração.

### SAÚDE PÚBLICA

#### A limpeza é realmente muito importante?

Como parte de um projeto de pesquisa de aula, uma aluna constatou que, embora não fizesse uso do desinfetante triclosana, ele estava presente em sua pele. Vivia com uma pessoa que usava esse desinfetante. Você gostaria de tê-lo em sua tábua de cortar?

### Princípios e aplicações da morte pelo calor

O calor constitui o agente preferido de esterilização para todos os materiais que não são danificados com o aquecimento. Ele penetra rapidamente nos materiais espessos que não são facilmente penetrados pelos agentes químicos. Várias medidas foram definidas para quantificar o poder de destruição do calor. O **ponto de morte térmica** é a temperatura que mata, em 10 minutos, todas as bactérias em uma cultura de caldo de 24 horas em pH neutro. O **tempo de morte térmica** é o tempo necessário para matar todas as bactérias em uma cultura particular a uma temperatura específica. Pesquise na internet a diferença entre ponto de morte térmica e tempo de morte térmica. O **tempo de redução decimal**, também conhecido como **TRD** ou **valor D**, é o tempo necessário para matar 90% dos organismos em determinada população a uma temperatura específica. (A temperatura é indicada por um subscrito: $D_{80°C}$, por exemplo.)

Essas medições têm importância prática na indústria, bem como no laboratório. Assim, por exemplo, um técnico em processamento de alimentos que pretende esterilizar um alimento o mais rápido possível deve determinar o ponto de morte térmica do organismo mais resistente que possa estar presente no alimento e utilizar então essa temperatura. Em outra situação, seria preferível, para fornecer um alimento seguro para consumo humano, processá-lo na temperatura mais baixa possível. Esse processo pode ser importante no processamento de alimentos contendo proteínas que poderiam ser desnaturadas, alterando, dessa maneira, o seu sabor ou a sua consistência. O processador precisaria então saber o tempo de morte térmica na temperatura desejada para a maioria dos organismos mais resistentes que provavelmente se encontram no alimento. A preparação comercial de alimentos em conserva é discutida no Capítulo 27. Alguns organismos podem permanecer vivos após o preparo das conservas, de modo que os alimentos em conserva vendidos no comércio nem sempre são estéreis.

## Calor seco, calor úmido e pasteurização

O *calor seco* provavelmente produz a maior parte de seu dano por meio de oxidação das moléculas. O *calor úmido* destrói os microrganismos sobretudo pela desnaturação das proteínas; a presença de moléculas de água ajuda a romper as pontes de hidrogênio e outras interações fracas que mantêm as proteínas em suas conformações tridimensionais (ver Figura 3.18). O calor úmido também pode romper os lipídios das membranas. Além disso, o calor inativa muitos vírus, porém os que podem causar infecção mesmo após a desnaturação de seus envoltórios proteicos exigem tratamento pelo calor, como vapor sob pressão, que romperá os ácidos nucleicos.

### Calor seco

O calor seco (do forno) penetra nas substâncias mais lentamente do que o calor úmido (vapor). Em geral, o calor seco é utilizado para esterilizar objetos de metal e vidro e constitui a única maneira satisfatória de esterilizar óleos e pós (Figura 13.8). Os objetos são esterilizados por calor seco quando submetidos a 171°C durante 1 hora, a 160°C por 2 horas ou mais ou a 121°C por 16 horas ou mais, dependendo do volume.

Uma chama aberta é uma forma de calor seco usado para esterilizar alças de inoculação e bocas dos tubos de cultura por incineração, bem como para secar o interior das pipetas. Quando flambar objetos no laboratório, você precisa evitar a formação de cinzas flutuantes e **aerossóis** (gotículas liberadas no ar). Essas substâncias podem constituir uma forma de disseminar agentes infecciosos se os organismos presentes não forem mortos por incineração, conforme pretendido.

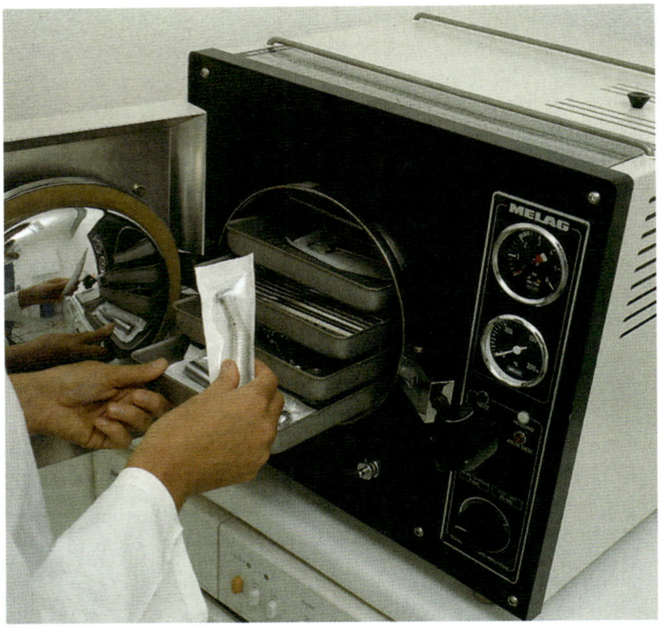


**Figura 13.8 Forno de ar quente utilizado para a esterilização de objetos de metal e de vidro.** *(Science Source.)*

Por esse motivo, os incineradores de alças especialmente projetados com gargantas fundas são frequentemente utilizados para esterilizar alças de inoculação (Figura 13.9).

É impossível esterilizar a pele, a não ser queimando-a!

### Calor úmido

O calor úmido, em virtude de suas propriedades de penetração, é um agente físico amplamente utilizado. A água fervente destrói as células vegetativas da maioria das bactérias e fungos e também inativa alguns vírus, porém não é efetiva para matar todos os tipos de esporos. A eficácia da fervura pode ser aumentada pela adição de bicarbonato de sódio a 2% na água. Entretanto, se a água for aquecida sob pressão, seu ponto

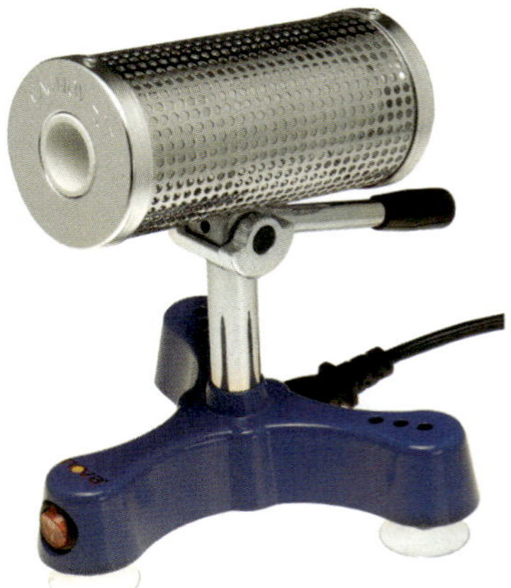

**Figura 13.9 Microincinerador elétrico com bandeja deslizante para esfregaços de bactérias fixados pelo calor.** Consiste em um tubo de cerâmica circundado por metal, com uma porção oca no centro. Quando ligado, pode alcançar 800°C, uma temperatura mais do que suficiente para incinerar qualquer coisa que esteja em uma alça de inoculação inserida. *(Cortesia de Agro Technologies.)*

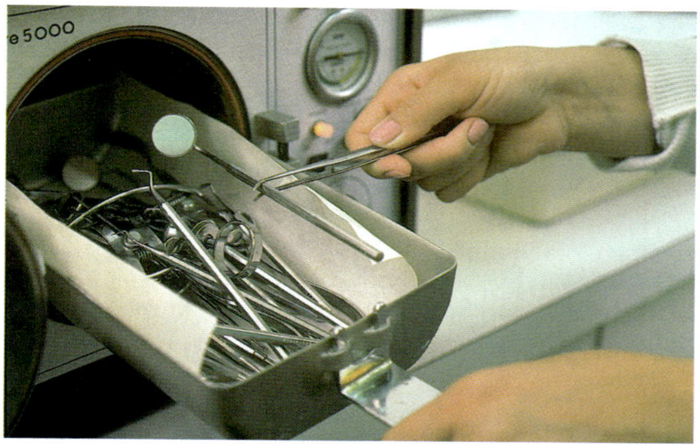


**Figura 13.10 Uma pequena autoclave de bancada.** *(Science Source.)*

de ebulição é elevado, de modo que é possível alcançar temperaturas acima de 100°C. Isso normalmente é obtido com o uso de uma **autoclave**, conforme mostrado na Figura 13.10, em que uma pressão de 15 lb/pol$^2$ acima da pressão atmosférica é mantida por 15 a 20 minutos, dependendo do volume da carga. Nesta pressão, a temperatura alcança 121°C, que é alta o suficiente para matar os esporos, bem como os organismos vegetativos, e romper a estrutura dos ácidos nucleicos nos vírus. Nesse procedimento, é o aumento da temperatura, e não o aumento da pressão, que mata os microrganismos.

A esterilização por autoclavagem é sempre bem-sucedida se for realizada corretamente e se forem seguidas duas regras de senso comum: em primeiro lugar, os objetos devem ser colocados na autoclave, de modo que o vapor possa facilmente penetrar neles; em segundo lugar, o ar deve ser eliminado, de modo que a câmara possa se encher com vapor. Não se recomenda embrulhar objetos em papel de alumínio, visto que ele pode interferir na penetração do vapor. O vapor circula por uma autoclave a partir de uma saída de vapor em direção a uma válvula para evacuação do ar (Figura 13.11). Na preparação dos itens para autoclavagem, os recipientes não devem ser lacrados, e os artigos devem ser embrulhados em materiais que permitam a penetração do vapor. Os grandes pacotes de roupas e grandes frascos de meio necessitam de um tempo adicional para que possam ser penetrados pelo calor. De modo semelhante, o acondicionamento de muitos artigos juntos em uma autoclave aumenta o tempo de processamento em até 60 minutos para garantir a esterilidade. É mais eficiente e mais seguro realizar duas cargas separadas não lotadas do que uma carga lotada.

> Os príons são altamente resistentes e precisam ser esterilizados por autoclavação em temperatura mais altas e por um tempo mais prolongado (134°C durante 18 minutos).

Dispõe-se de vários métodos para assegurar que a autoclavagem produza esterilidade. As autoclaves modernas possuem dispositivos para manter uma pressão adequada e registrar a temperatura interna durante a operação. Independentemente da presença desse tipo de dispositivo, o operador deve verificar periodicamente a pressão e mantê-la apropriada. Nas embalagens, podem-se colocar fitas impregnadas com uma substância que produz o aparecimento da palavra estéril quando foram expostas a uma temperatura efetiva de esterilização. Essas fitas não são totalmente confiáveis, visto que elas não indicam por quanto tempo foram mantidas as condições apropriadas.

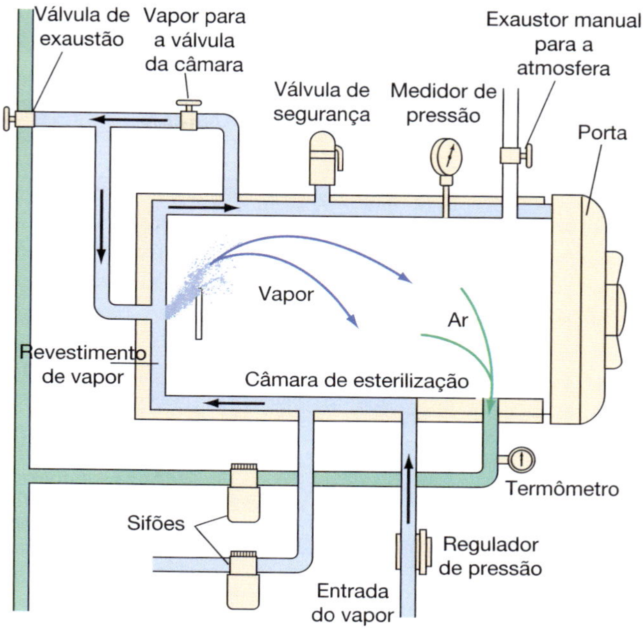


**Figura 13.11 Autoclave.** O vapor é aquecido no revestimento de uma autoclave, entra na câmara de esterilização através de uma abertura na parte posterior superior e é eliminado por uma saída na parte frontal inferior.

Devem-se colocar fitas ou outros indicadores de esterilização dentro e próximo ao centro de grandes embalagens, de modo a determinar se o calor penetrou nelas. Essa precaução é necessária, pois, quando um objeto é exposto ao calor, a sua superfície torna-se quente muito mais rapidamente do que o seu centro. (Por exemplo, quando um grande pedaço de carne é assado, a superfície pode estar bem passada, enquanto o centro permanece mal passado.)

Os Centers for Disease Control and Prevention (CDC) recomendam uma autoclavagem semanal de uma cultura contendo endósporos resistentes ao calor, como os de *Bacillus stearothermophilus*, para verificar o desempenho da autoclave. Dispõe-se no comércio de tiras de endósporos para facilitar essa tarefa (Figura 13.12). Uma tira de esporos e uma ampola de meio são colocadas dentro de um frasco de plástico mole. O frasco é colocado no centro do material a ser esterilizado e é autoclavado. Em seguida, a ampola interna é quebrada, liberando o meio, e todo o recipiente é incubado. Se não for observado nenhum crescimento na cultura autoclavada, a esterilização é considerada efetiva.

Nos grandes laboratórios e hospitais, onde é necessário esterilizar grandes quantidades de materiais, são frequentemente utilizadas autoclaves especiais, denominadas *autoclaves de pré-vácuo* (Figura 13.13). O ar é removido da câmara à medida que o vapor flui, criando um vácuo parcial. O vapor entra e aquece a câmara muito mais rápido do que o faria sem o vácuo, de modo que a temperatura correta é rapidamente alcançada. O tempo de esterilização total é reduzido à metade, e os custos de esterilização também são acentuadamente reduzidos.

## Pasteurização

A **pasteurização**, um processo inventado por Pasteur para destruir os organismos que levavam o vinho a azedar, não produz esterilização. Ele mata patógenos, particularmente *Salmonella* e *Mycobacterium*, que podem estar presentes no leite, em outros

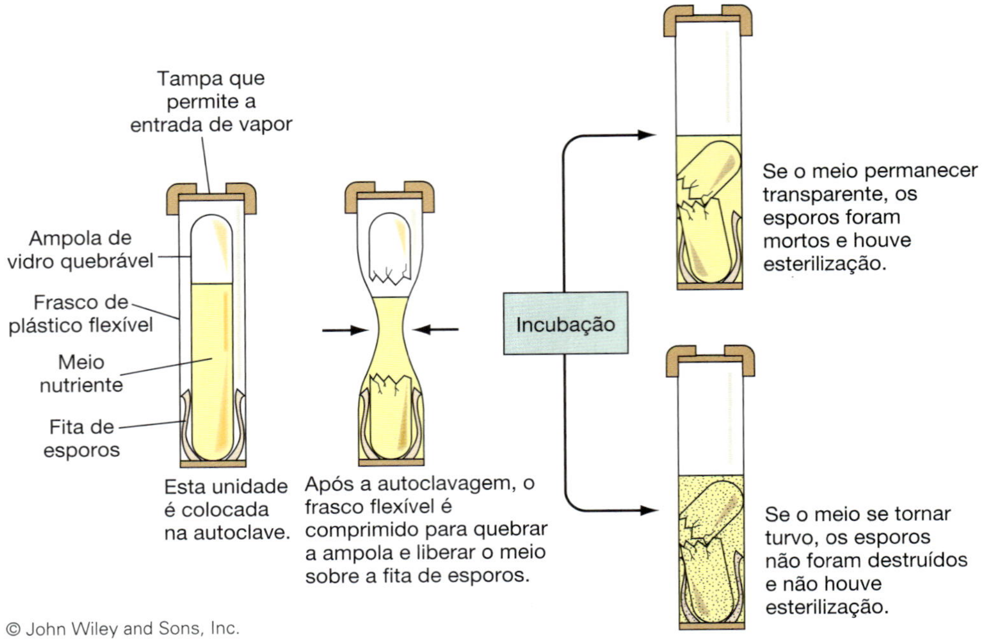


**Figura 13.12 Verificação da esterilização.** Para verificar se uma autoclave está funcionando adequadamente, uma ampola de esporos para teste, disponível no comércio, é colocada na autoclave e tratada com o restante da carga. Em seguida, o frasco é quebrado para liberar o meio de cultura sobre a fita contendo os esporos. Se a carga tiver sido efetivamente esterilizada, os esporos estarão mortos, e não haverá crescimento no meio de cultura. Algumas vezes, acrescenta-se um corante indicador ao meio, que irá se tornar colorido caso ocorra crescimento microbiano, devido ao acúmulo de subprodutos ácidos. Esse método é mais rápido do que aguardar um crescimento suficiente para tornar o meio turvo.

produtos derivados do leite e na cerveja. Até mesmo o leite "orgânico" é atualmente pasteurizado. O *Mycobacterium* costumava ser responsável por muitos casos de tuberculose entre crianças que bebiam leite cru. Beber leite cru representa um perigo. A pasteurização não prejudica o leite. O leite é pasteurizado aquecendo-o a 71,6°C durante pelo menos 15 segundos no *método rápido* ou aquecendo-o a 62,9°C por 30 minutos no *método lento*. Há alguns anos, foram encontradas determinadas cepas de bactérias do gênero *Listeria* no leite e em queijos pasteurizados. Esse patógeno provoca diarreia e encefalite e pode levar à morte de mulheres grávidas. Algumas dessas infecções levantaram questões sobre a necessidade de rever os procedimentos padrão de pasteurização. Entretanto, o achado desses patógenos no leite pasteurizado não se tornou um problema persistente, e nenhuma medida foi tomada; todavia, em 1950, a temperatura da pasteurização foi elevada para matar as bactérias da espécie *Coxiella burnetii* encontradas no leite.

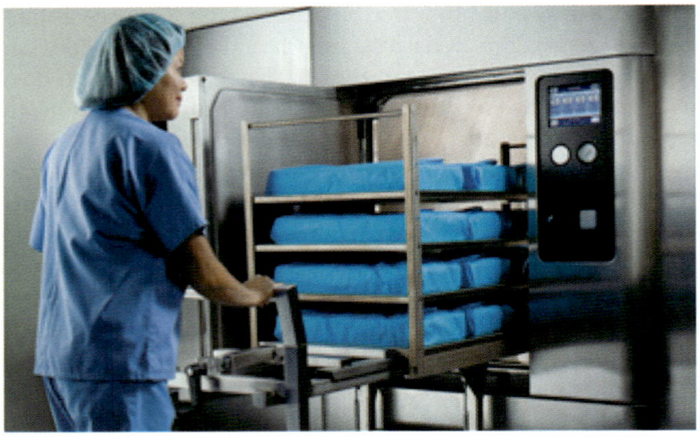

**Figura 13.13 Grande esterilizador a vapor automático.** Os modelos mais modernos de autodesempenho exibem características como grande tamanho, controles de toque de alta resolução, 12 ciclos programáveis, incluindo um ciclo vapor-jato-pressão-pulso opcional, capacidade de acompanhamento por instrumento e sistema de controle remoto e conectividade de monitoramento de ciclo. *(Cortesia de STERIS Corporation.)*

Embora a maior parte do leite para venda nos EUA seja leite fresco pasteurizado, dispõe-se também de leite estéril. Todo leite enlatado em pó ou condensado é estéril, e algumas caixas de leite também são estéreis. O leite enlatado é submetido a vapor sob pressão e tem um sabor "cozido". O leite esterilizado em caixas está amplamente disponível na Europa e pode ser encontrado em algumas lojas nos EUA. É submetido a um processo semelhante à pasteurização, mas que utiliza temperaturas mais altas. Ele também possui um sabor "cozido", mas pode ser mantido sem refrigeração enquanto a caixa estiver lacrada. Esse leite é frequentemente aromatizado com baunilha, morango ou chocolate. O **processamento em temperatura ultra-alta (UHT)** eleva a temperatura de 74 a 140°C e, em seguida, de volta a 74°C em menos de 5 segundos. Um complexo processo de resfriamento que impede o leite de tocar em uma superfície mais quente do que ele próprio impede o desenvolvimento do sabor "cozido". Algumas caixas pequenas, mas nem todas, de creme de café são tratadas por esse método.

## Refrigeração, congelamento, dessecação e criodessecação (liofilização)

A temperatura baixa retarda o crescimento dos microrganismos, pois reduz a velocidade das reações controladas por enzimas, mas não mata muitos microrganismos. O calor é muito

## APLICAÇÃO NA PRÁTICA

### Iogurte

Certos alimentos, como o iogurte, são produzidos pela introdução de organismos no leite, como os lactobacilos, que o fermentam. Com frequência, os alimentos fermentados são tratados pelo calor após a pasteurização inicial, para matar os organismos fermentadores e aumentar o prazo de validade do produto. Os rótulos desses produtos indicam se eles contêm organismos fermentadores vivos. Se você fizer iogurte em casa, tenha certeza de comprar uma marca de cultura viva para iogurte para utilizar como iniciador.

mais efetivo do que o frio para matar os microrganismos. A *refrigeração* é utilizada para impedir a deterioração dos alimentos. O *congelamento*, a dessecação e a criodessecação (liofilização) são utilizados para conservar tanto os alimentos quanto os microrganismos, porém esses métodos não produzem esterilização. Entretanto, o congelamento por vários dias provavelmente irá matar a maior parte dos vermes parasitas encontrados em carnes.

### Refrigeração

Pode-se impedir a deterioração de muitos alimentos frescos mantendo-os a 5°C (temperatura habitual do refrigerador). Entretanto, o armazenamento deve limitar-se a poucos dias, porque algumas bactérias e bolores continuam crescendo nessa temperatura. Para você se convencer disso, lembre-se de algumas das coisas estranhas que você encontrou crescendo nas sobras de alimento no fundo de sua geladeira. Em raras circunstâncias, cepas de *Clostridium botulinum* foram encontradas crescendo e produzindo toxinas letais em uma geladeira quando os organismos estavam localizados no fundo de um recipiente de alimento, onde existem condições anaeróbicas.

### Congelamento

O congelamento a –20°C é utilizado para armazenar alimentos em casa e na indústria alimentar. Embora o congelamento não esterilize os alimentos, ele reduz significativamente a velocidade das reações químicas, de modo que os microrganismos não causem deterioração do alimento. Os alimentos congelados não devem ser descongelados e recongelados. Congelamentos e descongelamentos repetidos dos alimentos levam à formação de grandes cristais de gelo nos alimentos

## APLICAÇÃO NA PRÁTICA

### Conserva caseira

A conserva caseira é feita em banho-maria aberto ou em uma panela de pressão. O alimento deve ser acondicionado frouxamente em potes com muito líquido para que o calor alcance o centro do recipiente. Deve-se deixar um espaço entre os potes. Uma vez processados de maneira adequada, os alimentos em conserva são mantidos indefinidamente. Os potes de condimentos encontrados nos destroços do navio encouraçado *Monitor* da Guerra Civil estavam efetivamente estéreis depois de mais de 100 anos no fundo do oceano Atlântico! O conteúdo teria sido comestível não fossem as quantidades venenosas de chumbo das tampas que se dissolveram no condimento.

O banho-maria alcança uma temperatura de 100°C e é adequado para impedir a deterioração dos alimentos ácidos, como frutas e tomates. O ácido presente nesses alimentos inibe a germinação da maioria dos esporos caso alguns sobrevivam ao tratamento com água fervente. Entretanto, as carnes e os vegetais alcalinos, como o milho e os feijões, precisam ser processados em uma panela de pressão. A adição de cebola ou de pimentão verde a um pote de tomates aumenta o pH, de modo que essas misturas também precisam ser cozidas sob pressão. Devido à existência de esporos tolerantes ao ácido, a conserva caseira é mais segura quando preparada com panela de pressão. Todos os alimentos em conserva comercializados são processados em equipamentos pressurizados. Uma panela de pressão funciona como uma autoclave. Os alimentos nos potes são processados durante pelo menos 15 minutos, a uma pressão de 15 lb/pol$^2$. Quaisquer esporos que possam estar presentes nesses alimentos são destruídos, de modo que o alimento é estéril.

O não processamento de alimentos alcalinos na temperatura elevada alcançada em uma panela de pressão pode levar ao acúmulo da toxina produzida por bactérias ainda vivas de *Clostridium botulinum* enquanto o alimento é armazenado. Até mesmo uma minúscula quantidade dessa toxina pode ser letal. Qualquer alimento em conserva, tanto caseiro quanto comercial, deve ser descartado se apresentar um odor desagradável, ou se as tampas dos recipientes estufarem, visto que isso indica a produção de gás por organismos vivos dentro do recipiente. Infelizmente, pode haver toxinas até mesmo quando as tampas não estufam, e não se observa nenhum odor perceptível, de modo que é preciso ter muito cuidado no preparo de conservas caseiras, de modo a assegurar que seja mantida uma pressão adequada por um período suficientemente longo. Como precaução segura, depois de abrir um pote de alimento em conserva caseira, deve-se fervê-lo por 15 a 20 minutos para destruir qualquer toxina botulínica. Entretanto, a melhor regra a seguir é "quando houver dúvida, jogue fora".

*(Cortesia de Jacquelyn G. Black.)*

durante o congelamento lento. As membranas celulares nos alimentos sofrem ruptura, e os nutrientes extravasam. Assim, a textura dos alimentos é alterada, e eles ficam menos saborosos. Permite também a multiplicação das bactérias enquanto o alimento é descongelado, tornando-o mais suscetível à degradação bacteriana.

O congelamento pode ser utilizado para preservar microrganismos; entretanto, isso exige uma temperatura muito mais baixa do que aquela utilizada para a conservação dos alimentos. Em geral, os microrganismos são suspensos em glicerol ou proteína, para evitar a formação de grandes cristais de gelo (que podem perfurar as células), resfriados com dióxido de carbono sólido (gelo seco) até uma temperatura de –78°C e mantidos dessa maneira. Como alternativa, podem ser colocados em nitrogênio líquido e resfriados a –180°C.

## Dessecação

A dessecação pode ser utilizada para conservar alimentos, porque a ausência de água inibe a ação das enzimas. Muitos alimentos, incluindo ervilhas, feijões, passas e outras frutas, são frequentemente preservados por meio de dessecação (Figura 13.14). As leveduras usadas no fermento também podem ser preservadas por dessecação. Os endósporos presentes nesses alimentos podem sobreviver à dessecação, porém eles não produzem toxinas. *Pepperoni* seco e peixe defumado retêm umidade suficiente para possibilitar o crescimento de microrganismos. Como o peixe defumado não é cozido, o seu consumo está associado a um risco de infecção. Acondicionar esse peixe em sacos de plástico cria condições que possibilitam o crescimento de anaeróbios, como *Clostridium botulinum*.

A dessecação também minimiza naturalmente a disseminação de agentes infecciosos. Algumas bactérias, como *Treponema pallidium*, que provoca sífilis, são muito sensíveis à dessecação e morrem quase imediatamente em uma superfície seca; assim, é possível impedir a sua disseminação mantendo os assentos de vasos sanitários e outras instalações nos banheiros secos. A secagem de roupas em secadoras ou ao sol também destrói os patógenos.

**Figura 13.14 Preservação por dessecação.** A dessecação ao sol é um método antigo para impedir o crescimento de microrganismos. Esses damascos irão permanecer comestíveis, porque os microrganismos necessitam de uma maior quantidade de água do que a que permanece na fruta seca. *(Asia Images Group Pte Ltd/AlamLimited.)*

## Criodessecação

A criodessecação, ou **liofilização**, consiste na dessecação de um material no estado congelado (Figura 13.15). Esse processo é utilizado na fabricação de algumas marcas de café instantâneo; o café instantâneo submetido a criodessecação tem um sabor mais natural do que outros tipos. Os microbiologistas utilizam a liofilização para preservação a longo prazo de culturas de microrganismos, em vez de destruí-las. Os organismos nos frascos são rapidamente congelados em álcool e gelo seco ou em nitrogênio líquido; em seguida, são submetidos a grande vácuo para remover toda a água enquanto estão no estado congelado e, por fim, são lacrados sob vácuo. O congelamento rápido só permite a formação de minúsculos cristais de gelo nas células, de modo que os organismos sobrevivem a esse processo. Os organismos tratados dessa maneira podem ser mantidos vivos por anos, armazenados sob vácuo no estado liofilizado.

A B

**Figura 13.15 Equipamento de criodessecação (liofilização).** A. Secador com bandejas com rolhas, em que as bandejas fornecem o calor necessário para remover a umidade. Após concluir a liofilização *(cerca de 24 horas)*, o dispositivo fecha automaticamente os frascos. *(Cortesia de Millrock Technology.)* B. Um secador múltiplo, em que amostras pré-congeladas em frascos de diferentes tamanhos podem ser fixadas ao secador, que fornece um vácuo para a remoção da água. A amostra irá secar em 4 a 20 horas, dependendo de sua espessura inicial. Diferentemente do secador com bandeja, esse dispositivo permite que amostras sejam adicionadas e removidas. *(Cortesia de Millrock Technology.)*

## Radiação

Podem-se utilizar quatro tipos gerais de radiação – luz ultravioleta, radiação ionizante, radiação de micro-ondas e luz visível intensa (sob certas circunstâncias) – para controlar os microrganismos e conservar os alimentos. Consulte o espectro eletromagnético (ver Figura 4.4) para rever os comprimentos de onda relativos e as posições ao longo do espectro.

### Luz ultravioleta

A luz ultravioleta (UV) consiste em luz de comprimentos de onda entre 40 e 390 nm, porém os comprimentos de onda na faixa de 200 nm são mais efetivos para matar os microrganismos por meio de dano ao DNA e às proteínas. A luz UV é absorvida pelas bases purínicas e pirimidínicas dos ácidos nucleicos. Essa absorção pode destruir permanentemente essas moléculas importantes. A luz ultravioleta é particularmente efetiva na inativação dos vírus. Entretanto, ela mata muito menos bactérias do que se poderia esperar, devido aos mecanismos de reparo do DNA. Após o reparo do DNA, novas moléculas de RNA e de proteína podem ser sintetizadas para repor as moléculas danificadas (ver Capítulo 8). Os endósporos, que se encontram no solo e ficam expostos à luz solar durante décadas, são resistentes ao dano da luz UV, devido a uma pequena proteína que se liga a seu DNA. Isso modifica a geometria do DNA, desenrolando-o ligeiramente e, dessa maneira, tornando-o resistente aos efeitos da irradiação UV.

A luz ultravioleta tem uso limitado, pois não penetra no vidro, em roupas, no papel ou na maioria dos outros materiais e não alcança os cantos nem passa debaixo das bancadas de laboratório. Ela penetra no ar, reduzindo efetivamente o número de microrganismos transportados pelo ar e matando-os nas superfícies dos centros cirúrgicos e salas que irão conter animais engaiolados (Figura 13.16). A luz UV perde a sua efetividade com o passar do tempo e deve ser monitorada com frequência. Para ajudar a sanitizar o ar sem irradiar os seres humanos, a luz UV pode ser ligada quando as salas não estiverem sendo usadas. A exposição à luz UV pode causar queimaduras, como qualquer pessoa que já teve queimadura de sol sabe, e também pode causar dano aos olhos; anos de exposição da pele podem levar ao câncer de pele. Pendurar as roupas lavadas ao ar livre em dias ensolarados tem a vantagem de sua exposição à luz UV. Embora a quantidade de raios UV na luz solar seja pequena, eles podem ajudar a matar as bactérias nas roupas, particularmente nas fraldas.

Em algumas comunidades, a luz UV está substituindo o cloro no tratamento de esgotos. Quando o efluente do esgoto tratado com cloro é descarregado em correntes ou outros corpos de água, formam-se compostos carcinogênicos, que podem entrar na cadeia alimentar. O custo da remoção do cloro antes do descarte do efluente tratado poderia acrescentar mais de 100 dólares por ano nas contas de esgoto da família média norte-americana, e muito poucas estações de tratamento de esgoto fazem esse tipo de tratamento. A exposição do efluente de esgoto à luz UV antes de seu descarte pode destruir os microrganismos, sem alterar o odor, o pH ou a composição química da água e sem formar compostos carcinogênicos (Figura 13.17).

### Radiação ionizante

Os raios X, cujos comprimentos de onda são de 0,1 a 40 nm, e os raios gama, que têm comprimentos de onda mais curtos, constituem formas de *radiação ionizante*, assim denominada pela sua capacidade de deslocar elétrons dos átomos, criando íons. (Os comprimentos de onda mais longos constituem formas de *radiação não ionizante*.) Essas formas de radiação também matam os microrganismos

A irradiação é utilizada em hospitais para esterilizar os alimentos destinados a pacientes imunocomprometidos.

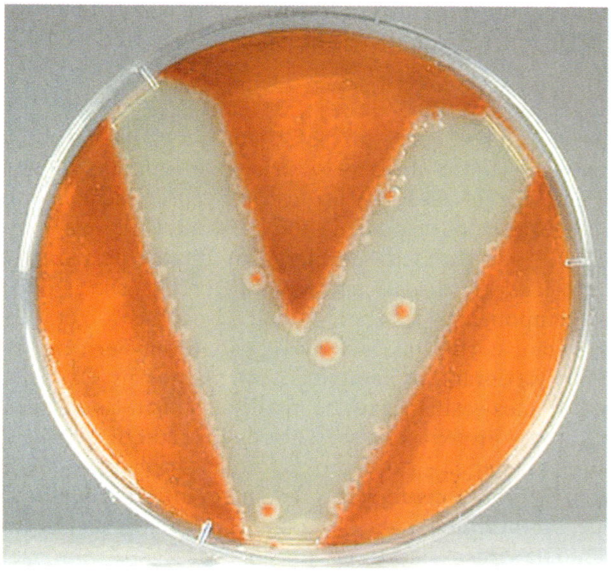

**Figura 13.16 Radiação ultravioleta.** Os efeitos da radiação UV podem ser vistos nessa placa de Petri de *Serratia marcescens*. A área com formato de V foi exposta à luz UV, resultando em morte das células. O restante da placa foi protegido da exposição à radiação UV, de modo que as células permanecem vivas. *(© Gary E Kaiser, Ph. D.)*

**Figura 13.17 A luz ultravioleta irradia uma fina camada de água, matando organismos prejudiciais.** *(Flip Chalfant.)*

e os vírus. Muitas bactérias são destruídas pela absorção de 0,3 a 0,4 milirrad de radiação; os poliovírus são inativados pela absorção de 3,8 milirrads. Um **rad** é uma unidade de energia de radiação absorvida por grama de tecido; 1 milirrad é um milésimo de 1 rad. Em geral, os seres humanos não ficam doentes em consequência de radiação, a não ser que sejam submetidos a doses superiores a 50 rads.

A radiação ionizante causa dano ao DNA e produz peróxidos, os quais atuam como poderosos agentes oxidantes nas células. Essa radiação também pode matar as células humanas ou causar-lhes mutações. É utilizada para esterilizar equipamentos plásticos de laboratório, equipamentos médicos e produtos farmacêuticos. Pode ser utilizada para evitar a deterioração dos frutos do mar em doses de 100 a 250 quilorrads, em carnes de vaca e de aves, em doses de 50 a 100 quilorrads, e em frutas, em doses de 200 a 300 quilorrads. (Um quilorrad equivale a 1.000 rads.) Nos EUA, muitos consumidores rejeitam alimentos irradiados com o medo de receber radiação; todavia, esses alimentos são muito seguros – são desprovidos tanto de patógenos quanto de radiação. Na Europa, o leite e outros alimentos são frequentemente irradiados para obter esterilidade.

A bactéria *Deinococcus radiodurans* é notável pela sua capacidade de sobreviver a uma quantidade de radiação de mais de 1.000 vezes a que mataria um ser humano. Essa bactéria está sendo estudada como candidata a uso na biorremediação de sítios contaminados por materiais radioativos.

## Radiação por micro-ondas

Diferentemente da radiação gama, dos raios X e da radiação UV, a radiação por micro-ondas encontra-se na extremidade de comprimento de onda longo do espectro eletromagnético. Ela possui comprimentos de onda de aproximadamente 1 mm a 1 m, uma faixa que inclui a televisão e o radar de polícia. As frequências dos fornos de micro-ondas são sincronizadas para combinar os níveis de energia nas moléculas de água. No estado líquido, as moléculas de água absorvem rapidamente a energia de micro-ondas e, em seguida, a liberam nos materiais circundantes na forma de calor. Desse modo, os materiais que não contêm água, como pratos de papel, porcelana ou plástico, permanecem frios, enquanto os alimentos úmidos tornam-se aquecidos. Por esse motivo, o micro-ondas caseiro não pode ser utilizado para esterilizar itens, como bandagens e vidrarias. A condução de energia nos metais leva a problemas, como faíscas, o que torna os itens metálicos em sua maior parte também inadequados para a esterilização por micro-ondas. Além disso, os endósporos bacterianos, que quase não contêm água, não são destruídos por micro-ondas. Entretanto, um forno de micro-ondas especializado, que recentemente se tornou disponível, pode ser utilizado para esterilizar meios em apenas 10 minutos (Figura 13.18). Possui 12 recipientes de pressão, cada um deles comportando 100 mℓ de meio. A energia do micro-ondas aumenta a pressão do meio no interior dos recipientes até alcançar as temperaturas de esterilização.

As esponjas de cozinha devem ser limpas na máquina de lavar louça, ou pode-se colocar uma esponja úmida no micro-ondas. Mas não coloque no micro-ondas uma esponja seca, porque esta pode pegar fogo.

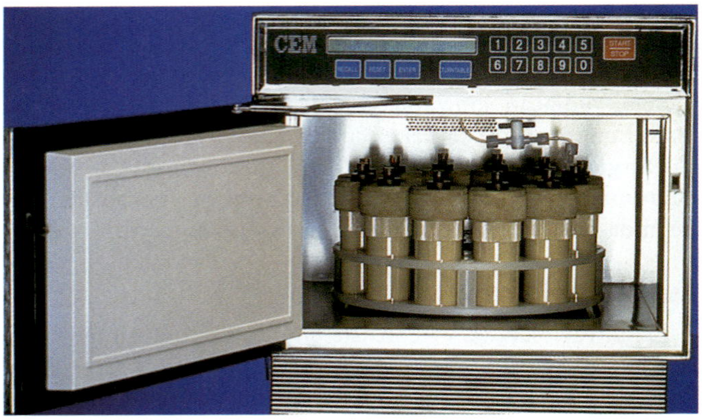


**Figura 13.18 Esterilização por micro-ondas.** O sistema MikroClave® foi especificamente projetado para a rápida esterilização de meios e soluções microbiológicas. Utilizando a energia do micro-ondas, ele pode esterilizar 1,2 ℓ de meio em 6,5 minutos ou 100 mℓ em 45 segundos. O ágar não precisa ser fervido antes da esterilização. *(Cortesia de CEM Corporation.)*

É preciso ter cautela ao cozinhar alimentos no forno de micro-ondas caseiro. A geometria e as diferenças na densidade do alimento que está sendo cozido podem fazer com que determinadas regiões fiquem mais quentes do que outras, deixando algumas vezes pontos muitos frios. Em consequência, para cozinhar completamente alimentos em um forno de micro-ondas, é necessário girar os itens mecânica ou manualmente. Por exemplo, os assados de carne de porco precisam ser frequentemente girados e cozidos por completo para matar os cistos de *Trichinella*, o nematódeo do porco (ver Capítulo 23). A não destruição desses cistos pode levar ao desenvolvimento da triquinose, uma doença em que os cistos do verme ficam alojados nos músculos e em outros tecidos humanos. Todos os assados de carne de porco infectados experimentalmente, quando colocados em forno de micro-ondas sem rotação, apresentaram vermes vivos remanescentes em alguma porção no final do tempo padrão de cozimento.

## Luz visível intensa

Sabe-se há anos que a luz solar tem um efeito bactericida; entretanto, esse efeito deve-se principalmente aos raios UV presentes na luz do sol. A luz visível intensa, que contém luz de comprimentos de onda de 400 a 700 nm (luz violeta a vermelha), pode ter efeitos bactericidas diretos pela oxidação de moléculas fotossensíveis, como a riboflavina e as porfirinas (componentes das enzimas oxidativas) nas bactérias. Por essa razão, as culturas bacterianas não devem ser expostas a luz intensa durante as manipulações laboratoriais. Os corantes fluorescentes eosina e azul de metileno podem causar desnaturação das proteínas na presença de luz intensa, porque eles absorvem energia e causam oxidação das proteínas e dos ácidos nucleicos. A combinação de um corante com luz intensa pode ser utilizada para livrar materiais tanto de bactérias quanto de vírus.

## Ondas sônicas e ultrassônicas

As ondas sônicas, ou sonoras, na faixa audível podem destruir as bactérias se forem de intensidade suficiente. As ondas ultrassônicas, ou ondas com frequência acima de 15.000 ciclos por segundo, podem provocar a formação de cavidades nas bactérias. A **cavitação** é a formação de um vácuo parcial em um líquido – neste caso, o líquido citoplasmático da célula bacteriana. As bactérias assim tratadas sofrem desintegração, e suas proteínas são desnaturadas. As enzimas utilizadas em detergentes são obtidas por cavitação da bactéria *Bacillus subtilis*. A ruptura das células por ondas sonoras é denominada **sonicação**. Nem as ondas sônicas nem as ultrassônicas constituem um meio prático de esterilização. Nós as mencionamos aqui em virtude de sua utilidade na fragmentação das células para o estudo das membranas, dos ribossomos, das enzimas e de outros componentes.

## Filtração

A **filtração** é a passagem de um material através de um filtro, ou dispositivo coador. A esterilização por filtração exige o uso de filtros com poros extremamente pequenos. A filtração tem sido utilizada desde a época de Pasteur para separar bactérias dos meios e para esterilizar materiais que seriam destruídos pelo calor. Durante anos, os filtros eram feitos de porcelana, asbesto, terra de diatomáceas e vidro sinterizado (vidro que foi aquecido sem derreter). Os *filtros de membrana* (Figura 13.19), que consistem em discos finos com poros que impedem a passagem de qualquer partícula maior do que o tamanho do poro, são agora amplamente usados. Em geral, esses filtros são feitos de nitrocelulose e apresentam a grande vantagem de poder ser fabricados com tamanhos de poros específicos desde 25 μm a menos de 0,025 μm. As partículas filtradas por vários tamanhos de poros estão resumidas na Tabela 13.4.

Os filtros de membrana têm certas vantagens e desvantagens. Com exceção dos que têm os menores tamanhos de poros, os filtros de membrana são relativamente baratos, não apresentam obstrução fácil e podem filtrar grandes volumes de líquidos com razoável rapidez. Podem ser autoclavados ou comprados já esterilizados. Uma desvantagem desses filtros de membrana é que muitos deles permitem a passagem de vírus e de alguns micoplasmas. Outras desvantagens são que podem absorver quantidades relativamente grandes do filtrado e podem introduzir íons metálicos no filtrado.

Os filtros de membrana são utilizados para esterilizar materiais que provavelmente seriam danificados com a esterilização pelo calor. Esses materiais incluem meios, nutrientes especiais que podem ser acrescentados aos meios e produtos farmacêuticos, como medicamentos, soro e vitaminas. Alguns filtros podem ser fixados a seringas, de modo que os materiais possam ser forçados a passar com relativa

**Tabela 13.4** Tamanho dos poros dos filtros de membrana e partículas que passam através deles.

| Tamanho do poro (em μm) | Partículas que passam através dos poros |
|---|---|
| 10 | Eritrócitos, leveduras, bactérias, vírus, moléculas |
| 5 | Leveduras, bactérias, vírus, moléculas |
| 3 | Algumas leveduras, bactérias, vírus, moléculas |
| 1,2 | A maioria das bactérias, vírus, moléculas |
| 0,45 | Algumas bactérias, vírus, moléculas |
| 0,22 | Vírus, moléculas |
| 0,10 | Vírus de tamanho médio a pequeno, moléculas |
| 0,05 | Vírus pequenos, moléculas |
| 0,025 | Apenas os vírus de menor tamanho, moléculas |
| Ultrafiltro | Pequenas moléculas |

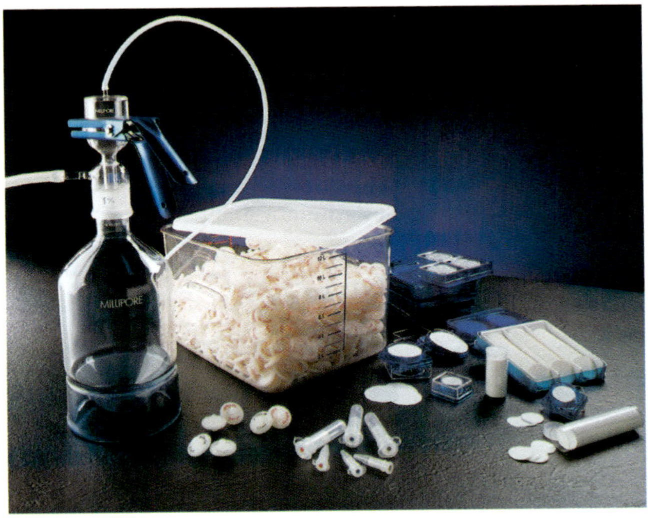


A

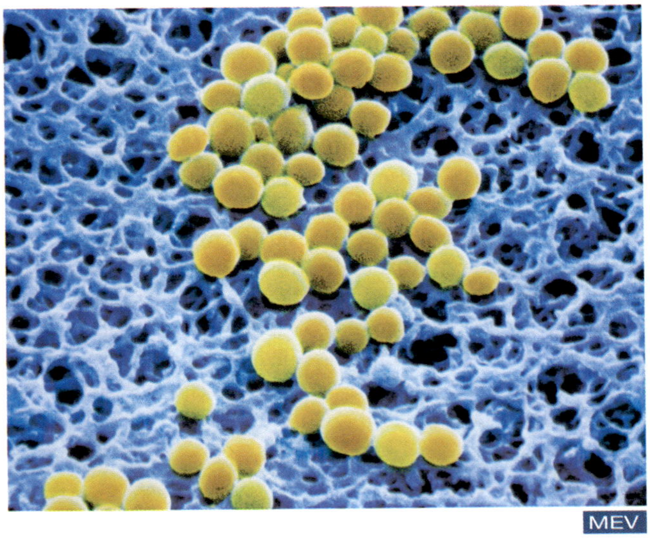


B

**Figura 13.19 Esterilização por filtração.** A. Dispõe-se de vários tipos de filtros de membrana para a esterilização de quantidades grandes ou pequenas de líquidos. Alguns podem ser filtrados a vácuo, assegurando que aquilo que é forçado para dentro da garrafa ou do frasco estará estéril. *(Cortesia de Millipore Corporation, Billerica, Massachusetts.)* B. Micrografia eletrônica de varredura de células do *Staphylococcus epidermidis* (19.944×) retidas na superfície de um filtro de membrana Millipore de 0,22 μm. O tamanho do poro da membrana pode ser selecionado para possibilitar a passagem de vírus, mas não de bactérias, ou para impedir a passagem de ambos. *(Cortesia de Millipore Corporation, Billerica, Massachusetts.)*

rapidez. A filtração também pode ser utilizada em vez da pasteurização na fabricação de cerveja. Quando são utilizados filtros para esterilizar materiais, é importante selecionar o tamanho do poro que irá impedir a passagem de qualquer agente infeccioso no produto.

Na fabricação de vacinas que exigem a presença de vírus vivos, é importante selecionar um filtro cujo tamanho do poro permitirá a passagem dos vírus através do filtro, mas não as bactérias. Com a escolha de um filtro com poros de tamanho apropriado, os cientistas podem separar os poliovírus do líquido e restos celulares nas culturas de tecido nas quais eles cresceram. Esse procedimento simplifica a produção de vacina contra a poliomielite. Atualmente, dispõe-se de filtros de acetato de celulose com poros extremamente minúsculos, que são capazes de remover muitos vírus (mas não os de menor tamanho) dos líquidos. Todavia, esses filtros são de alto custo e entopem com facilidade.

Os filtros de membrana utilizados para capturar as bactérias do ar e de amostras de água podem ser transferidos diretamente para placas de ágar, e pode-se determinar a quantidade de bactérias presentes na amostra. Como alternativa, os filtros podem ser transferidos de um meio para outro, de modo que possam ser detectados organismos com exigências nutricionais diferentes. A filtração também é utilizada para remover microrganismos e outras partículas pequenas de suprimentos de água públicos e de estações de tratamento de esgotos. Entretanto, essa técnica não pode esterilizar; ela meramente reduz a contaminação.

São utilizados *filtros de partículas de ar de alta eficiência (HEPA)* em sistemas de ventilação de áreas onde o controle microbiano é particularmente importante, como centros cirúrgicos, unidades de queimados e capelas de fluxo laminar em laboratórios. Os filtros de HEPA também capturam organismos liberados nos quartos ocupados por pacientes com tuberculose e em laboratórios onde são estudados microrganismos particularmente perigosos, como as unidades de contenção máxima, como aquela mostrada na Figura 16.14. Esses filtros removem quase todos os organismos com diâmetro maior que 0,3 $\mu$m. Os filtros utilizados são saturados com formalina antes de serem descartados. A maioria dos quartos para pacientes com tuberculose tem um "corredor" externo fora da porta principal que abre para o quarto. A pressão de ar negativa no interior do quarto deve fazer com que o ar fora do quarto seja aspirado para dentro sempre que a porta for aberta. Entretanto, testes realizados demonstraram que ainda assim ocorre algum escapamento de ar do quarto; isso explica a necessidade de um pequeno "corredor" de contenção fora do quarto. É importante lembrar-se de colocar sempre a máscara *antes* de entrar no pequeno "corredor", visto que nele haverá alguns germes de TB.

## Pressão osmótica

As concentrações elevadas de sal, açúcar ou outras substâncias criam um meio hiperosmótico, que extrai a água dos microrganismos por osmose (ver Capítulo 5). A **plasmólise** ou perda de água interfere acentuadamente na função celular e, por fim, leva à morte da célula. O uso de açúcar em geleias, gelatinas e xaropes ou de soluções de sais para a salga de carne e preparo de picles provoca plasmólise da maioria dos organismos presentes e impede o crescimento de novos organismos. Entretanto, alguns organismos halofílicos prosperam nessas condições e provocam deterioração, particularmente dos picles, e alguns fungos podem sobreviver na superfície de geleias.

A **Tabela 13.5** fornece um resumo das propriedades dos agentes antimicrobianos físicos.

## No futuro

Entre os novos produtos que estão sendo experimentados, destaca-se um tipo de tinta de polímero que seca com milhões de espículas microscópicas. Já se dispõe de um produto microbicida da Sherwin Williams, registrado pela Environmental Protection Agency (EPA), denominado "Paint Shield®". Esse produto mata mais de 99,9% das bactérias, incluindo *Staphylococcus aureus*, MRSA (*Staphylococcus aureus* resistente à meticilina), VRE (*Enterococcus* resistente à vancomicina), *Escherichia coli* e *Enterobacter aerogenes*, nas primeiras 2 horas após aplicação em uma superfície pintada. Continua exercendo esse efeito durante aproximadamente 4 anos, enquanto a superfície de tinta permanecer intacta. O produto pode ser lavado repetidamente. É constituído de um composto de amônio quaternário e tinta hidrossolúvel. Esse produto seria útil para hospitais, instalações atléticas, banheiros e cozinhas, para citar apenas alguns lugares. Além disso, é apresentado em 550 cores. Outro produto novo é um revestimento de material antimicrobiano, que é ativado quando a luz ultravioleta (UV) incide nele, combinando, assim, os efeitos da luz UV e o poder de destruição química. Um terceiro método utiliza soluções de bacteriófagos. O exército dos EUA e a EPA estão testando o uso de bacteriófagos para a descontaminação de áreas, como emissões de antraz, e os cientistas especializados na agricultura estão testando bacteriófagos para reduzir as bactérias em áreas de transferência, onde os animais são transportados. Outro método para controle microbiano foi inventado por um grupo na Coreia do Sul, onde agora podem fabricar tecido microbicida. Esse tecido poderia ser utilizado para bandagens, campos cirúrgicos, roupas, lençóis para casa e assim por diante.

### PARE e RESPONDA

1. A filtração da água através de um papel não a esteriliza. Como, então, as membranas de filtro podem esterilizar a água?
2. Um forno de micro-ondas caseiro pode ser utilizado para esterilizar objetos? Por que sim ou por que não?
3. Os cubos de gelo são fontes seguras de água em áreas com abastecimento de água deficiente?
4. Os produtos pasteurizados são esterilizados?

**Tabela 13.5** Propriedades dos agentes antimicrobianos físicos.

| Agente | Ação | Uso |
|---|---|---|
| Calor seco | Desnaturação das proteínas | O calor do forno é utilizado para a esterilização das vidrarias e objetos de metal; a chama é utilizada para incinerar os microrganismos. |
| Calor úmido | Desnaturação das proteínas | A autoclavagem esteriliza meios, bandagens e muitos tipos de equipamentos hospitalares e de laboratório que não são danificados pelo calor e pela umidade; o cozimento sob pressão esteriliza os alimentos em conserva. |
| Pasteurização | Desnaturação das proteínas | Mata patógenos no leite, em laticínios e na cerveja. |
| Refrigeração | Redução da velocidade das reações controladas por enzimas | Utilizada para manter os alimentos frescos por alguns dias; não mata a maioria dos microrganismos. |
| Congelamento | Acentuada redução da velocidade da maioria das reações controladas por enzimas | Utilizado para manter os alimentos frescos por vários meses; não mata os microrganismos; utilizado com glicerol para preservar microrganismos. |
| Dessecação | Inibição das enzimas | Utilizada para a conservação de algumas frutas e vegetais; algumas vezes, usada com defumação para conservação de linguiças e peixes. |
| Criodessecação (liofilização) | Inibição das enzimas por desidratação | Utilizada para fabricar alguns cafés instantâneos; usada para preservar microrganismos por vários anos. |
| Luz ultravioleta | Desnaturação das proteínas e dos ácidos nucleicos | Utilizada para reduzir o número de microrganismos do ar em centros cirúrgicos, biotérios e locais de transferência de culturas. |
| Radiação ionizante | Desnaturação das proteínas e dos ácidos nucleicos | Utilizada para esterilizar plásticos e produtos farmacêuticos e para conservar alimentos. |
| Radiação por micro-ondas | Absorção de moléculas de água, em seguida, liberação da energia de micro-ondas no meio circundante na forma de calor | Não pode ser utilizada com segurança para destruir microrganismos, exceto em equipamentos de esterilização de meios de cultura especiais. |
| Luz visível intensa | Oxidação de materiais fotossensíveis | Pode ser utilizada com corantes para destruir bactérias e vírus; pode ajudar a sanitizar roupas. |
| Ondas sônicas e ultrassônicas | Produção de cavitação | Não constituem um meio prático de matar os microrganismos, porém são úteis no fracionamento e no estudo dos componentes das células. |
| Membranas de filtração | Remoção mecânica dos microrganismos | Utilizada para esterilizar meios, produtos farmacêuticos e vitaminas, na produção de vacinas e para obtenção de amostras de microrganismos no ar e na água. |
| Pressão osmótica | Remoção da água dos microrganismos | Utilizada para impedir a deterioração de alimentos, como picles e geleias. |

# RESUMO

## PRINCÍPIOS DE ESTERILIZAÇÃO E DESINFECÇÃO

- A **esterilização** refere-se à destruição ou à remoção de todos os organismos em qualquer material ou objeto
- A **desinfecção** refere-se à redução do número de organismos patogênicos em objetos ou materiais, de modo que eles não representem mais um risco de transmissão de doença
- Os termos importantes relacionados com a esterilização e a desinfecção estão definidos na Tabela 13.1
- Dada a taxa de mortalidade logarítmica dos microrganismos, uma proporção definida de organismos morre em determinado intervalo de tempo
- Quanto menos organismos presentes, menor o tempo necessário para obter a esterilidade
- Os microrganismos diferem quanto à sua suscetibilidade a agentes antimicrobianos.

## AGENTES ANTIMICROBIANOS QUÍMICOS

### Potência dos agentes químicos

- A potência, ou efetividade, de um agente antimicrobiano químico é afetada pelo tempo, pela temperatura, pelo pH e pela concentração do agente
- A potência aumenta com a duração de exposição dos organismos ao agente, com o aumento da temperatura, a presença de pH ácido ou alcalino e uma concentração habitualmente aumentada do agente.

### Avaliação da efetividade dos agentes químicos

- A avaliação da efetividade é difícil, e não se dispõe de nenhum método totalmente satisfatório
- Para agentes semelhantes ao fenol, determina-se o **coeficiente fenólico**; trata-se da razão entre a diluição do agente e a diluição do fenol que irá matar todos os organismos em 10 minutos, mas não em 5 minutos

- Diversos critérios são considerados na seleção de um **desinfetante**. Na prática, a maioria dos agentes químicos é testada em várias situações e utilizada naquelas em que produzem resultados satisfatórios
- As ações dos agentes antimicrobianos químicos podem ser agrupadas de acordo com seus efeitos sobre as proteínas, as membranas celulares e outros componentes da célula
- As reações que alteram as proteínas incluem a hidrólise, a oxidação e a ligação de átomos ou de grupos químicos às moléculas de proteína. Essas reações provocam desnaturação das proteínas, tornando-as não funcionais
- Pode-se induzir a ruptura das membranas por meio de agentes que desnaturam as proteínas ou por **surfactantes**, que reduzem a tensão superficial e dissolvem os lipídios
- As reações de outros agentes químicos causam danos aos ácidos nucleicos e aos sistemas de produção de energia. O dano aos ácidos nucleicos constitui um importante meio de inativar os vírus
- Os sabões e os detergentes ajudam a remoção dos microrganismos, dos óleos e da sujeira, mas não produzem esterilização
- Os ácidos são comumente utilizados como conservantes de alimentos; os álcalis em sabões ajudam a destruir os microrganismos
- Entre os agentes que contêm metais pesados, o nitrato de prata é utilizado para matar gonococos, enquanto os compostos contendo mercúrio são usados para desinfetar os instrumentos e a pele
- Entre os agentes que contêm halogênios, o cloro é utilizado para matar patógenos na água, enquanto o iodo é importante ingrediente de vários desinfetantes para a pele
- Os álcoois são utilizados para desinfetar a pele
- Os derivados do fenol podem ser utilizados na pele, em instrumentos, na louça e nos móveis, bem como para destruir culturas a serem descartadas; eles funcionam bem na presença de materiais orgânicos
- Os agentes oxidantes são particularmente úteis na desinfecção de feridas por punção
- Os agentes alquilantes podem ser utilizados para desinfetar ou para esterilizar uma variedade de materiais, porém todos são carcinogênicos
- Alguns corantes, óleos vegetais, substâncias contendo enxofre e nitratos podem ser utilizados como desinfetantes ou como conservantes de alimentos.

## AGENTES ANTIMICROBIANOS FÍSICOS

### Princípios e aplicações da morte pelo calor

- O calor destrói os microrganismos por meio de desnaturação das proteínas, derretendo os lipídios e, quando se utiliza uma chama, por incineração
- O calor seco é utilizado para esterilizar objetos metálicos e vidraria
- A chama é utilizada para esterilizar alças de inoculação e bocas de tubos de cultura
- A **autoclave**, que utiliza o calor úmido sob pressão, é um instrumento comum para esterilização, que é muito efetivo quando são seguidos os procedimentos apropriados
- A **pasteurização** mata a maioria dos patógenos no leite, nos laticínios e na cerveja, mas não os esteriliza
- Refrigeração, congelamento, dessecação e criodessecação (ou liofilização) podem ser usados para retardar o crescimento dos microrganismos
- A **liofilização**, que consiste em secagem no estado congelado, pode ser utilizada para a preservação de microrganismos vivos a longo prazo.

### Radiação

- A radiação utilizada para controlar os microrganismos inclui a luz ultravioleta, a radiação ionizante e, algumas vezes, micro-ondas e luz solar intensa.

### Ondas sônicas e ultrassônicas

- As ondas sônicas e ultrassônicas podem matar os microrganismos, porém são utilizadas principalmente na **sonicação,** que consiste na ruptura das células por ondas sonoras
- A **filtração** pode ser utilizada para esterilizar substâncias que são destruídas pelo calor, para separar vírus e para coletar microrganismos a partir de amostras de ar e de água
- O açúcar ou o sal em altas concentrações criam uma pressão osmótica que resulta em **plasmólise** das células (provocam perda de água) e impedem o crescimento de microrganismos em alimentos extremamente doces ou salgados.

## TERMOS-CHAVE

aerossol
agente umectante
antisséptico
autoclave
bactericida
bacteriostático
cavitação
coeficiente fenólico
composto de amônio quaternário (*quat*)
desinfecção
desinfetante
esterilidade
esterilização
filtração
liofilização
método do papel de filtro
pasteurização
plasmólise
ponto de morte térmica
processamento em temperatura ultra-alta (UHT)
rad
sonicação
surfactante
tempo de morte térmica
tempo de redução decimal (TRD)
teste da diluição de uso
tintura
valor D

CAPÍTULO

# 14 Terapia Antimicrobiana

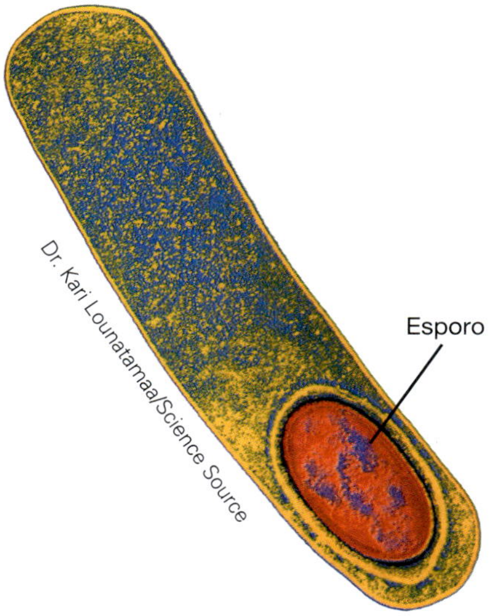


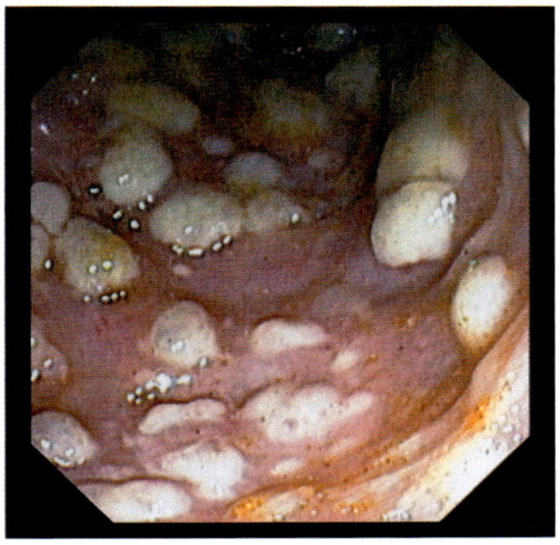


Vista endoscópica do cólon mostrando placas de pseudomembrana.

Anna, de 94 anos de idade, chegou ao hospital com desidratação. Durante a sua internação na unidade de terapia intensiva (UTI), desenvolveu pneumonia bilateral profunda. Como a UTI abriga alguns microrganismos temíveis, foi tratada extensivamente com antibacterianos fortes (p. ex., ciprofloxacino, levofloxacino e clindamicina). Esses fármacos a livraram da pneumonia, mas também mataram a maior parte dos microrganismos benéficos normais que residem em seu cólon – todos, exceto *Clostridium difficile* (habitualmente denominado *C. diff.*). Isso foi logo acompanhado por forte diarreia, com 13 a 18 evacuações por dia, dor abdominal e febre. Sem os microrganismos normais presentes para competir pelo espaço e por nutrientes no cólon de Anna, *C. diff.* rapidamente se multiplicou, produzindo toxinas A e B. Essas toxinas podem causar a formação de uma "pseudomembrana" de células inflamatórias, células mortas e fibrina (ver foto). Podem ocorrer também perfuração intestinal e megacólon (aumento acentuado do cólon). O teste ELISA para ambas as toxinas confirmou o diagnóstico. Um por cento dos pacientes que permanecem internados por menos de 2 semanas adquire infecção por *C. diff.*, porém 50% dos que permanecem por mais de 4 semanas o adquirem. Os casos mais comuns consistem em pacientes idosos que foram tratados com antibacterianos.

O fármaco de primeira escolha é o antibacteriano metronidazol, de menor custo, mas que frequentemente não funciona. O cloridrato de vancomicina é a segunda e última escolha; *C. diff.* é resistente a qualquer outro antibacteriano. Entretanto, o fármaco custa mais de 2.000 dólares por semana, mesmo com cobertura para prescrições do Medicare Part D,[1] representando enorme carga financeira para uma pessoa idosa. A sua versão genérica, a vancomicina, não tem efeito confiável. *Saccharomyces boulardii*, uma levedura probiótica, ajuda a restaurar a microflora normal.

A recidiva é comum, mesmo depois de 6 semanas de tratamento com cloridrato de vancomicina. Algumas pessoas podem nunca se recuperar, enquanto outras têm recaídas frequentes por períodos de até 7 anos. Por que tantas recidivas? *Clostridium* é um gênero formador de esporos, e *C. difficile* produz grande quantidade de esporos – alguns permanecem no cólon, enquanto outros são eliminados com as fezes. Esses esporos são de vida longa em superfícies de objetos inanimados: grades laterais dos leitos, comadres, paredes, pisos etc. Os desinfetantes hospitalares comuns e os géis à base de álcool para as mãos não matam os esporos. Todavia, a solução de hipoclorito de sódio é efetiva. A não ser que a limpeza seja muito rigorosa e sejam observados cuidadosamente os procedimentos de isolamento de contato, *C. diff.* infecta um paciente após outro.

[1]N.R.T.: Medicare é um plano de saúde do governo dos EUA destinado a pessoas com idade igual ou superior a 65 anos. O tipo de plano Parte D é opcional e oferecido aos assegurados do Medicare por empresas privadas a um custo adicional, que ajuda em parte do custo de medicação dos assegurados que o possuem.

Outro problema é o fato de que as células de *C. diff.* liberam produtos que fazem com que as células epiteliais que revestem o cólon desenvolvam projeções digitiformes, que envolvem as células de *C. diff.* e as mantêm firmemente aderidas ao epitélio. Entretanto, uma nova técnica, denominada transplante fecal, está obtendo taxas de sucesso de 95%, embora possa ser necessário tentá-la várias vezes. Procede-se ao esvaziamento do cólon do paciente por meio de enema e antibacterianos. Em seguida, as fezes de um doador sadio, que foi submetido a exame completo para doenças, são suspensas em soro fisiológico para obter um caldo espesso. Esse produto é introduzido no cólon do paciente por enema, mantido no local por 25 minutos, drenado, para imediatamente repetir o processo. A esperança é que os microrganismos normais das fezes do doador se estabeleçam e proliferem de modo a eliminar a população de *C. diff.*

Uma boa notícia: ensaios clínicos mostraram que um novo fármaco, que está começando a aparecer no mercado, a fidaxomicina, é superior ao cloridrato de vancomicina, prevenindo as recaídas em 50%.

## MAPA DO CAPÍTULO

**Siga o mapa do capítulo para auxiliar na identificação dos conceitos principais do texto.**



**Enquanto você está deitado em seu leito de hospital**, sofrendo de alguma doença infecciosa, como é reconfortante ser capaz de estender os braços, tomar alguns comprimidos e esperar uma breve recuperação. Entretanto, as pessoas nem sempre foram capazes de fazer isso. Ao longo dos tempos, pais ansiosos viram seus filhos morrer de febre, diarreia, ferimentos infectados e outras doenças. Aldeias inteiras foram devastadas pela peste. Em meados do século XIV, mais de um quarto da população da Europa morreu de Peste Negra (peste bubônica) em apenas alguns anos. Mais pessoas ainda morreram de infecção em épocas de guerra do que em consequência de espadas ou balas. Até uma época relativamente recente, as únicas defesas contra as doenças infecciosas eram tratamentos como chás de ervas e emplastros ou sair da região onde a doença estava atacando. Armas modernas e efetivas contra os microrganismos – antibacterianos e sulfas – só se tornaram disponíveis no século XX.

Lembre-se do seu passado. Houve ocasiões em que você poderia ter morrido se não houvesse medicamentos antimicrobianos? Com que idade você poderia ter morrido? Qual dos membros de sua família poderia não estar vivo agora? Felizmente, vivemos em uma época melhor no que se refere a doenças e mortes causadas por organismos infecciosos. Nos EUA, a expectativa de vida de uma criança nascida em 1850 era de menos de 40 anos; em 1900, alcançou cerca de 50 anos; e, em 2011, era de mais de 78,7 anos. As doenças infecciosas tiravam a vida de cerca de 1 em cada 100 habitantes por ano nos EUA até 1900, mas esse poder ficou reduzido para cerca de 1 em 300 em 2000. Embora os agentes antimicrobianos ainda não consigam salvar todos os pacientes, eles reduziram drasticamente a taxa de mortalidade das doenças infecciosas. Entretanto, é possível testemunhar o retorno de um período de aumento das doenças infecciosas se os pacientes e a comunidade médica não conseguirem manter a efetividade dos agentes antimicrobianos. À medida que muitos patógenos desenvolvem resistência aos fármacos antimicrobianos disponíveis, nossa capacidade de combater as doenças infecciosas vai diminuindo.

## QUIMIOTERAPIA ANTIMICROBIANA

O termo **quimioterapia** foi criado pelo médico e pesquisador alemão Paul Ehrlich para descrever o uso de substâncias químicas para matar organismos patogênicos sem prejudicar o hospedeiro. Atualmente, a quimioterapia refere-se ao uso de substâncias químicas para o tratamento de vários aspectos da doença – ácido acetilsalicílico para a cefaleia e a inflamação, medicamentos para regular a função cardíaca e agentes para livrar o corpo de células malignas. Com essa ampla definição moderna de quimioterapia, descrevemos um **agente quimioterápico** como qualquer substância química utilizada na prática médica. Esses agentes são também designados como **fármacos**.

Em microbiologia, o nosso interesse está concentrado nos **agentes antimicrobianos**, um grupo especial de agentes quimioterápicos utilizados para o tratamento de doenças causadas por microrganismos. Desse modo, em termos modernos, um agente antimicrobiano é sinônimo de agente quimioterápico, conforme originalmente definido por Ehrlich. Neste capítulo, iremos considerar uma variedade de agentes antimicrobianos e alguns fármacos utilizados no tratamento das infecções por helmintos.

**Antibiose** significa literalmente "contra a vida". Na década de 1940, Selman Waksman, o descobridor da estreptomicina, definiu um **antibiótico** como "uma substância química produzida por microrganismos, que têm a capacidade de inibir o crescimento das bactérias e até mesmo destruir bactérias e outros microrganismos em solução diluída". Em contrapartida, os agentes sintetizados no laboratório são denominados **fármacos sintéticos**. Alguns agentes antimicrobianos são sintetizados pela modificação química de uma substância proveniente de um microrganismo. Com mais frequência, um precursor sintético diferente do natural é fornecido a um microrganismo, que então completa a síntese do antibacteriano. Os agentes antimicrobianos produzidos em parte por síntese laboratorial e em parte por microrganismos são denominados **fármacos semissintéticos**.[2]

## HISTÓRICO DA QUIMIOTERAPIA

No decorrer da história, os homens sempre tentaram aliviar o sofrimento com o tratamento das doenças – frequentemente pela ingestão de misturas de substâncias vegetais. Embora os antigos egípcios usassem o pão mofado para tratar ferimentos, eles não tinham conhecimento dos antibióticos contidos nos fungos. Extratos da casca do salgueiro, que agora sabemos que contém um composto estreitamente relacionado com o ácido acetilsalicílico, eram utilizados para aliviar a dor. Partes da planta dedaleira[3] eram utilizadas para o tratamento de doenças cardíacas no século XVI, embora o princípio ativo, a digitalina, não tivesse sido identificado. De modo semelhante, os extratos contendo quinina provenientes da árvore cinchona[4] eram utilizados para tratar a malária.

Apesar de sua reputação pelo uso de rituais irrelevantes para a cura de doenças, os curandeiros tradicionais das sociedades primitivas, particularmente nos trópicos, são grandes conhecedores das propriedades medicinais das plantas. Seus conhecimentos eram transmitidos de geração a geração. Como esses curandeiros estão desaparecendo, as empresas farmacêuticas estão tentando aprender com eles, fazendo registros escritos de seus tratamentos e testando as plantas que eles utilizam.

Na civilização ocidental, coube a Paul Ehrlich a primeira tentativa sistemática de encontrar substâncias químicas específicas capazes de tratar doenças infecciosas (ver Capítulo 1). Embora a descoberta da arsfenamina por Paul Ehrlich, em 1910, para o tratamento da sífilis tenha sido de grande benefício terapêutico, mais importantes ainda foram os conceitos que ele desenvolveu na nova ciência da quimioterapia. Ehrlich estava interessado nos mecanismos pelos quais as substâncias químicas ligam-se aos microrganismos e aos tecidos animais. Seus estudos sobre as substâncias químicas que se ligam aos tecidos levaram ao desenvolvimento dos corantes histológicos que ainda utilizamos hoje em dia.

Os avanços seguintes na quimioterapia foram o desenvolvimento quase concomitante das sulfas e dos antibióticos. Em 1935, Gerhard Domagk descobriu que o Prontosil®, um corante vermelho, inibe o crescimento de muitas bactérias gram-positivas. No ano seguinte, Ernest Fourneau descobriu que a atividade antimicrobiana era devida à fração sulfanilamida da molécula do Prontosil®. Essas descobertas estimularam o desenvolvimento de um grupo de substâncias denominadas *sulfonamidas* ou *sulfas*. À medida que o número de sulfas aumentou, tornou-se

### APLICAÇÃO NA PRÁTICA

#### Quando médicos aprenderam a curar

"A explicação era a verdadeira ocupação da medicina. O que o doente e a sua família mais queriam era saber o nome da doença e, então, se possível, o que a tinha causado e, por fim, o mais importante de tudo, o que possivelmente iria acontecer... Gradualmente, começamos a perceber que não sabíamos muito sobre o que era de fato útil, que nada podíamos fazer para modificar o curso da grande maioria das doenças que estávamos analisando com tanto afinco... Então, surgiu a notícia explosiva da sulfanilamida e o início da verdadeira revolução na medicina. Lembro com espanto quando foram tratados os primeiros casos de septicemia pneumocócica e estreptocócica em Boston, em 1937. O fenômeno era praticamente inacreditável. Ali estavam pacientes moribundos, que com certeza teriam morrido sem tratamento, mas que estavam melhorando sua aparência em questão de horas após a administração do medicamento e sentindo-se totalmente bem já no dia seguinte ou alguns dias depois."

– Lewis Thomas, 1983

[2]N.R.T.: O conjunto dos antibióticos, fármacos sintéticos e fármacos semissintéticos são conhecidos como antibacterianos.

[3]N.R.T.: Também conhecida como erva-dedal.

[4]N.R.T.: Também conhecida como raiz-dos-jesuítas.

possível utilizá-las para atacar diretamente uma variedade de patógenos. Entretanto, a utilidade desses fármacos é limitada. As sulfas não atacam todos os patógenos e, algumas vezes, causam lesão renal e alergias. Todavia, elas salvaram muitas vidas e continuam a fazê-lo ainda hoje.

Alexander Fleming (ver Capítulo 1) percebeu que a capacidade do bolor *Penicillium* de inibir o crescimento de microrganismos poderia ser explorada. Essa ideia o levou a identificar o agente inibidor, ao qual deu o nome de *penicilina*. Em 1928, Fleming já tinha observado muitas vezes a contaminação de suas culturas bacterianas com esse fungo, assim como muitos outros microbiologistas. Todavia, em vez de reclamar de outra cultura contaminada e descartá-la, Fleming percebeu o tremendo potencial desse achado acidental. Se apenas a substância (penicilina) pudesse ser extraída e coletada em grandes quantidades, ela poderia ser utilizada para combater a infecção.

A ideia de Fleming só se concretizou no início da década de 1940, quando Ernst Chain e Howard Florey finalmente isolaram a penicilina e trabalharam com outros pesquisadores para desenvolver métodos de produção em massa. Essa produção em massa ocorreu durante a Segunda Guerra Mundial e salvou a vida de muitas pessoas cujos ferimentos se tornaram infectados. Entretanto, os suprimentos do fármaco eram limitados e não eram facilmente disponíveis para os civis até depois da guerra. As pesquisas prosseguiram rapidamente depois da guerra e novos antibióticos foram descobertos um após outro.

A introdução da penicilina e das sulfonamidas na década de 1930 pode ser considerada como o marco do início da medicina moderna. Como o escritor médico Lewis Thomas declarou: "Os médicos podiam agora *curar* as doenças, e isso era fabuloso, principalmente para os próprios médicos."

# PROPRIEDADES GERAIS DOS AGENTES ANTIMICROBIANOS

Os agentes antimicrobianos compartilham determinadas propriedades comuns. Podemos aprender muito sobre como esses agentes atuam e por que algumas vezes não funcionam, levando em consideração certas propriedades, como toxicidade seletiva, espectro de ação, mecanismos de ação, efeitos colaterais e resistência dos microrganismos a eles.

## Toxicidade seletiva

Algumas substâncias químicas com propriedades antimicrobianas são muito tóxicas para serem administradas internamente e são apenas utilizadas na forma de aplicação tópica – aplicação à superfície da pele. Para uso interno, um agente antimicrobiano precisa ter **toxicidade seletiva** – isto é, ele precisa causar dano aos microrganismos sem prejudicar de modo significativo o hospedeiro. Alguns fármacos, como a penicilina, têm uma ampla faixa entre o **nível de dosagem tóxica**, que provoca dano ao hospedeiro, e o **nível de dosagem terapêutica**, que elimina com sucesso o organismo patogênico se o nível for mantido por determinado período. A relação entre a toxicidade de um agente para o corpo e a sua toxicidade para um agente infeccioso é expressa em termos de seu índice quimioterápico. Para determinado agente, o **índice quimioterápico** é definido como a dose máxima tolerável por quilograma de peso corporal, dividida pela dose mínima por quilograma de peso corporal que irá curar a doença. Assim, um agente com índice quimioterápico 8 seria mais efetivo e menos tóxico ao paciente do que um agente com índice quimioterápico de 1.

Para fármacos que contêm arsênio, mercúrio e antimônio, a dosagem precisa ser calculada de modo muito preciso, porque essas substâncias são altamente tóxicas aos hospedeiros humanos e outros hospedeiros animais, bem como aos patógenos. O tratamento das infecções por helmintos é particularmente difícil, pois o que provoca dano ao parasita também causará dano ao hospedeiro. Por outro lado, os patógenos bacterianos frequentemente podem ser tratados pela interferência em vias metabólicas que não são compartilhadas pelo hospedeiro. Por exemplo, a penicilina interfere na síntese da parede celular; ela não é tóxica para as células humanas, que não apresentam paredes celulares, embora alguns pacientes sejam alérgicos a ela.

## Espectro de ação

A gama de diferentes microrganismos contra os quais um agente antimicrobiano atua é denominada **espectro de ação**. Os agentes que são efetivos contra um grande número de microrganismos pertencentes a uma ampla variedade de grupos taxonômicos, incluindo bactérias gram-positivas e gram-negativas, são considerados como tendo **amplo espectro** de ação. Os agentes que são efetivos apenas contra um pequeno número de microrganismos ou contra um único grupo taxonômico apresentam um **espectro estreito** de ação (Figura 14.1). A **Tabela 14.1** apresenta alguns antibacterianos comuns classificados de acordo com o seu espectro de ação.

Um fármaco de amplo espectro é particularmente útil quando um paciente está gravemente enfermo com uma infecção causada por um organismo não identificado. O uso desse fármaco aumenta a probabilidade de que o organismo seja suscetível a ele. Entretanto, se a identidade do organismo for conhecida, deve-se utilizar um fármaco de espectro estreito. O uso desse fármaco reduz ao máximo a destruição da *microbiota normal* do hospedeiro – os microrganismos nativos presentes naturalmente no interior do hospedeiro ou sobre ele – que algumas vezes compete com os organismos infecciosos e ajuda a destruí-los. O emprego de fármacos de espectro estreito também diminui a probabilidade do organismo de desenvolver resistência aos fármacos.

## Mecanismos de ação

Como outros medicamentos, os agentes antimicrobianos são algumas vezes utilizados simplesmente porque funcionam, sem sabermos como atuam. As vidas de muitas pessoas foram salvas por medicamentos cujas ações no nível celular nunca foram compreendidas. Entretanto, é sempre desejável conhecer o modo de ação de um agente. Com esse conhecimento, os efeitos das ações sobre os pacientes podem ser mais bem monitorados e controlados, e podem-se encontrar maneiras de melhorá-los.

Em geral, os agentes antimicrobianos atuam sobre uma estrutura ou função microbiana importante, que geralmente difere de seu correspondente nos animais. Essa diferença é

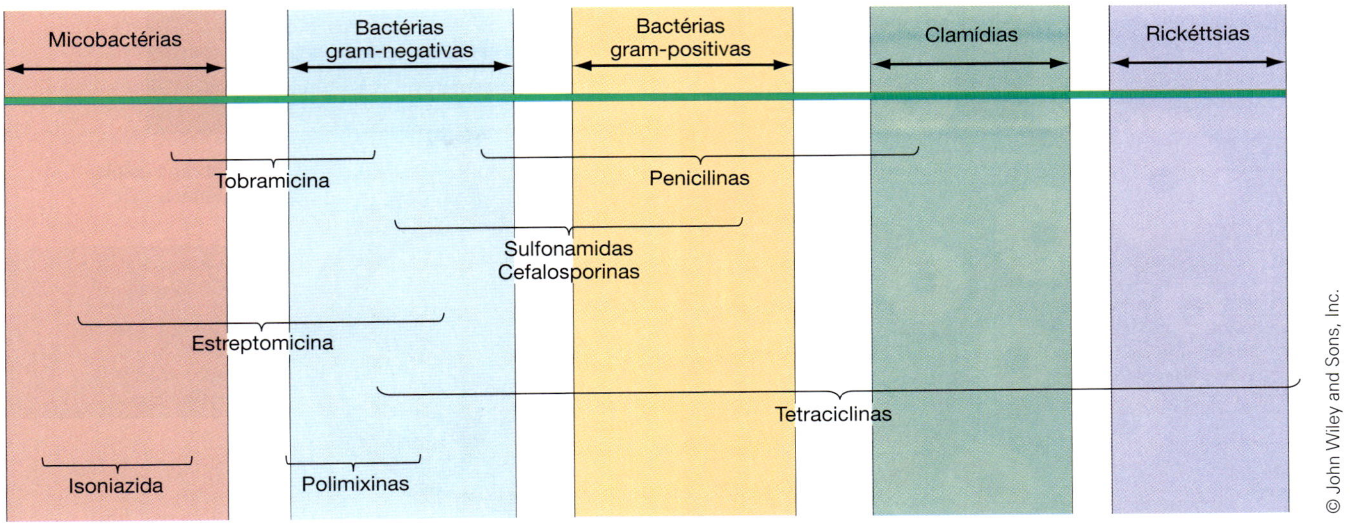


**Figura 14.1 Espectro de ação dos antibacterianos.** Os fármacos de amplo espectro, como a tetraciclina, afetam uma variedade de diferentes organismos. Os fármacos de espectro estreito, como a isoniazida, só afetam alguns tipos específicos de organismos.

**Tabela 14.1** Espectro de ação de agentes antimicrobianos selecionados.

| Organismos afetados | Agentes de amplo espectro[a] | Agentes de espectro estreito |
|---|---|---|
| *Bacteroides* e outros anaeróbios | Cefalosporinas | Lincomicina<br>Clindamicina |
| Leveduras | Cloranfenicol | Nistatina |
| Bactérias gram-positivas | Gentamicina | Penicilina G |
| | Ampicilina | Eritromicina |
| Bactérias gram-negativas | Canamicina | Polimixinas |
| Estreptococos e algumas bactérias gram-negativas | Tetraciclinas | Estreptomicina |
| Estafilococos e alguns clostrídios | Tetraciclinas | Vancomicina |

[a]Os agentes de amplo espectro afetam a maioria das bactérias.

explorada quando se exerce um efeito *bactericida*, ou mortal, ou um efeito *bacteriostático*, ou inibidor do crescimento das bactérias, com efeitos mínimos sobre as células do hospedeiro (ver Capítulo 13). Entretanto, o sistema imune ou as defesas fagocíticas do hospedeiro ainda precisam completar a eliminação dos microrganismos invasores.

São discutidos aqui cinco mecanismos de ação diferentes dos agentes antimicrobianos: (1) inibição da síntese da parede celular, (2) destruição da integridade da função da membrana celular, (3) inibição da síntese de proteínas, (4) inibição da síntese de ácidos nucleicos e (5) ação como antimetabólitos (Figura 14.2).

## Inibição da síntese da parede celular

Muitas células bacterianas e fúngicas possuem paredes celulares externas rígidas, que estão ausentes nas células animais. Desse modo, a inibição da síntese da parede celular causa danos seletivos às células das bactérias e dos fungos. As células bacterianas, particularmente as gram-positivas, têm uma pressão osmótica interna elevada. Na ausência de uma parede celular resistente, essas células sofrem ruptura quando submetidas à baixa pressão osmótica dos líquidos corporais (ver Capítulo 5). Os antibacterianos como a penicilina e as cefalosporinas contêm uma estrutura química, denominada *anel betalactâmico*, que se liga às enzimas que estabelecem ligações cruzadas dos peptidoglicanos (ver Capítulo 5). Esses antibacterianos, por meio da interferência na ligação cruzada dos tetrapeptídios, impedem a síntese da parede celular (Figura 14.3). Fungi e Archaea, cujas paredes celulares não possuem peptidoglicano, não são afetados por esses antibacterianos, assim como as formas L de bactérias, que são totalmente desprovidas de paredes celulares.

## Destruição da integridade da função da membrana celular

Todas as células são envolvidas por uma membrana. Embora as membranas de todas as células sejam muito semelhantes, as das bactérias e dos fungos diferem suficientemente das membranas das células animais para possibilitar uma ação seletiva dos agentes antimicrobianos. Determinados antibacterianos polipeptídicos, como as polimixinas, atuam como detergentes e provocam distorção das membranas celulares das bactérias, provavelmente pela sua ligação a fosfolipídios na membrana. (Com essa distorção, a permeabilidade da membrana não é mais regulada pelas proteínas de membrana, e ocorre perda do citoplasma e das substâncias celulares.) Esses antibacterianos são particularmente efetivos contra bactérias gram-negativas, que possuem uma membrana externa rica em fosfolipídios (ver Capítulo 5). Os antibacterianos polienos, como a anfotericina B, ligam-se a determinados esteróis presentes nas membranas das células dos fungos (e de animais). Assim, as polimixinas não atuam sobre os fungos, e os polienos não atuam sobre as bactérias.

## Inibição da síntese de proteínas

Em todas as células, a síntese de proteínas exige não apenas a informação armazenada no DNA, juntamente com diversos

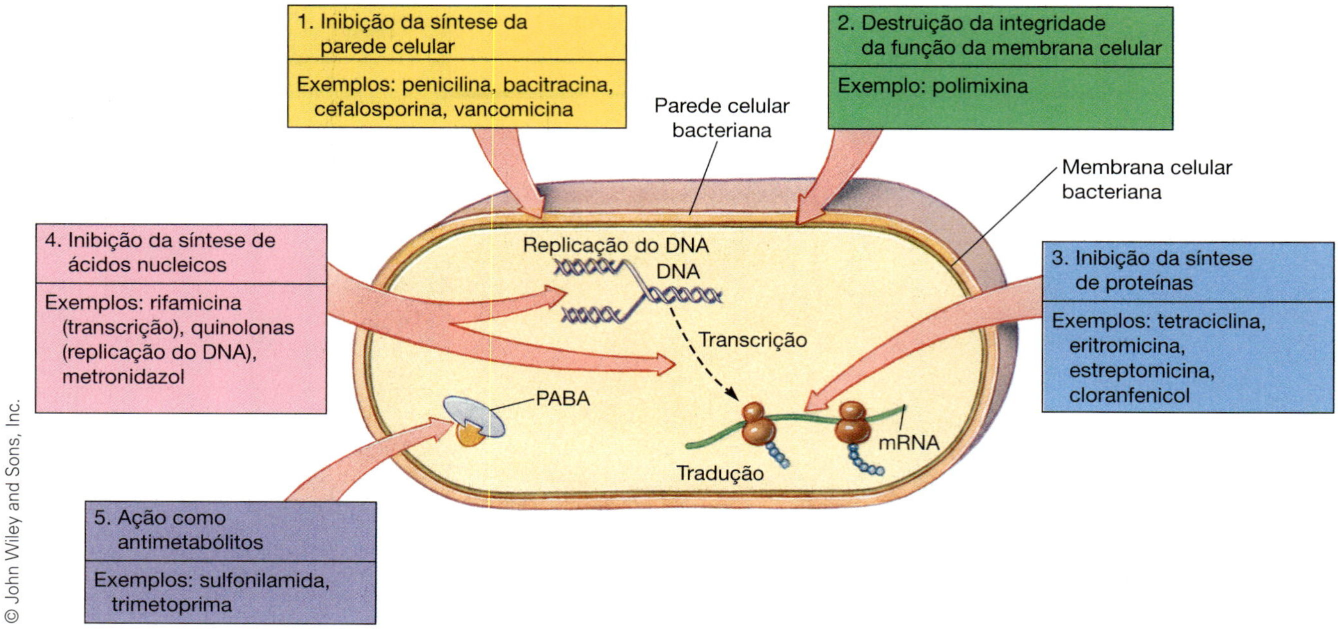


**Figura 14.2 Mecanismos de ação.** Os cinco principais mecanismos de ação pelos quais os fármacos exercem seus efeitos antimicrobianos sobre as células bacterianas.

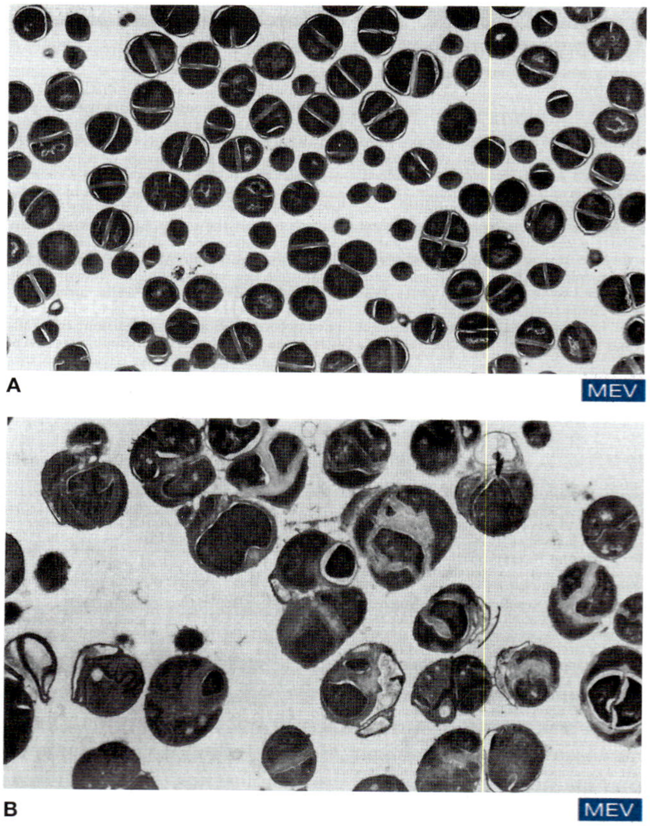


**Figura 14.3 Inibição da síntese da parede celular pela penicilina.** Micrografia eletrônica de varredura de bactérias (**A**) antes e (**B**) depois da exposição à penicilina (aumento de 785×). Observe a distorção do formato da célula, devida à ruptura das ligações cruzadas dos tetrapeptídios pela penicilina na camada de peptidoglicano da parede celular. (Fotos: Victor Lorran, Some Effects of Subinhibitory Concentrations of Penicillin on the Structure and Division of Staphylococci, *Antimicrobial Agents and Chemotherapy* 7, 886, 1975.)

tipos de RNA, mas também dos ribossomos. As diferenças entre os ribossomos bacterianos (70S) e os dos animais (80S) permitem que agentes antimicrobianos ataquem as células bacterianas sem causar dano significativo às células animais – isto é, com toxicidade seletiva. Os antibacterianos aminoglicosídeos, como a estreptomicina, têm o seu nome derivado dos aminoácidos e das ligações glicosídicas que eles contêm. Esses antibacterianos atuam na porção 30S dos ribossomos bacterianos, interferindo na leitura (tradução) acurada da mensagem do mRNA – isto é, a incorporação dos aminoácidos corretos (ver Capítulo 8). O cloranfenicol e a eritromicina atuam na porção 50S dos ribossomos bacterianos, inibindo a formação do polipeptídio em crescimento. Como os ribossomos das células animais consistem em subunidades 60S e 40S, esses antibacterianos exercem pouco efeito sobre as células do hospedeiro. (Entretanto, as mitocôndrias, que possuem ribossomos 70S, podem ser afetadas por esses fármacos.)

## Inibição da síntese de ácidos nucleicos

As diferenças entre as enzimas utilizadas pelas células bacterianas e animais para a síntese dos ácidos nucleicos fornecem um meio para a ação seletiva dos agentes antimicrobianos. Os antibacterianos da família da rifamicina ligam-se a uma RNA polimerase bacteriana e inibem a síntese do RNA (ver Capítulo 8).

## Ação como antimetabólitos

Os processos metabólicos normais das células microbianas envolvem uma série de compostos intermediários, denominados *metabólitos*, que são essenciais para o crescimento e a sobrevivência das células. Os **antimetabólitos** são substâncias que afetam a utilização dos metabólitos e que, portanto, impedem uma célula de realizar as reações metabólicas necessárias. Os antimetabólitos funcionam de duas maneiras: (1) por meio de inibição competitiva das enzimas e (2) pela sua incorporação errônea em moléculas importantes, como os ácidos nucleicos. Os antimetabólitos assemelham-se aos metabólitos normais na sua estrutura. Algumas vezes, as ações dos antimetabólitos são descritas como **mimetismo molecular**, porque simulam ou imitam a molécula normal, impedindo a ocorrência de uma reação ou fazendo com que ela ocorra de modo inadequado.

Na inibição competitiva, uma reação enzimática é inibida por um substrato que se liga ao sítio ativo da enzima, mas que não pode reagir (ver Capítulo 6). Enquanto esse substrato competitivo ocupar o sítio ativo, a enzima é incapaz de funcionar, e o metabolismo torna-se lento ou até mesmo cessa se uma quantidade suficiente de moléculas enzimáticas for inibida. Considere a sulfanilamida e o ácido *para*-aminossalicílico (PAS), que são quimicamente muito semelhantes ao ácido *para*-aminobenzoico (PABA) (**Figura 14.4**). Eles inibem competitivamente uma enzima que atua sobre o PABA. Muitas bactérias necessitam de PABA para sintetizar ácido fólico, que utilizam na síntese de ácidos nucleicos e outros produtos metabólicos. Quando a sulfanilamida ou o PAS, em vez do PABA, ligam-se à enzima, as bactérias não podem sintetizar ácido fólico. As células animais não possuem enzimas para a produção do ácido fólico e precisam obtê-lo da dieta; desse modo, o seu metabolismo não é afetado por esses inibidores competitivos.

Antimetabólitos como a vidarabina, um análogo das purinas, e a idoxuridina, um análogo das pirimidinas, são incorporados erroneamente aos ácidos nucleicos. Essas moléculas são muito semelhantes às purinas e pirimidinas normais dos ácidos nucleicos (**Figura 14.5**). Quando incorporadas a um ácido nucleico, elas deturpam a informação que ele codifica, visto que não são capazes de formar o pareamento correto das bases durante a replicação e a transcrição. Em geral, os análogos das purinas e das pirimidinas são tóxicos tanto para as células animais quanto para os microrganismos, visto que todas as células utilizam as mesmas purinas e pirimidinas para sintetizar nucleotídios. Esses agentes têm maior utilidade no tratamento das infecções virais, porque os vírus incorporam os análogos mais rapidamente do que as células e são mais gravemente danificados.

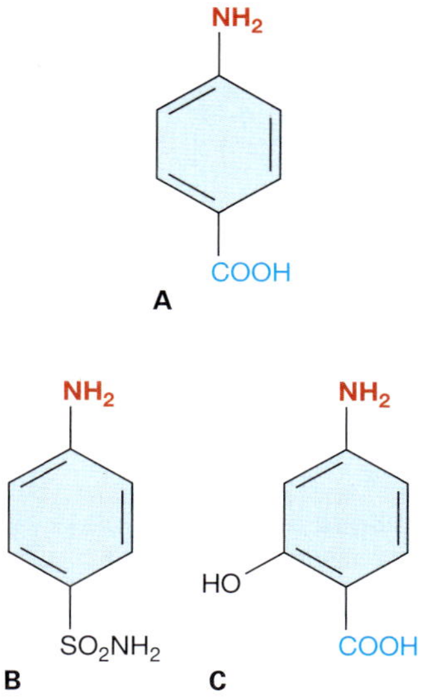

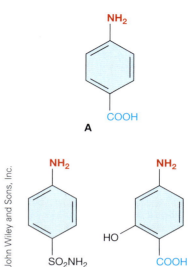

**Figura 14.4 Inibição competitiva.** **A.** Ácido *para*-aminobenzoico (PABA), um metabólito necessário para muitas bactérias. **B.** Sulfanilamida, uma sulfa. **C.** Ácido *para*-aminossalicílico (PAS). A sulfanilamida e o PAS atuam como inibidores competitivos do PABA. Observe a semelhança de estrutura entre os três compostos.

## Efeitos colaterais

Os efeitos colaterais dos agentes antimicrobianos sobre os indivíduos infectados (hospedeiros) são classificados em três categorias gerais: (1) toxicidade, (2) alergia e (3) destruição da microbiota normal. O desenvolvimento de resistência aos antibacterianos também pode ser considerado como um efeito colateral sobre os microrganismos. Conforme explicado mais adiante, a resistência produz infecções cujo tratamento pode ser difícil.

### Toxicidade

Em virtude de sua toxicidade seletiva e mecanismos de ação, os agentes antimicrobianos matam os microrganismos sem causar sérios prejuízos às células do hospedeiro. Entretanto, alguns agentes antimicrobianos exercem de fato efeitos tóxicos sobre os pacientes que os recebem. Alguns antibacterianos comuns podem estar associados a uma confusão mental temporária conhecida como delírio, acompanhada de alucinações e agitação. Os médicos nem sempre atribuem a causa aos antibacterianos. No entanto, uma análise de 391 casos mostrou que pacientes desenvolveram delírio e outros problemas cerebrais após utilizar 54 tipos diferentes de antibacterianos, como penicilina e ciprofloxacino. As cefalosporinas causaram crises, mas não convulsões. Ocorreu psicose em consequência do uso de penicilina e sulfonamidas, entre outros fármacos. Os sintomas cessaram rapidamente após a interrupção dos antibacterianos. Um terceiro tipo foi observado ao longo de semanas, e consistiu em comprometimento muscular. Levou também mais tempo para desaparecer após a interrupção dos antibacterianos. Esse caso foi associado apenas ao uso do metronidazol. Os efeitos tóxicos dos agentes antimicrobianos são discutidos mais adiante em associação com os agentes específicos.

## BIOTECNOLOGIA

### Farmácia do futuro: os fármacos antissentido

Os fármacos do futuro farão mais do que tratar os sintomas – eles irão atacar os genes causadores da doença. Muitas empresas de biotecnologia, que investiram o seu futuro no desenvolvimento dessas terapias, estão utilizando ácidos nucleicos sintéticos, como o RNAi (RNA de interferência), para impedir a expressão de genes específicos envolvidos na AIDS, no câncer e em doenças inflamatórias. Acreditava-se que, devido à alta especificidade do alvo, os fármacos antissentido fossem produzir poucos efeitos colaterais tóxicos. Entretanto, os estudos toxicológicos demonstraram que os fármacos antissentido podem produzir uma redução nas contagens de células sanguíneas em vários roedores e hipotensão extrema em macacos. Existem três tipos básicos de fármacos antissentido. Os compostos antissentido clássicos consistem em pequenos oligonucleotídios específicos para genes, que se ligam a regiões complementares no mRNA e impedem a tradução de proteínas. O segundo tipo de fármaco antissentido utiliza ribozimas, isto é, enzimas constituídas de RNA, para destruir mRNAs específicos ligados aos oligonucleotídios antissentido. A terceira classe de fármacos antissentido oligonucleotídicos têm como alvo tecidos ou órgãos específicos.

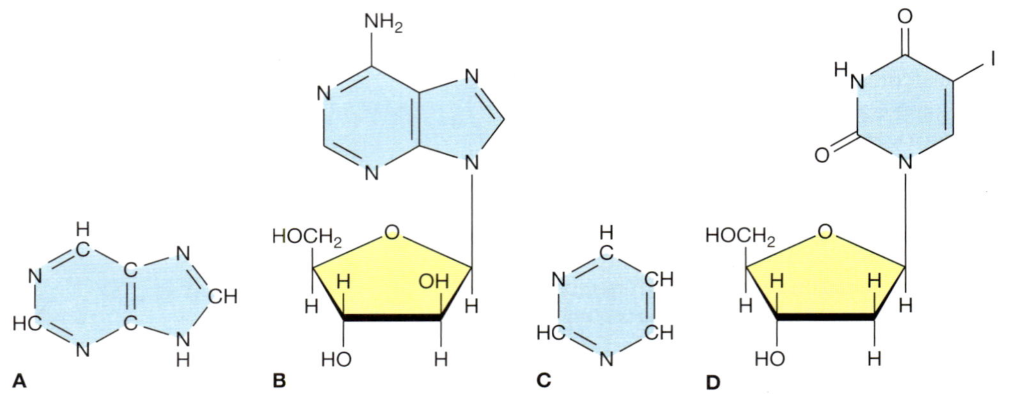



**Figura 14.5 Análogos de bases.** Bases de ácidos nucleicos e seus análogos: as moléculas são de estrutura tão semelhante que podem ser incorporadas no lugar da molécula correta, atuando, assim, como antimetabólitos. **A.** Estrutura básica de uma purina. **B.** O análogo da purina, vidarabina. **C.** Estrutura básica de uma pirimidina. **D.** O análogo da pirimidina, idoxuridina.

## Alergia

A *alergia* é uma condição em que o sistema imune do organismo responde a uma substância estranha, em geral uma proteína. Por exemplo, os produtos de degradação das penicilinas combinam-se com proteínas nos líquidos corporais, formando uma molécula que o corpo trata como se fosse uma substância estranha. As reações alérgicas podem ser limitadas a exantemas leves e prurido, ou podem ser potencialmente fatais. Um tipo de reação alérgica que comporta risco de vida, denominada *choque anafilático* (ver Capítulo 19), ocorre quando um indivíduo é submetido a uma substância estranha à qual o seu corpo já foi sensibilizado – isto é, uma substância à qual o indivíduo foi exposto e contra à qual desenvolveu anticorpos.

## Destruição da microbiota normal

Os agentes antimicrobianos, particularmente os antibacterianos de amplo espectro, podem exercer seus efeitos adversos não apenas sobre os patógenos, mas também sobre a microbiota nativa – os microrganismos que normalmente habitam a pele e os sistemas digestório, respiratório e urogenital. Quando essa microbiota é perturbada, outros organismos não sensíveis ao agente antimicrobiano, como a levedura *Candida*, invadem as áreas desocupadas e multiplicam-se rapidamente. A invasão pela substituição da microbiota é denominada **superinfecção**. É difícil tratar as superinfecções, porque os microrganismos são sensíveis a poucos antimicrobianos.

Embora o uso a curto prazo das penicilinas, em geral, não destrua gravemente a microbiota normal, a ampicilina oral algumas vezes possibilita a proliferação de clostrídios produtores de toxinas. O uso da ampicilina ou de aminoglicosídeos a longo prazo pode suprimir a microbiota natural e possibilitar a colonização do intestino com bactérias gram-negativas e fungos resistentes, como *Candida*. O iogurte com cultura viva (que contém lactobacilos) ou um preparado denominado Lactinex® (que contém microbiota normal) podem ser administrados para contrabalançar os efeitos dos antibacterianos. A levedura *Saccharomyces boulardii* é particularmente útil para restaurar a microbiota nos casos de infecção por *Clostridium difficile*. As superinfecções orais e vaginais com espécies de *Candida* são comuns após o uso prolongado de agentes antimicrobianos, como cefalosporinas, tetraciclinas e cloranfenicol. Um antigo remédio para esse problema é lavar a região genital com suspensões diluídas de iogurte de culturas vivas.

O risco de superinfecções graves é maior em pacientes hospitalizados que estão recebendo antibacterianos de amplo espectro por duas razões. Em primeiro lugar, os pacientes frequentemente estão debilitados e com menos capacidade de resistir à infecção. Em segundo lugar, estão em um ambiente onde prevalecem patógenos resistentes a fármacos.

# Resistência dos microrganismos

A **resistência** de um microrganismo a um antibacteriano significa que um microrganismo outrora sensível à ação deste fármaco não é mais afetado por ele. Um fator importante no desenvolvimento de cepas de microrganismos resistentes a fármacos é o fato de que muitos antibacterianos são bacteriostáticos, e não bactericidas. Infelizmente, os microrganismos com maior resiliência escapam das defesas (ver Capítulo 15) e tendem a desenvolver resistência ao antibacteriano.

## Como a resistência é adquirida

Em geral, os microrganismos adquirem resistência aos antibacterianos por meio de modificações genéticas; entretanto, algumas vezes, eles o fazem por mecanismos não genéticos. Ocorre resistência não genética quando microrganismos, como os que causam a tuberculose, permanecem nos tecidos, fora do alcance dos agentes antimicrobianos. Se os microrganismos envoltos em granuloma começarem a se multiplicar e a liberar sua progênie, essa nova geração ainda será sensível ao antibacteriano. Esse tipo de resistência poderia ser mais corretamente denominado *evasão*. Outro tipo de resistência não genética ocorre quando determinadas cepas de bactérias se transformam temporariamente em formas L, que não têm a maior parte de suas paredes celulares. Durante várias gerações, enquanto a parede celular estiver faltando, esses organismos são resistentes aos antibacterianos que atuam sobre as paredes celulares. Entretanto, quando voltam a produzir paredes celulares, tornam-se novamente sensíveis aos antibacterianos.

A resistência genética aos agentes antimicrobianos desenvolve-se a partir de modificações genéticas, seguidas de seleção natural (**Figura 14.6**; ver Capítulo 9). Por exemplo, na maioria das populações bacterianas, as mutações ocorrem de modo espontâneo, em uma taxa de cerca de 1 por 10 milhões a 10 bilhões de organismos. As bactérias se reproduzem tão rapidamente que bilhões de organismos podem ser produzidos em um curto período, e, entre esses organismos, haverá

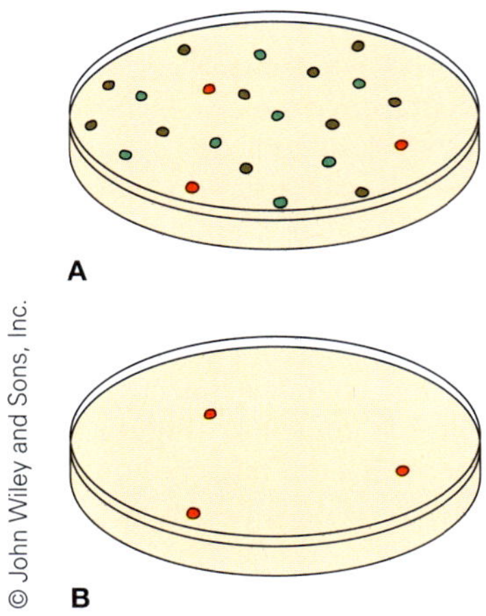


**Figura 14.6 Método de detecção de resistência genética.** **A.** População mista de bactérias de resistência variável a um novo antibacteriano. **B.** O antibacteriano é adicionado à placa de Petri. Somente os organismos com resistência suficiente irão sobreviver. A introdução do antibacteriano representa uma mudança no meio, porém não cria os organismos resistentes – eles já estão presentes.

sempre alguns mutantes. Se um mutante for resistente a um determinado agente antimicrobiano no ambiente, ele e a sua progênie terão mais probabilidade de sobreviver, enquanto os organismos não resistentes morrerão. Depois de algumas gerações, a maioria dos sobreviventes será resistente ao agente antimicrobiano. Os antibacterianos *não* induzem mutações, mas podem criar ambientes que favorecem a sobrevivência de organismos mutantes resistentes.

A resistência genética nas bactérias, onde é mais bem compreendida, pode resultar de modificações no cromossomo bacteriano ou da aquisição de DNA extracromossômico, geralmente em plasmídios. (Os mecanismos pelos quais as alterações genéticas ocorrem foram descritos nos Capítulos 8 e 9.) A **resistência cromossômica** é devida a uma mutação no DNA cromossômico e, em geral, só será efetiva contra um único tipo de antibacteriano. Com frequência, essas mutações alteram o DNA que dirige a síntese de proteínas ribossômicas. A **resistência extracromossômica** resulta habitualmente da presença de tipos particulares de **plasmídios de resistência (R)** ou **fatores R** (ver Capítulo 9). Não se sabe como os plasmídios R se originaram, mas eles foram descobertos em *Shigella* no Japão, em 1959. Desde então, foram identificados muitos plasmídios R diferentes. Alguns plasmídios R carregam até seis ou sete genes, conferindo, cada um deles, resistência a um antibacteriano diferente. Os plasmídios R também podem ser transferidos de uma cepa ou espécie de bactéria para outra. A maior parte das transferências ocorre por transdução (transferência do DNA do plasmídio em um bacteriófago), e algumas ocorrem por conjugação (ver Capítulo 9). Os genes transferidos por bacteriófagos são responsáveis pelos efeitos devastadores do MRSA (*Staphylococcus aureus* resistente à meticilina). O cobre ou as ligas de cobre sobre as superfícies matam o MRSA com o seu contato.

## Mecanismos de resistência

Foram identificados cinco mecanismos de resistência, cada um dos quais envolvendo a alteração de uma estrutura microbiana diferente. Um deles consiste em alteração do alvo ao qual se ligam os agentes antimicrobianos, um processo que geralmente é produzido por uma mutação no cromossomo bacteriano. Os outros mecanismos envolvem alterações na permeabilidade da membrana, enzimas ou vias metabólicas,

### APLICAÇÃO NA PRÁTICA

#### Resistência aos antibacterianos: presença de fármacos em rações animais

No decorrer dos últimos 60 anos, os antibacterianos vêm sendo usados em rações animais, não apenas para evitar doenças, mas também para promover o crescimento do gado. Os antibacterianos são utilizados na alimentação dos animais em uma proporção de 2 a 50 gramas por tonelada para melhorar o crescimento e em uma proporção de até 50 a 200 gramas por tonelada de alimento quando o alvo consiste em doenças específicas. Quando os animais são alimentados com antibacterianos por longos períodos de tempo, eles eliminam bactérias resistentes nas fezes. A transferência dessas bactérias dos animais para os seres humanos ocorre quando as pessoas que trabalham com os animais são infectadas em fazendas ou em abatedouros. A Food and Drug Administration (FDA) declarou que os antibacterianos, particularmente as fluoroquinolonas, constituem uma "causa significativa" de infecções bacterianas do sistema digestório por cepas resistentes de *Campylobacter*. A maior parte é adquirida pelo consumo de frangos alimentados com antibacterianos. Essas infecções aumentaram rapidamente, de 9.000 casos em 1999 para 11.000 em 2000. Em 2005, a FDA proibiu o uso de fluoroquinolonas semelhantes a Cipro nas aves domésticas. Mesmo assim, utilizamos outros antibacterianos, alguns dos quais têm o seu uso proibido na Europa. A proibição do uso de antibacterianos como promotores de crescimento em animais de corte acrescentaria 5 a 10 dólares por pessoa nos gastos de uma família norte-americana com carne. Entretanto, pense também na redução dos custos médicos que isso iria produzir – para não mencionar o sofrimento e as mortes de seres humanos!

### APLICAÇÃO NA PRÁTICA

#### Viagem espacial para microrganismos

Existe a preocupação de que os astronautas que viajam e permanecem por longos períodos no espaço possam ter dificuldade em tratar infecções bacterianas, devido à resistência aumentada aos antibacterianos. As bactérias isoladas de cosmonautas russos mostraram resistência aumentada aos antibacterianos depois de um voo espacial, quando comparadas a bactérias isoladas antes da missão. Foi constatado que as bactérias que crescem em ambientes com gravidade zero apresentam crescimento mais rápido e paredes celulares mais espessas. O Dr. James Jorgensen, do University of Texas Health Sciences Center, afirma que o espessamento da parede celular faz com que os antibacterianos tenham mais dificuldade em penetrar nos microrganismos – contribuindo, assim, para a perda de sensibilidade aos antibacterianos. Além disso, existem muitos locais dentro dos limites do veículo espacial que permitem a rápida disseminação de genes de resistência. Planejam-se futuros experimentos em laboratórios espaciais para determinar se os microrganismos efetivamente se tornam mais resistentes aos antibacterianos em consequência de uma viagem espacial.

que habitualmente são causadas pela aquisição de plasmídios R. Os cinco mecanismos são explicados a seguir:

1. *Alteração dos alvos.* Em geral, esse mecanismo afeta os ribossomos bacterianos. A mutação altera o DNA, de modo que a proteína produzida ou alvo é modificada. Os agentes antimicrobianos não podem mais se ligar ao alvo. A resistência à eritromicina, à rifamicina e aos antimetabólitos desenvolveu-se por esse mecanismo
2. *Alteração da permeabilidade da membrana.* Esse mecanismo é observado quando uma nova informação genética modifica a natureza das proteínas na membrana. Essas alterações modificam o sistema de transporte da membrana ou os poros existentes na membrana, de modo que um agente antimicrobiano não pode mais atravessar a membrana. Nas bactérias, a resistência às tetraciclinas, às quinolonas e a alguns aminoglicosídeos ocorre por esse mecanismo. A presença de penicilina ou de cefalosporina pode superar parcialmente essa resistência, visto que esses fármacos interferem na síntese da parede celular
3. *Desenvolvimento de enzimas.* Essa causa comum de resistência pode destruir ou inativar os agentes antimicrobianos. A betalactamase é uma enzima desse tipo. Existem várias betalactamases em diversas bactérias; elas são capazes de romper o anel betalactâmico nas penicilinas e em algumas cefalosporinas. Em certas bactérias gram-negativas, foram encontradas enzimas semelhantes, que são capazes de destruir vários aminoglicosídeos e o cloranfenicol
4. *Alteração de uma enzima.* Esse mecanismo possibilita a ocorrência de uma reação anteriormente inibida, e é exemplificado por um mecanismo encontrado em determinadas bactérias resistentes à sulfonamida. Esses organismos desenvolveram uma enzima que possui afinidade muito alta pelo PABA e afinidade muito baixa pela sulfonamida. Em consequência, mesmo na presença de sulfonamida, a enzima atua o suficiente para permitir que a bactéria funcione
5. *Alteração de uma via metabólica.* Esse mecanismo desvia uma reação inibida por um agente antimicrobiano, o que ocorre em outras bactérias resistentes à sulfonamida. Esses microrganismos adquiriram a capacidade de utilizar o ácido fólico já sintetizado a partir do meio e não precisam mais sintetizá-lo a partir do PABA.

## Fármacos de primeira, segunda e terceira linhas

Quando uma cepa de determinado microrganismo adquire resistência a um fármaco, é preciso encontrar outro fármaco para tratar efetivamente as infecções resistentes. Se houver desenvolvimento de resistência a um segundo fármaco, torna-se necessário um terceiro fármaco, e assim por diante. Os fármacos utilizados no tratamento da gonorreia ilustram esse problema. Antes da década de 1930, não existia nenhum tratamento efetivo para a gonorreia. Mais tarde, constatou-se que as sulfonamidas curavam a doença. Depois de alguns anos, foi constatado o desenvolvimento de cepas resistentes às sulfonamidas, porém a penicilina tornou-se logo disponível como fármaco de "segunda linha". Durante várias décadas, houve desenvolvimento de cepas resistentes à penicilina, que foram combatidas com doses muito grandes de penicilina. Na década de 1970, algumas cepas de gonococos desenvolveram a capacidade de produzir uma enzima betalactamase, que anulava por completo os efeitos da penicilina (Figura 14.7). Foi utilizada, então, a espectinomicina de "terceira linha". Quando começaram a aparecer cepas resistentes à espectinomicina, forçando os médicos a recorrer a fármacos de "quarta linha", ficamos imaginando se o desenvolvimento de novos fármacos pode continuar assim indefinidamente. Alguns fármacos já alcançaram a categoria de fármacos de oitava e décima linhas.

Os organismos resistentes a fármacos têm sido encontrados mais frequentemente em hospitais, onde pacientes em estado crítico com baixa resistência a infecções servem como hospedeiros convenientes. Entretanto, organismos cada vez mais resistentes estão sendo isolados de infecções entre a população geral, e o risco de adquirir uma infecção resistente a fármacos está aumentando para todos. Além disso, muitos organismos são resistentes a múltiplos antibacterianos. As infecções causadas por esses organismos são particularmente difíceis de tratar. Uma nova aplicação das sondas genéticas será a investigação de genes de resistência em organismos, a fim de evitar qualquer demora no tratamento efetivo.

**Nos EUA, o custo global da resistência a antibacterianos é estimado entre 350 milhões e 35 bilhões de dólares anualmente.**

## Resistência cruzada

A **resistência cruzada** é a resistência a dois ou mais agentes antimicrobianos semelhantes por um mecanismo comum. A ação da betalactamase fornece um bom exemplo de resistência cruzada. Em muitos casos, uma enzima que irá degradar um antibacteriano betalactâmico também irá exercer a mesma ação em vários outros antibacterianos betalactâmicos. A presença dessa enzima confere a um microrganismo resistência a todos os antibacterianos que a enzima consegue decompor.

## Como limitar a resistência a fármacos

Embora, como vimos, a resistência a fármacos não seja induzida por antibacterianos, ela é favorecida por ambientes que contêm antibacterianos. O progresso dos microrganismos na aquisição de resistência pode ser impedido de quatro maneiras. Em primeiro lugar, altos níveis de antibacteriano podem ser mantidos

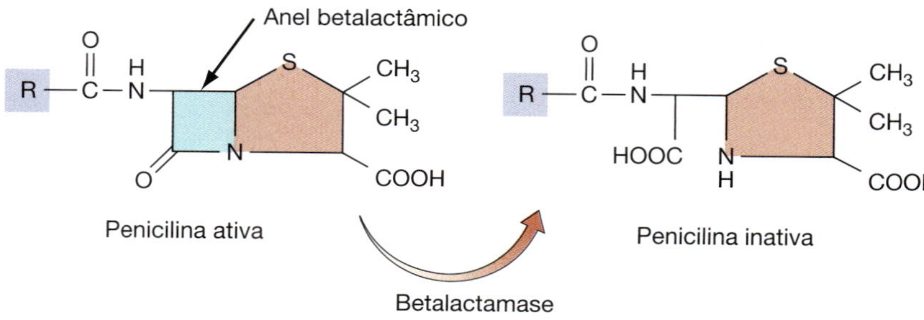


**Figura 14.7 Efeito da betalactamase sobre a penicilina.** Essa enzima, que inativa a penicilina, é produzida por numerosas bactérias (estafilococos, estreptococos e gonococos). A enzima pode ser transmitida por plasmídios. As cefalosporinas, embora sejam semelhantes à penicilina na sua ação, possuem uma estrutura em anel cíclico diferente e são mais resistentes aos efeitos da enzima.

no corpo de pacientes por tempo suficiente para matar todos os patógenos, inclusive os mutantes resistentes, ou inibi-los, de modo que as defesas do organismo possam matá-los. Esta é a razão pela qual o seu médico o aconselha a tomar todo o antibiótico prescrito e a não deixar de tomá-lo quando começar a se sentir melhor. O desenvolvimento de resistência quando o medicamento é interrompido antes que todos os patógenos estejam destruídos está ilustrado na Figura 14.8. Atualmente, demonstrou-se que níveis subinibitórios de antibacterianos podem levar à ocorrência de mutações *de novo* (novas).

Em segundo lugar, dois antibacterianos podem ser administrados simultaneamente, de modo que possam exercer um efeito aditivo, denominado **sinergismo**. Por exemplo, quando a estreptomicina e a penicilina são combinadas em terapia, o dano causado à parede celular pela penicilina possibilita uma melhor penetração da estreptomicina. Uma variação desse princípio é o uso de um agente para destruir a resistência de microrganismos a outro agente. Quando o ácido clavulânico e uma penicilina denominada amoxicilina são administrados juntos, o ácido clavulânico liga-se firmemente às betalactamases e as impede de inativar a amoxicilina. Entretanto, alguns fármacos são menos efetivos quando utilizados em combinação do que quando administrados isoladamente. Esse efeito diminuído, denominado **antagonismo**, pode ser observado quando fármacos bacteriostáticos, como as tetraciclinas, que inibem o crescimento, são combinados com penicilinas

## APLICAÇÃO NA PRÁTICA

### Resistência microbiana

Os microrganismos resistentes a desinfetantes, antibacterianos ou antissépticos não são criados, mas já estão presentes nas populações microbianas. É o uso indevido desses compostos que tende a selecionar e, portanto, promover o crescimento de microrganismos resistentes nos hospitais e em nossos lares. Por meio dos mecanismos biológicos de competição microbiana e troca genética, os organismos resistentes podem passar a constituir os organismos predominantes. Quando são utilizados compostos antimicrobianos, eles precisam ser utilizados em concentrações que sejam fortes o suficiente para matar os organismos mais insensíveis presentes na população-alvo. Se essa situação não tiver sido alcançada, então as bactérias menos sensíveis, livres da competição, são capazes de prosperar.

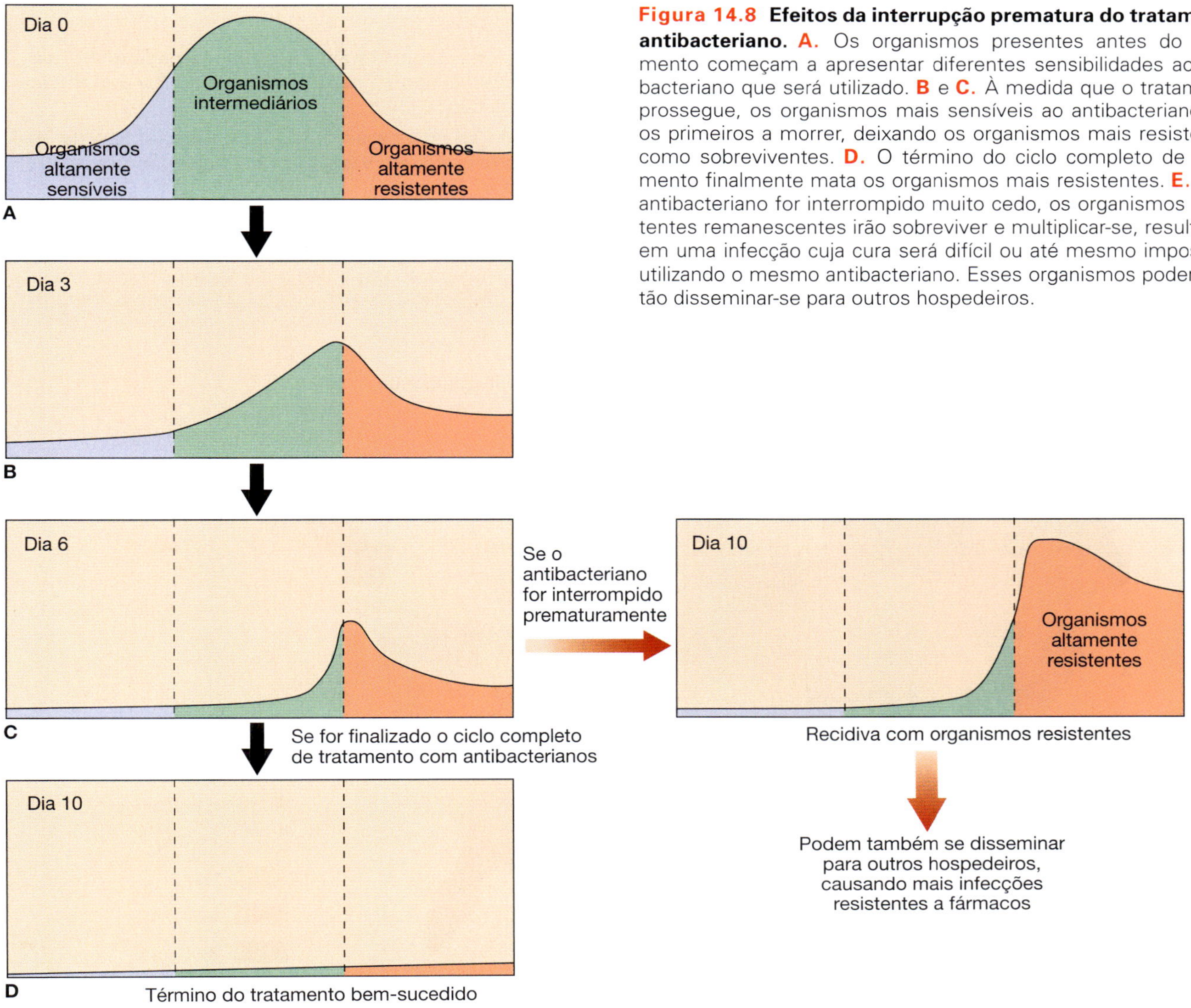




**Figura 14.8 Efeitos da interrupção prematura do tratamento antibacteriano.** A. Os organismos presentes antes do tratamento começam a apresentar diferentes sensibilidades ao antibacteriano que será utilizado. B e C. À medida que o tratamento prossegue, os organismos mais sensíveis ao antibacteriano são os primeiros a morrer, deixando os organismos mais resistentes como sobreviventes. D. O término do ciclo completo de tratamento finalmente mata os organismos mais resistentes. E. Se o antibacteriano for interrompido muito cedo, os organismos resistentes remanescentes irão sobreviver e multiplicar-se, resultando em uma infecção cuja cura será difícil ou até mesmo impossível utilizando o mesmo antibacteriano. Esses organismos podem então disseminar-se para outros hospedeiros.

De acordo com os CDC, quase 50 milhões dos 150 milhões de prescrições de antibacterianos para pacientes ambulatoriais são desnecessárias.

bactericidas, que necessitam do crescimento para serem efetivas.

Em terceiro lugar, os estudos realizados demonstraram que a adição de prata aos antibacterianos atua de modo sinérgico. A prata pode tornar uma cepa de bactéria resistente a antibacterianos novamente sensível a esses fármacos. Quando acrescentada à vancomicina, que habitualmente só mata bactérias gram-positivas, a vancomicina também passa a destruir organismos gram-negativos. Camundongos com peritonite que foram tratados com vancomicina mais prata tiveram uma taxa de sobrevida de 96%, em comparação com 10% naqueles que só receberam vancomicina.

Em quarto lugar, os antibacterianos podem ser limitados apenas a usos essenciais. Por exemplo, a maioria dos médicos não prescreve antibacterianos para resfriados e outras doenças virais, exceto no caso de pacientes com alto risco de infecções bacterianas secundárias, visto que essas doenças não respondem aos antibacterianos. Nos EUA, o uso de antibacterianos varia acentuadamente de acordo com o estado, e pessoas de alguns estados tomam duas vezes mais antibacterianos do que as de outros estados (Figura 14.9). As restrições sobre o uso de antibacterianos seriam particularmente de grande valor em hospitais, onde microrganismos que "apenas esperam para adquirir resistência" escondem-se em ambientes cheios de antibacterianos. Além disso, o uso de antibacterianos em rações animais poderia ser proibido; veja o boxe "Resistência aos antibacterianos: presença de fármacos em rações animais".

## Utilizando o *quorum sensing* para bloquear resistência

Atualmente, uma nova abordagem para a obtenção de um "antibacteriano permanente" está sendo testada. Em vez de matar o *Vibrio cholerae*, a causa da cólera, e *E. coli* 0157:H7, a causa de 110.000 doenças transmitidas por alimentos e de 50 mortes por ano nos EUA, a ideia é mantê-lo vivo, mas impedir que se comunique com suas próprias espécies. Moléculas indutoras de *quorum-sensing* precisam alcançar uma determinada concentração dentro de uma população para que as bactérias respondam por meio da produção de toxinas. Foram descobertos mais de 20 fármacos que interferem na síntese das moléculas indutoras. Eles atuam como substrato para a enzima MTAN (5′-metiltioadenosina nucleosidase), ligando-a tão firmemente que ela não conseguirá se ligar ao substrato normal necessário para produzir moléculas indutoras. Sem indutores, um *quorum* nunca é percebido, e não há produção de toxina. Todos os inibidores da MTAN devem ser seguros para uso humano, visto que a MTAN só é encontrada em bactérias, e não em seres humanos. Os microrganismos não desenvolveram resistência aos fármacos inibitórios testados ao longo de 26 gerações. Outros microrganismos perigosos, como *Streptococcus pneumoniae*, *Neisseria meningitides*, *Klebsiella pneumoniae* e *Staphylococcus aureus* também utilizam a MTAN e provavelmente devem ser sensíveis a esses fármacos inibidores.

**PARE e RESPONDA**

1. Todos os compostos antimicrobianos podem ser adequadamente denominados antibióticos? Por que sim ou por que não?
2. Quando se deveria escolher um antibacteriano de espectro estreito, em vez de um antibacteriano de amplo espectro? Por quê?
3. O que é uma superinfecção? Como ela é adquirida?
4. Se a exposição a antibacterianos não provoca a ocorrência de mutações resistentes a fármacos, por que encontramos mais cepas resistentes a fármacos hoje em dia?

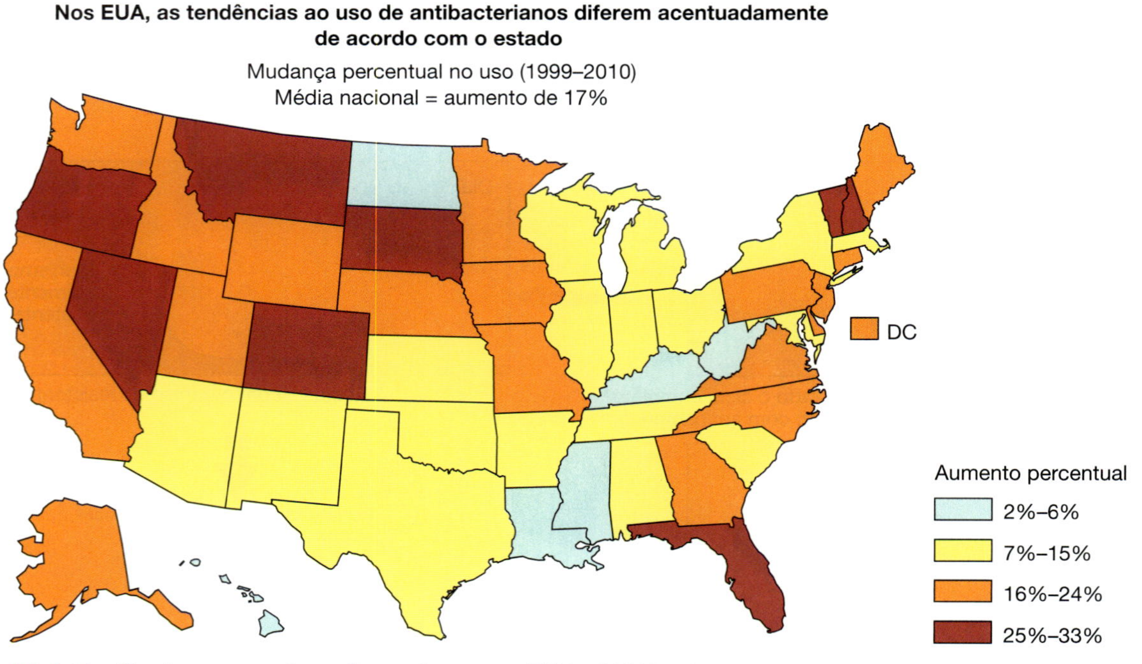


**Figura 14.9 Tendências ao uso de antibacterianos nos EUA.** *(US The Center for Disease Dynamics, Economics & Policy.)*

# DETERMINAÇÃO DAS SENSIBILIDADES MICROBIANAS AOS AGENTES ANTIMICROBIANOS

Os microrganismos variam na sua sensibilidade a diferentes agentes quimioterápicos, e as sensibilidades podem mudar com o passar do tempo. Em condições ideais, o antibacteriano apropriado para o tratamento de qualquer infecção específica deveria ser determinado antes da administração de qualquer antibacteriano. Algumas vezes, um agente apropriado pode ser prescrito tão logo o organismo etiológico seja identificado em uma cultura de laboratório. Com frequência, são necessários testes para mostrar que antibacteriano matará o organismo. Para isso, dispõe-se de vários métodos – métodos de difusão em disco, diluição e automatizados.

## Método de difusão em disco

No **método de difusão em disco**, ou **método de Kirby-Bauer**, uma quantidade padrão do organismo causador de doença é uniformemente espalhada sobre uma placa de ágar. Em seguida, vários discos de papel de filtro impregnados com concentrações específicas de agentes quimioterápicos selecionados são colocados sobre a superfície do ágar (Figura 14.10A). Por fim, a cultura com os discos de antibacterianos é incubada.

Durante a incubação, cada agente quimioterápico difunde-se em todas as direções a partir do disco. Os agentes com pesos moleculares menores difundem-se mais rapidamente do que os que possuem pesos moleculares mais altos. As áreas claras, denominadas **zonas de inibição**, ou halos de inibição, aparecem no ágar em torno dos discos onde os agentes inibem o organismo. O tamanho de uma zona de inibição não constitui necessariamente uma medida do grau de inibição, devido a diferenças nas velocidades de difusão dos agentes quimioterápicos. Um agente com grande peso molecular poderia ser um poderoso inibidor, embora pudesse se difundir apenas a uma pequena distância e produzir uma pequena zona de inibição. Foram estabelecidas medidas padronizadas dos diâmetros das zonas para meios específicos, quantidades de organismos e concentrações do fármaco, que se correlacionam com os diâmetros das zonas, para determinar se os organismos são *sensíveis*, *moderadamente sensíveis* ou *resistentes* ao fármaco.

Mesmo quando a inibição é interpretada de maneira adequada em um teste de difusão em disco, o agente quimioterápico mais inibidor pode não curar uma infecção. O agente provavelmente inibirá o organismo causador, mas poderá não matar uma quantidade suficiente do organismo para controlar a infecção. Com frequência, é necessário um agente bactericida para eliminar um organismo infeccioso, e o método de difusão em disco não garante que será identificado um agente bactericida. Além disso, resultados obtidos *in vivo* (com organismos vivos) frequentemente diferem daqueles obtidos *in vitro* (em recipiente de laboratório). Os processos metabólicos no corpo de um organismo vivo podem inativar ou inibir um composto antimicrobiano.

Uma versão mais recente do teste de difusão, denominada **teste E (epsilômetro)** (Figura 14.11), utiliza uma tira plástica contendo um gradiente de concentração do antibacteriano.

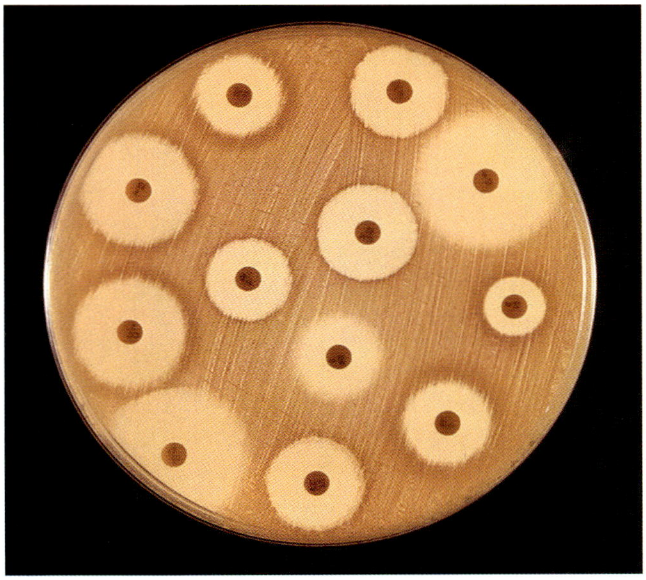

A

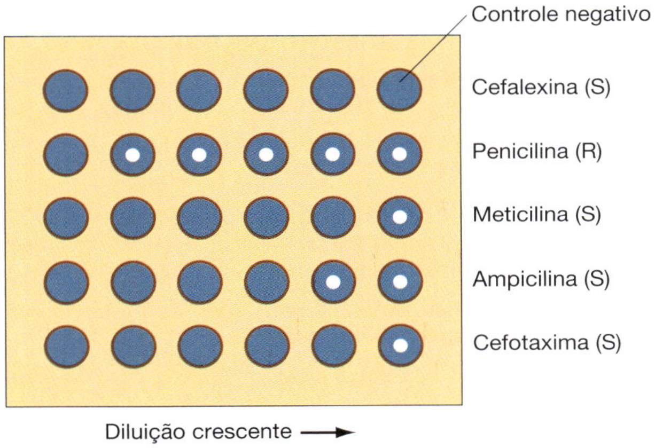


B



**Figura 14.10 Método de difusão em disco (de Kirby-Bauer) para determinar a sensibilidade microbiana a vários antibacterianos.** **A.** Uma placa de Petri é pré-semeada em estrias em meio ágar com o organismo a ser testado. Discos de papel de filtro, contendo cada um uma quantidade determinada de um antibacteriano específico, são colocados firmemente em contato com o meio, e o antibacteriano difunde-se então para fora. Após incubação da placa, uma área clara de ausência de crescimento ao redor do disco (zona [halo] de inibição) representa a inibição do organismo do teste pelo antibacteriano. A ausência de áreas claras indica resistência ao antibacteriano. A zona maior de inibição nem sempre indica o antibacteriano mais efetivo, visto que diferentes moléculas não se difundem no meio com a mesma velocidade. Além disso, alguns fármacos não se comportam da mesma maneira nos organismos vivos e sobre o ágar. Entretanto, os diâmetros das zonas de inibição, quando comparados com medidas padrão, ajudam a indicar se um organismo é sensível ou resistente a um fármaco. *(Gilda L. Jones/CDC.)* **B.** Teste de sensibilidade microbiana à concentração inibitória mínima (CIM). Uma placa de microdiluição padronizada com cavidades rasas que contêm diluições crescentes (concentrações decrescentes) de antibacterianos selecionados em caldo é inoculada com a bactéria do teste. A placa é então incubada; a menor concentração capaz de impedir o crescimento (pontos nas cavidades) é a CIM. A bactéria do teste nessa placa é sensível (S) a todos os antibacterianos, com exceção da penicilina (R). A cavidade com controle negativo contém apenas caldo.

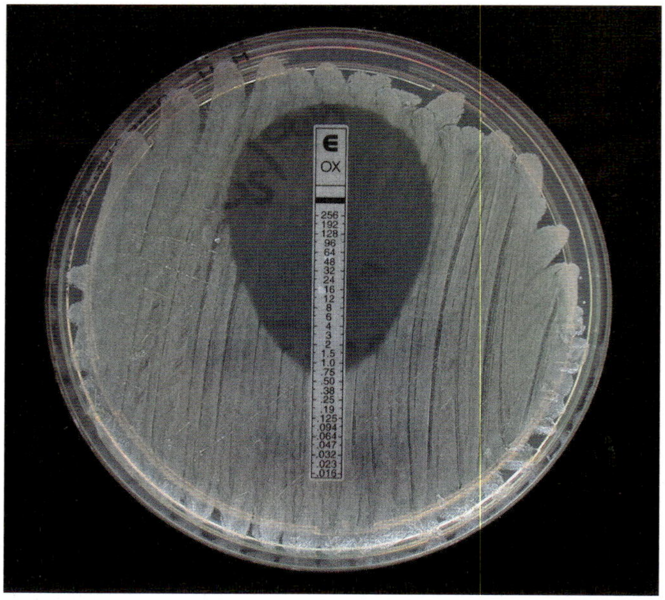


**Figura 14.11 Teste E (epsilômetro), que determina a sensibilidade a antibacterianos e estima a CIM (concentração inibitória mínima).** Uma tira de plástico contendo um gradiente crescente de determinado antibacteriano é colocada sobre a superfície de uma placa de Petri semeada com a bactéria de interesse. Uma zona de inibição do crescimento em torno da tira indica sensibilidade do organismo ao antibacteriano específico. O ponto onde começa a inibição indica a CIM do antibacteriano e pode ser lida na escala impressa. *(Dr. T. Pietzcker, University of ApliedSciences, Ulm.)*

Nas tiras estão impressos os valores de concentração, permitindo ao técnico de laboratório a leitura direta da concentração mínima necessária para inibir o crescimento.

## Método de diluição

O **método de diluição** para testar a sensibilidade a antibacterianos foi aplicado pela primeira vez em tubos de caldo de cultura; atualmente, é realizado em cavidades superficiais em placas padronizadas (Figura 14.10B). Neste método, uma quantidade constante de inóculo bacteriano (amostra) é introduzida em uma série de caldos de cultura contendo concentrações decrescentes de um agente quimioterápico. Após incubação (16 a 20 horas), os tubos ou as cavidades são examinados, e anota-se a menor concentração do agente capaz de impedir o crescimento visível (indicado por turvação ou pontos de organismos em crescimento). Essa concentração é a **concentração inibitória mínima (CIM)** para determinado agente atuando sobre um microrganismo específico. Esse teste pode ser realizado com vários agentes simultaneamente, utilizando diversos conjuntos de tubos ou cavidades, porém é demorado e, portanto, dispendioso.

O achado de um agente inibidor pelo método de diluição não é uma prova mais importante do que o achado pelo método de difusão em disco de que ele matará o organismo infeccioso. Todavia, o método de diluição proporciona um segundo teste para distinguir entre agentes bactericidas, que matam os microrganismos, e agentes bacteriostáticos, que simplesmente inibem o seu crescimento. Amostras provenientes dos tubos que não apresentam crescimento, mas que podem conter microrganismos inibidos, podem ser utilizadas para inocular meios que não contenham agente quimioterápico. Nesse teste, a menor concentração do agente quimioterápico que não permitirá nenhum crescimento na segunda inoculação ou *subcultura* constitui a **concentração bactericida mínima (CBM)**. Assim, é possível determinar tanto um agente quimioterápico efetivo quanto uma concentração apropriada para controlar uma infecção. Essa concentração deve ser mantida nos locais de infecção, visto que é a concentração mínima que irá curar a doença.

## Poder de destruição no soro

Outro método para determinar a efetividade de um agente quimioterápico consiste em medir o seu **poder de destruição no soro**. Esse teste consiste em obter uma amostra de sangue do paciente enquanto estiver recebendo um antibacteriano. Adiciona-se uma suspensão de bactérias a uma quantidade conhecida do **soro** (plasma sanguíneo menos os fatores de coagulação) do paciente. A ocorrência de crescimento (turvação) no soro após incubação significa que o antibacteriano é ineficaz. A inibição do crescimento sugere que o fármaco está atuando, e podem ser efetuadas determinações mais quantitativas para identificar a menor concentração que ainda irá proporcionar um poder de destruição no soro.

## Métodos automatizados

Atualmente, dispõe-se de métodos automatizados (Figura 14.12) para identificar organismos patogênicos e determinar os agentes antimicrobianos que irão combatê-los efetivamente. Um desses métodos utiliza cartões preparados com pequenas cavidades nas quais uma quantidade medida do inóculo é automaticamente colocada. Até 120 cartões de diferentes pacientes podem ser testados de uma única vez. Dispõe-se de cartões contendo vários tipos de meios apropriados para identificar membros de diferentes grupos de organismos – como bactérias gram-positivas, bactérias gram-negativas, bactérias anaeróbicas e leveduras. Dispõe-se também de cartões para determinar a sensibilidade dos organismos a uma variedade de agentes antimicrobianos.

As bandejas são introduzidas em uma máquina que mede o crescimento microbiano. Algumas máquinas usam um feixe de luz para medir a turvação. Outras utilizam meios contendo carbono radioativo. Os organismos que crescem nesses meios liberam dióxido de carbono no ar, e um dispositivo de coleta de amostra o detecta automaticamente. As máquinas variam quanto ao grau de automatização e quanto à velocidade com que os resultados se tornam disponíveis. Algumas necessitam de técnicos para realizar algumas etapas; outras fornecem um resultado computadorizado impresso que é transmitido para o prontuário do paciente. Algumas máquinas fornecem resultados em 3 a 6 horas, porém a maioria os fornece no dia seguinte, embora os organismos de crescimento lento possam necessitar de 48 horas.

Os métodos automatizados tornam a identificação laboratorial dos organismos e suas sensibilidades a agentes antimicrobianos mais eficientes e de menor custo. Uma vez obtidos os resultados dos testes laboratoriais, o médico pode então escolher um fármaco apropriado, com base na natureza do patógeno, na localização da infecção e em outros fatores, como

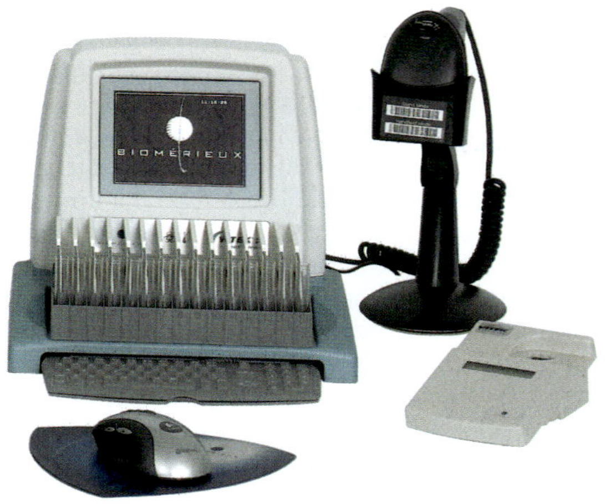

A

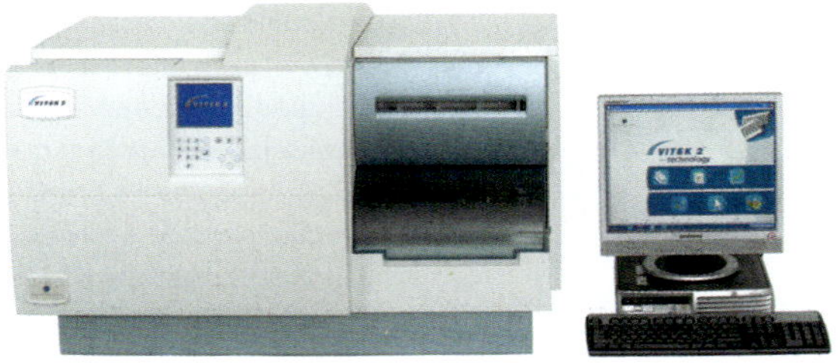

B

**Figura 14.12 Sistema automatizado para a identificação de microrganismos e determinação de sua sensibilidade a vários agentes antimicrobianos.** **A.** Uma amostra contendo o(s) organismo(s) é inoculada automaticamente nas cavidades de uma bandeja de plástico fina, cada uma das quais contendo um reagente químico específico. *(Cortesia de bioMerieux Vitek, Inc.)* **B.** São realizados testes em uma câmara de inoculação, e os resultados são lidos e registrados por computador. Dispõe-se de bandejas para uma ampla variedade de testes diferentes de identificação e determinação da sensibilidade a agentes antimicrobianos. *(Cortesia de bioMerieux, Inc.)*

alergias do paciente. Os métodos automatizados permitem aos médicos prescrever precocemente um antibacteriano apropriado para uma infecção, em vez de prescrever um antibacteriano de amplo espectro enquanto se aguardam os resultados do laboratório.

## ATRIBUTOS DE UM AGENTE ANTIMICROBIANO IDEAL

Após termos considerado as várias características dos agentes antimicrobianos e os métodos para determinar as sensibilidades dos microrganismos a eles, podemos agora listar as características de um agente antimicrobiano ideal:

1. *Solubilidade nos líquidos corporais.* Os agentes devem dissolver-se nos líquidos corporais para que sejam transportados pelo corpo e alcancem os organismos infecciosos. Mesmo os agentes de uso tópico precisam se dissolver nos líquidos do tecido lesionado para que sejam efetivos; entretanto, não precisam se ligar muito firmemente às proteínas do soro.
2. *Toxicidade seletiva.* Os agentes devem ser mais tóxicos para os microrganismos do que para as células do hospedeiro. De modo ideal, deve haver uma grande diferença entre a baixa concentração que é tóxica para os microrganismos e a concentração que provoca dano às células do hospedeiro.
3. *Toxicidade que não é facilmente alterada.* O agente deve manter uma toxicidade padrão e não deve tornar-se mais ou menos tóxico em consequência de interações com alimentos, outros fármacos ou condições anormais, como diabetes melito e doença renal no hospedeiro.
4. *Não alergênico.* O agente não deve desencadear uma reação alérgica no hospedeiro.
5. *Estabilidade: manutenção de uma concentração terapêutica constante no sangue e nos líquidos teciduais.* O agente deve ser estável o suficiente nos líquidos corporais para manter uma atividade terapêutica durante muitas horas; deve ser degradado e excretado lentamente.
6. *Resistência não facilmente adquirida pelos microrganismos.* Deve haver poucos microrganismos ou nenhum com resistência ao agente.
7. *Prazo de validade longo.* O agente deve conservar suas propriedades terapêuticas por um longo período com um mínimo de procedimentos especiais, como refrigeração ou proteção da luz.
8. *Custo razoável.* O agente deve ser acessível aos pacientes que necessitam dele.

Muitos agentes antimicrobianos preenchem razoavelmente bem esses critérios. Entretanto, poucos, se houver algum, preenchem todos os critérios de agentes antimicrobianos ideais. Enquanto for possível descobrir novos fármacos, a sua pesquisa continuará.

## PARA TESTAR

### Seja um descobridor!

Os microrganismos do solo constituem boas fontes de antibióticos. As empresas farmacêuticas pagam pessoas para trazer amostras de solo de todas as partes do mundo, na esperança de encontrar microrganismos novos e úteis produtores de antibióticos. Foram obtidas amostras de velhos cemitérios, redutos de vida selvagem, pântanos e pista de aterrissagem de campos de aviação. Tente coletar amostras de solo de alguns lugares que lhe interessam. Utilizando uma técnica asséptica, proceda à semeadura da superfície de uma placa de Petri de ágar nutriente com caldo de cultura de um organismo como *Escherichia coli*. Faça estrias confluentes de modo que toda a superfície seja uniformemente inoculada, como um gramado. Você pode tentar diferentes organismos em diferentes placas. Em seguida, salpique pequenas quantidades de sua amostra de solo sobre cada placa inoculada. Incube as placas ou deixe-as à temperatura ambiente e examine-as diariamente. Há formação de áreas claras em torno de algumas das colônias que cresceram a partir das partículas de solo? Caso afirmativo, essas áreas representam antibióticos naturais que se difundiram para o ágar e impediram o crescimento das bactérias de fundo. Parabéns, você descobriu algum antibiótico!

# AGENTES ANTIBACTERIANOS

Os agentes antimicrobianos são, em sua maioria, *agentes antibacterianos*, de modo que começaremos o nosso "catálogo" de agentes antimicrobianos com eles, tendo em mente que alguns também são efetivos contra outros microrganismos. Os agentes antibacterianos podem ser classificados de diversas maneiras; aqui, escolhemos utilizar seus mecanismos de ação. Outro modo de agrupar os antibacterianos baseia-se nos microrganismos que os produzem (**Tabela 14.2**).

## Inibidores da síntese da parede celular

### Penicilinas

Alguns bacteriófagos escavam orifícios nas paredes celulares das bactérias, anulando, dessa maneira, as tentativas das bactérias de promover o efluxo de antibacterianos. A utilização de fagos juntamente com antibacterianos pode reduzir em 50 vezes a concentração necessária de antibacterianos.

As **penicilinas** naturais, como a *penicilina G* e a *penicilina V*, são extraídas de cultura do fungo filamentoso *Penicillium notatum*. A descoberta na década de 1950 de que certas cepas de *Staphylococcus aureus* eram resistentes à penicilina proporcionou o impulso para o desenvolvimento de penicilinas semissintéticas. A primeira delas foi a *meticilina*, que é efetiva contra organismos resistentes à penicilina, visto que não é degradada pelas enzimas betalactamases. Outras penicilinas semissintéticas, incluindo *nafcilina*, *oxacilina*, *ampicilina*, *amoxicilina*, *carbenicilina* e *ticarcilina*, surgiram em rápida sucessão. Cada uma delas é sintetizada pelo acréscimo de uma determinada cadeia lateral a um núcleo de penicilina (**Figura 14.13**). Tanto as penicilinas naturais quanto às semissintéticas são bactericidas.

A penicilina G, que é a penicilina natural mais frequentemente utilizada, é administrada por *via parenteral* – isto é, por alguma via diferente da entérica, como via intramuscular ou intravenosa. Quando administrada por via oral, a maior parte é degradada pelos ácidos gástricos. A penicilina sofre rápida absorção no sangue, alcança a sua concentração máxima e é excretada, a não ser que seja combinada com um agente, como a procaína, que diminui a sua velocidade de excreção e prolonga a sua atividade.

**Tabela 14.2** Microrganismos selecionados que servem como fontes de antibióticos.

| Microrganismo | Antibiótico |
|---|---|
| **Fungos** | |
| *Cephalosporium* spp. | Cefalosporinas |
| *Penicillium griseofulvum* | Griseofulvina |
| *Penicillium notatum* e *P. chrysogenum* | Penicilina |
| **Estreptomicetos** | |
| *Streptomyces nodosus* | Anfotericina B |
| *Streptomyces venezuelae* | Cloranfenicol |
| *Streptomyces erythreus* | Eritromicina |
| *Streptomyces avermitilis* | Ivermectina |
| *Streptomyces griseus* | Estreptomicina |
| *Streptomyces kanamyceticus* | Canamicina |
| *Streptomyces fradiae* | Neomicina |
| *Streptomyces noursei* | Nistatina |
| *Streptomyces mediterranei* | Rifampicina |
| *Streptomyces aureofaciens* | Tetraciclina |
| *Streptomyces orientalis* | Vancomicina |
| *Streptomyces antibioticus* | Vidarabina |
| **Actinomicetos** | |
| *Micromonospora* spp. | Gentamicina |
| **Outras bactérias** | |
| *Bacillus licheniformis* | Bacitracina |
| *Bacillus polymyxa* | Polimixina |
| *Bacillus brevis* | Tirocidina |

No laboratório, algumas vezes, a penicilina é acrescentada a culturas mistas para impedir que espécies não desejadas cresçam mais do que espécies de crescimento mais lento de Archaea, que, por serem desprovidas de peptidoglicano, não são sensíveis à penicilina.

A penicilina G é o fármaco de escolha no tratamento de infecções causadas por estreptococos, meningococos, pneumococos, espiroquetas, clostrídios e bastonetes gram-positivos aeróbicos. É também apropriada para o tratamento de infecções causadas por algumas cepas de estafilococos e gonococos que não são resistentes a ela. Pelo fato de conservar a sua atividade na urina, mostra-se apropriada para o tratamento de algumas infecções do trato urinário. As infecções causadas por organismos resistentes à penicilina G podem ser tratadas com penicilinas semissintéticas, como a nafcilina, a oxacilina, a ampicilina ou a amoxicilina. A carbenicilina e a ticarcilina são particularmente úteis no tratamento de infecções causadas por *Pseudomonas*. A alergia à penicilina é rara entre crianças, porém ocorre em 1 a 5% dos adultos. Em geral, as penicilinas não são tóxicas; entretanto, a administração de grandes doses pode ter efeitos tóxicos sobre os rins, o fígado e o sistema nervoso central.

Além de seu uso no tratamento das infecções, as penicilinas também são utilizadas profilaticamente – isto é, para *prevenir* infecções. Por exemplo, pacientes com defeitos cardíacos (em particular, malformações ou valvas artificiais) ou com doença cardíaca são particularmente suscetíveis à endocardite, uma inflamação do revestimento do coração causada por infecção bacteriana. Os organismos tendem a atacar a superfície das valvas danificadas. Para evitar essas infecções, os pacientes suscetíveis frequentemente recebem penicilina antes de cirurgias ou de procedimentos dentários (até mesmo limpeza) passíveis de liberar bactérias na corrente sanguínea.

### Cefalosporinas

As **cefalosporinas** naturais, que provêm de várias espécies do fungo *Cephalosporium*, têm ação antimicrobiana limitada. Sua descoberta levou ao desenvolvimento de um grande número de derivados semissintéticos bactericidas da cefalosporina C natural. O núcleo de uma cefalosporina é muito semelhante ao da penicilina; ambas contêm anéis betalactâmicos (ver Figura 14.13). À semelhança das penicilinas semissintéticas,

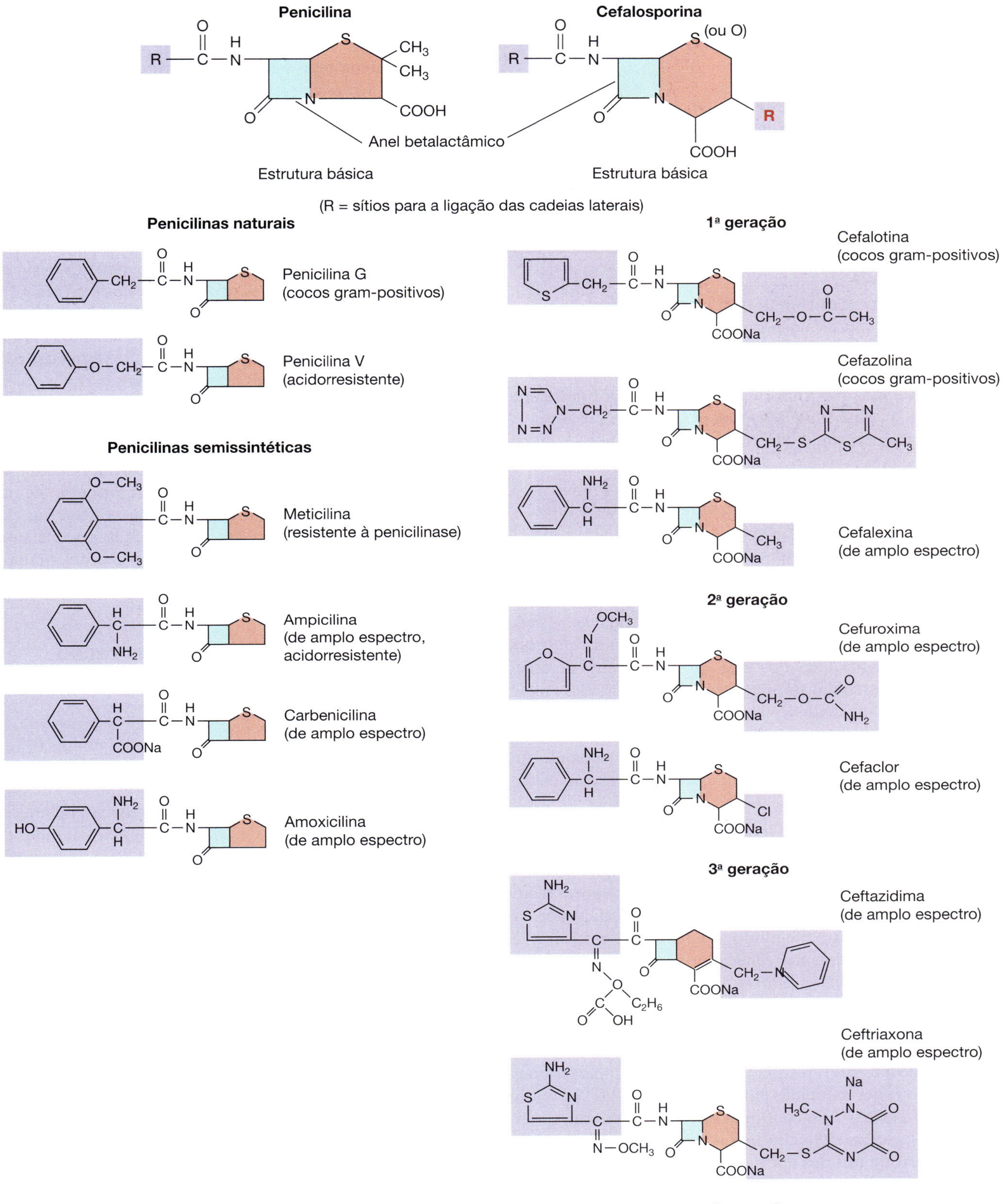




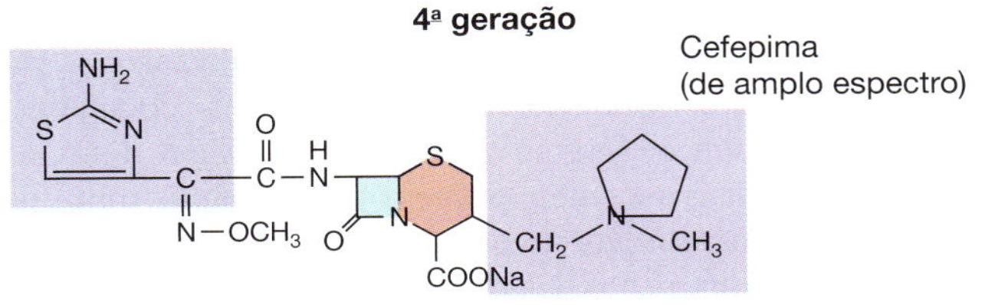


**Figura 14.13 Penicilinas.** Comparação das moléculas de penicilina e de cefalosporina com anéis betalactâmicos (*em azul*). A cefalosporina difere ligeiramente no anel ligado (*em vermelho*) e possui dois sítios para a ligação das cadeias laterais (*em púrpura*), em vez de um, como na molécula de penicilina.

## APLICAÇÃO NA PRÁTICA

### Desarmar e matar

Algumas vezes, um inibidor da betalactamase, como o ácido clavulânico, é acrescentado a um antibacteriano da família da penicilina. Uma preparação desse tipo é o Clavulin®, composto de ácido clavulânico e amoxicilina. A betalactamase é destruída pelo ácido clavulânico, permitindo que o anel betalactâmico da amoxicilina permaneça intacto, de modo que o antibacteriano possa matar as bactérias.

as cefalosporinas semissintéticas diferem na natureza de suas cadeias laterais. As cefalosporinas utilizadas com frequência incluem a *cefalexina*, a *cefradina* e a *cefadroxila*, todas as quais são bem absorvidas pelo intestino e, portanto, podem ser administradas por via oral. Outras cefalosporinas, como a *cefalotina*, a *cefapirina* e a *cefazolina*, precisam ser administradas por via parenteral, habitualmente nos músculos ou nas veias.

Embora as cefalosporinas não sejam habitualmente o primeiro fármaco considerado no tratamento de uma infecção, elas são usadas com frequência quando a ocorrência de alergia ou toxicidade impede o uso de outros fármacos. Entretanto, como as cefalosporinas são estruturalmente semelhantes à penicilina, alguns pacientes que são alérgicos à penicilina também podem ser sensíveis às cefalosporinas. Todavia, as cefalosporinas respondem por um quarto a um terço das despesas de farmácia em hospitais dos EUA, principalmente pelo fato de que elas apresentam um espectro de ação bastante amplo, raramente causam efeitos colaterais graves e podem ser utilizadas profilaticamente em pacientes cirúrgicos. Infelizmente, as cefalosporinas são utilizadas com frequência quando um agente mais barato e de espectro mais estreito seria tão efetivo quanto elas.

O desenvolvimento de novas variedades de cefalosporinas parece ser uma corrida contra a capacidade das bactérias de adquirir resistência às variedades mais antigas. Quando os organismos se tornaram resistentes às cefalosporinas iniciais de "primeira geração", foram produzidas cefalosporinas de "segunda geração", incluindo *cefuroxima* e *cefaclor* (ver Figura 14.13). Atualmente, cefalosporinas de "terceira geração", como *ceftriaxona* e *ceftazidima*, e a *cefepima* de "quarta geração" são utilizadas contra organismos que demonstraram ser resistentes a fármacos mais antigos. As cefalosporinas são particularmente efetivas (por enquanto) no tratamento de infecções hospitalares resistentes a muitos antibacterianos. Estão sendo experimentadas em pacientes com AIDS e outras imunodeficiências. (Não confunda esses fármacos com os fármacos de segunda e terceira linhas descritos anteriormente, que não derivam uns dos outros.)

Os efeitos adversos das cefalosporinas tendem a ser reações locais, como irritação no local de injeção ou náuseas, vômitos e diarreia quando o fármaco é administrado por via oral. Quatro a quinze por cento dos pacientes alérgicos à penicilina também têm alergia às cefalosporinas. Além disso, as cefalosporinas mais recentes exercem pouco efeito sobre os organismos gram-positivos, os quais podem causar superinfecções durante o tratamento das infecções por gram-negativos.

### Outros agentes antibacterianos que atuam sobre as paredes celulares

Os **carbapenéns** representam um novo grupo de antibacterianos bactericidas que apresentam estruturas em duas partes. *Primaxin®*, um carbapeném típico, consiste em um antibiótico betalactâmico (*imipeném*), que interfere na síntese da parede celular, e em *cilastatina sódica*, um composto que impede a degradação do fármaco nos rins. Os carbapenéns, como grupo, possuem espectro de ação extremamente amplo.

A *bacitracina*, um pequeno polipeptídio bactericida derivado da bactéria *Bacillus licheniformis*, só é utilizada em lesões e feridas da pele ou das membranas mucosas, visto que é pouco absorvida e tóxica para os rins. A *vancomicina* é uma grande molécula complexa produzida pelo actinomiceto do solo *Streptomyces orientalis*. É uma molécula muito grande para passar através dos poros na membrana externa das paredes celulares dos organismos gram-negativos e, portanto, não é efetiva contra a maioria das bactérias gram-negativas. Pode ser utilizada no tratamento de infecções causadas por estafilococos e enterococos resistentes à meticilina. Trata-se também do fármaco de escolha contra a colite pseudomembranosa induzida por antibacterianos (enterite com formação de uma falsa membrana no intestino). Por ser pouco absorvida pelo tubo gastrintestinal, precisa ser administrada por via intravenosa. A vancomicina é bastante tóxica e provoca perda da audição e lesão renal, em especial em pacientes idosos, se o fármaco não for cuidadosamente monitorado.

## Fármacos que causam desintegração das membranas celulares

### Polimixinas

Foram obtidas cinco **polimixinas**, designadas por A, B, C, D e E, a partir da bactéria do solo *Bacillus polymyxa*. As polimixinas B e E são clinicamente as mais comuns. Em geral, são administradas por aplicação tópica, frequentemente com bacitracina, no tratamento de infecções da pele causadas por bactérias gram-negativas, como *Pseudomonas*. Quando usadas internamente, as polimixinas podem causar dormência dos membros, lesão renal grave e parada respiratória. São administradas por injeção quando o paciente está hospitalizado e a função renal pode ser monitorada.

## Inibidores da síntese de proteínas

### Aminoglicosídeos

Os **aminoglicosídeos** são obtidos de várias espécies dos gêneros *Streptomyces* e *Micromonospora*. A primeira, a **estreptomicina**, foi descoberta na década de 1940 e demonstrou ser efetiva contra uma variedade de bactérias. Desde então, muitas bactérias tornaram-se resistentes a ela. Além disso, a estreptomicina pode provocar lesão dos rins e da orelha interna, causando algumas vezes zumbido permanente nas orelhas e tontura. Por esse motivo, esse composto só é utilizado agora em situações especiais e, em geral, em associação com outros fármacos. Por exemplo, a estreptomicina pode ser utilizada com tetraciclinas no tratamento da peste e da tularemia e com isoniazida e rifampicina no tratamento da tuberculose.

Outros aminoglicosídeos, como a *neomicina*, a *canamicina*, a *amicacina*, a *gentamicina*, a *tobramicina* e a *netilmicina*, também possuem indicações especiais e exibem graus variáveis de toxicidade para os rins e a orelha interna. Em doses mais baixas e menos tóxicas, os aminoglicosídeos tendem a ser bacteriostáticos. Em geral, são administrados por via intramuscular ou intravenosa, por que são pouco absorvidos quando administrados por via oral.

Uma importante propriedade dos aminoglicosídeos é a sua capacidade de atuar de modo sinérgico com outros fármacos – um aminoglicosídeo associado a outro fármaco frequentemente controla melhor uma infecção do que poderia fazê-lo quando administrado isoladamente. Por exemplo, a gentamicina e a penicilina ou ampicilina são efetivas contra os estreptococos resistentes à penicilina. Em outras ações sinérgicas, a gentamicina ou a tobramicina atuam com a carbenicilina ou a ticarcilina no controle das infecções causadas por *Pseudomonas*, particularmente em pacientes queimados, e os aminoglicosídeos associados às cefalosporinas atuam no controle das infecções por *Klebsiella*.

Outras aplicações dos aminoglicosídeos incluem o tratamento de infecções ósseas e articulares, peritonite (inflamação do revestimento da cavidade abdominal), abscessos pélvicos e muitas infecções hospitalares. Nas infecções ósseas e articulares, a gentamicina e a tobramicina são particularmente úteis pela sua capacidade de penetrar nas cavidades articulares. Como a peritonite e os abscessos pélvicos são graves e, com frequência, causados por uma mistura de enterococos e bactérias anaeróbicas, o tratamento com aminoglicosídeos é habitualmente iniciado antes da identificação dos organismos. A amicacina é efetiva sobretudo no tratamento das infecções hospitalares resistentes a outros fármacos. Não deve ser utilizada em situações menos urgentes, de modo que os organismos também não se tornem resistentes a ela.

Os aminoglicosídeos frequentemente causam danos às células renais, com consequente excreção de proteínas na urina, e o seu uso prolongado pode matar as células renais. Esses efeitos são mais pronunciados em pacientes idosos e naqueles com doença renal preexistente. Alguns aminoglicosídeos danificam o oitavo nervo craniano: a estreptomicina causa tontura e distúrbios do equilíbrio, enquanto a neomicina provoca perda da audição.

## Tetraciclinas

São obtidas várias **tetraciclinas** de espécies de *Streptomyces*, a partir das quais foram originalmente descobertas. As tetraciclinas comumente utilizadas incluem a própria tetraciclina, a *clortetraciclina* e a *oxitetraciclina*. As tetraciclinas semissintéticas mais recentes incluem a *minociclina* e a *doxiciclina*. Todas as tetraciclinas são bacteriostáticas em doses normais, prontamente absorvidas pelo sistema digestório e amplamente distribuídas pelos tecidos e líquidos corporais (com exceção do líquido cerebrospinal). Esses fármacos entram facilmente no citoplasma das células do hospedeiro, tornando-os particularmente úteis para matar as bactérias infecciosas intracelulares.

O fato de que as tetraciclinas têm o espectro mais amplo de ação em comparação com qualquer outro antibacteriano é uma faca de dois gumes. Mostram-se efetivas contra muitas infecções causadas por bactérias gram-positivas e gram-negativas e são apropriadas para o tratamento de infecções por rickéttsias, clamídias, micoplasmas e alguns fungos. Entretanto, por terem um espectro de ação tão amplo, elas também destroem a microbiota intestinal normal e, com frequência, provocam graves distúrbios gastrintestinais. Além disso, podem ocorrer superinfecções insistentes por *Proteus*, *Pseudomonas* e *Staphylococcus* resistentes às tetraciclinas, bem como infecções por fungos.

As tetraciclinas podem causar uma variedade de efeitos tóxicos de leves a graves. Náuseas e diarreia são comuns, e, algumas vezes, observa-se uma extrema sensibilidade à luz. O fármaco também pode causar a formação de pústulas na pele. Os efeitos sobre o fígado e sobre os rins são mais graves. A lesão hepática pode ser fatal, particularmente em pacientes com infecções graves ou durante a gravidez. A lesão renal pode levar à acidose (pH sanguíneo baixo) e à excreção de proteínas e de glicose. Pode ocorrer anemia, embora seja rara. A tetraciclina também pode interferir na efetividade dos anticoncepcionais orais.

Ocorre pigmentação dos dentes (**Figura 14.14**) quando crianças com menos de 5 anos de idade recebem tetraciclina ou quando suas mães a receberam na segunda metade da gestação. Tanto os dentes decíduos (dentes de leite) quanto os permanentes ficam mosqueados, porque os germes dentários de ambos os tipos de dentes formam-se antes do nascimento. A tetraciclina administrada durante a gestação também pode levar à formação anormal dos ossos no crânio do feto e a uma conformação anormal permanente do crânio. A capacidade dos íons cálcio de formar um complexo com a tetraciclina é responsável pelos seus efeitos sobre os ossos e os dentes. Como essa reação destrói o efeito antibacteriano do fármaco, os pacientes não devem consumir leite ou outro produto derivado do leite com o fármaco ou por algumas horas após tomá-lo. Algumas verduras, como a couve, também apresentam um teor de cálcio muito elevado, e o seu consumo deve ser evitado quando se tomam tetraciclinas. O ferro também interfere nas tetraciclinas. Deve-se evitar o uso de multivitamínico contendo ferro.

## Cloranfenicol

O **cloranfenicol**, originalmente obtido de culturas de *Streptomyces venezuelae*, é agora totalmente sintetizado em laboratório. À semelhança das tetraciclinas, o cloranfenicol é bacteriostático, sofre rápida absorção pelo sistema digestório, distribui-se amplamente pelos tecidos e apresenta amplo espectro de ação. É utilizado no tratamento da febre tifoide, em infecções causadas por cepas de meningococos e *Haemophilus influenzae* resistentes à penicilina, abscessos cerebrais e rickéttsioses graves.

O cloranfenicol provoca dano à medula óssea de duas maneiras. Causa anemia aplásica reversível, relacionada com a

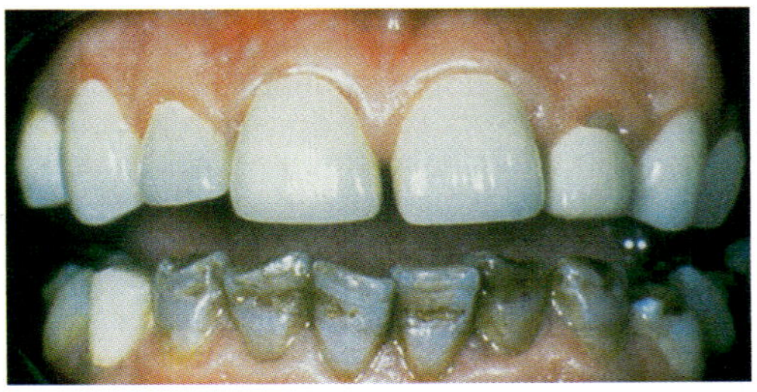

**Figura 14.14 Pigmentação dos dentes causada por tetraciclina.** Se a condição resulta da ingestão do antibacteriano durante a gravidez, tanto os dentes decíduos (dentes de leite) quanto os permanentes serão afetados, visto que os germes dentários de ambos os tipos de dentes formam-se no feto nessa época. *(John Radcliffe Hospital/Science Source.)*

dose, em que as células da medula óssea produzem um número insuficiente de eritrócitos e, algumas vezes, também muito poucos leucócitos e plaquetas. A interrupção do uso do fármaco habitualmente permite que a medula óssea recupere a sua função normal. Além disso, causa anemia aplásica permanente não relacionada com a dose, devido à destruição da medula óssea. A anemia aplásica aparece dentro de vários dias a meses após a interrupção do tratamento e é mais comum em recém-nascidos. A não ser que se possa efetuar um transplante de medula óssea bem-sucedido, em geral, a anemia aplásica permanente é fatal. É observada em apenas 1 em cada 25.000 a 40.000 pacientes tratados com cloranfenicol. O uso do cloranfenicol a longo prazo pode causar inflamação do nervo óptico e de outros nervos, confusão, delírio e sintomas gastrintestinais de leves a graves. Como o cloranfenicol é algumas vezes prescrito ou vendido sem prescrição médica em países fora dos EUA, você sempre deve ter o cuidado de saber a identidade do antibacteriano que adquire em outros países. Nos EUA, o cloranfenicol constitui o fármaco de última escolha quando existem outros agentes efetivos.

## Outros agentes antibacterianos que afetam a síntese de proteínas

**Macrolídios.** A **eritromicina**, um **macrolídio** (composto com um grande anel) comumente utilizado, é produzida por várias cepas de *Streptomyces erythreus*. A eritromicina, que exerce efeito bacteriostático, é prontamente absorvida e alcança a maioria dos tecidos e líquidos corporais (com exceção do líquido cerebrospinal). É recomendada para infecções causadas por estreptococos, pneumococos e corinebactérias, mas também é efetiva contra *Mycoplasma* e algumas infecções causadas por *Chlamydia* e *Campylobacter*. A eritromicina tem maior valor no tratamento de infecções causadas por organismos resistentes à penicilina ou em pacientes alérgicos à penicilina. Infelizmente, a resistência à eritromicina surge com frequência durante o tratamento. Utiliza-se frequentemente o tratamento antibacteriano duplo – eritromicina e outro fármaco – em pacientes com doença semelhante à pneumonia, que pode consistir na doença dos legionários. Vários antibacterianos combatem outras pneumonias, mas a eritromicina é o único antibacteriano comum que irá combater a doença dos legionários. A eritromicina é um dos antibacterianos menos tóxicos comumente usados. São observados distúrbios gastrintestinais leves em 2 a 3% dos pacientes tratados com esse antibacteriano. Dois antibacterianos relacionados com a eritromicina mais recentes e mais frequentemente utilizados são a *azitromicina* e a *claritromicina*. Foi publicado um aviso pela U.S. Food and Drug Adminstration declarando que a azitromicina pode causar atividade cardíaca irregular, podendo resultar em arritmia fatal.

**Licosamidas.** A *lincomicina* é produzida por *Streptomyces lincolnensis*, enquanto a *clindamicina* é um derivado semissintético, que sofre absorção mais completa e é menos tóxico do que a lincomicina. Ambos os fármacos, que são coletivamente denominados lincosamidas, exercem efeito bacteriostático. A lincomicina pode ser utilizada no tratamento de uma variedade de infecções, porém não é significativamente melhor do que outros antibacterianos amplamente usados, e os organismos tornam-se rapidamente resistentes a ela. A clindamicina mostra-se efetiva contra *Bacteroides* e outros anaeróbios, exceto *Clostridium difficile*, que frequentemente se estabelece como superinfecção durante o tratamento com clindamicina. As toxinas de *C. difficile* podem causar colite (inflamação do intestino grosso) grave e, algumas vezes, fatal, a não ser que seja diagnosticada precocemente e tratada com vancomicina oral.

### APLICAÇÃO NA PRÁTICA

#### Antibacterianos e acne

As tetraciclinas e a eritromicina em baixas doses suprimem as bactérias da pele, principalmente *Propionibacterium acnes*, e reduzem a liberação de lipases microbianas, que contribuem para a inflamação da pele. Essa terapia é utilizada no tratamento da acne, porém a sua efetividade não foi comprovada. Estudos destinados a avaliar a efetividade dos antibacterianos na terapia da acne têm sido inúteis, visto que não têm controles apropriados, não caracterizam adequadamente o tipo e a gravidade dos casos e empregam outras terapias concomitantes. Alguns estudos mostraram que o uso de baixas doses de muitos antibacterianos pode levar ao aparecimento de cepas resistentes aos antibacterianos. Os benefícios dos antibacterianos para os pacientes com acne valem o risco de promover o desenvolvimento de organismos resistentes?

## Inibidores da síntese de ácidos nucleicos

### Rifampicina

Entre as **rifamicinas** produzidas por *Streptomyces mediterranei*, apenas a *rifampicina* semissintética é atualmente usada. A rifampicina, que sofre absorção fácil pelo sistema digestório, exceto quando tomada diretamente após uma refeição, alcança todos os tecidos e líquidos corporais. A rifampicina bloqueia a transcrição do RNA. Apesar de ser bactericida e de apresentar amplo espectro de ação, foi aprovada nos EUA apenas para o tratamento da tuberculose e para a eliminação dos meningococos da nasofaringe de portadores.

A rifampicina pode causar lesão hepática, mas geralmente só apresenta esse efeito quando são administradas doses excessivas a pacientes com doença hepática preexistente. A rifampicina é incomum entre os antibacterianos na sua capacidade de interagir com outros fármacos, e a possibilidade dessas interações deve ser considerada antes da administração do fármaco. A administração concomitante de rifampicina com contraceptivos orais foi implicada no aumento do risco de gravidez e transtornos mentais. As doses de anticoagulantes precisam ser aumentadas enquanto o paciente estiver tomando rifampicina, de modo a obter o mesmo grau de redução na coagulação sanguínea. Por fim, viciados em substâncias químicas que estão recebendo metadona algumas vezes sofrem sintomas de abstinência se receberem rifampicina sem aumento na dose de metadona. Uma possível explicação para esses efeitos diversos é o fato de que a rifampicina estimula o fígado a produzir maiores quantidades de enzimas que estão envolvidas no metabolismo de uma variedade de fármacos e substâncias.

### Quinolonas

As **quinolonas**, um novo grupo de análogos bactericidas sintéticos do *ácido nalidíxico*, são efetivas contra muitas bactérias gram-positivas e gram-negativas. O mecanismo de ação das quinolonas consiste na inibição da síntese do DNA bacteriano

## APLICAÇÃO NA PRÁTICA

### Síndrome do homem vermelho

Demonstrou-se que a rifampicina provoca a denominada síndrome do homem vermelho. Nesse distúrbio, que ocorre com altas doses do antibacteriano, produtos metabólicos coloridos do fármaco acumulam-se no corpo e são eliminados pelas glândulas sudoríparas. A síndrome caracteriza-se pela coloração laranja-brilhante ou vermelha da urina, da saliva e das lágrimas, bem como da pele, que se assemelha a uma lagosta cozida. As secreções vermelhas da pele podem ser removidas por lavagem, porém a lesão hepática causada pelo fármaco só se recupera lentamente.

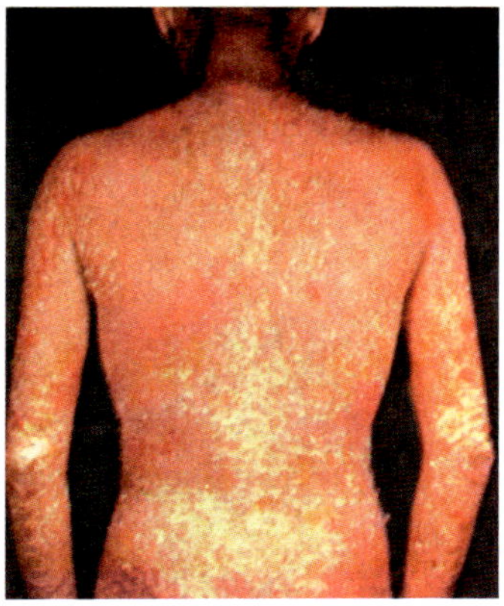

(Science Source)

pelo bloqueio da DNA girase, a enzima que desenrola a dupla hélice de DNA na preparação para a sua replicação. *Norfloxacino*, *ciprofloxacino* e *enoxacino* são exemplos desse grupo de antibacterianos. São particularmente efetivos no tratamento da diarreia do viajante e em infecções do trato urinário causadas por organismos multirresistentes.

Um avanço recente levou à produção de uma classe híbrida de antibacterianos. Um desses antibacterianos, uma associação de quinolona e cefalosporina, está sendo atualmente testado. Quando as enzimas betalactamases atuam sobre o componente cefalosporina, a quinolona é liberada da molécula híbrida e torna-se disponível para matar os organismos resistentes à cefalosporina. O uso desse antibacteriano sinérgico de dupla ação também pode prevenir ou retardar o desenvolvimento de resistência aos antibacterianos.

## Antimetabólitos e outros agentes antibacterianos

### Sulfonamidas

As **sulfonamidas**, ou *sulfas*, formam um grande grupo de agentes bacteriostáticos totalmente sintéticos. Muitos são derivados da *sulfanilamida*, uma das primeiras sulfonamidas (ver Figura 14.4B). Em geral, as sulfonamidas administradas por via oral sofrem rápida absorção e distribuem-se amplamente pelos tecidos e líquidos corporais. Atuam pelo bloqueio da síntese de ácido fólico, que é necessário na formação das bases nitrogenadas do DNA. As sulfonamidas foram agora substituídas, em grande parte, por antibióticos, porque os antibióticos são mais específicos nas suas ações e menos tóxicos do que as sulfonamidas.

Quando as sulfonamidas começaram a ser utilizadas pela primeira vez na década de 1930, elas frequentemente resultavam em lesão renal. As formas mais recentes desses fármacos em geral não provocam dano renal; mas ocasionalmente produzem náuseas e exantema cutâneo. Determinadas sulfonamidas são ainda utilizadas para suprimir a microbiota intestinal antes de uma cirurgia de cólon. São também utilizadas no tratamento de alguns tipos de meningite, visto que elas entram no líquido cerebrospinal mais facilmente do que os antibióticos. O *cotrimoxazol*, uma combinação de *sulfametoxazol* e *trimetoprima*, é utilizado no tratamento de infecções do trato urinário e de algumas outras infecções. O cotrimoxazol constitui o fármaco de escolha primária para o controle da pneumonia por *Pneumocystis*, uma complicação comum causada por fungos em pacientes com AIDS. Infelizmente, ambos os fármacos são tóxicos para a medula óssea e podem causar náuseas e exantema cutâneo.

### Isoniazida

A **isoniazida** é um antimetabólito de duas vitaminas – a nicotinamida (niacina) e o piridoxal (vitamina $B_6$). Liga-se e inativa a enzima que converte as vitaminas em moléculas úteis. Esse agente sintético bacteriostático, que exerce pouco efeito sobre a maioria das bactérias, é efetivo contra *Mycobacterium* que causa tuberculose. A isoniazida sofre absorção completa no sistema digestório e alcança todos os tecidos e líquidos corporais, onde precisa ser inicialmente ativada pela catalase (uma enzima da célula do hospedeiro). A destruição da catalase, impedindo assim a ativação da isoniazida, é um mecanismo pelo qual as micobactérias podem desenvolver resistência ao fármaco. Uma vez ativada, a isoniazida modifica a álcool-acidorresistência ao interferir na síntese de ácido micólico, um componente das paredes celulares das micobactérias. Como as micobactérias presentes em qualquer infecção desse tipo em geral incluem alguns organismos resistentes à isoniazida, esse antimetabólito é habitualmente administrado com dois ou três agentes, como a rifampicina ou o etambutol (discutido na seção seguinte). A isoniazida mata os bacilos em rápida divisão; os outros agentes matam os bacilos lentos ou dormentes. Além disso, devem-se administrar suplementos dietéticos de nicotinamida e piridoxal com a isoniazida.

### Etambutol

O agente sintético **etambutol** mostra-se efetivo contra determinadas cepas de micobactérias que não respondem à isoniazida. O etambutol é bem absorvido e alcança todos os tecidos e líquidos corporais. Entretanto, as micobactérias adquirem resistência com bastante rapidez, de modo que ele deve ser utilizado com outros fármacos, como a isoniazida e a rifampicina. Seu mecanismo de ação permanece desconhecido.

### Nitrofuranos

Os **nitrofuranos** são fármacos antibacterianos que penetram nas células suscetíveis e aparentemente provocam dano aos sistemas respiratórios dos microrganismos sensíveis. Várias centenas de nitrofuranos foram sintetizados desde que o primeiro foi obtido em 1930. Apenas alguns deles são atualmente usados. A *nitrofurantoína* por via oral é bacteriostática em doses baixas, facilmente absorvida e rapidamente metabolizada. Esse fármaco é particularmente útil no tratamento de infecções urinárias agudas e crônicas. A baixa incidência de resistência torna a nitrofurantoína um agente profilático ideal para a prevenção de recidivas. Infelizmente, 10% dos pacientes apresentam náuseas e vômitos como efeitos colaterais e precisam ser então tratados com um antibiótico.

As estruturas químicas, os usos e os efeitos colaterais dos agentes antibacterianos estão resumidos na Figura 14.15.

| Agente | Usado para tratar | Método comum de administração | Efeitos colaterais |
|---|---|---|---|
| **Agentes que inibem a síntese da parede celular** | | | |
| Penicilina (natural) | Ampla variedade de infecções, principalmente por bactérias gram-positivas | IM, O | Relativamente poucos efeitos colaterais, porém ocorrem alergias |
| Penicilina (semissintética) | Infecções resistentes à penicilina natural | VO, IV | Iguais aos da penicilina natural |
| Cefalosporinas | Ampla variedade de infecções quando a alergia ou toxicidade torna outros agentes inadequados | IV, IM, VO | Relativamente não tóxicas, mas podem levar a superinfecções |
| Carbapenéns | Infecções mistas, infecções hospitalares, infecções de etiologia desconhecida | IV | Reações alérgicas, superinfecções, crises convulsivas, distúrbios gastrintestinais |
| Bacitracina | Infecções cutâneas (aplicação tópica) | T | O uso interno é tóxico para os rins |

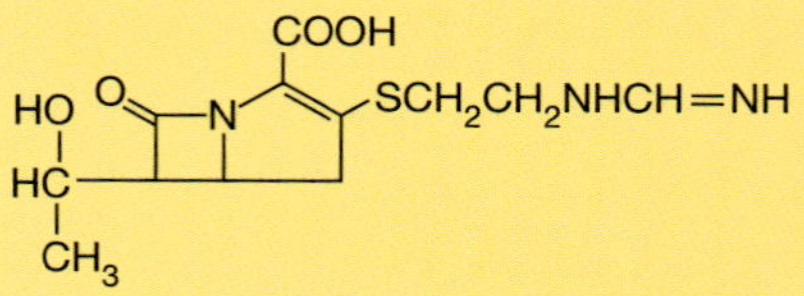

Imipeném
(um carbapeném)

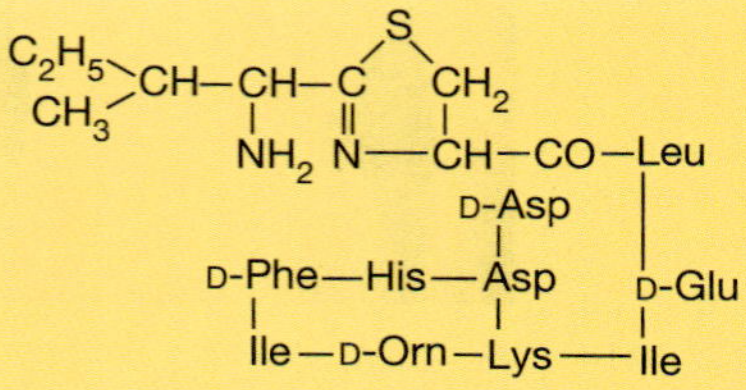

Bacitracina

| Agente | Usado para tratar | Método comum de administração | Efeitos colaterais |
|---|---|---|---|
| **Agentes que interferem na função da membrana** | | | |
| Polimixinas | Infecções da pele (aplicação tópica, com bacitracina) | T, IV | O uso interno é altamente tóxico |
| Tirocidinas | Infecções da pele causadas por cocos gram-positivos (aplicação tópica) | T, IV | O uso interno é altamente tóxico |

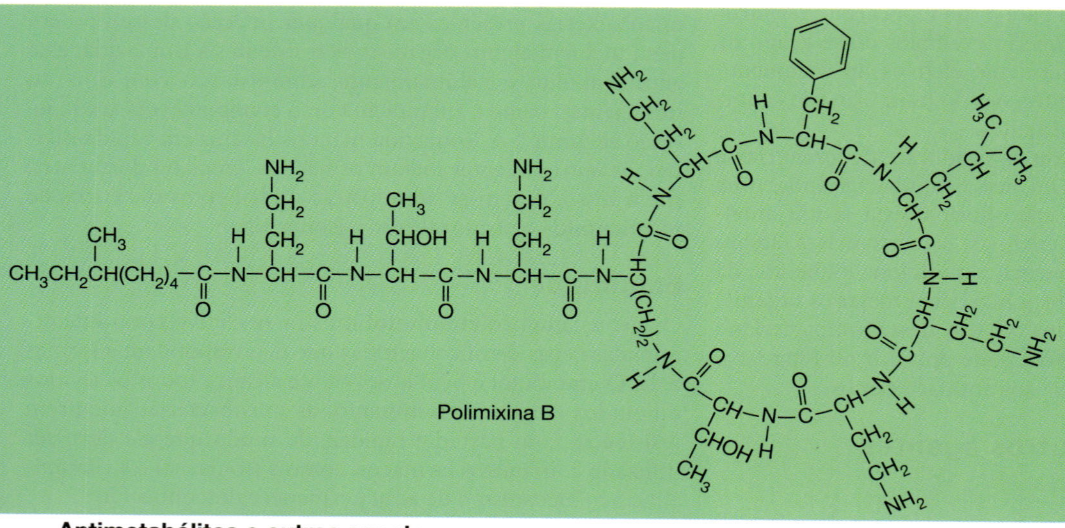
Polimixina B

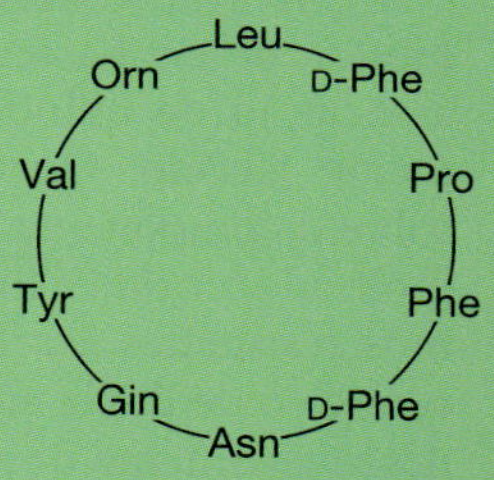

Tirocidina

| Agente | Usado para tratar | Método comum de administração | Efeitos colaterais |
|---|---|---|---|
| **Antimetabólitos e outros agentes** | | | |
| Sulfonamidas | Alguns tipos de meningite e para supressão da flora intestinal antes de cirurgia de cólon | VO, IV | As formas iniciais causavam danos aos rins, porém aquelas atualmente utilizadas não têm esse efeito |
| Isoniazida | Tuberculose (utilizada com etambutol) | VO | Pode causar deficiência de piridoxina |
| Etambutol | Tuberculose (utilizada com isoniazida) | VO | |
| Nitrofurantoína | Infecções do trato urinário | VO | Náuseas e vômitos |

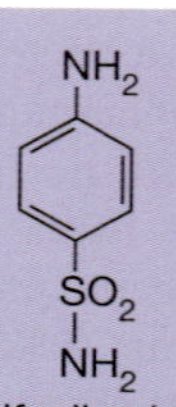
Sulfanilamida
(uma sulfonamida)

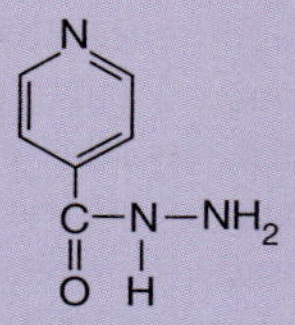
Isoniazida

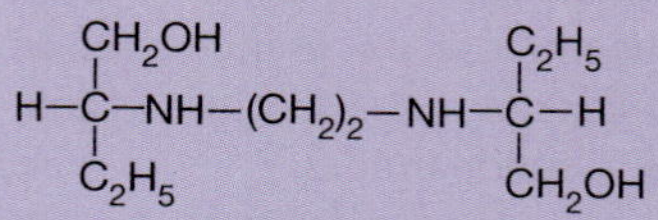
Etambutol

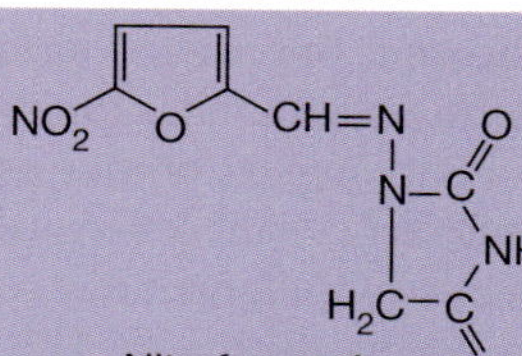
Nitrofurantoína



Figura 14.15 **Fármacos antibacterianos selecionados.** IM = intramuscular; IV = intravenoso; VO = via oral; T = tópico.

| Agente | Usado para tratar | Método comum de administração | Efeitos colaterais |
|---|---|---|---|
| **Agentes que inibem a síntese de proteínas** | | | |
| Estreptomicina | Tuberculose (utilizada com isoniazida e rifampicina) | IM, VO | Provoca dano aos rins e à orelha interna |
| Gentamicina e outros aminoglicosídeos | Infecções resistentes a antibacterianos e infecções hospitalares (utilizados de modo sinérgico com outros fármacos) | IM, T (queimaduras) | Graus variáveis de dano aos rins e à orelha interna |
| Tetraciclinas | Amplo espectro de infecções bacterianas e algumas infecções fúngicas | VO | Pigmentação dos dentes; causam sintomas gastrintestinais; podem levar a superinfecções |
| Cloranfenicol | Amplo espectro de infecções bacterianas, abscessos cerebrais e infecções resistentes à penicilina | VO | Pode causar dano à medula óssea e anemia aplásica |
| Eritromicina | Infecções por bactérias gram-positivas, algumas infecções resistentes à penicilina e doença dos legionários | VO | Um dos antibacterianos menos tóxicos entre os comumente usados |

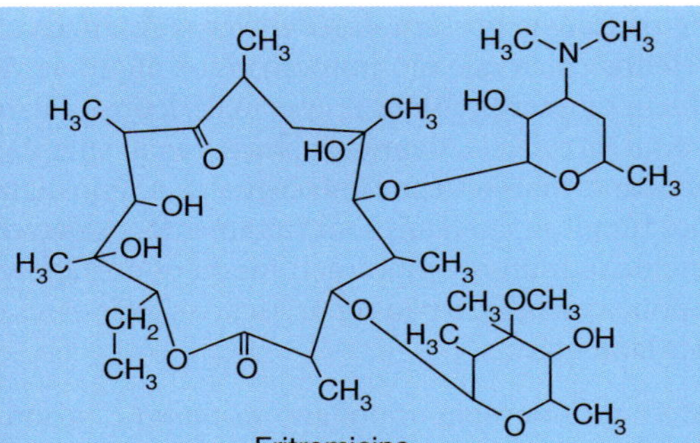
Eritromicina

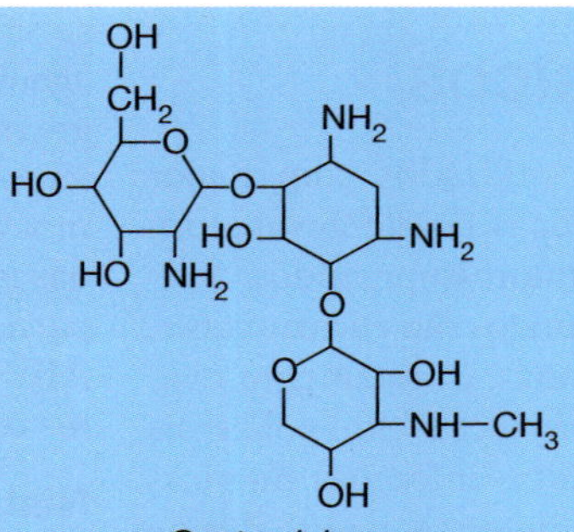
Gentamicina

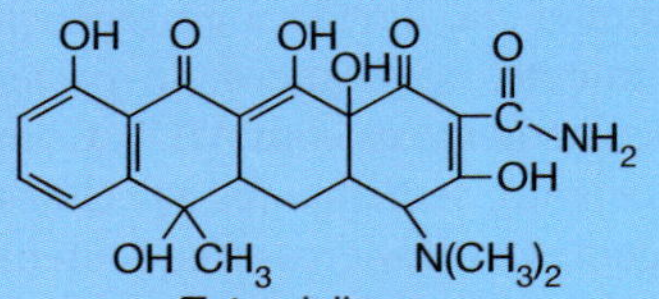
Tetraciclina

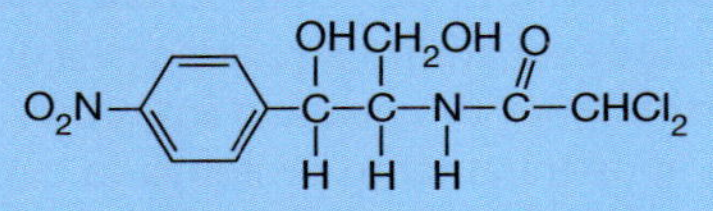
Cloranfenicol

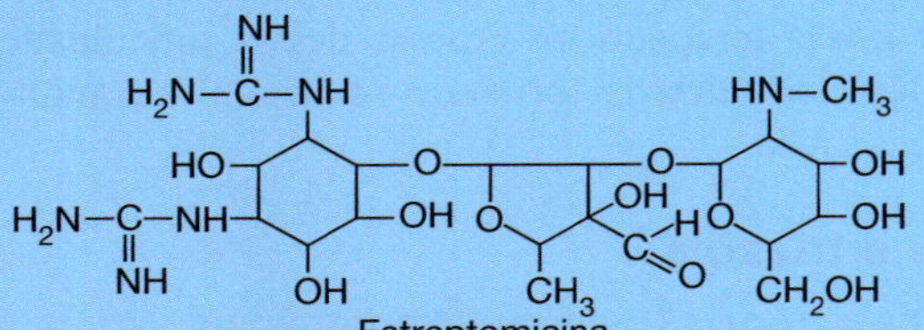
Estreptomicina

| Agente | Usado para tratar | Método comum de administração | Efeitos colaterais |
|---|---|---|---|
| **Agentes que inibem a síntese de ácidos nucleicos** | | | |
| Rifampicina | Tuberculose e eliminação dos meningococos da nasofaringe | VO | Urina, saliva, lágrimas e pele com coloração laranja-brilhante ou vermelha; lesão hepática; muitos distúrbios quando utilizada com outros agentes |
| Quinolonas | Infecções do trato urinário, diarreia do viajante; efetivas contra muitos organismos resistentes a fármacos | VO | Náuseas; cefaleia e outros distúrbios do sistema nervoso |

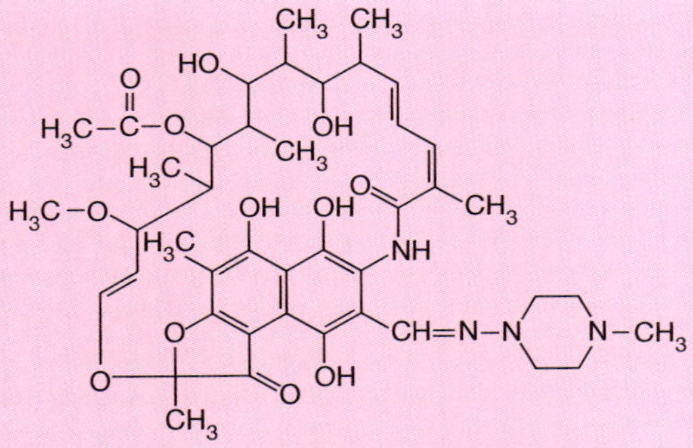
Rifampicina

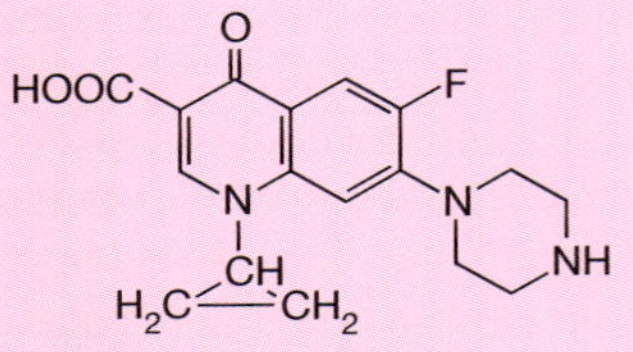
Ciprofloxacino
(uma quinolona)



**Figura 14.15** *Continuação.*

**PARE e RESPONDA**

1. Por que o antibacteriano com a maior zona de inibição não é necessariamente o melhor para ser administrado a determinado paciente?
2. Que efeitos colaterais prejudiciais podem ocorrer com a administração de tetraciclina? O que deve ser evitado durante a administração desse fármaco?
3. O que é um anel betalactâmico? Onde é encontrado? Qual a sua importância?
4. Que organismos são afetados pela isoniazida e etambutol? Esses dois fármacos são antibióticos? Qual é o mecanismo de ação da isoniazida?

## AGENTES ANTIFÚNGICOS

Os *agentes antifúngicos* estão sendo utilizados com maior frequência, devido à emergência de cepas resistentes e a um aumento no número de pacientes imunossuprimidos, particularmente os com AIDS. Como os fungos são eucariontes e, portanto, semelhantes às células humanas, o tratamento com agentes antifúngicos frequentemente provoca efeitos colaterais tóxicos. Em níveis menos tóxicos, muitas infecções fúngicas sistêmicas são lentas em responder. Além disso, não se dispõe de testes laboratoriais para determinar a sensibilidade apropriada e os níveis terapêuticos. Apesar dessas dificuldades, numerosos fármacos efetivos tornaram-se disponíveis, muitos deles sem prescrição.

### Imidazóis e triazóis

Os **imidazóis** e *triazóis* compreendem um grande grupo de fungicidas sintéticos relacionados. Diversos agentes, incluindo o *clotrimazol*, o *cetoconazol*, o *miconazol* e o *fluconazol*, são atualmente utilizados, e muitos estão disponíveis sem prescrição. Os imidazóis e os triazóis parecem afetar as membranas plasmáticas dos fungos, afetando a síntese dos esteróis da membrana. Todos esses agentes são utilizados topicamente em cremes e soluções para controlar infecções fúngicas da pele (dermatomicoses) e infecções da pele, unhas, boca e vagina causadas pela levedura *Candida*. O cloridrato de sertralina, um fármaco antidepressivo, pode inibir alguns fungos quando utilizados isoladamente, porém atua de modo sinérgico com o fluconazol. O cetoconazol também tem sido administrado por via oral para o tratamento de infecções fúngicas sistêmicas, particularmente quando outros agentes antifúngicos não foram efetivos. Entretanto, alguns pacientes apresentaram irritação cutânea leve a intensa com os agentes tópicos. Além disso, podem ocorrer interações medicamentosas potencialmente graves, em particular com determinados anti-histamínicos e imunossupressores. Há preocupação quanto a uma resistência crescente a esses fármacos.

### Polienos

A família de antimicrobianos **polienos** consiste em agentes antifúngicos que contêm pelo menos duas ligações duplas. A anfotericina B e a nistatina são dois dos antimicrobianos polienos mais comuns.

**Anfotericina B.** O antimicrobiano fungicida *anfotericina B* é derivado do *Streptomyces nodosus*. O fármaco liga-se ao ergosterol (um esterol que cristaliza) da membrana plasmática, que é encontrado nos fungos e em algumas algas e protozoários, mas não nas células humanas. A anfotericina B aumenta a permeabilidade da membrana, de modo que a glicose, o potássio e outras substâncias essenciais extravasam da célula. O fármaco sofre pouca absorção pelo sistema digestório, razão pela qual é administrado por via intravenosa. Mesmo assim, apenas 10% da dose administrada é encontrada no sangue. A excreção da anfotericina persiste por até 3 semanas após a interrupção do tratamento, porém não se sabe onde o fármaco é sequestrado durante esse período.

A anfotericina B é o fármaco de escolha no tratamento da maioria das infecções sistêmicas por fungos, particularmente a criptococose, a coccidioidomicose e a aspergilose. Embora não se saiba que os fungos possam desenvolver resistência a esse agente, os efeitos colaterais são numerosos, e, algumas vezes, graves. Incluem sensações cutâneas anormais, febre e calafrios, náuseas e vômitos, cefaleia, depressão, lesão renal, anemia, ritmos cardíacos anormais e até mesmo cegueira. Como algumas das infecções fúngicas são fatais sem tratamento, os pacientes, particularmente os imunocomprometidos ou os portadores de AIDS, têm pouca escolha, a não ser arriscar-se a ter esses efeitos colaterais lamentáveis.

**Nistatina.** O antimicrobiano polieno *nistatina* é produzido pelo *Streptomyces noursei*. Esse fármaco apresenta o mesmo mecanismo de ação que a anfotericina B, porém é também efetivo quando aplicado topicamente no tratamento de infecções por *Candida*. Como não é absorvida pela parede intestinal, a nistatina pode ser administrada por via oral para o tratamento de superinfecções fúngicas no intestino, que frequentemente ocorrem após tratamento prolongado com antibacterianos. A nistatina recebeu o seu nome em homenagem ao New York State Health Department, onde foi descoberta.

### Griseofulvina

A **griseofulvina**, originalmente derivada do *Penicillium griseofulvum*, é utilizada sobretudo para infecções fúngicas superficiais. Esse agente fungistático é incorporado às novas células que substituem as células infectadas; interfere no crescimento do fungo, comprometendo provavelmente o aparelho mitótico utilizado na divisão celular. Embora a griseofulvina seja pouco absorvida pelo sistema digestório, é administrada por via oral e parece alcançar os tecidos-alvo através da transpiração. É ineficaz contra bactérias e contra a maioria dos fungos sistêmicos, porém é muito útil para uso tópico no tratamento de infecções fúngicas da pele, cabelos e unhas. A maioria das infecções é curada em 4 semanas, porém as infecções persistentes associadas às unhas dos dedos das mãos e dos pés podem persistir até mesmo depois de 1 ano de tratamento. Em geral, as reações à griseofulvina são limitadas às cefaleias leves, mas podem incluir distúrbios gastrintestinais, particularmente quando há necessidade de tratamento prolongado. Trata-se também de um dos antimicrobianos suspeitos de reduzir a efetividade dos contraceptivos orais, porém sem comprovação.

### Outros agentes antifúngicos

A *flucitosina* é um fármaco sintético utilizado no tratamento de infecções causadas por *Candida* e vários outros fungos.

Essa pirimidina fluorada é transformada no corpo em fluorouracila, um análogo da uracila, e, portanto, interfere na síntese de ácidos nucleicos e das proteínas. O fármaco pode ser administrado por via oral e é facilmente absorvido, porém 90% da quantidade administrada é encontrada de modo inalterado na urina em 24 horas. Como é menos tóxica e provoca menos efeitos colaterais do que a anfotericina B, a flucitosina deve ser administrada em vez da anfotericina B, sempre que possível.

O *tolnaftato* é um fungicida tópico comum, que é facilmente disponível sem prescrição. Embora o seu mecanismo de ação ainda não esteja bem esclarecido, o tolnaftato mostra-se efetivo no tratamento de várias infecções cutâneas, incluindo pé de atleta e coceira do jóquei.

A *terbinafina*, um fungicida relativamente novo, foi aprovado para uso tópico em infecções da pele e na candidíase cutânea. Por ser absorvida diretamente pela pele, a terbinafina alcança níveis terapêuticos em muito menos tempo do que os agentes administrados por via oral, como a griseofulvina.

## AGENTES ANTIVIRAIS

Até pouco tempo, não havia agentes quimioterápicos disponíveis e efetivos contra vírus. Uma das razões para a dificuldade em encontrar esses agentes é que o fármaco precisa atuar nos vírus que estão localizados dentro das células, sem afetar gravemente as células do hospedeiro. Os *agentes antivirais* atualmente disponíveis inibem alguma fase da replicação viral, porém não matam os vírus. Os vírus latentes que não se replicam, como o do herpes labial, são impossíveis de destruir. Eles precisam se replicar ativamente para que os fármacos possam interferir na sua replicação. A identificação de maneiras de ativá-los está sendo pesquisada, de modo que, algum dia, poderá ser obtida a cura do herpes labial.

### Análogos das purinas e pirimidinas

Vários análogos das purinas e pirimidinas são agentes antivirais efetivos. Todos fazem com que o vírus incorpore informações errôneas (o análogo) no ácido nucleico, interferindo, assim, na replicação do vírus (ver Capítulo 8). Os fármacos incluem a idoxuridina, a vidarabina, a ribavirina, o aciclovir, o ganciclovir e a azidotimidina (AZT).

A *idoxuridina* e a *trifluridina*, que são análogos da timina, são administradas em gotas oftálmicas para tratamento da inflamação da córnea causadas por herpes-vírus. Não devem ser utilizadas internamente, devido à supressão da medula óssea.

A *vidarabina* (ARA-A), um análogo da adenina, tem sido utilizada efetivamente no tratamento da encefalite viral, uma inflamação do encéfalo causada por herpes-vírus e citomegalovírus. Não é efetiva contra as infecções por citomegalovírus adquiridas antes do nascimento. A vidarabina é menos tóxica do que a idoxuridina ou a citarabina; todavia, algumas vezes, provoca distúrbios gastrintestinais.

A *ribavirina*, um análogo de nucleotídio sintético da guanina, bloqueia a replicação de determinados vírus. Na forma de aerossol, a ribavirina pode combater os vírus influenza; na forma de pomada, pode ajudar a cicatrizar lesões herpéticas. Embora tenha baixa toxicidade, pode induzir defeitos congênitos e não deve ser administrada a mulheres grávidas. Constatou-se que é efetiva contra os hantavírus, como os que causaram o surto letal de doença respiratória na reserva Navajo na região de Four Corners do sudoeste da América do Norte, em 1993 (ver Capítulo 22). A ribavirina demonstrou ter atividade contra uma ampla variedade de vírus não relacionados, levando à esperança de se encontrar um agente antiviral de amplo espectro.

O *aciclovir*, um análogo da guanina, é incorporado com muito mais rapidez nas células infectadas por vírus do que nas células normais. Por essa razão, é menos tóxico do que os outros análogos. Pode ser aplicado topicamente ou administrado por via oral ou intravenosa. Mostra-se particularmente efetivo para reduzir a dor e promover a cicatrização das lesões primárias em um novo caso de herpes genital. É administrado de modo profilático para reduzir a frequência e a gravidade das lesões recorrentes, que aparecem periodicamente depois do primeiro ataque. Entretanto, não impede o estabelecimento de vírus latentes nas células nervosas. O aciclovir é mais efetivo do que a vidarabina contra a encefalite herpética e o herpes neonatal, uma infecção adquirida por ocasião do nascimento; entretanto, não é efetivo contra outros herpes-vírus.

O *ganciclovir* é um análogo da guanina semelhante ao aciclovir. O fármaco é ativo contra diversos tipos de infecções por herpes-vírus, particularmente infecções oculares por citomegalovírus em pacientes com AIDS.

A *zidovudina* (AZT) interfere na transcriptase reversa que produz DNA a partir do RNA. É utilizada no tratamento da AIDS.

### Amantadina

A **amantadina**, uma amina tricíclica, impede a penetração dos vírus influenza A nas células. A amantadina, que é administrada por via oral, é prontamente absorvida e pode ser utilizada desde alguns dias antes até 1 semana depois da exposição ao vírus influenza A, a fim de reduzir a incidência e a gravidade dos sintomas. Infelizmente, provoca insônia e ataxia (incapacidade de coordenar os movimentos voluntários), particularmente em pacientes idosos, que também são, com frequência, gravemente afetados pela influenza. A *rimantadina*, um fármaco semelhante à amantadina, pode ser efetiva contra uma maior variedade de vírus e também pode ser menos tóxica.

#### APLICAÇÃO NA PRÁTICA

**Vírus resistentes a fármacos**

Há evidências cumulativas de que os vírus, à semelhança das bactérias, podem desenvolver resistência aos agentes quimioterápicos. Em pacientes com AIDS, foram observados herpes-vírus e citomegalovírus com resistência ao aciclovir. Algumas cepas laboratoriais do vírus que causa a AIDS tornaram-se resistentes à azidotimidina (AZT), o fármaco mais efetivo e atualmente disponível para o tratamento da doença. A resistência aos agentes quimioterápicos representa um problema maior nos vírus do que nas bactérias, devido à disponibilidade de um número muito pequeno de agentes antivirais. Quando uma bactéria se torna resistente a determinado antibacteriano, outro antibacteriano ao qual a bactéria é sensível pode ser habitualmente encontrado. Infelizmente, este não é o caso dos vírus, e precisamos ter esperança de que a biotecnologia poderá nos ajudar a combater os vírus resistentes a fármacos.

## Tratamento da AIDS

Vários agentes estão sendo testados para o tratamento da AIDS. Novas informações sobre a AIDS, suas complicações e o seu tratamento estão se tornando disponíveis com grande rapidez. Iremos considerar a AIDS, os agentes utilizados no seu tratamento e as ramificações dos profissionais de saúde no Capítulo 19.

## Interferons e imunoestimuladores

As células infectadas por vírus produzem uma ou mais proteínas coletivamente designadas como *interferons* (ver Capítulo 16). Quando liberadas, essas proteínas induzem as células adjacentes a produzir proteínas antivirais, que impedem que essas células se tornem infectadas. Desse modo, os interferons representam uma defesa natural contra a infecção viral. Alguns interferons estão agora sendo geneticamente produzidos e testados como agentes antivirais. Foram obtidos alguns resultados positivos no controle da hepatite viral crônica e das verrugas, bem como na interrupção de cânceres relacionados com vírus, como o sarcoma de Kaposi.

Como as células produzem interferons naturalmente, uma possível maneira de combater os vírus é induzir as células a produzir essas proteínas. Foi constatado que o RNA de fita dupla sintético aumenta a quantidade de interferon no sangue. Experimentos com essa substância em macacos infectados por vírus mostraram um aumento suficiente de interferon para prevenir a replicação viral.

Dois outros agentes, o *levamisol* e o *inosiplex*, parecem estimular o sistema imune a resistir a infecções virais e outras infecções. Ambos parecem estimular a atividade de leucócitos denominados linfócitos T, em vez de estimular a liberação de interferon. O levamisol parece ser efetivo profilaticamente para reduzir a incidência e a gravidade de infecções respiratórias superiores crônicas, que são provavelmente de natureza viral. Reduz também os sintomas de distúrbios autoimunes, como artrite reumatoide, em que o corpo reage contra seus próprios tecidos. O inosiplex tem ação mais específica; estimula o sistema imune a resistir à infecção por determinados vírus que causam resfriados e influenza.

Embora os esforços para melhorar as terapias antivirais pelo aumento das defesas naturais tenham sido bem-sucedidos, nenhuma tem ainda uso disseminado. São necessárias mais pesquisas para identificar ou sintetizar agentes efetivos, para determinar como eles atuam e para descobrir como podem ser utilizados de modo mais efetivo.

# AGENTES ANTIPROTOZOÁRIOS

Embora muitos protozoários sejam organismos de vida livre, alguns são parasitas dos seres humanos. O parasita que causa a malária invade os eritrócitos e provoca no paciente febre e calafrios de modo alternado. Outros protozoários parasitas causam infecções intestinais ou do trato urinário. Foram descobertos vários *agentes antiprotozoários* que são bem-sucedidos no controle ou até mesmo na cura da maioria das infecções por protozoários; entretanto, alguns apresentam efeitos colaterais bastante desagradáveis.

## Quinina

A **quinina**, obtida da casca da árvore cinchona (nativa do Peru e da Bolívia, porém agora cultivada exclusivamente na Indonésia), foi usada durante séculos para tratar a malária. A quinina, que foi um dos primeiros agentes quimioterápicos a ter uso disseminado, é atualmente utilizada apenas no tratamento da malária causada por cepas do parasita resistentes a outros fármacos.

## Cloroquina e primaquina

Atualmente, os agentes antimaláricos mais amplamente usados são os agentes sintéticos **cloroquina** e **primaquina**. A cloroquina parece interferir na síntese de proteínas, particularmente nos eritrócitos, onde penetra mais facilmente do que em outras células. O fármaco pode concentrar-se nos vacúolos dentro do parasita e impedi-lo de metabolizar a hemoglobina. A cloroquina é utilizada para combater as infecções ativas. O parasita da malária permanece nos eritrócitos e pode provocar recidivas quando se multiplica e é liberado no plasma sanguíneo. Uma combinação de cloroquina e primaquina pode ser utilizada profilaticamente para proteger indivíduos que visitam ou que trabalham em regiões do mundo onde a malária ocorre e que, assim, correm risco de serem infectados. Todavia, os fármacos precisam ser administrados antes e depois de entrar em uma zona de malária. Um agente profilático mais recente, a *mefloquina*, provou ser efetivo contra cepas resistentes.

**Em algumas partes do mundo, a cloroquina tem sido inútil contra cepas resistentes da malária e não tem sido utilizada há muitos anos. Hoje, algumas cepas voltaram a ser sensíveis à cloroquina, que está voltando a ser utilizada.**

## Metronidazol

O imidazol sintético **metronidazol** causa ruptura das fitas de DNA. Mostra-se efetivo no tratamento das infecções por *Trichomonas*, que normalmente causam secreção e prurido vaginais. É também efetivo contra infecções intestinais causadas por *Clostridium difficile*, amebas parasitas e *Giardia*. Embora o metronidazol controle essas infecções, ele não impede o crescimento excessivo de infecções por *Candida*. Pode também provocar defeitos congênitos e câncer e pode passar para lactentes através do leite materno. Algumas vezes, o metronidazol provoca um efeito colateral incomum, designado como "língua pilosa negra" ou "língua peluda marrom", visto que o fármaco degrada a hemoglobina e deixa depósitos nas papilas (pequenas projeções) na superfície da língua (Figura 14.16).

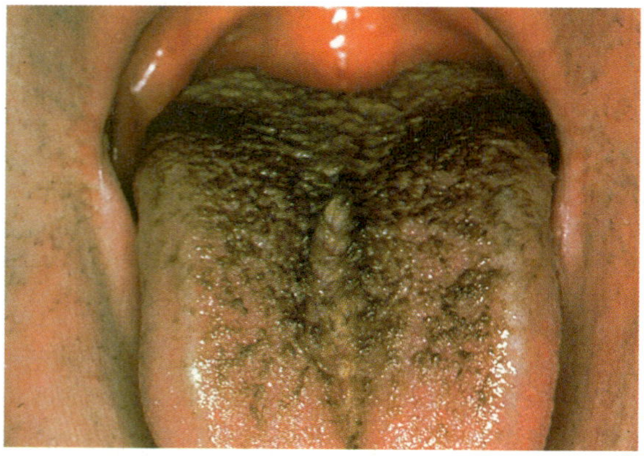

**Figura 14.16 Língua pilosa negra, uma reação ao metronidazol.** As papilas na superfície da língua tornam-se alongadas e repletas de produto de degradação da hemoglobina, que escurece a língua. *(Barts Medical Library/Medical Images.)*

### Outros agentes antiprotozoários

Vários outros compostos orgânicos demonstraram ser efetivos no tratamento de determinadas infecções causadas por protozoários. A *pirimetamina* interfere na síntese do ácido fólico, que é necessário para os protozoários patogênicos em maiores quantidades do que para as células do hospedeiro. A pirimetamina é utilizada com sulfanilamida para tratar algumas infecções por protozoários, como a toxoplasmose. A pirimetamina também pode ser usada profilaticamente para prevenção da malária. A *artemisinina* é um extrato vegetal utilizado no tratamento da malária.

A *suramina sódica*, um composto contendo enxofre, pode ser administrada por via intravenosa no tratamento da doença do sono africana (tripanossomíase) e outras infecções por tripanossomos. O *nifurtimox*, um nitrofurano, é utilizado contra os tripanossomos que causam a doença de Chagas. Compostos de arsênio e de antimônio, apesar de serem muito tóxicos, têm sido utilizados com algum sucesso contra infecções amebianas e por leishmânias refratárias. O *isetionato de pentamidina* é utilizado no tratamento da tripanossomíase africana e como fármaco de segunda escolha para pneumonia por *Pneumocystis*, uma complicação fúngica da AIDS.

## AGENTES ANTI-HELMÍNTICOS

Vários helmintos podem infectar os seres humanos. Dispõe-se de uma variedade de *agentes anti-helmínticos* para ajudar a livrar o corpo desses parasitas indesejáveis.

### Niclosamida

A **niclosamida** interfere no metabolismo dos carboidratos, induzindo, assim, o parasita a liberar grandes quantidades de ácido láctico. Esse fármaco também pode inativar produtos sintetizados pelo verme para resistir à digestão pelas enzimas proteolíticas do hospedeiro. Mostra-se efetivo principalmente no tratamento das infecções por tênias.

### Mebendazol

O imidazol **mebendazol** bloqueia a captação de glicose pelos nematódeos parasitas. O mebendazol é útil no tratamento das infecções por triquiúros, oxiúros e ancilóstomos. Entretanto, pode causar dano ao feto e, portanto, não deve ser administrado a mulheres grávidas.

### Outros agentes anti-helmínticos

A *piperazina*, um composto orgânico simples, é uma poderosa neurotoxina que paralisa os músculos da parede do corpo dos nematódeos e é útil no tratamento das infecções por *Ascaris* e oxiúros. Embora exerça seus efeitos sobre os vermes no intestino, a piperazina, se for absorvida, pode alcançar o sistema nervoso humano e causar convulsões, particularmente em crianças.

O composto *ivermectina*, originalmente desenvolvido para o tratamento dos nematódeos parasitas em equinos (e amplamente utilizado para prevenir a dirofilariose em cães), demonstrou ser extremamente efetivo contra *Onchocerca volvulus* nos seres humanos. A infecção causada por esse nematódeo, que é disseminada em muitas partes da África, provoca perda progressiva da visão, conhecida como oncocercíase ou cegueira do rio.

A Figura 14.17 apresenta as estruturas químicas, os usos e os efeitos colaterais dos agentes antifúngicos, antivirais, antiprotozoários e anti-helmínticos.

**PARE e RESPONDA**

1. A maioria dos agentes antifúngicos também mata bactérias, ou vice-versa?
2. Que dificuldades resultam do fato de que os protozoários e helmintos parasitas apresentam muitas das vias bioquímicas encontradas nos seres humanos?

## PROBLEMAS ESPECIAIS COM INFECÇÕES HOSPITALARES RESISTENTES A FÁRMACOS

Assim que os agentes antibacterianos se tornaram disponíveis, começaram a aparecer organismos resistentes. Um dos primeiros sucessos no tratamento das infecções bacterianas foi o uso da sulfanilamida para o tratamento de infecções causadas por estreptococos hemolíticos. Em seguida, foi descoberta a utilidade da sulfadiazina na prevenção das infecções estreptocócicas recorrentes da febre reumática. Em pouco tempo, surgiram cepas de estreptococos resistentes às sulfonamidas. Epidemias (principalmente em instalações militares durante a Segunda Guerra Mundial) causadas por cepas resistentes levaram a inúmeras mortes. Essas epidemias passaram a ser controladas quando a penicilina se tornou disponível; entretanto, logo em seguida, foram também observados estreptococos resistentes à penicilina.

Essa cadeia de acontecimentos tem ocorrido repetidamente. À medida que eram desenvolvidos novos antibacterianos, surgiam cepas de estreptococos resistentes a muitos deles. Eventos semelhantes levaram à emergência de cepas de muitos outros organismos resistentes a antibacterianos, incluindo estafilococos, gonococos, *Salmonella*, *Neisseria* e, particularmente, *Pseudomonas*. Nos dias atuais, as infecções causadas por *Pseudomonas* representam um grande problema nos hospitais. Muitos desses organismos são agora resistentes a diversos antibacterianos diferentes, e novas cepas resistentes estão sendo constantemente descobertas.

Por que os organismos resistentes são encontrados mais frequentemente em pacientes hospitalizados do que em pacientes ambulatoriais? Essa pergunta pode ser respondida se olharmos para o ambiente hospitalar e os pacientes que tendem a ser hospitalizados. Em primeiro lugar, apesar dos esforços para manter condições sanitárias, um hospital proporciona um ambiente onde pessoas doentes vivem em estreita proximidade e onde muitos tipos diferentes de agentes infecciosos estão constantemente presentes e disseminando-se com facilidade. Em segundo lugar, os pacientes hospitalizados tendem a ser doentes mais graves do que os pacientes ambulatoriais; muitos apresentam uma resistência diminuída à infecção devido à sua doença ou em consequência dos agentes imunossupressores que receberam. Por fim, e mais importante, os hospitais normalmente fazem uso

| Agente | Usado para tratar | Método comum de administração | Efeitos colaterais |
|---|---|---|---|
| **Agentes antifúngicos** | | | |
| Clotrimazol | Infecções da pele e das unhas | VO | Irritação da pele |
| Miconazol | Infecções da pele e infecções sistêmicas resistentes a outros agentes | T, IV | Prurido intenso, náuseas, febre, tromboflebite |
| Anfotericina B | Infecções sistêmicas | IV | Febre, calafrios, náuseas, vômitos, anemia, lesão renal, cegueira |
| Nistatina | Infecções por *Candida*, superinfecções intestinais | T | |
| Griseofulvina | Infecções da pele, cabelos e unhas | T, VO | Cefaleia leve, inflamações dos nervos, distúrbios gastrintestinais |
| Flucitosina | Infecção por *Candida* e algumas infecções sistêmicas | VO | Menos tóxica do que muitos agentes antifúngicos |

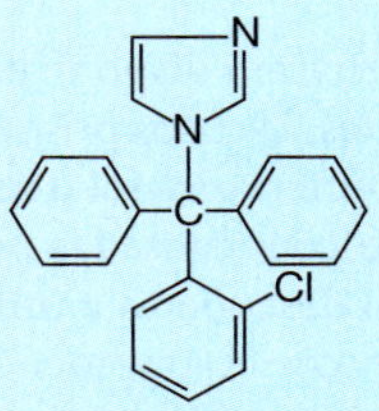
Clotrimazol

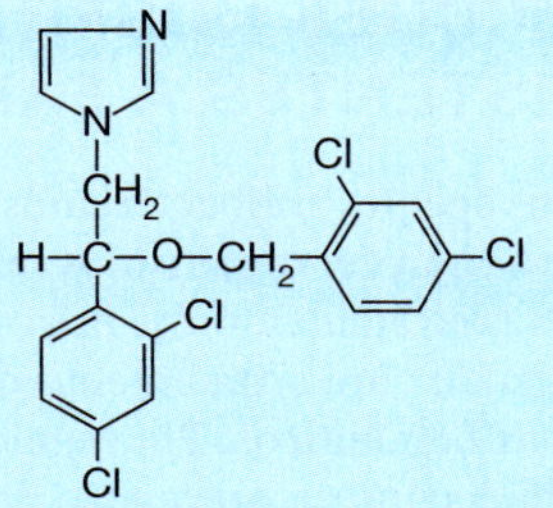
Miconazol

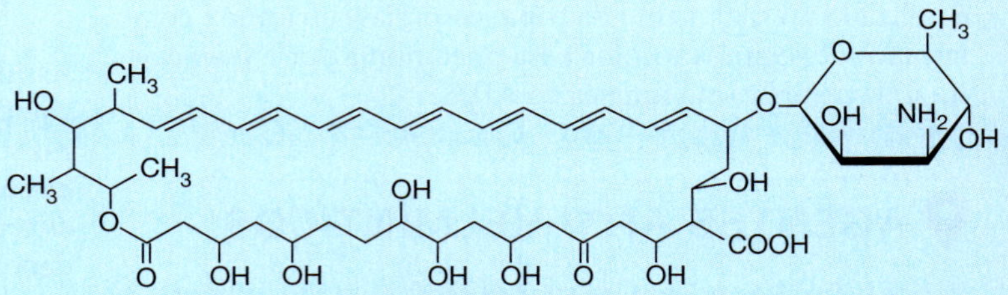
Anfotericina B

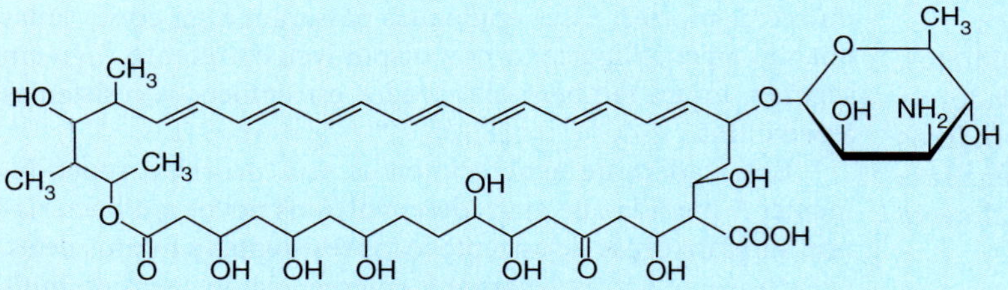
Nistatina

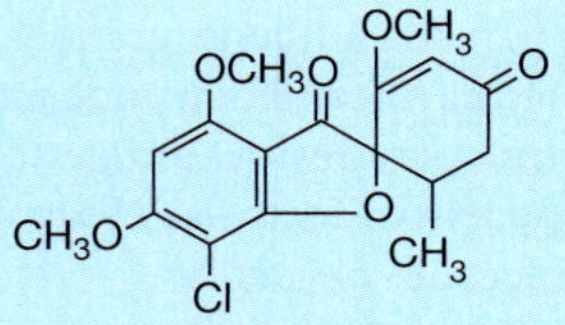
Griseofulvina

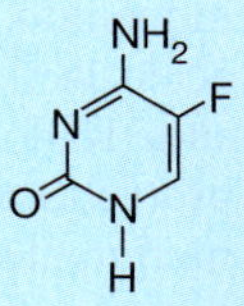
Flucitosina

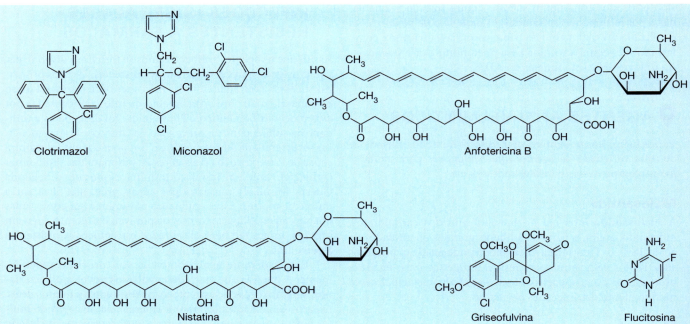

| Agente | Usado para tratar | Método comum de administração | Efeitos colaterais |
|---|---|---|---|
| **Agentes anti-helmínticos** | | | |
| Niclosamida | Infecções por tênias | VO | Irritação do intestino |
| Piperazina | Infecções por oxiúros e *Ascaris* | VO | Pode causar convulsões em crianças |
| Mebendazol | Infecções por triquiúros, oxiúros e ancilóstomos | VO | Pode causar dano ao feto se for administrado a mulheres grávidas |
| Ivermectina | Infecções por *Onchocerca volvulus* (a causa da cegueira do rio), dirofilariose em animais | VO | Mínimos |

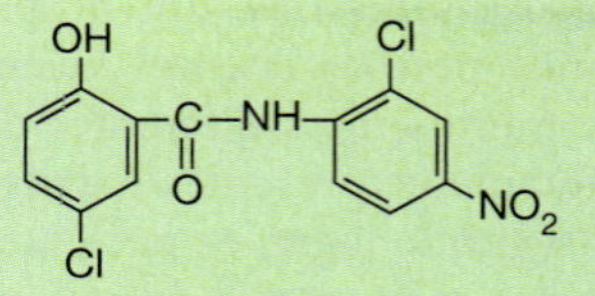
Niclosamida

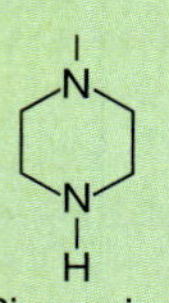
Piperazina

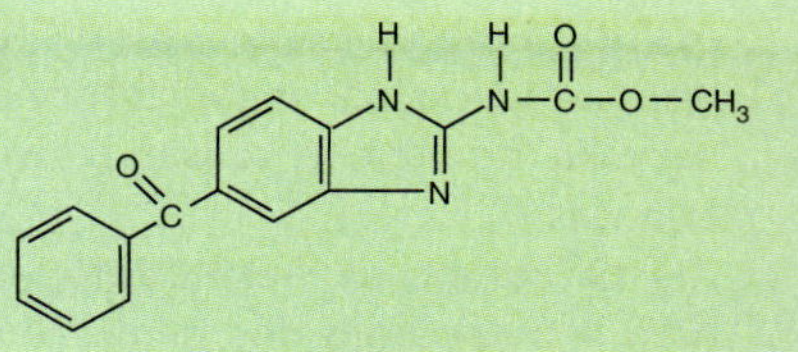
Mebendazol

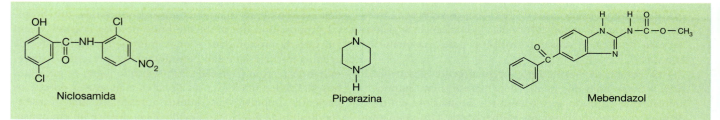

**Figura 14.17 Fármacos antifúngicos, anti-helmínticos, antivirais e antiprotozoários selecionados.** IM = intramuscular; IV = intravenoso; VO = via oral; T = tópico.

| Agente | Usado para tratar | Método comum de administração | Efeitos colaterais |
|---|---|---|---|
| **Agentes antivirais** | | | |
| Idoxuridina | Infecções da córnea | T | Supressão da medula óssea |
| Ganciclovir | Infecções oculares por CMV na AIDS | IV | Supressão da medula óssea |
| Vidarabina | Encefalite viral | T, IV | Menos tóxica do que outros agentes antivirais |
| Ribavirina | Lesões herpéticas (aplicação tópica), influenza (aerossol) | T | Pode causar defeitos congênitos se for administrada a mulheres grávidas |
| Aciclovir | Infecções por herpes-vírus; diminui a gravidade dos sintomas | IV, VO, T | Menos tóxico do que outros análogos |
| Amantadina | Infecções por vírus influenza A, impedindo a entrada dos vírus nas células (preventivo) | VO | Insônia e ataxia |
| AZT | AIDS | VO | Pode causar supressão da medula óssea, náuseas |

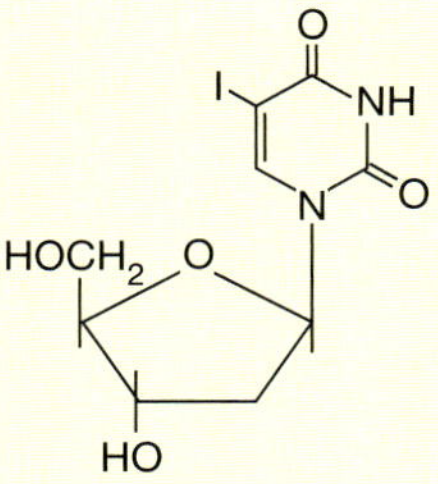
Idoxuridina

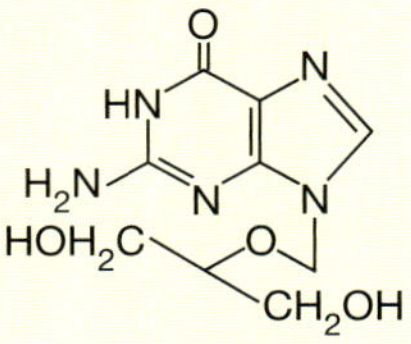
Ganciclovir

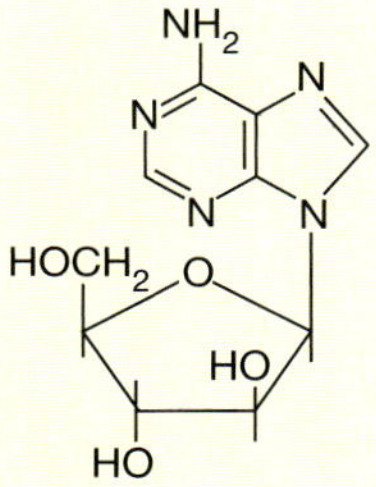
Vidarabina

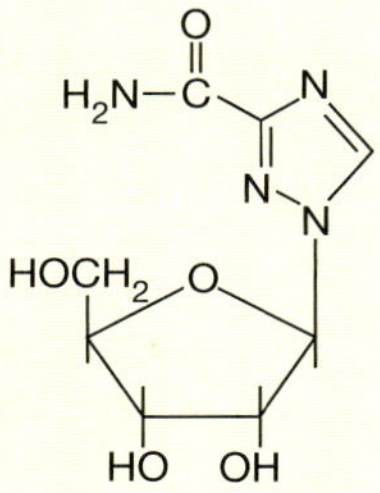
Ribavirina

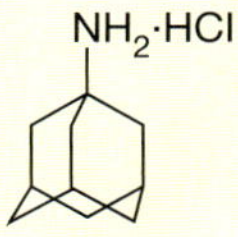
Amantadina

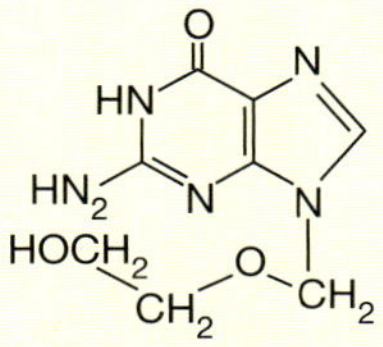
Aciclovir

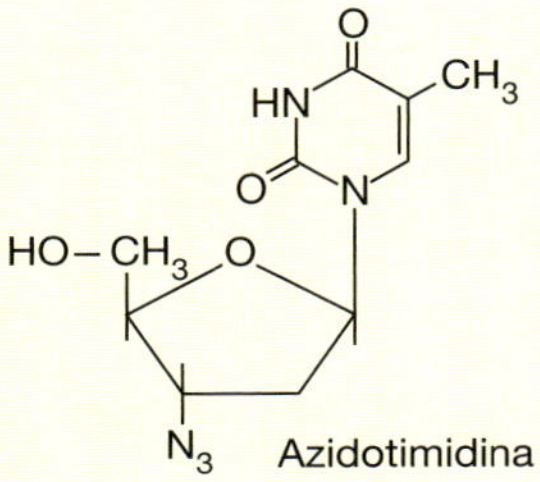
Azidotimidina (AZT)

| | | | |
|---|---|---|---|
| **Agentes antiprotozoários** | | | |
| Quinina | Malária resistente a outros agentes | VO | |
| Cloroquina | Malária | VO | Cefaleia, prurido |
| Primaquina | Com cloroquina para prevenção da recidiva da malária | VO | Náuseas discretas e dor abdominal |
| Pirimetamina | Várias infecções por protozoários | VO | O uso de grandes doses provoca dano à medula óssea |
| Metronidazol | Infecções por *Trichomonas* e amebas | VO, IV, T | Língua pilosa negra |

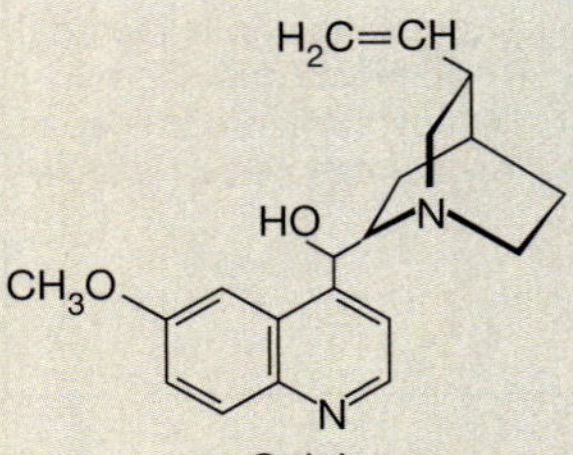
Quinina

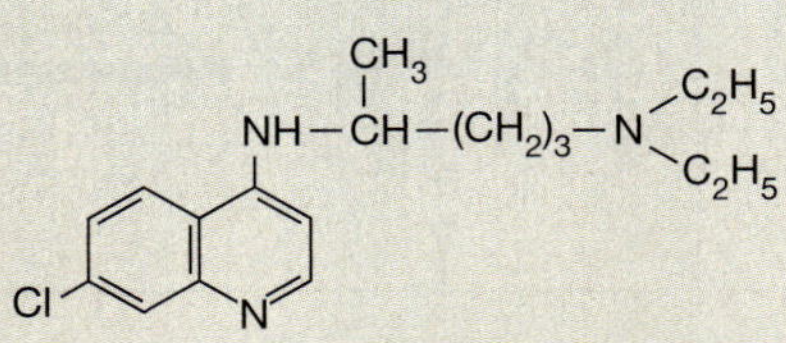
Cloroquina

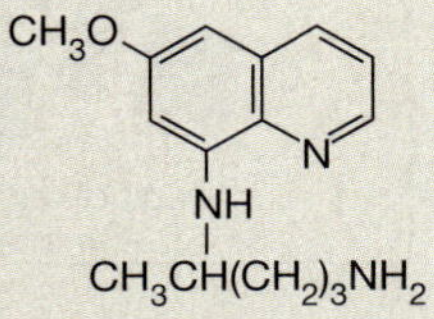
Primaquina

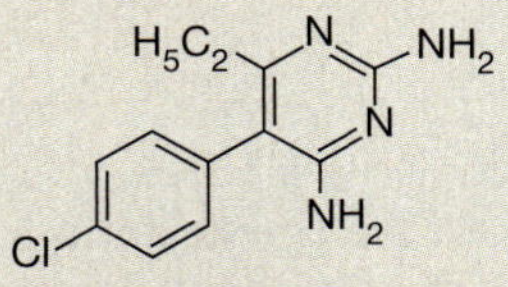
Pirimetamina

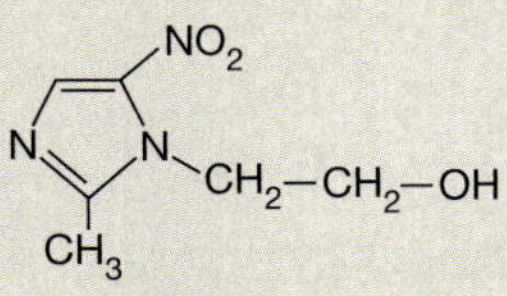
Metronidazol



**Figura 14.17** *Continuação.*

intensivo de vários antibacterianos. Como muitas infecções estão sendo tratadas, e são administrados diferentes antibacterianos, há uma maior probabilidade do aparecimento de organismos resistentes a um ou mais dos antibacterianos usados. As cepas resistentes podem então disseminar-se rapidamente entre os pacientes.

O tratamento das infecções resistentes cria um ciclo vicioso. Se for possível desenvolver um antibacteriano ao qual um organismo seja sensível, esse fármaco pode ser utilizado no tratamento da infecção. Entretanto, algumas cepas do organismo que são resistentes ao novo antibacteriano podem então proliferar, exigindo tratamento com outro fármaco novo. Assim, estabelece-se um ciclo recorrente, em que novos antibacterianos são utilizados, e os organismos subsequentemente desenvolvem resistência a eles.

A prevenção das infecções causadas por cepas de microrganismos resistentes a antibacterianos é uma tarefa difícil, porém diversas diretrizes devem ser seguidas. Em primeiro lugar, o uso de antibacterianos deve limitar-se a situações nas quais o paciente não tenha probabilidade de se recuperar sem tratamento antibacteriano. Em segundo lugar, devem-se efetuar testes de sensibilidade, e os pacientes só devem receber um antibacteriano ao qual o organismo seja comprovadamente sensível. Em terceiro lugar, quando são utilizados antibacterianos, eles devem ser continuados até que o organismo seja erradicado por completo do corpo do paciente. O uso concomitante de dois antibacterianos, conforme descrito anteriormente na seção referente às quinolonas, é particularmente útil (Figura 14.18). Por fim, todo paciente com doença infecciosa deve ser isolado dos outros pacientes.

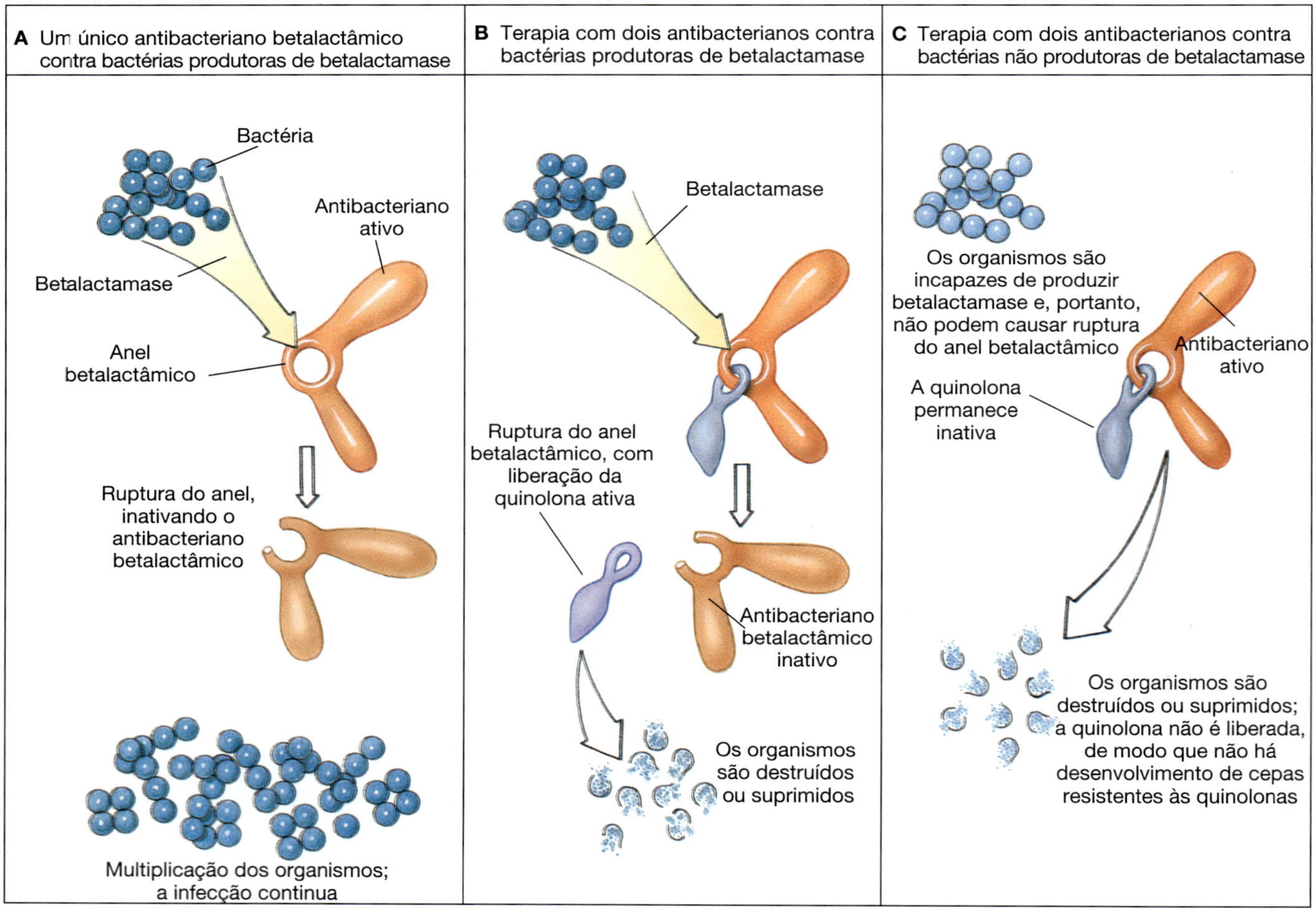



**Figura 14.18** **Uso da terapia com dois antibacterianos para a erradicação das infecções por cepas resistentes.**

# RESUMO

## QUIMIOTERAPIA ANTIMICROBIANA

- A quimioterapia é o uso de qualquer agente químico no tratamento de doenças
- Um **agente quimioterápico**, ou **fármaco**, é qualquer agente químico utilizado na prática médica
- Um **agente antimicrobiano** é um agente químico utilizado no tratamento de uma doença causada por microrganismo[5]

[5]N.R.T.: Um antibacteriano é um antibiótico, fármaco sintético ou fármaco semissintético que age sobre bactérias.

- Um **antibiótico** é uma substância química produzida por microrganismos, que inibe o crescimento ou destrói outros microrganismos
- Um **fármaco sintético** é uma substância produzida em laboratório
- Um **fármaco semissintético** é uma substância produzida em parte por microrganismos e em parte por síntese em laboratório.

## HISTÓRICO DA QUIMIOTERAPIA

- Os primeiros agentes quimioterápicos foram misturas de materiais vegetais utilizados por sociedades primitivas
- A pesquisa de Paul Ehrlich à procura da "bala mágica" foi a primeira tentativa sistemática para a descoberta de agentes quimioterápicos. Os eventos subsequentes incluíram o desenvolvimento das sulfas, da penicilina e de muitos outros antibióticos.

## PROPRIEDADES GERAIS DOS AGENTES ANTIMICROBIANOS

### Toxicidade seletiva

- A **toxicidade seletiva** é a propriedade dos agentes antimicrobianos que lhes permite exercer maiores efeitos tóxicos sobre os microrganismos do que sobre o hospedeiro
- O **nível de dosagem terapêutica** de um agente antimicrobiano é a concentração necessária durante um período para eliminar um patógeno
- O **índice quimioterápico** é uma medida da toxicidade de um agente para o corpo em relação à sua toxicidade por um organismo infeccioso.

### Espectro de ação

- O **espectro de ação** de um agente antimicrobiano refere-se à variedade de microrganismos sensíveis ao agente. Um agente de **amplo espectro** ataca muitos organismos diferentes. Um agente de **espectro estreito** só ataca alguns organismos diferentes
- Os agentes que matam as bactérias são bactericidas; os que inibem o crescimento bacteriano são bacteriostáticos
- Os agentes que inibem a síntese da parede celular possibilitam a ruptura da membrana do microrganismo afetado e a liberação do conteúdo celular
- Os agentes que destroem a integridade da função da membrana dissolvem a membrana ou interferem no movimento das substâncias para dentro ou para fora das células
- Os agentes que inibem a síntese de proteínas impedem o crescimento dos microrganismos, destruindo os ribossomos ou interferindo de outro modo no processo de tradução
- Os agentes que inibem a síntese de ácidos nucleicos interferem na síntese do RNA (transcrição) ou do DNA (replicação) ou destroem a informação que essas moléculas contêm
- Os agentes que atuam como **antimetabólitos** afetam os metabólitos normais por meio da inibição competitiva das enzimas microbianas ou pela sua incorporação errônea em moléculas importantes, como os ácidos nucleicos.

### Efeitos colaterais

- Os efeitos colaterais dos agentes antimicrobianos no hospedeiro incluem toxicidade, alergia e destruição da microbiota normal
- Ocorrem reações alérgicas aos agentes antimicrobianos quando o corpo reage ao agente como se fosse uma substância estranha
- Muitos agentes antimicrobianos atacam não apenas o organismo infeccioso, mas também a microbiota normal. Podem ocorrer **superinfecções** com novos patógenos quando a capacidade de defesa da microbiota normal é destruída.

### Resistência dos microrganismos

- A **resistência** a um antimicrobiano significa que um microrganismo anteriormente sensível à ação de um antimicrobiano não é mais afetado por ele
- Ocorre resistência não genética quando os microrganismos são envoltos em granulomas ou quando sofrem uma modificação temporária, como a perda de suas paredes celulares, tornando-os não sensíveis à ação antimicrobiana
- Ocorre resistência genética quando os organismos sobrevivem à exposição a um antimicrobiano, devido à sua capacidade genética de evitar danos causados pelo antimicrobiano. À medida que os organismos sensíveis morrem, os sobreviventes resistentes multiplicam-se de modo descontrolado e aumentam em número
- A **resistência cromossômica** deve-se a uma mutação no DNA microbiano; a **resistência extracromossômica** resulta de **plasmídios de resistência (R)** ou **fatores R**
- Os mecanismos de resistência incluem alterações dos receptores, das membranas celulares, das enzimas ou de vias metabólicas
- A **resistência cruzada** refere-se à resistência contra dois ou mais agentes antimicrobianos semelhantes
- A resistência a fármacos pode ser minimizada (1) por tratamento contínuo com um antibacteriano apropriado em dosagem terapêutica até que todos os organismos causadores da doença sejam destruídos; (2) pela administração de dois antibacterianos que exercem **sinergismo**, um efeito aditivo; e (3) pelo uso de antibacterianos apenas quando são absolutamente necessários
- Uma nova abordagem à resistência é por meio do *quorum sensing*, em que os microrganismos são mantidos vivos, porém impede-se que a molécula indutora de comunicação intercelular leve à produção de uma toxina.

## DETERMINAÇÃO DAS SENSIBILIDADES MICROBIANAS AOS AGENTES ANTIMICROBIANOS

- A sensibilidade dos microrganismos a agentes quimioterápicos é determinada pela sua exposição aos agentes em culturas de laboratório.

### Método de difusão em disco

- No **método de difusão em disco (de Kirby-Bauer)**, discos de papel de filtro impregnados com antibacterianos são colocados sobre placas de ágar inoculadas com uma camada do organismo do teste. As sensibilidades aos fármacos são determinadas pela comparação do tamanho das zonas claras ao redor dos discos com uma tabela de medições padronizadas.

### Método de diluição

- No **método de diluição**, coloca-se um inóculo constante em caldo de cultura ou em cavidades com diferentes quantidades conhecidas de agentes quimioterápicos. A **concentração inibitória mínima (CIM)** do agente é a menor concentração na qual não se observa nenhum crescimento do organismo. A **concentração bactericida mínima (CBM)** do agente é a menor concentração na qual uma subcultura do caldo não produz nenhum crescimento.

### Poder de destruição no soro

- No método do **poder de destruição no soro**, acrescenta-se uma suspensão de bactérias ao **soro** de um paciente coletado enquanto estava recebendo um antibacteriano, e observa-se se os organismos são destruídos.

### Métodos automatizados

- Os métodos automatizados possibilitam uma rápida identificação dos microrganismos e a determinação de suas sensibilidades aos agentes antimicrobianos.

## ATRIBUTOS DE UM AGENTE ANTIMICROBIANO IDEAL

- Um agente antimicrobiano ideal deve ser solúvel nos líquidos corporais, seletivamente tóxico e não alérgico; pode ser mantido em uma concentração terapêutica constante no sangue e nos líquidos corporais; tem pouca probabilidade de levar ao desenvolvimento de resistência; tem um prazo de validade longo; e é de custo razoável.

## AGENTES ANTIBACTERIANOS

- Os agentes antibacterianos inibem a síntese da parede celular, interferem nas funções da membrana celular, inibem a síntese de proteínas, inibem a síntese de ácidos nucleicos ou atuam de alguma outra maneira para matar as bactérias.

## AGENTES ANTIFÚNGICOS

- Os agentes antifúngicos aumentam a permeabilidade da membrana plasmática, interferem na síntese de ácidos nucleicos ou comprometem de algum modo as funções celulares.

## AGENTES ANTIVIRAIS

- Tem sido difícil encontrar agentes antivirais, visto que eles precisam causar danos aos vírus intracelulares, sem danificar gravemente as células do hospedeiro
- Os agentes antivirais são, em sua maioria, análogos das purinas ou pirimidinas
- O interferon é liberado por células infectadas por vírus e estimula as células adjacentes a produzir proteínas antivirais. Os interferons estão sendo produzidos por engenharia genética e testados no tratamento de infecções virais e do câncer.

## AGENTES ANTIPROTOZOÁRIOS

- Alguns agentes antiprotozoários interferem na síntese de proteínas ou na síntese de ácido fólico. O mecanismo de ação de outros antiprotozoários não está bem esclarecido.

## AGENTES ANTI-HELMÍNTICOS

- Os agentes anti-helmínticos interferem no metabolismo dos carboidratos e atuam como neurotoxinas.

## PROBLEMAS ESPECIAIS COM INFECÇÕES HOSPITALARES RESISTENTES A FÁRMACOS

- As infecções hospitalares resistentes resultam, em grande parte, do uso intensivo de uma variedade de antibacterianos, o que favorece o crescimento de cepas resistentes. O tratamento e a prevenção dessas infecções são extremamente difíceis.

# TERMOS-CHAVE

agente antimicrobiano
agente quimioterápico
amantadina
aminoglicosídeo
amplo espectro
antagonismo
antibiose
antibiótico
antimetabólito
carbapeném
cefalosporina
cloranfenicol
cloroquina
concentração bactericida mínima (CBM)
concentração inibitória mínima (CIM)
eritromicina
espectro de ação
espectro estreito
estreptomicina
etambutol
fármaco
fármaco semissintético
fármaco sintético
fator R
griseofulvina
imidazol
índice quimioterápico
isoniazida
macrolídio
mebendazol
método de difusão em disco
método de diluição
método de Kirby-Bauer
metronidazol
mimetismo molecular
niclosamida
nitrofurano
nível de dosagem terapêutica
nível de dosagem tóxica
penicilina
plasmídio de resistência (R)
poder de destruição no soro
polieno
polimixina
primaquina
quimioterapia
quinina
quinolona
resistência
resistência cromossômica
resistência cruzada
resistência extracromossômica
rifamicina
sinergismo
soro
sulfonamida
superinfecção
teste E (epsilômetro)
tetraciclina
toxicidade seletiva
zonas (halos) de inibição

CAPÍTULO

# 15 Relações entre Microrganismo e Hospedeiro e Desenvolvimento de Doença

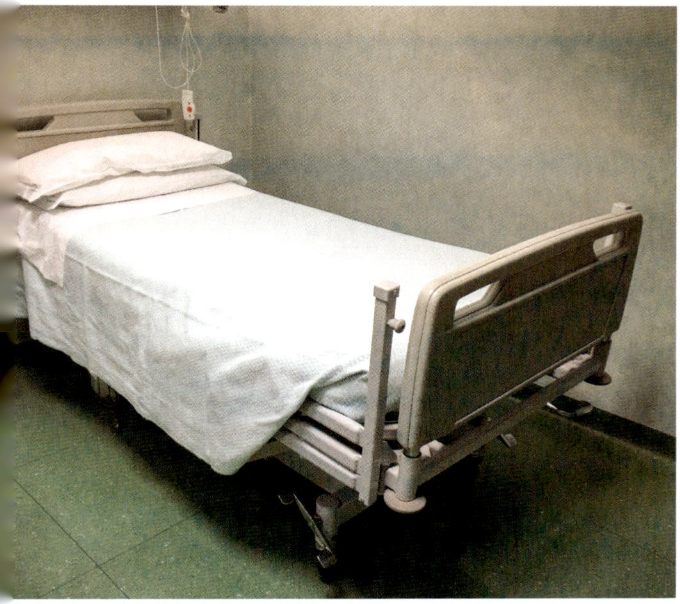

Macthia/Shutterstock

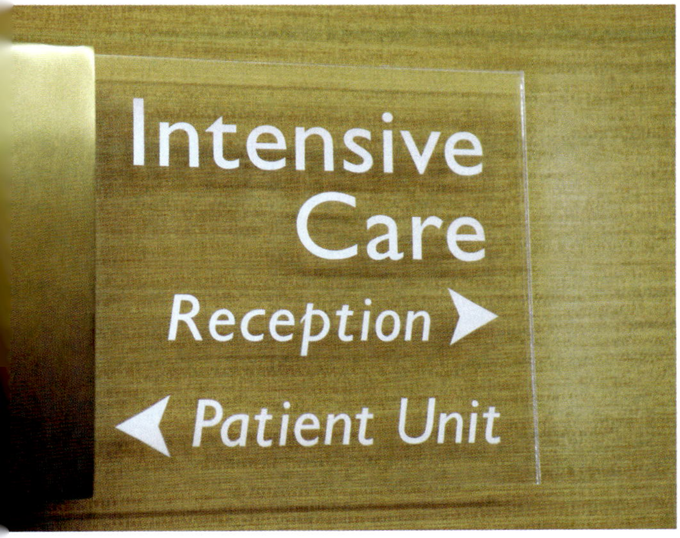


Martin Shields/Science SourceImages

## Eles lhe perguntaram em que leito você gostaria de ficar? Claro que não! Mas isso realmente importa?

Sim, isso importa. Após ter lido a abertura do Capítulo 14, você certamente não gostaria de contrair uma infecção por *Clostridium difficile* (abreviado como *C. diff.*), que provoca diarreia, dor abdominal e febre, levando algumas vezes até a morte. Mas não importa, de fato, se o paciente que ocupou anteriormente o leito era portador de *C. diff.*, mesmo após o leito ter permanecido desocupado durante pelo menos 1 semana. O que importa, sim, é se o paciente precedente precisou tomar antibacterianos por ao menos 24 horas. Os antibacterianos poderosos criaram um ambiente em torno do leito que impediu o crescimento de células vegetativas, favorecendo a sobrevivência de esporos. Os esporos de *C. diff.* persistem por meses em um quarto de hospital. Quando foram estudados 100.815 duplas de pacientes que utilizaram o mesmo leito de hospital, conforme descrito anteriormente, 576 pacientes que ocuparam camas previamente utilizadas por pacientes que usaram antibacterianos contraíram *C. diff.* nos primeiros 2 a 14 dias de internação, usando o mesmo leito. Isso representa um aumento do risco de 22%! E agora, você vai se preocupar mais com a história do leito que você está ocupando?

Bem, as coisas provavelmente foram limpas na unidade de terapia intensiva (UTI). Será que foram mesmo? Os antibacterianos, as medicações e o estado precário dos pacientes favorecem o crescimento de mais microrganismos. Foram obtidas amostras de **microbiomas**[1] dos pacientes com 48 horas e após 10 dias de internação na UTI, e constatou-se um rápido aumento de microbiomas de má qualidade (disbiose) nos primeiros dias. Em alguns casos em que havia uma infecção, o organismo etiológico passou a constituir 95% de todo o microbioma intestinal. Em outros casos, os microbiomas observados são semelhantes aos de cadáveres, até mesmo na admissão. Agora que aprendemos sobre as mudanças dos microbiomas na UTI, podemos prever os sintomas antes que apareçam e, com sorte, contrapor-nos a eles com o uso de probióticos.

[1]N.R.T.: *Microbiomas* constituem toda a população de microrganismos que habitam os tecidos, incluindo bactérias, fungos, vírus, protozoários e seus genes (que podem interagir com os genes do hospedeiro). Diferentemente, *microbiota* se limita à comunidade de microrganismos que habitam os tecidos, e não seus genes.

# MAPA DO CAPÍTULO

**Siga o mapa do capítulo para auxiliar na identificação dos conceitos principais do texto.**



**Por que, de vez em quando,** você "pega" uma doença infecciosa, por mais cuidadoso que você seja? Você adoece. Com ou sem o uso de agentes antimicrobianos, você geralmente se recupera da doença. No processo, você *pode* desenvolver *imunidade* – ou seja, se for exposto ao agente causador da doença em outra ocasião, você pode estar protegido e, consequentemente, não contrair a doença outra vez.

Lembre-se de que, como vimos no Capítulo 12, um **patógeno** é um parasita capaz de causar doença em um hospedeiro. A capacidade de um patógeno de lhe causar doença depende de quem irá vencer a batalha, se é o patógeno ou você, o hospedeiro. Os patógenos são dotados de certas capacidades invasivas, e você dispõe de uma variedade de defesas. Por exemplo, em muitos países, o vírus do sarampo está sempre presente em uma porção da população. As pessoas que estão infectadas liberam o vírus, e esses vírus alcançam os tecidos de indivíduos suscetíveis. Nesses indivíduos, o vírus pode superar as defesas do hospedeiro, invadir os tecidos e causar doença. Entretanto, algumas pessoas não são infectadas.

Se um vírus consegue entrar em seus tecidos, as defesas do seu sistema imune podem destruí-lo antes que ele possa causar doença. Você pode se tornar imune a futuras exposições, sem ficar doente de verdade. Mesmo quando as suas primeiras defesas falham, e a doença ocorre, você pode desenvolver imunidade, de modo que não será suscetível à doença em exposições subsequentes.

Para iniciar o estudo das interações entre hospedeiro e microrganismos, iremos analisar uma variedade de relações entre hospedeiro e microrganismo e verificar como algumas dessas relações resultam em doença. Em seguida, iremos caracterizar as doenças e discutir os processos mórbidos provocados pelos patógenos.

## RELAÇÕES ENTRE HOSPEDEIRO E MICRORGANISMO

Os microrganismos apresentam uma variedade de relações complexas com outros microrganismos e com formas de vida maiores que servem de hospedeiros para eles. Um **hospedeiro** é qualquer organismo capaz de abrigar outro organismo.

### Simbiose

A **simbiose** é uma associação entre duas (ou mais) espécies. O termo *simbiose*, que significa "viver junto", abrange um espectro de relações. Essas relações incluem o *mutualismo*, o *comensalismo* e o *parasitismo*.

Em uma das extremidades do espectro, encontra-se o **mutualismo** (Tabela 15.1), em que ambos os membros da associação que vivem juntos beneficiam-se do relacionamento (Figura 15.1). Por exemplo, a capacidade dos cupins de digerir

**Tabela 15.1** Espectro da associação simbiótica.

| Relação | Efeito sobre a espécie A | Efeito sobre a espécie B |
|---|---|---|
| Mutualismo | + | + |
| Parasitismo | + | – |
| Comensalismo | + | 0 |
| Antagonismo | – | – |

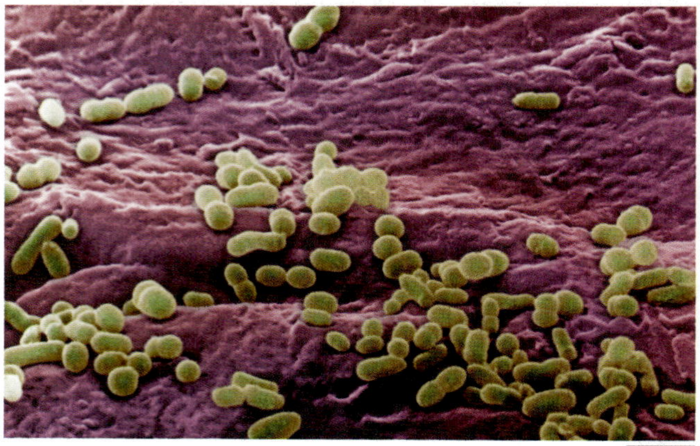

MEV

**Figura 15.1 Muitas das bactérias da pele humana são mutualistas.** (42.257×) Entretanto, esses organismos são, em sua maioria, comensais, o que nos beneficia indiretamente em virtude de sua competição com organismos prejudiciais por nutrientes e por impedir esses organismos de encontrar um local para ligar-se aos tecidos e invadi-los. *(David M. Phillips/Getty Images.)*

a madeira ou celulose depende da presença de protozoários que eles abrigam em seu intestino. Esses protozoários e outros microrganismos, como bactérias e fungos, secretam no intestino enzimas que digerem a madeira mastigada. Os protozoários, por sua vez, ganham um ambiente seguro e estável para viver. Para os cupins, esse relacionamento é obrigatório; eles morreriam de fome sem os seus parceiros protozoários. De modo semelhante, grandes números de *Escherichia coli* vivem no intestino grosso dos seres humanos. Essas bactérias liberam produtos úteis, como a vitamina K, que utilizamos na produção de determinados fatores da coagulação sanguínea. Embora a relação não seja obrigatória, *E. coli* faz uma contribuição modesta para suprir a nossa necessidade de vitamina K. Por sua vez, as bactérias dispõem de um ambiente favorável onde elas vivem e obtêm nutrientes.

Na outra extremidade do espectro está o **parasitismo**, em que um organismo, o parasita, se beneficia do relacionamento, enquanto o outro organismo, o hospedeiro, é prejudicado (Figura 15.2). Com essa ampla definição do termo **parasita**, as bactérias, vírus, protozoários, fungos e helmintos são parasitas. (Alguns biólogos utilizam o termo "parasita" para referir-se apenas aos protozoários, helmintos e artrópodes que vivem na superfície ou no interior de seus hospedeiros.) O parasitismo abrange uma ampla gama de relacionamentos, desde a relação em que o hospedeiro sofre apenas um leve prejuízo até relacionamentos em que ele é destruído e morre. Alguns parasitas obtêm condições de vida confortáveis, causando apenas um pequeno prejuízo ao seu hospedeiro. Outros parasitas matam seus hospedeiros e, em consequência, ficam sem moradia (ver Capítulo 12). Os parasitas mais bem-sucedidos são aqueles que mantêm os seus próprios processos de vida sem causar dano grave a seus hospedeiros.

A palavra "parasita" provém do termo grego *parasitos*, que significa "aquele que come à mesa de outro".

Em algum ponto intermediário nesse espectro está situado o **comensalismo**, em que duas espécies vivem juntas em uma relação, de modo que uma delas é beneficiada, enquanto a outra não é beneficiada e tampouco prejudicada. Por exemplo, muitos microrganismos vivem na superfície de nossa pele e utilizam produtos metabólicos secretados pelos poros. Tendo em vista que esses produtos são liberados, independentemente de serem ou não utilizados pelos microrganismos, estes se beneficiam, porém habitualmente não obtemos nenhum benefício nem prejuízo.

SAIBA MAIS

## Patógenos: tentativas fracassadas de simbiose

"Na vida real, entretanto, mesmo em nossas piores circunstâncias, sempre tivemos um interesse relativamente menor pelo vasto mundo dos microrganismos. A patogenicidade não é a regra. De fato, ela ocorre com tão pouca frequência e envolve um número relativamente tão pequeno de espécies, se considerarmos a imensa população de bactérias na terra, que ela representa uma situação excêntrica. Em geral, a doença resulta de negociações inconclusivas de simbiose, uma ultrapassagem da divisória para um lado ou para outro, uma interpretação biológica incorreta das fronteiras."

–Lewis Thomas, 1974

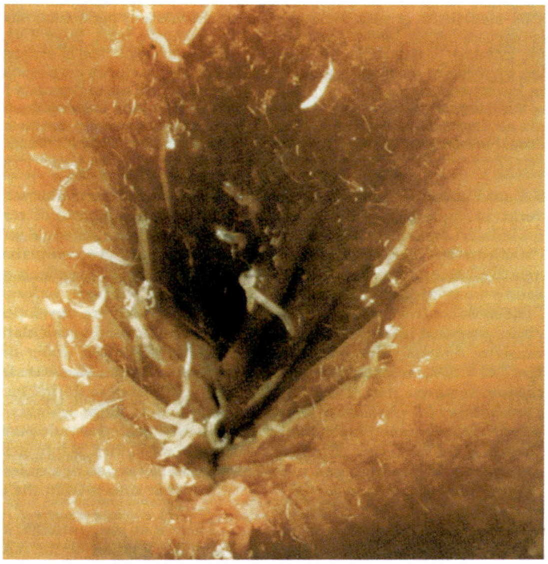

**Figura 15.2 Infestação por parasitas.** Fêmeas de oxiúros alcançando o ânus de uma criança de 5 anos de idade para depositar seus ovos na pele adjacente. *(Fotografia de Martin Weber, MD., reproduzida de The New England Journal of Medicine, vol. 328, no. 13, pg. 927 © 1993 by the Massachusetts Medical Society.)*

A linha que separa o comensalismo do mutualismo nem sempre é bem definida. Pelo fato de ocuparem um espaço e utilizarem nutrientes, os microrganismos que demonstram comportamento mutualista ou comensal podem impedir a colonização da pele por outros microrganismos potencialmente prejudiciais e causadores de doença – um fenômeno conhecido como *competição microbiana*. Deste modo, essas relações simbióticas conferem um benefício indireto para o hospedeiro.

Existe também uma linha de separação tênue entre parasitismo e comensalismo. Nos hospedeiros sadios, muitos microrganismos do intestino grosso formam associações inócuas, alimentando-se apenas de materiais digeridos. Entretanto, um microrganismo "inofensivo" pode atuar como parasita se tiver acesso a uma parte do corpo onde normalmente ele não existiria. A situação em que ambas as espécies se prejudicam uma à outra, sem obter nenhum benefício é denominada *antagonismo*.

## Contaminação, infecção e doença

A contaminação, a infecção e a doença podem ser consideradas como uma sequência de condições em que aumenta a gravidade dos efeitos exercidos pelos microrganismos sobre seus hospedeiros. A **contaminação** refere-se à presença de microrganismos. Os objetos inanimados e as superfícies da pele e das mucosas podem ser contaminados com uma ampla variedade de microrganismos. Os comensais não causam prejuízo, porém os parasitas têm a capacidade de invadir os tecidos. A **infecção** refere-se à multiplicação de qualquer organismo parasita dentro do corpo do hospedeiro ou na sua superfície. (Algumas vezes, o termo **infestação** é utilizado para referir-se à presença de parasitas maiores, como os helmintos ou os artrópodes, dentro do corpo ou em sua superfície.) Se uma infecção interferir no funcionamento normal do hospedeiro, ocorrerá doença. A **doença** é um distúrbio no estado de saúde, em que o corpo se torna incapaz de executar todas as suas funções normais.

Tanto a infecção quanto a doença resultam de interações entre os parasitas e seus hospedeiros. Algumas vezes, uma infecção não produz efeitos observáveis no hospedeiro, embora os tecidos tenham sido invadidos por organismos. Com mais frequência, a infecção provoca distúrbios observáveis no estado de saúde do hospedeiro, isto é, ocorre doença. Quando uma infecção provoca doença, seus efeitos variam de leves a graves.

Vamos examinar alguns exemplos para entender as diferenças entre contaminação, infecção e doença. Um profissional de saúde que não segue os procedimentos de assepsia enquanto faz um curativo em uma ferida da pele contamina as suas mãos com estafilococos. Entretanto, após concluir a tarefa, ele lava adequadamente as mãos e não sofre nenhum efeito nocivo. Embora suas mãos tenham sido contaminadas, ele não desenvolveu uma infecção. Outro profissional que faz a mesma tarefa em outro paciente não lava adequadamente as mãos após realizar o tratamento, e os organismos entram então em seu corpo e infectam um pequeno corte. Em pouco tempo, a pele ao redor do corte torna-se avermelhada por 1 dia ou mais. Esse profissional foi contaminado e infectado. Em uma situação semelhante, um terceiro profissional desenvolve uma área avermelhada na pele, ignora o fato e, depois de alguns dias, apresenta um grande furúnculo. Esse profissional apresentou contaminação, infecção e doença.

A doença caracteriza-se por alterações no hospedeiro, que interferem nas suas funções normais. Essas alterações podem ser leves, graves mas reversíveis ou irreversíveis. Por exemplo, se você ficar infectado por um dos vírus que causam o resfriado comum, você poderá ter apenas coriza durante alguns dias. Ou pode ter um forte resfriado, com faringite, tosse, febre e cefaleia; todavia, a doença segue o seu curso durante 1 semana ou mais, sem nenhum efeito permanente. As alterações no seu estado de saúde são reversíveis. Entretanto, se desenvolver tracoma, uma infecção bacteriana dos olhos, sem tratamento, poderá ocorrer formação de cicatriz na córnea, levando a um comprometimento permanente da visão e, algumas vezes, à cegueira. De modo semelhante, se você não receber o tratamento correto para uma infecção estreptocócica, poderá sofrer lesão irreversível do coração ou dos rins.

## Patógenos, patogenicidade e virulência

Os patógenos variam na sua capacidade de interferir no estado de saúde de um indivíduo – isto é, eles exibem diferentes graus de patogenicidade. A **patogenicidade** refere-se à capacidade de produzir doença. A patogenicidade de um organismo depende de sua capacidade de invadir um hospedeiro, multiplicar-se no seu interior e evitar ser atingido pelas suas defesas. Alguns agentes causadores de doença, como *Mycobacterium tuberculosis*, frequentemente causam doença quando entram em um hospedeiro suscetível. Outros agentes, como *Staphylococcus epidermidis*, só causam doença em raras ocasiões e, em geral, somente em hospedeiros com defesas precárias. A maioria dos agentes infecciosos exibe um grau de patogenicidade situado entre esses dois extremos.

Um importante fator na patogenicidade é o número de organismos infecciosos que penetram no corpo. Se apenas um pequeno número entrar, as defesas do hospedeiro podem ser capazes de eliminar os organismos mesmo antes que possam causar doença. Se um grande número entrar, esses organismos podem superar as defesas do hospedeiro e causar doença. Outros organismos são altamente infecciosos, como *Shigella*, por exemplo, que necessita somente de 10 organismos ingeridos para causar um quadro grave de disenteria.

A **virulência** refere-se à intensidade da doença produzida por patógenos e varia entre diferentes espécies de microrganismos. Por exemplo, *Bacillus cereus* provoca gastrenterite leve, enquanto o vírus da raiva causa dano neurológico que é quase sempre fatal. A virulência também varia entre membros de uma mesma espécie de patógeno. Por exemplo, os organismos recentemente eliminados de um indivíduo infectado tendem a ser mais virulentos do que aqueles de um portador, que caracteristicamente não demonstra nenhum sinal de doença. A virulência de um patógeno pode aumentar pela sua **passagem por animais**, que consiste na rápida transferência do patógeno através de animais de uma espécie suscetível à infecção por esse patógeno. Quando um animal fica doente, os organismos liberados por ele são transferidos a animais sadios, que então também ficam doentes. Se essa sequência for repetida duas ou três vezes, cada animal recentemente infectado apresentará um caso mais grave da doença do que o anterior. Presumivelmente, o microrganismo adquire maior capacidade de causar dano ao hospedeiro com cada passagem por animais. Algumas vezes, uma doença infecciosa propaga-se dessa maneira por populações humanas, resultando em epidemia da doença. As epidemias de gripe frequentemente ocorrem dessa maneira; a primeira pessoa a ser infectada apresenta uma doença leve, porém aquelas infectadas posteriormente apresentarão uma forma muito mais grave da doença. Esse processo não continua indefinidamente; o microrganismo alcança o auge de sua virulência, e a população exposta adquire imunidade.

A virulência de um patógeno pode ser reduzida por **atenuação**, o enfraquecimento da capacidade do patógeno de produzir doença. A atenuação pode ser obtida por subculturas ou passagens repetidas em meios de laboratório ou por transferência de virulência. A **transferência de virulência** é uma técnica de laboratório, em que um patógeno passa de seu hospedeiro normal para uma nova espécie de hospedeiro e, em seguida, sequencialmente através de muitos indivíduos da nova espécie hospedeira. Por fim, o patógeno adapta-se de maneira tão completa ao novo hospedeiro que ele deixa de ser virulento para o hospedeiro original. Em outras palavras, a virulência foi transferida para outro organismo. Pasteur utilizou a transferência de virulência na preparação da vacina antirrábica. Por meio de repetidas passagens por coelhos, o vírus finalmente se tornou inócuo para os seres humanos, e o seu uso em uma vacina humana tornou-se seguro. No Capítulo 18, veremos que a atenuação constitui uma importante etapa na produção de algumas vacinas de uso atual – por exemplo, as vacinas contra a caxumba e o sarampo.

## Microbiota normal (nativa)

Antes do nascimento, o feto encontra-se em um ambiente estéril, a não ser que a mãe esteja infectada por microrganismos capazes de atravessar a placenta, como o vírus da rubéola (sarampo alemão) e o vírus Zika. Durante a sua passagem pelo canal do nascimento, o feto adquire determinados microrganismos que podem se tornar permanente ou temporariamente associados a ele. Os organismos que vivem na superfície do corpo ou no seu interior, mas que não causam doença, são designados coletivamente como **microbiota normal** (Tabela 15.2). Muitos desses organismos têm associações bem estabelecidas com os seres humanos. Os organismos da microbiota normal são, em sua maioria, comensais – isto é, obtêm nutrientes das secreções do hospedeiro, substâncias residuais encontradas na superfície da pele e das membranas mucosas. Duas categorias de organismos podem ser distinguidas: a *microbiota residente* e a *microbiota transitória*.

A **microbiota residente** (Figura 15.3) compreende microrganismos que estão sempre presentes na superfície do corpo humano ou no seu interior. Esses microrganismos são encontrados na pele e na conjuntiva, na boca, no nariz e na garganta, no intestino grosso e nas vias dos sistemas urinário e reprodutor, particularmente próximo às suas aberturas. Em cada uma dessas regiões do corpo, a microbiota residente está adaptada às condições presentes nessas regiões. A boca e a parte inferior do intestino grosso proporcionam condições de calor e umidade e ampla quantidade de nutrientes. As membranas mucosas do nariz, da garganta, da uretra e da vagina também fornecem condições de calor e umidade, embora o suprimento de nutrientes seja menor. A pele fornece uma ampla quantidade de nutrientes, porém é mais fria e menos úmida.

Outras regiões do corpo não têm microbiota residente, seja porque não oferecem condições apropriadas para os microrganismos, seja porque estão protegidas por defesas do hospedeiro, seja porque são inacessíveis aos microrganismos (Tabela 15.3). Por exemplo, as condições no estômago são muito ácidas para possibilitar a sobrevivência da microbiota. Em condições normais, o sistema nervoso é inacessível aos microrganismos. O sangue não possui microbiota residente porque é relativamente inacessível, e os mecanismos de defesa do hospedeiro normalmente destroem os microrganismos antes que se estabeleçam.

A **microbiota transitória** é constituída por microrganismos que podem estar presentes em determinadas condições, em qualquer um dos locais onde se encontra a microbiota

**Tabela 15.2** Principais componentes da microbiota normal (bactérias, a não ser que assinalado de outro modo) do corpo humano.

| **Pele** | **Intestino** |
|---|---|
| *Staphylococcus epidermidis** | *Staphylococcus epidermidis** |
| *Staphylococcus aureus* | *Staphylococcus aureus* |
| Espécies de *Lactobacillus* | *Streptococcus mitis** |
| *Propionibacterium acnes** | Espécies de *Enterococcus** |
| *Pityrosporon ovale* (fungo)* | Espécies de *Lactobacillus** |
| **Boca** | Espécies de *Clostridium** |
| *Streptococcus salivarius** | *Eubacterium limosum** |
| *Streptococcus pneumoniae* | *Bifidobacterium bifidum** |
| *Streptococcus mitis** | *Actinomyces bifidus* |
| *Streptococcus sanguis* | *Escherichia coli** |
| *Streptococcus mutans* | Espécies de *Enterobacter** |
| *Staphylococcus epidermidis** | Espécies de *Klebsiella* |
| *Staphylococcus aureus* | Espécies de *Proteus* |
| *Moraxella catarrhalis* | *Pseudomonas aeruginosa* |
| *Veillonella alcalescens** | Espécies de *Bacteroides** |
| Espécies de *Lactobacillus** | Espécies de *Fusobacterium* |
| Espécies de *Klebsiella* | *Treponema denticola* |
| *Haemophilus influenzae** | *Endolimax nana* (protozoário) |
| *Fusobacterium nucleatum** | *Giardia intestinalis* (protozoário) |
| *Treponema denticola** | **Sistema urogenital** |
| *Candida albicans* (fungo)* | *Streptococcus mitis** |
| *Entamoeba gingivalis* (protozoário)* | Espécies de *Streptococcus** |
| *Trichomonas tenax* (protozoário)* | *Staphylococcus epidermidis** |
| **Trato respiratório superior** | Espécies de *Lactobacillus** |
| *Staphylococcus epidermidis** | Espécies de *Clostridium* |
| *Staphylococcus aureus* | *Actinomyces bifidus* |
| *Streptococcus mitis** | *Candida albicans* (fungo)* |
| *Streptococcus pneumoniae* | *Trichomonas vaginalis* (protozoário) |
| *Moraxella catarrhalis* | |
| Espécies de *Lactobacillus* | |
| Haemophilus influenzae | |

*Associações bem estabelecidas.

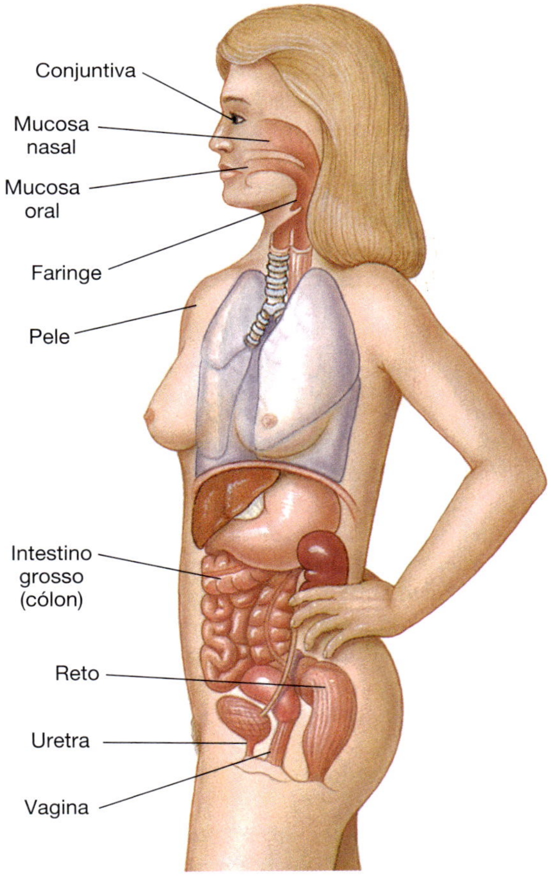


**Figura 15.3 Localizações da microbiota residente no corpo humano.**

**Tabela 15.3** Tecidos, órgãos e líquidos corporais que normalmente são desprovidos de microrganismos.

| Tecidos e órgãos internos | Líquidos corporais |
|---|---|
| Orelha média e orelha interna | Sangue |
| Seios nasais | Líquido cerebrospinal |
| Interior do olho | Saliva antes de sua secreção |
| Medula óssea | Urina nos rins e na bexiga |
| Músculos | Sêmen antes da entrada na uretra |
| Glândulas | |
| Órgãos | |
| Sistema circulatório | |
| Encéfalo e medula espinal | |
| Ovários e testículos | |

residente. Esses microrganismos persistem por horas a meses, porém apenas enquanto existirem as condições necessárias. A microbiota transitória aparece nas membranas mucosas quando há disponibilidade de quantidades de nutrientes maiores do que o normal, ou na pele, quando ela está mais quente e mais úmida do que o habitual. Até mesmo patógenos podem constituir parte da microbiota transitória. Por exemplo, suponha que tenha entrado em contato com uma criança com sarampo, e alguns dos vírus penetraram pelo seu nariz e garganta. Você teve sarampo há anos e está imune à doença, de modo que as defesas de seu corpo irão impedir a invasão das células pelos vírus. Entretanto, você pode abrigar os vírus como microrganismos transitórios por um curto período.

Entre a microbiota residente e a microbiota transitória, existem algumas espécies de organismos que habitualmente não causam doenças, mas que podem fazê-lo em determinadas condições. Esses organismos são denominados **oportunistas**, pois aproveitam determinadas oportunidades para causar doença. As condições que criam oportunidades para esses organismos incluem as seguintes:

1. *Falha nas defesas normais do hospedeiro.* Os indivíduos com defesas imunológicas enfraquecidas são designados como **imunocomprometidos**. Esse estado pode resultar de diversos fatores, como desnutrição avançada, presença de outra doença, idade avançada ou muito jovem, tratamento com radioterapia ou fármacos imunossupressores e estresse físico ou mental. Por exemplo, a falência das defesas do hospedeiro em pacientes com AIDS possibilita o desenvolvimento de diversas infecções oportunistas
2. *Introdução dos organismos em locais incomuns do corpo.* A bactéria *Escherichia coli* é um residente normal do intestino grosso humano, mas pode causar doença se tiver acesso a locais incomuns, como o sistema urinário, feridas cirúrgicas ou queimaduras
3. *Distúrbios na microbiota normal.* Populações bem-sucedidas de microbiota normal competem com organismos patogênicos e, em alguns casos, combatem ativamente o seu crescimento, um efeito conhecido como **antagonismo microbiano**. A microbiota normal interfere no crescimento de patógenos, competindo com eles e causando depleção dos nutrientes necessários para esses patógenos ou produzindo substâncias que criam um ambiente no qual os patógenos não conseguem crescer. Como discutimos no Capítulo 14, os antibacterianos algumas vezes destroem ou prejudicam a microbiota normal quando conseguem controlar determinado patógeno. Essa perturbação da microbiota permite que outros patógenos potenciais, como as leveduras, que não são afetadas pelo antibacterianos, prosperem na ausência de seus antagonistas, a microbiota normal.

Embora, em capítulos posteriores, o foco seja o estudo dos microrganismos que causam doenças nos seres humanos, não devemos perder de vista a importância dos numerosos microrganismos não patogênicos associados ao corpo. Além disso, precisamos lembrar que a doença pode resultar de distúrbios no equilíbrio ecológico normal entre as populações residentes e o hospedeiro.

## APLICAÇÃO NA PRÁTICA

### Um cão da raça *Bloodhound* (cão-de-santo-humberto) pode distinguir gêmeos idênticos?

À medida que caminhamos, eliminamos uma "nuvem de escamas" da pele, que cai no solo ou em objetos próximos. Um cão da raça *Bloodhound* consegue seguir uma pista farejando essas descamações. A microbiota normal existente nos seres humanos metaboliza óleos e outras secreções em subprodutos que exalam odores particulares. Os gêmeos idênticos não são colonizados por uma microbiota normal idêntica, logo as "escamas" de sua pele desenvolvem odores ligeiramente diferentes. Um cão dessa raça é capaz de distinguir entre esses odores, o que o leva a identificar o gêmeo correto.

*(Fuse/Getty Images Inc.)*

## POSTULADOS DE KOCH

O trabalho de Robert Koch e o papel de seus postulados em relação aos agentes etiológicos de doenças específicas foram descritos de modo sucinto no Capítulo 1. Agora, podemos utilizar nossa compreensão da infecção e da doença para analisar mais atentamente esses postulados. Por exemplo, sabemos agora que a infecção por um organismo não indica necessariamente a presença de doença. Com esse conhecimento, podemos apreciar melhor a necessidade de que todos os quatro **postulados de Koch** sejam cumpridos para provar que um organismo específico é o agente etiológico de determinada doença:

1. O agente específico causador da doença precisa ser observado em todos os casos da doença
2. O agente precisa ser isolado de um hospedeiro doente e precisa crescer em cultura pura
3. Quando o agente da cultura pura for inoculado em hospedeiros experimentais sadios, porém suscetíveis, o agente deve causar a mesma doença
4. O agente precisa ser novamente isolado do hospedeiro inoculado e experimentalmente doente e identificado como idêntico ao agente etiológico específico original.

Hoje, é relativamente fácil demonstrar que cada postulado atende a uma variedade de doenças causadas por bactérias (Figura 15.4). Entretanto, algumas bactérias são de difícil cultivo, visto que elas têm exigências nutricionais fastidiosas ou outras necessidades especiais para o seu crescimento. Por exemplo, embora o agente causador da sífilis, *Treponema pallidum*, seja conhecido há muitos anos, não foi cultivado com sucesso em meios artificiais. Além disso, parasitas como os vírus e as rickéttsias não conseguem crescer em meios artificiais e precisam crescer em culturas de células vivas. No caso de alguns agentes que provocam doenças em seres humanos, não foi encontrado nenhum outro hospedeiro. Consequentemente, nesses casos a inoculação em um hospedeiro suscetível é impossível, a não ser que se encontrem voluntários humanos. Existem problemas éticos óbvios associados à inoculação de seres humanos com agentes infecciosos, mesmo que haja voluntários disponíveis.

**PARE e RESPONDA**

1. Diferencie os tipos de simbiose.
2. Compare e diferencie patogenicidade e virulência.
3. Compare e diferencie oportunista e patógeno.
4. O que provam os postulados de Koch?

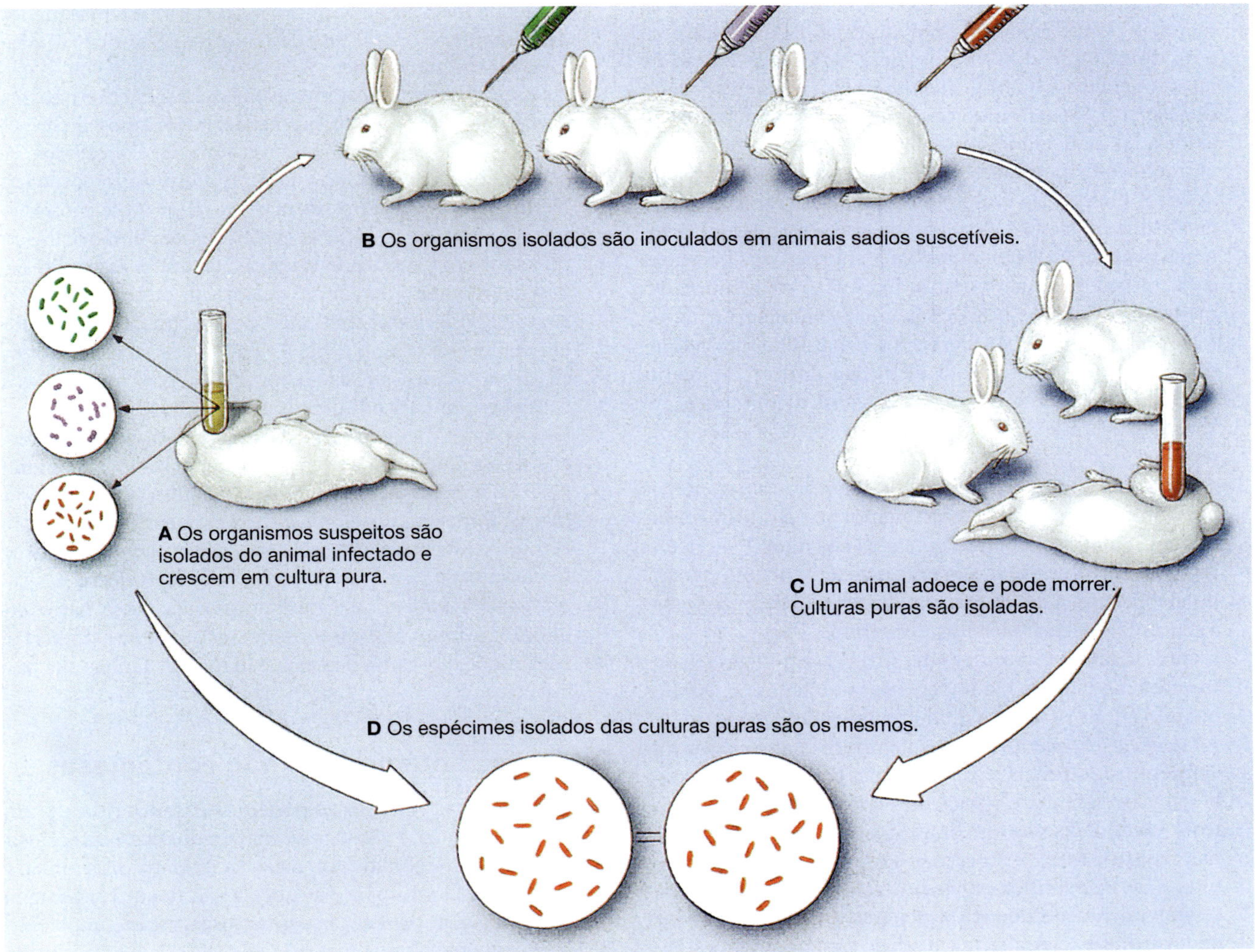




**Figura 15.4 Demonstração de que uma doença bacteriana cumpre os postulados de Koch.**

# TIPOS DE DOENÇAS

As doenças humanas são causadas por agentes infecciosos, defeitos genéticos estruturais ou funcionais, fatores ambientais ou qualquer combinação dessas causas.

## Doenças infecciosas e não infecciosas

As **doenças infecciosas** são doenças causadas por agentes infecciosos como bactérias, vírus, fungos, protozoários e helmintos. Os Capítulos 19 a 24 são dedicados a uma discussão dos agentes infecciosos específicos e das doenças que eles causam. As **doenças não infecciosas** são causadas por qualquer fator que não sejam organismos infecciosos.

## Classificação das doenças

A classificação das doenças em infecciosas ou não infecciosas fornece uma visão muito limitada das doenças humanas. O seguinte esquema de classificação das doenças fornece uma visão mais abrangente. Mais importante ainda, mostra que os agentes infecciosos podem interagir com outros fatores para causar doença.

1. As *doenças hereditárias* são causadas por erros na informação genética. Os distúrbios resultantes no desenvolvimento podem ser causados por anormalidades no número e na distribuição dos cromossomos ou pela interação de fatores genéticos e ambientais. Embora as doenças hereditárias não tenham uma causa infecciosa, algumas estão associadas a atividades microbianas. A anemia falciforme enfraquece os pacientes, tornando-os mais suscetíveis às doenças infecciosas. Entretanto, os pacientes com anemia falciforme ou os portadores do defeito tendem a ser resistentes à malária. A hemoglobina S anormal dos pacientes com anemia falciforme não armazena o oxigênio. Com menos oxigênio, os eritrócitos adquirem uma forma de foice e são removidos pelo baço. Os parasitas causadores da malária que penetram nos eritrócitos fazem com que as células apresentem a mesma característica em foice e, em consequência, são mortos antes de completar o seu ciclo de vida
2. As *doenças congênitas* são defeitos estruturais e funcionais presentes por ocasião do nascimento, que são provocados por substâncias, exposição excessiva aos raios X ou determinadas infecções. Quando uma mãe tem rubéola (sarampo alemão) ou sífilis, o agente infeccioso pode atravessar a placenta e causar defeitos congênitos. Alguns medicamentos, como o retinoide (vitamina A) antirrugas e o antibacteriano tetraciclina podem causar defeitos congênitos quando administrados a mulheres grávidas
3. As *doenças degenerativas* são distúrbios que se desenvolvem em um ou mais sistemas orgânicos com o processo de envelhecimento. Os pacientes com doenças degenerativas, como enfisema ou comprometimento da função renal, são suscetíveis às infecções. Por outro lado, os agentes infecciosos podem causar lesão tecidual, levando ao desenvolvimento de doença degenerativa, como ocorre na endocardite bacteriana, na doença cardíaca reumática e em algumas doenças renais
4. As *doenças por deficiência nutricional* diminuem a resistência do hospedeiro às doenças infecciosas e contribuem para a gravidade dessas infecções. Por exemplo, a bactéria que causa difteria (*Corynebacterium diphtheriae*) produz mais toxina em indivíduos com deficiência de ferro do que naqueles com quantidades normais do elemento. Uma nutrição precária também aumenta a gravidade do sarampo e contribui para as mortes causadas por essa doença. As próprias deficiências nutricionais podem se desenvolver em consequência da ação de helmintos, por exemplo, que causam grave lesão da parede intestinal
5. As *doenças endócrinas* são causadas por excessos ou deficiências de hormônios. A infecção viral tem sido ligada a lesão pancreática, que resulta em diabetes insulinodependente
6. *Doença mental* pode ser causada por uma variedade de fatores, incluindo os de natureza emocional ou psicogênica, bem como determinadas infecções. Por exemplo, o estresse psicológico pode dar origem a vários distúrbios gastrintestinais, irritações da pele e até mesmo dificuldade respiratória. A doença mental também pode resultar de infecções do cérebro, como nos casos da neurossífilis e na doença de Creutzfeldt-Jakob causada por príons
7. As *doenças imunológicas*, como alergias, doenças autoimunes e imunodeficiências, são causadas pelo funcionamento inadequado do sistema imune; a AIDS é uma consequência de uma infecção viral e da destruição de determinadas células do sistema imune
8. As *doenças neoplásicas* envolvem o crescimento anormal de células, levando à formação de vários tipos de crescimentos geralmente benignos ou tumores cancerosos. As causas dessas doenças incluem produtos químicos, agentes físicos, como várias formas de radiação, e microrganismos, particularmente os vírus. Os papilomavírus, conhecidos como causa de verrugas, têm sido associados ao desenvolvimento do câncer de colo do útero, e outros vírus são conhecidos como causa de crescimento de tumores em plantas (ver Capítulo 11)
9. As *doenças iatrogênicas* (*iatros*, do grego, "médico") são causadas por procedimentos e/ou tratamentos médicos. Os exemplos incluem erros cirúrgicos, reações a fármacos e infecções adquiridas em consequência do tratamento hospitalar. Estas últimas são denominadas *infecções hospitalares*. Por exemplo, *Staphylococcus aureus* é uma bactéria comum associada a infecções de feridas cirúrgicas. As infecções hospitalares são discutidas no Capítulo 16
10. As *doenças idiopáticas* são doenças cuja causa não é conhecida. Alguns pesquisadores acreditam que a doença de Alzheimer, que causa deterioração mental, tenha uma base infecciosa.

## Doenças contagiosas e não contagiosas

Algumas doenças infecciosas podem ser transferidas de um hospedeiro a outro e são denominadas **doenças infecciosas transmissíveis**. Algumas são mais facilmente disseminadas do que outras. O sarampo e a rubéola são doenças altamente transmissíveis ou **doenças contagiosas**, sobretudo entre crianças pequenas. As vacinas protegem as crianças nos países desenvolvidos, porém quase todas as crianças não imunizadas

## SAÚDE PÚBLICA

### Tatu: meio de cultura para hanseníase

O organismo que causa a doença de Hansen (hanseníase) é difícil de cultivar. Muitos métodos diferentes foram testados e não se mostraram satisfatórios até que alguém tentou inocular o organismo no coxim plantar do tatu de nove bandas. Nesse animal, o organismo cresce muito bem; de fato, ele se multiplica mais rapidamente do que nos tecidos humanos. Quando o organismo infecta os seres humanos, ele pode ter um período de incubação de até 30 anos antes do aparecimento dos sintomas da doença. Antes que o tatu fosse utilizado para a cultura do organismo, não era possível satisfazer o terceiro postulado de Koch. Nenhuma pessoa iria querer erguer um braço e dizer: "pode tentar me transmitir hanseníase!" Além disso, 30 anos era um longo tempo para se esperar e observar os resultados de tal experimento. A utilização do tatu tornou possível confirmar os postulados de Koch para o *Mycobacterium leprae* como o agente etiológico da hanseníase. Essa bactéria, observada por Armauer Hansen em 1878, foi um dos primeiros agentes infecciosos a serem identificados e associados a uma doença, porém um dos últimos a preencher os postulados de Koch. O tatu foi escolhido como hospedeiro experimental após a constatação de infecções de ocorrência natural pelo organismo causador da hanseníase em populações de tatus do Texas e da Louisiania, nos EUA.

Os estudos de DNA mostraram que as cepas do *M. leprae* no tatu são idênticas às que infectam os seres humanos. Casos de seres humanos que adquiriram a infecção a partir de tatus foram confirmados, e hoje o tatu é considerado como reservatório da doença no sudoeste dos EUA. Foram também encontrados casos de hanseníase em chimpanzés africanos e certos macacos mangabei.[2] A inoculação de *M. leprae* obtida de tatus nesses macacos do Velho Mundo causou o desenvolvimento da hanseníase nesses animais.

*(Phil A. Dotson/Science Source)*

nos países em desenvolvimento ainda contraem essas doenças. A influenza é altamente contagiosa entre adultos, sobretudo nos idosos. A gonorreia e as infecções por herpes genital são facilmente transmitidas entre parceiros sexuais desprotegidos. Embora também sejam transmissíveis, algumas outras doenças, como a pneumonia causada por *Klebsiella*, são menos contagiosas. Algumas doenças que normalmente afetam outros animais são transmissíveis aos seres humanos (ver Capítulo 16), enquanto doenças como a doença de Hansen (hanseníase) também podem ser transmitidas dos seres humanos para outros animais.

As **doenças infecciosas não transmissíveis** não são disseminadas de um hospedeiro para outro. Você não pode "pegar" uma doença não transmissível de outra pessoa. Essas doenças podem resultar de (1) infecções causadas pela microbiota normal do indivíduo, como inflamação do revestimento da cavidade abdominal após ruptura de apêndice; (2) intoxicação após a ingestão de toxinas pré-formadas, como a enterotoxina estafilocócica, uma causa comum de intoxicação alimentar; e (3) infecções causadas por determinados organismos encontrados no ambiente, como o tétano, uma infecção bacteriana resultante de esporos existentes no solo que penetram por uma ferida. Outras doenças infecciosas não transmissíveis, como a legionelose, uma forma de pneumonia, podem disseminar-se por meio dos sistemas de ar condicionado contaminados.

## PROCESSO MÓRBIDO

### Como os microrganismos causam doença

Os microrganismos atuam de determinadas maneiras que permitem que eles causem doença. Entre essas ações, destacam-se acesso ao hospedeiro, adesão às superfícies celulares e sua colonização, invasão dos tecidos e produção de toxinas e outros produtos metabólicos nocivos. Entretanto, os mecanismos de defesa do hospedeiro tendem a impedir as ações dos microrganismos. A ocorrência de doenças depende de quem ganhará a batalha: o patógeno ou o hospedeiro; se houver empate, o processo pode resultar em uma doença crônica de longa duração.

Nesse texto, os patógenos considerados consistem, em sua maioria, em microrganismos procarióticos e vírus, que, em conjunto, representam a maioria dos agentes infecciosos humanos. Entretanto, diversos eucariontes, como fungos, protozoários e parasitas multicelulares (principalmente vermes), exibem patogenicidade (ver Capítulo 12). Patógenos eucarióticos podem estar presentes em um hospedeiro, sem com isso causar sinais ou sintomas de doença, ou podem provocar doença grave. A extensão do dano causado por esses patógenos, à semelhança daquele provocado por agentes infecciosos procarióticos, é determinada pelas propriedades dos patógenos e pela resposta do hospedeiro a eles.

### Como as bactérias causam doença

As bactérias patogênicas frequentemente possuem estruturas especiais ou características fisiológicas que melhoram a probabilidade de invasão e infecção bem-sucedidas do hospedeiro. Os **fatores de virulência** são características estruturais ou fisiológicas que ajudam os organismos a causar infecção e doença. Esses fatores incluem estruturas como os *pili* para a adesão às células e aos tecidos, as enzimas que ajudam o organismo a escapar ou a se proteger das defesas do hospedeiro e as toxinas que podem causar doença diretamente.

[2]N.R.T.: Macacos magabei são primatas encontrados em parte da África, conhecidos pelo nome científico de *Cercocebus torquatus*.

**Ações diretas das bactérias.** As bactérias podem entrar no corpo pela pele ou pelas membranas mucosas, por transmissão sexual, pela sua ingestão com o alimento, por inalação em aerossóis ou ainda pela transmissão em um fômite (qualquer objeto inanimado contaminado com um agente infeccioso). Se as bactérias forem imediatamente eliminadas do corpo pela urina, fezes, tosse ou espirros, elas não podem iniciar uma infecção.

Um ponto crítico na produção de doenças bacterianas é a **aderência** do organismo ou sua fixação à superfície de uma célula hospedeira. A ocorrência de determinadas infecções depende, em parte, da interação entre as membranas plasmáticas das células do hospedeiro e os fatores de aderência bacterianos. As **adesinas** são proteínas ou glicoproteínas encontradas nos *pili* de fixação (fímbrias) e cápsulas (ver Capítulo 5). A maioria das adesinas que foram identificadas permite ao patógeno aderir apenas a receptores de membrana em determinadas células ou tecidos (Tabela 15.4). Por exemplo, uma adesina nos *pili* de ligação de determinadas cepas de *Escherichia coli* liga-se a receptores existentes em determinadas células epiteliais do hospedeiro. (Os leucócitos do hospedeiro também possuem receptores para essa adesina, de modo que a mesma adesina que ajuda a bactéria a se fixar também pode ajudar o hospedeiro a destruí-la.) Entretanto, com muita frequência, as cápsulas e os *pili* de ligação também são estruturas antifagocitárias. É difícil que a célula fagocitária englobe bactérias que têm cápsulas ou *pili* de adesão, de modo que essas estruturas constituem fatores de virulência excelentes.

A espiroqueta causadora da sífilis utiliza a extremidade do corpo para se enganchar às células hospedeiras.

A ligação à superfície da célula do hospedeiro não é suficiente para causar uma infecção. Os microrganismos também devem ser capazes de colonizar a superfície da célula ou de penetrar nela. A **colonização** refere-se ao crescimento dos microrganismos nas superfícies epiteliais, como a pele, as membranas mucosas ou outros tecidos do hospedeiro. Para que ocorra colonização após a aderência, os patógenos precisam sobreviver e se reproduzir apesar dos mecanismos de defesa do hospedeiro. Por exemplo, as bactérias patogênicas na superfície da pele precisam resistir às condições ambientais e às secreções bacteriostáticas da pele. As que estão nas membranas do sistema respiratório precisam escapar da ação do muco e dos cílios. As bactérias localizadas no revestimento de partes do sistema digestório precisam resistir aos movimentos peristálticos, ao muco, às enzimas digestivas e ao ácido. Os biofilmes de *Chlamydia pneumoniae* que colonizam as artérias coronárias foram implicados na ocorrência de doença cardíaca (ver Capítulo 24).

Alguns vírus conseguem entrar nas células simulando substâncias utilizadas pela célula hospedeira; o vírus da raiva simula o neurotransmissor acetilcolina.

Apenas alguns patógenos causam doença com a colonização das superfícies; a maioria possui fatores de virulência adicionais que permitem ao patógeno invadir os tecidos. O grau de **invasividade** de um patógeno – ou seja, sua capacidade de invadir os tecidos do hospedeiro e de crescer neles – está relacionado com os fatores de virulência que o patógeno possui e determina a gravidade da doença produzida. Algumas bactérias, como os pneumococos e outros estreptococos, liberam enzimas digestivas que possibilitam a sua rápida invasão nos tecidos, causando doenças graves. Os estreptococos produzem a enzima **hialuronidase** ou *fator de disseminação*. Essa enzima digere o ácido hialurônico, uma substância semelhante a uma cola, que ajuda a manter as células de determinados tecidos unidas entre si (Figura 15.5A). A digestão do ácido

**Tabela 15.4** Exemplos de fatores de virulência de adesão.

| Bactéria | Doença | Mecanismo de adesão |
|---|---|---|
| **Sistema respiratório (parte superior)** | | |
| *Mycoplasma pneumoniae* | Pneumonia atípica | A adesina na superfície celular adere ao receptor no revestimento do sistema respiratório |
| *Neisseria meningitidis* | Meningite | Adesinas nos *pili* |
| *Streptococcus pneumoniae* | Pneumonia | As adesinas de superfície aderem ao carboidrato no revestimento do sistema respiratório |
| **Boca** | | |
| *Streptococcus mutans* | Cáries dentárias | A cápsula adere ao esmalte do dente |
| **Sistema digestório** | | |
| Espécies de *Shigella* | Disenteria | Mecanismo desconhecido de adesão ao revestimento do intestino |
| *Escherichia coli* | Diarreia | As adesinas nos *pili* ligam-se ao receptor no revestimento intestinal |
| *Campylobacter jejuni* | Diarreia | As adesinas nos flagelos ligam-se ao revestimento do intestino |
| *Vibrio cholerae* | Cólera | As adesinas nos flagelos ligam-se a receptores no revestimento do intestino |
| **Sistema urogenital** | | |
| *Treponema pallidum* | Sífilis | Proteína bacteriana liga-se às células |
| *Neisseria gonorrhoeae* | Gonorreia | As adesinas nos *pili* aderem ao revestimento do sistema genital |

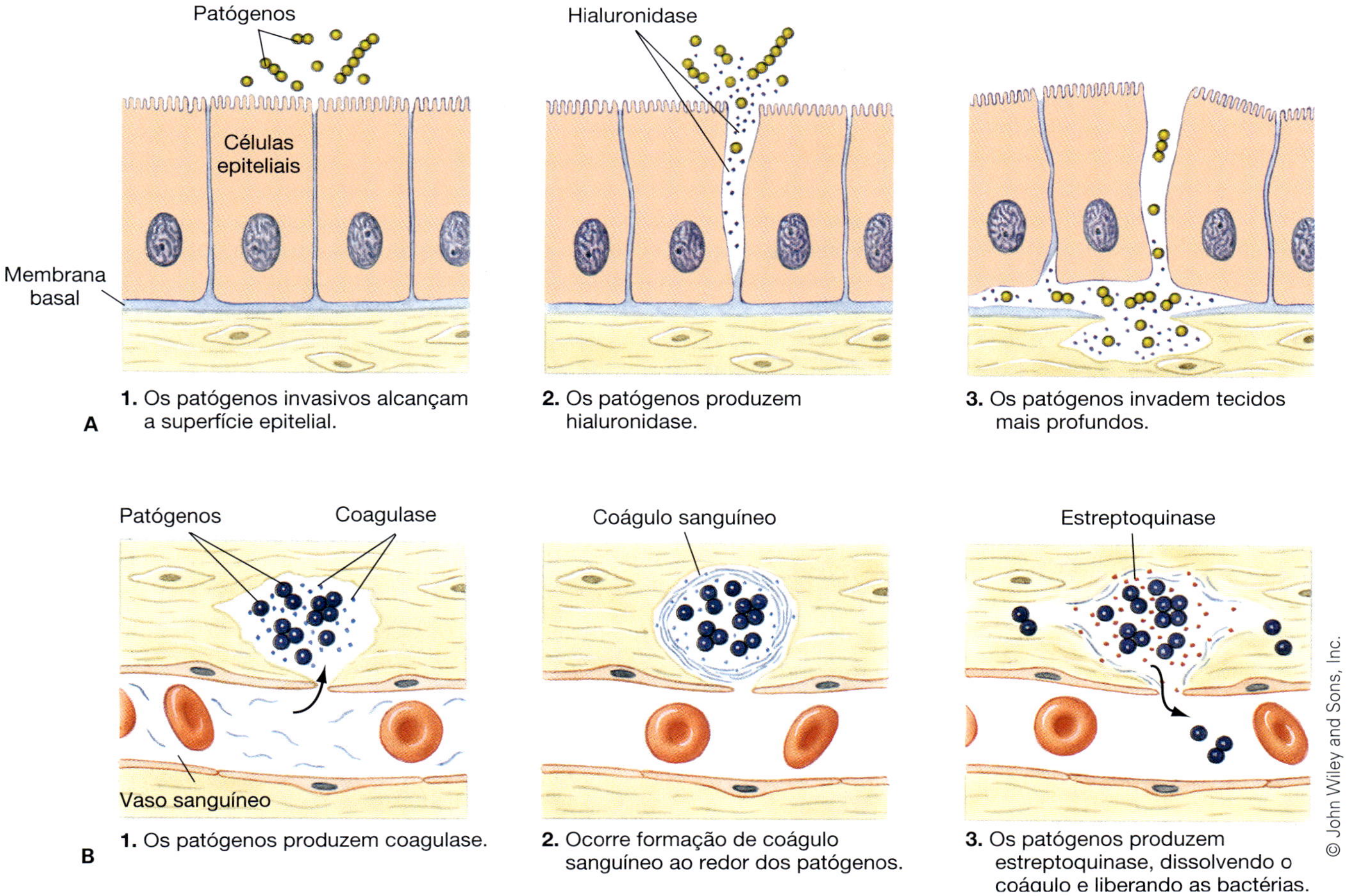


**Figura 15.5 Os fatores de virulência enzimáticos ajudam as bactérias a invadir os tecidos e a escapar das defesas do hospedeiro.** A. A hialuronidase dissolve o "cimento" que mantém as células que revestem o sistema digestório unidas umas às outras. As bactérias que produzem hialuronidase podem então invadir células mais profundas nos tecidos intestinais. B. A coagulase desencadeia a coagulação do plasma sanguíneo, fornecendo proteção às bactérias contra as defesas imunológicas. A estreptoquinase dissolve os coágulos sanguíneos. As bactérias retidas dentro de um coágulo podem se liberar e disseminar a infecção por meio da produção de estreptoquinase.

hialurônico permite a passagem dos estreptococos entre as células epiteliais e a invasão dos tecidos mais profundos. Algumas cepas de *Streptococcus pyogenes* podem causar uma rápida desintegração dos tecidos (fasciite necrosante) que pode se alastrar na velocidade de 2,5 cm/h!

Em alguns casos, o mesmo patógeno pode exibir graus variáveis de invasividade e de patogenicidade em diferentes tecidos. Tanto a peste bubônica quanto a peste pneumônica são causadas pela bactéria *Yersinia pestis*. Na peste bubônica, os organismos entram no corpo por meio da picada de pulga, migram através do sangue e infectam muitos órgãos e tecidos. Quando não tratada, essa doença apresenta uma taxa de mortalidade de cerca de 55%. Já em pacientes com peste pneumônica, ao tossir ou espirrar, as bactérias são disseminadas por aerossóis para outros indivíduos. *Yersinia pestis* pode causar uma infecção grave dos pulmões, com taxa de mortalidade elevada, que alcança até 98% (ver Capítulo 16).

Grande parte das bactérias que invadem os tecidos danificam as células e são encontradas ao seu redor. Deste modo, as enzimas que contribuem para o dano tecidual constituem outro fator de virulência importante. A **coagulase** é uma enzima bacteriana que acelera a coagulação do sangue. Quando o plasma sanguíneo, a porção líquida do sangue, extravasa dos vasos e passa para os tecidos, a coagulase provoca coagulação do plasma. *Staphylococcus aureus* produz coagulase que ajuda na infecção (Figura 15.5B). A coagulase é uma espada de dois gumes: ela impede a disseminação dos organismos, mas também ajuda a isolá-los das defesas imunes que, de outro modo, poderiam destruí-los. Por outro lado, a enzima bacteriana **estreptoquinase** dissolve os coágulos sanguíneos. Os patógenos retidos nos coágulos sanguíneos se liberam e disseminam para outros tecidos pela secreção desses fatores de virulência.

Algumas bactérias patogênicas entram efetivamente nas células. As rickéttsias, as clamídias e alguns outros patógenos precisam invadir as células para crescer, se reproduzir e causar doença. Em outras situações, os organismos que podem sobreviver dentro das células fagocíticas do hospedeiro não apenas escapam da destruição pelos fagócitos, mas também obtêm transporte livre até os tecidos mais profundos. Esses organismos incluem *Mycobacterium tuberculosis* e *Neisseria gonorrhoeae*.

**Toxinas bacterianas.** Uma **toxina** é definida como qualquer substância venenosa para outros organismos. Algumas bactérias produzem toxinas, que são sintetizadas dentro das células bacterianas e são classificadas com base no modo pelo qual são liberadas. As **exotoxinas** são substâncias solúveis, que são secretadas nos tecidos dos hospedeiros. As **endotoxinas** fazem parte do envoltório celular e são liberadas nos tecidos do hospedeiro – algumas vezes, em grandes quantidades – por bactérias gram-negativas, frequentemente quando as bactérias morrem ou se dividem (ver Capítulo 5). A administração de antibacterianos que matam essas bactérias pode liberar toxinas em quantidade suficiente para causar a morte do paciente em consequência de redução pronunciada da pressão arterial (*choque endotóxico*). Vamos examinar algumas das propriedades e dos efeitos das endotoxinas e das exotoxinas (Tabela 15.5).

As endotoxinas, que são relativamente fracas (exceto quando presentes em grandes doses), são produzidas por determinadas bactérias gram-negativas. Todas as endotoxinas consistem em complexos de lipopolissacarídios (LPS), cujos componentes variam entre os gêneros. Trata-se de moléculas relativamente estáveis que não demonstram afinidade por determinados tecidos. As endotoxinas bacterianas têm efeitos inespecíficos, como febre ou queda súbita da pressão arterial. Também causam dano aos tecidos em doenças como a febre tifoide e a meningite epidêmica (inflamação das membranas que cobrem o encéfalo e a medula espinal).

As exotoxinas são toxinas mais potentes, produzidas por várias bactérias gram-positivas e algumas gram-negativas. A maioria consiste em polipeptídios, que sofrem desnaturação pelo calor, pela luz ultravioleta e por substâncias químicas, como o formaldeído. Espécies de *Clostridium*, *Bacillus*, *Staphylococcus*, *Streptococcus* e várias outras bactérias produzem exotoxinas.

Algumas exotoxinas são enzimas. As **hemolisinas** foram descobertas em culturas de bactérias crescidas em placas de ágar-sangue. A ação dessas exotoxinas consiste em causar lise (ruptura) dos eritrócitos. Foram identificados dois tipos de hemolisinas a partir de bactérias cultivadas em placas de ágar-sangue. As **alfa-hemolisinas** ($\alpha$-hemolisinas) hemolisam as células sanguíneas, causando ruptura parcial da hemoglobina e produzindo um anel esverdeado ao redor das colônias. As **beta-hemolisinas** ($\beta$-hemolisinas) também hemolisam os eritrócitos, porém provocam ruptura completa da hemoglobina e deixam um anel claro ao redor das colônias (Figura 15.6). Os estreptococos e os estafilococos produzem diferentes hemolisinas, que são úteis na sua identificação em culturas de laboratório. Não há evidências de que a lise dos eritrócitos desempenhe algum papel na síndrome da doença. De fato, as hemolisinas liberam ferro das moléculas de hemoglobina nos eritrócitos. O ferro é um elemento de importância crítica para o crescimento de todas as células, tanto do hospedeiro quanto do microrganismo. Entretanto, há uma quantidade muito pequena de ferro livre dentro do corpo humano. A maior parte do ferro está ligada em uma forma, como a hemoglobina, e os microrganismos precisam liberá-lo enzimaticamente. As bactérias que podem produzir hemolisinas crescem melhor do que as que não produzem essas enzimas. Nos estafilococos, em particular, as hemolisinas também podem causar dano a outros tipos de células. A alfa-hemolisina provoca dano ao músculo liso e mata as células da pele.

As hemolisinas também atacam outras células além dos eritrócitos, porém são mais facilmente visualizadas em ágar-sangue.

Os fatores de virulência denominados **leucocidinas** são exotoxinas produzidas por muitas bactérias, incluindo os estreptococos e os estafilococos. Essas toxinas danificam ou destroem certos tipos de leucócitos, denominados *neutrófilos*

**Tabela 15.5** Propriedades das toxinas.

| Propriedade | Exotoxinas | Endotoxinas |
|---|---|---|
| Organismos produtores | Quase todas as bactérias gram-positivas; algumas bactérias gram-negativas | Quase todas as bactérias gram-negativas |
| Localização na célula | Extracelulares, excretadas no meio | Ligadas ao envoltório celular bacteriano; liberadas com a morte da bactéria |
| Natureza química | Principalmente polipeptídios | Complexo de lipopolissacarídio |
| Estabilidade | Instáveis; sofrem desnaturação acima de 60°C e pela luz ultravioleta | Relativamente estáveis; podem resistir por várias horas acima de 60°C |
| Toxicidade | Entre as mais poderosas toxinas conhecidas (algumas são 100 a 1 milhão de vezes mais potentes do que a estricnina) | Fracas, porém podem ser fatais em doses relativamente grandes |
| Efeito nos tecidos | Altamente específicas; algumas atuam como neurotoxinas ou toxinas do músculo cardíaco | Inespecíficas; efeitos sistêmicos generalizados ou reações locais |
| Produção de febre | Pouca ou nenhuma febre | Rápida elevação da temperatura, causando febre alta |
| Antigenicidade | Forte; estimulam a produção de anticorpos e imunidade | Fraca; a recuperação da doença frequentemente não produz imunidade |
| Conversão em toxoide e uso | Tratamento pelo calor ou por substâncias químicas; o toxoide é utilizado na imunização contra a toxina | Não podem ser convertidas em toxoide; não podem ser utilizadas para imunização |
| Exemplos | Botulismo, gangrena gasosa, tétano, difteria, intoxicação alimentar por estafilococos, cólera, enterotoxina, peste | Salmonelose, tularemia, choque endotóxico |

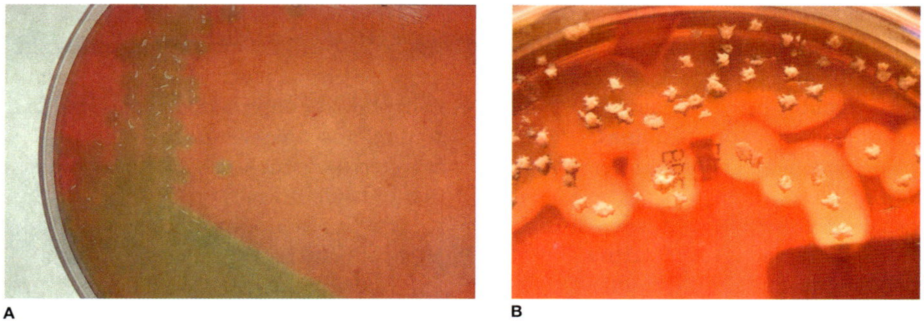

**Figura 15.6 Tipos de hemólise.** **A.** A alfa-hemólise, ou hemólise parcial, dos eritrócitos resulta na formação de uma zona esverdeada ao redor das colônias de *Streptococcus pneumoniae* que crescem em ágar-sangue. *(© L. M. Pope & D. R. Grote, University of Texas, Austin/Biological Photo Service.)* **B.** As colônias de *Nocardia* liberam β-hemolisinas, que produzem degradação completa da hemoglobina, resultando na formação de zonas claras ao redor das colônias que crescem em ágar-sangue. *(Cortesia de ARUP Laboratories.)*

## APLICAÇÃO NA PRÁTICA

### Uso clínico da toxina botulínica

Os efeitos poderosos das neurotoxinas produzidas por *Clostridium botulinum*, mais bem conhecido como causa de intoxicação alimentar letal, foram aproveitados para ajudar vítimas de distonia. A *distonia* refere-se a um grupo de distúrbios neurológicos, caracterizados por movimentos involuntários anormais e sustentados, frequentemente contorcidos, que são de origem desconhecida. Em uma forma, o blefarospasmo, os olhos do paciente permanecem fortemente fechados de modo ininterrupto. Os médicos injetam pequenas quantidades de toxina botulínica (nome comercial: Prosygne®) em vários locais ao redor de cada olho. A toxina bloqueia os impulsos nervosos para os músculos, aliviando, assim, os espasmos das pálpebras [fotografias **A** e **B**]. São necessárias injeções a cada 2 a 3 meses. Algumas pessoas recebem esse tratamento durante 4 a 5 anos sem problemas; outras desenvolvem anticorpos (defesas imunes) contra a toxina depois de muitas injeções. Como existem vários tipos diferentes de toxina, espera-se que os pacientes possam trocar um produto por uma forma diferente quando começam a produzir anticorpos contra determinada forma. Um ciclo de injeções pode custar de 400 a 1.800 dólares.

Uma aplicação cosmética da toxina botulínica (Botox®), que rapidamente está recebendo aprovação, é a remoção de rugas, sobretudo aquelas entre as sobrancelhas no centro da testa. O produto é injetado nos músculos da fronte, que ficam paralisados em um estado relaxado por vários meses e não podem então tracionar a pele, o que gera os vincos profundos [fotografias **C** e **D**].

O Botox® pode ser utilizado para interromper a sudorese intensa nas axilas. Atualmente, esse produto também é de grande utilidade para pessoas que sofrem de incontinência urinária – um tratamento muito menos drástico do que uma cirurgia. O Botox® é injetado nos músculos ao redor da bexiga e dos esfíncteres, um procedimento que leva cerca de 15 minutos. O tratamento precisa ser repetido aproximadamente a cada 6 meses.

Outras distonias que estão sendo auxiliadas pela toxina botulínica incluem a distonia oromandibular, em que as mandíbulas do paciente ficam trincadas tão fortemente que os ossos da mandíbula podem sofrer fratura, causando colapso hemifacial. A ingestão de alimentos e a fala tornam-se difíceis, e alguns pacientes morrem de fome. Os espasmos das pregas vocais, que produzem uma voz rachada e trêmula e a "câibra dos taquígrafos", que faz com que o dedo médio se estenda rigidamente, também estão sendo tratados experimentalmente com a toxina.

Emprega-se Prosygne® no tratamento de adultos com estrabismo (olhos vesgos, ambliopia). São injetadas pequenas quantidades no músculo ocular excessivamente contraído, que então relaxa e se alonga. Os músculos antagonistas do outro lado do olho se contraem para compensar, e o olho então pode olhar diretamente para a frente.

A toxina botulínica é uma arma potencial para o bioterrorismo, e pesquisas estão sendo conduzidas para desenvolver uma vacina antibotulínica. Dessa maneira, não se apaixone demais pelas suas injeções de Botox®. Quando receber a vacina, as injeções de Botox® não removerão mais suas rugas.

*(Cortesia de Albert W. Biglan, M.D., University of Pittsburgh School of Medicine)*

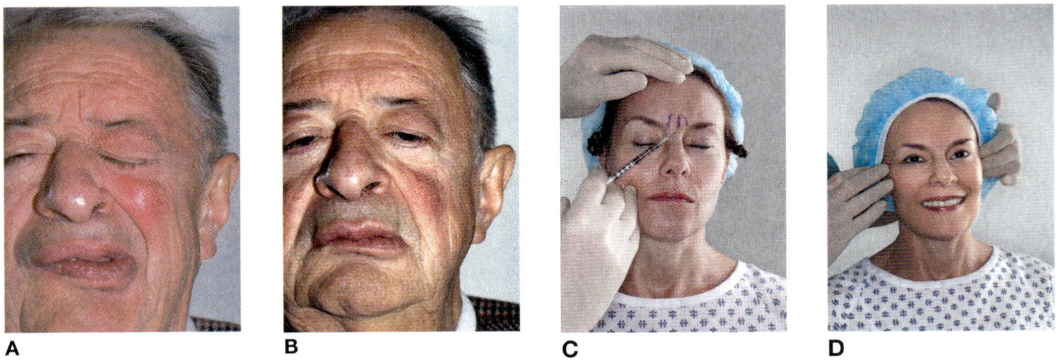

*(Thinkstock/Getty Images)*

As leucocidinas liberam enzimas dos lisossomos que matam as células.

e *macrófagos*. As leucocidinas são mais efetivas quando liberadas por microrganismos que foram fagocitados por um neutrófilo. Devido à ação das leucocidinas, o número de leucócitos diminui em determinadas doenças, embora a maioria das infecções seja caracterizada por uma elevação da contagem dos leucócitos. Uma substância semelhante, denominada **leucostatina**, interfere na capacidade dos leucócitos de englobar microrganismos que secretam a exotoxina.

Nos exemplos precedentes, a disseminação das exotoxinas pelo sangue a partir do local de infecção é denominada **toxemia**. Entretanto, algumas doenças causadas por microrganismos não se devem à infecção e invasão dos tecidos pelos patógenos, mas à ingestão de toxinas pré-formadas produzidas pelos patógenos. Por exemplo, o botulismo, que é uma intoxicação alimentar, ocorre nas primeiras horas após a ingestão de alimento contendo uma quantidade significativa da toxina produzida pelo *Clostridium botulinum* – um período muito curto para que o microrganismo possa invadir os tecidos e causar doença. As toxinas acumulam-se durante a conservação de um recipiente ou lata de alimento inadequadamente esterilizado e exercem um efeito imediato e, com frequência, letal sobre o consumidor. As doenças que resultam da ingestão de uma toxina são denominadas **intoxicações**, em vez de infecções.

Muitas exotoxinas têm atração especial para determinados tecidos. As **neurotoxinas**, como as toxinas do botulismo e do tétano, são exotoxinas que atuam sobre os tecidos do sistema nervoso, impedindo a contração muscular (botulismo) ou o seu relaxamento (tétano). As **enterotoxinas**, como a toxina causadora da cólera, são exotoxinas que atuam nos tecidos do intestino. Muitas exotoxinas podem atuar como *antígenos*, isto é, substâncias estranhas contra as quais reage o sistema imune. As exotoxinas antigênicas inativadas por meio de tratamento com substâncias químicas, como o formaldeído, são denominadas *toxoides*. Um **toxoide** (do latim *-oid* "semelhante") é uma toxina alterada que perdeu a sua capacidade de causar prejuízo, mas que conserva a sua antigenicidade. Os toxoides podem ser utilizados para estimular o desenvolvimento da imunidade sem causar doença. Por exemplo, quando você recebe uma dose de reforço de vacina antitetânica, você está recebendo toxoide tetânico. Ele estimula o seu corpo a produzir imunidade, de modo que, se for exposto à toxina ativa do tétano em consequência de um corte ou punção da pele, não contrairá tétano. Os efeitos das exotoxinas bacterianas nas doenças humanas estão resumidos na **Tabela 15.6**. Os efeitos específicos dessas doenças são discutidos em capítulos posteriores.

## Como os vírus causam doença

Os vírus só podem se replicar após a sua adesão às células e, em seguida, penetração em células específicas do hospedeiro. Em sistemas de cultura tecidual, os vírus, uma vez dentro da célula, causam alterações observáveis, coletivamente denominadas **efeito citopático (ECP)** (ver Capítulo 11). O ECP pode ser citocida quando os vírus matam a célula, e não citocida quando não têm esse efeito. Os vírus citocidas podem matar as células por meio de liberação das enzimas dos lisossomos celulares ou pela interferência nos processos de síntese da célula hospedeira, interrompendo, assim, a síntese de proteínas e de outras macromoléculas essenciais do hospedeiro. O ECP pode ser observado em culturas de tecidos no laboratório com microscópio composto (**Figura 15.7**). O ECP pode ser tão característico que um virologista clínico experiente pode efetuar uma identificação provisória examinando as células infectadas ao microscópio, embora sejam necessários outros testes para confirmar a identificação (**Tabela 15.7**).

Muitos vírus produzem efeitos patogênicos nas células hospedeiras. Esses efeitos incluem *corpos de inclusão*, que consistem em ácidos nucleicos e proteínas que ainda não foram montados em vírus, massas de vírus ou remanescentes de vírus. Os vírus da raiva formam corpos de inclusão que são tão característicos que podem ser utilizados para o diagnóstico da raiva. Os retrovírus e os oncovírus integram-se aos cromossomos do hospedeiro e podem permanecer indefinidamente nas células, levando, algumas vezes, à expressão de seus antígenos na superfície das células hospedeiras. Os vírus influenza e parainfluenza produzem hemaglutininas, que provocam aglutinação ou agregação dos eritrócitos. Essa característica tem valor nos exames de laboratório.

1 miligrama de toxina botulínica pode matar mais de 1 milhão de cobaias.

As infecções virais podem ser produtivas ou abortivas. Ocorre **infecção produtiva** quando os vírus entram em uma célula e produzem uma progênie infecciosa. Ocorre **infecção abortiva** quando os vírus entram em uma célula, porém não são capazes de expressar todos os seus genes para produzir uma progênie infecciosa. As infecções produtivas variam quanto ao grau de dano que provocam, dependendo do tipo e do número de células invadidas pelo vírus. Um enterovírus, como o rotavírus humano ou o adenovírus humano, que infecta o intestino pode destruir milhões de células epiteliais intestinais. Como essas células são rapidamente substituídas, a infecção provoca sintomas temporários, embora algumas vezes graves, como diarreia, mas não resulta em dano permanente. Entretanto, um poliovírus que infecta neurônios motores do sistema nervoso central pode destruir essas células. Os neurônios destruídos não podem ser substituídos, podendo resultar em paralisia permanente. Os papilomavírus humanos que causam verrugas limitam-se às células em áreas localizadas. Em contrapartida, o vírus do sarampo se replica e espalha por todo o corpo, podendo causar dano a muitos tecidos.

As **infecções virais latentes** são características dos herpes-vírus. Por exemplo, a varicela ocorre durante a infância e, em geral, é mantida sob controle pelas defesas imunológicas do hospedeiro. Entretanto, o vírus pode refugiar-se no sistema nervoso e permanecer inativo ou latente. Posteriormente, durante a vida, determinados fatores, como o estresse, outras infecções ou febre podem reativar o vírus. Um sistema imunológico enfraquecido possibilita a multiplicação dos vírus. Qualquer que seja a causa, a doença aparece como zóster.

As **infecções virais persistentes** envolvem a produção contínua de vírus ao longo de muitos meses ou anos. O vírus da hepatite B (HBV) infecta o fígado de maneira tão crônica que sinais externos de infecção podem não ocorrer. Entretanto, essas infecções persistentes podem levar à cirrose hepática ou até mesmo ao câncer de fígado.

**Tabela 15.6** Efeitos das exotoxinas.

| Bactéria | Nome da toxina ou da doença | Ação da toxina | Sintomas no hospedeiro |
|---|---|---|---|
| *Bacillus anthracis* | Antraz (citotoxina) | Aumenta a permeabilidade vascular | Hemorragia e edema pulmonar |
| *Bacillus cereus* | Enterotoxina | Provoca perda excessiva de água e de eletrólitos | Diarreia |
| *Clostridium botulinum* | Botulismo (oito tipos sorológicos; neurotoxinas) | Bloqueia a liberação de acetilcolina nas terminações nervosas | Paralisia respiratória, visão dupla |
| *Clostridium perfringens* | Gangrena gasosa (α-toxina, uma hemolisina) | Degrada a lecitina nas membranas celulares | Destruição celular e tecidual |
| | Intoxicação alimentar (enterotoxina) | Provoca perda excessiva de água e de eletrólitos | Diarreia |
| *Clostridium tetani* | Tétano (trismo) (neurotoxina) | Inibe antagonistas dos neurônios motores do cérebro; 1 nanograma pode matar 2 toneladas de células | Espasmos violentos dos músculos esqueléticos, insuficiência respiratória |
| *Corynebacterium diphtheriae* | Difteria; produzida por bactérias infectadas por vírus (citotoxina) | Inibe a síntese de proteínas | A lesão cardíaca pode causar morte em algumas semanas após uma aparente recuperação |
| *Escherichia coli* | Diarreia do viajante (enterotoxina) | Provoca perda excessiva de água e de eletrólitos | Diarreia |
| *Escherichia coli* | O157: H7 (enterotoxina) | Síndrome hemolítico-urêmica | Destrói o revestimento intestinal e provoca hemorragias nos rins<br>Sangramento e hemorragia e falência renal |
| *Pseudomonas aeruginosa* | Várias infecções (exotoxina A) | Inibe a síntese de proteínas | Letal, lesões necrosantes |
| *Shigella dysenteriae* | Disenteria bacilar (enterotoxina) | Efeitos citotóxicos; tão potente quanto a toxina botulínica | Diarreia, provoca paralisia em coelhos devido à hemorragia e edema da medula espinal |
| *Staphylococcus aureus* | Intoxicação alimentar (enterotoxina) | Estimula o centro cerebral e causa vômitos | Vômitos |
| | Síndrome da pele escaldada (esfoliatina) | Provoca separação das células intradérmicas | Vermelhidão e descamação da pele |
| *Streptococcus pyogenes* | Escarlatina (toxina eritrogênica ou produtora de eritema) | Causa vasodilatação | Lesões maculopapulares (ligeiramente elevadas, descoloridas) |
| *Vibrio cholerae* | Cólera (enterotoxina) | Provoca perda excessiva de água (até 30 ℓ/dia) e de eletrólitos | Diarreia; pode levar à morte em poucas horas |

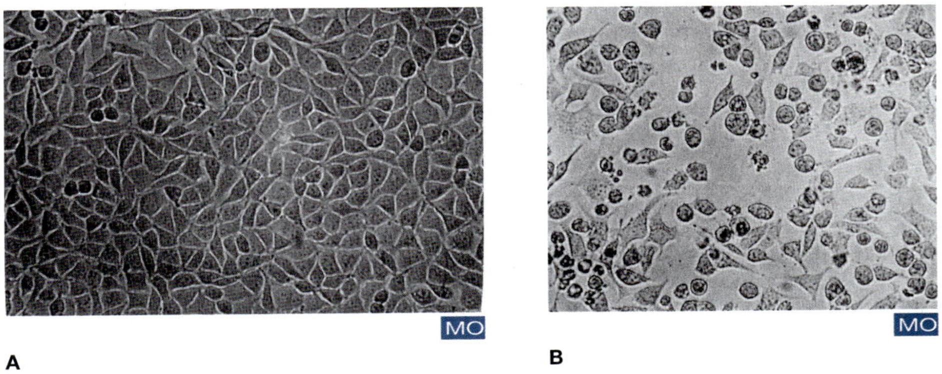


**Figura 15.7 Exemplo de efeito citopático (ECP).** A. Células não infectadas de camundongo (aumento desconhecido). B. As mesmas células 24 horas após a infecção pelo vírus da estomatite vesicular (aumento desconhecido). Ocorreu morte de um grande número de células, e muitas outras se tornaram arredondadas, adquirindo formas anormais. *(Fotografias: © Gail W. T. Wertz, University of Alabama Medical School/Biological Photo Service.)*

**Tabela 15.7** Exemplos de alterações (efeitos citopáticos) das células infectadas por vírus.

| Família do vírus | Efeito citopático |
|---|---|
| Adenoviridae | Intumescimento das células |
| Herpesviridae | Intumescimento das células |
| Picornaviridae | Intumescimento e lise das células |
| Paramyxoviridae | Fusão das membranas celulares e acúmulo de até 100 núcleos em uma célula gigante recém-formada |
| Rhabdoviridae (raiva) | Formação de corpos de inclusão, denominados corpúsculos de Negri (local de replicação viral ou acúmulo de antígenos virais) |
| Orthomyxoviridae | Produção de hemaglutininas que provocam aglutinação ou agregação dos eritrócitos |

## Como fungos, protozoários e helmintos causam doença

Além das bactérias e dos vírus, as doenças infecciosas também podem ser causadas por eucariontes – especificamente por fungos, protozoários e helmintos. Até mesmo algumas algas produzem neurotoxinas, e uma delas (*Prototheca*) invade diretamente as células da pele.

As doenças fúngicas resultam, em sua maior parte, da inalação de esporos de fungos ou de células e/ou esporos de fungos que penetram nas células do hospedeiro através de um corte ou ferida. Os fungos causam danos aos tecidos do hospedeiro em consequência da liberação de enzimas que atacam as células. Assim que as primeiras células são mortas, os fungos progressivamente digerem e invadem células adjacentes. Alguns fungos também liberam toxinas ou causam reações alérgicas ao hospedeiro. Determinados fungos que parasitam plantas produzem *micotoxinas*, que causam doenças quando ingeridas pelos seres humanos. A ergotina, proveniente de um fungo que cresce no centeio, e as aflatoxinas, compostos altamente carcinogênicos que podem ser encontrados em grãos, cereais e até mesmo na manteiga de amendoim feita a partir de amendoins mofados, são micotoxinas (ver Capítulo 23).

Os protozoários e os helmintos patogênicos causam doenças humanas de diferentes maneiras. Alguns protozoários, inclusive os que causam a malária, invadem os eritrócitos, no interior dos quais se reproduzem (ver Capítulo 12). O protozoário *Giardia intestinalis* adere aos tecidos e ingere células e líquidos teciduais do hospedeiro. O fator de virulência de *Giardia* é um *disco de adesão* por meio do qual esse protozoário se fixa às células que revestem o intestino delgado (**Figura 15.8**). Enquanto penetra no tecido, o parasita utiliza seus flagelos para expelir líquidos teciduais. Esse processo cria uma sucção tão forte que o parasita não é afetado pelas contrações peristálticas.

Os helmintos são, em sua maioria, parasitas extracelulares, residindo no intestino ou em outros tecidos do corpo. Entretanto, alguns destroem o tecido à medida que migram pelo corpo. Muitos liberam produtos de degradação tóxicos e antígenos em suas excreções, que frequentemente causam reações alérgicas no hospedeiro. Os seres humanos são particularmente alérgicos aos helmintos. Algumas pessoas até mesmo apresentam reações ao álcool ou ao formol no qual são conservados vermes de *Ascaris*. A superfície externa de muitos helmintos é bastante dura e resistente aos ataques imunológicos.

**PARE e RESPONDA**

1. Cite vários exemplos de doenças não infecciosas.
2. Uma doença pode ser infecciosa e não contagiosa?
3. Compare e diferencie coagulase e estreptoquinase.
4. Compare e diferencie infecção e intoxicação.

## Sinais, sintomas e síndromes

A maioria das doenças é reconhecida pelos seus sinais e sintomas. Um **sinal** é uma característica da doença que pode ser observada mediante exame do paciente. Os sinais de doença incluem

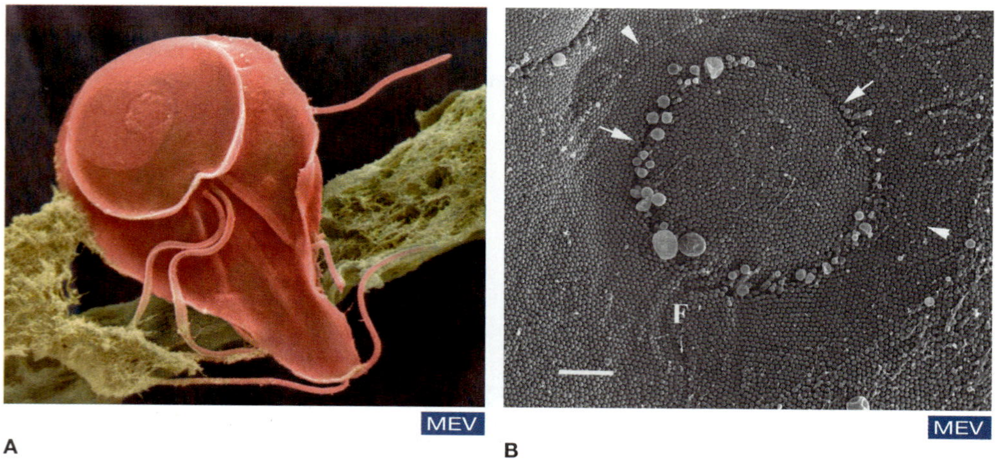


A B

**Figura 15.8** ***Giardia intestinalis.*** **A.** *Giardia intestinalis. (Dr. Tony Brain/Science Source.)* **B.** A força de sucção do disco de adesão de *Giardia* é tão intensa que deixa marcas na superfície do intestino após a sua separação. As cabeças de setas brancas indicam os locais onde a ventosa se prendeu, enquanto as setas brancas mostram as marcas deixadas pelos flagelos. *(Cortesia de Stanley L. Erlandsen, University of Minnesota School of Medicine, Minneapolis.)*

edema, vermelhidão, exantema, tosse, formação de pus, coriza, febre, vômitos e diarreia. Um **sintoma** é uma característica da doença que só pode ser observada ou sentida pelo paciente. Os sintomas incluem, por exemplo, dor, dificuldade respiratória, náuseas, faringite, cefaleia e mal-estar (desconforto).

Uma **síndrome** é uma combinação de sinais e sintomas que ocorrem juntos e indicam uma determinada doença ou condição anormal. Por exemplo, as doenças infecciosas em sua maioria induzem o organismo a produzir uma resposta inflamatória aguda. Essa resposta, que é discutida no Capítulo 17, caracteriza-se por uma síndrome de febre, mal-estar, aumento dos linfonodos e **leucocitose** (aumento na contagem dos leucócitos circulantes).

Além da resposta inflamatória, muitas doenças infecciosas provocam outros sinais e sintomas. As infecções do intestino, denominadas infecções entéricas, frequentemente causam náuseas, vômitos e diarreia. Em geral, as infecções da parte superior do sistema respiratório são caracterizadas por tosse, espirros, faringite e coriza. Infelizmente, os sinais e os sintomas de doenças causadas por diferentes patógenos podem ser muito semelhantes para permitir o estabelecimento de um diagnóstico específico. Assim, os exames laboratoriais para a identificação dos agentes infecciosos constituem um importante componente da medicina moderna.

Até mesmo após a recuperação, algumas doenças deixam efeitos posteriores, denominados **sequelas**. As infecções bacterianas das válvulas cardíacas frequentemente provocam dano permanente a essas válvulas, e as infecções por poliovírus resultam em paralisia permanente.

## Tipos de doenças infecciosas

As doenças infecciosas variam quanto à sua duração, localização no corpo e outras características. Vários termos importantes, resumidos na **Tabela 15.8**, são empregados para descrever esses atributos.

Uma **doença aguda** desenvolve-se e segue o seu curso rapidamente. O sarampo e o resfriado são exemplos de doenças agudas. Uma **doença crônica** desenvolve-se de modo mais lento do que uma doença aguda, além de ser habitualmente menos grave e persistir por um período longo e indeterminado. A tuberculose e a doença de Hansen (hanseníase) são doenças crônicas. Uma **doença subaguda** é intermediária entre uma doença aguda e uma doença crônica. A gengivite ou doença da gengiva pode ocorrer como doença subaguda. Uma **doença latente** caracteriza-se por períodos de inatividade antes do aparecimento de sinais e sintomas ou entre ataques da doença. O vírus do herpes simples e várias outras infecções virais produzem doença latente.

Uma **infecção local** restringe-se a uma área específica do corpo. Os furúnculos e as infecções de bexiga são infecções locais. Uma **infecção focal** é confinada a uma área específica, porém os patógenos ou suas toxinas podem se disseminar para outras áreas. Os abscessos dentários e a sinusite são infecções focais. Uma **infecção sistêmica**, ou *infecção generalizada*, afeta a maior parte do corpo, e os patógenos são encontrados amplamente distribuídos em muitos tecidos. A febre tifoide é uma infecção sistêmica. Quando as infecções focais se disseminam, transformam-se em infecções sistêmicas. Por exemplo, os organismos de um abscesso dentário podem penetrar na corrente sanguínea e podem ser transportados para outros tecidos, inclusive os rins. Em seguida, esses organismos podem infectar os rins e outras partes do sistema urinário.

Os patógenos podem estar presentes no sangue, podendo ou não se multiplicar nele. Na **septicemia**, outrora conhecida como envenenamento do sangue, os patógenos estão presentes no sangue, onde se multiplicam. Na **bacteriemia** e na **viremia**, as bactérias e os vírus, respectivamente, são transportados

**Tabela 15.8** Termos empregados para descrever as infecções.

| Termo | Características da infecção |
|---|---|
| Doença aguda | Doença cujos sintomas se desenvolvem rapidamente e cujo curso também ocorre rapidamente |
| Doença crônica | Doença cujos sintomas se desenvolvem lentamente, e a doença desaparece lentamente |
| Doença subaguda | Doença com sintomas intermediários entre a doença aguda e a doença crônica |
| Doença latente | Doença cujos sintomas aparecem e/ou reaparecem muito tempo após a infecção |
| Infecção local | Infecção confinada a uma pequena região do corpo, como um furúnculo ou infecção de bexiga |
| Infecção focal | Infecção em uma região confinada a partir da qual os patógenos se deslocam para outras regiões do corpo, como abscesso dentário ou sinusite |
| Infecção sistêmica | Infecção em que o patógeno se dissemina por todo o corpo, frequentemente através do sangue ou da linfa |
| Septicemia | Presença e multiplicação de patógenos no sangue |
| Bacteriemia | Presença de bactérias no sangue, porém sem multiplicação |
| Viremia | Presença de vírus no sangue, porém sem replicação |
| Toxemia | Presença de toxinas no sangue |
| Sapremia | Presença de produtos metabólicos de saprófitas no sangue |
| Infecção primária | Infecção de uma pessoa previamente sadia |
| Infecção secundária | Infecção que ocorre imediatamente após uma infecção primária |
| Superinfecção | Infecção secundária geralmente causada por um agente resistente ao tratamento da infecção primária |
| Infecção mista | Infecção causada por dois ou mais patógenos |
| Infecção inaparente | Infecção que não produz todos os sinais e sintomas |

pelo sangue, porém não se multiplicam durante a circulação. Essa disseminação de organismos ocorre frequentemente em casos de lesão, como corte, abrasão ou até mesmo limpeza dos dentes. Conforme assinalado anteriormente, alguns patógenos liberam toxinas no sangue, e a presença dessas toxinas no sangue é denominada *toxemia*. Os saprófitas alimentam-se de tecidos mortos. Os fungos comportam-se como parasitas quando destroem as células e como saprófitas quando se alimentam delas ou de outra matéria morta ou em decomposição. Eles liberam produtos metabólicos no sangue, causando, assim, uma condição conhecida como **sapremia**.

Uma **infecção primária** é uma infecção inicial em uma pessoa previamente sadia. As infecções primárias são, em sua maioria, agudas. Ocorre **infecção secundária** após uma infecção primária, sobretudo nos indivíduos enfraquecidos pela infecção primária. Uma pessoa que pega um resfriado comum como infecção primária, por exemplo, pode apresentar uma infecção da orelha média como infecção secundária. Uma **superinfecção** (ver Capítulo 14) é uma infecção secundária que resulta da destruição da microbiota normal e que frequentemente ocorre após o uso de antibacterianos de amplo espectro. Embora muitas infecções sejam causadas por um único patógeno, as **infecções mistas** são causadas por várias espécies de organismos presentes de modo simultâneo. As cáries dentárias e a doença periodontal são devidas a infecções bacterianas mistas. Uma **infecção inaparente**, ou **subclínica**, é uma infecção que não produz toda a gama de sinais e sintomas, devido à presença de um número muito pequeno de organismos ou devido às defesas do hospedeiro que combatem efetivamente os patógenos. Todavia, essas infecções leves são capazes de estimular o sistema imune para proteger o organismo contra infecções futuras. Algumas vezes, as pessoas pensam que nunca tiveram uma doença e não adoecem apesar de repetidas exposições. É possível que essas pessoas estejam totalmente protegidas devido a um caso anterior inaparente. As pessoas com infecções inaparentes, como os portadores do vírus da hepatite B, podem disseminar a doença para outras pessoas.

## Estágios de uma doença infecciosa

Uma vez ou outra, todos nós sofremos de doenças infecciosas, como o resfriado comum, para o qual não há cura. Simplesmente, precisamos deixa a doença "seguir o seu curso". A maioria das doenças causadas por agentes infecciosos tem uma evolução bastante padronizada ou uma série de estágios. Esses estágios são: o *período de incubação*, a *fase prodrômica*, a *fase invasiva* (que inclui o *apogeu*), a *fase de declínio* e o *período de convalescença* (Figura 15.9). Mesmo quando se dispõe de tratamento para eliminar o patógeno, o processo mórbido habitualmente passa pela maior parte desses estágios. Em geral, o tratamento diminui a gravidade dos sintomas, visto que os patógenos não podem mais se multiplicar. O tratamento diminui a duração da doença e o tempo necessário para a recuperação. A **Tabela 15.9** fornece um resumo dos sinais e sintomas associados aos estágios de uma doença infecciosa e o consequente dano tecidual causado pelo patógeno.

### Período de incubação

O **período de incubação** de uma doença infecciosa é o tempo decorrido entre a infecção e o aparecimento dos sinais e sintomas. Embora a pessoa infectada não tenha consciência da

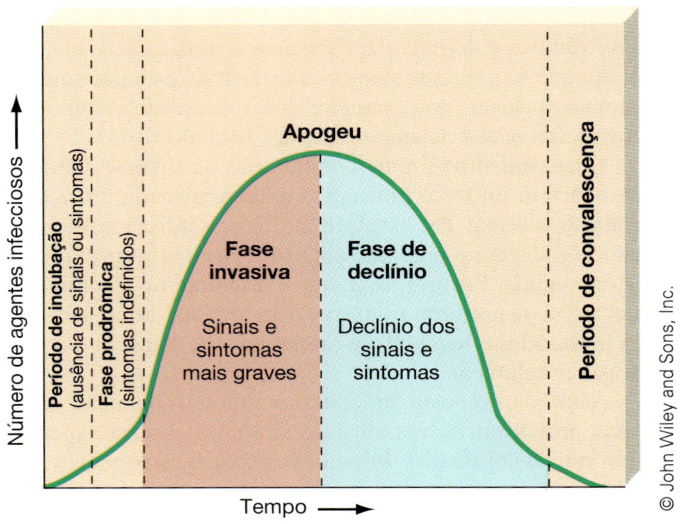


**Figura 15.9 Estágios no curso de uma doença infecciosa.**

presença de um agente infeccioso, ela pode transmitir a doença a outras pessoas. Cada doença infecciosa tem um período de incubação típico (Figura 15.10). A duração do período de incubação é determinada pelas propriedades do patógeno e pela resposta do hospedeiro ao organismo.

As propriedades que afetam o período de incubação incluem a natureza do organismo, a sua virulência, o número de organismos que entram no corpo e o local de sua entrada em relação aos tecidos que afetam. Por exemplo, se um grande número de uma cepa de *Shigella* extremamente virulenta alcançar rapidamente o intestino, poderá ocorrer diarreia profusa em 1 dia. Por outro lado, se apenas um pequeno número de uma cepa menos virulenta entrar no sistema digestório com uma grande quantidade de alimento, a doença se desenvolverá mais lentamente. De fato, as defesas do hospedeiro podem ser capazes de destruir o pequeno número de organismos, de modo que a doença não ocorrerá. Durante a nossa vida, certamente tivemos muito mais exposições do que infecções e mais infecções do que doenças manifestas. Como veremos no Capítulo 17, as defesas do hospedeiro frequentemente atacam os patógenos quando estes começam a invadir os tecidos, evitando, assim, doenças potenciais.

### Fase prodrômica

A **fase prodrômica** de uma doença é o curto período durante o qual aparecem, algumas vezes, sintomas inespecíficos e

## APLICAÇÃO NA PRÁTICA

### Espremer ou não espremer

Existem boas razões para a advertência comum de não espremer as espinhas e os furúnculos. Quando não são manipulados, os mecanismos de defesa do corpo normalmente confinam essas lesões à pele. Entretanto, o fato de espremê-los pode dispersar os microrganismos no sangue, provocando bacteriemia, que pode levar à septicemia – uma condição muito mais grave. Na septicemia, os organismos são disseminados por todo o corpo e podem causar infecções graves.

**Tabela 15.9** Correlação dos sinais e dos sintomas com o dano tecidual.

| Sinais e sintomas | Provável natureza do dano tecidual |
|---|---|
| **Período de incubação** | |
| Ausentes | Nenhuma |
| **Fase prodrômica** | |
| Eritema e edema locais | O patógeno provoca dano aos tecidos no local de invasão e causa a liberação de substâncias químicas de dilatam os vasos sanguíneos (eritema) e permitem a entrada de líquido do sangue nos tecidos (edema) |
| Cefaleia | As substâncias químicas da lesão tecidual dilatam os vasos sanguíneos no cérebro |
| Dores generalizadas | As substâncias químicas da lesão tecidual estimulam os receptores de dor nas articulações e nos músculos |
| **Fase invasiva** | |
| Tosse | As células da mucosa do sistema respiratório são danificadas pelos patógenos; ocorre liberação do excesso de muco, e os centros neurais no encéfalo estimulam a tosse para remover o muco |
| Faringite | O tecido linfático da faringe está inchado e inflamado em consequência das substâncias liberadas pelos patógenos e por leucócitos |
| Febre | Os leucócitos liberam pirogênios, que reajustam o termostato do corpo, causando elevação da temperatura |
| Aumento dos linfonodos | Os leucócitos liberam outras substâncias que estimulam a divisão celular e o acúmulo de líquidos nos linfonodos; os próprios linfonodos liberam substâncias que fluem e afetam outros linfonodos; alguns patógenos multiplicam-se nos linfonodos |
| Exantema | Os leucócitos liberam substâncias que lesionam os capilares, resultando em pequenas hemorragias; alguns patógenos invadem as células da pele e causam pústulas, vesículas e outras lesões cutâneas |
| Congestão nasal | As células da mucosa nasal são danificadas pelos patógenos (habitualmente vírus) que liberam líquidos e aumentam as secreções mucosas |
| Dor em locais específicos (dor de ouvido, dor no local de uma ferida) | As substâncias dos patógenos ou dos leucócitos estimulam os receptores de dor; as mensagens são transmitidas ao encéfalo, onde são interpretadas como dor |
| Náuseas | As toxinas dos patógenos estimulam os centros neurais; os estímulos são interpretados como náuseas |
| Vômitos | Toxinas presentes em alimentos estimulam o centro do vômito no encéfalo; o vômito ajuda o corpo a livrar-se das toxinas |
| Diarreia | As toxinas nos alimentos provocam a entrada de líquido no sistema digestório; alguns patógenos lesionam diretamente o epitélio intestinal; tanto as toxinas quanto os patógenos estimulam o peristaltismo; em consequência, ocorrem evacuações frequentes de fezes líquidas |
| **Apogeu** | |
| Todos os sinais e sintomas alcançam a sua intensidade máxima | Desenvolvimento completo de todos os sinais e sintomas |
| **Fase de declínio** | |
| Os sinais e sintomas diminuem | Os mecanismos de defesa do hospedeiro (e o tratamento, se aplicável) contribuem para vencer o patógeno |
| **Período de convalescença** | |
| O paciente recupera a força | Ocorre reparo dos tecidos; as substâncias que causaram os sinais e sintomas não são mais liberadas |

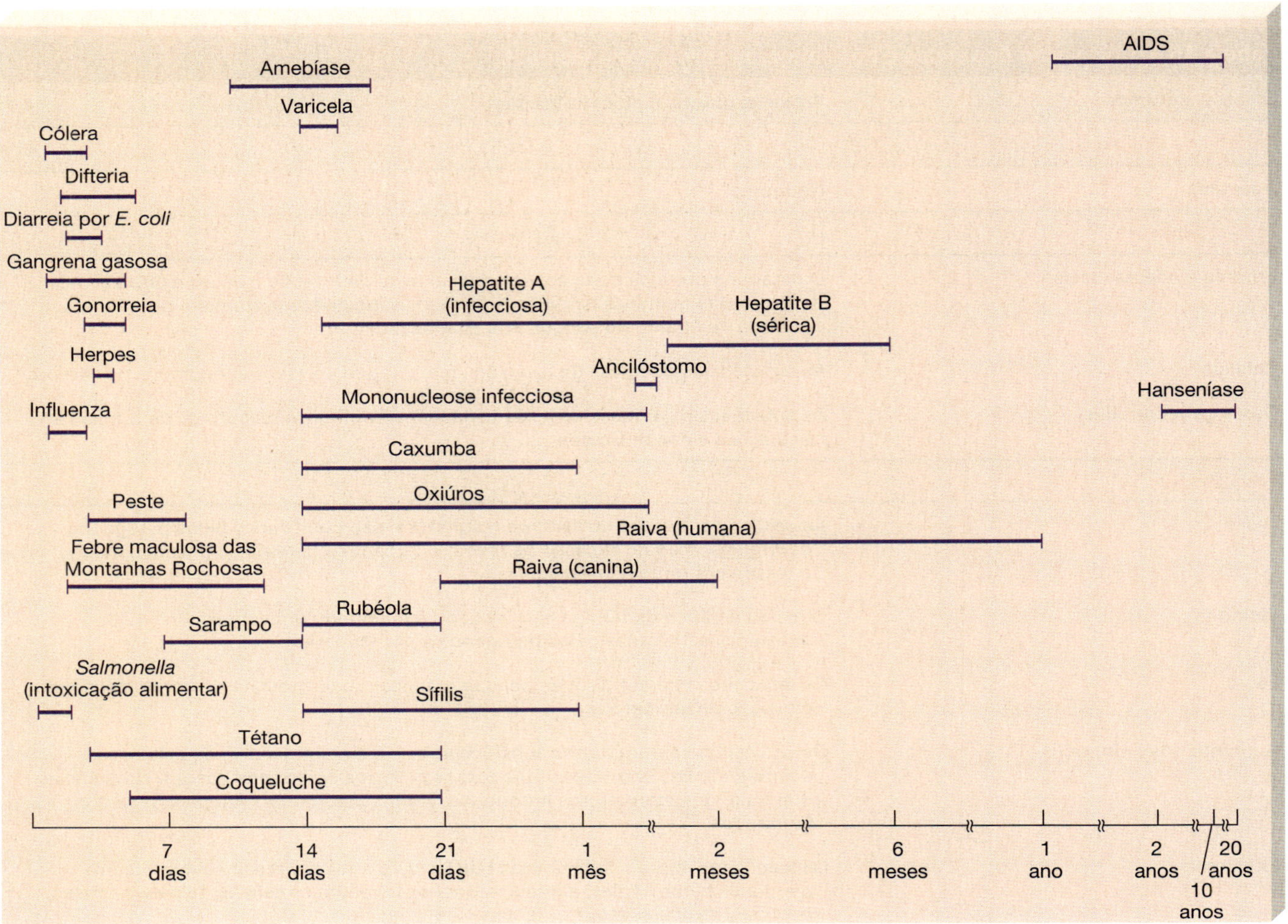




**Figura 15.10 Períodos de incubação de doenças infecciosas selecionadas.** (Observe que o eixo do tempo não está representado em escala.)

frequentemente leves, como mal-estar e cefaleia. Um **pródromo** (do grego *prodromos*, "precursor") é um sintoma que indica o início de uma doença. Você acorda pela manhã sentindo-se mal e você já sabe que está ficando doente, porém ainda não sabe se irão aparecer manchas, se começará a tossir, ter faringite ou apresentar outros sinais ou sintomas. Muitas doenças não têm fase prodrômica e apresentam início súbito de sintomas, como febre e calafrios. Durante a fase prodrômica, os indivíduos infectados são contagiosos e podem disseminar a doença para outras pessoas.

## Fase invasiva

A **fase invasiva** é o período durante o qual o indivíduo apresenta os sinais e os sintomas típicos da doença. Podem incluir febre, náuseas, cefaleia, exantema e aumento dos linfonodos. Durante essa fase, o momento em que os sinais e os sintomas alcançam a sua maior intensidade é conhecido como **apogeu**. Durante o apogeu, os patógenos invadem e lesionam os tecidos. Em algumas doenças, como determinados tipos de meningite, essa fase é descrita como **fulminante** (do latim *fulmen* "relâmpago") ou súbita e grave. Em outras doenças, como a hepatite B, pode ser persistente ou crônica, ou pode aparecer gradualmente com sintomas inaparentes. Um período de calafrios seguido de febre marca o apogeu de muitas doenças. À medida que aparecem os sinais e sintomas, a forma que a infecção irá tomar torna-se clara. Os indivíduos nesse estágio crítico continuam sendo contagiosos. A batalha entre os patógenos e as defesas do hospedeiro está no seu pico. Uma vitória dos patógenos pode levar a um grave comprometimento da função orgânica; se não houver tratamento disponível ou se ele não for administrado no momento adequado, pode ocorrer morte.

A febre constitui um importante componente do apogeu de muitas doenças. Determinados patógenos produzem substâncias denominadas **pirogênios**, que atuam em um centro localizado no hipotálamo, algumas vezes designado como "termostato" do corpo. Os pirogênios ajustam o termostato em uma temperatura acima do normal. O corpo responde com uma contração involuntária dos músculos, que gera calor e constrição (estreitamento) dos vasos sanguíneos na pele para impedir a perda de calor. Como o nosso corpo funciona em temperaturas mais baixas do que a temperatura recém-ajustada, sentimos

A febre pode ser causada por substâncias químicas liberadas diretamente pelos patógenos ou por leucócitos destruídos pelos patógenos.

frio e temos calafrios nesse estágio. Trememos e ficamos "arrepiados" em consequência da contração involuntária dos músculos.

À medida que os efeitos dos pirogênios diminuem, o termostato é reajustado para a temperatura normal mais baixa, e o corpo responde para alcançar e manter essa temperatura. Essa resposta inclui sudorese e dilatação (alargamento) dos vasos sanguíneos da pele para aumentar a perda de calor. Como o nosso corpo fica mais aquecido do que a temperatura recém-estabelecida, sentimos calor e dizemos que estamos com febre. Nossa pele fica úmida devido ao calor, à medida que uma maior quantidade de sangue circula próximo à superfície da pele. Em muitas doenças infecciosas, ocorrem episódios repetidos de liberação de pirogênios, produzindo, assim, os surtos de febre e calafrios. Em geral, uma febre alta que teve rápida elevação cairá subitamente por "*crise*", enquanto uma febre baixa que teve elevação gradual provavelmente também se normalizará de modo gradual por "*lise*".

### Fase de declínio

Quando os sintomas começam a diminuir, a doença entra na **fase de declínio** – o período da doença durante o qual as defesas do hospedeiro e os efeitos do tratamento finalmente vencem o patógeno. O termostato do corpo e outras atividades corporais normalizam-se gradualmente. Podem ocorrer infecções secundárias durante essa fase.

### Período de convalescença

Durante o **período de convalescença**, ocorrem reparo dos tecidos e cura, e o organismo readquire a sua força e recupera-se. Os indivíduos não apresentam mais os sintomas da doença. Entretanto, em algumas doenças, particularmente as que apresentam crostas sobre as lesões, as pessoas em fase de recuperação podem ainda transmitir patógenos para outras pessoas. Os efeitos que persistem após o término da doença são denominados sequelas (p. ex., depressões e cicatrizes após a varíola ou a varicela). As infecções estreptocócicas podem resultar em lesão cardíaca ou renal permanente. Algumas vezes, as sequelas são mais graves do que a própria doença, como no caso da cegueira que ocorre em consequência de cicatriz da córnea durante um caso de herpes-zóster.

**PARE e RESPONDA**

1. Qual a diferença entre sinal e sintoma?
2. Qual é a diferença entre sapremia e bacteriemia?
3. Qual é a diferença entre estágio prodrômico e período de incubação?

## DOENÇAS INFECCIOSAS: PASSADO, PRESENTE E FUTURO

Em todos os séculos da história da humanidade até o século XX, a recuperação ou a morte em consequência de doenças infecciosas eram determinadas, em grande parte, por quem iria vencer a guerra travada entre patógenos e os seres humanos. O homem dispunha de variadas poções com propriedades curativas e tratamentos paliativos (para redução da dor), porém nenhum conseguia curar as doenças infecciosas. Às vezes, o tratamento baseava-se na noção de que a doença era causada por desequilíbrios dos líquidos corporais. Dependendo do líquido julgado como estando em excesso, esforços eram envidados para retirar parte dele. Assim, o sangue era removido por meio de abertura de uma veia ou pela aplicação de sanguessugas na pele do paciente. Na Europa do século XVIII, os pacientes eram sangrados até perder a consciência. Em 1774, quando o rei Luís XV da França contraiu varíola, seus médicos desesperados retiraram o seu sangue durante 3 dias consecutivos, removendo, em cada ocasião, "quatro grandes bacias cheias de sangue". Em outros casos, laxativos agressivos eram administrados para livrar o corpo do excesso de bile. Em muitas situações, esses tratamentos fracassavam e não livravam o paciente dos agentes infecciosos, que naquela época eram desconhecidos. Na melhor das hipóteses, esses tratamentos provavelmente reduziam o sofrimento ao acelerar a morte do paciente.

Mesmo após os microrganismos terem sido reconhecidos como agentes de doença, foram necessários muitos anos de pesquisa árdua para relacionar doenças específicas com os agentes que as causavam. Foram necessárias pesquisas mais desgastantes para encontrar os agentes antimicrobianos que pudessem curar as doenças e para desenvolver vacinas capazes de evitá-las. Os efeitos desses avanços médicos refletem-se claramente nas mudanças ocorridas nas taxas de mortalidade nos EUA (**Figura 15.11A**). As taxas de mortalidade declinaram de 1.560 por 100.000 pessoas em 1900 para 505 por 100.000 na década de 1990 (**Figura 15.11B**). O fator isolado de maior importância nessa diminuição foi o controle das doenças infecciosas por meio de tratamento mais aprimorado ou imunização. A melhora das condições sanitárias também ajudou. A Figura 15.11A mostra que, em 1900, a proporção da população que morria de doenças infecciosas era 27 vezes maior do que a taxa atual. As mortes por febre tifoide, sífilis e doenças da infância (sarampo, coqueluche e difteria) foram quase eliminadas, e houve uma acentuada redução nas mortes por pneumonia, influenza e tuberculose. Em nível global, em 1990, 631.000 pessoas morriam de sarampo, que era a décima nona causa principal de morte. Já em 2010, esse número caiu para 125.000, de modo que o sarampo passou a ocupar o sexagésimo segundo lugar como causa de morte.

Entretanto, em escala mundial, fracassamos na eliminação de doenças para as quais já se dispõe de tecnologia. Doses únicas de vacinas, que custam menos de 12 centavos, poderiam salvar a maioria dessas vidas. De fato, desde 1995, a cada ano 14 milhões de crianças com menos de 5 anos de idade morrem de doenças infecciosas, como sarampo, coqueluche, tétano, diarreia e pneumonia – doenças que são, todas elas, evitáveis com o uso de vacinas. Em outras palavras, uma criança morre a cada 2 segundos em consequência dessas doenças.

Vamos examinar novamente a Figura 15.11B. Como as mortes por doenças infecciosas diminuíram, houve um aumento na vida média. Mais pessoas vivem por mais tempo, o suficiente para desenvolver doenças degenerativas, e, à medida que envelhecem, aumenta a probabilidade de desenvolvimento de uma doença maligna. Assim, a taxa de mortalidade por câncer aumentou em mais de 240% – de 55 por 100.000 em 1900 para cerca de 133 por 100.000 na década de 1990.

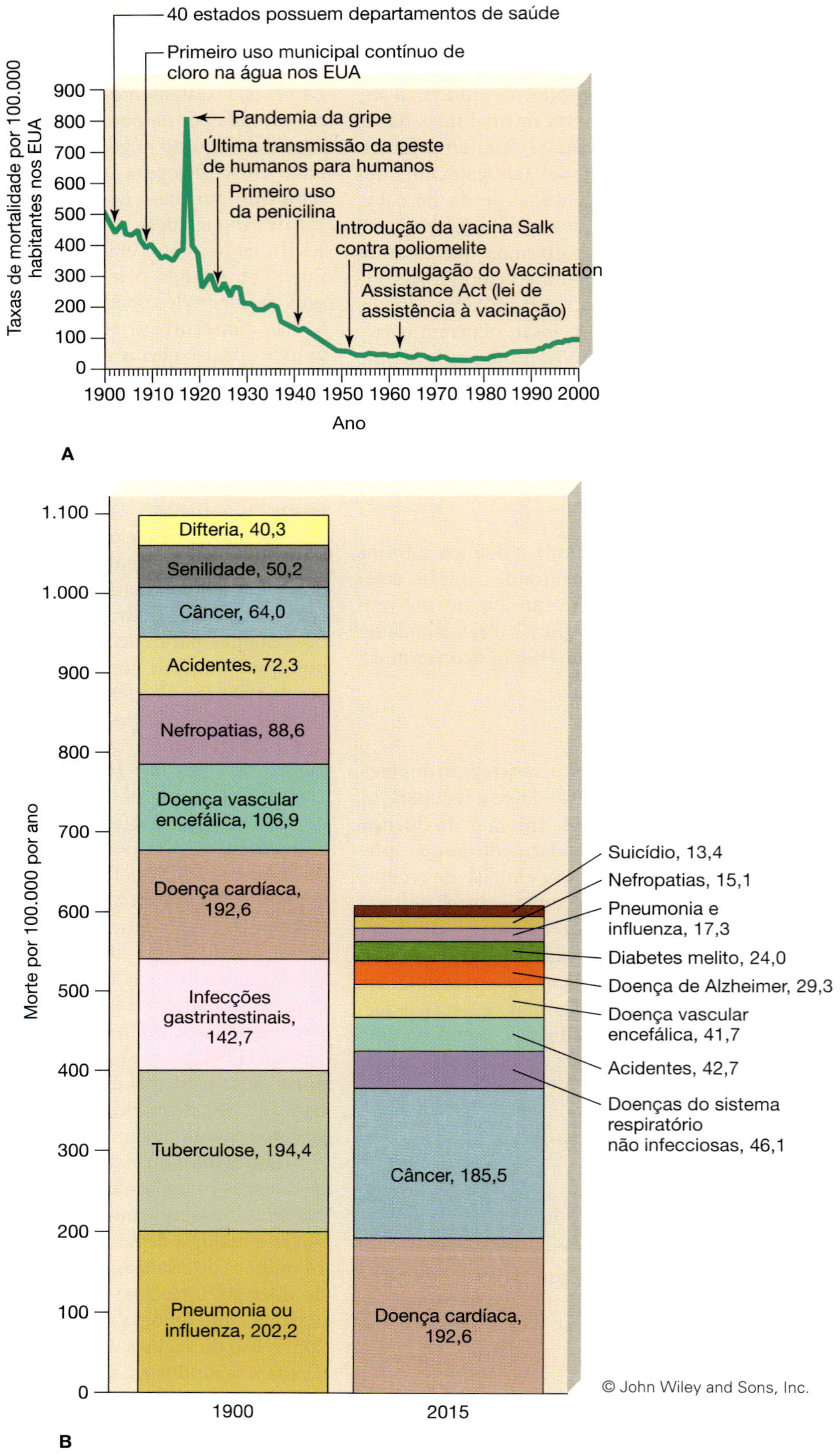




**Figura 15.11 Tendências no número de mortes por doenças infecciosas.** **A.** A taxa de mortalidade por doenças infecciosas diminuiu acentuadamente nos EUA durante a maior parte do século XX. Entretanto, entre 1980 e 1992, houve um aumento de 58%. Ainda não conseguimos derrotar as doenças infecciosas. O acentuado pico observado no número de mortes em 1918 e 1919 foi causado pela grande pandemia de gripe suína que matou mais de 20 milhões de pessoas no mundo inteiro e mais de 500.000 nos EUA. **B.** Mudanças nas causas de morte nos EUA de 1900 até 2010.

Os sucessos anteriores no tratamento das doenças infecciosas sugerem que a erradicação das doenças deve ser possível. Entretanto, pelo menos quatro fatores dificultam a erradicação:

1. *O conhecimento médico disponível nem sempre é aplicado.* As doenças evitáveis, como o sarampo e a caxumba, ainda ocorrem nos EUA porque os pais não vacinam os filhos. Além disso, alguns indivíduos, tanto jovens quanto idosos, deixam de obter o tratamento para doenças curáveis, um problema que poderia ser solucionado por meio de um melhor acesso aos serviços de saúde
2. *Os agentes infecciosos são, com frequência, altamente adaptáveis.* Muitas cepas de microrganismos desenvolverem resistência a vários dos antibacterianos disponíveis. O uso de antibacterianos evitou incontáveis mortes. Entretanto, o uso incorreto e/ou excessivo dos antibacterianos ao longo dos anos contribuiu para o desenvolvimento de cepas bacterianas mutantes, que são resistentes aos fármacos. O tratamento das doenças causadas por esses microrganismos representa um desafio que não desaparecerá nem será resolvido rapidamente
3. *Doenças anteriormente desconhecidas ou raras tornam-se significativas em consequência de mudanças nas atividades dos seres humanos e/ou nas condições sociais.* Foi finalmente constatado que a epidemia de legionelose que estragou as festividades de uma celebração bicentenária americana em 1976 foi causada por um microrganismo que não era comumente conhecido, mas que já existia e tinha ocasionalmente causado doença no passado. Entretanto, naquela época, foi disseminado através de um sistema de ar condicionado de um hotel – algo que não poderia ter acontecido antes da invenção do ar condicionado. No início da década de 1980, surgiram subitamente muitos casos da síndrome do choque tóxico (SCT). Foi constatado que essa doença era causada por uma toxina estafilocócica, que habitualmente alcança o sangue a partir de organismos que crescem em certos tampões grosseiros de alto poder de absorção utilizados por mulheres durante a menstruação. A SCT era muito rara antes da invenção desses tampões; desde então, foram modificados pelo fabricante, de modo que atualmente não representam mais uma ameaça à saúde
4. *A imigração e as viagens e comércio internacionais introduzem cepas novas ou recorrentes de determinado patógeno.* O elevado influxo de imigrantes legais e ilegais frequentemente traz doenças específicas, como a tuberculose, para áreas onde tinham sido erradicadas. E a facilidade das viagens aéreas internacionais ajuda a reintroduzir doenças previamente erradicadas.

Em meados do século XX, os microbiologistas e os agentes de saúde pública acreditavam que o uso de antibacterianos e de vacinas poderia eliminar as doenças infecciosas. Embora esse sonho tenha se realizado para a varíola e provavelmente se torne realidade para a pólio no futuro, muitas doenças infecciosas continuam representando uma séria ameaça à saúde. A tuberculose e a cólera representam doenças que novamente estão aumentando, principalmente devido à resistência aos antibacterianos e à ausência de medidas de controle sanitário. Outras doenças surgiram a partir de novos agentes infecciosos. A AIDS, causada pelo HIV, é talvez a mais proeminente. Em 2015, a estimativa foi de 1,1 milhão de mortes pelo HIV por ano no mundo inteiro. Os cientistas acreditam que o HIV tenha surgido como cepa mutante em outra espécie animal – um macaco africano – e que tenha "transposto a espécie" para os seres humanos. Esses "saltos" na barreira das espécies provavelmente ocorreram muitas vezes antes, e, com a mobilidade limitada da população humana, o vírus teria desaparecido sem escapar para o resto do mundo. Entretanto, a infecção desenvolve-se lentamente, e portadores não suspeitos da doença agora a carregam consigo, de uma parte do mundo para outra, graças às facilidades das viagens aéreas internacionais.

Em 2002, o Institute of Medicine declarou que as doenças infecciosas emergentes nos EUA deveriam ser consideradas seriamente, e que os órgãos de saúde pública não estavam preparados para enfrentar possíveis epidemias. De fato, a AIDS, o vírus Ebola e o vírus Zika podem ser os melhores exemplos de nossa falta de preparo – e uma indicação de que outras doenças ainda estão por vir.

# RESUMO

- Um **patógeno** é um parasita capaz de causar doença.

## RELAÇÕES ENTRE HOSPEDEIRO E MICRORGANISMO

- Um **hospedeiro** é um organismo que abriga outro.

### Simbiose

- O termo **simbiose** significa "viver junto" e inclui o **comensalismo**, em que um organismo se beneficia, enquanto o outro não recebe benefícios nem é prejudicado; o **mutualismo**, em que ambos os organismos se beneficiam; e o **parasitismo**, em que um organismo (o **parasita**) se beneficia, enquanto o outro (o hospedeiro) é prejudicado.

### Contaminação, infecção e doença

- A **contaminação** refere-se à presença de microrganismos. Na **infecção**, os patógenos invadem o corpo; na **doença**, os patógenos ou outros fatores perturbam o estado de saúde, de modo que o corpo é incapaz de desempenhar suas funções normais. A **infestação** refere-se à presença de helmintos ou de artrópodes no interior do corpo ou na sua superfície.

### Patógenos, patogenicidade e virulência

- A **patogenicidade** é a capacidade de um patógeno de produzir doença. A **virulência** é a intensidade de uma doença causada por um patógeno. A **atenuação** refere-se ao enfraquecimento da capacidade de um patógeno de produzir doença.

### Microbiota normal (nativa)

- A **microbiota normal** (flora normal) consiste em microrganismos encontrados no interior do corpo ou na sua superfície, que normalmente não causam doença
- A **microbiota residente** são os organismos que estão sempre presentes na superfície do corpo ou no seu interior; a **microbiota transitória** é constituída por organismos presentes temporariamente e em determinadas condições. Os **oportunistas** são organismos da microbiota residente ou transitória, que podem causar doença em certas condições ou em determinados locais do corpo
- O microbioma intestinal afeta nossa saúde de diversas maneiras.

## POSTULADOS DE KOCH

- Os **postulados de Koch** fornecem uma maneira de ligar um patógeno a uma doença:
  1. O agente específico causador da doença precisa ser observado em todos os casos da doença
  2. O agente deve ser isolado de um hospedeiro que apresenta a doença e deve crescer em cultura pura
  3. Quando o agente da cultura pura é inoculado em um hospedeiro experimental suscetível e sadio, o agente precisa causar a doença
  4. O agente deve ser novamente isolado do hospedeiro experimental inoculado e doente e identificado como o agente causador específico original.
- Quando os postulados de Koch são preenchidos, o organismo é comprovado como o agente causador de uma doença infecciosa.

## TIPOS DE DOENÇAS

### Doenças infecciosas e não infecciosas

- As **doenças infecciosas** são causadas por agentes infecciosos, enquanto as **doenças não infecciosas** são causadas por outros fatores.

### Classificação das doenças

- Embora muitas doenças sejam causadas por agentes não infecciosos, algumas delas podem estar associadas a um agente infeccioso.

### Doenças contagiosas e não contagiosas

- Uma **doença infecciosa contagiosa**, ou **transmissível**, pode-se disseminar de um hospedeiro para outro. Uma **doença infecciosa não contagiosa** não pode ser disseminada de um hospedeiro para outro e pode ser adquirida a partir do solo, da água ou de alimentos contaminados.

## PROCESSO MÓRBIDO

### Como os microrganismos causam doença

- Muitos microrganismos possuem **fatores de virulência** que possibilitam o estabelecimento de infecções. Esses fatores incluem moléculas de adesão, enzimas e toxinas
- As bactérias causam doença por meio de sua **adesão** a um hospedeiro, **colonização** e/ou invasão de seus tecidos e, algumas vezes, invasão das células. A capacidade de um patógeno de invadir os tecidos do hospedeiro e de crescer nesses tecidos, denominada **invasividade**, está relacionada com determinados fatores de virulência. A **hialuronidase** ajuda as bactérias a invadir os tecidos
- As bactérias liberam outras substâncias, a maioria das quais provoca dano aos tecidos do hospedeiro. As **hemolisinas** provocam lise dos eritrócitos em cultura e podem ou não causar diretamente dano aos tecidos no hospedeiro. As **leucocidinas** destroem os neutrófilos. A **coagulase** acelera a coagulação sanguínea. A **estreptoquinase** digere os coágulos sanguíneos e ajuda os patógenos a se disseminar pelos tecidos do corpo
- Muitas bactérias produzem **toxinas**. As **endotoxinas** constituem parte do envoltório celular das bactérias gram-negativas e são liberadas quando as células se dividem ou são destruídas. As **exotoxinas** são produzidas e liberadas por bactérias; quando afetam o sistema nervoso, são denominadas **neurotoxinas**, e **enterotoxinas** quando atuam no sistema digestório. Os **toxoides** são exotoxinas inativadas que conservam suas propriedades antigênicas e são utilizadas para imunização
- Os vírus causam dano às células e provocam uma variedade de alterações observáveis, denominadas **efeito citopático (ECP)**. Uma **infecção produtiva** leva à liberação da progênie infecciosa do vírus, enquanto uma **infecção abortiva** não produz progênie infecciosa
- Os fungos patogênicos podem invadir e digerir progressivamente as células, e alguns deles produzem toxinas
- Os protozoários e os helmintos causam dano aos tecidos ingerindo células e líquidos teciduais, liberando resíduos tóxicos e causando reações alérgicas.

### Sinais, sintomas e síndromes

- Um **sinal** é um efeito observável da doença. Um **sintoma** é um efeito da doença sentido pela pessoa infectada. Uma **síndrome** é um grupo de sinais e sintomas que ocorrem em conjunto.

### Tipos de doenças infecciosas

- Os termos empregados para descrever os tipos de doenças estão definidos na Tabela 15.8.

### Estágios de uma doença infecciosa

- O **período de incubação** é o tempo decorrido entre a infecção e o aparecimento dos sinais e sintomas de uma doença
- A **fase prodrômica** é o estágio durante o qual os patógenos começam a invadir os tecidos; caracteriza-se por sintomas iniciais inespecíficos
- A **fase invasiva** descreve o período durante o qual o indivíduo apresenta os sinais e os sintomas típicos da doença. Durante essa fase, os sinais e os sintomas alcançam a sua intensidade máxima no **apogeu**
- A **fase de declínio** é o estágio durante o qual as defesas do hospedeiro vencem os patógenos; os sinais e os sintomas diminuem durante essa fase e podem ocorrer infecções secundárias
- O **período de convalescença** é o estágio durante o qual ocorre reparo dos tecidos, e o paciente recupera a sua força. Os indivíduos durante a recuperação podem ainda transmitir patógenos para outras pessoas.

## TERMOS-CHAVE

aderência
adesina
alfa-(α)-hemolisina
antagonismo microbiano
apogeu
atenuação
bacteriemia
beta-(β)-hemolisina
coagulase
colonização
comensalismo
contaminação
doença
doença aguda
doença contagiosa
doença crônica
doença infecciosa
doença infecciosa não transmissível
doença infecciosa transmissível
doença latente
doença não infecciosa
doença subaguda
efeito citopático (ECP)
endotoxina
enterotoxina
estreptoquinase
exotoxina
fase de declínio
fase invasiva
fase prodrômica
fator de virulência
fulminante
hemolisina
hialuronidase
hospedeiro
imunocomprometido
infecção
infecção abortiva
infecção focal
infecção inaparente
infecção local
infecção mista
infecção primária
infecção produtiva
infecção secundária
infecção sistêmica
infecção subclínica
infecção viral latente
infecção viral persistente
infestação
intoxicação
invasividade
leucocidina
leucocitose
leucostatina
microbioma
microbiota normal
microbiota residente
microbiota transitória
mutualismo
neurotoxina
oportunista
parasita
parasitismo
passagem por animal
patogenicidade
patógeno
período de convalescença
período de incubação
pirogênio
postulados de Koch
pródromo
sapremia
septicemia
sequela
simbiose
sinal
síndrome
sintoma
superinfecção
toxemia
toxina
toxoide
transferência de virulência
viremia
virulência

CAPÍTULO

# 16 Epidemiologia e Infecções Hospitalares

Art Directors & TRIP/Alamy Stock Photo

O que você sabe a respeito dos curandeiros além da fantasia ultrapassada divulgada por Hollywood? A foto aqui mostra um feiticeiro curandeiro do sul da Nigéria. Os séculos de conhecimento que ele e outros curandeiros preservam sobre as doenças locais e o uso de plantas locais para tratá-las estão ameaçados de desaparecer. Eles detêm o conhecimento refinado de incontáveis anos de tratamento de doenças, e, nos últimos anos, um número maior de cientistas ocidentais está se tornando aprendiz desses curandeiros para ajudar a preservar essas informações.

Um velho xamã na América do Sul começou a ensinar um casal de cientistas norte-americanos sobre as suas habilidades somente após terem concordado em permanecer o resto da vida na aldeia do xamã. Nenhum membro de sua tribo tinha vontade de ser seu aprendiz, e ele tinha medo de que, após terem aprendido tudo, os americanos fossem embora, e o povo dele não poderia receber cuidados. O casal de cientistas publica as informações recebidas e as apresentam em conferências, porém sempre voltam à aldeia. Muitos povos pré-industriais atribuíam as doenças a "espíritos malignos" ou a "miasmas" – uma visão que difere daquela das sociedades industriais. Entretanto, suas observações apuradas sobre a natureza frequentemente fornecem as pistas necessárias para descobrir a origem de uma doença. Por exemplo, os curandeiros Navajo observaram uma produção inusitadamente alta de pinhões no ano em que ocorreu o surto de hantavírus no deserto do Sudoeste. Os roedores que se alimentam desses pinhões disseminaram o vírus na urina.

## MAPA DO CAPÍTULO

**Siga o mapa do capítulo para auxiliar na identificação dos conceitos principais do texto.**

**Até este momento, em nosso estudo das interações entre hospedeiro e microrganismo,** examinamos as características dos patógenos que levam às doenças infecciosas, e verificamos como o processo mórbido ocorre nos indivíduos. Entretanto, as pessoas com doenças infecciosas são membros de uma população; elas adquirem doenças infecciosas e as transmitem dentro de determinada população. Por esse motivo, para melhorar a nossa compreensão dessas doenças, precisamos considerar seus efeitos nas populações, inclusive as populações hospitalares. Infelizmente, a grande esperança do cirurgião geral dos EUA William H. Stewart, que declarou diante do Congresso norte-americano, em 1967, que "a guerra contra as doenças infecciosas tinha sido ganha", era prematura.

# EPIDEMIOLOGIA

## O que é epidemiologia?

A **epidemiologia** é o estudo dos fatores e dos mecanismos envolvidos na frequência e na disseminação das doenças e de outros problemas relacionados com a saúde em populações de seres humanos, de outros animais ou plantas. O termo origina-se das palavras gregas *epidemios*, que significa "entre o povo", e *logos*, que significa "estudo". Embora os **epidemiologistas** – cientistas que estudam a epidemiologia – possam considerar os acidentes de automóveis, a intoxicação por chumbo ou o tabagismo como problemas relacionados com a saúde, limitaremos nossa discussão aos fatores e mecanismos que estão envolvidos na transmissão das doenças infecciosas, bem como sua **etiologia**, ou causa, em determinada população. Veremos também como os epidemiologistas utilizam essas informações para planejar meios de controlar e evitar a disseminação dos agentes infecciosos.

A epidemiologia é um ramo da microbiologia, pois muitas doenças que dizem respeito aos epidemiologistas, como a AIDS, a tuberculose e a malária, são causadas por microrganismos. As doenças causadas por parasitas helmintos, como a ancilostomíase e a ascaridíase, também fazem parte do estudo dos epidemiologistas. A epidemiologia inclui as relações entre patógenos, seus hospedeiros e o meio ambiente. Está relacionada com a saúde pública, visto que fornece informações e métodos utilizados para a compreensão e o controle da disseminação das doenças na população humana. O bioterrorismo é um interesse especial dos epidemiologistas. Os cientistas agrícolas e ambientais frequentemente estão envolvidos com a epidemiologia das doenças em animais e plantas. Quando essas doenças podem ser transmitidas aos seres humanos, elas também se tornam um problema de saúde pública.

No acompanhamento das doenças e de sua disseminação, os epidemiologistas estão particularmente interessados na frequência das doenças dentro das populações.

### Taxas de incidência e de prevalência

A **incidência** de uma doença é o número de *novos* casos contraídos dentro de uma população definida durante um período específico (habitualmente expressa como novos casos por 100.000 pessoas por ano). A **prevalência** de uma doença é o *número total* de pessoas infectadas dentro da população em qualquer momento. A prevalência inclui tanto os casos antigos quanto os recém-diagnosticados. Por exemplo, se os epidemiologistas realizam exames semanais sobre uma doença que dura 4 semanas, um indivíduo infectado na primeira semana poderia ser contado até quatro vezes em um estudo de prevalência, porém apenas uma vez em um levantamento de incidência. Deste modo, os dados de incidência são indicadores confiáveis da disseminação de uma doença – uma queda na incidência sugere uma redução na disseminação da doença. Por outro lado, os dados de prevalência indicam o grau de gravidade e a duração da doença está afetando uma população (Figura 16.1).

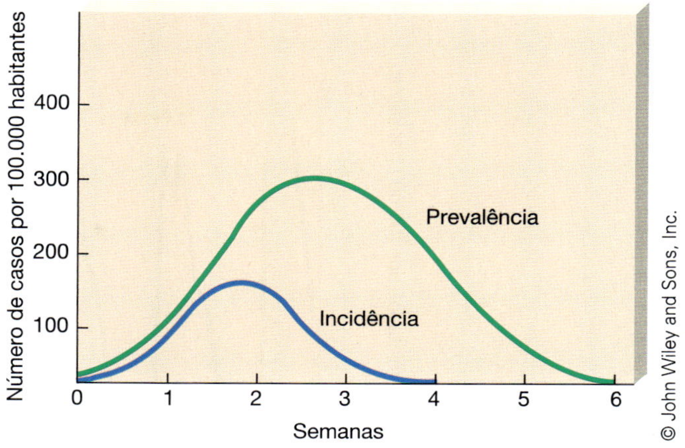


**Figura 16.1 Taxas de incidência e de prevalência.** Uma doença hipotética de 4 semanas de duração ilustra a diferença entre os números de incidência e de prevalência.

Nos EUA, *o leite dos bancos de leite materno disponibilizado para outras famílias é inicialmente submetido ao teste para HIV.*

### Frequências de morbidade e de mortalidade

As frequências também são expressas como proporções da população total. A **taxa de morbidade** representa o número de indivíduos afetados por uma doença durante um período estabelecido em relação ao número total na população. Em geral, é expressa como o número de casos por 100.000 pessoas por ano. A **taxa de mortalidade** é o número de mortes causadas por uma doença em uma população durante um período específico em relação à população total. É expressa como o número de mortes por 100.000 pessoas por ano.

## Doenças nas populações

Quando estudam a frequência das doenças em populações, os epidemiologistas precisam considerar as áreas geográficas afetadas e o grau de prejuízo que as doenças causam à população. Com base nesses achados, eles classificam as doenças em *endêmicas*, *epidêmicas*, *pandêmicas* ou *esporádicas*.

Um agente causador de doença infecciosa é **endêmico** se estiver continuamente presente na população de uma determinada área geográfica, porém tanto o número de casos relatados quanto a gravidade da doença permanecem baixos o suficiente para não representar um problema de saúde pública. Por exemplo, a caxumba é endêmica em todos os EUA, enquanto a febre do vale é endêmica no sudoeste norte-americano. A varicela é uma doença endêmica com variação sazonal, isto é, são observados muito mais casos no final do inverno até a primavera do que em outras épocas do ano (Figura 16.2). As

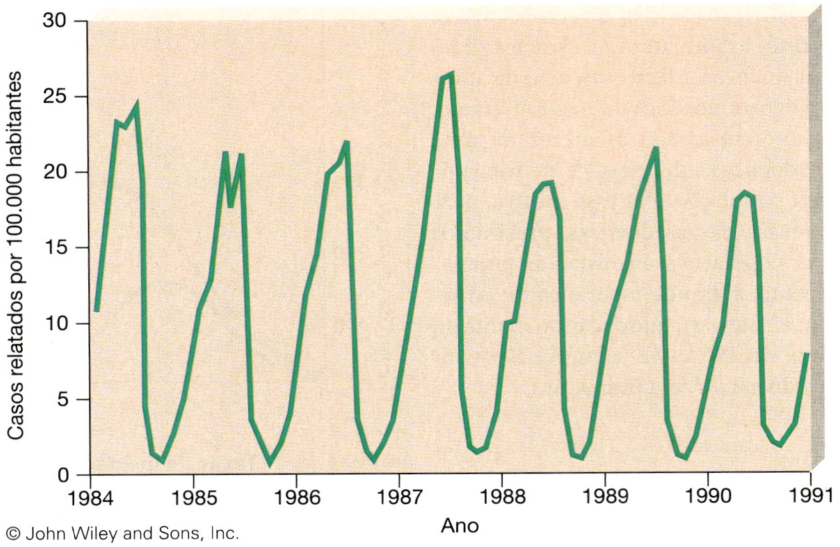




**Figura 16.2** **Taxa de incidência da varicela nos EUA.** A varicela, uma doença endêmica, exibe uma variação sazonal evidente, com ocorrência da maioria dos casos na primavera. (A varicela não é mais notificada aos CDC. Os dados atuais provêm de relatos voluntários, e, enquanto mostram uma queda desde o licenciamento da vacina contra varicela, houve relatos consistentes em apenas 14 estados americanos, e os dados obtidos não são confiáveis.)

doenças endêmicas também podem variar quanto a sua incidência em diferentes partes da região endêmica.

Uma **epidemia** surge quando uma doença subitamente apresenta uma incidência maior do que o normal em determinada população. Em seguida, a taxa de morbidade, a taxa de mortalidade ou ambas se tornam altas o suficiente para constituir um problema de saúde pública. Doenças endêmicas podem dar origem a epidemias, sobretudo quando surge uma cepa particularmente virulenta de um patógeno, ou quando a maior parte da população não tem imunidade. Por exemplo, a encefalite de St. Louis, uma inflamação viral do cérebro, alcançou proporções epidêmicas nos EUA em 1975 (Figura 16.3). Surgiu em consequência da presença de uma grande população de aves não imunes que carregaram o vírus e de uma grande população de mosquitos que transferiram os vírus das aves para os seres humanos, uma situação que hoje se reproduz com o vírus da febre do Nilo ocidental.

Com a dissolução da União Soviética e a criação da Federação Russa, surgiu temporariamente uma epidemia de difteria. Depois de 1990, o excesso de população em consequência das migrações resultou em um dramático aumento na taxa de incidência de difteria (Figura 16.4). Em 1995, foram notificados 50.319 casos, com 1.746 mortes. Houve também uma relutância cultural em imunizar as crianças que não fossem sadias e robustas, visto que era considerado perigoso administrar vacinas a crianças doentes ou fracas. As autoridades mundiais de saúde consideraram a epidemia de difteria em expansão uma emergência de saúde internacional. Casos de difteria que surgiram na Federação Russa foram relatados no leste e norte da Europa. As autoridades de saúde planejaram uma estratégia, no início de 1995, para assegurar que todas as crianças fossem vacinadas contra difteria. Desde então, o número de casos retornou a um valor baixo, alcançando 771 casos no ano de 2000. Por outro lado, houve apenas um caso nos EUA em 2003.

Ocorre **pandemia** quando uma epidemia se espalha pelo mundo inteiro. Em 1918 e em 2009, a gripe suína alcançou proporções pandêmicas (ver Capítulo 22). A cólera foi responsável por sete pandemias ao longo dos séculos. Sua disseminação

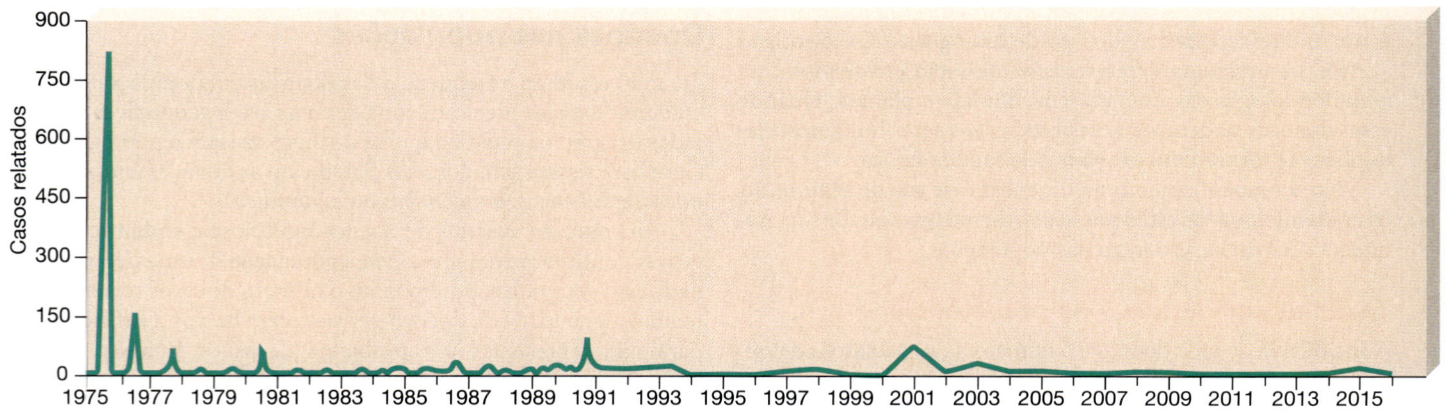




**Figura 16.3** **Taxa de incidência da encefalite de St. Louis nos EUA.** Essa doença viral apresentou um importante surto no final de 1975.

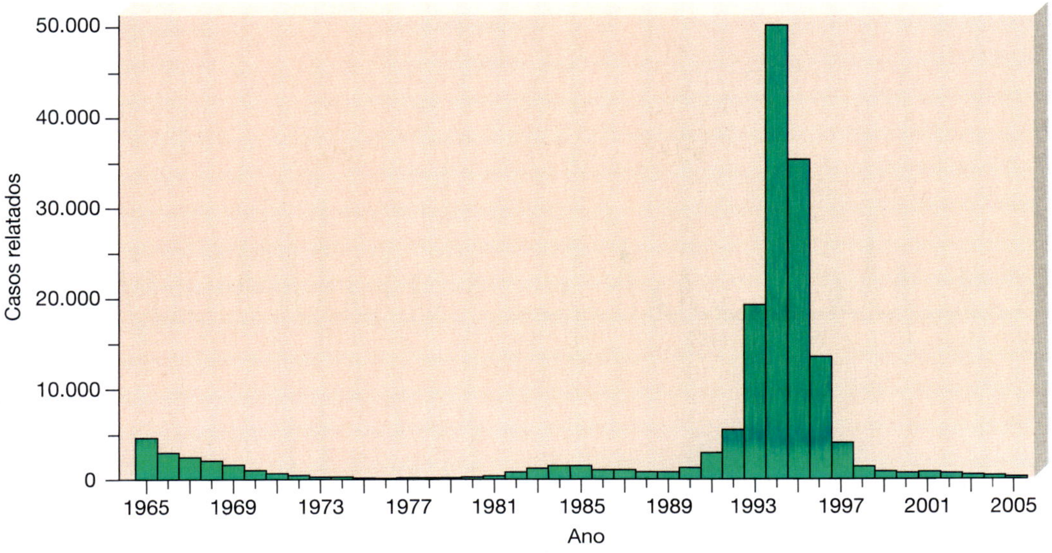


**Figura 16.4 Casos de difteria na Federação Russa, 1965 a 2000.** O número de casos relatados aumentou de 1991 até 1994, devido a precauções de saúde insuficientes em consequência da dissolução da União Soviética. Desde então, os esforços de vacinação foram retomados, e a incidência caiu para níveis mais normais. Entretanto, os viajantes continuam sendo aconselhados a obter um reforço para difteria e pólio antes de visitar esses países. *(Fonte: Organização Mundial da Saúde.)*

pelas Américas durante a epidemia de 1991 a 1992 é mostrada na Figura 16.5. No verão de 2006, houve mais de 60.000 casos no Sudão e em Angola.

Uma **doença esporádica** ocorre de modo aleatório e imprevisível, envolvendo vários casos isolados que não representam uma grande ameaça à população como um todo. A encefalite equina do leste (EEL) é uma doença esporádica nas

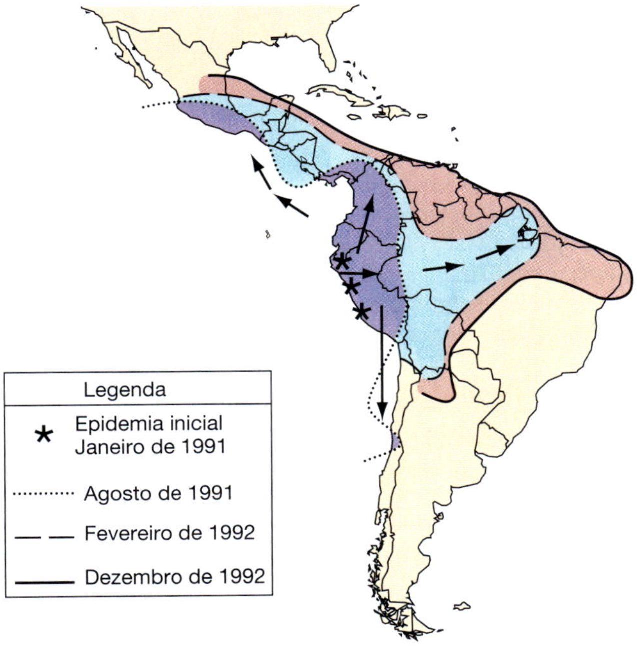


**Figura 16.5 Disseminação da cólera.** A cólera se disseminou pelas Américas do Sul e Central durante o período de 1991 a 1992, começando no Peru, em janeiro de 1991. Em seguida, migrou para a Colômbia e o Equador. No fim de 1992, a epidemia tinha alcançado a Venezuela, a Bolívia, o Chile e o Brasil na América do Sul, e a Guatemala, Honduras, Panamá, Nicarágua e El Salvador na América Central. *(Mapa de Morbidity and Mortality Weekly Report.)*

Américas. A Figura 16.6 compara a natureza esporádica da EEL com a encefalite da Califórnia (EC) endêmica em determinadas partes dos EUA e a epidemia de encefalite equina do oeste (EEO) nas Américas.

A natureza e a disseminação das epidemias podem variar de acordo com a fonte do patógeno e o modo pelo qual alcança os hospedeiros suscetíveis. Um **surto de fonte comum** é uma epidemia que surge em consequência do contato com substâncias contaminadas. O termo *surto* não evoca o medo que a palavra *epidemia* pode produzir. A disseminação de um surto de fonte comum normalmente pode ser atribuída a um abastecimento de água contaminada com material fecal ou a alimentos inadequadamente manipulados. Muitos indivíduos adoecem de modo repentino. Por exemplo, em um cruzeiro marítimo em 1994, de San Pedro, na Califórnia, até Enseada, no México, 586 dos 1.589 passageiros adquiriram doença gastrintestinal causada por *Shigella flexneri*. Esses surtos desaparecem rapidamente uma vez erradicada a fonte da infecção.

Uma **epidemia propagada** surge em consequência do contato interpessoal direto (transmissão horizontal). O patógeno move-se de indivíduos infectados para indivíduos não infectados, porém suscetíveis. Em uma epidemia propagada, o número de casos aumenta e cai mais lentamente, e o patógeno é mais difícil de ser eliminado do que em um surto de fonte comum. As diferenças entre os surtos de fonte comum e as epidemias propagadas estão ilustradas na Figura 16.7.

## Estudos epidemiológicos

A coleta de dados de frequência e a elaboração de conclusões constituem a base de qualquer **estudo epidemiológico.** O médico inglês John Snow realizou o que pode ter sido o primeiro estudo epidemiológico. Em 1854, Snow investigou a causa de uma epidemia de cólera que se alastrou por Londres. Ele finalmente atribuiu a origem da epidemia à bomba de água de Broad Street, em Golden Square (Figura 16.8). Snow

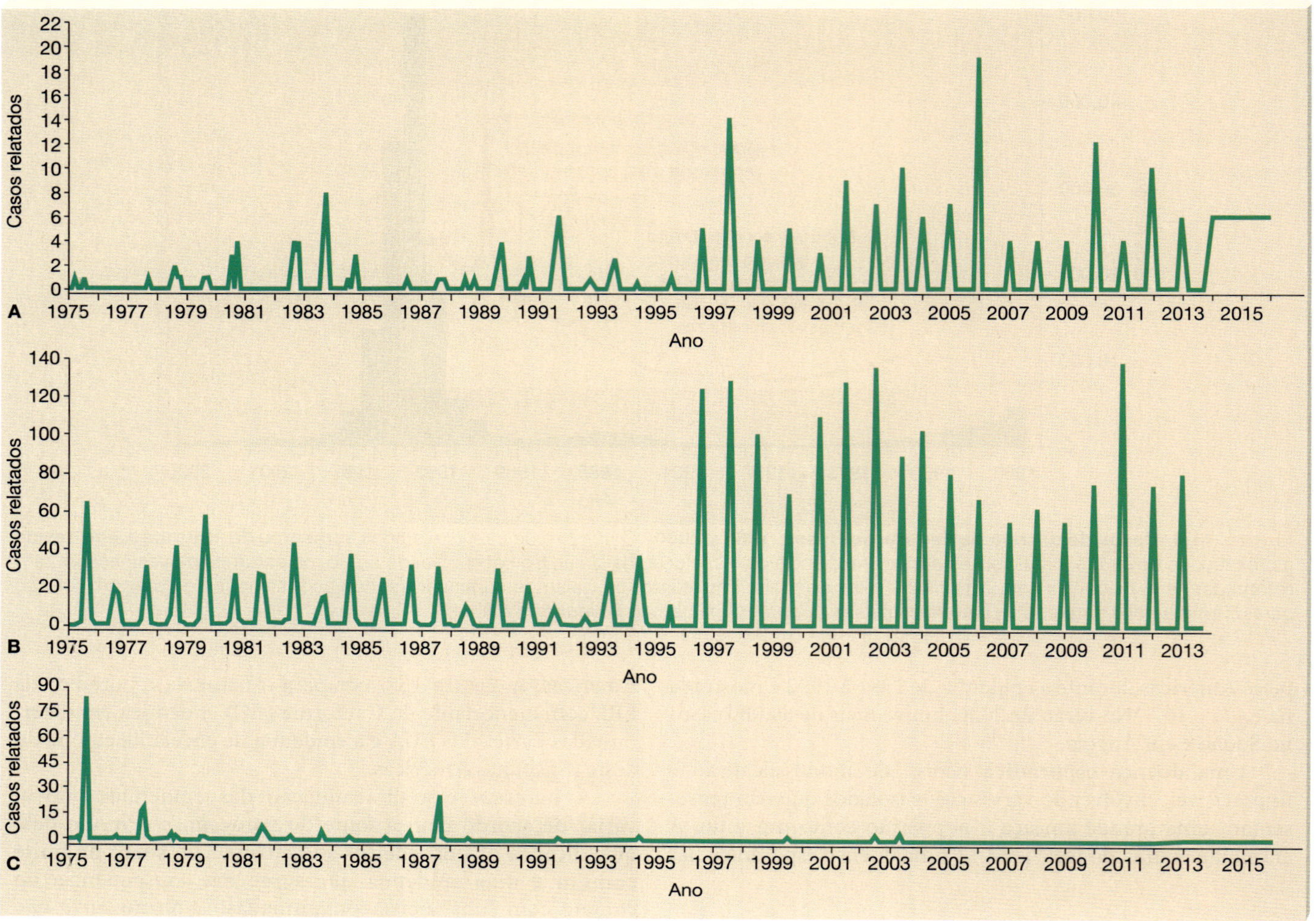


**Figura 16.6 Taxas de incidência de três tipos diferentes de encefalite.** O padrão esporádico da encefalite equina do leste (**A**) é comparado com o padrão endêmico da encefalite da Califórnia (**B**) e surtos epidêmicos da encefalite equina do oeste (**C**).

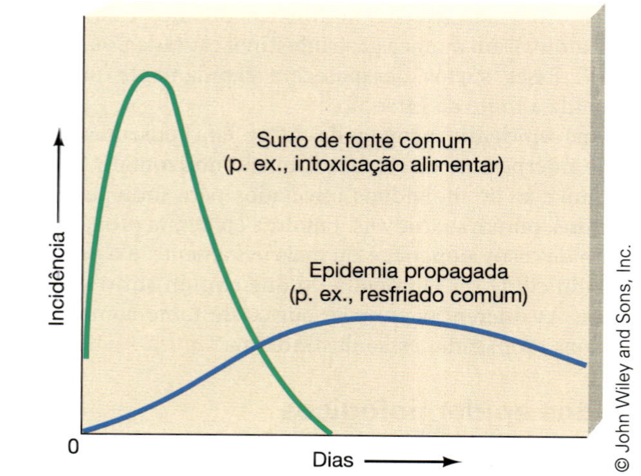


**Figura 16.7 Diferenças nos padrões de incidência de surtos de fonte comum e de epidemias propagadas.** Nos surtos de fonte comum, todos os casos ocorrem dentro de um período bastante curto após a exposição a uma única fonte e, em seguida, cessam, ao passo que, na epidemia propagada, novos casos são continuamente observados.

provou que as pessoas ficavam infectadas ao consumir água contaminada com fezes humanas.

Desde o estudo histórico de Snow, muitos outros pesquisadores conduziram estudos epidemiológicos para aprender mais sobre a disseminação das doenças em populações. Esses estudos podem ser *descritivos*, *analíticos* ou *experimentais*.

## Estudos descritivos

Um **estudo descritivo** trata dos aspectos físicos de uma doença existente e da disseminação dessa doença. Esse tipo de estudo registra (1) o número de casos de uma doença, (2) segmentos da população que foram afetados e (3) os locais e a duração dos casos. São também registrados a idade, o sexo, a raça, o estado civil, o nível socioeconômico e a ocupação de cada paciente. Com base em uma cuidadosa análise dos dados acumulados de diversos estudos, os epidemiologistas podem estabelecer se pessoas de determinado grupo etário, do sexo masculino ou feminino ou membros de certa raça são particularmente suscetíveis à doença. Os dados sobre o estado civil e o comportamento sexual podem ajudar a mostrar se a doença é sexualmente transmissível. Os dados sobre o nível socioeconômico podem mostrar que uma doença é mais facilmente transmitida

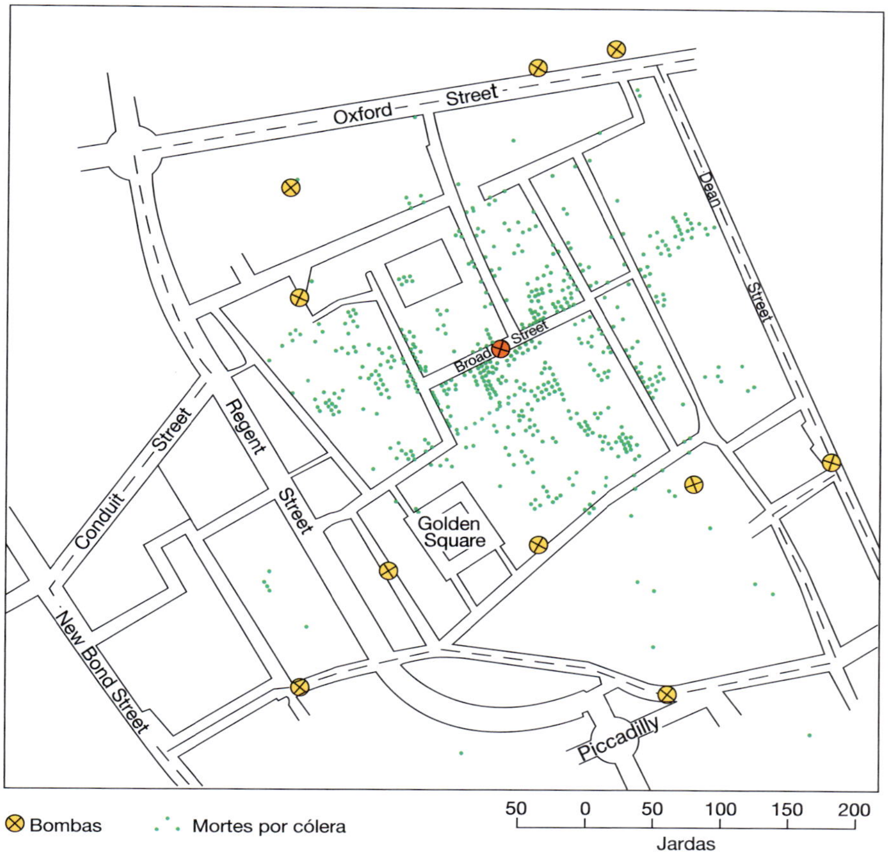

**Figura 16.8** **Primeiro estudo epidemiológico.** Em 1854, John Snow, um médico de Londres, registrou as localizações dos casos de cólera na cidade. Descobriu que estavam agrupados em torno da bomba de água de Broad Street, que fornecia água para a área adjacente. Atribuiu a fonte da epidemia à contaminação da bomba pelo esgoto. Quando a manivela da bomba foi removida, o surto desapareceu. O estudo de Snow foi o primeiro estudo epidemiológico moderno, sistemático e científico. *(© INTERFOTO/Alamy.)*

entre indivíduos subnutridos ou entre os que vivem em condições precárias. O conhecimento das ocupações dos indivíduos infectados pode ajudar os epidemiologistas a relacionar doenças a determinadas fábricas, abatedouros ou fábricas de processamento de couro. Por exemplo, se a maioria dos casos é observada entre veterinários, a doença provavelmente é transmitida pelos animais que eles manipulam.

A distribuição geográfica dos casos também é importante, como mostrou o estudo de Snow. Alguns estudos modernos semelhantes ao de Snow atribuíram surtos de doenças a abastecimentos de água contaminados, a restaurantes onde os funcionários estão infectados por vírus da hepatite ou a áreas onde crescem determinados agentes infecciosos.

A esclerose múltipla (EM) é uma doença em que o próprio sistema imune do indivíduo ataca a bainha de mielina que envolve as células nervosas na medula espinal e no encéfalo. Por fim, a doença leva a uma perda do controle muscular e à paralisia. Do ponto de vista epidemiológico, a maioria dos casos de EM é encontrada em agrupamentos, em climas temperados e entre caucasianos. Nos EUA, a incidência de EM aumenta significativamente em direção ao norte, do Mississippi até Minesota. Entretanto, um importante fator determinante parece ser o local onde uma pessoa passou seus primeiros 14 anos de vida. Por exemplo, para um indivíduo que cresceu em uma região do norte com alta incidência de EM, a mudança posterior para o sul não diminui a probabilidade de adquirir a doença. Vários estudos levaram alguns pesquisadores a propor que um vírus infeccioso pode contribuir para o desenvolvimento da EM. Estudos das Ilhas Faeroe, no norte da Grã-Bretanha, mostraram que elas estavam livres da EM até que tropas britânicas se estabeleceram nessas ilhas durante a Segunda Guerra Mundial. Desde então, foram observados vários ciclos de casos de EM. Apenas as pessoas que moram nas ilhas onde as tropas se fixaram desenvolveram EM, como uma exceção – um caso na casa próxima aos cais onde as tropas britânicas trocavam de navios, mas nunca se estabeleceram naquela ilha. Desse modo, fatores genéticos somados a uma infecção por um ou mais microrganismos específicos aumentam a probabilidade de uma pessoa adquirir EM posteriormente durante a sua vida. (O Capítulo 19 descreve a EM e outros distúrbios autoimunes.)

Por fim, o período durante o qual os casos aparecem e a estação do ano são considerações importantes nos estudos descritivos. Para estudar o papel do tempo em uma epidemia, os epidemiologistas definem um **caso-índice** como o primeiro caso da doença a ser identificado. Conforme já assinalado, os surtos de fonte comum podem ser diferenciados das epidemias propagadas pela velocidade com que o número de casos aumenta e pelo tempo necessário para que a epidemia cesse. A estação do ano em que a epidemia ocorre pode ajudar a identificar o agente etiológico. Em geral, as infecções transmitidas por artrópodes ocorrem em clima relativamente quente,

## APLICAÇÃO NA PRÁTICA

### Contos urbanos

"Hamburgo persistia em adiar as onerosas melhorias de seu abastecimento de água [...] [A cidade] obtinha a sua água do rio Elba sem nenhum tratamento especial. Ao seu lado encontrava-se a cidade de Altona [...], onde um governo solícito instalara um sistema de filtração de água. Em 1892, quando a cólera irrompeu em Hamburgo, alastrou-se por um lado da rua que dividia as duas cidades e poupou totalmente o outro lado. Não teria sido possível conceber uma demonstração mais clara da importância do suprimento de água na definição do local onde a doença atacou as pessoas. Os incrédulos foram silenciados, e, de fato, a cólera nunca voltou a atingir cidades europeias, graças à purificação sistemática dos abastecimentos urbanos de água, eliminando a contaminação bacteriológica."

– William H. McNeill, 1976

(de William H. McNeill, *Plagues and People*. John Wiley & Sons, Inc.)

enquanto determinadas infecções respiratórias ocorrem habitualmente em clima frio, quando as pessoas frequentemente ficam aglomeradas em recintos fechados. A natureza sazonal da encefalite, que é mais prevalente no outono, é mostrada na Figura 16.6.

### Estudos analíticos

Um **estudo analítico** tem como objetivo estabelecer as relações de causa e efeito na ocorrência de doença em populações. Esses estudos podem ser retrospectivos ou prospectivos. Um estudo retrospectivo leva em consideração os fatores que precederam uma epidemia. Por exemplo, o pesquisador poderia perguntar aos pacientes onde estiveram e o que fizeram no mês ou nos meses que antecederam o aparecimento de sua doença. Em seguida, os pacientes são comparados com um *grupo de controle* – grupo formado por indivíduos da mesma população, que não são afetados pela doença. Assim, se a maioria dos pacientes fez uma caminhada em determinada área arborizada, se teve contato com cavalos ou compartilhou outra atividade comum da qual não participou o grupo de controle, essa atividade pode fornecer uma pista para a origem da infecção. Diversas pesquisas desse tipo são descritas no livro fascinante de Berton Roueche, *The Medical Detectives* (New York: Truman Talley Books/Plume.)

Um estudo *prospectivo* considera os fatores que ocorrem à medida que uma epidemia se propaga. Quais as crianças de uma população que contraíram varicela, em que idade e em que condições de vida, por exemplo, são fatores usados para determinar a suscetibilidade e a resistência à infecção. Quando o surto de hantavírus em 1993 espalhou-se no sudoeste dos EUA, os epidemiologistas tiveram que determinar o que estava causando a doença e como modificar as condições de vida, de modo que a disseminação do agente infeccioso fosse interrompida.

### Estudos experimentais

Um **estudo experimental** planeja experimentos para testar uma hipótese, frequentemente sobre o valor de determinado tratamento. Esses estudos limitam-se a animais ou a seres humanos, cujos participantes não devem ser submetidos a nenhum dano. Por exemplo, um pesquisador pode testar a hipótese de que determinado tratamento será efetivo no controle de uma doença para a qual não existe ainda nenhuma cura aceita. Um grupo (o grupo experimental) de uma população recebe o tratamento, enquanto o outro grupo (o grupo de controle) recebe um placebo. Um **placebo** é uma substância não medicamentosa que não exerce nenhum efeito sobre o receptor, mas que ele *acredita* ser um tratamento. Com base nos resultados do estudo, o pesquisador pode verificar se o novo tratamento foi efetivo.

Todavia, em algumas circunstâncias não é possível utilizar grupos de controle. No início das pesquisas sobre a AIDS, os tratamentos farmacológicos eram realizados sem grupo de controle, visto que o governo dos EUA considerou uma falta de ética permitir que indivíduos do grupo de controle fossem privados de um tratamento que potencialmente poderia salvar a sua vida.

As doenças infecciosas só ameaçam populações humanas quando elas podem se disseminar ou podem ser transmitidas. Os fatores importantes na disseminação de doenças ou de agentes infecciosos são os seguintes: (1) reservatórios da infecção, (2) portas através das quais os organismos entram no corpo e saem dele e (3) mecanismos de transmissão. Na seção seguinte, analisaremos mais detalhadamente cada um desses fatores.

**PARE e RESPONDA**

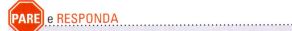

1. Qual a diferença entre morbidade e mortalidade; incidência e prevalência; e endemia, epidemia e pandemia?
2. De que maneira os surtos de fonte comum diferem das epidemias propagadas?

## Reservatórios de infecção

Os patógenos que infectam os seres humanos em sua maioria não conseguem sobreviver fora do corpo de um hospedeiro por tempo suficiente para atuar como fonte de infecção. Logo, os locais onde os organismos podem persistir e manter a sua capacidade de infectar são essenciais para que possam ocorrer novas infecções humanas. Esses locais são denominados **reservatórios de infecção**. Entre os exemplos destacam-se os seres humanos, outros animais (inclusive insetos), plantas e determinados materiais inanimados, como a água e o solo.

### Reservatórios humanos

Os seres humanos com infecções ativas são importantes reservatórios, porque podem facilmente transmitir organismos a outros seres humanos. Os **portadores**, isto é, indivíduos que abrigam um agente infeccioso sem apresentar quaisquer sinais ou sintomas clínicos observáveis, também são importantes reservatórios. Neste momento, você pode querer ir direto para o Capítulo 23 e ler a história de uma portadora célebre, Typhoid Mary (Maria Tifoide). Assim, uma doença pode ser transmitida por uma pessoa (ou animal) com uma **infecção subclínica** ou **não aparente** – infecção com sinais e sintomas muito leves para serem reconhecidos, exceto por exames especiais. Por exemplo, muitos casos de coqueluche em adultos nunca são diagnosticados; contudo, esses portadores "sadios" abrigam e transmitem agentes infecciosos. Os casos em adultos

As crianças que frequentam creches correm risco duas a três vezes maior de adquirir uma doença infecciosa em comparação com crianças mantidas no ambiente do lar.

não apresentam a tosse característica. Se você já teve uma tosse realmente grave durante semanas sucessivas, é possível que tenha tido coqueluche e tenha transmitido a infecção. Diz-se que as doenças infecciosas são *contagiosas* quando podem ser transmitidas durante o período de incubação (antes que os sintomas sejam evidentes) e durante a fase de recuperação da doença. Um *portador crônico* é um reservatório de infecção durante um longo período após ter-se recuperado de uma doença. Um *portador intermitente* libera periodicamente organismos infecciosos.

Dependendo da doença, os portadores podem expelir organismos pela boca ou pelo nariz, na urina ou nas fezes. As doenças comumente disseminadas por portadores incluem a difteria, a febre tifoide, as disenterias amebiana e bacilar, a hepatite, as infecções estreptocócicas, a poliomielite e a pneumonia.

As viagens internacionais em aviões a jato podem aumentar o risco de introduzir agentes infecciosos, como, a cólera, de reservatórios de uma região para populações visitantes provenientes de outra região.

## Reservatórios animais

Cerca de 150 microrganismos patogênicos podem infectar tanto os seres humanos quanto alguns outros animais. Nesses casos, os animais podem servir como reservatórios de infecção para os seres humanos. Os animais que são fisiologicamente semelhantes ao homem são os que têm mais probabilidade de servir como reservatórios para infecções humanas. Assim, os macacos constituem importantes reservatórios para a malária, a febre amarela e muitas outras infecções humanas. Uma vez infectados, os seres humanos também podem servir de reservatórios para as infecções.

As doenças que podem ser transmitidas por outros animais vertebrados a seres humanos em condições naturais são denominadas **zoonoses** (dos termos gregos *zoon*, que significa "animal", e *nosos*, que significa "doença"). As principais zoonoses estão resumidas na **Tabela 16.1**. Entre essas doenças, a raiva representa, talvez, a maior ameaça nos EUA, em virtude da gravidade da doença e pelo fato de que tanto animais domésticos de estimação quanto animais selvagens podem servir de reservatórios para o vírus da raiva. Nos EUA, houve apenas quatro casos de raiva em seres humanos em 2009, porém foram relatados 6.690 casos em animais. Nos locais onde a vacinação de cães e gatos é difundida, os seres humanos têm mais probabilidade de adquirir a raiva de animais selvagens, nos quais a doença é endêmica, como cangambás, guaxinins, morcegos e raposas. Entre 1990 e 2005, dos 48 casos, 43 foram associados a morcegos.

Quanto maior o reservatório animal, tanto em número de espécies quanto no número total de animais suscetíveis, mais improvável a possibilidade de erradicação de uma doença. Isso é particularmente válido quando o reservatório contém animais selvagens nos quais a doença é epidêmica. É impossível localizar todos os animais infectados e controlar a doença entre eles. Até hoje, *Yersinia pestis*, a bactéria responsável pela peste, persiste entre animais da ordem Rodentia, como esquilos e outros roedores silvestres no oeste norte-americano, e, em certas ocasiões, ainda causa doença no homem.

Os seres humanos, seus animais de estimação e outros animais domésticos também servem de reservatórios de infecção para os animais selvagens. A cinomose, uma doença viral infecciosa em cães, disseminou-se e matou muitas doninhas-de-patas-pretas. Esse animal, uma espécie ameaçada de extinção, está agora ainda mais ameaçado. Assim, não se deve permitir que animais de estimação e animais domésticos entrem em refúgios de vida selvagem.

## Reservatórios não vivos

O solo e a água podem servir de reservatórios para patógenos. Por exemplo, o solo é o ambiente natural de várias espécies de bactérias. *Clostridium tetani* (a causa do tétano) e *C. botulinum* (a causa do botulismo) são encontrados em todas as partes, porém particularmente onde a matéria fecal animal é utilizada como fertilizante. Essas bactérias constituem parte da microbiota intestinal normal de bovinos, equinos e alguns seres humanos. Muitos fungos, inclusive o organismo que causa febre do vale, também são habitantes comuns do solo. Com frequência, os fungos do solo podem invadir os tecidos humanos e causar dermatofitose, outras doenças da pele ou infecções sistêmicas. A água contaminada com fezes humanas ou de animais

## APLICAÇÃO NA PRÁTICA

### O que encontramos na poeira?

A poeira doméstica normalmente contém uma incrível variedade de mais de 1.000 espécies diferentes de microrgansimos, esporos, alguns organismos maiores, caspas e outros resíduos do corpo humano, além de materiais inanimados. Nas casas que têm cães, foram encontrados mais tipos de bactérias. Os esporos do *Clostridium perfringens*, que provoca gangrena gasosa em feridas profundas, têm sido encontrados em filtros de ar condicionado. Muitos gêneros de fungos, incluindo *Penicillium*, *Rhizopus* (bolor de pão) e *Aspergillus*, que podem causar otite externa, foram encontrados na poeira. Endósporos bacterianos, esporos de fungos, pólen de plantas, partes de insetos e centenas de ácaros (pequenos organismos relacionados com as aranhas; ver a foto) também estão presentes em quantidades abundantes na poeira. Os ácaros alimentam-se de partículas descamadas da superfície de nosso corpo; felizmente, eles não se alimentam de pele viva. A poeira também contém grandes quantidades de pelos humanos e animais e, algumas vezes, pedaços de unha cortada, todos os quais possuem microrganismos em sua superfície. Por fim, a poeira contém partículas não vivas de origem tão diversa quanto tinta descascada e meteoritos.

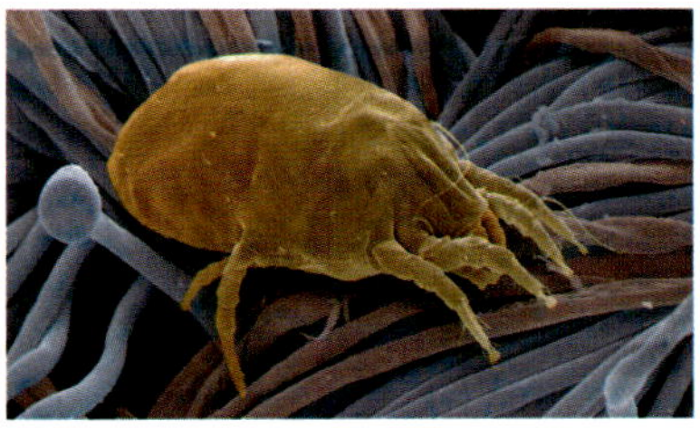

Andrew Syred/Science Source

**Tabela 16.1** Zoonoses selecionadas (com ênfase nas que ocorrem em animais de estimação).

| Doença | Animais infectados | Modos de transmissão |
|---|---|---|
| **Doenças bacterianas** | | |
| Tuberculose aviária | Aves | Aerossóis respiratórios |
| Antraz | Animais domésticos, incluindo cães gatos | Contato direto com animais, solo contaminado e couros; ingestão de leite ou de carne contaminados; inalação de esporos |
| Brucelose (febre ondulante) | Animais domésticos | Contato direto com tecidos infectados; ingestão de leite de animais contaminados |
| Peste bubônica | Roedores | Pulgas |
| Doença de Lyme | Cervo, rato-do-campo | Carrapatos |
| Leptospirose | Principalmente cães; também suínos, vacas, ovinos, roedores e outros animais selvagens | Contato direto com urina, tecidos infectados e água contaminada |
| Febre da arranhadura do gato | Gatos | Arranhaduras, mordidas e lambedura |
| Psitacose | Papagaios, periquitos e outras aves | Aerossóis respiratórios |
| Febre recorrente | Roedores | Carrapatos e piolhos |
| Febre maculosa das Montanhas Rochosas | Cães, roedores e outros animais selvagens | Carrapatos |
| Salmonelose | Cães, gatos, aves domésticas, tartarugas e ratos | Ingestão de água ou alimentos contaminados |
| **Doenças virais** | | |
| Encefalite equina (diversas variedades) | Equinos, aves e outros animais domésticos | Mosquitos |
| Raiva | Cães, gatos, morcegos, cangambá e lobos | Mordidas, saliva infectada em feridas e aerossóis |
| Febre de Lassa, síndrome pulmonar por hantavírus, febres hemorrágicas | Roedores | Urina |
| **Doenças fúngicas** | | |
| Histoplasmose | Aves | Aerossóis de fezes infectadas secas |
| Dermatofitose (diversas variedades) | Gatos, cães e outros animais domésticos | Contato direto |
| **Doenças parasitárias** | | |
| Doença do sono africana | Animais de caça selvagens | Moscas tsé-tsé |
| Teníase | Gado, suínos, roedores | Ingestão de cistos na carne ou por meio de proglotes nas fezes |
| Toxoplasmose | Gatos, aves, roedores e animais domésticos | Aerossóis, água e alimentos contaminados e transferência placentária |

pode conter uma variedade de patógenos, cuja maioria provoca doenças gastrintestinais. Os alimentos preparados ou conservados de maneira inadequada também podem servir temporariamente como reservatório inanimado de organismos causadores de doença. As carnes contaminadas e inadequadamente cozidas podem constituir uma fonte de infecção por espécies de *Salmonella* e por uma variedade de helmintos. A falta de refrigeração de alimentos pode levar ao crescimento de microrganismos e à produção de toxinas que causam intoxicação alimentar. Até mesmo com uma refrigeração apropriada, as larvas de determinados helmintos permanecem infecciosas, a não ser que os alimentos que as contêm sejam adequadamente cozidos.

## Portas de entrada

Para causar uma infecção, um microrganismo precisa entrar nos tecidos do corpo. Os locais pelos quais os microrganismos podem entrar no corpo são denominados **portas de entrada**. As portas de entrada comuns incluem a pele e as membranas mucosas dos sistemas digestório, respiratório e urogenital (Figura 16.9). Embora a pele intacta habitualmente impeça a entrada de microrganismos, alguns entram por meio dos ductos das glândulas sudoríparas, glândulas mamárias ou através dos folículos pilosos. Alguns fungos invadem as células na superfície da pele, enquanto outros conseguem passar para outros tecidos. As larvas de alguns vermes parasitas, como o ancilóstomo, podem penetrar pela pele para alcançar outros tecidos.

As aberturas para o exterior do corpo, como as orelhas, o nariz, a boca, os olhos, o ânus, a uretra e a vagina, permitem a entrada de microrganismos. Os organismos que infectam o sistema respiratório normalmente entram pelo ar inspirado, em partículas de poeira ou em gotículas transportadas pelo ar. Os que infectam o sistema digestório normalmente entram com os alimentos ou com a água, mas também podem entrar por meio dos dedos contaminados das mãos. Em consequência da secreção de líquidos pelas membranas mucosas, a relação sexual proporciona uma porta de entrada para infecções do sistema urogenital. Alguns microrganismos infecciosos provenientes da superfície da pele também penetram pela uretra e pela vagina.

Algumas vezes, os microrganismos são introduzidos diretamente nos tecidos danificados em consequência de picadas, queimaduras, injeções e feridas acidentais ou cirúrgicas. As infecções causadas por *Pseudomonas aeruginosa* são particularmente comuns em hospitais, entre pacientes queimados e submetidos a cirurgia. As picadas de inseto representam uma porta de entrada comum para uma variedade de protozoários e helmintos parasitas que são transportados por esses insetos.

Por fim, alguns organismos infecciosos, principalmente vírus, podem atravessar a placenta de uma mãe infectada e provocar infecção no feto. As doenças infecciosas congênitas, como a infecção por citomegalovírus, a toxoplasmose, a sífilis, a AIDS e a rubéola (sarampo alemão), são adquiridas dessa maneira.

Alguns organismos podem entrar no corpo através de uma única porta. Outros podem fazê-lo por qualquer uma de várias portas, e a sua patogenicidade pode depender da porta de entrada. Por exemplo, muitos patógenos que causam doença do sistema digestório não causam doença se entrarem pelo sistema

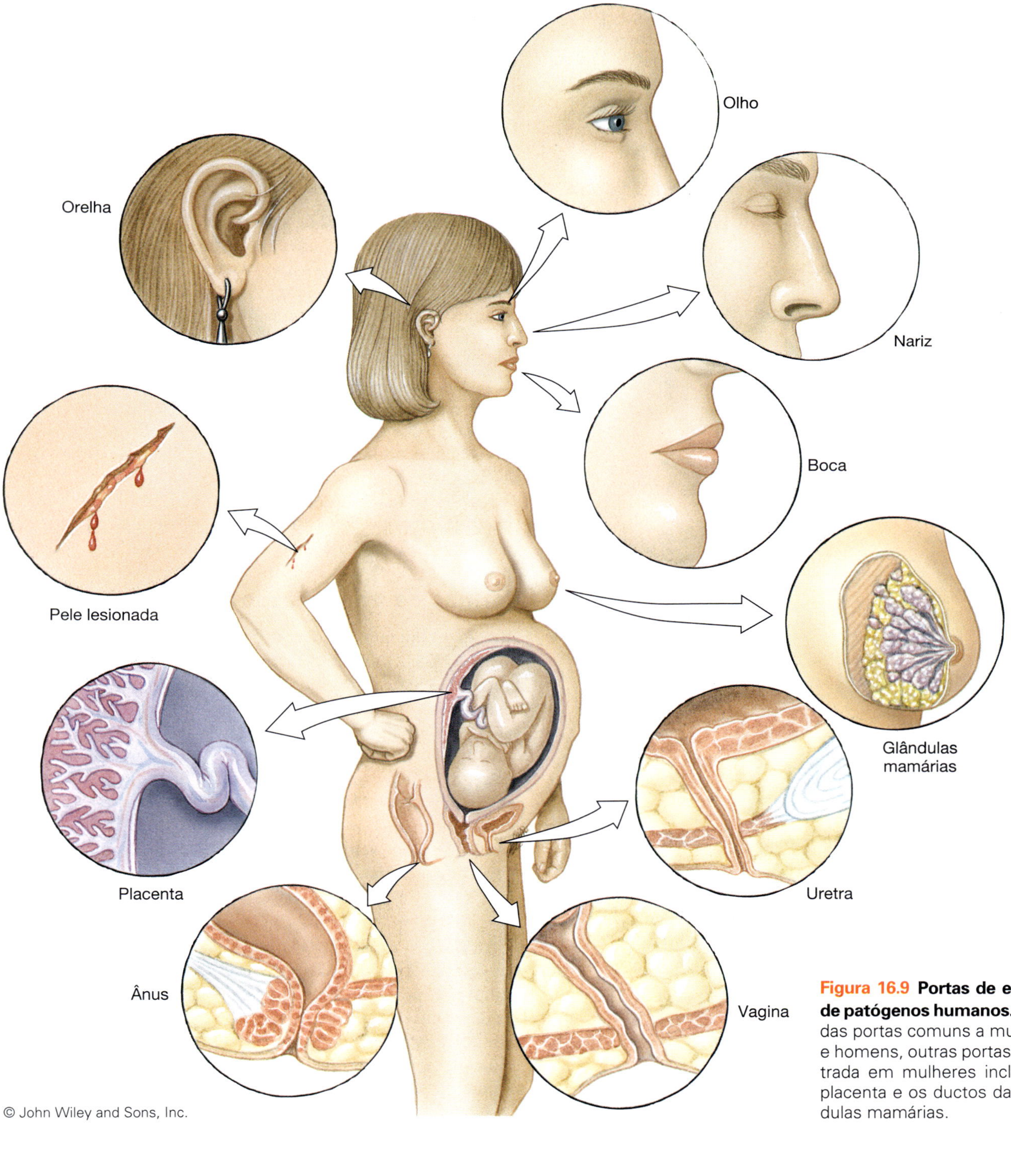




**Figura 16.9 Portas de entrada de patógenos humanos.** Além das portas comuns a mulheres e homens, outras portas de entrada em mulheres incluem a placenta e os ductos das glândulas mamárias.

respiratório. De modo semelhante, os patógenos que causam doenças respiratórias em sua maioria não infectam a pele nem os tecidos do sistema digestório. Entretanto, alguns organismos causam doenças independentemente de seu local de entrada no corpo – porém causam doenças muito diferentes, dependendo da porta de entrada. Por exemplo, a bactéria causadora da peste (*Yersinia pestis*) provoca *peste bubônica*, que tem uma taxa de mortalidade de cerca de 50% se não for tratada e é adquirida pela picada de uma pulga. Entretanto, quando inalada nos pulmões, essa mesma bactéria provoca *peste pneumônica*, cuja taxa de mortalidade se aproxima de 100%.

Mesmo quando um patógeno entra no corpo, pode ser que ele não alcance um local apropriado para causar infecção. Quase todos nós, sem saber, somos portadores de *Klebsiella pneumoniae* na faringe durante algum tempo no inverno. Por que, então, poucos de nós contraímos pneumonia? A razão é que não adquirimos pneumonia na faringe. O organismo precisa alcançar os pulmões para causar doença.

## Portas de saída

O modo pelo qual os agentes infecciosos saem de seus hospedeiros é importante para a disseminação das doenças. Os locais onde os organismos saem do corpo são denominados **portas de saída** (Figura 16.10).

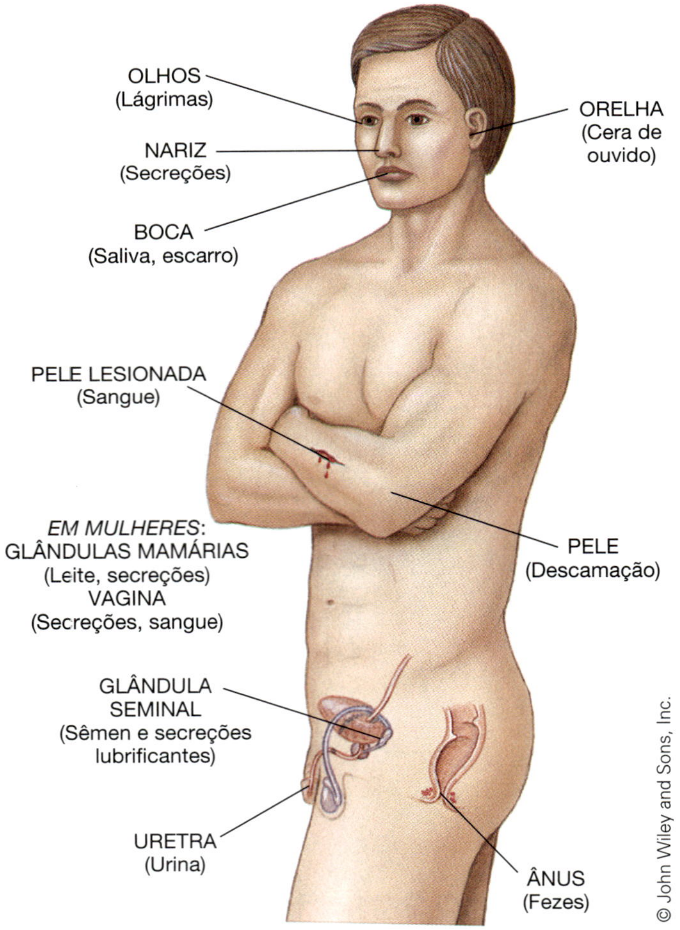


**Figura 16.10 Portas de saída de patógenos humanos.** Além das portas comuns a indivíduos de ambos os sexos, outras portas de saída em homens incluem as secreções das glândulas seminais e, nas mulheres, as glândulas mamárias e a vagina.

Em geral, os patógenos saem com líquidos corporais ou com as fezes. Os patógenos respiratórios saem pelo nariz ou pela boca nos líquidos expelidos durante a tosse, o espirro ou a fala. A saliva de cães, gatos, insetos e outros animais pode transmitir organismos infecciosos. Os patógenos do tubo gastrintestinal saem com o material fecal. Alguns desses patógenos consistem em ovos de helmintos, que são extremamente resistentes à desidratação e a outras condições ambientais. A urina e, no sexo masculino, o sêmen da uretra carregam patógenos urogenitais. O sêmen é um meio importante, embora algumas vezes ignorado, por meio do qual os patógenos, particularmente os vírus, saem do corpo. Por exemplo, o vírus da AIDS (HIV) pode ser eliminado do corpo pelos leucócitos e espermatozoides presentes no sêmen, assim como os vírus das hepatites B e C. Agora, as hepatites B e C foram adicionadas à lista de doenças sexualmente transmissíveis.

Algumas vezes, o sangue dos pacientes também contém organismos infecciosos, como o HIV ou os vírus da hepatite. Assim, o sangue pode constituir uma fonte de infecção para os profissionais de saúde ou outras pessoas que fornecem cuidados a um indivíduo lesionado. O sangue de outra pessoa sempre deve ser considerado potencialmente infeccioso.

O leite é uma porta de saída importante. A pasteurização do leite foi importante para interromper a disseminação da tuberculose (TB) bovina para os seres humanos, assim como o teste da tuberculina, que removeu os animais infectados do rebanho. O leite materno transmite o HIV a lactentes de mães infectadas. Se a mãe foi infectada antes de engravidar, a taxa de transmissão é de 15%. Quando a mãe adquire a infecção pelo HIV no final da gestação ou durante a amamentação, a taxa de infecção do lactente aumenta para 29%, presumivelmente devido à maior taxa de viremia na mãe recém-infectada. Nos países pobres onde as fórmulas para lactentes não estão disponíveis ou não têm preços acessíveis, muitos dos lactentes com sorte de não serem infectados durante a gestação e o parto (risco de cerca de 50%) infelizmente correm risco de serem infectados pelo leite materno.

## Formas de transmissão de doenças

Para que ocorram novos casos de doenças infecciosas, os patógenos precisam ser transmitidos de um reservatório ou de uma porta de saída para uma porta de entrada. A transmissão pode ocorrer de várias maneiras, que foram agrupadas em três categorias: transmissão por contato, transmissão por veículos e transmissão por vetores. A Figura 16.11 apresenta uma visão geral desses modos de transmissão.

**Uma banheira de hidromassagem, exibida em um grande centro de utilidades domésticas, resultou em 15 casos de doença dos legionários e duas mortes.**

### Transmissão por contato

A **transmissão por contato** pode ser direta, indireta ou por gotículas. A **transmissão por contato direto** exige que haja contato corporal entre os indivíduos. Essa transmissão pode ser horizontal ou vertical. Na **transmissão horizontal**, os indivíduos transmitem patógenos pelo aperto de mãos, beijo, contato com ferimentos ou contato sexual. Os patógenos também podem ser disseminados de uma parte do corpo para outra devido a práticas não higiênicas. Por exemplo, tocar em lesões

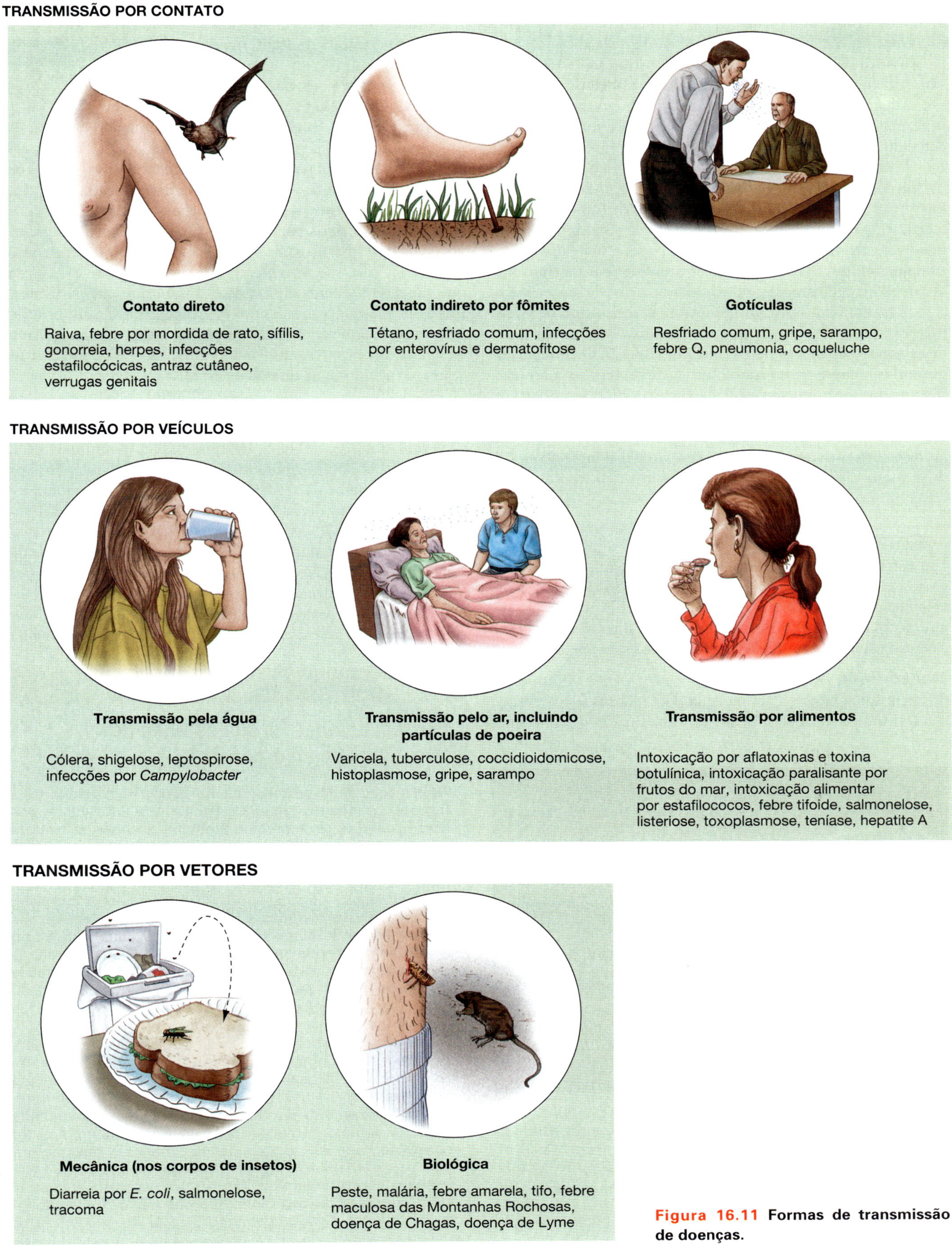


**Figura 16.11 Formas de transmissão de doenças.**

de herpes genital e, em seguida, tocar outras partes do corpo, como os olhos, pode disseminar a infecção. Os patógenos presentes no material fecal também podem ser disseminados para a boca pelas mãos não lavadas, constituindo a **transmissão oral-fecal direta**. Na **transmissão vertical**, os patógenos são transmitidos dos genitores para a prole em um ovo ou no espermatozoide, através da placenta, no leite materno ou no canal do parto (como pode ocorrer com a sífilis e a gonorreia).

A **transmissão por contato indireto** ocorre por meio de **fômites**, isto é, objetos inanimados que podem abrigar e transmitir um agente infeccioso. Exemplos de fômites incluem lenços sujos, pratos, utensílios para comer, maçanetas, brinquedos, barras de sabão e dinheiro (o papel moeda nos EUA é tratado com um agente antimicrobiano que reduz a transmissão de microrganismos).

A **transmissão por gotículas**, um terceiro tipo de transmissão por contato, ocorre quando um indivíduo tosse, espirra ou fala perto de outras pessoas (Figura 16.12). Os **núcleos de gotículas** consistem em muco seco, que protege os microrganismos que estão no seu interior. Essas partículas podem ser inaladas diretamente, podem acumular-se no chão com partículas de poeira ou podem ser transmitidas pelo ar. As gotículas de espirro ou tosse que percorrem uma distância de menos de 1 metro até um hospedeiro não são consideradas como transmitidas pelo ar.

## Transmissão por veículos

Um **veículo** é um transmissor inanimado de um agente infeccioso de seu reservatório para um hospedeiro suscetível. Os veículos comuns incluem a água, o ar e os alimentos. O sangue, outros líquidos corporais e líquidos intravenosos também podem servir como veículos de transmissão de doenças.

**Transmissão pela água.** Embora os patógenos transportados pela água não cresçam na água pura, alguns sobrevivem a seu trânsito na água com pequenas quantidades de nutrientes ou na água poluída com fertilizantes. Em geral, os patógenos transportados pela água multiplicam-se e são transmitidos na água contaminada por esgoto não tratado ou inadequadamente tratado. Essa **transmissão oral-fecal indireta** ocorre quando patógenos presentes nas fezes de um organismo infectam outro organismo. Foram isolados patógenos de abastecimentos públicos de água, suprimentos de água semiparticulares (acampamentos, parques e hotéis que possuem seu próprio sistema de água) e suprimentos de água particulares (fontes e poços). Os poliovírus, os enterovírus, *Giardia* e *Cryptosporidium*, bem como várias bactérias, são microrganismos transportados pela água que infectam o sistema digestório e causam sintomas gastrintestinais. As infecções causadas por microrganismos transportados pela água podem ser evitadas mediante tratamento apropriado da água e do esgoto (ver Capítulo 26), embora os enterovírus sejam particularmente difíceis de erradicar da água.

Na Índia, há mais pessoas com acesso a um telefone celular do que a um banheiro.

**Figura 16.12 Transmissão por gotículas.** A luz de fundo revela uma enorme quantidade de gotículas provenientes do nariz e da boca durante o espirro. Essa dispersão é mais importante dentro de um raio de cerca de 1 m; entretanto, as partículas menores podem ser dispersadas muito mais longe e mantidas em suspensão por correntes de ar. Nem mesmo uma máscara cirúrgica impede a disseminação de todas as gotículas. *(Lester V. Bergman/Corbis/Getty Images.)*

**Transmissão pelo ar.** Os microrganismos transportados pelo ar são principalmente microrganismos transitórios provenientes do solo, da água, das plantas ou de animais. Não crescem no ar, porém alguns alcançam novos hospedeiros por meio do ar, apesar da secura, dos extremos de temperatura e da radiação ultravioleta. De fato, o ar seco aumenta efetivamente a transmissão de muitos vírus. Os patógenos são transmitidos pelo ar quando percorrem uma distância de mais de 1 m através do ar. Tanto os patógenos transportados pelo ar quanto aqueles suspensos em gotículas têm maior probabilidade de alcançar novos hospedeiros quando as pessoas estão aglomeradas em ambientes fechados. A incidência aumentada

## APLICAÇÃO NA PRÁTICA

### Existem amebas na sua estação de lava-olhos de emergência?

As estações de lava-olhos de emergência são destinadas a fornecer grandes volumes de água limpa em caso de acidente químico. O American National Standards Institute recomenda a sua limpeza semanal com jato de água para mantê-las limpas. Entretanto, com frequência, a água permanece estagnada nelas por longos períodos à temperatura ambiente – ou seja, condições ideais para a formação de biofilmes de bactérias e fungos. Esses microrganismos podem servir de alimento para amebas aquáticas, como *Acanthamoeba*, que podem provocar infecções oculares graves, levando à cegueira. Muitas espécies de amebas fornecem fatores de crescimento e um ambiente intracelular para *Legionella pneumophila*, a causa da doença dos legionários. Apenas 100 células disseminadas por gotículas de água transportadas pelo ar podem causar infecção. *Pseudomonas*, um patógeno perigoso frequentemente encontrado, pode causar destruição tecidual considerável e é difícil de tratar.

Em 1995, em um estudo com 30 unidades de lava-olhos de *spray* duplo conectadas ao encanamento de prédios, foi constatado que 60% das unidades continham mais de um gênero de amebas. A lavagem regular com jatos de água não conseguiu eliminá-las. O que você esperaria encontrar em recipientes de lava-olhos que não estão conectados a encanamentos de água potável?

de infecções transmitidas pelo ar está associada a modernos prédios quase totalmente fechados, em que as temperaturas são controladas por sistemas de aquecimento e de ar condicionado, com pouca entrada de ar fresco.

Os patógenos transportados pelo ar caem no solo e associam-se a partículas de poeira ou ficam suspensos em aerossóis. Um **aerossol** é uma nuvem de minúsculas gotículas de água ou de partículas sólidas finas suspensas no ar. Os microrganismos presentes em aerossóis não precisam provir diretamente de seres humanos; eles também podem vir de partículas de poeira agitadas com a limpeza a seco, troca de roupa de cama ou até mesmo troca de roupas. No laboratório de microbiologia, a flambagem de uma alça de inoculação cheia de bactérias pode dispersar os microrganismos em aerossóis.

As partículas de poeira podem abrigar muitos patógenos. As bactérias com envoltórios celulares resistentes, como os estafilococos e os estreptococos, podem sobreviver por vários meses em partículas de poeira. Os vírus não envelopados, bem como os esporos de bactérias e de fungos, podem sobreviver por períodos ainda mais longos.

Um espirro pode soprar o ar em uma velocidade de 160 a 320 km/h, liberando mais de 15.000 vírus por espirro.

Os pacientes hospitalizados correm grande risco de adquirir doenças transmitidas pelo ar, visto que eles frequentemente apresentam baixa resistência e devido ao fato de que os pacientes anteriores podem ter deixado patógenos depositados em partículas de poeira. Limpar o assoalho e as superfícies com pano úmido e estender cuidadosamente as roupas de cama e toalhas ajuda a reduzir os aerossóis. São utilizadas máscaras e roupas especiais nos centros cirúrgicos, nas enfermarias de queimados e em outras áreas onde os pacientes correm maior risco de infecção. Alguns hospitais também utilizam luz ultravioleta e dispositivos especiais de fluxo de ar para evitar a exposição dos pacientes a patógenos transmitidos pelo ar.

**Transmissão por alimentos.** Os patógenos têm mais probabilidade de serem transmitidos por alimentos que são inadequadamente inspecionados, processados com higiene precária, cozidos de maneira incompleta ou mal refrigerados. À semelhança dos patógenos transportados pela água, os patógenos transmitidos por alimentos têm mais probabilidade de produzir sintomas gastrintestinais.

## Transmissão por vetores

Como você aprendeu no Capítulo 12, os **vetores** são organismos vivos que transmitem doenças aos seres humanos. Os vetores são, em sua maioria, artrópodes, como carrapatos, moscas, pulgas, piolhos e mosquitos. Entretanto, o mecanismo de transmissão por vetores pode ser mecânico ou biológico.

**Vetores mecânicos.** Os insetos atuam como *vetores mecânicos* quando transmitem patógenos passivamente em suas patas e outras partes do corpo. As moscas domésticas e outros insetos, por exemplo, alimentam-se frequentemente de matéria fecal de animais e, quando disponível, de matéria fecal humana. Se eles em seguida se deslocam e se alimentam de comida humana, podem depositar os patógenos nesse processo. A transmissão de doenças por vetores mecânicos não exige a multiplicação do patógeno na superfície ou no interior do vetor.

Esse método de transmissão de doenças pode ser simplesmente evitado mantendo-se esses vetores fora das áreas onde o alimento é preparado e ingerido. Não se deve deixar que a mosca que andou sobre as fezes de um cão no parque pouse em sua salada de frutas durante o piquenique. O uso de áreas com telas para manter os insetos do lado de fora também diminui a transmissão de doenças por vetores mecânicos. Infelizmente, em algumas áreas do mundo marcadas pela pobreza, faltam telas protetoras nas janelas – até mesmo nas que se abrem para centros cirúrgicos em hospitais!

Mais de 20 milhões de mortes por ano são causadas por doenças infecciosas.

## APLICAÇÃO NA PRÁTICA

### "Germes de cachorro!"

Quando Snoopy beija Lucy, ela sempre grita: "germes de cachorro!" Entretanto, Snoopy é que deveria estar preocupado. De fato, a boca humana tem mais probabilidade de conter patógenos do que a boca de um cão. A saliva do cão é ácida e proporciona um ambiente menos hospitaleiro para os microrganismos.

Embora beijar provavelmente cause poucos danos, nadar com o melhor amigo do homem pode ser mais perigoso para os seres humanos. As espiroquetas do gênero *Leptospira* normalmente infectam os rins do animal e são eliminadas durante a micção. Um homem, quando foi nadar em um rio com o seu cachorro à sua frente, descobriu que essa situação pode levar ao desenvolvimento de leptospirose humana. Essa doença caracteriza-se por febre, cefaleia e lesão renal. Um cão infectado representa um perigo em uma piscina cheia de pessoas. Embora a cuidadosa cloração das piscinas e a vacinação dos animais de estimação contra leptospirose possam impedir que eles transmitam a doença, é melhor não permitir a presença desses animais em piscinas.

Uma versão semelhante disso ocorreu quando alguns adolescentes dirigiam o seu *buggy* de pântano em águas contaminadas com urina de veados infectados pelo agente causador da leptospirose. As gotículas salpicadas pelos pneus aparentemente infectaram os passageiros.

*(Cortesia de Jacquelyn G. Black)*

**Vetores biológicos.** Os insetos atuam como *vetores biológicos* quando transmitem patógenos ativamente, isto é, o agente infeccioso precisa completar parte de seu ciclo de vida no vetor antes que o inseto possa transmitir a forma infectante do microrganismo. Em comparação com a transmissão direta através de mordidas de animais, a transmissão de zoonoses por meio de vetores é muito mais comum. Na maioria das doenças transmitidas por vetores, como a malária e a esquistossomose, um vetor biológico atua como hospedeiro de alguma fase do ciclo de vida do patógeno. Com frequência, o controle de zoonoses transmitidas por vetores biológicos pode ser obtido por meio de controle ou erradicação dos vetores. A pulverização de óleo na água estagnada mata muitas larvas de insetos. A pulverização de pesticidas nas áreas de acasalamento também pode constituir um controle efetivo, pelo menos até que os vetores se tornem resistentes aos pesticidas.

*O aquecimento global pode resultar em disseminação de doenças tropicais, como a malária, para novas regiões do mundo, à medida que seus vetores artrópodes se espalham.*

## Problemas especiais na transmissão de doenças

A transmissão de doenças por portadores representa um problema epidemiológico especial, pois é frequentemente difícil identificar esses portadores. Em geral, os próprios portadores não sabem que o são e, algumas vezes, provocam surtos repentinos da doença. Dependendo do patógeno transportado, os transportadores podem transmitir doenças por contato direto ou indireto ou por meio de veículos, como a água, o ar ou os alimentos; podem até mesmo constituir uma fonte de patógenos para vetores.

Outro problema especial relacionado com a transmissão surge com indivíduos que apresentam *doenças sexualmente transmissíveis* (*DSTs*). Essas doenças são, com mais frequência, transmitidas por contato sexual direto, incluindo o beijo, mas algumas podem ser transmitidas por sexo oral ou anal. As DSTs representam problemas epidemiológicos, visto que os indivíduos infectados algumas vezes têm contato com múltiplos parceiros sexuais. De fato, as incidências da AIDS, do herpes genital, das verrugas genitais, da sífilis e das infecções por *Chlamydia* estão aumentando rapidamente.

As zoonoses constituem outro problema epidemiológico. Podem ser transmitidas por contato direto, como quando os seres humanos adquirem raiva em consequência da mordida de um animal doméstico ou selvagem infectado. Foi desenvolvida uma vacina oral contra raiva para administração a animais selvagens.

## Ciclos de doença

Muitas doenças ocorrem em ciclos. Durante anos ou até mesmo décadas, apenas alguns casos são observados; todavia, surgem de repente muitos casos em proporções epidêmicas ou pandêmicas. Vejamos um exemplo. A peste bubônica – ou peste negra, como era chamada – ocorria em surtos pandêmicos, seguidos de ciclos recorrentes durante séculos. Entre 543 e 548 d.C., a doença espalhou-se da Índia ou da África pelo Egito até Constantinopla (hoje Istambul, na Turquia), onde matou 200.000 pessoas em apenas 4 meses. A doença disseminou-se rapidamente por meio de pulgas e ratos em navios que se dirigiam para a Europa e a bacia do Mediterrâneo. Cerca de meio século mais tarde, apareceu na China, com resultados igualmente devastadores. Depois desses surtos iniciais, passou a ocorrer em ciclos de 10 a 24 anos nos dois séculos seguintes.

Toda a Europa respirou aliviada pelos 500 anos seguintes, aproximadamente, que estiveram livres da peste. Mas, em 1346, uma segunda pandemia, pior do que a primeira, afetou o norte da África, o Oriente Médio e a maior parte da Europa. Quase um terço da população da Europa morreu, e, em muitas cidades, três quartos da população perderam a vida em consequência dessa doença temida. Em seguida, ciclos recorrentes levaram mais vidas em epidemias do século XVII na Inglaterra e do século XVIII na França. Pouco antes do século XX, uma pandemia matou mais de 1 milhão de pessoas na Índia e espalhou-se para muitas partes do mundo, inclusive São Francisco.

Assim, as doenças cíclicas constituem problemas epidemiológicos especiais. Os epidemiologistas ainda não conseguem prever quando uma delas irá irromper e alcançar proporções epidêmicas. É difícil estar preparado para tratar aumentos grandes e súbitos na incidência de uma doença, e é quase impossível persuadir as pessoas a se imunizarem contra uma doença que elas nunca viram.

## Imunidade de rebanho

Um importante fator nas doenças cíclicas é a **imunidade de rebanho** (ou *imunidade de grupo*), que se refere à proporção de indivíduos em uma comunidade ou população que está imune a determinada doença. Se a imunidade de rebanho for alta – isto é, se a maioria dos indivíduos de uma população for imune a uma doença –, a doença então só pode espalhar-se entre o pequeno número de indivíduos suscetíveis na população (Figura 16.13). Mesmo quando um membro da população torna-se infectado, a probabilidade de que essa pessoa transmita a doença a outras pessoas é pequena. Deste modo, uma imunidade de grupo alta o suficiente protege toda a população, inclusive seus membros suscetíveis.

### APLICAÇÃO NA PRÁTICA

#### Peste de ocorrência recente

Em agosto de 1994, ocorreram surtos de peste bubônica e peste pneumônica em partes da Índia, onde a bactéria era epidêmica em ratos. O pânico irrompeu e espalhou-se, e os profissionais de saúde do mundo inteiro ficaram profundamente preocupados com a possibilidade de a doença se tornar pandêmica. Em outubro de 1994, o número de casos suspeitos de peste bubônica e pneumônica relatados na Índia alcançou 693, com 56 mortes. Em virtude da rápida identificação e das medidas de controle, a epidemia cessou.

Com as viagens de avião, é fácil que uma doença se torne pandêmica da noite para o dia. Assim, os relatórios da Índia forçaram as autoridades de saúde dos EUA a elaborar um plano de emergência para detectar e controlar quaisquer casos suspeitos que chegassem de avião. De fato, em 11 viajantes que chegaram a Nova Iorque com suspeita de terem adquirido a peste, foi constatado posteriormente que eles estavam sofrendo de outras doenças. Dessa vez, os norte-americanos tiveram sorte. A vacina disponível não é totalmente efetiva, e muitos ratos tornaram-se resistentes aos melhores raticidas disponíveis. Ainda assim, tivemos, desde 2005, um total de 42 casos nos EUA.

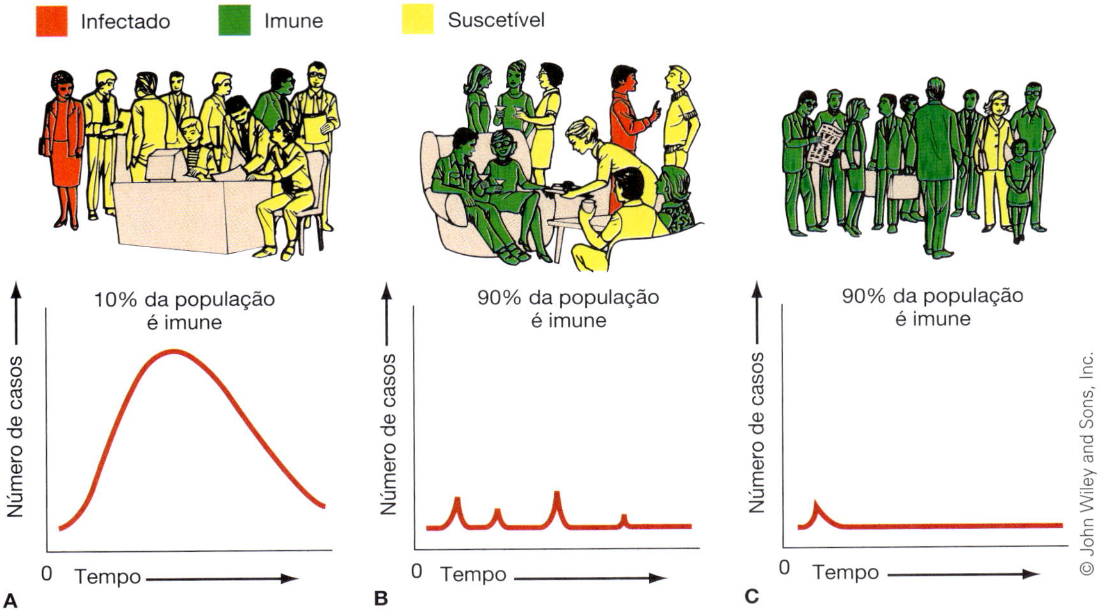


**Figura 16.13** **Imunidade de rebanho.** **A.** Quando a porcentagem de pessoas imunes em uma população é baixa, é provável que os indivíduos suscetíveis sejam expostos à doença. **B** e **C.** À medida que aumenta a porcentagem de indivíduos imunes, torna-se cada vez menos provável que um indivíduo suscetível seja exposto à doença.

É fácil constatar, então, por que os agentes de saúde pública desejam manter a imunidade de rebanho o mais alta possível, particularmente contra as doenças cíclicas comuns. Eles incentivam os pais a imunizar os filhos contra o sarampo e outras doenças transmissíveis. Em muitas cidades dos EUA, exige-se que as crianças sejam imunizadas contra o sarampo antes de seu ingresso na escola. Em consequência, cerca de 95% das crianças em idade escolar no ensino fundamental são imunes ao sarampo. Embora os alunos de ensino médio e de universidades que nunca tiveram sarampo e tampouco receberam a vacina estejam protegidos pela imunidade de grupo, muitos sistemas escolares e algumas faculdades e universidades estão exigindo a imunização contra o sarampo para todos os alunos, independentemente de sua idade.

A perda da imunidade de rebanho pode levar ao reaparecimento de uma doença. O aumento na incidência de difteria na porção da ex-União Soviética correspondente à Federação Russa deve-se, em parte, à falta de vacinação na infância. A imunidade de grupo nessas populações diminuiu. Algumas pessoas temem que a imunidade de grupo à varíola possa cair agora que a vacinação cessou, em consequência da erradicação do vírus da varíola. Se esse vírus voltasse a aparecer, poderia ser devastador – poucas pessoas estariam imunes à doença. A vacina antivariólica também proporciona uma proteção cruzada contra o vírus da varíola do macaco. A imunidade de grupo humana ao vírus da varíola do macaco também está diminuindo – o que representa um problema em algumas áreas.

**PARE e RESPONDA**

1. Forneça exemplos de um reservatório inanimado e de um veículo inanimado de transmissão.
2. Diferencie os vetores biológicos dos mecânicos.
3. O que significa imunidade de rebanho?

## Controle da transmissão de doenças

Dispõe-se atualmente de vários métodos para o controle total ou parcial das doenças transmissíveis. Esses métodos incluem o *isolamento*, a *quarentena*, a *imunização* e o *controle de vetores*.

No **isolamento**, um paciente com doença transmissível é impedido de ter qualquer contato com a população em geral. O isolamento é geralmente efetuado em um hospital. Lá, podem ser realizados procedimentos apropriados para reduzir a disseminação da doença entre indivíduos suscetíveis e evitar a sua disseminação na população em geral. Ao todo, existem sete categorias de isolamento (**Tabela 16.2**). O isolamento estrito utiliza todos os procedimentos disponíveis para evitar a transmissão de organismos ou infecções virulentas aos profissionais de saúde e visitantes. Mesmo os médicos pesquisadores que trabalham com cepas altamente patogênicas de microrganismos precisam utilizar altos níveis de isolamento e laboratórios especiais equipados para conter esses agentes (**Figura 16.14**).

A **quarentena** consiste na separação de portadores humanos ou animais "sadios" da população em geral quando foram expostos a uma doença transmissível. A quarentena evita a disseminação da doença durante o período de incubação. Embora seja um dos métodos mais antigos para controlar doenças transmissíveis, a quarentena é agora utilizada principalmente para doenças graves, como cólera e febre amarela. A quarentena difere do isolamento em dois aspectos: (1) é aplicada a indivíduos sadios que foram expostos a determinada doença durante o período de incubação, e (2) refere-se à limitação dos movimentos desses indivíduos, e não necessariamente a precauções durante o tratamento. A quarentena é agora pouco utilizada, porque é muito difícil executá-la. Para assegurar que nenhuma pessoa infectada possa disseminar uma doença, todos os indivíduos que foram expostos a ela teriam que ficar em quarentena durante o período de incubação da doença. Isso significaria, por exemplo, que todos os

**Tabela 16.2** Resumo dos procedimentos importantes de isolamento.

| Categorias de isolamento | | | | | | |
|---|---|---|---|---|---|---|
| **Estrito** | **Contato** | **Respiratório** | **Tuberculose** | **Precauções entéricas** | **Precauções com drenagem/secreção** | **Precauções com sangue e líquidos corporais** |
| ***Os visitantes precisam passar pelo posto de enfermagem antes de entrar no quarto do paciente*** | | | | | | |
| Sim | Sim | Sim | Sim | Sim | Sim | Sim |
| ***As mãos devem ser lavadas por ocasião da entrada e saída do quarto do paciente*** | | | | | | |
| Sim | Sim | Sim | Sim | Sim | Sim | Sim |
| ***Os funcionários e os visitantes devem utilizar aventais*** | | | | | | |
| Sim | Sim | Não | Sim | Apenas para contato direto com o paciente | Apenas se houver probabilidade de se sujar | Apenas se houver probabilidade de se sujar |
| ***Os funcionários e os visitantes devem utilizar máscara*** | | | | | | |
| Sim | Sim | A não ser que não seja suscetível à doença | Apenas se estiver tossindo | Não | Não | Não |
| ***Os funcionários e os visitantes devem utilizar luvas*** | | | | | | |
| Sim | Apenas para contato direto com o paciente | Não | Não | Apenas para contato direto com o paciente ou com fezes | Apenas para contato direto com o local da lesão | Apenas para contato direto com o local da lesão |
| ***Exige-se que o quarto particular permaneça com porta fechada*** | | | | | | |
| Sim | Sim | Sim | Sim | Apenas para crianças | Não | Se a higiene for precária |
| **Exemplos de doença** | | | | | | |
| Peste pneumônica, raiva, difteria, herpes-zóster disseminado, febre de Lassa, varicela, feridas por *Staphylococcus aureus* com drenagem | Dermatite não infectada grave, queimaduras não infectadas | Sarampo, caxumba, rubéola, coqueluche | Tuberculose pulmonar | Febre tifoide, cólera, salmonelose, shigelose, hepatite | Peste bubônica, gangrena gasosa, herpes localizado, sepse puerperal | AIDS, hepatite B |

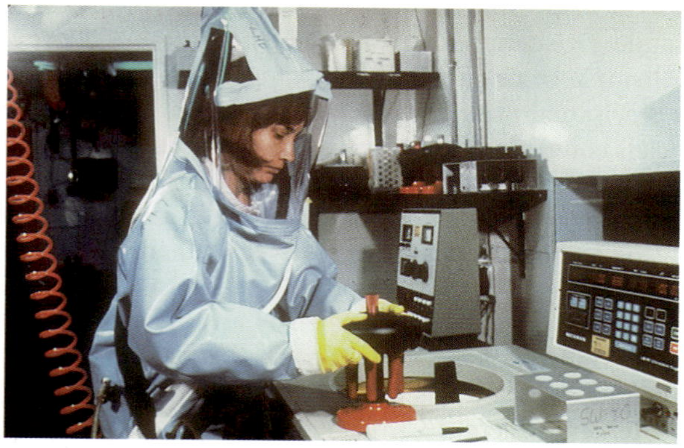

**Figura 16.14 Laboratório de biossegurança de nível 4.** Os cientistas que trabalham com microrganismos muito perigosos e, com frequência, de fácil disseminação realizam o seu trabalho em um laboratório de isolamento. Essa funcionária de laboratório encontra-se no mais alto nível de isolamento, um laboratório de biossegurança de nível 4. Precauções extremas, como o uso de sistemas de ventilação especial e o uso de "trajes espaciais", são exigidas do pessoal para evitar qualquer contato com microrganismos e impedir o escape dos microrgansimos das instalações. *(Centers for Disease Control and Prevention CDC.)*

## APLICAÇÃO NA PRÁTICA

### Vacinas deliciosas

O *Oral Vaccination Program* (EUA) utiliza uma distribuição aérea de uma vacina oral para o controle da raiva em animais selvagens. Uma dose de vacina é introduzida no centro côncavo de uma isca feita de comida para cachorro ou para peixe. A vacina é uma vacina recombinante que demonstrou ser segura e efetiva em quase 60 espécies de mamíferos e aves. Não causa raiva nos seres humanos ou em animais e produz uma resposta imunoprotetora contra infecção. Para controlar a raiva em raposas vermelhas, foi realizado um programa maciço de iscas durante vários anos em Ontário, no Canadá. Finalmente, o programa de iscas interrompeu o ciclo da raiva nas raposas vermelhas, e, até agora, foram encontrados apenas quatro casos de raiva. De acordo com as autoridades de saúde pública de Ontário, se a tendência continuar, a raiva nas raposas vermelhas será eliminada no início desta década. Programas semelhantes, dirigidos para coiotes e raposas cinzentas, estão sendo realizados nos EUA.

viajantes que retornassem aos EUA de uma região do mundo onde a cólera é endêmica teriam que ficar de quarentena por 3 dias em acomodações fornecidas nos aeroportos e portos marítimos – o que provavelmente não é uma ideia popular.

Os programas de *imunização* em grande escala constituem um meio bastante efetivo de controlar as doenças transmissíveis para as quais se dispõe de vacinas seguras. Esses programas aumentam acentuadamente a imunidade de grupo e, portanto, reduzem muito o sofrimento e as mortes em consequência de doenças infecciosas. Nos EUA, as imunizações quase erradicaram a poliomielite, o sarampo, a caxumba, a difteria e a coqueluche. Infelizmente, à medida que a incidência dessas doenças se torna muito pequena, as pessoas vão se tornando complacentes quanto à imunização. Essa complacência pode levar a uma redução suficiente da imunidade de grupo para resultar em surtos de doenças evitáveis por vacinas.

O *controle de vetores* é um meio efetivo de controlar as doenças infecciosas quando o vetor, como um inseto ou roedor, pode ser identificado e quando é possível determinar o seu hábitat, os hábitos de acasalamento e comportamento alimentar. Os locais onde um vetor vive e se acasala podem ser tratados com inseticidas ou raticidas. Telas em janelas, redes contra mosquitos, repelentes contra insetos e outras barreiras podem ser utilizados para proteger os seres humanos das picadas de vetores em sua alimentação. Infelizmente, os vetores possuem suas próprias defesas. Alguns escapam ou tornam-se resistentes aos pesticidas ou conseguem atravessar as barreiras.

Nos EUA, o controle da malária foi realizado principalmente por meio do controle dos mosquitos vetores. Consequentemente, os norte-americanos têm pouca imunidade de grupo à malária, porque a maioria nunca teve a doença. Desde a década de 1940, novos casos de malária ocorreram nos EUA, principalmente entre indivíduos infectados em outros países (Figura 16.15). Enquanto os indivíduos infectados não reintroduzirem o parasita na população de mosquitos, é muito improvável que ocorra uma epidemia de malária nos EUA, apesar da baixa imunidade de grupo. Entretanto, nesses últimos anos, trabalhadores vindos de áreas onde a malária ainda é comum levaram o parasita em direção ao norte, e a doença tornou-se endêmica em algumas partes da Califórnia. Em 2016, houve 1.665 casos de malária nos EUA.

Embora as doenças transmissíveis sejam teoricamente evitáveis, algumas ainda apresentam uma elevada incidência em algumas populações humanas. Em países com padrões de vida relativamente altos, o resfriado comum e muitas doenças sexualmente transmissíveis ocorrem com grande frequência. Em países com padrões inferiores de vida – sobretudo nos trópicos –, a prevalência da malária e de uma variedade de outras doenças, inclusive algumas quase erradicadas em outros países, é extremamente alta. E, com certeza, a AIDS tornou-se uma ameaça mundial que agora se estende além dos grupos especiais de alto risco aos quais foi inicialmente associada.

## Organizações de saúde pública

Nos EUA e em muitos outros países, a importância de controlar as doenças infecciosas e de reduzir outros riscos à saúde levou à criação de agências de saúde pública. Os departamentos de saúde das cidades e municípios fornecem imunizações, inspecionam restaurantes e depósitos de alimentos e trabalham com outras agências locais para assegurar o tratamento apropriado da água e do sistema de esgotos. Os departamentos estaduais de saúde lidam com problemas que se estendem além das cidades e municípios. Com frequência, realizam testes de laboratório, como a identificação da raiva em animais e de hepatite e toxinas na água.

### Centers for Disease Control and Prevention

Nos EUA, o governo federal comanda o U.S. Public Health Service (USPHS, serviço de saúde pública dos EUA), que tem várias divisões. Uma delas, os *Centers for Disease Control and Prevention (CDC)* em Atlanta, na Geórgia (Figura 16.16), tem como principais responsabilidades o controle e a prevenção de doenças infecciosas e de outras condições evitáveis. Entre as atividades dos CDC relacionadas com a microbiologia, destacam-se:

1. Fornecer diretrizes para a saúde e segurança no trabalho, quarentenas, medicina tropical, atividades de cooperação

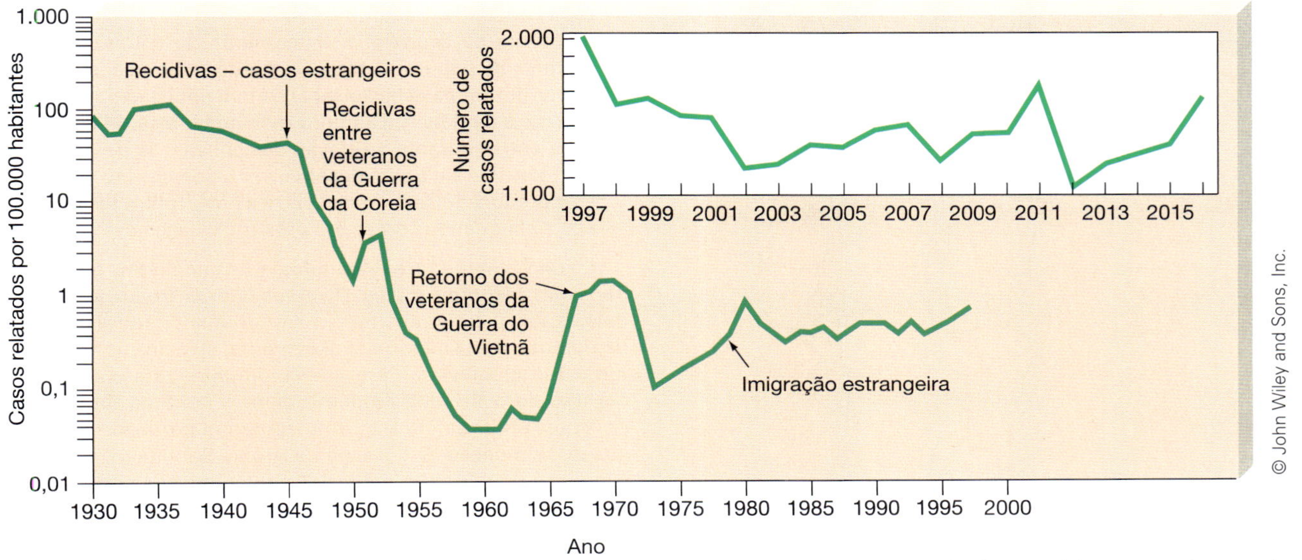


**Figura 16.15 Taxa de incidência da malária relacionada com as fontes de infecção nos EUA.** São também mostrados os números totais de casos recentes notificados aos CDC.

com agências nacionais em outros países e com agências internacionais e educação sobre saúde pública

2. Fazer recomendações à comunidade médica sobre o uso de antibacterianos, particularmente para o tratamento de doenças causadas por organismos resistentes aos antibacterianos
3. Armazenar fármacos de uso infrequente e fornecê-los aos médicos que têm pacientes com doenças parasitárias tropicais e outras doenças raramente observadas nos EUA
4. Fazer recomendações sobre a administração de vacinas – quais devem ser utilizadas, quem deve recebê-las e em que idade.

## SAÚDE PÚBLICA

### O cinturão da meningite

À semelhança de muitas outras doenças discutidas no Capítulo 15, a meningite meningocócica, que é causada por *Neisseria meningitidis*, ocorre em ciclos de aproximadamente 5 a 12 anos. Na década de 1960, foi estimada a ocorrência de 3 milhões de casos na China. Em meados de abril de 1988, os pacientes estavam sendo internados em hospitais de N'Djamena, a capital do Chade, país localizado no centro-norte da África, em uma taxa de 250 por dia. Na zona rural, milhares de outras pessoas, incapazes de alcançar locais de atendimento médico, sofriam e morriam sem ter sido contadas. Em 1989, 40.000 casos foram diagnosticados em uma epidemia na Etiópia. Em 1996, a África teve o maior surto de epidemia de meningite da história: 250.000 casos, dos quais 25.000 foram fatais. Contudo, os EUA não apresentam essas epidemias. Examinando especificamente a África, que fatores epidemiológicos fazem com que a epidemia de meningite se alastre por um amplo cinturão da África central (ver o mapa) nesses ciclos?

Quando consideram esses ciclos de vários anos, os epidemiologistas também devem levar em conta os ciclos sazonais na África. A cada ano, seja 1 ano de epidemia ou um dos anos entre essas epidemias, os surtos de meningite só ocorrem durante os meses de estação seca, de janeiro a junho. Em seguida, tão logo as chuvas começam, o número de novos casos cai para zero – para novamente aumentar no início da estação seca. Entretanto, pode-se constatar que os meningococos causadores são transmitidos durante todo o ano. Como se pode explicar a sazonalidade dos surtos de meningite?

1. *Fatores ambientais.* Os fatores ambientais de baixa umidade e calor durante a estação seca podem provocar ressecamento das membranas nasais e da garganta, tornando-as mais suscetíveis a permitir a entrada dos meningococos na corrente sanguínea.
2. *Outras doenças.* A estação seca também é a estação de maior número de resfriados, gripe e outras doenças do trato respiratório superior, que podem contribuir para a vulnerabilidade dos tecidos. Os pacientes com meningite têm 23 vezes mais tendência a adquirir infecções virais do trato respiratório superior do que a média da população. Muitos pacientes com meningite também são infectados pela bactéria *Mycoplasma hominis*.
3. *Imunidade de grupo.* Por que a oscilação sazonal não leva a uma epidemia a cada ano? Durante uma epidemia, a maior parte das pessoas em uma população desenvolve anticorpos contra a cepa prevalente da bactéria causadora. Entretanto, a cada ano, novas crianças nascem, e elas não têm essa imunidade. Por fim, a imunidade de grupo cai para um nível baixo a ponto de possibilitar a ocorrência de outra epidemia.
4. *Virulência das cepas.* Durante os anos entre as epidemias, surgem cepas mutantes. Se uma dessas novas cepas for mais virulenta do que as anteriores, ela pode dar início a uma nova epidemia. Estudos de epidemias demonstraram que habitualmente apenas uma cepa de meningococos é responsável por qualquer epidemia. Assim, a virulência da cepa constitui um fator importante.
5. *Momento de ocorrência.* O momento de entrada da cepa mutante na população também é crucial. Se a cepa mutante entrar durante a estação seca, os indivíduos expostos a ela têm mais tendência a adquirir meningite. Mas, se uma nova cepa entrar durante a estação das chuvas, as pessoas ficarão expostas a ela sem desenvolver a doença. Em vez disso, elas produzirão anticorpos contra a nova cepa e ficarão imunes a ela quando começar a próxima estação seca.

Evidentemente, a epidemiologia da meningite epidêmica não é um assunto simples. Diversos fatores atuam, e cada um deles pode exercer um efeito maior ou menor sobre um surto de determinada epidemia. Infelizmente, a vacina contra a meningite disponível confere apenas imunidade a curto prazo; ela não dura de uma epidemia para a próxima. Entretanto, pode ser utilizada durante uma epidemia para interromper a sua disseminação. O governo da Arábia Saudita exige que os islâmicos que fazem a peregrinação (conhecida como *Haje*) a Meca submetam-se à vacinação contra a meningite. No passado, surtos de meningite foram disseminados por peregrinos que retornavam.

**Figura 16.16 Quartel-general dos CDC em Atlanta, Geórgia.** *(Cortesia dos Centers for Disease Control and Prevention.)*

Os CDC realizam estudos epidemiológicos, que são publicados no *Morbidity and Mortality Weekly Report* (*MMWR*, relatório semanal de morbidade e mortalidade). Essa publicação fornece estatísticas sobre doenças específicas em várias partes dos EUA e do mundo (**Figura 16.17**). Outros relatórios periódicos dos CDC são *Recommendations and Reports* (recomendações e relatórios) e *Surveillance Summaries* (resumos de vigilância), que proporcionam uma cobertura detalhada de assuntos específicos, muitos dos quais relacionados com doenças infecciosas.

## Organização Mundial da Saúde

A *Organização Mundial da Saúde* (*OMS*) é uma agência internacional com sede em Genebra, na Suíça, que coordena e estabelece programas para melhorar a saúde em mais de 100 países-membros. Seu principal objetivo é que todas as pessoas alcancem o mais elevado nível de saúde possível. São realizadas atividades específicas por seis organizações regionais na África, no Mediterrâneo oriental, na Europa, no Sudeste Asiático, no Pacífico ocidental e nas Américas. A OMS trabalha em estreita associação com as Nações Unidas no controle das populações, no gerenciamento dos abastecimentos de alimentos e em várias outras atividades científicas e educacionais.

A OMS estabelece padrões de saúde para o controle internacional de doenças; ajuda as nações em desenvolvimento a estabelecer programas de controle e imunização efetivos; coleta, analisa e distribui dados referentes à saúde; e mantém uma vigilância sobre epidemias potenciais (dados publicados no *Weekly Epidemiological Record* – registro epidemiológico semanal – da OMS). Oferece também programas de treinamento e de pesquisa para profissionais de saúde e informações para indivíduos (**Figura 16.18**). A agência já ajudou mais de 100 países na imunização contra difteria, sarampo, coqueluche, poliomielite, tétano e tuberculose e espera erradicar finalmente o sarampo do mundo inteiro. A OMS realiza pesquisas e treinamentos para combater doenças tropicais disseminadas, como a hanseníase, a malária e várias doenças causadas por helmintos. A OMS foi fundamental na coordenação da erradicação da varíola no mundo.

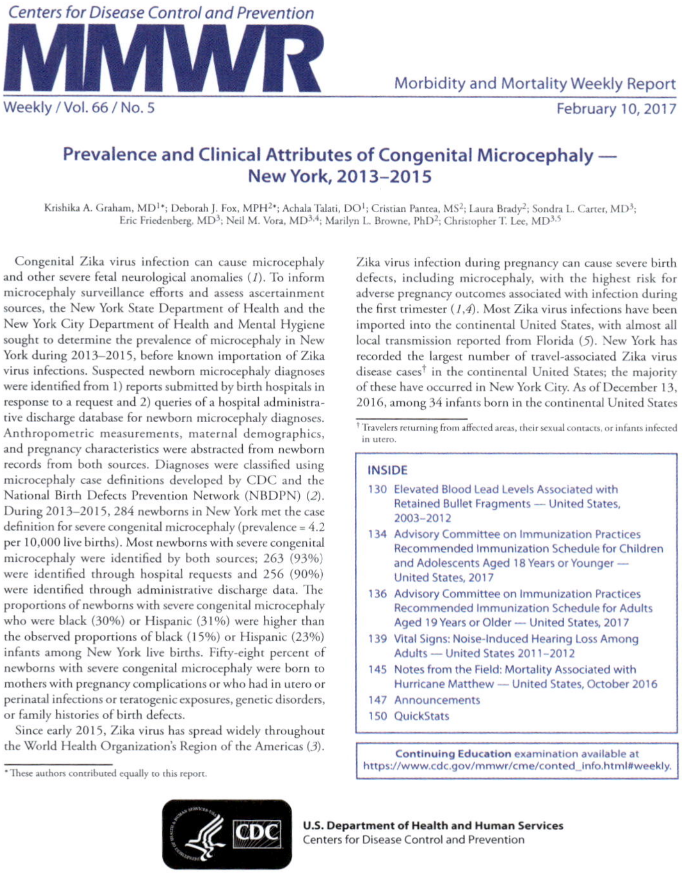

Centers for Disease Control and Prevention

MMWR

Morbidity and Mortality Weekly Report

Weekly / Vol. 66 / No. 5 February 10, 2017

**Prevalence and Clinical Attributes of Congenital Microcephaly — New York, 2013–2015**

Krishika A. Graham, MD[1*]; Deborah J. Fox, MPH[2*]; Achala Talati, DO[1]; Cristian Pantea, MS[2]; Laura Brady[2]; Sondra L. Carter, MD[3]; Eric Friedenberg, MD[3]; Neil M. Vora, MD[3,4]; Marilyn L. Browne, PhD[2]; Christopher T. Lee, MD[3,5]

Congenital Zika virus infection can cause microcephaly and other severe fetal neurological anomalies (*1*). To inform microcephaly surveillance efforts and assess ascertainment sources, the New York State Department of Health and the New York City Department of Health and Mental Hygiene sought to determine the prevalence of microcephaly in New York during 2013–2015, before known importation of Zika virus infections. Suspected newborn microcephaly diagnoses were identified from 1) reports submitted by birth hospitals in response to a request and 2) queries of a hospital administrative discharge database for newborn microcephaly diagnoses. Anthropometric measurements, maternal demographics, and pregnancy characteristics were abstracted from newborn records from both sources. Diagnoses were classified using microcephaly case definitions developed by CDC and the National Birth Defects Prevention Network (NBDPN) (*2*). During 2013–2015, 284 newborns in New York met the case definition for severe congenital microcephaly (prevalence = 4.2 per 10,000 live births). Most newborns with severe congenital microcephaly were identified by both sources; 263 (93%) were identified through hospital requests and 256 (90%) were identified through administrative discharge data. The proportions of newborns with severe congenital microcephaly who were black (30%) or Hispanic (31%) were higher than the observed proportions of black (15%) or Hispanic (23%) infants among New York live births. Fifty-eight percent of newborns with severe congenital microcephaly were born to mothers with pregnancy complications or who had in utero or perinatal infections or teratogenic exposures, genetic disorders, or family histories of birth defects.

Since early 2015, Zika virus has spread widely throughout the World Health Organization's Region of the Americas (*3*).

*These authors contributed equally to this report.

Zika virus infection during pregnancy can cause severe birth defects, including microcephaly, with the highest risk for adverse pregnancy outcomes associated with infection during the first trimester (*1*,*4*). Most Zika virus infections have been imported into the continental United States, with almost all local transmission reported from Florida (*5*). New York has recorded the largest number of travel-associated Zika virus disease cases[†] in the continental United States; the majority of these have occurred in New York City. As of December 13, 2016, among 34 infants born in the continental United States

[†] Travelers returning from affected areas, their sexual contacts, or infants infected in utero.

INSIDE

130 Elevated Blood Lead Levels Associated with Retained Bullet Fragments — United States, 2003–2012

134 Advisory Committee on Immunization Practices Recommended Immunization Schedule for Children and Adolescents Aged 18 Years or Younger — United States, 2017

136 Advisory Committee on Immunization Practices Recommended Immunization Schedule for Adults Aged 19 Years or Older — United States, 2017

139 Vital Signs: Noise-Induced Hearing Loss Among Adults — United States 2011–2012

145 Notes from the Field: Mortality Associated with Hurricane Matthew — United States, October 2016

147 Announcements

150 QuickStats

**Continuing Education** examination available at https://www.cdc.gov/mmwr/cme/conted_info.html#weekly.

**U.S. Department of Health and Human Services**
Centers for Disease Control and Prevention

**Figura 16.17** ***Morbidity and Mortality Weekly Report*** **(relatório semanal de morbidade e mortalidade) publicado pelos CDC.** Essa publicação relata tendências e casos novos e incomuns. Fornece também uma lista por estado do número de casos de doenças de notificação compulsória registrados naquela semana, o número registrado na mesma semana no ano anterior e os totais cumulativos. Disponível *online* em www.cdc.gov. *(Centers for Disease Control and Prevention CDC.)*

## Doenças de notificação compulsória

A cooperação entre as organizações de saúde estaduais e nacionais nos EUA levou ao estabelecimento de uma lista de **doenças de notificação compulsória**, que são doenças infecciosas potencialmente prejudiciais à saúde pública e que precisam ser notificadas pelos médicos.[1] A partir de 2014, 63 doenças infecciosas foram listadas como notificáveis em nível nacional (**Tabela 16.3**). Com base nas sugestões feitas pelos CDC, a cada ano o Council of State and Territorial Epidemiologists (CSTE) acrescenta ou suprime doenças da lista. Se uma doença específica demonstrar um declínio na incidência, ela pode ser removida da lista.

Embora a notificação das doenças infecciosas seja compulsória apenas em nível estadual nos EUA, o relato de doenças de notificação compulsória em nível nacional destina-se a cumprir dois objetivos: (1) assegurar que as autoridades de saúde pública tomem conhecimento de doenças que

[1]N.R.T.: A lista de doenças de notificação compulsória no Brasil encontra-se no site do Ministério da Saúde: https://www.saude.gov.br/vigilancia-em-saude/lista-nacional-de-notificacao-compulsoria.

**Figura 16.18 Algumas atividades típicas da Organização Mundial da Saúde. A.** Exames de vista para prevenção da cegueira são aplicados no alto da cordilheira dos Andes no Peru. *(Cortesia de D. Espinoza, World Health Organization.)* **B.** Uma médica assistente viaja a cavalo para tratar pacientes em aldeias distantes da China. *(Cortesia de Chang Hogen, World Health Organization.)* **C.** Barco-ambulância transportando um paciente para um hospital em Myanmar. *(Cortesia de Ko San Win, Pan American Health Organization/World Health Organization.)* **D.** Aulas de educação em saúde na Guatemala. *(Cortesia de Carlos Gaggero, Pan American Health Organization/World Health Organization.)*

comprometem a saúde das populações e (2) oferecer consistência e uniformidade na notificação compulsória dessas doenças. Nos EUA, vários tipos de informações sobre doenças de notificação compulsória estão disponíveis nos CDC, e as **Tabelas 16.4A** e **16.4B** apresentam amostras dessas informações. É sensato reconhecer que as mortes causadas por doenças infecciosas poderiam ter sido em sua maioria evitadas por meios simples e de baixo custo (Figura 16.19).

Em um levantamento realizado em 2008 pela London School of Hygiene and Tropical Medicine, constatou-se que os EUA ocupam o último lugar entre os 19 países desenvolvidos na prevenção de mortes em indivíduos com menos de 75 anos de idade que poderiam ter sido evitadas pelo acesso aos cuidados de saúde efetivos e no momento apropriado. Nos anos de 1997 e 1998, os EUA ocupavam o 15º lugar entre 19 países. O declínio coincide com um aumento da população sem seguro. Todos os outros países tiveram uma melhora substancial, exceto os EUA, apesar de terem uma despesa muito menor que a dos EUA nessa área. As mortes evitáveis nos EUA alcançaram uma taxa de 109 mortes por 100.000 pessoas. Os três primeiros países e suas taxas foram a França (64), o Japão (71) e a Austrália (71). Outros países incluídos no estudo foram Áustria, Canadá, Dinamarca, Finlândia, Alemanha, Grécia, Irlanda, Itália, Holanda, Nova Zelândia, Noruega, Portugal, Espanha, Suécia e Reino Unido – todos eles ocupando um lugar melhor do que os EUA. Se os EUA tivessem feito um trabalho tão bom quanto os três primeiros países, o país teria tido menos 101.000 mortes por ano.

## INFECÇÕES HOSPITALARES

Uma **infecção hospitalar**, ou nosocomial, é uma infecção adquirida em um hospital ou outro ambiente médico. O termo *nosocomial* deriva das palavras gregas *nosos*, que significa "doença", e *komeo*, que significa "cuidar de". As doenças nosocomiais são adquiridas durante o tratamento médico. Embora muitas dessas infecções ocorram em pacientes, as infecções adquiridas no trabalho por membros da equipe médica também são consideradas infecções nosocomiais, ou hospitalares.

Entre os pacientes internados anualmente nos hospitais norte-americanos, cerca de 2 milhões (10%) adquirem uma infecção que aumenta o risco de morte, a duração da internação

**Tabela 16.3** Doenças infecciosas de notificação compulsória nos EUA.

- Antraz
- Babesiose
- Botulismo
  - Botulismo transmitido por alimentos
  - Botulismo infantil
  - Botulismo de ferimentos
  - Botulismo, outros tipos
- Brucelose
- Campilobacteriose
- Cancroide
- Caxumba
- Ciclosporíase
- Coccidioidomicose
- Coqueluche
- Cólera
- Criptosporidiose
- Difteria
- Doença de Lyme
- Doença e infecção pelo vírus Zika
  - Doença pelo vírus Zika congênita
  - Doença pelo vírus Zika não congênita
  - Infecção pelo vírus Zika congênita
  - Infecção pelo vírus Zika não congênita
- Doença meningocócica
- Doença pneumocócica invasiva
- Doença por coronavírus associada à síndrome respiratória aguda grave
- Doenças por arbovírus, neuroinvasivas e não neuroinvasivas
  - Doenças por vírus do sorogrupo Califórnia
  - Doença pelo vírus Chikungunya
  - Doença pelo vírus da encefalite equina do leste
  - Doença pelo vírus Powassan
  - Doença pelo vírus da encefalite de St. Louis
  - Doença pelo vírus do Nilo ocidental
  - Doença pelo vírus da encefalite equina do oeste
- Erliquiose e anaplasmose
  - Infecção por *Anaplasma phagocitophilum*
  - Infecção por *Ehrlichia chaffeensis*
  - Infecção por *Ehrlichia ewingii*
  - Erliquiose/anaplasmose humana indeterminada
- *Escherichia coli* produtora de toxina Shiga
- Febre amarela
- Febre hemorrágica viral
  - Vírus da febre hemorrágica da Crimeia-Congo
  - Vírus Ebola
  - Vírus Lassa
  - Vírus Lujo
  - Vírus Marburg
  - Arenavírus do Novo Mundo – vírus Guanarito
  - Arenavírus do Novo Mundo – vírus Junin
  - Arenavírus do Novo Mundo – vírus Machupo
  - Arenavírus do Novo Mundo – vírus Sabia
- Febre maculosa por rickettsiose
- Febre Q
  - Febre Q, aguda
  - Febre Q, crônica
- Febre tifoide
- Giardíase
- Gonorreia
- *Haemophilus influenzae*, doença invasiva
- Hanseníase
- Hepatite A, aguda
- Hepatite B, aguda
- Hepatite B, crônica
- Hepatite B, infecção viral perinatal
- Hepatite C, aguda
- Hepatite C, crônica
- Infecção pelo HIV (a AIDS foi reclassificada como HIV de estágio III)
- Infecção por Chlamydia trachomatis
- Infecção por hantavírus, síndrome pulmonar não hantavírus
- Infecção por poliovírus, não paralítica
- Infecções pelo vírus da dengue
  - Dengue
  - Doença semelhante a dengue
  - Dengue grave
- Legionelose
- Leptospirose
- Listeriose
- Malária
- Mortalidade pediátrica associada à influenza
- Mortes por varicela
- Novas infecções pelo vírus influenza A
- Peste
- Poliomielite, paralítica
- Psitacose
- Raiva animal
- Raiva humana
- Rubéola
- Salmonelose
- Sarampo
- Shigelose
- *Staphylococcus aureus* de resistência intermediária à vancomicina e *Staphylococcus aureus* resistente à vancomicina
- Sífilis
  - Sífilis primária
  - Sífilis secundária
  - Sífilis latente precoce
  - Sífilis latente tardia
  - Sífilis tardia com manifestações clínicas (incluindo sífilis tardia benigna e sífilis cardiovascular)
- Sífilis congênita
  - Natimorto por sífilis
- Síndrome da rubéola congênita
- Síndrome do choque tóxico (outra que estreptocócica)
- Síndrome do choque tóxico estreptocócica
- Síndrome hemolítico-urêmica, pós-diarreica
- Síndrome pulmonar por hantavírus
- Triquinelose
- Tuberculose
- Tularemia
- Tétano
- Varicela
- Varíola
- Vibriose

*Fonte:* Centers for Disease Control and Prevention (http://www.cdc.gov/) Office of Public Health Scientific Services (OPHSS) (http://www.cdc.gov/ophss/) Center for Surveillance, Epidemiology, and Laboratory Services (CSELS) (http://www.cdc.jov/ophss/csels/) Division of Health Informatics and Surveillance (DHIS) (http://www.cdc.gov/ophss/csels/dhis/) National Notifiable Diseases Surveillance System (NNDSS) (http://www.cdc.gov/nndss/).

**Tabela 16.4A** Casos provisórios de doenças de notificação compulsória selecionadas nos EUA, semana terminada em dezembro de 2016 e 2015 (52 semanas).

| | Clamídia | | | Doença de Lyme | | | Coqueluche | | | Giardíase | | | Gonorreia | | |
|---|---|---|---|---|---|---|---|---|---|---|---|---|---|---|---|
| **Área de notificação** | **Semana em curso** | **Combinado 2016** | **Combinado 2015** | **Semana em curso** | **Combinado 2016** | **Combinado 2015** | **Semana em curso** | **Combinado 2016** | **Combinado 2015** | **Semana em curso** | **Combinado 2016** | **Combinado 2015** | **Semana em curso** | **Combinado 2016** | **Combinado 2015** |
| EUA | 7.522 | 1.456.168 | 1.526.658 | 77 | 32.436 | 38.069 | 87 | 15.737 | 20.762 | 73 | 13.719 | 14.485 | 2.323 | 421.338 | 395.216 |
| Nova Inglaterra | 33 | 52.022 | 50.762 | 2 | 4.888 | 10.109 | 4 | 875 | 723 | 2 | 1.095 | 1.151 | | 8.818 | 7.302 |
| Connecticut | | 10.532 | 13.126 | 1 | 1.382 | 2.541 | | 81 | 74 | | 267 | 215 | | 2.364 | 2.088 |
| Maine | 33 | 4.125 | 3.965 | | 1.294 | 1.201 | 3 | 243 | 281 | 1 | 115 | 116 | | 410 | 417 |
| Massachusetts | | 25.466 | 24.100 | | 176 | 4.224 | | 158 | 251 | | 533 | 678 | | 4.693 | 3.817 |
| Nova Hampshire | | 4.922 | 3.095 | | 819 | 529 | | 50 | 41 | | 100 | 102 | | 572 | 245 |
| Rhode Island | | 5.712 | 4.575 | 1 | 805 | 904 | | 71 | 27 | 1 | 80 | 40 | | 674 | 580 |
| Vermont | | 1.265 | 1.901 | | 412 | 710 | 1 | 272 | 49 | | | | | 105 | 155 |
| Atlântico Médio | 1.688 | 195.408 | 188.412 | 59 | 20.191 | 18.217 | 25 | 2.853 | 2.431 | 20 | 2.546 | 2.835 | 479 | 50.808 | 45.580 |
| Nova Jersey | 80 | 32.969 | 31.337 | 1 | 3.924 | 4.855 | | 462 | 491 | | 214 | 443 | 28 | 7.848 | 7.228 |
| Nova York (Norte) | 681 | 40.326 | 40.860 | 37 | 3.199 | 3.376 | 16 | 646 | 616 | 14 | 927 | 860 | 152 | 9.503 | 8.719 |
| Cidade de Nova York | 233 | 65.259 | 62.755 | | 868 | 938 | | 291 | 436 | 5 | 841 | 871 | 114 | 18.798 | 16.842 |
| Pensilvânia | 674 | 56.854 | 53.460 | 21 | 12.200 | 9.048 | 9 | 1.454 | 888 | 1 | 564 | 661 | 185 | 14.659 | 12.791 |
| Leste centro-norte | 556 | 210.079 | 226.089 | | 2.551 | 2.621 | 5 | 3.640 | 2.998 | | 1.796 | 1.493 | 159 | 59.751 | 57.127 |
| Illinois | | 50.951 | 69.610 | | 217 | 287 | | 899 | 718 | | | | | 13.158 | 17.130 |
| Indiana | | 30.388 | 28.886 | | 125 | 138 | | 142 | 223 | | 147 | 178 | | 9.236 | 7.843 |
| Michigan | 552 | 45.327 | 46.486 | | 180 | 148 | 5 | 424 | 475 | | 503 | 444 | 157 | 11.792 | 10.330 |
| Ohio | | 57.954 | 56.726 | | 158 | 154 | | 963 | 827 | | 388 | 383 | | 19.388 | 16.564 |
| Wisconsin | 4 | 25.459 | 24.381 | | 1.871 | 1.894 | | 1.212 | 755 | | 758 | 488 | 2 | 6.177 | 5.260 |
| Oeste centro-norte | 313 | 88.444 | 88.804 | | 323 | 2.200 | 1 | 1.481 | 2.033 | 3 | 888 | 1.487 | 193 | 26.111 | 21.257 |
| Iowa | | 12.339 | 12.085 | | 218 | 318 | | 121 | 173 | | 224 | 213 | | 2.480 | 2.247 |
| Kansas | 45 | 12.010 | 11.464 | | 39 | 23 | | 110 | 421 | | 90 | 108 | 20 | 3.286 | 2.536 |
| Minnesota | 10 | 19.535 | 21.243 | | | 1.805 | | 791 | 598 | | | 617 | 8 | 5.023 | 4.097 |
| Missouri | 149 | 29.932 | 28.948 | | 11 | 5 | | 264 | 266 | | 297 | 251 | 132 | 11.307 | 8.942 |
| Nebraska | 109 | 8.046 | 7.956 | | 14 | 11 | 1 | 143 | 515 | 3 | 118 | 131 | 33 | 2.120 | 1.703 |
| Dakota do Norte | | 2.872 | 3.159 | | 30 | 33 | | 38 | 43 | | 47 | 39 | | 888 | 684 |
| Dakota do Sul | | 3.710 | 3.949 | | 11 | 5 | | 14 | 17 | | 112 | 128 | | 1.007 | 1.048 |
| Atlântico Sul | 870 | 278.645 | 320.277 | 15 | 4.147 | 4.558 | 10 | 1.300 | 1.811 | 32 | 2.639 | 2.634 | 243 | 84.344 | 87.900 |
| Delaware | | 5.235 | 4.605 | 1 | 409 | 435 | | 15 | 20 | | 20 | 28 | | 1.662 | 1.310 |
| Distrito de Colúmbia | | 7.234 | 7.894 | | 41 | 121 | | 9 | 11 | | 7 | 121 | | 3.180 | 2.742 |
| Flórida | | 87.849 | 90.468 | 11 | 207 | 166 | 10 | 339 | 339 | 31 | 1.143 | 1.038 | | 25.691 | 24.125 |
| Geórgia | | 44.798 | 57.639 | | | 8 | | 170 | 244 | | 756 | 736 | | 14.074 | 15.982 |
| Maryland | 530 | 26.142 | 27.450 | 1 | 1.747 | 1.728 | | 127 | 134 | | 234 | 251 | 122 | 7.939 | 6.858 |

| | | | | | | | | | | | | | | | |
|---|---|---|---|---|---|---|---|---|---|---|---|---|---|---|---|
| Carolina do Norte | 2 | 45.230 | 64.376 | | 255 | 230 | | 256 | 443 | | | | | 13.845 | 19.809 |
| Carolina do Sul | 338 | 27.601 | 27.538 | | 39 | 42 | | 180 | 171 | | 125 | 125 | 121 | 8.884 | 8.206 |
| Virgínia | | 29.916 | 35.349 | 1 | 1.114 | 1.539 | | 181 | 369 | 1 | 287 | 269 | | 8.182 | 8.099 |
| Virgínia Ocidental | | 4.640 | 4.958 | 1 | 335 | 289 | | 23 | 80 | | 67 | 66 | | 887 | 769 |
| Leste centro-sul | 239 | 77.610 | 92.446 | | 93 | 104 | | 771 | 542 | 2 | 245 | 188 | 73 | 24.694 | 26.035 |
| Alabama | | 15.671 | 26.359 | | 43 | 25 | | 160 | 160 | 2 | 245 | 188 | | 4.663 | 7.195 |
| Kentucky | 239 | 17.038 | 17.444 | | 27 | 49 | | 478 | 184 | | | | 73 | 5.384 | 4.678 |
| Mississippi | | 15.508 | 17.371 | | 1 | 4 | | 2 | 12 | | | | | 5.588 | 5.775 |
| Tennessee | | 29.393 | 31.272 | | 22 | 26 | | 131 | 186 | | | | | 9.059 | 8.386 |
| Oeste centro-sul | 2.058 | 202.998 | 210.674 | 1 | 51 | 57 | 12 | 1.317 | 1.706 | 1 | 251 | 352 | 655 | 63.504 | 61.321 |
| Arkansas | 21 | 14.467 | 16.166 | | | | | 42 | 59 | 1 | 160 | 119 | 6 | 4.894 | 4.780 |
| Louisiana | 394 | 32.284 | 32.325 | | | 3 | | 35 | 55 | | 91 | 233 | 125 | 10.987 | 10.282 |
| Oklahoma | | 14.665 | 21.025 | | | | | 121 | 88 | | | | | 5.408 | 6.542 |
| Texas | 1.643 | 141.582 | 141.158 | 1 | 51 | 54 | 12 | 1.119 | 1.504 | | | | 524 | 42.215 | 39.717 |
| Região das Montanhas | 1.020 | 102.467 | 102.286 | | 59 | 41 | 3 | 1.515 | 2.798 | 6 | 697 | 1.128 | 268 | 25.673 | 21.804 |
| Arizona | 613 | 33.114 | 32.387 | | 12 | 12 | 2 | 278 | 580 | 2 | 133 | 143 | 160 | 9.579 | 8.245 |
| Colorado | 253 | 25.575 | 23.857 | | | | | 717 | 913 | | | 370 | 84 | 5.972 | 4.387 |
| Idaho | | 5.528 | 5.631 | | 16 | 9 | | 81 | 194 | 3 | 180 | 161 | | 572 | 472 |
| Montana | 37 | 4.393 | 4.184 | | 13 | 5 | | 21 | 230 | | 106 | 93 | 3 | 859 | 844 |
| Nevada | 3 | 10.204 | 12.925 | | 3 | 7 | | 6 | 112 | | 23 | 53 | | 3.185 | 3.630 |
| Novo México | 20 | 12.296 | 12.632 | | 1 | | | 134 | 242 | | 72 | 77 | 1 | 3.191 | 2.489 |
| Utah | 79 | 9.397 | 8.633 | | 14 | 7 | 1 | 206 | 498 | 1 | 157 | 196 | 99 | 2.077 | 1.562 |
| Wyoming | 15 | 1.960 | 2.037 | | | 1 | | 18 | 29 | | 26 | 35 | 1 | 238 | 175 |
| Região do Pacífico | 765 | 248.495 | 246.908 | | 133 | 162 | 27 | 1.985 | 5.720 | 7 | 3.562 | 3.217 | 253 | 77.635 | 66.890 |
| Alasca | 46 | 5.278 | 5.660 | | 15 | 9 | 1 | 144 | 105 | 1 | 81 | 94 | 11 | 1.311 | 1.113 |
| Califórnia | 114 | 189.515 | 189.170 | | 50 | 98 | | 1.098 | 3.597 | | 2.501 | 2.150 | 54 | 62.648 | 54.135 |
| Havaí | | 6.421 | 7.074 | | | | | 51 | 47 | | 38 | 38 | 1 | 1.359 | 1.239 |
| Oregon | 250 | 16.826 | 16.305 | | 55 | 31 | | 180 | 589 | 3 | 334 | 334 | 79 | 4.319 | 3.232 |
| Washington | 355 | 30.455 | 28.699 | | 13 | 24 | 26 | 512 | 1.382 | 3 | 608 | 601 | 108 | 7.998 | 7.171 |
| Territórios | | | | | | | | | | | | | | | |
| Samoa Americana | | | | | | | | | | | | | | | |
| C.N.M.I. | | | | | | | | | | | | | | | |
| Guam | | | | | | | | | 55 | | | 1 | | | |
| Porto Rico | | 7.045 | 5.295 | | | | | 11 | 10 | | 22 | 23 | | 642 | 620 |
| Ilhas Virgens Americanas | | 331 | 743 | | | | | | | | | | | 15 | 52 |

C.N.M.I.: Commonwealth of Northern Mariana Islands (Comunidade das Ilhas Marianas Setentrionais).
As contagens de casos para notificação no ano de 2016 são provisórias e sujeitas a mudanças. Para mais informações sobre a interpretação desses dados, ver http://www.cdc.gov/ncphi/disss/nndss/phs/files Provisional National % 20 Notifiable Diseases Surveillance Data 20160927.pdf. Dados para HIV/AIDS, AIDS e TB, quando disponíveis, são apresentados na Tabela IV, fornecidos trimestralmente.

**Tabela 16.4B** Casos provisórios de doenças de notificação compulsória selecionadas* raramente relatadas (< 1.000 casos notificados durante o ano anterior) – EUA, semana terminada em 31 de dezembro de 2016 (52ª semana).[†]

| Doença | Semana em curso | Comb. 2016 | Média semanal de 5 anos[†] | Total de casos relatados nos anos anteriores 2015 | 2014 | 2013 | 2012 | 2011 | Estados que relataram casos durante a semana em curso (nº) |
|---|---|---|---|---|---|---|---|---|---|
| Antraz | — | — | — | — | — | — | — | 1 | |
| Doenças por arbovírus:[¶,**] | | | | | | | | | |
| Vírus chikungunya[††] | 1 | 164 | 4 | 896 | NN | NN | NN | NN | TX (1) |
| Vírus da encefalite equina do leste | — | 6 | 0 | 6 | 8 | 8 | 15 | 4 | |
| Vírus Jamestown Canyon[§§] | — | 4 | — | 11 | 11 | 22 | 2 | 3 | |
| Vírus La Crosse[§§] | — | 34 | — | 55 | 80 | 85 | 78 | 130 | |
| Vírus Powassan | — | 13 | — | 7 | 8 | 12 | 7 | 16 | |
| Vírus da encefalite de St. Louis | — | 9 | 0 | 23 | 10 | 1 | 3 | 6 | |
| Vírus da encefalite equina do oeste | — | — | — | — | — | — | — | — | |
| Botulismo, total | — | 174 | 3 | 195 | 161 | 152 | 168 | 153 | |
| transmitido por alimentos | — | 33 | 0 | 37 | 15 | 4 | 27 | 24 | |
| do lactente | — | 118 | 3 | 138 | 127 | 136 | 123 | 97 | |
| outros (por ferimento e não especificado) | — | 23 | 0 | 20 | 19 | 12 | 18 | 32 | |
| Brucelose | — | 114 | 2 | 126 | 92 | 99 | 114 | 79 | |
| Cancroide | 1 | 10 | 0 | 11 | — | — | 15 | 8 | WA (1) |
| Cólera | — | 4 | 1 | 5 | 5 | 14 | 17 | 40 | |
| Ciclosporíase** | 2 | 488 | 2 | 645 | 388 | 784 | 123 | 151 | NYC (1), FL (1) |
| Difteria | — | — | — | — | 1 | — | 1 | — | |
| *Haemophilus influenzae*, doença invasiva (idade < 5 anos):[¶¶] | | | | | | | | | |
| sorotipo B | 1 | 22 | 1 | 29 | 40 | 31 | 30 | 14 | NY (1) |
| sorotipo não tipável | — | 136 | 5 | 175 | 128 | 141 | 115 | 93 | |
| outro sorotipo | — | 120 | 2 | 135 | 266 | 233 | 263 | 230 | |
| sorotipo desconhecido | 2 | 222 | 5 | 167 | 39 | 34 | 37 | 48 | NY (1), FL (1) |
| Doença de Hansen** | — | 41 | 2 | 89 | 88 | 81 | 82 | 82 | |
| Infecções por hantavírus:** | | | | | | | | | |
| Infecção por hantavírus (não SPH)[††] | — | 3 | — | 3 | NN | NN | NN | NN | |
| Síndrome pulmonar por hantavírus (SPH) | — | 13 | 0 | 21 | 32 | 21 | 30 | 23 | |
| Síndrome hemolítico-urêmica pós-diarreica** | — | 254 | 4 | 274 | 250 | 329 | 274 | 290 | |
| Vírus da hepatite B, infecção perinatal | — | 24 | 1 | 37 | 47 | 48 | 40 | NP | |
| Mortalidade pediátrica associada à influenza**,*** | — | 83 | 4 | 130 | 141 | 160 | 52 | 118 | |
| Leptospirose** | — | 54 | 0 | 40 | 38 | NN | NN | NN | |
| Listeriose | 9 | 648 | 14 | 768 | 769 | 735 | 727 | 870 | FL (6), AL (1), TX (1), OR (1) |
| Sarampo[†††] | — | 69 | 4 | 188 | 667 | 187 | 55 | 220 | |
| Doença meningocócica invasiva:[§§§] | | | | | | | | | |
| sorogrupo ACWY | — | 89 | 4 | 120 | 123 | 142 | 161 | 257 | |
| sorogrupo B | — | 71 | 2 | 111 | 89 | 99 | 110 | 159 | |
| outro sorogrupo | — | 14 | 1 | 21 | 25 | 17 | 20 | 20 | |
| sorogrupo desconhecido | 3 | 166 | 6 | 120 | 196 | 298 | 260 | 323 | PA (1), FL (1), WA (1), IN (1) |
| Novas infecções pelo vírus influenza A[¶¶¶] | 1 | 23 | 1 | 7 | 3 | 21 | 313 | 14 | IN (1) |
| Peste | — | — | — | 16 | 10 | 4 | 4 | 3 | |
| Poliomielite paralítica | — | — | — | — | — | 1 | — | — | |
| Infecção pelo poliovírus não paralítica | — | — | — | — | — | — | — | — | |
| Psitacose** | — | 8 | 0 | 4 | 8 | 6 | 2 | 2 | |
| Febre Q, total** | 1 | 135 | 3 | 156 | 168 | 170 | 135 | 134 | |
| aguda | 1 | 108 | 3 | 122 | 132 | 137 | 113 | 110 | FL (1) |
| crônica | — | 27 | 1 | 34 | 36 | 33 | 22 | 24 | |
| Raiva humana | — | — | 0 | 2 | 1 | 2 | 1 | 6 | |

**Tabela 16.4B** Casos provisórios de doenças de notificação compulsória selecionadas* raramente relatadas (< 1.000 casos notificados durante o ano anterior) – EUA, semana terminada em 31 de dezembro de 2016 (52ª semana).†

| Doença | Semana em curso | Comb. 2016 | Média semanal de 5 anos† | Total de casos relatados nos anos anteriores | | | | | Estados que relataram casos durante a semana em curso (nº) |
|---|---|---|---|---|---|---|---|---|---|
| | | | | 2015 | 2014 | 2013 | 2012 | 2011 | |
| SARS-CoV | — | — | — | — | — | — | — | — | |
| Varicela | — | — | — | — | — | — | — | — | |
| Síndrome do choque tóxico estreptocócico* | 1 | 215 | 6 | 335 | 259 | 224 | 194 | 168 | TN (1) |
| Sífilis congênita**** | — | 429 | 8 | 493 | 458 | 348 | 322 | 360 | |
| Síndrome do choque tóxico (estafilocócica)** | — | 28 | 1 | 64 | 59 | 71 | 65 | 78 | |
| Triquinelose** | — | 20 | 0 | 14 | 14 | 22 | 18 | 15 | |
| Tularemia | — | 200 | 2 | 314 | 180 | 203 | 149 | 166 | |
| Febre tifoide | — | 310 | 7 | 367 | 349 | 338 | 354 | 390 | |
| *Staphylococcus aureus* com resistência intermediária à vancomicina** | 1 | 95 | 3 | 183 | 212 | 248 | 134 | 82 | TX (1) |
| *Staphylococcus aureus* resistente à vancomicina** | — | — | — | 3 | — | — | 2 | — | |
| Febres hemorrágicas virais:†††† | | | | | | | | | |
| Febre hemorrágica da Crimeia-Congo | — | — | — | — | NS | NS | NS | NS | |
| Febre hemorrágica por vírus Ebola | — | — | — | — | 4 | NS | NS | NS | |
| Febre hemorrágica por vírus Guanarito | — | — | — | — | NS | NS | NS | NS | |
| Febre hemorrágica por vírus Junin | — | — | — | — | NS | NS | NS | NS | |
| Febre de Lassa | — | — | — | — | 1 | NS | NS | NS | |
| Vírus Lujo | — | — | — | — | NS | NS | NS | NS | |
| Febre hemorrágica por vírus Machupo | — | — | — | — | NS | NS | NS | NS | |
| Febre de Marburg | — | — | — | — | NS | NS | NS | NS | |
| Febre hemorrágica associada ao vírus Sabia | — | — | — | — | NS | NS | NS | NS | |
| Febre amarela | — | — | — | — | — | — | — | — | |
| Vírus Zika††,§§§ | | | | | | | | | |
| Infecção congênita pelo vírus Zika | ND | ND | ND | NN | NN | NN | NN | NN | |
| Doença pelo vírus Zika, infecção não congênita | 3 | 4,757 | — | NN | NN | NN | NN | NN | TX (3) |

–: nenhum caso relatado; N: não relatável; ND: não disponível; NN: não notificável nos EUA; NS: notificável nos EUA, mas sem dados publicados; Comb.: contagens cumulativas do ano até a data.

*As contagens de casos para o ano de 2016 são provisórias e sujeitas a mudança. Os dados para os anos de 2011 a 2015 estão concluídos. Para mais informações sobre a interpretação desses dados, ver http://wwwn.cdc.gov/nndss/document/Provisional NationaNotifiableDiseases SurveillanceData20100927.pdf.

†Essa tabela não inclui casos dos territórios norte-americanos. Três condições de baixa incidência, a rubéola, a rubéola congênita e o tétano, estão na Tabela II para facilitar a verificação da contagem de casos com notificação de jurisdições.

§Calculado pela soma das contagens de incidência para a semana em curso, as 2 semanas precedentes e as 2 semanas após a semana em curso, para um total de 5 anos precedentes. Informações adicionais estão disponíveis em http://wwwn.cdc.gov/nndss/document/5yearweeklyaverage.pdf.

¶Inclui tanto a forma neuroinvasiva quanto a não neuroinvasiva. Relatos semanais atualizados da Division of Vector-Borne Diseases, National Center for Emerging and Zoonotic Infectious Diseases (ArboNET Surveillance). Os dados para o vírus do Nilo Ocidental estão disponíveis na Tabela II.

**Não notificável em todas as jurisdições. Os dados dos estados em que a condição não é notificável foram excluídos dessa tabela, exceto para as doenças por arbovírus e mortalidade pediátrica associada à influenza. As exceções relatadas estão disponíveis em http://wwwn.cdc.gov/nndss/downloads.html.

††A aprovação pelo Office of Management and Budget da NNDSS Revision #0920-0728, em 21 de janeiro de 2016, autorizou os CDC a receber dados dessas condições. Os CDC estão no processo de solicitação de dados dessas condições (com exceção da infecção congênita pelo vírus Zika). Os CDC e os estados norte-americanos ainda estão em processo de modificação da infraestrutura técnica necessária para coletar e transmitir dados relativos às infecções congênitas pelo vírus Zika.

§§O vírus Jamestown Canyon e o vírus Lacrosse substituíram as doenças pelo sorogrupo Califórnia.

¶¶Dados para *Haemophilus influenzae* (todas as idades, todos os sorotipos) estão disponíveis na Tabela II.

***Atualização semanal da Influenza Division, National Center for Immunization and Respiratory Diseases. Desde 2 de outubro de 2016, não foi relatada nenhuma morte pediátrica associada à influenza durante a estação de 2016-17. Desde 4 de outubro de 2015, foram relatadas 89 mortes pediátricas associadas à influenza ocorridas durante a estação da influenza de 2015-16.

†††Não foi relatado nenhum caso de sarampo durante a semana em curso.

§§§Dados para a doença meningocócica (todos os sorogrupos) estão disponíveis na Tabela II.

¶¶¶Novas infecções pelo vírus influenza A são infecções humanas por vírus influenza A que diferem dos vírus influenza sazonais humanos que atualmente estão circulando. Com a exceção de uma linhagem aviária do vírus influenza A (H7N2), todas as novas infecções por vírus influenza A notificadas aos CDC desde 2011 têm sido vírus influenza variantes. As contagens totais de casos são fornecidas pela Influenza Division, National Center for Immunization and Respiratory Diseases (NCIRD).

****Atualização semanal de relatórios da Division of STD Prevention, National Center for HIV/AIDS, Viral Hepatitis, STD, and TB Prevention.

††††Antes de 2015, o National Notifiable Diseases Surveillance System (NNDSS) dos CDC não recebia dados eletrônicos sobre casos incidentes de febres hemorrágicas virais específicas; de fato, os dados eram coletados em agregado como "febres hemorrágicas virais". Iniciado em 2015, o NNDSS foi atualizado para receber dados de cada uma das febres hemorrágicas virais listadas adiante. Além dos quatro casos de Ebola diagnosticados nos EUA em 2014, seis residentes tiveram evacuação médica para os EUA para tratamento após desenvolver Ebola na África ocidental. Dos 11 casos de FHV notificados em 2014, 10 foram confirmados como vírus Ebola e 1 como febre de Lassa.

§§§§Todos os casos notificados ocorreram em viajantes que retornavam de áreas afetadas, com seus contatos sexuais ou lactentes infectados no útero.

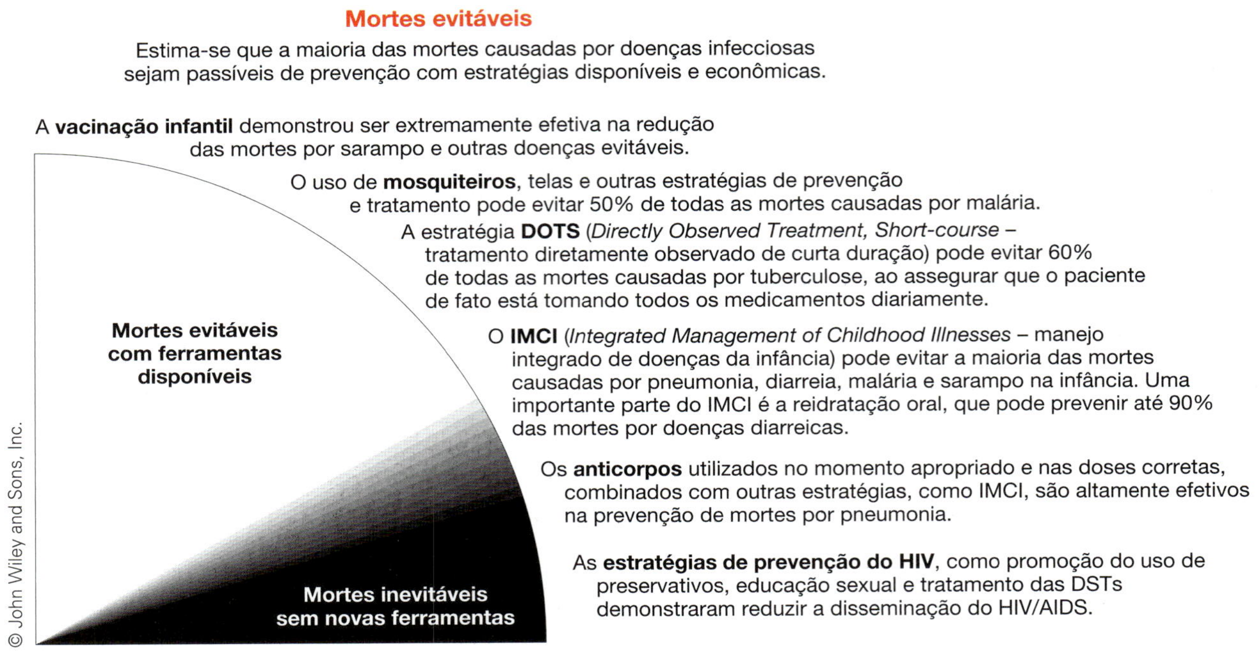


**Figura 16.19** **Mortes evitáveis.**

e o custo do tratamento em aproximadamente 5 bilhões de dólares por ano apenas em custos hospitalares. Destes, mais de 100.000 morrem anualmente das infecções hospitalares adquiridas. Curiosamente, essas infecções constituem, em grande parte, um produto dos progressos nos tratamentos médicos. Os cateteres intravenosos, urinários e outros cateteres, os exames complementares invasivos e procedimentos cirúrgicos complexos aumentam a probabilidade de entrada de patógenos no corpo. O uso intensivo de antibacterianos contribui para o desenvolvimento de cepas de patógenos resistentes. E as terapias usadas para reduzir a probabilidade de rejeição de órgãos transplantados comprometem a resposta imune aos patógenos. Apesar do risco de infecções hospitalares, os tratamentos médicos atualmente disponíveis salvam muito mais pacientes do que os que morrem dessas infecções.

## Epidemiologia das infecções hospitalares

À semelhança da epidemiologia das doenças adquiridas na comunidade, a das infecções hospitalares considera as fontes de infecção, as formas de transmissão, a suscetibilidade à infecção e a prevenção e controle. Além disso, destaca os procedimentos médicos que aumentam o risco de infecção, os locais onde as infecções ocorrem com frequência e a correlação existente entre os procedimentos e os locais de infecção.

### Fontes de infecção

As infecções hospitalares podem ser exógenas ou endógenas. As **infecções exógenas** são causadas por microrganismos provenientes do meio ambiente que entram no paciente. Esses organismos podem vir de outros pacientes, de membros da equipe hospitalar ou de visitantes. Podem ser também transmitidos por insetos (formigas, baratas, moscas) de fômites (vasos sanitários, latas de lixo) aos pacientes. Outros objetos inanimados, como o equipamento utilizado na terapia respiratória ou intravenosa, cateteres, acessórios de banheiro e sabonetes, bem como sistemas de água, também podem constituir fontes de infecções exógenas. Algumas infecções hospitalares foram atribuídas a desinfetantes, como compostos de amônio quaternário, aos quais determinados organismos são resistentes. As **infecções endógenas** são causadas por organismos oportunistas provenientes da própria microbiota normal do paciente. Os oportunistas têm mais tendência a causar infecção quando o paciente está com resistência diminuída ou quando a microbiota normal que compete com os patógenos foi eliminada por antibacterianos.

Um pequeno grupo de organismos, incluindo *Escherichia coli*, espécies de *Enterococcus*, *Staphylococcus aureus* e *Pseudomonas*, é responsável por cerca da metade de todas as infecções hospitalares (**Figura 16.20**). Esses organismos têm uma tendência particular a causar essas infecções, visto que são onipresentes (estão presentes em toda parte) e podem sobreviver fora do corpo por longos períodos. Além disso, algumas cepas desses organismos são resistentes a muitos antibacterianos; os

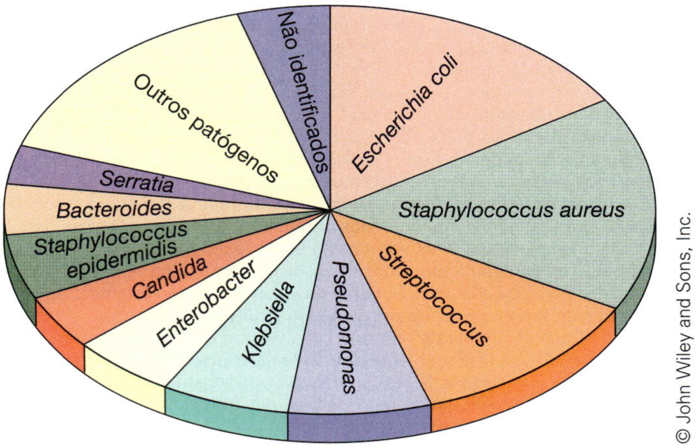


**Figura 16.20** **Agentes etiológicos comuns das infecções hospitalares.**

estafilococos resistentes à meticilina e à vancomicina e *Pseudomonas aeruginosa* resistente a carbapenéns são particularmente problemáticos.

## Suscetibilidade e transmissão

Quando comparados com a população geral, os pacientes hospitalizados são muito mais suscetíveis à infecção, isto é, são **hospedeiros comprometidos**. Muitos pacientes apresentam soluções de continuidade na pele devido a lesões, feridas (cirúrgicas e acidentais) ou úlceras de decúbito. Alguns pacientes também apresentam lesões nas membranas mucosas que revestem os sistemas digestório, respiratório, urinário ou reprodutor. A falta de integridade da pele e das mucosas proporciona um fácil acesso aos organismos infecciosos. Além disso, os pacientes estão, em sua maioria, debilitados, e a sua resistência aos organismos infecciosos é menor que a normal. Os pacientes submetidos a transplantes de órgãos recebem fármacos imunossupressores, e os pacientes com AIDS e outros distúrbios do sistema imune também apresentam resistência reduzida. Os fatores que contribuem para a resistência do hospedeiro são discutidos nos Capítulos 17 e 18.

Teoricamente, as infecções hospitalares podem ser transmitidas por todas as formas de transmissão que ocorrem na comunidade. Entretanto, a transmissão interpessoal direta entre um paciente infectado, um membro da equipe médica ou um visitante e pacientes não infectados, a transmissão indireta através de equipamentos, suprimentos e procedimentos hospitalares e a transmissão pelo ar são muito comuns nos hospitais (Figura 16.21). Alguns organismos podem ser transmitidos por mais de uma via.

## Precauções universais

Em 1988, os CDC, preocupados com a possibilidade de transmissão do vírus da AIDS no ambiente de cuidados de saúde, publicaram diretrizes para reduzir os riscos. Essas diretrizes, denominadas **precauções universais**, estão resumidas no Apêndice D. Alguns hospitais e outros estabelecimentos de saúde decidiram exercer ainda mais cautela do que a recomendada pelos CDC. A Tabela 16.5 fornece uma lista simplificada dessas precauções. As precauções universais aplicam-se a

**Tabela 16.5** Precauções universais e recomendações importantes dos CDC.

1. Usar luvas e aventais se houver *possibilidade* de sujar as mãos ou expor a pele ou as roupas a sangue ou líquidos corporais.
2. Utilizar máscaras *e* protetores para os olhos ou protetores faciais de plástico até o queixo sempre que houver *possibilidade* de respingos ou esguichos de sangue ou de líquidos corporais. Uma máscara apenas não é suficiente.
3. Lavar as mãos antes e depois do contato com o paciente e após a retirada das luvas. Trocar as luvas entre *cada* paciente.
4. Utilizar um bocal/via respiratória descartável para reanimação cardiopulmonar.
5. Descartar as agulhas ou outros objetos pontiagudos contaminados *imediatamente* em um recipiente especial para *perfurocortantes* de localização *próxima*. As agulhas *não* devem ser dobradas, cortadas ou reencapadas.
6. Limpar respingos ou derramamento de sangue ou de líquidos contaminados da seguinte maneira: (1) colocar luvas ou qualquer outra barreira necessária, (2) enxugar com toalhas descartáveis, (3) lavar com água e sabão e (4) desinfetar com solução de alvejante (hipoclorito de sódio) e água de 1:10. Deixar o alvejante na superfície durante pelo menos 10 min. A solução desinfetante não deve ser preparada com mais de 24 h de antecedência.

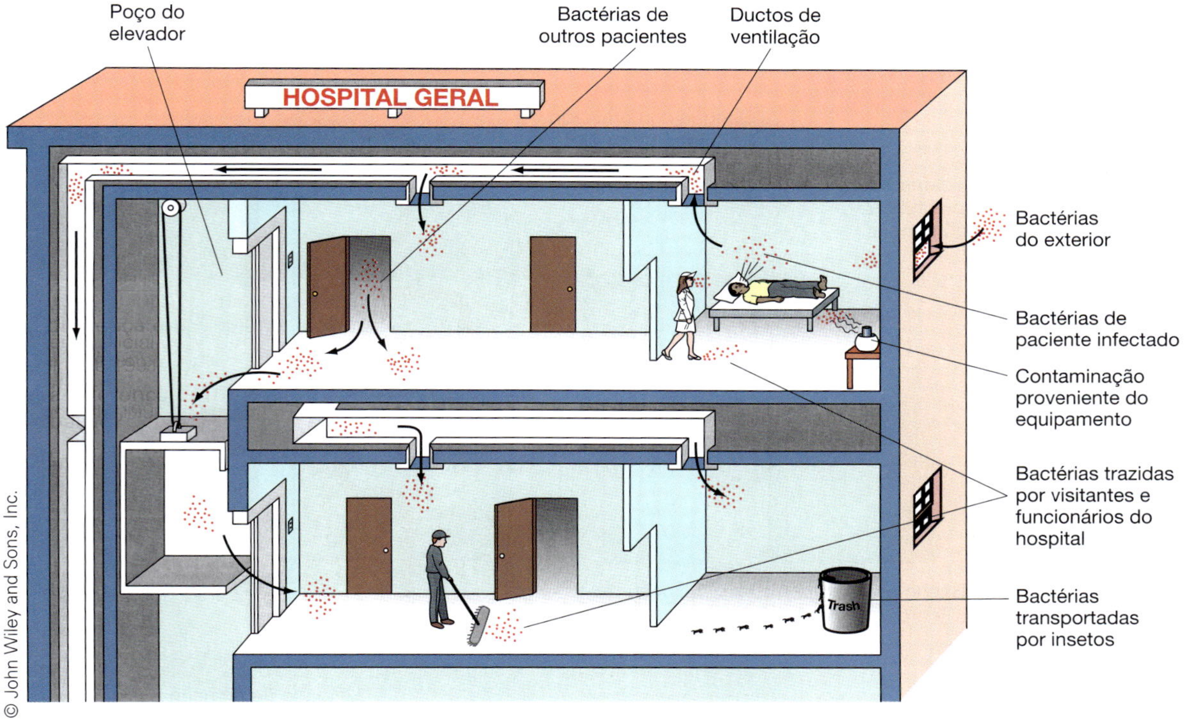




**Figura 16.21** **Formas comuns de transmissão de infecções hospitalares.**

*todos* os pacientes, e não apenas aos infectados pelos vírus que causam a AIDS ou a hepatite B – daí o termo *universal*. As precauções universais aplicam-se aos seguintes líquidos corporais: sangue, sêmen e líquidos vaginal, tecidual, cerebrospinal, sinovial (cavidade articular), pleural, peritoneal, pericárdico e amniótico. Os CDC estabeleceram que as precauções universais não se aplicam às fezes, secreções nasais, escarro, suor, lágrimas, urina e vômito, contanto que esses fluidos não contenham sangue visível. Isso não significa que não haja vírus nesses líquidos, mas que o risco de transmissão é muito baixo ou não comprovado. Por exemplo, estudos mostraram a presença do HIV em todas as amostras testadas de saliva de pacientes com AIDS. Entretanto, os níveis são tão baixos que é necessário utilizar técnicas de PCR para detectá-los (ver Capítulo 8). Os pacientes com AIDS frequentemente estão infectados por organismos causadores de outras doenças que podem estar presentes nesses líquidos. Esses organismos incluem os bacilos da tuberculose no escarro, bactérias como *Salmonella* e *Shigella*, o protozoário *Cryptosporidium* nas fezes e o herpes-vírus nas secreções orais. Assim, alguns estabelecimentos de saúde exigem que seus funcionários utilizem as precauções universais com todos os líquidos corporais.

## Equipamentos e procedimentos que contribuem para infecção

Os procedimentos cirúrgicos e o uso de equipamentos, como cateteres e dispositivos respiratórios, são os principais contribuintes para as infecções hospitalares. Uma abrasão mínima pode proporcionar um local de entrada para agentes infecciosos. As infecções podem se originar de um cateter contaminado, da limpeza inadequada do local de inserção do cateter ou do movimento de microrganismos provenientes de conexões que estão vazando. Além disso, os tubos, as conexões, os recipientes de líquidos e os próprios líquidos também podem estar contaminados.

Todos os procedimentos cirúrgicos expõem partes internas do corpo ao ar, aos instrumentos, aos cirurgiões e a outras pessoas que se encontram no centro cirúrgico, todos os quais podem estar contaminados. Esses procedimentos também podem permitir a entrada da microbiota do próprio paciente em locais onde possa produzir infecção. Por exemplo, durante uma cirurgia, as bactérias que causam pneumonia podem alcançar os pulmões a partir da faringe.

Os dispositivos respiratórios, incluindo os nebulizadores, que administram oxigênio ou ar em medicamentos para expandir as vias respiratórias nos pulmões, proporcionam um meio de disseminação profunda de microrganismos nos pulmões. Os organismos podem crescer nas cubas de reservatório dos umidificadores de vapor frio e vapor quente, e podem ser dispersos em aerossol quando o aparelho está funcionando. Desse modo, todo o equipamento respiratório deve ser desinfetado ou esterilizado diariamente e, se não for descartável, deve ser desinfetado antes de ser transferido de um paciente para outro.

Outros dispositivos e procedimentos também são responsáveis por um número menor, porém significativo, de infecções hospitalares. Por exemplo, a hemodiálise, um procedimento para remover produtos de degradação do sangue, proporciona várias maneiras de introduzir microrganismos no corpo (Figura 16.22). Os dispositivos utilizados para monitorar a pressão arterial no coração ou nos vasos de grande calibre ou a pressão do líquido cerebrospinal possuem tubos que se estendem para fora do corpo. Esses aparelhos podem ser contaminados ou podem possibilitar a introdução de organismos provenientes do paciente ou do ambiente. Os instrumentos ginecológicos inadequadamente limpos podem transmitir doenças de uma paciente para outra. Os endoscópios, que são

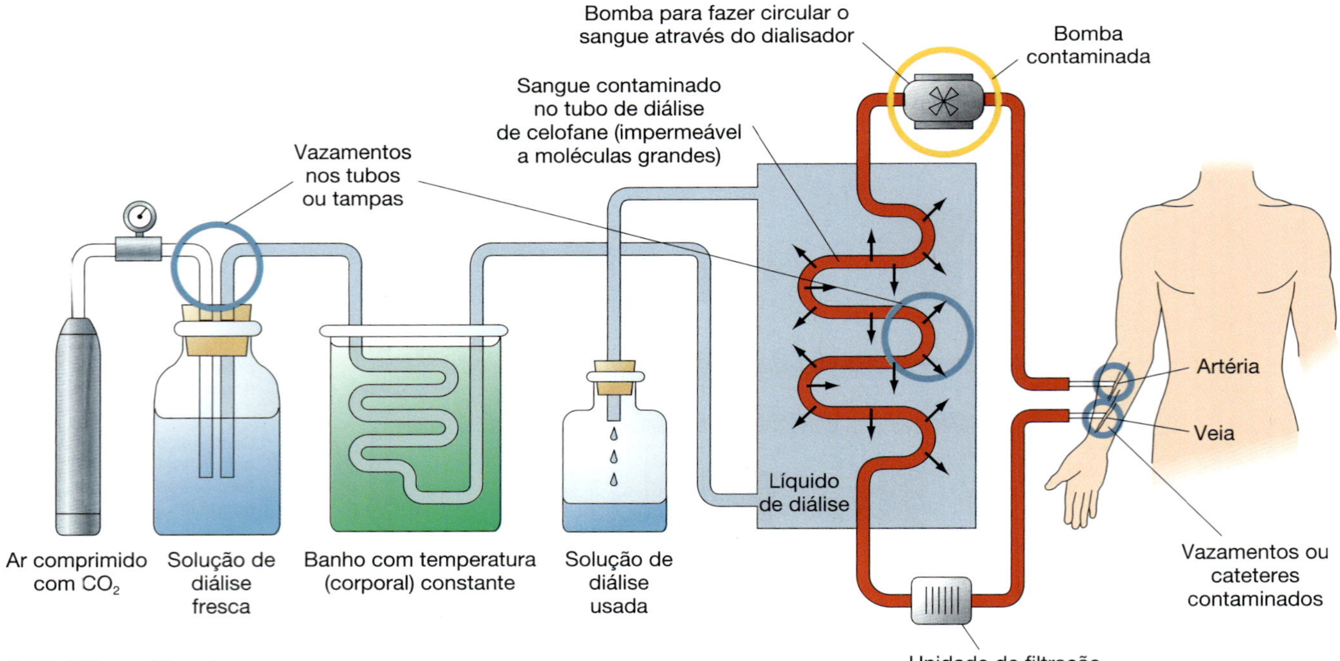




**Figura 16.22 Possíveis locais de contaminação no equipamento de hemodiálise.**

introduzidos por aberturas do corpo e utilizados para examinar o revestimento de órgãos como a bexiga, o intestino grosso, o estômago e as vias respiratórias, são difíceis de esterilizar e, portanto, podem transferir microrganismos de um paciente para outro.

Outro fator importante que contribui para as infecções hospitalares é o uso intensivo de antibióticos, particularmente nos ambientes hospitalares. O Capítulo 14 discute o modo pelo qual os antibióticos contribuem para o desenvolvimento de patógenos resistentes e como esses patógenos contribuem para as infecções hospitalares.

### Locais de infecção

Os locais de infecções hospitalares, por ordem dos mais comuns para os menos comuns, são os seguintes: sistema urinário, feridas cirúrgicas, sistema respiratório, pele (particularmente queimaduras), sangue (bacteriemia), sistema digestório e sistema nervoso central (Figura 16.23).

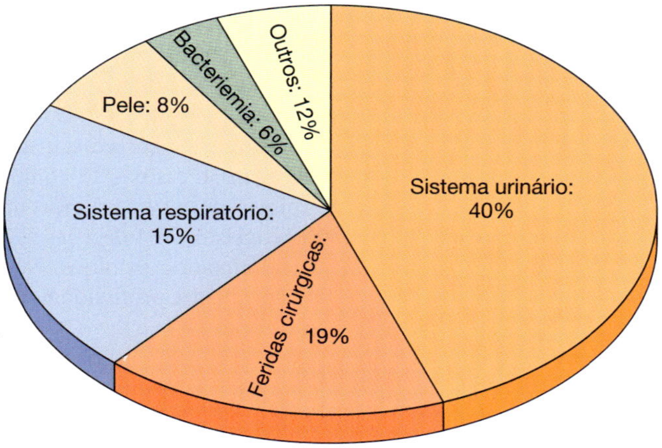



**Figura 16.23 Frequências relativas dos locais de infecções hospitalares.**

## Prevenção e controle das infecções hospitalares

O problema das infecções hospitalares é amplamente reconhecido, e quase todos os hospitais dispõem agora de programas de controle de infecções. De fato, para manter o credenciamento da American Hospital Association, os hospitais precisam ter programas que incluam vigilância das infecções hospitalares tanto nos pacientes quanto na equipe hospitalar, um laboratório de microbiologia, procedimentos de isolamento, procedimentos aceitos para uso de cateteres e outros instrumentos, procedimentos de saneamento gerais e um programa de educação em doenças hospitalares para os membros da equipe. A maioria dos hospitais tem um especialista em controle de infecções para gerenciar esse programa.

Dispõe-se de várias técnicas para evitar a introdução e a disseminação de infecções hospitalares. A lavagem das mãos é a única técnica mais importante. Médicos, enfermeiros e outros membros da equipe que lavam adequadamente as mãos com água e sabão entre seus contatos com pacientes podem reduzir acentuadamente o risco de disseminação de doença entre pacientes. O cuidado meticuloso na obtenção de equipamentos esterilizados e a manutenção de sua esterilidade durante o uso também são importantes. Além disso, o uso de luvas quando se manipulam materiais infectados, como curativos e comadres e quando se coleta sangue evita a disseminação de infecções. Além disso, conforme assinalado anteriormente, é importante evitar a infestação de insetos, como moscas, formigas ou baratas, que podem facilmente disseminar um agente infeccioso.

Outras técnicas são necessárias para reduzir o desenvolvimento de patógenos resistentes a antibacterianos. O uso rotineiro de agentes antimicrobianos na prevenção de infecções tornou-se um esforço mal orientado, visto que ele contribui para o desenvolvimento de organismos resistentes. Em consequência, alguns hospitais mantêm uma vigilância sobre o uso de antibacterianos. Os antibacterianos são usados em infecções conhecidas, mas são fornecidos profilaticamente (como medida preventiva) apenas em situações especiais. O uso profilático de antibacterianos justifica-se em procedimentos cirúrgicos, como os que envolvem o sistema digestório e o reparo de lesões traumáticas, em que o campo cirúrgico fica invariavelmente contaminado com patógenos potenciais. Seu uso também é justificado em pacientes imunossuprimidos e excessivamente debilitados, cujos mecanismos naturais de defesa podem falhar.

Se todas as técnicas conhecidas para a prevenção de infecções hospitalares fossem praticadas de maneira rigorosa, a incidência dessas infecções provavelmente poderia ser reduzida à metade do nível atual.

**PARE e RESPONDA**

1. Liste as precauções universais.
2. O que se entende por infecção hospitalar?

## BIOTERRORISMO

É triste ter de constatar a necessidade de uma seção sobre bioterrorismo neste capítulo. Enquanto os epidemiologistas estão, em sua maioria, concentrados na investigação das formas normais pelas quais as doenças são disseminadas, outros buscam estudar as maneiras pelas quais podemos nos proteger da disseminação deliberada de doenças.

Entretanto, o uso de microrganismos na guerra biológica não é algo novo. Na antiguidade, os cadáveres infectados eram atirados pelas paredes das cidades sitiadas ou despejados em poços e outras fontes de água. Algumas vezes, os gladiadores fincavam suas espadas e tridentes em cadáveres apodrecidos antes de entrar na arena. Isso assegurava a morte do oponente até mesmo por ferimentos mínimos caso eles fossem os primeiros a morrer.

Mais recentemente, em 1763, antes da revolução americana, oficiais do exército britânico colonialista deram cobertores contendo crostas de varíola aos índios norte-americanos nativos com a intenção específica de matá-los. Durante a Segunda Guerra Mundial, cientistas norte-americanos e britânicos desenvolveram milhares de bombas de antraz em 1944 para lançá-las sobre a Alemanha de Hitler. Essas bombas

## APLICAÇÃO NA PRÁTICA

### Controle de infecções na odontologia

O controle de infecções no consultório dentário tem por objetivo proteger tanto os pacientes quanto os profissionais de saúde. As práticas seguras exigem o uso de luvas de látex, proteção ocular, máscara para evitar a inalação de aerossóis (que são extensamente utilizados nas modernas brocas) e uso de equipamento esterilizado. Entre os pacientes, é preciso desinfetar todos os itens que podem ter sido contaminados com secreções orais ou com sangue. Por exemplo, a mão enluvada do dentista sai da boca do paciente, segura a lâmpada para ajustá-la, afasta a borda da bandeja de instrumentos e, em seguida, alcança o cabo da broca, deixando organismos em todos esses locais. Não é suficiente que o dentista só troque as luvas entre os pacientes – a luva limpa pode recolher organismos deixados no equipamento e transportá-los até a boca do próximo paciente. Muitos dentistas utilizam agora capas de plástico descartáveis nos cabos de regulagem da luz e em outros locais, as quais podem ser trocadas entre pacientes, ou utilizam uma lanterna de cabeça.

Em setembro de 1990, na Flórida, o dentista Dr. David Acer morreu de AIDS. Desde então, foi constatado que cinco de seus pacientes possuem exatamente a mesma cepa do vírus da AIDS que o Dr. Acer, e acredita-se que tenham contraído o vírus em seu consultório dentário. Todos os cinco pacientes não tinham nenhum outro fator de risco. Agentes dos CDC não conseguem explicar a forma possível de transmissão, porém a suspeita atual recai no cabo das brocas. Em um estudo conduzido na University of Georgia, foi constatado que as partes internas do cabo oco, que segura as brocas, as escovas de polimento e outros instrumentos, podem ficar recobertas com sangue, saliva e fragmentos de dentes. A American Dental Association recomenda a esterilização dos cabos de brocas pelo calor entre pacientes, porém esse método é inconveniente, reduz o tempo de vida de um equipamento caro e exige um maior número de cabos para utilizar com cada paciente; por essas razões, alguns dentistas não querem utilizar esse tipo de esterilização. Embora os cabos das brocas possam ser quimicamente desinfetados, isso não é suficiente para a esterilização contra o vírus da AIDS. O uso de luvas, protetores faciais e máscaras por todos os dentistas é fundamental para evitar a disseminação das infecções, porém outras medidas também são necessárias.

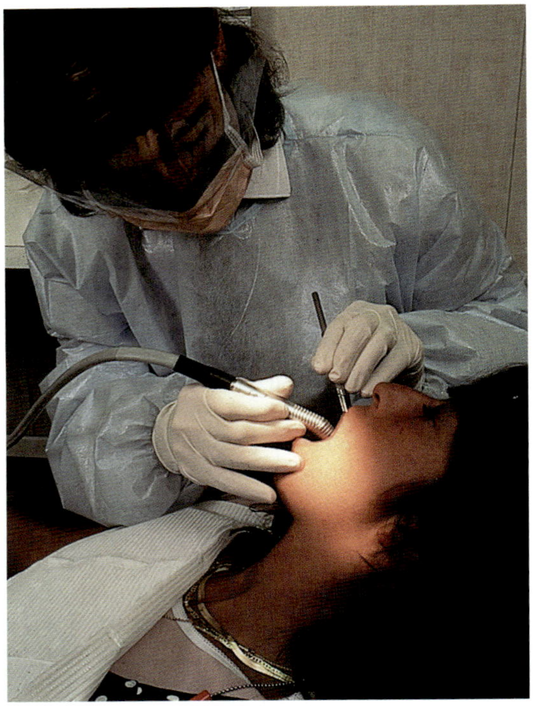

Science Source

foram testadas, mas na verdade nunca foram usadas na guerra. Em abril de 1979, um dos laboratórios soviéticos que produzia antraz nos montes Urais, em uma cidade então chamada Sverdlovsk, mas que agora voltou a ter o seu nome original de Yekaterinburg, sofreu um trágico vazamento acidental, que causou uma epidemia de antraz. Entre as vítimas, 68 morreram. Os detalhes completos desse acontecimento foram encontrados em *Anthrax, the Investigation of a Deadly Outbreak*, de autoria de Jeanne Guillemin, 1999, University of California Press.

Em 1984, no Oregon, membros de uma seita religiosa conhecida como Rajneeshees provocaram surtos de intoxicação alimentar por *Salmonella typhimurium* ao salpicar os organismos nos bufês de salada de 10 restaurantes locais, em uma clínica de repouso e até mesmo no centro médico local. Eles até mesmo chegaram a oferecer ao juiz da investigação um copo de água contendo *Salmonella*, na esperança de matá-lo. Mais detalhes desse acontecimento e de outros ataques podem ser encontrados em *Germs*, de Judith Miller *et al.*, 2001, Simon & Schuster.

Em seguida, em 2001 a 2002, ataques terroristas de antraz ao longo da costa oriental dos EUA, incluindo prédios do governo em Washington, D.C., trouxeram o bioterrorismo à atenção do público e ao reconhecimento de seu perigo. A **Tabela 16.6A** e **B** fornece um resumo das informações sobre os agentes de bioterrorismo atualmente temidos. A ricina não é microbiana, porém é um extrato obtido da mamona, *Ricinus communis*. As preparações destinadas à defesa nacional contra o bioterrorismo criaram mais questões do que respostas. O retorno da vacinação contra a varíola da população civil levantou questões de segurança. Entre 24 de janeiro e 31 de dezembro de 2003, a vacina antivariólica foi administrada a 39.213 profissionais de saúde civis. Relataram-se reações adversas que não foram graves em 712 pessoas vacinadas – exantema, febre, dor, cefaleia e fadiga. Efeitos adversos graves, incluindo dois casos de infarto do miocárdio (ataque cardíaco), afetaram 97 pessoas. Entre 578.286 militares que foram vacinados, ocorreu transferência do vírus da vacina por contato em 30 casos – 12 cônjuges, 8 contatos íntimos adultos, 8 amigos adultos e 2 crianças na mesma família –, cuja maioria (89%) consistiu em infecções não complicadas da pele, com duas (11%) afetando os olhos. Não foi relatado nenhum caso de transferência entre profissionais de saúde e seus pacientes em qualquer direção.

Entretanto, a transferência para profissionais de saúde representa um problema em outros casos. Há equipes em treinamento (**Figura 16.24**), e planos de emergência estão sendo estabelecidos. Esperamos que não tenhamos necessidade de usá-los.

**Tabela 16.6A** Agentes de bioterrorismo.

| Agente | Período de incubação | Sinais/sintomas | Testes diagnósticos | Precauções |
|---|---|---|---|---|
| Antraz | 1 a 5 dias | Febre, mal-estar, fadiga, tosse, desconforto torácico leve, sintomas de tipo resfriado/gripe. Melhora em 2 a 3 dias. Início abrupto, desconforto respiratório, choque; radiografia de tórax: alargamento do mediastino. | Cultura nasal, resp., FA, PCR, sangue – coloração de Gram, cultura, PCR, soro – ELISA Ag. | Padrão |
| Botulismo | 1 a 5 dias | Paralisia de nervos cranianos – ptose, visão turva, boca seca, disfagia, disfonia, paralisia flácida descendente com fraqueza generalizada, insuficiência respiratória. | *Swab* nasal e resp.: PCR, ELISA Ag, ensaios para toxina sérica, culturas de sangue e fezes. | Padrão |
| Brucelose | 5 a 60 dias | Febre, cefaleia, mialgias, artralgias, dor lombar, sudorese, depressão, alterações do estado mental. Achados osteoarticulares. | *Swab* nasal, cultura de secreções resp., PCR, hemocultura e PCR, cultura de medula óssea, sorologia: aglutinação. | De contato, se houver drenagem de lesões |
| Cólera | 4 h a 5 dias | Vômitos, mal-estar, cefaleia (de início precoce), cólicas abdominais, diarreia. | Cultura de fezes. | Padrão |
| Peste | 2 a 3 dias | *Pneumônica* – febre alta, cefaleia, mal-estar, tosse, hemoptise, dispneia, estridor, cianose, presença de sintomas GI.<br>*Bubônica* – febre alta, mal-estar, linfonodos dolorosos (bubões) progredindo para choque, trombose, CID ou forma pneumônica. | Cultura de *swab* nasal e resp., FA, PCR, sangue e LCS. Coloração de Gram e cultura de linfonodos – coloração de Wright ou Giemsa, ELISA Ag, cultura. | Gotículas pneumônicas |
| Febre Q | 10 a 40 dias | Febre, tosse, dor torácica pleurítica. | *Swab* nasal, escarro, sangue: cultura e PCR; soro – sorologia: ELISA, IFA. | Padrão |
| Ricina | 4 a 6 h | Febre, constrição torácica, tosse, dispneia, náuseas, artralgia. Necrose das vias respiratórias, edema pulmonar, angústia respiratória. | Secreções nasais e resp. – PCR, ELISA do soro. | Padrão |
| Varíola | 7 a 17 dias | Mal-estar, febre, vômitos, cefaleia, dor lombar; depois de 2 a 3 dias, aparecem as lesões – máculas, pápulas e pústulas (face/membros). | PCR nasal/resp., cultura viral, cultura de vírus séricos, PCR de lesões/raspagem da pele, cultura viral, micro. | Transportados pelo ar |
| Enterotoxina B estafilocócica | 1 a 6 h | Febre, calafrios, cefaleia, mialgia, tosse não produtiva, dispneia, DT retroesternal, N/V, diarreia, sepse, choque. | PCR de *swab* nasal e resp., ELISA Ag, ELISA Ag do soro e da urina. | Padrão |
| Tularemia | 2 a 10 dias | Cefaleia, febre, mal-estar. Ulceroglandular: úlcera local e linfadenopatia regional. Tifoide: DT subesternal, prostração, perda de peso. | Cultura de *swab* nasal e resp., FA, PCR, hemocultura, FA de linfonodos, sorologia – aglutinação. | Padrão |
| Micotoxicose por tricotecenos | 2 a 4 h | Dor cutânea, prurido, vesículas, necrose, hemoptise, ataxia grave, morte. | *Swab* nasal e FA resp. Detecção de toxinas no soro e nos tecidos. | Contato com descontaminação, padrão |
| Encefalite equina venezuelana | 2 a 6 dias | Febril com encefalite, calafrios, cefaleia intensa, fotofobia, mialgias, N/V, tosse, faringite, diarreia. | *Swab* nasal e RT resp., PCR, cultura viral, PCR sérica, ELISA ou inibição da hemaglutinação. | Padrão |

Precauções padrão: Utilizar equipamentos de proteção individual (EPI) (avental, luvas, máscara, protetor facial, óculos de segurança) quando em contato com sangue, todos os líquidos corporais, pele não intacta, membranas mucosas. Transmissão pelo ar: quarto de press. neg., máscara respiratória N-95. Gotículas: quarto priv. máscara cirúrgica. Contato: quarto priv., avental, luvas. Abreviaturas: Ag, antígeno; DT, dor torácica; LCS, líquido cerebrospinal; CID, coagulação intravascular disseminada; DOD, Department of Defense; ELISA, ensaio imunoabsorvente ligado a enzima; FA, anticorpo fluorescente; IF A, anticorpo imunofluorescente; GI, gastrintestinal; h, hora; NFI, novos fármacos em investigação; N/V, náuseas/vômito; PCR, reação em cadeia da polimerase; RT, transcriptase reversa PCR.

**Tabela 16.6B** Tratamento dos agentes de bioterrorismo.

| Agente | Quimioterapia | Quimioprofilaxia | Vacina | Comentário (transmissão entre seres humanos?) |
|---|---|---|---|---|
| Antraz | • Cipro 400 mg IV, a cada 8 a 12 h<br>• Doxiciclina, 200 mg IV; em seguida, 100 mg IV a cada 12 h<br>• PCN 2 milhões de unidades IV a cada 2 h<br>• Estreptomicina, 30 mg/kg/dia IM OU Gent. Crianças/mulheres grávidas: cipro, PCN, doxiciclina como 3ª escolha | • Cipro 500 mg VO, 2 vezes/dia × 4 semanas. Se o indivíduo não estiver vacinado, administrar vacina<br>• Doxiciclina 100 mg VO, 2 vezes/dia + vacina | Vacina Bioport®, 0,5 mℓ SC com 1, 2, 4 semanas, 6, 12, 18 meses e anualmente | (Não) |
| Botulismo | • Equina heptavalente DOD – antitoxina não específica de espécie para sorotipos (NFI A–G) 1 frasco IV | Vacina toxoide pentavalente tipos (A–E) | Toxoide equino heptavalente DOD para sorotipos A–E (NFI) 0,5 mℓ por via SC @ profunda, 0, 2 e 12 semanas e anualmente | Teste cutâneo antes da vacina (Não) |
| Brucelose | • Doxiciclina 200 mg/dia VO 1 Rifampicina 600 mg, 900 mg/dia VO × 6 semanas<br>• Ofloxacino 400 mg + Rifampicina 600 a 900 mg/dia × 6 semanas | Doxiciclina e rifampicina × 3 semanas | Não há disponibilidade de vacina | (Não) |
| Cólera | • Tetraciclina 500 mg a cada 6 h × 3 dias<br>• Doxiciclina 300 mg uma vez – 100 mg a cada 12 h × 3 dias*<br>• Ciprofloxacino 500 mg a cada 12 h × 3 dias | Nenhuma | Vacina Wyeth-Ayerst®, 2 doses de 0,5 mℓ IM ou SC @ 7 a 30 dias; em seguida, reforço a cada 6 meses | Quinolonas para resistência (Rara) |
| Peste | • Estreptomicina 30 mg/kg/dia IM em 2 doses fracionadas × 10 dias (ou Gent.)<br>• Doxiciclina 200 mg IV; em seguida, 100 mg IV 2 vezes/dia × 10 a 14 dias<br>• Cloranfenicol 1 g IV 4 vezes/dia × 10 a 14 dias (*) Crianças: 1ª escolha – Estrep. ou Gent., Doxiciclina, Cipro; Gravidez 1ª escolha – Gent.; em seguida, Doxiciclina, Cipro | • Doxiciclina 100 mg VO, 2 vezes/dia × 7 dias ou duração da exposição<br>• Ciprofloxacino 500 mg VO, 2 vezes/dia × 7 dias<br>• Doxiciclina 100 mg VO, 2 vezes/dia × 7 dias<br>• Tetraciclina 500 mg/dia VO × 7 dias | A vacina não está mais disponível | Cloranfenicol para a meningite causada pela peste (Sim) |
| Febre Q | • Tetraciclina 500 mg VO a cada 6 h × 5 a 7 dias<br>• Doxiciclina 100 mg a cada 12 h × 5 a 7 dias | • Tetraciclina, iniciar 8 a 12 dias pós-exposição × 5 dias<br>• Doxiciclina, iniciar 8 a 12 dias pós-exposição × 5 dias | Não disponível | (Rara) |
| Ricina | • Inalação, terapia de suporte<br>• Lavagem gástrica GI, com carvão superativado, catárticos | Nenhuma | Nenhuma vacina | (Não) |
| Varíola | Tratamento de suporte | Imunoglobulina vacínia 0,6 mℓ/kg IM (nos primeiros 3 dias após exposição, melhor em 24 h) | Vacina vacínia de linfa de bezerro Wyeth (licenciada) 1 dose por escarificação | Vacina pré e pós-exp. se decorreram > 3 anos desde a última vacina (Sim) |
| Enterotoxina B estafilocócica | Suporte ventilatório para exposição por inalação | Nenhuma | Nenhuma vacina | (Não) |
| Tularemia | • Estreptomicina 30 mg/kg IM fracionada 2 vezes/dia, 10 a 14 dias<br>• Gentamicina 3 a 5 mg/kg/dia IV × 10 a 14 dias | • Doxiciclina 100 mg VO, 2 vezes/dia × 14 dias<br>• Tetraciclina 500 mg/dia VO × 14 dias | NFI – vacina viva atenuada; 1 dose por escarificação | (Não) |
| Micotoxicose por tricotecenos | Descontaminação da pele com sabão e $H_2O$ (*avental, luvas) | Descontaminação das roupas/pele com sabão/$H_2O$ | Nenhuma vacina | (Não) |
| Encefalite equina venezuelana | Terapia de suporte: analgésicos e anticonvulsivantes | Não disponível | Vacina atenuada TC-83 VEE DOD (NFI) 0,5 mℓ × 1 VEE DOD C-84 0,5 mℓ SC até 3 doses | (Baixa) |

**IM**, intramuscular; **IV**, intravenosa; **N/V**, náuseas/vômitos; **PCN** (-unidades) penicilina; **VO**, via oral; **SC**, subcutânea.

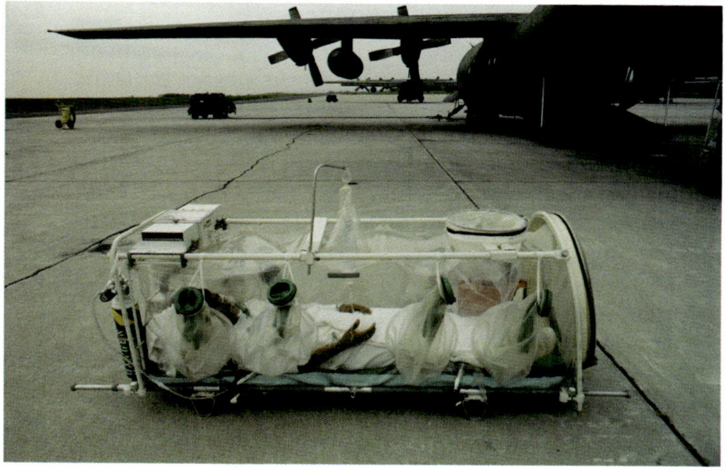

**Figura 16.24 Treinamento contra bioterrorismo.** As pessoas expostas a possíveis organismos de guerra microbiana serão isoladas em equipamentos de transporte especiais e serão encaminhadas a instalações onde os profissionais médicos estarão usando roupas protetoras e respiradores para tratá-las. *(Karen Kasmauski/NG Image Collection.)*

O público não tem muita percepção da ameaça representada pelo bioterrorismo agrícola, que afeta o suprimento de alimentos e a economia. Um estudo estimou que o custo mínimo de um surto de febre aftosa, confinada à Califórnia e cuja duração seja de apenas alguns meses, alcançaria 13 bilhões de dólares! As exportações de gado bovino, ovinos e/ou suínos iriam cair por completo, visto que os outros países iriam recusá-los. E imagine o medo das famílias norte-americanas ao se perguntar se o seu alimento é seguro. Além disso, as plantações podem ser facilmente infectadas, porque seus patógenos geralmente não infectam os seres humanos, facilitando assim o seu manuseio pelos terroristas. Entretanto, os especialistas são da opinião que os animais, mais do que as plantas, constituem os alvos mais prováveis. Os patógenos animais de alto risco incluem os que causam a febre aftosa, a influenza aviária, a cólera do porco, a doença de Newcastle de aves e o vírus Rinderpest. O governo dos EUA está apenas começando agora a fazer planos para combater o agroterrorismo.

# RESUMO

## EPIDEMIOLOGIA

### O que é epidemiologia?

- A **epidemiologia** é o estudo dos fatores e mecanismos envolvidos na disseminação das doenças em uma população
- Na descrição das doenças infecciosas, os **epidemiologistas** utilizam os termos **incidência** para referir-se ao número de novos casos em um período específico, **prevalência** para referir-se ao número de indivíduos infectados em qualquer tempo, **taxa de morbidade** para indicar o número de casos como proporção da população e **taxa de mortalidade** para indicar o número de mortes como proporção da população.

### Doenças nas populações

- Em uma **doença esporádica**, diversos casos isolados aparecem em uma população. Em uma doença **epidêmica**, aparecem muitos casos em uma população, e os pacientes são prejudicados o suficiente para criar um problema de saúde pública. As doenças que se disseminam como **surtos de fonte comum** originam-se de uma única substância contaminada, como o suprimento de água. Nas **epidemias propagadas**, as doenças se disseminam por contato interpessoal. Uma doença **pandêmica** é uma doença epidêmica que se espalhou por uma área geográfica excepcionalmente grande ou por várias áreas geográficas.

### Estudos epidemiológicos

- Os **estudos epidemiológicos** têm por objetivo aprender mais sobre a disseminação das doenças nas populações e como controlá-las
- Os métodos empregados nos estudos epidemiológicos são os métodos **descritivo**, **analítico** (retrospectivo e prospectivo) e **experimental**.

### Reservatórios de infecção

- Os **reservatórios de infecção** incluem os seres humanos, outros animais e fontes inanimadas a partir dos quais as doenças infecciosas podem ser transmitidas
- Entre os reservatórios humanos, os **portadores** frequentemente transmitem doenças. São portadores intermitentes quando liberam periodicamente os patógenos
- As doenças em reservatórios animais podem ser transmitidas por contato direto com animais ou por meio de vetores. As doenças que podem ser transmitidas naturalmente de animais para seres humanos são denominadas **zoonoses**
- Os organismos causadores de doenças em reservatórios inanimados são transmitidos pela água, pelo solo ou por resíduos.

### Portas de entrada

- As **portas de entrada** incluem a pele, as membranas mucosas que revestem vários sistemas corporais, os tecidos e a placenta.

### Portas de saída

- As **portas de saída** incluem o nariz, as orelhas, a boca, a pele e as aberturas pelas quais são eliminados os produtos dos sistemas digestório, urinário e reprodutor. Os organismos são habitualmente encontrados nos líquidos corporais ou nas fezes.

### Formas de transmissão de doenças

- A transmissão pode ocorrer por contato, por veículos ou por vetores. A **transmissão por contato direto** inclui a **transmissão horizontal** interpessoal e a **transmissão vertical** dos pais para a progênie. A **transmissão por contato indireto** ocorre por meio de **fômites** (objetos inanimados) e por gotículas. Os **veículos** de transmissão incluem a água, o ar e os alimentos. Os **vetores** de transmissão são geralmente artrópodes, que podem transmitir os agentes causadores de doença por meios mecânicos ou biológicos
- A transmissão por portadores, a transmissão das DSTs e a transmissão de zoonoses constituem problemas epidemiológicos especiais.

### Ciclos de doença

- Algumas doenças ocorrem em ciclos – ocorrem apenas alguns casos durante vários anos e, então, surgem muitos casos repentinamente.

### Imunidade de rebanho

- A **imunidade de rebanho**, ou imunidade de grupo, refere-se à imunidade desenvolvida por uma grande proporção da população, o que reduz a transmissão da doença entre indivíduos não imunes
- Uma queda na imunidade de grupo pode levar ao aparecimento súbito de casos de uma doença cíclica.

### Controle da transmissão de doenças

- Os métodos utilizados para o controle de doenças transmissíveis incluem o isolamento, a quarentena, a imunização e o controle de vetores
- Os procedimentos de **isolamento** estão resumidos na Tabela 16.2. A **quarentena** raramente é utilizada, porém ela pode evitar que indivíduos expostos infectem outras pessoas. A imunização ativa impede muitas infecções. O controle de vetores é efetivo quando estes podem ser identificados e erradicados.

### Organizações de saúde pública

- As organizações de saúde pública existem em níveis de município, de estado, federal e mundial. Essas organizações ajudam a estabelecer e a manter os padrões de saúde. Cooperam com o controle das doenças infecciosas, coletam e divulgam as informações e ajudam na educação profissional e pública.

### Doenças de notificação compulsória

- As **doenças de notificação compulsória** estão relacionadas na Tabela 16.3.

## INFECÇÕES HOSPITALARES

- Uma **infecção hospitalar**, ou nosocomial, é uma infecção adquirida no hospital ou em outro estabelecimento médico.

### Epidemiologia das infecções hospitalares

- As infecções hospitalares podem ser **exógenas** (causadas por organismos externos) ou **endógenas** (causadas por organismos oportunistas da microbiota normal). Cerca da metade é causada por apenas quatro tipos de patógenos, dos quais muitas cepas são resistentes aos antibacterianos
- A suscetibilidade do hospedeiro é um importante fator no desenvolvimento das infecções hospitalares
- Os equipamentos e procedimentos médicos, inclusive as cirurgias, são frequentemente responsáveis por infecções
- As formas de aquisição de infecções hospitalares estão ilustradas na Figura 16.21.

### Prevenção e controle das infecções hospitalares

- A maioria dos hospitais conta com um extenso programa de controle de infecções. A lavagem das mãos, o uso de luvas, a atenção rigorosa para a manutenção das condições de higiene e esterilidade, quando possível, a vigilância no uso de antibacterianos e outros procedimentos hospitalares ajudam a reduzir as infecções
- As infecções hospitalares poderiam ser reduzidas à metade se todos os procedimentos conhecidos fossem cuidadosamente seguidos em todos os estabelecimentos médicos em todos os momentos.

## BIOTERRORISMO

- Infelizmente, o bioterrorismo não é um fenômeno recente. A Tabela 16.6 fornece uma lista dos principais agentes de bioterrorismo e suas características.

## TERMOS-CHAVE

aerossol
caso-índice
doença de notificação compulsória
doença esporádica
endêmico
epidemia
epidemia propagada
epidemiologia
epidemiologista
estudo analítico
estudo descritivo
estudo epidemiológico
estudo experimental
etiologia
fômite
hospedeiro comprometido
imunidade de rebanho
incidência
infecção endógena
infecção exógena
infecção hospitalar (nosocomial)
infecção não aparente
infecção subclínica
isolamento
núcleo de gotículas
pandemia
placebo
porta de entrada
porta de saída
portador
precauções universais
prevalência
quarentena
reservatório de infecção
surto de fonte comum
taxa de morbidade
taxa de mortalidade
transmissão oral-fecal direta
transmissão oral-fecal indireta
transmissão horizontal
transmissão por contato
transmissão por contato direto
transmissão por contato indireto
transmissão por gotículas
transmissão vertical
veículo
vetor
zoonose

CAPÍTULO

# 17 Defesas Inatas do Hospedeiro

Lee D. Simon/Science Source

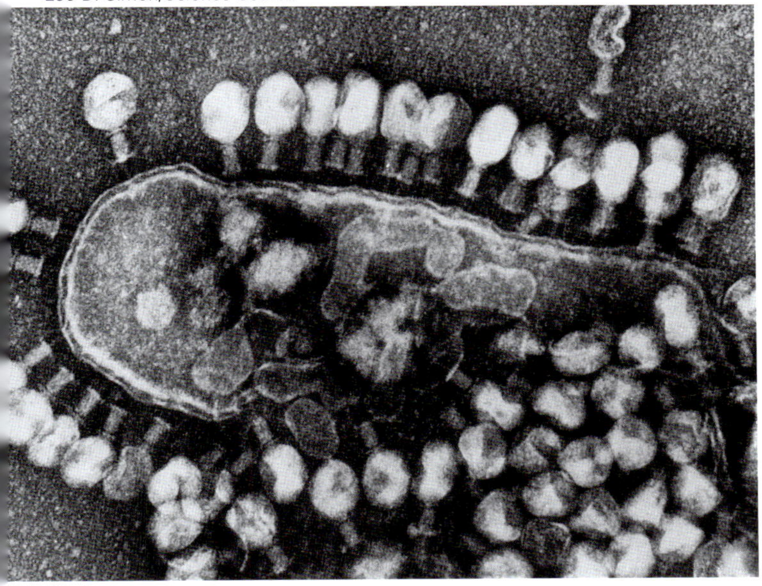

Bacteriófago atacando uma bactéria infecciosa.

## Com uma pequena ajuda de nossos amigos...

Você já pensou alguma vez nos vírus como nossos amigos? Ou sendo capazes de nos proteger contra patógenos? Bem, em 2013, fez-se uma grande descoberta – foi encontrado um novo componente de nosso sistema imune inato. Inúmeros vírus bacteriófagos estão alojados na camada de muco que cobre as membranas que revestem o intestino, passagens nasais e outras cavidades que se abrem para o exterior. Esse muco funciona como importante barreira protetora, impedindo os patógenos de alcançar o intestino e os tecidos nasais. Uma vez na superfície dos tecidos, os patógenos poderiam invadi-los, colonizá-los e causar infecção. Assim, o muco vem sendo reconhecido, há muito tempo, como parte de nosso sistema imune inato, por sua capacidade de aprisionar microrganismos e partículas indesejáveis. O que foi recentemente descoberto é a abundância de bacteriófagos presentes no muco, responsáveis por matar bactérias. O muco contém quatro vezes mais bacteriófagos do que qualquer outro local do corpo. As bactérias também se acumulam no muco quando seus flagelos se tornam inúteis para impulsioná-las nesse muco, em virtude de sua alta densidade. Os fagos aderem especificamente ao muco por meio de sua ligação a várias moléculas de açúcar ramificadas que são características do muco. Os fagos multiplicam-se no interior das bactérias, matando-as, gerando um maior número de fagos predatórios e mantendo a população bacteriana sob controle. Sem "nossos amigos", os bacteriófagos, a vida seria apenas uma infecção depois da outra – até ocorrer uma infecção fatal.

## MAPA DO CAPÍTULO

**Siga o mapa do capítulo para auxiliar na identificação dos conceitos principais do texto.**

**Podemos entender as doenças infecciosas** como uma batalha travada entre o poder dos agentes infecciosos de invadir o corpo e causar-lhe dano e o poder desse corpo de resistir a essas invasões. Nos Capítulos 15 e 16, descrevemos como os agentes infecciosos entram no corpo e o danificam e como eles saem do corpo e disseminam-se pela população. Nos próximos três capítulos, iremos considerar como o corpo resiste à invasão pelos agentes infecciosos.

Iniciaremos este capítulo fazendo uma distinção entre as defesas adaptativas e inatas. Até pouco tempo, eram denominadas **defesas específicas** e **inespecíficas**. À medida que as defesas inespecíficas foram estudadas, tornou-se evidente que elas envolviam interações muito específicas, porém não necessitavam de uma exposição prévia para serem efetivas, daí o termo *defesa inata*. Em seguida, analisaremos de modo mais detalhado os mecanismos de defesa inata para entender como funcionam na proteção do corpo contra os agentes infecciosos.

## APLICAÇÃO NA PRÁTICA

### Tome dois, mas não vinte e dois

Você conhece alguém que é usuário crônico de ácido acetilsalicílico ou ibuprofeno? Nos dias atuais, a maioria das pessoas utiliza livremente analgésicos "inócuos". Mas esses pequenos comprimidos podem ter efeitos mortais. O problema é que o ácido acetilsalicílico, o ibuprofeno e o paracetamol não são específicos o suficiente. Seus efeitos benéficos provêm de sua capacidade de bloquear permanentemente uma enzima que promove inflamação, dor e febre. Infelizmente, esses medicamentos são ainda mais efetivos na inibição permanente de uma enzima relacionada, que é necessária para a saúde do estômago e dos rins. O ácido acetilsalicílico também afeta o equilíbrio ácido-básico do corpo, o que pode levar órgãos inteiros – os rins, o fígado e o cérebro – à falência definitiva, dependendo da quantidade ingerida. Os pacientes também podem apresentar crises convulsivas e desenvolver arritmias cardíacas.

## DEFESAS INATAS E ADAPTATIVAS DO HOSPEDEIRO

Com a presença constante de patógenos potenciais, por que raramente sucumbimos a eles na doença ou na morte? A resposta é que o nosso corpo possui defesas que resistem ao ataque de muitos organismos perigosos. Somente quando a nossa resistência falha é que nos tornamos suscetíveis às infecções por patógenos.

As defesas do hospedeiro que produzem resistência podem ser adaptativas ou inatas. As **defesas adaptativas** respondem a determinados agentes, denominados *antígenos*. Os vírus e as bactérias patogênicas possuem moléculas no seu interior ou em sua superfície que atuam como antígenos. As defesas adaptativas respondem então a esses antígenos pela produção de proteínas denominadas *anticorpos*. O corpo humano tem a capacidade de produzir milhões de diferentes anticorpos, cada um deles efetivo contra um antígeno específico. As respostas adaptativas também envolvem a ativação dos *linfócitos*, que são células específicas do sistema imune. Esses anticorpos e as respostas celulares são mais efetivos contra invasões subsequentes pelo mesmo patógeno do que contra invasões iniciais, devido à existência de células de memória. O Capítulo 18 trata especificamente dessas respostas adaptativas e de outras defesas adaptativas do sistema imune.

No caso de muitas ameaças ao bem-estar de um indivíduo, as defesas adaptativas não precisam ser acionadas, visto que o corpo está adequadamente protegido pelas suas **defesas inatas** – as que atuam contra qualquer tipo de agente invasor. Com frequência, essas defesas executam a sua função antes da ativação dos mecanismos de defesa adaptativa do corpo. Entretanto, a ação do sistema inato é necessária para ativar as respostas do sistema adaptativo. As defesas inatas incluem as seguintes:

1. *Barreiras físicas* como a pele e as membranas mucosas, bem como as substâncias químicas que elas secretam.
2. *Barreiras químicas*, incluindo substâncias antimicrobianas presentes nos líquidos corporais, como a saliva, o muco, o suco gástrico e os mecanismos de limitação do ferro.
3. *Defesas celulares*, que consistem em determinadas células que englobam (fagocitam) os microrganismos invasores.
4. *Inflamação*, que consiste em eritema, edema e elevação da temperatura dos tecidos nos locais de infecção.
5. *Febre*, isto é, a elevação da temperatura corporal para matar os agentes invasores e/ou inativar seus produtos tóxicos.
6. *Defesas moleculares*, como a interferona e o complemento, que destroem ou prejudicam os microrganismos invasores.

As barreiras físicas e determinadas barreiras químicas operam para impedir a entrada dos patógenos no corpo. As outras defesas inatas (defesas celulares, inflamação, febre e defesas moleculares) atuam para destruir os patógenos ou para inativar os produtos tóxicos que conseguiram entrar, ou para impedir que os patógenos possam causar dano a outros tecidos. Entretanto, a hiperatividade das respostas imunes pode causar doenças, como os problemas autoimunes observados no lúpus, na artrite reumatoide e em outras condições (ver Capítulo 18). A atividade insuficiente deixará o hospedeiro aberto à infecção maciça (sepse), levando à morte. É necessário haver um delicado equilíbrio. As defesas inatas servem como *primeira linha de defesa* do corpo contra patógenos. As defesas adaptativas representam a *segunda linha de defesa*. Iremos agora analisar cada uma das defesas inatas, e discutiremos as defesas adaptativas no Capítulo 18.

Um antibacteriano natural, a beta-defensina-2 humana, oculta-se na pele humana e, quando induzido, pode matar os patógenos efetuando perfurações na membrana bacteriana.

## BARREIRAS FÍSICAS

A pele e as membranas mucosas protegem o nosso corpo e órgãos internos contra lesões e agentes infecciosos. Essas duas barreiras físicas são constituídas de células que revestem a superfície do corpo e que secretam substâncias químicas, tornando essas superfícies difíceis de penetrar e inóspitas aos patógenos. A **pele**, por exemplo, não apenas fica exposta diretamente aos microrganismos e a substâncias tóxicas, como também está sujeita a objetos que a tocam e causam atritos e laceração. A luz

## APLICAÇÃO NA PRÁTICA

### Alguém quer catarro?

Lembra-se daquele muco espesso e viscoso que expectorou na última vez que teve resfriado? Coisa bem nojenta. E ainda mais repugnante quando você pensa nas toneladas de microrganismo que seu corpo aprisionou com ele. Com barreiras como esta, como os microrganismos causadores da gripe conseguem infectar o seu sistema respiratório? Infelizmente, alguns organismos desenvolveram maneiras de atravessar essa barreira de muco. Por exemplo, o vírus influenza possui uma molécula de superfície que possibilita a sua firme aderência às células da membrana mucosa. Os cílios não conseguem varrer os vírus que se fixaram. Como outro exemplo, o organismo causador da gonorreia possui moléculas de superfície que também permitem a sua ligação às células da membrana mucosa no sistema urogenital. Com microrganismos engenhosos como estes, ainda bem que o nosso corpo possui defesas que ficam à espreita para atacar quaisquer organismos que consigam atravessar as barreiras físicas do corpo.

solar, o calor, o frio e os produtos químicos podem causar dano à pele. Lacerações, arranhões, picadas de insetos, mordidas de animais, queimaduras e outras feridas podem romper a continuidade da pele, tornando-a vulnerável à infecção.

Além da pele, uma **membrana mucosa** ou, simplesmente, *mucosa*, cobre os tecidos e os órgãos da cavidade do corpo que estão expostos ao meio exterior. Assim, as membranas mucosas constituem outra barreira física que dificulta a invasão dos sistemas orgânicos internos por patógenos. Esse muco contém os numerosos bacteriófagos mencionados na abertura deste capítulo.

Os pelos e o muco da cavidade nasal e do sistema respiratório proporcionam barreiras mecânicas contra microrganismos invasores. A tosse e o espirro, como atividades reflexas físicas de "lavagem", também funcionam como barreiras mecânicas. De modo semelhante, o vômito e a diarreia atuam para eliminar os microrganismos nocivos e seus produtos químicos do sistema digestório. As lágrimas e a saliva também eliminam as bactérias dos olhos e da boca. De modo semelhante, o fluxo urinário é importante para a remoção dos microrganismos que entram no sistema urinário. As infecções do sistema urinário são particularmente comuns entre indivíduos que não conseguem esvaziar por completo a bexiga ou que não o fazem com frequência suficiente.

## BARREIRAS QUÍMICAS

Existem diversas barreiras químicas que controlam o crescimento dos microrganismos. As glândulas sudoríparas da pele produzem um líquido aquoso-salgado. O elevado teor de sal do suor inibe o crescimento de muitas bactérias. Tanto o suor quanto o sebo produzido pelas glândulas sebáceas na pele constituem secreções com pH ácido, que inibe o crescimento de numerosas bactérias. O pH muito ácido do estômago constitui uma importante forma de defesa inata contra patógenos intestinais. A lisozima, uma enzima presente nas lágrimas, na saliva e no muco, cliva a ligação covalente entre os açúcares no peptidoglicano; desse modo, as bactérias gram-positivas são particularmente suscetíveis à ação de destruição dessa enzima (ver Capítulo 20). A transferrina, uma proteína presente no plasma sanguíneo, liga-se ao ferro livre presente no sangue. As bactérias necessitam de ferro como cofator para algumas enzimas. A ligação do ferro pela transferrina inibe o crescimento de bactérias na corrente sanguínea. Uma proteína semelhante, a lactoferrina, que é encontrada na saliva, no muco e no leite, também se liga ao ferro, inibindo o crescimento das bactérias. Pequenos peptídios denominados *defensinas*, presentes no muco e no líquido extracelular, constituem um grupo de moléculas capazes de matar os patógenos pela produção de poros em suas membranas ou inibição de seu crescimento por outros mecanismos.

## DEFESAS CELULARES

Embora as barreiras físicas de defesa realizem um excelente trabalho em manter os microrganismos fora do nosso corpo, nós constantemente sofremos pequenas rupturas nessas barreiras. Um corte com papel, a rachadura da pele seca ou até mesmo a escovação dos dentes podem temporariamente romper as defesas físicas e possibilitar a entrada de alguns microrganismos no sangue ou no tecido conjuntivo. Entretanto, sobrevivemos a esses ataques diários, visto que as defesas celulares constantemente presentes podem matar os microrganismos invasores ou removê-los do sangue ou dos tecidos.

Quando a pele apresenta solução de continuidade por qualquer tipo de traumatismo, os microrganismos do meio ambiente podem entrar na ferida. O sangue que flui da ferida ajuda a remover os microrganismos. A contração subsequente dos vasos sanguíneos lesionados e a coagulação do sangue ajudam a vedar a área danificada até que possa ocorrer reparo mais permanente. Entretanto, se os microrganismos entrarem no sangue através de um corte na pele ou através de abrasões nas membranas mucosas, os mecanismos de defesa celular entram em ação.

### Células de defesa

Os mecanismos de defesa celular utilizam células especiais para esse propósito encontradas no sangue e em outros tecidos do corpo. O sangue consiste em cerca de 60% de líquido, denominado **plasma**, e em 40% de **elementos figurados** (células e fragmentos celulares). Os elementos figurados são constituídos pelos **eritrócitos** (hemácias), **plaquetas** e **leucócitos** (Figura 17.1 e Tabela 17.1). Todas essas células originam-se de *células-tronco pluripotentes* – células que formam um suprimento contínuo de células sanguíneas – na medula óssea. As plaquetas, que são fragmentos de vida curta de células grandes denominadas *megacariócitos*, constituem importantes componentes do mecanismo da coagulação sanguínea.

Os leucócitos são células de defesa importantes nas defesas tanto adaptativas quanto inatas do hospedeiro. Essas células são classificadas em dois grupos – granulócitos e agranulócitos – de acordo com suas características celulares e padrões de coloração com corantes específicos.

#### Granulócitos

Os **granulócitos** possuem citoplasma granular e um núcleo lobulado de formato irregular. Os granulócitos originam-se

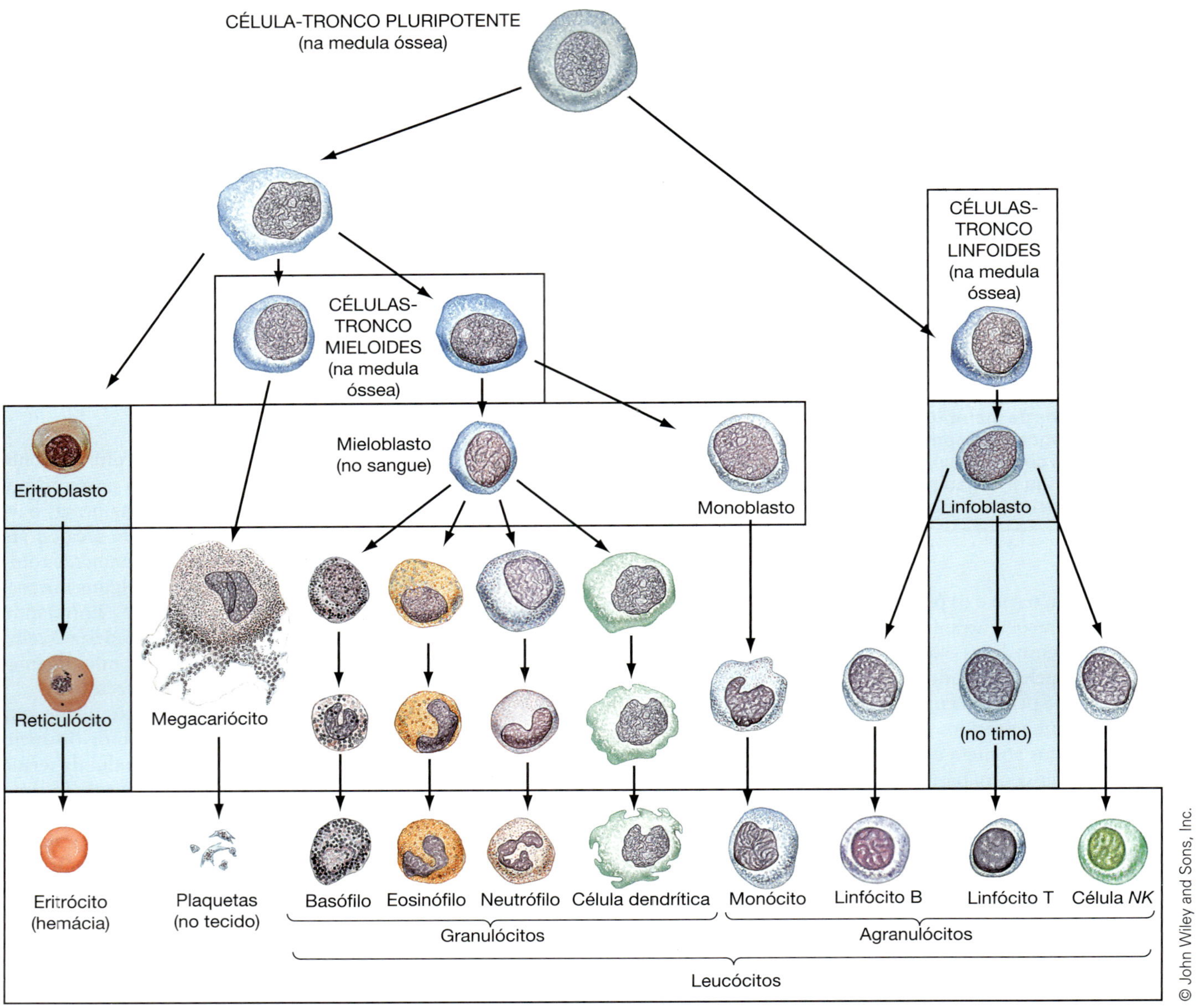


**Figura 17.1 Elementos figurados (celulares) do sangue.** Esses elementos originam-se de células-tronco pluripotentes (células que formam um suprimento inesgotável de células sanguíneas) na medula óssea. As células-tronco mieloides diferenciam-se em vários tipos de leucócitos, denominados granulócitos e agranulócitos. As células-tronco linfoides diferenciam-se em linfócitos B (células B), linfócitos T (células T) e células *natural killer* (células *NK*).

de *células-tronco mieloides* na medula óssea (do termo grego *myelos*, que significa "medula"). Os granulócitos incluem os basófilos, os mastócitos, os eosinófilos e os neutrófilos, que se diferenciam uns dos outros pela forma de seus núcleos celulares e pelas reações tintoriais com corantes específicos. Os **basófilos** liberam *histamina*, uma substância química que ajuda a iniciar a resposta inflamatória. Os **mastócitos**, que prevalecem no tecido conjuntivo e ao longo dos vasos sanguíneos, também liberam histamina e estão associados a alergias. Os **eosinófilos** estão presentes em grande número durante as reações alérgicas (ver Capítulo 18) e as infecções por helmintos. Essas células também podem desintoxicar o corpo de substâncias estranhas e ajudam a desativar as reações inflamatórias por meio da liberação de enzimas que degradam a histamina presentes em seus grânulos. Os **neutrófilos**, também denominados *leucócitos polimorfonucleares* (LPMNs), protegem o sangue, a pele e as membranas mucosas contra a infecção. Essas células são fagocitárias e respondem rapidamente sempre que houver lesão tecidual. Os grânulos contêm mieloperoxidases, capazes de produzir substâncias citotóxicas com a propriedade de matar bactérias e outros patógenos fagocitados. As **células dendríticas** (CDs) (Figura 17.2) são células com longas extensões da membrana, que se assemelham aos dendritos das células nervosas, daí o seu nome. Essas células são fagocitárias e, como veremos no Capítulo 18, estão envolvidas em iniciar a resposta de defesa adaptativa. As células dendríticas na pele, conhecidas como células de Langerhans, produzem imunotolerância às bactérias benéficas, impedindo uma reação excessiva do nosso sistema imune.

A massa combinada de todos os linfócitos em nosso corpo é aproximadamente igual à massa do encéfalo ou do fígado.

**Tabela 17.1** Elementos figurados do sangue de adultos sadios.

| Elemento | Número normal (por microlitro*) | Tempo de vida | Funções |
|---|---|---|---|
| **Eritrócitos** | | 120 dias | Transportam o oxigênio dos pulmões até os tecidos; transportam o dióxido de carbono dos tecidos até os pulmões |
| Homem adulto | 4,6 a 6,2 milhões | | |
| Mulher adulta | 4,2 a 5,4 milhões | | |
| Recém-nascido | 5,0 a 5,1 milhões | | |
| Leucócitos | 5.000 a 9.000 | Horas a dias | |
| **Granulócitos** | | | |
| Células dendríticas | | | Fagocíticas, apresentação do antígeno nos linfonodos |
| Neutrófilos | 50 a 70% dos leucócitos totais | | Fagocíticos; contêm substâncias químicas oxidativas para matar os microrganismos internalizados |
| Eosinófilos | 1 a 5% dos leucócitos totais | | Liberam substâncias químicas defensivas para provocar dano aos parasitas (helmintos); fagocíticos |
| Basófilos | 0,1% dos leucócitos totais | | Liberam histamina e outras substâncias químicas durante a inflamação; responsáveis pelos sintomas alérgicos |
| **Agranulócitos** | | | |
| Monócitos | 2 a 8% dos leucócitos totais | | Nos tecidos, desenvolvem-se em macrófagos, que são fagocíticos |
| Linfócitos | 20 a 50% dos leucócitos totais | Dias a semanas | Essenciais para as defesas imunes específicas do hospedeiro; produção de anticorpos |
| **Plaquetas** | 250.000 a 300.000 | 5 a 9 dias | Coagulação sanguínea |

*1 microlitro ($\mu\ell$) = 1 $mm^3$ = 1/1.000.000 $\ell$.

## Agranulócitos

Os **agranulócitos** não têm grânulos no citoplasma e possuem núcleo arredondado. Essas células incluem os monócitos e os linfócitos. Os **monócitos** originam-se de células-tronco mieloides, enquanto os **linfócitos** derivam de *células-tronco linfoides*, também na medula óssea. Os linfócitos contribuem para a imunidade adaptativa do hospedeiro. Eles circulam no sangue e são encontrados em grandes números nos linfonodos, no baço, no timo e nas tonsilas.

Os neutrófilos e os monócitos são componentes extremamente importantes nas defesas inatas do hospedeiro. São células fagocitárias ou *fagócitos*.

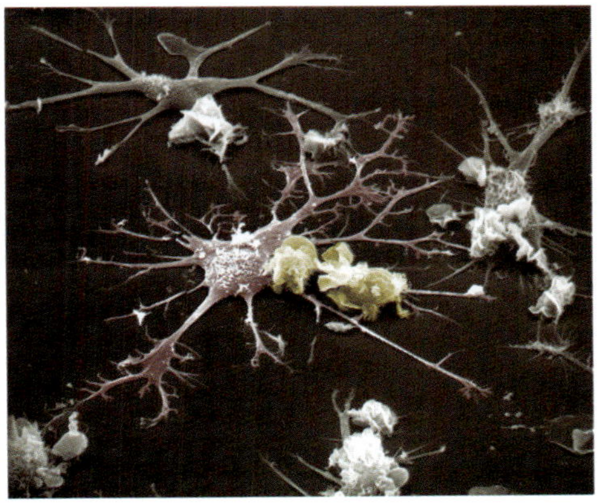

**Figura 17.2 Célula dendrítica.** *(Marion Schneider, University Hospital Ulm, Alemanha.)*

## Fagócitos

Os **fagócitos** são células que literalmente comem (dos termos gregos *phago*, que significa "alimentar-se", e *cyte*, que significa "célula") ou englobam outros materiais. Patrulham ou circulam através do corpo, destruindo células mortas e restos celulares que precisam ser constantemente removidos do corpo à medida que as células morrem e são substituídas. Os fagócitos também protegem a pele e as membranas mucosas contra a invasão por microrganismos. Essas células, por estarem presentes em muitos tecidos, são as primeiras a atacar os microrganismos e outros materiais estranhos nas portas de entrada, como feridas na pele ou nas membranas mucosas. Se alguns microrganismos escaparem da destruição na porta de entrada e tiverem acesso aos tecidos mais profundos, os fagócitos que circulam no sangue ou na linfa deflagram um segundo ataque contra eles.

Os neutrófilos são continuamente liberados da medula óssea para manter uma população circulante estável. Um adulto possui, a qualquer momento, cerca de 50 bilhões de neutrófilos circulantes. Se ocorrer alguma infecção, são habitualmente os primeiros a chegar ao local, porque migram rapidamente para o local da infecção. Por serem fagócitos ávidos, os neutrófilos são os melhores na inativação de bactérias ou outras partículas pequenas. Não têm a capacidade de sofrer divisão

Os neutrófilos são liberados no sangue pela medula óssea, circulam por 7 a 10 horas e, em seguida, migram para os tecidos, onde vivem por cerca de 3 dias.

celular e estão "programados" para morrer depois de apenas 1 ou 2 dias. Além disso, são destruídos no processo de matar os microrganismos e formam pus.

Os monócitos migram da medula óssea para o sangue. Quando essas células passam do sangue para dentro dos tecidos, sofrem uma série de mudanças celulares, amadurecendo em macrófagos. Os **macrófagos** são os "grandes comedores" (do termo grego *macro*, que significa "grande"), que destroem não apenas os microrganismos, mas também partículas maiores, como restos deixados por neutrófilos que morreram após a ingestão de bactérias. Embora os macrófagos levem mais tempo do que os neutrófilos para alcançar o local da infecção, eles chegam em maior número.

Os macrófagos podem ser fixos ou errantes. Os *macrófagos fixos* permanecem estacionados nos tecidos e recebem diferentes nomes, dependendo do tecido onde residem (Tabela 17.2). Os *macrófagos errantes*, à semelhança dos neutrófilos, circulam no sangue, migrando para os tecidos na presença de microrganismos ou outros materiais estranhos (Figura 17.3). Diferentemente dos neutrófilos, os macrófagos podem viver durante meses ou anos. Como estudaremos no Capítulo 18, além de desempenhar um papel inespecífico nas defesas do hospedeiro, os macrófagos também são essenciais para as defesas específicas do hospedeiro.

## Processo da fagocitose

Os fagócitos digerem e, em geral, destroem os microrganismos invasores e as partículas estranhas por um processo denominado **fagocitose** (ver Capítulo 5) ou por uma combinação de reações imunes e fagocitose. Se ocorrer alguma infecção, os neutrófilos e os macrófagos utilizam esse processo em quatro etapas para destruir os microrganismos invasores. As células fagocitárias precisam (1) encontrar, (2) aderir a, (3) ingerir e (4) digerir os microrganismos.

### Quimiotaxia

Os fagócitos nos tecidos precisam reconhecer inicialmente os microrganismos invasores. Esse reconhecimento é efetuado por receptores, denominados **receptores *toll-like*** (**TLRs**), existentes nas células fagocitárias, que reconhecem padrões moleculares exclusivos do patógeno, como peptidoglicano, lipopolissacarídio, proteínas flagelinas, zimosana de leveduras e muitas outras moléculas específicas de patógenos. Os macrófagos e as células dendríticas podem distinguir entre bactérias gram-negativas e gram-positivas e entre bactérias e patógenos virais. Em seguida, podem adaptar a resposta subsequente para lidar melhor com o tipo específico de patógeno. Atualmente, são conhecidos 10 TLRs em seres humanos, 13 em camundongos em mais de 200 em plantas. Cada um deles é direcionado para reconhecer algum componente bacteriano, viral ou fúngico específico que é essencial para a existência do microrganismo; assim, por exemplo, o TLR 4 reconhece o componente lipopolissacarídico das paredes celulares das bactérias gram-negativas (ver Capítulo 5); os TLRs 3, 7 e 8 reconhecem os ácidos nucleicos dos vírus; e o TLR 5 reconhece uma proteína existente nos flagelos das bactérias. Esses receptores são denominados *toll-like* em virtude de sua estreita relação com o gene *toll* da mosca-da-fruta, que orienta adequadamente as partes do corpo. As moscas com genes *toll* defectivos apresentam corpos de organização misturada ou de aparência bizarra. *Toll* é a palavra alemã para "bizarro". Tanto os agentes infecciosos quanto os tecidos danificados também liberam substâncias químicas específicas para as quais os monócitos e macrófagos são atraídos. Além disso, os basófilos e os mastócitos liberam histamina, e os fagócitos que já se encontram no local de infecção liberam substâncias químicas denominadas **citocinas**. Essas substâncias químicas constituem um grupo diverso de pequenas proteínas solúveis, que desempenham funções específicas nas defesas do hospedeiro, incluindo a ativação de células envolvidas na resposta inflamatória. As **quimiocinas** formam uma classe de citocinas que atraem fagócitos adicionais ao local de infecção. Os fagócitos seguem o seu percurso até esse local por **quimiotaxia**, que consiste no movimento de células em direção a um estímulo químico (ver Capítulo 5). Discutiremos as citocinas de modo mais detalhado no Capítulo 18.

Alguns patógenos podem escapar dos fagócitos interferindo na quimiotaxia. Por exemplo, as cepas da bactéria

**Tabela 17.2** Denominações dos macrófagos fixos em vários tecidos.

| Nome do macrófago | Tecido |
|---|---|
| Macrófago alveolar | Pulmão |
| Histiócito | Tecido conjuntivo |
| Célula de Kupffer | Fígado |
| Micróglia | Tecido neural |
| Osteoclasto | Osso |
| Célula de revestimento dos sinusoides | Baço |

**Figura 17.3 MEV falsamente colorida de um macrófago movendo-se em uma superfície (5.375×).** O macrófago se espalhou a partir de sua forma esférica normal e está utilizando seu citoplasma eriçado para se deslocar e fagocitar partículas. Os macrófagos limpam os pulmões removendo a poeira, o pólen, as bactérias e alguns componentes da fumaça do tabaco. *(NIBSC/SPL/Science Source.)*

causadora de gonorreia (*Neisseria gonorrhoeae*) permanecem, em sua maioria, no sistema urogenital, porém algumas cepas escapam das defesas celulares locais e penetram no sangue. Os microbiologistas acreditam que essas cepas invasivas não liberam as substâncias químicas que atraem os fagócitos até o local de infecção.

## Aderência e ingestão

Após a quimiotaxia e a chegada dos fagócitos ao local de infecção, os agentes infecciosos aderem à membrana plasmática das células fagocitárias. A **aderência** refere-se à capacidade de a membrana celular do fagócito ligar-se a moléculas específicas na superfície do microrganismo.

**Os antígenos complexos (substâncias identificadas pelo corpo como estranhas), como bactérias inteiras ou vírus, tendem a aderir bem aos fagócitos e são rapidamente ingeridos.**

Uma necessidade fundamental de muitas bactérias patogênicas é escapar da fagocitose. A maneira mais comum pela qual as bactérias evitam esse mecanismo de defesa é proporcionado por uma *cápsula antifagocitária*. As cápsulas existentes nas bactérias responsáveis pela pneumonia pneumocócica (*Streptococcus pneumoniae*) e pela meningite infantil (*Haemophilus influenzae*) podem dificultar a aderência para os fagócitos. O envoltório celular da bactéria responsável pela febre reumática (*Streptococcus pyogenes*) contém moléculas de *proteína M*, que interfere na aderência.

Para superar essa resistência à aderência, as **defesas inespecíficas** do hospedeiro podem tornar os microrganismos mais suscetíveis à fagocitose. Se os microrganismos forem inicialmente recobertos com anticorpos ou com proteínas do *sistema complemento* (que será discutido adiante neste capítulo), os fagócitos terão muito mais facilidade para ligar-se aos microrganismos. Como ambos os mecanismos representam defesas moleculares, serão discutidos posteriormente, neste capítulo.

Uma vez capturados, os fagócitos rapidamente ingerem (englobam) os microrganismos. A membrana celular do fagócito forma extensões digitiformes, denominadas *pseudópodes*, que circundam o microrganismo (Figura 17.4A). Em seguida, esses pseudópodes se fundem, envolvendo o microrganismo dentro de um vacúolo citoplasmático, denominado **fagossomo** (Figura 17.4B).

## Digestão

As células fagocíticas possuem diversos mecanismos para digerir e destruir os microrganismos ingeridos. Um dos mecanismos utiliza os *lisossomos* encontrados no citoplasma dos fagócitos (ver Capítulo 5). Essas organelas, que contêm enzimas digestivas e pequenas proteínas denominadas *defensinas*, fundem-se com a membrana do fagossomo, formando um **fagolisossomo** (ver Figura 17.4B). (Foram identificados mais de 30 tipos diferentes de enzimas antimicrobianas nos lisossomos.) Dessa maneira, as enzimas digestivas e as defensinas são liberadas no fagolisossomo. As defensinas produzem orifícios nas membranas celulares dos microrganismos, permitindo, assim, que as enzimas lisossômicas possam digerir praticamente todas as moléculas biológicas com as quais entram em contato. Assim, as enzimas lisossômicas destroem rapidamente (nos primeiros 20 minutos) os microrganismos, decompondo-os em pequenas moléculas (aminoácidos, açúcares, ácidos graxos) que o fagócito pode utilizar como blocos de construção para as suas próprias necessidades metabólicas e energéticas.

Os macrófagos também podem utilizar outros produtos metabólicos para matar os microrganismos ingeridos. Essas células fagocitárias utilizam o oxigênio para formar peróxido de hidrogênio ($H_2O_2$), óxido nítrico (NO), íons superóxido ($O_2^-$) e íons hipoclorito ($OCl^-$). (O hipoclorito é o ingrediente do alvejante caseiro que também contribui para sua ação antimicrobiana.) Todas essas moléculas mostram-se efetivas para danificar a membrana plasmática dos patógenos ingeridos.

Uma vez destruídos os microrganismos, pode restar algum material não digerível. Esse material permanece no interior do fagolisossomo, que agora é denominado *corpo residual*. O fagócito transporta o corpo residual até a membrana plasmática, onde o resíduo é excretado (ver Figura 17.4B).

Assim como alguns microrganismos interferem na quimiotaxia e outros evitam a aderência, alguns microrganismos desenvolveram mecanismos para impedir a sua destruição dentro do fagolisossomo. De fato, alguns patógenos até mesmo se multiplicam no interior dos fagócitos. Alguns microrganismos resistem à digestão pelos fagócitos por uma das três maneiras seguintes:

1. Algumas bactérias, como as que causam a peste (*Yersinia pestis*), produzem cápsulas que não são vulneráveis à destruição pelos macrófagos. Se essas bactérias forem fagocitadas pelos macrófagos, suas cápsulas as protegem da digestão lisossômica, permitindo a sua multiplicação, até mesmo no interior de um macrófago.
2. Outras bactérias – como as que causam a doença de Hansen, ou hanseníase, (*Mycobacterium leprae*) e a tuberculose (*M. tuberculosis*) – e os protozoários causadores da leishmaniose (espécies de *Leishmania*) podem resistir à digestão pelos fagócitos. No caso de *Mycobacterium*, cada bacilo fagocitado passa a residir dentro de um compartimento repleto de líquido e delimitado por uma membrana, denominado *vacúolo parasitóforo* (VP). Nenhuma atividade enzimática dos lisossomos está associada aos VPs, visto que esses vacúolos não se fundem com os lisossomos. A resistência desses organismos à atividade lisossômica deve-se à complexidade de suas paredes celulares resistentes a ácidos (ver Capítulo 5), que consistem em cera D e ácidos micólicos. As enzimas lisossômicas são incapazes de reagir com esses componentes e de digeri-los. Com a reprodução dos bacilos, surgem novos VPs. Nas infecções causadas por *Leishmania*, cada VP contém várias células do protozoário. Embora as enzimas lisossômicas sejam ativas nesses VPs, os microbiologistas não entendem como os patógenos resistem à digestão.
3. Outros microrganismos ainda produzem toxinas que matam os fagócitos, causando a liberação das enzimas lisossômicas do fagócito em seu próprio citoplasma. Exemplos dessas toxinas são a leucocidina, liberada por bactérias como os estafilococos, e a estreptolisina, liberada pelos estreptococos.

Deste modo, alguns patógenos sobrevivem à fagocitose e podem até mesmo se disseminar pelo corpo no interior dos fagócitos que tentam destruí-los. Como os macrófagos podem

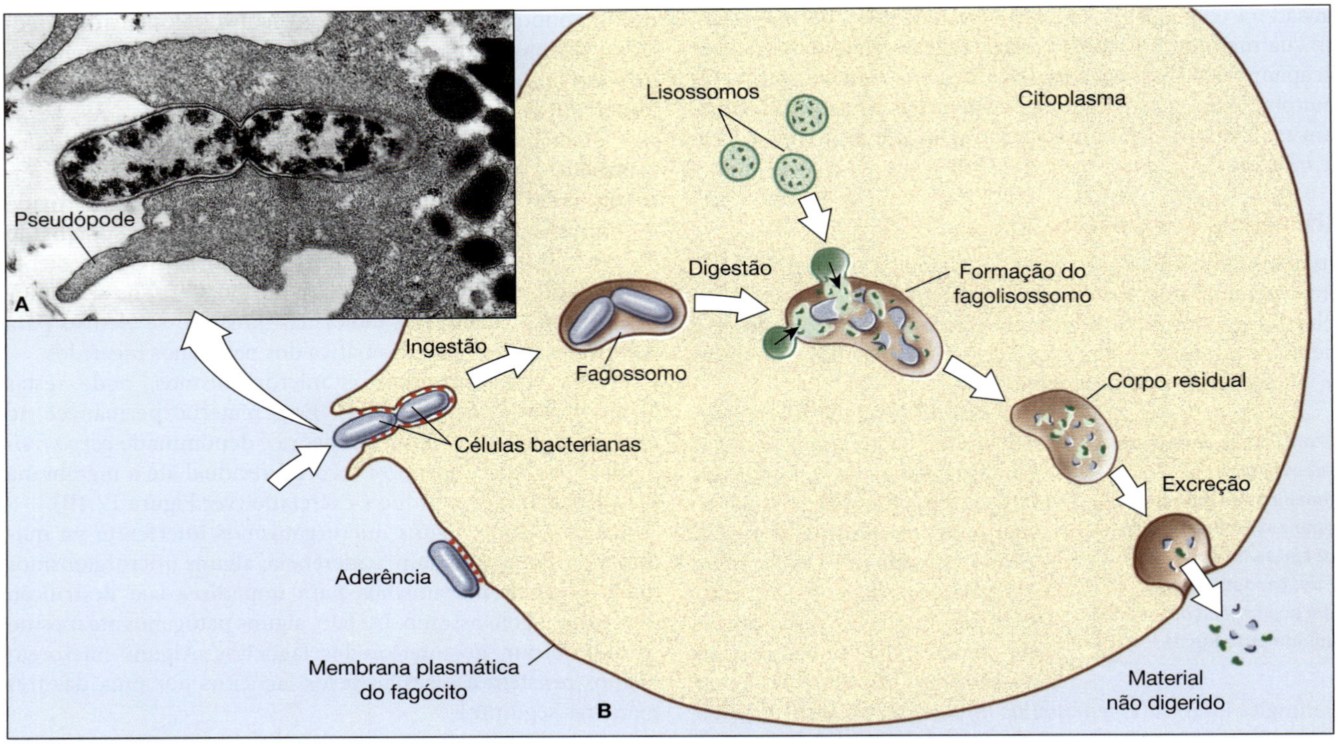


**Figura 17.4 Fagocitose de duas células bacterianas por um neutrófilo.** **A.** A bactéria é circundada por extensões do citoplasma, denominadas pseudópodes. A fusão dos pseudópodes forma um vacúolo citoplasmático, denominado fagossomo, que contém as bactérias (aumento desconhecido). *(Cortesia de Dorothy F. Bainton, M.D., University of California at San Francisco.)* **B.** Os fagócitos seguem o seu trajeto até o local de infecção por meio de quimiotaxia. Os fagócitos, incluindo os macrófagos e os neutrófilos, possuem proteínas em suas membranas plasmáticas às quais as bactérias aderem. Em seguida, a bactéria é ingerida no citoplasma do fagócito como fagossomo, que se funde com lisossomos, formando um fagolisossomo. A bactéria é digerida, e qualquer material não digerido dentro do corpo residual é excretado da célula.

viver por meses, eles podem proporcionar aos patógenos um ambiente estável por um longo período, no qual podem se multiplicar fora do alcance de outros mecanismos de defesa do hospedeiro.

## Morte extracelular

O processo de fagocitose descrito anteriormente representa uma *morte intracelular* – isto é, o microrganismo é degradado no interior de uma célula de defesa. Entretanto, outros microrganismos, como os vírus e os vermes parasitas, são destruídos sem serem ingeridos por uma célula de defesa; de fato, são destruídos *extracelularmente* por produtos secretados por células de defesa.

Os neutrófilos e os macrófagos são muito pequenos para englobar um grande parasita, como um verme (helminto). Por essa razão, outro leucócito, o eosinófilo, assume o papel principal na defesa do corpo. Embora os eosinófilos possam ser fagocíticos, eles estão mais bem adaptados para excretar enzimas tóxicas, como a *proteína básica principal* (PBP), que pode danificar ou perfurar o verme do helminto. Quando esses parasitas são destruídos, os macrófagos podem então fagocitar seus fragmentos.

Os vírus precisam entrar nas células para se multiplicar (ver Capítulo 1). Por isso, as defesas do hospedeiro precisam eliminar esses agentes infecciosos antes que possam se reproduzir no interior das células que eles infectaram. Os leucócitos responsáveis pela destruição dos vírus intracelulares são denominados **células *natural killer* (*NK*)**. As células *NK* são um tipo de linfócito, cuja atividade é acentuadamente aumentada pela exposição a interferonas e citocinas. Embora o mecanismo exato de reconhecimento não seja conhecido, as células *NK* provavelmente reconhecem glicoproteínas específicas na superfície da célula infectada por vírus. Esse reconhecimento não leva à fagocitose; na verdade, as células *NK* secretam proteínas citotóxicas que deflagram a morte da célula infectada. Constituem a primeira linha de defesa contra vírus, até que o sistema imune adaptativo possa se tornar efetivo dentro de alguns dias.

**Nos seres humanos, a síndrome de Chediak-Higashi está associada à ausência de células *natural killer* e a uma incidência aumentada de linfomas.**

## Sistema linfático

O **sistema linfático**, que está estreitamente associado ao sistema cardiovascular, consiste em uma rede de vasos, linfonodos e outros tecidos linfáticos e em um líquido, denominado *linfa* (Figura 17.5). O sistema linfático desempenha três funções principais: (1) coleta o líquido em excesso dos espaços existentes entre as células do corpo, (2) transporta as gorduras digeridas para o sistema cardiovascular, e (3) fornece muitos dos mecanismos de defesa inata e adaptativa contra infecções e doenças.

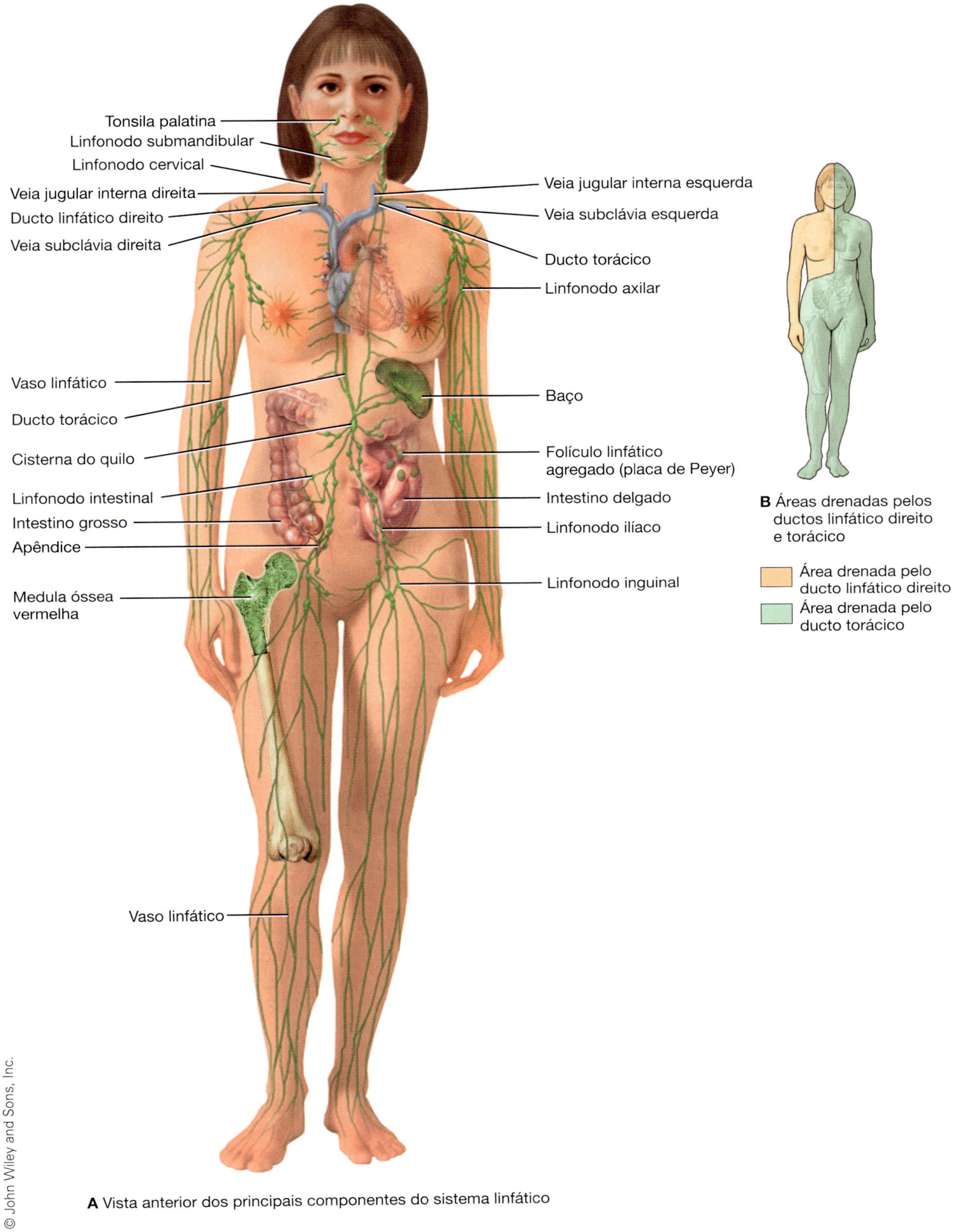




**Figura 17.5 Estrutura do sistema linfático.** O sistema linfático filtra os microrganismos dos líquidos que banham as células. Ao fazê-lo, ele fica sujeito a infecções que superam a sua capacidade de destruir os microrganismos. Os linfócitos são células de defesa comumente encontradas no sistema linfático.

## Circulação linfática

O processo de drenagem do excesso de líquido dos espaços entre as células começa nos *capilares linfáticos*, que estão distribuídos por todo o corpo. Esses capilares, cujo diâmetro é ligeiramente maior que o dos capilares sanguíneos, coletam o excesso de líquido e de proteínas plasmáticas que extravasam do sangue para os espaços existentes entre as células. Uma vez no interior dos capilares linfáticos, esse líquido passa a ser denominado **linfa**. Os capilares linfáticos unem-se para formar **vasos linfáticos** maiores. À medida que o líquido se move pelos vasos, ele passa através dos **linfonodos**. Por fim, a linfa retorna ao sangue venoso pelos *ductos linfáticos direito* e *esquerdo*, que drenam os líquidos nas veias subclávias direita e esquerda. Não existe nenhum mecanismo para mover ou bombear o líquido linfático. Deste modo, o fluxo da linfa depende das contrações dos músculos esqueléticos, que comprimem os vasos, forçando a linfa em direção aos ductos linfáticos. Em todo o sistema linfático, existem válvulas unidirecionais para impedir o fluxo retrógrado da linfa.

## Órgãos linfoides

Os órgãos específicos do sistema linfático são essenciais na defesa do corpo contra agentes infecciosos e cânceres. Esses órgãos incluem os linfonodos, o timo e o baço. Embora todos os órgãos linfáticos possuam numerosos linfócitos, essas células originam-se na medula óssea e são liberadas no sangue e na linfa. Vivem por várias semanas a anos, distribuindo-se em vários órgãos linfáticos ou permanecendo no sangue e na linfa. Nos seres humanos, os linfócitos são, em sua maioria, **linfócitos B (células B)** ou **linfócitos T (células T)**. As células B diferenciam-se na própria medula óssea e migram para os linfonodos e o baço. As células T imaturas da medula óssea migram para o timo, onde amadurecem; em seguida, migram para os linfonodos ou o baço. Essas células serão discutidas de modo mais detalhado no Capítulo 18.

A determinados intervalos ao longo dos vasos linfáticos, a linfa flui através dos linfonodos que estão distribuídos por todo o corpo. Os linfonodos são mais numerosos na região torácica, no pescoço, nas axilas e na virilha. Os linfonodos filtram o material estranho na linfa. Os agentes estranhos que passam através de um linfonodo são, em sua maioria, capturados e destruídos pelas células de defesa presentes.

Os linfonodos ocorrem em pequenos grupos, e cada grupo está envolvido por uma rede de fibras de tecido conjuntivo denominada **cápsula** (Figura 17.6). A linfa move-se através dos linfonodos em uma única direção. Inicialmente, a linfa penetra nos **sinusoides**, que consistem em passagens largas revestidas por células fagocitárias, no córtex mais externo do linfonodo. O *córtex externo* abriga grandes agregados de linfócitos B. Em seguida, a linfa passa através do *córtex profundo*, onde se encontram os linfócitos T. A linfa move-se através da região interna do linfonodo, a *medula*, que contém linfócitos B, macrófagos e plasmócitos. Por fim, segue através dos sinusoides na medula e deixa o linfonodo.

Essa filtração da linfa é importante quando ocorre infecção. Por exemplo, se ocorrer uma infecção bacteriana, as bactérias que não são destruídas no local de infecção podem ser transportadas até os linfonodos. À medida que a linfa passa através dos linfonodos, a maioria dessas bactérias é removida. Os macrófagos e outras células fagocitárias, particularmente as células dendríticas, nos linfonodos ligam-se às células bacterianas e as fagocitam, iniciando assim uma resposta imune adaptativa (ver Capítulo 18).

O **timo** é um órgão linfático multilobulado, localizado abaixo do esterno (ver Figura 17.5). O timo está presente no nascimento, cresce até a puberdade e, em seguida, sofre atrofia (diminui de tamanho), sendo substituído, em grande parte, por gordura e tecido conjuntivo na vida adulta. Na ocasião do nascimento, o timo começa a processar e liberar linfócitos no sangue como células T. As células T desempenham várias funções na imunidade: regulam o desenvolvimento das células B em células produtoras de anticorpos, e subpopulações de células T podem matar diretamente as células infectadas por vírus.

O **baço**, que está localizado no quadrante superior esquerdo da cavidade abdominal, é o maior dos órgãos linfáticos (ver Figura 17.5). Anatomicamente, o baço assemelha-se aos linfonodos. Possui uma cápsula, é lobulado e bem suprido de vasos sanguíneos e linfáticos. Embora não filtre nenhum material, seus sinusoides contêm muitos fagócitos que englobam e digerem eritrócitos velhos e microrganismos. Possui também células B e células T.

## Outros tecidos linfoides

Anteriormente, mencionamos as massas linfoides que se encontram no íleo do intestino delgado. Esses **nódulos linfoides**, denominados placas de Peyer, são áreas não encapsuladas repletas de linfócitos. Coletivamente, os tecidos dos nódulos linfoides são designados como **tecido linfático associado ao intestino** (**GALT**, do inglês *gut-associated lymphatic tissue*), que constituem os principais locais de produção de anticorpos dirigidos contra patógenos da mucosa. São encontrados nódulos semelhantes no sistema respiratório, no sistema urinário e no apêndice.

As **tonsilas** constituem outro local de agregação de linfócitos. Embora esses tecidos não sejam essenciais para combater as infecções, eles contribuem efetivamente para as defesas imunes, visto que contêm células B e células T.

Embora os tecidos linfáticos tenham células que fagocitam microrganismos, se essas células entrarem em contato com mais patógenos do que conseguem destruir, os tecidos linfáticos podem tornar-se locais de infecção. Assim, o intumescimento dos linfonodos e a tonsilite constituem sinais comuns de muitas doenças infecciosas.

Em resumo, os tecidos linfoides contribuem para as defesas inatas por meio da fagocitose dos microrganismos e de outros materiais estranhos. Eles contribuem para a imunidade adaptativa por meio da atividade de suas células B e T, que serão discutidas no Capítulo 18.

**PARE e RESPONDA**

1. Estabeleça as diferenças entre as defesas inatas e adaptativas.
2. Cite seis categorias de defesas inatas.
3. Cite e descreva as etapas da fagocitose.
4. O que são células *NK* e como elas funcionam?
5. Quais são as partes e as funções do sistema linfático?

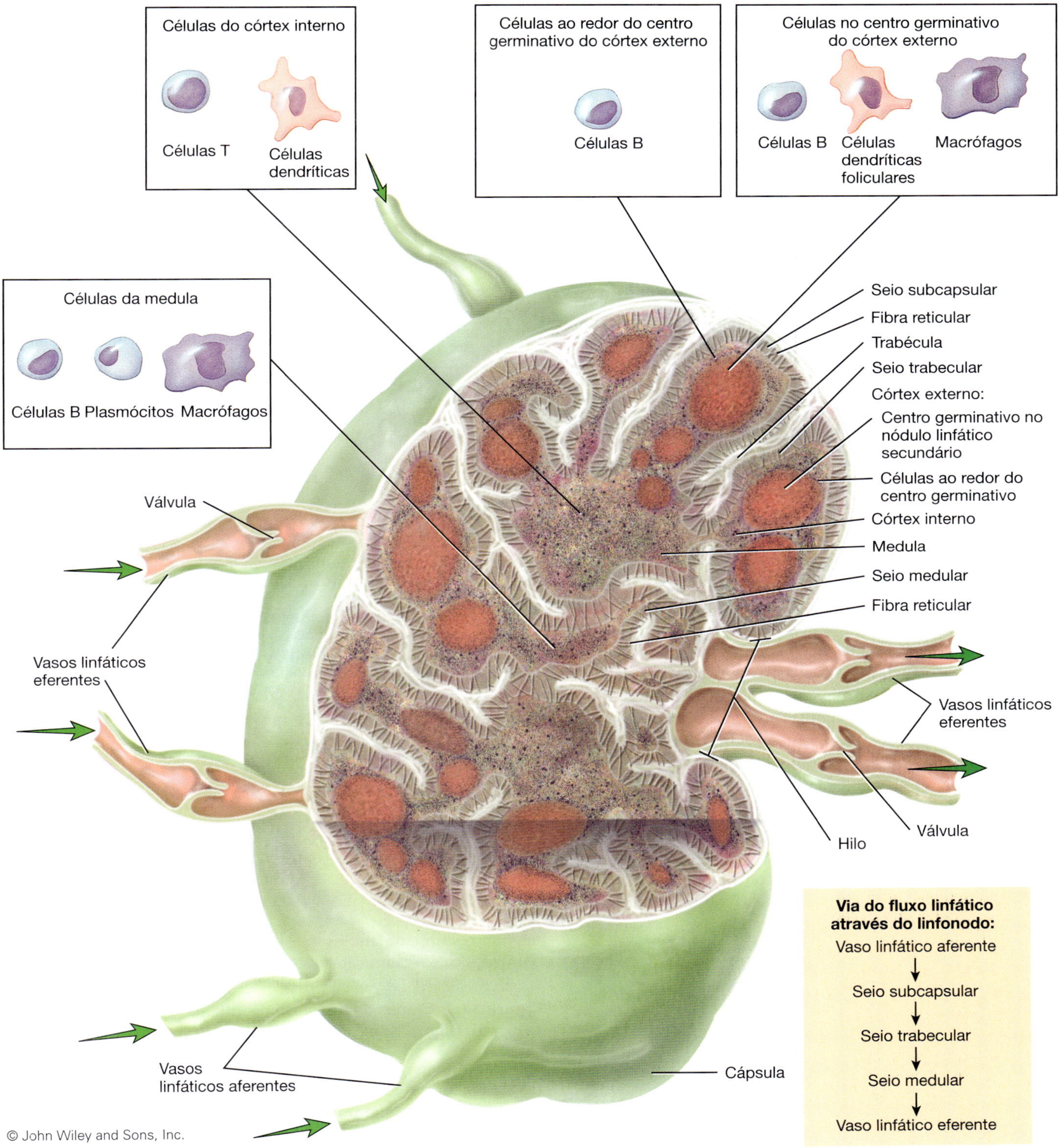




**Figura 17.6 Estrutura de um linfonodo.** Os linfonodos são centros de remoção de microrganismos. Esses tecidos contêm fagócitos e linfócitos. O aumento dos linfonodos constitui geralmente uma indicação de infecção grave.

# INFLAMAÇÃO

Você se lembra da última vez que você se cortou? Se o corte não foi muito sério, o sangramento logo parou. Você lavou o corte e colocou um curativo. Algumas horas depois, a área em torno do corte tornou-se quente, avermelhada, inchada e, talvez, até mesmo dolorida. Tornou-se *inflamada*.

## Características da inflamação

A **inflamação** é a resposta de defesa do corpo ao dano tecidual causado pela infecção microbiana. Trata-se também de uma resposta à lesão mecânica (cortes e abrasões), ao calor e à eletricidade (queimaduras), à luz ultravioleta (queimadura solar), a substâncias químicas (fenóis, ácidos e álcalis) e alergias. Entretanto, qualquer que seja a sua causa, a inflamação caracteriza-se por *sinais* ou *sintomas cardinais*: (1) calor – aumento da temperatura, (2) rubor – vermelhidão, (3) tumor – intumescimento e (4) dor – no local infectado ou lesionado. O que ocorre no processo inflamatório e por quê?

## Processo inflamatório agudo

A duração da inflamação pode ser aguda (a curto prazo) ou crônica (a longo prazo). Na **inflamação aguda**, a batalha entre os microrganismos (ou outros agentes da inflamação) e as defesas do hospedeiro habitualmente é vencida pelo hospedeiro. Em uma infecção, a inflamação aguda funciona para (1) matar os microrganismos invasores, (2) eliminar os restos teciduais e (3) reparar o tecido lesionado. Vamos examinar mais detalhadamente uma inflamação aguda. A Figura 17.7 ilustra as etapas descritas em seguida.

Quando ocorre dano às células, a substância química histamina é liberada dos basófilos e dos mastócitos. A **histamina** difunde-se nos capilares e vênulas adjacentes, causando dilatação das paredes desses vasos (**vasodilatação**) e tornando-os mais permeáveis. A dilatação aumenta a quantidade de sangue que flui para a área lesionada, fazendo com que a pele ao redor da ferida se torne avermelhada e quente ao toque. Como as paredes dos vasos são mais permeáveis, os líquidos deixam o sangue e acumulam-se ao redor das células lesionadas, causando **edema** (inchação). O sangue transporta fatores de coagulação, nutrientes e outras substâncias até a área lesionada e remove detritos e algum líquido em excesso. Também traz macrófagos, que liberam citocinas. Algumas citocinas são quimiocinas e atraem outros fagócitos, e outra citocina, denominada *fator de necrose tumoral alfa* (TNF-α), também provoca vasodilatação e edema.

Todos os tipos de lesão tecidual – queimaduras, cortes, infecções, picadas de insetos, alergias – causam a liberação de histamina. Além de seus efeitos sobre os vasos sanguíneos, a histamina também é responsável pela hiperemia e lacrimejamento e coriza da febre do feno, bem como pelas dificuldades respiratórias que ocorrem em certas alergias. Os fármacos denominados **anti-histamínicos** aliviam esses sintomas, impedindo a histamina liberada de alcançar seus receptores nos órgãos-alvo.

O líquido que entra no tecido lesionado transporta componentes químicos do mecanismo da coagulação sanguínea. Se a lesão causou sangramento, as plaquetas e os fatores de coagulação, como a fibrina, interrompem o sangramento por meio da formação de um coágulo sanguíneo no vaso lesionado. Como a coagulação ocorre próximo ao local de lesão, ela reduz acentuadamente o movimento de líquido em torno das células danificadas e isola a área lesionada do resto do corpo. Acredita-se que a

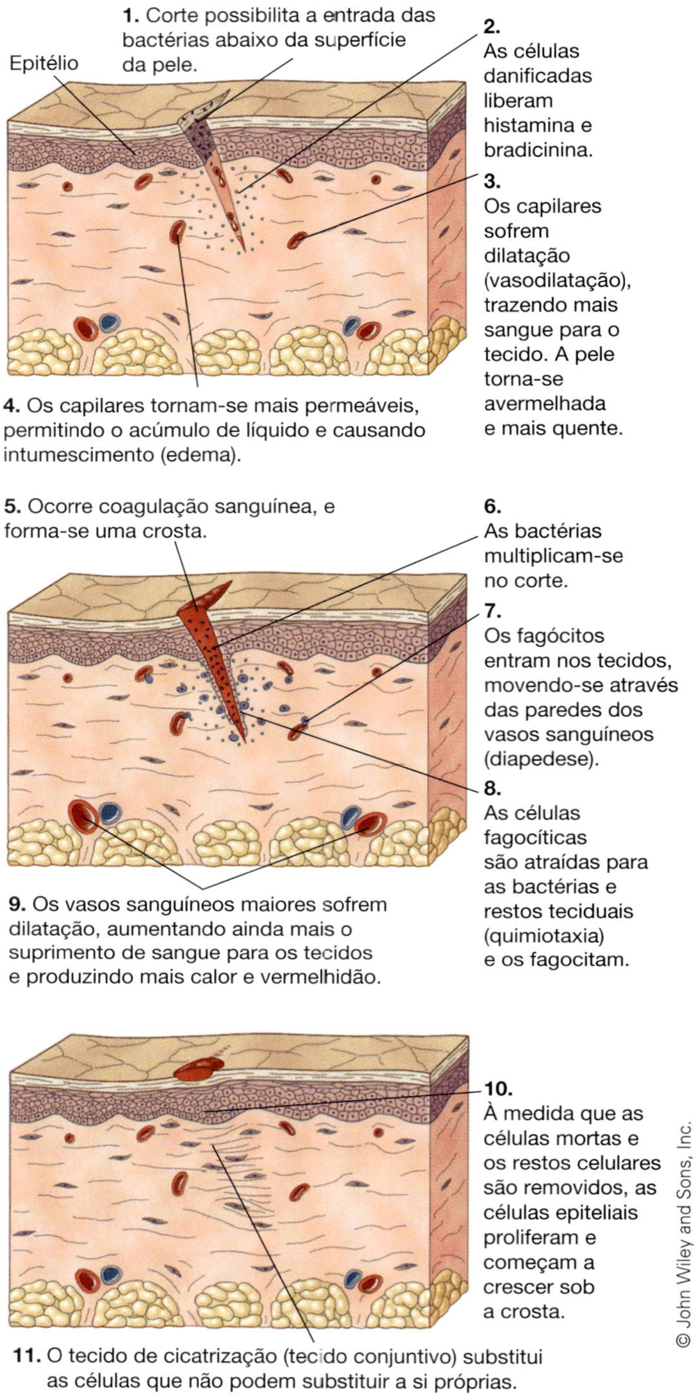



**Figura 17.7 Etapas do processo de inflamação e subsequente cicatrização.**

À medida que as células fagocitárias se acumulam no local da inflamação e começam a ingerir bactérias, elas liberam enzimas líticas, que podem causar dano às células saudáveis adjacentes.

dor associada à lesão tecidual seja causada pela liberação de **bradicinina**, um pequeno peptídio, no local lesionado. Não se sabe como a bradicinina estimula os receptores de dor na pele, mas reguladores celulares denominados **prostaglandinas** parecem intensificar o efeito da bradicinina.

O ácido acetilsalicílico alivia a dor ao inibir a síntese de prostaglandinas.

Os tecidos inflamados também estimulam a **leucocitose**, um aumento no número de leucócitos no sangue. Para isso, as células lesionadas liberam citocinas que desencadeiam a produção e a infiltração de mais leucócitos. Dentro de 1 hora após o início do processo, os fagócitos começam a chegar ao local lesionado ou infectado. Por exemplo, os neutrófilos saem do sangue espremendo-se entre as células endoteliais que revestem as paredes dos vasos. Esse processo, denominado **diapedese**, permite a concentração dos neutrófilos nos líquidos dos tecidos na região lesionada.

Conforme discutido anteriormente, quando alcançam uma área infectada, os fagócitos procuram englobar os microrganismos invasores por fagocitose. Nesse processo, muitos dos próprios fagócitos morrem. O acúmulo de fagócitos mortos, de células lesionadas ou danificadas, dos remanescentes dos organismos ingeridos e de outros resíduos teciduais forma o líquido branco ou amarelado denominado **pus**. Muitas bactérias, como *Streptococcus pyogenes*, causam a formação de pus, em virtude de sua capacidade de produzir leucocidinas que destroem os fagócitos. Os vírus não apresentam atividade e, portanto, não provocam a formação de pus. O pus continua se formando até que a infecção ou o dano tecidual esteja sob controle. O acúmulo de pus em uma cavidade formada pelo tecido danificado é denominado **abscesso**. Os furúnculos e as espinhas são tipos comuns de abscessos.

Embora o processo inflamatório seja habitualmente benéfico, algumas vezes pode ser prejudicial. Por exemplo, a inflamação pode causar edema das membranas (meninges) que envolvem o encéfalo ou a medula espinal, levando a dano cerebral. O edema, que fornece fagócitos ao tecido lesionado, também pode interferir na respiração se provocar constrição das vias respiratórias nos pulmões. Além disso, a vasodilatação leva mais oxigênio e mais nutrientes aos tecidos lesionados. Em geral, isso tem maior benefício para as células do hospedeiro do que para os patógenos, mas algumas vezes isso também ajuda os patógenos a proliferar. Embora a coagulação rápida e o isolamento de uma área lesionada possam impedir a disseminação dos patógenos, esses eventos também podem impedir que as defesas naturais e os antibacterianos alcancem os patógenos. Os furúnculos precisam ser lancetados para que os agentes terapêuticos possam alcançá-los. A tentativa de suprimir o processo inflamatório também pode ser prejudicial. Essas tentativas podem levar à formação de furúnculos quando as defesas naturais deveriam de outro modo destruir as bactérias.

Em resumo, os mecanismos de defesa celular habitualmente impedem a disseminação ou o agravamento de uma infecção. Todavia, algumas vezes, esses mecanismos de defesa inata são sobrepujados pelo elevado número de microrganismos ou são inibidos por fatores de virulência que os microrganismos possuem. Os patógenos podem então invadir outras partes do corpo. Para as infecções bacterianas, a intervenção médica com antibacterianos pode inibir o crescimento microbiano no tecido lesionado e reduzir a probabilidade de disseminação da infecção. Entretanto, apesar dessas medidas, as infecções se espalham. No Capítulo 18, iremos descrever os mecanismos pelos quais vários linfócitos atuam como agentes das defesas imunes adaptativas do hospedeiro, que ajudam a vencer uma infecção inicial e a impedir futuras infecções pelo mesmo microrganismo.

## Reparo e regeneração

Durante toda a reação inflamatória, o processo de cicatrização também está ocorrendo. Após a redução da reação inflamatória e a eliminação da maior parte dos restos celulares, a cicatrização acelera-se. Ocorre crescimento de capilares no coágulo sanguíneo, e o tecido destruído é substituído por **fibroblastos** – células do tecido conjuntivo – à medida que o coágulo se dissolve. O tecido granuloso frágil e avermelhado observado no local do corte consiste em capilares e fibroblastos, formando o denominado **tecido de granulação**. À medida que o tecido de granulação acumula fibroblastos e fibras, ele substitui os tecidos nervoso e muscular que não podem ser regenerados. Uma nova epiderme substitui a parte destruída. No sistema digestório e em outros órgãos revestidos com epitélio, o revestimento lesionado pode ser substituído de maneira semelhante. Embora o tecido cicatricial não seja tão elástico quanto o tecido original, ele fornece um "remendo" resistente e durável, que permite o funcionamento do tecido normal remanescente.

O processo de cicatrização é afetado por diversos fatores. Os tecidos das pessoas jovens cicatrizam mais rapidamente que os das pessoas idosas. A razão disso é que as células dos jovens se dividem mais rapidamente, seus corpos em geral estão em melhor condição nutricional, e a circulação sanguínea é mais eficiente. Como você pode imaginar, por causa das muitas contribuições do sangue para a cicatrização, uma boa circulação é de extrema importância. Determinadas vitaminas também são importantes no processo de cicatrização. A vitamina A é essencial para a divisão das células epiteliais, e a vitamina C é fundamental na produção do colágeno e de outros componentes do tecido conjuntivo. A vitamina K é necessária para a coagulação sanguínea, e a vitamina E também pode promover a cicatrização e reduzir a quantidade de tecido cicatricial formado.

## Inflamação crônica

Algumas vezes, uma inflamação aguda transforma-se em **inflamação crônica**, em que nem o agente da inflamação nem o hospedeiro são vencedores decisivos da batalha. Neste caso, o agente causador da inflamação continua produzindo dano aos tecidos, à medida que as células fagocitárias e outras defesas do hospedeiro procuram destruir ou pelo menos confinar a região da inflamação. Nesse processo, pode haver formação contínua de pus. Essa inflamação crônica pode persistir por anos.

Como a causa da inflamação não é destruída, as defesas do hospedeiro procuram limitar ou confinar o agente, de modo que ele não possa se disseminar para o tecido adjacente. Por exemplo, a **inflamação granulomatosa** resulta em granulomas. Um **granuloma** é uma bolsa de tecido que circunda e isola o agente inflamatório. A região central de um granuloma contém células epiteliais e macrófagos; estes últimos podem se fundir, formando células multinucleadas gigantes. A região central é circundada por fibras colágenas, que ajudam a isolar o agente inflamatório, e por linfócitos. Os granulomas associados a uma doença específica às vezes recebem nomes especiais – por exemplo, *gomas* (sífilis), *lepromas* (doença de Hansen) e *tubérculos* (tuberculose) (**Figura 17.8**).

Os tubérculos geralmente contêm tecido necrótico (morto) na região central do granuloma. Enquanto houver tecido necrótico, a resposta inflamatória irá persistir. Quando está presente apenas uma pequena quantidade de tecido necrótico, as lesões algumas vezes tornam-se endurecidas, à medida que ocorre deposição de cálcio. As lesões calcificadas são comuns em pacientes com tuberculose. Quando se administra um fármaco anti-inflamatório, como a cortisona, os organismos isolados nos tubérculos podem ser liberados, e os sinais e sintomas da tuberculose reaparecem (tuberculose secundária).

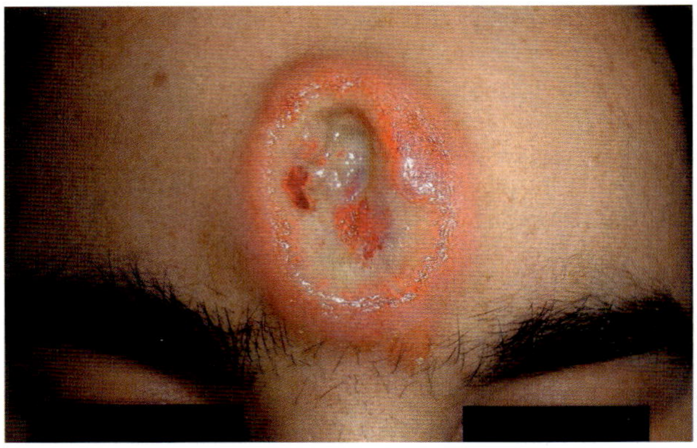

A

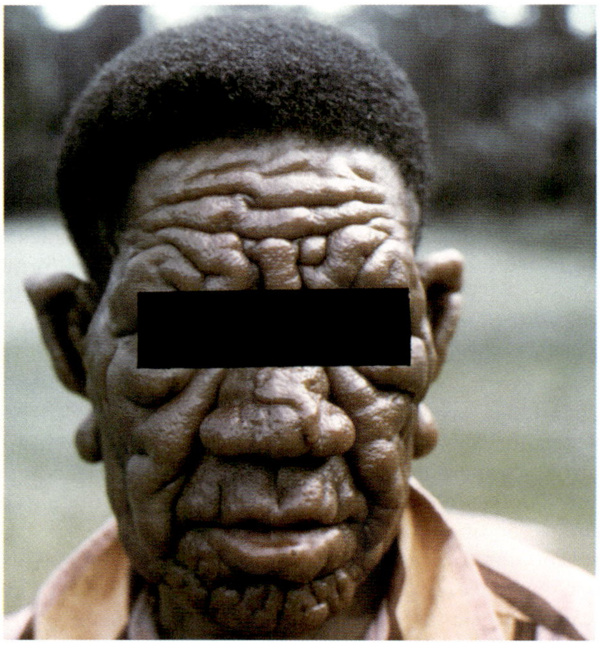

B

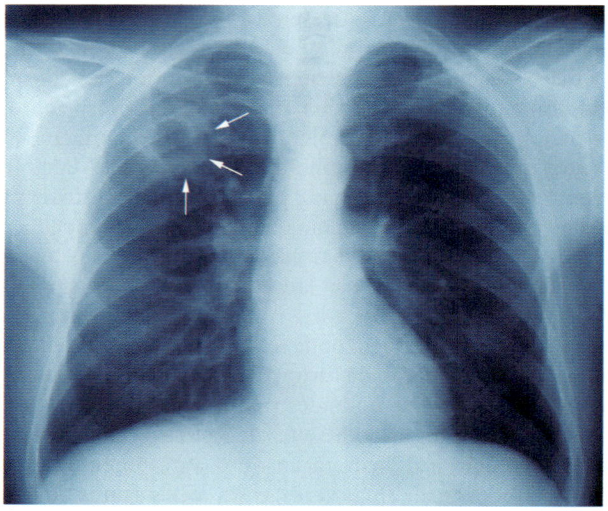

C

**Figura 17.8 Os granulomas associados a doenças específicas recebem nomes especiais.** **A.** Goma da sífilis. *(Cortesia de Pedro Andrade.)* **B.** Lepromas da hanseníase. *(St. Mary's Hospital Medical School/Science Source Images.)* **C.** Tubérculos da tuberculose. *(Zephyr/Science Source.)*

## FEBRE

Um aumento da temperatura no tecido infectado ou lesionado constitui um sinal de reação inflamatória local. A **febre**, que consiste em elevação sistêmica da temperatura do corpo, frequentemente acompanha a inflamação. A febre foi estudada pela primeira vez em 1868, quando o médico alemão Carl Wunderlich planejou um método para medir a temperatura do corpo. Ele colocava um termômetro de 30 cm de comprimento na axila de seus pacientes e o deixava por 30 minutos! Utilizando essa técnica demorada, ele conseguiu registrar as temperaturas do corpo humano durante doenças *febris*.

A temperatura normal do corpo é de cerca de 37°C, embora não sejam raras variações individuais da temperatura normal na faixa de 36,1° a 37,5°C. A febre é definida clinicamente como temperatura oral acima de 37,8°C ou como temperatura retal de 38,4°C. A febre que acompanha doenças infecciosas raramente ultrapassa 40°C; se alcançar 43°C, o resultado é geralmente a morte.

A temperatura corporal é mantida dentro de uma estrita faixa pelo centro termorregulador do *hipotálamo*, uma parte do cérebro. Ocorre febre quando a temperatura estabelecida por esse mecanismo é reajustada e elevada a uma temperatura mais alta. A febre pode ser causada por muitos patógenos, por determinados processos imunológicos (como as reações a vacinas) e por quase todos os tipos de lesão tecidual, até mesmo por ataque cardíaco. Com mais frequência, a febre é causada por uma substância denominada **pirogênio** (do termo grego *pyro*, que significa "fogo") (ver Capítulo 15). Os **pirogênios exógenos** incluem as exotoxinas e as endotoxinas dos agentes infecciosos. Essas toxinas causam febre pela estimulação da liberação de um **pirogênio endógeno** dos macrófagos. O pirogênio endógeno é ainda outra citocina, denominada *interleucina-1* (IL-1), que circula pelo sangue até o hipotálamo, onde induz a secreção de prostaglandinas por certos neurônios. Em seguida, as prostaglandinas reajustam o termostato do hipotálamo a uma temperatura mais elevada, que então faz com que a temperatura do corpo comece a aumentar nos primeiros 20 minutos. Nessa situação, a temperatura do corpo ainda está regulada, porém o "termostato" do corpo é reajustado para uma temperatura mais alta. (A sensação de calafrios que algumas vezes acompanha a febre foi descrita no Capítulo 15.)

A febre desempenha várias funções benéficas: (1) eleva a temperatura corporal acima da temperatura ótima para o crescimento de muitos patógenos. Isso diminui a sua velocidade de crescimento, reduzindo o número de microrganismos a serem combatidos; (2) nas temperaturas mais elevadas da febre, algumas enzimas ou toxinas microbianas podem ser inativadas; (3) pode elevar o nível das respostas imunes, aumentando a velocidade das reações químicas que ocorrem no corpo. Isso resulta em maior velocidade com que os mecanismos de defesa no corpo atacam os patógenos, diminuindo o curso da infecção; (4) a fagocitose é intensificada; (5) ocorre aumento na produção de interferona antiviral; (6) a degradação dos lisossomos é intensificada, causando morte das células infectadas e dos microrganismos presentes no seu interior; (7) faz com que o paciente se sinta doente. Nessa condição, o paciente tem mais probabilidade de repousar, evitando um maior dano ao corpo e permitindo que a energia seja utilizada para combater a infecção.

Na presença de infecção, as células também liberam o **mediador endógeno dos leucócitos (MEL)**. Além de ajudar a elevar a temperatura corporal, o MEL diminui a quantidade de ferro absorvida pelo sistema digestório e aumenta a velocidade com que ele é transportado até os locais de armazenamento. Assim, o MEL diminui a concentração plasmática de ferro. Sem o ferro em quantidades adequadas, o crescimento dos microrganismos torna-se lento (ver Capítulo 9).

Nosso conhecimento atual da importância da febre modificou a abordagem clínica desse sintoma. No passado, os *antipiréticos* – fármacos que reduzem a febre, como o ácido acetilsalicílico – eram administrados quase rotineiramente para reduzir a febre causada por infecções. Para que sejam observados os efeitos benéficos citados anteriormente, muitos médicos agora recomendam que a febre siga o seu curso. Evidências mostram que o uso de medicação pode retardar a recuperação. Entretanto, se a febre ultrapassar 40°C, ou se o paciente apresentar um distúrbio que possa ser agravado pela febre, os antipiréticos são ainda utilizados. De fato, a febre extrema não tratada aumenta a taxa metabólica em 20%, faz com que o coração trabalhe mais intensamente, aumenta a perda de água, altera as concentrações de eletrólitos e pode causar convulsões, sobretudo em crianças. Deste modo, os pacientes com doença cardíaca grave ou com desequilíbrios hidroeletrolíticos, bem como as crianças sujeitas a convulsões, habitualmente recebem antipiréticos.

## APLICAÇÃO NA PRÁTICA

### Transpire, vovó

Quando você está na cama com febre, é difícil acreditar que a febre não seja apenas um efeito colateral desagradável de estar doente. A febre é efetivamente importante na luta contra as infecções. Isso não é uma boa notícia para a vovó e o vovô, visto que os indivíduos idosos têm dificuldade em apresentar febre. Entretanto, um pesquisador na Universidade de Delaware, em Newark, constatou que ratos geriátricos doentes, que também têm problemas em desenvolver febre, beneficiaram-se ao permanecer em salas aquecidas a 100°C. Isso não significa necessariamente que os seres humanos também irão se beneficiar dessas temperaturas tão elevadas; mas, se estudos posteriores demonstrarem algum benefício, então ligar o termostato poderá ajudar tanto a vovó quanto o vovô a combater a gripe e outras infecções.

**PARE e RESPONDA**

1. Cite os principais sinais ou sintomas da inflamação.
2. Qual é o papel da histamina no processo inflamatório?
3. Defina *diapedese, pus, edema, granuloma* e *pirogênio*.
4. Cite quatro benefícios da febre.

## DEFESAS MOLECULARES

Juntamente com as defesas celulares, a inflamação e a febre, as defesas moleculares representam outra importante barreira de defesa inata. Essas defesas moleculares envolvem as ações da interferona e do *complemento*.

### Interferona

No início da década de 1930, cientistas observaram que a infecção por um vírus evitava, por algum tempo, a ocorrência de infecção por outro vírus. Em 1957, foi descoberta uma pequena proteína solúvel que era responsável por essa interferência viral. Essa proteína, denominada **interferona**, "interferia" na replicação dos vírions em outras células. Essa molécula levou os virologistas a sugerir que também poderiam ter a "bala mágica" para as infecções virais, à semelhança dos antibacterianos utilizados no tratamento das infecções bacterianas. Como veremos, essa esperança esmoreceu um pouco.

Esforços para purificar a interferona levaram à descoberta de que existem muitos subtipos diferentes de interferona em diferentes espécies animais, e que os produzidos por uma espécie podem ser ineficazes em outras espécies. Por exemplo, a interferona produzida por uma galinha é útil na proteção de outras células de galinha contra a infecção viral. Todavia, a interferona de galinha não tem nenhuma utilidade na prevenção de infecções virais em camundongos ou seres humanos. Existem também diferentes interferonas em diferentes tecidos do mesmo animal. Nos seres humanos, existem três grupos de interferonas, denominados alfa ($\alpha$), beta ($\beta$) e gama ($\gamma$) (**Tabela 17.3**). A análise da estrutura e função proteicas mostra que a $\alpha$-*interferona* e a $\beta$-*interferona* são semelhantes, razão pela qual foram postas juntas com a designação de *interferonas do tipo I*. A $\gamma$-*interferona* difere tanto na sua estrutura quanto na sua função e representa a única interferona *do tipo II* conhecida.

> **As interferonas são geralmente específicas da espécie, mas inespecíficas contra os vírus.**

Muitos pesquisadores tentaram determinar como essas interferonas atuam. A síntese da $\alpha$-interferona e da $\beta$-interferona ocorre após a infecção de uma célula por um vírus (**Figura 17.9**). Essas interferonas não interferem diretamente na replicação viral. Em vez disso, após a infecção viral, a célula sintetiza e secreta quantidades mínimas de interferona. Em seguida, a interferona difunde-se para células adjacentes não infectadas e liga-se à sua superfície. A ligação estimula essas

**Tabela 17.3** Propriedades das interferonas humanas tipos I e II.

| Classe | Fonte celular | Subtipos | Estimulada por | Efeitos |
|---|---|---|---|---|
| **Tipo I** | | | | |
| Alfa-interferona (INF-α) | Leucócitos | 20 | Vírus | Produção de proteínas antivirais em células adjacentes |
| Beta-interferona (INF-β) | Fibroblastos | 1 | Vírus | Iguais aos da INF-α |
| **Tipo II** | | | | |
| Gama-interferona (INF-γ) | Linfócitos T e células *NK* | 1 | Vírus e outros antígenos | Ativa a destruição dos tumores e mata as células infectadas |

As interferonas são produzidas e liberadas em resposta às infecções virais, RNA de fita dupla, endotoxinas e muitos organismos parasitas.

células a transcrever genes específicos em moléculas de mRNA que, em seguida, são traduzidas para produzir muitas novas proteínas, cuja maior parte consiste em enzimas. Em seu conjunto, essas enzimas são denominadas **proteínas antivirais** (PAVs). Embora os vírus ainda infectem células que possuem PAVs, muitas dessas proteínas interferem na replicação do vírus.

As PAVs são especificamente efetivas contra vírus de RNA. Lembre-se de que, conforme descrito no Capítulo 11, todos os vírus de RNA devem produzir fdRNA (Reoviridae) ou passar por um estágio de fdRNA durante a replicação do RNA de sentido (–) ou de sentido (+). Duas das PAVs digerem o mRNA e limitam a tradução do mRNA viral. Em consequência, as PAVs impedem a formação de novo ácido nucleico e proteínas do capsídeo do vírus. A célula infectada que inicialmente produziu a interferona é, portanto, circundada por células capazes de resistir à replicação dos vírus, limitando a disseminação viral.

A γ-interferona também pode bloquear a replicação dos vírus por meio da síntese de PAV. Entretanto, os linfócitos e as células *NK* não precisam ser infectados por um vírus para sintetizar γ-interferona. Em vez disso, ele é produzido em linfócitos e células *NK* não infectadas, que são sensíveis a antígenos estranhos específicos (vírus, bactérias, células tumorais) presentes no corpo. O papel exato da γ-interferona não está bem esclarecido, mas sabe-se que aumenta a atividade dos linfócitos, das células *NK* e dos macrófagos – as células necessárias para atacar os microrganismos e os tumores. A γ-interferona também intensifica a imunidade adaptativa aumentando a apresentação de antígenos (ver Capítulo 18). A γ-interferona (juntamente com o fator de necrose tumoral α, ou TNF-α) também ajuda os macrófagos infectados a se livrarem dos patógenos. Por exemplo, mencionamos anteriormente que os macrófagos podem se tornar infectados por bacilos do gênero

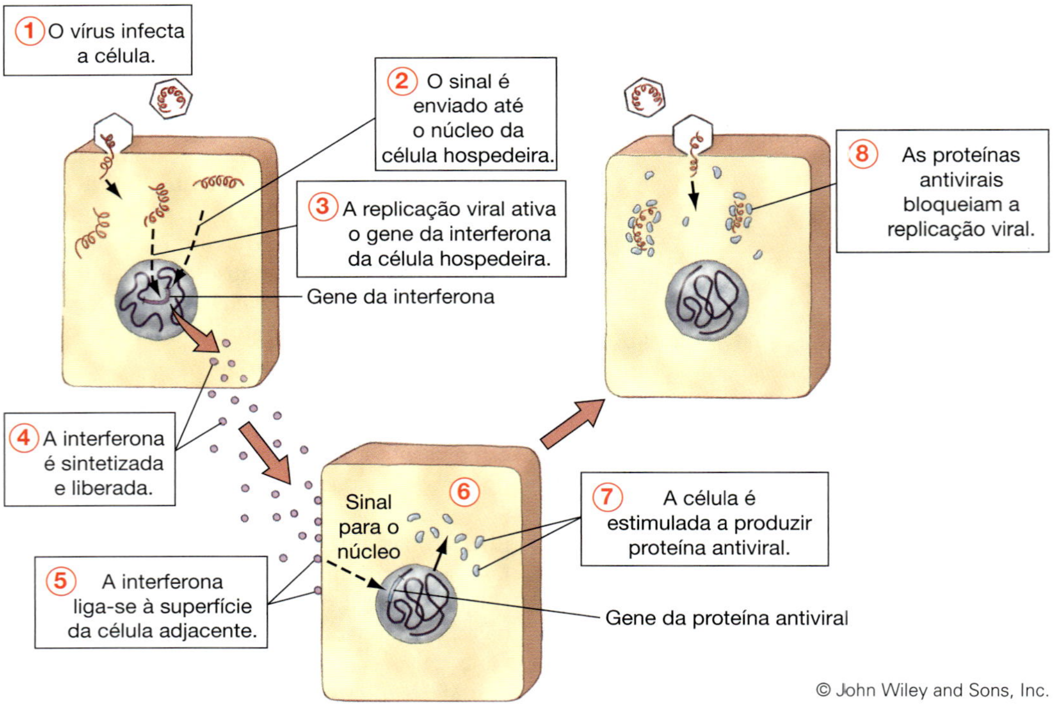




**Figura 17.9** **Mecanismo de ação das interferonas α e β.**

*Mycobacterium*. Esses macrófagos infectados podem ser ativados pela γ-interferona e pelo TNF-α, que se ligam a macrófagos infectados. Desse modo, a nova atividade bactericida é desencadeada no interior do macrófago, levando geralmente à morte das bactérias e à restauração da função normal dos macrófagos.

## Usos terapêuticos da interferona

Além de sua capacidade de bloquear a replicação viral, as interferonas também podem estimular as defesas imunes adaptativas. Por esse motivo, as interferonas proporcionam uma terapia potencial para as infecções virais e os tumores. Infelizmente, as células de animais infectados produzem quantidades muito pequenas de interferonas. Entretanto, a interferona *recombinante* (rINF) agora pode ser produzida em grandes quantidades e com menor custo com o uso das técnicas do DNA recombinante (ver Capítulo 9). A produção de interferona recombinante começa com o isolamento e a cópia do gene da interferona e a sua inserção em plasmídios. Quando os plasmídios recombinantes são misturados com células apropriadas de bactérias ou de leveduras, algumas células captam o plasmídio contendo o gene e, dessa maneira, adquirem o gene da interferona humana. As indústrias farmacêuticas, por meio do crescimento dessas células bacterianas e de leveduras em recipientes muito grandes, promovem a extração da interferona assim sintetizada e podem produz quantidades relativamente significativas de interferona recombinante.

A capacidade de produzir interferonas recombinantes estimulou as pesquisas sobre as aplicações terapêuticas dessas proteínas. Em 1986, a α-interferona foi aprovada pela FDA para o tratamento da leucemia de células pilosas, um câncer de sangue muito raro. Desde então, as interferonas têm sido aprovadas para o tratamento de várias outras doenças virais, incluindo verrugas genitais e câncer. Entretanto, na maioria dos casos, a interferona representa um tratamento, e não uma cura. Os pacientes devem continuar usando o fármaco durante toda a vida. Por exemplo, na leucemia de células pilosas, a retirada do fármaco resulta em recidiva da doença em 90% dos pacientes. Na infecção pelo vírus da hepatite C, o tratamento deve ser administrado 3 vezes/semana, durante 6 meses. Mesmo assim, se o paciente abandonar o tratamento, a doença reaparecerá depois de 6 meses em 70% dos casos.

Outros estudos concentraram-se no valor das interferonas no tratamento do câncer. Os testes realizados em um tipo de câncer de osso mostraram que, após a maior parte do tecido canceroso ter sido retirado por cirurgia ou destruído por radiação, a terapia com interferona diminui a incidência de metástases (disseminação). Não se sabe como a interferona interrompe as metástases. Alguns cânceres resultam de infecções virais. É possível que a interferona interfira na replicação viral. Além do câncer de osso, a interferona é atualmente utilizada no tratamento do carcinoma de células renais, câncer renal, melanoma, mieloma múltiplo, tumores carcinoides e alguns linfomas. A terapia com interferona também pode impedir o crescimento das células cancerosas por meio de sua destruição por macrófagos ou por células *NK*.

O uso terapêutico das interferonas apresenta algumas desvantagens. Quando injetado, a rINF não permanece estável no corpo por muito tempo. Isso dificulta o fornecimento de interferonas no local de infecção. Pesquisas recentes levaram ao desenvolvimento de rINF que é quimicamente alterado e permanece ativo por mais tempo no corpo. A injeção de interferona (sobretudo de α-interferona) também apresenta efeitos colaterais, como fadiga, náuseas, cefaleia, vômitos, perda de peso e distúrbios do sistema nervoso. Enquanto a febre normalmente aumenta a produção de interferona, o que ajuda o corpo a lutar contra as infecções virais, a injeção de interferon *produz* febre como efeito colateral. O uso de altas doses pode causar toxicidade do fígado, rins, coração e medula óssea.

Além disso, alguns microrganismos desenvolveram resistência a interferonas. Embora alguns vírus de DNA, como os poxvírus, possam estimular a síntese de interferona, os adenovírus humanos têm mecanismos de resistência para combater a atividade da proteína antiviral. Além disso, o vírus da hepatite B frequentemente é incapaz de estimular uma produção adequada de interferon nas células infectadas.

A utilidade terapêutica da interferona claramente não corresponde à bala mágica originalmente idealizada contra os vírus. De todo modo, as interferonas são usadas no tratamento de infecções virais e cânceres potencialmente fatais.

# Complemento

O **complemento**, ou **sistema complemento**, refere-se a um conjunto de mais de 20 proteínas reguladoras grandes, que desempenham um papel fundamental nas defesas do hospedeiro. Essas proteínas são produzidas pelo fígado e circulam no plasma em uma forma inativa. Correspondem a cerca de 10% (por peso) de todas as proteínas plasmáticas. Quando o complemento foi descoberto, acreditava-se que fosse uma única substância para "complementar" ou completar determinadas reações imunológicas. Embora o complemento possa ser ativado por reações imunes, seus efeitos são inespecíficos – ele exerce os mesmos efeitos de defesa, independentemente do microrganismo que invadiu o corpo.

As funções gerais do sistema complemento são as seguintes: (1) aumentar a fagocitose pelos fagócitos; (2) provocar a lise direta dos microrganismos, das bactérias e dos vírus envelopados; e (3) gerar fragmentos peptídicos que regulam as respostas inflamatória e imune. Além disso, o complemento passa a atuar tão logo seja detectado um microrganismo invasor; o sistema realiza uma defesa inata efetiva do hospedeiro bem antes que ocorra mobilização das defesas imunes adaptativas do hospedeiro.

O sistema complemento atua em cascata. Uma **cascata** descreve um conjunto de reações que amplificam algum efeito – isto é, ocorre formação de mais produto na segunda reação do que na primeira, mais ainda na terceira, e assim por diante. Das 20 proteínas séricas diferentes identificadas até agora no sistema complemento, 13 participam da própria cascata, enquanto sete ativam ou inibem as reações da cascata.

## Função do complemento

Foram identificadas três vias na sequência de reações realizadas pelo sistema complemento. São denominadas **via clássica**, **via da lectina** e **via alternativa** ou *via da properdina* (**Figura 17.10A**). A via clássica começa quando os anticorpos se ligam a antígenos, como microrganismos, e envolve as proteínas do complemento C1, C4 e C2 (*C* refere-se ao

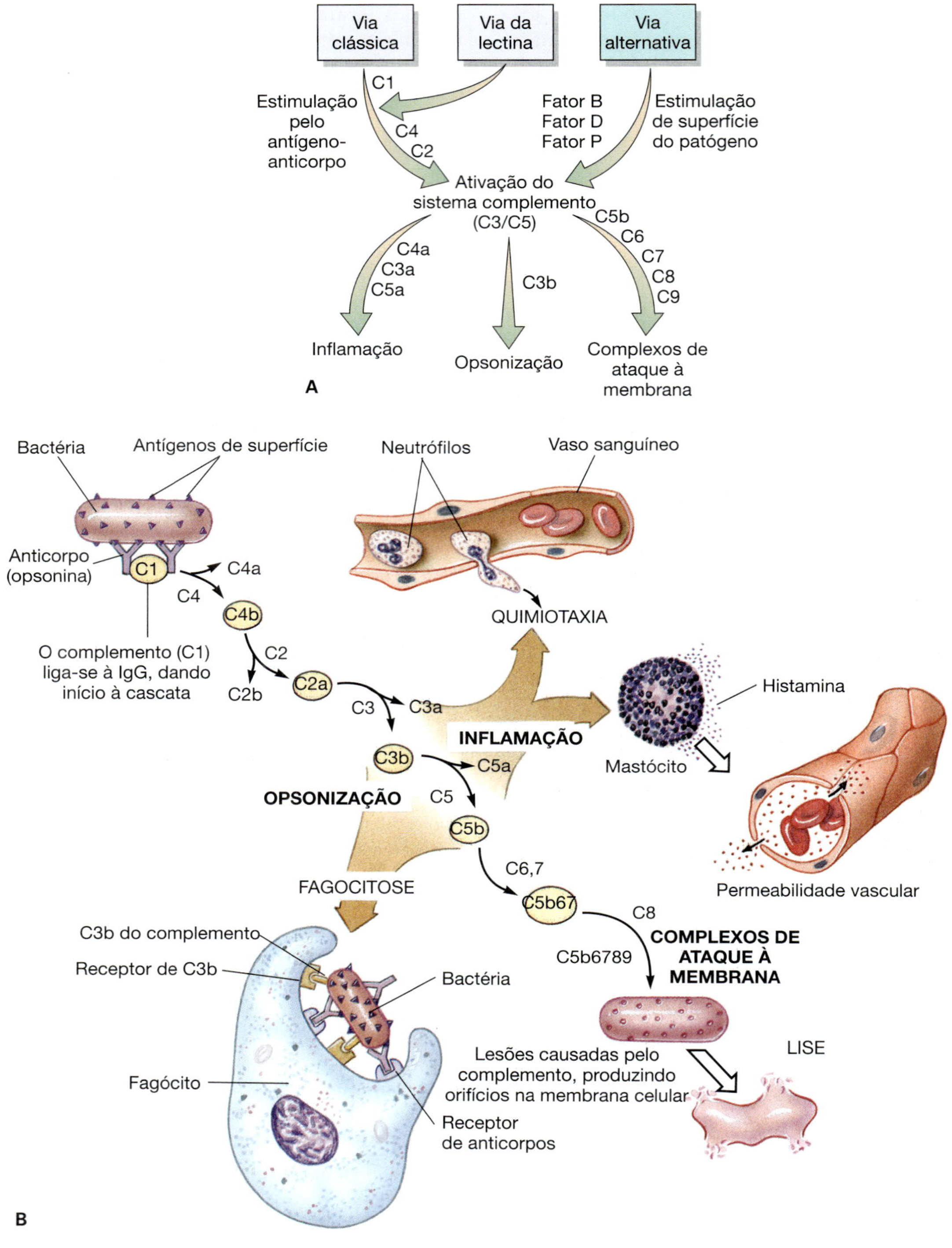


**Figura 17.10 O sistema complemento. A.** Vias clássica, da lectina e alternativa da cascata do complemento. Embora as três vias sejam iniciadas de maneiras diferentes, elas se combinam para ativar o sistema complemento. **B.** Ativação da via clássica do complemento. Nessa cascata, cada proteína do complemento ativa a proteína seguinte da via. A ação do C3b é de importância crítica para a opsonização e, juntamente com C5b, para a formação do complexo de ataque à membrana. C4a, C3a e C5a também são importantes na inflamação e na quimiotaxia dos fagócitos. (A IgG é uma classe de anticorpos que discutiremos no Capítulo 18.)

complemento). A via da lectina começa quando os macrófagos completam a fagocitose, liberando citocinas que induzem o fígado a produzir proteínas lectinas. As lectinas ligam-se a carboidratos, como a manose, que fazem parte de um padrão característico de carboidratos encontrado nas bactérias e em alguns vírus. Isso ativa então os componentes C4 e C2. A via alternativa é ativada pelo contato entre as proteínas do complemento e os polissacarídios na superfície do patógeno. As proteínas do complemento denominadas fator B, fator D e fator P (*properdina*) substituem C1, C4 e C2 nas etapas iniciais. Entretanto, os componentes de ambas as vias ativam reações envolvendo C3 até C9. Em consequência, os efeitos do

Os números associados à cascata do complemento referem-se à sua ordem de descoberta, e não à sequência com a qual atuam.

sistema complemento são os mesmos, independentemente da via pela qual o C3 é produzido. No entanto, na presença de infecção, a via alternativa é ativada ainda mais cedo do que a via clássica.

As contribuições do sistema complemento para as defesas inatas dependem de C3, uma proteína essencial do sistema. Uma vez formado, o componente C3 é imediatamente clivado em C3a e C3b, que então participam de três tipos de defesas moleculares: a opsonização, a inflamação e o complexo de ataque à membrana (Figura 17.10B).

**Opsonização.** Anteriormente, mencionamos que algumas bactérias com cápsulas ou com proteínas de superfície (proteínas M) podem impedir a aderência dos fagócitos. O sistema complemento pode anular essas defesas, tornando possível uma eliminação mais eficiente dessas bactérias. Em primeiro lugar, anticorpos especiais, denominados **opsoninas**, ligam-se à superfície do agente infeccioso, recobrindo-o. C1 liga-se a esses anticorpos, iniciando a cascata. C1 induz a clivagem de C4 em C4a e C4b. Em seguida, C4b e C1 induzem a clivagem de C2 em C2a e C2b. Por sua vez, o complexo C4bC2a leva à clivagem de C3 em C3a e C3b. Em seguida, C3b liga-se à superfície do microrganismo. Na membrana plasmática dos fagócitos, existem receptores do complemento que reconhecem as moléculas de C3b; esse reconhecimento estimula a fagocitose. Esse processo, que é iniciado por opsoninas, é denominado **opsonização** ou *imunoaderência*.

**Inflamação.** O sistema complemento também é potente na iniciação e intensificação da inflamação. Os componentes C3a, C4a e C5a aumentam a reação inflamatória aguda, estimulando a quimiotaxia e, portanto, a fagocitose. Essas três proteínas do complemento também aderem às membranas dos basófilos e dos mastócitos, induzindo a liberação de histamina e de outras substâncias que aumentam a permeabilidade dos vasos sanguíneos.

O MAC completo apresenta forma tubular e um poro funcional que mede de 70 a 100 angstroms (1 angstrom = $10^{-10}$ metro).

**Complexos de ataque à membrana.** Outra defesa desencadeada pelo C3b é a lise celular. Por um processo denominado **imunocitólise**, as proteínas do complemento provocam lesões no envoltório celular dos microrganismos e de outros tipos de células. Essas lesões causam extravasamento do conteúdo celular. Para produzir imunocitólise, o C3b inicia a clivagem de C5 em C5a e C5b. Em seguida, C5b liga-se a C6 e C7, formando um complexo C5bC6C7. Esse complexo proteico é hidrofóbico (ver Capítulo 5) e se insere na membrana celular do microrganismo. Em seguida, C8 liga-se a C5b na membrana. Cada complexo C5bC6C7C8 possibilita a montagem de até 15 moléculas de C9 na membrana celular (Figura 17.11). Essas proteínas, ao ocupar toda a extensão da membrana celular, formam um poro e constituem o **complexo de ataque à membrana (MAC)**. O MAC é responsável pela lise direta dos microrganismos invasores. É importante ressaltar que as membranas plasmáticas das células do hospedeiro contêm proteínas que as protegem contra a lise pelo MAC. Essas proteínas impedem o dano ao evitar a ligação dos componentes ativados do complemento às células do hospedeiro. O MAC forma a base da *fixação do complemento*, um teste de laboratório realizado para a detecção de anticorpos dirigidos contra qualquer um de muitos antígenos microbianos. Esse teste é descrito no Capítulo 19.

Uma grande vantagem do sistema complemento nas defesas do hospedeiro é que, uma vez ativado, a cascata de reações ocorre rapidamente. Uma quantidade muito pequena da substância ativadora (o microrganismo) pode ativar algumas moléculas de C1. Por sua vez, essas moléculas de C1 ativam grandes quantidades de C3; uma molécula de C4b2a pode clivar 1.000 moléculas de C3 em C3a e C3b. Desse modo, quantidades suficientes de C3b tornam-se rapidamente disponíveis para causar opsonização e inflamação e para produzir complexos de ataque à membrana.

Infelizmente, a atividade do complemento pode ser comprometida pela ausência de um ou mais de seus componentes proteicos. O comprometimento da atividade do complemento torna o hospedeiro mais vulnerável a várias doenças (**Tabela 17.4**), cuja maior parte é adquirida ou congênita. As doenças adquiridas resultam da depleção temporária de uma proteína do complemento; elas regridem quando as células voltam a sintetizar a proteína. As deficiências congênitas do complemento resultam de defeitos genéticos que impedem a síntese de um ou mais componentes do complemento.

O efeito mais significativo das deficiências do complemento consiste na ausência de resistência à infecção. Foram observadas deficiências em vários componentes do complemento. O maior grau de comprometimento da função do complemento ocorre com a deficiência de C3 – o que não surpreende, visto que C3 é o componente-chave do sistema. Em indivíduos com deficiência de C3, ocorre comprometimento da quimiotaxia, da opsonização e da lise celular. Esses indivíduos são particularmente sujeitos à infecção por bactérias piogênicas. A deficiência nos componentes do MAC (C5-C9) está associada a infecções recorrentes, em especial por espécies de *Neisseria*. As deficiências do complemento são menos importantes nas defesas contra os vírus, embora alguns vírus, como o vírus Epstein-Barr, utilizem receptores do complemento para invadir as células.

## Resposta de fase aguda

Observações de pacientes agudamente enfermos levaram à caracterização da **resposta de fase aguda**, uma resposta à doença aguda que envolve a produção aumentada de proteínas sanguíneas específicas, denominadas **proteínas de fase aguda**. Em uma resposta de fase aguda, a ingestão de patógenos pelos macrófagos estimula a síntese e a secreção de várias citocinas. Uma delas, denominada *interleucina-6* (IL-6), circula através do sangue e induz o fígado a sintetizar e secretar as proteínas de fase aguda na corrente sanguínea. Desse modo, as proteínas de fase aguda constituem um mecanismo de defesa inespecífica do hospedeiro, que é distinto da resposta inflamatória e das defesas imunes específicas do hospedeiro. Esse mecanismo parece reconhecer substâncias estranhas antes que as defesas do sistema imune as reconheçam e atua precocemente no processo inflamatório, antes que haja produção de anticorpos.

As proteínas da fase aguda mais bem conhecidas são a *proteína C reativa* (CRP) e a *proteína de ligação da manose* (MBP). Todos os seres humanos estudados até o momento possuem

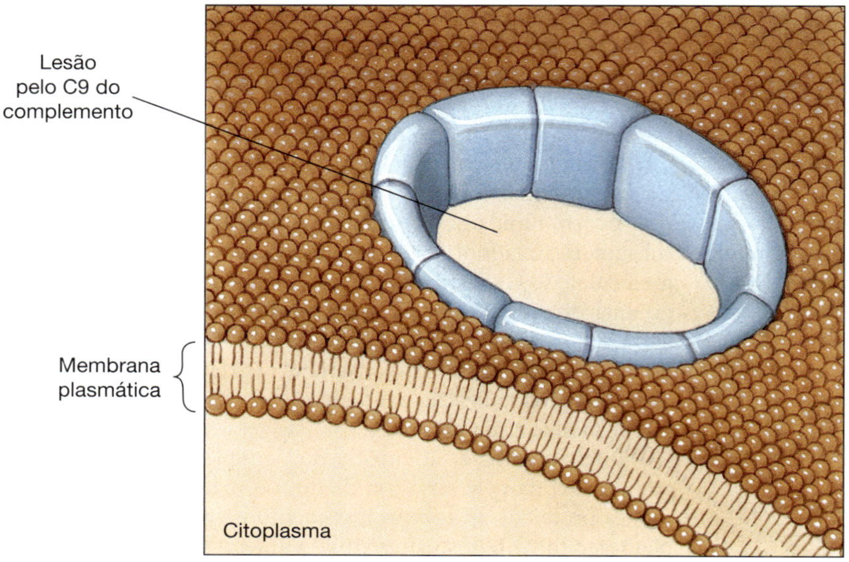


A

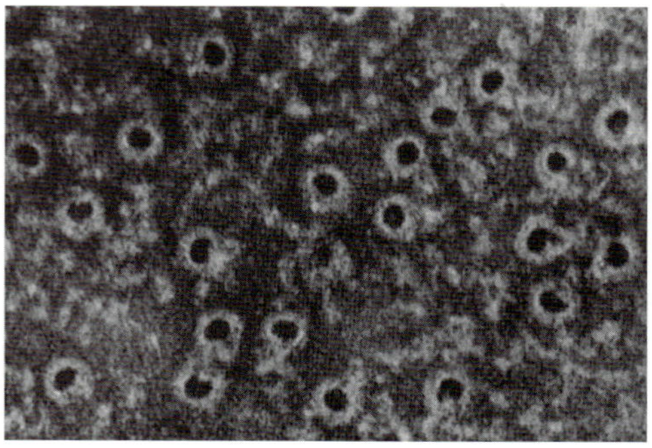

B

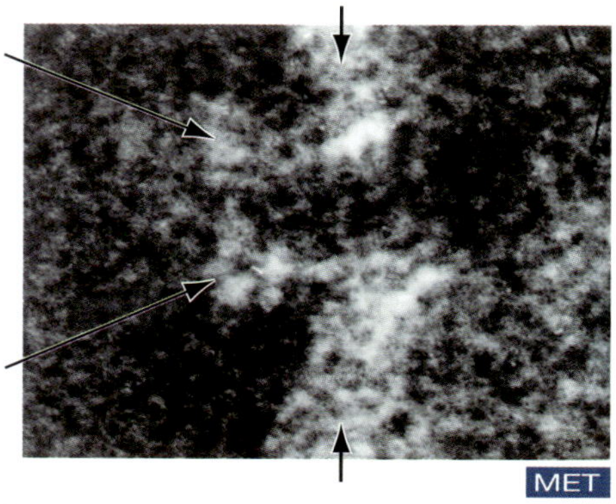


C

**Figura 17.11 Lesões nas membranas celulares induzidas pelo complemento.** **A.** O complemento provoca lise da célula bacteriana criando um complexo de ataque à membrana (lesão), que consiste em 10 a 15 moléculas de C9. Essas moléculas de proteína formam um orifício na membrana celular através do qual ocorre extravasamento do conteúdo citoplasmático. **B.** ME mostrando os orifícios formados por C9 nas membranas dos eritrócitos (aumento desconhecido). *(De Sucharit Bhakdi et al., "Functions and relevance of the terminal complement sequence," Blut, vol. 60, p. 311, 1990. Reproduzida, com autorização, de Springer-Verlag New York, Inc.)* **C.** Vista lateral da lesão do complemento (MAC), 2.240.000×. As setas mais curtas apontam para a borda da membrana. As setas mais longas indicam o próprio MAC, que consiste em um cilindro com um canal central que penetra na membrana celular. Esse canal possibilita o fluxo de íons para dentro e para fora da célula, resultando em desequilíbrio e lise. Evidências sugerem que a lesão causada pelo complemento consiste quase exclusivamente em C9. *(Cortesia de Robert Dourmashkin, St. Bart's and Royal London School of Medicine.)*

a capacidade de produzir CRP e MBP. A CRP reconhece fosfolipídios e liga-se a eles, enquanto a MBP liga-se à manose na membrana celular de muitas bactérias e na membrana plasmática de fungos. Uma vez ligadas, essas proteínas de fase aguda atuam como uma opsonina. Elas ativam o sistema complemento e a imunocitólise e estimulam a quimiotaxia dos fagócitos. Se soubéssemos como aumentar a atividade da CRP e da MBP, seria possível desenvolver terapias efetivas para combater muitas infecções bacterianas e fúngicas.

Em resumo, os mecanismos de defesa inata operam independentemente da natureza do agente invasor. Constituem a primeira linha de defesa do corpo contra patógenos, enquanto os mecanismos de defesa adaptativa (ver Capítulo 18) constituem a segunda linha de defesa. A Figura 17.12 fornece uma revisão das principais categorias de defesas inatas.

**Tabela 17.4** Estados mórbidos relacionados com deficiências do complemento.

| Estado mórbido | Deficiências do complemento |
|---|---|
| Infecções recorrentes graves | C3 |
| Infecções recorrentes de menor gravidade | C1, C2, C5 |
| Lúpus eritematoso sistêmico (doença imunológica que acomete todo o corpo) | C1, C2, C4, C5, C8 |
| Glomerulonefrite (doença imunológica dos rins) | C1, C8 |
| Infecções por gonococos | C6, C8 |
| Infecções por meningococos | C6 |

**PARE e RESPONDA**

1. O que são as interferonas? Como e onde são produzidas?
2. Como as interferonas poderiam ser utilizadas no tratamento de doenças?
3. Descreva o sistema complemento incluindo as vias clássica e alternativa (properdina).
4. Quais são os resultados da ativação da cascata do complemento?
5. Quais são as funções das proteínas de fase aguda?

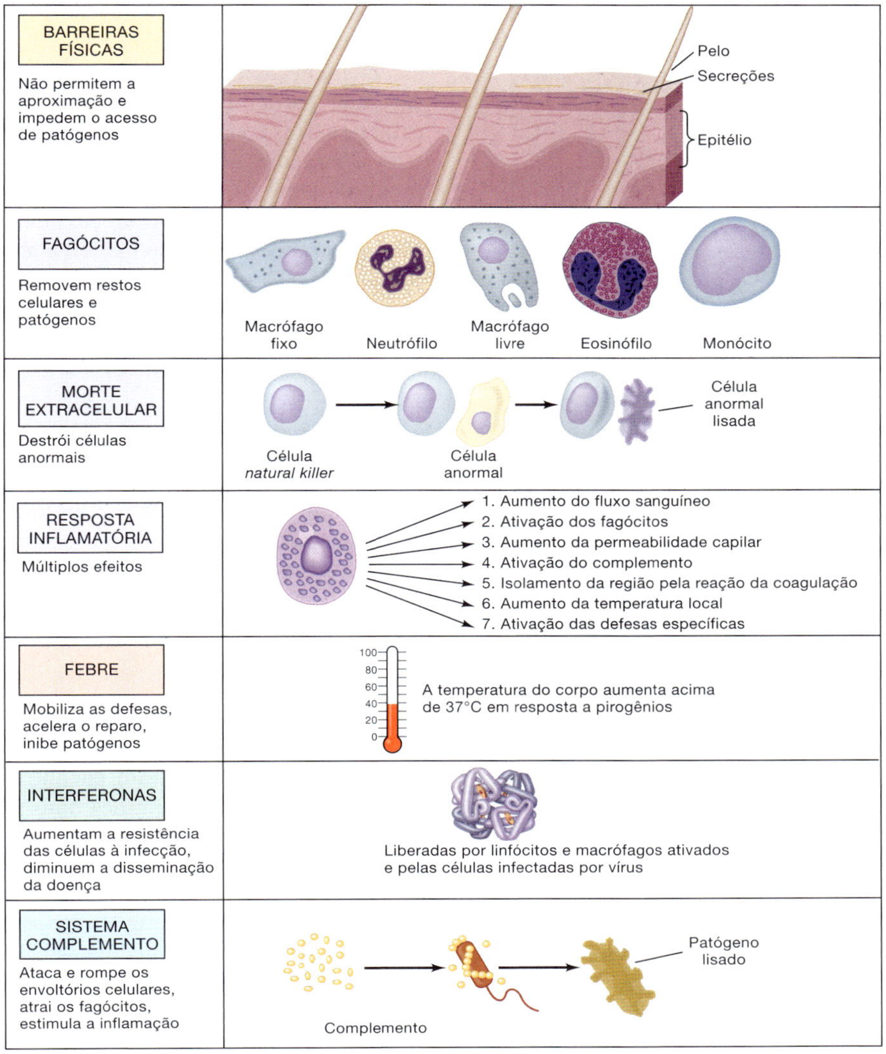




**Figura 17.12 Resumo das defesas inespecíficas do corpo.**

## DESENVOLVIMENTO DO SISTEMA IMUNE: QUEM TEM UM?

Todos os organismos podem ter a capacidade de se defender contra ataques de microrganismos infecciosos? Para os vertebrados, a resposta é sim. Como aprendemos neste capítulo, esses animais dispõem de mecanismos de defesa inespecíficos, e, como veremos no Capítulo 18, também apresentam defesas imunes específicas bem desenvolvidas.

### Plantas

As defesas contra a infecção não se limitam aos animais. Outros reinos biológicos também possuem mecanismos de defesa do hospedeiro, habitualmente de natureza química. Por exemplo, as plantas produzem defesas químicas, que podem isolar áreas danificadas ou infectadas por bactérias ou fungos. De fato, um importante determinante de como certa variedade de planta pode resistir à infecção após uma poda ou dano é a sua capacidade de defesa física e química. Muitos fungos são patógenos de plantas e adquirem seus nutrientes ao parasitar determinados tecidos no interior da planta. O fungo, para infectar uma planta, precisa penetrar na célula vegetal (ver Capítulo 12). Durante a infecção, as células da planta produzem enzimas que liberam moléculas de carboidratos das paredes celulares do fungo. Esses fragmentos de parede celular do fungo, denominados *elicitores*, desencadeiam uma resposta da planta semelhante à resposta imunológica. Os elicitores fazem com que a planta produza substâncias químicas semelhantes a lipídios, denominadas *fitoalexinas*. As fitoalexinas inibem o crescimento do fungo, restringindo a infecção a uma pequena porção do tecido vegetal (Figura 17.13). Biotecnologistas vegetais estão tentando a "criação" dessa resposta em outros tipos de plantas que são sensíveis à invasão por fungos.

### Invertebrados

Os invertebrados também possuem defesas inespecíficas para combater os invasores. A fagocitose é importante para os invertebrados na obtenção de alimentos, porém ela também é necessária para impedir a fixação permanente de organismos sedentários a

**Figura 17.13 Áreas experimentalmente danificadas no tronco de uma árvore são isoladas nas árvores que sobrevivem ao ataque, impedindo assim a propagação da infecção por toda a árvore.** *(Cortesia de Agricultural Research Service, United States Department of Agriculture.)*

uma superfície; além disso, como vivem em locais onde o espaço é limitado, ela também é necessária para se defender do crescimento excessivo dos vizinhos. Dessa maneira, a fagocitose é utilizada para defender o território. Nos animais sem sistema cardiovascular, os amebócitos perambulam pelo corpo, englobando os materiais estranhos e as células danificadas ou velhas. Quando os leucócitos dos seres humanos fagocitam uma bactéria, eles estão utilizando um antigo mecanismo preservado e transformado a partir de formas mais simples de vida.

A opsonização também é observada nos invertebrados, e realizada por componentes dos líquidos corporais que se assemelham ao complemento. Por exemplo, os líquidos na cavidade corporal do ouriço-do-mar compartilham muitas características com as proteínas do complemento humano. De fato, as proteínas do complemento, à semelhança da fagocitose, provavelmente se originaram dessas versões primitivas nos invertebrados. A secreção de enzimas antimicrobianas constitui outro meio de defesa existente até mesmo nos protozoários simples. Desse modo, os processos de defesa inespecíficos, como a fagocitose e a opsonização, são frequentemente designados como uma *característica primitiva*, visto que a maioria dos animais possui esses mecanismos antigos.

## Vertebrados

Quase todos os invertebrados também podem rejeitar enxertos de tecido estranho. Os vertebrados rejeitam mais vigorosamente esses enxertos em um segundo encontro, mas não os invertebrados; de fato, a segunda rejeição pode ser mais lenta do que a primeira. Como os invertebrados não têm essas respostas de memória, a presença dessas defesas imunes específicas nos vertebrados é considerada uma *característica avançada*. Essas defesas são constituídas pelas células B, pelas células T e pelos anticorpos.

Embora as defesas imunes envolvendo a produção de anticorpos específicos sejam encontradas em todos os tipos de peixes, as respostas imunes mais rápidas e mais complexas aparecem nos mamíferos e nas aves. As aves possuem uma estrutura sacular, denominada *bolsa de Fabricius*, que não está presente nos mamíferos e que provavelmente representa o maior estágio de evolução do sistema imune. Nas galinhas, as células B imaturas na medula óssea migram para a bolsa de Fabricius. Lá, as células B são estimuladas a amadurecer rapidamente e são capazes de reconhecer substâncias estranhas. Nos mamíferos, as células B originam-se na medula óssea, onde amadurecem mais lentamente. Assim, o desenvolvimento do sistema imune culmina no sistema em duas partes das células B e das células T. No Capítulo 18, investigaremos essa conquista das defesas específicas do hospedeiro.

# RESUMO

## DEFESAS INATAS E ADAPTATIVAS DO HOSPEDEIRO

- As **defesas inatas** atuam independentemente do tipo de agente invasor; constituem a primeira linha de defesa, que é frequentemente efetiva mesmo antes da ativação das **defesas específicas**
- As **defesas adaptativas** respondem a determinados agentes invasores; são produzidas pelo sistema imune e formam a segunda linha de defesa contra patógenos.

## BARREIRAS FÍSICAS

- A pele e as membranas mucosas atuam como barreiras físicas contra a penetração dos patógenos e secretam substâncias químicas inóspitas para esses organismos
- As **membranas mucosas** consistem em uma fina camada de células que secretam muco. Muitos bacteriófagos são encontrados nesse muco.

## BARREIRAS QUÍMICAS

- O sal presente no suor e o óleo no sebo produzem um pH ácido, assim como o ácido no estômago
- A enzima lisozima cliva os açúcares em peptidoglicanos
- A transferrina e a lactoferrina ligam-se ao ferro
- As defensinas matam microrganismos por meio da formação de poros em suas membranas.

## DEFESAS CELULARES

### Células de defesa

- Os **elementos figurados** encontrados no sangue, mas que se originam da medula óssea, fornecem uma barreira de defesa celular contra a infecção
- As células de defesa incluem os **granulócitos (basófilos, mastócitos, eosinófilos** e **neutrófilos)** e os **agranulócitos (monócitos** e **linfócitos)**.

### Fagócitos

- Um fagócito é uma célula que ingere e digere substâncias estranhas
- As células fagocitárias incluem os neutrófilos no sangue e nos tecidos lesionados, os monócitos no sangue e os **macrófagos** fixos e errantes.

### Processo da fagocitose

- O processo da **fagocitose** ocorre da seguinte maneira: (1) os microrganismos invasores são localizados por **quimiotaxia**, que é auxiliada pela liberação de **citocinas** pelos fagócitos. (2) Ocorre ingestão quando o fagócito circunda e ingere um microrganismo ou outra substância estranha no **fagossomo**. (3) Ocorre digestão quando os lisossomos circundam um vacúolo e liberam suas enzimas em seu interior, formando um **fagolisossomo**. As enzimas e as defensinas degradam o conteúdo do fagolisossomo e produzem substâncias que são tóxicas para os microrganismos
- Alguns microrganismos resistem à fagocitose produzindo cápsulas ou proteínas específicas, impedindo a liberação de enzimas lisossômicas e produzindo toxinas (**leucocidina** e **estreptolisina**).

### Morte extracelular

- Os eosinófilos defendem-se contra as infecções por helmintos parasitas por meio da secreção de enzimas citotóxicas
- As **células *natural killer* (*NK*)** secretam produtos que matam as células infectadas por vírus e determinadas células cancerosas.

### Sistema linfático

- O **sistema linfático** consiste em uma rede de **vasos linfáticos, linfonodos** e **nódulos linfoides,** o **timo,** o **baço** e a **linfa**
- Todos os tecidos linfáticos que filtram o sangue e a linfa são suscetíveis à infecção por patógenos que eles filtram quando estes últimos sobrepujam as defesas
- As defesas inespecíficas consistem nas ações das células fagocitárias.

## INFLAMAÇÃO

### Características da inflamação

- A **inflamação** é a resposta do corpo ao dano dos tecidos. Caracteriza-se pelo aumento da temperatura local, vermelhidão, edema e dor.

### O processo inflamatório agudo

- A **inflamação aguda** é iniciada pela **histamina** liberada pelos tecidos danificados, que provoca dilatação e aumento da permeabilidade dos vasos sanguíneos (**vasodilatação**). A ativação das citocinas também contribui para o início da inflamação
- A dilatação dos vasos sanguíneos é responsável pela vermelhidão e aumento da temperatura do tecido; o aumento da permeabilidade resulta em **edema** (inchaço)
- A lesão tecidual também inicia o mecanismo da coagulação sanguínea
- A **bradicinina** estimula os receptores de dor, e as **prostaglandinas** intensificam seu efeito
- Os tecidos inflamados também estimulam um aumento do número de leucócitos no sangue (**leucocitose**) pela liberação de citocinas que desencadeiam a produção de leucócitos. Os neutrófilos e os macrófagos migram do sangue para o local de lesão (**diapedese**)
- Os leucócitos e os macrófagos fagocitam os microrganismos e restos teciduais.

### Reparo e regeneração

- O reparo e a regeneração ocorrem à medida que capilares crescem no local de lesão, e os fibroblastos substituem o coágulo sanguíneo em processo de dissolução. O **tecido de granulação** resultante é fortalecido por fibras do tecido conjuntivo (dos **fibroblastos**) e crescimento excessivo de células epiteliais.

### Inflamação crônica

- A **inflamação crônica** é uma inflamação persistente em que o agente inflamatório continua causando lesão tecidual quando as defesas do hospedeiro não conseguem vencer por completo o agente
- A **inflamação granulomatosa** é uma inflamação crônica em que o tecido necrótico é circundado por monócitos, linfócitos e macrófagos, formando um **granuloma**.

## FEBRE

- A **febre** é um aumento da temperatura do corpo causado por **pirogênios**, que aumentam o ajuste (termostato) do centro termorregulador no hipotálamo
- Os **pirogênios exógenos** (normalmente os patógenos e suas toxinas) provêm do exterior do corpo e estimulam uma citocina que atua como **pirogênio endógeno**
- A febre e as substâncias químicas associadas a ela aumentam a resposta imune e inibem o crescimento dos microrganismos, visto que reduzem as concentrações plasmáticas de ferro. A febre também aumenta a velocidade das reações químicas, eleva a temperatura acima da velocidade de crescimento ótimo de alguns patógenos e faz com que o paciente se sinta doente (reduzindo, assim, a sua atividade). A fagocitose é intensificada; há um aumento na produção de interferonas, e a degradação dos lisossomos é aumentada, causando a morte das células infectadas, juntamente com os microrganismos que estão no seu interior
- Os antipiréticos são recomendados apenas para as febres altas e para pacientes com distúrbios que poderiam ser exacerbados pela febre.

## DEFESAS MOLECULARES

### Interferona

- As **interferonas** são proteínas que atuam de modo inespecífico, causando morte celular ou estimulação das células para produzir **proteínas antivirais**

- A interferona pode ser produzida pela tecnologia do DNA recombinante e demonstrou ser terapêutica para determinadas neoplasias malignas; outras aplicações terapêuticas da interferona estão sendo estudadas.

### Complemento

- O **complemento** refere-se a um conjunto de proteínas do sangue que, quando ativadas produzem uma **cascata** de reações proteicas. O **sistema complemento** pode ser ativado pela **via clássica,** pela **via da lectina** ou pela **via alternativa**
- A ação do sistema complemento é rápida e inespecífica. Promove a opsonização, a inflamação e a citólise imune por meio da formação de **complexos de ataque à membrana** (MACs). Na **opsonização**, os agentes invasores são cobertos com **opsoninas** (anticorpos) e com a proteína C3b do complemento, fazendo com que os invasores sejam reconhecidos pelos fagócitos. Na **imunocitólise**, as proteínas do complemento produzem lesões nas membranas plasmáticas dos invasores, causando lise da célula
- Deficiências do complemento reduzem a resistência à infecção.

### Resposta de fase aguda

- Pacientes agudamente doentes aumentam a produção de determinadas proteínas sanguíneas (**proteínas de fase aguda**). Essas substâncias são distintas daquelas envolvidas na resposta inflamatória e atuam rapidamente, antes que os anticorpos possam ser produzidos. Essas proteínas iniciam ou aceleram a inflamação, ativam o complemento e estimulam a quimiotaxia dos fagócitos.

## DESENVOLVIMENTO DO SISTEMA IMUNE: QUEM TEM UM?

- As plantas produzem substâncias químicas, muitas das quais isolam as áreas infectadas
- Os invertebrados possuem defesas inespecíficas, como a fagocitose e a opsonização
- Os vertebrados possuem um sistema em duas partes: células B e células T.

## TERMOS-CHAVE

abscesso
aderência
agranulócito
anti-histamínico
baço
basófilo
bradicinina
cápsula
cascata
célula dendrítica
célula *natural killer* (NK)
citocina
complemento
complexo de ataque à membrana (MAC)
defesa adaptativa
defesa inata
defesa inespecífica
diapedese
edema
elemento figurado
eosinófilo
eritrócito
específico
estreptolisina
fagócito
fagocitose
fagolisossomo
fagossomo
febre
fibroblasto
granulócito
granuloma
histamina
imunocitólise
inflamação
inflamação aguda
inflamação crônica
inflamação granulomatosa
interferon
leucocidina
leucócito
leucocitose
linfa
linfócito
linfócitos B (células B)
linfócitos T (células T)
linfonodo
macrófago
mastócito
mediador endógeno dos leucócitos (LEM)
membrana mucosa
monócito
neutrófilo
nódulo linfoide
opsonina
opsonização
pele
pirogênio
pirogênio endógeno
pirogênio exógeno
plaqueta
plasma
prostaglandina
proteína antiviral
proteína de fase aguda
pus
quimiocina
quimiotaxia
receptores *toll-like* (TLR)
resposta de fase aguda
sinusoide
sistema complemento
sistema linfático
tecido de granulação
tecido linfático associado ao intestino (GALT)
timo
tonsila
vaso linfático
vasodilatação
via alternativa
via clássica
via da lectina

CAPÍTULO

# 18 Princípios Básicos da Imunidade Adaptativa e Imunização

© Bettmann/Corbis/Getty Images

Os soldados cossacos estão chegando! Vieram a galope e já cercaram a aldeia. Corra, esconda-se, tente se salvar! Se eles o pegarem, irão VACINÁ-LO! Em soluços, a menina que viria a ser a minha avó foi carregada por um deles. O local da cena é a Lituânia, aproximadamente no ano de 1900. Um tsar[1] bem-intencionado tinha ordenado que toda a população fosse vacinada contra a varíola. Na praça da aldeia, um soldado sacou a faca, fez uma série de cortes em forma de estrela no braço da menina, despejou vacina neles e a liberou. Em seguida, limpou a faca suja de sangue na sola da bota e gritou: "Próximo!" Durante os 3 meses que se seguiram, a pequena Tekla ficou acamada, ardendo em febre, com pus escorrendo pelo braço até o cotovelo. Metade das outras pessoas na aldeia tinha morrido. Quando se recuperou, jurou nunca mais receber uma vacina. E também tomou a decisão de que seus filhos ou netos nunca seriam vacinados. Contou-me em voz baixinha sobre os males e as mortes associados à vacina. Essas "lembranças populares" de vacinações que não deram certo levaram as pessoas a demonstrarem resistência a receber vacinas em muitas partes do mundo, particularmente nos países em desenvolvimento. Hoje, as pessoas nos EUA e no Reino Unido têm medo que as vacinas possam causar autismo. O estudo que estabeleceu essa associação foi agora desacreditado, e a revista que o publicou pediu desculpas e o retirou. Estudos mais recentes mostraram de modo conclusivo que não existe absolutamente nenhuma conexão. O autismo apresenta forte base genética.

Dez funcionários que aplicavam a vacina contra poliomielite no Paquistão e nove na Nigéria foram baleados e mortos em dezembro de 2012 e em fevereiro de 2013, respectivamente. Por quê? Líderes religiosos locais disseram às pessoas que a vacina destinava-se a tornar seus filhos estéreis. Foi também alegado que novos casos de poliomielite eram devidos a remédios contaminados e que, além disso, as pessoas que aplicavam vacinas eram espiões norte-americanos. A medicina ocidental não é bem recebida nesses países. Apenas três países ainda apresentam poliomielite endêmica: a Nigéria, o Paquistão e o Afeganistão. Com esses tipos de resposta à vacinação, a erradicação deverá ser lenta. Enquanto isso, esses casos de poliomielite podem desencadear toda uma nova série de epidemias de poliomielite. A vacina contra poliomielite custa apenas 0,10 centavos de dólar por dose.

[1]N.R.T.: Título de soberanos russos na Idade Média.

# MAPA DO CAPÍTULO

**Siga o mapa do capítulo para auxiliar na identificação dos conceitos principais do texto.**



**Quando era criança,** você provavelmente recebeu uma variedade de imunizações contra a difteria, o tétano, a coqueluche, a poliomielite e, possivelmente também, contra o sarampo, a rubéola e a caxumba. Entretanto, seus pais ou avós provavelmente tornaram-se imunes ao sarampo, à rubéola e à caxumba ao adquirir essas doenças e, em seguida, ao se recuperar delas. Ter sido imunizado ou ter contraído uma doença podem conferir imunidade específica aos organismos que causam essa doença específica. Como vimos no capítulo anterior, as defesas inatas do hospedeiro o protegem contra infecções de modo geral. Este capítulo irá mostrar como as defesas adaptativas do hospedeiro e a imunização o protegem contra agentes infecciosos específicos. O próximo capítulo examinará as doenças do sistema imune, como alergias, AIDS, doenças imunes, juntamente com os testes utilizados para o seu estudo.

## IMUNOLOGIA E IMUNIDADE

O termo *imune* significa literalmente "livre de encargos". A **imunidade**, quando empregada no sentido geral, refere-se à capacidade de um organismo de reconhecer agentes infecciosos e de se defender contra eles. A *suscetibilidade*, o oposto da imunidade, refere-se à vulnerabilidade do hospedeiro aos danos causados por agentes infecciosos.

Conforme ressaltado no capítulo anterior, os hospedeiros possuem muitas defesas gerais contra organismos infecciosos invasores, independentemente do tipo de invasor (Capítulo 17). A imunidade produzida por essas defesas é denominada *imunidade inata*. Por outro lado, a *imunidade adaptativa* é a capacidade do hospedeiro de desenvolver uma defesa contra determinados agentes infecciosos por meio de respostas fisiológicas *específicas contra esse agente infeccioso*.

A **imunologia** é o estudo da imunidade adaptativa e de como o sistema imune responde a agentes infecciosos específicos e toxinas. O **sistema imune** é composto de várias células, particularmente linfócitos, e de órgãos, como o timo, que ajudam a fornecer ao hospedeiro uma imunidade específica contra agentes infecciosos (Capítulo 17).

## TIPOS DE IMUNIDADE

### Imunidade inata

A **imunidade inata**, também denominada **imunidade genética**, existe em consequência de características geneticamente determinadas. Um tipo de imunidade inata é a **imunidade de espécie**, que é comum a todos os membros de uma espécie. Por exemplo, todos os seres humanos possuem imunidade contra numerosos agentes infecciosos que causam doenças em animais de estimação e animais domésticos, e, por sua vez, os animais apresentam imunidade semelhante contra algumas doenças humanas. Os seres humanos não apresentam os sítios receptores apropriados e não se tornam infectados pelo vírus da cinomose canina, independentemente do número de contatos que tenham tido com filhotes infectados. *Mycobacterium avium* provoca tuberculose em aves, porém raramente em seres humanos com sistema imune normal. (Com frequência, causa infecção em indivíduos com AIDS.) Algumas doenças só aparecem em determinadas espécies. Os gonococos infectam os seres humanos e os macacos, porém de modo geral não afetam outras espécies. *Bacillus anthracis* causa antraz em todos os mamíferos e em algumas aves, mas não em muitos outros animais.

Conforme discutido no Capítulo 17, a imunidade inata também inclui a capacidade de um organismo de reconhecer patógenos. Os fagócitos e os macrófagos são ativados na resposta imune inata por moléculas específicas presentes nos patógenos, como peptidoglicano, lipopolissacarídio e zimosano de levedura. Receptores na superfície das células fagocíticas, denominados receptores de reconhecimento de padrões (PRRs) ou receptores *toll-like* (assim designados devido a um receptor de proteína descoberto em moscas-de-fruta) ligam-se às moléculas específicas do patógeno.

## Imunidade adaptativa

Diferentemente da imunidade inata, a **imunidade adaptativa** (também denominada **imunidade adquirida**) é a imunidade obtida de alguma maneira diferente da hereditária. Ela pode ser adquirida de modo natural ou artificialmente. A **imunidade adaptativa naturalmente adquirida** é, com mais frequência, obtida quando o indivíduo desenvolve uma doença específica. Durante a evolução da doença, o sistema imune responde a moléculas, denominadas *antígenos*, que estão presentes nos agentes infecciosos invasores. Ela ativa células denominadas células T, produz moléculas denominadas *anticorpos* e inicia outras defesas específicas que protegem o hospedeiro contra futuras invasões pelo mesmo agente. A imunidade também pode ser naturalmente adquirida pela transferência de anticorpos para o feto através da placenta ou para o lactente por meio do colostro e do leite materno. O **colostro** é o primeiro líquido secretado pelas glândulas mamárias depois do parto. Apesar de ser deficiente em muitos nutrientes encontrados no leite, o colostro contém grandes quantidades de anticorpos que atravessam a mucosa intestinal e entram na corrente sanguínea do lactente. Todavia, eles apenas o protegem por um curto período de tempo e, em seguida, desaparecem.

Por outro lado, a **imunidade adaptativa artificialmente adquirida** é obtida por um antígeno fornecido pela injeção de vacina ou de soro imune, que produz imunidade. A administração de vacina ou soro através de agulhas em indivíduos não é um processo natural. Logo, a imunidade assim obtida é artificialmente adquirida.

## Imunidade ativa e passiva

Independentemente de a imunidade ser natural ou artificialmente adquirida, ela pode ser ativa ou passiva. A **imunidade ativa** é obtida quando o sistema imunológico do próprio indivíduo ativa as células T ou produz anticorpos ou outras defesas contra determinado agente infeccioso. Ela pode durar por toda vida ou por um período de semanas, meses ou anos, dependendo do tempo de permanência dos anticorpos. A **imunidade ativa naturalmente adquirida** é produzida quando o indivíduo é exposto a um agente infeccioso. A **imunidade ativa artificialmente adquirida** é produzida quando um indivíduo é exposto a uma vacina contendo organismos vivos, atenuados ou mortos ou suas toxinas. Em ambos os tipos de imunidade ativa, o próprio sistema imune do hospedeiro responde de modo específico para defender o organismo contra determinado antígeno. Além disso, o sistema imune geralmente "lembra" do antígeno ao qual respondeu e irá desencadear outra resposta toda vez que ele voltar a encontrar o mesmo antígeno.

A **imunidade passiva** é criada quando anticorpos já produzidos são introduzidos no corpo. Essa imunidade é passiva, uma vez que o sistema imune do próprio hospedeiro não produz os anticorpos. A **imunidade passiva naturalmente adquirida** é produzida quando anticorpos produzidos pelo sistema imune da mãe são transferidos a seus filhos. As que acabam de ser mães são incentivadas a amamentar o filho por alguns dias, mesmo se não estiverem planejando uma amamentação contínua, de modo que o lactente possa obter anticorpos a partir do colostro. A **imunidade passiva artificialmente adquirida** é produzida quando anticorpos formados por outros hospedeiros são introduzidos em um novo hospedeiro. Por exemplo, um indivíduo picado por uma cascavel pode receber uma injeção com antiveneno de cobra. Os antivenenos são anticorpos produzidos em outros animais, como suínos ou coelhos. Nesse tipo de imunidade, o sistema imunológico do hospedeiro não é estimulado a responder. Os anticorpos previamente produzidos e a imunidade que eles conferem persistem por algumas semanas a meses e são destruídos pelo hospedeiro; o sistema imune do hospedeiro não é capaz de produzir novos anticorpos.

A Figura 18.1 mostra as relações entre os vários tipos de imunidade. As propriedades de cada tipo de imunidade estão resumidas na Tabela 18.1.

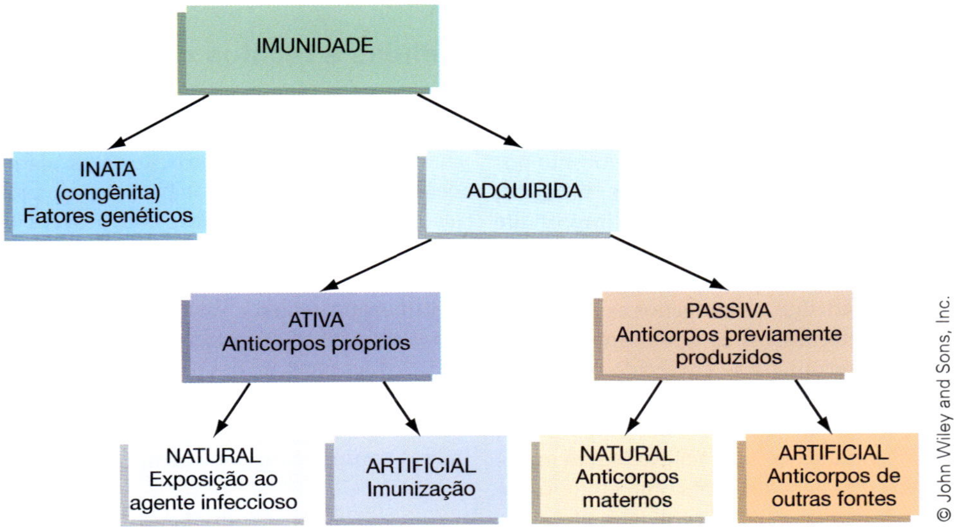


**Figura 18.1 Os vários tipos de imunidade.** A imunidade inespecífica é, em grande parte, inata, enquanto a imunidade específica é adquirida.

**Tabela 18.1** Características dos tipos de imunidade.

| Característica | Tipo de imunidade: Inata | Adaptativa ativamente adquirida | Adaptativa passivamente adquirida |
|---|---|---|---|
| Agente | Fatores genéticos e fisiológicos | Anticorpos induzidos por antígenos | Anticorpos previamente produzidos |
| Fonte de anticorpos | Nenhuma | Imunização do indivíduo | Plasma de outras pessoas, como a mãe |
| Como é produzida | Expressão genética | **Natural:** adquirindo a doença **Artificial:** recebendo a vacina | **Natural:** recebendo anticorpos através da placenta ou no colostro **Artificial:** recebendo injeção de gamaglobulina ou de soro imune |
| Tempo para o desenvolvimento da imunidade | Sempre presente | 5 a 14 dias após receber o antígeno | Imediatamente após receber anticorpos |
| Duração da imunidade | Permanente | Meses a permanente | Dias a semanas |

# CARACTERÍSTICAS DO SISTEMA IMUNE

## Antígenos e anticorpos

As ações do sistema imune são desencadeadas por antígenos. Um **antígeno** é uma substância que o corpo identifica como estranha e para a qual desencadeia uma resposta imune – com frequência, o antígeno é também designado como imunógeno. Os antígenos são, em sua maioria, grandes moléculas de proteínas com estruturas complexas e pesos moleculares acima de 10.000. Alguns antígenos são polissacarídios, e poucos consistem em glicoproteínas (carboidrato e proteína) ou em nucleoproteínas (ácido nucleico e proteína). Em geral, as proteínas possuem maior poder antigênico (imunogênico), visto que elas possuem uma estrutura mais complexa do que os polissacarídios. As grandes proteínas complexas podem exibir vários **epítopos**, ou **determinantes antigênicos**, que consistem em regiões da molécula às quais os anticorpos podem se ligar.

Os antígenos são encontrados na superfície dos vírus e de todas as células, incluindo bactérias, outros microrganismos e células humanas. A estrutura química exata de cada um dos antígenos de uma célula é determinada pela informação genética contida em seu DNA. As bactérias podem apresentar antígenos nas cápsulas, nos envoltórios celulares e até mesmo nos flagelos. Muitos microrganismos possuem vários antígenos diferentes em alguma parte de sua superfície. É importante determinar como o corpo humano responde a esses diferentes determinantes antigênicos para o desenvolvimento de vacinas efetivas. Como veremos adiante, os antígenos existentes na superfície dos eritrócitos determinam os tipos sanguíneos, e aqueles em outras células determinam se um tecido transplantado proveniente de outra pessoa será rejeitado.

Em alguns casos, uma pequena molécula, denominada **hapteno**, pode atuar como antígeno se ela se ligar a uma molécula maior de proteína. Os haptenos atuam como epítopos na superfície das proteínas. Algumas vezes, ligam-se às proteínas do corpo e provocam uma resposta imune. Nem o hapteno nem a proteína do corpo isoladamente atuam como antígenos; entretanto, quando estão em combinação, podem atuar como um antígeno. Por exemplo, as moléculas de penicilina podem agir como haptenos, ligando-se a moléculas de proteína e desencadeando uma reação alérgica, que representa, na realidade, uma reação de hipersensibilidade do sistema imune.

Uma das respostas mais significativas do sistema imune a qualquer substância estranha consiste na produção de proteínas antiantígeno ou anticorpos. Um **anticorpo** é uma proteína produzida em resposta a um antígeno, que é capaz de se ligar especificamente a este antígeno. Cada tipo de anticorpo liga-se a um determinante antigênico específico. Essa ligação pode ou não contribuir para a inativação do antígeno. A Figura 18.2 mostra, de modo esquemático, uma reação antígeno-anticorpo típica.

Ao discutir as concentrações de antígenos e anticorpos, os imunologistas referem-se frequentemente a títulos. Um **título** é a quantidade de uma substância necessária para produzir uma determinada reação. Por exemplo, o título de um anticorpo é a quantidade necessária para que esse anticorpo possa se ligar e neutralizar uma determinada quantidade de antígeno.

## Células e tecidos do sistema imune

As respostas imunes específicas são realizadas por linfócitos, que se desenvolvem a partir de células-tronco, assim como outros leucócitos, os eritrócitos e as plaquetas. No início do desenvolvimento embrionário, ocorre proliferação das células-tronco indiferenciadas, que provêm de regiões no saco vitelino, denominadas ilhas sanguíneas primitivas. Posteriormente, migram para o corpo por meio do cordão umbilical, distribuindo-se para vários locais, onde se diferenciam em tipos específicos de linfócitos.

A diferenciação das células-tronco em linfócitos é influenciada por outros tecidos do sistema imune (Figura 18.3). Os linfócitos são processados e amadurecem em tecidos, designados como tecido equivalente à bursa,[2] transformam-se em

[2]N.R.T.: Tecidos equivalentes à bursa correspondem, em vertebrados não aviários, à bursa de Fabricius das aves.

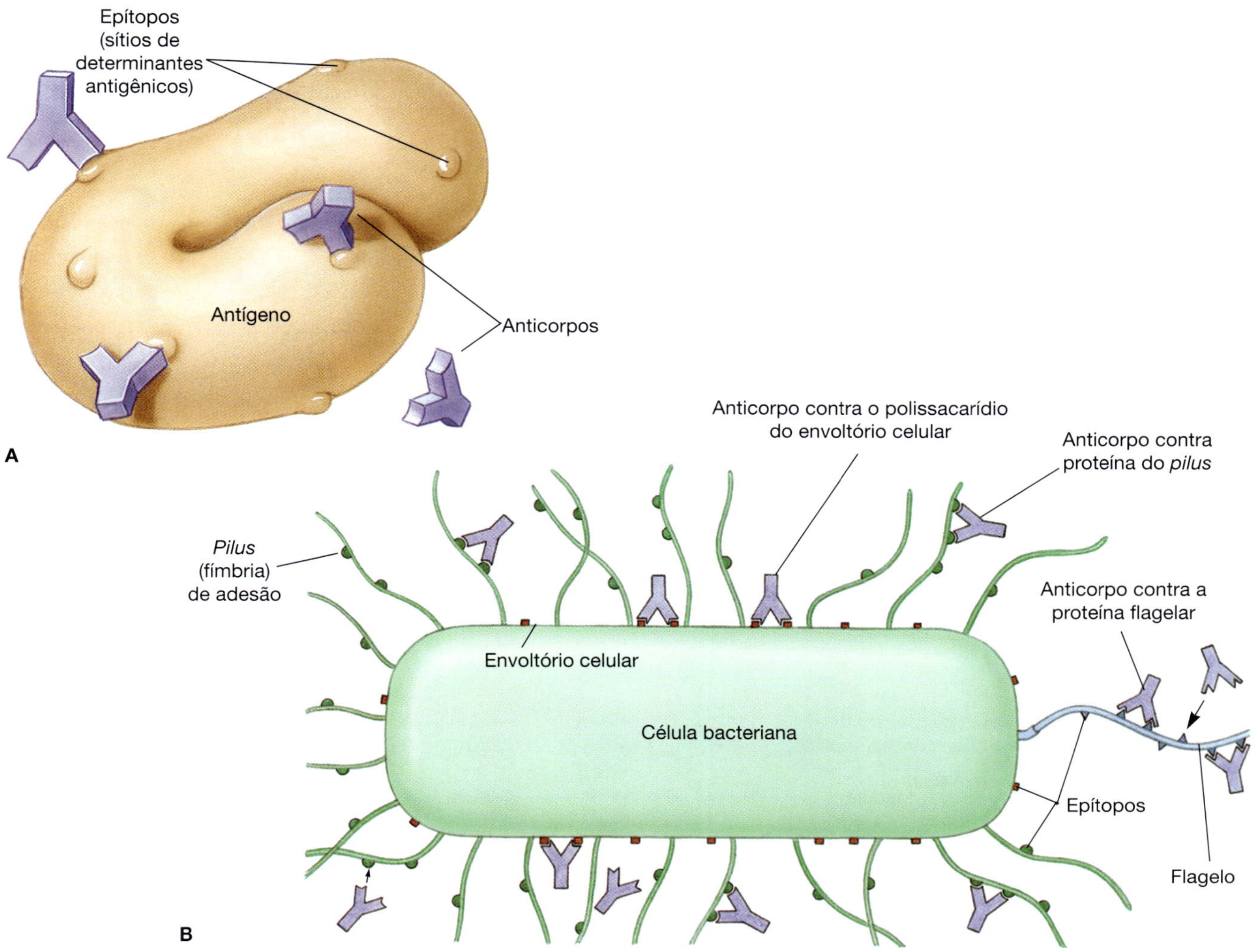




**Figura 18.2 Reação antígeno-anticorpo típica.** **A.** Os anticorpos ligam-se a grupos químicos ou estruturas específicos, denominados epítopos ou determinantes antigênicos. **B.** Uma bactéria gram-negativa patogênica pode possuir diversos antígenos ou imunógenos (p. ex., para flagelos, *pili* e parede celular), cada um deles com epítopos particulares. As grandes moléculas complexas de proteína podem apresentar vários determinantes antigênicos diferentes.

## APLICAÇÃO NA PRÁTICA

### Células-tronco como novo tópico

As células-tronco podem ser utilizadas para substituir tecidos mortos ou danificados. Uma vez implantadas em determinado local, as células-tronco diferenciam-se no tipo de tecido funcional normalmente encontrado nesse local específico. As células-tronco têm sido utilizadas para reconstruir o músculo nas paredes danificadas do coração por um ataque cardíaco, para reconstruir o osso perdido em consequência de trauma e para curar a doença de Parkinson, substituindo as células cerebrais mortas por células vivas capazes de produzir dopamina. A pesquisa de células-tronco vem sendo objeto de muita controvérsia. A princípio, a única fonte de células-tronco eram fetos abortados, e muitos países proibiram a pesquisa e o tratamento utilizando essas células. Posteriormente, foi descoberto que os adultos possuem suprimentos de células-tronco anteriormente desconhecidos (p. ex., na medula óssea) e que as suas próprias células-tronco podem ser utilizadas para tratamento.

**linfócitos B** ou **células B**. A diferenciação das células B foi observada pela primeira vez em aves, onde são processadas em um órgão denominado *bursa de Fabricius* (Figura 18.4). Embora não se tenha identificado nenhum local equivalente à bursa de Fabricius nos seres humanos, ocorre também produção de células B. Essa diferenciação ocorre na medula óssea, onde as células B sofrem diferenciação. São encontradas células B funcionais em todos os tecidos linfoides – linfonodos, baço, tonsilas, adenoides e tecidos linfoides associados ao intestino (GALT, do inglês *gut-associated lymphoid tissues*), que consistem em tecidos linfoides no sistema digestório, incluindo o apêndice e as placas de Peyer do intestino delgado. As células B constituem cerca de um décimo dos linfócitos que circulam no sangue.

Outras células-tronco migram para o timo, onde sofrem diferenciação em células derivadas do timo, denominadas **linfócitos T** ou **células T**. Na vida adulta, quando o timo se torna menos ativo, continua ocorrendo diferenciação das células T no timo, porém com menor frequência. As células T são encontradas em todos os tecidos que contêm células B e representam cerca de três quartos dos linfócitos que circulam no sangue. A distribuição das células B e T nos tecidos linfáticos

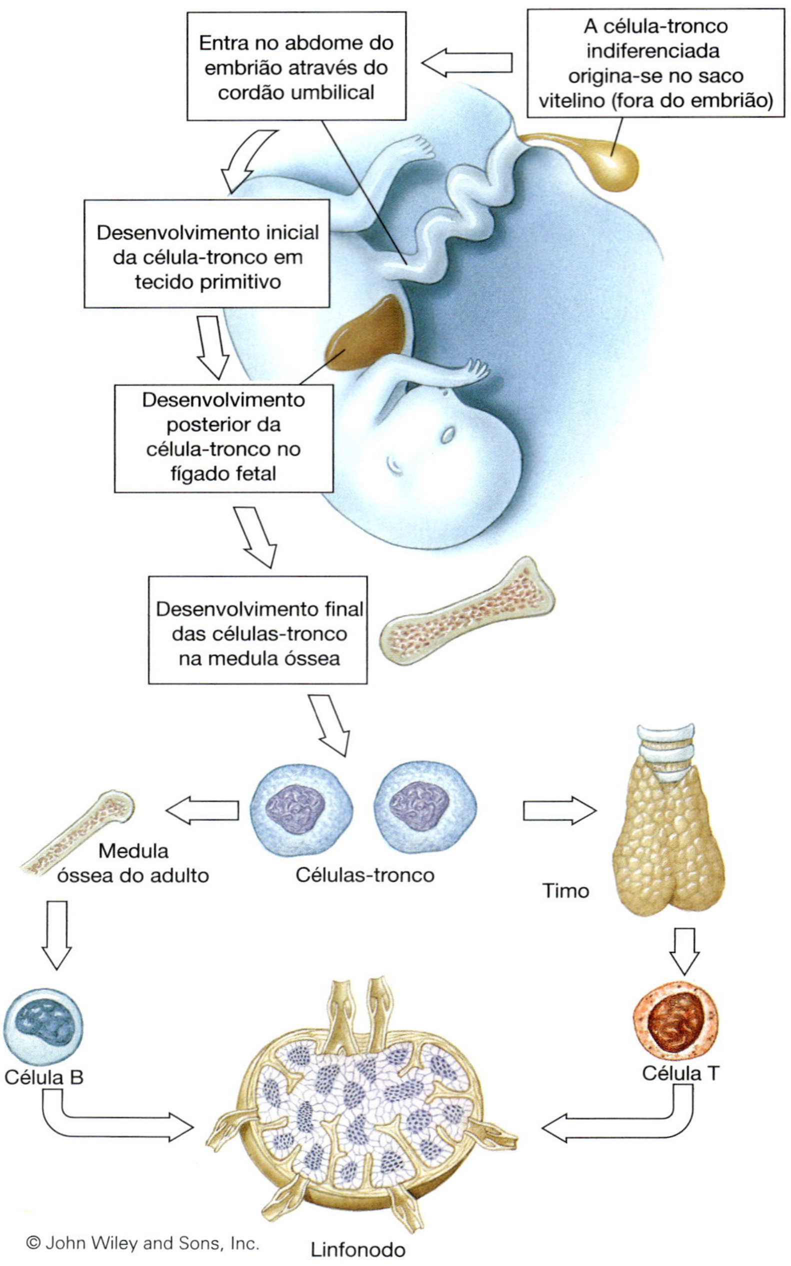


**Figura 18.3 A diferenciação das células-tronco em células B e em células T ocorre na medula óssea e no timo, respectivamente.** Em seguida, os linfócitos maduros migram para os tecidos linfoides, como os linfonodos.

está resumida na Tabela 18.2. A diferenciação subsequente das células T produz quatro tipos diferentes de células: (1) células T citotóxicas (*killer*), (2) células T de hipersensibilidade tardia, (3) células T auxiliares e (4) células T reguladoras. Após a sua diferenciação, essas células T migram pelos tecidos linfáticos e pelo sangue.

Alguns linfócitos que não podem ser identificados como células B ou como células T são encontrados em tecidos e na circulação sanguínea. Essas células incluem as denominadas **células *natural killer* (células *NK*)**, que matam inespecificamente as células cancerosas e as células infectadas por vírus, sem a necessidade de utilizar as respostas imunes específicas. Elas matam "naturalmente" as células liberando várias moléculas citotóxicas, alguma das quais produzem perfurações na membrana da célula-alvo, resultando em lise. Outras moléculas entram na célula-alvo e fragmentam o seu DNA nuclear, causando **apoptose** (morte celular programada). As células *NK* também são afetadas por interferonas.

## Natureza dupla do sistema imune

Os linfócitos dão origem a dois tipos principais de respostas imunes: a imunidade humoral e a imunidade mediada por células. Todavia, a presença de uma substância estranha no corpo frequentemente desencadeia ambos os tipos de respostas.

A **imunidade humoral** é realizada por anticorpos que circulam no sangue. Quando estimulados por um antígeno, os linfócitos B iniciam um processo que leva à liberação de

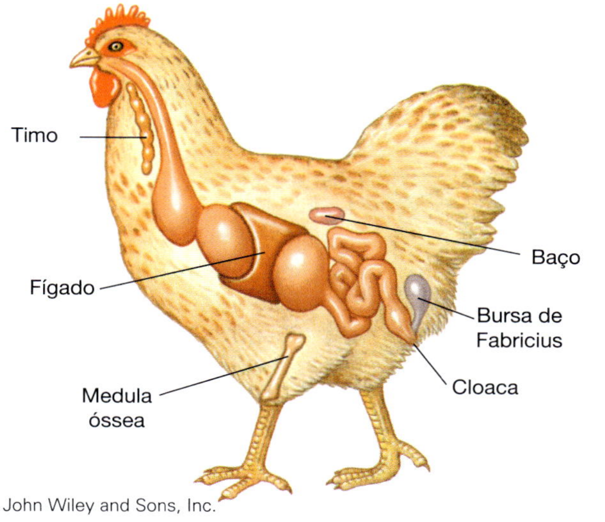


**Figura 18.4 Bursa de Fabricius.** Nas galinhas, trata-se do local onde ocorre o desenvolvimento das células B. A bursa de Fabricius é uma bolsa localizada fora da cloaca, uma câmara na qual são expelidos os materiais de excreção e os de reprodução. (São também mostrados alguns outros órgãos de importância para o sistema imune.)

**Tabela 18.2** Proporções de linfócitos B e T nos tecidos linfoides dos seres humanos.[a]

| Tecido linfoide | % de células B | % de células T |
|---|---|---|
| Placas de Peyer e nódulos no sistema digestório | 60 | 25 |
| Baço | 45 | 45 |
| Linfonodos | 20 | 70 |
| Sangue | 10 | 75 |
| Timo | 1 | 99 |

[a]Nos locais onde as porcentagens não alcançam 100, alguns linfócitos estão indiferenciados. Baseada em dados de E. J. Moticka. In R. F. Boyd and J. J. Marr (eds.), 1980. *Medical Microbiology*. New York: Little, Brown.

## APLICAÇÃO NA PRÁTICA

### Respostas imunes humorais: o que significa essa expressão?

O termo *humoral* na resposta imune humoral origina-se da palavra *humor* (do latim *umor*, "líquido"). Originalmente, o termo referia-se aos quatro fluidos básicos do corpo ou "humores" – sangue, fleuma, bile amarela e bile negra – que os antigos médicos acreditavam que deviam estar presentes em proporções adequadas para que o indivíduo pudesse desfrutar de boa saúde. Se qualquer um desses fluidos estivesse fora do equilíbrio, a pessoa era considerada "de mau humor" e provavelmente estava doente. Como esse tipo de imunidade adquirida envolve anticorpos que circulam no líquido do sangue, a expressão "resposta imune humoral" pareceu lógica.

anticorpos. A imunidade humoral é mais efetiva na defesa do corpo contra substâncias estranhas fora das células, como toxinas bacterianas, bactérias e vírus antes da entrada desses agentes nas células.

A **imunidade mediada por células** é realizada pelas células T. Ocorre em nível celular, particularmente em situações nas quais os antígenos estão inseridos nas membranas celulares ou encontram-se no interior das células do hospedeiro e, portanto, são inacessíveis aos anticorpos. A imunidade celular é mais efetiva na eliminação de células infectadas por vírus do corpo, mas também pode participar das defesas contra fungos e outros parasitas eucarióticos, contra o câncer e tecidos estranhos, como órgãos transplantados.

## Propriedades gerais das respostas imunes

As respostas tanto humoral quanto celular apresentam determinados atributos comuns, que lhes permitem conferir imunidade ao hospedeiro: (1) reconhecimento do próprio *versus* não próprio, (2) especificidade, (3) heterogeneidade e (4) memória. Iremos analisar cada um desses atributos de modo mais detalhado.

### Reconhecimento do próprio *versus* não próprio

Para que o sistema imune responda a substâncias estranhas, ele precisa distinguir entre tecidos do hospedeiro e substâncias que são estranhas ao hospedeiro. Os imunologistas referem-se às substâncias normais do hospedeiro como **próprias** e às substâncias estranhas, como **não próprias**. A **hipótese da seleção clonal** (Figura 18.5), inicialmente proposta por Frank Macfarlane Burnet, na década de 1950, explica uma maneira pela qual o sistema imune é capaz de distinguir entre próprio e não próprio. De acordo com essa hipótese, os embriões contêm muitos linfócitos diferentes, cada um deles geneticamente programado para reconhecer determinado antígeno e produzir anticorpos para destruí-lo. Se um linfócito encontrar e reconhecer o antígeno em questão após o seu desenvolvimento completo, ele se dividirá repetidamente para produzir um clone, ou seja, um grupo de células idênticas com capacidade de produzir o mesmo anticorpo. Se, durante o desenvolvimento na medula óssea (células B) ou no timo (células T), ele encontrar seu antígeno programado como parte de uma substância normal do hospedeiro (próprio), o linfócito é, de algum modo, destruído ou inativado (Figura 18.6). Esse mecanismo remove os linfócitos passíveis de destruir tecidos do hospedeiro, criando, desse modo, uma **tolerância** para o próprio. Ele também seleciona os linfócitos que irão sobreviver para proteger o hospedeiro contra antígenos estranhos.

A tolerância também pode ser adquirida por irradiação durante o tratamento do câncer ou administração de fármacos imunossupressores para evitar a rejeição de órgãos transplantados. O hospedeiro perde a capacidade de detectar e de responder a antígenos estranhos presentes nos órgãos transplantados, mas também deixa de responder a organismos infecciosos.

### Especificidade

Quando o sistema imune amadurece por completo entre 2 e 3 anos de idade, ele se torna capaz de reconhecer um grande número de substâncias estranhas como não próprias. Além disso, reage de uma maneira diferente a cada substância estranha. Essa propriedade do sistema imune é denominada

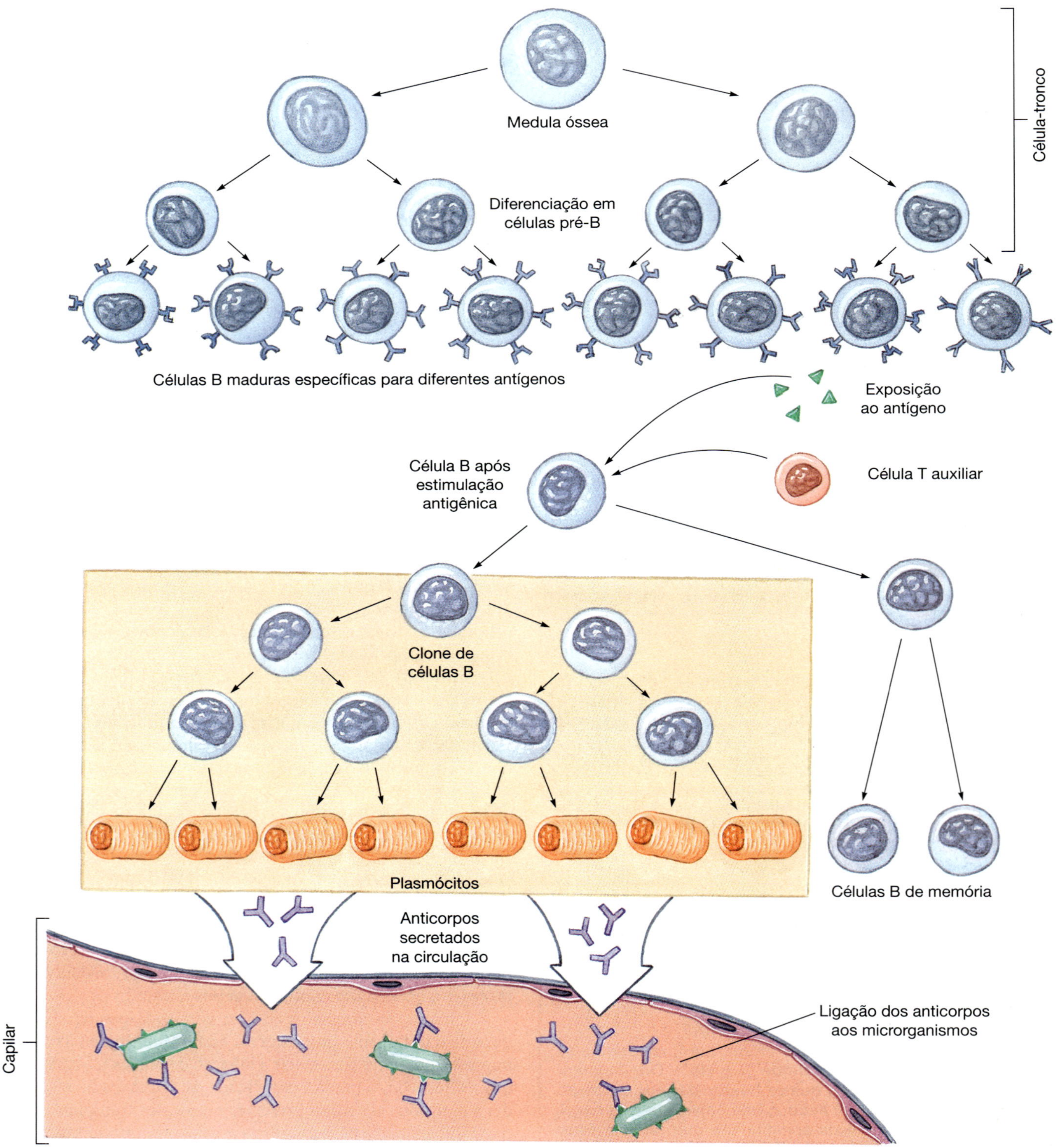




**Figura 18.5 Hipótese da seleção clonal.** De acordo com essa teoria, uma das numerosas células B responde a determinado antígeno e começa a se dividir, produzindo, assim, uma grande população de células B idênticas (um clone). Todas as células desse clone produzem o mesmo anticorpo contra o epítopo original. Além disso, são produzidas células B de memória.

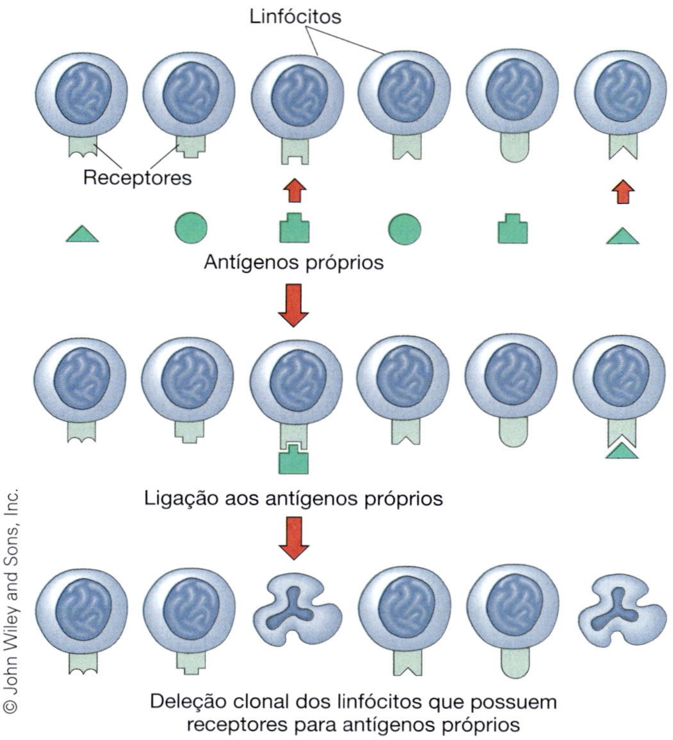


**Figura 18.6 Deleção clonal.** Esse processo, que ocorre na medula óssea e no timo durante o desenvolvimento fetal, remove os linfócitos que possuem receptores para antígenos próprios. Quando os linfócitos se ligam a antígenos próprios, ocorre deleção clonal, isto é, esses linfócitos morrem em consequência de condensação e desintegração dos núcleos celulares. Os linfócitos que não têm receptores próprios sobrevivem.

*A especificidade de cada célula T e B é determinada por rearranjos aleatórios de genes, que ocorrem durante a maturação da medula óssea, antes de entrar em contato com um antígeno.*

**especificidade**. Devido à especificidade, cada reação é direcionada para um antígeno estranho específico, e, em geral, a resposta a um antígeno não tem nenhum efeito para outros antígenos. Entretanto, podem ocorrer **reações cruzadas**, que consistem em reações de determinado anticorpo contra antígenos muito semelhantes. Por exemplo, certos microrganismos, como a bactéria que causa a sífilis, possuem os mesmos haptenos que algumas células humanas, como as células do músculo cardíaco, embora as moléculas transportadoras sejam muito diferentes. Isso permite que os anticorpos contra esse determinado hapteno possam reagir com essas células totalmente diferentes nos demais aspectos. Ocorrem também reações cruzadas entre cepas de bactérias. Por exemplo, se três cepas de pneumococos são capazes de causar pneumonia, e se cada uma delas produz um determinado antígeno A, B ou C, um indivíduo que se recuperou de uma infecção causada pela cepa A apresenta anticorpos anti-A. O indivíduo também pode então exibir alguma resistência às cepas B e C, visto que os anticorpos anti-A exibem reação cruzada (*i. e.*, eles irão reagir com os antígenos B e C).

## Diversidade

A capacidade do sistema imune de responder especificamente o torna capaz de atacar determinados antígenos. Todavia, durante a vida, o corpo humano entra em contato com um número incontável de diferentes antígenos estranhos. A propriedade da **diversidade** refere-se à capacidade do sistema imune de produzir muitos tipos diferentes de anticorpos e de receptores de células T, cada um deles reagindo com um epítopo (determinante antigênico) diferente. Quando uma bactéria ou outro agente estranho possui mais de um tipo de determinante antigênico, o sistema imune pode produzir um anticorpo diferente para cada um deles. Ele também é capaz de produzir anticorpos até mesmo contra substâncias estranhas, como moléculas recém-sintetizadas e que nunca foram encontradas por qualquer sistema imune. A exposição ao antígeno não é necessária para a diversidade de anticorpos e de receptores de células T. Animais de laboratório criados em um ambiente livre de germes ainda irão produzir células B e células T com receptores específicos para vários antígenos aos quais os animais não foram expostos. Estima-se que as células B têm a capacidade de formar anticorpos dirigidos contra mais de 1 bilhão de diferentes epítopos ou antígenos.

## APLICAÇÃO NA PRÁTICA

### Mate esse vírus, mas não me ataque!

Em uma forma de meningite letal em camundongos, o cérebro torna-se recoberto por pus composto inteiramente de linfócitos murinos que são produzidos em resposta ao vírus. Entretanto, o dano ao cérebro é causado mais pelos linfócitos do que pelo vírus. Em camundongos infectados pelo vírus antes do nascimento, o sistema imune em processo de maturação aprende a reconhecer o vírus como "próprio" e não o ataca. Na ausência de uma resposta imune, o vírus invade todos os tecidos, porém não causa prejuízo. Entretanto, se os camundongos subsequentemente recebem transplantes de tecido linfoide normal, que não adquiriu esse tipo de tolerância, o vírus desencadeia uma resposta imune. Os linfócitos do tecido transplantado invadem então o cérebro e causam-lhe dano. (Encontraremos outros casos de doenças causadas mais pelas defesas do hospedeiro do que pelo organismo invasor no Capítulo 19.)

## Memória

Além de sua capacidade de responder especificamente a uma variedade heterogênea de antígenos, o sistema imune também tem a propriedade de **memória** – isto é, pode reconhecer substâncias anteriormente encontradas. A memória permite ao sistema imune responder rapidamente para defender o corpo contra um antígeno ao qual reagiu previamente. Além de produzir anticorpos durante a sua primeira reação ao antígeno, o sistema imune também produz **células de memória**, que permanecem prontas por anos ou décadas para rapidamente iniciar a produção de anticorpos. Desse modo o sistema imune responde a uma segunda exposição e a exposições subsequentes a determinado antígeno muito mais rapidamente do que na primeira exposição. Essa resposta imediata, devida a uma "lembrança" das células de memória, é denominada **resposta anamnéstica** (secundária). Os atributos da **imunidade específica** estão resumidos na **Tabela 18.3**. Com esses atributos em mente, iremos agora examinar de modo mais detalhado os dois tipos de imunidade específica: a humoral e a celular.

**Tabela 18.3** Principais atributos da imunidade específica.

| Atributo | Descrição |
|---|---|
| Reconhecimento do próprio *versus* não próprio | Capacidade do sistema imune de tolerar os tecidos do hospedeiro, enquanto reconhece e destrói as substâncias estranhas, provavelmente por causa da destruição (deleção) de clones de linfócito durante o desenvolvimento embrionário |
| Especificidade | Capacidade do sistema imune de reagir de maneira diferente e particular a cada substância estranha |
| Heterogeneidade | Capacidade do sistema imune de responder de maneira específica a uma grande variedade de diferentes antígenos estranhos. |
| Memória | Capacidade do sistema imune de reconhecer e responder rapidamente a substâncias estranhas às quais respondeu anteriormente |

**PARE e RESPONDA**

1. Diferencie a imunidade ativa da passiva. Forneça exemplos de cada uma delas.
2. Diferencie a imunidade inata da imunidade adquirida. Dê exemplos de cada uma delas.
3. Quais são as diferenças entre antígeno, epítopo e hapteno?
4. Diferencie a imunidade celular da humoral.

# IMUNIDADE HUMORAL

A imunidade humoral depende, em primeiro lugar, da capacidade dos linfócitos B de reconhecer antígenos específicos e, em segundo lugar, de sua capacidade de iniciar respostas para proteger o corpo contra agentes estranhos. Na maioria dos casos, os antígenos encontram-se na superfície dos organismos infecciosos ou são toxinas produzidas por microrganismos. A resposta mais comum é a produção de anticorpos que irão inativar um antígeno e resultar na destruição dos organismos infecciosos.

Cada tipo de célula B possui o seu anticorpo específico em sua membrana e pode ligar-se imediatamente a determinado antígeno. A ligação de um antígeno **sensibiliza** ou ativa a célula B, que consequentemente passa a se dividir muitas vezes. Algumas das células da progênie são células de memória, porém a maioria consiste em plasmócitos. Os **plasmócitos** são grandes linfócitos que sintetizam e liberam muitos anticorpos, como aqueles em suas membranas. Enquanto estiver ativo, um único plasmócito pode produzir até 2.000 anticorpos por segundo!

Após a ligação do antígeno ao anticorpo, ambos são transportados para dentro da célula B, onde ela "processa" o antígeno, clivando-o em fragmentos curtos que se ligam a uma molécula do complexo principal de histocompatibilidade II (MHCII) na superfície da célula B. Essa ação é denominada *apresentação do antígeno*. Os macrófagos e as células dendríticas também apresentam antígenos dessa maneira. As células T reconhecem o antígeno mais o MHCII e tornam-se ativadas para produzir interleucina 2 (IL-2). O contato direto de uma célula T auxiliar com a célula B apresentadora de antígeno estimula a célula B a proliferar ainda mais e a formar células B de memória. Sem o contato com a célula T auxiliar, não há formação de células B de memória. Posteriormente, neste capítulo, iremos explicar como as células T desempenham suas funções.

## Propriedades dos anticorpos (imunoglobulinas)

As unidades básicas dos anticorpos, ou **imunoglobulinas (Ig)**, são moléculas de proteína em forma de Y compostas de quatro cadeias polipeptídicas – duas **cadeias leves (L)** idênticas e duas **cadeias pesadas (H)** também idênticas (Figura 18.7). A molécula em formato de Y isolada é denominada monômero. As cadeias, que são mantidas unidas por pontes de dissulfeto, possuem regiões constantes e regiões variáveis. A estrutura química das *regiões constantes* determina a classe particular à qual pertence uma imunoglobulina, conforme descrito adiante. As *regiões variáveis* de cada cadeia possuem uma forma e carga particulares que permitem a ligação da molécula a determinado antígeno. Cada uma dos milhões de moléculas de imunoglobulinas diferentes possui o seu próprio par singular de sítios idênticos de ligação de antígenos formado a partir das regiões variáveis nas extremidades das cadeias L e H. Esses sítios de ligação são idênticos aos receptores existentes na membrana da célula B parental. De fato, as primeiras imunoglobulinas produzidas pelas células B são inseridas em suas membranas para formar os receptores. Quando as células B formam plasmócitos, estes continuam produzindo as mesmas imunoglobulinas. Quando um anticorpo é clivado pela enzima papaína na região da dobradiça, são obtidos dois fragmentos *Fab* (fragmento de ligação do antígeno) e um fragmento *Fc* (fragmento cristalizável). O fragmento Fab liga-se ao epítopo. A região Fc formada por partes das cadeias H na cauda do Y possui um sítio que pode se ligar ao complemento e ativá-lo, participar das reações alérgicas e combinar-se com fagócitos na opsonização.

### Classes de imunoglobulinas

Foram identificadas cinco classes de imunoglobulinas nos seres humanos e em outros vertebrados superiores (**Tabela 18.4**). Cada classe apresenta um tipo particular de região constante, que confere a essa classe suas propriedades diferenciais. As cinco classes são IgG, IgA, IgM, IgE e IgD (**Figura 18.8**).

A **IgG**, que é a principal classe de anticorpo encontrada no sangue, representa até 20% de todas as proteínas plasmáticas. A IgG é produzida em maiores quantidades durante a resposta secundária. Os sítios de ligação do antígeno da IgG fixam-se aos antígenos existentes nos microrganismos, enquanto seus sítios de ligação aos tecidos ligam-se a receptores presentes nas células fagocíticas. Assim, quando um microrganismo é circundado pela IgG, uma célula fagocítica é

Existem diferentes subclasses de moléculas IgG, que se distinguem umas das outras por diferenças sutis de aminoácidos, afetando suas atividades biológicas.

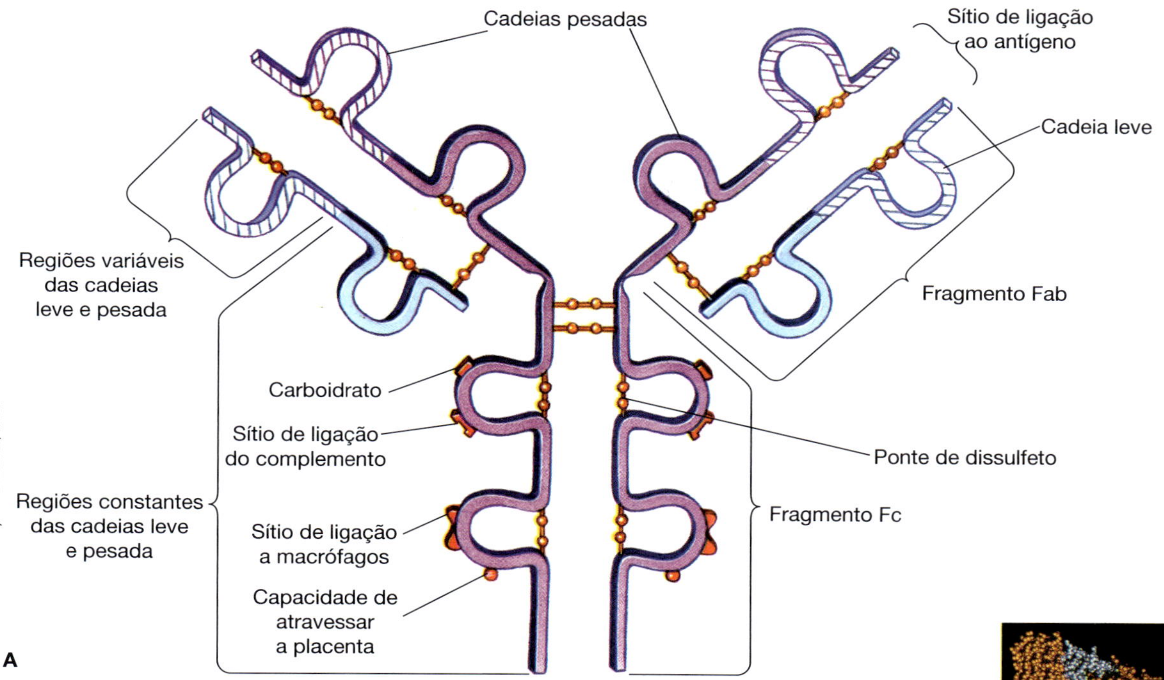




A

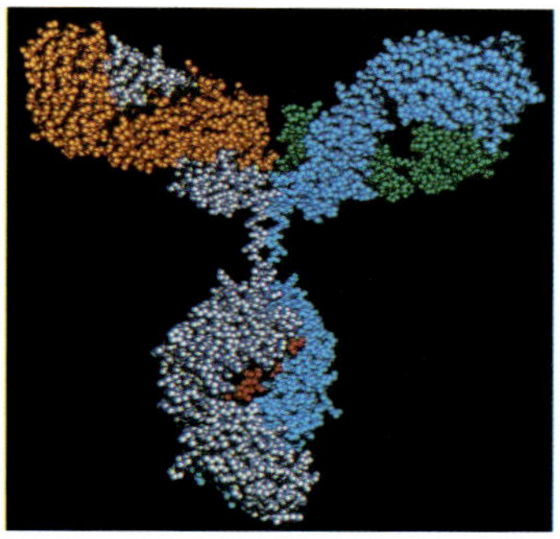

B

**Figura 18.7 Estrutura do anticorpo.** **A.** A estrutura básica da molécula de anticorpo (imunoglobulina) mais abundante no soro contém duas cadeias pesadas e duas cadeias leves, unidas por pontes de dissulfeto, criando uma estrutura em forma de Y. As extremidades superiores do Y, que consistem em regiões variáveis das cadeias leves e pesadas, diferem de um anticorpo para outro. Essas regiões variáveis formam os dois sítios de ligação ao antígeno (parte do fragmento Fab), que são responsáveis pela especificidade do anticorpo. A parte restante da molécula consiste em regiões constantes, que são semelhantes em todos os anticorpos de uma mesma classe. O fragmento Fc determina o papel que cada anticorpo desempenha nas respostas imunes do hospedeiro. **B.** Modelo computadorizado da estrutura de um anticorpo. As duas cadeias leves estão representadas em verde, uma cadeia pesada em vermelho e a outra em azul. *(Alfred Pasieka/Science Source.)*

**Tabela 18.4** Propriedades dos anticorpos.

| | Classe de imunoglobulina | | | | |
|---|---|---|---|---|---|
| **Propriedade** | **IgG** | **IgM** | **IgA** | **IgE** | **IgD** |
| | 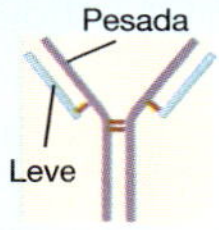  | 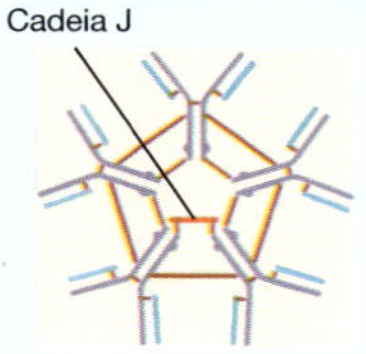  | 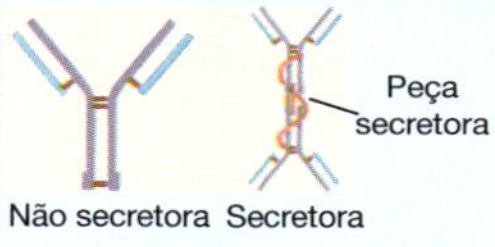  | 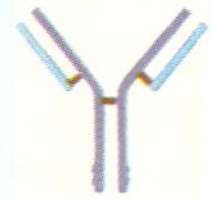 | 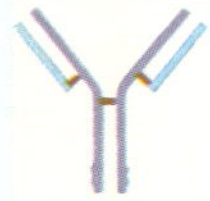 |
| Número de unidades | 1 | 5 | 1 ou 2 | 1 | 1 |
| Ativação do complemento | Sim | Sim, intensamente | Sim, pela via alternativa | Não | Não |
| Atravessa a placenta | Sim | Não | Não | Não | Não |
| Liga-se a fagócitos | Sim | Não | Não | Não | Não |
| Liga-se a linfócitos | Sim | Sim | Sim | Sim | Não |
| Liga-se a mastócitos e basófilos | Não | Não | Não | Sim | Não |
| Meia-vida (dias) no soro | 21 | 5 a 10 | 6 | 2 | 3 |
| Porcentagem de anticorpos totais no soro | 75 a 85 | 5 a 10 | 10 | 0,005 | 0,2 |
| Localização | Soro, extravascular e através da placenta | Soro e membrana das células B | Transporte através do epitélio | Soro e extracelular | Membrana das células B |

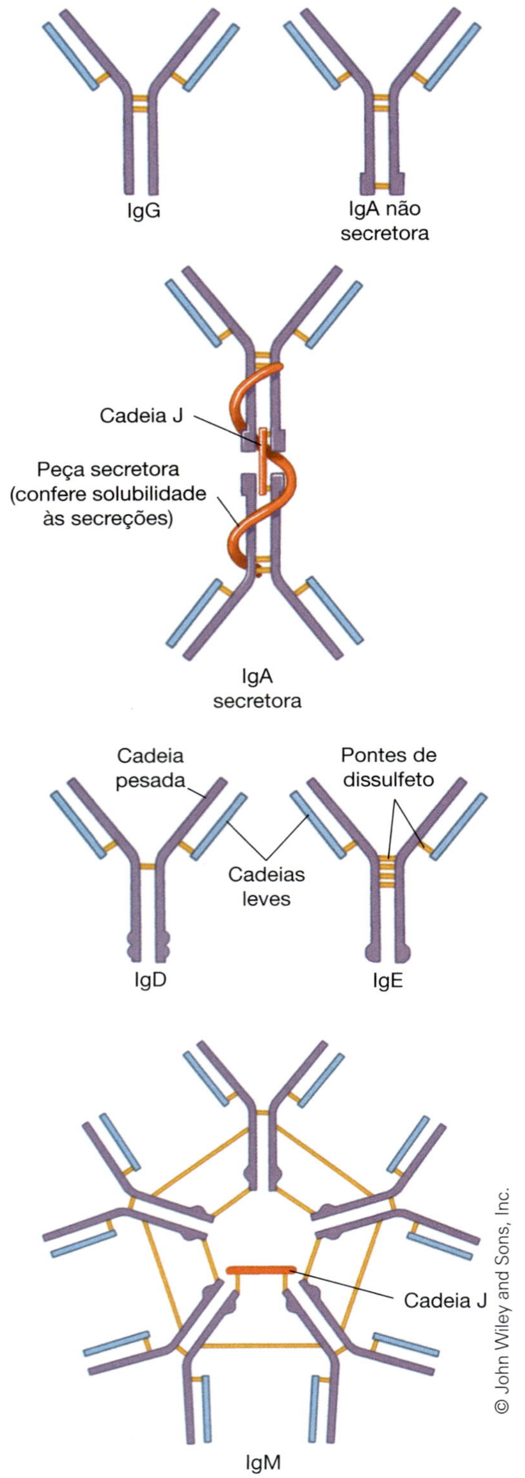


**Figura 18.8 Estruturas das diferentes classes de anticorpos.**

direcionada para englobar o microrganismo. A parte caudal das cadeias H também ativa o complemento. Conforme explicado no Capítulo 17, o complemento consiste em proteínas que lisam os microrganismos e atraem e estimulam os fagócitos.

A IgG é a única imunoglobulina capaz de atravessar a placenta da mãe para o feto e fornecer-lhe uma proteção com anticorpos. A IgG também é encontrada no leite e no colostro.

**Diariamente, os seres humanos liberam de 5 a 15 g de IgA secretora em suas secreções mucosas.**

A **IgA** ocorre em pequenas quantidades no sangue e em maiores quantidades nas secreções corporais, como lágrimas, leite, saliva e muco, e ligada aos revestimentos dos sistemas digestório, respiratório e geniturinário. A IgA é secretada no sangue, transportada através das células epiteliais que revestem esses sistemas e liberada nas secreções ou ligada aos revestimentos por sítios de ligação aos tecidos. No sangue, a IgA consiste em uma única unidade de duas cadeias H e duas cadeias L, mas verifica-se a presença de pequenas quantidades de dímeros, trímeros e tetrâmeros (2, 3 e 4 monômeros unidos). A IgA secretora, que consiste em duas unidades monoméricas mantidas unidas por uma cadeia J (cadeia de junção), apresenta um **componente secretor** fixado, que a protege das enzimas proteolíticas (que clivam as proteínas) e facilita o seu transporte. As superfícies mucosas, como as dos sistemas respiratório, urogenital e digestório, constituem os principais locais de invasão dos patógenos. A principal função da IgA consiste em proteger as entradas do corpo por meio de ligação dos antígenos presentes nos microrganismos antes que invadam os tecidos. A IgA também ativa o complemento, o que ajuda a matar os microrganismos. A IgA não atravessa a placenta, porém é abundante no colostro, onde ajuda a proteger o lactente de patógenos intestinais. Alguns indivíduos são geneticamente incapazes de produzir a forma secretora da IgA, e um dos efeitos dessa deficiência é a ocorrência de mais cáries dentárias.

A **IgM** é encontrada como monômero na superfície das células B e é secretada como pentâmero pelos plasmócitos. É o primeiro anticorpo secretado no sangue nos estágios iniciais de uma resposta primária. A IgM consiste em cinco unidades conectadas pelas suas porções caudais a uma cadeia J e, dessa maneira, possui 10 sítios periféricos de ligação ao antígeno. Quando a IgM se liga a antígenos, ela também ativa o complemento e provoca agregação dos microrganismos. Essas ações provavelmente são responsáveis pelos efeitos iniciais do sistema imune sobre os agentes infecciosos. A IgM também é o primeiro anticorpo a ser formado na vida, sendo sintetizada pelo feto. Além disso, trata-se do anticorpo dos tipos sanguíneos ABO herdados. Em virtude de seu tamanho, a IgM (M para indicar macromolécula) é incapaz de atravessar a placenta e permanece principalmente no interior dos vasos sanguíneos. A presença de altos níveis de IgM indica infecção ou exposição recente a um antígeno.

A **IgE** (também denominada *reagina*) possui afinidade especial por receptores presentes na membrana plasmática dos basófilos no sangue e dos mastócitos nos tecidos. Liga-se a essas células por meio de sítios de ligação aos tecidos, deixando livres os sítios de ligação aos antígenos para ligar-se a antígenos aos quais os seres humanos podem desenvolver reações alérgicas, como fármacos, polens e determinados alimentos. Quando a IgE se liga a antígenos, os basófilos ou mastócitos associados secretam várias substâncias, como a histamina, que produz sintomas de alergia. A IgE desempenha um papel prejudicial no desenvolvimento de alergias a agentes como fármacos, polens e determinados alimentos. A asma e a febre do feno são doenças alérgicas comuns discutidas no Capítulo 19. Os níveis de IgE apresentam-se elevados em pacientes com alergia e naqueles que têm vermes parasitas. A IgE é encontrada principalmente nos líquidos orgânicos e na pele, sendo a sua presença rara no sangue. A sua concentração no soro é extremamente baixa.

À semelhança da IgM, a **IgD** é encontrada principalmente nas membranas das células B e raramente é secretada. Embora possa se ligar aos antígenos, a sua função permanece desconhecida. Pode ajudar a iniciar as respostas imunes e algumas reações alérgicas. Além disso, os níveis de IgD aumentam em algumas condições autoimunes.

Na discussão das concentrações de antígenos e anticorpos, os imunologistas frequentemente se referem a títulos. Um título é a quantidade (concentração) de uma substância presente em um volume específico de líquido corporal. Por exemplo, durante uma infecção, o título de anticorpos do indivíduo (a concentração de anticorpos no soro) normalmente aumenta. Um título crescente de anticorpos serve como indicação de uma resposta imune pelo corpo.

## APLICAÇÃO NA PRÁTICA

### Como as células B constroem diferentes anticorpos

Como as células B conseguem produzir anticorpos para quase todos os antígenos ou substâncias estranhas com os quais entram em contato? A chave para essa diversidade encontra-se nos genes das imunoglobulinas no interior de cada célula B. Quando as células B são formadas na medula óssea, cada célula reúne aleatoriamente diferentes segmentos de seus genes para anticorpos.

No embrião, o número relativamente pequeno de segmentos gênicos que codificam a região constante de cada cadeia leve e cadeia pesada não estão adjacentes às centenas de segmentos gênicos que codificam as regiões variáveis. Vejamos como uma cadeia leve é formada.

As cadeias leves são produzidas quando o DNA que separa um determinado segmento variável (V) de um segmento constante (C) é removido, e os dois segmentos gênicos são reunidos por um segmento de junção (J). Os segmentos agora unidos formam uma sequência contínua de DNA, que representa o gene da cadeia leve funcional. As cadeias pesadas são formadas de maneira semelhante. Após a transcrição e a tradução, são produzidos polipeptídios de cadeia leve. Esses polipeptídios podem ser combinados com polipeptídios de cadeia pesada para formar a molécula de anticorpo funcional. Desse modo, a diversidade dos sítios de ligação dos anticorpos provém das combinações aleatórias de segmentos gênicos variáveis que se unem com segmentos gênicos constantes para formar as cadeias leves e pesadas.

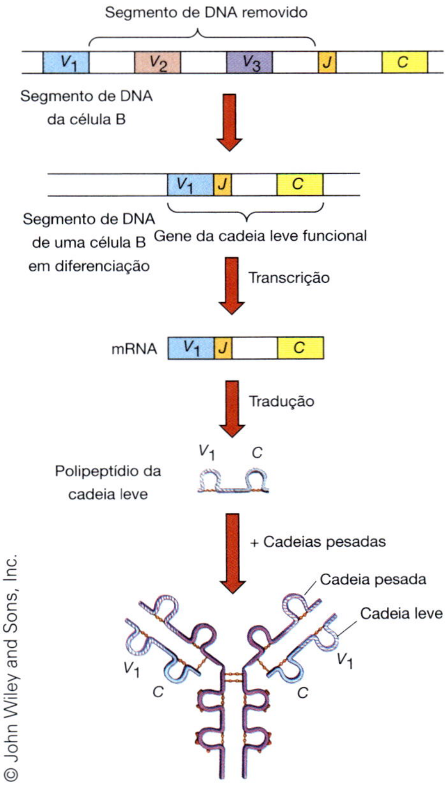




## Respostas primária e secundária

Na imunidade humoral, a **resposta primária** a um antígeno ocorre quando o antígeno é pela primeira vez reconhecido por células B do hospedeiro. Após o reconhecimento do antígeno, as células B sofrem divisão para formar plasmócitos, que começam a sintetizar anticorpos. Em alguns dias, os anticorpos começam a aparecer no plasma sanguíneo, e a sua concentração aumenta no decorrer de um período de 1 a 10 semanas. Os primeiros anticorpos são IgM, que podem ligar-se diretamente às substâncias estranhas. As citocinas estimulam as células B em proliferação a uma mudança de formação de plasmócitos que produzem IgM para plasmócitos que produzem IgG. À medida que a produção de IgM declina, a da IgG aumenta; todavia, a IgG também acaba declinando. As concentrações de IgM e de IgG podem tornar-se muito baixas a ponto de serem indetectáveis em amostras de plasma. Entretanto, as células B que proliferaram e formaram células de memória persistem nos tecidos linfoides. Elas não participam da resposta inicial, porém conservam a sua capacidade de reconhecer determinado antígeno. Essas células podem sobreviver sem se dividir durante muitos meses a muitos anos.

Quando um antígeno reconhecido pelas células de memória entra no sangue, ocorre uma **resposta secundária**. A presença de células de memória (que são encontradas em maior número do que o clone original de células B) faz com que a resposta secundária seja muito mais rápida do que a resposta primária. Algumas células de memória sofrem rápida divisão, produzindo plasmócitos, enquanto outras proliferam e formam mais células de memória. Os plasmócitos sintetizam e liberam rapidamente grandes quantidades de anticorpos. Na resposta secundária, assim como na resposta primária, a IgM é produzida antes da IgG. Entretanto, a IgM é sintetizada em menores quantidades durante um período mais curto, enquanto a IgG é produzida mais cedo e em quantidades muito maiores do que na resposta primária. Portanto, a resposta secundária caracteriza-se por um rápido aumento dos anticorpos, cuja maioria consiste em IgG. As respostas primária e secundária são comparadas na Figura 18.9.

A resposta primária das células B pode ocorrer por dois mecanismos. As células B podem ser ativadas pela ligação ao antígeno, com proliferação e formação de plasmócitos. As células T auxiliares ($T_H$) não são necessárias para essa resposta. Esses antígenos são denominados **antígenos T-independentes**. Em geral, essa resposta só produz anticorpos IgM, e não há formação de células B de memória.

Os antígenos T-independentes consistem habitualmente em moléculas com subunidades repetitivas, como os polissacarídios das cápsulas que circundam bactérias e alguns vírus e os componentes lipopolissacarídicos da parede celular das bactérias gram-negativas. A flagelina das bactérias e o RNA de fita dupla de alguns vírus também podem ativar as células B, que se transformam em plasmócitos e produzem anticorpos. Os plasmócitos são aproximadamente duas vezes maiores do que as células B e contêm grandes quantidades de retículo

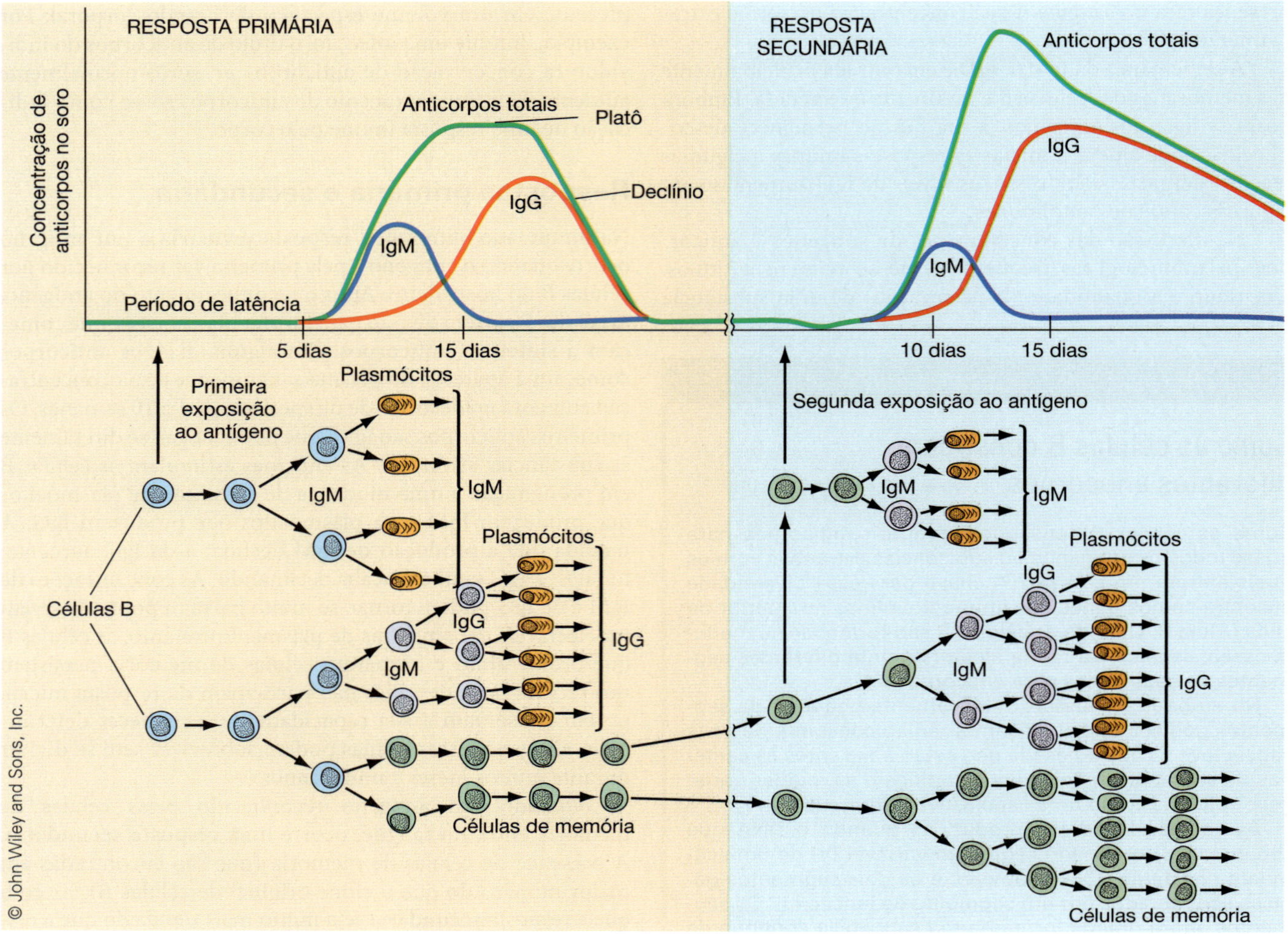


**Figura 18.9 Respostas primária e secundária a um antígeno.** Esse esquema mostra a correlação das concentrações de anticorpos com as atividades das células B. As citocinas desencadeiam a mudança de classe de IgM para IgG.

endoplasmático e aparelho de Golgi, de modo a produzir e secretar os anticorpos.

Para a maioria dos antígenos, a ativação das células B exige o seu contato com células $T_H$ ativadas pelo mesmo antígeno. Esses antígenos são denominados **antígenos T-dependentes**. Nessa resposta, a célula B é transformada em célula apresentadora de antígenos e faz contato com a célula $T_H$, ativando-a. Em seguida, a célula $T_H$ ativada secreta linfocinas, que ativam ainda mais a célula B a sofrer diferenciação e proliferação, produzindo células B de memória e plasmócitos, e a efetuar uma mudança de classe, de modo a produzir anticorpos IgG (Figura 18.10).

## Tipos de reações antígeno-anticorpo

As reações antígeno-anticorpo da imunidade humoral são de maior utilidade na defesa do corpo contra infecções bacterianas, mas elas também neutralizam as toxinas e os vírus que ainda não invadiram as células. A capacidade de defesa da imunidade humoral depende do reconhecimento dos antígenos associados aos patógenos.

Para que as bactérias possam colonizar as superfícies ou para que os vírus possam infectar as células, esses organismos precisam inicialmente aderir às superfícies. Os anticorpos IgA nas lágrimas, nas secreções nasais, na saliva e em outros líquidos reagem com antígenos presentes nos microrganismos. Esses anticorpos recobrem as bactérias e os vírus e os impedem de aderir às superfícies mucosas.

Os microrganismos que escapam da IgA invadem os tecidos e deparam-se com a IgE presente nos linfonodos e nos tecidos mucosos. O tecido linfoide associado ao intestino libera grandes quantidades de IgE, que se liga aos mastócitos. Em seguida, essas células liberam histamina e outras substâncias que iniciam e aceleram o processo inflamatório. Incluídos nesse processo estão a IgG e o complemento, que alcançam o tecido lesionado.

Os microrganismos que alcançaram o tecido linfoide sem serem reconhecidos pelas células B são atacados pelos macrófagos e apresentados às células B. Em seguida, as células B ligam-se aos antígenos e produzem anticorpos, geralmente com a ajuda das células T auxiliares. Os anticorpos ligados aos antígenos na superfície dos microrganismos formam complexos antígeno-anticorpo.

A formação de complexos antígeno-anticorpo constitui um importante componente da inativação dos agentes infecciosos, porque é a primeira etapa da remoção desses agentes do corpo. Entretanto, o mecanismo de inativação varia de acordo com a natureza do antígeno e com o tipo de anticorpo com o qual reage. A inativação pode ocorrer por certos processos, como a aglutinação, a opsonização, a ativação do complemento, a lise celular e a neutralização. Essas reações ocorrem naturalmente

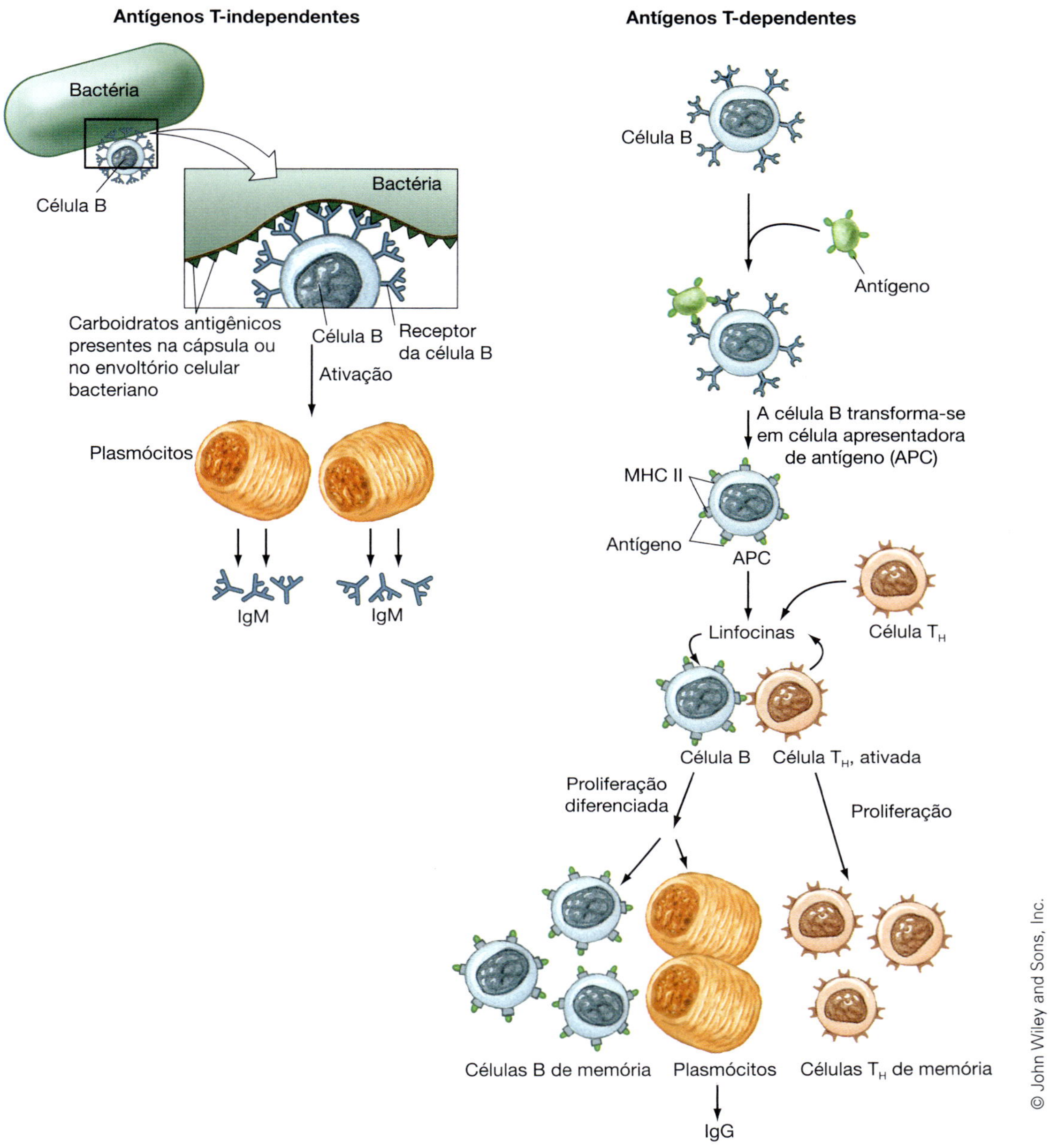


**Figura 18.10 Respostas aos antígenos T-independentes e T-dependentes.**

no corpo e podem ser produzidas no laboratório. Aqui, iremos descrever as reações que estão principalmente relacionadas com a destruição dos patógenos. Suas aplicações laboratoriais serão descritas de modo mais pormenorizado no Capítulo 19.

Como as células bacterianas são partículas relativamente grandes, as partículas que resultam das reações antígeno-anticorpo também são grandes. Essas reações resultam em **aglutinação**, ou agrupamento dos microrganismos. A IgM produz reações fortes de aglutinação com certas células bacterianas, enquanto a IgG produz uma reação de aglutinação fraca. As reações de aglutinação produzem resultados que são visíveis a olho nu e que podem ser utilizadas como base de testes laboratoriais com a finalidade de detectar a presença de anticorpos ou antígenos. Alguns anticorpos atuam como opsoninas (Capítulo 17). Esses anticorpos neutralizam as toxinas e recobrem os microrganismos, de modo que estes possam ser fagocitados – um processo denominado opsonização.

Conforme discutido no Capítulo 17, o complemento é um importante componente na inativação dos agentes infecciosos. Tanto a IgG quanto a IgM são poderosos ativadores do sistema complemento, enquanto a IgA é menos potente. Algumas vezes, os anticorpos, particularmente a IgM, provocam lise direta das membranas celulares dos agentes infecciosos, sem a ajuda do complemento.

As toxinas bacterianas, por serem pequenas moléculas secretadas por células, são, em geral, inativadas pela simples formação de complexos antígeno-anticorpo, ou **neutralização**. A IgG é o principal anticorpo neutralizador de toxinas bacterianas. A neutralização impede efetivamente a toxina de provocar maior dano ao hospedeiro. Ela não destrói os organismos que produzem a toxina – são necessários anticorpos para impedir a produção continuada de toxina pelos organismos que persistem. Os vírus também podem ser inativados por neutralização (Figura 18.11A); a IgM, a IgG e a IgA são todas eficientes como

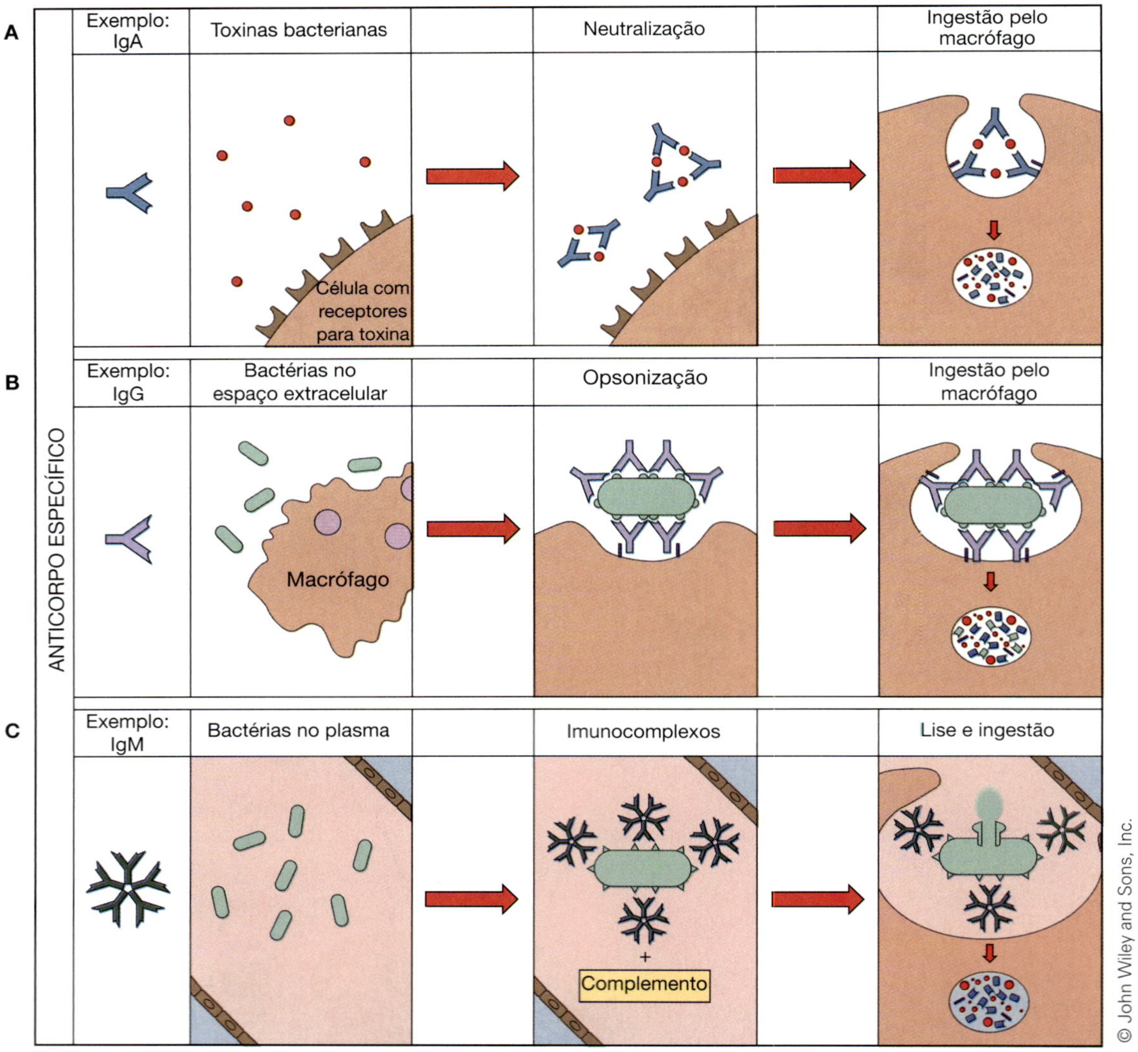


**Figura 18.11 Os anticorpos produzidos pelas respostas imunes humorais eliminam os agentes estranhos de três maneiras.** Neutralização dos patógenos e das toxinas pela IgA ou IgG (**A**), opsonização das bactérias pela IgG (**B**) e lise celular iniciada por imunocomplexos de IgM ou IgG (**C**), que possibilita a formação de complexos de ataque à membrana envolvendo proteínas do complemento.

neutralizadores de vírus. Os vírus que possuem envelope podem ser então lisados pelo complemento (**Figura 18.11B**).

Analisamos até agora as principais características da imunidade humoral – como as células B são ativadas, como os anticorpos são produzidos e como eles funcionam. Todos esses processos estão resumidos na **Figura 18.12**.

**PARE e RESPONDA**

1. Cite os cinco tipos de imunoglobulinas. Compare suas estruturas e propriedades.
2. Em que diferem as respostas primária e secundária?
3. O que é aglutinação? E neutralização?

## ANTICORPOS MONOCLONAIS

Os **anticorpos monoclonais** são anticorpos produzidos em laboratório por um clone de células cultivadas que produzem um anticorpo específico. Em um dos métodos utilizados para a produção de anticorpos monoclonais, células de mieloma (células malignas do sistema imune) são misturadas com linfócitos sensibilizados. As células malignas são utilizadas devido à sua capacidade de sofrer divisões indefinidamente. São utilizados linfócitos porque cada um deles produz um anticorpo específico. Quando os dois tipos de células são misturados em cultura, elas podem então se fundir uma com a outra, produzindo uma célula denominada *hibridoma* (**Figura 18.13**) (ver Capítulo 9). Os hibridomas, que contêm informação genética de cada célula original, dividem-se indefinidamente e produzem grandes quantidades de anticorpos. O tipo de anticorpo produzido por um hibridoma específico é determinado pelo antígeno ao qual os linfócitos foram sensibilizados antes que sua progênie fosse misturada com as células do mieloma.

Em geral, quando uma população de linfócitos é exposta a um antígeno, muitos clones diferentes de células B proliferam, produzindo, cada um deles, um anticorpo diferente. Desse modo, essa técnica irá produzir muitos hibridomas diferentes. Se desejarmos obter um anticorpo específico, é necessário

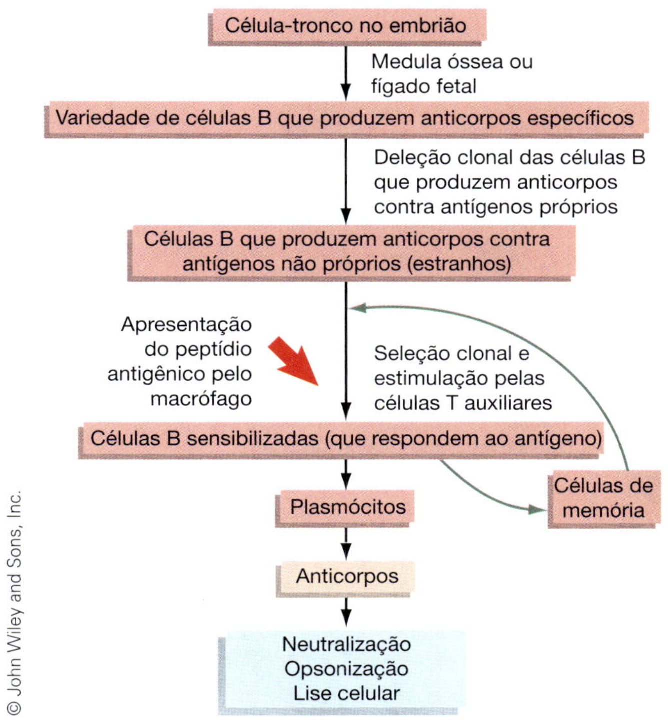


**Figura 18.12** **Resumo da imunidade humoral.**

utilizar testes para identificar quais hibridomas estão sintetizando o anticorpo em questão, e essas células são então clonadas.

Embora os anticorpos monoclonais tenham sido produzidos pela primeira vez em 1975 como instrumentos de pesquisa, os cientistas rapidamente reconheceram o seu uso prático. Com a experiência, as técnicas para a produção de anticorpos monoclonais foram aperfeiçoadas. Foram desenvolvidos meios de cultura nos quais os hibridomas se desenvolvem e produzem grandes quantidades de anticorpos, e, atualmente, dispõe-se de métodos para o crescimento de hibridomas em grandes cubas de cultura em laboratórios comerciais.

Teoricamente é possível produzir um anticorpo monoclonal contra qualquer antígeno, desde que possam ser obtidos linfócitos sensibilizados ao antígeno em questão. Dispõe-se hoje de um grande número de hibridomas, produzindo, cada um deles, um anticorpo específico. Além de serem utilizadas na pesquisa, muitos são produzidos comercialmente para uso em testes de diagnóstico e no tratamento clínico. Em 2013, o valor dos anticorpos monoclonais no comércio alcançou 100 bilhões. Mais de 200 produtos estão sendo comercializados, dos quais 90% para fins terapêuticos.

Atualmente, dispõe-se de vários procedimentos diagnósticos que utilizam anticorpos monoclonais. Em geral, esses procedimentos são mais rápidos e mais precisos do que aqueles anteriormente usados. Por exemplo, pode-se utilizar um anticorpo monoclonal para detectar a presença de gravidez com apenas 10 dias de concepção. Outros anticorpos monoclonais possibilitam o rápido diagnóstico de hepatite, influenza e infecções por herpes-vírus e clamídias. Testes diagnósticos para outras doenças infecciosas e alergias estão sendo rapidamente desenvolvidos, e avanços estão sendo realizados com o uso dos anticorpos monoclonais no diagnóstico de vários tipos de câncer. Alguns dos cânceres em que os anticorpos monoclonais estão sendo atualmente usados para monitorar o tratamento ou para estabelecer o diagnóstico incluem câncer de próstata, câncer colorretal, câncer de testículo, câncer de tireoide, linfomas, mielomas e câncer de pulmão de pequenas células.

Vários anticorpos monoclonais estão sendo utilizados para tratar vários tipos de câncer, como o linfoma não Hodgkin e o câncer de mama. Esses métodos exigem inicialmente a preparação de anticorpos dirigidos contra agentes infecciosos ou contra células malignas. Em seguida, um fármaco apropriado ou uma substância radioativa devem ser fixados aos anticorpos. Se esses anticorpos forem administrados a um paciente, eles transportarão a substância tóxica diretamente para as células que apresentam o antígeno apropriado. A grande vantagem dos anticorpos monoclonais usados para tratamento clínico é que eles danificam seletivamente as células infectadas ou as células malignas, sem causar dano às células normais. Os anticorpos monoclonais também estão sendo utilizados para prevenir infecções pelo vírus respiratório sincicial em crianças, impedir a rejeição de transplante renal e tratar artrite reumatoide.

Em alguns pacientes com câncer, foi tentado o uso de anticorpos monoclonais contra antígenos tumorais. Infelizmente, os pacientes tiveram, com frequência, reações alérgicas às proteínas do mieloma que acompanham os anticorpos. Pesquisadores estão produzindo agora anticorpos monoclonais "humanizados", que irão matar as células malignas, sem causar reações alérgicas nos pacientes que os recebem. Os anticorpos monoclonais humanizados, preparados por engenheiros genéticos, possuem uma região constante humana, enquanto a região variável é feita de porções humana e de camundongo. A liberação de exotoxina diftérica por anticorpos monoclonais em células cancerosas está sendo tentada como tratamento para o câncer.

## IMUNIDADE MEDIADA POR CÉLULAS

Diferentemente da imunidade humoral, que envolve células B e imunoglobulinas, a imunidade celular envolve as ações diretas das células T. Na imunidade celular, as células T interagem diretamente com outras células que exibem antígenos estranhos. Essas interações eliminam do corpo os vírus e outros patógenos que invadiram as células do hospedeiro. São também responsáveis pela rejeição de células tumorais, por algumas reações alérgicas e pelas respostas imunológicas a tecidos transplantados.

A resposta imune mediada por células envolve a diferenciação e a as ações de diferentes tipos de células T, bem como a produção de mediadores químicos, denominados **citocinas** (linfocinas, interleucinas). Muita pesquisa recente tem sido dedicada a determinar as características, as origens e as funções das células T, incluindo as funções das citocinas secretadas. São necessárias muito mais pesquisas para elucidar por completo a imunidade mediada por células. A seguir, apresentaremos uma breve discussão dos conhecimentos atuais.

Conforme assinalado anteriormente, as células T são processadas pelo timo. As células T diferem das células B por não produzirem anticorpos. Entretanto, possuem uma proteína receptora específica de membrana celular, que corresponde aos anticorpos das células B, bem como outras proteínas receptoras.

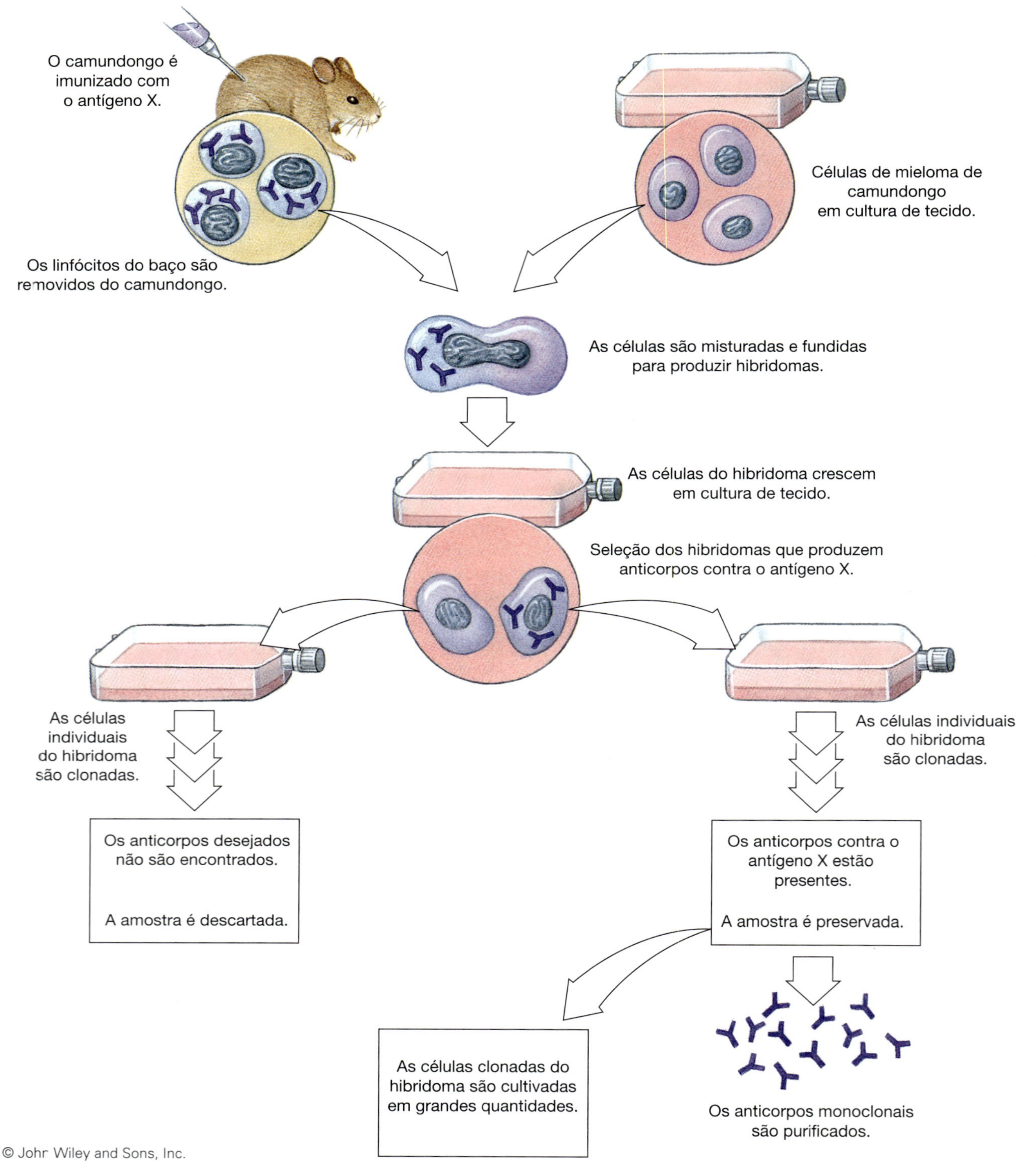


**Figura 18.13 Produção de anticorpos monoclonais.** Apenas as células do hibridoma que crescem em cultura irão sobreviver, pois as células esplênicas que não sofreram fusão não são capazes de se dividir, enquanto as células de mieloma murinas não fundidas são incapazes de obter os nutrientes necessários para o seu crescimento.

## Reação imune mediada por células

A imunidade celular envolve a resposta dos linfócitos T. Diferentemente dos linfócitos B, as células T não podem ser ativadas diretamente por antígenos. A resposta mediada por células necessita da apresentação do antígeno na superfície de células, juntamente com proteínas do complexo principal de histocompatibilidade (MHC) (ver Capítulo 19). As proteínas do MHC permitem o reconhecimento das células entre si. Existem duas classes de proteínas do MHC. Todas as células nucleadas possuem proteínas do MHCI em sua superfície. As **células apresentadoras de antígeno** também possuem

MHCII em sua superfície. Normalmente, a reação imune mediada por células começa com o processamento de um antígeno – habitualmente um antígeno associado a um organismo patogênico – por células dendríticas, células B ou macrófagos. Quando os macrófagos e as células dendríticas fagocitam patógenos, eles ingerem e degradam esses patógenos. Fragmentos do patógeno, que consistem em peptídios, são então transportados até a superfície do macrófago ou da célula dendrítica. Em seguida, inserem alguns dos fragmentos das moléculas antigênicas do patógeno em suas próprias membranas celulares. Isso constitui o processamento do antígeno. O peptídio é ligado à superfície da célula por proteínas do MHCII. Quando um macrófago apresenta o antígeno às células T que possuem o receptor adequado para este antígeno, ocorre ligação do antígeno ao receptor. As células T não podem ser ativadas sem um MHC apropriado. As células auxiliares T ($T_H$) são ativadas pelo antígeno apresentado por células apresentadoras de antígeno MHCII. As células T citotóxicas (*killer*) ($T_C$) são ativadas pelo antígeno apresentado pelo MHCI, normalmente células infectadas por vírus, patógenos bacterianos intracelulares, células cancerosas transformadas ou tecidos estranhos, como transplante de órgãos. Uma vez ativadas, as células $T_H$ podem estimular outras células T e B, bem como fagócitos. Essas reações estão resumidas na **Figura 18.14**.

A ligação aos macrófagos ou às células B induz a divisão das células T e a sua diferenciação em diferentes tipos de células T, incluindo células de memória (**Figura 18.15**). Cada célula é sensibilizada ao antígeno que iniciou o processo, e cada tipo desempenha uma função diferente nas reações imunes mediadas por células. Algumas células atuam diretamente, enquanto outras liberam leucotrienos ou citocinas, que são substâncias químicas que desencadeiam certas reações imunológicas. As reações da imunidade mediada por células estão resumidas na **Figura 18.16**. Consulte a figura à medida que for estudando as funções dos diferentes tipos de células T.

Os macrófagos que processaram um antígeno secretam a linfocina interleucina-1 (IL-1), que ativa as **células T auxiliares ($T_H$)**. Por sua vez, as células $T_H$ secretam linfocinas, como a interleucina-2 (IL-2) e a $\gamma$-interferona. A IL-1 dos macrófagos e a IL-2 das células TH ativam outras células T, as **células T da hipersensibilidade tardia ($T_D$)** e as **células T citotóxicas (*killer*) ($T_C$)**. As células $T_C$ podem ser reconhecidas por uma glicoproteína CD8 presente em sua membrana celular. Além disso, a IL-1, a IL-2 e a $\gamma$-interferona induzem a transformação das células indiferenciadas em **células *natural killer* (*NK*)**.

Ao mesmo tempo que essas células estão se diferenciando, algumas células T de memória também estão sendo formadas. À semelhança da imunidade humoral, a persistência das células de memória na imunidade mediada por células permite ao hospedeiro reconhecer antígenos contra os quais as células T reagiram anteriormente e produzir respostas subsequentes mais rápidas.

Conforme assinalado na discussão da imunidade humoral, as células $T_H$ estimulam o crescimento e a diferenciação das células B. Outras células reguladoras e o desaparecimento do antígeno estranho à medida que prossegue a resposta imune aparentemente ajudam a impedir que os processos imunes tanto humorais quanto mediados por células fiquem fora de controle.

As células $T_D$ ativadas também liberam várias linfocinas, que incluem:

1. O fator quimiotático dos macrófagos, que ajuda os macrófagos a encontrar os microrganismos.
2. O fator ativador dos macrófagos, que estimula a atividade fagocítica.
3. O fator de inibição da migração, que impede que os macrófagos abandonem os locais de infecção.
4. O fator de agregação dos macrófagos, que induz o agrupamento dos macrófagos nesses locais.

As células $T_D$ também participam da hipersensibilidade tardia, um tipo de reação alérgica explicada no Capítulo 19.

As células $T_C$ e as células *NK* matam as células infectadas do hospedeiro. Quando os patógenos escapam da imunidade humoral e se estabelecem no interior das células, eles podem provocar infecções duradouras, a não ser que as células infectadas sejam destruídas pela imunidade celular. Um agente que infecta as células T é particularmente devastador, visto que ele destrói exatamente as células que poderiam combater a infecção. A AIDS é uma dessas doenças. O vírus da AIDS invade as células $T_H$, impede que elas desempenhem suas funções imunológicas normais e, por fim, as mata. A falta dessas células $T_H$ compromete as respostas imunes tanto humoral quanto mediada por células, incluindo a destruição de células malignas. Assim, em consequência da extensa destruição das células $T_H$, os pacientes com AIDS são suscetíveis a numerosas infecções oportunistas e a várias neoplasias malignas.

## Como as células *killer* matam

Pesquisas recentes mostraram que as células $T_C$ e as células *NK* matam outras células por meio da produção de uma proteína letal que é disparada contra as células-alvo. Os eosinófilos possuem uma proteína semelhante, que eles podem utilizar para matar determinados helmintos e outros parasitas. Entretanto, as proteínas letais não constituem propriedade exclusiva das células de defesa do hospedeiro – as amebas que causam disenteria amebiana e outros parasitas e fungos também apresentam esse tipo de proteína. A aquisição de mais conhecimentos sobre essas proteínas letais poderá, algum dia, possibilitar o tratamento da disenteria amebiana e de outras doenças parasitárias pelo bloqueio da ação dessas proteínas ou o tratamento da AIDS e de doenças malignas pela intensificação de suas ações.

As células T citotóxicas atuam principalmente sobre células infectadas por vírus, enquanto a ação principal das células *NK* é observada em células tumorais, células de tecidos transplantados e, possivelmente, células infectadas por agentes intracelulares, como rickéttsias e clamídias. Cada tipo de célula *killer* atua por um mecanismo diferente. As células T citotóxicas ligam-se aos antígenos apresentados pelos macrófagos e, em seguida, atacam as células infectadas por vírus. Por outro lado, as células *NK* ligam-se diretamente às células malignas ou a outras células-alvo, sem a ajuda dos macrófagos. Se uma célula-alvo não tiver determinadas proteínas (complexo principal de histocompatibilidade – MHC –, que será discutido em detalhes no Capítulo 19), as células *NK* automaticamente irão atacá-la e matá-la.

Ambos os tipos de células *killer* contêm grânulos de uma proteína letal, a **perforina**, que é liberada quando essas células se ligam a uma célula-alvo. A perforina produz furos nas membranas das células-alvo, de modo que as moléculas essenciais extravasam e as células morrem. Esse processo assemelha-se à ação do complemento. As células T citotóxicas impedem a disseminação da infecção ao matar as células infectadas enquanto

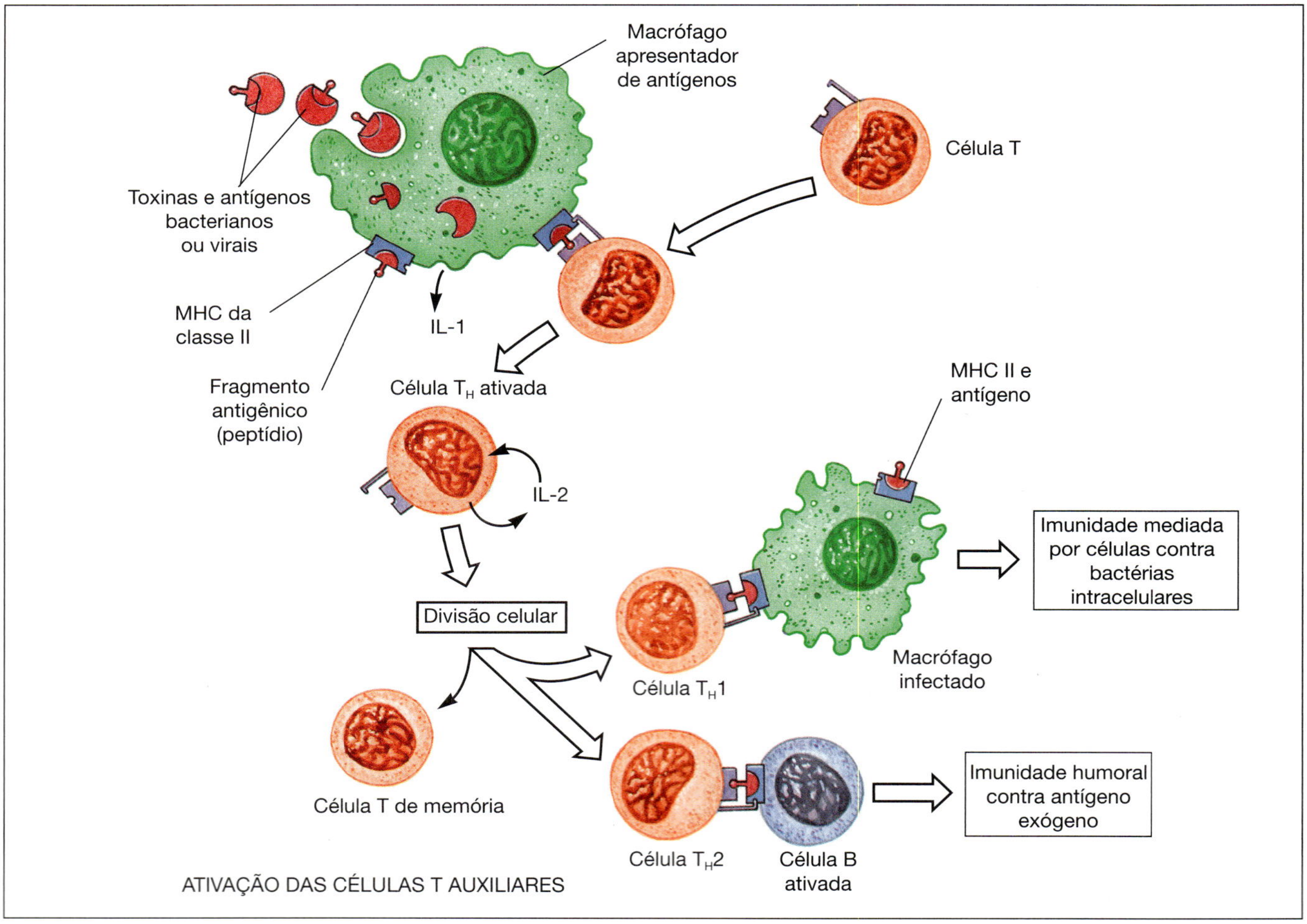


A

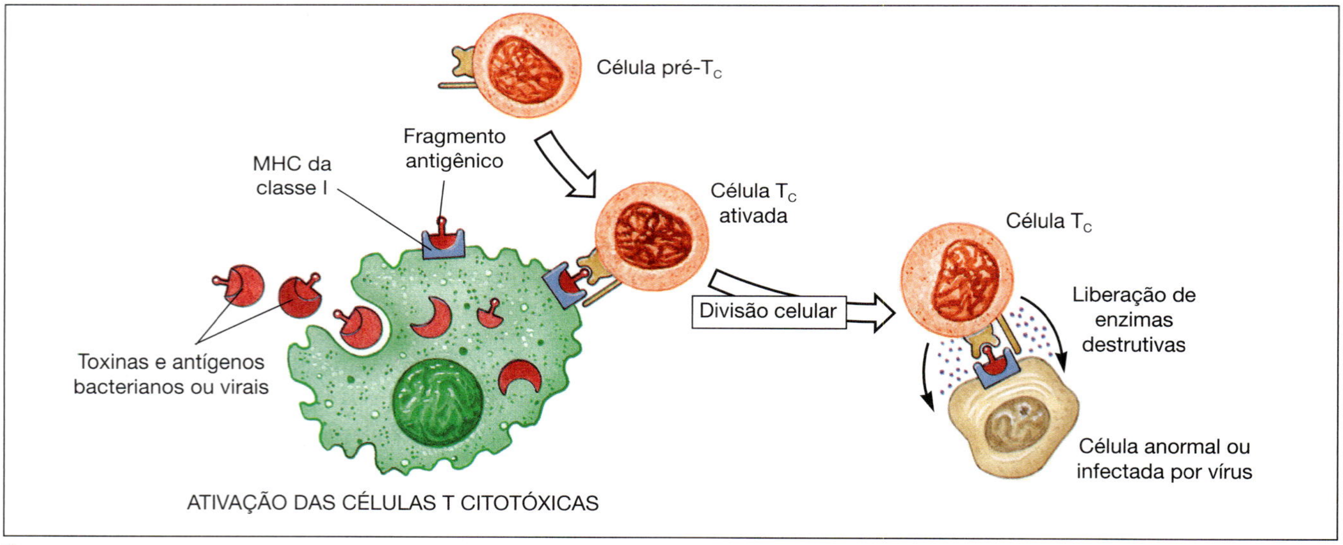


B

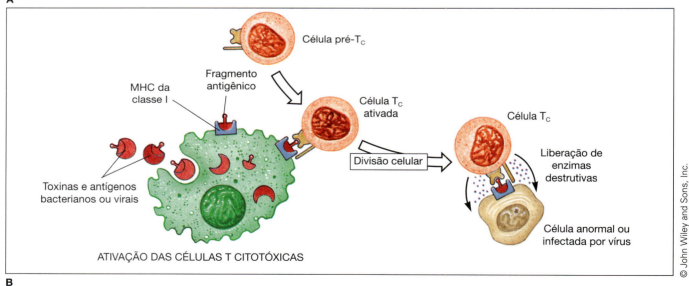

**Figura 18.14 Reações na imunidade mediada por células. A.** O macrófago processou um antígeno e inseriu um fragmento antigênico (peptídio) em sua membrana plasmática por meio de uma molécula MHC da classe II. As células $T_H$ possuem receptores que reconhecem o fragmento peptídico no MHC da classe II. A ligação induz a ativação das células $T_H$. Em seguida, as células T ativadas diferenciam-se em células $T_H1$ ou $T_H2$. As células $T_H1$ ativam os macrófagos infectados levando a destruição das bactérias intracelulares causadoras de infecção. As células $T_H2$ ativam as células B (resposta imune humoral) por meio de sua ligação ao MHC da classe II-peptídio apresentado pelas células B. **B.** A apresentação do mesmo fragmento peptídico no MHC da classe I às células $T_C$ ativa essas células a atacar as células infectadas, particularmente células anormais ou infectadas por vírus.

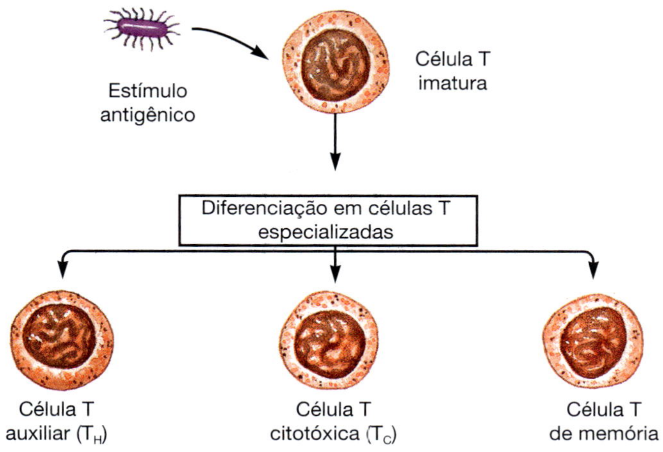



**Figura 18.15 Tipos de células T.** Após a estimulação das células T por antígenos, elas se diferenciam em um dos vários tipos de células T funcionais.

ainda estão em pequeno número e antes que novas partículas virais sejam liberadas – porém, à custa da destruição das células hospedeiras. De modo semelhante, as células *NK* destroem células malignas antes que tenham tido a chance de se multiplicar. Ambos os tipos de células *killer* podem abandonar as células que elas danificaram e dirigir-se para outras células-alvo.

A descoberta desse mecanismo eficiente de destruir células levanta duas questões importantes: o que impede a perforina de matar células adjacentes não infectadas, e o que a impede de atacar as membranas das próprias células *killer*? A perforina não mata as células adjacentes porque ela só é efetiva quando secretada no sítio de ligação entre a célula *killer* e a célula-alvo. Não se sabe por que a perforina não ataca as membranas da própria célula *killer*, mas sugeriu-se que essas células *killer* produzem uma proteína, denominada protectina, que inativa a perforina.

## Papel dos macrófagos ativados

Algumas bactérias, como as que causam a tuberculose, a doença de Hansen (hanseníase), a listeriose e a brucelose, podem continuar crescendo, mesmo após ter sido fagocitadas por macrófagos. As células $T_D$ combatem essas infecções pela liberação de uma linfocina, o fator de ativação dos macrófagos. Esse fator induz os macrófagos a aumentar a produção de peróxido de hidrogênio tóxico, juntamente com enzimas que atacam os organismos fagocitados e aceleram a resposta inflamatória. Os organismos que sobrevivem a essas defesas são isolados em granulomas.

Concluímos agora a discussão da imunidade mediada por células – como ela é iniciada e como seus efeitos são produzidos. Esses processos estão resumidos na Figura 18.16. As várias funções das células B e T estão resumidas na **Tabela 18.5**. A comparação das Figuras 18.12 e 18.16 e o estudo da Tabela 18.5 servirão

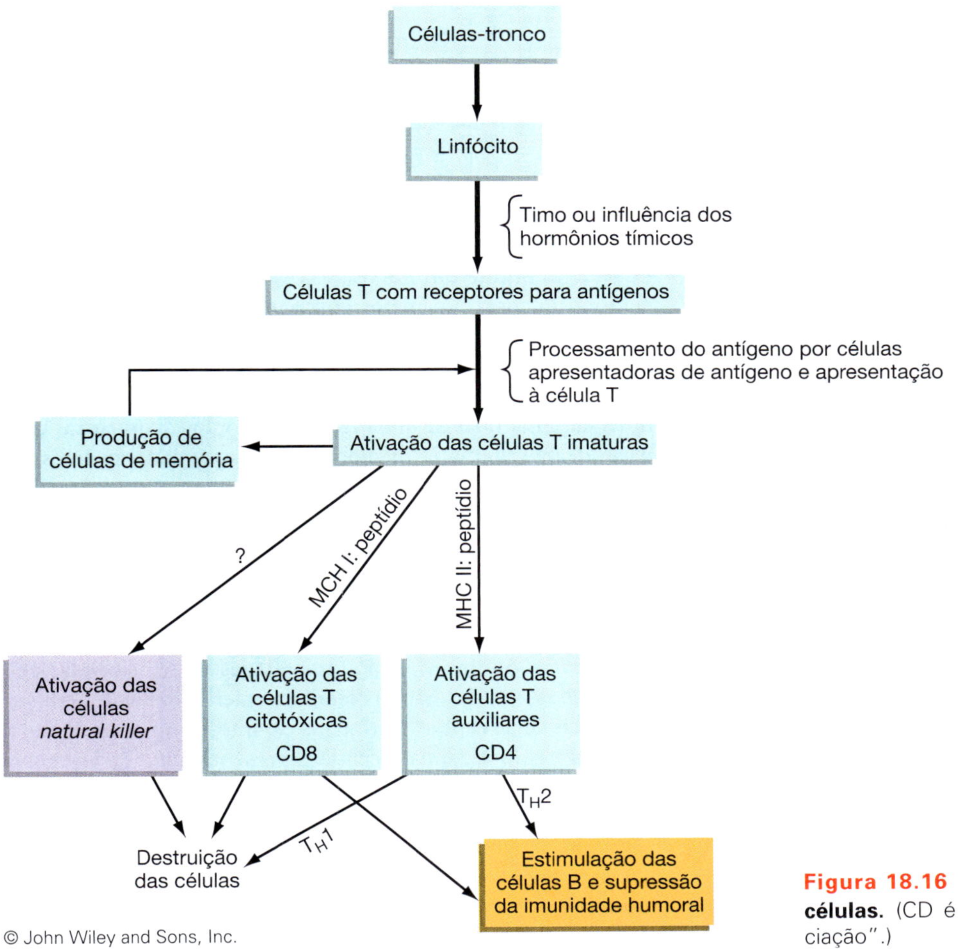



**Figura 18.16 Resumo da imunidade mediada por células.** (CD é a abreviatura de "grupos de diferenciação".)

**Tabela 18.5** Características das células B, das células T e dos macrófagos.

| Característica | Células B | Células T | Macrófagos |
|---|---|---|---|
| Local de produção | Tecidos equivalentes à bursa | Timo ou sob a influência dos hormônios tímicos | |
| Tipo de imunidade | Humoral | Mediada por células e auxiliando a humoral | Humoral e mediada por células |
| Subpopulações | Plasmócitos e células de memória | Células citotóxicas, auxiliares, supressoras, de hipersensibilidade tardia e de memória | Fixos e errantes |
| Presença de anticorpos de superfície | Sim | Não | Não |
| Presença de antígenos de superfície estranhos | Não | Não | Sim |
| Presença de receptores para antígenos | Sim | Sim | Não |
| Tempo de vida | Longo em algumas, curto na maioria | Longo e curto | Longo |
| Produto secretor | Anticorpos | Citocinas | Interleucina-1 |
| Distribuição (% de leucócitos) | | | |
| Sangue periférico | 15 a 30 | 55 a 75 | 2 a 12 |
| Linfonodos | 20 | 75 | 5 |
| Medula óssea | 75 | 10 | 10 a 15 |
| Timo | 10 | 75 | 10 |

para ressaltar as semelhanças e as diferenças entre a imunidade humoral e a imunidade mediada por células e fornecer uma visão geral da imunidade específica.

## Superantígenos

Os **superantígenos**, como as toxinas estafilocócicas que causam envenenamento alimentar, síndrome de choque tóxico e síndrome da pele escaldada (ver Capítulo 20), ou as toxinas estreptocócicas responsáveis pela fasciite necrosante (ver Capítulo 20), são capazes de ligar-se simultaneamente à molécula do MHCII e à molécula receptora na superfície das células T. A ligação à molécula receptora não envolve especificidade pelo sítio receptor. O superantígeno liga-se às células T com diferentes especificidades; é policlonal. Até 5% da população de células T podem reagir a um único superantígeno. Isso estimula as células T a se ligarem aos macrófagos até 100 vezes mais rápido que o normal, e as células T auxiliares secretam, então, quantidades imensas de interleucina-2 (IL-2). Em vez de permanecer no local, a IL-2 em excesso entra na corrente sanguínea e é transportada pelo corpo, onde provoca náuseas, vômitos, febre e sintomas de choque (p. ex., como ocorre na síndrome do choque tóxico). O maior número de células T que são ativadas dessa maneira não tem nenhuma utilidade no combate da infecção causadora. Muitas células T de todos os tipos respondem simultaneamente aos superantígenos. Essas células se replicam furiosamente. Em consequência, muitas delas morrem, deixando o sistema imune deficiente nesses tipos de células e, assim, deixando o hospedeiro aberto a mais infecções.

Os superantígenos também podem desempenhar um papel nas doenças autoimunes. Nem todas as células T que reconhecem o próprio são eliminadas na deleção clonal. Entretanto, essas células que persistem estão habitualmente em números tão pequenos que não causam doença. Quando essas células multiplicam-se de modo excessivo, os tecidos do hospedeiro são atacados – um distúrbio denominado autoimunidade, que será discutido no Capítulo 19. É possível que doenças autoimunes como a artrite reumatoide e a esclerose múltipla sejam causadas por superantígenos.

# SISTEMA IMUNE DA MUCOSA

O sistema imune da mucosa (MALT = tecido linfoide associado à mucosa) é o maior componente do sistema imune e um importante local de entrada de patógenos. É constituído por todo o sistema digestório, o sistema urogenital, o sistema respiratório e as glândulas mamárias. Nos seres humanos, há normalmente mais de 400 metros quadrados de mucosa! Uma parte desse sistema é o tecido linfoide associado ao intestino (GALT), que inclui o apêndice, as placas de Peyer do intestino delgado, as tonsilas e as adenoides. O sistema MALT é parcialmente separado do sistema imune sistêmico. A resposta imune a patógenos na superfície epitelial da mucosa possui algumas características diferentes em comparação com a resposta imune a patógenos no sangue e na linfa. No intestino, as células M estão intercaladas entre as células epiteliais. Essas células não apresentam microvilosidades em sua superfície. Elas captam antígenos do intestino por endocitose e liberam os antígenos a células apresentadoras de antígeno, como as células dendríticas localizadas abaixo delas. Os linfócitos previamente não ativados que sofrem ativação pelas células apresentadoras de antígeno são transportados para outras superfícies mucosas por meio do sangue, através dos linfonodos que drenam a região intestinal (linfonodos mesentéricos) ou a região torácica. Os patógenos entéricos causam uma resposta inflamatória que ativa as células apresentadoras de antígeno localizadas abaixo das células M e que aumenta a resposta dos linfócitos a antígenos do patógeno. A tolerância oral a antígenos alimentares impede a ocorrência de resposta imune aos alimentos no intestino. A IgA constitui a principal imunoglobulina encontrada nas superfícies mucosas, no leite materno e no colostro. Lembre-se de que essa imunoglobulina pode ser secretada através das células epiteliais. O colostro apresenta níveis muito altos de IgA (50 mg/mℓ, em comparação com 2,5 mg/mℓ no soro do adulto) nos primeiros 4 dias após o nascimento. Curiosamente, o útero, que faz parte do sistema urogenital, é um **local privilegiado** – ou seja, está isolado do sistema imune adaptativo. Outros locais privilegiados são a câmara anterior do olho e os testículos.

## Fatores que modificam as respostas imunes

As defesas de adultos jovens e sadios que vivem em um ambiente não poluído são capazes de prevenir quase todas as doenças infecciosas. Entretanto, uma variedade de distúrbios, lesões, tratamentos clínicos, fatores ambientais e até mesmo a idade podem afetar a resistência às doenças infecciosas. Um indivíduo com resistência reduzida é designado como **hospedeiro imunocomprometido**.

No início deste capítulo, assinalamos que os seres humanos são geneticamente imunes a algumas doenças. Foi também constatado que diferentes raças apresentam graus distintos de resistência e de suscetibilidade a várias doenças. Quando militares brancos e negros vivem nas mesmas condições (mesmos alojamentos, alimentos, esquema de exercícios e assim por diante), os negros ainda desenvolvem TB com maior velocidade.

A idade também afeta as respostas imunes. Em geral, as crianças de pouca idade e os indivíduos idosos são mais suscetíveis às infecções, enquanto os adultos jovens são os que apresentam menor suscetibilidade. As crianças pequenas são suscetíveis porque o sistema imune não está totalmente desenvolvido até os 2 ou 3 anos de idade. Entretanto, os lactentes podem produzir alguma IgM logo após o nascimento; além disso, recebem passivamente a IgG materna. Os indivíduos idosos são suscetíveis às infecções e neoplasias malignas, pois o sistema imune, e, em particular, a resposta mediada por células, são os primeiros a apresentar um declínio de sua função durante o processo de envelhecimento. Portanto, faz sentido tomar precauções especiais contra a exposição desnecessária dos lactentes e dos indivíduos idosos a agentes infecciosos. Além disso, faz também sentido realizar as imunizações recomendadas durante a lactância e o início da infância.

Até mesmo os padrões sazonais afetam o sistema imune. Por exemplo, as células T apresentam um ciclo anual, alcançando o seu nível mais baixo em junho. Os indivíduos com doença de Hodgkin são diagnosticados com mais frequência na primavera, levando alguns pesquisadores a acreditar que existe uma relação entre os dois ciclos. Os pacientes com AIDS que apresentam baixas contagens de células T têm uma probabilidade 11 vezes maior de desenvolver doença de Hodgkin.

Os fatores genéticos e etários que modificam a imunidade estão além do nosso controle; entretanto, temos algum controle sobre a alimentação e o ambiente. Iremos analisar agora como esses fatores contribuem para a resistência – ou para a sua falta.

Uma alimentação adequada, particularmente uma ingestão adequada de proteínas e vitaminas, é fundamental para a manutenção da pele e das mucosas intactas e saudáveis e para a atividade fagocitária. É da mesma forma importante para a produção de linfócitos e a síntese de anticorpos. A nutrição precária e a resposta inflamatória deficiente dos alcoólicos e dos adictos de substâncias diminuem enormemente a sua resistência às infecções. No indivíduo idoso, uma dieta inadequada pode enfraquecer ainda mais uma resposta imunológica em declínio.

A prática regular de exercícios moderados, como uma caminhada vigorosa de 45 minutos, 5 vezes/semana, pode produzir um aumento de 20% nos níveis de anticorpos, que ocorre durante o exercício e por cerca de 1 hora depois. Há também um aumento na atividade das células *NK*. Entretanto, o exercício excessivo, como uma corrida de mais de 32 quilômetros por semana, deprime o sistema imune. Os maratonistas, que correm em seu ritmo mais rápido durante 3 horas, sofrem uma queda de mais de 30% na atividade das células *NK* por cerca de 6 horas. Os corredores de longa distância são mais vulneráveis às infecções, particularmente da parte superior do sistema respiratório, por cerca de 12 a 24 horas após uma corrida, apresentando uma taxa de doença seis vezes maior após uma competição, em comparação com corredores treinados que não competem. Voluntários mantidos acordados até às 3 horas da manhã durante uma noite sofreram uma queda de 50% na contagem de células *NK*. Depois de uma boa noite de descanso, houve normalização da contagem de suas células *NK*.

A gravidez é uma época em que ocorre uma redução significativa da imunidade mediada por células. Durante a epidemia de influenza A na cidade de Nova York, em 1957, 50% das mulheres de idade fértil que morreram estavam grávidas – embora representassem apenas 7% das mulheres nesse grupo etário. Não se observa nenhum comprometimento da imunidade humoral durante a gravidez. Você deve lembrar que a IgG constitui a única imunoglobulina capaz de atravessar a placenta, fornecendo alguma imunidade específica diretamente ao feto em desenvolvimento.

As lesões traumáticas diminuem a resistência, ao mesmo tempo que proporcionam um acesso mais fácil dos microrganismos aos tecidos. O reparo dos tecidos compete com os processos imunes, visto que ambos necessitam de uma extensa síntese de proteínas. Quando os mecanismos normais de eliminação dos microrganismos, como as lágrimas, a urina e as secreções mucosas, são afetados por lesões, os patógenos têm acesso mais fácil aos tecidos. Os antibacterianos destroem os comensais que algumas vezes competem com os patógenos. As defesas comprometidas e o uso de antibacterianos possibilitam o estabelecimento de infecções oportunistas.

Os fatores ambientais, como a poluição e a exposição à radiação, também reduzem a resistência às infecções. Os poluentes do ar, incluindo os da fumaça do tabaco, causam dano às membranas respiratórias e reduzem a sua capacidade de remover substâncias estranhas. Reduzem também a atividade dos fagócitos. A exposição excessiva a substâncias radioativas provoca dano às células, incluindo as células do sistema imune. Esses fatores podem ser agravados por distúrbios imunológicos induzidos e hereditários. Os fármacos imunossupressores utilizados na prevenção da rejeição de tecidos transplantados comprometem as funções dos linfócitos e de alguns fagócitos. Doenças como a AIDS destroem as células T. Por fim, defeitos genéticos no próprio sistema imune podem resultar em ausência de células B, de células T ou de ambas. O modo pelo qual esses distúrbios comprometem a imunidade é discutido no Capítulo 19.

**PARE e RESPONDA**

1. O que são anticorpos monoclonais e como são produzidos? Quais são as suas aplicações?
2. Diferencie os vários tipos de células T e suas funções.
3. O que são células *NK*? Como elas funcionam?

# IMUNIZAÇÃO

A cada ano, no mundo inteiro, um grande número de crianças, a maioria com menos de 5 anos de idade, morrem de três doenças infecciosas para as quais se dispõe de imunização. Cerca de 140.000 morrem de sarampo, 58.000 morrem de tétano e 51.000, de coqueluche. Outros 4 milhões morrem de vários tipos de diarreia, contra a qual é possível alguma imunização. A maior parte dessas mortes ocorre em países subdesenvolvidos.

*Cerca de 80% das crianças no mundo inteiro são imunizadas contra sarampo, difteria, coqueluche, tétano, tuberculose e poliomielite.*

Essas estatísticas ressaltam três fatos importantes sobre a imunização. Primeiro, a imunização pode impedir um número significativo de mortes. Em segundo lugar, ainda não se dispõe de métodos de imunização para algumas doenças infecciosas, como certas diarreias. Os organismos que causam diarreia exercem, em sua maioria, seus efeitos no sistema digestório, onde os anticorpos e outras defesas imunes não podem alcançá-los. Por fim, é necessário muito mais esforço para efetuar as imunizações disponíveis nos países subdesenvolvidos.

## Imunização ativa

Conforme assinalado anteriormente, para desenvolver uma imunidade ativa, o sistema imune precisa ser induzido a reconhecer e a destruir os agentes infecciosos toda vez que forem encontrados. A **imunização ativa** refere-se ao processo de induzir imunidade ativa. Pode ser conferida pela administração de vacinas ou de toxoides. Uma **vacina** é uma substância que contém um antígeno ao qual o sistema imune responde. Os antígenos podem ser derivados de organismos vivos, porém atenuados (enfraquecidos), de organismos mortos ou de partes deles. Um **toxoide** é uma toxina inativada, que não é mais prejudicial, mas que conserva suas propriedades antigênicas.

### Princípios de imunização ativa

Independentemente da natureza da substância imunizante, o mecanismo da imunização ativa é essencialmente o mesmo. Quando se administra a vacina ou o toxoide, o sistema imune o reconhece como estranho e produz anticorpos ou, algumas vezes, células T citotóxicas e células de memória. Essa resposta imune é a mesma que ocorre durante o curso de uma doença. A doença propriamente dita não ocorre, por não se usarem organismos inteiros, ou porque esses organismos foram enfraquecidos o suficiente para perder a sua virulência. Em outras palavras, as vacinas conservam importantes propriedades antigênicas, porém não têm a capacidade de causar doença. De fato, os microrganismos nas vacinas algumas vezes multiplicam-se

## SAÚDE PÚBLICA

### Onde uma bactéria pode se esconder do sistema imune?

Por que é tão difícil produzir vacinas contra algumas bactérias? Algumas bactérias têm esconderijos realmente bons – no interior dos fagócitos! Os anticorpos e as proteínas do complemento são incapazes de alcançá-las. Mas espere um momento: os fagócitos não são parte do sistema imune, programados para matar as bactérias que eles ingerem? Como algumas bactérias podem se esconder com segurança no interior de fagócitos? Essas bactérias intracelulares possuem numerosos mecanismos de evasão muito diferentes, que diferem de uma espécie para outra. Trata-se de patógenos muito perigosos!

Um artifício é cobrir-se com moléculas impenetráveis, como as substâncias cerosas nos envoltórios celulares de *Mycobacterium* ou os materiais capsulares lisos de algumas espécies de *Salmonella*. Nesses casos, as enzimas e as toxinas no interior do fagolisossomo são incapazes de alcançar as bactérias e matá-las. Ou é possível que nem todas as bactérias dentro de um fagócito morram. As poucas bactérias que sobrevivem irão se multiplicar no interior da célula e manter a infecção.

Outro mecanismo de sobrevivência é impedir a fusão do fagossomo com o lisossomo para formar um fagolisossomo preenchido com moléculas destruidoras. As espécies de *Legionella* impedem, de algum modo, essa fusão. Em vez disso, o fagossomo funde-se com outras organelas celulares, como as mitocôndrias ou o retículo endoplasmático rugoso. As espécies de *Legionella* dividem-se para preencher os fagócitos com números cada vez maiores de bactérias até a célula morrer, sofrer ruptura e liberar todas essas bactérias nos alvéolos dos pulmões.

Um terceiro mecanismo para sobreviver à fagocitose é escapar do fagossomo antes de sua fusão com o lisossomo. As espécies de *Listeria*, que causam meningite e septicemia, produzem moléculas que corroem a membrana que recobre o fagossomo. Após escapar com segurança e encontrar-se no citoplasma, as bactérias têm livre acesso a todos os nutrientes da célula enquanto permanecem escondidas dos anticorpos e do complemento.

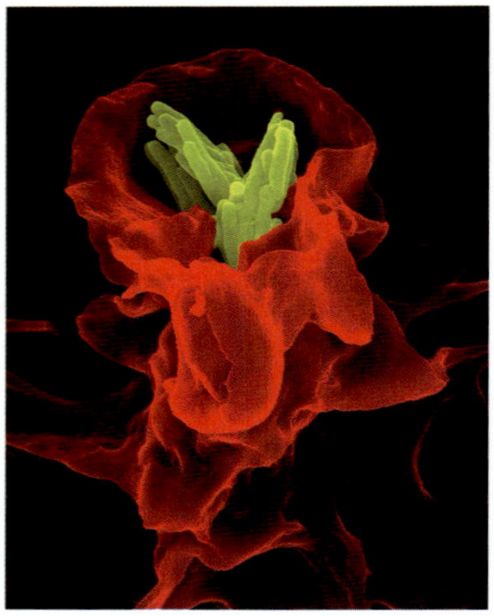

Bactérias (na cor verde) incorporadas por um fagócito *(Dr. Volker Binkmann/ Getty Images, Inc.)*

Alguns exemplos de bactérias intracelulares incluem *Chlamydia trachomatis*, *Escherichia coli* (cepas êntero-hemorrágicas), *Legionella pneumophilla*, *Listeria monocytogenes*, *Mycobacterium tuberculosis*, *Mycobacterium leprae*, *Rickettsia rickettsiae*, *Salmonella typhi*, *Shigella dysenteriae* e *Yersinia pestis*.

## SAÚDE PÚBLICA

### Vacinas contra o vício?

Você já lutou, sem sucesso, para abandonar o tabagismo ou conheceu pessoas que não conseguem largar o seu vício em cocaína? Nos EUA, mais de 90% dos 800.000 usuários de vacinas sofrem recidiva a cada ano. A ajuda para esses indivíduos pode estar a caminho! Celtic Pharma tem vacinas antinicotina e anticocaína em fase de ensaios clínicos. Os resultados promissores levaram a empresa a prosseguir com estudos de maior porte. As vacinas destinam-se a induzir a produção de anticorpos antinicotina ou anticocaína. Esses anticorpos ligam-se à nicotina ou cocaína na corrente sanguínea do paciente, formando um complexo muito grande para atravessar a barreira hematencefálica. Isso impede o prazer ou a euforia associados ao uso da substância. Por fim, o paciente percebe que é inútil continuar utilizando uma substância que não lhe proporciona nenhum resultado prazeroso e, portanto, abandona o seu uso.

O paciente recebe uma série de injeções durante um período de 12 semanas. A injeção assegura a adesão do paciente, diferentemente da situação em que o indivíduo deixa de usar os adesivos de nicotina. Um derivado da cocaína (succinil norcaína) ou um derivado da nicotina (ácido nicotínico) são complexados com a subunidade de proteína B da toxina da cólera (que já é utilizada como vacina anticólera); o complexo é adsorvido em adjuvante de gel de hidróxido de alumínio e, em seguida, suspenso em solução salina tamponada. Atualmente, está sendo estabelecido o tempo durante o qual a vacina será efetiva, bem como se haverá necessidade de doses de reforço periódicas.

O uso do tabaco constitui a segunda causa principal de morte no mundo, e o profundo sofrimento do vício em cocaína é incomensurável. Embora 70% dos fumantes nos EUA queiram abandonar o tabagismo, apenas 2,5% têm um sucesso permanente a cada ano. Esperemos que a imunologia possa vencer ambos os problemas.

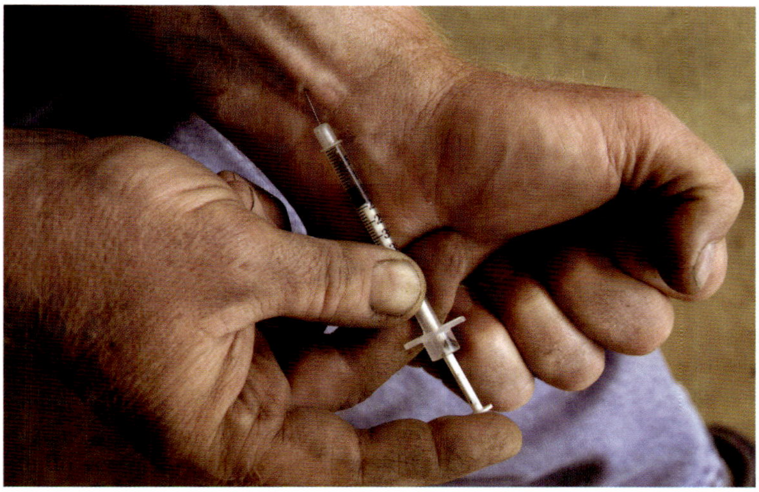

(Robin Nelsen/PhotoEdit)

(Cristina Pedrazzini/Science Source)

no hospedeiro, porém sem produzir sintomas de doença. De modo semelhante, os toxoides retêm propriedades antigênicas, porém são incapazes de exercer seus efeitos tóxicos.

Um importante fator na longevidade da imunidade produzida pela imunização ativa é a natureza da substância imunizante. Na maioria dos casos, as vacinas feitas com microrganismos vivos conferem imunidade mais duradoura do que aquelas produzidas com organismos mortos, partes de organismos ou toxoides. Por exemplo, as vacinas contra o sarampo (e contra a rubéola) e a vacina poliomielite oral, que contêm vírus vivos, habitualmente conferem imunidade permanente. A vacina poliomielite intramuscular, que contêm vírus mortos, e a vacina contra a febre tifoide, que contém bactérias mortas, conferem imunidade de 3 a 5 anos de duração. Os toxoides tetânico e diftérico conferem imunidade de cerca de 10 anos de duração.

Como a imunidade nem sempre é duradoura, são frequentemente necessárias "doses de reforço" para mantê-la. Conforme já assinalado, a primeira dose de uma vacina ou toxoide estimula uma resposta imune primária análoga àquela que ocorre durante o curso de uma doença. As doses subsequentes estimulam uma resposta imune secundária análoga à que ocorre após exposição a um organismo para o qual já houve desenvolvimento de imunidade. Assim, as doses de reforço estimulam a imunidade devido a um acentuado aumento no número de anticorpos. Esse processo aumenta o tempo durante o qual há disponibilidade de uma quantidade suficiente de anticorpos para impedir a ocorrência da doença.

A via de administração de uma vacina pode afetar a qualidade da imunidade. Quando comparada com vacinas injetadas no músculo, a imunidade é mais duradoura quando são utilizadas vacinas orais contra infecções gastrintestinais e quando são utilizados aerossóis nasais contra infecções respiratórias.

As vacinas, sobretudo as que contêm organismos vivos, e os toxoides devem ser adequadamente armazenados para conservar a sua eficiência. Algumas vacinas exigem refrigeração, e sérios problemas na imunização contra o sarampo resultaram da refrigeração inadequada das vacinas. Outras precisam ser administradas no decorrer de determinado número de horas ou dias após o frasco da vacina ser aberto. Por essa razão, as clínicas oferecem algumas imunizações apenas em determinados dias. As imunizações que envolvem vacinas de alto custo e que têm baixa demanda podem ser administradas 1 vez/semana ou até mesmo como menos frequência.

Em geral, a imunização ativa não pode ser utilizada para prevenir uma doença após a exposição do indivíduo. Isso se deve ao fato de que o tempo necessário para o desenvolvimento da imunidade é maior do que o período de incubação da doença. A imunização antirrábica é uma exceção a essa regra. Como a raiva normalmente tem um longo período de incubação, a imunização ativa pode ser utilizada com alguma esperança de que haverá desenvolvimento da imunidade antes que o vírus da raiva alcance o cérebro. Quanto maior a distância que o vírus deve percorrer para alcançar o cérebro, maior a probabilidade de imunização efetiva. Assim, uma mordida no tornozelo de uma pessoa que chutou um animal raivoso pode ser menos perigosa do que uma mordida recebida no tórax ou no pescoço. A varíola é outro exemplo de uma doença que pode ser evitada por imunização ativa após exposição. Como veremos adiante, utiliza-se algumas vezes a imunização passiva para prevenir ou diminuir a gravidade de doenças após a sua exposição. Diversas vacinas e toxoides foram licenciados para uso geral nos EUA; suas propriedades estão resumidas na **Tabela 18.6**. Muito mais vacinas estão disponíveis para indivíduos com necessidades especiais, como viagem para o estrangeiro ou finalidades experimentais. A **Tabela 18.7** fornece as propriedades de algumas vacinas de uso especial.

**Tabela 18.6** Propriedades dos materiais disponíveis para imunização ativa.

| Doença | Natureza do material | Via de administração | Uso e comentários | Duração da efetividade |
|---|---|---|---|---|
| Antraz | Proteínas celulares | SC | 2 e 4 semanas, 6, 12, 18 meses, reforço anual | Desconhecida |
| Meningite bacteriana | Conjugado proteína-polissacarídio | IM | 2, 4, 6 e 12 a 15 meses; eficiência de 75% | 14 a 34 anos |
| Cólera | Bactérias mortas | SC, IM, ID | 2 doses com intervalo de semana ou mais; eficiência de 50%; pode ser necessária para viagem | 6 meses |
| Difteria | Toxoide | IM | 3 doses com intervalo de 4 semanas mais reforços; eficiência de 90% | 10 anos |
| Hepatite A | Vírus inativados | IM | 2 doses, a segunda 6 a 18 meses após a primeira, varia com mfr | 10 anos |
| Hepatite B | Antígeno viral | IM | 2 doses com intervalo de 4 semanas, reforço em 6 meses | Cerca de 5 anos |
| Influenza (viral) | Vírus inativados | IM | 1 ou 2 doses, dependendo do tipo de vírus; recomendada para pacientes de alto risco e profissionais de saúde; eficiência de 75% | 1 a 3 anos |
| Pneumonia lobar | Polissacarídios | SC, IM | 1 dose antes da quimioterapia | 5 a 7 anos |
| Sarampo | Vírus vivos | SC | 1 dose aos 15 meses, segunda dose em torno de 12 anos; eficiência de 95%; pode impedir a doença se for administrada nas primeiras 48 h após a exposição | Permanente |
| Meningite meningocócica | Polissacarídio | SC | 1 dose, recomendada durante epidemias e para pacientes de alto risco | Permanente se for administrada depois dos 2 anos de idade |
| Caxumba | Vírus vivos | SC | 1 dose administrada após 1 ano de idade; eficiência de 95% | Permanente |
| Coqueluche (*pertussis*) | Proteínas acelulares | IM | Igual à difteria | 10 anos |
| Peste | Bactérias mortas | IM | 3 doses com intervalo de 4 semanas; para viagens a algumas regiões do mundo | 6 meses |
| Poliomielite | Vírus mortos | IM | 2, 4 e 6 a 18 meses; reforço aos 4 a 6 anos de idade | Permanente |
| Raiva | Vírus mortos | IM | 2 doses com intervalo de 1 semana, com a terceira dose em 2 semanas; eficiência de 80%; utilizada após uma provável exposição | 2 anos |
| Rubéola | Vírus vivos | SC | 1 dose aos 15 meses; alguns recomendam uma segunda dose aos 12 anos | Permanente |
| Varíola | Vírus da vacínia vivos | ID | 1 dose; eficiência de 90%; usada apenas por funcionários de laboratório expostos a poxvírus e militares | 3 anos |
| Tétano | Toxoide | IM | 3 doses com intervalo de 4 semanas, mais reforços | 10 anos |
| Tuberculose | Bactérias atenuadas | ID, SC | 1 dose para pacientes inadequadamente tratados e grupos de alto risco | Permanente? |
| Febre tifoide | Vírus vivos | O | 4 doses com intervalo de 2 dias; eficiência de 70%; recomendada para viagens, epidemias e portadores | 5 anos |
| Febre amarela | Vírus vivos | SC | 1 dose; recomendada para viagens a áreas endêmicas | 10 anos |

SC, subcutânea; IM, intramuscular; ID, intradérmica; O, oral.

**Tabela 18.7** Exemplos de materiais para imunização especial e experimentação.

| Agente infeccioso | Natureza do material | Usos |
|---|---|---|
| Adenovírus | Vírus vivos | Recrutas militares |
| *Bacillus anthracis* | Extrato antigênico | Manipuladores de animais e peles |
| *Campylobacter* | Bactérias atenuadas | Experimentação |
| *Vibrio cholerae* | Toxoides de *Escherichia coli* e *Vibrio cholerae* | Administração experimental oral para obter uma imunização mais efetiva |
| Citomegalovírus | Vírus vivos | Experimentação, pode produzir infecções latentes |
| Vírus da encefalite equina | Vírus vivos inativados | Técnicos de laboratório de experimentação |

## Imunizações recomendadas

As Tabelas 18.8A e 18.8B fornecem uma lista das vacinas atualmente recomendadas nos EUA para imunização de rotina de lactentes, crianças e adultos normais.[3] A **vacina DTaP** contém toxoide diftérico, *pertussis* (coqueluche) acelular e toxoide tetânico. Embora a maioria das crianças tolerem a antiga vacina *pertussis* de células inteiras, algumas sofrem complicações graves, conforme descrito de modo sucinto nos riscos das vacinas. Nos EUA, eram geralmente usados dois tipos de vacina contra poliomielite. Uma delas (Sabin) contém três tipos diferentes de poliovírus vivos. A outra (Salk) contém vírus mortos. Hoje em dia, apenas a vacina Salk de vírus inativados é utilizada nos EUA, visto que a vacina Sabin pode causar poliomielite paralítica em receptores ou em indivíduos que têm contato íntimo com alguém recentemente vacinado. Dispõe-se de vacinas com antígenos semelhantes para administração oral ou intramuscular. A **vacina MMR** contém vírus vivos do sarampo, rubéola e caxumba. Essa vacina pode ser utilizada para imunizar contra as três doenças simultaneamente, ou podem ser administradas vacinas separadas para cada doença.

A idade recomendada para a administração de vacinas varia. A vacina DTaP e as vacinas contra poliomielite podem ser administradas efetivamente com apenas 2 meses de idade. Entretanto, a vacina MMR não é recomendada antes de 12 meses de idade. Quando administrada a lactentes de menos idade, a qualidade da imunidade resultante em geral não é suficiente para proteger contra infecções, provavelmente devido à imaturidade do sistema imune. As vacinas contra *Haemophilus influenzae* tipo b (Hib), disponíveis pela primeira vez em 1985, não atuaram bem em crianças com menos de 2 anos de idade. A Food and Drug Administration (FDA) aprovou agora várias novas **vacinas Hib** para crianças pequenas, que poderiam evitar cerca de 10.000 casos por ano de meningite, uma doença que mata cerca de 500 crianças e deixa milhares de sobreviventes com deficiência intelectual, surdez ou outros danos neurológicos. As imunizações com Hib são realizadas aos dois, quatro, seis e 12 a 15 meses. As crianças entre 15 meses e 5 anos de idade necessitam apenas de uma dose. Não se recomenda a imunização para crianças acima de 5 anos, visto que quase todas as crianças com essa idade já contraíram uma infecção por Hib e, assim, desenvolveram imunidade ativa natural. Quando administrada precocemente, a vacina Hib pode ser combinada com DTaP. Desde que você nasceu, as vacinas influenza, hepatites A e B, pneumocócica, rotavírus, meningocócica, varicela (catapora para crianças, herpes-zóster para adultos) e **HPV** (papilomavírus humano, a causa de 99% dos cânceres de colo do útero) foram acrescentadas às listas de vacinas recomendadas. Você precisa receber alguma dessas vacinas?

As recomendações de imunização variam entre os países desenvolvidos e subdesenvolvidos. A maioria dos países desenvolvidos utiliza aproximadamente as mesmas imunizações recomendadas nos EUA. Entretanto, vários países administram a vacina BCG (bacilo Calmette-Guerin) (Figura 18.17) para proteger contra a tuberculose. A Organização Mundial da Saúde (OMS) administrou essa vacina a mais de 150.000 pessoas em vários países nessas últimas décadas. Ela não é mais usada nos EUA, devido à existência de sérias controvérsias sobre a sua segurança e eficácia quando foi desenvolvida pela primeira vez. Agora que essa vacina demonstrou ser segura e efetiva, a incidência de tuberculose não é suficiente para justificar o seu uso disseminado. A OMS recomenda a imunização em uma idade mais precoce nos países subdesenvolvidos, a fim de combater doenças contagiosas graves: as vacinas BCG e poliomielite oral são administradas ao nascimento; a DTaP e a vacina poliomielite, com 6, 10 e 14 semanas; e a vacina sarampo, aos 9 meses.

A vacina BCG é administrada habitualmente logo após o nascimento a 75% de todas as crianças no mundo inteiro – exceto nos EUA.

## Riscos das vacinas

O uso de vacinas para a prevenção de doenças infecciosas graves em populações tem enormes benefícios. Entretanto, as vacinas também estão associadas a riscos, que devem ser ponderados quando é necessário decidir se elas devem ser administradas ou não a populações inteiras ou a certos indivíduos. Naturalmente, a prevalência e a gravidade das doenças também precisam ser consideradas nessas decisões.

Com frequência, a imunização ativa provoca febre, mal-estar e dor no local da injeção. Desse modo, os pacientes que já apresentam febre e mal-estar não deveriam receber imunização, pois qualquer agravamento de sua condição pode ser erroneamente atribuído à vacina. Mais importante ainda é o fato de que o sistema imune do paciente, sobrecarregado pela infecção existente, pode ser incapaz de desencadear uma resposta adequada ao antígeno presente na vacina. Determinadas imunizações estão associadas a reações específicas. Por exemplo, a vacina rubéola pode causar dor articular, enquanto a vacina coqueluche pode provocar convulsões.

[3]N.R.T.: Veja os calendários de imunização recomendados no Brasil para lactentes, crianças e adultos no site da Sociedade Brasileira de Imunizações (SBIm).

**Tabela 18.8A Calendário recomendado de imunização para crianças e adolescentes com 18 anos ou menos, EUA, 2017.**

| Crianças de 4 meses a 6 anos | | | | | |
|---|---|---|---|---|---|
| | | Intervalo mínimo entre as doses | | | |
| Vacina | Idade mínima para a dose 1 | Dose 1 à dose 2 | Dose 2 à dose 3 | Entre a dose 3 à dose 4 | Dose 4 à dose 5 |
| Hepatite B[1] | Nascimento | 4 semanas | 8 semanas<br>e pelo menos 16 semanas após a 1ª dose<br>A idade mínima para dose final é de 24 semanas | | |
| Rotavírus[2] | 6 semanas | 4 semanas | 4 semanas[2] | | |
| Difteria, tétano e *pertussis* acelular[3] | 6 semanas | 4 semanas | 4 semanas | 6 meses | 6 meses |
| *Haemophilus influenzae* tipo b[4] | 6 semanas | 4 semanas<br>Se a 1ª dose foi administrada antes de 1 ano de idade<br>8 semanas (como dose final) se a 1ª dose foi administrada entre 12 e 14 meses de idade<br>Não há necessidade de nenhuma outra dose se a 1ª foi administrada aos 15 meses ou mais | 4 semanas[4]<br>Se a idade atual for de menos de 7 meses e se a idade atual for de menos de 12 meses e a primeira dose foi administrada com menos de 7 meses, e pelo menos uma dose anterior foi de PRP-T (ActHib, Pentacel, Hiberix) ou desconhecida<br>8 semanas<br>*e* entre 12 e 59 meses de idade (como dose final)[4]<br>se a idade atual for de menos de 12 meses<br>**e** a primeira dose foi administrada entre 7 e 11 meses<br>OU<br>• se a idade atual for de 12 a 59 meses **e** a 1ª dose foi administrada antes de 1 ano de idade, e a 2ª dose administrada com menos de 15 meses<br>OU<br>• se ambas as doses foram PRP-OMP (PedvaxHIB; Comvax) **e** foram administradas antes de 1 anos de idade<br>Não há necessidade de nenhuma outra dose se a dose anterior foi administrada com 15 meses ou mais | 8 semanas (como dose final)<br>Essa dose só é necessária para crianças de 12 a 59 meses de idade que receberam três doses antes de 1 ano de idade | |
| Pneumocócica[5] | 6 semanas | 4 semanas<br>se a 1ª dose for administrada antes do 1º ano de vida.<br>8 semanas (como dose final para crianças sadias) se a 1ª dose foi administrada com 1 ano de idade ou depois<br>Não há necessidade de nenhuma outra dose para crianças sadias se a 1ª dose foi administrada com 24 meses ou mais | 4 semanas<br>se a idade atual for de menos de 12 meses e a dose anterior foi administrada com < 7 meses de idade<br>8 semanas (como dose final para crianças sadias)<br>se a dose anterior foi administrada entre 7 e 11 meses (aguardar até pelo menos 12 meses de idade)<br>OU<br>se a idade atual for de 12 meses ou mais, e pelo menos uma dose foi administrada antes de 12 meses de idade<br>Não há necessidade de nenhuma outra dose para crianças sadias se a dose anterior foi administrada com 24 meses de idade ou mais | 8 semanas (como dose final)<br>Essa dose só é necessária para crianças de 12 a 59 meses de idade que receberam três doses antes de 12 meses ou para crianças com alto risco que receberam três doses em qualquer idade | |
| Poliovírus inativado[6] | 6 semanas | 4 semanas[6] | 4 semanas[6] | 6 meses[6] (idade mínima de 4 anos para dose final) | |
| Sarampo, caxumba, rubéola | 12 meses | 4 semanas[6] | | | |
| Varicela[9] | 12 meses | 3 meses | | | |
| Hepatite A[10] | 12 meses | 3 meses | | | |

| | | | | |
|---|---|---|---|---|
| Meningocócica[11] (Hib-MenCY ≥ 6 semanas; MenACWY-D ≥ 9 meses; MenACWY-CRM ≥ 2 meses) | 6 semanas | 8 semanas[11] | Ver nota de rodapé 11 | Ver nota de rodapé 11 |
| **Crianças e adolescentes de 7 a 18 anos de idade** | | | | |
| Meningocócica[11] (MenACWY-D ≥ 9 meses; menACWY-CRM ≥ 2 meses) | Não aplicável (N/A) | semanas[11] | | |
| Tétano, difteria; tétano, difteria e *pertussis* acelular[12] | 7 anos[12] | 4 semanas | 4 semanas<br>se a 1ª dose de DTaP/DT foi administrada antes de 1 ano de idade<br>6 meses (como dose final)<br>se a 1ª dose de DTaP/DT ou Tdap/Td foi administrada com 1 ano de idade ou depois | |
| Papilomavírus humano[13] | | | Recomendam-se intervalos de dosagem de rotina[13] | |
| Hepatite A[10] | N/A | 6 meses | | |
| Hepatite B[1] | N/A | 4 semanas | 8 semanas e, pelo menos, 16 semanas após a 1ª dose | |
| Poliovírus inativado[6] | N/A | 4 semanas | 8 semanas[6] | 6 meses[6] |
| Sarampo, caxumba, rubéola[8] | N/A | 4 semanas | | |
| Varicela[9] | N/A | 3 meses se tiver menos de 13 anos de idade<br>4 semanas se tiver 13 anos ou mais | | |

**NOTA**: As recomendações acima devem ser lidas juntamente com as notas de rodapé desse calendário.

**Notas de rodapé** – Calendário recomendado de imunização para crianças e adolescentes de 18 anos ou menos, EUA, 2017.
Para mais orientações sobre o uso das vacinas mencionadas, ver: www.cdc.gov/vaccines/hcp/acip-recs/index.html.
Para recomendações de vacinas para indivíduos de 19 anos de idade ou mais, ver calendário de imunização para adultos.

**Informações adicionais**

- Para informações sobre as contraindicações e precauções para uso de uma vacina e outras informações a respeito dessa vacina, os provedores de vacinação devem consultar as ACIP General Recommendations on Immunization e a relevante declaração da ACIP, disponível *online* em www.cdc.gov/vaccines/hcp/acip-recs/index.html
- Com propósito de calcular os intervalos entre as doses, 4 semanas equivalem a 28 dias. Os intervalos de 4 meses ou mais são determinados pelos meses do calendário
- As doses de vacinas administradas 4 dias antes do intervalo mínimo são consideradas válidas. As doses de qualquer vacina administradas 2 a 5 dias antes do intervalo mínimo ou da idade mínima não devem ser consideradas como doses válidas e devem ser repetidas na idade apropriada. O intervalo entre a dose repetida e a dose inválida deve ser o intervalo mínimo recomendado. Para mais detalhes, ver a Tabela 1, sobre idades e intervalos mínimos recomendados entre as doses de vacina, em MMWR, General Recommendations on Immunization and Reports/Vol. 60 I No. 2, disponível *online* em www.cdc.gov/mmwr/pdf/rr/rr6002.pdf
- Informações sobre exigências e recomendações de vacinas para viagens estão disponíveis em wwwnc.cdc.gov/travel/
- Para vacinação de indivíduos com imunodeficiências primárias e secundárias, ver a Tabela 13, sobre vacinação de pessoas com imunodeficiências primárias e secundárias, em Recomendações Gerais sobre Imunização (ACIP), disponível em www.cdc.gov/mmwr/pdf/rr/rr6002.pdf; e Imunização em Circunstâncias Clínicas Especiais (American Academy of Pedatrics). In: Kimberlin OW, Brady MT, Jackson MA, Long SS, eds. RedBook: 2015 report of the Committee on Infectious Diseases. 30th ed. ElkGrove Village, IL: American Academy of Pediatrics, 2015:68-107
- O National Vaccine Injury Compensation Program (VICP) é uma alternativa independente de responsabilidade ao tradicional sistema legal para solucionar ações contra danos causados por vacinas. Criado pelo National Childhood Vaccine Injury Act de 1986, oferece indenização a pessoas que sofreram danos por determinadas vacinas. Todas as vacinas no calendário recomendado de imunização infantil são cobertas pela VICP, com exceção da vacina pneumocócica polissacarídica (PPSV23). Para mais informações, ver www.hrsa.gov/vaccinecompensation/jndex.html.

**Table 18.8B Calendário recomendado de imunização para adultos com 19 anos ou mais, EUA, 2017.**

| Vacina | Gravidez[1-6,9] | Imunocomprometido (excluindo HIV) | Infecção pelo HIV Contagem de células CD4 (célula/μℓ)[3-7, 9-11] <200 | ≥200 | Asplenia, deficiência persistente do complemento[7,10,11] | Insuficiência renal, doença renal em estágio terminal, sob hemodiálise[7,9] | Doença cardíaca ou pulmonar, alcoolismo crônico[7] | Doença hepática crônica[7-9] | Diabetes melito[7,9] | Profissionais da área de saúde[3,4,9] | Homens que fazem sexo com homens[6,8,9] |
|---|---|---|---|---|---|---|---|---|---|---|---|
| Influenza[1] | | | | | | 1 dose anualmente | | | | | |
| Td/Tdap[2] | 1 dose de Tdap a cada gestação | | | | Substituir Td por Tdap uma vez; em seguida, reforço de Td a cada 10 anos | | | | | | |
| MMR[3] | contraindicada | | | | | 1 ou 2 doses, dependendo da indicação | | | | | |
| VAR[4] | contraindicada | | | | | 2 doses | | | | | |
| HZV[5] | contraindicada | | | | 1 dose | | | | | | |
| HPV-mulheres[6] | | | | | | 3 doses até 26 anos de idade | | | | | |
| HPV-homens[6] | | 3 doses até 26 anos de idade | | | | 3 doses até 21 anos de idade | | | | | 3 doses até 26 anos de idade |
| PCV13[7] | | | | | 1 dose | | | | | | |
| PPSV23[7] | | | | | | 1, 2 ou 3 doses, dependendo da indicação | | | | | |
| HepA[8] | | | | | | 2 ou 3 | doses | dependendo da vacina | | | |
| HepB[9] | | | | | | | 3 doses | | | | |
| MenACWY ou MPSV4[10] | | | | | 1 ou mais doses, | dependendo da indicação | | | | | |
| MenB[10] | | | 2 ou 3 doses, | | dependendo da vacina H | | | | | | |
| Hib[11] | | 3 doses para receptores pós-TCTH apenas | | | 1 | dose | | | | | |

Recomendadas para adultos que preenchem o critério de idade, sem documentação de vacinação ou não têm evidências de infecção pregressa

Recomendadas para adultos com outras condições clínicas ou outras indicações

Contraindicadas

Não recomendadas

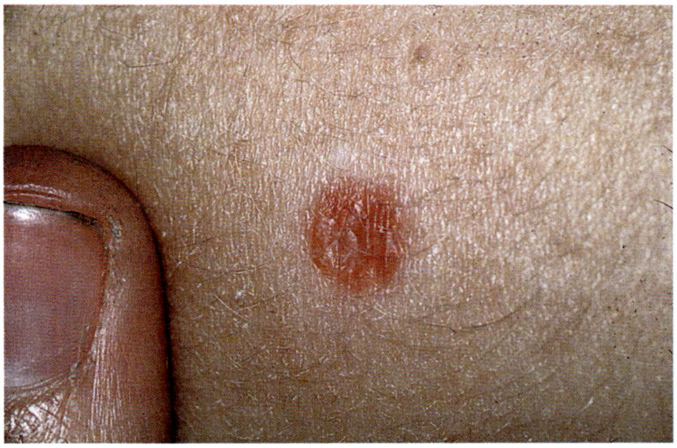

**Figura 18.17 Marca de vacinação após inoculação com vacina BCG.** Essa vacina é utilizada em alguns países para imunização contra tuberculose. É introduzida abaixo da pele por múltiplas picadas, que deixam uma marca elevada permanente. *(Science Source.)*

As mulheres apresentam mais reações adversas às vacinas do que os homens.

Algumas vezes, ocorrem reações alérgicas após o uso de vacina influenza e outras vacinas que contêm proteína do ovo ou vacinas que contêm antibacterianos como conservantes. Entretanto, essas reações são apenas observadas em uma pequena proporção de indivíduos que recebem a vacina e, em geral, são menos graves do que a doença. Um número extremamente pequeno de indivíduos vacinados morre ou sofre dano permanente em consequência da administração de vacinas (ver o boxe *Controvérsia sobre a vacina poliomielite* no Capítulo 25). A FDA mantém um Sistema de Relato de Efeitos Adversos de Vacinas para assegurar que os riscos associados às vacinas não passem despercebidos.

As vacinas vivas representam um risco particular para as mulheres grávidas, os pacientes com deficiências imunológicas e os que recebem agentes imunossupressores, como radiação ou corticosteroides. No caso das mulheres grávidas, os vírus vivos algumas vezes atravessam a placenta e infectam o feto, cujo sistema imune está ainda imaturo. Além disso, podem causar defeitos congênitos. Em pacientes imunodeficientes ou imunossuprimidos, os vírus atenuados algumas vezes apresentam virulência suficiente para causar doença. Deste modo, os pacientes com teste positivo para o vírus da AIDS não devem receber vacinas de vírus vivos. Isso representa um problema para a imunização de rotina de lactentes, alguns dos quais, sem o conhecimento dos profissionais de saúde, podem ter sido infectados com o vírus da AIDS antes do nascimento. Significa também que os militares dos EUA e os funcionários do Departamento de Estado, bem como as suas famílias que os acompanham a trabalho fora do país, precisam ser testados para AIDS, para determinar se eles podem receber as vacinas de vírus vivos necessárias.

## Imunização passiva

Para induzir imunidade passiva, são introduzidos anticorpos já formados em um indivíduo não protegido. Como os anticorpos são encontrados na porção de soro do sangue, esses produtos são frequentemente denominados **antissoro**. Embora a imunidade passiva seja produzida rapidamente, ela é apenas temporária. Dura apenas enquanto houver títulos suficientemente altos de anticorpos circulantes no organismo. A **imunização passiva** é estabelecida pela administração de uma preparação, como gamaglobulina, soro hiperimune ou antitoxina, que contém uma grande quantidade de anticorpos já produzidos. Todavia, a especificidade e o grau dessa forma de imunização dependem do tipo de anticorpo e da concentração utilizada.

A **imunoglobulina sérica**, anteriormente denominada **gamaglobulina**, consiste em misturas de frações de gamaglobulina (a porção do soro que contém anticorpos) de numerosos indivíduos. Normalmente, esse tipo de gamaglobulina contém anticorpos suficientes para fornecer imunidade passiva a diversas doenças comuns, como caxumba, sarampo e hepatite A.

Se os doadores forem especialmente selecionados, podem-se preparar gamaglobulinas que apresentam altos títulos de tipos de anticorpos específicos. Essas preparações são frequentemente denominadas **soros hiperimunes** ou *soros convalescentes*. Por exemplo, a gamaglobulina de indivíduos que se recuperam da caxumba ou de receptores recentes da vacina caxumba contém títulos particularmente altos de anticorpos anticaxumba. Podem ser coletados soros semelhantes de doadores com títulos elevados de anticorpos contra outras doenças. O soro hiperimune também pode ser produzido pela introdução de antígenos particulares – por exemplo, toxina tetânica – em outro animal, como o cavalo, e pela coleta subsequente dos anticorpos a partir do soro do animal.

A imunoglobulina do colostro de vacas tem sido utilizada com sucesso em seres humanos no tratamento da miastenia grave, esclerose múltipla, lúpus sistêmico e artrite reumatoide, entre outras doenças.

As **antitoxinas** são anticorpos dirigidos contra toxinas específicas, como as que causam o botulismo, a difteria ou o tétano. A imunização passiva contra a toxina tetânica também pode ser obtida pelo uso de imunoglobulina antitetânica, uma gamaglobulina que contém anticorpos contra a toxina tetânica. A **Tabela 18.9** fornece um resumo das propriedades dos materiais atualmente disponíveis para produzir imunidade passiva.

A imunidade passiva proporciona imunidade imediata a uma pessoa não imune que é exposta a determinada doença, ou pelo menos diminui a gravidade do processo mórbido. Em geral, administra-se uma vacina após a preparação da imunização passiva para fornecer imunidade ativa. Antes do advento dos antibacterianos, a imunização passiva era frequentemente utilizada para prevenir ou reduzir a gravidade de vários tipos de pneumonia e de uma variedade de outras doenças infecciosas. No que concerne às doenças infecciosas, o uso atual mais comum da imunidade passiva consiste em proteger o indivíduo com feridas contaminadas contra a toxina tetânica. Embora a incidência de exposição à difteria e ao botulismo seja menor que a do tétano, a imunização passiva também pode ser utilizada contra essas doenças.

A imunização passiva também é utilizada para neutralizar os efeitos de picadas de cobras e de aranhas e para prevenir danos a fetos em consequência de determinadas reações imunológicas. Os antivenenos ou anticorpos contra o veneno de certas cobras venenosas e da aranha viúva-negra são

**Tabela 18.9** Propriedades dos materiais disponíveis para imunização. passiva.

| Material | Usos |
|---|---|
| Gamaglobulina humana | Para prevenção de infecções recorrentes em pacientes com deficiências da imunidade humoral e prevenção ou redução dos sintomas da doença após exposição de indivíduos não imunes ao sarampo ou à hepatite A |
| **Gamaglobulinas específicas** | |
| Imunoglobulina contra varicela-zóster | Para prevenção da varicela em crianças de alto risco; deve ser administrada nos primeiros 4 dias após a exposição |
| Imunoglobulina contra hepatite B | Para prevenção da hepatite B após exposição (com sangue ou agulhas) e para prevenção da disseminação da doença da mãe para o recém-nascido |
| Imunoglobulina contra caxumba | Para prevenção da orquite (inflamação dos testículos) em homens adultos expostos à caxumba |
| Imunoglobulina contra coqueluche | Para reduzir a gravidade da doença e a mortalidade em crianças com menos de 3 anos de idade ou crianças debilitadas |
| Imunoglobulina contra raiva | Para prevenção da raiva após uma mordida de um animal possivelmente raivoso; se possível, aplicada no local da mordida e administrada por via intramuscular |
| Imunoglobulina contra tétano | Para a prevenção do tétano após lesão em pacientes não imunes |
| Imunoglobulina contra vírus da vacínia | Para interromper a progressão da doença em pacientes imunodeficientes que desenvolvem uma infecção progressiva pelo vírus da vacínia |
| Imunoglobulina específica contra difteria (equina) | Tratamento da difteria |
| Imunoglobulina específica contra botulismo (equina) | Tratamento do botulismo de feridas e transmitido por alimentos |

administrados como tratamento de emergência. Eles reagem com as moléculas de veneno que ainda não estejam ligadas aos tecidos. Assim, quanto mais rápido for administrado o antiveneno após uma picada, mais efetivo ele será na neutralização dos efeitos do veneno.

Pode ocorrer uma reação imunológica fetal quando uma mãe com sangue Rh-negativo está grávida de um segundo feto Rh-positivo. Conforme explicado de modo mais detalhado no Capítulo 19, a mãe torna-se sensibilizada aos eritrócitos Rh-positivos no nascimento de seu primeiro filho Rh-positivo. Subsequentemente, o sistema imune da mãe produzirá anticorpos anti-Rh, que causarão danos à segunda criança Rh-positiva. Para impedir que isso ocorra, são administrados anticorpos anti-Rh à mãe nas primeiras 72 horas após o nascimento da primeira criança, bem como após nascimentos ou abortos subsequentes. À semelhança dos antivenenos, os anticorpos anti-Rh ligam-se aos eritrócitos Rh-positivos, de modo que essas células são destruídas antes que o sistema imune da mãe possa produzir anticorpos contra elas.

À semelhança da imunização ativa, a imunização passiva está associada a alguns riscos. Os riscos mais comuns consistem em reações alérgicas. Algumas antitoxinas contêm proteínas de outros animais devido à sua produção em ovos ou em equinos. Essas antitoxinas têm muita probabilidade de causar reações alérgicas, particularmente quando o paciente as recebe pela segunda vez. Deste modo, as vacinas de origem humana são mais seguras, pelo menos no que concerne ao risco de desencadear reações alérgicas. Ocorrem também reações alérgicas às grandes moléculas de IgG se as gamaglobulinas ou o soro hiperimune forem administrados acidentalmente por via intravenosa (IV), em vez de por sua por via intramuscular (IM) normal. Uma nova imunoglobulina IV, que contém moléculas menores, pode ser administrada com segurança por via IV.

Outro perigo ou, pelo menos, prejuízo da imunidade passiva é o fato de que a administração de anticorpos já produzidos pode interferir na capacidade do hospedeiro de produzir os seus próprios anticorpos. Isso pode ocorrer pela ligação dos anticorpos já produzidos aos antígenos, impedindo-os de estimular o sistema imune do hospedeiro. Deste modo, os anticorpos maternos, embora protejam os lactentes de algumas infecções, podem impedir o sistema imune do lactente de produzir seus próprios anticorpos.

## Futuro da imunização

Os imunologistas continuam pesquisando novas vacinas. As vacinas efetivas devem preencher cinco critérios: (1) as vacinas desenvolvidas devem proteger contra a doença para a qual foram projetadas; (2) as vacinas precisam ser seguras e não devem causar efeitos colaterais adversos; (3) a proteção deve ser duradoura, de modo a proteger a longo prazo contra a infecção; (4) as vacinas devem induzir a produção de anticorpos neutralizantes ou células T protetoras contra os antígenos presentes nelas; (5) as vacinas devem ser funcionais em termos de estabilidade e uso.

As *vacinas de células mortas inteiras* (vacinas de primeira geração) algumas vezes produzem efeitos colaterais indesejáveis, devido à presença de materiais celulares estranhos. Por isso, são envidados esforços para identificar e obter subunidades celulares que só contenham a porção imunogênica purificada de um microrganismo que produzirá imunidade. As *vacinas de subunidades* (vacinas de segunda geração) são mais seguras do que as *vacinas atenuadas*, que utilizam organismos vivos tratados para eliminar a sua virulência. Existe sempre a possibilidade de que os microrganismos possam reverter para um estado virulento. Muitos pesquisadores consideram as vacinas atenuadas muito perigosas na busca de uma vacina a AIDS, porém elas são funcionais para algumas outras doenças, como a vacina BCG contra a tuberculose. Em geral, os organismos vivos produzem imunidade maior e mais duradoura do que os organismos mortos. As *vacinas de DNA recombinante* (vacinas de terceira geração) estão sendo produzidas pela inserção dos genes de antígenos específicos nos genomas de organismos não virulentos. Os antígenos do vírus da hepatite B foram clonados em células de leveduras, extraídos e purificados antes de seu uso para produzir uma vacina segura e muito efetiva. O antígeno do vírus da raiva foi inserido no vírus da vacínia e está sendo testado como meio de controlar a raiva em populações de animais silvestres, como os guaxinins.

A pandemia da gripe H1N1 de 2009 nos abriu um caminho para a produção de uma vacina antigripal universal. Pesquisadores que estudaram os sobreviventes da gripe suína constataram que eles produziam antivirais capazes de protegê-los contra um grande número de cepas do vírus influenza, exatamente o oposto do que se esperava. O vírus H1N1 é muito diferente das cepas sazonais anteriores, porém compartilha partes inalteráveis que são essenciais para todas as cepas de influenza. De algum modo, o vírus da gripe suína tornou essas partes perceptíveis para o nosso sistema imune. A produção de uma vacina dirigida para essas porções evolutivamente conservadas do genoma do vírus influenza poderia erradicar o vírus influenza, eliminando 150.000 hospitalizações de 36.000 mortes por ano nos EUA. A pandemia da gripe suína de 1918 matou entre 50 e 100 milhões de pessoas no mundo inteiro. Provavelmente, serão necessários de 5 a 10 anos para que essa vacina se torne disponível e para que não tenhamos mais medo dessas epidemias.

Muitos pesquisadores de vacinas acreditam que, por volta de 2025, a maioria dos norte-americanos será imunizada rotineiramente contra cerca de 30 doenças, incluindo AIDS, herpes genital, gripe, hepatites A, B, C e E e varicela e herpes-zóster. Essas imunizações deverão ser administradas em três estágios: na lactância e no início da infância para as doenças da infância; antes da puberdade, para determinadas doenças sexualmente transmissíveis; e na vida adulta, para a gripe e o herpes-zóster.

**PARE e RESPONDA**

1. O que é a vacina BCG? Por que ela não é utilizada nos EUA?
2. Quais são alguns dos riscos das vacinas?
3. O que é gamaglobulina? O que é imunoglobulina? Como elas são preparadas?
4. Como são preparadas as vacinas de subunidades? Por que elas são superiores às vacinas de células inteiras mortas?

## IMUNIDADE A VÁRIOS TIPOS DE PATÓGENOS

Este capítulo concentrou-se nos princípios básicos da imunidade aplicada a todos os patógenos. Entretanto, pode ser útil assinalar as maneiras pelas quais o sistema imune responde a vários tipos de patógenos.

### Bactérias

Conforme assinalado no Capítulo 17, as defesas inatas, como a pele, as membranas mucosas e as secreções gástricas, impedem a entrada de muitas bactérias nos tecidos do hospedeiro. Quando as bactérias infectam um hospedeiro, determinadas respostas imunes alteram os organismos invasores, de modo que possam ser fagocitados. Após a produção de anticorpos específicos pelos plasmócitos, esses anticorpos podem interferir em qualquer uma das várias etapas envolvidas na invasão bacteriana. Podem se fixar aos *pili* e às cápsulas, impedindo a aderência das bactérias às superfícies celulares. Os anticorpos podem atuar com o complemento para opsonizar as bactérias para a sua fagocitose ou lise posteriores por outras células do sistema imune. Ou podem neutralizar as toxinas bacterianas ou inativar suas enzimas.

### Vírus

Os vírus infectam por meio de invasão das células – em geral, atacando em primeiro lugar as células que revestem as passagens corporais. Em seguida, invadem diretamente os órgãos-alvo, como os pulmões, ou circulam pelo sangue (viremia) até alcançar órgãos ou sistemas orgânicos alvos, como o fígado ou o sistema nervoso. Os poliovírus invadem as células que revestem o sistema digestório, porém eles também entram nas terminações nervosas.

As respostas imunes podem combater as infecções virais em qualquer um desses locais. As interferonas, a IgA secretora e alguns anticorpos IgG atuam nas células de revestimento das superfícies e impedem ou reduzem ao máximo a entrada dos vírus. A IgG e a IgM atuam no sangue, neutralizando diretamente os vírus ou promovendo a sua destruição pelo complemento. Por fim, as citotoxinas e a imunidade celular por meio das células $T_C$ e células *NK* são particularmente importantes na eliminação das células do hospedeiro infectadas por vírus. A Figura 18.18 fornece um resumo dos mecanismos pelos quais o sistema imune combate as infecções virais.

Além das respostas imunes adaptativas a uma infecção viral, muitas respostas inatas podem limitar a infecção. A febre constitui uma importante defesa contra os vírus. Diversos vírus, como o vírus influenza, o vírus parainfluenza e o rinovírus, são sensíveis à temperatura. Eles se replicam nas células de revestimento do sistema respiratório, que normalmente apresenta uma temperatura entre 33 e 35°C – abaixo da temperatura corporal normal de 37°C –, porque as células são resfriadas pelo ar atmosférico que passa pelas suas superfícies úmidas. Quando uma pessoa tem febre, mesmo com uma elevação de 1 a 2°C, a capacidade de replicação do vírus é reduzida. Outro benefício da febre na resistência à infecção viral é que a elevação da temperatura causa um aumento na produção de interferona (Capítulo 7).

### Fungos

Certas infecções por fungos progridem através de um tecido à medida que as células fúngicas invadem e destroem uma célula após a outra. A imunidade aos fungos não está bem

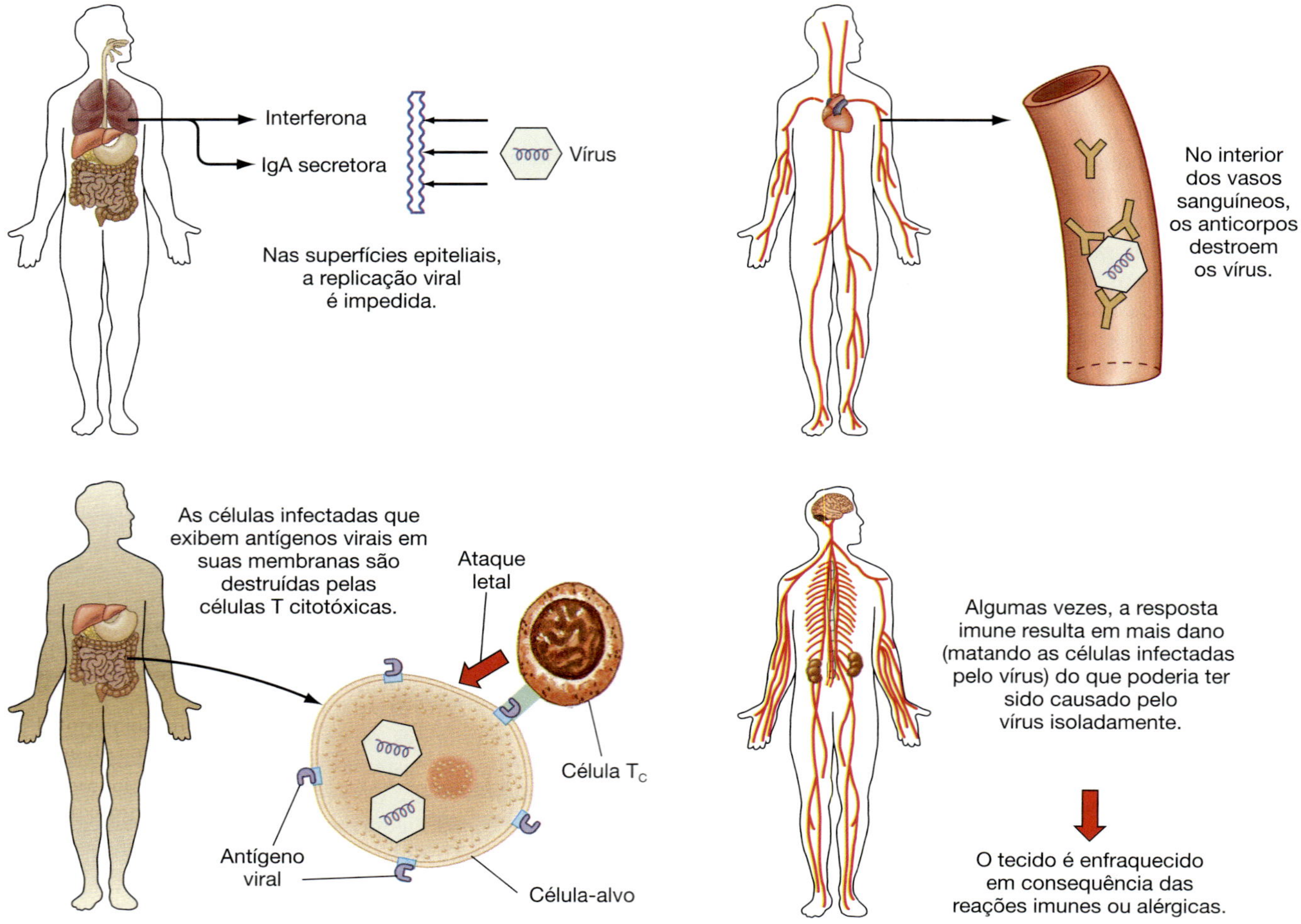




**Figura 18.18 Como o sistema imune combate os vírus.**

elucidada, porém ela parece ser principalmente mediada por células. As infecções fúngicas da pele provavelmente são combatidas pelos anticorpos IgA e pelas células $T_H$, que liberam determinadas citocinas que ativam os macrófagos. Por sua vez, os macrófagos fagocitam e digerem os fungos. Os fungos comensais aparentemente são mantidos em seu local por respostas mediadas por células. As evidências que sustentam isso provêm de estudos realizados em indivíduos com comprometimento da função das células T. Essas pessoas têm extrema tendência a se tornarem infectadas por fungos oportunistas, como *Candida albicans*.

## Protozoários e helmintos

Os protozoários e os helmintos são muito diferentes no seu tamanho e complexidade, mas muitos deles utilizam métodos semelhantes para invadir o corpo. As defesas do hospedeiro contra eles também são semelhantes, com exceção das reações alérgicas aos helmintos, que podem ser graves o suficiente para causar mais dano às células do hospedeiro do que ao agente etiológico da doença. Os antígenos na superfície do nematódeo *Ascaris* são potentes indutores de reações alérgicas do tipo IgE. Os indivíduos com alergia a *Ascaris* podem absorver antígenos através da pele o suficiente para provocar uma reação alérgica grave, até mesmo pelo simples contato com líquidos nos quais os vermes foram conservados. As grandes quantidades de IgE produzidas recobrem a superfície do verme, resultando em sua morte. Alguns pesquisadores acreditam que a IgE tenha evoluído principalmente como defesa contra helmintos. Entretanto, esse processo nem sempre tem um bom resultado.

Os protozoários e os helmintos parasitas interagem com seus hospedeiros de modo a não pôr em perigo a sobrevivência do indivíduo e, assim, a garantir a sua própria sobrevivência. Esses patógenos causam doenças crônicas e debilitantes, que, em geral, não comportam risco de vida imediato. Esses parasitas são, em sua maioria, relativamente grandes, tornando a sua fagocitose difícil. Os grandes helmintos, como *Dirofilaria* em cães, podem bloquear os vasos sanguíneos e causar morte súbita. Quando atacados por fagócitos, alguns helmintos liberam toxinas que provocam dano significativo ao hospedeiro. A intervenção médica também pode ser perigosa. A administração de fármacos para matar alguns helmintos faz com que esses parasitas liberem grandes quantidades de produtos de decomposição tóxicos. Logo, uma vez adquirida uma infecção por vermes, a melhor medida pode ser uma coexistência com os parasitas.

Muitos parasitas apresentam ciclos de vida complexos, com mais de um hospedeiro, e alguns infectam animais que servem de reservatórios para infecções humanas (Capítulo 12).

## APLICAÇÃO NA PRÁTICA

### Câncer e imunologia

O câncer constitui uma das principais causas de morte nos países desenvolvidos, e a sua incidência como causa de morte está aumentando nos países em desenvolvimento. As células cancerosas podem surgir por mutação de uma célula normal em resposta a carcinógenos químicos, radiação ou vírus; pela expressão de oncogenes (genes que produzem tumores) humanos previamente reprimidos no interior das células (Capítulo 10), ou por uma combinação desses fatores.

Independentemente dos meios pelos quais são produzidas, muitas células cancerosas apresentam determinados antígenos na membrana plasmática que não são encontrados nas células normais. Esses antígenos representam um alvo ideal para a destruição pelo sistema imune. De acordo com a teoria da *vigilância imunológica*, as células $T_C$ e as células *NK* reconhecem e destroem essas células anormais antes que possam se desenvolver em cânceres. Se essa teoria for correta, todos nós possuímos, dentro do nosso corpo, muitas células diferentes potencialmente malignas, porém só desenvolvemos câncer se as células $T_C$ ou *NK* falharem na identificação e destruição das células mutantes. Infelizmente, muitos tumores e cânceres são pouco sujeitos ao controle pelo sistema imune.

Uma maneira pela qual as células T poderiam não reconhecer as células malignas seria pelas ações dos próprios antígenos presentes nas células malignas. Os antígenos estimulam a formação de anticorpos, que se ligam aos antígenos sem causar dano às células malignas. Embora essa ligação não ocorra antes da sensibilização das células $T_C$ pelos antígenos, ela bloqueia o ataque das células malignas pelas células $T_C$. Outros tumores podem evitar os ataques do sistema imune pela ausência de antígenos anormais ou pela perda de moléculas do MHC da classe I por meio de mutação. Essas células escapam da detecção imune pelas células $T_C$; todavia, conforme descrito neste capítulo, elas ainda são atacadas pelas células *NK*.

Entretanto, a noção de que as células cancerosas podem ser destruídas por reações imunes levou os pesquisadores a desenvolver imunotoxinas e vacinas contra o câncer. Conforme discutido anteriormente neste capítulo, uma imunotoxina é um **anticorpo monoclonal** ao qual está ligado um fármaco anticâncer, uma toxina microbiana, como a toxina diftérica, ou uma substância radioativa. O anticorpo é projetado para ligar-se a um antígeno específico da célula cancerosa; a substância ligada é selecionada pela sua capacidade de destruir as células cancerosas. Espera-se que essas imunotoxinas tenham a capacidade de buscar e destruir células específicas – as células cancerosas que têm o antígeno apropriado. Estão sendo também desenvolvidas vacinas contra o câncer, que contêm um ou mais antígenos de células cancerosas. Algumas dessas vacinas induzem imunidade a células cancerosas específicas. Outras contêm antígenos frequentemente encontrados em determinados tipos de células cancerosas.

Uma grande dificuldade na produção de imunotoxinas e de vacinas contra o câncer é o fato de que existem muitos tipos diferentes de antígenos nas células cancerosas de vários pacientes. Para ser efetiva contra determinado câncer, uma imunotoxina ou vacina precisa ser específica para os antígenos encontrados nas células desse tipo específico de câncer. De modo semelhante, para imunizar contra formas comuns de câncer, as vacinas precisam induzir a produção de anticorpos ou de células $T_C$ que destruirão as células cancerosas caso venham a se desenvolver. Outra dificuldade é que algumas células malignas produzem citocinas imunossupressoras, como o fator transformador de crescimento $\alpha$ (TGF-$\alpha$), que estimula o crescimento do tumor e pode interferir na atividade das células $T_H1$. As imunotoxinas e as vacinas precisam ser poderosas o suficiente para superar essa inibição. Por fim, alguns antígenos são encontrados nas células tanto malignas quanto normais. É preciso ter muito cuidado para desenvolver imunotoxinas e vacinas que só irão reagir com células malignas.

Em outubro de 1991, foi feita a primeira tentativa de eliminação de um câncer por meio de imunização dos pacientes contra seus próprios tumores. As células de um melanoma maligno foram removidas, foram acrescentados os genes para o fator de necrose tumoral ao genoma das células cancerosas e, em seguida, as células foram reinjetadas (infundidas) no paciente. Esperava-se que as células geneticamente alteradas iriam secretar uma quantidade suficiente desse fator do sistema imune para modificar a regulação do sistema imune, de modo a superar a sua tolerância ao tumor e iniciar o ataque às células cancerosas. Até agora, houve pouco sucesso.

Enquanto isso, a imunização já nos oferece a possibilidade de evitar cerca de 80% dos casos de câncer de fígado. O câncer de fígado está entre os tipos mais prevalentes de câncer. Uma forma de câncer de fígado, o carcinoma hepatocelular primário, responde por 80% a 90% de todos os casos. Parece que essa forma de câncer está associada à infecção pelo vírus da hepatite B no início da vida e, particularmente, ao estado do portador do vírus. Não apenas o DNA do vírus da hepatite B foi encontrado nos cromossomos das células hepáticas cancerosas, como também o vírus intacto foi isolado dessas células cancerosas. A incidência do câncer de fígado é mais alta em regiões da África e da Ásia onde a incidência da infecção pelo vírus da hepatite B também é elevada. A imunização contra o vírus da hepatite B deve proteger os receptores da vacina contra a infecção, impedir que se tornem portadores e, assim, protegê-los contra o câncer de fígado.

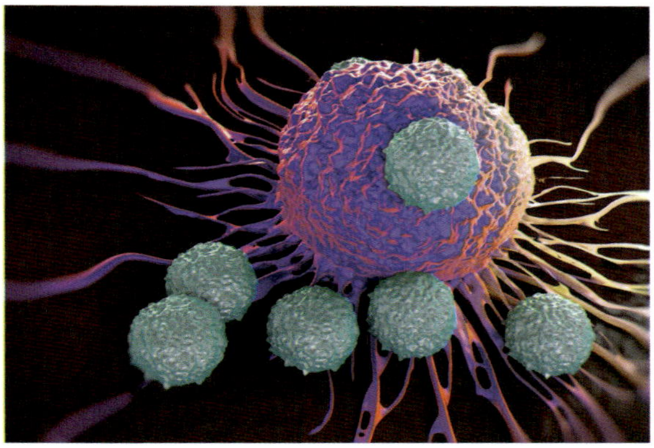

MEV colorida de um pequeno grupo de linfócitos T atacando uma grande célula tumoral (5.700×). *(royaltystockphoto.com/Shutterstock.)*

Assim, esses parasitas estão prontos para se aproveitar de condições apropriadas em vários hospedeiros. Cada estágio do ciclo de vida de alguns parasitas pode apresentar vários antígenos de superfície. Embora os hospedeiros possam produzir anticorpos contra esses antígenos, a capacidade de determinados parasitas de modificá-los fornece um meio de impedir as defesas do hospedeiro. Por exemplo, o parasita da malária induz a formação de anticorpos pelo hospedeiro antes de invadir as células do hospedeiro. Enquanto o protozoário multiplica-se no interior das células, ele produz diferentes antígenos, de modo que os anticorpos originais formados pelo hospedeiro não são mais efetivos contra os novos parasitas quando estes forem liberados.

O sistema imune do hospedeiro também combate protozoários e helmintos parasitas por processos mediados por células. Embora as células $T_C$ habitualmente não sejam efetivas contra esses parasitas, algumas células T liberam citocinas, como a IL-3, que ativa os macrófagos. Esses macrófagos podem atacar os parasitas da malária e vários tipos de helmintos, incluindo trematódeos sanguíneos. Outras citocinas, como a IL-5, intensificam a capacidade dos eosinófilos de combater as infecções por vermes.

Os protozoários e os helmintos parasitas dispõem de uma variedade de mecanismos que impedem o desenvolvimento de respostas imunes. Esses mecanismos incluem os seguintes:

1. Alguns protozoários se protegem invadindo as células, formando estruturas protetoras, denominadas cistos, em determinados estágios do ciclo de vida ou tornando-se inacessíveis às defesas do hospedeiro.
2. Alguns protozoários impedem o reconhecimento imune ao modificar seus antígenos de superfície (variação antigênica) regularmente ou em cada ciclo reprodutivo.
3. Alguns parasitas suprimem as respostas imunes do hospedeiro por meio da liberação de toxinas que provocam dano aos linfócitos, de enzimas que inativam a IgG ou de antígenos solúveis que impedem a ação do sistema imune de várias maneiras (Figura 18.19).
4. Alguns protozoários intracelulares suprimem a ação dos fagócitos, inibindo a fusão dos lisossomos como os vacúolos, resistindo à digestão pelas enzimas lisossômicas ou comprometendo o metabolismo oxidativo.

Tendo em vista os vários métodos de que dispõem os protozoários e os helmintos para escapar das respostas imunes do hospedeiro e impedi-las, não é surpreendente que eles sejam capazes de causar infecções crônicas debilitantes.

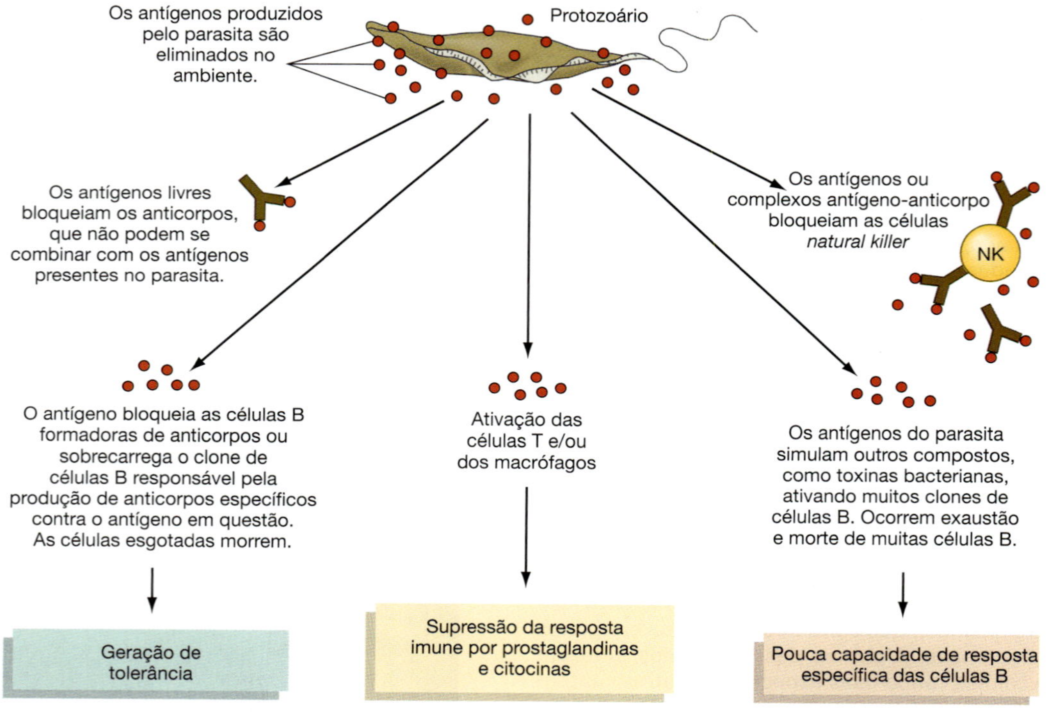


**Figura 18.19** **Como os antígenos de protozoários parasitas detêm o sistema imune.**

# RESUMO

## IMUNOLOGIA E IMUNIDADE

- A **imunologia** é o estudo da **imunidade**, que se refere à capacidade de reconhecer agentes infecciosos e outras substâncias estranhas e defender-se deles
- A **suscetibilidade** é a vulnerabilidade a agentes infecciosos. A imunidade é **inata** quando atua contra qualquer agente infeccioso e **adaptativa** quando atua contra determinado agente infeccioso. A **imunologia** é o estudo da imunidade específica. O **sistema imune** é o sistema do corpo que proporciona ao hospedeiro uma imunidade específica contra determinados agentes infecciosos.

## TIPOS DE IMUNIDADE

### Imunidade inata

- A **imunidade inata** proporciona um meio de defesa e proteção hereditárias e inespecíficas contra numerosos patógenos sem exposição prévia.

### Imunidade adaptativa

- A **imunidade adaptativa adquirida** proporciona defesa e proteção não hereditárias e específicas após exposição a um patógeno específico
- Na **imunidade ativa**, o sistema imune do próprio hospedeiro produz anticorpos
- Na **imunidade passiva**, são introduzidos anticorpos já produzidos no corpo
- Os tipos de imunidade estão ilustrados na Figura 18.1.

## CARACTERÍSTICAS DO SISTEMA IMUNE

### Antígenos e anticorpos

- Um **antígeno** é uma substância estranha capaz de desencadear uma resposta imune específica. Os antígenos são, em sua maioria, proteínas, porém alguns consistem em polissacarídios, nucleoproteínas ou glicoproteínas
- Cada antígeno apresenta vários **epítopos** ou **determinantes antigênicos**
- Um **anticorpo**, ou **imunoglobulina**, é uma proteína produzida em resposta à presença de um antígeno. Os anticorpos ligam-se aos epítopos dos antígenos.

### Células e tecidos do sistema imune

- Os linfócitos desenvolvem-se a partir de células-tronco linfoides na medula óssea. Os linfócitos diferenciam-se em **células B** na medula óssea ou em **células T** no timo.

### Natureza dupla do sistema imune

- As duplas funções do sistema imune consistem na **imunidade humoral**, que é realizada principalmente pelas células B e plasmócitos, e na **imunidade mediada por células**, que é realizada principalmente por determinadas células T.

### Propriedades gerais das respostas imunes

- As respostas imunes distinguem entre o **próprio** e o **não próprio**
- De acordo com a **teoria da seleção clonal**, as células B reconhecem epítopos específicos nos antígenos, de acordo com o anticorpo específico presente na membrana plasmática das células B. Quando uma célula B detecta um antígeno contra o qual pode reagir, ela se liga ao antígeno, o engloba e o processa, expõe um fragmento peptídico no MHC da classe II às células $T_H2$ e divide-se muitas vezes. Ocorre produção de um **clone** de células B geneticamente idênticas, que se diferenciam em muitos plasmócitos e algumas **células de memória**
- A **especificidade** refere-se à capacidade das respostas imunes de responder e distinguir diferentes antígenos e epítopos
- A **diversidade** refere-se à capacidade da resposta imune de produzir muitos anticorpos diferentes e substâncias celulares, com base nos diferentes antígenos encontrados
- A **memória imunológica** refere-se à capacidade das células T e B de reconhecer substâncias às quais o sistema imune já respondeu anteriormente.

## IMUNIDADE HUMORAL

- As células B são selecionadas para responder a antígenos específicos de acordo com um determinado anticorpo presente em sua membrana, mesmo antes de encontrar um antígeno
- Quando uma célula B detecta um antígeno com o qual ela pode reagir, ela se liga ao antígeno e divide-se muitas vezes para produzir um clone de numerosos plasmócitos e algumas células de memória
- Muitas células B necessitam da presença de células T auxiliares para proliferar e se diferenciar em plasmócitos e células B de memória
- Os **plasmócitos** sintetizam e liberam um grande número de anticorpos
- As **células de memória** permanecem no tecido linfoide prontas para responder a uma exposição subsequente ao mesmo antígeno.

### Propriedades dos anticorpos (imunoglobulinas)

- Do ponto de vista estrutural, os anticorpos consistem em duas **cadeias** polipeptídicas **pesadas** e duas **leves**, possuindo, cada uma delas, uma região variável capaz de reagir com um antígeno específico
- A Tabela 18.4 fornece um resumo das propriedades dos tipos particulares de anticorpos (**imunoglobulinas**)
- As **respostas primárias** constituem o primeiro encontro do sistema imune com antígenos estranhos
- As células de memória permanecem no tecido linfoide, prontas para responder a uma exposição subsequente ao mesmo antígeno
- As **respostas secundárias** provocam a destruição rápida e eficiente dos antígenos reconhecidos pelas células B e T de memória. As respostas primárias e secundárias estão resumidas na Tabela 18.5.

### Tipos de reações antígeno-anticorpo

- A imunidade humoral é mais efetiva contra bactérias, que são destruídas por **aglutinação** (agrupamento) ou são lisadas pelo complemento após opsonização, ou diretamente pela IgM, ou por neutralização. As toxinas e alguns vírus podem ser inativados por meio de **neutralização** por anticorpos.

## ANTICORPOS MONOCLONAIS

- Os anticorpos monoclonais são anticorpos produzidos em laboratório a partir de um clone de células cultivadas, que produz um anticorpo específico contra um epítopo específico
- Os anticorpos monoclonais específicos podem ser utilizados em alguns testes diagnósticos, e estão sendo desenvolvidos métodos para utilizá-los no tratamento de doenças infecciosas e do câncer.

## IMUNIDADE MEDIADA POR CÉLULAS

- A imunidade mediada por células está relacionada com as ações diretas de determinadas células T que defendem o corpo contra infecções virais e rejeitam tumores e tecidos transplantados
- As células T não produzem anticorpos, porém apresentam receptores de membrana para antígenos; esses receptores ligam-se a moléculas do MHC que expõem fragmentos peptídicos estranhos
- As respostas imunes mediadas por células envolvem a diferenciação e a ativação de vários tipos de células T, bem como a secreção de citocinas.

### Reação imune mediada por células

- Os antígenos processados em moléculas do MHC da classe II ligam-se a receptores de células T. Em seguida, a IL-1 secretada pelos macrófagos e a IL-2 secretada pelas células T ativam estas últimas, que então podem se diferenciar em células $T_H1$ e $T_H2$
- Certas bactérias patogênicas podem crescer no interior dos macrófagos após terem sido fagocitadas. As células $T_H1$ podem liberar γ-interferona, uma citocina que faz com que os macrófagos infectados se tornem sensibilizados a outras citocinas
- A AIDS destrói as células $T_H$, comprometendo assim a imunidade tanto humoral quanto mediada por células.

### Como as células *killer* matam

- As células $T_C$ e as células *NK* destroem as células-alvo pela liberação de uma proteína letal, denominada **perforina**.

### Papel dos macrófagos ativados

- Determinadas bactérias patogênicas podem crescer no interior dos macrófagos após a sua fagocitose. O fator de ativação dos macrófagos, que é uma linfocina, ajuda a estimular os processos antimicrobianos, de modo que os macrófagos possam matar os patógenos
- Quando os macrófagos não conseguem matar os patógenos, estes ficam isolados em granulomas.

## SISTEMA IMUNE DA MUCOSA (MALT)

- Esse sistema constitui o maior componente do sistema imune e um importante local de entrada dos patógenos
- É constituído por todo o sistema digestório, os sistemas urogenital e respiratório e pelas glândulas mamárias
- Uma parte desse sistema é constituída pelo tecido linfoide associado ao intestino (GALT), que consiste no apêndice, nas placas de Peyer do intestino delgado, nas tonsilas e nas adenoides
- A principal imunoglobulina é a IgA.

### Fatores que modificam as respostas imunes

- As defesas do hospedeiro nos adultos sadios que vivem em um ambiente não poluído impedem quase todas as doenças infecciosas. Os indivíduos com resistência reduzida são denominados **hospedeiros imunocomprometidos**
- Os fatores que reduzem a resistência do hospedeiro incluem idade muito jovem ou avançada, estresse, padrões sazonais, nutrição deficiente, lesão traumática, poluição e radiação. As deficiências do complemento, os agentes imunossupressores, as infecções como a causada pelo HIV e os defeitos genéticos comprometem a função do sistema imune.

## IMUNIZAÇÃO

### Imunização ativa

- A **imunização ativa** induz a mesma resposta que ocorre durante uma doença. A imunização estimula o sistema imune a desenvolver defesas específicas e células de memória
- A imunização ativa é conferida por **vacinas** e **toxoides**. As vacinas podem ser produzidas com organismos vivos atenuados, organismos mortos, partes dos organismos ou um toxoide. Os toxoides são produzidos por inativação das toxinas
- As Tabelas 18.8A e 18.8B fornecem um resumo das imunizações recomendadas para lactentes, crianças e adultos sadios nos EUA
- Os benefícios da imunização ativa contra doenças que comportam risco de vida quase sempre superam os riscos. As reações às vacinas podem causar efeitos colaterais graves, porém a sua incidência é menor do que a incidência das doenças propriamente ditas.

### Imunização passiva

- A **imunização passiva** ocorre pelo mesmo mecanismo que a transferência passiva natural de anticorpos
- A imunidade passiva é conferida por **antissoros**, como **imunoglobulina (gamaglobulina) sérica**, **soros hiperimunes** ou **convalescentes** e **antitoxinas**
- Os benefícios da imunização passiva limitam-se a fornecer apenas uma proteção temporária; os efeitos colaterais são principalmente de natureza alérgica.

### Futuro da imunização

- As **vacinas de subunidades** produzem menos efeitos colaterais do que as **vacinas de células inteiras mortas** e oferecem maior segurança do que as **vacinas atenuadas**
- As **vacinas de DNA recombinante** contêm genes para antígenos dos patógenos inseridos em genomas de organismos não patogênicos e são muito seguras
- Existe a esperança de que a vacina influenza protegerá contra todas as cepas do vírus influenza com uma dose.

## IMUNIDADE A VÁRIOS TIPOS DE PATÓGENOS

### Bactérias

- Os anticorpos produzidos pelos plasmócitos constituem a principal defesa imunológica contra antígenos bacterianos. As respostas imunes às bactérias servem, em sua maioria, para promover a fagocitose das células invasoras.

### Vírus

- A infecção viral é combatida por defesas inespecíficas, interferona e anticorpos. Além disso, as células $T_C$ da resposta mediada por células e as células *NK* são importantes na destruição das células infectadas por vírus.

### Fungos

- A resposta imune aos fungos envolve anticorpos IgA e é principalmente mediada por células.

### Protozoários e helmintos

- As respostas imunes aos protozoários e helmintos parasitas são, em grande parte, mediadas por células. As células T liberam citocinas que ativam os macrófagos e atraem outros leucócitos. As reações alérgicas aos helmintos podem provocar mais dano ao hospedeiro do que o próprio parasita.

## TERMOS-CHAVE

aglutinação
anticorpo
anticorpo monoclonal
antígeno
antígeno T-dependente
antígeno T-independente
antissoro
antitoxina
apoptose
cadeia leve (L)
cadeia pesada (H)
célula apresentadora de antígenos
célula B
célula de memória
célula T
célula T auxiliar ($T_H$)
célula T citotóxica (*killer*) ($T_C$)
células *natural killer* (*NK*)
células T da hipersensibilidade tardia ($T_D$)
citocina
colostro
componente secretor
determinante antigênico
diversidade
epítopo
especificidade
gamaglobulina
hapteno
hipótese da seleção clonal
hospedeiro imunocomprometido
IgA
IgD
IgE
IgG
IgM
imunidade
imunidade adaptativa
imunidade adaptativa artificialmente adquirida
imunidade adaptativa naturalmente adquirida
imunidade adquirida
imunidade ativa
imunidade ativa artificialmente adquirida
imunidade ativa naturalmente adquirida
imunidade de espécie
imunidade específica
imunidade genética
imunidade humoral
imunidade inata
imunidade mediada por células
imunidade passiva
imunidade passiva artificialmente adquirida
imunidade passiva naturalmente adquirida
imunização ativa
imunização passiva
imunoglobulina (Ig)
imunoglobulina sérica
imunologia
linfócito B
linfócito T
local privilegiado
memória
não próprio
neutralização
perforina
plasmócito
próprio
reação cruzada
resposta anamnéstica
resposta primária
resposta secundária
sensibilizar
sistema imune
soro hiperimune
superantígeno
título
tolerância
toxoide
vacina
vacina DTaP
vacina Hib
vacina HPV
vacina MMR

# CAPÍTULO 19 Distúrbios Imunológicos

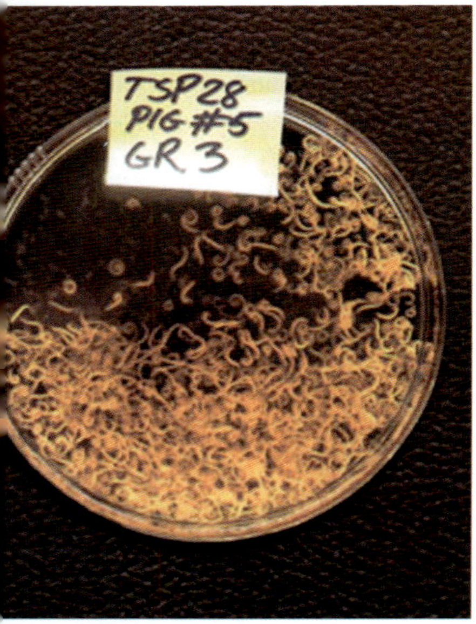

Cortesia de OvaMed

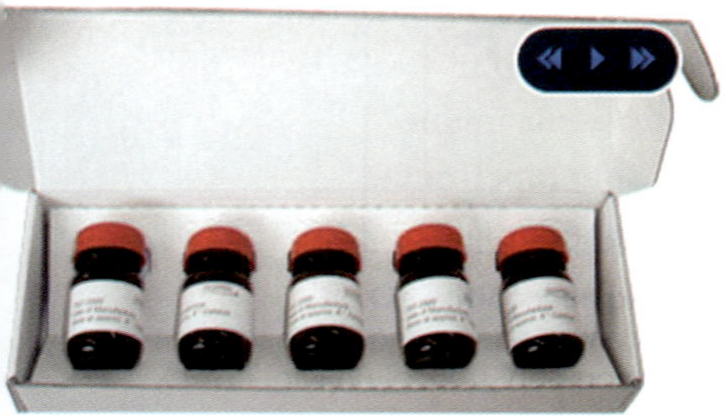
Cortesia de OvaMed

São as alergias e as doenças autoimunes o preço que precisamos pagar por viver em um mundo com melhores condições sanitárias do que nossos ancestrais? Nos últimos 50 anos, a incidência dessas doenças disparou nos países desenvolvidos. Nossos ancestrais conviveram durante longos períodos com infecções por vermes. Ao longo dos milênios, a coevolução dos vermes e dos seres humanos parece ter resultado em uma simbiose anteriormente não suspeita. Para sobreviver, os vermes tinham que diminuir o ataque do nosso sistema imune contra eles. Obtivemos benefício com a redução da resposta imune, evitando assim uma resposta inflamatória de longa duração, que poderia finalmente causar doenças autoimunes e alergias. Trata-se de uma situação simbiótica de ganhador-ganhador. Mas agora, sem a infestação dos vermes para moderar nosso sistema imune, estamos presenciando a ocorrência de reações exageradas contra coisas bastante inócuas, como amendoins, ácaros de poeira e pólen. Poderia a resposta ser a volta da infecção pelos vermes com os quais coevoluímos?

Ensaios clínicos, em que pacientes ingeriram 2.500 ovos de nematódeo parasita do porco (*Trichuris suis*), a cada 2 a 3 semanas, forneceram resultados surpreendentes no alívio dos sintomas da retocolite ulcerativa, da doença de Crohn (inflamação intestinal) e da esclerose múltipla – todas elas doenças autoimunes. Um novo ensaio clínico, aprovado pela FDA, baseia-se no mesmo tratamento, produzindo alívio de comportamentos graves do autismo – um transtorno que envolve inflamação do cérebro. A redução da inflamação é o aspecto fundamental em todos esses casos.

Cortesia de OvaMed

Os ovos do nematódeo parasita do porco passam com segurança pelo ácido do estômago, protegidos pelo seu envoltório quitinoso, eclodindo cerca de 4 horas depois, próximo à interseção do intestino delgado com o intestino grosso. A maior parte dos vermes jovens morre rapidamente, visto que eles não se encontram no hospedeiro correto e, portanto, não podem completar o seu ciclo de vida. Todos estão mortos e reabsorvidos no decorrer de 2 a 3 semanas. Não há vermes nem ovos eliminados nas fezes, e eles não podem ser disseminados para outras pessoas. Assim, um novo suprimento de ovos precisa ser ingerido indefinidamente, a cada 2 a 3 semanas.

Um botânico com grave alergia a polens ingeriu ancilóstomos e conseguiu se curar. A anemia leve resultante é facilmente tratada com dieta e suplementos modernos. Outras espécies de vermes também estão sendo utilizadas.

Um novo pensamento possível está surgindo: "Nossos amigos, os vermes".

# MAPA DO CAPÍTULO

**Siga o mapa do capítulo para auxiliar na identificação dos conceitos principais do texto.**



**No Capítulo 18, enfatizamos como as respostas imunes específicas** defendem o organismo contra substâncias nocivas. Entretanto, essas respostas nem sempre são benéficas. Algumas vezes, as respostas humorais ou celulares reagem de maneiras que são fisiologicamente indesejáveis ou até mesmo comportam risco de vida. Talvez você ou alguém que você conheça fique com o nariz escorrendo e os olhos lacrimejando toda vez que chega a estação da febre do feno (rinite alérgica). Talvez você conheça pessoas que apresentam outras alergias, que já tiveram reações adversas a uma transfusão de sangue ou que sofrem de um distúrbio imunológico mais grave – como a AIDS.

Neste capítulo, iremos aprender mais sobre o sistema imune, examinando os modos pelos quais ele deixa de funcionar corretamente e passa a reagir de maneira inapropriada ou inadequada. Discutiremos também alguns dos métodos laboratoriais e clínicos utilizados para detectar e medir as reações imunes.

## VISÃO GERAL DOS DISTÚRBIOS IMUNOLÓGICOS

Um **distúrbio imunológico** é uma condição que resulta de uma resposta imune inapropriada ou inadequada. As respostas inapropriadas envolvem, em sua maioria, algum tipo de hipersensibilidade, enquanto as respostas inadequadas são devidas a uma imunodeficiência.

### Hipersensibilidade

Na **hipersensibilidade**, ou **alergia**, o sistema imune reage de maneira exagerada ou inapropriada contra uma substância estranha. Essas respostas podem ser consideradas como "uma coisa boa em excesso" – o sistema imune responde a um agente estranho inócuo causando dano, em vez de proteger o organismo. Embora o termo alergia seja outro nome para referir-se à hipersensibilidade, muitos distúrbios que as pessoas chamam de "alergias" não são causados por reações imunológicas. Esses distúrbios incluem respostas tóxicas a substâncias, desconforto digestivo em consequência de respostas não alérgicas a alimentos e transtornos emocionais.

Existem quatro tipos de hipersensibilidade: (1) hipersensibilidade imediata (tipo I); (2) hipersensibilidade citotóxica (tipo II); (3) hipersensibilidade por imunocomplexos (tipo III); e (4) hipersensibilidade mediada por células, ou tardia (tipo IV). O tipo que se desenvolve depende dos componentes envolvidos da resposta imunológica e da velocidade com que a reação ocorre. A **hipersensibilidade imediata (tipo I)**, ou *anafilaxia*, resulta de uma exposição prévia a uma substância estranha, denominada *alergênio*, um antígeno que desencadeia uma resposta de hipersensibilidade. As alergias a polens, a alimentos e a picadas de insetos são exemplos de hipersensibilidade imediata. A **hipersensibilidade citotóxica (tipo II)** é desencadeada por antígenos presentes nas células, particularmente nos eritrócitos, que o sistema imune reconhece como estranhos. Essa reação ocorre quando um paciente recebe o tipo sanguíneo incorreto durante uma transfusão. A **hipersensibilidade por imunocomplexos (tipo III)** é desencadeada

## APLICAÇÃO NA PRÁTICA

### O leite da mãe é melhor

As alergias alimentares são menos comuns em lactentes amamentados do que naqueles que são alimentados com mamadeiras por dois motivos: os lactentes amamentados não são expostos a alergênios potenciais presentes no leite de vaca, e alguns componentes no leite materno podem ajudar a proteger o revestimento intestinal imaturo do recém-nascido contra a entrada de alergênios. Por outro lado, os lactentes alimentados com mamadeiras são expostos a proteínas estranhas no início da vida, e o seu revestimento intestinal pode permanecer mais permeável a alergênios durante toda a vida.

por antígenos em vacinas, em microrganismos ou nas próprias células da pessoa. Ocorre formação de grandes complexos de antígeno-anticorpo, que se precipitam nas paredes dos vasos sanguíneos, causando lesão tecidual em poucas horas. A **hipersensibilidade mediada por células**, ou **tardia (tipo IV)**, é deflagrada pela exposição a substâncias estranhas do meio ambiente (como a hera venenosa), a agentes de doenças infecciosas, a tecidos transplantados e aos próprios tecidos e células do corpo. As *células T da hipersensibilidade tardia* reagem com as células ou substâncias estranhas, causando, em alguns casos, destruição tecidual extensa.

As *doenças autoimunes* representam uma forma de hipersensibilidade em que o sistema imune do organismo responde a seus próprios tecidos como se fossem estranhos. Os anticorpos ou as células T atacam os próprios antígenos.

### Imunodeficiência

Na **imunodeficiência**, o sistema imune responde de modo inadequado a um antígeno, devido a defeitos inatos ou adquiridos das células B ou das células T. As respostas fracas nas doenças por imunodeficiência são "falta de coisas boas" (menos do que o necessário). Não causam dano direto, porém deixam o indivíduo suscetível às infecções, as quais podem ser graves e até mesmo comportar risco de vida.

As imunodeficiências podem ser primárias ou secundárias. As **imunodeficiências primárias** são defeitos genéticos ou de desenvolvimento em que o indivíduo não apresenta células T ou células B ou no qual essas células estão defeituosas. As **imunodeficiências secundárias** resultam de dano às células T ou às células B após o seu desenvolvimento normal. Esses distúrbios podem ser causados por neoplasias malignas, desnutrição, infecções como AIDS ou fármacos que suprimem o sistema imune.

A seguir, analisaremos de maneira mais detalhada os distúrbios imunológicos de hipersensibilidade e imunodeficiência.

## HIPERSENSIBILIDADE IMEDIATA (TIPO I)

A hipersensibilidade imediata (tipo I) ou *hipersensibilidade anafilática*, normalmente produz uma resposta imediata contra a exposição a um antígeno indutor de alergia (também conhecido como *alergênio*). Os indivíduos não alérgicos não respondem a esses antígenos. A **anafilaxia** (do grego *ana*, "contra", *phylaxis*, "proteção") refere-se a uma reação alérgica imediata e exagerada a antígenos. O termo *anafilaxia* refere-se aos efeitos prejudiciais ao hospedeiro causados por uma resposta imune inapropriada. Esses efeitos são opostos à *profilaxia*, que são os efeitos preventivos gerados por uma resposta imune.

Os primeiros pesquisadores descobriram que uma substância, à qual deram o nome de **reagina**, era responsável por esse tipo de hipersensibilidade. Agora, sabemos que a reagina consiste em anticorpos IgE. Todavia, o termo *reagina* continua sendo utilizado na literatura referente à alergia.

A anafilaxia é o resultado prejudicial dos anticorpos IgE em resposta a alergênios. Ela pode ser local ou generalizada (sistêmica). A **anafilaxia localizada** manifesta-se na forma de vermelhidão da pele, lacrimejamento, urticária, asma e distúrbios digestivos. A **anafilaxia generalizada** aparece como uma reação sistêmica que comporta risco de vida, como constrição das vias respiratórias ou choque anafilático, uma condição generalizada que resulta de uma queda súbita e extrema da pressão arterial.

### Alergênios

A hipersensibilidade imediata resulta de duas ou mais exposições a um alergênio. Um **alergênio** é uma substância estranha normalmente inócua (em geral, uma proteína ou uma substância química ligada a uma proteína) que pode desencadear uma resposta imunológica exagerada. A primeira exposição ao alergênio não produz nenhum sinal ou sintoma visível. Os alergênios incluem substâncias transportadas pelo ar, como pólen, poeira de casa, bolores e descamações de animais – minúsculas partículas de pelos, penas ou pele. A poeira de casa geralmente contém ácaros quase microscópicos e suas partículas fecais. Outros alergênios incluem venenos de picadas de insetos, antimicrobianos, certos alimentos, sulfitos e substâncias estranhas encontradas em vacinas e em materiais de diagnóstico ou terapêuticos. Os alergênios podem ser introduzidos no corpo por inalação, ingestão ou injeção (**Tabela 19.1**).

### Mecanismo da hipersensibilidade imediata

A sequência típica de eventos envolvidos no mecanismo da hipersensibilidade tipo I é a *sensibilização*, que envolve a *produção de anticorpos IgE (antialergênio), reações alergênio-IgE* e *efeitos locais e sistêmicos* dessas reações. Essas reações ocorrem apenas em indivíduos que foram anteriormente expostos a determinado alergênio. Na **sensibilização**, ou seja, a exposição inicial a um alergênio, ocorre ativação das células B (**Figura 19.1A**). Essas células diferenciam-se em plasmócitos, os quais produzem anticorpos IgE contra o alergênio específico (**Figura 19.1B**). Os anticorpos IgE ligam-se por meio de suas porções Fc à superfície dos mastócitos nos sistemas respiratório e digestório e aos basófilos no sangue (**Figura 19.1C**). A ligação deixa os sítios de ligação dos anticorpos IgE ao antígeno (alergênio) livres para reagir com o mesmo alergênio em uma futura exposição. Essa sequência de etapas da sensibilização não é observada em todos os indivíduos. Ainda não foi elucidado por completo por que alguns indivíduos tornam-se sensibilizados a substâncias normalmente inócuas, enquanto esse processo não é observado em outros.

**Tabela 19.1** Alergênios comuns.

| Ingeridos | Inalados | Injetados |
|---|---|---|
| Proteínas animais, particularmente do leite e dos ovos | Cocaína, pelos de animais | Antimicrobianos, particularmente cefalosporinas e penicilinas |
| Ácido acetilsalicílico | Poeira (doméstica) | Heroína |
| Frutas | Pó facial | Hormônios (hormônio adrenocorticotrófico e insulina animal) |
| Grãos | Inseticidas | Venenos de insetos (de abelhas, marimbondos, vespas e vespa americana) |
| Preparações hormonais | Ácaros e suas fezes | Venenos de cobras (de víboras e najas) |
| Nozes | Pólen (de capim, árvores e ervas daninhas) | Venenos de aranhas, particularmente da aranha viúva-negra e aranha reclusa castanha |
| Penicilina | Esporos (de fungos e de bactérias) | |
| Frutos do mar | | |

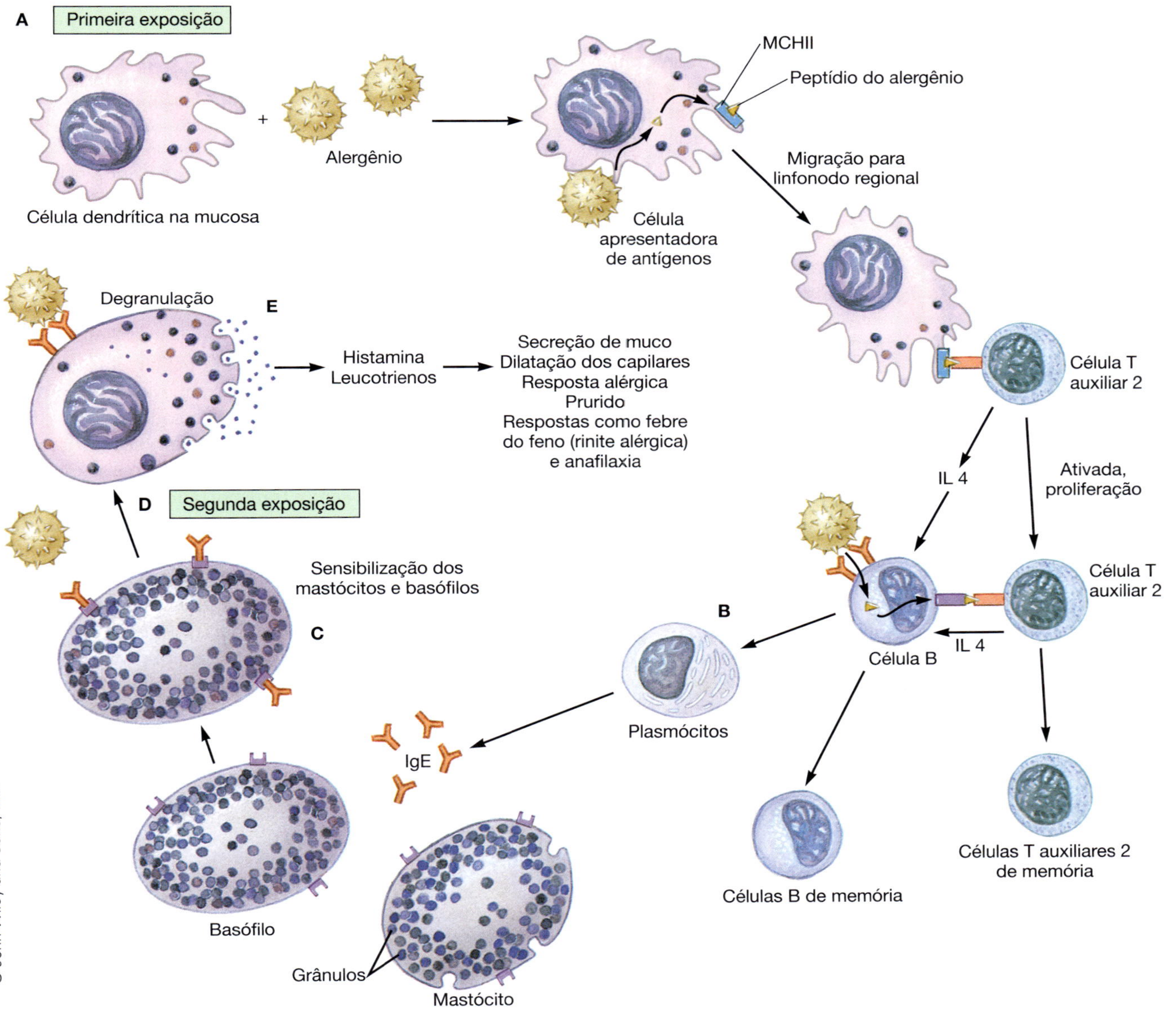




**Figura 19.1** **Mecanismo de hipersensibilidade imediata (tipo I), ou hipersensibilidade anafilática.** Por ocasião da primeira exposição, (**A**) o alergênio liga-se às células B e é apresentado na forma de fragmentos de alergênio na superfície dos macrófagos. A apresentação dos fragmentos de alergênio ativa as células $T_H$, as quais ativam as células B. **B.** As células B transformam-se em plasmócitos, que secretam anticorpos IgE. **C.** A IgE liga-se por meio de sua porção Fc aos basófilos e mastócitos. Em uma segunda exposição ou exposições subsequentes, (**D**) o alergênio liga-se aos mastócitos e basófilos sensibilizados, estabelecendo ligações cruzadas das moléculas de IgE. **E.** Essa ligação cruzada estimula a degranulação, com liberação de histamina e de outros mediadores responsáveis pelos sintomas das alergias.

Os mastócitos e basófilos sensibilizados agora estão preparados para produzir uma resposta química maciça a uma segunda exposição ao mesmo alergênio. Embora a *dose sensibilizante* (primeira dose) de um alergênio possa ser bastante alta, a *dose deflagradora* ou *desencadeante* (dose subsequente) que causa os sintomas de hipersensibilidade pode ser muito pequena. Quando ocorre um segundo encontro ou encontro subsequente com o mesmo alergênio, este se liga aos mastócitos e aos basófilos sensibilizados, estabelecendo ligações cruzadas dos anticorpos IgE (Figura 19.1D). A ligação cruzada provoca **degranulação**, que consiste na rápida liberação de *mediadores pré-formados* (substâncias químicas que induzem respostas alérgicas) dos grânulos citoplasmáticos nos mastócitos e basófilos (Figura 19.1E). A **histamina** é o principal mediador pré-formado encontrado nos seres humanos. A histamina dilata os capilares, tornando-os mais permeáveis. Além disso, causa contração do músculo liso brônquico, aumenta a secreção de muco e estimula as terminações nervosas que causam dor e prurido.

> **A teofilina, que é comumente administrada por via oral ou por inaladores a indivíduos asmáticos, bloqueia uma enzima que, de outro modo, levaria à degranulação.**

As **prostaglandinas** e os **leucotrienos** são *mediadores da reação* (substâncias químicas que controlam as respostas), que também são sintetizados e liberados pelos mastócitos após a ocorrência de degranulação. A prostaglandina $D_2$ é uma molécula mensageira celular produzida nos mastócitos e nos basófilos que também causa constrição do músculo liso brônquico. A *substância de reação lenta da anafilaxia* (SRS-A) é outro mediador que provoca constrição lenta e de longa duração das vias respiratórias em animais. A SRS-A consiste em três mediadores leucotrienos. Esses leucotrienos são de 100 a 1.000 vezes mais potentes do que a histamina e a prostaglandina $D_2$ em sua capacidade de provocar constrição prolongada das vias respiratórias. À semelhança da histamina, os leucotrienos e a prostaglandina $D_2$ dilatam e aumentam a permeabilidade dos capilares, aumentam a secreção de muco espesso e estimulam as terminações nervosas que causam dor e prurido. Os medidores pré-formados e da reação e seus efeitos estão resumidos na Tabela 19.2.

É uma segunda exposição ou exposições subsequentes de um indivíduo sensibilizado a determinado alergênio que produzem os sinais e sintomas alérgicos. Essas respostas de hipersensibilidade pelos mastócitos também podem ser deflagradas por fatores não alérgicos. Com frequência, o estresse emocional e as temperaturas extremas causam a liberação de mediadores sem a participação de qualquer IgE ou alergênio. O ar frio também pode lesionar as membranas celulares dos mastócitos que revestem as vias respiratórias, as quais então liberam mediadores que desencadeiam a asma.

## Anafilaxia localizada

A **atopia**, que literalmente significa "fora do lugar", refere-se a reações alérgicas localizadas. As reações imunes atópicas ocorrem inicialmente no local onde o alergênio entra no corpo. Se o alergênio entrar na pele, ele provoca uma *reação de pápula e eritema*, que se caracteriza por rubor, edema e prurido (Figura 19.2). Se o alergênio for inalado, as membranas mucosas do sistema respiratório tornam-se inflamadas, e o paciente tem coriza e lacrimejamento. Se o alergênio for ingerido, ocorre inflamação das membranas mucosas do sistema digestório, e o paciente pode apresentar dor abdominal e diarreia. Alguns alergênios ingeridos, como alimentos e medicamentos, também causam exantemas.

A *febre do feno* ou *rinite alérgica sazonal* é um tipo comum de atopia. Mais de 25 milhões de norte-americanos sofrem dos sinais e sintomas típicos de lacrimejamento, espirros, congestão nasal e, algumas vezes, dispneia. Descrita pela primeira vez em 1819 como resultado da exposição ao feno recentemente ceifado, sabe-se agora que a febre do feno ou rinite alérgica resulta da exposição a pólen transportado pelo ar – pólen de árvores na primavera, pólen do capim no verão e pólen da ambrósia-americana no outono (Figura 19.3). Algumas plantas, como o solidago e as rosas, foram, durante muito tempo, apontadas como causadoras da febre do feno; entretanto, são inocentes, visto que seus polens são muito pesados para serem transportados pelo ar a grande distância. São as flores bem menos notáveis da ambrósia-americana que causam grande parte do sofrimento dos que apresentam febre do feno. Em certas ocasiões, a rinite alérgica grave (inflamação das superfícies nasais) pode progredir para a infecção dos seios paranasais, problemas na orelha média e perda temporária da audição. Embora compartilhem muitos sintomas, a febre do feno ou rinite alérgica pode ser diferenciada do resfriado comum pelo número aumentado

**Tabela 19.2** Alguns mediadores da hipersensibilidade imediata e seus efeitos.

| Mediador | Efeitos |
|---|---|
| **Mediadores pré-formados** | |
| Histamina | Dilatação vascular e aumento da permeabilidade capilar, contração do músculo liso brônquico, edema dos tecidos mucosos, secreção de muco e prurido |
| Fatores quimiotáticos dos neutrófilos e eosinófilos | Atração dos neutrófilos, eosinófilos e outros leucócitos para o local de uma reação alérgica |
| **Mediadores da reação** | |
| Leucotrienos (SRS-A) | Contração prolongada do músculo liso brônquico, aumento da permeabilidade capilar, edema dos tecidos mucosos e secreção de muco |
| Prostaglandina $D_2$ | Formação de coágulos sanguíneos minúsculos, contração do músculo liso brônquico e dilatação capilar |

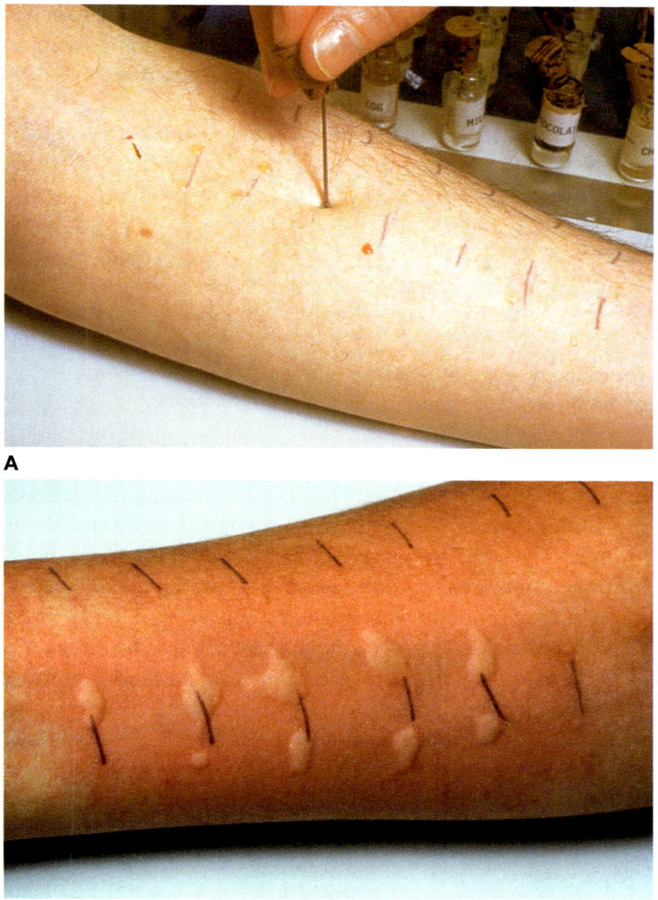

A

B

**Figura 19.2 Teste de alergia.** **A.** São colocados possíveis alergênios em agulhas, que são introduzidos sob a pele do paciente. *(Southern Illinois University Biomed/Getty Images.)* **B.** Se o indivíduo for hipersensível, uma pápula (área branca elevada) e um eritema (área avermelhada) logo se tornarão visíveis na pele. Esse teste é habitualmente realizado nos membros para manter qualquer reação de hipersensibilidade distante dos principais órgãos. *(VU/Southern Illinois University/Science Source.)*

de eosinófilos nas secreções nasais. O achado de uma contagem elevada de eosinófilos no sangue também sugere alergia (ou infecção por helmintos).

## Anafilaxia generalizada

Algumas reações anafiláticas são generalizadas, graves e comportam imediatamente risco de vida. No indivíduo sensibilizado, a reação generalizada começa com o aparecimento súbito de eritema da pele, prurido intenso e urticária, sobretudo na face, no tórax e nas palmas das mãos. Em seguida, o distúrbio pode progredir para a anafilaxia respiratória ou o choque anafilático, algumas vezes em apenas 1 a 2 minutos.

Na **anafilaxia respiratória**, ocorre grave constrição das vias respiratórias, que ficam preenchidas com secreções de muco, e o indivíduo alérgico pode morrer por sufocação. Mais de 4.000 norte-americanos morrem a cada ano de anafilaxia respiratória, dos quais 150 a 200 por ano em consequência de alergias alimentares, e 40 a 100, de picadas de insetos. A alergia

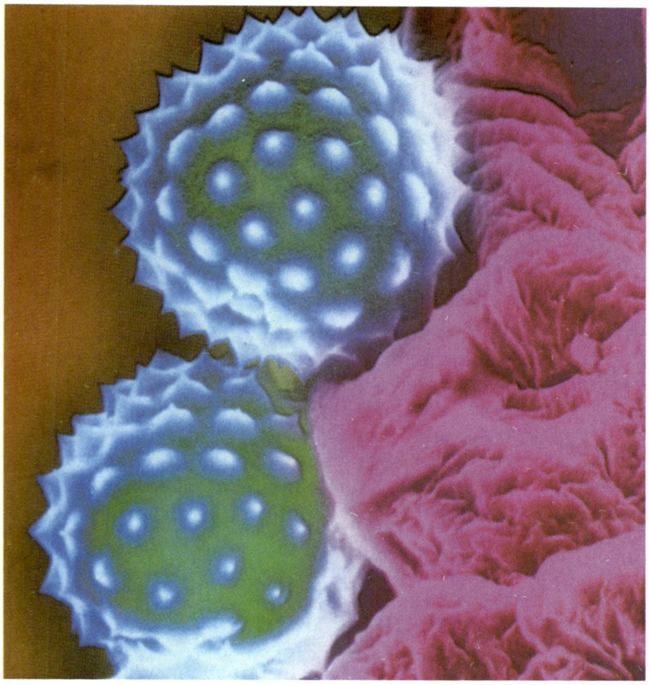

**Figura 19.3 MEV artificialmente colorida do pólen da ambrósia-americana (*Ambrosia*) (1.619×).** Constitui uma das várias causas de febre do feno ou rinite alérgica por polens. No início da primavera, os responsáveis são principalmente os polens das árvores, como o carvalho, o olmo, a bétula (sobretudo na Europa) e bordo-negundo. No fim da primavera e no início do verão, os polens do capim e os de algumas plantas de folhas largas têm mais tendência a estar envolvidos. No fim do verão e no início do outono, os principais alergênios são os polens da ambrósia-americana, atríplex e cardo-da-rússia. *(Ralph C. Eagle/Science Source.)*

à penicilina é responsável por 75% das mortes por choque anafilático nos EUA. Outros 15 milhões de norte-americanos sofrem de **asma**, que é frequentemente causada por inalação ou ingestão de alergênios, estresse emocional, ácido acetilsalicílico ou ar frio e seco. A asma também pode ser causada por hipersensibilidade a microrganismos endógenos. Por exemplo, alguns pacientes tornam-se sensibilizados a *Moraxella catarrhalis*, uma bactéria normal residente das membranas mucosas respiratórias.

No **choque anafilático**, os vasos sanguíneos dilatam-se de repente e tornam-se mais permeáveis, causando uma queda abrupta e potencialmente fatal da pressão arterial. As picadas e ferroadas de insetos constituem uma causa comum de choque anafilático em indivíduos sensibilizados a venenos de insetos (Figura 19.4A).

A anafilaxia generalizada precisa ser tratada imediatamente. Pode ocorrer morte, a não ser que a epinefrina (adrenalina) seja administrada imediatamente. A epinefrina atua por meio de relaxamento do músculo liso das vias respiratórias e constrição dos vasos sanguíneos. Os indivíduos sensibilizados a venenos de insetos frequentemente carregam um *kit* de emergência para anafilaxia (Figura 19.4B). O *kit* contém uma seringa com epinefrina. Ter esse tipo de *kit* à mão pode facilmente significar a diferença entre a vida e a morte, devido ao rápido início de sintomas potencialmente fatais em pacientes que já sofreram reações anafiláticas.

A B

**Figura 19.4 Alergia à picada de abelha.** A. Um dos olhos inchou e fechou, porém a picada da abelha não provocou o fechamento das vias respiratórias, como ocorre nas reações mais graves. B. Um *kit* para uso de emergência em caso de anafilaxia deve ser carregado o tempo todo por muitos indivíduos com alergias a picadas de insetos. Um *kit* só pode ser adquirido sob prescrição médica. *(A. Picture Contact BV/Alamy Stock Photo; B. Peter Dazeley/Getty Images.)*

## Fatores genéticos na alergia

Nos EUA, 50 milhões de pessoas (1 em 5) apresentam algum tipo de alergia. Em muitos casos, acredita-se que os fatores genéticos possam contribuir para o desenvolvimento da alergia. Embora diferentes membros de uma família normalmente tenham alergias diferentes (uma pessoa pode sofrer de asma, enquanto outra tem alergia à poeira), todas apresentarão níveis elevados de anticorpos IgE. Pelo menos 60% das crianças com atopia possuem uma história familiar de asma ou febre do feno (rinite alérgica), e 50% dessas crianças posteriormente desenvolverão outras alergias. Uma criança com um dos genitores com alergia tem uma probabilidade de 33% de desenvolver alergia; entretanto, com os dois genitores alérgicos, essa probabilidade alcança 70%. Assim, a alergia provavelmente possui uma base genética, possivelmente nas propriedades das membranas ou no desempenho de várias células envolvidas nas respostas imunes, como os fagócitos. As membranas normais impedem a entrada de tudo, exceto os menores microrganismos e praticamente todos os alergênios potenciais. Entretanto, as membranas dos indivíduos alérgicos são mais permeáveis a partículas maiores, como os grãos de pólen. Mesmo quando os alergênios atravessam as membranas, as células fagocitárias habitualmente os englobam nos indivíduos normais, porém de algum modo não conseguem fazê-lo de modo tão eficiente nos indivíduos alérgicos.

## Tratamento das alergias

Uma abordagem ao tratamento das alergias consiste em evitar o contato com o alergênio específico. Os indivíduos com alergias alimentares não devem consumir um alimento ao qual já tiveram uma reação de hipersensibilidade. Qualquer que seja o alergênio, uma exposição subsequente geralmente irá deflagrar a degranulação dos mastócitos (Figura 19.5A). A **dessensibilização** (hipossensibilização) é o único tratamento atualmente disponível para curar uma alergia. Se o alergênio desnaturado for injetado por via subcutânea ("doses de alergia"), pode induzir um estado de tolerância, impedindo a ativação das células B que amadurecem em plasmócitos secretores de IgE (Figura 19.5B). Além disso, ao receber essas injeções com doses gradualmente crescentes do alergênio, o paciente pode produzir anticorpos IgG, denominados **anticorpos bloqueadores**, contra o alergênio. Por ocasião de reexposição a um alergênio, os anticorpos bloqueadores combinam-se com o alergênio antes que tenha uma chance de reagir com a IgE, de modo que os mastócitos não liberam mediadores. O número de células T supressoras sensibilizadas ao alergênio também aumenta significativamente durante a dessensibilização. Desse modo, aumentos da IgG e diminuições da IgE podem atuar em conjunto, tornando o paciente menos sensível ao alergênio.

As injeções para alergia são efetivas em cerca de 65 a 75% nos indivíduos cujas alergias são causadas por alergênios inalados.

A dessensibilização tem sido muito bem-sucedida contra venenos de insetos e contra alergias a fármacos, como a penicilina. Infelizmente, a dessensibilização não alivia os sinais e os sintomas de muitas alergias, como a febre do feno. Além disso, o próprio tratamento pode causar choque anafilático, visto que as injeções contêm a mesma substância à qual o paciente é alérgico. Os pacientes precisam permanecer no consultório do médico por 20 a 30 minutos após a injeção, de modo que haja disponibilidade de tratamento de emergência caso ocorra uma reação anafilática generalizada.

Outros tratamentos para alergia aliviam os sintomas, mas não curam a doença. Os anti-histamínicos aliviam o edema e o eritema em consequência da histamina, porém não são efetivos contra a SRS-A das condições asmáticas, que envolvem constrição das vias respiratórias, enquanto os agentes anti-inflamatórios, como os corticosteroides, suprimem a resposta inflamatória. Dois novos medicamentos antialérgicos atuam pela inibição da produção de leucotrienos. Há necessidade de melhores métodos terapêuticos para o tratamento das alergias. À medida que aprendemos mais sobre as propriedades dos leucotrienos e dos anticorpos IgE, talvez essa necessidade possa ser suprida.

# HIPERSENSIBILIDADE CITOTÓXICA (TIPO II)

Na hipersensibilidade citotóxica (tipo II), os anticorpos específicos reagem contra antígenos da superfície celular interpretados como estranhos pelo sistema imune, levando à fagocitose, atividade das células *natural killer* (*NK*) ou lise mediada pelo complemento. As células às quais os anticorpos estão ligados, bem como os tecidos adjacentes, sofrem lesão em consequência da resposta inflamatória. Os antígenos que iniciam a hipersensibilidade citotóxica normalmente entram no corpo por meio de transfusões de sangue não tipado ou durante o parto de um lactente Rh-positivo de uma mãe Rh-negativa.

## Mecanismo das reações citotóxicas

Quando um antígeno em uma membrana plasmática é inicialmente reconhecido como estranho, as células B ficam sensibilizadas e prontas para a produção de anticorpos em caso

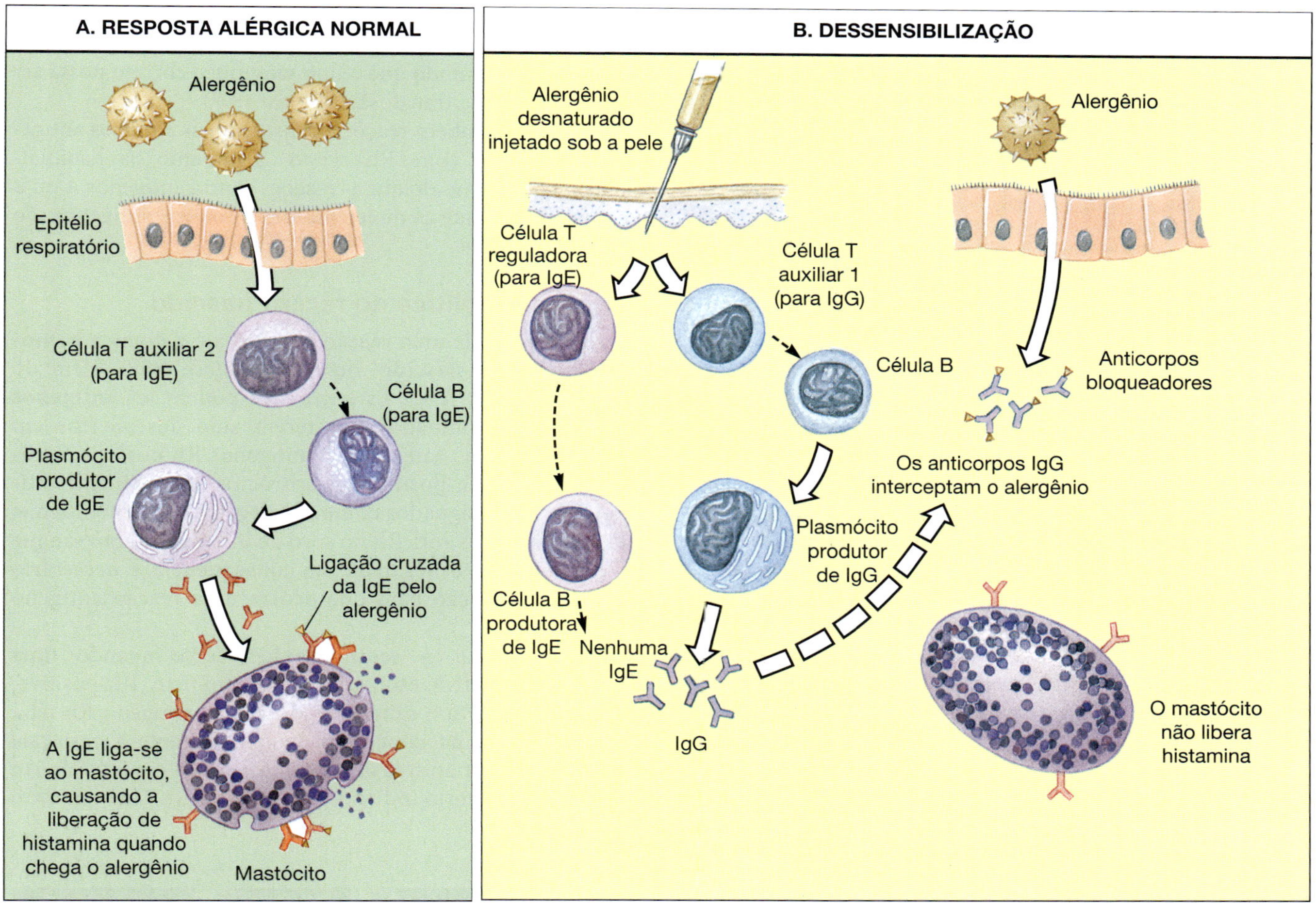



**Figura 19.5 Mecanismo de ação proposto para a dessensibilização com "doses de alergia" (hipossensibilização). A.** Em uma resposta alérgica normal, a exposição natural a determinado alergênio faz com que as células T auxiliares estimulem as células B, que amadurecem em plasmócitos para a produção de anticorpos IgE. Após a sua ligação aos mastócitos, uma segunda exposição ao alergênio provoca degranulação. **B.** A dessensibilização envolve a injeção de alergênio desnaturado. Essas injeções podem levar a tolerância, impedindo a maturação das células B em plasmócitos para produção de anticorpos IgE. A exposição ao alergênio também pode ativar as células B que amadurecem em plasmócitos produtores de anticorpos IgG (bloqueadores). Esses anticorpos IgG podem ligar-se ao alergênio que chega antes de alcançar as moléculas de IgE ligadas aos mastócitos. A formação de um complexo do alergênio com essas moléculas de IgE ligadas provoca a degranulação dos mastócitos e a liberação de histamina, de modo que o bloqueio dessa etapa constitui o elemento fundamental para prevenir uma resposta a érgica.

de exposição subsequente ao antígeno. Durante as exposições subsequentes com o antígeno de superfície, os anticorpos ligam-se ao antígeno e ativam o complemento. As células fagocíticas, como os macrófagos e os neutrófilos, são atraídas para o local. Os mecanismos da hipersensibilidade do tipo II parecem ser responsáveis pelo dano tecidual nos casos de febre reumática após uma infecção estreptocócica, em determinadas doenças virais, nas reações transfusionais e na doença hemolítica do recém-nascido (incompatibilidade de Rh entre mãe e lactente).

## Exemplos de reações citotóxicas

As reações citotóxicas típicas de hipersensibilidade tipo II são exemplificadas pelas transfusões de sangue incompatíveis e pela doença hemolítica do recém-nascido.

## Reações transfusionais

Os eritrócitos humanos normais possuem antígenos de superfície geneticamente determinados (sistemas de grupos sanguíneos) que formam a base dos diferentes tipos sanguíneos. Pode ocorrer **reação transfusional** quando existem antígenos e anticorpos correspondentes ao mesmo tempo no sangue do paciente. Essas reações podem ser deflagradas por qualquer antígeno de grupos sanguíneos. Iremos nos concentrar nos antígenos A e B, que determinam o **sistema de grupo sanguíneo ABO**. Como mostra a **Tabela 19.3**, quatro tipos sanguíneos – A, B, AB e O – são assim denominados com base na presença, nos eritrócitos, do antígeno A, antígeno B, ambos os antígenos A e B ou nenhum dos antígenos. Normalmente, o soro de um indivíduo não possui nenhum anticorpo IgM contra os antígenos presentes em seus próprios eritrócitos. Entretanto, se um paciente sensibilizado receber hemácias

**Tabela 19.3** Propriedades do sistema de grupo sanguíneo ABO.

| Tipo sanguíneo | Antígenos nos eritrócitos | Anticorpos no soro |
|---|---|---|
| A | A | Anti-B |
| B | B | Anti-A |
| AB | A e B | Nem anti-A nem anti-B |
| O | Nem A nem B | Anti-A e anti-B |

com um antígeno diferente durante uma transfusão de sangue, os anticorpos IgM causarão uma reação de hipersensibilidade do tipo II contra o antígeno estranho. As hemácias estranhas são aglutinadas (agrupadas), o complemento é ativado, e ocorre hemólise (ruptura dos eritrócitos) no interior dos vasos sanguíneos (**Figura 19.6**). Os sintomas de uma reação transfusional consistem em febre, pressão arterial baixa, dor lombar e torácica, náuseas e vômitos. Em geral, as reações transfusionais podem ser prevenidas por meio de cuidadosa tipagem dos antígenos de grupo sanguíneo do doador e do receptor, de modo que o tipo sanguíneo correto possa ser selecionado para a transfusão (**Figura 19.7**).

Somente nos EUA ocorre uma transfusão a cada 3 segundos – o que corresponde a cerca de 12 milhões de bolsas de sangue usadas todo ano.

Ocorrem também reações transfusionais a outros antígenos eritrocitários, como Rh (*rhesus*). Entretanto, são habitualmente menos graves do que as reações contra antígenos A ou B estranhos, visto que as moléculas desses outros antígenos são menos numerosas.

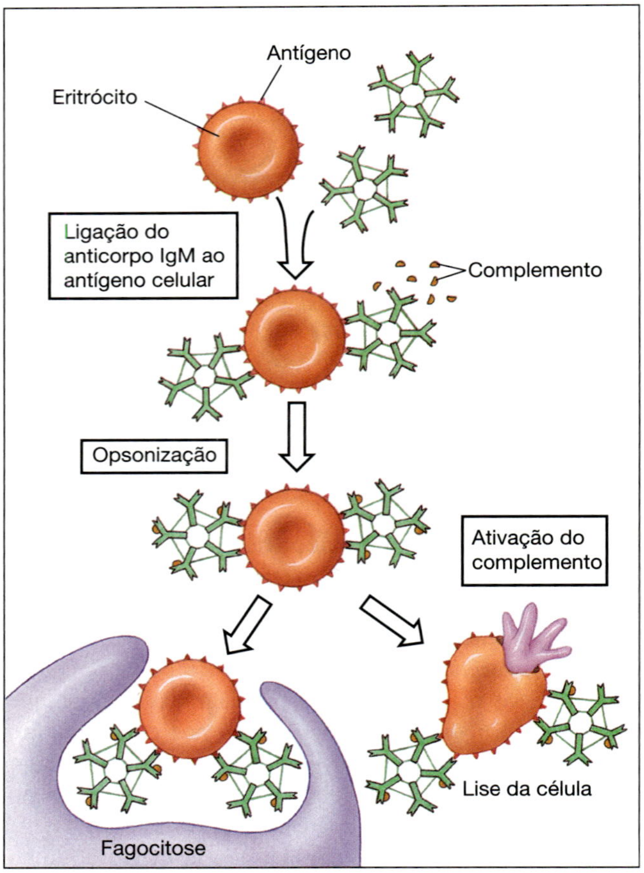




**Figura 19.6 Mecanismos da hipersensibilidade citotóxica (tipo II).** Os antígenos dos eritrócitos não compatíveis ligam-se habitualmente à IgM. O complemento é ativado, resultando em fagocitose ou lise subsequente dos eritrócitos.

## Doença hemolítica do recém-nascido

Outro exemplo de uma reação citotóxica é a **doença hemolítica do recém-nascido**, ou *eritroblastose fetal*. Além do grupo sanguíneo ABO, os eritrócitos podem ter **antígenos Rh**, assim denominados por terem sido descobertos em macacos *rhesus*. O sangue com antígenos Rh nos eritrócitos é denominado Rh-positivo; os eritrócitos que não têm antígenos Rh são designados como Rh-negativos. Normalmente, não há anticorpos anti-Rh no soro de indivíduos com sangue Rh-positivo ou Rh-negativo. Em consequência, é necessário haver sensibilização para que ocorra uma reação antígeno Rh-anticorpo.

Normalmente, a sensibilização ocorre quando uma mulher Rh-negativa está grávida de um feto Rh-positivo, que herdou esse tipo sanguíneo do pai. O antígeno Rh fetal raramente entra na circulação da mãe durante a gestação, mas pode escapar através da placenta durante o parto, aborto espontâneo ou aborto induzido (**Figura 19.8A**). Em seguida, o

**Figura 19.7 Tipagem sanguínea e transfusões.** A tipagem sanguínea cuidadosa e a compatibilidade do sangue do doador com o do receptor evitam a maioria das reações transfusionais. Os indivíduos com sangue de tipo AB podem receber com segurança uma transfusão de sangue de qualquer um dos quatro tipos sanguíneos principais. Os indivíduos com sangue tipo O podem doar com segurança o seu sangue para receptor de qualquer tipo sanguíneo. (Você poderia explicar a razão disso? Consulte a Tabela 19.3.) *(Science Source.)*

## APLICAÇÃO NA PRÁTICA

### As origens das alergias

As alergias respondem por quase 10% de todas as visitas aos consultórios médicos nos EUA. Por que o sistema imune frequentemente reage de forma violenta a substâncias não prejudiciais? E por que alguns indivíduos são alérgicos, ao passo que outros não têm alergia? As pesquisas realizadas mostraram que alguns indivíduos sem a capacidade de produzir anticorpos IgE são propensos a infecções pulmonares e dos seios paranasais. Além disso, os indivíduos que não têm a capacidade de produzir anticorpos IgG ou IgM frequentemente produzem anticorpos IgE contra infecções bacterianas. Essas observações sugerem que o anticorpo IgE pode desempenhar uma função necessária na imunidade, além de causar alergias.

Sabe-se que a IgE ajuda a combater infecções por helmintos parasitas (ver Capítulo 18). Os anticorpos IgE também podem proteger o indivíduo contra ectoparasitas (carrapatos, trumbiculídeos, pulgas). A bióloga norte-americana Margie Profet acredita que os anticorpos IgE também constituem um sistema auxiliar para proteger contra a ingestão de toxinas.

No livro *Why We Get Sick: The New Science of Darwinian Medicine* (Por que adoecemos: a nova ciência da medicina darwiniana), os autores, o médico Randolph Nesse e o evolucionista George Williams, sugerem que muitas alergias que existem hoje não eram comuns 150 anos atrás. Dizem que a febre do feno era quase inexistente na Inglaterra no início da década de 1800 e rara no Japão até mesmo recentemente, em 1950. Contudo, hoje em dia, cerca de 10% dos japoneses sofrem de febre do feno. Em 1997, 4% das crianças norte-americanas tinham alergia a alimentos. Em 2007, 18% (4 em cada 100) tinham alergias a alimentos. Oito tipos de alimentos são responsáveis por mais de 90% dessas alergias: leite, ovos, frutos secos, peixe, frutos do mar, soja e trigo. Trinta por cento das crianças com alergias alimentares também apresentaram um ou dois outros tipos de alergia – por exemplo, asma, eczema ou alergia respiratória. Um estudo recente sugere que a exposição precoce a alergênios potenciais pode, de fato, diminuir a incidência de reações alérgicas. Crianças criadas com dois cães ou dois gatos apresentam menos alergias posteriormente durante a vida do que a média da população. Uma visita ocasional a um jardim zoológico não é suficiente para prevenir alergias, enquanto ser criado em uma fazenda possibilita a prevenção de alergias. Lembre-se, na abertura deste capítulo, do papel que a infestação por vermes desempenha na prevenção ou redução dos sintomas alérgicos. O nematódeo de porco secreta hormônios que suprimem o sistema imune do hospedeiro. Profet, Nesse e Williams também sugerem que, se uma pessoa for simultaneamente exposta, por exemplo, a uma toxina vegetal e a um alergênio, o sistema imune poderá responder à toxina pela produção de anticorpos IgE. Nesse ataque, o sistema imune enxerga o alergênio como "parte da toxina", e também reage contra ele. As células imunes permanecem sensibilizadas, e uma futura exposição ao alergênio isoladamente deflagará uma resposta de IgE, embora a toxina não esteja presente.

Infelizmente, quaisquer que sejam as causas ou origens das alergias, precisamos passar por elas com apenas nossos medicamentos antialérgicos para nos ajudar.

sistema imune da mãe Rh-negativa torna-se sensibilizado ao antígeno Rh e pode produzir anticorpos anti-Rh se for novamente exposto ao antígeno Rh.

Como a sensibilização ocorre em geral por ocasião do parto, o primogênito Rh-positivo de uma mãe Rh-negativa raramente sofre de doença hemolítica. Entretanto, quando uma mãe Rh-negativa sensibilizada engravida de um segundo ou subsequente feto Rh-positivo, seus anticorpos anti-Rh atravessam a placenta e causam uma reação de hipersensibilidade do tipo II no feto (**Figura 19.8B**). Se isso ocorrer, os eritrócitos do feto sofrem aglutinação, o complemento é ativado, e os eritrócitos são destruídos. O resultado é a doença hemolítica do recém-nascido. O lactente nasce com fígado e baço de tamanho aumentado em consequência do esforço desses órgãos para eliminar os eritrócitos danificados (**Figura 19.8C, D**). A pele desses lactentes tem a cor amarelada da icterícia, devido ao excesso de bilirrubina – um produto da degradação dos eritrócitos – no sangue.

É possível evitar a doença hemolítica do recém-nascido administrando à mãe Rh-negativa injeções intramusculares de anticorpos IgG anti-Rh (Rhogam®) nas primeiras 72 horas após o parto. Presumivelmente, os anticorpos ligam-se aos antígenos Rh presentes nos eritrócitos do feto que passaram para a circulação materna. Esses anticorpos anti-Rh destroem os eritrócitos do feto antes que possam atuar para sensibilizar o sistema imune da mãe. É fundamental tratar todas as mães Rh-negativas após o parto, aborto espontâneo ou aborto induzido caso o feto seja Rh-positivo. Hoje em dia, anticorpos anti-Rh são frequentemente administrados a mulheres Rh-negativas durante a gravidez. Esse tratamento com 3 e 5 meses impede a sensibilização do feto caso ocorra extravasamento de antígenos fetais na circulação materna, que pode ocorrer em consequência de tosse ou espirro forte. Antes da administração preventiva de anticorpos anti-Rh, a doença hemolítica do recém-nascido ocorria em cerca de 0,5% de todas as gestações, e 12% delas resultavam em natimortos.

## APLICAÇÃO NA PRÁTICA

### Tipado – porém ainda incompatível

Algumas vezes, podem ocorrer reações transfusionais até mesmo quando o sangue é cuidadosamente tipado. Por exemplo, alguns indivíduos não têm anticorpos IgA e, portanto, não adquirem tolerância a essa imunoglobulina. Quando esses indivíduos recebem transfusões, eles tendem a produzir anticorpos contra a IgA presente no sangue doado, e qualquer transfusão subsequente irá então desencadear uma reação transfusional. Curiosamente, alguns pacientes exibem essas reações por ocasião da *primeira* transfusão, indicando uma exposição prévia à IgA. Uma explicação possível é que eles foram sensibilizados pelo consumo de carne de vaca malpassada, cujo sangue contém IgA.

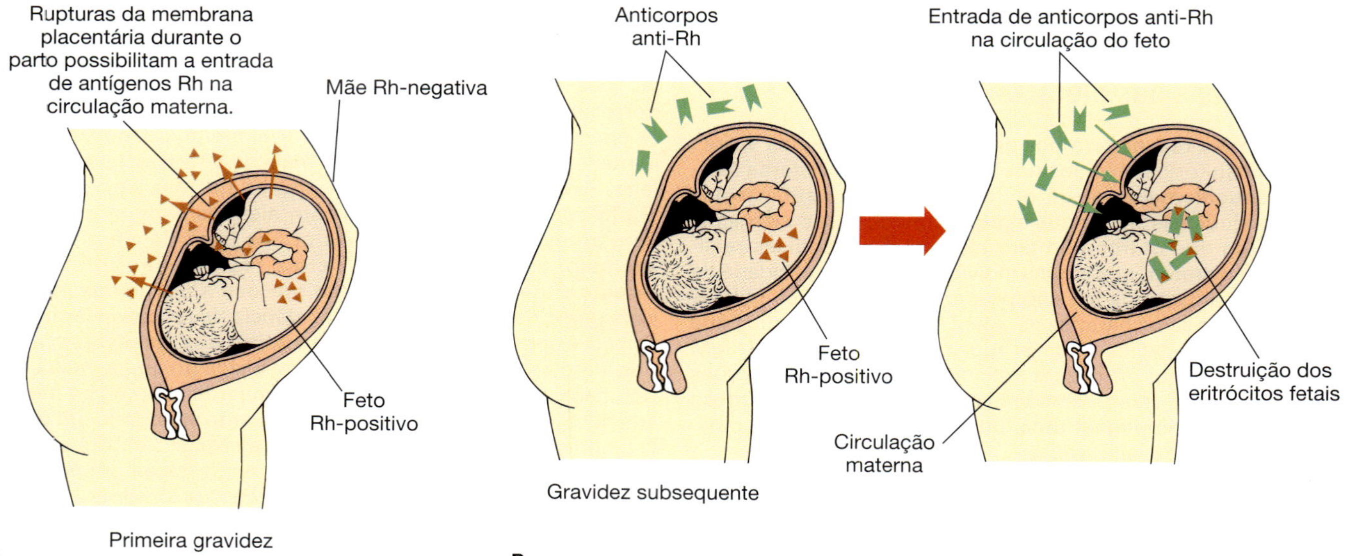


A B

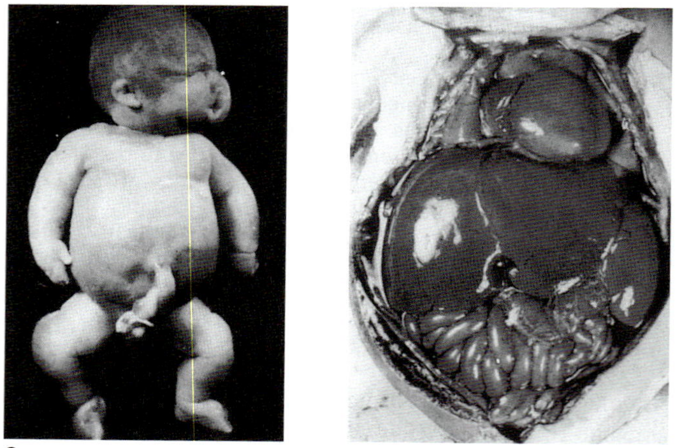

C D

**Figura 19.8 Causa e efeito da doença hemolítica do recém-nascido. A.** O estágio é iniciado por uma gravidez com incompatibilidade Rh, quando a mãe é $Rh^-$ e o feto é $Rh^+$ (que habitualmente é o caso se o pai for $Rh^+$.) **B.** Os antígenos Rh podem atravessar a placenta e entrar na corrente sanguínea da mãe antes ou no decorrer do parto. Ela responde com a produção de anticorpos anti-Rh, que também podem atravessar a placenta. Mesmo que a produção de anticorpos não seja estimulada até o parto, os anticorpos resultantes persistirão na circulação materna e atacarão os eritrócitos de qualquer feto $Rh^+$ subsequente. Para evitar essa situação, injeta-se anticorpo anti-Rh (RhoGAM®) na mãe no início da gravidez, imediatamente após o parto e em casos de aborto espontâneo ou induzido. Os anticorpos anti-Rh reduzem a exposição ao antígeno e, por conseguinte, diminuem a produção de anticorpos anti-Rh. **C.** Criança afetada pela doença hemolítica causada por incompatibilidade Rh. *(De Edith Potter, Rh. Chicago: Year Book Medical Publishers, 1947.)* **D.** O fígado está enormemente aumentado. *(De Edith Potter, Rh. Chicago: Year Book Medical Publishers, 1947.)*

## HIPERSENSIBILIDADE POR IMUNOCOMPLEXOS (TIPO III)

A hipersensibilidade por imunocomplexos (tipo III) resulta da formação de complexos antígeno-anticorpo. Em circunstâncias normais, esses grandes imunocomplexos são englobados e destruídos por células fagocitárias. Ocorre hipersensibilidade quando os complexos antígeno-anticorpo persistem ou são continuamente formados.

### Mecanismo das doenças por imunocomplexos

À semelhança das reações anafiláticas e citotóxicas, as doenças por imunocomplexos também são iniciadas após a ocorrência de sensibilização. Com exposições subsequentes ao antígeno sensibilizador, anticorpos IgG específicos combinam-se com o antígeno no sangue, formando um *imunocomplexo* e ativando o complemento (Figura 19.9). Os anticorpos ligam-se às células vivas ou a partes de células danificadas nas paredes dos vasos sanguíneos e em outros tecidos. Normalmente, os grandes imunocomplexos são removidos por fagocitose no fígado e no baço. Entretanto, os imunocomplexos são, com frequência, muito pequenos e não se ligam firmemente às células de Kupffer no fígado, escapando, assim, de sua eliminação do sangue. Esses imunocomplexos são então depositados em órgãos, tecidos ou articulações. Por sua vez, os complexos de antígeno-anticorpo e o complemento induzem a liberação de histamina e de outros mediadores das reações alérgicas pelos basófilos e mastócitos, resultando nos efeitos descritos antes. Os fagócitos atraídos quimiotaticamente para esses locais de atividade liberam enzimas hidrolíticas, causando dano tecidual, que é agudo, mas que pode se tornar crônico se o antígeno permanecer por um longo período de tempo.

### Exemplos de doenças por imunocomplexos

Ilustraremos as doenças por imunocomplexos com dois fenômenos: a doença do soro sistêmica e a reação de Arthus

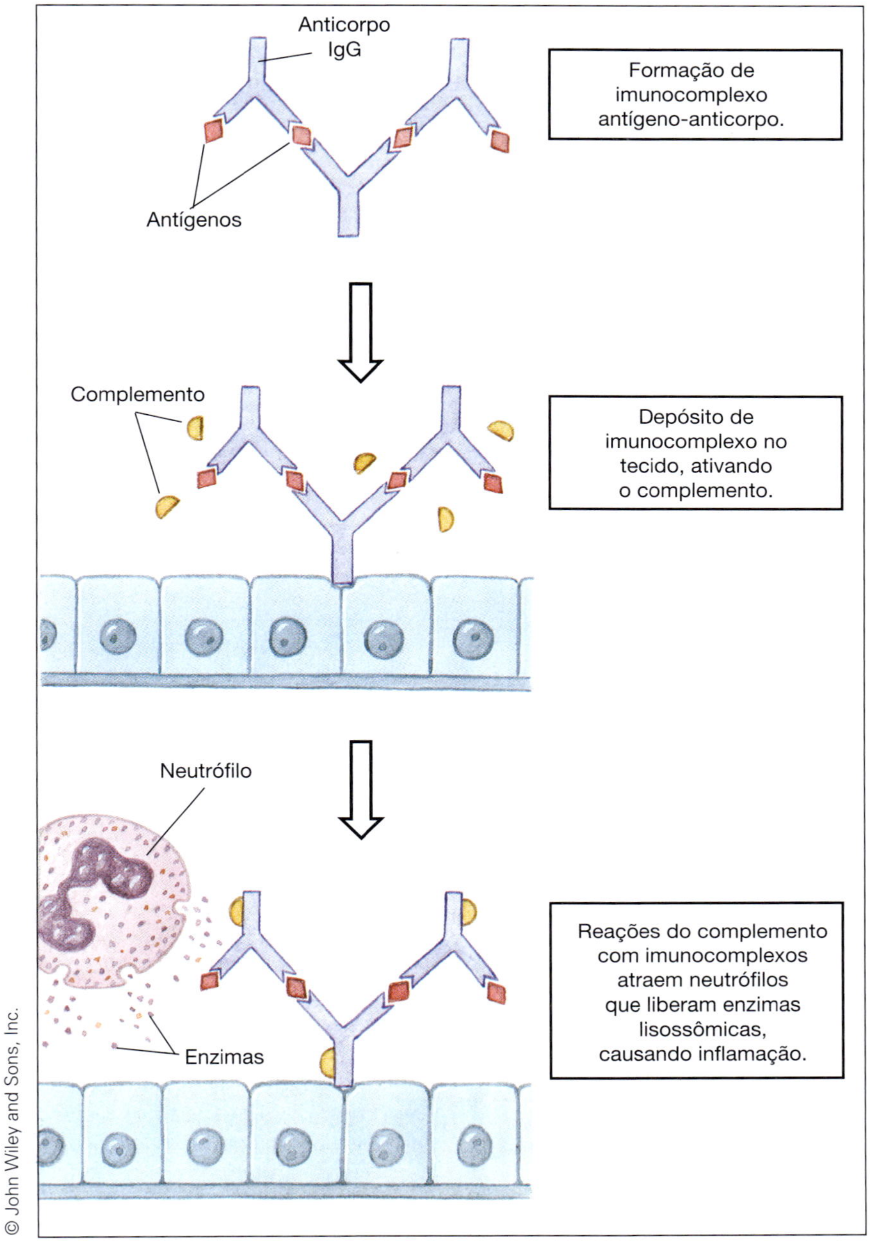


**Figura 19.9 Mecanismo da hipersensibilidade por imunocomplexos (tipo III).** Os imunocomplexos são formados quando antígenos são introduzidos em um indivíduo previamente sensibilizado. Quando o imunocomplexo resultante é depositado, ele ativa o complemento, produzindo febre, prurido, exantema ou áreas hemorrágicas, dor articular e inflamação aguda. Em nível sistêmico, isso pode causar doença do soro.

localizada. Outros distúrbios que envolvem imunocomplexos, como a artrite reumatoide e o lúpus eritematoso sistêmico, são discutidos mais adiante, em associação às doenças autoimunes, visto que os anticorpos envolvidos nesses distúrbios reagem com os próprios tecidos do indivíduo. A glomerulonefrite aguda, que ocorre após determinadas infecções estreptocócicas, é outra doença por imunocomplexos, em que pode ocorrer grave dano aos glomérulos renais (ver Capítulo 21).

A **doença do soro** era observada com frequência no período pré-antibiótico, quando se utilizavam grandes doses de antitoxina sérica para imunizar passivamente os indivíduos contra doenças infecciosas, como a difteria. A toxina diftérica administrada a cavalos induzia a produção de anticorpos contra a toxina nesses animais. Em seguida, um paciente recebia o soro de cavalo, que continha não apenas anticorpo antitoxina diftérica, mas também proteínas equinas. O sistema imune sensibilizado do paciente produziria anticorpos suficientes contra essas proteínas equinas para formar, em uma segunda exposição, imunocomplexos constituídos de anticorpo humano reagindo contra a proteína sérica equina. Esses imunocomplexos, que são removidos lentamente pelas células fagocitárias, poderiam aderir aos glomérulos renais. A capacidade de filtração dos glomérulos era, dessa maneira, prejudicada, causando a excreção de proteínas e células sanguíneas

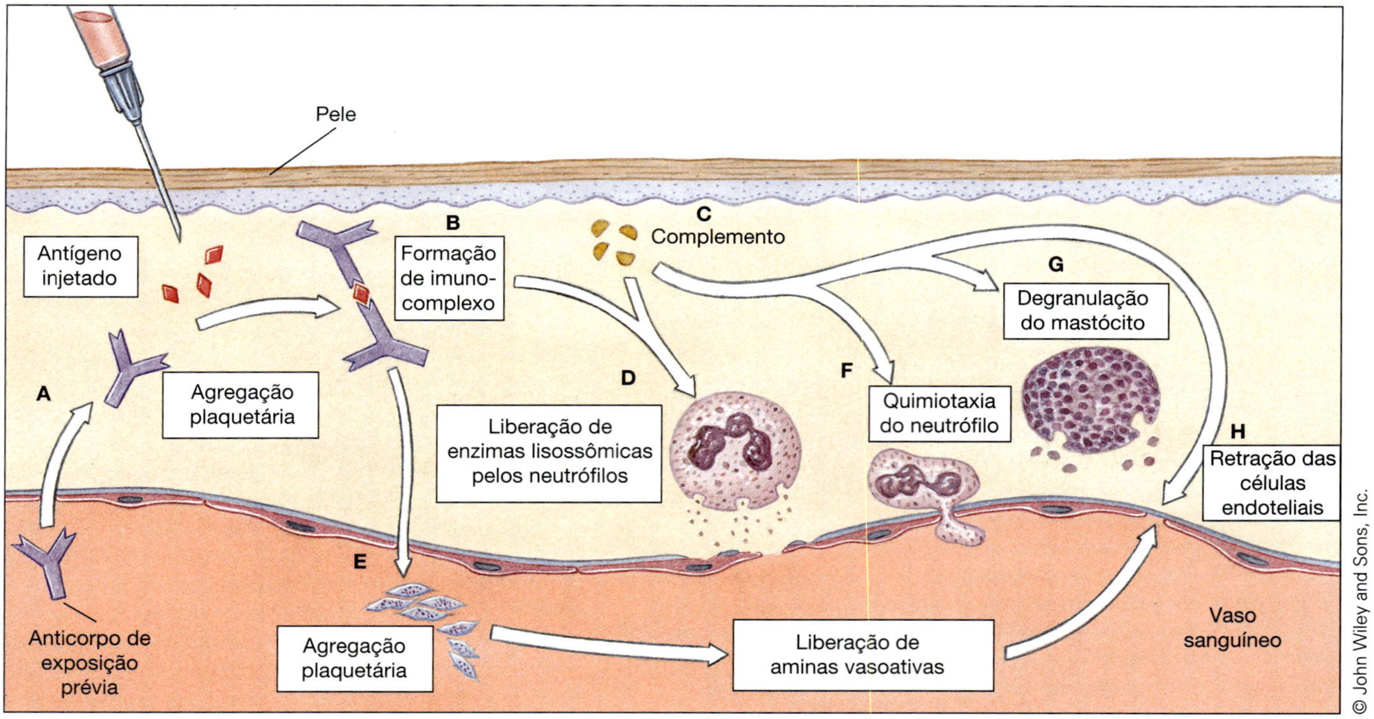


**Figura 19.10 Mecanismo que produz uma reação de Arthus e áreas hemorrágicas.** **A.** Nos casos graves, a injeção de antígenos proteicos de suíno leva **(B)** à formação de imunocomplexos. **C.** Em associação com o complemento, **(D)** os neutrófilos liberam enzimas lisossômicas, que causam dano à parede do vaso sanguíneo. **E.** Os imunocomplexos também deflagram a agregação plaquetária, que pode causar obstrução do fluxo sanguíneo. **F.** O complemento também atrai mais neutrófilos para o local e **(G)** causa degranulação dos mastócitos. **H.** Por fim, as plaquetas e o complemento desencadeiam a retração endotelial. Pode ocorrer morte tecidual se as células forem separadas de seu fluxo sanguíneo.

na urina. Os imunocomplexos também são depositados nas articulações e nos vasos sanguíneos da pele.

As pessoas com doença do soro habitualmente apresentam febre, aumento dos linfonodos, contagem diminuída de leucócitos circulantes e edema no local de injeção. A maioria recupera-se da doença à medida que os complexos são finalmente eliminados do sangue, e ocorre reparo tecidual nos glomérulos. Entretanto, o distúrbio torna-se crônico em muitos pacientes com difteria, visto que eles receberam soro equino diariamente durante o curso da doença.

Hoje em dia, a doença do soro é rara e, em geral, é causada pela segunda exposição a uma substância estranha presente em um produto biológico, como soro equino em uma preparação de vacina. Uma vantagem das vacinas produzidas por engenharia genética é que elas não contêm substâncias estranhas. Quando se contempla o uso de qualquer produto biológico, o paciente deve ser inicialmente avaliado quanto à sua sensibilidade. Deve-se administrar uma pequena quantidade do produto por via intradérmica (dentro da pele) ou intravenosa. Uma reação de pápula e eritema ou uma queda de 20 pontos ou mais na pressão arterial após a injeção intravenosa indicam hipersensibilidade, de modo que o produto não deve ser administrado.

A **reação de Arthus**, assim denominada em homenagem a Arthus, que descobriu, em 1903, que se trata de uma reação local observada na pele após a injeção subcutânea (abaixo da pele) ou intradérmica de uma substância antigênica. A reação ocorre em indivíduos que já possuem grandes quantidades de anticorpos (principalmente IgG) contra o antígeno. Em 4 a 10 horas, observa-se o desenvolvimento de edema e hemorragia em torno do local de injeção, à medida que os imunocomplexos e o complemento deflagram o dano celular e a agregação plaquetária (Figura 19.10). Nas reações graves, minúsculos coágulos causam obstrução dos vasos sanguíneos, e as células normalmente nutridas pelos vasos obstruídos morrem (Figura 19.11). Em raros casos, pode não ocorrer injeção de antígeno. No "pulmão do criador de pombos", o antígeno consiste em proteína inalada de fezes secas de pombo, que desencadeia uma reação de Arthus nos pulmões.

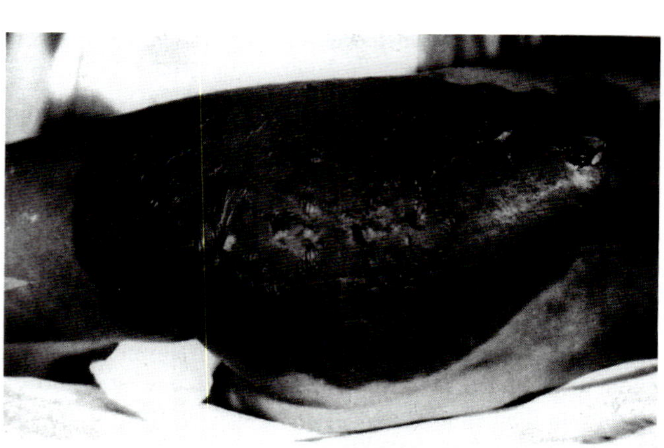

**Figura 19.11 Reação de Arthus.** O paciente apresenta uma extensa área de dano hemorrágico das nádegas, que resultará em necrose e descamação do tecido. *(Reproduzida, com autorização, de F.H. Top, Sr., Communicable and Infectious Diseases, 6th ed. St. Louis, Mosby-Year Book, Inc. 1968.)*

# HIPERSENSIBILIDADE MEDIADA POR CÉLULAS (TIPO IV)

A hipersensibilidade mediada por células (tipo IV) é também denominada **hipersensibilidade tardia**, porque as reações levam mais de 12 horas para se desenvolver. Essas reações são mediadas por células T – especificamente um tipo de célula $T_H1$ [algumas vezes denominada **célula T de hipersensibilidade tardia (TDH)**] –, e não por anticorpos.

## Mecanismo das reações mediadas por células

A hipersensibilidade mediada por células ocorre da seguinte maneira. Por ocasião da primeira exposição, as moléculas de antígeno ligam-se a células apresentadoras de antígeno, que apresentam fragmentos antigênicos às células $T_H1$ (células T inflamatórias) (ver Capítulo 18). Quando as APCs novamente apresentam o mesmo antígeno durante uma segunda exposição subsequente, as células $T_H1$ sensibilizadas liberam várias citocinas, incluindo γ-interferona e fator de inibição da migração (MIF). A γ-interferona estimula os macrófagos a ingerir os antígenos. Se os antígenos estiverem em microrganismos, os macrófagos geralmente, mas nem sempre, os matam. O MIF impede a migração dos macrófagos, de modo que eles permanecem localizados no sítio da reação de hipersensibilidade. Acredita-se que outras citocinas possam causar a própria reação de hipersensibilidade. Essas reações são responsáveis por placas de pele avermelhada em carne viva no eczema, edema e lesões granulomatosas. Esses processos estão resumidos na Figura 19.12.

## Exemplos de distúrbios mediados por células

Três exemplos comuns de hipersensibilidade tardia – dermatite de contato, hipersensibilidade à tuberculina e hipersensibilidade granulomatosa – ilustram a diversidade das reações mediadas por células.

Ocorre **dermatite de contato** em indivíduos sensibilizados na segunda ou subsequente exposição a alergênios, como óleos da hera venenosa, borracha, determinados metais, corantes, sabões, cosméticos, alguns plásticos, medicamentos tópicos e outras substâncias (**Tabela 19.4**). Diferentemente da hipersensibilidade do tipo I, a hipersensibilidade do tipo IV não parece ocorrer em famílias. Moléculas muito pequenas para causar reações imunes atravessam a pele, onde se tornam antigênicas pela sua ligação a proteínas normais nas células de Langerhans da epiderme. Essas células, que possuem antígenos MHC da classe II, migram para os linfonodos, onde atuam como células apresentadoras de antígeno para as células $T_H1$. Nas primeiras 4 a 8 horas após a exposição subsequente, começa a ocorrer uma reação de hipersensibilidade, e observa-se o aparecimento de eczema dentro de 48 horas.

O urushiol, um óleo da hera venenosa, constitui uma importante causa de dermatite de contato nos EUA (Figura 19.13). A maioria das pessoas adquire o veneno da planta por contato direto com as folhas ou outras partes do vegetal; entretanto, algumas inalam a fumaça da queima de galhos que contêm hera venenosa. A hera venenosa é particularmente grave quando gotículas de óleo entram em contato com as membranas respiratórias. A sensibilidade à hera venenosa pode se desenvolver em qualquer idade, mesmo entre indivíduos que tiveram contato com ela sem apresentar nenhuma reação. Uma maneira de minimizar a reação contra a hera venenosa é lavar minuciosamente as áreas expostas com sabão ou detergente forte nos primeiros minutos após o contato, antes da penetração de uma grande quantidade de óleo na pele e sua ligação química às células cutâneas. Após o indivíduo ficar sensibilizado, uma quantidade extremamente pequena de óleo poderá induzir uma reação em uma exposição subsequente. Coçar as lesões não espalha o óleo, porém pode resultar em infecções. O caju e a manga contêm substâncias quimicamente semelhantes ao urushiol, e alguns indivíduos apresentam hipersensibilidade tardia (incluindo distúrbios digestivos) a essas substâncias.

Ocorre **hipersensibilidade à tuberculina** em indivíduos sensibilizados quando são expostos à *tuberculina*, uma lipoproteína antigênica do bacilo da tuberculose *Mycobacterium*

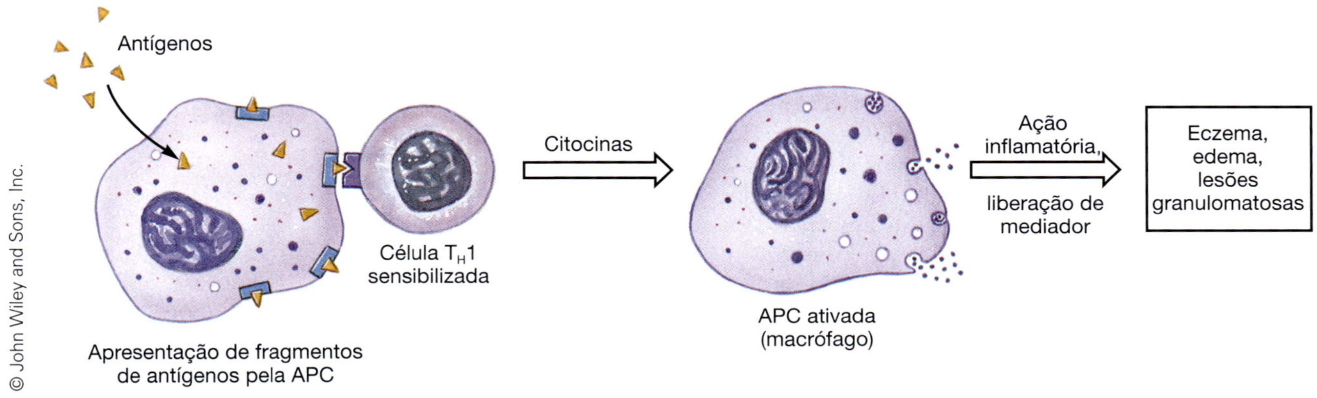


**Figura 19.12 Mecanismo da hipersensibilidade mediada por células ou tardia (tipo IV).** Esse tipo de reação é mediado por células T, e não por células B, como nos tipos I, II e III. As células T que se tornaram sensibilizadas a determinado antígeno liberam citocinas em caso de contato subsequente com o mesmo fragmento antigênico. Essas citocinas provocam reações inflamatórias que atraem os macrófagos até o local. Por meio da degranulação, as APCs liberam mediadores que contribuem para a resposta inflamatória. A dermatite de contato e o exantema causado pela hera venenosa são exemplos de hipersensibilidade mediada por células.

**Tabela 19.4** Alergênios de contato selecionados.

| Alergênio | Fontes comuns de contato |
|---|---|
| Benzocaína | Anestésico tópico |
| Cromo | Joias, relógios, couro tratado com cromo, cimento |
| Formaldeído | Lenços faciais, fortalecedores de unhas, tecidos sintéticos |
| Látex | Luvas cirúrgicas ou para exame |
| Níquel | Joias, relógios, objetos feitos de aço inoxidável e ouro branco |
| Mercaptobenzotiazol | Objetos de borracha |
| Metapirileno | Anti-histamínico tópico |
| Mertiolate | Antisséptico tópico |
| Neomicina | Antibacteriano tópico |
| Oleorresina | Óleo de hera venenosa e plantas semelhantes |

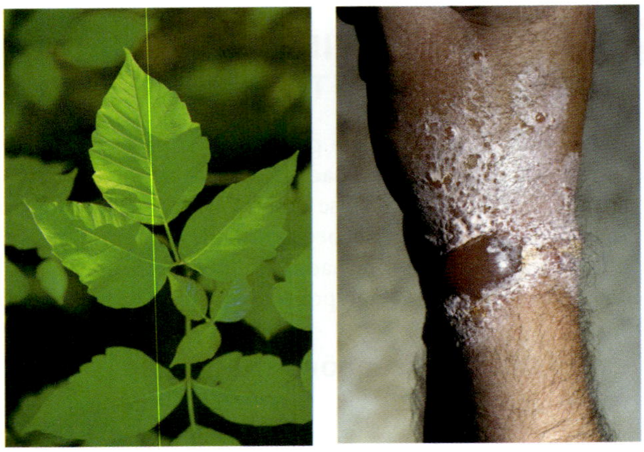

**Figura 19.13 Hipersensibilidade à hera venenosa (tipo IV).** **A.** Hera venenosa (*Toxicodendron radicans*), mostrando as folhas com seus três folíolos característicos. As videiras de hera venenosa também contêm o óleo irritante urushiol, de modo que é importante ser capaz de reconhecê-las no inverno, quando as folhas podem não estar presentes. *(Ed Reschke/Stockbyte/Getty Images.)* **B.** Dermatite causada por hera venenosa, mostrando vesículas cheias de líquido. *(Avalon/Bruce Coleman Inc/Alamy Stock Photo.)*

## APLICAÇÃO NA PRÁTICA

### Hera venenosa? Mas ela não cresce aqui!

Foi observada a ocorrência de uma dermatite de contato semelhante à causada pela hera venenosa em militares norte-americanos no Japão depois da Segunda Guerra Mundial. Surgiram lesões nos cotovelos, nos antebraços e em formato de ferradura nas nádegas e nas coxas. Sabendo que a hera venenosa não crescia no Japão, a equipe médica ficou intrigada. O mistério foi desvendado quando os cientistas descobriram que óleos de uma planta japonesa contendo uma pequena quantidade de urushiol eram usados na fabricação de verniz. Embora a quantidade de urushiol no verniz não fosse suficiente para sensibilizar os japoneses, ela desencadeou uma resposta alérgica nos norte-americanos previamente sensibilizados à hera venenosa. O hábito de descansar os braços em bancadas explicou as lesões que apareciam nos cotovelos e nos antebraços, enquanto o contato com assentos de vasos sanitários explicou as lesões em formado de ferradura.

A **hipersensibilidade granulomatosa**, a mais grave das hipersensibilidades mediadas por células, ocorre geralmente quando os macrófagos englobaram patógenos, porém não conseguiram matá-los. No interior dos macrófagos, os patógenos protegidos sobrevivem e, algumas vezes, continuam se multiplicando. As células $T_H1$ sensibilizadas a um antígeno do patógeno desencadeiam a reação de hipersensibilidade, atraindo vários tipos de células para a pele ou para os pulmões. Observa-se o desenvolvimento de um granuloma na *tuberculosis*. Antígenos semelhantes provenientes da bactéria causadora da hanseníase (*Mycobacterium leprae*) e do protozoário que causa leishmaniose (*Leishmania tropica*) produzem reações semelhantes em indivíduos sensibilizados. O antígeno ativa as células $T_H1$, as quais, por sua vez, liberam citocinas que levam um grande número de linfócitos, monócitos e macrófagos a infiltrar a derme. Os tecidos normalmente frouxos da pele formam então uma região elevada, dura e algumas vezes vermelha, denominada **induração** (Figura 19.14). No **teste cutâneo de tuberculina**, injeta-se por via subcutânea um derivado proteico purificado (PPD) de *Mycobacterium tuberculosis*. Se um indivíduo tiver sido exposto à bactéria ou tiver recebido a vacina BCG, ele formará uma induração nas primeiras 48 horas. O diâmetro e a elevação da induração, e não a vermelhidão, indicam se há necessidade de testes adicionais.

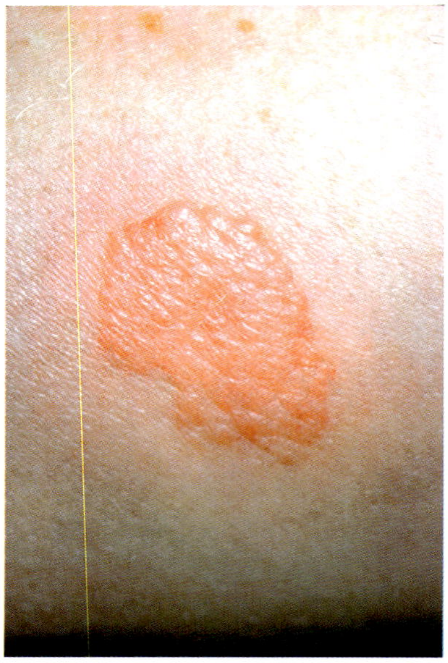

**Figura 19.14 Reação positiva do teste cutâneo da tuberculina.** A área elevada de endurecimento deve ser observada e medida depois de 48 a 72 horas. Uma reação positiva deve medir 5 mm ou mais; uma reação é negativa quando a medida é de 2 mm ou menos; uma medida de 3 e 4 mm é considerada duvidosa. *(Mediscan/Alamy Stock Photo.)*

**Tabela 19.5** Características dos tipos de hipersensibilidade.

| | Tipo I | Tipo II | Tipo III | Tipo IV |
|---|---|---|---|---|
| **Característica** | Imediata | Citotóxica | Imunocomplexos | Mediada por células |
| **Principais mediadores** | IgE | IgG, IgM | IgG, IgM | Células T |
| **Outros mediadores** | Mastócitos, basófilos, histamina, prostaglandinas, leucotrienos | Complemento | Complemento, fatores inflamatórios, eosinófilos, neutrófilos | Linfocinas, macrófagos |
| **Antígeno** | Solúvel ou particulado | Na superfície das células | Solúvel ou particulado | Na superfície das células |
| **Tempo de reação** | Desde alguns segundos a 30 min | Variável, geralmente horas | 3 a 8 h | 24 h ou 4 ou mais semanas |
| **Natureza da reação** | Pápula e eritema locais, restrição das vias respiratórias, choque anafilático | Aglutinação dos eritrócitos, destruição celular | Efeitos da inflamação aguda | Destruição celular mediada por células |
| **Tratamento** | Dessensibilização, anti-histamínicos, esteroides | Esteroides | Esteroides | Esteroides |

pele (leproma) ou no pulmão (tubérculo). Esse tipo de hipersensibilidade é o mais tardio de todos e aparece 4 semanas ou mais após a exposição ao antígeno. Esses estímulos antigênicos persistentes e crônicos também são típicos da listeriose, uma doença bacteriana, bem como de muitas infecções fúngicas e por helmintos.

A **Tabela 19.5** fornece um resumo das características dos quatro tipos de hipersensibilidade.

**PARE e RESPONDA**

1. Liste os quatro tipos de hipersensibilidade e seus nomes. Quais são os principais mediadores de cada um deles?
2. Quais são os sinais e os sintomas da anafilaxia?
3. Como surge a doença hemolítica do recém-nascido? Como ela pode ser evitada?

# DOENÇAS AUTOIMUNES

Ocorrem **doenças autoimunes** quando os indivíduos se tornam hipersensíveis a antígenos específicos nas células ou tecidos de seus próprios corpos, apesar dos mecanismos que normalmente criam tolerância a esses antígenos próprios. Os antígenos desencadeiam uma resposta imune, em que são produzidos **autoanticorpos**, isto é, anticorpos dirigidos contra os próprios tecidos. A resposta autoimune também pode ser mediada por células T. Essas doenças caracterizam-se por destruição celular em vários tipos de reações de hipersensibilidade. Embora as doenças autoimunes surjam em consequência de uma resposta a um antígeno próprio, elas variam ao longo de um largo espectro – desde as que afetam um único órgão ou tecido (específicas de determinado órgão) até as que são sistêmicas, afetando muitos órgãos e tecidos (**Tabela 19.6**). Existem 80 a 100 doenças autoimunes diferentes, e há suspeita da existência de pelo menos mais 40. Setenta e cinco por cento dos indivíduos afetados são mulheres.

## Autoimunização

A **autoimunização** é o processo pelo qual ocorre desenvolvimento de hipersensibilidade ao "próprio". Essa resposta é habitualmente sustentada e duradoura e pode causar dano tecidual. Os imunologistas estão começando a entender melhor esse processo. Existem provavelmente vários mecanismos diferentes de autoimunidade:

1. Os *fatores genéticos* podem predispor um indivíduo a doenças autoimunes. Por exemplo, os filhos de um genitor que possui autoanticorpos contra um único órgão têm tendência a desenvolver autoanticorpos contra o mesmo órgão ou contra um órgão diferente. Como veremos adiante, os indivíduos que possuem genes para determinados antígenos de histocompatibilidade correm um risco maior do que o normal de desenvolver determinados distúrbios autoimunes.
2. Além dos fatores genéticos predisponentes, pode ocorrer **mimetismo antigênico**, ou *molecular*. As células $T_H$ podem atacar antígenos teciduais que são semelhantes aos antígenos de alguns patógenos. Algumas crianças que sofrem de febre reumática (causada por *Streptococcus pyogenes*) desenvolvem cardiopatia reumática em uma fase posterior da vida. Por alguma razão, o sistema imune desses indivíduos "enxerga" o tecido das valvas cardíacas como semelhante a determinados antígenos estreptocócicos e, assim, ataca as valvas cardíacas.
3. O timo é fundamental para o desenvolvimento normal das células T. Além das células $T_H$ que reconhecem antígenos não próprios, as que reconhecem antígenos próprios podem existir se a *deleção clonal* não conseguir remover essas células T autorreativas (ver Capítulo 18). Se sobreviverem e proliferarem, podem atacar os antígenos próprios e desencadear a ativação das células B, com produção de anticorpos.

**Tabela 19.6** Espectro das doenças autoimunes.

| Doença | Órgão(s) ou tecidos afetados | Alvo do autoanticorpo |
|---|---|---|
| **Doenças que acometem órgãos específicos** | | |
| Doença de Addison | Glândulas suprarrenais | Proteínas das glândulas suprarrenais |
| Anemia hemolítica autoimune | Eritrócitos | Proteínas da membrana dos eritrócitos |
| Glomerulonefrite | Rins | Reatividade cruzada de estreptococos com o rim |
| Doença de Graves | Glândula tireoide | Receptor do hormônio tireoestimulante |
| Tireoidite de Hashimoto | Glândula tireoide | Tireoglobulina |
| Púrpura trombocitopênica idiopática | Plaquetas sanguíneas | Glicoproteínas das plaquetas |
| Diabetes juvenil (tipo 1) | Pâncreas | Células beta e insulina |
| Miastenia *gravis* | Músculos esqueléticos | Receptor de acetilcolina |
| Anemia perniciosa | Estômago | Sítio de ligação da vitamina $B_{12}$ |
| Encefalomielite pós-vacinal/pós-infecção | Mielina | Reatividade cruzada do sarampo com a mielina |
| Menopausa prematura | Ovários | Corpo lúteo |
| Febre reumática | Coração | Reatividade cruzada de estreptococos com o coração |
| Infertilidade masculina espontânea | Testículos | Espermatozoides |
| Retocolite ulcerativa | Cólon | Células do cólon |
| **Doenças sistêmicas (disseminadas)** | | |
| Síndrome de Goodpasture | Membranas basais | Membrana basal |
| Polimiosite/dermatomiosite | Músculos e pele | Núcleos celulares |
| Artrite reumatoide | Articulações | Núcleos celulares, gamaglobulinas |
| Esclerodermia | Tecidos conjuntivos | Nucléolos |
| Síndrome de Sjögren | Glândulas lacrimais e salivares | Núcleos celulares |
| Lúpus eritematoso sistêmico | Muitos tecidos | Núcleos celulares, histonas |

Os antígenos escondidos nos tecidos e que não têm contato com as células B ou T durante o desenvolvimento do sistema imune ou a deleção clonal podem ser liberados por meio de lesão física. Em seguida, esses antígenos serão percebidos como estranhos pelo sistema imune (ver o boxe "Cegueira simpática").

4. As mutações podem dar origem a proteínas aberrantes às quais as células B reagem, produzindo plasmócitos que formam autoanticorpos.
5. Os componentes virais inseridos nas membranas das células do hospedeiro podem atuar como antígenos, ou podem ocorrer depósitos de complexos de vírus-anticorpo nos tecidos.
6. O sistema nervoso simpático, que, juntamente com o sistema parassimpático, controla as funções corporais internas, ajuda a regular o sistema imune. Quando ocorre dano ao sistema nervoso simpático, o número de células T reguladoras diminui.

## Exemplos de doenças autoimunes

As doenças autoimunes em geral são distúrbios inflamatórios crônicos, com sintomas que podem, de modo alternado, agravar-se ou melhorar. Afetam cerca de 6% de todos os seres humanos e podem acometer um ou muitos órgãos.

Analisaremos agora três outros exemplos para ilustrar a diversidade dessas doenças.

### Miastenia *gravis*

A **miastenia *gravis*** é uma doença autoimune que afeta aproximadamente 75.000 norte-americanos, ou 14 a 20 em cada 10.000 indivíduos. Afeta principalmente mulheres na faixa dos 20 e 30 anos de idade e homens na faixa de 40 e 50 anos. A doença afeta em geral os músculos esqueléticos dos membros e aqueles envolvidos nos movimentos oculares, na fala e na deglutição. Os principais sintomas da doença consistem em fraqueza progressiva e fadiga muscular. As pálpebras caídas e a diplopia são comuns.

Para que ocorra contração normal dos músculos, os neurônios secretam o neuro-hormônio acetilcolina através da junção comunicante entre o neurônio e o músculo (**Figura 19.15A**). Quando os receptores de acetilcolina nas células musculares ligam-se à acetilcolina, ocorre contração muscular. As evidências sugerem que, nos indivíduos portadores de miastenia *gravis*, a contração muscular é impedida por autoanticorpos IgG, que bloqueiam o receptor de acetilcolina ou que provocam uma redução no número desses receptores (**Figura 19.15B**). De fato, a maioria dos pacientes miastênicos possui apenas 30 a 50% dos receptores encontrados em indivíduos não afetados.

Embora a miastenia *gravis* seja uma das doenças autoimunes mais bem compreendidas, ainda não foi bem elucidada a razão pela qual há formação de autoanticorpos. Uma possibilidade é que a produção de autoanticorpos seja desencadeada por uma resposta imune contra um vírus ou bactéria infecciosos

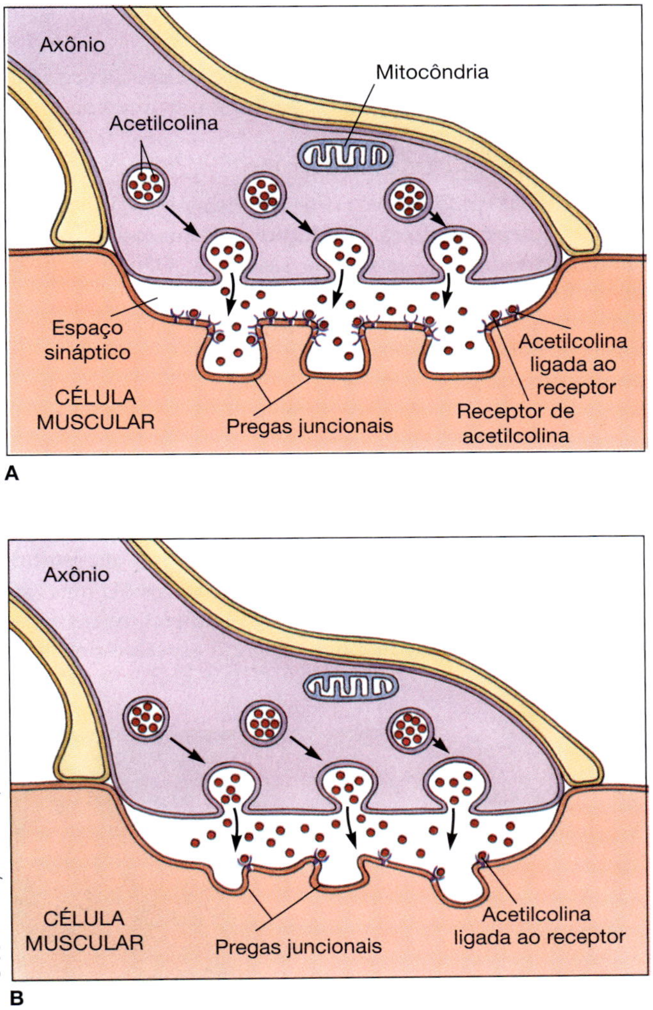




**Figura 19.15 Miastenia *gravis*.** Essa doença envolve uma perda dos receptores de acetilcolina da junção neuromuscular. **A.** Uma junção neuromuscular de funcionamento normal possui numerosos receptores de acetilcolina, que se ligam à acetilcolina. **B.** Os pacientes miastênicos apresentam um número significativamente menor de receptores de acetilcolina.

que possuem antígenos que simulam parte do receptor de acetilcolina. A miastenia *gravis* era outrora considerada uma doença fatal ou incapacitante. Hoje em dia, os pacientes miastênicos podem ser tratados com fármacos ou com esteroides imunossupressores, de modo que podem ter uma vida normal. Entretanto, não se dispõe de nenhum meio para impedir a formação de autoanticorpos ou de removê-los uma vez produzidos. A maioria dos indivíduos com miastenia *gravis* apresenta tumores (benignos e, algumas vezes, malignos) do timo. Algumas vezes, a retirada cirúrgica do timo leva à cura, e, até mesmo em pacientes sem tumores, a remoção da glândula melhora os sintomas em mais da metade dos pacientes.

Apesar da fraqueza muscular, muitas mulheres com miastenia *gravis* têm filhos. Os lactentes dessas mulheres apresentam fraqueza muscular temporária; assemelham-se a pequenas bonecas de pano durante as primeiras semanas de vida. Provavelmente, um pequeno número de autoanticorpos da mãe atravessa a placenta, afetando o feto. Aparentemente, os imunocomplexos não provocam dano permanente aos neurônios fetais, visto que os lactentes recuperam logo a função muscular normal.

## APLICAÇÃO NA PRÁTICA

### Cegueira simpática

As proteínas da lente normalmente estão confinadas dentro da cápsula da lente do olho. Como nunca são expostas aos linfócitos durante o desenvolvimento, o sistema imune nunca adquire tolerância a elas. Algumas vezes, a ocorrência de lesão ocular resulta em extravasamento dessas proteínas na corrente sanguínea, onde desencadeiam uma resposta imune. Os anticorpos produzidos dessa maneira atacam então as proteínas no olho não lesionado. Como a circulação (que transporta anticorpos) tende a ser melhor no olho normal, a resposta imune no olho sadio pode ser mais intensa do que no olho lesionado. Esse fenômeno algumas vezes leva à cegueira simpática, ou perda da visão no olho não lesionado.

## Artrite reumatoide

Diferentemente da miastenia *gravis*, que afeta um único órgão, a **artrite reumatoide (AR)** afeta sobretudo as articulações das mãos e dos pés, embora possa se estender para outros tecidos. As articulações nos lados opostos do corpo estão, em geral, igualmente afetadas, em pares. De todas as formas de artrite, a AR é a que tem mais probabilidade de resultar em incapacidades deformantes e de se desenvolver cedo durante a vida (entre 30 e 40 anos de idade). Trata-se de uma das doenças autoimunes mais comuns, que afeta cerca de 2 milhões de norte-americanos. É duas a três vezes mais prevalente nas mulheres do que nos homens.

A AR caracteriza-se por inflamação e destruição da cartilagem das articulações, causando frequentemente deformidades nos dedos das mãos (**Figura 19.16**). Apesar das pesquisas contínuas, a causa da AR permanece desconhecida. Alguns pesquisadores acreditam que a causa seja um microrganismo infeccioso (micoplasma ou vírus), levando a um mimetismo antigênico e, por fim, a um ataque dos antígenos próprios. Outros acreditam que um antígeno próprio seja reconhecido pelo sistema imune como estranho. Qualquer que seja o estímulo envolvido, as células $T_H1$ reconhecem um antígeno próprio juntamente com o MHC presente na articulação. A interação das células $T_H1$ com o antígeno leva à liberação de citocinas, que dão início a uma inflamação local na articulação. Isso atrai leucócitos polimorfonucleares e macrófagos, cujas atividades causam dano à cartilagem na articulação. Essas atividades podem incluir a liberação de enzimas de degradação dos lisossomos (ver Capítulo 5). Os indivíduos com AR também apresentam uma resposta das células B dependente das células $T_H2$ à porção Fc da IgG. A formação de imunocomplexos IgM:IgG também provoca dano à articulação. Esses autoanticorpos, denominados **fatores reumatoides**, são utilizados como teste diagnóstico para a AR. Todas essas enzimas, fatores e células aumentam a resposta inflamatória, resultando em edema e dor nas articulações.

Embora não exista cura para a AR, o tratamento pode aliviar os sintomas. A hidrocortisona diminui a inflamação e reduz o dano à articulação, porém o seu uso a longo prazo enfraquece os ossos e causa efeitos colaterais indesejáveis, como redução das respostas imunes normais. O ácido

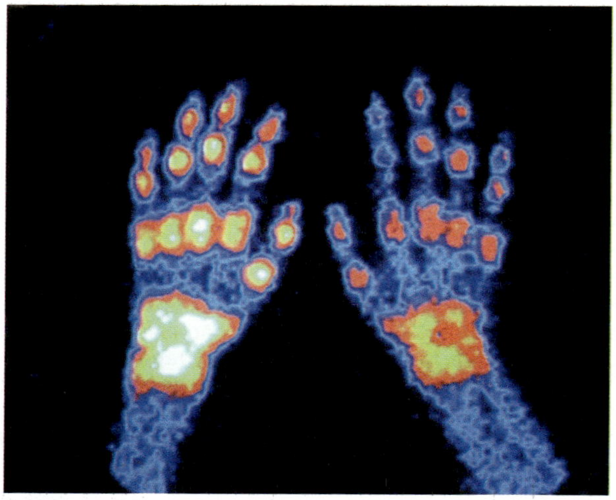

A

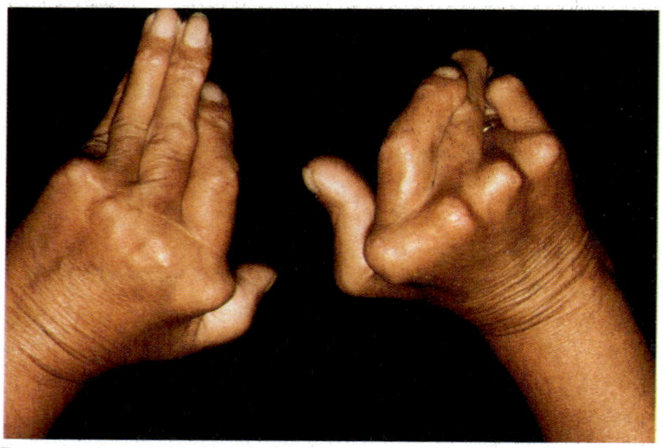

B

**Figura 19.16 Artrite reumatoide.** A inflamação articular é típica em indivíduos que sofrem de artrite reumatoide (**B**). Em muitos casos, a inflamação e a destruição das articulações são tão graves, que resultam em deformidade dos dedos. Nessa fotografia por raios gama (**A**) as articulações intumescidas aparecem como manchas brilhantes. *(Imagem superior: SPL/Science Source; imagem inferior. Dr. Allan Harris/Medical Images.)*

## APLICAÇÃO NA PRÁTICA

### Um antigo fármaco para hanseníase pode tratar algumas doenças autoimunes

A clofazimina, um antibacteriano criado na década de 1890 para uso contra a hanseníase, recebeu um novo alvo. Durante um rastreamento de rotina de milhares de fármacos antigos aprovados pela FDA, foi constatado que a clofazimina apresenta um efeito notável sobre uma via molecular que guia a resposta imune. É necessário um acúmulo prolongado de cálcio no interior das células imunes para ativar a resposta imune. A clofazimina bloqueia a entrada de cálcio nessas células e interrompe a via de sinalização envolvida nas doenças autoimunes. Assim, enquanto as empresas farmacêuticas gastam milhões de dólares em pesquisa na busca de novos fármacos, temos um deles, já aprovado, descansando na prateleira há mais de um século! Agora, deverá ser testado para a esclerose múltipla, a psoríase e o diabetes tipo 1.

acetilsalicílico diminui a inflamação e reduz a dor, com menos efeitos colaterais. A fisioterapia é utilizada para manter as articulações móveis. Nos casos graves, a reposição cirúrgica das articulações danificadas pode restaurar o movimento.

## Lúpus eritematoso sistêmico

Cerca de 1,5 milhão de norte-americanos (5 milhões no mundo inteiro) sofrem de **lúpus eritematoso sistêmico (LES)**, uma doença autoimune sistêmica. O nome provém do exantema avermelhado (eritematoso), que se assemelha a uma máscara de lobo (*lupus*, do latim "lobo"). O exantema em forma de borboleta aparece no nariz e nas bochechas em cerca de 30% dos pacientes com LES (Figura 19.17) e piora na luz do sol. O LES é 10 a 20 vezes mais frequente nas mulheres do que nos homens, e 90% dos casos ocorrem em mulheres durante os anos reprodutivos. Os afro-americanos e os asiáticos são afetados duas a três vezes mais frequentemente do que os indivíduos de outras raças.

No LES, os autoanticorpos (IgG, IgM, IgA) são produzidos principalmente contra componentes do DNA, mas também são formados contra as células sanguíneas, os neurônios e outros tecidos. À medida que ocorre o processo normal de

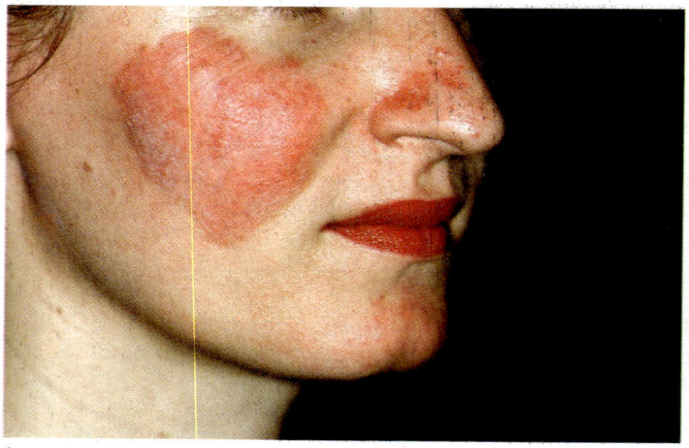

A

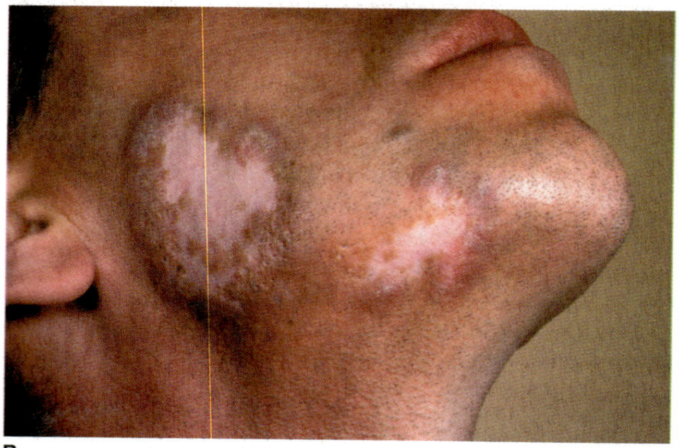

B

**Figura 19.17 Lúpus eritematoso.** O exantema característico em forma de borboleta do lúpus eritematoso sistêmico aparece (**A**) vermelho em pessoas de pele clara *(ISM/Medical Images)*, (**B**) porém branco nos indivíduos de pele escura. *(ISM/Medical Images.)*

morte das células (pele, intestino, rim), anticorpos anti-DNA atacam os restos dessas células. Ocorre depósito de imunocomplexos entre a derme e a epiderme, bem como nos vasos sanguíneos, nas articulações, nos glomérulos renais e no sistema nervoso central. Esses imunocomplexos causam inflamação e interferem nas funções normais nesses locais.

A inflamação dos vasos sanguíneos, das válvulas cardíacas e das articulações constituem efeitos comuns de interferência. A artrite constitui a característica clínica mais comum do LES; uma manifestação cutânea comum consiste em exantema irregular na parte superior do tórax e membros. Com frequência, esse exantema é precipitado pela exposição à luz do sol. A maioria dos pacientes com LES acaba morrendo de insuficiência renal, à medida que os glomérulos não conseguem remover os resíduos do sangue. Entre os indivíduos com LES, os homens tendem a exibir uma forma *discoide* não sistêmica da doença. Essa forma da doença produz lesões cutâneas em formato de disco e é menos grave do que a forma sistêmica nos seus efeitos colaterais.

O LES não tem cura. O tratamento depende das características individuais da doença. Podem-se incluir antipiréticos para controlar a febre, corticosteroides para reduzir a inflamação e agentes imunossupressores para impedir ou diminuir outras reações autoimunes.

## TRANSPLANTE

O **transplante** consiste na transferência de tecido, denominado **enxerto de tecido**, de um local para outro. O **autoenxerto** envolve o enxerto de tecido de uma parte do corpo para outra – por exemplo, o uso da pele do tórax de um paciente para ajudar a reparar o dano de uma queimadura na perna. Um enxerto entre indivíduos geneticamente idênticos (gêmeos idênticos nos seres humanos ou membros de cepas de animais altamente consanguíneos) é denominado **isoenxerto** (*iso*, do grego "igual"). Um enxerto realizado entre duas pessoas que não são geneticamente idênticas é denominado **aloenxerto** (*allo*, do grego "diferente"). A maioria dos transplantes de órgãos pertence a essa categoria. Um transplante entre indivíduos de diferentes espécies animais é conhecido como **xenoenxerto** (*xeno*, do grego "estranho").

Os primeiros experimentos de transplante envolveram o enxerto de pele de um animal para outro da mesma espécie. No início, os enxertos tinham aparência saudável; todavia, em poucos dias a algumas semanas, tornavam-se inflamados e caíam. Essa reação, que a princípio se acreditou que fosse devida a uma infecção, denominada **rejeição do transplante**, é agora reconhecida como resultado da destruição do tecido enxertado pelo sistema imune do receptor (*i. e.*, do hospedeiro). Esse processo, que depende de células T, também é responsável pela rejeição da maioria dos transplantes de órgãos nos seres humanos. Os transplantes reconhecidos como não próprios são rejeitados.

Um efeito muito menos comum do transplante é a **doença de enxerto-*versus*-hospedeiro (DEVH)**, em que o tecido transplantado contém células T imunocompetentes, que desencadeiam uma resposta mediada por células contra os tecidos do receptor. Essa resposta é observada, com mais frequência, quando pacientes imunodeficientes recebem transplantes de medula óssea e, naturalmente, são incapazes de rejeitar os tecidos do enxerto que estão rejeitando o seu novo hospedeiro. Em seguida, as células do hospedeiro chegam ao local da reação, atraídas por citocinas liberadas pelas células T do doador. Nesse local, as células do hospedeiro são responsáveis pela maior parte da destruição tecidual. Em consequência, isso provoca aumento de tamanho do fígado, do baço e dos linfonodos, anemia, diarreia, perda de peso e, nos casos graves, morte do receptor do enxerto. A DEVH era mais comum antes da introdução dos fármacos imunossupressores que bloqueiam as respostas imunológicas

### Antígenos de histocompatibilidade

Todas as células humanas e as de todos os outros vertebrados possuem um conjunto de antígenos próprios, denominados **antígenos de histocompatibilidade** (*histo*, do latim, "tecido"). Os genes que produzem essas moléculas são denominados **complexo principal de histocompatibilidade (MHC)**. Apenas os gêmeos idênticos possuem exatamente as mesmas moléculas do MHC, enquanto todos os membros de uma família apresentam uma mistura de moléculas semelhantes e diferentes do MHC. Esses antígenos estão localizados na superfície das células, incluindo as células dos rins, do coração e de outros órgãos comumente transplantados. Se os antígenos de histocompatibilidade do doador e do receptor forem diferentes, como provavelmente o são quando doadores e receptores não são aparentados, as células T do receptor reconhecem essas células como estranhas e destroem o tecido do doador.

Para tentar impedir a rejeição de aloenxertos, é necessário determinar se o enxerto possui antígenos de histocompatibilidade não encontrados no receptor. À semelhança dos antígenos eritrocitários, os de histocompatibilidade podem ser identificados por meio de exames laboratoriais, de modo que os tecidos do doador e do receptor possam ser o mais rigorosamente compatíveis. Esses testes constituem um dos vários métodos de *tipagem tecidual* ou teste de compatibilidade dos tecidos do doador e do receptor. Como os primeiros estudos conduzidos em seres humanos envolveram a reação de anticorpos contra leucócitos, as moléculas do MHC nas células humanas são denominadas **antígenos leucocitários humanos (HLAs)**. Os HLAs humanos são determinados por um conjunto de genes localizados no cromossomo 6. São designados como A, B, C e D (**Figura 19.18**). A informação existente em cada gene especifica um determinado antígeno. Por exemplo, o HLA-B é tão altamente variável que existem alelos para 51 antígenos diferentes. De modo global, cerca de 120 antígenos diferentes são reconhecidos nos seres humanos e produzidos a partir dos genes HLA, resultando em um grau muito alto de variabilidade genética entre pessoas no que concerne aos tipos teciduais.

Para a tipagem tecidual, seria impossível efetuar uma tipagem completa de todos os HLAs existentes em um indivíduo. Entretanto, sabe-se que os antígenos HLA-DR são os que geram as reações de rejeição mais fortes. Assim, os tecidos de possíveis receptores de transplante são tipados para os 20 antígenos HLA-DR presentes. Quando um órgão de um doador se torna disponível, ele também é tipado. Esse órgão será transplantado no receptor cujos antígenos exibem a maior correspondência. Esse procedimento reduz as

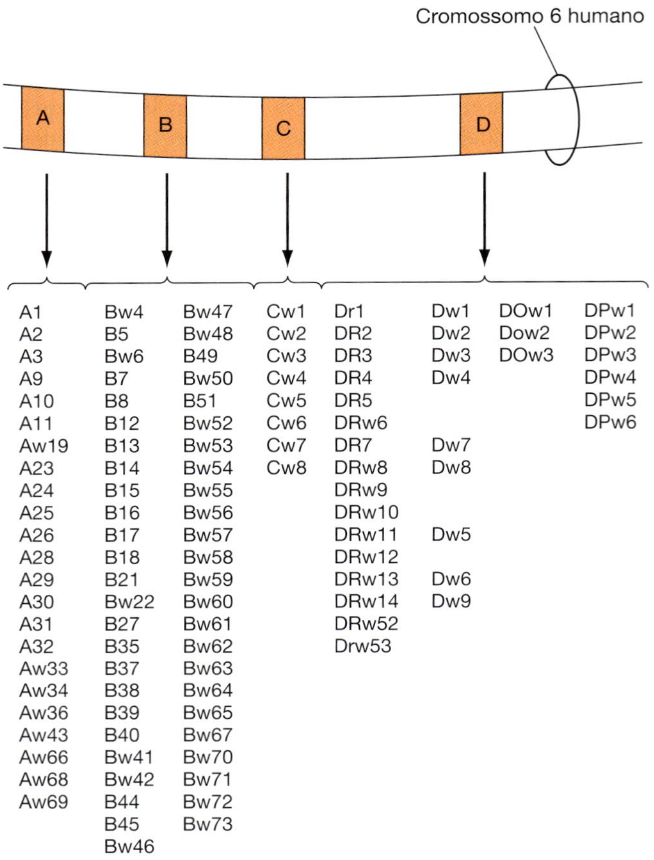




**Figura 19.18 Genes HLA e os diferentes antígenos que podem ser produzidos em cada sítio ao longo do cromossomo 6 humano.**

probabilidades de rejeição. Os gêmeos idênticos são os mais compatíveis para aloenxertos, visto que todos os seus antígenos HLA são os mesmos; entretanto, os irmãos dos mesmos pais podem apresentar alguns antígenos HLA compatíveis em comum. A presença de determinados antígenos HLA está associada a um risco maior do que o normal de desenvolver determinada doença (Figura 19.19), e muitas dessas doenças são autoimunes.

## Rejeição de transplantes

À semelhança de outras reações imunes, a rejeição de transplantes exibe especificidade e memória (ver Capítulo 18). Em geral, a rejeição está associada a antígenos HLA-DR não compatíveis. Determinadas células que apresentam antígenos aos fagócitos aumentam a probabilidade de rejeição. O fato de que os antígenos HLA-DR sejam encontrados nas células T e nos macrófagos responsáveis pelas reações de rejeição pode explicar por que esses antígenos são tão importantes na rejeição de enxertos.

As células T são responsáveis pela rejeição de enxertos de tecidos sólidos, como os rins, o coração, a pele e outros órgãos. Em experimentos animais, os aloenxertos são mantidos por animais que não têm células T, enquanto são rejeitados por aqueles desprovidos de células B. Mais especificamente, as células $T_H2$ levam à rejeição (Figura 19.20). Essas células ajudam a estimular as células T citotóxicas ($T_C$), que rejeitam o transplante por meio de citotoxicidade mediada por células. As células $T_H2$ também podem ativar as células B a produzir plasmócitos e anticorpos, que causam rejeição por meio de dano lítico. Os macrófagos que são ativados pelas células $T_H1$ secretam mediadores inflamatórios e causam dano citotóxico ao transplante. As células *NK* também podem atuar na rejeição do transplante.

O tempo necessário para que ocorra rejeição varia de alguns minutos a meses. A *rejeição hiperaguda*, que é uma reação de hipersensibilidade citotóxica, ocorre quando o receptor já está sensibilizado por ocasião em que o enxerto é realizado. Por exemplo, nos transplantes de rim, em que o enxerto é imediatamente suprido com sangue do hospedeiro, ocorre extensa destruição tecidual no decorrer de poucos minutos a horas. (Entretanto, os transplantes de córnea não são rejeitados, visto que a córnea não apresenta vasos sanguíneos, e os anticorpos são incapazes de alcançá-la.) A *rejeição acelerada* leva vários dias, visto que requer que as células alcancem o enxerto. A *rejeição aguda* ocorre em alguns dias a semanas, exigindo sensibilização das células T após o transplante. A rejeição que começa no decorrer de meses a anos após a realização do transplante representa uma *rejeição crônica*. Esse processo lento é típico dos transplantes cardíacos e renais, em que uma interação entre o sistema imune e o transplante leva a uma disfunção final do transplante.

## Tolerância do feto durante a gravidez

Tendo em vista que metade dos genes de um feto não provém de sua mãe e que um grande número desses genes são seguramente estranhos para ela, como essa mãe não rejeita e aborta esse feto "não próprio"? Em alguns casos de mulheres com aborto espontâneo crônico, isso pode ser o que elas *estejam* fazendo. Entretanto, para que a raça humana continue existindo, o feto de algum modo precisa ser tolerado. Com base em gestações com incompatibilidade Rh, sabemos que as mães *são* capazes de produzir anticorpos contra proteínas fetais estranhas quando estas invadem a sua corrente sanguínea. Por que não há produção de células T citotóxicas e células *NK* dirigidas contra o feto? Embora ainda não tenhamos um entendimento completo da situação, podemos dizer que o feto ocupa um "*sítio imunologicamente privilegiado*", com múltiplos fatores atuantes. As células na superfície e no interior da parte fetal da placenta não expressam moléculas do MHC. E algumas autoridades acreditam que determinadas moléculas HLA possam impedir as células *NK* maternas de destruir as células fetais. A alfafetoproteína, uma proteína produzida pelo feto, demonstrou ter propriedades imunossupressoras. As citocinas, os inibidores do complemento e não se sabe o que mais podem todos desempenhar um papel na manutenção da segurança do feto.

Curiosamente, as mulheres cujos tipos teciduais são mais rigorosamente semelhantes aos do parceiro sofrem abortos espontâneos e infertilidade. Acredita-se que a "natureza estranha" dos espermatozoides possa desencadear a produção materna de anticorpos bloqueadores que irão proteger o feto. Se as células forem muito semelhantes, não haverá produção suficiente de anticorpos bloqueadores.

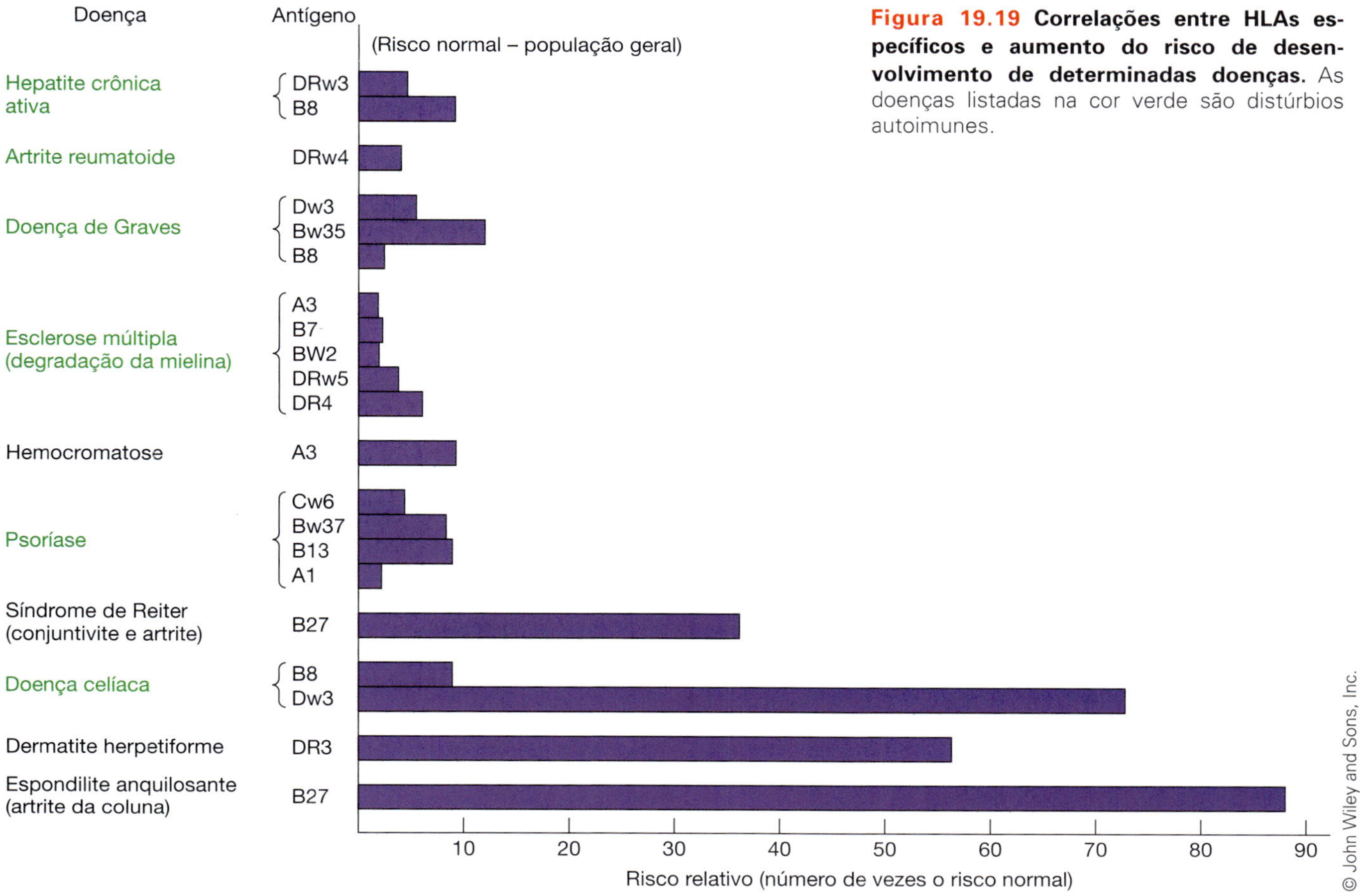


**Figura 19.19 Correlações entre HLAs específicos e aumento do risco de desenvolvimento de determinadas doenças.** As doenças listadas na cor verde são distúrbios autoimunes.

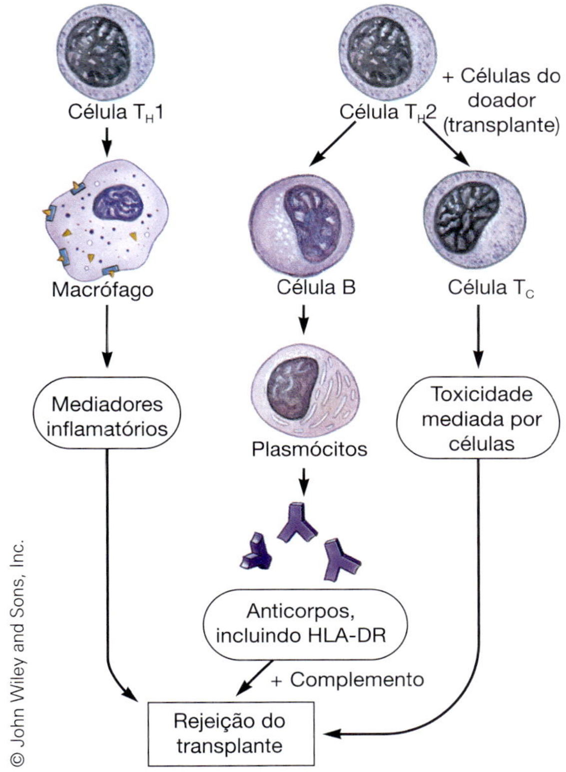


**Figura 19.20 Rejeição de transplantes.** Uma combinação de reações imunes tanto mediadas por células quanto humorais é responsável pela rejeição dos transplantes. As células $T_H1$ (células T inflamatórias) ativam os macrófagos, que produzem mediadores inflamatórios. As células $T_H2$ desencadeiam a ativação das células $T_C$ e B. A ativação das células B leva à produção de plasmócitos que sintetizam anticorpos, incluindo anti-HLA-DR. Os mediadores inflamatórios, a toxicidade mediada por células $T_C$ e os anticorpos, juntamente com o complemento, levam à rejeição do transplante.

## Imunossupressão

Quando um paciente é submetido a transplante de um órgão, os antígenos HLA do doador provavelmente não serão totalmente compatíveis. Desse modo, é importante impedir a ocorrência de reações imunes que destruiriam o órgão. A redução máxima das reações imunes é denominada **imunossupressão**. De modo ideal, a imunossupressão deve ser tão específica quanto possível – ela deve fazer com que o sistema imune tolere apenas os antígenos no tecido transplantado e permitir que ele continue respondendo aos agentes infecciosos.

Na prática, a radiação ou os fármacos citotóxicos, ambos os quais reduzem as respostas imunes, são utilizados para minimizar as reações de rejeição. A *radiação* (raios X) dos tecidos linfoides suprime o sistema imune, impedindo a rejeição.

## APLICAÇÃO NA PRÁTICA

### O disfarce dos tecidos ajuda nos transplantes

Os tecidos transplantados são rejeitados porque o sistema imune do receptor os reconhece como estranhos. Entretanto, os cientistas conseguiram disfarçar células estranhas, cobrindo as HLAs que atuam como antígenos e desencadeiam o processo de rejeição. Em geral, a ligação de anticorpos a antígenos nas células inicia um processo que leva à morte das células. Os pesquisadores modificaram os anticorpos de modo que, embora os anticorpos se encaixem firmemente nas proteínas de superfície das células estranhas, eles não destroem as células. Células pancreáticas humanas com proteínas HLA assim "cobertas" foram transplantadas em camundongos. O sistema imune do camundongo ignorou as células humanas, permitindo a sua sobrevivência e produzindo insulina por mais 6 meses. Pesquisas adicionais poderão finalmente oferecer transplantes para o tratamento do diabetes. Uma vantagem no uso de células disfarçadas é que os imunossupressores atualmente utilizados nos transplantes se tornarão desnecessários. Esses fármacos, que são algumas vezes administrados pelo resto da vida dos pacientes, os deixam altamente vulneráveis a infecções e, com frequência, causam outros efeitos colaterais indesejáveis, incluindo predisposição ao câncer.

A radiação também destrói outras funções linfoides, incluindo a capacidade do sistema imune de reconhecer microrganismos infecciosos. Os **fármacos citotóxicos**, como a azatioprina e o metotrexato, danificam muitos tipos de células. Entretanto, pela sua capacidade de interferir na síntese do DNA, esses fármacos causam maior dano às células que sofrem rápida divisão. Como as células B e as células T dividem-se rapidamente após sensibilização, os fármacos exercem um efeito um tanto seletivo sobre o sistema imune.

A radiação e os fármacos citotóxicos comprometem as respostas das células T às infecções. Por outro lado, a ciclosporina A (CsA), um peptídio derivado de fungo, suprime as células T, porém não as mata, e não afeta as células B. É particularmente útil na prevenção da rejeição de transplantes: permite que as células T recuperem a sua função após a interrupção do fármaco e não diminui a resistência às infecções proporcionada pelas células B. O uso de fármacos imunossupressores, sobretudo a CsA, aumentou acentuadamente a taxa de sucesso dos transplantes de órgãos. Entretanto, a CsA pode aumentar o risco do receptor de transplante de desenvolver câncer.

## REAÇÕES A FÁRMACOS

As moléculas de fármacos são, em sua maioria, muito pequenas para atuar como alergênios. Entretanto, quando um fármaco se combina com uma proteína, o complexo proteína-fármaco algumas vezes pode induzir hipersensibilidade. Todos os quatro tipos de hipersensibilidade já foram observados nas reações a fármacos.

A hipersensibilidade do tipo I pode ser causada por vários tipos de fármacos. As reações são, em sua maior parte, localizadas; todavia, algumas vezes, ocorrem reações anafiláticas generalizadas, particularmente quando os fármacos são administrados por injeção. Os fármacos administrados por via oral têm menos tendência a causar reações de hipersensibilidade, visto que eles são absorvidos mais lentamente. As reações de hipersensibilidade exigem a ocorrência prévia de sensibilização e dependem da produção de anticorpos IgE. Embora a penicilina seja um dos fármacos mais seguros, 5 a 10% dos indivíduos que a recebem repetidamente tornam-se sensibilizados. Uma vez sensibilizados, cerca de 1% desenvolve reações anafiláticas generalizadas, que respondem por cerca de 300 mortes por ano nos EUA.

Pode ocorrer hipersensibilidade do tipo II (**Figura 19.21**) quando o fármaco se liga diretamente a uma membrana

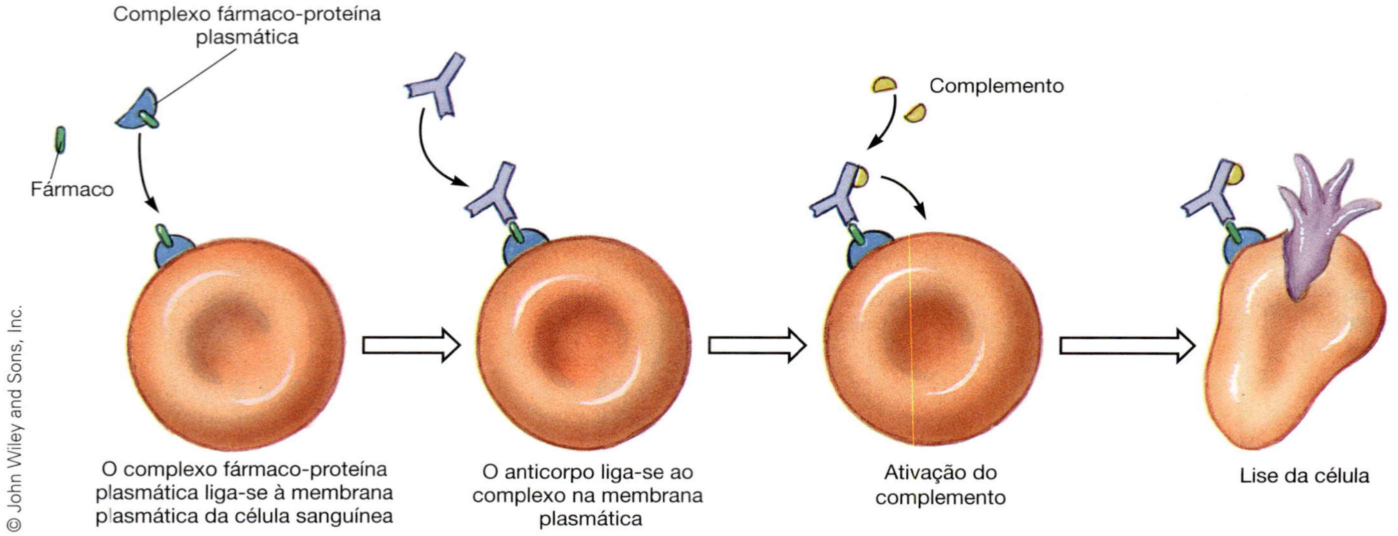


**Figura 19.21 Reações a fármacos baseadas na hipersensibilidade do tipo II.** Um fármaco (ou um dos produtos de seu metabolismo no organismo) pode ligar-se à membrana plasmática de uma célula sanguínea, a uma proteína do sangue (plasmática) para formar um complexo que se ligará a uma membrana plasmática, ou alterar uma proteína da membrana plasmática. São produzidos autoanticorpos – IgG ou IgM – que então se ligam ao complexo, ativando o complemento para ligar a célula.

plasmática; por uma ligação à uma proteína plasmática, formando um complexo que se liga a membrana plasmática, ou quando o fármaco altera a membrana plasmática, de tal modo que os antígenos celulares desencadeiam a produção de autoanticorpos. Todas essas reações envolvem a IgG ou a IgM e o complemento. Seus alvos – eritrócitos, leucócitos ou plaquetas – são destruídos por lise celular dependente do complemento. Muitos antibacterianos, sulfonamidas, a quinidina e a metildopa induzem reações do tipo II.

A hipersensibilidade do tipo III aparece como doença do soro e pode ser causada por qualquer fármaco que participe da formação de imunocomplexos. Os sintomas aparecem vários dias após a administração, quando houve acúmulo de quantidades suficientes de imunocomplexos para ativar o sistema complemento. Alguns pacientes sensibilizados à penicilina desenvolvem doença do soro.

A hipersensibilidade do tipo IV ocorre habitualmente na forma de dermatite de contato após a aplicação tópica de fármacos. Os antibacterianos, os anti-histamínicos, os anestésicos locais e os aditivos, como a lanolina, são agentes frequentes das reações do tipo IV. A equipe médica que manipula os fármacos algumas vezes desenvolve hipersensibilidade do tipo IV.

## DOENÇAS POR IMUNODEFICIÊNCIA

As **doenças por imunodeficiência** surgem em consequência da ausência ou deficiência de linfócitos ativos, células *NK* ou fagócitos, da presença de linfócitos ou fagócitos defeituosos ou da destruição de linfócitos. Essas doenças levam invariavelmente a uma imunidade comprometida ou inadequada. As **doenças por imunodeficiência primária** são causadas por defeitos genéticos no desenvolvimento embrionário, como incapacidade de desenvolvimento normal do timo e das placas de Peyer. O resultado consiste na ausência de células T ou B ou na presença de células T ou B defeituosas. As **doenças por imunodeficiência secundária** podem ser causadas por (1) agentes infecciosos, como aqueles responsáveis pela hanseníase, tuberculose, sarampo e AIDS; (2) neoplasias malignas, como a doença de Hodgkin ou o mieloma múltiplo; ou (3) agentes imunossupressores, alguns fármacos quimioterápicos, determinados antibacterianos e radiação. Esses agentes provocam dano às células T ou B após o seu desenvolvimento normal (**Figura 19.22**).

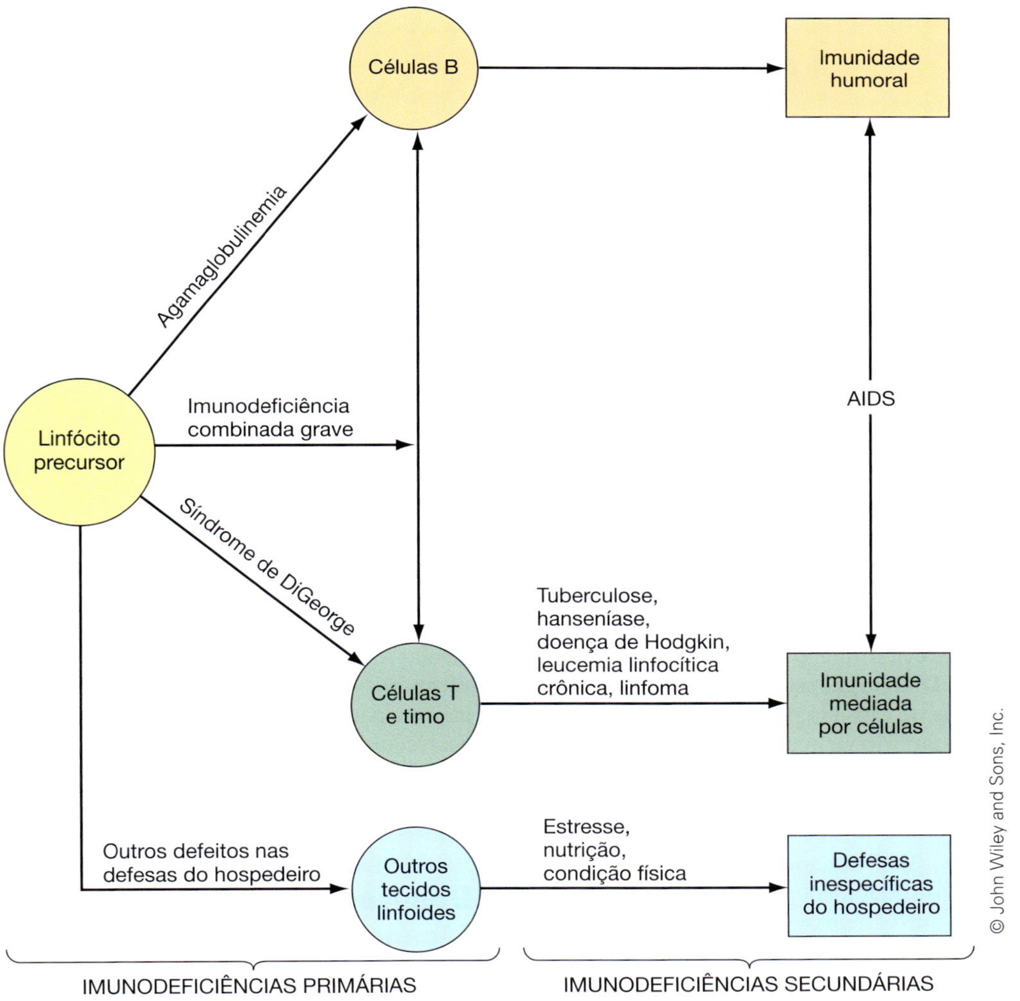


**Figura 19.22 Tipos de imunodeficiências.**

## APLICAÇÃO NA PRÁTICA

### O menino na bolha

David, uma criança com IDCG, precisou ficar isolado de todas as fontes de agentes infecciosos, visto que não possuía nem células B nem células T. Viveu em uma série de "bolhas" livres de germes e especialmente projetadas durante a maior parte de sua vida. Uma dessas bolhas era um traje espacial estéril autossuficiente. Aos 12 anos, foi submetido a transplante de medula óssea com a finalidade de lhe fornecer as funções imunes. Após o transplante, foi observado cuidadosamente à procura de quaisquer sinais de DEVH. Em cerca de 5 meses, desenvolveu sintomas semelhantes aos da DEVH e logo morreu. Na necropsia, foi descoberto que ele não morrera de DEVH, porém de uma neoplasia maligna causada pelo vírus Epstein-Barr, que tinha contaminado o transplante de medula. Os pesquisadores concluíram que a ausência de vigilância imune de células tumorais demonstrou ser a principal imunodeficiência responsável pela sua morte.

David, um menino que nasceu sem sistema imune, aos 6 anos de idade em seu traje estéril e autossuficiente, um sistema de isolamento móvel projetado para ele pela NASA. Outro equipamento incluía um carrinho de mão com um motor movido a bateria e um assento. *(@AP/Wide World Photos.)*

## Doenças por imunodeficiência primária

A **agamaglobulinemia**, a primeira doença por imunodeficiência a ser elucidada, é uma deficiência de células B. Essa doença ocorre principalmente em lactentes do sexo masculino, nos quais as células B e, portanto, os anticorpos, estão ausentes. Após perder os anticorpos maternos com cerca de 9 meses de idade, os lactentes afetados desenvolvem infecções graves, visto que são incapazes de produzir anticorpos IgM, IgA, IgD e IgE e só produzem pequenas quantidades de IgG. A agamaglobulinemia é tratada com doses maciças de (gama) imunoglobulina sérica para substituir os anticorpos ausentes e com antimicrobianos para evitar infecções.

A **síndrome de DiGeorge** resulta de uma deficiência das células T, provavelmente causada por um agente que interfere no desenvolvimento embrionário do timo. A imunidade celular encontra-se afetada, de modo que as doenças virais representam uma ameaça maior do que a usual. Embora as células B estejam normais, a sua ativação exige a ativação das células $T_H$ (ver Capítulo 18). Deste modo, a imunidade humoral também é afetada, visto que não existem células $T_H2$ funcionais. Camundongos que não possuem timo, conhecidos como camundongos "nus" (**Figura 19.23**), são criados em ambientes livres de germes com a finalidade de pesquisa. São utilizados no estudo da síndrome de DiGeorge, bem como em outras áreas da imunologia e da genética.

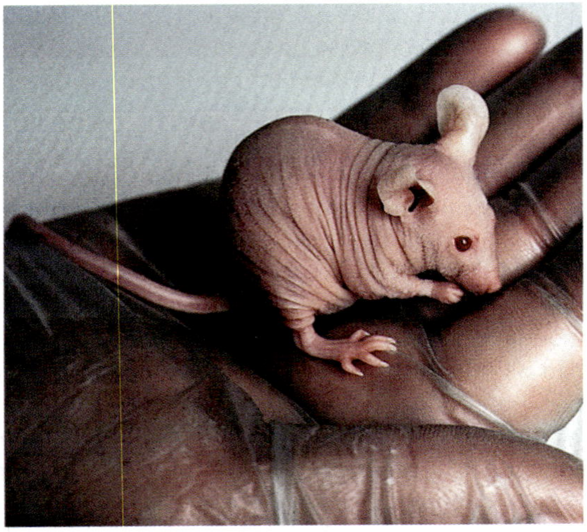

**Figura 19.23 Um camundongo "nu".** Esses animais não possuem timo, nem pelos. Nascem por cesariana com técnica estéril e precisam ser mantidos em ambientes livres de germes durante toda a sua vida, visto que não apresentam células T. Representam o equivalente dos casos humanos de síndrome de DiGeorge. Os pesquisadores os utilizam em muitos tipos de estudos do sistema imune. *(Science Source/Photo Researchers, Inc.)*

A **imunodeficiência combinada grave (IDCG)** é particularmente debilitante, devido à ausência de células B e T. A IDCG pode ter várias origens genéticas. Por exemplo, as células-tronco na medula óssea que normalmente dão origem aos linfócitos não se desenvolvem de maneira adequada, devido à presença de um gene defeituoso para a IL-2, para a enzima adenosina desaminase (ADA) ou para moléculas do MHC. Um lactente que herda essa condição está condenado a morrer nos primeiros anos de vida, a não ser que seja mantido em um ambiente livre de germes até que possa ser desenvolvido um tratamento satisfatório. (Ver o boxe "O menino na bolha".)

Os transplantes de medula óssea podem ser efetivos para pacientes com IDCG se for encontrado um doador compatível (geralmente um irmão ou irmã). Se o transplante não for compatível, os linfócitos transplantados respondem imunologicamente aos antígenos presentes nos tecidos do receptor. Este é outro exemplo de DEVH, que pode ser letal.

A *terapia gênica*, que procura substituir um gene defeituoso por uma cópia funcional terapêutica do gene, tem sido utilizada no tratamento da IDCG e demonstrou produzir resultados espetaculares. Algumas crianças tiveram as suas células da medula óssea removidas e "infectadas" por um retrovírus reprodutivamente deficiente, que transporta o gene ausente para a ADA (que é essencial para a maturação celular). Em seguida, as células foram devolvidas ao corpo. Embora os pacientes que receberam o transplante de medula óssea infectada precisem se submeter periodicamente a transplantes adicionais, todos estão levando vidas normais.

## Doenças por imunodeficiência secundária (ou adquirida)

As doenças por imunodeficiência nem sempre são hereditárias; algumas vezes, são *adquiridas* em consequência de infecções, neoplasias malignas, doenças autoimunes ou outras condições. Por exemplo, a rubéola congênita pode reduzir a função das células T e a produção de anticorpos a ponto do lactente não responder a vacinas. Quando desenvolvem imunodeficiências, os pacientes podem sofrer infecções recorrentes crônicas ou frequentes.

Entre as doenças malignas que produzem imunodeficiências, as dos tecidos linfoides suprimem a função das células T, enquanto as da medula óssea suprimem tanto a função das células T quanto a produção de anticorpos. As doenças autoimunes, algumas doenças renais, as queimaduras graves, a desnutrição ou a fome e a anestesia também podem causar imunodeficiências temporárias ou permanentes.

## Síndrome da imunodeficiência adquirida

Certamente, a imunodeficiência secundária mais bem conhecida é a **síndrome da imunodeficiência adquirida (AIDS)**, uma doença infecciosa causada pelo **vírus da imunodeficiência humana (HIV)**, que pertence à família Lentiviridae. São utilizados dois sistemas principais de classificação da doença pelo HIV pelos CDC e pela OMC. O sistema dos CDC utiliza as contagens de células CD4. Qualquer contagem inferior a 200 é considerada como Estágio 3 (AIDS). A classificação da AIDS pela OMS baseia-se nos sintomas e não utiliza as contagens celulares, visto que elas podem não estar disponíveis em países de baixa renda. A classificação da OMS pode determinar quem irá receber medicamentos contra a AIDS. A AIDS pode ser causada pelo menos por dois tipos diferentes de vírus da imunodeficiência humana, designados como HIV-1 e HIV-2. Nos EUA, no Canadá e na Europa, a maioria dos casos de AIDS deve-se ao HIV-1. O HIV-2, que é mais comum em certas partes da África Ocidental, pode ser menos virulento. Ambos os tipos são testados no rastreamento do suprimento de sangue nos EUA.

Estudos recentes baseados no sequenciamento do DNA mostraram que o HIV-2 está mais estreitamente relacionado com o vírus da imunodeficiência de símios (SIV), encontrado em macacos africanos Sooty Mangabey (*Cercocebus atys*) – tão semelhante que o HIV-2 é uma versão mutante do mesmo vírus que o SIV. Entretanto, o HIV-1 difere, significativamente, o suficiente para ter-se separado muito mais cedo da árvore evolutiva do HIV-2/SIV. O consenso é que o HIV-1 evoluiu em algum momento nos últimos 100 anos a partir da versão do SIV do chimpanzé. O caso mais antigo conhecido de AIDS na Europa foi observado em uma cirurgiã dinamarquesa, que tinha trabalhado no Zaire. Ela morreu em 1976. Casos ocorridos na África anteriormente, no século XX, provavelmente passaram despercebidos, tendo em vista o menor número de casos e a ausência de condições de assistência à saúde.

As primeiras evidências sobre a origem do HIV provêm de estudos de sangue humano conservado na Inglaterra e no Zaire desde 1959, onde foram encontrados anticorpos anti-HIV-1. Casos recentes de AIDS apresentam poucas variações mutantes, enquanto os casos crônicos mais antigos exibem múltiplas variações. O HIV recuperado de antigos tecidos submetidos a biopsia revela uma grande diversidade, indicando que já era então um vírus antigo. Um estudo realizado em 2008 mostrou que 76% dos casos de infecção pelo HIV podem ser atribuídos à transmissão de uma *única* partícula de HIV, enquanto os outros 24% são atribuídos a 2 a 5 vírus. Por isso, as primeiras infecções não tiveram muita diversidade de cepas.

O vírus pode ter existido em regiões relativamente isoladas, talvez na África Central, durante décadas. A migração de pessoas do meio rural para cidades em rápido crescimento, onde a densidade populacional era muito maior, e o contato sexual era mais casual e mais frequente, pode ter provocado um grande aumento no número de indivíduos infectados. Nesses últimos anos, a expansão das viagens internacionais pode ter disseminado rapidamente o vírus para muitas outras partes do mundo. Nos EUA, o vírus provavelmente teve várias entradas antes de se estabelecer. Pesquisas atuais indicam que o HIV veio da África para os EUA passando pelo Haiti. Os soviéticos divulgaram um programa deliberado de informações incorretas (nome de código, INFEKTION) tentando afirmar que o HIV era um vírus inventado pelos norte-americanos. Estudos de vírus HIV muito antigos provaram que isso era impossível.

O vírus destrói o sistema imune, conforme observado na Figura 19.24, em que os GALT (tecidos linfoides associados ao intestino), também conhecidos como placas de Peyer, são destruídos, geralmente nas primeiras semanas após a infecção. As células CD4 são, em sua maioria, destruídas por ataque viral direto e não são posteriormente substituídas. Assim, ocorre perda de cerca da metade das células de memória CD4 do indivíduo, deixando-o também vulnerável a outras infecções. Como vários patógenos multiplicam-se no corpo, o sistema imune entra em grande atividade, procurando substituir as células CD4. Isso provoca inflamação dos linfonodos e morte indireta de algumas das células CD4 novas não infectadas produzidas. A falta de um sistema imune funcional deixa o corpo aberto a

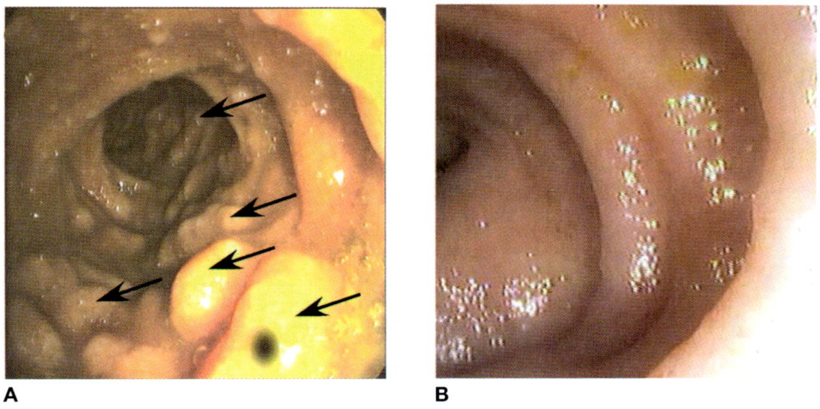


**Figura 19.24 Endoscopia do sistema digestório: antes e algumas semanas depois de infecção pelo HIV.** A. Revestimento interno do intestino de um indivíduo não infectado, mostrando numerosas placas de linfonodos *(Cortesia do Dr. Daniel Douek, National Institutes of Health)*. B. Revestimento do intestino destituído das placas de Peyer de linfonodos em um indivíduo infectado pelo HIV. *(Cortesia do Dr. Daniel Douek, National Institutes of Health.)*

uma variedade de neoplasias malignas e infecções oportunistas, cuja maioria é raramente observada entre indivíduos que não estão sofrendo de doença avançada pelo HIV ou AIDS. Essas complicações – de maneira isolada ou em combinação – podem finalmente se tornar fatais sem tratamento (**Tabela 19.7**).

O HIV tem como alvo específico as células $T_H$, os macrófagos, as células dendríticas e as células de Langerhans que apresentam uma molécula CD4 em sua superfície, causando dano a todas essas células. O vírus liga-se a moléculas CD4 e a outra proteína, CXCR4 nas células T ou CCR5 nos macrófagos. O envelope do vírus funde-se com a membrana celular, deixando as proteínas virais na superfície da célula infectada, induzindo a fusão celular com células adjacentes. Dessa maneira, o HIV pode infectar outra célula sem ter a necessidade de ser liberado de uma célula infectada. As células dendríticas e os macrófagos podem adquirir o HIV na superfície mucosa e, em seguida, migrar para os linfonodos onde as células $T_H$ são infectadas. Os macrófagos que fagocitaram o HIV de tecido morto ou em processo de morte ficam comprometidos, porém geralmente não morrem; tornam-se reservatórios do HIV – de fato, um maior número de vírus é armazenado nos macrófagos do que nas células T. Os macrófagos infectados pelo HIV podem liberar o vírus para vários órgãos do corpo, incluindo cérebro e os pulmões. Apenas 4% dos HIVs estão no sangue – 96% são encontrados nos linfonodos, no intestino e no cérebro. O ciclo infeccioso do vírus foi descrito no Capítulo 11.

*Antigamente, acreditava-se que as células sem marcador CD4 eram imunes ao vírus da AIDS. Agora, parece que as células com marcador CD8 começam a produzir CD4 quando estimuladas.*

Alguns indivíduos apresentam imunidade genética à infecção pelo HIV (ver, por exemplo, o boxe do Capítulo 24 "Seus ancestrais sobreviveram à peste?"). Outros indivíduos, denominados "controladores de elite" ou "supressores de elite" (0,8% de todos os indivíduos infectados pelo HIV) são capazes de controlar naturalmente a infecção sem qualquer terapia antirretroviral. Essas pessoas mantêm uma contagem adequada de células T CD4+ e apresentam pouca ou nenhuma carga viral clinicamente detectável. Acredita-se que eles possuam células T *killer* mais efetivas, que matam as células infectadas por vírus.

Após um indivíduo ser infectado pelo HIV, começa uma enorme batalha entre o HIV e o sistema imune. Inicialmente, são produzidas grandes quantidades do vírus, resultando em sintomas como febre, fadiga, perda de peso, diarreia e dor no corpo. À medida que as células imunes se tornam ativadas, os anticorpos das células B e as células $T_C$ destroem grandes quantidades do vírus. À medida que as células infectadas pelo vírus são destruídas pelas células $T_C$, mais células imunológicas substituem as células mortas. A cada dia, conforme ocorre progressão da doença pelo HIV, estima-se que 1 bilhão de partículas virais sejam produzidas e destruídas, enquanto 2 bilhões de células imunes são substituídas! Embora essa batalha inicial resulte em um empate, na ausência de tratamento adequado, o vírus acaba ganhando a guerra. Com o passar dos anos, torna-se mais difícil substituir as células $T_H$ e outras células imunes. O HIV é um retrovírus que utiliza uma transcriptase reversa propensa a erro para produzir uma cópia de DNA a partir de seu genoma de RNA. Esses erros levam a uma elevada taxa de mutação. Ocorrem variações nas proteínas da superfície do vírus, de modo que os anticorpos podem

**Tabela 19.7** Infecções frequentemente encontradas em pacientes com AIDS.

| Patógeno | Doença |
|---|---|
| **Bactérias** | |
| *Mycobacterium tuberculosis* | Tuberculose |
| *Mycobacterium avium-intracellulare* | Tuberculose disseminada |
| *Legionella pneumophila* | Pneumonia |
| Espécies de *Salmonella* | Doença gastrintestinal |
| **Vírus** | |
| Herpes simples | Lesões da pele e das membranas mucosas, pneumonia |
| Citomegalovírus | Encefalite, pneumonia, gastrenterite, febre |
| Epstein-Barr | Leucoplasia pilosa oral, possivelmente linfoma |
| Varicela-zóster | Varicela, herpes-zóster |
| **Fungos** | |
| *Pneumocystis jiroveci* | Pneumonia por *Pneumocystis jiroveci* |
| *Candida albicans* | Infecções das membranas mucosas e do esôfago (candidíase oral) |
| *Cryptococcus neoformans* | Meningite (doença renal) |
| *Histoplasma capsulatum* | Pneumonia, infecções disseminadas, febre |
| Outros fungos oportunistas | Varia de acordo com o oportunista |
| **Protozoários** | |
| *Toxoplasma gondii* | Encefalite |
| Espécies de *Cryptosporidium* | Diarreia grave |

não reconhecer mais o HIV. Por fim, o sistema imune simplesmente não consegue continuar lutando.

Na ausência de células $T_H$ e macrófagos ativados, o sistema imune é incapaz de "enxergar" os microrganismos infecciosos. Como as células $T_H$ estão acentuadamente reduzidas em número, as células B não são estimuladas a formar plasmócitos, que produzem anticorpos para combater as infecções. (Os anticorpos anti-HIV detectados no início da evolução da infecção são produzidos antes que ocorra depleção excessiva das populações de células T para estimular as células B.) De modo semelhante, as citocinas são produzidas em quantidades insuficientes para ativar os macrófagos e as células $T_C$. Uma queda na contagem de células $T_H$ pode ser utilizada para prever o início dos sintomas da doença. A contagem normal de células $T_H$ é de 800 a 1.200 $\mu\ell$ de sangue. Sem tratamento, e quando a contagem permanece acima de 400, 8% dos indivíduos infectados desenvolverão sintomas da AIDS no decorrer de 18 meses. Com uma contagem de células $T_H$ de 200, 33% evoluem para a AIDS; se a contagem for inferior a 100, 58% desenvolvem AIDS dentro de 18 meses.

## Progressão da doença pelo HIV e da AIDS

A sequência de eventos na doença pelo HIV foi agora estabelecida com alguns detalhes. A progressão depende extremamente da quantidade de vírus à qual um indivíduo é exposto (a *carga viral*) e da frequência com que a exposição é repetida. A classificação da OMS baseia-se na ausência ou presença de determinados sinais e sintomas e inclui os resultados de exames laboratoriais. Dessa maneira, os indivíduos classificados nos Grupos 1 a 3 apresentam doença pelo HIV. Os indivíduos incluídos no Grupo 4 são diagnosticados como portadores de AIDS (**Figura 19.25**). A classificação dos CDC reúne os Grupos 1 e 2 da OMS como Estágio 1; o Grupo 3 passa a constituir o Estágio 2 dos CDC, e o Grupo 4 é conhecido como Estágio 3 ou AIDS. Embora certas doenças, como a leucoplasia pilosa (uma lesão branca que aparece na língua), sejam diagnosticadas na maioria dos indivíduos portadores de HIV, outras doenças oportunistas ou cânceres variam entre pacientes com AIDS. Por exemplo, infecções virais latentes, como aquelas causadas pelo herpes simples e pelo citomegalovírus, que normalmente são mantidas sob controle pelo sistema imune, sofrem exacerbação e criam uma variedade de sintomas. A diarreia intensa pode ser causada por patógenos oportunistas, incluindo várias espécies de *Cryptosporidium* (ver Capítulo 23); encefalite pode ser causada por *Toxoplasma gondii* (ver Capítulo 25); e as infecções por leveduras podem ser produzidas por *Candida albicans* (ver Capítulo 20). A pneumonia provocada pelo fungo *Pneumocystis jiroveci* é comum em 80% dos pacientes com HIV antes de sua morte. Se os pacientes não morrerem primeiro de outra infecção oportunista, cerca de 50% desenvolverão doença respiratória – causada por *Mycobacterium tuberculosis* ou *Mycobacterium avium-intracellulare*. De modo global, 88% das mortes por AIDS resultam de uma infecção oportunista.

A maioria dos indivíduos HIV-positivos desenvolve neoplasias malignas que não são comumente encontradas na população em geral. Uma neoplasia maligna, denominada **sarcoma de Kaposi**, causada pelo herpes-vírus humano 8, leva ao crescimento dos vasos sanguíneos, que formam massas emaranhadas

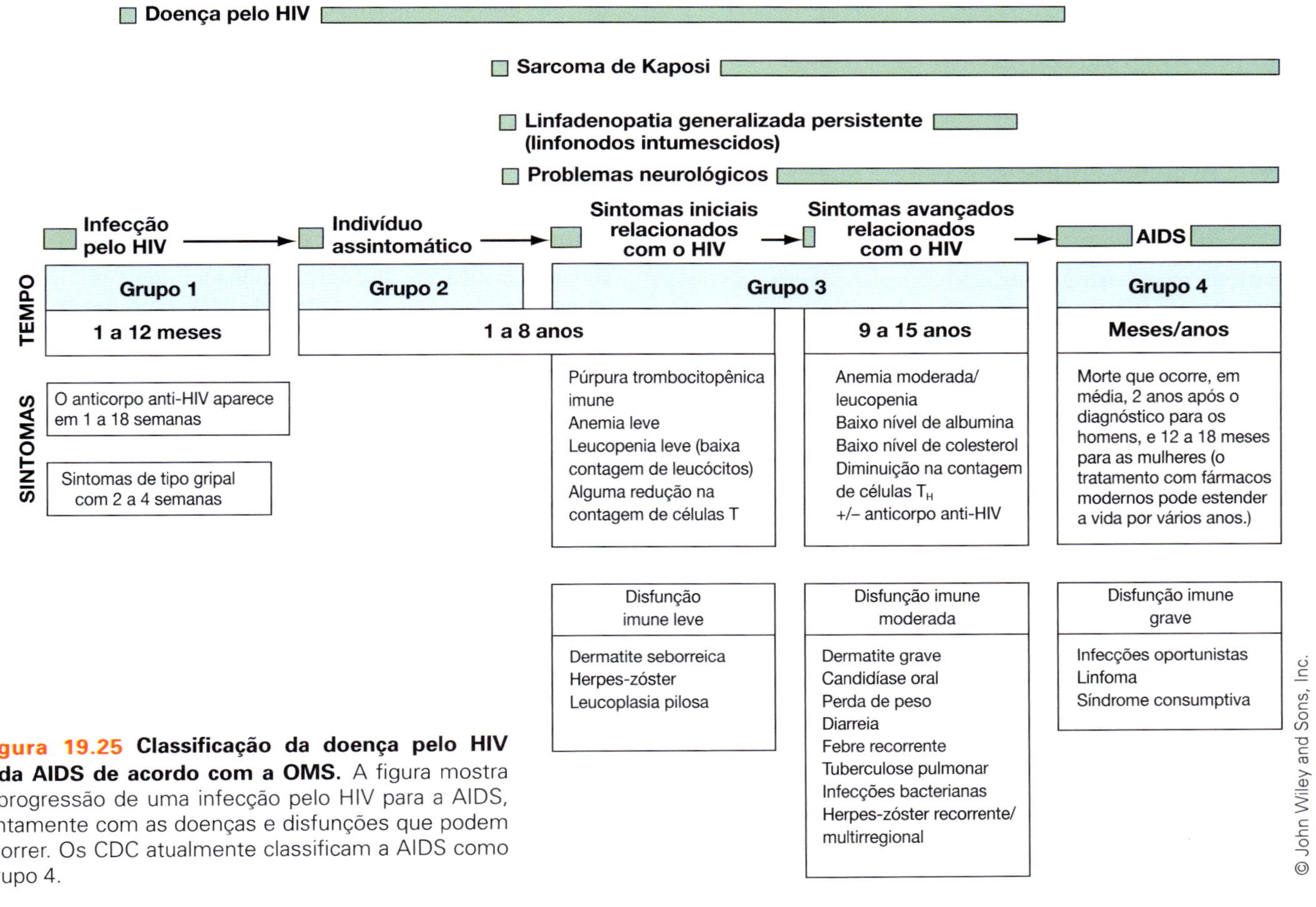


**Figura 19.25 Classificação da doença pelo HIV e da AIDS de acordo com a OMS.** A figura mostra a progressão de uma infecção pelo HIV para a AIDS, juntamente com as doenças e disfunções que podem ocorrer. Os CDC atualmente classificam a AIDS como Grupo 4.

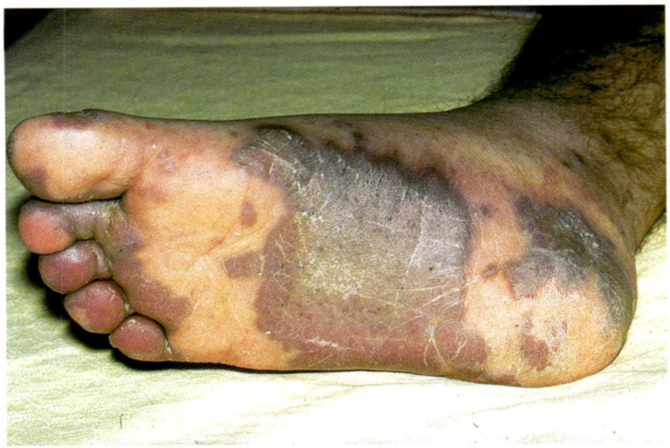

**Figura 19.26 Sarcoma de Kaposi.** Esse tumor dos vasos sanguíneos é observado em pacientes com AIDS na forma de áreas púrpuras escuras. *(Science Photo Library/Science Source.)*

preenchidas com sangue, que facilmente sofrem ruptura. Na pele e nas vísceras, esse sarcoma ocorre na forma de manchas rosadas ou purpúreas proeminentes (Figura 19.26). Pode disseminar-se para o sistema digestório, pulmões, fígado, baço e linfonodos. Entretanto, houve poucos casos relatados de morte por sarcoma de Kaposi entre pacientes com AIDS em países desenvolvidos que recebem o moderno tratamento HAART. Entretanto, as mortes são excessivas na África, e o sarcoma de Kaposi está se tornando o câncer mais comum na África Subsaariana.

Cerca de 30% dos indivíduos recentemente infectados pelo HIV irão evoluir para o Grupo 4 dentro de 5 anos se não forem tratados. Sem tratamento, dentro de 15 anos, 90% dos pacientes infectados pelo HIV desenvolverão AIDS. Alguns dos fármacos (sobretudo inibidores de protease em combinação com outros fármacos – frequentemente designados como coquetel para AIDS) que estão sendo utilizados são capazes de prolongar a vida dos pacientes com AIDS, de modo que a taxa de mortalidade, mas não o número de indivíduos infectados, está caindo. A HAART (terapia antirretroviral de alta eficácia), uma combinação de inibidor da protease e dos análogos nucleosídios, que inibem a transcriptase reversa e o processamento das proteínas, demonstrou ser particularmente efetiva na redução da replicação viral. A HAART aumentou drasticamente a expectativa de vida dos pacientes infectados pelo HIV! Todavia, ela não cura a doença. Além disso, se for interrompida devido aos efeitos colaterais ou à falta de recursos, a morte em geral ocorre rapidamente – algumas vezes, dentro de 1 mês! A Figura 19.27 mostra os alvos de vários fármacos anti-HIV.

## Epidemiologia da AIDS

A AIDS tem sido descrita como a epidemia do século; certamente, poucas doenças tiveram um impacto tão dramático. Em 2015, segundo estimativas, 1,2 milhão de norte-americanos estavam infectados pelo HIV, e nesse mesmo ano ocorreram 18.300 novas infecções. Estima-se que 4 ou 5 indivíduos sejam infectados por hora – embora o número verdadeiro provavelmente seja maior. Incrivelmente, apenas cerca de 25% de 1,2 milhão de indivíduos sabem que estão infectados! Entre 1981 e o fim de 2006, mais de 28 milhões de pessoas morreram de AIDS, 1,8 milhão de mortes somente em 2009. A AIDS tornou-se a principal causa de morte entre indivíduos de 25 a 44 anos de idade. Felizmente, nesses últimos anos, a taxa de aumento na incidência de novos casos diminuiu nos EUA.

A doença pelo HIV nos EUA não tem uma distribuição uniforme pelo país. Em 2015, o sul respondia por 52% dos novos casos diagnosticados de AIDS, seguido de 18% no noroeste, 17% no oeste e 12% no meio-oeste. Em alguns estados do sul, os indivíduos com diagnóstico de HIV têm três vezes mais probabilidade de morrer do que aqueles infectados pelo HIV em alguns outros estados.

A pandemia da AIDS é um fenômeno global. No mundo inteiro, 70 a 80% das infecções pelo HIV são adquiridas por contato heterossexual. Nos países em desenvolvimento, 40% das infecções pediátricas são adquiridas pelo leite materno. A AIDS criou mais de 17,8 milhões de órfãos no mundo inteiro. Isso equivale a mais de um órfão em cada criança americana com menos de 5 anos de idade. Os funcionários da Organização Mundial da Saúde (OMS) estimam que, no fim de 2012, o número de pessoas infectadas pelo HIV no mundo irá ultrapassar 35,3 milhões (Figura 19.28). Todavia, em muitos países em desenvolvimento, os casos de AIDS provavelmente não são diagnosticados ou relatados. A região mais gravemente afetada é a África Subsaariana, onde mais de 25 milhões de indivíduos estão infectados. Na África do Sul, 600 pessoas por dia agora morrem de AIDS e 1 em cada 4 habitantes está morrendo de AIDS. Uma área onde o vírus está se disseminando rapidamente é o leste da Ásia e o Pacífico, onde os casos dispararam de 640.000 para 1,3 milhão entre 2000 e 2003. Na América Latina e no Caribe (259.000) acredita-se que 1,7 milhão de indivíduos estejam infectados. As taxas de infecção variam de modo considerável de acordo com o país. Botsuana tem a maior taxa de infecção, com uma estimativa atual de 38,8% de seus adultos infectados, uma taxa que mais do que triplicou desde 1992, quando a taxa era de 10%. Nesse país, a expectativa de vida por ocasião do nascimento é agora de 39 anos, em vez dos 74 anos, não fosse a AIDS. Suazilândia (38,6%), Zimbábue (33,7%) e Lesoto (31,5%) acompanham de perto Botsuana. O impacto social e econômico nesses países é impressionante. Há algumas notícias boas entre todas essas estatísticas – a taxa de infecção diminuiu de 14 para 5% em Uganda após fortes campanhas de prevenção.

## Quem adquire AIDS e como

Todas as evidências disponíveis sugerem que é praticamente impossível tornar-se infectado pelo HIV por contato casual. Com efeito, uma pessoa torna-se infectada pelo vírus da AIDS somente por contato íntimo com os líquidos corporais de um indivíduo infectado e por transmissão da mãe infectada para o feto. O vírus é mais comumente transmitido pelo sangue, sêmen e secreções vaginais. Parece provável que, embora seja transmitido, o vírus precise estabelecer contato com uma solução de continuidade ou abrasão na pele ou nas membranas mucosas para causar infecção. Por esse motivo, todas as práticas que levam a uma troca de líquidos corporais estão associadas a um risco de infecção pelo HIV, a saber:

1. *Contato sexual com um indivíduo infectado.* Todas as formas de relação sexual – heterossexual e homossexual, ativa e passiva, vaginal, anal e oral – acarretam risco de infecção pelo HIV. Os preservativos podem reduzir a transmissão, porém não a eliminam, visto que eles possuem uma taxa de falha significativa. Nem todos os tipos de preservativos são igualmente efetivos para bloquear o HIV. Os preservativos de pele natural permitem a passagem do vírus, enquanto os preservativos de látex são muito mais seguros.

2. *Compartilhamento de agulhas não esterilizadas por usuários de substâncias intravenosas.*
3. *Recebimento de transfusão sanguínea ou de hemocomponentes contaminados pelo HIV.* A infecção pelo HIV por meio de transfusão de sangue foi responsável por muitos casos de AIDS no início da década de 1980. Muitos dos indivíduos infectados eram hemofílicos, que recebiam injeções de hemocomponentes para controlar adequadamente a sua coagulação sanguínea. As transfusões hoje em dia representam uma ameaça muito menor, em consequência do teste do doador de sangue para anticorpos anti-HIV e do uso da tecnologia do DNA recombinante. E, contrariamente ao medo popular, não é possível adquirir o HIV por meio de doação de sangue, visto que são utilizadas agulhas novas e esterilizadas.
4. *Passagem de uma mãe infectada para um lactente.* Cerca de 25% das crianças geradas por mulheres

**A circuncisão masculina reduz o risco de infecção pelo HIV em 50 a 60% nos homens, porém não reduz o risco para suas parceiras.**

**Pelo menos um quarto dos 2,5 milhões de unidades de sangue administrados na África não é submetido a triagem para o vírus da AIDS.**

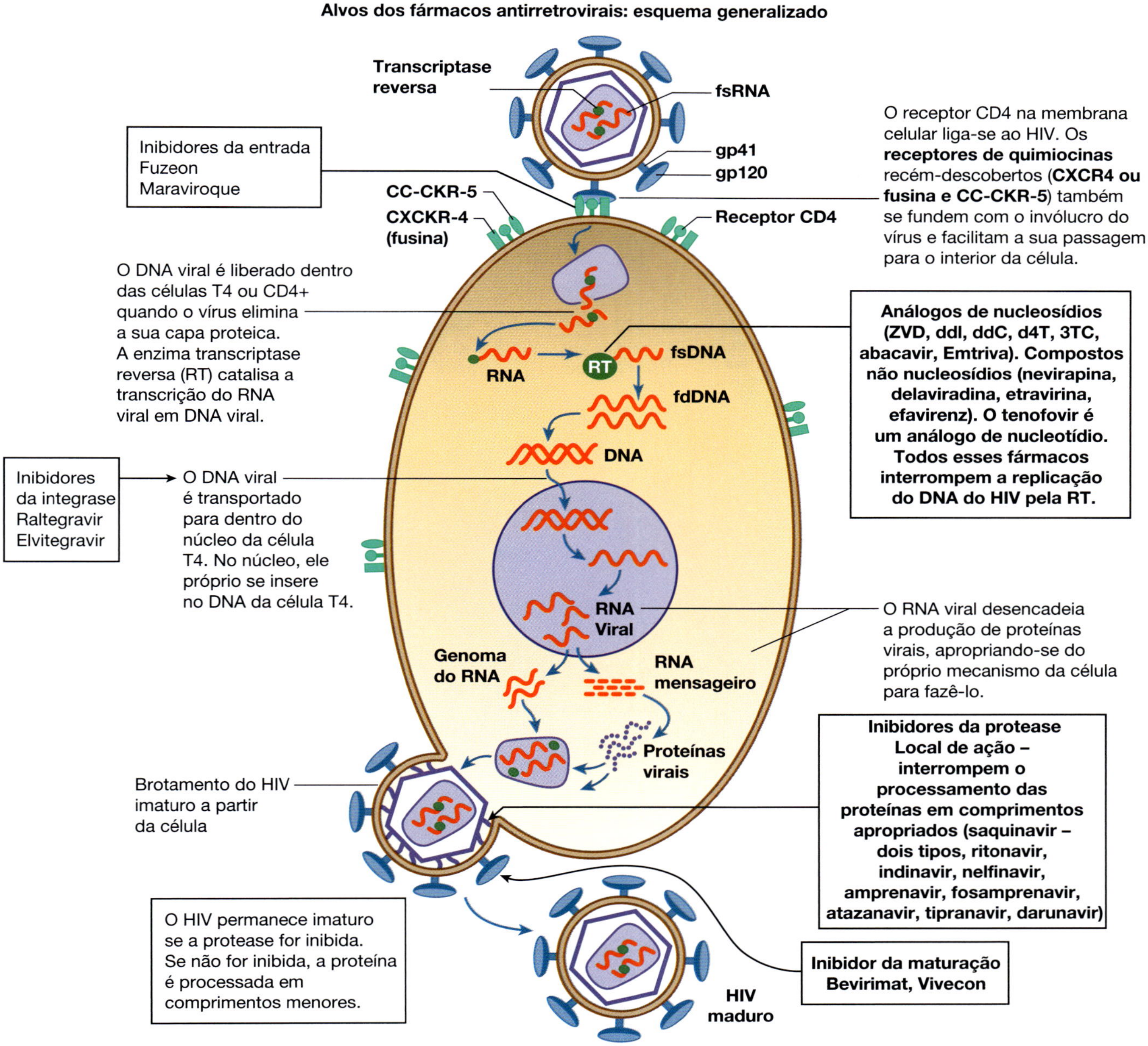




**Figura 19.27 Cinco classes de fármacos antirretrovirais aprovados pela FDA para uso terapêutico.** Esses fármacos atacam cinco alvos diferentes. Todos os 25 compostos antirretrovirais aprovados pela FDA estão representados em relação à sua atividade anti-HIV. Os análogos de nucleosídios atuam precocemente após a infecção, enquanto os inibidores da protease atuam mais tarde no ciclo de vida do HIV, após a síntese das proteínas virais em longos filamentos. Os filamentos de aminoácidos contêm as proteínas individuais do HIV que se tornarão funcionais após a sua clivagem nos comprimentos apropriados de sequências de aminoácidos. *Nota*: a enzima integrase é necessária para a entrada do DNA do HIV no DNA humano. Estão sendo desenvolvidos fármacos denominados *inibidores da integrase e da maturação.*

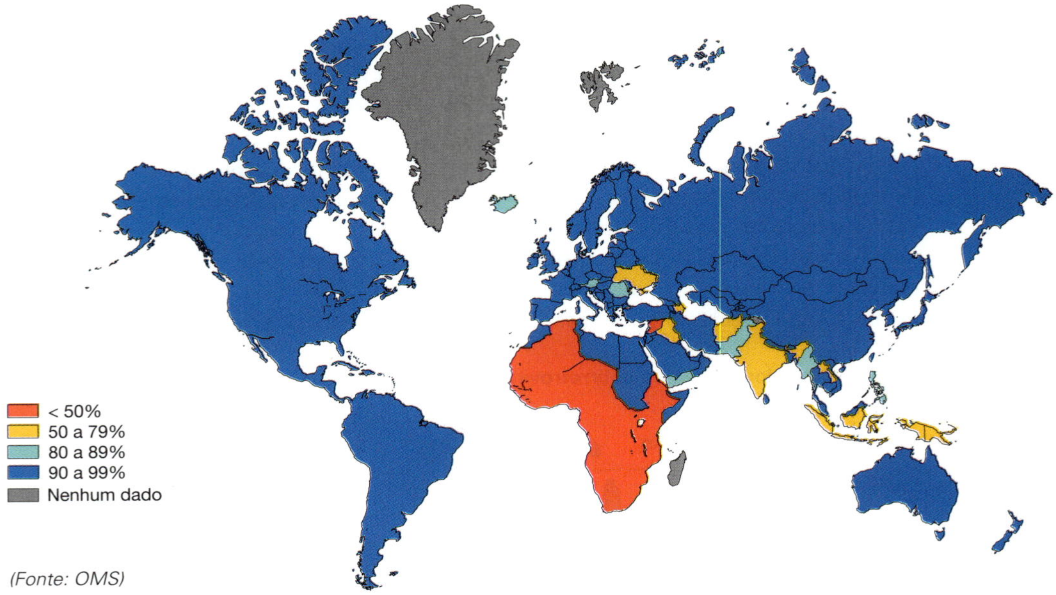


A

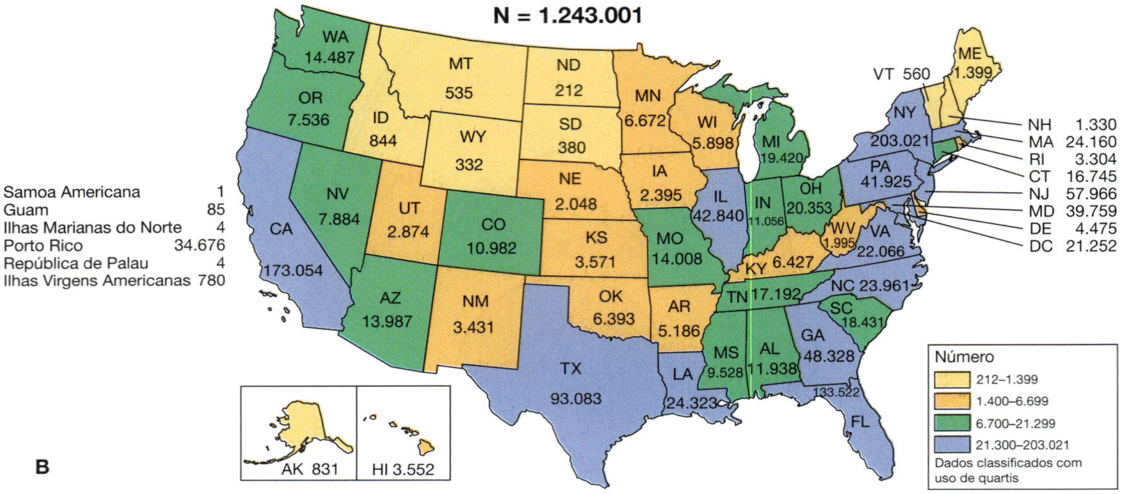


B

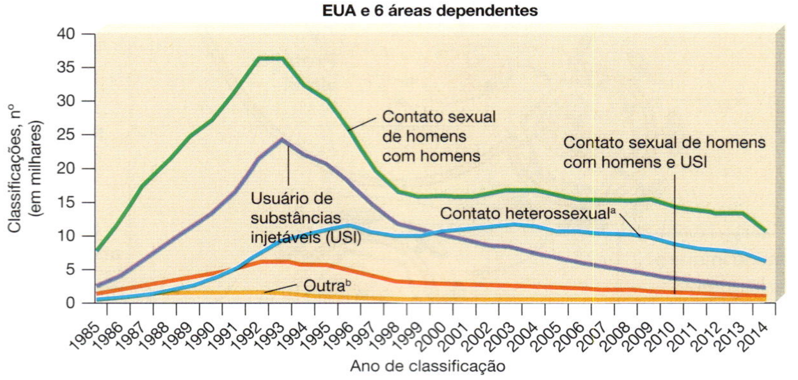


C

*Nota:* os dados foram estatisticamente ajustados para considerar a categoria de transmissão omitida.
[a] Contato heterossexual com uma pessoa que apresenta infecção pelo HIV ou que corre alto risco de infecção pelo HIV
[b] Inclui hemofilia, transfusão de sangue, exposição perinatal e fatores de risco não relatados ou não identificados.

**Figura 19.28** **A.** Estimativas de indivíduos com infecção pelo HIV, no fim do ano de 2016. Cobertura com vacinas DTP3 em lactentes, 2012. Entre os 37 milhões de indivíduos vivos em 2016, segundo estimativas, cerca de 96% são adultos/adolescentes, aproximadamente 50% de homens e 50% de mulheres, com 3,6% abaixo de 15 anos de idade. *(UNAIDS/OMS, atualização 2007.)* **B.** EUA: estimativa de casos cumulativos reais e localização aproximada no fim de 2016. *(CDC, Atlanta Surveillance Branch.)* **C.** Diagnóstico de infecção pelo HIV entre adultos e adolescentes, por categoria de transmissão, 2016. *(CDC.)* *(continua)*

HIV-positivas tornam-se infectadas pelo HIV. A transmissão do HIV é possível enquanto o feto se encontra no útero, durante o parto e com a amamentação. Estudos preliminares indicam que mais recém-nascidos são infectados durante o parto do que antes do nascimento.

Profissionais da área de saúde que tratam pacientes com AIDS ou pacientes infectados pelo HIV correm risco de se infectar. Os CDC recomendaram as seguintes precauções para minimizar esse risco (ver também seção "Precauções universais" no Capítulo 16).

1. *Usar luvas, máscaras, óculos protetores e aventais* para manipular sangue, líquidos corporais, membranas mucosas ou lesões da pele de pacientes, bem como para procedimentos que possam liberar gotículas de líquidos corporais. Descartar esses itens e lavar as mãos imediatamente e por completo após examinar cada paciente. À semelhança de outras equipes médicas, os dentistas e seus técnicos devem considerar o sangue, a saliva e os líquidos gengivais de todos os pacientes como potencialmente infecciosos e devem utilizar esses procedimentos para evitar qualquer contato com esses líquidos.
2. *Evitar lesões por agulhas* e outros objetos pontiagudos e descartá-los em recipientes para descarte de materiais perfurocortantes.
3. *Usar bocais, reanimadores manuais ou outros dispositivos de ventilação* para reanimação de emergência.

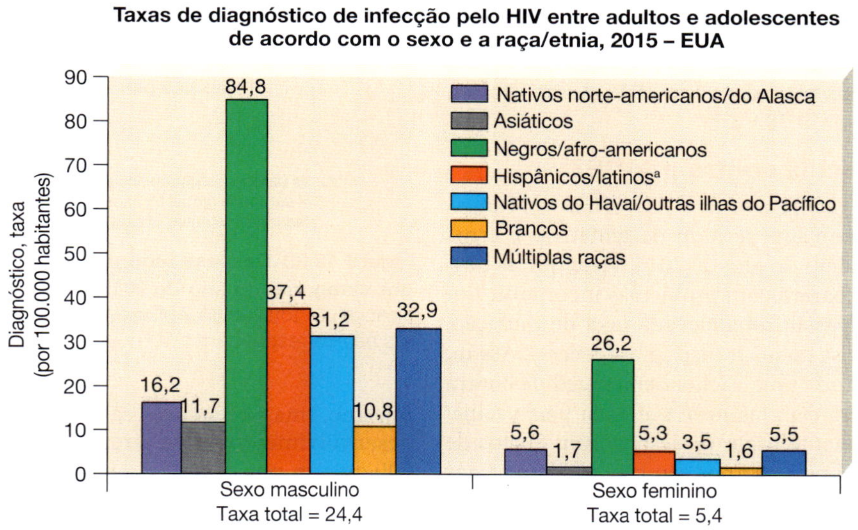


*Nota:* os dados incluem indivíduos com infecção pelo HIV, independentemente do estágio da doença por ocasião do diagnóstico. Os dados para o ano de 2015 são preliminares e baseiam-se em um atraso dos relatórios de 6 meses.
[a]Os hispânicos/latinos podem ser de qualquer raça.

D

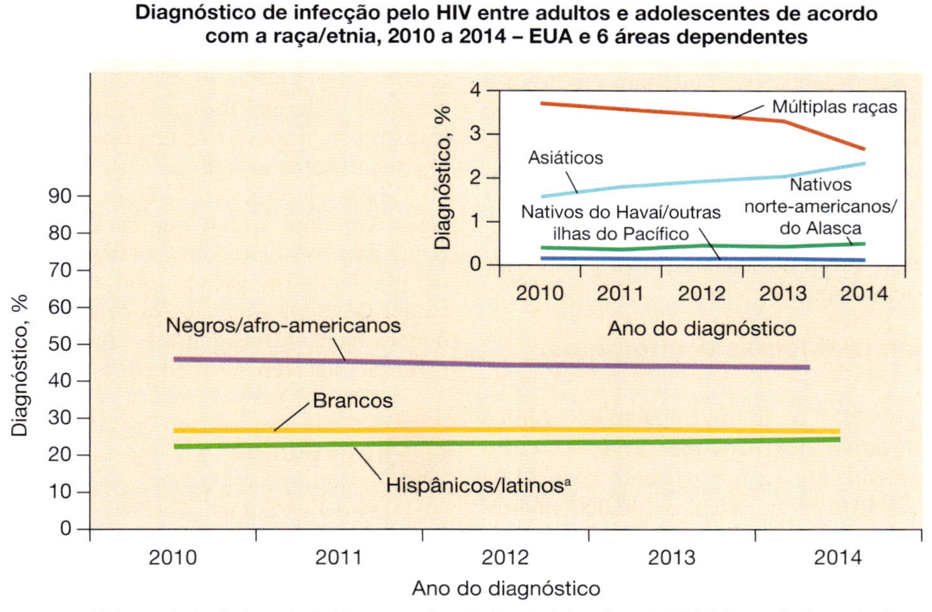


*Nota:* os dados incluem indivíduos com diagnóstico de infecção pelo HIV, independentemente do estágio da doença por ocasião do diagnóstico.
[a]Os hispânicos/latinos podem ser de qualquer raça.

E

**Figura 19.28** (*Continuação*) **D.** Diagnóstico da infecção pelo HIV, 2015. Porcentagem de casos notificados de acordo com o sexo, raça/etnia. *(CDC.)* **E.** Diagnóstico da infecção pelo HIV, 2010 a 2014. Infelizmente, não houve declínio da incidência nos EUA com o passar dos anos. *(CDC.)*

4. Os profissionais que tratam lesões cutâneas devem *evitar cuidar dos pacientes diretamente e manipular os equipamentos contaminados.*

O tratamento com AZT durante as últimas semanas de gestação reduz em mais da metade a transmissão do HIV da mãe para o feto.

Relatos recentes estimam que o risco de infecção em consequência de lesões por picadas de agulhas contaminadas com sangue $HIV^+$ seja de 1 em 250. É importante ter em mente que quase toda doença infecciosa (como a tuberculose) que um paciente com doença pelo HIV ou com AIDS possa ter contraído representa um perigo para a equipe de saúde. Naturalmente, esse problema não se limita à infecção pelo HIV; outros tipos de infecções podem representar uma ameaça para os profissionais de saúde.

Quais são as pessoas portadores de HIV e como foram infectadas? Ver as Figuras 19.28A a E.

## E quanto a uma vacina contra a AIDS?

A perspectiva de uma vacina contra a AIDS não é promissora. Cientistas esperavam um período de tentativas e erros que se estendesse bem além do ano de 2015, visto que as pesquisas com o HIV se deparam com problemas incomuns. Em primeiro lugar, o HIV possui uma elevada taxa de mutação, devido à atuação imprecisa de sua transcriptase reversa. Assim, mesmo que fosse produzida uma vacina bem-sucedida contra uma cepa do vírus, outra cepa não seria afetada pela vacina, e novas cepas provavelmente iriam se desenvolver. Surtos de influenza a intervalos de poucos anos são causados por taxas de mutação também elevadas no vírus influenza.

O desenvolvimento de uma vacina depara-se com mais problemas. Vírus atenuados não podem ser utilizados em uma vacina, porque contêm DNA que pode ser incorporado ao genoma do hospedeiro, possivelmente resultando mais tarde em AIDS. Os vírus integrais inativados, que foram utilizados com sucesso em vacinas contra a poliomielite e a influenza, são inapropriados para uma vacina contra a AIDS. Essas vacinas, no caso do HIV e de outros lentivírus, poderiam predispor o hospedeiro a infecções graves. Os vírus recombinantes, como antígenos do HIV em um vírus da vacínia são inaceitáveis, pois o hospedeiro poderia desenvolver vacínia (varíola) disseminada. Além disso, os hospedeiros imunocomprometidos podem desenvolver uma variedade de complicações graves. Assim, muitos problemas precisam ser solucionados antes que se possa obter uma vacina segura e efetiva.

## Perspectiva social: problemas econômicos, legais e éticos

A AIDS e a doença pelo HIV terão um impacto econômico cada vez mais significativo nos próximos anos. O custo anual dos cuidados médicos para um paciente com AIDS não hospitalizado nos EUA pode alcançar 36.000 dólares ou mais, com custo de aproximadamente 2.000 dólares por mês para os fármacos. O custo do tratamento durante toda a vida é estimado em 355.000 dólares ou mais. Com base nas estimativas dos CDC, o custo total para cuidar de todos os pacientes portadores de AIDS nos EUA em 2014 foi de quase 30 bilhões de dólares (Figura 19.29). Se o tratamento dos pacientes com AIDS representa uma carga para os EUA, onde a renda média ultrapassa 12.000 dólares por pessoa por ano, imagine a carga catastrófica para muitos países em desenvolvimento, onde a renda média anual é de menos de 200 dólares por pessoa.

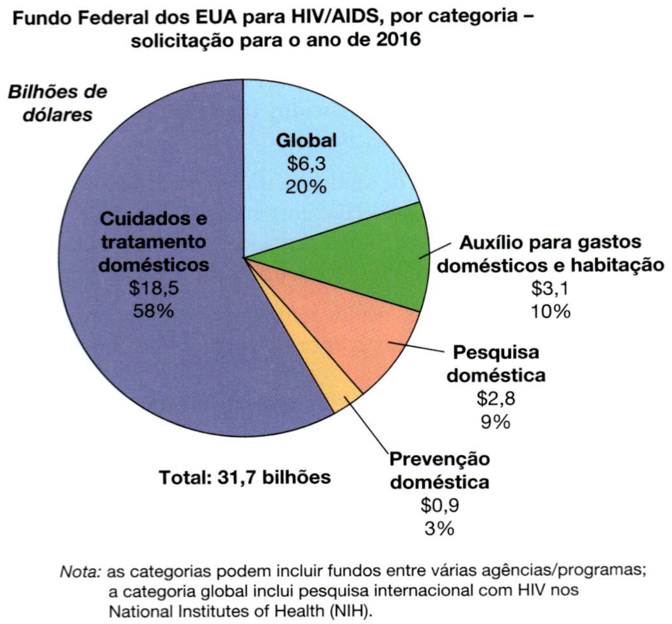


**Figura 19.29 Despesa federal total dos EUA para o HIV/AIDS por categoria, no ano de 2016.** A despesa federal para HIV/AIDS alcança um total de 31,7 bilhões de dólares (ano de 2016). Os números não correspondem a 100% por terem sido arredondados. *(CDC.)*

As leis nos EUA protegem a confidencialidade das informações médicas, inclusive os resultados do teste para AIDS. As leis também proporcionam uma oportunidade igual com relação a emprego, moradia e educação; entretanto, muitos pacientes com AIDS continuam encontrando vários tipos de discriminação. É preciso considerar também a proteção dos direitos dos cidadãos não infectados e dos profissionais de saúde que tratam dos pacientes portadores de AIDS. Outros problemas legais dizem respeito à responsabilidade dos indivíduos infectados pelo HIV de não transmitir a doença e às responsabilidades dos distribuidores de produtos do sangue.

Muitas questões éticas estão relacionadas com problemas legais. Uma importante questão é como a epidemia pode ser reduzida sem violação das liberdades individuais. Outra questão pondera a obrigação moral dos profissionais de saúde de cuidar de todos os pacientes contra o risco de adquirir uma doença fatal. Outras questões ainda se relacionam com a distribuição dos recursos médicos escassos.

**PARE e RESPONDA**

1. O que é uma doença autoimune? O que poderia causar esse tipo de doença?
2. Faça um resumo das causas, dos sinais e dos sintomas da miastenia *gravis*, da artrite reumatoide e do lúpus eritematoso sistêmico.
3. Como e por que ocorre rejeição de transplantes?
4. Diferencie as doenças por imunodeficiência primárias das secundárias. Dê exemplo de cada uma.

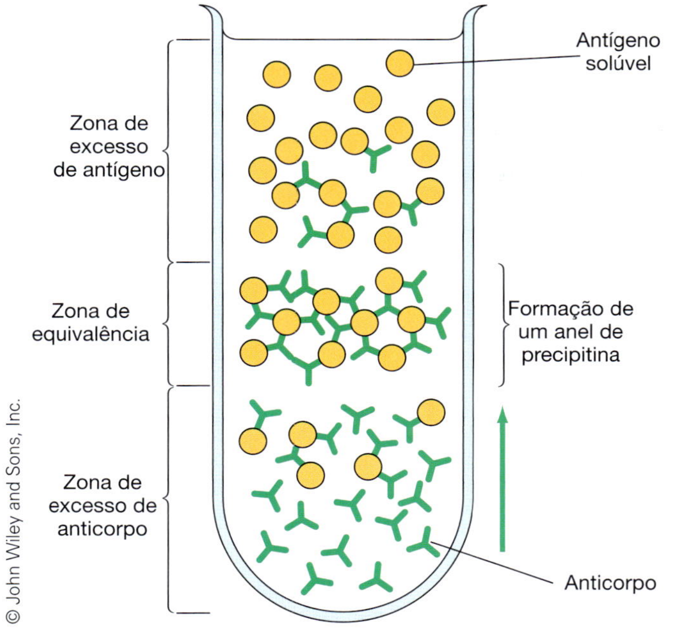


**Figura 19.30 Teste de precipitação para anticorpos.** Quando anticorpos IgG ou IgM (que são solúveis) reagem com antígenos solúveis, eles rapidamente formam pequenos complexos que, com o passar do tempo, combinam-se em redes maiores que precipitam na solução. Entretanto, essa precipitação só ocorre quando existe uma razão apropriada entre antígenos e anticorpos. No teste, os anticorpos são colocados no fundo de um tubo estreito. São acrescentados os antígenos solúveis, e os dois são deixados difundir um em direção ao outro. No local onde a razão de concentração necessária é alcançada (a zona de equivalência), ocorre precipitação, que é visível na forma de um "anel de precipitina" turvo no tubo.

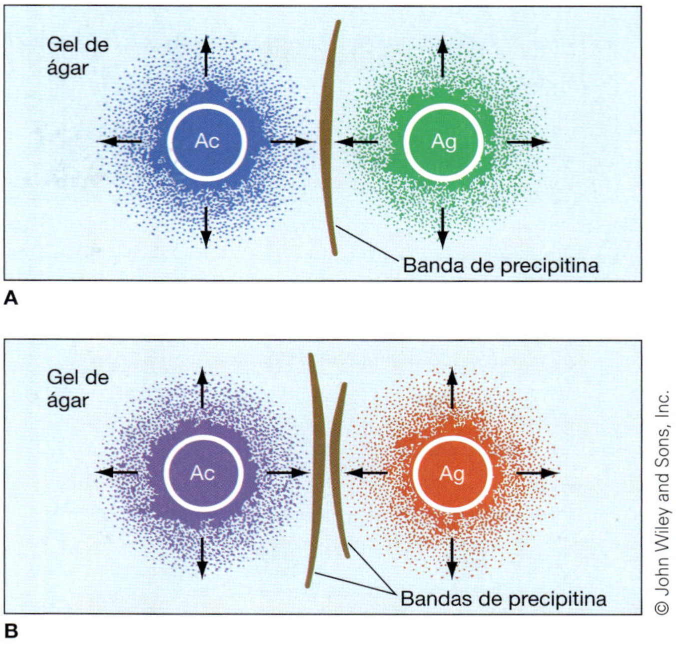


**Figura 19.31 Teste de imunodifusão.** Esse teste é uma modificação da reação de precipitação. São feitos orifícios em gel de ágar, os quais são preenchidos com soluções de antígeno (Ag) e anticorpo (Ac). **A.** Um único anticorpo e antígeno difundem-se para fora dos orifícios, encontram-se, reagem um com o outro e precipitam. Eles formam uma linha denominada banda de precipitina, que é visualizada por meio de coloração. **B.** Dois complexos de antígeno-anticorpo diferentes difundem-se em diferentes velocidades, produzindo bandas separadas.

# TESTES IMUNOLÓGICOS

No Capítulo 17, consideramos como determinadas reações imunológicas – aglutinação, lise celular pelo complemento e por anticorpos IgM e neutralização de vírus e toxinas – matam os patógenos. Agora, iremos considerar como essas e outras reações são utilizadas como testes laboratoriais para detectar e quantificar antígenos e anticorpos. Esses testes laboratoriais compõem o ramo da imunologia denominado **sorologia**, assim denominado pelo fato de que muitos dos testes são realizados em amostras de soro. Hoje em dia, alguns testes laboratoriais também utilizam anticorpos monoclonais derivados do líquido de cultura de tecido animal (ver Capítulo 18). Os testes e as reações descritos aqui representam uma amostragem ampla, porém incompleta, dos testes laboratoriais e clínicos. A escolha do teste "correto" dependerá da natureza do patógeno e da doença que está sendo analisada.

## Teste de precipitação

Historicamente, um dos primeiros testes sorológicos a serem desenvolvidos foi o **teste de precipitação** (Figura 19.30), que pode ser utilizado para a detecção de anticorpos ou de antígenos. Esse teste baseia-se em uma **reação de precipitação**, em que anticorpos denominados *precipitinas* reagem com antígenos, difundem-se um em direção ao outro e formam um precipitado visível. Durante essas reações, formam-se complexos de antígeno-anticorpo em questão de segundos. Redes semelhantes a treliças desses complexos, que são visualmente opacas, formam-se dentro de minutos a horas.

Foram feitas muitas modificações no teste de precipitação básico para aumentar a sua sensibilidade na detecção de complexos de antígeno-anticorpo específicos. Os **testes de imunodifusão** baseiam-se no mesmo princípio que o teste de precipitação, porém são realizados em uma fina camada de ágar solidificada em uma lâmina de vidro. Os testes de imunodifusão são utilizados para determinar se mais de um antígeno – e, portanto, mais de um anticorpo – está presente em uma amostra de soro. Pequenos orifícios são feitos no ágar solidificado, e os antígenos e anticorpos são colocados em orifícios separados. Os complexos de antígeno-anticorpo aparecem como linhas de precipitação detectáveis (após coloração) no ágar entre os orifícios. Após a ocorrência de difusão, pode-se detectar uma ou mais bandas de precipitação, representando, cada uma delas, um diferente complexo de antígeno-anticorpo (Figura 19.31). As bandas podem se tornar mais visíveis por meio de lavagem da superfície do ágar e aplicação de um corante que irá colorir os complexos de antígeno-anticorpo. Uma vantagem dos testes de imunodifusão é que, em um único meio para teste, vários antígenos podem reagir com um tipo de anticorpo, ou vários tipos de anticorpos podem reagir com um antígeno.

Quando amostras de soro contêm diversos antígenos, pode-se utilizar a **imunoeletroforese** para detectar complexos de antígeno-anticorpo separados. Os antígenos são aplicados em um orifício em uma lâmina coberta de ágar. Em seguida, o gel é submetido a uma corrente elétrica. Esse processo é denominado **eletroforese**. Durante a eletroforese, diferentes moléculas de antígeno migram em diferentes velocidades, dependendo do tamanho e das cargas elétricas das moléculas.

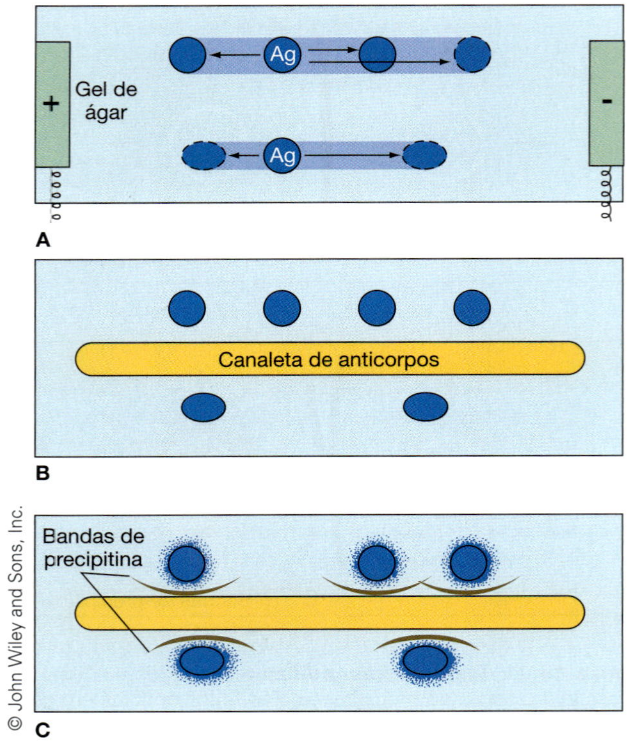


**Figura 19.32 Imunoeletroforese. A.** Os antígenos colocados em gel de ágar são separados por meio de uma corrente elétrica. As moléculas de carga positiva são atraídas para o polo negativo, enquanto as de carga negativa movem-se em direção ao polo positivo. **B.** Uma canaleta é cortada no ágar entre os orifícios e preenchida com anticorpos. **C.** Formam-se curvas de precipitação onde os antígenos e anticorpos difundem-se para se encontrar e reagir.

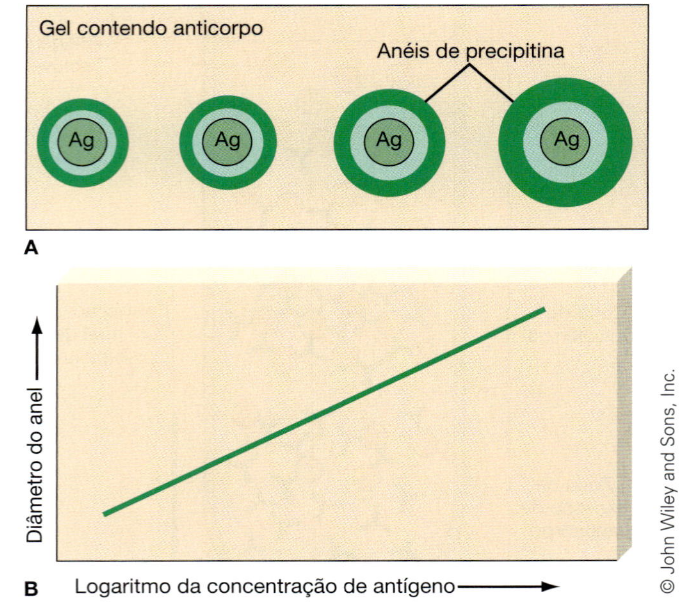


**Figura 19.33 Imunodifusão radial. A.** Orifícios feitos em camadas de ágar contendo anticorpos são preenchidos com antígenos. O antígeno difunde-se para fora, formando um complexo com o anticorpo. Quando a razão entre antígeno e anticorpo é ótima, os complexos precipitam na forma de um anel. **B.** O diâmetro do anel é proporcional ao logaritmo da concentração de antígeno, que pode ser determinado por referência a uma curva padrão. A concentração de um anticorpo também pode ser determinada pela sua colocação em um orifício feito em uma camada de ágar contendo antígeno e comparando-se o tamanho do anel resultante com uma curva padrão para esse anticorpo.

Após a eletroforese, o anticorpo é colocado em uma canaleta feita ao longo de um ou de ambos os lados da lâmina, e deixa-se que ocorra difusão. Os resultados da imunoeletroforese são semelhantes aos obtidos em outros testes de imunodifusão – formam-se bandas de precipitação no local onde antígenos e anticorpos correspondentes precipitam (Figura 19.32). Assim, a vantagem da imunoeletroforese consiste em separar vários antígenos que podem estar presentes em uma amostra de soro.

A imunoeletroforese e a imunodifusão radial são utilizadas rotineiramente em grandes laboratórios clínicos de hospitais para detectar a presença das várias classes de imunoglobulinas. Em geral, a IgG, a IgM e a IgA estão presentes em quantidades suficientes para serem detectadas por bandas de precipitina; entretanto, a IgD e a IgE estão geralmente presentes em quantidades muito pequenas para serem detectadas. Os pacientes que não produzem quantidades normais de IgG, IgM e IgA podem ser detectados por esse método. O método também possibilita ao médico diagnosticar e monitorar pacientes que apresentam tumores de mieloma (tumores de plasmócitos). Esses pacientes produzem quantidades muito grandes de um único anticorpo, devido à proliferação dessa única linhagem de plasmócitos. A imunodifusão radial também é utilizada para detectar e quantificar outras proteínas presentes no sangue, como o fibrinogênio, fator de coagulação, e componentes do complemento. Os laboratórios clínicos de veterinária também utilizam esses métodos para a detecção de imunoglobulinas no soro de animais.

A **imunodifusão radial** fornece uma medida quantitativa das concentrações de antígeno ou de anticorpo. Nesse teste, adiciona-se anticorpo ao ágar fundido, e a solução é deixada solidificar na forma de uma fina camada sobre uma lâmina de vidro. Amostras de antígeno de diferentes concentrações são colocadas nos orifícios feitos na lâmina de ágar. Após difusão, a concentração de antígenos é determinada pela medida do diâmetro do anel de precipitação que se forma ao redor do antígeno (Figura 19.33). De modo semelhante, as concentrações de anticorpos podem ser determinadas pela aplicação de amostras de anticorpos de diferentes concentrações nos orifícios de um gel contendo o antígeno.

## Reações de aglutinação

Quando os anticorpos reagem com antígenos nas células, eles podem causar **aglutinação** ou agregação destas células. Uma aplicação das **reações de aglutinação** consiste em determinar se a quantidade de anticorpos contra determinado agente infeccioso está aumentando no sangue de um paciente. A quantidade de anticorpos é denominada **título de anticorpos**. O título de anticorpos é definido como a recíproca da maior diluição de soro em que ocorre aglutinação. Por exemplo, um antissoro que aglutinou um antígeno de um agente em uma diluição de 1:256, mas não de 1:512, deve ser referido como tendo um título de anticorpos de 256. Um aumento no título de anticorpos com o passar do tempo indica que o sistema imune do paciente está atacando o agente. O diagnóstico do agente causador da doença é possível quando se pode demonstrar que o soro do paciente não possuía nenhum anticorpo contra o agente antes do início da doença, ou que ocorreu elevação do título durante o curso da doença. Essa produção de anticorpos no soro, resultante de uma infecção (ou imunização), é denominada **soroconversão**.

O **teste de aglutinação em tubo** mede os títulos de anticorpos comparando várias diluições do soro do paciente contra a mesma quantidade conhecida do antígeno (células).

As reações de aglutinação são frequentemente utilizadas para o diagnóstico de doença causada por um organismo difícil de ser detectado ou de crescer diretamente no laboratório clínico. Esses testes são utilizados para a detecção de anticorpos contra as três espécies de *Brucella*, que causam brucelose ou febre ondulante; *Francisella tularensis*, que causa a tularemia; e anticorpos contra o vírus Epstein-Barr, causador da mononucleose.

A **hemaglutinação** ou aglutinação dos eritrócitos é semelhante aos testes de aglutinação, exceto que os antígenos estão localizados na superfície dos eritrócitos. A hemaglutinação é utilizada na tipagem sanguínea (Figura 19.34). Além disso, os testes de hemaglutinação podem ser utilizados para a detecção de vírus, como os que causam o sarampo e a influenza. Esses vírus ligam-se aos eritrócitos e estabelecem ligações cruzadas entre eles, causando **hemaglutinação viral**. Esse processo é inibido pela adição de anticorpos contra os vírus. Como esses anticorpos antivirais ligam-se aos vírus, estes não conseguem mais aglutinar os eritrócitos. Essa inibição constitui a base do **teste de inibição da hemaglutinação**, que pode ser utilizado para diagnosticar o sarampo, a influenza e outras doenças virais.

Hoje em dia, esses tipos de testes de aglutinação são habitualmente realizados em *microplacas de titulação* de plástico. Essas placas contêm 96 orifícios separados, de modo que muitos testes podem ser realizados simultaneamente. Na placa mostrada na Figura 19.35, as diluições de anticorpos são adicionadas aos poços da placa. Em seguida, concentrações iguais de eritrócitos são acrescentadas a cada orifício. Se houver uma quantidade de anticorpo satisfatória para aglutinar os eritrócitos, os complexos anticorpo-célula depositam-se no fundo do orifício, formando uma camada difusa. Se o título de anticorpos estiver muito baixo, os eritrócitos depositam-se e formam um "botão" vermelho no fundo do orifício.

Anteriormente, vimos que a doença hemolítica do recém-nascido grave resulta de uma incompatibilidade do fator Rh entre a mãe (Rh-negativa) e o feto (Rh-positivo). Em um teste de hemaglutinação, embora os anticorpos anti-Rh se liguem aos antígenos Rh nos eritrócitos, não existem antígenos Rh suficientes para causar agregação com anticorpos anti-Rh (Figura 19.36A). O **teste de antiglobulina de Coombs** foi desenvolvido para detectar esses anticorpos. Se os eritrócitos cobertos com anticorpos anti-Rh forem tratados com um anticorpo que reconhece os anticorpos anti-Rh, os complexos de anticorpo-célula irão aglutinar (Figura 19.36B). Desse modo, se o soro de um paciente tiver anticorpos anti-Rh, ou se os eritrócitos forem Rh-positivos, ocorrerá aglutinação.

As defesas naturais do organismo utilizam o complemento para ligar-se aos complexos de antígeno-anticorpo, ajudando a destruir os patógenos. Essa mesma capacidade é utilizada no laboratório ou na clínica para a detecção de quantidades muito pequenas de anticorpos. O **teste de fixação do complemento** é um procedimento em várias etapas, que começa com a inativação do complemento do soro de um paciente por meio de aquecimento. Em seguida, o soro é diluído, e quantidades conhecidas de complemento não humano e do antígeno do teste são adicionadas separadamente (Figura 19.37A). O antígeno é específico para o anticorpo que está sendo pesquisado. Essa mistura é incubada para possibilitar a reação do antígeno com qualquer anticorpo presente. Em seguida, acrescenta-se um sistema indicador, que normalmente consiste em hemácias de carneiro e anticorpo contra essas células. Se o anticorpo dirigido contra o antígeno do teste estiver presente no soro do paciente, a reação antígeno-anticorpo terá fixado o complemento (*i. e.*, terá se combinado com ele). Em consequência, as células sanguíneas não serão lisadas, e o teste será positivo, com formação de um botão vermelho de células não danificadas (Figura 19.37B). Entretanto, se o anticorpo não estiver presente, o complemento livre que permanece na mistura será fixado pelo sistema indicador, resultando em lise das células. O teste será negativo. O teste de fixação do complemento é utilizado para o diagnóstico de doenças bacterianas como a coqueluche e a gonorreia, bem como de doenças fúngicas, incluindo a histoplasmose. O teste de Wassermann para sífilis utiliza a fixação do complemento.

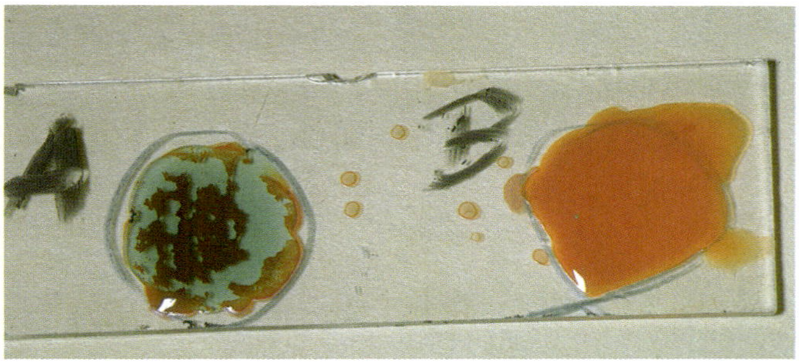


**Figura 19.34 Hemaglutinação.** Esse teste, que é utilizado para tipagem sanguínea, baseia-se na reação de aglutinação. Em A, os eritrócitos são misturados com soro contendo anticorpos para os antígenos presentes nas células. O complexo de células e os anticorpos agregam-se. Em B, o soro adicionado não continha anticorpos para reconhecer os antígenos do tipo sanguíneo nas células, de modo que não ocorreu agregação. *(Science Source.)*

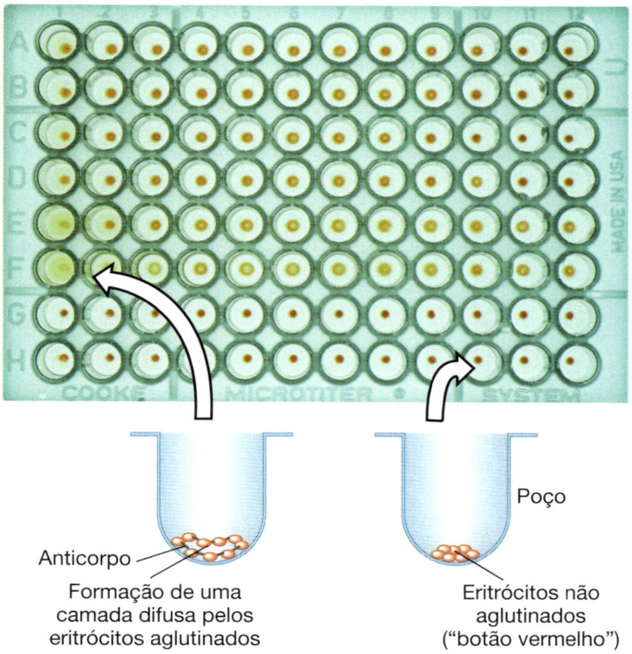


**Figura 19.35 Microplacas.** Os testes de hemaglutinação são frequentemente realizados em microplacas. Essas placas contêm 96 poços de plástico, possibilitando a realização simultânea de muitos testes. Quando ocorre hemaglutinação, o anticorpo reage com o antígeno. Todos os poços contêm eritrócitos. A hemaglutinação positiva resulta em agregado difuso de eritrócitos (como na fileira F, coluna 1). A hemaglutinação negativa é observada como um depósito de eritrócitos ("botão vermelho") no fundo dos poços (como nas fileiras G e H) *(Southern Illinois University/Peter Arnold, Inc./Alamy.)*

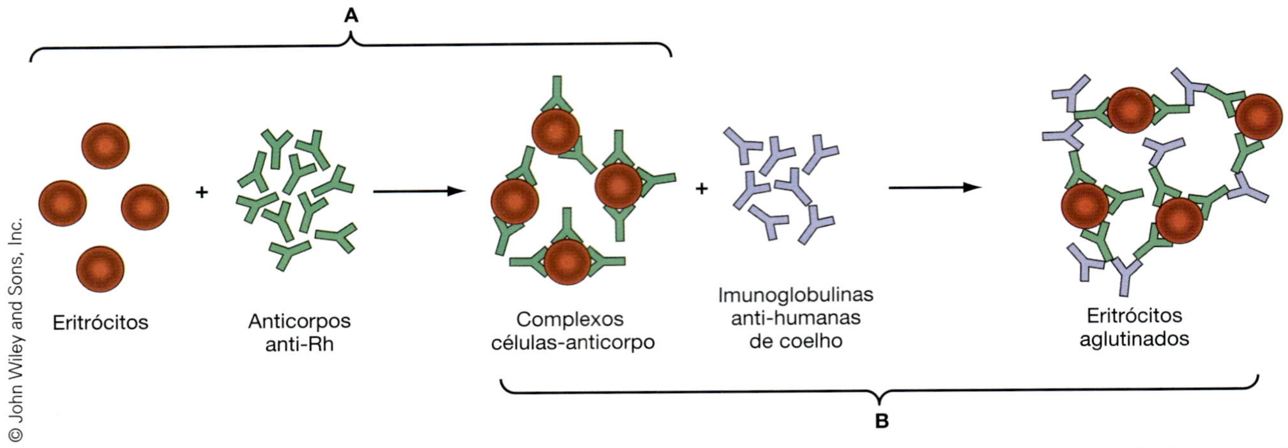


**Figura 19.36 Teste da antiglobulina de Coombs.** **A.** Anticorpos anti-Rh são deixados reagir com eritrócitos. Se houver antígenos Rh nas células sanguíneas, eles não estarão presentes em quantidade suficiente para produzir uma reação de hemaglutinação. **B.** Desse modo, anticorpos anti-humanos preparados em coelhos reagem com os complexos eritrócito-anticorpo. Se houver antígenos Rh presentes nos eritrócitos, deverá ocorrer hemaglutinação. Um indivíduo com esses eritrócitos é Rh-positivo.

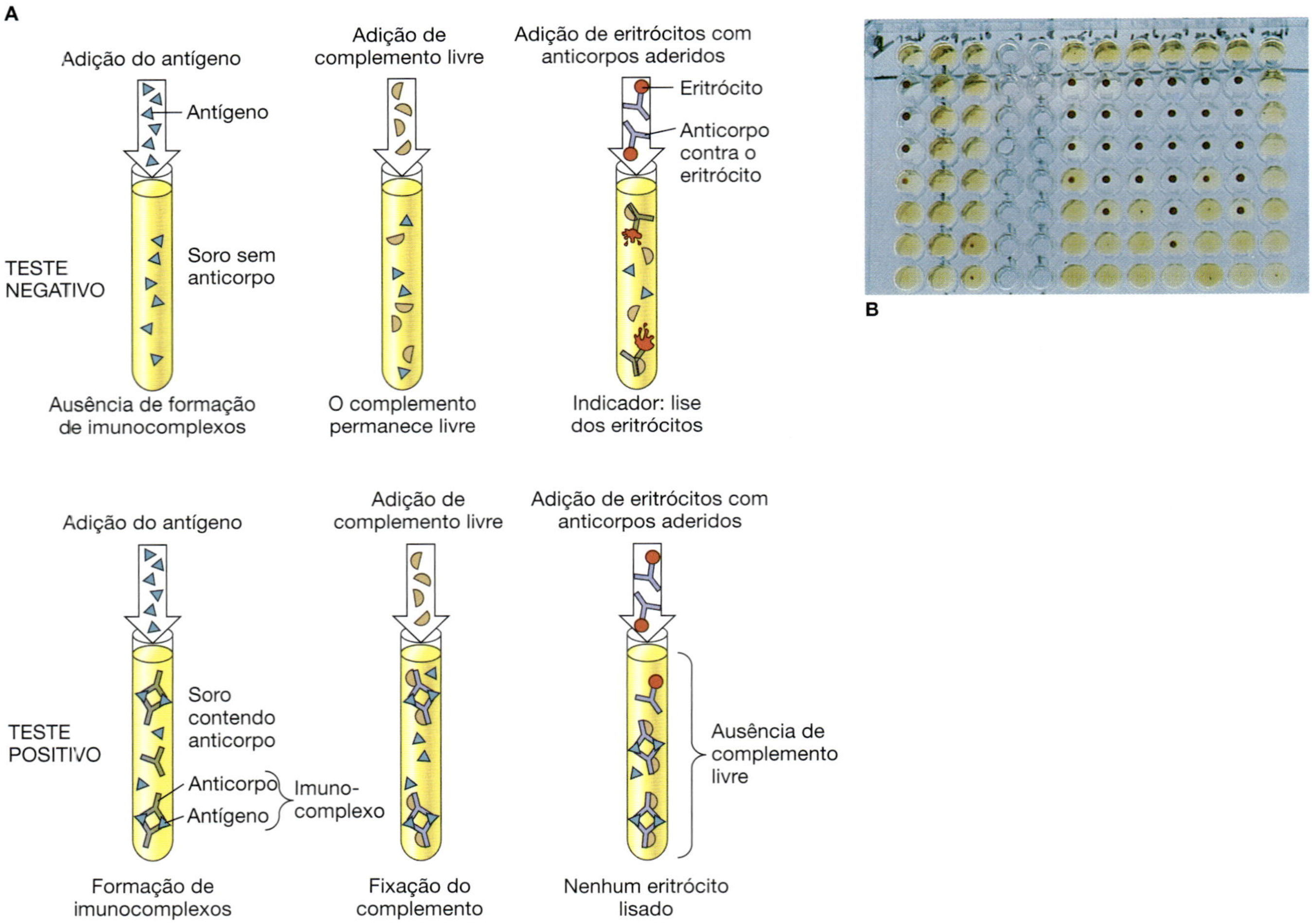


**Figura 19.37 Teste de fixação do complemento para pesquisa de anticorpos.** **A.** Na primeira etapa, o soro a ser testado é diluído, e acrescenta-se o antígeno ao anticorpo que está sendo pesquisado. Se o anticorpo estiver presente, ele reagirá com o antígeno e formará imunocomplexos. Na segunda etapa, acrescenta-se o complemento livre. Caso tenha ocorrido formação de imunocomplexos, o complemento irá interagir com eles e será fixado; caso não tenha havido formação de imunocomplexos, o complemento permanecerá livre. Na terceira etapa, são acrescentadas hemácias de carneiro com moléculas de anticorpo ligadas a elas. Se houver complemento livre, ele irá lisar as hemácias. Trata-se de um resultado negativo – que indica que não havia nenhum anticorpo no soro original. Se todo o complemento já estiver fixado pelo imunocomplexo inicial, as hemácias não serão lisadas. Trata-se de um resultado positivo – indica que o anticorpo estava presente na amostra de soro original. **B.** No teste positivo, o complemento foi fixado, e não houve lise dos eritrócitos. Com efeito, essas células formam um botão vermelho característico no fundo do poço. *(© Leon J. LeBeau/Biological Photo Service.)*

## APLICAÇÃO NA PRÁTICA

### Cor-de-rosa significa gravidez

Você sabia que alguns testes de gravidez caseiros são modificações dos ensaios de aglutinação? Os testes baseiam-se na inibição da aglutinação, um ensaio altamente sensível que tem a capacidade de detectar pequenas quantidades de antígeno. Partículas de látex são recobertas com gonadotropina coriônica humana (HCG) e anticorpo dirigido contra a HCG. Quando a urina de uma mulher grávida contendo HCG entra em contato com essas partículas de látex, elas não podem se aglutinar, de modo que a ausência de aglutinação indica gravidez. E até mesmo se você nunca teve de fazer um teste de gravidez em casa, ainda pode estar sujeita a um ensaio envolvendo a inibição da aglutinação. Muitas empresas exigem que os candidatos a um emprego sejam submetidos a testes para pesquisa de substâncias, e os ensaios de inibição da aglutinação podem ser utilizados para determinar se um indivíduo é usuário de determinados tipos de substâncias ilegais, como cocaína e heroína.

As **reações de neutralização** podem ser utilizadas para detectar toxinas bacterianas e anticorpos contra vírus. A imunidade à difteria, que depende da presença de antitoxinas diftéricas (anticorpos contra a toxina diftérica), pode ser detectada pelo **teste de Schick**. Nesse teste, o indivíduo é inoculado com uma pequena quantidade de toxina diftérica. Se o indivíduo for imune à doença, a antitoxina diftérica (que circula no sangue) neutralizará a toxina, e não ocorrerá reação adversa. Se o indivíduo não for imune, e a antitoxina não estiver presente, a toxina causará dano tecidual, detectado na forma de uma área avermelhada e intumescida no local de injeção depois de 48 horas.

Ocorre **neutralização viral** quando os anticorpos se ligam aos vírus e os neutralizam ou impedem de infectar as células. No laboratório ou na clínica, o soro do paciente e um vírus do teste são acrescentados a uma cultura de células ou a um embrião de galinha. Se o soro tiver anticorpos dirigidos contra o vírus, eles irão neutralizá-lo e impedir que as células da cultura ou do embrião sejam infectadas.

## Testes com anticorpos marcados

Os testes imunológicos mais sensíveis utilizados para a detecção de anticorpos ou de antígenos utilizam anticorpos que possuem uma "marcação molecular", que é fácil de detectar, até mesmo em concentrações muito baixas. De fato, as concentrações são tão baixas que não ocorre precipitação nem aglutinação.

A **imunofluorescência** utiliza anticorpos (habitualmente IgG) aos quais estão ligadas moléculas de corante fluorescente (marcadas) nas extremidades caudais (Fc) dos anticorpos. Por exemplo, anticorpos IgG marcados com isotiocianato de fluoresceína emitem um brilho verde amarelado quando expostos à luz ultravioleta (UV). Anticorpos marcados com fluorescência podem ser utilizados para a detecção de antígenos, de outros anticorpos ou do complemento em suas localizações nas células ou dentro dos tecidos (**Figura 19.38**). Como essas

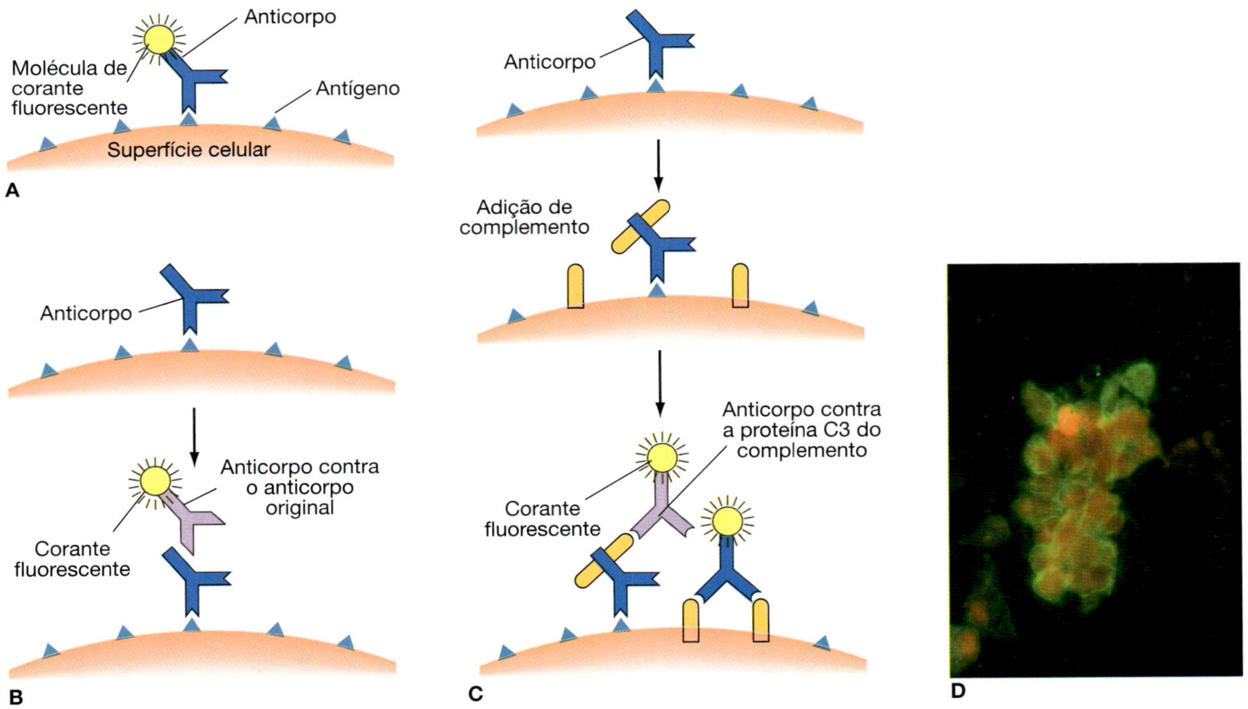


**Figura 19.38 Imunofluorescência.** A molécula de fluoresceína é um corante fluorescente que pode ser complexado com outras moléculas. Quando vista sob luz ultravioleta (UV) com microscópio de fluorescência, ela irá fluorescer, revelando a presença da molécula "marcada". Para detectar diretamente a presença de um antígeno específico em determinado tecido, (**A**) uma solução de anticorpo marcado com fluoresceína dirigido contra esse antígeno é preparada, adicionada às células ou a um corte fino de tecido, incubada e, em seguida, lavada. Qualquer anticorpo marcado com corante que tenha formado um complexo com o antígeno no tecido irá fluorescer quando visto ao microscópio de fluorescência. **B.** No teste indireto, o anticorpo contra o antígeno que está sendo pesquisado não é marcado. Em vez disso, a sua presença é detectada por meio de um anticorpo marcado com fluoresceína (antianticorpo) contra o anticorpo original. **C.** O complemento (proteína C3) pode ser acrescentado ao corte de tecido, juntamente com o anticorpo, e um anticorpo marcado com fluoresceína dirigida contra uma das proteínas do complemento pode ser então utilizado para detectar a presença de complexos antígeno-anticorpo ou de complemento ligado às células. **D.** Fotomicrografia imunofluorescente de vírus varicela/zóster. Trata-se do agente etiológico da varicela e do zóster (286×). *(Luis M. de la Maza, Ph.D. M.D./Medical Images.)*

células ou amostras de tecido podem ser examinadas com um microscópio de fluorescência, essa técnica é particularmente útil no laboratório de pesquisa para a localização de antígenos celulares e autoanticorpos. Um anticorpo marcado com fluorescência que detecta outro anticorpo é conhecido como *antianticorpo*; um anticorpo que detecta o complemento é um *anticorpo anticomplemento*. A imunofluorescência é útil no diagnóstico da sífilis, da gonorreia, da infecção pelo HIV, da doença dos legionários, das infecções por clamídias, citomegalovírus, *Cryptosporidium* e por fungos, imunocomplexos de IgA em biopsias renais e o vírus da SRAG, para citar alguns.

## Separador de células ativado por fluorescência (FACS)

Algumas vezes, é necessário coletar quantidades de um tipo específico de células para estudo, por exemplo, as células T CD4 ou CD8 e suas razões para ajudar a avaliar a progressão da doença em pacientes com AIDS. Isso pode ser realizado em condições estéreis com o uso do **separador de células ativado por fluorescência (FACS)** (Figura 19.39), que basicamente é uma modificação de um aparelho denominado citômetro de fluxo. Uma série de gotículas, cada uma contendo uma célula, flui por um bico. Se a célula for fluorescente quando submetida a um feixe de *laser* de luz ultravioleta, um detector irá ativar eletrodos que liberam uma carga elétrica para a gotícula. Ao caírem em um campo eletromagnético, as gotículas carregadas serão desviadas para dentro de um recipiente separado. À medida que as células caem depois do *laser*, elas são separadas e contadas de acordo com seus tipos.

O **radioimunoensaio (RIA)** também pode ser utilizado para detectar quantidades muito pequenas (nanogramas) de antígenos e anticorpos. Para medir um anticorpo em uma amostra para análise por RIA, um antígeno conhecido é colocado em solução salina (sal) e incubado em placas com poços de plástico (Figura 19.40A). Algumas moléculas de antígeno aderem ao plástico; aquelas que não aderem são removidas por lavagem. O anticorpo que está sendo medido é acrescentado para ligar-se ao antígeno (Figura 19.40B). Em seguida, aplica-se um antianticorpo marcado radioativamente (Figura 19.40C). Depois de um período de incubação, o excesso de anticorpo não ligado é removido por lavagem. O material radioativo que permanece no poço é medido com um contador de radiação para determinar a concentração do anticorpo na amostra analisada.

O **ensaio imunoabsorvente ligado a enzima (ELISA)** é uma modificação do RIA, em que o antianticorpo, em vez de ser radioativo, possui uma enzima marcadora ligada a ele (Figura 19.41A). Após a reação do anticorpo que está sendo

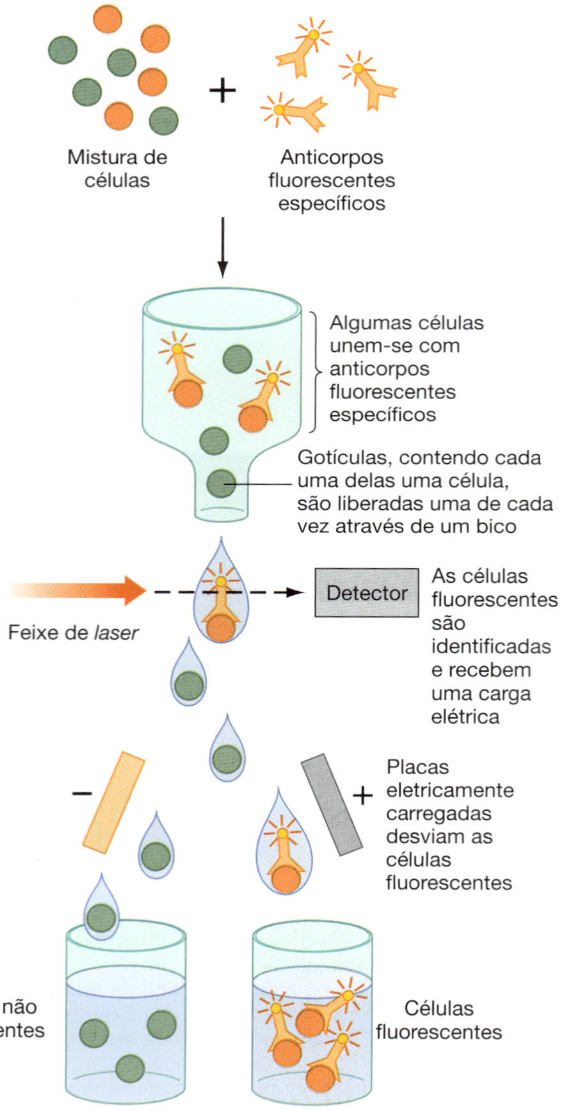



**Figura 19.39 Separador de células ativado por fluorescência (FACS).**

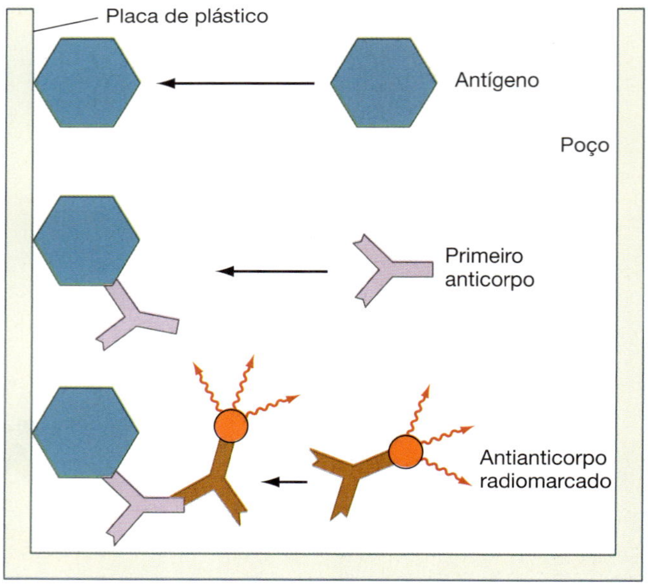



**Figura 19.40 Radioimunoensaio (RIA) é utilizado para detectar quantidades muito pequenas de anticorpo.** **A.** Inicialmente, o antígeno liga-se a um poço de uma placa de plástico. Após lavagem do excesso de antígeno não ligado, a solução que está sendo testada quanto à presença de anticorpo é acrescentada e deixada para reagir. **B.** Se o anticorpo estiver presente, ele irá reagir com o antígeno. **C.** Após lavagem de qualquer anticorpo não ligado, acrescenta-se um segundo anticorpo marcado radioativamente (antianticorpo) específico contra o primeiro anticorpo. A quantidade de antianticorpo radioativo ligado presente é medida; é proporcional à concentração de anticorpo na solução original.

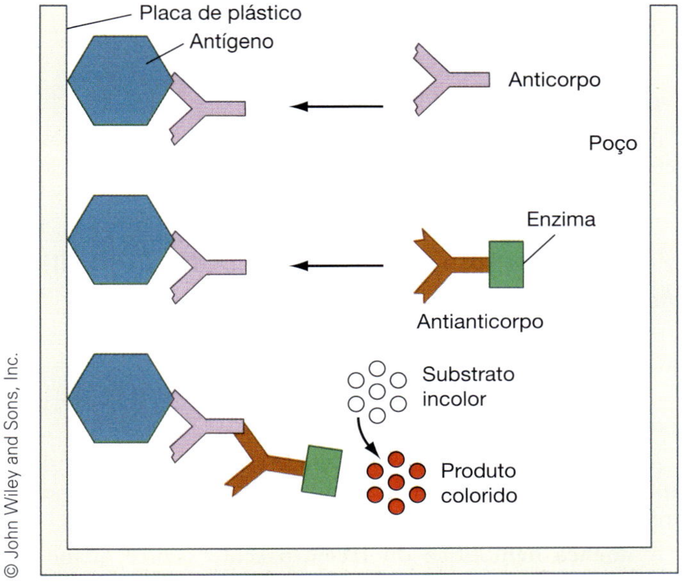


**Figura 19.41 O ensaio imunoabsorvente ligado a enzima (ELISA) é uma modificação do RIA.** **A.** À semelhança do RIA, o antígeno ligado a um poço da placa de plástico reage com o anticorpo que está sendo detectado. **B.** Em uma forma de ELISA, adiciona-se então um antianticorpo. Entretanto, em vez de ser radioativamente marcado como no RIA, esse anticorpo possui uma enzima de ligação covalente. **C.** Um substrato específico para a enzima é então acrescentado. Se essa enzima estiver ligada ao anticorpo original, ela pode catalisar uma reação, convertendo o substrato incolor em um produto colorido. Esses testes de ELISA são realizados rotineiramente como teste inicial para a detecção do HIV em amostras de sangue.

medido com o antígeno, o complexo antianticorpo-enzima é adicionado (Figura 19.41B). Por fim, aplica-se um substrato que a enzima converte em produto colorido (Figura 19.41C). A quantidade de produto colorido é proporcional à concentração do anticorpo. O RIA e o ELISA estão entre os testes mais amplamente usados para anticorpos ou para antígenos.

Uma importante aplicação do ELISA é a detecção de anticorpos anti-HIV, geralmente nas primeiras 6 semanas após a infecção. O teste foi desenvolvido para rastreamento do fornecimento de sangue nos EUA e para proteger os receptores de sangue contra a infecção. O ELISA é um teste sensível – tão sensível que os American Red Cross Blood Services relatam que os resultados falso-positivos (detecção do produto colorido na ausência de anticorpos anti-HIV) ocorrem em uma taxa de cerca de 0,2%.

Para confirmar a presença de infecção pelo HIV, pode-se efetuar um teste mais dispendioso, denominado ***Western blotting***, em amostras de um indivíduo com teste de ELISA positivo. No *Western blotting*, as proteínas do HIV são isoladas do indivíduo e inicialmente separadas em um gel por uma corrente elétrica, à semelhança do procedimento utilizado na imunoeletroforese. Em seguida, as proteínas separadas são transferidas (*blotted*) para um papel de filtro de celulose. Em seguida, o soro do indivíduo é acrescentado ao *blot*. Se houver anticorpos anti-HIV, eles irão reagir com as proteínas separadas do HIV. Esses complexos antígeno-anticorpo podem ser visualizados pela adição de um anticorpo anti-humano marcado com enzima. Quando se acrescenta um substrato da enzima, aparecem bandas coloridas no papel (Figura 19.42). Dessa maneira, o *Western blotting* pode determinar os antígenos virais exatos contra os quais os anticorpos anti-HIV são específicos.

## PARE e RESPONDA

1. Como as reações de precipitina diferem das reações de aglutinação?
2. O que significa título de anticorpos?
3. Compare os testes RIA, ELISA e *Western blotting*.

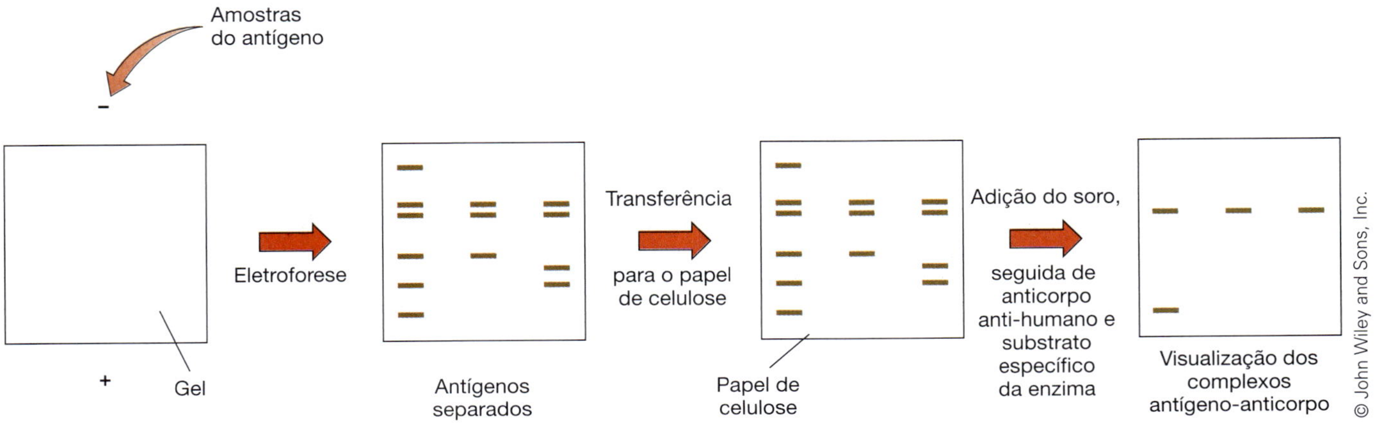


**Figura 19.42 Teste *Western blotting* para antígenos do HIV no sangue.** **A.** Os antígenos do HIV em um gel são separados por uma corrente elétrica, formando bandas de antígenos separados. **B.** As bandas de antígenos são transferidas (*blotted*) para um papel de celulose. **C.** Anticorpos anti-HIV marcados com corante são acrescentados. Qualquer anticorpo que reconheça antígenos específicos do HIV liga-se a esses antígenos, formando uma banda visível.

# RESUMO

## VISÃO GERAL DOS DISTÚRBIOS IMUNOLÓGICOS

- Ocorre **distúrbio imunológico** em consequência de uma resposta imune exagerada ou inadequada.

### Hipersensibilidade

- A **hipersensibilidade** ou **alergia** deve-se a uma reação exagerada a um antígeno.

### Imunodeficiência

- A **imunodeficiência** deve-se a uma resposta imune inadequada. As **imunodeficiências primárias** são defeitos genéticos ou de desenvolvimento, resultando na falta ou em defeitos das células B ou T ou em ambas. As **imunodeficiências secundárias** resultam de dano às células B ou T após o seu desenvolvimento normal

## HIPERSENSIBILIDADE IMEDIATA (TIPO I)

- A **anafilaxia** resulta dos efeitos prejudiciais causados por uma resposta imune imediata exagerada.

### Alergênios

- Um **alergênio** é uma substância normalmente inócua, que pode desencadear uma resposta imunológica prejudicial em um indivíduo sensibilizado ao alergênio; os alergênios comuns estão listados na Tabela 19.1.

### Mecanismo da hipersensibilidade imediata

- O mecanismo da **hipersensibilidade imediata** está resumido na Figura 19.1; os mediadores da hipersensibilidade imediata estão resumidos na Tabela 19.2
- No processo de **sensibilização**, o indivíduo afetado produz anticorpos IgE, que se ligam aos mastócitos e basófilos. Uma segunda ou subsequente exposição ao mesmo alergênio desencadeará o processo de **degranulação** celular, com liberação de **histamina** e outros mediadores pré-formados. A síntese de mediadores da reação também é responsável pelos sintomas da hipersensibilidade imediata.

### Anafilaxia localizada

- A **atopia** refere-se a uma reação localizada a um alergênio, em que a histamina e outros mediadores provocam reações de pápula e eritema e outros sinais e sintomas de alergia.

### Anafilaxia generalizada

- A **anafilaxia generalizada** é uma reação sistêmica, em que ocorre constrição das vias respiratórias (**anafilaxia respiratória**) ou em que há uma acentuada redução da pressão arterial (**choque anafilático**).

### Fatores genéticos na alergia

- Acredita-se que os fatores genéticos possam contribuir para o desenvolvimento das alergias.

### Tratamento das alergias

- A alergia é tratada por meio de **dessensibilização** (hipossensibilização), como mostra a Figura 19.5; os sintomas são aliviados com anti-histamínicos.

## HIPERSENSIBILIDADE CITOTÓXICA (TIPO II)

### Mecanismo das reações citotóxicas

- O mecanismo da **hipersensibilidade citotóxica** está resumido na Figura 19.6.

### Exemplos de reações citotóxicas

- As **reações transfusionais** resultam em **hemólise** dos eritrócitos, devido à produção de anticorpos contra antígenos presentes nas hemácias transfundidas
- A **doença hemolítica do recém-nascido** ocorre quando anticorpos anti-Rh de uma mãe sensibilizada reagem com os antígenos Rh presentes em um feto Rh-positivo.

## HIPERSENSIBILIDADE POR IMUNOCOMPLEXOS (TIPO III)

### Mecanismo das doenças por imunocomplexos

- O mecanismo da **hipersensibilidade por imunocomplexos** está resumido na Figura 19.9.

### Exemplos de doenças por imunocomplexos

- A **doença do soro** ocorre quando antígenos estranhos (algumas vezes animais) presentes no soro combinam-se com anticorpos, formando imunocomplexos que são depositados em vários tecidos
- A **reação de Arthus** é uma resposta imune local a uma substância antigênica (geralmente uma substância injetada), que provoca edema e hemorragia.

## HIPERSENSIBILIDADE MEDIADA POR CÉLULAS (TIPO IV)

### Mecanismo das reações mediadas por células

- O mecanismo da **hipersensibilidade mediada por células (tardia)** está resumido na Figura 19.12.

### Exemplos de distúrbios mediados por células

- A **dermatite de contato** ocorre após um segundo contato com hera venenosa, metais ou outra substância e habitualmente aparece na forma de eczema
- Outros tipos de hipersensibilidade mediada por células incluem a **hipersensibilidade à tuberculina** e a **hipersensibilidade granulomatosa**
- As características dos quatro tipos de hipersensibilidade estão resumidas na Tabela 19.5.

## DOENÇAS AUTOIMUNES

- As doenças autoimunes surgem em consequência de uma hipersensibilidade aos antígenos próprios existentes nas células e nos tecidos. Com frequência, essas doenças produzem **autoanticorpos** contra esses antígenos próprios. As doenças autoimunes também podem ser mediadas por células.

### Autoimunização

- A autoimunização ocorre quando o sistema imune responde a um componente do organismo como se fosse estranho. Os fatores genéticos e o **mimetismo antigênico** estão entre os mecanismos que podem causar doença autoimune
- O dano tecidual em consequência de doenças autoimunes pode ser causado por reações de hipersensibilidades citotóxicas, por imunocomplexos e mediadas por células
- Os exemplos de doenças autoimunes incluem **miastenia *gravis***, **artrite reumatoide** e **lúpus eritematoso sistêmico**.

## TRANSPLANTE

- O **transplante** envolve a transferência de enxerto de tecido de um local para outro no mesmo indivíduo (**autoenxerto**), entre indivíduos geneticamente idênticos (**isoenxerto**), de um indivíduo para outro indivíduo não idêntico (**aloenxerto**) ou entre espécies diferentes (**xenoenxerto**).

### Antígenos de histocompatibilidade

- Os **antígenos de histocompatibilidade** geneticamente determinados são encontrados na superfície das membranas de todas as células. Alguns estão correlacionados com um risco aumentado de determinadas doenças
- Os **antígenos leucocitários humanos** (HLAs) no enxerto de tecido constituem a principal causa de **rejeição do transplante**; todavia, células imunocompetentes na medula óssea ou em outros tipos de enxertos algumas vezes destroem o tecido do hospedeiro, como na **doença de enxerto-*versus*-hospedeiro (DEVH)**.

### Rejeição de transplante

- A rejeição de transplante deve-se à presença de HLAs estranhos. A **rejeição hiperaguda** é uma hipersensibilidade do tipo II que ocorre em um receptor já sensibilizado. As reações de **rejeição acelerada** são principalmente hipersensibilidades mediadas por células (tipo IV). A **rejeição crônica** ocorre ao longo de vários meses a anos.

### Tolerância do feto durante a gravidez

- O feto ocupa um "sítio imunologicamente privilegiado". As células na parte fetal da placenta não expressam moléculas do MHC. Várias moléculas impedem a destruição das células fetais por células *NK* maternas
- A "natureza estranha" dos espermatozoides pode desencadear a produção materna de anticorpos bloqueadores, que protegem o feto.

### Imunossupressão

- A **imunossupressão** refere-se a uma redução da capacidade de resposta do sistema imune a materiais que ele reconhece como estranhos. A imunossupressão é produzida por **radiação** e por **fármacos citotóxicos**. Ela minimiza a rejeição de transplantes, mas também pode reduzir a resposta imune do hospedeiro aos agentes infecciosos.

## REAÇÕES A FÁRMACOS

- Todos os quatro tipos de reações de hipersensibilidade têm sido observados em reações imunológicas a fármacos.

## DOENÇAS POR IMUNODEFICIÊNCIA

- As **doenças por imunodeficiência** surgem da ausência de linfócitos formados ou outros componentes do sistema imune (**imunodeficiência primária**) ou da destruição de linfócitos já formados (**imunodeficiência secundária**).

### Doenças por imunodeficiência primária

- A deficiência de células B ou **agamaglobulinemia** leva a uma falta de imunidade humoral
- A deficiência de células T, como na **síndrome de DiGeorge**, leva a uma falta de imunidade celular e humoral
- A deficiência de células B e de células T ou **doença por imunodeficiência combinada grave (IDCG)** levam a uma falta de imunidade tanto humoral quanto mediada por células.

### Doenças por imunodeficiência secundária (ou adquirida)

- As imunodeficiências secundárias são adquiridas por meio de infecções, neoplasias malignas ou doenças autoimunes
- A **síndrome da imunodeficiência adquirida (AIDS)** é causada pelo **vírus da imunodeficiência humana (HIV)**. O HIV destrói as células $T_H$ e, por fim, compromete todas as funções imunológicas
- Os indivíduos infectados pelo HIV progridem por meio de uma série de estágios que levam à AIDS. Os indivíduos do Grupo 4 sofrem de infecções oportunistas e neoplasias malignas, como **sarcoma de Kaposi**
- A pandemia da AIDS teve, segundo estimativas, mais de 35,3 milhões de indivíduos infectados pelo HIV no fim de 2012
- A infecção pelo HIV pode ser adquirida por: contato sexual, agulhas compartilhadas, transfusões de sangue ou seus produtos e transferência através da placenta da mãe para o feto
- Os profissionais de saúde devem praticar as Precauções Universais *todo* o tempo
- O desenvolvimento de vacinas permanece pouco promissor
- Os problemas sociais, econômicos, legais e éticos estão se tornando cada vez mais significativos.

## TESTES IMUNOLÓGICOS

- A **sorologia** refere-se ao uso de testes laboratoriais para a detecção de antígenos e anticorpos.

### Teste de precipitação

- O **teste de precipitação** pode ser utilizado para a detecção de anticorpos. As modificações desse teste incluem a **imunodifusão**, a **imunoeletroforese** e a **imunodifusão radial**. Todos eles baseiam-se na formação de complexos de antígeno-anticorpo, que precipitam das soluções ou em géis de ágar.

### Reações de aglutinação

- As **reações de aglutinação** dependem da agregação de combinações de antígenos e anticorpos. Esses testes podem ser utilizados para determinar o **título de anticorpos** ou a ocorrência de **soroconversão**
- A **hemaglutinação** inclui a agregação dos eritrócitos por vírus e a ligação de anticorpos a antígenos específicos presentes nos eritrócitos. O **teste de inibição da hemaglutinação** pode ser utilizado para estabelecer o diagnóstico do sarampo ou de doenças causadas por outros vírus. O **teste da antiglobulina de Coombs** é utilizado para detectar anticorpos Rh
- O **teste de fixação do complemento** detecta indiretamente anticorpos no soro contra antígeno, determinando se o complemento se combina (liga-se) com complexos de antígeno-anticorpo
- As **reações de neutralização** podem detectar toxinas bacterianas e anticorpos dirigidos contra determinados vírus.

### Testes com anticorpos marcados

- A **imunofluorescência** possibilita a detecção de produtos das reações imunes nas células ou dentro dos tecidos
- O **separador de células ativado por fluorescência (FACS)** possibilita a separação, coleta e contagem das células com base no seu tipo
- Os ensaios para antígenos e anticorpos podem ser realizados com anticorpos radioativos (**radioimunoensaio**) ou com anticorpos contendo enzimas acopladas (**ensaio imunoabsorvente ligado a enzima** ou **ELISA**). O ***Western blotting*** detecta anticorpos específicos contra antígenos específicos.

## TERMOS-CHAVE

agamaglobulinemia
aglutinação
alergênio
alergia
aloenxerto
anafilaxia
anafilaxia generalizada
anafilaxia localizada
anafilaxia respiratória
anticorpo bloqueador
antígeno de histocompatibilidade
antígeno leucocitário humano (HLA)
antígeno Rh
artrite reumatoide (AR)
asma
atopia
autoanticorpo
autoenxerto
autoimunização
célula T ($T_{DH}$) de hipersensibilidade tardia
choque anafilático
complexo principal de histocompatibilidade (MHC)
dermatite de contato
degranulação
dessensibilização
distúrbio imunológico
doença autoimune
doença de enxerto-*versus*-hospedeiro (DEVH)
doença do soro
doença hemolítica do recém-nascido
doença por imunodeficiência
doença por imunodeficiência primária
doença por imunodeficiência secundária
eletroforese
ensaio imunoabsorvente ligado a enzima (ELISA)
enxerto de tecido
fármaco citotóxico
fator reumatoide
hemaglutinação
hemaglutinação viral
hipersensibilidade
hipersensibilidade citotóxica (tipo II)
hipersensibilidade granulomatosa
hipersensibilidade imediata (tipo I)
hipersensibilidade mediada por células (tipo IV)
hipersensibilidade por imunocomplexos (tipo III)
hipersensibilidade tardia (tipo IV)
histamina
imunodeficiência
imunodeficiência combinada grave (IDCG)
imunodifusão radial
imunoeletroforese
imunofluorescência
imunossupressão
induração
isoenxerto
leucotrieno
lúpus eritematoso sistêmico (LES)
miastenia *gravis*
mimetismo antigênico
neutralização viral
prostaglandina
radioimunoensaio (RIA)
reação de aglutinação
reação de Arthus
reação de neutralização
reação de precipitação
reação transfusional
reagina
rejeição de transplante
sarcoma de Kaposi
sensibilidade à tuberculina
sensibilização
separador de células ativado por fluorescência (FACS)
síndrome da imunodeficiência adquirida (AIDS)
síndrome de DiGeorge
sistema de grupo sanguíneo ABO
soroconversão
sorologia
teste cutâneo de tuberculina
teste da antiglobulina de Coombs
teste de aglutinação em tubo
teste de fixação do complemento
teste de imunodifusão
teste de inibição da hemaglutinação
teste de precipitação
teste de Schick
título de anticorpos
transplante
vírus da imunodeficiência humana (HIV)
*Western blotting*
xenoenxerto

CAPÍTULO

# 20 Doenças da Pele e dos Olhos, Ferimentos e Picadas

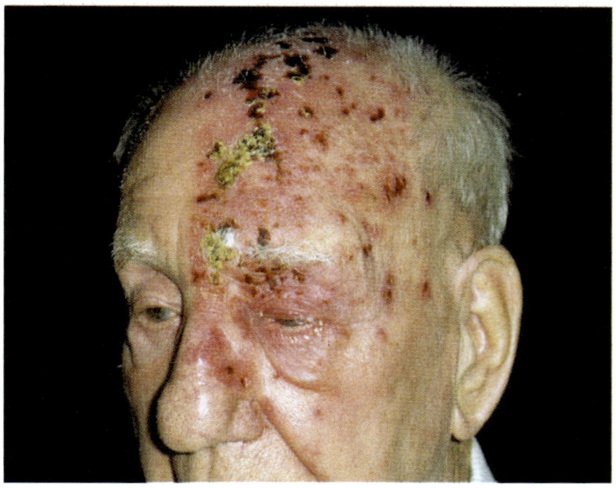

P. Marazzi/Science Source

Irmã Peter era bibliotecária-chefe. Ela adorava seu trabalho, no qual podia ler todos os livros mais recentemente publicados que chegavam e também reler seus favoritos. Então, um dia, começou a ter coceira e sentir dor aguda e em facadas na pele do rosto. O problema agravou-se. Pequenas bolhas apareceram. Surgiu nos olhos exantema doloroso. Era herpes-zóster, uma reativação do vírus varicela que havia ficado em estado inativo e latente ao longo daqueles anos, desde a infância. Agora já idosa, o sistema imune da irmã Peter estava enfraquecido e não tinha mais a capacidade de manter o vírus suprimido. O vírus se deslocava no interior das fibras nervosas, produzindo a terrível dor e causando dano aos nervos. Na fase final, ela estava cega: nunca mais leria os seus autores preferidos, nem veria o céu ou o rosto dos amigos.

A Sra. Klein teve uma experiência diferente. As dores em facadas rasgavam suas mãos, como facas cortando constantemente seus dedos, alternando com choques elétricos. Entretanto, quando o exantema desapareceu, o mesmo não ocorreu com as dores. Elas continuaram inalteradas pelos 10 anos seguintes – o restante de sua vida. Como amarrar seus cadarços, escrever, utilizar um garfo e uma faca ou simplesmente dormir com essa dor? Essa dor é denominada neuralgia pós-herpética – herpética porque o vírus da varicela pertence à família dos herpes-vírus. Não existe tratamento adequado para a neuralgia pós-herpética. Ela pode durar meses ou anos. Alguns pacientes, incapazes de suportar as dores excruciantes e implacáveis, ano após ano, acabam cometendo suicídio. Os National Institutes of Health (NIH) dos EUA estão realizando pesquisas para combater a neuralgia pós-herpética.

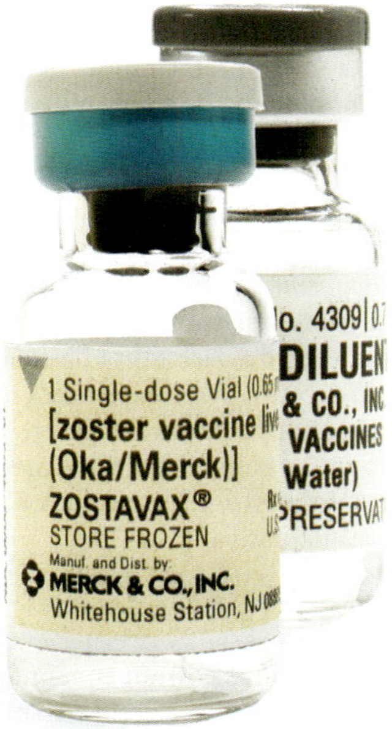


Cortesia de Merck & Company

A filha da Sra. Klein desenvolveu herpes-zóster na cintura e teve que passar a usar vestidos soltos pelo resto da vida. Trinta por cento das pessoas acabam desenvolvendo herpes-zóster; todavia, agora, a neta Elizabeth tem uma chance de escapar dessas dores. Foi desenvolvida uma vacina contra o herpes-zóster, Zostavax® (ver item "Imunidade e prevenção" na seção Varicela e herpes-zóster, adiante).

**Após considerarmos os princípios gerais de microbiologia** nas primeiras cinco partes deste livro, agora estamos preparados para aplicar esses princípios à compreensão das doenças infecciosas que acometem os seres humanos. À medida que estudar as doenças, lembre-se das informações sobre a microbiota normal e os processos mórbidos fornecidos no Capítulo 15 e sobre epidemiologia, no Capítulo 16.

# MAPA DO CAPÍTULO

**Siga o mapa do capítulo para auxiliar na identificação dos conceitos principais do texto.**



## PELE, MEMBRANAS MUCOSAS E OLHOS

### Pele

A pele é o maior órgão do corpo. A barreira física que ela representa para a maioria dos microrganismos constitui uma importante defesa inespecífica. A superfície consiste em uma **epiderme** fina e em uma camada subjacente mais espessa, a **derme** (Figura 20.1). A epiderme, que é desprovida de vasos sanguíneos, recebe nutrientes que se difundem na derme a partir dos vasos sanguíneos. A epiderme tem várias camadas de *células epiteliais* mortas, que funcionam como excelente barreira contra lesões e infecções das camadas mais profundas do corpo. As células próximas à derme dividem-se durante toda a vida de um indivíduo e migram em direção à superfície, onde as células velhas descamam. Assim, a epiderme é renovada a cada 15 a 30 dias. Essas células contêm uma proteína impermeabilizante, denominada **queratina**, que impede a entrada de substâncias hidrossolúveis no corpo. Além disso, a pele espessa nas palmas das mãos e nas solas dos pés reduz a probabilidade de ruptura da barreira da pele. As *calosidades* constituem áreas de espessamento sujeitas a uso constante. Desse modo, a superfície intacta da pele impede a entrada de organismos patogênicos e de outras substâncias estranhas no corpo.

A pele não é apenas uma barreira física à infecção, sua superfície é habitada por uma variedade de microbiota normal. Essa microbiota ocupa uma área tão grande da superfície que é difícil que os patógenos encontrem algum local para se fixar e colonizá-lo (ver Capítulo 15).

A pele produz substâncias antimicrobianas, tornando-a um ambiente ainda mais hostil. As glândulas sebáceas e sudoríparas encontram-se na derme, que constitui a parte durável da pele. A maioria das **glândulas sebáceas** produz uma secreção oleosa, denominadas **sebo**, que consiste principalmente em ácidos orgânicos e outros lipídios. Embora essas secreções forneçam alguns nutrientes para a microbiota normal, a natureza ácida do sebo ajuda a manter o pH ácido da pele, que dificulta o crescimento dos patógenos. A quantidade de secreções sebáceas aumenta na puberdade, contribuindo para o desenvolvimento da acne em alguns indivíduos. As **glândulas sudoríparas** encontram-se distribuídas pelo corpo e eliminam uma secreção aquosa através dos poros da pele. Nas axilas e nas virilhas, essas glândulas secretam substâncias orgânicas no suor que reduzem o pH da pele, inibindo mais uma vez o crescimento da maioria dos patógenos. A elevada concentração de sal presente no suor também inibe muitos microrganismos.

### Membranas mucosas

As **membranas mucosas** revestem os tecidos e os órgãos que se abrem para o exterior do corpo, particularmente os dos sistemas respiratório, digestório e urogenital. Como a pele, as membranas mucosas têm uma fina camada de epiderme e uma camada de tecido conjuntivo mais profunda (Figura 20.2). As células da camada epitelial bloqueiam a penetração dos microrganismos e secretam **muco**, uma secreção espessa, porém aquosa, de glicoproteínas e eletrólitos. O muco, que é produzido pelas *células caliciformes* e por determinadas glândulas, forma uma camada protetora sobre as células da epiderme, impedindo o ressecamento e a rachadura da membrana mucosa. O muco também captura patógenos antes que possam estabelecer uma infecção. O pH do muco (p. ex., na vagina) e a lisozima presente no muco constituem bons mecanismos de defesa imune inata. Além disso, a IgA secretora no muco fornece uma defesa imune adaptativa.

### Olhos

Por estarem expostos à atmosfera, os olhos entram em contato com milhões de microrganismos diariamente, porém não possuem nenhuma microbiota normal. Os olhos possuem várias estruturas externas protetoras para diminuir a possibilidade de infecção. De fato, essas estruturas atuam tão bem que as infecções oculares profundas são extremamente raras. Cada olho é protegido fisicamente pelas pálpebras, cílios, **conjuntiva** (uma membrana mucosa que reveste a superfície interna de cada pálpebra e a região anterior de cada olho) e **córnea** resistente (a parte transparente do bulbo do olho que fica exposta ao meio ambiente) (Figura 20.3). Os cílios e as pálpebras ajudam a impedir que objetos estranhos alcancem a córnea.

Os olhos também produzem substâncias antimicrobianas. Cada olho possui uma **glândula lacrimal**, que secreta um fluido lacrimal (lágrimas), que irriga continuamente a córnea, mantendo-a úmida, ao mesmo tempo que o líquido remove quaisquer microrganismos presentes. Os *canais lacrimais* drenam as lágrimas da superfície bulbo do olho através do *ducto*

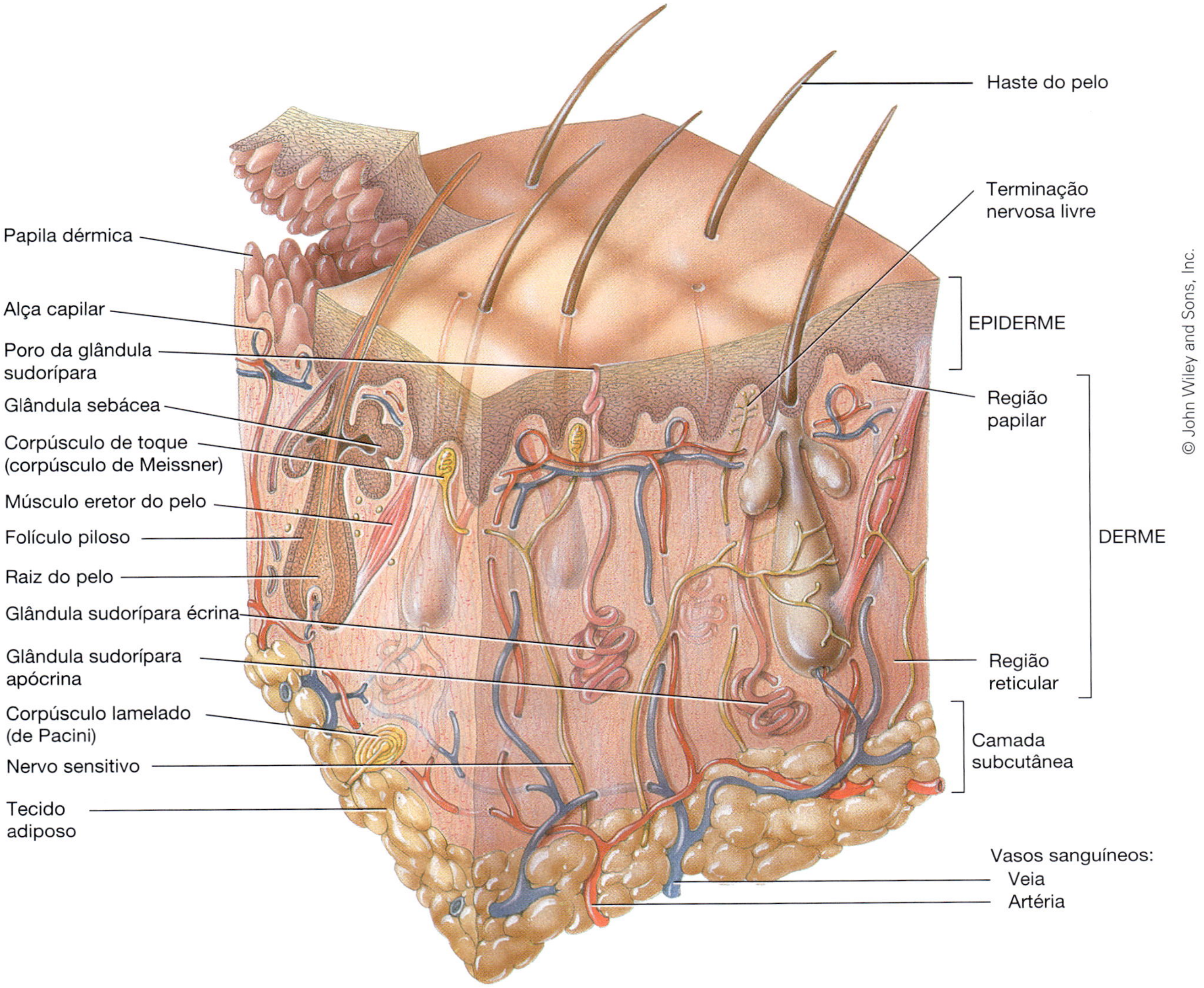


**Figura 20.1 Pele.** A pele, que é constituída pela epiderme e pela derme subjacente, forma uma barreira mecânica contra a infecção. As substâncias químicas secretadas sobre a pele também retardam o ataque dos patógenos e a infecção.

*lacrimonasal* para a *cavidade nasal*. As lágrimas contêm *lisozima*, uma enzima que degrada as paredes celulares das bactérias. Essa enzima é particularmente efetiva na destruição dos microrganismos gram-positivos, que possuem uma camada espessa de peptidoglicano (ver Capítulo 5). A lisozima não tem nenhum efeito sobre os vírus. As lágrimas, como outras secreções corporais, também possuem substâncias químicas de defesa específicas. As células glandulares na conjuntiva contribuem com uma substância mucosa para as lágrimas. Essa substância pode ajudar a capturar os microrganismos e eliminá-los dos olhos.

## Microbiota normal da pele

Uma enorme população que compõe a microbiota normal coloniza os quase 2 metros quadrados de pele que recobrem um ser humano adulto médio. As condições diferem amplamente em vários locais – por exemplo, as axilas *versus* a fronte –, resultando em populações de composição diferente em locais distintos. (Ver o boxe "Mas eu me mantenho tão

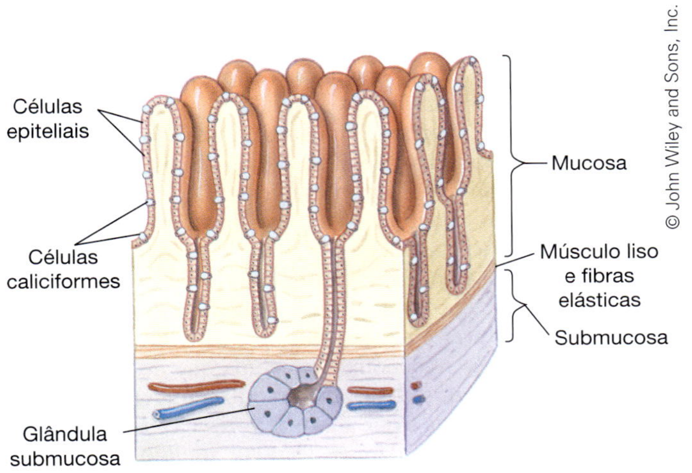


**Figura 20.2 Membranas mucosas.** Muito parecidas com a pele, as membranas mucosas consistem em células epiteliais que revestem os tecidos. A secreção de muco pelas células caliciformes (células epiteliais especiais) e pelas glândulas captura e elimina muitos patógenos potenciais e outros materiais estranhos.

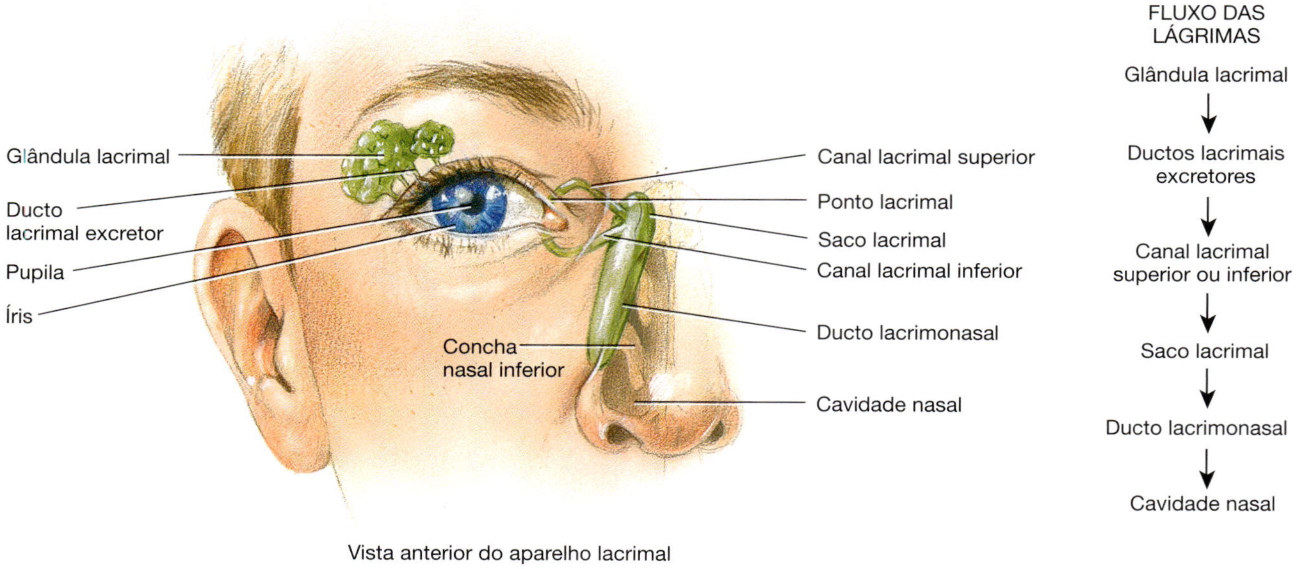




**Figura 20.3 Estruturas do olho.** As lágrimas produzidas em toda superfície do olho contêm moléculas antibacterianas que inibem infecções potenciais e drenam para a cavidade nasal. A maioria das infecções oculares envolve as pálpebras, a conjuntiva ou a córnea.

limpo!") As áreas úmidas sustentam maiores populações, e os óleos e o suor fornecem nutrientes. Os compostos oleosos são metabolizados por alguns microrganismos, produzindo ácidos graxos como subprodutos, que se acumulam e produzem um pH ácido (5,5) em certas partes da pele. Esta constitui uma primeira linha de defesa inata contra a infecção, visto que a maioria dos outros microrganismos é incapaz de viver ou de crescer adequadamente nesse pH. Entretanto, muitos desses compostos de ácidos graxos possuem odor desagradável e são responsáveis pelos odores do corpo e dos pés (ver a respeito do cão da raça Bloodhound [cão-de-santo-humberto] no Capítulo 15). Os fungos constituem um componente muito comum do microbioma da pele. Somente o pé possui mais de 200 espécies, cuja maioria se encontra no calcanhar – mais do que em qualquer outra parte do corpo.

O suor é rico em sal (cloreto de sódio). O acúmulo de sal sobre a pele constitui outra defesa inata de primeira linha. Um número relativamente pequeno de microrganismos apresenta tolerância ao sal. Entretanto, os estafilococos crescem bem em meios salgados e, portanto, constituem um dos microrganismos predominantes na pele. Pelo menos 12 espécies diferentes de *Staphylococcus* vivem em nossa pele.

Uma terceira linha de defesa inata envolve a descamação rápida e contínua das células da pele. À medida que as células mais jovens ascendem em direção à superfície da pele, elas ficam preenchidas com queratina. Quando alcançam a parte superior, as células mais velhas são totalmente preenchidas por queratina e já morreram. À medida que descamam, carregam os microrganismos que as colonizaram. Os fungos que degradam a queratina e que algumas vezes vivem sobre a pele, particularmente em condições úmidas, multiplicam-se com muita rapidez e causam infecções, como o pé de atleta.

Os microrganismos que vivem sobre a pele são, em sua maioria, microrganismos gram-positivos, como *Staphylococcus* e *Micrococcus*, e bactérias corineformes (p. ex., *Corynebacterium* e *Proprionibacterium acnes*).

## PARA TESTAR

### Mas eu me mantenho tão limpo!

Pense na sua pele como um vasto continente onde existem diferentes hábitats: florestas, desertos, pântanos etc. Nem todos esses lugares são igualmente hospitaleiros para a vida microbiana. Por que não tentar fazer um "senso" não oficial de sua pele? Onde estão localizados os desertos e onde proliferam habitantes microbianos?

Utilizando uma técnica estéril, comprima um pedaço de veludo ou de velcro estéril e de tamanho padrão contra uma parte de sua pele. Em seguida, comprima esse pedaço contra a superfície de uma placa de Petri contendo ágar nutriente ou ágar tríptico de soja (de modo que você faria se usasse um carimbo para correio). Incube a 37°C durante 48 horas e proceda à contagem do número de colônias que estão crescendo no ágar. A comparação das contagens de colônias desenvolvidas a partir de amostras de tamanho padrão obtidas em diferentes locais da pele deverá revelar onde se encontram "pontos quentes" de crescimento microbiano.

Aqui estão algumas ideias para os locais de coleta:

- Fronte, nariz (superfície interna *versus* externa)
- Bochecha, axilas, meio das costas, antebraço
- Entre os dedos dos pés, superfície superior *versus* inferior do pé.

Outras comparações:

- Homens *versus* mulheres: uma bochecha barbeada comparada com uma bochecha sem barba
- Axilas: um lado com desodorante, o outro sem
- Áreas da pele com e sem maquiagem (utilize lados diferentes do rosto de uma pessoa)
- Mãos antes e depois de lavadas. (Você deverá observar um maior número de colônias após a lavagem; você pode imaginar por quê?)
- Pregas ou dobras da pele *versus* áreas lisas adjacentes.

Um habitante não suspeito é o ácaro *Demodex folliculorum*, que reside no interior das aberturas das glândulas sebáceas e na parte inferior dos folículos pilosos. Você poderá se surpreender quando descobrir que essa população vive em suas sobrancelhas e cílios.

# DOENÇAS DA PELE

Sua pele recobre o seu corpo e representa 15% de seu peso corporal. A pele proporciona uma barreira efetiva contra a invasão pela maioria dos microrganismos, exceto quando está danificada (ver Capítulo 17). Um número muito pequeno de microrganismos consegue penetrar na pele intacta; entretanto, as membranas mucosas são mais facilmente invadidas. Aqui, iremos considerar os tipos de doenças da pele que ocorrem quando a superfície da pele falha na prevenção da invasão microbiana.

## Doenças da pele causadas por bactérias

Muitas bactérias são encontradas entre a microbiota normal da pele. Em geral, são impedidas de invadir os tecidos pela superfície cutânea intacta e pelos mecanismos de defesa inatos da pele. As infecções bacterianas e outras infecções cutâneas surgem habitualmente em consequência de uma falha dessas defesas. São, em geral, diagnosticadas pelo seu aspecto e pela história clínica.

### Infecções estafilocócicas

**Foliculite e outras lesões cutâneas.** Todos já tiveram uma espinha em alguma ocasião; com toda probabilidade, foi causada por *Staphylococcus aureus*, o mais patogênico dos estafilococos. As infecções da pele causadas por estafilococos são extremamente comuns, visto que esses microrganismos estão quase sempre presentes na pele. Cepas de estafilococos colonizam a pele e o sistema respiratório superior de lactentes nas primeiras 24 horas após o nascimento. (Metade de todos os adultos e praticamente todas as crianças são portadores nasais de *S. aureus*.) Ocorre infecção quando esses microrganismos invadem a pele através de um folículo piloso, provocando **foliculite**, também designada como **espinha** ou **pústula**. Uma infecção na base de um cílio é denominada **terçol**. Uma infecção maior, mais profunda e repleta de pus é um **abscesso**; um abscesso externo é conhecido como **furúnculo** (Figura 20.4). Estima-se que 1,5 milhão de norte-americanos apresentem essas infecções anualmente. A disseminação posterior da infecção, sobretudo no pescoço e na parte superior das costas, produz uma lesão maciça, denominada **carbúnculo**. A encapsulação dos abscessos impede a disseminação dos organismos no sangue, mas também impede que os antibacterianos na circulação alcancem os abscessos em quantidades efetivas. Desse modo, além do tratamento com antibacterianos, é habitualmente necessário lancetar e drenar cirurgicamente os abscessos.

As infecções estafilocócicas são transmitidas com facilidade. Portadores assintomáticos, funcionários de hospitais e visitantes em hospitais frequentemente disseminam os estafilococos pela pele, bem como por gotículas nasais e fômites. Em geral, os estafilococos só causam infecções em pacientes idosos na presença de corpos estranhos, como cateteres ou talas.

Os furúnculos podem tornar-se maiores do que uma bola de pingue-pongue e são extremamente dolorosos.

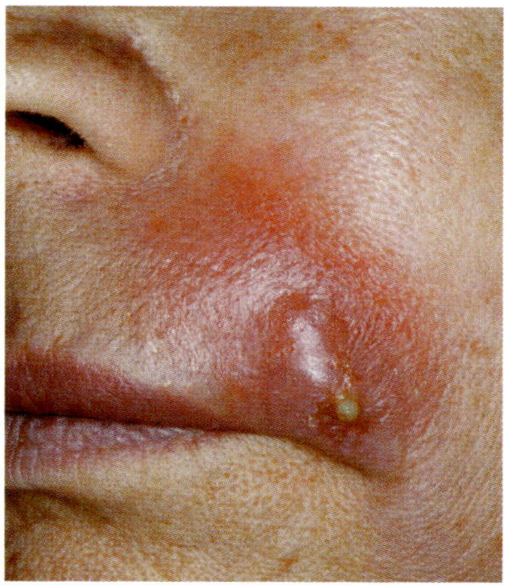

**Figura 20.4 Furúnculo.** Essa lesão profunda e cheia de pus é causada por *Staphylococcus aureus*. *(Scott Camazine/Medical Images.)*

Embora 5 milhões de microrganismos devam ser injetados na pele para causar uma infecção, são necessários apenas 100 se forem colocados em uma sutura e suturados na pele.

**Síndrome da pele escaldada.** A **síndrome da pele escaldada** é causada por determinadas cepas de *S. aureus* produtoras de exotoxinas. São conhecidas duas exotoxinas diferentes, ambas denominadas *esfoliatinas*. Os genes para uma delas encontram-se no cromossomo da bactéria, enquanto os genes para a outra estão localizados em um plasmídio. Uma cepa individual de estafilococos pode transportar genes para uma ou para ambas as exotoxinas ou para nenhuma delas. As exotoxinas são denominadas esfoliatinas porque circulam pela corrente sanguínea até locais distantes da infecção inicial, fazendo com que as camadas superiores da pele se separem e desprendam em camadas semelhantes a folhas (foliares).

A síndrome da pele escaldada é mais comum em lactentes, mas também pode ocorrer em adultos, particularmente em uma fase tardia da doença denominada síndrome do choque tóxico. Começa com uma área ligeiramente avermelhada, com frequência ao redor da boca. Nas primeiras 24 a 48 horas, dissemina-se para formar grandes vesículas macias por todo o corpo, que sofrem ruptura com facilidade. A pele sobre as vesículas e as áreas avermelhadas adjacentes descamam, deixando grandes áreas úmidas com aparência escaldada (Figura 20.5).

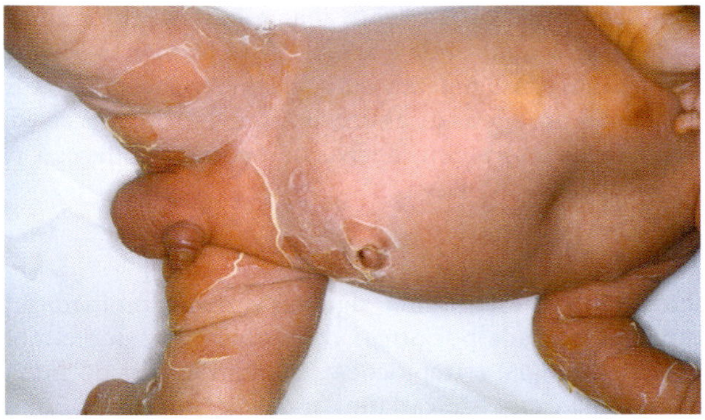

**Figura 20.5 Síndrome da pele escaldada em um lactente.** Essa infecção é causada por *Staphylococcus aureus*. As áreas da pele avermelhadas descamam, deixando áreas úmidas com aparência escaldada. *(Cortesia do Dr. Thomas P. Habif MD.)*

## SAÚDE PÚBLICA

### Bactérias carnívoras

Parecia um episódio da vida real do *Arquivo X* em junho de 1994, na Inglaterra, e novamente, em 1998, no Texas. Os jornais e a televisão alertaram para o fato de que pessoas começaram a morrer quando uma cepa de *Streptococcus* do Grupo A, denominada strep M1T1, estava comendo suas carnes em uma velocidade assustadora de vários centímetros por hora. Depois de matar o tecido inicialmente infectado, as bactérias passavam a viver nos restos da carne morta, produzindo toxinas em grande quantidade, que se difundiam da área morta para matar mais tecidos. Os antibacterianos demonstraram ser inúteis contra as bactérias, visto que o sistema circulatório não podia funcionar no tecido morto. A única esperança era a retirada cirúrgica das áreas infectadas, mesmo que isso significasse a amputação de um membro.

Recentemente, pesquisadores australianos constaram que essa virulência feroz se deve a um gene trazido por um bacteriófago que infectou os estreptococos. Esse gene permite que a bactéria retire o plasminogênio – uma proteína – da corrente sanguínea humana e o utilize para cobrir a sua superfície. Quando ativada, a proteína transforma-se em uma protease, que digere as proteínas das células e dos tecidos, "comendo" a carne. O mesmo gene também produz uma enzima que impede que a bactéria seja capturada e morta por neutrófilos.

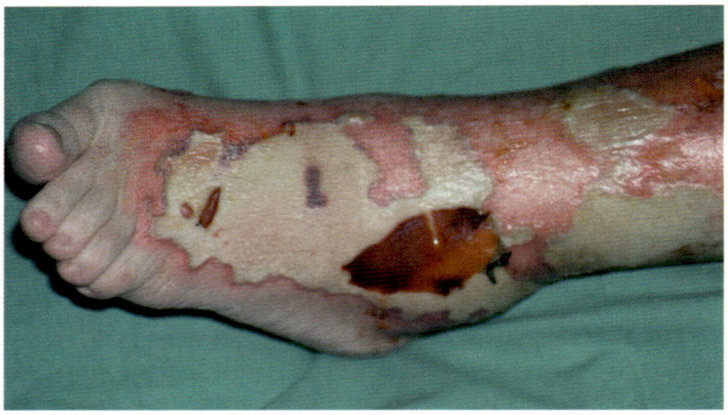

*(Ken Greer/Getty Images)*

As lesões secam e descamam, e a pele volta ao normal em 7 a 10 dias. Em geral, ocorre febre alta. A bacteriemia é comum e pode levar à septicemia e à morte nas primeiras 36 horas. As exotoxinas são altamente antigênicas (ver Tabela 15.5). Elas estimulam a produção de anticorpos que impedem a recidiva dessa síndrome – porém apenas se ocorrer reinfecção pela mesma cepa de *S. aureus*.

## Infecções estreptocócicas

**Escarlatina.** A **escarlatina**, algumas vezes denominada febre escarlate, é causada por *Streptococcus pyogenes*, que também provoca a faringite estreptocócica comum. Cepas do microrganismo que causa a escarlatina têm sido infectadas por um fago temperado que possibilita a produção de uma toxina eritrogênica ("produtora de vermelhidão") que causa o exantema da escarlatina. Pacientes que foram anteriormente expostos à toxina e que, portanto, possuem anticorpos capazes de neutralizá-la, podem desenvolver faringite estreptocócica sem o exantema da escarlatina. Entretanto, esses indivíduos podem ainda transmitir a escarlatina para outras pessoas. Foram identificadas três toxinas eritrogênicas diferentes. Um indivíduo pode desenvolver escarlatina uma vez a partir de cada toxina. Essas toxinas são também denominadas exotoxinas pirogênicas estreptocócicas.

Atualmente, nos EUA, a maioria dos microrganismos causadores de escarlatina tem baixa virulência. Em décadas passadas, quando as cepas eram mais virulentas, o microrganismo era muito temido por causar morte. Entretanto, até mesmo as cepas de baixa virulência podem causar complicações graves, como glomerulonefrite ou febre reumática. O uso da penicilina reduziu apreciavelmente a taxa de mortalidade. Os portadores convalescentes podem eliminar microrganismos infectantes da nasofaringe durante semanas ou meses após a recuperação. Os fômites também constituem uma importante fonte de infecções estreptocócicas.

**Erisipela.** A **erisipela** (do grego *erythros*, "vermelho", e *pella*, "pele"), também denominada **fogo de Santo Antônio**, é conhecida há mais de 2.000 anos e é causada por estreptococos hemolíticos. Antes da disponibilidade dos antibacterianos, a erisipela ocorria frequentemente após ferimentos e cirurgia e, algumas vezes, após lesões muito pequenas. A taxa de mortalidade era elevada. Hoje em dia, ela raramente ocorre, e a taxa de mortalidade é baixa. A doença começa na forma de uma pequena lesão brilhante, elevada e de consistência elástica no local de entrada. As lesões disseminam-se à medida que os estreptococos crescem nas bordas da lesão, produzindo produtos tóxicos e enzimas, como a hialuronidase (ver Capítulo 15). As lesões são tão nitidamente definidas que parecem ter sido pintadas (Figura 20.6). Os microrganismos disseminam-se através dos vasos linfáticos e podem causar septicemia, abscessos,

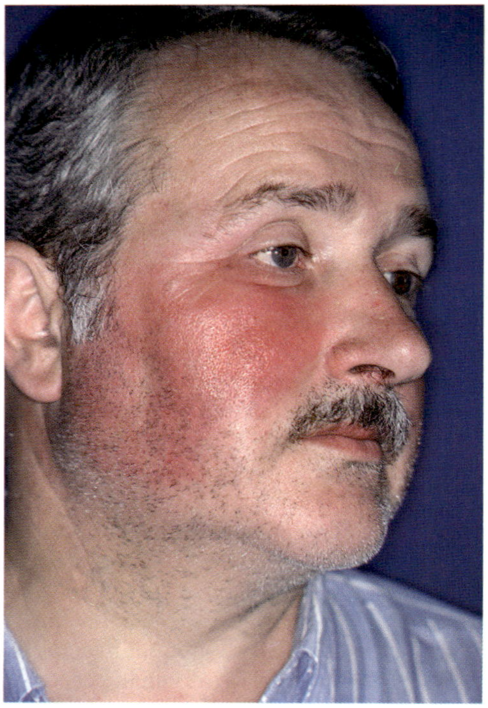

**Figura 20.6 Erisipela.** *(ISM/Medical Images.)*

pneumonia, endocardite, artrite e morte, quando não tratados. Curiosamente, a erisipela tende a sofrer recidiva em locais antigos. Em vez de desenvolver imunidade, os pacientes adquirem maior suscetibilidade a ataques futuros.

## Piodermite e impetigo

A **piodermite**, uma infecção cutânea com produção de pus, é causada por estafilococos, estreptococos e corinebactérias, isoladamente ou em associação. O **impetigo**, uma piodermite altamente contagiosa, é causada por estafilococos, estreptococos ou ambos (Figura 20.7). O líquido proveniente das pústulas iniciais habitualmente contém estreptococos, enquanto o líquido das lesões tardias contém ambos os microrganismos. As cepas de estreptococos que causam infecções cutâneas diferem habitualmente daquelas que causam faringite estreptocócica. O impetigo acomete quase exclusivamente crianças; não se sabe por que os adultos não são suscetíveis. O impetigo, que é facilmente transmitido pelas mãos, brinquedos e móveis, pode se disseminar rapidamente em creches. A doença raramente produz febre e é facilmente tratada com penicilina. Em geral, as lesões saram sem deixar cicatrizes, porém a pele pode ficar despigmentada por várias semanas ou o pigmento pode ser perdido para sempre.

## Acne

A **acne** (acne vulgar ou comum) afeta mais de 80% dos adolescentes, bem como muitos adultos. Com mais frequência, resulta de hormônios masculinos que estimulam as glândulas sebáceas a aumentar de tamanho e a secretar mais sebo. A acne ocorre tanto no sexo masculino quanto no feminino, visto que os hormônios são produzidos pelas glândulas suprarrenais, bem como pelos testículos. Os microrganismos alimentam-se do sebo, e os ductos das glândulas e tecidos adjacentes tornam-se inflamados. Os "cravos" constituem uma forma leve de acne, em que os folículos pilosos e as glândulas sebáceas ficam obstruídos por sebo e queratina. À medida que a superfície sofre oxidação, adquire uma aparência escura ou "preta". Nos casos mais graves (acne cística), os ductos bloqueados tornam-se inflamados, sofrem ruptura e liberam secreções. As bactérias, particularmente o *Propionibacterium acnes* infectam a área e causam mais inflamação, mais destruição tecidual e cicatrizes. Essas lesões podem se distribuir amplamente pelo corpo, e algumas se tornam encistadas no tecido conjuntivo.

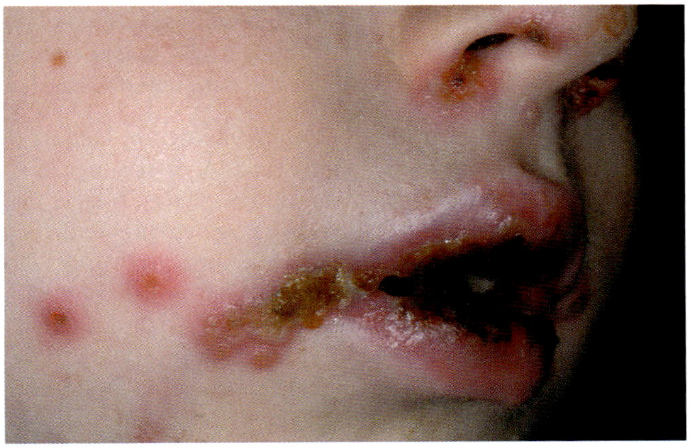

**Figura 20.7 Impetigo.** Essa infecção altamente contagiosa é causada por estafilococos, estreptococos ou por ambos simultaneamente. *(Scott Camazine/Medical Images.)*

A acne é tratada com limpeza frequente da pele e aplicação tópica de pomadas para reduzir o risco de infecção. Algumas vezes, os pacientes com acne são aconselhados a evitar alimentos gordurosos, porém a existência de uma conexão entre dieta e acne não está bem estabelecida. Os dermatologistas frequentemente prescrevem antibacterianos orais, como tetraciclina em pequenas doses, para controlar as infecções bacterianas nas lesões. Entretanto, o uso contínuo de antibacterianos causa depleção da microbiota intestinal natural e pode contribuir para o desenvolvimento de cepas bacterianas resistentes aos antibacterianos (ver Capítulo 14). A isotretinoína, substância derivada de uma molécula relacionada com a vitamina A, é atualmente utilizada para tratar a acne grave e persistente. Parece inibir a produção de sebo durante vários meses após a interrupção do tratamento, mas pode causar efeitos colaterais graves, como sangramento intestinal. Se esse fármaco for tomado por uma gestante, até mesmo por apenas alguns dias, pode causar grave dano ao feto. Na maioria dos casos, a acne desaparece ou a sua gravidade diminui à medida que o corpo se adapta às alterações hormonais da puberdade e quando o funcionamento das glândulas sebáceas se estabiliza.

Em 2012, foram isolados 11 bacteriófagos que atacam e matam *P. acnes*. No futuro, esses bacteriófagos irão constituir a base de um novo tratamento mais seguro para a acne. Uma loção ou creme, aplicados topicamente, irão introduzi-los nos poros, onde irão matar *P. acnes*.

## Infecções de queimaduras

As queimaduras graves destroem grande parte do revestimento protetor do corpo e proporcionam condições ideais para a ocorrência de infecção. As infecções de queimaduras, que geralmente são infecções hospitalares, são responsáveis por 80% das mortes entre pacientes queimados. *Pseudomonas aeruginosa* constitui a principal causa de infecções de queimaduras que comportam risco de vida, mas *Serratia marcescens* e espécies de *Providencia* também infectam queimaduras com frequência. Muitas cepas desses bacilos gram-negativos são resistentes a antibacterianos.

A crosta espessa ou casca que se forma sobre uma queimadura grave é denominada **escara**. As bactérias que crescem no interior ou na superfície da escara não representam uma grande ameaça; entretanto, as que crescem abaixo dela causam graves infecções locais e podem passar para o sangue. É difícil que os antibacterianos administrados alcancem as infecções sob a escara, visto que a lesão não tem vasos sanguíneos. Os agentes antimicrobianos tópicos podem se difundir através da escara; a retirada de parte da escara por uma técnica de raspagem cirúrgica, denominada **desbridamento**, ajuda os antimicrobianos a alcançar os locais de infecção.

A prevenção das infecções de queimaduras é difícil, mesmo quando os pacientes estão isolados em unidades para queimados. Como perderam a pele, os pacientes também perderam o benefício da migração dos leucócitos até os locais de infecção na pele. Esses pacientes também apresentam deficiências hidreletrolíticas, devido à perda de líquido do tecido queimado. Por fim, o apetite desses pacientes encontra-se diminuído em uma ocasião em que o reparo extenso dos tecidos aumenta as necessidades metabólicas.

As infecções de queimaduras são tão difíceis de diagnosticar quanto de tratar. Os sinais iniciais de infecção podem

## SAÚDE PÚBLICA

### O que acontece nas banheiras de hidromassagem?

As banheiras de hidromassagem podem ser muito perigosas se não forem adequadamente limpas e desinfetadas diariamente. A água quente, somada a fragmentos de pele, óleos e secreções, proporciona um meio de cultura perfeito para os microrganismos. O aerossol de uma banheira de hidromassagem borbulhante pode conter milhões de bactérias por metro cúbico de ar. É muito difícil eliminar *Pseudomonas aeruginosa*, um colonizador frequente – pode estar de volta à água apenas algumas horas após a desinfecção. Com frequência, cresce aderido às laterais da banheira de hidromassagem ou no interior das tubulações conectadas. A desinfecção pode matar todos os microrganismos presentes na água; entretanto, quando as mesmas bactérias aderem a uma superfície e formam um biofilme, elas se tornam muito mais resistentes às substâncias químicas desinfetantes.

Uma pessoa em uma banheira de hidromassagem que esfrega vigorosamente os olhos pode provocar abrasão da córnea, tornando-se suscetível a uma infecção ocular bacteriana. A infecção por *Pseudomonas* pode causar graves cicatrizes da córnea e visão distorcida ou até mesmo cegueira. Uma vez iniciada uma infecção desse tipo, você pode perder a visão do olho quase de 1 dia para outro. Além disso, a inalação de aerossóis pode provocar pneumonia por *Pseudomonas*, que apresenta prognóstico muito sombrio.

Muitas pessoas desenvolvem exantema corporal em banhos de hidromassagem, devido a uma reação de hipersensibilidade quando imersas em água contendo *Pseudomonas*. E *Pseudomonas* não é o único microrganismo que causa preocupação em banheiras de hidromassagem, como descobriram duas viúvas idosas. Desenvolveram lesões herpéticas na parte posterior das coxas após sentarem na borda úmida de uma banheira quente onde tinha se sentado um ocupante prévio com um surto de herpes.

consistir apenas em discreta perda do apetite ou aumento da fadiga. O diagnóstico definitivo é estabelecido pelo achado de mais de 10.000 bactérias por grama de escara. Deve-se suspeitar da infecção por *Pseudomonas aeruginosa* quando aparece uma coloração esverdeada no local da queimadura, e as culturas apresentam um odor semelhante a uvas. Essa bactéria produz toxinas que matam os tecidos, causando erosão da pele. Ela é extremamente resistente aos fármacos antimicrobianos e foi encontrada crescendo em soluções para limpeza cirúrgica.

Agora, podemos ter desenvolvido uma técnica maravilhosa para a cicatrização completa das queimaduras de primeiro e segundo graus em menos de 1 semana, eliminando quase por completo a janela de oportunidade para a ocorrência de infecções. O Dr. Jorg Gerlach, professor de cirurgia na Universidade de Pittsburgh, desenvolveu uma pistola de pulverização de células-tronco da pele, que opera de modo muito semelhante a um pulverizador de tinta. O tratamento leva apenas 1 hora e 30 minutos e consiste em obter uma biópsia da pele sadia do próprio paciente, isolar as células-tronco, preparar a solução aquosa de células e pulverizar. O tratamento aplicado na sexta-feira produz cicatrização completa na segunda-feira. Quanto mais rápida for a cicatrização de uma ferida, menor a escara formada. A cor e a textura normais da pele retornam dentro de poucos meses. A equipe do Dr. Gerlach está agora trabalhando para desenvolver uma pistola capaz de tratar as queimaduras de terceiro grau. Entretanto, serão provavelmente necessários 3 anos para que a pistola atual de Dr. Gerlach receba aprovação da FDA.

O tratamento habitualmente precisa ser realizado logo após a lesão. Entretanto, o Dr. Gerlach espera tratar escaras mais antigas abrindo-as e pulverizando no seu interior as próprias células-tronco da pele do paciente, tornando a pistola de pulverização cutânea um importante instrumento na cirurgia plástica. Ela pode até mesmo ajudar na acne e na queda dos cabelos.

**PARE e RESPONDA**

1. Cite algumas linhas de defesa inatas proporcionadas pela pele.
2. Por que as espécies de *Staphylococcus* são tão numerosas na pele?
3. Cite algumas das doenças da pele causadas por *Staphylococcus*.
4. O que é desbridamento? Por que esse procedimento é necessário nos casos de queimadura?
5. Cite algumas das doenças da pele causadas por *Streptococcus*.

## Doenças da pele causadas por vírus

### Rubéola

**A doença.** A **rubéola** é a mais benigna das várias doenças virais humanas que causam **exantema** ou **erupção cutânea**. Um exantema, que é o principal sintoma da rubéola, aparece inicialmente no tórax 16 a 21 dias após a infecção; todavia, o vírus (um togavírus) dissemina-se no sangue e em outros tecidos antes do aparecimento da erupção. Com frequência, as mulheres adultas infectadas sofrem de artrite e artralgia (dor articular) temporárias, devido à disseminação do vírus nas membranas das articulações. Essas complicações são observadas com menos frequência nos homens adultos.

> Para evitar a síndrome da rubéola congênita, as mulheres precisam verificar a sua imunidade contra a rubéola antes de tentar engravidar.

A **síndrome da rubéola congênita** resulta da infecção de um embrião em desenvolvimento através da placenta. Quando uma mulher é infectada pela rubéola nas primeiras 8 semanas de gestação, existe a probabilidade de grave dano aos sistemas orgânicos do embrião, visto que eles estão em fase de desenvolvimento. Depois de 18 semanas de gestação, o dano é raro. A disseminação do vírus da rubéola no lactente mata muitas células, infecta persistentemente outras células, diminui a velocidade de divisão celular e provoca anormalidades cromossômicas. Muitos lactentes são natimortos, e os que sobrevivem podem sofrer de surdez, anormalidades cardíacas, distúrbios hepáticos e baixo peso ao nascer. Anualmente, ocorrem cerca de 100.000 casos no mundo inteiro. Nos EUA, apenas quatro casos foram notificados nos últimos 6 anos.

**Incidência e transmissão.** Antes do desenvolvimento de uma vacina contra rubéola, quase todos os seres humanos contraíam a infecção em determinado momento, porém muitos

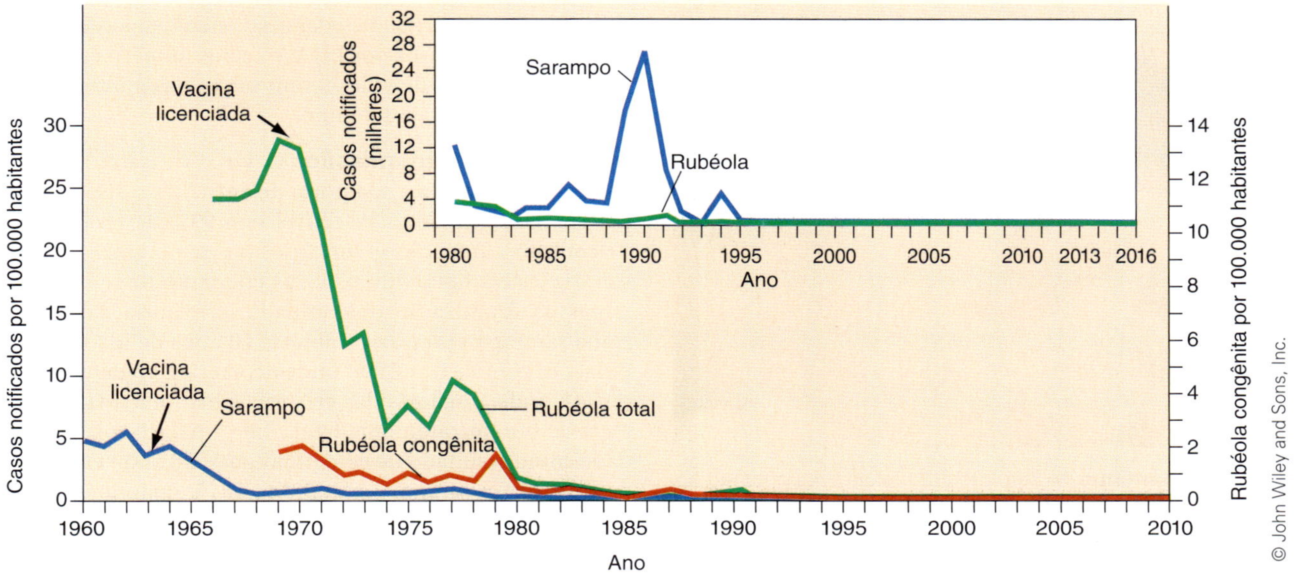


**Figura 20.8 Incidência da rubéola e do sarampo nos EUA.** O número de casos caiu rapidamente após a aprovação das vacinas durante a década 1960. Entretanto, a falta de vacinação levou a um aumento temporário dos casos de sarampo. *(Fonte: CDC.)*

casos não eram detectados. Metade dos casos em crianças pequenas e até 90% dos casos em adultos jovens não são reconhecidos. Nos EUA, a incidência da rubéola era de quase 30 casos por 100.000 indivíduos em 1969, quando uma vacina foi licenciada. A rubéola, incluindo a rubéola congênita, está agora quase eliminada (Figura 20.8), com apenas 8 casos notificados em 2006.

A transmissão ocorre principalmente pelas secreções nasais pouco antes e por cerca de 1 semana depois do aparecimento do exantema. Muitos indivíduos infectados não apresentam exantema e transmitem o vírus sem saber. A rubéola é altamente contagiosa, sobretudo por contato direto entre crianças de 5 a 14 anos de idade. Os lactentes infectados antes do nascimento são portadores de rubéola; eles excretam os vírus e expõem a equipe hospitalar e os visitantes, incluindo mulheres grávidas, à doença.

**Diagnóstico.** A rubéola pode ser diagnosticada por uma variedade de testes de laboratório. A determinação de uma elevação de quatro vezes nos níveis de anticorpos IgM específicos contra a rubéola é particularmente útil na identificação de recém-nascidos portadores e na avaliação da imunidade de mulheres grávidas expostas à rubéola.

**Imunidade e prevenção.** A vacina contra a rubéola atualmente disponível, que faz parte de uma preparação de vacinas de vírus atenuados (MMR), constitui o único meio de prevenir a rubéola. As crianças deveriam recebê-la para se proteger do sarampo, bem como para proteger lactentes, muito pequenos para receber a vacina, de uma exposição a uma fonte de infecção. É preciso manter altos níveis de imunidade (ver Capítulo 16), ou ocorrerão surtos. A vacina produz níveis de anticorpos mais baixos do que a infecção, e a imunidade provavelmente não é tão duradoura quanto aquela produzida pela infecção. Além disso, os vírus aparecem na nasofaringe algumas semanas após a imunização, e alguns indivíduos apresentam sintomas leves da doença. Para prevenir a infecção de fetos, recomenda-se uma segunda imunização para mulheres antes de se tornarem sexualmente ativas. Se uma mulher estiver grávida quando imunizada, os vírus da vacina podem ser capazes de infectar o feto. Para evitar a transmissão do vírus da criança para a mãe e para o feto, é preciso ter cautela para imunizar crianças pequenas cujas mães estejam grávidas.

## Sarampo

**A doença.** O **sarampo** é uma doença febril (acompanhada de febre), com exantema causado pelo vírus do sarampo. O paramixovírus invade o tecido linfático e o sangue. Após a entrada do vírus no corpo pelo nariz, pela boca ou pela conjuntiva, aparecem sintomas em 9 a 11 dias nas crianças e em 21 dias nos adultos. As **manchas de Koplik**, manchas brancas com pontos azulados no centro (Figura 20.9), aparecem no lábio superior e na mucosa da bochecha 2 ou 3 dias antes de outros sintomas, como febre, conjuntivite e tosse. Esses sintomas persistem por 3 ou 4 dias e, algumas vezes, sofrem agravamento progressivo. São seguidos de exantema, que se espalha durante um período de 3 a 4 dias da testa para os membros superiores, o tronco e os membros inferiores, desaparecendo na mesma sequência vários dias depois. O sarampo pode ser diferenciado da rubéola com base no exantema. A rubéola produz um exantema rosado plano, enquanto o exantema do sarampo é vermelho e elevado. O exantema é causado pela reação das células T com as células infectadas pelos vírus nos pequenos vasos sanguíneos. Na ausência dessas reações, conforme observado em pacientes com deficiência da imunidade celular, não ocorre exantema, porém o vírus fica livre para invadir outros órgãos (ver Capítulo 19). Se o vírus invadir os pulmões, os rins ou o cérebro, a doença infantil comum é frequentemente fatal.

As complicações mais comuns do sarampo consistem em infecções do sistema respiratório superior e da orelha média. A **encefalite por sarampo**, que constitui a complicação mais grave, é observada em apenas 1 ou 2 pacientes por 1.000, porém apresenta uma taxa de mortalidade de 30% e deixa um terço dos que sobrevivem com dano cerebral permanente.

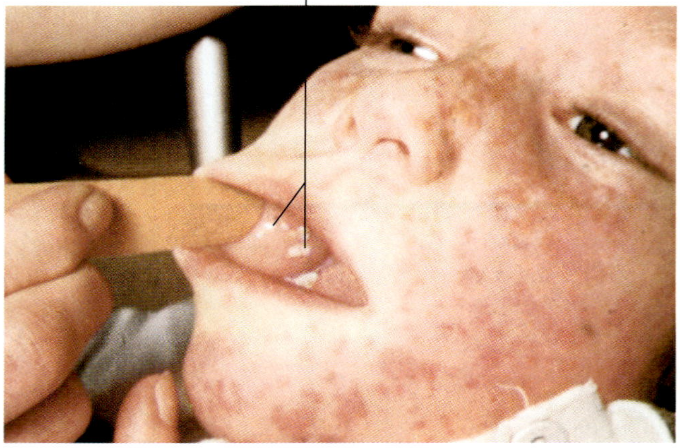


**Figura 20.9 Sarampo.** A foto mostra o exantema cutâneo típico e as manchas de Koplik brancas na boca, na superfície interna da bochecha. *(De R.T.D. Emond & H.A.K. Rowland, A Colour Atlas of Infectious Diseases, 2nd ed. WolfePublishing/Mosby-Year Book, Inc.)*

Outra complicação, denominada **panencefalite esclerosante subaguda (PEES)**, ocorre em apenas 1 em 200.000 casos e é quase sempre fatal. Essa complicação deve-se à persistência do vírus do sarampo no tecido cerebral e provoca morte das células nervosas, com deterioração mental progressiva e rigidez muscular. A PEES manifesta-se 6 a 8 anos após o sarampo, geralmente em crianças que tiveram sarampo antes dos 3 anos de idade. Nas crianças desnutridas, o sarampo provoca inflamação intestinal, com extensa perda de proteína e eliminação do vírus nas fezes. Mais de 15% das crianças infectadas com sarampo nos países em desenvolvimento morrem da doença ou de suas complicações. Sabe-se agora que grande parte da taxa de mortalidade resulta de imunossupressão mediada pela interleucina-12 de longa duração. Em 2010, o sarampo foi responsável por mais de 139.300 mortes no mundo inteiro. Um programa conjunto de imunização agora reduziu o número de casos em 78%, mas 380 pessoas ainda morrem a cada dia. Em 2015, houve 628 casos nos EUA, o maior número em 20 anos. Mais de 4 milhões de vidas foram salvas nessa última década com a vacina contra o sarampo.

## SAÚDE PÚBLICA

### Sarampo e mais fatos interessantes

Você alguma vez já pensou que poderia pegar sarampo de seu cão? Na realidade, você não pode, pois os seres humanos são os únicos hospedeiros do vírus do sarampo; entretanto, a cinomose em cães é causada por um vírus que possui antígenos semelhantes aos do vírus do sarampo. Você sabia que o sarampo provavelmente não existiu até o ano de 2500 a.C.? O sarampo só pode se disseminar se houver uma cadeia entre pessoas infectadas e suscetíveis, visto que o vírus não apresenta um estado de latência, é incapaz de sobreviver fora do corpo por longo tempo, nenhum outro organismo sobrevive como reservatório, e a imunidade proporcionada pela infecção é permanente.

Assim, foi necessária uma população mundial de pelo menos 300.000 pessoas para perpetuar o vírus, e esse tamanho populacional só foi alcançado em torno de 2500 a.C. O sarampo provavelmente surgiu como patógeno humano depois dessa época – possivelmente como mutante de um vírus semelhante ao que causa a cinomose.

**Incidência e transmissão.** O vírus do sarampo é altamente contagioso, e a sua porta de entrada é o sistema respiratório. Um indivíduo suscetível tem 99% de probabilidade de contrair a infecção se for exposto diretamente a uma pessoa que esteja liberando os vírus enquanto tosse ou espirra. Antes da imunização disseminada, a maioria das crianças tinha sarampo antes de completar 10 anos de idade. Em populações como a dos EUA, onde ocorreram epidemias periódicas e onde a maioria das crianças é bem nutrida, a doença é grave, porém raramente fatal. Em populações sem imunidade como resultado de epidemias periódicas ou em crianças desnutridas, o sarampo é fatal. Em 1875, quando o sarampo foi introduzido pela primeira vez em Fiji, 30% da população morreu da doença.

**Diagnóstico e tratamento.** O sarampo é diagnosticado com base nos sintomas. O tratamento limita-se a aliviar os sintomas e tratar as complicações. As infecções bacterianas secundárias podem ser tratadas efetivamente com antibacterianos.

**Imunidade e prevenção.** Em uma população não imunizada, ocorrem geralmente epidemias com numerosos casos ao longo de um período de 3 ou 4 semanas, a cada 2 a 5 anos, estendendo-se por amplas regiões. Atualmente, a vacina contra o sarampo evita a ocorrência dessas epidemias em muitos países desenvolvidos. Nos EUA, a vacinação obrigatória contra o sarampo reduziu acentuadamente a incidência da doença (ver Figura 20.9). Como a vacina MMR, contendo vírus atenuados do sarampo, da caxumba e da rubéola, é geralmente utilizada, houve uma redução simultânea na incidência de todas as três doenças (ver Capítulo 18). A erradicação de uma doença exige que aproximadamente 90% da população seja imune. Grupos religiosos que rejeitam a imunização, imigrantes que não compreendem a sua importância e pais indiferentes que não imunizam os filhos tornam difícil a erradicação. Para complicar esses problemas houve cortes dos fundos utilizados para a compra de vacinas pelo governo federal. Em consequência, algumas crianças pobres nos EUA estão sem vacina.

A imunidade adquirida após contrair o sarampo é permanente. Epidemias recentes entre estudantes universitários imunizados quando crianças sugerem que a imunidade obtida pela vacina pode não ser duradoura, ou que as crianças foram imunizadas antes dos 15 meses de idade. Alguns casos de PEES foram atribuídos à vacina, porém a incidência de PEES é muito mais baixa do que aquela observada antes do uso da vacina.

## Roséola

A **roséola** é uma doença de lactentes e crianças pequenas, causada pelo herpes-vírus humano 6 (HHV-6), que foi identificado pela primeira vez em 1988. Anteriormente, a doença era denominada exantema súbito. A doença começa com febre alta repentina, de 3 a 5 dias de duração, algumas vezes acompanhada de convulsões breves. O exantema cor-de-rosa aparece após a queda repentina da febre. No decorrer de 1 ou 2 dias, o exantema desaparece. Entretanto, o vírus não está eliminado. Ele inicia uma infecção latente e permanente das células T. A imunidade a outro surto é permanente. O vírus sofre replicação nas células das glândulas salivares e é eliminado na saliva da maioria dos adultos. A transmissão ocorre pela saliva.

## Varicela e herpes-zóster

**Um vírus, duas doenças.** O **vírus varicela-zóster (VZV)**, um herpes-vírus, causa tanto **varicela** (catapora) quanto **herpes-zóster**. O mesmo vírus pode ser isolado de lesões de ambas as doenças. A varicela é uma doença muito contagiosa, que causa lesões cutâneas e que habitualmente acomete crianças. Antes da disponibilidade de uma vacina, quase todas as pessoas tinham varicela até os 30 anos de idade. Nos EUA apenas, ocorriam provavelmente mais de 4 milhões de casos por ano. A vacinação reduziu agora esse número em mais de 80%. A imunidade tem uma duração aproximada de 20 anos. O herpes-zóster é uma doença esporádica, que aparece com mais frequência em indivíduos idosos e imunocomprometidos. Além disso, sabe-se que ocorre uma síndrome de varicela congênita em cerca de 5% da população dos EUA.

A varicela não infecta galinhas, nem é causada por um poxvírus. Ela é causada por um herpes-vírus.

Na varicela, o vírus entra no sistema respiratório superior e na conjuntiva e sofre replicação no local de entrada. Os novos vírus são transportados pelo sangue até vários tecidos, onde se replicam várias vezes mais. A liberação desses vírus provoca febre e mal-estar. Em 14 a 16 dias após a exposição, aparecem pequenas lesões cutâneas irregulares e de cor rosada. O líquido em seu interior torna-se turvo, e as lesões secam e formam uma crosta em poucos dias. As lesões aparecem em grupos cíclicos de 2 a 4 dias, à medida que os vírus sofrem ciclos de replicação. Elas começam no couro cabeludo e no tórax e disseminam-se para a face e para os membros, algumas vezes até a boca, a garganta e a vagina e, em certas ocasiões, até os tratos respiratório e gastrintestinal. As lesões constituem importantes portas de entrada para infecções secundárias, particularmente pelo *Staphylococcus aureus*.

A varicela, embora algumas vezes seja considerada como uma doença infantil leve, pode ser fatal. Os vírus invadem as células que revestem os pequenos vasos sanguíneos e os linfáticos e causam-lhes dano. É comum a ocorrência de coágulos sanguíneos circulantes e hemorragias dos vasos sanguíneos danificados. A morte em consequência de pneumonia por varicela é devida ao extenso dano aos vasos sanguíneos nos pulmões e ao acúmulo de eritrócitos e leucócitos nos alvéolos. As células no fígado, no baço e em outros órgãos também morrem, devido ao dano causado aos vasos sanguíneos no interior desses órgãos.

No herpes-zóster, lesões dolorosas semelhantes às da varicela limitam-se habitualmente a uma única região suprida por determinado nervo (Figura 20.10A). Essas erupções surgem em consequência dos vírus latentes adquiridos durante um caso anterior de varicela. Durante o período latente, esses vírus residem em gânglios no crânio e próximo à coluna. Quando reativados, os vírus disseminam-se a partir de um gânglio ao longo do trajeto de seu nervo ou nervos associados. Antes do aparecimento das lesões, ocorrem dor e sensação de queimação e picada na pele. Os vírus causam dano às terminações nervosas, provocam inflamação intensa e produzem agrupamentos de lesões cutâneas indistinguíveis das lesões da varicela (Figura 20.10B). Os sintomas variam desde a ocorrência de prurido leve até dor intensa e contínua, podendo incluir cefaleia, febre e mal-estar. Com frequência, as lesões aparecem no tórax em um padrão semelhante a uma cinta (*zoster*, "cinta"), mas também podem infectar a face e os olhos (ver a foto de abertura do capítulo). O herpes-zóster é mais grave em indivíduos com neoplasias malignas ou distúrbios imunes. Nesses pacientes, as lesões podem acometer amplas áreas da pele e, algumas vezes, espalhar-se para órgãos internos, quando podem ser então fatais. Nos EUA, ocorre mais de 1 milhão de casos de herpes-zóster a cada ano. Uma em cada 3 pessoas apresenta herpes-zóster durante a sua vida, e um quarto desses pacientes tem algum tipo de complicação.

O vírus latente é ativado quando a imunidade mediada por células cai abaixo de um nível mínimo crítico, como pode ocorrer nos cânceres linfáticos, no traumatismo da medula espinal, no envenenamento por metais pesados ou na imunossupressão. Em outros casos, não é possível identificar nenhuma

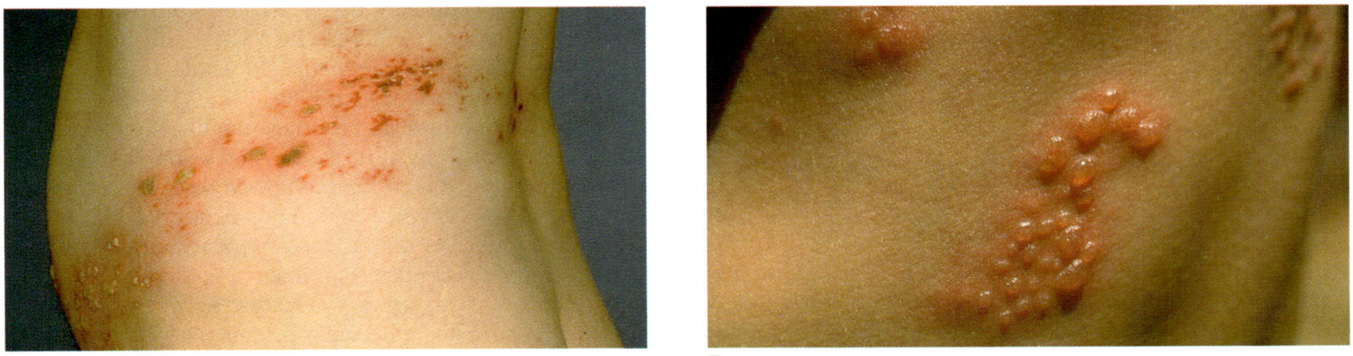

A B

**Figura 20.10 Herpes-zóster.** As lesões do herpes-zóster habitualmente resultam de infecções pelo vírus varicela-zóster adquiridas durante a exposição à varicela infantil. O vírus pode permanecer latente dentro do corpo durante muitos anos, antes de ser reativado na idade adulta. **A.** As vesículas comumente formam um cinto ao redor do tórax ou dos quadris, acompanhando o trajeto de um nervo. *(Barts Medical Library/Medical Images.)* **B.** As pequenas vesículas amarelas secam e cicatrizam formando uma crosta, mas podem ser extremamente dolorosas e pruriginosas. *(N. M. Hauprich/Photo Researchers.)*

causa para a reativação do vírus. A liberação de vírus recém-replicados aumenta a produção de anticorpos, porém estes podem não conseguir interromper a replicação viral. A recuperação do herpes-zóster é habitualmente completa. Segundos e terceiros casos ocorrem, e dependem do grau de desenvolvimento da imunidade mediada por células e da produção local de interferon. O herpes-zóster crônico é observado em indivíduos imunocomprometidos, incluindo pacientes com AIDS. Novas vesículas surgem constantemente, enquanto as velhas não cicatrizam, o que pode ser muito debilitante.

**Incidência e transmissão.** A varicela é endêmica nas sociedades industrializadas da zona temperada, e a sua maior incidência é observada nos meses de março e abril. A infecção primária ocorre geralmente entre 5 e 9 anos de idade. Em geral, a varicela em adultos que não a tiveram na infância é mais grave que a que ocorre em crianças. O herpes-zóster também está relacionado com a idade, e a maioria dos casos aparece em indivíduos com mais de 45 anos de idade.

Mulheres grávidas que nunca tiveram varicela e que não foram vacinadas devem evitar qualquer exposição a crianças que adquiriram a doença e a pessoas que apresentam herpes-zóster.

A infecção pode ser disseminada por secreções respiratórias e pelo contato com lesões úmidas, mas não com as lesões que já apresentam crosta. As crianças que apresentam um caso leve, com apenas algumas lesões e nenhum outro sintoma, frequentemente disseminam a doença. Em raros casos, adultos com imunidade parcial podem contrair herpes-zóster em consequência de exposição a crianças com catapora. Entretanto, crianças suscetíveis podem contrair com facilidade a varicela em consequência de exposição a adultos com herpes-zóster.

**Diagnóstico e tratamento.** A varicela é habitualmente diagnosticada por uma história de exposição e pela natureza das lesões, embora, recentemente, um teste de laboratório rápido tenha se tornado disponível. Pode não ser possível diferenciar o herpes-zóster de outras lesões herpéticas sem testes de laboratório. O tratamento limita-se ao alívio dos sintomas; entretanto, não se deve administrar ácido acetilsalicílico a crianças, devido ao risco da síndrome de Reye. O aciclovir, que outrora se esperava que fosse útil nos estágios iniciais da doença para reduzir a sua gravidade, não demonstrou ser bem-sucedido. Agentes antivirais estão sendo testados em infecções em pacientes imunossuprimidos e naqueles com doença disseminada. Quando administrado nos primeiros 2 a 3 dias após o aparecimento dos sintomas do herpes-zóster, o agente antiviral valaciclovir pode atenuar a evolução da doença. A dor neural algumas vezes é aliviada com o uso de gabapentina ou adesivo de lidocaína.

**Imunidade e prevenção.** Contrair a varicela durante a infância confere imunidade permanente na maioria dos casos. São observadas recidivas (na forma de herpes-zóster) apenas em indivíduos com baixas concentrações de anticorpos anti-VZV e declínio da imunidade mediada por células. A varicela foi a última das doenças infantis transmissíveis comuns para a qual não havia disponibilidade de vacina – até 1995, quando uma vacina foi finalmente licenciada para uso nos EUA. Uma vacina de varicela atenuada, desenvolvida no Japão, evita a varicela quando administrada até 72 horas após a exposição. Em outros países foi utilizada por todas as crianças. A Food and Drug Administration dos EUA aprovou essa vacina para uso geral em 1995. Entretanto, como o mecanismo de latência e de reativação não é bem compreendido, os imunologistas demonstraram certas reservas sobre a administração de vacinas contendo vírus que podem se tornar latentes. Foram encontrados casos nos quais o herpes-zóster foi causado pela reativação do vírus contido na vacina. Todavia, a vacina é considerada relativamente segura e efetiva.

Em 2007, foi introduzida a vacina Zostavax®, um novo medicamento contra o herpes-zóster. Basicamente, trata-se de uma versão mais potente da vacina contra varicela infantil. Atua como dose de reforço. Anteriormente, os adultos eram expostos a crianças com varicela. Essas exposições ao vírus natural atuavam como "doses de minirreforço", que ajudavam a manter a imunidade no adulto. Hoje, existem pouquíssimos casos de varicela para desempenhar essa tarefa. A vacina reduz a incidência do herpes-zóster em 50% e diminui acentuadamente a gravidade e o nível de dor naqueles que ainda desenvolvem herpes-zóster.

## Outras doenças causadas por poxvírus

**Varíola.** Em 1980, a Organização Mundial da Saúde (OMS) proclamou oficialmente a erradicação da **varíola** no mundo. Esse anúncio marcou o final de séculos de enfermidade e mortes causadas por essa doença.

A doença surgiu pela primeira vez em algum momento depois do ano 10.000 a.C. em um pequeno povoado agrícola na Ásia ou na África. A múmia de Ramsés V, que morreu no Egito no ano de 1160 a.C., tem cicatrizes de varíola na face, no pescoço, nos ombros e nos braços. A varíola devastou aldeias na Índia e na China durante séculos, e ocorreu uma epidemia na Síria no ano 302 d.C. O médico persa Rhazez descreveu claramente a doença no ano 900 d.C.

Os cruzados, retornando do Oriente Médio, trouxeram a varíola para a Europa no século XII. Os espanhóis carregaram o vírus para as Índias ocidentais, em 1507, e o exército de Cortez a introduziu no México em 1520. Em cada um desses casos, a doença foi introduzida em uma população que carecia de imunidade, e a sua disseminação foi desenfreada. Até 3,5 milhões de índios americanos podem ter morrido de varíola, e, por volta do século XVIII, mais da metade dos habitantes de Boston tinham sido infectados. Traficantes de escravos introduziram a varíola na África central nos séculos XVI e XVII e imigrantes provenientes da Índia a trouxeram para a África do Sul em 1713. A doença alcançou a Austrália em 1789.

A ideia de imunização propriamente dita surgiu na Ásia, com a técnica de variolação para evitar a varíola. Na variolação, fios saturados com líquido obtido de lesões da varíola eram introduzidos em uma ranhura ou pendurados na manga de um indivíduo não imune. Essa prática imunizava alguns indivíduos, porém também deu início a epidemias, visto que eram utilizados vírus vivos virulentos. Lady Mary Wortley Montague, esposa do embaixador britânico na Turquia, introduziu essa prática na Inglaterra, em 1717. Apesar da alta morbidade (doença) e até mesmo mortalidade (morte) provocadas por essa técnica, o general George Washington ordenou que fosse feita a variolação de todas as suas tropas em 1777. Por volta de 1792, 97% da população de Boston tinha sido submetida à variolação.

A imunização contra varíola melhorou acentuadamente com o médico inglês Edward Jenner, que observou que as mulheres que ordenhavam e tinham cicatrizes de vacínia nunca se tornavam infectadas pela varíola. Sabe-se hoje que a imunidade ao vírus da vacínia menos grave também confere imunidade à varíola. Em 1796, Jenner inoculou um menino de 8 anos de idade com o vírus da vacínia e, 6 semanas depois, o inoculou com o vírus da varíola. Como Jenner esperava, o menino continuou sadio. Nos EUA, em 1799, o médico Benjamin Waterhouse introduziu a vacina de vírus da vacínia, vacinando seus próprios filhos e, em seguida, expondo-os à varíola.

Embora naquela época já fosse bem sabido que a varíola poderia ser evitada por meio de vacinação com o vírus da vacínia, em 1947, um viajante não imunizado proveniente do México infectou 12 pessoas na cidade de Nova York, das quais duas morreram. Os últimos 8 casos de varíola nos EUA ocorreram no vale do Rio Grande, em 1949.

A varíola ainda era endêmica em 33 países, em 1967, quando a OMS estabeleceu a sua campanha de imunização; em 1977, ocorreu apenas um caso natural isolado de varíola no mundo inteiro (**Figura 20.11**). Quando vírus da varíola escaparam pelos condutos de ar de um laboratório em Birmingham, na Inglaterra, em 1978, um fotógrafo médico não imunizado foi infectado e morreu. A mãe sofreu uma forma leve da doença e recuperou-se. O diretor do laboratório de onde o vírus tinha escapado cometeu suicídio. Depois desse desastre, as culturas de estoque do vírus da varíola foram teoricamente mantidas em apenas dois laboratórios de contenção máxima – um na divisão dos CDC em Atlanta, e o outro no Instituto de Pesquisa de Preparações de Vírus, em Moscou. Entretanto, a vigilância contra a varíola continua. Agora, sabe-se que os russos obtiveram o crescimento de grandes quantidades do vírus da varíola para possível uso em guerra biológica, e que estoques desse suprimento provavelmente chegaram a outros países aliados. As discussões sobre a destruição dos "últimos dois" estoques remanescentes de vírus da varíola caíram no esquecimento.

O vírus da varíola penetra pela garganta e pelo sistema respiratório. Durante um período de incubação de 12 dias, infecta as células fagocitárias e, posteriormente, as células sanguíneas. A infecção propaga-se para as células cutâneas, causando vesículas repletas de pus. Os sintomas sistêmicos agudos começam com febre, dor lombar e cefaleia. As vesículas aparecem inicialmente na boca e na garganta. Em seguida, disseminam-se rapidamente para a face, os antebraços, as mãos e, por fim, o tórax e as pernas. As vesículas tornam-se opacas e pustulosas e formam uma crosta dentro de aproximadamente 2 semanas. A morte tem mais probabilidade de ocorrer 10 a 16 dias após o aparecimento dos primeiros sintomas (**Figura 20.12**).

São utilizados raspados das lesões para diferenciar a varíola da leucemia, da varicela e da sífilis. Em uma população não

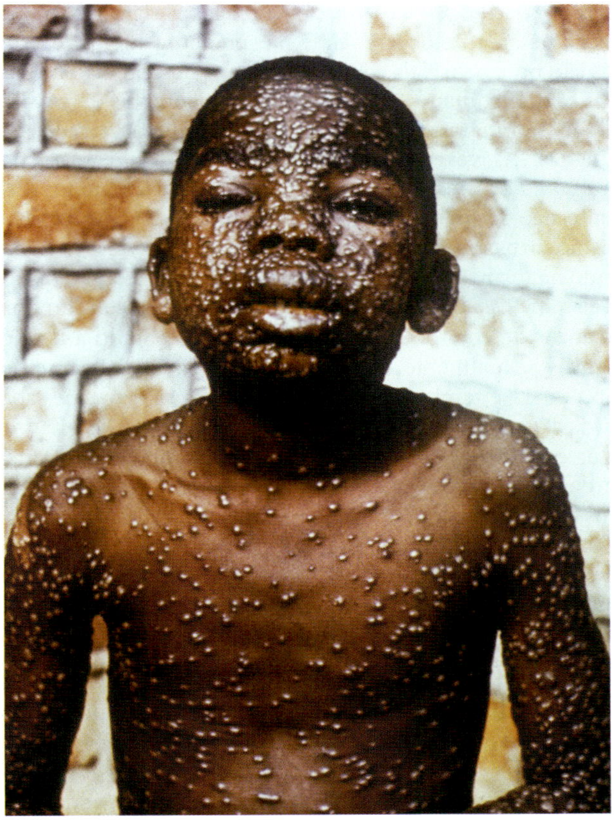

**Figura 20.11 Um dos últimos casos de varíola.** As lesões são mais numerosas na face e nos braços. Com a progressão da doença, as lesões semelhantes a bolhas tornam-se opacas e, por fim, formam crostas que caem. É comum haver cicatrizes. *(Cortesia dos Centers for Disease Control and Prevention CDC.)*

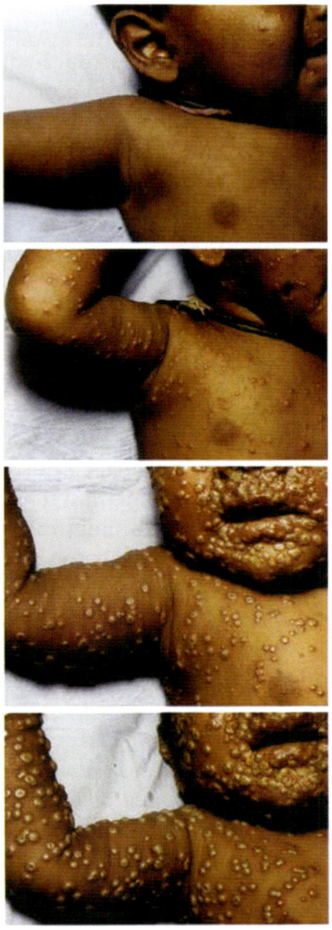

**Figura 20.12 Progressão da varíola.** *(Cortesia da Organização Mundial da Saúde.)*

imune, a varíola é altamente contagiosa; por outro lado, em uma população amplamente imunizada, ela se dissemina muito lentamente. Entretanto, agora que a varíola foi erradicada no mundo inteiro, as complicações da vacinação comportam muito mais risco de vida do que a própria doença.

**Vacínia.** A **vacínia**, causada pelo vírus da vacínia, provoca lesões (semelhantes a uma vacinação contra varíola) em locais de abrasão, inflamação dos linfonodos e febre. Os vírus da vacínia também podem causar uma doença progressiva, com numerosas lesões e sintomas que se assemelham mais aos da varíola e que podem ser tratados com metisazona. Parece que o gado bovino transmite a doença aos seres humanos.

O vírus da vacínia não foi apenas o vírus utilizado por Jenner para imunizar contra varíola, mas também foi o primeiro vírus de animal a ser obtido em quantidades suficientes para análises químicas e físicas (ver Capítulo 1). O vírus da vacínia moderno pode ter se atenuado ao longo de vários séculos de passagem pela pele de bezerros, um procedimento utilizado no preparo da vacina contra a varíola, e não é mais exatamente o mesmo que o vírus da vacínia original.

**Varíola dos macacos.** A **varíola dos macacos** é algumas vezes confundida com a varíola, visto que tanto as lesões quanto as taxas de mortalidade são muito semelhantes. Em geral, ocorre nas regiões central e ocidental da África, particularmente no Zaire e no Congo. Tanto o vírus da varíola quanto o vírus da varíola dos macacos são ortopoxvírus, de modo que não é surpreendente que a vacina contra varíola proteja contra ambas as doenças. Com a interrupção da vacinação contra varíola, estamos agora verificando a ocorrência de surtos de varíola dos macacos entre macacos de zoológico (que deu origem a seu nome) e, mais recentemente, entre norte-americanos que compraram ratos gigantes africanos em lojas de animais de estimação. Esses surtos representam uma consequência despercebida da cessação da vacinação contra varíola e pode representar uma séria ameaça. Algumas pessoas sugerem que a imunização contra varíola deve ser retomada em áreas onde a varíola dos macacos é endêmica.

**Molusco contagioso.** O vírus do **molusco contagioso** é incomum por várias razões. Em primeiro lugar, difere imunologicamente tanto dos ortopoxvírus quanto dos parapoxvírus, os dois principais grupos de poxvírus. Em segundo lugar, induz apenas uma resposta imune leve. Em terceiro lugar, embora as células infectadas deixem de sintetizar DNA, o vírus induz as células não infectadas adjacentes a sofrer rápida divisão. Desse modo, esse vírus pode ser intermediário entre os vírus que causam doenças específicas, e os que induzem tumores. O molusco contagioso só afeta os seres humanos e tem distribuição mundial. Provoca crescimentos indolores, semelhantes a tumores, que variam de branco perolado a rosa-claro (Figura 20.13). Em geral, a doença afeta crianças e adultos jovens e pode persistir por anos. É adquirida por contato pessoal ou a partir de objetos como equipamentos de ginástica e piscinas. Em geral, o tratamento consiste na remoção desses crescimentos por substâncias químicas ou congelamento localizado.

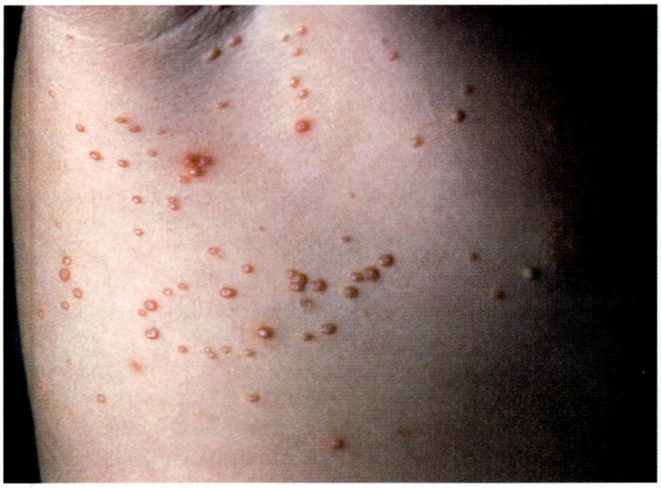

**Figura 20.13 Molusco contagioso.** Surgem crescimentos semelhantes a tumores nos casos dessa infecção viral. *(Watney Collection/Medical Images.)*

## Verrugas

As **verrugas** em humanos, ou **papilomas**, são causadas pelo **papilomavírus humano (HPV)**. O HPV ataca especificamente a pele e as membranas mucosas. As verrugas crescem livremente em muitos locais do corpo – na pele, nos tratos genital e respiratório e na cavidade bucal. A infecção viral dura toda a vida. Mesmo quando as verrugas desaparecem ou são removidas, o vírus permanece no tecido adjacente, e as verrugas podem reaparecer ou formar tumores malignos.

**Natureza das verrugas.** As verrugas variam na sua aparência, na área de ocorrência e na sua patogenicidade. Algumas são pouco visíveis e autolimitadas – ou seja, não crescem nem se disseminam –, enquanto outras, como as verrugas da laringe, são maiores, porém benignas. Algumas verrugas são malignas. As **verrugas genitais**, também conhecidas como condiloma acuminado (Figura 20.14A), por exemplo, geralmente não se tornam malignas. Entretanto, outras cepas do mesmo vírus, que não produzem verrugas visíveis (permanecendo na forma de infecções "invisíveis" crônicas) são responsáveis por 99% de todos os casos de câncer de colo do útero. O câncer de colo do útero foi agora acrescentado à lista das doenças sexualmente transmissíveis. Consulte novamente o Capítulo 11 e também o Capítulo 21 para informações sobre Gardasil®, uma nova vacina contra quatro cepas do HPV que reduz em 70% o risco de desenvolver câncer do colo do útero. Gardasil é atualmente recomendada para uso em meninas de 9 anos a mulheres de 26 anos de idade. A vacina é administrada em uma série de três doses que custam cerca de 360 dólares, além da visita ao consultório. Verrugas de todos os tipos crescem e adquirem um tamanho maior do que o normal em indivíduos com AIDS ou outras imunodeficiências.

**Transmissão.** Os papilomavírus são transmitidos por contato direto, habitualmente entre seres humanos, ou por fômites. Formam-se **verrugas dérmicas** (Figura 20.14B) quando o vírus penetra na pele ou nas membranas mucosas através de abrasões. As verrugas genitais são sexualmente transmitidas, enquanto as *verrugas laríngeas juvenis* são adquiridas durante a passagem pelo canal do parto infectado. O período de incubação varia de 1 semana a 1 mês para as verrugas dérmicas e de 8 a 20 meses para as verrugas genitais. As verrugas genitais e aquelas adquiridas ao nascimento são discutidas no Capítulo 21.

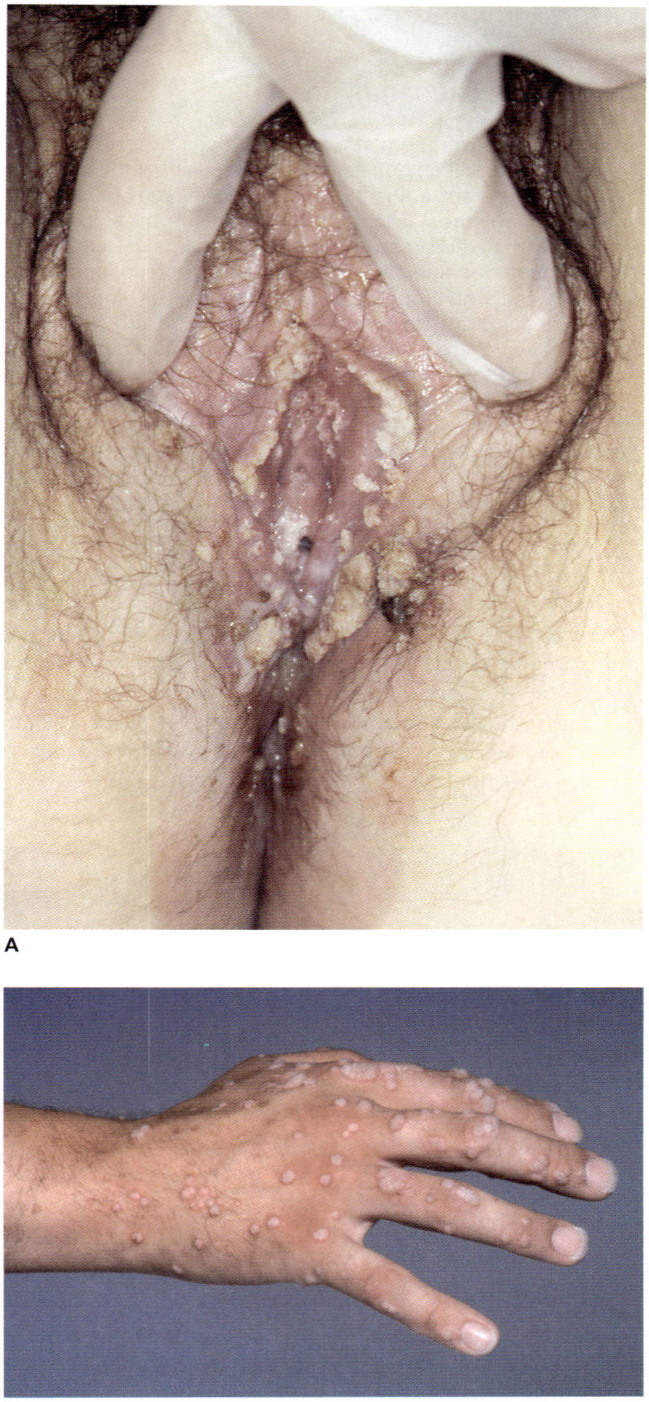


**Figura 20.14 Verrugas.** As verrugas são causadas por papilomavírus humano. Verrugas genitais ao redor da vagina (**A**) e (*CDC*) verrugas dérmicas (**B**). *(Biophoto Associates Science Source.)*

**Verrugas dérmicas.** As células epiteliais tornam-se infectadas e proliferam, formando verrugas dérmicas que apresentam limites distintos e permanecem acima da membrana basal, entre a epiderme e a derme. As crianças e os adultos jovens têm mais tendência do que os indivíduos idosos a apresentar verrugas dérmicas. Apenas algumas verrugas estão presentes a qualquer momento determinado, e a maioria regride em

## SAÚDE PÚBLICA

### A mente controlando o corpo

Imagine ir ao médico para livrar-se de uma verruga e receber a orientação de que você precisa procurar um hipnotizador para tratamento. De acordo com Lewis Thomas, as verrugas "podem ser ordenadas a desaparecer da pele por sugestão hipnótica". Em um estudo controlado, 14 pacientes com múltiplas verrugas foram hipnotizados, e foi feita a sugestão de que todas as verrugas de um lado do corpo desaparecessem. Nas primeiras semanas, isso ocorreu em 9 pacientes, incluindo uma pessoa que "se confundiu e destruiu as verrugas do lado errado". Entretanto, se a hipnose não funcionar com você, você pode simplesmente esperar que a sua verruga desapareça. Thomas também declarou que as verrugas "de modo inexplicável e, com frequência, de maneira muito repentina... chegam ao final de suas vidas e desaparecem sem deixar nenhum vestígio".

menos de 2 anos. A retirada de uma verruga frequentemente causa regressão de todas as outras. Na regressão espontânea, todas as verrugas habitualmente desaparecem na mesma ocasião. A regressão constitui provavelmente um fenômeno imunológico.

**Diagnóstico e tratamento.** As verrugas podem ser distinguidas por meio de testes imunológicos e exame microscópico dos tecidos. O imunoensaio enzimático e os testes com anticorpos imunofluorescentes podem detectar cerca de três quartos dos casos em que os vírus são detectados ao exame microscópico. Algumas vezes, esses testes falham, visto que determinados papilomas, particularmente os papilomas genitais e da laringe e os que evoluem para um processo maligno, produzem apenas pequenas quantidades de antígenos.

Os tratamentos disponíveis para os vários tipos de verrugas não são totalmente satisfatórios. O tratamento mais amplamente utilizado, a crioterapia, envolve o congelamento do tecido com dióxido de carbono líquido ou nitrogênio líquido e excisão do tecido infectado. Para eliminar as verrugas, são também utilizados agentes químicos cáusticos, como podofilina, ácido salicílico e glutaraldeído; cirurgia; antimetabólitos, como 5-fluoruracila; e interferon para bloquear os vírus. As recidivas são ainda comuns.

## Doença mão-pé-boca

A **doença mão-pé-boca** (que não deve ser confundida com a doença do pé e boca, uma doença altamente infecciosa do gado) afeta principalmente crianças durante os meses do verão. Os poucos adultos que a adquirem habitualmente têm contato íntimo com crianças. A doença é causada pelo coxsackievírus A16, embora uma forma mais grave seja causada pelo coxsackievírus A6. Os sintomas consistem em exantema nas mãos e nos pés, ulcerações semelhantes a bolhas na boca e febre. Desaparece espontaneamente em cerca de 1 semana. Após um caso grave, a pele pode descamar, e as unhas dos dedos das mãos podem cair, porém voltam a crescer. O tratamento consiste em repouso, líquidos e controle da febre.

**PARE e RESPONDA**

1. Que danos ocorrem na síndrome da rubéola congênita?
2. Que precauções precisam ser observadas na imunização contra rubéola?
3. Diferencie a rubéola do sarampo.
4. Como um vírus pode causar tanto varicela quanto herpes-zóster?

## Doenças da pele causadas por fungos

Os fungos que invadem o tecido queratinizado são denominados **dermatófitos**, e as doenças da pele causadas por fungos são denominadas **dermatomicoses**. Essas doenças podem ser causadas por qualquer um de vários organismos, principalmente de três gêneros: *Epidermophyton*, *Microsporum* e *Trichophyton* (Tabela 20.1). Esses organismos provocam vários tipos de dermatofitoses e atacam a pele, as unhas e os cabelos.

Os fungos que invadem os tecidos subcutâneos vivem livremente no solo ou na vegetação em decomposição e podem ser encontrados em excrementos de aves e como esporos transportados pelo ar. Esses fungos penetram nos tecidos por meio de uma ferida e, algumas vezes, disseminam-se para os vasos linfáticos. Em geral, as infecções subcutâneas causadas por fungos disseminam-se lentamente e de modo insidioso; a resposta ao tratamento também é lenta.

### Dermatofitoses

As **dermatofitoses** ocorrem em várias formas (incluindo pé de atleta, discutido adiante) e são altamente contagiosas. Por exemplo, a dermatofitose do couro cabeludo é facilmente adquirida em cabeleireiros se não forem seguidas práticas de higiene estritas. A dermatofitose acomete a pele os cabelos e as unhas, e as formas são, em sua maioria, designadas de acordo com o local onde são encontradas. A **tinha do corpo** (dermatofitose do corpo) provoca lesões semelhantes a um anel, com área descamativa central. (A forma dessas lesões é que originalmente deu origem ao termo equivocado "lesões anulares".) A **tinha crural** (dermatofitose da virilha ou "coceira de jóquei") ocorre nas dobras de pele da região púbica (Figura 20.15). A **tinha ungueal** (dermatofitose das unhas) provoca endurecimento e descoloração das unhas das mãos e dos pés. Na **tinha do couro cabeludo** (dermatofitose do couro cabeludo), as hifas crescem dentro dos folículos pilosos e, com frequência, produzem padrões circulares de calvície. A **tinha da barba** (coceira da barba) causa lesões semelhantes na barba.

**APLICAÇÃO NA PRÁTICA**

**Infecções causadas por algas**

As algas produzem, em sua maioria, o seu próprio alimento e não são parasitas; entretanto, algumas cepas da alga *Prototheca* perderam a sua clorofila e sobrevivem parasitando outros organismos. Encontradas na água e no solo úmido, elas entram no corpo através de feridas na pele. Desde 1964, foram relatados apenas 129 casos de prototecose, dois em consequência da limpeza de aquários caseiros. A prototecose foi observara pela primeira vez no pé de um fazendeiro que cultivava arroz, e a maioria dos casos subsequentes ocorreu nas pernas ou nas mãos. Em pacientes imunodeficientes, o parasita pode invadir o sistema digestório ou a cavidade peritoneal. Algumas infecções cutâneas responderam ao iodeto de potássio por via oral ou à terapia intravenosa com anfotericina B e tetraciclina, porém não foi encontrado nenhum tratamento satisfatório para outros casos.

Nenhuma dessas dermatomicoses resulta em doença grave, e, em geral, as lesões não invadem outros tecidos, porém têm aparência desagradável, são pruriginosas e persistentes. Os agentes etiológicos crescem bem na temperatura da pele, que é ligeiramente abaixo da temperatura corporal. O dano tecidual causado pelos dermatófitos pode possibilitar o desenvolvimento de infecções bacterianas secundárias.

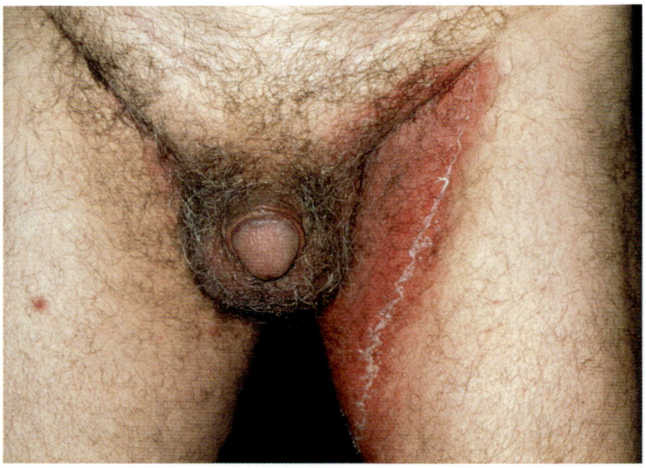

**Figura 20.15 Tinha crural, dermatofitose da virilha (coceira de jóquei).** Essa infecção é causada pelo fungo *Trichophyton*. *(Dr. P. Marazzi/Science Source.)*

**Tabela 20.1** Dermatomicoses e organismos comuns encontrados nas lesões.

| Dermatomicose | *Epidermophyton floccosum* | *Microsporum canis* | *Trichophyton mentagrophytes* | *Trichophyton rubrum* | *Trichophyton tonsurans* |
|---|---|---|---|---|---|
| Dermatofitose do corpo | X | X | X | X | X |
| Dermatofitose ungueal | X | | | X | |
| Dermatofitose da virilha | X | | X | X | |
| Dermatofitose do couro cabeludo | | X | X | | X |
| Dermatofitose da barba | | | X | X | |
| Pé de atleta | X | | X | X | |

**Diagnóstico e tratamento.** O diagnóstico das dermatofitoses pode ser estabelecido com base no exame microscópico de raspados das lesões, porém a observação da própria pele é, com frequência, suficiente. Embora os fungos em tecidos geralmente não formem esporos, aqueles em culturas de laboratório frequentemente o fazem, e os técnicos precisam ter um cuidado especial para não serem infectados por esporos que escapem. Numerosas pessoas foram infectadas quando esporos de uma placa de Petri inadvertidamente aberta em um laboratório universitário dispersaram-se pelo sistema de ventilação do prédio.

Em geral, o tratamento consiste na remoção de todo o tecido epitelial morto e na aplicação tópica de pomada antifúngica. Se as lesões estiverem disseminadas, ou o seu tratamento tópico for difícil, como no caso em que há infecção do leito ungueal, administra-se griseofulvina por via oral. A prevenção das dermatofitoses exige evitar o contato com objetos contaminados e esporos.

**Pé de atleta.** No **pé de atleta** ou **tinha do pé**, as hifas invadem a pele entre os dedos dos pés e causam lesões secas e descamativas. Observa-se o desenvolvimento de lesões cheias de líquido nos pés úmidos e suados. Subsequentemente, a pele sofre rachaduras e descama, e o estabelecimento de uma infecção bacteriana secundária resulta em áreas brancas extremamente úmidas e pruriginosas entre os dedos dos pés. O pé de atleta, que é uma forma de dermatofitose, resulta de um desequilíbrio ecológico entre a microbiota normal e as defesas do hospedeiro. Os fungos que causam pé de atleta estão disseminados no meio ambiente; eles infectam os tecidos quando as defesas do corpo não conseguem combatê-los. A prevenção do pé de atleta depende da manutenção de pés secos, limpos e sadios, que possam resistir ao oportunismo dos fungos. Os agentes antifúngicos, como o miconazol, também são efetivos na maioria dos casos.

## Caspa

Quase metade da população mundial tem pelo menos um pouco de caspa – descamação das células cutâneas de um couro cabeludo inflamado. O tempo de vida de uma célula normal do couro cabeludo é de cerca de 28 dias, quando ela amadurece, morre e é eliminada. Entretanto, nos indivíduos que sofrem de caspa, as células descamam em grandes agrupamentos em apenas 7 a 10 dias e nunca amadurecem por completo. A levedura *Malassezia* ocorre no couro cabeludo de todos os indivíduos, porém só cresce excessivamente em alguns, causando inflamação e descamação excessiva. Ninguém sabe a razão disso.

Nos EUA, a população gasta mais de 300 milhões de dólares por ano em xampus e outros produtos para controlar a caspa. A maneira apropriada de usar esses produtos consiste em aplicá-los ao couro cabeludo seco, massagear minuciosamente, deixar por 10 minutos e só então acrescentar água.

## Infecções fúngicas subcutâneas

**Esporotricose.** A **esporotricose** é causada por *Sporothrix schenckii*, que habitualmente penetra no corpo a partir de plantas, sobretudo o musgo esfagno e espinhos de roseiras e bérberis. A doença também pode ser adquirida de outros seres humanos, cães, gatos equinos e roedores. É mais comum no meio-oeste dos EUA, principalmente no vale do Mississippi. Surge inicialmente uma lesão na forma de massa nodular no local de um pequeno ferimento. A massa sofre ulceração, torna-se crônica, granulomatosa e repleta de pus e pode se disseminar facilmente para os vasos linfáticos. Em raros casos, dissemina-se para os órgãos internos, particularmente os pulmões. O diagnóstico é estabelecido pela cultura de amostras de pus ou de tecido obtidas de lesões. As formas cutânea e linfática podem ser tratadas com iodeto de potássio; as infecções disseminadas necessitam de anfotericina B. Os indivíduos que trabalham com plantas ou terra devem cobrir áreas da pele lesionadas para se protegerem da exposição a materiais contaminados.

**Blastomicose.** A **blastomicose** norte-americana (Figura 20.16) é causada pelo fungo *Blastomyces dermatitidis*, que é mais comum no solo das regiões central e sudeste dos EUA. O fungo entra no corpo pelos pulmões ou por ferimentos, onde provoca lesões desfigurantes, granulomatosas e purulentas, bem como múltiplos abscessos na pele e no tecido subcutâneo. Essa condição, denominada **dermatite blastomicética**, afeta, por motivos desconhecidos, principalmente homens na faixa etária dos 30 aos 40 anos. Em certos casos, o fungo circula no sangue e invade os órgãos internos, causando **blastomicose sistêmica**. Os pulmões podem ser infectados diretamente pela inalação de

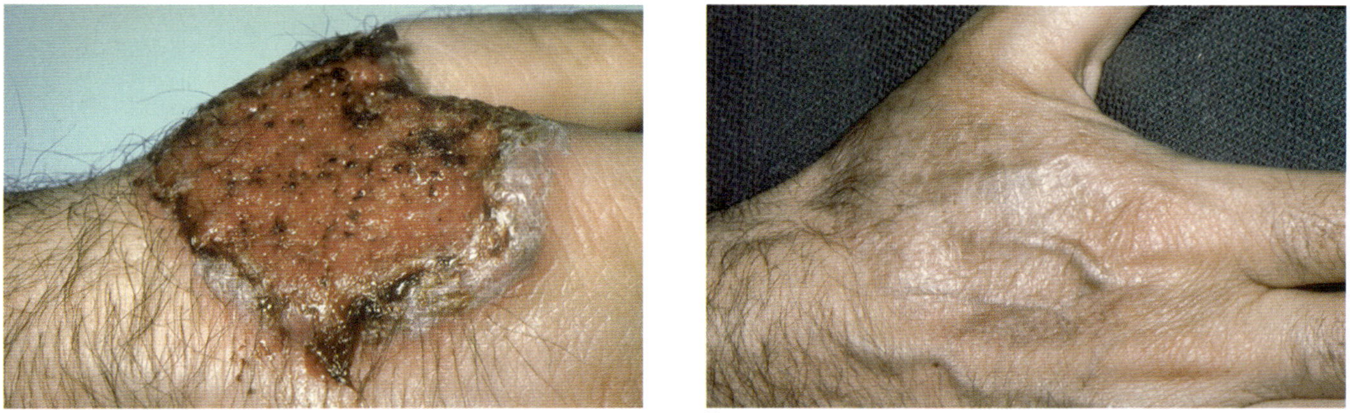

A B

**Figura 20.16 Lesões da blastomicose.** A. Antes do tratamento. *(Cortesia de Julius Kane e Michael R. McGinnis, University of Texas Medical Branch at Galveston.)* B. Após tratamento com fármacos antifúngicos. *(Cortesia de Julius Kane e Michael R. McGinnis, University of Texas Medical Branch at Galveston.)*

esporos, e os organismos podem se deslocar dos pulmões para infectar outros tecidos. Em geral, a doença causa sintomas respiratórios relativamente leves, febre e mal-estar generalizado. Pode ser diagnosticada pelo achado de células de levedura em brotamento no escarro ou no pus, e o tratamento consiste em anfotericina B ou em hidroxiestilbamidina menos tóxica.

## Infecções fúngicas oportunistas

Certos fungos, como algumas leveduras e bolores pretos, podem invadir os tecidos de seres humanos com resistência comprometida. Duas leveduras, *Candida albicans* e *Cryptococcus neoformans*, e determinados bolores, como *Aspergillus fumigatus*, *A. niger* e os ziomicetos *Mucor* e *Rhizopus*, são responsáveis por muitas doenças fúngicas oportunistas.

**Candidíase.** *Candida albicans*, uma levedura oval que sofre brotamento, está presente entre os microrganismos da microbiota normal dos tratos digestório e urogenital dos seres humanos. Nos indivíduos debilitados, essa espécie pode provocar **candidíase**, ou **monilíase**, em um ou vários tecidos. A candidíase superficial causa **sapinho** (Figura 20.17A), placas leitosas de inflamação nas membranas mucosas orais, particularmente em lactentes, diabéticos, pacientes debilitados e indivíduos submetidos a antibioticoterapia prolongada (ver Capítulo 14). A doença manifesta-se na forma de **vaginite** quando as secreções vaginais contêm grandes quantidades de açúcar, como ocorre durante a gravidez, quando são utilizados contraceptivos orais, quando o diabetes melito é inadequadamente controlado ou quando as mulheres usam roupas íntimas sintéticas e apertadas, que promovem o calor e a umidade, favorecendo, assim, o crescimento da levedura. Algumas cepas de *Candida* podem ser sexualmente transmitidas. As pessoas que trabalham em fábricas de conservas, cujas mãos permanecem imersas na água por longos períodos de tempo, algumas vezes desenvolvem lesões da pele e das unhas (Figura 20.17B). *Candida* pode invadir os pulmões, os rins e o coração ou pode ser transportada pelo sangue, onde causa reação tóxica grave. A candidíase, que é a infecção fúngica hospitalar mais comum, é observada em pacientes com doenças como tuberculose, leucemia e AIDS.

O achado de células em brotamento em lesões, no escarro ou em exsudato confirma o diagnóstico de candidíase. São utilizados vários fármacos antifúngicos para o tratamento. *Candida* é ubíqua; as infecções podem ser evitadas, em grande parte, por meio de prevenção das condições debilitantes.

**Aspergilose.** A **aspergilose** nos seres humanos pode ser causada por várias espécies de *Aspergillus*, porém sobretudo por *A. fumigatus*. Esses fungos crescem em vegetações em decomposição. *Aspergillus* invade inicialmente feridas, queimaduras, a córnea ou a orelha externa, onde prospera na cera do ouvido, podendo causar ulceração do tímpano. Em pacientes imunossuprimidos, pode causar pneumonia grave. O diagnóstico é estabelecido pela detecção de fragmentos de hifas características em biópsias de tecidos. Os agentes antifúngicos são apenas modestamente eficazes no tratamento. Como o bolor é onipresente a ponto de a exposição ser inevitável, a prevenção depende principalmente das defesas do hospedeiro. A inalação de esporos por indivíduos sensibilizados também pode resultar em graves sintomas alérgicos.

Os seres humanos não são os únicos a serem afetados por *Aspergillus*. As manchas de aparência enferrujada nas páginas de livros velhos são deixadas por organismos desse gênero que digerem o papel.

Recentemente, foi constatado que *Aspergillus* provoca doença consumptiva em gorgônias que crescem em recifes de corais no Caribe. Deste modo, *Aspergillus* é suficientemente versátil para invadir até mesmo o ambiente marinho.

**Zigomicoses.** Determinados zigomicetos dos gêneros *Mucor* e *Rhizopus* podem infectar seres humanos suscetíveis, como diabéticos não tratados, causando **zigomicoses**. Uma vez estabelecido, o fungo invade os pulmões, o sistema nervoso central e os tecidos da órbita ocular, podendo ser rapidamente fatal, presumivelmente em virtude de sua capacidade de escapar das defesas do corpo. A zigomicose pode ser diagnosticada pelo achado de hifas largas nos lúmens e nas paredes dos vasos sanguíneos. Os fármacos antifúngicos podem ou não ser efetivos no tratamento das zigomicoses.

Após o furacão Katrina e sua inundação, muitos prédios em Nova Orleans foram tão invadidos por fungos que precisam ser demolidos por serem considerados inapropriados para ocupação humana.

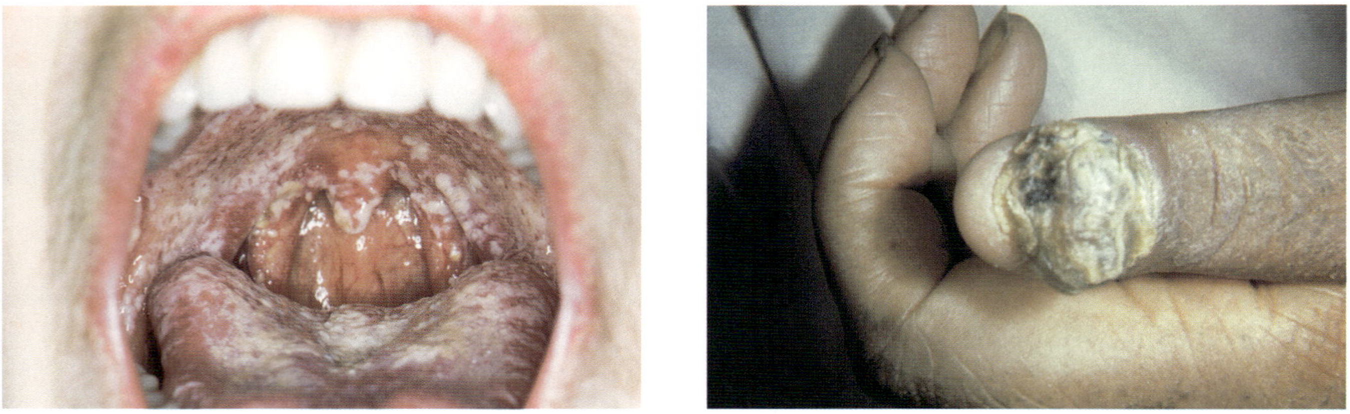

A B

**Figura 20.17 Candidíase.** **A.** As infecções da cavidade oral por *Candida* (sapinho), observadas como placas brancas, constituem uma complicação comum da AIDS, do diabetes melito e da antibioticoterapia prolongada. (*Dr. Allan Harris/Medical Images.*) **B.** As infecções das unhas por *Candida* são muito difíceis de erradicar. (*Project Masters, Inc./The BergmanCollection.*)

## Outras doenças da pele

O **pé de Madura** ou **maduromicose** ocorre principalmente nos trópicos. É causado por uma variedade de organismos do solo, incluindo fungos do gênero *Madurella* e actinomicetos filamentosos, como *Actinomadura*, *Nocardia*, *Streptomyces* e *Actinomyces*. Os organismos entram no corpo através de soluções de continuidade da pele, particularmente em indivíduos que não usam sapatos. As lesões iniciais cheias de pus disseminam-se e formam lesões conectadas, que finalmente se tornam crônicas e granulomatosas. Sem tratamento, os organismos invadem o músculo e o osso, e o pé torna-se maciçamente aumentado (Figura 20.18). O pé de Madura é diagnosticado pelo achado de grânulos brancos, amarelos, vermelhos ou pretos de hifas entrelaçadas no pus. Os denominados grânulos de enxofre no pus são hifas amarelas, e não enxofre. A não ser que a antibioticoterapia seja instituída no início da infecção e seja prolongada o suficiente, poderá haver necessidade de amputação. A manutenção dos ferimentos sem partículas do solo evita a doença.

As reações cutâneas a cercárias (larvas) de várias espécies de esquistossomos provocam a **coceira do nadador**. Essas cercárias parasitam aves, animais domésticos e primatas e podem penetrar na pele humana. As reações imunes provocam vermelhidão e prurido e, em geral, impedem que as cercárias alcancem o sangue e causem esquistossomose (ver Capítulo 12). A coceira do nadador ocorre em todos os EUA, porém é particularmente comum na região dos Grandes Lagos.

A **dracunculíase** é causada por um helminto parasita denominado verme-da-guiné. Essa doença é discutida no Capítulo 11.

As doenças da pele estão resumidas na Tabela 20.2.

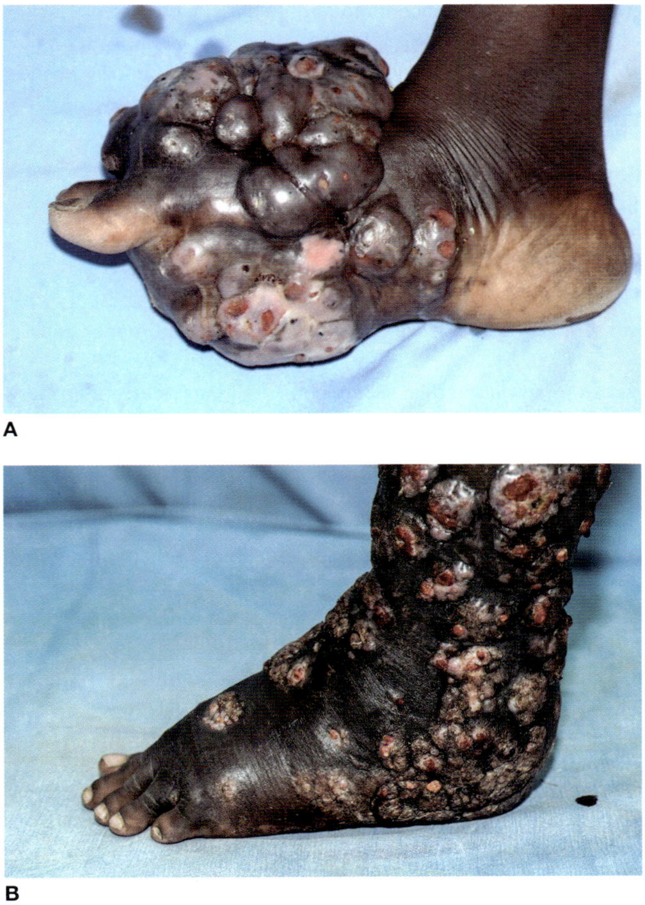

A

B

**Figura 20.18 Pé de Madura.** Essa doença pode ser causada por fungos verdadeiros ou por actinomicetos, bactérias semelhantes a fungos. As lesões cheias de pus e de patógenos podem deformar o pé a ponto de haver necessidade de amputação. **A.** Vista da parte inferior do pé *(Cortesia da Organização Mundial da Saúde.)* **B.** Vista lateral do pé. (*Ed Rottinger/Medicshots/Alamy Stock Photos.*)

# DOENÇAS DOS OLHOS

Como as doenças da pele, as doenças dos olhos resultam frequentemente de patógenos do meio ambiente, que causam dano a uma parte externa do nosso corpo. Por essa razão, serão discutidas aqui.

## Doenças dos olhos causadas por bactérias

### Oftalmia neonatal

A **oftalmia neonatal** ou conjuntivite do recém-nascido é uma infecção piogênica (formadora de pus) dos olhos, causada por microrganismos como *Neisseria gonorrhoeae* e *Chlamydia trachomatis*. Os microrganismos presentes no canal do parto penetram nos olhos durante o nascimento do lactente. A infecção resultante pode causar **ceratite**, uma inflamação da córnea, que pode progredir para a perfuração e destruição da córnea e cegueira. No início da década de 1900, 20 a 40% das crianças em instituições europeias para cegos tinham sofrido essa doença. Nos países em desenvolvimento, a doença ainda é prevalente, porém a sua verdadeira incidência não é conhecida, visto que a elevada taxa de mortalidade infantil torna difícil uma estimativa do número de infecções originais. Embora as infecções sejam mais comuns em recém-nascidos (Figura 20.19), os adultos podem transferir os organismos dos órgãos genitais para os olhos por meio das mãos ou fômites.

A penicilina era outrora o tratamento de escolha; entretanto, houve seleção de cepas resistentes, e utiliza-se agora a tetraciclina. A tetraciclina tem a vantagem de também ser efetiva contra clamídias e outros microrganismos com os quais as mães também podem estar infectadas. As medidas preventivas quase erradicaram a oftalmia neonatal nos países desenvolvidos. Algumas gotas de solução de nitrato de prata a 1% aplicadas aos olhos imediatamente após o nascimento matam os gonococos, porém não são eficientes contra as clamídias e podem irritar os olhos. Os antibacterianos, como a penicilina, a tetraciclina e a eritromicina, mostram-se efetivos contra a maioria das causas bacterianas conhecidas de oftalmia neonatal, mas não contra todas.

### Conjuntivite bacteriana

A **conjuntivite bacteriana** é uma inflamação da conjuntiva causada por microrganismos como *Staphylococcus aureus*, *Streptococcus pneumoniae*, *Neisseria gonorrhoeae*, espécies de *Pseudomonas* e *Haemophilus influenzae* biogrupo *aegyptius*. O clone BPF deste último microrganismo é responsável pela febre purpúrica brasileira, em que crianças pequenas apresentam, a princípio, conjuntivite e, em seguida, desenvolvem septicemia potencialmente fatal, com hemorragia extensa e

**Tabela 20.2** Resumo das doenças da pele.

| Doença | Agente | Características |
|---|---|---|
| **Doenças da pele causadas por bactérias** | | |
| Foliculite | *Staphylococcus aureus* | Abscesso cutâneo; encapsulado, de modo que não é alcançado pelos antibacterianos |
| Síndrome da pele escaldada | *S. aureus* | Lesões vesiculares em toda superfície da pele, febre; mais comum em lactentes |
| Escarlatina | *Streptococcus pyogenes* | Faringite, febre, exantema causado pela toxina; pode resultar em febre reumática e outras complicações |
| Erisipela | *S. pyogenes* | As lesões cutâneas disseminam-se, resultando em infecção sistêmica; atualmente rara, porém comum e fatal antes da disponibilidade dos antibacterianos |
| Piodermite e impetigo | Estafilococos, estreptococos | Lesões cutâneas, habitualmente em crianças; a infecção dissemina-se facilmente pelas mãos e por fômites |
| Acne | *Propionibacterium acnes* | As lesões cutâneas são provocadas pelo excesso de hormônios sexuais masculinos; a infecção é secundária, comum em adolescentes |
| Infecções de queimaduras | *Pseudomonas aeruginosa* e outras bactérias | Crescimento de bactérias sob a escara; com frequência, trata-se de uma infecção hospitalar; diagnóstico e tratamento difíceis; os agentes etiológicos são normalmente resistentes aos antibacterianos |
| **Doenças da pele causadas por vírus** | | |
| Rubéola | Vírus da rubéola | Doença leve com exantema maculopapular (exantema rosado, semelhante a espinhas); a infecção que ocorre no início da gravidez pode resultar em rubéola congênita; a vacina reduziu acentuadamente a incidência |
| Sarampo | Vírus do sarampo | Doença grave com febre, conjuntivite, tosse e exantema; a encefalite constitui uma complicação; ocorre principalmente em crianças; a vacina reduziu acentuadamente a sua incidência |
| Roséola | Herpes-vírus humano 6 | Febre súbita, seguida de exantema rosado; o vírus é eliminado na saliva |
| Varicela | Vírus varicela-zóster | Lesões cutâneas maculares (descoradas) generalizadas |
| Herpes-zóster | Vírus varicela-zóster | Dor e lesões cutâneas, habitualmente no tronco; ocorre em adultos com diminuição da imunidade; crianças suscetíveis expostas a casos de herpes-zóster podem desenvolver varicela |
| Varíola | Vírus da varíola | Erradicada como doença humana por imunização |
| Outras doenças por poxvírus | Outros poxvírus | Vesículas claras ou azuladas na superfície da pele; as infecções humanas são raras |
| Verrugas | Papilomavírus humanos | As verrugas dérmicas são autolimitadas; as verrugas malignas ocorrem em indivíduos com deficiência imunológica; são responsáveis por 99% dos casos de câncer de colo do útero |
| **Doenças da pele causadas por fungos** | | |
| Dermatomicoses | Dermatófitos | Lesões secas e descamativas em várias partes da pele; tratamento difícil |
| Esporotricose | *Sporothrix schenckii* | Lesões granulomatosas e cheias de pus; algumas vezes, disseminam-se para os pulmões e outros órgãos |
| Blastomicose | *Blastomyces dermatitidis* | Lesões granulomatosas e cheias de pus que se desenvolvem nos pulmões e em feridas; algumas vezes, disseminam-se para outros órgãos |
| Candidíase | *Candida albicans* | Inflamação irregular das membranas mucosas da boca (sapinho) ou da vagina (vaginite); ocorrem infecções hospitalares disseminadas em pacientes imunodeficientes |
| Aspergilose | Espécies de *Aspergillus* | Infecção de feridas em pacientes imunodeficientes; infecta também as queimaduras, a córnea e a orelha externa |
| Zigomicose | Espécies de *Mucor* e *Rhizopus* | Ocorre principalmente em pacientes com diabetes melito não tratado; começa nos vasos sanguíneos e pode se disseminar rapidamente |
| **Outras doenças da pele** | | |
| Pé de Madura | Vários fungos do solo e actinomicetos | As lesões iniciais disseminam-se e tornam-se crônicas e granulomatosas; pode exigir amputação |
| Coceira do nadador | Cercárias de esquistossomos | Prurido causado por cercária que penetram na pele; a reação imunológica impede a sua disseminação |
| Dracunculíase | *Dracunculus medinensis* | As larvas ingeridas por crustáceos em águas contaminadas migram para a pele e emergem através da lesão; as formas juvenis causam reações alérgicas graves |

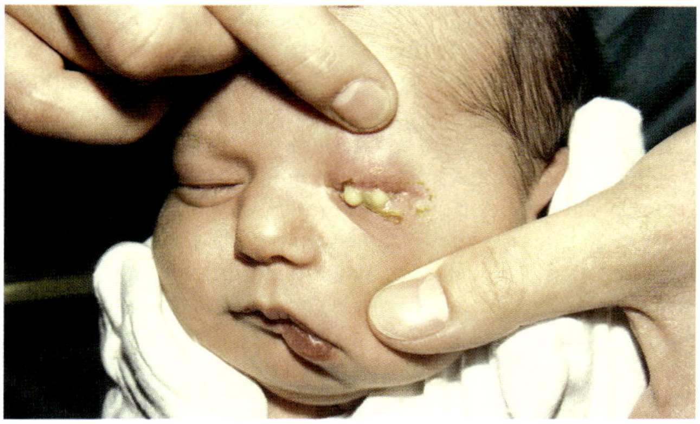

**Figura 20.19 Oftalmia neonatal.** Essa infecção gonocócica dos olhos é observada, com mais frequência, em recém-nascidos, que a adquirem durante a sua passagem por um canal do parto infectado. Entretanto, os adultos também podem transferir bactérias para os olhos a partir dos órgãos genitais. *(Mediscan/Alamy Stock Photo.)*

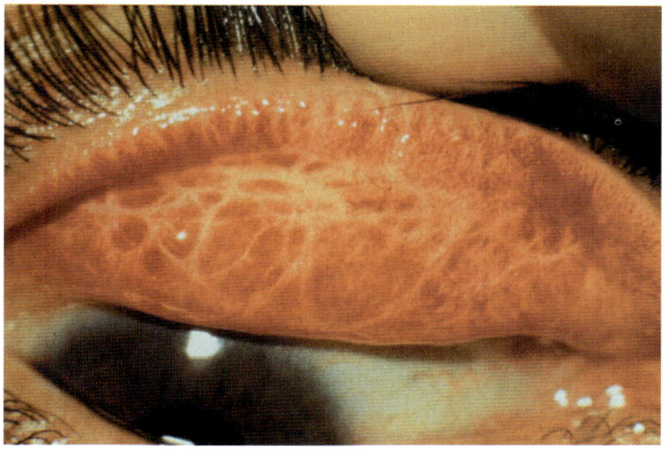

**Figura 20.20 Tracoma.** Essa doença bacteriana, causada por *Chlamydia trachomatis*, é a principal causa de cegueira evitável no mundo, afetado cerca de 84 milhões de pessoas. Observe a aparência em seixo da conjuntiva acentuadamente edemaciada. *(Umberto Benelli, MD, PhD.)*

sintomas de meningite. A conjuntivite bacteriana é extremamente contagiosa, sobretudo entre crianças e pode se disseminar rapidamente em escolas e creches. As pálpebras ficam normalmente fechadas com crostas e precisam ser abertas pela manhã. As crianças esfregam os olhos que coçam e liberam secreção e transmitem os microrganismos aos colegas. Em climas quentes, os mosquitos atraídos pela umidade das lágrimas podem pegar os microrganismos em seus pés e transferi-los para os olhos de outras pessoas. A pomada de sulfonamida de aplicação tópica ou a eritromicina constituem um tratamento efetivo. As crianças não devem retornar à escola até que a infecção seja completamente eliminada. As toalhas ou cosméticos para olhos não devem ser compartilhados.

## Tracoma

O **tracoma** (Figura 20.20) cujo nome provém da palavra grega que significa "aparência de seixo" ou "rugoso", é causado por cepas específicas de *Chlamydia trachomatis*. A doença caracteriza-se por edema acentuado da conjuntiva, com aspecto granulado. A cicatriz das pálpebras faz com que os cílios se voltem para dentro, arranhando e destruindo consequentemente a córnea e, por fim, levando à cegueira. O tracoma é a principal causa de cegueira evitável no mundo inteiro; 84 milhões de pessoas possuem tracoma, e mais de 20 milhões já estão cegas em decorrência da doença. Pesquisas recentes mostraram que muitos – senão a maioria – desses casos de cegueira são, na realidade, devidos a infecções bacterianas secundárias que se desenvolvem nos tecidos infectados pelo tracoma, em vez de serem causadas pelo tracoma propriamente dito. Embora seja incomum nos EUA, exceto entre índios americanos nativos do sudoeste, a doença é disseminada em partes da Ásia, África e América do Sul, afetando, algumas vezes, 90% da população. As moscas são vetores mecânicos importantes, e o contato íntimo entre mãe e filho facilita a transferência entre seres humanos. As organizações mundiais de saúde estabeleceram como alvo o ano de 2020 para a erradicação mundial do tracoma.

O tracoma foi descrito em papiros egípcios em 1500 a.C.

## PARA TESTAR

### O que cresce em seus produtos de saúde e de beleza?

Os xampus, os líquidos para lentes de contato, o rímel, os cremes de beleza e as latas de aerossóis em sua casa são estéreis? Ou você está espalhando e pulverizando microrganismos sobre você mesmo e em seu ambiente? Um produto pode ter passado pelos testes de controle de qualidade na fábrica; entretanto, depois de meses em uma prateleira de uma loja, os "conservantes" antimicrobianos podem não ser mais efetivos. As embalagens de dose única, como frascos de xampu em um quarto de hotel, não exigem os conservantes necessários em produtos que serão utilizados repetidas vezes, com reinoculação de organismos no produto toda vez que ele for utilizado. No caso de latas de aerossol, verifique tanto o líquido quanto o pulverizador. O produto pode estar estéril, porém um pulverizador contaminado pode pulverizar microrganismos no ar. O estojo para guardar suas lentes de contato tem um biofilme de microrganismos em seus lados internos?

## Doenças dos olhos causadas por vírus

### Ceratoconjuntivite epidêmica

A **ceratoconjuntivite epidêmica (CCE)**, uma rara condição causada por um adenovírus, é algumas vezes denominada *olho de estaleiro*; os trabalhadores habitualmente são infectados por partículas de poeira no meio ambiente. Depois de 8 a 10 dias de incubação, a conjuntiva torna-se inflamada, com edema das pálpebras, dor, lacrimejamento e sensibilidade à luz. Nos primeiros 2 dias, a infecção espalha-se para o epitélio da córnea e, algumas vezes, para o tecido mais profundo da córnea. A turvação da córnea pode durar até 2 anos, porém raramente exige transplante de córnea. A CCE pode ser adquirida em hospitais, em clínicas de olhos ou em consultórios de oftalmologistas.

### Lesões de córnea por herpes-vírus simples tipo 1

O herpes ocular é habitualmente causado pelo herpes-vírus simples tipo 1. O tipo 2 é, com mais frequência, transmitido sexualmente, mas pode alcançar os olhos. O herpes ocular pode apresentar ataques repetidos desencadeados por estresse, exposição à luz solar ou comprometimento do sistema imune. Os sintomas consistem em edema, vermelhidão, arranduras, dor ao redor dos olhos, prurido, lacrimejamento excessivo, secreção, sensibilidade à luz, placas brancas na córnea e visão embaçada. Na maioria dos casos, não ocorre dano permanente, porém podem ser necessários meses para a sua resolução. Todavia, nos casos graves, pode levar à cegueira, constituindo a principal causa (35%) de todos os transplantes de córnea nos EUA.

### Conjuntivite hemorrágica aguda

Outra doença dos olhos causada por vírus, a **conjuntivite hemorrágica aguda (CHA)**, causada por um enterovírus, surgiu em 1969 em Gana. Estudos sorológicos mostraram que a CHA não era prevalente em nenhuma parte do mundo até essa data. Observada pela primeira vez nos EUA, em 1981, a doença ocorre principalmente em climas quentes e úmidos, em condições de aglomerações e higiene precária. A CHA provoca dor ocular intensa, sensibilidade anormal à luz, visão embaçada, hemorragia sob as membranas da conjuntiva e, algumas vezes, inflamação transitória da córnea. O início é súbito e, em geral, a recuperação é completa em 10 dias. Uma complicação rara consiste em paralisia que se assemelha à poliomielite.

## Doenças dos olhos causadas por parasitas

### Oncocercíase (cegueira do rio)

As larvas filárias do nematódeo *Onchocerca volvulus* causam a **oncocercíase**, ou **cegueira do rio**, em muitas partes da África e da América Central (Figura 20.21). Os vermes adultos e as microfilárias (pequenas larvas) acumulam-se na pele, em nódulos (ver Capítulo 12). Quando um simulídeo pica um indivíduo infectado, ele ingere microfilárias, que amadurecem no seu interior e deslocam-se para as peças bucais. Quando a mosca pica novamente, as microfilárias infecciosas entram na pele do novo hospedeiro e invadem vários tecidos, incluindo os olhos. Em muitas aldeias pequenas, onde a população depende da água dos rios infestados pelos simulídeos, quase todos os habitantes que ultrapassam a meia-idade são cegos.

Os vermes adultos provocam nódulos cutâneos, que podem evoluir para abscessos. As microfilárias causam despigmentação da pele e dermatite grave, em consequência da resposta imunológica às filárias vivas ou às toxinas das mortas. O pior dano aos tecidos ocorre quando os vermes invadem a córnea e outras partes dos olhos. Depois de vários anos, tornam os vasos sanguíneos dos olhos fibrosos, e ocorre cegueira total em torno dos 40 anos de idade.

A oncocercíase pode ser diagnosticada pela detecção de microfilárias em amostras finas de pele ou dos vermes adultos visíveis através da pele. A ivermectina mata os vermes adultos rapidamente e as microfilárias ao longo de várias semanas.

**Figura 20.21 Oncocercíase ou cegueira do rio.** Essa doença é causada pelo nematódeo *Onchocerca volvulus*, cujos estágios de microfilárias são transmitidos pela picada de um simulídeo. Em algumas aldeias da África, quase todos os adultos são cegos e precisam ser conduzidos por crianças, as únicas pessoas da aldeia que ainda podem ter visão, embora já estejam infectadas pelos vermes que posteriormente irão também causar cegueira. *(Bettmann/Getty Images.)*

**SAÚDE PÚBLICA**

**Preserve seus olhos**

Quando as lentes de contato gelatinosas se tornaram populares na década de 1970, as infecções oculares provocadas por fungos e bactérias tornaram-se comuns entre os usuários. Os fungos não constituem parte da microbiota normal dos olhos. Alguns usuários de lentes de contato desenvolveram ceratite (úlcera de córnea) fúngica, visto que os fungos se desenvolvem na lente de hidrogel e, em seguida, atacam a superfície do olho. Os fungos do gênero *Fusarium* são habitualmente a causa. Os indivíduos que se queixam de que não conseguem remover as manchas de suas lentes de contato podem não saber que essas pequenas manchas são colônias de fungos que estão crescendo no próprio material da lente. Esse problema normalmente resulta de higiene precária e desinfecção inadequada.

As infecções dos olhos causadas por fungos representam um problema especial por duas razões. Em primeiro lugar, não dispomos de um extenso arsenal de fármacos efetivos contra os fungos, como temos contra as bactérias. Em segundo lugar, as infecções fúngicas desenvolvem-se lentamente, de modo que as pessoas podem não dar atenção a elas inicialmente.

Por outro lado, as infecções dos olhos causadas por bactérias, como aquelas causadas por *Pseudomonas*, podem se desenvolver tão rapidamente que uma pessoa pode sofrer grave dano aos olhos dentro de 24 horas. O uso descuidado de rímel constitui uma maneira comum de provocar úlcera de córnea, habitualmente causada por *Pseudomonas* nas primeiras 24 a 48 horas após o uso inicial de produtos de saúde e de beleza, como rímel, o material no recipiente é colonizado por *Pseudomonas* e por outros microrganismos. Esfregar os olhos com o aplicador de rímel contaminado introduz microrganismos na córnea, possibilitando o início de uma infecção. Com frequência, a pessoa sofre de dor intensa e vermelhidão nas primeiras 3 a 4 horas após a lesão e procura tratamento, diferentemente da vítima de um ataque lento e insidioso por fungos.

Os cosméticos, particularmente rímel, devem ser descartados depois de 3 a 6 meses de uso. Os conservantes neles contidos não duram para sempre, e as bactérias multiplicam-se rapidamente. O grande recipiente de cosmético contendo um "suprimento para 1 ano" pode não ser, afinal de contas, um bom negócio.

Dispõe-se de fármacos para matar rapidamente as microfilárias, porém as toxinas provenientes de um número muito grande de filárias mortas podem causar choque anafilático. A oncocercíase poderia ser evitada pela eliminação dos simulídeos, que se agrupam ao longo dos rios. O DDT destrói alguns simulídeos, porém possibilita a sobrevivência dos mais resistentes, além de se acumular no ambiente.

A pequena estatura dos pigmeus de Uganda é devida à oncocercíase. Quando as mulheres grávidas são infectadas pelo *O. volvulus* (o que ocorre com a maioria delas), o parasita provoca dano à hipófise do feto. O resultado é o nanismo, devido a uma deficiência do hormônio do crescimento. Uma cepa de *O. volvulus* que habita a floresta não causa cegueira, porém provoca prurido intenso, bem como sofrimento psicológico em mais de 9 milhões de africanos infectados. Focos de doença endêmica são encontrados no Iémen e na América do Sul e América Central. O tratamento com ivermectina começou em 1996. O antibacteriano doxiciclina também funciona, visto que ele mata *Wolbachia*, uma bactéria simbiótica que vive no interior do verme e que é necessária para a sua vida.

### Loíase

O verme do olho *Loa loa*, uma filária endêmica nas florestas tropicais da África, é transmitida aos seres humanos por moscas de cervo (*Chrysops*). Os vermes adultos vivem nos tecidos subcutâneos e nos olhos (Figura 20.22); as microfilárias aparecem no sangue periférico durante o dia e concentram-se nos pulmões à noite. Essas moscas alimentam-se durante o dia e adquirem microfilárias de seres humanos infectados. Os vermes desenvolvem-se nas moscas, migram para as peças bucais e são transmitidos para outros seres humanos quando as moscas se alimentam novamente. As microfilárias migram através do tecido subcutâneo, deixando um rastro de inflamação, e, com frequência, se estabelecem na córnea e na conjuntiva. Embora não causem habitualmente cegueira, o choque de encontrar um verme de mais de 2,5 cm de comprimento no olho representa, sem dúvida alguma, uma experiência traumática! De fato, acredita-se que o nome *Loa loa* seja derivado de um termo vodu, que significa "o aparecimento de um demônio dentro de você".

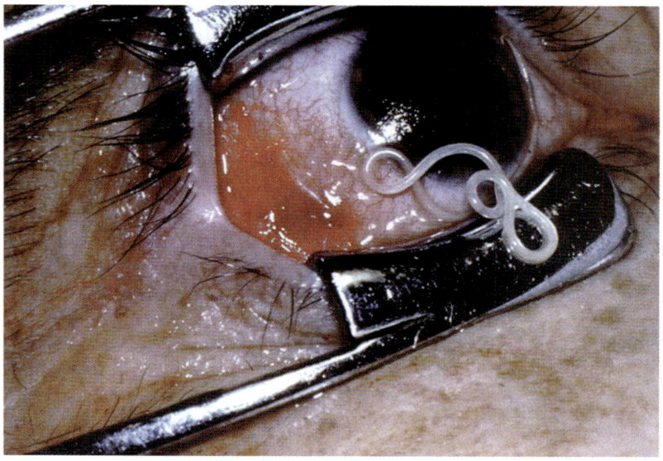

**Figura 20.22 Remoção de um verme *Loa loa* do olho de um paciente.** *(George Waring III, M.D.)*

A **loíase** é diagnosticada pelo achado de microfilárias no sangue ou pelo achado de vermes na pele ou nos olhos. O tratamento consiste na retirada dos vermes adultos ou no uso de suramina ou outros fármacos para erradicar as microfilárias. O controle pode ser obtido pela erradicação das moscas, porém isso é uma tarefa extremamente difícil.

As doenças dos olhos estão resumidas na Tabela 20.3.

**PARE e RESPONDA**

1. Por que é incorreto dizer que você "pega" pé de atleta?
2. Como a oncocercíase é transmitida?
3. O que é "sapinho" e por que é particularmente comum em pacientes com AIDS?
4. Diferencie a oftalmia neonatal, a conjuntivite bacteriana e o tracoma.

## SAÚDE PÚBLICA

### Banhar-se ou não se banhar

Os banhos históricos em Bath, na Inglaterra, foram fechados. Por quê? Devido à contaminação das fontes de água por uma ameba, *Acanthamoeba*, que levou a uma infecção cerebral amebiana fatal em um visitante. Entretanto, Bath não é o único lugar onde encontramos *Acanthamoeba*. Em meados da década de 1980, foram notificados 24 casos de ceratite por *Acanthamoeba* aos CDC, 20 dos quais eram usuários de lentes de contato. Desde então, foram relatados mais de 100 casos. A ameba que provoca essa condição é encontrada em água salobra, água do mar e banheiras de água quente, bem como em soluções de limpeza de lentes de contato contaminadas. Essa ameba também pode ser transportada pela poeira no ar. A infecção pelo protozoário provoca dor ocular intensa e destruição do epitélio da córnea. Alguns pacientes foram tratados com sucesso com cetoconazol ou miconazol, porém outros necessitaram de transplante de córnea.

## FERIMENTOS E PICADAS

A pele intacta protege contra a maioria dos agentes infecciosos causadores de doença, porém vimos que alguns são capazes de penetrar na pele intacta, e que as membranas mucosas nem sempre constituem barreiras efetivas. Em outros casos, os ferimentos e as picadas rompem a barreira protetora proporcionada pela pele, permitindo que os organismos causem doença. (Discutimos a raiva, provavelmente a mais conhecida das doenças relacionadas com mordidas, no Capítulo 25, devido a sua estreita associação ao sistema nervoso.)

### Infecções de ferimentos

#### Gangrena gasosa

A **gangrena gasosa**, associada a ferimentos profundos, constitui frequentemente uma infecção mista, causada por duas ou mais espécies de *Clostridium*, sobretudo *C. perfringens* (encontrado em 80 a 90% dos casos), *C. novyi* e *C. septicum*. Os esporos desses microrganismos anaeróbicos obrigatórios

**Tabela 20.3** Resumo das doenças dos olhos.

| Doença | Agente | Características |
|---|---|---|
| **Doenças dos olhos causadas por bactérias** | | |
| Oftalmia neonatal | *Neisseria gonorrhoeae* | A infecção adquirida durante a passagem do recém-nascido pelo canal do parto causa lesões da córnea, podendo levar à cegueira; o nitrato de prata ou o uso de antibióticos quase a erradicaram nos países desenvolvidos |
| Conjuntivite bacteriana | *Haemophilus influenzae* biogrupo *aegyptius, Staphylococcus aureus, Streptococcus pneumoniae, Neisseria gonorrhoeae,* espécies de *Pseudomonas* | Inflamação altamente contagiosa da conjuntiva em crianças pequenas |
| Tracoma | *Chlamydia trachomatis* | Infecção e destruição da córnea e da conjuntiva; causa de cegueira evitável |
| Ceratite | Bactérias, vírus e fungos | Ulceração da córnea; ocorre principalmente em pacientes imunodeficientes e debilitados |
| **Doenças dos olhos causadas por vírus** | | |
| Ceratoconjuntivite epidêmica | Adenovírus | Inflamação da conjuntiva que se dissemina para a córnea; transmitida por partículas de poeira; também hospitalar |
| Dano à córnea pelo HSV-1 | Herpes-vírus simples tipo 1 | Principal causa de cegueira da córnea nos EUA e cicatrizes; responsável por 25% de todos os transplantes de córnea |
| Conjuntivite hemorrágica aguda | Enterovírus | Dor intensa e hemorragia sob a conjuntiva; altamente contagiosa em condições de aglomerações e falta de higiene |
| **Doenças dos olhos causadas por parasitas** | | |
| Oncocercíase | *Onchocerca volvulus* | As microfilárias penetram na pele através da picada de simulídeos e invadem os olhos e outros tecidos; causa dermatite e cegueira; ocorre nos trópicos |
| Loíase | *Loa loa* | As microfilárias penetram na pele através da picada da mosca *Chrysops*; causa inflamação da conjuntiva e da córnea |

são introduzidos por lesões ou por cirurgia nos tecidos onde a circulação está comprometida e onde existe tecido morto e anaeróbico. Em regiões do corpo onde a concentração de oxigênio é baixa, os esporos germinam, multiplicam-se e produzem toxinas e enzimas, como colagenases, proteases e lipases, que matam outras células do hospedeiro e aumentam o ambiente anaeróbico.

O início da gangrena gasosa ocorre de maneira súbita, 12 a 48 horas após uma lesão. À medida que os microrganismos crescem e fermentam os carboidratos dos músculos, eles produzem gás, principalmente hidrogênio, e as bolhas de gás distorcem e destroem o tecido (Figura 20.23). Esse tecido é denominado **tecido crepitante** (ruído de chocalho). As bolhas "estalam, crepitam e estouram" quando o paciente é mudado de posição. O odor fétido é uma característica tão proeminente da gangrena gasosa que a equipe médica pode diagnosticá-la até mesmo sem entrar no quarto do paciente. Essa doença de rápida disseminação é acompanhada de febre alta, choque, destruição maciça dos tecidos e enegrecimento da pele. Se não for tratada, a morte ocorre rapidamente. Em geral, o diagnóstico é estabelecido com base nos achados clínicos, e o tratamento é iniciado antes da obtenção dos resultados dos exames laboratoriais. Administra-se penicilina, e o tecido morto é removido, ou os membros são amputados. Com frequência, ocorre gangrena gasosa após abortos ilegais realizados em condições não higiênicas; em geral, há necessidade de histerectomia. É também mais comum em pacientes diabéticos com níveis elevados de glicemia. Os níveis elevados de açúcar fornecem um suprimento adequado de carboidratos aos músculos para fermentação pelos clostrídios. *C. perfringens* está algumas vezes presente na bile e, em certas ocasiões, pode causar gangrena gasosa dos músculos abdominais após cirurgia de vesícula biliar ou dos ductos biliares, particularmente se a bile for derramada.

O uso de câmaras de oxigênio *hiperbárico* (de alta pressão) para o tratamento da gangrena gasosa é um tanto controverso. Os pacientes são colocados em câmaras contendo 100% de oxigênio a uma pressão de 3 atmosferas durante 90 minutos,

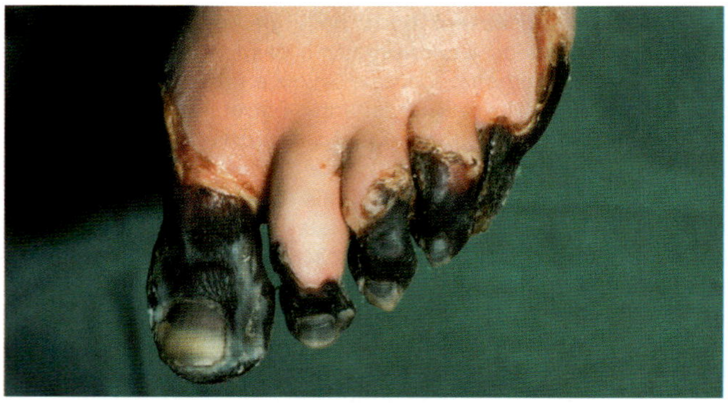

**Figura 20.23 Gangrena gasosa.** Nessa fotografia, a doença escureceu os dedos de um pé infectado. *(Bart's Medical Library/Medical Images.)*

2 ou 3 vezes/dia. O mecanismo exato pelo qual o oxigênio sob alta pressão ajuda a recuperação não é conhecido, porém ele presumivelmente mata ou inibe os anaeróbios obrigatórios. É possível evitar a gangrena gasosa pela limpeza adequada dos ferimentos, retardando o seu fechamento e proporcionando a sua drenagem quando fechados. Não existe nenhuma vacina disponível.

## Outras infecções anaeróbicas

Além dos clostrídios, determinados anaeróbios não formadores de esporos estão associados a algumas infecções. Espécies de *Bacteroides* e de *Fusobacterium* estão normalmente presentes no sistema digestório, e *Bacteroides* é responsável por quase metade da massa fecal humana. Algumas vezes, o *Fusobacterium* provoca infecções da cavidade oral. Se for introduzido na cavidade abdominal, na região genital ou em ferimentos profundos em consequência de cirurgia ou mordidas humanas, ele também provoca infecções. O tratamento dessas infecções é difícil, visto que os microrganismos são resistentes a muitos antibacterianos. Os abscessos causados por microrganismos anaeróbicos precisam ser drenados cirurgicamente, e devem-se administrar antibacterianos apropriados como terapia de suporte.

### Febre da arranhadura de gato

Os gatos são vetores mecânicos da **febre da arranhadura de gato**, uma doença causada por dois organismos diferentes: *Afipia felis*, um bacilo gram-negativo com um único flagelo, e, mais comumente, a rickéttsia *Bartonella* (*Rochalimaea*) *henselae*. Esses organismos são encontrados principalmente nas paredes dos capilares ou em microabscessos. Foi encontrada uma lesão por arranhadura de gato semelhante ao sarcoma de Kaposi em pacientes com AIDS. Outra lesão por arranhadura de gato, encontrada em pacientes com AIDS, bem como em outros pacientes imunocomprometidos, é a peliose bacilar, caracterizada pela formação de cavidades cheias de sangue na medula óssea, no fígado e no baço. Presumivelmente, os gatos adquirem os organismos do meio ambiente e os transportam nas garras e na boca. Mais de 40% dos gatos, particularmente filhotes, carregam organismos infecciosos sem eles próprios adoecerem. Quando os gatos arranham, mordem ou lambem, transmitem os microrganismos aos seres humanos. As pulgas de gato também podem desempenhar um papel na transmissão. Depois de 3 a 10 dias, aparece uma pústula no local de entrada (Figura 20.24), e o paciente apresenta febre baixa, cefaleia, faringite, glândulas intumescidas e conjuntivite durante algumas semanas. O diagnóstico baseia-se nos achados clínicos e no histórico de contato com gatos. O tratamento com os antibacterianos tetraciclina ou doxiciclina é efetivo contra os casos provocados por *Bartonella* (*Rochalimaea*), enquanto aqueles causados por *Afipia* geralmente não respondem, possibilitando apenas um alívio sintomático. Não se dispõe de nenhuma vacina, e a única maneira de prevenção consiste em evitar qualquer contato com gatos. Nos EUA, ocorrem mais de 25 mil casos por ano.

A *mordida* por gato (ferimento profundo por punção), que não deve ser confundida com a febre da *arranhadura de gato*, tem uma probabilidade de 50% de ser infectada por *Pasteurella multocida*, encontrada em 90% dos gatos. Esse ferimento

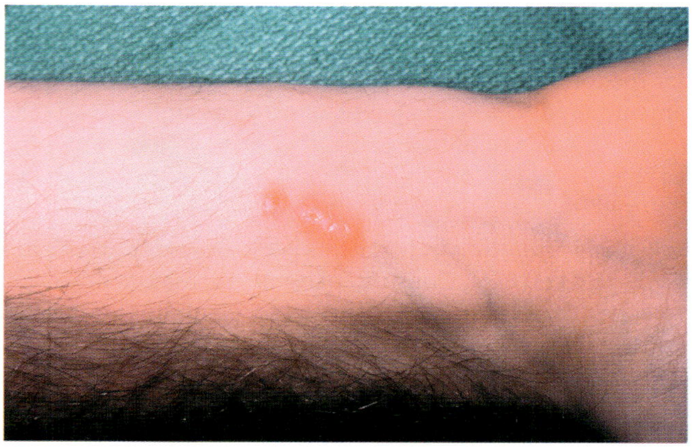

**Figura 20.24 Lesão da febre da arranhadura de gato.** Aparece um nódulo cheio de pus no local da arranhadura ou mordida, habitualmente no decorrer de 21 dias. *(Kenneth E. Greer/Getty Images, Inc.)*

necessita de tratamento com antibacteriano, caso contrário, poderá haver necessidade de hospitalização. Pode haver necessidade até mesmo de cirurgia para a infecção óssea. A maioria das mordidas de gato ocorre nas mãos, onde os ossos são facilmente acessíveis aos dentes longos e afiados. As mordidas de cão são, com mais frequência, mordidas de esmagamento e não penetram tão profundamente.

### Febre por mordida de rato

Um tipo de **febre por mordida de rato** é causado por *Streptobacillus moniliformis*, que está presente no nariz e na garganta de cerca da metade de todos os ratos silvestres e de laboratório. Entretanto, apenas cerca de 10% das pessoas mordidas por ratos desenvolvem a doença. A maioria dos casos resulta de mordidas de ratos silvestres; a metade é relatada em crianças com menos de 12 anos de idade, que vivem em condições de aglomeração e sem higiene. Pode também resultar de mordidas ou arranhaduras de camundongos, esquilos, cães e gatos.

A febre por mordida de rato começa como uma inflamação localizada no local da mordida, que cicatriza rapidamente. Em 1 a 3 dias, começa a cefaleia e aparecem novas lesões em outras partes do corpo, particularmente nas palmas das mãos e solas dos pés. A febre é intermitente. Devido à distribuição e aparência do exantema, a doença é algumas vezes confundida com a febre maculosa das Montanhas Rochosas. A artrite que se desenvolve pode causar dano permanente às articulações.

Outra forma de febre por mordida de rato, a **febre espirilar**, é causada por *Spirillum minor*. Essa doença, descrita pela primeira vez no Japão como *sodoku* e reconhecida pela sua ocorrência no mundo inteiro, ainda está pouco elucidada. A mordida inicial cicatriza com facilidade; entretanto, 7 a 21 dias mais tarde, reaparece e, em certas ocasiões, forma uma úlcera aberta. Ocorrem calafrios, febre e linfonodos inflamados, que acompanham um exantema vermelho ou púrpura escuro, que se dissemina a partir do local do ferimento. Depois de 3 a 5 dias, os sintomas regridem, porém podem voltar depois de alguns dias, semanas, meses ou até mesmo anos.

O diagnóstico de ambas as formas da febre por mordida de rato é estabelecido pelo exame de *exsudatos* (líquidos que fluem) em campo escuro. A doença é tratada com estreptomicina ou penicilina; sem tratamento, a taxa de mortalidade é de cerca de 10%. Os técnicos laboratoriais mordidos por roedores deve desinfetar o local da mordida, procurar tratamento médico e estar atentos quanto aos sintomas da febre por mordida de rato.

### Outras infecções por mordidas

*Pasteurella multocida* transmite-se por mordidas e arranhaduras de gatos ou cães. Constitui parte da microbiota normal da boca, nasofaringe e tubo gastrintestinal de muitos animais silvestres e domésticos. As infecções consistem em celulite difusa e avermelhada, habitualmente localizada no tecido mole adjacente à mordida; com frequência, aparecem nas primeiras 24 horas. Os fatores de virulência incluem a produção de uma endotoxina e de uma cápsula que ajuda a impedir a fagocitose. A penicilina constitui o fármaco de escolha – o que é incomum para um bacilo gram-negativo.

*Eikenella corrodens* faz parte da microbiota normal da boca (frequentemente associada a doença periodontal crônica) e do sistema digestório dos seres humanos. Provoca infecções oportunistas por mordidas humanas e punhos danificados por dentes. O tratamento consiste em antibacterianos, como penicilinas, quinolonas e cefalosporinas – embora possa haver necessidade de lancetar e drenar inicialmente os abscessos.

## Picadas e doenças causadas por artrópodes

Diversos artrópodes, incluindo carrapatos, ácaros e insetos, causam doenças humanas diretamente ou como vetores de patógenos. Numerosos artrópodes são ectoparasitas que se alimentam de sangue. Suas picadas podem ser dolorosas, e suas toxinas podem levar ao desenvolvimento de choque anafilático. Consideraremos aqui os efeitos diretos das lesões causadas por picadas de artrópodes; as doenças que eles transmitem são discutidas em outros capítulos.

### Paralisia do carrapato

Os carrapatos, como ectoparasitas, prendem-se à pele de um hospedeiro, onde provocam efeitos tanto locais quanto sistêmicos. O efeito local consiste em inflamação leve no local da picada. Em geral, ocorrem efeitos sistêmicos quando qualquer uma de várias espécies de carrapatos duros prende-se na parte posterior do pescoço, próximo à base do crânio e alimenta-se por vários dias. Isso possibilita a difusão profunda de anticoagulantes e toxinas secretados na picada por meio da saliva do carrapato. O anticoagulante impede a coagulação do sangue do hospedeiro enquanto o carrapato se alimenta dele. As toxinas podem causar **paralisia do carrapato**, particularmente em crianças. Embora a composição química exata dessas toxinas não seja conhecida, parece que elas são produzidas pelos ovários dos carrapatos. Provocam febre e paralisia, afetando inicialmente os membros e, por fim, a respiração, a fala e a deglutição. A retirada dos carrapatos quando os sintomas aparecem pela primeira vez evita danos permanentes. A não remoção dos carrapatos pode levar à morte por parada cardíaca ou respiratória. Tanto os seres humanos quanto os animais de criação podem ser afetados.

> Embora muitos outros métodos tenham se tornado populares ao longo dos anos, a melhor maneira de retirar um carrapato é puxá-lo diretamente da pele com uma pinça.

### Dermatite por micuim

O termo *ácaro* não se refere a uma espécie específica, porém a uma variedade de espécies. Os ácaros adultos, como ectoparasitas, prendem-se a um hospedeiro o tempo suficiente para obter uma refeição de sangue e, em seguida, desprender-se. Os micuins, que são larvas de determinadas espécies de ácaros *Trombicula*, cavam túneis dentro da pele e liberam enzimas proteolíticas que causam endurecimento do tecido do hospedeiro no local da picada, formando um tubo. Em seguida, os micuins inserem as peças bucais dentro do tubo e alimentam-se de sangue. Provocam coceira e inflamação na maioria das pessoas e podem causar uma reação alérgica violenta, denominada **dermatite por micuim**, em indivíduos sensíveis. Não se aconselha tentar "sufocar" um micuim no interior de seu tubo pela aplicação de esmalte de unhas, por exemplo, sobre a picada pruriginosa. Os micuins são particularmente prevalentes ao longo da costa sudeste dos EUA. Diferentemente de alguns micuins da América do Sul, aqueles encontrados nos EUA param de se alimentar e caem ao solo algumas horas antes do início do prurido.

### Escabiose e alergia causada pela poeira doméstica

A **escabiose** ou **sarna sarcóptica** é causada pelo ácaro *Sarcoptes scabiei* que provoca prurido. Quando começa a aparecer um intenso prurido, as lesões em geral estão muito disseminadas (Figura 20.25A e B). A coçadura das lesões com consequente sangramento fornece uma oportunidade para infecções bacterianas secundárias. A sarna é disseminada por contato humano íntimo e pode ser transmitida por atividade sexual. Os surtos são particularmente problemáticos em hospitais e clínicas de repouso. A desinfecção das roupas de cama e o isolamento estrito são necessários para impedir a disseminação da infestação.

Os ácaros da poeira doméstica são onipresentes e representam outro problema. Todos nós inalamos ácaros ou seus excrementos transportados pelo ar. Embora esse fenômeno não seja agradável, ele só causa doença em indivíduos com alergia à poeira caseira. Dois outros ácaros são comensais dos seres humanos: o *Demodex folliculorum*, que vive nos folículos pilosos, e *D. brevis*, nas glândulas sebáceas. A incidência desses ácaros em seres humanos aumenta com a idade, de 20% em adultos jovens para quase 100% em indivíduos idosos.

### Picadas de pulgas

A pulga da areia, *Tunga penetrans*, também é algumas vezes denominada micuim, visto que ela cava um túnel dentro da pele, onde deposita seus ovos. As pulgas de areia provocam prurido intenso, inflamação e dor e proporcionam locais para infecções secundárias, incluindo infecção por esporos do tétano. A retirada cirúrgica e a esterilização do ferimento são utilizadas para tratar as infecções pela pulga da areia. As pulgas nas casas e em animais de estimação são controladas por inseticidas, com efeitos residuais por vários dias a semanas após a sua aplicação. O uso de calçados e o hábito de evitar praias

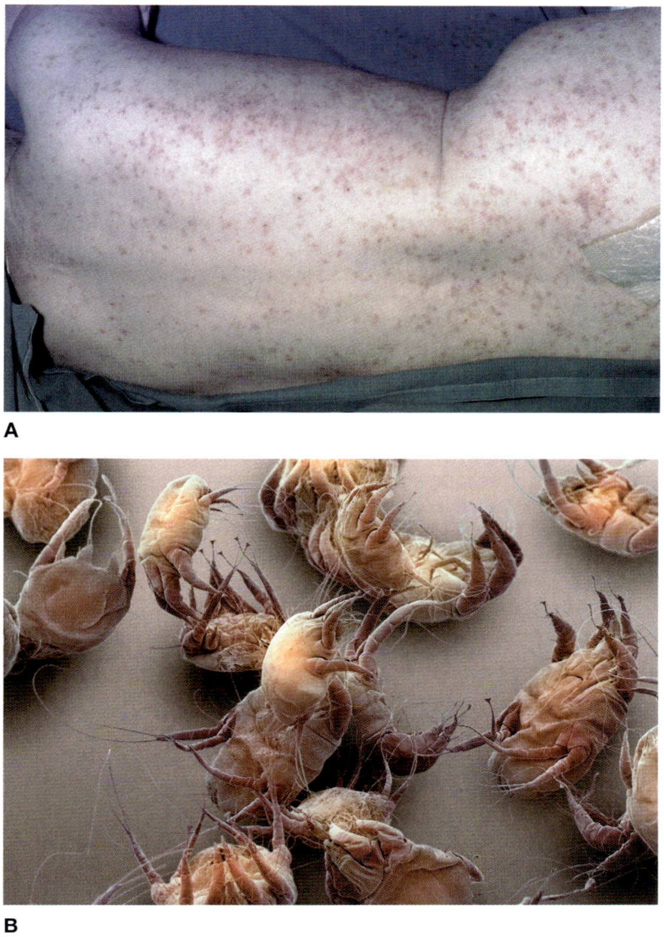

**Figura 20.25 Escabiose. A.** Marcas de picadas inflamadas. *(Clinical Photography, Central Manchester University Hospitals NHS Foundation Trust, UK/Science Source Images).* **B.** O ácaro. *(Steve Gschmeissner/SPL/Getty Images.)*

arenosas ajudam a proteger contra as pulgas da areia. Embora todas as pulgas encontradas pelos seres humanos sejam um incômodo, apenas as que transportam agentes infecciosos representam um perigo para a saúde pública.

## Pediculose

Expressões comuns como "catar lêndeas", "passar o pente fino" e "piolhento" atestam a associação dos piolhos com os seres humanos através dos tempos. Para sobreviver, os piolhos precisam permanecer em seus hospedeiros para sempre, com exceção de um período muito curto de suas vidas. Eles colam seus ovos (lêndeas) às fibras dos tecidos e nos cabelos. Duas variedades de piolhos da espécie *Pediculus humanus* parasitam o homem. Um deles vive principalmente no corpo e sobre as roupas em climas temperados, onde roupas fechadas são habitualmente usadas; a outra variedade vive nos cabelos em qualquer clima. A **pediculose**, ou infestação por piolhos, resulta em áreas avermelhadas nos locais de picadas, dermatite e prurido. Um exsudato linfático das picadas fornece um meio ideal para infecções secundárias por fungos, sobretudo nos cabelos. O "chato" ou piolho do púbis, *Phthirus pubis* (ver Capítulo 12), agarra-se mais firmemente à pele do que o piolho do corpo e provoca intenso prurido nos locais de picada, particularmente na área púbica. É transmitido entre seres humanos por contato físico íntimo, porém o piolho em si não é conhecido por transmitir outras doenças. Podem-se utilizar inseticidas para erradicar os piolhos, porém é preciso manter condições sanitárias e boa higiene pessoal para evitar uma reinfestação.

## Picadas por outros insetos

Os simulídeos causam ferimentos graves, e os indivíduos sensíveis que são picados desenvolvem a **febre por simulídeos**, caracterizada por reação inflamatória, náuseas e cefaleia. As moscas hematófagas, como a mosca tsé-tsé e a mosca *Chrysops*, estão relacionadas com as mutucas. Todas produzem picadas dolorosas e, algumas vezes, causam anemia em animais domésticos.

A **miíase** é uma infecção causada por larvas de moscas. Os animais silvestres e domésticos são suscetíveis à miíase em ferimentos. Pode ocorrer miíase humana quando larvas da mosca do berne, uma mosca esverdeada de aspecto metálico, penetram nas membranas mucosas e em pequenos ferimentos. As larvas de mais de 20 espécies de moscas, incluindo a mosca doméstica comum, podem habitar o intestino humano. Uma dessas espécies é a mosca do berne, apropriadamente denominada *Gastrophilus intestinalis*. A larva da mosca-do-congo, a única larva hematófaga conhecida, suga o sangue humano. Durante o dia, esconde-se no solo e em resíduos ou abaixo de assoalhos sujos; à noite, procura refeições de sangue de hospedeiros que estão habitualmente dormindo.

As larvas da mosca *Cochliomyia hominivorax* penetram no gado através de ferimentos ou aberturas, como as orelhas (Figura 20.26). As larvas cavam túneis abaixo da pele do animal, causando muita dor e abrindo caminho para a infecção. Um bezerro pode ter mais de 100 larvas cavando túneis em sua cabeça, e o pobre animal passa a correr freneticamente, mal parando para alimentar-se ou beber. Os fazendeiros perderam bilhões de dólares antes que essa mosca fosse erradicada na América do Norte. Hoje, continua sendo um flagelo em outras partes do mundo.

Muitos mosquitos, percevejos e insetos hematófagos alimentam-se nos seres humanos e deixam picadas dolorosas e pruriginosas. Os percevejos-de-cama escondem-se em fendas

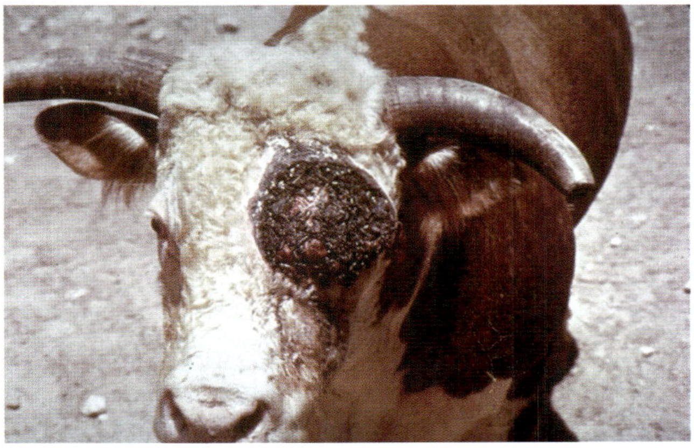

**Figura 20.26 Larva da mosca *Cochliomyia hominivorax* em um bezerro.** Os ovos depositados próximo aos olhos eclodiram, liberando larvas que agora estão comendo o olho e cavando túneis dentro da cabeça. *(Cortesia de Ann Czapiewski, Animal and Plant Health Inspection Service, USDA.)*

durante o dia e saem à noite para alimentar-se em suas vítimas que estão dormindo. A inflamação que ocorre nos locais das picadas resulta de uma reação alérgica à saliva do percevejo-de-cama. Um grande número de picadas pode levar ao desenvolvimento de anemia, particularmente em crianças. Os mosquitos e muitos outros insetos podem ser erradicados pela aplicação de inseticidas, que têm efeitos residuais a longo prazo. Podem ser mantidos longe das residências pela construção de casas compactas e telhados sólidos, em vez de palha, e pela limpeza doméstica.

As infecções por ferimentos e picadas estão resumidas na Tabela 20.4.

**PARE e RESPONDA**

1. O que é tecido crepitante?
2. O que é uma "lêndea"?
3. Qual é o impacto econômico que a mosca *Cochliomyia hominivorax* tem hoje em dia na América do Norte?

## APLICAÇÃO NA PRÁTICA

### Erradicação de *Cochliomyia hominivorax*

Um método engenhoso para controlar as larvas de *Cochliomyia hominivorax*, que causam grande prejuízo ao gado, foi desenvolvido na década de 1930 por Edward Knipling, do Departamento de Agricultura dos EUA. Ele capturou e irradiou machos dessas moscas com cobalto radioativo, tornando-os incapazes de fertilizar os ovos. Se as fêmeas, que só acasalam uma única vez, se acasalassem com machos estéreis, elas depositariam ovos inférteis, de modo que seriam produzidas moscas em número muito menor. É preciso liberar frequentemente machos irradiados para manter uma alta porcentagem de machos estéreis na população. Outro método de controle utiliza insetos, particularmente larvas de vespas, que são parasitas de outros insetos. Algumas vezes, os fazendeiros liberam propositadamente vespas parasitas para infectar insetos que destroem plantações, reduzindo, assim, os danos às colheitas. Tanto o uso de machos esterilizados quanto a liberação de insetos parasitas utilizam os hábitats naturais dos insetos, e nenhum deles contribui para a poluição ambiental, como faz a maioria dos pesticidas.

**Tabela 20.4** Resumo das infecções por ferimentos e picadas.

| Doença | Agente | Características |
|---|---|---|
| **Infecções por ferimentos** | | |
| Gangrena gasosa | *Clostridium perfringens* e outras espécies | Infecções de ferimentos profundos, com produção de gás em tecido anaeróbico; podem ocorrer necrose tecidual e morte se o tratamento não for imediato |
| Febre da arranhadura de gato | *Afipia felis* e *Bartonella* (*Rochalimaea*) *henselae* | Pústulas no local da arranhadura, febre e conjuntivite |
| Febre por mordida de rato | *Streptobacillus moniliformis* | Inflamação no local da mordida, disseminação das lesões, febre intermitente |
| Febre espirilar | *Spirillum minor* | A inflamação no local de mordida do rato cicatriza; reinflamação posterior, febre e exantema |
| Infecção por *Pasteurella multocida* | *Pasteurella multocida* | Inflamação no local de mordida |
| Infecção por *Eikenella corrodens* | *Eikenella corrodens* | Inflamação no local de mordida |
| **Picadas e infecções por artrópodes** | | |
| Paralisia por carrapatos | Vários ácaros | As toxinas introduzidas pela picada do carrapato causam febre e paralisia motora ascendente |
| Dermatite por micuim | Ácaros *Trombicula* | As larvas cavam túneis na pele e causam prurido e inflamação; podem causar reações alérgicas violentas |
| Escabiose | *Sarcoptes scabiei* | Lesões disseminadas com prurido intenso; outros ácaros causam alergia à poeira doméstica quando suas fezes são inaladas por indivíduos alérgicos |
| Picadas de pulgas | *Tunga penetrans* | Prurido e inflamação causadas por fêmeas adultas na pele |
| Pediculose | *Pediculus humanus* | Inflamação nos locais de picada dos piolhos e prurido; o *Phthirus pubis* (piolho púbico) é encontrado na região púbica |
| **Picadas por outros insetos** | | |
| Febre por simulídeos | Simulídeo | As picadas causam reação inflamatória grave em indivíduos sensíveis |
| Miíase | Larvas de mosca | As larvas infectam ferimentos em animais; as larvas do Congo sugam o sangue humano; a larva da mosca *Cochliomyia hominivorax* causa dano ao gado |
| Picadas de mosquitos e outras picadas | Mosquitos, algumas moscas, percevejos-de-cama | Picadas dolorosas e pruriginosas; vários insetos servem como vetores de doenças |

# RESUMO

- Os agentes e as características das doenças discutidos neste capítulo estão resumidos nas Tabelas 20.2, 20.3 e 20.4. As informações fornecidas nessas tabelas não são repetidas neste sumário.

## PELE, MEMBRANAS MUCOSAS E OLHOS

### Pele

- A pele é constituída por uma **epiderme** externa e uma **derme** mais interna
- A pele, que proporciona uma defesa inespecífica, é uma barreira física que secreta substâncias químicas antimicrobianas, incluindo secreções ácidas e salgadas, **queratina** impermeabilizante e **sebo**
- As infecções cutâneas ocorrem em qualquer região da pele onde houver solução de continuidade, nos ductos das **glândulas sebáceas** e **sudoríparas**, nos folículos pilosos e, algumas vezes, na pele intacta.

### Membranas mucosas

- As membranas mucosas consistem em uma fina camada de células que secretam **muco**. Os patógenos podem ser aprisionados no muco.

### Olhos

- As estruturas protetoras associadas aos olhos incluem as pálpebras, os cílios, a **conjuntiva**, a **córnea** e as **glândulas lacrimais**
- A **lisozima** nas lágrimas é microbicida. Os olhos não possuem microbiota normal.

### Microbiota normal da pele

- Grandes populações de microbiota normal colonizam a pele, diferindo amplamente em diversos locais. A maioria consiste em microrganismos gram-positivos, como *Staphylococcus* e *Micrococcus*, além de bactérias corineformes
- Os subprodutos metabólicos da microbiota normal produzem um pH ácido, que é inóspito para a maioria dos patógenos. O sal presente no suor também inibe o crescimento da maioria dos microrganismos
- A descamação contínua das células da pele elimina os microrganismos que as colonizaram.

## DOENÇAS DA PELE

### Doenças da pele causadas por bactérias

- As doenças da pele causadas por bactérias são habitualmente transmitidas por contato direto, gotículas ou fômites
- Essas doenças (incluindo a **síndrome da pele escaldada**, a **escarlatina**, a **erisipela** e a **piodermite**) podem ser tratadas, em sua maioria, com penicilina ou outros antibacterianos. O tratamento da **acne** com antibacterianos pode contribuir para a seleção de organismos resistentes aos antibacterianos. As infecções de queimaduras são frequentemente hospitalares e causadas por microrganismos resistentes aos antibacterianos.

### Doenças da pele causadas por vírus

- Os vírus da **rubéola**, do **sarampo** e da **varicela** são habitualmente transmitidos por secreções nasais. As doenças por poxvírus (incluindo a **varíola**, a **vacínia** e o **molusco contagioso**), as **verrugas** (**papilomas**) e a **doença mão-pé-boca** são habitualmente transmitidas por contato direto
- O tratamento das doenças da pele causadas por vírus pode habitualmente aliviar alguns sintomas, porém não cura a doença; as verrugas podem ser excisadas ou tratadas quimicamente.

### Doenças da pele causadas por fungos

- As doenças da pele causadas por fungos são denominadas **dermatomicoses**. Incluem vários tipos de **dermatofitoses**, incluindo o **pé de atleta** (**tinha do pé**), a **caspa**, a **esporotricose**, a **blastomicose**, a **candidíase** (**monilíase**), a **aspergilose** e a **zigomicose**
- As infecções fúngicas subcutâneas frequentemente persistem, apesar do tratamento com fungicidas tópicos. As infecções sistêmicas são ainda difíceis de erradicar
- Devido à dificuldade em tratar as infecções da pele causadas por fungos, é particularmente importante a prevenção, mantendo a pele saudável e evitando a contaminação dos ferimentos.

### Outras doenças da pele

- Outras doenças da pele incluem aquelas causadas tanto por fungos quanto por bactérias (como o **pé de Madura**) e por helmintos parasitas (**coceira do nadador** e **dracunculíase**).

## DOENÇAS DOS OLHOS

### Doenças dos olhos causadas por bactérias

- As doenças dos olhos causadas por bactérias incluem a **oftalmia neonatal**, a **conjuntivite bacteriana** e o **tracoma**. São transmitidas por contato direto, por fômites, por insetos vetores e (em determinadas infecções) pela contaminação do lactente durante o parto
- As doenças dos olhos causadas por bactérias são, em sua maioria, tratadas com antibacterianos e evitadas com boa higiene.

### Doenças dos olhos causadas por vírus

- As doenças dos olhos causadas por vírus, como **ceratoconjuntivite epidêmica** e **conjuntivite hemorrágica aguda**, são transmitidas por partículas de poeira ou por contato direto. Não se dispõe de nenhum tratamento efetivo, porém uma boa higiene pode ajudar a prevenir essas doenças. O herpes-vírus simples tipo 1 constitui a principal causa de cegueira da córnea e de necessidade de transplante de córnea nos EUA.

### Doenças dos olhos causadas por parasitas

- O controle dos insetos vetores reduz a transmissão das doenças dos olhos causadas por helmintos parasitas, que incluem a **oncocercíase** (**cegueira do rio**) e a **loíase**.

## FERIMENTOS E PICADAS

### Infecções por ferimentos

- A **gangrena gasosa** e outras infecções anaeróbicas podem ser evitadas por meio de limpeza cuidadosa e drenagem dos ferimentos profundos; são tratadas com penicilina, antitoxinas e, algumas vezes, oxigênio hiperbárico.

### Outras infecções anaeróbicas

- A **febre da arranhadura de gato** e a **febre por mordida de rato** podem ser prevenidas evitando lesões provocadas por gatos e ratos, respectivamente. Os funcionários de laboratório devem estar atentos para os perigos de infecções por mordidas de ratos
- *Pasteurella multocida* e *Eikenella corrodens* também infectam mordidas.

### Picadas e doenças causadas por artrópodes

- As picadas de artrópodes causam doenças, como **paralisia do carrapato**, **dermatite por micuim**, **escabiose** (**sarna sarcóptica**), **pediculose** e **miíase**. Essas doenças podem ser evitadas com boas condições sanitárias e higiene e proteção da pele de picadas.

## TERMOS-CHAVE

abscesso
acne
aspergilose
blastomicose
blastomicose sistêmica
candidíase
carbúnculo
cegueira do rio
ceratite
ceratoconjuntivite epidêmica (CCE)
coceira do nadador
conjuntiva
conjuntivite bacteriana
conjuntivite hemorrágica aguda (CHA)
córnea
dermatite blastomicética
dermatite por micuim
dermatófito
dermatofitose
dermatomicose
derme
desbridamento
doença mão-pé-boca
dracunculíase
encefalite por sarampo
epiderme
erisipela
escabiose
escara
escarlatina
espinha
esporotricose
exantema
febre da arranhadura de gato
febre espirilar
febre por mordida de rato
febre por simulídeos
fogo de Santo Antônio
foliculite
furúnculo
gangrena gasosa
glândula lacrimal
glândula sebácea
glândula sudorípara
herpes-zóster
impetigo
loíase
maduromicose
mancha de Koplik
membrana mucosa
miíase
molusco contagioso
monilíase
muco
oftalmia neonatal
oncocercíase
panencefalite esclerosante subaguda (PEES)
papiloma
papilomavírus humano (HPV)
paralisia do carrapato
pé de atleta
pé de Madura
pediculose
piodermite
pústula
queratina
roséola
rubéola
sapinho
sarampo
sarna sarcóptica
sebo
síndrome da pele escaldada
síndrome da rubéola congênita
tecido crepitante
terçol
tinha crural
tinha da barba
tinha do corpo
tinha do couro cabeludo
tinha do pé
tinha ungueal
tracoma
vacínia
vaginite
varicela
varíola
varíola dos macacos
verruga
verruga dérmica
verruga genital
vírus varicela-zóster (VZV)
zigomicose

CAPÍTULO 21

# Doenças Urogenitais e Sexualmente Transmissíveis

Kavaler/Art Resource

Quando a natureza chama, precisamos atender – mas onde? Certamente, em uma ou outra ocasião, tivemos que nos segurar até poder encontrar um local socialmente aceitável para urinar. Entretanto, as crianças pequenas, os animais de estimação e os animais silvestres não escolhem um local específico para urinar. É importante lembrar, porém, que a urina constitui uma porta de saída para organismos causadores de doenças.

Os animais podem transportar as bactérias *Leptospira* – e frequentemente o fazem – no sistema urinário. Veados, ratos, coelhos, bois, todos eles urinam no solo, e a chuva carrega bactérias residuais de *Leptospira* para os rios, riachos, lagos e lagoas. Se você nadar nessas águas com a boca aberta, poderá contrair leptospirose – uma doença renal debilitante, difícil de ser diagnosticada e, algumas vezes, até mesmo fatal. Nas piscinas cloradas e em corpos de água maiores, você está provavelmente mais seguro, porém pense na leptospirose na próxima vez que você deixar o seu cachorro Fido pular para dentro e para fora da piscina com seus filhos. Um homem descobriu a um preço alto que é melhor não deixar o seu cão nadar à sua frente em um rio. O seu cachorro evidentemente urinou na água bem na frente de seu dono e, assim, "compartilhou" suas leptospiras. Melhor ainda é vacinar o seu cachorro e todos os outros animais de estimação contra a leptospirose. E quem for limpar as poças de urina dos filhotes deve ter muito cuidado em manter as mãos limpas, lembrando que as leptospiras podem penetrar através da pele e por contato com as membranas mucosas.

**Neste capítulo, iremos discutir** as doenças do sistema urogenital, incluindo as sexualmente transmissíveis. À semelhança dos outros capítulos sobre doenças, é importante ter em mente o que já aprendemos sobre a microbiota normal (ver Capítulo 15), os processos mórbidos (ver Capítulo 15) e as defesas do corpo (ver Capítulos 17, 18 e 19). Ao estudar as doenças urogenitais, é importante lembrar que os sistemas urinário e genital estão estreitamente associados entre si. As infecções que ocorrem em um sistema disseminam-se facilmente para o outro.

# MAPA DO CAPÍTULO

**Siga o mapa do capítulo para auxiliar na identificação dos conceitos principais do texto.**



## COMPONENTES DO SISTEMA UROGENITAL

O **sistema urogenital** é constituído pelos órgãos do sistema urinário e do sistema genital. Em consequência, ao considerar o sistema urogenital, estudaremos as estruturas, os locais de infecção dos sistemas urinário, genital feminino e genital masculino.

### Sistema urinário

O **sistema urinário** é formado por um par de rins e de ureteres, pela bexiga urinária e uretra (Figura 21.1A). Os **rins** regulam a composição dos líquidos corporais e removem produtos nitrogenados e outros produtos metabólicos do corpo. Para realizar essa tarefa, cada rim contém cerca de 1 milhão de unidades funcionais, denominadas **néfrons** (Figura 21.1B). No néfron, a parte líquida do sangue é filtrada a partir do **glomérulo**, um grupo enovelado de capilares, para os túbulos renais. A partir do *córtex renal*, os néfrons removem solutos, incluindo produtos de degradação, bem como água do sangue. À medida que esses materiais passam através dos túbulos conhecidos como *medula renal*, os materiais essenciais, como a água, sais e açúcares, retornam ao sangue. A **urina**, o resíduo que permanece nos túbulos renais, passa através dos ductos coletores para o **ureter** de cada rim. Os ureteres transportam a urina, que normalmente é desprovida de microrganismos, até a **bexiga urinária**, onde é armazenada até ser liberada pela **uretra** durante a micção (o ato de urinar). A **urinálise**, isto é, a análise laboratorial de amostras de urina, pode revelar desequilíbrios do pH ou da concentração de água, presença de substâncias como a glicose ou proteínas e outras condições associadas a infecções, distúrbios metabólicos e outras doenças.

### Sistema genital feminino

O **sistema genital feminino** é constituído pelos ovários, tubas uterinas, útero, vagina e genitália externa (Figura 21.2). O par de **ovários** contém agregações celulares, denominadas **folículos ovarianos**, contendo, cada um deles, um *óvulo* ou ovo, circundado por tecido epitelial. Durante os anos reprodutivos de uma mulher, um ovo com capacidade de ser fertilizado é liberado uma vez por mês. As **tubas uterinas** recebem os óvulos e os transferem ao útero. A fertilização ocorre habitualmente nas tubas uterinas. O **útero** é um órgão piriforme, onde se desenvolve um óvulo fertilizado. É revestido por uma membrana mucosa, denominada **endométrio**, cuja parte externa sofre descamação durante a menstruação. A **vagina**, que também é revestida por uma membrana mucosa, estende-se até o **colo do útero** (uma abertura na porção inferior estreita do útero) até a parte externa do corpo. Possibilita a passagem do fluxo menstrual, recebe os espermatozoides durante o coito e forma parte do canal do nascimento. A genitália externa feminina consiste no *clitóris* sexualmente sensível, dois pares de *lábios* do pudendo (dobras de pele) e **glândulas de Bartholin** secretoras de muco. As **glândulas mamárias** (mamas), pelo fato de nutrirem a prole, são consideradas como parte do sistema genital feminino. Essas glândulas sudoríparas modificadas desenvolvem-se na puberdade e contêm células glandulares alojadas na gordura, que produzem leite, e ductos que transportam o leite até os mamilos.

### Sistema genital masculino

O **sistema genital masculino** é formado pelos testículos, ductos, glândulas específicas e pênis (Figura 21.3). Os **testículos** secretam o hormônio testosterona na corrente sanguínea e produzem os espermatozoides, que são transportados até a uretra por uma série de ductos. As secreções das **vesículas seminais** e da **próstata** misturam-se com os espermatozoides para formar o **sêmen**. Outras glândulas secretam muco que lubrifica a uretra. O **pênis** é utilizado para liberar o sêmen no sistema genital feminino durante a relação sexual.

Os locais onde se encontra a microbiota normal no sistema urogenital também constituem locais comuns de infecções, em parte devido à sua proximidade com o reto, em parte pelo fato de fornecerem calor e condições úmidas apropriados para o crescimento microbiano. A microbiota normal do sistema urogenital é encontrada principalmente na abertura externa da uretra ou próximo a ela em ambos os sexos e na vagina da mulher. Muitas doenças infecciosas do sistema urogenital são sexualmente transmissíveis, incluindo o herpes genital, a gonorreia, a sífilis e a uretrite não

*As nanobactérias, que têm o mesmo tamanho dos vírus, vivem na urina, onde precipitam o cálcio e outros minerais ao seu redor, induzindo, assim, a formação de cálculos renais.*

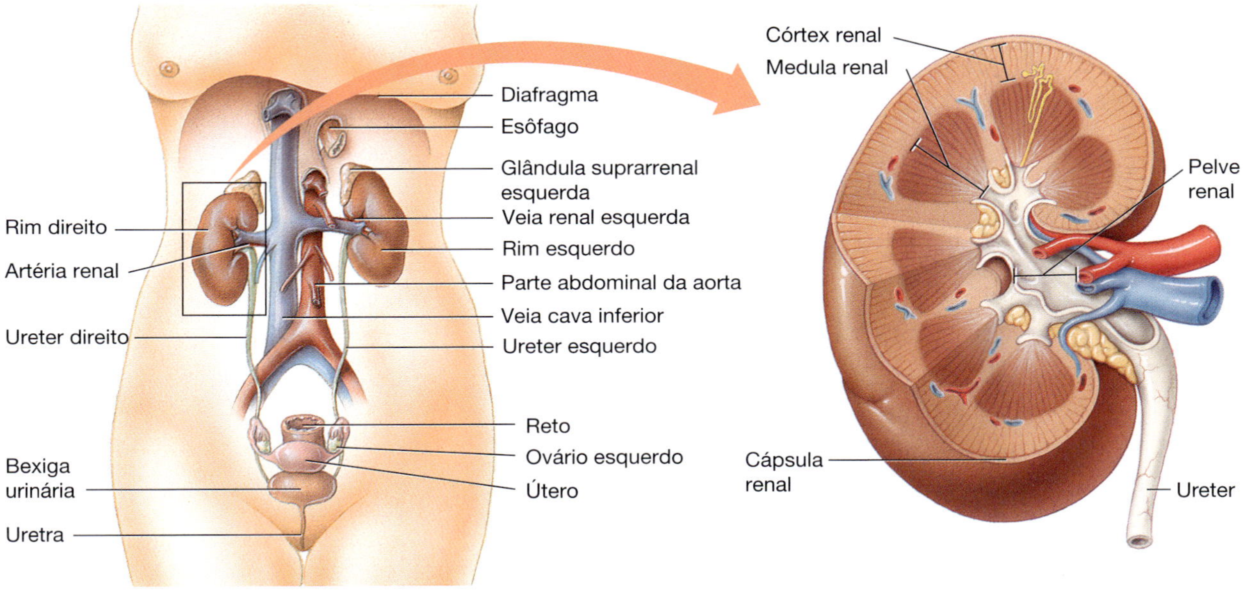


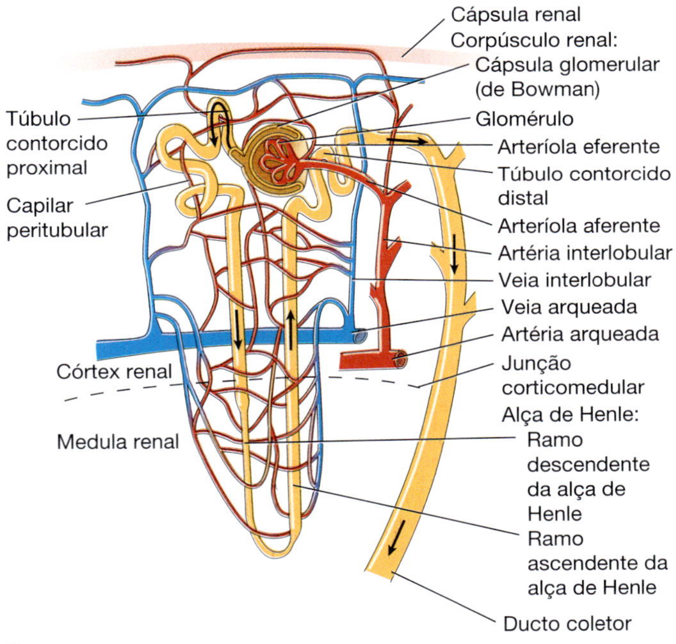


**Figura 21.1 Estruturas do sistema urinário. A.** Vista frontal, incluindo uma ampliação do rim. Com frequência, as infecções do sistema urinário ocorrem próximo à abertura da uretra, que serve como porta de entrada. O fluxo de urina para fora do sistema tende a impedir muitas infecções potenciais. **B.** Estrutura de um néfron.

gonocócica. Outras partes do sistema urogenital geralmente permanecem estéreis, porém qualquer desarranjo nos mecanismos de defesa pode levar a infecção.

Os mecanismos de defesa são numerosos no sistema urogenital. A microbiota normal compete com organismos oportunistas e patógenos pelos nutrientes e pelo espaço, impedindo que eles causem doenças. Os *esfíncteres* urinários (músculos que fecham as aberturas) atuam como barreiras mecânicas para os microrganismos e também ajudam a evitar o fluxo retrógrado de urina. O fluxo de urina através da uretra e o fluxo de muco através tanto da uretra quanto da vagina ajudam a eliminar os microrganismos. O pH baixo de dentro da uretra e, durante os anos reprodutivos, dentro da vagina impede a invasão de patógenos. O sêmen contém lisozima e espermina, as quais ajudam a destruir os patógenos invasores.

Apesar de suas defesas, o sistema urogenital é pouco protegido contra doenças sexualmente transmissíveis. Os organismos que causam a gonorreia, a sífilis e a uretrite não gonocócica toleram condições ácidas e competem com sucesso com a microbiota natural do sistema urogenital.

## Microbiota normal do sistema urogenital

Nos indivíduos saudáveis, todas as partes do sistema urinário, com exceção da parte da uretra mais próxima de sua abertura uretral, são estéreis. Essa colonização da extremidade da uretra assegura que até mesmo as amostras de urina obtidas com "técnica asséptica" irão conter bactérias eliminadas da uretra durante a micção. *Escherichia coli* e *Lactobacillus* constituem os organismos mais comuns, e o seu número pode alcançar 100.000 bactérias/mℓ de urina. Entretanto, se a urina for coletada por punção direta (suprapúbica) da bexiga com agulha e seringa esterilizadas, a urina é normalmente estéril no indivíduo sadio.

O pH ácido e as altas concentrações de sais e de ureia retardam o crescimento das bactérias na urina. Entretanto, as amostras de urina devem ser entregues imediatamente ao laboratório e refrigeradas sem que haja qualquer atraso, visto que os microrganismos multiplicam-se rapidamente na urina, que permanece à temperatura ambiente. Quando isso ocorre, normalmente observa-se a presença de um grande número de várias espécies de bactérias. Uma infecção verdadeira do trato urinário apresenta, com mais frequência, um grande número de apenas um único organismo.

*Mycobacterium smegmatis* (um bacilo álcool-acidorresistente) vive na genitália externa de ambos os sexos. É encontrado particularmente sobre o prepúcio do pênis de homens não circuncidados, onde cresce em secreções acumuladas, denominadas *esmegma*. Se a limpeza abaixo do prepúcio

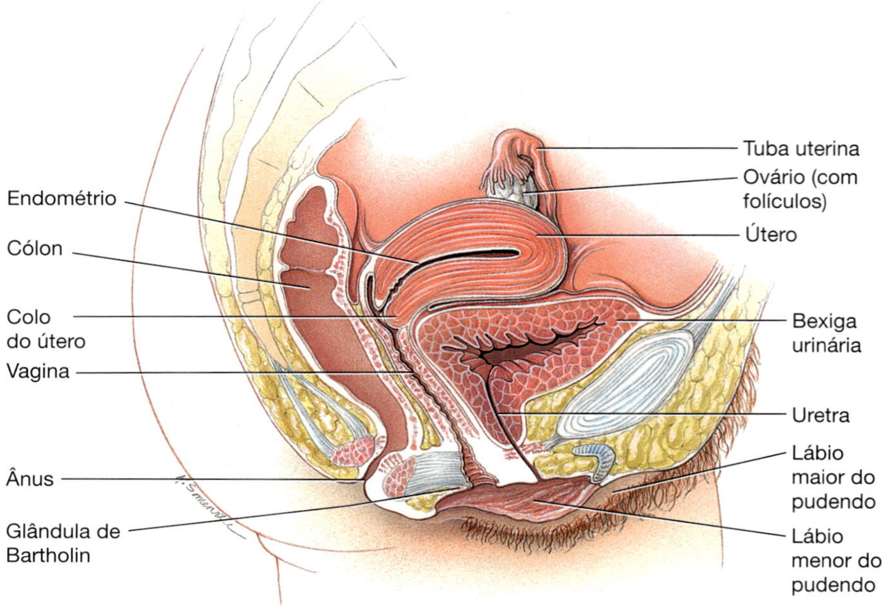


**Figura 21.2 Estruturas do sistema genital feminino.** A porta de entrada para o sistema genital (vagina) é separada do sistema urinário (uretra). As defesas químicas, incluindo o muco cervical, exercem ações antibacterianas. Além disso, as secreções que se movem das tubas uterinas (de Falópio) através do útero e do colo do útero até a vagina tornam as infecções microbianas menos prováveis.

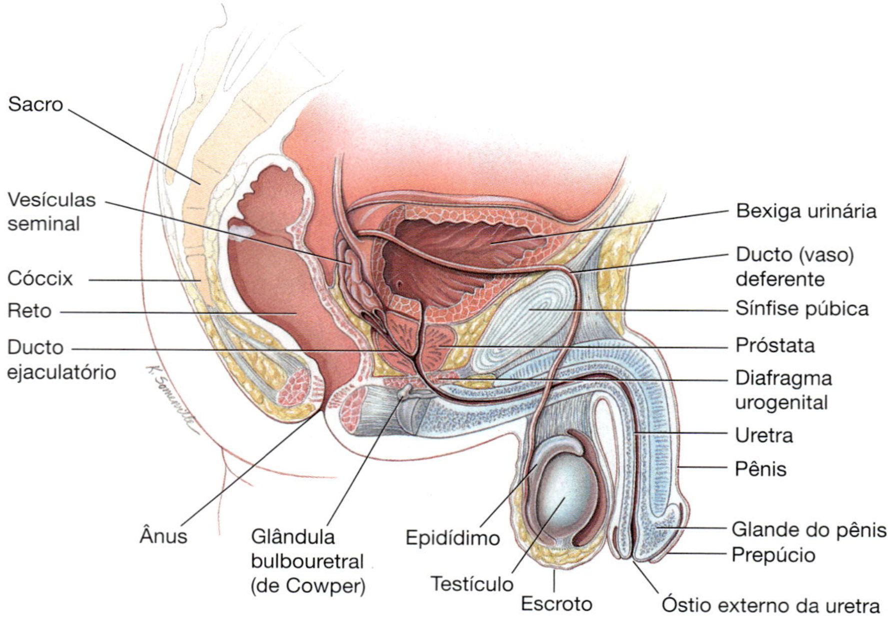


**Figura 21.3 Estruturas do sistema genital masculino.** Como os homens apresentam uma única porta de entrada para os sistemas genital e urinário (a uretra), podem ocorrer infecções em ambos os sistemas. Entretanto, as secreções químicas que contêm lisozima e espermina formam um fluxo que torna a colonização por patógenos mais difícil.

for inadequada quando se coleta uma amostra de urina, um grande número de *Mycobacterium smegmatis* entrará na amostra, onde essas bactérias podem ser confundidas com o bacilo *Mycobacterium tuberculosis* encontrado na urina de indivíduos com tuberculose renal.

Nos homens, com exceção do último terço da uretra, o sistema genital não possui microbiota normal e é estéril. A situação no sistema genital feminino é consideravelmente mais complexa. Na mulher, os hormônios desempenham um importante papel. Durante os anos reprodutivos, os lactobacilos constituem as bactérias mais numerosas na vagina, alimentando-se do glicogênio presente nas células vaginais. A fermentação do glicogênio produz ácido láctico e um pH vaginal de cerca de 4,7. Isso constitui uma linha de defesa inata, pois a maioria

*As cepas de Candida albicans que variam de uma única célula a uma forma filamentosa parecem ter mais tendência a causar infecções do que as cepas que permanecem em uma única forma.*

dos outros microrganismos, com exceção dos lactobacilos, não consegue sobreviver nesse ambiente ácido. Durante a infância e após a menopausa, não há glicogênio nas células da parede vaginal, e os estreptococos e estafilococos, em vez dos lactobacilos, constituem os organismos dominantes nessas condições alcalinas.

# DOENÇAS UROGENITAIS GERALMENTE NÃO SEXUALMENTE TRANSMISSÍVEIS

## Doenças urogenitais causadas por bactérias

### Infecções do trato urinário

As **infecções do trato urinário (ITUs)** estão entre as mais comuns de todas as infecções vistas na prática clínica. Ocupando o segundo lugar depois das infecções respiratórias, são responsáveis por mais de 8,3 milhões de visitas a consultórios médicos e por 300.000 internações por ano nos EUA. As ITUs causam **uretrite**, ou inflamação da uretra, e **cistite**, ou inflamação da bexiga. Como a infecção dissemina-se facilmente da uretra para a bexiga, a maioria das infecções é adequadamente denominada **uretrocistite**. Os agentes infecciosos alcançam a bexiga mais facilmente através da uretra feminina curta (4 cm) do que através da uretra masculina mais longa (20 cm). Por essa razão, as mulheres são afetadas 40 a 50 vezes mais frequentemente do que os homens; em torno dos 30 anos de idade, 20% de todas as mulheres já tiveram uma ITU. Nos homens, a próstata está estreitamente associada à uretra e à bexiga, de modo que as ITUs são frequentemente acompanhadas de **prostatite**, ou inflamação da próstata.

Pesquisadores descobriram que a incontinência urinária entre mulheres pode ser devida a um microbioma ruim.

A cada ano, uma entre cinco mulheres desenvolve **disúria**, ou dor e sensação de queimação durante a micção, indicando a presença de infecção uretral. Um quarto dessas infecções irá progredir para a cistite crônica, que atormenta de modo intermitente suas vítimas infelizes durante anos. Os sintomas de cistite consistem em disúria continuada, micção frequente e urgente e, algumas vezes, presença de pus na urina. As mulheres idosas são propensas às ITUs, e até 12% de alguns grupos sofrem de maneira crônica (**Tabela 21.1**).

O esvaziamento incompleto da bexiga durante a micção constitui uma causa importante de ITU. A urina retida serve como reservatório para o crescimento microbiano, promovendo assim a ocorrência de infecção. Qualquer fator que possa interferir no fluxo da urina e no esvaziamento completo da bexiga pode, portanto, predispor o indivíduo às ITUs. Algumas vezes, a bexiga fica comprimida por um útero "flácido" ou pela sua expansão durante a gestação. A gravidez também pode causar diminuição do fluxo de urina através dos ureteres. Até mesmo o anel de um diafragma pode exercer pressão suficiente sobre a bexiga ou os ureteres para interferir na micção. Nos homens, a próstata tende a aumentar com a idade, causando constrição da uretra. Por fim, o problema pode ser mais comportamental do que mecânico: algumas pessoas simplesmente não vão ao banheiro com a frequência suficiente. É importante que tanto os homens quanto as mulheres esvaziem a bexiga com frequência e por completo. Os indivíduos com vários tipos de paralisia, que não podem esvaziar a bexiga por completo, tendem a apresentar ITUs frequentes.

É comum uma pessoa com infecção do trato urinário queixar-se de que, apesar da urgência para urinar, ela só consegue eliminar uma pequena quantidade de urina.

**Tabela 21.1** Infecções do trato urinário de acordo com a idade e o sexo.

| Idade | Mulheres | Homens |
|---|---|---|
| Primeiros 4 meses de vida | 0,7% | 1,3% |
| De 4 meses a 5 anos | 4,5% | 0,5% |
| De 5 a 60 anos | 1 a 4% | < 0,1% |
| Mais de 60 anos | 12% | 1 a 4% |
| Mais idosos | Até 30% | Até 30% |

As ITUs, que se originam em uma área, frequentemente se disseminam pelo sistema urinário de modo "ascendente" ou "descendente". Em geral, as infecções começam na parte inferior da uretra e podem ascender, causando inflamação dos rins, ou **pielonefrite**. Com menos frequência, as infecções começam nos rins e descem para a uretra. Embora as ITUs não ocorram mais frequentemente durante a gestação, elas habitualmente são mais graves, devido à possibilidade de ascender. Entre as mulheres grávidas que apresentam bactérias na urina, 40% desenvolvem pielonefrite se a infecção não for tratada imediatamente. As ITUs descendentes originam-se fora do sistema urinário. Os organismos que entram na corrente sanguínea provenientes de uma infecção focal, como abscesso dentário, podem ser filtrados pelos rins e causar infecção simples ou crônica. Por essa razão, sugere-se frequentemente que as pessoas com ITUs crônicas ou frequentes visitem seus dentistas para verificar se alguma infecção de gengiva não diagnosticada pode constituir a fonte do problema.

*Escherichia coli* é o agente etiológico em 80% das ITUs, porém outras bactérias entéricas provenientes das fezes, como *Proteus mirabilis* e *Klebsiella pneumoniae*, também podem causar essas infecções. A higiene precária, como a limpeza de trás para a frente com papel higiênico, sobretudo nas mulheres, pode introduzir organismos fecais na uretra. É importante ensinar bons hábitos de higiene às crianças e explicar-lhes o motivo. Quando *Chlamydia* ou *Ureaplasma* são responsáveis pela infecção, em geral se transmitem sexualmente e causam uretrite não gonocócica, que é discutida adiante.

Uma adesina (proteína que adere a uma molécula de superfície) recém-descoberta, a FimH, ajuda as células de *E. coli* a aderir às paredes da bexiga, produzindo infecções vesicais.

Cerca de 35 a 40% de todas as infecções hospitalares consistem em ITUs. Os pacientes ambulatoriais têm 1% de probabilidade para desenvolver ITU após uma única cateterização, enquanto os pacientes hospitalizados têm 10% de probabilidade. Muitos pacientes com cateter de demora desenvolvem ITU na primeira semana de uso, à medida que os organismos provenientes da pele, da parte inferior da uretra ou do cateter colonizam a uretra. Os indivíduos com cateteres permanentes, devido a paralisia, enfrentam uma batalha sem fim contra as ITUs. *Staphylococcus epidermidis* e *S. saprophyticus* frequentemente causam infecções em pacientes com cateteres de demora. *Pseudomonas aeruginosa* causa comumente infecções após o uso de instrumentos para examinar o sistema urinário. Entretanto, *E. coli* é responsável por quase metade das ITUs hospitalares, enquanto *Proteus mirabilis* causa cerca de 13% delas. As infecções por *Providencia* são bastante comuns em unidades geriátricas e sofrem recidiva frequente, visto que tendem a colonizar o sistema urinário, não sendo totalmente removidas pela antibioticoterapia.

As ITUs são diagnosticadas pela identificação de microrganismos em culturas de urina (Figura 21.4). A urina normal na bexiga é estéril, porém ela é inevitavelmente contaminada por bactérias à medida que passa através da parte inferior da uretra. Mesmo uma amostra de urina de jato médio obtida com técnica asséptica conterá 10.000 a 100.000 organismos por mililitro. A presença de baixos números de organismos não descarta necessariamente a possibilidade de infecção; na pielonefrite e na prostatite aguda, os organismos algumas vezes entram na urina apenas em pequenas quantidades. Todavia, em geral, apenas um único tipo de patógeno estará presente em qualquer momento determinado. O achado de várias espécies na urina quase sempre significa que a amostra foi contaminada, tornando necessária a repetição do teste.

As ITUs são tratadas com antibacterianos, como amoxicilina, trimetoprima e quinolonas, ou com sulfonamidas, de acordo com a sensibilidade dos agentes causadores. O tratamento imediato ajuda a impedir a disseminação da infecção. As ITUs podem ser evitadas com boa higiene pessoal e esvaziamento frequente e completo da bexiga.

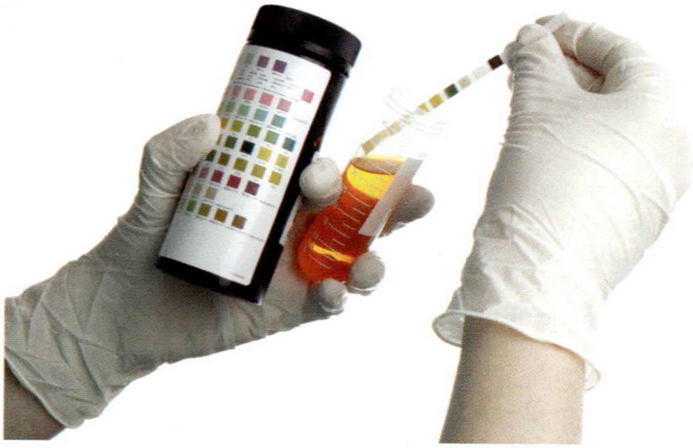

**Figura 21.4 Análise de uma amostra de urina.** Nesse teste, a cor produzida por um reagente diagnóstico estabelece a presença de substâncias, como proteína e nitrato, que podem indicar a ocorrência de crescimento bacteriano, como em uma infecção do trato urinário. As bactérias frequentemente produzem nitratos enquanto estão incubadas na bexiga. Assim, a primeira amostra de urina pela manhã deverá conter a maior concentração de nitratos. Um teste positivo para nitrato indica a presença de infecção do trato urinário. Entretanto, algumas bactérias metabolizam posteriormente o nitrato, de modo que a obtenção de um teste negativo não descarta a presença de infecção bacteriana. *(EsHanPhot/Shutterstock.)*

## APLICAÇÃO NA PRÁTICA

### Você tem propensão a ITUs?

Um simples exame de sangue pode ser capaz de identificar rapidamente se você tem mais tendência a adquirir ITUs do que seus colegas de classe. Pesquisadores do Memorial Sloan-Kettering Cancer Center, em Nova York, descobriram que as mulheres com um dos dois tipos específicos de grupos sanguíneos Lewis apresentam uma probabilidade quase quatro vezes maior de desenvolver ITUs. Eles ainda não têm certeza se isso é verdadeiro, porém acreditam que as células que revestem o sistema urinário de pessoas com esses dois tipos sanguíneos são mais receptivas à adesão das bactérias, levando à infecção. Se você é uma das mulheres com tipo sanguíneo suscetível, você pode pensar em usar tratamentos preventivos, como tomar antibacterianos.

## Prostatite

Os sintomas da prostatite consistem em micção urgente e frequente, febre baixa, dor lombar e, algumas vezes, dor muscular e articular. A maioria dos homens já teve pelo menos uma infecção de próstata em torno dos 40 anos. *Escherichia coli* é responsável por 80% dos casos, mas ainda não se sabe ao certo como as bactérias alcançam a próstata. Quatro vias de infecção são possíveis: (1) ascendente pela uretra, (2) fluxo retrógrado de urina contaminada, (3) passagem de organismos fecais provenientes do reto através dos linfáticos para a próstata e (4) descendente por organismos transportados pelo sangue. Apesar de ser incomum, a prostatite crônica constitui uma causa importante de ITUs persistentes nos homens e pode causar infertilidade. Em geral, a prostatite aguda responde de modo satisfatório à antibioticoterapia apropriada, sem deixar sequelas.

## Pielonefrite

A pielonefrite, uma inflamação dos rins, é habitualmente causada pelo refluxo da urina e consequente ascensão dos microrganismos. O refluxo de urina pode ser causado por diversos fatores, como bloqueio da parte inferior do sistema urinário ou defeitos anatômicos. As crianças pequenas, em particular, com frequência apresentam formação defeituosa das válvulas do sistema urinário, que não impedem o refluxo da urina. *Escherichia coli* é responsável por 90% dos casos ambulatoriais e por 36% dos pacientes hospitalizados, mas as leveduras, como *Candida*, em certas ocasiões causam a infecção.

A pielonefrite – e qualquer outra ITU – pode ser assintomática. Quando presente, os sintomas são indistinguíveis daqueles da cistite, exceto que, algumas vezes, ocorrem febre e calafrios. A urina diluída é outro achado comum, levando à micção frequente e **nictúria**, ou micção noturna. Os pacientes precisam ser cuidadosamente avaliados, a fim de identificar a existência de condições predisponentes subjacentes, como cálculos renais ou outros bloqueios, que exigem alívio. A pielonefrite é mais difícil de tratar do que as ITUs inferiores; entretanto, nitrofurantoína, sulfonamidas, trimetoprima, ampicilina, gentamicina, ciprofloxacino e quinolonas são habitualmente efetivos. Com frequência, esses fármacos são iniciados por via intravenosa. Na presença de insuficiência renal ou comprometimento da função renal, os fármacos precisam ser utilizados com cautela, de modo a evitar a ocorrência de acúmulos tóxicos.

## Glomerulonefrite

A **glomerulonefrite**, ou *doença de Bright*, provoca inflamação e dano aos glomérulos renais. Trata-se de uma doença por imunocomplexos, que algumas vezes ocorre após uma infecção estreptocócica ou viral. À semelhança da febre reumática (cepas reumatogênicas de *Streptococcus pyogenes*; ver Capítulo 24), as cepas nefrogênicas de *S. pyogenes* contêm componentes em seus envoltórios celulares que, quando processados pelo sistema imune, lembram componentes teciduais presentes no tecido glomerular. Isso desencadeia a produção de anticorpos, que são incapazes de distinguir entre componentes do envoltório celular bacteriano e componentes glomerulares humanos, resultando em complexos de antígeno-anticorpo. À medida que os complexos de antígeno-anticorpo são filtrados nos rins, o complemento é ativado, e há uma resposta inflamatória dos capilares glomerulares (Figura 21.5). Os vasos inflamados possibilitam o extravasamento de sangue e de proteínas na urina. A atração e o movimento das células fagocitárias para fora dos vasos sanguíneos, juntamente com a liberação de enzimas hidrolíticas em uma tentativa de englobar os complexos recém-formados, contribuem ainda mais para o dano aos glomérulos renais.

Devido ao risco de glomerulonefrite, os organismos que promovem infecções na garganta ou em outras regiões mas que se suspeita serem causadas por estreptococos (ver Capítulo 22) devem ser cultivados, e devem-se administrar antibacterianos apropriados. Embora a maioria dos indivíduos se recupere da glomerulonefrite, com cicatrização completa nos primeiros 3 a 12 meses, alguns apresentam lesão renal residual permanente, e alguns desses pacientes morrem.

## Leptospirose

A **leptospirose** é causada pela espiroqueta *Leptospira interrogans* (Figura 21.6). Trata-se de uma zoonose habitualmente adquirida por seres humanos por contato direto com urina contaminada, diretamente ou na água ou no solo. Cães, gatos e muitos mamíferos silvestres hospedam essas espiroquetas (lembre-se do boxe "Germes de cachorro!" no Capítulo 16). Em algumas partes do mundo, mais de 50% dos ratos são portadores de *Leptospira*. As bactérias vivem dentro dos túbulos contorcidos dos rins e são eliminadas na urina. Com frequência, a chuva as carrega das ruas e do solo para corpos naturais de água. Elas morrem rapidamente em água salobra ou ácida, mas

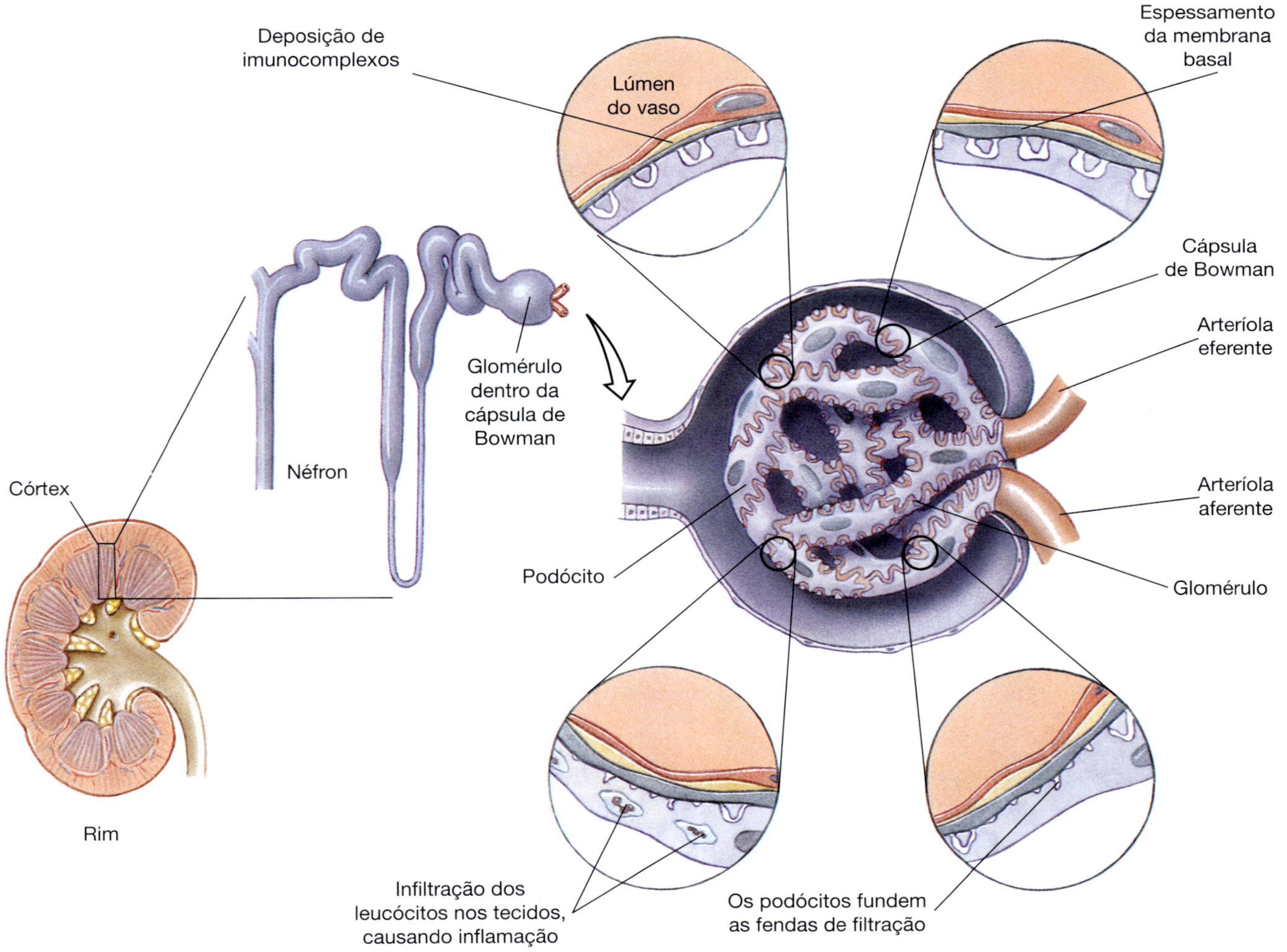


**Figura 21.5 Glomerulonefrite.** Essa doença ocorre quando (**A**) imunocomplexos são depositados nas superfícies de filtração do glomérulo, que está localizado dentro da cápsula de Bowman, no córtex renal; (**B**) ocorre espessamento das membranas basais das células; (**C**) os podócitos (células em forma de pé) no glomérulo, que normalmente atuam como filtros, fundem as suas fendas de filtração; e (**D**) os leucócitos são atraídos para os tecidos. Ocorre declínio da função renal, algumas vezes até o ponto de falência renal.

podem sobreviver por 3 meses ou mais em água neutra ou ligeiramente alcalina. Os lagos e os rios em locais onde os animais pastam têm tendência particular a estarem contaminados.

Em 1995, na Nicarágua, uma inundação localizada levou a um surto de leptospirose em que 400 pessoas adoeceram, 150 foram hospitalizadas e 40 morreram de hemorragia pulmonar. Em 1996, nove turistas norte-americanos que retornavam de um *rafting* de águas cristalinas na Costa Rica desenvolveram leptospirose. Parece que a leptospirose pode constituir uma causa mais importante de doença nos trópicos do que se acreditava anteriormente, podendo ser considerada como uma doença emergente. Em 1997, em Illinois, houve um surto em participantes de uma competição atlética de triatlo.

Os organismos entram no corpo através das membranas mucosas dos olhos, do nariz ou da boca ou através de escoriações da pele. Esses organismos possuem um gancho na extremidade e também podem penetrar nas partes moles da pele do paciente – habitualmente nas plantas dos pés ou palmas das mãos. Os pais de crianças pequenas frequentemente se infectam devido ao contato com animais de estimação. As crianças pedem um cachorrinho, prometendo cuidar dele, porém os adultos frequentemente realizam a limpeza desses animais e tornam-se infectados com leptospiras. A maior incidência nos EUA é observada em mulheres de meia-idade. Os cães, que ignoram os detalhes da higiene, frequentemente são responsáveis por um conjunto de infecções que afetam todos os que compartilham uma piscina ou um tanque com cachorros.

Depois de um período de incubação de 10 a 12 dias, a leptospirose ocorre habitualmente como doença febril ou inespecífica nos demais aspectos. Na maioria dos casos, ocorre recuperação sem nenhuma complicação em 2 a 3 semanas. Entretanto, 5 a 30% dos casos não tratados levam à morte. Uma forma particularmente virulenta da infecção, a *síndrome de Weil*, caracteriza-se por icterícia e lesão hepática significativa.

O diagnóstico pode ser estabelecido por meio de exame microscópico direto de amostras de sangue; mas com frequência não é sequer considerado, devido aos sintomas inespecíficos e à baixa incidência da leptospirose. A cultura de leptospiras a partir do sangue ou da urina exige meios especiais e um período de incubação extenso (1 a 2 semanas). Muitos casos são assintomáticos, de modo que é difícil saber a verdadeira incidência da doença. Em geral, são relatados menos de 100 casos por ano nos EUA.[1]

As leptospiras são sensíveis a quase todos os antibacterianos se forem administrados nos primeiros 2 ou 3 dias da doença, mas não depois do quarto dia. Os pacientes apresentam imunidade de longa duração à cepa específica de *Leptospira* que os infectou, mas não a qualquer outra cepa. A leptospirose pode ser evitada pela vacinação dos animais de estimação e quando se evita nadar ou entrar em contato com água contaminada.

## Vaginite bacteriana

A **vaginite**, ou infecção da vagina, é habitualmente causada por organismos oportunistas que se multiplicam quando a microbiota vaginal normal é afetada por antimicrobianos ou por outros fatores. As condições predisponentes incluem diabetes melito, gravidez, uso de contraceptivos orais, menopausa e condições que resultam em desequilíbrio do estrogênio e da progesterona, todas elas alterando o pH e a concentração de açúcar na vagina. Vários organismos são responsáveis por casos de vaginite ou pelo menos servem de marcador para o desequilíbrio da microbiota vaginal. A bactéria *Gardnerella vaginalis*, em combinação com bactérias anaeróbicas, é responsável por cerca de um terço dos casos.

> As condições predisponentes para a vaginite incluem excesso de duchas, uso de tampões que irritam as paredes da vagina, calças apertadas e calcinhas e meias-calças sem cobertura de algodão.

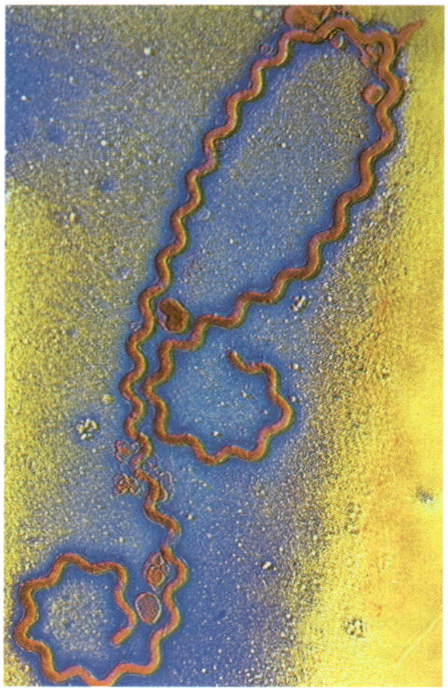

**Figura 21.6 MET colorida de *Leptospira interrogans*.** Normalmente encontrada em animais, essa espiroqueta algumas vezes causa infecções hepáticas e icterícia em seres humanos (11.000×). (*Science Photo Library/Science Source.*)

### APLICAÇÃO NA PRÁTICA

#### Mas eu não quero sair da minha cama!

Anos atrás, quando ainda estudava e assistia a uma aula de microbiologia médica, eu tinha um velho professor ríspido e propenso a respostas concisas. "Por favor, professor", perguntamos, "diga o que acontece quando o seu cão tem leptospirose. O que devemos investigar?" "Bem", respondeu ele, "ele tem dias agradáveis e também tem dias ruins; em alguns dias, ele não quer sair de sua cama e ele urina muito." Então, quisemos saber o que acontecia quando um ser humano adquire leptospirose. "Ah" respondeu ele, "você tem alguns dias agradáveis e você tem dias ruins; em alguns dias, você não quer sair de sua cama, e você urina muito." Se isso o descreve, você pode estar com leptospiras nos rins. É muito difícil cultivar leptospiras fora da urina. Muitas mulheres de meia-idade são encaminhadas para avaliação psiquiátrica (em vez de receber tratamento com antibacterianos) com base nesses sintomas e em uma cultura de urina negativa.

[1]N.R.T.: No Brasil, a prevalência de casos de leptospirose é alta, em especial durante os meses de intensa chuva. Devido a sua importância na saúde pública, a leptospirose é uma doença de notificação compulsória.

A bactéria *Mobiluncus* é observada em outras infecções; pode ser um organismo distinto ou uma variante clínica de *G. vaginalis*. O protozoário *Trichomonas vaginalis*, que pode ser oportunista, mas que habitualmente é transmitido por contato sexual, responde por cerca de um quinto dos casos. O fungo *Candida albicans* é responsável pela maioria dos outros casos.

***Gardnerella vaginalis.*** Esse minúsculo bacilo ou cocobacilo gram-negativo é encontrado no sistema urogenital normal de 20 a 40% das mulheres saudáveis. O pH vaginal normal é de 3,8 a 4,4 nas mulheres de idade fértil e é quase neutro nas meninas e nas mulheres idosas. Quando o pH vaginal alcança 5 a 6, *Gardnerella vaginalis* interage com bactérias anaeróbicas, como *Bacteroides* e *Peptostreptococcus*, causando vaginite. Nenhum desses organismos isoladamente provoca doença. Devido à interação de diferentes anaeróbios com *Gardnerella*, esse tipo de vaginite é algumas vezes denominado *vaginite inespecífica*. A vaginite causada por *Gardnerella* produz uma secreção vaginal espumosa com odor de peixe. Essa secreção, cujo volume é geralmente pequeno, contém milhões de organismos. Em certas ocasiões, os homens adquirem **balanite**, uma infecção do pênis que corresponde à vaginite feminina. As lesões aparecem no pênis após contato sexual com uma mulher portadora de vaginite.

O diagnóstico pode ser estabelecido quando preparações a fresco das secreções exibem "células indicadoras", que consistem em células epiteliais vaginais recobertas por minúsculos bastonetes ou cocobacilos (Figura 21.7). O metronidazol suprime a vaginite por meio de erradicação dos anaeróbios necessários para a manutenção da doença, mas permite a recuperação da população de lactobacilos normais da vagina. Esse efeito sustenta a noção de que a vaginite causada por *Gardnerella* exige uma associação com anaeróbios. A ampicilina e a tetraciclina também são algumas vezes utilizadas no tratamento. O iogurte sem sabor feito com culturas vivas, quando usado como ducha, possibilita uma reposição efetiva dos lactobacilos da microbiota normal que foram destruídos pelo tratamento antibacteriano.

## Síndrome do choque tóxico

A infecção por determinadas cepas toxigênicas de *Staphylococcus aureus* e de *Streptococcus agalactiae* (estreptococos do grupo B) pode produzir a **síndrome do choque tóxico (SCT)**. Antes de 1977, eram relatados apenas dois a cinco casos por ano; mas desde então a incidência aumentou de repente, alcançando um pico de cerca de 320 casos em setembro de 1980. Desde 1986, foram relatados entre 412 e 102 casos por ano. A súbita elevação foi associada ao uso de novos tampões superabsorventes, porém abrasivos, que eram deixados dentro da vagina por mais tempo do que o período habitual. Os tampões causavam pequenas lacerações na parede vaginal e proporcionavam condições apropriadas para a multiplicação das bactérias.

Entre 5 e 15% das mulheres apresentam *S. aureus* em sua microbiota vaginal, mas apenas uma pequena fração dessas cepas causa SCT. Originalmente, a maioria dos casos ocorria em mulheres que menstruam, porém agora os homens, as crianças e as mulheres na pós-menopausa com infecções focais por *S. aureus*, como furúnculos, respondem pela maioria dos casos de SCT. Os organismos entram no sangue ou crescem no fluxo menstrual acumulado nos tampões. Produzem a *exotoxina C*, que intensifica os efeitos de uma endotoxina; ainda não foi claramente elucidado como essas toxinas exercem seus efeitos. As manifestações clínicas consistem em febre, pressão arterial baixa (choque) e exantema, sobretudo no tronco, que posteriormente descama. O tratamento imediato com nafcilina manteve a taxa de mortalidade em 3%. As mortes, quando ocorrem, são geralmente causadas pelo choque. A recidiva é uma possibilidade frequente, particularmente durante os ciclos menstruais subsequentes. Os antibacterianos podem ser administrados de modo profilático para evitar as recidivas, mas as mulheres que tiveram SCT podem reduzir o risco de recidiva com a interrupção do uso de tampões.

Embora a mudança infrequente dos tampões superabsorventes seja responsável pela maioria dos casos de SCT, a esponja contraceptiva também foi envolvida em alguns casos e, por essa razão, foi retirada do mercado.

# Doenças urogenitais causadas por parasitas

## Tricomoníase

Embora a **tricomoníase** seja transmitida principalmente por relação sexual, ela é discutida aqui em virtude de sua semelhança com outros tipos de vaginite e devido à possibilidade

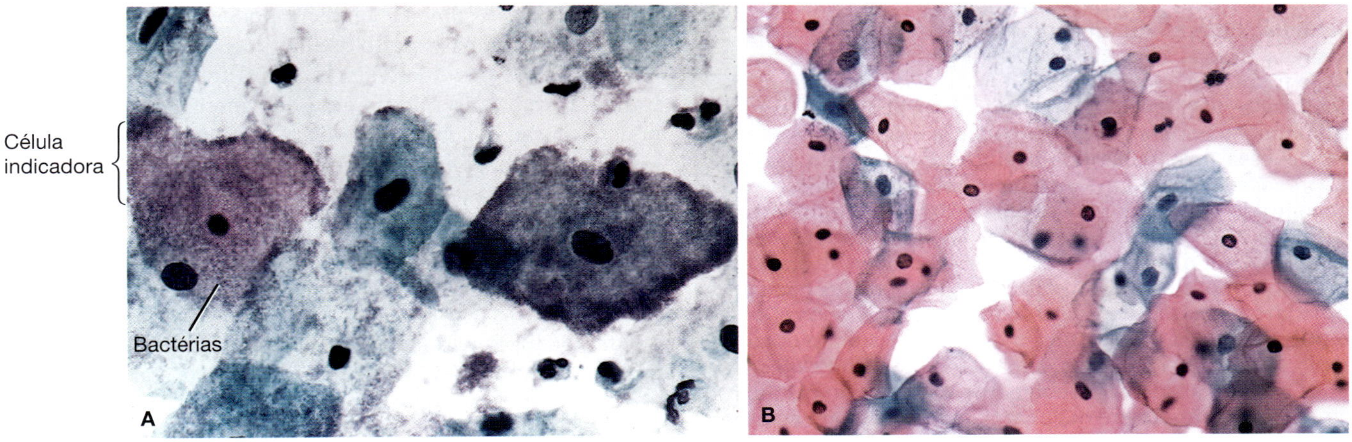


**Figura 21.7 Vaginite bacteriana.** **A.** "Célula indicadora" de infecção por *Gardnerella* em um esfregaço vaginal. Observe as numerosas bactérias que aderem à superfície da célula indicadora (507×). (*Science Photo Library/Science Source.*) **B.** As células epiteliais vaginais normais não apresentam nenhuma camada espessa de bactérias fixadas à sua superfície (1.014×). *(Dr. E. Walker/Science Source.)*

## APLICAÇÃO NA PRÁTICA

### Advertência: informação importante sobre a síndrome do choque tóxico (SCT)

Se você é mulher e utiliza tampões com frequência, provavelmente costumava jogar fora o encarte que é encontrado em praticamente todas as caixas. Mas você alguma vez já leu a advertência? Se tivesse lido, saberia que os sinais de alerta para a SCT consistem em febre súbita (habitualmente 39°C ou mais), vômitos, diarreia, desmaio ou quase desmaio quando está em pé, vertigem ou exantema que se assemelha a uma queimadura solar. Além disso, deveria saber que os riscos relatados são maiores para mulheres com menos de 30 anos de idade e que a incidência de SCT é estimada entre 1 e 17 casos por 100.000 mulheres e adolescentes que menstruam por ano. Você pode reduzir o seu risco de adquirir SCT durante a menstruação alternando o uso de tampões com absorventes externos, escolhendo os que apresentam absorção mínima necessária para controlar o seu fluxo menstrual e fazendo quaisquer outras perguntas que considerar necessárias a seu médico.

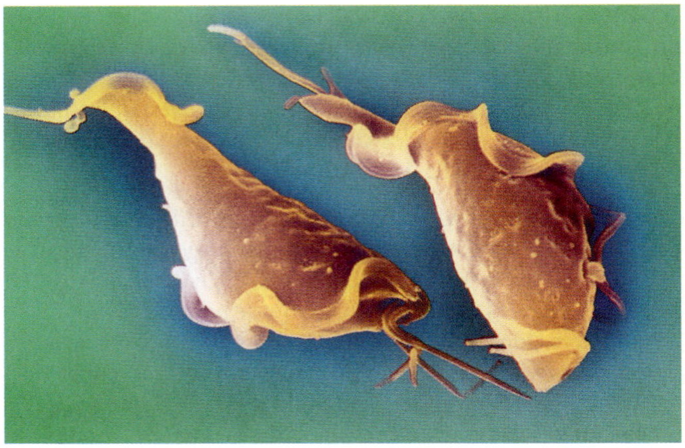

**Figura 21.8** ***Trichomonas vaginalis.*** Observe as membranas ondulantes e os flagelos característicos vistos por meio de microscopia eletrônica de varredura (534×). *(David M. Phillips/Science Source.)*

de infecção de crianças (e raramente de adultos) por meio de roupas de cama e assentos sanitários contaminados. Segundo estimativas, ocorrem 180 milhões de casos de *Trichomonas* no mundo inteiro e 5 milhões nos EUA a cada ano. Pelo menos três espécies de protozoários do gênero *Trichomonas* podem parasitar os seres humanos, porém apenas *T. vaginalis* causa a tricomoníase. As outras espécies são comensais: *T. hominis* é encontrado no intestino, e *T. tenax*, na boca. *T. vaginalis* é um grande flagelado, com quatro flagelos anteriores e uma membrana ondulante (Figura 21.8). Ele infecta a superfície do sistema urogenital de ambos os sexos e alimenta-se de bactérias e secreções celulares. Como o pH ótimo é de 5,5 a 6,0 para esse organismo, ele só infecta a vagina quando as secreções vaginais apresentam um pH anormal. Esse pH é causado por uma comunidade de bactérias do gênero *Mycoplasma*. A princípio, acreditava-se que a comunidade de *Mycoplasma* foi a primeira a existir, com o estabelecimento secundário de *Trichomonas*. Agora, descobriu-se que *Trichomonas* é o primeiro a chegar, e como "fazendeiros" cultivam os *Trichomonas* que, de algum modo, são benéficos para eles próprios. Os sintomas da tricomoníase consistem em prurido intenso e secreção copiosa de cor branca, sobretudo nas mulheres, que têm a consistência de clara de ovo crua. Os homens são habitualmente assintomáticos, porém os parceiros de mulheres infectadas também precisam ser tratados para prevenir uma reinfecção. *Trichomonas* podem sobreviver em toalhas, lençóis e roupa íntima e podem ser transmitidos por compartilhamento desses itens.

A tricomoníase é diagnosticada pelo exame microscópico de esfregaços de secreções vaginais ou uretrais, e o seu tratamento consiste em metronidazol e restauração do pH vaginal normal nas mulheres. O metronidazol não pode ser utilizado durante a gravidez, porque provoca abortos; todavia, é importante combater a infecção antes do parto, para evitar a infecção do lactente. Em geral, uma ducha com vinagre é efetiva. A infecção por *Trichomonas* também pode causar ruptura precoce das membranas e parto prematuro.

Os efeitos das diferentes espécies de *Trichomonas* ilustram a extrema variação no grau de dano que esses parasitas podem causar. *T. hominis* e *T. tenax* são considerados comensais. Entretanto, *T. foetus* provoca graves infecções genitais no gado bovino. Trata-se da principal causa de aborto espontâneo em vacas, e, de fato, essa espécie é responsável por perdas que alcançam quase 1 milhão de dólares por ano para os criadores de gado bovino nos EUA. Infelizmente, os surtos de *Brucella abortus* ocorridos em 2004 – uma infecção bacteriana que também provoca aborto contagioso –, se não forem logo controlados, poderão substituir *Trichomonas* como principal causa. Em 2000, durante a pesquisa de aves infectadas pelo vírus do Nilo ocidental, a causa de uma doença emergente do cérebro, os pesquisadores da fauna selvagem constataram que bandos de pombos estavam morrendo de infecção por *Trichomonas*, em vez do vírus do Nilo ocidental.

## APLICAÇÃO NA PRÁTICA

### Conheça a sua infecção por leveduras

É provável que já tenha assistido a inúmeros comerciais e anúncios para tratamento de infecções vaginais por leveduras. Entretanto, quanto você efetivamente sabe a respeito dessas infecções? Na vaginite por fungos, que é mais frequentemente causada por *Candida albicans*, as lesões consistem em placas cinzentas ou brancas elevadas circundadas por áreas avermelhadas, e a secreção é escassa, espessa e semelhante a coalho. De maneira estranha, *Candida albicans* é um organismo relativamente comum, encontrado na microbiota natural de 20% das mulheres não grávidas e 30% das grávidas. Essa levedura só representa um problema quando provoca infecções oportunistas, sobretudo em pacientes com AIDS ou com diabetes não controlada ou naquelas tratadas com antibacterianos. Deste modo, é necessário controlar o diabetes, e a antibioticoterapia precisa ser interrompida para que a vaginite causada por *Candida* possa ser efetivamente tratada com nistatina, imidazol, clotrimazol ou miconazol, que constituem os principais ingredientes na maioria dos cremes e pílulas que você já ouviu falar para o tratamento dessas infecções por leveduras.

**PARE e RESPONDA**

1. Por que as infecções do trato urinário são mais comuns nas mulheres do que nos homens?
2. Diferencie as quatro vias de infecção na prostatite.
3. Por que o tecido renal é lesionado na glomerulonefrite, visto que as bactérias não estão infectando diretamente os rins?
4. O que são "células indicadoras"?

# DOENÇAS SEXUALMENTE TRANSMISSÍVEIS

As **doenças sexualmente transmissíveis (DSTs)** tornaram-se um problema de saúde pública cada vez mais grave nos últimos anos, em parte como resultado das mudanças nos comportamentos sexuais. Além disso, alguns agentes causadores estão se tornando resistentes aos antimicrobianos, e nenhuma vacina foi desenvolvida para controlar qualquer DST. Em consequência, a única maneira de prevenir as DSTs é evitar a exposição a elas.

## Síndrome da imunodeficiência adquirida (AIDS)

Embora a AIDS seja, em muitos casos, uma DST, ela não é transmitida exclusivamente por contato sexual. A AIDS foi discutida no Capítulo 19, juntamente com distúrbios do sistema imune.

## Doenças sexualmente transmissíveis causadas por bactérias

### Gonorreia

O termo **gonorreia** significa "fluxo de sementes" e foi criado em 130 d.C. pelo médico grego Galeno, que confundiu pus com sêmen. No século XIII, a transmissão venérea (de Vênus, deusa do amor na mitologia romana) dessa doença já era conhecida. Mas só em meados do século XIX é que a gonorreia foi reconhecida como doença específica; até então, acreditava-se que fosse um sintoma inicial da sífilis. O organismo etiológico, *Neisseria gonorrhoeae*, foi descrito pela primeira vez pelo médico alemão Albert Neisser, 1879. Trata-se de um diplococo gram-negativo esférico ou oval, com lados adjacentes achatados, que se assemelha a um par de grãos de café voltados um para o outro (**Figura 21.9**).

A dessecação mata os organismos em 1 ou 2 horas, porém eles conseguem sobreviver por várias horas em fômites. Foram documentados casos em que *Neisseria* sobreviveu a uma lavagem inadequada no hospital; em massas secas de pus, as bactérias podem sobreviver por até 6 a 7 semanas! Deste modo, embora esses organismos sejam normalmente considerados muito frágeis, alguns são muito resistentes.

A infecciosidade de *Neisseria* está relacionada, de diversas maneiras, com os seus *pili*. Os *pili* de aderência (fímbrias) permitem aos gonococos aderir às células epiteliais que revestem o sistema urinário, de modo que não sejam eliminados com a passagem da urina. (De fato, a descamação das células epiteliais constitui uma das defesas do corpo contra essas infecções.) Essas bactérias também utilizam os *pili* para aderir aos espermatozoides; é concebível que os espermatozoides em seu deslocamento possam transportar os gonococos até a parte superior do sistema genital. As cepas sem *pili* geralmente não são virulentas. Há pesquisas em andamento para o desenvolvimento de uma vacina contra os *pili* dos gonococos, mas ainda não se obteve sucesso.

Os gonococos produzem uma endotoxina que provoca dano à mucosa das tubas uterinas e liberam enzimas, como proteases e fosfolipases, que podem ser importantes na patogenia. Além disso, produzem uma protease extracelular que cliva a IgA, a imunoglobulina presente nas secreções (ver Capítulo 18). Os gonococos aderem aos neutrófilos, que os fagocitam (ver Capítulo 17). A fagocitose mata algumas das bactérias, mas as que sobrevivem multiplicam-se no interior dos leucócitos polimorfonucleares (PMNLs). Uma preparação a fresco típica de secreção uretral mostrará os PMNLs com diplococos dentro de seu citoplasma (ver Figura 21.9).

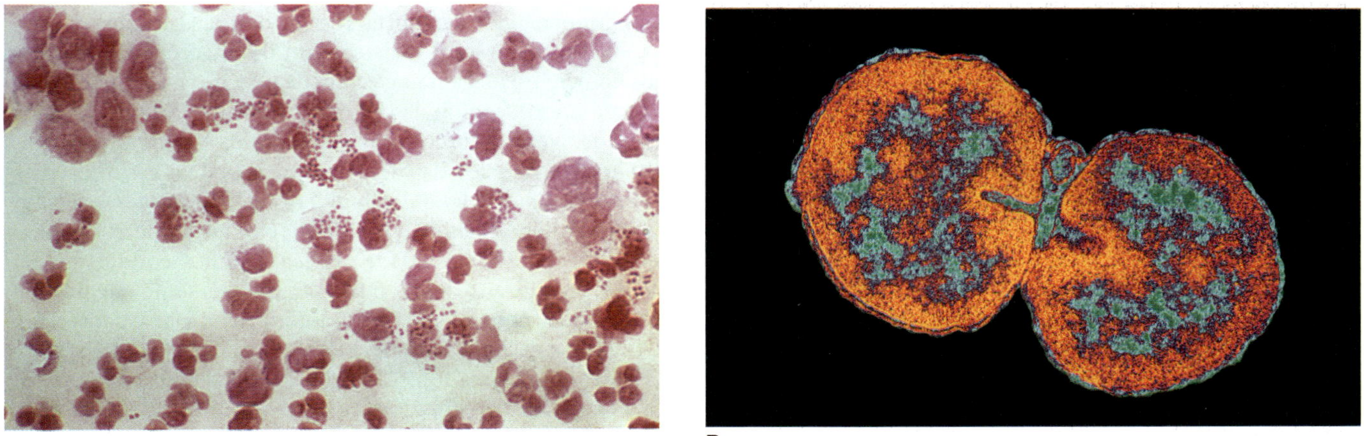

A B

**Figura 21.9 Diplococos de *Neisseria gonorrhoeae*.** **A.** Pequenos pontos de cor púrpura escura no interior do citoplasma de leucócitos em um esfregaço de uretra. *(Cortesia dos Centers for Disease Control and Prevention [CDC].)* **B.** Com aumento de 96.051× pelo MET, mostrando a estrutura interna do par. *(Dr. David M. Phillips/Science Source.)*

Os gonococos também obtêm ferro para suas próprias necessidades metabólicas a partir da transferrina, a proteína transportadora de ferro.

**A doença.** Nos EUA, a gonorreia é a segunda doença notificável mais comum, perdendo apenas para *Chlamydia*. Em 2016, foram notificados 421.338 casos de gonorreia e 1.456.168 casos de infecção por *Chlamydia*. Os seres humanos são os únicos hospedeiros naturais dos gonococos. A gonorreia é transmitida por portadores que são assintomáticos ou que ignoraram seus sintomas. Até 40% dos homens e 60 a 80% das mulheres permanecem assintomáticos depois da infecção e podem atuar como portadores durante 5 a 15 anos. É necessário um número muito pequeno de organismos para estabelecer uma infecção; 50% de um grupo de homens submetidos a uma inoculação uretral de apenas 1.000 organismos desenvolveram gonorreia. Após uma única exposição sexual a um indivíduo infectado, cerca de um terço dos homens tornou-se infectado. Depois de contatos sexuais repetidos com a mesma pessoa infectada, três quartos dos homens tornaram-se infectados. Entre os homens que desenvolvem sintomas, 95% apresentam gotejamento de pus da uretra nos primeiros 14 dias, e muitos desenvolvem sintomas mais cedo (Figura 21.10A). O período de incubação típico é de 2 a 7 dias.

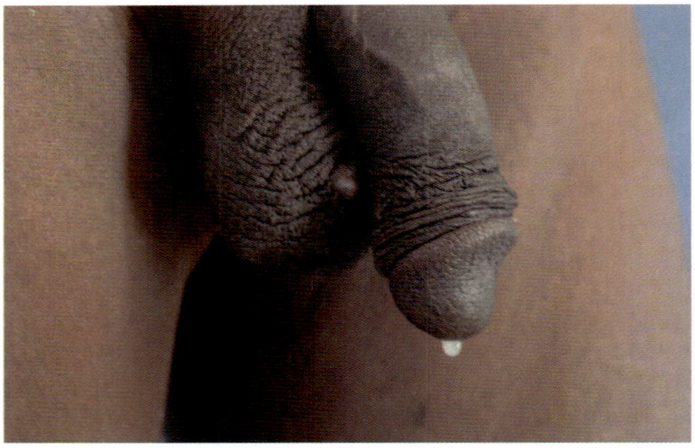

A

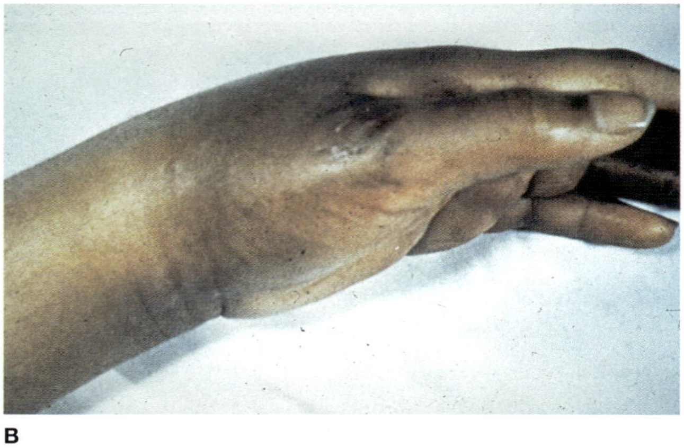

B

**Figura 21.10 Sintomas da gonorreia.** Os sintomas nos homens algumas vezes incluem (**A**) "gotejamento" uretral de pus *(UIG/Phototake)* e (**B**) uma complicação, a artrite gonocócica. *(Cortesia dos Centers for Disease Control and Prevention [CDC].)*

Tanto os contraceptivos orais quanto os dispositivos intrauterinos (DIUs) contribuíram para a epidemia de gonorreia atualmente observada no mundo ocidental (Figura 21.11). A sua introdução na década de 1960 levou a uma maior liberdade sexual e à diminuição do uso de preservativos e espermicidas. As mulheres que tomam pílulas anticoncepcionais têm uma probabilidade de 98% de serem infectadas com contato sexual, visto que as pílulas alteram as condições vaginais, favorecendo o crescimento dos gonococos. Embora os preservativos e os espermicidas sejam contraceptivos menos confiáveis, eles oferecem alguma proteção contra a gonorreia. A gonorreia dissemina-se na cavidade endometrial e tubas uterinas duas a nove vezes mais rapidamente nas mulheres que utilizam DIU do que naquelas que não fazem uso desse dispositivo. A exposição dos vasos sanguíneos durante a menstruação permite a entrada das bactérias no sistema circulatório, facilitando assim o desenvolvimento de bacteriemia. Foi também constatado que as lesões causadas pela gonorreia tornam a infecção pelo HIV mais fácil.

> Nos EUA, a maior taxa de gonorreia é observada entre mulheres de 15 a 19 anos, com 624,7 casos por 100.000. Os homens da mesma idade têm, em média, 261,2 casos por 100.000.

Embora a gonorreia seja considerada uma doença venérea (DV), ela também afeta outras partes do corpo (ver Figura 21.10B). As infecções da faringe, que se desenvolvem em 5% dos indivíduos expostos em consequência de sexo oral, são mais comuns em mulheres e homens homossexuais. O indivíduo pode desenvolver faringite, mas a maioria dos casos que acometem a faringe é assintomática. Os tecidos infectados atuam como fonte focal de bacteriemia. A infecção anorretal, que é particularmente comum em homens homossexuais, ocorre nos últimos 5 a 10 cm do reto. Pode ser assintomática ou dolorosa, com constipação intestinal, pus e sangramento retal. As mulheres com gonorreia vaginal frequentemente apresentam também infecção anorretal. Essa infecção pode ocorrer na ausência de relação sexual anal devido à contaminação da abertura do ânus por secreções vaginais carregadas de organismos. Os profissionais de saúde que realizam exames pélvicos internos podem evitar a disseminação da infecção pelo uso de um dedo enluvado diferente para exame retal daquele que foi inserido na vagina. São também observadas infecções faríngeas e anorretais em crianças vítimas de abuso sexual.

A uretra é o local mais comum de infecções gonorreicas nos homens. O local mais comum de infecção nas mulheres é o colo do útero, seguido da uretra, canal anal e faringe. As glândulas de Skene na uretra e as glândulas de Bartholin localizadas próximo à saída da vagina também podem ser infectadas nas mulheres. Até 50% das mulheres infectadas desenvolvem **doença inflamatória pélvica (DIP)**, em que a infecção se dissemina por toda a cavidade pélvica. Estudos conduzidos na Suécia mostraram que a DIP é frequentemente seguida de esterilidade, por causa da oclusão das tubas por cicatrização. A taxa de esterilidade aumenta com o número de infecções – 13% depois de uma infecção, 35% depois de duas infecções e 75% depois de três infecções.

As infecções disseminadas, que ocorrem em 1 a 3% dos casos, produzem bacteriemia, febre, dor articular, endocardite e lesões cutâneas, que podem ser pustulosas, hemorrágicas ou necróticas. Quando os organismos alcançam as

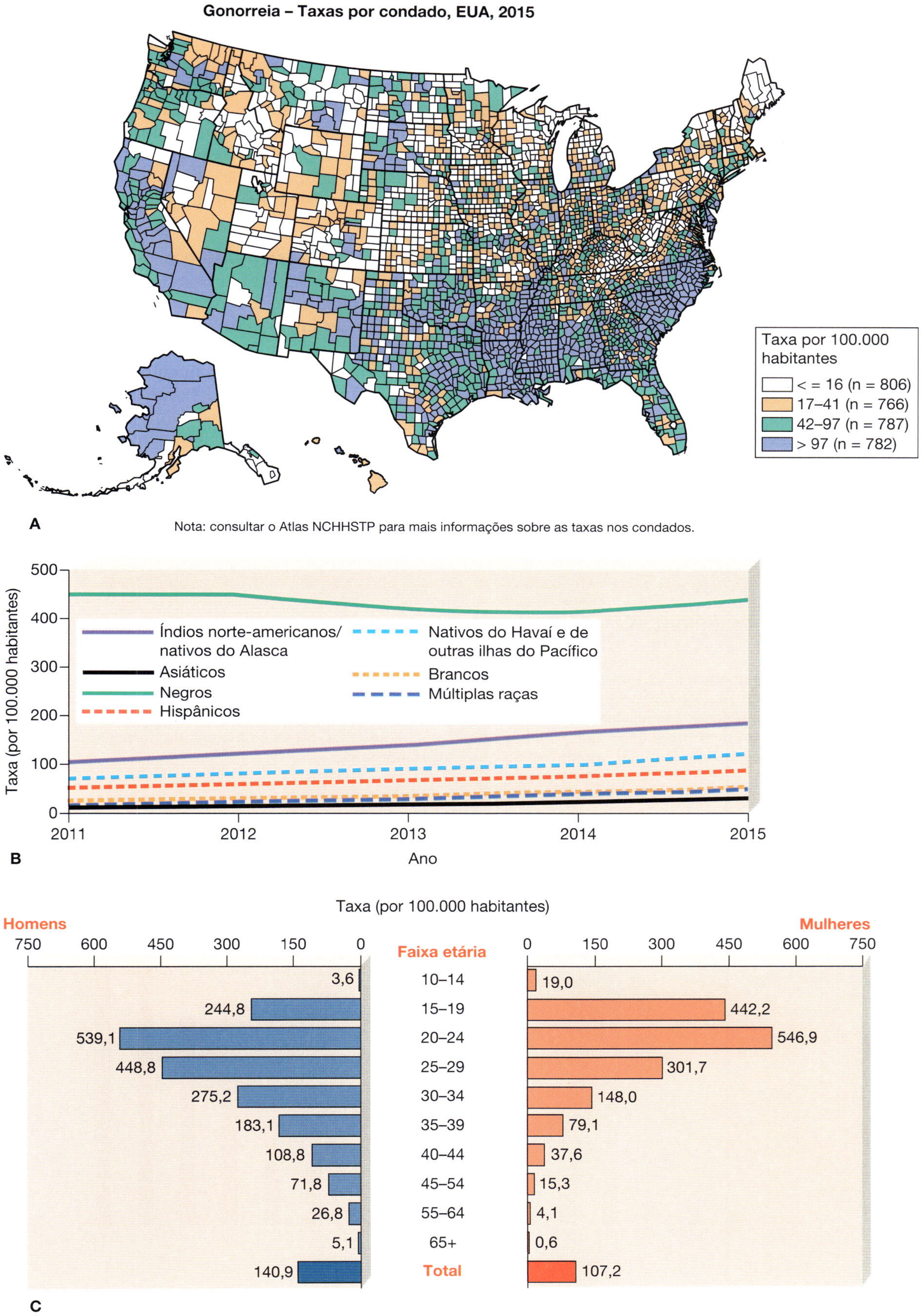


**Figura 21.11 Incidência de gonorreia nos EUA.** (**A**) Por condado; (**B**) por etnia; (**C**) por idade e sexo. *(Fonte: CDC.)*

articulações, podem causar artrite. Atualmente, a artrite gonocócica constitui a infecção articular mais comum em indivíduos de 16 a 50 anos de idade. Outra complicação da gonorreia é a infecção dos vasos linfáticos que drenam a pelve. A cicatrização resulta em tecido rígido e não flexível, que imobiliza os órgãos pélvicos em uma condição conhecida como "pelve congelada".

A transferência dos organismos pelas mãos contaminadas ou por fômites, como toalhas, pode resultar em infecções oculares. Se essas infecções não forem tratadas, podem resultar em grave cicatrização da córnea e cegueira. Os recém-nascidos podem adquirir oftalmia neonatal durante a sua passagem do canal do parto de uma mãe infectada (ver Capítulo 20). O pus que se acumula atrás das pálpebras inchadas pode jorrar com forte pressão e infectar os profissionais de saúde. Essas infecções têm ocorrido apesar do tratamento imediato. É importante usar uma proteção para os olhos.

A idade afeta o local e o tipo de infecção gonocócica. Durante os primeiros anos de vida, a infecção resulta habitualmente da contaminação acidental do olho ou da vagina por um adulto. Entre 1 ano de idade e a puberdade, a gonorreia ocorre habitualmente como vulvovaginite em meninas que sofreram abuso sexual. O epitélio vaginal de uma menina tem menos queratina e é mais suscetível à infecção do que aquele de uma mulher. As meninas apresentam dor na micção, dor na vulva e região perianal, desconforto na defecação e secreção verde amarelada nas aberturas da vagina e uretra. Tanto os meninos quanto as meninas podem desenvolver secreção anal purulenta, indicando gonorreia anorretal em consequência de abuso sexual. Em um hospital, a lavagem inadequada dos lençóis levou a um surto de vulvovaginite em pacientes pediátricos do sexo feminino que adquiriram a doença ao sentar nesses lençóis.

**Diagnóstico, tratamento e prevenção.** O diagnóstico é estabelecido pela identificação de *N. gonorrhoeae* por meio de sondas moleculares, visto que a cultura do organismo não é fácil. Por ser um organismo bastante fastidioso, *N. gonorrhoeae* exige uma alta taxa de umidade e dióxido de carbono no ambiente para o seu crescimento. As temperaturas de 35 a 37°C e um pH de 7,2 a 7,6 são ótimos. Existem muitas espécies de *Neisseria*. A obtenção de um resultado positivo em um exame de rastreamento pode não ser decorrente de *N. gonorrhoeae*; é necessário sempre efetuar testes para confirmação. Amostras coletadas de pacientes com suspeita de

## SAÚDE PÚBLICA

### Acabadas antes de até começar

Nos EUA, as quinolonas, que são antibacterianos relativamente novos para o tratamento da gonorreia, são utilizadas com cuidado. Não queremos criar seletivamente cepas resistentes, de modo que o seu uso ficou restrito a casos especiais. Infelizmente, as quinolonas foram utilizadas com tanta frequência nas Filipinas que já surgiram cepas de *Neisseria gonorrhoeae* resistentes às quinolonas nesse arquipélago. Se essas cepas migrarem para os EUA, as quinolonas se tornarão obsoletas para o tratamento da gonorreia. Atualização: Essas cepas chegaram aos EUA em 1991 e, tristemente, em abril de 2007, os CDC declararam que a maior parte das quinolonas já não tinha nenhuma utilidade no tratamento da gonorreia. A resistência é cinco vezes mais frequente entre cepas cultivadas de homens que fazem sexo com homens.

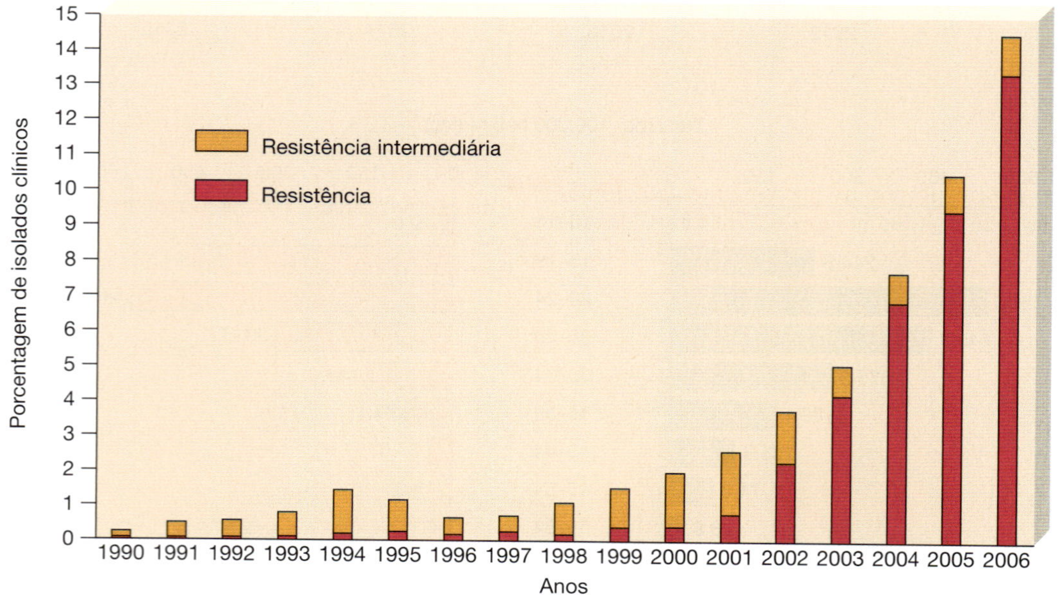


Porcentagem de isolados de *Neisseria gonorrhoeae* com resistência intermediária ou resistência ao ciprofloxacino por ano. De Gonococcal Isolate Surveillance Project, United States, 1990-2006. *(Fonte: CDC.)*

infecções causadas por *Neisseria* são inoculadas de um *swab* diretamente em um meio especial para transporte e incubação em laboratório (ver Capítulo 7).

As sulfonamidas foram os primeiros agentes reconhecidos para o tratamento das infecções gonocócicas. À medida que algumas cepas se tornaram resistentes às sulfonamidas, a penicilina tornou-se disponível. A princípio, a penicilina G era efetiva em quantidades muito pequenas, porém hoje em dia é necessário utilizar doses muito mais altas. Algumas cepas de gonococos são totalmente resistentes à penicilina, porque produzem a enzima betalactamase, que permite a decomposição desse antibiótico. Devido a aumentos na resistência, ficou muito difícil combater a gonorreia. Normalmente, os organismos adquirem resistência aos antibacterianos por meio de seus *pili* sexuais. Podemos nos perguntar se será sempre possível encontrar outro antibacteriano para combater as cepas resistentes. A partir de abril de 2007, os CDC não recomendaram mais as fluoroquinolonas (*i. e.*, ciprofloxacino, ofloxacino ou levofloxacino) para o tratamento da gonorreia ou de condições associadas, como a DIP. Apenas uma classe de fármacos, as cefalosporinas, ainda é recomendada e está disponível. Para indivíduos com alergias à penicilina ou às cefalosporinas, recomenda-se uma única dose intramuscular de espectinomicina, 2 g. Entretanto, a espectinomicina não está atualmente disponível nos EUA. Os CDC irão publicar boletins em seu *site* quando esse fármaco estiver disponível. Tanto a cefixima quanto a espectinomicina não são suficientes para o tratamento das infecções faríngeas, pois a sua erradicação é muito difícil. Os CDC também recomendam uma dose única oral de 400 mg de cefixima. Infelizmente, não se dispõe hoje de comprimidos de 400 mg, mas apenas de uma suspensão injetável. Os CDC também advertem contra o uso disseminado da azitromicina, com a esperança de retardar o desenvolvimento de resistência disseminada a esse fármaco, como ocorreu com o ciprofloxacino e outras fluoroquinolonas. Os CDC e a Organização Mundial da Saúde acreditam que 95% dos casos tratados com procedimentos recomendados deverão ser curados. Como as cepas resistentes alcançam 5% de uma população microbiana, este é o limiar para a modificação das recomendações. Hoje em dia, as cepas resistentes às fluoroquinolonas ultrapassam 15%.

Os pacientes com gonorreia frequentemente apresentam outras DSTs. Um ciclo de tratamento de 7 dias com doxiciclina oral ou com uma dose única de azitromicina tem a vantagem de matar *Chlamydia*, que pode estar concomitantemente presente. Em 50% dos pacientes com gonorreia, obtém-se também um teste positivo para *Chlamydia*. Para a gonorreia urogenital, anorretal e faríngea não complicada, os CDC recomendam uma terapia de combinação com uma dose intramuscular única de ceftriaxona de (250 mg) mais uma dose única de azitromicina (1 g) por via oral (VO) ou doxiciclina (100 mg) VO 2 vezes/dia, durante 7 dias. Devem-se realizar culturas de acompanhamento 7 a 15 dias após o término do tratamento para certificar-se de que a infecção esteja curada. Culturas adicionais de acompanhamento também são aconselhadas com 6 semanas, pois 15% das mulheres com resultados negativos em 7 a 10 dias tornam-se positivas novamente com 6 semanas – possivelmente devido a reinfecção. Todos os parceiros sexuais precisam ser tratados.

A melhor maneira de prevenir a gonorreia é evitar qualquer contato sexual com indivíduos infectados. Não se dispõe de nenhuma vacina, e a recuperação da infecção não proporciona imunidade.

## Sífilis

A **sífilis** é causada pela espiroqueta *Treponema pallidum*, um organismo ativo e móvel, com exigências difíceis de crescimento (ver Figura 4.30B). A evolução desse organismo acompanhou a evolução humana. *Treponema pallidum* só foi descoberto quando finalmente corado em 1905. Hoje em dia, nos Estados Unidos, a sífilis é muito menos comum do que a gonorreia. Entretanto, a incidência da sífilis tem aumentado, de modo geral, desde 1960, embora tenha declinado constantemente desde 1990 (**Figura 21.12**), com 485.560 casos notificados em 1941 e 24.138 casos em 2016.

A doença geralmente é transmitida por contato sexual, mas pode ser transmitida por meio dos líquidos corporais, como a saliva. Dessa maneira, cria um risco para dentistas e profissionais da higiene bucal. O beijo é outra forma de transmissão. A sífilis não é transmitida por alimentos, água ou ar, nem por vetores artrópodes. Os seres humanos constituem os únicos reservatórios. O sangue doado não precisa ser submetido a rastreamento para sífilis, pois qualquer espiroqueta presente é destruída quando o sangue é refrigerado.

**A doença.** Um caso típico de sífilis progride da seguinte maneira:

1. *Estágio de incubação:* no decorrer de um período de 2 a 6 semanas após a sua entrada no corpo, os organismos multiplicam-se e disseminam-se por todo o corpo.
2. *Estágio primário:* em média, cerca de 3 semanas após a infecção, uma resposta inflamatória no local de entrada original leva à formação de um **cancro**, uma lesão endurecida, indolor e sem secreção, com cerca de 1 cm de diâmetro. Em geral, observa-se o desenvolvimento de um ou mais cancros primários na genitália, embora possam se desenvolver nos lábios e nas mãos (**Figura 21.13**). Nas mulheres, os cancros no colo do útero ou em outra localização interna algumas vezes escapam à detecção. Com frequência, o paciente sente-se envergonhado de procurar assistência médica para uma lesão localizada na genitália e espera que ela simplesmente "desapareça". De fato, a lesão desaparece depois de cerca de 4 a 6 semanas, sem deixar nenhuma cicatriz. O paciente acredita que tudo está bem, porém a doença apenas entrou no estágio seguinte.
3. *Período latente primário:* todos os sinais externos da doença desaparecem, mas os exames de sangue para diagnóstico de sífilis são positivos, e a espiroqueta dissemina-se pela circulação.
4. *Estágio secundário:* os sintomas podem aparecer, desaparecer e reaparecer no decorrer de um período de até 5 anos, durante os quais o paciente é altamente contagioso. Esses sintomas consistem em exantema cor de cobre, sobretudo nas palmas das mãos e plantas dos pés (**Figura 21.14A**), e vários exantemas pustulosos e erupções cutâneas. Na mulher, o colo do útero habitualmente apresenta lesões. Placas mucosas dolorosas e esbranquiçadas, com quantidades abundantes de espiroquetas aparecem na língua, nas bochechas e nas gengivas. O beijo dissemina as espiroquetas para outras pessoas. Essas lesões cicatrizam sem nenhuma complicação, e o paciente mais uma vez pensa que está bem. Todavia, a doença agora entra no estágio seguinte.

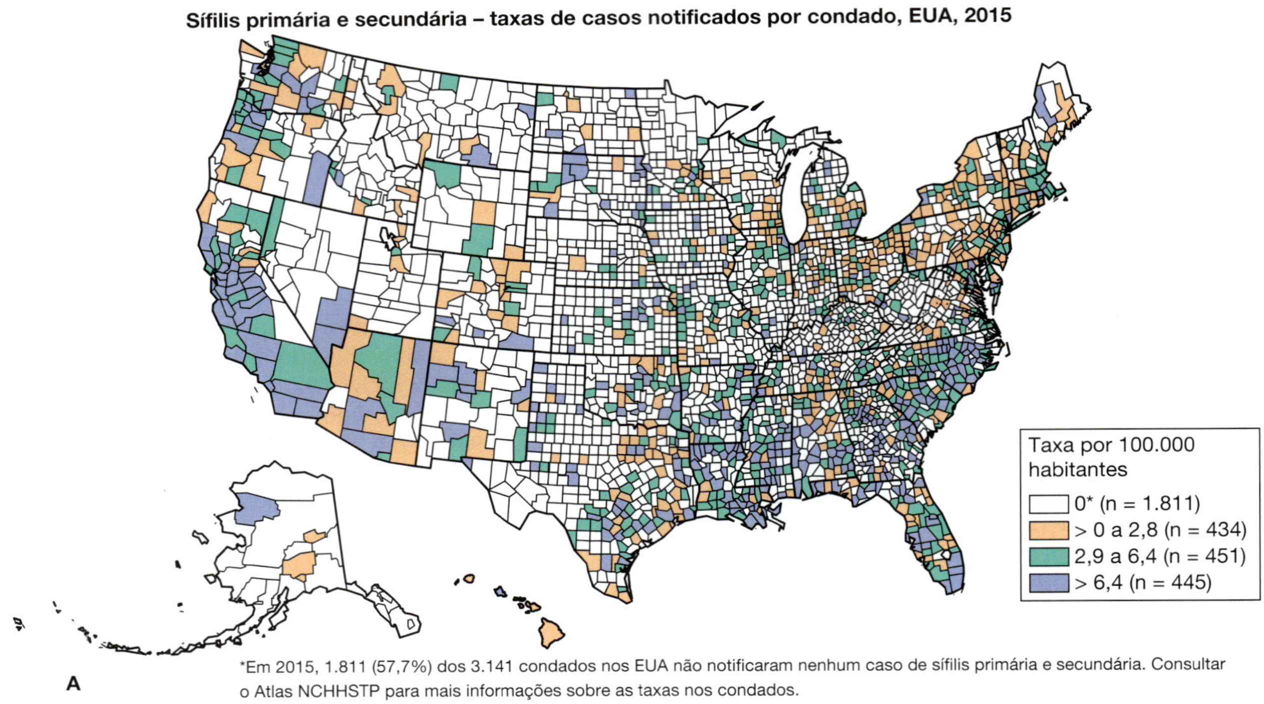


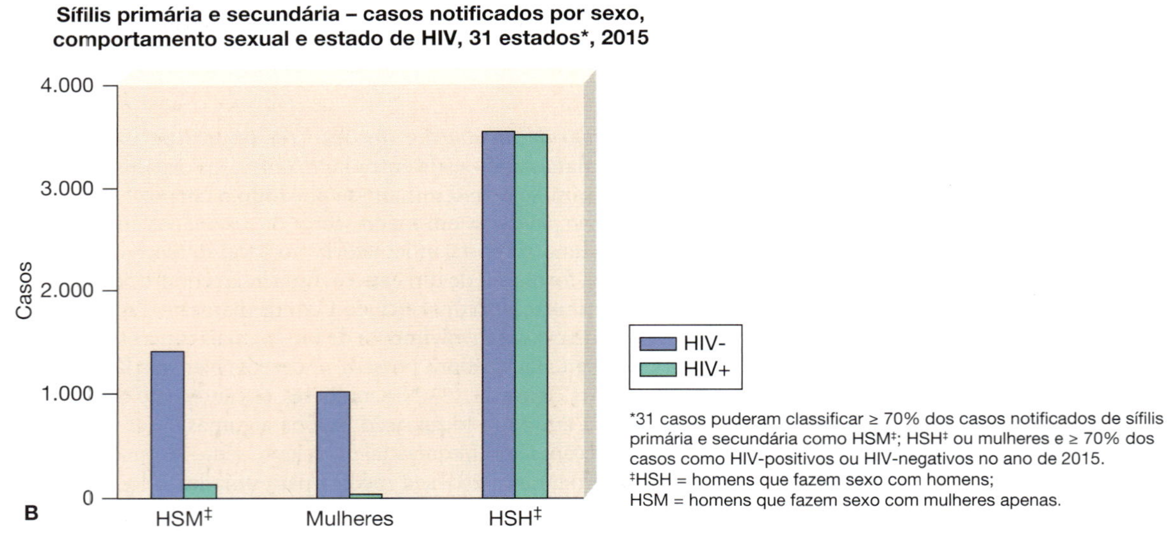


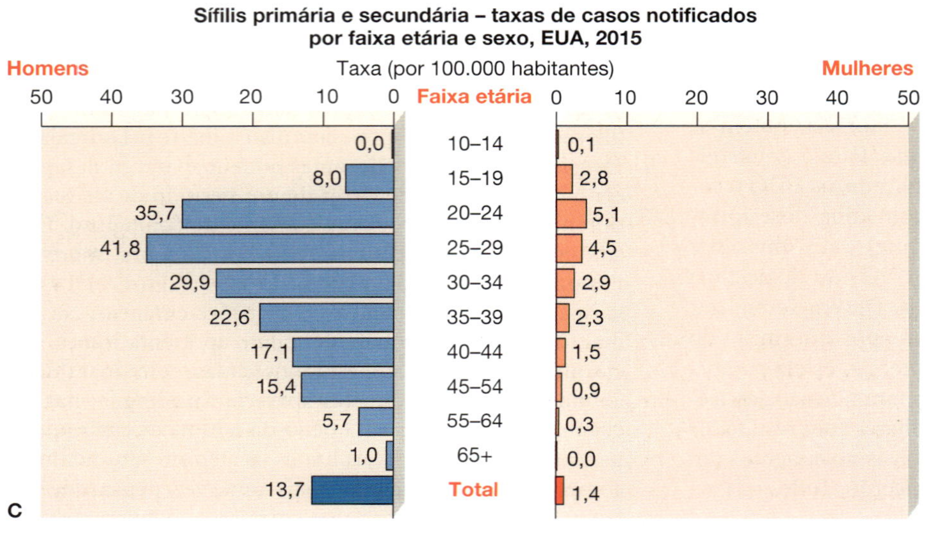


**Figura 21.12 Incidência de sífilis nos EUA.** (**A**) Por condado; (**B**) por sexo, comportamento sexual e estado de HIV; (**C**) por idade e sexo. *(Fonte: CDC.)*

5. *Estágio latente secundário:* mais uma vez, todos os sintomas desaparecem, e os exames de sangue podem ser negativos. Esse estágio pode persistir por toda a vida ou por um período altamente variável, ou pode nunca ocorrer. Os sintomas podem reaparecer a qualquer momento durante o estágio latente. Em alguns pacientes, a sífilis não progride além desse estágio; todavia, em muitos pacientes, ela evolui para o estágio terciário. Pode ocorrer também transmissão para o feto através da placenta.
6. *Estágio terciário:* ocorre dano permanente em vários sistemas do corpo. Pode aparecer uma ampla diversidade de sintomas; a sífilis foi denominada "o grande imitador" porque seus sintomas podem simular aqueles de muitas outras doenças. A maior parte envolve os sistemas cardiovascular e nervoso. Ocorrem danos aos vasos sanguíneos e valvas cardíacas. Nos casos de longa duração, depósitos de cálcio nas valvas cardíacas podem ser tão extensos a ponto de serem visíveis em uma radiografia de tórax. O dano neurológico, denominado **neurossífilis**, pode incluir espessamento das meninges; ataxia ou marcha instável ou incapacidade de deambular; e paresia ou paralisia e insanidade. Com frequência, esses sintomas devem-se à formação de inflamações granulomatosas por dano neural, denominadas **gomas** (ver Capítulo 17). Normalmente, as gomas internas destroem o tecido neural, enquanto as gomas externas destroem o tecido da pele (Figura 21.14B). O dano neurológico é acompanhado de doença mental. Na era pré-antibiótica, até metade dos leitos em hospícios era ocupada por pacientes com sífilis terciária.

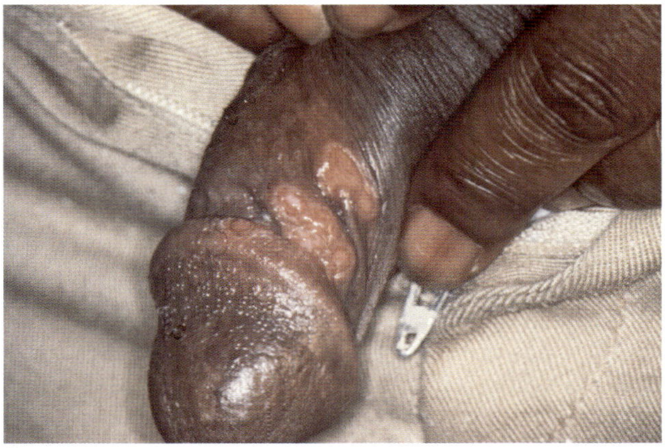

A

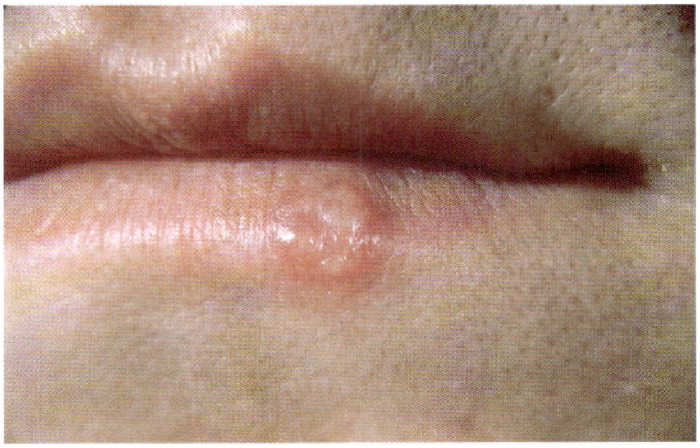

B

**Figura 21.13 Cancros primários da sífilis.** A. Localização genital (pênis). *(Cortesia dos Centers for Disease Control and Prevention CDC/M. Vein, VD.)* B. Localização extragenital (face). *(Cortesia dos Centers for Disease Control and Prevention.)*

**Diagnóstico, tratamento e prevenção.** Os testes diagnósticos incluem análise do DNA no tecido para sequências gênicas específicas dos organismos causadores da sífilis, testes com anticorpos fluorescentes e de imobilização dos treponemas. Os organismos de motilidade ativa podem ser observados ao microscópio de campo escuro, enquanto se adiciona o anticorpo específico contra *Treponema pallidum*. A imobilização dos organismos pelo anticorpo fornece uma confirmação de 98% para sífilis. Outros testes sanguíneos, como o VDRL (laboratório de pesquisa de doenças venéreas) e o teste de Wassermann, apresentam uma alta frequência de resultados falso-positivos, visto que se baseiam na detecção de dano tecidual. Um caso grave de influenza, a ocorrência de infarto do miocárdio ou uma doença autoimune podem causar dano suficiente para produzir uma reação falso-positiva. Assim, os exames de rastreamento como o VDRL precisam sempre ser seguidos de um teste confirmatório, como o teste do anticorpo

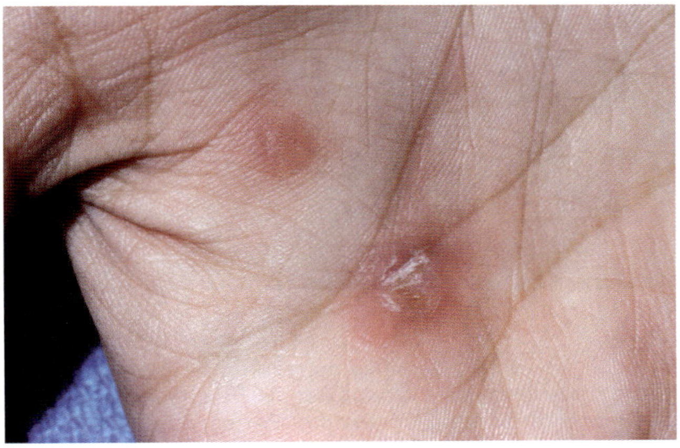

A

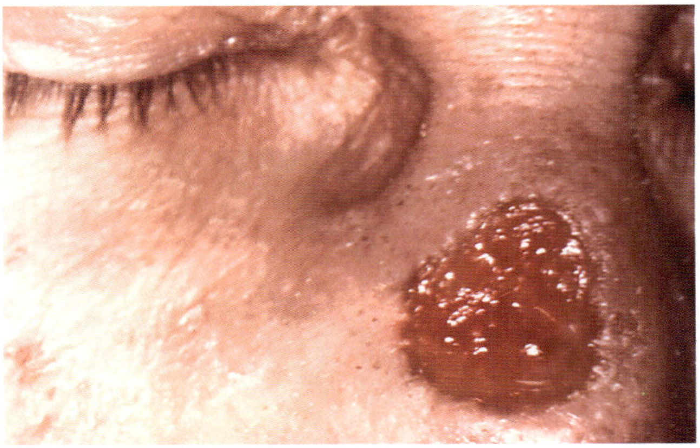

B

**Figura 21.14 Sinais de sífilis secundária e terciária.** A. Exantema papular típico (estágio secundário). *(Southern illinois University/ Science Source.)* B. Goma (estágio terciário). *(Cortesia dos Centers for Disease Control and Prevention.)*

fluorescente. Além disso, o VDRL exige uma vidraria extremamente limpa e uma alta atenção para detalhes. Um teste mais recente e muito mais fácil, o teste da reagina plasmática rápida (RPR), utiliza cartões de papelão descartáveis, e está substituindo o VDRL. Um teste rápido mais recente realizado no local de assistência do paciente (*point of care*) foi recentemente aprovado como exame tão preciso quanto o teste laboratorial tradicional, que leva até 3 semanas para fornecer os resultados, além de necessitar também de instalações e profissionais treinados, o que pode não existir em algumas partes do mundo. O novo teste só exige uma única punção do dedo, com resultados disponíveis em 20 minutos.

Nos EUA, houve um aumento nas taxas de sífilis, principalmente entre homens e em homens que fazem sexo com homens. Mais de 50 milhões de pessoas no mundo inteiro estão sendo tratadas de sífilis, porém 90% dos infectados não têm conhecimento da doença e não estão sendo tratados. São diagnosticados cerca de 12 milhões de novos casos a cada ano.

Em geral, a sífilis é tratada com penicilina G benzatina. Quanto mais tempo o paciente sofre de sífilis, mais importantes são o tratamento contínuo e a realização de testes para assegurar que os microrganismos foram erradicados. Não se dispõe de nenhuma vacina, e a recuperação não confere imunidade.

**Sífilis congênita.** Ocorre **sífilis congênita** quando os treponemas atravessam a placenta da mãe para o bebê. Por ocasião do nascimento ou pouco depois, o lactente pode apresentar sinais como dentes incisivos chanfrados ou dentes de Hutchinson (Figura 21.15A), palato perfurado, tíbia em sabre (em que a tíbia projeta-se acentuadamente na frente da perna) (Figura 21.15B), face com aparência envelhecida com nariz em sela (nariz achatado em formato de sela) (Figura 21.15C) e secreção nasal. As mulheres devem efetuar um teste para sífilis antes de engravidar e como parte do exame pré-natal se já estiverem grávidas, para evitar essas infecções congênitas. Estima-se que quase 2 milhões de mulheres grávidas no mundo estejam infectadas com sífilis.

## Cancroide

O **cancroide**, denominado cancro mole para diferenciá-lo do cancro duro e indolor da sífilis, é causado por *Haemophilus ducreyi*, cujo nome provém do dermatologista italiano Augusto Ducrey, que o observou pela primeira vez em lesões cutâneas, em 1889. O organismo é um pequeno bastonete gram-negativo que ocorre em cadeias.

O cancroide, que é relativamente raro nos EUA, com menos de 106 casos relatados por ano, é observado com mais frequência nos países em desenvolvimento da África, Caribe e Sudeste Asiático. Acredita-se que a sua incidência mundial seja maior que a da gonorreia ou da sífilis. Nos EUA, a maioria dos casos ocorre em imigrantes e alguns casos são observados em militares. Em 1982, os CDC registraram um súbito aumento no número de casos no sul da Califórnia – de uma média de 29 casos por ano para mais de 400. Destes casos, 90% eram homens hispânicos, cuja maior parte tinha imigrado recentemente do México.

**A doença.** O cancroide começa com o aparecimento de lesões dolorosas e moles, denominadas cancros, que sangram facilmente, nos órgãos genitais no decorrer dos 3 a 5 dias após

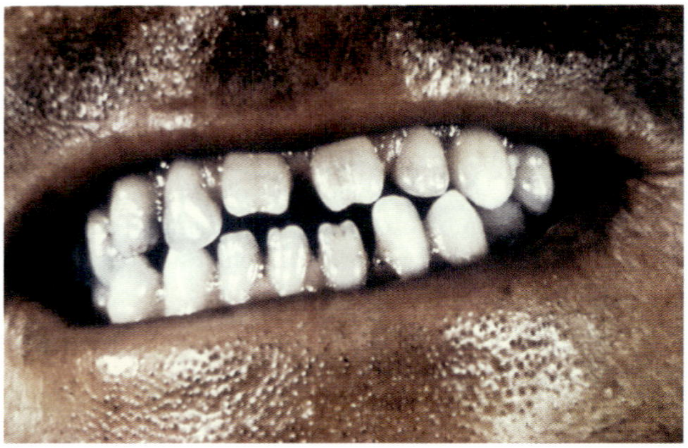
A

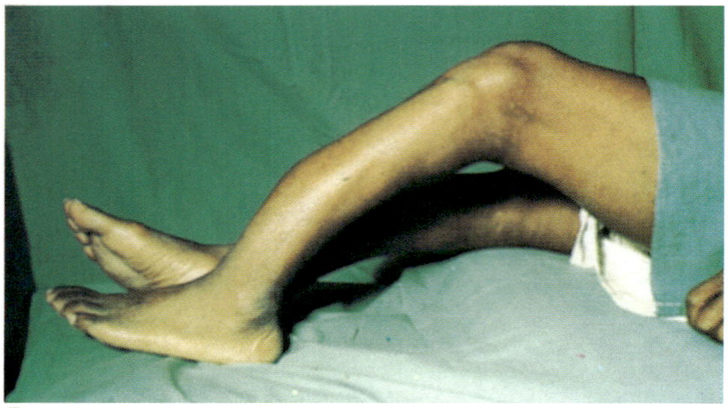
B

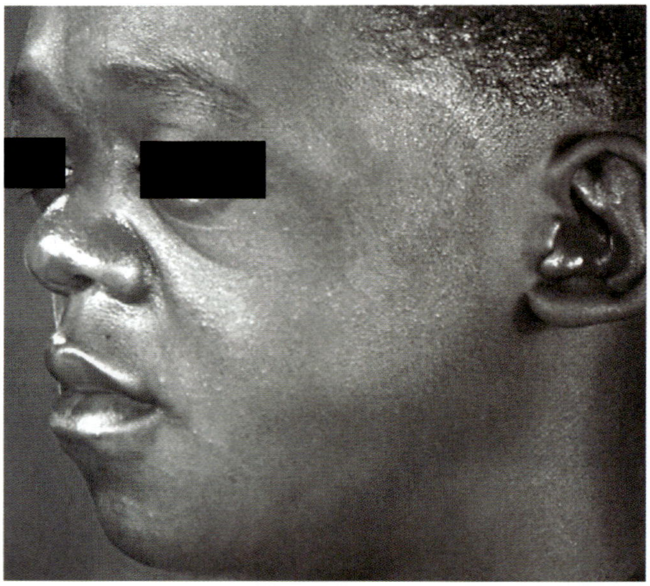
C

**Figura 21.15 Sinais de sífilis congênita. A.** Dentes de Hutchinson, mostrando os incisivos centrais chanfrados. *(Cortesia dos Centers for Disease Control and Prevention CDC.)* **B.** Tíbia em sabre, mostrando o arqueamento da parte anterior da tíbia. *(Cortesia de Kenneth E. Greer, M.D., University of Virginia Health Sciences Center.)* **C.** Nariz em sela, que provoca um tipo de respiração ruidosa. *(CDC.)*

## APLICAÇÃO NA PRÁTICA

### *Homo sapiens* e *Treponema pallidum*: uma parceria evolutiva

Historicamente, quatro doenças diferentes – sífilis, pinta, bouba e bejel – são causadas pelo mesmo patógeno, *Treponema pallidum*. Estudos de DNA mostram que os organismos causadores dessas quatro doenças são extremamente semelhantes. Só recentemente é que o agente causador da pinta evoluiu significativamente a partir de *T. pallidum*; recebeu um nome de espécie diferente, *T. carateum*. Os pesquisadores C. J. Hackett e Ellis Hudson sugeriram que os treponemas evoluíram de acordo com mudanças no estilo de vida dos seres humanos.

O primeiro patógeno infectava um animal silvestre e ocasionalmente infectava pessoas como uma zoonose. Dessa maneira, causou um conjunto de sintomas conhecido como *pinta*, uma doença de pele leve que não alcança tecidos mais profundos. Suas lesões vermelhas, azul-ardósia e branca são desfigurantes, mas não acarretam risco de vida. A pinta, que é encontrada nos trópicos, é transmitida de pessoa para pessoa por meio de contato direto com a pele. A pele quente e a umidade da transpiração fornecem um ambiente ideal para o treponema.

Por volta de 10.000 a.C., provavelmente na África, o patógeno sofreu mutação e deu origem à *bouba*, uma doença que proliferou em aldeias humanas mais densamente estabelecidas. A maior incidência da bouba continua sendo na África tropical e na América Latina. Os sintomas típicos consistem em lesões cutâneas exsudativas e profundas, que podem penetrar nos tecidos subjacentes e causar erosão do osso, sem alcançar as vísceras. As vítimas são, em sua maioria, crianças de 4 a 10 anos de idade.

Por volta de 7.000 a.C., pessoas portadoras do treponema migraram em direção ao norte. O clima era mais frio e mais seco, exigia o uso de mais roupas e tornou a transmissão pelo contato com a pele mais difícil. O patógeno sobreviveu melhor nas áreas quentes e úmidas, como a boca, a virilha e as axilas. A transferência para um novo hospedeiro ocorria mais provavelmente por contato oral, como no beijo, ou pelo compartilhamento de pedaços de alimento ou alimentação com os mesmos utensílios. Hoje, a doença é conhecida como sífilis não venérea ou *bejel*. A cepa responsável pelo bejel é ainda mais invasiva; ela provoca lesões granulomatosas como as da sífilis e ataca os tecidos dos sistemas esquelético, cardiovascular e nervoso. Com frequência, é transmitida por crianças pequenas, visto que as mais velhas geralmente passaram do estágio infeccioso.

O bejel é quase sempre adquirido antes da puberdade e não é sexualmente transmissível. Nunca é transmitido de forma congênita, talvez pelo fato de que a infecção da mãe deixa de ser transmissível antes que ela alcance uma idade suficiente para engravidar. Ocorreu uma epidemia de bejel durante o século XV na África, bem como nos séculos XVII e XVIII na Escócia e na Noruega. Hoje, a incidência mundial do bejel é mais alta que a da sífilis venérea.

À medida que os padrões de vida melhoraram, e as pessoas passaram a cobrir mais os seus corpos, o meio mais seguro de transmitir o treponema era por atividade sexual e sistema genital quente e úmido. O patógeno, evoluindo mais uma vez de acordo com as mudanças no estilo de vida dos seres humanos, passou a causar a sífilis venérea, em que o cancro primário parece ser análogo às lesões da bouba. A doença é mais grave do que o bejel, porque ela penetra nos órgãos em maior grau e de modo mais devastador.

Há evidências adicionais da evolução dos treponemas com a cultura humana. Em primeiro lugar, nenhuma das quatro doenças pode ser encontrada na mesma área geográfica, como qualquer outra doença. Em segundo lugar, a infecção com a bouba impede a ocorrência simultânea da sífilis. Em terceiro lugar, as pessoas com bouba que migram para climas mais frios perdem os sintomas e desenvolvem os do bejel. Evidentemente, o treponema é muito adaptável a seu ambiente. De fato, a própria sífilis parece ter evoluído consideravelmente nos últimos cinco séculos. Relatos que datam da década de 1490 descrevem que a doença mata as suas vítimas em questão de semanas. Hoje, ela é muito menos virulenta; o período de incubação por si só é mais longo do que isso, e os indivíduos portadores de sífilis podem sobreviver por décadas.

Se a teoria da evolução paralela dos patógenos e dos seres humanos estiver correta, os historiadores que acusaram os marinheiros de Colombo de terem trazido o organismo do Novo Mundo estavam enganados. O aparecimento da doença na Europa aproximadamente na mesma época das viagens de Colombo é, provavelmente, apenas uma coincidência. Os treponemas mais provavelmente chegaram à Europa com os escravos vindos da África, antes da descoberta da América, evoluindo finalmente para o ponto em que se tornaram capazes de causar a sífilis venérea. Evidências que confirmam essa hipótese foram encontradas em cemitérios de nativos americanos na Nova Inglaterra. Os restos de indivíduos que morreram antes da chegada dos colonizadores vindos do Velho Mundo não mostram nenhum traço de sífilis. Os sinais da sífilis aparecem pela primeira vez nos esqueletos de mulheres nativas jovens enterradas na mesma época da colonização europeia inicial.

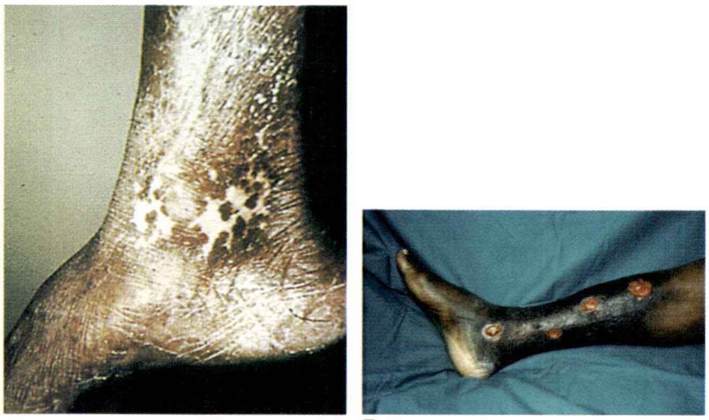

A                B

**A.** Exantema da pinta. *(Cortesia dos Centers for Disease Control and Prevention CDC.)* **B.** Lesões causadas pela bouba. O dano causado ao osso também pode ser semelhante ao da tíbia em sabre produzida pela sífilis (ver Figura 21.15). *(Biophoto Associates/Science Source.)*

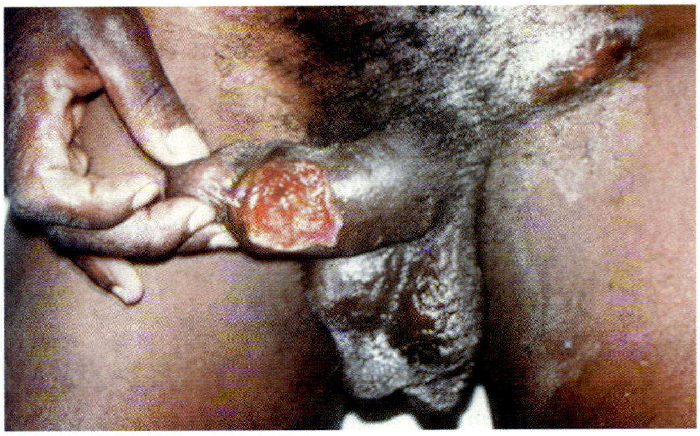

**Figura 21.16 Lesões do cancroide no pênis.** Um bubão com drenagem encontra-se na área da virilha adjacente. O cancroide é causado por *Haemophilus ducreyi*. *(Cortesia dos Centers for Disease Control and Prevention [CDC].)*

contato sexual. Com frequência, nas mulheres, ocorrem nos lábios do pudendo e no clitóris, e nos homens, no pênis. Entretanto, a infecção pode estar presente sem lesões aparentes, sendo o único sintoma uma sensação de ardência após a micção. Os cancros também podem ocorrer na língua e nos lábios. Independentemente de sua localização, os cancros são bastante infecciosos. Os profissionais de saúde algumas vezes adquirem lesões nas mãos simplesmente pelo contato com cancros. Em cerca de um terço dos pacientes, o cancroide dissemina-se para a virilha, onde forma massas aumentadas de tecido linfático, denominadas *bubões*. Essas massas aparecem cerca de 1 semana após a infecção, intumescem até alcançar um grande tamanho e podem irromper através da pele, descarregando pus na superfície (Figura 21.16).

**Diagnóstico e tratamento.** O cancroide é diagnosticado pela identificação do organismo em raspados de uma lesão ou no líquido de um bubão. Pacientes com cancroide também apresentam frequentemente sífilis e outras DSTs. Assim, um paciente com diagnóstico positivo para uma DST deve efetuar exames para a detecção de outras DSTs. As lesões não tratadas podem persistir por vários meses. Com frequência, ocorre resolução espontânea da doença. A infecção não confere imunidade permanente, e a doença pode ser adquirida outras vezes. O tratamento consiste em antibacterianos como tetraciclina, eritromicina, sulfanilamida ou uma combinação de trimetoprima e sulfametoxazol. Com o tratamento, as lesões cicatrizam rapidamente; todavia, com frequência, elas deixam cicatrizes profundas, com destruição de muito tecido.

## Uretrite não gonocócica

Como o próprio nome sugere, a **uretrite não gonocócica (UNG)** é uma DST semelhante à gonorreia, causada por organismos diferentes dos gonococos. Na maioria dos casos, a UNG é causada por *Chlamydia trachomatis*, porém alguns casos resultam de infecção por micoplasmas. A prevalência das infecções por clamídias é maior do que qualquer outra DST, com exceção da tricomoníase, e está aumentando acentuadamente desde 1954 (Figura 21.17). Em 2011, os EUA registraram mais de 1,4 milhão de novos casos. Os CDC recomendam um rastreamento anual para todas as mulheres sexualmente ativas, mas a estimativa é que apenas 38% sejam submetidas a rastreamento. Se a UNG for identificada precocemente, pode-se evitar o dano.

**Infecções por clamídias.** *Chlamydia trachomatis* é uma bactéria esférica minúscula com um complexo ciclo de vida intracelular (ver Capítulo 10). Além de causar UNG, cepas de subespécies de *C. trachomatis* provocam uma ampla gama de distúrbios, incluindo conjuntivite e linfogranuloma venéreo (discutido adiante). Os CDC estimaram que entre 3 e 5 milhões de norte-americanos contraem UNG por clamídias a cada ano. A subespécie que causa conjuntivite de inclusão em recém-nascidos também é responsável por 30 a 50% dos casos de UNG em homens, bem como por 30 a 50% dos casos de vulvovaginite e metade dos casos de cervicite (inflamação do colo do útero) em mulheres. O grande número de seres humanos infectados e que apresentam organismos nas secreções corporais faz com que a transmissão das infecções por clamídias seja particularmente fácil.

Depois de um período de incubação de 1 a 3 semanas, surgem sintomas de UNG, que são semelhantes aos da gonorreia, porém mais leves. Observa-se uma secreção uretral aquosa e escassa, sobretudo depois da primeira micção da manhã. Algumas vezes, a micção é acompanhada de sensação de formigamento no pênis. Muitos casos de UNG por clamídias são assintomáticos, e felizmente a maioria das DSTs causadas por clamídias não produz complicações ou efeitos posteriores significativos. Entretanto, a inflamação do epidídimo (o tubo através do qual passam os espermatozoides provenientes dos testículos) pode levar à esterilidade.

A DIP, que pode ser causada por mais de 20 agentes infecciosos diferentes, é uma complicação comum da UNG, bem como da gonorreia. A DIP por clamídias aumenta o risco de esterilidade e de gravidez ectópica, gravidez em que o embrião começa a se desenvolver fora do útero (p. ex., na tuba uterina ou na cavidade peritoneal). Estudos realizados em mulheres grávidas revelaram que 11% apresentam *Chlamydia* no colo do útero; a febre pós-parto é comum entre as mulheres infectadas. Os lactentes podem desenvolver pneumonia neonatal por clamídias, uma doença raramente fatal, que é responsável por 30% de todas os casos de pneumonia em crianças com menos de 6 meses de idade. Como essa condição normalmente só se desenvolve dentro de 2 ou 3 meses após o parto, sua conexão com a infecção cervical por clamídias frequentemente passa despercebida.

Pode ser difícil detectar Chlamydia: cerca de 80% das mulheres e 10% dos homens com a doença são assintomáticos.

As infecções causadas por clamídias são difíceis de controlar. Os lactentes podem ser infectados durante a sua passagem pelo canal do parto de uma mãe infectada. O nitrato de prata utilizado para evitar a oftalmia gonorreica neonatal não protege contra *Chlamydia*, mas a eritromicina fornece uma proteção contra ambas. Em clínicas de doenças venéreas, a penicilina utilizada no tratamento da sífilis e da gonorreia não elimina as infecções causadas por clamídias. O recente aumento na incidência de infecções por clamídias poderia ser interrompido com tetraciclinas e sulfas se todos os parceiros sexuais fossem tratados.

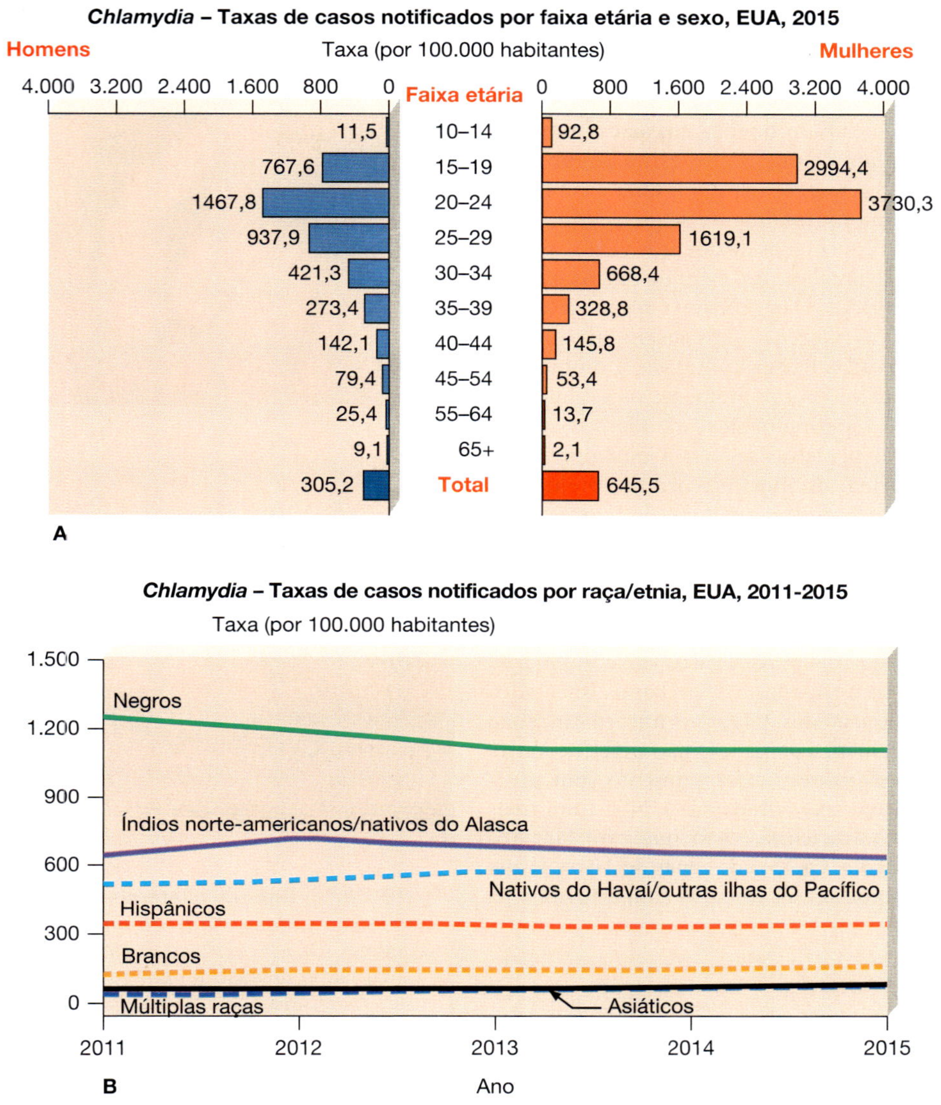


**Figura 21.17** (**A**) Taxas de infecção por *Chlamydia* (por 100.000 habitantes) por faixa etária e sexo nos EUA, 1984-2005; e (**B**) por raça/etnia, EUA, 2011-2015. *(Fonte: CDC.)*

A **conjuntivite de inclusão** do adulto pode resultar de autoinoculação com *C. trachomatis* a partir dos órgãos genitais por meio dos dedos ou de toalhas; é sobretudo comum em adultos jovens sexualmente ativos. A conjuntivite de inclusão assemelha-se estreitamente ao tracoma (ver Capítulo 20). Antes do uso disseminado do cloro nas piscinas, era denominada "conjuntivite da piscina". Pode ocorrer reinfecção, mas não se sabe se em consequência de uma resposta imune inadequada ou de infecção por uma das oito cepas infecciosas diferentes.

A cada ano, cerca de 75.000 lactentes adquirem **blenorreia de inclusão** por clamídias, um nome derivado do grego, que significa "fluxo de muco". Trata-se geralmente de uma conjuntivite benigna que começa com uma secreção mucosa purulenta 7 a 12 dias depois do parto e que desaparece por meio de tratamento com eritromicina ou espontaneamente depois de algumas semanas ou meses. Quando persiste, torna-se indistinguível do tracoma da infância e pode levar à cegueira.

**Infecções por micoplasma.** A UNG também pode ser causada por *Mycoplasma hominis*, que frequentemente faz parte da microbiota urogenital normal, sobretudo nas mulheres. Os micoplasmas, que não têm parede celular, aparentemente causam infecção por meio de fusão de suas membranas celulares com as das células hospedeiras. Essas infecções são muito comuns, e mais de 50% dos adultos normais possuem anticorpos contra *M. hominis*. Embora esteja mais frequentemente associado à UNG, *M. hominis* algumas vezes provoca DIP em mulheres e uretrite oportunista nos homens. Os micoplasmas no colo do útero durante a gravidez provavelmente colonizam a placenta e causam abortos espontâneos, nascimentos prematuros e baixa taxa de nascimentos. Eles também promovem a ocorrência de gravidez ectópica.

Outro agente causador de UNG é *Ureaplasma urealyticum*, anteriormente denominado cepa T do micoplasma (T para *tiny*, "minúsculo" em inglês). Nos EUA, entre 1 e 2,5 milhões de indivíduos são infectados. Uma das menores bactérias conhecidas que causam doença em seres humanos, o seu nome provém do fato de que ela necessita de um meio com 10% de ureia para o seu crescimento. É uma das primeiras bactérias cujo genoma foi totalmente sequenciado. Entre os pacientes examinados em clínicas de doenças venéreas, 50 a 80% são portadores de *U. urealyticum*, além de outros patógenos sexualmente transmitidos. O organismo é responsável por mais da metade de todas as infecções que causam infertilidade em casais. Foram observadas baixas contagens e mobilidade deficiente dos espermatozoides nos homens; os organismos ligam-se firmemente aos espermatozoides e podem ser transmitidos dessa maneira às parceiras sexuais. Constituem uma causa importante de morte fetal, aborto recorrente, prematuridade e baixo peso ao nascer – que constitui uma causa importante de morte neonatal.

O diagnóstico é estabelecido com base na cultura de secreções uretrais e vaginais e da superfície da placenta. Quando ambos os membros de um casal infectado são tratados, a gravidez é alcançada em 60% dos casos, em comparação com uma taxa de sucesso de apenas 5% em casais infectados por esse organismo e não tratados. Como os micoplasmas são desprovidos de parede celular, a penicilina não é efetiva contra eles. Em consequência, as pessoas em tratamento com penicilina para outras DSTs não são curadas da UNG. Com mais frequência, utiliza-se a tetraciclina, visto que esse fármaco também controla *Chlamydia*. Os 15% de cepas de *Mycoplasma* resistentes à tetraciclina podem ser tratados com eritromicina e espectinomicina.

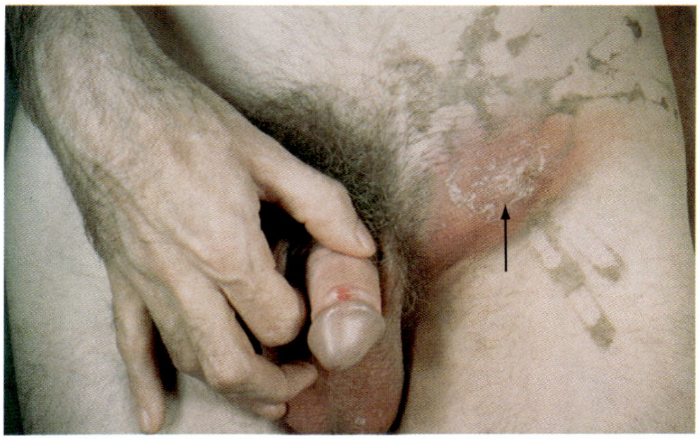

A

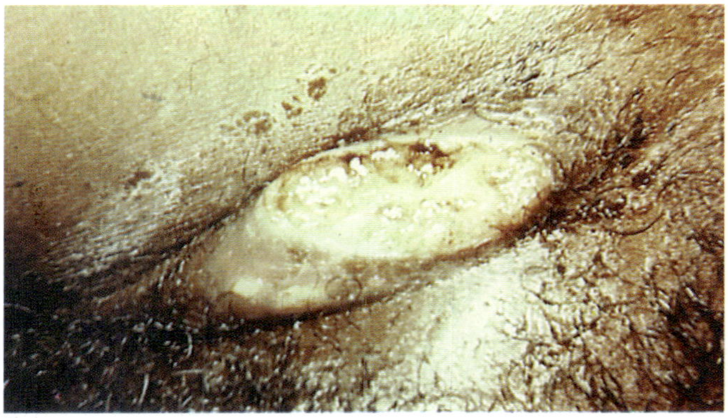

B

**Figura 21.18 Bubões bilaterais do linfogranuloma venéreo, causado por *Chlamydia trachomatis*.** **A.** Fase inicial do desenvolvimento. *(Dr. Milton Reisch/Corbis/Getty Images.)* **B.** Após atingir tal tamanho, a lesão foi aberta para drenagem. *(Cortesia dos Centers for Disease Control and Prevention [CDC].)*

## Linfogranuloma venéreo

O **linfogranuloma venéreo (LGV)**, outra DST, é comum nas regiões tropicais e subtropicais. Embora só ocorram cerca de 250 casos por ano nos EUA, em sua maior parte em estados do sudeste, até 10.000 casos são tratados anualmente em uma única clínica na Etiópia. Essa doença não notificável é cerca de 20 vezes mais comum nos homens do que nas mulheres.

**A doença.** O agente causador do LGV foi identificado em 1940 como uma cepa altamente invasiva de *Chlamydia trachomatis*, que é diferente da cepa que causa infecção genital por *Chlamydia*. Nos primeiros 7 a 12 dias após contato com o organismo, aparecem lesões no local da infecção – geralmente os órgãos genitais, porém algumas vezes a cavidade oral. Na maioria dos casos, as lesões sofrem ruptura e cicatrizam, sem deixar nenhuma cicatriz. Outros sintomas observados incluem febre, mal-estar, cefaleia, náuseas, vômitos e exantema. De 1 semana a 2 meses mais tarde, os organismos invadem o sistema linfático e provocam aumento dos linfonodos regionais, que se transformam em bubões dolorosos e purulentos (Figura 21.18A). Sabe-se que as vítimas usam navalhas para abrir os bubões, a fim de obter alívio (Figura 21.18B), porém a aspiração com agulha esterilizada é um tratamento mais seguro. Em certas ocasiões, a inflamação dos linfonodos causa obstrução e cicatrizes dos vasos linfáticos, causando edema da pele genital e elefantíase (aumento maciço) da genitália externa tanto de homens quanto de mulheres. Com frequência, ocorrem infecções retais em homens homossexuais. Nas mulheres, a linfa proveniente da vagina drena para o reto, e os linfonodos nas paredes do reto tornam-se cronicamente aumentados em 25% dos casos. Isso provoca bloqueio retal, exigindo habitualmente cirurgia. Os casos não tratados produzem uma secreção anal sanguinolenta e purulenta, podendo levar finalmente à perfuração do reto. Os organismos transferidos pelas mãos para os olhos podem causar conjuntivite. Em casos raros, a doença progride para meningite, artrite e pericardite.

"Curas" espontâneas representam por vezes infecções latentes. A latência pode ser prolongada, conforme evidenciado por homens que infectam parceiros sexuais muitos anos após a sua própria infecção inicial. O sistema genital e o reto de indivíduos cronicamente infectados, porém algumas vezes assintomáticos, servem como reservatórios da infecção.

**Diagnóstico e tratamento.** O LGV é diagnosticado pela detecção de clamídias como inclusões coradas pelo iodo no pus de linfonodos. Dispõe-se de testes sorológicos, mas eles frequentemente fornecem resultados falso-positivos. A doxiciclina é o fármaco de escolha para o tratamento do LGV. Os linfonodos aumentados podem levar de 4 a 6 semanas para regredir, mesmo após antibioticoterapia bem-sucedida.

## Granuloma inguinal

O **granuloma inguinal**, ou donovanose, é causado pelo pequeno bastonete gram-negativo encapsulado *Klebsiella granulomatis*, anteriormente conhecido como *Calymmatobacterium granulomatis*. A doença é incomum nos EUA, com cerca de 100 casos notificados por ano, e acomete na maioria homossexuais do sexo masculino. É comum na Índia, na costa ocidental da África, nas ilhas do Pacífico sul e em alguns países da América do Sul, a partir dos quais é ocasionalmente trazida para os EUA. A epidemiologia do granuloma inguinal não está totalmente elucidada. Alguns casos parecem ser sexualmente transmitidos, e outros não. Mesmo nos casos genitais, a infecciosidade é baixa, e muitos parceiros de indivíduos infectados não adquirem a doença.

O granuloma inguinal aparece como úlceras indolores, de formato irregular, nos órgãos genitais ou ao seu redor dentro de 9 a 50 dias depois de uma relação sexual. Não ocorre febre. As úlceras podem disseminar-se para outras regiões do corpo pelos dedos contaminados. À medida que as úlceras cicatrizam, a pele da região afetada perde a pigmentação. Sem tratamento, o dano tecidual pode ser extenso. O diagnóstico estabelecido a partir de raspados de lesões é confirmado pelo achado de grandes células mononucleares denominadas **corpos de Donovan** (Figura 21.19). Antibacterianos como ampicilina, tetraciclina, eritromicina e gentamicina oferecem tratamento efetivo.

**PARE e RESPONDA**

1. Que regiões do corpo podem ser afetadas pela gonorreia?
2. O indivíduo desenvolve imunidade depois de um caso de gonorreia? E depois de um caso de sífilis?
3. O que é um bubão?
4. O que é DIP? Como pode ser causada?

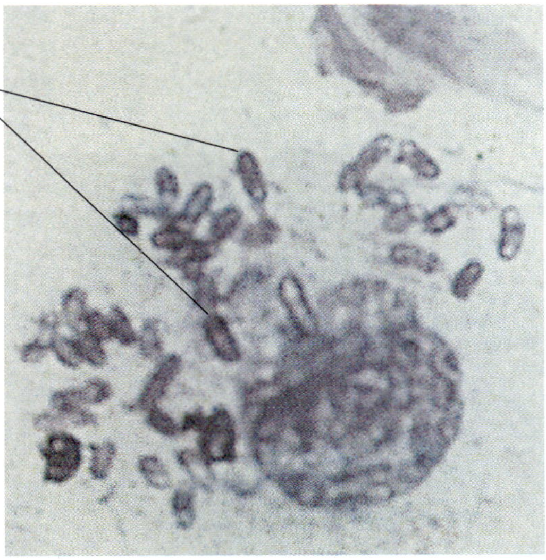


**Figura 21.19 Raspados de lesões do granuloma inguinal.** Causadas por *Klebsiella granulomatis*, essas lesões revelam células bacterianas encapsuladas dentro de macrófagos muito maiores. As células bacterianas assemelham-se a alfinetes de segurança fechados e são denominadas corpos de Donovan. *(Cortesia dos Centers for Disease Control and Prevention [CDC].)*

## Doenças sexualmente transmissíveis causadas por vírus

### Infecções por herpes-vírus

Dois herpes-vírus estreitamente relacionados causam doença em seres humanos (ver Capítulo 11). O **herpes-vírus simples tipo 1 (HSV-1)** causa tipicamente herpes labial, e o **herpes-vírus simples tipo 2 (HSV-2)**, algumas vezes denominado *herpes hominis virus*, causa tipicamente **herpes genital**. Tanto o HSV-1 quanto o HSV-2 apresentam um período de incubação de 4 a 10 dias, causam os mesmos tipos de lesões e foram isolados da pele e das membranas mucosas de lesões orais e genitais. Entre as infecções orais, 90% são causadas pelo HSV-1 e 10% pelo HSV-2. Entre as infecções genitais, 85% são causadas pelo HSV-2 e 15% pelo HSV-1. A presença do HSV-1 na região genital e do HSV-2 na região oral deve-se, mais comumente, à prática de sexo oral. O herpes genital é, sem dúvida alguma, a mais comum e a mais grave das infecções por herpes-vírus simples.

A infecção inicial pelo HSV-1 ou pelo HSV-2 pode ser assintomática, particularmente em crianças, ou pode causar lesões localizadas, com ou sem sintomas de infecção aguda. A maioria dos adultos apresenta anticorpos contra os herpes-vírus, porém apenas 10 a 15% têm sintomas. Nas infecções tanto pelo HSV-1 quanto pelo HSV-2, formam-se vesículas sob as células queratinizadas, que ficam preenchidas com líquido das células danificadas pelo vírus, partículas de restos celulares e células inflamatórias. As vesículas são dolorosas, mas cicatrizam por completo em 2 a 3 semanas sem deixar cicatriz, a não ser que haja infecção bacteriana secundária. Os linfonodos adjacentes aumentam e, algumas vezes, são hipersensíveis.

A latência (ver Capítulo 11) constitui uma característica essencial das infecções por herpes. Mais de 80% da população adulta do mundo abriga esses vírus, porém apenas uma pequena proporção apresenta infecções recorrentes. Dentro de 2 semanas após uma infecção ativa, os vírus migram para os gânglios por meio dos neurônios sensitivos (Figura 21.20). No interior dos gânglios, replicam-se lentamente ou não o fazem. Podem sofrer reativação espontânea ou podem ser ativados por febre, radiação ultravioleta, estresse, desequilíbrio hormonal, sangramento menstrual, alteração do sistema imune ou traumatismo. A infecção pode-se disseminar e matar as células nas glândulas suprarrenais, no fígado, no baço e nos pulmões. Na encefalite fatal causada por herpes, aparecem lesões moles

**SAÚDE PÚBLICA**

**Clube dos solteiros herpéticos**

Você é solteiro? Você tem herpes genital? Então é possível que queira se juntar a um "clube de solteiros herpéticos". Algumas pessoas com herpes fazem parte desses clubes na esperança de desfrutar de uma vida sexual com outros membros, sem transmitir a doença a pessoas não infectadas. Embora isso possa evitar a disseminação das infecções herpéticas a "estranhos", pode também dar uma falsa sensação de segurança aos que sofrem de herpes. Como existem várias cepas diferentes do HSV-1 e do HSV-2, as pessoas podem infectar-se umas às outras com diferentes cepas do HSV. Cada cepa nova pode causar uma nova infecção primária e lesões muito dolorosas.

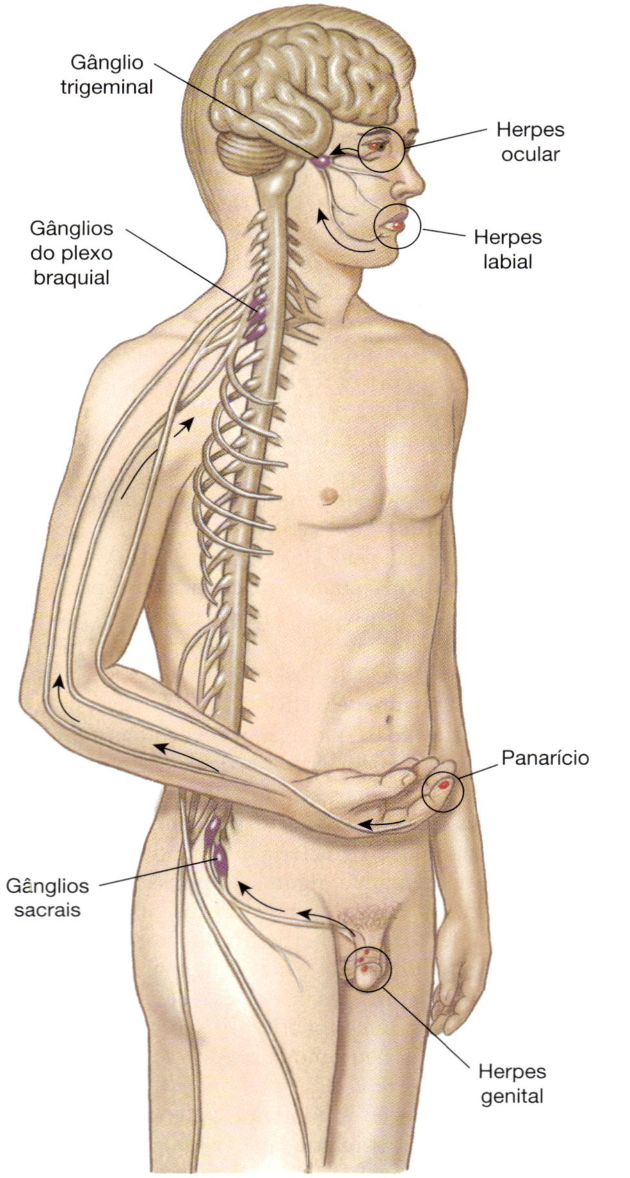


**Figura 21.20 Uma vez adquiridos, os herpes-vírus simples são "hóspedes" permanentes.** Após a ocorrência de uma lesão, os vírus migram para os gânglios, a partir dos quais seguem o seu trajeto de volta ao local da lesão original por ocasião do próximo surto. Uma exceção rara a esse padrão é algumas vezes observada no gânglio trigeminal, onde os três ramos do nervo trigêmeo (quinto nervo craniano) se unem. Os vírus de uma lesão do lado inferior podem migrar ao longo do ramo oftálmico em um episódio subsequente, causando comprometimento ocular, ou até mesmo migrar de volta ao cérebro, causando meningite e lesão cerebral. Não se sabe por que isso algumas vezes ocorre; felizmente, trata-se de um fenômeno muito raro.

e de coloração alterada na substância tanto cinzenta quanto branca do cérebro.

Após reativação, o vírus segue o seu trajeto ao longo do axônio até as células epiteliais, onde se replica, causando lesões recorrentes. Essas lesões, que sempre recidivam exatamente no mesmo local da infecção original, são menores, eliminam menos vírus, contêm mais células inflamatórias e cicatrizam mais rapidamente do que as lesões primárias. Em geral, as recidivas sucessivas tornam-se mais leves, até cessarem finalmente. Enquanto o vírus está em um neurônio, nem a imunidade humoral nem a celular podem combatê-lo. Quando o vírus alcança as células epiteliais alvo e começa a se replicar, os anticorpos podem neutralizar os vírus, e as células T podem eliminar as células infectadas pelo vírus. Esses processos imunológicos que tornam difícil o isolamento dos vírus do líquido vesicular nas lesões recorrentes também reduzem a sua gravidade e duração. As recidivas podem ser limitadas a um ou dois episódios, ou podem aparecer periodicamente durante a vida do paciente, porém ocorrem habitualmente de cinco a sete vezes. Mesmo que cessem as recidivas, os vírus permanecem latentes nos gânglios, e os vírus de latência prolongada podem ser reativados por estresse intenso, traumatismo ou comprometimento da função imune (p. ex., em pacientes com AIDS).

Os "disseminadores de HSV" – indivíduos que disseminam os vírus enquanto permanecem assintomáticos – representam um problema significativo. Foi constatado que até uma em cada 200 mulheres dissemina os vírus, mesmo quando não apresentam nenhuma lesão observável e, em alguns casos, nenhum conhecimento de ter tido infecção por herpes. Essas mulheres representam uma séria ameaça a qualquer filho que possam ter.

**Herpes genital.** As infecções por herpes genital geralmente se adquirem após o início da atividade sexual, visto que o vírus é transmitido principalmente por contato sexual. Entretanto, o vírus pode sobreviver por curtos períodos em áreas úmidas, como banheiras de água quente. As mudanças nas práticas sexuais, particularmente o aumento da prática do sexo oral, aumentaram a incidência do HSV-1 nas lesões genitais e do HSV-2 nas lesões orais. Atualmente, mais de 20 milhões de norte-americanos apresentam herpes genital, e meio milhão de novos casos são observados a cada ano.

Nas mulheres, as vesículas aparecem nas membranas mucosas dos lábios do pudendo, da vagina e do colo do útero. Ulcerações algumas vezes espalham-se pela vulva e podem até mesmo aparecer nas coxas. Nos homens, aparecem minúsculas vesículas no pênis e no prepúcio, acompanhadas de uretrite e secreção aquosa (Figura 21.21). A próstata e as vesículas seminais também podem ser afetadas. Ambos os sexos apresentam

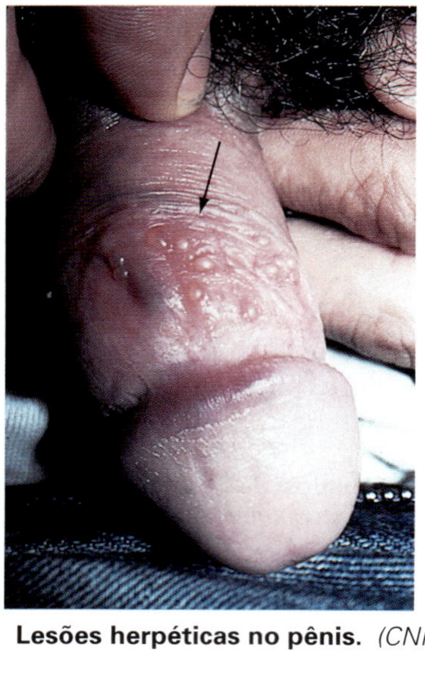

**Figura 21.21 Lesões herpéticas no pênis.** *(CNRI/Phototake.)*

dor e prurido intensos nos locais das lesões e aumento dos linfonodos na virilha.

Uma pessoa infectada por herpes-vírus é contagiosa toda vez que os vírus estiverem sendo liberados. A disseminação ocorre sempre na presença de lesões ativas e começa habitualmente alguns dias antes do aparecimento das lesões. Pode ocorrer continuamente, mesmo quando não há lesões. Portanto, a abstinência de contato sexual quando as lesões estão presentes nem sempre evita a disseminação da doença. Nos anos recentes, as práticas sexuais promíscuas, a ignorância e a falta de preocupação em transmitir a doença aumentaram acentuadamente o número de casos de herpes genital. Essa doença incurável tornou-se uma das DSTs mais comuns.

As mulheres infectadas com herpes genital podem apresentar três outros problemas graves. Em primeiro lugar, a incidência de abortos entre mulheres com herpes genital é mais alta que a das mulheres não infectadas. Em segundo lugar, quando mulheres infectadas engravidam, o lactente deve nascer por parto cesáreo. Por fim, as mulheres infectadas correm risco aumentado de se tornarem infectadas pelo vírus da AIDS, visto que as lesões fornecem uma via aberta para a entrada do vírus.

**Herpes neonatal.** O **herpes neonatal** (Figura 21.22) pode aparecer por ocasião do nascimento ou até 3 semanas depois. Os lactentes são mais frequentemente infectados em sua passagem pelo canal do parto contaminado com o HSV-2, mas também podem ser infectados por equipamentos contaminados e procedimentos hospitalares. Em raros casos, os lactentes são infectados *in utero*. Como os recém-nascidos são altamente suscetíveis à infecção pelo HSV, não devem ser cuidados por indivíduos com essas infecções. As mães infectadas que precisam cuidar do lactente devem seguir procedimentos sanitários de modo criterioso.

Por ocasião do diagnóstico, dois terços dos lactentes infectados apresentam vesículas cutâneas; os outros já possuem infecção disseminada, com lesões neurais ou viscerais. As infecções cutâneas disseminam-se em 70% dos lactentes infectados. Os lactentes com infecções disseminadas apresentam pouco apetite, vômitos, diarreia, dificuldades respiratórias e hipoatividade. Alguns também exibem sintomas neurológicos, icterícia e distúrbios oculares. Os recém-nascidos com infecções disseminadas deterioram-se rapidamente e, em geral, morrem no decorrer de 10 dias. Os poucos que sobrevivem habitualmente apresentam lesões do sistema nervoso central e dos olhos. Ocasionalmente, os lactentes apresentam apenas algumas vesículas, porém os vírus latentes podem mais tarde causar dano significativo. O diagnóstico precoce e o tratamento das infecções neonatais pelo herpes-vírus são essenciais para a sobrevivência da criança e para reduzir a probabilidade de dano neurológico.

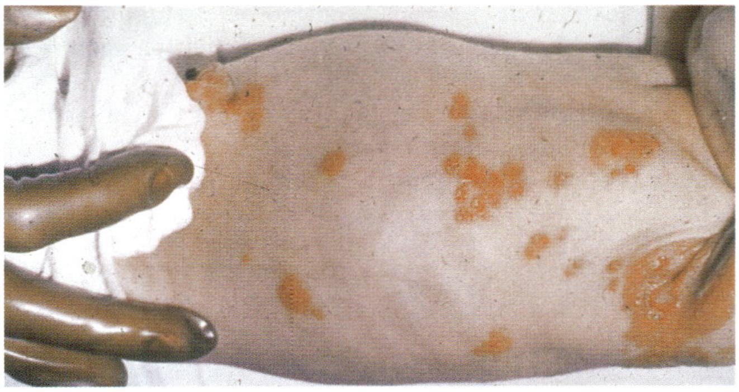

**Figura 21.22 Herpes neonatal.** Esse tipo de herpes pode ser adquirido quando o recém-nascido passa pelo canal do parto de uma mãe infectada. O herpes neonatal poderia ser evitado com parto cesáreo. Algumas vezes, as lesões são tão extensas que recobrem quase toda a superfície da pele. Essas crianças sofrem de dano cerebral profundo ou não sobrevivem. *(Cortesia dos Centers for Disease Control and Prevention.)*

**Outras infecções pelo herpes-vírus simples.** Foram observadas diversas manifestações das infecções causadas por herpes-vírus. Acredita-se que a maioria seja causada pelo HSV-1, porém o HSV-2 pode ser responsável por algumas. Elas incluem gengivoestomatite, herpes labial, ceratoconjuntivite, meningoencefalite por herpes, pneumonia por herpes, eczema herpético, herpes traumático, herpes do gladiador e panarícios. O HSV-1 dissemina-se por meio de secreções contaminadas ou contato com lesões e, em geral, é adquirido na infância de parentes, babás ou outras crianças. A incidência do vírus é particularmente alta dentro das famílias, nos hospitais e em outras instituições. Os seres humanos são, em sua maioria, infectados pelo HSV-1 nos primeiros 18 meses de vida. Muitas dessas infecções são inaparentes, e as primeiras lesões aparentes resultam de reativações.

A **gengivoestomatite**, que consiste em lesões da membrana mucosa da boca, é mais comum em crianças de 1 a 3 anos de idade. Depois de um período de incubação de 2 a 20 dias, pequenas vesículas aparecem ao redor da boca durante um período de 7 dias. Cada vesícula acumula líquido, forma uma crosta e cicatriza em 2 a 3 semanas. Normalmente, as lesões recorrentes ocorrem na forma de **herpes labial**. Se os olhos, em vez da boca, forem o local de infecção inicial, as vesículas aparecem na córnea e nas pálpebras, causando **ceratoconjuntivite**.

A manifestação mais grave da infecção pelo HSV é a *meningoencefalite herpética*, que pode ocorrer após infecção herpética generalizada em um recém-nascido, em criança ou no adulto. Recentemente, foi descoberto como o vírus atravessa a barreira hematencefálica para entrar no sistema nervoso central. O vírus permanece latente no gânglio do nervo trigêmeo, que inerva partes da face e da boca, até que seja reativado por algum fator desconhecido. Em seguida, em vez de migrar para fora até os tecidos epiteliais, como a língua ou os lábios, ele ascende ao longo do nervo em direção ao cérebro. A doença é de início rápido, com febre, cefaleia, irritação das meninges, convulsões e alteração dos reflexos. Nos indivíduos de meia-idade e idosos, a meningoencefalite pode aparecer sem quaisquer sintomas precedentes. O paciente apresenta confusão crescente, alucinações e, algumas vezes, crises convulsivas. A maioria dos pacientes morre em 8 a 10 dias; em geral, os que sobrevivem apresentam dano neurológico permanente.

A **pneumonia por herpes** é rara. Em geral, é observada apenas em pacientes queimados, alcoólicos e pacientes com AIDS ou outras imunodeficiências. O **eczema herpético** é uma erupção generalizada causada pela entrada do vírus através da pele. O **herpes traumático** ocorre quando o vírus entra na pele traumatizada, na área de uma queimadura ou de outra lesão. O **herpes do gladiador** ocorre em lesões cutâneas de lutadores. O **panarício** (Figura 21.23) é uma lesão herpética

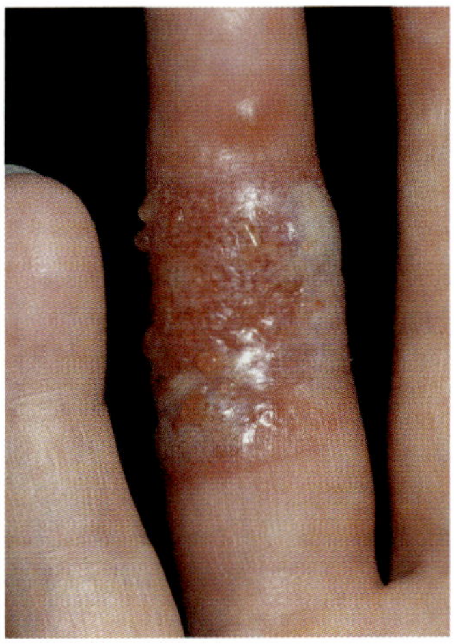

**Figura 21.23 Panarício herpético.** Esse tipo de infecção por herpes-vírus é uma infecção muito dolorosa do dedo da mão, que pode disseminar-se para outras áreas do corpo, por exemplo, ao esfregar os olhos. Os profissionais de saúde devem-se proteger com o uso de luvas de látex. *(Dr. P. Marazzi/Science Source.)*

que ocorre em um dedo da mão que pode resultar de exposição a lesões herpéticas orais, oculares e, provavelmente, genitais. Por essa razão, os técnicos de odontologia, os enfermeiros e outros profissionais de saúde devem utilizar luvas de borracha quando tratarem de pacientes com lesões herpéticas. Uma pessoa com panarício pode disseminar a infecção para a boca, os olhos e as áreas genitais ou para outras pessoas.

**Diagnóstico, tratamento e prognóstico.** Os herpes-vírus são mais facilmente isolados do líquido vesicular e das células da base de uma lesão e podem ser cultivados no laboratório em uma variedade de tipos de células. O efeito citopático dos vírus aparece rapidamente na cultura. O tempo necessário para o estabelecimento de um diagnóstico diminuiu acentuadamente com os testes imunológicos rápidos. O diagnóstico rápido é muito importante para mulheres em trabalho de parto ou próximo ao momento do parto, visto que um parto cesáreo pode evitar a exposição do lactente ao vírus.

Nos anos recentes, foram utilizados diversos fármacos com graus variáveis de sucesso no tratamento das infecções por HSV-1 e HSV-2. A trifluorotimidina é efetiva no tratamento do herpes ocular. Embora o aciclovir não seja confiável na prevenção de recidivas, ele impede a disseminação das lesões, diminui a liberação dos vírus e encurta o tempo de cicatrização. São obtidos melhores resultados quando o aciclovir é utilizado no início de uma infecção primária. A administração de aciclovir, Ara-A e vidarabina em várias combinações no início da infecção aumentou as taxas de sobrevida na meningoencefalite herpética e no herpes neonatal. O prognóstico para alívio dos sintomas do herpes genital é razoavelmente satisfatório. Os pacientes sofrem, em sua maioria, poucas recidivas ou nenhuma se tomarem o aciclovir diariamente; entretanto, podem apresentar recidiva se interromperem o uso. Não existe nenhum tratamento capaz de erradicar os vírus latentes.

**Imunidade e prevenção.** Embora o conhecimento imunológico dos herpes-vírus seja suficiente para produzir uma vacina, essa vacina ainda não está disponível. Mesmo que uma vacina estivesse disponível e fosse administrada a todos os que não apresentam anticorpos anti-HSV, seriam necessários anos para erradicar a doença. Um grande número de indivíduos já abriga vírus latentes, de modo que é necessária uma vacina para inativar a informação genética viral responsável pela *latência*. Uma vacina capaz de induzir anticorpos como aqueles das infecções naturais provavelmente não seria efetiva; esses anticorpos aparentemente não têm nenhum efeito sobre os vírus latentes e não podem isoladamente evitar a ocorrência de recidivas. Um grande estudo sobre vacinas, o Herpevac Trial for Women, está atualmente em andamento.

A melhor maneira disponível de prevenir infecções pelo HSV é evitar o contato com indivíduos portadores de lesões causadas pelo HSV-1 ou HSV-2. Se todos os indivíduos infectados se abstivessem de atividade sexual, particularmente quando apresentam lesões ativas, seria possível prevenir alguns novos casos de herpes genital. Se as mulheres grávidas avisassem seus obstetras de que elas têm infecções por herpes, seria possível proteger os lactentes de uma exposição durante o parto. Mesmo essas precauções não impedirão a disseminação do herpes genital. A maioria dos indivíduos infectados libera vírus alguns dias antes do aparecimento das lesões, enquanto alguns eliminam vírus continuamente sem apresentar nenhuma lesão.

## Verrugas genitais

Os **condilomas**, ou **verrugas genitais**, causados pelo papilomavírus humano (HPV), ocorrem com mais frequência na população de adultos jovens sexualmente promíscuos. A incidência de verrugas genitais aumentou rapidamente nos últimos anos, de modo que agora estão entre as DSTs mais prevalentes. Nos EUA, cerca de 20 milhões de indivíduos estão atualmente infectados pelo HPV. Pelo menos 50% de todos os homens e mulheres sexualmente ativos tornam-se infectados em algum momento de sua vida, e pelo menos 80% das mulheres são infectadas até os 50 anos de idade. A maior parte não apresenta nenhum sintoma, e ocorre resolução espontânea da infecção. Atualmente, nos EUA, a taxa de incidência é de 20% entre mulheres jovens. Dois terços dos parceiros sexuais de indivíduos infectados também desenvolvem verrugas. Os preservativos não são tão úteis na prevenção da infecção pelo HPV quanto na de outras DSTs. As verrugas podem ser papilares ou planas. Nos homens, elas aparecem no pênis (**Figura 21.24**), no ânus e no períneo; nas mulheres, ocorrem na vagina, no colo do útero, no períneo e no ânus.

À semelhança das verrugas da derme (ver Capítulo 20), as verrugas genitais causam irritação e, algumas vezes, prurido intenso. Podem persistir ou regredir de modo espontâneo.

## APLICAÇÃO NA PRÁTICA

### Interrompa a cortisona

Se você tem hábito de utilizar cortisona para tratar lesões inflamatórias, certifique-se de não a utilizar para tratar as lesões do herpes, particularmente as lesões oculares. Como a cortisona suprime o sistema imune, ela permite um aumento da multiplicação dos vírus, causando lesão celular mais extensa. O dano pode provocar perfuração da córnea.

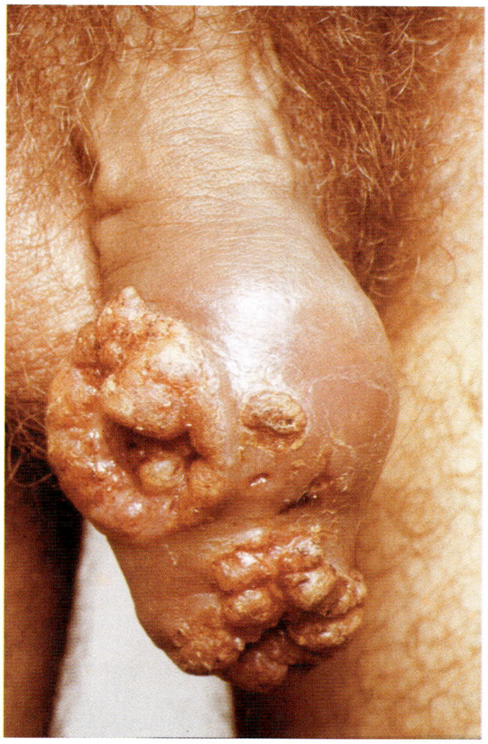

**Figura 21.24 Verrugas genitais do pênis.** *(Biophoto Associates/ Science Source.)*

Com frequência, as verrugas genitais tornam-se infectadas por bactérias, e as que persistem por muitos anos podem-se transformar em tumores malignos. Algumas vítimas sofrem danos psicológicos devido à presença de verrugas. Durante a gravidez, as verrugas aumentam temporariamente em número e tamanho, porém diminuem depois do parto. Os lactentes podem ser infectados durante o parto. O número de verrugas aumenta nos pacientes imunossuprimidos e naqueles com AIDS e outras deficiências imunológicas. (O tratamento das verrugas foi discutido no Capítulo 20.)

A infecção por algumas cepas de HPV pode resultar em verrugas visíveis. Outras cepas causam infecções "silenciosas", sem formação de verrugas. Ambos os tipos de infecção são transitórias em 90% dos casos, com duração média de 8 meses. Dos 10% dos casos que se tornam infecções estabelecidas, um décimo (*i. e.*, 1% de todos os indivíduos infectados) se tornará maligno, causando câncer de colo do útero, de pênis ou de ânus. Em um estudo, observou-se que 99,7% de 932 cânceres de colo do útero estavam infectados pelo HPV. Em geral, as cepas de verrugas externamente visíveis (vulvares) (p. ex., tipos 6 e 11) não causam câncer. As cepas que provocam verrugas cervicais ou infecções silenciosas (p. ex., tipos 16, 18, 8 etc.) podem causar neoplasia maligna quando uma infecção não transitória se desenvolve, devido a uma resposta imunológica deficiente mediada por células. Treze cepas são responsáveis por 99% de todos os cânceres por HPV.

O tempo de incubação é de 1 a 8 meses, com ocorrência de uma resposta imune entre 3 e 9 meses. Um sistema imune resistente pode suprimir e eliminar a infecção pelo HPV durante esse período, impedindo o desenvolvimento de câncer. O HPV não passa por um estágio virêmico durante o qual circularia por todo o corpo; em vez disso, ele permanece na região genital. O número de vírus alcança um pico durante 3 a 6 meses, e, em geral, desaparecem em torno de 9 meses. A infecção por uma cepa não proporciona proteção cruzada contra outras cepas.

O câncer de colo do útero ocupa o 14º lugar entre os cânceres em mulheres norte-americanas, porém nos países em desenvolvimento, como México e Brasil, constitui uma importante causa de morte em mulheres (Figura 21.25). Cinquenta por cento dos homens de 18 a 70 anos de idade nos EUA, no México e no Brasil são infectados pelo HPV. Nos EUA, o esfregaço de Papanicolaou frequentemente identifica a presença de células anormais no colo do útero em um estágio inicial o suficiente para que a intervenção cirúrgica seja bem-sucedida. Nos países em que o esfregaço de Papanicolaou não é realizado regularmente, no momento em que o câncer é detectado é muito tarde para salvar a mulher. O esfregaço de Papanicolaou não detecta o HPV, apenas células anormais, e isso talvez em apenas 70% dos casos, dependendo da habilidade do técnico. Um teste de DNA recém-desenvolvido (Hybrid Capture® 2[W]) detecta todos os 13 tipos de HPV que causam câncer, com custo de 40 a 70 dólares. Esse teste não parece fornecer resultados falso-negativos. Sessenta por cento das mulheres com resultado positivo apresentam alguma anormalidade nos primeiros 4 a 5 anos depois da realização do teste. Esse teste de DNA é muito mais preciso que o Papanicolaou, porém o seu uso está apenas no começo. A pesquisa de vacinas produziu a Gardasil®, uma vacina que protege contra as cepas 16 e 18 do HPV, os agentes causadores de 70% de todos os casos de câncer de colo do útero. É administrada em uma série de três ou duas doses ao longo de 6 meses, e o custo total é de 360 dólares. Para mais informações, consulte a abertura do Capítulo 11. Uma segunda vacina que oferece ainda maior proteção logo estará disponível no mercado. Como as vacinas não são 100% protetoras, as mulheres ainda precisam efetuar regularmente o esfregaço de Papanicolaou. Nesse meio tempo, é necessário ampliar os esforços educativos para que todas as mulheres se tornem cientes de que o câncer de colo do útero é uma DST igual à sífilis e à gonorreia, e que existe um teste de DNA disponível para identificar se elas estão infectadas, bem como uma vacina disponível para prevenir a infecção. Nos EUA, apenas cerca de um terço das meninas toma todas as três doses; a adesão à vacina é precária. Entretanto, ficou demonstrado agora que a administração de duas doses é suficiente. Todavia, em locais como Ruanda, onde a adesão à vacina é obrigatória, 90% das meninas recebem todas as três doses. Um grupo de vacinação global fez uma doação suficiente para a aquisição de doses de vacina para 2 milhões de meninas e mulheres em nove países em desenvolvimento.

Entre mulheres idosas, o HPV pode ser devido à reativação do vírus, e não a uma nova infecção. Além disso, a vacina não protege contra todas as cepas de HPV. As mulheres HIV-positivas são particularmente vulneráveis às cepas dos tipos 52 e 58, que também são cepas de alto risco.

Para aquelas que já têm câncer de colo do útero, um novo teste com vinagre barato pode fazer com que a histerectomia seja realizada no momento oportuno para salvar a vida dessas pacientes. Esse teste, avaliado em 150.000 mulheres na Índia, onde o câncer de colo do útero constitui a principal causa de morte das mulheres, reduziu em um terço a taxa de mortalidade. A passagem de um *swab* no colo do útero com vinagre

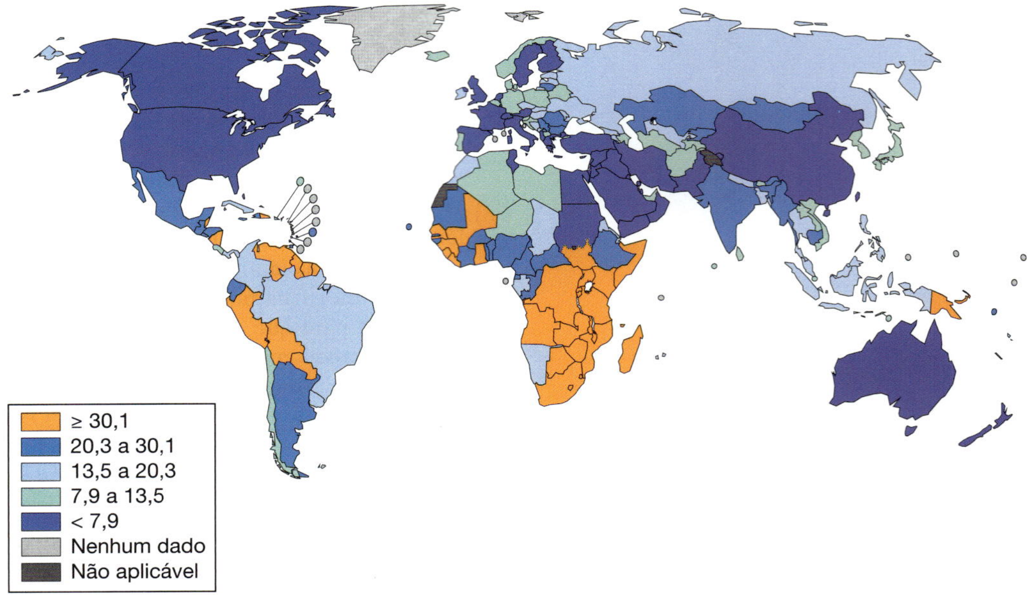


**Figura 21.25 Taxas de incidência de câncer de colo do útero no mundo inteiro.** *(Fonte: OMS.)*

faz com que as células anormais do câncer mudem brevemente de cor. Esse teste poderia evitar 72.600 mortes no mundo inteiro. Para mais informações, veja a abertura do Capítulo 10.

## Papilomas laríngeos

Os **papilomas laríngeos** são tumores benignos que podem ser perigosos e causar obstrução da via respiratória. Ocorrem rouquidão, alteração da voz e desconforto respiratório quando a via respiratória se torna obstruída. As crianças têm mais tendência a apresentar papilomas laríngeos do que os adultos. A remoção cirúrgica, algumas vezes a cada 2 a 4 semanas, é o único tratamento para esses tumores obstrutivos. Além disso, existe o perigo de disseminar o vírus para os pulmões durante a cirurgia. Em geral, os papilomas laríngeos são causados pelo HPV-6 e pelo HPV-11, e acredita-se que esses vírus infectem os lactentes durante o nascimento de mulheres com verrugas genitais ativas. A Figura 21.26 fornece o número anual de casos de DSTs no mundo inteiro.

## Infecções por citomegalovírus

Os **citomegalovírus (CMVs)** constituem um grupo disseminado e diversificado de herpes-vírus, classificados como herpes-vírus humano 5 (HHV-5). Em geral, cada cepa de CMV é capaz de infectar uma única espécie. A maioria das infecções humanas por CMV ocorre em crianças de mais idade e em adultos, e essas infecções passam despercebidas, uma vez que não produzem sintomas clinicamente aparentes. Estima-se que 80% dos norte-americanos adultos sejam portadores do vírus. Quando ocorrem sintomas, consistem em mal-estar, mialgia, febre prolongada, função hepática anormal e inflamação dos linfonodos sem edema. Os sintomas são mais graves em pacientes com AIDS e outras imunodeficiências.

Inicialmente, o vírus pode ser isolado da orofaringe; a viremia com numerosos neutrófilos infectados pelo vírus pode durar meses. Os vírus se replicam e possuem baixa patogenicidade, mas são excretados de modo intermitente durante muitos meses, durante os quais podem infectar outros indivíduos. Os vírus são eliminados em todos os líquidos corporais – saliva, sangue, sêmen, leite materno –, porém são encontrados com mais frequência e em maiores quantidades na urina, mesmo dentro de 1 ano ou mais após a infecção. Em um ataque primário sintomático de CMV, a imunidade celular torna-se deprimida, e a relação entre células T auxiliares e células T supressoras é invertida. Entretanto, o sistema imune normaliza-se durante a convalescença. Nos casos subclínicos, a imunidade celular permanece ativa. São produzidas grandes quantidades de anticorpos de longa duração em resposta

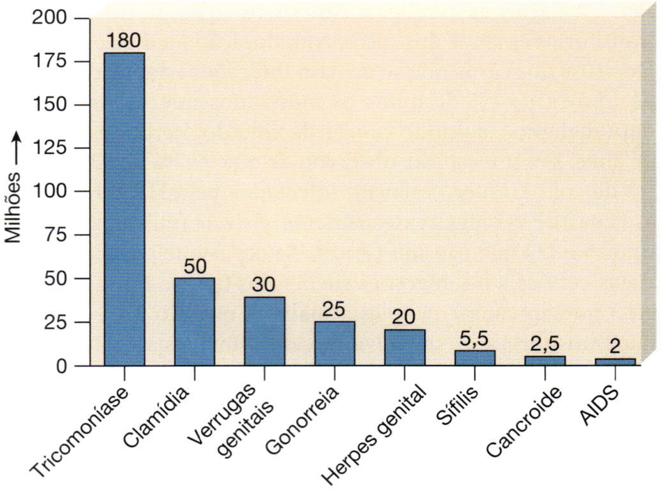


**Figura 21.26 Número anual de casos de 8 DSTs no mundo inteiro.**

à infecção por CMV, mas eles não impedem a disseminação viral. Em geral, o vírus dissemina-se por meio de contato íntimo e prolongado com crianças que estão eliminando o vírus, mas também pode ser disseminado por transfusões de sangue, transplantes de órgãos e relação sexual.

**Infecções de fetos e lactentes por CMV.** Em fetos e lactentes, as infecções por CMV podem ser fatais, visto que o vírus se dissemina amplamente para vários órgãos. Os fetos ficam infectados por vírus que atravessam a placenta, provenientes de mães infectadas. Trata-se do vírus mais frequentemente transmitido ao feto. Diferentemente da infecção pelo vírus da rubéola, as infecções maternas por CMV raramente são detectadas, de modo que o risco para o feto não é conhecido. Os anticorpos maternos também podem atravessar a placenta e inativar pequenas quantidades do vírus. Os hormônios maternos suprimem o CMV, porém seus efeitos diminuem à medida que a gravidez progride. Tanto o feto quanto o recém-nascido são dependentes das defesas maternas contra o CMV, pois seus próprios sistemas imunes ainda estão muito imaturos para desenvolver uma defesa bem-sucedida. Dispõe-se de testes para avaliar os níveis de anticorpos maternos. As crianças pequenas constituem a fonte mais provável de infecção para mulheres não imunes.

Nas infecções graves por CMV, em que o feto foi infectado por grande número de vírus (cerca de 4.000 casos por ano nos EUA), podem ocorrer retardo do crescimento intrauterino e dano cerebral grave (Figura 21.27). Muitos recém-nascidos apresentam células infectadas pelo CMV na orelha interna e perda auditiva em consequência de dano ao nervo. Alguns apresentam icterícia com lesão hepática, enquanto outros têm comprometimento da visão. As infecções menos graves (outros 4.500 a 6.000 casos por ano) causam dano a determinadas áreas do cérebro e distúrbios leves do sistema nervoso central, com ou sem dano à audição ou visão. A taxa de mortalidade pode alcançar 30%.

Estudos mostram que o CMV se dissemina para um em cada cinco genitores não imunes que têm filhos infectados.

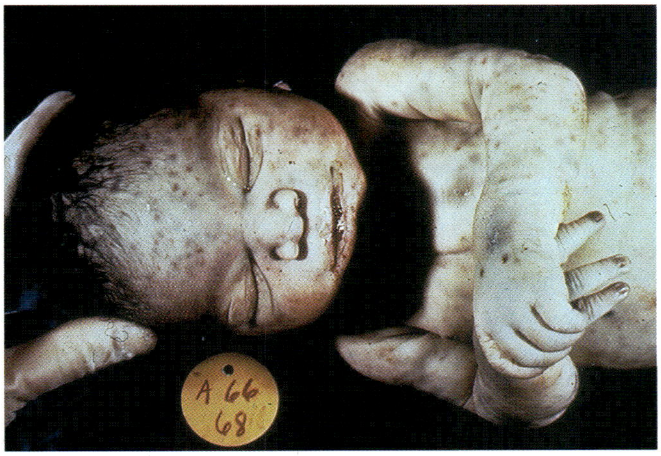


**Figura 21.27 Recém-nascido com defeitos congênitos por causa de citomegalovírus congenitamente adquirido.** Os vírus, algumas vezes denominados vírus das glândulas salivares, podem causar grave dano a pessoas que apresentam comprometimento do sistema imune. *(Cortesia dos Centers for Disease Control and Prevention.)*

As infecções por CMV contraídas depois do nascimento geralmente causam menos defeitos permanentes do que as contraídas antes do nascimento. Entretanto, essas infecções podem causar doença grave. Entre os lactentes infectados pelo CMV, 5% apresentam *doença de inclusão citomegálica* (*DIC*) generalizada típica; outros 5% têm infecções atípicas e menos generalizadas; e o restante tem infecções subclínicas, porém crônicas. Muitos lactentes com DIC apresentam transtornos mentais ou distúrbios sensitivos significativos, que incluem cérebro anormalmente pequeno acompanhado de déficits intelectuais e inflamação dos olhos, com comprometimento da visão. Nos casos subclínicos, o prognóstico é melhor, porém 10% irão apresentar surdez ou outros problemas sensoriais. Alguns irão exibir posteriormente transtornos intelectuais e comportamentais. Os lactentes que adquirem infecções por CMV de transfusões de sangue exibem palidez acinzentada e sintomas semelhantes aos da DIC. Podem ocorrer pneumonia, deterioração respiratória e morte, visto que os lactentes aos quais se administram transfusões são geralmente prematuros e estão debilitados antes da administração de transfusões. Além disso, as infecções pelo CMV algumas vezes não são diagnosticadas na presença de muitos outros distúrbios. Por fim, o CMV algumas vezes causa pneumonia em lactentes de 1 a 6 meses de idade na presença de outras infecções, como as causadas por *Chlamydia trachomatis* e *Ureaplasma urealyticum*.

**CMV disseminado.** Na doença disseminada grave, o vírus pode ser encontrado em muitos órgãos. Quando os rins se tornam infectados, ocorrem depósitos de imunocomplexos nos glomérulos, porém a disfunção renal é rara, exceto em transplantes renais. Observa-se a ocorrência de hepatite subclínica tanto em crianças quanto em adultos. As infecções pulmonares são comuns em lactentes, bem como em adultos imunossuprimidos. O comprometimento cerebral é raro, exceto em fetos.

O CMV é mais virulento quando ocorre como infecção primária em pacientes imunossuprimidos. Entre 1 e 4 meses após a realização de transplante de órgão, o paciente desenvolve sintomas semelhantes aos da mononucleose infecciosa, com febre prolongada, hepatomegalia e esplenomegalia. A pneumonia é frequente e grave em pacientes submetidos a transplante de medula óssea, e a taxa de mortalidade pode alcançar 40%. A hepatite é geralmente reversível, mas o dano aos olhos tende a ser progressivo e irreversível.

**Diagnóstico, tratamento e prevenção.** O diagnóstico definitivo das infecções por CMV exige a identificação do vírus em amostras clínicas, e esse procedimento pode levar até 6 semanas. Novas técnicas mais rápidas utilizam anticorpos monoclonais para detectar antígenos virais. Espera-se que sondas de ácido nucleico, que utilizam as sequências de bases exclusivas para os ácidos nucleicos do CMV, irão possibilitar a identificação do vírus em amostras clínicas em menos de 24 horas.

Não se dispõe de nenhum tratamento efetivo para as infecções por CMV em lactentes. O prognóstico é sombrio quando as infecções acometem fetos, visto que o dano ocorre antes do estabelecimento do diagnóstico no recém-nascido. O interferon e a gamaglobulina hiperimune administrados antes e depois do transplante de órgãos reduzem a incidência e a gravidade das infecções por CMV em pacientes transplantados. Quando há necessidade de transfusões de sangue, o doador e o receptor devem ser tipados para os antígenos do CMV, de modo a minimizar a introdução do CMV no receptor que não seja imune. Além disso, doadores sorologicamente negativos para o CMV devem ser usados para lactentes, sobretudo os prematuros, de modo a evitar a possibilidade de transmitir o CMV através de uma transfusão. Não existe nenhuma vacina efetiva.

A **Tabela 21.2** fornece um resumo dos agentes e das características das doenças discutidas neste capítulo.

**PARE e RESPONDA**

1. Como as infecções virais do herpes genital podem ser adquiridas?
2. Como é possível evitar as infecções neonatais por herpes?
3. Por que o câncer de colo do útero é agora classificado como doença sexualmente transmissível?

**Tabela 21.2** Resumo das doenças urogenitais e sexualmente transmissíveis.

| Doença | Agente(s) | Características |
|---|---|---|
| **Doenças urogenitais causadas por bactérias** | | |
| Infecções do trato urinário | *Escherichia coli*, *Proteus mirabilis* e outras espécies de bactérias | Disúria; algumas vezes, levam a cistite crônica; com frequência, os patógenos ascendem ou descem no sistema urinário |
| Prostatite | *E. coli* e outras espécies de bactérias | Disúria, micção urgente e frequente, febre baixa, dor lombar; pode causar infertilidade |
| Pielonefrite | *E. coli* e outras espécies de bactérias, algumas vezes a levedura *Candida* | Inflamação da pelve renal, frequentemente causada por bloqueio do sistema urinário; disúria, nictúria, algumas vezes com febre |
| Glomerulonefrite | Infecções estreptocócicas ou virais de outros locais | O depósito de imunocomplexos provoca inflamação dos glomérulos; pode causar dano renal permanente |
| Leptospirose | *Leptospira interrogans* | Febre, sintomas inespecíficos; pode levar à síndrome de Weil, com icterícia e dano hepático |
| Vaginite bacteriana | *Gardnerella vaginalis* com anaeróbios | Secreção espumosa e com odor de peixe; dor e inflamação |
| Síndrome do choque tóxico | *Staphylococcus aureus* | As toxinas alcançam o sangue e causam febre, exantema e choque, podendo levar à morte |
| **Doença urogenital causada por parasitas** | | |
| Tricomoníase | *Trichomonas vaginalis* | Prurido intenso, secreção branca copiosa |
| **Doenças sexualmente transmissíveis causadas por bactérias** | | |
| Gonorreia | *Neisseria gonorrhoeae* | Os organismos infecciosos liberam endotoxina, que provoca dano à mucosa; secreção purulenta; pode causar DIP e infectar outros sistemas |
| Sífilis | *Treponema pallidum* | Ocorre desenvolvimento de cancro no estágio primário; lesões da membrana mucosa e exantema são observados no estágio secundário; com frequência, ocorrem danos cardiovasculares e neurológicos permanentes no estágio terciário |
| Cancroide | *Haemophilus ducreyi* | Lesões dolorosas e com sangramento nos órgãos genitais; com frequência, bubões linfáticos |
| Uretrite não gonocócica | *Chlamydia trachomatis* e micoplasmas | Secreção uretral aquosa e escassa, inflamação, algumas vezes esterilidade; pode causar infecções neonatais e morte fetal. |
| Linfogranuloma venéreo | *Chlamydia trachomatis* | Lesões genitais, febre, mal-estar, cefaleia, náuseas, vômitos, exantema; os linfonodos tornam-se bubões purulentos |
| Granuloma inguinal | *Klebsiella granulomatis* | Úlceras dolorosas nos órgãos genitais e em outros locais; perda da pigmentação da pele à medida que as úlceras curam |
| **Doenças sexualmente transmissíveis causadas por vírus** | | |
| Infecções por herpes simples | Herpes-vírus simples | O herpes labial é habitualmente causado pelo HSV-1, e o herpes genital, geralmente causado pelo HSV-2 (ambos são vírus latentes); lesões vesiculares dolorosas e recorrentes; herpes neonatal; e uma variedade de outras manifestações |
| Verrugas genitais | Papilomavírus humano | Verrugas nos genitais externos, na vagina e no colo do útero; irritação e, algumas vezes, prurido intenso; responsável por 99% e todos os casos de carcinoma de colo do útero |
| Infecções por citomegalovírus | Citomegalovírus | Frequentemente assintomáticas, porém graves em fetos, recém-nascidos e pacientes imunodeficientes; mal-estar, mialgia, febre, linfonodos inflamados, dano neural e morte em fetos e recém-nascidos |

# RESUMO

- Os agentes e as características das **doenças sexualmente transmissíveis (DSTs)** discutidas neste capítulo estão resumidos na Tabela 21.2. As informações da tabela não são repetidas neste sumário.

## COMPONENTES DO SISTEMA UROGENITAL

- O **sistema urogenital** é constituído pelo **sistema urinário** e sistema genital. O sistema urinário é formado pelos **rins**, **ureteres**, **bexiga** e **uretra**. O **sistema genital feminino** é constituído pelos **ovários**, **tubas uterinas**, **útero**, **vagina**, genitália externa e **glândulas mamárias**. O **sistema genital masculino** é formado pelos testículos, um sistema de ductos, glândulas e **pênis**
- As infecções urogenitais são mais comuns próximo às aberturas da vagina e da uretra
- As defesas inespecíficas incluem os esfíncteres urinários, a ação de limpeza do fluxo da urina, a acidez das membranas mucosas e a competição da microbiota normal.

### Microbiota normal do sistema urogenital

- Normalmente, todas as partes do sistema urinário são estéreis, exceto a parte da uretra mais próxima de sua abertura
- Nos homens, o sistema genital não apresenta microbiota normal e é estéril, a não ser o último terço da uretra
- Nas mulheres, durante os anos reprodutivos, os lactobacilos predominam na vagina, produzindo um pH ácido, que inibe o crescimento da maioria dos outros tipos de microrganismos. Durante a infância e depois da menopausa, os estreptococos e os estafilococos predominam nas condições alcalinas da vagina.

## DOENÇAS UROGENITAIS GERALMENTE NÃO SEXUALMENTE TRANSMISSÍVEIS

### Doenças urogenitais causadas por bactérias

- As **infecções do trato urinário (ITUs)**, que são extremamente comuns, podem ascender ou descer, disseminando-se por todo o sistema urogenital. São diagnosticadas com base em culturas de urina, tratadas com vários antibacterianos e podem ser evitadas por meio de higiene pessoal e esvaziamento completo da bexiga
- A **prostatite** pode resultar da disseminação de uma infecção do sistema urinário e, em geral, pode ser tratada com antibacterianos
- A **pielonefrite** também pode resultar da disseminação de uma infecção do trato urinário; pode ser difícil de tratar, visto que a insuficiência renal permite o acúmulo de fármacos até níveis tóxicos
- A **glomerulonefrite** em geral resulta de infecções da garganta e outras infecções em que ocorre depósito de imunocomplexos nos glomérulos. O tratamento imediato das outras infecções minimiza o risco de glomerulonefrite
- A **leptospirose** é adquirida por meio de contato com urina contaminada e é diagnosticada pelo exame microscópico do sangue. Pode ser tratada com antibacterianos e evitada pela vacinação dos animais de estimação, que habitualmente são os responsáveis pela transmissão da doença aos seres humanos
- A **vaginite** bacteriana e outras formas de vaginite ocorrem quando há perturbação da microbiota vaginal normal. *Gardnerella vaginitis* é diagnosticada pela presença de células indicadoras. Com mais frequência, é tratada com metronidazol para erradicar os anaeróbios e permitir o restabelecimento da microbiota normal
- A **síndrome do choque tóxico (SCT)** surge mais frequentemente em consequência do uso de tampões superabsorventes. Deve ser tratada imediatamente com nafcilina e pode ser prevenida evitando o uso desses tampões.

### Doenças urogenitais causadas por parasitas

- A **tricomoníase** é, em geral, transmitida sexualmente, diagnosticada com base em esfregaços de secreções e tratada com metronidazol.

## DOENÇAS SEXUALMENTE TRANSMISSÍVEIS

### Doenças sexualmente transmissíveis causadas por bactérias

- A **gonorreia** é diagnosticada com o uso de sondas moleculares, e o seu tratamento consiste em uma combinação de antibacterianos, habitualmente ceftriaxona mais azitromicina
- A **sífilis** é diagnosticada por testes imunológicos, e o seu tratamento consiste em penicilina G benzatina
- O **cancroide** ocorre principalmente nos países em desenvolvimento. É diagnosticado pela detecção de organismos em lesões ou bubões, e o tratamento consiste em tetraciclina e outros antibacterianos
- A incidência da **uretrite não gonocócica (UNG)** está aumentando drasticamente. Pode ser diagnosticada pela cultura de amostras de secreções e é tratada com eritromicina, tetraciclina ou outros antibacterianos, dependendo da suscetibilidade do agente causador
- O **linfogranuloma venéreo (LGV)** ocorre principalmente em regiões tropicais e subtropicais. É diagnosticado pelo achado de clamídias na forma de inclusões no pus, e o tratamento consiste em tetraciclinas ou outros antibacterianos
- O **granuloma inguinal** é comum na Índia e em vários outros países. É diagnosticado pelo achado de corpos de Donovan em raspados de lesões e pode ser tratado com uma variedade de antibacterianos
- Todas as doenças precedentes são, em geral, transmitidas por contato sexual e podem ser prevenidas evitando-se esses contatos. Não se dispõe de nenhuma vacina.

### Doenças sexualmente transmissíveis causadas por vírus

- O **herpes genital** é a mais grave das infecções causadas pelo herpes-vírus simples. É diagnosticado pela detecção dos vírus nos líquidos vesiculares e por testes imunológicos e pode ser tratado, mas não curado, com aciclovir e outros agentes antivirais

- As **verrugas genitais** precisam ser diferenciadas da displasia e do carcinoma de colo do útero; o vírus é responsável por mais de 99% de todos os casos de câncer de colo do útero; o tratamento das verrugas foi discutido no Capítulo 20
- As infecções por **citomegalovírus (CMV)** são de importância maior para os fetos, os recém-nascidos e os indivíduos imunossuprimidos. O diagnóstico rápido pode ser estabelecido por testes com anticorpos monoclonais, porém não se dispõe de nenhum tratamento efetivo.

## TERMOS-CHAVE

balanite
bexiga urinária
blenorreia de inclusão
cancro
cancroide
ceratoconjuntivite
cistite
citomegalovírus (CMV)
colo do útero
condiloma
conjuntivite de inclusão
corpo de Donovan
disúria
doença inflamatória pélvica (DIP)
doença sexualmente transmissível (DST)
eczema herpético
endométrio
folículo ovariano
gengivoestomatite
glândula de Bartholin
glândula mamária
glomérulo
glomerulonefrite
goma
gonorreia
granuloma inguinal
herpes do gladiador
herpes genital
herpes labial
herpes neonatal
herpes traumático
herpes-vírus simples tipo 1 (HSV-1)
herpes-vírus simples tipo 2 (HSV-2)
infecção do trato urinário (ITU)
leptospirose
linfogranuloma venéreo (LGV)
néfron
neurossífilis
nictúria
ovário
panarício
papiloma laríngeo
pênis
pielonefrite
pneumonia por herpes
próstata
prostatite
rim
sêmen
sífilis
sífilis congênita
síndrome do choque tóxico (SCT)
sistema genital feminino
sistema genital masculino
sistema urinário
sistema urogenital
testículo
tricomoníase
tuba uterina
ureter
uretra
uretrite
uretrite não gonocócica (UNG)
uretrocistite
urina
urinálise
útero
vagina
vaginite
verruga genital
vesícula seminal

CAPÍTULO

# 22 Doenças do Sistema Respiratório

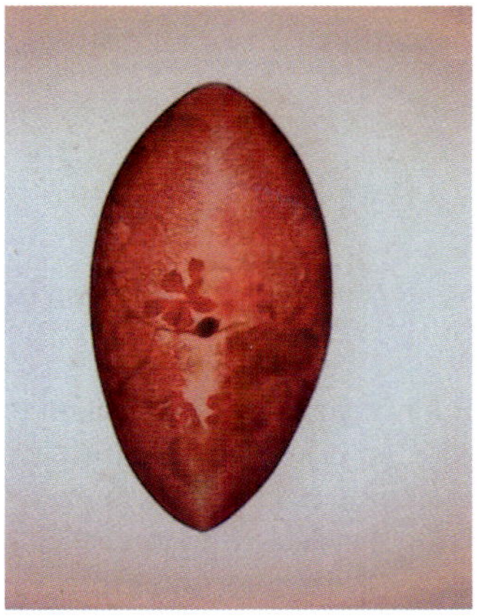

Thomas Nolan/University of Pennsylvania School of Veterinary Medicine

Sergii Telesh/iStockphoto.

Vermes em meus pulmões? Como eu adquiri trematódeos pulmonares com o consumo de alimentos frescos e naturais? Bem, se você não os cozinhar por completo, também poderá descobrir o que nove pessoas fizeram no Missouri, no outono de 2009-2010. Ar fresco, luz solar, canoagem em rios, acampamento – todas essas atividades saudáveis. Acrescente certa quantidade de álcool e o desafio de comer lagostim cru e vivo, pescado do rio. Duas dessas pessoas aceitaram o desafio e os comeram. Outras cinco nem precisaram ser desafiadas a comê-los, e a oitava o cozinhou, porém de modo insuficiente. A nona pessoa era uma criança, que comeu um pequeno lagostim vivo para demonstrar a outras crianças as capacidades de sobrevivência.

A doença apareceu 2 a 6 semanas após o consumo dos lagostins. Essas pessoas apresentaram febre (100%), tosse (100%), perda de peso (56%), mal-estar (56%), dor torácica (44%), respiração difícil (44%), mialgia (44%) e sudorese noturna (44%). Um paciente foi até mesmo submetido a cirurgia de vesícula biliar de emergência, que só revelou uma vesícula biliar normal. Outro sofreu colapso bilateral de ambos os pulmões. Um terceiro paciente teve lesões cerebrais, resultando em visão turva. O diagnóstico não foi rápido em todos os casos. Foram necessárias 3 a 45 semanas após o aparecimento da doença para que todas as 9 pessoas fossem diagnosticadas corretamente com o trematódeo *Paragonimus kellicotti* (platelminto) em seus pulmões. Outras vítimas já tiveram de aguardar até 5 anos para o estabelecimento de um diagnóstico correto! Os ovos presentes no escarro, nas fezes ou em biopsia de pulmão ou os anticorpos no soro são diagnósticos.

O ciclo de vida de *Paragonimus*, que também envolve um caramujo, é descrito mais adiante neste capítulo. Suas larvas causam dor enquanto abrem o seu caminho e penetram através da parede intestinal, no diafragma, nas membranas que recobrem os pulmões, nos tecidos pulmonares e nos bronquíolos. As larvas também podem migrar para o cérebro, causando dano, como perda da visão, ou para a pele, onde podem formar nódulos. O tratamento com praziquantel alivia todos os sintomas em 1 a 3 meses. Porém, nada é melhor do que ter absoluta certeza de que os lagostins estejam bem cozidos!

**O sistema respiratório humano pode ser infectado por várias bactérias**, vírus, fungos e, pelo menos, um helminto. A ocorrência ou não de infecções respiratórias estabelecidas depende das relações entre o hospedeiro e os microrganismos (ver Capítulo 15) e da condição do sistema respiratório e suas defesas inespecíficas (ver Capítulo 17). As infecções respiratórias são divididas em superiores, incluindo as infecções das orelhas, e inferiores.

# MAPA DO CAPÍTULO

**Siga o mapa do capítulo para auxiliar na identificação dos conceitos principais do texto.**



## COMPONENTES DO SISTEMA RESPIRATÓRIO

O **sistema respiratório** é constituído pelo **trato respiratório superior** – que consiste na cavidade nasal, faringe, laringe, traqueia e brônquios – e pelo **trato respiratório inferior** – composto pelos pulmões (Figura 22.1). Todo o sistema é revestido por epitélio úmido. Entretanto, no trato respiratório superior, esse epitélio contém células secretoras de muco e é recoberto por cílios.

### Trato respiratório superior

O sistema respiratório transporta o oxigênio da atmosfera para o sangue e remove o dióxido de carbono do sangue, liberando-o na atmosfera. Cada inspiração de ar contém milhões de microrganismos e outras partículas em suspensão. Alguns microrganismos e partículas inalados são removidos pela ação dos pelos e pelo muco à medida que o ar passa através da **cavidade nasal**. Se os microrganismos entrarem nos **seios nasais**, que são cavidades ocas revestidas por membrana mucosa dentro do crânio, podem ocorrer infecções desses seios. O ar com quaisquer microrganismos e partículas remanescentes passa então pela **faringe** (garganta), uma passagem comum para os sistemas respiratório e digestório. A tuba auditiva (trompa de Eustáquio) conecta a faringe com a orelha média.

A partir da faringe, o ar e quaisquer microrganismos remanescentes passam por uma série de tubos de paredes rígidas, a laringe e a traqueia. A **laringe** contém as pregas vocais, que produzem som quando vibram. A *epiglote* é uma saliência de tecido que impede a entrada do alimento e dos líquidos na laringe. A **traqueia** ramifica-se nos **brônquios** primários, que são revestidos com cílios.

O trato respiratório superior contém uma microbiota normal variada, que ajuda a prevenir a ocorrência de infecção por patógenos que possam ser inalados. Além disso, o muco das membranas que revestem a cavidade nasal e a faringe aprisiona os microrganismos e a maior parte das partículas de resíduos, impedindo-os de passar além da faringe. O muco também contém lisozima. A tosse e o espirro agitam mecanicamente o muco, aumentando a exposição dos microrganismos ao muco e ajudando a expeli-los.

O batimento dos cílios geralmente serve para movimentar uma célula pelo seu ambiente (ver Capítulo 5). Entretanto, na cavidade nasal e nos brônquios, os cílios estendem-se a partir das células epiteliais. Como essas células estão ancoradas, eles funcionam mais para capturar e mover os microrganismos e as partículas próximos à superfície celular. Nesse local, o muco com resíduos capturados é movimentado em direção à faringe. Esse mecanismo, conhecido como **escada rolante mucociliar**, permite o deslocamento dos materiais nos brônquios para a faringe, que são então cuspidos ou deglutidos. Todavia, as membranas mucosas do sistema respiratório superior constituem locais comuns de infecção. Com frequência, essas infecções disseminam-se para os seios, a orelha média e até mesmo o trato respiratório inferior.

### Trato respiratório inferior

A partir dos brônquios, o ar passa para os pulmões. Os brônquios secundários dividem-se em **bronquíolos** menores, formando uma estrutura ramificada, conhecida como *árvore bronquial*. Esse complexo arranjo ramificado aumenta acentuadamente a área de superfície exposta ao oxigênio que entra nos pulmões e ao dióxido de carbono que sai deles. O ar que passa pelos bronquíolos terminais entra então nos **bronquíolos respiratórios** (Figura 22.1D). Esses canais microscópicos terminam em uma série de **alvéolos** semelhantes a sacos, que formam agrupamentos (nódulos). É nos alvéolos que ocorre a troca gasosa. Nos alvéolos, o oxigênio difunde-se para o sangue, enquanto o dióxido de carbono do sangue difunde-se para os alvéolos. A árvore bronquial, os alvéolos, os vasos sanguíneos e os vasos linfáticos formam a massa dos pulmões. A superfície dos pulmões e as cavidades que eles ocupam estão recobertas por uma membrana denominada **pleura**, que secreta um *líquido seroso*, um líquido aquoso que lubrifica alguns tecidos.

O muco do revestimento da árvore bronquial também captura materiais estranhos que passaram além da faringe. Se os mecanismos de defesa do trato respiratório superior falharem, e os microrganismos conseguirem alcançar os brônquios e bronquíolos, os macrófagos alveolares ajudam a removê-los. Somente quando o número de organismos ultrapassa a capacidade dos fagócitos de destruí-los, ou quando uma infecção alcança os pulmões por meio dos vasos sanguíneos ou linfáticos é que ocorre infecção respiratória inferior.

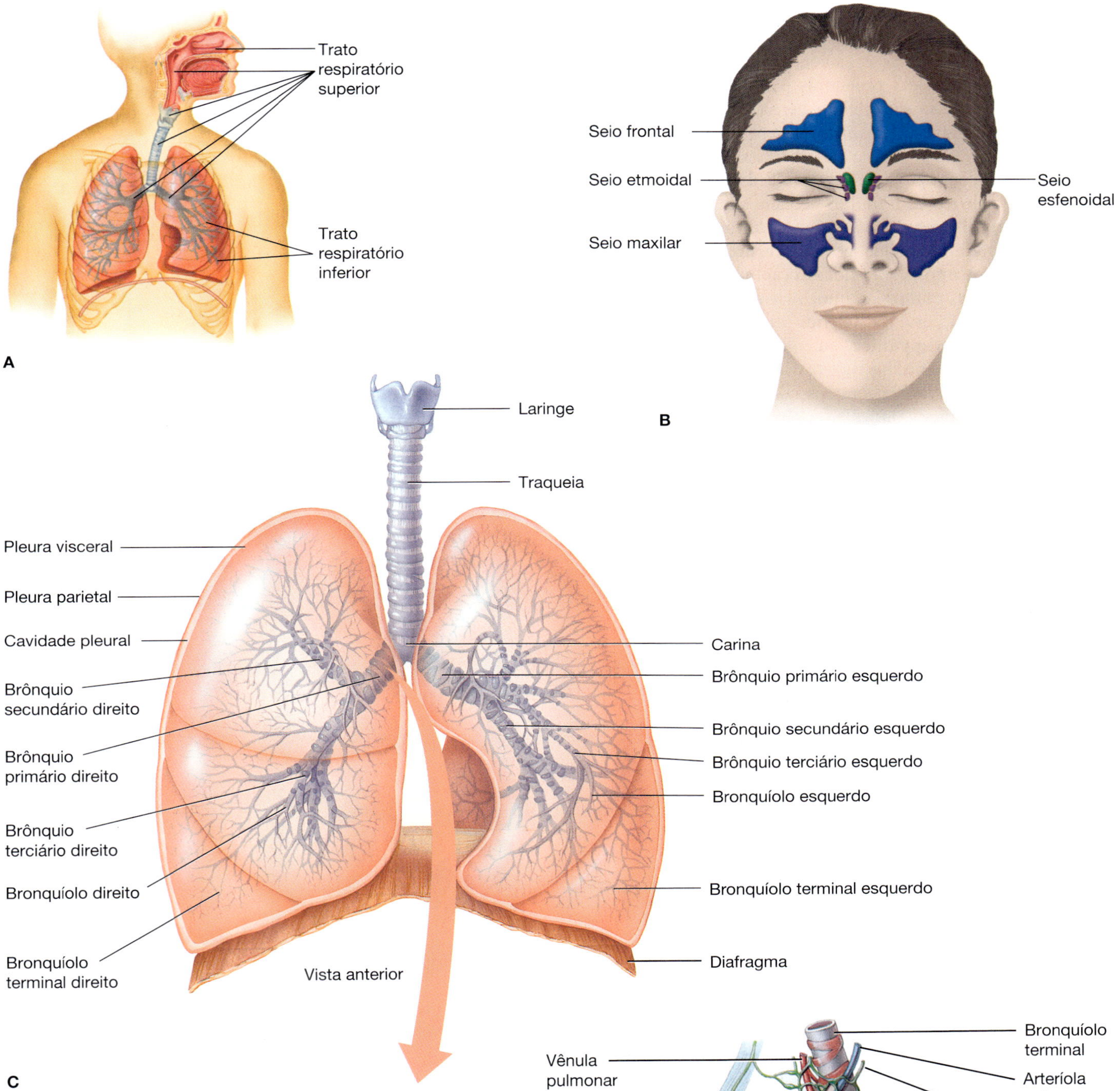


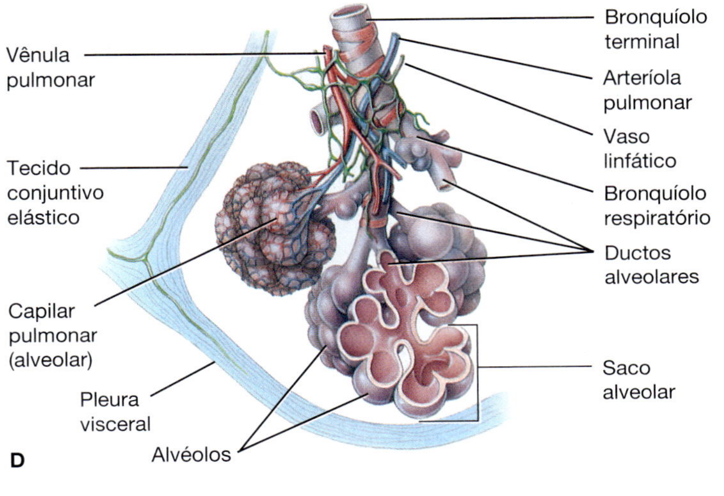

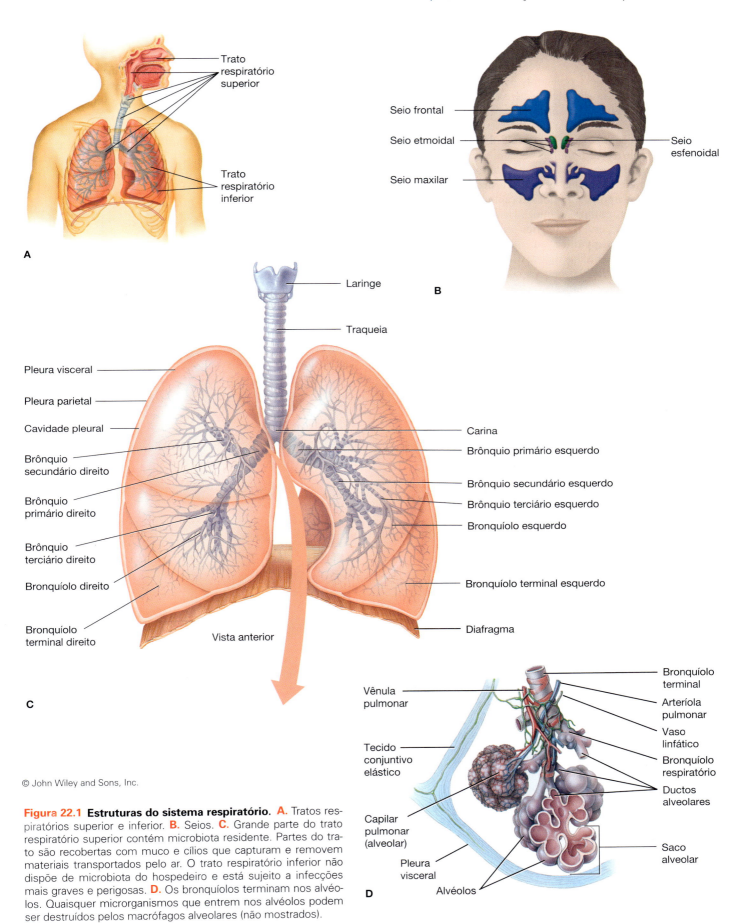

**Figura 22.1 Estruturas do sistema respiratório.** **A.** Tratos respiratórios superior e inferior. **B.** Seios. **C.** Grande parte do trato respiratório superior contém microbiota residente. Partes do trato são recobertas com muco e cílios que capturam e removem materiais transportados pelo ar. O trato respiratório inferior não dispõe de microbiota do hospedeiro e está sujeito a infecções mais graves e perigosas. **D.** Os bronquíolos terminam nos alvéolos. Quaisquer microrganismos que entrem nos alvéolos podem ser destruídos pelos macrófagos alveolares (não mostrados).

## Orelhas

À semelhança dos olhos, as orelhas ficam expostas ao ambiente e, portanto, estão sujeitas ao ataque microbiano. As orelhas contêm estruturas físicas protetoras para impedir a infecção. Cada orelha divide-se em orelha externa, orelha média e orelha interna (Figura 22.2). A *orelha externa* tem um **pavilhão auricular** semelhante a uma aba (comumente denominada orelha), coberta com pele, e um **meato acústico externo**, que é revestido de pele e possui muitos pequenos pelos e numerosas glândulas ceruminosas. As **glândulas ceruminosas** são glândulas sebáceas modificadas, que secretam **cerume** (cera da orelha). Tanto os pelos quanto a cera ajudam a capturar microrganismos e outros objetos estranhos e a impedir a sua entrada no meato acústico. Entretanto, esse meato pode ser infectado por fungos.

A **membrana timpânica**, ou *tímpano*, separa as orelhas externa e média. A orelha média é uma pequena cavidade cheia de ar, que contém pequenos ossos, denominados *ossículos*, que transmitem ondas sonoras da membrana timpânica para a orelha interna. Se a membrana timpânica estiver intacta, a maioria das infecções da orelha média origina-se de microrganismos que ascendem da nasofaringe pela *tuba auditiva* (*trompa de Eustáquio*). A *orelha interna* converte as ondas sonoras em impulsos nervosos, que são transportados pelo nervo vestibulococlear (nervo craniano VIII).

As infecções das orelhas externa e média são relativamente comuns – sobretudo em crianças, visto que sua tuba auditiva é mais curta e mais larga, facilitando a transmissão dos microrganismos. Devido à relativa inacessibilidade da orelha interna aos patógenos, as infecções da orelha interna são raras. Entretanto, se essa infecção ocorrer, ela pode se disseminar facilmente para o **processo mastoide**, uma projeção óssea do crânio localizada atrás e abaixo do meato acústico. Existe apenas uma separação óssea fina entre o processo mastoide e o encéfalo. Se o processo mastoide se tornar infectado – uma condição denominada *mastoidite* –, o resultado pode ser muito grave, pois existe o perigo de a infecção alcançar o encéfalo.

## Microbiota normal do sistema respiratório

Devido às funções do sistema respiratório, suas superfícies não podem ser revestidas por um tipo de tecido rígido, queratinizado, espesso e de múltiplas camadas, como o que possuímos em nossa pele. A troca gasosa, com o aquecimento e a umidificação do ar que respiramos, exige uma delicada camada muito fina e úmida de células em estreito contato com o sistema respiratório. Em alguns casos, como nos alvéolos, apenas uma única célula epitelial achatada está em contato com um capilar. A colonização microbiana dessas superfícies impediria a troca gasosa e, com toda probabilidade, danificaria as

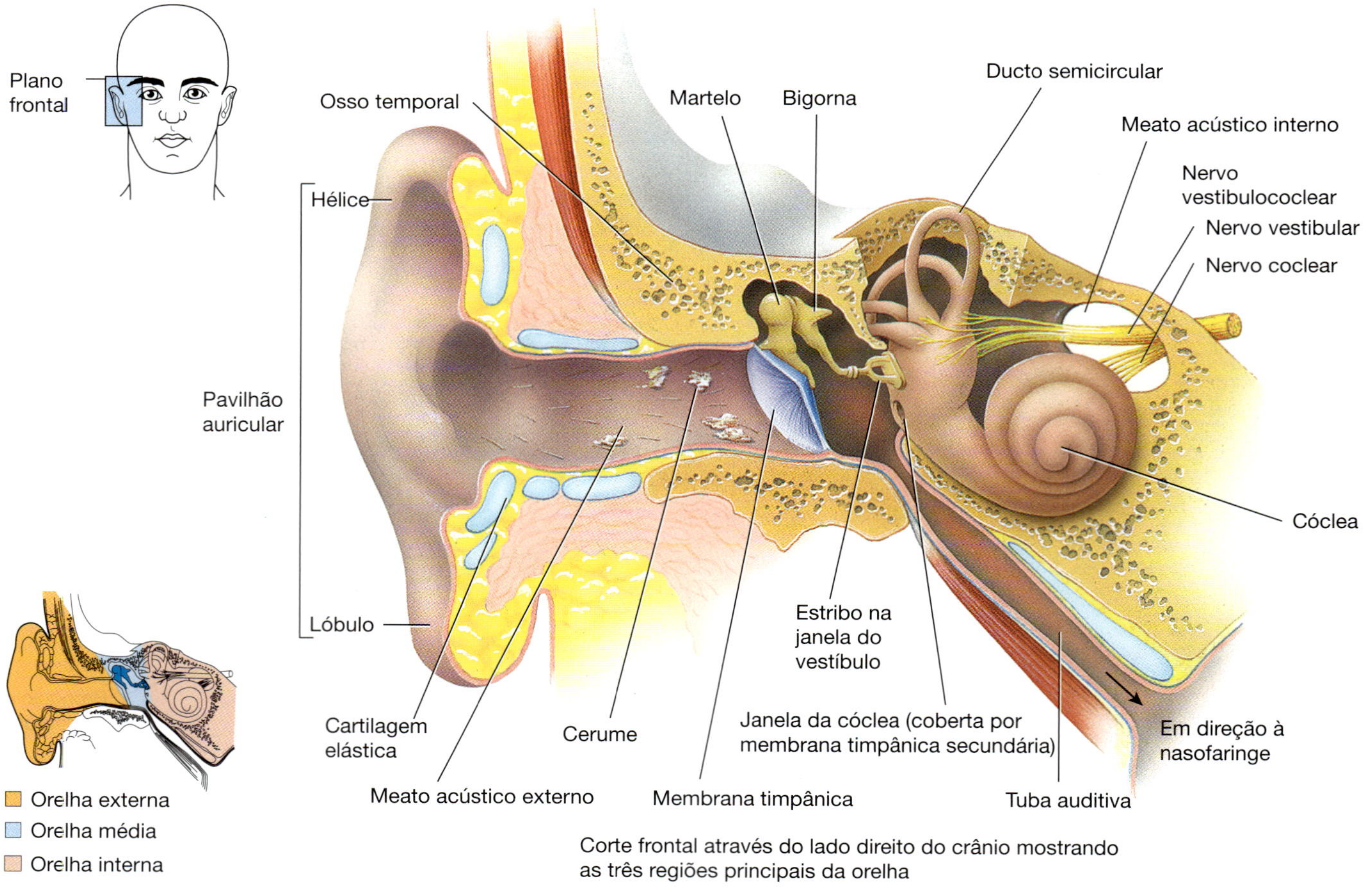




**Figura 22.2 Estruturas da orelha.** A orelha externa é protegida de materiais estranhos por pelos e cera das orelhas. Entretanto, algumas infecções envolvem a orelha externa. As infecções orelha média surgem habitualmente em consequência de infecções que ascendem pela tuba auditiva (trompa de Eustáquio).

células delicadas. Dessa maneira, não é surpreendente que o trato respiratório superior tenha muitos mecanismos protetores desenvolvidos para impedir a colonização do trato respiratório inferior.

Os pulmões sadios são habitualmente estéreis. Na traqueia (abaixo do nível da laringe), nos brônquios e nos bronquíolos maiores, também não há nenhuma microbiota normal. Os organismos encontrados nessas regiões são apenas microrganismos transitórios que foram inalados. São removidos pela escada rolante mucociliar. O tabagismo e a inalação de gases tóxicos diminuem a atividade da escada rolante mucociliar. A falha na remoção dos organismos pode então levar ao desenvolvimento de infecção.

Dentro dos alvéolos, os macrófagos (ver Capítulo 17) englobam partículas e microrganismos. Esses macrófagos também podem ascender pela escada rolante mucociliar até a faringe. Entretanto, nem todos os microrganismos são aprisionados no muco da porção média do trato respiratório. Alguns, como *Mycobacterium tuberculosis* e *Coccidioides immitis*, são capazes de serem transportados pelo ar através da traqueia e dos brônquios, alcançando, assim, os alvéolos. Nos alvéolos, os macrófagos podem ser incapazes de destruí-los. De fato, *M. tuberculosis* pode sobreviver e multiplicar-se no interior dos macrófagos, causando finalmente infecção dentro dos alvéolos. As condições que comprometem o reflexo da tosse ou que impedem a epiglote de se ajustar firmemente à glote também predispõem à infecção do trato respiratório inferior. As infecções da laringe, da traqueia e dos brônquios são, em sua maioria, de natureza viral.

A faringe possui uma microbiota normal semelhante à da boca. A aspiração de secreções a partir dessa área pode causar infecções, como a pneumonia, no trato respiratório inferior. A faringe possui o seu próprio conjunto de defesas, um anel de tecidos linfoides, como as tonsilas, que constituem uma importante parte do sistema imune (ver Capítulo 17). Mesmo assim, patógenos potenciais, como *Klebsiella pneumoniae*, *Streptococcus pneumoniae*, *Staphylococcus aureus* e espécies de *Haemophilus*, são capazes de sobreviver e de colonizar a faringe. A sua presença não indica necessariamente uma infecção. Por exemplo, você não desenvolve pneumonia da faringe – os organismos precisam invadir os brônquios e/ou os pulmões para causar pneumonia.

## SAÚDE PÚBLICA

### Por que os fumantes ganham peso quando abandonam o tabagismo?

Os fumantes ganham, em média, 8 quilos quando abandonam o tabagismo. Até mesmo quando ingerem a mesma quantidade ou uma quantidade menor de alimento do que antes, eles ainda ganham mais de 2,2 quilos. Por quê? Houve uma mudança do microbioma intestinal, e a nova microbiota intestinal tem a capacidade de utilizar com mais eficiência os nutrientes ingeridos, de modo que podem ser extraídas mais calorias a partir da mesma quantidade de alimento. *Proteobacteria* e *Bacterioides* aumentam em números, enquanto as firmicutes e as actinobactérias diminuem, produzindo as relações normalmente observadas em indivíduos idosos. O melhor mesmo é nunca ter começado a fumar.

O trato respiratório superior forma a primeira linha de defesa contra a infecção. Essas áreas possuem uma microbiota normal semelhante à da pele; *Staphylococcus epidermidis* e corinebactérias são mais numerosos, e *Staphylococcus aureus* também é encontrado com frequência nessa região, sobretudo na parte anterior das narinas. Cerca de um terço da população sadia é portadora de *S. aureus* em algum momento – metade permanentemente e metade de modo transitório. Os portadores de *S. aureus* nasais podem disseminar com facilidade o organismo para outros indivíduos, em particular recém-nascidos que ainda não estão totalmente colonizados. Um portador nasal de uma cepa altamente virulenta de *S. aureus*, trabalhando em uma unidade neonatal, representa um perigo muito real, visto que os recém-nascidos são, em sua maioria, colonizados por uma única cepa de *S. aureus* do ambiente nas primeiras 24 horas após o parto. Entretanto, demonstrou-se que a colonização deliberada da mucosa nasal do lactente com uma cepa bastante inócua de *S. aureus* durante esse período inicial de 24 horas impede a colonização subsequente com uma cepa diferente (e potencialmente mais virulenta) de *S. aureus*.

Os pelos que revestem a parte anterior das narinas impedem a passagem de partículas maiores. Todavia, eles também são importantes, visto que fazem com que o ar entre em redemoinho, diminuindo assim a sua velocidade e forçando o material particulado a se depositar no muco. O muco é impelido em direção à faringe, em uma velocidade de 0,5 a 1,0 cm por minuto, onde forma um gotejamento pós-nasal. No estômago, os microrganismos capturados e deglutidos são destruídos. As passagens nasais consistem em projeções e placas de osso que, à semelhança dos pelos, causam turbulência e reduzem a velocidade do fluxo de ar.

Em suma, as defesas do sistema respiratório são muito eficientes, tendo em vista que um homem adulto inala uma quantidade média estimada de 8 microrganismos por minuto em repouso e ainda mais quando respira mais forte, porém só desenvolve poucas infecções respiratórias por ano.

# DOENÇAS DO TRATO RESPIRATÓRIO SUPERIOR

## Doenças do trato respiratório superior causadas por bactérias

As infecções bacterianas do trato respiratório superior são extremamente comuns. São facilmente adquiridas pela inalação de núcleos de gotículas provenientes de indivíduos infectados ou portadores, sobretudo no inverno, quando as pessoas ficam aglomeradas em áreas fechadas e pouco ventiladas.

### Faringite e infecções relacionadas

A **faringite**, ou dor de garganta, é uma infecção da faringe. Com frequência, é causada por vírus, mas às vezes é de origem bacteriana. A **laringite** é uma infecção da laringe, frequentemente com perda da voz. A **epiglotite**, uma infecção da epiglote, pode fechar a passagem de ar e causar sufocação. O *crupe*, uma infecção viral observada em crianças, também acomete a laringe e a epiglote. Pode ocorrer dificuldade na respiração, espasmos da laringe e formação de membrana.

É mais provável que você pegue um resfriado quando estiver perto de pessoas infectadas; entretanto, quanto mais você estiver associado a pessoas amigáveis e solidárias, maior será a resistência de seu sistema imune.

Quando uma infecção alcança as cavidades dos seios, brônquios ou tonsilas, as condições são designadas como **sinusite**, **bronquite** e **tonsilite**, respectivamente. Quando uma infecção se dissemina para os pulmões, ela não é mais uma doença do trato respiratório superior e é denominada *pneumonia*.

## APLICAÇÃO NA PRÁTICA

### Alcoólicos e pneumonia

A abertura da laringe é coberta pela epiglote, uma saliência de tecido que impede a entrada dos alimentos e dos líquidos na laringe. Quando a epiglote não funciona de modo adequado, os líquidos podem ser levados ou sugados para dentro dos pulmões. Essa falha nos alcoólicos frequentemente leva à pneumonia. Quando os alcoólicos estão "apagados" em consequência de episódios de bebedeira, a epiglote fica aberta e permite a passagem das secreções da faringe para dentro dos pulmões com a respiração. Se houver organismos causadores de pneumonia nessas secreções, eles podem ter acesso aos pulmões e infectá-los. Uma vez dentro dos pulmões, é improvável que os microrganismos sejam destruídos, visto que os alcoólicos possuem "leucócitos preguiçosos". Em outras palavras, seus macrófagos são menos eficientes na destruição dos microrganismos invasores do que os dos não alcoólicos.

**Faringite estreptocócica.** Menos de 10% dos casos de faringite são causados por *Streptococcus pyogenes* beta-hemolítico do grupo A. Essa infecção, habitualmente conhecida como *faringite estreptocócica*, é mais comum em crianças de 5 a 15 anos de idade, porém é também observada com frequência em adultos. É adquirida pela inalação de núcleos de gotículas provenientes de casos ativos ou de portadores sadios. Cães e outros animais de estimação também podem ser portadores. A detecção e a eliminação do estado de portador é frequentemente difícil em surtos recorrentes ou agrupados. A água, o leite e os alimentos contaminados também podem disseminar a doença, de modo que é importante que os indivíduos infectados e os portadores não manipulem alimentos. Na faringite estreptocócica, a garganta normalmente torna-se inflamada, e ocorre inchaço das adenoides e dos linfonodos no pescoço. As tonsilas tornam-se muito sensíveis e desenvolvem lesões brancas cheias de pus (Figura 22.3). Em geral, o início é abrupto, com calafrios, cefaleia, dor de garganta aguda, particularmente com a deglutição, e, com frequência, náuseas e vômitos. Em geral, a febre é alta. A ausência de tosse e de secreção nasal ajuda a diferenciar a faringite estreptocócica do resfriado comum. Cepas de *S. pyogenes* infectadas por um fago temperado produtor de toxina causam escarlatina, juntamente com faringite (ver Capítulo 20).

Com um teste para estreptococos agora disponível, o médico leva cerca de 15 minutos para detectar uma infecção estreptocócica, em vez das 24 horas ou mais necessárias para uma cultura.

O diagnóstico é estabelecido com base na cultura positiva do material de garganta. Um teste de rastreamento rápido com anticorpo marcado com enzima, utilizando o material coletado com *swab* de garganta, pode ser realizado em poucos minutos no consultório do médico. O tratamento imediato é importante. Se o tratamento for adiado, *S. pyogenes* pode interagir com o sistema imune e resultar em febre reumática (ver Capítulo 24), que ocorre em 3% dos casos não tratados. Por essa razão, o tratamento com penicilina ou um de seus derivados é frequentemente iniciado até mesmo antes da obtenção dos resultados de cultura. A faringite estreptocócica não tratada também pode causar dano renal (glomerulonefrite), evoluindo até mesmo para a insuficiência renal.

**Laringite e epiglotite.** A laringite pode ser causada por bactérias como *Haemophilus influenzae* e *Streptococcus pneumoniae*, por vírus isoladamente ou por uma associação de bactérias e vírus. A epiglotite aguda era quase sempre causada por *H. influenzae*, mas, hoje em dia, a imunização disseminada contra *H. influenzae* fez com que a maioria dos casos seja de origem viral. A inflamação dos tecidos causa rapidamente

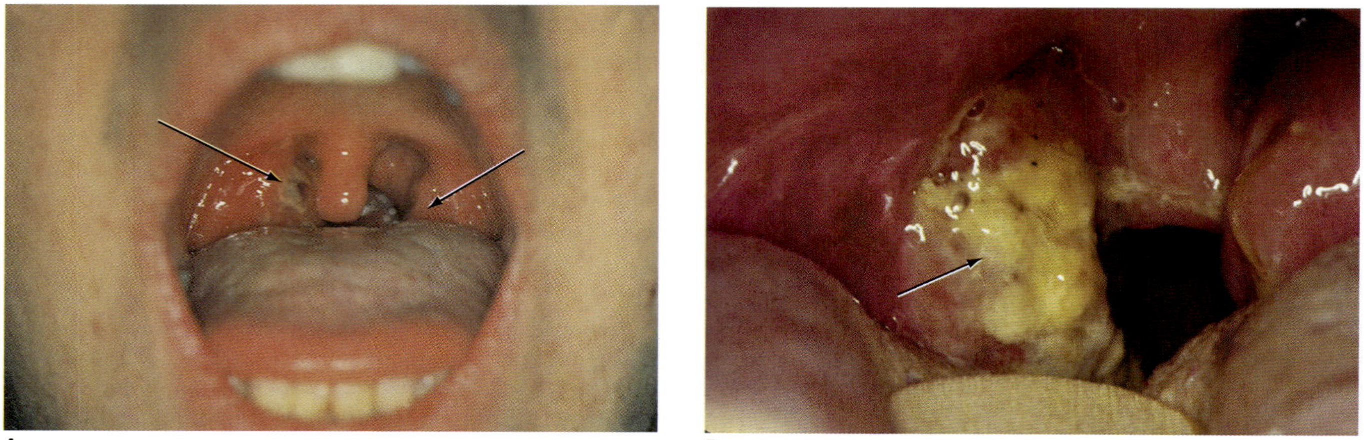

A B

**Figura 22.3 Faringite estreptocócica.** Essa forma comum de faringite caracteriza-se (A) pelo aumento e vermelhidão das adenoides nas partes laterais da garganta (*Science Source*) e (B) por lesões brancas e cheias de pus nas tonsilas. (*Southern Illinois University/Getty Images.*)

obstrução das vias respiratórias, causando dificuldade na respiração e até mesmo morte. Você deve suspeitar de epiglotite quando a deglutição é extremamente dolorosa (provocando salivação), quando a fala fica abafada e quando a respiração torna-se difícil.

Nos EUA, a cada ano, a compra de medicamentos para "sinusite" alcança 1,5 bilhão de dólares, devido aos sintomas da doença.

**Sinusite.** Existem dois tipos principais de infecções dos seios: crônica (com mais de 3 meses de duração) e aguda (1 mês de duração). Nos EUA, mais de 37 milhões de pessoas sofrem de sinusite crônica, tornando-a a doença crônica mais comum. Atualmente, constatou-se que maioria dos casos deve-se a um fungo, o que significa que os antibacterianos não irão ajudar, visto que eles só afetam as bactérias. Quase todo tipo de fungo pode causar infecções. Um homem infectado pelo HIV inalou inadvertidamente esporos de alguns cogumelos silvestres que havia colhido para uma refeição. Um mês depois, o médico encontrou o píleo de um cogumelo da mesma espécie projetando-se do palato do paciente. Os antifúngicos sistêmicos não atuam adequadamente. Os antifúngicos tópicos atuam, porém a sua aplicação aos tecidos afetados é difícil.

Mais da metade dos casos de sinusite aguda é causada por bactérias, como *Streptococcus pneumoniae*, *Moraxella catarrhalis* ou *H. influenzae*, porém alguns casos devem-se a *Staphylococcus aureus* ou *Streptococcus pyogenes*. O edema do revestimento das cavidades dos seios nasais diminui ou impede a drenagem e resulta em pressão e dor intensa. Quando a drenagem permanece impedida, o muco acumula-se e promove o crescimento bacteriano. As secreções, que consistem em muco, bactérias e células fagocitárias, acumulam-se nos seios nasais. A sinusite crônica pode danificar permanentemente o revestimento dos seios e provocar a formação de *pólipos* (crescimentos pendentes e lisos). As infecções por bactérias anaeróbicas, como *Bacteroides*, têm mais tendência a causar sinusite crônica. As raízes dos dentes superiores estão muito próximas aos seios maxilares, e 5 a 10% dessas infecções sinusais são de origem dentária. A aplicação de calor úmido sobre os seios, a instilação de gotas de vasoconstritores, como a efedrina, nas narinas, a umidificação do ar e a manutenção da cabeça em uma posição que promova drenagem ajudam a aliviar os sintomas. Pode haver necessidade de tratamento com antibacterianos, como penicilina, e medicamentos para aliviar o desconforto. Nadadores e mergulhadores frequentemente sofrem de sinusite se a água for forçada para dentro dos seios nasais. Esses indivíduos podem evitar a entrada de água nos seios, utilizando prendedores nasais ou exalando o ar quando submergem e continuando a exalar enquanto a cabeça está debaixo da água.

**Bronquite.** A bronquite acomete os brônquios e os bronquíolos, porém não se estende até os alvéolos. Cerca de 15% da população geral apresenta bronquite crônica. É mais comum em indivíduos idosos e está ligada ao tabagismo, à poluição do ar, à inalação de poeira de carvão, fibras de algodão e outras partículas, bem como à hereditariedade. Os pacientes expectoram escarro contendo muco, microrganismos e células fagocitárias. Os agentes etiológicos comuns incluem *Streptococcus pneumoniae*, *Mycoplasma pneumoniae* e várias espécies de *Haemophilus*, *Moraxella*, *Streptococcus* e *Staphylococcus*. As infecções podem se disseminar para os alvéolos dos pulmões e causar pneumonia. O diagnóstico é estabelecido com base nas culturas de escarro. Quando o indivíduo infectado procura assistência médica, as membranas respiratórias já podem estar permanentemente danificadas. O tratamento com antibacterianos pode interromper uma deterioração adicional, porém não pode reverter o dano já ocorrido. Por fim, ocorre dispneia intensa.

## Difteria

Embora atualmente sejam observados menos de cinco casos por ano nos EUA, a **difteria** era outrora uma causa de morte temida. Há um século, 30 a 50% dos pacientes morriam, e a maioria das mortes era causada por sufocação em crianças com menos de 4 anos de idade. A difteria continua sendo um problema atual na antiga União Soviética, onde a doença recentemente voltou a ter proporções epidêmicas, embora tenha desde então diminuído. Desde 1990, foram registrados cerca de 200.000 casos, resultando em mais de 5.000 mortes (ver Capítulo 16).

As *sequelas*, ou sinais adversos que ocorrem após uma doença, são comuns na difteria. A miocardite, uma inflamação do músculo cardíaco, e a polineurite, uma inflamação de vários nervos, são responsáveis por casos de morte, mesmo após uma recuperação aparente. Ocorrem anormalidades cardíacas significativas em 20% dos pacientes. Podem ocorrer problemas neurológicos, incluindo paralisia, após casos particularmente graves.

Acredita-se que George Washington possa ter morrido de difteria.

**Agente etiológico.** A difteria é causada por cepas de *Corynebacterium diphtheriae* infectadas por um prófago que carrega um gene produtor de exotoxina (ver Capítulo 11). As células claviformes deste bastonete gram-negativo crescem lado a lado, formando paliçadas (como os troncos de madeira colocados em posição vertical e usados para proteger antigos fortes). Essas células contêm grânulos metacromáticos de fosfatos, que por sua vez se tornam avermelhados quando corados pelo azul de metileno (Figura 22.4). Os **difteroides** são corinebactérias encontradas na superfície ou dentro de locais do corpo como o nariz, garganta, nasofaringe, sistema urinário e pele. Esses organismos diferem de *C. diphtheriae* por não serem produtores de toxina. Quando inoculadas em cobaia, as cepas de *C. diphtheriae* produtoras de toxina causam doença, mas não os difteroides. Alguns laboratórios também utilizam um teste de difusão em gel para detectar as cepas produtoras de toxina.

Para produzir uma toxina, a bactéria precisa estar infectada por uma cepa apropriada de bacteriófago no estágio de prófago lisogênico (ver Capítulo 11). Em outras palavras, o DNA do bacteriófago precisa estar integrado ao cromossomo bacteriano, onde são expressos os seus genes produtores de toxina. A "cura" da infecção da bactéria pelo seu fago elimina a sua capacidade de produzir toxina. A célula infectada pelo fago também deixa de produzir toxina, a não ser que a concentração de ferro no sangue do paciente caia para um nível criticamente baixo, como na anemia. A toxina inibe a síntese de proteínas, levando à morte da célula. Podem-se utilizar técnicas de PCR para detectar o gene da toxina para diagnóstico rápido.

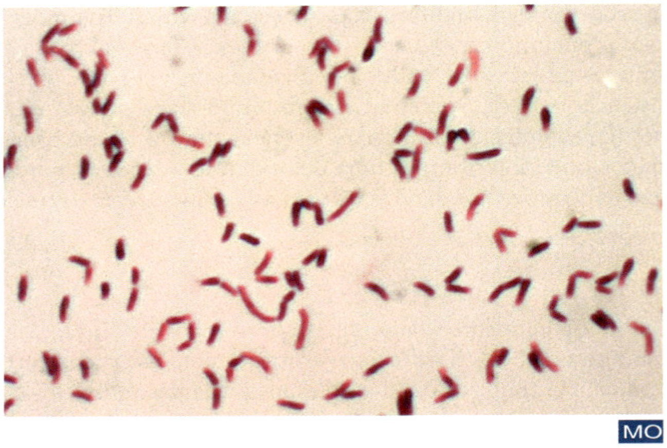


**Figura 22.4** ***Corynebacterium diphtheriae*, a causa da difteria.** Essa fotomicrografia colorida mostra os grânulos metacromáticos de fosfatos que adquiriram uma cor azul avermelhada intensa (aumento desconhecido). (*CDC/Science Source.*)

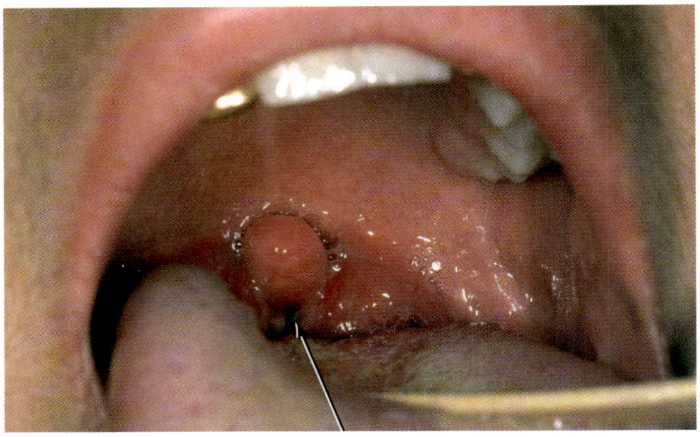

**Figura 22.5** **Pseudomembrana característica da difteria.** Não se trata de uma membrana verdadeira; com efeito, ela adere ao tecido subjacente. Se for rompida, deixará uma superfície sanguinolenta em carne viva e, por fim, se formará novamente. Todavia, ela precisa ser removida quando provoca obstrução da via respiratória. (*Medical-on-Line/Alamy Stock Photo.*)

**A doença.** Os seres humanos são os únicos hospedeiros naturais do *C. diphtheriae*. Teoricamente, a difteria poderia ser erradicada por meio de imunização mundial. Em geral, a difteria é disseminada por gotículas de secreções respiratórias. A infecção começa habitualmente na faringe, 2 a 4 dias após uma exposição. O organismo, as células epiteliais danificadas, a fibrina e as células sanguíneas combinam-se para formar uma **pseudomembrana** (Figura 22.5). Embora não seja uma verdadeira membrana, a sua remoção deixa uma superfície em carne viva e sangrando, que é logo recoberta por outra pseudomembrana. A pseudomembrana pode causar obstrução da via respiratória, causando sufocação. Os organismos muito raramente invadem os tecidos mais profundos ou disseminam-se para outros locais, porém a toxina extremamente potente espalha-se por todo corpo e mata as células, interferindo na síntese de proteínas. O coração, os rins e o sistema nervoso são os mais suscetíveis.

Os organismos causadores de difteria são algumas vezes encontrados em locais inusitados. Podem invadir as cavidades nasais que possuem relativamente poucos vasos sanguíneos. Nesse local, provocam uma doença mais leve, visto que uma menor quantidade de toxina entra no sangue. Eles também podem invadir a pele na *diferia cutânea* e causar lesão tecidual. Apenas uma pequena quantidade de toxina é absorvida pelo sangue. A difteria cutânea é uma doença tropical associada à falta de higiene; é rara nos EUA.

**Tratamento e prevenção.** A difteria é tratada com a administração de antitoxina para neutralizar a toxina presente, e antibacterianos, como eritromicina, clindamicina ou metronidazol, para matar os organismos. É possível evitar a doença com vacina a DTP (*difteria, tétano, pertússis*), que contêm toxoide diftérico, toxoide tetânico e a bactéria *Bordetella pertussis* morta; essa vacina é administrada em uma série de doses, começando aos 2 meses de idade. São necessários reforços durante toda infância e na idade adulta (Figura 22.6). No passado, quando a difteria era endêmica nos EUA, a maior parte da população adulta mantinha ou até mesmo adquirida imunidade em consequência da exposição contínua a pequenas quantidades da bactéria. Essas exposições atuavam como doses de reforço naturais. Agora que a difteria não é mais endêmica, a imunidade depende da vacina. Sem revacinação, os adultos em países com bons programas de imunização infantil deverão se tornar novamente suscetíveis, devido ao declínio da imunidade. Nos EUA, estima-se que 84% dos adultos com 60 anos de idade ou mais não apresentam níveis protetores de anticorpos e correm risco de adquirir a infecção. Como a difteria não é bem controlada em outras partes do mundo, particularmente na antiga União Soviética, a vacinação precisa ser continuada nos EUA, de modo a evitar uma epidemia caso a doença se dissemine a partir de outros lugares. A reimunização dos adultos a cada 10 anos poderia ser ajudada pela administração concomitante de toxoide diftérico e toxoide tetânico, em vez de apenas toxoide tetânico após a ocorrência de lesões.

## Infecções das orelhas

As infecções das orelhas ocorrem comumente como **otite média** na orelha média e **otite externa** no meato acústico externo. Como a otite média geralmente produz um exsudato purulento, ela é com frequência designada como otite média com efusão (OME). *Streptococcus pneumoniae*, *S. pyogenes* e *Haemophilus influenzae* são responsáveis por cerca da metade dos casos agudos. Espécies de vários anaeróbios são frequentemente responsáveis pelos casos crônicos, embora *Streptococcus* e *Haemophilus* inadequadamente tratados possam se transformar em casos crônicos. Em geral, a otite externa é causada por *Staphylococcus aureus* ou *Pseudomonas aeruginosa*. As infecções por *Pseudomonas* são comuns em nadadores, visto que esses organismos mostram-se altamente resistentes ao cloro.

As infecções na OME surgem devido à passagem de organismos da faringe através da tuba auditiva. Em geral, há febre e dor de ouvido, que resulta da pressão criada pelo pus na orelha média; todavia, alguns casos são assintomáticos. A doença é tratada com antibacterianos, habitualmente penicilina ou amoxicilina. É importante continuar o tratamento até a erradicação de todos os organismos, de modo a evitar a ocorrência de complicações. Mesmo após terapia bem-sucedida, um líquido estéril pode permanecer na orelha média, comprometendo a vibração dos ossículos da audição e diminuindo a transmissão do som. Algumas vezes, são inseridos tubos para impedir

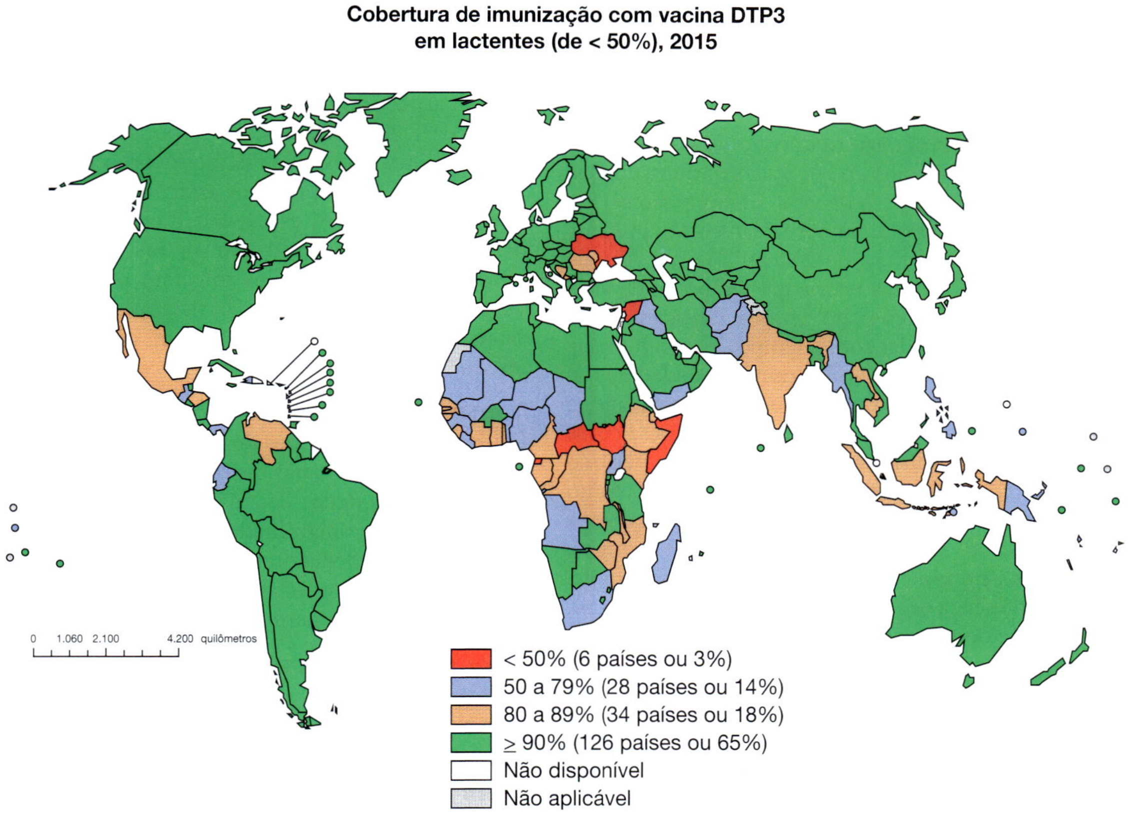


**Figura 22.6 Cobertura de imunização com vacina DTP3 em lactentes, 2015.** Estimativas de cobertura da OMS/UNICEF. (*Fonte: OMS.*)

## APLICAÇÃO NA PRÁTICA

### Difteria e a "Raposa do Deserto"

O general alemão Erwin Rommel, a "Raposa do Deserto", comandou as operações de guerra no norte da África durante a Segunda Guerra Mundial. Era sempre visto nos noticiários com um lenço contra o nariz. Isso não era por causa da poeira do deserto, mas devido à difteria nasal. Ele periodicamente retornava a Berlin para tratamento, deixando as as tropas sem a sua brilhante e carismática liderança. De fato, os aliados podem ter derrotado os nazistas no norte da África devido às batalhas perdidas pelas tropas que estavam desestimuladas com a sua ausência. Em Berlin, Rommel juntou-se a outros generais em uma conspiração para assassinar Hitler. A conspiração falhou, e a participação de Rommel foi descoberta. Quando os agentes da Gestapo o estavam levando para o quartel general, morreu de infarto agudo do miocárdio. Esse infarto pode ter sido resultado de um coração enfraquecido por anos de exposição à toxina diftérica. Se Rommel nunca tivesse contraído difteria, o resultado da Segunda Guerra Mundial teria sido diferente?

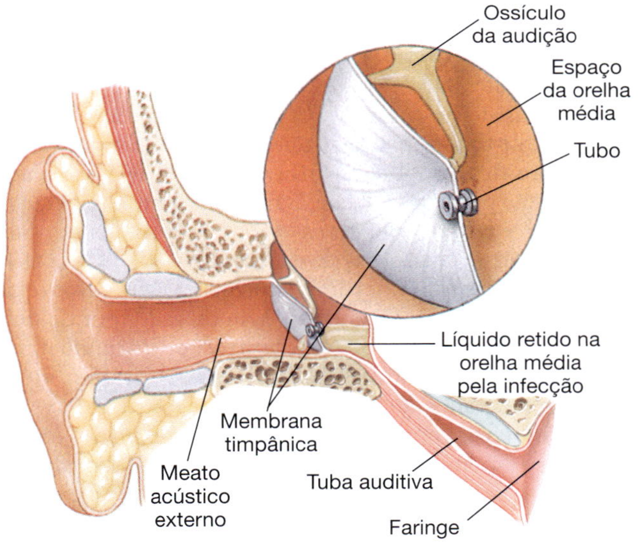




**Figura 22.7 Tratamento das infecções da orelha média.** São colocados tubos através da membrana timpânica para promover a drenagem. Esse tratamento pode ser realizado no consultório. O rebordo na extremidade posterior do tubo destina-se a mantê-lo no local.

o acúmulo de líquido e infecções repetidas do orelha média (Figura 22.7). Se houver comprometimento durante o desenvolvimento da fala, como frequentemente ocorre, a fala pode ser afetada de modo adverso. Algumas crianças consideradas desatentas ou agressivas na realidade não conseguem ouvir. A escola pode representar um pesadelo para essas crianças. À medida que a criança cresce, a tuba auditiva muda de forma e desenvolve um ângulo que impede o acesso da maioria dos organismos à orelha média – para o alívio tanto da criança quanto de seus pais.

## Doenças do trato respiratório superior causadas por vírus

### Resfriado comum

O resfriado comum, ou **coriza**, provavelmente causa mais sofrimento e perda de horas de trabalho do que qualquer outra doença infecciosa, porém não implica risco de vida. Embora não se disponha de estatísticas exatas sobre o número de infecções por ano, os norte-americanos perdem mais de 200 milhões de dias de trabalho e escola por ano devido a resfriados. Do ponto de vista econômico, os resfriados representam uma maldição para os empregadores, que precisam lidar com o tempo de trabalho perdido, porém são uma bênção para os fabricantes e vendedores de remédios para resfriado. Os vírus do resfriado são onipresentes e estão presentes o ano todo, porém a maioria das infecções ocorre no início do outono ou da primavera. Depois de um período de incubação de 2 a 4 dias, aparecem sinais e sintomas, como espirros, inflamação das membranas mucosas, secreção excessiva de muco e obstrução das vias respiratórias. Ocorrem faringite, mal-estar, cefaleia, tosse e, em certas ocasiões, traqueobronquite. Pode-se observar a presença de pus e sangue nas secreções nasais. A doença tem duração de cerca de 1 semana. A gravidade dos sintomas está diretamente correlacionada com a quantidade de vírus liberados pelas células epiteliais infectadas do trato respiratório superior. As infecções pelos vírus do resfriado também podem predispor o indivíduo a infecções bacterianas secundárias, como pneumonia, sinusite, bronquite e otite média. Essas infecções contribuem com mais tempo, sofrimento e custo adicional para o resfriado original. Doenças mais graves, como a coqueluche e infecções pelo vírus sincicial respiratório, podem ser inicialmente confundidas com resfriados, de modo que o diagnóstico correto e o tratamento subsequente são adiados.

**Agentes etiológicos.** Diferentes vírus do resfriado predominam em diferentes estações. No outono e na primavera, a maioria consiste em rinovírus. O vírus parainfluenza está presente durante todo ano, porém tem um pico no final do verão. Em meados de dezembro, aparecem os coronavírus. Os adenovírus estão presentes em baixos níveis durante o ano inteiro. O resfriado é causado por cerca de 200 vírus diferentes. Com frequência, não é um vírus que causa muitas das infecções do trato respiratório superior e inferior, embora esses casos sejam relatados como "virais". Na verdade, são causados por *Chlamydophila pneumonia*, uma bactéria de crescimento muito difícil. Talvez até metade de todas as infecções respiratórias "virais" poderiam ser realmente tratadas com antibacterianos.

Os **rinovírus** constituem a causa mais comum dos resfriados, sendo responsáveis por cerca da metade de todos os casos. Mostram-se resistentes aos antibióticos, agentes quimioterápicos e desinfetantes, porém são rapidamente inativados por condições ácidas. Crescem melhor a 33 a 34°C e, portanto, replicam-se no epitélio do trato respiratório superior, onde os movimentos do ar resfriam a temperatura dos tecidos. Os rinovírus podem ser isolados das secreções nasais e lavados da garganta e identificados pela sua sensibilidade ao pH baixo e resistência ao éter e ao clorofórmio, uma combinação única de características entre os vírus. Foram identificados pelo menos 113 rinovírus diferentes, todos eles com antígenos diferentes. A imunidade natural é de curta duração, e não foi desenvolvida nenhuma vacina efetiva. Mesmo quando uma pessoa se torna imune a alguns rinovírus, existem sempre outros para causar outro resfriado.

A segunda causa mais comum de resfriado é constituída por outro grupo de vírus onipresentes, os **coronavírus**. Os coronavírus possuem projeções claviformes, que lhes conferem um aspecto em halo (*corona*, do latim que significa "halo" ou "coroa"). As projeções são responsáveis pela aderência do vírus às células hospedeiras, bem como pela estimulação do sistema imune para produzir anticorpos contra o vírus. Além de causar resfriados, esses vírus também provocam desconforto respiratório agudo, em alguns casos pneumonia leve e gastrenterite aguda. Eles infectam o epitélio dos sistemas respiratório e digestório. No sistema digestório, reduzem a capacidade de absorção e causam diarreia, desidratação e desequilíbrio eletrolítico.

**Transmissão.** Os vírus do resfriado são mais frequentemente disseminados por fômites do que por contato íntimo com pessoas infectadas. Assoar o nariz e manusear os lenços utilizados contaminam os dedos das mãos, de modo que qualquer coisa tocada torna-se contaminada. O uso consciencioso dos lenços, o seu descarte imediato em recipientes tampados e a lavagem minuciosa das mãos todas as vezes após assoar o nariz podem reduzir significativamente a disseminação dos rinovírus.

**Diagnóstico e tratamento.** A maioria das pessoas diagnostica e trata seus próprios resfriados com remédios que aliviam alguns sintomas. Os anti-histamínicos de venda livre são razoavelmente efetivos para neutralizar as reações inflamatórias enquanto o organismo tenta se defender contra os vírus. Experimentos com determinados tipos de interferona humana mostraram que esses agentes têm o potencial de bloquear ou de limitar as infecções por rinovírus, porém eles precisam ser administrados com outro fármaco para ajudar a interferona a alcançar as células epiteliais abaixo de uma espessa camada de muco. Uma quantidade de alfainterferona suficiente para bloquear a infecção causa irritação e sangramento das membranas. Diferentes combinações de interferons e outros fatores estão sendo explorados para controlar as infecções por rinovírus.

### Parainfluenza

A **parainfluenza** caracteriza-se por rinite (inflamação nasal), faringite, bronquite, e, algumas vezes, pneumonia, sobretudo em crianças. Os **vírus parainfluenza** (paramixovírus; ver Capítulo 11) atacam inicialmente as membranas mucosas do nariz e da garganta. Nos casos muito leves, os sintomas podem ser inaparentes. Quando surgem, os primeiros sintomas consistem em tosse e rouquidão por 2 ou 3 dias, sons respiratórios ásperos e garganta vermelha. Os sintomas podem progredir para uma tosse "de cachorro" e respiração ruidosa aguda, denominada *estridor*. A recuperação é habitualmente rápida dentro de poucos dias.

Dos quatro vírus parainfluenza capazes de infectar os seres humanos, dois deles podem causar crupe. O **crupe** é definido como qualquer obstrução aguda da laringe e pode ser causado por uma variedade de agentes infecciosos, incluindo o vírus parainfluenza. Tanto a laringe quanto a epiglote tornam-se edemaciadas e inflamadas; a tosse "de cachorro" aguda do crupe, que se assemelha ao grito de uma foca, resulta do fechamento parcial dessas estruturas. O aumento da umidade com um vaporizador de névoa fria ou um banho de chuveiro quente ajuda a aliviar os sintomas do crupe.

Por volta dos 10 anos de idade, a maioria das crianças, caso tenham tido ou não doença reconhecível, apresenta anticorpos

## APLICAÇÃO NA PRÁTICA

### Uma cura para o resfriado comum?

Por que existe uma vacina contra a poliomielite, mas não contra o resfriado comum? Existem apenas três formas distintas (sorotipos) de poliovírus silvestre. Uma vez obtida uma vacina separada contra cada sorotipo, o trabalho estava concluído. Entretanto, há pelo menos 113 rinovírus diferentes; seriam necessárias 113 vacinas para atacá-los e ainda mais para os coronavírus e adenovírus, que também causam resfriados. Por que existem apenas três tipos de poliovírus? Os poliovírus precisam sobreviver nas condições ácidas do estômago para estabelecer uma infecção. As mutações que ocorrem na estrutura de seus capsídios quase sempre os deixam vulneráveis ao pH baixo (ácido), de modo que as formas mutantes não conseguem sobreviver. Os rinovírus são poupados desse caminho doloroso. As mudanças nos capsídios em consequência de mutações os tornam capazes de escapar facilmente das defesas do trato respiratório superior, de modo que algumas formas mutantes prosperam. O resultado? Há um número excessivo de versões dos vírus do resfriado para que os pesquisadores de vacinas possam acompanhar o seu número.

dirigidos contra todos os quatro vírus parainfluenza. Desse modo, a incidência da infecção é muito alta, embora a incidência de doença clinicamente aparente ser muito mais baixa. Ocorrem epidemias e surtos menores de infecção por parainfluenza principalmente no outono, mas também algumas vezes no início da primavera, após a estação da "gripe". Os vírus disseminam-se por contato direto ou por grandes gotículas. Os vírus causadores podem ser inativados por ressecamento, temperatura elevada e a maioria dos desinfetantes, de modo que não permanecem por muito tempo em superfícies ou no meio ambiente. A resistência à infecção provém da IgA secretora, que defende as membranas mucosas contra a infecção, e não da IgG transportada pelo sangue (ver Capítulo 18). A reinfecção pelo vírus parainfluenza é rara, de modo que as imunoglobulinas secretoras devem criar imunidade efetiva. Todavia, os esforços para produzir uma vacina contra os vírus parainfluenza não tiveram sucesso.

As doenças do trato respiratório superior estão resumidas na **Tabela 22.1**.

**PARE e RESPONDA**

1. Qual é a importância da infecção por bacteriófago no *Corynebacterium diphtheriae*?
2. Como os tubos na membrana timpânica ajudam a evitar infecções frequentes da orelha média?
3. Como o resfriado comum geralmente é transmitido?
4. Qual é a causa mais comum de faringite?
5. Por que é importante saber quando uma faringite é causada por vírus ou por *Streptococcus pyogenes*? Como isso pode ser determinado?

## DOENÇAS DO TRATO RESPIRATÓRIO INFERIOR

### Doenças do trato respiratório inferior causadas por bactérias

Entre as doenças bacterianas do trato respiratório inferior destacam-se duas das infecções mais assassinas da história: a

**Tabela 22.1** Resumo das doenças do trato respiratório superior.

| Doença | Agente(s) | Características |
|---|---|---|
| **Doenças do trato respiratório superior causadas por bactérias** | | |
| Faringite | *Streptococcus pyogenes* | Inflamação da garganta; febre sem tosse ou secreção nasal |
| Laringite e epiglotite | *Haemophilus influenzae, Streptococcus pneumoniae, Moraxella* | Inflamação da laringe e epiglote, frequentemente com perda da voz |
| Sinusite | *H. influenzae, S. pneumoniae, S. pyogenes, Staphylococcus aureus,* vários fungos | Inflamação das cavidades dos seios, às vezes com dor intensa |
| Bronquite | *Streptococcus pneumoniae, Mycoplasma pneumoniae,* e outros | Inflamação dos brônquios e dos bronquíolos, com tosse mucopurulenta (com muco e pus); dispneia nos casos crônicos |
| Difteria | *Corynebacterium diphtheriae* | Inflamação da faringe com pseudomembrana e efeitos sistêmicos da toxina |
| Otite externa | *Staphylococcus aureus, Pseudomonas aeruginosa* | Inflamação do meato acústico externo; comum em nadadores |
| Otite média | *Streptococcus pneumoniae, S. pyogenes, Haemophilus influenzae* | Infecção da orelha média com pus, pressão e dor |
| **Doenças do trato respiratório superior causadas por vírus** | | |
| Resfriado comum | Rinovírus, coronavírus | Faringite, mal-estar, cefaleia e tosse |
| Parainfluenza | Vírus parainfluenza | Inflamação nasal, faringite, bronquite, crupe, às vezes pneumonia |

pneumonia e a tuberculose. Com o advento da antibioticoterapia, foi possível controlar essas doenças de modo considerável. Ambas estão agora retornando em consequência da disseminação da AIDS e do tratamento com fármacos imunossupressores para pacientes submetidos a transplantes e com agentes anti-inflamatórios para doenças autoimunes, como a artrite reumatoide e a esclerose múltipla. A redução da resistência, a superpopulação, as doenças crônicas, o envelhecimento e outros fatores imunossupressores também contribuem para a gravidade do problema. Atualmente, as doenças crônicas do trato respiratório inferior ocupam o oitavo lugar entre as 10 principais causas de morte nos EUA, e as causas infecciosas estão no topo da lista.

## Coqueluche

A **coqueluche**, também denominada **pertússis**, é uma doença altamente contagiosa, conhecida apenas nos seres humanos. A palavra *pertússis* significa "tosse violenta", e os chineses a chamam de "tosse dos 100 dias". Apesar de sua distribuição mundial, as cepas encontradas nos EUA são menos virulentas do que a maioria. Entretanto, as viagens a jato podem, a qualquer momento, trazer cepas virulentas do norte da África ou de outras partes do mundo. A coqueluche constitui um importante problema de saúde nos países em desenvolvimento, onde a falta de imunização faz com que 80% dos indivíduos expostos adquiram a doença. Nos EUA, a preocupação e a publicidade negativa quanto à segurança da vacina desencorajaram alguns pais a vacinar crianças muito pequenas. Em consequência, a incidência da doença mais do que duplicou na década de 1980 e alcançou quase 8.400 em 2003 (Figura 22.8A). A doença tende a ocorrer de modo esporádico, particularmente em lactentes e crianças pequenas; 50% dos casos são observados no primeiro ano de vida (Figura 22.8B). Nos EUA, entre 2000 e 2008, das 181 mortes registradas, 166 foram de crianças com menos de 6 meses de idade.

Antes do desenvolvimento da vacina, quase toda criança contraía coqueluche. Os adultos que a contraem hoje não foram vacinados, ou a sua imunidade declinou. A imunidade diminui dentro de 5 a 10 anos após a vacinação. A imunidade parcial diminui a gravidade da doença. Muitos adultos podem não exibir o som de "guincho" característico, de modo que são diagnosticados de modo incorreto. Essas pessoas servem como reservatório para disseminar a infecção. A coqueluche é considerada, nos EUA, a doença bacteriana notificável menos bem controlada e evitável com vacina.

**Agente etiológico.** *Bordetella pertussis*, um pequeno cocobacilo gram-negativo aeróbico e encapsulado, isolado pela primeira vez em 1906, é o agente etiológico habitual da coqueluche. Apenas cerca de 5% dos casos devem-se a *Bordetella parapertussis* e *B. bronchiseptica*, que habitualmente produzem uma doença mais leve. *B. bronchiseptica* é um residente normal do sistema respiratório de cães, onde algumas vezes provoca "tosse de canil".

Os indivíduos suscetíveis tornam-se infectados pela inalação de gotículas respiratórias. Os organismos colonizam o revestimento ciliado do sistema respiratório. Sabe-se que apenas os casos ativos de coqueluche é que liberam os organismos; os portadores da doença são desconhecidos. *Bordetella pertussis* não invade os tecidos nem entra no sangue; entretanto, produz diversas substâncias que contribuem para sua virulência. Produz uma endotoxina, uma exotoxina e *hemaglutininas*, que consistem em antígenos de superfície que a ajudam a aderir aos cílios das células epiteliais no trato respiratório superior. Nesse local, as toxinas destroem as células epiteliais ciliadas. Em seguida, essas células descamam, deixando uma superfície de células não ciliadas, o que, por sua vez, possibilita o acúmulo de muco nas vias respiratórias.

**A doença.** Depois de um período de incubação de 7 a 10 dias, a doença progride em três estágios: *catarral*, *paroxístico* e *convalescente*. O **estágio catarral** caracteriza-se por febre, espirros, vômitos e tosse branda, seca e persistente. Uma ou 2 semanas depois, começa o **estágio paroxístico** (ou de *intensificação*) à medida que o muco e massas de bactérias preenchem as vias respiratórias e imobilizam os cílios. Filamentos de muco resistentes, viscosos e semelhantes a cordas nas vias respiratórias provocam tosse paroxística violenta. A incapacidade de manter as vias respiratórias abertas leva à **cianose**, ou coloração azulada da pele, devido à entrada de uma quantidade insuficiente de oxigênio no sangue. A manutenção das vias respiratórias abertas é particularmente difícil nos lactentes; o bloqueio das vias respiratórias é responsável pela elevada taxa de mortalidade em pacientes com menos de 1 ano de idade. O esforço para inspirar ar produz o ruído de "guincho" alto característico. Ocorrem acessos de tosse várias vezes ao dia, causando exaustão. Algumas vezes, a tosse é tão intensa que provoca hemorragia, convulsões e fraturas de costelas. O vômito, que habitualmente ocorre depois de um acesso de tosse, leva à desidratação, deficiência de nutriente e desequilíbrio eletrolítico – todos particularmente perigosos para os lactentes.

Depois do estágio paroxístico, cuja duração é habitualmente de 1 a 6 semanas, porém algumas vezes mais, o paciente passa para o **estágio de convalescença**. Uma tosse mais branda pode continuar por vários meses antes de finalmente desaparecer. Nesse estágio, é comum a ocorrência de infecções secundárias por outros organismos.

**Diagnóstico e tratamento.** A coqueluche é diagnosticada pela obtenção de organismos das passagens nasais posteriores (Figura 22.8C) e cultura em meio de ágar-sangue-carvão recém-preparado, que em grande parte substituiu o ágar-sangue-batata-glicerol (ágar BordetGengou) clássico. Como a penicilina não mata *B. pertussis*, o antibacteriano é frequentemente adicionado ao meio para suprimir o crescimento de outros organismos. Quando começam a aparecer as colônias típicas, pode-se utilizar uma coloração com anticorpo fluorescente para sua identificação. O tratamento da coqueluche consiste na administração de antitoxina no início da doença, para combater a toxina, e eritromicina ou azitromicina para reduzir a duração do segundo estágio, ou estágio paroxístico (ver Capítulo 18). O antibacteriano não consegue eliminar por completo esse estágio, porém reduz o número de organismos viáveis que estão sendo liberados. Os tratamentos de suporte, como aspiração, reidratação, oxigenoterapia e atenção para a nutrição e o equilíbrio eletrolítico, são muito importantes, assim como o tratamento adequado das infecções secundárias.

**Prevenção.** A vacina pertússis de células inteiras salvou muitas vidas, porém não é totalmente segura. Nos EUA, diminuiu o número de casos de 227.319 em 1938 para 3.590 em 1994; entretanto, a cada ano, as reações à vacina causaram a morte de 5 a 20 crianças, e outras 50 sofreram dano cerebral permanente. Todavia, o número de crianças prejudicadas pela

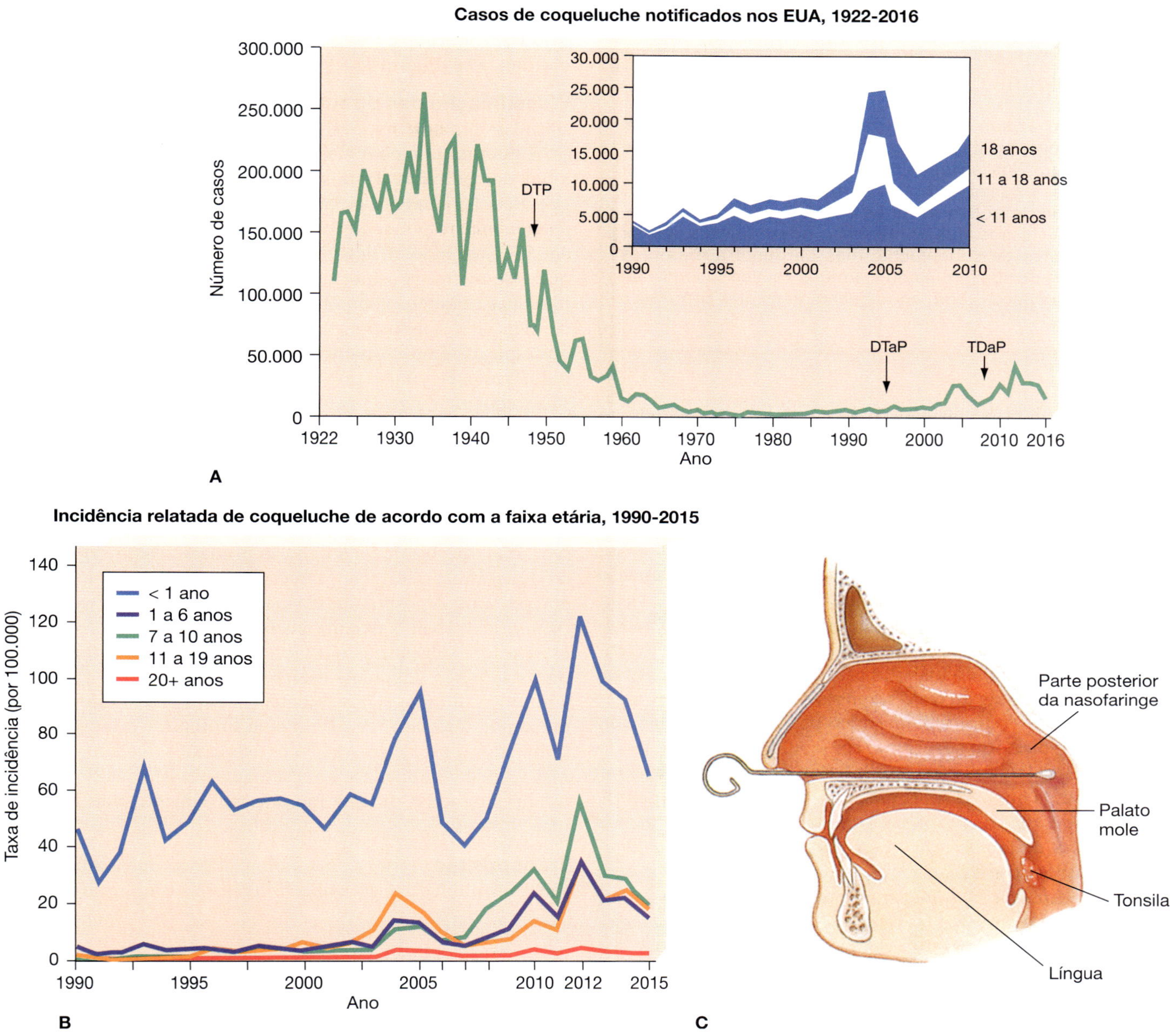


**Figura 22.8 Incidência da coqueluche nos EUA.** **A.** Por ano. **B.** Por faixa etária. **C.** Técnica de cultura para a coqueluche. Um *swab* fixado a um arame fino e flexível é introduzido nas narinas, e pede-se ao paciente que tussa várias vezes. (*Fonte: CDC.*)

vacina foi muito menor do que o número que teria morrido sem ela. A tecnologia do DNA recombinante começou a ser utilizada para o desenvolvimento de vacinas acelulares. Agora, estamos constatando um aumento dos casos nos EUA, que alcançaram mais de 21.000 em 2010. Entretanto, as taxas de vacinação permanecem as mesmas. Há algumas evidências de que algumas cepas de *Bordetella* desenvolveram resistência à vacina acelular. Como essas vacinas contêm apenas proteínas bacterianas, elas reduzem ou até mesmo eliminam os efeitos colaterais associados às preparações anteriores. As vacinas pertússis acelulares estão agora aprovadas para uso em cinco doses. Anteriormente, eram usadas apenas como quarta ou quinta doses. A designação *aP* indica vacina "pertússis acelular". A vacinação começa com a série de DTaP aos 2 meses de idade, tão logo o sistema imune seja capaz de responder a antígenos na vacina. A imunização precoce é importante, visto que os anticorpos contra a coqueluche não atravessam a placenta, de modo que os lactentes não têm imunidade passiva à coqueluche. A imunidade diminui gradualmente após a vacinação. Entretanto, a imunização de crianças não vacinadas com mais de 7 anos de idade ou de adultos não é recomendada, devido aos possíveis riscos associados à vacina mais antiga. Isso significa que grande parte da população de adolescentes e adultos é de fato suscetível à doença, porém acredita erroneamente que está protegida com as vacinações anteriores. A incidência tem aumentado nesse grupo de pessoas.

A recuperação da doença confere imunidade, mas não por toda vida. São conhecidos casos de recidiva, sobretudo em adultos; entretanto, são geralmente mais leves do que os primeiros casos. Os EUA têm a sorte de ter agora cepas de

## APLICAÇÃO NA PRÁTICA

### A coqueluche definindo a moda

No passado, as babás no Central Park, em Manhattan, eram frequentemente vistas utilizando uniformes brancos cobertos de sangue dos lactentes de colo que sofriam de paroxismos de tosse. Esses lactentes também produziam grandes quantidades de gotículas de aerossóis contendo os organismos infecciosos. Talvez você não possa lembrar de ter visto um caso de coqueluche, mas pergunte a membros mais velhos de sua família ou a amigos se eles se lembram de ter visto pessoas com coqueluche ou se eles próprios a tiveram.

*B. pertussis* de baixa virulência. As cepas africanas são muito mais virulentas e provavelmente causariam surtos maciços se se estabelecessem nos EUA.

## Pneumonia clássica

Nos EUA, mais mortes resultam de pneumonia do que qualquer outra doença infecciosa. A **pneumonia**, uma inflamação do tecido pulmonar, pode ser causada por bactérias, vírus, fungos, determinados helmintos, substâncias químicas, radiação e algumas alergias. As formas infecciosas da doença desenvolvem-se quando são inalados patógenos com capacidade de escapar das defesas do trato respiratório superior. Esses organismos iniciam o processo mórbido por meio da colonização do trato respiratório superior e, em seguida, entram de modo acidental no trato respiratório inferior durante uma inspiração profunda ou tosse suprimida, ou por meio de uma grande quantidade de muco. Várias bactérias constituem causas conhecidas de pneumonia, incluindo *Streptococcus pneumoniae*, também conhecido como pneumococo; *Staphylococcus aureus*; *Klebsiella pneumoniae*; e *Mycoplasma pneumoniae*, uma causa recentemente reconhecida de infecções respiratórias humanas, que é responsável por cerca de 10% dos casos de pneumonia adquiridos na comunidade. *Pseudomonas aeruginosa* é outro patógeno respiratório. Provoca pneumonia em indivíduos imunocomprometidos e em pacientes hospitalizados. Quando o microrganismo tem acesso ao epitélio respiratório danificado, ele adere por meio de seus *pili* e multiplica-se (Figura 22.9).

**Classificação das pneumonias.** As pneumonias são classificadas com base no local de infecção em lobar ou brônquica. A **pneumonia lobar** afeta um ou mais dos cinco principais lobos dos pulmões. Trata-se de uma doença primária grave, que afeta anualmente cerca de 500.000 pessoas nos EUA. *S. pneumoniae* responde por 95% de todos os casos. Entretanto, em 1881, quando se descobriu *K. pneumoniae*, acreditava-se que esse microrganismo fosse a causa principal. A pneumonia lobar caracteriza-se por depósitos de fibrina. Quando esses depósitos solidificam, causam **consolidação** ou bloqueio dos espaços aéreos. A **pleurite**, que consiste na inflamação das membranas pleurais e provoca respiração dolorosa, acompanha frequentemente a pneumonia lobar.

A **pneumonia brônquica** começa nos brônquios e pode se disseminar nos tecidos adjacentes, em direção aos alvéolos, de maneira irregular. Embora também seja mais provavelmente causada por pneumococos, a pneumonia brônquica difere da lobar em dois aspectos: (1) com frequência, aparece como infecção secundária depois de uma infecção primária, como gripe viral ou doença cardíaca, ou após outra doença pulmonar e (2) não apresenta os depósitos de fibrina abundantes observados na pneumonia lobar. A pneumonia brônquica pode ocorrer após exposição a substâncias químicas ou aspiração de vômito ou outros líquidos. Algumas vezes, os lactentes aspiram o líquido amniótico durante o nascimento, particularmente durante o parto por cesariana. A pneumonia brônquica é comum em indivíduos idosos e em pacientes debilitados. De fato, é algumas vezes denominada a "amiga do idoso", visto que ela poupa uma pessoa idosa de uma morte possivelmente mais longa e mais dolorosa por alguma outra causa.

**Transmissão.** Tanto a pneumonia lobar quanto a brônquica são transmitidas por gotículas respiratórias e, no inverno, por

## APLICAÇÃO NA PRÁTICA

### Responsabilidade pela vacina DTP

O que acontece quando uma criança é mais prejudicada do que ajudada por uma vacina? Mortes e lesões em consequência da vacina pertússis e de outras vacinas levaram, de fato, a numerosos processos contra os fabricantes. Depois de vários anos de deliberações, o National Vaccine Compensation Act (Lei de Indenização Nacional de Vacinas) foi aprovado pelo Congresso norte-americano e entrou em vigor em 1º de janeiro de 1988. Essa lei estabeleceu um fundo de garantia e uma indenização mínima de 250.000 dólares por criança e exigia dos pais que aceitassem essa indenização desistissem de seus direitos de continuar com processos posteriores. Dessa maneira, toda vez que você paga por uma injeção de DTP ou de MMR (sarampo, caxumba, rubéola), o seu dinheiro vai para um fundo fiduciário – um fundo que pode proporcionar algum conforto aos pais de crianças afetadas.

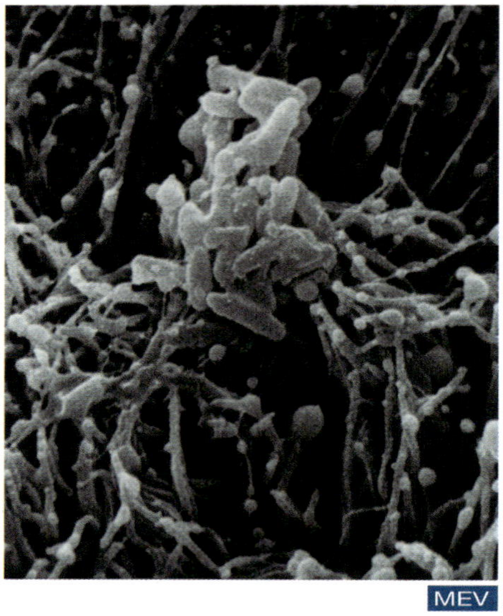


**Figura 22.9 Bactérias causadoras de pneumonia.** Essa MEV mostra *Pseudomonas aeruginosa* aderindo ao epitélio respiratório humano (aumento desconhecido). (*Cortesia do Dr. S. Girod de Bentzmann.*)

portadores – incluindo profissionais da área de saúde – que tiveram contato com pacientes com pneumonia. Até 60% de uma população pode ser portadora em grupos estreitamente associados, como pessoal de bases militares ou crianças na pré-escola.

**A doença.** Depois de alguns dias de sintomas leves do trato respiratório superior, o aparecimento da pneumonia pneumocócica é súbito. O indivíduo infectado sofre calafrios violentos e febre alta (até 41°C). Em seguida, ocorrem dor torácica, tosse e escarro contendo sangue, muco e pus. A febre pode cessar 5 a 10 dias após o início quando não tratada ou nas primeiras 24 horas após a administração de antibacterianos.

A gripe e a pneumonia combinadas constituíram a segunda causa principal de morte nos EUA em 2011. Com tratamento antibacteriano imediato e adequado, a taxa de mortalidade é de 5%; sem tratamento, alcança 30%. Essa taxa pode ser comparada de modo favorável com a pneumonia causada por *Klebsiella*, que, apesar do melhor tratamento, continua apresentando uma taxa de mortalidade de 50%. *Klebsiella* causa uma pneumonia extremamente grave, que pode levar a lesões ulcerativas crônicas nos pulmões e a uma destruição extensa do tecido pulmonar. Nos EUA, o fato de não se procurar imediatamente assistência médica mantém a taxa de mortalidade global da pneumonia em 25%. As condições que predispõem à pneumonia incluem idade avançada, resfriamento, medicações, anestesia, alcoolismo e uma variedade de estados mórbidos.

**Diagnóstico, tratamento e prevenção.** O diagnóstico da pneumonia baseia-se em observações clínicas, radiografias ou cultura de escarro. Em geral, a pneumonia por *Klebsiella* é tratada com cefalosporinas. A penicilina constitui o fármaco de escolha para o tratamento da pneumonia pneumocócica; entretanto, taxas elevadas de resistência estão sendo agora observadas em muitas comunidades. Desse modo, utiliza-se com frequência uma cefalosporina de terceira geração ou uma fluoroquinolona, como levofloxacino ou gatifloxacino. Após a recuperação, a imunidade é mantida por alguns meses apenas contra o sorotipo específico que causou a infecção. Assim, o paciente pode desenvolver caso após caso de pneumonia por infecção com outros sorotipos ou outras espécies. São reconhecidos mais de 85 sorotipos. Destes, apenas 23 são responsáveis por 85% dos casos de doença pneumocócica nos EUA. É possível induzir imunidade artificial com a vacina polivalente Pneumovax®. Essa vacina contém antígenos de 23 sorotipos, de modo que ela protege contra 80% dos casos de pneumonia pneumocócica em todas as faixas etárias, com exceção das crianças com menos de 2 anos de idade. A imunização é particularmente recomendada para os indivíduos idosos e as populações de risco. Nos dias atuais, recomenda-se a revacinação a cada 10 anos; todavia, em 2003, os CDC observaram que, em pacientes com mais de 65 anos de idade, a imunidade irá mais provavelmente cair abaixo dos níveis protetores entre 5 e 7 anos após a vacinação. Em alguns casos, a imunidade pode não se estender por mais de 2 anos. Prevnar®, uma vacina contra *Streptococcus pneumoniae* introduzida em fevereiro de 2000, pode ser administrada a crianças pequenas, de 6 semanas até 5 anos de idade, a fim de prevenir a pneumonia e as infecções de ouvido. Nos EUA, as infecções de ouvido são responsáveis por 27 milhões de visitas ao consultório médico anualmente. Entretanto, a série de quatro doses de Prevnar® tem um custo de 232 dólares. Mesmo assim, o seu fabricante vendeu 461 milhões de dólares em seu primeiro ano de uso. Entretanto, há certa preocupação de que a vacina Prevnar® possa estar ligada a um aumento do diabetes insulinodependente entre os receptores. Desde a disponibilidade das vacinas, houve uma redução de 75% nos casos de pneumonia.

## Pneumonia por *Mycoplasma*

Um dos patógenos bacterianos de menor tamanho conhecido, *Mycoplasma pneumoniae* causa geralmente infecções leves e algumas vezes inaparentes do trato respiratório superior. Em 3 a 10% das infecções, provoca **pneumonia atípica primária** ou pneumonia por *Mycoplasma*, que habitualmente é uma pneumonia branda com início insidioso. A doença é considerada atípica, visto que os sintomas são diferentes daqueles da pneumonia clássica. Alguns pacientes não apresentam sinais ou sintomas relacionados com o trato respiratório – apenas febre e mal-estar. Com frequência, os pacientes permanecem em ambulatório, de modo que a doença é algumas vezes denominada **pneumonia de ambulatório**. A taxa de mortalidade é inferior a 0,1%. É rara em crianças de idade pré-escolar e mais comum entre pessoas jovens de 5 a 19 anos de idade, embora seja encontrada em todas as faixas etárias. *Mycoplasma pneumoniae* pode causar até 20% de todas as pneumonias adquiridas na comunidade sem gripe.

A transmissão ocorre por secreções respiratórias na forma de gotículas, e o período de incubação de 12 a 14 dias é seguido do aparecimento dos sintomas. A febre tem uma duração de 8 a 10 dias e declina gradualmente com a tosse e a dor torácica. As características incomuns da pneumonia por *Mycoplasma* são as de que os alvéolos diminuem de tamanho em consequência do edema das paredes alveolares e o fato de que os alvéolos não se enchem de líquido.

O diagnóstico pode ser estabelecido pelo isolamento de *Mycoplasma* a partir do escarro ou de um *swab* de nasofaringe. Esse processo leva 2 a 3 semanas, devido à lentidão do crescimento dos organismos (**Figura 22.10**). Testes sorológicos, como imunofluorescência indireta, aglutinação do látex e ELISA, também são úteis durante os estágios iniciais da doença. Sondas de DNA comercialmente disponíveis também são utilizadas e produzem resultados semelhantes aos da cultura. Entretanto, o tratamento baseia-se habitualmente nos sintomas clínicos.

A azitromicina ou uma fluoroquinolona constituem os fármacos de escolha. A penicilina não exerce nenhum efeito, visto que *Mycoplasma* não apresenta parede celular (o local de ação antibacteriana da penicilina). Mesmo os casos não tratados apresentam prognóstico favorável. Não existe nenhuma vacina atualmente disponível, de modo que a prevenção exige que se evite todo contato com indivíduos infectados e suas secreções.

## Doença dos legionários

Em 1976, muitos veteranos de guerra que compareceram em uma convenção na Filadélfia tornaram-se vítimas de uma misteriosa doença, que passou a ser conhecida como **doença dos legionários**. Depois de 29 mortes e muita investigação intensa, o organismo causador inicialmente não identificado, *Legionella pneumophila*, foi finalmente isolado (**Figura 22.11**). Pesquisadores dos CDC posteriormente encontraram anticorpos

A

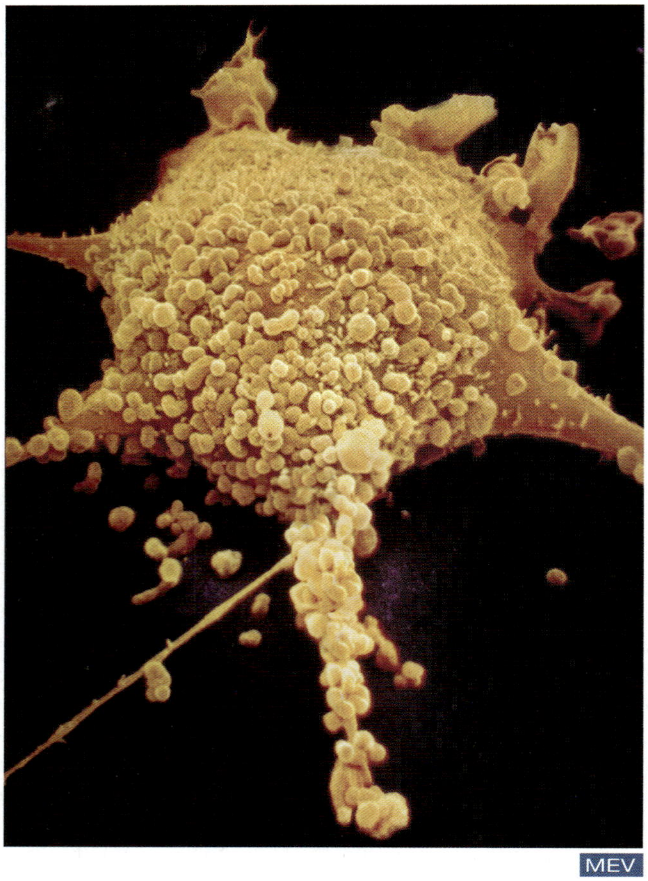


B

**Figura 22.10** ***Mycoplasma*. A.** Essas células não têm parede celular e assumem formas irregulares (151.000×). (*Don W. Fawcett/Science Source.*) **B.** Célula infectada por numerosos micoplasmas (45.357×). (*David M. Phillips/Science Source.*)

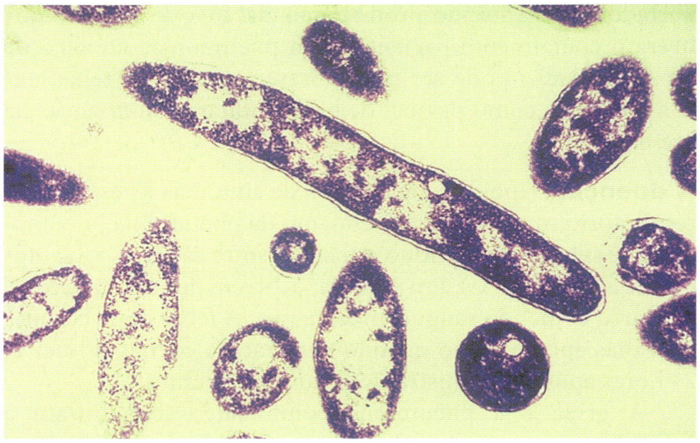

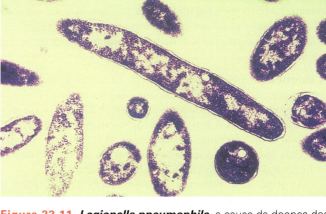

**Figura 22.11** ***Legionella pneumophila***, a causa da doença dos legionários (53.361×). (*Science Source.*)

dirigidos contra *L. pneumophila* em amostras de sangue congeladas provenientes de surtos não identificados, ocorridos várias décadas atrás. Pergunta-se como o microrganismo passou despercebido durante tanto tempo. Entretanto, ele é diferente o suficiente das bactérias anteriormente classificadas, de modo que foi necessário criar um novo gênero para ele.

*Legionella pneumophila* é um bacilo fracamente gram-negativo e estritamente aeróbico, com exigências nutricionais fastidiosas. Não fermenta açúcares, e o seu ciclo de vida permanece obscuro. Foram identificadas mais de 20 espécies de *Legionella*. A maioria é de vida livre no solo ou na água e normalmente não causa doença. Entretanto, algumas cepas vivem como parasitas intracelulares de muitas espécies de amebas, como *Acanthamoeba*, *Naegleria*, *Hartmanella* e *Echinamoeba*. Algumas dessas amebas colonizam torres de resfriamento, chuveiros e outras áreas úmidas. A legionelose é transmitida quando os organismos que crescem no solo ou na água são transportados pelo ar e penetram nos pulmões dos pacientes na forma de aerossol. A transmissão interpessoal nunca foi documentada. Os ares-condicionados, os chafarizes ornamentais, os pulverizadores de produtos em supermercados, os umidificadores e vaporizadores em quartos de pacientes foram implicados na disseminação da doença. Esses aparelhos devem ser desinfetados regularmente. Uma vez inalados, os organismos do gênero *Legionella* são capturados dentro de fagócitos ameboides por uma forma de fagocitose que progride de modo espiralado. Os bacilos desenvolvem-se nas condições ácidas do fagolisossomo, multiplicando-se e, por fim, causando ruptura da célula (ver Capítulo 17). Adaptam-se bem no interior dos leucócitos ameboides.

Uma família foi infectada até mesmo durante uma visita a uma loja de utilidades domésticas que tinha à amostra uma banheira de água quente borbulhante.

Depois de um período de incubação de 2 a 10 dias, a doença dos Legionários aparece com febre, calafrios, cefaleia, diarreia, vômitos, presença de líquido nos pulmões, dor torácica e abdominal e, com menos frequência, sudorese profusa e transtornos mentais. Quando ocorre, a morte é habitualmente causada por choque e insuficiência renal. Na legionelose não pneumônica, depois de um período de incubação de cerca de 48 horas, o paciente apresenta 2 a 5 dias de sintomas de tipo gripal, sem infiltração dos pulmões.

A **febre de Pontiac** é uma legionelose leve, assim denominada devido a um surto ocorrido em Pontiac, no Michigan, em 1968, que acometeu 144 pessoas – 95% dos empregados do departamento de saúde. Não houve mortes; todos os pacientes recuperaram-se em 3 a 4 dias.

Para o diagnóstico das infecções por *Legionella*, são utilizadas culturas, com um teste de urina contra um antígeno de

*L. pneumophila* do sorogrupo 1 (o sorogrupo mais comum). A azitromicina, uma fluoroquinolona ou a eritromicina são utilizadas para o tratamento, porém a maioria dos outros antibacterianos não tem nenhum efeito. Devido à dificuldade de distinguir a doença dos legionários de outras pneumonias, administra-se normalmente eritromicina em associação a um segundo antibacteriano, como penicilina, para tratar qualquer doença semelhante à pneumonia.

O controle das infecções associadas a *Legionella* depende da manutenção de níveis adequados de cloro em todas as fontes de água potável, torres de refrigeração e outros reservatórios de água potável, quando não estão sendo usados. A limpeza periódica das superfícies dos ares-condicionados, umidificadores e equipamento semelhante é valiosa para reduzir a incidência de surtos, particularmente em hospitais.

## Tuberculose

A **tuberculose**, ou **TB** (anteriormente denominada *consumpção*), tem assolado a humanidade desde a antiguidade, conforme indicado por lesões esqueléticas identificadas em múmias egípcias de 3.000 anos de idade e em restos humanos mais antigos. Hoje em dia, continua sendo um problema de saúde global maciço. A tuberculose acomete um terço da população mundial. A cada ano, 3 milhões de pessoas morrem, e surgem 10 milhões de novos casos (Figura 22.12). Só na Índia, 1.000 morrem diariamente de TB.

**Incidência nos EUA.** A incidência da TB na população geral dos EUA diminuiu em quase 6% por ano desde 1953, quando começou um registro nacional uniforme, até 1986. Aumentos temporários na década de 1980 foram causados por refugiados asiáticos e do Haiti, muitos dos quais se tornaram infectados em campos superlotados sem condições sanitárias e que fugiram em embarcações. Números desproporcionalmente elevados de grupos de residentes não brancos – negros, esquimós, índios norte-americanos e hispânicos – sofrem de TB, algumas vezes em proporções epidêmicas (Figura 22.13). Em 1986, a incidência aumentou em 2,6%. Muitos casos novos ocorreram entre pacientes com AIDS; outros representam, aparentemente, reativações de infecções antigas desencadeadas por imunodeficiência, aglomeração, estresse e uso de fármacos anti-inflamatórios. Em 1993, o número de novos casos notificados por mês aumentou de 778 em janeiro para 5.130 em dezembro. Esse aumento continua, e as pessoas têm medo de que a tuberculose possa retornar e representar um flagelo ainda maior e mais assustador do que a AIDS. A tuberculose é uma doença transmitida pelo ar, o que indica que qualquer pessoa pode ser exposta, enquanto a modificação do comportamento do indivíduo pode diminuir acentuadamente a probabilidade de exposição ao vírus do HIV.

> Antes de 1900, cerca de um terço dos adultos morria de TB antes de alcançar uma idade avançada.

### Agentes etiológicos

Os agentes etiológicos da tuberculose são membros do gênero *Mycobacterium*, e *M. tuberculosis* responde pela grande maioria dos casos (**Tabela 22.2**). *Mycobacterium tuberculosis* foi descoberto por Robert Koch, 1882, quando a doença foi denominada "peste branca" da Europa. Alguns outros agentes, designados como micobactérias atípicas, também causam tuberculose, particularmente o complexo *M. avium-intracellulare* (MAC) em pacientes com AIDS. Com frequência, essas infecções são adquiridas por ingestão e disseminam-se por todos os órgãos do corpo pela corrente sanguínea. Deste modo, os sintomas não são principalmente respiratórios. Todas as micobactérias são bastonetes retos ou ligeiramente curvos, álcool-acidorresistentes, conforme ilustrado na Figura 4.32.

> Em junho de 1998, os microbiologistas do Instituto Pasteur descobriram a sequência completa do DNA do *Mycobacterium tuberculosis*, revelando mais de 4.000 genes.

Certas propriedades das micobactérias estão estreitamente associadas a seu papel na tuberculose. A presença de ceras e de ácidos micólicos de cadeia longa nas paredes das micobactérias torna esses organismos difíceis de serem corados pelo método de Gram, contribui para a sua sobrevivência no ambiente e as protege de algumas defesas do hospedeiro. Por serem aeróbios obrigatórios, sensíveis a pequenas reduções na concentração de oxigênio, as micobactérias crescem melhor nas porções superiores ou apicais dos pulmões, que são mais altamente oxigenadas. As micobactérias patogênicas apresentam um tempo de geração extremamente longo (12 a 18 horas, em comparação com 20 a 30 minutos na maioria das bactérias), o que explica o longo tempo (até 8 semanas) que leva para produzir uma colônia visível em meios de cultura de laboratório. As micobactérias são altamente resistentes à dessecação e podem permanecer viáveis por 6 a 8 meses no escarro seco, uma propriedade que contribui para seu papel como problema de saúde pública. Todavia, elas são muito sensíveis à luz solar direta.

**A doença.** A tuberculose é adquirida pela inalação de núcleos de gotículas de secreções respiratórias ou de partículas de escarro seco contendo bacilos da tuberculose. As crianças pequenas e os indivíduos idosos são particularmente suscetíveis, de modo que é importante proceder ao rastreamento dos funcionários de escolas, creches e asilos quanto à tuberculose. Após serem inalados, os organismos multiplicam-se muito lentamente *no interior* dos leucócitos que os fagocitaram. Eles desencadeiam uma resposta do hospedeiro que consiste em infiltração por neutrófilos e acúmulo de líquidos dentro dos alvéolos pulmonares. Por fim, os organismos causam ruptura e destruição dos neutrófilos. Posteriormente, os macrófagos e os linfócitos migram para a área. Os macrófagos alveolares também fagocitam os bacilos da tuberculose vivos, que mais uma vez são capazes de se multiplicar dentro de seus novos hospedeiros e destruí-los. A ruptura dos fagócitos mortos libera os organismos infecciosos. Não há produção de toxinas. À medida que novas células são infectadas, observa-se a ocorrência de uma resposta inflamatória aguda. Há liberação de uma grande quantidade de líquido, particularmente no tecido pulmonar, onde se produzem sintomas semelhantes aos da pneumonia. Algumas vezes, as lesões cicatrizam; todavia, com frequência, elas produzem necrose tecidual maciça ou solidificam, transformando-se em granulomas crônicos ou **tubérculos** (Figura 22.14). Os tubérculos consistem em acúmulos centrais de macrófagos aumentados, células de Langerhans gigantes e multinucleadas contendo bacilos da tuberculose, linfócitos periféricos, macrófagos e tecido conjuntivo recém-formado. A

**Taxas estimadas de incidência da TB, 2015**

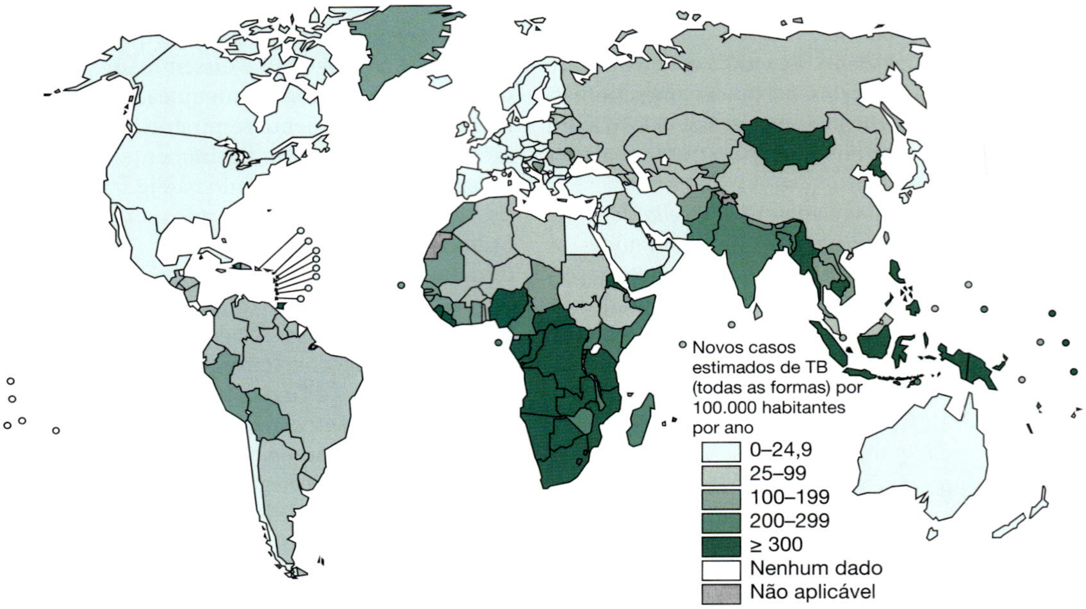


**A**

**Prevalência estimada do HIV em casos novos e de recidiva da TB, 2015**

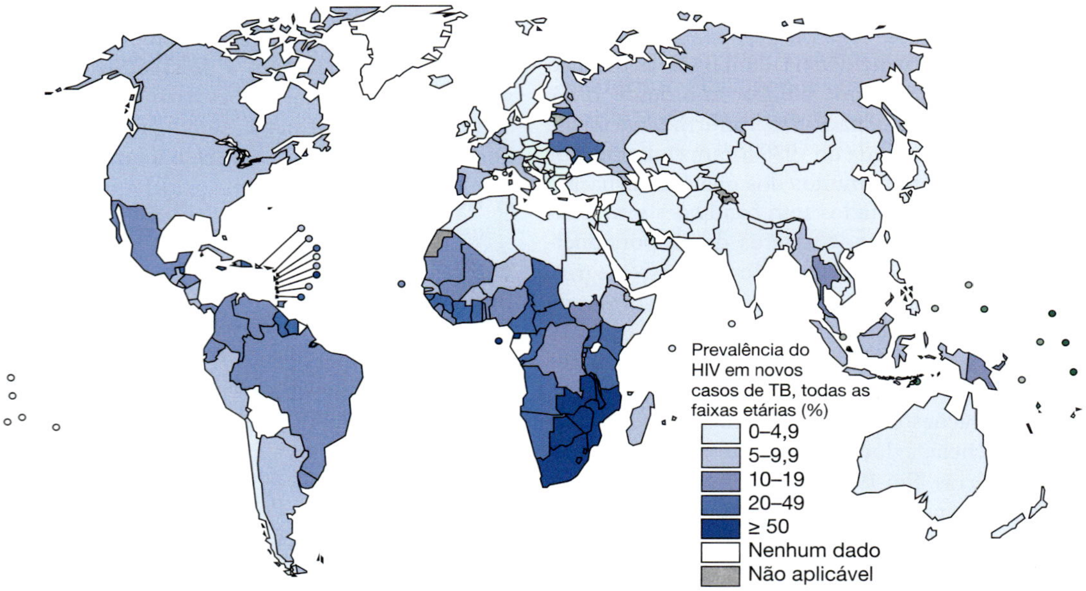


**B**

**Figura 22.12** **Tuberculose em todo o mundo.** **A.** Taxas estimadas de incidência da TB por 100.000 habitantes, 2015. **B.** Prevalência da infecção pelo HIV em casos de TB, 2015. (*Fonte: OMS.*)

porção central do tubérculo sofre destruição, conferindo-lhe uma aparência característica de queijo ou **caseosa**. Alguns organismos alcançam os sistemas linfático e circulatório. Cerca de 3 a 4 semanas após a exposição, observa-se o desenvolvimento de hipersensibilidade tardia e imunidade celular. Todavia, em certas ocasiões, o hospedeiro não consegue responder imunologicamente. Então, ocorre multiplicação descontrolada dos bacilos da tuberculose nos pulmões, resultando na formação de numerosos tubérculos. Subsequentemente, os organismos disseminam-se pelo sistema circulatório para outros tecidos corporais e organismos. Essa condição é denominada **tuberculose miliar**, assim designada devido à formação de pequenas lesões que se assemelham a sementes de painço. As lesões podem ser isoladas do resto do pulmão por encapsulação quando o hospedeiro possui resistência suficiente. As lesões situadas próximo a vasos sanguíneos podem perfurá-los e causar hemorragia, levando à produção de escarro sanguinolento, que constitui um importante sintoma da tuberculose.

Os granulomas podem manter os microrganismos viáveis isolados durante décadas. Quando o sistema imune

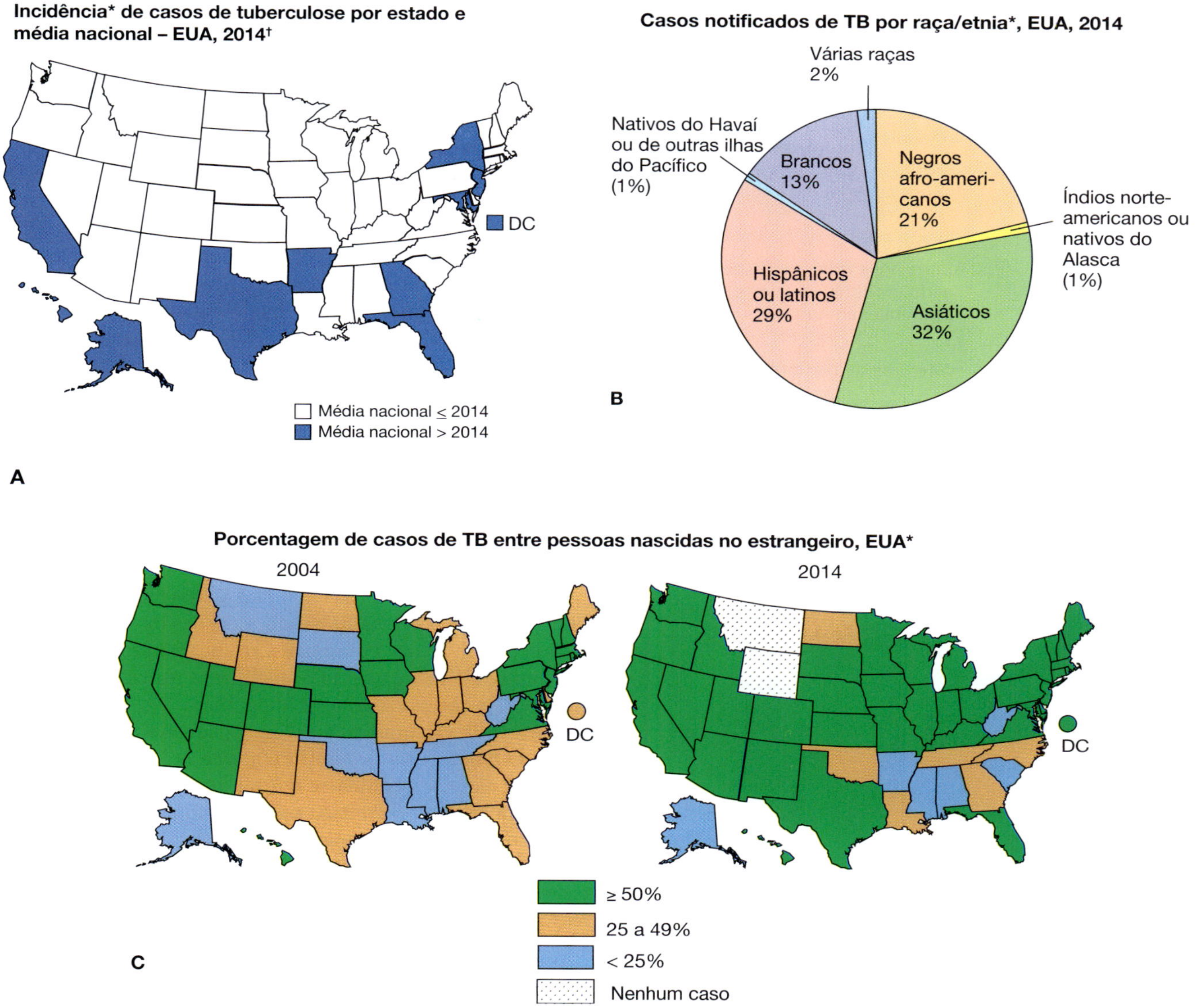


**Figura 22.13 Incidência da tuberculose nos EUA, 2014.** A. Por estado; 10 estados, Cidade de Nova York e Washington, D.C., registraram uma taxa acima da média nacional em 2014. B. Por etnia. C. Com base no local de nascimento; o número de estados com pelo menos 50% dos casos nascidos no estrangeiro aumentou de 12 estados, em 2001, para 29 estados e o distrito de Colúmbia, em 2014. (*Fonte: CDC.*)

torna-se comprometido pela idade ou por outras infecções, os granulomas podem abrir-se, e a doença pode ser reativada. Os indivíduos com AIDS frequentemente apresentam tuberculose, devido a novas infecções ou à reativação de antigas. Recentemente, constatou-se que os organismos causadores da tuberculose podem esconder-se, protegidos do sistema imune durante décadas no interior das células-tronco da medula óssea. Isso representa um problema para receptores de medula óssea de indivíduos com infecção latente. Além disso, as bactérias causadoras da tuberculose de algum modo estimulam o sistema imune a reagir como se fossem vírus, em vez de bactérias. Ocorre produção de betainterferona, que não tem nenhum efeito sobre as bactérias. Um instrumento útil no combate contra os organismos causadores de TB é o verapamil, um fármaco utilizado para reduzir a pressão arterial e tratar as arritmias cardíacas. O verapamil impede as células infectadas por TB de expelir os antibacterianos, deixando-os dentro da célula, onde matam as bactérias 10 vezes mais rapidamente, curando o paciente em menos da metade do tempo habitual. Com exceção das infecções iniciais entre imigrantes, pacientes com AIDS e residentes de certas cidades grandes, como Nova York e Washington, D.C., a maioria dos casos de tuberculose nos EUA consiste em reativações, e não em infecções primárias.

A tuberculose dos ossos pode causar erosão extensa, particularmente da coluna (Figura 22.15). O sistema urogenital, as meninges, o sistema linfático e o peritônio também estão propensos a desenvolver tuberculose extrapulmonar. Na **tuberculose disseminada**, agora observada frequentemente em pacientes com AIDS, as células infectadas tornam-se moldes: à medida que o bacilo da tuberculose se multiplica em uma célula, as organelas e as membranas celulares são destruídas, e observa-se a permanência de um aglomerado de microrganismos que assumem a forma ou molde da célula antiga.

**Tabela 22.2** Micobactérias que causam doenças em seres humanos.

| Espécie | Doença |
|---|---|
| *Mycobacterium tuberculosis* | Tuberculose |
| *M. avium-intracellulare* (complexo MAC) | Doença semelhante à tuberculose em seres humanos, transmitida por aves e suínos |
| *M. bovis* | Tuberculose transmitida pelo gado; poderia ser transmitida por primatas não humanos |
| Complexo *M. fortuitum* | Infecções de feridas, infecções de cateteres de demora |
| *M. kansasii* | Doença semelhante à tuberculose |
| *M. leprae* | Doença de Hansen (hanseníase) |
| *M. marinum* | Lesões cutâneas em seres humanos, tuberculose em peixes |
| *M. ulcerans* | Lesões ulcerativas |

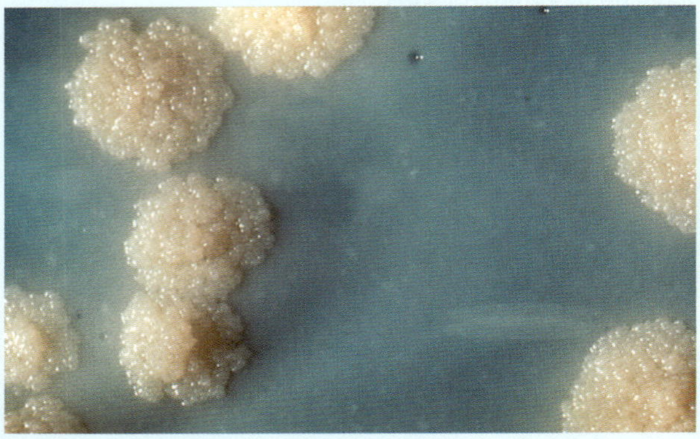

**Visão ampliada de uma cultura de *Mycobacterium tuberculosis*.** (*Dr. George Kubica/CDC.*)

Quando esse processo ocorre no intestino, pode-se observar uma réplica do intestino, consistindo em *Mycobacterium* vivo.

Embora a tuberculose primária afete, hoje em dia, provavelmente mais os pulmões, ela também pode acometer o sistema digestório. Antes da disseminação da prática da pasteurização do leite, as infecções primárias do sistema digestório eram observadas com frequência, particularmente em crianças. A maioria era causada por *Mycobacterium bovis*, transmitido pelo leite cru ou outros laticínios. Por lei, o gado leiteiro agora deve ser regularmente submetido a rastreamento para tuberculose, e os animais infectados são sacrificados. Entretanto, algumas vacas escapam ao teste, de modo que o consumo de leite não pasteurizado cru representa um risco para a saúde. Hoje, a tuberculose do sistema digestório ocorre habitualmente como infecção secundária, quando o escarro carregado de patógenos expectorado de uma infecção pulmonar primária é deglutido.

**Diagnóstico, tratamento e prevenção.** A tuberculose pode ser diagnosticada com base na cultura de escarro; entretanto, como os organismos crescem muito lentamente, as culturas precisam ser mantidas durante pelo menos 8 semanas antes de serem declaradas como negativas. As sondas genéticas também são valiosas na identificação das micobactérias. As radiografias de tórax não revelam as lesões fora dos pulmões e só detectam lesões pulmonares relativamente grandes. Por esse motivo, o rastreamento é atualmente realizado por testes cutâneos, e não por exames radiográficos. No teste cutâneo, injeta-se por via intracutânea uma pequena quantidade de *derivado proteico purificado* (*PPD*), uma proteína dos bacilos da tuberculose, e examina-se o local dentro de 48 a 72 horas à procura de uma *induração* ou uma protuberância elevada, porém não necessariamente avermelhada. A induração consiste em uma reação de hipersensibilidade tardia ao PPD. Um teste cutâneo positivo indica exposição prévia e certo grau de resposta imune. Entretanto, não indica que o indivíduo já teve

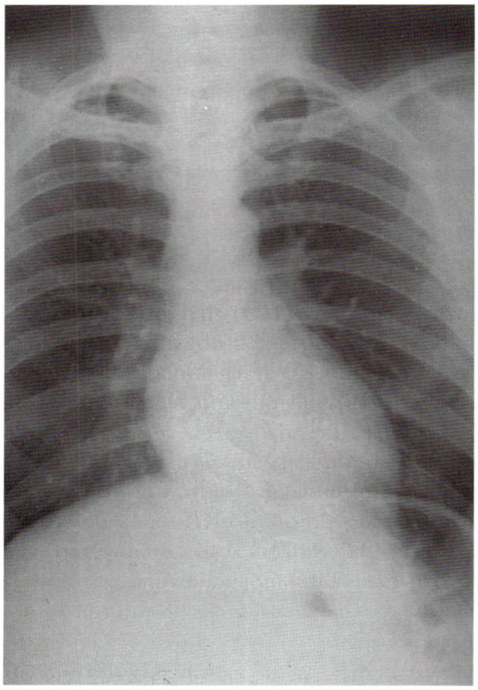

A

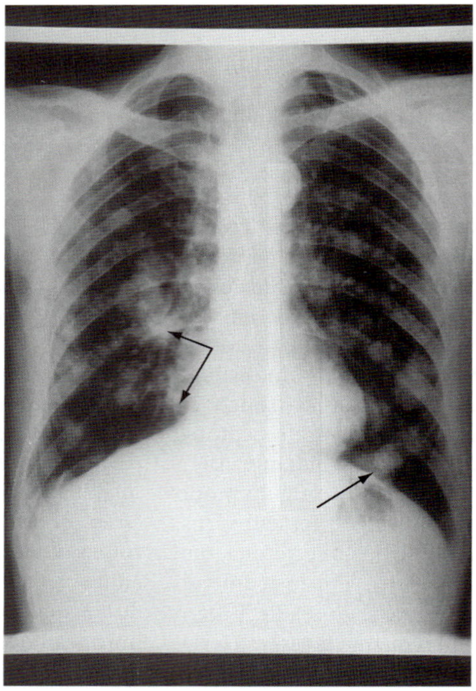

B

**Figura 22.14 Fotos de radiografias de tuberculose.** **A.** Nessa radiografia de tórax normal, as linhas brancas fracas são artérias e outros vasos sanguíneos. O coração está visível como uma saliência branca no quadrante direito inferior. (*Science Source.*) **B.** Caso avançado de tuberculose pulmonar; as placas brancas (*setas*) indicam áreas da doença. Essas placas ou tubérculos podem conter *Mycobacterium tuberculosis* vivo. O tecido e a função pulmonares nessas lesões estão permanentemente destruídos. (*Biophoto Associates/Science Source.*)

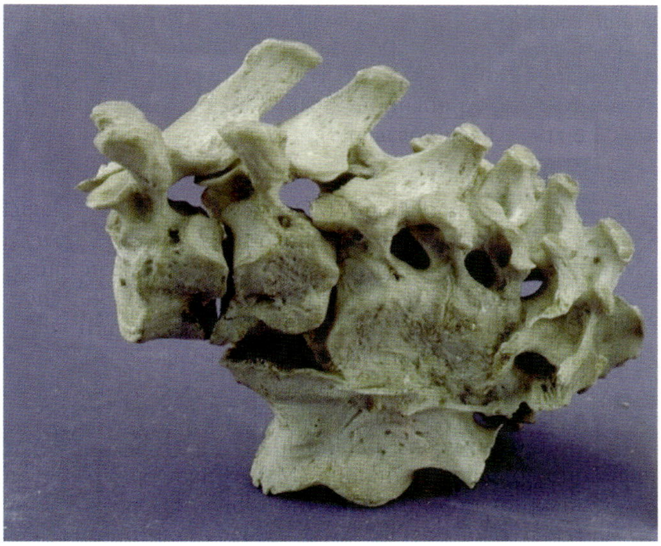

**Figura 22.15 Tuberculose da coluna vertebral.** Observe a fusão de várias das vértebras inferiores em consequência do dano causado pela infecção. (*Cortesia do National Museum of Health and Medicine, Armed Forces Institute of Pathology.*)

ou agora está com tuberculose – a resposta imune pode ter evitado a infecção ou eliminado os organismos isolados. De fato, os profissionais de saúde, os professores e outras pessoas que frequentemente realizam testes cutâneos podem finalmente desenvolver uma resposta positiva, devido à sensibilização ao próprio material do teste.[1]

O tratamento consiste em isoniazida e rifampicina durante pelo menos 1 ano. Entretanto, muitas cepas de *Mycobacterium* (particularmente espécies atípicas que frequentemente são encontradas em pacientes com AIDS, mas que são raras em indivíduos sadios) são agora resistentes à isoniazida. Essas cepas precisam ser tratadas com um fármaco de "segunda linha" ou, algumas vezes, até mesmo de "terceira linha". Se o tratamento for bem-sucedido, as culturas de escarro tornam-se negativas para micobactérias no decorrer de 3 semanas. Antes do desenvolvimento da isoniazida, os pacientes frequentemente eram encaminhados para sanatórios de tuberculose, onde se acreditava que o ar frio e fresco tinha efeitos curativos. Os pacientes eram agasalhados e deixados ao ar livre na maior parte do dia. Na realidade, o repouso e a alimentação apropriada eram realmente o que ajudava alguns pacientes a sobreviver.

A tuberculose pode ser evitada por meio de vacinação com organismos atenuados na vacina BCG, ou bacilo de Calmette e Guerin. Os bacteriologistas franceses Albert Calmette e Camille Guerin desenvolveram a vacina no Instituto Pasteur, em Paris, no início da década de 1900. A imunização com BCG é amplamente praticada em partes do mundo onde a prevalência da tuberculose é alta (ver Capítulo 18). Todavia, essa vacina não foi aprovada para uso nos EUA.

## APLICAÇÃO NA PRÁTICA

### O alívio poderia causar doença

Se estivesse sofrendo de artrite inflamatória das articulações, poderia não ficar contente em ouvir que o seu médico não iria lhe permitir tomar cortisona. Todavia, haveria uma razão para essa cautela. Quando a cortisona é utilizada no tratamento da artrite de pacientes idosos, o fármaco também afeta as lesões granulomatosas da tuberculose; na verdade, a cortisona reativa os organismos da tuberculose à medida que interfere nos fatores que mantêm as lesões isoladas. Proporcionar alívio das articulações doloridas em pacientes com artrite pode ativar lesões tuberculosas ocultas, de modo que esses pacientes podem então continuar infectando outras pessoas, particularmente crianças. Por esse motivo, ouça o seu médico quando ele disser que a cortisona pode não constituir a melhor opção para o alívio da artrite!

## Psitacose e ornitose

No início da década de 1900, a **psitacose** foi descoberta, ou *febre do papagaio*, uma doença respiratória associada a aves psitaciformes, como os papagaios e os periquitos. Hoje, pelo menos 130 espécies diferentes de aves, incluindo patos, galinhas e perus, são portadoras de uma forma dessa doença. Como a maior parte dessas aves não são psitaciformes, sua doença é denominada **ornitose** (do grego *ornis*, "ave"). As aves silvestres e domésticas podem ser infectadas, frequentemente sem apresentar quaisquer sintomas. Entretanto, estresses como superpopulação, frio ou transporte para lojas de animais de estimação, podem ativar a doença. Ambas as formas da doença são causadas pela *Chlamydophila psittaci* e são disseminadas por contato direto, gotículas nasais infecciosas e fezes. Os organismos podem ser encontrados em todos os órgãos da ave infectada. As aves apresentam diarreia e secreção mucopurulenta do nariz e da boca.

Em geral, os seres humanos adquirem a doença das aves. Os avicultores são particularmente suscetíveis. Foi também documentada a transmissão interpessoal, e o pessoal médico que cuida dos pacientes pode contrair a doença. Os organismos são inalados e disseminados sistemicamente para os pulmões e o sistema reticuloendotelial, sobretudo as células de Küpffer. A maioria dos casos consiste em doença leve e autolimitada, porém alguns pacientes desenvolvem pneumonia grave. Depois de um período de incubação de 1 a 2 semanas, o início dos sintomas é súbito, com faringite, tosse, dificuldade respiratória, cefaleia, febre e calafrios. É difícil distinguir clinicamente essa doença de outras pneumonias. O diagnóstico definitivo é estabelecido por inoculação em cultura de tecido. Todavia, o organismo é tão infeccioso, que esse procedimento só deve ser realizado por técnicos muito experientes, em laboratórios especialmente equipados.

Com tratamento com tetraciclina, a taxa de mortalidade da pneumonia por ornitose é de cerca de 5%; nos casos não tratados, alcança cerca de 20%. Não se dispõe de nenhuma vacina, de modo que a prevenção envolve regras estritas de quarentena para as aves que entram nos EUA.

## Febre Q

A **febre Q** foi descrita pela primeira vez em Queensland, na Austrália. A letra Q não é devido a "Queensland", mas a *query*

[1]N.R.T.: No Brasil, bem como em outros países que utilizam a vacina da BCG para inibir a infecção por *M. tuberculosis*, o teste de PPD não é confiável, uma vez que a soroconversão promovida pela vacina indicará um teste positivo, mesmo na ausência de infecção presente por *M. tuberculosis*.

(que significa pergunta, busca em inglês), visto que a identificação do organismo etiológico permaneceu uma interrogação durante muito tempo. Sabe-se agora que a febre Q é causada por *Coxiella burnetii*, um microrganismo incluído entre as riquétsias. Diferentemente das outras riquétsias, esse microrganismo sobrevive por longos períodos fora das células e pode ser transmitido por via respiratória, bem como por carrapatos. Durante muito tempo, foi um mistério como os microrganismos causadores da febre Q sobreviviam 7 a 9 meses na lã, 6 meses no sangue seco e mais de 2 anos na água ou no leite desnatado. O mistério agora parece estar resolvido. *C. burnetii* possui duas formas, denominadas variantes de células grandes e de células pequenas (Figura 22.16). Os estudos de microscopia eletrônica sugerem que pode haver formação de um tipo de endósporo em uma extremidade da variante de células grandes, conferindo resistência que não é uma característica das outras riquétsias.

Após a inalação das células de *C. burnetii* contendo corpúsculos internos semelhantes a endósporos, os microrganismos são fagocitados pelas células do hospedeiro. *Coxiella* cresce nos fagolisossomos das células hospedeiras. Nessas células, os microrganismos exibem a propriedade incomum de responder às condições ácidas com aumento de seu metabolismo e rápida multiplicação até preencher quase totalmente as células infectadas. Por fim, as células sofrem ruptura, liberando novos grupos de bactérias patogênicas. Esses patógenos, quando disseminados pela corrente sanguínea, infectam outras células do corpo. Parece não haver saída do corpo humano.

*Coxiella burnetii* é encontrada em todas as partes do mundo, particularmente em áreas de criação de gado e ovinos. Em 2010, os EUA tinham 117 casos notificados. Entretanto, os Países Baixos recentemente tiveram números epidêmicos de casos. Os animais silvestres e o gado e ovinos domésticos constituem os hospedeiros normais de *C. burnetii*. As bactérias são transmitidas por picadas de carrapato, fezes e secreções genitais de animais infectados. Os seres humanos tornam-se infectados pela inalação de gotículas de aerossol de animais domésticos infectados, que habitualmente não parecem doentes. Apenas um organismo é capaz de causar infecção. Os fazendeiros tornam-se infectados enquanto ajudam no parto ou no aborto de uma vaca quando a placenta está carregada de microrganismos. (Recentemente, no Canadá, 12 jogadores de cartas contraíram febre Q depois de uma gata infectada ter a sua ninhada na mesma sala.) Os trabalhadores em abatedouros e curtumes tornam-se infectados pela inalação de fezes secas de carrapatos na pele dos animais. Devido à sua resistência à dessecação, *Coxiella* mostra-se resistente ao calor, ressecamento e muitos desinfetantes comuns, podendo permanecer viável no ambiente por longos períodos de tempo – por exemplo, 60 dias em superfícies. A transmissão para os seres humanos também ocorre pela ingestão de leite de animais contaminados. Em áreas como Los Angeles, estima-se que 10% das vacas eliminem os microrganismos no leite. As taxas são menores em algumas outras áreas. A pasteurização instantânea elimina esse perigo (ver Capítulo 13). De fato, a pasteurização instantânea foi desenvolvida para matar os microrganismos causadores da febre Q sem conferir ao leite um sabor "fervido".

Os sintomas da febre Q – calafrios, febre, cefaleia, mal-estar e sudorese intensa – assemelham-se muito aos da pneumonia atípica primária. O período de incubação é de 18 a 20 dias. O diagnóstico é estabelecido com base nos testes sorológicos e coloração com anticorpo imunofluorescente direto. O tratamento consiste em antibacterianos, como doxiciclina, tetraciclina ou fluoroquinolona. Os casos graves podem exigir 4 anos de tratamento antibacteriano. Até 65% dos pacientes com febre Q crônica podem morrer. Em geral, ocorre imunidade permanente após um ataque de febre Q; dispõe-se de uma vacina para trabalhadores com exposição ocupacional.

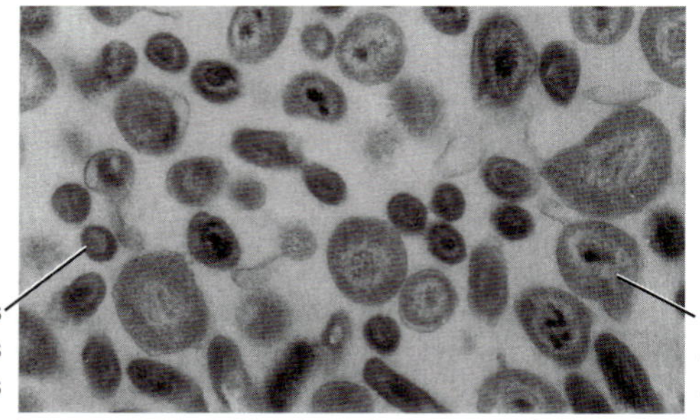

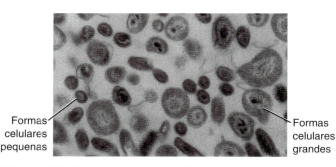

**Figura 22.16** ***Coxiella burnetii.*** Formas celulares pequenas e grandes (16.008×). As paredes celulares das formas grandes possuem menor quantidade de peptidoglicano sem ligações cruzadas – o que explica a diversidade das formas celulares. Observe o corpúsculo semelhante a um endósporo dentro da forma celular grande, que é provavelmente responsável pela resistência relativa do organismo. (*De T.F. McCaul & J.C. Williams, Journal of Bacteriology 147:1063-1076, Fig.1b. Reproduzida, com autorização, da American Society for Microbiology.*)

## SAÚDE PÚBLICA

### Polly quer ornitose?

O papagaio que você viu pela janela da loja de animais de estimação de sua vizinhança é sadio e vale o seu preço? Você poderia ficar surpreso ao aprender que o papagaio pode ter sido contrabandeado para os EUA e pode estar infectado com ornitose. Os papagaios não se reproduzem com facilidade em cativeiro e precisam ser importados das selvas. O custo da captura, do transporte e da permanência em quarentena para detectar doenças é elevado, de modo que um papagaio pode custar 3.000 dólares. Para aumentar os lucros, os negociantes inescrupulosos drogam os papagaios, os embrulham de modo que não possam bater as asas e os amarram sob os para-lamas de automóveis, onde ficam expostos à poeira das estradas não pavimentadas e gases do escapamento. Milhares de papagaios morrem dessa maneira a cada ano. Alguns sobrevivem e chegam às lojas de animais de estimação sem ter passado pela quarentena. Se estiverem infectados quando chegarem às mãos de um verdadeiro dono de loja de animais, eles podem infectar todos os outros animais, de modo que todas as aves precisem ser sacrificadas.

(*Cortesia do United States Department of Agriculture.*)

Os casos de febre Q não tratados ou inadequadamente tratados podem ter longos períodos de remissão, algumas vezes de vários anos de duração. O tratamento com cortisona pode reativar a doença. Nos casos crônicos, observa-se algumas vezes a presença de endocardite e infecções de valvas cardíacas. A endocardite é sempre fatal, visto que os microrganismos não respondem à antibioticoterapia. Cepas especiais parecem estar geneticamente adaptadas a infectar o coração e são muito resistentes, causando a doença mais grave. Outras cepas geneticamente distintas produzem formas mais leves da doença.

*Coxiella burnetii* é considerada uma possível arma de guerra biológica em virtude de sua extrema resistência e fácil inalação, necessidade de apenas uma dose baixa para causar infecção e fácil liberação. Trata-se de uma ameaça terrorista potencial.

## Nocardiose

A **nocardiose** caracteriza-se por lesões teciduais e abscessos. É causada pela bactéria filamentosa aeróbica álcool-acidorresistente *Nocardia asteroides* (Figura 22.17). Os organismos são encontrados no solo e na água. Em geral, a doença surge em consequência da inalação de *N. asteroides*. A bactéria foi identificada pela primeira vez em 1888 como agente etiológico de uma doença do gado, conhecida como *farcinose*. Nos seres humanos, o principal local de infecção é o pulmão em cerca de três quartos de todos os casos, porém a doença também pode se originar na pele e em outros órgãos. A doença acomete geralmente pacientes imunossuprimidos. A transmissão interpessoal é rara. Foram relatadas taxas de mortalidade tão altas quanto 85%. Entretanto, com o diagnóstico precoce e o tratamento agressivo com sulfonamidas em associação com trimetoprima, a taxa de mortalidade pode ser mantida abaixo de 50%. O diagnóstico baseia-se no achado do organismo no escarro ou em outras amostras e nos resultados das culturas.

*O gênero Nocardia foi assim denominado em homenagem a Edmond Nocard (1850-1980), bacteriologista e patologista veterinário francês.*

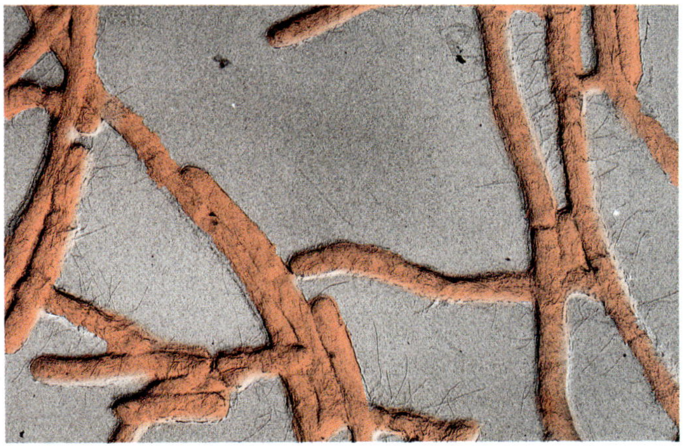

**Figura 22.17** ***Nocardia asteroides.*** Essa fotografia mostra claramente as formas filamentosa e ramificada da bactéria (8.600×). (*Kwangshin Kim/Science Source.*)

**PARE e RESPONDA**

1. Quais são os perigos associados à vacina pertússis?
2. Como a pneumonia brônquica difere da pneumonia lobar?
3. Que medidas sanitárias podem ser tomadas para evitar a doença dos legionários?
4. Como a AIDS está relacionada com a TB?
5. Que organismo causa a pneumonia atípica?
6. Como o organismo fastidioso *Legionella pneumophilia* consegue sobreviver no interior de um fagolisossomo?

# Doenças do trato respiratório inferior causadas por vírus

## Gripe (influenza)

A **gripe (influenza)** é a última grande praga remanescente do passado. Desde que Hipócrates descreveu um surto semelhante à gripe, em 412 a.C., foram registradas repetidas epidemias e pandemias de gripe, até mesmo em épocas recentes (Figura 22.18). Uma das maiores assassinas de todos os tempos foi a pandemia da gripe suína (também conhecida como gripe espanhola) de 1918 a 1919, quando morreram 20 a 40 milhões de pessoas (Figura 22.19). O vírus causador era inusitadamente virulento, e as condições de aglomeração sem higiene criadas pela Primeira Guerra Mundial aumentaram a disseminação do vírus. Uma recidiva ocorrida em 2009 foi responsável por 59 milhões de casos nos EUA, com 265.000 hospitalizações e 12.000 mortes. Essa epidemia é discutida mais adiante, neste capítulo.

**Agentes etiológicos.** A gripe é causada por **ortomixovírus**. Esses vírus de RNA possuem um antígeno de superfície do envelope, a hemaglutinina, que é responsável pela sua infectividade. A hemaglutinina liga-se especificamente a um receptor presente nos eritrócitos e em outras células do hospedeiro. Alguns vírus influenza apresentam uma enzima, denominada *neuraminidase*, que ajuda o vírus a penetrar na camada de muco que protege o epitélio respiratório (Figura 22.20). A enzima também desempenha um papel no brotamento de novas partículas virais a partir de novas células infectadas. Essas propriedades possibilitam a identificação dos vírus influenza no laboratório.

Com base em seus antígenos de nucleoproteína, são reconhecidos três principais sorotipos do vírus influenza: os tipos A, B e C. Os vírus influenza têm tendência a sofrer **variações antigênicas** (*mutabilidade*), ou mutações que afetam os antígenos virais. Assim, a imunidade desenvolvida por meio da infecção por um vírus influenza é, com frequência, insuficiente para prevenir a infecção por uma variante.

O vírus influenza tipo A, isolado pela primeira vez em 1933, provoca epidemias e pandemias a intervalos irregulares porque periodicamente sofre variação antigênica. As pneumonias bacterianas secundárias constituem as complicações mais importantes e graves das infecções pelo vírus influenza A. Diversas espécies de aves e mamíferos são infectadas por cepas de influenza A e podem servir de reservatórios da infecção.

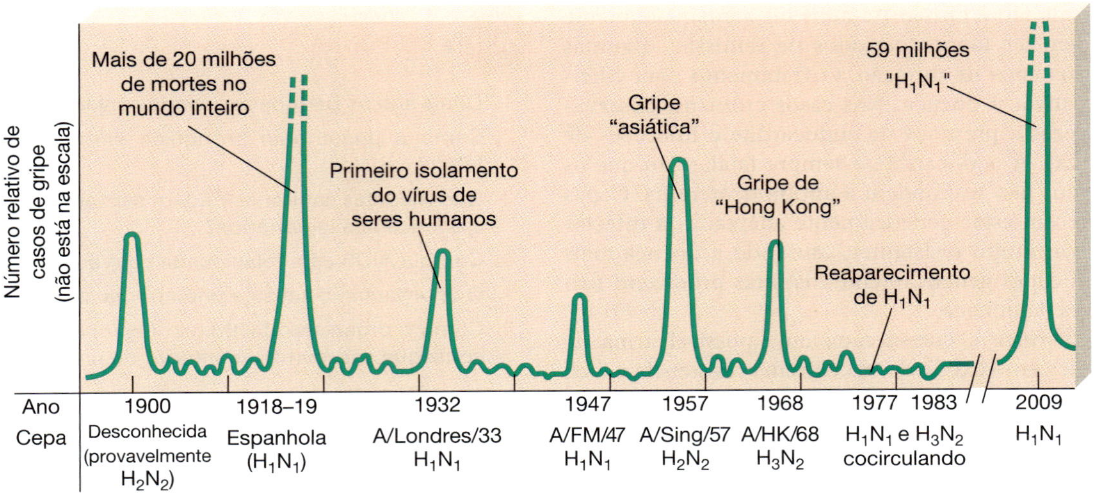


**Figura 22.18** **Incidência da gripe nos EUA desde 1900.** (*Fonte:* CDC.)

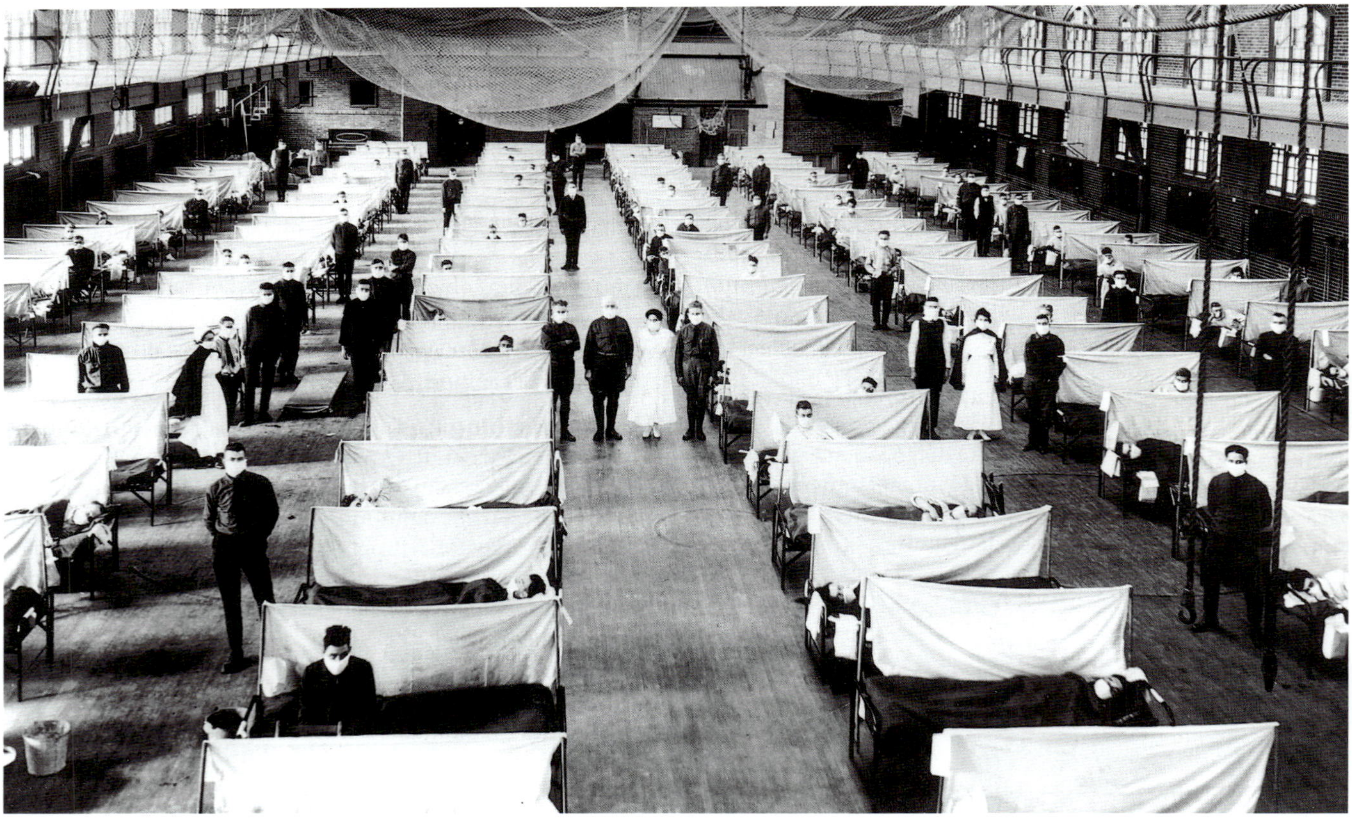

**Figura 22.19** **Gripe suína.** Durante o auge da grande pandemia de gripe de 1918, o ginásio da Iowa State University foi temporariamente convertido em enfermaria de hospital. (*Office of the Public Health Service Historian.*)

O vírus influenza B também sofre mudanças antigênicas, porém menos extensamente e em menor velocidade do que os vírus influenza A. As epidemias causadas pelos vírus influenza B são limitadas geograficamente e tendem a se concentrar em escolas e outras instituições. Esses vírus são encontrados apenas em seres humanos.

Os vírus influenza C diferem estruturalmente dos vírus A e B. As infecções pelos vírus C são raramente reconhecidas. Quando a doença é reconhecida, ela normalmente fica limitada às crianças de uma única família ou de uma única sala de aula. A baixa infectividade dos vírus C, que não apresentam neuraminidase, sugere que essa enzima pode aumentar a infectividade dos vírus que a possuem.

**Variação antigênica.** A variação antigênica nos vírus influenza ocorre por dois processos: a *derivação antigênica* e a *mudança antigênica*. A **derivação antigênica** resulta de mutações em genes que codificam a hemaglutinina e a neurami-

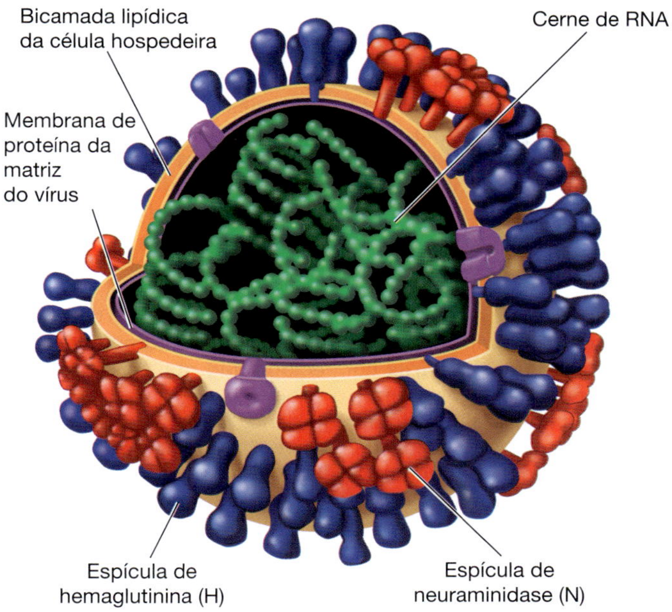


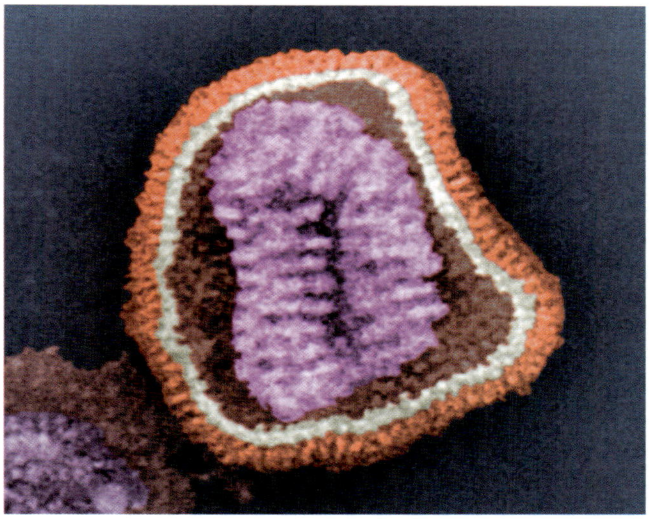


**Figura 22.20 Vírus influenza.** **A.** O vírus exibe espículas de hemaglutinina e de neuraminidase em sua superfície externa e um cerne de RNA. **B.** MET colorida de um vírion influenza (aumento desconhecido). (*Science Source.*)

nidase. Essas mutações modificam a configuração da parte da molécula do antígeno que estimula a produção de anticorpos específicos e que se combina a eles. Deste modo, os anticorpos produzidos contra a hemaglutinina ou a neuraminidase dos vírus originais são menos efetivos na inibição das formas mutantes desses componentes virais da progênie viral. Se ocorrer derivação antigênica suficiente naturalmente, haverá uma epidemia de gripe. A **mudança antigênica** resulta do reagrupamento de genes, possivelmente após a infecção de uma mesma célula por dois vírus diferentes; por exemplo, vírus influenza de aves e humanos infectam uma célula de porco e trocam grandes segmentos de seus genomas. Esse processo representa mudanças mais drásticas; as cepas virais que emergem são, do ponto de vista antigênico, significativamente diferentes das cepas previamente conhecidas. Assim, os anticorpos formados contra um tipo de hemaglutinina não são protetores contra outro tipo. Em geral, a mudança antigênica precede uma pandemia importante. Felizmente, a mudança antigênica é rara, visto que as cepas que ela produz causam pandemias graves. Ocorreram sete pandemias nos últimos 100 anos ou mais – em 1890, 1900, 1918, 1957, 1968, 1977 e 2009. Veja a discussão sobre os vírus influenza emergentes no Capítulo 11, incluindo a "gripe aviária".

As respostas imunes variam de acordo com alterações antigênicas. É como se ocorresse uma competição entre a capacidade do vírus de escapar do sistema imune e a capacidade do sistema imune de reconhecer o vírus e inativá-lo. Na maioria dos vírus, a alteração antigênica é pequena, e os anticorpos existentes impedem que os vírus provoquem infecções. Os vírus causam doenças graves em um pequeno número de indivíduos que não dispõem de anticorpos, doença leve em outros que apresentam alguns anticorpos efetivos e nenhuma doença em outros. A gama diversificada de anticorpos que os hospedeiros adquirem com a exposição a várias cepas virais diferentes tende a protegê-los de novas cepas. Para um vírus causar uma epidemia, ele precisa ter sofrido uma alteração antigênica suficiente par escapar da maioria dos anticorpos existentes.

## A pandemia do $H_1N_1$ de 2009

Em 2009, um vírus influenza singular apareceu no México e espalhou-se rapidamente pelos EUA. Tratava-se de um vírus com rearranjo quádruplo, contendo genes virais de quatro vírus influenza diferentes: vírus da gripe suína da América do Norte, vírus aviário da América do Norte, um vírus influenza humano e dois segmentos de um vírus da gripe suína, habitualmente encontrado na Europa e na Ásia. Era um vírus do tipo $H_1N_1$, mas que não apresentava os componentes do $H_1N_1$ de 1918 que provoca doença grave e alta taxa de mortalidade. Além disso, estava circulando exclusivamente entre seres humanos – e não entre suínos. Por essa razão, o termo "gripe suína" era realmente incorreto. Todavia, como continha genes de dois vírus de gripe suína, ele rapidamente adquiriu essa designação. Agora, é mais apropriadamente designado como vírus "**$H_1N_1$ de 2009**" para diferenciá-lo do vírus $H_1N_1$ de 1918. A princípio, as pessoas ficaram muito apreensivas de que a versão de 1918 original estava retornando, em vez de uma versão com rearranjo mais leve. A cepa viral escolhida para uso na produção de uma vacina é A/California/07/2009 e é um dos três vírus influenza contidos na vacina influenza da estação 2013 a 2014. Os CDC divulgaram a sua sequência gênica completa em *sites* públicos para uso por cientistas do mundo inteiro.

Com a disseminação da doença, as escolas fecharam, e formaram-se longas filas nas clínicas de vacinação para receber a vacina, cujo suprimento era escasso. As taxas mais elevadas de hospitalização foram observadas entre crianças com menos de 5 anos de idade. Apenas 13% das hospitalizações

## APLICAÇÃO NA PRÁTICA

### A grande pandemia de gripe de 1918

*Onde poderia estar? Ele deveria estar em casa há 1 hora!* Em tempos normais, isso não teria sido muito alarmante – mas aqueles não eram tempos normais. Estaria o seu corpo entre aqueles empilhados como lenha na esquina de uma rua da cidade?

Esses medos atormentavam as mentes de famílias desesperadas durante a grande pandemia da gripe espanhola de 1918. Pessoas aparentemente saudáveis caíam mortas sem sinal de alerta. Os coveiros não conseguiam atender às demandas de uma pandemia que matou meio milhão de norte-americanos em apenas 10 meses. (A Guerra Civil Americana foi responsável por aproximadamente esse mesmo número de mortes no decorrer de um período de 4 anos.) Somente na Filadélfia, foram registrados 528 corpos empilhados, à espera de um enterro, em apenas 1 dia. Muitos outros jaziam não identificados. As equipes de resgate iam de porta em porta, procurando vítimas que estavam muito doentes para buscar ajuda. Carroças faziam rondas regulares, parando nas esquinas para pegar os corpos que famílias, vizinhos, comerciantes e pedestres tinham carregado para lá. Não é portanto surpreendente que as famílias se preocupavam quando alguém estava atrasado para chegar em casa. Quem poderia saber qual dos 25 milhões de norte-americanos infectados iria morrer?

Diferentemente de muitas doenças, a gripe cobrou o seu mais alto preço entre indivíduos jovens e saudáveis. Alguns morriam de febre alta; outros sucumbiam de infecções bacterianas secundárias, principalmente pneumonia. A lesão pulmonar era a causa imediata de morte de muitos pacientes. Uma tremenda pressão era exercida até haver degeneração completa dos pulmões (na necropsia, eles normalmente apresentavam a consistência de um pudim). Se a compressão esmagadora fosse aliviada, o paciente tinha chance de sobreviver. Um médico chamado à cabeceira de uma adolescente não pode fazer quase nada, a não ser confortar os pais. Subitamente, um jato de sangue jorrou de seu nariz e encharcou os três. A hemorragia em projétil tinha reduzido a pressão em seus pulmões, e a adolescente sobreviveu. Entretanto, as pessoas que sobreviveram a febres altas com frequência desenvolveram doença de Parkinson. Agora, associamos a doença de Parkinson ao indivíduo idoso. Entretanto, depois da pandemia de 1918, essa doença afetou todas as faixas etárias, incluindo muitas crianças pequenas.

A causa dessa experiência sombria era algo muito pequeno para ser visto pelos pesquisadores de 1918 – o vírus da gripe suína. O que eles de fato descobriram ao microscópio óptico foi a presença de invasores bacterianos secundários. (Um bacilo foi denominado *Haemophilus influenzae*, na convicção errônea de que fosse a causa da pandemia.) De fato, em uma família da cidade de Nova York, foi constatado que todos os seis membros estavam infectados por diferentes espécies de bactérias. Portanto, não é surpreendente que o mundo médico estivesse confuso. As tentativas de produção de uma vacina não tiveram resultado. Poucas pessoas sequer imaginavam a existência dos vírus.

De onde veio esse vírus? Um novo tipo de gripe tinha aparecido na França, em abril de 1918, quando as tropas norte-americanas e europeias lutavam durante os últimos meses da Primeira Guerra Mundial. A partir da França, o vírus migrou para a Espanha. Naquele verão, ele se disseminou por toda a Europa, China e África ocidental. Nessa ocasião, os países de língua inglesa o tinham apelidado de "dama espanhola". A Dama chegou a Boston no mês de agosto e atravessou os EUA em 1 mês. Viajou pelo mundo inteiro, causando uma pandemia. Quando desapareceu, em 1920, mais de 25 milhões de pessoas tinham morrido. O país mais duramente atingido foi a Índia, onde a morte ceifou todo o aumento da população de uma década. Em algumas partes do mundo, quase metade da população morreu. Há algumas evidências de que o vírus também tenha levado vítimas não humanas – por exemplo, babuínos na África do Sul.

Não se sabe ao certo o que trouxe esse tipo mortal de gripe. O vírus influenza, com uma longa história como patógeno humano, é um dos vírus conhecidos que mais rapidamente sofre mutações. Entretanto, o processo de mutação natural pode ter tido a ajuda do ser humano. O gás mostarda, que foi amplamente utilizado na Guerra das Trincheiras na França, é um poderoso agente alquilante – um agente mutagênico conhecido. Esse agente poderia ter interagido com o vírus, produzindo a nova cepa virulenta? Ninguém pode ter certeza disso.

O termo *gripe suína* só foi utilizado vários anos após o término da pandemia. A gripe era desconhecida em porcos antes da gripe espanhola alcançar os EUA, em 1918. Posteriormente, foi constatado que os suínos sofriam de uma doença complexa envolvendo tanto um vírus influenza quanto uma bactéria. Acreditava-se que o vírus fosse o organismo causador da gripe espanhola. Hoje em dia, o vírus que causa gripe em suínos não é aquele que provoca a "gripe suína" nos seres humanos. Todavia, o termo "gripe suína" pode não ter sido um erro, visto que é provável que as cepas do vírus em rápida evolução tenham sofrido um bom número de mutações desde 1918.

O vírus que causou a grande epidemia ainda representa uma ameaça? Em 1976, o governo dos EUA desenvolveu um programa maciço de imunização contra a gripe suína. Os vírus influenza quase sempre marcham em direção oeste ao redor do globo. Examinando os vírus que causaram problemas no leste, os agentes de saúde pública dos EUA decidiram quais cepas virais deveriam ser incorporadas na vacina do ano seguinte. Assim, quando a gripe suína foi detectada na Ásia, em 1975, ela provocou calafrios de cima a baixo na espinha de médicos. Não havia apenas a possibilidade de milhões de mortes – havia também as sequelas. Quantos casos de doença de Parkinson seriam observados nos sobreviventes de uma pandemia de 1976?

Nervosamente, o governo exortou que todos fossem imunizados. Então surgiu uma consequência preocupante. Alguns receptores da vacina contra a gripe suína desenvolveram subsequentemente *síndrome de Guillain-Barré*, resultando em paralisia completa. (Embora a maioria dos indivíduos possa se recuperar por completo, uma pequena porcentagem morre de paralisia.) O que seria pior: a gripe suína ou a paralisia? As filas nas clínicas de vacinação diminuíram. Com um menor número de pessoas vacinadas, o que poderia acontecer quando chegasse a gripe suína? A comunidade médica aguardou. Todavia, a gripe suína nunca chegou. Isso representava uma suspensão ou apenas uma prorrogação? Ela chegou em 2009 – isso será discutido posteriormente, neste capítulo.

Enquanto isso, corpos congelados de vítimas de gripe suína enterrados no *permafrost* (gelo permanente do subsolo) em cemitérios do Alasca e da Escandinávia foram exumados em condições de isolamento muito estritas – aldeias inteiras foram até mesmo evacuadas. Estudos de PCR e de sequenciamento do DNA dos vírus da gripe suína recuperados estão sendo atualmente comparados com cepas atuais.

## SAÚDE PÚBLICA

### Quais são os componentes de uma vacina contra gripe?

Existem numerosas cepas diferentes do vírus da gripe, devido à variação antigênica. Como os CDC decidem quais delas incluir em cada vacina anual? A cada ano, no início de fevereiro, os CDC examinam quais as cepas mais prevalentes e que alterações elas sofreram, de modo a selecionar as cepas que serão incluídas na vacina da próxima estação de gripe. Por exemplo, a vacina para a estação de 2013 a 2014 continha três cepas: semelhante a influenza A/Califórnia/7/2009 ($H_1N_1$), um vírus A/H3 N2 antigenicamente semelhante ao protótipo propagado em célula, o vírus A/Victoria/361/2011; e um vírus semelhante a B/Massachusetta/2/2012; uma vacina quadrivalente acrescentará uma quarta cepa, vírus semelhantes a B/Brisbane/60/2008. Todas as vacinas em *spray* são quadrivalentes e possuem cepas vivas do vírus. Não devem ser administradas a mulheres grávidas. Dispõe-se também de uma vacina quadrivalente de vírus mortos. No futuro, mais vacinas serão quadrivalentes, com uma segunda cepa B, visto que é difícil prever qual cepa B irá predominar em determinado ano. Essas cepas foram denominadas de acordo com a localização geográfica onde foram isoladas pela primeira vez, com um número atribuído pelo laboratório que as isolou, o ano de isolamento e – para os vírus do tipo A – os números de seus antígenos do envelope, hemaglutinina (H) e neuraminidase (N). As vacinas são totalmente avaliadas quanto à sua segurança e efetividade antes de sua administração a seres humanos. Se você quiser evitar a gripe a cada ano, os CDC irão ajudá-lo.

ocorreram em indivíduos com mais de 50 anos de idade, sem nenhum caso de morte em indivíduos acima dos 65 anos – diferentemente do que se observa com a gripe sazonal. Os indivíduos idosos tinham anticorpos de reatividade cruzada de exposições anteriores ou de vacinação devido ao temor da "gripe suína" de 1977, indicando por quanto tempo os anticorpos anti-influenza podem permanecer protetores. Tome a sua dose de vacina contra gripe a cada ano – assim, você poderá ter os anticorpos de 30 anos passados! As crianças pequenas não tinham os anticorpos de reatividade cruzada protetores.

À medida que o vírus $H_1N_1$ de 2009 espalhou-se por todo o globo (Figura 22.21), a Organização Mundial da Saúde declarou que tinha alcançado níveis pandêmicos. O hemisfério sul nunca tinha sofrido nada pior do que aquilo provocado por uma gripe sazonal, embora o vírus fosse exatamente o mesmo que o do hemisférico norte. Uma segunda onda do $H_1N_1$ de 2009 atingiu os EUA no mês de outubro e rapidamente caiu abaixo dos valores basais em janeiro. Os EUA tiveram 113.690 casos confirmados e 3.433 mortes. Entretanto, ninguém sabe quantos casos nunca foram relatados ou confirmados. No mundo inteiro, houve 1.632.250 casos confirmados e 19.633 mortes, embora o número verdadeiro de mortes provavelmente esteja mais próximo de 200.000. Estima-se que 1 em cada 5 pessoas tenha sido infectada. O vírus $H_1N_1$ de 2009 ainda circula pelo mundo em baixos níveis.

### Gripe aviária

Existem cerca de 16 cepas diferentes de gripe aviária. Uma nova cepa do tipo A do vírus influenza aviário, A/H7N9, está agora se espalhando pela China; diferentemente da última epidemia de gripe aviária, ela não provoca doença nas aves, possibilitando a sua disseminação despercebida. O vírus é principalmente disseminado nos mercados que trabalham com aves vivas, associados a frangos e codornas. Em maio de 2013, infectou 87 pessoas na China, com 17 mortes. Existe a preocupação de que o vírus possa sofrer mutação, possibilitando uma fácil passagem entre seres humanos, causando uma enorme epidemia. Até o momento, a passagem entre seres humanos tem sido rara. Com o retorno do clima frio, houve um novo surto de mais de 160 casos de janeiro a março de 2014, depois de apenas dois casos no verão de 2013.

Uma cepa tipo A mais antiga de gripe aviária, A/$H_5N_1$, infecta os seres humanos, porém não é facilmente transmitida entre pessoas. Apresenta uma taxa de mortalidade de cerca de 60%. Para essa cepa, dispõe-se de um teste rápido, executado em apenas 40 minutos. Isso possibilita o isolamento imediato dos pacientes e a instituição do tratamento com fármacos antivirais, como o oseltamivir. Não se dispõe de nenhuma vacina contra a gripe aviária, porém as empresas farmacêuticas estão testando algumas vacinas candidatas. A Figura 22.22 mostra a extensão global do vírus A/$H_5N_1$.

### Possível vacina universal contra gripe

Entre todas as notícias ruins, aparecem algumas boas. O vírus $H_1N_1$ de 2009 foi tão diferente dos vírus influenza de estações anteriores que ninguém esperava que ele produzisse quaisquer anticorpos de reação cruzada. Imagine a surpresa quando uma equipe conjunta da University of Chicago/Emory University constatou que a exposição ao $H_1N_1$ de 2009 conferia imunidade a uma ampla variedade de outros vírus influenza. Acreditam que a singularidade do vírus $H_1N_1$ de 2009 fez com que o sistema imune reconhecesse subitamente regiões críticas comuns a todos os vírus influenza, necessárias para as funções essenciais dos vírus. Os anticorpos dirigidos contra essas áreas críticas podem exibir reação cruzada contra muitas cepas, protegendo o hospedeiro. A equipe tem a esperança de obter uma "vacina candidata" para ser testada nos próximos 5 a 10 anos. Se ela funcionar, não haverá mais 150.000 hospitalizações ou 36.000 mortes por ano nos EUA – e nenhuma pandemia.

**A doença.** À semelhança de muitas outras infecções respiratórias causadas por vírus, a gripe é uma infecção relativamente superficial. Os vírus entram no corpo por meio de inalação de gotículas contendo vírus ou por contato direto com secreções respiratórias infecciosas. Em consequência, ocorre invasão imediata do revestimento epitelial da orofaringe. Os vírus influenza replicam-se no citoplasma das células hospedeiras nucleadas, mas não nos eritrócitos, que não têm núcleo. Os efeitos dos vírus influenza sobre as células que infectam são notáveis. Os vírus adquirem seus envelopes por brotamento através das membranas das células hospedeiras e podem fazê-lo sem matar imediatamente a célula hospedeira (ver Capítulo 11). Normalmente, uma célula hospedeira produz milhares de vírus por minuto no decorrer de muitas horas, antes que as macromoléculas da célula estejam esgotadas, com consequente morte celular. Os vírus invasores multiplicam-se e disseminam-se rapidamente para outras porções do sistema respiratório, incluindo as células secretoras de muco e as células epiteliais ciliadas. Em primeiro lugar, os cílios são destruídos;

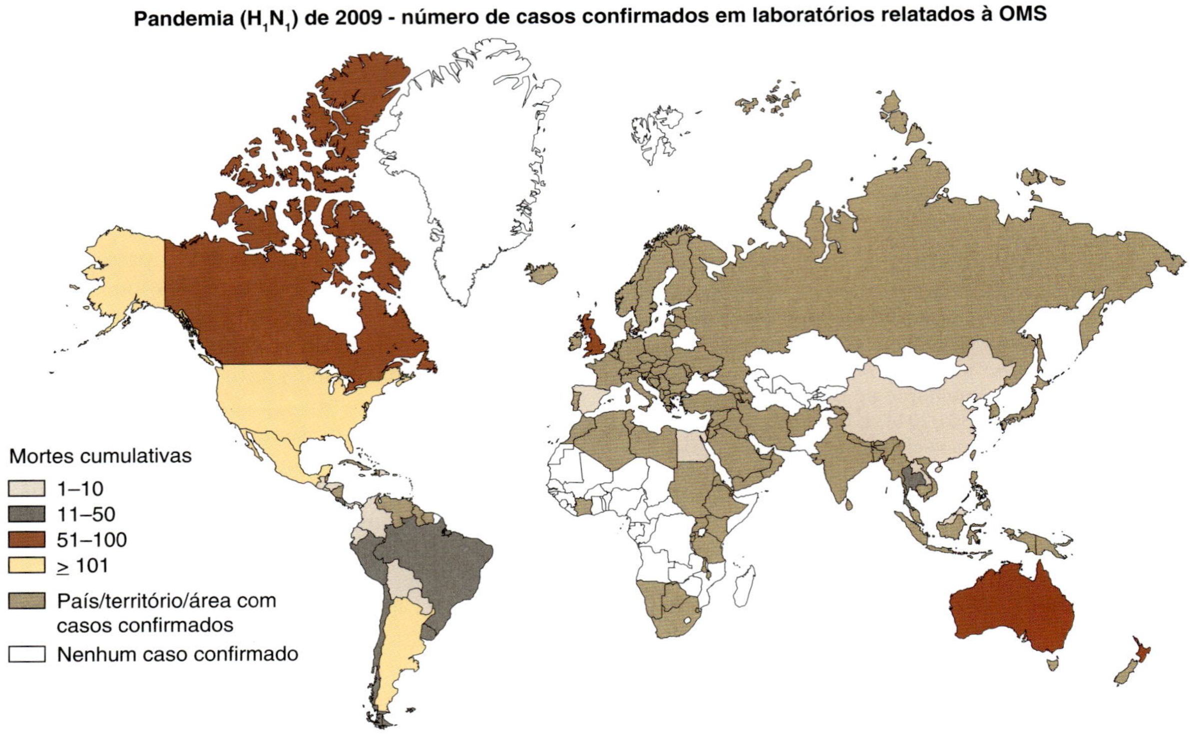


**Figura 22.21 Pandemia ($H_1N_1$) de 2009, mostrando o número de casos confirmados em laboratórios, conforme relatado à OMS.** (*Fonte: OMS.*)

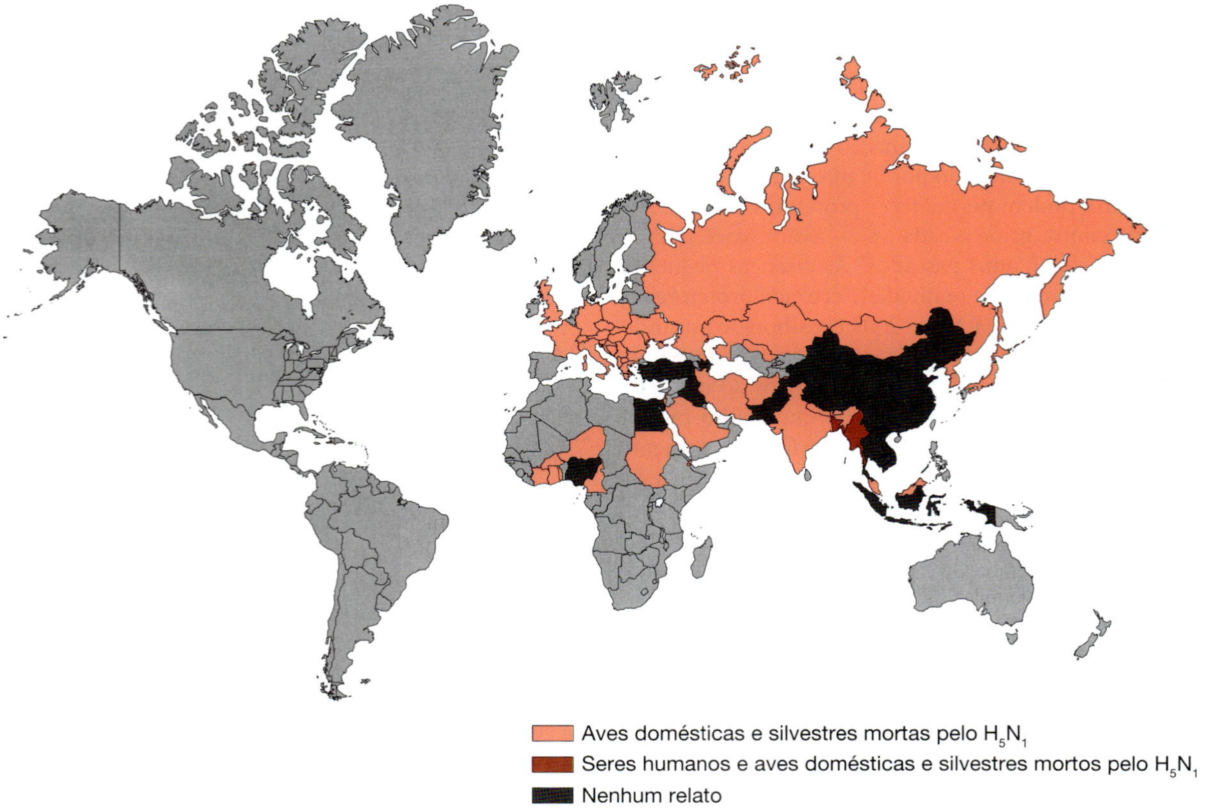


**Figura 22.22 Gripe aviária.** Seres humanos, aves domésticas e aves silvestres mortos pelo $H_5N_1$. (*Fonte: OMS.*)

**Escassez de macrófagos do sistema imune inato para a cicatrização da superfície pulmonar danificada pode causar morte, em vez da atividade efetiva do vírus.**

em seguida, as células são danificadas. As células gravemente danificadas morrem e descamam. Embora as células do hospedeiro comecem a sofrer regeneração imediata, são necessários 10 dias ou mais para restaurar por completo o epitélio ciliado. A perda da escada rolante mucociliar, que geralmente representa uma importante defesa do hospedeiro, possibilita a invasão bacteriana e a aderência aumentada das bactérias às células infectadas pelos vírus. A fagocitose comprometida e o acúmulo de líquido nos pulmões contribuem para o risco de infecções bacterianas secundárias, particularmente pneumonia. A morte pode resultar de gripe apenas, de infecção bacteriana secundária isoladamente ou de uma combinação de ambas. Embora os antibacterianos possam reduzir o risco de morte por infecções bacterianas, esses fármacos não exercem nenhum efeito sobre as infecções virais (ver Capítulo 14).

No indivíduo não imune, os sinais e os sintomas da doença começam a aparecer 36 a 48 horas após a infecção. Os sintomas mais comuns consistem em febre, mal-estar e mialgia; com frequência, ocorrem também tosse, secreção nasal, faringite e gastrenterite (geralmente apenas em crianças). Em geral, a febre tem duração de cerca de 3 dias. À medida que os sintomas sistêmicos diminuem, os sintomas respiratórios aumentam. A gravidade da doença é diretamente proporcional à quantidade de vírus liberados pelas células. A liberação dos vírus começa quando aparece o primeiro mal-estar e alcança um pico cerca de 1 dia antes da ocorrência de febre máxima e produção de interferona. Em geral, a eliminação dos vírus cessa nos primeiros 8 dias após a exposição inicial. Embora a fase aguda da doença termine em cerca de 1 semana, a fadiga, a tosse e a fraqueza podem persistir por várias semanas.

**Incidência e transmissão.** Nas zonas setentrionais temperadas, a gripe aparece no final de novembro ou início de dezembro e desaparece em abril. Na maior parte dos anos, o maior número de casos é observado entre janeiro e meados de março. Em qualquer região, a gripe tem um período de alta prevalência de 5 a 7 semanas. As aglomerações fechadas, a pouca circulação do ar e o ar seco promovem a disseminação do vírus. As escolas oferecem condições quase ideais para a transmissão da gripe e, em geral, constituem os focos dos surtos. As pessoas com frequência declaram que estão com "gripe", quando, na realidade, estão tendo outra condição, como alergia e resfriado forte (Tabela 22.3). Os problemas gastrintestinais, com frequência denominados "gripe estomacal", provavelmente não são gripe, porém são mais provavelmente devidos a outra infecção viral.

**A poeira dos grãos abriga endotoxinas bacterianas que podem causar inflamação pulmonar tanto em animais de fazenda quanto nos agricultores.**

**Diagnóstico e tratamento.** As melhores amostras para o isolamento dos vírus consistem em *swabs* de garganta coletados o mais cedo possível no curso da doença. Os vírus podem ser cultivados em ovos embrionados de galinha, e várias linhagens de células são identificadas pelos testes de inibição da hemaglutinação e anticorpo fluorescente.

Dispõe-se agora de um tratamento moderadamente efetivo para a gripe. A amantadina bloqueia a replicação do vírus gripe A, provavelmente pela sua interferência no desnudamento do vírus (ver Capítulo 14). Se for administrada logo após o início dos sintomas, a amantadina mostra-se efetiva na redução do curso e da gravidade da doença. É útil para proteção a curto prazo de indivíduos selecionados, porém o seu uso não é prático durante uma epidemia de gripe, a não ser que os pacientes estejam particularmente comprometidos. Além disso, impede que os usuários desenvolvam anticorpos contra o vírus e apresenta alguns efeitos colaterais desagradáveis. A rimantadina é mais efetiva e menos tóxica (ver Capítulo 14). A ribavirina demonstrou inativar os vírus dos tipos A e B.

**Tabela 22.3** Diferenças entre resfriado comum, gripe e pneumonia.

| Sintomas | Resfriado | Gripe | Pneumonia |
|---|---|---|---|
| Febre | Rara | Caracteristicamente alta (38 a 40°C), de início súbito, com duração de 3 a 4 dias | Pode ou não ser alta |
| Cefaleia | Ocasional | Proeminente | Ocasional |
| Dores generalizadas e localizadas | Leves | Habituais; frequentemente muito intensas | Ocasionalmente muito intensas |
| Fadiga e fraqueza | Bastante leves | Extremas; podem durar até 1 mês | Podem ocorrer, dependendo do tipo |
| Exaustão | Nunca | Pode ocorrer no início e é proeminente | Pode ocorrer, dependendo do tipo |
| Coriza e congestão nasal | Comum | Algumas vezes | Não características |
| Espirros | Habituais | Algumas vezes | Não característicos |
| Faringite | Comum | Algumas vezes | Não característica |
| Desconforto torácico, tosse | Leves a moderados; tosse seca | Podem tornar-se intensos | Frequentes, podendo ser intensos |
| Complicações | Infecções dos seios nasais e orelhas | Bronquite, pneumonia; podem implicar risco de vida | Infecções disseminadas de outros órgãos; podem comportar risco de vida, particularmente no indivíduo idoso e debilitado |

**Imunidade e prevenção.** Devido à capacidade de mutação do vírus influenza, recomenda-se a imunização anual, particularmente para indivíduos de alto risco, como os que apresentam condições crônicas. A vacina com vírus mortos fornece proteção efetiva contra a gripe, e a imunização anual aumenta a diversidade dos anticorpos do receptor – o que pode ser útil em algum surto futuro de gripe. Até mesmo a imunização menos frequente pode proporcionar algum grau de proteção. Embora indivíduos imunizados algumas vezes sejam infectados por vírus influenza, eles geralmente apresentam uma doença mais leve e de duração mais curta que os indivíduos não imunizados. Além disso, eliminam menos vírus durante um menor período de tempo. Assim, a imunização de algumas pessoas tende a reduzir a disseminação da doença para outras pessoas. Um novo tipo de imunização, disponível pela primeira vez em 2003, é Flu Mist®, que pode ser inalada, em vez de injetada (Figura 22.23). A sua efetividade é tão baixa que ela não é mais recomendada para uso. Foi substituída, em 2013, por uma vacina quadrivalente de vírus atenuados vivos por via nasal.

Um gene humano que confere resistência à gripe foi identificado na Universidade de Califórnia, em Santa Bárbara. Esse gene é ativado por interferona. Produz uma proteína específica, denominada proteína Mx, que impede o vírus de produzir RNA e proteínas virais.

## APLICAÇÃO NA PRÁTICA

### As vacinas contra gripe podem ajudar a prevenir infartos agudos do miocárdio

Alguns vírus podem causar inflamação dos vasos sanguíneos, o que, por sua vez, leva ao sangramento dos depósitos de placas no interior dos vasos. Isso resulta em infartos agudos do miocárdio (IAM). Um recente estudo mostrou que, em um grupo de indivíduos que receberam vacinas contra gripe, houve 67% menos casos de angina e de recidiva de IAM. No ano de 2000, os CDC baixaram a faixa etária recomendada para vacinação contra gripe de "mais de 65 anos de idade" para "mais de 55 anos de idade", de modo a incluir uma maior parte da faixa etária que tem tendência a sofrer IAM. Atualmente, recomenda-se que todas as pessoas, inclusive crianças, recebam a vacina contra a gripe.

## SARS (síndrome respiratória aguda grave)

Silenciosamente, em novembro de 2002, pessoas na China começaram a adoecer, apresentando uma nova doença respiratória. Entretanto, as autoridades chinesas não fizeram nenhuma declaração até fevereiro de 2004, quando registraram 305 casos de "pneumonia atípica". Subsequentemente, esses casos foram denominados **SARS (síndrome respiratória aguda grave)** e foram causados por um coronavírus (SARS-CoV, Figura 22.24). A doença dissemina-se rapidamente, inclusive para outros países. Em março, a Organização Mundial da Saúde (OMS) publicou um alerta global sobre a SARS. Em maio, a China ameaçou executar ou condenar com prisão perpétua qualquer pessoa que infringisse as leis de quarentena para a SARS. Na época em que a epidemia foi declarada, em julho de 2003, ela tinha se espalhado por 29 países, matando 774 e infectando 8.098 pessoas. Entre os mortos, 350 eram da China, porém nenhum dos EUA. O governo chinês sacrificou mais de 10.000 civetas, um animal semelhante à doninha vendido em mercados de carnes de caça e servido em muitos restaurantes como iguaria. Outros mamíferos, incluindo gatos domésticos, demonstraram ser portadores do vírus.

Os sintomas da SARS começam com febre alta, tosse seca, dispneia, respiração difícil e, com mais frequência, radiografia indicando pneumonia. Com menos frequência, podem ocorrer também cefaleia, rigidez muscular, confusão, exantema e diarreia. O vírus é disseminado por contato estreito com uma pessoa infectada, habitualmente por gotículas de aerossol exaladas ou expectoradas. Pessoas que tocam objetos ou superfícies contaminados e, em seguida, tocam o nariz, a boca ou os olhos tornam-se infectados, assim como por meio do beijo ou do abraço.

O coronavírus causador é um parente do vírus do resfriado comum, mas não um tipo de vírus influenza. Uma vacina está em fase de desenvolvimento, com várias "vacinas candidatas" em vários estágios de ensaios clínicos em seres humanos; todavia, nenhuma foi aprovada até esse momento. No entanto, esses ensaios clínicos parecem ser promissores. A expectativa é de que ocorram futuros surtos, em virtude do

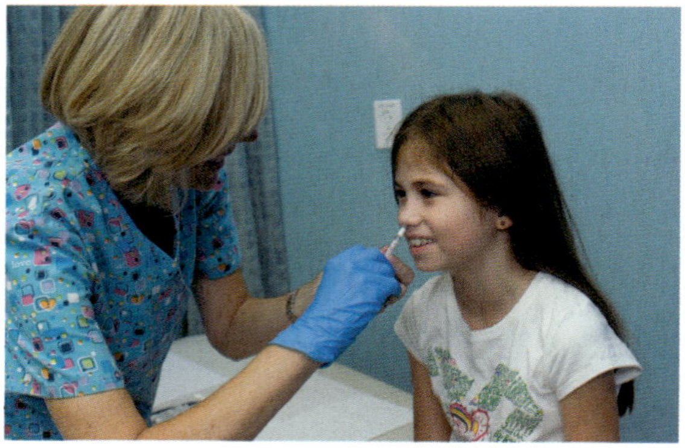

**Figura 22.23 A vacina Flu Mist® é inalada, em vez de injetada.** (*Cortesia de Wyeth-MedImmune, Inc.*)

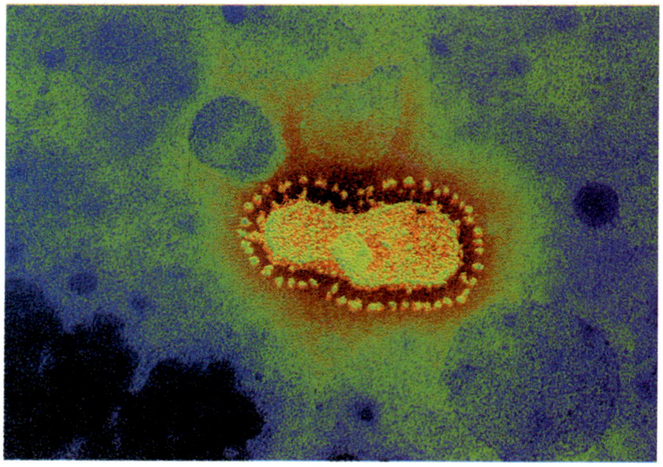

**Figura 22.24 Vírus da SARS (253.467×).** (*Sercomi/Science Source.*)

## SAÚDE PÚBLICA

### O amor vence tudo?

Será que ele está com mau hálito? Será que ela comeu muita cebola? Não, esse casamento ocorreu na Tiananmen Square, no coração de Pequim, na China, em maio de 2003. Exatamente na véspera, o governo chinês anunciou a morte de 271 pessoas e a infecção de 5.163 com SARS (síndrome respiratória aguda grave). Dois terços dos casos no mundo inteiro ocorreram na China. O número total de mortes no mundo inteiro por SARS foi de 774 pessoas em 29 países, com 8.098 pessoas infectadas, incluindo 29 casos nos EUA e 44 no Canadá.

Em Taipei, Taiwan, os esforços para conter a disseminação da SARS tornaram obrigatório o uso de máscaras faciais por passageiros de metrô na cidade. Em Hong Kong, as escolas fecharam por um longo período, de modo a refrear o surto. As crianças voltaram a ter aula na escola com o uso de máscaras faciais tendo o formato de cabeças de animais, barba, narizes ou bocas de animais selvagens ou apenas adornadas com lantejoulas. Os idosos usaram máscaras mais simples, visto que rezavam em templos, pedindo um fim para esse vírus assassino. Em Pequim, os residentes compraram grandes quantidades de produtos, visto que circulavam rumores de que os aeroportos e as estradas da cidade seriam fechados para conter a disseminação da SARS. Por fim, a vitória foi declarada. Porém é possível que a SARS retorne – visto que ela é transportada por muitas espécies de animais, incluindo gatos domésticos.

*(Guang Niu/REUTERS/Newscom)*

grande número de animais reservatórios e da facilidade com que o vírus é disseminado. Todavia, até 2013, não foi observado nenhum surto novo.

Um primo próximo do vírus da SARS fez com que a Organização Mundial da Saúde marcasse reuniões para formular planos de emergência, caso venha a resultar em uma pandemia. Trata-se do coronavírus associado à **MERS**, a **síndrome respiratória do oriente médio**. Apresenta uma taxa de fatalidade de cerca de 60% e pode ser transmitida entre seres humanos, particularmente em famílias e em hospitais. Os sintomas dessa síndrome assemelham-se aos da SARS, exceto que ela causa insuficiência renal. Até agora, 80% dos casos foram encontrados na Arábia Saudita, sendo o restante dos casos registrados em países do Oriente Médio ou em pessoas retornando de viagens para esses países. Esse coronavírus está mais estreitamente relacionado com o vírus do morcego da Arábia Saudita e foi encontrado em morcegos, bem como em camelos. Foi constatado que ele é transmitido de camelos para os seres humanos.

## SAÚDE PÚBLICA

### Os curandeiros sabiam

Em maio de 1993, os agentes de saúde pública ficaram desorientados. O que teria causado o misterioso surto de doença respiratória na região de Four Corners, no sudoeste dos EUA? A resposta veio dos curandeiros navajos, que sempre foram cuidadosos observadores da natureza. Esses curandeiros assinalaram que tinha havido uma colheita excepcional de pinhões naquele ano. Quase todas as árvores da reserva navajo tinha dado frutos o ano inteiro, ao passo que normalmente apenas algumas árvores o fazem durante algumas semanas de cada ano. Os roedores enterraram os maiores pinhões dessa excelente colheita em buracos. As pessoas que catavam pinhões desenterraram esses depósitos e se expuseram às fezes e à urina dos roedores contendo hantavírus. Graças aos curandeiros, os pesquisadores dos CDC foram capazes de relacionar o surto às mudanças na colheita de pinhões.

## Infecção pelo vírus sincicial respiratório

O **vírus sincicial respiratório (RSV)** constitui a causa mais comum, mais importante e dispendiosa das infecções do trato respiratório inferior em crianças com menos de 1 ano de idade, particularmente em lactentes do sexo masculino de 1 a 6 meses. O vírus recebeu o seu nome pelo fato de causar fusão das membranas plasmáticas das células em cultura, que assim perdem a sua identidade independente, transformando-se em massas multinucleadas, ou **sincícios**. A doença, que é uma forma de **pneumonia viral**, começa com um período de febre de 3 ou 4 dias de duração, à medida que o vírus infecta o trato respiratório. A febre é seguida de hiperventilação, hiperinflação e infiltrado dos pulmões com líquido. Se um lactente com RSV for colocado em um respirador de frequência rápida, ele pode eliminar uma quantidade de vírus suficiente para infectar todo um berçário de tratamento intensivo. A maioria dos surtos dessa natureza geralmente resulta em mortes. Os vírus são liberados durante semanas a meses após a infecção, e é comum a ocorrência de reinfecção. Em crianças de mais idade e em adultos, o RSV afeta principalmente o trato respiratório superior, e os adultos portadores do vírus no nariz podem constituir a fonte de infecções em berçários.

A incidência e a transmissão do RSV são muito semelhantes às dos vírus parainfluenza, e não é raro haver infecção simultânea por ambos os tipos de vírus. O vírus pode ser identificado por imunoensaio enzimático, realizado em amostras de secreções nasais, ou por um teste de imunofluorescência direta em células obtidas dessas secreções. A ribavirina diminui a duração da doença. Não existe nenhuma vacina. A melhor forma de prevenção consiste em reduzir a exposição de um lactente a aglomerações e outras fontes de infecção.

## Síndrome pulmonar por hantavírus

Em maio e junho de 1993, foram notificados 24 casos de doença respiratória grave entre residentes da área de Four Corners, no sudoeste dos EUA. Adultos saudáveis ficaram subitamente doentes e morreram em poucas horas. O medo alastrou-se pelo Arizona, Colorado, Novo México e partes das reservas navajo, onde haviam ocorrido mortes. A investigação identificou um hantavírus anteriormente não descrito como causa da doença, posteriormente denominada **síndrome pulmonar por hantavírus (HPS)**. O vírus foi identificado por técnicas de PCR e sequenciamento do RNA (ver Capítulo 8) e demonstrou ser distinto de todos os outros hantavírus conhecidos. A doença por hantavírus é conhecida há anos em outras partes do mundo (ver Capítulo 24), porém com sintomas renais e hemorrágicos – mas não como doença pulmonar. O novo vírus foi provisoriamente denominado vírus Muerto Canyon, devido ao local onde foi isolado. Entretanto, após queixas dos residentes da área, foi proposto e adotado o nome de vírus *Sin Nombre* ("sem nome").

A taxa de mortalidade (60%) tem sido mais de 10 vezes mais alta que a de outros hantavírus. Durante o ano de 1994, foram encontrados outros casos de HPS por todos os EUA – na Flórida, Louisiana, Indiana e Rhode Island. Em cada caso, encontrou-se um hantavírus novo e diferente como causa. Cada vírus era transportado por roedores de aparência saudável, mas que eliminavam o vírus na urina, fezes e saliva. O vírus *Sin Nombre* é transmitido pelo camundongo de veado, *Peromyscus maniculatus*. A variedade Florida do vírus é transportada pelo rato do algodão, *Sigmodon hispidus*, porém o vetor para a cepa de Louisiana ainda não foi identificado. Os vírus de excrementos secos são transportados pelo ar e inalados. Deve-se evitar a exposição a áreas contaminadas com roedores, tanto dentro quanto fora de casa. A ribavirina tem sido um tanto útil no tratamento, porém são necessários estudos adicionais.

## Doença respiratória aguda

A **doença respiratória aguda (DRA)** é uma doença viral do trato respiratório inferior, que varia de leve a grave. Com frequência, são observados sintomas respiratórios, como faringite, tosse e outros sintomas de resfriado, febre, cefaleia e mal-estar. Algumas vezes, na DRA, ocorre pneumonia viral grave, com duração de cerca de 10 dias.

Foram observados casos de DRA viral em instalações de treinamento militar nos EUA e na Europa. Em geral, as epidemias começam 3 a 6 semanas após o início do treinamento. A natureza epidêmica da doença tem sido atribuída à aglomeração de pessoas de diferentes áreas geográficas em condições de estresse. Entretanto, não foi observada nenhuma epidemia em faculdades ou outras instituições onde as condições são semelhantes, de modo que outros fatores podem estar envolvidos nessas epidemias.

Os adenovírus são responsáveis por cerca de 5% dos casos de DRA em crianças com menos de 5 anos de idade. Em geral, os sintomas são leves e inespecíficos – congestão nasal, tosse e secreção nasal. Além disso, podem aparecer sintomas mais graves, como tonsilite, faringite, bronquite, bronquiolite, crupe e, com frequência, conjuntivite e dor abdominal. A pneumonia por adenovírus representa cerca de 10% de todas as pneumonias na infância e, em certas ocasiões, é fatal.

# Doenças respiratórias causadas por fungos

Quando comparados com as bactérias e os vírus, os fungos constituem causas muito menos frequentes de doenças respiratórias. As infecções fúngicas são observadas, em sua maioria, em pacientes imunodeficientes e debilitados. A blastomicose, que geralmente é uma doença da pele, também pode causar sintomas respiratórios leves (ver Capítulo 20).

Os fungos também podem crescer no interior de edifícios, conhecidos como edifícios "doentes", onde infectam os ocupantes ou causam reações alérgicas. Um desses fungos, *Stachybotrys atra*, cresce em casas que apresentam umidade contínua ou problemas frequentes de inundação. As crianças são mais suscetíveis ao *S. atra* do que os adultos, e pode-se observar o desenvolvimento de casos potencialmente fatais de sangramento dos pulmões. É muito difícil solucionar o problema dos edifícios "doentes" – algumas vezes, tudo o que pode ser feito é demoli-los, como foi o caso em Nova Orleans após o furacão Katrina.

## Coccidioidomicose

O fungo do solo *Coccidioides immitis* provoca **coccidioidomicose** ou febre do vale de San Joaquin (**Figura 22.25**). Esse organismo é encontrado principalmente em regiões quentes e áridas do sudoeste dos EUA e do México. Em geral, a infecção ocorre em consequência da inalação de partículas de poeira carregadas de esporos do fungo. Os cães, o gado, os ovinos e os roedores silvestres depositam esporos nas fezes, e os esporos são facilmente transportados pelo ar. Os indivíduos suscetíveis tornam-se infectados simplesmente com a sua permanência na plataforma de uma estação de trem por um curto período de tempo para tomar um pouco de "ar fresco". Os viajantes que atravessam tempestades de poeira no sudoeste frequentemente tornam-se infectados e retornam para estados onde a doença não é esperada. Os aumentos recentes observados na incidência da doença na Califórnia devem-se, em parte, à atividade de terremotos, produzindo um excesso de poeira. Quando os esporos são inalados por indivíduos suscetíveis, ocorre uma doença semelhante à gripe. A coccidioidomicose é sempre altamente infecciosa e pode ser autolimitada ou progressiva. Em menos de 1% dos indivíduos afetados, ocorre disseminação para as meninges ou para os ossos no primeiro ano após a infecção inicial. A disseminação é muito mais comum em negros do que em brancos.

No escarro, no pus, no líquido espinal ou no tecido de biopsia, podem ser encontradas grandes esférulas contendo numerosos endósporos pequenos (esporos reprodutivos que habitualmente não são infecciosos – que não devem ser confundidos com endósporos bacterianos) (**Figura 22.25B**). O fungo em cultura forma micélios (colônias) esbranquiçados semelhantes a algodão. Dispõe-se de vários testes imunológicos para ajudar no diagnóstico; entretanto, alguns fornecem resultados falso-positivos em indivíduos que apresentam anticorpos dirigidos contra outras doenças fúngicas. Dispõe-se

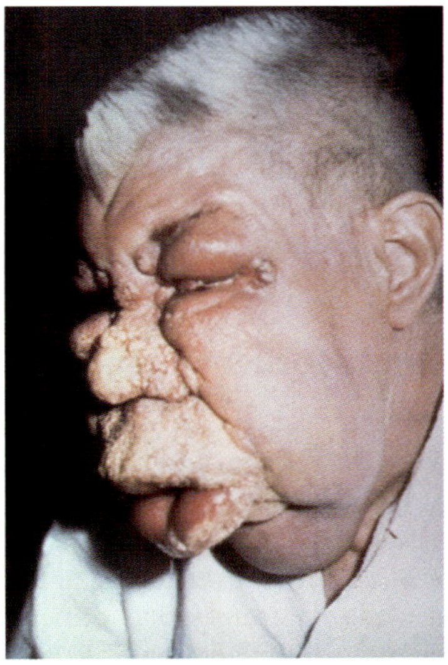

A

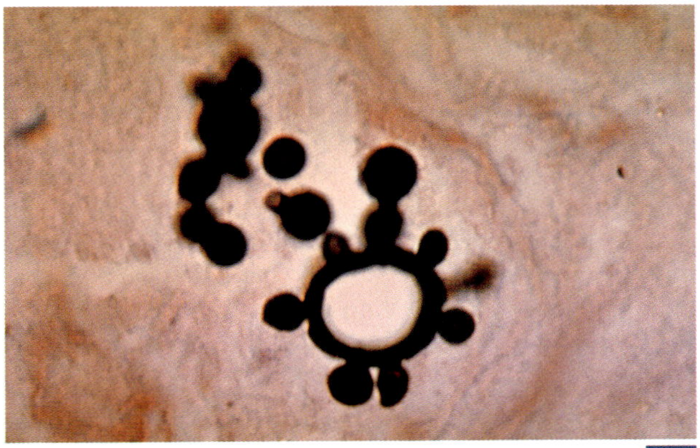

B

MO

**Figura 22.25 Coccidioidomicose.** **A.** Exantema cutâneo da coccidioidomicose na face. (*Cortesia do National Institute of Allergy and Infectious Diseases.*) **B.** Corte de tecido mostrando uma esférula contendo muitos endósporos (1.201×). (*Dra. Lucille K Georg/CDC.*)

também de um teste cutâneo para determinar uma exposição prévia ao fungo. O teste é realizado da mesma maneira que o teste cutâneo para tuberculose e mede a hipersensibilidade tardia a antígenos de *C. immitis*. Os indivíduos que apresentam teste cutâneo positivo são imunes a um segundo ataque da doença.

A coccidioidomicose em sua forma comum é uma infecção aguda e autolimitada, que em geral não necessita de tratamento. Entretanto, nos casos de doença disseminada, a terapia torna-se necessária. A anfotericina B é o agente disponível mais efetivo. Novos polienos, como os azóis, são promissores. Se o tratamento falhar, a doença é, então, frequentemente fatal. A sua prevenção é difícil, porém a redução da poeira em regiões endêmicas pode ser útil. Uma vacina está sendo desenvolvida para a coccidioidomicose.

## Histoplasmose

O fungo do solo *Histoplasma capsulatum* provoca **histoplasmose**, ou *doença de Darling*. A doença é endêmica no centro e no leste dos EUA, porém é encontrada no mundo inteiro nos vales de grandes rios. A maior incidência é observada nos vales do Mississippi e Ohio, onde 80% da população exibe evidências imunológicas de exposição ao fungo. O *H. capsulatum* desenvolve-se no solo misturado com fezes e, em particular, em galinheiros e cavernas contendo guano (fezes) de morcegos. A poeira das cavernas é responsável por um número tão grande de casos que a doença é algumas vezes designada como doenças das cavernas.

O fungo entra no corpo pela inalação de conídios (esporos de fungos) (ver Capítulo 12). Esses conídios são englobados, mas não destruídos, por macrófagos e, assim, percorrem todo o corpo nessas células. Não ocorre disseminação entre pessoas. Embora a maioria das infecções não produza sintomas de doença, ocorrem lesões granulomatosas nos pulmões e no baço de indivíduos suscetíveis. A inalação de grandes números de conídios pode causar uma infecção pulmonar semelhante à pneumonia. Em alguns indivíduos, particularmente nos indivíduos muito jovens, muito idosos ou que estão recebendo fármacos imunossupressores, *H. capsulatum* pode se disseminar para o baço, o fígado e os linfonodos. É comum a ocorrência de anemia, febre alta e aumento do baço e do fígado na histoplasmose disseminada e, com frequência, ocorre morte.

O diagnóstico é estabelecido pela identificação microscópica de pequenas células ovoides do microrganismo no interior das células humanas infectadas. Quando cultivados à temperatura corporal, os fungos assemelham-se a leveduras em brotamento; na temperatura ambiente, eles formam micélios com hifas e esporos. Dispõe-se também de um teste cutâneo intradérmico para determinar uma exposição prévia a *H. capsulatum*.

Utiliza-se terapia de suporte para a histoplasmose pulmonar, e a anfotericina B é algumas vezes efetiva no tratamento da doença disseminada. Os seres humanos podem ser infectados com muita facilidade em ambientes como galinheiros e cavernas, onde o ar está carregado de esporos. Alguns empregadores contratam apenas indivíduos com testes cutâneos positivos para histoplasmose e, portanto, imunes à doença para trabalhar em ambientes de alto risco. A aplicação de *spray* no solo infectado e depósitos fecais com formaldeído a 3% destrói alguns dos esporos.

## Criptococose

A **criptococose** é causada por *Filobasidiella* (anteriormente *Cryptococcus*) *neoformans*, uma levedura encapsulada que se reproduz por brotamento. Normalmente, os organismos entram no corpo através da pele, do nariz ou da boca. As aves carregam os fungos nas patas e bicos. Embora as aves não sofram de criptococose, elas disseminam a levedura oportunista. Esses microrganismos prosperam no produto de degradação nitrogenado, a creatinina, que está presente em alta concentração nas fezes das aves.

Em geral, a criptococose caracteriza-se por sintomas leves de infecção respiratória; entretanto, pode tornar-se sintomática quando pacientes debilitados inalam grandes quantidades dos esporos. Com frequência, a *Filobasidiella neoformans* dissemina-se para as meninges, que se tornam espessadas e foscas, e o organismo pode invadir o tecido cerebral. A exemplo de outros fungos oportunistas, a incidência da criptococose está aumentando entre pacientes com AIDS.

A observação do organismo nos líquidos corporais confirma o diagnóstico. Utiliza-se também um teste de aglutinação com látex para detectar a presença de material capsular nos líquidos corporais. A flucitosina e a anfotericina B podem ser utilizadas em associação para tratamento da doença sistêmica. Como a *F. neoformans* desenvolve-se em excrementos de pombos, pode-se obter certo grau de prevenção pela redução das populações de pombos e descontaminação dos excrementos com álcalis.

## Pneumonia por *Pneumocystis*

Durante muito tempo, acreditou-se que *Pneumocystis jiroveci*, anteriormente *P. carinii* (Figura 22.26), fosse um protozoário do grupo dos esporozoários. Hoje, acredita-se que seja um fungo oportunista. Ele invade as células dos pulmões e provoca espessamento dos septos alveolares e ruptura do epitélio. Em seguida, os parasitas e um exsudato espumoso das células acumulam-se nos alvéolos. A doença, denominada **pneumonia por *Pneumocystis***, ocorre em lactentes, indivíduos idosos e pacientes imunocomprometidos. Nesses últimos anos, o acentuado aumento observado na incidência da doença é devido principalmente à sua capacidade de infectar indivíduos com AIDS. O fungo pode se disseminar para outros órgãos e causar infecções extrapulmonares.

O diagnóstico é estabelecido pelo achado dos microrganismos em tecido de pulmão biopsiado ou lavado brônquico (lavado dos tubos brônquicos). Em geral, o tratamento da infecção por *Pneumocystis* envolve a administração de uma combinação de trimetoprima e sulfametoxazol ou pentamidina. Os indivíduos infectados pelo HIV ou com AIDS são tratados com esses fármacos como medida preventiva.

## Aspergilose

A **aspergilose** (ver Capítulo 20), denominada *doença do pulmão de fazendeiro*, quando ocorre nos pulmões, é geralmente causada por *Aspergillus fumigatus* ou *A. flavus*. Outras espécies de *Aspergillus* e até mesmo outros gêneros de fungos também podem causar a doença pulmonar do fazendeiro. Os esporos dos fungos inalados de pilhas de vegetação em decomposição ou compostagem podem causar alergia clínica, como asma, ou podem produzir infecção invasiva do trato respiratório inferior. Massas de micélio de fungo podem crescer o suficiente para serem visíveis nas radiografias como *bola de fungo*, ou *aspergiloma*. Essas massas podem causar obstrução à troca gasosa, causando morte por asfixia. O crescimento do *Aspergillus* nos pulmões também pode servir como antígeno, desencadeando asma crônica. A anfotericina B constitui o fármaco de escolha para as infecções invasivas. Os pacientes imunossuprimidos, com imunodeficiência (AIDS) e diabéticos correm maior risco do que o normal. É muito difícil tratar as bolas de fungos, e, algumas vezes, a cirurgia é necessária para removê-las.

## Doenças respiratórias causadas por parasitas

O trematódeo de pulmão *Paragonimus westermani* é encontrado em muitas partes da Ásia e do sul do Pacífico (Figura 22.27). Na América do Norte, encontramos o *Paragonimus kellicotti*, conforme discutido na abertura deste capítulo. O ciclo de vida do trematódeo começa quando fezes carregadas de ovos são eliminadas na água; os ovos eclodem e invadem inicialmente um caramujo e, em seguida, um caranguejo ou lagostim, no qual se desenvolve a última forma larvar ou metacercária (ver Capítulo 12). Quando um ser humano ingere um fruto do mar infectado, as metacercárias deixam o caranguejo ou o lagostim à medida que é digerido no intestino delgado do homem. Em seguida, as larvas perfuram o intestino e se estabelecem temporariamente na parede abdominal. Pouco depois, abandonam esse local e penetram no diafragma e nas membranas que envolvem os pulmões para alcançar os bronquíolos. As larvas amadurecem em adultos e põem ovos nos bronquíolos. Quando o hospedeiro tosse, os ovos alcançam a faringe e são deglutidos, saindo do corpo nas fezes. Os seres humanos infectados apresentam tosse crônica, escarro sanguinolento e dificuldade na respiração. O diagnóstico pode ser estabelecido pelo achado de ovos no escarro ou por qualquer um de vários testes imunológicos. O fármaco praziquantel mostra-se efetivo no tratamento das infecções pulmonares por trematódeos. As infecções podem ser evitadas cozinhando os crustáceos antes de seu consumo.

> Praticamente todo boi-almiscarado selvagem em rebanhos no Alasca é o hospedeiro de vários trematódeos que parasitam o pulmão, tendo cada um deles um comprimento de cerca de 30 cm e vários centímetros de espessura. Isso tira a sua respiração só de pensar!

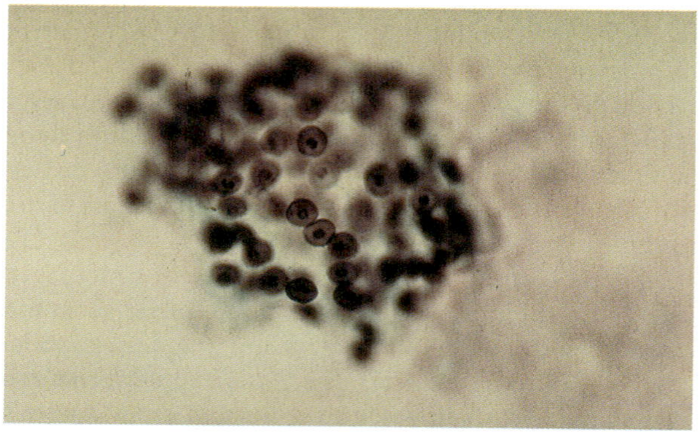

**Figura 22.26** ***Pneumocystis jiroveci* no escarro.** Esse microrganismo constitui uma causa frequente de pneumonia em pacientes com AIDS (353×). (*©G.W. Willis, M.D./Biological Photo Service*)

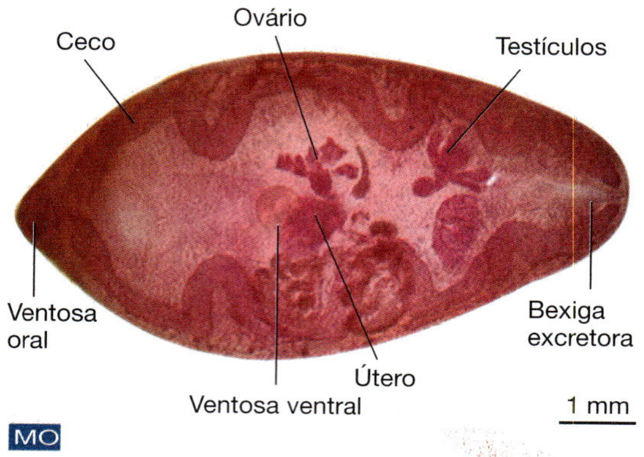


**Figura 22.27** **O trematódeo *Paragonimus westermani*.** Trata-se de um verme adulto corado para mostrar as estruturas internas (13×). (*CDC.*)

A **Tabela 22.4** fornece um resumo das doenças do trato respiratório inferior.

**PARE e RESPONDA**

1. Um paciente apresenta faringite, nariz entupido e espirros. Qual é a probabilidade de ele ter resfriado, gripe ou pneumonia?
2. Dê um exemplo de uma doença respiratória causada por fungos que exiba um padrão geográfico distinto de ocorrência.
3. Quais os tipos de sintomas diferentes que podem ser causados por hantavírus?
4. Como a mudança antigênica está relacionada com as epidemias de gripe?

**Tabela 22.4** Resumo das doenças do trato respiratório inferior.

| Doença | Agente(s) | Características |
|---|---|---|
| **Doenças do trato respiratório inferior causadas por bactérias** | | |
| Coqueluche | *Bordetella pertussis* | Estágio catarral com febre, espirros, vômitos e tosse leve; estágio paroxístico com muco viscoso e tosse violenta; estágio de convalescença com tosse leve |
| Pneumonia clássica | *Streptococcus pneumoniae, Staphylococcus aureus, Klebsiella pneumoniae* | Inflamação dos brônquios ou alvéolos pulmonares, com acúmulo de líquido e febre |
| Pneumonia por *Mycoplasma* | *Mycoplasma pneumoniae* | Inflamação leve dos brônquios ou dos alvéolos |
| Doença dos legionários | *Legionella pneumophila* | Inflamação dos pulmões, com febre, calafrios, cefaleia, diarreia, vômitos e líquido nos pulmões |
| Tuberculose | *Mycobacterium tuberculosis* | Tubérculos nos pulmões e, algumas vezes, em outros tecidos; os microrganismos podem persistir em lesões isoladas e podem ser reativados |
| Ornitose | *Chlamydophila psittaci* | Doença semelhante à pneumonia, transmitida aos seres humanos por aves |
| Febre Q | *Coxiella burnetii* | Doença semelhante à pneumonia por *Mycoplasma*, porém transmitida por carrapatos, aerossóis e fômites |
| Nocardiose | *Nocardia asteroides* | Doença semelhante à pneumonia observada em pacientes imunodeficientes |
| **Doenças do trato respiratório inferior causadas por vírus** | | |
| Gripe | Vírus influenza | Vírus sujeitos a variação antigênica, com novas cepas causando epidemias; inflamação das membranas orofaríngeas, febre, mal-estar, dor muscular, tosse, secreção nasal e gastrenterite |
| Infecção pelo vírus sincicial respiratório | Vírus sincicial respiratório | Doença febril do trato respiratório; pode causar pneumonia viral |
| Síndrome pulmonar por hantavírus | Hantavírus | Febre, anormalidades renais; nos casos graves, choque, sangramento e edema pulmonar |
| Doença respiratória aguda | Adenovírus | Tosse leve e secreção nasal; pode causar pneumonia viral |
| **Doenças respiratórias causadas por fungos** | | |
| Coccidioidomicose | *Coccidioides immitis* | Doença semelhante à gripe; pode ocorrer disseminação para as meninges e os ossos |
| Histoplasmose | *Histoplasma capsulatum* | Lesões granulomatosas nos pulmões e no baço de indivíduos suscetíveis; pode causar pneumonia |
| Criptococose | *Filobasidiella* (*Cryptococcus*) *neoformans* | Em geral, doença pulmonar leve; pode ocorrer pneumonia e disseminação para as meninges |
| Blastomicose | *Blastomyces dermatitidis* | Trata-se geralmente de uma doença de pele (ver Capítulo 20); algumas vezes, dissemina-se para os pulmões ou é adquirida diretamente por inalação; sintomas respiratórios leves |
| Pneumonia por *Pneumocystis* | *Pneumocystis jiroveci* | Ruptura dos septos alveolares, escarro espumoso; ocorre principalmente em pacientes imunodeficientes |
| Aspergilose | Espécies de *Aspergillus* | Resposta asmática alérgica à inalação de esporos ou infecção invasiva do pulmão; as bolas de fungos podem causar asfixia |
| **Doenças respiratórias causadas por parasitas** | | |
| Infecção pulmonar por trematódeo | *Paragonimus westermani* | As larvas amadurecem nos bronquíolos e causam tosse crônica, escarro sanguinolento e dificuldade respiratória |

# RESUMO

- Os agentes etiológicos e as características das doenças discutidas neste capítulo estão resumidos nas Tabelas 22.1 e 22.4. As informações contidas nessas tabelas não estão repetidas neste resumo.

## COMPONENTES DO SISTEMA RESPIRATÓRIO

### Trato respiratório superior

- O **trato respiratório superior** é constituído pela cavidade nasal, faringe, laringe, traqueia e brônquios. É revestido por epitélio secretor de muco e coberto com cílios
- A **escada rolante mucociliar** é um tipo de defesa inespecífica por meio da qual os micróbios retidos no muco são transportados até a faringe.

### Trato respiratório inferior

- O **trato respiratório inferior** é constituído pelos **bronquíolos**, **bronquíolos respiratórios** e **alvéolos**, formando os pulmões. As superfícies dos pulmões e as cavidades que eles ocupam são cobertas pela **pleura**, que secreta um **líquido seroso**.

### Orelhas

- A orelha externa é formada pelo **pavilhão auditivo** e pelo **meato acústico externo**, revestido com **glândulas ceruminosas** que secretam cerume (cera do ouvido)
- A **membrana timpânica** separa a orelha externa da orelha média. A orelha média contém três ossículos que transmitem as ondas sonoras para a orelha interna, onde o nervo vestibulococlear conduz os impulsos para o encéfalo.

### Microbiota normal do sistema respiratório

- Os pulmões sadios são habitualmente estéreis. Abaixo do nível da laringe, a traqueia, os brônquios e os bronquíolos maiores apresentam uma microbiota transitória, em vez de uma microbiota residente normal
- A faringe tem uma microbiota normal semelhante à da boca
- O trato respiratório superior acima da faringe possui uma microbiota normal semelhante à da pele.

## DOENÇAS DO TRATO RESPIRATÓRIO SUPERIOR

### Doenças do trato respiratório superior causadas por bactérias

- As infecções relacionadas com a **faringite**, ou dor de garganta, incluem **laringite**, **epiglotite**, **sinusite** e **bronquite**. Em geral, essas doenças são transmitidas por gotículas respiratórias. Se forem graves o suficiente, podem ser tratadas com penicilinas ou outros antibacterianos
- A **difteria**, que não é mais comum nos EUA, acomete apenas os seres humanos. Tanto os organismos quanto a sua toxina, que é produzida por genes de um prófago lisogênico, contribuem para os sinais e os sintomas da doença. Um importante sinal da doença consiste na formação de uma **pseudomembrana**, que pode bloquear a via área. A diferia é disseminada por gotículas respiratórias, tratada com antitoxina e antibacterianos, como eritromicina e clindamicina, e evitada por meio de vacina DTP
- As infecções das orelhas ocorrem na orelha média (**otite média**) e orelha externa (**otite externa**). Os organismos alcançam a orelha média pela tuba auditiva e geralmente podem ser erradicados com penicilina.

### Doenças do trato respiratório superior causadas por vírus

- O resfriado comum, a **coriza**, é transmitido por fômites e aerossóis. O tratamento limita-se a aliviar os sintomas; não existe nenhuma vacina disponível
- As infecções pelo vírus **parainfluenza** variam desde uma doença inaparente até o **crupe** grave. A maioria das crianças desenvolve anticorpos contra os **vírus parainfluenza** por volta dos 10 anos de idade.

## DOENÇAS DO TRATO RESPIRATÓRIO INFERIOR

### Doenças do trato respiratório inferior causadas por bactérias

- A **coqueluche**, ou **pertússis**, apresenta distribuição mundial, porém a imunização diminuiu a sua incidência. A coqueluche é transmitida por gotículas respiratórias e tratada com antitoxina e eritromicina. A vacina impede a ocorrência da doença, mas também pode causar algumas complicações e mortes
- A **pneumonia** clássica pode ser **lobar** ou **brônquica**; é transmitida por gotículas respiratórias e indivíduos portadores. A pneumonia por *Klebsiella* é mais grave do que a pneumonia pneumocócica. A penicilina constitui o fármaco de escolha para a pneumonia pneumocócica, e recomenda-se a vacina para as populações de alto risco. A pneumonia por *Mycoplasma* é transmitida por gotículas respiratórias e tratada com eritromicina ou tetraciclina
- A **doença dos legionários** é transmitida por aerossóis de água contaminada, e o seu tratamento consiste em eritromicina, azitromicina ou uma fluoroquinolona
- A **tuberculose (TB)** tem sido, durante séculos, um grave problema de saúde em todo o mundo, e a sua incidência nos EUA está aumentando. A TB é transmitida por gotículas respiratórias. Os microrganismos inativos, porém viáveis, podem persistir durante anos isolados em **tubérculos**. O tratamento com isoniazida é efetivo, exceto para os microrganismos resistentes, que precisam ser tratados com fármacos de "segunda ou terceira linha". Dispõe-se de uma vacina no mundo inteiro, porém o seu uso nos EUA limita-se a indivíduos de alto risco
- A **ornitose** é transmitida aos seres humanos por aves infectadas. Em geral, a doença é leve, porém pode causar pneumonia grave. É perigoso manipular o agente etiológico no laboratório
- A **febre Q** é transmitida por carrapatos, gotículas de aerossóis e fômites. O tratamento consiste em doxiciclina, e existe uma vacina disponível para trabalhadores com exposição ocupacional
- A **nocardiose**, que se caracteriza por lesões e abscessos, infecta principalmente os pulmões, mas também pode infectar a pele e outros órgãos.

### Doenças do trato respiratório inferior causadas por vírus

- Os vírus que causam **gripe (influenza)** exibem **variação antigênica** (mutação que afeta os antígenos). A doença ocorre principalmente de dezembro até abril. É transmitida em condições de aglomerações e pouca ventilação, e o seu diagnóstico é estabelecido com base em testes imunológicos. A vacina pode evitar a doença, porém a sua efetividade pode ser reduzida pela variação antigênica. A pandemia do $H_1N_1$ de 2009 foi causada por um vírus recombinante quádruplo. A gripe aviária é discutida no Capítulo 11
- Os **vírus da gripe aviária** ameaçam a China
- A **SARS (síndrome respiratória aguda grave)** é causada por um coronavírus. Ainda não existe nenhuma vacina disponível
- A **MERS (síndrome respiratória do oriente médio)** é transmitida por camelos
- As infecções pelo **vírus sincicial respiratório (RSV)** e a **doença respiratória aguda (DRA)** são doenças agudas importantes do sistema respiratório. As infecções por RSV tendem a ser graves, particularmente em crianças pequenas
- A **síndrome pulmonar por hantavírus (HPS)**, uma infecção grave, apresenta uma alta taxa de mortalidade. A hantavírus infecta principalmente roedores e é encontrada em seus excrementos.

### Doenças respiratórias causadas por fungos

- As infecções por fungos oportunistas ocorrem principalmente em pacientes imunocomprometidos e debilitados. Em geral, essas infecções são transmitidas por esporos, e algumas podem ser tratadas com anfotericina B
- Nos EUA, a **coccidioidomicose** ocorre em regiões áridas e quentes; a **histoplasmose** é endêmica nos estados do leste e a **criptococose** ocorre em locais onde existem aves infectadas, particularmente pombos
- A **pneumonia por *Pneumocystis***, uma infecção fúngica oportunista, constitui uma causa comum de morte entre pacientes com AIDS
- A **aspergilose** é contraída pela inalação de esporos do fungo e pode envolver o crescimento de grandes massas de micélios do fungo (bolas de fungo), que são visíveis em radiografias.

### Doenças respiratórias causadas por parasitas

- As infecções pulmonares por trematódeos ocorrem principalmente na Ásia e no sul do Pacífico, onde são consumidos crustáceos infectados. A doença pode ser tratada com fármacos e evitada pelo cozimento adequado dos crustáceos.

## TERMOS-CHAVE

alvéolo
aspergilose
brônquio
bronquíolo
bronquíolo respiratório
bronquite
caseoso
cavidade nasal
cerume
cianose
coccidioidomicose
consolidação
coqueluche
coriza
coronavírus
criptococose
crupe
derivação antigênica
difteria
difteroide
doença dos legionários
doença respiratória aguda (DRA)
epiglotite
escada rolante mucociliar
estágio catarral
estágio de convalescença
estágio paroxístico
faringe
faringite
febre de Pontiac
febre Q
glândula ceruminosa
gripe
$H_1N_1$ de 2009
histoplasmose
laringe
laringite
meato acústico
membrana timpânica
MERS (síndrome respiratória do oriente médio)
mudança antigênica
nocardiose
ornitose
ortomixovírus
otite externa
otite média
parainfluenza
pavilhão auricular
pertússis
pleura
pleurite
pneumonia
pneumonia atípica primária
pneumonia brônquica
pneumonia de ambulatório
pneumonia lobar
pneumonia por *Pneumocystis*
pneumonia viral
processo mastoide
pseudomembrana
psitacose
rinovírus
SARS (síndrome respiratória aguda grave)
seio nasal
sincício
síndrome pulmonar por hantavírus (HPS)
sinusite
sistema respiratório
tonsilite
traqueia
trato respiratório inferior
trato respiratório superior
tubérculo
tuberculose (TB)
tuberculose disseminada
tuberculose miliar
variação antigênica
vírus parainfluenza
vírus sincicial respiratório (RSV)

# CAPÍTULO 23 Doenças da Cavidade Oral e do Trato Gastrintestinal

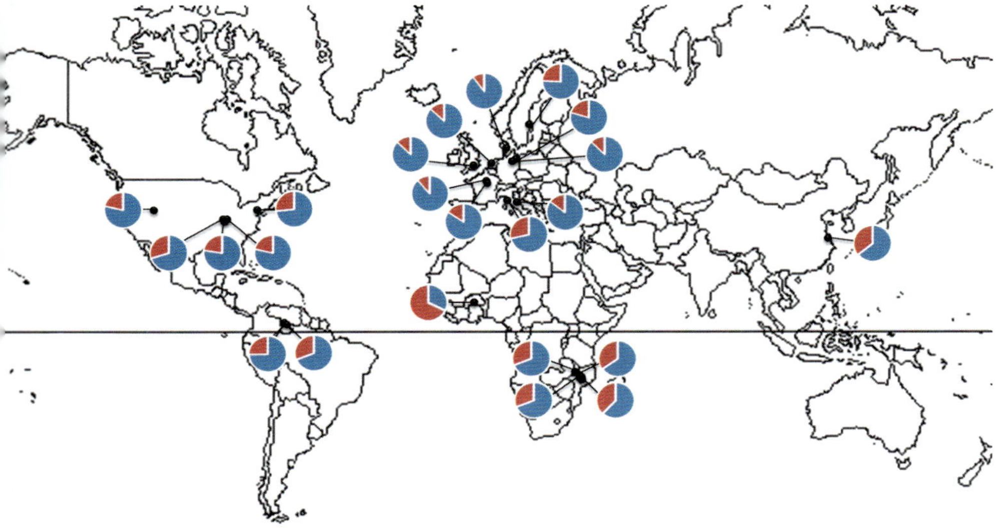

Dados de mais de 1.000 pessoas ao redor do mundo. A cor azul representa a proporção de bactérias relacionadas com a obesidade no intestino, enquanto a cor vermelha é a proporção de bactérias associadas à magreza. *(Taichi A. Suzuki/Michael Worobey Taichi A. Suzuki, Michael Worobey. Geographical variation of human gut microbial composition. Biology Letters. February 2014, reimpresso com autorização.)*

Ser obeso é, de fato, realmente ruim? No passado, pode ter feito a diferença entre vida e morte, dependendo do local onde se vivia. Não existe essa realidade de um único tipo de microbioma intestinal "saudável". Se você vivesse em regiões extremamente frias, os microrganismos que são altamente eficientes na extração de calorias de determinada quantidade de alimento poderiam ter impedido que morresse congelado. Por outro lado, as pessoas que vivem próximo ao Equador necessitam de uma mistura diferente de microrganismos menos eficientes para impedir que se tornem obesas e desenvolvam diabetes melito tipo 2, problemas cardíacos ou outras doenças associadas à obesidade. O mapa apresentado aqui mostra como a proporção de bactérias associadas à obesidade e à magreza variam de acordo com a localização geográfica.

Os microrganismos intestinais funcionam como um "órgão", de modo muito semelhante a seu fígado ou rim. Esse "órgão" contém mais células que o seu próprio corpo, e o seu peso corresponde aproximadamente ao do seu cérebro. Esses microrganismos também evoluíram em resposta à seleção natural. Os afro-americanos possuem o mesmo microbioma intestinal que os norte-americanos e europeus, em comparação com o dos africanos. Existe um exemplo extremo dessa evolução na tribo hadza de coletores-caçadores da Tanzânia. Os hadza têm biomas intestinais diferentes daqueles observados em qualquer outra população humana. Eles consomem uma grande quantidade de material fibroso e possuem microrganismos extremamente eficientes na obtenção de energia proveniente das fibras. Apresentam altos níveis de *Treponema* e baixos níveis de *Bifidobacterium*, o que seria considerado "nocivo" nas populações ocidentais. Eles também apresentam a única diferença de gênero nunca observada nos seres humanos. Os homens são caçadores, enquanto as mulheres colhem plantas. Eles compartilham esses alimentos, porém os homens consomem mais carne. O microbioma intestinal das mulheres contém mais microrganismos eficientes na digestão dos materiais vegetais fibrosos do que os homens.

De onde vieram os seus ancestrais? Os meus provêm de uma geração anterior, de um local onde a maior temperatura registrada nos últimos 150 anos foi de 22,8°C, e invernos com temperaturas de –40°C eram comuns. Minha constante batalha contra o aumento de peso pode ser devido a todos esses microrganismos eficientes que eu carrego em meu microbioma intestinal.

# MAPA DO CAPÍTULO

**Siga o mapa do capítulo para auxiliar na identificação dos conceitos principais do texto.**



**Todos nós já passamos por inúmeras experiências** relacionadas com doenças da cavidade oral e do trato gastrintestinal. Tivemos que remover biofilmes dentais de nossos dentes e fazer obstruções para tratamento de cáries. Tivemos episódios de náuseas, vômitos e diarreia – habitualmente de curta duração – após ter ingerido alimento contaminado ou ter bebido água impura. Felizmente, para a maioria de nós, esses problemas representaram inconveniências menores, e não doenças graves. Entretanto, em outras partes do mundo, particularmente onde o tratamento da água e dos esgotos é inadequado, as infecções gastrintestinais constituem problemas importantes. Neste capítulo, iremos considerar as doenças da cavidade oral e do trato intestinal, tanto as de menor importância quanto as graves. À semelhança dos capítulos anteriores dedicados a doenças de sistemas corporais, este capítulo pressupõe um conhecimento dos processos mórbidos, da microbiota normal e oportunista (ver Capítulo 15), da epidemiologia (ver Capítulo 16), dos sistemas de defesa do hospedeiro (ver Capítulo 17) e da imunidade (ver Capítulos 18 e 19). Pressupõe também uma familiaridade com as características das bactérias, dos vírus, dos microrganismos eucarióticos e dos helmintos (ver Capítulos 10 a 12).

*Segundo estimativas, as doenças transmitidas por alimentos no mundo inteiro são responsáveis por 1,5 bilhão de casos por ano de diarreia em crianças com menos de 5 anos de idade, dos quais mais de 3 milhões levam à morte.*

## COMPONENTES DO SISTEMA DIGESTÓRIO

O **sistema digestório** é constituído por um tubo ou trato alongado, que se estende desde a boca até o reto e que inclui órgãos acessórios, que auxiliam a digestão dos alimentos (Figura 23.1). O trato digestório consiste em vários órgãos – boca, faringe, esôfago, estômago e intestinos –, enquanto os órgãos acessórios incluem os dentes, as glândulas salivares, o fígado, a vesícula biliar e o pâncreas. O sistema digestório desempenha cinco funções principais:

1. *Movimento* do material alimentar ao longo do trato.
2. *Secreção* de sucos digestivos e de muco para degradar o material alimentar.
3. *Digestão*, que consiste no processo de decomposição de grandes moléculas alimentares em pequenas moléculas, que possam passar do trato digestório para a corrente sanguínea.

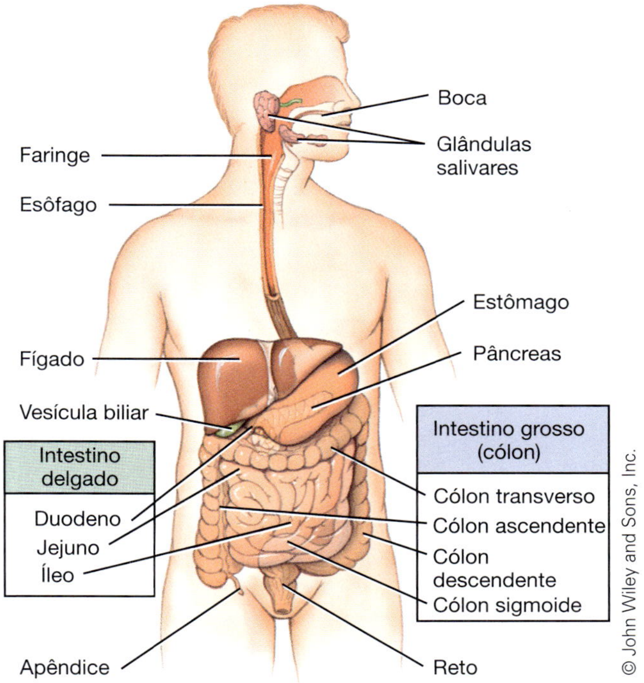


**Figura 23.1 Estrutura do sistema digestório.** A microbiota normal do sistema digestório impede o crescimento fácil de patógenos, e tanto os ácidos gástricos quanto as enzimas destroem a maioria dos agentes causadores de doenças. O vômito e a diarreia constituem dois mecanismos de expulsão utilizados para livrar o sistema de materiais tóxicos, incluindo toxinas bacterianas.

4. *Absorção* das substâncias alimentares digeridas em direção ao sangue ou à linfa.
5. *Eliminação* dos materiais alimentares não digeríveis e da microbiota intestinal.

Embora o alimento contenha numerosos microrganismos, estes são, em sua maioria, destruídos por vários mecanismos de defesa no trato digestório. Em todo o trato digestório, a **mucina**, uma glicoproteína encontrada no muco, recobre as bactérias e impedem a sua aderência às superfícies.

## Boca

A boca, ou *cavidade oral*, é revestida por uma membrana mucosa e contém a língua, os dentes e as glândulas salivares. A boca é a porta de entrada para microrganismos; uma boca normal contém mais microrganismos residentes do que o número de pessoas existentes na Terra.

Cada dente apresenta uma *coroa* coberta com **esmalte** acima da gengiva e uma *raiz*, coberta com **cemento**, abaixo da gengiva (Figura 23.2). Abaixo desses revestimentos, encontra-se uma substância porosa, denominada *dentina*, uma *cavidade* pulpar central e os *canais* das raízes dos dentes, onde estão localizados os vasos sanguíneos e os nervos. Cada dente é mantido em alvéolo dental por fibras que se estendem do cemento até o osso do alvéolo. Embora o esmalte seja a substância mais dura encontrada no corpo, ele pode ser atacado por ácidos e enzimas produzidos por microrganismos. Os microrganismos também podem infectar as gengivas, formar bolsas de infecção entre os dentes e as gengivas e disseminar-se para o osso subjacente.

As glândulas salivares secretam saliva, que contém tanto anticorpos, que podem recobrir as bactérias, quanto lisozima, que mata algumas bactérias. Entretanto, as próprias glândulas salivares estão sujeitas à infecção.

## Estômago

Após ser mastigado e misturado com a saliva na boca, o alimento passa pela faringe e pelo esôfago, alcançando o estômago. Lá, o alimento é misturado com ácido clorídrico e com a enzima pepsina que, juntos, iniciam a digestão das proteínas. O revestimento do estômago é protegido do ácido pelo muco viscoso. Apenas o álcool, o ácido acetilsalicílico e alguns fármacos lipossolúveis podem atravessar a barreira mucosa e ser absorvidos no estômago.

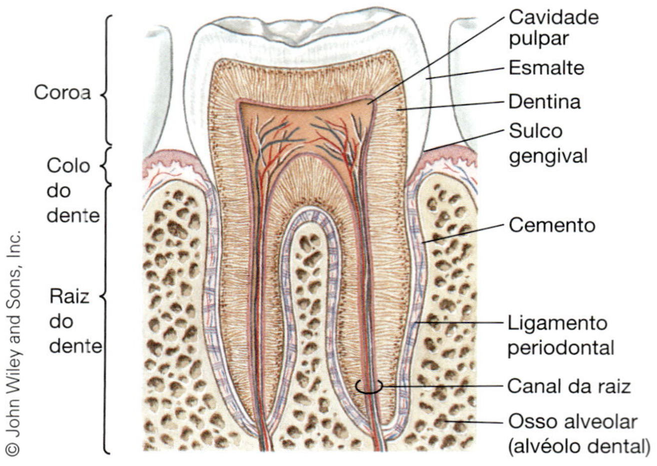


**Figura 23.2 Corte de um dente típico e a gengiva.**

## Intestino delgado

O alimento parcialmente digerido que deixa o estômago entra no **intestino delgado** e é misturado imediatamente com secreções provenientes do fígado e do pâncreas. As células hepáticas secretam a bile – uma mistura de sais biliares, colesterol e outros lipídios –, que ajuda na digestão das gorduras.

Os materiais digeridos no intestino delgado entram na corrente sanguínea e são transportados diretamente para o fígado por meio da veia porta. Os alimentos que ingerimos contêm uma variedade de toxinas, e o fígado tem a tarefa de detoxificar esses materiais. Em tecidos como os do fígado, os capilares estão aumentados para formar redes de vasos, denominados **sinusoides**. Esses sinusoides são revestidos por *células de Kupffer* fagocíticas, que removem quaisquer células sanguíneas mortas, bactérias e toxinas do sangue à medida que este passa pelos sinusoides. O pâncreas libera hormônios no sangue e sucos digestivos em ductos que desembocam no intestino delgado. Os sucos digestivos incluem enzimas que digerem o amido, as proteínas, os lipídios e os ácidos nucleicos, juntamente com bicarbonato, que neutraliza os materiais ácidos do estômago.

O intestino delgado apresenta uma extensa área de superfície interna (cerca de um décimo da área de um campo de futebol), devido à existência de pregas em suas paredes – projeções digitiformes, denominadas **vilosidades** – e pregas, denominadas **microvilosidades** nas membranas das células da mucosa. As vilosidades contêm vasos sanguíneos e linfáticos. A digestão é finalizada no intestino delgado; os açúcares simples e os aminoácidos são absorvidos nos vasos sanguíneos, e as gorduras, nos vasos linfáticos. As enzimas no intestino delgado matam a maioria dos microrganismos e inativam a maioria dos vírus presentes nos alimentos. Além disso, a extremidade inferior do intestino, denominada *íleo*, contém tecido linfoide agrupado em *placas de Peyer*. Essas placas contêm linfócitos e macrófagos que protegem o intestino delgado da invasão de microrganismos provenientes do intestino grosso.

## Intestino grosso

O **intestino grosso**, ou *cólon*, une-se ao intestino delgado próximo ao apêndice e termina no reto. A digestão que ocorre no intestino grosso é realizada pelas bactérias da microbiota normal. Os subprodutos do metabolismo das bactérias, como aminoácidos, tiamina, riboflavina e vitaminas K e $B_{12}$, são absorvidos em quantidades muito pequenas para suprir as necessidades nutricionais. Grande parte da água é absorvida, e o alimento não digerido é convertido em fezes. As **fezes**, que consistem em cerca de três quartos de água e um quarto de materiais sólidos, são armazenadas no reto, até que sejam eliminadas do corpo.

O intestino grosso contém muitos microrganismos residentes, os quais provêm, em última análise, da boca ou do ânus, que representa outra porta de entrada. Todavia, a microbiota normal do intestino grosso compete com os oportunistas e os patógenos e, em condições normais, impede o seu crescimento e reprodução. Em geral, ocorrem infecções gastrintestinais somente quando os mecanismos de defesa foram sobrepujados por um grande número de organismos patogênicos. Mesmo quando ocorre uma infecção, o vômito e a diarreia ajudam a livrar o corpo dos patógenos e de suas toxinas.

## Microbiota normal da boca e do sistema digestório

A não ser que um microrganismo que entra pela boca possa rapidamente aderir a uma superfície, ele será arrastado ao longo do trato digestório pelo fluxo de saliva. Cerca de $8 \times 10^{10}$ microrganismos são deglutidos dessa maneira diariamente. Os padrões de fluxo salivar variam de uma pessoa para outra: algumas são altamente eficientes no transporte de alimentos e microrganismos pelo trato digestório, enquanto outras são ineficientes. O desenvolvimento de cáries dentais é acentuadamente afetado pelo grau de eficiência do fluxo salivar.

A ecologia da microbiota oral ainda está pouco elucidada. Embora mais de 400 espécies de microrganismos tenham sido identificadas como residentes da cavidade oral, é provável que ainda não tenha sido identificado um número ainda maior de espécies. As pesquisas têm sido concentradas nos organismos associados à cárie dental e à doença das gengivas; entretanto, existem muitos outros microrganismos que vivem nas células que revestem as bochechas, na língua, no palato e no assoalho da boca. Esses microrganismos podem contribuir para o mau hálito.

O esôfago humano não parece ter uma microbiota normal permanente. O pH ácido do estômago habitualmente impede a colonização por microrganismos. O estômago e os primeiros dois terços do intestino delgado contêm muito poucos microrganismos, sobretudo lactobacilos e estreptococos que estão simplesmente de passagem. No último terço do intestino delgado, a motilidade do conteúdo é mais lenta, e alguns microrganismos são capazes de colonizar a sua superfície. Trata-se principalmente de bactérias gram-negativas, anaeróbicas facultativas, particularmente membros da família Enterobacteriaceae (p. ex., *Escherichia coli*), bem como anaeróbios obrigatórios (p. ex., *Bacteroides* e *Clostridium*). No intestino grosso, o alimento pode permanecer até 60 horas, propiciando o tempo necessário para a colonização e a reprodução microbianas. As fezes são compostas de 50% de bactérias por peso e volume. A maioria consiste em espécies de *Bacteroides.* O intestino humano do adulto abriga centenas a milhares de espécies e mais de 100 trilhões (100.000.000.000.000) de bactérias individuais. Os microrganismos do trato digestório inferior utilizam os alimentos provenientes do trato digestivo superior que não estão totalmente digeridos. Os enterótipos 1, 2 e 3 diferem principalmente pelas populações capazes de digerir esses produtos alimentares não digeridos. Um importante subproduto de suas atividades é a produção de vitamina K, que é necessária para a coagulação adequada do sangue. Os enterótipos 1 e 2 produzem outras vitaminas: biotina, riboflavina, pantotenato e ascorbato pelo Tipo 1, e tiamina e folato, pelo Tipo 2.

# DOENÇAS DA CAVIDADE ORAL

Embora gostássemos de acreditar que não seja assim, nossas bocas representam um terreno fértil para os microrganismos. Cerca de 12 bilhões de microrganismos vivem em uma boca humana saudável. Adquirimos os microrganismos de muitas maneiras – a partir dos alimentos, do beijo e dos dedos sujos, apenas para citar algumas –, e os microrganismos prosperam.

## Doenças da cavidade oral causadas por bactérias

### Biofilme dental

O **biofilme dental** é um revestimento de microrganismos e matéria orgânica em formação contínua na superfície dos dentes. A formação do biofilme, apesar de não ser uma doença em si, representa o primeiro passo para a cárie dental e a doença das gengivas. A limpeza cuidadosa e frequente dos dentes minimiza, porém não impede por completo a formação do biofilme dental. O biofilme começa a se formar nas primeiras 24 horas após a limpeza. A não ser que seja removido regularmente, o biofilme pode aderir tão firmemente aos dentes, que não pode ser mais retirado por métodos caseiros. A limpeza profissional remove o biofilme dental, porém ele começa a se formar novamente ao sair do consultório do dentista, até mesmo antes de chegar em casa.

A formação do biofilme dental começa com a adesão de proteínas de carga positiva da saliva à superfície do esmalte de carga negativa, formando uma *película* (filme) sobre a superfície do dente. Os cocos, como *Streptococcus mutans* e algumas bactérias filamentosas entre a microbiota oral normal, aderem à película recém-formada. Esses microrganismos podem hidrolisar a sacarose (açúcar de mesa) em glicose e frutose, ambas as quais podem ser metabolizadas para a produção de energia e para o crescimento. As bactérias formadoras de biofilme, como *S. mutans* e *S. sanguis*, também podem converter a sacarose em polímeros de unidades de glicose (como o polissacarídio dextrana), que atuam como pontes, mantendo as células unidas no biofilme. O biofilme dental consiste em mais de 30 gêneros diferentes de bactérias e seus produtos, como dextrana, proteínas da saliva e minerais (**Figura 23.3**). Se o biofilme não for removido por completo e de modo regular, os estreptococos, os lactobacilos e outras bactérias produtoras de ácido podem acumular-se no seu interior, formando camadas com espessura de 300 a 500 células. Em alguns indivíduos, o número total de bactérias somente no biofilme dental pode alcançar cerca de 10 bilhões! Esses microrganismos metabolizam a frutose e outros açúcares, que se difundem no biofilme e dão início à formação de cárie dental. O biofilme dental que se acumula próximo à margem gengival também oferece proteção às bactérias presentes no sulco gengival entre os dentes e a gengiva. Essas bactérias incluem espécies de *Actinomyces*, *Veillonella*, *Fusobacterium* e, algumas vezes, espiroquetas, bem como os estreptococos já mencionados. Quando o biofilme é deixado acumular, alguns sulcos transformam-se em bolsas anaeróbicas repletas de bactérias, que podem irritar a gengiva ou destruir o osso ao qual os dentes estão fixados. Em alguns indivíduos, esse biofilme na margem gengival sofre mineralização, produzindo *cálculos* (*tártaro*), que também podem causar irritação das gengivas e contribuir para inflamação e sangramento.

### Cárie dental

**A doença.** A **cárie dental** é a dissolução química do esmalte e das partes mais profundas dos dentes. A cárie, cujo nome deriva da palavra latina *cariosus*, que significa "podre", constitui a doença infecciosa mais comum nos países desenvolvidos,

Na década de 1960, foi demonstrado que a cárie dental era uma doença transmissível. Ratos sem cáries as desenvolveram quando mantidos em gaiolas com outros ratos apresentando cáries. Pense duas vezes sobre quem você beija!

onde a dieta contém quantidades relativamente grandes de açúcar refinado. Se não for controlada, a cárie pode estender-se pelo esmalte, alcançar a dentina e a cavidade pulpar e, por fim, causar um abscesso no osso que sustenta o dente. Os açúcares difundem-se facilmente através do biofilme para as bactérias presentes; entretanto, os ácidos produzidos pela fermentação bacteriana não são capazes de se difundir. Esses ácidos dissolvem gradualmente o esmalte, e, em seguida, as enzimas envolvidas na digestão de proteínas degradam qualquer material remanescente.

A combinação da presença de sacarose com a ação de *S. mutans* é responsável por grande parte da formação da cárie dental. Em consequência, quanto maior o consumo de sacarose e mais frequente a sua ingestão, maior o risco de cáries dentais. A saliva ajuda a eliminar os açúcares da boca, porém a sua eficiência varia de acordo com a velocidade do fluxo e a forma da boca. O açúcar acumula-se em áreas onde há pouco fluxo. Embora os alimentos que contêm amido sejam apenas parcialmente digeridos na boca, os que são viscosos podem aderir à superfície dos dentes e ali permanecer por tempo suficiente para que a ação bacteriana contribua para a formação de cárie dental. Os poliálcoois, como o sorbitol e o xilitol, usados em gomas de mascar "sem açúcar", não contribuem para a formação de cárie dental, visto que muitas bactérias são incapazes de metabolizá-los. As bactérias que podem utilizar o sorbitol, como *S. mutans*, o metabolizam lentamente. Elas liberam ácido em uma velocidade que permite a sua neutralização por tampões da saliva, impedindo uma queda do pH nas áreas de biofilme.

**Tratamento e prevenção.** As cáries dentais são tratadas por meio da remoção da decomposição e preenchimento da cavidade com *resinas* (materiais plásticos) ou com *amálgama* (mistura de prata e outros metais). As cáries dentais podem ser evitadas, ou a sua incidência pode ser acentuadamente reduzida por meio da prática de limitar o consumo de alimentos doces e viscosos, da escovação regular com pastas removedoras de biofilme e utilização de fio dental. Vacinas para a prevenção de cáries dentais estão sendo desenvolvidas contra cepas de *S. mutans*, que são mais prevalentes nos locais de cáries. Uma vacina injetável que induz a produção de IgG circulante foi bem-sucedida em macacos. Uma vacina oral que leva à produção de IgA secretora demonstrou ter sucesso em ratos. Nenhuma vacina foi ainda adequadamente testada em seres humanos. O estresse pode constituir um fator na eficácia de uma vacina, porque parece deprimir o sistema imune. Isso foi observado quando estudantes de odontologia apresentaram menor secreção de IgA salivar enquanto estavam fazendo provas, em comparação com as férias no verão (ver Capítulo 18).

O uso de **fluoreto** tem sido o fator mais importante na redução de cáries dentais. Sua ação consiste em endurecer a superfície do esmalte dos dentes. O fluoreto diminui a solubilidade do esmalte do dente, inibindo a desmineralização, e também intensifica a remineralização. Para compreender como o fluoreto afeta o esmalte, imagine que a superfície de um dente

## APLICAÇÃO NA PRÁTICA

### Há um jardim zoológico nesse lugar

É úmido e selvagem, e há muitas vistas e sons interessantes. Os animais exóticos, isolados de seu ambiente e dieta nativos, apresentam problemas dentais que não teriam na floresta. De acordo com o Dr. Edward Shagam, ortodontista de seres humanos e dentista de animais de zoológico, os carnívoros são os que apresentam a maior parte dos problemas dentais.

Em vez de roer a carne e os ossos em seu estado natural, o que ajuda a manter suas bocas saudáveis, os animais recebem carne reduzida a pasta para diminuir as queixas de patrocinadores do zoológico indignados. Exatamente como os seres humanos, que não são capazes de utilizar o fio dental depois de cada refeição, esses animais padecem de doença gengival e cáries. Outros problemas dentais envolvem tratamento de canal, devido a dentes quebrados e gastos, resultantes de lutas e mordidas nas jaulas do zoológico.

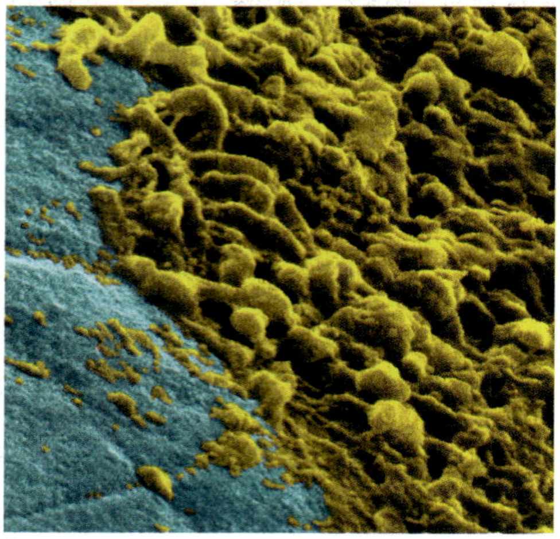
A

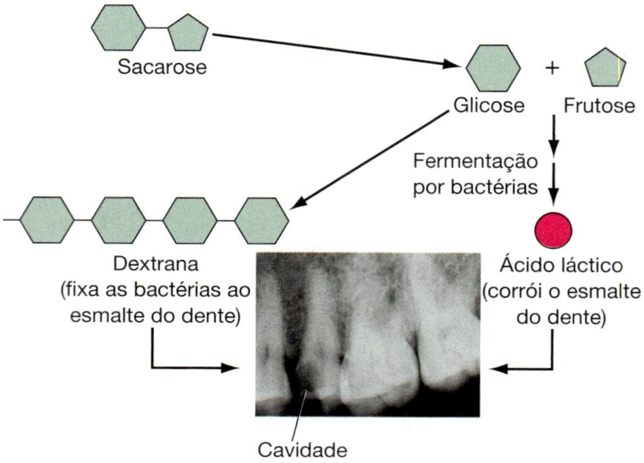

B

**Figura 23.3 Biofilme dental.** **A.** Variedade de microrganismos que se acumulam em depósitos do biofilme (42.689×). (*Dr. Tony Brain/Science Source.*) **B.** A produção de dextrana viscosa a partir da sacarose permite a aderência das bactérias à superfície dos dentes, onde o ácido láctico produzido nesse processo corrói o esmalte e forma cavidades. (*Cortesia do Dr. Ross. P. Karkin.*)

seja constituída pelas extremidades de bastonetes reunidos como um punhado de lápis (**Figura 23.4**). Por mais próximos que estejam os bastonetes uns dos outros, haverá sempre canais entre eles. Os ácidos produzidos pelas bactérias no biofilme penetram através dos canais e dissolvem os bastonetes de esmalte. À medida que os canais aumentam, uma maior quantidade de ácido penetra e dissolve mais esmalte. Por fim, ocorre erosão de uma quantidade suficiente de esmalte para formar cavidades, nas quais as cáries dentais se desenvolvem. O fluoreto preenche os espaços entre os bastonetes com um material rígido mineralizado, que fortalece a superfície do dente e impede a penetração do ácido. O fluoreto também reduz a capacidade de decomposição que leva as bactérias a aderir à superfície dos dentes, de modo que elas são mais facilmente eliminadas pela saliva ou pela escovação. O fluoreto também pode inibir determinadas enzimas que produzem fosfatos necessários para que as bactérias capturem a energia dos nutrientes. Na ausência de fosfatos, as bactérias morrem.

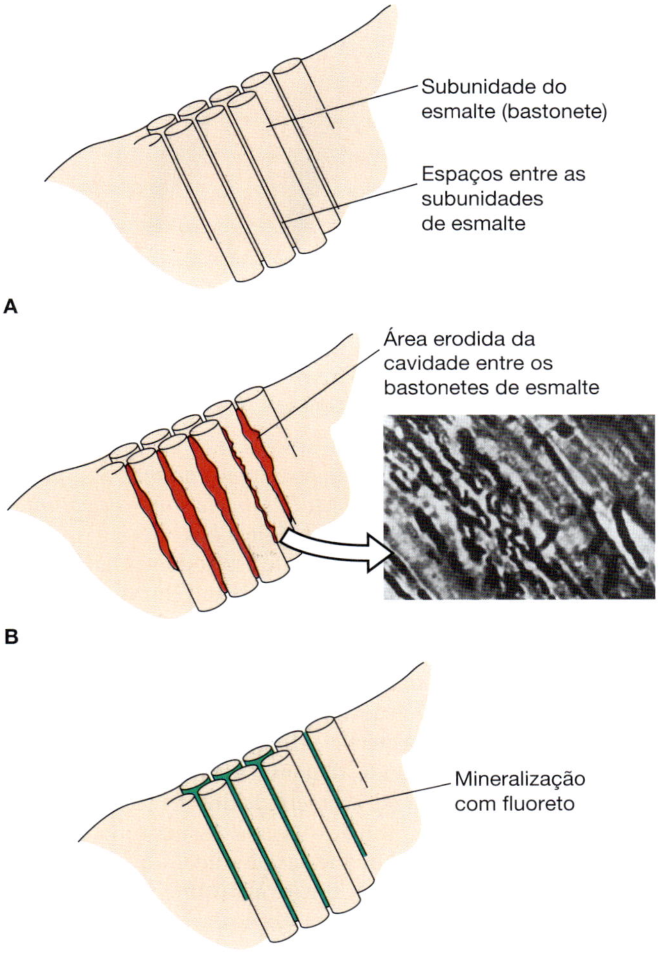


**Figura 23.4 Efeito do fluoreto sobre a cárie dental. A.** Estrutura de um dente normal. **B.** Formação de cárie dental em consequência da penetração de ácido produzido pelas bactérias entre os bastonetes do esmalte. (*De S. Rosen, Lenney, e O'Malley "Dental caries in gnotobiotic rats," Journal of Dental Research, vol. 47, no. 3, p. 362 May-June 1968*). Reimpressa com autorização de SAGE Publications. **C.** Mineralização pela aplicação de fluoreto, que preenche os espaços entre os bastonetes do esmalte, impedindo, assim, a penetração do ácido.

Numerosos estudos mostraram que o fluoreto é seguro e efetivo na prevenção de cáries dentais. Quando adicionado ao abastecimento de água de uma cidade em uma concentração de uma parte por milhão, o fluoreto reduz a incidência de cáries dentais em crianças em até 60%. Como as cáries ocorrem principalmente na infância e na adolescência, é de suma importância ter um programa bem-sucedido para prevenção de cáries na infância. Contudo, quase metade da população dos EUA obtém água de poços ou de suprimentos comunitários não fluorados. Em algumas comunidades que carecem de água fluorada, as crianças recebem comprimidos ou géis de fluoreto na escola. A ingestão de fluoreto por crianças durante a formação dos dentes fortifica todo o dente, enquanto a aplicação tópica afeta apenas a superfície do dente.

Embora o fluoreto seja mais benéfico antes dos 20 anos de idade, ele fornece alguns benefícios em qualquer idade, mesmo quando a água é fluorada e o indivíduo utiliza pastas de dente e colutórios à base de fluoreto. Devem-se administrar tratamentos com gel de fluoreto a cada 6 meses a partir de aproximadamente 4 anos de idade até a vida adulta. Toda vez que os dentes são limpos, uma pequena superfície é removida, e a remineralização com fluoreto tópico ajuda a restaurar a superfície (**Figura 23.5**).

Outra maneira de prevenir cáries é a vedação dos dentes com um tipo de resina que mecanicamente se liga à estrutura do dente. Como as superfícies de oclusão dos dentes têm depressões e sulcos muito pequenos que se enchem de biofilme, que não podem ser removidas com a escovação, essas superfícies são mais suscetíveis à formação de cáries do que as faces lisas. A aplicação de selante aos dentes proporciona uma proteção quase completa contra cáries enquanto o selante permanecer, o que pode levar 10 anos ou mais. Quando aplicados por volta de 6 ou 7 anos de idade após a irrupção dos dentes molares permanentes, os selantes permanecerão durante a maioria dos anos sujeitos a cáries dentais. No processo de selagem, os dentes são, em primeiro lugar, limpos completamente e desgastados com ácido; em seguida, aplica-se o selante. As cavidades muito pequenas param de crescer nos dentes selados e, por fim, tornam-se estéreis com a morte dos

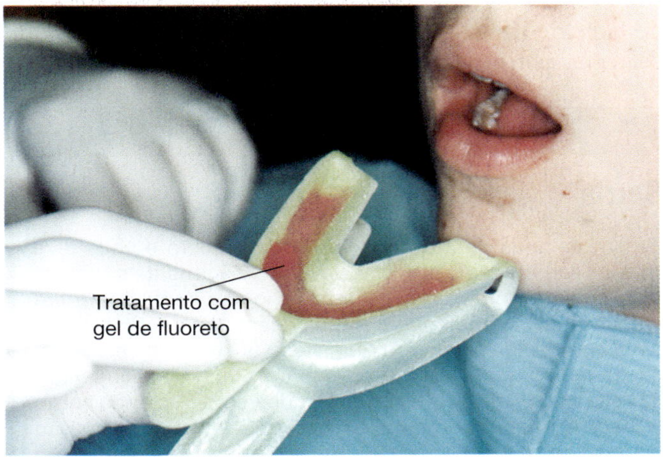


**Figura 23.5 Tratamento dos dentes com fluoreto.** As visitas ao dentista podem ser minimizadas por meio de higiene oral adequada e uso de pasta de dente contendo fluoreto ou líquido de limpeza bucal. O fluoreto também pode ser aplicado no consultório do dentista. (*Cortesia do Dr. Ross P. Karlin*)

microrganismos causadores de cáries. O selante só pode ser aplicado a dentes sem obturação, mas pode ser utilizado em adultos, bem como em crianças.

## Doença periodontal

**A doença.** Quando as bactérias ficam retidas nos sulcos gengivais, elas causam tanto cárie dental quanto inflamação da gengiva. A **doença periodontal** é uma combinação de inflamação gengival e erosão dos ligamentos periodontais e do osso alveolar que sustenta os dentes (Figura 23.6). A doença é uma infecção crônica, geralmente indolor, que afeta mais de 80% dos adolescentes e adultos e constitui a principal causa de perda de dentes.

A formação de biofilme dental constitui o evento inicial na doença periodontal. Acredita-se que os microrganismos presentes nos sulcos gengivais produzem endotoxinas e ácidos, os quais, por sua vez, desencadeiam uma resposta inflamatória. Essa resposta destrói as células epiteliais das gengivas, e, com a progressão da doença, novos grupos de microrganismos substituem os habitantes anteriores dos sulcos. Se o processo não for interrompido, as gengivas sofrem retração e podem se tornar necróticas; em consequência, os dentes ficam frouxos à medida que o osso e os ligamentos circundantes são erodidos e enfraquecidos.

Cerca de 33% da população norte-americana com mais de 65 anos de idade não têm mais nenhum dente.

Em sua forma mais leve, a doença periodontal é denominada **gengivite**, que afeta apenas as gengivas. Em sua forma mais grave, a gengivite é denominada **gengivite ulcerativa necrosante aguda (GUNA)**, ou boca de trincheira. A doença adquiriu o seu nome por ter sido comum entre soldados da Primeira Guerra Mundial sob o estresse "nas trincheiras". Agora, é comum em indivíduos jovens, e o estresse parece constituir um importante fator no seu desenvolvimento. A GUNA responde aos antibacterianos, o que habitualmente não ocorre nas formas mais avançadas de doença periodontal. Se não for controlada, a doença periodontal pode levar à **periodontite** crônica, que afeta o osso e o tecido que sustentam os dentes, bem como as gengivas. A perda do osso em consequência de periodontite não é reversível.

Ocorre doença periodontal quando se permite o acúmulo de biofilme dental, resultando em proliferação excessiva de bactérias potencialmente virulentas, como *Porphyromonas*

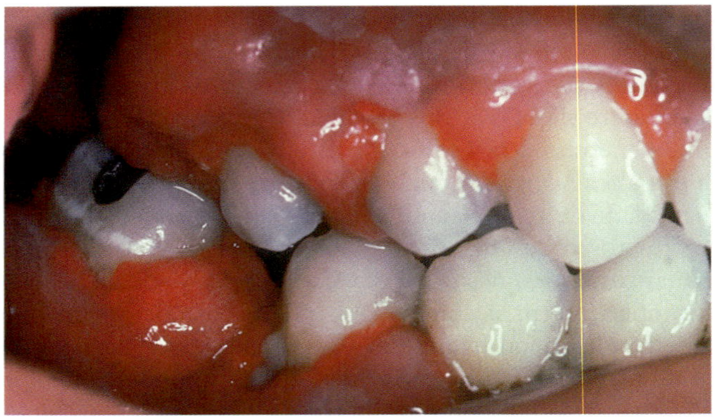

A

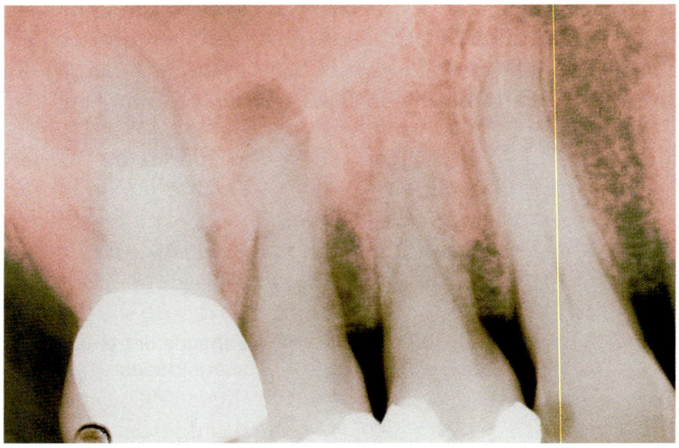

B

**Figura 23.6 Doença periodontal avançada.** (**A**) Inflamação gengival grave (*Biophoto Associates/Getty Images*), que pode levar à (**B**) perda do osso ao redor das raízes dos dentes, causando desprendimento e, por fim, perda de dentes. (*Medical Images*.)

*gingivalis*, *Actino bacillus actinomycetemcomitans*,[1] *Prevotella intermedia*, *Bacteroides forsythus*, *Fusobacterium nucleatum* e outros bastonetes gram-negativos. Muitos dos microrganismos que residem na boca, particularmente espiroquetas, ainda não foram isolados, cultivados e identificados. Outras bactérias, como *Streptococcus mitis*, *S. sanguis*, espécies de *Veillonella* e algumas espécies de *Actinomyces*, podem ajudar a controlar as populações bacterianas virulentas. Se o biofilme não for removido por meio de escovação ou com fio dental, ocorre deposição de cálcio na superfície do biofilme, formando uma crosta muito dura e resistente, denominada **tártaro**, ou *cálculo*. O tártaro liga-se fortemente à superfície dos dentes. À medida que mais biofilme se acumula, o tártaro forma uma camada espessa. O cálculo contribui para as condições que levam ao sangramento das gengivas. Com o agravamento da condição, formam-se bolsas de inflamação nos sulcos gengivais. A medida da profundidade dessas bolsas serve como indicação da extensão da doença periodontal.

Um estudo de 1982 sobre microrganismos associados à doença periodontal, conduzido por Paul H. Keyes, ilustra um método de estudar um complexo ambiente microbiano. Keyes obteve biofilmes de indivíduos com gengivas sadias,

## APLICAÇÃO NA PRÁTICA

### Sorria

Se um de seus dentes estragou por completo e você teve que utilizar um dente artificial, você provavelmente não deve se preocupar muito; provavelmente, o seu dentista poderá restaurar seu sorriso. Entretanto, além do dentista, você deve agradecer aos microbiologistas. Os implantes médicos, desde dentes artificiais até substituição de articulações, tornam-se frequentemente contaminados com bactérias como o *Staphylococcus aureus*, e, em geral, os antibacterianos são inúteis contra elas. Agora, os microbiologistas sintetizaram uma proteína que se liga aos receptores de *Staphylococcus aureus*. Essa proteína pode ser introduzida no próprio implante plástico, impedindo a aderência das bactérias e reduzindo acentuadamente a taxa de infecção.

[1]N.R.T.: O nome da bactéria *Actinobacillus actinomycetencomitans* foi modificado para *Aggregtibacter actinomycetencomitans* em 2006.

com gengivas moderadamente inflamadas e com doença gengival grave. Quando examinou os biofilmes por microscopia de contraste de fase, encontrou populações de microrganismos distintamente diferentes. O biofilme de gengivas sadias contém bactérias filamentosas imóveis, algumas colônias de cocos, menos do que cinco leucócitos por campo microscópico e nenhuma ameba ou espiroqueta. O biofilme de gengivas com inflamação leve mostra uma maior variedade de microrganismos. Os organismos imóveis formam massas densas, circundadas por grupos de espiroquetas móveis e bacilos em rápido movimento giratório e em número muito grande para serem contados. Algumas espiroquetas e leucócitos estão presentes, porém não há amebas nem *Trichomonas*. Os biofilmes de gengivas com doença grave contêm camadas densas de filamentos imóveis, cocos e numerosos microrganismos móveis. A partir das camadas densas, estendem-se agregados semelhantes a escova de espiroquetas e bastonetes flexíveis, que exibem movimentos ondulantes e que migram de uma superfície para outra. As amebas estão sempre presentes, algumas vezes observam-se *Trichomonas*, e os leucócitos são numerosos.

Estudos mais recentes sugerem que, das 300 espécies de bactérias presentes na boca, *Porphyromonas gingivalis* pode constituir uma causa específica de alguns casos de doença periodontal. Os pesquisadores na Universidade do Texas tiveram sucesso em produzir um surto de doença periodontal em macacos aos quais foram administradas doses da bactéria. Os pesquisadores também tiveram algum sucesso no tratamento dos macacos com rifampicina.

Os microrganismos encontrados no biofilme não parecem penetrar no tecido gengival. Seus efeitos são causados, em grande parte, pela secreção de enzimas destrutivas, pela inflamação e por reações alérgicas aos produtos bacterianos que se disseminam a partir do biofilme.

**Tratamento e prevenção.** O tratamento da doença periodontal crônica constitui, hoje, um assunto um tanto controverso em odontologia, e os pacientes variam quanto à sua resposta a diferentes tratamentos. Os tratamentos incluem colutórios com agentes antimicrobianos, escovação com uma mistura de bicarbonato de sódio e peróxido de hidrogênio, cirurgia para a eliminação das bolsas e antibioticoterapia nos casos que não respondem ou que progridem rapidamente. A doença periodontal crônica pode ser evitada ou o seu início retardado por meio de limpeza completa e diária dos dentes e, o mais importante, pela remoção frequente de biofilmes das bolsas por profissionais. Após a erosão da gengiva pelos microrganismos e a formação de bolsas entre os dentes e as gengivas, é preciso manter as infecções sob controle.

A raiz seca do alcaçuz mata as bactérias que causam cárie dental e doença das gengivas.

## Doenças da cavidade oral causadas por vírus

### Caxumba

A **caxumba** é causada por um paramixovírus ligeiramente semelhante ao vírus do sarampo. O vírus é transmitido pela saliva ou na forma de gotículas de aerossol, entra na cavidade oral ou pelo trato respiratório e invade as células da orofaringe. Após a sua replicação inicial no trato respiratório superior, o vírus segue o seu percurso no sangue até as glândulas salivares e, algumas vezes, até outras glândulas e órgãos, como os testículos e as meninges. O edema das glândulas parótidas aparece 14 a 21 dias após o início da infecção e pode persistir por até 7 dias. Os vírus são liberados, e o indivíduo infectado permanece contagioso por 7 dias antes da ocorrência de edema das glândulas e por até 9 dias após o seu desaparecimento. Os vírus da caxumba são excretados na urina por um período de até 2 semanas após o aparecimento dos sintomas. Não existe nenhum estado de portador.

Os seres humanos são os únicos hospedeiros conhecidos do vírus da caxumba. O vírus é encontrado no mundo inteiro, ocorrendo particularmente na primavera. As infecções são mais comuns em crianças de 6 a 10 anos de idade. Embora até 85% de uma população suscetível exposta seja infectada pelo vírus da caxumba, 20 a 40% não apresentarão sintomas. Esses casos subclínicos, bem como aqueles que só acometem um dos lados, podem ainda produzir imunidade duradoura. Quando a doença aparece no sexo masculino, no período pós-puberal, 20 a 30% dos pacientes desenvolvem **orquite**, que consiste em inflamação dos testículos. Essas infecções são capazes de causar esterilidade, embora raramente o façam. Outras complicações da caxumba, independentemente da idade ou do sexo do indivíduo infectado, incluem meningoencefalite, infecções dos olhos e das orelhas e inflamação de outras glândulas, além das parótidas, como os ovários e o pâncreas (em que pode constituir uma causa de diabetes de início juvenil). Uma vacina contra caxumba contém vírus atenuados por passagem em uma sequência de inoculações em ovos embrionados. A vacina, que é 88% efetiva, é habitualmente administrada em combinação com as vacinas sarampo e rubéola – coletivamente conhecidas como vacina MMR.[2] Em geral, houve uma acentuada redução na incidência da caxumba desde que a vacina foi licenciada e começou a ser utilizada em 1967 (Figura 23.7). A vacina é recomendada para todos os indivíduos nascidos depois de 1957 e que não apresentam imunidade à doença. Os lactentes são imunizados depois de 15 meses de idade.

## SAÚDE PÚBLICA

### Continue escovando os dentes

Seu dentista provavelmente nunca lhe disse que você poderia sofrer de doenças autoimunes e anormalidades cardíacas se não escovar seus dentes todos os dias, mas isso é verdade. A doença periodontal crônica pode afetar sistemas por todo o corpo. O sistema cardiovascular parece ser particularmente suscetível. Como? As infecções crônicas ativam o sistema imune e, algumas vezes, fazem com que o corpo se volte contra si próprio, resultando em doenças cardiovasculares autoimunes. As bactérias periodontais também podem invadir o sistema cardiovascular a partir de ferimentos abertos nas próprias gengivas. Acredita-se que pelo menos uma cepa do *Streptococcus sanguis*, uma bactéria encontrada no biofilme dental, cause anormalidades cardíacas em animais e agregação plaquetária nos seres humanos. Por isso, escove minuciosamente essas pérolas brancas – você estará protegendo mais do que apenas a sua boca.

[2]N.R.T.: No Brasil, essa vacina é conhecida como "tríplice viral".

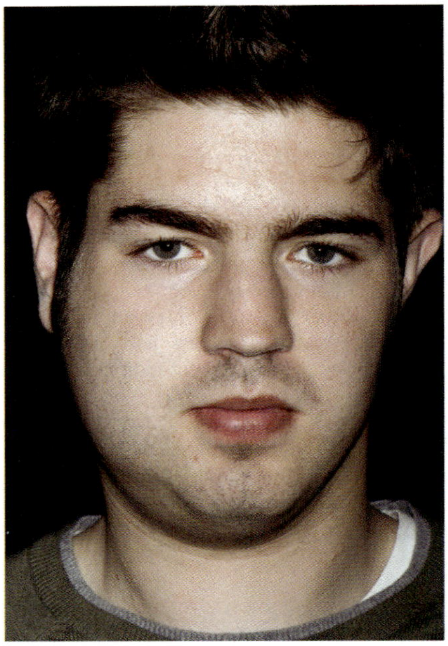

**Figura 23.7 Incidência da caxumba nos EUA.** Desde o desenvolvimento de uma vacina que se tornou disponível em 1967, houve um acentuado declínio no número de casos. (*Dr. P. Marazzi/ Science Photo Library.*)

Em 2006, houve um surto de 6.339 casos de caxumba nos EUA. Esse surto foi causado pela mesma cepa responsável por 70.000 casos no Reino Unido, durante o período de 2004 a 2006, principalmente em indivíduos não vacinados de 18 a 24 anos de idade. O surto de 2006 até o momento presente nos EUA também teve a sua maior incidência na faixa etária de 18 a 24 anos, porém 84% estavam com a vacina caxumba atualizada, tendo recebido duas doses. Isso sugere um fracasso da vacina e o declínio da imunidade.

### Outras doenças

A *candidíase oral,* uma infecção causada pelo fungo *Candida albicans*, foi discutida no Capítulo 20 e ilustrada na Figura 20.17A. As infecções pelo herpes-vírus simples, uma causa de herpes labial e afta nos lábios e na boca, são discutidas no Capítulo 21.

As doenças da cavidade oral estão resumidas na **Tabela 23.1**.

**PARE e RESPONDA**

1. Como o fluoreto ajuda na redução da cárie dental?
2. Diferencie o biofilme dental do tártaro.

## DOENÇAS GASTRINTESTINAIS CAUSADAS POR BACTÉRIAS

### Envenenamento alimentar causado por bactérias

O **envenenamento alimentar** é causado pela ingestão de alimentos contaminados com toxinas pré-formadas. Pode também ser causado pela ingestão de alimentos contaminados com pesticidas, metais pesados ou outras substâncias tóxicas. No envenenamento alimentar causado por toxinas microbianas, os microrganismos, que podem continuar produzindo toxina, também podem ser ingeridos juntamente com as toxinas. Entretanto, o dano tecidual deve-se à ação da toxina, de modo que a maioria dos casos de envenenamento alimentar microbiano consiste mais em intoxicações do que em infecções. Como a toxina é pré-formada, o início dos sintomas na intoxicação é mais rápido do que na infecção. O envenenamento alimentar pode ser evitado se forem seguidos os procedimentos adequados de manipulação dos alimentos descritos no Capítulo 27. Mais da metade de todos os casos de envenenamento alimentar são causados por vegetais de folhas verdes, como alface e espinafre. Os produtos derivados do leite constituem a segunda causa mais comum.

As bactérias que produzem toxinas responsáveis por envenenamento alimentar incluem *Campylobacter jejune*, *Staphylococcus aureus*, *Clostridium perfringens*, *C. botulinum* e *Bacillus cereus*. Em geral, os estafilococos penetram nos alimentos por meio de pessoas infectadas que os manipulam. Outros organismos que causam envenenamento alimentar são organismos onipresentes do solo encontrados na água, nas fezes, nos esgotos e em quase todos os alimentos. Iremos considerar a natureza da intoxicação no envenenamento alimentar causada por cada um desses organismos.

### Enterotoxicose estafilocócica

Determinadas cepas de *Staphylococcus aureus* causam envenenamento alimentar ou **enterotoxicose**, devido à liberação de

**Tabela 23.1** Resumo das doenças da cavidade oral.

| Doença | Agente(s) | Características |
|---|---|---|
| **Doenças da cavidade oral causadas por bactérias** | | |
| Cárie dental | *Streptococcus mutans* e outras espécies | Erosão do esmalte do dente e de outras estruturas por ácidos provenientes do metabolismo microbiano |
| Doença periodontal | Várias bactérias, *Porphyromonas gingivalis* | Inflamação e destruição das gengivas, afrouxamento dos dentes, erosão do osso |
| **Doença da cavidade oral causada por vírus** | | |
| Caxumba | Paramixovírus | Inflamação e edema das glândulas salivares e, algumas vezes, dos testículos, do epidídimo e de outros tecidos |

certas **enterotoxinas** – enterotoxinas A ou D –, que são exotoxinas que inflamam o revestimento intestinal e inibem a reabsorção de água pelo intestino. Essas enterotoxinas também causam estimulação neural do centro do vômito do cérebro. Como esses organismos são relativamente resistentes ao calor e à dessecação, os alimentos tornam-se facilmente contaminados com eles a partir das pessoas que manipulam alimentos ou a partir do meio ambiente. Os microrganismos multiplicam-se e liberam toxinas nos alimentos crus ou inadequadamente cozidos, sobretudo se os alimentos não forem refrigerados. Praticamente qualquer alimento pode ser contaminado com *S. aureus*; entretanto, os que contêm amido ou uma base de creme são candidatos mais prováveis. As tortas de creme, os derivados do leite, os produtos à base de aves e os alimentos utilizados em piqueniques, como salada de batatas, são os culpados comuns. A contaminação é difícil de ser detectada, visto que ela não produz nenhuma mudança na aparência, no sabor ou no odor dos alimentos. Diferentemente da maioria das exotoxinas, a toxina é termoestável e resiste à fervura por 30 minutos. Desse modo, o cozimento dos alimentos pode matar os microrganismos, porém não destrói a toxina (ver Capítulo 15).

Quando o alimento contaminado com a enterotoxina de *S. aureus* entra no intestino, a toxina atua diretamente. Os microrganismos habitualmente continuam produzindo toxina (porém não se multiplicam). Quando entra em contato com a mucosa, a toxina provoca dano tecidual somente após entrar no sangue e ter circulado de volta ao intestino. Uma a 6 horas após a ingestão do alimento contaminado, aparecem sintomas, como dor abdominal, náuseas, vômitos e **diarreia** (evacuação de frequência excessiva e com fezes semilíquidas), mas geralmente sem febre. O tempo necessário para que os sintomas apareçam depende do tempo levado para que a absorção de uma quantidade suficiente de toxina os produza. Assim, um alimento carregado de toxina produz sintomas rapidamente, enquanto um alimento contendo apenas uma pequena quantidade de toxina levará mais tempo. Uma vez induzidos, os sintomas em geral persistem por cerca de 8 horas. Para adultos sadios nos demais aspectos, não há necessidade de tratamento, visto que a doença é autolimitada. Entretanto, pode ser grave em lactentes, em indivíduos idosos e em pacientes debilitados. A recuperação do envenenamento alimentar não confere imunidade, porque não há produção de anticorpos em quantidades suficientes. A melhor maneira de evitar o envenenamento alimentar por *S. aureus* consiste em utilizar procedimentos de manipulação de alimentos higiênicos.

Os microrganismos transmitidos por alimentos são responsáveis por 81 milhões de casos de doença por ano nos EUA, de acordo com o Government Accounting Office.

## Outros tipos de envenenamento alimentar

Uma enterotoxina de *Clostridium perfringens* também provoca envenenamento alimentar (ver Capítulo 15). A enterotoxina, que é liberada somente durante a esporulação, é produzida em condições anaeróbicas, como, por exemplo, durante o cozimento inadequado de carnes e molhos, que são mantidos quentes por algum tempo. O principal sintoma é a diarreia. Em comparação com o envenenamento alimentar por *S. aureus*, o envenenamento alimentar causado por *C. perfringens* leva mais tempo para se manifestar – 8 a 24 horas após a ingestão – e persiste por mais tempo (cerca de 24 horas). Também é autolimitado e pode ser evitado por meio de manipulação higiênica dos alimentos.

Embora a enterotoxina de *C. perfringens* provoque envenenamento alimentar, o microrganismo por si só pode infectar os tecidos. Com a introdução de esporos em uma ferida, a germinação em células vegetativas pode resultar em gangrena gasosa (ver Capítulo 20) e celulite anaeróbica (inflamação do tecido conjuntivo). As células vegetativas multiplicam-se e liberam toxinas e enzimas, as quais se difundem para o tecido sadio adjacente, causando destruição e morte das células.

O botulismo, que é causado por uma neurotoxina produzida por *Clostridium botulinum*, é adquirido com o consumo de alimento contaminado com a toxina. Embora seja um tipo de envenenamento alimentar, tem pouco efeito sobre o sistema digestório. Seus efeitos sobre o sistema nervoso são discutidos no Capítulo 25.

*Bacillus cereus* secreta uma toxina que atua como emético – isto é, induz vômitos. O período de incubação e os sinais e sintomas assemelham-se aos do envenenamento alimentar por estafilococos. Os sintomas aparecem menos de 12 horas após a ingestão e duram apenas por um curto período de tempo. Essas toxinas são frequentemente encontradas em pratos de arroz ou de carne contaminados. *B. cereus* existe como saprófita na água e no solo.

O envenenamento alimentar causado por *Pseudomonas cocovenenans*, que ocorre na Polinésia, é denominado **doença do *bongkrek***, em virtude de sua associação a um prato nativo feito de coco, o *bongkrek*. A bactéria produz uma toxina potente e, com frequência, fatal, que é muitas vezes encontrada em pratos preparados com coco.

## Enterite e febres entéricas causadas por bactérias

Para a maioria de nós, a diarreia representa um transtorno desagradável, porém ela pode ser fatal. Em 1900, na cidade de Nova York, a taxa de mortalidade entre lactentes por doenças classificadas como diarreia foi de 5.603 por 100.000. Embora a taxa de mortalidade atual seja inferior a 60 por 100.000, a doença continua comportando risco de vida, e pode ocorrer morte por diarreia em questão de horas em lactentes.

### SAÚDE PÚBLICA

#### O preço que você provavelmente não se importa em pagar

Você já se perguntou por que os frutos do mar são tão caros? Quando se trata de mexilhões, é provavelmente porque são difíceis de criar. Os mexilhões necessitam de uma corrente de água contínua para alimentar-se, respirar, reproduzir-se e desovar. E, embora possa ser fácil protegê-los de ratos almiscarados, guaxinins e corvos quando são criados em cativeiro, é muito mais difícil protegê-los de outros inimigos. O pesquisador Francis O'Berin declarou: "Eles precisam ser escovados individualmente para livrá-los de fungos e bactérias [...] Os mexilhões realizam a sua própria limpeza no seu ambiente natural enterrando-se na lama." Portanto, não se queixe do alto preço dos mexilhões. Pense dessa maneira: O seu dinheiro está sendo usado para mantê-lo livre de um possível envenenamento alimentar.

A **enterite** é uma inflamação do intestino. A **enterite bacteriana** é uma infecção intestinal, e não uma intoxicação, como o envenenamento alimentar. A bactéria causadora invade e de fato provoca dano à mucosa intestinal ou aos tecidos mais profundos. A enterite que afeta principalmente o intestino delgado causa, em geral, diarreia. Quando o intestino grosso é afetado, o resultado é denominado **disenteria**, ou seja, uma diarreia grave que, com frequência, contém grande quantidade de muco e, algumas vezes, sangue ou, até mesmo, pus. Alguns patógenos espalham-se pelo corpo a partir da mucosa intestinal e provocam infecções sistêmicas, como no caso da febre tifoide. Essas infecções são denominadas **febres entéricas**.

## Salmonelose

A **salmonelose** é uma enterite comum causada por alguns membros do gênero *Salmonella*. A incidência anual relatada de salmonelose (excluindo a febre tifoide) nos EUA aumentou de 20.000 casos no início da década de 1970 para mais de 65.000 casos em 1986, porém caiu para cerca de 41.924 casos em 2006. Muito mais casos ocorrem, mas não são notificados. Alguns especialistas na área da saúde estimam que a verdadeira prevalência deva ultrapassar 2 milhões. Recentemente, foi feita uma revisão da classificação das salmonelas. O número de espécies pertencentes ao gênero foi reduzido a três: *Salmonella typhi*, *S. choleraesuis* (geralmente um patógeno suíno) e *S. enteritidis*. Foram identificadas cerca de 2.000 cepas de salmonelas com base nos seus antígenos de superfície, tendo sido agrupadas em **sorovares**. Antes de 1972, cada uma era designada como espécie separada. As 2.000 cepas foram agrupadas, em sua maioria, na espécie *S. enteritidis*. A espécie anteriormente denominada *S. typhimurium* é agora considerada um sorovar (cepa) de *S. enteritidis*. Entretanto, a maioria dos pesquisadores ainda se refere a *S. typhimurium*, em vez de referir-se mais corretamente a *S. enteritidis* sorovar *typhimurium*. A identificação dos sorovares é algumas vezes útil para estabelecer a fonte dos surtos de doença.

Outras espécies de *Salmonella* além de *S. typhi*, que constitui a causa da febre tifoide, podem ser encontradas no trato gastrintestinal de muitos animais, incluindo aves domésticas, aves silvestres e roedores. Nesses hospedeiros, as bactérias causam doença evidente ou são transportadas sem produzir quaisquer efeitos prejudiciais. A venda de pintinhos amarelos vivos e filhotes de tartarugas foi proibida nos EUA após o registro de salmonelose em crianças que brincavam com esses animais. Até 90% dos filhotes de répteis são portadores de *Salmonella*. É muito importante nunca limpar a bacia da tartaruga na pia da cozinha. Sabe-se agora que os ovos de galinha podem tornar-se infectados se forem provenientes de aves infectadas. Salmonelas também podem ser encontradas em água contaminada e em alimentos contaminados por portadores. A prática de confinar aves domésticas e porcos em pequenos espaços enquanto estão sendo criados para venda torna a alimentação e o cuidado dos animais mais eficientes, porém também facilita a transmissão de *Salmonella* e de outros patógenos entre eles. Um único excremento de camundongo pode conter 100.000 células de *Salmonella*. É importante ter estabelecimentos à prova de roedores. Os biofilmes em fábricas de processamento de alimentos representam outro problema, visto que as condições de ressecamento causam a sua formação. Os biofilmes de *Salmonella* podem sobreviver ao ácido no estômago, possibilitando a ocorrência de infecção ao longo do trato digestório.

Em geral, a infecção por *Salmonella* está associada à ingestão de alimentos incorretamente preparados e previamente contaminados. As carnes e os derivados do leite são os candidatos mais prováveis. Os alimentos que contêm ovos não cozidos também podem constituir uma fonte.

Os sinais e sintomas de salmonelose incluem dor abdominal, febre e diarreia com sangue e muco. Surgem no decorrer de 8 a 48 horas após a ingestão dos microrganismos e estão associados à invasão da mucosa do intestino tanto delgado quanto grosso pelos microrganismos. A febre é provavelmente causada pelas endotoxinas – toxinas liberadas de uma célula somente quando é lisada. Em adultos sadios nos demais aspectos, a salmonelose, que é autolimitada, tem duração de 1 a 4 dias. Em geral, não são administrados antibacterianos, visto que eles tendem a induzir estados de portadores e contribuir para o desenvolvimento de cepas resistentes aos antibacterianos. Os lactentes e os pacientes idosos ou debilitados frequentemente apresentam sintomas mais graves e prolongados. Nesses casos, podem-se prescrever antibacterianos.

Outros sorovares de *Salmonella* também causam doença. Em virtude de sua capacidade de invadir o tecido intestinal e penetrar no sangue, *S. typhimurium* e *S. paratyphi* provocam uma condição ligeiramente mais grave, denominada **enterocolite** ou febre entérica. Os sintomas e a bacteriemia surgem depois de um período de incubação de 1 a 10 dias. Os sintomas entéricos, como febre e calafrios, podem durar 1 a 3 semanas. As infecções crônicas da vesícula biliar e de outros tecidos não são incomuns. Um estado de portador torna-se estabelecido quando, após a recuperação do paciente, os microrganismos de tecidos cronicamente infectados continuam sendo excretados nas fezes. Os antibacterianos de amplo espectro eliminam os microrganismos dos portadores, mas podem ativar a doença em alguns deles ao alterar o equilíbrio da microbiota intestinal.

A prevenção da salmonelose e da enterocolite depende da manutenção de abastecimentos higiênicos de água e suprimentos de alimentos e da erradicação dos microrganismos dos portadores. Os microrganismos não podem ser totalmente erradicados, visto que as aves domésticas e outros animais servem de reservatórios, e não se dispõe de nenhuma vacina efetiva.

### SAÚDE PÚBLICA

#### Bactérias "sem teto" à procura de um novo hospedeiro

Você acreditaria que os criadores de galinha estão pulverizando os pintinhos recém-nascidos com bactérias? É verdade. Entretanto, as bactérias que eles estão pulverizando, conhecidas coletivamente como Preempt, consistem em 29 tipos de bactérias não tóxicas e vivas, isoladas do intestino de galinhas maduras. À medida que os pintinhos recém-nascidos limpam as penas com o bico, eles ingerem as bactérias, semeando seus intestinos com microrganismos benéficos. Esses microrganismos ocupam nichos no intestino com tanta rapidez e densidade que os patógenos intestinais não têm nenhum espaço possível para se estabelecer. *Salmonella*, *Campylobacter*, *Listeria* e *Escherichia coli* O157:H7 mortífera irão precisar encontrar novos animais para infectar.

## Febre tifoide

A **febre tifoide**, uma das infecções entéricas epidêmicas mais graves, é causada por *Salmonella typhi* (Figura 23.8). A doença é rara em locais onde se pratica uma boa higiene, porém é mais comum onde existem sistemas deficientes de água e tratamento de esgotos. Frutos do mar não cozidos e frutas ou vegetais crus frequentemente têm constituído fontes do patógeno em surtos nos EUA. Em 1942, nos EUA, o número total de casos alcançou 5.000. Entretanto, nos últimos 30 anos, menos de 500 casos por ano foram notificados no país. Os microrganismos entram no corpo por meio da água ou dos alimentos e invadem a mucosa da parte superior do intestino delgado. A partir dessa região, invadem os tecidos linfoides e são fagocitados e disseminados. Os microrganismos multiplicam-se nos fagócitos, emergem e continuam a sofrer multiplicação intracelular.

A bacteriemia e a septicemia ocorrem ao mesmo tempo que os sintomas aparecem. Durante a primeira semana, o paciente sofre de cefaleia, mal-estar e febre, provavelmente devido a uma endotoxina. Durante a segunda semana, ocorre agravamento da condição do paciente. Os microrganismos invadem muitos tecidos, incluindo a mucosa intestinal, e são excretados nas fezes. *Salmonella typhi* cresce e multiplica-se na bile; os microrganismos provenientes da vesícula biliar reinfectam a mucosa intestinal e o tecido linfoide, como as placas de Peyer. Com frequência, aparecem "manchas rosadas" características no tronco e no abdome durante alguns dias. A distensão e a hipersensibilidade do abdome e o aumento do baço constituem queixas comuns, porém a diarreia está habitualmente ausente. Diferentemente da maioria das outras infecções, em que há um aumento da contagem de leucócitos, o número dessas células diminui na febre tifoide. Alguns pacientes sofrem delírios e complicações, como hemorragia interna, perfuração do intestino e pneumonia. As fluoroquinolonas (p. ex., ciprofloxacino), uma cefalosporina de amplo espectro ou o cloranfenicol são os antibacterianos de escolha no tratamento da febre tifoide, porém algumas cepas de *S. typhi* mostram-se resistentes ao cloranfenicol.

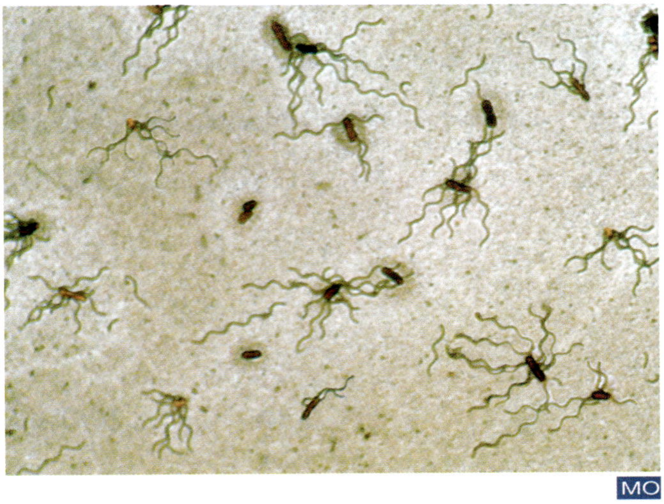


**Figura 23.8** ***Salmonella typhi*, causa da febre tifoide.** Observe os flagelos, que se tornaram visíveis com o uso de corante. De outro modo, não seriam visíveis com o uso de um microscópio óptico (5.000×). (*Jean-Claude Revy/ISM/Medical Images.*)

### SAÚDE PÚBLICA

#### Mamãe sabe muito, mas ela nem sempre sabe tudo

Mamãe provavelmente diz para lavar as frutas e os vegetais frescos para eliminar os germes. Este é um bom hábito, porém é necessário mais do que uma simples lavagem para eliminar todas as bactérias. Em maio de 1998, a pesquisadora Elizabeth Ehrenfeld aplicou até 100 milhões de *Escherichia coli* ou *Salmonella* em brotos de feijão livres de bactérias e, em seguida, lavou-os três vezes em água limpa. Embora esse procedimento tenha reduzido a população de bactérias, ainda havia até 1 milhão de microrganismos por grama de alimento – muitos milhares de vezes o número necessário para fazer adoecer um indivíduo com sistema imune enfraquecido. O que você pode fazer para se proteger? Os pesquisadores estão procurando misturas não tóxicas de vinagre e de peróxido de hidrogênio com prazo de validade vencido que irão eliminar todas as células de *E. coli* dos alimentos. Outros estão considerando o desenvolvimento de outros produtos antibacterianos desprovidos de cloro que você poderá dissolver na água corrente e pulverizar nos alimentos para matar os germes. Alguns desses desinfetantes já estão sendo comercializados.

**Na guerra civil americana, 81.360 soldados do exército da União morreram de disenteria e de febre tifoide; 93.443 foram mortos em combate.**

Por volta da quarta semana, os sintomas desaparecem, começa a convalescença, e a imunidade se desenvolve. A imunidade mediada por células promove a proteção do indivíduo contra infecções futuras. São também produzidos anticorpos dirigidos contra os antígenos de superfície da bactéria, porém eles são mais utilizados no diagnóstico laboratorial do que na proteção do próprio paciente contra a infecção. O teste de Widal detecta anticorpos e é utilizado para confirmar o diagnóstico de febre tifoide. Atualmente, dispõe-se de uma vacina oral viva atenuada para a febre tifoide. Essa vacina estimula a imunidade tanto celular quanto humoral, inclusive a produção de anticorpo secretor (IgA), que auxilia a prevenção da invasão da mucosa (ver Capítulo 18). Após a série inicial de doses, é necessária uma dose de reforço a cada 3 anos. Os meios de proteção contra a febre tifoide incluem boas condições de saneamento e tratamento dos esgotos e higiene adequada.

## Shigelose

A **Shigelose**, ou **disenteria bacilar**, pode ser causada por vários sorovares de *Shigella* (Figura 23.9). Incluem *Shigella dysenteriae* (sorovar A), *S. flexneri* (sorovar B), *S. boydii* (sorovar C) e *S. sonnei* (sorovar D). Essa última é responsável por 80% dos casos nos EUA. A shigelose foi descrita pela primeira vez no século IV a.C. Apesar de ser menos invasiva do que a salmonelose, ela se dissemina rapidamente em condições e aglomerações com higiene precária. Os seres humanos e outros primatas superiores, como os chimpanzés e os gorilas,

# SAÚDE PÚBLICA

## A saga de Mary tifoide

1901 – Mary Mallon está trabalhando como cozinheira para uma família. Chega um visitante com febre tifoide, e Mary contrai a doença. Um mês depois, a lavadeira da família também adoece com febre tifoide.

1902 – Mary muda de emprego. Duas semanas depois, a lavadeira contrai febre tifoide, e, logo em seguida, seis outros membros da casa também adquirem a doença. Mary rapidamente vai embora.

1903 – Trabalhando agora como cozinheira em uma casa em Ithaca, Nova York, acredita-se que Mary tenha iniciado um surto de febre tifoide transmitida pela água, que se dissemina amplamente, matando 1.300 pessoas. Mary abandona rapidamente o local.

1904 – Mary muda-se para uma casa em Long Island; nas primeiras 3 semanas, quatro empregadas desenvolvem febre tifoide.

1906 – Mudando-se mais uma vez, Mary chega a um novo destino, e seis pessoas adoecem de febre tifoide, todas na primeira semana. Uma menina morre. Duas semanas depois, Mary – considerada como suspeita da causa – foge do emprego e procura outra família. Depois de outras 2 semanas, a lavadeira da família contrai febre tifoide.

1907 – Utilizando um nome falso, Mary começa a trabalhar como cozinheira para uma família na Cidade de Nova York. Dois meses depois, dois membros da casa contraem febre tifoide, e um deles morre. Mary deixa logo a casa após o surto da doença, mas desta vez o Departamento de Saúde da Cidade de Nova York segue a sua pista. Em março de 1907, ela se recusa a cooperar com os agentes do Departamento de Saúde que querem realizar um exame das fezes para a pesquisa de bacilos causadores da febre tifoide, que estabeleceriam essa mulher aparentemente saudável como portadora do microrganismo causador da febre tifoide. A polícia chega e a leva à força até um hospital em uma ilha do East River. Os exames realizados revelam a presença de bacilos da febre tifoide nas amostras de fezes; presumivelmente, esses microrganismos estão sendo eliminados pela vesícula biliar colonizada com bacilos. Naquela época, não havia antibacterianos disponíveis – que não existiam até o final da década de 1940. A retirada cirúrgica da vesícula biliar de Mary constitui a única maneira de resolver o seu estado de portadora. Mary, não acreditando na teoria germinal das doenças, está certa de que morrerá sob o bisturi do cirurgião, tudo por ignorância insensata, e, desse modo, recusa-se a se submeter à cirurgia. É condenada a isolamento involuntário no hospital até que não represente mais uma ameaça à saúde pública.

1907-1910 – As fezes de Mary são cultivadas a intervalos de poucos dias. Em alguns dias, não há bacilos da febre tifoide, em outros dias, eles aparecem em grandes quantidades. Enquanto isso, Mary obtém o *status* de celebridade pública – aprisionada contra a sua vontade, ameaçada pelo bisturi de um cirurgião!

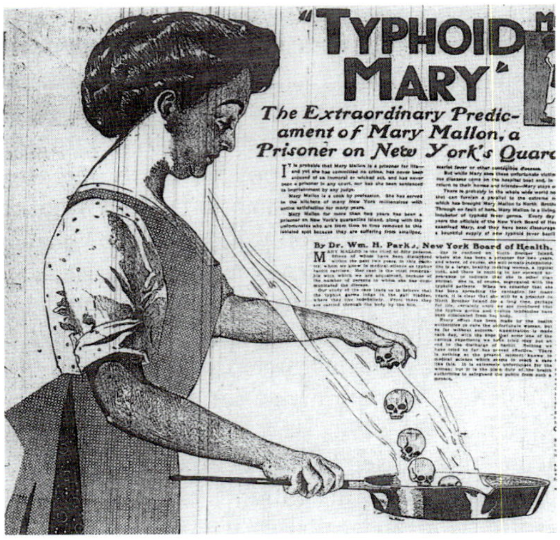


(Cortesia de The New York PublicLibrary)

1910 – A simpatia do público leva à libertação de Mary. Ela promete nunca mais trabalhar como cozinheira.

1915 – Ocorrem 25 casos de febre tifoide no hospital Sloane para mulheres na cidade de Nova York. Oito morrem – a maioria médicas e enfermeiras. A cozinheira do hospital sai "por alguns minutos" e nunca retorna. Ela não usa o nome de Mary Mallon; entretanto, quando o Departamento de Saúde consegue pegá-la, ela é na verdade a própria Mary, insistindo no seu direito de se empregar como cozinheira – o único trabalho de que ela gosta.

Mary retorna ao hospital da ilha. Ao chegar à área de quarentena, ela se oferece para trabalhar na cozinha – uma oferta que as autoridades recusam. Mary se recusa com firmeza a se submeter a uma cirurgia de vesícula biliar e insiste energicamente que continuará trabalhando como cozinheira se sair de lá. O que fazer? Mary permanece em quarentena pelo resto de sua vida.

1938 – Mary Mallon morre de acidente vascular encefálico aos 70 anos de idade.

Se você tivesse sido um agente do Departamento de Saúde, um juiz, um advogado ou outra pessoa associada a Mary, o que teria feito? Antes da disponibilidade dos antibacterianos e das vacinas, a quarentena era uma prática comum.

---

são os únicos reservatórios da infecção, porém os microrganismos podem persistir nos alimentos por até 1 mês.

Os patógenos são disseminados por alimentos, dedos das mãos, moscas, fezes e fômites contaminados. Brincar, tomar banho e lavar roupas em água contaminada tem um papel significativo na transmissão de *Shigella*. Em áreas de boas condições sanitárias, a infecção é habitualmente adquirida pela lavagem inadequada das mãos.

As crianças entre 1 e 10 anos de idade são mais suscetíveis a *Shigella*, que é responsável por 15% dos casos de diarreia infantil nos EUA. Nessas últimas décadas, o número total de casos notificados de shigelose por ano nos EUA variou entre 15.000 e 30.000, sendo o verdadeiro número estimado em 450.000 casos por ano. No mundo inteiro, segundo estimativas, ocorrem 150 milhões de casos anualmente. Muitos surtos recentes foram registrados em creches. A ingestão de apenas 10 microrganismos pode ser suficiente para causar infecção. Dessa maneira, até mesmo pequenos descuidos na higiene podem possibilitar a fácil disseminação da doença. Nos países em desenvolvimento, constitui uma importante causa de mortalidade infantil, com um terço de todas as mortes em consequência de desidratação causada por shigelose e outros patógenos entéricos. Com

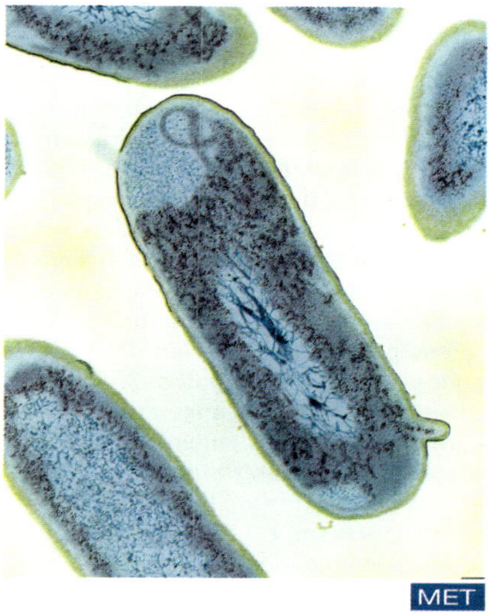


**Figura 23.9 MET colorida de *Shigella*, a causa da shigelose (disenteria bacilar) (43.313×.)** *(Dr. Kari Lounatmaa/Science Source.)*

frequência, não se dispõe de tratamento com reidratação essencial nos países em desenvolvimento.

Após a ingestão de água ou alimentos contaminados, *Shigella* sobrevive à acidez do estômago, atravessa o intestino delgado e fixa-se a partes dele, bem como ao intestino grosso. Os patógenos invadem as células do hospedeiro e as induzem a criar filamentos especiais para invadir células adjacentes do hospedeiro, incluindo células imunes, como os macrófagos, que podem então conter cerca de 20 toxinas bacterianas. Depois de um período de incubação de 1 a 4 dias, aparecem subitamente cãibras abdominais, febre e diarreia intensa com sangue e muco. A gravidade dos sinais e sintomas varia dos mais graves aos mais leves na mesma ordem das designações dos sorovares de A a D. Na maioria dos casos graves, a diarreia pode causar deficiência perigosa de proteínas – denominada *kwashiorkor* – e deficiência de vitamina $B_{12}$, que, juntamente com a perda de eletrólitos, podem resultar em danos neurológicos. Com a endotoxina produtora de febre encontrada em todos os sorovares, *S. dysenteriae* também produz a toxina Shiga, que atua como neurotoxina. Acredita-se que a atividade da neurotoxina seja responsável pela gravidade e pela taxa de mortalidade relativamente alta da doença causada por *S. dysenteriae*, devido às convulsões e ao coma. Todos os sorovares causam ulceração e sangramento do revestimento intestinal e, algumas vezes, das camadas mais profundas do intestino. Os sintomas persistem por 2 a 7 dias e, em geral, são autolimitados; entretanto, podem causar desidratação e desequilíbrio hidreletrolítico graves.

Pode ser difícil estabelecer o diagnóstico específico de shigelose, visto que os microrganismos são muito sensíveis aos ácidos nas fezes. Os microrganismos morrem se as amostras fecais não forem mantidas em um meio de transporte tamponado. Amostras viáveis podem ser obtidas com o uso de um *swab* aplicado à lesão intestinal durante o exame interno do intestino. As amostras de fezes são inoculadas em meios seletivos. Em geral, aparecem colônias características depois de 24 horas de incubação.

O tratamento é necessário em crianças e pacientes debilitados. A restauração dos líquidos e dos eletrólitos é fundamental para a recuperação. Em geral, são utilizados líquidos de hidratação, com ou sem antibacterianos, para essa finalidade. São administradas fluoroquinolonas ou sulfametoxazol/trimetoprima para o tratamento. A prevenção é difícil, porque muitos indivíduos apresentam infecções inaparentes. Existe um estado de portador, habitualmente de menos de 1 mês de duração, que é responsável por muitos casos novos por meio de transmissão fecal-oral. Qualquer falha no sistema de saneamento pode levar à transmissão por meio de fezes, dedos das mãos e moscas. A imunidade após a recuperação da shigelose é transitória. Com base na experiência limitada adquirida nos últimos anos, as vacinas orais contendo determinadas cepas de *S. flexneri* e *S. sonnei* parecem ser seguras e efetivas.

## Cólera asiática

A **cólera asiática**, assim denominada em virtude de sua alta incidência na Ásia, pode afetar indivíduos em qualquer lugar onde as condições sanitárias estejam precárias e onde ocorra contaminação fecal da água. No mundo inteiro, são registrados mais de 100.000 casos por ano. Nos EUA, são notificados menos de 10 casos por ano. Alguns são transmitidos aos seres humanos por frutos do mar contaminados nos estados da Costa do Golfo, onde o inverno moderado não mata os vibriões causadores, deixando as águas contaminadas durante todo o ano. Em certas ocasiões, alguns indivíduos imunossuprimidos morrem de infecções por *Vibrio vulnificus* e *V. parahemolyticus*, que são habitualmente bastante leves e não causam cólera verdadeira. Em regiões endêmicas, como partes da Ásia, 5 a 15% dos pacientes morrem; quando ocorre uma epidemia sazonal, até 75% dos pacientes morrem.

> **As epidemias de cólera dependem, com frequência, das condições climáticas, porém podem ser reduzidas pelo uso de satélites para detectar a ocorrência de florações (*blooms*) de algas, que constituem o alimento dos copépodes portadores dos microrganismos causadores da cólera.**

O microrganismo etiológico, *Vibrio cholerae* (Figura 23.10), pode sobreviver fora do corpo em águas frias e alcalinas, particularmente na presença de matéria orgânica e/ou fecal. Quando ingerido, o microrganismo invade a mucosa intestinal, multiplica-se e libera uma enterotoxina potente. A enterotoxina, conhecida como *colerágeno*, liga-se às células epiteliais do intestino delgado e torna a membrana plasmática altamente permeável à água. Essa ação resulta em secreção significativa de líquidos e íons cloreto e em inibição da absorção de sódio. Nesse estágio, o revestimento do intestino torna-se fragmentado, resultando na eliminação de numerosos flocos brancos e pequenos semelhantes a grãos de arroz nas fezes. Os indivíduos infectados apresentam náuseas intensa, vômitos, dor abdominal e diarreia. As fezes tornam-se rapidamente claras e contêm numerosos tampões de muco, dando origem à expressão "fezes de água de arroz". Pode ocorrer perda de até 22 ℓ de líquidos e eletrólitos por dia, de modo que todos os pacientes, independentemente da idade, estão sujeitos a grave desidratação. Têm sido utilizados "berços de cólera" especiais, feitos de lona, com um orifício cortado abaixo das nádegas. Um balde graduado em litros é então colocado abaixo do orifício para medir o volume de líquido perdido, de modo que possa ser reposto. A maioria das mortes é atribuída ao choque, devido à acentuada redução do volume sanguíneo.

# SAÚDE PÚBLICA

## A cólera ao redor do mundo – e batendo à nossa porta

Em 1892, o grande higienista alemão Max von Pettenkofer, na presença de testemunhas, ergueu um caldo de cultura de *Vibrio cholerae* até os lábios e deglutiu aproximadamente 1 bilhão de microrganismos. Seu objetivo era refutar os estudos de Robert Koch, realizados na Índia, mostrando que a cólera era uma doença contagiosa disseminada pela água poluída. Von Pettenkofer acreditava firmemente que a cólera não era contagiosa nem estava relacionada com a água para beber. Acreditava, em vez disso, que a doença fosse causada por interações de microrganismos com o solo, em que "fatores do solo" desempenhavam o papel mais importante. O controle da doença deveria depender da remoção desses "fatores do solo". Em poucos dias, Von Pettenkofer desenvolveu um caso de cólera leve, porém genuíno, e o *V. cholerae* foi recuperado de suas fezes. Entretanto, insistiu que ele *não* apresentava um caso real de cólera. De modo que, poucos dias depois, o seu assistente repetiu o experimento, ficou gravemente doente com cólera, porém se recuperou. A cultura utilizada nesses experimentos era uma cepa fracamente virulenta fornecida pelo bacteriologista Georg Gaffky, que tinha adivinhado as intenções de Von Pettenkofer e não queria que esse homem de 74 anos de idade morresse.

Em fevereiro de 1991, os peruanos assistiram a uma cena semelhante apresentada pela televisão. O presidente do país, Alberto Fujimori, e a sua esposa foram filmados comendo peixe cru e proclamando que era seguro comer esse prato popular. Naquela ocasião, 45.000 peruanos tinham sido vítimas da cólera, e pelo menos 193 tinham morrido da doença. Para diminuir a epidemia, o Ministério da Saúde do Peru declarou que o peixe cru provavelmente estava contaminado e, portanto, não era seguro consumi-lo. Médicos do mundo inteiro criticaram o presidente Fujimori pela sua imprudente defesa da indústria de pesca do Peru. Fujimori esqueceu-se de esclarecer a seus espectadores que o peixe que ele e a sua esposa tinham comido tinha sido pescado em alto mar, longe das águas costeiras e fluviais contaminadas por esgotos, onde os peruanos mais pobres pescavam seus peixes para consumo. Ironicamente, o ministro da indústria pesqueira do Peru, Felix Canal, tentou a mesma demonstração e logo contraiu a cólera.

A cólera existia no subcontinente da Índia durante séculos antes da chegada dos primeiros europeus. Os exploradores portugueses a descreveram logo no início do século XVI, porém a doença não se alastrou para outras áreas até 1817. Agora, o mundo está dominado pela sétima pandemia de cólera que varreu o globo. Os EUA sofreram a segunda, a terceira e a quarta dessas pandemias, as quais começaram em 1832, em 1849 e em 1866, respectivamente. A quarta pandemia deixou mais de 50.000 norte-americanos mortos, com surtos continuados até cerca de 1878. Em 1887 e 1892, embarcações carregadas de passageiros infectados chegaram à cidade de Nova York como parte da quinta pandemia. Entretanto, uma mudança drástica no conhecimento e nas atitudes dos EUA evitaram a sua disseminação. Durante o surto de 1832, a cólera foi vista como um castigo de Deus. De fato, as autoridades sanitárias resistiram aos pedidos de limpar as ruas e o abastecimento de água; ao fazê-lo, acreditavam que estariam se opondo à vontade de Deus. Os porcos eram deixados livres nas ruas de Nova York, e eles deixavam as fezes e o lixo em seu caminho. Diferentemente, em 1866, os médicos mais inteligentes perceberam que a cólera era uma doença contagiosa, disseminada pela sujeira e pela ignorância. Durante aquela pandemia, os médicos e as autoridades da cidade aprenderam muito sobre medidas de controle. A implementação dessas medidas evitou a extensa disseminação das futuras pandemias nos EUA.

Refrear a doença é uma situação diferente onde as condições sanitárias permanecem primitivas ao longo do tempo. Os agentes de saúde temem que a cólera se estabeleça como doença endêmica na América do Sul e resulte em mortes por décadas em áreas pobres que carecem de sistemas de tratamento apropriados de água e esgotos. A cólera, trazida por navios provenientes da África, alcançou uma cidade portuária ao norte de Lima, no Peru, em janeiro de 1991. Espalhou-se por meio da água de beber não tratada e por pessoas infectadas e alimentos contaminados até Lima. Em 3 meses, cerca de 175.000 pessoas adoeceram, e 1.258 morreram. Como apenas cerca de um quarto dos indivíduos infectados apresenta sintomas, um grande número de peruanos deve ter sido infectado. Por enquanto, a cólera dissemina-se pelos países vizinhos, incluindo Colômbia, Equador, Chile, Guatemala, Brasil e México – alcançando até mesmo os EUA. Como a vacina atual só protege metade dos que a recebem e apenas por 6 meses, a Organização Mundial da Saúde não recomenda campanhas de vacinação em massa.

Após o terremoto de magnitude 7,0 $M_w$ no Haiti, em 12 de janeiro de 2010, ocorreu rapidamente uma epidemia de cólera. A morte pode ocorrer em apenas algumas horas se a vítima não receber tratamento. As bactérias causadoras da cólera são eliminadas nas fezes por até 2 semanas, até mesmo nos 75% dos casos que permanecem assintomáticos, tornando difícil o controle. A notificação também é difícil, porém as autoridades de saúde estimam que os casos podem ter alcançado o número de 750.000, com 11.000 mortes. Os números atuais dos CDC mostram uma média de 41 mortes por dia.

Entretanto, não é fácil vencer os hábitos arraigados. A luta contra a cólera também é uma batalha contra a ignorância; entretanto, com uma educação apropriada, talvez essa luta possa ser vencida.

Mulher com sintomas de cólera sendo transportada em carrinho de mão até um hospital na favela Cite Soleii em Port-au-Prince, Haiti, quarta-feira, 5 de janeiro de 2011. (*Ramon Espinosa/AP.*)

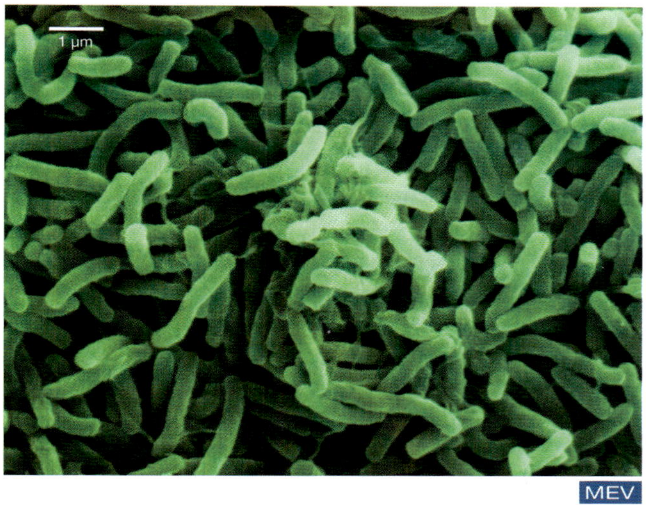


**Figura 23.10 MEV colorida de *Vibrio cholerae*, causa da cólera asiática.** Observe que a bactéria é ligeiramente curvada (7.620×.) (*Scott Camazine/Science Source Images.*)

A reposição hidreletrolítica constitui o tratamento mais eficaz para a cólera. Durante a epidemia de 1971 na Índia e no Paquistão, as equipes médicas foram capazes de salvar grande número de vítimas da doença, em grande parte devido à disponibilidade da terapia de reposição hídrica. O tratamento com doxiciclina ou tetraciclina diminui a duração dos sintomas, porém não elimina os microrganismos nem a toxina. A recuperação da doença só confere imunidade temporária. Muitos pacientes recuperados continuam sendo portadores e, assim, podem infectar outras pessoas e se reinfectar. A única vacina disponível não é muito efetiva e não é amplamente utilizada. Entretanto, uma vacina de tipo toxoide está sendo testada. Talvez seja possível desenvolver uma vacina que utilize a IgA secretora contra o microrganismo causador da cólera.

Uma cepa de *V. cholerae*, conhecida como biotipo El Tor (denominada com referência ao acampamento de quarentena onde foi isolada pela primeira vez), provoca uma forma de cólera que é mais lenta e mais insidiosa no seu início do que a forma clássica da doença. Os surtos de cólera frequentemente têm resultado na imposição de quarentena e na interrupção de embarques em cidades portuárias. Desse modo, no passado, países na América do Sul e na América Central que eram economicamente dependentes de suas exportações algumas vezes relatavam que a cólera não estava presente, somente "El Tor". Entretanto, as duas formas da doença são essencialmente as mesmas. Mesmo hoje, os países procuram evitar a quarentena recusando declarar a presença de cólera, mesmo diante de numerosos casos documentados. Em consequência, a OMS (Organização Mundial da Saúde) recentemente anunciou que irá declarar independentemente a presença de cólera em um país, e que o embarque seguirá suas verificações, em vez de aguardar que um país feche seus próprios portos, admitindo a presença de cólera, em vez de "diarreia semelhante à cólera".

## Vibriose

Uma enterite, denominada **vibriose**, é causada, em grande parte, por *Vibrio parahaemolyticus*. Apesar de a doença ser mais comum no Japão, onde o peixe cru é considerado uma iguaria, o microrganismo está amplamente distribuído nos ambientes marinhos. Nos EUA, as infecções são habitualmente adquiridas a partir de peixes e frutos do mar contaminados que não foram adequadamente cozidos. Nos EUA, a maioria dos surtos ocorre em festividades ao ar livre, onde os caranguejos e camarões são servidos sem cozimento e refrigeração adequados. Alguns surtos foram atribuídos à ingestão de ostras cruas contaminadas. *Vibrio parahaemolyticus* também pode infectar feridas da pele em pessoas expostas à água contaminada. Uma vez no interior do intestino, os microrganismos colonizam a mucosa e liberam uma enterotoxina. Cerca de 12 horas após a ingestão de água ou de alimentos contaminados, aparecem sintomas de náuseas, vômitos, diarreia e dor abdominal, que duram 2 a 5 dias. Em geral, a doença não é tratada, e não se dispõe de nenhuma vacina.

## Diarreia do viajante

Entre os 250 milhões de pessoas que fazem viagens internacionais a cada ano, foi estimado que mais de 100 milhões sofrem de diarreia autolimitada leve a grave. Desses viajantes, 30% ficam acamados, e outros 40% são forçados a reduzir suas atividades. Essa doença, oficialmente denominada **diarreia do viajante**, também tem sido designada como "barriga de Deli", "vingança de Montezuma" e alguns outros nomes menos atraentes.

As causas mais comuns de diarreia do viajante consistem em cepas patogênicas de *Escherichia coli*, que são responsáveis por 40 a 70% de todos os casos. As cepas diferem de acordo com a localização geográfica, de modo que os viajantes tendem a ser expostos a novas cepas. Algumas cepas de *E. coli* são habitantes normais do trato digestório humano, e apenas determinadas cepas são capazes de causar enterite. As **cepas enteroinvasivas** apresentam um plasmídio com um gene que codifica um antígeno de superfície específico, denominado antígeno K, que possibilita a aderência das cepas às células da mucosa e sua invasão. As **cepas enterotoxigênicas** contêm um plasmídio que permite a produção de uma enterotoxina. Fixam-se à mucosa por meio de *pili* de fixação ou fimbrias. Esses organismos também provocam numerosos casos de diarreia em lactentes. Outras causas de diarreia do viajante incluem bactérias, como *Shigella*, *Salmonella*, *Campylobacter*, rotavírus e protozoários, como *Giardia* e *Entamoeba*. A dissincronose e outros estresses de viagem não causam diarreia, mas podem diminuir a resistência à infecção. Os viajantes podem apresentar sintomas de diarreia, mesmo na ausência de patógenos. Esses casos são devidos a tipos e quantidades de substâncias incomuns dissolvidas na água, que levam a desarranjos gastrintestinais.

**E. coli pode sobreviver facilmente por 2 meses em uma bancada de aço inoxidável seca e por 2 a 5 meses em corpos de água naturais.**

Os sintomas de diarreia do viajante variam de leves a graves e consistem em náuseas, vômitos, diarreia, distensão, mal-estar e dor abdominal. Um caso típico caracteriza-se por 4 a 5 evacuações de fezes de consistência mole por dia, durante 3 ou 4 dias. A perda de líquido é maior com cepas invasivas do que com as cepas toxigênicas. A doença é particularmente perigosa em lactentes, que estão sujeitos a grave desidratação. Os lactentes alimentados com mamadeiras têm muito mais tendência a serem infectados do que os que são amamentados.

Antes que a sua microbiota normal esteja estabelecida o suficiente para competir com os patógenos, os recém-nascidos correm risco particular de adquirir cepas patogênicas de pessoas que trabalham em hospitais. Após a lactância, as crianças adquirem, com mais frequência, infecções por *E. coli* durante viagens a países estrangeiros, particularmente os que apresentam condições sanitárias precárias.

Os viajantes algumas vezes se automedicam com antibacterianos antes e durante a permanência em um país estrangeiro. Esse tratamento não é recomendado, visto que os antibacterianos habitualmente não são efetivos, e tendo em vista que esse uso contribui para o desenvolvimento de cepas resistentes a antibacterianos. Uma prática melhor consiste em manter medicamentos antidiarreicos disponíveis e em utilizá-los somente após o aparecimento dos sintomas.

A diarreia do viajante pode persistir por meses ou anos como síndrome do intestino irritável pós-infecciosa. Pode também causar intolerância à lactose em consequência do dano às células do revestimento intestinal que normalmente produzem a enzima lactase, que digere a lactose (açúcar do leite). Durante os episódios de diarreia, os pacientes devem eliminar de sua dieta os derivados do leite e outros alimentos contendo lactose. Depois de algumas semanas, esses alimentos podem ser reintroduzidos em pequenas quantidades e aumentados de modo gradual, contanto que sejam bem tolerados. Em alguns casos, a tolerância normal à lactose é perdida para sempre. *Escherichia coli* e outras bactérias, o protozoário *Giardia* e determinados helmintos frequentemente causam intolerância à lactose.

*Escherichia coli* tem importância muito além de sua capacidade de causar diarreia. Trata-se de um importante microrganismo indicador, visto que está sempre presente na água contaminada com material fecal. *Escherichia coli* é geralmente mais numerosa do que outros organismos e é mais fácil de ser isolada. O achado de *E. coli* na água indica que quaisquer patógenos encontrados nas fezes também podem estar presentes. As **cepas êntero-hemorrágicas** de *E. coli* O157:H7 causaram surtos fatais de diarreia sanguinolenta, recolhimento maciço de alimentos e uma mudança no método de preparo de hambúrgueres – que não são mais servidos com carne mal passada ou rosada. Começou com dois surtos em 1982, atribuídos a hambúrgueres malcozidos servidos em restaurantes de cadeias de *fast-food*. Entre 732 casos em quatro estados do oeste dos EUA, quatro crianças morreram. No Japão, em 1996, mais de 6.000 crianças em idade escolar foram afetadas. No Reino Unido, tem mais tendência a ser adquirida a partir da carne de cordeiro do que da carne de vaca. Atualmente, os CDC exigem a notificação de todos os casos. Como muitos casos nunca são diagnosticados, as estatísticas são incertas, porém estima-se que, nos EUA, ocorram cerca de 3.000 infecções por ano, com cerca de 30 mortes. Sua prevalência na Europa, Ásia, África e América do Sul não é conhecida, porém é comumente relatada no Canadá.

> Em dezembro de 1997, a Food and Drug Administration finalmente aprovou o uso de radiação para a eliminação de microrganismos prejudiciais, como *E. coli*, da carne vermelha.

Encontra-se *Escherichia coli* O157:H7 em pequeno número no intestino do gado sadio, onde é eliminada no esterco. A carne não constitui o único produto que pode ser contaminado. As maçãs colhidas do solo carregado de esterco debaixo de macieiras foram usadas para o preparo de um suco letal. Visitantes em uma feira agrícola beberam água de um poço contaminado com esterco e adoeceram. Uma carcaça contaminada colocada em um moedor de carne pode contaminar toneladas de carne depois de sua passagem. Em um caso ocorrido em 1998, o Departamento de Agricultura dos EUA exigiu o recolhimento de um equivalente de 11 milhões de quilogramas de hambúrgueres por um processador de carne de Nebraska.

A designação do sorotipo O157:H7 refere-se às identidades numeradas dos antígenos somático (O) e flagelar (H) apresentados por essa cepa de *E. coli*. Essa cepa produz uma ou ambas as toxinas denominadas toxinas Shiga 1 e 2, assim designadas em virtude de sua identidade com as toxinas produzidas por espécies de *Shigella*. A transferência lateral de genes por plasmídio para uma cepa de *E. coli* inócua pode ter transformado essa cepa em letal. São necessárias apenas cerca de 100 células para iniciar uma infecção, com um período de incubação de 3 ou 4 dias. A infecção começa com cólica abdominal, diarreia não sanguinolenta, que habitualmente se torna sanguinolenta no segundo ou terceiro dia, e vômitos em um terço dos pacientes, com febre baixa ou ausente. Em alguns casos, a diarreia nunca se torna sanguinolenta. Cerca de 6% dos pacientes infectados, particularmente em crianças e indivíduos idosos, apresentam comprometimento renal, levando à insuficiência renal, denominada outrora **síndrome hemolítico-urêmica (SHU)**, que recebeu o novo nome de ***Escherichia coli* produtora de toxina *Shiga* (STEC)**, em 2006. A STEC constitui, atualmente, a causa mais comum de insuficiência renal aguda em crianças nos EUA. Dispõe-se de vários exames complementares. O tratamento com fármacos antimicrobianos não parece ter nenhum efeito.

*Escherichia coli* também é um patógeno oportunista extremamente versátil – pode infectar qualquer parte do corpo sujeita a contaminação fecal, incluindo os sistemas urinário e genital e a cavidade abdominal após perfuração do intestino. Está presente em muitos casos de bacteriemia, provoca septicemia e pode infectar a vesícula biliar, as meninges, feridas cirúrgicas, lesões cutâneas e os pulmões, particularmente em pacientes debilitados e imunodeficientes.

## SAÚDE PÚBLICA

### Tenha cuidado com essas piscinas para crianças... talvez

Talvez você tenha ouvido, em junho de 1998, sobre o incidente ocorrido no parque *White Water*. Uma única criança com diarreia teve um acidente na piscina infantil. Os microrganismos de *E. coli* O157:H7 no material fecal da criança espalharam-se pela água, resultando na infecção de pelo menos 13 outras crianças. Isso não foi um incidente incomum – estima-se que *E. coli* O157:H7 seja responsável por 10.000 a 20.000 casos de infecção anualmente nos EUA, de acordo com os CDC. Diante disso, você deverá ficar contente em saber que foi desenvolvida uma técnica capaz de detectar até mesmo uma única célula da bactéria causadora da doença em apenas 4 horas.

## Outros tipos de enterite bacteriana

Determinadas cepas de *Campylobacter jejuni* e de *C. fetus* podem ser encontradas em alimentos e na água, causando **envenenamento alimentar por *Campylobacter***; essas cepas estão se tornando cada vez mais associadas à gastrenterite humana, sobretudo em lactentes e em pacientes idosos ou debilitados. Algumas cepas de *C. fetus* causam abortos infecciosos em vários tipos de animais domésticos. Embora esses organismos aparentemente não se multipliquem nos alimentos, eles são transmitidos passivamente em carne de frango malcozida, leite não pasteurizado e aves mantidas em água não clorada durante o processamento. O cozimento inadequado de carne de aves contaminadas pode levar à enterite. Em algumas áreas, *Campylobacter* supera *Salmonella* como principal causa de doença entérica transmitida por alimentos. Os departamentos de saúde estão agora testando, em sua maioria, a presença de *Campylobacter* em áreas de manipulação de alimentos e no equipamento, e *Campylobacter* constitui atualmente a doença transmitida por alimentos mais notificada.

As infecções por *Campylobacter* causam diarreia copiosa, fezes de odor fétido, febre e dor abdominal. Provocam também artrite em 2 a 10% das crianças infectadas, porém raramente em adultos. Devido às grandes quantidades de líquido que podem ser perdidas, a desidratação e o desequilíbrio hidreletrolítico são comuns entre as populações mais afetadas. O tratamento da doença consiste em reposição de líquidos e eletrólitos e, algumas vezes, administração de tetraciclina e eritromicina.

A **yersiniose**, uma enterite grave, é causada por *Yersinia enterocolitica*. A doença é mais comum na Europa ocidental, porém alguns casos são observados nos EUA. Esse microrganismo de vida livre é encontrado principalmente em ambientes marinhos, mas pode sobreviver em muitos locais. A infecção pode ser adquirida a partir da água, leite, frutos do mar, frutos e vegetais, mesmo quando são refrigerados, visto que o organismo cresce mais rapidamente nas temperaturas do refrigerador do que na temperatura corporal. O organismo é identificado com mais facilidade quando cultivado a 25°C, uma temperatura em que esses microrganismos são móveis e facilmente distinguíveis de outras bactérias. Os sintomas da yersiniose, que estão relacionados com a liberação de uma enterotoxina, assemelham-se aos de outros tipos de enterite, porém a dor abdominal, em geral, é mais intensa, e observa-se um aumento na contagem dos leucócitos. Algumas vezes, a yersiniose é diagnosticada incorretamente como apendicite, devido à semelhança dos sintomas.

Uma nova fonte de infecção por *Yersinia* levou os CDC a publicarem uma advertência aos preparadores da iguaria conhecida como *chitterlings* ou *chitlins* (intestino do porco) no sul dos EUA. Até que os preparadores tenham lavado cuidadosamente as mãos, eles devem evitar entrar em contato com crianças ou com qualquer objeto utilizado por elas. Não se deve permitir que as crianças manipulem o intestino do porco cru. Há pouco tempo, 15 crianças em Atlanta adoeceram, principalmente em consequência do contato com preparadores, enquanto os adultos não foram acometidos.

## Infecções do estômago, do esôfago e dos intestinos causadas por bactérias

### Úlcera péptica e gastrite crônica

Estudos recentes revelaram que as úlceras pépticas e a gastrite crônica têm uma causa bacteriana que é um provável cofator no câncer de estômago (Figura 23.11). O microrganismo, *Helicobacter pylori* (anteriormente denominado *Campylobacter pylori*) (Figura 23.12), foi cultivado pela primeira vez, em 1982, a partir de amostra de biopsia de tecido gástrico por Barry Marshall e J. Robin Warren, que receberam o Prêmio Nobel, em 2005, pela sua descoberta. Esse microrganismo é capaz de sobreviver às condições muito ácidas do estômago pela produção de amônia a partir da ureia. Acredita-se que a amônia neutralize a acidez gástrica ao redor das células do *Helicobacter*, possibilitando assim a sobrevivência e a reprodução dos organismos. Colonizam e multiplicam-se na mucosa gástrica imediatamente acima da camada de células epiteliais do estômago. Em cultura, crescem lentamente e exigem condições microaerofílicas, juntamente com meio enriquecido.

As *úlceras pépticas* são lesões das membranas mucosas que revestem o esôfago, o estômago ou o duodeno. As lesões são causadas pela descamação do tecido inflamatório morto e exposição ao ácido; acabam resultando em uma escavação na superfície do órgão. Quatro milhões de norte-americanos sofrem de úlceras anualmente. Cerca de 10% da população irá sofrer de úlcera em algum momento da vida. As úlceras são responsáveis por cerca de 46.000 cirurgias e 14.000 mortes por ano.

A *gastrite crônica* (inflamação do estômago) pode ser tão leve a ponto de não produzir nenhum sinal ou sintoma perceptível, ou pode provocar dor e indigestão. É observada em 70 a 95% dos indivíduos que apresentam úlceras pépticas. A gastrite grave pode levar à ulceração.

*H. pylori* está presente em 95% dos pacientes com úlceras duodenais e em 70% daqueles com úlceras gástricas. Nos países desenvolvidos, não é raro que as crianças sejam infectadas, porém a taxa de infecção aumenta cerca de 1% por ano de idade acima dos 20, alcançando finalmente uma média de 20 a 30% entre adultos nos EUA. Nos países em desenvolvimento, esse microrganismo é comumente encontrado em crianças e alcança níveis de 80% na população adulta. Na América Latina, as taxas de câncer de estômago são as mais altas do mundo, assim como a taxa de

> Foi identificada a adesina utilizada por *Helicobacter pylori* para ligar-se ao revestimento do estômago. Isso pode permitir o desenvolvimento de uma vacina para impedir a colonização por *H. pylori*.

## APLICAÇÃO NA PRÁTICA

### Feijão para todos?

Incomodado por gases intestinais? Bem, todo mundo os tem. Uma pessoa libera, em média, cerca de 1 ℓ/dia. Esse gás, denominado *flato*, é produzido por bactérias do cólon à medida que elas metabolizam compostos que fomos incapazes e digerir. Açúcares complexos provenientes de alimentos como feijões, ervilhas, repolho, couve-de-bruxelas, farelo de aveia, bananas, maçãs e cereais ricos em fibras, são degradados por algumas bactérias, liberando o gás hidrogênio, juntamente com outros gases e compostos, como subprodutos. Outras bactérias intestinais consomem o hidrogênio. O equilíbrio entre esses dois grupos de bactérias explica, em parte, por que algumas pessoas produzem mais gases do que outras.

O produto comercial Beano®, produzido e coletado a partir do fungo *Aspergillus niger*, contém a enzima que digere o açúcar que falta às pessoas. A enzima, uma α-galactosidase, cliva as ligações alfa nos açúcares complexos, digerindo-os antes que alcancem as bactérias no cólon, reduzindo, dessa maneira, a quantidade de flatulência.

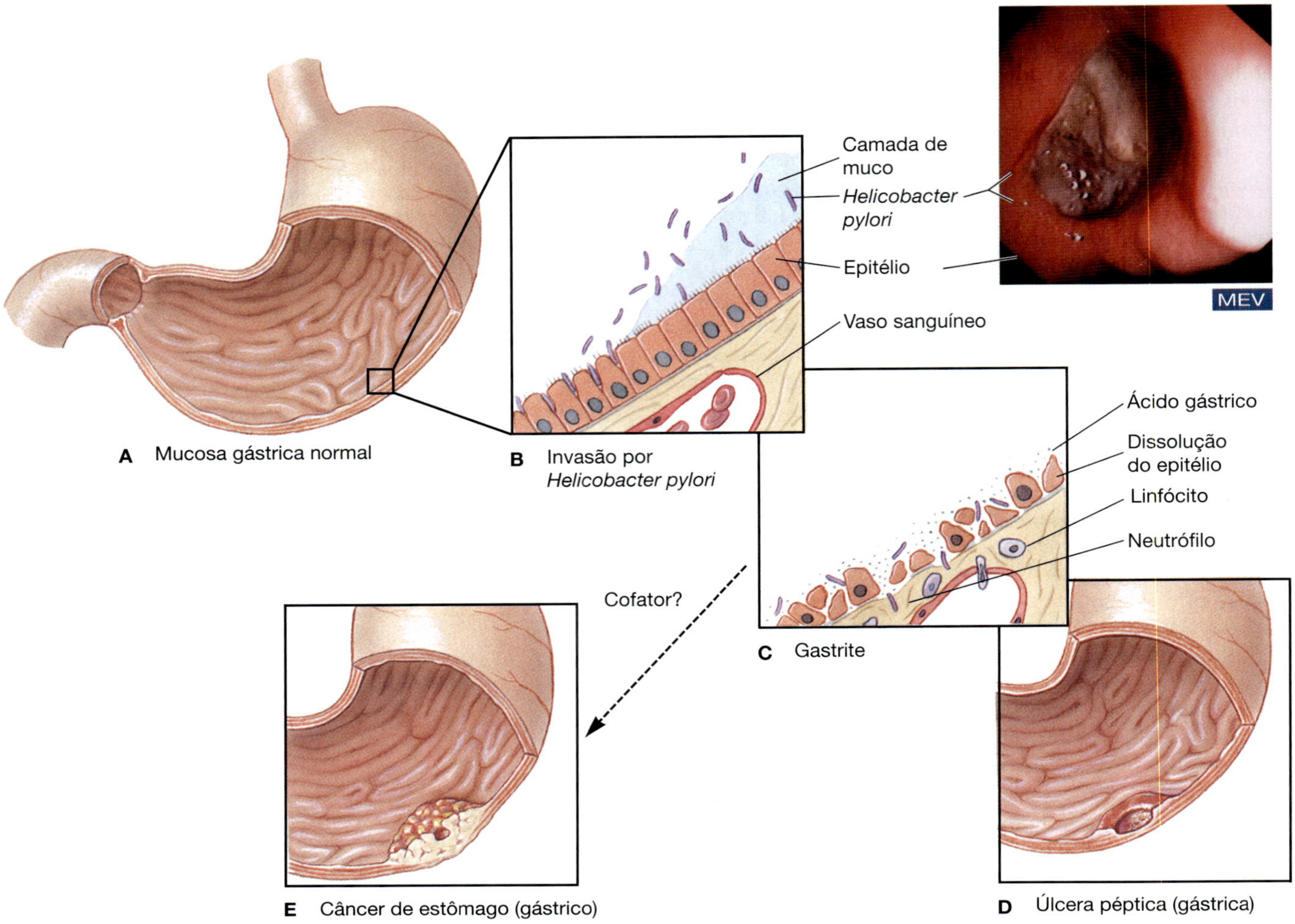


**Figura 23.11 Úlceras gástricas causadas pela bactéria *Helicobacter pylori* (13.941×).** (**A**) O revestimento do estômago saudável é (**B**) invadido por *H. pylori*, uma bactéria espiralada. Pesquisas recentes indicam que o microrganismo constitui a causa (*ISM/Medical Images*) (**C**) de gastrite crônica e (**D**) úlceras pépticas, (**E**) podendo estar envolvido no câncer de estômago. O tratamento com antibacterianos pode levar à cura permanente das úlceras se não ocorrer reinfecção. (*Detalhe: Dr. S. Sultan/ISM/Phototake.*)

**Dados que associaram a infecção crônica por H. pylori ao câncer de estômago levaram a International Agency for Research on Cancer a classificar o microrganismo como carcinógeno do grupo I.**

infecção por *H. pylori*. É interessante assinalar que os hispânicos nos EUA também apresentam uma taxa de infecção de 75%. No Japão, as taxas de câncer de estômago e de infecção por *H. pylori* estão diminuindo ao mesmo tempo. É possível que apenas o fato de ter uma inflamação crônica do estômago por um longo período de tempo – o que ocorre quando o indivíduo sofre de infecção por *H. pylori* no início da vida – predisponha ao câncer de estômago. Deste modo, alguns cientistas relutam em considerar *H. pylori* como causa definida de câncer de estômago, porém acreditam que possa ser apenas um cofator, visto que a maioria dos indivíduos infectados por *H. pylori* nunca desenvolve câncer de estômago. Isso pode ser devido a diferenças entre as cepas, porque *H. pylori* exibe um maior grau de diversidade genética em comparação com a maioria dos patógenos humanos. Todavia, entre os vários tipos de câncer de estômago, o tipo mais comum (gastrintestinal) tem uma correlação de 89% com a infecção por *H. pylori*.

Ninguém tem certeza ainda sobre a via de infecção ou a porta de saída, e não foi identificado nenhum reservatório animal. Entretanto, é muito importante se constatarmos que é possível prevenir ou curar úlceras por meio da eliminação da infecção por *H. pylori*. Os fármacos atualmente disponíveis apenas controlam as úlceras, porém não as curam. Os tratamentos experimentais com antibacterianos apresentam taxas de cura relatadas de até 80 a 90%, porém esses fármacos precisam ser utilizados com muito cuidado. Os pacientes tratados apenas com fármacos que suprimem a acidez do estômago tiveram uma taxa de recidiva de 75 a 95% no decorrer de 2 anos. Os pesquisadores esperam obter, dentro de poucos anos, melhores testes, fármacos e planos de tratamento. Atualmente, mais de 90% dos casos são curados pela administração de omeprazol (um inibidor da bomba de prótons) durante 2 semanas, juntamente com um ou mais antibacterianos (p. ex., metronidazol, tetraciclina, amoxicilina ou claritromicina) e bismuto.

As abordagens para a identificação de *H. pylori* incluem a detecção direta do microrganismo em biopsias gástricas, testagem da presença da enzima urease em tecido de biopsia e cultura de amostras em meios especiais. Foram desenvolvidos

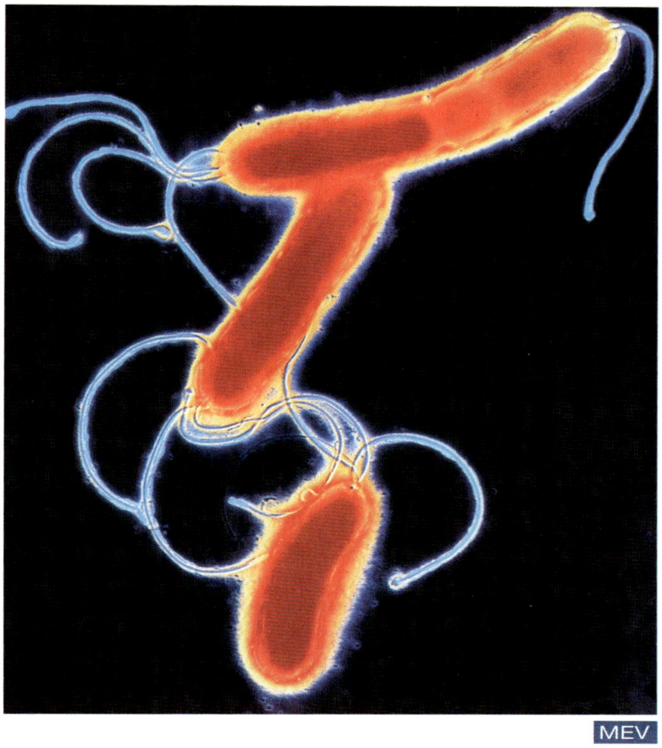


**Figura 23.12** ***Helicobacter pylori*** **(9.684×).** Sabe-se agora que as úlceras gástricas (de estômago) são causadas por essa bactéria. As úlceras podem ser curadas pela destruição das bactérias com antibacterianos. Observe a protuberância na extremidade de cada flagelo. Essas protuberâncias possibilitam a locomoção de *H. pylori* através do muco espesso que cobre o revestimento do estômago. Outras bactérias com flagelos normais são incapazes de se mover e ficam retidas no muco. (*A, B. Dorsett/Science Source.*)

testes sorológicos para o anticorpo específico contra *H. pylori* que estão em fase de avaliação.

## Colite pseudomembranosa

A *colite pseudomembranosa*, uma condição caracterizada pela formação de uma membrana que recobre a superfície mucosa do cólon, é causada pelo *Clostridium difficile*. Os sinais e sintomas, o diagnóstico e o tratamento da doença causada por *C. difficile* foram discutidos no Capítulo 14.

## Infecções da vesícula biliar e do trato biliar causadas por bactérias

A vesícula biliar e seus ductos associados também podem constituir o local de infecções bacterianas. O fígado produz a bile, que é armazenada na vesícula biliar e liberada lentamente no intestino delgado. Os microrganismos com envoltórios que contêm lipídios são destruídos pela ação da bile, que os degrada. A maioria dos vírus entéricos, os poliovírus e o vírus da hepatite A (discutidos na seção seguinte) não têm envelopes lipídicos e, portanto, são protegidos da atividade da bile. Os microrganismos como o bacilo causador da febre tifoide também são resistentes à ação da bile, visto que eles, na realidade, podem crescer na própria vesícula biliar. São liberados da vesícula biliar para o intestino e eliminados nas fezes. Os indivíduos portadores desses organismos na vesícula biliar são assintomáticos.

### SAÚDE PÚBLICA

### A bactéria que simplesmente não irá desistir

*Helicobacter pylori* é realmente um organismo desagradável. Como se causar úlceras (e, talvez, até mesmo câncer de estômago) não fosse suficiente, um estudo constatou a presença de *H. pylori* em 62% dos indivíduos com doença cardíaca. Em comparação, *H. pylori* afetou apenas 40% dos indivíduos de controle. Isso é suficiente para causar maior preocupação. Acrescente-se a isso o fato de que aproximadamente um terço das pessoas nos EUA e na Europa ocidental abrigam *H. pylori*, com uma proporção ainda mais alta na Ásia e nos países em desenvolvimento, bem como o fato de o microrganismo estar desenvolvendo resistência ao metronidazol, o fármaco potente frequentemente utilizado para combater a bactéria. A resistência ao metronidazol entre indivíduos infectados é estimada em 40% na Europa e em mais de 70% no mundo em desenvolvimento. Esperamos que a ciência seja capaz de dar um passo à frente desses microrganismos.

Os cálculos biliares, formados de cristais de colesterol e sais de cálcio, podem bloquear os ductos biliares, diminuindo, assim, o fluxo de bile e predispondo o indivíduo à inflamação da vesícula biliar (*colecistite*) ou dos ductos biliares (*colangite*). A distensão da vesícula biliar em consequência do acúmulo de bile favorece a entrada de microrganismos – mais comumente *E. coli* – na corrente sanguínea, provavelmente por meio de lacerações minúsculas na parede da vesícula biliar. A infecção da vesícula biliar também pode ascender para o fígado.

O diagnóstico das infecções da vesícula biliar baseia-se nos achados clínicos de dor recorrente (*cólica biliar*), náuseas, vômitos, calafrios, febre e, com frequência, icterícia, devido à absorção da bile bloqueada na corrente sanguínea. Apesar do tratamento imediato com antibacterianos, as infecções da vesícula biliar não podem ser curadas, a não ser que seja removida a obstrução causadora por meio de cirurgia ou pela passagem espontânea dos cálculos biliares.

As bactérias intestinais têm sido ligadas à formação crônica de cálculos biliares. Os antibacterianos interrompem a formação de novos cálculos até a interrupção de seu uso. Em seguida, recomeça a formação de cálculos.

As doenças gastrintestinais causadas por bactérias estão resumidas na **Tabela 23.2**.

**PARE e RESPONDA**

1. Diferencie a diarreia da disenteria.
2. A cólera é um problema no hemisfério ocidental? Explique.
3. Por que os viajantes são aconselhados a não tomar antibacterianos antes e durante uma viagem, de modo a evitar a diarreia do viajante?
4. O que causa as úlceras gástricas (do estômago)? Como elas podem ser curadas?

**Tabela 23.2** Resumo das doenças gastrintestinais causadas por bactérias.

| Doença | Agente(s) | Características |
|---|---|---|
| **Envenenamento alimentar causado por bactérias** | | |
| Enterotoxicose estafilocócica | *Staphylococcus aureus* | A enterotoxina termoestável provoca dano tecidual, dor abdominal, náuseas, vômitos |
| Outros tipos de envenenamento alimentar | *Clostridium perfringens, C. botulinum, Bacillus cereus* | Diarreia e, algumas vezes, infecção intestinal e gangrena gasosa |
| **Enterite e febres entéricas causadas por bactérias** | | |
| Salmonelose | *Salmonella typhimurium, S. enteritidis* | Dor abdominal, febre, diarreia com sangue e muco devido à toxina; enterocolite em consequência da invasão dos microrganismos; ocorrem infecções crônicas e estado de portador |
| Febre tifoide | *Salmonella typhi* | Os microrganismos invadem a mucosa e os vasos linfáticos, multiplicam-se nos fagócitos e em outros tecidos; febre alta e "manchas rosadas"; podem ocorrer estado de portador e complicações que comportam risco de vida |
| Shigelose | Cepas de *Shigella* | Os microrganismos causam lesões intestinais e liberam toxinas; os sintomas incluem cólicas, febre, diarreia profusa com sangue e muco |
| Cólera asiática | *Vibrio cholerae* | Os microrganismos invadem o revestimento intestinal, liberam uma toxina potente que aumenta a permeabilidade do revestimento; os sintomas incluem náuseas, vômitos, diarreia copiosa e desequilíbrio hídrico |
| Vibriose | *Vibrio parahaemolyticus* | Os microrganismos colonizam a mucosa e liberam toxina; náuseas, vômitos, diarreia autolimitados |
| Diarreia do viajante | Cepas patogênicas de *Escherichia coli*, outras bactérias (também vírus e protozoários) | Os microrganismos podem invadir a mucosa e/ou produzir toxina; causam náuseas, vômitos, diarreia, distensão, mal-estar, dor abdominal; autolimitada, exceto pelas complicações pós-infecciosas; desidratação em morte em lactentes |
| Outros tipos de enterite bacteriana | *Campylobacter jejuni, C. fetus, Yersinia enterocolitica* | As espécies de *Campylobacter* causam enterite em lactentes e em pacientes debilitados; *Yersinia* libera uma toxina que provoca enterite, com dor semelhante à da apendicite |
| **Infecções do trato gastrintestinal superior causadas por bactérias** | | |
| Úlceras, câncer de estômago | *Helicobacter pylori* | Associação definitiva com úlceras; provável cofator no câncer de estômago |
| Colecistite, colangite | Geralmente *E. coli* | O bloqueio dos ductos biliares por cálculos provocam inflamação da vesícula biliar e dos ductos biliares; o acúmulo de bile pode causar disseminação da infecção para a corrente sanguínea ou o fígado |
| Colite pseudomembranosa | *Clostridium difficile* | Formação de pseudomembrana na superfície mucosa do cólon; ocorre em pacientes cuja microbiota gastrintestinal foi alterada pelo uso de antibacterianos |

# DOENÇAS GASTRINTESTINAIS CAUSADAS POR OUTROS PATÓGENOS

## Doenças gastrintestinais causadas por vírus

### Enterite viral

A infecção pelo **rotavírus** constitui uma importante causa de **enterite viral** entre lactentes e crianças pequenas. Os rotavírus são transmitidos por via fecal-oral, sofrem replicação no intestino, danificam o epitélio intestinal e causam diarreia aquosa nas primeiras 48 horas. A infecção pelo rotavírus constitui uma importante causa de morbidade e mortalidade infantil nos países em desenvolvimento, onde ocorrem anualmente 3 a 5 bilhões de casos, com 5 a 10 milhões de mortes de crianças com menos de 5 anos de idade. No mundo inteiro, a maioria das crianças tem sido infectada em torno dos 4 anos de idade. As infecções por rotavírus são responsáveis por um terço das mortes de crianças em alguns países. Essas infecções também ocorrem em lactentes e crianças pequenas nos países desenvolvidos, onde as infecções são frequentemente hospitalares. É preciso ter cuidados especiais com crianças hospitalizadas, de modo a evitar essas infecções. Nos EUA, o número de casos aumenta drasticamente durante o inverno. Essa ocorrência sazonal ajuda a distinguir essa infecção das diarreias bacterianas.

Os rotavírus são reovírus que replicam o seu RNA de dupla fita em número tão elevado ($10^{10}$ vírus/g de fezes) que podem ser facilmente identificados na microscopia eletrônica em suspensões fecais (Figura 23.13); não há necessidade de nenhum esforço para concentrar os vírus. O capsídio tem dupla camada, sem envelope, e recobre 10 a 12 segmentos do genoma de RNA de dupla fita. A microscopia imunoeletrônica (técnicas imunológicas combinadas com microscopia eletrônica) pode ser utilizada para a identificação dos rotavírus quando os anticorpos do soro de um paciente são

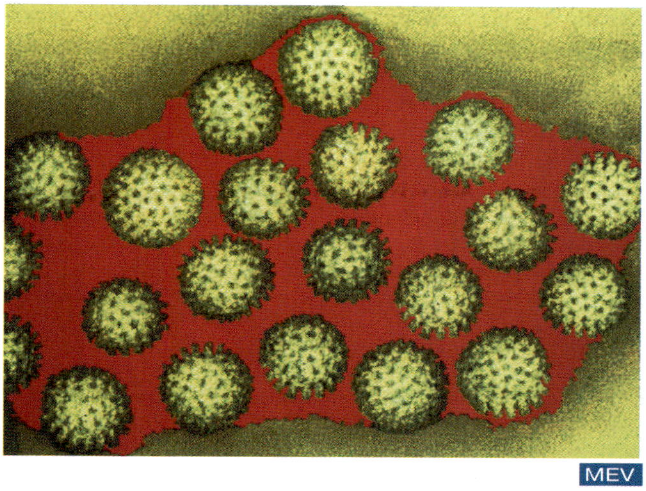


**Figura 23.13 Rotavírus.** Vistos aqui como grandes esferas amarelas em suspensão fecal (650.000×), os rotavírus assemelham-se a pequenas rodas e constituem uma causa de diarreia. (*Dr. Linda M. Stannard, University of Cape Town/Science Source.*)

## APLICAÇÃO NA PRÁTICA

### Outra recomendação para a amamentação

Quer você seja mulher, quer seja até mesmo homem, você provavelmente deve ter ouvido mais do que tinha vontade de saber sobre as vantagens da amamentação. Provavelmente, você já sabe que o leite materno possibilita a passagem de anticorpos da mãe para o filho. Mas talvez você possa estar interessado em saber que um desses anticorpos atua especificamente contra o rotavírus, a causa mais comum de diarreia em lactentes, e que um carboidrato complexo no leite materno confere uma proteção ainda maior ao lactente. Como? O composto, denominado lactaderina, não sofre degradação no estômago do bebê. Em vez disso, atua como se fosse um dos carboidratos naturais encontrados no intestino do lactente. O rotavírus fixa-se à lactaderina, acreditando que está aderindo ao intestino e, em seguida, é eliminado do organismo da criança à medida que a lactaderina é evacuada.

colocados para reagir com vírions em amostras diagnósticas. Além disso, muitos hospitais agora utilizam o teste de ELISA para a detecção dos rotavírus em amostras de fezes. Embora não se disponha de nenhum tratamento específico, a restauração do equilíbrio hidreletrolítico é fundamental e deve ser efetuada imediatamente. Uma antiga vacina, Rota Shield®, foi aprovada nos EUA, porém uma nova vacina, Rota Teq®, foi licenciada em 2006. Uma vacina recente, porém ainda não licenciada, foi produzida na Índia, onde o governo prometeu vendê-la por apenas 1 dólar por dose. Na Índia, ocorrem cerca de 100.000 mortes por ano em consequência da infecção pelo rotavírus. Uma vez aprovada, a vacina poderá ser vendida a baixo custo a outros países pobres.

A infecção por rotavírus em seres humanos é importante na prática médica nos EUA. Foram identificados anticorpos dirigidos contra o vírus em até 90% dos grupos de crianças testadas, embora a infecção possa não ter sido identificada na ocasião em que ocorreu. Há necessidade de muito mais pesquisas para determinar como a imunidade é produzida e como a doença poderia ser controlada.

A enterite também pode ser causada por outros vírus, além dos rotavírus. Espécies de *Enterovirus*, como os ecovírus (vírus entéricos citopáticos humanos órfãos), podem causar sintomas gastrintestinais leves e dano às células intestinais. Algumas vezes, infectam também outros tecidos, e certas espécies podem causar meningoencefalite (inflamação do encéfalo e das meninges).

Os pacientes submetidos a transplantes de medula óssea são particularmente suscetíveis à infecção por rotavírus, enterovírus e pela bactéria *Clostridium difficile.* Até 55% desses pacientes sucumbem a essas infecções.

## Norovírus

O **norovírus,** também denominado *vírus Norwalk* (nome dado em referência a um surto ocorrido em Norwalk, em 1968), é responsável por quase metade de todos os surtos de enterite infecciosa aguda não bacteriana nos EUA (Figura 23.14). A infecção pelo norovírus afeta crianças de mais idade e adultos mais frequentemente do que crianças de idade pré-escolar ou lactentes. É responsável por 570 a 800 mortes por ano nos EUA, sobretudo por desidratação. Os custos alcançam cerca de 2 bilhões de dólares em cuidados de saúde e perda de produtividade. Os surtos são observados durante todo o ano, mais frequentemente no inverno, e são comuns em escolas, acampamentos, clínicas de repouso e cruzeiros marítimos. O vírus dissemina-se por meio de aerossóis, água e alimentos contaminados e é altamente infeccioso. Permanece infeccioso em superfícies sólidas por 1 a 2 dias e em roupas por aproximadamente 1 mês. A infecção constitui a segunda causa mais comum de doença (depois das doenças respiratórias) entre famílias norte-americanas e ocorre no mundo inteiro. Caracteriza-se por 1 a 7 dias de diarreia, vômitos ou ambos. Após vomitar no vaso sanitário, é necessário fechar a tampa antes de dar a descarga, porque as gotículas transportadas pelo ar são infecciosas. Os pacientes continuam eliminando o vírus nas fezes por até 2 semanas após a recuperação. Um episódio não é seguido de imunidade, e, como existem muitos tipos diferentes, o indivíduo pode adquirir repetidamente a infecção.

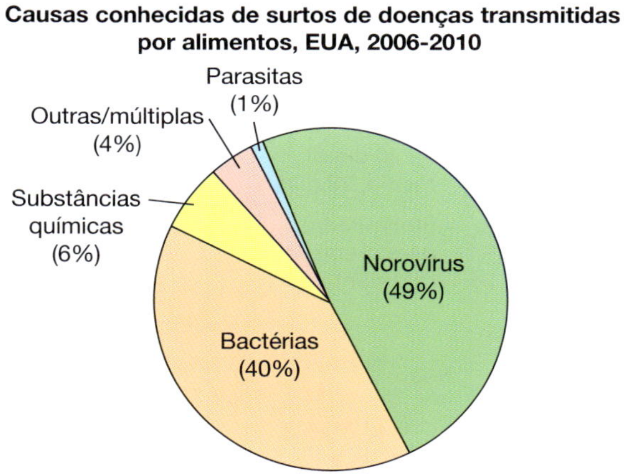


**Figura 23.14 Doença transmitida por alimentos.** Causas conhecidas de surtos de doença transmitida por alimentos nos EUA, 2006-2010. (*CDC.*)

Isso torna pouco provável o desenvolvimento de uma vacina. O melhor meio de prevenção consiste em práticas higiênicas cuidadosas.

## Hepatite

A **hepatite**, uma inflamação do fígado, é habitualmente causada por vírus (Figura 23.15 e Tabela 23.3). Pode ser também causada por uma ameba e por várias substâncias químicas tóxicas. A hepatite viral mata 12.000 a 18.000 norte-americanos a cada ano. A hepatite viral mais comum é a **hepatite A**, anteriormente denominada **hepatite infecciosa**. É causada pelo vírus da hepatite A (HAV), um vírus de RNA de fita simples, geralmente transmitido por via fecal-oral. A **hepatite B**, anteriormente denominada **hepatite sérica**, é causada pelo vírus da hepatite B (HBV), um vírus de DNA de dupla fita, em geral transmitido pelo sangue. Um terceiro tipo de hepatite é transmitido por via parenteral (pelo sangue) e é provavelmente causado por dois agentes virais, pelo menos. Esse tipo é diagnosticado, na ausência de HAV e HBV, como **hepatite C (HCV)**, anteriormente denominada *hepatite não A, não B (NANB)* (Figura 23.16). Um quarto tipo de hepatite, transmitido por via fecal-oral e antes denominado *hepatite não A, não B, não C*, foi classificado como **hepatite E (HEV)**. Uma forma da doença particularmente grave, a **hepatite D**, ou **hepatite delta**, é causada pela presença tanto do vírus da hepatite D (HDV) quanto do HBV. Entretanto, o HDV isoladamente não provoca doença e não pode causar infecção na ausência do HBV.

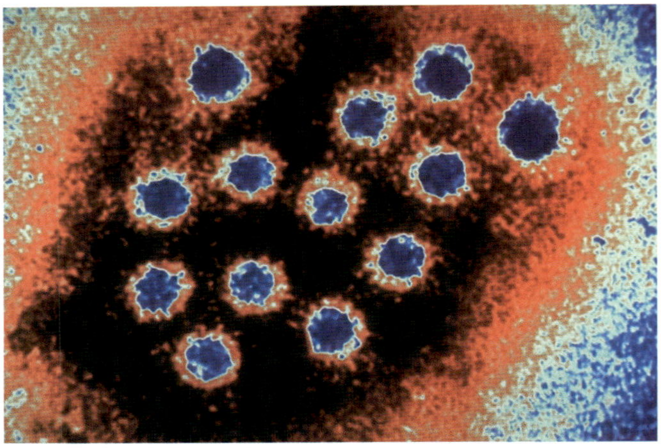

Figura 23.15 **Vírus da hepatite A (172.758×).** *(Science Source.)*

**Hepatite A.** A hepatite A ocorre, com mais frequência, em crianças e adultos jovens, sobretudo no outono e no inverno. Pode ocorrer em epidemias se uma população for sujeita a água ou alimentos, particularmente frutos do mar, contaminados pelo HAV. Não há nenhum reservatório animal. Os surtos causados por alimentos contaminados em restaurantes de *fast-food* têm ocorrido com alta frequência.

**Tabela 23.3** Comparação entre os tipos de hepatite viral.

| Característica | Hepatite A | Hepatite B | Hepatite C | Hepatite D | Hepatite E |
|---|---|---|---|---|---|
| Nomes alternativos | Hepatite infecciosa; hepatite epidêmica; hepatite a curto prazo | Hepatite sérica | Hepatite não A, não B, pós-transfusional transmitida por via parenteral | Hepatite delta | Hepatite não A, não B, não C transmitida por via enteral |
| Agente | HAV<br>Vírus de RNA, Picornaviridae | HBV<br>Vírus de DNA, Hepadnaviridae | HCV<br>Pelo menos dois vírus de RNA não classificados;<br>? Flavivírus<br>? Togavírus | HDV<br>Vírus de RNA defeituoso; apresenta capsídio da hepatite B | HEV<br>Vírus de RNA; Calicivírus |
| Transmissão | Fecal-oral | Sangue e outros líquidos corporais; atravessa a placenta com alta frequência | Sangue e hemocomponentes; em certas ocasiões, atravessa a placenta | Sangue, necessidade de coinfecção ou superinfecção com hepatite B; pode atravessar a placenta | Fecal-oral; mais comum em adultos do que em crianças |
| Período de incubação | 15 a 40 dias; média, 28 dias | 45 a 180 dias; média, 90 dias | Curto, 2 a 4 semanas; longo, 8 a 12 semanas | 2 a 12 semanas | 2 a 6 semanas |
| Gravidade da doença | Autolimitada; geralmente leve, raramente grave | Subclínica a grave; recuperação completa na maioria dos casos | Subclínica a grave; resolução espontânea na maioria dos casos | Grave; alta taxa de mortalidade | Moderada, mas com alta taxa de mortalidade em mulheres grávidas |
| Estado de portador | Não | Sim, associada a 80% dos cânceres de fígado | Sim, possível associação ao câncer de fígado | Sim | Não |
| Doença hepática crônica | Não | Sim | Sim | Sim | Não |
| Vacinas | Sim | Sim | Não | Não | Não |

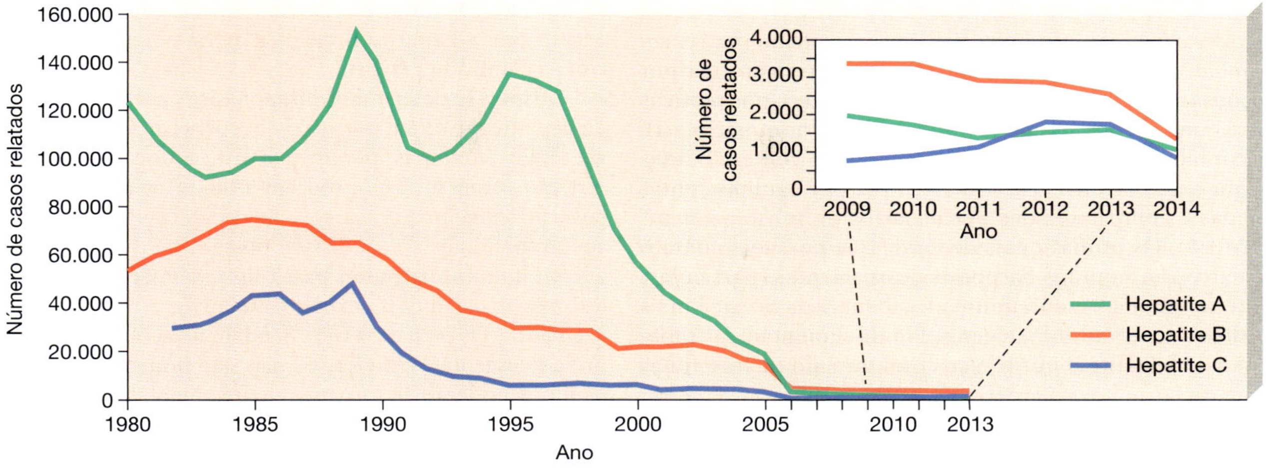


*A vacina hepatite A foi licenciada pela primeira em 1995.
†A vacina hepatite B foi licenciada pela primeira vez em 1982.
§Um teste para anticorpo anti-HCV (vírus da hepatite C) tornou-se disponível em maio de 1990.

Foram observados aumentos cíclicos da hepatite A aproximadamente a cada 10 anos; consequentemente, as taxas poderão aumentar novamente. A incidência da hepatite B continua declinando; entretanto, devido às infecções assintomáticas e à subnotificação, os casos notificados representam apenas uma fração das infecções que estão realmente ocorrendo. A tendência observada nos casos relatados de hepatite C depois de 1990 é enganadora, visto que os casos notificados incluíram aqueles baseados apenas em um teste laboratorial positivo para o anti-HCV, e a maioria desses casos representam infecções crônicas pelo HCV.

**Figura 23.16 Hepatite.** Casos relatados por ano – EUA, 1980-2014. (*Fonte: CDC.*)

A hepatite A apresenta um período de incubação de 15 a 40 dias e começa como doença afebril aguda. Após a sua entrada no corpo através da boca, o vírus (um picornavírus de RNA) sofre replicação no trato gastrintestinal e dissemina-se pelo sangue para o fígado, baço e rins. A icterícia, uma coloração amarelada da pele comum na hepatite, é causada pelo comprometimento da função hepática. O fígado não consegue livrar o corpo de uma substância amarela, denominada **bilirrubina**, que é um produto da degradação da hemoglobina dos eritrócitos. Outros sintomas de hepatite consistem em mal-estar, náuseas, diarreia, dor abdominal e perda do apetite por um período de 2 dias a 3 semanas. Provavelmente mais de 50% dos casos são assintomáticos. As infecções crônicas são raras, e a recuperação geralmente é completa e confere imunidade duradoura. Dispõe-se de testes imunológicos para detectar os vírus da hepatite A e os anticorpos do hospedeiro contra eles. Não existe nenhum tratamento para a hepatite, além do alívio dos sintomas. Dispõe-se de uma vacina para a hepatite A desde 1995. São também utilizadas injeções de gamaglobulina para proporcionar imunidade temporária. Embora a hepatite A tenha declinado em todas as partes dos EUA, algumas áreas continuam apresentando uma alta incidência (Figura 23.17).

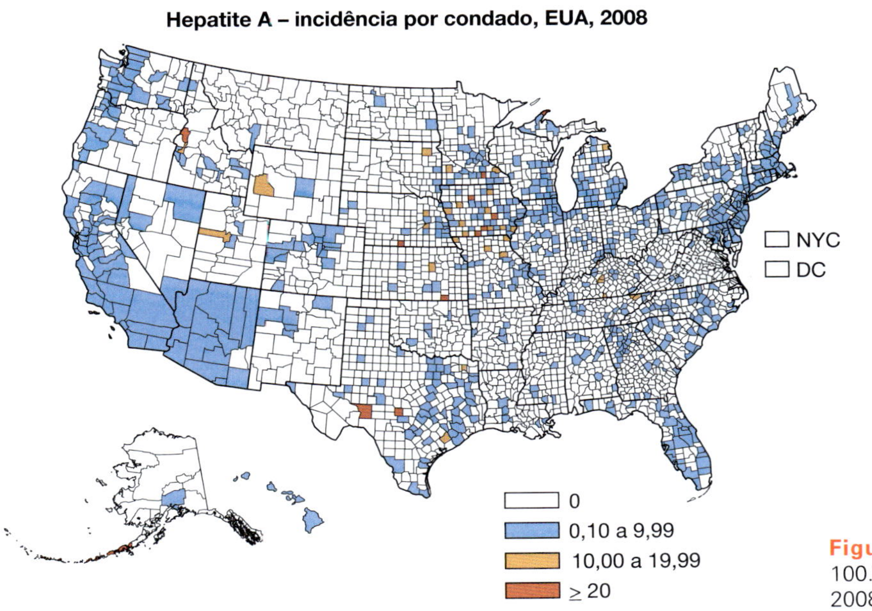


**Figura 23.17 Hepatite A.** Casos relatados por 100.000 habitantes – EUA e territórios dos EUA, 2008. (*Fonte: CDC.*)

**Hepatite B.** A hepatite B (Figura 23.18A e B) ocorre em indivíduos de todas as idades com aproximadamente a mesma incidência ao longo do ano. Pode ser transmitida por injeções intravenosas ou percutâneas (na pele), por práticas sexuais anais/orais (comuns entre homens homossexuais), por contato com outras secreções corporais contendo o vírus (incluindo sêmen e leite materno) e por agulhas contaminadas e compartilhadas por usuários de substâncias intravenosas. Os profissionais de saúde que possuem contato rotineiro com líquidos corporais dos pacientes (particularmente sangue) apresentam uma incidência da doença mais alta do que a comunidade geral. Foi documentada a transmissão da hepatite B por sêmen contaminado na inseminação artificial.

A hepatite B apresenta um período de incubação de 45 a 180 dias, com média de 90 dias. O vírus replica-se nas células do fígado, nos tecidos linfoides e tecidos hematopoéticos. Pode persistir no sangue durante anos, estabelecendo assim um estado de portador. O início dos sintomas é insidioso, e a ocorrência de febre não é comum. Nos demais aspectos, os sintomas assemelham-se aos da hepatite A, exceto que a hepatite B crônica ativa frequentemente destrói as células hepáticas.

Dispõe-se de métodos imunológicos para detectar o vírus da hepatite B e os anticorpos do hospedeiro. O tratamento alivia alguns sintomas, porém não cura a doença. Uma vacina efetiva tornou-se disponível em 1986, e os regulamentos do governo exigem que ela seja fornecida pelos empregadores aos profissionais de saúde que possam ter contato com sangue ou líquidos corporais passíveis de conter o HBV. Os adolescentes e os adultos sexualmente ativos também devem ser vacinados. Os pediatras recomendam a vacinação de todos os pré-adolescentes, visto que os pais não podem prever quando os filhos poderão se tornar sexualmente ativos. Nos EUA, os recém-nascidos são agora rotineiramente imunizados. Entretanto, a maioria da população de mais idade permanece desprotegida. A vacina é segura. É produzida por tecnologia de DNA recombinante – inserção de genes apropriados do vírus da hepatite em um plasmídio. Em seguida, o plasmídio é inserido em células de levedura, evitando assim todo contato com

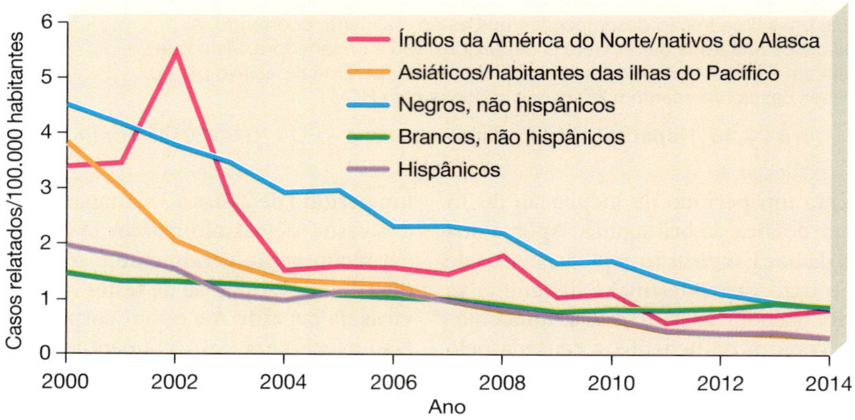


Fonte: National Notifiable Diseases Surveillance System (NNDSS)

A

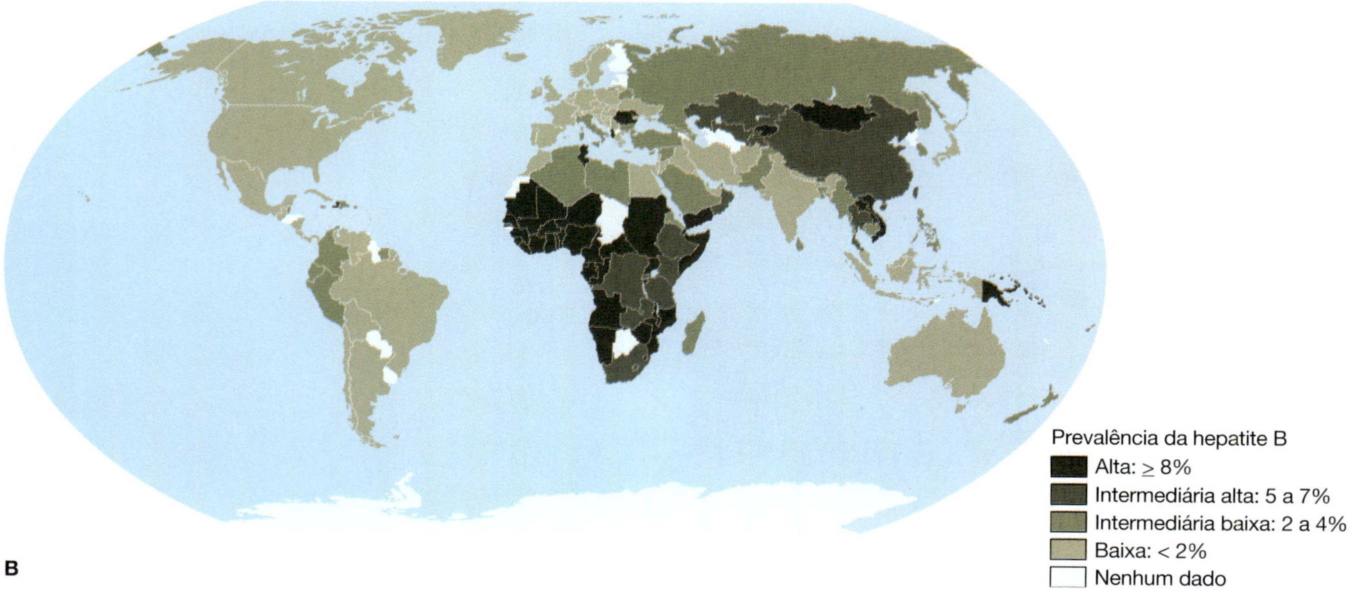


B

**Figura 23.18** **Hepatite B.** **A.** Incidência da hepatite B aguda por raça/etnia, EUA 2000-2014. *(Fonte: CDC.)* **B.** Taxas mundiais de hepatite B crônica. *(Fonte: CDC).*

células humanas. Essa vacina produzida em levedura foi administrada a mais de 2 milhões de norte-americanos e apresenta eficácia de 95%. Quando administrada a mulheres grávidas infectadas pelo vírus da hepatite B, a vacina reduz de 90 para 23% o número de lactentes que se tornam portadores. Esse número pode ser reduzido a 5% quando se administra gamaglobulina com a vacina. Cerca de 40% dos portadores morrem de doença hepática, e, em algumas partes do mundo, quase 90% das mães são infectadas. Nos EUA, as autoridades de saúde recomendam atualmente que todos os lactentes sejam vacinados por ocasião do nascimento. Entretanto, essa vacinação é de alto custo e provavelmente está acima das condições financeiras de muitos países em desenvolvimento, onde a sua administração é mais importante.

O vírus da hepatite B, um membro da família Hepadnaviridae, é extremamente estável e resiste à dessecação e à irradiação. Seu DNA circular de dupla fita apresenta um espaço vazio em uma fita que pode ajudá-lo a se inserir no DNA da célula hepática. A inserção do DNA viral no DNA da célula hepática, por sua vez, pode contribuir para o carcinoma hepatocelular, um tipo de câncer que ocorre com muito mais frequência em indivíduos que tiveram hepatite B do que na população geral.

**Hepatite C.** O vírus da hepatite C, que constitui a principal razão dos transplantes de fígado (Figura 23.19), tem sido isolado de casos de hepatite não A, não B transmitida por via parenteral. Como a hepatite C apresenta dois períodos de incubação diferentes – 2 a 4 semanas e 8 a 12 semanas –, alguns pesquisadores acreditam que é possível que existam dois agentes etiológicos distintos, ambos consistindo em vírus de RNA: um deles um flavivírus, e o outro um togavírus. A hepatite C pode ser diferenciada de outros tipos de hepatite pela presença de alta concentração sanguínea de alanina transferase, uma enzima hepática. As células hepáticas danificadas liberam várias enzimas no sangue em todos os tipos de hepatite, porém essa enzima específica está acentuadamente elevada na hepatite pelo HCV. Embora a doença seja geralmente leve ou até mesmo inaparente, a infecção pode ser grave em indivíduos imunocomprometidos e torna-se crônica em cerca de 80% dos pacientes infectados. Cerca de 20% das infecções crônicas evoluem para cirrose e câncer de fígado. Não se dispõe de nenhuma vacina, e não ocorre imunidade após a infecção. Dos 170 milhões de portadores do HCV no mundo inteiro, cerca de 4 milhões residem nos EUA, onde a estimativa é de 17.000 indivíduos infectados por ano.

**Hepatite D.** A hepatite D, que afeta mais de 15 milhões de pessoas no mundo inteiro, apresenta um período de incubação de 2 a 12 semanas. Esse período é menor quando portadores do HBV são superinfectados com HDV do que quando os indivíduos são infectados simultaneamente por ambos os vírus. Algumas vezes designado como vírus defeituoso, o HDV isoladamente não causa doença, visto que ele necessita de antígenos do HBV para a sua replicação. O HDV e o HBV, quando presentes juntos, podem resultar em morte. A vacinação contra o HBV evitará a infecção pelo HDV. Não existe nenhuma vacina separada contra o HDV.

**Hepatite E.** A hepatite E, transmitida por suprimentos de água contaminados com fezes, tem causado grandes surtos na Ásia e na África. É mais comum em adultos do que em crianças. A taxa de mortalidade é baixa (1%), exceto em mulheres grávidas, nas quais essa taxa alcança cerca de 20%. Não ocorrem casos crônicos. Não se dispõe de nenhuma vacina e a infecção não é seguida de imunidade. Constatou-se que uma cepa do HEV infecta suínos, bem como seres humanos. O papel dos suínos na epidemiologia da infecção pelo HEV ainda não foi definido. É causada por um vírus de RNA, um calcivírus.

A história dos vírus da hepatite ainda não terminou. Recentemente, foram descobertos mais cinco vírus que estão associados a uma doença semelhante à hepatite. Se for constatado que esses vírus constituem os agentes etiológicos de casos verdadeiros de hepatite, foi proposto que sejam designados como vírus da hepatite F, G, H, I e J. A hepatite G, de modo bastante curioso, parece ser transmitida tanto por via fecal-oral quanto pelo sangue. Trata-se de um vírus de RNA de fita simples, que pode provocar casos crônicos e estados de portador. Alguns pesquisadores acreditam que possam existir dezenas de outros vírus que podem causar formas pouco conhecidas de hepatite.

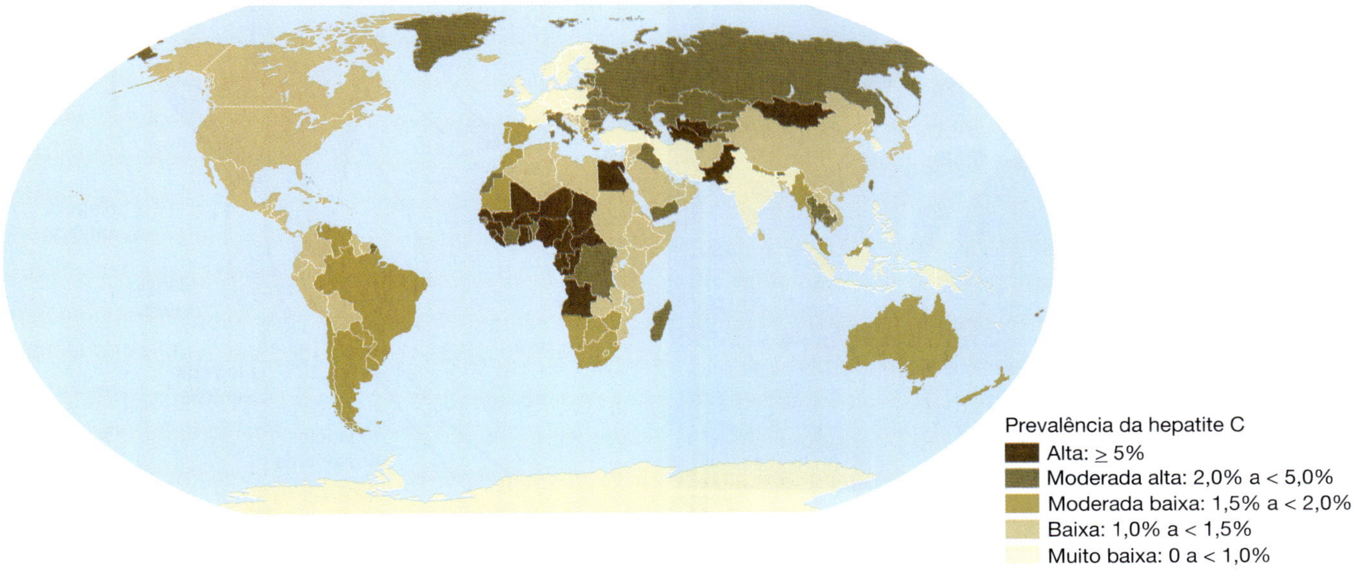


**Figura 23.19 Prevalência global estimada da infecção pelo vírus da hepatite C.** (*Fonte: Organização Mundial da Saúde.*)

## Doenças gastrintestinais causadas por protozoários

### Giardíase

O protozoário flagelado *Giardia intestinalis*, algumas vezes denominado *G. lamblia* (Figura 23.20A), foi observado pela primeira vez por Leeuwenhoek, em 1681, quando estava estudando a presença de microrganismos em suas próprias fezes. Entretanto, trata-se de um microrganismo muito mais antigo. O exame do DNA de *Giardia* revelou que pode constituir o DNA mais primitivo de qualquer outro eucarionte, muito semelhante ao dos procariontes mais antigos.

*Giardia* infecta o intestino delgado dos seres humanos, particularmente crianças, e provoca uma doença denominada **giardíase**. Após a passagem de cistos ingeridos com material fecal pelo estômago e pelo intestino delgado, ocorre liberação de trofozoítos móveis no cólon (ver Capítulo 12). O parasita apresenta um disco adesivo por meio do qual se fixa à parede do intestino (Figura 23.20B). Nas infecções graves, quase todas as células são recobertas por um parasita. *Giardia* alimenta-se principalmente de muco e forma cistos que são depositados no muco e eliminados intermitentemente em fezes contendo muco. Os sintomas de giardíase consistem em inflamação do intestino, diarreia, desidratação e perda de peso. As deficiências nutricionais são comuns nas crianças infectadas, visto que esses parasitas podem ocupar grande parte da área de absorção do intestino. Ocorre acentuada redução da absorção de gorduras, e as deficiências de vitaminas lipossolúveis são comuns. A diarreia é copiosa e espumosa, devido à ação bacteriana sobre as gorduras não absorvidas; entretanto, não é sanguinolenta, porque o protozoário parasita habitualmente não invade as células. Alguns indivíduos infectados apresentam grave inflamação articular e exantema pruriginoso, mesmo antes de ter diarreia. Essa *artrite reativa por Giardia* não responde aos fármacos anti-inflamatórios habitualmente utilizados no tratamento da artrite. A artrite desaparece com a diarreia quando são administrados fármacos antiprotozoários.

A giardíase é transmitida por meio de alimentos, água e mãos contaminados com material fecal. Em certas ocasiões, é transmitida por animais silvestres e, por isso, é denominada "febre do castor" por mochileiros e caçadores no oeste dos EUA. Os abastecimentos de água contaminados em Aspen, no Colorado, em São Petersburgo, na Rússia, e, provavelmente, em muitos outros lugares têm causado grande número de casos. Em algumas creches, até 70% das crianças são infectadas pelo patógeno. Os cistos de *Giardia* não são destruídos pelo tratamento habitual dos esgotos nem pela cloração. Algumas localidades na Pensilvânia estão sendo forçadas a beber água engarrafada até que possam instalar filtros de areia em suas estações de tratamento para deter os cistos de *Giardia*.

O diagnóstico é estabelecido por meio de exame microscópico e detecção dos cistos do protozoário nas fezes. Encontra-se *Giardia* nas camadas de muco que revestem a superfície do intestino. Essas camadas são liberadas a intervalos de poucos dias. As amostras, como aquelas obtidas de uma comadre, devem incluir certa quantidade de muco. Devido à eliminação intermitente de muco contendo cistos, são necessárias amostras diárias de fezes por vários dias para aumentar a probabilidade de um diagnóstico positivo. Algumas vezes, são detectados trofozoítos em fezes aquosas; entretanto, após a sua eliminação, eles são incapazes de sofrer encistamento. Uma única evacuação diarreica pode conter até 14 bilhões de parasitas. Para o estabelecimento do diagnóstico, são também utilizadas técnicas de anticorpos imunofluorescentes e ELISA.

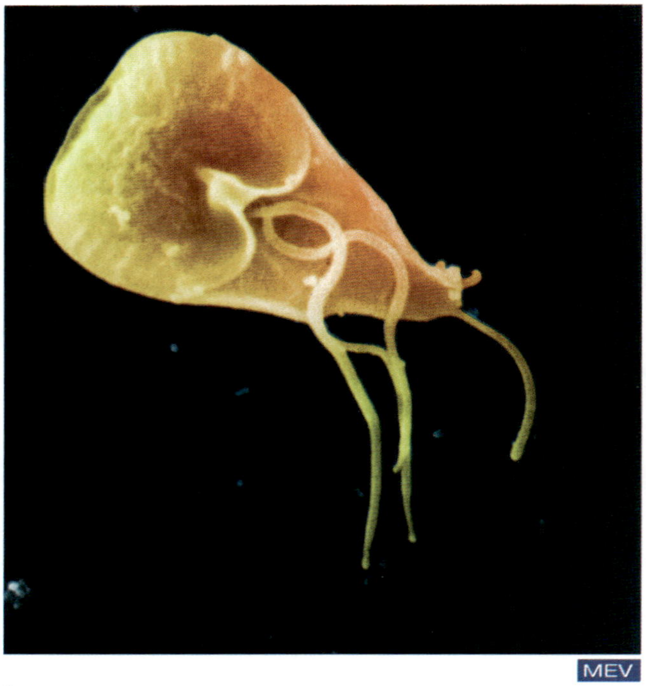


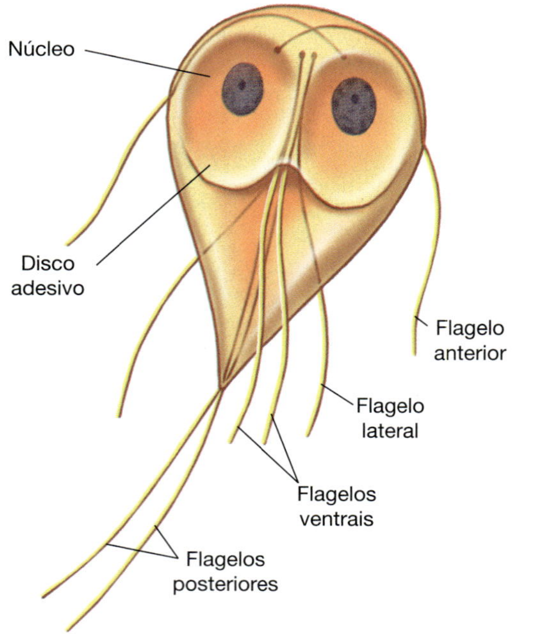


**Figura 23.20** ***Giardia intestinalis*, protozoário parasita que causa diarreia.** A. 35.600×. (*Science Source/Science Source.*) B. Estrutura de *G. intestinalis*.

O metronidazol, a furazolidina e a quinacrina são utilizados no tratamento da giardíase. A doença pode ser evitada pela manutenção dos abastecimentos de água sem contaminação por resíduos humanos ou animais.

## Disenteria amebiana e amebíase crônica

A **amebíase** é causada por *Entamoeba histolytica* (Figura 23.21), uma importante ameba patogênica. Essa ameba foi originalmente isolada de úlceras intestinais de um paciente que morreu de diarreia grave. Amostras de diarreia desse paciente foram utilizadas para infectar um cão, no qual apareceu a mesma doença; a mesma espécie de ameba foi recuperada do cão, demonstrando, assim, os postulados de Koch (ver Capítulo 15). A amebíase pode aparecer como doença aguda grave, denominada **disenteria amebiana**, ou como **amebíase crônica**, que pode subitamente reverter para o estágio agudo. Aproximadamente 400 milhões de indivíduos são infectados no mundo inteiro, a maior parte com amebíase crônica. A proporção da população infectada varia de 1% no Canadá a 5% nos EUA e alcança 40% em áreas tropicais.

Os seres humanos tornam-se infectados pelo parasita com a ingestão de cistos na água ou nos alimentos contaminados com material fecal. Após a sua ingestão e passagem pelo estômago e pelo intestino delgado, os cistos sofrem ruptura e liberam trofozoítos ameboides no cólon. Os trofozoítos se reproduzem de modo assexuado no cólon. Alimentam-se no cólon das bactérias que compõem a microbiota normal do intestino grosso. Podem causar distúrbio mínimo ao hospedeiro, ou podem invadir a mucosa intestinal, onde podem residir indefinidamente. Após invadir a mucosa intestinal, os parasitas multiplicam-se e provocam ulceração significativa. Algumas vezes, suas enzimas proteolíticas digerem profundamente a parede intestinal ou até mesmo a atravessam. Em consequência, os protozoários algumas vezes entram nos vasos sanguíneos e alcançam outros tecidos, ou permitem que bactérias presentes no material fecal entrem na cavidade corporal, causando peritonite. Os pacientes com amebíase apresentam hipersensibilidade abdominal, 30 ou mais evacuações por dia e desidratação em consequência da perda excessiva de líquidos. Se os parasitas invadirem os tecidos hepáticos e pulmonares, podem causar abscessos. Pode ocorrer infecção bacteriana das lesões em qualquer tecido.

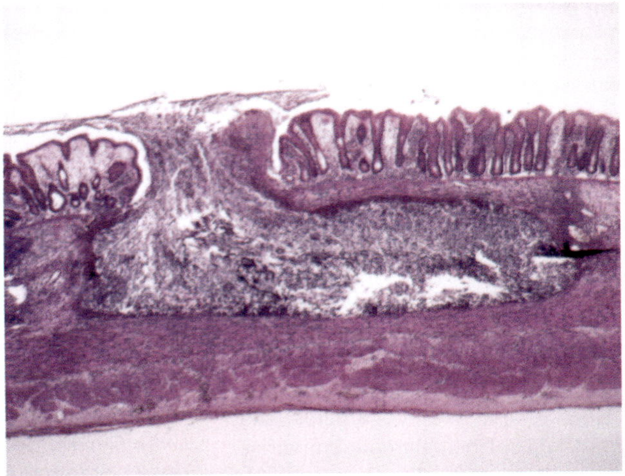

**Figura 23.21 Úlcera em forma de frasco causada por *Entamoeba histolytica* no cólon (ameboma).** (Dr. Mae Melvin/CDC.)

Como o material fecal sofre desidratação à medida que segue o seu percurso pelo cólon, os trofozoítos de *E. histolyitica* tendem a se encistar. Os cistos são então eliminados com as fezes. Os cistos são capazes de sobreviver por até 30 dias em ambiente frio e úmido e não são destruídos por concentrações normais de cloro na água. O modo mais comum de transmissão é por via fecal-oral. Moscas e baratas também podem ser vetores mecânicos. A infecção pode ser adquirida por meio de práticas sexuais nas quais haja ingestão de material fecal.

As infecções amebianas podem ser diagnosticadas pela detecção de trofozoítos ou cistos nas fezes; entretanto, podem ser necessárias várias amostras de fezes obtidas em dias consecutivos para detectá-los. Dispõe-se também de procedimentos que utilizam anticorpos imunofluorescentes e ELISA para o diagnóstico. O metronidazol é amplamente utilizado no tratamento, embora tenha sido constatado que ele é mutagênico em bactérias e carcinogênico em ratos. São também utilizados antibacterianos para evitar ou curar infecções bacterianas secundárias. Essas infecções podem ser evitadas pela manipulação higiênica da água e dos alimentos.

## Balantidíase

*Balantidium coli* (Figura 23.22) é o único protozoário ciliado que causa doença humana. Apresenta distribuição mundial, particularmente nos trópicos; entretanto, a infecção humana é rara, exceto nas Filipinas. *Balantidium coli* é transmitido por cistos encontrados no material fecal. Após a sua ingestão, os cistos sofrem ruptura e liberam trofozoítos que invadem as paredes do intestino grosso, causando uma disenteria conhecida como **balantidíase**. Os sintomas da doença assemelham-se aos da disenteria amebiana; por exemplo, a perfuração do intestino pode resultar em peritonite fatal.

O diagnóstico é estabelecido pela detecção de trofozoítos ou cistos em amostras de fezes. A tetraciclina ou o metronidazol são utilizados no tratamento da doença; entretanto, alguns indivíduos permanecem portadores, mesmo depois do tratamento. À semelhança de outros organismos transmitidos por material fecal, a infecção pode ser evitada por meio de condições sanitárias adequadas. Os porcos servem de reservatório da infecção, de modo que é preciso evitar o contato com suas fezes.

## Criptosporidiose

Os protozoários que pertencem ao gênero *Cryptosporidium* geralmente causam infecções oportunistas em todo o mundo, provavelmente por transmissão fecal-oral a partir de filhotes de cães e gatos. Esses organismos vivem na membrana ou abaixo da membrana das células que revestem os sistemas digestório e respiratório. Após a sua ingestão, os cistos eclodem no intestino, liberando protozoários que invadem as células intestinais ou migram para outros tecidos. Em 1993, um surto de diarreia aquosa afetou cerca de 403.000 residentes de Milwaukee, em Wisconsin; o surto foi atribuído à infecção por *Cryptosporidium* de uma das estações de tratamento de água da cidade. Em 2006, houve 5.140 casos nos EUA. Nos indivíduos imunocompetentes, a doença é autolimitada;

A diarreia acometeu 403.000 residentes de Milwaukee, Wisconsin – 4.400 casos graves o suficiente para exigir internação – em 1993, quando *Cryptosporidium* contaminou o abastecimento de água na cidade.

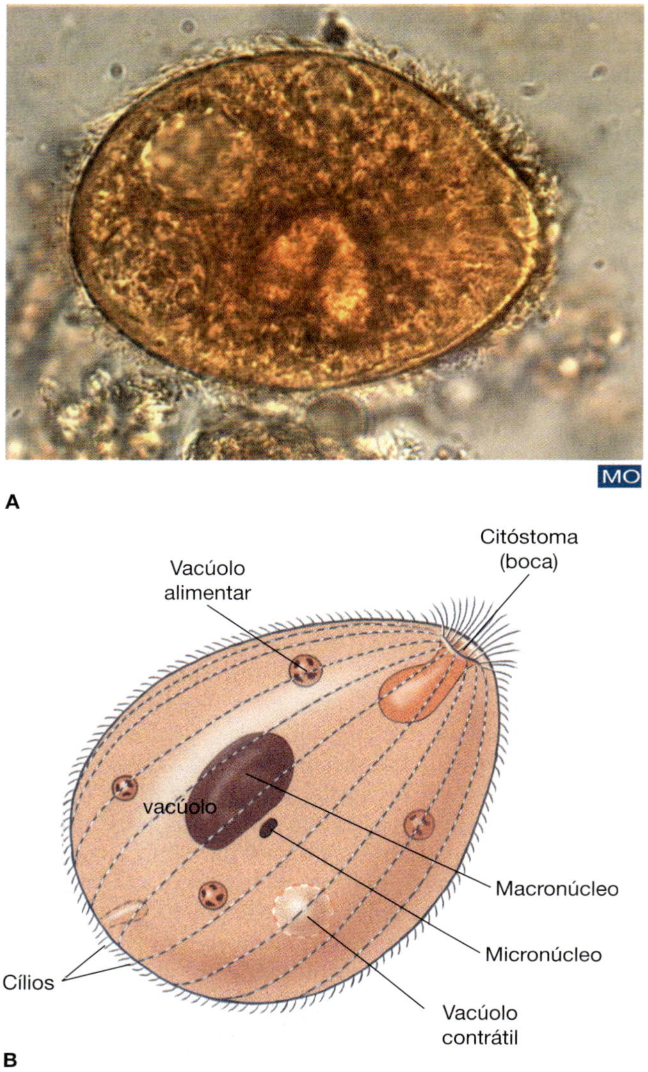


**Figura 23.22** ***Balantidium coli*, único ciliado parasita do homem.** Esse protozoário ciliado muito grande causa diarreia. Trata-se do único ciliado conhecido que infecta os seres humanos. **A.** Fotografado em um esfregaço de fezes (340×). (*Cortesia do Oregon Public Health Laboratory/CDC.*) **B.** Estrutura do *B. coli.*

todavia, em pacientes imunossuprimidos, o parasita provoca diarreia grave – até 25 evacuações por dia, com uma perda de até 17 ℓ de líquido. Os casos graves de **criptosporidiose** têm sido observados, em sua maioria, em pacientes com AIDS. Não se dispõe de nenhum tratamento efetivo.

## Ciclosporíase

O protozoário parasita *Cyclospora cayentanenisis* chamou a atenção pública pela primeira vez em 1996, quando 1.465 casos de infecção com diarreia grave resultaram do consumo de framboesa importada da Guatemala nos EUA. Outros surtos ocorreram rapidamente em 1996 e 1997, envolvendo misturas de alfaces e manjericão. Entretanto, o organismo etiológico estava se escondendo na literatura microbiológica sob vários outros nomes desde a sua primeira descrição em 1979. Tem sido designado como "corpo semelhante a coccídio", "corpo semelhante a cianobactéria," "alga azul" e "grande forma de *Cryptosporidium*". Finalmente, em 1993, recebeu o seu nome atual. Esse parasita está estreitamente relacionado com espécies de *Eimeria*, que causam doença semelhante no gado bovino, em ratos e em aves domésticas.

*Cyclospora* produz oocistos que se disseminam por via oral-fecal. Talvez apenas 10 a 100 oocistos sejam suficientes para iniciar a infecção. Depois de um período de incubação de cerca de 7 dias, a doença aparece com sintomas de tipo gripal, diarreia aquosa, distensão, anorexia, dor abdominal, perda de peso e fadiga extrema. A doença tem uma duração de pelo menos 1 a 2 semanas; entretanto, com mais frequência, a duração é, em média, de 6 a 7 semanas, havendo frequentemente recidiva. O diagnóstico envolve a detecção de oocistos nas fezes, o que é uma tarefa muito difícil. A detecção por PCR tem sido dificultada por fatores inibidores nas fezes, além da dificuldade de extração do DNA. O tratamento consiste em um ciclo de 7 dias de sulfametoxazol-trimetoprima, e os fármacos antiprotozoários tradicionais não têm nenhuma ação. Foram formuladas duas teorias sobre a "emergência" dessa nova doença: (1) recentemente, surgiram cepas mais virulentas de *Cyclospora* ou (2) recentemente, *Cyclospora* "pulou de espécie" passando para os seres humanos, talvez a partir do gado bovino.

## Efeitos das toxinas fúngicas

Os fungos produzem um grande número de toxinas, cuja maior parte provém de membros dos gêneros *Aspergillus* e *Penicillium*. Seus vários efeitos sobre os seres humanos consistem em perda da coordenação muscular, tremores e perda de peso. Algumas são carcinogênicas.

*Aspergillus flavus* e outros aspergilos produzem substâncias venenosas, denominadas **aflatoxinas**. As aflatoxinas são os mais potentes carcinógenos já descobertos. Embora os efeitos das toxinas nos seres humanos não estejam totalmente elucidados, a sua presença em produtos alimentícios pode causar câncer de fígado. As toxinas alcançam os seres humanos por meio de alimentos preparados a partir de grãos e amendoins infestados por bolores.

*Claviceps purpurea* é um fungo que cresce como parasita no centeio e no trigo (Figura 23.23). **Cravagem** é o nome da estrutura vegetativa formada por *C. purpurea*, assim como o nome da toxina e da doença que ela causa em grãos. Embora a maioria das variedades desses grãos cultivados nos EUA seja geneticamente resistente à cravagem, muitas variedades cultivadas em outras partes do mundo não apresentam essa resistência. A cravagem causa uma variedade de efeitos nos seres humanos. Quando o fungo é colhido com o centeio e incorporado em produtos alimentícios, pode causar **envenenamento por ergotamina** ou *ergotismo* – alucinações, febre alta, convulsões, gangrena dos membros e, por fim, morte. A mesma substância que causa envenenamento por ergotamina em grandes quantidades pode ser utilizada terapeuticamente em pequenas quantidades. Os fármacos derivados da cravagem são utilizados em doses cuidadosamente medidas para controlar o sangramento no parto, induzir abortos, tratar a enxaqueca e reduzir a pressão arterial.

> **Quando estava na Ucrânia, Napoleão recebeu grãos contaminados, e seus cavalos sofreram de envenenamento pela ergotamina.**

As toxinas de cogumelos são encontradas principalmente em várias espécies de *Amanita*, que têm ampla distribuição pelo mundo (Figura 23.24). A falotoxina e a amatoxina, que são

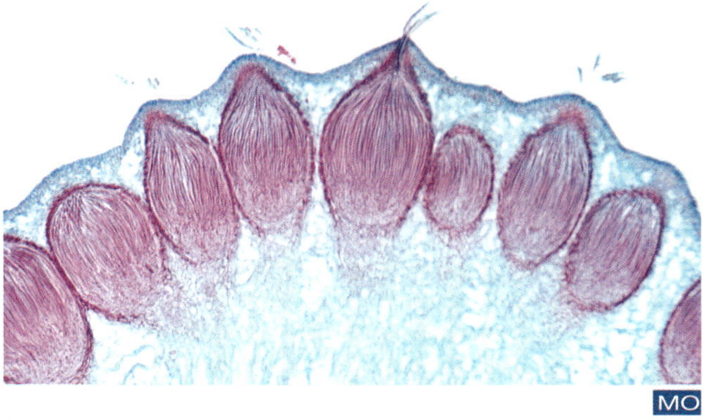


A

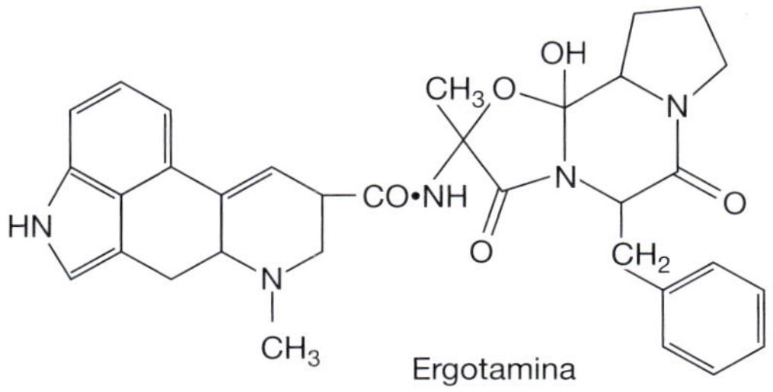


B

**Figura 23.23 Fungo produtor de ergotismo.** **A.** Micrografia de corte transversal do fungo parasita *Claviceps purpúrea* (65×), que produz ergotismo. (*Biophoto Associates/Science Source.*) **B.** Estrutura da ergotamina, um alcaloide tóxico produzido pelo fungo produtor de ergotismo.

## SAÚDE PÚBLICA

### Detenha a aflatoxina!

O sanduíche de manteiga de amendoim e geleia que você preparou para o lanche pode lhe fornecer mais do que a energia proporcionada por essa proteína açucarada que você esperava. Pode haver aflatoxina na manteiga de amendoim caso algum amendoim mofado tenha sido utilizado no seu preparo. Em um estudo, 7% das amostras de manteiga de amendoim analisadas continham aflatoxina. Toxinas semelhantes podem estar presentes em geleias. Mesmo quando a camada superior de geleia mofada é descartada, algumas toxinas podem ter se difundido por dentro da geleia – em outras palavras, não raspe a parte superior e não coma o que está abaixo dela! Além disso, se for utilizado pão mofado, você pode estar comendo no seu lanche um sanduíche com potencial altamente carcinogênico.

toxinas de cogumelos, atuam nas células hepáticas. Provocam vômitos, diarreia e icterícia. A ingestão da toxina em quantidade suficiente pode ser letal ou pode causar dano tão grave ao fígado que é necessário efetuar um transplante do órgão.

**PARE e RESPONDA**

1. Que tipos de hepatite podem ser evitados pelo uso de vacinas?
2. Quem deve receber vacinas contra a hepatite?
3. O que é aflatoxina? Qual a sua origem? E quais são os seus efeitos?

## Doenças gastrintestinais causadas por helmintos

Uma ampla variedade de helmintos pode parasitar o trato intestinal dos seres humanos, e alguns também podem invadir outros tecidos. Embora a maioria seja prevalente apenas em regiões tropicais, vários são endêmicos nos EUA. Os profissionais de saúde nos EUA devem estar alerta quanto à possibilidade de que os pacientes possam ter adquirido esses parasitas durante uma viagem para áreas tropicais.

### Infecções por trematódeos

As infecções por trematódeos transmitidos por alimentos afetam 40 milhões de pessoas em todo o mundo. De todos os trematódeos, *Fasciola hepatica* (Figura 23.25), o trematódeo do fígado de carneiro, é o mais intensamente estudado. Esse trematódeo é encontrado em seres humanos na América do Sul, em Cuba, no norte da África e em algumas partes da Europa. Seu hospedeiro intermediário é um caramujo. Ocorre desenvolvimento de cercárias (formas larvárias) no caramujo; após a sua liberação, amadurecem na água e se encistam como metacercárias na vegetação aquática. Quando os seres humanos consomem esse tipo de vegetação, particularmente agrião, as metacercárias são liberadas no intestino grosso, perfuram a parede intestinal e migram para o fígado. No fígado, alimentam-se de sangue, causam obstrução dos ductos biliares e provocam inflamação. Algumas vezes, migram para os olhos, o encéfalo ou os pulmões. Os trematódeos adultos podem ser encontrados nos ductos biliares e na vesícula biliar. Vivem por cerca de 10 anos. As infecções podem ser diagnosticadas

**Figura 23.24 Cogumelos produtores de toxinas fatais.** Os cogumelos do gênero *Amanita* matam devido à presença de uma toxina que inibe a RNA polimerase. **A.** *Amanita muscaria*, que era antigamente utilizada como inseticida. Esse inseticida era borrifado com açúcar e espalhado para atrair as moscas, que morriam após beliscar o açúcar misturado com inseticida. (*Roger De Marfa/Stockphoto.*) **B.** *Amanita virosa*, comumente denominada "anjo exterminador". (*Blickwindel/Alamy Limited.*)

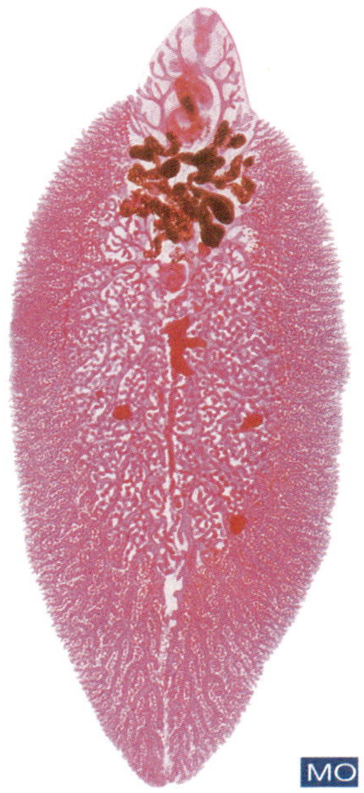


**Figura 23.25** ***Fasciola hepatica*, o trematódeo hepático de ovinos.** Esse espécime foi corado para revelar as estruturas internas (2,5×). (*Science Photo Library/Sciente Source.*)

pela detecção de ovos em amostras de fezes. Os seres humanos infectados podem ser tratados com bitionol e outros agentes anti-helmínticos. A infecção pode ser evitada pela não ingestão de vegetação aquática, a não ser que seja cozida.

O trematódeo hepático chinês *Clonorchis* tem ampla distribuição na Ásia. Até 80% da população nas áreas rurais é infectada; alguns viajantes e indivíduos que consomem produtos importados crus também se tornam infectados. O ciclo de vida assemelha-se ao da *Fasciola*, exceto que é necessário um segundo hospedeiro intermediário, normalmente um peixe, porém algumas vezes um crustáceo. As metacercárias sofrem desencistamento (ou seja, emergem de um cisto) no duodeno e migram até o fígado, e os trematódeos adultos estabelecem residência nos ductos biliares. Destroem o epitélio dos ductos biliares, causam bloqueio dos ductos e, algumas vezes, perfuram o fígado e o danificam. A incidência de câncer hepático é acentuadamente alta em áreas onde as infecções por trematódeos são altas; todavia, não se sabe se o trematódeo é o responsável. A detecção de ovos nas fezes confirma o diagnóstico, porém não se dispõe de nenhum tratamento efetivo. O parasita pode ser erradicado pelo cozimento dos peixes e crustáceos. Todavia, o hábito cultural de comer peixe e frutos do mar crus e a falta de combustível para cozinhar mantêm as infecções.

Outro trematódeo, *Fasciolopsis buski*, é comum em suínos e em seres humanos no Oriente. Esse parasita vive no intestino delgado e provoca diarreia crônica e inflamação. Se houver vários trematódeos presentes, eles podem causar obstrução, abscessos e **intoxicação parasitária**, uma reação alérgica às toxinas nos produtos metabólicos dos trematódeos. Podem-se utilizar fármacos anti-helmínticos para remover os trematódeos do corpo do hospedeiro. É possível evitar a infecção humana pelo controle dos caramujos, pela prática de evitar o consumo de vegetação não cozida e pela interrupção do uso de fezes humanas como fertilizante.

## Infecções por tênias

As infecções humanas por tênias podem ser causadas por várias espécies, a maioria delas de distribuição mundial. No Capítulo 12, foram apresentadas ilustrações do ciclo de vida da tênia. Os seres humanos são mais frequentemente infectados pelo consumo de carne de porco ou bovina contaminada não cozida ou inadequadamente cozida. Infecções por tênias também podem ocorrer por meio de contato com cães infectados ou ingestão de peixe cru infectado.

## SAÚDE PÚBLICA

### Sushi

No Japão, várias centenas de indivíduos descobrem, a cada ano, o que ocorre quando ingerem um verme vivo presente em seu petisco saboroso. Normalmente, consomem *sushi* no jantar e acordam de madrugada com dor tão agonizante que são levados ao hospital. O exame do estômago realizado no hospital com gastroscópio de fibra óptica revela a presença de larvas de *Anisakis* penetrando na mucosa gástrica ou duodenal. Em alguns casos, o dano causado por esse nematódeo é tão grave que é necessária a retirada de uma parte do estômago. Em casos menos graves, as larvas do verme podem ser removidas com pinça adaptada ao gastroscópio. Essa infecção é denominada *anisaquíase*. Não existe nenhum tratamento, a não ser a retirada das larvas.

Quais são as chances de que um jantar com *sushi* lhe cause anisaquíase nos EUA? Apenas meia dúzia ou mais de casos foram relatados nos EUA; curiosamente, esses casos mostraram envolver problemas em uma parte um pouco mais superior do trato digestório. Na Califórnia, um homem tinha consumido carne crua de robalo 10 dias antes de começar a sentir uma sensação peculiar na garganta. Tossindo, ele colocou a mão dentro da boca e retirou um verme vivo de 8,5 cm de comprimento. As outras vítimas nos EUA também tossiram de modo semelhante e conseguiram retirar seus próprios vermes – uma pessoa conseguiu fazê-lo rapidamente 4 h após uma refeição de filé de bacalhau. Mesmo assim, levando em consideração o número de pessoas nos EUA que comem peixe cru ou inadequadamente cozido, o número total de casos diagnosticados de anisaquíase é tão baixo que não é preciso se preocupar muito – pelo menos até agora!

(*R. Marcialis/Science Source*)

A tênia do porco, *Taenia solium* (Figura 23.26A), alcança um comprimento de 2 a 7 m, enquanto a tênia do boi, *T. saginata*, alcança um comprimento de 5 a 25 m. Em geral, esses vermes entram no corpo na forma de larvas presentes em carne crua ou inadequadamente cozida, em particular carne de porco. As larvas viáveis podem se desenvolver em tênias adultas. Quando se desenvolvem no intestino, as tênias adultas absorvem grandes quantidades de nutrientes e levam à desnutrição, mesmo quando o indivíduo tem uma dieta adequada. Os vermes longos e em forma de fita podem se enovelar, formando uma massa que bloqueia a passagem de materiais através do intestino. Pode ocorrer autoinfecção intestinal se os ovos forem liberados enquanto as proglotes ainda se encontram no interior do intestino, carregando, cada segmento, cerca de 60.000 ovos. Os ovos podem invadir a corrente sanguínea e disseminar-se para outros locais do corpo, de forma mais preocupante para o sistema nervoso central (SNC).

Quando seres humanos ingerem ovos de tênia, em vez de larvas, ou são autoinfectados por esses ovos (Figura 23.26B), o revestimento do ovo sofre desintegração no intestino delgado, e as larvas liberadas penetram na parede do intestino e entram no sangue. Em 60 a 70 dias, uma larva migra para vários tecidos e desenvolve-se em **cisticerco** (ver Capítulo 12). O cisticerco consiste em uma bolsa branca oval com a cabeça da tênia invaginada no seu interior. Nos seres humanos, os cisticercos são frequentemente encontrados no cérebro, onde podem alcançar um diâmetro de 6 cm. Quando os porcos ingerem ovos de tênia, os cisticercos migram para o músculo e se encistam. As defesas do corpo fazem com que as larvas encistadas sejam circundadas por depósitos de cálcio. Nos seres humanos, a calcificação não interrompe o crescimento dos cisticercos; se órgãos vitais forem acometidos, como o cérebro, o coração ou pulmões, os pacientes podem sofrer paralisia e convulsões. Quando morre, o cisticerco libera toxinas e habitualmente desencadeia uma resposta alérgica grave ou até mesmo fatal. As infecções humanas por tênias podem ser evitadas por meio de eliminação adequada de resíduos humanos e cozimento completo de carnes e peixes. Mesmo o congelamento das carnes a –5°C durante um período mínimo de 1 semana parece matar os parasitas.

Os seres humanos ingerem ovos da tênia *Echinococcus granulosus* por meio de contato com cães infectados, particularmente quando o cão lambe o rosto de crianças pequenas. Os ovos dessa tênia são particularmente capazes de produzir cistos, denominados **cistos hidáticos** (Figura 23.26C) em tecidos vitais como o fígado, os pulmões

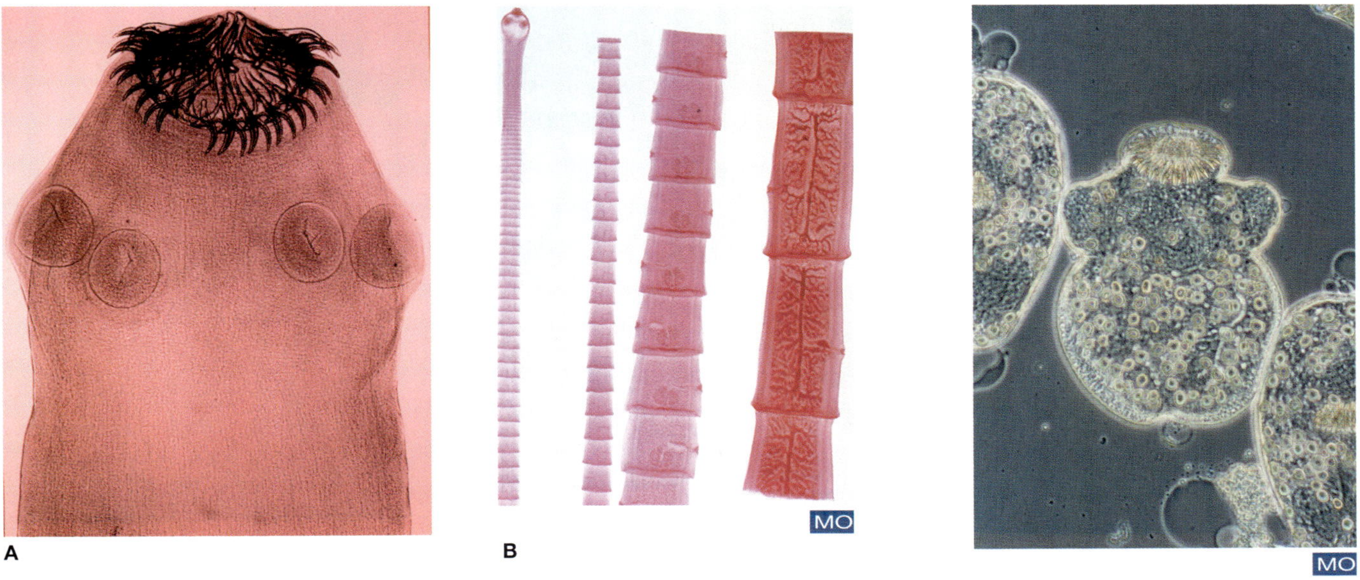


A B C

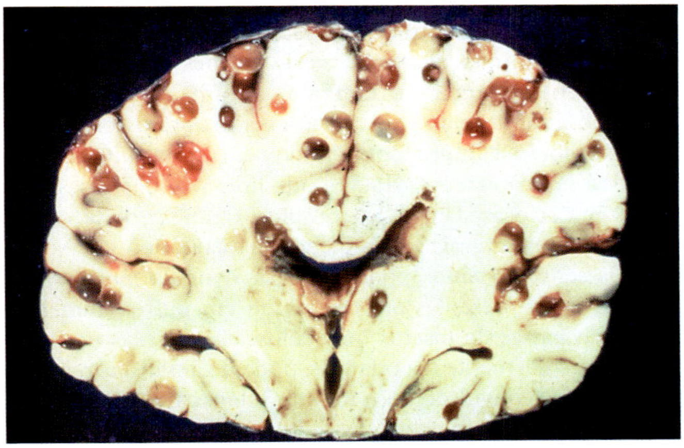

D

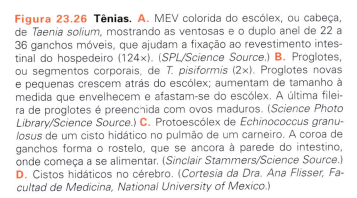

**Figura 23.26 Tênias. A.** MEV colorida do escólex, ou cabeça, de *Taenia solium*, mostrando as ventosas e o duplo anel de 22 a 36 ganchos móveis, que ajudam a fixação ao revestimento intestinal do hospedeiro (124×). (*SPL/Science Source.*) **B.** Proglotes, ou segmentos corporais, de *T. pisiformis* (2×). Proglotes novas e pequenas crescem atrás do escólex; aumentam de tamanho à medida que envelhecem e afastam-se do escólex. A última fileira de proglotes é preenchida com ovos maduros. (*Science Photo Library/Science Source.*) **C.** Protoescólex de *Echinococcus granulosus* de um cisto hidático no pulmão de um carneiro. A coroa de ganchos forma o rostelo, que se ancora à parede do intestino, onde começa a se alimentar. (*Sinclair Stammers/Science Source.*) **D.** Cistos hidáticos no cérebro. (*Cortesia da Dra. Ana Flisser, Facultad de Medicina, National University of Mexico.*)

## SAÚDE PÚBLICA

### Com a imigração vêm as bagagens cheias de tênias

*Taenia solium* está sendo transportada pelo mundo dentro de seres humanos e porcos como hospedeiros. É mais comum em partes da América Central, América do Sul, África e Ásia (ver o mapa), onde é endêmica nas áreas rurais. Um novo e importante problema de saúde pública está aparecendo nos países desenvolvidos – a ocorrência de sintomas do SNC (cefaleia, convulsões e hidrocefalia) devido à neurocisticercose. Recentemente, a International League Against Epilepsy a considerou como a principal causa de epilepsia no mundo. A tênia do porco necessita dos seres humanos como hospedeiros definitivos, nos quais ocorre a reprodução sexuada. Os seres humanos adquirem os vermes pela ingestão de cisticercos em carne de porco inadequadamente cozida. Uma vez estabelecidos no intestino humano, os vermes eliminam grandes quantidades de ovos nas fezes.

Em alguns países subdesenvolvidos com higiene precária, os porcos criados soltos ingerem fezes humanas ou são então mantidos em chiqueiros, onde são alimentados intencionalmente com fezes humanas. Isso assegura a infecção de quase todos os porcos, algumas vezes com até 2.500 cisticercos por quilograma de carne. Com falta de educação e de conhecimento da infecção, os proprietários dos animais acreditam que essa prática é uma boa solução: nutrição boa e gratuita para os porcos e eliminação das fezes no próprio local sem a necessidade de uma estação de tratamento de esgoto. Subsequentemente, a venda desses porcos em áreas livres de *T. solium* levou a seu estabelecimento, juntamente com a neurocisticercose, entre a população humana inocente. Este foi o caso quando porcos balineses foram dados à população nativa de outra ilha pelo governo da Indonésia em uma tentativa de fazer com que essa população aceitasse as regras indonésias.

Todavia, não precisamos consumir carne de porco ou entrar em contato com esses animais para adquirir cisticercose – tudo o que precisamos fazer é deglutir alguns ovos de *T. solium*, possivelmente das mãos não lavadas de um manipulador de alimentos infectado por vermes. Nos EUA, a maioria dos casos está associada a imigrantes mexicanos ou pessoas que visitam o México.

**Possibilidade de adquirir *T. solium*, 2015**

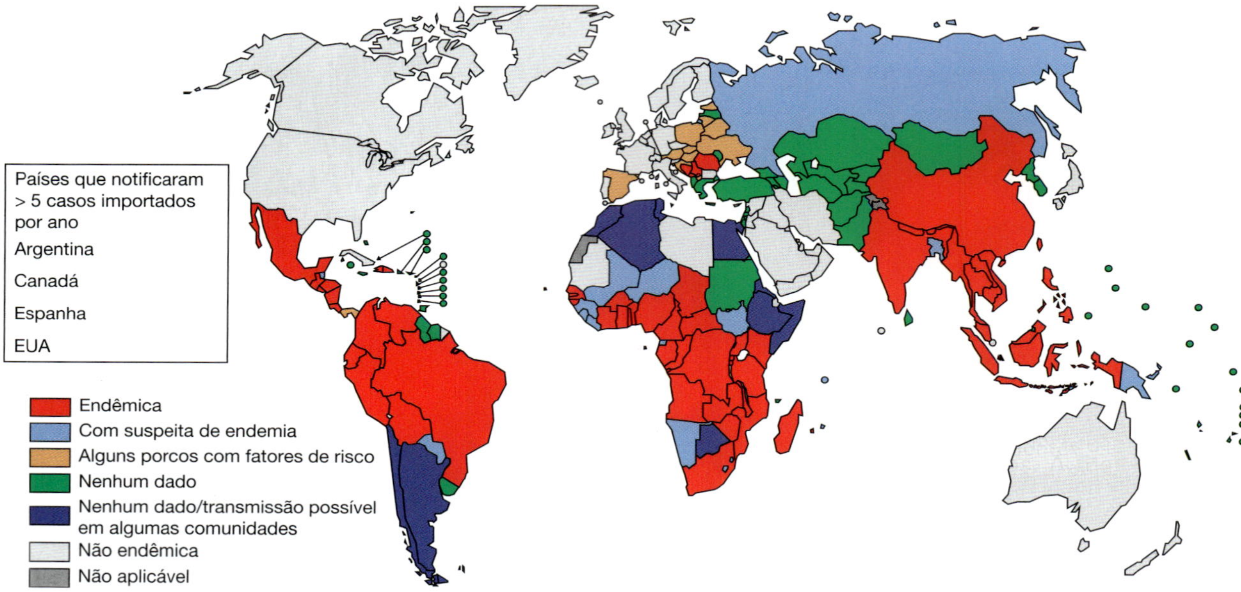


e o encéfalo (ver Capítulo 12). Os cistos, que podem conter centenas de minúsculas cabeças de vermes imaturos e frequentemente alcançam o tamanho de uma toranja ou um tamanho ainda maior, exercem pressão sobre os órgãos. Se um cisto sofrer ruptura, como pode ocorrer durante a tentativa de remoção cirúrgica, ele pode liberar todas essas unidades infecciosas. Um cisto rompido também pode causar reações alérgicas graves, como choque anafilático.

Os seres humanos podem ingerir ovos da tênia *Hymenolepsis nana* presentes em cereais ou em outros alimentos contendo partes de insetos infectados. Essas tênias no intestino, particularmente em crianças, podem causar diarreia, dor abdominal e convulsões. No mundo inteiro, trata-se da tênia mais comum que infecta seres humanos, e a sua incidência está aumentando nos EUA.

A tênia do peixe *Diphyllobothrium latum* é comum em carnívoros que se alimentam de peixes. Essa tênia infecta os seres humanos por meio da ingestão de peixe contaminado cru ou malcozido em *sushi* e outros pratos. As infecções pela tênia do peixe são comuns na Escandinávia, na Rússia e no Báltico – alcançando quase 100% de infestação da população em algumas áreas – e têm ocorrido na região dos Grandes Lagos dos EUA. O verme necessita de hospedeiros intermediários, tanto um pequeno crustáceo quanto um peixe, para completar o seu ciclo de vida. Quando os seres humanos ingerem carne de peixe infectada, os vermes enovelados no músculo do peixe alcançam o intestino, onde amadurecem. Os vermes adultos fixam-se ao intestino e começam a produzir ovos. Enquanto estão fixados, os parasitas absorvem grandes quantidades de vitamina $B_{12}$ e comprometem a capacidade da vítima de absorver a vitamina. A deficiência de vitamina $B_{12}$, ou anemia perniciosa, em consequência da infecção por tênia é particularmente alta na Finlândia.

As infecções por tênias são diagnosticadas pela detecção de ovos ou de proglotes nas fezes. As infecções podem ser tratadas com niclosamida e outros agentes anti-helmínticos. O diagnóstico e o tratamento imediatos são importantes para remover os vermes antes que possam invadir tecidos além do intestino. As infecções humanas podem ser totalmente prevenidas evitando o consumo de carnes e peixes crus e contato com cães infectados.

## Triquinose

A **triquinose** é causada pelo pequeno nematódeo *Trichinella spiralis*, algumas vezes denominada *triquina*. Esse parasita, diferentemente da maioria, é mais comum nos climas temperados do que nos tropicais. (Quase todos os adultos nos EUA apresentam anticorpos contra *Trichinella* e, portanto, carregam poucos vermes. Todavia, esse pequeno número de vermes não causará sintomas.) Em geral, o parasita entra no sistema digestório na forma de larvas encistadas (Figura 23.27) em carne de porco inadequadamente cozida, porém as infecções têm sido atribuídas ao consumo de carne de veado e de outros animais de caça, bem como ao consumo de carne de cavalo na França. No intestino, os cistos liberam larvas que se desenvolvem em vermes adultos. Os adultos se acasalam; em seguida, os machos morrem, e as fêmeas produzem larvas vivas antes de morrer também. As larvas migram através dos vasos sanguíneos e linfáticos para o fígado, o coração, os pulmões e outros tecidos. Quando alcançam os músculos esqueléticos, particularmente os dos olhos, da língua, o diafragma e os músculos da mastigação, formam cistos. Nos seres humanos, a formação de cistos representa o final do ciclo para os vermes, visto que eles não serão ingeridos nem transferidos para outro hospedeiro. Os vermes encistados permanecem vivos e infecciosos durante anos.

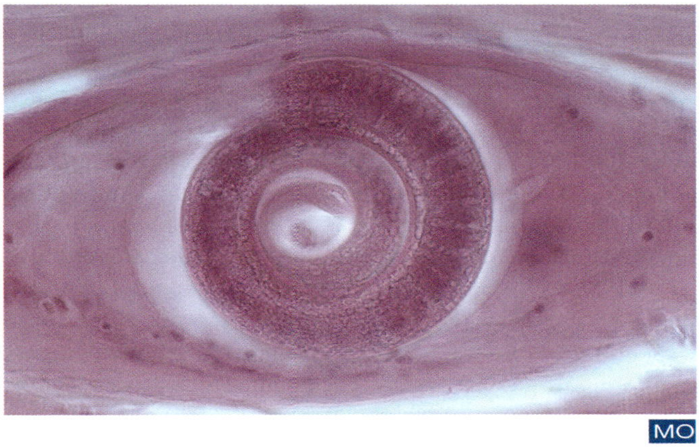


**Figura 23.27** ***Trichinella spiralis*.** Esse espécime está enrolado como cisto, alojado em fibras do músculo estriado (1.020×). (© *James Solliday/Biological PhotoService*.)

Esses parasitas provocam dano tecidual quando adultos e na forma de larvas migratórias e encistadas. As fêmeas adultas penetram na mucosa intestinal e liberam resíduos tóxicos, que causam sintomas semelhantes aos do envenenamento alimentar. As larvas que migram provocam dano aos vasos sanguíneos e a qualquer tecido no qual possam penetrar. Pode ocorrer morte em consequência de insuficiência cardíaca, insuficiência renal, distúrbios respiratórios ou reações às toxinas. As larvas encistadas causam dor muscular. O diagnóstico de triquinose é difícil, porém as biopsias musculares e os testes imunológicos são, algumas vezes, positivos. O tratamento é direcionado para o alívio dos sintomas, visto que a doença não pode ser curada. Pode ser evitada pela ingestão de carne cozida de maneira adequada. O congelamento não mata necessariamente as larvas encistadas, e o cozimento com micro-ondas só é seguro se a temperatura interna da carne alcançar 77°C. O cozimento com micro-ondas depende da geometria. Como os pedaços de carne apresentam formas irregulares, é necessário virá-los durante o cozimento para que cozinhem de modo uniforme. Estudos com carne de porco experimentalmente infectada por *Trichinella* mostram que alguns vermes sobrevivem quando o cozimento no micro-ondas é realizado sem rotação da carne. Por lei, os porcos nos EUA não devem ser alimentados com lixo ou restos de restaurantes, a não ser que tenham sido previamente cozidos. Isso evita que triquinas vivas presentes em pedaços de carne de porco crua sejam recicladas em porcos, que então serão infectados. Desse modo, não é muito provável que você adquira triquinose de carne de porco nos EUA. O número médio de casos diagnosticados por ano nos EUA é de menos de 30 (Figura 23.28).

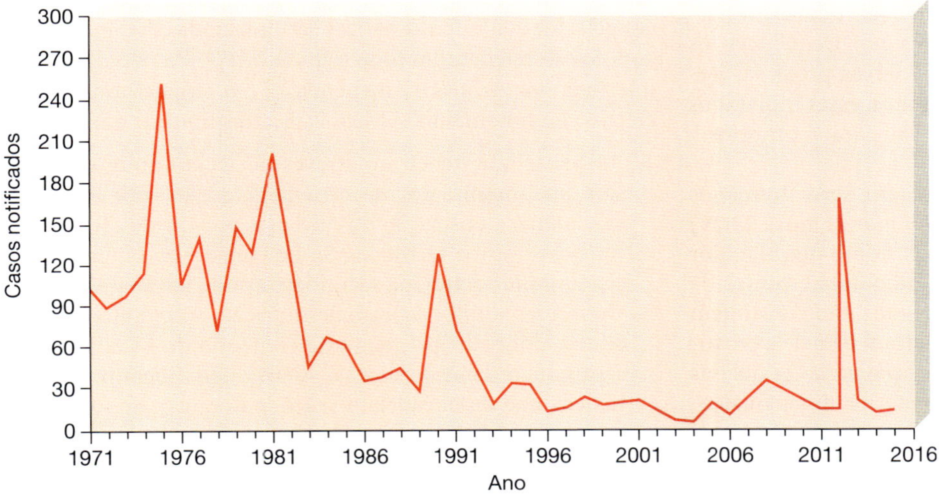


**Figura 23.28 Triquinose.** Casos relatados por ano – EUA, 1971-2013. (*Fonte: CDC*.)

## Infecções por ancilóstomos

A **ancilostomíase** é causada, com mais frequência, por uma de duas espécies de trematódeos pequenos (11 a 13 mm de comprimento) – *Ancylostoma duodenale* e *Necator americanus.* Embora esses parasitas tenham um ciclo de vida complexo, esse ciclo pode ocorrer em um único hospedeiro, e o hospedeiro é, com frequência, um ser humano. Os ovos nas fezes eclodem rapidamente no solo úmido. Nesse ambiente, os ovos liberam larvas de vida livre, que se alimentam de bactérias e restos orgânicos, crescem, sofrem mudas e transformam-se em larvas parasitas maduras. Se essas larvas alcançam a pele, geralmente dos pés ou das pernas, elas cavam túneis através da pele para alcançar os vasos sanguíneos, que então as transportam para o coração e para os pulmões. Em seguida, as larvas penetram no tecido pulmonar, e algumas são expectoradas e deglutidas. No intestino, as larvas penetram nas vilosidades e amadurecem em vermes adultos. Os vermes adultos se acasalam e iniciam novamente o ciclo. No mundo inteiro, a estimativa é de 500 milhões de pessoas infectadas por ancilóstomos.

À medida que as larvas de ancilóstomos se enterram na pele, as reações inflamatórias do hospedeiro matam muitas delas, porém a infecção bacteriana dos locais de penetração causa **prurido da ancilostomíase**. Nos pulmões, os parasitas provocam muitas hemorragias pequenas, porém causam maior dano ao revestimento do intestino delgado. Alimentam-se de sangue e causam dor abdominal, perda de apetite e deficiência de ferro e proteínas, de modo que os indivíduos infectados com ancilóstomos frequentemente parecem ser indolentes. Esses efeitos são particularmente debilitantes em indivíduos cujas dietas são pouco adequadas, mesmo sem grande carga de infecções por vermes.

O diagnóstico é estabelecido pela detecção de ovos ou vermes nas fezes; entretanto, as amostras precisam ser concentradas para a sua detecção. O tetracloroetileno mostra-se efetivo contra as infecções por *Necator.* É barato e fácil de administrar nos esforços de tratamento em massa. O hidroxinaftalato de befênio, mebendazol e vários outros fármacos, apesar de seu custo mais elevado, matam ambas as espécies de ancilóstomos. Todos os pacientes infectados por ancilóstomos devem receber suplementos dietéticos, particularmente ferro. A ancilostomíase é evitável por meio de eliminação sanitária dos dejetos humanos; entretanto, pode ser difícil interromper o uso de excrementos humanos como fertilizantes e fazer com que pessoas incultas utilizem vasos sanitários. Com frequência, os agricultores defecam repetidamente em aéreas próximas aos campos onde trabalham. Quando infectados, esses indivíduos representam uma fonte contínua de larvas para si próprios e para outras pessoas.

Em 1991, casos de ancilostomíase em seres humanos pelo ancilóstomo do cão *Ancylostoma caninum* (Figura 23.29) foram associados a problemas intestinais, como diarreia, dor abdominal e perda de peso. As larvas de outras espécies de ancilóstomos para as quais os seres humanos não constituem o hospedeiro normal algumas vezes penetram na pele e provocam *larva migrans cutânea* ou *erupção serpiginosa.* As defesas do corpo, que impedem a migração posterior dos parasitas, resultam em grave inflamação da pele. Com frequência, essas infecções são adquiridas a partir de gatos e cães infectados e podem ser tratadas com tiabendazol.

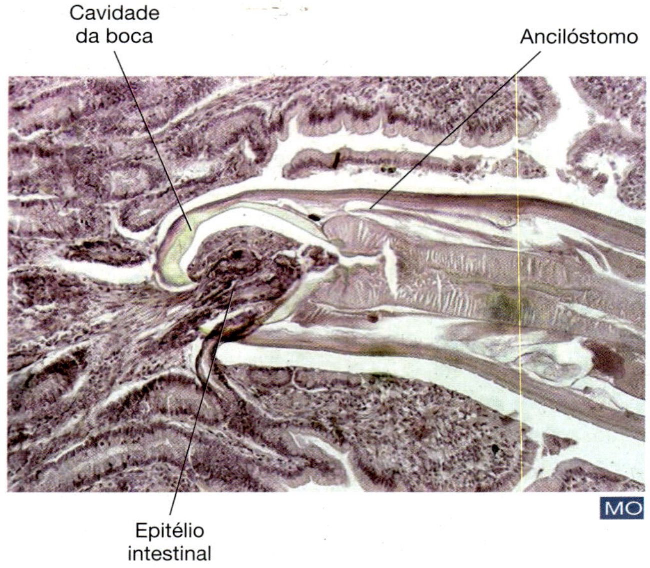


**Figura 23.29** ***Ancylostoma caninum*, o ancilóstomo do cão.** Observe a grande protuberância do intestino encontrada no interior da boca do parasita. (As infestações maciças podem resultar em anemia.) (*S.J. Upton/CDC.*)

## Ascaridíase

*Ascaris lumbricoides* (Figura 23.30) é um grande nematódeo de 25 a 35 cm de comprimento que causa a **ascaridíase**. Os indivíduos tornam-se infectados pela ingestão de água ou alimentos contaminados com ovos de *Ascaris.* Uma vez no intestino, os ovos eclodem, e as larvas penetram na parede do intestino e entram nos vasos linfáticos e vênulas. Embora as larvas possam invadir e causar reações imunológicas em quase qualquer tipo de tecido, a maioria migra pelo trato respiratório até a faringe e é então deglutida. As larvas migram então para o intestino delgado, amadurecem e começam a produzir ovos. Uma única fêmea produz, em média, 200.000 ovos por dia, com uma produção total durante a vida de cerca de 26 milhões de ovos. Uma fêmea vive por um período de 12 a 18 meses. Os ovos são particularmente resistentes aos ácidos e podem se desenvolver em formol a 2%. Resistem também à dessecação, e os indivíduos podem ser infectados por ovos transportados pelo ar. Em algumas áreas do sul dos EUA, onde o solo nunca congela, 20 a 60% das crianças são infectadas, habitualmente com 5 a 10 vermes. Em todo o mundo, 25% da população está infestada por *Ascaris.* O mebendazol e o pirantel mostram-se efetivos no tratamento. *Ascaris* causa três tipos de danos:

1. As larvas que penetram através do tecido pulmonar causam pneumonite por *Ascaris*, caracterizada por hemorragia, edema e obstrução dos alvéolos por vermes, leucócitos mortos e restos teciduais. Se houver desenvolvimento de pneumonia bacteriana secundária, pode ser fatal.
2. Os vermes adultos causam desnutrição; entretanto, como se alimentam principalmente do conteúdo do intestino, causam pouco dano à mucosa. Além disso, liberam resíduos tóxicos que desencadeiam reações alérgicas. Se forem numerosos o suficiente, causam bloqueio intestinal e, algumas vezes, perfuração. A peritonite que ocorre após a perfuração é quase sempre fatal.

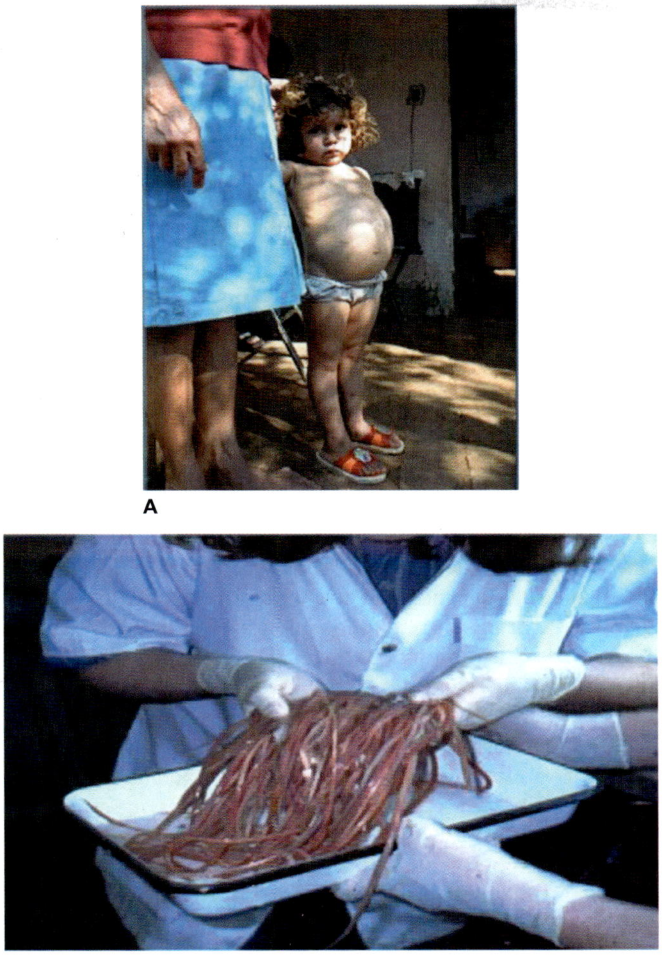

A

B

**Figura 23.30** ***Ascaris lumbricoides*, um grande nematódeo.** **A.** Criança com distensão do abdome causada por vermes do gênero *Ascaris*. (*Cortesia da Dra. Nora Vish.*) **B.** As fêmeas podem alcançar 35 cm de comprimento e podem produzir várias centenas de ovos por dia. Os ovos são eliminados nas fezes e podem sobreviver no solo por vários meses ou até mesmo anos (*Cortesia da Dra. Nora Vish*). Esses 800 vermes, aproximadamente, foram removidos do íleo de uma criança na necropsia. (*Cortesia da Dra. Nora Vish.*)

3. Os vermes errantes causam abscessos no fígado e em outros órgãos e, algumas vezes, traumatizam as vítimas ou os médicos que examinam esses pacientes para outras doenças, devido ao rastejamento de vermes que aparecem pelas aberturas do corpo, como o nariz e o umbigo.

O diagnóstico é estabelecido pela detecção de ovos ou de vermes nas fezes. Os vermes adultos podem ser erradicados do corpo com o uso de piperazina, mebendazol e vários outros fármacos; entretanto, não se dispõe de nenhum tratamento para livrar o corpo das larvas. A piperazina relaxa temporariamente os músculos dos vermes. Em consequência, como não conseguem se movimentar contra a corrente e estar estreitamente contra a parede do intestino, os vermes são então eliminados através do ânus por meio do peristaltismo. A infecção é totalmente evitável com boas condições sanitárias e higiene pessoal.

As espécies de *Toxocara*, outro tipo de nematódeo, parasitam habitualmente cães e gatos. Foi estimado que, nos EUA, 98% dos filhotes de cães estejam infectados, inclusive aqueles provenientes de bons canis. As taxas de infecção podem ser quase tão altas em cães quanto em gatos de qualquer idade. A *larva migrans visceral* refere-se à migração de larvas desses parasitas em tecidos humanos, como o fígado, os pulmões e o cérebro, onde causam dano tecidual e reações alérgicas. O risco dessas infecções humanas pode ser minimizado pela vermifugação periódica dos animais de estimação, descarte cuidadoso dos excrementos e manutenção dos tanques de areia para crianças inacessíveis aos animais.

**O trato intestinal de muitos gatos dissecados em laboratórios de anatomia é infestado por *Ascaris lumbricoides*, cujos ovos podem ainda estar viáveis.**

## Tricuríase

A **tricuríase** é causada pelo nematódeo *Trichuris trichiura*, que se distribui por quase todo o mundo. Estima-se que quase 300 milhões de indivíduos estejam infectados, alguns deles no sudeste dos EUA. Para que os seres humanos sejam infectados, as fezes humanas precisam ser depositadas em solo quente e úmido em áreas de sombra. As crianças pequenas, que colocam as mãos sujas na boca, são particularmente suscetíveis à infecção. Os ovos depositados com as fezes contêm embriões parcialmente desenvolvidos. Quando os ovos são deglutidos, eclodem. As formas jovens rastejam nas glândulas secretoras de enzimas do intestino, denominadas criptas de Lieberkühn, onde se desenvolvem. Em seguida, retornam ao lúmen (espaço central) do intestino, onde alcançam a sua maturidade completa 3 meses após a infecção inicial.

Os vermes adultos causam dano à mucosa intestinal e alimentam-se de sangue. Causam sangramento crônico, anemia, desnutrição, reações alérgicas a toxinas e suscetibilidade à infecção bacteriana secundária. Nas crianças, as infecções podem resultar em sangramento retal. O peso dos vermes pode causar prolapso do reto (Figura 23.31). A infecção é diagnosticada pela detecção de ovos dos vermes nas fezes. O mebendazol é um fármaco efetivo para eliminar os parasitas do intestino. O descarte sanitário dos dejetos é essencial para a prevenção de reinfecção.

## Estrongiloidíase

A **estrongiloidíase** é causada por *Strongyloides stercoralis* (Figura 23.32). Esse parasita é incomum, visto que as fêmeas

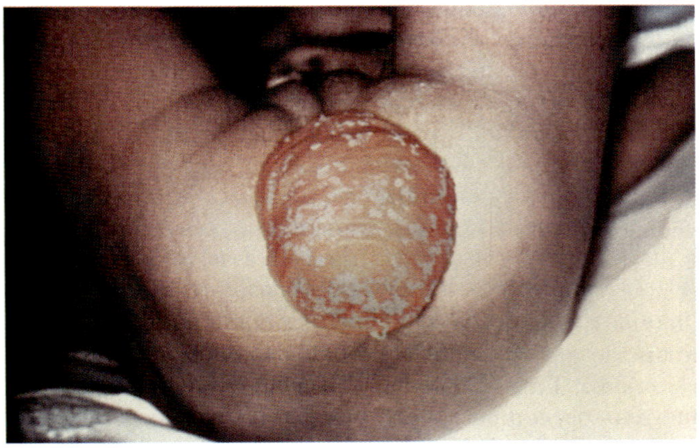

**Figura 23.31 Prolapso do reto causado por reação a *Trichuris*.** (*Cortesia dos CDC.*)

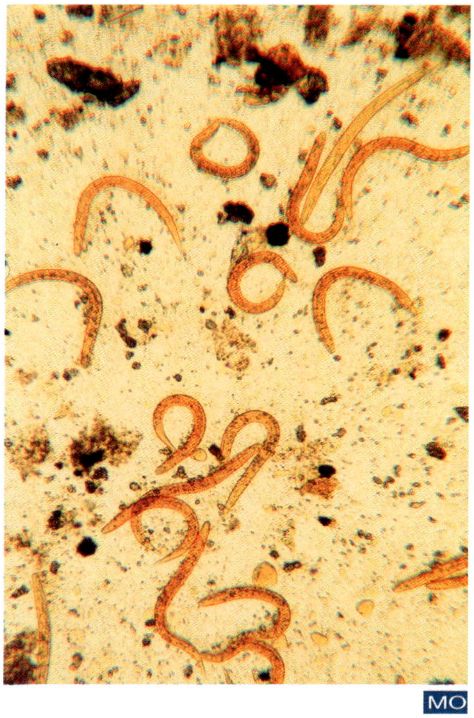


**Figura 23.32** ***Strongyloides stercoralis.*** Nematódeo parasita do intestino delgado (44×). (*Luis M. de La Maza, Ph.D. M.D./Medical Images.*)

produzem ovos por *partenogênese* – isto é, sem fertilização por um macho. De fato, nenhum macho desta espécie já foi identificado de maneira segura no estágio parasitário. As fêmeas adultas, que medem cerca de 2,2 mm de comprimento por 0,04 mm de largura, fixam-se ao intestino delgado, penetram nas camadas subjacentes e liberam ovos contendo larvas não infecciosas. Muitos ovos eclodem no intestino e são eliminados com as fezes. No solo, as larvas podem transformar-se em adultos de vida livre ou podem se desenvolver em larvas infecciosas e penetrar na pele de novos hospedeiros. As larvas infectantes, que penetram na pele, são transportadas pelo sangue até os pulmões. Nos pulmões, seguem o seu trajeto até a traqueia, dirigem-se para a faringe e são deglutidas. Quando alcançam o intestino delgado, desenvolvem-se em vermes adultos e reiniciam o ciclo de vida.

As larvas de *Strongyloides* causam prurido, edema e sangramento nos locais de penetração, que frequentemente se tornam infectados com bactérias. As larvas migratórias provocam reações imunológicas no hospedeiro, porém as reações normalmente não interrompem os parasitas. Ocorrem tosse e sensação de queimação no tórax nas infecções pulmonares, enquanto se observa a ocorrência de sensação de queimação e ulceração nas infecções intestinais. A infecção bacteriana secundária em qualquer tecido pode levar a septicemia. A diarreia e a perda de líquido associadas aos parasitas intestinais são graves e difíceis de controlar, mesmo com terapia eletrolítica. Em consequência, os pacientes frequentemente morrem de complicações, como insuficiência cardíaca ou paralisia dos músculos respiratórios. Os pacientes imunossuprimidos podem morrer quando os vermes se disseminam além do intestino, alcançando os pulmões e as meninges.

Nos seres humanos, a infecção por *Strongyloides* ocorre geralmente quando as larvas são encontradas em água ou solo contaminados. O estabelecimento do diagnóstico é difícil, visto que as larvas só podem ser encontradas em esfregaços de amostras de fezes nas infecções maciças. Há pesquisas em andamento para o desenvolvimento de um teste imunológico confiável. O tiabendazol e o cambendazol exercem maior efeito sobre os parasitas, com menos efeitos colaterais indesejáveis.

## Infecções por oxiúros

As infecções por **oxiúros** são causadas por um pequeno nematódeo, *Enterobius vermicularis.* À semelhança dos ancilóstomos, esse parasita pode completar o seu ciclo de vida sem a necessidade de um hospedeiro alternativo. De fato, os seres humanos constituem o único hospedeiro conhecido. *Enterobius vermicularis* tem a mais ampla distribuição geográfica de todos os vermes parasitas humanos no mundo. Embora seja mais comum em grupos de indivíduos de nível socioeconômico mais baixo, ele pode ser encontrado até mesmo entre os mais ricos. Estima-se que 209 milhões de pessoas em todo o mundo estejam infectadas por oxiúros, das quais 18 milhões nos EUA e no Canadá. Os oxiúros adultos fixam-se ao epitélio do intestino grosso, acasalam-se, e as fêmeas produzem ovos. As fêmeas, que carregam 11.000 a 15.000 ovos, migram para o ânus durante a noite, liberam seus ovos no exterior do ânus e arrastam-se de volta. As temperaturas mais baixas e um ambiente aeróbico constituem os fatores que estimulam a deposição de ovos. Esses ovos são facilmente transmitidos para outras pessoas pelas roupas de cama, por resíduos sob as unhas dos dedos das mãos que coçam a área pruriginosa ao redor do ânus e até mesmo pela inalação de ovos transportados pelo ar. Os ovos ingeridos eclodem no intestino delgado e liberam larvas que amadurecem e se reproduzem no intestino grosso. Alguns vermes podem ascender até o estômago, o esôfago e o nariz. Outros podem alcançar a bexiga, o útero e as tubas uterinas na cavidade peritoneal.

*Os ovos do oxiúro de cão (que não infecta os seres humanos) pode infectar o seu cão quando ele cheira as fezes de outros cães.*

Embora a infecção por oxiúros habitualmente não seja debilitante, ela causa considerável desconforto e pode interferir no repouso adequado e na nutrição, particularmente em crianças. A infecção por grandes números de vermes pode levar à protrusão do reto para fora do corpo. As infecções por oxiúros são diagnosticadas pela detecção de ovos ao redor do ânus; à noite ou logo após o hospedeiro acordar, os oxiúros podem ser coletados com o lado adesivo de uma fita de celofane transparente (o celofane translúcido não é eficaz) fixada a um depressor de língua de madeira. Se um familiar tiver oxiúro, todos os membros da família presumivelmente estão infectados e são tratados com piperazina ou outro fármaco anti-helmíntico. Em geral, esses fármacos são baratos e atóxicos. As roupas de cama, as roupas de vestir e as toalhas devem ser lavadas, e a casa totalmente limpa por ocasião do tratamento. O tratamento e a limpeza devem ser repetidos em 10 dias. Apesar desses esforços, é muito provável ocorrer reinfecção nas famílias. Na ausência de reinfecção, a infecção é autolimitada e cessará sem tratamento. Algumas vezes, é necessário lembrar aos pais de que se trata de uma infecção não fatal (ver Figura 15.2).

As doenças gastrintestinais causadas por patógenos diferentes das bactérias estão resumidas na **Tabela 23.4**.

**PARE e RESPONDA**

1. Descreva o ciclo de vida de uma tênia. Onde os estágios de cisticerco e cisto hidático ocorrem no ciclo de vida?
2. Você pode cozinhar carne de porco com segurança em um forno de micro-ondas?
3. Descreva a técnica utilizada para diagnosticar um caso de oxiúros.

**Tabela 23.4** Resumo das doenças gastrintestinais causadas por patógenos diferentes das bactérias.

| Doença | Agente(s) | Características |
|---|---|---|
| **Doenças gastrintestinais causadas por vírus** | | |
| Enterite viral | Rotavírus | A replicação viral destrói o epitélio intestinal; provoca diarreia e desidratação, que podem ser fatais em crianças com menos de 5 anos de idade |
| Hepatite A | Vírus da hepatite A | A replicação viral nas células intestinais e em outras células causa mal-estar, náuseas, diarreia, dor abdominal, perda de apetite, febre e icterícia; geralmente autolimitada; vacina disponível |
| Hepatite B | Vírus da hepatite B | A replicação viral e os sintomas assemelham-se aos da hepatite A, exceto pelo início insidioso e, em geral, pela ausência de febre; ocorrem infecções crônicas e estado de portador; transmitida por via parenteral; vacina disponível |
| Hepatite C | Desconhecido, porém pode envolver dois agentes | Sintomas leves, porém a doença é frequentemente crônica |
| Hepatite D | Vírus das hepatites D e B | Pode resultar em hepatite fatal |
| Hepatite E | Vírus da hepatite E | Doença moderada, com alta taxa de mortalidade em mulheres grávidas |
| **Doenças gastrintestinais causadas por protozoários** | | |
| Giardíase | *Giardia intestinalis* | O parasita fixa-se à parede intestinal; alimenta-se de muco e provoca inflamação, diarreia, desidratação, deficiências nutricionais e, algumas vezes, artrite reativa |
| Disenteria amebiana | *Entamoeba histolytica* | Os parasitas ulceram a mucosa e causam diarreia aguda grave, hipersensibilidade abdominal e desidratação; os parasitas podem viver indefinidamente no intestino, causando amebíase latente |
| Balantidíase | *Balantidium coli* | Os organismos invadem a parede do intestino; causam disenteria e, algumas vezes, perfuração e peritonite |
| Criptosporidiose | Espécies de *Cryptosporidium* | Os organismos vivem dentro ou abaixo das células da mucosa e provocam diarreia grave em pacientes imunocomprometidos |
| Ciclosporíase | *Ciclospora cayetanensis* | Disenteria, frequentemente recidivante – grave em pacientes imunocomprometidos |
| **Doenças gastrintestinais causadas por helmintos** | | |
| Infecções por trematódeos | *Fasciola hepatica*, *Clonorchis sinensis*, *Fasciolopsis buski* | Os organismos sofrem desencistamento no intestino e migram para o fígado, bloqueiam os ductos e provocam dano aos tecidos; *F. buski* causa obstrução intestinal, abscessos e intoxicação parasitária |
| Infecções por tênias | *Taenia solium*, *T. saginata*, *Echinococcus granulosis*, *Hymenolepis nana*, *Diphyllobothrium latum* | As infecções são causadas, em sua maioria, pela ingestão de larvas encistadas, que amadurecem e provocam erosão da mucosa intestinal; a ingestão de ovos permite o desenvolvimento de formas larvárias nos seres humanos na forma de cisticercos ou cistos hidáticos, que podem causar dano ao cérebro e a outros órgãos vitais |
| Triquinose | *Trichinella spiralis* | As larvas sofrem desencistamento no intestino, amadurecem e produzem novas larvas, que migram para vários tecidos e se encistam nos músculos, onde causam dor; as larvas provocam dano aos tecidos, e os adultos liberam toxinas |
| Infecções por ancilóstomos | *Ancylostoma duodenale*, *Necator americanus* | As larvas penetram na pele e migram por meio dos vasos sanguíneos para o coração e para os pulmões; quando o indivíduo tosse, as larvas entram no sistema digestório e penetram nas vilosidades; os vermes adultos alimentam-se de sangue e causam dor abdominal, perda de apetite e deficiências de proteínas e de ferro |
| Ascaridíase | *Ascaris lumbricoides* | Os ovos eclodem no intestino, e as larvas causam reações imunológicas em muitos tecidos; os adultos, que se alimentam de nutrientes no intestino, causam desnutrição; os vermes errantes provocam abscessos |
| Tricuríase | *Trichuris trichiura* | Os ovos eclodem no intestino, e os vermes jovens invadem as criptas de Lieberkühn e amadurecem; os adultos causam dano à mucosa intestinal, provocando sangramento crônico, anemia, desnutrição e reações alérgicas às toxinas |
| Estrongiloidíase | *Strongyloides stercoralis* | As filárias penetram na pele, escavam a traqueia, ascendem até a faringe e são deglutidas; os vermes maduros penetram no intestino e liberam embriões; causam inflamação, sangramento e reações imunológicas em vários locais, diarreia grave e perda de líquidos |
| Infecções por oxiúros | *Enterobius vermicularis* | Os ovos ingeridos dão origem a vermes maduros no intestino; a infecção interfere na nutrição, particularmente em crianças |

# RESUMO

- Os agentes e as características das doenças discutidos neste capítulo estão resumidos nas Tabelas 23.1, 23.2 e 23.4. As informações fornecidas nessas tabelas não são repetidas aqui.

## COMPONENTES DO SISTEMA DIGESTÓRIO

- O **sistema digestório** é um tubo alongado, composto pela boca, faringe, esôfago, estômago e intestinos, juntamente com os órgãos acessórios – dentes, glândulas salivares, fígado, vesícula biliar e pâncreas
- As cinco principais funções do sistema digestório são:
  1. *movimento* dos alimentos pelo trato
  2. *secreção* de sucos digestivos e muco
  3. *digestão* dos alimentos
  4. *absorção* dos alimentos digeridos em direção à corrente sanguínea
  5. *eliminação* dos componentes não digeridos dos alimentos e microbiota intestinal
- As defesas inespecíficas incluem o muco, o ácido gástrico, as células de Kupffer nos sinusoides hepáticos, as placas de tecido linfático submucoso e a competição da microbiota normal

### Microbiota normal da boca e do sistema digestório

- Talvez mil espécies de microrganismos vivam na cavidade oral humana, porém mais da metade deles ainda não foi identificada. Sua ecologia é pouco compreendida
- O esôfago não apresenta microbiota normal permanente, assim como o estômago. Os primeiros dois terços do intestino delgado contêm principalmente microrganismos transitórios, enquanto o último terço da superfície é colonizado principalmente por Enterobacteriaceae e por anaeróbios obrigatórios. No intestino grosso, as fezes são constituídas por aproximadamente 50% de bactérias, em sua maior parte *Bacteroides*
- As bactérias do intestino grosso produzem importantes subprodutos metabólicos, como a vitamina K.

## DOENÇAS DA CAVIDADE ORAL

### Doenças da cavidade oral causadas por bactérias

- O **biofilme dental** consiste em um revestimento continuamente formado sobre os dentes, constituído de microrganismos em matéria orgânica
- As **cáries dentárias** causam degradação química do esmalte e das partes mais profundas dos dentes. As cáries podem ser evitadas por uma boa higiene oral, pelo uso de **fluoreto** e pela aplicação de selantes
- A **doença periodontal** acomete as gengivas, os ligamentos periodontais e o osso alveolar e pode ser evitada pela prevenção da formação do biofilme. O tratamento consiste em técnicas de remoção do biofilme, colutórios, mistura de peróxido e bicarbonato de sódio, cirurgia ou antibióticos.

### Doenças da cavidade oral causadas por vírus

- A **caxumba** é transmitida pela saliva ou por aerossóis e ocorre no mundo inteiro, acometendo principalmente crianças. Pode ser evitada com vacinação.

## DOENÇAS GASTRINTESTINAIS CAUSADAS POR BACTÉRIAS

### Envenenamento alimentar causado por bactérias

- O **envenenamento alimentar** é causado pela ingestão de alimento contendo toxinas pré-formadas. Pode ser evitado pela manipulação higiênica e pelo cozimento adequado e refrigeração dos alimentos. As toxinas bacterianas presentes em alimentos causam intoxicações
- A **enterotoxicose** estafilocócica geralmente resulta da ingestão de alimentos contaminados e inadequadamente refrigerados, sobretudo derivados do leite e produtos derivados de aves domésticas
- Outros tipos de envenenamento alimentar normalmente resultam da ingestão de carnes, molhos e arroz contaminados e inadequadamente cozidos.

### Enterite e febres entéricas causadas por bactérias

- A **enterite** é uma inflamação do intestino. A **febre entérica** consiste em uma doença sistêmica causada por patógenos que invadem outros tecidos. Todas as enterites e febres entéricas são transmitidas por via fecal-oral e podem ser evitadas por uma boa higiene
- A **salmonelose** é uma forma de enterite autolimitada que é tratada com antibacterianos apenas em pacientes de alto risco
- A **febre tifoide** é uma infecção entérica causada pela bactéria *Salmonella typhi.* A doença é tratada com cloranfenicol. A infecção é seguida de imunidade celular. A vacina disponível tem eficiência limitada
- A **shigelose**, ou **disenteria bacilar**, é tratada com antibacterianos, e a recuperação não produz imunidade
- A **cólera asiática**, que é comum na Ásia e em outras regiões com condições sanitárias precárias, é tratada com reposição hidreletrolítica e tetraciclina. A recuperação pode produzir imunidade duradoura, porém a duração não é conhecida. As vacinas não são efetivas em casos de exposição maciça
- A **vibriose** é uma doença leve e comum nos locais onde são consumidos frutos do mar crus
- A **diarreia do viajante** ocorre em mais de 1 milhão de viajantes a cada ano. É geralmente autolimitada, mas pode estar associada a complicações
- *Escherichia coli* constitui um indicador de contaminação fecal e é um patógeno oportunista.

### Infecções do estômago, do esôfago e dos intestinos causadas por bactérias

- Considera-se *Helicobacter pylori* a causa de úlceras pépticas e de gastrite crônica e um provável cofator do câncer de estômago.

### Infecções da vesícula biliar e do trato biliar causadas por bactérias

- A bile destrói a maioria dos organismos que têm envoltórios lipídicos. *Salmonella typhi* mostra-se resistente à bile; pode viver na vesícula biliar e ser eliminada nas fezes sem causar sintomas. Os cálculos que bloqueiam os ductos biliares podem causar infecções da vesícula biliar e ductos, habitualmente por *E. coli.* A infecção pode se disseminar para a corrente sanguínea ou ascender até o fígado.

## DOENÇAS GASTRINTESTINAIS CAUSADAS POR OUTROS PATÓGENOS

### Doenças gastrintestinais causadas por vírus

- As doenças gastrintestinais virais surgem, em sua maioria, em consequência da ingestão de água ou alimentos contaminados e são transmitidas por via fecal-oral, porém as hepatites B, C e D são transmitidas por via parenteral a partir do sangue ou de outros líquidos corporais contaminados
- As infecções por **rotavírus** matam muitas crianças nos países em desenvolvimento
- O norovírus é particularmente infeccioso
- O tratamento da **hepatite** viral alivia os sintomas. A gamaglobulina proporciona imunidade temporária contra a **hepatite A**. Dispõe-se de vacinas tanto para a hepatite A quanto para a **hepatite B**. A **hepatite D** só pode causar infecção na presença da hepatite B.

### Doenças gastrintestinais causadas por protozoários

- As doenças gastrintestinais causadas por protozoários surgem em consequência de água ou alimentos contaminados por via fecal-oral e podem ser evitadas por meio de boas condições sanitárias
- Em geral, o diagnóstico é estabelecido pela detecção de cistos de protozoários em material fecal. Essas doenças podem ser tratadas, em sua maioria, com fármacos antiprotozoários

A **giardíase** é particularmente comum em crianças. A **disenteria amebiana**, a **amebíase crônica** e a **balantidíase** ocorrem em todo o mundo, porém são observadas principalmente em regiões tropicais. A **criptosporidiose** ocorre principalmente em pacientes imunocomprometidos, mas surtos recentes envolveram indivíduos com sistema imune normal.

### Efeitos das toxinas fúngicas

- As **aflatoxinas** são carcinógenos potentes produzidos por fungos do gênero *Aspergillus*; os seres humanos os ingerem a partir de grãos e amendoins mofados
- O **envenenamento por cravagem** surge com a ingestão de grãos contaminados com *Claviceps purpurea.* Pequenas quantidades da toxina **ergotamina** podem ser utilizadas terapeuticamente
- As toxinas dos cogumelos, que estão associadas principalmente a espécies de *Amanita*, causam vômitos, diarreia, icterícia e alucinações. Em quantidades suficientes, essas toxinas são fatais.

### Doenças gastrintestinais causadas por helmintos

- As doenças gastrintestinais causadas por helmintos são adquiridas principalmente em regiões tropicais e incluem vários tipos de infecções por trematódeos, nematódeos e tênias
- Os helmintos que infectam os seres humanos frequentemente apresentam ciclos de vida complexos, em que alguns animais, peixes, vegetação, caracóis e crustáceos podem servir de hospedeiros
- Essas doenças podem ser diagnosticadas, em sua maioria, pela detecção de ovos em amostras fecais. Podem ser evitadas por boas condições sanitárias – evitar a água e o solo contaminados e proceder ao cozimento total dos alimentos que possam estar contaminados.

## TERMOS-CHAVE

aflatoxina
amebíase
amebíase crônica
ancilostomíase
ascaridíase
balantidíase
bilirrubina
biofilme dental
cárie dental
caxumba
cemento
cepa êntero-hemorrágica
cepa enteroinvasiva
cepa enterotoxigênica
cisticerco
cisto hidático
cólera asiática
cravagem
criptosporidiose
diarreia
diarreia do viajante
disenteria
disenteria amebiana
disenteria bacilar
doença do *bongkrek*
doença periodontal
enterite
enterite bacteriana
enterite viral
enterocolite
enterotoxicose
enterotoxina
envenenamento alimentar
envenenamento alimentar por *Campylobacter*
envenenamento por ergotamina
*Escherichia coli* produtora de toxina *Shiga* (STEC)
esmalte
estrongiloidíase
febre entérica
febre tifoide
fezes
fluoreto
gengivite
gengivite ulcerativa necrosante aguda (GUNA)
giardíase
hepatite
hepatite A
hepatite B
hepatite C (HCV)
hepatite D
hepatite delta
hepatite E (HEV)
hepatite infecciosa
hepatite sérica
intestino delgado
intestino grosso
intoxicação parasitária
mucina
norovírus
orquite
oxiúro
periodontite
prurido da ancilostomíase
rotavírus
salmonelose
shigelose
síndrome hemolítico-urêmica (SHU)
sinusoide
sistema digestório
sorovar
tártaro
tricuríase
triquinose
vibriose
vilosidade
yersiniose

CAPÍTULO

# 24 Doenças Cardiovasculares, Linfáticas e Sistêmicas

Ken Canning/Getty Images

NickS/iStock/Getty Images

## Bambi está com malária!

Até 2 anos atrás, ninguém imaginava que a malária pudesse acometer uma espécie de cervo. Então, Ellen Martinsen estava coletando mosquitos no Smithsonian Zoo, à procura dos que estavam carregando o agente da malária, passíveis de infectar aves. Descobriu um perfil de DNA da malária que não conseguiu identificar. Foi constatado que se originava de um cervo-de-cauda-branca (cariacu), uma espécie muito estudada, porém na qual havia sido relatado apenas um caso de malária. Como todos "sabiam" que o cervo não podia ter malária, o relato foi ignorado. Agora, descobrimos que cerca de 25% dos cervos-de-cauda-branca ao longo da Costa Leste dos EUA estão infectados. E mais ainda, parece haver uma história de duas espécies diferentes de parasitas da malária. Isso significa que as duas espécies diferentes já tinham se separado antes de chegar a Bering Land Bridge, na América do Norte, há cerca de 5,2 a 7 milhões de anos. A malária já estava aqui há milhões de anos. Não há evidências claras de que esteja causando qualquer prejuízo à população de cervos. A maioria dos casos apresenta níveis muito baixos de infecção. Não há evidências de que os seres humanos possam ser infectados por essa forma de malária – portanto, não tenham medo do Bambi!

# MAPA DO CAPÍTULO

**Siga o mapa do capítulo para auxiliar na identificação dos conceitos principais do texto.**



**As doenças dos sistemas cardiovascular e** linfático frequentemente afetam vários outros sistemas, visto que os agentes infecciosos são facilmente disseminados por meio do sangue e da linfa. Por esse motivo, incluímos neste capítulo as doenças que habitualmente afetam múltiplos sistemas.

## SISTEMA CARDIOVASCULAR

O **sistema cardiovascular** é constituído pelo coração, pelos vasos sanguíneos e pelo sangue (Figura 24.1). Esse sistema fornece oxigênio e nutrientes a todas as partes do corpo e remove delas o dióxido de carbono e outros resíduos. Também transporta hormônios das glândulas endócrinas para as células e os tecidos apropriados e regula o pH do sangue por meio de tampões.

### O coração e os vasos sanguíneos

O coração está localizado entre os pulmões, dentro de um *saco pericárdico* membranáceo, resistente e lubrificado por líquido seroso. Sua parede é constituída por um *endocárdio* interno delgado, pelo *miocárdio* muscular espesso e por um *epicárdio* externo. O coração tem quatro câmaras – dois *átrios* e dois *ventrículos*, com valvas que direcionam o fluxo sanguíneo na saída de cada câmara. O lado direito do coração bombeia sangue para a parte respiratória dos pulmões, e o lado esquerdo, para todos os outros órgãos e tecidos.

O sangue que sai do coração circula através de um sistema fechado de vasos sanguíneos e, posteriormente, retorna ao coração. Seu fluxo é regulado de tal modo que todas as células possam receber nutrientes e livrar-se dos resíduos, de acordo com suas necessidades. Os vasos sanguíneos incluem as *artérias*, que recebem o sangue do coração; as *arteríolas*, que se ramificam das artérias; os *capilares*, que se ramificam das arteríolas; as *vênulas*, que recebem sangue dos capilares; e as *veias*, que recebem sangue proveniente das vênulas e o devolvem ao coração. As paredes dos capilares são constituídas de uma única camada de células, o que possibilita a troca de materiais entre o sangue e os tecidos. Na presença de infecção, os leucócitos, como os neutrófilos e os macrófagos, algumas vezes abrem o seu caminho entre as células das paredes dos capilares (diapedese).

### O sangue

O sangue é constituído pelo plasma e pelos elementos figurados (células e fragmentos de células). O plasma consiste em mais de 90% de água e contém proteínas, como albuminas, globulinas e fibrinogênio. Determinadas globulinas, conhecidas como anticorpos, são importantes na defesa do corpo

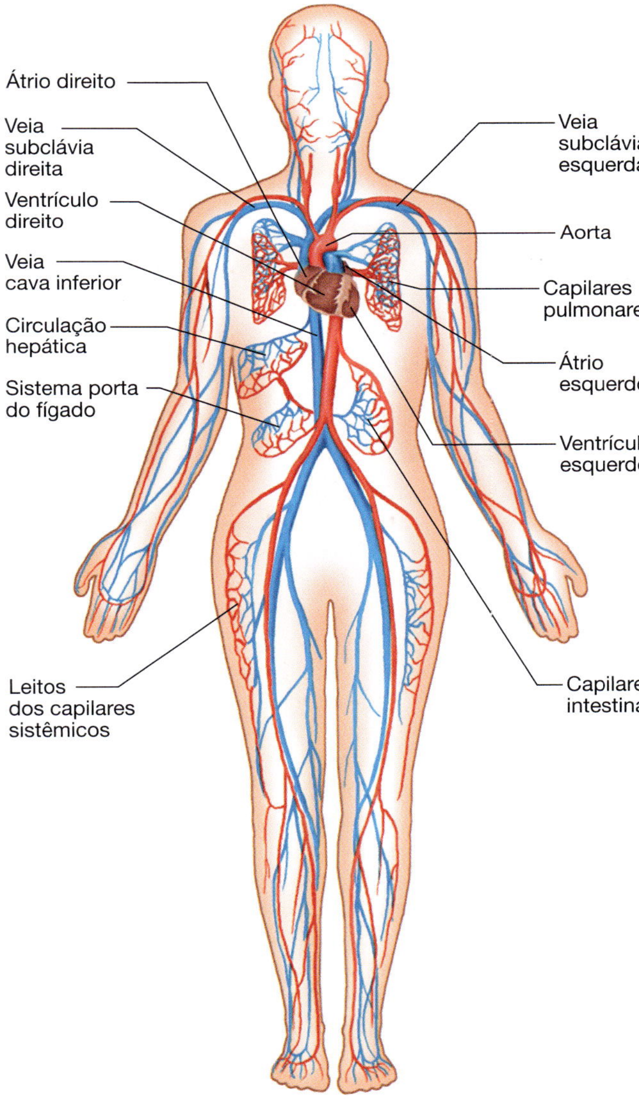




**Figura 24.1 Estrutura geral do sistema cardiovascular.** O sangue oxigenado é mostrado em vermelho, e o sangue não oxigenado, em azul. O sistema cardiovascular é normalmente estéril e não contém microrganismos residentes.

## SAÚDE PÚBLICA

### O pior inimigo do melhor amigo do homem

Mantenha os mosquitos afastados do seu cachorro ou, melhor ainda, dê-lhe uma medicação preventiva. O verme do coração, *Dirofilaria immitis*, é transmitido por mosquitos. Uma vez na corrente sanguínea do cão, as larvas migram para a pele, amadurecem e seguem o seu trajeto até o coração. Lá, elas se acasalam e liberam microfilárias, que se transformam em larvas infectantes apenas quando ingeridas por um mosquito. Os vermes adultos, que medem 15 a 30 cm de comprimento, acumulam-se no lado direito do coração e também são encontrados nos pulmões e no fígado. O cão infeliz morre precocemente em consequência de danos cardíacos e circulatórios.

A ivermectina, quando administrada em doses mensais, impede a infecção pelo verme *Dirofilaria*. Todavia, só pode ser administrada a cães que ainda não foram infectados. Se já houver vermes adultos, esse fármaco irá matá-los. Entretanto, a desintegração dos remanescentes dos vermes libera substâncias tóxicas e resíduos que podem causar obstrução dos vasos sanguíneos, enquanto enfraquecem ainda mais a parede do coração onde residiam.

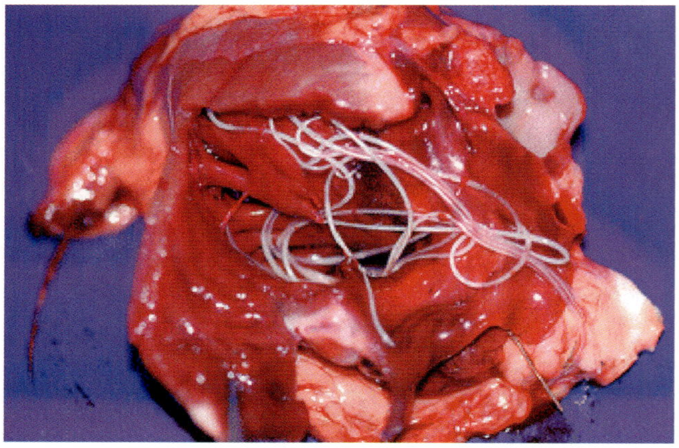

*(Ionic et al. "Role of golden jackals (*Canis aureus*) as natural reservoirs of* Dirofilaria *spp. in Romania." Parasites & Vectors 9:240 (2016) BioMedCentral.)*

contra as infecções, enquanto o fibrinogênio é importante na coagulação sanguínea. O plasma também contém **eletrólitos** (íons como $Na^+$, $K^+$ e $Cl^-$), gases (como oxigênio e dióxido de carbono), nutrientes e produtos de degradação. Diferentemente do plasma, o soro é o líquido que permanece após a retirada dos elementos figurados e dos fatores de coagulação.

Além dos leucócitos e das plaquetas, os elementos figurados do sangue incluem os eritrócitos. Os eritrócitos são os mais abundantes dos elementos figurados, sendo responsáveis por 40 a 45% do volume total de sangue. O volume dos eritrócitos constitui um importante indicador da capacidade de transporte de oxigênio do sangue, visto que essas células contêm a hemoglobina, que é a molécula de ligação do oxigênio.

## Microbiota normal do sistema cardiovascular

O sistema cardiovascular não possui nenhuma microbiota normal residente. Como se trata de um sistema fechado, o sangue, os vasos sanguíneos e o coração devem ser normalmente estéreis. Todavia, mesmo em indivíduos saudáveis, ocorre ocasionalmente a entrada de microrganismos na corrente sanguínea, causando **bacteriemia** transitória (ver Capítulo 15). Se não forem destruídos ou removidos, os microrganismos começam a crescer e a se multiplicar pela corrente sanguínea, causando **septicemia** (envenenamento do sangue). Os pontos de entrada podem incluir ferimentos (alguns tão pequenos quanto aqueles causados pela escovação vigorosa dos dentes) ou disseminação a partir de outras áreas de infecção, como furúnculo, espinha ou abscesso dentário. Uma vez na corrente sanguínea, os microrganismos são eliminados por anticorpos e/ou fagocitose (ver Capítulos 17 e 18). Determinados locais, como as valvas cardíacas, são particularmente suscetíveis à colonização e infecção por bactérias.

# DOENÇAS CARDIOVASCULARES E LINFÁTICAS

## Septicemias bacterianas e doenças relacionadas

### Septicemias

Antes da disponibilidade de antibacterianos, a septicemia era, com frequência, fatal; mesmo com o uso de antibacterianos, ela ainda não é fácil de ser tratada. Antigamente, microrganismos gram-positivos, como *Staphylococcus aureus* e *Streptococcus pneumoniae*, constituíam a causa comum da maioria das septicemias. Hoje, as septicemias causadas por esses microrganismos são menos frequentes em consequência do uso de antibacterianos de amplo espectro. Todavia, outras espécies de bactérias – incluindo *Pseudomonas aeruginosa*, *Bacteroides fragilis* e espécies de *Klebsiella*, *Proteus*, *Enterobacter* e *Serratia* – passaram a atuar. Esses organismos provocam **choque séptico**, uma septicemia que comporta risco de vida e que é acompanhada de baixa pressão arterial e colapso dos vasos sanguíneos. Provavelmente, um terço de todos os casos de septicemia consiste em choque séptico por microrganismos gram-negativos, enquanto 10% são causados por múltiplos microrganismos. As endotoxinas produzidas por esses organismos são diretamente responsáveis pelo choque. Com frequência, os antibacterianos agravam a situação; quando eles matam os organismos, ocorre liberação de quantidades maiores de endotoxinas pelos organismos em desintegração, causando maior dano aos vasos sanguíneos do hospedeiro, com queda ainda maior da pressão arterial. Alguns casos de choque séptico são causados por microrganismos que produzem exotoxinas.

Os sintomas da septicemia consistem em febre, choque e **linfangite**, ou estrias vermelhas em consequência dos vasos linfáticos inflamados abaixo da pele (Figura 24.2). Um terço de todos os casos de septicemia é hospitalar e aparecem nas primeiras 24 horas após a realização de um procedimento médico invasivo. A transição da bacteriemia para septicemia pode ser súbita ou gradual. Desse modo, os pacientes internados que tenham sido submetidos a procedimentos invasivos devem ser cuidadosamente observados à procura de sinais de septicemia. A septicemia, que apresenta uma taxa de mortalidade de 50 a 70%, é responsável por cerca de 35.000 mortes por ano somente nos EUA.

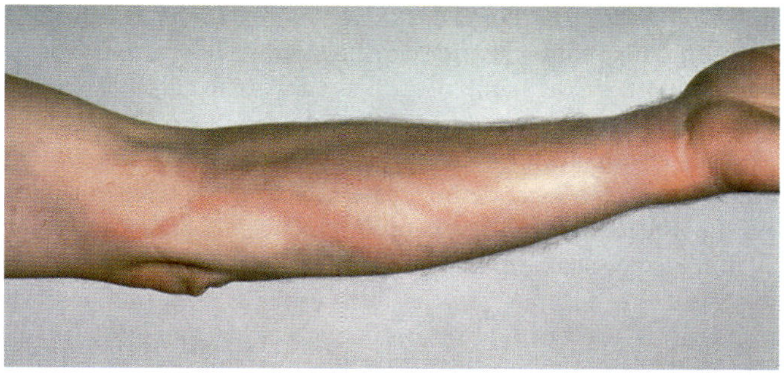

Barts Medical Library/Science Source

**Figura 24.2 Linfangite de queimadura infectada.** As estrias avermelhadas no braço indicam a disseminação dos organismos pelos vasos linfáticos, um sintoma de septicemia. O antigo nome dessa infecção era envenenamento do sangue. (*Barts Medical Library/Science Source.*)

O diagnóstico de septicemia é estabelecido com base na cultura de amostras de sangue, pontas de cateteres, urina e outras fontes de infecção. No tratamento das septicemias, é preciso elevar e estabilizar a pressão arterial; em seguida, os microrganismos infecciosos devem ser eliminados com o uso de antibioticoterapia apropriada.

## Febre puerperal

A **febre puerperal**, também denominada *sepse puerperal* ou **febre do parto**, era uma causa comum de morte antes da disponibilidade dos antibacterianos (ver Capítulo 1). É causada por estreptococos beta-hemolíticos do grupo A (*Streptococcus pyogenes*), que fazem parte da microbiota normal da vagina e do sistema respiratório. Esses microrganismos também podem ser introduzidos durante o parto pela equipe médica. Os estreptococos passam através das superfícies uterinas irritadas e invadem o sangue, produzindo septicemia. Os sinais e sintomas da doença consistem em calafrios, febre, distensão e hipersensibilidade pélvicas e secreção vaginal sanguinolenta. Para estabelecer o diagnóstico de febre puerperal, podem-se isolar os estreptococos de hemoculturas. A penicilina mostra-se efetiva, exceto contra os organismos resistentes, e a taxa de mortalidade é baixa com tratamento imediato; entretanto, a recuperação habitualmente leva muitas semanas, e as recidivas são comuns.

## Doença por estreptococos do grupo B

Os estreptococos do grupo B (*Streptococcus agalactiae*) constituem a principal causa de sepse e meningite neonatais nos EUA e na Europa. São responsáveis por 1 a 3 casos a cada 1.000 nascimentos, com taxa de mortalidade de cerca de 50%. Mais de 30% dos que sobrevivem à meningite irão apresentar dano ao sistema nervoso central. Os estreptococos do grupo B são comuns na microbiota vaginal, sendo encontrados em 10 a 30% das gestantes e das mulheres não grávidas. A ruptura das membranas que ocorre mais de 12 horas antes do parto proporciona aos organismos tempo suficiente para infectar o recém-nascido. A maioria dos casos de infecção torna-se aparente dentro de poucos dias após o nascimento, com febre, desconforto respiratório e letargia. Os casos de "início tardio", que aparecem 3 a 8 semanas depois do nascimento, caracterizam mais frequentemente a meningite. As mulheres grávidas devem efetuar um teste para estreptococos do grupo B no terceiro trimestre de gestação – espera-se que antes do trabalho de parto – e devem receber ampicilina ou imunoglobulina se for constatada a presença de colonização. Os recém-nascidos de mães colonizadas também devem receber ampicilina durante 7 a 10 dias. Se não for detectada nenhuma colonização até o trabalho de parto, a administração de penicilina G intravenosa à mãe pelo menos 4 horas antes do parto produzirá níveis protetores do antibacteriano na corrente sanguínea do lactente durante o nascimento. Trata-se de uma doença que deveria ser quase totalmente evitável. Uma vacina está sendo testada nos dias atuais.

## Febre reumática

A **febre reumática** é um distúrbio multissistêmico que ocorre após infecção pelo *Streptococcus pyogenes* beta-hemolítico. Sabe-se, há décadas, que a febre reumática pode ocorrer após essas infecções, porém os mecanismos pelos quais ela se desenvolve ainda não estão totalmente elucidados. Há suspeita de alguma forma de predisposição genética, devido à presença de um determinado antígeno leucocitário humano (HLA) em 75% dos pacientes com febre reumática, porém em apenas 12% da população geral.

Os pacientes com febre reumática têm, em sua maioria, entre 5 e 15 anos de idade. Em geral, o início da doença é observado 2 a 3 semanas após uma faringite estreptocócica, mas pode ocorrer na primeira semana ou até 5 semanas depois da infecção inicial. Os sintomas da faringite estreptocócica já desapareceram por ocasião em que surgem os sintomas da febre reumática. Os sinais e os sintomas clássicos incluem febre, artrite e exantema. As evidências de dano à valva mitral do coração confirmam um diagnóstico específico de febre reumática. Algumas semanas ou meses depois, aparecem nódulos subcutâneos, particularmente próximo aos cotovelos. Cerca de 3% dos casos de faringite estreptocócica não tratada evoluem para a febre reumática. A cultura dos estreptococos e os testes sorológicos são úteis no estabelecimento do diagnóstico, assim como a obtenção de uma história pregressa de infecção estreptocócica.

A febre reumática pode causar estenose aórtica, um estreitamento da abertura da valva da aorta, que faz com que o ventrículo esquerdo do coração trabalhe com mais força.

O dano ao coração na febre reumática resulta de eventos imunológicos e, portanto, constitui um problema autoimune. Determinadas cepas de estreptococos possuem um antígeno que é muito semelhante aos antígenos das células cardíacas. Os anticorpos que se ligam a um antígeno irão se ligar ao outro, ou seja, os anticorpos exibem *reação cruzada*. Na reação imunológica, os linfócitos provavelmente se tornam sensibilizados ao antígeno e atacam o tecido cardíaco, bem como os estreptococos. O dano cardíaco resultante pode ser fatal. A antibioticoterapia não reverterá os danos já causados, mas poderá evitar danos posteriores e pode ser utilizada para evitar recidivas. Uma vez estabelecida a febre reumática, as deformidades da valva mitral contribuem para a formação de redemoinhos do fluxo sanguíneo, o que predispõe à colonização bacteriana da superfície das valvas cardíacas. (Essa condição, denominada *endocardite bacteriana*, é discutida mais adiante.) Os indivíduos que correm risco de desenvolver febre reumática devem receber um antibacteriano profilático – habitualmente penicilina – antes de tratamentos dentários ou outros procedimentos invasivos, de modo a evitar uma possível infecção estreptocócica.

O tratamento imediato das infecções causadas por *S. pyogenes* beta-hemolítico com antibacterianos antes que os anticorpos de reação cruzada possam ser produzidos constitui a única maneira prática de evitar a febre reumática. Não existe nenhuma vacina efetiva; as vacinas produzidas até o momento induzem a formação de anticorpos que provocam dano, porém esse problema poderá ser solucionado algum dia. Os fármacos anti-inflamatórios, como os esteroides do ácido acetilsalicílico, podem diminuir a cicatrização do tecido cardíaco.

## Endocardite bacteriana

A **endocardite bacteriana**, ou *endocardite infecciosa*, é uma infecção e inflamação do revestimento e das valvas do coração que comportam risco de vida. A endocardite bacteriana pode ser subaguda ou aguda. Dois em cada três pacientes apresentam o tipo subagudo, que se manifesta na forma de febre, malestar, bacteriemia e sopro cardíaco regurgitante, geralmente com duração de 2 semanas ou mais. Acomete principalmente indivíduos com mais de 45 anos de idade, que apresentam história de doença valvar em consequência de febre reumática ou defeitos congênitos. Muitos microrganismos, incluindo fungos, podem causar endocardite; todavia, a maioria dos casos é devida a bactérias, particularmente cepas de *Streptococcus* ou *Staphylococcus*, muitas das quais são residentes normais da boca ou da garganta. A endocardite aguda é uma doença rapidamente progressiva, que destrói as valvas cardíacas e provoca morte em poucos dias.

Na endocardite bacteriana, os microrganismos provenientes de outro local de infecção no corpo são transportados até o coração. Ocorre desenvolvimento de **vegetação**, em que as fibras colágenas expostas na superfície das valvas danificadas induzem a deposição de fibrina (Figura 24.3). Bactérias transitórias aderem à fibrina e formam uma massa de bactérias e fibrina. As vegetações podem interferir na condução dos impulsos elétricos normais do coração. Essas vegetações também deformam as valvas cardíacas, diminuem a sua flexibilidade e impedem o seu fechamento completo. Ocorre fluxo retrógrado do sangue dos ventrículos para os átrios quando os ventrículos se contraem, diminuindo a eficiência de bombeamento do coração. A insuficiência cardíaca congestiva, que consiste em acúmulo de líquidos ao redor do coração, constitui a complicação mais comum e a causa direta de morte por endocardite bacteriana.

A endocardite bacteriana é diagnosticada com base nas hemoculturas, e o seu tratamento consiste em penicilinas ou outros antibacterianos, dependendo da sensibilidade dos organismos etiológicos. Em alguns casos, é necessário efetuar uma substituição cirúrgica da valva. A endocardite não tratada leva à morte. Os antibacterianos curam cerca da metade de todos os pacientes, enquanto a cirurgia cura outros 25%, e

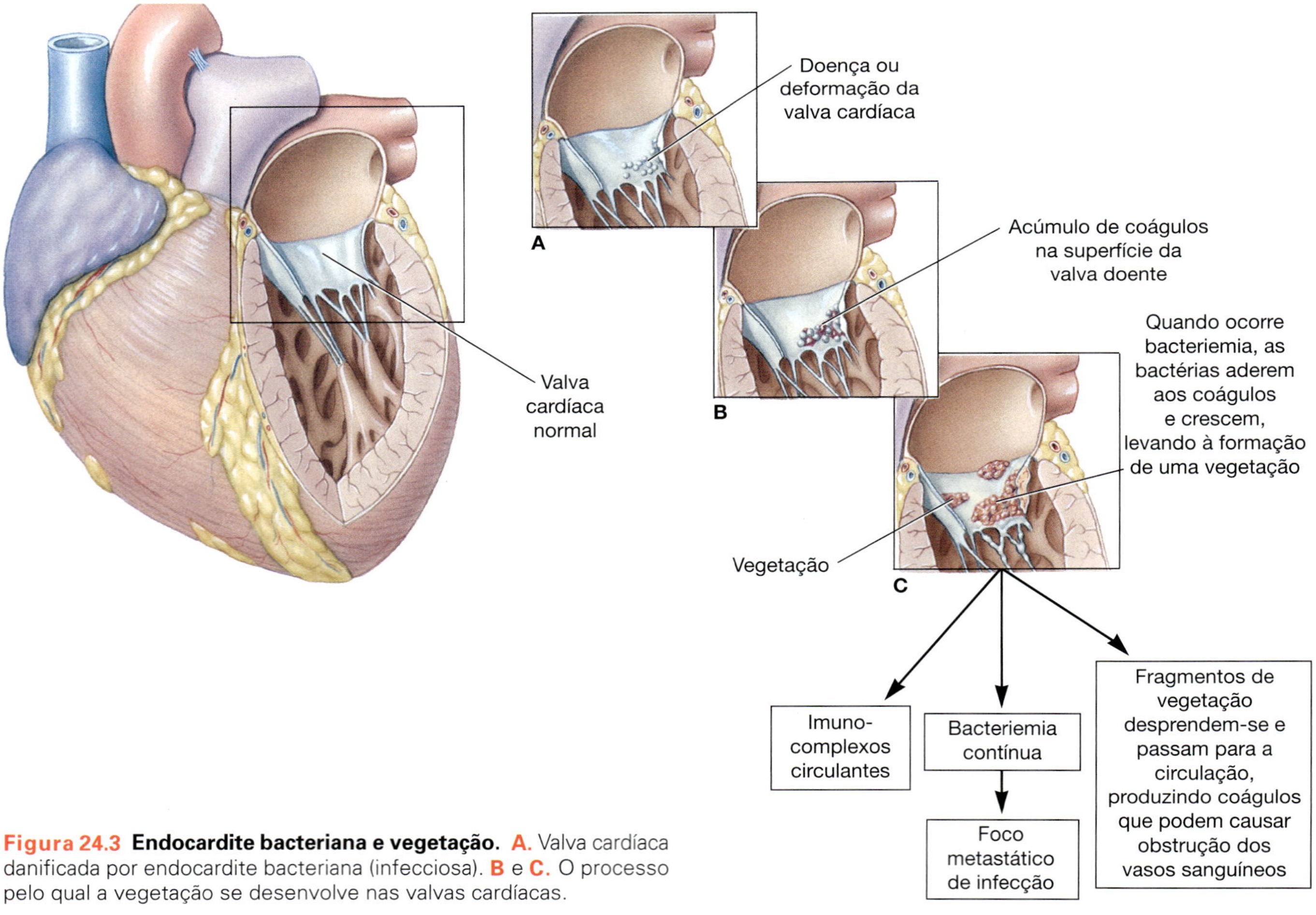


**Figura 24.3 Endocardite bacteriana e vegetação.** **A.** Valva cardíaca danificada por endocardite bacteriana (infecciosa). **B** e **C.** O processo pelo qual a vegetação se desenvolve nas valvas cardíacas.

outros 25% morrem. A morte é mais frequente entre usuários de substâncias intravenosas e em indivíduos com condições que causam comprometimento.

A **miocardite**, uma inflamação do músculo cardíaco (miocárdio), e a **pericardite**, uma inflamação da membrana protetora ao redor do coração (saco pericárdico), também podem ser causadas por infecções microbianas. Embora essas infecções sejam, em sua maioria, virais, *Staphylococcus aureus* é responsável por 40% de todos os casos de pericardite. Os casos não tratados apresentam uma taxa de mortalidade de quase 100%, ao passo que os casos que recebem tratamento apropriado têm uma taxa de mortalidade entre 20 e 40%.

A doença arterial coronariana e a aterosclerose (endurecimento das artérias) têm sido associadas a *Chlamydia pneumoniae*. Mais de 90% dos depósitos em placas nas artérias contêm *Chlamydia*. O significado exato disso continua sendo um assunto de vigoroso debate. Para aumentar a confusão já existente, foi constatado que o vírus da doença de Marek, um herpes-vírus, provoca aterosclerose em galinhas.

PARE e RESPONDA

1. Descreva a microbiota normal do sistema cardiovascular.
2. Por que o tratamento com antibacterianos pode provocar casos de choque séptico?
3. Em que consiste uma vegetação encontrada no coração? Como e por que ela se forma? Que efeitos produz?
4. Descreva as duas doenças do sistema cardiovascular e as bactérias que as causam e estão associadas ao parto.

## Doenças do sangue e da linfa causadas por helmintos

### Esquistossomose

A **esquistossomose** é causada por três espécies de trematódeos do sangue pertencentes ao gênero *Schistosoma*, e cada uma delas necessita de um caramujo específico como hospedeiro intermediário para completar o seu ciclo de vida (ver Figura 13.15). O primeiro desses helmintos foi identificado pelo parasitologista alemão Theodor Bilharz, na década de 1850, de modo que a doença é também denominada *bilharzíase*. A bilharzíase é conhecida desde os tempos bíblicos; alguns acreditam que a maldição lançada por Josué sobre Jericó foi a colocação de trematódeos sanguíneos nos poços da cidade. De fato, o Egito dos faraós era designado por antigos escritores como a "terra dos homens que menstruam", visto que a prevalência dos trematódeos tornava muito comum a eliminação de urina sanguinolenta. Ovos desses parasitas foram encontrados nas paredes da bexiga de múmias egípcias.

A Organização Mundial da Saúde (OMS) relata a ocorrência de cerca de 250 milhões de casos de esquistossomose no mundo inteiro. A incidência da doença aumentou de modo significativo no Egito, desde a construção da represa de Assuã, em 1960, porque o acúmulo de água na represa criou condições excepcionalmente favoráveis para os caramujos hospedeiros. *Schistosoma japonicum* é encontrado na Ásia; *S. haematobium*, na África; e *S. mansoni* (Figura 24.4), na África, América do Sul e Caribe. Estas últimas duas espécies provavelmente alcançaram a América do Sul durante a época do tráfico de escravos, porém apenas *S. mansoni* encontrou um caramujo hospedeiro apropriado naquela região. Foram descritas novas espécies no Vietnã (p. ex., *S. mekongi*) e em outras áreas geográficas.

Os seres humanos tornam-se infectados por cercárias de vida livre que emergem de seus caramujos hospedeiros (Figura 24.4B). As cercárias penetram na pele quando seres humanos caminham em águas infestadas por caramujos; em seguida, migram até os vasos sanguíneos e são transportadas para os pulmões e para o fígado. Os trematódeos amadurecem e migram para as veias entre o intestino e o fígado ou, algumas vezes, para a bexiga, onde se acasalam e produzem ovos, cujo número alcança 3.000 por dia. Os adultos possuem uma capacidade especial de se cobrir com antígenos do hospedeiro, escapando assim do sistema imune do indivíduo. Alguns ovos ficam retidos nos tecidos e provocam inflamação; outros penetram na parede intestinal e são excretados nas fezes. As cercárias causam dermatite nos locais de penetração e dano tecidual durante a migração. As metacercárias e os vermes adultos migram para o fígado e o invadem (Figura 24.4C), causando cirrose. Esses trematódeos também podem invadir outros órgãos e danificá-los.

Os ovos dos esquistossomas (Figura 24.4D) são altamente antigênicos, e as reações alérgicas a eles são responsáveis por grande parte do dano causado pelos trematódeos sanguíneos. As espinhas nos ovos rasgam os tecidos quando os atravessam. Se os ovos forem liberados próximo à coluna vertebral, a inflamação resultante pode causar distúrbios neurológicos. Com mais frequência, os ovos provocam dano aos vasos sanguíneos, porém os vasos especificamente afetados dependerão da espécie. *Schistosoma japonicum* provoca grave dano aos vasos sanguíneos do intestino delgado; *S. mansoni* afeta os vasos sanguíneos do intestino grosso; e *S. haematobium*, os da bexiga, resultando em presença de sangue na urina, algumas vezes interpretada incorretamente como menstruação masculina. Os sintomas da infecção da bexiga por esquistossomas consistem em dor na micção, inflamação da bexiga e urina sanguinolenta.

O diagnóstico pode ser estabelecido pela detecção de ovos nas fezes ou na urina; todavia, os ovos podem não estar presentes nos casos crônicos, que podem durar 20 a 30 anos. A injeção intradérmica de antígeno do esquistossoma e a medição da área da pápula ou a realização de um teste de fixação do complemento constituem métodos imunológicos satisfatórios para o estabelecimento do diagnóstico (ver Capítulo 19). Até recentemente, utilizavam-se compostos de antimônio tóxicos para o tratamento da doença. Vários fármacos novos, em particular o praziquantel, parecem ser muito efetivos e menos tóxicos. Entretanto, alguns pesquisadores acreditam que esteja havendo um aumento dos esquistossomas resistentes ao praziquantel.

A esquistossomose poderia ser totalmente evitada se os dejetos humanos não fossem lançados em rios, ou se os seres humanos nunca andassem em águas infestadas por caramujos. A prática de andar no rio local para lavar o corpo após a defecação ou micção representa um importante meio de transmissão onde quer que a infecção ocorra. Os moluscicidas químicos têm sido utilizados para reduzir as populações de caramujos, porém é difícil determinar as concentrações adequadas em diferentes condições dos rios. Experimentos recentes, que utilizaram caramujos predadores para destruir os caramujos portadores de

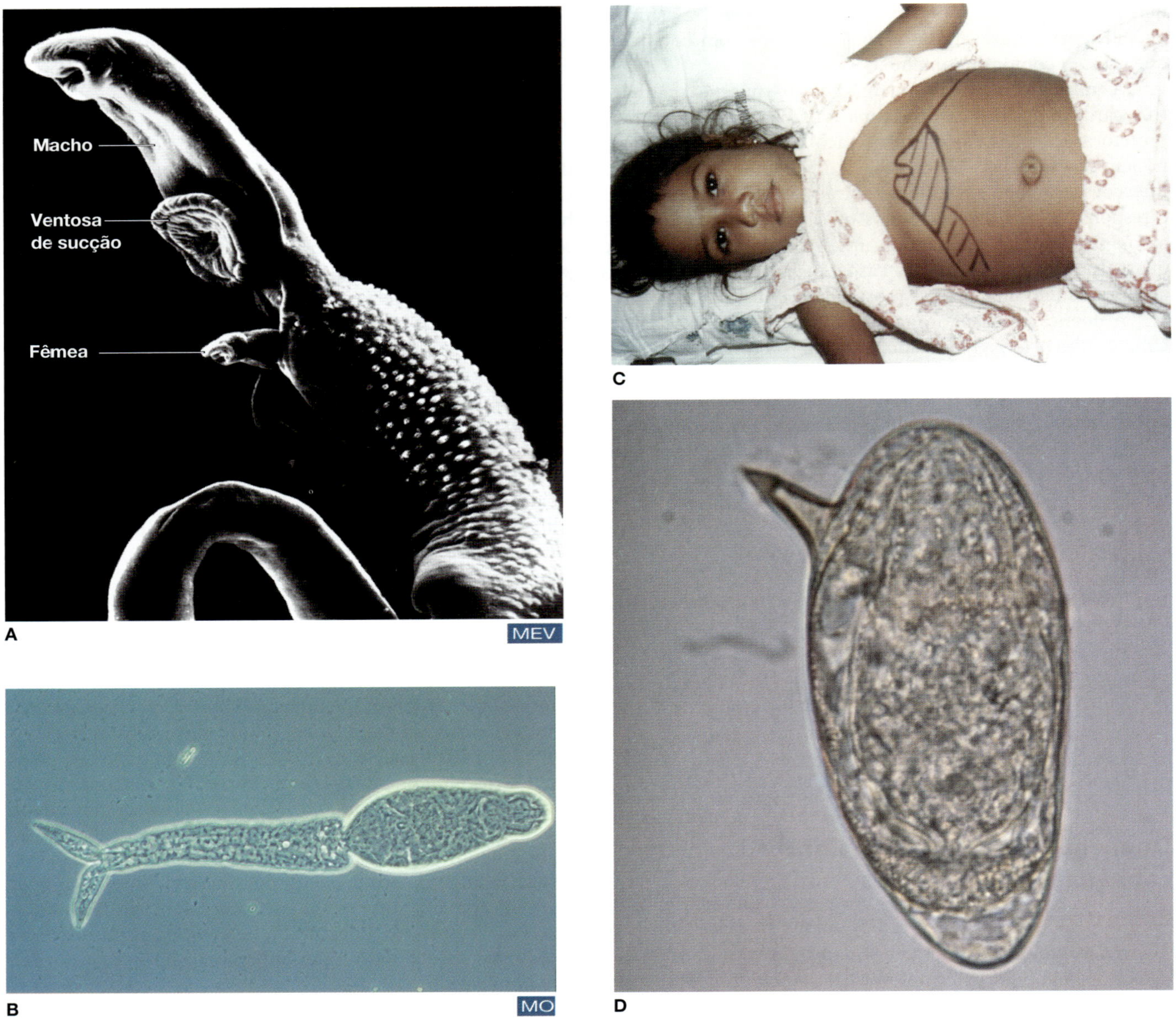


Figura 24.4 **Esquistossomose.** Os esquistossomas são trematódeos sanguíneos que causam esquistossomose na África, América do Sul e Caribe. A. Casal de esquistossomas acasalando. O verme macho maior mantém a fêmea menor dentro de um sulco em seu corpo. O macho fixa-se à parede de um vaso sanguíneo humano por meio da ventosa de sucção localizada imediatamente abaixo de sua cabeça. Os vermes, que são mais finos do que uma fibra de algodão, são dificilmente visíveis a olho nu. Um casal pode viver no corpo humano por até 10 anos. (Ampliação desconhecida.) (*Cortesia do National Institute of Allergy and Infectious Diseases/National Institutes of Health*). B. No estágio de cercária (160×), o verme deixa o caramujo e penetra na pele de seres humanos que andam ou nadam na água. (*Science Photo Library/Science Source.*) C. Criança com esquistossomose. Os traçados delineiam o fígado aumentado, que é típico dessa doença. (*Cortesia do National Institute of Allergy and Infectious Diseases/National Institutes of Health*). D. Ovo com a espinha. (*CDC.*)

cercárias, constituem uma grande esperança. Por fim, há pesquisas em andamento para o desenvolvimento de uma vacina. Uma nova vacina em fase de teste não evita a infecção, mas protege contra o dano causado pelos esquistossomas.

## Filariose

A **filariose** pode ser causada por vários nematódeos diferentes. *Wuchereria bancrofti* (ver Figura 12.22) constitui uma causa comum dessa doença tropical, para a qual a OMS relata a ocorrência de mais de 120 milhões de casos em todo o mundo, com 30% na Índia e 30% na África. Os vermes adultos são encontrados nas glândulas e ductos linfáticos dos seres humanos. As fêmeas liberam embriões denominados *microfilárias*. Os vermes são encontrados nos vasos sanguíneos periféricos durante a noite, porém migram para os vasos profundos, particularmente os dos pulmões, durante o dia. Os mosquitos também são hospedeiros essenciais no ciclo de vida desse parasita, e várias espécies que picam à noite, entre os gêneros *Culex*, *Aedes* e *Anopheles*, servem de hospedeiros. Quando um

## SAÚDE PÚBLICA

### Uma boa ação

A elefantíase é, na realidade, um linfedema causado pela congestão dos vasos linfáticos por filárias. Para vencer o flagelo da filariose linfática, o Banco Mundial, a Organização Mundial da Saúde e a empresa Glaxo SmithKline Beecham – relacionada com cuidados da saúde – estão cooperando em um programa em que o albendazol, o fármaco utilizado no tratamento da doença, será doado livre de encargos aos países necessitados. Como é necessária uma dose anual durante 4 a 5 anos para o tratamento de todas as pessoas nas áreas infectadas, a doação da Glaxo SmithKline Beecham é de vários bilhões de doses de albendazol. Estima-se que, como um quinto da população mundial corre risco de infecção, serão necessários aproximadamente 20 anos para eliminar a doença. Esse generoso presente de muitos bilhões de dólares de fármacos também irá reduzir os casos de infecções por ancilóstomos e outros nematódeos, melhorando assim o estado de saúde geral nos países afetados

mosquito pica uma pessoa infectada, ele ingere microfilárias que se desenvolvem em larvas e migram para as peças bucais do mosquito. Quando o mosquito pica novamente, as larvas são injetadas e podem infectar outra pessoa. Elas entram no sangue, se desenvolvem e reproduzem nas glândulas e ductos linfáticos, completando, assim, o ciclo de vida. Os vermes adultos são responsáveis pela inflamação dos ductos linfáticos, pela ocorrência de febre e pelo bloqueio eventual dos ductos linfáticos nas áreas afetadas. Infecções repetidas ao longo de um período de anos podem levar à **elefantíase**, um aumento acentuado dos membros, do escroto e, algumas vezes, de outras partes do corpo, devido ao bloqueio dos vasos linfáticos e ao acúmulo subsequente de líquido e tecido conjuntivo nesses vasos (Figura 24.5A).

A filariose é diagnosticada pela detecção de microfilárias em esfregaços espessos de sangue (Figura 24.5B), preparados com amostras de sangue coletadas à noite, ou pela realização de um teste intradérmico (biopsia de pele). A dietilcarbamazina e o metronidazol são fármacos efetivos no tratamento da doença. Os membros edemaciados são envolvidos em bandagens de compressão para forçar a eliminação da linfa; se a deformação não for muito grande, é possível recuperar o tamanho quase normal. Para controlar a doença, seria necessário tratar todos os indivíduos infectados e erradicar as espécies de mosquitos que transportam o parasita. Foram efetuados progressos limitados.

Mais de 1 bilhão de pessoas em 73 países correm risco de contrair elefantíase, e há mais de 120 milhões de pessoas já infectadas.

As doenças cardiovasculares e linfáticas estão resumidas na Tabela 24.1.

# DOENÇAS SISTÊMICAS

## Doenças sistêmicas causadas por bactérias

### Antraz

O **antraz** é uma zoonose que afeta principalmente animais herbívoros, sobretudo ovinos, caprinos e bovinos. Os animais carnívoros podem adquirir a doença pela ingestão de carne infectada ou por inalação de esporos do antraz, porém a doença não é transmitida de um animal vivo para outro. A cada ano, muitos milhares de animais no mundo inteiro adquirem antraz, porém apenas 20.000 a 100.000 seres humanos desenvolvem a

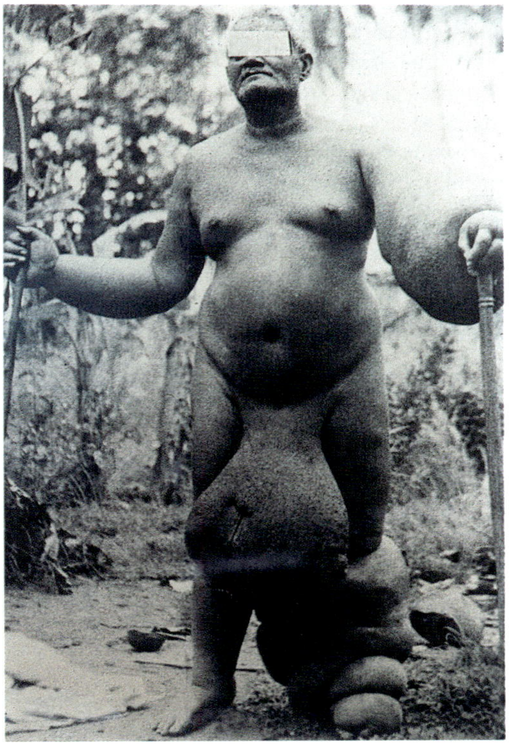

A

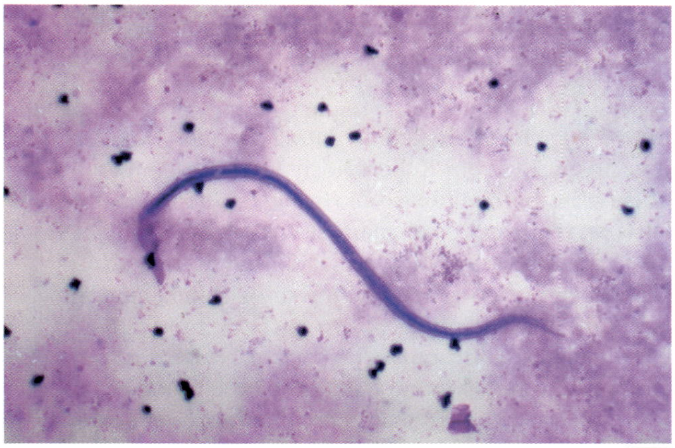

B

MO

**Figura 24.5 Elefantíase.** A. Elefantíase do escroto, causada pelo nematódeo *Wuchereria bancrofti*. O edema resulta do bloqueio do sistema linfático por vermes adultos. Outro local comum da elefantíase é a perna. (*PTP/Medical Images.*) B. O estágio de microfilária do ciclo de vida (ampliação desconhecida) é transmitido aos seres humanos pela picada de mosquitos. (*CDC.*)

**Tabela 24.1** Resumo das doenças cardiovasculares e linfáticas.

| Doença | Agente(s) | Características |
|---|---|---|
| **Septicemias e doenças relacionadas causadas por bactérias** | | |
| Septicemia | Várias espécies de bactérias | Choque séptico devido a endotoxinas do(s) agente(s) etiológico(s), febre, linfangite |
| Febre puerperal | *Streptococcus pyogenes* | Os microrganismos provenientes do útero invadem o sangue e causam septicemia, distensão pélvica e secreção sanguinolenta |
| Febre reumática | *Streptococcus pyogenes* | Febre, artrite, exantema, dano à valva mitral devido à reação imunológica |
| Endocardite bacteriana | *Staphylococcus* ou cepas de *Streptococcus* | Inflamação e vegetação das valvas e do revestimento cardíacos, febre, mal-estar, bacteriemia, sopro cardíaco, insuficiência cardíaca congestiva que pode causar morte |
| **Doenças do sangue e da linfa causadas por parasitas** | | |
| Esquistossomose | *Schistosoma haematobium, S. mansoni, S. japonicum* | Dermatite causada por cercárias, cirrose hepática em consequência dos ovos, reações alérgicas aos ovos, dano tecidual no intestino e na bexiga |
| Filariose | *Wuchereria bancrofti* | Inflamação e bloqueio dos ductos linfáticos, levando à elefantíase, febre |

doença, principalmente na África, na Ásia e no Haiti. Um surto de antraz em uma fábrica secreta de guerra biológica em Sverdlovsk (agora denominada Yekaterinburg) na Rússia, em 1979, matou pelo menos 77 pessoas entre 88 casos. Para uma análise mais detalhada desse surto, leia o livro de Jeanne Guillemin, *Anthrax: The Investigation of a Deadly Outbreak* (1999, University of California Press), que denuncia as mentiras destinadas a encobrir esse terrível acidente. As autoridades sanitárias nos EUA realizaram enormes esforços para erradicar o antraz e evitar a sua importação de outros países. Antes de 2001, quando cartas contendo antraz foram enviadas a Washington, D.C., e à cidade de Nova York, e ocorreu liberação dos esporos na Flórida, apenas 5 casos humanos tinham sido registrados nos EUA desde 1980, e não mais do que 6 por ano desde 1970 (Figura 24.6). Em 2006, um caso de antraz inalatório adquirido naturalmente ocorreu em um homem que viajava com um grupo de dança. Era baterista e tinha feito seus próprios tambores utilizando pele de cabra infectada por antraz da África ocidental.

**A doença.** O agente etiológico do antraz, *Bacillus anthracis*, foi descoberto em 1877 por Robert Koch. O bacilo é um grande bastonete gram-positivo, anaeróbio facultativo e formador de endósporos. Os endósporos formam-se apenas em condições aeróbicas e não são encontrados em tecidos ou no sangue circulante. Entretanto, se o sangue de um animal infectado for derramado durante uma necropsia, os bacilos expostos ao ar formam rapidamente endósporos. Os veterinários e os criadores de animais devem ter muito cuidado para evitar a contaminação do solo ou de outros materiais, visto que os endósporos podem permanecer viáveis por mais de 60 anos, talvez até mesmo por mais de 100 anos, arruinando uma pastagem para uso animal nesse período.

Além do bioterrorismo, a maioria dos casos de antraz humano resulta do contato do endósporo durante a exposição ocupacional em fazendas ou em indústrias que manipulam lã, peles, carne ou ossos. O antraz respiratório, ou "doença dos classificadores de lã", era um problema tão grave na Inglaterra do século XIX que foi promulgada uma legislação para proteger os trabalhadores têxteis dessa doença ocupacional.

Os casos de antraz humano aparecem em três formas clínicas diferentes: 90% são cutâneos, 5% respiratórios e 5% intestinais. O **antraz cutâneo** apresenta uma taxa de mortalidade de 10 a 20% quando não tratado, caindo para apenas 1% com tratamento adequado. O **antraz respiratório** é quase sempre fatal, independentemente do tratamento. O **antraz intestinal** apresenta uma taxa de mortalidade de 25 a 50%. Além disso, independentemente do local inicial de infecção, se as bactérias entrarem na corrente sanguínea, causando septicemia, o processo leva a meningite (que quase sempre é fatal em 1 a 6 dias) em cerca de 5% dos pacientes.

O antraz cutâneo desenvolve-se 2 a 5 dias após a penetração dos endósporos nas camadas epiteliais da pele. Surgem lesões de 1 a 3 cm de diâmetro no local de entrada (Figura 24.7), que se expandem para fora. Por fim, o centro da lesão torna-se negro e necrótico, e a crosta assemelha-se a um pedaço de carvão, daí o termo antraz, que deriva da palavra grega para carvão. Por fim, ocorre cicatrização, porém ela deixa uma marca. A recuperação provavelmente confere alguma imunidade, embora não seja total.

> *Bacillus anthracis* produz uma toxina que inibe uma proteinoquinase usada na sinalização celular. Isso pode indicar a possibilidade de utilizar inibidores da protease contra o antraz.

Os sintomas do antraz intestinal assemelham-se estreitamente aos do envenenamento alimentar (ver Capítulo 23). Pode haver formação de ulcerações em qualquer parte ao longo do sistema digestório, desde a boca e o esôfago, alcançando até mesmo o apêndice. Esses casos frequentemente provocam septicemia e morte. Um surto nos EUA resultou do consumo de queijo importado feito com leite de cabra não pasteurizado. O queijo foi servido em uma festa de queijos e vinhos a um grupo de médicos. Alguns deles atribuíram a fonte da infecção a uma determinada fábrica de queijos na França, que em consequência foi fechada.

O antraz pulmonar constitui a forma mais letal e, portanto, aquela escolhida para bioterrorismo. Em circunstâncias naturais, o antraz pulmonar é raro nos seres humanos, porém comum em animais de pasto, cujo nariz fica próximo ao solo onde os esporos do antraz aguardam. Uma vez inalados nos pulmões, os esporos germinam nos alvéolos, onde são fagocitados, porém não destruídos, pelos macrófagos. Por

**ANTRAZ. Casos relatados por ano – EUA, 1951-2016**

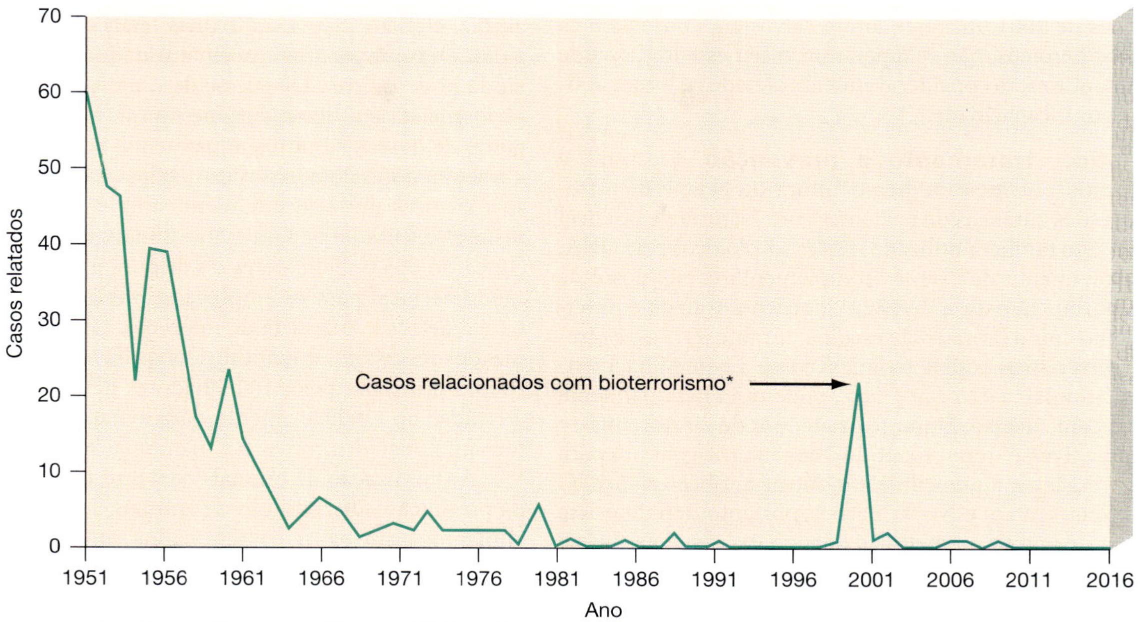


* Foi relatado um caso de antraz cutâneo epizoótico em 2001 no Texas.

Em 2001, 22 casos de antraz (11 casos de antraz inalatório e 11 casos cutâneos [4 suspeitos, 7 confirmados]) foram associados a um evento de bioterrorismo sem precedente. Cinco dos 11 casos internacionais foram fatais. Os casos ocorreram entre residentes de sete estados. Além disso, foi relatado um caso de ocorrência natural no Texas. Em 2006, houve um caso de isolamento associado a peles de animais importadas da África.
*Bacillus anthracis* continua sendo um agente de ameaça de bioterrorismo da Classe A.

**Figura 24.6 Antraz, casos relatados por ano – EUA, 1951-2016.**

fim, esses esporos matam os macrófagos. Podem ser necessários até 60 dias para a germinação de todos os esporos. Logo, é perigoso suspender os antibacterianos 10 ou 30 dias após uma exposição comprovada ou suspeita. Infelizmente, os sintomas iniciais do antraz pulmonar assemelham-se aos de muitas infecções respiratórias comuns, como resfriados ou gripe. A administração de antibacterianos nesse estágio ainda pode ser útil. Entretanto, se não houver suspeita de exposição, é improvável que os antibacterianos sejam administrados nesse estágio – a sua administração posterior não salvará a vida do paciente. Segue-se então um período de falso alívio: os sintomas diminuem, porém as bactérias entram na corrente sanguínea, levando septicemia e morte dentro de 2 ou 3 dias em consequência de choque séptico. Os linfonodos do *mediastino* (parte central vertical do tórax), que se tornam acentuadamente aumentados, podem ser visualizados em radiografias como alargamento distinto do mediastino. Não ocorre disseminação interpessoal, visto que os microrganismos não são expectorados dos brônquios.

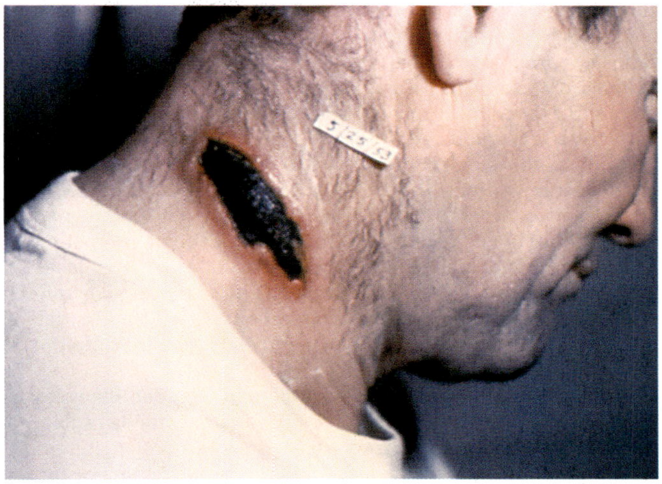

**Figura 24.7 Antraz cutâneo.** Os esporos introduzidos na pele através de escoriações ou cortes germinam. Os microrganismos que emergem multiplicam-se, liberam exotoxina localmente e invadem os tecidos adjacentes, onde produzem dano extenso. (*Cortesia dos Centers for Disease Control.*)

Os fatores de virulência incluem uma cápsula constituída de ácido glutâmico, cujos genes estão localizados em um plasmídio. Um segundo plasmídio apresenta os genes para três exotoxinas: o fator do edema, o fator letal e o antígeno protetor. É necessária a presença de todas as três toxinas juntamente com a cápsula para que ocorra a doença. A perda de um dos plasmídios torna a bactéria avirulenta. O fator do edema combina-se com o antígeno protetor para formar a *toxina do edema*, que provoca edema e impede a fagocitose do organismo pelos macrófagos. O fator letal combina-se com o antígeno protetor para formar a *toxina letal*, que induz os macrófagos a liberar o fator de necrose tumoral $\alpha$ e a interleucina-1$\beta$, juntamente com outras citocinas inflamatórias, e, em seguida, a morrer. A consequente toxemia devido às exotoxinas provoca a formação de coágulos no interior dos capilares pulmonares e linfonodos, causando edema mediastinal que provoca obstrução das vias respiratórias. A doença é praticamente 100% fatal. Os funcionários do correio que desenvolveram antraz pulmonar nos ataques de 2001, mas que foram salvos em consequência de esforços heroicos, não recuperaram o seu estado de saúde anterior. Ainda estão consideravelmente afetados e foram aposentados por incapacidade.

**Diagnóstico, tratamento e prevenção.** O antraz é diagnosticado por meio de hemocultura ou exame de esfregaços de lesões cutâneas de pacientes com história de possível exposição. São também utilizados testes sorológicos e de DNA. O desenvolvimento de exames complementares rápidos é de suma importância para a defesa. A doença é tratada com ciprofloxacino como fármaco de escolha durante 60 dias. Entretanto, muitos outros antibacterianos, como a penicilina, doxiciclina, eritromicina e cloranfenicol, podem ser habitualmente utilizados com sucesso. Durante os ataques de 2001, temia-se que o antraz tivesse sido submetido a engenharia genética para se tornar resistente à penicilina e a outros antibacterianos. O ciprofloxacino era um novo fármaco, e, portanto, acreditava-se que a cepa de antraz submetida a engenharia genética tivesse menos tendência a apresentar resistência. Em consequência, o ciprofloxacino tornou-se o fármaco de escolha. Subsequentemente, constatou-se que a cepa do antraz era sensível à penicilina e a outros antibacterianos comuns. Todavia, embora um antibacteriano possa matar os microrganismos causadores de antraz, ele não inativa as toxinas letais que já foram produzidas. Desse modo, um paciente tratado com antibacterianos ainda pode morrer. Dispõe-se de uma vacina, que exige uma série inicial de 6 doses durante um período de 18 meses, seguido de doses de reforço anualmente. Pode ser administrada a trabalhadores com exposição ocupacional ao antraz, porém as indústrias ainda devem manter ambientes livres de poeira e instalar respiradores para evitar a inalação de endósporos. A educação dos trabalhadores e a disponibilidade de serviços de saúde no local para os empregados também são importantes para a detecção imediata de infecções. Os visitantes não imunizados precisam ser mantidos longe das áreas de trabalho. As roupas utilizadas pelos trabalhadores devem ser esterilizadas e lavadas no estabelecimento para evitar que os familiares se tornem infectados com a sua manipulação.

A imunização de animais constitui um importante meio de prevenção. Os criadores de animais devem evitar o uso de alimentos com ossos contaminados com esporos de antraz e precisam livrar-se dos animais infectados, enterrando-os em covas profundas revestidas com cal. A cal impede que as minhocas tragam os endósporos do antraz até a superfície;

## SAÚDE PÚBLICA

### Herança das pradarias: esporos letais

Durante séculos, grandes rebanhos de bisões percorreram as Grandes Planícies dos EUA. Periodicamente, o bisão sofria surtos de antraz. Suas carcaças mortas apodreciam, deixando esporos de antraz no solo. Em seguida, chegaram os grandes rebanhos bovinos do século XIX, do Texas até o Canadá. As carcaças eram deixadas ao longo das trilhas, acrescentando mais esporos de antraz ao solo. Na década de 1930, os rancheiros perceberam que os corpos de animais infectados pelo antraz precisavam ser tratados, de modo a evitar a contaminação do solo. Alguns rancheiros ainda se lembram das enormes fogueiras de carcaças queimando nas décadas de 1930 e 1940. Todavia, naquela época, o solo já estava contaminado com esporos de antraz – os quais permanecem viáveis ainda hoje.

Nos anos de seca, os ventos carregam a parte superior do solo, expondo os esporos das camadas mais profundas e mais antigas. Nos anos mais úmidos ou ao longo do leito dos rios e riachos, a erosão carrega a parte superior do solo, expondo também os esporos e espalhando-os. Do Texas até o Canadá, a imunização anual do gado bovino contra o antraz é, em grande parte, rotineira. Entretanto, depois de 10 ou 15 anos sem surto, os rancheiros podem ter a falsa sensação de segurança e, desse modo, interromper a administração da vacina. Foi isso que ocorreu em Dakota do Sul, durante o verão de 1993.

Em agosto de 1993, um rebanho de gado de corte não vacinado no sudeste de Dakota do Sul começou a adoecer. No dia 13 de agosto, após a morte de três animais, um veterinário foi chamado. O seu diagnóstico foi de enfisema pulmonar. No dia 15 de agosto, um segundo veterinário chegou e confirmou o diagnóstico do colega. O rancheiro foi informado que era seguro enviar o resto do rebanho para o abate. Logo em seguida, 19 animais morreram, nove outros foram imediatamente para o abate, e o restante foi transportado até o curral para ser vendido.

Nos abatedouros, os inspetores constataram que os fígados dos animais não pareciam saudáveis. O rancheiro foi notificado do possível diagnóstico de antraz. Exames laboratoriais realizados em 17 de agosto confirmaram a presença do antraz. Uma ordem imediata de quarentena foi emitida na manhã seguinte.

Os restos dos animais abatidos foram recuperados, e as fábricas de processamento de carne e os depósitos de estoque tiveram de ser desinfetados com vapor. Felizmente, nenhum dos animais do curral tinha sido vendido. Todos foram transportados de volta ao rancho do qual tinham vindo e foram mantidos em quarentena. Lá, os animais receberam vacina contra o antraz e antibacterianoss, com dose de reforço 2 semanas depois. O esterco e as camas dos animais nas áreas que tinham ocupado nos currais tiveram que ser recolhidos, evacuados e esterilizados.

Os animais mortos foram enviados a um estabelecimento de esquartejamento, onde as carcaças e as partes residuais, como ossos e gorduras, foram fervidas. Os produtos dessas unidades de esquartejamento podem ser eventualmente utilizados em produtos alimentícios para seres humanos ou outros animais. Desse modo, essas 19 carcaças representavam um perigo. Se os animais fossem vacas leiteiras, o seu leite também poderia ter sido contaminado.

Os inspetores de saúde do estado e outras pessoas que tinham manipulado o rebanho receberam tetraciclina para evitar o desenvolvimento da infecção pelo antraz. Felizmente, não ocorreu nenhum caso humano. Todavia, até aquele momento, 32 cabeças de gado já haviam morrido. As últimas 13 carcaças foram queimadas. Trinta dias depois da última morte, o restante do rebanho foi liberado da quarentena. Os rancheiros das proximidades que não tinham vacinado seus rebanhos rapidamente administraram a vacina.

Dakota do Sul e os outros estados das Grandes Planícies apresentam surtos periódicos. Isso faz parte da vida da região. As autoridades sanitárias precisam estar sempre vigilantes contra a herança de esporos das pradarias provenientes de um passado distante. E aspirantes a terroristas que desejam desenvolver culturas de antraz só precisam procurar em nossos próprios solos o material para iniciar o trabalho. Os esporos estão lá.

a incineração é utilizada, mas precisa ser realizada de modo apropriado, a fim de evitar a disseminação pelo vento de pedaços de carcaças contaminadas e esporos. Os veterinários precisam ter cuidados especiais ao trabalhar com animais infectados ou na administração de vacinas, visto que a vacinação acidental de seres humanos com uma vacina destinada a animais pode causar antraz.

## Peste

De 1937 a 1974, menos de 10 casos anuais de peste, uma zoonose, foram relatados nos EUA, sem nenhum caso registrado em alguns anos. Em seguida, foram notificados 20 casos em 1975 e 40 em 1983, a maioria em áreas rurais dos estados das Montanhas Rochosas (Figura 24.8). Nessa região, a doença é designada como *peste silvestre*, porque é transportada por roedores silvestres, como esquilos-terrestres, tâmias e ratos-do-deserto. Os EUA são afortunados por não sofrerem de *peste urbana*, cujo hospedeiro principal é o rato da cidade ou europeu. A peste continua sendo uma doença endêmica em determinadas áreas do mundo, porém o número de casos no mundo inteiro é muito menor do que as grandes pandemias mencionadas no Capítulo 1.

**A doença.** O agente etiológico da peste, *Yersinia pestis*, é um bastonete gram-negativo curto. Quando atacados por um fa-

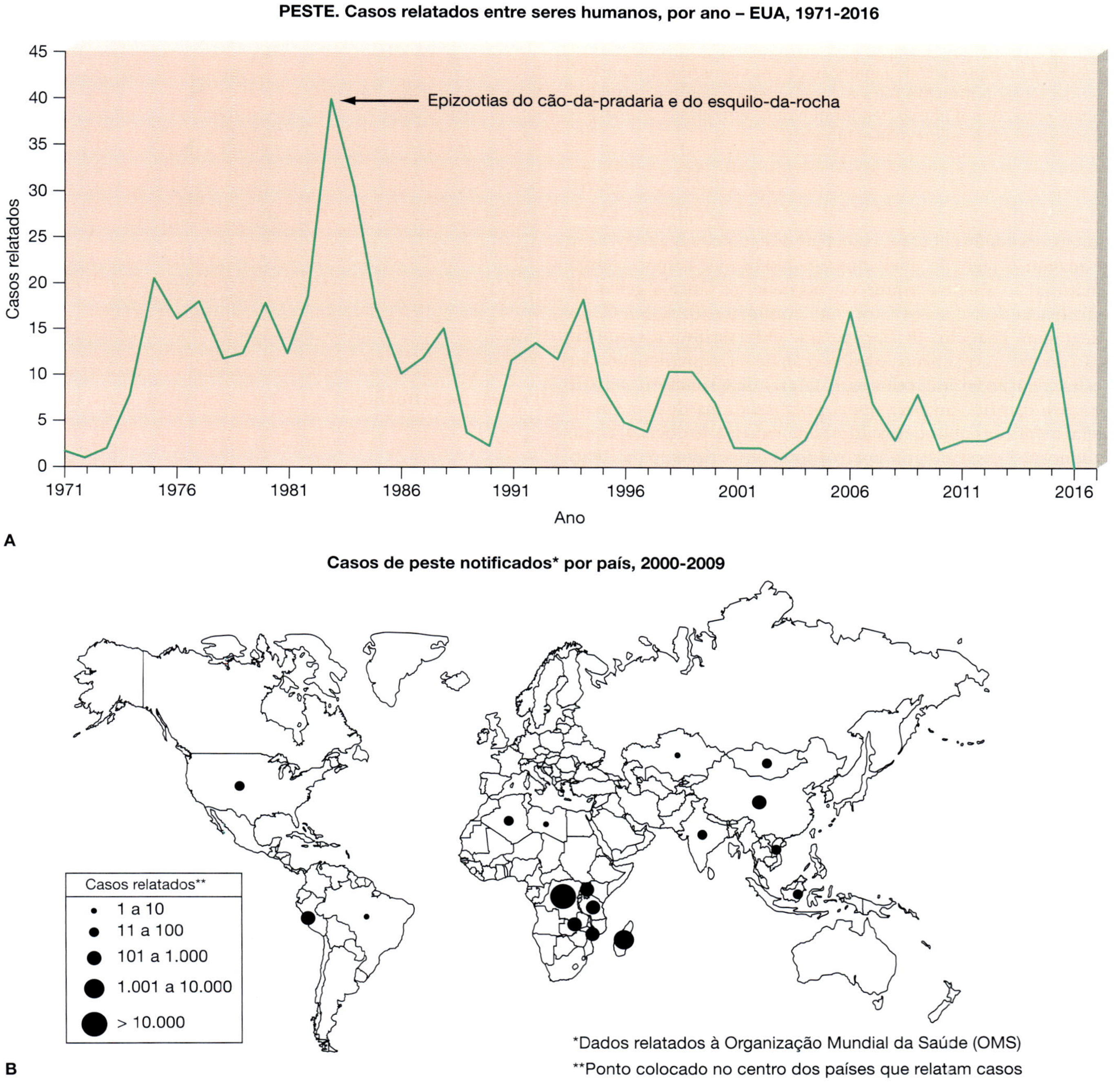


**Figura 24.8 Incidência da peste.** **A.** Incidência nos EUA, 1971-2016. **B.** Regiões de peste endêmica no mundo. (*Fonte: CDC.*)

## SAÚDE PÚBLICA

### Peste nos EUA?

Hoje em dia? Sim! Com efeito, a peste é muito prevalente em roedores Geomyidae, tâmias, ratos do gênero *Neotoma*, cães-da-pradaria e esquilos-terrestres em 15 estados do oeste. Com efeito, acredita-se que a peste tenha persistido durante anos entre populações de roedores silvestres semelhantes nas estepes da Ásia central, antes da epidemia dizimar a Europa com a "Peste Negra", em 1346. Se a peste rural (*selvática*) nos EUA tivesse infectado os ratos da cidade, dando origem à peste *urbana*, os americanos poderiam estar com um grande problema. Até o momento, ocorreram apenas casos esporádicos de peste humana no oeste dos EUA, frequentemente entre caçadores e índios nativos que vivem nas reservas. Entretanto, os americanos tiveram sorte. Alguns anos atrás, o proprietário de uma loja de animais de estimação em Los Angeles capturou alguns roedores do deserto com a intenção de vendê-los. Infelizmente – mas talvez felizmente para a comunidade –, ele morreu de peste antes que pudesse vender qualquer um desses animais perigosos como animais de estimação.

gócito, os bacilos liberam proteínas que impedem a fagocitose e matam o fagócito. Eles também reduzem a resposta inflamatória do sistema imune do hospedeiro. Outros genes de virulência destroem os fatores do complemento C3b e C5a e degradam coágulos de fibrina, ajudando assim a disseminação dos microrganismos e a absorção de ferro proveniente das células hospedeiras. Todos esses fatores de virulência, além de outros, contribuem para que a peste seja uma doença muito letal e uma das mais devastadoras da história. A doença, como zoonose, é disseminada por roedores infectados, particularmente ratos, que transmitem os microrganismos por contato entre animais e, em certas ocasiões, para os seres humanos por meio de picadas de pulgas. À medida que os ratos infectados morrem de peste, a sua temperatura corporal cai, e o seu sangue coagula; as pulgas famintas deslocam-se para fontes próximas de calor e sangue líquido. O novo hospedeiro é geralmente outro rato; entretanto, em bairros onde vivem ratos aglomerados e infectados ou quando o contato ocorre com a carcaça de um animal infectado pelo agente causador da peste, o próximo hospedeiro pode ser facilmente um ser humano.

A própria pulga sofre de infecção pela peste. Os microrganismos ingeridos de um rato doente multiplicam-se e bloqueiam o sistema digestório da pulga até que o alimento (refeição de sangue) não possa mais passar através dele. A pulga fica mais faminta, pica ferozmente e infecta novas vítimas, deixando os microrganismos causadores da peste a cada picada. Por fim, a pulga morre, porém isso é apenas um pequeno consolo para uma nova vítima humana, que tem uma probabilidade de 50 a 60% de morrer se não for tratada.

Uma vez no interior do hospedeiro, os bacilos da peste multiplicam-se e seguem o seu percurso pelos vasos linfáticos até os linfonodos, onde causam hemorragias e acentuado aumento dos linfonodos, denominados **bubões**, localizados particularmente na virilha e nas axilas (Figura 24.9). Os bubões são característicos da **peste bubônica** e aparecem depois de um período de incubação de 2 a 7 dias. As hemorragias tornam a pele negra – daí a designação de Peste Negra.

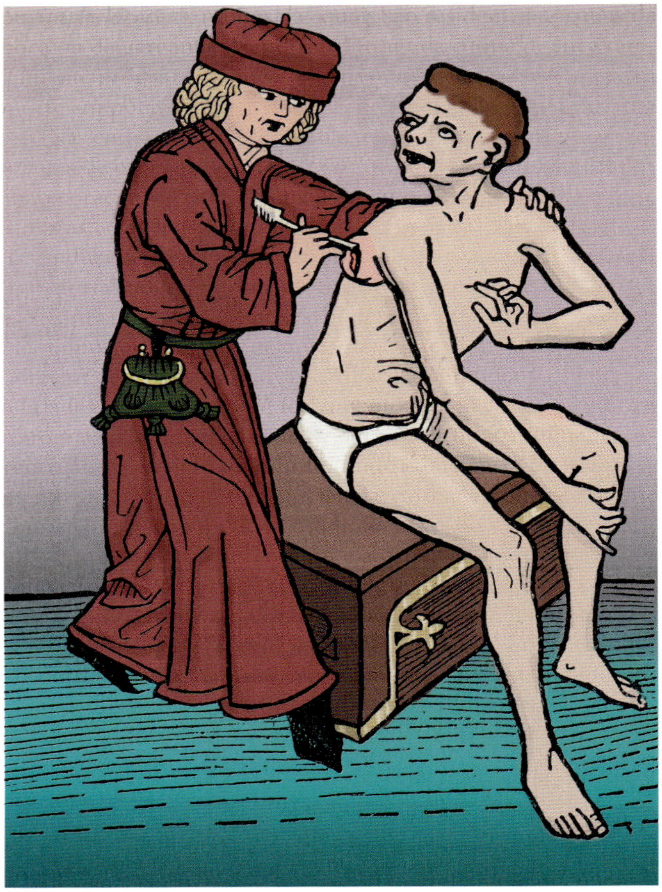

**Figura 24.9 Bubões.** Nesse desenho de um manuscrito flamengo do século XIV, um médico lanceta um bubão causado pela peste. (*NYPL/Science Source/Getty Images.*)

As mortes por peste bubônica podem ser evitadas mediante tratamento adequado com antibacterianos no momento oportuno; caso contrário, ocorre morte nos primeiros dias após o aparecimento dos bubões. Se os microrganismos migrarem dos vasos linfáticos para o sistema circulatório, ocorre **peste septicêmica**. A peste septicêmica caracteriza-se por hemorragia e necrose em todas as partes do corpo, meningite e pneumonia. Essa forma de peste é invariavelmente fatal, apesar dos tratamentos mais modernos. A **peste pneumônica** ocorre com o comprometimento dos pulmões e pode ser disseminada quando são inaladas gotículas de aerossol de um paciente que tosse. A peste pneumônica também apresenta uma taxa de mortalidade que se aproxima de 100%, apesar dos cuidados excelentes. A equipe médica que trabalha com esses pacientes tem mais probabilidade de adquirir peste pneumônica do que bubônica.

**Diagnóstico, tratamento e prevenção.** A peste pode ser diagnosticada por testes com anticorpos fluorescentes ou pela identificação de *Yersinia pestis* em esfregaços corados de escarro ou de líquido aspirado de linfonodos. O tratamento consiste em estreptomicina, tetraciclina ou ambas. Felizmente, ainda não apareceram cepas resistentes a fármacos.

A recuperação de um caso de peste confere imunidade permanente. Entretanto, durante o tratamento de pacientes com peste na Guerra do Vietnã, descobriu-se que os trabalhadores, mesmo aqueles protegidos por imunização, podem se tornar portadores de microrganismos causadores da peste na faringe por um curto período de tempo. A peste pode ser evitada pelo controle das populações de ratos e pela manutenção da vigilância de infecções em populações de roedores silvestres. Os levantamentos realizados pelos CDC encontraram a peste apenas entre roedores silvestres rurais (geralmente no deserto), que não têm probabilidade de entrar em contato com as populações urbanas. Entretanto, a peste se deslocou para o leste a partir da costa da Califórnia, onde chegou inicialmente em um navio proveniente da China que atracou em São Francisco em 1899. Se a doença se disseminar para ratos urbanos, muitos dos quais são resistentes a raticidas, o risco para os seres humanos aumentará.

## Tularemia

**A doença.** A **tularemia**, que é causada por *Francisella tularensis*, é uma zoonose encontrada em mais de 100 mamíferos – particularmente coelhos do gênero *Sylvilagus*, ratos-almiscarados e roedores – e vetores artrópodes como carrapatos e moscas de veados. Nos carrapatos, o patógeno incorpora-se aos ovos à medida que deixam os ovários na forma de **transmissão transovariana** – infecção dos ovos antes de sua fertilização –, passando assim de uma geração para a seguinte. Embora em cerca da metade dos casos humanos o vetor nunca seja identificado, a tularemia está associada, com mais frequência, a coelhos do gênero *Sylvilagus*; o número de casos notificados aumenta sempre de modo significativo durante a estação de caça aos coelhos.

*Francisella tularensis*, um pequeno cocobacilo gram-negativo com distribuição mundial, foi isolado pela primeira vez em 1911 no condado de Tulare, na Califórnia, dando o nome à espécie. O nome do gênero foi dado em homenagem a Edward Francis, que realizou grande parte das pesquisas iniciais sobre esse organismo. Nos EUA, a incidência anual de tularemia caiu de mais de 2.000 casos em 1939 para menos de 200 casos nos anos recentes (Figura 24.10). A doença representa um risco ocupacional para os taxidermistas.

Mapa de casos relatados – EUA, 2015

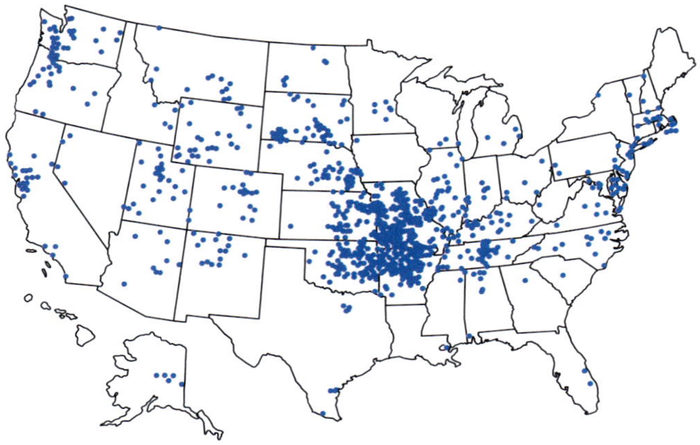

Um ponto colocado aleatoriamente no condado de residência de cada caso notificado

**Figura 24.10 Casos relatados de tularemia nos EUA, 2015.** (*Fonte: CDC.*)

A tularemia pode ser adquirida de três maneiras. Primeiro, os microrganismos habitualmente penetram através de pequenos cortes, abrasões ou picadas. Segundo, os organismos podem ser inalados, particularmente em aerossóis formados durante a retirada da pele de animais infectados. Terceiro, os organismos podem ser adquiridos pelo consumo de água ou carne contaminadas, resultando em uma forma intestinal da doença. Nadar em um rio próximo a uma colônia de ratos fluviais infectados e consumir carne de coelho infectada e malcozida foi relatado como fonte de infecção. O congelamento, mesmo durante anos, não destrói os microrganismos.

A entrada dos organismos pela pele resulta na forma **ulceroglandular** da doença. Depois de um período de incubação de 48 horas, os sintomas aparecem com febre súbita e alta de 40 a 41°C, com calafrios e tremores. Sem tratamento, a febre, a cefaleia intensa e os bubões podem persistir por 1 mês. Algumas vezes, há formação de uma úlcera no local de entrada dos organismos. A manipulação de animais e suas peles tem mais probabilidade de causar úlceras nas mãos, enquanto uma picada por um vetor artrópode tem mais tendência a causar bubões (lesões dos linfonodos) na virilha ou nas axilas. Inicialmente, o paciente fica incapacitado por 1 a 2 meses e pode apresentar recidivas frequentes. A mortalidade é de cerca de 5% se a doença não for tratada. Na época dos pioneiros americanos, o coelho representava um importante componente da dieta, e a tularemia também deve ter sido uma característica importante da vida desses pioneiros. Até a década de 1960, quando a guerra biológica foi proibida, *F. tularensis* foi um organismo estudado pelos cientistas do governo para possível utilização na guerra biológica.

A bacteriemia que ocorre a partir das lesões pode levar à **tularemia tifoide**, uma septicemia que se assemelha à febre tifoide. Tocar os olhos com as mãos contaminadas pode resultar em conjuntivite, porém isso ocorre em um número muito pequeno de casos. A inalação de microrganismos ou a sua disseminação a partir do sangue provocam pneumonia brônquica difusa, que leva à necrose do tecido pulmonar e a uma taxa de mortalidade de 30%.

**Diagnóstico, tratamento e prevenção.** O diagnóstico a partir de hemoculturas é difícil; os organismos altamente infecciosos são difíceis de cultivar em meios habituais de laboratório. Esses organismos vivem no interior dos macrófagos, onde resistem à degradação. Apenas 50 deles são suficientes para produzir infecção humana, independentemente da via de administração. As infecções no laboratório são adquiridas com facilidade, de modo que a cultura de *Francisella tularensis* só deve ser realizada por um técnico com grande experiência em laboratórios de isolamento equipados com câmaras de fluxo de ar e outros equipamentos de segurança. Deve-se evitar a inoculação em animais. A tularemia é considerada uma possível ameaça como arma biológica. Os testes de aglutinação constituem o método padrão para o estabelecimento do diagnóstico (ver Capítulo 19). A estreptomicina é o fármaco de escolha para todas as formas de tularemia.

A prevenção por meio de eliminação dos organismos das populações de reservatórios silvestres é impraticável. Assim, é necessário evitar a manipulação de animais doentes, utilizar luvas quando manipular ou retirar a pele de animais de caça selvagens e, nas áreas infestadas por carrapatos, usar roupas protetoras e procurar frequentemente a presença de carrapatos

## SAÚDE PÚBLICA

### Seus ancestrais sobreviveram à peste? O que isso lhe trouxe de bom?

Em 1665-1666, todos os residentes da pequena aldeia de Eyam, localizada ao norte da Inglaterra, foram confinados em sua cidade por 1 ano de quarentena – vítimas de peste e pessoas saudáveis, todas juntas. O alimento era deixado nos limites da cidade. Depois de 1 ano, a suposição é que todos deveriam ter morrido, um fato triste para eles, porém bom no sentido de que isso impediria a disseminação da peste para cidades vizinhas. Entretanto, *havia* sobreviventes, alguns dos quais nunca tinham adoecido, enquanto outros tinham se recuperado da doença. Por quê? Essas pessoas teriam alguma diferença genética que as manteve vivas? Um coveiro que enterrou centenas de corpos, e uma mulher que cuidou do marido e de todos os seis filhos e os enterrou em 1 semana, nunca ficaram doentes. Casados novamente com outros sobreviventes, seus descendentes permaneceram, em sua maioria, na aldeia de Eyam. O sequenciamento do DNA dos atuais descendentes revelou que uma alta porcentagem deles apresenta a mutação delta 32 no gene CCR5. Essa mutação impede a entrada dos bacilos da peste nos macrófagos, causando doença. Os geneticistas constataram que a frequência de delta 32 na população europeia aumentou vertiginosamente há cerca de 700 anos – correspondendo à época de chegada da peste na Europa. Os descendentes americanos de imigrantes europeus também apresentam essa mutação. Ela não ocorre em populações da África, Ásia e leste indiano. A peste matou 60 a 75% da população europeia (35 milhões de pessoas). A presença de duas cópias de delta 32 impede que a pessoa adquira peste; uma cópia significa que a pessoa pode adoecer, porém tem grande chance de recuperação; a ausência de cópias significa a ocorrência de infecção e morte rápida. Claramente, a delta 32 conferiu uma vantagem seletiva naquela época. Porém, o que ocorre agora? O vírus da AIDS invade da mesma maneira que a peste. Duas cópias de delta 32 aumentam em 3.000 vezes a quantidade de HIV normalmente necessária para promover infecção dos macrófagos. Com uma cópia, a pessoa demora em se tornar infectada, e a doença progride aos poucos. A ausência de cópias significa que você é realmente vulnerável. Nos EUA e na Inglaterra, cerca de 3 milhões de pessoas possuem duas cópias, um magnífico legado de seus antepassados através de centenas de anos. O que seus ancestrais podem ter lhe deixado?

nas roupas e na pele. Dispõe-se de uma vacina, porém ela nem sempre é protetora e precisa ser readministrada a cada 3 a 5 anos.

## Brucelose

**A doença.** A **brucelose**, também denominada **febre ondulante, doença de Bang** ou **febre de Malta**, é uma zoonose altamente infecciosa para os seres humanos. É causada por várias espécies de *Brucella*. *Brucella melitensis* foi isolada em 1887 na ilha de Malta, no Mediterrâneo, por *Sir* David Bruce. As bactérias do gênero *Brucella* são pequenos bacilos gram-negativos, cada um deles com um hospedeiro preferido: *B. abortus*, gado bovino; *B. melitensis*, ovinos e caprinos; *B. suis*, suínos; e *B. canis*, cães. Além dos hospedeiros preferidos, cada espécie pode infectar vários outros hospedeiros, incluindo os seres humanos. Nos EUA, a incidência de brucelose caiu acentuadamente, de mais de 6.000 casos por ano no final da Segunda Guerra Mundial para menos de 200 casos por ano desde 1978, com 44 casos em 2016.

> No Alasca, sabe-se que as renas e os caribus são infectados com brucelose e servem de hospedeiros reservatórios. O consumo de sua carne pode causar infecção em seres humanos.

*Brucella* penetra nos hospedeiros pelo sistema digestório por meio de produtos derivados do leite e rações para animais contaminados, pelo sistema respiratório por meio de aerossóis ou pela pele, por meio de contato com animais infectados em fazendas ou matadouros. No interior do hospedeiro, esses parasitas intracelulares facultativos multiplicam-se e migram, por meio do sistema linfático, para o sangue, onde provocam bacteriemia aguda em 1 a 6 semanas. As infecções não controladas levam à formação de granulomas (ver Capítulo 17) no sistema reticuloendotelial. A brucelose caracteriza-se por um início gradual com ciclo diário de febre – alta durante a tarde e baixa à noite, após sudorese profusa. Esses episódios são causados pela liberação de bactérias dos granulomas para a corrente sanguínea. O baço, os linfonodos e o fígado podem estar aumentados, e pode-se observar a presença de icterícia; todavia, os sintomas podem ser muito discretos para possibilitar o estabelecimento do diagnóstico. A fase aguda inicial tem uma duração de várias semanas a 6 meses. Em geral, a recuperação é espontânea, porém podem ocorrer dores crônicas e nervosismo. Se for atribuída a um transtorno psiquiátrico, a doença pode não ser diagnosticada nem tratada adequadamente. A brucelose é considerada uma ameaça como arma biológica.

**Diagnóstico, tratamento e prevenção.** A brucelose é diagnosticada por testes sorológicos e tratada com tetraciclina. Nos casos graves, pode-se acrescentar estreptomicina, gentamicina ou rifampicina. O tratamento precisa ser prolongado, visto que os organismos presentes no sangue estão bem protegidos dos antibacterianos. Quando a morte ocorre, é geralmente causada por endocardite. A brucelose pode ser evitada pela pasteurização dos derivados do leite, imunização dos rebanhos e educação e uso de roupas protetoras para os trabalhadores com exposição ocupacional. No momento, não se dispões de nenhuma vacina humana adequada.

Os criadores de gado nas redondezas do Parque Nacional de Yellowstone em Wyoming e Montana enfrentam um perigo com os bisões doentes que ultrapassam os limites do parque. Mais de 50% do rebanho de bisões de Yellowstone estão infectados com brucelose. Esses animais podem disseminar a doença para o gado bovino quando se misturam com ele, particularmente durante os invernos rigorosos, quando o alimento pode ser mais abundante nas terras dos rancheiros. Os caçadores têm permissão de matar os bisões que saem do parque. Quase 600 foram abatidos em alguns anos. O estado de Montana gastou milhões de dólares na última década para erradicar a brucelose de seus rebanhos. No gado bovino, *Brucella* multiplica-se nas mamas, na placenta, no útero e no feto com suas membranas, devido à presença do carboidrato meso-eritritol. Isso provoca aborto dos fetos. O útero humano não contém esse açúcar, que é preferido à glicose por muitas cepas de *Brucella*, de modo que os fetos humanos não estão sujeitos a aborto. O epidídimo também contém o açúcar em animais, mas não nos seres humanos.

## Febre recorrente

**A doença.** A **febre recorrente** é uma doença aguda transmitida por artrópodes, caracterizada por períodos alternados de febre e ausência de febre. Os agentes etiológicos consistem em quase uma dúzia de espécies do gênero *Borrelia* (Figura 24.11). Dois vetores diferentes transmitem a febre recorrente: os carrapatos moles do gênero *Ornithodoros* e os piolhos da cabeça e do corpo humanos do gênero *Pediculus*. São conhecidas 15 espécies de carrapatos moles que transmitem a febre recorrente. As infecções transmitidas por piolhos são denominadas **febre recorrente epidêmica**, enquanto aquelas transmitidas por carrapatos são denominadas **febre recorrente endêmica**. A febre recorrente apareceu na Grécia antiga; desde então, ocorreram surtos em épocas de guerra e pobreza e em instituições de extrema superpopulação, que ocorre, por exemplo, após desastres naturais. Durante as epidemias, a taxa de mortalidade pode alcançar 30% dos casos não tratados.

*Borrelia* é uma grande bactéria gram-negativa espiralada; suas espirais mais grossas e mais irregulares e a sua facilidade de coloração as distingue das espiroquetas do gênero *Treponema* (sífilis).

A transmissão da febre recorrente varia de acordo com o vetor envolvido. Os piolhos devem ser esmagados, e o conteúdo de seu corpo esfregado na pele para transmitir a doença. Cada piolho adquire os microrganismos por meio da picada de um hospedeiro infectado. Os carrapatos transmitem os organismos causadores da doença em suas secreções salivares durante a picada e por transmissão transovariana. Os carrapatos podem sobreviver até 5 anos sem refeição e ainda assim podem conter *Borrelia* infecciosa viva. A erradicação desses vetores é impossível. Os carrapatos alimentam-se principalmente à noite por apenas cerca de meia hora. As vítimas, como pessoas em acampamentos ou ocupantes de casas infestadas por roedores portadores de carrapatos, nunca percebem que foram picadas. A falta dessa importante informação na história clínica torna o diagnóstico difícil.

Grande parte do que sabemos sobre a febre recorrente foi aprendida antes da introdução dos antibacterianos, quando a sífilis era tratada pela indução de febre alta. Os pacientes eram intencionalmente infectados por microrganismos da febre recorrente ou da malária; a febre alta matava os microrganismos causadores da sífilis e deixava o paciente com uma doença de tratamento mais fácil. Depois de um período de incubação de 3 a 5 dias, a febre recorrente aparece com início súbito de calafrios e febre alta. A febre persiste por 3 a 7 dias e termina por uma crise. Cerca de 16% dos pacientes nunca sofrem recidiva; entretanto, depois de 7 a 10 dias, a maioria apresenta febre durante 2 ou 3 dias. Normalmente, ocorrem mais episódios de febre, seguidos de intervalos de alívio – o que explica a designação de febre recorrente. A doença é particularmente perigosa em mulheres grávidas, visto que os organismos podem atravessar a placenta e infectar o feto.

As recidivas são explicadas por mudanças nos antígenos dos organismos. Durante o período febril, a resposta imune do hospedeiro destrói a maioria dos organismos. Os poucos que permanecem apresentam antígenos de superfície que o sistema imune do hospedeiro é incapaz de reconhecer. Esses mecanismos multiplicam-se durante o período de alívio até se tornarem numerosos o suficiente para causar uma recidiva. Cada recidiva representa uma nova população de organismos que escaparam dos mecanismos de defesa do hospedeiro.

**Diagnóstico, tratamento e prevenção.** O diagnóstico é estabelecido pela identificação dos microrganismos em esfregaços de sangue corados, preparados durante a fase de elevação da febre. A tetraciclina ou o cloranfenicol são utilizados para tratar a febre recorrente. Em geral, a imunidade após a recuperação é de curta duração. Não se dispõe de nenhuma vacina, de modo que a prevenção é direcionada sobretudo para o controle dos carrapatos e dos piolhos, bem como para a educação da população.

## Doença de Lyme

**A doença.** A alteração dos ecossistemas pode dar origem a novas doenças humanas ou a um aumento na incidência e reconhecimento de doenças anteriormente não identificadas (*doenças emergentes*), como foi demonstrado no caso da **doença de Lyme**. Os cervos-de-cauda-branca da Virgínia, que vivem ao longo dos limites entre florestas e clareiras e que constituem um importante reservatório do agente da doença, agora habitam os EUA em maior número do que quando chegaram os imigrantes ingleses. Os colonizadores limparam os campos e construíram hábitats apropriados; à medida que a caça aos cervos para alimentação diminuiu, suas populações aumenta-

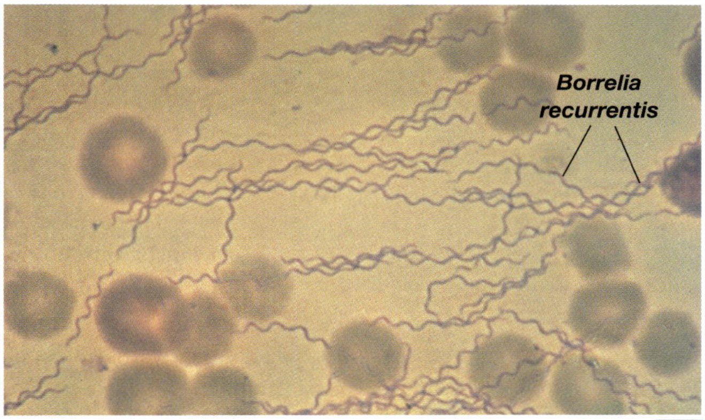

**Figura 24.11 Febre recorrente.** Essa doença é causada por várias espécies de *Borrelia*, como (**A**) *Borrelia recurrentis* (entre células sanguíneas; 1.275×), transportada por carrapatos (*Eric Grave/Phototake*), e (**B**) por piolhos, como o piolho do corpo (32×). (*Science History Images/Alamy Stock Photo.*)

ram para níveis recorde. Com esse aumento, surgiu a doença de Lyme, descrita pela primeira vez, em 1974, por Allen Steere e colaboradores na Universidade de Yale e designada em referência à cidade de Connecticut, onde ocorreram os primeiros casos reconhecidos. A doença tem sido agora identificada em três continentes e em mais de 46 estados nos EUA. É comum, juntamente com os cervos, de Cap Cod, Massachusetts, até Virgínia e Minnesota (Figura 24.12).

Em 1982, Willy Burgdorfer, do Laboratório dos National Institutes of Health, em Montana, isolou e descreveu o organismo etiológico, a *Borrelia burgdorferi*, uma espiroqueta anteriormente desconhecida. Em 1985, a doença de Lyme já era a doença transmitida por carrapatos mais comumente relatada nos EUA. Na Costa Leste, é transmitida por *Ixodes scapularis*, o carrapato-de-patas-negras, que se alimenta do sangue de cervos e de pequenos mamíferos, como camundongos. Inicialmente descrito como carrapato-do-cervo, por ter sido encontrado pela primeira vez nesse animal, os cientistas mostraram que esse carrapato é, na verdade, o carrapato-de-patas-negras. Na Costa Oeste, *Ixodes pacificus*, que se assemelha muito a *I. scapularis*, também pode transmitir a doença de Lyme. O carrapato faz três refeições de sangue durante o seu ciclo de vida de 2 anos (Figura 24.13A). Ingere sangue contaminado em uma refeição e transmite a doença durante a refeição subsequente. Os cães, os equinos e as vacas, bem como os seres humanos, podem ser infectados. À medida que os carrapatos se espalham por áreas de alta densidade humana, o risco de infecções transmitidas por carrapatos aumenta.

## APLICAÇÃO NA PRÁTICA

### Mais uma vez enganados pelas espiroquetas

Alguns microrganismos são realmente "espertos". Foram obrigados a sê-lo, para sobreviver a nosso moderno arsenal de medicamentos e vacinas e enganar nosso sistema imunológico sempre vigilante. Se olhar os patógenos com essa perspectiva, então os mais espertos são aqueles que permaneceram por mais tempo. Isso faria com que a espiroqueta que causa a febre recorrente seja considerada bastante astuta, visto que tem estado entre nós há milhares de anos. A espiroqueta *Borrelia* é transmitida aos seres humanos por picadas de carrapatos. No interior do hospedeiro mamífero, essas espiroquetas trocam periodicamente um antígeno de superfície externo por outro, um processo que presumivelmente lhes permite escapar do nosso sistema imune. Você não pode deixar de ter algum respeito por esses microrganismos.

**Diagnóstico, tratamento e prevenção.** Os sintomas da doença de Lyme variam, mas a maioria dos pacientes desenvolve sintomas semelhantes aos da gripe logo após serem picados por um carrapato infectado. Em cerca da metade de todos os casos, observa-se também um exantema em forma de olho de touro no local da picada (Figura 24.13B). Semanas ou meses depois, aparecem outros sintomas. A artrite constitui o sintoma mais comum, porém a perda de mielina que envolve as células nervosas pode causar sintomas semelhantes aos da doença de Alzheimer e da esclerose múltipla. Em alguns pacientes, ocorre miocardite. Como os pacientes em sua maioria não procuram assistência médica no início dos sintomas, a doença de Lyme é habitualmente diagnosticada pelos sintomas clínicos após o aparecimento da artrite. Dispõe-se de um teste com anticorpos; entretanto, são necessárias várias semanas para a formação de anticorpos, e os testes iniciais fornecem um resultado falso-negativo, levando a um diagnóstico incorreto. A doença de Lyme é tratada com antibacterianos, como doxiciclina e amoxicilina, que são mais efetivos quanto mais cedo forem administrados no curso da doença. Infelizmente, os estágios iniciais são, com frequência, diagnosticados de modo incorreto. Além disso, as infecções subclínicas não diagnosticadas são comuns em áreas endêmicas.

A doxiciclina é um antibacteriano de amplo espectro, bom e barato, que pode ser utilizado no tratamento da doença de Lyme, da bronquite e até mesmo da malária.

Atualmente, dispõe-se de uma vacina para os seres humanos, porém houve numerosas queixas de dano em consequência da vacina. Dispõe-se também de uma vacina melhor para proteger os cães da doença de Lyme. Os cães têm uma tendência seis

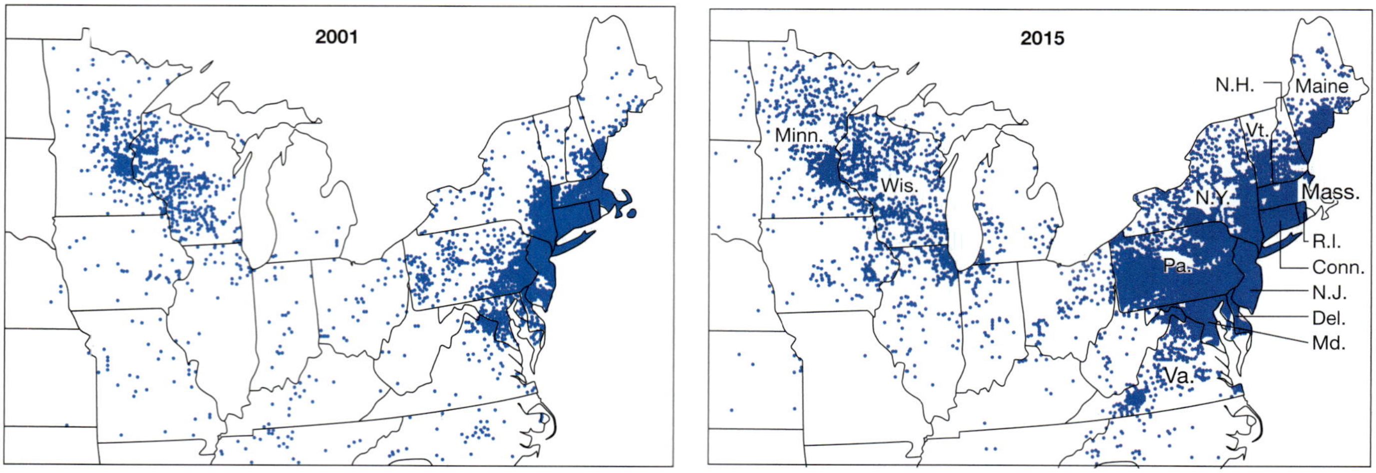


**Figura 24.12 Incidência da doença de Lyme nos EUA.** **A.** O que parece ser uma disseminação dramática da doença pode, na realidade, ser um melhor diagnóstico, devido à maior conscientização. **B.** Entretanto, a doença também está se disseminando em algumas áreas. (*Fonte: CDC.*)

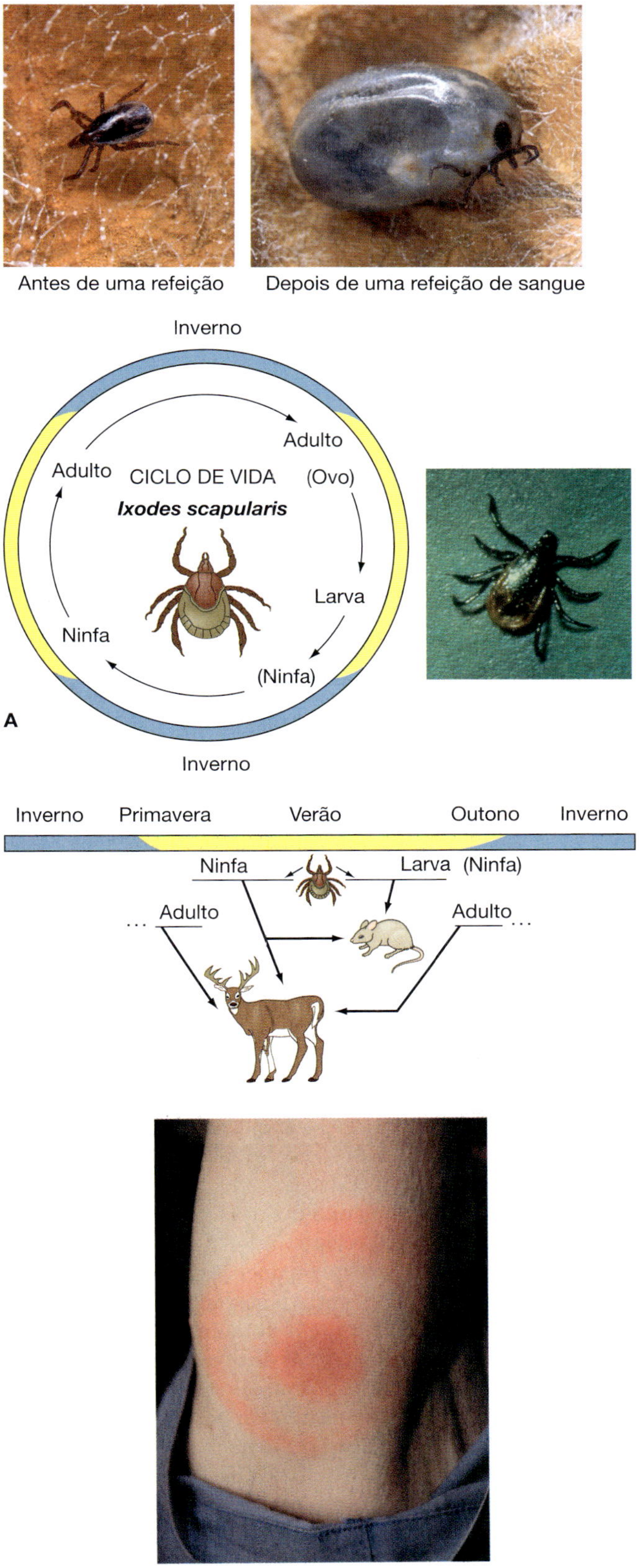


**Figura 24.13** **Doença de Lyme.** **A.** Ciclo de vida do carrapato *Ixodes scapularis*. **B.** Exantema típico em "olho de touro" da doença de Lyme, mostrando anéis concêntricos ao redor do local inicial da picada do carrapato. (*Parte superior: cortesia de Scott Bower/USDA; parte central: cortesia dos Centers for Disease Control and Prevention CDC; parte inferior: James Gathany/CDC.*)

vezes maior do que os seres humanos a desenvolver a doença. Os gatos têm menos probabilidade de desenvolver doença de Lyme do que os cães, possivelmente pelo hábito de se manterem continuamente limpos. Outros animais, como o gado bovino, também são suscetíveis, conforme constatado por um produtor de laticínios de Wisconsin, quando três quartos de suas 60 vacas leiteiras começaram a mancar em consequência de aumentos artríticos de Lyme das articulações da perna, algumas chegando quase ao tamanho de uma bola de basquete. Somente cerca de 10% dos indivíduos infectados desenvolvem artrite de Lyme incapacitante. Pesquisadores verificaram uma predisposição genética nesses indivíduos, dos quais 89% apresentam antígenos teciduais HLA-DR 4 ou RLA-DR 2 (ver Capítulo 19). Em geral, essa artrite crônica é evitada pela administração de antibacterianos nas primeiras 6 semanas após a infecção. Entretanto, depois de certo ponto na evolução da infecção, os antibacterianos não são mais capazes de evitar o desenvolvimento da artrite nos indivíduos suscetíveis.

Como não se dispõe de nenhuma vacina adequada para os seres humanos, a doença de Lyme só pode ser controlada evitando as picadas de carrapatos. Entretanto, é difícil evitar as picadas, porque o carrapato – particularmente a forma imatura, que frequentemente é portadora das espiroquetas – é muito pequeno, do tamanho de uma semente de papoula, podendo passar despercebido. Nas áreas infestadas por carrapatos, as pessoas devem utilizar chapéu, mangas longas e calças compridas, com meias esticadas acima da parte inferior das calças. Além disso, podem-se utilizar repelentes de carrapatos. A prevenção é muito mais fácil do que a cura. Uma vez estabelecida a doença de Lyme crônica, o microrganismo pode até atravessar a placenta e infectar o feto.

> Os microrganismos simbióticos e os nematódeos poderão ser utilizados no futuro para controlar o carrapato-do-cervo, que é o artrópode vetor responsável pela disseminação da doença de Lyme.

Uma tentativa drástica de controlar a doença foi feita em Great Island, Massachusetts, onde um rebanho inteiro de 52 cervos foi abatido. A colocação de anticarrapaticidas nas orelhas dos cervos e dos camundongos, que é uma tarefa difícil, não foi muito efetiva. Pesquisadores também tentaram saturar bolas de algodão com inseticida e deixá-las próximas aos camundongos para que as levassem até seus ninhos, matando, assim, muitos de seus carrapatos. Agora, uma vespa europeia que parasita os carrapatos está sendo liberada em áreas infestadas com carrapatos. Esse método de controle biológico tem fornecido excelentes resultados, exterminando quase por completo os carrapatos em algumas áreas. A baixa incidência da doença de Lyme na Costa Oeste dos EUA pode ser devido a uma proteína, que é tóxica para os carrapatos, encontrada no sangue de lagartos, que constitui o principal alimento dos carrapatos naquela região.

Uma nova doença ainda sem nome, causada por *Borrellia myamotoi*, foi descrita pela primeira vez no Japão, em 1995, na parte central da Rússia, em 2011, e nos EUA, em 2012. Assemelha-se muito à doença de Lyme e tem sido encontrada em 2% de todos os carrapatos que transmitem a doença de Lyme. Ocorrem aproximadamente 4.300 casos nos EUA a cada ano. Essa doença é curada com uma dose única de antibacterianos.

As doenças sistêmicas causadas por bactérias estão resumidas na **Tabela 24.2**.

**Tabela 24.2** Resumo das doenças sistêmicas causadas por bactérias, e não causadas por riquétsias.

| Doença | Agente(s) | Características |
|---|---|---|
| Antraz | *Bacillus anthracis* | As lesões cutâneas tornam-se necróticas; as infecções respiratórias são sempre fatais; infecções intestinais semelhantes ao envenenamento alimentar. |
| Peste | *Yersinia pestis* | A peste bubônica causa bubões ou aumento dos linfonodos, e as hemorragias tornam a pele negra; ocorre peste septicêmica quando os microrganismos invadem o sangue e causam hemorragia e necrose em muitos tecidos; a peste pneumônica, que ocorre em consequência da inalação dos microrganismos, causa pneumonia |
| Tularemia | *Franciscella tularensis* | A forma ulceroglandular causa febre alta, cefaleia e bubões; a bacteriemia leva à tularemia tifoide; a inalação resulta em broncopneumonia; com frequência, ocorrem recidivas |
| Brucelose | Espécies de *Brucella* | Início gradual dos sintomas, febre cíclica, aumento dos linfonodos e do fígado, icterícia |
| Febre recorrente | *Borrelia recurrentis* | Vários dias de febre alta, pausas e períodos mais curtos de febre devido a mudanças nos antígenos dos organismos; podem atravessar a placenta |
| Doença de Lyme | *Borrelia burgdorferi* | No início, ocorrem exantema e sintomas semelhantes aos da gripe; em seguida, artrite e dano aos nervos e ao coração; pode atravessar a placenta |

**PARE e RESPONDA**

1. Por que o antraz seria um bom agente para a guerra biológica?
2. Como a porta de entrada afeta os sintomas da peste e a taxa de mortalidade?
3. Por que é importante buscar um tratamento precoce para a doença de Lyme?

**SAIBA MAIS**

### Cuidado!

A parte setentrional dos EUA teve uma grande explosão da população de camundongos em 2016. Como cada camundongo pode carregar até 100 carrapatos em sua face e orelhas, o ano de 2017 e anos subsequentes serão anos importantes de doença de Lyme. Os camundongos gostam de viver em um hábitat fragmentado, onde áreas florestais fazem divisa com gramados. Você poderá adquirir a doença de Lyme enquanto estiver cortando a grama ou enquanto as crianças estiverem brincando no jardim. Tenha cuidado!

*Stephen Reiss*

## Doenças sistêmicas causadas por riquétsias e organismos relacionados

As riquétsias são assim denominadas em homenagem a Howard T. Ricketts, que as identificou como os agentes etiológicos do tifo e da febre maculosa das Montanhas Rochosas. Tanto ele quanto outro pesquisador, o barão Von Prowazek, morreram no laboratório de infecções por esses organismos altamente infecciosos. As riquétsias são pequenos cocobacilos gram-negativos e parasitas intracelulares obrigatórios microscópicos (ver Capítulo 10). As riquétsias que causam tifo crescem no citoplasma das células infectadas, enquanto as que causam a febre maculosa crescem tanto no núcleo quanto no citoplasma. As riquétsias só podem ser cultivadas em células. Com frequência, são também utilizados ovos embrionados, mas eles devem ser manipulados somente por técnicos com muita experiência e apenas em laboratórios de isolamento especialmente equipados. Apesar dos avanços nas instalações e técnicas laboratoriais e da disponibilidade de uma vacina, as infecções laboratoriais são ainda comuns e, em certas ocasiões, fatais.

Antes de 1984, apenas oito doenças causadas por riquétsias eram conhecidas; entretanto, nos 13 anos que se seguiram, foram descobertas sete novas doenças por riquétsias. São agora consideradas como doenças emergentes. As riquetsioses possuem várias propriedades em comum. Os microrganismos invadem e lesionam as células de revestimento dos vasos sanguíneos e causam extravasamento de sangue. Esse extravasamento provoca lesões cutâneas e, em particular, **petéquias**, que consistem em hemorragias do tamanho de uma ponta de alfinete, mais comuns nas dobras de pele. A doença também causa necrose de órgãos como o cérebro e o coração. Embora cada doença produza um tipo particular de exantema, todas as riquetsioses causam febre, cefaleia, fraqueza extrema, hepatomegalia e esplenomegalia. As cefaleias podem ser muito intensas, levando o paciente a parecer confuso.

À exceção da febre Q (ver Capítulo 22), as riquetsioses são transmitidas entre hospedeiros vertebrados por um artrópode vetor. Os seres humanos são frequentemente hospedeiros acidentais de zoonoses, porém são os únicos hospedeiros do tifo epidêmico e da febre das trincheiras. Devido ao perigo de cultivar esses organismos, as riquetsioses são habitualmente diagnosticadas pelos achados clínicos e testes sorológicos. As doenças são tratadas com tetraciclina ou cloranfenicol; até mesmo esses antibacterianos apenas inibem, mas não matam as riquétsias. A terapia precisa ser prolongada até que as defesas do corpo possam superar a infecção. Com frequência, as riquétsias não são eliminadas por completo; podem permanecer latentes nos linfonodos, e sabe-se que elas podem reativar-se 20 anos depois da infecção inicial.

## Tifo

O **tifo** ocorre em uma variedade de formas, incluindo *tifo epidêmico*, *endêmico* (*murino*) e *rural*. A doença de *Brill-Zinsser* é uma forma recorrente de tifo endêmico.

O **tifo epidêmico**, também denominado *tifo clássico*, *europeu* ou *transmitido por piolhos*, é causado por *Rickettsia prowazekii*. A doença é mais frequentemente observada durante guerras e outras condições de aglomerações e condições sanitárias precárias. Em 1812, o tifo epidêmico ajudou a expulsar Napoleão da Rússia; mais recentemente, durante a Primeira Guerra Mundial, infectou mais de 30 milhões de russos, matando 3 milhões. A história das guerras é repleta de casos em que o tifo foi o "general comandante". Estes e outros exemplos dos efeitos do tifo epidêmico sobre assuntos humanos estão bem documentados no livro de Hans Zinsser *Rats, Lice, and History* (ratos, piolhos e história). Somente depois da descoberta do pesticida DDT, durante a Segunda Guerra Mundial, é que foram vencidas as epidemias de tifo.

O tifo epidêmico é transmitido por piolhos do corpo humano. Após um piolho alimentar-se em uma pessoa infectada, as riquétsias multiplicam-se no sistema digestório e são eliminadas nas fezes. Quando um piolho pica, ele também defeca; os piolhos infectados depositam os microrganismos próximos à picada e eles próprios morrem de tifo em poucas semanas. Quando a vítima coça as picadas, ela inocula os microrganismos dentro da ferida. Os piolhos tornam-se infectados quando picam um ser humano infectado. Eles abandonam os cadáveres ou as pessoas com febre alta, locomovendo-se e infectando novos hospedeiros.

Depois de um período de incubação de cerca de 12 dias, o início da febre e da cefaleia é abrupto e seguido, dentro de 6 ou 7 dias, de exantema no tronco, que se dissemina para os membros mas raramente afeta as palmas das mãos e as plantas dos pés. A antibioticoterapia deve ser iniciada imediatamente. Sem tratamento, a doença normalmente se estende por até 3 semanas, e a taxa de mortalidade varia entre 3 e 40%. É possível evitar a doença pela erradicação dos piolhos com inseticidas e pela manutenção de condições higiênicas de vida. Dispõe-se de uma vacina. Em geral, a recuperação proporciona imunidade duradoura, exceto quando ocorre doença de Brill-Zinsser.

A **doença de Brill-Zinsser**, ou *tifo recrudescente*, é a recidiva de uma infecção por tifo. Foi denominada em homenagem a Nathan Brill e Hans Zinsser, que a estudaram na década de 1930 entre imigrantes da Europa oriental na cidade de Nova York. Em comparação com as primeiras infecções, essa doença apresenta sintomas mais leves, é de duração mais curta e, com frequência, não causa exantema. É provocada pela reativação de organismos latentes abrigados nos linfonodos, algumas vezes durante anos. Os piolhos que se alimentam em pacientes com doença de Brill-Zinsser podem transmitir o microrganismo e causar infecções iniciais de tifo em indivíduos suscetíveis. É possível evitar a doença pela prevenção do próprio tifo, e a sua incidência pode ser reduzida por meio de antibioticoterapia adequada dos indivíduos já infectados. Apesar do tratamento rigoroso, algumas vítimas de tifo ainda desenvolvem posteriormente a doença de Brill-Zinsser. Esta última pode ser diferenciada do tifo epidêmico pelo tipo de anticorpos produzidos pouco depois do início da doença. O tifo epidêmico induz a formação inicial de anticorpos IgM e, em seguida, IgG, enquanto a doença de Brill-Zinsser, por ser uma resposta secundária, induz principalmente a formação de anticorpos IgG (ver Capítulo 18).

O **tifo endêmico**, ou **tifo murino** (assim denominado em virtude de sua associação a ratos – *murino* refere-se a ratos e camundongos), é um tifo transmitido por pulgas e causado por *Rickettsia typhi*. Ocorre em regiões isoladas em todo o mundo, incluindo nos estados do sudeste e da costa do golfo nos EUA, sobretudo o Texas. Nos EUA, a sua incidência é inferior a 100 casos por ano. As pulgas dos ratos infectados defecam enquanto picam, infectando, assim, os seres humanos que elas picam. O hospedeiro esfrega os microrganismos na ferida da picada ou os transfere para as membranas mucosas, que representam outra porta de entrada. Depois de 10 a 14 dias de incubação, o início de febre, calafrios e cefaleia intensa é abrupto, seguido de exantema em 3 a 5 dias. A doença é autolimitada e dura cerca de 2 semanas se não for tratada. A taxa de mortalidade é de cerca de 2%.

O **tifo rural**, ou *doença tsutsugamushi*, é causada por *Rickettsia tsutsugamushi*. O termo *tsutsugamushi* em japonês significa "pequeno inseto mau". O "inseto" que transmite essa doença é um ácaro, que se alimenta do sangue de ratos no Japão, na Austrália e em partes do Sudeste Asiático. Os ácaros abandonam os hospedeiros roedores e infectam os seres humanos com suas picadas. O tifo rural representou um problema durante a Segunda Guerra Mundial e na Guerra do Vietnã, quando os soldados rastejavam na vegetação rasteira para evitar os atiradores. Depois de um período de incubação de 10 a 12 dias, o tifo rural começa de maneira abrupta, com febre, calafrios e cefaleia. Muitos pacientes desenvolvem lesões descamativas no local da picada e, posteriormente, um exantema generalizado. Nos casos não tratados, a taxa de mortalidade pode alcançar 50%; todavia, com tratamento antibacteriano imediato, os casos fatais são raros. Embora não se disponha de nenhuma vacina, as infecções podem ser evitadas pelo controle das populações de ácaros.

### APLICAÇÃO NA PRÁTICA

#### Microrganismos e guerra

"Os soldados raramente ganharam guerras. Com mais frequência, eles efetuam uma operação de limpeza após a barragem de artilharia das epidemias. E o tifo, com seus irmãos e irmãs – a peste, a cólera, a febre tifoide, a disenteria –, decidiu mais batalhas do que César, Aníbal, Napoleão e todos os [...] generais da história. As epidemias são culpadas pelas derrotas, enquanto os generais recebem o crédito das vitórias. Deveria ser de outra maneira [...]." Hans Zinsser, 1935.

## Febre maculosa das Montanhas Rochosas

A **febre maculosa das Montanhas Rochosas** foi identificada pela primeira vez por volta de 1900 em estados da região das Montanhas Rochosas, como Idaho e Montana. Entretanto, a sua distribuição geográfica sugere que um nome mais apropriado deveria ser "febre maculosa dos montes Apalaches" (Figura 24.14). A incidência tem permanecido abaixo de 1.000 casos por ano desde a década de 1930, mas pode aumentar à medida que mais pessoas permanecem em áreas infestadas com carrapatos. Essa doença é causada por *Rickettsia rickettsii* e é transmitida por carrapatos do gênero *Dermacentor* (Figura 24.15A). Depois de um período de incubação de 3 a 4 dias, o início de febre, cefaleia e fraqueza é abrupto, seguido de exantema em 2 a 4 dias (Figura 24.15B). O exantema começa nos tornozelos e nos punhos, é proeminente nas palmas das mãos e plantas dos pés e progride em direção ao tronco – exatamente o inverso da progressão do tifo. As erupções são causadas pelo vazamento de sangue dos vasos sanguíneos danificados abaixo da superfície da pele; eles coalescem à medida que o sangue extravasa de muitos locais danificados. Os vasos sanguíneos dos órgãos em todo corpo são igualmente danificados.

As cepas variam consideravelmente quanto à sua virulência; de modo semelhante, a taxa de mortalidade varia de 5 a 80%, com média de 20% nos casos não tratados. O tratamento imediato com antibacterianos mantém a taxa de mortalidade entre 5 e 10%. É possível evitar a febre maculosa das Montanhas Rochosas pelo uso de roupas protetoras e pela cuidadosa inspeção das roupas e da pele durante visitas a áreas infestadas de carrapatos. A inspeção dos cabelos das crianças é muito importante. A única vacina disponível não é totalmente efetiva.

Em todo o mundo, existem muitos outros tipos de febres maculosas. Cada uma delas é causada por uma espécie específica de rickéttsia e normalmente é designada com referência à sua localização, como a "febre maculosa siberiana".

## Riquetsiose variceliforme

A **riquetsiose variceliforme**, causada por *Rickettsia akari*, foi descoberta na cidade de Nova York, em 1946, e sabe-se agora

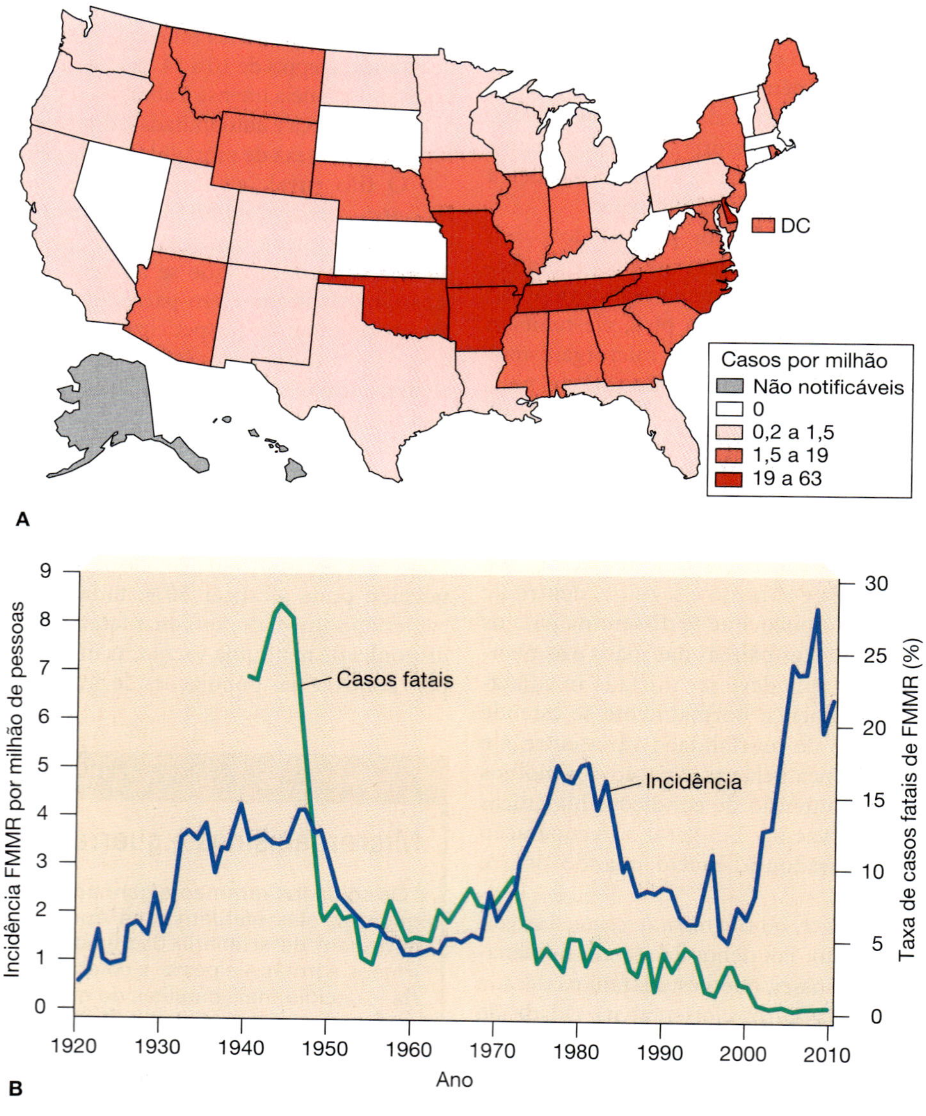


**Figura 24.14 Incidência da febre maculosa das Montanhas Rochosas nos EUA.** A. Por estado. B. Por ano. (*Fonte: CDC.*)

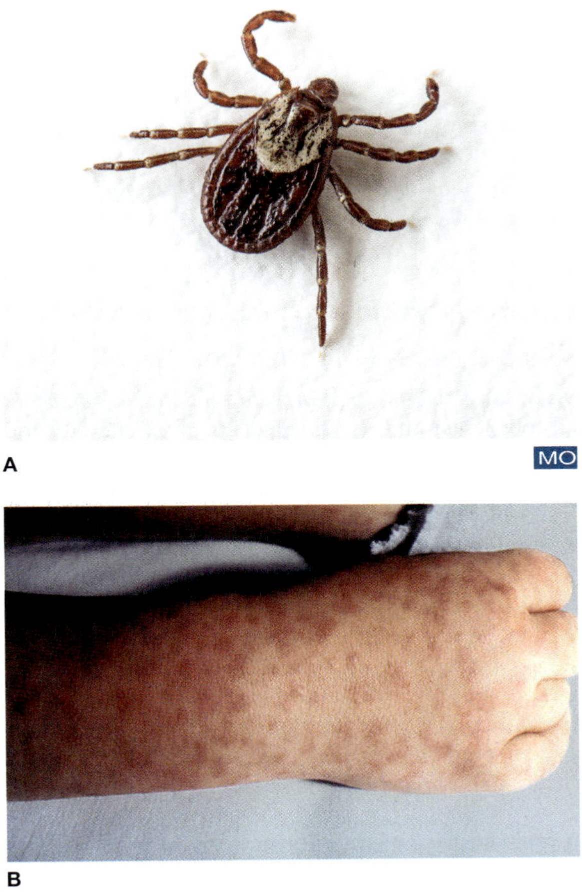


**Figura 24.15 Febre maculosa das Montanhas Rochosas.** **A.** Os vetores incluem o carrapato do cão *Dermacentor variabilis* (20×). (*JG Photography/Alamy Stock Photo.*) **B.** Exantema característico da doença na mão de um paciente. (*Science History Images/Alamy Stock Photo.*)

que também ocorre na Rússia e na Coreia. É transmitida por ácaros encontrados em camundongos domésticos. A doença é relativamente leve, e as lesões assemelham-se às da varicela. Devido ao diagnóstico incorreto de varicela ou de outras doenças, os dados referentes à sua incidência e taxa de mortalidade não são confiáveis, porém não foram relatados casos fatais. Pode ser evitada pelo controle dos roedores.

## Febre das trincheiras

A **febre das trincheiras** assemelha-se ao tifo epidêmico, porque é transmitida entre os seres humanos por piolhos e prevalece durante as guerras e em condições de falta de higiene. O estresse provavelmente constitui um fator predisponente. O agente etiológico é a bactéria *Bartonella* (*Rochalimaea*) *quintana*, classificada como rickéttsia, embora não seja um parasita intracelular obrigatório. Pode ser cultivada em meios artificiais e apresenta distribuição mundial, mas raramente causa doença.

A febre das trincheiras foi observada pela primeira vez durante a Primeira Guerra Mundial entre soldados que viviam em trincheiras e vestiam a mesma roupa dia após dia. Foram produzidos "casacos de trincheira" britânicos para proteger as tropas que estivessem sem abrigo durante o mau tempo, porém não foram totalmente eficientes. Os soldados e suas roupas, inclusive os casacos, ficaram infestados com piolhos do corpo; os soldados exaustos, aglomerados juntos na imundície, foram vítimas da doença. Depois da Primeira Guerra Mundial, a doença desapareceu, para só reaparecer na Segunda Guerra Mundial. Recentemente, foram encontrados casos de febre das trincheiras entre moradores pobres de áreas urbanas. Os sintomas da febre das trincheiras consistem em febre de 5 dias de duração e dor intensa nas pernas; entretanto, muitos soldados relataram sintomas recorrentes, incluindo confusão mental e depressão, por até 19 anos após a infecção. Não se dispõe de vacina, e a prevenção depende do controle dos piolhos.

## Bartonelose

A **bartonelose** é causada por *Bartonella bacilliformis*, assim denominada em homenagem ao médico peruano A. L. Barton, que a descreveu pela primeira vez em 1901. A doença ocorre em duas formas: a **febre de Oroya**, ou *doença de Carrion*, uma febre aguda fatal com anemia grave, e a **verruga peruana**, uma doença cutânea crônica não fatal (Figura 24.16). Ambas são encontradas apenas nas encostas ocidentais dos Andes no Peru, no Equador e na Colômbia – o hábitat de *Phlebotomus*, que transmite o organismo. Em 1885, Daniel Carrion, um estudante de medicina peruano, inoculou-se com material de uma lesão de verruga peruana para mostrar uma conexão entre ela e a febre de Oroya. Sua morte, causada pela febre de Oroya 39 dias depois, demonstrou claramente a conexão.

Após ser transmitida a um hospedeiro humano pela picada de um flebótomo infectado, *B. bacilliformis* entra no sangue e multiplica-se durante o período de incubação de algumas semanas a 4 meses. Pouco se sabe sobre a epidemiologia da bartonelose, porém os seres humanos parecem constituir o único reservatório. A febre de Oroya é uma anemia hemolítica febril grave. A verruga peruana causa apenas lesões cutâneas, que persistem por 1 mês a 2 anos, mas geralmente tem uma duração de cerca de 6 meses. As lesões cicatrizam de modo espontâneo, mas podem sofrer recidiva. A febre de Oroya provavelmente se desenvolve em indivíduos sem imunidade, enquanto a verruga peruana ocorre naqueles com imunidade parcial. Penicilina, tetraciclina ou estreptomicina

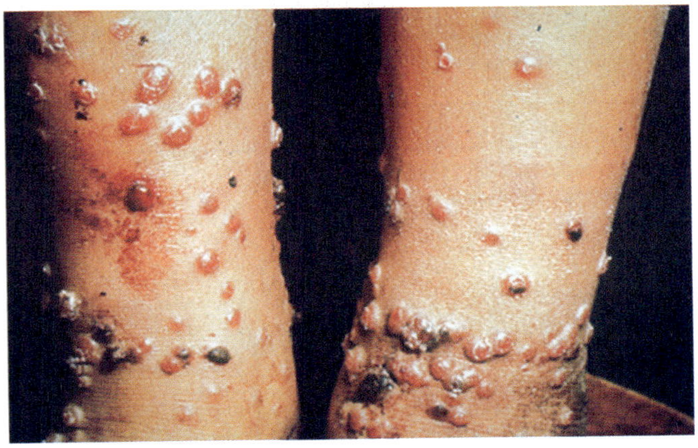

**Figura 24.16 Lesões da verruga peruana.** (*Cortesia das Armed Forces Institute of Pathology.*)

podem curar a febre de Oroya, mas não a verruga peruana. Não se dispõe de nenhuma vacina, e a prevenção depende do controle dos flebótomos.

### Ehrlichiose

Alguns patógenos humanos recentemente identificados, relacionados com as riquétsias, pertencem aos gêneros *Ehrlichia* e *Bartonella*. Trata-se de cocobacilos gram-negativos que são parasitas intracelulares obrigatórios microscópicos.

A **ehrlichiose**, originalmente reconhecida como uma doença de cães, tem sido agora observada em seres humanos, com 1.883 casos relatados em 2016 nos EUA. *Ehrlichia canis* e *E. chaffeensis*, os agentes etiológicos, são disseminados pelos carrapatos de cães, bem como pelos carrapatos que transmitem a doença de Lyme. Clinicamente, a forma humana da doença assemelha-se a outras riquetsioses. Os sintomas típicos consistem em febre, cefaleia, hepatite e dor muscular. É comum a ocorrência de anormalidades hematológicas, como redução na contagem de leucócitos. A ausência de exantema distingue a ehrlichiose da febre maculosa das Montanhas Rochosas. O diagnóstico exige testes sorológicos especiais, porém a detecção de inclusões intracitoplasmáticas típicas nos leucócitos pode sugerir a presença de *Ehrlichia*.

As características das doenças causadas por riquétsias estão resumidas na **Tabela 24.3**.

### Angiomatose bacilar

A **angiomatose bacilar** é causada por *Bartonella henselae*, outra rickéttsia. A doença acomete os pequenos vasos sanguíneos da pele e dos órgãos internos. É observada em indivíduos com AIDS e em outros pacientes imunocomprometidos. Para o estabelecimento do diagnóstico, são utilizadas sondas moleculares e técnicas relacionadas. O organismo também constitui a causa da febre da arranhadura do gato (ver Capítulo 20).

**PARE e RESPONDA**

1. De que maneira a febre Q difere de outras doenças causadas por riquétsias?
2. De que maneira *Bartonella* (*Rochalimaea*) *quintana* difere de outras riquétsias?

## Doenças sistêmicas causadas por vírus

### Dengue

A **dengue**, caracterizada pela primeira vez em 1780 pelo médico americano Benjamin Rush na Filadélfia, foi também denominada *febre quebra-osso* por causa da intensa dor nos ossos e nas articulações que ela causa. Outros sintomas incluem febre alta, cefaleia, perda de apetite, náuseas, fraqueza e, em alguns casos, exantema. A doença é autolimitada e segue o seu curso em cerca de 10 dias. Foram identificados quatro tipos imunológicos distintos do vírus da dengue – um arbovírus da família Flaviviridae –, dos quais dois foram correlacionados com os sintomas da doença. Uma primeira infecção de dengue produz os sintomas anteriormente descritos. Uma segunda infecção por um tipo de vírus imunologicamente diferente causa a forma hemorrágica da doença. A hemorragia ocorre enquanto o vírus está se replicando nos linfócitos circulantes. Envolve

**Tabela 24.3** Resumo das doenças causadas por riquétsias.

| Doença | Organismo causador | Área geográfica de prevalência | Reservatório artrópode (vetor) | Reservatório vertebrado |
|---|---|---|---|---|
| **Grupo do Tifo** | | | | |
| Tifo epidêmico (clássico, europeu) | *Rickettsia prowazekii* | Mundial | Piolho | Ser humano |
| Doença de Brill-Zinsser (tifo recrudescente) | *R. prowazekii* | Mundial | (Infecção recorrente) | Ser humano |
| Tifo endêmico (murino) | *R. typhi* | Mundial, pequenos focos espalhados | Pulga | Roedores |
| **Grupo do tifo rural** | | | | |
| Tifo rural (doença tsutsugamushi) | *R. tsutsugamushi* | Japão, Sudeste Asiático | Ácaro | Rato |
| **Grupo das febres maculosas** | | | | |
| Febre maculosa das Montanhas Rochosas | *R. rickettsii* | Hemisfério ocidental | Carrapato | Roedores, cães |
| Riquetsiose variceliforme | *R. akari* | EUA, Coreia, Rússia | Ácaro | Camundongo doméstico |
| Febre das trincheiras | *Bartonella (Rochalimaea) quintana* | Mundial, porém a doença só aparece durante as guerras | Piolho | Ser humano |
| Bartonelose | *Bartonella bacilliformis* | Encostas ocidentais dos Andes | Flebótomo | Seres humanos como único hospedeiro conhecido |
| Ehrlichiose | *Ehrlichia canis, E. chaffeensis* | Sudeste e centro-sul dos EUA | Carrapato | Cães, seres humanos |

uma resposta imune possivelmente desencadeada pela infecção anterior. Outros sintomas consistem em respiração rápida e pressão arterial baixa, que podem evoluir para o choque. O choque é reversível se o tratamento for iniciado imediatamente. Dispõe-se de testes sorológicos para o diagnóstico da dengue, e uma vacina contra um tipo imunológico do vírus parece conferir imunidade. Todavia, após a vacinação, todas as outras cepas causarão casos hemorrágicos com uma infecção pela segunda cepa. Por essa razão, a vacina não é muito utilizada. A infecção por um sorotipo não proporciona proteção cruzada contra os outros sorotipos, de modo que uma pessoa pode ter dengue quatro vezes durante a sua vida.

A dengue tem uma distribuição mundial nas áreas tropicais e é responsável por cerca de 390 milhões de casos por ano, com episódios ocasionais nos subtrópicos. É endêmica em 101 países (Figura 24.17). Atualmente, a América do Sul e o Caribe estão sofrendo graves surtos de dengue – suficientes para fazer que as autoridades de saúde a considerem como *doença emergente*. É 20 vezes mais comum do que a gripe, e 1 em cada 40 pacientes morre. Em 2010, o número de casos triplicou no mundo inteiro, incluindo nos EUA. Seu principal vetor é *Aedes aegypti*, embora, em algumas áreas, o mosquito-tigre-asiático, *A. albopictus*, possa ser importante. Desde 1985, as autoridades de saúde estão preocupadas com a chegada e a disseminação de *A. albopictus* nos EUA. O mosquito aparentemente chegou em carcaças de pneus usados importadas da Ásia. Em 1980, ocorreu o primeiro surto de dengue nos EUA depois de cerca de 40 anos. Desde então, todos os quatro sorotipos chegaram aos EUA. A rápida disseminação e os hábitos agressivos de picada de *A. albopictus* levaram a dengue para áreas que anteriormente eram seguras. Surtos em Key West, na Flórida, espalharam-se para Everglades e estão seguindo lentamente pela península da Flórida. O aquecimento global irá permitir a sua disseminação muito mais ao norte. O controle dos mosquitos constitui o principal método de prevenção da doença, visto que não há vacinas disponíveis para todos os sorotipos do vírus da dengue.

A Austrália teve sucesso com o uso da bactéria *Wolbachia* para combater a dengue. Se um macho *Aedes aegypti* infectado pela bactéria *Wolbachia* se acasalar com uma fêmea não infectada, a prole morrerá. Se ele se acasala com uma fêmea infectada pela mesma cepa de *Wolbachia*, a prole sobrevive e dissemina a mesma cepa para sua prole. Entretanto, a cepa australiana faz com que esses mosquitos morram mais cedo e não tenham tempo suficiente para picar e disseminar a dengue.

## Febre amarela

A **febre amarela** foi estudada pela primeira vez por Carlos Finlay e Walter Reed no início do século XX, quando a infecção de trabalhadores ameaçou interromper a construção do canal do Panamá. Embora não houvesse técnicas adequadas

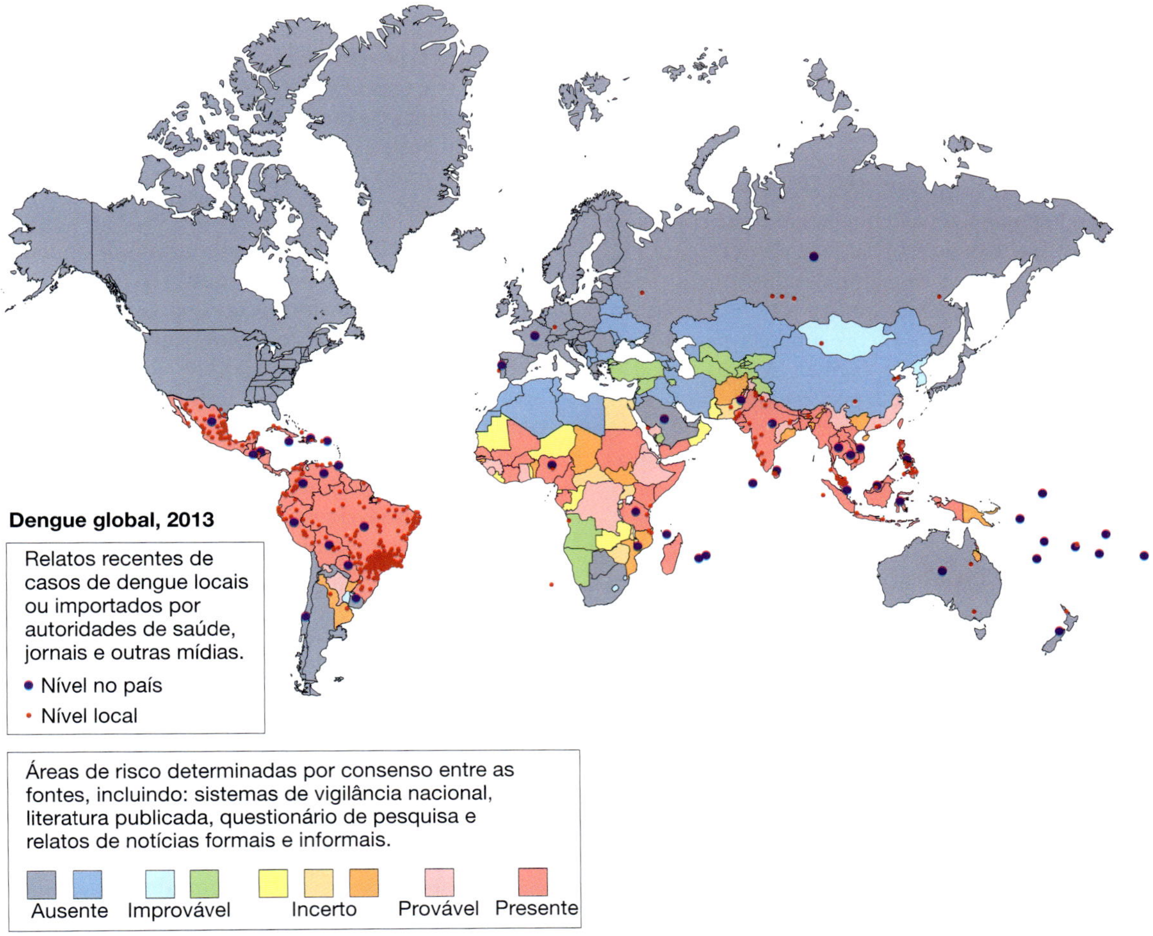




**Figura 24.17 Distribuição mundial da dengue, 2013.**

## APLICAÇÃO NA PRÁTICA

### Mais do que os donos de escravos barganharam

O tráfego de escravos trouxe para as Américas mais do que escravos – trouxe também o mosquito da febre amarela, *Aedes aegypti*. Os mosquitos depositavam seus ovos nas cisternas de água dos veleiros e, após a eclosão, viviam quase exclusivamente do sangue de seus companheiros de viagem humanos. E, uma vez o navio atracado no hemisfério ocidental, os mosquitos prontamente começavam a disseminar doenças: em particular, as devastadoras epidemias de febre amarela, que só terminaram no início do século XX, bem como a dengue e a febre hemorrágica da dengue em epidemias ainda mais ferozes.

disponíveis para identificar o flavivírus causador (ver Capítulo 11), um arbovírus, Finlay e Reed identificaram o mosquito vetor, *Aedes aegypti*, e instituíram medidas de controle para impedir a transmissão da doença. A doença está agora limitada a áreas tropicais da América Central, América do Sul e África. A incidência é maior em áreas distantes das florestas, onde os macacos servem de reservatórios da infecção e os mosquitos portadores picam tanto os macacos quanto os seres humanos. Nas décadas recentes, o número de casos relatados anualmente variou de 12 a 314, porém a incidência da febre amarela tem sido muito subnotificada. O verdadeiro número de casos em todo o mundo é, provavelmente, de 200.000 por ano, com 30.000 mortes a cada ano.

A febre amarela causa febre, náuseas e vômitos, que coincidem com a viremia. O dano ao fígado em consequência da replicação do vírus nas células hepáticas provoca icterícia, que deu origem ao nome da doença. A doença é de curta duração: em menos de 1 semana, o paciente morre ou se recupera. Na maioria dos casos, a taxa de mortalidade é de cerca de 5%, mas em algumas epidemias alcança 30%. São utilizadas duas cepas do vírus da febre amarela para a produção de vacinas. A cepa Dakar é inoculada por meio de arranhão na pele, enquanto a cepa 17D é administrada por via subcutânea. Ambas são efetivas para estabelecer a imunidade.

> Em 1802, Napoleão perdeu 22.000 de seus 25.000 soldados devido à febre amarela no Haiti, enquanto tentava interromper uma revolta de escravos.

## Mononucleose infecciosa

Em 1962, Dennis Burkitt sugeriu que um vírus era a causa da neoplasia linfoide maligna atualmente denominada *linfoma de Burkitt*, que acomete crianças na África oriental. Esse herpes-vírus, hoje denominado **vírus Epstein-Barr (EBV)** ou herpes-vírus humano número 4 (Figura 24.18), é conhecido por causar o linfoma de Burkitt, a maioria dos casos de **mononucleose infecciosa** e a leucoplasia pilosa oral, uma doença observada entre pacientes com AIDS (ver Tabela 11.3). O EBV infecta principalmente os linfócitos B humanos. Replica-se como a maioria dos outros herpes-vírus e obtém o seu envelope a partir da membrana nuclear interna da célula hospedeira. O vírus apresenta um número inusitadamente grande

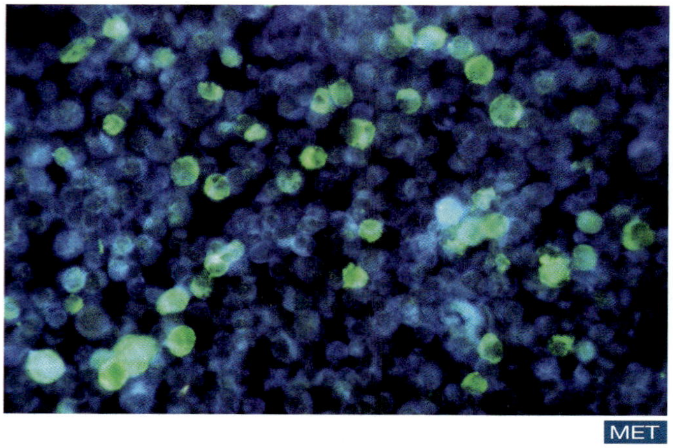


**Figura 24.18 Vírus Epstein-Barr.** MET colorida (aumento desconhecido) do vírus que causa a mononucleose infecciosa e, juntamente com outros fatores, leva ao desenvolvimento do linfoma de Burkitt. (*Cortesia dos Centers for Disease Control.*)

de genes – mais de 50 proteínas diferentes são produzidas pela expressão completa do DNA do EBV.

O EBV entra no corpo pela orofaringe. O vírus infecta inicialmente as células epiteliais e, por fim, as células B. Ele estabelece uma infecção persistente, em que os vírus são eliminados durante meses a anos. Os vírus invadem locais como os pulmões, a medula óssea e os órgãos linfoides, onde infectam determinados tipos de linfócitos B maduros. Penetram nos linfócitos B por um período de 12 horas, e a replicação do EBV começa nas primeiras 6 horas após a sua penetração. O DNA viral replica-se muito mais rápido do que o DNA celular. O DNA viral pode existir como plasmídios circulares ou pode se tornar integrado ao DNA celular.

O EBV exerce três efeitos significativos sobre os linfócitos:

1. O vírus atua sobre as células produtoras de anticorpos e induz a formação de anticorpos anti-EBV.
2. A infecção e a transformação dos genes virais em DNA celular (ou a presença do cromossomo viral como plasmídio livre na célula hospedeira) são eventos complexos, que ocorrem principalmente nos linfócitos B, que possuem receptores para o EBV. As células produzem uma variedade de antígenos, alguns dos quais são reconhecidos pelas células T. Esse reconhecimento induz a proliferação das células T, que é responsável pelo excesso de linfócitos observado na mononucleose infecciosa.
3. Outros antígenos são induzidos na superfície de algumas células B infectadas. Parecem desempenhar um papel em algumas interações das células B e células T e podem responder por alguns sintomas da mononucleose infecciosa.

A proliferação dos linfócitos infectados pelo EBV é limitada pelas células T citotóxicas e por células que produzem anticorpos humorais e complemento (ver Capítulo 18). Se essas defesas forem incapazes de limitar a proliferação dos linfócitos, a proliferação descontrolada das células B pode levar ao câncer de células B ou linfoma de Burkitt.

A mononucleose infecciosa é uma doença aguda que afeta muitos sistemas. Os tecidos linfáticos tornam-se inflamados, algumas células hepáticas sofrem necrose, e ocorre acúmulo de monócitos nos sinusoides hepáticos. Em alguns casos, observa-se a ocorrência de miocardite e glomerulonefrite. O período de incubação da doença é de 30 a 50 dias. Ocorrem sintomas leves – cefaleia, fadiga e mal-estar – nos primeiros 3 a 5 dias da doença, que se agravam com a evolução da doença. Cerca de 80% dos pacientes apresentam faringite durante a primeira semana. O baço fica aumentado, e ocorre multiplicação das células nos tecidos linfoides da orofaringe. As tonsilas são recobertas por um exsudato acinzentado, e o palato mole pode ficar coberto de petéquias. Com frequência, ocorre infecção secundária por estreptococos beta-hemolíticos. Embora a doença provoque grande desconforto e exija várias semanas de recuperação, os casos fatais são raros e, em geral, resultam de defeitos imunológicos subjacentes.

O diagnóstico da infecção pelo EBV é complicado pelo fato de que a doença se assemelha a infecções por citomegalovírus, toxoplasmose e leucemia aguda. Os sintomas que diferenciam as infecções pelo EBV consistem em faringite concomitante, multiplicação dos linfócitos e presença de anticorpos contra os antígenos em hemácias de carneiros e hemácias humanas. O tratamento da mononucleose infecciosa consiste em repouso ao leito e antibacterianos para as infecções secundárias. A ampicilina não é utilizada, visto que ela provoca exantema em pacientes com mononucleose infecciosa. A presença de anticorpos IgG contra a proteína do capsídio viral indica infecção anterior, e o seu número fornece um índice de imunidade. O aumento no número de anticorpos IgM contra a proteína constitui uma evidência de infecção atual. Não se dispõe de nenhuma vacina.

Nos países em desenvolvimento, toda a população possui anticorpos contra o EBV com 1 ano de idade. A exposição ao vírus na lactância produz sintomas leves ou nenhum sintoma e confere imunidade a infecções posteriores. Nos locais em que os padrões de vida são mais altos, observa-se uma doença mais grave posteriormente durante a vida. Nos EUA, a incidência da mononucleose infecciosa é mais alta entre adolescentes e adultos jovens relativamente afluentes; ocorre infecção em 10 a 15%. A faixa etária afetada e o grande inóculo necessário para transmitir a doença podem ser responsáveis pela sua designação de "doença do beijo". Na verdade, a mononucleose infecciosa não é altamente contagiosa. Cerca de 15% dos indivíduos que se recuperaram da doença estão eliminando baixos níveis de vírus na saliva a qualquer momento. Aqueles que foram recentemente infectados irão eliminar o vírus continuamente por cerca de 18 meses. Aproximadamente metade dos indivíduos imunossuprimidos dissemina grandes quantidades do vírus de modo constante. Uma vez infectado pelo EBV, mesmo após o desaparecimento dos sintomas, o vírus permanece nas células B dos indivíduos em um estado latente como infecção permanente. A imunossupressão permite que o vírus recomece a sofrer replicação. Em um indivíduo com sistema imunológico normal, qualquer reativação do EBV é rapidamente interrompida. Os indivíduos que tiveram mononucleose infecciosa correm risco quatro vezes maior de desenvolver linfoma de Hodgkin, um tipo de câncer.

**Linfoma de Burkitt.** O **linfoma de Burkitt**, um tumor da mandíbula e de vísceras, como o fígado e o baço, é observado principalmente em crianças (Figura 24.19). Ocorre cerca de 6 anos após uma infecção primária pelo EBV; entretanto, fatores genéticos e ambientais desempenham um papel no desenvolvimento da doença. Com frequência, o tumor origina-se de uma única célula. O sistema imune dos indivíduos afetados parece estar normal, porém é incapaz de eliminar as células tumorais. O linfoma de Burkitt é encontrado principalmente em regiões da África, onde a malária é endêmica, e a infecção pelos parasitas da malária pode aumentar o crescimento do vírus ou interferir na resposta imune.

**Outros efeitos.** Outro tumor associado ao EBV, que também apresenta uma localização geográfica distinta, é o *carcinoma nasofaríngeo*, que ocorre mais frequentemente na China e, raramente, no hemisfério ocidental. Trata-se do tumor mais

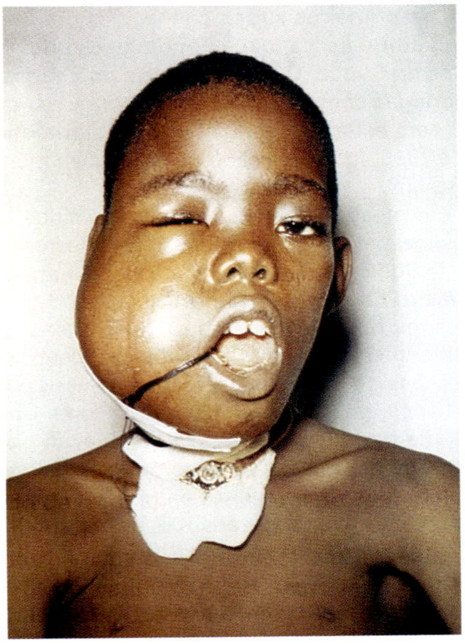
A

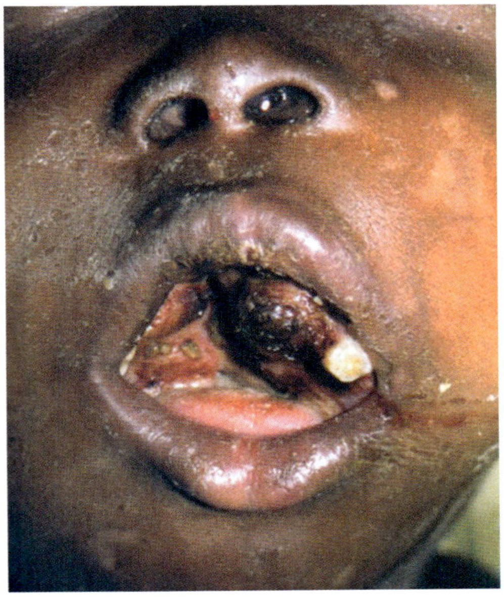
B

**Figura 24.19 Linfoma de Burkitt.** **A.** Trata-se de uma forma de câncer de mandíbula que resulta da infecção pelo EBV; é geralmente observado apenas em crianças africanas. (*Scott Camazine/Alamy Stock Photo.*) **B.** Vista interna. (*Cortesia de Mike Blyth.*)

comum na população masculina do sul da China, respondendo por cerca de 20% de todos os cânceres. Os padrões genéticos e culturais predispõem a esse tumor. As substâncias químicas consumidas em peixes salgados e os extratos de plantas (da família Euphorbiaceae) utilizados na medicina tradicional chinesa podem induzir a replicação do EBV.

Os indivíduos com defeitos imunológicos são particularmente suscetíveis ao desenvolvimento de linfomas, presumivelmente devido à falta dos mecanismos imunes necessários para eliminar as células malignas. A ciclosporina A, utilizada para diminuir a imunidade em pacientes submetidos a transplante de órgãos, aumenta o desenvolvimento das células linfoides nos órgãos dos doadores. Os órgãos de doadores que tiveram infecção pelo EBV podem conter o vírus; a imunossupressão de qualquer causa, incluindo a AIDS, pode liberar o EBV e levar ao desenvolvimento de mononucleose infecciosa ou neoplasia maligna. Os receptores de órgãos livres de EBV provavelmente terão eles próprios infecções latentes pelo vírus, o qual pode então proliferar em consequência do uso de fármacos imunossupressores para impedir a rejeição de órgãos. Transfusões de sangue também podem transmitir o EBV.

**Síndrome da fadiga crônica.** Desde 1985, pesquisadores procuraram determinar se existe de fato uma *síndrome crônica pelo EBV*. Pacientes queixam-se de febre e fadiga persistente, juntamente com uma variedade de outros sintomas inespecíficos, semelhantes aos da mononucleose infecciosa. Alguns deles, mas não todos, apresentam anticorpos anti-EBV. Outros tiveram sarampo ou infecções por herpes-vírus. Como não foi estabelecida a existência de uma relação direta entre os sintomas e uma infecção prévia pelo EBV, a doença recebeu a nova designação de **síndrome da fadiga crônica**. São necessários mais estudos para determinar se a síndrome está associada a uma ou mais doenças virais anteriores, ou se pode ser um transtorno psicológico. Alguns estudos recentes apontam para possíveis defeitos do sistema imune. O herpes-vírus humano número 6 (HHV6), a causa recentemente descoberta da doença infantil roséola, também é um candidato ao agente etiológico da síndrome da fadiga crônica.

## Outras infecções virais

**Febres por filovírus.** Os **filovírus** ou vírus filamentosos exibem uma notável variabilidade de formatos. Alguns são ramificados, outros têm a forma de anzol ou em U e outros ainda são circulares. Esses vírus contêm RNA de sentido negativo em um capsídio helicoidal, e seu comprimento varia de 130 a 4.000 mm (ver Capítulo 11). Dois filovírus foram associados a doenças humanas. O **Ebola vírus** causou surtos de febre hemorrágica pela primeira vez em 1976, com taxa de mortalidade de 88% no Zaire e 51% no Sudão. Cerca de um quinto da população das áreas rurais da África central apresenta anticorpos contra o Ebola. A transmissão é interpessoal. Um surto do Ebola vírus no Zaire, em 1995, tornou-se notícia mundial; foram documentados mais de 200 casos, com taxa de mortalidade de cerca de 75%. O *vírus Marburg* foi reconhecido pela primeira vez na Alemanha, quando técnicos que preparavam culturas de células de rins de macacos morreram de doença hemorrágica. Desde então, foram encontradas infecções hospitalares pelo vírus Marburg, com mortalidade de cerca de 25%. Foi também observada a ocorrência de hemorragia na pele, nas membranas mucosas e nos órgãos internos, morte das células do fígado, do tecido linfático, dos rins e das gônadas e edema cerebral. O vírus foi isolado diretamente de macacos e de inoculação de cobaias em laboratório.

**Febres por buniavírus.** As infecções causadas por buniavírus começam de repente, com febre, calafrios, cefaleia e dores musculares. Embora habitualmente não sejam fatais e não tenham efeitos permanentes, as infecções são temporariamente incapacitantes. A encefalite, quando ocorre, progride lentamente, visto que os vírus sofrem replicação lenta nos tecidos neurais ou são selecionados determinados vírus que são capazes de se replicar no tecido neural. Ratos, morcegos e animais de cascos servem de reservatórios para a infecção. Os vetores consistem em mosquitos de florestas tropicais e temperadas.

## SAÚDE PÚBLICA

### Medo do Ebola

Em abril e em maio de 1995, ocorreu um surto do Ebola vírus no Zaire, África. O surto foi atribuído a um trabalhador florestal que se infectou em dezembro de 1994. As pessoas infectadas pelo vírus desenvolveram sintomas de febre hemorrágica, incluindo febre e dores musculares. Na maioria dos casos, os pacientes também apresentam problemas respiratórios e renais, dor abdominal, faringite e sangramento grave. Como o sangue de pacientes com infecção pelo Ebola vírus é incapaz de coagular adequadamente, ocorre sangramento a partir de locais de picadas de agulha de injeções, sistema digestório, órgãos internos e pele. O vírus se dissemina por contato direto com líquidos corporais. Por essa razão, é possível limitar os surtos por meio de isolamento dos indivíduos infectados, esterilização das agulhas e seringas, tratamento apropriado de resíduos hospitalares e cadáveres e uso de máscaras, capotes, botas e luvas pela equipe hospitalar – que corre risco especial. Milhares de dólares nesses suprimentos, bem como medicamentos e plasma sanguíneo, foram doados de todas as partes do mundo para limitar a disseminação do último surto de Ebola.

Morcegos são, provavelmente, o reservatório do Ebola vírus. Os primeiros surtos conhecidos ocorreram em 1976, próximo ao rio Ebola (daí a denominação do vírus) no Zaire e no oeste do Sudão. O primeiro surto do Zaire resultou de agulhas e seringas contaminadas com Ebola vírus que foram reutilizadas sem esterilização. De fato, a maioria dos surtos, incluindo o de 1995, foi o resultado de condições médicas precárias nos hospitais.

Em meados de 1998, eram conhecidos quatro Ebola vírus: as subespécies Zaire, Sudão, Tai e Reston. O Ebola Zaire e o Ebola Sudão podem infectar os seres humanos. O Ebola Tai é o primeiro Ebola vírus conhecido que pode ser transmitido para os seres humanos por outros animais – chimpanzés naturalmente infectados da floresta Tai na Costa do Marfim. Como as infecções de chimpanzés, à semelhança da infecção dos seres humanos, podem levar à morte, a fonte original do vírus não é, portanto, o chimpanzé. O Ebola Reston, isolado de macacos infectados entregues em Reston, na Virgínia, em 1989, parece ter-se disseminado apenas entre macacos; todavia, neste caso, documentou-se uma transmissão por aerossóis. Desde então, foi constatada a presença do Ebola Reston em mais dois desembarques de macacos provenientes do mesmo fornecedor. O governo dos EUA proibiu agora qualquer importação dessa fonte.

Para um relato dos fatos ocorridos no surto de Reston (em oposição a alguns filmes de ficção sensacionalista), leia *The Hot Zone* (zona quente), de Richard Preston, Random House, 1994.

O *buniavírus LaCrosse* foi identificado no nordeste e no centro-norte dos EUA. Esse vírus causa uma doença leve em adultos, mas pode provocar crises, convulsões, confusão mental e paralisia em crianças. O *vírus da encefalite da Califórnia*, um buniavírus inicialmente isolado de mosquitos do vale de San Joaquin, tem efeitos semelhantes nos seres humanos.

Os buniavírus denominados **flebovírus** (por serem transportados pelo mosquito *Phlebotomus papatasii*) foram isolados de infecções humanas. O vírus da **febre do vale Rift** causa epidemias e possui virulência imprevisível. Provoca vômitos súbitos, dor articular e redução da frequência cardíaca. Uma epidemia da febre do vale Rift em 1975, na África Central, infectou milhares de pessoas, porém levou à morte apenas 4 delas. Somente 2 anos depois, a doença apareceu no Egito, onde foram registrados 200.000 casos e 598 mortes.

Os *hantavírus* estão associados a febres hemorrágicas, incluindo a febre hemorrágica coreana ou epidêmica, e a doenças renais. Esses vírus têm ampla distribuição pela Eurásia, e os roedores servem de reservatório. Causam extravasamento capilar, hemorragia e morte celular na hipófise, no coração e nos rins. A lesão renal pode ser grave, e a pressão arterial baixa pode evoluir rapidamente para o choque, que constitui a causa de morte de um terço dos pacientes. Uma porcentagem ainda maior morre se ocorrer sangramento no tubo gastrintestinal e no sistema nervoso central ou se houver acúmulo de líquido nos pulmões. A principal fonte dessas infecções consiste no contato do indivíduo com roedores infectados ou seus excrementos. Alguns roedores eliminam o vírus nas fezes e na saliva durante 30 dias ou na urina durante 1 ano. Os seres humanos com menos de 10 anos ou com mais de 60 anos de idade raramente são infectados, talvez porque tenham menos tendência a entrar em contato com materiais infectados.

**Febres por arenavírus.** À semelhança dos buniavírus, os arenavírus causam febres hemorrágicas. Entre elas, a **febre de Lassa** é, talvez, a mais amplamente conhecida. Trata-se de uma doença africana, que começa com lesões da faringe e evolui para danos hepáticos graves. O prognóstico é sombrio em 20 a 30% dos casos nos quais ocorre hemorragia das membranas mucosas. Foram identificadas várias outras infecções por arenavírus, incluindo **febre hemorrágica boliviana**, em seres humanos, sobretudo na África e na América do Sul.

A febre hemorrágica boliviana e outras *febres hemorrágicas da América do Sul* são doenças multissistêmicas, com início insidioso e efeitos progressivos. Os vírus atacam os tecidos linfáticos e a medula óssea e causam dano vascular, sangramento e choque. Todavia, a morte, que ocorre em cerca de 15% dos casos, resulta geralmente de danos ao sistema nervoso central. Não se sabe como os vírus afetam o sistema nervoso.

**Febre do carrapato-do-colorado.** A **febre do carrapato-do-colorado** é causada por um **orbivírus** (um membro da família Reoviridae), que é transmitido aos seres humanos por carrapatos de cães a partir de reservatórios animais, como os esquilos e as tâmias. Ocorrem níveis elevados de viremia, com infecção dos eritrócitos imaturos. O paciente queixa-se de cefaleia, dor local e febre, porém a recuperação é habitualmente completa.

**Infecções por parvovírus.** Atualmente, são conhecidas duas infecções por parvovírus que afetam gatos e cães, respectivamente. O **vírus da panleucopenia felina (FPV)** causa doença grave em gatos, com febre, contagem diminuída de leucócitos e enterite. O vírus sofre replicação nos tecidos hematopoéticos e linfoides e, secundariamente, invade a mucosa intestinal. Em 1978, um novo vírus, o **parvovírus canino**, apareceu e infectou cães em áreas geográficas disseminadas. Esse vírus apareceu pela primeira vez na América do Norte, na Europa e na Austrália e espalhou-se rapidamente pelo mundo. Provoca vômitos intensos e diarreia em cães de todas as idades e morte súbita com miocardite em filhotes com menos de 3 meses. Quando o parvovírus canino surge pela primeira vez em uma área, a taxa de mortalidade frequentemente ultrapassa 80%. Atualmente, dispõe-se de vacinas tanto para a panleucopenia felina quanto para o parvovírus canino.

**Crise aplásica.** Foi identificado um membro do gênero *Erythrovirus*, também denominado B19, como provável causa de **crise aplásica** – um período durante o qual cessa a produção de eritrócitos – na anemia falciforme. O vírus parece sofrer replicação nas células de rápida divisão da medula óssea. As crianças afetadas rapidamente apresentam sofrimento agudo. Enquanto os eritrócitos normais permanecem funcionais no sangue por cerca de 120 dias, as células falciformes sobrevivem apenas 10 a 15 dias. Nessas circunstâncias, ocorre intensa destruição dos eritrócitos. Em geral, uma criança sofre apenas uma dessas crises, possivelmente devido ao desenvolvimento de imunidade ao vírus. Outra evidência de que a crise aplásica seja infecciosa é o fato de que, embora ocorra apenas em pacientes com anemia falciforme, ela aparece em ciclos de 3 a 5 anos em determinadas comunidades.

**Quinta doença.** O parvovírus B19 destrói as células-tronco que dão origem aos eritrócitos. Isso não representa um grande problema em adultos ou crianças saudáveis, porém constitui um grave perigo para os pacientes que apresentam anemias hemolíticas crônicas, como a anemia falciforme, e, portanto, para aqueles que têm dificuldade em manter contagens normais de eritrócitos. Representa também um perigo para o feto, se a mulher grávida adquirir o vírus. O vírus pode ser transmitido através da placenta e leva ao desenvolvimento de anemia fatal no feto. Entretanto, o vírus não causa defeitos congênitos. Pacientes imunodeficientes não podem controlar a replicação do vírus e podem desenvolver anemia crônica. Após o reconhecimento do B19 como causa da crise aplásica na anemia falciforme, foi também constatado que esse vírus é causador da **quinta doença** (*eritema infeccioso*) em crianças normais. É comum em crianças de 5 a 14 anos e, com frequência, a doença passa despercebida. As crianças infectadas apresentam exantema vermelho-vivo nas bochechas, que pode se disseminar para o tronco e para os membros (Figura 24.20). O exantema pode ser acompanhado de febre baixa. Com frequência, a infecção é totalmente assintomática. O vírus parece se disseminar por via respiratória. A doença é autolimitada e confere imunidade por toda vida. A expressão "quinta doença" provém de uma lista de doenças infantis com exantema do século XIX. A primeira doença dessa lista é a escarlatina; a segunda, o sarampo; a terceira, a rubéola; a quarta, a pseudoescarlatina epidêmica (um tipo de sepse); e a quinta, o *eritema infeccioso*.

**Infecções por vírus Coxsackie.** Os *vírus Coxsackie* possuem afinidade pelo pericárdio e miocárdio. Podem causar meningoencefalite, diarreia, exantema, faringite e doença hepática. Os vírus Coxsackie B estão associados a epidemias

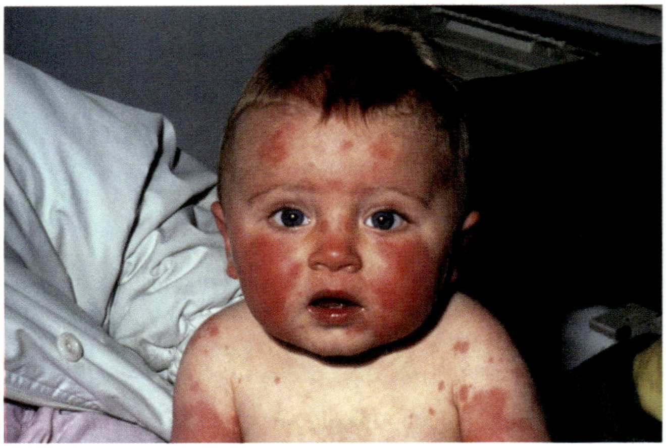

**Figura 24.20 Quinta doença causada pelo parvovírus B19.** (*H.C. Robinson/Science Source.*)

com dor muscular, diabetes e inflamação do pâncreas, do músculo cardíaco e do pericárdio. Os vírus Coxsackie são altamente infecciosos e disseminam-se rapidamente entre os membros de uma família, bem como em instituições. A maioria das infecções provavelmente ocorre por transmissão fecal-oral, mas, como os vírus podem ser isolados das secreções nasais, a infecção também pode ocorrer por fômites respiratórios. As infecções por vírus Coxsackie durante a gravidez podem causar defeitos congênitos, porém a sua incidência é muito mais baixa que a das infecções pelo vírus da rubéola, e o aborto do feto não é geralmente recomendado. Não se dispõe de nenhum meio efetivo para o tratamento, a imunização ou a prevenção.

**PARE e RESPONDA**

1. Se tivesse tido mononucleose infecciosa, você ainda seria portador do vírus? Em caso afirmativo, o que o vírus poderia fazer?
2. Quais são as doenças causadas pelo B19?

## APLICAÇÃO NA PRÁTICA

### Não há boas escolhas

Se tivesse que escolher, qual seria a sua escolha: a febre hemorrágica boliviana ou a malária? Provavelmente nenhuma delas. Entretanto, este foi o dilema que os bolivianos tiveram que enfrentar. Durante anos, a febre hemorrágica existiu na Bolívia sem causar grandes problemas. Essa situação mudou quando foi iniciada uma campanha de controle da malária pela erradicação dos mosquitos. Foram utilizadas grandes quantidades de pesticidas, que mataram muitos gatos das aldeias; na ausência dos gatos, a população de roedores multiplicou-se e trouxe o arenavírus para as residências humanas. Em consequência, a incidência da febre hemorrágica aumentou e alcançou níveis epidêmicos.

## Doenças sistêmicas causadas por protozoários

### Leishmaniose

Nos seres humanos, três espécies de protozoários do gênero *Leishmania* podem causar **leishmaniose** (Figura 24.21A). Esses protozoários são transmitidos por mosquitos. Quando um mosquito infectado pica, os parasitas entram no sangue do hospedeiro e são fagocitados pelos macrófagos (ver Capítulo 17). Os parasitas multiplicam-se no interior dos macrófagos, e novos parasitas são liberados quando os macrófagos sofrem ruptura. A leishmaniose é endêmica na maioria dos países tropicais e subtropicais, onde existem espécies apropriadas de mosquitos vetores. Os roedores podem ser hospedeiros reservatórios da doença. Cerca de 12 milhões de casos são registrados pela OMS no mundo inteiro.

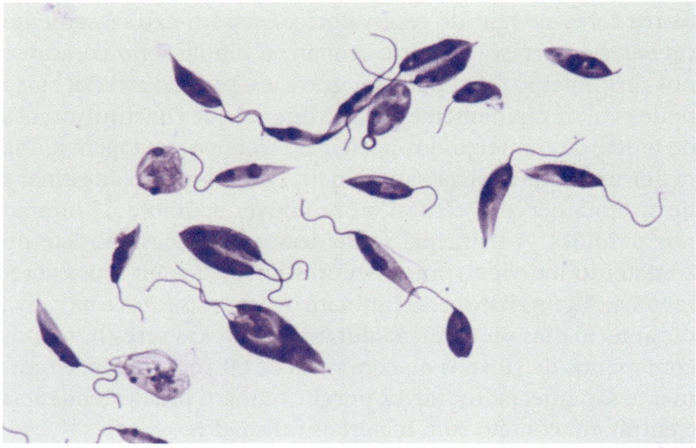

MO

A

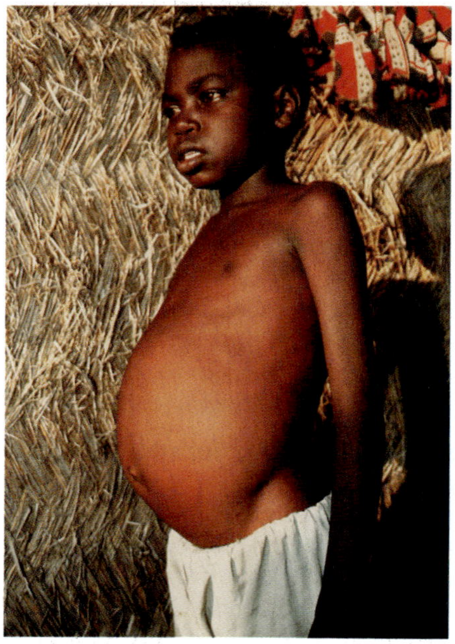

B

**Figura 24.21 Leishmaniose.** **A.** *Leishmania donovani* (1.017×). (*Michael Abbey/Science Source.*) **B.** Um paciente sofrendo de leishmaniose visceral, provavelmente causada por *L. braziliensis*. (*A. Crump, TDR, WHO/Science Source.*)

**A doença.** *Leishmania donovani* causa o **calazar** (do hindi, que significa "veneno negro"), ou *leishmaniose visceral*. Os sintomas consistem em febre alta irregular, fraqueza progressiva, perda da massa muscular e protrusão do abdome, devido ao extenso aumento do fígado e do baço. Ocorre dano extenso ao sistema imune quando os parasitas destroem grande número de células fagocitárias. Sem tratamento, a doença é habitualmente fatal em 2 a 3 anos, mas pode ser fatal dentro de 6 meses em pacientes com comprometimento da imunidade e infecções secundárias.

Outras leishmânias são mais localizadas nos seus efeitos e raramente são fatais. *L. tropica* provoca uma lesão cutânea, algumas vezes denominada *botão-do-oriente*, no local de picada do mosquito. *L. braziliensis* provoca lesões na pele e nas membranas mucosas em algumas vezes, pólipos nasais e orais (Figura 24.21B). Alguns pais, observando que as pessoas que tiveram botão-do-oriente raramente adquirem calazar, já infectaram intencionalmente seus filhos com botão-do-oriente em partes não visíveis do corpo, de modo a protegê-los da doença mais grave.

**Diagnóstico, tratamento e prevenção.** O diagnóstico é estabelecido pela identificação dos protozoários em esfregaços de sangue no calazar ou a partir de raspados de lesões da pele e das membranas mucosas. São utilizados compostos de antimônio para tratar tanto o calazar quanto as lesões da pele e das mucosas. Entretanto, esses fármacos são muito tóxicos. A prevenção depende principalmente do controle do acasalamento dos mosquitos e da eliminação de roedores como reservatórios de infecção.

## Malária

Várias espécies do protozoário *Plasmodium* são capazes de causar **malária**, uma das mais graves de todas as doenças parasitárias. O DNA de mosquitos fossilizados indica que o parasita pode ter uma idade de 10 milhões de anos. A malária é um dos maiores problemas de saúde pública do mundo. É endêmica na maioria das áreas tropicais (Figura 24.22). O número de casos clínicos foi estimado em até 500 milhões de casos em todo o mundo, com 1,5 a 3 milhões de mortes – das quais mais de 1 milhão ocorrem em crianças com menos de 5 anos de idade. Quase todos os adultos na África e na Índia já foram infectados, e as perdas econômicas anuais em consequência da malária ultrapassam 1 bilhão de dólares somente na África. As cepas resistentes a fármacos estão aumentando rapidamente, elevando as taxas de mortalidade. Em uma época, acreditou-se que a malária tivesse sido erradicada dos EUA, porém militares, viajantes e imigrantes carregaram a doença de áreas endêmicas para os EUA, resultando em 1.484 casos em 2009.

Os membros do gênero *Plasmodium* são protozoários intracelulares ameboides que infectam os eritrócitos e outros tecidos. São transmitidos aos seres humanos pela picada do mosquito *Anopheles*. As espécies de *Plasmodium* têm um ciclo de vida complexo (ver Figura 12.4). Pelo menos quatro espécies infectam os seres humanos: *P. vivax*, *P. malariae*, *P. ovale* e *P. falciparum*. Essas espécies podem ser identificadas pelos seus efeitos sobre os eritrócitos e, em alguns casos, pelo seu aparecimento no interior dessas células e pela natureza da doença causada pelo parasita.

Determinados indivíduos, particularmente negros da África Ocidental e pessoas originárias do Mediterrâneo, são protegidos da malária pela presença do gene para a anemia falciforme. A presença de dois desses genes causa a anemia falciforme, enquanto a presença de um único gene impede o crescimento dos parasitas da malária no interior dos eritrócitos. Quando entra nas células, o parasita utiliza o oxigênio. Em condições de baixas concentrações de oxigênio, a célula sofre falcização (adquire uma forma distorcida ou em foice). O baço remove as hemácias com formato anormal, como as células falciformes, destruindo-as geralmente antes que o parasita da

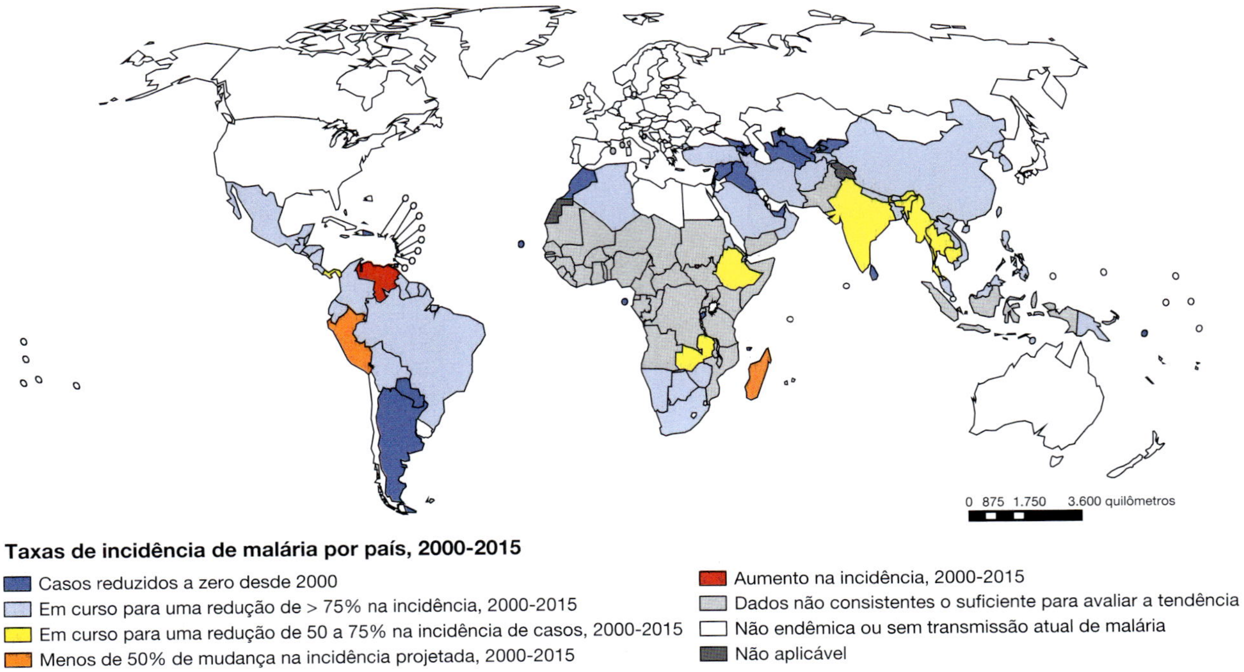


**Figura 24.22 Mudanças projetadas na incidência da malária por país, 2000-2015.** (*Fonte: OMS.*)

malária tenha tempo de completar o seu ciclo de vida, com consequente redução do número de células infectadas para um nível em que os sintomas são mínimos ou não ocorrem.

**A doença.** Na patogênese da malária, os esporozoítos (ver Capítulo 12) entram no sangue pela picada de um mosquito-fêmea infectado. (Os mosquitos-machos não são equipados para se alimentar de sangue.) Os parasitas desaparecem do sangue em 1 hora e invadem as células do fígado e de outros órgãos. Em aproximadamente 1 semana, eles começam a liberar merozoítos, que invadem os eritrócitos, no interior dos quais se reproduzem como trofozoítos (Figura 24.23). A intervalos de 48 a 72 horas, dependendo da espécie infectante de *Plasmodium*, as células sanguíneas sofrem ruptura em um padrão característico e liberam mais merozoítos, que infectam outros eritrócitos. A liberação de merozoítos torna-se logo sincronizada e corresponde aos intervalos de febre alta. Alguns merozoítos transformam-se em gametócitos, que podem sofrer reprodução sexuada nos mosquitos, se estes se alimentarem do sangue do paciente. Os parasitas da malária destroem, em média, 25 a 75% da hemoglobina em um eritrócito, degradando-a em vacúolos alimentares ácidos, de modo a satisfazer suas necessidades de proteínas. Mesmo após a resolução da doença inicial, os pacientes estão sujeitos a recidivas quando os protozoários em estado latente tornam-se ativados, emergem do fígado e iniciam um novo ciclo de doença. Não ocorrem recidivas após infecções causadas por *P. falciparum*, visto que essa espécie não permanece no fígado.

Das quatro espécies de parasitas da malária, *P. falciparum* é que causa a doença mais grave, porque aglutina os eritrócitos e causa obstrução dos vasos sanguíneos. Essa obstrução provoca **isquemia** tecidual ou redução do fluxo sanguíneo com deficiência de oxigênio e de nutrientes e acúmulo de produtos de degradação. Essa espécie também pode causar malária maligna – uma doença particularmente virulenta e rapidamente fatal – e uma condição denominada **febre hemoglobinúrica**. Na febre hemoglobinúrica, ocorre lise de grande número de eritrócitos, provavelmente em consequência da reação autoimune do hospedeiro aos parasitas. Os produtos de degradação da hemoglobina causam icterícia e lesão renal. Os pigmentos da hemoglobina escurecem a urina, dando o nome a essa doença.

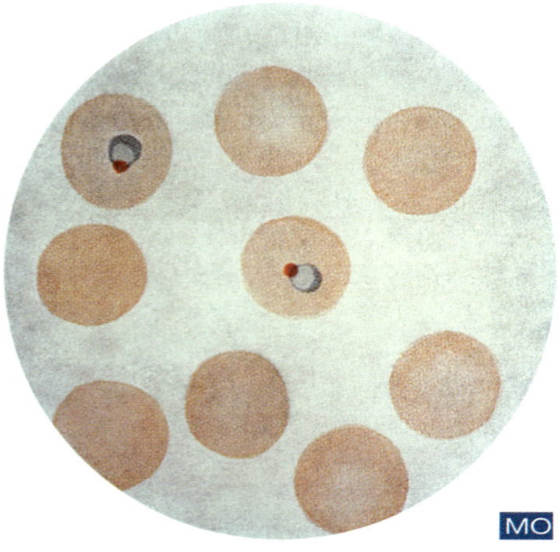


**Figura 24.23 *Plasmodium*, a causa da malária.** O estágio do parasita da malária, *Plasmodium falciparum*, em "anel", visualizado como estruturas circulares e escuras no interior dos eritrócitos (1.500×). Nesse estágio, os merozoítos transformaram-se em trofozoítos com a invasão dos eritrócitos do hospedeiro. (*Science Source/Science Source*.)

## SAÚDE PÚBLICA

### Tempestade de leishmaniose no deserto

Os soldados que combateram a serviço dos EUA na Guerra do Golfo Pérsico em 1991 provavelmente não esperavam morrer nas mãos de um microrganismo, porém várias dezenas de casos de leishmaniose foram confirmados por militares dos EUA envolvidos na operação Tempestade do Deserto. A doença é fatal em 90% dos casos não tratados. Atualmente, o tratamento disponível diminui a taxa de mortalidade em 10%. Todavia, por vários anos, as autoridades de saúde proibiram a doação de sangue para transfusão e de órgãos para transplante de veteranos da Guerra do Golfo para evitar a disseminação da doença. Hoje, essas preocupações voltaram com as tropas que combatem no Iraque e no Afeganistão.

**Diagnóstico, tratamento e prevenção.** A principal maneira de estabelecer o diagnóstico de malária consiste na identificação dos protozoários nos eritrócitos. As espécies de *Plasmodium* responsáveis por determinada infecção podem ser identificadas pelo aspecto característico dos eritrócitos invadidos pelo parasita. Um novo teste de DNA na saliva revela a presença da malária e está apenas começando a ser utilizado. A cloroquina é o fármaco de escolha para todas as formas de malária no estágio agudo. Um problema sério relacionado com o tratamento da malária é o fato de que algumas cepas, sobretudo as de *P. falciparum*, tornaram-se resistentes à cloroquina. Recentemente, foram descobertos fármacos que podem ser administrados com a cloroquina para vencer essa resistência. Essa estratégia foi testada em macacos, mas ainda não em seres humanos. Um viajante que irá entrar em uma região de malária pode tomar cloroquina profilaticamente durante 2 semanas antes da entrada, durante a sua permanência e por 6 semanas após deixar a área. O fármaco suprime os sintomas clínicos da malária, mas não impede necessariamente a infecção. Nas áreas onde a malária é resistente à cloroquina, utiliza-se o cloridrato de mefloquina. Todavia, em algumas pessoas, esse fármaco pode causar problemas psiquiátricos, incluindo, possivelmente, suicídio. O cloridrato de mefloquina é um fármaco neurotóxico que pode causar dano permanente ao cérebro. Os militares norte-americanos proibiram o seu uso, pois existe um fármaco disponível e igualmente efetivo, como a doxiciclina. Algumas pessoas são incapazes de tomar a doxiciclina e continuam utilizando o cloridrato de mefloquina. Em setembro de 2013, o uso desse fármaco foi totalmente proibido pelas Forças Especiais do Exército dos EUA. Em 2009, um novo fármaco antimalárico foi aprovado pela FDA. Esse deriva das folhas da planta *Artemisia annua*, que é utilizada há muito tempo na fitoterapia chinesa (Figura 24.24). A doença causada por *P. vivax* ou *P. ovale* pode aparecer meses ou anos após uma pessoa ter deixado uma área de malária, mesmo quando tenha sido administrado o fármaco supressor. A pri-

Foram encontrados quatro novos genes do mosquito: dois deles impedem o desenvolvimento dos parasitas da malária no interior do mosquito, enquanto os outros dois protegem o parasita. A eliminação das proteínas protetoras irá matar o parasita.

maquina é o fármaco de escolha para eliminar os parasitas do fígado e de outros tecidos se estiverem infectados.

Tentativas de destruir os mosquitos que transmitem a malária têm sido um importante componente dos esforços para o controle da doença. No início da década de 1960, o pesticida DDT foi utilizado com sucesso para erradicar dos EUA os mosquitos transportadores da malária. (Entretanto, ele foi logo proibido nos EUA, em virtude de sua toxicidade.) O DDT e outros inseticidas também foram tentados em outras áreas, particularmente na África. Infelizmente, a região onde os mosquitos prosperam na África é tão vasta que nenhum programa de pulverização de inseticidas tem sido efetivo. Alguns dos mosquitos, sobretudo os que carregam *P. falciparum*, tornaram-se agora resistentes ao DDT e, provavelmente, a outros pesticidas. Desse modo, o uso de inseticidas tornou a malária ainda mais fatal, pois aumentou a proporção de mosquitos que transportam o parasita mais virulento.

Pesquisadores dos CDC e seus colaboradores em outras instituições desenvolveram recentemente uma cepa de *Anopheles gambiae* que é altamente resistente à infecção pelos parasitas da malária. Os pesquisadores acreditam que a resistência seja devida a uma mudança genética relativamente simples e que talvez seja possível induzir essa resistência em populações de vetores naturais. Se for possível tornar resistentes grandes números de *A. gambiae* – o vetor mais importante da malária na África –, a transmissão da malária poderá ser acentuadamente reduzida. No início de 2014, pesquisadores obtiveram um sucesso com o uso de *Wolbachia* no laboratório para induzir apenas a eclosão de mosquitos-machos. Como apenas as fêmeas alimentam-se de sangue, isso poderia levar ao fim da malária.

Outro esforço para o controle da doença visa ao desenvolvimento de uma vacina contra a malária. Um problema tem sido identificar o estágio do parasita responsável por desencadear a resposta imune nos seres humanos. Atualmente, foi identificado um antígeno no esporozoíto, e o gene para esse antígeno pode ser clonado, utilizando a tecnologia do DNA recombinante. Consequentemente, o antígeno pode ser fabricado e utilizado no preparo de uma vacina. Assim, grandes passos foram dados para o desenvolvimento de uma vacina efetiva, e espera-se que se disponha de uma vacina no futuro próximo. Entretanto, mesmo quando houver uma vacina disponível, a sua administração a um enorme número de pessoas que vivem em locais onde a malária é endêmica será uma tarefa monumental. Serão necessários mecanismos de distribuição da vacina e meios para obter a cooperação das pessoas. O custo da vacina nas quantidades necessárias será outro grande problema.

**Figura 24.24 Plantas de *Artemisia annua*.** Um novo fármaco antimalárico, é preparado a partir das folhas dessa planta. (*Sukhdev Chattbar/AP.*)

## Toxoplasmose

*Toxoplasma gondii* (Figura 24.25) é um protozoário de ampla distribuição que infecta muitos animais de sangue quente – tanto domésticos quanto silvestres. Trata-se de um parasita intracelular, que pode invadir muitos tecidos. Em geral, os seres humanos tornam-se infectados por meio do contato com fezes de gatos domésticos que procuram alimentos naturais,

### SAÚDE PÚBLICA

#### A anemia protege contra a malária

Se estiver sofrendo de anemia, alguns cientistas poderão pensar que você tem sorte. A presença de baixos níveis de ferro no sangue, que caracterizam determinados tipos de anemia, parece reforçar a capacidade do sistema imune de lutar contra a malária. Estudos sugerem que os compostos que retiram o ferro do sangue, denominados quelantes do ferro, interferem na replicação do DNA do parasita causador da malária, ajudando a eliminar o parasita do corpo. Esses quelantes de ferro também parecem reforçar os níveis de $NO_3$, levando a uma resposta imune. Entretanto, essa resposta imune também provoca febre e inflamação. Isso não é uma consequência afortunada, e os cientistas concordam com o fato de que é necessário realizar muito mais pesquisa para desenvolver um quelante de ferro efetivo, com efeitos colaterais apenas leves.

### APLICAÇÃO NA PRÁTICA

#### Usar a malária para unir o mundo

Quem teria pensado que a malária desempenharia um papel na política mundial? Nos dias de hoje, é exatamente isso que ela está fazendo. A OMS uniu o mundo em um esforço para reduzir em 75% as mortes causadas por malária até 2015. O programa, denominado Roll Back Malaria, envolve a Multilateral Initiative on Malaria (MIM), que inclui 37 países africanos, os EUA, a Europa e a African Initiative on Malaria. A aliança reúne governos, o Banco Mundial e outras agências internacionais. E é uma boa coisa que estejamos nos unindo agora; a malária já causa cerca de 500 milhões de casos de doença e até 3 milhões de mortes por ano em todo o mundo à medida que o parasita desenvolve uma resistência crescente aos fármacos e espalha-se para novas regiões, como Ásia central e Europa oriental. Dispõe-se de mosquiteiros, pesticidas e medicamentos, mas sua distribuição está falhando.

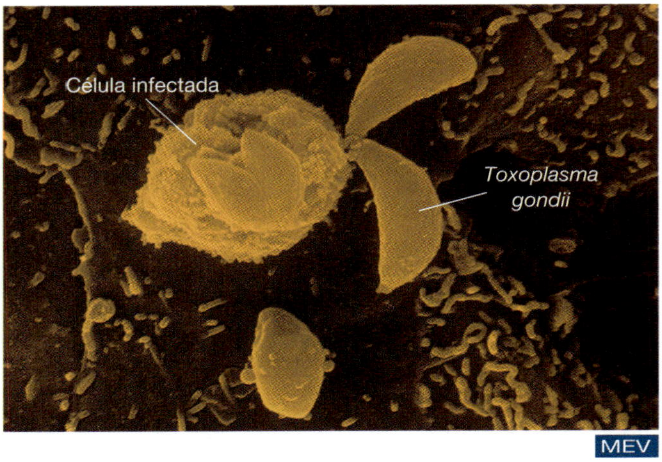


**Figura 24.25 Toxoplasmose.** Protozoários em forma de lua crescente da espécie *Toxoplasma gondii* deixando uma célula infectada no interior da qual se multiplicaram (7.684×). Esse microrganismo pode representar um perigo para pacientes imunocomprometidos e para mulheres grávidas, nas quais causa abortos e graves defeitos congênitos. (*Moredun Animal Health Ltd./Science Source.*)

particularmente roedores infectados (Figura 24.26). Os gatos que são mantidos em casa e alimentados exclusivamente com ração de gato, comida enlatada ou cozida têm pouca probabilidade de adquirir os parasitas. Outra forma comum de transmissão é o consumo de carne contaminada crua ou inadequadamente cozida. Os franceses, que consomem grandes quantidades de bife tártaro (carne moída crua), apresentam a mais alta incidência da infecção no mundo.

**A doença.** Na maioria dos seres humanos, *Toxoplasma gondii* causa apenas inflamação discreta dos linfonodos. Na maioria dos casos, a infecção é crônica, assintomática e autolimitada. Entretanto, *T. gondii* pode causar **toxoplasmose** grave, sobretudo em fetos em desenvolvimento, em recém-nascidos e, algumas vezes, em crianças pequenas. O organismo pode ser transferido através da placenta de uma mãe infectada para o feto. Nesses casos, o parasita provoca graves defeitos congênitos, incluindo o acúmulo de líquido cerebrospinal, cabeça anormalmente pequena, cegueira, retardo mental e distúrbios do movimento. Entretanto, apenas metade dos recém-nascidos infectados apresenta sintomas por ocasião do nascimento. Posteriormente, podem surgir sintomas graves desde os 3 meses de idade até a vida adulta, particularmente cegueira e retardo mental. O parasita pode ser responsável por natimortos e abortos espontâneos. Se a infecção ocorrer depois do nascimento, os sintomas assemelham-se àqueles observados em fetos, embora sejam menos graves. Em pacientes com imunossupressão grave, como pacientes com AIDS, a doença pode aparecer na forma de encefalite e também pode causar problemas dermatológicos.

Um estudo recente indica uma possível conexão entre a toxoplasmose e a esquizofrenia. Mais de 50% dos indivíduos esquizofrênicos e suas mães são positivos para toxoplasmose – uma incidência muito maior do que a observada na população geral. Sabemos que a infecção por *Toxoplasma* pode alterar o comportamento. Os camundongos infectados perdem totalmente o medo de gatos. Mesmo após a eliminação dos parasitas do camundongo, seu comportamento mantém-se permanentemente alterado. A esquizofrenia tem uma base biológica definida. Se uma pessoa sem história de esquizofrenia receber uma unidade de sangue de um indivíduo com esquizofrenia, o receptor também exibirá sintomas por várias horas.

**Diagnóstico, tratamento e prevenção.** A toxoplasmose pode ser diagnosticada pela detecção dos parasitas no sangue, no líquido cerebrospinal ou nos tecidos, por inoculação em animal com isolamento subsequente dos organismos ou por testes de imunofluorescência indireta (ver Capítulo 19). A pirimetamina e a trissulfapiridina são utilizadas em combinação para tratar a toxoplasmose, porém nenhum tratamento consegue reverter o dano permanente causado pela infecção pré-natal. Para evitar essa doença, as mulheres grávidas devem evitar todo contato com carne crua e fezes de gato. Um gato pode eliminar até 10 milhões de oocistos por dia nas fezes. Esses oocistos esporulam e tornam-se infecciosos em 1 a 5 dias. Outra pessoa, e não a mulher grávida, deve cuidar diariamente da caixa de areia do gato, de modo a prevenir o acúmulo de oocistos infecciosos. Em áreas quentes, os oocistos podem permanecer infecciosos em solo úmido por 1 ano. Os gatos devem ser mantidos longe dos tanques de areia onde as crianças brincam, particularmente se houver a possibilidade de que uma criança transmita o organismo a uma mulher grávida.

## Babesiose

Várias espécies do esporozoário *Babesia* podem causar **babesiose**. O gado bovino é afetado pela babesiose causada pelo protozoário *Babesia bigemina* transmitido por carrapato, enquanto *B. microti* se associa mais frequentemente a infecções humanas. Os parasitas entram no sangue por meio das picadas de carrapatos infectados e invadem os eritrócitos no interior dos quais se multiplicam.

**A doença.** Embora muitos casos sejam assintomáticos, quando os sintomas aparecem em geral começam com febre alta e súbita, cefaleia e dor muscular. Podem ocorrer anemia e icterícia em consequência da destruição dos eritrócitos. Os sintomas duram várias semanas e são seguidos de um estado de portador prolongado. Se a babesiose ocorrer em um indivíduo que tenha sido submetido a esplenectomia, ela é geralmente fatal em 5 a 8 dias. Isso resulta da ausência de baço, o que compromete a capacidade do corpo de degradar os eritrócitos defeituosos.

**Diagnóstico, tratamento e prevenção.** O diagnóstico é feito com base em esfregaços de sangue, mas o parasita pode ser confundido com *Plasmodium falciparum*. A cloroquina é o fármaco de escolha para o tratamento, e a melhor forma de proteção consiste em evitar picadas de carrapatos.

As propriedades das doenças sistêmicas não bacterianas estão resumidas na **Tabela 24.4**.

**PARE e RESPONDA**

1. De que maneira a presença de um gene para a anemia falciforme protege contra a malária?
2. Em que período os viajantes devem tomar fármacos antimaláricos? Por quê?
3. Quem corre risco de adquirir toxoplasmose?

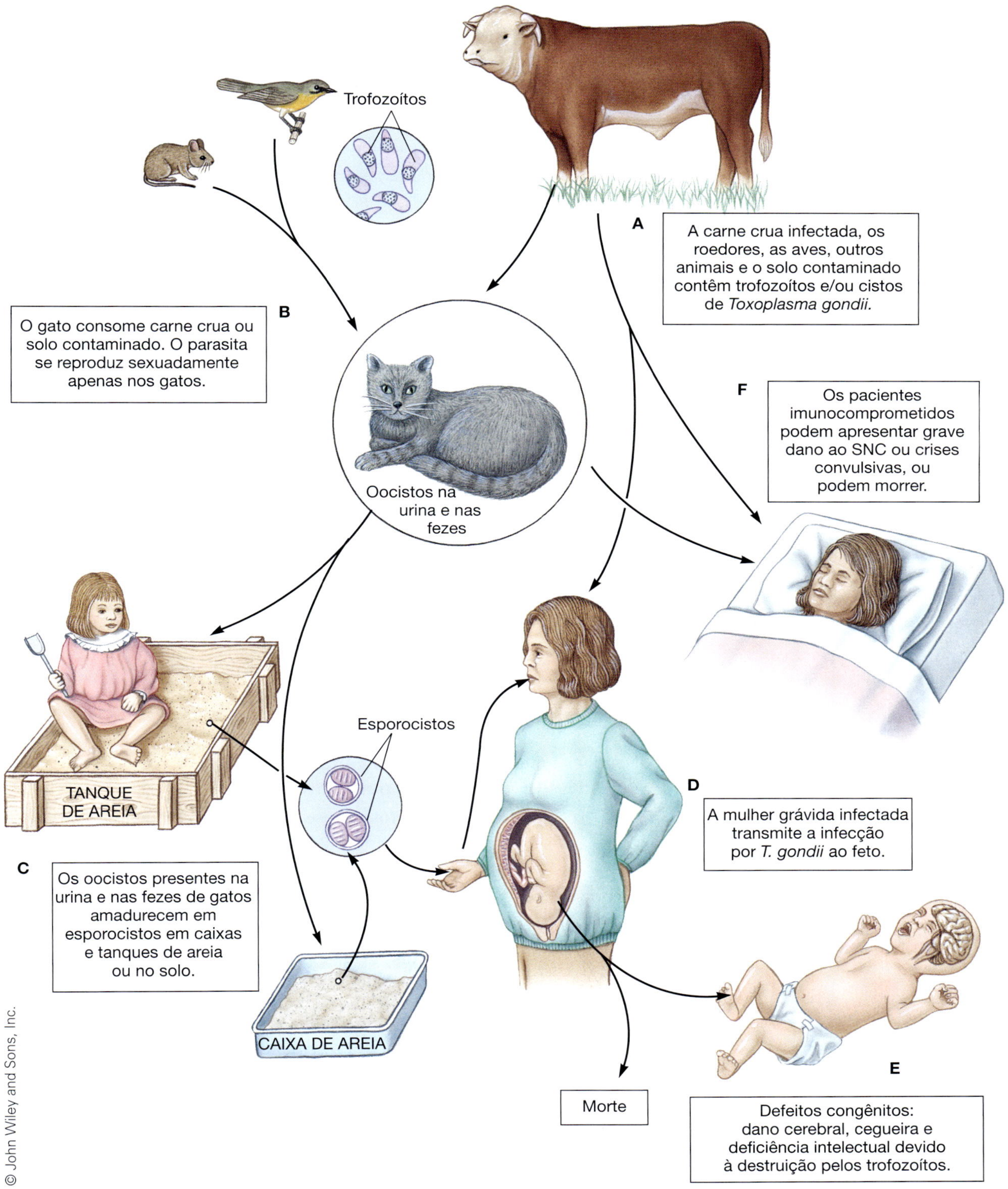




**Figura 24.26 Ciclo de transmissão natural de *Toxoplasma gondii*.** **A.** O indivíduo consome carne crua contaminada ou ingere solo contendo trofozoítos (formas ingeridas) de *T. gondii*. **B.** No trato intestinal dos gatos, os trofozoítos sofrem reprodução sexuada. Os oocitos são liberados na urina e nas fezes e, subsequentemente, amadurecem em esporocistos em caixas de areia, tanques de areia ou solo. **C.** Se os trofozoítos forem consumidos por crianças de mais idade ou adultos, podem causar uma síndrome leve semelhante à gripe. **D.** As mulheres grávidas apresentam apenas infecção leve ou inaparente. **E.** Mas podem transmitir essa infecção ao feto, que pode desenvolver defeitos congênitos ou morrer. **F.** Os indivíduos imunocomprometidos, que já podem ter o organismo em seu corpo, morrem rapidamente em consequência de destruição do sistema nervoso central.

**Tabela 24.4** Doenças sistêmicas causadas por vírus e protozoários.

| Doença | Agente(s) | Características |
|---|---|---|
| **Doenças sistêmicas causadas por vírus** | | |
| Dengue | Vírus da dengue | Dor óssea e articular intensa, febre alta, cefaleia, perda de apetite, fraqueza, algumas vezes exantema |
| Febre amarela | Vírus da febre amarela | Febre, anorexia, náuseas, vômitos, lesão hepática, icterícia |
| Mononucleose infecciosa | Vírus Epstein-Barr | Cefaleia, fadiga, mal-estar, geralmente faringite, ocorrência comum de infecções estreptocócicas secundárias |
| Outras febres virais | Filovírus, buniavírus, flebovírus, arenavírus, orbivírus e vírus Coxsackie | Alguns causam febres hemorrágicas; outros causam encefalite, dor articular, frequência cardíaca lenta, infecção dos eritrócitos, diarreia, exantema, faringite, doença hepática, meningite, inflamação cardíaca e pericárdica |
| **Doenças sistêmicas causadas por protozoários** | | |
| Calazar | *Leishmania donovani* | Leishmaniose visceral com febre irregular, fraqueza, perda da massa muscular, aumento do fígado e do baço |
| Leishmaniose localizada | *L. tropica, L. braziliensis* | Botão-do-oriente e lesões cutâneas e das mucosas |
| Malária | Espécies de *Plasmodium* | Períodos de febre alta associados à liberação dos parasitas dos eritrócitos; pode ocorrer recidiva; uma espécie pode causar malária maligna e febre hemoglobinúrica |
| Toxoplasmose | *Toxoplasma gondii* | Inflamação discreta dos linfonodos em adultos; pode atravessar a placenta e causar grave dano ao sistema nervoso do feto; causa também dano a crianças pequenas e pacientes imunossuprimidos |
| Babesiose | *Babesia microti* | Febre alta, cefaleia, mialgia, anemia e icterícia; fatal em pacientes que foram submetidos a esplenectomia |

# RESUMO

- Os agentes e as características das doenças discutidos neste capítulo estão resumidos nas Tabelas 24.1 a 24.4. As informações fornecidas nessas tabelas não são repetidas neste resumo.

## SISTEMA CARDIOVASCULAR

- O **sistema cardiovascular** é constituído pelo coração, por um extenso sistema de vasos sanguíneos e pelo sangue
- Embora o sistema cardiovascular normalmente seja estéril, os patógenos podem ser transportados pelo sangue (*bacteriemia*), multiplicar-se no sangue (*septicemia*) e infectar as valvas cardíacas e o pericárdio.

## DOENÇAS CARDIOVASCULARES E LINFÁTICAS

### Septicemias bacterianas e doenças relacionadas

- A septicemia, ou envenenamento do sangue, envolve a multiplicação de bactérias no sangue. As septicemias e doenças relacionadas são diagnosticadas com base na cultura de amostras apropriadas e são tratadas com antibacterianos
- A **febre reumática** e a **endocardite bacteriana** ocorrem, com mais frequência, em pacientes que tiveram anteriormente infecções estreptocócicas.

### Doenças do sangue e da linfa causadas por helmintos

- A **esquistossomose** é adquirida por meio de larvas de esquistossomas que penetram na pele e é diagnosticada pela detecção de ovos nas fezes. O tratamento consiste em praziquantel, e a doença pode ser evitada pela erradicação dos caramujos infectados ou evitando o contato com água infestada de caramujos
- A **filariose** é transmitida por mosquitos e diagnosticada pela detecção de microfilárias no sangue. O tratamento consiste em dietilcarbamazina ou metronidazol, e a doença pode ser evitada se for possível erradicar os mosquitos infectados.

## DOENÇAS SISTÊMICAS

### Doenças sistêmicas causadas por bactérias

- O **antraz** é adquirido por meio do contato com esporos de *Bacillus anthracis* provenientes de animais domésticos infectados ou suas peles. É diagnosticado por hemoculturas ou por esfregaços de amostras de lesões. O tratamento consiste em penicilina ou tetraciclina. A doença pode ser evitada pela imunização dos animais e dos seres humanos que têm exposição ocupacional e pelo enterro cuidadoso dos animais infectados

• A peste tem ocorrido em epidemias periódicas desde a Idade Média, permanece endêmica em algumas regiões, e a sua incidência está aumentando nos EUA. A forma que é transmitida por pulgas de ratos infectados é conhecida como **peste bubônica**, que resulta em aumento dos linfonodos, denominados **bubões**. Se a doença progredir para o sistema circulatório, é denominada **peste septicêmica**. O comprometimento pulmonar resulta em **peste pneumônica**, que é contagiosa e transmitida por aerossóis. A peste é diagnosticada com base em esfregaços corados e testes de anticorpos, e o tratamento consiste em estreptomicina ou tetraciclina. Pode ser evitada pelo controle das populações de ratos e pela imunização dos indivíduos que entram em áreas endêmicas

• A **tularemia** é transmitida através da pele, por inalação ou por ingestão. Pode ser diagnosticada por testes de aglutinação, e o tratamento consiste em estreptomicina. Para a sua prevenção, é necessário evitar qualquer contato com mamíferos e artrópodes infectados; a vacina é de curta duração é não é totalmente protetora

• A **brucelose** é transmitida aos seres humanos através da pele, a partir de animais domésticos, pela ingestão de laticínios contaminados e por inalação ou ingestão. O diagnóstico é estabelecido por testes sorológicos. A brucelose é tratada com antibioticoterapia prolongada e pode ser prevenida evitando o contato com animais infectados e fômites contaminados

• A **febre recorrente** é transmitida por piolhos e carrapatos e pode ser diagnosticada pelo exame de esfregaços de sangue. O tratamento consiste em tetraciclina ou cloranfenicol, e a sua prevenção pode ser obtida evitando ou controlando os carrapatos e os piolhos

• A **doença de Lyme** é transmitida por carrapatos de cervos e outros animais infectados e é diagnosticada com base nos sinais clínicos e em testes sorológicos. É tratada com antibacterianos e pode ser prevenida evitando picadas de carrapatos.

### Doenças sistêmicas causadas por riquétsias e organismos relacionados

• O **tifo** ocorre em várias formas. O **tifo epidêmico**, que é transmitido por piolhos do corpo humano, ocorre geralmente em condições de aglomerações e com falta de higiene. Apresenta uma alta taxa de mortalidade, a não ser que seja tratado com antibacterianos

• A **doença de Brill-Zinsser**, ou tifo recrudescente, é a a recorrência de uma infecção de tifo latente. O **tifo endêmico**, ou **murino**, é transmitido por pulgas, e o **tifo rural**, por ácaros de ratos infectados

• A **febre maculosa das Montanhas Rochosas**, que é transmitida por carrapatos, provoca dano aos vasos sanguíneos. As cepas das riquétsias causadoras variam quanto à sua virulência, e a taxa de mortalidade da infecção não tratada pode ser alta

• A **riquetsiose variceliforme** é transmitida por ácaros que vivem em camundongos domésticos. A **febre das trincheiras**, que é transmitida por piolhos, é prevalente em condições com falta de higiene, mais frequentemente entre indivíduos em situações de estresse. A **bartonelose**, que é transmitida por mosquitos, ocorre em duas formas: a **febre de Oroya**, uma febre aguda que causa anemia potencialmente fatal, e a **verruga peruana**, um exantema cutâneo autolimitado

• Patógenos humanos recentemente identificados, que se assemelham a riquétsias, incluem *Ehrlichia canis* e *E. chaffeensis*, que causam a **ehrlichiose**, e *Bartonella henselae*, responsável pela **angiomatose bacilar**.

### Doenças sistêmicas causadas por vírus

• A **dengue**, uma doença causada por arbovírus, pode ser diagnosticada por testes sorológicos; dispõe-se de uma vacina contra um tipo imunológico do vírus da dengue. Os casos triplicaram no mundo inteiro

• A **febre amarela**, outra doença causada por arbovírus, é diagnosticada pelos sintomas e pode ser evitada por meio de vacinação

• A **mononucleose infecciosa** é causada pelo **vírus Epstein-Barr**, é diagnosticada com base nos sintomas e tratada sintomaticamente e com antibacterianos para as infecções secundárias. Nos países em desenvolvimento, os recém-nascidos apresentam sintomas leves e produzem anticorpos em torno de 1 ano de idade; todavia, nos países desenvolvidos, os pacientes consistem em adolescentes ou adultos jovens, que apresentam uma doença muito mais grave

• A **síndrome da fadiga crônica** foi associada ao vírus Epstein-Barr, que é responsável pela mononucleose infecciosa, pelo **linfoma de Burkitt**, pelo carcinoma nasofaríngeo e pela leucoplasia pilosa oral

• Outras infecções virais incluem febres causadas por **filovírus** (como a infecção pelo **Ebola vírus**), febres por buniavírus (como a **febre do vale Rift**), febres por arenavírus (como a **febre de Lassa** e a **febre hemorrágica boliviana**), a febre do **carrapato-do-colorado**, infecções pelo **vírus da panleucopenia felina** e **parvovírus canino** e **quinta doença**.

### Doenças sistêmicas causadas por protozoários

• A **leishmaniose** ocorre em países tropicais e subtropicais, onde são encontradas espécies apropriadas de mosquitos vetores. É diagnosticada com base no exame de esfregaços de sangue ou raspados de lesões e é tratada com antimônio. A doença pode ser prevenida pelo controle do acasalamento dos mosquitos e eliminação das infecções em roedores que servem de reservatório

• A **malária** constitui um dos maiores problemas de saúde pública do mundo; mata 1,5 a 3 milhões de pessoas por ano, em sua maioria crianças. Os casos observados nos EUA provêm de pessoas que estiveram em áreas endêmicas. A malária é transmitida por fêmeas do mosquito *Anopheles* e é diagnosticada pela identificação dos protozoários em esfregaços de sangue. A doença ativa é tratada com cloroquina (exceto para as cepas resistentes), e os parasitas latentes são eliminados com primaquina. Existem pesquisas em andamento para descobrir um modo de controlar os mosquitos e desenvolver uma vacina efetiva

• A **toxoplasmose** é habitualmente transmitida pelas fezes de gatos que consumiram roedores infectados e pela ingestão humana de carne crua ou malcozida contaminada. O diagnóstico é estabelecido pela detecção de parasitas em líquidos corporais ou tecidos, e o tratamento consiste em pirimetamina e trissulfapiridina. A doença pode ser prevenida evitando qualquer contato com materiais contaminados

• A **babesiose** é transmitida por carrapatos e é diagnosticada com base no exame de esfregaços de sangue. É tratada com cloroquina e pode ser prevenida evitando o contato com carrapatos.

## TERMOS-CHAVE

angiomatose bacilar
antraz
antraz cutâneo
antraz intestinal
antraz respiratório
babesiose
bacteriemia
bartonelose
brucelose
bubão
calazar
choque séptico
crise aplásica
dengue
doença de Bang
doença de Brill-Zinsser
doença de Lyme
Ebola vírus
ehrlichiose
elefantíase
eletrólito
endocardite bacteriana
esquistossomose
febre amarela
febre das trincheiras
febre de Lassa
febre de Malta
febre de Oroya
febre do carrapato-do-colorado
febre do parto
febre do vale Rift
febre hemoglobinúrica
febre hemorrágica boliviana
febre maculosa das Montanhas Rochosas
febre ondulante
febre puerperal
febre recorrente
febre recorrente endêmica
febre recorrente epidêmica
febre reumática
filariose
filovírus
flebovírus
isquemia
leishmaniose
linfangite
linfoma de Burkitt
malária
miocardite
mononucleose infecciosa
orbivírus
parvovírus canino
pericardite
peste bubônica
peste pneumônica
peste septicêmica
petéquia
quinta doença
riquetsiose variceliforme
septicemia
síndrome da fadiga crônica
sistema cardiovascular
tifo
tifo endêmico
tifo epidêmico
tifo murino
tifo rural
toxoplasmose
transmissão transovariana
tularemia
tularemia tifoide
ulceroglandular
vegetação
verruga peruana
vírus da panleucopenia felina (FPV)
vírus Epstein-Barr (EBV)

CAPÍTULO

# 25 Doenças do Sistema Nervoso

Bryan and Cherry Alexander/Science Source

Você gosta de comida étnica – chinesa, mexicana, do Oriente Médio? Que tal falar sobre alguns pratos de nativos do Alasca: carne de baleia "fermentada" ou gordura de foca, barbatanas de foca "fermentadas" ou cabeças de peixe "fermentadas" ("cabeças podres") e ovas de peixe "fermentadas" ("ovos podres")? As maneiras tradicionais de preparo desses alimentos aumentam a probabilidade de intoxicação por botulismo. Os nativos do Alasca apresentam a maior incidência de botulismo do mundo.

As baleias e as focas são frequentemente abatidas na praia, onde os esporos de *Clostridium botulinum* estão presentes em quantidades abundantes no solo, bem como no intestino dos animais. As brânquias dos peixes também contêm grande número desses esporos. É praticamente certo ocorrer contaminação do alimento. Tradicionalmente, o alimento era, então, conservado em um buraco de pouca profundidade no solo e deixado "fermentar" durante 1 ou 2 meses. Esse processo amolece os ossos, tornando o cálcio disponível, um nutriente não facilmente disponível na dieta tradicional. Entretanto, esse processamento não representa uma verdadeira fermentação, visto que há pouco ou nenhum carboidrato nesse alimento. A fermentação do carboidrato produziria ácido, que mataria os esporos do *C. botulinum.* Originalmente, a fossa era revestida com madeira, folhas e peles de animais. Hoje, as pessoas utilizam sacos ou baldes de plástico com tampas sob pressão. Isso cria, então, um ambiente anaeróbico. Algumas vezes, os recipientes são deixados na superfície do solo, em que a temperatura é mais alta. Esse ambiente anaeróbico e quente é perfeito para germinação dos esporos de *C. botulinum*, que então crescem e produzem toxinas. Quando o alimento é consumido alguns meses depois, já se acumularam nele grandes quantidades de toxina letal. Como forma mais rápida de preparo, o alimento é algumas vezes colocado em uma jarra de vidro com tampa de rosca bem fechada e deixada próximo ao fogão. O alimento fica pronto em cerca de 1 semana – um *fast food* potencialmente letal. Aprenderemos mais sobre o botulismo posteriormente neste capítulo.

**À semelhança das doenças cardiovasculares e linfáticas,** as doenças do sistema nervoso também afetam com frequência outros sistemas. Este capítulo pressupõe um conhecimento dos processos mórbidos (ver Capítulo 15) e dos sistemas e das defesas do hospedeiro (ver Capítulos 17 e 18).

# MAPA DO CAPÍTULO

**Siga o mapa do capítulo para auxiliar na identificação dos conceitos principais do texto.**



## COMPONENTES DO SISTEMA NERVOSO

À medida que você lê esta frase, milhões de sinais neurais possibilitam que você compreenda as palavras enquanto mantém uma postura ereta e realiza vários processos internos, como a respiração. A capacidade do sistema nervoso de controlar as funções corporais ao mesmo tempo depende da atuação conjunta de numerosos *neurônios* ou células nervosas. Do ponto de vista estrutural, o **sistema nervoso** tem dois componentes: o sistema nervoso central e o periférico (Figura 25.1). O **sistema nervoso central (SNC)**, que é constituído pelo encéfalo e pela medula espinal, recebe sinais e envia comandos por meio do **sistema nervoso periférico (SNP)**, composto de nervos que suprem todas as partes do corpo. Os **nervos** do sistema nervoso periférico consistem em fibras nervosas que transmitem a informação sensorial e as respostas motoras. Os agregados desses corpos celulares no SNP são denominados **gânglios**. O encéfalo e a medula espinal são recobertos e protegidos por membranas, denominadas **meninges**, que consistem em camadas de tecido conjuntivo. As câmaras ocas no encéfalo e a na medula espinal e os espaços entre as meninges são preenchidos com *líquido cerebrospinal.*

À semelhança do sistema cardiovascular, o sistema nervoso é habitualmente estéril e não apresenta nenhuma microbiota normal. Entretanto, patógenos bacterianos e virais podem entrar no líquido cerebrospinal a partir do sangue. O SNC está bem protegido da invasão de patógenos pelos ossos e pelas meninges. Além disso, os fagócitos do sistema nervoso, denominados *células da micróglia*, podem destruir os invasores que alcançam o encéfalo e a medula espinal. O próprio encéfalo possui capilares especiais de paredes espessas, desprovidos de poros em suas paredes. Esses capilares formam a **barreira hematencefálica**, que limita a entrada de substâncias dentro das células cerebrais. Embora não proteja as células dos microrganismos e de substâncias tóxicas, a barreira hematencefálica impede que as células recebam medicamentos que facilmente alcançam outras células.

Como as bactérias causam dor no sistema nervoso? As terminações das células nervosas que respondem à dor são denominadas nociceptores (do latim *noci-*, "ferir"). Em geral, as bactérias ativam a dor ao estimular neurônios nociceptores, levando à liberação de neuropeptídios.

## DOENÇAS DO ENCÉFALO E DAS MENINGES

### Doenças do encéfalo e das meninges causadas por bactérias

#### Meningite bacteriana

A **meningite bacteriana** é uma inflamação das *meninges*, as membranas que recobrem o encéfalo e a medula espinal. Essa doença potencialmente fatal pode ser causada por vários tipos de bactérias, cada uma das quais tem uma prevalência que pode estar correlacionada com a idade do hospedeiro

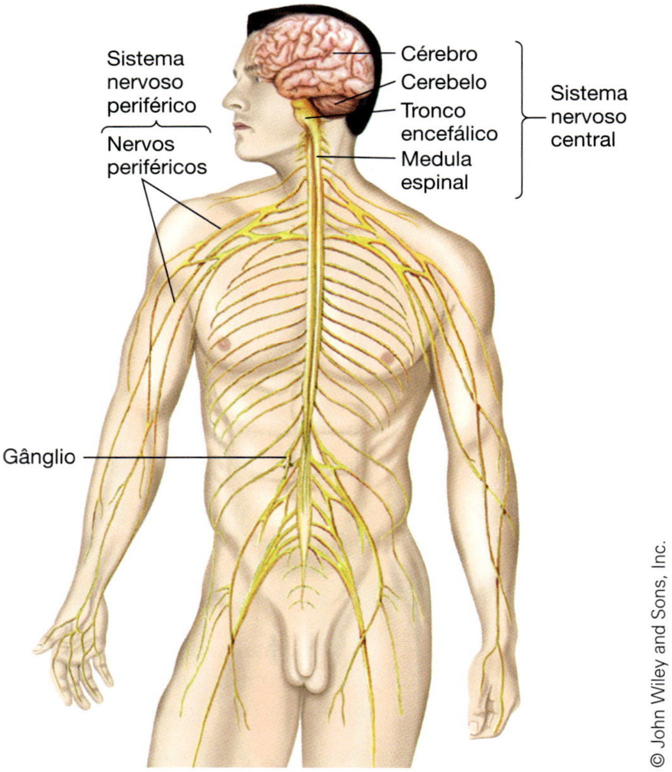


**Figura 25.1 Estrutura do sistema nervoso.** O sistema nervoso normalmente não possui microrganismos residentes. Em geral, as infecções afetam as meninges (que recobrem o encéfalo e a medula espinal) ou os gânglios nervosos sensitivos.

(Tabela 25.1). A meningite provoca *necrose* (morte dos tecidos em determinada área), obstrução dos vasos sanguíneos, elevação da pressão dentro do crânio em consequência de edema, diminuição do fluxo do líquido cerebrospinal e comprometimento da função do sistema nervoso central. Os sintomas iniciais consistem em cefaleia, febre e calafrios. Em raros casos, ocorrem crises convulsivas. O início pode ser insidioso ou fulminante. Ocorre morte por choque e por outras complicações graves nas primeiras horas após o aparecimento dos sintomas.

Os casos de meningite são, em sua maioria, agudos, mas alguns são crônicos. A meningite aguda é adquirida de portadores ou de microrganismos endógenos. Os microrganismos têm acesso às meninges diretamente durante uma cirurgia ou em consequência de traumatismo, ou disseminam-se do sangue provenientes de outras infecções, como pneumonia e otite média. As defesas do hospedeiro na camada aracnoide, uma das meninges, habitualmente combatem a bacteriemia. Entretanto, se os microrganismos sobrepujarem as defesas, ocorrerá meningite. A meningite crônica ocorre como extensão de doenças subjacentes, como sífilis ou tuberculose. As bactérias que causam essas doenças subjacentes são de crescimento lento; nesses casos, o início dos sintomas típicos da meningite é insidioso, ocorrendo ao longo de um período de semanas.

A meningite é diagnosticada com base na cultura do líquido cerebrospinal. Em geral, o líquido, é turvo – algumas vezes tão espesso como pus, que é difícil removê-lo com uma seringa. O tratamento com antibacterianos varia de acordo com o microrganismo infeccioso. Se houver suspeita de meningite causada por tuberculose, a terapia com isoniazida é iniciada imediatamente. O tratamento para meningite tuberculosa dura 1 ano ou mais, enquanto alguns casos muito raros de meningite por fungos podem exigir vários anos de tratamento.

**Meningite meningocócica.** A bactéria *Neisseria meningitidis* causou 346 casos de meningite nos EUA em 2016. A taxa de mortalidade é de cerca de 85% quando a doença não é tratada, porém cai para apenas 1% com tratamento adequado. Nos EUA, a taxa de mortalidade de 15% provavelmente reflete uma demora na procura do tratamento. Pode ocorrer morte em 12 a 48 horas se o tratamento for retardado. Essa doença foi a principal causa de morte por doença infecciosa entre as forças armadas dos EUA durante a Segunda Guerra Mundial. Os lactentes constituem o grupo mais suscetível, seguido dos adolescentes e estudantes universitários entre 15 e 24 anos de idade. *Você* já recebeu a sua vacina contra meningite? Atualmente, um número cada vez maior de faculdades está exigindo a vacina ou pelo menos está recomendando a sua aplicação.

Na meningite meningocócica, os microrganismos colonizam a nasofaringe, disseminam-se para o sangue e seguem o seu trajeto até as meninges, onde crescem rapidamente (Figura 25.2). Em uma complicação denominada síndrome de Waterhouse-Friderichsen, os meningococos invadem todas as partes do corpo (sepse), e ocorre morte nas primeiras horas por choque endotóxico. Os meningococos produzem de 100 a mil vezes mais endotoxina do que outros tipos de bactérias. Desse modo, os sintomas desenvolvem-se com muita rapidez, e até mesmo uma pequena demora na procura de tratamento pode ser fatal. A causa imediata de morte consiste habitualmente em coagulação do sangue, seguida de hemorragia maciça nas glândulas suprarrenais (localizadas acima dos rins), resultando em deficiência fatal dos hormônios suprarrenais essenciais. Algumas vezes, observa-se um menor grau de hemorragia em pacientes com meningite que desenvolvem exantema petequial, que não desaparece quando submetido à

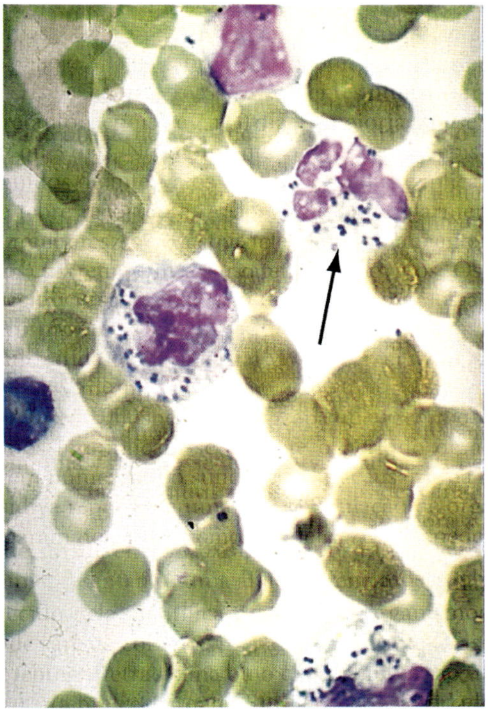

**Figura 25.2 Meningococos.** Esses microrganismos constituem a causa da meningite meningocócica. Foram fagocitados por leucócitos em uma amostra de líquido cerebrospinal. *(Cortesia de Edward J. Bottone, Mount Sinai School of Medicine.)*

**Tabela 25.1** Tipos de meningite bacteriana.

| Idade | Agentes etiológicos mais frequentes | Comentários |
|---|---|---|
| Recém-nascido (0 a 2 meses) | *Escherichia coli*, outras Enterobacteriaceae, espécies de *Streptococcus* | Taxa de mortalidade média de cerca de 50%; incidência de 40 a 50/100 mil nascimentos vivos; transmissão materna |
| Pré-escolar (2 meses a 5 anos) | *Haemophilus influenzae*, tipo b; *Neisseria meningitidis* | Incidência máxima com 6 a 8 meses |
| Jovens e adultos jovens (5 a 40 anos) | *Neisseria meningitidis*, *Streptococcus pneumoniae* | Esporádica ou epidêmica |
| Adulto maduro (mais de 40 anos) | *Streptococcus pneumoniae*, espécies de *Staphylococcus* | Esporádica |

pressão. Entretanto, muitos desses pacientes perdem dedos das mãos e dos pés e até mesmo membros ou podem necessitar de grandes áreas de enxerto cutâneo.

A penicilina é o fármaco de escolha para o tratamento; devido à prevalência de cepas resistentes, as sulfonamidas deixaram de ter qualquer utilidade. Atualmente, são também utilizadas cefalosporinas de terceira geração e ampicilina. Dispõe-se de vacinas contra os tipos A e C, mas não são efetivas contra os meningococos do tipo B, mais comuns. As bactérias do tipo B são recobertas por moléculas semelhantes àquelas encontradas nas células humanas e, portanto, não são reconhecidas pelo sistema imune humano. O risco de contrair essa doença pode ser reduzido evitando situações de cansaço excessivo e grandes aglomerações. A distância necessária entre beliches em acampamentos militares baseia-se na experiência com surtos de meningococos. Trata-se do único tipo de meningite que causa grandes surtos, como na África subsaariana (ver Capítulo 16), onde o tipo A é o mais comum, e 150 mil casos por ano causam 16 mil mortes. Um terço dos casos secundários ocorre nos primeiros 2 dias após exposição ao caso primário. Em 2011-2013, uma dose de uma nova vacina (MenAfriVac) reduziu o número de casos em 94% e eliminou 95% dos portadores durante um ensaio clínico em Burkina Faso e Chade. Vinte e um países, do Senegal até a Etiópia, têm 450 milhões de pessoas em risco. Essa vacina representa uma excelente notícia para essas pessoas.

Em alguns ambientes fechados, como bases militares, dormitórios e creches, 90% da população pode ser portadora de meningococos; contudo, apenas um em cada mil portadores desenvolve a doença. Entre os membros da família de um paciente, 80 a 90% são portadores, em comparação com apenas 5 a 30% na população geral. Os antibacterianos podem eliminar o estado de portador.

**Meningite por *Haemophilus*.** Antes do desenvolvimento de uma vacina, cerca de dois terços dos casos de meningite bacteriana durante o primeiro ano de vida eram causados por *Haemophilus influenzae* tipo B (hib). Hoje, a meningite meningocócica substituiu a meningite por *Haemophilus* como o principal tipo observado nos EUA. Entre as crianças, 30 a 50% são portadoras desse microrganismo; entre adultos, essa incidência é de apenas 3%. Os seres humanos são expostos a *H. influenzae* já no início da vida e rapidamente adquirem imunidade, de modo que a doença é rara nos adultos. Apenas 10% das crianças entre 3 e 6 anos de idade não têm anticorpos, e todas as que têm mais de 6 anos apresentam anticorpos. Sem tratamento, essa doença é quase sempre fatal. Até mesmo com tratamento, ocorre morte em um terço dos casos. Entre os pacientes que se recuperam, 30 a 50% apresentam retardamento mental grave, e 5% ficam permanentemente hospitalizados em consequência do dano ao sistema nervoso central. A meningite por *Haemophilus* constitui a principal causa de retardamento mental nos EUA e no mundo inteiro. Dispõe-se de vacinas contra hib, e todas as crianças até 5 anos de idade deveriam recebê-la (ver Capítulo 18). Essas vacinas reduziram drasticamente a incidência da doença. Em 2010, foram relatados nos EUA apenas 16 casos do tipo B, em crianças com menos de 5 anos de idade.

**Meningite por *Streptococcus*.** Entre os adultos, *Streptococcus pneumoniae* é a causa mais comum de meningite. Em geral, os microrganismos disseminam-se pelo sangue a partir de infecções pulmonares, dos seios, mastoide ou orelha. A taxa de mortalidade é de 40%.

**Listeriose.** Outro tipo de meningite, a **listeriose**, é causada por *Listeria monocytogenes*, um pequeno bacilo gram-positivo que está amplamente distribuído na natureza. A transmissão por alimentos em consequência do consumo de leite inadequadamente processado, queijos, carnes e vegetais constitui a causa mais comum de infecção, em que o microrganismo etiológico sobrevive a temperaturas tanto altas quanto baixas. Algumas vezes, é adquirida como zoonose e representa uma ameaça particular para indivíduos com comprometimento do sistema imune. O bacilo é capaz de atravessar a barreira hematencefálica e causar grave inflamação do encéfalo. Embora não tenha sido uma doença humana particularmente significativa durante várias décadas, a listeriose constitui agora uma importante causa de infecção em pacientes submetidos a transplante renal. Nas mulheres grávidas, o bacilo pode atravessar a placenta, infectar o feto e causar aborto, parto de natimorto ou morte neonatal. A listeriose é responsável por muitos casos de dano fetal, algumas vezes sem se manifestar por várias semanas após o nascimento, com início de meningite.

> Determinadas bactérias não tóxicas, que também são encontradas em cachorros-quentes, produzem bacteriocinas que efetivamente matam a *Listeria*.

Os bacilos *Listeria* podem eliminar suas paredes celulares, transformando-se em formas L, circundadas apenas por uma membrana plasmática. Antes que essa transformação seja completa, são capazes de reverter para formas com paredes celulares; todavia, uma vez concluída, a transformação é permanente. A cultura de formas L é difícil. Esses microrganismos precisam crescer em meio líquido e não formam colônias em placa de Petri. Em meio de cultura macio, podem ser necessários 6 dias para a formação de uma colônia. As formas normais são mortas em 30 minutos após injeção por um fagócito. Mas as formas L sobrevivem por mais tempo, indicando talvez que não sejam reconhecidas como patógeno.

Dispõe-se agora de um novo produto de bacteriófagos aprovado nos EUA, que contém cinco cepas diferentes de bacteriófago, cada uma das quais irá matar uma ou mais cepas de *Listeria*. É borrifado em superfícies cortadas de frutas como melões, que são vendidos pré-embalados em pedaços do tamanho de uma mordida. É interessante observar a resposta dos consumidores. Já existem pessoas que, por não entenderem que os bacteriófagos irão, cada um deles, matar apenas uma espécie específica de bactéria, estão levantando um protesto e dizem que não é seguro alimentar seus filhos com frutas cobertas por vírus. Há cerca de 1 milhão de bacteriófagos em cada mililitro de água ou de alimentos que você ingere. Estão presentes na boca de todas as pessoas, e as bactérias são os únicos seres vivos que eles prejudicam. Precisamos educar o público a respeito dos bacteriófagos.

## Cianobactérias

Várias cianobactérias associadas a florações (*blooms*) de algas produzem um aminoácido neurotóxico, denominado β-metilamino-L-alanina (BMAA), que os seres humanos podem confundir com o aminoácido serina. Quando a BMAA é utilizada em vez de serina, as proteínas são afetadas, podem acumular-se e, por fim, matar a célula. Finalmente, foi explicada a ligação existente entre

## APLICAÇÃO NA PRÁTICA

### Uma trilha menos percorrida

Por que as infecções do encéfalo são difíceis de tratar? Porque a barreira hematencefálica separa o encéfalo do restante do sistema cardiovascular do corpo. Essa barreira só permite a passagem de substâncias seletivas. Os próprios anticorpos e proteínas do complemento do corpo têm dificuldade de passar do sangue para o tecido cerebral para combater as infecções. Os antibacterianos, como a penicilina, não conseguem atravessar facilmente a barreira hematencefálica; entretanto, se as meninges estiverem inflamadas, a passagem torna-se mais fácil. Na maioria dos casos, a concentração média de antibacterianos (administrados por via oral ou intravenosa) no líquido cerebrospinal geralmente só alcança cerca de 15% de sua concentração no plasma. Porém, nem tudo está perdido. Alguns outros antibacterianos, como o cloranfenicol e a tetraciclina, são lipossolúveis e sofrem difusão fácil através da barreira hematencefálica. Embora a trilha para o encéfalo seja menos percorrida, pelo menos não está abandonada.

as cianobactérias e a **doença do neurônio motor**. Não existe cura. Os neurônios motores do cérebro e da medula espinal morrem, paralisando progressivamente o corpo.

### Abscessos cerebrais

Os microrganismos que causam **abscessos cerebrais** alcançam o encéfalo a partir de ferimentos na cabeça ou por meio do sangue proveniente de outro local do corpo. Como seria de esperar no caso de ferimentos, as infecções por várias espécies são comuns, e tanto os anaeróbios quanto os aeróbios tendem a ser os microrganismos responsáveis. A maior parte desses abscessos ocorre em pacientes com menos de 40 anos de idade, porém duas faixas etárias – do nascimento até os 20 anos e dos 50 até os 70 anos – apresentam picos de incidência. O tamanho da infecção aumenta gradualmente e comprime o encéfalo. Essas massas podem ser detectadas por TAC (tomografia axial computadorizada) ou por raios X, e os agentes etiológicos podem ser identificados por meio de testes sorológicos e cultura de amostra do líquido cerebrospinal. Nos estágios muito iniciais, o tratamento com antibacterianos pode ser suficiente; entretanto, posteriormente, a drenagem ou retirada cirúrgica dos abscessos em geral são necessárias. Os abscessos em áreas do encéfalo que controlam o coração ou outros órgãos vitais não podem ser tratados cirurgicamente. Sem tratamento, 50% dos pacientes morrem; entretanto, com o melhor tratamento atual disponível, a mortalidade é de apenas 5 a 10%.

## Doenças do encéfalo e das meninges causadas por vírus

### Meningite viral

Diferentemente da meningite bacteriana, que é sempre fatal se não for tratada, a **meningite viral** geralmente é autolimitada e não é fatal. Os enterovírus respondem por cerca de 40% dos casos de meningite viral, e o vírus da caxumba, por 15%. O vírus causador permanece não identificado em 30% dos casos.

### Raiva

A raiva foi descrita por Demócrito no século V a.C. e por Aristóteles no século quatro a.C. Pasteur fez progressos reais na compreensão da doença quando obteve evidência do agente infeccioso na saliva, no sistema nervoso central e nos nervos periféricos. Ele atenuou o agente e provou que uma suspensão dele poderia ser utilizada para a prevenção da raiva. Em 1903, o médico italiano Adelchi Negri descobriu os corpúsculos de inclusão (ver Capítulo 15), denominados *corpúsculos de Negri* ou agregados de vírus, nos neurônios (Figura 25.3). Os corpúsculos de Negri foram utilizados para estabelecer o diagnóstico de raiva durante mais de 50 anos, até o desenvolvimento de um teste com anticorpo imunofluorescente (IFAT) em 1958. O IFAT, que continua sendo utilizado hoje em dia, é tão sensível que, após um animal com suspeita de raiva ter mordido um ser humano, ele pode ser sacrificado imediatamente, e o seu cérebro examinado à procura de antígenos do vírus da raiva. Antes da disponibilidade do IFAT, esses animais precisavam ser mantidos por 30 dias ou até que surgissem os sintomas da raiva, antes que pudesse ser feita uma pesquisa à procura de corpúsculos de Negri. A maioria dos animais que mordem não tem raiva, de modo que o IFAT poupou muitas pessoas da angústia de pensar que tinham sido expostas ao vírus da raiva, bem como do desconforto e do risco do tratamento.

O vírus que causa raiva tem uma distribuição mundial. Infecta todos os mamíferos expostos a ele, de modo que a possibilidade de reservatórios de infecção é quase ilimitada. São encontrados diferentes tipos de raiva em diferentes regiões do mundo. Em quase toda a Ásia, África, México e Américas Central e do Sul, a raiva é endêmica nos cães. No Canadá, nos EUA e na Europa ocidental, predomina a raiva silvestre, equivalente a 90% de todos os casos, e a raiva canina está sob controle. A Organização Mundial da Saúde (OMS) lista 60 países, entre eles a Inglaterra, a Austrália, o Japão, a Suécia e a Espanha, como livres da raiva. Esse sucesso deve-se à vacinação dos animais e a programas de quarentena. Nos EUA, os gatos, em vez dos cães, constituem hoje os animais domésticos raivosos mais comuns (Figura 25.4). Entretanto, no mundo inteiro, 55 mil indivíduos morrem anualmente de raiva canina. O número de casos em guaxinins hoje em dia ultrapassa o número de casos em cães 45 anos atrás. Os casos de gambás raivosos triplicaram

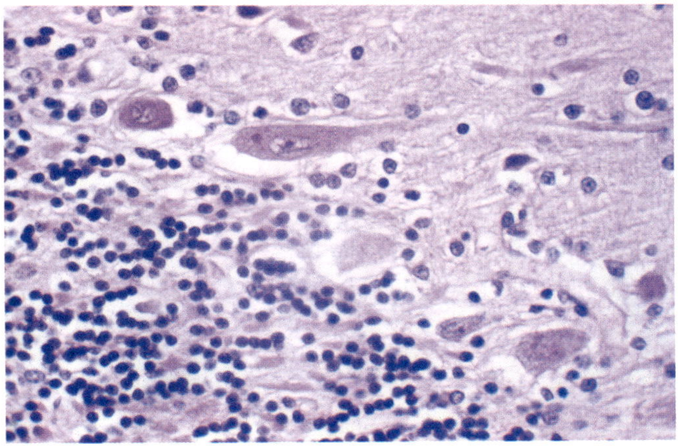

**Figura 25.3 Corpúsculos de Negri.** Esses sinais característicos da raiva são mostrados aqui no cerebelo de um encéfalo humano (636×). *(Martin M. Rotker/Science Source.)*

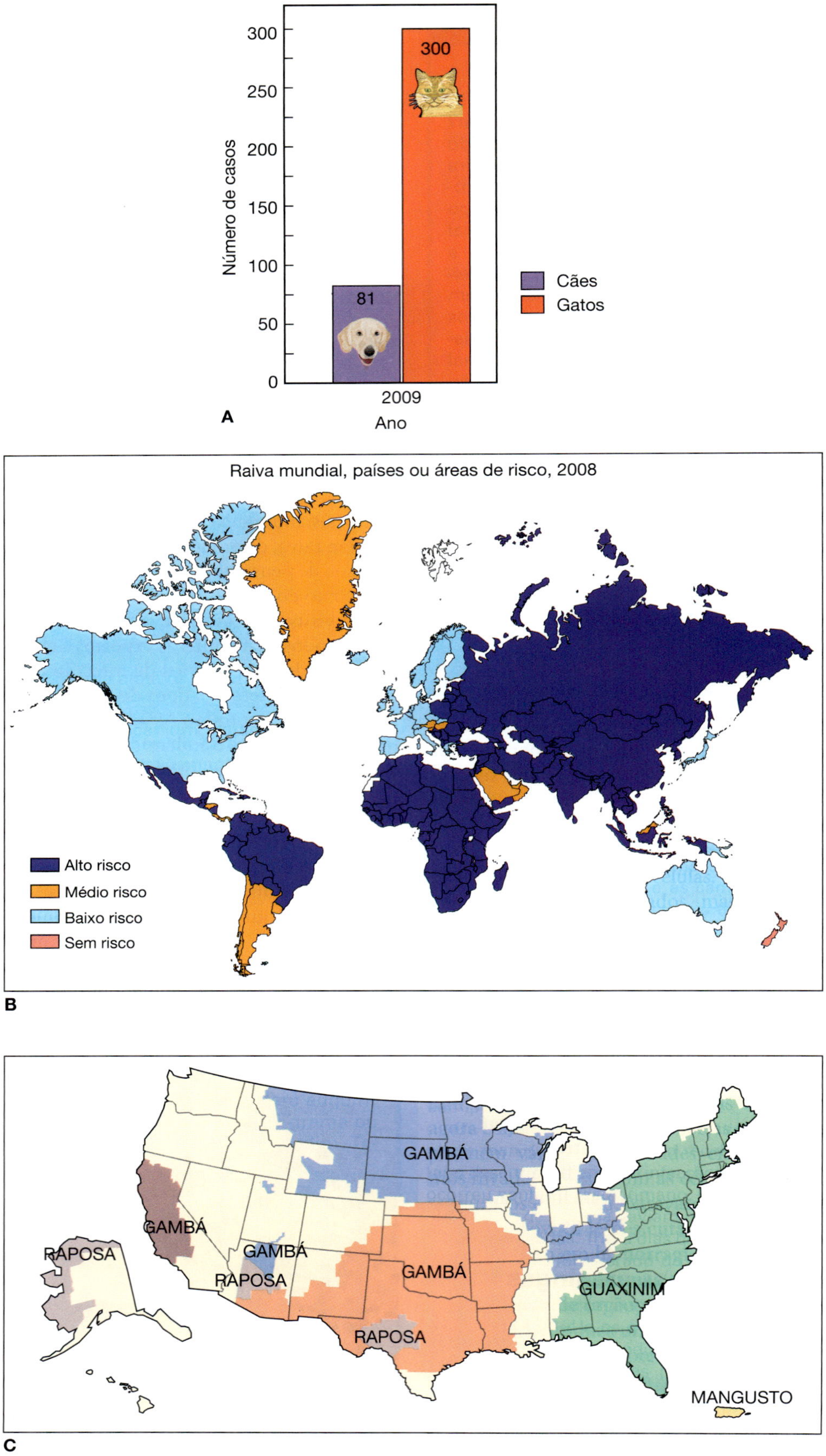


**Figura 25.4 Raiva.** A. Número de casos de raiva entre cães e gatos, nos EUA, em 2009. B. Presença/ausência da raiva no mundo, 2008. C. Espécies predominantes de raiva silvestre. *(Fonte: CDC.)*

no mesmo período, e a raiva em morcegos aumentou de modo significativo. No Texas, os casos em coiotes passaram de zero em 1987 a quase 100 por ano hoje em dia. Ao longo da costa leste dos EUA, uma relocação dos guaxinins da Flórida para a divisa Virgínia/Virgínia Ocidental para fins de caça, em 1977, disseminou a doença. As autoridades sanitárias estão procurando evitar uma disseminação da raiva em direção ao oeste por meio de um "corredor de vacinação". Entretanto, houve um avanço da barreira em Ohio. Um modelo matemático está sendo utilizado para calcular onde há necessidade de depositar vacinas com iscas adicionais para deter essa disseminação.

A identificação dos animais raivosos pode ser um problema. Cerca de 50% de todos os cães raivosos liberam vírus na saliva 3 a 6 dias antes de apresentar sintomas da raiva. Por outro lado, 90% dos gatos raivosos apresentam o vírus na saliva cerca de 1 dia antes do aparecimento dos sintomas. Qualquer mudança no comportamento de um animal pode ser um indício de que possa estar raivoso. Um animal silvestre "amigável" que se aproxima das pessoas ou um animal doméstico manso tentando morder sem provocação algumas vezes indicam sintomas de raiva iminente. Os pequenos animais silvestres, bem como alguns animais domésticos, irão morder se forem subitamente agarrados e seguros. A mordida é a sua única defesa nessa situação estressante. Muita angústia desnecessária poderia ser evitada se as pessoas, sobretudo as crianças, fossem ensinadas a apreciar animais não conhecidos sem os tocar.

A suscetibilidade à raiva varia entre os animais, e está diretamente correlacionada com o papel dos animais na manutenção de reservatórios de infecção. Raposas, coiotes, gambás, guaxinins e morcegos são altamente suscetíveis. Nenhuma raposa infectada conseguiu sobreviver, enquanto 10 a 20% dos cães e 30 a 40% dos mangustos sobrevivem. Os morcegos são particularmente perigosos, porque são assintomáticos e eliminam os vírus nas fezes, urina e saliva. Dois exploradores de cavernas infestadas de morcegos no Texas morreram de raiva. Cães, gatos, gado bovino, equinos e ovinos são menos suscetíveis. A possibilidade de infecção de uma pessoa depende principalmente da eliminação do vírus na saliva do animal no momento da mordida. Mesmo animais que posteriormente demonstraram ter raiva podem não ter eliminado vírus no momento em que morderam.

**Até mesmo um animal de estimação saudável que tenha mordido uma pessoa deve ser confinado e observado por 10 dias, para verificar se ele desenvolve sintomas de raiva.**

**A doença.** A **raiva** é causada pelo **vírus da raiva**, um rabdovírus contendo RNA (ver Figura 11.3C). Após entrar no corpo através da mordida de um animal ou de outra solução de continuidade na pele, o vírus da raiva replica-se inicialmente no tecido lesionado durante 1 a 4 dias e, em seguida, migra para os nervos, onde se replica lentamente até alcançar a medula espinal. Progride rapidamente pela medula espinal até o encéfalo pelo fluxo do citoplasma através dos axônios. O intervalo de tempo entre a infecção e o aparecimento dos sintomas varia de 13 dias a 2 anos, porém é habitualmente entre 20 e 60 dias. O intervalo de tempo necessário para o aparecimento dos sintomas é proporcional à distância entre o ferimento e o encéfalo e é afetado pela acessibilidade das fibras nervosas. Desse modo, uma mordida no rosto, que é bem suprido com nervos e está localizado próximo ao encéfalo, produz sintomas muito mais rapidamente do que uma mordida na perna. O vírus da raiva tem predileção pelo tecido nervoso, mas também infecta as glândulas salivares e do revestimento do sistema respiratório. Existem até mesmo casos documentados de transmissão do vírus da raiva através de transplantes de córnea.

É o período de incubação normalmente longo da raiva que possibilita a imunização pós-exposição. Em geral, existe tempo suficiente para que o indivíduo mordido seja vacinado e possa responder com a produção de anticorpos protetores em quantidade suficiente para impedir o início da doença. Quando aparecem os sintomas, é tarde demais para vacinar o indivíduo, e, em geral, a morte ocorre rapidamente.

Nos seres humanos, os primeiros sintomas consistem em cefaleia, febre, náuseas e paralisia parcial próximo ao local da mordida. Esses sintomas persistem por 2 a 10 dias e, em seguida, agravam-se até o aparecimento da fase neurológica aguda da doença. A marcha do paciente torna-se descoordenada à medida que a paralisia se torna mais generalizada. Ocorre hidrofobia (aversão à água) à medida que os músculos da garganta sofrem espasmos dolorosos, particularmente durante a deglutição. Ocorre aerofobia (medo de ar em movimento), visto que a pele se torna hipersensível a quaisquer sensações. Ocorrem também confusão, hiperatividade e alucinações. Nos primeiros 10 a 14 dias após o aparecimento dos sintomas, o paciente normalmente entra em coma e morre. De todos os pacientes que sofreram raiva clínica, sabe-se de apenas dois que sobreviveram e que tiveram uma recuperação completa. Ambos tiveram certo grau de proteção devido a uma imunização anterior, e sabe-se que foram mordidos por um animal raivoso, de modo que o tratamento imunológico pós-exposição foi instituído imediatamente.

**Diagnóstico, tratamento e prevenção.** Uma amostra de biopsia de encéfalo ou de pele pode ser corada pelo IFAT para identificar o antígeno do vírus da raiva antes da morte do paciente. O achado do antígeno confirma o diagnóstico, porém a incapacidade de identificá-lo não descarta a possibilidade de raiva. Algumas vezes, o diagnóstico pode ser estabelecido antes da morte pela pesquisa de anticorpos neutralizantes em amostras de líquido cerebrospinal ou soro, cujos níveis aumentam 10 a 12 dias após o aparecimento dos sintomas.

## APLICAÇÃO NA PRÁTICA

### Como os morcegos sobrevivem à raiva?

Quase todos os casos recentes de raiva nos EUA foram causados por cepas do vírus da raiva associadas a morcegos. Os morcegos podem desenvolver a raiva do tipo furioso, morrendo pouco depois de serem infectados. Entretanto, alguns não morrem por um período de até 3 meses. E muitos outros tornam-se portadores sadios do vírus da raiva. Durante a hibernação, o vírus da raiva é encontrado localizado na gordura marrom dos morcegos, onde permanece sem se multiplicar. Quando termina a hibernação, e a temperatura do morcego aumenta, o vírus começa a se replicar e dissemina-se para outros tecidos, a partir dos quais pode ser transmitido para outros hospedeiros. Nesse caso, sim, o morcego vampiro pode transmitir a raiva e efetivamente a transmite, sobretudo ao gado (e a alguns seres humanos) em regiões do sul dos EUA.

A mordida de um animal raivoso é inicialmente tratada com limpeza completa da área com sabão e grande quantidade de água. O soro antirrábico hiperimune é introduzido dentro e ao redor da ferida, na esperança de neutralizar os vírus antes que eles alcancem o sistema nervoso, onde estarão além do alcance dos anticorpos. Pode-se aplicar também interferon à ferida. Administra-se uma série de injeções da vacina para induzir a produção de anticorpos neutralizantes. O animal que mordeu precisa ser localizado e confinado para exame pelo IFAT.

A melhor maneira de prevenir a raiva consiste em imunizar os animais de estimação, e essa imunização é obrigatória em muitos países. Foram feitas tentativas de reduzir a raiva em guaxinins com o uso de vacina em pequenas esponjas cobertas com isca de alimento. Quando os guaxinins comem a isca, eles também ingerem uma quantidade de vacina suficiente para impedi-los de adquirir a raiva. Estudos preliminares conduzidos nos EUA forneceram resultados promissores. Quando guaxinins de uma área silvestre tratados com iscas foram capturados, 15 de 16 sobreviveram a uma dose de teste do vírus da raiva. Todos os 16 animais de controle capturados em uma área em que não tinha sido fornecida nenhuma isca morreram com a mesma dose de teste. Não se tem certeza se o animal que morreu no grupo experimental tinha ou não ingerido qualquer isca. Estima-se que a distribuição de uma isca por acre, a um custo de 1 dólar por isca, pode ser suficiente para reduzir drasticamente a raiva nos guaxinins silvestres.

Recomenda-se a imunização antirrábica para veterinários e suas equipes, caçadores que podem ter contato com animais silvestres e técnicos que trabalham com o vírus. A primeira vacina, que durante muitos anos foi a única disponível, foi desenvolvida por Pasteur. Essa vacina continha vírus modificados por 50 passagens, envolvendo dessecação de medula espinal infectada, de um coelho para outro. Essa vacina era utilizada em todos os casos de suspeita de raiva, visto que a doença poderia se desenvolver enquanto o paciente aguardava os resultados dos testes realizados no animal que o tinha mordido. A vacina era administrada por via subcutânea (dentro da pele), em 14 ou mais injeções diárias no abdome, onde o tecido espesso retarda a velocidade de absorção. Essas injeções apresentavam efeitos colaterais desagradáveis a graves, incluindo dor abdominal intensa, fadiga, febre e, algumas vezes, infecção pelo vírus da raiva. Uma vacina relativamente nova, produzida a partir de vírus crescidos em culturas de fibroblastos diploides humanos, induz a produção de altos níveis de anticorpos neutralizantes com apenas algumas injeções e efeitos colaterais mínimos. A vacina atual é administrada por via intramuscular nos dias 0, 2, 7, 14 e 28. Além disso, aplica-se globulina hiperimune profundamente na ferida, com infiltração ao seu redor.

### APLICAÇÃO NA PRÁTICA

#### Esteja atento para esses sintomas em seu cachorro

Provavelmente, o seu cachorro de estimação nunca irá contrair a raiva, graças às exigências de vacinação. Entretanto, como você saberia se o seu cachorro contraiu a raiva? Os sintomas começariam com o cachorro agindo como se tivesse dor de garganta ou algo preso na garganta. Com a progressão da doença, o cachorro pode ficar cambaleante ou paralisado (raiva silenciosa) ou agitado e agressivo, mordendo tudo o que o incomoda (raiva furiosa). Os espasmos dos músculos da garganta, a dificuldade em deglutir e a salivação também indicam a presença de raiva. Por fim, o cão torna-se apático e prostrado e entra em coma final.

## Encefalite

**A doença.** A **encefalite** é uma inflamação do encéfalo causada por uma variedade de togavírus ou por um flavivírus. Iremos considerar inicialmente as quatro doenças seguintes, cada uma delas causada por um vírus diferente: a **encefalite equina do leste (EEL)**, observada com mais frequência no leste dos EUA; a **encefalite equina do oeste (EEO)**, que ocorre no oeste dos EUA (ver Figura 16.6); a **encefalite equina venezuelana (EEV)**, observada na Flórida, no Texas, no México e em grande parte da América do Sul; e a **encefalite de St. Louis (ESL)**, que ocorre desde o leste até o oeste na parte central dos EUA (ver Figura 16.3). As variedades equinas, causadas por togavírus, são assim denominadas pelo fato de infectarem os equinos com mais frequência do que os seres humanos. Em geral, os ciclos de vida desses vírus envolvem a transmissão a partir de um mosquito para uma ave, novamente para um mosquito e, em seguida, para um cavalo, ser humano ou outro mamífero e, finalmente, de volta a um mosquito. A variedade de St. Louis, causada por um flavivírus, é assim denominada devido à identificação da primeira epidemia em St. Louis em 1933. Esse vírus parece ser transmitido principalmente entre pardais ingleses, mosquitos e seres humanos.

Os vírus, que são introduzidos no corpo por meio de picadas de mosquitos infectados, multiplicam-se inicialmente na pele e disseminam-se para os linfonodos. Em seguida, ocorre viremia, envolvendo um número particularmente grande de vírus. Em algumas infecções, os vírus invadem o sistema nervoso central, onde causam retração e lise dos neurônios. A EEO surge a cada verão, e cerca de um terço dos casos ocorre em crianças com menos de 1 ano de idade. Os sintomas comuns consistem em febre e cefaleia, e, algumas vezes, ocorrem convulsões. A EEL é uma doença muito mais grave; provoca grave infecção necrosante do encéfalo. A doença é fatal em 50 a 80% dos casos, e os que sobrevivem frequentemente sofrem danos cerebrais permanentes. Felizmente, como as aves dos pântanos constituem o principal reservatório do vírus, e os mosquitos desses pântanos são os principais vetores, ocorre infecção em um número muito pequeno de seres humanos. A EEV é uma doença que acomete principalmente equinos; quando ocorrem nos seres humanos, assemelha-se à influenza.

A ESL ocorre como epidemia no final do verão aproximadamente a cada 10 anos e provoca sintomas mais graves em pacientes idosos. A doença começa com mal-estar, febre e calafrios, em consequência da viremia. Outros sintomas comuns consistem em anorexia, mialgia (dor muscular), faringite e sonolência. Além disso, alguns pacientes apresentam sintomas de infecção do trato urinário, distúrbios neurológicos, alteração do estado de consciência e convulsões. As complicações podem incluir infecções bacterianas secundárias, coágulos sanguíneos nos pulmões e hemorragia gastrintestinal. A maioria dos pacientes escapa das complicações e recupera-se por completo.

## SAÚDE PÚBLICA

### Galinhas trabalhando como sentinelas em serviço de segurança

Galinhas corajosas por todo o país foram alistadas na guerra contra a febre do Nilo Ocidental. Elas são colocadas em gaiolas em várias localidades, aguardando as picadas dos mosquitos. Imediatamente após serem picadas por um mosquito que transmite o vírus do Nilo Ocidental, as galinhas (que são imunes ao vírus) começam a produzir anticorpos contra o vírus. Agentes de saúde pública regularmente realizam testes nas galinhas para identificar a presença desses anticorpos, obtendo uma amostra da cavidade oral por meio de *swab*. A obtenção de um teste positivo alerta as autoridades locais sobre a necessidade de intensificar os esforços de prevenção dos mosquitos.

*(David McNew/Getty Images)*

## Febre do Nilo Ocidental

A **febre do Nilo Ocidental**, uma doença emergente nos EUA, tem longa história em outras regiões, como ao longo do rio Nilo e em Israel. Nesses locais, trata-se de uma doença endêmica que provoca surtos aproximadamente uma vez a cada 10 anos. A maioria dos casos fatais é observada entre indivíduos na sétima e oitava décadas de vida, além de algumas crianças muito pequenas. Em 1999, provavelmente transportado pelo sangue de uma ave importada, o arbovírus do Nilo Ocidental entrou na cidade de Nova York – exatamente como muitos outros imigrantes chegando aos EUA. Carregado por pelo menos 43 espécies de mosquitos, esse vírus infectou mais de 60 espécies de aves e inúmeros outros animais, além de seres humanos. Em 1999, 55 pessoas na área de Nova York adoeceram com encefalite causada pelo vírus do Nilo Ocidental, e sete morreram. Naquele ano, o vírus parece ter-se disseminado apenas dentro de um raio de aproximadamente 50 quilômetros de seu centro. Entretanto, apesar dos esforços de pulverização para o controle dos mosquitos, o vírus do Nilo Ocidental avançou mais de 480 quilômetros em 2000, da Virgínia até o Canadá e a Pensilvânia e em toda a Nova Inglaterra. Em 2001, disseminou-se para o vale do Mississipi e estendeu-se de uma costa até a outra 1 ano depois. A incidência em 2010 é mostrada na Figura 25.5. O número total de casos nos EUA em 2010 alcançou 1.021. Os sintomas incluem desde febre até doença neuroinvasiva. Há mais tendência de morte em diabéticos com mais de 65 anos de idade. Enquanto isso, descobrimos o vírus em equinos, guaxinins, morcegos, coelhos e muitos outros mamíferos, bem como em muitas aves. A taxa de mortalidade aproxima-se de 100% em corvos e gaios-azuis.

**Diagnóstico, tratamento e prevenção.** Algumas vezes, a encefalite pode ser diagnosticada pelo isolamento do agente etiológico a partir de culturas de células ou de camundongos

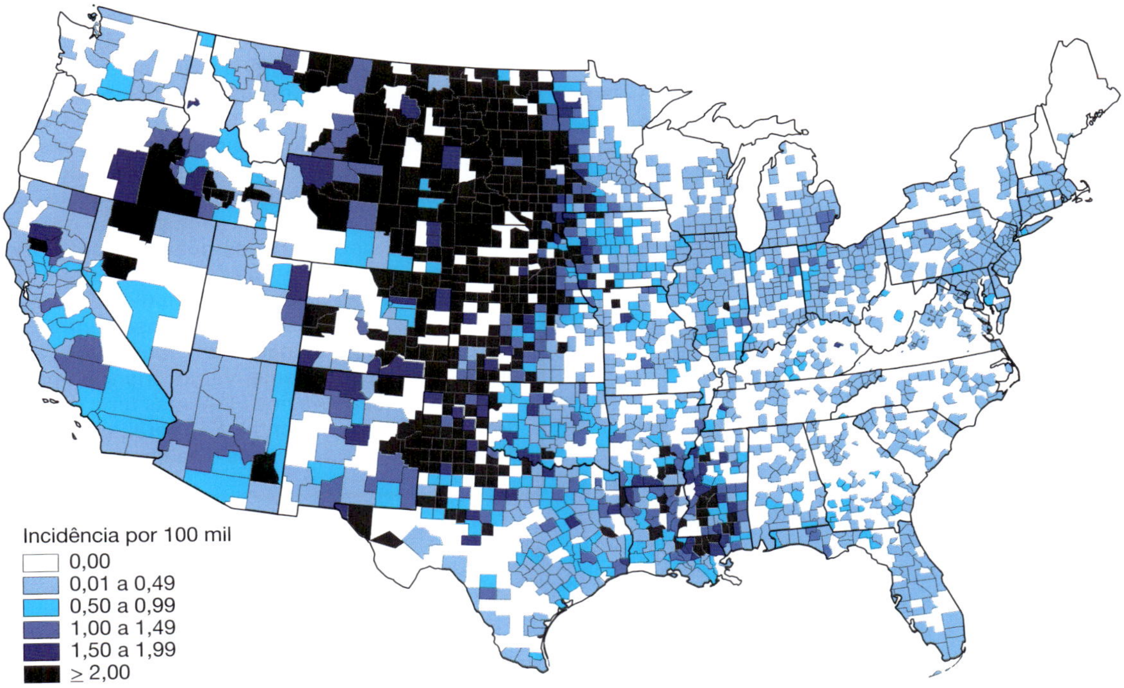


**Figura 25.5 Incidência anual média da doença neuroinvasiva pelo vírus do Nilo Ocidental relatada aos CDC por município, EUA, 1999-2015.** *(Fonte: CDC.)*

inoculados com sangue ou líquido cerebrospinal. As culturas podem ser negativas quando a doença está presente, visto que a fase de viremia da doença termina geralmente antes de o paciente procurar assistência médica. Podem-se utilizar métodos sorológicos para identificar anticorpos a qualquer momento durante e após a doença. O tratamento só alivia os sintomas. Esses sintomas consistem em febre alta e paralisia. A infecção é assintomática em cerca de 80% dos casos. Acredita-se que a recuperação proporcione imunidade permanente. Dispõe-se de vacinas para imunizar cavalos, mas raramente são utilizadas nos seres humanos, devido ao perigo de induzir uma forma virulenta da doença. A prevenção pela erradicação dos mosquitos vetores constitui um meio mais apropriado de diminuir a incidência já baixa da encefalite entre os seres humanos. A combinação de verão quente e inverno ameno leva à reprodução de mais mosquitos. Eles na verdade picam com mais frequência quando o clima está quente. Evidentemente, o aquecimento global irá resultar em mais casos de febre do Nilo Ocidental.

## Outras doenças virais do encéfalo e das meninges

**Meningoencefalite herpética.** O herpes-vírus simples, que habitualmente é responsável pelo herpes labial, também pode causar **meningoencefalite herpética**. Com frequência, essa doença ocorre após uma infecção generalizada por herpes em recém-nascidos, crianças ou adultos. O vírus alcança o encéfalo ascendendo a partir do gânglio trigeminal. A doença tem início rápido, com febre, calafrios, cefaleia, convulsões e alteração dos reflexos. Nos indivíduos de meia-idade ou idosos, a meningoencefalite provoca confusão, perda da fala, alucinações e às vezes convulsões. A maioria dos pacientes morre em 8 a 10 dias; os que sobrevivem habitualmente apresentam dano neurológico.

**Infecções por poliomavírus.** Os poliomavírus entram no corpo por meio do sistema respiratório ou digestório. Ocorre replicação inicial nas células em que penetra o vírus. A viremia que se segue permite aos vírus alcançar órgãos-alvo, particularmente os rins, os pulmões e o encéfalo. Os poliomavírus, que são papovavírus, foram reconhecidos pela primeira vez na década de 1960 como partículas virais nos núcleos aumentados de oligodendrócitos. Essas células produzem mielina, a lipoproteína que recobre as fibras nervosas no sistema nervoso central. Os oligodendrócitos infectados são observados ao redor de áreas sem mielina no encéfalo de pacientes que morrem de **leucoencefalopatia multifocal progressiva**.

Atualmente, sabe-se que o vírus JC – um poliomavírus designado pelas iniciais de uma vítima a partir da qual foi isolado – é uma causa de leucoencefalopatia multifocal progressiva. O início é insidioso, e os primeiros sinais consistem em comprometimento da visão e da fala. Não há sintomas típicos de infecção viral, como febre e cefaleia. Ocorrem deterioração mental, paralisia dos membros e cegueira. O diagnóstico é difícil porque o líquido cerebrospinal permanece normal, e são observadas apenas alterações inespecíficas no eletroencefalograma. O vírus JC infecta e mata os oligodendrócitos, porém não afeta os neurônios. Em certas ocasiões, um paciente jovem desenvolve essa doença como complicação de uma infecção primária; todavia, a maioria dos casos resulta de reativação de vírus latentes de infecções da infância.

Foram isolados outros poliomavírus de vários pacientes. O vírus BK foi isolado da urina de um paciente submetido a transplante renal. Em um caso, um menino de 16 anos com imunodeficiência apresentou viremia de BK e desenvolveu inflamação renal, com presença do vírus nas células renais. Em consequência, ocorreu insuficiência renal irreversível. O vírus BK também tem sido associado a doenças respiratórias e cistite, uma inflamação da bexiga, embora não tenha sido isolado desses casos.

Nos EUA, 50% das crianças apresentam anticorpos contra o vírus JC aos 14 anos de idade; anticorpos contra o vírus BK já são encontrados aos 4 anos de idade. Embora os vírus JC e BK persistam aparentemente durante anos na maioria dos seres humanos sem causar doença, algumas vezes reaparecem como complicações de doenças crônicas, imunodeficiências e distúrbios com proliferação dos linfócitos. Gravidez, diabetes melito, transplante de órgãos, terapia antitumoral e doenças por imunodeficiência, incluindo a AIDS, estão entre as condições que podem reativar os poliomavírus. Por exemplo, muitos pacientes submetidos a transplante renal excretam os vírus BK ou JC, mas a liberação desses vírus raramente tem consequências graves. Entretanto, a multiplicação viral descontrolada, que é particularmente provável em indivíduos com deficiência de células T, pode ocorrer algumas vezes e causar doença clinicamente aparente. Tanto o vírus JC quanto o BK são oncogênicos em animais de laboratório e possivelmente também nos seres humanos. Não se dispõe de nenhum teste diagnóstico para os poliomavírus para uso rotineiro, e tampouco se dispõe de tratamento para as infecções, mesmo quando elas podem ser reconhecidas.

### APLICAÇÃO NA PRÁTICA

#### Invasores amebianos

Se você é um nadador assíduo ou uma pessoa que gosta de tomar banho de banheira de água quente, existe algo que você pode querer saber: dois gêneros diferentes de amebas do solo, *Naegleria* e *Acanthamoeba*, são patógenos humanos oportunistas que você pode encontrar. *Naegleria fowleri* é habitualmente observada em nadadores. As amebas provavelmente penetram através da passagem nasal e seguem o seu trajeto ao longo dos nervos até as meninges, onde causam meningoencefalite. *Acanthamoeba polyphaga* acumula-se na superfície das banheiras de água quente contaminadas quando estão cobertas. Essas amebas se dispersam quando a cobertura é removida e o banhista entra na água, e causam ulceração dos olhos e da pele; se invadirem o sistema nervoso central, pode ocorrer morte em poucas semanas em consequência de meningoencefalite. Recentemente, várias crianças morreram de infecção por *Naegleria* nos EUA, mas uma delas foi salva por um fármaco experimental. Em geral, quando se chega ao diagnóstico, é tarde demais – na necropsia.

### PARE e RESPONDA

1. Cite cinco microrganismos que podem causar meningite.
2. Por que os morcegos são uma fonte particularmente perigosa de infecção pelo vírus da raiva?
3. Em que a encefalite difere da meningite?

# OUTRAS DOENÇAS DO SISTEMA NERVOSO

## Doenças neurológicas causadas por bactérias

### Doença de Hansen

A **doença de Hansen**, ou **hanseníase**, termos atualmente preferidos em vez de **lepra**, é conhecida desde os tempos bíblicos, quando muitos objetos e até mesmo casas eram descritos como contaminados por lepra. Muitos dos denominados casos de lepra eram outras doenças de pele, como infecções por fungos ou vírus, e as casas provavelmente tinham fungos crescendo em suas paredes.

A doença está desaparecendo rapidamente, com 14 milhões de indivíduos curados nos últimos 20 anos; entretanto, ainda havia um número estimado de 213.036 casos no mundo inteiro no final de 2008, principalmente na Ásia, na África e na América do Sul (Figura 25.6). Cinco países respondem por 90% dos casos: Brasil, Madasgascar, Moçambique, Tanzânia e Nepal. A doença de Hansen também ocorre nos EUA, com um número máximo de 361 casos notificados em 1985, a maioria entre imigrantes de países onde a doença é endêmica. Algumas vezes, as pessoas infectadas não apresentam sintomas quando entram nos EUA. Não se dispõe de nenhum teste confiável para identificar todos esses casos subclínicos, embora o **teste cutâneo da lepromina**, semelhante ao teste cutâneo da tuberculina para a tuberculose, detecte alguns desses casos. Os profissionais de saúde devem pesquisar a possível presença da doença de Hansen entre os imigrantes.

**A doença.** O bacilo álcool-acidorresistente *Mycobacterium leprae* é encontrado em todos os casos de hanseníase. Os bacilos *M. leprae* ocorrem no interior das células em um arranjo característico, como um grupo de toras de madeira agrupados e envolvidos por cápsulas (Figura 25.6A). Embora *M. leprae* tenha sido a primeira bactéria a ser reconhecida como patógeno humano, a

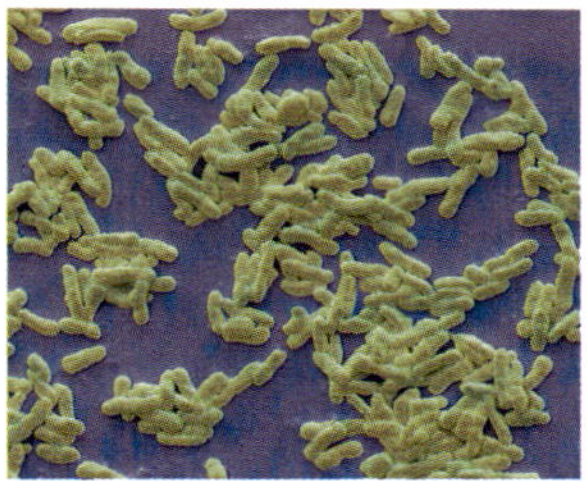

A

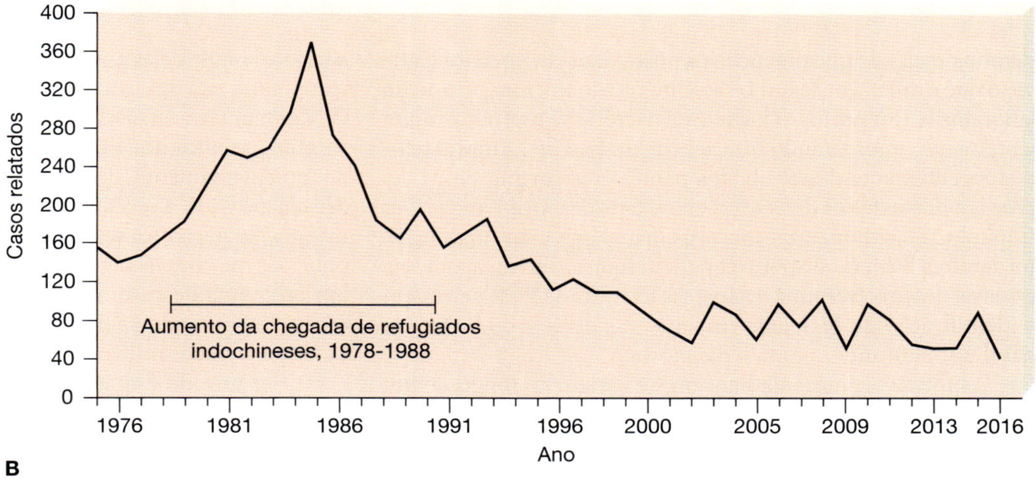


B

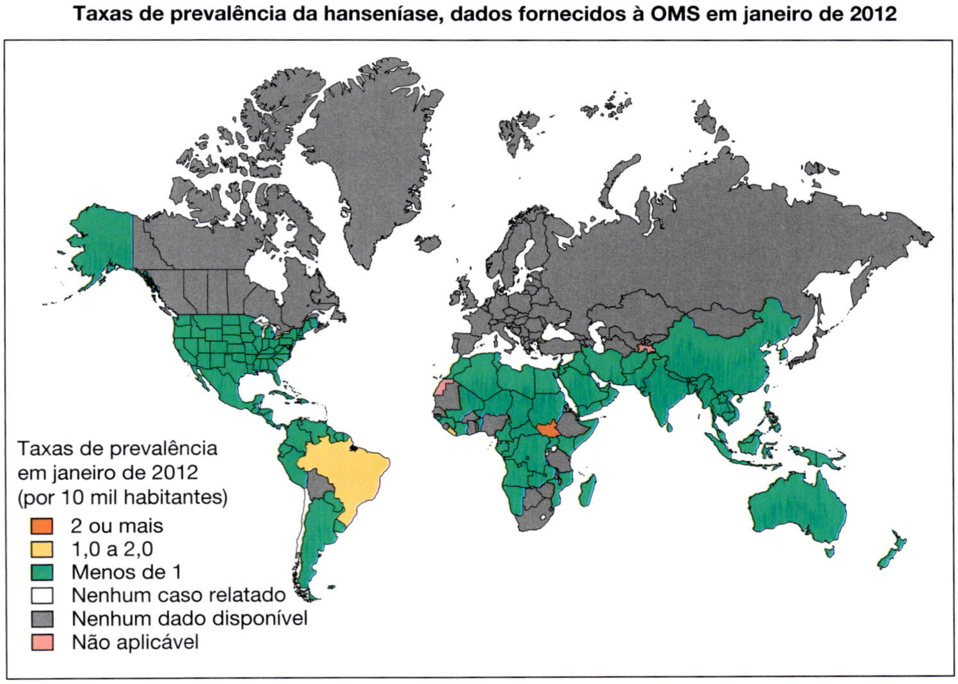


C

**Figura 25.6 Incidência da doença de Hansen.** **A.** *Mycobacterium leprae. (Steve Gschmeissner/Science Source Images.)* **B.** Nos EUA. **C.** Taxas de prevalência mundial no início de 2012. *(Fonte: CDC.)*

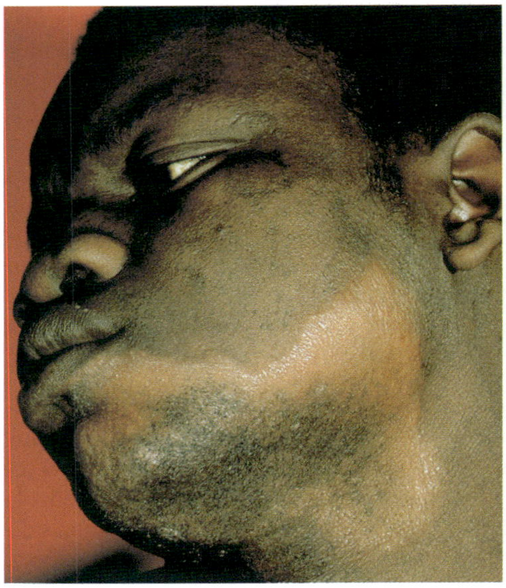

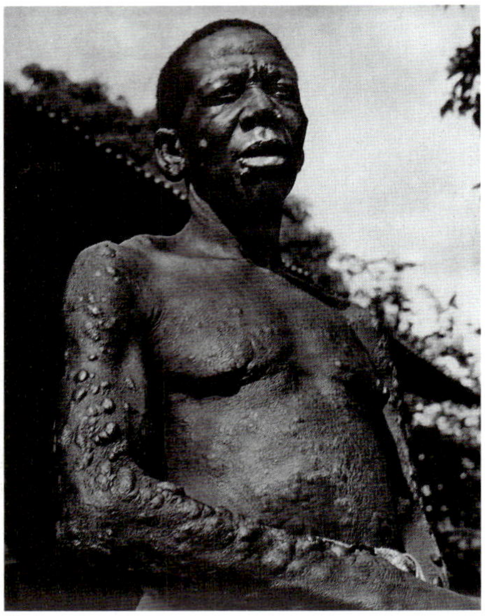

A B

**Figura 25.7 Doença de Hansen: dois extremos com gradações e combinações entre eles. A.** Na forma tuberculoide ou anestésica, áreas da pele perdem a pigmentação e a sensibilidade. Um alfinete pode ser introduzido nessas áreas "anestesiadas" e não ser sentido, devido à destruição dos nervos e das terminações nervosas. *(CNRI/Phototake.)* **B.** A forma nodular caracteriza-se por granulomas desfigurantes, denominados lepromas. *(New York Public Library/Science Source.)*

demonstração de que preenche os postulados de Koch foi lenta, visto que é difícil conseguir o crescimento do microrganismo no laboratório. Em primeiro lugar, essa bactéria se reproduz muito lentamente, apresentando um ciclo de divisão de 12 dias. Métodos recentemente desenvolvidos para o crescimento de *M. leprae* em hospedeiros diversos como o tatu-de-nove-bandas (ver Capítulo 15), chimpanzés, macacos mangabeis e camundongos, tornaram a bactéria disponível para pesquisa. Talvez, agora seja possível desenvolver uma vacina. As técnicas de PCR permitem a identificação de *M. leprae* em amostras de pele ou do tecido nasal, simplificando, assim, o diagnóstico.

As formas clínicas da hanseníase variam ao longo de um espectro que se estende desde tuberculoide até lepromatosa. Na forma **tuberculoide** ou anestésica (Figura 25.7A), áreas da pele perdem o pigmento e a sensibilidade. Na forma **lepromatosa** ou nodular (Figura 25.7B), uma resposta granulomatosa (ver Capítulo 17) provoca lesões cutâneas aumentadas e desfigurantes, denominadas **lepromas**. O tempo médio de incubação é de 2 a 5 anos na forma tuberculoide e de 9 a 12 anos na forma lepromatosa.

*Mycobacterium leprae* é a única bactéria conhecida capaz de destruir o tecido periférico; também destrói a pele e as membranas mucosas. Esse microrganismo tem predileção pelas partes mais frias do corpo humano, como nariz, orelhas e dedos das mãos; entretanto, um grande número de microrganismos é encontrado em todo o corpo, com exceção do sistema nervoso central. Nos casos lepromatosos, foi demonstrada a ocorrência de bacteriemia contínua de mil microrganismos por mililitro de sangue. Numerosos bacilos são eliminados nas secreções respiratórias e no pus liberado das lesões. Embora a hanseníase não seja altamente contagiosa, a eliminação dos microrganismos provavelmente transmite a doença para os indivíduos com contato íntimo e extenso com os pacientes, como os filhos de pais infectados.

À medida que progride, a hanseníase deforma as mãos e os pés (Figura 25.8). A doença lepromatosa grave provoca erosão do osso: os dedos das mãos e dos pés tornam-se afilados como agulhas, surgem depressões no crânio, os ossos nasais são destruídos, e os dentes caem da mandíbula à medida que o osso ao redor deles é perdido. Algumas vezes, a cirurgia pode recuperar o uso das mãos e dos pés extremamente deformados. O National Hansen's Disease Center, uma instituição do serviço de saúde pública dos EUA em Carville, Louisiana, foi pioneiro no desenvolvimento dessas técnicas cirúrgicas especiais. Na década passada, constatou-se que as alterações que ocorrem nos pés de pacientes diabéticos também podem ser reduzidas por essas mesmas técnicas cirúrgicas. Assim, Carville tem agora um programa de ensino ativo para cirurgiões que utilizarão os conhecimentos adquiridos de uma das doenças mais estigmatizadas para ajudar milhares de vítimas do diabetes.

O exame de esqueletos antigos forneceu dados sobre a epidemiologia da hanseníase nos séculos passados. É evidente que a doença migrou do Velho Mundo para o Novo Mundo e que, no passado, mesmo levando em consideração os diagnósticos errados, a sua incidência na Europa era muito mais alta do que hoje. Na Inglaterra, os leprosos eram rejeitados até mesmo depois da morte, sendo enterrados em cemitérios separados. O exame dos esqueletos desses túmulos revela que, de longe, a grande maioria das pessoas enterradas ali de fato sofria de hanseníase. Fatores genéticos podem predispor ao

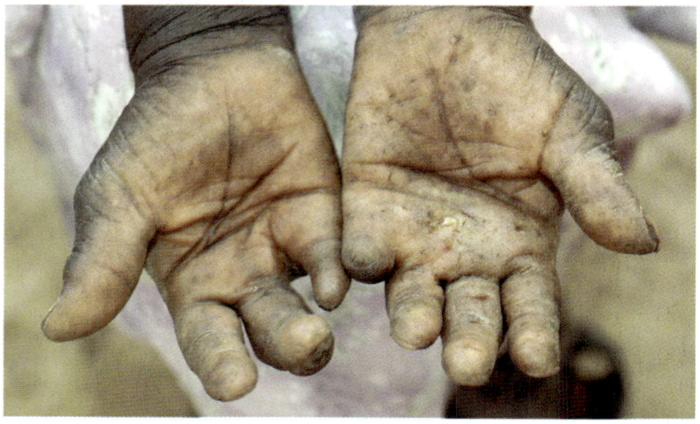

**Figura 25.8 Mão "em garra" deformada pela doença de Hansen.** Essa deformidade pode ser tratada cirurgicamente em seus estágios iniciais, evitando assim a deformação. *(Medicimage RM/Medical Images.)*

desenvolvimento de resistência à hanseníase; à medida que indivíduos suscetíveis foram morrendo, os resistentes tornaram-se uma maior porcentagem da população.

**Diagnóstico, tratamento e prevenção.** A hanseníase é diagnosticada por PCR ou pela identificação do microrganismo em esfregaços com coloração álcool-acidorresistente e em raspados de lesões ou biopsias. A doença é tratada com dapsona, clofazimina e rifampicina, porém estão começando a aparecer cepas resistentes à dapsona. O tratamento reduz acentuadamente os nódulos da doença lepromatosa, porém não é capaz de restaurar o tecido perdido. Até recentemente, as vítimas da hanseníase eram isoladas em hospitais especiais, denominados leprosários. Hoje em dia, a doença pode ser controlada, e as pessoas podem ter vidas quase normais, sem infectar outras pessoas na sua comunidade. (Entretanto, essas pessoas precisam ainda dormir em quartos separados e utilizar apenas suas próprias roupas de cama e utensílios e não podem morar em uma casa onde haja crianças.)

As respostas imunes à hanseníase são mediadas por células e variam de fortes a fracas. São observadas respostas fortes e testes cutâneos nitidamente positivos em pacientes com a doença tuberculoide menos grave. Respostas fracas e testes cutâneos negativos são observados em pacientes com a doença lepromatosa de rápida progressão. Entretanto, os resultados dos testes podem mudar com o tempo, de positivos para negativos e vice-versa, à medida que a resposta imune aumenta e diminui. Em geral, os pacientes lepromatosos apresentam uma resposta celular adequada a outros antígenos, de modo que a sua falta de imunidade contra *M. leprae* não é devida a uma ausência generalizada ou disfunção das células T. A ausência de células T em camundongos *nude*, que são desprovidos de pelos e não têm timo, torna esses animais apropriados para o crescimento de grandes quantidades de microrganismos.

Em 2013, foi descoberto que os bacilos *M. leprae* escondem-se do sistema imune no interior de células de Schwann e as reprogramam em um tipo de célula-tronco. Uma vez reprogramadas, as células de Schwann perdem a sua capacidade de proteger os neurônios, deixando-os incapazes de transmitir impulsos e, consequentemente, causando degeneração do sistema nervoso. Além disso, as células reprogramadas são capazes de se transformar em outros tipos de células, como as do osso e do músculo, ajudando, assim, a disseminação de *M. leprae* do sistema nervoso para outros órgãos. *M. leprae* tem um artifício adicional. Esses bacilos secretam quimiocinas que atraem as células imunes, as quais os incorporam, propagando-os para locais ainda mais distantes. Acredita-se que esse tipo de mecanismo possa ocorrer em outros tipos de doenças. Todavia, há algumas boas notícias. Se conseguirmos descobrir como *M. leprae* converte as células de Schwann em células-tronco, poderemos ser capazes de utilizar esse conhecimento para transplantar tecido, curado de infecção bacteriana, para áreas de doença degenerativa visando seu reparo.

Não se dispõe de vacina para a hanseníase. Mesmo que uma vacina se torne agora disponível, sua efetividade levaria anos para ser determinada, em virtude do longo período de incubação da doença. Os únicos meios de prevenção consistem em evitar qualquer exposição e receber quimioterapia profilática após a exposição. Entretanto, um grupo denominado Global Alliance for Leprosy Elimination espera tratar e curar todos os pacientes com hanseníase que ainda existem no mundo, distribuindo gratuitamente fármacos para esse propósito. Contudo, esse grupo ainda tem muito que fazer.

## Tétano

O **tétano** é causado por *Clostridium tetani*, um bastonete gram-positivo, formador de esporos e anaeróbio obrigatório (Figura 25.9). Esse microrganismo pode ser cultivado no laboratório apenas em condições anaeróbicas estritas. Os endósporos de *Clostridium tetani* são extremamente resistentes à dessecação, a desinfetantes e ao calor. A fervura durante 20 minutos não os mata, e eles podem sobreviver por anos se não forem expostos à luz solar (ver Capítulo 5). Os esporos são encontrados em todos os tipos de solo, mas particularmente naqueles enriquecidos com esterco. Os microrganismos fazem parte da microbiota intestinal normal de equinos e do gado bovino, bem como de cerca de 25% dos seres humanos. Desse modo, o manuseio de urinóis, fraldas sujas e outros objetos contaminados com fezes pode transmitir os microrganismos para indivíduos que apresentam qualquer solução de continuidade na pele.

> Kitasato isolou *Clostridium tetani*, identificou-o como o organismo etiológico do tétano, mostrou que ele não podia invadir a corrente sanguínea e demonstrou que a doença é uma intoxicação.

Desde o desenvolvimento da vacina antitetânica, em 1933, a incidência de tétano nos EUA diminuiu continuamente, com um número anual de casos abaixo de 100 desde 1975 e de apenas 21 em 2014. A maior incidência é observada em indivíduos idosos, sobretudo em mulheres. A vacina não existia durante a infância dessas pessoas, e elas não a receberam durante o serviço militar, como foi o caso dos homens. Essas mulheres continuam sendo suscetíveis aos esporos do tétano quando fazem jardinagem durante os anos de aposentaria. Os

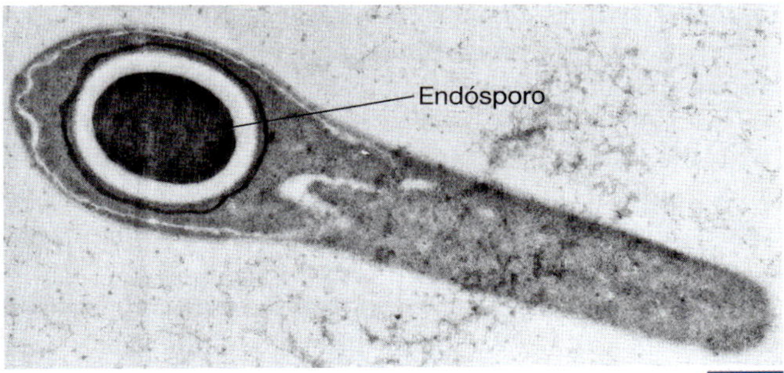


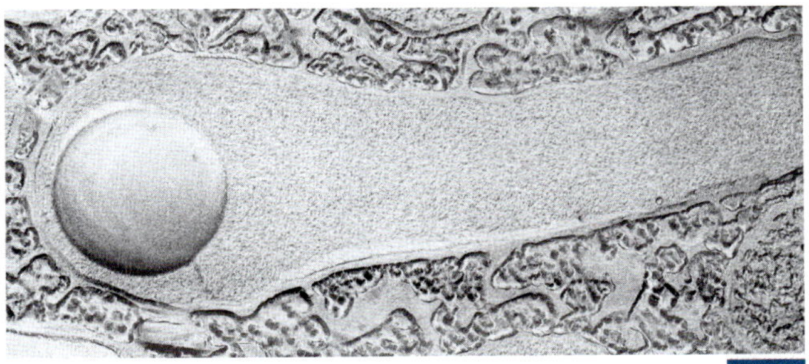


**Figura 25.9 Esporos de tétano.** **A.** MET do bacilo *Clostridium tetani*, com um grande endósporo terminal escuro (105.800×). *(© Dr. T. J. Beveridge/Biological Photo Service/PO.)* **B.** Preparação MET de *freeze-etch*, mostrando o endósporo arredondado no interior de um bacilo do gênero *Clostridium* (107.250×). *(© Biological Photo Service.)*

indivíduos idosos deveriam ser imunizados para a sua proteção. Faça com que a sua avó receba uma dose de vacina antitetânica em seu aniversário!

**A doença.** Para causar tétano, os esporos precisam se depositar profundamente nos tecidos, onde não há disponibilidade de oxigênio. Isso ocorre em cortes profundos e feridas por punção. Existe a crença de que pisar em um prego enferrujado causa tétano; entretanto, são os endósporos do tétano, e não a ferrugem, que causam a doença – um prego novo e brilhante pode ser igualmente perigoso se houver esporos. Fazer com que as feridas por punção sangrem ajuda a eliminar os esporos do tétano e outros organismos. Uma vez no interior do hospedeiro, os microrganismos não invasivos do tétano permanecem no local da ferida e liberam uma poderosa exotoxina; o tétano é uma doença mediada por toxina. Depois de um período de incubação de 4 a 10 dias, os sintomas aparecem, com rigidez muscular generalizada, seguida de espasmos que afetam todos os músculos. Os sintomas clássicos consistem em costas arqueadas e punhos e mandíbulas cerrados (daí o termo *trismo*) (Figura 25.10). Os espasmos podem ser tão violentos que podem quebrar ossos. Por fim, os músculos respiratórios ficam paralisados, a função cardíaca é alterada e, com raras exceções, o paciente morre. Os que sobrevivem experimentam um período de dores musculares, porém não apresentam nenhuma sequela. Antes da disponibilidade de uma vacina, muitos soldados morreram de tétano. Nos campos de batalha, com cavalos e esterco espalhados, a contaminação dos ferimentos com esporos do tétano era inevitável. Os casos relacionados com guerras foram praticamente eliminados com a vacinação dos soldados; apenas 12 casos ocorreram durante a Segunda Guerra Mundial.

**Tratamento e prevenção.** A vacina com toxoide tetânico, administrada antes da ocorrência de lesões, protege o indivíduo contra a toxina. São administrados antitoxina e antibacterianos a pacientes não imunizados quando as lesões são tratadas. Como a antitoxina precisa ser administrada para inativar a toxina antes que o sistema imune tenha tempo de se tornar sensibilizado a ela, a infecção tratada dessa maneira não confere nenhuma imunidade. Os pacientes devem receber imunização com toxoide após a sua recuperação.

O **tétano neonatal** é adquirido por meio do coto ferido do cordão umbilical. Em algumas sociedades, são utilizadas facas contaminadas para cortar o cordão umbilical após o nascimento de um bebê, e esfrega-se lama na extremidade do coto. Em partes de alguns países em desenvolvimento, 10% das mortes no primeiro mês de vida são causadas por tétano neonatal.

## Botulismo

O termo **botulismo** provém do latim de *botulus*, que significa "salsicha". Foi criado em uma época em que a doença era frequentemente adquirida pelo consumo de salsichas. O botulismo é causado por *Clostridium botulinum*, um anaeróbio obrigatório formador de esporos, que libera uma exotoxina potente (neurotoxina). (Ver o boxe "Uso clínico da toxina botulínica" no Capítulo 15.) A doença ocorre em três formas: transmitida por alimentos, infantil e por ferimentos. O botulismo transmitido por alimentos é responsável por 90% dos casos e resulta da ingestão da toxina, habitualmente de alimentos não ácidos enlatados inadequadamente em casa, particularmente ervilhas e pimentas verdes (Figura 25.11). Desse modo, o botulismo transmitido por alimentos é uma intoxicação; os microrganismos não infectam os tecidos. O botulismo infantil e o botulismo por ferimentos envolvem tanto infecção quanto intoxicação, visto que os microrganismos crescem nos tecidos e produzem toxina.

Os endósporos de *C. botulinum* são mais resistentes ao calor do que os de qualquer outro anaeróbio; eles suportam várias horas a uma temperatura de 100°C e 10 minutos a 120°C. Além disso, são muito resistentes ao congelamento (até menos de 190°C) e à irradiação. Esses endósporos, que são encontrados na maioria dos solos do hemisfério norte, permanecem viáveis por longos períodos e permitem ao microrganismo suportar condições aeróbicas. Os endósporos só germinarão em condições anaeróbicas.

A capacidade de *C. botulinum* de formar toxina depende da infecção por um bacteriófago. Esse fago carrega a informação para a produção da toxina botulínica. Se for infectado por um bacteriófago apropriado, *C. botulinum* produz uma de oito toxinas diferentes, das quais apenas quatro causam doença humana. As outras toxinas provocam doença em vários outros animais. Se uma cepa do bacilo for "curada" de sua infecção pelo fago, ela não produzirá mais toxina. Se for posteriormente infectada por um fago diferente, a cepa irá produzir outra toxina.

**Figura 25.10 Soldado morrendo de tétano.** O tétano era uma causa comum de morte na época das tropas de cavalaria. A extrema contração de todos os músculos, desde os da face até os dos dedos dos pés, constitui um sintoma clássico da doença. *(Charles Bell (1774-1842), Oposthotunus. Reproduzida, com autorização, do Royal College of Surgeons of Edinburgh.)*

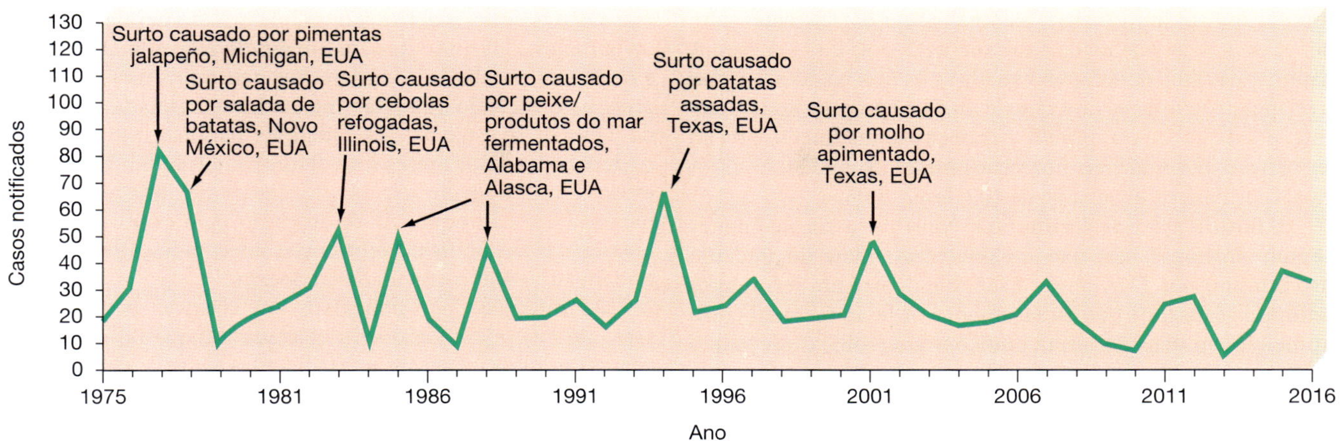


**Figura 25.11 Incidência do botulismo transmitido por alimentos nos EUA.** Incluem-se os alimentos que causaram determinados surtos. *(Fonte: CDC.)*

A toxina botulínica é a toxina mais potente conhecida – ainda mais tóxica do que as toxinas de *Shigella* e do tétano. Uma quantidade mínima de 0,000005 μg pode matar um camundongo! Vinte e oito gramas poderiam matar toda a população dos EUA. Originalmente considerada como uma exotoxina, sabe-se agora que é produzida dentro do citoplasma e liberada somente com a morte e autólise da célula. É ativada por enzimas proteolíticas, incluindo possivelmente a tripsina no intestino do hospedeiro. A toxina é incolor, inodora e insípida; pessoas já morreram apenas provando uma única vez um alimento contaminado. Se os endósporos não forem destruídos, germinam no alimento durante o seu armazenamento em condições anaeróbicas e podem liberar grandes quantidades de toxina. Embora os endósporos sejam altamente resistentes ao calor, a toxina pode ser inativada com apenas alguns minutos de fervura. A fervura vigorosa dos alimentos em conserva antes de seu consumo eliminaria a maior parte dos casos de botulismo transmitido por alimentos.

**A doença.** O botulismo é uma doença neuroparalítica com início súbito e paralisia rapidamente progressiva. A doença leva à morte por parada respiratória se não for tratada imediatamente. A toxina atua nas junções entre os neurônios e as células musculares e impede a liberação de acetilcolina, a substância química liberada pelos neurônios e responsável pela contração das células musculares. Deste modo, a toxina paralisa os músculos no estado relaxado (flácido) – começando com os pequenos músculos oculares, progredindo para a laringe e a faringe e, em seguida, para os músculos respiratórios. Isso provoca diplopia, dificuldade na fala e na deglutição e dificuldade na respiração. A doença não causa febre, mas pode provocar distúrbios gastrintestinais. Embora a toxina seja um antígeno, as pessoas que se recuperam não apresentam anticorpos, de modo que a quantidade de antígeno necessária para induzir a formação de anticorpos deve ser maior do que a dose letal.

Para prevenir o botulismo, siga a regra 2-40-140. Não consuma carnes, molhos ou saladas que tenham sido mantidos por mais de 2 horas entre 4,4°C (40°F) e 60°C (140°F).

**Diagnóstico e tratamento.** O diagnóstico baseia-se nos sintomas clínicos e na história, com confirmação posterior pela demonstração da toxina no soro, nas fezes ou em restos de alimentos. Embora o teste de confirmação leve de 24 a 96 horas, o tratamento com uma antitoxina polivalente é iniciado imediatamente. Utiliza-se uma antitoxina polivalente para assegurar a sua efetividade contra todas as toxinas que afetam os seres humanos. A ajuda na manutenção da respiração é importante e pode ser continuada por até 2 meses. Os antibacterianos não têm nenhuma utilidade, visto que o botulismo transmitido por alimentos é causado por uma toxina pré-formada, e não pelo crescimento dos microrganismos. Com o tratamento correto, a taxa de mortalidade é de menos de 10%.

O **botulismo infantil** foi reconhecido pela primeira vez em 1976, e a sua incidência tem variado entre 30 e 100 casos por ano, principalmente na Califórnia. A doença está associada ao uso de mel para lactentes. Estudos realizados na Califórnia mostraram que 10% dos potes de mel vendidos nesse estado contêm endósporos botulínicos. Os endósporos germinam e crescem no sistema digestório imaturo dos lactentes, provavelmente devido à falta de uma microbiota competitiva apropriada. À medida que a toxina é absorvida, o lactente torna-se letárgico e perde a capacidade de sucção e deglutição, de modo que a doença é frequentemente denominada síndrome da criança hipotônica.

## APLICAÇÃO NA PRÁTICA

### Botulismo em aves aquáticas

Não somos os únicos animais que precisam ter medo do botulismo transmitido por alimentos. O botulismo também é uma doença importante em aves aquáticas, particularmente durante perturbações ecológicas. De fato, a doença constitui uma importante causa de morte entre patos no oeste dos EUA. Como as aves se tornam infectadas? Quando tempestades arrancam plantas de pântano, as plantas começam a se decompor, utilizando o oxigênio disponível e levando à morte de pequenos invertebrados aquáticos. Os endósporos do botulismo presentes no sistema digestório desses animais ou na lama germinam e produzem toxina. Os patos alimentam-se dos invertebrados mortos, morrem e ficam cheios de toxina. As moscas depositam seus ovos sobre os patos mortos, e os ovos eclodem, liberando larvas cheias de toxina. Os patos saudáveis comem as larvas, morrem e fornecem um local para a deposição de novos ovos de moscas. O ciclo se repete até que milhares de patos morram e não existam mais patos naquele local.

O botulismo infantil ocorre habitualmente em lactentes com menos de 6 meses de idade e raramente depois de 12 meses. A maioria dos casos poderia ser evitada se os pais não dessem mel às crianças com menos de 1 ano de idade. O prognóstico é excelente, e a morte é rara, porém a criança habitualmente precisa permanecer hospitalizada por vários meses. Nos EUA, os casos anuais permaneceram abaixo de 109 desde 2005.

O **botulismo por ferimentos** constitui a forma menos comum de botulismo; não foi registrado mais do que um caso por ano nos EUA desde 1942. Ele ocorre em ferimentos profundos causados por esmagamento. A lesão tecidual compromete a circulação e cria condições anaeróbicas, de modo que os endósporos podem germinar, multiplicar-se e produzir toxina. A toxina entra no sangue e é distribuída por todo o corpo. Alcança as junções entre os neurônios e as células musculares cerca de 1 semana após a lesão e provoca paralisia progressiva. A taxa de mortalidade é de cerca de 25%.

**PARE e RESPONDA**

1. Diferencie as formas tuberculoide e lepromatosa da hanseníase.
2. Por que a hanseníase não é mais uma doença comum na Europa? Por que ela é mais comum na América do Sul?
3. Por que os pacientes que se recuperam do tétano precisam ser imunizados posteriormente contra a doença? Por que o fato de ter tido a doença não os tornou imunes?
4. Que sintomas você experimentaria se desenvolvesse botulismo transmitido por alimentos?

## Doenças neurológicas causadas por vírus

### Poliomielite

A **poliomielite** é uma doença muito antiga; seus efeitos estão claramente representados em pinturas das paredes egípcias há milhares de anos. Até há pouco tempo, no início da década de 1950, era uma doença temida nos EUA, com quase 58 mil casos notificados no ano de incidência máxima, em 1952. A chegada do verão infundia terror na mente dos pais; acampamentos, piscinas e teatros eram fechados, e o diagnóstico de um caso de poliomielite paralítica na comunidade era motivo de pânico geral. Nos EUA, os indivíduos que hoje têm mais probabilidade de serem infectados são membros de grupos religiosos que se opõem à imunização e imigrantes ilegais que não estão protegidos por vacina.

A ausência de reservatórios animais, juntamente com a disponibilidade de vacinas efetivas, fez que as autoridades de saúde escolhessem a poliomielite como a próxima doença a ser totalmente erradicada do nosso planeta. A cepa tipo 2 já foi totalmente erradicada no ano de 2000. A data-alvo para a erradicação total era 2018.

**A doença.** A poliomielite é causada por três cepas de poliovírus (picornavírus) que possuem afinidade pelos neurônios motores da medula espinal e do encéfalo. Embora as infecções por poliovírus sejam, em sua maioria, inaparentes ou leves e não causadoras de paralisia, o vírus alcança o sistema nervoso central em 1 a 2% dos casos. Em consequência, ocorrem febre alta, dor lombar e espasmos musculares. Em menos de 1% dos casos, esses sintomas são acompanhados de paralisia parcial ou completa dos músculos em um estado relaxado. A natureza e o grau de paralisia dependem dos neurônios na medula espinal e no encéfalo que estão infectados e o grau de gravidade do dano, ou se estão lisados. Qualquer paralisia que permanece depois de vários meses será definitiva. Os indivíduos muito idosos e muito jovens são os que têm probabilidade de sofrer paralisia em consequência da infecção pelo poliovírus. Desnutrição, exaustão física, corticosteroides, radiação e gravidez podem aumentar a gravidade da doença.

As infecções por poliovírus em crianças pequenas de áreas pobres podem não ser detectadas, enquanto os adolescentes e adultos jovens de áreas afluentes algumas vezes adquirem infecções graves e causadoras de paralisia por esse vírus. As boas condições de higiene nas áreas afluentes reduzem a exposição e, portanto, a imunidade natural aos vírus.

**Diagnóstico, tratamento e prevenção.** O diagnóstico de poliomielite é estabelecido pelo isolamento do vírus de *swabs* de faringe ou amostras de fezes, cultura e observação de seus efeitos citopáticos. Dispõe-se também de métodos para a identificação dos anticorpos dirigidos contra o vírus no soro. O tratamento alivia os sintomas, porém os pacientes com paralisia dos músculos respiratórios precisam viver pelo resto da vida em um "pulmão de aço" (**Figura 25.12**).

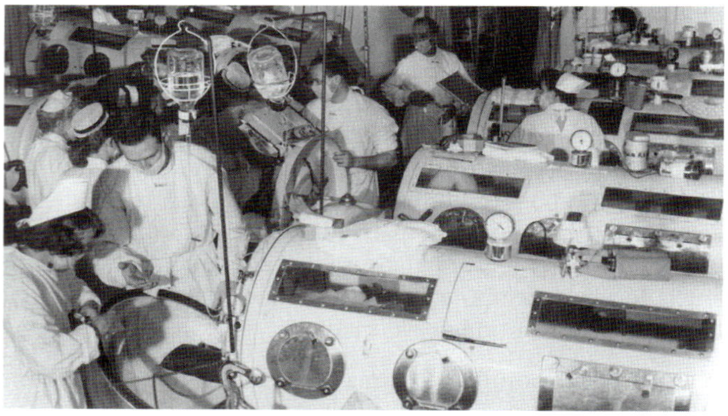

A

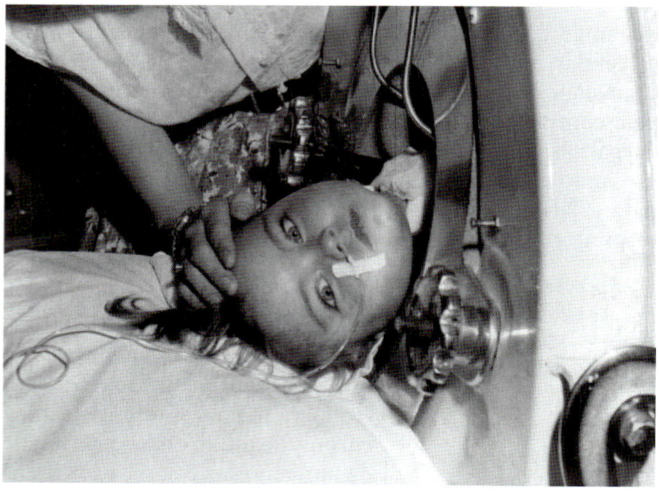

B

**Figura 25.12 Poliomielite.** Durante a epidemia de poliomielite (antes de 1955) nos EUA, (**A**) fileira após fileira de pulmões de aço eram ocupados por pacientes *(AP Photos)*, (**B**) como essa menina de 2 anos de idade. Em alguns casos, os pacientes permaneciam nessas máquinas durante anos ou até a morte.

Antes que a vacina se tornasse disponível em 1955, havia apenas medidas inespecíficas de saúde pública para evitar a disseminação da poliomielite. Escolas, piscinas e outros locais onde havia aglomerações, particularmente de crianças, foram fechados. Grandes quantidades de inseticidas foram pulverizadas, com a crença enganosa de que as picadas de insetos de algum modo desempenhavam um papel na transmissão da doença. Agora, sabe-se que a transmissão ocorre tanto por via fecal-oral quanto por secreções faríngeas, o que explica o perigo das piscinas contaminadas com fezes no verão. Durante os primeiros anos após a disponibilidade da vacina, não foi possível prepará-la em quantidades suficientes para imunizar toda a população. Foram instaladas clínicas para imunizar gestantes e crianças pequenas.

**Vacinas.** Em 1955, a vacina Salk injetável contra a poliomielite tornou-se disponível. Essa vacina continha vírus inativados por formol em pH neutro, mas que ainda conservavam suas propriedades antigênicas. Infelizmente, como a técnica de fabricação não foi seguida corretamente, alguns lotes de vacina ainda continham vírus infecciosos. Em consequência, ocorreram mais de 200 casos de poliomielite e 10 mortes. Em 1963, foi introduzida a vacina de Sabin oral, que continha vírus vivos atenuados. Além da facilidade de administração em torrão de açúcar ou em líquido açucarado, essa vacina supostamente tinha a vantagem de produzir imunidade de duração mais longa e prevenção da transmissão fecal-oral pela eliminação dos vírus no sistema digestório, onde eles se multiplicam. O uso da vacina reduziu a incidência de poliomielite nos EUA, de cerca de 29 mil casos em 1955 para 20 casos em 1969 em indivíduos não imunizados e imunossuprimidos (Figura 25.13A). Entretanto, a vacina pode provocar alguns casos da doença. Em outubro de 1995, os CDC recomendaram uma combinação de vacinas contra a poliomielite para reduzir a incidência de pólio relacionada com a vacina. (Ver o boxe "A controvérsia sobre a vacina contra poliomielite".) Os lactentes deveriam receber doses da vacina inativada aos 2 e 4 meses de idade e, em seguida, doses orais da vacina atenuada aos 6 meses e até 18 meses. A vacina oral é necessária, visto que ela é efetiva contra o vírus

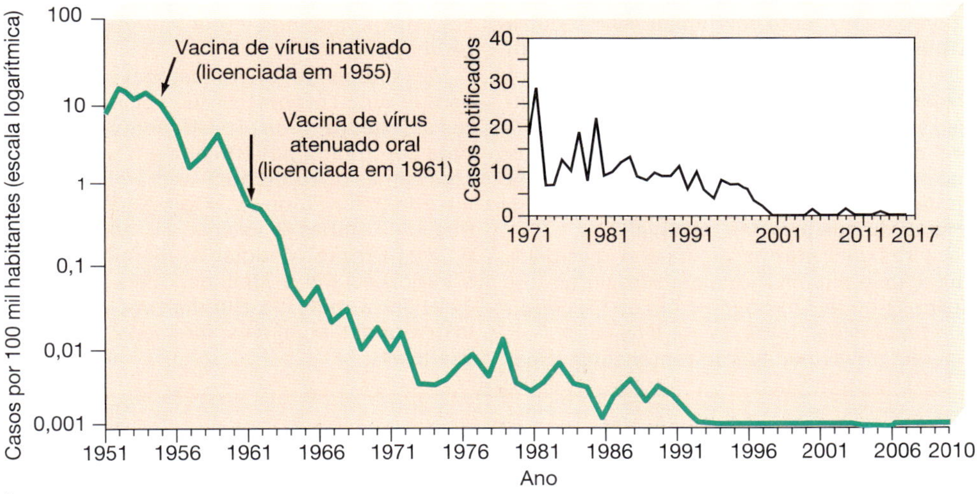


A

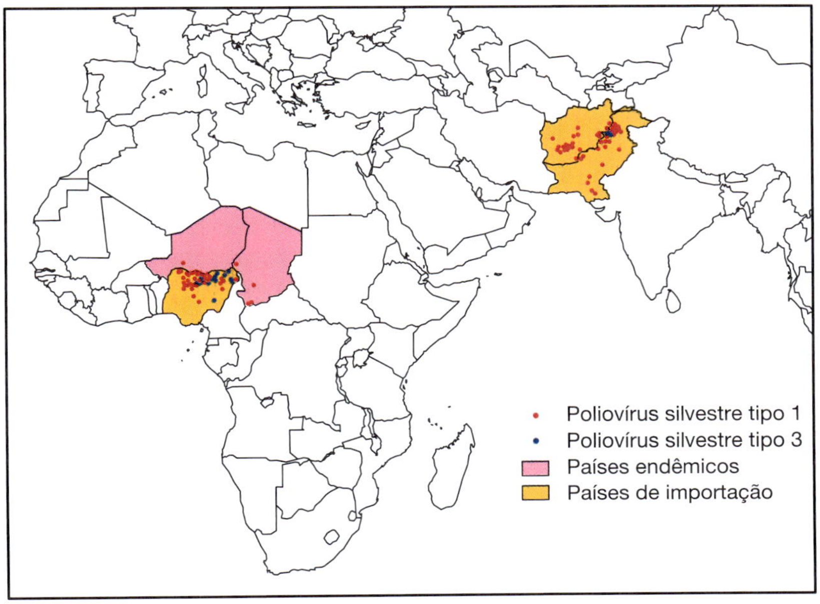


B

**Figura 25.13 Incidência de poliomielite. A.** Poliomielite nos EUA. A queda drástica observada desde que a vacina se tornou disponível (primeiro a vacina Salk e, em seguida, a vacina Sabin) não ocorreu na Ásia e na África. **B.** Desse modo, muitas pessoas em 2012 ainda sofriam dessa doença evitável. De fato, mais pessoas morrem a cada ano de doenças evitáveis com vacinas do que de AIDS. *(Fonte: CDC.)*

## APLICAÇÃO NA PRÁTICA

### A controvérsia sobre a vacina contra poliomielite

Nos EUA, a vacina de vírus atenuados, desenvolvida por Albert Sabin, era quase universalmente usada. Entretanto, alguns outros países voltaram a usar a vacina de vírus inativados, desenvolvida por Jonas Salk. Qual das duas é preferível? A versão atenuada oral não está mais aprovada para uso nos EUA, porém continua sendo utilizada em outros países.

Ambas as vacinas têm vantagens e desvantagens. A vacina de vírus inativado pode ser administrada com outras vacinas pediátricas e, na dose apropriada, pode ser administrada a pacientes imunodeficientes. Todavia, ela não produz imunidade em todos os que a recebem, e estes podem então necessitar de doses de reforço. Além disso, são utilizados vírus virulentos no preparo da vacina; pode ocorrer uma tragédia se eles não forem completamente inativados.

A vacina de vírus atenuados induz imunidade semelhante àquela produzida por uma infecção natural, visto que a vacina induz a produção de anticorpos no intestino (IgA secretora), bem como na corrente sanguínea. Isso reduz a possibilidade de que as pessoas que já são imunes possam servir de reservatórios de infecção, carregando o vírus em seu intestino e transmitindo-o a outras pessoas. A imunidade desenvolve-se rapidamente e pode ser permanente. A administração oral exige menos habilidade e, para muitas pessoas, é mais aceitável do que a injeção. Por fim, a vacina oral permanece potente sem a necessidade de refrigeração por um período maior do que a vacina injetável.

Infelizmente, os vírus utilizados na vacina oral ocasionalmente sofrem mutação, e alguns mutantes são virulentos. Os vírus multiplicam-se no tecido do intestino do indivíduo vacinado e são eliminados nas fezes. Logo, a troca de fralda de uma criança recém-vacinada pode representar risco, sobretudo para os familiares ou para os que trabalham em creches, bem como para pacientes imunodeficientes, dependendo do grau de higiene praticada. Nos EUA, cerca de seis casos de poliomielite são causados anualmente pela vacina, e aproximadamente o mesmo número é causado por contato íntimo com essas crianças recém-imunizadas. Desde 1980, 143 dos 145 casos totais de poliomielite paralítica foram associados à vacina contra poliomielite oral. Os outros dois casos foram classificados como indeterminados. Atualmente, os custos decorrentes da responsabilidade por danos são incluídos no preço da vacina oral, para cobrir indenizações que podem ter de ser feitas às vítimas de poliomielite induzida por vacina. Nos EUA, esses custos tornaram a vacina oral mais dispendiosa do que a vacina injetada, embora a vacina oral seja mais barata de preparar e administrar. Em países de clima quente com poliomielite endêmica e outras infecções virais, a administração repetida frequentemente não tem conseguido induzir imunidade, provavelmente devido ao fato de que as respostas imunes desenvolvidas contra outros vírus impedem uma resposta imune adequada aos organismos da vacina. Por fim, a vacina de vírus atenuados, à semelhança de todas as vacinas que utilizam organismos vivos, não pode ser administrada a indivíduos imunossuprimidos ou imunocomprometidos.

A poliomielite foi praticamente eliminada em Israel com o uso de uma combinação de vacinas de vírus inativados e vírus atenuados. Esse procedimento demonstrou ser promissor para controlar a poliomielite em países em desenvolvimento com climas quentes, água contaminada com fezes e poliomielite endêmica. Todavia, o custo para a obtenção e a administração de ambas as vacinas irá retardar a sua implementação. A Organização Mundial da Saúde, o Rotary International e a Fundação Bill e Melinda Gates anunciaram que o ano de 2018 era a meta de eliminar por completo a poliomielite. A taxa mundial atual é de apenas 223 casos por ano. Parece ser exequível.

---

da pólio "silvestre", que, embora erradicado dos EUA, pode ser trazido de outras áreas por viajantes (Figura 25.13B). Apenas 223 casos foram relatados no mundo inteiro em 2012.

A *síndrome pós-pólio* é uma condição em que as pessoas que sobreviveram à poliomielite anos antes sofrem de enfraquecimento ou paralisia dos músculos, exigindo que elas voltem a utilizar muletas e aparelhos. Essa condição não é infecciosa nem representa uma recidiva da doença. Acredita-se que seja causada pelo uso excessivo dos músculos de compensação que trabalharam excessivamente durante muitos anos e que, agora, não podem funcionar adequadamente.

## Doenças do sistema nervoso causadas por príons

Desde a década de 1920, quando a **doença de Creutzfeldt-Jakob (DCJ)** foi pesquisada pela primeira vez, foram identificadas diversas doenças degenerativas do sistema nervoso. Embora a existência dos **príons** não fosse universalmente aceita, muitos pesquisadores acreditam que essas doenças estejam associadas a príons (ver Capítulo 11). Stanley Prusiner recebeu o Prêmio Nobel, em 1997, pelo seu trabalho sobre os príons e as doenças que eles causam.

Essas doenças são, em seu conjunto, denominadas **encefalopatias espongiformes transmissíveis**, porque os neurônios danificados conferem ao tecido cerebral uma aparência "esponjosa" (Figura 25.14). Essas doenças incluem o *kuru*, a DCJ e uma forma especial de DCJ denominada *doença de Gerstmann-Strassler* nos seres humanos, *scrapie* em ovinos e caprinos, *encefalopatia transmissível do visão, doença consumptiva crônica do alce* e do *veado-mula, doença da vaca louca*, ou *encefalopatia espongiforme bovina*, no gado leiteiro britânico. Além disso, em 1991, foram relatados 29 casos de encefalopatia espongiforme transmissível em gatos na Inglaterra, e dois foram relatados em avestruzes no zoológico de Berlin.

> Alguns rebanhos de alce e veados do oeste dos EUA têm infecções por príons. Os primeiros casos de DCJ em homens jovens caçadores que retalhavam a caça resultaram em várias mortes. Os EUA têm seu próprio problema com príons.

Uma característica proeminente de todas as doenças associadas a príons é a ausência de qualquer resposta inflamatória, que constitui uma característica fundamental de outras doenças infecciosas. Entretanto, observa-se um aumento no tamanho dos *astrócitos* – as células que regulam a passagem de materiais do sangue para os neurônios – por todo o sistema nervoso central. Estas células aparentemente produzem grandes quantidades de uma proteína filamentosa, denominada *amiloide*, que constitui a característica de uma variedade de doenças degenerativas do sistema nervoso, incluindo a doença de Alzheimer.

Como outros agentes infecciosos, os príons são transmissíveis, porém os sintomas da doença podem não aparecer por vários anos após a infecção inicial. O **kuru**, que ocorria principalmente na Nova Guiné, é transmitido por meio de pequenas soluções de continuidade na pele. A razão pela qual essa doença acometia principalmente mulheres era enigmática, até que se descobriu que as mulheres na Nova Guiné preparavam os corpos dos mortos para consumo canibalístico e esfregavam seus próprios corpos com a carne crua dos cadáveres. Os príons nos tecidos doentes entravam no sangue das mulheres ou das crianças que brincavam a seus pés, migravam até o cérebro e, por fim, causavam kuru. Os homens e os adolescentes vivem separados das mulheres e das crianças pequenas, de modo que eram poupados da infecção do kuru.

D. Carleton Gajdusek, um pesquisador norte-americano dos National Institutes of Health (NIH), ganhou o Prêmio Nobel em 1976 pelo seu trabalho sobre o kuru. Ele constatou que 1 a 15 anos após a inoculação com o príon do kuru, os sintomas iniciais começavam com cefaleia, perda mínima da coordenação e tendência a dar risadas em momentos inapropriados. Três meses mais tarde, as vítimas necessitavam de muletas para andar ou ficar em pé; depois de 1 mês, as vítimas já não conseguiam se mover, exceto por espasmos. Nesse estágio, os músculos da deglutição não funcionavam mais, e a desnutrição tornava-se um grave problema. Os parentes tinham que mastigar previamente o alimento e massageá-lo de modo que pudesse descer pelo esôfago da vítima (Figura 25.15). No decorrer de 1 ano, os pacientes morriam.

Alguns casos de kuru foram atribuídos à inoculação inadvertida com príons presentes em tecido de transplante de córnea de pacientes com DCJ não diagnosticada, crianças anãs que receberam injeções de hormônio do crescimento humano preparado a partir da hipófise de cadáveres e eletrodos de prata implantados no cérebro durante procedimentos cirúrgicos após o seu uso em um paciente com DCJ. Os mesmos eletrodos, localizados 17 meses mais tarde após várias supostas esterilizações, foram implantados no cérebro de um chimpanzé, no qual causaram DCJ. Essas descobertas fizeram com que alguns métodos mais recentes de esterilização de instrumentos fossem abandonados. A autoclavagem a 121°C, em 15 psi de pressão por 1 hora destrói a infecciosidade, o que o armazenamento em formaldeído por anos não consegue. Alguns hospitais queimam os eletrodos ou instrumentos usados até se transformarem em pó, que é então enterrado.

Em um experimento, Gajdusek e Paul Brown (também dos NIH) enterraram cérebros de *hamster* infectados com *scrapie* no solo e os deixaram por 3 anos. Quando o material cerebral foi desenterrado, ainda estava infeccioso. Gajdusek e Brown suspeitam que o material infectado possa conservar sua capacidade de letalidade por mais de uma década nessas circunstâncias. Assim, os ovinos que pastam em campos onde foram colocadas carcaças contaminadas tornam-se infectados com ***scrapie*** (Figura 25.16). A delimitação dos locais de enterro e a reavaliação da técnica aceita de acrescentar cal viva corrosiva aos corpos precisam ser feitas antes que se possa alcançar a erradicação.

Na maioria dos casos de DCJ, não foi identificada nenhuma fonte de príons. No caso mais extensamente estudado da síndrome de Gerstmann-Strassler, a DCJ desenvolveu-se em

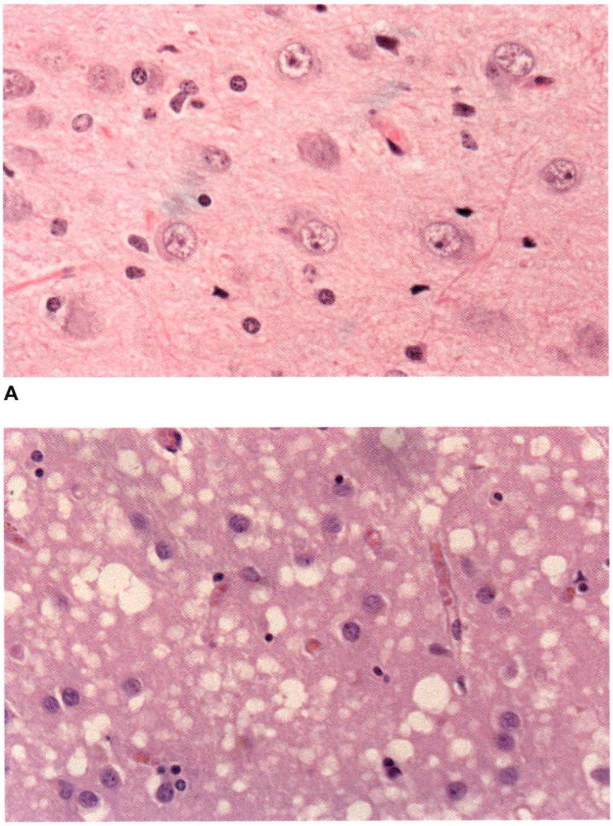
A

B

**Figura 25.14 Doença de Creutzfeldt-Jakob, causada por príons.** A. Corte através do córtex cerebral de um encéfalo humano normal (370×) revela uma estrutura sólida *(Biophoto Associates/Science Source)*, enquanto (B) um corte feito através do encéfalo de um paciente com doença de Creutzfeldt-Jakob (370×) mostra numerosos espaços vazios. Fica evidente a razão pela qual a DCJ é designada como encefalopatia *espongiforme* subaguda. *(ISM/Medical Images.)*

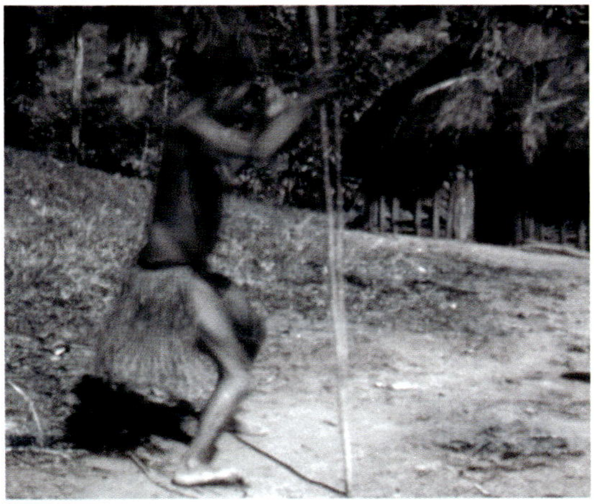

**Figura 25.15 Kuru.** Os sintomas do kuru consistem em fraqueza muscular e incoordenação, levando a uma incapacidade de andar. As vítimas do kuru finalmente alcançam o ponto em que precisam ser alimentadas com alimento pré-mastigado. Desde que os ritos canibalísticos foram interrompidos na Nova Guiné, a doença desapareceu nessa região. *(Melanesian Film Archive, Curtin University.)*

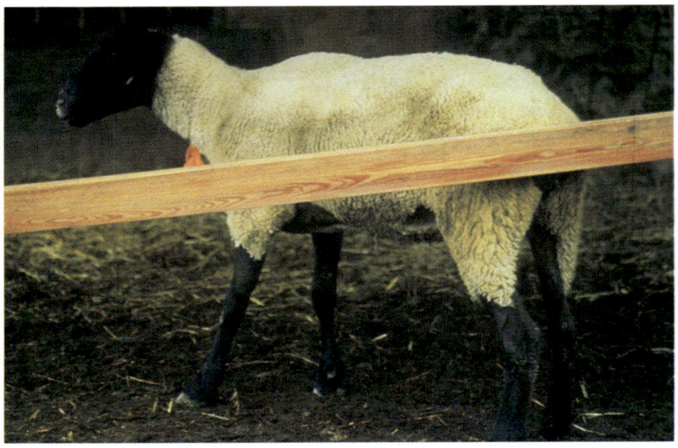

**Figura 25.16** ***Scrapie.*** Os carneiros infectados com *scrapie* irão se esfregar ou roçar – algumas vezes até causar sangramento – contra cercas, postes ou árvores. Essa doença fatal não tem cura. *(Cortesia do United States Department of Agriculture.)*

todas as gerações de uma linhagem familiar por mais de 100 anos. Nessa forma de DCJ, um mecanismo genético parece facilitar a infecção por príons, porém ainda não foi esclarecido como esse mecanismo atua. Talvez a presença de um gene específico torne os pacientes suscetíveis à infecção por príons provenientes do exterior do corpo, ou talvez o gene ative a síntese de príons no interior do corpo.

A **doença da vaca louca** (Figura 25.17) alcançou uma taxa máxima de infecção no início da década de 1990, com 400 a 500 mortes do gado bovino inglês por semana; entretanto, essa taxa agora diminuiu, após o abate do rebanho infectado. Acredita-se que essa doença tenha existido na Inglaterra desde pelo menos o final da década de 1960 e que o número de casos começou a aumentar rapidamente no início de 1987. Naquela época, o método de derreter a gordura (pela fervura) dos restos dos animais para a alimentação do gado foi modificado, omitindo uma etapa de extração de solvente e aumentando o número de cabeças de ovinos utilizadas (incluindo os cérebros). O fornecimento de carne de animal moída de origem britânica a qualquer tipo de animal de criação foi banido na maioria dos países europeus desde o final da década de 1990. Entretanto, a ganância e a ignorância levaram a uma violação disseminada dessas leis. Em 2000, muitos países na Europa sofreram aumentos súbitos de casos em seres humanos e animais. Houve um considerável debate quanto à possibilidade dos príons cruzarem as barreiras de espécie na natureza. Entretanto, os príons têm sido claramente transmitidos de uma espécie para outra em experimentos de laboratório. O governo britânico proibiu a adição de carne de cérebro bovino a hambúrgueres, que antes era uma prática comum. Os ingleses também modificaram seus métodos de abate, de modo que as facas ou serras não atravessem a medula espinal, evitando, assim, a contaminação das partes comestíveis por essas lâminas. Muitos países, inclusive os EUA, proibiram a importação de carne de vaca, gado e produtos derivados da carne da Inglaterra. Entretanto, passaram a importar gado do Canadá, onde a doença da vaca louca foi descoberta em maio de 2003. Em dezembro de 2003, uma vaca nascida em uma fazenda de laticínios em Alberta, no Canadá, foi abatida no estado de Washington e foi constatado que tinha doença da vaca louca. Isso levou a uma reivindicação por melhores medidas de segurança nos EUA. Entretanto, em maio de 2004, milhões de toneladas de carne de vaca do Canadá ainda estavam sendo importadas nos EUA, violando as novas leis que tinham sido aprovadas. Desde então, foi detectado um segundo caso de doença da vaca louca no Texas em uma vaca nascida na própria região. A ocorrência de mutação espontânea produz alguns casos (ver Figura 11.26).

**Figura 25.17 Doença da vaca louca.** As carcaças do gado infectado são queimadas, em vez de serem enterradas. *(Nigel Dickinson/Alamy Stock Photo.)*

Uma encefalopatia espongiforme transmissível (EET) há muito tempo ignorada, denominada **doença consumptiva crônica** do alce e do veado, tem representado um problema na América do Norte, desde a sua descoberta, em 1977, em veados selvagens no Colorado. Essa doença dissemina-se mais facilmente do que a EEB, provavelmente por meio da saliva, urina, fezes ou pelos. A velocidade de disseminação para outros estados é alarmante (Figura 25.18). O alce criado em rebanhos infectados em fazendas tem sido inadvertidamente transportado pelo país, disseminando assim a doença para estados distantes.

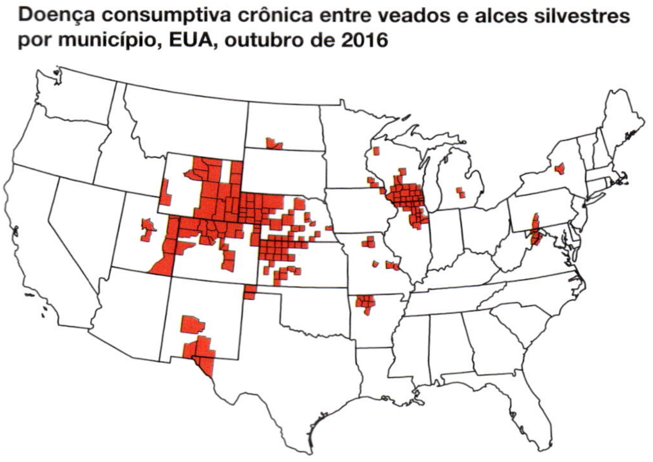


**Figura 25.18 Doença consumptiva crônica de veados e alces silvestres por município, EUA, 2016.** *(Fonte CDC.)*

Como os veados e os alces frequentemente se misturam com o gado, precisamos saber se eles podem transmitir os príons para o gado bovino. Além disso, os caçadores também precisam saber se é seguro abater e consumir carne de veado ou de alce. Existe também a questão de saber se carnívoros, como lobos e leões-da-montanha, que matam e alimentam-se de veado ou de alce (particularmente o cérebro e o sistema nervoso central), podem contrair doenças causadas por príons. Podemos estar sentados sobre uma bomba relógio de nossa própria fabricação por ter ignorado essas questões por tanto tempo.

A possibilidade de que a infecção por príons de início lento possa desempenhar um papel em outras doenças neurodegenerativas, como as doenças de Alzheimer e de Parkinson, está sendo investigada. A doença de Alzheimer, descrita pela primeira vez por Alois Alzheimer, em 1907, afeta agora mais de 2 milhões de pessoas nos EUA – mais de 5% da população acima de 65 anos de idade. As proteínas amiloides, dispostas em estruturas denominadas *emaranhados* ou *placas neurofibrilares*, foram encontradas na necropsia do cérebro de pacientes com doença de Alzheimer, porém faltavam os espaços vazios observados no kuru e em outras encefalopatias espongiformes. Não se sabe ainda se os príons desempenham algum papel na deposição de proteínas. Até o momento, os pesquisadores foram incapazes de transmitir a doença de Alzheimer para animais de laboratório, como foi feito com o kuru, a DCJ e o *scrapie*. Tampouco se sabe se isso se deve à falta de suscetibilidade dos animais ou à ausência de um agente infeccioso. Todavia, fragmentos de proteína β-amiloide injetados no encéfalo de ratos recentemente produziram uma doença semelhante à doença de Alzheimer nesses animais. É possível que fatores genéticos estejam envolvidos, pelo menos na doença de Alzheimer e na DCJ, visto que foram observados múltiplos casos de ambas as doenças em algumas famílias. Ainda falta muito para aprendermos sobre os príons, as doenças neurodegenerativas e a relação entre eles (ver Capítulo 11).

## Doenças do sistema nervoso causadas por parasitas

### Doença do sono africana

A **doença do sono africana**, ou **tripanossomíase**, é uma doença da África equatorial, causada por protozoários parasitas do sangue pertencentes ao gênero *Trypanosoma*. Embora 100 ou mais espécies desse parasita possam infectar vários vertebrados e invertebrados, duas espécies, *T. brucei gambiense* e *T. brucei rhodesiense*, causam doença nos seres humanos. Normalmente, os tripanossomos possuem uma membrana ondulante e um flagelo (Figura 25.19A); todavia, em alguns estágios, esses protozoários são menores e não têm flagelo. Para adquirir a doença do sono africana, os seres humanos precisam ser picados por uma mosca tsé-tsé infectada (Figura 25.19B). Quando uma mosca tsé-tsé pica um indivíduo, ela injeta no sangue da vítima tripanossomos infecciosos, algumas vezes centenas em uma única picada. As moscas servem como vetores e hospedeiros para parte do ciclo de vida dos tripanossomos. Embora a transmissão geralmente ocorra de um ser humano para outro através das moscas, os animais de caça servem como reservatório natural para *T. brucei rhodesiense*.

Tanto os machos quanto as fêmeas das moscas tsé-tsé picam e transmitem a doença. Ambos picam apenas durante o dia.

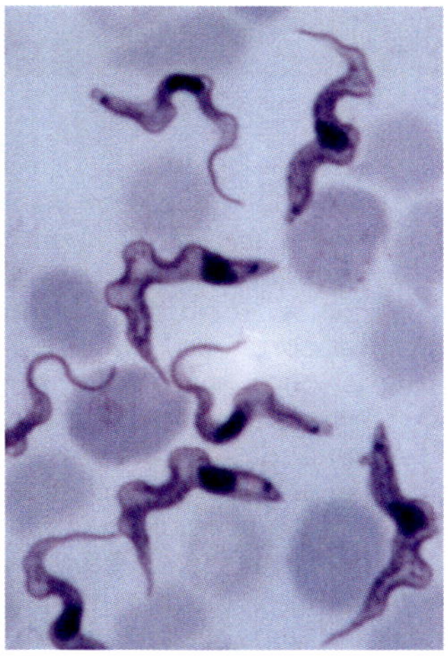

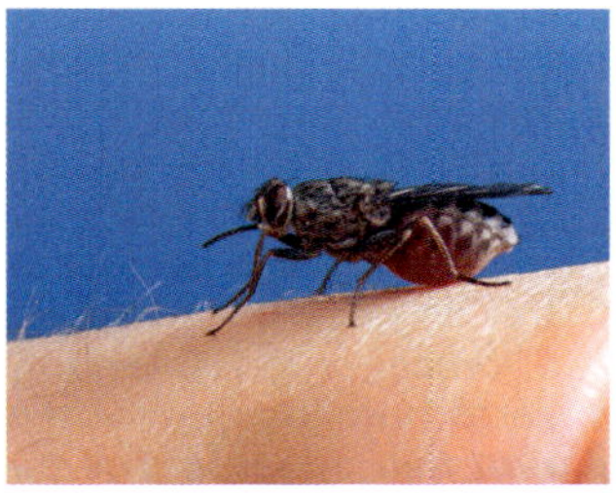

A B

**Figura 25.19 Doença do sono africana. A.** *Trypanosoma brucei gambiense* (1.707×), visualizado em uma amostra de sangue, causa a doença do sono africana. *(Ed Reschke/Photolibrary/Getty Images.)* **B.** Os tripanossomos disseminam-se pela picada da mosca tsé-tsé. *(Pascal Goetgheluck/Science Source.)*

**A doença.** A doença do sono africana é uma doença progressiva, caracterizada de acordo com o tecido onde os parasitas se agrupam durante os estágios que afetam inicialmente o sangue, em seguida os linfonodos e, por fim, o sistema nervoso central. Embora os parasitas não invadam efetivamente as células, eles podem causar dano a todos os tecidos e órgãos do corpo.

As picadas da mosca tsé-tsé provocam uma reação inflamatória local. Depois de um período de incubação de 2 a 23 dias, a febre surge inicialmente por cerca de 1 semana, enquanto os parasitas se encontram no sangue, e a intervalos regulares, quando os parasitas são liberados dos linfonodos. Os pacientes são capazes de trabalhar durante o primeiro e o segundo estágios, porém apresentam diversos sintomas – dispneia, dor cardíaca, comprometimento da visão, anemia e fraqueza –, que se tornam cada vez mais graves. A invasão do sistema nervoso pelos parasitas provoca cefaleia, apatia, tremores e marcha arrastada e descoordenada. Com a progressão da doença, ocorrem dor e rigidez no pescoço, bem como paralisia. Por fim, o paciente não pode se levantar para alimentar-se, torna-se magro, sofre convulsões, dorme continuamente, entra em coma profundo e morre.

A infecção por *T. brucei gambiense* produz uma doença crônica lentamente progressiva que, se não for tratada, persiste por várias semanas antes que os sintomas do sistema nervoso central se intensifiquem e ocorra morte. A infecção por *T. brucei rhodesiense* produz uma doença mais rapidamente progressiva; com frequência, é fatal dentro de poucos meses, antes que o dano ao sistema nervoso central se torne aparente.

**Diagnóstico, tratamento e prevenção.** O diagnóstico da doença do sono africana é estabelecido pelo achado do tripanossomo parasita no sangue. Até recentemente, eram utilizados fármacos contendo arsênio para o tratamento da doença; todavia, esses fármacos provocam dano ocular, e os parasitas tornam-se rapidamente tolerantes. Agora, são utilizados a pentamidina, a suramina e o melarsoprol, habitualmente nessa sequência. Se a pentamidina, que é o fármaco menos tóxico, não conseguir combater a infecção, são tenta-

## APLICAÇÃO NA PRÁTICA

### Nagana e HDL

Em até 25% da África não é possível criar gado, devido à doença *nagana* transmitida pela mosca tsé-tsé. O agente etiológico, o parasita flagelado *Trypanosoma brucei brucei*, originou-se provavelmente na África. Vive no sangue de animais de pasto nativos de grande porte sem prejudicá-los, presumivelmente devido a uma longa associação que possibilitou uma adaptação entre o hospedeiro e o parasita. Entretanto, quando os seres humanos migraram para áreas habitadas pelas moscas tsé-tsé, o gado domesticado trazido por eles não foi capaz de sobreviver à infecção por *T. brucei brucei*. Quando picados pelas moscas tsé-tsé, os seres humanos também são infectados pelo parasita, porém não adoecem; os parasitas rapidamente se desintegram no sangue humano.

Qual o componente do sangue humano que protege contra *T. brucei brucei*? A resposta surpreendente envolve uma proteína nunca antes reconhecida como capaz de fornecer proteção contra doenças infecciosas. A fração da lipoproteína de alta densidade (HDL) do soro sanguíneo, conhecida pelo seu papel na remoção do colesterol do sangue, contém uma pequena subfração que se liga à hemoglobina liberada dos eritrócitos que estão morrendo. Essa ligação possibilita a reciclagem do ferro da hemoglobina dentro do corpo. Quando a picada de uma mosca tsé-tsé libera *T. brucei brucei* na corrente sanguínea humana, o complexo proteína-hemoglobina é absorvido pelo tripanossomo e finalmente entra nos lisossomos do parasita. O pH ácido existente no interior dos lisossomos faz com que o complexo proteína-hemoglobina sofra alterações enzimáticas, resultando na liberação de radicais livres. Essas moléculas extremamente reativas destroem as membranas dos lisossomos, cujo conteúdo – a enzima lisozima – é expelido no citoplasma, onde as enzimas digerem os parasitas presentes.

Somente os humanos, alguns símios e macacos do Velho Mundo possuem o gene para esse *fator lítico do tripanossomo* (TLF). Entretanto, espera-se que técnicas de engenharia genética possam ser utilizadas para transferir o gene ao gado, produzindo assim raças de gado resistentes aos tripanossomos. Uma raça de gado anão, Baoulé, desenvolve febre e perde peso, mas frequentemente não morre. Espera-se que os genes dessa raça possam ser capazes de ajudar outras raças de gado, bem como os seres humanos, que sofrem da doença do sono africana.

dos fármacos de maior toxicidade. O melarsoprol tem a vantagem de penetrar na barreira hematencefálica e pode atuar de modo eficaz, até mesmo em um estágio tardio da doença se você conseguir sobreviver à sua toxicidade muito alta. Os resultados do tratamento com qualquer fármaco geralmente são bem-sucedidos se o tratamento for iniciado antes que ocorra comprometimento do sistema nervoso central. Uma combinação de Berenil® e nitroimidazol está sendo utilizada para tratar a doença após a sua progressão para o sistema nervoso central.

A prevenção da infecção humana é quase impossível, devido à ampla abrangência das moscas tsé-tsé (aproximadamente 7,2 milhões de quilômetros quadrados) e, possivelmente, ao reservatório da infecção em animais de caça de grande porte. Foi obtido algum controle por meio de limpeza do matagal onde as moscas se congregam e por meio da aplicação aérea de pesticidas. Outra maneira importante de reduzir a população de moscas tsé-tsé consiste em liberar machos irradiados, que não produzem espermatozoides viáveis. Os ovos das fêmeas que se acasalam com esses machos não se desenvolvem.

Os tripanossomos que causam a doença do sono africana dispõem de uma maneira especial de escapar das defesas do hospedeiro. A febre intermitente da doença está diretamente correlacionada com o número crescente dos parasitas no sangue. Uma característica incomum apresentada por esses parasitas é que, toda vez que aparecem no sangue, eles apresentam um revestimento de glicoproteína diferente do dos parasitas anteriormente liberados. Quando o sistema imune desenvolve anticorpos contra o antígeno de superfície do tripanossomo, este já apresenta um antígeno de superfície diferente. Essa capacidade de modificar os antígenos tem frustrado os esforços para produzir uma vacina contra a doença do sono africana. Quando os tripanossomos penetram no corpo humano pela primeira vez, parecem ser capazes de produzir apenas cerca de 15 antígenos; mais tarde, eles podem produzir 100 ou mais. Pesquisadores esperam produzir uma vacina capaz de conferir imunidade contra qualquer antígeno que o tripanossomo possa ter quando penetra no corpo humano. Essa vacina permitiria ao corpo atacar os tripanossomos antes do estabelecimento de uma infecção.

Caso seja desenvolvida uma vacina, seria necessário um meio de desenvolver um programa maciço e dispendioso de vacinação. Uma vez que as vacinas disponíveis, como as do sarampo e da caxumba, não têm sido administradas a muitas das crianças na região endêmica da doença do sono africana, a perspectiva de uma imunização em massa não é boa. No entanto, a quarentena e o tratamento reduziram agora o número de casos para 3 mil por ano.

### Doença de Chagas

A **doença de Chagas**, assim denominada em homenagem ao médico brasileiro Carlos Chagas, que a descreveu pela primeira vez em 1909, é causada pelo *Trypanosoma cruzi*. A

## APLICAÇÃO NA PRÁTICA

### Percevejos assassinos

Nos EUA, ocorrem geralmente alguns casos de doença de Chagas a cada ano, ao longo da fronteira do Texas. Felizmente, os percevejos reduviídeos infecciosos (frequentemente denominados "percevejos do beijo" ou "percevejos assassinos") não vivem muito mais distante em direção ao norte. Entretanto, existem outras espécies de reduviídeos que vivem na maior parte dos EUA. Eles também seriam capazes de transmitir a doença de Chagas? Os tripanossomos vivem bem nesses outros percevejos. Entretanto, os percevejos que vivem ao norte nos EUA não defecam necessariamente quando picam. Essas duas atividades estão ligadas nos reduviídeos do México e da América do Sul. Um percevejo do norte poderia defecar no local da picada ou próximo a ela, apenas por acidente. Desse modo, existe uma pequena probabilidade de infecção. Uma maior preocupação é o aquecimento global, que poderia estender a variedade de espécies do sul para os EUA. E é bom pensar: não existe nenhuma cura conhecida para a doença de Chagas.

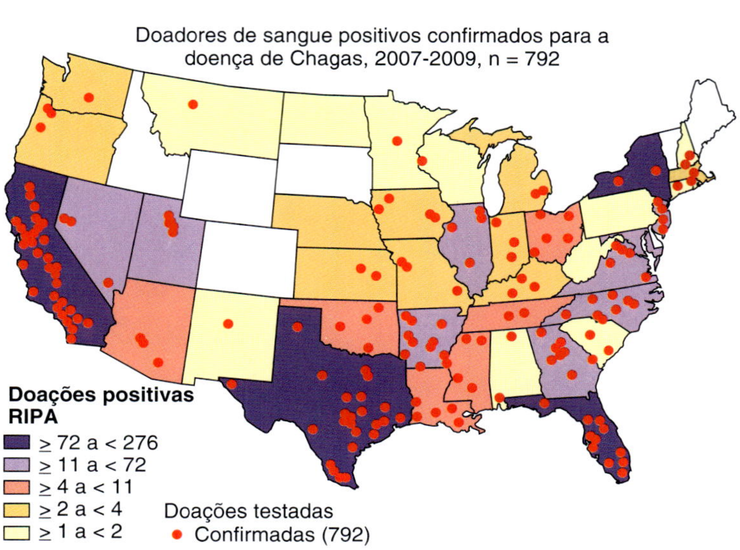


Desde o início da triagem da doença de Chagas em doadores de sangue voluntários, em 2007, foram detectados quase 800 casos de doença de Chagas confirmada nos centros hematológicos dos EUA. Os maiores números de doadores positivos, agora afastados da doação, foram identificados nos estados com maior população de imigrantes latinos americanos, porém esse mapa ilustra que podem ocorrer casos positivos em todos os locais. O NCZVED trabalha com o escritório de segurança de sangue, órgãos e outros tecidos do NCPDCID e parcerias externas para monitoramento da doença de Chagas e implementação de programas destinados à prevenção de casos associados a transfusões/transplantes.

**A**

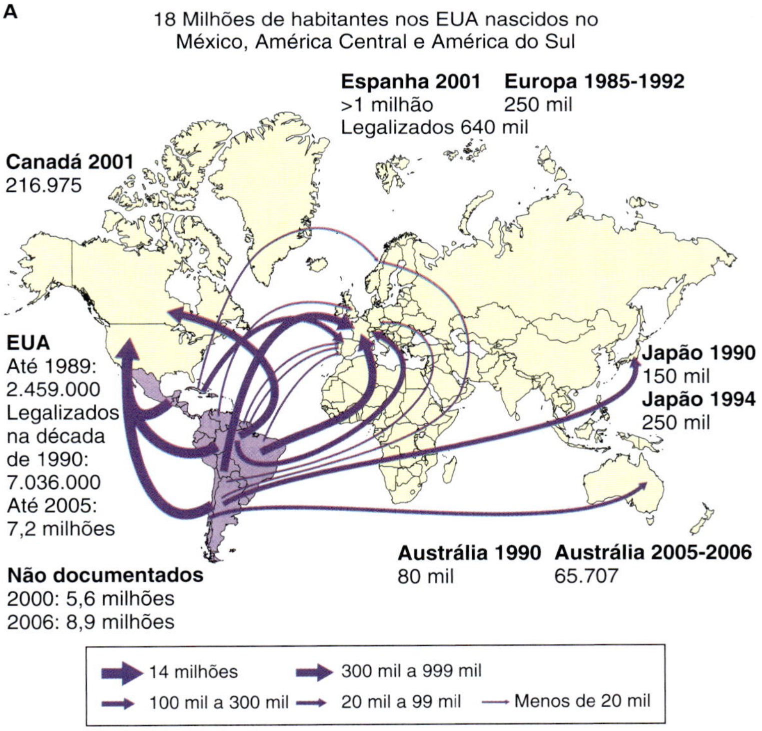


A migração populacional pode ter um impacto profundo sobre o deslocamento das doenças infecciosas. Esse mapa ilustra a magnitude relativa do deslocamento de pessoas de países endêmicos com doença de Chagas, incluindo uma estimativa de 18 milhões para os EUA.

**B**

**Figura 25.20 Doença de Chagas. A.** Distribuição de doadores de sangue positivos para doença de Chagas, 2007-2009, nos EUA. **B.** Deslocamento de pessoas de países endêmicos para doença de Chagas, incluindo uma estimativa de 18 milhões para os EUA. *(Fonte: CDC.)*

doença ocorre de modo esporádico no sul dos EUA, enquanto é endêmica no México, na América Central e em grande parte da América do Sul. Afeta mais de 18 milhões de pessoas (Figura 25.20). *T. cruzi* assemelha-se aos tripanossomos que causam a doença do sono africana. É transmitido por vários tipos de percevejos reduviídeos, que são hospedeiros da fase sexuada do ciclo de vida do tripanossomo (ver Capítulo 12). Cada espécie de percevejo ocupa uma determinada região, de modo que os que transmitem a doença de Chagas no México são diferentes daqueles que a transmitem na América do Sul. Com frequência, os percevejos reduviídeos picam perto dos olhos; eles defecam durante a picada, depositando parasitas infecciosos na pele. Os seres humanos quase automaticamente coçam o local da picada, transferindo, assim, os parasitas para os olhos ou para a ferida causada pela picada.

**A doença.** A doença de Chagas (Figura 25.21) começa com inflamação subcutânea ao redor do local de picada do percevejo. Depois de 1 a 2 semanas, os parasitas já alcançaram os linfonodos, onde se dividem repetidamente e formam agregados, denominados **pseudocistos**. Toda vez que os pseudocistos sofrem ruptura, causam inflamação e necrose tecidual. Esses parasitas entram nas células por invasão e por fagocitose e podem causar dano aos tecidos linfáticos, a todos os tipos de músculos e, particularmente, aos tecidos de sustentação ao redor dos gânglios nervosos. A destruição dos gânglios nervosos no coração é responsável por quase três quartos das mortes por doença cardíaca entre adultos jovens nas áreas endêmicas.

A doença de Chagas ocorre em uma forma aguda e uma forma crônica. A doença aguda, que é mais comum em crianças com menos de 2 anos de idade, caracteriza-se por anemia grave, dor muscular e distúrbios nervosos. Na doença aguda particularmente virulenta, pode ocorrer morte em 3 a 4 semanas, mas muitos pacientes recuperam-se da doença menos virulenta depois de vários meses. A doença crônica, que é observada sobretudo em adultos, surge provavelmente de uma infecção da infância. Trata-se de uma doença leve e às vezes assintomática; todavia, com frequência, provoca aumento de tamanho de vários órgãos. O dano insidioso aos nervos pode causar vários efeitos graves. No sistema digestório, diminui ou interrompe as contrações musculares, em consequência da morte de até 85% dos neurônios no esôfago e 50% no cólon; no coração, pode causar batimentos irregulares e acúmulo de líquido ao seu redor; no sistema nervoso central, pode causar paralisia, destruindo os centros motores. *T. cruzi* também atravessa a placenta, de modo que as mães com infecção crônica frequentemente dão à luz lactentes com doença aguda grave. Em algumas partes do mundo, o sangue não testado utilizado para transfusão também transmite a doença.

**Diagnóstico, tratamento e prevenção.** Uma nova técnica de PCR possibilita o diagnóstico rápido e fácil da doença de Chagas. O método mais antigo, que ainda é utilizado em alguns lugares, envolvia a alimentação de animais com sangue do paciente; era um procedimento longo e difícil. Os parasitas podem ser encontrados no

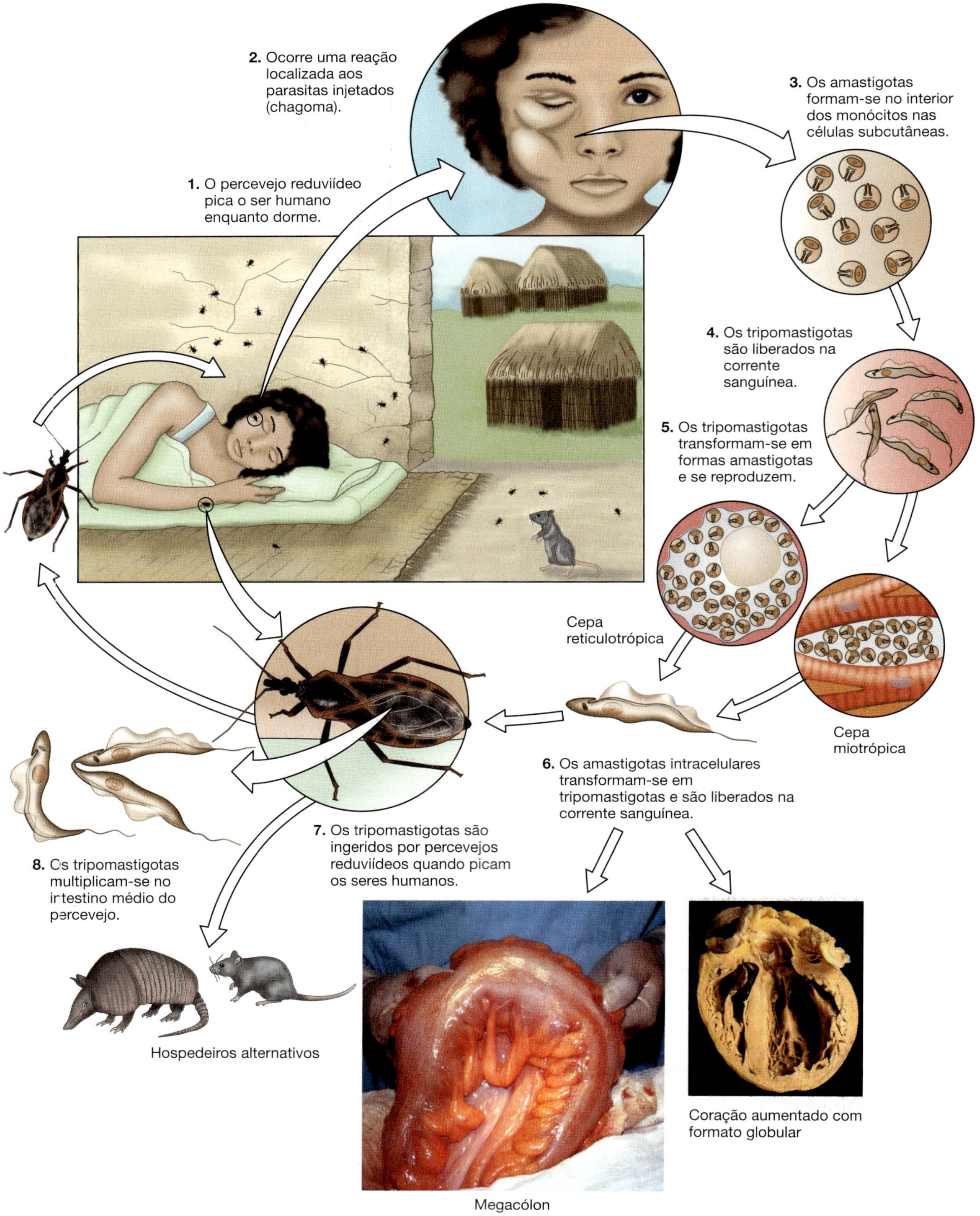


**Figura 25.21** **Ciclo de vida da doença de Chagas.** *(Institute of Tropical Medicine in Antwerp; Bolonhez AC, Silva MC, Chate RC, Gutierrez PS. Arq Bras Cardiol. 2009;93(3):316-22.)*

sangue durante a febre nos casos agudos. Pequenos animais, como cobaias e camundongos, podem ser inoculados com o sangue de pacientes e observados quanto ao aparecimento de sintomas da doença. Essa técnica é conhecida como *xenodiagnóstico*. *Xenos* é uma palavra grega que significa "estranho" ou "estrangeiro"; nesse contexto, refere-se ao uso de um organismo diferente do ser humano. A doença de Chagas crônica pode ser detectada algumas vezes permitindo que o paciente seja picado no laboratório por percevejos reduviídeos não infectados, com exame dos percevejos dentro de 2 a 4 semanas à procura de tripanossomos, que se desenvolvem no intestino do percevejo.

Apesar da disponibilidade de vários métodos para o diagnóstico da doença, não existe nenhum tratamento efetivo. Os fármacos utilizados no tratamento de outras infecções por tripanossomos não têm nenhuma utilidade, visto que não alcançam os parasitas no interior das células. Pesquisas estão sendo realizadas para desenvolver novos fármacos e uma vacina; todavia, até que estejam disponíveis, o controle dos vetores reduviídeos constitui a única maneira de reduzir o sofrimento causado por essa doença. O tratamento das casas com inseticidas fornece alguma proteção, mas os percevejos penetram nas fendas das paredes e nos telhados de palha e são difíceis de erradicar.

**Diferentes agentes no corpo ativam geralmente as células T do sistema imune; na presença de *Trypanosoma cruzi*, as células T não são ativadas por nenhum desses agentes.**

A **Tabela 25.2** fornece um resumo dos agentes e das características das doenças discutidas neste capítulo.

**PARE e RESPONDA**

1. Compare as vantagens e as desvantagens das vacinas contra a poliomielite produzidas com vírus vivos (oral) *versus* vírus mortos.
2. Como a doença do sono africana é transmitida?
3. Que dano ocorre na doença de Chagas?

**Tabela 25.2** Resumo das doenças do sistema nervoso.

| Doença | Agente(s) | Características |
|---|---|---|
| **Doenças do encéfalo e das meninges causadas por bactérias** | | |
| Meningite bacteriana | Ver Tabela 25.1 | Necrose tecidual, edema cerebral, cefaleia, febre, ocasionalmente convulsões |
| Listeriose | *Listeria monocytogenes* | Observa-se um tipo de meningite em fetos e pacientes imunodeficientes |
| Abscessos cerebrais | Vários anaeróbios | Infecção que aumenta em massa e comprime o encéfalo |
| **Doenças do encéfalo e das meninges causadas por vírus** | | |
| Raiva | Vírus da raiva | Invade os nervos e o encéfalo; ocorrem cefaleia, febre, náuseas, paralisia facial, coma e morte, a não ser que o paciente tenha imunidade |
| Encefalite | Vários vírus da encefalite | Retração e lise dos neurônios do sistema nervoso central; cefaleia, febre e, algumas vezes, necrose cerebral e convulsões |
| Meningoencefalite herpética | Herpes-vírus | Febre, cefaleia, irritação das meninges, convulsões e alteração dos reflexos |
| Leucoencefalopatia multifocal progressiva | Poliomavírus, vírus JC | Infecta os oligodendrócitos em áreas do encéfalo desprovidas de mielina; deterioração mental, paralisia dos membros e cegueira |
| **Doenças neurológicas causadas por bactérias** | | |
| Hanseníase | *Mycobacterium leprae* | Os sintomas variam desde perda do pigmento da pele e da sensibilidade até lepromas e erosão da pele e dos ossos |
| Tétano | *Clostridium tetani* | Doença mediada por toxinas; rigidez muscular, espasmos, paralisia dos músculos respiratórios, dano cardíaco e, em geral, morte |
| Botulismo | *Clostridium botulinum* | A toxina pré-formada no alimento impede a liberação de acetilcolina; ocorrem paralisia e morte, a não ser que o indivíduo seja tratado imediatamente; em lactentes e em ferimentos, os endósporos germinam e produzem toxina |
| **Doenças neurológicas causadas por vírus** | | |
| Poliomielite | Vários tipos de poliovírus | Febre, dor lombar, espasmos musculares, paralisia flácida parcial ou completa em consequência da destruição dos neurônios motores |
| **Doenças do sistema nervoso causadas por príons** | | |
| Encefalopatias espongiformes transmissíveis | Príons | A morte das células cerebrais deixa espaços vazios, criando um tecido cerebral espongiforme; há formação de placas amiloides; longo período de tempo antes do aparecimento dos sintomas; em seguida, os espasmos agravam-se rapidamente até o colapso; não há cura |
| **Doenças do sistema nervoso causadas por parasitas** | | |
| Doença do sono africana | *Trypanosoma brucei gambiense, T. brucei rhodesiense* | Febre, fraqueza, anemia, tremores, marcha arrastada, apatia; com a invasão do sistema nervoso pelos parasitas, ocorrem emaciação, convulsões e coma |
| Doença de Chagas | *Trypanosoma cruzi* | Inflamação subcutânea, dano aos tecidos linfáticos, músculos e gânglios nervosos; dor muscular e paralisia dos músculos intestinais, cardíaco e esqueléticos |

# RESUMO

- Os agentes e as características das doenças discutidas neste capítulo estão resumidos na Tabela 25.2. As informações fornecidas nessa tabela não são repetidas neste sumário.

## COMPONENTES DO SISTEMA NERVOSO

- O **sistema nervoso central (SNC)** e o **sistema nervoso periférico (SNP)** são os dois componentes principais. O SNC é formado pelo encéfalo e pela medula espinal, e os **nervos** que alcançam todas as partes do corpo compõem o SNP. Os agregados de corpos das células nervosas no SNP são denominados **gânglios**. As **meninges** recobrem o encéfalo e a medula espinal
- O SNC é protegido por capilares especiais de paredes espessas, desprovidos de poros em suas paredes, que formam a **barreira hematencefálica**
- O sistema nervoso não tem microbiota normal.

## DOENÇAS DO ENCÉFALO E DAS MENINGES

### Doenças do encéfalo e das meninges causadas por bactérias

- A **meningite bacteriana**, adquirida de portadores ou de microrganismos endógenos, geralmente pode ser tratada com penicilina. Dispõe-se de uma vacina para proteger crianças contra meningite por *Haemophilus*
- A **listeriose** pode ser transmitida por produtos derivados do leite inadequadamente processados, e os microrganismos podem atravessar a placenta. Representa uma grande ameaça para pacientes imunodeficientes
- Os **abscessos cerebrais** surgem de ferimentos ou como infecções secundárias. Os antibacterianos mostram-se efetivos se forem administrados no início da infecção, e pode-se recorrer posteriormente à cirurgia, a não ser que o abscesso esteja localizado em uma área vital do encéfalo.

### Doenças do encéfalo e das meninges causadas por vírus

- A **meningite viral** é normalmente autolimitada e não é fatal
- A **raiva** tem distribuição mundial, com exceção de alguns países livres de raiva. O seu controle é difícil devido ao grande número de pequenos mamíferos que servem de reservatórios
- A raiva é diagnosticada por IFAT e tratada por meio de limpeza minuciosa das feridas causadas pela mordida e injeção de soro antirrábico hiperimune e administração da vacina. Pode ser evitada pela imunização dos animais de estimação e dos indivíduos em situação de risco. Indivíduos não imunizados devem evitar qualquer contato com animais silvestres
- A **encefalite** é transmitida por mosquitos, frequentemente de cavalos, e às vezes pode ser diagnosticada por hemocultura ou pela cultura do líquido cerebrospinal em células ou em camundongos. Dispõe-se de uma vacina para equinos
- A **meningoencefalite herpética** ocorre frequentemente após infecção generalizada por herpes.

## OUTRAS DOENÇAS DO SISTEMA NERVOSO

### Doenças neurológicas causadas por bactérias

- A **hanseníase (doença de Hansen)** afeta milhões de pessoas no mundo inteiro. Muitos pacientes permanecem assintomáticos durante anos após a infecção, e não se dispõe de nenhum teste diagnóstico para a identificação desses pacientes. Dapsona, clofazimina e rifampicina são usadas no tratamento da hanseníase, porém não se dispõe de nenhuma vacina
- Normalmente, o **tétano** ocorre após a introdução de esporos em ferimentos profundos. O tratamento consiste em antitoxina e antibacterianos. Se todas as pessoas recebessem a vacina disponível, o tétano poderia ser evitado
- O **botulismo** é adquirido pela ingestão de alimentos que contêm uma poderosa neurotoxina pré-formada, e o seu tratamento consiste em antitoxina polivalente. No **botulismo infantil** e no **botulismo por ferimentos**, os esporos germinam e produzem toxina.

### Doenças neurológicas causadas por vírus

- Antes do desenvolvimento de vacinas, na década de 1950, a **poliomielite** era uma doença comum e fatal. Pode ser diagnosticada por meio de culturas e por métodos imunológicos. O tratamento só alivia os sintomas e consiste no uso de pulmão de aço para manter a respiração quando os músculos respiratórios paralisam-se
- Dispõe-se tanto de uma vacina contra poliomielite injetável quanto oral; cada uma delas tem vantagens e desvantagens. O uso mundial da vacina poderia erradicar a poliomielite.

### Doenças do sistema nervoso causadas por príons

- Decorrido um longo período após a inoculação, as células cerebrais morrem, causando uma aparência espongiforme do tecido. Ocorre acúmulo de placas amiloides
- Os sintomas começam com espasmos, que se agravam rapidamente até o colapso, seguido de morte
- Os príons causam **encefalopatia espongiforme transmissível** nos seres humanos e em muitos animais. Os príons podem ser transmitidos através de várias espécies
- O **kuru** e a **doença de Creutzfeldt-Jakob (DCJ)** afetam os seres humanos, enquanto o ***scrapie*** ataca ovinos, e a **doença da vaca louca** ocorre no gado bovino. A **doença consumptiva crônica** afeta veados e alces.

### Doenças do sistema nervoso causadas por parasitas

- A **doença do sono africana** ocorre na África equatorial e é transmitida pela mosca tsé-tsé. É diagnosticada pela identificação dos parasitas no sangue e pode ser tratada com pentamidina e outros fármacos
- A **doença de Chagas** ocorre desde o sul dos EUA até a América do Sul, com exceção da parte mais ao sul. É transmitida por várias espécies de percevejo. O diagnóstico é estabelecido pela identificação dos parasitas no sangue e por xenodiagnóstico. Não se dispõe de nenhum tratamento efetivo.

## TERMOS-CHAVE

abscesso cerebral
barreira hematencefálica
botulismo
botulismo infantil
botulismo por ferimentos
doença consumptiva crônica
doença da vaca louca
doença de Chagas
doença de Creutzfeldt-Jakob (DCJ)
doença de Hansen
doença do neurônio motor
doença do sono africana
encefalite
encefalite de St. Louis (ESL)
encefalite equina do leste (EEL)
encefalite equina do oeste (EEO)
encefalite equina venezuelana (EEV)
encefalopatias espongiforme transmissíveis
febre do Nilo Ocidental
gânglio
hanseníase
kuru
lepra
leproma
lepromatoso
leucoencefalopatia multifocal progressiva
listeriose
meninges
meningite bacteriana
meningite viral
meningoencefalite herpética
nervo
poliomielite
príon
pseudocisto
raiva
*scrapie*
sistema nervoso
sistema nervoso central (SNC)
sistema nervoso periférico (SNP)
teste cutâneo da lepromina
tétano
tétano neonatal
tripanossomíase
tuberculoide
vírus da raiva

CAPÍTULO

# 26 Microbiologia Ambiental

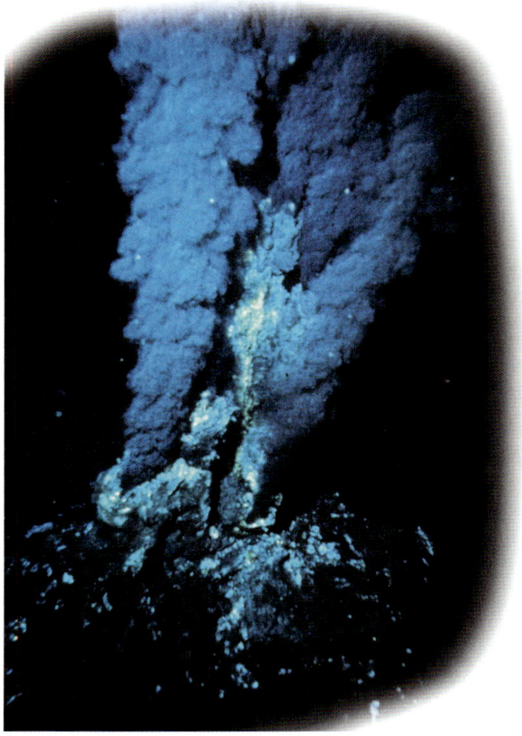

Cortesia do OAR/National Undersea Research Program (NURP)/NOAA.

Você já visitou o Parque Nacional de Yellowstone, no estado de Wyoming, nos EUA? Você já viu os gêiseres, como o Old Faithful, entrando em erupção, ou áreas de lama fervendo, com enormes bolhas de gás? Trata-se de alguns fenômenos geotérmicos muito impressionantes. Mas você sabia que existem também áreas no fundo dos oceanos onde o calor está sendo liberado do interior da Terra de maneira semelhante? Não é tão fácil visitar essas áreas quanto Yellowstone. Pode ser necessário que você mergulhe até 3 mil metros abaixo da superfície do oceano. Ao chegar nessa profundidade, você poderá encontrar plumas de água quente de até 330°C! Pode haver "florestas" de 50 ou mais chaminés de fumarolas negras em um campo hidrotermal, algumas das quais com a altura de um prédio de cinco andares. O calor que elas liberam é suficiente para afetar os padrões de circulação do oceano. Como pode um ser vivo habitar esses locais? Contudo, essas fontes hidrotermais constituem as áreas mais produtivas de nosso planeta. Desde que foram descobertas em 1977, identificaram-se mais de 500 novas espécies de organismos que são característicos dessas fontes hidrotermais.

## MAPA DO CAPÍTULO

**Siga o mapa do capítulo para auxiliar na identificação dos conceitos principais do texto.**

# FUNDAMENTOS DE ECOLOGIA

A **ecologia** é o estudo das relações entre os organismos e o seu ambiente. Essas relações incluem as interações dos organismos com as características físicas do ambiente – os **fatores abióticos** – e as interações dos organismos entre si – os **fatores bióticos**. Um **ecossistema** compreende todos os organismos em determinada área, juntamente com os fatores abióticos e bióticos circundantes.

## Natureza dos ecossistemas

Os ecossistemas estão organizados em vários níveis biológicos. A **biosfera** é a região da Terra habitada pelos organismos vivos. É constituída pela *hidrosfera* (suprimento de água terrestre), pela *litosfera* (o solo e as rochas que compõem a crosta terrestre) e pela *atmosfera* (o envoltório gasoso que circunda a Terra). Existe uma grande diversidade de organismos na biosfera. Um ecossistema terrestre, como um deserto, uma tundra, uma pradaria ou uma floresta tropical, caracteriza-se por um clima, um tipo de solo e organismos específicos. A hidrosfera é dividida nos ecossistemas de água doce e marinha.

Os organismos dentro de determinado ecossistema vivem em comunidades. Uma **comunidade** ecológica é constituída por todos os tipos de organismos presentes em determinado ambiente. Os microrganismos podem ser classificados como indígenas e não indígenas de um ambiente. Os **organismos indígenas**, ou *nativos*, são sempre encontrados em determinado ambiente. Em geral, são capazes de se adaptar às mudanças climáticas normais ou a mudanças na quantidade de nutrientes disponíveis no meio ambiente. Por exemplo, *Spirillum voluntans* é indígena da água estagnada, várias espécies de *Streptomycetes* são indígenas do solo e *Escherichia coli* é indígena do sistema digestório humano. Independentemente das variações do ambiente (com exceção das mudanças cataclísmicas), um ambiente sempre sustentará a vida de seus organismos indígenas. Os **organismos não indígenas** são habitantes temporários de um ambiente. Tornam-se numerosos quando as condições de crescimento são favoráveis e desaparecem quando se tornam desfavoráveis.

As comunidades são constituídas por *populações*, isto é, grupos de organismos da mesma espécie. Em geral, as comunidades compostas por muitas populações de organismos são mais estáveis do que aquelas compostas por apenas algumas populações – isto é, por apenas algumas espécies diferentes. As diversas espécies criam um sistema de "pesos e contrapesos", de tal modo que o número de cada espécie permaneça relativamente constante.

A unidade básica da população é o organismo individual. Os organismos ocupam hábitat e nicho específicos. O hábitat refere-se à localização física do organismo. Os microrganismos são tão pequenos que ocupam, com frequência, um **microambiente**, um hábitat onde o oxigênio, os nutrientes e a luz permanecem estáveis, incluindo o ambiente imediatamente ao redor do microrganismo. Uma partícula do solo poderia ser o microambiente de uma bactéria. Esse ambiente é mais importante para a bactéria do que o *macroambiente* mais extenso. O *nicho* de um organismo é o papel que ele desempenha no ecossistema – isto é, o uso dos fatores bióticos e abióticos no seu ambiente. Os microrganismos podem ser *produtores*, *consumidores* ou *decompositores*. Discutiremos cada um desses grupos na próxima seção.

## Fluxo de energia nos ecossistemas

A energia é essencial para a vida, e a energia radiante proveniente do sol constitui a principal fonte de energia para quase todos os organismos que vivem em qualquer ecossistema. (As bactérias quimiolitotróficas que extraem energia de compostos inorgânicos constituem uma exceção; ver Capítulo 6). Os organismos denominados **produtores** (autótrofos) captam a energia proveniente do sol. Usam essa energia e vários nutrientes do solo ou da água para sintetizar as substâncias de que necessitam para crescer e para sustentar suas outras atividades. A energia armazenada nos corpos dos produtores é transferida através de um ecossistema quando os **consumidores** (heterótrofos) obtêm nutrientes com a ingestão dos produtores ou de outros consumidores. Os **decompositores** obtêm energia pela ingestão de corpos mortos ou resíduos de produtores e consumidores. Os decompositores liberam substâncias que os produtores podem utilizar como nutrientes. O fluxo de energia e dos nutrientes em um ecossistema está resumido na Figura 26.1.

Nos ecossistemas, os microrganismos podem ser produtores, consumidores ou decompositores. Os produtores incluem organismos fotossintéticos entre bactérias, cianobactérias, protistas e algas eucarióticas. Embora as plantas verdes sejam os produtores primários na Terra, os microrganismos desempenham esse papel no oceano. Os consumidores incluem as bactérias heterotróficas, os protistas e os fungos microscópicos. (Na medida em que os vírus desviam a energia de uma célula para a síntese de novos vírus, eles também atuam como consumidores.) Muitos microrganismos atuam como decompositores. De fato, eles desempenham um papel maior na decomposição de substâncias orgânicas do que os organismos maiores.

# CICLOS BIOGEOQUÍMICOS

Os organismos vivos, à medida que realizam os processos vitais essenciais, incorporam moléculas de água, carbono, nitrogênio e outros elementos de seu ambiente dentro de seus corpos. Sem os decompositores para assegurar o fluxo de nutrientes através dos ecossistemas, muita matéria ficaria logo incorporada em corpos e resíduos, e a vida rapidamente se extinguiria. Embora o suprimento de energia fornecido pela luz solar seja continuamente renovado, o suprimento de água e dos elementos químicos que servem de nutrientes é fixo. Esses materiais precisam ser continuamente reciclados para que possam se tornar disponíveis para os organismos vivos. Os mecanismos pelos quais essa reciclagem ocorre são designados coletivamente como **ciclos biogeoquímicos:** *bio* refere-se aos seres vivos e *geo* refere-se à Terra, o ambiente dos seres vivos.

## Ciclo da água

O **ciclo da água**, ou **ciclo hidrológico** (Figura 26.2), recicla a água. A água atinge a superfície terrestre na forma de precipitação proveniente da atmosfera. Ela entra nos organismos vivos durante a fotossíntese e por ingestão. É eliminada como subproduto da respiração, em resíduos e por evaporação das superfícies dos seres vivos, como a *transpiração* (perda de água através dos poros nas folhas dos vegetais). Como todos

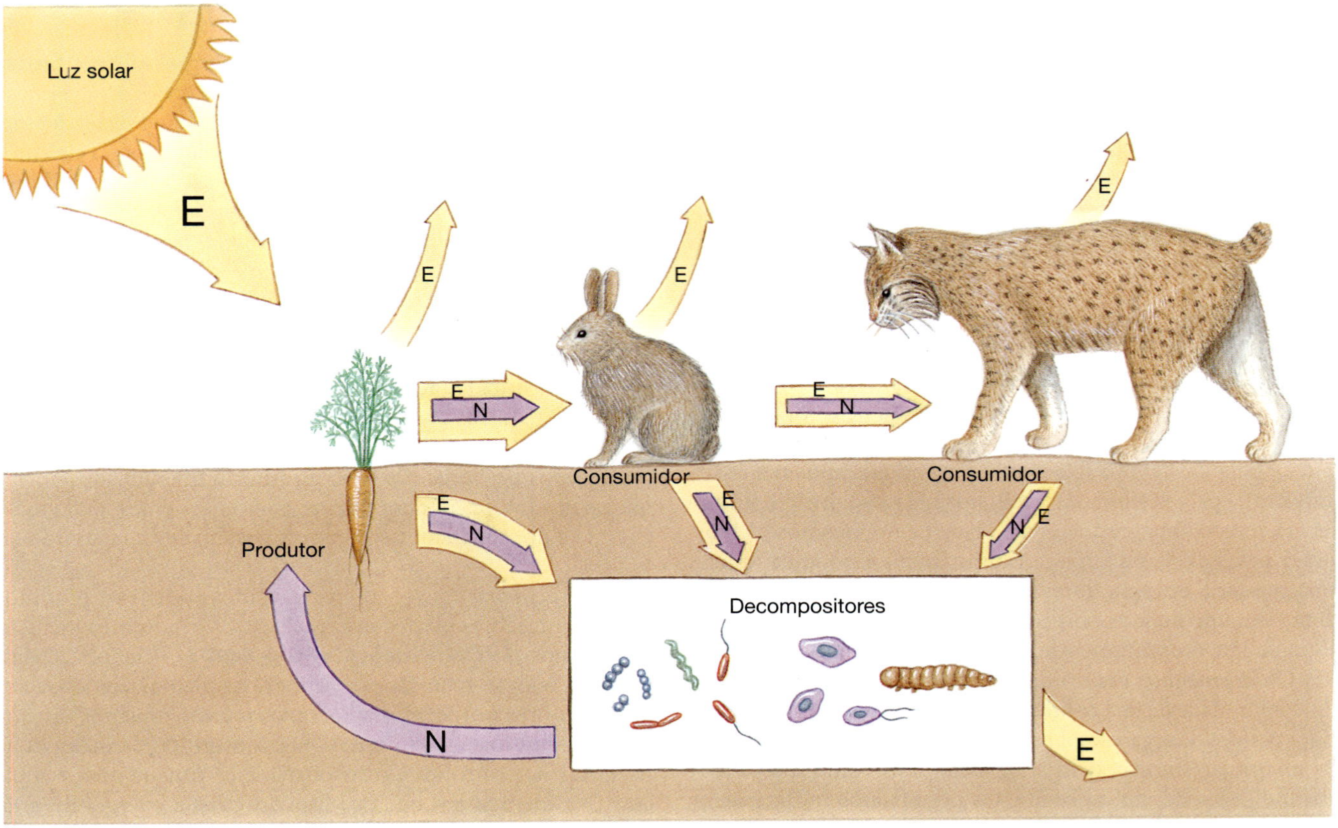


**Figura 26.1 O fluxo de energia (E) e nutrientes (N) nos ecossistemas.** A energia flui através do sistema (ela é obtida continuamente a partir do sol), enquanto os nutrientes existentes no ambiente precisam ser reciclados para que novas vidas continuem.

os outros seres vivos, os microrganismos utilizam a água no seu metabolismo, mas também vivem em ambientes aquáticos ou muito úmidos. Muitos formam esporos ou cistos, que os ajudam a sobreviver em períodos de seca, enquanto as células vegetativas necessitam de água.

## Ciclo do carbono

No **ciclo do carbono** (Figura 26.3), o carbono proveniente do dióxido de carbono ($CO_2$) atmosférico entra nos produtores durante a fotossíntese ou a quimiossíntese. Os consumidores obtêm compostos de carbono por meio da ingestão de produtores, outros consumidores ou restos de ambos. O dióxido de carbono retorna à atmosfera pela respiração e pela ação dos decompositores sobre os corpos mortos e resíduos de outros organismos. Os compostos de carbono podem ser depositados na turfa, no carvão e no petróleo e liberados deles durante a queima. Uma quantidade pequena, porém significativa, de dióxido de carbono na atmosfera provém da atividade vulcânica e da erosão das rochas, muitas das quais contêm o íon carbonato, $CO^{2}_{3}{}^{-}$. Os oceanos e as rochas de carbonato constituem os maiores reservatórios de carbono, porém a reciclagem do carbono através desses reservatórios é muito lenta.

Conforme assinalamos em capítulos anteriores, todos os microrganismos necessitam de alguma fonte de carbono para a sua sobrevivência. A maior parte do carbono que entra nos seres vivos provém do dióxido de carbono dissolvido nos corpos de água ou na atmosfera. Até mesmo o carbono nos açúcares e amidos ingeridos pelos consumidores origina-se do dióxido de carbono. Como a atmosfera contém apenas uma quantidade limitada de dióxido de carbono (0,03%), a reciclagem é essencial para manter um suprimento contínuo de dióxido de carbono atmosférico.

### SAIBA MAIS

#### As bactérias fazem o mundo "girar"

"As bactérias, em particular, [...] são ainda mais importantes do que nós. Onipresentes em infinitas variedades [...], elas liberam o carbono e o nitrogênio mantidos nos corpos das plantas e dos animais mortos, que – sem a participação das bactérias e das leveduras – permaneceriam presos para sempre em combinações inúteis, incapazes de serem utilizados como fontes posteriores de energia e de síntese. Esses minúsculos benfeitores, continuamente ocupados em seu trabalho em pântanos e campos, liberam os elementos bloqueados e os devolvem ao estoque natural, de modo que possam sofrer outros ciclos como partes de outros corpos vivos. [...] Sem as bactérias para manter a continuidade dos ciclos do carbono e do nitrogênio entre as plantas e os animais, todo tipo de vida acabaria cessando. [...] Sem elas, o mundo físico iria se tornar um depósito de espécimes bem preservados de sua flora e fauna passadas [...] inúteis para a nutrição dos corpos futuros. [...]"

– Hans Zinsser, 1935

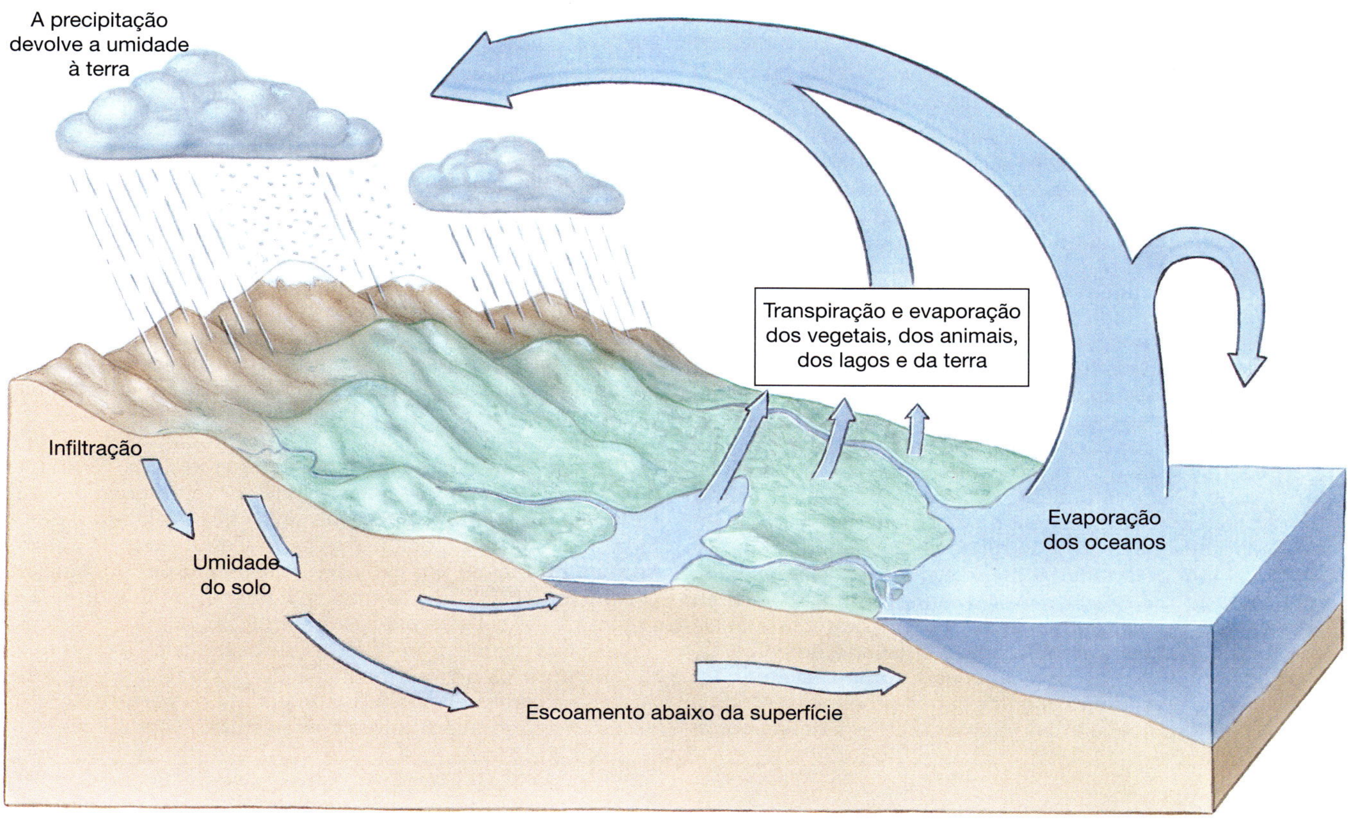


**Figura 26.2** **Ciclo da água.**

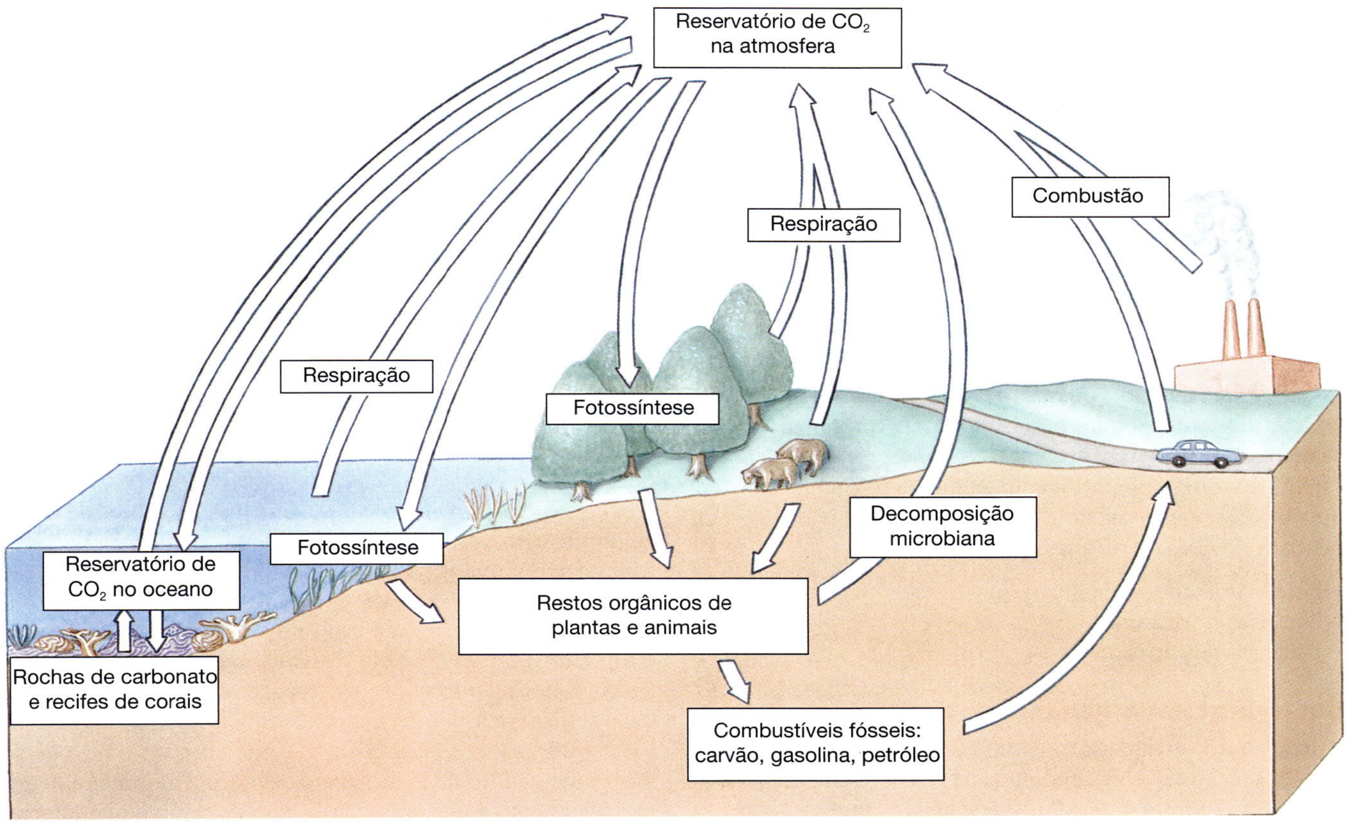


**Figura 26.3** **Ciclo do carbono.**

## APLICAÇÃO NA PRÁTICA

### Efeito estufa

O dióxido de carbono atmosférico e o vapor de água formam uma camada sobre a superfície da Terra, criando um "efeito estufa". Esses gases permitem que a radiação solar penetre na atmosfera, alcançando, assim, a superfície terrestre e aquecendo tanto a atmosfera quanto a superfície terrestre. Entretanto, esses gases retêm grande parte da radiação infravermelha (calor) produzida pela superfície aquecida, refletindo-a de volta à Terra. A energia solar é assim captada dentro da "estufa". O efeito global é a redução da variação de temperatura e a elevação da temperatura próximo à superfície terrestre.

Ao longo do século passado, as atividades humanas liberaram quantidades relativamente grandes de dióxido de carbono a partir da combustão do carvão e do petróleo. De fato, a concentração de $CO_2$ na atmosfera aumentou em mais de 10% desde 1958. Além disso, as florestas, que absorvem o dióxido de carbono e repõem o oxigênio terrestre por meio da fotossíntese, têm sido derrubadas e queimadas em um ritmo sempre crescente. A maioria dos cientistas acredita que esses processos estejam causando uma tendência ao aquecimento geral, aumentando as temperaturas médias por todo o mundo e modificando o equilíbrio dos organismos nos ecossistemas. Essa tendência tornaria as atuais regiões temperadas muito quentes para a produção de trigo e outras culturas, criaria secas em outras áreas e daria origem a novos desertos. Chegou mesmo a derreter o gelo polar, elevando o nível dos oceanos e inundando regiões costeiras.

Durante os primeiros 5 meses de 1998, a temperatura global aumentou em 0,5°C! O aquecimento global poderia levar a um aumento na incidência de doenças infecciosas com a expansão das variedades de vetores (mosquitos, caramujos, moscas e outros) que transportam os organismos causadores de doenças. Foram desenvolvidos vários cenários por meio de modelos computacionais. De acordo com um desses modelos, um aumento global da temperatura de apenas 3°C ao longo do próximo século poderia resultar em 50 milhões a 80 milhões de novos casos de malária por ano. Outras doenças, incluindo a esquistossomose, a tripanossomíase africana, a dengue e a febre amarela, também demonstram uma tendência a se disseminar com o aquecimento global.

O plâncton fotossintético marinho (*fitoplâncton*) utiliza o $CO_2$, e acredita-se que ele afete a temperatura da Terra. (Ver o boxe "E você pensava que era El Niño", mais adiante neste capítulo.) Em junho de 1995, pesquisadores relataram que o ferro adicionado em doses regulares a uma parte do oceano Pacífico promoveu um extenso crescimento do fitoplâncton. O plâncton absorveu enormes quantidades de $CO_2$ do ar. Entretanto, os cientistas precisam alertar rapidamente contra a perspectiva de esparramar ferro nos oceanos com o propósito de reduzir os níveis globais de $CO_2$. O acréscimo de ferro alteraria a cadeia alimentar e aumentaria os níveis de outros gases que contribuem para o efeito estufa.

## Ciclo do nitrogênio e bactérias do nitrogênio

No **ciclo do nitrogênio** (Figura 26.4), o nitrogênio sai da atmosfera, passa por vários organismos e retorna à atmosfera. Esse fluxo cíclico depende não apenas dos decompositores, mas também de várias bactérias do nitrogênio.

Os decompositores utilizam diversas enzimas para clivar as proteínas nos organismos mortos e seus resíduos, liberando nitrogênio de modo muito semelhante à liberação do carbono. As proteinases clivam grandes moléculas de proteína em moléculas menores. As peptidases clivam ligações peptídicas, com liberação dos aminoácidos. As desaminases removem grupos amino dos aminoácidos e liberam amônia. Por fim, o gás nitrogênio livre retorna à atmosfera. Muitos microrganismos do solo produzem uma ou mais dessas enzimas. Os clostrídios, os actinomicetos e muitos fungos produzem proteinases extracelulares, que iniciam a decomposição das proteínas.

As bactérias do nitrogênio podem ser classificadas em uma de três categorias, de acordo com as funções que desempenham no ciclo do nitrogênio:

- Bactérias fixadoras de nitrogênio
- Bactérias nitrificantes
- Bactérias desnitrificantes.

### Bactérias fixadoras de nitrogênio

A **fixação do nitrogênio** consiste na redução do gás nitrogênio ($N_2$) atmosférico a amônia ($NH_3$). Os organismos capazes de fixar o nitrogênio são essenciais à manutenção de um suprimento de nitrogênio fisiologicamente utilizável na Terra. Cerca de 255 milhões de toneladas métricas de nitrogênio são fixados anualmente – 70% por bactérias fixadoras de nitrogênio. As bactérias e as cianobactérias fixam o nitrogênio em muitos ambientes diferentes – desde a Antártica até fontes termais, pântanos ácidos, planícies salgadas, terras inundadas e desertos, na água salgada e na água doce e até mesmo no intestino de alguns organismos.

A energia para fixação do nitrogênio pode provir da fermentação, da respiração aeróbica ou da fotossíntese. Os vários organismos que fixam o nitrogênio vivem de maneira independente, em associações fracas ou em simbiose íntima. Independentemente do ambiente ou das associações entre os organismos, as bactérias fixadoras de nitrogênio precisam ter uma enzima de fixação do nitrogênio funcional, denominada **nitrogenase**, um agente redutor que fornece hidrogênio e a energia proveniente do ATP. Nos ambientes aeróbicos, os fixadores de nitrogênio também devem ter um mecanismo para proteger a nitrogenase sensível ao oxigênio de sua inativação.

Os organismos aeróbicos de vida livre fixadores de nitrogênio incluem várias espécies do gênero *Azotobacter* e algumas bactérias metilotróficas. As cianobactérias também são fixadoras de nitrogênio de vida livre. *Azotobacter* é encontrado nos solos e é um heterótrofo versátil cujo crescimento é limitado pela quantidade disponível de carbono orgânico. As *bactérias metilotróficas* são capazes de fixar o nitrogênio quando dispõem de metano, metanol ou íons hidrogênio de vários substratos. As cianobactérias podem fixar o nitrogênio utilizando o hidrogênio do sulfeto de hidrogênio, de modo que elas aumentam a disponibilidade de nitrogênio em ambientes sulfurosos.

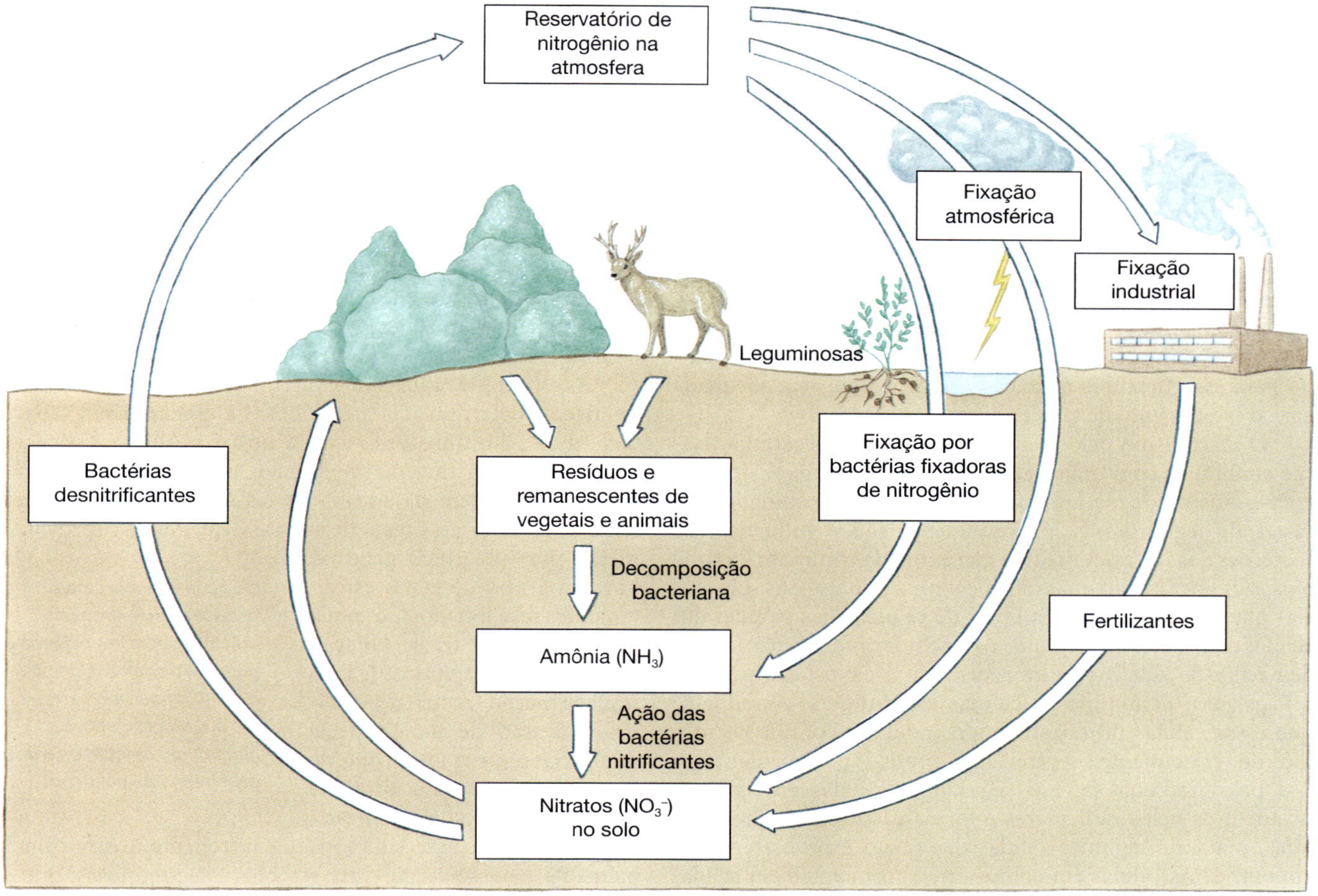


**Figura 26.4 Ciclo do nitrogênio.**

Os anaeróbios facultativos fixadores de nitrogênio incluem espécies de *Klebsiella*, *Enterobacter*, *Citrobacter* e *Bacillus*. Além disso, diversos anaeróbios obrigatórios também fixam o nitrogênio, incluindo Rhodospirillaceae que realizam a fotossíntese e bactérias dos gêneros *Clostridium*, *Desulfovibrio* e *Desulfotomaculum*. Várias espécies de *Klebsiella* capazes de fixar o nitrogênio são encontradas em *rizomas* (caules subterrâneos) de leguminosas, como ervilhas e feijões, bem como no intestino de seres humanos e de outros animais. A fixação do nitrogênio tem sido observada em cerca de 12% das células de *Klebsiella pneumoniae* de pacientes. São encontradas várias espécies de *Clostridium* em solos e na lama. Essas espécies utilizam uma variedade de substâncias orgânicas para obter energia e resistem às condições desfavoráveis formando esporos. Toleram uma faixa de pH de 4,5 a 8,5, porém fixam melhor o nitrogênio em pH de 5,5 a 6,5. *Desulfovibrio* e *Desulfotomaculum*, redutores de sulfato anaeróbicos que vivem na lama e em sedimentos do solo, fixam o nitrogênio em pH de 7 a 8.

Alguns fixadores de nitrogênio são encontrados em associação simbiótica com outros organismos, que lhes fornecem fontes de carbono orgânico. Por exemplo, a cianobactéria *Anabaena* (Figura 26.5A) é encontrada nos poros das folhas de *Azolla*, uma pequena samambaia aquática encontrada em muitas partes do mundo. *Anabaena* fixadora de nitrogênio fornece o nitrogênio necessário, enquanto a samambaia fornece substratos para a captação de energia em ATP, bem como redutores para a fixação do nitrogênio. Juntas, elas fixam 100 kg de nitrogênio por hectare (uma área que corresponde a cerca de dois campos de futebol) por ano e são utilizadas como "esterco verde" na cultura do arroz no Sudeste Asiático.

## PARA TESTAR

### Bactérias fixadoras de nitrogênio em nódulos radiculares

É fácil encontrar e visualizar bactérias fixadoras de nitrogênio em nódulos radiculares. Para isso, retire inicialmente o sistema radicular de uma planta leguminosa, como o feijão ou a ervilha. Lave cuidadosamente de modo a retirar a sujeira para expor os nódulos. Esmague um nódulo sobre uma lâmina de vidro limpa. Acrescente uma pequena gota de água e utilize os pedaços do nódulo ou uma alça de inoculação para espalhar o líquido, formando um filme fino. Retire os pedaços do nódulo. Deixe a lâmina secar ao ar e, em seguida, passe-a rapidamente na chama de um bico de Bunsen, três ou quatro vezes, de modo a fixar os organismos pelo calor. Cubra com corante azul de metileno por um minuto. Lave a lâmina com água, seque-a e examine-a sob a objetiva de imersão em óleo. Os bacilos que você irá visualizar provavelmente pertencem ao gênero *Rhizobium*.

*Rhizobium* é o principal fixador de nitrogênio simbiótico. Essa bactéria vive em *nódulos*, estruturas que se estendem a partir das raízes de determinadas plantas, habitualmente leguminosas (Figura 26.5B e C). Nessa relação simbiótica, a planta beneficia-se ao receber nitrogênio em uma forma utilizável, enquanto as bactérias beneficiam-se dos nutrientes necessários para o seu crescimento. Quando associado a leguminosas, *Rhizobium* pode fixar de 150 a 200 kg de nitrogênio por hectare de terra por ano. Na ausência de leguminosas, as bactérias fixam apenas cerca de 3,5 kg de nitrogênio por hectare por ano – menos de 2% da quantidade fixada na relação simbiótica. Agricultores frequentemente misturam bactérias fixadoras de nitrogênio com as sementes de ervilhas e feijões antes do plantio para assegurar que a fixação do nitrogênio seja adequada para o crescimento de suas culturas.

O mecanismo pelo qual *Rhizobium* estabelece uma relação simbiótica com uma leguminosa tem sido objeto de muitas pesquisas. *Rhizobium* multiplica-se nas proximidades das raízes de leguminosas, provavelmente sob a influência de secreções das raízes. À medida que aumenta o número de rizóbios, eles liberam enzimas que digerem a celulose e as substâncias que mantêm unidas as fibras de celulose nas paredes das células das raízes. Em seguida, os rizóbios mudam suas formas de bacilos de vida livre e transformam-se em células esféricas e flageladas, denominadas **células em colmeia**. Acredita-se que essas células produzam ácido indolacético, um hormônio de crescimento vegetal que produz encaracolamento dos pelos radiculares. Em seguida, as células em colmeia invadem os pelos radiculares e formam redes semelhantes a hifas, matando algumas células das raízes e proliferando-se em outras. As células em colmeia transformam-se em células grandes e de formato irregular, denominadas **bacteroides**, que estão estreitamente acondicionadas no interior das células das raízes, provavelmente sob a influência de substâncias químicas nas células vegetais. O acúmulo de bacteroides nas células radiculares adjacentes forma nódulos nas raízes da planta.

Os bacteroides contêm a enzima nitrogenase, que catalisa a seguinte reação:

$$\underset{\textbf{Gás nitrogênio}}{N_2} + \underset{\textbf{Gás hidrogênio}}{3H_2} \xrightarrow{\textit{Rhizobium}} \underset{\textbf{Amônia}}{2NH_3}$$

Entretanto, essa enzima é inativada pelo oxigênio, de modo que a fixação do nitrogênio só pode ocorrer quando o oxigênio é impedido de alcançar a enzima. A nitrogenase é protegida do oxigênio por um tipo de hemoglobina, um pigmento vermelho que se liga ao oxigênio. Essa hemoglobina particular só é sintetizada nos nódulos das raízes que contêm bacteroides, visto que parte da informação genética necessária para a sua síntese encontra-se nos bacteroides, enquanto a outra parte está nas células vegetais. A síntese de nitrogenase é reprimida na presença de amônio ($NH_4^+$) em excesso e desreprimida na presença de nitrogênio livre. Desse modo, a fixação só ocorre quando há escassez de nitrogênio "fixado", e o nitrogênio livre está disponível.

As espécies de *Rhizobium* variam quanto à sua capacidade de invadir determinadas leguminosas e quanto à sua capacidade de fixar o nitrogênio após a invasão. Algumas espécies não conseguem invadir nenhuma leguminosa, enquanto outras só invadem determinadas leguminosas. Essa especificidade de invasão é geneticamente determinada (provavelmente por um único gene ou por um grupo de genes estreitamente relacionados) e pode ser alterada por transformação genética (ver Capítulo 9). Essa transformação poderia permitir a invasão de uma espécie de *Rhizobium* em um grupo de leguminosas que anteriormente a bactéria não podia colonizar.

**Os genes bacterianos fixadores de nitrogênio adicionados a importantes plantas de cultivo, como o milho, poderiam torná-las autofertilizantes, eliminando os custos e os problemas de poluição.**

Embora a fixação simbiótica de nitrogênio ocorra principalmente na associação entre rizóbios e leguminosas, outras associações desse tipo também são conhecidas. O amieiro, que cresce em solos pobres em nitrogênio, possui nódulos radiculares semelhantes aos formados pelos rizóbios. Esses nódulos contêm actinomicetos fixadores de nitrogênio do gênero *Frankia*.

## Bactérias nitrificantes

A **nitrificação** é o processo pelo qual a amônia ou íons amônio são oxidados em nitritos ou nitratos. A nitrificação, que é realizada por bactérias autotróficas, é uma parte importante

**Figura 26.5 Bactérias do gênero *Rhizobium* e nódulos radiculares.** A. MEV de *Anabaena azollae* filamentosa, em forma de contas, uma cianobactéria fixadora de nitrogênio que vive em relação mutualística com a samambaia aquática *Azolla* (1.228×). *(David Hall/SPL/Science Source.)* B. Nódulos nas raízes de um feijão, resultantes da invasão da planta por bactérias fixadoras de nitrogênio. *(Nigel Cattlin/Science Source.)* C. Corte transversal de uma raiz de leguminosa mostra a bacteria *Rhizobium* densamente acondicionada no interior do nódulo (1.227×). *(Keith Wheeler/Science Source.)*

do ciclo do nitrogênio, visto que fornece às plantas o *nitrato* ($NO_3^-$), a forma de nitrogênio mais utilizável no metabolismo vegetal. A nitrificação ocorre em duas etapas. Em cada etapa, o nitrogênio é oxidado, e a energia é captada pelas bactérias que realizam a reação. Várias espécies de *Nitrosomonas* (Figura 26.6) e gêneros relacionados – bactérias gram-negativas em forma de bastonete – produzem *nitrito* ($NO_2^-$), a forma reduzida dos nitratos:

$$\underset{\textbf{Íons amônio}}{NH_4^+} + \underset{\textbf{Gás oxigênio}}{1\tfrac{1}{2}O_2} \xrightarrow{\textit{Nitrosomona}}$$

$$\underset{\textbf{Nitrito}}{NO_2^-} + \underset{\textbf{Água}}{H_2O} + \underset{\textbf{Íons hidrogênio}}{2H^+} + \text{Energia}$$

Espécies de *Nitrobacter* e gêneros relacionados, que também são bastonetes gram-negativos, produzem nitratos:

$$\underset{\textbf{Nitrito}}{NO_2^-} + \underset{\textbf{Oxigênio}}{\frac{1}{2}O_2} \xrightarrow{\textit{Nitrobacter}} \underset{\textbf{Nitrato}}{NO_3^-} + \text{Energia}$$

Essas bactérias utilizam a energia proveniente das reações anteriores para reduzir o dióxido de carbono no metabolismo autotrófico. Como o oxigênio é necessário para as reações de nitrificação, essas reações só ocorrem em águas e solos oxigenados. Além disso, como o nitrito é tóxico para as plantas, é essencial que essas reações sejam realizadas em sequência, de modo a fornecer nitratos e a evitar o acúmulo excessivo de nitritos no solo.

### Bactérias desnitrificantes

A **desnitrificação** é o processo pelo qual os nitratos são reduzidos a óxido nitroso ($N_2O$) ou gás nitrogênio (equação não equilibrada):

$$\underset{\textbf{Nitrato}}{NO_3^-} \rightarrow \underset{\textbf{Nitrito}}{NO_2^-} \rightarrow \underset{\textbf{Óxido nitroso}}{N_2O} \rightarrow \underset{\textbf{Gás nitrogênio}}{N_2}$$

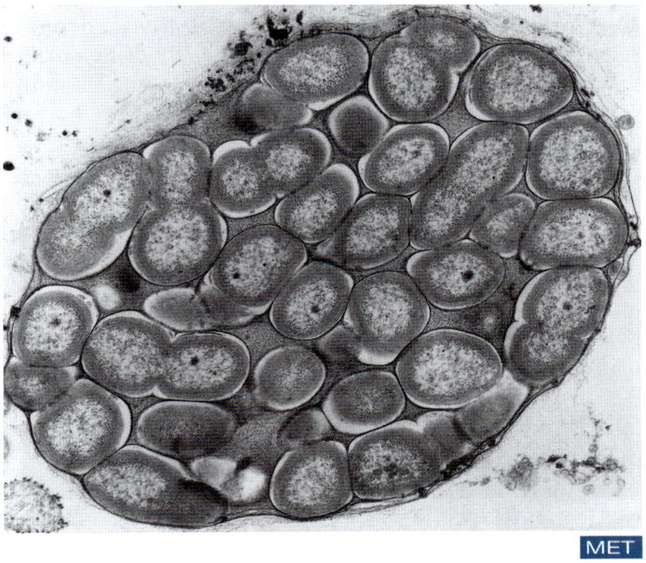


**Figura 26.6 MET de uma microcolônia da bactéria nitrificante *Nitrosomonas*.** (17.750×). *(Paul W. Johnson/Biological Photo Service.)*

Embora esse processo não ocorra em grau significativo nos solos bem oxigenados, ele é observado em solos alagados com depleção de oxigênio. A maior parte da desnitrificação é realizada por espécies de *Pseudomonas*, mas também pode ser realizada por *Thiobacillus denitrificans*, *Micrococcus denitrificans* e por várias espécies de *Serratia* e *Achromobacter*. Essas bactérias, embora sejam habitualmente aeróbicas, utilizam o nitrato em vez de oxigênio como aceptor de hidrogênio em condições anaeróbicas. Outro processo que reduz o nitrato do solo é a redução do nitrato a amônia. Diversas bactérias anaeróbicas realizam esse processo (denominado *redução do nitrato dissimilativa*), em uma reação complexa que pode ser resumida da seguinte maneira (equação não equilibrada):

$$\underset{\textbf{Nitrato}}{NO_3^-} \rightarrow \underset{\textbf{Gás hidrogênio}}{H_2} \rightarrow \underset{\textbf{Amônia}}{NH_3} \rightarrow \underset{\textbf{Óxido nitroso}}{N_2O}$$

Embora este último processo reduza a quantidade de nitrato disponível, ele retém o nitrogênio do solo em outras formas.

A desnitrificação é um processo dispendioso, porque retira os nitratos do solo e interfere no crescimento das plantas. É responsável por perdas significativas de nitrogênio a partir dos fertilizantes aplicados aos solos. Outro efeito indesejável da desnitrificação é a produção de óxido nitroso, que é convertido em óxido nítrico (NO) na atmosfera. Por sua vez, o óxido nítrico reage com o ozônio ($O_3$) na camada superior da atmosfera. O ozônio produz uma barreira entre os seres vivos na Terra e a radiação ultravioleta do sol. Se uma quantidade suficiente de ozônio for destruída, não irá mais atuar como tela de proteção efetiva, e os seres vivos poderão ser expostos a uma radiação ultravioleta excessiva, que pode causar câncer e mutações (ver Capítulo 8).

## Ciclo do enxofre e bactérias do enxofre

O **ciclo do enxofre** (Figura 26.7), que envolve o movimento do enxofre por um ecossistema, assemelha-se ao ciclo do nitrogênio em vários aspectos. Os grupos sulfidrila (—SH) nas

> **APLICAÇÃO NA PRÁTICA**
>
> **E ele realmente cheira mal também**
>
> Em 1996, pesquisadores descobriram que as atividades agrícolas comuns eram responsáveis por aproximadamente 6% da emissão total de gases causadores do efeito estufa nos EUA. As atividades agrícolas que mais contribuem para a emissão de gases do efeito estufa são a fermentação entérica em animais de criação domésticos e o manejo do esterco que eles produzem. O metano e o óxido nitroso constituem a maior parte dos gases emitidos. O metano é produzido como parte do processo digestivo normal, quando os microrganismos fermentam o alimento consumido pelos animais. Os ruminantes – gado bovino, búfalos, ovinos, caprinos e camelos – são os principais emissores de metano. O manejo do esterco do gado produz metano e óxido nitroso. O metano é produzido pela decomposição anaeróbica do esterco, enquanto o óxido nitroso é produzido pela desnitrificação do nitrogênio orgânico no esterco. Muitas dessas emissões podem ser reduzidas pelo controle da dieta do gado e pelo incentivo da decomposição aeróbica do esterco.

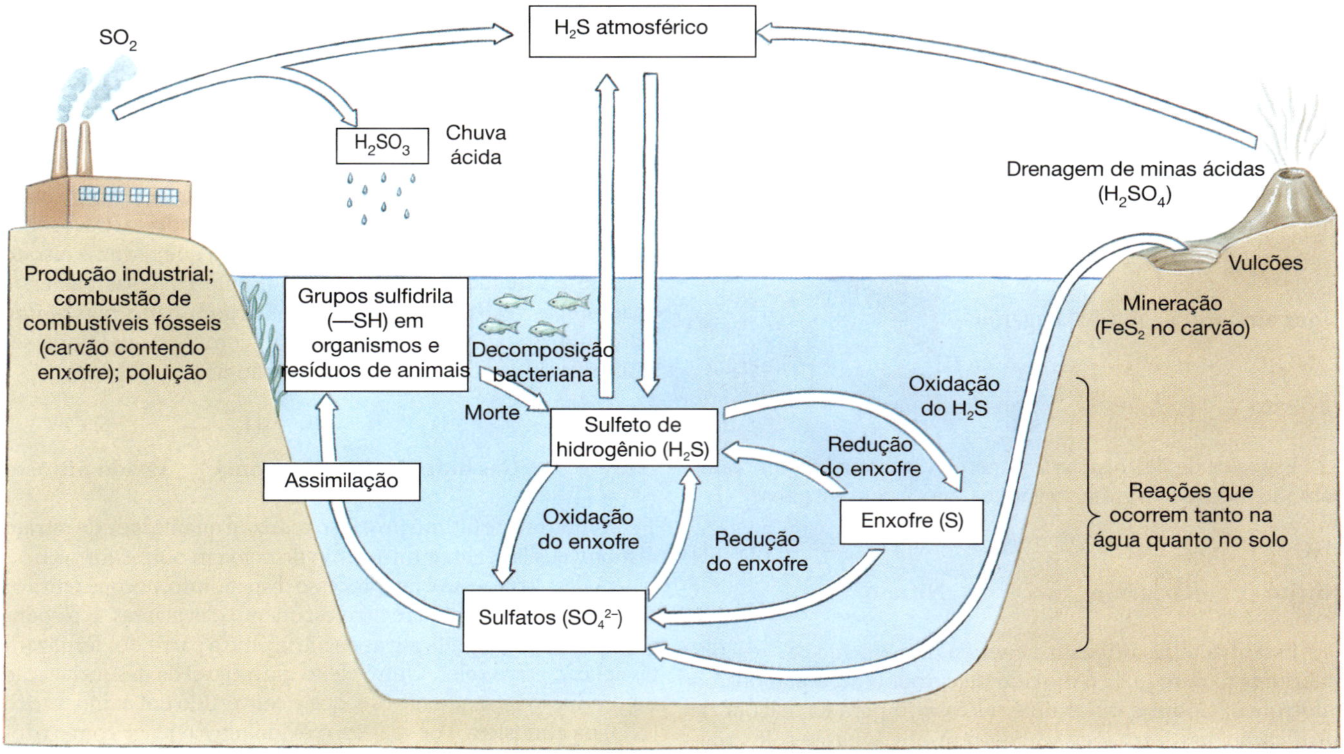


**Figura 26.7 Ciclo do enxofre.**

proteínas dos organismos mortos são convertidos em sulfeto de hidrogênio ($H_2S$) por uma variedade de microrganismos. Esse processo é análogo à liberação de amônia das proteínas no ciclo do nitrogênio. O sulfeto de hidrogênio é tóxico para os seres vivos e, portanto, precisa ser oxidado rapidamente. A oxidação em enxofre elementar é seguida de oxidação em sulfato ($SO_4^{2-}$), que constitui a forma de enxofre mais utilizável tanto pelos microrganismos quanto pelas plantas. Esse processo é análogo à nitrificação. O ciclo do enxofre é de importância particular nos ambientes aquáticos, onde o sulfato é um íon comum, particularmente na água dos oceanos.

As várias bactérias do enxofre podem ser classificadas de acordo com as suas funções no ciclo do enxofre. Essas funções incluem a redução do sulfato, a redução do enxofre e a oxidação do enxofre.

## Bactérias redutoras de sulfato

A **redução do sulfato** é a sua redução ($SO_4^{2-}$) a sulfeto de hidrogênio ($H_2S$). As bactérias redutoras de sulfato estão entre as formas de vida mais antigas, provavelmente com mais de 3 bilhões de anos. Incluem os gêneros estreitamente relacionados *Desulfovibrio*, *Desulfomonas* e *Desulfotomaculum*. Nessas bactérias, o sulfato é o aceptor final de elétrons na oxidação anaeróbica, assim como o oxigênio é o aceptor final de elétrons na oxidação aeróbica. Com a redução do sulfato, essas bactérias produzem grandes quantidades de sulfeto de hidrogênio. Entretanto, para que esse processo possa ocorrer é necessária a energia proveniente do ATP para fosforilar o sulfato e convertê-lo em ADP-$SO_4$. Em seguida, o ADP-$SO_4$ pode atuar como aceptor de elétrons e competir com sucesso por substratos.

As bactérias redutoras de sulfato (Figura 26.8) são anaeróbios estritos. Têm ampla distribuição e predominam em quase todos os ambientes anaeróbicos. Conforme discutido no Capítulo 7, as bactérias redutoras de sulfato podem ser psicrofílicas, mesofílicas, termofílicas ou halofílicas. A variedade de fontes de carbono orgânico que elas podem metabolizar é limitada. A maioria utiliza lactato, piruvato, fumarato, malato ou etanol, e algumas podem utilizar a glicose e o citrato. Os produtos finais desse metabolismo são normalmente o acetato e o dióxido de carbono. Alguns redutores de sulfato utilizam produtos derivados da degradação anaeróbica de material vegetal por outros organismos. *Desulfovibrio*, *Desulfomonas* e *Desulfotomaculum* oxidam ácidos graxos, bem como uma variedade de outros ácidos orgânicos.

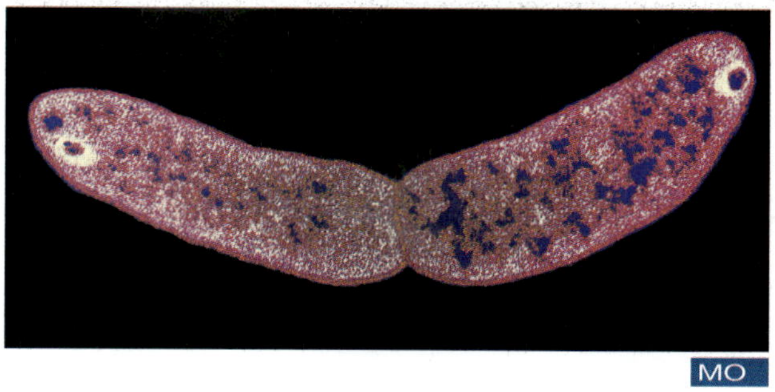


**Figura 26.8 *Desulfotomaculum*, arqueobactéria extremófila redutora de enxofre que produz grânulos de enxofre, cresce em 30 a 37°C, e aparece aqui em processo de divisão.** *(Dr. T. J. Beveridge/Getty Images.)*

## APLICAÇÃO NA PRÁTICA

### Evite problemas com os excrementos de porcos

Os porcos são animais fofos – quando estão em pequeno número. Mas meio milhão de porcos criados em um curral de suínos podem causar problemas. Cada porco adulto produz diariamente de 22 a 27 kg de esterco. Multiplique por meio milhão, e você estará diante de uma gigantesca pilha a ser processada. Diluído com água e estocado em uma lagoa, só o fedor mantém os vizinhos acordados à noite, com náuseas e vômitos. A noite é habitualmente o momento em que as águas residuais da lagoa são bombeadas sobre as terras de cultivo para atuar como fertilizante. Algumas vezes, há mais nutrientes do que a capacidade de absorção das plantas, ou chove imediatamente após a sua aplicação. Os nutrientes são então carregados para os cursos de água, causando poluição, floração de algas, matança de peixes etc. Nada muito agradável também para os nadadores!

Cientistas do Departamento de Agricultura dos EUA estão agora adaptando a tecnologia japonesa para o tratamento de águas residuais municipais para os currais de suínos em larga escala. As bactérias *Nitrosomonas* e *Nitrobacter* são incorporadas em esferas de gel de polímero com largura aproximada de 3 a 6 mm. A amônia das águas residuais, juntamente com oxigênio e dióxido de carbono dos aeradores, pode entrar e nutrir as bactérias. Telas e filtros impedem que as esferas sejam bombeadas com as águas residuais tratadas. No interior das esferas, as bactérias clivam a amônia em nitritos e, em seguida, em nitratos (nitrificação). Em seguida, no processo de desnitrificação, elas convertem os nitratos em gás nitrogênio livre ($N_2$). Essas pequenas bactérias trabalham duro: depois de 2 meses de aclimatação a concentrações cada vez mais altas de amônia, elas estão prontas e capazes de permanecer no serviço por 10 anos ou mais! Frascos de águas residuais de suínos mostram o que uma diferença de 12 h de tratamento pode fazer: 675 partes por milhão de nitrogênio no frasco escuro não tratado *versus* menos de 24 partes por milhão no frasco claro tratado.

*(Cortesia: Agricultural Research Service, USDA.)*

## Bactérias redutoras de enxofre

A **redução do enxofre** consiste na redução do sulfato a sulfeto de hidrogênio. Como as bactérias redutoras de sulfato, as bactérias redutoras de enxofre são anaeróbias. Podem utilizar o enxofre intracelular ou extracelular como aceptor de elétrons na fermentação. O enxofre pode estar na forma elementar ou em ligações dissulfeto de moléculas orgânicas. Esse processo fornece energia aos microrganismos quando não há luz solar disponível para a fotossíntese.

## Bactérias oxidantes de enxofre

A **oxidação do enxofre** é a oxidação de várias formas de enxofre em sulfato. *Thiobacillus* e bactérias semelhantes oxidam o sulfeto de hidrogênio, o sulfeto ferroso ou o enxofre elementar em ácido sulfúrico ($H_2SO_4$). Quando sofre ionização, esse ácido diminui acentuadamente o pH do ambiente, às vezes reduzindo o pH para 1 ou 2. Os organismos oxidantes de enxofre são responsáveis pela oxidação do sulfeto ferroso em resíduos de mineração de carvão, e o ácido que eles produzem é extremamente tóxico para os peixes e outros organismos em riachos que recebem esses resíduos.

## Outros ciclos biogeoquímicos

Além da água, do carbono, do nitrogênio e do enxofre – cujos ciclos examinamos –, o fósforo e outros elementos também se movem ciclicamente através dos ecossistemas. Qualquer elemento (incluindo oligoelementos) que aparece nas células dos organismos vivos precisa ser reciclado para extraí-lo dos organismos mortos e torná-lo novamente disponível para os organismos vivos. Concluiremos nossa discussão dos ciclos biogeoquímicos com uma breve descrição do ciclo do fósforo.

O **ciclo do fósforo** (Figura 26.9) envolve o movimento do fósforo entre as formas inorgânicas e orgânicas. Os microrganismos do solo são ativos no ciclo do fósforo pelo menos de duas maneiras importantes: (1) clivam os fosfatos orgânicos dos organismos em decomposição em fosfatos inorgânicos, e (2) convertem os fosfatos inorgânicos em ortofosfato ($PO_4^{3}$), um nutriente hidrossolúvel utilizado tanto pelas plantas quanto pelos microrganismos. Essas funções são particularmente importantes, visto que o fósforo constitui, com frequência, o nutriente limitante em muitos ambientes.

## A biosfera profunda e quente

Thomas Gold, em seu livro controverso (que está ganhando aceitação) *The Deep Hot Biosphere, the Myth of Fossil Fuels* ([A biosfera profunda e quente, o mito dos combustíveis fósseis] 2001, Copernicus Books/Springer-Verlag), defende que toda a crosta terrestre, até uma profundidade de vários quilômetros, é habitada por uma cultura de microrganismos. Essas bactérias, que vivem nas profundidades da Terra, alimentam-se de

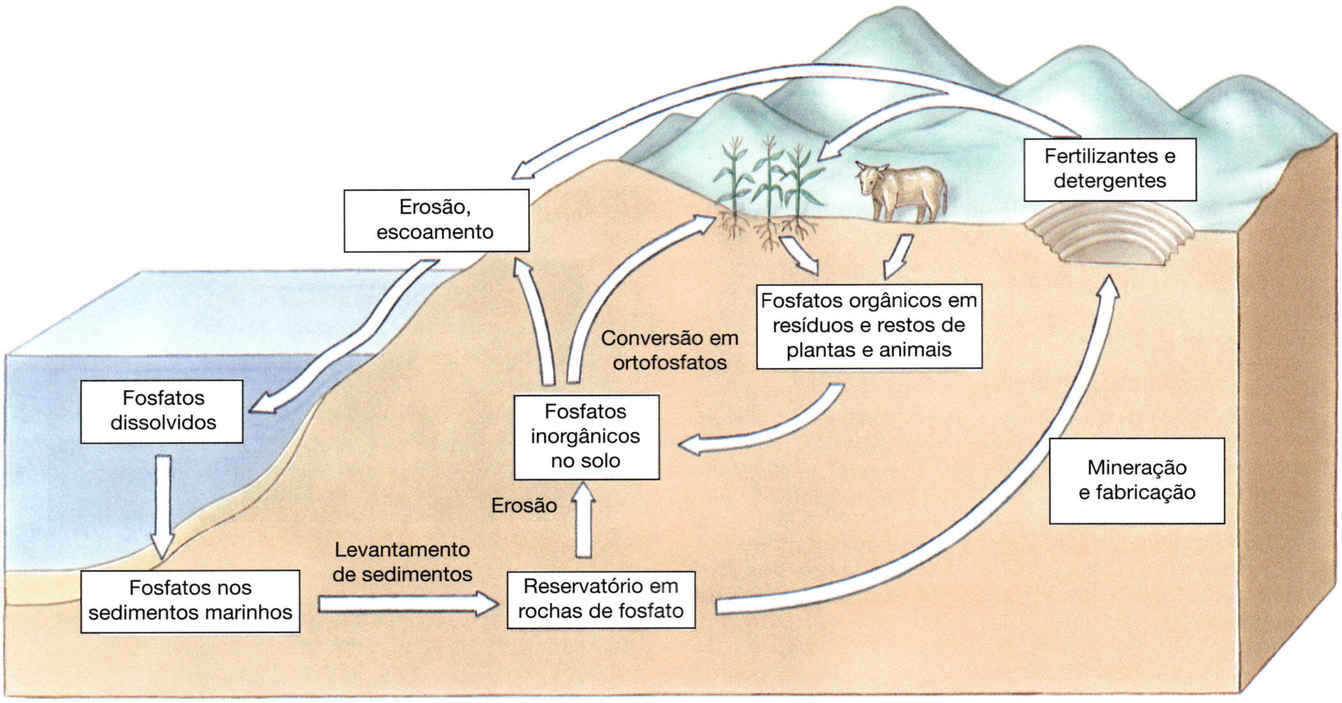


**Figura 26.9 Ciclo do fósforo.**

depósitos de petróleo e gás metano, que constituem uma parte original da Terra, desde a época em que coalesceu de restos de corpos planetários. O petróleo não seria mais considerado como um produto formado pela compressão e transformação de resíduos vegetais e animais. A vida primitiva começou nas profundezas do planeta e só emergiu em sua superfície quando esta se resfriou e modificou. Hoje, nos limites entre ambientes profundos e de superfície, encontramos afloramentos de substâncias químicas e organismos, observados pela primeira vez em 1977 a uma profundidade de 2,6 km, ao nordeste das ilhas Galápagos, ao longo da dorsal do Pacífico. Posteriormente, neste capítulo, discutiremos as fontes hidrotermais de fumarolas negras, as nascentes frias e as cavernas de metano e enxofre, que constituem as áreas das zonas de fronteira. Veja também a abertura deste capítulo.

**PARE e RESPONDA**

1. Diferencie os autótrofos, os heterótrofos e os decompositores.
2. O que se entende por fixação do nitrogênio? Quem a realiza? Qual é a sua importância para nós?
3. Qual é a importância da desnitrificação?

# AR

Tendo discutido brevemente alguns fundamentos de ecologia e dos ciclos biogeoquímicos, exploraremos agora os diferentes tipos de ambientes e os microrganismos encontrados neles. Começaremos com o ar ao nosso redor e, em seguida, consideraremos o solo e a água.

## Microrganismos encontrados no ar

Os microrganismos não crescem no ar, em parte por que o ar não tem nutrientes necessários para o metabolismo e o crescimento. Todavia, os esporos são transportados pelo ar, e as células vegetativas podem ser transportadas em partículas de poeira e em gotículas de água no ar. Os tipos e o número de microrganismos transportados pelo ar variam enormemente em diferentes ambientes. Encontram-se grandes quantidades de muitos tipos diferentes de microrganismos no ar de ambientes internos, onde os seres humanos se aglomeram e a ventilação nos prédios é precária. Pode-se detectar um pequeno número de microrganismos em altitudes de 3.000 m.

Entre os organismos encontrados no ar, os esporos de bolores são, sem dúvida, os mais numerosos, e *Cladosporium* é geralmente o gênero predominante. As bactérias comumente encontradas no ar incluem tanto bactérias aeróbicas formadoras de esporos, como *Bacillus subtilis*, quanto bactérias não formadoras de esporos, como *Micrococcus* e *Sarcina*. Foram também isolados do ar algas, protozoários, leveduras e vírus. Enquanto tossem, espirram ou até mesmo falam, seres humanos infectados podem expelir patógenos juntamente com gotículas de água. Os profissionais de saúde devem manipular com cuidado os resíduos de pacientes, para evitar a produção de aerossóis (minúsculas gotículas que permanecem suspensas por algum tempo) de patógenos (ver Capítulo 16).

## Determinação do conteúdo de microrganismos do ar

Microrganismos transportados pelo ar podem ser detectados por meio de coleta daqueles que acabam caindo em uma placa de ágar ou em meio líquido. Um instrumento especial de coleta de ar, semelhante a uma centrífuga, fornece uma medida mais adequada dos microrganismos transportados pelo ar (**Figura 26.10A**).

## Métodos de controle dos microrganismos no ar

Para controlar os microrganismos existentes no ar, podem-se utilizar agentes químicos, radiação, filtração e fluxo laminar. Determinados agentes químicos, como o trietileno glicol, o resorcinol e o ácido láctico, quando dispersados como

A

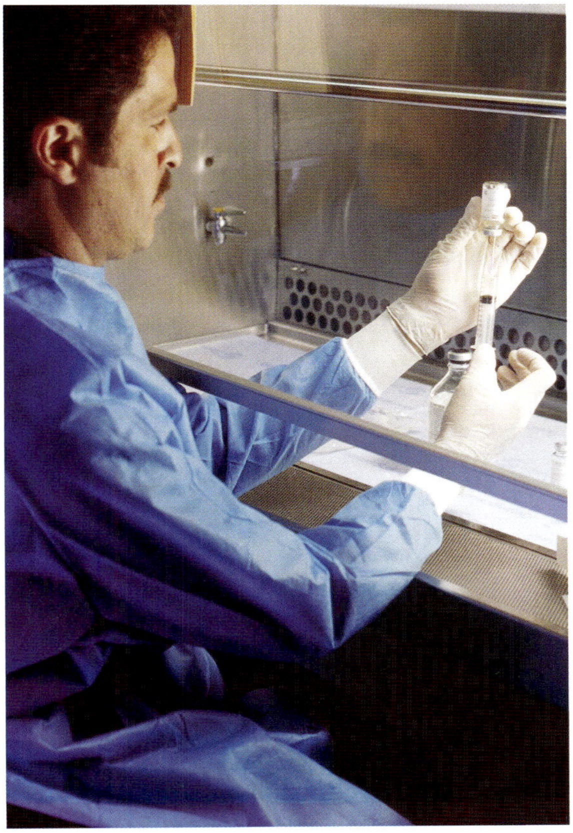

B

**Figura 26.10 Quantificação dos microrganismos transportados pelo ar.** A. Dispositivo de coleta de ar utilizado para quantificar bactérias e fungos transportados pelo ar. *(Cortesia de Graseby Andersen, Inc.)* B. Técnicos ficam protegidos da disseminação de organismos transportados pelo ar pelo uso de uma capela de fluxo laminar, que aspira o ar longe da abertura e o filtra antes de liberá-lo. *(Will & Deni McIntyre/Science Source.)*

## APLICAÇÃO NA PRÁTICA

### Edifícios doentes

A Agência de Proteção Ambiental (Environmental Protection Agency – EPA) dos EUA estima que 30 milhões a 75 milhões de trabalhadores norte-americanos correm risco de adoecer em consequência dos prédios em que trabalham. Desde o final da década de 1970, especialistas em ar de ambientes internos do National Institute for Occupational Safety and Health (NIOSH) investigaram mais de mil casos de doenças relacionadas com prédios. Algumas das doenças podem ser fatais. A síndrome do edifício doente (SBS) refere-se a um conjunto de sintomas, incluindo cefaleia, tontura, náuseas, irritação ocular, hemorragia nasal e problemas respiratórios e cutâneos. Os sintomas variam entre os indivíduos.

Como saber quando um edifício – e não um resfriado, alguma alergia ou outra causa – é o responsável pelos sintomas da SBS? Se os seus sintomas pioram quando você permanece por mais tempo em um prédio e melhoram quando está fora dele, observe atentamente o prédio. O sistema de ventilação foi implicado em muitos casos de SBS. Em muitos prédios "fechados" novos, os ocupantes dependem de um sistema de ventilação central para o ar que respiram. O sistema puxa o ar do lado de fora para dentro, o faz passar por filtros, o aquece ou esfria e, então, o distribui por todo prédio através de uma série de ductos. Após o ar ter circulado, ele é canalizado para fora por meio de ductos. Sujeira, poeiras, insetos, bolores, mofos, partículas de materiais de construção e outros detritos são encontrados nos filtros do sistema. O que quer que entre no sistema de ventilação também entrará nos pulmões das pessoas que trabalham no prédio. Os problemas de ventilação são frequentemente corrigidos com novos filtros e com uma limpeza adequada do equipamento do sistema.

Outra causa possível da SBS é a existência de uma quantidade insuficiente de ar. Na década de 1930, a American Society of Heating, Refrigeration, and Air Conditioning Engineers estabeleceu como padrão de ventilação 425 $cm^3$ de ar fresco externo por pessoa por minuto. O padrão atual é de 565 $cm^3$ – mas isso pressupõe que não mais do que sete pessoas ocuparão uma área de 93 $m^2$. Na presença de um maior número de pessoas, há necessidade de mais ar. O "fator fibra", ou poluição proveniente de "fibras minerais sintetizadas pelo homem" (MMMF), também pode causar a SBS. Novos carpetes, divisórias acolchoadas, cortinas e estofados são tratados com compostos voláteis que são liberados no ar. As máquinas copiadoras, as trituradoras de papel, as impressoras a *laser* e as fotocopiadoras liberam vapores e partículas que podem ser irritantes. Por fim, contaminantes biológicos, como bolores, fungos e bactérias, prosperam nos sistemas de ventilação dos edifícios e são disseminados na forma de aerossóis. Nesses últimos anos, bactérias coletadas de sistemas de ventilação demonstraram ser fatais – por exemplo, quando espécies de *Legionella* causaram a doença dos legionários (ver Capítulo 22).

Se tiver qualquer suspeita de que esteja em um edifício doente, documente os seus sintomas, verifique o sistema de ventilação, inspecione as saídas de ar à procura de sujeira, verifique os exaustores próximos às copiadoras e assim por diante. Pergunte aos engenheiros de manutenção quantos metros cúbicos de ar fresco externo estão circulando por minuto por pessoa. Após ter identificado os perigos, convença alguém a tomar alguma providência para eliminá-los.

aerossóis, matam muitos microrganismos existentes no ar de um recinto, se não todos eles. Esses agentes são altamente bactericidas, permanecem suspensos por um tempo suficiente para atuar na temperatura ambiente e umidade normais, não são tóxicos para os seres humanos e não danificam nem alteram a cor dos objetos presentes no local.

A radiação ultravioleta (UV) tem pouco poder de penetração e só é bactericida quando os raios entram em contato direto com os microrganismos presentes no ar (ver Capítulo 13). Desse modo, as lâmpadas ultravioleta precisam ser cuidadosamente posicionadas para garantir o tratamento de todo o ar em determinado ambiente. São mais úteis na manutenção de condições estéreis em locais apenas esporadicamente ocupados pelos seres humanos. Podem ser desligadas enquanto os técnicos estão realizando técnicas estéreis e novamente ligadas quando o local não estiver sendo utilizado. As pessoas que entram em um ambiente com lâmpadas ultravioleta acesas precisam utilizar roupas protetoras e óculos especiais, para proteger os olhos contra queimaduras. Lâmpadas ultravioleta também podem ser instaladas em ductos de ar, a fim de reduzir o número de microrganismos que entram em determinado ambiente através de seu sistema de ventilação.

A filtração do ar envolve a passagem de ar através de materiais fibrosos, como algodão ou fibra de vidro. A filtração do ar é útil em processos industriais nos quais o ar estéril deve ser borbulhado em grandes tanques de fermentação. Filtros de acetato de celulose podem ser instalados em um *sistema de fluxo laminar* (**Figura 26.10B**) para remover os microrganismos que possam ter escapado no ar abaixo da capela de fluxo laminar. O ar é aspirado para longe da abertura, filtrado e, em seguida, devolvido ao ambiente.

## SOLO

Poderíamos considerar o solo sobre o qual caminhamos como uma substância inerte, mas nada mais poderia estar tão longe da verdade. De fato, o solo é repleto de organismos microscópicos e pequenos organismos macroscópicos e recebe resíduos de animais e matéria orgânica de organismos mortos. Os microrganismos atuam como decompositores para quebrar

## PARA TESTAR

### Observe os microrganismos do solo em ação – a coluna de Winogradsky

No final da década de 1800, o famoso microbiologista russo Sergey Winogradsky desenvolveu modelos fascinantes de ecossistemas fechados de microrganismos do solo. As mudanças ocorridas na cor com o passar do tempo mostram onde estão localizados microrganismos com diferentes necessidades de $O_2$ e $H_2S$. Você pode recuperá-los e estudar alguns deles. Trata-se de um experimento fácil – mas convém começá-lo no início do semestre, pois você poderá observar mudanças possivelmente durante um período de 2 meses. Ou pode fazê-lo durante o verão. Os materiais necessários são baratos e facilmente encontrados: lama, água, papel picado, carbonato de cálcio (cal para jardim ou calcário triturado), sulfato de cálcio (gipsita ou gesso) e uma garrafa de vidro ou de plástico transparente com uma tampa.

Prepare colunas com diferentes tipos de solo: areia de praias de água salgada ou de lagos, de lagos com águas estagnadas, de riachos de água corrente. Há necessidade de luz como fonte de energia? Envolva uma das colunas com folha de alumínio. A qualidade da luz afeta os resultados? Prepare várias colunas duplicadas da mesma lama e envolva cada uma em papel celofane de diferentes cores. Você pode variar as quantidades de argila, húmus, areia etc. Utilize a sua curiosidade (**Figura 26.11**).

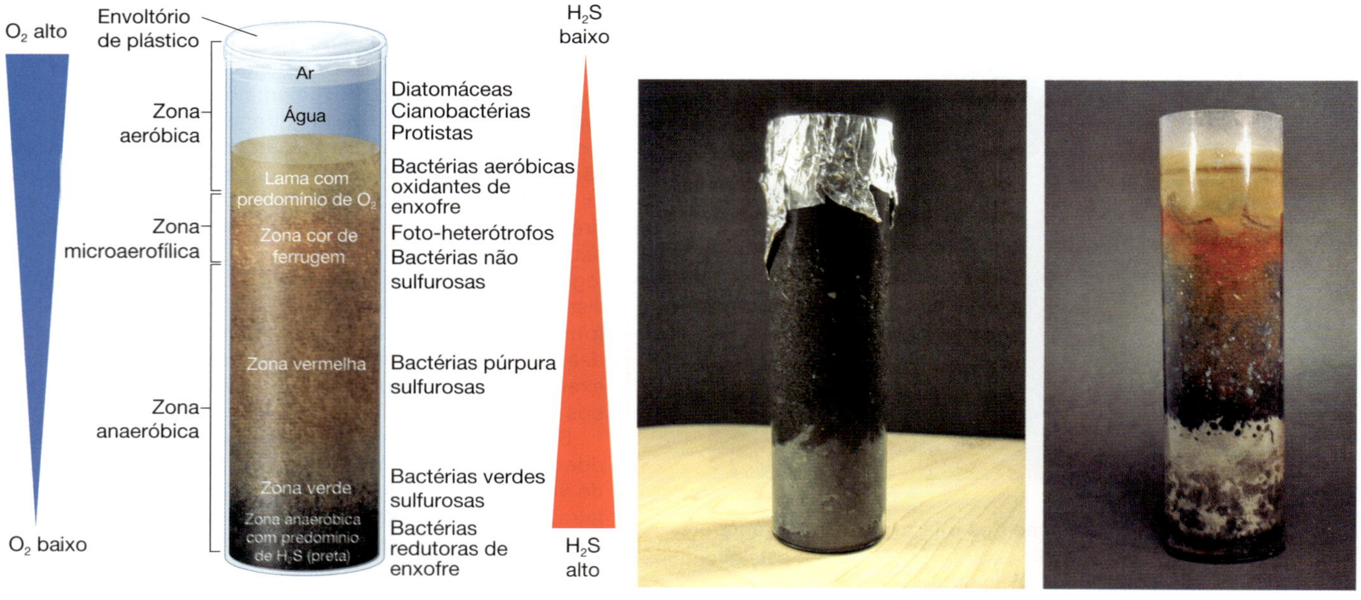


**Figura 26.11 Colunas de Winogradsky.** *(De Leboffe, M. J. and Pierce B. E., A Photographic Atlas For The Microbiology Laboratory, Figs. 19 a 22, 19 a 23 and 19 a 24, 978-0-89582-872 a 9, © 2011, Morton Publishing. Usada com autorização.)*

essa matéria orgânica em nutrientes simples que possam ser utilizados pelas plantas e pelos próprios microrganismos. (Naturalmente, os animais obtêm seus nutrientes a partir de plantas ou de outros animais.) Por esse motivo, os microrganismos do solo são extremamente importantes na reciclagem de substâncias nos ecossistemas.

## Microrganismos do solo

Todos os principais grupos de microrganismos – bactérias, fungos, algas e protistas, bem como os vírus – estão presentes no solo, mas as bactérias são mais numerosas do que todos os outros tipos de microrganismos reunidos (Figura 26.12). Podem ser encontrados mais de 30 mil tipos de microrganismos em qualquer amostra de solo. Entre as bactérias presentes no solo, estão autótrofos, heterótrofos, aeróbios, anaeróbios e, dependendo da temperatura do solo, mesófilos e termófilos. Além das bactérias fixadoras de nitrogênio, nitrificantes e desnitrificantes, o solo contém bactérias que digerem substâncias especiais, como celulose, proteína, pectina, ácido butírico e ureia.

Os fungos do solo consistem principalmente em bolores (fungos filamentosos). Tanto os micélios quanto os esporos são encontrados principalmente na camada superior do solo, ou seja, na camada superficial aeróbica. Os fungos desempenham duas funções no solo: decompõem os tecidos vegetais, como a celulose e a lignina, e seus micélios formam redes ao redor das partículas do solo, conferindo-lhe uma textura friável (ver Capítulo 12). Além dos bolores, as leveduras são abundantes nos solos onde são cultivadas uvas e outras frutas.

Na maioria dos solos, são encontradas pequenas quantidades de cianobactérias, algas, protistas e vírus. As algas ocorrem apenas na superfície do solo, onde podem realizar a fotossíntese. No deserto e em outros solos áridos, as algas contribuem de modo significativo para o acúmulo de matéria orgânica no solo. Os protistas, em sua maior parte amebas e protozoários flagelados, também são encontrados em muitos solos. Alimentam-se de bactérias e podem ajudar a controlar as populações bacterianas. Os vírus do solo infectam principalmente as bactérias, porém alguns também infectam fungos, e um número pequeno infecta plantas. Pouco se sabe sobre a identidade ou a classificação de muitos vírus vegetais.

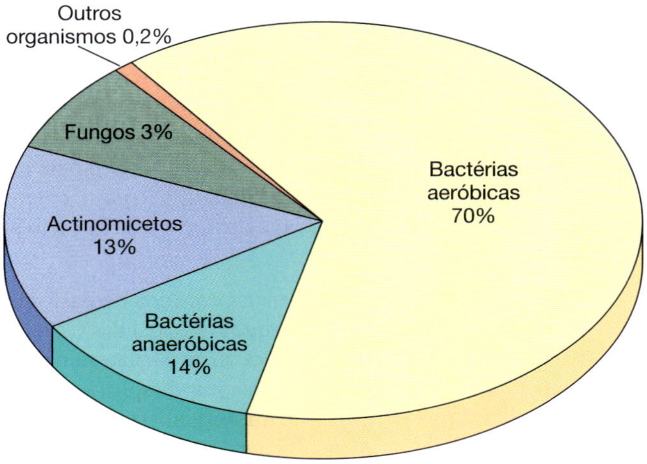


**Figura 26.12 Proporções relativas dos vários tipos de organismos encontrados no solo.** "Outros organismos" incluem algas, protistas e vírus.

Os viroides existentes no solo são frequentemente disseminados por meios mecânicos e podem causar graves doenças nas plantas. Os vírus que atacam os insetos são comuns, e a maioria pertence às famílias Baculoviridae e Iridoviridae. Os vírus de animais não são nativos do solo, porém são frequentemente acrescentados ao solo como resultado de atividades humanas, como a aplicação de estrume. A sobrevivência dos vírus no solo varia de acordo com as condições ambientais e o vírus específico. Varia de algumas horas a anos.

É possível utilizar vírus para o biocontrole de pragas de insetos no solo. São inoculados vírus de um tipo apropriado no solo. Quando todas as pragas de insetos tiverem sido eliminadas, os vírus tendem a desaparecer, sem oferecer nenhum risco posterior – uma característica importante para a aprovação governamental. Os estágios de lagarta da mariposa *Anagrapha falcifera* podem ser controlados pela adição, ao solo, do vírus da poli-hedrose nuclear múltipla desse inseto.

### Fatores que afetam os microrganismos do solo

Como os outros organismos, os microrganismos do solo interagem com o seu ambiente. Seu crescimento é influenciado tanto por fatores abióticos quanto por outros organismos. Por sua vez, os microrganismos afetam as características físicas do solo e de outros organismos existentes no solo.

Os fatores abióticos no solo, como em qualquer outro ambiente, incluem umidade, concentração de oxigênio, pH e temperatura. A umidade e o conteúdo de oxigênio do solo estão estreitamente relacionados. Os espaços entre as partículas do solo normalmente contêm tanto água quanto oxigênio, e os organismos aeróbicos crescem nesses espaços. Todavia, nos solos encharcados, todos os espaços estão preenchidos com água, de modo que apenas as bactérias anaeróbicas crescem nesse ambiente.

O pH do solo, que pode variar de 2 a 9, constitui um importante fator na determinação dos organismos que estarão presentes. A maioria das bactérias do solo apresenta um pH entre 6 e 8, porém alguns fungos filamentosos podem crescer em praticamente qualquer pH do solo. Os fungos filamentosos crescem em solos altamente acidificados, em parte devido à competição reduzida das bactérias pelos nutrientes disponíveis. A cal neutraliza os solos ácidos e aumenta a população bacteriana. Um fertilizante que contém sais de amônio apresenta dois efeitos sobre o solo: (1) fornece uma fonte de

## APLICAÇÃO NA PRÁTICA

### Confusão no fungo

O fungo causador de ferrugem, *Puccinia recondita*, é responsável por perdas de milhões de dólares por ano na cultura do trigo e do centeio. Quando seus esporos se depositam em uma folha, eles emitem minúsculos "tubos infecciosos" que penetram nos poros (estômatos) na superfície das folhas. Folhas dotadas de pelos, que foram desenvolvidas por criadores, geram "confusão" no fungo, que morre antes de localizar um estômato.

nitrogênio para as plantas; e (2) quando é metabolizado por determinadas bactérias, estas liberam ácido nítrico, que diminui o pH do solo e aumenta a população de fungos filamentosos.

A temperatura do solo varia de acordo com a estação do ano, desde temperaturas abaixo do ponto de congelamento até 60°C em superfícies de solo expostas à intensa luz solar do verão. As bactérias mesofílicas e termofílicas são muito numerosas nos solos mornos a quentes, enquanto as mesófilas que toleram o frio (e não as verdadeiras psicrófilas) estão presentes nos solos frios. Os fungos filamentosos do solo são, em sua maioria, mesofílicos e são encontrados principalmente nos solos de temperatura moderada. De modo surpreendente, em 2003, foi constatado que o solo das altas cordilheiras frias nos EUA apresenta um acentuado aumento no número de fungos durante o inverno.

São observadas variações extremamente amplas nas características físicas do solo e no número e tipo de microrganismos que são encontrados nele – até mesmo em amostras de solo coletadas apenas a poucos centímetros de distância umas das outras. Essas observações levaram os ecologistas a desenvolver o conceito de microambientes. As interações entre os organismos e entre estes e seus ambientes podem ser muito diferentes em microambientes diferentes, independentemente de sua proximidade uns dos outros.

## A importância dos decompositores no solo

Os microrganismos do solo que são decompositores são importantes no ciclo do carbono, em virtude de sua capacidade de decompor a matéria orgânica. A decomposição de substâncias orgânicas complexas a partir de organismos mortos é um processo sequencial, que exige a ação de vários tipos de microrganismos. As substâncias orgânicas incluem a celulose, ligninas e pectinas existentes nas paredes celulares das plantas; o glicogênio dos tecidos animais; e as proteínas e gorduras tanto das plantas quanto dos animais. A celulose é degradada por bactérias, em especial do gênero *Cytophaga*, e por vários fungos. As ligninas e as pectinas são parcialmente digeridas por fungos, e os produtos de ação dos fungos são posteriormente digeridos por bactérias. Os protozoários e os nematódeos também podem desempenhar um papel na degradação das ligninas e pectinas. As proteínas são degradadas em aminoácidos individuais principalmente por fungos, actinomicetos e clostrídios.

Nas condições anaeróbicas dos solos alagados em brejos e pântanos, o metano constitui o principal produto que contém carbono. É produzido por três gêneros de bactérias estritamente anaeróbicas – *Methanococcus*, *Methanobacterium* e *Methanosarcina*. Além da degradação de compostos de carbono em metano, essas bactérias obtêm energia por meio da oxidação do gás hidrogênio:

$$\underset{\textbf{Gás hidrogênio}}{4H_2} \rightarrow \underset{\textbf{Dióxido de carbono}}{CO_2} \rightarrow \underset{\textbf{Metano}}{CH_4} + \underset{\textbf{Água}}{2H_2O_2}$$

De um modo ou de outro, as substâncias orgânicas são metabolizadas em dióxido de carbono, água e outras moléculas pequenas. De fato, para cada composto orgânico de ocorrência natural, há um ou mais organismos capazes de decompô-lo. Assim, o carbono é continuamente reciclado. Entretanto, determinados compostos orgânicos fabricados pelos seres humanos resistem à ação dos microrganismos. O acúmulo dessas substâncias sintéticas cria riscos ambientais.

O nitrogênio entra no solo por meio da decomposição de proteínas de organismos mortos e por meio da ação de organismos fixadores de nitrogênio. Além da decomposição das proteínas, que introduz o nitrogênio no solo, o nitrogênio gasoso é fixado por microrganismos de vida livre e por microrganismos simbióticos associados às raízes de leguminosas, conforme descrito anteriormente.

## Patógenos do solo

Os patógenos do solo consistem principalmente em patógenos de plantas, muitos dos quais já foram discutidos em capítulos anteriores. Alguns patógenos do solo podem afetar os seres humanos e outros animais. Os principais patógenos humanos encontrados no solo pertencem ao gênero *Clostridium* (ver Capítulo 25). Todos são anaeróbios formadores de esporos. *Clostridium tetani* causa o tétano e pode ser facilmente introduzido em uma ferida por punção. *Clostridium botulinum* provoca botulismo. Seus esporos, encontrados em muitos vegetais comestíveis, podem sobreviver em alimentos parcialmente processados, produzindo uma toxina letal. *Clostridium perfringens* causa gangrena gasosa em feridas inadequadamente limpas. Os animais de pastagem podem contrair antraz a partir de esporos de *Bacillus anthracis* no solo. De fato, os organismos do solo que infectam animais de sangue quente existem, em sua maioria, na forma de esporos, visto que as temperaturas do solo são, em geral, muito baixas para manter as células vegetativas desses patógenos.

## Cavernas

As cavernas, locais onde o solo ou as rochas desapareceram, podem ser formadas basicamente de quatro maneiras:

1. A água da chuva ligeiramente ácida pode dissolver o calcário
2. As ondas do mar que batem contra a base das falésias provocam erosão e escavam cavernas marinhas
3. Correntes de lava quente expelidas por um vulcão esfriam em sua superfície externa e endurecem formando um tubo. No seu interior, a lava permanece líquida, escoa e deixa túneis vazios, denominados tubos de lava
4. Todavia, a mais estranha de todas as maneiras de formação de cavernas é o processo recentemente descoberto pelo qual os microrganismos produzem ácido sulfúrico que corrói a rocha. Cinco por cento de todas as cavernas de calcário são formadas dessa maneira.

A caverna de Lechuguilla é a mais profunda da parte continental dos EUA, localizada no Parque Nacional das Cavernas de Carlsbad, no Novo México. Essa caverna e a Cueva de Villa Luz, no México, são cavernas formadas por dissolução a partir do ácido sulfúrico produzido por microrganismos. Um filme intitulado *The Mysterious Life of Caves* (em tradução livre, A vida misteriosa das cavernas) foi produzido por NOVA e foi originalmente exibido no PBS (Public Broadcasting System) em 1º de outubro de 2002. O filme, atualmente disponível para compra, apresenta as geomicrobiologistas Penelope J. Boston e Diana Northrup visitando essas e outras cavernas e explicando o papel desempenhado pelos microrganismos e alguns dos experimentos que elas realizaram nessas cavernas. NOVA também tem um *site* que descreve esse programa, com transcrição, fotos espetaculares da caverna de Lechuguilla e entrevistas com as cientistas. Além disso, fornece também *links* com muitos outros *sites* sobre cavernas: http://www.pbs.org/wgbh/nova/caves/about.html.

As cavernas de Carlsbad e de Lechuguilla não estão mais em formação ativa. Entretanto, a caverna de Villa Luz está crescendo vigorosamente. O gás sulfeto de hidrogênio ($H_2S$) emana borbulhando da base da caverna, formando ácido sulfúrico quando reage com a água. Os microrganismos que se alimentam de depósitos de óleo logo abaixo da caverna liberam o $H_2S$. As paredes da caverna são cobertas por ***snottites***, cordões de colônias bacterianas semelhantes a muco. Essas bactérias alimentam-se de enxofre e liberam ácido sulfúrico na forma de gotejamento. Em toda a caverna, é como andar sobre ácido de bateria, que é tão forte a ponto de corroer a pele e as roupas. Atrás dele, deixa um resíduo indicador, que são lindos cristais de gesso (Figura 26.13). As bactérias que ali vivem são extremófilas, possivelmente assemelhando-se a muitas das bactérias que estavam presentes quando a vida surgiu na Terra. À medida que exploramos outros planetas, como Marte, e as luas de Júpiter, estamos buscando a existência de organismos extremófilos semelhantes que possam estar vivendo abaixo de suas superfícies.

## ÁGUA

Todos os ecossistemas aquáticos – de água doce, de água do mar e até mesmo de água da chuva – contêm microrganismos, bem como substâncias inorgânicas. Os organismos encontrados nesses ambientes já foram considerados, em sua maioria, em capítulos anteriores. Aqui iremos considerar as propriedades dos ambientes, as interações dos organismos com seus ambientes, a transmissão de patógenos humanos na água e os métodos para manter o abastecimento de água seguro.

**Figura 26.13 Sala dos candelabros na caverna de Lechuguilla.** Esses candelabros de gesso, de até 6 metros de comprimento, são considerados os maiores do mundo. Observe o tamanho do homem de bermuda vermelha. *(Michael Nichols/NG Image Collection).*

### Ambientes de água doce

Os ambientes de água doce incluem as águas de superfície, como lagos, lagoas, rios e córregos, bem como as águas subterrâneas que correm debaixo das camadas de rochas. Embora a água subterrânea contenha poucos microrganismos, a água superficial apresenta grandes quantidades de muitos tipos diferentes de microrganismos.

As lagoas e os lagos são divididos verticalmente em zonas. A orla, ou *zona litoral*, é uma área de águas rasas próxima à margem, onde a luz penetra até o fundo. A *zona limnética* é a água iluminada pelo sol distante da orla; os microrganismos residentes incluem algas e cianobactérias. Entre a zona limnética e o sedimento do lago encontra-se a *zona profunda*. Quando os organismos da zona limnética morrem, afundam até a zona profunda, onde fornecem nutrientes para outros organismos. O sedimento, ou *zona bêntica*, é composto de restos orgânicos e lodo (Figura 26.14).

Nos ambientes aquáticos, a temperatura da água varia de 0°C a quase 100°C. A maioria dos organismos cresce em água a temperaturas moderadas. Entretanto, algumas bactérias termofílicas foram encontradas em água a temperaturas acima de 90°C, enquanto foram encontrados fungos e bactérias psicrofílicos em água a 0°C. O pH da água doce varia de 2 a 9. Embora a maioria dos microrganismos cresça melhor em águas com pH quase neutro, alguns foram encontrados em águas extremamente ácidas ou extremamente alcalinas. As águas naturais são, em sua maioria, ricas em nutrientes, porém as quantidades dos vários nutrientes em diferentes corpos de água variam de modo considerável. Algumas vezes, os nutrientes tornam-se tão abundantes que ocorre uma "floração" (*bloom*), ou súbita proliferação de organismos em um corpo de água (Figura 26.15) (ver o boxe "Marés vermelhas" no Capítulo 12).

Nos ambientes aquáticos, o oxigênio pode constituir o fator limitante no crescimento dos microrganismos. Devido

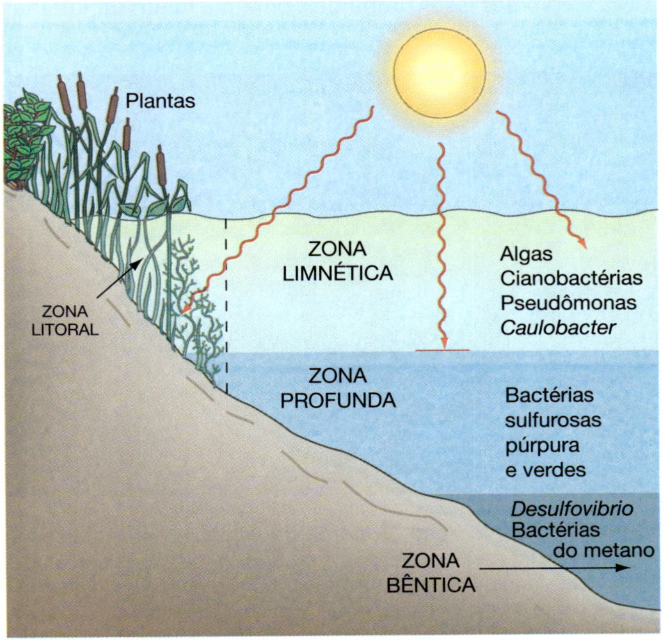


**Figura 26.14 Divisão de um lago ou lagoa típicos em zonas.** Os organismos comumente encontrados em cada zona estão listados à direita.

SAIBA MAIS

### Nariz do observador

As fontes termais obtêm o seu calor de massas de magma que abriram caminho até próximo à superfície da Terra. As fontes naturais quentes, muitas das quais utilizadas como estâncias para banho e para a saúde, constituem a residência de bactérias termofílicas e redutoras de metais. A água nas fontes termais, que pode emergir de rochas a temperaturas bem acima de 100°C, é rica em minerais dissolvidos. São a água quente e alta concentração de minerais que muitas pessoas consideram como fonte de benefício dos banhos nessas estações de águas naturais. As fontes termais que são ricas em óxidos de enxofre dissolvidos podem sustentar o crescimento de uma variedade de bactérias fixadoras de enxofre. Essas bactérias, que incluem *Desulfovibrio* e *Desulfomonas*, reduzem o sulfato e produzem sulfeto de hidrogênio. A liberação do gás sulfeto de hidrogênio da água quente borbulhante cheira como gás de esgoto ou como ovos podres. Entretanto, no contexto de uma fonte termal quente natural, esse odor não é desagradável.

à baixa solubilidade do oxigênio na água, a sua concentração nunca ultrapassa 0,007 g por 100 g de água. Quando a água contém grandes quantidades de matéria orgânica, os decompositores rapidamente esgotam o suprimento de oxigênio à medida que oxidam a matéria orgânica. A depleção de oxigênio tem muito mais probabilidade de ocorrer em águas paradas em lagos e lagoas do que na água corrente em rios e riachos, visto que o movimento da água corrente possibilita uma oxigenação contínua.

Outro fator ainda que afeta os microrganismos nos ambientes aquáticos é a profundidade até onde penetra a luz solar na água. Esse fator é de menor importância na água doce, com exceção dos lagos profundos, porém é muito importante

**Figura 26.15 Floração (*bloom*) de algas.** Uma superabundância de nutrientes possibilitou a ocorrência de uma floração de algas nessa lagoa. Podem-se observar bolhas de oxigênio acumuladas debaixo de algumas das algas. Entretanto, as florações de algas frecuentemente resultam em aumento da demanda biológica de oxigênio (DBO) à medida que morrem e se decompõem, consumindo o oxigênio necessário para outros organismos da lagoa, como peixes. *(Ashley Cooper/Corbis/Getty Images.)*

nos oceanos. Os organismos fotossintéticos ficam limitados aos locais onde exista luz solar adequada.

Embora a superfície da Terra seja constituída de 70% de água, apenas 1% está disponível para uso humano. O restante está indisponível nos oceanos, mares e geleiras.

Os tipos de microrganismos presentes dependem da temperatura e do pH da água, dos minerais dissolvidos, da profundidade de penetração da luz solar e da quantidade de nutrientes na água. As bactérias aeróbicas são encontradas onde o suprimento de oxigênio é adequado, enquanto as bactérias anaeróbicas são encontradas em águas com depleção de oxigênio. As algas eucarióticas, as cianobactérias e as bactérias de enxofre limitam-se à água que recebe luz solar adequada. *Desulfovibrio* e bactérias metanogênicas são encontrados nos sedimentos dos lagos. Protistas ocorrem em muitos ambientes diferentes de água doce.

## AMBIENTES MARINHOS

O ambiente marinho, ou oceano, cobre cerca de 70% da superfície terrestre e, portanto, é maior do que todos os outros ambientes combinados. Em comparação com a água doce, o oceano é muito mais variável tanto na sua temperatura quanto no pH. Com exceção das proximidades das fendas vulcânicas no fundo do mar, onde a água alcança uma temperatura de 250°C (ver Capítulo 10), a água do mar varia de 30 a 40°C, na superfície próxima ao equador, até 0°C nas regiões polares e mais profundas. Em qualquer localidade e profundidade, a temperatura é quase constante. O pH da água do mar varia de quase neutro a ligeiramente alcalino (pH de 6,5 a 8,3). Essa faixa de pH é apropriada para o crescimento de muitos microrganismos, e uma quantidade de dióxido de carbono suficiente dissolve-se na água para sustentar os organismos fotossintéticos.

A água do mar, que é cerca de sete vezes mais salgada do que a água doce, tem uma concentração notavelmente constante de sais dissolvidos – 3,3 a 3,7 g por 100 g de água. Desse modo, os organismos que vivem em ambientes marinhos devem ser capazes de tolerar uma alta salinidade, porém não necessitam tolerar variações da salinidade.

Os ambientes marinhos apresentam uma variação de pressão hidrostática muito maior que a da água doce. A

SAIBA MAIS

### E você pensava que era El Niño

O fitoplâncton oceânico absorve grandes quantidades de dióxido de carbono à medida que realiza a fotossíntese. O dióxido de carbono atmosférico é um dos gases do efeito estufa que retêm o calor e aumentam a temperatura global. As flutuações sazonais das populações de fitoplâncton afetam a temperatura da Terra mais do que se acreditava previamente. Pesquisas recentes revelaram que populações maciças de vírus marinhos podem estar na origem desses processos. Anteriormente, acreditava-se que os oceanos abrigassem um número relativamente pequeno de vírus. As infecções virais destroem o fitoplâncton e, portanto, podem ajudar a determinar o clima da Terra.

pressão hidrostática aumenta com a profundidade, em uma taxa de aproximadamente 1 atm para cada 10 m, de modo que a pressão em uma profundidade de 1.000 m é 100 vezes a da superfície. Foram isolados alguns microrganismos, inclusive Archaea, de valas no oceano Pacífico, em profundidades maiores que 1.000 m!

Outros fatores que variam com a profundidade da água do mar são a penetração da luz solar e a concentração de oxigênio. A luz solar de intensidade suficiente para possibilitar a fotossíntese penetra na água do mar a uma profundidade de apenas 50 a 125 m, dependendo da estação do ano, da latitude e da transparência da água. O oxigênio difunde-se na água da superfície e é liberado pelos organismos fotossintéticos na água ensolarada. Entretanto, as águas profundas carecem tanto de luz solar quanto de oxigênio.

As concentrações de nutrientes variam na água do mar, dependendo da profundidade e da proximidade da costa (Figura 26.16). Os nutrientes são mais abundantes próximo à foz dos rios e próximo à costa, onde o escoamento da terra enriquece a água. Entretanto, a água do mar geralmente tem uma menor concentração de fosfatos e nitratos do que a água doce. Os nutrientes nas águas do mar aberto são relativamente diluídos. Os organismos fotossintéticos que se encontram próximo à superfície servem de alimento para os organismos heterotróficos no mesmo nível de profundidade ou em locais mais profundos. Os decompositores são habitualmente encontrados nos sedimentos do fundo, onde liberam nutrientes de organismos mortos.

**Figura 26.16 Fluxo de nutrientes para o mar com o influxo da água dos rios.** A área da água de coloração mais clara consiste em água fluvial rica em sedimentos e nutrientes. *(Bruce F. Molnia/Biological Photo Service.)*

Um grande número de muitos tipos diferentes de microrganismos habita os oceanos. Entretanto, há muito que ser aprendido sobre as quantidades exatas e as espécies particulares que vivem nas várias partes do oceano. Os produtores primários do oceano são microrganismos fotossintéticos, denominados *fitoplânctons*. Esses microrganismos são móveis e contêm gotículas de óleo ou outros dispositivos para a sua flutuabilidade, permitindo a sua permanência em águas onde alcançam a luz solar. O fitoplâncton inclui cianobactérias, diatomáceas, dinoflagelados e clamidomônadas, bem como uma variedade de outros protistas e algas eucarióticas (Figura 26.17).

Muitos dos consumidores do oceano são bactérias heterotróficas. As espécies que habitam determinada região são determinadas pela temperatura e pH da água e pelos nutrientes disponíveis. Os membros dos gêneros *Pseudomonas*, *Vibrio*, *Achromobacter* e *Flavobacterium* são comuns na água do mar. Os protozoários, particularmente os radiolários e os foraminíferos, bem como uma variedade de fungos, também se alimentam dos produtores no mar aberto. Entretanto, a maioria desses organismos habita uma zona aquática abaixo da região de luz solar intensa.

> **Há mais de um milhão de bactérias por mililitro de água no mar aberto.**

Entre o estrato onde esses consumidores vivem e o fundo do oceano, existe um estrato relativamente não habitado. Nos sedimentos do fundo do mar, o número de organismos novamente aumenta. Os habitantes do fundo são, em geral, decompositores anaeróbicos estritos ou facultativos. Muitos deles contribuem de modo significativo para a manutenção dos ciclos biogeoquímicos e produzem substâncias como íon amônio, sulfato de hidrogênio e gás nitrogênio.

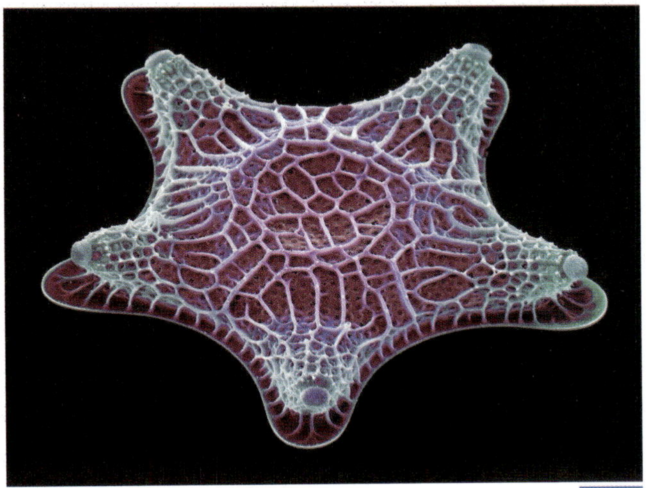

A MEV

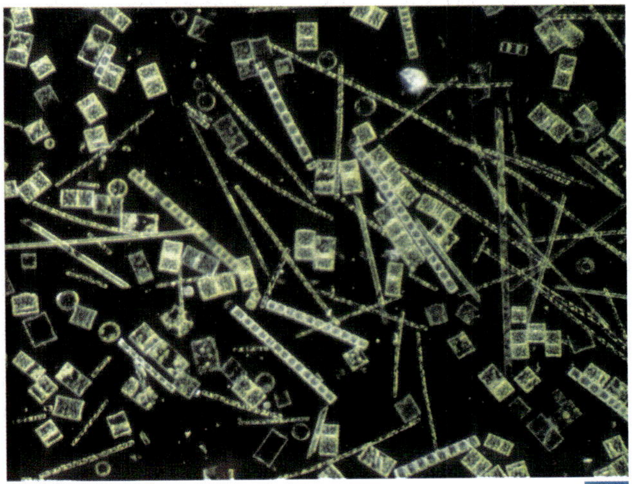

B MO

**Figura 26.17 Fitoplâncton: produtores do oceano.** Incluem organismos como (A) a diatomácea marinha *Triceratium* sp. *(Steve Gachmeissner/Science Source)* e (B) diatomáceas em coletor de plâncton marinho *(D. P. Wilson/FLPA/Science Source)*.

## Fontes hidrotermais e emanações frias

Em determinados locais no fundo dos oceanos, materiais e/ou calor deixam as profundidades da biosfera quente do interior da Terra e entram na água do mar. Nesse ambiente marinho, altos gradientes químicos e térmicos criam ambientes extremos específicos. As "fumarolas negras" (*black smokers*) exalam nuvens de compostos de enxofre, com temperaturas muito altas de até 350°C, através de altas chaminés denominadas **fontes hidrotermais** (Figura 26.18). As mais frias que emitem bolhas de metano através de áreas difusas próximo às margens continentais são denominadas **emanações frias**.

As chaminés mostradas na Figura 26.18 foram removidas do fundo do mar para estudo no projeto de recuperação de sulfeto Edifice Rex, em 1997 e 1998. No interior do tubo oco da chaminé Finn, líquidos hidrotérmicos eram rapidamente emitidos a uma temperatura de 302°C, enquanto fora da chaminé, a temperatura da água do mar em sua superfície variava de 2 a 10°C. Isso representa um gradiente de temperatura de quase 300°C através da parede da chaminé de apenas 5 a 42 cm de espessura. No interior da parede, constatou-se a existência de várias zonas, sustentando diferentes comunidades de microrganismos. O exame microscópico revelou a presença de bactérias aderidas a todas as superfícies minerais por toda a parede. Sondas de DNA mostraram comunidades mistas de eubactérias e arqueias próximo às paredes externas frias, mudando de maneira gradual principalmente para arqueias na superfície interna quente da parede. Não foi possível cultivar nem identificar a maioria dos organismos. Entretanto, sequências de DNA foram estreitamente relacionadas com *Crenarchaeota* e *Euryarchaeota*, dois reinos de Archaea, e com os metanógenos *Thermococcales* e *Archaeoglobales*. Encontraram-se também bactérias heterotróficas aeróbicas termofílicas dos gêneros *Bacillus* e *Thermus*. Muito trabalho de base ainda precisa ser feito.

**Figura 26.18 Chaminés de fontes hidrotermais.** Três chaminés de sulfeto (Finn, Roane e Phang) do Faulty Towers Complex do Mothra Vent Field na cordilheira de Juan de Fuca, no noroeste do Pacífico, foram removidas e levadas a um laboratório para análise e estudo como parte do projeto Edifice Rex. A chaminé Finn estava soltando líquidos a uma temperatura de 302°C por ocasião da coleta. Algumas chaminés podem alcançar uma altura correspondente à de um prédio de três andares. *(Cortesia de D. S. Kelley e J. R. Delaney, University of Washington.)*

As emanações frias constituem características comuns encontradas ao longo das margens continentais (p. ex., na baía de Monterey, Califórnia; na bacia do rio Eel, na encosta continental do norte da Califórnia, e a na encosta próximo a Everglades, Flórida). Essas emanações frias apresentam comunidades biológicas quimiossintéticas, como leitos de mexilhões e tapetes e bolas de bactérias oxidantes de sulfeto associadas. É particularmente comum a presença de bactérias envolvidas na oxidação anaeróbica do metano. Nesses locais, camadas de depósitos carbonatados são formadas em consequência do metabolismo microbiano.

Muito se descobriu sobre esses fenômenos marinhos em apenas 25 anos, desde a descoberta da primeira chaminé hidrotérmica. Vários *sites* oferecem vídeos deslumbrantes de fontes hidrotermais e emanações frias, bem como informações sobre suas comunidades. Tente visitar http://oceanexplorer.noaa.gov/explorations/04 fire/logs/april12/april12.html ou http://www.pmel.noaa.gov/vents/marianas/multimedia04.html. Pesquise os vários *sites* a partir da *home page* fontes hidrotermais.

## Poluição da água

A água é considerada poluída se houver uma substância ou condição que torne a água inútil para um propósito específico. Assim, o conceito de poluição da água é relativo, dependendo tanto da natureza dos poluentes quanto dos usos pretendidos da água. Por exemplo, a água potável para uso humano é considerada poluída quando contém patógenos ou substâncias tóxicas. A água que é muito poluída para beber pode ser segura para nadar; a água muito poluída para nadar pode ser aceitável para navegar, para uso industrial ou para gerar energia elétrica. A EPA estabeleceu padrões para a água de beber e métodos para testar a água. A água que é adequada ao consumo humano é denominada **água potável**.

> Trinta mil pessoas morrem todo dia nos países em desenvolvimento devido à falta de água limpa (OMS).

### Poluentes

Os principais tipos de poluentes da água consistem em resíduos orgânicos, como esgoto e esterco de animais, resíduos industriais, petróleo, substâncias radioativas, sedimentos provenientes da erosão do solo e calor. Os resíduos orgânicos suspensos na água são habitualmente decompostos por microrganismos, contanto que a água contenha oxigênio suficiente para a oxidação das substâncias. O oxigênio necessário para essa decomposição é denominado **demanda biológica de oxigênio (DBO)**. Quando a DBO está alta, pode ocorrer rápida depleção de oxigênio da água, os anaeróbios aumentam em número, enquanto as populações de decompositores aeróbicos diminuem, deixando grandes quantidades de resíduos orgânicos. Os resíduos orgânicos também podem conter microrganismos patogênicos, como bactérias, vírus e protozoários.

Resíduos industriais contêm metais, minerais, compostos inorgânicos e orgânicos e algumas substâncias químicas sintéticas. Os metais, os minerais e outras substâncias inorgânicas podem alterar o pH e a pressão osmótica da água, e alguns também são tóxicos para os seres humanos e para outros organismos. As substâncias químicas sintéticas podem persistir na água, visto que a maioria dos decompositores não têm as enzimas para degradá-las. O petróleo é outro poluente importante da água. As substâncias radioativas liberadas na água persistem como risco para os organismos vivos até que tenham sofrido decomposição radioativa natural.

As partículas do solo, areia e minerais provenientes da erosão do solo entram na água a partir da agricultura, da mineração e das atividades de construção. Nitratos, fosfatos e outros nutrientes entram na água a partir de detergentes, fertilizantes e esterco de animais. O enriquecimento abundante de nutrientes da água, denominado **eutrofização**, leva ao crescimento excessivo de algas e de outras plantas. Por fim, os vegetais tornam-se tão densos que a luz solar não pode penetrar na água. Muitas algas e outras plantas morrem, deixando grandes quantidades de matéria morta na água. A elevada DBO dessa matéria orgânica leva à depleção de oxigênio e à persistência de matéria não decomposta na água.

Até mesmo o calor pode atuar como poluente da água quando grandes quantidades de água aquecida são liberadas em rios, lagos ou mares. O aumento da temperatura da água diminui a solubilidade do oxigênio. A temperatura alterada e o suprimento diminuído de oxigênio modificam significativamente o equilíbrio ecológico do ambiente aquático.

Os efeitos da poluição da água estão resumidos na **Tabela 26.1**.

**Tabela 26.1** Efeitos da poluição da água.

| Poluente | Efeitos | Comentários |
|---|---|---|
| Resíduos orgânicos (esgoto, plantas em decomposição, esterco de animais, resíduos de usinas de processamento de alimentos, refinarias de petróleo e fábricas de couro, papel e tecidos) | Aumento da demanda biológica de oxigênio da água | Se houver disponibilidade de oxigênio em quantidade adequada, essas substâncias podem ser degradadas pelos microrganismos habitualmente presentes na água. Se houver depleção de oxigênio, a decomposição será limitada ao que pode ser feito pelos decompositores anaeróbicos. Os vegetais aquáticos podem morrer, e os animais podem ser mortos ou obrigados a migrar. |
| Organismos patogênicos | Causam doença em seres humanos que bebem a água | As bactérias são, em sua maioria, bem controladas na água potável pública; entretanto, determinados vírus, particularmente os que causam a hepatite, ainda provocam doenças nos seres humanos. São necessários meios mais efetivos para remover os vírus durante a purificação da água. |
| Substâncias químicas inorgânicas e minerais | Aumentam a salinidade e a acidez da água e a tornam tóxica | Essas substâncias químicas devem ser removidas durante o tratamento de resíduos. Deve-se evitar a entrada, nos abastecimentos de água, de metais pesados, como o mercúrio, que são tóxicos para os seres humanos. |
| Substâncias químicas orgânicas sintéticas (herbicidas, pesticidas, detergentes, plásticos, resíduos de processos industriais) | Podem causar defeitos congênitos, câncer, dano neurológico e outras doenças | Como essas substâncias não são biodegradáveis, é necessário utilizar métodos químicos ou físicos para removê-las durante o tratamento de resíduos. Ocorre amplificação de muitas dessas substâncias (a sua concentração aumenta) à medida que passam ao longo das cadeias alimentares. |
| Nutrientes vegetais | Causam crescimento excessivo e às vezes descontrolado de vegetais aquáticos (eutrofização); conferem um odor e sabor desagradáveis à água potável | A remoção dos fosfatos e nitratos em excesso da água durante o tratamento de resíduos é dispendiosa e difícil. |
| Sedimentos da erosão da terra | Causam assoreamento de hidrovias e destruição de equipamento hidrelétrico próximo a represas; reduzem a quantidade de luz que atinge os vegetais na água e o conteúdo de oxigênio da água | |
| Resíduos radioativos | Podem causar câncer, defeitos congênitos, doenças causadas por radiação quando em grandes doses | Os efeitos podem ser ampliados ao longo das cadeias alimentares. Como esses resíduos são difíceis de remover da água, é extremamente importante evitar que eles alcancem a água. |
| Água aquecida | Reduz a solubilidade do oxigênio na água; altera os hábitats e os tipos de organismos presentes; estimula o crescimento de algumas formas de vida aquática, mas pode reduzir o crescimento de organismos desejáveis, como peixes | |

## Patógenos na água

Os patógenos de seres humanos encontrados no abastecimento de água provêm geralmente da contaminação da água com fezes humanas. Quando a água é contaminada por material fecal, qualquer patógeno que deixe o corpo através das fezes – muitas bactérias e vírus e alguns protozoários – pode estar presente. Os patógenos mais comuns transmitidos pela água estão relacionados na **Tabela 26.2**. A água é habitualmente analisada quanto à contaminação fecal pelo isolamento de *Escherichia coli* contida numa amostra de água. *Escherichia coli* é denominada **organismo indicador**, visto que, por ser um habitante natural do sistema digestório humano, a sua presença na água indica uma contaminação com material fecal.

PARE e RESPONDA

1. Qual é o efeito da radiação UV sobre os organismos no ar? E na água?
2. Onde a maioria dos organismos é encontrada no solo?
3. Cite quatro fatores que afetam os microrganismos do solo.
4. O que é DBO? O que os microrganismos têm a ver com isso?

# Purificação da água

## Procedimentos de purificação

Os procedimentos de purificação da água potável para uso humano são determinados pelo grau de pureza da água na sua origem. A água proveniente de poços profundos ou de reservatórios alimentados por córregos limpos de montanha exige pouco tratamento para torná-la segura para consumo humano. Em contrapartida, a água de rios que contêm resíduos industriais e animais e até mesmo esgoto de cidades localizadas rio acima exige um extenso tratamento antes que seja segura para consumo. Inicialmente, essa água é deixada em repouso em um reservatório até que haja sedimentação do material particulado. Em seguida, acrescenta-se alume (sulfato de potássio e alumínio) para produzir **floculação**, ou precipitação dos coloides em suspensão (ver Capítulo 3), como a argila. Muitos microrganismos também são removidos da água por meio de floculação.

Nos EUA, mais de 98% dos sistemas de abastecimento de água que desinfetam a água utilizam compostos à base de cloro como desinfetante.

Após tratamento com floculação, a água é filtrada. A **filtração**, ou seja, a passagem de água através de camadas de areia, remove quase todos os microrganismos remanescentes. Na filtração, pode-se utilizar carvão vegetal em vez de areia, visto que ele tem a vantagem de remover substâncias químicas orgânicas que não são removidas pela areia. Por fim, a água é clorada. A **cloração**, que consiste na adição de cloro à água, mata imediatamente as bactérias, porém é menos efetiva na destruição dos vírus e dos cistos de protozoários patogênicos. A quantidade de cloro necessária para destruir a maioria dos microrganismos é aumentada na presença de matéria orgânica na água. O cloro pode combinar-se com algumas moléculas orgânicas e formar substâncias carcinogênicas. Embora não se tenha comprovado que os atuais procedimentos de cloração da água aumentem o risco de câncer nos seres humanos, é difícil avaliar os efeitos a longo prazo da interação do cloro com compostos orgânicos.

**Tabela 26.2** Patógenos humanos transmitidos pela água.

| Organismos | Doenças causadas |
|---|---|
| *Salmonella typhi* | Febre tifoide |
| Outras espécies de *Salmonella* | Salmonelose (gastrenterite) |
| Espécies de *Shigella* | Shigelose (disenteria bacilar) |
| *Vibrio cholerae* | Cólera asiática |
| *Vibrio parahaemolyticus* | Gastrenterite |
| *Escherichia coli* | Gastrenterite |
| *Yersinia enterocolitis* | Gastrenterite |
| *Campylobacter fetus* | Gastrenterite |
| *Legionella pneumophila* | Doença dos legionários (pneumonia) |
| Vírus da hepatite A | Hepatite |
| Poliovírus | Poliomielite |
| *Giardia intestinalis* | Giardíase |
| *Balantidium coli* | Balantidíase |
| *Entamoeba histolytica* | Disenteria amebiana |
| *Cryptosporidium parvum* | Criptosporidiose (gastrenterite) |

SAIBA MAIS

### Beba toda essa água boa e transparente

Um copo de água limpa contém ativamente dez milhões de bactérias. Um gole em bebedouros equivale a 80.000/mℓ. Quantas bactérias você ingere por dia?

A maior parte das bactérias provém dos canos de água e das estações de tratamento de água, e esses microrganismos são bons para você. Vários milhares de espécies de bactérias crescem nos canos de água.

*Cortesia de Jacquelyn Black*

## APLICAÇÃO NA PRÁTICA

### Simplesmente não beba a água

Na primavera de 1993, ocorreu em Milwaukee o pior surto de doenças transmitidas pela água na história dos EUA. Mais de 400.000 casos de doença gastrintestinal e mais de 100 mortes resultaram da contaminação parasitária do abastecimento de água potável. As estações de tratamento de água da cidade não estavam utilizando as telas adequadas para eliminar *Cryptosporidium parvum* – um parasita transmitido pela água – da água potável. Um surto mais recente ocorrido em Las Vegas foi associado à morte de 35 indivíduos infectados pelo HIV.

Outros contaminantes incluem microrganismos causadores de doença, como *C. parvum*, e produtos químicos, como chumbo, nitratos, arsênio e radônio. Cientistas descobriram que até mesmo o cloro reage com a matéria orgânica em decomposição na água, formando subprodutos químicos carcinogênicos. As principais fontes de poluição da água incluem resíduos municipais e industriais em aterros, sistemas sépticos residenciais, poços ativos e abandonados de petróleo e de gás, minas ativas e inativas de carvão e minerais, tanques subterrâneos de armazenamento em postos de gasolina ativos e inativos e uma enorme quantidade de pesticidas, fertilizantes e óleo de motor inadequadamente descartado.

## Testes de pureza da água

A pureza da água é habitualmente avaliada pela pesquisa de **bactérias coliformes**. As bactérias coliformes, que incluem *E. coli*, são bactérias gram-negativas, não formadoras de esporos, aeróbicas ou anaeróbicas facultativas, que fermentam a lactose e produzem ácido e gás. O abastecimento de água municipal, em sua maioria, é regularmente analisado quanto à presença de bactérias coliformes. A presença de um número significativo de coliformes fornece uma evidência de que a água pode não ser segura para consumo. Atualmente, são utilizados três métodos para avaliar a presença de bactérias coliformes: a técnica de fermentação em tubos múltiplos, a técnica de membrana filtrante e o teste de ONPG e MUG.

A **técnica de fermentação em tubos múltiplos** (Figura 26.19) envolve três estágios: o ensaio presuntivo, o ensaio confirmativo e o ensaio completo. No **ensaio presuntivo**, utiliza-se uma amostra de água para inocular tubos de caldo de lactose. Cada tubo recebe um volume de água de 10 mℓ, 1 mℓ ou 0,1 mℓ. Os tubos são incubados a 35°C e observados depois de 24 a 48 horas à procura de sinais de produção de gás. A produção de gás fornece uma evidência presuntiva sobre a presença de bactérias coliformes. No ensaio presuntivo, os microbiologistas que analisam amostras de água determinam o número aproximado de microrganismos por meio do método do número mais provável (NMP) (ver Capítulo 7).

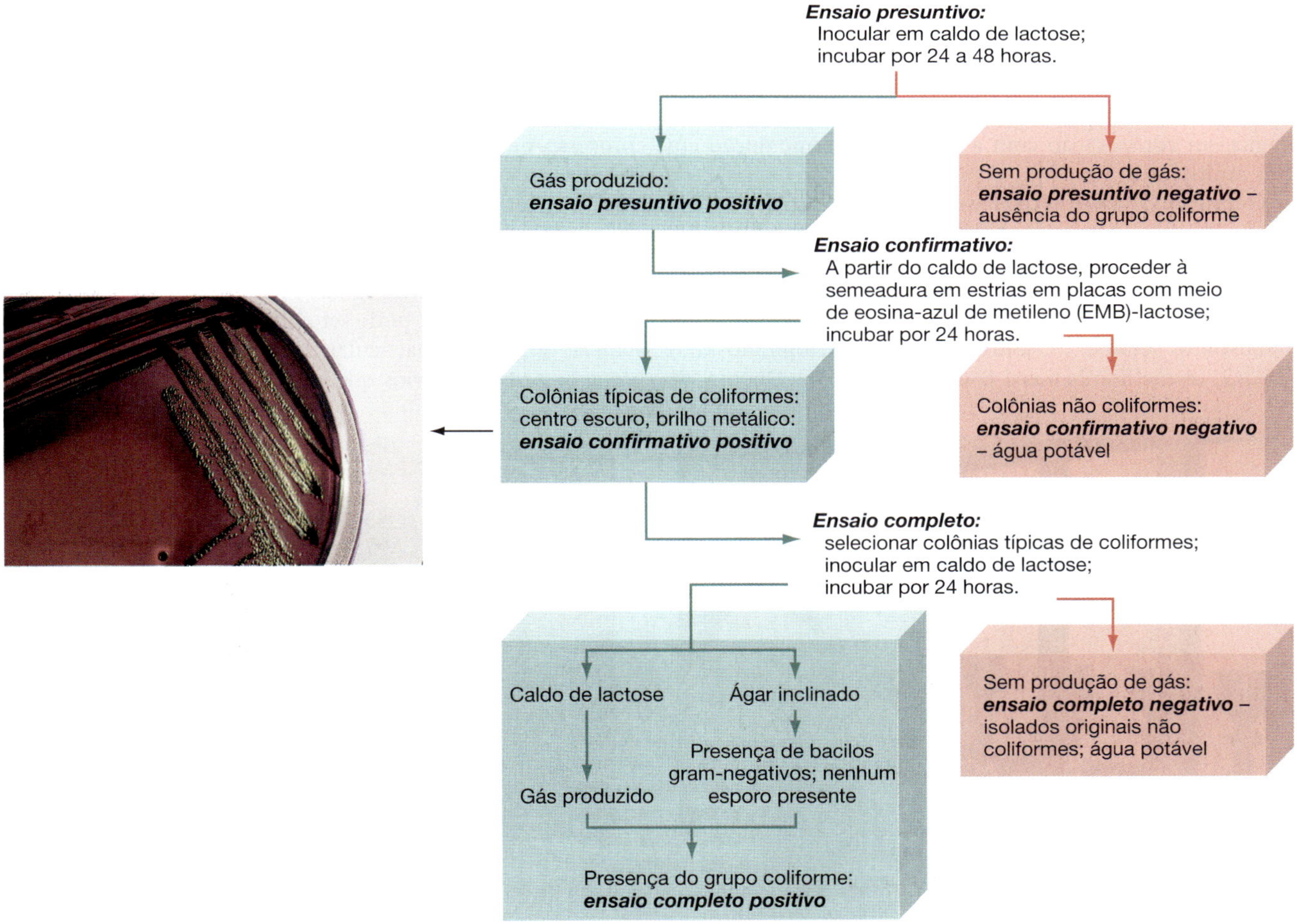


**Figura 26.19 Teste de fermentação em tubos múltiplos para determinação da pureza da água.** Observe o brilho esverdeado metálico das colônias de *Escherichia coli* crescendo em ágar EMB-lactose. *(Bruce Iverson/Bruce Iverson Photomicrography.)*

Tendo em vista que algumas bactérias não coliformes também produzem gás, são necessários testes adicionais para confirmar a presença de coliformes. No **ensaio confirmativo**, amostras da maior diluição apresentando uma produção de gás são semeadas em estrias em placas de ágar de eosina-azul de metileno (EMB). O EMB impede o crescimento de organismos gram-positivos. Os coliformes (que são microrganismos gram-negativos) produzem ácido; em condições ácidas, os corantes eosina e azul de metileno são absorvidos pelos organismos de uma colônia. Desse modo, depois de 24 horas de incubação, as colônias de coliformes apresentam centros escuros e também podem exibir um brilho verde metálico. A observação dessas colônias confirma a presença de coliformes. No **ensaio completo**, os microrganismos das colônias escuras são inoculados em caldo de lactose e ágar inclinado. A produção de ácido e de gás no caldo de lactose e a identificação microscópica de bacilos gram-negativos não formadores de esporos no ágar inclinado constituem um ensaio completo positivo.

Na **técnica de membrana filtrante** (Figura 26.20), uma amostra de 100 mℓ de água é passada por uma membrana filtrante estéril cujos poros têm cerca de 0,45 μm de diâmetro. Essa membrana, que retém as bactérias em sua superfície, é então incubada na superfície de um suporte absorvente estéril previamente saturado com meio de cultura apropriado. Após a incubação, formam-se colônias no filtro onde as bactérias foram retidas durante a filtração. A presença de mais de uma colônia por 100 mℓ de água indica que a água pode não ser segura para consumo humano. Se forem observadas colônias, podem-se efetuar testes adicionais para a sua identificação específica. A técnica de membrana filtrante é muito mais rápida e possibilita a análise de maiores volumes de água em comparação com a técnica de fermentação em tubos múltiplos.

O **teste de ONPG e MUG** baseia-se na capacidade das bactérias coliformes de secretar enzimas, que convertem um substrato em um produto, que pode ser detectado por uma mudança de coloração (ver Capítulo 6). Nesse teste, uma amostra de água é inoculada em um tubo com caldo nutritivo contendo os substratos ONPG (O-nitrofenil-β-d-galactopiranosídio) e MUG (4-metilumbeliferil-β-d-glicuronídio). Depois de um período de incubação adequado, as bactérias coliformes, se estiverem presentes, terão secretado as enzimas β-galactosidase e β-glicuronidase, bem como outras substâncias. A β-galactosidase hidrolisa o ONPG em um produto de cor amarela, enquanto a β-glicuronidase hidrolisa o MUG em um produto com fluorescência azul quando iluminado com luz ultravioleta (Figura 26.21). Esse teste pode ser utilizado em associação com outros testes para avaliação da pureza da água.

> Com base nas estimativas dos CDC, 940 mil norte-americanos adoecem a cada ano em consequência de água contaminada, e 900 morrem.

O teste Easyphage™ não procura a detecção de bactérias coliformes, mas de vírus bacteriófagos que indicam a presença dessas bactérias coliformes (Figura 26.22). O *kit* pode ser utilizado para avaliação de alimentos, bem como da água.

Além da contaminação com coliformes, a água potável também pode conter outros organismos, algumas vezes designados como organismos "indesejáveis". Embora não causem doenças em seres humanos, esses organismos podem afetar o sabor, a cor ou o odor da água. Alguns também podem formar precipitados insolúveis no interior dos canos de água. Os organismos indesejáveis incluem bactérias sulfurosas, bactérias férricas, bactérias formadoras de limo e algas. Entre as bactérias sulfurosas, destacam-se *Desulfovibrio*, que produz sulfeto de hidrogênio, e *Thiobacillus*, que produz ácido sulfúrico, que pode provocar corrosão dos canos. As bactérias férricas depositam compostos insolúveis de ferro, que podem causar obstrução do fluxo de água nos canos. As algas eucarióticas, as diatomáceas e as cianobactérias se reproduzem rapidamente na água exposta à luz solar (como a dos reservatórios). Podem tornar-se tão numerosas que entopem os filtros utilizados no processo de purificação. A identificação desses vários organismos indesejáveis na água é uma tarefa tediosa, visto que são necessários diferentes testes para cada tipo de organismo. Nenhum desses testes é realizado rotineiramente, mas podem ser efetuados quando os cidadãos se queixam de sabor, odores e cores desagradáveis da água.

A água também pode ser contaminada com várias substâncias orgânicas, particularmente quando os suprimentos de água provêm de rios que receberam efluentes de resíduos

A

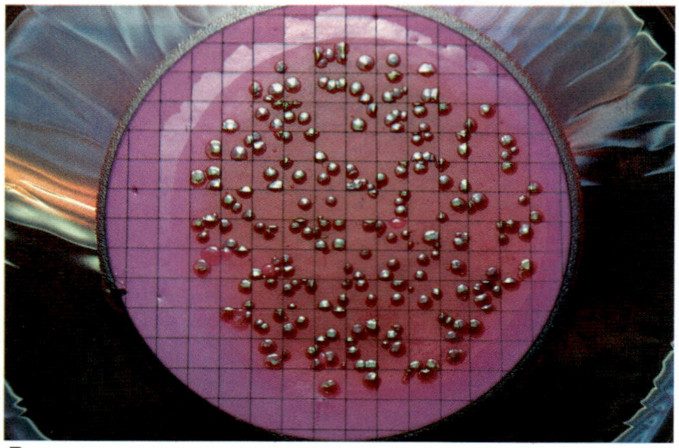

B

**Figura 26.20 Técnica da membrana filtrante para avaliação da pureza da água.** **A.** Filtração de amostras de água e retenção de microrganismos nos papéis de filtro, que, em seguida, são incubados. *(Leon J. LeBeau/Biological Photo Service.)* **B.** Após incubação, as colônias de coliformes que aparecem são contadas. *(De Leboffe, M. J. e Pierce B. E., A Photographic Atlas for the Microbiology Laboratory, Fig. 8-11 978-0-89582-872-9, © 2011, Morton Publishing. Utilizada com autorização.)*

**Figura 26.21 Teste de ONPG e MUG.** Um teste de ONPG positivo produz uma coloração amarela; um teste positivo de MUG emite uma fluorescência azul com iluminação ultravioleta. Uma amostra sem coliformes permanece incolor. *(Foto Colibert, cortesia de IDEXX Laboratories.)*

industriais rio acima. Embora seja pelo menos teoricamente possível detectar essas substâncias por análises químicas, esses testes raramente são realizados.

## TRATAMENTO DE ESGOTO

O **esgoto** consiste na água utilizada e nos resíduos que ela contém. Contém cerca de 99,9% de água e cerca de 0,1% de resíduos sólidos ou dissolvidos. Esses resíduos incluem resíduos domésticos (fezes humanas, detergentes, gordura e qualquer outra coisa que as pessoas despejem nos canos de esgoto ou trituradores de lixo), resíduos industriais (ácidos e outros resíduos químicos e matéria orgânica proveniente de usinas de processamento de alimentos) e resíduos transportados pela água da chuva que entra no esgoto.

O tratamento de esgoto é uma prática relativamente moderna. Até recentemente, muitas grandes cidades dos EUA despejavam o esgoto não tratado em rios e oceanos; muitas cidades ao longo do mar Mediterrâneo ainda fazem isso!

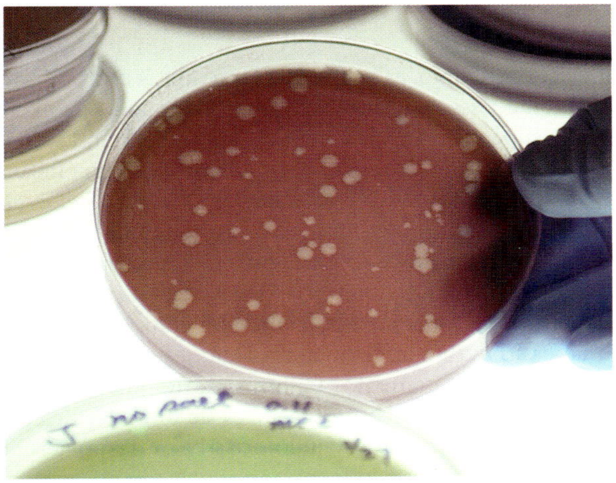

**Figura 26.22 Easyphage™.** Esse teste utiliza bacteriófagos para indicar a presença de bactérias coliformes na análise de alimentos ou da água. A presença de uma placa (orifício) é um indicador positivo de crescimento de uma bactéria específica na placa de Petri. Isso significa a presença dessa bactéria na amostra original de alimento ou de água; caso contrário, os bacteriófagos que a atacam não estariam presentes. *(Cortesia de Scientific Methods, Inc.)*

Quando pequenas quantidades de esgoto são despejadas em rios bem oxigenados e de fluxo rápido, as atividades naturais dos decompositores no rio purificam a água. Entretanto, grandes quantidades de esgoto sobrecarregam a capacidade de purificação dos rios. As cidades a jusante são então forçadas a obter seu abastecimento de água a partir de rios que contêm resíduos das cidades localizadas rio acima. Felizmente, a maioria das cidades dos EUA agora dispõe de alguma forma de tratamento de esgoto.

O tratamento completo do esgoto consiste em três etapas: os tratamentos primário, secundário e terciário (Figura 26.23). No **tratamento primário,** são utilizados métodos físicos para a remoção de resíduos sólidos do esgoto. No **tratamento secundário**, usam-se métodos biológicos (a ação dos decompositores) para remover resíduos sólidos que permanecem após o tratamento primário. No **tratamento terciário,** empregam-se métodos químicos e físicos para produzir um efluente de água pura o suficiente para ser consumida. Iremos descrever cada um desses processos de modo mais detalhado.

### Tratamento primário

À medida que o esgoto bruto entra em uma estação de tratamento de esgoto, são utilizados vários processos físicos para remover os resíduos no tratamento primário. As telas removem grandes pedaços de restos flutuantes, enquanto as escumadeiras removem as substâncias oleosas. Em seguida, a água é conduzida através de uma série de tanques de sedimentação, onde as partículas pequenas sedimentam. A matéria sólida removida por esses procedimentos representa cerca da metade de toda a matéria sólida existente no esgoto. Podem-se utilizar substâncias floculantes para aumentar a quantidade de sólidos que sedimentam e, portanto, a proporção de sólidos removidos pelo tratamento primário. O lodo é removido dos tanques de sedimentação de modo intermitente ou contínuo, dependendo do projeto da estação de tratamento.

### Tratamento secundário

O efluente do tratamento primário flui para os sistemas de tratamento secundário. Esses sistemas são de dois tipos: os de filtro de gotejamento e os de lodo ativado. Ambos os sistemas utilizam a atividade de decomposição dos microrganismos aeróbicos. A DBO apresenta-se elevada nos sistemas de tratamento secundário, de modo que esses sistemas fornecem uma oxigenação contínua das águas residuais.

Em um **sistema de filtros por gotejamento** (Figura 26.24), o esgoto é vaporizado sobre um leito de rochas de cerca de 2 m de profundidade. As rochas medem, cada uma, de 5 a 10 cm de diâmetro e são cobertas por um filme viscoso de microrganismos aeróbicos, como *Sphaerotilus* e *Beggiatoa* (Figura 26.25). A vaporização oxigena o esgoto, de modo que os aeróbios possam decompor a matéria orgânica nele presente. Esse tipo de sistema é menos eficiente, porém menos sujeito a apresentar problemas operacionais do que um sistema de lodo ativado. Remove cerca de 80% da matéria orgânica presente na água.

Em um **sistema de lodo ativado**, o efluente do tratamento primário é constantemente agitado, arejado e adicionado ao material sólido remanescente do tratamento anterior da água. Esse **lodo** contém grande quantidade de organismos aeróbicos, que digerem a matéria orgânica existente nas águas

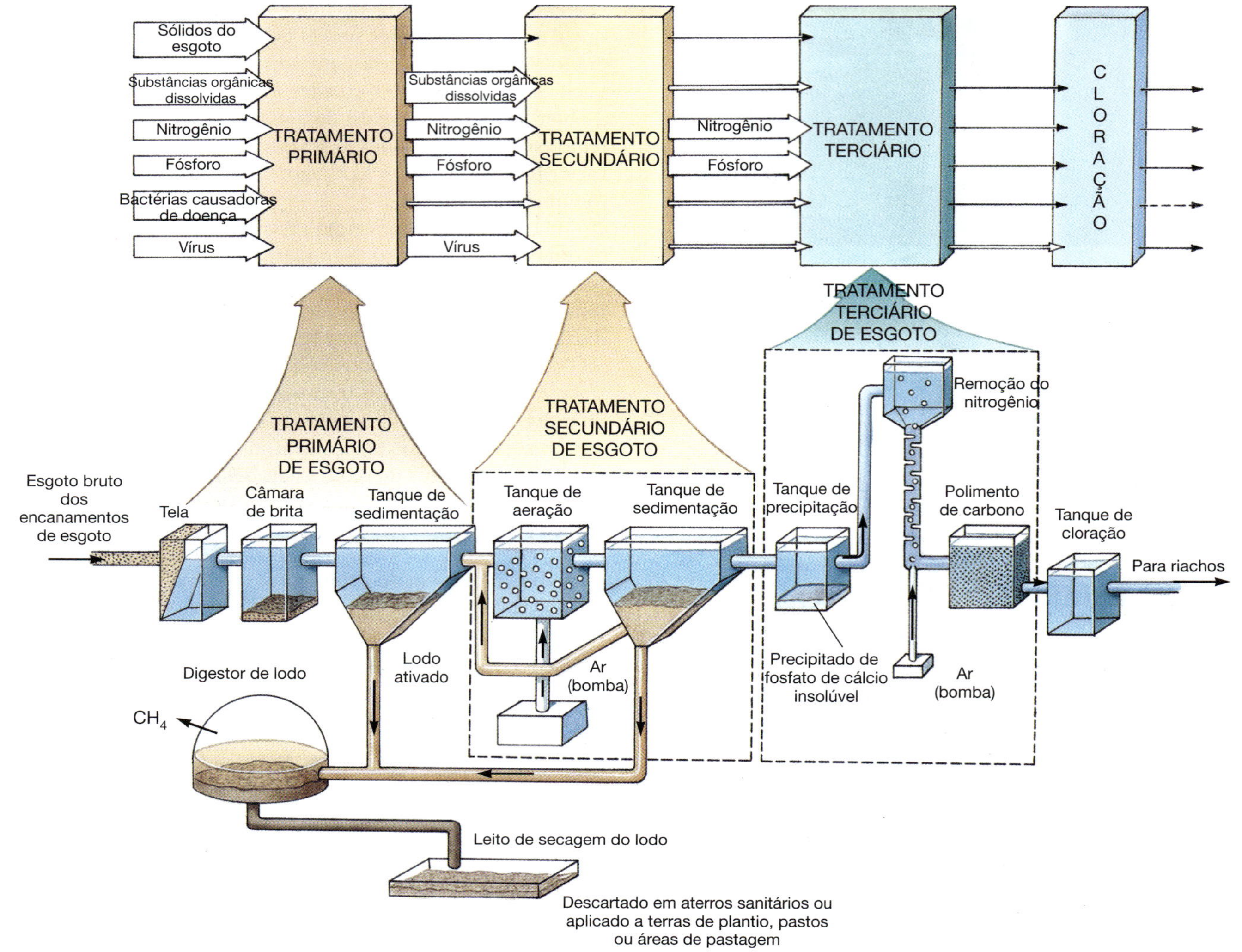


**Figura 26.23 Visão geral de uma estação de tratamento de esgoto.** São mostradas as estações de tratamento primário, secundário e terciário.

**Figura 26.24 Filtros por gotejamento.** Esses filtros são utilizados no tratamento secundário de esgoto. *(Jonathan A. Meyers/Science Source.)*

residuais. Entretanto, as bactérias filamentosas multiplicam-se rapidamente nesses sistemas e fazem com que parte do lodo flutue na superfície da água, em vez de sedimentar. Esse fenômeno, denominado **floração**, permite que a matéria flutuante contamine o efluente. A bactéria com bainha *Sphaerotilus* (Figura 26.25A), que algumas vezes prolifera rapidamente em folhas em decomposição em pequenos córregos e provoca uma floração (*bloom*), pode interferir, dessa maneira, na operação dos sistemas de esgoto. Seus filamentos entopem os filtros e criam massas flutuantes de matéria orgânica não digerida.

O lodo dos tratamentos tanto primário quanto secundário pode ser bombeado em **digestores de lodo**. Nesse caso, o oxigênio é praticamente excluído, e as bactérias anaeróbicas digerem parcialmente o lodo em moléculas orgânicas simples e nos gases dióxido de carbono e metano. O metano pode ser usado para o aquecimento do digestor e o suprimento de outras necessidades energéticas da estação de tratamento. A matéria não digerida pode ser seca e utilizada como condicionador de solo ou como aterro sanitário (Figura 26.26).

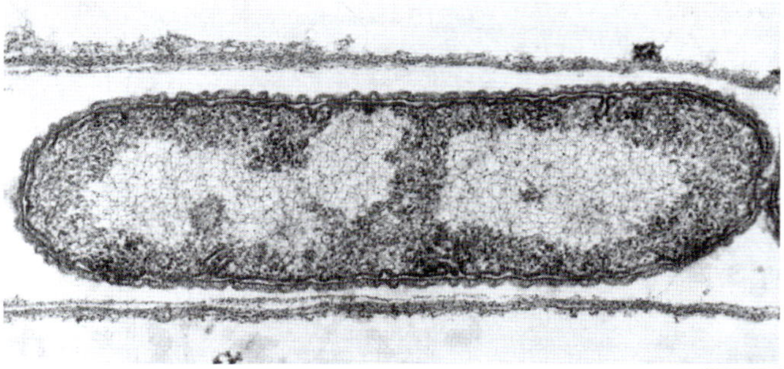


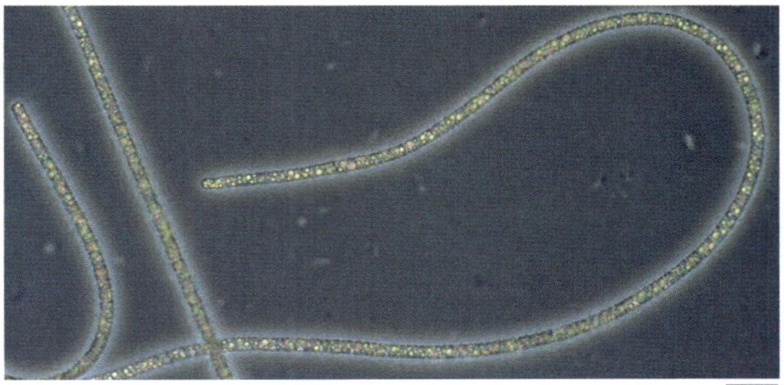


**Figura 26.25 Duas bactérias com bainha utilizadas em filtros de gotejamento.** A. *Sphaerotilus* (29.300×) *(Judith F. M. Hoeniger/Biological Photo Service.)* B. *Beggiatoa* (400×). *(Paul W. Johnson/Biological Photo Service.)*

## Tratamento terciário

O efluente do tratamento secundário contém apenas 5% a 20% da quantidade original de matéria orgânica e pode ser despejado em rios sem causar graves problemas. Entretanto, esse efluente pode conter grandes quantidades de fosfatos e nitratos, que podem aumentar a velocidade de crescimento dos vegetais no rio. O **tratamento terciário** é um processo de custo extremamente elevado, que envolve métodos físicos e químicos. Na filtração, são utilizados areia fina e carvão vegetal. Várias substâncias químicas floculantes precipitam os fosfatos e a matéria particulada. As bactérias desnitrificantes convertem os nitratos em gás nitrogênio. Por fim, o cloro é utilizado para destruir quaisquer organismos remanescentes. A água que recebeu tratamento terciário pode ser liberada em qualquer corpo de água sem nenhum risco de causar eutrofização. Essa água é pura o suficiente para ser reciclada em um abastecimento de água doméstica. Entretanto, o efluente contendo cloro, quando liberado em córregos e lagos, pode reagir e produzir compostos carcinogênicos, que podem entrar na cadeia alimentar ou podem ser ingeridos diretamente pelos seres humanos na água potável. Seria mais seguro remover o cloro antes da liberação do efluente, porém isso raramente é feito hoje em dia, embora o custo não seja elevado. Lâmpadas ultravioleta estão agora substituindo a cloração como tratamento final do efluente (ver Capítulo 13). Elas destroem os microrganismos sem adicionar carcinógeno aos córregos e águas. De modo semelhante, particularmente na Europa, o tratamento do efluente com ozônio está substituindo a cloração. Os geradores de ozônio são simples, não são muito dispendiosos e não adicionam carcinógenos a cursos de água naturais.

**Figura 26.26 Digestão do lodo.** A vaporização do lodo de esgoto municipal em fazendas destina-se a devolver nutrientes ao solo. Entretanto, se o tratamento não for completo, ele também pode acrescentar patógenos ao solo. *(Robert Brook/Science Source.)*

## Tanques sépticos

Nos EUA, cerca de 50 milhões de famílias rurais não têm acesso às redes de esgoto das cidades ou a suas estações de tratamento. Essas casas dependem de sistemas de **tanques sépticos** no quintal (Figura 26.27). Os proprietários precisam ter cuidado para não lavar ou colocar materiais como venenos e gordura nos ralos, visto que esses materiais matariam os microrganismos benéficos existentes no tanque séptico, responsáveis pela decomposição dos sólidos da lama que se acumulam. Isso iria exigir o bombeamento imediato do tanque por meio de um veículo conhecido como "caminhão limpa fossa", para impedir que o esgoto retorne à casa. Mesmo com uma operação normal, é algumas vezes necessário bombear a lama do tanque e transportá-la até uma estação de tratamento de esgoto.

Os componentes solúveis do esgoto seguem para fora do tanque séptico em direção ao campo de drenagem (lixiviação). Lá, são filtrados através de canos perfurados, passando por uma camada de cascalho e penetrando no solo, que filtra as bactérias e alguns vírus e liga-se ao fosfato. As bactérias do solo decompõem os materiais orgânicos. Os campos de drenagem precisam ser colocados onde não permitam a infiltração em poços, um problema difícil em morros ou em áreas densamente povoadas. Os campos de drenagem não podem ser utilizados onde a água potável é muito alta ou onde o solo não é permeável o suficiente, como nas áreas rochosas. Depois de 10 anos ou mais, o campo de drenagem médio é obstruído e não pode ser mais utilizado.

## BIORREMEDIAÇÃO

A **biorremediação** é um processo que utiliza microrganismos de ocorrência natural ou obtidos por engenharia genética, como leveduras, fungos e bactérias, para transformar

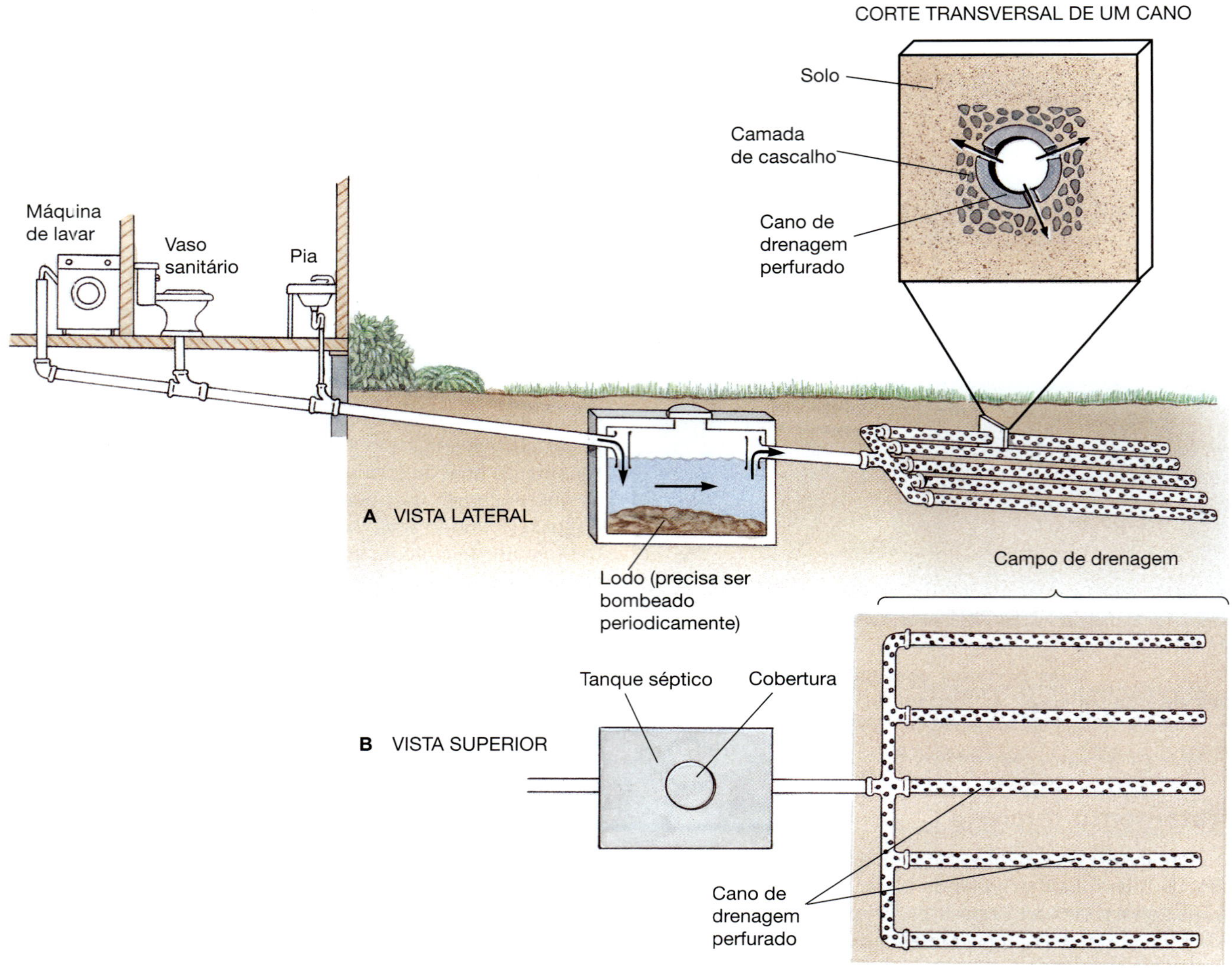


**Figura 26.27 Descarte de esgoto por meio de um tanque séptico e sistema de campo de drenagem.** **A.** Os materiais sólidos sedimentam na forma de lodo, que sofre decomposição microbiana, enquanto os materiais solúveis seguem até o campo de drenagem. **B.** No campo de drenagem, infiltram-se no solo, que filtra e elimina as bactérias e alguns vírus e liga-se ao fosfato. As bactérias do solo decompõem os materiais orgânicos.

substâncias nocivas em compostos menos tóxicos ou atóxicos. Os microrganismos decompõem uma variedade de compostos orgânicos na natureza para a obtenção de nutrientes, carbono e energia para o seu crescimento e sobrevivência. A biorremediação promove o crescimento de microrganismos para degradar contaminantes, utilizando esses contaminantes como fontes de carbono e de energia.

A biorremediação tem sido utilizada desde o fim da década de 1970 para degradar produtos derivados do petróleo e hidrocarbonetos. (Ver o boxe "Limpeza microbiana", no Capítulo 6.) Em março de 1989, o superpetroleiro *Exxon Valdez* encalhou em Prince William Sound, no Alasca. O navio-tanque em vazamento inundou a costa com cerca de 42 milhões de litros de petróleo bruto. As praias de cascalho e areia ficaram saturadas de petróleo, com uma camada de mais de meio metro de espessura. Foi organizado um programa maciço de limpeza. No início, foram utilizadas técnicas convencionais de limpeza – como barreiras, pulverizações e água quente em alta pressão, escumadeiras e lavagens manuais vigorosas. Entretanto, a costa permaneceu preta e pegajosa, pois esses métodos não puderam remover todo o petróleo debaixo das rochas e dentro dos sedimentos das praias.

Cientistas da EPA decidiram recorrer à biorremediação para melhorar a limpeza. Pulverizaram a praia com fertilizantes (nutrientes) para estimular o crescimento dos microrganismos nativos e promover a utilização dos resíduos de petróleo como fonte de carbono para os microrganismos. As áreas pulverizadas com fertilizantes logo ficaram quase limpas de petróleo até uma profundidade de cerca de trinta centímetros, enquanto as áreas não tratadas permaneceram cobertas com petróleo viscoso. Os estudos realizados em uma praia tratada mostraram que 60% dos hidrocarbonetos totais e 45% dos hidrocarbonetos aromáticos policíclicos (PAH), que são potencialmente tóxicos, foram degradados por bactérias nos primeiros 3 meses. A limpeza do *Exxon Valdez* foi uma história de sucesso da biorremediação.

Outra recente história de sucesso da biorremediação envolve as ações microbianas naturais de destoxificação do petróleo. Em 1995, cientistas que estavam estudando a região do golfo Pérsico, onde lagos de petróleo tinham sido abandonados após oleodutos e poços de petróleo terem sido danificados na Guerra do Golfo, em 1991, concluíram que estava ocorrendo uma recuperação natural da vegetação da região. Samir Radwan e seus colaboradores no Kuwait constataram que as raízes de plantas silvestres no deserto saturado de petróleo estavam saudáveis e livres de petróleo. As culturas realizadas de bactérias e fungos obtidos da areia revelaram vários tipos de microrganismos degradadores de petróleo conhecidos, como a bactéria *Arthrobacter*. Os pesquisadores acreditam que possam ter encontrado um método natural, barato e seguro para limpar derramamentos de petróleo em terra – cultivar plantas cujas raízes recrutam microrganismos que se alimentam de petróleo.

As aplicações da biorremediação estão se expandindo rapidamente. A biorremediação já provou ser uma forma bem-sucedida de decompor resíduos em aterros sanitários. Pode ser adequada para a limpeza do solo e da água subterrânea contaminados por vazamentos de tanques subterrâneos de armazenamento de petróleo, óleo de aquecimento e outros materiais. A indústria preservadora de madeira também parece constituir uma área promissora para a biorremediação. A cada ano, os EUA utilizam 450 mil toneladas de creosoto, um líquido oleoso que é destilado do alcatrão de ulha e utilizado para preservação de madeira. Algumas vezes, o creosoto vaza dos tanques de armazenamento e infiltra-se no solo e nos lençóis aquáticos subjacentes. Constatou-se que o fungo da podridão branca *Phanerochaete chrysosporium* degrada o pentaclorofenol, o principal contaminante em locais de preservação de madeira. Esse superfungo também pode destruir outros compostos tóxicos no solo, incluindo dioxinas, bifenilas policloradas (PCBs) e PAHs.

Atualmente, apenas microrganismos de ocorrência natural são utilizados na biorremediação. Entretanto, os cientistas estão experimentando técnicas de engenharia genética para desenvolver microrganismos para uso em locais de resíduos perigosos. Antes que esses microrganismos obtidos por engenharia genética possam ser utilizados no campo, a EPA exige que eles sejam submetidos a um exame de segurança, de acordo com o Toxic Substance Control Act para avaliar qualquer risco possível à saúde humana ou ao ambiente.

Existem tanto vantagens quanto desvantagens no uso da biorremediação. *Vantagens:* a biorremediação é um processo "natural" e ecologicamente correto; destrói produtos químicos alvo no local de contaminação, em vez de transferir os contaminantes de um local para outro; e o processo é, em geral, menos dispendioso do que outros métodos empregados na limpeza de resíduos perigosos. *Desvantagens:* com frequência, o uso da biorremediação leva muito mais tempo do que outros métodos de remediação, como escavação ou incineração, e as técnicas de biorremediação ainda não estão refinadas para locais com misturas de contaminantes. Há necessidade de mais pesquisas para o aperfeiçoamento dessa tecnologia. Todavia, a biorremediação representa uma enorme esperança para o futuro. À medida que os cientistas desenvolvem mais aplicações práticas para a biorremediação, essa tecnologia se tornará mais importante na limpeza e na proteção do meio ambiente.

**PARE e RESPONDA**

1. Defina bactérias coliformes. Se não são patógenos, por que são importantes?
2. Compare os tratamentos de esgoto primário, secundário e terciário de acordo com o que eles removem.
3. Por que você precisa ser muito cuidadoso com aquilo que despeja em um sistema de tanque séptico?
4. Quais são algumas das vantagens e desvantagens da biorremediação?

# RESUMO

## FUNDAMENTOS DE ECOLOGIA

- A **ecologia** é o estudo das relações entre os organismos e o seu ambiente.

### Natureza dos ecossistemas

- Um **ecossistema** inclui todos os **fatores bióticos** e **abióticos** de um ambiente. Sustentará sempre a vida dos **organismos indígenas** e, algumas vezes, dos **não indígenas**. Todos os organismos vivos em um **ecossistema** formam uma **comunidade**.

### Fluxo de energia nos ecossistemas

- A energia em um ecossistema flui do sol para os **produtores** e destes para os **consumidores**. Os **decompositores** obtêm energia da digestão de organismos mortos e resíduos de outros organismos. Os nutrientes que eles liberam podem ser reciclados.

## CICLOS BIOGEOQUÍMICOS

- Embora a energia esteja continuamente disponível, os nutrientes precisam ser reciclados a partir dos organismos mortos e resíduos, a fim de torná-los disponíveis para outros organismos.

### Ciclo da água

- O **ciclo da água** está resumido na Figura 26.2.

### Ciclo do carbono

- O **ciclo do carbono** está resumido na Figura 26.3.

### Ciclo do nitrogênio e bactérias do nitrogênio

- O **ciclo do nitrogênio** está resumido na Figura 26.4
- A **fixação do nitrogênio** é a redução do nitrogênio atmosférico a amônia. É realizada por determinados aeróbios de vida livre e anaeróbios, porém principalmente por *Rhizobium*

- As células de *Rhizobium* acumulam-se ao redor das raízes das leguminosas e transformam-se em **células em colmeia**, que invadem as células das raízes e transformam-se em bacteroides. A **nitrogenase** nos **bacteroides** catalisa as reações de fixação do nitrogênio
- A **nitrificação** é a conversão da amônia em nitritos e nitratos; os nitritos são formados por *Nitrosomonas*, e os nitratos, por *Nitrobacter*
- A **desnitrificação** é a conversão dos nitratos em óxido nitroso e gás nitrogênio. É realizada por uma variedade de organismos, particularmente em solos alagados.

### Ciclo do enxofre e bactérias do enxofre

- O **ciclo do enxofre** está resumido na Figura 26.7
- Várias espécies de bactérias realizam a **redução do sulfato**, a **redução do enxofre** ou a **oxidação do enxofre**.

### Outros ciclos biogeoquímicos

- O **ciclo do fósforo** está resumido na Figura 26.9
- Todos os elementos encontrados nos organismos vivos devem ser reciclados.

### A biosfera profunda e quente

- Foram encontradas bactérias nas maiores profundidades já alcançadas. É provável que as regiões internas da Terra tenham uma cultura subcrustal contínua de bactérias que residem nessas áreas, consumindo petróleo e gás originalmente presentes na Terra.

## AR

### Microrganismos encontrados no ar

- Os microrganismos são transmitidos pelo ar, porém não crescem nele. O ar é analisado expondo-se placas de ágar a ele e extraindo-se o ar da superfície do ágar ou em meio líquido e, em seguida, examinando-se os organismos encontrados.

### Métodos de controle dos microrganismos no ar

- Os microrganismos existentes no ar são controlados por agentes químicos, pela radiação, por filtração e por fluxo unidirecional.

## SOLO

### Microrganismos do solo

- São encontrados microrganismos de todos os principais grupos taxonômicos no solo
- Os fatores físicos que afetam os microrganismos do solo incluem a umidade, a concentração de oxigênio, o pH e a temperatura
- Os organismos também alteram as características de seu ambiente à medida que utilizam os nutrientes e liberam resíduos
- Os microrganismos do solo são importantes como decompositores no ciclo do carbono e em todas as fases do ciclo do nitrogênio.

### Patógenos do solo

- Os patógenos do solo afetam principalmente as plantas e os insetos
- Várias espécies de *Clostridium* são importantes patógenos humanos encontrados no solo.

### Cavernas

- Os microrganismos que se alimentam de depósitos de petróleo nas profundidades subterrâneas liberam $H_2S$, que forma ácido sulfúrico quando reage com a água. O ácido escava cavernas ao longo de fendas nas rochas
- Outras bactérias que crescem nas paredes de cavernas alimentam-se de enxofre, formando ácido sulfúrico, que goteja de cordões de colônias de bactérias semelhantes a muco, aumentando ainda mais a caverna.

## ÁGUA

### Ambientes de água doce

- Os ambientes de água doce caracterizam-se por baixa salinidade e pela sua variabilidade de temperatura, pH e concentração de oxigênio
- Nos ambientes de água doce, são encontrados microrganismos de todos os principais grupos taxonômicos. As bactérias – aeróbicas onde o oxigênio é abundante e anaeróbicas onde está esgotado – são particularmente abundantes.

### Ambientes marinhos

- Os ambientes marinhos caracterizam-se por alta salinidade e menor variabilidade na temperatura, pH e concentração de oxigênio. À medida que aumenta a profundidade, a pressão também aumenta, e a penetração da luz solar diminui. São também encontrados microrganismos de todos os principais grupos taxonômicos nos ambientes marinhos. Os organismos fotossintéticos são encontrados mais próximo à superfície, os heterótrofos, na superfície e camadas mais abaixo, e os decompositores, nos sedimentos do fundo.

### Fontes hidrotermais e emanações frias

- Gradientes químicos e térmicos acentuados criam ambientes extremos específicos habitados por eubactérias e arqueias, bem como formas mais superiores de vida, em comunidades muito produtivas.

### Poluição da água

- A água é considerada poluída se houver uma substância ou condição que torne a água inútil para um propósito específico
- A Tabela 26.1 fornece um resumo dos efeitos da poluição da água
- Muitos patógenos humanos podem ser transmitidos na água
- Esses patógenos estão listados na Tabela 26.2.

### Purificação da água

- A purificação da água envolve **floculação** da matéria em suspensão, **filtração** e **cloração**
- Os testes para determinação da pureza da água são planejados para detectar **bactérias coliformes**; incluem as técnicas de **fermentação em tubos múltiplos** e de **membrana filtrante** e o **teste de ONPG e MUG**, bem como o teste **Easyphage™** para bacteriófagos como indicadores fecais.

## TRATAMENTO DE ESGOTO

- O **esgoto** é a água utilizada e os resíduos que ela contém.

### Tratamento primário

- O **tratamento primário** consiste na remoção física de resíduos sólidos.

### Tratamento secundário

- O **tratamento secundário** é a remoção da matéria orgânica por meio da ação de bactérias aeróbicas.

### Tratamento terciário

- O **tratamento terciário** é a remoção da maioria da matéria orgânica, dos nitratos, dos fosfatos e de quaisquer microrganismos sobreviventes por métodos físicos e químicos.

### Tanques sépticos

- As bactérias do solo decompõem os componentes solúveis do esgoto no campo de drenagem de um sistema de **tanque séptico**.

## BIORREMEDIAÇÃO

- Os microrganismos de ocorrência natural ou obtidos por engenharia genética transformam substâncias nocivas em compostos menos tóxicos ou atóxicos por meio do uso dos contaminantes como fontes de carbono e de energia.

# TERMOS-CHAVE

água potável
bactérias coliformes
bacteroide
biorremediação
biosfera
célula em colmeia
ciclo biogeoquímico
ciclo da água
ciclo do carbono
ciclo do enxofre
ciclo do fósforo
ciclo do nitrogênio
ciclo hidrológico
cloração
comunidade
consumidor
decompositor
demanda biológica de oxigênio (DBO)
desnitrificação
digestor de lodo
ecologia
ecossistema
emanação fria
ensaio completo
ensaio confirmativo
ensaio presuntivo
esgoto
eutrofização
fator abiótico
fator biótico
filtração
fixação do nitrogênio
floculação
floração
fonte hidrotermal
lodo
microambiente
nitrificação
nitrogenase
organismo indicador
organismo indígena
organismo não indígena
oxidação do enxofre
produtor
redução do enxofre
redução do sulfato
sistema de filtros por gotejamento
sistema de lodo ativado
*snottite*
tanque séptico
técnica de fermentação em tubos múltiplos
técnica de membrana filtrante
teste de ONPG e MUG
tratamento primário
tratamento secundário
tratamento terciário

CAPÍTULO 27

# Microbiologia Aplicada

Robert Harding/Tim Graham/Diomedia

## Por que não cultivar alguns cogumelos em casa?

O cultivo de cogumelos é um passatempo ideal para um estudante de microbiologia. Você já possui todo um conhecimento básico, por exemplo, o que são os esporos, um micélio, um meio de cultura e uma técnica estéril. Até mesmo certas lojas vendem *kits* para cultivo de cogumelos. Mas, se você quiser tentar cultivar alguns cogumelos mais raros, procure no catálogo da Fungi Perfecti®, cujo *site* tem vídeos mostrando exatamente como cultivá-los. Eles explicam quais são os fungos difíceis ou fáceis de crescer. Mesmo que não disponha de muito espaço, você poderá cultivar alguns cogumelos em um vaso de flores ou em uma bacia de lavar roupa. Ou, após ter adquirido um *kit* e colher os fungos cultivados, o micélio pode ser utilizado para fazer um canteiro de cogumelos em seu quintal. Além disso, você pode fazer orifícios em toras de madeira e preenchê-los com inóculo de micélio para anos de colheitas sucessivas. E o melhor de tudo, você pode comer a sua própria colheita. Tente!

Geo-grafika/Shutterstock

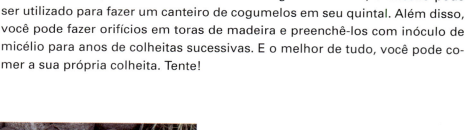

Peeraphat Bootcharoen/Shutterstock

Bon Appetit/Alamy Stock Photo

# MAPA DO CAPÍTULO

**Siga o mapa do capítulo para auxiliar na identificação dos conceitos principais do texto.**



**Ao longo da história, os seres humanos têm utilizado microrganismos.** Desde muito tempo, descobrimos a utilização dos microrganismos na fabricação de alimentos e medicamentos, e hoje existem numerosas outras aplicações industriais dos microrganismos. E, tendo em vista o rápido avanço da biotecnologia, o futuro da microbiologia aplicada parece muito promissor. Quando consideramos as numerosas aplicações da microbiologia – desde a produção de alimentos até a mineração –, devemos também discutir a deterioração e os métodos de conservação dos alimentos.

## MICRORGANISMOS ENCONTRADOS NOS ALIMENTOS

Tudo que se come ou bebe também pode ser usado como alimento pelos microrganismos (Figura 27.1). As substâncias consumidas pelos seres humanos provêm, em sua maioria, de vegetais, os quais, naturalmente, desenvolvem-se no solo, ou dos animais, que vivem em contato com o solo e, portanto, carregam consigo organismos do solo. Embora esses organismos do solo geralmente não sejam patógenos humanos, muitos deles podem causar deterioração dos alimentos. A manipulação dos alimentos, desde a sua colheita ou desde o abate dos animais para consumo humano proporciona muito mais oportunidades de contaminação dos alimentos com microrganismos. Práticas não higiênicas por manipuladores de alimentos e condições de trabalho insalubres frequentemente levam à contaminação dos alimentos por patógenos. Armazenamento e procedimentos de preparação domésticos impróprios – e, em particular, nos restaurantes – podem conduzir a uma maior contaminação com patógenos. A refrigeração inadequada dos alimentos preparados representa uma importante fonte de envenenamento alimentar.

*Vinte por cento de todos os atendimentos nos serviços de emergência são devidos a doenças transmitidas por alimentos.*

A globalização afeta a segurança dos alimentos. As frutas e os vegetais importados de países do terceiro mundo, onde os padrões de saneamento são muito baixos, podem trazer doenças e parasitas. Os trabalhadores nesses países estão infectados por doenças transmitidas por alimentos? Existem banheiros? Instalações para lavar as mãos? Os trabalhadores utilizam essas instalações? Lavamos cuidadosamente os produtos antes de consumi-los? Esses frutos frescos no inverno podem estar associados a custos ocultos.

### Cereais

Quando colhidos de modo adequado, os vários tipos de cereais comestíveis, como o centeio e o trigo, são secos. Devido à falta de umidade, poucos microrganismos conseguem se desenvolver neles. Entretanto, se forem armazenados em condições

**Figura 27.1 Microrganismos em alimentos.** Os microrganismos utilizam os mesmos alimentos consumidos pelos seres humanos, como se pode ver por essas laranjas cobertas de mofo. *(Joyce Photographics/Science Source.)*

úmidas, os cereais podem ser facilmente contaminados com bolores e outros microrganismos. Os insetos, as aves e os roedores também transmitem contaminantes microbianos aos grãos.

Cereais naturais contaminados com o fungo *Claviceps purpurea*, conhecido como *cravagem* (*ergot*), causam envenenamento pela ergotina ou ergotismo. Compostos produzidos por esse fungo são alucinógenos e podem alterar o comportamento ou até mesmo ser mortais se forem ingeridos. Certas espécies de *Aspergillus*, que infectam amendoins e outros cereais, produzem *aflatoxinas*. Esses compostos tóxicos demonstraram ser poderosos mutagênicos e carcinogênicos (ver Capítulo 23).

Muitos cereais são utilizados na fabricação de pães e flocos industrializados. Os seres humanos têm fabricado pão há milhares de anos, e alguns pães em exibição no museu britânico têm 4 mil anos de idade. Embora o primeiro caso de fermentar o pão com levedura provavelmente tenha ocorrido por acidente, cepas especiais de *Saccharomyces cerevisiae*, que produzem grandes quantidades de dióxido de carbono, são hoje adicionadas à massa do pão para fazê-lo crescer. Descreveremos posteriormente esse processo de modo mais detalhado.

À semelhança dos cereais crus, o pão é suscetível à contaminação e deterioração por vários tipos de bolores. *Rhizopus nigricans* é o bolor de pão mais comum, porém várias espécies de *Penicillium*, *Aspergillus* e *Monilia* também crescem no pão. A contaminação do pão com *M. sitophila*, um tipo de mofo rosado, é particularmente temida por padeiros, visto que é quase impossível eliminá-lo de uma padaria uma vez que se tenha estabelecido no local. O pão de centeio tem tendência particular à contaminação por espécies de *Bacillus*, que hidrolisam as proteínas e o amido, conferindo ao pão uma textura fibrosa. Se não forem destruídos pelo cozimento, os esporos de *Bacillus* germinam e provocam dano rápido e extenso ao pão recém-assado.

## Frutas e vegetais

Milhões de bactérias comensais, particularmente *Pseudomonas fluorescens*, são encontradas na superfície das frutas e dos vegetais. Esses alimentos também são facilmente contaminados com organismos provenientes do solo, de animais, do ar, da água de irrigação e dos equipamentos utilizados para a sua coleta, transporte, armazenamento ou processamento. Patógenos como *Salmonella*, *Shigella*, *Entamoeba histolytica*, *Ascaris* e uma grande variedade de vírus podem ser transmitidos na superfície das frutas e dos vegetais. Entretanto, a parte externa da maioria dos vegetais contém ceras e libera substâncias antimicrobianas, ambas as quais tendem a impedir a invasão microbiana dos tecidos internos.

Os cantalupos apresentam um problema especial. Suas superfícies enrugadas por redes entrelaçadas desenvolvem biofilmes de *Salmonella*, que crescem dentro das fissuras abaixo das redes (Figura 27.2). As fímbrias e as secreções de celulose fixam as bactérias firmemente à superfície da casca do cantalupo. As camadas superiores do biofilme protegem as bactérias localizadas profundamente dos efeitos das soluções sanitizantes. Nos EUA, cerca de 5% dos melões importados do México apresentam essas camadas de *Salmonella*. Quando você a descasca, pode arrastar as bactérias sobre a superfície cortada da polpa. Esse problema poderia ser evitado com a sanitização da superfície da fruta.

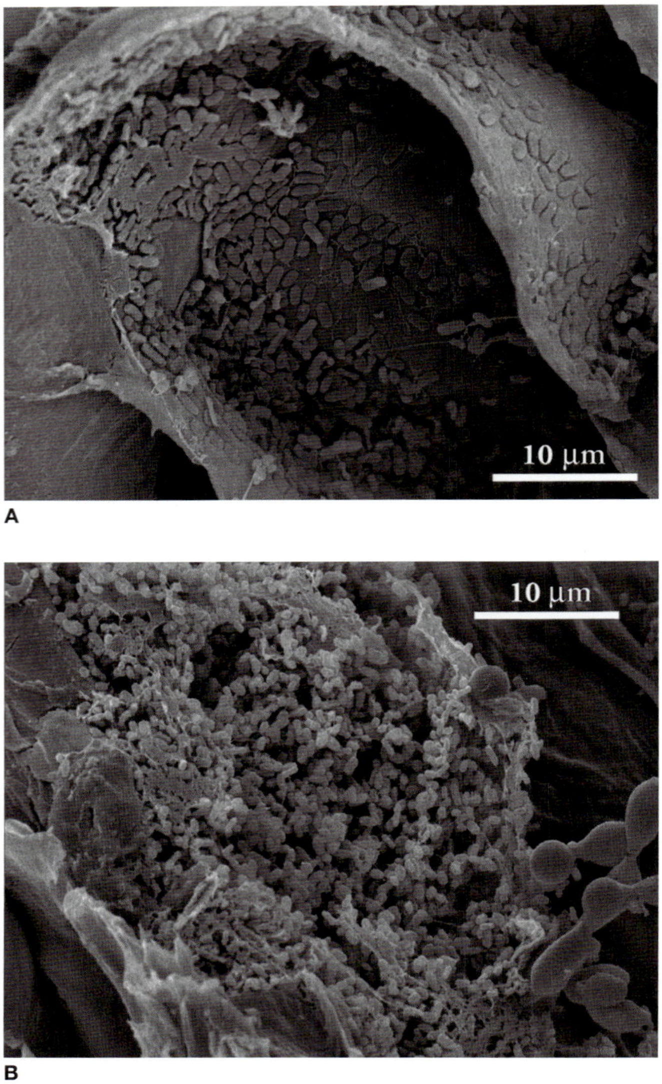


**Figura 27.2 Micrografia eletrônica de varredura de cantalupo.** **A.** MEV (2.500×) da casca de um cantalupo, mostrando a fixação e a formação inicial de um biofilme por células de *Salmonella poona* no interior da rede entrelaçada do cantalupo inoculado. Os cantalupos foram inoculados, deixados a secar por 2 horas, dissecados e tratados para obter uma imagem por MEV. *(Cortesia de Bassam A. Annous, USDA-ARS Food Safety Intervention Technologies Research Unit, Wyndmoor, PA.)* **B.** Melão seco durante 72 horas, dissecado e tratado para imagem por MEV. *(Cortesia de Bassam A. Annous, USDA-ARS Food Safety Intervention Technologies Research Unit, Wyndmoor, PA.)*

Agora, o cientista do Departamento de Agricultura dos EUA (USDA), Dr. Bassam Annous, desenvolveu um processo de pasteurização superficial, que mata 99,999% das células de *Salmonella* na superfície de cantalupos artificialmente contaminados. Os melões são imersos em água a 76°C por 3 minutos (Figura 27.3). Em seguida, cada melão é envolvido em um saco de plástico antes de ser rapidamente resfriado em banho de água gelada. O saco impede a recontaminação da fruta. Além disso, o prazo de validade é ampliado, visto que os organismos que provocam deterioração natural também foram destruídos pelo processo de pasteurização superficial. Todo esse processo não afeta a qualidade do melão.

**Figura 27.3 Pasteurização superficial de cantalupos.** No fundo, cantalupos estão sendo retirados do banho depois de uma imersão de 3 minutos à temperatura de 76°C. *(Cortesia de Bassam A. Annous, USDA-ARS Food Safety Intervention Technologies Research Unit, Wyndmoor, PA.)*

O Dr. Annous também trabalhou com mangas, mamões papaia e tomates. Os resultados parecem promissores. Entretanto, a pasteurização de superfície não parece ser a resposta para a sanitização dos vegetais folhosos. É mais provável que esse processo leve à destruição do produto. Para uma descrição do processamento atual do espinafre e da alface, consulte o Capítulo 13.

Certos vegetais são particularmente vulneráveis ao ataque e à deterioração por microrganismos. Os vegetais folhosos e as batatas são suscetíveis à podridão mole bacteriana por *Erwinia carotovora*. O "fungo" *Phytophthora infestans*, que contaminou a batata e foi responsável pela grande fome de 1846 na Irlanda, foi agora reclassificado como alga vermelha. A biotecnologia está sendo solicitada para ajudar a evitar esses prejuízos nas plantações. Há tentativas em andamento, por exemplo, para inserir na soja um gene que possa conferir resistência às doenças, encontrado na mostarda selvagem, e que poderia tornar as plantações de soja resistentes aos patógenos. De modo semelhante, um gene capaz de proteger as plantas contra a bactéria *Pseudomonas syringae* poderá em breve ser introduzido no milho, no feijão e no tomate.

As frutas também são suscetíveis à deterioração pela ação microbiana. Os tomates, os pepinos e os melões podem ser danificados pelo fungo *Fusarium*, que provoca podridão mole e rachaduras na pele dos tomates. As moscas das frutas capturam o fungo de tomates infectados e o transmitem a plantas saudáveis quando depositam seus ovos em rachaduras da superfície dos tomates. Outros insetos perfuram os tomates para alimentar-se e, ao mesmo tempo, introduzem *Rhizopus*, que degrada a pectina e pode transformar o tomate em uma bolsa de água. Os sucos de frutas frescas, em virtude de seu elevado conteúdo de açúcar e de ácido, proporcionam um excelente meio para o desenvolvimento de fungos, leveduras e bactérias dos gêneros *Leuconostoc* e *Lactobacillus*. As uvas e as bagas são danificadas por uma ampla variedade de fungos, e numerosas frutas de caroço, como os pêssegos, podem ser destruídas da noite para o dia pela podridão parda provocada por *Monilia fructicola*. *Penicillium expansum*, que se desenvolve em maçãs, produz a toxina patulina, que facilmente pode contaminar a cidra. Outras espécies de *Penicillium* produzem mofo azul e mofo verde em frutas cítricas.

## Carnes de mamíferos e de aves

Os animais chegam aos matadouros com numerosos microrganismos variados nos intestinos, nas fezes, no couro e nos cascos e, algumas vezes, nos tecidos. Foram identificados pelo menos 70 patógenos entre esses microrganismos. Nos EUA, quase todas as carcaças de animais em abatedouros são inspecionadas por um veterinário ou por um fiscal treinado, e aquelas identificadas como doentes são condenadas e descartadas (Figura 27.4). Entretanto, a inspeção não pode garantir que a carne esteja livre de parasitas. O inspetor examina a superfície das carcaças e o coração do animal (onde os helmintos se concentram com frequência), porém não consegue examinar o interior de cada corte de carne. Após a descoberta do primeiro caso de EEB (encefalopatia espongiforme bovina, ou doença da vaca louca) nos EUA, em dezembro de 2003, houve um forte protesto quanto à necessidade de leis mais rigorosas para a inspeção da carne (ver Capítulo 25). Algumas das doenças mais comuns identificadas em matadouros consistem em abscessos, pneumonia, septicemia, enterite, toxemia, nefrite e pericardite. A linfadenite, uma inflamação dos linfonodos, é particularmente comum em ovinos e cordeiros.

Anos atrás, um pequeno bando de galinhas doentes criadas em uma fazenda familiar afetava apenas algumas pessoas. Hoje, criações de galinhas em larga escala, da ordem de mil aves, podem transmitir doenças para um número muito maior de pessoas.

Mesmo após o abate dos animais e após as suas carcaças terem sido penduradas em ambientes refrigerados para envelhecer, os microrganismos algumas vezes deterioram a carne. Vários bolores se desenvolvem em carnes refrigeradas, e *Cladosporium herbarum* pode desenvolver-se até mesmo em carnes congeladas. Os micélios de *Rhizopus* e de *Mucor* produzem um crescimento felpudo e branco, designado como "suíças", sobre a superfície das carcaças dependuradas. A bactéria *Pseudomonas mephitica* libera sulfeto de hidrogênio e produz uma coloração esverdeada na carne refrigerada em baixas condições de oxigênio. Várias espécies de *Clostridium* causam putrefação profunda, chamada **fedor ósseo**, nos tecidos de grandes carcaças.

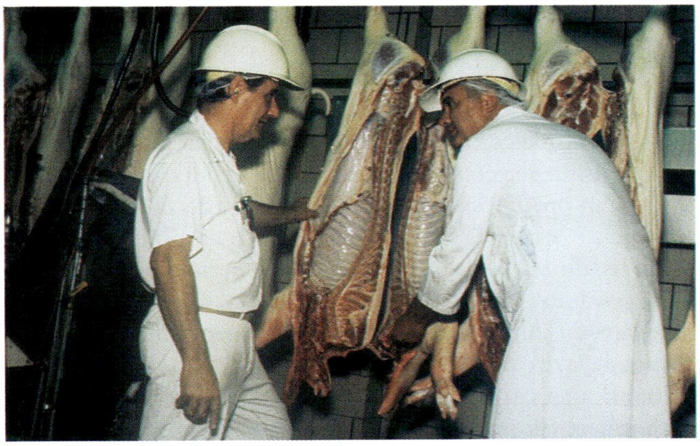

**Figura 27.4 Inspeção de carne em matadouro.** A inspeção ajuda a proporcionar, porém sem poder garantir, um suprimento seguro de carne para consumo humano. *(Cortesia do United States Department of Agriculture.)*

## SAÚDE PÚBLICA

### Você pode confiar no seu micro-ondas?

Estou muito cansada para cozinhar hoje à noite – vamos apenas preparar algumas empadas de frango no micro-ondas. Mas cuidado! As empadas não são itens de "aqueça e sirva". As empadinhas não são cozidas, de modo que precisam passar por um cozimento completo para destruir patógenos que possam estar escondidos no seu interior. Você não comeria frango malcozido, e é melhor não comer uma empada morna.

No outono de 2007, mais de 175 pessoas nos EUA, em 32 estados, descobriram isso pela própria experiência, quando desenvolveram infecções por *Salmonella* associadas a empadas da marca Banquet. Uma menina de 19 meses de idade de uma família Minnesota ficou violentamente doente, desmaiou, sofreu convulsão, apresentou febre de 40°C e diarreia contínua, que exigia de seis a oito trocas de fraldas por hora! Ela continuou apresentando diarreia por mais 6 semanas. Dos outros 174 casos, 33 foram hospitalizados, porém não houve nenhuma morte.

A empresa ConAgra, fabricante das empadas, inicialmente culpou os consumidores por não terem seguido corretamente as orientações, porém depois admitiu que as orientações fornecidas não eram suficientemente claras. Depois de 3 dias, ConAgra finalmente retirou do mercado as empadas. Ações judiciais foram tomadas devido a esse atraso. A orientação indicava o uso de micro-ondas por 4 min em potência média ou alta, ou por 6 min em fornos de potência baixa. A família de Minnesota tinha usado 7 1/2 min. Um cientista utilizou um micro-ondas de 1.000 watts durante 4 min, que aqueceu a empada até 45°C. Uma temperatura segura é de 165°C. Depois de 6 min, a empada estava a 204°C, em sua superfície, porém a 127°C no interior.

Algumas vezes, as carnes moídas contêm ovos de helmintos e sempre apresentam grandes quantidades de lactobacilos e bolores. Na maior parte dos açougues, os açougueiros precisam manter duas máquinas separadas para moer a carne – uma para a carne de porco e outra para as outras carnes. Essa prática é incentivada porque é muito difícil limpar completamente uma máquina, de modo a eliminar qualquer possibilidade de transferir pedaços de carne de porco crua, que podem transmitir o agente etiológico da triquinose, o helminto *Trichinella spiralis*, a outras carnes (ver Capítulo 12). Os lactobacilos presentes em carnes moídas produzem ácidos que retardam o crescimento de patógenos entéricos. Apesar disso, as carnes moídas estão sujeitas a deterioração, mesmo quando refrigeradas, e devem ser congeladas se não forem utilizadas em 1 ou 2 dias. Todas as carnes, mas, em especial, as carnes moídas, precisam ser completamente cozidas para matar os patógenos. Um produto à base de bacteriófago recém-aprovado, o EcoShield®, quando pulverizado sobre a carne moída, reduz em mais de 95% a quantidade de *Escherichia coli* 0517:H7 (cepa produtora da toxina Shiga).

Mais de 20 gêneros de bactérias foram encontrados em carnes de aves preparadas para consumo, e a manipulação incorreta das carnes de aves em restaurantes é responsável por numerosas infecções transmitidas por alimentos. Quase 50% dessas infecções foram atribuídas a *Salmonella*, um quarto foi atribuído a *Clostridium perfringens*, e outro quarto a *Staphylococcus aureus*. O congelamento não livra a carne de aves de *Salmonella*. As pseudomonas e várias outras bactérias gram-negativas constituem contaminantes comuns da carne de aves, na qual causam limo e odores desagradáveis. Nos EUA, 50% da carne de aves é irradiada para matar a maioria dos microrganismos, se não todos.

Você poderia supor que os ovos, com suas cascas duras, estejam livres de contaminação por microrganismos. A maioria é, de fato, livre de contaminação, porém as cascas são porosas, e as pseudômonas e algumas outras bactérias, bem como os fungos, como *Penicillium*, *Cladosporium* e *Sporotrichum*, desenvolvem-se sobre as cascas. Esses microrganismos podem atravessar os poros existentes nas cascas, infectando o interior dos ovos. *Salmonella* também sobrevive na superfície das cascas dos ovos e pode entrar em ovos quebrados ou pode ser depositada em alimentos com pedaços de casca. As galinhas infectadas por *S. pullorum* põem ovos infectados. Aqueles que alguma vez retiraram os órgãos internos de uma galinha com certeza verificaram que os ovos não têm casca até que tenham percorrido uma boa distância pelo oviduto. Os espermatozoides fertilizam os ovos na parte superior do oviduto, onde não há casca. (Você alguma vez já se perguntou como o espermatozoide fertiliza um ovo de galinha?) As bactérias, como a *Salmonella*, também podem penetrar no ovo antes que a casca tenha sido depositada. A casca não precisa estar rachada para que um ovo seja invadido por *Salmonella*! Os CDC relatam que 1 em cada 10 mil ovos contém *Salmonella* no interior da casca. Quaisquer patógenos presentes na superfície das cascas dos ovos ou no seu interior podem ser transmitidos aos seres humanos, a não ser que os ovos e os alimentos que os contenham sejam completamente cozidos. A ingestão de ovos crus, como na bebida *eggnog*, é um risco calculado. Nos EUA, alguns ovos, mas nem todos, são irradiados para matar as bactérias.

## Peixes e frutos do mar

O peixe fresco contém muitos microrganismos. Nele, são comumente encontradas várias espécies de bactérias entéricas e clostrídios, enterovírus e vermes parasitas. Muitos desses organismos sobrevivem durante o transporte do peixe mantido em gelo picado, sobretudo se forem embalados de forma muito compactada ou forem comprimidos contra as ripas de engradados contaminados.

Os frutos do mar, como as ostras e mexilhões, contêm muitos dos mesmos microrganismos que os peixes. Normalmente, as ostras cruas apresentam *Salmonella typhimurium* e, algumas vezes, *Vibrio cholerae*. Os mexilhões constituem particularmente fontes prováveis de infecção humana, visto que são animais filtradores – isto é, obtêm o seu alimento filtrando a água e extraindo os microrganismos. Se os mexilhões forem expostos a níveis elevados de dejetos de esgoto, marés vermelhas e outras fontes de grande número de patógenos ou produtores de toxinas, sua pesca pode ser proibida até que o número de microrganismos diminua. As vieiras têm menos probabilidade de transmitir doenças aos seres humanos, pois apenas a parte muscular do organismo, e não o sistema digestório, é consumida.

> Os peixes contaminados com *Photobacterium phosphoreum* brilham. Embora não haja nenhuma referência dessa bactéria como causadora de doença, a sua presença indica efetivamente que o peixe não está fresco.

Entre os crustáceos, os camarões têm extrema probabilidade de serem contaminados. Alguns estudos mostraram

## APLICAÇÃO NA PRÁTICA

### Cuidado com ovos estragados!

São encontradas espécies de *Salmonella* em muitos reservatórios animais, particularmente aves domésticas. As pesquisas recentes sobre a *Salmonella* na indústria avícola não forneceram dados tranquilizadores, e os consumidores podem concluir que esses produtos derivados de aves domésticas estão maciçamente contaminados. Que medidas você pode tomar para defender-se de *Salmonella*?

Em primeiro lugar, suponha que as cascas de todos os ovos estejam contaminadas, e, assim, lave suas mãos depois de manipulá-los. (Mas não lave os ovos – a lavagem remove o revestimento de superfície protetor que ajuda a impedir a penetração dos microrganismos nos ovos.) *Salmonella* faz parte da microbiota intestinal das aves, e os ovos certamente entram em contato com as fezes, as penas e as superfícies contaminadas. Ovos rachados não podem ser vendidos para consumo humano; todavia, em algumas regiões, podem ser vendidos para uso na alimentação de animais de estimação. Quando os microrganismos penetram no ovo, eles encontram um maravilhoso meio de cultura rico em nutrientes, no qual podem se multiplicar rapidamente.

Faz alguma diferença colocar os ovos na geladeira com a extremidade maior ou a menor voltada para cima? A extremidade maior voltada para cima é a recomendação fornecida pelos cientistas dos alimentos. Por quê? O objetivo é manter a gema do ovo e de qualquer embrião nele existente o mais próximo possível do centro do ovo. Isso aumenta ao máximo a distância a ser percorrida por um microrganismo invasor da casca até a gema. A clara do ovo está repleta de perigos químicos para as bactérias. As lisozimas atacam a parede celular das bactérias, matando muitas delas com a ruptura da parede celular. Os nutrientes, as vitaminas e íons metálicos de ferro, cobre e zinco estão fortemente envolvidos por proteínas e outras substâncias na clara do ovo e, portanto, não estão disponíveis para as bactérias. As bactérias, desprovidas de nutrientes e atacadas pelas lisozimas, não sobrevivem ao percurso, e o embrião permanece seguro.

Mas por que a maior parte do ovo voltada para cima? A tendência natural da gema rica em lipídios é subir, exatamente como o óleo flutua na superfície da água. Os ovos das aves apresentam dois cordões gelatinosos (procure-os na próxima vez que quebrar um ovo), denominados calaza, que atuam de modo muito semelhante às cordas de uma rede para suspender a gema, de modo que não entre em contato com o revestimento da casca. A calaza mais comprida encontra-se na extremidade pequena do ovo e pode segurar melhor a gema, impedindo-a de subir muito próximo da borda da clara protetora do ovo.

Ovos contaminados sendo destruídos. *(Cortesia do United States Department of Agriculture)*

Além disso, quando estiver assando, controle a sua ansiedade de lamber a massa crua se você acrescentou alguns ovos. Quando a massa contém ovos, mesmo ovos em pó, ela pode conter *Salmonella*. Pedaços de casca que caem na massa, mesmo quando imediatamente retirados, podem inoculá-la com microrganismos. Além disso, os ovos crus podem estar contaminados internamente se tiverem sido postos por uma galinha infectada, ou se os ovos tiverem rachaduras não percebidas ou foram imersos em água.

Por fim, manipule com cuidado a carne crua de aves. Essa carne está naturalmente contaminada com organismos fecais, e a contaminação é exacerbada pela prática industrial de manter as aves em banhos de água durante certas fases do processo de depenação e evisceração. A água transforma-se em um caldo de *Salmonella*, e a superfície das aves torna-se então uniformemente contaminada. Deste modo, utilize a carne de aves imediatamente e descarte com cuidado as embalagens e líquidos contaminados. Se você colocou carne de ave em cima da pia ou em uma tábua de cortar carne, esfregue fortemente essas superfícies com água quente e sabão antes de colocar outros alimentos sobre elas. E não toque em outros alimentos até que tenha lavado minuciosamente as mãos.

que mais de 50% do camarão empanado vendido no mercado contêm mais de 1 milhão de bactérias (e mais de 5 mil coliformes) por grama. Essas contagens tão elevadas de bactérias provavelmente resultam do desenvolvimento de bactérias durante o processamento, antes que os camarões sejam congelados. As lagostas e os caranguejos são ainda mais perecíveis do que os camarões e podem conter uma variedade de patógenos entéricos. Ao longo da Costa do Golfo nos EUA, caranguejos inadequadamente cozidos transmitiram cólera. Os caranguejos também carregam *Clostridium botulinum* (ver Capítulo 25) e os fungos patogênicos *Cryptococcus* e *Candida*. Entretanto, convém ter em mente que a simples presença de microrganismos em frutos do mar – ou em qualquer outro alimento – não significa necessariamente que eles estejam estragados ou contaminados com patógenos. De fato, *Lactobacillus bulgaricus*, que produz peróxido de hidrogênio, pode ser utilizado para inibir o desenvolvimento de outros organismos encontrados em frutos do mar.

As fazendas de criação de peixe e de camarão mantêm os animais tão próximos uns dos outros em redes ou tanques, que as fezes se acumulam na água e matam os animais. Para evitar esse problema, os criadores adicionam antibacterianos à ração. Traços de antibacterianos acumulam-se nos peixes e nos camarões. Algumas pessoas que consomem frutos do mar

## APLICAÇÃO NA PRÁTICA

### Segurança dos frutos do mar

Desde de 1997, a FDA exige que os processadores, os empacotadores e os entrepostos de alimentos provenientes do mar – tanto domésticos quanto estrangeiros – obedeçam a um moderno programa de segurança de alimentos, conhecido como análise de riscos e pontos críticos de controle, ou HACCP (*hazard analysis and critical point*). O objetivo desse programa consiste na identificação e prevenção de riscos que possam causar doenças transmitidas por alimentos. No passado, a indústria era inteiramente monitorada por controles locais dos processos de fabricação e amostragem aleatória de produtos de alimentos marinhos prontos para garantir a sua segurança. Embora os varejistas de produtos do mar estejam desobrigados dos regulamentos da HACCP, a FDA os incentivou a aplicar os princípios de segurança de alimentos baseados na HACCP, juntamente com outras práticas recomendadas. O programa de HACCP limita os riscos na segurança pela aplicação de sete etapas preventivas de análise, identificação, prevenção, monitoramento, correção, verificação e registro de pontos críticos para riscos inerentes à indústria de produtos provenientes do mar. O que é incomum em relação ao programa de HACCP é que ele torna a indústria de produtos derivados do mar responsável pelo planejamento e pela implementação de um programa de segurança relevante.

apresentam reação alérgica e acreditam que elas são alérgicas aos frutos do mar, ao passo que, na realidade, trata-se de uma alergia aos antibacterianos presentes nos frutos do mar.

## Leite

A moderna ordenha e manipulação mecanizada do leite reduziu acentuadamente a quantidade de microrganismos no leite cru (Figura 27.5). Entretanto, a criação do gado leiteiro para uma maior produção de leite resultou em úberes e tetas excepcionalmente grandes, que recebem bactérias com facilidade. Os primeiros mililitros de leite retirados dessas vacas podem conter até 15 mil bactérias por mililitro, enquanto o último leite retirado está livre de microrganismos. Os microrganismos encontrados no leite recém-colhido consistem, em sua maioria, em *Staphylococcus epidermidis* e *Micrococcus*, mas pode-se observar também a presença de *Pseudomonas*, *Flavobacterium*, *Erwinia* e alguns fungos.

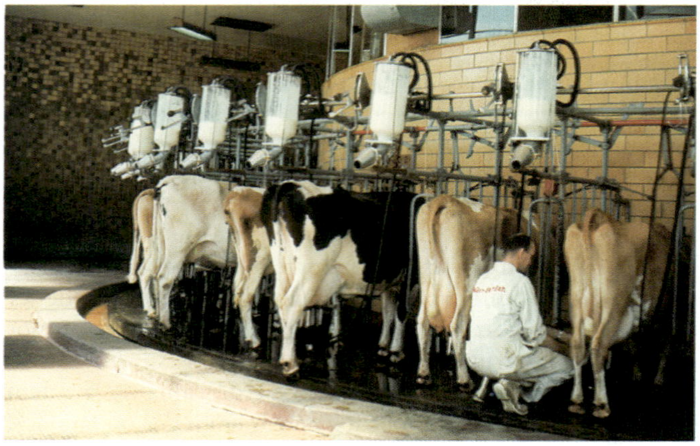

**Figura 27.5 Local de ordenha em carrossel.** Os procedimentos mecanizados para a ordenha e a manipulação do leite reduziram acentuadamente a quantidade microrganismos no leite cru. *(Science Source.)*

Os microrganismos têm muitas oportunidades de entrar no leite antes de seu consumo. A ordenha manual, diferentemente da ordenha mecânica, permite que os microrganismos do corpo da vaca penetrem no leite. Incluem *Escherichia coli*, que confere ao leite um sabor fecal, e *Acinetobacter johnsoni* (anteriormente conhecido como *Alcaligenes viscolactis*), que é particularmente abundante durante os meses de verão e que causa a formação de limo viscoso no leite. A estocagem, o transporte e o processamento do leite permitem a contaminação por quaisquer organismos nos recipientes, bem como o crescimento daqueles que já estão presentes. Os microrganismos infecciosos presentes no leite provêm habitualmente de vacas infectadas ou de práticas não higiênicas dos manipuladores. O gado doente pode transmitir ao leite *Mycobacterium bovis* e espécies de *Brucella*. Os rebanhos de gado leiteiro são testados para tuberculose (com remoção dos animais infectados do rebanho) e vacinados contra brucelose (febre ondulante), de modo que o risco de transmissão dessas doenças aos seres humanos é pequeno. *Staphylococcus aureus*, espécies de *Salmonella* e outras bactérias entéricas podem penetrar no leite por meio de manipulação não higiênica. Bactérias e bolores desenvolvem-se até mesmo no leite desidratado, que é fabricado a partir do leite líquido pasteurizado, mas não esterilizado, se o conteúdo de água do pó alcançar 10%.

Alguns microrganismos, como determinadas espécies de *Pseudomonas*, e alguns organismos do solo desenvolvem-se no leite refrigerado. Esses organismos são psicrofílicos; embora cresçam normalmente em temperaturas mais altas, podem desenvolver-se a 5°C (temperatura do refrigerador). Eles também sobrevivem à concentração de cloro normalmente utilizada para purificar a água potável.

Os organismos que azedam o leite incluem o *Streptococcus lactis* e espécies de *Lactobacillus*. Quando esses microrganismos liberam ácido láctico em quantidade suficiente para que o pH alcance um valor inferior a 4,8, as proteínas do leite coagulam, e se diz que o leite azedou. O azedo do leite não significa que ele seja impróprio para consumo humano, porém isso altera acentuadamente o sabor e a aparência do leite.

> ***Lactobacillus acidophillus* adiciona ácido láctico ao leite, tornando-o digerível pelos indivíduos intolerantes à lactose.**

A **Tabela 27.1** fornece um resumo de vários microrganismos envolvidos na deterioração de alimentos.

## Outras substâncias comestíveis

Os seres humanos consomem açúcar, temperos, condimentos, chá, café e cacau – todos eles sujeitos a contaminação microbiana –, além dos principais nutrientes. O açúcar refinado seco e fresco é estéril, mas o caldo de cana-de-açúcar é propício para o crescimento de fungos, como as *Aspergillus*, *Saccharomyces* e *Candida*, bem como várias espécies de bactérias, incluindo *Bacillus* e *Micrococcus*. A maioria é removida por filtração, e o restante é destruído pelo calor durante a evaporação do suco. Os alimentos aos quais se adiciona açúcar são particularmente

**Tabela 27.1** Microrganismos envolvidos na deterioração de alimentos.

| Alimento | Organismo | Tipo de deterioração |
|---|---|---|
| **Cereais** | | |
| Pão | *Rhizopus nigricans* | Bolor do pão |
| | Espécies de *Penicillium* | |
| | Espécies de *Aspergillus* | |
| | *Monilia sitophilia* | |
| | Espécies de *Bacillus* | Hidrólise da proteína e do amido – textura fibrosa |
| **Frutas e vegetais** | | |
| Vegetais folhosos | *Erwinia carotovora* | Podridão mole causada por bactérias |
| Batatas | *Phytophthora infestans* | Requeima da batata |
| Tomates, melões | Espécies de *Fusarium* | Podridão mole; rachadura da casca |
| Uvas, bagas, frutas com caroço | *Monilia fructicola* | Podridão parda |
| Maçãs | *Penicillium expansum* | Patulina, um contaminante tóxico da cidra |
| **Carne** | | |
| | Espécies de *Rhizopus* | "Suíças", crescimento felpudo branco |
| | Espécies de *Mucor* | |
| | *Pseudomonas* | Coloração esverdeada na carne refrigerada |
| | Espécies de *Clostridium* | Fedor ósseo |
| **Carne de aves** | | |
| | Pseudômonas | Aspecto viscoso |
| | *Penicillium* | Contaminação da casca dos ovos |
| | Espécies de *Cladosporium* | |
| | Espécies de *Sporotrichum* | |
| **Leite** | | |
| | *Acinetobacter johnsoni* | Aspecto viscoso |
| | *Streptococcus lactis* | Leite coalhado |
| | Espécies de *Lactobacillus* | |

suscetíveis à deterioração, visto que o açúcar é um excelente nutriente para muitos organismos. *Bacillus stearothermophilus*, um anaeróbio facultativo que se desenvolve melhor entre 55 e 60°C, pode multiplicar-se rapidamente durante o processamento dos alimentos. Outro anaeróbio termofílico, *Clostridium thermosaccharolyticum*, é frequentemente responsável pela produção de gás, provocando estufamento das latas. Por outro lado, o açúcar em alta concentração atua como conservante. A elevada concentração de açúcar em determinados alimentos, como geleias, compotas, doces e frutas cristalizadas, cria uma pressão osmótica suficiente para inibir o crescimento microbiano.

A seiva das árvores de bordo são coletadas no início da primavera. A seiva torna-se cada vez mais contaminada à medida que o tempo se torna mais quente. Os organismos que se desenvolvem na seiva do bordo incluem espécies de *Leuconostoc*, *Pseudomonas* e *Enterobacter*. Embora esses microrganismos possam consumir grandes quantidades de açúcar, eles morrem quando a seiva evapora, com formação de xarope ou açúcar.

O mel pode conter toxinas se for produzido a partir do néctar de plantas como *Rhododendron* ou *Datura*. Também pode conter esporos de *Clostridium botulinum*. Embora os esporos não germinem no mel, podem germinar em lactentes após a ingestão de mel. Suas toxinas podem provocar "síndrome da criança hipotônica". Em geral, nos EUA, são relatados entre 70 e 100 casos de botulismo do lactente a cada ano.

Os temperos têm sido utilizados na conservação de alimentos e no embalsamamento durante séculos; consequentemente, ganharam a reputação de antimicrobianos. Essa reputação não é merecida; os temperos mais frequentemente mascaram os odores da putrefação do que evitam a deterioração. Leeuwenhoek, que foi o primeiro a observar bactérias em condimentos, relatou que a água contendo pimenta inteira estava repleta deles. Entre os numerosos microrganismos encontrados em temperos (**Tabela 27.2**), a maioria não é patogênica. As pequenas quantidades de condimentos utilizadas na cozinha provavelmente não representam um perigo para a saúde.

Condimentos como temperos de saladas, *ketchup*, picles e mostarda, são acentuadamente ácidos. Embora o pH baixo evite o desenvolvimento de muitos microrganismos, alguns bolores são capazes de crescer nesses alimentos se não forem refrigerados.

**Tabela 27.2** Números de bactérias em temperos.

| Número de microrganismos por grama de amostra seca | | | | | |
|---|---|---|---|---|---|
| **Tipo de tempero** | **Total de aeróbios** | **Coliformes** | **Leveduras e bolores** | **Esporos aeróbicos** | **Esporos anaeróbicos** |
| Folhas de louro | 520.000 | 0 | 3.300 | 9.200 | < 2 |
| Cravo-da-índia | 3.000 | 0 | 18.005 | < 2 | < 2 |
| *Curry* | < 7.500.000 | 0 | 70 | > 240.000 | > 240.000 |
| Manjerona | 370.000 | 0 | 18.000 | 54.000 | > 24.000 |
| Páprica | < 5.500.000 | 600 | 2.300 | > 240.000 | > 620 |
| Pimenta | < 2.000.000 | 0 | 15 | > 240.000 | > 24.000 |
| Sálvia | 6.800 | 0 | 10 | 7 | > 1.700 |
| Tomilho | 1.900.000 | 0 | 11.000 | 160.000 | > 24.000 |
| Açafrão-da-terra | 1.300.000 | 50 | 70 | > 110.000 | > 240.430 |

*Fonte:* Adaptada de Karlson e Gunderson, 1965, citada em *Food Technology 1986*, com autorização do Institute of Food Technologies.

Os norte-americanos consomem enormes quantidades de bebidas carbonatadas e café e quantidades menores de chá e chocolate. O equipamento automatizado nas modernas fábricas pode preparar bebidas carbonatadas de modo asséptico, porém os xaropes podem ficar contaminados com bolores se houver alguma falha mecânica. Os xaropes vendidos a granel aos restaurantes também podem ficar contaminados. Os grãos de café recém-colhidos estão sujeitos à contaminação por vários bolores e por microrganismos transmitidos por insetos. A ferrugem do café, causada pelo fungo *Hemileia vastatrix*, devastou as plantações de café na Ásia e, agora, representa um sério problema na América do Sul. Quando se deixa que as folhas de chá fiquem úmidas, elas se tornam suscetíveis à contaminação por bolores de *Aspergillus* e *Penicillium*, que conferem ao chá um aroma desagradável.

Os microrganismos são úteis no preparo dos grãos de café e de cacau para comercialização. A bactéria *Erwinia dissolvens* é utilizada para digerir a pectina da camada externa dos grãos de café. Outras bactérias são utilizadas para dissolver a camada externa dos grãos de cacau, a partir dos quais são produzidos o cacau e o chocolate. Subsequentemente, esses grãos são tratados com bactérias fermentadoras. As leveduras, que transformam a polpa do grão em álcool, são essenciais para produzir o sabor e aroma do chocolate.

## SAÚDE PÚBLICA

### Chá ou café para a Grã-Bretanha

Quando as plantações de café do Ceilão (atualmente Sri Lanka) foram destruídas, na década de 1860, pela ferrugem, os campos foram replantados com chá. Os ingleses, que dependiam do Ceilão para o seu suprimento de café, foram forçados a mudar para o chá. Dessa maneira, um humilde fungo desempenhou um importante papel na mudança da Inglaterra em uma nação de consumidores de chá. Duas décadas antes, os irlandeses não tiveram a mesma sorte. Quando uma doença causada por "fungo" (que atualmente sabemos ser uma alga vermelha) destruiu a plantação de batata, no final da década de 1840, não houve substituição disponível capaz de alimentar a população. Um milhão de pessoas morreram de fome, e mais de um milhão emigraram.

Catástrofes desse tipo poderiam ocorrer hoje? Infelizmente, a resposta é provavelmente "sim". A maior parte das plantações hoje é potencialmente vulnerável a doenças e pragas, visto que são monoculturas ou variedades puras, que não apresentam a diversidade genética típica das plantas silvestres. Desse modo, um surto de doença vegetal pode se disseminar com muita rapidez por toda uma plantação. Os cientistas agrícolas estão utilizando técnicas de engenharia genética para desenvolver cultivares que sejam resistentes a doenças e insetos – por exemplo, cultivares de café resistentes à ferrugem (bem como variedades com teor naturalmente baixo de cafeína). Entretanto, existe sempre o perigo de que esses cultivares se tornem vulneráveis a uma nova espécie de microrganismo – uma mutação ou um microrganismo aos quais variedades previamente cultivadas não eram suscetíveis. Isso ocorreu com a cultura do milho nos EUA, na década de 1970, resultando em grandes perdas econômicas.

### PARE e RESPONDA

1. Que organismos têm mais probabilidade de contaminar o leite?
2. Que perigos o mel apresenta?
3. O que é fedor ósseo?
4. Quais são as bactérias patogênicas associadas aos ovos?

## PREVENÇÃO DA TRANSMISSÃO DE DOENÇAS E DA DETERIORAÇÃO DE ALIMENTOS

As doenças adquiridas de alimentos resultam principalmente dos efeitos diretos da presença de microrganismos ou suas toxinas (Tabela 27.3); entretanto, podem ser também causadas pela ação microbiana sobre substâncias alimentares. A industrialização aumentou a disseminação de patógenos veiculados por alimentos. As grandes fábricas de processamento proporcionam oportunidades para a contaminação de

**Tabela 27.3** Organismos patogênicos transmitidos em alimentos e no leite.

| Organismo | Doença | Vetor |
|---|---|---|
| *Staphylococcus aureus* | Envenenamento alimentar | Manipuladores de alimentos infectados, alimentos não refrigerados, leite proveniente de vacas infectadas |
| *Clostridium perfringens* | Envenenamento alimentar | Alimentos não refrigerados |
| *Bacillus cereus* | Envenenamento alimentar | Alimentos não refrigerados |
| *Clostridium botulinum* | Botulismo | Alimentos enlatados processados inadequadamente |
| Espécies de *Salmonella* | Salmonelose | Manipuladores de alimentos infectados, higiene precária, frutos do mar contaminados |
| Espécies de *Shigella* | Shigelose | Manipuladores de alimentos infectados, higiene precária |
| *Escherichia coli* enteropatogênica | Diarreia do viajante e outras doenças | Manipuladores de alimentos infectados (algumas vezes assintomáticos), higiene precária, carne contaminada |
| *Campylobacter* | Gastrenterite | Carnes de aves malcozidas e leite cru |
| *Vibrio cholerae* | Cólera | Higiene precária |
| *Vibrio parahaemolyticus* | Envenenamento por alimentos asiáticos | Peixe e frutos do mar malcozidos |
| *Listeria* | Listeriose | Leite inadequadamente processado |
| Vírus da hepatite A | Hepatite | Manipuladores de alimentos infectados |

grandes quantidades de alimentos, a não ser que sejam praticadas medidas higiênicas de maneira rigorosa. Em instituições que alimentam grande número de pessoas, o alimento contaminado provoca muitos casos de doença. A popularidade crescente de alimentos de conveniência, particularmente *fast foods*, também aumentou o risco de infecção.

Além das doenças entéricas descritas no Capítulo 23, várias outras doenças podem ser transmitidas pelos alimentos. *Klebsiella pneumoniae* é comumente encontrada no sistema digestório humano. Embora seja considerada principalmente como patógeno do sistema respiratório, ela também pode causar diarreia em lactentes, abscessos e infecções hospitalares de feridas e do sistema urinário. A tuberculose pode ser transmitida por fômites em alimentos, no leite e em queijos não pasteurizados e em carnes provenientes de animais infectados.

Várias doenças podem ser transmitidas aos seres humanos que ingerem carne infectada. Essas doenças incluem o antraz, a brucelose, a febre Q e a listeriose. Devido aos procedimentos de inspeção da carne, os manipuladores de animais e de carnes são expostos a essas doenças muito mais frequentemente do que os consumidores. Acredita-se que a doença de Adirondack, causada por *Yersinia enterocolitica*, seja transmitida pela ingestão de carne infectada, mas também pode ser transmitida pelo leite e pela água. A doença apresenta muitas formas, incluindo gastrenterite leve a grave, artrite, glomerulonefrite, septicemia fatal semelhante à febre tifoide e ileíte fatal, uma inflamação do intestino delgado que pode ser confundida com apendicite. As pessoas também podem ser infectadas por *Erysipelothrix rhusiopathiae* pela ingestão de carne de porco infectada. A doença resultante – denominada erisipela em animais e erisipeloide nos seres humanos – infecta suínos, ovinos e perus. Tem mais probabilidade de infectar agricultores e funcionários de fábricas de embalagem por meio de ferimentos na pele. O microrganismo pode infectar a pele, as articulações e o sistema respiratório.

Mais da metade dos 350 tipos de queijos na França são feitos com leite cru não pasteurizado. Os indivíduos imunocomprometidos não devem consumir queijos moles, como brie, camembert e queijos azuis.

Os vírus frequentemente são transmitidos por meio dos alimentos. Com frequência, enterovírus são disseminados durante a manipulação não higiênica dos alimentos, particularmente por manipuladores de alimentos assintomáticos. A infecção do alimento por gotículas pode transmitir infecções respiratórias causadas por vírus ECHO e vírus coxsackie. O vírus da poliomielite pode ser transmitido por meio do leite e de outros alimentos. Por fim, o vírus responsável pela hepatite A pode ser transmitido por meio de frutos do mar provenientes de águas contaminadas. O vírus que causa a coriomeningite linfocítica, uma doença semelhante à gripe, pode ser disseminado nos alimentos por camundongos.

O leite constitui um meio ideal para o crescimento de muitos patógenos. Além dos produtores de toxinas e dos patógenos encontrados em outros alimentos, o leite pode conter organismos provenientes das vacas. Esses microrganismos incluem *Mycobacterium bovis*, espécies de *Brucella*, *Listeria monocytogenes* e *Coxiella burnetii*. Os microrganismos produtores de esporos, como *Bacillus anthracis*, entram no leite a partir de vacas infectadas ou do solo. Entretanto, o leite também contém certas substâncias antibacterianas, incluindo lisozima, aglutininas, leucócitos e lactenina. A lactenina é uma combinação de tiocianato, lactoperoxidase e peróxido de hidrogênio. Ela também está presente no leite humano e em outras secreções do corpo e pode ajudar a prevenir infecções entéricas em recém-nascidos. O leite fermentado contém bactérias, como *Leuconostoc cremoris*, que matam os patógenos. Um fator crucial na prevenção da deterioração e da transmissão de doenças em alimentos e no leite é a higiene da sua manipulação. Outras práticas de senso comum – o uso imediato de alimentos frescos, a refrigeração cuidadosa e o processamento rápido e adequado dos alimentos a serem armazenados – também ajudam a controlar a transmissão de doenças e a deterioração do alimento.

## Conservação de alimentos

Muitos métodos utilizados para a conservação de alimentos baseiam-se em práticas iniciadas nos primórdios da civilização humana. A capacidade de manter um suprimento de alimentos estável durante todo o ano era essencial para permitir que os seres humanos abandonassem um estilo de vida nômade, que buscava o suprimento de alimentos, para um estilo de vida mais estabelecido em aldeias. Essas práticas provavelmente foram baseadas em observações simples, como as seguintes: os cereais eram mantidos secos para não mofar. Os alimentos secos e salgados permaneciam comestíveis por um longo período de tempo. E o leite deixado azedar ou transformado em queijo podia ser utilizado por um período de tempo muito mais longo do que o leite fresco. Os métodos modernos de conservação de alimentos e do leite ainda utilizam alguns desses métodos antigos, mas também utilizam o calor, o frio e outros procedimentos especializados.

Muitos dos métodos de conservação de alimentos foram descritos em seções sobre agentes físicos antimicrobianos no Capítulo 13. Incluem alimento enlatado utilizando calor úmido; refrigeração, congelamento; liofilização e dessecação; e uso de radiação. São também utilizados diversos aditivos alimentares químicos para retardar a deterioração.

### Enlatamento

O método mais comum de conservação de alimentos é o **enlatamento** – o uso de calor úmido sob pressão. Esse método, que é análogo ao da autoclavagem em laboratório, é utilizado para conservar frutas, vegetais e carnes em latas de metal ou recipientes de vidro (Figura 27.6). Quando adequadamente executado, o enlatamento destrói todos os microrganismos prejudiciais causadores de deterioração, incluindo os endósporos mais resistentes ao calor; evita a deterioração; e impede qualquer risco de transmissão de doenças. Os alimentos assim tratados podem permanecer comestíveis por vários anos.

Alguns endósporos anaeróbicos termofílicos, como os do *Bacillus stearothermophilus*, podem permanecer vivos, até mesmo após enlatamento comercial. Por essa razão, os alimentos enlatados não devem ser armazenados em ambientes quentes, como porta-malas de carro ou sótão quente. Em temperaturas elevadas, os endósporos podem germinar, crescer e causar deterioração. Em geral, ocorre produção de gases, que provocam o estufamento das extremidades das latas, de modo que elas podem ser pressionadas para cima e para baixo. Geralmente, essa deterioração também produz ácido, responsável por um sabor amargo. Essa deterioração é denominada **deterioração anaeróbica termofílica**. Entretanto, em alguns casos, a deterioração em consequência do crescimento desses esporos não provoca o estufamento das latas com gás, e esse tipo de deterioração é denominado **deterioração do tipo *flat sour***. As latas também podem estufar devido à **deterioração mesofílica**, que ocorre quando os procedimentos de enlatamento foram inadequadamente seguidos, ou o selo foi rompido. Esse tipo de deterioração pode ocorrer à temperatura ambiente, diferentemente da deterioração *flat sour* e da termofílica, que só ocorrem em latas adequadamente processadas e seladas que foram armazenadas em temperaturas altas.

Devido ao perigo do botulismo e de outros tipos de deterioração em alimentos enlatados e processados de maneira imprópria, as pessoas que preparam conservas caseiras devem seguir cuidadosamente as instruções fornecidas por um bom manual atualizado de conservas caseiras. O Departamento de Agricultura dos EUA (USDA) atualmente recomenda que todos os alimentos de baixa acidez sejam processados por cozimento sob pressão. O USDA também recomenda que as geleias e compotas, antigamente empacotadas quentes e lacradas com cera, sejam processadas em banho-maria fervente e fechadas com tampas, como outros alimentos enlatados, de modo a evitar o acúmulo de toxinas de fungos (ver o boxe "Conserva caseira" no Capítulo 13.) *Qualquer lata com extremidades estufadas – seja fabricada em casa ou comercialmente – deve ser descartada.*

Embora muitos condimentos sejam processados pelo calor, algumas de suas propriedades ajudam a conservá-los. O açúcar

**Figura 27.6 Enlatamento comercial do milho.** *(Noppawat Tom Charoensinphon/Getty Images.)*

### APLICAÇÃO NA PRÁTICA

#### Conservas caseiras

Os esporos de *Clostridium botulinum* estão presentes na maioria das superfícies de alimentos frescos. Os esporos das bactérias podem ser destruídos por uma combinação de ácido e calor. *C. botulinum* não se desenvolve nem produz toxina em um pH abaixo de 4,5, de modo que não representa um perigo nos alimentos altamente ácidos. Pode ser possível acidificar determinados alimentos pela adição de suco de limão, ácido cítrico ou vinagre. Os alimentos de baixa acidez, que não são processados de maneira segura com água fervente, precisam ser esterilizados utilizando calor e vapor pressurizado. Todos os alimentos de baixa acidez devem ser esterilizados a temperaturas entre 115 e 120°C, uma temperatura que pode ser alcançada com o uso de uma enlatadora de pressão operada em 70 a 103 Pa. O tempo necessário para a esterilização do alimento depende do tipo de alimento que está sendo enlatado, do modo pelo qual ele é acondicionado em recipientes e do tamanho dos recipientes. Além disso, o tempo necessário para o processamento de suas conservas caseiras dependerá da altitude onde você reside. Portanto, é importante seguir cuidadosamente todas as instruções.

em geleias e compotas aumenta a pressão osmótica e retarda o crescimento de microrganismos. (A sacarina não exerce esse efeito, de modo que os produtos adoçados artificialmente podem necessitar de precauções mais estritas para evitar a deterioração do que os que apresentam alto conteúdo de açúcar.) De modo semelhante, a elevada acidez dos picles e de outros alimentos ácidos ajuda a evitar o desenvolvimento de microrganismos.

### Refrigeração e congelamento

A refrigeração a temperaturas ligeiramente acima do ponto de congelamento (cerca de 4°C) é apropriada para a conservação de alimentos durante apenas alguns dias. A refrigeração não impede o desenvolvimento de organismos psicrofílicos, que podem causar envenenamento alimentar. O congelamento, outro método comum de conservação de alimentos, envolve o armazenamento de alimentos a temperaturas abaixo do ponto de congelação (cerca de −10°C, na maioria dos congeladores caseiros). Todos os tipos de alimentos podem ser conservados por meio de congelamento durante vários meses, e alguns por períodos de tempo muito mais longos. Uma das vantagens do congelamento é que ele preserva melhor o sabor natural dos alimentos do que o enlatamento. Entretanto, o congelamento apresenta duas desvantagens: (1) faz com que alguns alimentos, particularmente frutas e vegetais que contêm água, se tornem um tanto moles após o degelo, com alteração de sua aparência. (2) Embora o congelamento possa impedir o desenvolvimento da maioria dos microrganismos, ele não os destrói. Tão logo o alimento comece a descongelar, os microrganismos começam a crescer. De fato, o congelamento e o descongelamento de alimentos promovem efetivamente o desenvolvimento de microrganismos. Os cristais de gelo perfuram as membranas celulares e plasmáticas, bem como as paredes celulares, permitindo que os nutrientes escapem dos alimentos. Esses nutrientes ficam então prontamente disponíveis para sustentar o crescimento de microrganismos. Por isso é importante nunca descongelar e recongelar os alimentos.

## Secagem e liofilização

A secagem (dessecação ou desidratação) constitui um dos métodos mais antigos utilizados para a conservação de alimentos. É necessário certo nível de água para o desenvolvimento de microrganismos. De modo ideal, se mais de 90% da água for removida, o alimento pode ser armazenado nesse estado. A dessecação interrompe o desenvolvimento microbiano, porém não mata todos os microrganismos na superfície ou no interior dos alimentos. Os alimentos podem ser desidratados por meios naturais, como secagem ao sol, ou por meios artificiais, passando ar aquecido sobre o alimento com umidade controlada. A adição de sal, concentrações elevadas de açúcar ou conservantes químicos que alteram a pressão osmótica e reduzem o conteúdo de água são frequentemente incluídos no processo de dessecação.

Atualmente, a **liofilização** (congelamento-dessecação) é utilizada na indústria de alimentos quase exclusivamente para a preparação de café instantâneo e fermento seco para a fabricação de pão. (A técnica também é utilizada para conservar culturas bacterianas; ver Capítulo 13.) A liofilização envolve a secagem do alimento congelado a vácuo. O processo produz alimentos de maior qualidade do que aqueles produzidos por métodos habituais de secagem.

### Irradiação

A *irradiação* do alimento como método de preservação é ainda recente e bastante controversa, devido à preocupação do público quanto aos perigos da radiação. Existem duas categorias de radiação usadas para controlar os microrganismos nos alimentos: a não ionizante e a ionizante.

A radiação ultravioleta (UV), uma forma de *radiação não ionizante*, é limitada pelo seu baixo poder de penetração. O comprimento de onda da radiação e o tempo de exposição também determinam a eficiência desse método de conservação. A radiação UV mostra-se efetiva como agente de sanitização para equipamentos de processamento de alimentos e outras superfícies. As micro-ondas, outra forma de radiação não ionizante, são úteis para a preparação, o cozimento e o processamento de alimentos, mas não para sua conservação. As micro-ondas não matam os microrganismos diretamente, porém o calor gerado durante o cozimento pode ser microbicida. O aquecimento desigual pode interferir nessa atividade antimicrobiana. Desse modo, é necessário efetuar uma rotação frequente do alimento durante o processo de micro-ondas.

A *radiação ionizante*, como os raios gama, tem grande capacidade de penetração e é microbicida. Esse tipo de radiação pode ser utilizado antes ou depois da embalagem do alimento, dependendo da substância. A radiação gama do cobalto 60 ou do césio 137 tem sido utilizada no Japão e em alguns países da Europa para a conservação de alimentos há alguns anos. A U.S Food and Drug Administration (FDA) declarou que essa irradiação é segura para a conservação de determinados alimentos. A radiação tem sido utilizada com sucesso no controle do desenvolvimento microbiano em peixes frescos durante o seu transporte para o mercado, bem como para matar insetos em condimentos. Também demonstrou ser efetiva para reduzir a deterioração de frutas e vegetais frescos. Mais recentemente, o USDA propôs regras para a irradiação da carne fresca de aves. O público demonstra muito ceticismo a respeito dos alimentos irradiados. Deve-se ressaltar que a irradiação mata os microrganismos, mas não faz com que o próprio alimento se torne radioativo.

### Aditivos químicos

São adicionados numerosos compostos químicos a vários alimentos com o objetivo de matar microrganismos ou retardar o seu desenvolvimento. São descritos aqui alguns exemplos e suas aplicações.

Os ácidos orgânicos, alguns dos quais ocorrem naturalmente em alguns alimentos, reduzem o pH dos alimentos o suficiente para impedir o crescimento de patógenos humanos e de bactérias produtoras de toxinas. Ácidos como o ácido benzoico, o sórbico e o propiônico inibem o crescimento de leveduras e de outros fungos na margarina, nos sucos de frutas, em pães e em outros produtos assados.

Os agentes alquilantes, como o óxido de etileno e o óxido de propileno, são utilizados apenas em nozes e condimentos. O dióxido de enxofre, que é mais eficaz em pH ácido, é utilizado nos EUA apenas para branquear frutas secas e eliminar bactérias e leveduras indesejáveis em vinícolas. O ozônio, uma forma altamente reativa de oxigênio, é utilizado para matar bactérias coliformes em frutos do mar e tratar a água usada em bebidas. Possui a vantagem de não deixar nenhum resíduo. As desvantagens do ozônio são que ele tende a conferir aos alimentos um sabor de ranço pela oxidação das gorduras e, se for inalado, pode causar dano a moléculas, particularmente à lisozima pulmonar.

O cloreto de sódio, talvez um dos primeiros aditivos alimentares, aumenta a pressão osmótica dos alimentos, impedindo o crescimento da maioria dos microrganismos. O sal utilizado para curar carnes é particularmente útil na prevenção do desenvolvimento de clostrídios dentro dos tecidos, embora fungos acabem crescendo sobre a superfície dos alimentos salgados. O sal desidrata as bactérias e torna difícil a absorção de água e nutrientes por esses organismos. Uma descoberta recente sugere que o sal, além de aumentar a pressão osmótica, pode criar cargas elétricas na superfície das carnes, impedindo a aderência das bactérias às superfícies.

Outros aditivos químicos têm aplicações especiais. Os compostos halogenados, como o hipoclorito de sódio, desinfetam a água e a superfície dos alimentos. O cloro gasoso impede o crescimento de microrganismos em equipamentos de processamento de alimentos. Os nitratos e nitritos suprimem o desenvolvimento microbiano em carnes, sobretudo carnes moídas e cortes resfriados. Entretanto, durante o cozimento, podem ser convertidos em nitrosaminas, que são carcinogênicas e tóxicas para o fígado. Continuamos utilizando nitratos e nitritos pelo fato de não termos boas alternativas, particularmente para embutidos. O termo *botulismo* provém da palavra latina para salsicha, uma vez que o envenenamento alimentar em consequência do consumo de salsichas era muito comum na época que antecedeu o uso dos nitritos. Outra razão pela qual os nitritos são utilizados é a conservação da cor viva e particularmente vermelha da carne fresca. O dióxido de carbono mata os microrganismos, exceto alguns fungos, em bebidas carbonatadas. Retarda também o amadurecimento dos frutos e diminui a deterioração durante o transporte. Por fim, os compostos quaternários de amônio podem ser utilizados na sanitização de muitos objetos – utensílios, úberes de vaca, vegetais frescos e superfície das cascas de ovos, nas quais não penetram.

## APLICAÇÃO NA PRÁTICA

### O grande debate sobre a irradiação: os raios gama são seguros para os alimentos?

Que método de conservação de alimentos permite que você armazene cebolas sem brotar por até 3 meses, conserve morangos refrigerados firmes e frescos por 3 semanas e praticamente elimine *Salmonella* da carne de aves? A irradiação – ela pode já estar em uma loja perto de você. O seu uso foi aprovado pela FDA e recebeu endosso da Organização Mundial da Saúde, da Associação Médica Americana e até mesmo da Julia Child (autora de livros de culinária e apresentadora norte-americana de programas sobre o mesmo tema). Embora os defensores louvem a irradiação como meio efetivo de reduzir a contaminação dos alimentos por bactérias e insetos, os críticos rejeitam essa prática, declarando que ela pode causar mais prejuízo do que os organismos que ela destrói.

A irradiação de alimentos foi aprovada em 37 países para mais de 40 produtos. Mais de 75% da carne de vaca moída e 50% da carne de aves nos EUA são atualmente irradiados. Os hospitais às vezes irradiam o alimento para pacientes imunocomprometidos, como doentes de câncer ou de AIDS. A irradiação também mata os vermes causadores da triquinose na carne de porco. Também é usada em ovos. Os militares a utilizam, assim como os astronautas.

*(Cortesia da International Atomic Energy Agency.)*

### Antibacterianos

Em alguns países, os antibacterianos são acrescentados a alimentos e ao leite. Nos EUA, apenas o agente anticlostrídio, a *nisina*, uma bacteriocina produzida naturalmente durante a fermentação do leite por *Streptococcus lactis*, pode ser utilizado. O uso de antibacterianos em alimentos e no leite é proibido pelas seguintes razões:

- Pode-se depender dos antibacterianos, em vez de proceder a boas medidas de higiene
- Os microrganismos patogênicos podem desenvolver resistência aos antibacterianos, de modo que o tratamento das doenças que causam se tornaria difícil ou impossível
- Os seres humanos podem ser sensibilizados aos antibacterianos e, subsequentemente, podem sofrer reações alérgicas
- Os antibacterianos podem interferir nas atividades dos microrganismos essenciais para a fermentação do leite e a fabricação de queijo.

## Pasteurização do leite

A prevenção da deterioração e da transmissão de doenças pelo leite começa com a manutenção da saúde tanto dos animais de criação quanto dos manipuladores de leite. No passado, a tuberculose bovina era algumas vezes transmitida aos seres humanos pelo leite de vaca. Muitas crianças foram infectadas no início da vida e, em geral, morreram em torno dos 15 anos de idade. O estabelecimento de testes compulsórios para a tuberculose em rebanhos de gado leiteiro, a cada 3 anos (tempo necessário para que a infecção evolua até alcançar um estágio passível de transmissão), diminuiu acentuadamente a incidência da doença nos EUA.

O leite é coletado em condições de higiene, mas não de esterilidade, e é habitualmente submetido à pasteurização. Atualmente, são utilizados dois métodos de pasteurização:

- Na **pasteurização rápida em alta temperatura (HTST)**, ou **pasteurização *flash***, o leite é aquecido a 71,6°C durante pelo menos 15 segundos
- Na **pasteurização lenta em baixa temperatura (LTLT)**, ou **método de conservação**, o leite é aquecido a 62,9°C durante pelo menos 30 minutos.

Ambos os métodos destroem as células vegetativas dos patógenos possivelmente encontrados no leite e diminuem o número de microrganismos passíveis de causar azedamento do leite. Após a pasteurização, o leite é rapidamente resfriado e refrigerado em recipientes lacrados, até que seja usado.

O leite pode ser conservado e mantido seguro para consumo por meio de outros métodos diferentes da pasteurização. Na Europa e cada vez mais em diferentes regiões dos EUA, o leite pode ser esterilizado por meio de **tratamento em temperatura ultra-alta (UHT)**, em vez de simples pasteurização. O leite UHT é aquecido a 87,8°C durante 3 segundos. Esse leite pode ser mantido em caixas de papel lacradas – denominadas embalagens assépticas – e permanecer sem refrigeração por cerca de 6 meses. O leite também pode ser conservado na forma de leite condensado enlatado, que também é esterilizado. Esse leite é reconstituído pela adição de um volume igual de água. Embora o leite esterilizado esteja completamente desprovido de microrganismos, o tratamento pelo calor necessário para torná-lo estéril altera o seu sabor.

Algumas vezes, são utilizados diversos aditivos químicos no leite. A adição de peróxido de hidrogênio reduz a temperatura necessária do leite para obter a destruição da maioria dos patógenos. Entretanto, não mata as micobactérias, razão pela qual o seu uso foi proibido nos EUA.

## Padrões para a produção de alimentos e de leite

Como a produção de alimentos e de leite nos EUA é cuidadosamente regulamentada por leis federais, estaduais e locais, os consumidores ficam mais protegidos do que em muitos outros países. Apesar dos regulamentos, permanecem alguns riscos, devido ao uso de aditivos ou tratamento dos alimentos pelo calor. A FDA regulamenta a inspeção da carne bovina e de aves, a rotulação precisa e os padrões de qualidade para produtos transportados através de vias estaduais. Outros regulamentos semelhantes são impostos por muitas agências estaduais e locais dentro de suas próprias jurisdições. E agora o USDA está propondo que a carne de vaca e a carne de aves sejam inspecionadas ao microscópio – uma exigência muito mais estrita que até agora não tinha sido imposta (Figura 27.7). As cortes federais e estaduais estão lutando para isso.

Muitos produtores de alimentos mantêm testes de controle de qualidade de seus próprios produtos. Por exemplo, em fábricas de enlatados, as contagens de microrganismos em amostras de alimentos são realizadas durante o processamento, em um esforço de minimizar o número de microrganismos presentes nos alimentos. O leite, por ser um meio de crescimento extremamente satisfatório para microrganismos, é submetido a vários testes (Tabela 27.4). O uso desses testes praticamente garante um leite de alta qualidade para os consumidores.

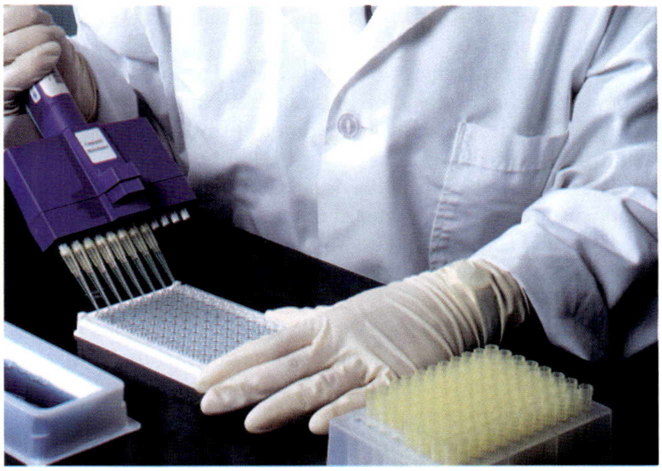

**Figura 27.7 Teste para triquinose.** Esse novo *kit* de teste sanguíneo pode detectar a triquinose em suínos. *(Tim McCabe/ United States Department of Agriculture.)*

**Tabela 27.4** Testes para determinar a qualidade do leite.

| Teste | Descrição | Propósito e importância |
|---|---|---|
| Teste da fosfatase | Detecta a presença de fosfatase, uma enzima destruída durante a pasteurização. | Determinar se foi usado calor adequado durante a pasteurização. Se a fosfatase ativa permanecer, também pode haver patógenos. |
| Teste da redutase | Mede indiretamente o número de bactérias no leite. A velocidade de redução do azul de metileno à sua forma incolor é diretamente proporcional ao número de bactérias existente em uma amostra de leite. | Estimar o número de bactérias em uma amostra de leite. O leite de alta qualidade contém um número tão pequeno de bactérias que uma concentração padrão de azul de metileno não será reduzida em 5 h e meia. O leite de baixa qualidade contém tantas bactérias que o azul de metileno é reduzido em 2 h ou menos. |
| Contagem padrão em placa | Mede diretamente as bactérias viáveis. O leite diluído é misturado com ágar nutritivo e incubado por 48 h; contam-se as colônias, e calcula-se o número de bactérias na amostra original. | Determinar o número de bactérias em uma amostra de leite. O número por mililitro não deve ultrapassar 100 mil no leite cru antes de ser misturado com outro leite ou 20 mil após pasteurização. |
| Teste para coliformes | Igual ao teste utilizado para a água (ver Capítulo 25) | Determinar a presença de coliformes. Um teste positivo para coliformes indica contaminação com material fecal. |
| Teste para patógenos | Detecta a presença de patógenos. Os métodos dependem dos patógenos suspeitos. | Identificar patógenos. Em geral, não é necessário, mas pode ajudar a localizar a fonte dos agentes infecciosos que podem aparecer no leite. |

# MICRORGANISMOS COMO ALIMENTO E NA PRODUÇÃO DE ALIMENTOS

## Algas, fungos e bactérias como alimento

O rápido crescimento da população mundial está aumentando enormemente a demanda de alimento para os seres humanos. Tendo em vista as atuais taxas de nascimento, a expectativa é de uma duplicação da população terrestre em cerca de 40 anos, ou seja, de 5 bilhões para 10 bilhões. Para descrever esses grandes números de forma mais tangível, considere que a população mundial esteja aumentando em cerca de 156 pessoas por minuto, 225 mil por dia ou 9 milhões (a população da cidade de Nova York) a cada 40 dias. Mesmo agora, 25 mil pessoas nos países em desenvolvimento morrem de fome a cada dia, e muito mais sofrem de desnutrição. Evidentemente, essa situação exige uma expansão do suprimento de alimentos para os seres humanos. Veja agora *online* como os fungos conhecidos como micorrizas estão sendo criado para distribuição em terras cultiváveis ou como aditivo para sementeiras, como meio de melhorar as colheitas.

Entre os microrganismos, as leveduras são muito promissoras para aumentar nossos suprimentos alimentares. As leveduras constituem uma boa fonte de proteínas e vitaminas, e podem crescer em uma variedade de matérias residuais – cascas de grãos, sabugo de milho, cascas de frutas cítricas, papel e esgoto. Cada quilograma de levedura introduzido em um desses meios pode produzir 100 kg de proteína – ou seja, mil vezes a quantidade obtida a partir de 1 kg de feijão de soja e 100 mil vezes a obtida de 1 kg de carne de vaca. Produtos alimentares à base de levedura têm sido fabricados na Ásia, na Austrália, em Porto Rico, no Havaí, na Flórida e em Wisconsin. Taiwan produz cerca de 73 mil toneladas de alimentos à base de levedura por ano, cuja maior parte é exportada para os EUA para ser adicionada a alimentos processados. A levedura seca é vendida como suplemento nutricional em lojas de produtos naturais. O crescimento de leveduras em resíduos pode aumentar em 50% a 100% o suprimento alimentar nos EUA, porém existem algumas desvantagens. É necessário dispor de equipamentos caros para começar a produção, e, o mais importante, é preciso encontrar um meio para fazer a população aceitar a levedura como alimento apetecível. Hoje, a levedura é utilizada principalmente em rações animais. Apenas pequenas quantidades de alimentos provenientes de organismos unicelulares (leveduras ou algas) podem ser bem processadas pelo sistema digestório humano. Os derivados de ácidos nucleicos em grandes quantidades podem agravar a gota; por essa razão, a levedura precisa ser processada para reduzir seus níveis.

A cultura de algas é outro caminho promissor para aumentar os suprimentos alimentares humanos (Figura 27.8). Determinadas algas, como *Scenedesmus* e *Chlorella*, têm sido cultivadas na Ásia, em Israel, na América Central, em vários países da Europa e no oeste dos EUA. As algas também têm sido utilizadas como ingredientes em sorvetes (bem como em produtos de consumo não alimentares, como fraldas e cosméticos).

O uso de algas como alimento humano encurta a cadeia alimentar. Em outras palavras, se os seres humanos se alimentassem diretamente de algas, em vez de consumir peixes que se alimentaram de algas, as algas irão alimentar mais pessoas do que os peixes. São necessários aproximadamente 100.000 kg de algas para produzir 1 kg de peixe. Cada acre de um tanque utilizado para cultivar algas pode produzir 40 toneladas de algas secas – 40 vezes a proteína por acre obtida do feijão de soja e 160 vezes a obtida da carne de vaca. Entretanto, a cultura de algas até o momento só demonstrou ser economicamente viável em áreas urbanas onde há grandes quantidades de esgoto tratado no qual as algas se desenvolvem. Além do problema de fazer com que a população aceite produtos à base de algas como alimento, o cultivo de algas em materiais de esgoto cria um risco potencial à saúde, visto que os produtos podem conter patógenos virais.

**Figura 27.8 Aumento na produção de alimentos com o cultivo de algas.** Na Ásia, muitas algas vermelhas são cultivadas em fazendas de maricultura (agricultura praticada na água do mar). As folhas secas prensadas da alga vermelha *Nori*, utilizadas pra envolver alguns rolos de *sushi*, são produzidas dessa maneira. *(Biophoto Associates/Science Source.)*

Até mesmo algumas bactérias são utilizadas como alimento. A cianobactéria *Spirulina* tem sido cultivada há séculos em lagos alcalinos na África, no México e pelos incas no Peru. As cianobactérias são colhidas, secas ao sol, lavadas para remover a areia e transformadas em bolos para consumo humano. *Spirulina* seca tem cerca de 65% de proteína, constituindo um alimento muito valioso em muitos países em desenvolvimento. Um acre de aquacultura de *Spirulina* pode produzir 100 vezes mais proteína do que o mesmo acre com plantação de trigo ou mil vezes aquela presente em um rebanho de gado em um acre. Os antigos astecas no México alimentavam-se de *Spirulina*.

Se as dificuldades técnicas pudessem ser superadas, e os produtos se tornassem aceitáveis como alimento humano, as leveduras, as algas e algumas bactérias poderiam aumentar o suprimento de alimentos do mundo. Todavia, na melhor das hipóteses, o uso de microrganismos como alimento pode economizar apenas o tempo necessário para permitir que os seres humanos possam controlar a sua própria população.

## Produção de alimentos

O uso de microrganismos para a fabricação de pão, queijo e vinho é tão antigo quanto a própria civilização. Muito tempo antes de os microrganismos serem identificados, o leite era transformado em queijo e bebidas fermentadas, e o pão era levedado por microrganismos. Na moderna produção de alimentos, são utilizados organismos específicos de modo intencional para a fabricação de uma variedade de alimentos.

### Pão

Na fabricação do pão, a levedura é utilizada como **agente fermentador** – ou seja, para produzir gás que faz com que a massa cresça. Uma cepa específica de *Saccharomyces cerevisiae*

Uma variedade de levedura de "ação rápida", obtida por engenharia genética, reduz à metade o tempo de fermentação da maioria dos pães.

é acrescentada a uma mistura de farinha, água, sal, açúcar e manteiga. Deixa-se a mistura fermentar a uma temperatura de cerca de 25°C por várias horas. Durante a fermentação, as leveduras produzem uma pequena quantidade de álcool e grandes quantidades de dióxido de carbono. À medida que as bolhas de dióxido de carbono ficam retidas na massa, elas fazem com que a massa aumente de volume e adquira uma textura mais leve e mais fina. Quando a massa é assada, o álcool e o dióxido de carbono evaporam. O pão torna-se leve e poroso, devido aos espaços criados pelas bolhas de dióxido de carbono. As pessoas que fazem pão em casa frequentemente utilizam fermento seco ativado, um produto que é preparado por liofilização de células de levedura.

## Laticínios

Os microrganismos são utilizados na fabricação de uma ampla variedade de produtos derivados do leite. O leitelho, que é popular nos EUA, é fabricado pela adição de *Streptococcus cremoris* ao leite desnatado pasteurizado, deixando fermentar até que sejam alcançados a consistência, o sabor e a acidez desejados. Outros microrganismos – *Streptococcus lactis*, *S. diacetylactis* e *Leuconostoc citrovorum*, *L. cremoris* ou *L. dextranicum* – conferem ao leitelho sabores diferentes, devido a variações nos produtos da fermentação. O creme azedo é fabricado pela adição de um desses microrganismos ao creme. O iogurte é fabricado pela adição de *Streptococcus thermophilus* e *Lactobacillus bulgaricus* ao leite. Esses microrganismos liberam ainda outros produtos, de modo que o iogurte apresenta uma textura e sabor diferentes.

Na próxima vez que você comprar iogurte "com bactérias ativas", examine uma amostra em seu microscópio para observar massas de células do *Lactobacillus bulgaricus* em forma de bastonete.

As bebidas à base de leite fermentado têm sido fabricadas há séculos em vários países, particularmente nos países da Europa oriental, por meio da adição ao leite de microrganismos ou grupos de microrganismos específicos. Os produtos variam quanto à sua acidez e teor de álcool (**Tabela 27.5**). O

**Tabela 27.5** Bebidas com leite fermentado.

| Características | Bebidas e países onde são fabricadas |
|---|---|
| Menos de 1% de ácido láctico | Creme azedo, leitelho (EUA)<br>*Filmjolk* (Finlândia) |
| 2 a 3% de ácido láctico | Iogurte (EUA); denominado *leben* no Egito, *matzoon* na Armênia, *naja* na Bulgária e *dahi* na Índia<br>*Tarho* (Hungria)<br>*Kos* (Albânia)<br>*Fru-fru* (Suíça)<br>*Kaimac* (Iugoslávia)<br>Leite acidófilo (EUA) |
| Alcoólica (1 a 3%) | *Koumiss*, quefir e *araka* (ex-União Soviética)<br>*Fuli* e *puma* (Finlândia)<br>*Taette* (Noruega)<br>*Lang* (Suécia) |

## APLICAÇÃO NA PRÁTICA

### Pão *sourdough*

Oh! O cheiro do pão quente fresco do forno. Mas eis que você é um pioneiro atravessando as pradarias americanas em um vagão Conestoga – ou talvez você seja um *cowboy* em uma carroça. De qualquer modo, não existe nenhuma mercearia por perto para ir comprar levedura. O que as pessoas faziam? Elas guardavam uma bola de massa de pão que assaram pela última vez, abrigado dentro do barril de farinha para usar como "fermento" na próxima vez que tivessem uma chance de fazer pão. Meus pães favoritos vêm de um "fermento" *sourdough*. Os microrganismos importantes existentes em uma cultura de *sourdough* são uma levedura, *Candida milleri* (anteriormente denominada *Saccharomyces exiguus*), e *Lactobacillus sanfrancisco*, presentes em uma proporção de 1:100. O pão de centeio alemão com fermento natural tem uma mistura ligeiramente diferente de quatro espécies de leveduras, juntamente com 13 espécies de lactobacilos. A levedura pode alimentar-se de todos os açúcares na massa, com exceção da maltose. Por outro lado, os lactobacilos necessitam de maltose, porém não podem utilizar os outros açúcares. As leveduras produzem álcool etílico (que é evaporado durante o cozimento) e $CO_2$ (que forma os furos no pão). Os lactobacilos produzem ácido láctico e ácido acético, que dão o sabor azedo e aroma ao pão *sourdough*. O pH ácido resultante de 3,6 a 4,0 inibe o crescimento da maioria dos outros organismos (p. ex., bolores), mas não a levedura. Esta é a razão pela qual o pão *sourdough* não fica mofado, diferentemente dos outros tipos de pão. Além disso, os lactobacilos produzem o antibiótico cicloeximida, que mata muitos outros organismos (mas não a levedura).

Pesquise *online* as receitas e comentários extensos sobre o pão *sourdough*.

(Burke/Triolo Productions/Getty Images)

leite acidófilo é fabricado pela adição de *Lactobacillus acidophilus* ao leite esterilizado. A esterilização evita a fermentação descontrolada pelos microrganismos que já poderiam estar presentes no leite não esterilizado. O leite búlgaro é produzido por *L. bulgaricus;* assemelha-se ao leitelho, exceto pelo fato de ser mais ácido e de não apresentar o sabor proporcionado por *Leuconostoc*. O quefir, um produto originário dos Bálcãs, é fabricado a partir do leite de vaca, cabra ou ovelha, e a fermentação é habitualmente realizada em bolsas de pele de cabra. O produto russo *koumiss* é produzido com leite de égua. No quefir e no *koumiss*, *Streptococcus lactis*, *L. bulgaricus* e as leveduras são responsáveis pela produção de ácido láctico, álcool e outros produtos. Esses produtos são habitualmente obtidos por meio de fermentação contínua – adiciona-se leite fresco à medida que o produto fermentado é removido.

## Queijos

A primeira etapa na fabricação de praticamente qualquer tipo de queijo é adicionar ao leite bactérias lácticas e **renina** (uma enzima obtida do estômago de bezerros) ou enzimas bacterianas. As bactérias azedam o leite, enquanto as enzimas coagulam a caseína, a proteína do leite. A porção sólida – o **coalho** – é utilizada na fabricação de queijos, enquanto a porção líquida – o **soro** – é um produto residual desse processo (Figura 27.9). Algumas vezes, extrai-se ácido láctico do soro. No processo de separação do coalho e do soro, são removidas diferentes quantidades de umidade de acordo com o tipo de queijo fabricado. Para os queijos macios, deixa-se que o soro seja simplesmente drenado do coalho; para os queijos mais duros, o calor e a pressão são utilizados para a extração de mais umidade. Quase todos os queijos são salgados. A adição de sal ajuda a remover a água, evita o crescimento de microrganismos indesejáveis e contribui para o sabor do queijo.

Alguns queijos, como o requeijão, o queijo *cottage* e a ricota, não são curados, porém a maioria consiste em queijos curados. A maturação de queijos envolve a ação de microrganismos sobre o coalho depois de ter sido prensado de maneira particular. Os queijos macios são curados pela ação de microrganismos de ocorrência natural ou que são inoculados na superfície do coalho prensado. Como as enzimas que levam à maturação do queijo precisam difundir-se da superfície para o centro, os queijos macios são relativamente pequenos. Por

A C B

**Figura 27.9 Fabricação de queijo. A.** Adicionam-se lactobacilos e a enzima renina ao leite pasteurizado. As bactérias azedam o leite, e a renina coagula a caseína, a proteína do leite. *(Juice Images/Age Fotostock.)* **B.** O leite coagula em uma parte sólida, o coalho, e uma líquida, o soro. Os coalhos são drenados e colocados em "armações" e, em seguida, são prensados. *(Echo/Cultura/Getty Images.)* **C.** Os queijos prensados são removidos de suas armações e colocados em um tanque de salmoura (solução salina) para flutuar. A alta concentração de sal extrai ainda mais umidade do queijo por osmose (ver Capítulo 5), endurecendo-o. O sal também adiciona sabor ao queijo e evita o crescimento de microrganismos indesejáveis. *(Chromorange/picture-alliance/Newscom.)*

outro lado, os queijos duros são curados pela ação de microrganismos distribuídos por todo o coalho. Como a ação microbiana não depende da difusão, esses queijos podem ser bastante grandes (Figura 27.10). O queijo é curado por microrganismos em um ambiente frio e úmido. Muitas fábricas modernas dispõem de salas com temperatura ambiente controlada, porém algumas ainda utilizam cavernas naturais semelhantes àquelas onde os queijos eram antigamente curados.

Os queijos podem ser classificados pela sua consistência (macios a duros), pelo tipo de microrganismo envolvido no processo de maturação e pelo tempo necessário para a sua maturação (Tabela 27.6). O período de maturação é mais curto para os queijos macios (1 a 5 meses) do que para os queijos duros (2 a 16 meses). As mulheres grávidas são aconselhadas a não consumir queijos macios, devido à possível multiplicação de microrganismos contaminantes. Dispõe-se de probióticos importantes nos queijos tanto macios quanto duros. Pessoas idosas, que consumiram uma fatia de queijo *gouda* diariamente, durante 4 semanas, apresentaram uma nítida melhora da imunidade natural e adquirida por meio de ativação das células *NK* e aumento da fagocitose.

**Figura 27.10 Maturação do queijo gouda.** O processo de maturação envolve a ação de microrganismos sobre o coalho após ter sido prensado em sua forma. Um envoltório de plástico é acrescentado ao queijo para evitar o seu ressecamento. Em seguida, o queijo é colocado em prateleiras em uma sala de envelhecimento, onde os microrganismos, que estão distribuídos por todo o coalho, irão amadurecê-lo. Como o *gouda* é um queijo duro, ele precisa amadurecer por um período relativamente longo – de 3 meses a 1 ano –, dependendo de seu diâmetro. *(Echo/Cultura/Getty Images.)*

Durante a maturação dos queijos, ocorrem diversas ações microbianas, como decomposição do coalho e fermentação. Antes da maturação, o coalho consiste em proteínas, lactose e, se o queijo for fabricado com leite integral, gordura. À medida que os microrganismos atuam sobre o coalho, eles inicialmente degradam a lactose em ácido láctico e outros produtos, como álcoois e ácidos voláteis. As enzimas proteolíticas degradam as proteínas, mais extensamente nos queijos macios do que nos queijos duros. *Brevibacterium linens* e o bolor *Penicillium camemberti* são particularmente competentes na liberação de enzimas proteolíticas. A lipase, sobretudo em *Penicillium roqueforti*, libera ácidos graxos de cadeia curta, como os ácidos butírico, caproico e caprílico. Esses ácidos e seus produtos de oxidação contribuem de modo significativo para o sabor dos queijos. Os efeitos da fermentação na maturação dos queijos são mais facilmente observados nos queijos suíços. As bactérias do gênero *Propionibacterium* fermentam o ácido láctico e produzem ácido propiônico, ácido acético e dióxido de carbono. Os ácidos conferem sabor ao queijo, enquanto o dióxido de carbono, que é retido no coalho, produz os orifícios característicos no queijo.

## Outros produtos

Em todo o mundo fabrica-se uma grande variedade de alimentos fermentados e produtos alimentares; aqui, iremos considerar apenas alguns. (As cervejas, os vinhos e as aguardentes são discutidos mais adiante.)

**Vinagre.** O vinagre é fabricado a partir do álcool etílico pela bactéria do ácido acético, *Acetobacter aceti* (Figura 27.11), que oxida o álcool em ácido acético. O vinagre produzido comercialmente contém cerca de 4% de ácido acético. O vinagre de cidra é fabricado a partir do álcool em cidra fermentada; o vinagre de vinho é feito a partir do álcool no vinho.

**Chucrute.** O chucrute foi fabricado pela primeira vez na Europa no século XVI. As bactérias naturalmente presentes nas

**Tabela 27.6** Classificação dos queijos maturados.

| Consistência e período de maturação | Exemplos | Microrganismos associados à maturação |
|---|---|---|
| Macio (1 a 2 meses) | Limburger | *Streptococcus lactis, S. cremoris, Brevibacterium linens* |
| Macio (2 a 5 meses) | *Brie* e *camembert* | *S. lactis, S. cremoris, Penicillium camemberti* e *P. candidum* |
| Semiduro (1 a 8 meses) | Muenster e *brick* | *S. lactis, S. cremoris, B. linens* |
| Semiduro (2 a 12 meses) | *Roquefort* e *blue* | *S. lactis, S. cremoris* e *P. roqueforti* ou *P. glaucum* |
| Duro (3 a 12 meses) | *Cheddar* e *colby* | *S. lactis, S. cremoris, S. durans* e *Lactobacillus casei* |
| | *Edam* e *gouda* | *S. lactis* e *S. cremoris* |
| | *Gruyère* e suíço | *S. lactis, S. thermophilus, S. helveticus, Propionibacterium shermani* ou *L. bulgaricus* e *P. freudenreichii* |
| Duro (12 a 16 meses) | Parmesão e romano | *S. lactis, S. cremoris, S. thermophilus* e *L. bulgaricus* |

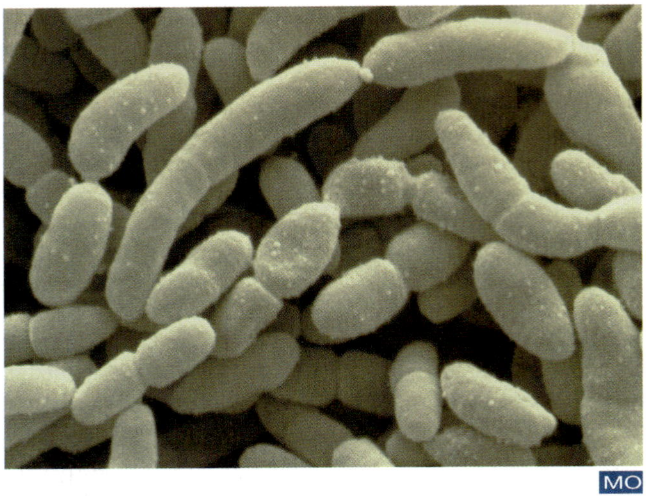


**Figura 27.11 Alimentos fermentados: vinagre.** A fabricação do vinagre utiliza a bactéria *Acetobacter aceti* (412×). Esse microrganismo oxida o álcool etílico em ácido acético. (*Scimat/Science Source*.)

folhas do repolho atuam sobre o repolho cortado em pedaços colocados em camadas em grandes jarros. Adiciona-se uma quantidade suficiente de sal seco entre as camadas, de modo a obter uma solução salina de 2% a 3% à medida que o sal retira a água do repolho. O repolho é firmemente acondicionado e prensado para criar um ambiente anaeróbico. Embora muitos microrganismos não possam tolerar esse ambiente, as espécies anaeróbicas halofílicas de *Lactobacillus* e *Leuconostoc* são capazes de realizar a fermentação nessas condições. Esses microrganismos produzem ácido láctico, ácido acético, dióxido de carbono, álcool e pequenas quantidades de outras substâncias. Depois de 2 a 4 semanas à temperatura ambiente, o repolho é transformado por fermentação em chucrute, que pode ser refrigerado até o momento de seu consumo ou enlatado.

**Picles.** Os picles são preparados essencialmente pelo mesmo processo utilizado para a fabricação do chucrute. Pepinos frescos, inteiros, fatiados ou moídos, são acondicionados em salmoura e deixados fermentar por alguns dias a algumas semanas. *Leuconostoc mesenteroides* é o principal microrganismo fermentador em salmoura de baixa salinidade (menos de 5% de sal), enquanto as espécies de *Pediococcus* são mais ativas em salmouras de alta salinidade (5% ou concentrações mais altas de sal). Um problema na fabricação dos picles é evitar a formação de uma película de levedura na superfície das cubas. A luz solar direta e a luz ultravioleta ajudam a resolver esse problema. Após fermentação, adicionam-se vinagre e temperos para tornar os picles amargos; acrescenta-se também açúcar para os adoçar. A maioria dos picles é pasteurizada. Alguns picles, como os picles doces e os picles temperados, são preparados sem fermentação. Após os picles terem sido mergulhados em salmoura por algumas horas, eles são temperados com vinagre e condimentos, processados pelo calor e lacrados. Todo o processo pode ser realizado em um dia, em qualquer cozinha.

**Azeitonas.** As azeitonas são tratadas com lixívia para hidrolisar a oleuropeína, um glicosídio fenólico muito amargo que elas contêm e que lhes confere um sabor desagradável. As azeitonas verdes são fermentadas em uma solução salina a 5% a 8% por *Leuconostoc mesenteroides* e *Lactobacillus plantarum*. São acondicionadas em águas e pasteurizadas. As azeitonas maduras são colhidas quando apresentam coloração avermelhada, mas não quando estão totalmente maduras. São oxidadas por taninos para escurecê-las, fermentadas em solução salina diluída (menos de 5%), acondicionadas em latas com água e processadas a 116°C durante 60 minutos.

***Poi.*** O *poi*, um alimento comum no sul do Pacífico, é feito das raízes moídas do taro. Deixa-se a pasta das raízes moídas fermentar por meio da ação sucessiva de microrganismos de ocorrência natural. As pseudômonas e os coliformes iniciam o processo de fermentação, seguidos, mais tarde, dos lactobacilos. As leveduras acrescentam álcool à mistura.

**Molho de soja.** O molho de soja é fabricado por um processo gradativo (**Figura 27.12**). Uma mistura salgada de feijão de soja triturado e trigo é tratada pelo bolor *Aspergillus oryzae* para degradar o amido em glicose fermentável. O produto, denominado *koji*, é misturado com uma quantidade igual de solução salina para obter uma mistura, denominada *moromi*. O *moromi* é fermentado durante 8 a 12 meses em baixa temperatura, com agitação ocasional. Os microrganismos fermentadores são principalmente a bactéria *Pediococcus soyae* e as leveduras *Saccharomyces rouxii* e *Torulopsis* sp. Ocorre produção de ácido láctico, outros ácidos e álcool. Após o término da fermentação, as partes líquida e sólida do *moromi* são separadas. A parte líquida é engarrafada como molho de soja, enquanto a parte sólida é algumas vezes utilizada como alimento para animais.

**Produtos de soja.** Outros produtos de soja incluem o *miso*, o *tofu* e o *sufu*. O *miso* é uma pasta de feijão de soja fermentada, fabricada de modo semelhante ao molho de soja. O *tofu* é um coalho macio de feijão de soja. É produzido de feijões de soja moídos para fazer um tipo de leite, que é fervido para inativar as enzimas. O coalho é precipitado com sulfato de cálcio ou de magnésio e prensado para formar uma massa macia, de consistência semelhante ao queijo macio. O *sufu* é fabricado pela ação de um fungo sobre o coalho de soja. Cubos de coalho são mergulhados em uma mistura de sal e ácido cítrico, inoculados com *Mucor* e incubados até ficarem recobertos por micélios. Os cubos recobertos pelos fungos são envelhecidos por 6 semanas em salmoura de vinho de arroz.

**Carnes fermentadas.** Certos microrganismos, como *Lactobacillus plantarum* e *Pediococcus cerevisiae*, acrescentam sabor ao fermentar carnes, como salaminho, salsichão e mortadela do Líbano. A fermentação com ácido heteroláctico ajuda a preservar a carne e também lhe confere um sabor picante. Certos fungos, como *Penicillium* e *Aspergillus*, que crescem naturalmente na superfície de presuntos defumados, ajudam a produzir o seu sabor peculiar.

**PARE e RESPONDA**

1. O que é deterioração do tipo *flat sour*?
2. Como o descongelamento de alimentos congelados os torna mais suscetíveis à deterioração microbiana?
3. Por que existem diferentes métodos de pasteurização?
4. Descreva o processo de produção dos queijos.

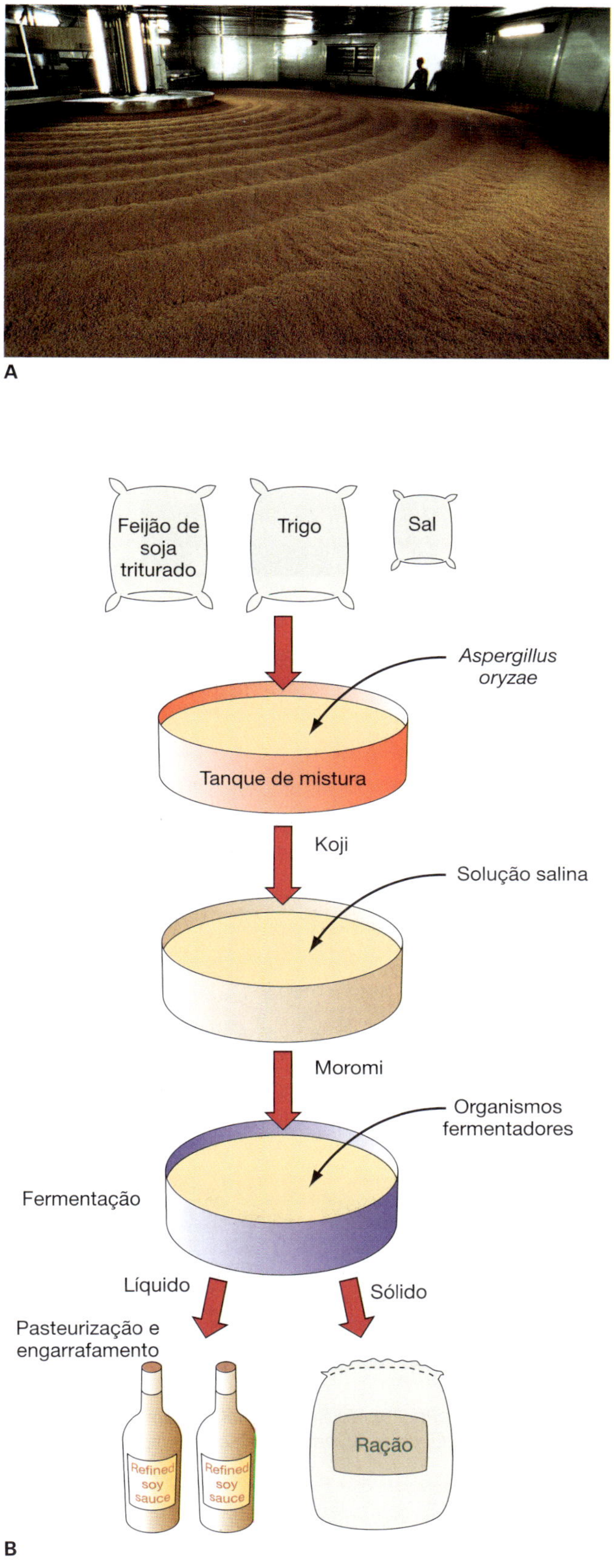


**Figura 27.12 Fabricação do molho de soja.** **A.** A fermentação da soja e do trigo é realizada em grandes tanques de aço. *(Michael Macor/SF Chronicle.)* **B.** Diagrama do processo de fermentação da soja.

## CERVEJA, VINHO E AGUARDENTES

A cerveja e o vinho são obtidos pela fermentação de sucos açucarados; as aguardentes, como o uísque, o gim e o rum, são obtidos pela fermentação de sucos e destilação do produto fermentado. A **destilação** separa o álcool e outras substâncias voláteis das substâncias sólidas e não voláteis. Cepas de *Saccharomyces* são os fermentadores para todas as bebidas alcoólicas. Foram desenvolvidas muitas cepas diferentes, apresentando, cada uma delas, características distintas. Tanto os organismos como o modo pelo qual são utilizados são segredos cuidadosamente guardados pelos fabricantes de cerveja.

Para fabricar cerveja, grãos de cereais (habitualmente cevada) são **maltados** (parcialmente germinados) para aumentar a concentração de enzimas que digerem o amido, proporcionando o açúcar para a fermentação (Figura 27.13). O grão maltado é triturado e misturado com água quente (cerca de 65°C), produzindo uma **pasta**. Depois de algumas horas, um extrato líquido, denominado **mosto**, é separado da mistura. Flores de *lúpulo* são adicionadas ao mosto para proporcionar sabor, e a mistura é fervida para interromper a ação enzimática e precipitar as proteínas. Adiciona-se uma cepa de *Saccharomyces*. A fermentação produz álcool etílico, dióxido de carbono e outras substâncias, incluindo álcoois amílico e isoamílico e ácidos acético e butírico, que adicionam sabor à cerveja. Após a fermentação, a levedura é removida, e a cerveja é filtrada, pasteurizada e engarrafada.

### APLICAÇÃO NA PRÁTICA

#### O que não há em nossa cerveja

Os resíduos de fermentação das cervejarias contêm quantidades significativas de vitaminas, proteínas e carboidratos. A liberação desses resíduos em correntes de água é proibida em algumas áreas, visto que eles enriquecem as águas, provocando uma proliferação excessiva de algas. Algumas cervejarias livram-se desses resíduos, secando-os e vendendo-os como suplementos de ração animal ou como o famoso produto australiano Vegemite®, amado em todo o império britânico. Trata-se de uma pasta de cor dourada escura, que é utilizada sobre o pão e para dar sabor a ensopados, por exemplo. É muito rica em vitaminas do complexo B. Latões de vários galões e vitaminas foram enviados às tropas australianas durante a Segunda Guerra Mundial para ter uma pequena lembrança de casa.

As leveduras também podem ser cultivadas especificamente para a obtenção de vitaminas que produzem. Determinadas espécies de *Candida* podem produzir e liberar no meio até 0,1 mg de riboflavina por grama de peso seco de levedura. Esse processo tem valor comercial limitado, pois os microrganismos são envenenados por traços de ferro presentes no meio, e o ferro quase sempre está presente nos equipamentos utilizados. Os fungos superiores, como alguns fungos que parasitam o café e outras plantas, não são prejudicados por traços de ferro e podem ser utilizados comercialmente para a produção de riboflavina.

*Saccharomyces uvarum* produz ergosterol, um esterol que pode ser convertido em vitamina D pela radiação UV. Esse processo é comercialmente viável quando as fontes de carbono são adequadas e as cubas são arejadas.

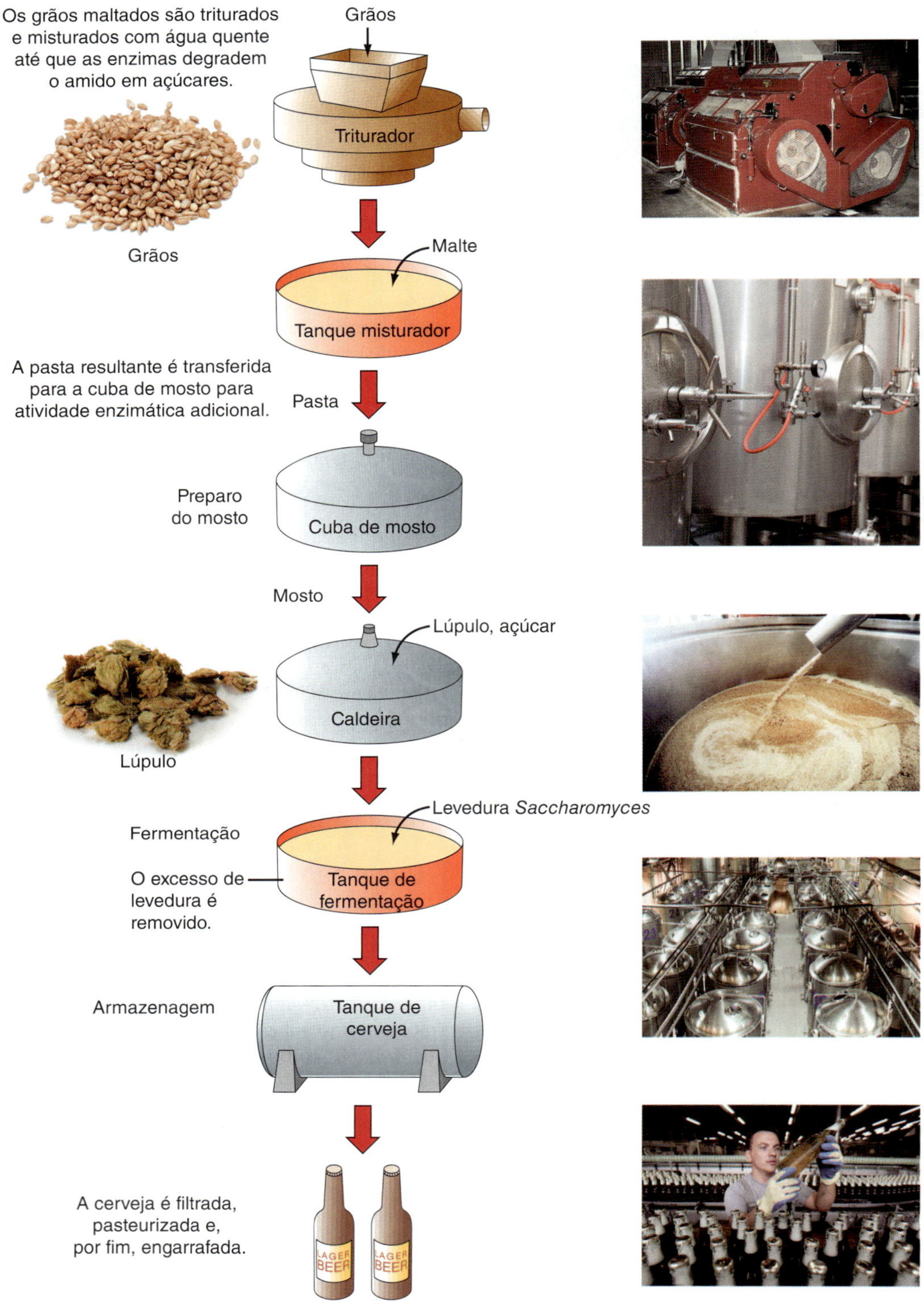


**Figura 27.13 Processo de fermentação da cerveja.** *(Coluna à esquerda: ©4 kodiak/iStockphoto,©PhilipCacka/iStockphoto; coluna à direita: cortesia de Coors Brewing Company, Golden Colorado, ©Zoonar GmbH/Alamy, Georgia Glynn Smith/Getty Images, Nordroden/Shutterstock e Ulrich Baumgarten/Getty Images.)*

A maior parte dos vinhos é obtida a partir do suco extraído de uvas (Figura 27.14), embora possa ser fabricado a partir de qualquer fruta – até mesmo de nozes ou de flores de dente-de-leão. O suco é tratado com dióxido de enxofre para matar qualquer levedura silvestre que ainda possa estar presente. Em seguida, são adicionados açúcar e uma cepa de *Saccharomyces*, e a fermentação prossegue. Embora o álcool etílico seja o principal produto da fermentação, outros produtos semelhantes aos da cerveja contribuem para o sabor do vinho. Tanto na cerveja quanto no vinho, as características particulares do suco e a cepa da levedura determinam o sabor do produto final. Quando a fermentação é completa, o vinho

A

B

C

**Figura 27.14 Fermentação do vinho.** A. O processo começa com o rápido borbulhar da mistura de suco de uva e levedura *(Charles O'Rear/Corbis/VCG/Getty Images)*, que é colocada (B) em cubas de fermentação de aço inoxidável de dois andares até que o processo de fermentação esteja completo. *(Walter Bibikow/AWL/Getty Images.)* C. Em seguida, o vinho é transferido para barris de madeira onde é envelhecido, algumas vezes durante muitos anos. Durante esse tempo, o sabor amadurece e se desenvolve por completo. *(Bo Zaunders/Corbis/Getty Images.)*

líquido é sifonado para separá-lo do sedimento formado pela levedura e, se necessário, purificado com agentes, como o carvão, de modo a remover as partículas em suspensão. Por fim, é engarrafado e envelhecido em um lugar frio.

As aguardentes são fabricadas a partir da fermentação de uma variedade de alimentos, incluindo cevada maltada (uísque escocês), centeio (uísque de centeio e gim), milho (uísque *bourbon*), vinho ou suco de frutas (conhaque), batatas (vodca) e melado (rum). Depois da fermentação, a destilação separa o álcool de outras substâncias voláteis, que conferem sabor, das substâncias sólidas e não voláteis. Devido ao processo de destilação, o conteúdo de álcool das aguardentes varia de 40% a 50% – muito mais alto do que os típicos 12% do vinho e 6% da cerveja. (Os vinhos não contêm mais álcool porque, quando a concentração de álcool alcança 12% a 15%, ele mata as leveduras que realizam a fermentação. Para produzir vinhos fortes, como o xerez e o conhaque, acrescenta-se uma quantidade extra de álcool após a fermentação.)

## MICROBIOLOGIA INDUSTRIAL E FARMACÊUTICA

A **microbiologia industrial** trata do uso de microrganismos para auxiliar a fabricação de produtos úteis ou para degradar resíduos. A **microbiologia farmacêutica** é um ramo especial da microbiologia industrial relacionada com a fabricação de produtos utilizados no tratamento ou da prevenção de doenças. Hoje em dia, muitos processos industriais e farmacêuticos utilizam a engenharia genética, como vimos no Capítulo 9.

A microbiologia industrial, embora em sua forma primitiva, teve o seu início há mais de 8 mil anos, quando os babilônios fermentavam cereais para fabricar cerveja. Entretanto, pouco se sabia sobre o processo de fermentação até que Pasteur estudou esse processo no século XIX. No decorrer das décadas seguintes, diversos pesquisadores estudaram a fermentação e seus produtos, porém suas descobertas foram, em grande parte, ignoradas, até que a escassez de materiais para produzir explosivos na Primeira Guerra Mundial criou uma aplicação para eles. Tanto o glicerol quanto a acetona são utilizados para fabricar explosivos e outros materiais. Os alemães desenvolveram um processo para obter o glicerol; os ingleses utilizaram a fermentação acetona-butanol por *Clostridium acetobutylicum* para produzir acetona. Uma importante consequência da fermentação acetona-butanol foi o desenvolvimento de técnicas para manter culturas puras em cubas de fermentação industriais.

A descoberta casual feita por Fleming, em 1928, de que o *Penicillium notatum* tem a capacidade de matar *Staphylococcus aureus* representou o início da indústria dos anbitióticos (ver Capítulo 14). Hoje em dia, a fabricação de antibióticos constitui um imenso ramo da microbiologia farmacêutica. Concomitantemente com o desenvolvimento dos antibióticos, houve o desenvolvimento e a produção industrial de uma variedade de vacinas. A fabricação de antibióticos, de vacinas e de muitos outros produtos farmacêuticos exige o uso da tecnologia de cultura pura.

Nesses últimos anos, a engenharia genética vem sendo utilizada para fazer com que as células sintetizem produtos que, de outro modo, não produziriam, ou para aumentar o rendimento de produtos que elas normalmente fabricam. A engenharia genética pode possibilitar a programação de organismos para a execução de processos industriais e farmacêuticos específicos. Esses processos podem ser bem mais eficientes e mais proveitosos do que quaisquer outros atualmente disponíveis.

Centenas de diferentes substâncias são fabricadas com a ajuda de microrganismos. Diversas espécies de leveduras, fungos filamentosos, bactérias e actinomicetos são utilizadas em processos de fabricação. Os próprios organismos são algumas vezes úteis, visto que podem servir como fonte de proteínas. A alimentação animal constituída por microrganismos é denominada **proteína unicelular (SCP)**. As proteínas unicelulares representam uma importante fonte de alimento rico em proteínas, de alto rendimento e relativamente barata. Com mais frequência, a substância de valor é um produto do metabolismo microbiano.

## Processos metabólicos úteis

A produção de moléculas complexas e de produtos metabólicos finais em quantidades comercialmente lucrativas exige a manipulação de processos microbianos. Na natureza, os microrganismos possuem mecanismos reguladores, como indução e repressão, que fazem com que eles produzam substâncias apenas nas quantidades necessárias (ver Capítulo 8). Uma importante tarefa na indústria consiste em manipular os mecanismos reguladores, de modo que os organismos continuem produzindo grandes quantidades de substâncias úteis para os seres humanos. Os microbiologistas industriais realizam esse procedimento de diversas maneiras: (1) alterando os nutrientes disponíveis aos microrganismos, (2) modificando as condições ambientais; (3) isolando microrganismos mutantes com capacidade de produzir um excesso de uma substância devido a um mecanismo regulador defeituoso, e (4) recorrendo à engenharia genética a fim de programar organismos para que possam exibir determinadas capacidades de síntese. Em alguns casos, esses esforços têm tido grande sucesso. A cepa industrial do fungo filamentoso *Ashbya gossypii* produz 20 mil vezes mais vitamina riboflavina do que ele utiliza. As cepas industriais de *Propionibacterium shermanii* e *Pseudomonas denitrificans* produzem 50 mil vezes mais cobalamina (vitamina $B_{12}$) do que utilizam.

## Problemas da microbiologia industrial

Uma coisa é conseguir que um microrganismo execute um processo útil em um tubo de ensaio. Outra coisa bem diferente é adaptar o processo, de modo que seja proveitoso em larga escala industrial. No passado, a maioria dos processos industriais era realizada em grandes cubas de fermentação. Muitos dos novos processos simplesmente não ocorrem em grandes cubas, de modo que é necessário utilizar cubas menores (Figura 27.15). Além disso, muitos dos microrganismos industriais atuais têm sido modificados de maneira tão extensa pela seleção de mutantes ou por engenharia genética, que seus produtos, que são úteis aos seres humanos, podem ser inúteis ou até mesmo tóxicos para os microrganismos.

O isolamento e a purificação do produto, com ou sem a destruição dos microrganismos, frequentemente enfrentam dificuldades técnicas. Quando o produto permanece dentro da célula, é preciso romper a membrana plasmática para obter o produto. Pode-se proceder à ruptura das membranas pulverizando um meio contendo os microrganismos através de um bico de pulverização sob alta pressão ou colocando os microrganismos em soluções alcoólicas ou salinas, de modo que o produto forme um precipitado. As moléculas do produto obtidas a partir das células rompidas algumas vezes podem ser coletadas em esferas de resina de tamanho e carga elétrica apropriados. Os produtos secretados podem ser coletados com relativa facilidade, algumas vezes sem a necessidade de destruir os microrganismos. Isso pode ser feito com o uso de um **reator contínuo**, no qual um novo meio é introduzido por um lado, enquanto o meio contendo o produto é coletado do outro lado (Figura 27.16). Os reatores contínuos, que operam em condições de temperatura e de pH estritamente controladas, são utilizados em muitos tipos de fermentações industriais.

A

B

**Figura 27.15 Expansão da fermentação.** Algumas fermentações não ocorrem de modo satisfatório (**A**) em grandes cubas (em uma fábrica de cerveja na Filadélfia) *(Joseph Nettis/Science Source)* e, portanto, precisam ser realizadas (**B**) em recipientes de pequeno porte. *(Maximilian Stock Ltd/Medical Images.)*

# PRODUTOS ORGÂNICOS ÚTEIS

## Biocombustíveis

O preço da gasolina está criando um rombo em sua carteira? Não está contente com as sobretaxas da gasolina de aviação

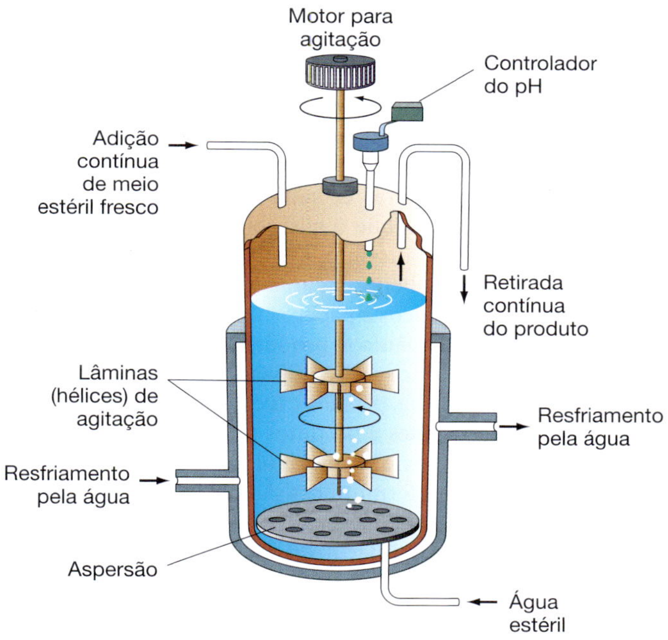


**Figura 27.16 Reator contínuo.** O meio de cultura fresco é introduzido em um lado, enquanto o meio contendo o produto é retirado do outro lado por um processo contínuo.

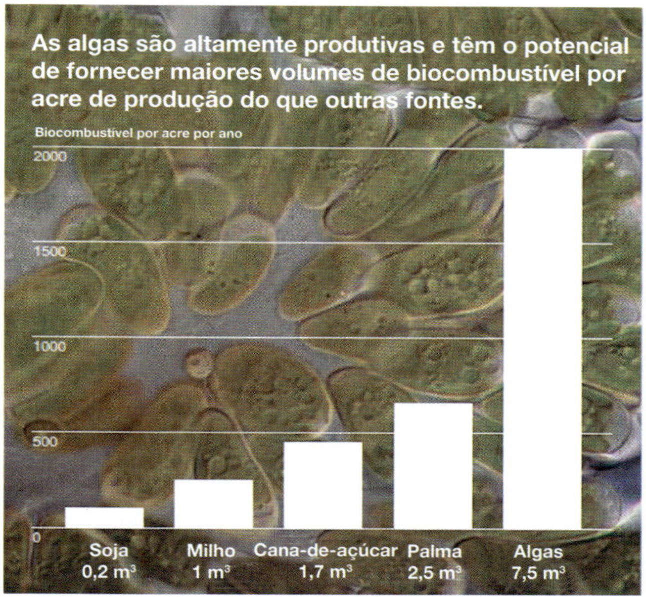


A

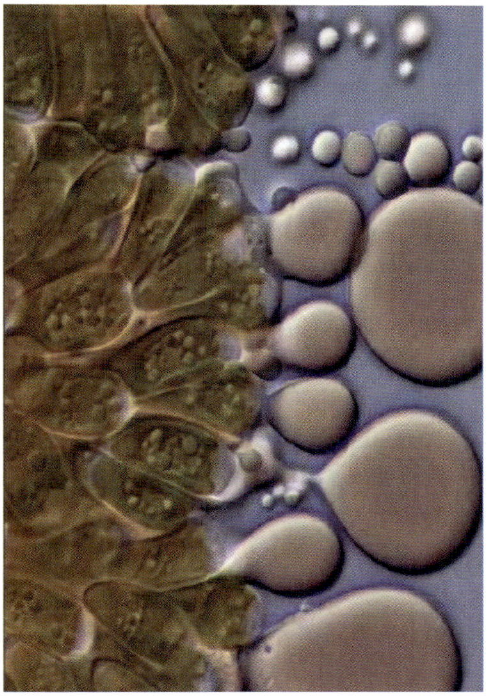

B

**Figura 27.17 A.** Produtividade extremamente alta de algas para a fabricação de biocombustível, em comparação com outras fontes. **B.** Gotículas de óleo (biocombustível) sendo produzidas por algas. *(Cortesia de ExxonMobil.)*

nos voos? Podemos obter algum alívio graças às algas que produzem naturalmente várias moléculas de óleo (**biocombustíveis**), semelhantes aos óleos comerciais. Estamos testando todos os tipos de variedades de algas, e algumas delas estão sendo submetidas a engenharia genética para obtermos diferentes moléculas de combustível. Estamos fazendo com que aumentem a sua produção e se desenvolvam em temperaturas mais altas, as quais também aceleram a velocidade das reações. Seus óleos podem ser processados nas fábricas existentes e vendidos em postos de gasolina comuns. Podem desenvolver-se em solos inapropriados para cultivo, na água do mar ou em água salobra, não irão causar um aumento no preço do milho nem reduzir a produção de alimentos utilizando terra e água doce necessárias; além disso, irão diminuir a concentração do gás $CO_2$ causador do efeito estufa, que está aumentando a temperatura global, e irão fornecer mais produto por acre do que outras culturas (Figura 27.17A e B).

Entretanto, esse projeto ainda não é economicamente viável. Os especialistas esperam que isso deverá levar pelo menos outra década de pesquisa. Todavia, projetos-piloto produziram combustível para aviação que já foi utilizado para testar aviões, bem como diesel e gasolina que foram usados em caminhões e automóveis. Demonstramos que podemos fabricar produtos úteis à base de algas. Agora, precisamos trabalhar nos detalhes de engenharia de produção. Exxon-Mobil, trabalhando com os laboratórios do J. Craig Venter Institute, na Califórnia, investirá mais de 600 milhões de dólares nos próximos 10 anos para essa pesquisa. Muitas outras empresas também estão investindo nessa nova indústria, que esperamos também reduzirá nossa dependência da importação de petróleo.

O etanol, um produto químico industrial com vendas anuais de cerca de 300 milhões de dólares, é utilizado não apenas como solvente, mas também na fabricação de anticongelantes, corantes, detergentes, adesivos, pesticidas, explosivos, cosméticos e produtos farmacêuticos. Além disso, o etanol é utilizado como combustível, isoladamente ou misturado com gasolina. São utilizados microrganismos para produzir o etanol para fins industriais, da mesma maneira que eles são utilizados na fabricação de bebidas alcoólicas, mas os microbiologistas estão desenvolvendo novos métodos. Em um dos métodos, a celulose é extraída da madeira, digerida a açúcares e fermentada por clostrídios termofílicos. Como esses microrganismos atuam em altas temperaturas, suas taxas metabólicas são mais altas do que as de outros fermentadores, e eles produzem álcool em maior velocidade. Além disso, como o efluente já é aquecido, há necessidade de menos energia para destilar e purificar o produto. Em outro método, utiliza-se a bactéria *Zymomonas mobilis*, que fermenta o açúcar duas vezes mais rápido do que leveduras (Figura 27.18).

A levedura *Pachysolen tannophilus* produz quantidades relativamente grandes de álcool de açúcares de cinco carbonos. Isso é importante porque os produtos dos cereais contêm açúcares tanto de cinco quanto de seis átomos de carbono. Desse modo, a fabricação de álcool com leveduras que utilizam apenas açúcares com seis átomos de carbono deixa de extrair uma quantidade significativa de energia do cereal. A produção de álcool para combustível é, atualmente, uma atividade que quase não produz lucros; a energia obtida dos açúcares com seis átomos de carbono no álcool é aproximadamente igual à energia necessária para produzi-lo. A extração de energia de açúcares com cinco e com seis átomos de carbono seria muito mais econômica.

Os subprodutos da fabricação de biocombustíveis podem ser utilizados para outras finalidades. É possível gerar eletricidade nos resíduos por bactérias, que é então utilizada para pequenos dispositivos elétricos, como implantes médicos ou telefones celulares. No futuro, as biobaterias poderão alimentar muitos dispositivos de uso cotidiano.

## Compostos orgânicos simples

Os compostos orgânicos simples, como solventes e ácidos orgânicos, podem ser fabricados com o auxílio de microrganismos. Os solventes incluem o etanol (álcool etílico), o butanol, a acetona e o glicerol. Os ácidos incluem os ácidos acético, láctico e cítrico. Embora os microrganismos não sejam agora regularmente utilizados para fabricar essas substâncias, a síntese microbiana deverá se tornar economicamente viável, conforme o custo das matérias-primas derivadas do petróleo aumenta, sobretudo se for possível programar geneticamente organismos para aumentar a sua produtividade.

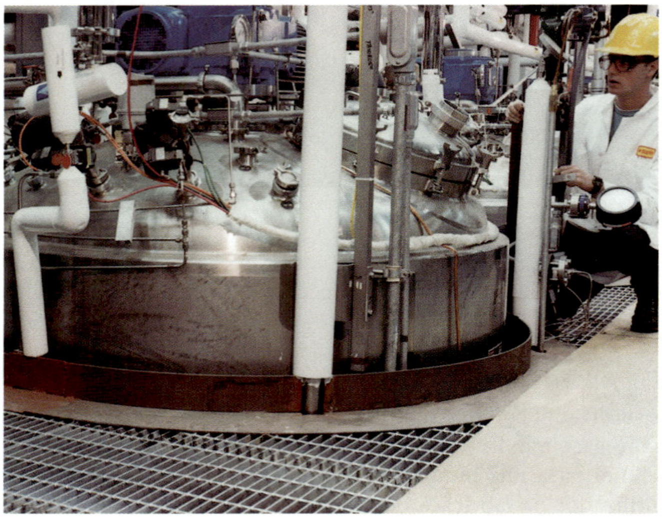

**Figura 27.18 Produção de álcool.** Equipamento para a produção industrial de etanol, utilizando *Zymomonas mobilis* como catalisador. *(Cortesia de Warren Gretz, National Renewable Energy Laboratory.)*

*Clostridium acetobutylicum*, que atua sobre o amido, ou *C. saccharoacetobutylicum*, que atua sobre o açúcar, produzem tanto butanol quanto acetona. O butanol é utilizado na fabricação de fluido para freios, resinas e aditivos da gasolina. A acetona é utilizada principalmente como solvente.

O glicerol é obtido pela adição de sulfito de sódio a uma fermentação com levedura. O sulfito de sódio modifica a via metabólica, de modo que o glicerol, e não o álcool passa a constituir o principal produto. O glicerol é utilizado como lubrificante e como emoliente em uma variedade de alimentos, pasta de dentes, cosméticos e papel.

Entre os ácidos orgânicos produzidos por microrganismos, o ácido acético (vinagre) é utilizado em grande volume na fabricação de borracha, plásticos, tecidos, inseticidas, materiais fotográficos, corantes e produtos farmacêuticos. As bactérias do ácido acético oxidam o etanol para produzir vinagre. Entretanto, as bactérias termofílicas são capazes de produzi-lo a partir da celulose, e *Acetobacterium woodii* e *Clostridium aceticum* podem fabricá-lo a partir do hidrogênio e do dióxido de carbono. Outros ácidos fabricados por microrganismos incluem os ácidos láctico e cítrico. *Lactobacillus delbrueckii* metaboliza a glicose em ácido láctico, que é utilizado para acidificar alimentos, fabricar tecidos sintéticos e plásticos e na galvanoplastia. O fungo filamentoso *Aspergillus niger* produz ácido cítrico com muita eficiência quando se utiliza melaço como substrato de fermentação. O ácido cítrico é amplamente utilizado para acidificar e melhorar o sabor dos alimentos.

## Antibióticos

A indústria dos antibióticos surgiu na década de 1940 com a fabricação da penicilina (Figura 27.19A), e, desde então, já foram fabricados cerca de 100 antibacterianos em quantidade significativa. Atualmente, o valor de mercado dos antibacterianos no mundo inteiro ultrapassa 30 bilhões de dólares por ano.

Os microbiologistas industriais trabalham intensamente para encontrar meios de fazer com que os organismos produzam seus antibióticos específicos em grandes quantidades. Uma maneira efetiva consiste em induzir mutações e, em seguida, proceder a uma triagem da progênie para encontrar cepas que produzam mais antibiótico do que a cepa parental. Esses métodos, combinados com procedimentos aperfeiçoados de fermentação, têm sido bem-sucedidos. Por exemplo, uma cepa de *Penicillium chrysogenum*, que outrora produzia 60 mg de penicilina por litro de cultura, agora produz 20 g/ℓ. A engenharia genética pode levar ao desenvolvimento de métodos mais efetivos.

A razão pela qual apenas 2% de todos os antibióticos conhecidos foram comercializados é que muitos deles são muito tóxicos para uso terapêutico ou não apresentam maior benefício do que os antibióticos já disponíveis. Como os patógenos desenvolvem continuamente resistência aos antibacterianos, os microbiologistas industriais procuram não apenas descobrir novos antibióticos, mas também tornar os antibacterianos já disponíveis mais eficazes. Investigam-se meios de aumentar a potência, melhorar as propriedades terapêuticas e tornar os antimicrobianos mais resistentes à inativação pelos microrganismos. Esses esforços levaram ao desenvolvimento dos *antibióticos semissintéticos* (Figura 27.19B), que são parcialmente produzidos por microrganismos e parcialmente por químicos (ver Capítulo 14). Essa colaboração é ilustrada pelo

**Figura 27.19 Produção de penicilina.** A. As gotículas de cor âmbar observadas na superfície dessa cultura do bolor *Penicillium notatum* são o antibiótico penicilina, que o fungo produziu. *(A. McClenaghan/Science Source.)* B. Antimicrobianos sintéticos e semissintéticos são agora fabricados no laboratório para uso em conjunto com aqueles produzidos por microrganismos. *(©Geof Kirby/Alamy Stock Photo.)*

modo como os químicos modificaram os antibióticos betalactâmicos (penicilinas e cefalosporinas), que alguns microrganismos destroem com a enzima betalactamase. A ligação de uma molécula como o ácido clavulânico ao anel betalactâmico impede a enzima de inativar o antibacterianos. Por exemplo, o antibacteriano Augmentin® é um antibiótico semissintético que consiste em amoxicilina e ácido clavulânico.

## Enzimas

Todas as enzimas utilizadas em processos industriais são sintetizadas por organismos vivos. Com poucas exceções, como a extração da papaína – uma enzima que promove o amaciamento de carne – do mamão papaia, as enzimas industriais são produzidas por microrganismos. As enzimas são extraídas de microrganismos, em vez de serem sintetizadas no laboratório, porque a síntese em laboratório é muito complicada para ser prática. Como outras proteínas, as enzimas consistem em cadeias complexas de aminoácidos em sequências específicas. Os organismos utilizam a informação genética para sintetizar enzimas com facilidade, enquanto os químicos de laboratório consideram esse processo tedioso e dispendioso. As enzimas são particularmente úteis em processos industriais, em virtude de sua especificidade. Elas atuam sobre determinado substrato e geram um determinado produto, minimizando assim problemas relacionados com a purificação dos produtos.

**Cientistas estão interessados nas enzimas que permitem que as bactérias extremofílicas realizem suas funções em ambientes inóspitos, devido à possibilidade de sua aplicação em ambientes industriais.**

Os métodos que os microbiologistas industriais utilizam para produzir enzimas incluem a seleção de mutantes e a manipulação de genes. A seleção de mutantes capazes de produzir grandes quantidades de determinada enzima tem sido uma técnica efetiva. A manipulação de genes tem sido um pouco menos efetiva. Em comparação com as vias de síntese para os antibióticos, aquelas relacionadas com as enzimas são mais simples, e um menor número de genes está envolvido. Desse modo, a manipulação de genes mostra-se muito promissora para aumentar a produção de algumas enzimas e tornar mais viável a produção industrial de outras. Apenas cerca de 200 das aproximadamente 2 mil enzimas conhecidas são agora produzidas comercialmente, de modo que existe bastante espaço nessa área para um progresso significativo.

Entre as enzimas disponíveis no comércio, as proteases e as amilases são produzidas em maiores quantidades. As proteases, que degradam as proteínas e são adicionadas a detergentes para aumentar o poder de limpeza, são produzidas industrialmente por fungos filamentosos do gênero *Aspergillus* e por bactérias do gênero *Bacillus*. As amilases, que degradam os amidos em açúcares, também são produzidas por espécies de *Aspergillus*. Outras enzimas de degradação úteis são a lipase produzida pela levedura *Saccharomycopsis* e a lactase proveniente do fungo filamentoso *Trichoderma* e da levedura *Kluyveromyces*. Outra enzima industrial importante é a invertase (glicose isomerase) de *Saccharomyces*; ela converte a glicose em frutose, que é utilizada como adoçante em muitos alimentos processados.

**Enzimas proteolíticas.** As enzimas pancreáticas foram utilizadas pela primeira vez há mais de 70 anos para remover manchas de sangue de aventais de açougueiro, sem enfraquecer o tecido. Essas enzimas foram experimentadas como auxiliares em lavanderias, mas constatou-se que elas eram inativadas pelo sabão. Na década de 1970, enzimas proteolíticas provenientes de bactérias, que mantêm a sua atividade na presença de detergentes e água quente, foram adicionadas aos detergentes. Quando essas enzimas foram experimentadas pela primeira vez, os trabalhadores nas fábricas de detergentes desenvolveram problemas respiratórios e irritação cutânea. As enzimas foram removidas dos detergentes quando as doenças foram atribuídas às moléculas de enzima transportadas pelo ar. Atualmente, são incorporadas enzimas em grânulos revestidos, que se dissolvem na lavagem, em vez de fazê-lo no ar ambiente dos trabalhadores.

As enzimas proteolíticas também têm sido adicionadas a limpadores de canos, onde são particularmente úteis na degradação de cabelos, que entopem, com frequência, os canos dos banheiros. Um limpador de canos com uma lipase faria um bom trabalho nos canos de cozinha.

**Enzimas na produção de papel.** Para fabricar papel de alta qualidade, grande parte da lignina, um material áspero da madeira, precisa ser removida por meios químicos dispendiosos, para produzir uma polpa de celulose mais pura. O fungo *Phanerochaete chrysosporium* secreta enzimas que digerem tanto a lignina quanto a celulose. Se for possível separar e purificar essas enzimas, uma delas poderia ser utilizada seletivamente na digestão da lignina, deixando a celulose inalterada. Se for aperfeiçoado, esse processo deverá fornecer uma maneira barata de preparar polpa de madeira para a produção de papel de alta qualidade. Um subproduto da pesquisa pode beneficiar os seres humanos. Foi identificada outra enzima que digere a lignina em uma cepa das bactérias do gênero *Streptomyces.* Essa enzima modifica a lignina em uma molécula que aumenta a produção de anticorpos em camundongos. Será possível que ela algum dia faça o mesmo para os seres humanos?

Figura 27.20 **Produção de vacina contra a hepatite B pela tecnologia do DNA recombinante.** Os técnicos utilizam uma coluna cromatográfica para separar as proteínas essenciais de lotes de células de levedura. *(Science Source.)*

## Aminoácidos

A produção microbiana de aminoácidos tornou-se uma indústria comercialmente bem-sucedida. Vinte aminoácidos diferentes são utilizados pelos animais na produção de proteínas. Oito desses 20 consistem em *aminoácidos essenciais* – isto é, não podem ser sintetizados pelos animais e, portanto, precisam ser fornecidos na dieta. Cerca de 30 mil toneladas de lisina, um aminoácido essencial, são fabricadas anualmente por fermentação microbiana. A lisina é produzida por cepa mutante do *Corynebacterium glutamicum*, no qual a via de biossíntese foi alterada para promover a produção de grandes quantidades do aminoácido. A lisina é adicionada como suplemento à alimentação animal e é vendida em lojas de produtos naturais para consumo humano.

O ácido glutâmico, outro produto da fermentação microbiana, também é produzido por uma cepa mutante de *C. glutamicum.* Esse mutante contém um elevado nível da enzima ácido glutâmico desidrogenase, que aumenta a produção de ácido glutâmico. A bactéria cresce em meio de cultura deficiente em biotina, o que resulta na formação de membranas plasmáticas "permeáveis". Essas membranas possibilitam a excreção de ácido glutâmico da célula. O ácido glutâmico é utilizado para fabricar o glutamato monossódico (MSG), uma substância que realça o sabor. São produzidas cerca de 200 mil toneladas por ano. Outros aminoácidos sintetizados por microrganismos incluem a fenilalanina, o ácido aspártico e o triptofano.

## Outros produtos biológicos

Vitaminas, hormônios e proteínas de organismos unicelulares constituem as principais categorias de outros produtos biologicamente úteis da microbiologia industrial. A capacidade dos microrganismos de produzir vitamina $B_{12}$ e riboflavina já foi citada anteriormente como exemplo de amplificação altamente bem-sucedida da síntese microbiana. Sem dúvida, as vacinas são produtos de extrema utilidade (Figura 27.20). O desenvolvimento da vacina contra hepatite foi descrito no Capítulo 9.

Os microrganismos também são utilizados na produção de hormônios esteroides. O processo utilizado é denominado **bioconversão**, uma reação em que um composto é convertido em outro por enzimas existentes no interior das células. A primeira aplicação da bioconversão na síntese de hormônios foi a utilização do fungo filamentoso *Rhizopus nigricans* para hidroxilar a progesterona. Essa etapa microbiana simplificou a síntese química da cortisona a partir de ácidos biliares de 37 para 11 etapas. Isso reduziu o custo da cortisona de 200 dólares por grama para 6 dólares por grama. (Progressos subsequentes nos procedimentos utilizados reduziram o preço para menos de 70 centavos por grama.) Outros hormônios que agora podem ser produzidos industrialmente incluem a insulina, o hormônio do crescimento humano e a somatostatina. Esses hormônios são fabricados pela tecnologia do DNA recombinante, utilizando cepas modificadas de *Escherichia coli.*

Conforme assinalado anteriormente, as proteínas unicelulares consistem em organismos ricos em proteínas. Atualmente utilizadas na alimentação animal, elas poderão algum dia alimentar também os seres humanos. Uma importante vantagem das proteínas unicelulares é que elas podem ser produzidas de substâncias de menor valor do que a proteína produzida. Certas espécies de *Candida* sintetizam proteína de resíduos da polpa do papel, enquanto *Saccharomycopsis* a produz de resíduos de petróleo, e a bactéria *Methylophilus*, do metano ou do metanol.

# MINERAÇÃO MICROBIOLÓGICA

À medida que diminui a disponibilidade de minérios ricos em minerais, são necessários métodos para extrair minerais de fontes menos concentradas. Essa necessidade deu origem à nova disciplina conhecida como **bio-hidrometalurgia**, que consiste no uso de microrganismos para extrair metais de minérios. Originalmente, acreditava-se que o cobre e outros metais fossem lixiviados dos resíduos da trituração de minérios em consequência de uma reação química inorgânica, como as reações utilizadas na extração de metais de minérios. Descobriu-se então que essa lixiviação se deve à ação de *Thiobacillus ferrooxidans.* Essa bactéria acidófila quimiolitotrófica vive da oxidação do enxofre, que liga o cobre, o zinco, o chumbo e o urânio em seus respectivos minerais de sulfeto, com consequente liberação do metal puro. O cobre em minérios de baixo teor frequentemente está presente como sulfeto de cobre. Quando se vaporiza água ácida sobre esse minério, *T. ferrooxidans* obtém energia à medida que utiliza o oxigênio da atmosfera para oxidar os átomos de enxofre em minérios de sulfeto em sulfato. A bactéria não utiliza o cobre, ela simplesmente o converte em uma forma hidrossolúvel que pode ser recuperada e utilizada pelos seres humanos (Figura 27.21A).

Outros minerais também podem ser degradados por microrganismos. *T. ferrooxidans* libera ferro do sulfeto de ferro pelo menos processo (Figura 27.21B). Combinações de *T. ferrooxidans* e de um organismo semelhante, *T. thiooxidans*, degradam alguns minérios de cobre e de ferro mais rapidamente do que cada um isoladamente. Outra combinação de organismos, *Leptospirillum ferrooxidans* e *T. organoparus*, degrada a pirita ($FeS_2$) e a calcopirita ($CuFeS_2$), embora nenhum dos dois organismos isoladamente seja capaz de degradar os minerais. Outras bactérias podem ser utilizadas para minerar o urânio, e bactérias podem ser finalmente utilizadas para extrair arsênio, chumbo, zinco, cobalto e ouro. Entretanto, até agora, poucas empresas de mineração estão de fato utilizando microrganismos no seu processamento.

## TRATAMENTO MICROBIOLÓGICO DOS RESÍDUOS

As estações de tratamento de esgoto (ver Capítulo 26) são exemplos perfeitos de sistemas de tratamento microbiológico de resíduos, porém o tratamento dos esgotos é um problema relativamente simples em comparação com os problemas associados ao tratamento de poluentes químicos e resíduos tóxicos. Alguns resíduos permanecem no meio ambiente e contaminam os suprimentos de água da vida selvagem e dos seres humanos. A biorremediação, que consiste no uso de microrganismos para o tratamento de alguns resíduos químicos, pode ajudar a impedir um desastre ambiental monumental em consequência do acúmulo de resíduos tóxicos (ver Capítulo 26).

Descobriu-se que três cepas de microrganismos são capazes de desativar o Arochlor 1260, um dos compostos de bifenil policlorado (PCB) mais altamente tóxicos. Observou-se que outros organismos destoxificam substâncias químicas, como cianeto e dioxina, e degradam o petróleo derramado nos oceanos. A engenharia genética tem sido utilizada para desenvolver uma bactéria capaz de destoxificar o desfolhante Agente Laranja, e pesquisas estão em andamento para modificar bactérias de modo que sejam capazes de destoxificar outras toxinas.

Um dos problemas no desenvolvimento de microrganismos capazes de degradar substâncias tóxicas é a informação limitada disponível sobre as características genéticas dos microrganismos encontrados em resíduos. Muitos pesquisadores dessa área concentraram seus esforços em organismos encontrados em resíduos, visto que eles provavelmente já tinham capacidades de degradação. Os pesquisadores acreditam que seria mais fácil modificá-los para metabolizar outros resíduos do que utilizar organismos mais bem conhecidos que não possuem nenhuma capacidade conhecida de degradar resíduos.

**PARE e RESPONDA**

1. Quais são as origens e o uso das proteínas unicelulares?
2. Cite várias enzimas e aminoácidos que são produzidos por métodos de microbiologia industrial.
3. Como os microrganismos ajudam a mineração e o tratamento de resíduos?

A B

**Figura 27.21 Mineração microbiana.** A mineração é realizada com mais facilidade em muitos lugares devido à atividade de microrganismos. **A.** Processamento bacteriano de minério de cobre. Água fluindo em um banho de biolixiviação, em que o cobre é extraído de soluções concentradas de minérios de sulfeto de cobre. **B.** Tanque coletor de minério de cobre, com depósitos de cobre (azul) ao redor de suas bordas. *(Dirk Wiersma/Science Source.)*

# RESUMO

## MICRORGANISMOS ENCONTRADOS NOS ALIMENTOS

- Tudo o que os seres humanos comem também é utilizado como alimento pelos microrganismos
- Muitos microrganismos nos alimentos são comensais; alguns causam deterioração e um pequeno número provoca doenças humanas.

### Cereais

- Os cereais armazenados em áreas úmidas tornam-se contaminados por vários bolores
- A farinha é propositalmente inoculada com leveduras para a fabricação do pão.

### Frutas e vegetais

- Frutas e vegetais estão sujeitos à podridão mole e deterioração por fungos.

### Carnes de mamíferos e de aves

- As carnes de mamíferos e de aves contêm muitos tipos de microrganismos, alguns dos quais causam zoonoses. As carnes de aves são normalmente contaminadas por *Salmonella*, *Clostridium perfringens* e *Staphylococcus aureus*.

### Peixes e frutos do mar

- Os alimentos provenientes do mar podem ser contaminados com vários tipos de bactérias e vírus.

### Leite

- O leite pode conter organismos provenientes das vacas, dos manipuladores do leite e do meio ambiente.

### Outras substâncias comestíveis

- Os açúcares sustentam o crescimento de vários organismos, que são mortos durante a refinação
- Os condimentos contêm grande número de microrganismos e podem favorecer o crescimento de bolores
- Os xaropes para a fabricação de bebidas carbonatadas podem ser contaminados com bolores
- Chá, café e cacau também estão sujeitos à contaminação por bolores se não forem mantidos secos.

## PREVENÇÃO DA TRANSMISSÃO DE DOENÇAS E DA DETERIORAÇÃO DE ALIMENTOS

- As doenças comuns transmitidas em alimentos e no leite estão relacionadas na Tabela 27.3
- As boas condições de higiene reduzem a probabilidade de adquirir doenças veiculadas por alimentos. O fator mais importante na prevenção da deterioração e da transmissão de doenças pelos alimentos e pelo leite é a higiene na sua manipulação.

### Conservação de alimentos

- Os métodos de conservação de alimentos incluem o **enlatamento**, a refrigeração, o congelamento, a **liofilização**, a dessecação, a radiação ionizante e o uso de aditivos químicos.

### Pasteurização do leite

- Os métodos de conservação do leite incluem a pasteurização e a esterilização.

### Padrões para a produção de alimentos e de leite

- Certos padrões para a produção de alimentos e de leite são mantidos por leis federais, estaduais e locais. Os testes para determinar a qualidade do leite estão resumidos na Tabela 27.4.

## MICRORGANISMOS COMO ALIMENTO E NA PRODUÇÃO DE ALIMENTOS

### Algas, fungos e bactérias como alimento

- O rápido crescimento da população humana criou a necessidade de novas fontes de alimentos
- As leveduras podem crescer em uma variedade de resíduos e constituem boas fontes de proteínas e vitaminas de baixo custo. O equipamento para a sua cultura é dispendioso, e serão necessários alguns esforços para persuadir os seres humanos a considerá-las aceitáveis como alimento
- As algas podem ser cultivadas em lagos ou em esgotos e também representam uma boa fonte de proteínas. Os problemas com o seu crescimento incluem o perigo de contaminação viral e a falta de aceitação como alimento.

### Produção de alimentos

- A levedura é utilizada para fermentar o pão
- A capacidade de fermentação de determinadas bactérias é utilizada para fabricar laticínios, como leitelho, creme azedo, iogurte, uma variedade de bebidas fermentadas e queijos
- Na fabricação de queijos, o **soro** do leite é descartado, e os microrganismos fermentam o **coalho** e conferem sabor e textura ao queijo
- Outros alimentos produzidos por fermentação microbiana incluem o vinagre, o chucrute, os picles, as azeitonas, o *poi*, o molho de soja, outros produtos de soja, salaminho, mortadela do Líbano e linguiça "de verão".

## CERVEJA, VINHO E AGUARDENTES

- A cerveja é fabricada a partir de cereais **maltados**; adiciona-se lúpulo, e a mistura é fermentada
- O vinho é fabricado pela fermentação de sucos de frutas
- As aguardentes são fabricadas pela fermentação de várias substâncias e destilação dos produtos.

## MICROBIOLOGIA INDUSTRIAL E FARMACÊUTICA

- A **microbiologia industrial** trata do uso dos microrganismos para auxiliar a fabricação de produtos úteis ou tratar produtos de degradação

- A **microbiologia farmacêutica** trata do uso dos microrganismos na fabricação de produtos clinicamente úteis.

### Processos metabólicos úteis

- As modificações dos processos microbianos na indústria incluem a alteração de nutrientes disponíveis aos microrganismos, a alteração das condições ambientais, o isolamento de mutantes que produzem excesso de produtos úteis e a modificação de organismos por engenharia genética.

### Problemas da microbiologia industrial

- Um problema enfrentado na microbiologia industrial consiste no desenvolvimento de processos em pequena escala; outros problemas estão relacionados com as técnicas de recuperação de produtos.

## PRODUTOS ORGÂNICOS ÚTEIS

### Biocombustíveis

- As algas têm sido utilizadas para produzir óleo, diesel e gasolina de aviação, porém ainda não são economicamente viáveis.

### Compostos orgânicos simples

- Os microrganismos podem fabricar álcoois, acetona, glicerol e ácidos orgânicos. Os processos microbianos para fabricar esses produtos provavelmente se tornarão mais economicamente viáveis no futuro.

### Antibióticos

- Os antibióticos derivam de espécies de *Streptomyces*, *Penicillium*, *Cephalosporin* e *Bacillus*
- Muitos antibióticos têm um anel betalactâmico; alguns antibióticos semissintéticos são fabricados pela modificação desse anel, de modo que os microrganismos não possam degradá-los.

### Enzimas

- As enzimas extraídas de microrganismos incluem proteases, amilases, lactases, lipases e invertase. São utilizadas em detergentes, em limpadores de canos, para enriquecimento de alimentos e na fabricação do papel.

### Aminoácidos

- Vários aminoácidos, como a lisina e o ácido glutâmico, podem ser produzidos por microrganismos.

### Outros produtos biológicos

- As vitaminas e os hormônios são habitualmente fabricados pela manipulação de organismos, de modo que possam produzir quantidades excessivas desses produtos úteis
- As **proteínas unicelulares** consistem em organismos ricos em proteínas, que são utilizadas principalmente como alimento animal.

## MINERAÇÃO MICROBIOLÓGICA

- Os microrganismos são atualmente utilizados para extrair o cobre de minérios de baixo teor. Outros minerais que podem ser extraídos por microrganismos incluem ferro, urânio, arsênio, chumbo, zinco, cobalto e níquel.

## TRATAMENTO MICROBIOLÓGICO DOS RESÍDUOS

- As estações de tratamento de esgotos (ver Capítulo 26) utilizam microrganismos na degradação de resíduos
- Foram descobertos alguns organismos que degradam resíduos tóxicos, e existem pesquisas em andamento para identificar e desenvolver outros.

## TERMOS-CHAVE

agente fermentador
biocombustível
bioconversão
bio-hidrometalurgia
coalho
destilação
deterioração anaeróbica termofílica
deterioração do tipo *flat sour*
deterioração mesofílica
enlatamento
fedor ósseo
liofilização
maltado
método de conservação
microbiologia farmacêutica
microbiologia industrial
mosto
pasta
pasteurização *flash*
pasteurização lenta em baixa temperatura (LTLT)
pasteurização rápida em alta temperatura (HTST)
proteína unicelular (SCP)
reator contínuo
renina
soro
tratamento em temperatura ultra-alta (UHT)

APÊNDICE

# A Medidas no Sistema Métrico, Conversões e Ferramentas Matemáticas

## Prefixos no sistema métrico

pico (p) = $10^{-12}$
nano (n) = $10^{-9}$
micro (μ) = $10^{-6}$
mili (m) = $10^{-3}$
centi (c) = $10^{-2}$
deci (d) = $10^{-1}$
quilo (k) = $10^{3}$

## Comprimento

1 quilômetro (km) = 0,62 milha
1 metro (m) = 39,37 polegadas = 3,281 pés
1 metro = 100 centímetros = 1.000 milímetros
1 centímetro (cm) = 10 milímetros = 0,394 polegada
1 milímetro (mm) = 0,0394 polegada
1 micrômetro (μm) = $10^{-6}$ do metro
1 nanômetro (nm) = $10^{-9}$ do metro
1 angstrom (Å) = $10^{-10}$ do metro

## Volume

1 litro (ℓ) = 1,057 quarto
1 ℓ = 1.000 mℓ
1 mililitro (mℓ) = 1 $cm^3$ = 0,061 polegada cúbica
1 milímetro cúbico ($mm^3$) = $10^{-3}$ $cm^3$ = $10^{-6}$ do litro

## Massa

1 quilograma (kg) = 1.000 g = 2,205 libras
1 libra = 453,6 g
1 grama (g) = 1.000 mg = 0,0353 onça
1 onça = 28,35 g
1 miligrama (mg) = $10^{-3}$ g
1 micrograma (μg) = $10^{-6}$ g

## Temperatura

graus Fahrenheit (°F) = $\frac{9}{5}$ (°C) + 32

graus Celsius (°C) = $\frac{5}{9}$ (°F − 32)

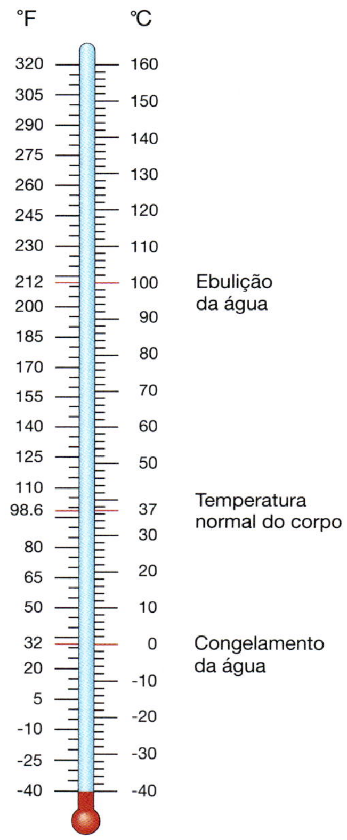


0°C = 32°F (ponto de congelamento da água)
100°C = 212°F (ponto de ebulição da água)
37°C = 98,6°F (temperatura normal do corpo)

## Notação exponencial (científica)

Os números que são muito grandes ou muito pequenos são habitualmente representados em *notação exponencial* (científica), na forma de um número entre 1 e 10, multiplicado por uma potência de 10. Nesse tipo de expressão, o número pequeno elevado à direita do 10 é o *expoente*.

| Número | Forma exponencial | Expoente |
|---|---|---|
| 1.000.000 | $1 \times 10^6$ | 6 |
| 100.000 | $1 \times 10^5$ | 5 |
| 10.000 | $1 \times 10^4$ | 4 |
| 1.000 | $1 \times 10^3$ | 3 |
| 100 | $1 \times 10^2$ | 2 |
| 10 | $1 \times 10^1$ | 1 |
| 1 | | |
| 0,1 | $1 \times 10^{-1}$ | –1 |
| 0,01 | $1 \times 10^{-2}$ | –2 |
| 0,001 | $1 \times 10^{-3}$ | –3 |
| 0,0001 | $1 \times 10^{-4}$ | –4 |
| 0,00001 | $1 \times 10^{-5}$ | –5 |
| 0,000001 | $1 \times 10^{-6}$ | –6 |
| 0,0000001 | $1 \times 10^{-7}$ | –7 |

Os números maiores do que 1 têm expoentes *positivos*, que indicam quantas vezes o número precisa ser *multiplicado* por 10 para obter o valor correto. Por exemplo, a expressão $5{,}2 \times 10^3$ significa que 5,2 precisa ser multiplicado três vezes por 10:

$$5{,}2 \times 10^3 = 5{,}2 \times 10 \times 10 \times 10 = 5{,}2 \times 1.000 = 5.200$$

Ao fazer esse cálculo, devemos transferir a vírgula decimal por três casas à direita:

$$5\,2\,0\,0, \quad (1\ 2\ 3)$$

O valor de um expoente positivo indica *quantas vezes a vírgula decimal precisa ser deslocada para a direita* para obter o número correto na notação decimal comum.

Os números inferiores a 1 apresentam expoentes *negativos*, que indicam quantas vezes o número precisa ser *dividido* por 10 (ou multiplicado por 1 décimo) para obter o valor correto. Assim, a expressão $3{,}7 \times 10^{-2}$ significa que 3,7 precisa ser dividido por 10 duas vezes:

$$3{,}7 \times 10^{-2} = \frac{3{,}7}{10 \times 10} = \frac{3{,}7}{100} = 0{,}037$$

Ao fazer esse cálculo, precisamos transferir a vírgula decimal duas casas para a esquerda:

$$0,0\,3\,7 \quad (2\ 1)$$

O valor de um expoente negativo indica *quantas vezes a vírgula decimal deve ser deslocada para a esquerda* para obter o número correto na notação decimal comum.

## Conversão de números decimais em notação exponencial

Para converter um número maior do que 1 da notação decimal para a notação exponencial, move-se inicialmente a vírgula relativa ao decimal para a *esquerda* até que apenas um único dígito fique à esquerda da vírgula decimal. O expoente *positivo* necessário para a notação exponencial é igual ao *número de vezes que a vírgula decimal foi movida*:

$$6\,3\,5\,7\,8\,1, = 6{,}35781 \times 10^5 \quad (5\ 4\ 3\ 2\ 1)$$

Para converter um número menor do que 1 da notação decimal para a notação exponencial, move-se inicialmente a vírgula decimal para a *direita* até que um único dígito *diferente de zero* esteja à esquerda da vírgula decimal. O expoente *negativo* necessário para a notação exponencial é *igual ao número de vezes que a vírgula decimal foi movida*.

$$0,0\,0\,0\,4\,2\,6 = 4{,}26 \times 10^{-4} \quad (1\ 2\ 3\ 4)$$

## Multiplicação de números exponenciais

Para multiplicar dois números na forma exponencial, *somam-se* os expoentes. Por exemplo:

$$(3{,}5 \times 10^3) \times (4{,}2 \times 10^4) = 3{,}5 \times 4{,}2 \times 10^{(3+4)}$$
$$= 14{,}7 \times 10^7$$
$$= 1{,}47 \times 10^8 = 1{,}5 \times 10^8$$

**(arredondando)**

$$(5{,}2 \times 10^4) \times (4{,}6 \times 10^{-3}) = 5{,}2 \times 4{,}6 \times 10^{[4+(-3)]}$$
$$= 23{,}92 \times 10^1$$
$$= 2{,}392 \times 10^2 = 2{,}4 \times 10^2$$

**(arredondando)**

## Divisão de números exponenciais

Para dividir dois números na forma exponencial, *subtraem-se* os expoentes. Por exemplo:

$$\frac{4{,}1 \times 10^4}{6{,}2 \times 10^6} = \frac{4{,}1}{6{,}2} \times 10^{(4-6)} = 0{,}6613 \times 10^{-2}$$
$$= 6{,}613 \times 10^{-3} = 6{,}6 \times 10^{-3}$$

**(arredondando)**

$$\frac{6{,}6 \times 10^3}{8{,}4 \times 10^{-2}} = \frac{6{,}6}{8{,}4} \times 10^{[3-(-2)]} = 0{,}7857 \times 10^5$$
$$= 7{,}857 \times 10^4 = 7{,}9 \times 10^4$$

**(arredondando)**

## Equação de pH

A maneira mais conveniente de expressar a acidez ou a alcalinidade de uma solução é em termos da *concentração de prótons ou íons hidrogênio* ($H^+$) presentes na solução. Assim, para calcular o pH de uma solução, você precisa conhecer a concentração de $H^+$ – expressa como $[H^+]$ – da solução. Por outro lado, se você conhece o pH, pode determinar a $[H^+]$. Uma equação logarítmica simples pode ser utilizada em ambos os casos.

$$pH = -\log_{10}[H^+]$$

O pH de uma solução é igual ao logaritmo negativo (na base 10) da concentração de íons hidrogênio, em que $[H^+]$ é expressa em moles por litro. Por exemplo, a água normalmente tem $[H^+] = 10^{-7}$ mol/ℓ. Logo, o pH da água é $-\log_{10}[10^{-7}] = -(-7) = 7$. Os "sucos" digestivos de seu estômago apresentam $[H^+] + 10^{-2}$ mol/ℓ. Em consequência, o pH do suco gástrico é 2.

Para calcular $[H^+]$ a partir da equação do pH quando você conhece o pH, considere, por exemplo, uma estrutura de uma célula animal com pH = 5. Para essa estrutura, $[H^+]$ deve ser $10^{-5}$ mol/ℓ. Os antiácidos têm um pH igual a 9, de modo que, para os antiácidos, $[H^+] = 10^{-9}$ mol/ℓ.

# APÊNDICE B Classificação dos Vírus

A classificação dos vírus sofreu grandes mudanças, assim como a taxonomia das bactérias. A maioria dos vírus ainda não foi classificada, devido à falta de dados referentes à sua replicação e biologia molecular. As estimativas sugerem que mais de 30.000 vírus estejam sendo estudados em laboratórios e em centros de referência no mundo inteiro.

A classificação dos vírus e as informações fornecidas aqui seguem o esquema geral apresentado no Capítulo 10 (Tabelas 10.1 e 10.2). Além disso, podem ser encontradas informações em *Human Virology: A Text for Students of Medicine, Dentistry, and Microbiology* (L. Collier e J. Oxford, 1993, Oxford University Press) e *Virology* (J. Levy H. Fraenkel-Conrat e R. Owens, 2nd ed., 1994, Prentice-Hall).

As 21 famílias de vírus listadas a seguir são principalmente as que infectam os vertebrados. Desse modo, essas famílias representam apenas uma pequena parte das 108 famílias e gêneros não classificados e mais de 5.000 vírus reconhecidos no *Virus Taxonomy – Seventh Report of the International Committee on Taxonomy of Viruses,* van Regenmortal *et al.* Eds., 2000, Academic Press, San Diego, CA.

**1. Família: Picornaviridae**

**Gêneros:**

*Enterovirus* (vírus gastrintestinais, poliovírus, vírus coxsackie A e B, vírus ECHO)

*Hepatovirus* (vírus da hepatite A)

*Cardiovirus* (vírus da encefalomiocardite de camundongos e outros roedores)

*Rhinovirus* (vírus do trato respiratório superior, vírus do resfriado comum)

*Aphthovirus* (vírus da febre aftosa no gado)

Vírus de RNA de fita simples, de sentido positivo, poliédricos e não envelopados. A síntese e a maturação ocorrem no citoplasma da célula hospedeira. Os vírus são liberados por meio de lise celular.

**2. Família: Caliciviridae**

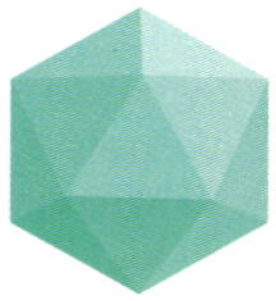

**Gênero:**

*Calicivirus* (norovírus e vírus semelhantes que causam gastrenterite, vírus da hepatite E)

Vírus de RNA de fita simples, de sentido positivo, poliédricos e não envelopados. A síntese e a maturação ocorrem no citoplasma da célula hospedeira. Os vírus são liberados por meio de lise celular.

**3. Família: Togaviridae**

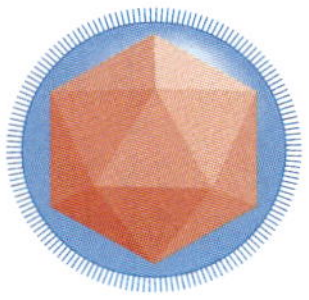

**Gêneros:**

*Alphavirus* (vírus das encefalites equinas do leste, do oeste e venezuelana, vírus da floresta Semliki)

*Rubivirus* (vírus da rubéola)

*Arterivirus* (vírus da arterite equina, vírus da febre hemorrágica símia)

Vírus de RNA de fita simples, de sentido positivo, poliédricos e envelopados. A síntese ocorre no citoplasma da célula hospedeira; a maturação envolve brotamento de nucleocapsídeos através da membrana plasmática da célula hospedeira. Os vírus são liberados por lise celular (*Arterivirus*). Muitos sofrem replicação em artrópodes e vertebrados.

**4. Família: Flaviridae**

**Gêneros:**

*Flavivirus* (vírus da febre amarela, vírus da dengue, vírus da encefalite de St. Louis e da encefalite japonesa, vírus da encefalite transmitida por carrapato)

*Pestivirus* (vírus da diarreia bovina, vírus da cólera suína)

*Hepacivirus* (vírus da hepatite C)

Vírus de RNA de fita simples, de sentido positivo, poliédricos e envelopados. A síntese ocorre no citoplasma da célula hospedeira; a maturação envolve brotamento através das membranas do retículo endoplasmático e do aparelho de Golgi da célula hospedeira. A maioria sofre replicação em artrópodes.

**5. Família: Coronaviridae**

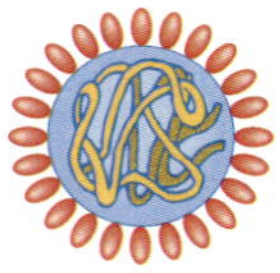

**Gênero:**

*Coronavirus* (vírus do resfriado comum, vírus da bronquite infecciosa de aves, vírus da peritonite infecciosa felina, vírus da hepatite murina)

Vírus de RNA de fita simples, de sentido positivo, helicoidais e envelopados. A síntese ocorre no citoplasma da célula hospedeira; a maturação envolve brotamento através das membranas do retículo endoplasmático e do aparelho de Golgi. Os vírus são liberados por lise celular.

**6. Família: Rhabdoviridae**

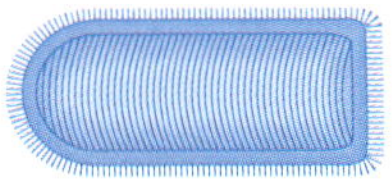

**Gêneros:**

*Vesiculovirus* (vírus semelhante ao da estomatite vesicular)

*Lyssavirus* (vírus da raiva e vírus semelhante ao da raiva)

*Ephermevovirus* (vírus da febre efêmera bovina)

Vírus de RNA de fita simples, de sentido negativo, helicoidais e envelopados. A síntese ocorre no núcleo da célula hospedeira; a maturação ocorre por brotamento a partir da membrana plasmática da célula hospedeira. Muitos sofrem replicação em artrópodes.

**7. Família: Filoviridae**

**Gêneros:**

*Marburgvirus* (vírus Marburg; letalidade de 23 a 88% nos seres humanos)

*Ebolavirus* (vírus Ebola; letalidade de 50 a 90% nos seres humanos)

Vírus envelopados; formas longas e filamentosas, algumas vezes com ramificações e, outras vezes, em forma de U, em forma do número 6 ou circulares; RNA de fita simples, de sentido negativo. A síntese ocorre no citoplasma da célula hospedeira; a maturação envolve brotamento a partir da membrana plasmática da célula hospedeira. Os vírus são liberados por lise celular. Esses vírus são patógenos de "Biossegurança de Nível 4" – precisam ser manipulados no laboratório em condições de máxima contenção.

**8. Família: Paramyxoviridae**

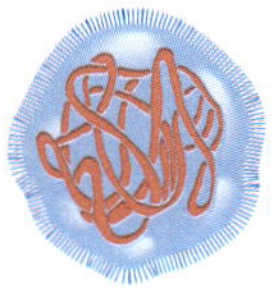

**Gêneros:**

*Paramyxovirus* (vírus parainfluenza 1 a 4, vírus da caxumba, vírus da doença de Newcastle)

*Morbillivirus* (vírus do sarampo e vírus semelhante ao sarampo, vírus da cinomose canina)

*Pneumovirus* (vírus sincicial respiratório)

Vírus de RNA de fita simples, de sentido negativo, helicoidal e envelopado. A síntese ocorre no citoplasma da célula hospedeira; a maturação envolve brotamento através da membrana plasmática da célula hospedeira. Os vírus são liberados por lise celular. Os morbilivírus podem causar infecções persistentes.

**9. Família: Orthomyxoviridae**

**Gêneros:**

*Influenzavirus* A e B (vírus influenza A e B)

*Influenzavirus* C (vírus influenza C)

Vírus de RNA de fita simples (oito segmentos) de sentido negativo, helicoidais e envelopados. A síntese ocorre no núcleo da célula hospedeira; a maturação ocorre no citoplasma da célula hospedeira. Os vírus são liberados por brotamento a partir da membrana plasmática da célula hospedeira. Esses vírus podem sofrer rearranjo dos genes durante infecções mistas.

**10. Família: Bunyaviridae**

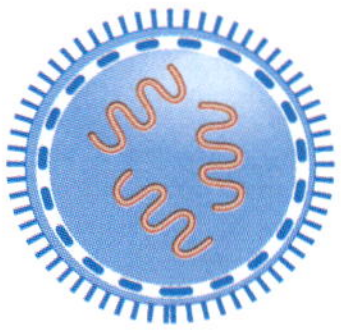

**Gêneros:**

*Bunyavirus* (supergrupo Bunyamwera)

*Phlebovirus* (vírus da febre do mosquito-pólvora)

*Nairovirus* (vírus semelhantes à doença do carneiro de Nairobi)

*Uukuvirus* (vírus semelhante ao Uukuniemi)

*Hantavirus* (vírus da febre hemorrágica, febre hemorrágica coreana, hantavírus Sin Nombre)

Vírus de RNA de fita simples, de sentido negativo (três segmentos; *Phlebovirus,* de RNA de fita simples de ambos os sentidos), esféricos e envelopados. A síntese ocorre no citoplasma da célula hospedeira; a maturação ocorre dentro do aparelho de Golgi. Os vírus são liberados por lise celular. Vírus estreitamente relacionados podem sofrer rearranjos dos genes durante infecções mistas.

**11. Família: Arenaviridae**

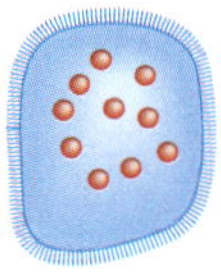

**Gênero:**

*Arenavirus* (vírus da febre de Lassa, vírus da coriomeningite linfocítica, vírus Machupo, vírus Junin)

Vírus de RNA de fita simples, com ambos os sentidos, helicoidais e envelopados. A síntese ocorre no citoplasma da célula hospedeira; a maturação envolve brotamento a partir da membrana plasmática da célula hospedeira. Os vírions contêm ribossomos. Os vírus patogênicos humanos de Lassa, Machupo e Junin são patógenos de "Biossegurança de Nível 4" – precisam ser manipulados no laboratório em condições de contenção máxima.

**12. Família: Reoviridae**

**Gêneros:**

*Ortohreovirus* (reovírus 1, 2 3)

*Orbivirus* (vírus Orungo)

*Rotavirus* (rotavírus humanos)

*Cypovirus* (vírus da poliedrose citoplasmática)

*Coltivirus* (vírus da febre do carrapato do Colorado)

*Plant reovirus* 1/3 (reovírus de plantas, subgrupos 1, 2 e 3)

Cada gênero difere quanto aos detalhes morfológicos e físico-químicos. Em geral, os vírions são não envelopados, poliédricos e de RNA de fita dupla (10 a 12 segmentos). A síntese e a maturação ocorrem no citoplasma da célula hospedeira. Os vírus são liberados por lise celular. Os vírions contêm ribossomos.

**13. Família: Birnaviridae**

**Gênero:**

*Birnavirus* (vírus da necrose pancreática infecciosa de peixes e vírus da doença infecciosa da bursa de aves domésticas)

Vírus de RNA de fita dupla (dois segmentos) poliédricos e não envelopado. A síntese e a maturação ocorrem no citoplasma da célula hospedeira. Os vírus são liberados por lise celular.

**14. Família: Retroviridae**

**Gêneros:**

Vírus relacionados ao MLV (vírus da necrose esplênica, vírus da leucemia murina e felina)

*Betaretrovirus* (vírus de tumor mamário de camundongo) tipo D (retrovírus do macaco-esquilo)

*Alpharetrovirus* (vírus da leucemia aviária, vírus do sarcoma de Rous) grupo HTLV-BLV (vírus da leucemia de células T humanas HTLV-I, HTLV-II, vírus da leucemia bovina)

*Spumavirus* (vírus espumosos)

*Lentivirus* (vírus da imunodeficiência humana, felina, símia e bovina)

Vírus de RNA de fita simples, de sentido negativo (duas fitas idênticas), esféricos e envelopados. A síntese ocorre no citoplasma da célula hospedeira; a maturação envolve brotamento através da membrana plasmática da célula hospedeira. Esses vírus contêm a enzima transcriptase reversa. Os retrovírus (com exceção dos gêneros *Spumarivus* e *Lentivirus*) representam os vírus tumorais de RNA, que causam leucemias, carcinomas e sarcomas.

**15. Família: Hepadnaviridae**

**Gêneros:**

*Orthohepadnavirus* (vírus da hepatite B)

*Avihepadnavirus* (vírus da hepatite do pato)

Vírus de DNA de fita dupla parcial, poliédricos e envelopados. A síntese e a maturação ocorrem no núcleo da célula hospedeira. A produção de antígenos de superfície ocorre no citoplasma. A persistência é comum e está associada a doença crônica e neoplasia.

**16.Família: Parvoviridae**

**Gêneros:**

*Parvovivus* (vírus da leucopenia felina, parvovírus canino)

*Dependovirus* (vírus associados aos adenovírus)

*Densovirus* (parvovírus de insetos)

*Erythrovirus* (eritrovírus humano B19)

Vírus de DNA de fita simples e sentido negativo (*Parvovirus*) ou de DNA de fita simples de sentido negativo e positivo (outros gêneros), poliédricos e não envelopados. A síntese e a maturação ocorrem em células hospedeiras de rápida divisão, particularmente no núcleo da célula hospedeira. Os vírus são liberados por lise celular.

**17. Família: Papovaviridae**

**Gêneros:**

*Papillomavirus* (vírus de verrugas, condilomas genitais, vírus de DNA tumorais)

*Polyomavirus* (vírus semelhante ao do polioma humano, SV-40)

Vírus de DNA de fita dupla, poliédrico e não envelopado. A síntese e a maturação ocorrem no núcleo da célula hospedeira. Os vírus são liberados por lise celular.

## 18. Família: Adenoviridae

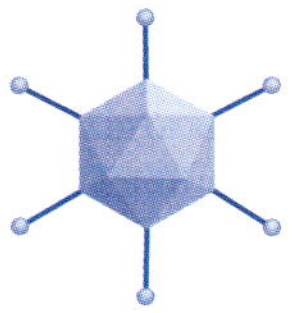

**Gêneros:**

*Mastadenovirus* (adenovírus humanos A-F, vírus da hepatite infecciosa canina)

*Aviadenovirus* (adenovírus aviários)

Vírus de DNA de fita dupla, poliédrico e não envelopado. A síntese e a maturação ocorrem no núcleo da célula hospedeira. Os vírus são liberados por meio de lise celular.

## 19. Família: Herpesviridae

**Subfamília:**

Alphaherpesvirinae

**Gêneros:**

*Simplexvirus* (herpes-vírus simples 1 e 2)

*Varicellovirus* (vírus varicela-zóster)

**Subfamília:**

Betaherpesvirinae

**Gêneros:**

*Citomegalovirus* (citomegalovírus humano)

*Muromegalovirus* (citomegalovírus murino)

**Subfamília:**

Gammaherpesvirinae

**Gêneros:**

*Lymphocryptovirus* (vírus Epstein-Barr)

*Rhadinovirus* (vírus semelhantes ao do macaco-de-cheiro samiri-ateles)

Vírus de DNA de fita dupla, poliédricos e envelopados. A síntese e a maturação ocorrem no núcleo da célula hospedeira, com brotamento através do envelope nuclear. Embora a maioria dos herpes-vírus cause infecções persistentes, os vírions podem ser liberados pela ruptura da membrana plasmática da célula hospedeira.

## 20. Família: Poxviridae

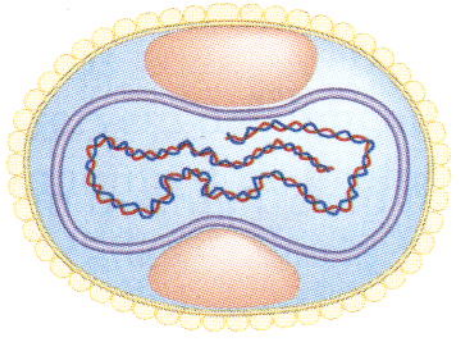

**Subfamília:**

Chordopoxvirinae

**Gêneros:**

*Orthopoxvirus* (vírus da vacínia e da varíola; vírus da varíola bovina)

*Parapoxvirus* (ORF vírus, vírus da pseudovaríola bovina)

*Avipoxvirus* (vírus da varíola aviária)

*Capripoxvirus* (vírus da varíola de caprinos)

*Leporipoxvirus* (vírus do mixoma)

*Suipoxvirus* (vírus de tumores suínos)

*Yatapoxvirus* (vírus yatapox e vírus tanapox)

*Molluscipoxvirus* (vírus do molusco contagioso)

**Subfamília:**

Entomopoxvirinae

**Gênero:**

*Entomopoxvirus A/B/C* (poxvírus de insetos)

Vírus de DNA de fita dupla com envelope externo, grandes e em forma de tijolo (ou ovoide). A síntese e a maturação ocorrem na porção do citoplasma da célula hospedeira denominada viroplasma ("fábricas de vírus"). Os vírus são liberados pela lise celular.

## 21. Família: Iridoviridae

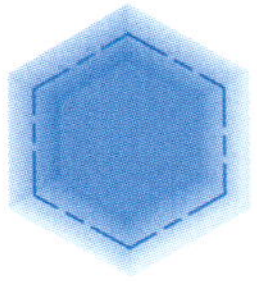

**Gêneros:**

*Iridovirus* (vírus iridescentes de pequenos insetos)

*Chloriridovirus* (vírus iridescentes de grandes insetos)

*Ranavirus* (vírus de rãs)

*Lymphocystivirus* (vírus da linfociste de peixes)

Vírus de DNA de fita dupla, poliédricos e envelopados (envelope ausente em alguns vírus de insetos). A síntese ocorre tanto no núcleo quanto no citoplasma da célula hospedeira. A maioria dos vírions permanece associada à célula.

APÊNDICE

# C Raízes de Palavras Comumente Encontradas em Microbiologia

**a-, an-** não, sem, ausência abiótico, não vivo; anaeróbico, na ausência de ar

**acant(o)-** espinho ou semelhante a espinho *Acanthamoeba*, uma ameba com projeções semelhantes a espinhos

**actino-** que tem raios *Actinomyces*, uma bactéria que forma colônias que se assemelham a raios solares

**aero-** ar aeróbico, na presença de ar

**aglutino-** agrupado ou aderido hemaglutinina, agrupamento de células sanguíneas

**albo-/albi-** branco *Candida albicans*, um fungo branco

**anf(i)-** ao redor de, duplamente, ambos anfitríquio refere-se à presença de flagelos em ambas as extremidades de uma célula bacteriana

**ant(i)-** contra, *versus* os compostos antibacterianos matam as bactérias

**arqueo-** antigo acredita-se que as arqueobactérias se assemelhem a formas antigas de vida

**artro-** articulação artrite, inflamação das articulações

**asc(o)-** saco, bolsa os ascósporos são mantidos dentro de estrutura saciforme, o asco

**-ase** refere-se a enzimas lipase, uma enzima que degrada lipídios

**aureo-** ouro *Staphylococcus aureus* forma colônias douradas

**auto-** auto, próprio autótrofos, organismos que produzem o próprio alimento

**bacilo-** bastonete bacilo, uma bactéria em forma de bastonete

**basid-** base, fundação basídio, uma célula fúngica que carrega esporos em sua extremidade

**bio-** vida biologia, o estudo dos seres vivos

**blasto-** broto blastósforo, esporo formado por brotamento

**bovi-** vaca *Mycobacterium bovis*, bactéria causadora de tuberculose no gado

**brevi-** pequeno *Lactobacillus brevis*, uma bactéria pequenas com célula em forma de bastonete

**butir-** manteiga o ácido butírico confere à manteiga o seu odor desagradável de ranço

**campil(o)-** curvo *Campylobacter*, uma bactéria de forma curvada

**carcino-** câncer um carcinógeno provoca câncer

**cario-** centro, núcleo as células procarióticas são desprovidas de um núcleo distinto verdadeiro

**caseo-** queijo caseosas, lesões semelhantes a queijo

**caul(i/o)-** caule, haste *Caulobacter*, uma bactéria com haste

**cefal(o)-** referente à cabeça ou encéfalo encefalite, inflamação do encéfalo

**ceno-** compartilhado em comum cenocítico, muitos núcleos que não são separados por septos

**ciano-** azul cianobactérias, anteriormente denominadas algas verde-azuladas

**-cida** matar um fungicida mata fungos

**cine-** movimento energia cinética, energia do movimento

**cist-, -cist** bexiga cistite, inflamação da bexiga urinária

**cit-, -cit** célula leucócito

**clamid(o)-** oculto, escondido as espécies de *Chlamydia* são bactérias difíceis de detectar

**clor(o)-** verde clorofila, um pigmento verde

**co-, con-** com, junto congênito, que existe desde o nascimento

**coco-** grão, *Streptococcus*, bactérias esféricas em cadeias

**col-, colo-** cólon bactérias coliformes, encontradas no cólon (intestino grosso)

**conídio-** poeira conídios, esporos muito pequenos e semelhantes a poeira, produzidos por fungos

**corine-** clava *Corynebacterium diphtheriae*, uma bactéria claviforme

**cris(o)-** dourado *Streptomyces chryseus*, uma bactéria formadora de colônias douradas

**crom(o)-** colorido os grânulos metacromáticos coram-se de várias cores no interior de uma célula

**-cula** pequeno, minúsculo molécula, uma massa minúscula

**cut-, -cut** pele cutâneo, da pele

**de(s)-** falta de, remoção descolorir, remover a cor

**dermat(o)-** pele dermatite, inflamação da pele

**di-, diplo-** dois, duplo diplococos, pares de células esféricas

**dis-** ruim, defeituoso, doloroso disenteria, doença do sistema entérico

**ec-, ecto-, ex-** fora, do lado de fora ectoparasita, encontrado na parte externa do corpo

**em-, en-** dentro, no interior de encapsulado, no interior de uma cápsula

**-emia** relativo ao sangue piemia, presença de pus no sangue

**endo-** no interior de endósporo, esporo encontrado no interior de uma célula

**entero-** intestino entérico, bactéria encontrada no intestino

**epi-** sobre, acima de epidêmica, uma doença disseminada em toda uma população na mesma ocasião
**eritr(o)-** vermelho lúpus eritematoso, doença com exantema vermelho
**espiro-** espiral espiroqueta, bactéria em forma de espiral
**esporo-** esporo esporocida, que mata esporos
**esquizo-** clivar esquizogonia, tipo de divisão nos parasitas da malária
**estafilo-** em cachos, como cachos de uva estafilococos, bactérias esféricas que crescem em cachos
**estrepto-** torcido *Streptobacillus*, cadeias torcidas de bacilos
**etio-** causa etiologia, estudo das causas das doenças
**eu-** verdadeiro, bom, normal eucarionte, célula com um núcleo verdadeiro
**exo-** fora exotoxina, toxina liberada para fora de uma célula
**extra-** fora, além de extracelular, fora de uma célula
**fago-** alimentar-se fagocitose, célula que se alimenta por englobamento
**-ficar** tornar-se, fazer solidificar, tornar sólido
**fil-** fio filamento, cadeia fina de células
**-filo, filo-** que ama, preferência capnófilo, organismo que necessita de níveis de dióxido de carbono mais altos do que o normal
**-fito** planta dermatófito, fungo que ataca a pele
**flav-** amarelo flavivírus, causa da febre amarela
**-fobo** ódio, medo hidrofóbico, que repele a água
**-for** carregar, transportar eletroforese, técnica em que os íons são carregados por uma corrente elétrica
**galacto-** leite galactose, monossacarídio do açúcar do leite
**gamet-** casamento gameta, uma célula reprodutora, como o óvulo ou o espermatozoide
**gastro-** estômago gastrenterite, inflamação do estômago e do intestino
**gel-** endurecer, congelar gelatinoso, semelhante a gelatina
**-gênese** origem, desenvolvimento patogênese (patogenia), desenvolvimento de doença
**geno-, -geno** dar a origem a patógeno, microrganismo que causa doença
**germ-, germin-** broto germinação, processo de crescimento de um esporo
**-globulina** proteína imunoglobulinas, proteínas do sistema imune
**halo-** sal halofílico, organismo que prospera em ambientes salgados
**hem-, hema-** sangue hemaglutinação, agrupamento de células sanguíneas
**hepat-** fígado hepatite, inflamação do fígado
**herpes** rastejante herpes-zóster ou cobreiro, em que as vesículas aparecem sequencialmente ao do trajeto de um nervo
**hetero-** diferente, outro heterótrofo, organismo que obtém a sua nutrição a partir de outras fontes
**hidro-** água ciclo hidrológico, ciclo da água
**hiper-** sobre, acima oxigênio hiperbárico, com pressão mais alta do que a pressão atmosférica
**hipo-** sob, abaixo hipodérmico, abaixo da pele
**histo-** tecido histologia, o estudo dos tecidos
**homo-** mesmo homólogo, que possui a mesma estrutura
**im-, in-** não insolúvel, que não pode ser dissolvido
**inter-** entre intercelular, entre células
**intra-** no interior de intracelular, no interior de uma célula
**io-** violeta iodo, um elemento de cor púrpura no estado gasoso
**iso-** mesmo, igual isotônico, que apresenta a mesma pressão osmótica
**-ite** inflamação meningite, inflamação das meninges
**leuco-** branco leucócito, glóbulos brancos do sangue
**lip-, lipo-** gordura, lipídio lipoproteína, molécula que possui uma parte lipídica e uma parte proteinácea
**-lise** clivagem citólise, ruptura de uma célula
**lofo-** tufo lofotríquia, que apresenta um tufo ou grupo de flagelos
**-logia, -ologia** estudo de microbiologia, o estudo dos microrganismos
**luc-, luci-** luz luciferase, enzima que catalisa uma reação produtora de luz
**luteo-** amarelo *Micrococcus luteus*, bactéria que produz colônias amarelas
**macro-** grande macronídios, esporos grandes
**meningo-** membrana meninges, membranas do encéfalo
**meso-** meio mesófilo, organismo que cresce melhor em temperaturas médias
**mic-, -mices** fungo *Actinomyces*, uma bactéria que se assemelha a um fungo
**micro-** pequeno, minúsculo microbiologia, o estudo das menores formas de vida
**mixo-** limo, muco mixomicetos, fungos limosos
**mono-** um, único monossacarídio, uma única unidade de açúcar
**morfo-** forma pleomórfico, que tem muitas formas diferentes
**multi-** muitos multicelular, que possui muitas células
**mur-** parede ácido murâmico, um componente das paredes celulares
**muri-, mus-** camundongo murino, referente a camundongo
**mut-, -muto** mudar mutagênico, agente que causa mudança genética
**necro-** morto, cadáver toxina necrosante, que causa a morte dos tecidos
**nema-, -nema** filamento *Treponema*, nematódeo, organismo filiforme
**nigr-** negro *Rhizopus nigricans*, um bolor negro
**oculo-** olho binocular, microscópio com duas oculares
**-oide** semelhante, parecido toxoide, molécula inócua que se assemelha a uma toxina
**-oma** tumor carcinoma, tumor de células epiteliais
**onco-** massa, tumor oncogenes, genes que causam tumor
**ondu-** onda febre ondulante, doença na qual a febre aumenta e diminui
**-ose** condição de brucelose, condição de estar infectado por *Brucella*

**pan-** todo, universal pandemia, uma doença que afeta grande parte do mundo

**para-** ao lado de, próximo, anormal parainfluenza, uma doença que se assemelha à influenza

**pato-** anormal patologia, estudo dos estados anormais das doenças

**peri-** ao redor de peritríquios, flagelos localizados ao redor de um organismo

**pil-** cabelo *pilus,* tubo semelhante a cabelo na superfície bacteriana

**pio-** pus piogênico, que produz pus

**piro-** fogo, calor pirogênico, composto que produz febre

**-plasto** parte formada cloroplasto, corpo verde dentro de uma célula vegetal

**podo-, -podo** pé podócito, célula renal em forma de pé

**poli-** muitos polirribossomos, muitos ribossomos existentes na mesma fita de RNA mensageiro

**pós-** após, atrás de glomerulonefrite pós-estreptocócica, lesão renal que ocorre após uma infecção estreptocócica

**pré-, pró-** antes pré-puberal, antes da puberdade

**pseudo-** falso pseudópode, projeção semelhante a um pé, falso pé

**psicro-** frio psicrofílico, que prefere o frio extremo

**-reia** fluxo diarreia, fluxo anormal de fezes líquidas

**rino-** nariz rinite, inflamação das membranas nasais

**rizo-** raiz micorriza, crescimento simbiótico de fungos e raízes

**rodo-** vermelho *Rhodospirillum,* uma grande bactéria vermelha espiralada

**rubro-** vermelho *Rhodospirillum rubrum,* uma grande bactéria vermelha espiralada

**sacar(i/o)-** açúcar polissacarídio, muitas unidades de açúcar ligadas entre si

**sapro-** podre, em decomposição saprófita, organismo que vive em matéria morta

**sarco-** carne sarcoma, tumor dos músculos ou do tecido conjuntivo

**-scópio, -scopia** ver, examinar microscopia, uso do microscópio para examinar estruturas pequenas

**sept(i/o)-** divisão, parede septo, parede entre células

**septic(o)-** podre séptico, que apresenta decomposição devido a bactérias

**sim-, sin-** junto simbiose, viver juntos

**soma-, -somo** corpo cromossomo, corpo colorido (quando corado)

**-stase:-stá(s/t)ico** parado, sem mudança bacteriostático, capaz de interromper o crescimento das bactérias

**sub-** sob, abaixo de subclínicos, sinais e sintomas que não são clinicamente aparentes

**super-** acima, mais que micose superficial, infecção dos tecidos superficiais causada por fungos

**tax(i/o)-** arranjo taxonomia, a classificação dos organismos

**-taxia** tocar quimiotaxia, orientação ou movimento em resposta a substâncias químicas

**term(o)-** calor termófilo, organismo que prefere ou que necessita de altas temperaturas

**tio-** enxofre *Thiobacillus,* organismo que oxida o sulfeto de hidrogênio em sulfatos

**tox(i/o)-** veneno toxina, um composto nocivo

**trans-** através de transdução, movimento da informação genética de uma célula para outra

**triqui-** cabelo monotríquio, que possui um único flagelo semelhante a cabelo

**-trofo** alimentação, nutrição fotótrofo, organismo que produz o seu próprio alimento utilizando a energia da luz

**uni-** um, singular unicelular, composto de uma célula

**vac-, vacin(i/o)-** vaca vacina, produto para prevenção de doenças, originalmente produzido por inoculação na pele de bezerros

**vacu-** vazio vacúolo, estrutura citoplasmática de aparência vazia

**vesic-** vesícula, bexiga vesícula, pequena lesão semelhante a uma bolha

**vitr-** vidro *in vitro*, que cresce em vidraria de laboratório

**xanto-** amarelo *Xanthomonas oryzae*, bactéria que produz colônias amarelas

**xeno-** estranho, estrangeiro xenoenxerto, enxerto entre espécies diferentes

**zigo-** união zigoto, ovo fertilizado

**-zima** fermento enzimas, catalisadores biológicos, alguns dos quais estão envolvidos na fermentação

**zoo-** animal protozoário, primeiro animal

APÊNDICE

# D Precauções de Segurança na Manipulação de Amostras Clínicas

A preocupação com a manutenção de condições de segurança em laboratórios de escolas e hospitais, em outros ambientes de trabalho e, em particular, durante o contato com pacientes levou o governo federal dos EUA a formular vários regulamentos e recomendações. Todavia, são muito extensos para serem reproduzidos aqui na íntegra; alguns deles têm praticamente 200 páginas. Como introdução aos tipos de medidas de segurança que devem ser tomadas, são apresentadas a seguir algumas das diretrizes estabelecidas nessas publicações. Algumas referências-chave e fontes também são listadas, na esperança de que estimularão o leitor interessado a investigar de modo mais detalhado.

Em 1983, os CDC publicaram um documento intitulado "Guidelines for isolation precautions in hospitals" (diretrizes para precauções de isolamento em hospitais), que continha uma seção intitulada "Blood and body fluid precautions" (precauções com sangue e fluidos corporais). As recomendações nessa seção especificavam as precauções a serem seguidas em relação ao contato com sangue ou fluidos corporais de qualquer paciente portador de infecção ou com suspeita de infecção por patógenos transmitidos pelo sangue.

Em agosto de 1987, os CDC publicaram um documento intitulado "Recommendations for prevention of HIV transmission in health care settings" (recomendações para a prevenção da transmissão do HIV em ambientes de cuidados de saúde). Diferentemente do documento de 1983, a publicação de 1987 recomendava que as precauções com sangue e fluidos corporais fossem consistentemente utilizadas para *todos* os pacientes, independentemente de se conhecer ou não seu estado infeccioso pelo sangue. Essas precauções com o sangue e os fluidos corporais, que se destinam a todos os pacientes, são designadas como "Precauções Universais para Contatos com Sangue e Fluidos Corporais", ou simplesmente "Precauções Universais".

Após a publicação desse documento, houve numerosos pedidos de esclarecimento – por exemplo, a quais fluidos corporais essas precauções deveriam ser aplicadas. Isso levou a uma publicação dos CDC em 24 de junho de 1988 no *MMWR*, intitulada: "Uptade: Universal precautions for prevention of transmission of human immunodeficiency virus, hepatitis B virus, and other bloodborne pathogens in health-care settings" (atualização: precauções universais para a prevenção da transmissão do vírus da imunodeficiência humana, vírus da hepatite B e outros patógenos transmitidos pelo sangue em ambientes de cuidados de saúde).

Cópias desses dois relatórios mais recentes (CDC, agosto de 1987, e junho de 1988) estão disponíveis por meio do National AIDS Information Clearinghouse, P.O. Box 6003, Rockville, MD 20850.

Nessas duas publicações, os CDC fazem as seguintes recomendações sobre instrumentos perfurocortantes:

1. Tome cuidado para evitar lesões quando utilizar agulhas, bisturis e outros instrumentos ou dispositivos perfurocortantes; quando manipular instrumentos perfurocortantes após procedimentos; quando limpar instrumentos usados; e quando descartar agulhas utilizadas. Não recoloque o protetor de agulhas com as mãos; não remova com as mãos as agulhas de seringas descartáveis; e não dobre, nem quebre ou manipule de outro modo as agulhas usadas com as mãos. Coloque as seringas e agulhas, as lâminas de bisturi e outros itens perfurocortantes descartáveis em recipientes resistentes para perfurocortantes. Coloque os recipientes resistentes para perfurocortantes o mais próximo possível da área de trabalho.
2. Utilize barreiras protetoras para evitar a exposição ao sangue, fluidos corporais contendo sangue visível e outros fluidos aos quais se aplicam as precauções universais. O tipo de barreira(s) de proteção deve ser apropriado ao procedimento que está sendo realizado e ao tipo de exposição previsto.
3. Lave imediata e totalmente as mãos e outras superfícies da pele que estejam contaminadas com sangue, fluidos corporais contendo sangue visível ou outros fluidos corporais aos quais se aplicam as precauções universais.

Recomenda-se o uso de luvas durante a flebotomia (coleta de amostras de sangue); entretanto, elas não protegem contra lesões penetrantes. Algumas instituições têm recomendações flexíveis para uso de luvas nos procedimentos de flebotomia por flebotomistas experientes, em ambientes onde se sabe que a prevalência de patógenos veiculados pelo sangue é muito baixa (p. ex., centros de doação voluntária de sangue). Essas instituições devem reavaliar periodicamente a sua política. As luvas devem estar sempre disponíveis para os profissionais de saúde que queiram usá-las para flebotomia. Além disso, aplicam-se as seguintes diretrizes gerais:

1. Use luvas para a realização de flebotomia quando o profissional de saúde apresentar cortes, arranhões ou outra solução de continuidade na pele.
2. Use luvas em situações nas quais o profissional de saúde julga que possa ocorrer contaminação das mãos com sangue, por exemplo, durante a realização de flebotomia em um paciente pouco cooperativo.
3. Use luvas para a coleta de sangue no dedo e/ou no calcanhar de recém-nascidos e crianças.
4. Use luvas quando as pessoas estiverem recebendo treinamento em flebotomia.

Em março de 1989, a Environmental Protection Agency (EPA) publicou um novo conjunto de "Standards for the tracking and management of medical waste" (padrões para o rastreamento e o manejo de resíduos hospitalares), em parte destinado a prevenir a deplorável poluição das praias dos EUA por esse tipo de lixo (*Federal Register*, March 24, 1989, pp. 12325–95). Em maio de 1989, a Occupational Safety and Health Administration (OSHA) publicou um novo conjunto de regras para a "Occupational exposure to bloodborne pathogens" (exposição ocupacional a patógenos veiculados pelo sangue) (*Federal Register*, May 30, 1989, pp. 23041–139). Ambas as publicações fornecem informações muito detalhadas sobre os procedimentos que devem ser seguidos.

Outra publicação útil e bastante detalhada, publicada pelos CDC em fevereiro de 1989 e reimpressa em *MMWR*, em 23 de junho de 1989, é intitulada "Guidelines for prevention of transmission of human immunodeficiency virus and hepatitis B virus to health care and public-safety workers" (diretrizes para a prevenção da transmissão do vírus da imunodeficiência humana e do vírus da hepatite B para profissionais de saúde e de segurança pública).

Para aqueles que estão principalmente envolvidos com o ensino de laboratório, recomendamos a publicação "Handling infectious materials in the education setting" (G. Ballman, *American Clinical Laboratory*, July 1989, pp. 10–11). Outras publicações de interesse incluem *Biosafety in Microbiological and Biomedical Laboratories* (CDC, U.S. Department of Health e Human Services, Public Health Service, 1988), que descreve os quatro níveis de biossegurança classificados pelos CDC e as precauções de segurança recomendadas para cada um deles, e "Labeling of microbial risks" (C. Robinson e T. H. Hatfield, *Journal of College Science Teaching*, May 1995, pp. 407–9), que avalia esse sistema de classificação dos níveis de biossegurança.

# APÊNDICE E Vias Metabólicas

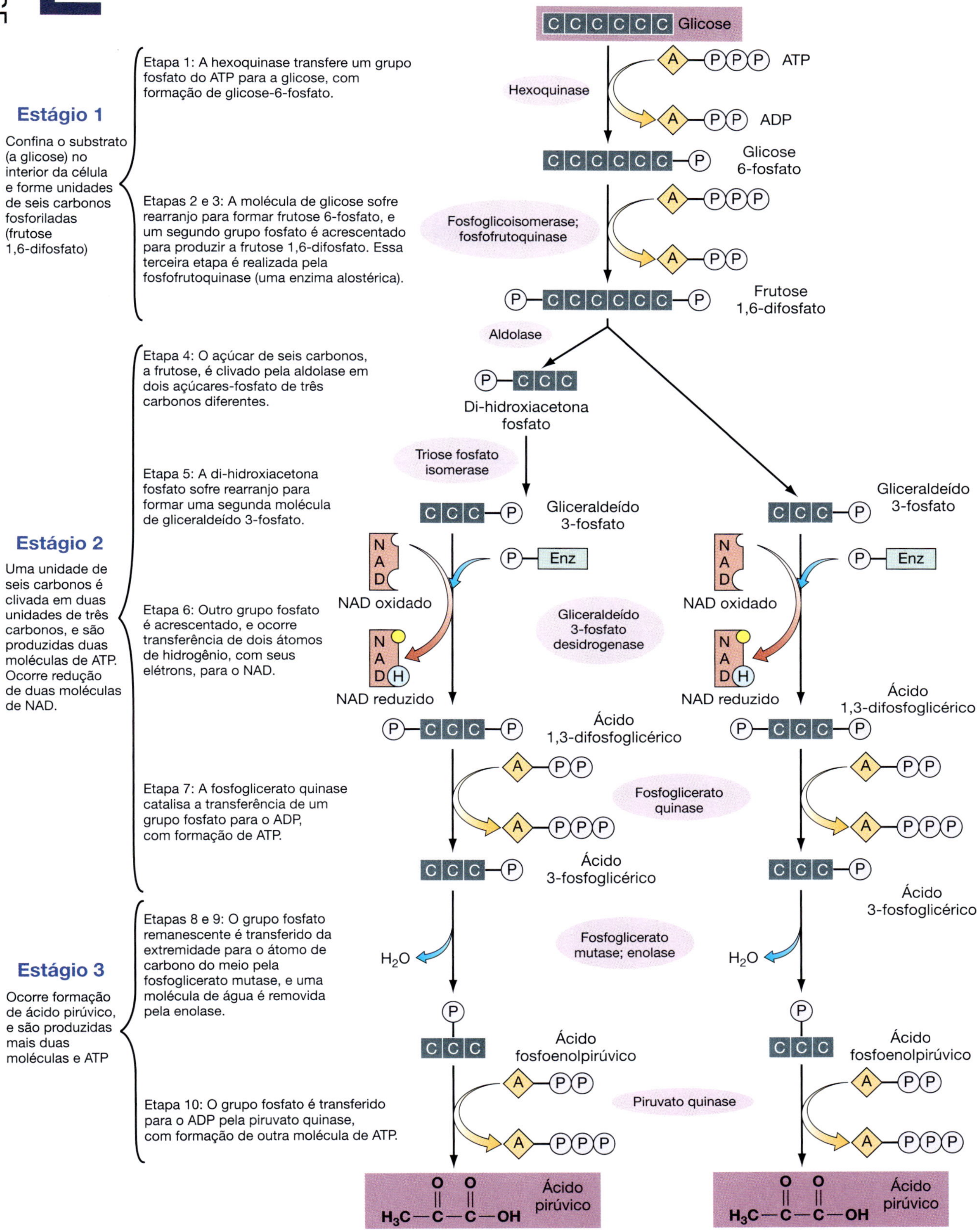


**Figura E.1** **Glicólise (via de Embden-Meyerhof).** Cada uma das 10 etapas da glicólise é catalisada por uma enzima específica, que está indicada dentro dos círculos roxos. (Consulte o Capítulo 6 para obter uma explicação; a Figura 6.11 mostra uma versão simplificada do processo.)

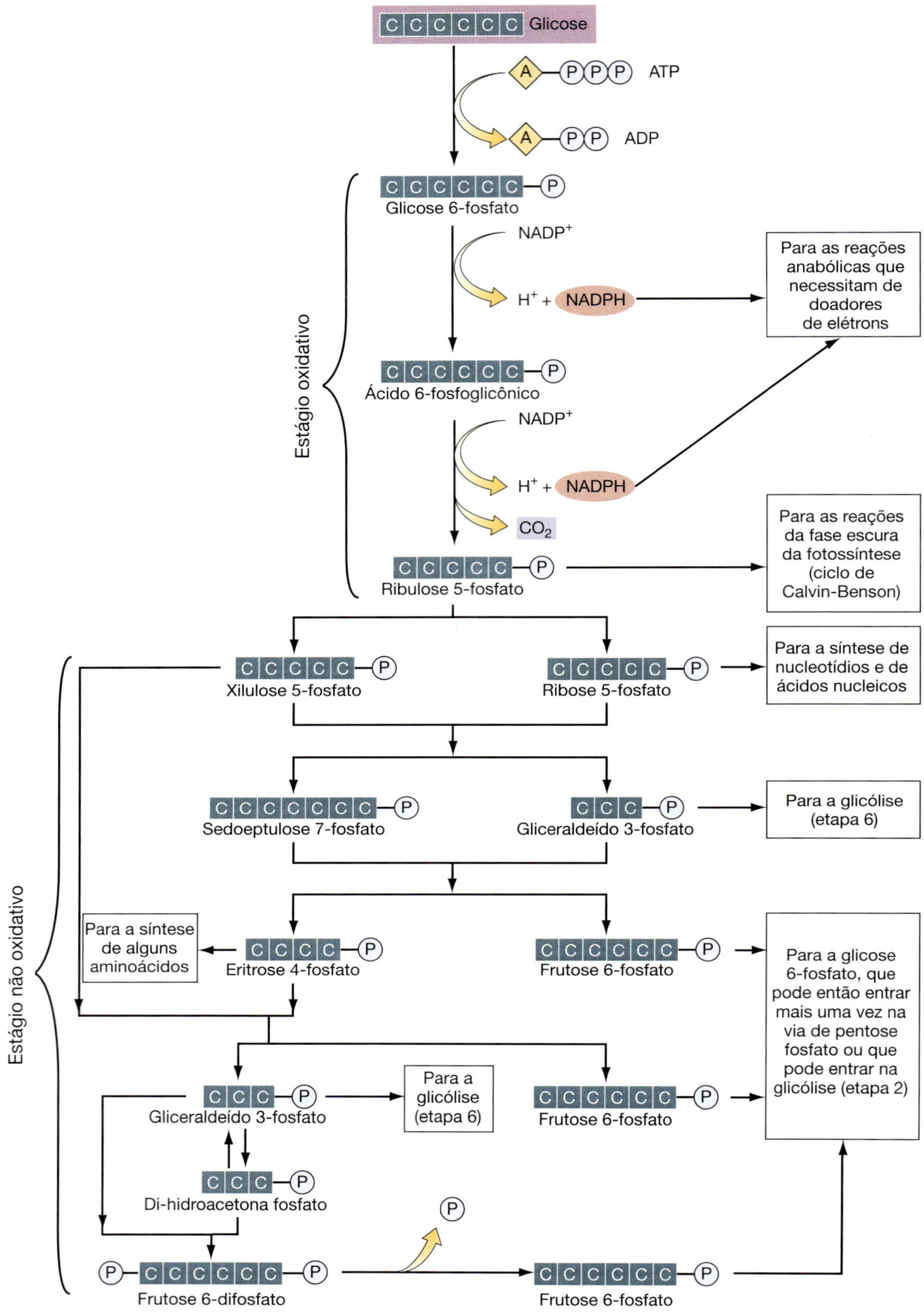


**Figura E.2 Via de pentose fosfato (via do fosfogliconato).** Essa via metabólica ocorre com a glicólise. Fornece uma via alternativa para a degradação da glicose, bem como das pentoses (açúcares de cinco carbonos). Essa via desempenha três funções importantes, como enumeradas a seguir. (1) Fornece pentoses intermediárias, particularmente a ribose, que a célula bacteriana precisa utilizar para a síntese dos ácidos nucleicos. (2) Os intermediários dessa via podem ser utilizados para a síntese de alguns aminoácidos. (3) A via de pentose fosfato reduz o NADP a NADPH. Essa coenzima, à semelhança do NADH, é um transportador de elétrons e, portanto, constitui uma fonte de poder redutor. Os destinos de vários intermediários estão indicados. Para maior clareza, as enzimas específicas que catalisam essas reações e as fórmulas estruturais dos substratos foram omitidas. (Ver seção "Metabolismo anaeróbico: glicólise e fermentação" no Capítulo 6, para obter uma explicação sobre essa via.)

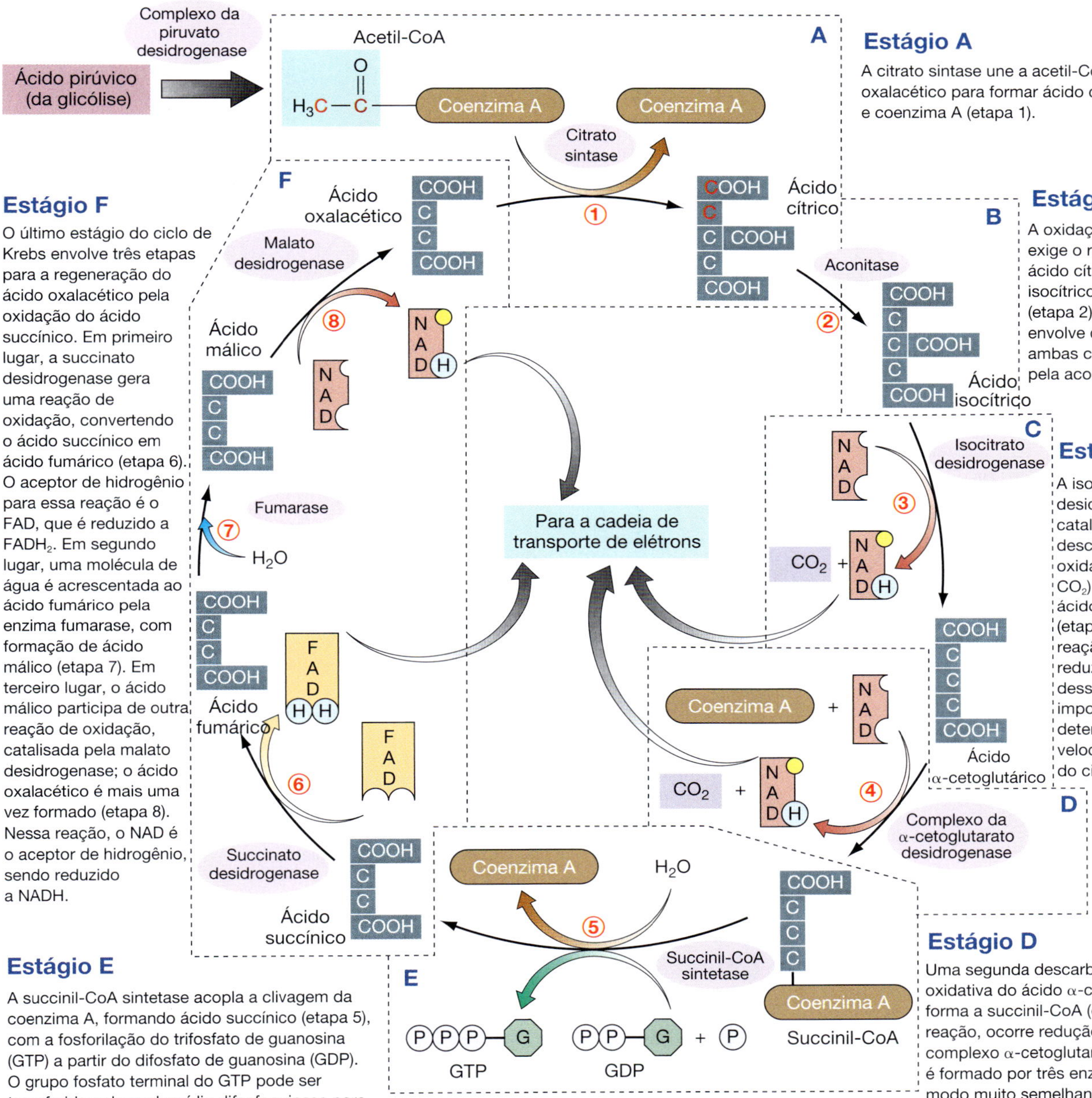


## Estágio A

A citrato sintase une a acetil-CoA e o ácido oxalacético para formar ácido cítrico e coenzima A (etapa 1).

## Estágio B

A oxidação posterior exige o rearranjo do ácido cítrico em ácido isocítrico pela aconitase (etapa 2). Esse rearranjo envolve duas reações, ambas catalisadas pela aconitase.

## Estágio C

A isocitrato desidrogenase catalisa a descarboxilação oxidativa (perda de $CO_2$) para formar o ácido α-cetoglutárico (etapa 3). Nessa reação, o NAD é reduzido. A velocidade dessa reação é importante para determinar a velocidade global do ciclo de Krebs.

## Estágio D

Uma segunda descarboxilação oxidativa do ácido α-cetoglutárico forma a succinil-CoA (etapa 4). Nessa reação, ocorre redução do NAD. O complexo α-cetoglutarato desidrogenase é formado por três enzimas e atua de modo muito semelhante ao complexo da piruvato desidrogenase que forma acetil-CoA.

## Estágio E

A succinil-CoA sintetase acopla a clivagem da coenzima A, formando ácido succínico (etapa 5), com a fosforilação do trifosfato de guanosina (GTP) a partir do difosfato de guanosina (GDP). O grupo fosfato terminal do GTP pode ser transferido pela nucleosídio difosfoquinase para o ADP, com formação de ATP.

## Estágio F

O último estágio do ciclo de Krebs envolve três etapas para a regeneração do ácido oxalacético pela oxidação do ácido succínico. Em primeiro lugar, a succinato desidrogenase gera uma reação de oxidação, convertendo o ácido succínico em ácido fumárico (etapa 6). O aceptor de hidrogênio para essa reação é o FAD, que é reduzido a $FADH_2$. Em segundo lugar, uma molécula de água é acrescentada ao ácido fumárico pela enzima fumarase, com formação de ácido málico (etapa 7). Em terceiro lugar, o ácido málico participa de outra reação de oxidação, catalisada pela malato desidrogenase; o ácido oxalacético é mais uma vez formado (etapa 8). Nessa reação, o NAD é o aceptor de hidrogênio, sendo reduzido a NADH.

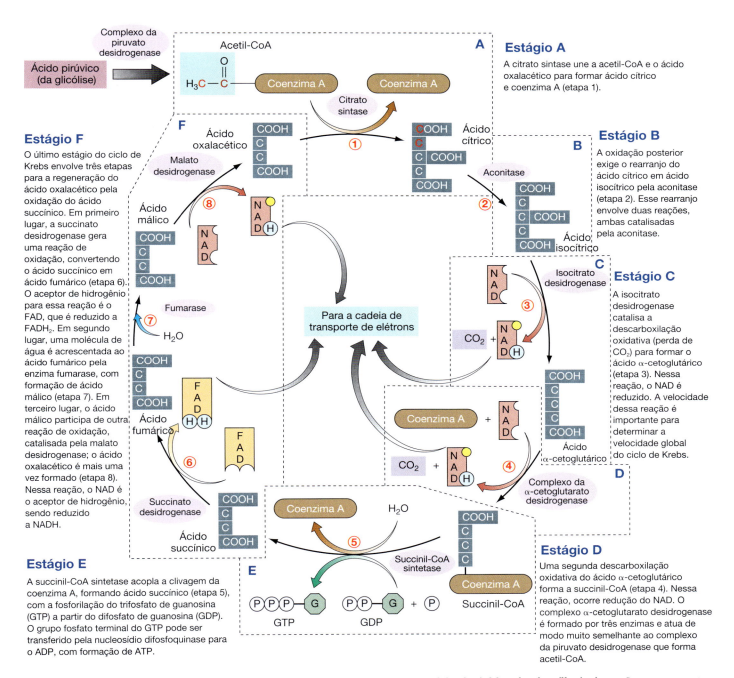

**Figura E.3 Ciclo de Krebs (também denominado ciclo do ácido cítrico e ciclo do ácido tricarboxílico).** A reação que converte o ácido pirúvico em acetil-CoA precede o ciclo de Krebs (ver Figura 6.16). Essa reação é catalisada por um complexo de piruvato desidrogenase, que contém três enzimas. Cada uma das oito etapas do ciclo de Krebs também é catalisada por uma enzima específica, conforme indicado dentro de um círculo roxo. (Consulte o Capítulo 6 para obter uma explicação; a Figura 6.17 mostra uma versão simplificada do processo.)

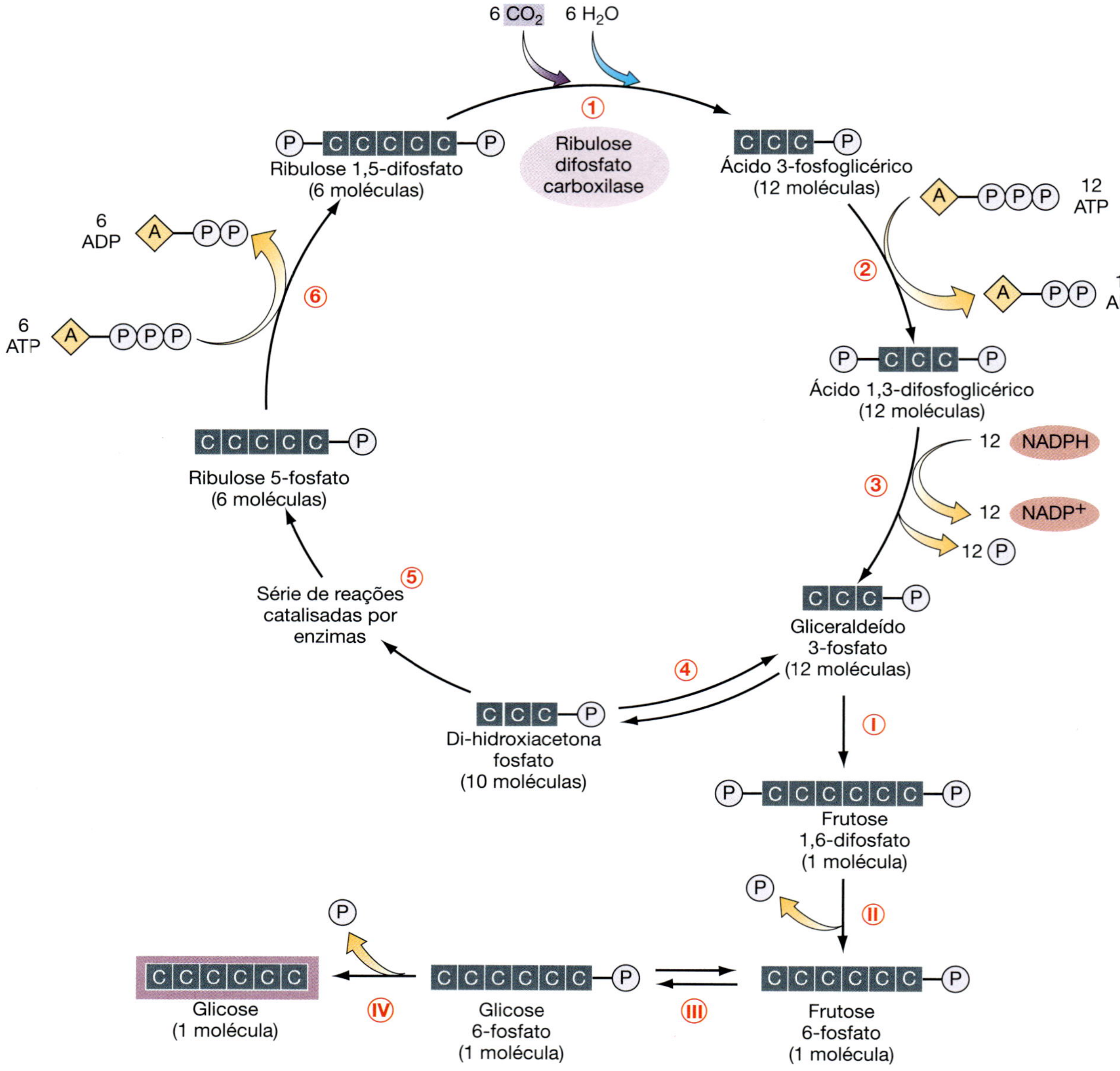


**Figura E.4 Ciclo de Calvin-Benson (reações da fase escura da fotossíntese).** Cada etapa do ciclo de Calvin-Benson é catalisada por uma enzima específica, que, para simplificar, não é mostrada. As etapas 1 a 3 produzem 12 intermediários de três átomos de carbono. Essas três etapas dependem de produtos da fotofosforilação (ATP e NADPH). Duas de cada 12 moléculas com três átomos de carbono sofrem reações químicas (etapas 1 a 4) para produzir uma molécula de glicose de seis carbonos. As outras 10 moléculas com três átomos de carbono são recicladas (etapas 4 a 6), com formação de seis moléculas de cinco átomos de carbono. Essas moléculas são fosforiladas pelo ATP em ribulose 1,5-difosfato. Cada uma dessas moléculas com cinco átomos de carbono combina-se, então, com uma molécula de $CO_2$, iniciando novamente o processo. A enzima que catalisa essa etapa é a ribulose difosfato carboxilase, a enzima mais prevalente no mundo biológico. (Ver seção "Outros processos metabólicos" no Capítulo 6, para obter uma explicação sobre o processo.)

# Glossário

**abertura numérica (AN)** Cone de luz mais largo que pode entrar em uma lente

**abscesso** Acúmulo de pus em uma cavidade produzida por lesão tecidual

**abscesso cerebral** Cavidade cheia de pus produzida por microrganismos que alcançam o cérebro a partir de feridas na cabeça ou pelo sangue a partir de outro local

**absorção** Processo pelo qual os raios luminosos não passam através de um objeto, nem são refletidos por ele, porém são retidos e transformados em outra forma de energia ou utilizados em processos biológicos

**aceptor de elétron** Agente oxidante em uma reação química

**ácido** Substância que libera íons hidrogênio quando dissolvida em água

**ácido desoxirribonucleico (DNA)** Ácido nucleico que carrega a informação hereditária de uma geração para a seguinte

**ácido dipicolínico** Ácido encontrado no cerne de um endósporo, que contribui para a sua resistência ao calor

**ácido graxo** Cadeia longa de átomos de carbono e seus hidrogênios associados, com um grupo carboxila em uma extremidade

**ácido graxo insaturado** Ácido graxo que contém pelo menos uma dupla ligação entre átomos de carbono adjacente

**ácido graxo saturado** Ácido graxo contendo apenas ligação simples de carbono e hidrogênio

**ácido ribonucleico (RNA)** Ácido nucleico que carrega a informação do DNA para sítios onde as proteínas são sintetizadas nas células e que dirige e participa da montagem das proteínas

**ácido teicoico** Polímero ligado ao peptidoglicano nas paredes celulares dos organismos gram-positivos

**acidófilo** Organismo com afinidade pelo ácido, que cresce melhor em ambiente com pH de 4,0 a 5,4

**ácidos nucleicos** Longos polímeros de nucleotídios que codificam a informação genética e dirigem a síntese de proteínas

**ácidos nucleicos satélites** (também conhecidos como virusoides) Pequenas moléculas de RNA de fita simples que não têm os genes necessários para sua replicação. Necessitam de um vírus auxiliar (ou "satélite") para sua replicação

**acne** Distúrbio da pele causado por infecção bacteriana dos folículos pilosos e dos ductos das glândulas sebáceas

**adenovírus** Vírus de DNA de tamanho médio, sem envelope, que é altamente resistente aos agentes químicos e que frequentemente provoca infecções respiratórias ou diarreia

**aderência** Fixação de um microrganismo à superfície da célula do hospedeiro

**adesina** Proteína ou glicoproteína nos *pili* (fímbrias) de fixação ou nas cápsulas que ajuda o microrganismo a se fixar a uma célula hospedeira

**adsorção** Fixação do vírus à célula do hospedeiro no processo de replicação

**aeróbio** Organismo que utiliza oxigênio, incluindo os que precisam de oxigênio

**aeróbio obrigatório** Bactéria que necessita da presença de oxigênio livre para o seu crescimento

**aerossol** Nuvem de gotículas líquidas muito pequenas suspensas no ar

**aflatoxina** Toxina fúngica, que atua como potente carcinógeno; encontrada em alimentos preparados a partir de cereais contaminados ou amendoim infestado por *Aspergillus flavus* ou outros aspergilos

**agamaglobulinemia** Imunodeficiência primária causada pela incapacidade de desenvolvimento das células B, resultando em ausência de anticorpos

**ágar** Polissacarídio extraído de certas algas marinhas e utilizado para solidificar meios para o crescimento de microrganismos

**ágar-sangue** Tipo de meio de cultura contendo sangue de carneiro, utilizado na identificação de organismos que causam hemólise ou degradam os eritrócitos

**agente alquilante** Agente mutagênico químico que pode adicionar grupos alquil ($-CH_3$) às bases do DNA, alterando suas formas e causando erros no pareamento de bases

**agente antimicrobiano** Agente quimioterápico usado para o tratamento de doenças causadas por microrganismos

**agente desaminante** Agente mutagênico químico capaz de remover um grupo amino ($-NH_2$) de uma base nitrogenada, causando mutação pontual

**agente fermentador** Agente, como as leveduras, que produz gás para aumentar o volume da massa

**agente quimioterápico** (também denominado fármaco) Qualquer substância química usada para o tratamento de doença

**agente umectante** Solução detergente frequentemente utilizada com outros agentes químicos para penetrar em substâncias gordurosas

**aglutinação** Agregação das células quando os anticorpos reagem com antígenos nas células

**agranulócito** Leucócito (monócito ou linfócito) desprovido de grânulos no citoplasma que possui núcleo arredondado

**água potável** Água apropriada para consumo humano

**ajuste fino** Mecanismos de focalização de um microscópio que muda muito lentamente a distância entre a lente objetiva e a amostra

**ajuste grosseiro** Mecanismo de focalização de um microscópio que rapidamente modifica a distância entre a objetiva e a amostra

**alcalino** (também denominado básico) Condição produzida por uma abundância de íons hidroxila ($OH^-$), resultando em pH superior a 7,0

**alcalófilo** Organismo com afinidade por bases (alcalino), que cresce melhor em ambiente com pH de 7,0 a 11,5

**alelo** Forma de um gene que ocupa o mesmo local (*locus*) na molécula de DNA com a outra forma, mas que pode carregar informações diferentes para determinado traço

**alérgeno/alergênio** Substância estranha habitualmente inócua, que pode desencadear uma resposta imunológica adversa em uma pessoa sensibilizada

**alergia** (também denominada hipersensibilidade) Situação em que o sistema imune reage de modo exagerado ou inapropriado a uma substância estranha

**alfa (α) hemolisina** Tipo de enzima que lisa parcialmente os eritrócitos, deixando um anel esverdeado no meio de ágar-sangue ao redor das colônias

**algas** Organismos eucarióticos fotossintéticos nos reinos Protista e Plantae

**aloenxerto** Enxerto de tecido entre dois organismos da mesma espécie, que não são geneticamente idênticos

**alvéolo** Estrutura sacular disposta em cachos nas extremidades dos bronquíolos respiratórios, cujas paredes têm a espessura de uma camada de células, onde ocorre a troca gasosa

**amantadina** Agente antiviral que impede a penetração dos vírus influenza A

**amebíase** Infecção causada por amebas

**amebíase crônica** Infecção crônica causada pelo protozoário *Entamoeba histolytica*

**amebozoa** Importante grupo de protozoários que se deslocam por meio de pseudópodes e ingerem alimento por fagocitose, por exemplo, espécies de *Amoeba*

**aminoácido** Ácido orgânico que contém um grupo amino e um grupo carboxila, compondo os blocos de construção das proteínas

**aminoglicosídio** Agente antimicrobiano que bloqueia a síntese de proteínas nas bactérias

**amplificação de genes** Técnica de engenharia genética em que plasmídios ou bacteriófagos que carregam um gene específico são induzidos a se reproduzir em velocidade rápida dentro das células hospedeiras

**amplo espectro** Referente à faixa de atividade de um agente antimicrobiano que ataca uma grande variedade de microrganismos

**anabolismo** Conjunto de reações químicas em que a energia é usada para a síntese de grandes moléculas a partir de componentes mais simples (também denominado síntese)

**anaeróbio** Organismo que não utiliza oxigênio, incluindo alguns organismos que são mortos pela exposição ao oxigênio

**anaeróbio aerotolerante** Bactéria que consegue sobreviver na presença de oxigênio, mas que não o utiliza no seu metabolismo

**anaeróbio facultativo** Bactéria que realiza o metabolismo aeróbico na presença de oxigênio, mas que muda para o metabolismo anaeróbico quando o oxigênio está ausente

**anaeróbio obrigatório** Bactéria que é morta pelo oxigênio livre

**anafilaxia** Reação alérgica exagerada e imediata a antígenos, levando habitualmente a efeitos prejudiciais

**anafilaxia generalizada** *Ver* **choque anafilático**

**anafilaxia localizada** Hipersensibilidade imediata (tipo I) restrita a apenas alguns tecidos/órgãos, resultando, por exemplo, em vermelhidão da pele, olhos lacrimejantes, urticária etc.

**anafilaxia respiratória** Alergia potencialmente fatal em que as vias respiratórias se tornam contraídas e repletas de secreções mucosas

**análogo de base** Agente mutagênico químico semelhante na sua estrutura molecular a uma das bases nitrogenadas encontradas no DNA que provoca mutações pontuais

**anamórfica** Parte assexuada do ciclo de vida de um fungo

**ancilostomíase** Doença causada por duas espécies de pequenos nematódeos, *Ancylostoma duodenale* e *Necator americanus*, cujas larvas penetram na pele e nos pés, entram nos vasos sanguíneos e penetram nos pulmões e tecido intestinal

**anelamento** União ou junção das duplas fitas de DNA por ligação de hidrogênio em sítios onde existem muitos pares de bases complementares, usado em referência à hibridização do DNA

**anfitríquio** Presença de flagelos em ambas as extremidades da célula bacteriana

**angiomatose bacilar** Doença dos pequenos vasos sanguíneos da pele e dos órgãos internos, causada pela rickéttsia *Bartonella hensalae*

**angstrom (Å)** Unidade de medida igual a 0,0000000001 m ou $10^{-10}$ m. Não é mais reconhecida oficialmente

**Animalia** Reino de organismos ao qual pertencem todos os animais

**ânion** Íon de carga negativa

**antagonismo** Diminuição do efeito quando dois antibacterianos são administrados juntos

**antagonismo microbiano** Capacidade da microbiota normal de competir com organismos patogênicos e, em alguns casos, de combater efetivamente o seu crescimento

**antibiose** Produção natural de um agente antimicrobiano por uma bactéria ou por um fungo

**antibiótico** Substância química produzida por microrganismos que tem a capacidade de inibir o crescimento ou de destruir outros microrganismos

**anticódon** Sequência de três bases no tRNA que é complementar a um dos códons do mRNA, formando uma ligação entre cada códon e o aminoácido correspondente

**anticorpo** (também denominado imunoglobulina) Proteína produzida em resposta a um antígeno que é capaz de se ligar especificamente ao antígeno

**anticorpo bloqueador** Anticorpo IgG induzido em pacientes alérgicos por doses crescentes de alérgenos, que forma um complexo com o alérgeno antes que possa reagir com o anticorpo IgE

**anticorpo monoclonal** Anticorpo único e puro, produzido no laboratório por um clone de células de hibridoma cultivadas

**antígeno de histocompatibilidade** Antígeno encontrado nas membranas de todas as células humanas, que é único em todos os indivíduos, exceto nos gêmeos idênticos

**antígeno leucocitário humano (HLA)** Antígeno de linfócito utilizado em testes laboratoriais para determinar a compatibilidade dos tecidos do doador e do receptor para transplantes

**antígeno Rh** Antígeno encontrado em alguns eritrócitos; descoberto nas células do macaco *Rhesus*

**antígeno T-dependente** Antígeno que necessita da atividade das células T auxiliares ($T_H2$) para ativar as células B

**antígeno T-independente** Antígeno que não necessita da atividade das células T auxiliares ($T_H2$) para ativar as células B

**anti-histamínico** Substância que alivia os sintomas causados pela histamina

**antimetabólito** Substância que impede uma célula de realizar uma importante reação metabólica

**antiparalela** Disposição oposta cabeça a cauda das duas fitas em uma dupla hélice de DNA

**antisséptico** Agente químico que pode ser utilizado externamente com segurança em tecidos com a finalidade de destruir microrganismos ou inibir o seu crescimento

**antissoro** Soro que contém anticorpos

**antitoxina** Anticorpo contra uma toxina específica

**antraz** Zoonose causada por *Bacillus anthracis* que existe nas formas cutânea, respiratória ("doença dos selecionadores de lã") ou intestinal; transmitida por endósporos

**antraz cutâneo** Infecção por *Bacillus anthracis* que aparece na superfície da pele 2 a 5 dias após a entrada dos endósporos nas camadas epiteliais da pele

**antraz intestinal** Infecção pelo *Bacillus anthracis* que aparece no intestino. Causa meningite se as bactérias entrarem na corrente sanguínea, causando septicemia

**antraz respiratório** Também conhecido como doença dos "selecionadores de lã"; infecção por *Bacillus anthracis* que afeta o sistema respiratório. É quase sempre fatal

**aparelho mitótico** Sistema de microtúbulos no citoplasma de uma célula eucariótica que guia o movimento dos cromossomos durante a mitose e a meiose

**apicomplexo** (também denominado esporozoário) Protozoário parasita, como *Plasmodium*, que geralmente tem um ciclo de vida complexo

**apoenzima** Porção proteica de uma enzima

**apogeu** (algumas vezes designado como fulminante) Durante a fase enferma do processo mórbido, o período com sinais e sintomas mais intensos

**apoptose** Morte celular geneticamente programada

**aracnídeo** Artrópode com corpo dividido em duas regiões, quatro pares de patas e peças bucais usadas na captura e dilaceração da presa

**Archaea** Um dos três domínios de organismos vivos; todos os membros são organismos bacterianos que não apresentam peptidoglicano em suas paredes celulares e diferem das eubactérias em muitos aspectos

**área mastóidea** Porção do osso temporal proeminente atrás da orelha

**arenavírus** Vírus de RNA envelopado que causa a febre de Lassa e outras febres hemorrágicas

**artrite reumatoide (AR)** Doença autoimune que afeta principalmente as articulações, mas pode estender-se para outros tecidos

**artrópode** Constitui o maior grupo de organismos vivos, caracterizado por um exoesqueleto articulado de quitina, corpo segmentado e apêndices articulados associados a alguns ou a todos os segmentos

**árvore da vida** Diagrama que representa nossa atual compreensão da evolução inicial da vida. Existem muitas raízes, em vez de uma única linha ancestral, e os ramos se cruzam e unem de novo e de novo

**ascaridíase** Doença causada por um grande nematódeo, *Ascaris lumbricoides*, adquirida pela ingestão de água ou alimentos contaminados com ovos
**asco** Estrutura sacular produzida por um fungo em forma de saco durante a reprodução sexuada
**Ascomicota** *Ver* **fungo em forma de saco**
**ascósporo** Um dos oito esporos sexuais produzidos em cada asco de um fungo em forma de saco
**asma** Anafilaxia respiratória causada por alérgenos inalados ou ingeridos ou por hipersensibilidade a microrganismos endógenos
**aspergilose** (também denominada doença do pulmão de fazendeiro) Infecção cutânea causada por várias espécies de *Aspergillus*, que podem provocar pneumonia grave em pacientes imunossuprimidos
**atenuação** (1) Mecanismo de controle genético que finaliza a transcrição de um óperon prematuramente, quando não há necessidade dos produtos gênicos. (2) Redução da capacidade de um organismo de produzir doença
**átomo** A menor unidade química da matéria
**atopia** Reações alérgicas localizadas que ocorrem inicialmente no local de entrada de um alérgeno no corpo
**atríquia** Célula bacteriana sem flagelos
**aumento total** Obtido pela multiplicação do poder de ampliação da lente objetiva pelo poder de ampliação da lente ocular
**autoanticorpo** Anticorpo dirigido contra os próprios tecidos
**autoclave** Instrumento para esterilização por meio de calor úmido sob pressão
**autoenxerto** Enxerto de tecido de uma parte do corpo para outra
**autoimunização** Processo de desenvolvimento de hipersensibilidade ao "próprio"; ocorre quando o sistema imune responde a um componente do corpo como se ele fosse estranho
**autotrofia** "Alimentação própria" – uso de $CO_2$ como fonte de átomos de carbono para a síntese de biomoléculas
**autótrofo** Mutante nutricionalmente deficiente, que perdeu a capacidade de sintetizar determinada enzima
**auxótrofo** Organismo que utiliza o gás dióxido de carbono para a síntese de moléculas orgânicas
**babesiose** Doença causada pelo protozoário apicomplexo *Babesia microti* e outras espécies de *Babesia*
**bacilo** Bactéria em forma de bastão
**baço** O maior órgão linfático, que atua como filtro sanguíneo
**bactéria coliforme** Bactéria gram-negativa, não formadora de esporos, aeróbica ou anaeróbica facultativa, que fermenta a lactose e produz ácido e gás; a sua presença em números significativos pode indicar poluição da água
**Bacteria** Quando a palavra é escrita com inicial maiúscula e sem acento, refere-se a um dos três domínios dos seres vivos; todos os membros são bactérias
**bactérias** Todos os organismos procariontes, com exceção das arqueias
**bactericida** Referente a um agente que mata bactérias
**bacteriemia** Infecção em que as bactérias são transportadas no sangue, porém não se multiplicam durante o trânsito
**bacteriocina** Proteína liberada por algumas bactérias que inibe o crescimento de outras cepas da mesma espécie ou de espécies estreitamente relacionadas
**bacteriocinogênio** Plasmídio que dirige a produção de uma bacteriocina
**bacteriófago** (também denominado fago) Vírus que infecta bactérias
**bacteriostático** Referente a um agente que inibe o crescimento das bactérias
**bacteroide** Célula de formato irregular habitualmente encontrada em agrupamentos compactos que se desenvolvem a partir das células em colmeia de *Rhizobium*, formando nódulos nas raízes das leguminosas
**balanite** Infecção do pênis
**balantidíase** Tipo de disenteria causada pelo protozoário ciliado *Balantidium coli*
**barófilo** Organismo que vive sob alta pressão hidrostática
**barreira hematencefálica** Formação no encéfalo de capilares especiais de paredes espessas, sem poros nas paredes, que limitam a entrada de substâncias nas células cerebrais
**bartonelose** Rickettsiose causada por *Bartonella bacilliformis*, que ocorre em duas formas (*ver também* **febre de Oroya** e **verruga peruana**)
**base** Substância que absorve íons hidrogênio ou doa íons hidroxila
**basídio** Estrutura claviforme dos fungos claviformes que sustenta quatro esporos externos sobre hastes curtas e finas
**Basidiomycota** *Ver* **fungo claviforme**
**basidiósporo** Esporo sexual dos fungos claviformes
**basófilo** Leucócito que migra para os tecidos e ajuda a iniciar a resposta inflamatória por meio da secreção de histamina
**benigno** Que não é nocivo
**beta (β) hemolisina** Tipo de enzima que lisa completamente os eritrócitos, deixando um anel claro no meio de ágar-sangue em torno das colônias
**betaoxidação** Via metabólica que degrada os ácidos graxos em compostos de dois carbonos
**bexiga** Área de armazenamento da urina
**bilirrubina** Substância amarela, produto da degradação da hemoglobina dos eritrócitos
**binocular** Referente a um microscópio óptico que tem duas oculares
**biocombustível** Moléculas de óleo semelhantes aos óleos comerciais produzidas por algas ou plantas
**bioconversão** Reação em que um composto é convertido em outro por enzimas nas células
**biofilme** Camada formada por um ou mais tipos de bactérias que crescem sobre uma superfície
**biofilme dental, ou placa dental** Revestimento continuamente formado de microrganismos e matéria orgânica sobre o esmalte do dente
**bio-hidrometalurgia** Utilização de microrganismos par a extração de metais de minérios
**bioquímica** Ramo da química orgânica que estuda as reações químicas dos sistemas vivos
**biorremediação** Processo que utiliza microrganismos de ocorrência natural ou obtidos por engenharia genética para transformar substâncias prejudiciais em compostos menos tóxicos ou atóxicos
**biosfera** Região da Terra habitada por organismos vivos
**biosfera profunda e quente** Teoria segundo a qual toda a crosta da Terra até uma profundidade de vários quilômetros é habitada por uma cultura de microrganismos que se alimentam de depósitos de óleo e gás metano, que constituem uma parte original da Terra
**blastomicose** Doença fúngica da pele causada por *Blastomyces dermatitidis*, que entra no corpo através de feridas
**blastomicose sistêmica** Doença que resulta da invasão de órgãos internos por *Blastomyces dermatitides*, particularmente os pulmões
**blenorragia de inclusão** Infecção leve dos olhos em lactentes por clamídias
**bolor de pão** (também denominado Zygomycota ou fungo de conjugação) Fungo com micélio complexo, composto de hifas asseptadas com paredes de quitina cruzadas
**bolor limoso** Protista semelhante a fungo que consiste em células ameboides e fagocíticas que se agregam para formar um pseudoplasmódio
**botulismo** Doença causada por *Clostridium botulinum*. A forma mais comum, o botulismo alimentar, resulta da ingestão de toxina pré-formada e, por conseguinte, é mais uma intoxicação do que uma infecção
**botulismo de feridas** Forma rara de botulismo que ocorre em feridas profundas quando a lesão tecidual impede a circulação e cria condições anaeróbicas nas quais o *Clostridium botulinum* pode se multiplicar
**botulismo infantil** (também denominado síndrome do "bebê flácido") Forma de botulismo em lactentes associado à ingestão de mel
**bradicinina** Pequeno peptídio supostamente causador de dor associada a lesão tecidual
**brônquio** Subdivisão da traqueia que transporta o ar para dentro e para fora dos pulmões
**bronquíolo** Subdivisão mais fina dos brônquios que transportam o ar
**bronquíolo respiratório** Canal microscópico do sistema respiratório inferior que termina em uma série de alvéolos
**bronquite** Infecção dos brônquios
**brotamento** Processo que ocorre em leveduras e em algumas bactérias, em que uma

pequena célula nova desenvolve-se a partir da superfície de uma célula já existente

**brucelose** (também denominada febre ondulante e febre de Malta) Zoonose altamente infecciosa para os seres humanos, causada por qualquer uma de várias espécies de *Brucella*)

**bubão** Aumento dos linfonodos infectados, particularmente na virilha e na axila, devido ao acúmulo de pus; característico da peste bubônica e de outras doenças

**buniavírus** Vírus de RNA envelopado, que causa algumas formas de distúrbio respiratório e febre hemorrágica

**cadeia de transporte de elétrons** (também denominada cadeia respiratória) Série de compostos que passam elétrons para o oxigênio (o aceptor final de elétrons)

**cadeia leve** A menor cadeia dos dois pares idênticos de cadeias que constituem as moléculas de imunoglobulina

**cadeia pesada (cadeia H)** O maior dos dois pares idênticos de cadeias que constituem as moléculas de imunoglobulinas

**calazar** Leishmaniose visceral causada por *Leishmania donovani*

**camada bacteriana** Camada uniforme de bactérias que crescem na superfície do ágar em uma placa de Petri

**camada limosa** Estrutura protetora fina frouxamente ligada ao envoltório celular, que protege a célula contra o ressecamento, ajuda a reter nutrientes e, algumas vezes, une as células entre si

**câncer** Crescimento invasivo e descontrolado de células anormais

**cancro** Lesão dura, indolor e que não produz secreção; sintoma do estágio primário da sífilis

**cancroide** Doença sexualmente transmissível causada por *Haemophilus ducreyi*, que provoca lesões cutâneas moles e dolorosas os órgãos genitais, que sangram facilmente

**candidíase** (também denominada monilíase) Infecção por levedura causada por *Candida albicans*, que aparece como aftas (na boca) ou vaginite

**candidíase oral** Placas leitosas de inflamação nas membranas mucosas orais; sintoma de candidíase, causada por *Candida albicans*

**capa do esporo** Material proteico semelhante à queratina, que é depositado em torno do córtex de um endósporo pela célula-mãe

**capnófilo** Organismo que prefere o gás dióxido de carbono para crescer

**capsídeo** Revestimento proteico de um vírus, que protege o cerne de ácido nucleico do ambiente e que normalmente determina o formato do vírus

**capsômero** Agregado proteico que forma o capsídeo viral

**cápsula** (1) Estrutura protetora externa ao envoltório celular, secretada pelo organismo. (2) Rede de fibras de tecido conjuntivo que recobre os órgãos, como os linfonodos

**carapaça** Concha feita de carbonato de cálcio e comum a alguns protistas

**carbapeném** Antibacteriano bactericida que atua nas paredes celulares das bactérias

**carboidrato** Composto formado de carbono, hidrogênio e oxigênio, que atua como principal fonte de energia para a maioria dos seres vivos

**carbúnculo** Lesão maciça cheia de pus que resulta de uma infecção, particularmente no pescoço e parte superior das costas

**carcinógeno** Substância que produz câncer

**cárie dental** (também denominada decomposição do dente) Erosão do esmalte e de partes mais profundas do dente

**cariogamia** Processo pelo qual ocorre fusão dos núcleos para produzir uma célula diploide

**cascata** Conjunto de reações nas quais ocorre amplificação do efeito, como no sistema complemento

**caseoso** Lesões caseosas têm caracteristicamente a aparência de "queijo", como as que se formam no tecido pulmonar de pacientes com tuberculose

**caso-índice** O primeiro caso de uma doença a ser identificada

**catabolismo** Decomposição química de moléculas na qual ocorre liberação de energia

**catalase** Enzima que converte o peróxido de hidrogênio em água e oxigênio molecular

**cátion** Íon de carga positiva

**cavidade nasal** Parte do trato respiratório superior onde o ar é aquecido e as partículas são removidas por pelos à medida que passam por eles

**cavitação** Formação de uma cavidade dentro do citoplasma de uma célula

**caxumba** Doença causada por um paramixovírus, que é transmitida pela saliva e invade as células da orofaringe

**cefalosporina** Agente antibacteriano que inibe a síntese do envoltório celular

**cegueira do rio** *Ver* **oncocercíase**

**celoma** Cavidade do corpo entre o sistema digestório e a parede corporal nos animais superiores

**célula apresentadora de antígeno** Célula com proteínas do MHC II em sua superfície, além de proteínas do MHC I

**célula B** *Ver* **linfócito B**

**célula de memória** Linfócitos B ou T de vida longa que podem realizar uma resposta anamnéstica ou secundária

**célula em colmeia** Célula de *Rhizobium* flagelada e esférica que invade os pelos radiculares de plantas leguminosas, formando finalmente nódulos

**célula eucariótica** Célula que possui um núcleo celular distinto e outras estruturas envolvidas por membrana

**célula $F^-$** Célula sem plasmídio F; denominada célula receptora ou fêmea

**célula $F^+$** Célula que possui um plasmídio F; denominada célula doadora ou masculina

**célula *natural killer* (*NK*)** Linfócito capaz de destruir células infectadas por vírus, células de tumores malignos e células de tecidos transplantados

**célula procariótica** Célula desprovida de núcleo celular; inclui todas as bactérias

**célula T** *Ver* **linfócito T**

**célula T auxiliar ($T_H$)** Tipo de célula T que atua com células B para produzir anticorpos

**célula T *killer* citotóxica ($T_c$)** Linfócito que destrói células infectadas por vírus

**célula vegetativa** Célula que está metabolizando ativamente nutrientes

**célula-filha** Um dos dois produtos idênticos da divisão celular

**célula-mãe** (também denominada célula parental) Célula que aproximadamente duplica em tamanho e está prestes a se dividir em duas células-filhas

**células dendríticas** Células com longas extensões de sua membrana, que lembram os dendritos das células nervosas

**células T da hipersensibilidade tardia ($T_D$)** Células T ($T_H1$ inflamatórias) que produzem linfocinas nas reações de hipersensibilidade mediada por células (tipo IV)

**células T da hipersensibilidade tardia ($T_{DH}$)** Células T ($T_H1$ inflamatórias) que produzem linfocinas em reações de hipersensibilidades mediadas por células (tipo IV)

**cemento** Cobertura óssea e dura do dente abaixo da linha da gengiva

**cepa** Subgrupo de uma espécie com uma ou mais características que o distinguem de outros subgrupos da mesma espécie

**cepa celular** Tipo de célula dominante que resulta de subcultura

**cepa de fibroblastos diploides** Cultura derivada de tecidos fetais, que conserva a capacidade fetal de rápidas divisões celulares repetidas

**cepa de recombinação de alta frequência (Hfr)** Cepa de bactérias $F^+$ em que o plasmídio F está incorporado ao cromossomo bacteriano

**cepa êntero-hemorrágica** (de *Escherichia coli*) Cepa que provoca diarreia sanguinolenta e é frequentemente fatal; com frequência, presente em alimento contaminado

**cepa enteroinvasiva** Cepa de *Escherichia coli* com gene transportado por plasmídio para um antígeno de superfície (antígeno K) que possibilita a sua fixação e invasão das células da mucosa

**cepa enterotoxigênica** Cepa de *Escherichia coli* que carrega um plasmídio que possibilita a produção de uma enterotoxina

**cepa-tipo** Cepa de referência original de uma espécie bacteriana, descendente de um único isolamento em cultura pura

**ceratite** Inflamação da córnea

**ceratoconjuntivite** Condição caracterizada pelo aparecimento de vesículas na córnea e nas pálpebras

**ceratoconjuntivite epidêmica (CCE)** (algumas vezes denominada olho de estaleiro) Doença do olho causada por adenovírus

**cercária** Larva de trematódeos que nada livremente e emerge da lesma ou de molusco que servem de hospedeiros

**cerne** Parte viva de um endósporo

**cerume** Cera da orelha

**chave dicotômica** Chave taxonômica usada na identificação dos organismos; composta de afirmativas pareadas (ou-ou) que descrevem características

**Chlamydiae** Bactérias esféricas minúsculas e imóveis; todas são parasitas intracelulares obrigatórios com ciclos de vida complexo

**choque anafilático** Condição que resulta de uma súbita e extrema queda da pressão arterial causada por uma reação alérgica

**choque séptico** Septicemia potencialmente fatal com pressão arterial baixa e colapso dos vasos sanguíneos, causada por endotoxinas

**cianobactérias** Organismos normalmente unicelulares, procariontes e fotossintéticos, que são membros do reino Monera

**cianose** Pele azulada característica de sangue inadequadamente oxigenado

**ciclo biogeoquímico** Mecanismo pelo qual a água e os elementos que servem de nutrientes são reciclados

**ciclo da água** (também denominado ciclo hidrológico) processo pelo qual a água é reciclada através de precipitação, ingestão por organismos, respiração e evaporação

**ciclo de Krebs** (também denominado **ciclo do ácido tricarboxílico** e **ciclo do ácido cítrico**) Sequência de reações químicas catalisadas por enzimas que catabolizam unidades de dois carbonos, denominadas grupos acetil, em $CO_2$ e $H_2O$

**ciclo de replicação** Série de etapas da replicação viral em uma célula hospedeira

**ciclo do ácido cítrico** *Ver* **ciclo de Krebs**

**ciclo do ácido tricarboxílico (ATC)** *Ver* **ciclo de Krebs**

**ciclo do carbono** Processo pelo qual o carbono do dióxido de carbono atmosférico entra nos seres vivos e não vivos e é reciclado

**ciclo do enxofre** Movimento cíclico do enxofre por um ecossistema

**ciclo do fósforo** Movimento cíclico do fósforo entre formas inorgânicas e orgânicas

**ciclo do nitrogênio** Processo pelo qual o nitrogênio move-se a partir da atmosfera, passa por vários organismos e retorna à atmosfera

**ciclo hidrológico** *Ver* **ciclo da água**

**ciclo lítico** Sequência de eventos em que um bacteriófago infecta uma célula bacteriana, sofre replicação e, por fim, provoca lise da célula

**ciliado** Protozoário que se locomove por meio de cílios que cobrem a maior parte de sua superfície

**cílio** Projeção celular curta usada para o movimento, que bate em ondas coordenadas

**cisticerco** (também denominado vesícula do verme) Bolsa branca oval com uma cabeça de tênia invaginada no seu interior

**cistite** Inflamação da bexiga

**cisto** Célula esférica com paredes espessas que se assemelha a um endósporo, formada por determinadas bactérias

**cisto hidático** Cisto aumentado contendo muitas cabeças de tênia

**citocina** Uma de um grupo diverso de proteínas solúveis que desempenham papéis específicos nas defesas do hospedeiro

**citocromo** Transportador de elétrons que atua na cadeia de transporte de elétrons; proteína heme

**citoesqueleto** Rede de fibras proteicas que sustentam, conferem rigidez e determinam o formato de uma célula eucariota, além de possibilitar os movimentos celulares

**citomegalovírus (CMV)** Um de um grupo diverso e disseminado de herpes-vírus que frequentemente não produz nenhum sintoma em adultos normais, mas pode afetar gravemente pacientes com AIDS e causar infecção congênita em crianças

**citoplasma** Substância semifluida no interior de uma célula, excluindo o núcleo celular nos eucariontes

**clone** Grupo de células geneticamente idênticas que descendem de uma única célula parental

**cloração** Adição de cloro à água para matar bactérias

**cloranfenicol** Agente bacteriostático que inibe a síntese de proteínas

**cloroplasto** Organela contendo clorofila, encontrada nas células eucariotas que realizam a fotossíntese

**cloroquina** Agente antiprotozoário efetivo contra o parasita da malária

**coagulase** Enzima produzida por bactérias que acelera a coagulação do sangue

**coalho** Porção sólida do leite resultante da adição de enzimas bacterianas e usado para fabricar queijo

**coccidioidomicose** (também denominada febre do vale) Doença respiratória causada pelo fungo do solo *Coccidioides immitis*

**coceira de nadador** Reação cutânea a cercárias de algumas espécies do helminto *Schistosoma*

**coco** Bactéria esférica

**código genético** Relação de um para um entre cada códon e um aminoácido específico

**códon** Sequência de três bases no mRNA que especifica determinado aminoácido no processo de tradução

**códon de iniciação** O primeiro códon em uma molécula de mRNA que inicia a sequência de aminoácidos na síntese de proteínas; nas bactérias, codifica sempre a metionina

**códon de terminação** (também denominado **códon finalizador**) O último códon a ser traduzido em uma molécula de mRNA, fazendo com que o ribossomo se libere do mRNA

**códon de terminação** Conjunto de três bases em um gene (ou mRNA) que não codifica um aminoácido

**códon finalizador** *Ver* **códon de terminação**

**coeficiente fenólico** Expressão numérica para a efetividade de um desinfetante em relação à do fenol

**coenzima** Molécula orgânica ligada ou frouxamente associada a uma enzima

**cofator** Íon inorgânico necessário para a função de uma enzima

**cólera asiática** Doença gastrintestinal grave causada por *Vibrio cholerae*; comum em áreas com saneamento deficiente e contaminação fecal da água

**colicina** Proteína liberada por algumas cepas de *Escherichia coli* que inibe o crescimento de outras cepas do mesmo organismo

**colo do útero** (também denominado cérvix uterina) Abertura na porção inferior estreita do útero

**coloide** Mistura formada por partículas muito grandes para formar uma solução verdadeira dispersa em um líquido

**colônia** Grupo de descendentes de uma célula original

**colonização** Crescimento de microrganismos em superfícies epiteliais, como a pele ou membranas mucosas

**coloração álcool-acidorresistente de Ziehl-Neelsen** Coloração diferencial para organismos que não são descorados pelo ácido em álcool, como as bactérias que causam a doença de Hansen (hanseníase) e a tuberculose

**coloração de Gram** Coloração diferencial que utiliza cristal violeta, iodo, álcool e safranina para diferenciar as bactérias. As bactérias gram-positivas coram-se de violeta-escuro; as gram-negativas, de rosa/vermelho

**coloração diferencial** Uso de dois ou mais corantes para diferenciar espécies bacterianas ou para distinguir várias estruturas de um organismo; por exemplo, a coloração de Gram

**coloração fluorescente de anticorpos** Procedimento em microscopia de fluorescência que utiliza um fluorocromo ligado a anticorpos para detectar a presença de um antígeno

**coloração negativa** Técnica de coloração do fundo ao redor de uma amostra, deixando-a clara e não corada

**coloração para esporos de Schaeffer-Fulton** Coloração diferencial usada para facilitar a visualização dos endósporos

**coloração para flagelos** Técnica de observação de flagelos que consiste em cobrir a sua superfície com um corante ou com um metal, como a prata

**coloração simples** Utilização de um único corante para revelar formas e arranjos básicos das células

**colostro** Líquido rico em proteínas secretado pelas glândulas mamárias imediatamente após o nascimento do lactente, antes da descida do leite materno

**comensal** Organismo que vive dentro de outro organismo ou sobre ele sem o prejudicar e que se beneficia dessa relação

**comensalismo** Relação simbiótica em que um organismo se beneficia, enquanto o outro não é beneficiado nem prejudicado pela relação

**complemento** (também denominado **sistema complemento**) Conjunto de mais de 20 proteínas reguladoras grandes que circulam no plasma e que, quando ativadas, formam um mecanismo de defesa inespecífico contra muitos microrganismos diferentes

**complexidade nutricional** Número de nutrientes que um organismo precisa obter para crescer

**complexo de ataque à membrana (MAC)** Conjunto de proteínas do sistema complemento que lisa as bactérias invasoras por meio da produção de lesões em suas membranas celulares

**complexo de Golgi** (também denominado *aparelho de Golgi*) Organela presente em células eucarióticas que recebe, modifica e transporta substâncias provenientes do retículo endoplasmático

**complexo enzima-substrato** Associação fraca de uma enzima com seu substrato

**complexo principal de histocompatibilidade (MHC)** Grupo de proteínas da superfície celular que são essenciais para as reações imunes de reconhecimento

**composto** Substância química constituída de átomos de dois ou mais elementos

**composto de amônio quaternário (quat)** Detergente catiônico que possui quatro grupos orgânicos ligados a um átomo de nitrogênio

**composto polar** Molécula com distribuição desigual de carga, devido a um compartilhamento desigual de elétrons entre os átomos

**comprimento de onda** Distância entre cristas ou vales sucessivos de uma onda de luz

**comunidade** Todos os tipos de organismos presentes em determinado ambiente

**concentração bactericida mínima (CBM)** A menor concentração de um agente antimicrobiano capaz de matar microrganismos, conforme indicado pela ausência de crescimento após subcultura pelo método de diluição

**concentração inibitória mínima (CIM)** A menor concentração de um agente antimicrobiano capaz de impedir o crescimento no método de diluição para determinar a sensibilidade a um antimicrobiano

**condensador** Dispositivo em um microscópio, que converge os feixes luminosos, de modo a passar através da amostra

**condiloma** *Ver* **verruga genital**

**conídio** Pequeno esporo aéreo assexuado organizado em cadeias, encontrado em algumas bactérias e fungos

**conjugação** (1) Transferência de informação genética de uma bactéria para outra por meio de *pili* de conjugação. (2) Troca de informação entre dois ciliados (protistas) ou duas algas verdes

**conjuntiva** Membrana mucosa do olho

**conjuntivite bacteriana** (também denominada olho rosa) Inflamação da conjuntiva altamente contagiosa, causada por várias espécies de bactérias

**conjuntivite de inclusão** Infecção por clamídias, que pode resultar de autoinoculação com *Chlamydia trachomatis*

**conjuntivite hemorrágica aguda (CHA)** Doença dos olhos causada por enterovírus

**consolidação** Bloqueio dos espaços de ar em consequência de depósitos de fibrina na pneumonia lobar

**consumidor** (também denominado heterótrofo) Organismo que obtém nutrientes alimentando-se de produtores ou de outros consumidores

**contagem microscópica direta** Método de medição do crescimento bacteriano por meio de contagem das células em um volume conhecido de meio que preenche uma câmara de contagem especialmente calibrada em uma lâmina de microscópio

**contaminação** Presença de microrganismos em objetos inanimados ou na superfície da pele e das membranas mucosas

**conversão lisogênica** Capacidade de um prófago de evitar infecções adicionais da mesma célula pelo mesmo tipo de fago; refere-se também à conversão de uma bactéria não produtora de toxina em uma bactéria que produz toxinas por um fago temperado

**coqueluche** (também denominada *pertussis*) Doença respiratória altamente contagiosa, causada sobretudo por *Bordetella pertussis*

**corante** Molécula que pode ligar-se a uma estrutura e conferir-lhe cor

**corante aniônico** (também denominado **corante ácido**) Composto iônico usado para corar bactérias, cujo íon negativo confere a cor

**corante catiônico** (também denominado **corante básico**) Composto iônico usado para corar bactérias, cujo íon positivo confere a cor

**coriza** Resfriado comum

**córnea** Parte transparente do bulbo do olho exposta ao ambiente

**coronavírus** Vírus com projeções claviformes que causa resfriados e distúrbio respiratório superior agudo

**corpo de Donovan** Grande célula mononuclear encontrada em raspados de lesões que confirma a presença de granuloma inguinal

**corrente citoplasmática** Processo pelo qual o citoplasma flui de uma parte de uma célula eucariota para outra

**córtex** Camada laminada de peptidoglicano entre as membranas do septo de um endósporo

**crescimento microbiano** Aumento no número de células devido à divisão celular

**crescimento não sincrônico** Padrão natural de crescimento durante a fase *log*, em que cada célula de uma cultura divide-se em algum ponto durante o tempo de geração, porém não simultaneamente

**crescimento sincrônico** Padrão hipotético de crescimento durante a fase *log*, em que todas as células de uma cultura se dividem ao mesmo tempo

**criofratura** Técnica em que uma célula é primeiro congelada e, em seguida, fraturada com uma lâmina, de modo que a fratura possa revelar estruturas no interior da célula quando observada por microscopia eletrônica

**criptococose** Doença respiratória fúngica causada por uma levedura encapsulada que se reproduz por brotamento, *Filobasidiella neoformans*

**criptosporidiose** Doença causada por protozoários do gênero *Cryptosporidium*, comum em pacientes com AIDS

**crise aplásica** Período durante o qual cessa a produção de eritrócitos

**crista** Prega da membrana mitocondrial interna

**cromatina** A aparência dos cromossomos na forma de filamentos delgados nas células

**cromatóforos** Membranas internas das bactérias fotossintéticas e cianobactérias

**cromossomo** Estrutura que contém o DNA dos organismos

**crupe** Obstrução aguda da laringe que produz uma tosse de cachorro aguda característica

**crustáceo** Artrópode habitualmente aquático, que possui um par de apêndices associado a cada segmento do corpo

**cultura de células** Cultura na forma de monocamada de células dispersas e culturas contínuas de células em suspensão

**cultura de referência** Cultura preservada para manter um organismo com suas características como foram originalmente definidas

**cultura estoque** Cultura de reserva utilizada para conservar um organismo isolado em condições puras para uso no laboratório

**cultura preservada** Cultura em que os organismos são mantidos em um estado dormente

**cultura primária de células** Cultura que provém diretamente de um animal e não é subcultivada

**cultura tecidual** Cultura preparada a partir de um único tecido, assegurando um conjunto razoavelmente homogêneo de culturas, em que são testados os efeitos de um vírus ou em que se cultiva um organismo

**curva de replicação** Descrição do crescimento viral (biossíntese e maturação) com base em observações de bactérias infectadas por fagos em culturas de laboratório

**curva padrão de crescimento bacteriano** Gráfico que traça o número de bactérias *versus* o tempo e mostra as fases do crescimento bacteriano

**decompositor** Organismo que obtém energia por meio da digestão de corpos mortos ou restos de produtores e consumidores

**defesa adaptativa** Defesa do hospedeiro que produz resistência por meio de resposta a determinados antígenos, como vírus e bactérias patogênicas

**defesa específica** Defesa do hospedeiro que atua em resposta a determinado patógeno invasor

**defesas inatas** Defesas inespecíficas do hospedeiro que atuam contra qualquer tipo de agente invasor. Incluem barreiras físicas, barreiras químicas, defesas celulares, inflamação, febre e defesas moleculares

**defesas inespecíficas** Defesas do hospedeiro contra patógenos que atuam independentemente do agente invasor

**deleção** Remoção de uma ou mais bases nitrogenadas do DNA, produzindo habitualmente mutação de fase de leitura

**demanda biológica de oxigênio (DBO)** Oxigênio necessário para degradar lixos orgânicos suspensos na água

**dengue** (também denominada febre quebra-osso) Doença viral sistêmica que provoca dor intensa nos ossos e nas articulações

**derivação antigênica** Mutações do vírus influenza que ocorrem por derivação antigênica e mudança antigênica

**derivado da acridina** Agente mutagênico químico que pode ser inserido entre bases da dupla hélice do DNA, causando mutações por mudança de fase de leitura

**dermatite blastomicética** Doença cutânea fúngica causada por *Blastomyces dermatitidis*; caracteriza-se por lesões granulomatosas desfigurantes, que produzem pus

**dermatite de contato** Hipersensibilidade mediada por células (tipo IV), que ocorre em indivíduos sensibilizados com uma segunda exposição da pele a alérgenos

**dermatite por micuim** Reação alérgica violenta causada por micuim, a larva do ácaro *Trombicula*

**dermatófito** Fungo que invade o tecido queratinizado da pele e das unhas

**dermatofitose** Doença fúngica da pele altamente contagiosa que pode causar lesões em forma de anéis

**dermatomicose** Doença fúngica da pele

**derme** Camada interna espessa da pele

**desbridamento** Raspagem cirúrgica para remover a crosta espessa que se forma sobre o tecido que sofreu queimadura (escara)

**desgranulação** Liberação de histamina e de outros mediadores pré-formados de reações alérgicas por mastócitos e basófilos sensibilizados após um segundo encontro com um alérgeno

**desinfecção** Redução do número de organismos patogênicos em objetos ou materiais, de modo que não representem uma ameaça de doença

**desinfetante** Agente químico utilizado em objetos inanimados para destruir microrganismos

**desnaturação** Ruptura das pontes de hidrogênio e de outras forças fracas que mantêm a estrutura de uma proteína globular, resultando em perda de sua atividade biológica

**desnitrificação** Processo pelo qual os nitratos são reduzidos a óxido nitroso ou gás nitrogênio

**desnudamento** Processo em que os revestimentos proteicos do vírus animais que entraram nas células são removidos por enzimas proteolíticas

**dessensibilização** Tratamento desenvolvido para curar alergias por meio de injeções com doses de alérgeno gradualmente crescentes

**destilação** Separação do álcool e de outras substâncias voláteis de substâncias sólidas e não voláteis

**deterioração anaeróbica termofílica** Deterioração devido à germinação e crescimento de endósporos, em que há produção de gás e ácido, provocando estufamento das latas

**deterioração mesofílica** Deterioração devida a procedimentos de enlatamento inadequado ou à quebra do lacre

**deterioração por achatamento** Deterioração devida ao crescimento de esporos que não causam estufamento da lata com gás

**determinante antigênico** *Ver* **epítopo**

**Deuteromycota** *Ver* **fungos imperfeitos**

**díade** Conjuntos de pares de cromossomos nas células eucarióticas que estão preparados para se dividir por mitose ou meiose

**diafragma íris** Dispositivo ajustável em um microscópio que controla a quantidade de luz que passa pela amostra

**diapedese** Processo pelo qual os leucócitos saem do sangue e dirigem-se até os tecidos inflamados, comprimindo-se entre as células das paredes dos capilares

**diarreia** Frequência excessiva de evacuações com fezes pastosas ou líquidas

**diarreia do viajante** Distúrbio gastrintestinal geralmente causado por cepas patogênicas de *Escherichia coli*

**diatomácea** Alga ou protista semelhante a planta desprovido de flagelos, que possui um invólucro externo semelhante a vidro

**dicariótico** Referente a células fúngicas dentro das hifas, que possuem dois núcleos, produzidas por plasmogamia em que os núcleos não se uniram

**difração** Fenômeno em que as ondas luminosas, ao passarem através de uma pequena abertura, são divididas em bandas de diferentes comprimentos de onda

**difteria** Doença grave das vias respiratórias superiores causada por *Corynebacterium diphtheriae*; pode produzir subsequentemente miocardite e polineurite

**difteroide** Organismo encontrado em culturas de material de garganta normal, que não produz exotoxina, mas é indistinguível, nos demais aspectos, dos organismos causadores da difteria

**difusão facilitada** Difusão (ao longo de um gradiente de concentração) através de uma membrana (de uma área de maior concentração para uma área de menor concentração) com a assistência de uma molécula transportadora, porém sem necessidade de ATP

**difusão simples** Movimento efetivo de partículas de uma região de maior concentração para uma região de menor concentração; não necessita de energia da célula

**digestor de lodo** Grande tanque de fermentação em que o lodo é digerido por bactérias anaeróbicas em moléculas orgânicas simples, dióxido de carbono e gás metano

**diluição em série** Método de medição em que são feitas diluições 1:10 sucessivas a partir da amostra original

**dímero** Duas pirimidinas adjacentes unidas em uma fita de DNA, geralmente em consequência de exposição a raios ultravioleta

**dimorfismo** Capacidade de um organismo de alterar a sua estrutura quando muda de hábitat

**dinoflagelado** Alga ou protista semelhante a planta, habitualmente com dois flagelos

**diplo-** Prefixo que indica que uma bactéria se divide em um plano e produz células em pares

**diploide** Célula eucariota que apresenta conjuntos de cromossomos pareados

**disbiose** Microbioma não saudável

**disenteria** Diarreia grave que frequentemente contém muco e, algumas vezes, sangue ou pus

**disenteria amebiana** Forma aguda e grave de amebíase causada por *Entamoeba histolytica*

**disenteria bacilar** *Ver* **Shigelose**

**displacina** Molécula que desloca (remove) gene(s) de um cromossomo

**dissacarídio** Carboidrato formado pela ligação de dois monossacarídios

**distúrbio imunológico** Distúrbio que resulta de um sistema imune inapropriado ou inadequado

**disúria** Dor e sensação de queimação na micção

**diversidade** Capacidade do sistema imune de produzir muitos tipos diferentes de anticorpos e de receptores de células T, cada um dos quais reage com um epítopo (determinante antigênico) diferente

**divisão binária** ou **fissão binária** Processo pelo qual uma célula bacteriana duplica seus componentes e divide-se em duas células

**DNA polimerase** Enzima que se move atrás de cada forquilha de replicação, sintetizando novas fitas de DNA complementares às originais

**DNA recombinante** DNA combinado a partir de duas espécies diferentes por enzimas de restrição e ligases

**doador de elétron** Agente redutor em uma reação química

**doença** Distúrbio do estado de saúde em que o corpo não consegue executar todas as suas funções normais (*ver também* **epidemiologia** e **doença infecciosa**)

**doença aguda** Doença que se desenvolve e segue o seu curso rapidamente

**doença autoimune** Distúrbio imune em que o indivíduo se torna hipersensível a antígenos presentes nas células de seu próprio corpo

**doença consumptiva crônica** Encefalopatia espongiforme de cervo e alce, causada por príons

**doença contagiosa** *Ver* **doença infecciosa transmissível**

**doença crônica** Doença que se desenvolve mais lentamente do que uma doença aguda, é habitualmente menos grave e persiste por um período longo e indeterminado

**doença da mão-pé-boca** Doença cutânea de crianças, causada por vírus Coxsackie A16 ou, mais raramente A6, caracterizada por exantemas, vesículas e febre

**doença da vaca louca** Encefalopatia espongiforme transmissível do cérebro do gado, causada por príons

**doença de Bang** (também denominada **brucelose**, **febre ondulante** ou **febre de Malta**) Zoonose causada por várias espécies de *Brucella*, altamente infecciosa para os seres humanos. É causada por diversas espécies de *Brucella*

**doença de bongkrek** Tipo de envenenamento alimentar causado por *Pseudomonas cocovenenans*, cujo nome provém de um prato feito com coco na Polinésia

**doença de Brill-Zinsser** (também denominada tifo recrudescente) Recorrência de tifo epidêmico causada pela reativação de organismos latentes abrigados nos linfonodos

**doença de Chagas** Doença causada por *Trypanosoma cruzi*, que ocorre no sul dos EUA e é endêmica no México; transmitida por vários tipos de percevejos reduviídeos

**doença de Creutzfeldt-Jakob (DCJ)** Encefalopatia espongiforme transmissível do cérebro humano causada por príons

**doença de enxerto-*versus*-hospedeiro (DEVH)** Doença em que os antígenos do hospedeiro desencadeiam uma resposta imunológica contra as células do enxerto, que destroem o tecido do hospedeiro

**doença de Hansen** (também *hanseníase*) Nome preferido a lepra; causada pelo *Mycobacterium leprae*, apresenta várias formas clínicas, que incluem desde tuberculoide a lepromatosa

**doença de Lyme** Doença causada por *Borrelia burgdorferi*, transmitida pelo carrapato-de-cervo

**doença de notificação compulsória** Doença que o médico é obrigado a relatar às autoridades de saúde pública

**doença do neurônio motor** As cianobactérias produzem aminoácidos que matam os neurônios motores do encéfalo e da medula espinal, causando paralisia progressiva

**doença do sono africana** (também denominada tripanossomíase) Doença da África equatorial causada por protozoários parasitas do sangue do gênero *Trypanosoma*

**doença do soro** Distúrbio por imunocomplexos que ocorre quando antígenos estranhos no soro causam o depósito de imunocomplexos nos tecidos

**doença dos Legionários** Doença causada pela bactéria *Legionella pneumophila*, transmitida pelo ar

**doença esporádica** Doença limitada a um pequeno número de casos isolados que não constitui uma grande ameaça a uma vasta população

**doença hemolítica do recém-nascido** (também denominada eritroblastose fetal) Doença em que um lactente nasce com fígado e baço de tamanho aumentado, devido ao esforço desses órgãos em destruir os eritrócitos danificados pelos anticorpos maternos; a mãe é Rh-negativa e o bebê é Rh-positivo

**doença infecciosa** Doença causada por agentes infecciosos (bactérias, vírus, fungos, protozoários e helmintos)

**doença infecciosa não transmissível** Doença causada por agentes infecciosos, mas que não se disseminam de um hospedeiro para outro

**doença infecciosa transmissível** (também denominada **doença contagiosa**) Doença infecciosa que pode se disseminar de um hospedeiro para outro

**doença inflamatória pélvica (DIP)** Infecção da cavidade pélvica nas mulheres, causada por qualquer um de vários organismos, incluindo *Neisseria gonorrhoeae* e *Chlamydia*

**doença latente** Doença caracterizada por períodos de inatividade antes do aparecimento dos sintomas ou entre os ataques

**doença não infecciosa** Doença causada por qualquer fator diferente de agentes infecciosos

**doença periodontal** Combinação de inflamação das gengivas, decomposição do cemento e erosão dos ligamentos periodontais e do osso que sustentam os dentes

**doença por imunodeficiência** Doença por imunocomprometimento em consequência da ausência de linfócitos, presença de linfócitos defeituosos ou destruição dos linfócitos

**doença por imunodeficiência primária** Defeito genético ou de desenvolvimento, em que as células T ou células B estão ausentes ou não são funcionais

**doença por imunodeficiência secundária** Resulta de lesão das células T ou das células B após o seu desenvolvimento normal

**doença respiratória aguda (DRA)** Doença viral que ocorre em epidemias com sintomas de resfriado, febre, cefaleia e mal-estar; algumas vezes, causa pneumonia viral

**doença sexualmente transmissível (DST)** Doença infecciosa que se dissemina pela atividade sexual

**doença subaguda** Doença intermediária entre uma doença aguda e uma doença crônica

**Domínio** Nova categoria taxonômica acima de reino, constituída por Archaea, Bacteria e Eukarya

**dracunculíase** Doença da pele causada por um helminto parasita, *Dracunculus medinensis*

**dúon** Códon que tem um propósito em ambos os códigos do DNA

**ecologia** Estudo das relações entre os organismos e o seu ambiente

**ecossistema** Todos os componentes bióticos e abióticos de um ambiente

**ectoparasita** Parasita que vive na superfície de outro organismo

**eczema herpético** Erupção generalizada causada pela entrada do herpes-vírus através da pele; frequentemente fatal

**edema** Acúmulo de líquido nos tecidos, causando inchaço

**efeito citopático (ECP)** Efeito visível dos vírus sobre as células

**egotina** Toxina produzida por *Claviceps purpurea*, um fungo parasita do centeio e do trigo, que causa envenenamento quando ingerida por seres humanos

**elefantíase** Aumento maciço dos membros, escroto e, algumas vezes, outras partes do corpo, em consequência do acúmulo de líquido devido ao bloqueio dos ductos linfáticos pelo helminto *Wuchereria bancrofti*

**elemento** Matéria composta de um tipo de átomo

**elemento de transposição** Sequência genética móvel que pode deslocar-se de um plasmídio para outro plasmídio ou para um cromossomo

**elementos figurados** Células e fragmentos celulares que compreendem cerca de 40% do sangue

**eletroforese** Processo utilizado para a separação de grandes moléculas, como antígenos ou proteínas, por meio de passagem de uma corrente elétrica através de uma amostra sobre gel

**eletroforese e gel de poliacrilamida (PAGE)** Técnica para separar proteínas de uma célula, com base no seu tamanho molecular

**eletrólito** Substância que é ionizável em solução

**elétron** Partícula subatômica de carga negativa que se move em torno do núcleo de um átomo

**eletroporação** Um breve pulso elétrico produz poros temporários na membrana celular, possibilitando a entrada de vetores que carregam DNA exógeno

**encefalite** Inflamação do encéfalo causada por uma variedade de vírus ou bactérias

**encefalite de St. Louis** Tipo de encefalite viral mais frequentemente observado em seres humanos no centro dos EUA

**encefalite equina do leste (EEL)** Tipo de encefalite viral observada com mais frequência no leste dos EUA; infecta mais frequentemente equinos do que seres humanos

**encefalite equina do oeste (EEO)** Tipo de encefalite viral observada com mais frequência no oeste dos EUA; infecta equinos mais frequentemente do que seres humanos

**encefalite equina venezuelana (EEV)** Tipo de encefalite viral observada na Flórida, Texas, México e América do Sul; infecta equinos mais frequentemente do que seres humanos

**encefalite por sarampo** Complicação grave do sarampo, em que muitos sobreviventes apresentam lesão cerebral permanente

**encefalopatias espongiformes transmissíveis** Doenças priônicas que levam à formação de múltiplos orifícios no tecido cerebral, lembrando uma esponja; inclui a doença de Creutzfeldt-Jakob, doença da vaca louca, kuru, *scrapie*, doença consumptiva crônica e outras condições

**endêmico** Referente a uma doença que está constantemente presente em uma população específica

**endergônico** Que exige energia para uma reação química
**endocardite bacteriana** (também denominada endocardite infecciosa) Infecção e inflamação do revestimento e das valvas do coração que apresentam risco de vida
**endocitose** Processo pelo qual são formadas vesículas por invaginação da membrana plasmática para transferir substância para dentro de células eucarióticas
**endoenzima** Enzima que atua dentro da célula que a produz
**endoflagelo** *Ver* **filamento axial**
**endométrio** Membrana mucosa que reveste o útero
**endonuclease de restrição** Enzima que corta o DNA em sequências de bases precisas
**endoparasita** Parasita que vive dentro do corpo de outro organismo
**endósporo** Estrutura dormente e resistente, formada no interior de algumas bactérias, como *Bacillus* e *Clostridium*, que podem sobreviver em condições adversas
**endotoxina** (também denominada lipopolissacarídio) Toxina incorporada nos envoltórios celulares de bactérias gram-negativas e liberada quando a bactéria morre
**energia de ativação** Energia necessária para iniciar uma reação química
**engenharia genética** Uso de várias técnicas para manipular de modo proposital o material genético, a fim de alterar as características de um organismo de uma forma desejada
**enlatamento** Uso de calor úmido sob pressão para preservar alimentos
**ensaio de placa** Ensaio viral utilizado para determinar a produção viral por meio de cultura de vírus em uma camada de bactérias e contagem das placas
**ensaio imunoabsorvente ligado a enzima (ELISA)** Modificação do radioimunoensaio, em que o antianticorpo, em vez de ser radioativo, está ligado a uma enzima que produz uma mudança na cor de seu substrato
**enterite** Inflamação do intestino
**enterite bacteriana** Infecção intestinal causada por invasão da mucosa intestinal ou tecidos mais profundos por bactérias
**enterite viral** Doença gastrintestinal causada por rotavírus, caracterizada por diarreia
**enterocolite** Doença causada por *Salmonella typhimurium* e *S. paratyphi* que invadem o tecido intestinal e produzem bacteriemia
**enterotipo** Comunidade (ou ecossistema) de genes humanos e bacterianos que constantemente afetam uns aos outros
**enterotoxicose** Ver **envenenamento alimentar**
**enterotoxina** Exotoxina que atua nos tecidos do intestino
**enterovírus** Um dos três principais grupos de picornavírus que podem infectar as células nervosas e musculares, o revestimento do sistema respiratório e a pele
**envelope** Membrana de bicamada encontrada fora do capsídeo de alguns vírus, adquirida quando o vírus brota através de uma das membranas do hospedeiro
**envelope nuclear** Membrana dupla que envolve o núcleo celular em uma célula eucariótica
**envenenamento alimentar** (também denominado enterotoxicose) Doença gastrintestinal causada pela ingestão de alimentos contaminados com toxinas pré-formadas ou outras substâncias tóxicas
**envenenamento alimentar por *Campylobacter*** Gastrenterite causada por *Campylobacter jejuni* ou *Campylobacter fetue*, caracterizada por diarreia, fezes de odor fétido e dor abdominal
**envenenamento por ergotina** Doença causada pela ingestão de ergotina, a toxina produzida por *Claviceps purpurea*, um fungo do centeio e do trigo
**envoltório celular** Camada externa da maioria das células bacterianas, fúngicas, de algas e de plantas, que mantém o formato da célula
**enxerto de tecido** Tecido transplantado de um local para outro
**enzima** Proteína catalisadora que controla a velocidade das reações químicas nas células
**enzima constitutiva** Enzima que é sintetizada de modo contínuo, independentemente dos nutrientes disponíveis ao organismo
**enzima de restrição** Outro termo para a endonuclease de restrição
**enzima extracelular** *Ver* **exoenzima**
**enzima indutiva** Enzima codificada por um gene que algumas vezes é ativa e, outras vezes, inativa
**enzima periplasmática** Exoenzima produzida por organismos gram-negativos, que atua no espaço periplasmático
**eosinófilo** Leucócito presente em grandes números durante reações alérgicas e infecções por helmintos
**epidemia propagada** Epidemia que surge em consequência do contato entre pessoas
**epidêmico** Referente a uma doença que apresenta uma incidência maior do que o normal em uma população, durante um período de tempo relativamente curto
**epidemiologia** Estudo dos fatores e mecanismos envolvidos na disseminação de uma doença em determinada população
**epidemiologista** Cientista que estuda epidemiologia
**epiderme** Fina camada externa da pela
**epigenético** Relativo a mudanças em resposta a alterações ambientais, sem mudanças no DNA subjacente
**epiglotite** Infecção da epiglote
**epíteto específico** O segundo nome de um organismo no sistema de nomenclatura binomial, após o nome do gênero – por exemplo, *coli* em *Escherichia coli*
**epítopo** (também denominado determinante antigênico) Área de uma molécula de antígeno à qual se liga o anticorpo
**equilíbrio químico** Estado estável em que não há troca efetiva nas concentrações de substratos ou produtos
**erisipela** (também denominada fogo de Santo Antônio) Infecção causada por estreptococos hemolíticos, que se dissemina pelos vasos linfáticos, resultando em septicemia e outras doenças
**eritrócito** Hemácia
**eritromicina** Agente antibacteriano que tem efeito bacteriostático na síntese de proteínas
**erliquiose** Doença transmitida por carrapatos encontrada em cães e seres humanos e causada por *Ehrlichia canis* e *E. chaeffeensis*
**escabiose** (também denominada sarna sarcóptica) Doença cutânea altamente contagiosa causada pelo ácaro *Sarcoptes scabiei*
**escada rolante mucociliar** Mecanismo envolvendo células ciliadas que permite a ascensão dos materiais nos brônquios, retidos no muco, até a faringe e sua expectoração ou deglutição
**escara** Crosta ou casca espessa que se forma sobre uma queimadura grave
**escarlatina** Infecção causada por *Streptococcus pyogenes*, que produz uma toxina eritrogênica
***Escherichia coli* produtora de toxina Shiga (STEC)** Antigamente denominada síndrome hemolítico-urêmica (SHU)
**escólex** Extremidade da cabeça de uma tênia, com ventosas e, algumas vezes, ganchos que se fixam à parede intestinal
**esferoplasto** Bactéria gram-negativa sem envoltório celular, mas que não sofreu lise
**esfregaço** Camada fina de amostra líquida espalhada em uma lâmina microscópica
**esgoto** Água usada e os detritos que ela contém
**esmalte** Substância dura que cobre a coroa de um dente
**espaço periplasmático** Espaço entre a membrana celular e a membrana externa nas bactérias gram-negativas, que é preenchido com periplasma
**espécie** Grupo de organismos com muitas características comuns; o grupo taxonômico mais estreito
**especificidade** (1) Propriedade de uma enzima que permite que ela aceite apenas determinados substratos e catalise somente uma reação em particular. (2) Propriedade de um vírus que o restringe a determinados tipos específicos de células hospedeiras. (3) Capacidade do sistema imune de desencadear uma resposta imune exclusiva para cada antígeno que ele encontra
**especificidade de hospedeiro** Gama de diferentes hospedeiros nos quais um parasita pode amadurecer
**especificidade viral** Refere-se aos tipos específicos de células dentro de um organismo que podem ser infectadas por vírus
**espectro de atividade** Refere-se à variedade de diferentes microrganismos contra os quais um agente antimicrobiano é eficaz
**espectro estreito** Amplitude de atividade de um agente antimicrobiano que só ataca alguns tipos de microrganismos
**espícula** Projeção de glicoproteína que se estende a partir do capsídeo ou do envelope viral e que é utilizada para se fixar à célula hospedeira ou fundir-se com ela

**espinha** *Ver* **foliculite**
**espirilo** Bactéria flexível de forma ondulada
**espiroqueta** Bactéria móvel em forma de saca-rolhas
**esporo** Estrutura reprodutiva resistente formada por fungos e actinomicetos; diferente do endósporo bacteriano
**esporocisto** Forma larval de um trematódeo que se desenvolve no corpo de seu hospedeiro caramujo ou molusco
**esporotricose** Doença fúngica da pele causada por *Sporothrix schenckii* que frequentemente penetra no corpo a partir de plantas
**esporozoíto** Trofozoíto da malária presente nas glândulas salivares de mosquitos infectados
**esporulação** Formação de esporos, como os endósporos
**esquistossomose** (também denominada bilharzíase) Doença do sangue e da linfa causada por trematódeos do sangue do gênero *Schistosoma*
**esquizogonia** Divisão múltipla, em que uma célula dá origem a muitas células
**estafilo-** Prefixo que indica um grupo de células bacterianas dispostas em agrupamentos semelhantes a cachos, criados por planos de divisão aleatórios
**estágio (ou fase) invasivo(a)** Disseminação de doença no corpo a partir de seu sítio de entrada, causando o aparecimento de sintomas
**estágio catarral** Estágio da coqueluche, caracterizado por febre, coriza, vômitos e tosse branda, seca e persistente
**estágio paroxístico** Estágio da coqueluche em que o muco e massas de bactérias preenchem as vias respiratórias, causando tosse violenta
**esterilidade** Estado em que não há organismos vivos sobre ou dentro de um material
**esterilização** Morte ou remoção de todos os microrganismos em um material ou sobre um objeto
**esteroide** Lipídio que possui uma estrutura de quatro anéis; inclui o colesterol, os hormônios esteroides e a vitamina D
**estrepto-** Prefixo que indica um grupo de células bacterianas dispostas em cadeias, criadas pela divisão em um plano
**estreptolisina** Toxina produzida por estreptococos, que mata fagócitos
**estreptomicina** Agente antibacteriano que bloqueia a síntese de proteínas
**estreptoquinase** Enzima produzida por bactérias que digere (dissolve) coágulos sanguíneos
**estroma** Porção interna de um cloroplasto repleta de líquido
**estromatólitos** Tapetes vivos ou fossilizados de procariontes fotossintéticos associados a lagoas ou fontes termais
**estrongiloidíase** Doença parasitária causada pelo nematódeo *Strongyloides stercoralis* e algumas espécies estreitamente relacionadas
**estrutura primária** Sequência específica de aminoácidos em uma cadeia polipeptídica
**estrutura quaternária** Estrutura tridimensional de uma molécula de proteína formada pela associação de duas ou mais cadeias polipeptídicas
**estrutura secundária** Enovelamento ou enrolamento de uma cadeia polipeptídica em um padrão particular, como hélice ou folha pregueada
**estrutura terciária** Enovelamento de uma molécula de proteína em formas globulares
**estudo analítico** Estudo epidemiológico que se concentra em estabelecer as relações de causa e efeito na ocorrência de doenças nas populações
**estudo descritivo** Estudo epidemiológico que analisa o número de casos de uma doença, determina os segmentos da população afetados, os locais onde ocorreram os casos e o período de tempo
**estudo epidemiológico** Estudo conduzido com a finalidade de aprender mais sobre a disseminação de uma doença em uma população
**estudo experimental** Estudo epidemiológico com o objetivo de testar uma hipótese sobre um surto de uma doença, frequentemente sobre o valor de determinado tratamento
**etambutol** Agente antibacteriano efetivo contra determinadas cepas de micobactérias
**etiologia** Atribuição ou estudo das causas e origens de uma doença
**eubactérias** Bactérias verdadeiras
**eucarionte** Organismo composto de células eucarióticas
**euglenoide** Alga ou protista semelhante a planta, geralmente com um único flagelo e um ocelo pigmentado (estigma)
**Eukarya** Um dos três domínios de seres vivos; todos os membros são eucarióticos
**eutrofização** (ou eutroficação) Enriquecimento nutricional da água por detergentes, fertilizantes e estrume de animais, que provoca o supercrescimento de algas e depleção subsequente de oxigênio
**evolução divergente** Processo pelo qual os descendentes de uma espécie ancestral comum sofrem mudanças suficientes para serem identificados como espécies separadas
**exame de urina** Análise laboratorial de amostras de urina
**exantema** erupção da pele
**exergônico** Que libera energia de uma reação química
**exocitose** Processo pelo qual vesículas dentro de uma célula eucariótica fundem-se com a membrana plasmática e liberam seu conteúdo da célula eucariótica
**exoenzima** (também denominada **enzima extracelular**) Enzima sintetizada em uma célula, mas que atravessa a membrana para atuar no espaço periplasmático ou no ambiente imediato da célula
**éxon** Região de um gene (ou mRNA) que codifica uma proteína nas células eucarióticas
**exonuclease** Enzima que remove segmentos do DNA
**exósporo** Membrana lipoproteica formada fora da capa de alguns endósporos pela célula-mãe
**exotoxina** Toxina solúvel secretada por microrganismos em seu meio circundante, incluindo tecidos do hospedeiro
**extrato de levedura** Substância obtida de levedura, contendo vitaminas, coenzimas e nucleosídios; utilizada para enriquecimento de meios
**facultativo** Capaz de tolerar a presença ou ausência de uma condição ambiental específica
**FAD** Dinucleotídio de flavina adenina, uma coenzima que transporta átomos de hidrogênio e elétrons
**fago** *Ver* **bacteriófago**
**fago temperado** Bacteriófago que não provoca infecção virulenta; seu DNA é incorporado ao cromossomo da célula hospedeira, como um prófago, e replica-se com o cromossomo
**fago virulento** (também denominado **fagolítico**) Bacteriófago que entra no ciclo lítico quando infecta uma célula bacteriana, causando finalmente lise e morte da célula hospedeira
**fagócito** Célula que ingere e digere partículas estranhas
**fagocitose** Ingestão de sólidos nas células por meio da formação de vacúolos
**fagolisossomo** Estrutura resultante da fusão do lisossomo com o fagossomo
**fagolítico** *Ver* **fago virulento**
**fagossomo** Vacúolo que se forma em torno de um microrganismo dentro do fagócito que o englobou
**faringe** A garganta, uma via comum de passagem para os sistemas respiratório e digestivo, com tubos que se conectam com a orelha média
**faringite** Infecção da faringe, geralmente causada por um vírus, porém algumas vezes de origem bacteriana; inflamação de garganta
**farinha de malte** Grão maltado que é triturado e misturado com água quente
**fármaco** *Ver* **agente quimioterápico**
**fármaco citotóxico** Fármaco que interfere na síntese do DNA, usado para suprimir o sistema imune e impedir a rejeição de transplantes
**fármaco semissintético** Agente antimicrobiano produzido em parte por síntese laboratorial e em parte por microrganismos
**fármaco sintético** Agente antimicrobiano sintetizado quimicamente em laboratório
**fase de declínio** (1) A última das quatro principais fases da curva de crescimento bacteriano, em que as células perdem a sua capacidade de divisão (devido a condições menos favoráveis do meio) e então morrem (também denominada **fase de morte**). (2) Nos estágios de uma doença, período durante o qual as defesas do hospedeiro finalmente superam o patógeno, e os sintomas começam a diminuir
**fase de morte** *Ver* **fase de declínio**
**fase estacionária** A terceira das quatro principais fases da curva de crescimento bacteriano, em que são produzidas novas

células na mesma velocidade em que as células velhas morrem, deixando o número de células vivas constante

**fase *lag*** A primeira das quatro principais fases da curva de crescimento das bactérias, em que os organismos crescem em tamanho, mas não aumentam em número

**fase *log*** Segunda das quatro principais fases da curva de crescimento das bactérias, em que as células se dividem em uma taxa exponencial ou logarítmica

**fase prodrômica** Em uma doença infecciosa, refere-se ao curto período durante o qual aparecem algumas vezes sintomas inespecíficos, como mal-estar e cefaleia

**fastidioso** Refere-se a microrganismos que possuem necessidades nutricionais especiais, que são difíceis de suprir no laboratório

**fator abiótico** Característica física do meio ambiente que interage com os organismos

**fator biótico** Organismo na biosfera

**fator de competência** Proteína liberada no meio, que facilita a captura do DNA dentro de uma célula bacteriana

**fator de transferência da resistência (RTF)** Componente de um plasmídio de resistência que realiza a transferência por conjugação do plasmídio

**fator de virulência** Característica estrutural ou fisiológica que ajuda um patógeno a causar infecção e doença

**fator físico** Fator do ambiente, como temperatura, umidade, pressão ou radiação, que influencia os tipos de organismos encontrados e o seu crescimento

**fator nutricional** Fator que influencia tanto os tipos de organismos encontrados em um ambiente quanto o seu crescimento

**fator R** *Ver* **plasmídio de resistência (R)**

**fator reumatoide** IgM encontrada no sangue de pacientes com artrite reumatoide e seus parentes

**febre** Temperatura corporal anormalmente alta

**febre amarela** Doença sistêmica viral encontrada em áreas tropicais, transmitida pelo mosquito *Aedes aegypti*

**febre da arranhadura do gato** Doença causada por *Afipia felis* ou, mais comumente, por *Bartonella (Rochalimaea) henselae* e transmitida por arranhaduras e mordidas de gato

**febre da mordida do rato** Doença causada por *Streptobacillus moniliformis*, transmitida por mordidas de ratos selvagens ou de laboratório

**febre das trincheiras** Rickettsiose causada por *Rochalimaea quintana*, que se assemelha ao tifo epidêmico, visto que é transmitida por piolhos e prevalece durante guerras e condições não sanitárias

**febre de Lassa** Febre hemorrágica causada por arenavírus, que começa com lesões da faringe e progride para lesão hepática grave

**febre de Malta** *Ver* **brucelose**

**febre de Oroya** (também denominada doença de Carrion) Forma de bartonelose; febre aguda e fatal com anemia grave

**febre de Pontiac** Variedade leve de legionelose

**febre do berço** *Ver* **febre puerperal**

**febre do borrachudo** Doença que resulta de picadas de borrachudos (simulídeos), caracterizada por uma reação inflamatória, náuseas e cefaleia

**febre do carrapato do Colorado** Doença causada por orbivírus transportado por carrapatos de cães, que se caracteriza por cefaleia, dor lombar e febre

**febre do Nilo Ocidental** Doença viral emergente, nova nos EUA, transmitida por mosquitos, que causa crises convulsivas e encefalite, letal para corvos

**febre do Vale Rift** Doença causada por buniavírus que ocorre em epidemias

**febre entérica** Infecção sistêmica, como febre tifoide, disseminada pelo corpo a partir da mucosa intestinal

**febre espirilar** Forma de febre por mordedura de rato, causada por *Spirillum minor*, descrita pela primeira vez como *sodoku* no Japão

**febre hemoglobinúrica** Malária causada por *Plasmodium falciparum* que resulta em icterícia e lesão renal

**febre hemorrágica boliviana** Doença multissistêmica causada por um arenavírus, com início insidioso e efeitos progressivos

**febre maculosa das Montanhas Rochosas** Doença causada por *Rickettsia rickettsia* e transmitida por carrapatos

**febre ondulante** *Ver* **brucelose**

**febre puerperal** (também denominada febre do berço ou sepse puerperal) Doença causada por estreptococos beta-hemolíticos que pertencem à microbiota vaginal e respiratória normal e podem ser introduzidos durante o parto pela equipe médica

**febre Q** Doença semelhante à pneumonia causada por *Coxiella burnetii*, uma rickéttsia que sobrevive por longos períodos fora das células e pode ser transmitida pelo ar, bem como por carrapatos

**febre recorrente** Doença causada por várias espécies de *Borrelia*, mais comumente por *B. recurrentis*; transmitida por piolhos

**febre recorrente endêmica** Casos transmitidos por carrapatos de febre recorrente, causada por várias espécies de *Borrelia*

**febre recorrente epidêmica** Casos transmitidos por piolhos de febre recorrente, causada por várias espécies de *Borrelia*

**febre reumática** Distúrbio multissistêmico que ocorre após infecção por *Streptococcus pyogenes* beta-hemolítico; pode causar lesão cardíaca

**febre tifoide** Infecção entérica epidêmica causada por *Salmonella typhi*; rara em áreas com bom saneamento

**fedor dos ossos** Putrefação dentro dos tecidos de grandes carcaças causada por várias espécies de *Clostridium*

**fenótipo** Características específicas observáveis exibidas por um organismo

**fermentação** Metabolismo anaeróbico do ácido pirúvico produzido na glicólise

**fermentação ácida homoláctica** Via em que o ácido pirúvico é diretamente convertido em ácido láctico, utilizando elétrons do NAD reduzido (NADH)

**fermentação alcoólica** Fermentação em que o ácido pirúvico é reduzido a álcool etílico por elétrons provenientes do NAD reduzido (NADH)

**fezes** Resíduos sólidos produzidos no intestino grosso e armazenados no reto até a sua eliminação do corpo

**fibroblasto** Célula do tecido conjuntivo que substitui a fibrina enquanto o coágulo sanguíneo se dissolve, formando tecido de granulação

**filamento axial** (também denominado endoflagelo) Filamento abaixo da superfície fixado próximo às extremidades do cilindro citoplasmático das espiroquetas, que possibilita a rotação do corpo da espiroqueta como um saca-rolhas

**filariose** Doença do sangue e da linfa causada por qualquer um dos vários nematódeos diferentes transportados por mosquitos

**filogenético** Diz-se do que trata das relações evolutivas

**filovírus** Vírus filamentoso que apresenta uma variabilidade incomum de formas. Dois filovírus, o vírus Ebola e o vírus Marburg, foram associados a doenças humanas

**filtração** (1) Método para estimar o tamanho de populações bacterianas em que um volume conhecido de ar ou de água é passado através de um filtro com poros muito pequenos para permitir a passagem de bactérias. (2) Método de esterilização que utiliza uma membrana filtrante para separar as bactérias do meio de crescimento. (3) Filtração da água através de leitos de areia para remover a maioria dos microrganismos remanescentes após floculação em uma estação de tratamento de água

**fímbria** Ver ***pilus* de fixação**

**fita condutora** Nova fita de DNA formada como fita contínua durante a replicação do DNA

**fita defasada** Nova fita de DNA formada em segmentos curtos e descontínuos de DNA durante a sua replicação

**fixação do nitrogênio** Redução do gás nitrogênio atmosférico a amônia

**fixação pelo calor** Técnica em que esfregaços secos ao ar são passados através de uma chama aberta para que os organismos sejam mortos, possam aderir melhor à lâmina e se corem com mais facilidade

**flagelo** Apêndice helicoidal longo e fino de certas células que proporciona um meio de locomoção

**flavivírus** Vírus de RNA de sentido (+) pequeno e envelopado que provoca uma variedade de encefalites, incluindo febre amarela

**flavoproteína** Transportadora de elétrons na fosforilação oxidativa

**flebovírus** Buniavírus transportado pelo mosquito-palha *Phlebotomus papatsii*

**floculação** Adição de alúmen para causar a precipitação de coloides em suspensão, como barro, no processo de purificação da água

**flotação** Fenômeno pelo qual bactérias filamentosas se multiplicam, fazendo com que o lodo flutue na superfície da água, em vez de se sedimentar

**fluorescer** Exibir fluorescência, que é a emissão de luz de uma cor quando irradiada com outra luz de menor comprimento de onda

**fluoreto** Substância química que ajuda a reduzir a cárie dental por meio de envenenamento das enzimas bacterianas e endurecimento da superfície do esmalte dos dentes

**fogo de Santo Antônio** *Ver* **erisipela**

**foliculite** (também denominada espinha ou pústula) Infecção local produzida quando os folículos pilosos são invadidos por bactérias patogênicas

**folículo ovariano** Agregação de células no ovário contendo um óvulo

**fômite** Substância inanimada capaz de transmitir doença, como roupas, pratos ou notas de dinheiro

**fontes hidrotermais** "Fumarola negra" emitindo nuvens de compostos de enxofre, em altas temperaturas, de até 350°C, através de chaminés altas em certos locais no fundo dos oceanos

**formas L** Bactérias de ocorrência natural e formato irregular, com paredes celulares defeituosas

**forquilha de replicação** Sítio onde as duas fitas da dupla hélice de DNA se separam durante a replicação e formam-se novas fitas complementares de DNA

**fosfolipídio** Lipídio composto de glicerol, dois ácidos graxos e um grupo polar; encontrado em todas as membranas

**fosforescência** Emissão contínua de luz por um objeto quando os raios de luz não incidem mais nele

**fosforilação** Adição de um grupo fosfato a uma molécula, frequentemente a partir do ATP; em geral, com aumento da energia da molécula

**fosforilação cíclica** Via em que elétrons excitados da clorofila são usados na produção de ATP sem a quebra de água ou a redução do NADP

**fosforilação oxidativa** Processo pelo qual a energia dos elétrons é capturada em ligações de alta energia quando grupos fosfato combinam-se com o ADP para formar ATP

**foto-heterótrofo** Heterótrofo que obtém energia a partir da luz

**fotólise** Processo em que a energia luminosa é utilizada para clivar moléculas de água em prótons, elétrons e moléculas de oxigênio

**fotorreativação** *Ver* **reparo na presença de luz**

**fotorredução não cíclica** Via de fotossíntese em que os elétrons excitados da clorofila são utilizados para gerar ATP e reduzir o NADP, com clivagem de moléculas de água

**fotossíntese** Captura de energia da luz e a sua utilização para a síntese de carboidratos a partir do dióxido de carbono

**fototaxia** Movimento não aleatório de um organismo em direção à luz ou para longe dela

**fragmento de Okazaki** Um dos segmentos curtos e descontínuos do DNA formados na fita defasada durante a replicação do DNA

**fragmento de restrição** Segmento curto de DNA cortado por enzimas de restrição

***freeze-etching*** Técnica em que a água é evaporada sob vácuo da superfície de uma amostra criofraturada antes da observação com microscópio eletrônico

**fulminante** *Ver* **apogeu**

**Fungi** (fungos) Reino dos organismos eucarióticos não fotossintéticos que absorvem nutrientes a partir de seu ambiente

**fungo aquático** (também denominado Oomycota) Protista semelhante a um fungo que produz esporos assexuados flagelados (zoósporos) e grandes gametas móveis

**fungo claviforme** (também denominado Basidiomycota) Fungo, incluindo cogumelos, cogumelos venenosos e fungos causadores de ferrugem, que produzem esporos em basídios

**fungo em forma de saco** (também denominado Ascomycota) Membro de um grupo diverso de fungos que produzem ascos saculares durante a reprodução sexuada

**fungo limoso** Protista semelhante a um fungo

**fungo limoso plasmodial** Protista semelhante a um fungo, que consiste em uma massa ameboide multinucleada ou plasmódio, que se move lentamente e fagocita matéria morta

**Fungos imperfeitos** (também denominados Deuteromycota) Grupo de fungos denominados "imperfeitos", visto que não foi observado nenhum estágio sexuado em seus ciclos de vida

**furúnculo** Infecção grande, profunda e purulenta

**fusão de protoplastos** Técnica de engenharia genética em que o material genético é combinado pela remoção das paredes celulares de dois tipos diferentes de células, permitindo a fusão dos protoplastos resultantes

**fusão genética** Técnica de engenharia genética que possibilita a transposição de genes de um local do cromossomo para outro; o acoplamento de genes de dois óperons diferentes

**gama de hospedeiros** Os diferentes tipos de organismos que um microrganismo pode infectar

**gamaglobulina** *Ver* **imunoglobulina sérica**

**gameta** Célula reprodutora masculina ou feminina

**gametócito** Célula sexual masculina ou feminina

**gânglio** Agregação de corpos celulares dos neurônios

**gangrena gasosa** Infecção profunda de ferida, destrutiva do tecido, frequentemente causada por uma combinação de duas ou mais espécies de *Clostridium*

**gene** Sequência linear de nucleotídios do DNA que forma uma unidade funcional dentro de um cromossomo ou plasmídio

**gene de resistência (R)** Componente de um plasmídio de resistência que confere resistência a um antibacteriano específico ou a um metal tóxico

**gene estrutural** Gene que carrega a informação para a síntese de um polipeptídio específico

**gene regulador** Gene que controla a expressão dos genes estruturais de um óperon por meio da síntese de uma proteína repressora

**gênero** Grupo taxonômico que consiste em uma ou mais espécies; o primeiro nome de um organismo no sistema de nomenclatura binomial; por exemplo, *Escherichia* em *Escherichia coli*

**genética** Ciência da hereditariedade, incluindo a estrutura e a regulação dos genes e como eles são transmitidos entre gerações

**gengivite** Forma mais leve de doença periodontal, caracterizada por inflamação das gengivas

**gengivite ulcerativa necrosante aguda** (**GUNA**; também denominada boca de trincheira) Forma grave de doença periodontal

**gengivoestomatite** Lesões das membranas mucosas da boca

**genoma** Informação genética em um organismo ou vírus

**genótipo** Informação genética contida no DNA de um organismo

**geração espontânea** Teoria segundo a qual organismos vivos podem se originar de coisas não vivas

**germinação** Início do processo de desenvolvimento de um esporo ou endósporo

**giardíase** Doença gastrintestinal causada pelo protozoário flagelado *Giardia intestinalis*

**glândula ceruminosa** Glândula sebácea modificada que secreta cerume

**glândula de Bartholin** Glândula secretora de muco da genitália externa feminina

**glândula lacrimal** Glândula do olho produtora de lágrimas

**glândula mamária** Glândula sudorípara modificada que produz leite e ductos que levam o leite até o mamilo

**glândula sebácea** Estrutura epidérmica associada aos folículos pilosos que secreta uma substância oleosa, denominada sebo

**glândula seminal** (também denominada vesícula seminal) Estrutura em forma de saco cujas secreções formam um componente do sêmen

**glândula sudorípara** Estrutura epidérmica que libera uma secreção aquosa através dos poros na pele

**glicocálice** Termo utilizado para referir-se a todas as substâncias que contêm polissacarídios encontrados externamente ao envoltório celular

**glicólise** Via metabólica anaeróbica utilizada para degradar a glicose em ácido pirúvico, enquanto produz uma certa quantidade de ATP

**glicoproteína** Molécula longa semelhante a uma espiga, composta de carboidrato e proteína, que se projeta além da superfície de uma célula ou envelope viral; algumas glicoproteínas virais ligam o vírus a sítios receptores na célula hospedeira, enquanto outras ajudam a fusão da membrana viral com a membrana celular

**glomérulo** Agrupamento enovelado de capilares no néfron

**glomerulonefrite** (também denominada doença de Bright) Inflamação e lesão dos glomérulos renais

**goma** Inflamação granulomatosa e sintomática da sífilis, que destrói tecidos

**gonorreia** Doença sexualmente transmissível, causada por *Neisseria gonorrhoeae*

**gordura** Molécula orgânica complexa formada por glicerol e um ou mais ácidos graxos

**gota pendente** Tipo especial de preparação a fresco, frequentemente utilizada com iluminação de campo escuro para estudar a motilidade dos organismos

**grânulo** Inclusão que não é envolvida por membrana e que contém substâncias compactadas que não se dissolvem no citoplasma

**grânulo metacromático** (também denominado volutina) Grânulo de polifosfato que exibe metacromasia

**granulócito** Leucócito (basófilo, mastócito, eosinófilo, neutrófilo) com citoplasma granular e núcleo lobulado de formato irregular

**granuloma** Na inflamação crônica, agrupamento de células epiteliais, macrófagos, linfócitos e fibras colágenas

**granuloma inguinal** (também denominado donovanose) Doença sexualmente transmissível causada por *Calymmatobacterium granulomatis*

**griseofulvina** Agente antifúngico que interfere no crescimento dos fungos

**grupo do tifo** Rickettsiose que ocorre em uma variedade de formas, incluindo tifo epidêmico, endêmico (murino) e rural

**grupo funcional** Parte de uma molécula que geralmente participa em reações químicas como uma unidade e confere à molécula algumas de suas propriedades químicas

**grupo R** Grupo químico orgânico ligado ao átomo de carbono central em um aminoácido

**$H_1N_1$ 2009** Gripe suína de 2009, $H_1N_1$

**halófilo extremo** Arqueias que crescem em ambientes altamente salinos, como o Grande Lago Salgado, o mar Morto, lagos com evaporação de sal e superfície de alimentos conservados com sal

**halófilo** Organismo com grande afinidade por sal; que vive em ambiente com concentrações moderadas a grandes de sal

**hanseníase** *Ver* **doença de Hansen**

**haploide** Célula eucariótica que contém um único conjunto de cromossomos não pareados

**hapteno** Pequena molécula que pode atuar como determinante antigênico quando combinada com uma molécula maior

**helminto** Verme com simetria bilateral; inclui os nematódeos e platelmintos

**hemaglutinação** Aglutinação (agregação) dos eritrócitos; usada na tipagem sanguínea

**hemaglutinação viral** Hemaglutinação causada pela ligação de vírus, como os que causam sarampo e influenza, aos eritrócitos

**hemolisina** Enzima que causa lise dos eritrócitos

**hepadnavírus** Pequeno vírus de DNA envelopado com DNA circular; um desses vírus causa hepatite B

**hepatite** Inflamação do fígado, geralmente causada por vírus, porém algumas vezes por amebas ou várias substâncias químicas tóxicas

**hepatite A** (anteriormente denominada hepatite infecciosa) Forma comum de hepatite viral causada por um vírus de RNA de fita simples, transmitida por via oral-fecal

**hepatite B** (anteriormente denominada hepatite sérica) Tipo de hepatite causada por vírus de DNA de fita dupla, habitualmente transmitida por sangue ou sêmen

**hepatite C** (anteriormente denominada hepatite não A, não B) Tipo de hepatite que se distingue por um nível elevado da enzima hepática alanina transferase; infecção habitualmente leve ou não aparente, mas que pode ser grave em indivíduos imunocomprometidos

**hepatite D, vírus delta (HDV)** (também denominada hepatite delta) Tipo grave de hepatite causada pela presença dos vírus das hepatites D e B; o vírus da hepatite D é um vírus incompleto, que não é capaz de se replicar sem a presença de vírus da hepatite B como auxiliar

**hepatite delta** *Ver* **hepatite D**

**hepatite E (HEV)** Tipo de hepatite transmitida através de suprimentos de água contaminados com fezes

**hepatite infecciosa** *Ver* **hepatite A**

**hepatite sérica** *Ver* **hepatite B**

**hepatovírus** Um dos três principais grupos de picornavírus que podem infectar os nervos e é responsável por causar hepatite A

**hereditariedade** Transmissão das características genéticas de um organismo para a sua progênie

**hermafrodita** Refere-se ao organismo que tem ambos os sistemas reprodutores, masculino e feminino

**herpes do gladiador** Infecção por herpes-vírus que ocorre em lesões cutâneas de lutadores; transmitida por contato ou em tatames

**herpes genital** *Ver* **herpes-vírus simples tipo 2**

**herpes labial** Lesões herpéticas nos lábios

**herpes neonatal** Infecção em lactentes, habitualmente pelo HSV-2, adquirida com mais frequência durante a passagem pelo canal do parto contaminado pelo vírus

**herpes traumático** Tipo de infecção herpética em que o vírus entra na pele traumatizada em uma área de queimadura ou outra lesão

**herpes-vírus simples tipo 2** (**HSV-2**; algumas vezes denominado *herpesvírus hominis*) Vírus que normalmente causa herpes genital, mas que também pode causar lesões orais

**herpes-vírus simples tipo1 (HSV-1)** Vírus que mais frequentemente causa herpes labial e outras lesões da cavidade oral e, com menos frequência, lesões genitais

**herpes-vírus** Vírus de DNA envelopado e relativamente grande, que pode permanecer latente por longos períodos de tempo nas células do hospedeiro

**herpes-zóster** Doença esporádica causada pela reativação do herpes-vírus varicela-zóster, que aparece mais frequentemente em indivíduos idosos e imunocomprometidos

**heterotrofia** "Alimentando-se de outro"; utilização de átomos de carbono a partir de compostos orgânicos para a síntese de biomoléculas

**heterótrofo** Organismo que utiliza compostos para produzir biomoléculas

**hialuronidase** (também denominada fator de disseminação) Enzima produzida por bactérias, que digere o ácido hialurônico, o qual ajuda a manter unidas as células de certos tecidos, tornando assim os tecidos mais acessíveis aos microrganismos

**hibridização do DNA** Processo em que as duas fitas de DNA de dois organismos são separadas e em que pode ocorrer combinação das fitas separadas dos dois organismos

**hibridoma** Célula híbrida resultante da fusão de uma célula cancerosa com outra célula, geralmente um leucócito produtor de anticorpos

**hidrofílico** Que tem afinidade pela água

**hidrofóbico** Que repele a água

**hidrolisado de caseína** Substância derivada da proteína do leite, que contém muitos aminoácidos; usado para enriquecer certos meios

**hidrólise** Reação química que gera produtos mais simples a partir de moléculas orgânicas mais complexas

**hifa** Estrutura filiforme longa de células nos fungos ou actinomicetos

**hiperparasitismo** Fenômeno em que o próprio parasita tem parasitas

**hipersensibilidade** (também denominada alergia) Distúrbio em que o sistema imune reage de modo inapropriado, respondendo habitualmente a um antígeno que ele ignora em condições normais

**hipersensibilidade à tuberculina** Reação de hipersensibilidade mediada por células que ocorre em indivíduos sensibilizados quando são expostos à tuberculina

**hipersensibilidade citotóxica (tipo II)** Tipo de alergia desencadeada por antígenos nas células, particularmente nos eritrócitos, que o sistema imune trata como estranho

**hipersensibilidade granulomatosa** Reação de hipersensibilidade mediada por células que ocorre quando macrófagos fagocitam patógenos, mas não conseguem matá-los

**hipersensibilidade imediata (tipo I)** (também denominada hipersensibilidade anafilática) Resposta a uma substância estranha (alérgeno) resultante de uma exposição prévia ao alérgeno

**hipersensibilidade mediada por células (tipo IV)** (também denominada hipersensibilidade tardia) Tipo de alergia desencadeada por substâncias estranhas do ambiente, por agentes infecciosos, por tecidos transplantados e por células malignas do próprio corpo; mediada por células T

**hipersensibilidade por imunocomplexos (tipo III)** Reação exagerada ou inapropriada do sistema imune a uma substância estranha, desencadeada por antígenos em vacinas, em microrganismos ou nas próprias células de uma pessoa

**hipersensibilidade tardia (tipo IV)** *Ver* **hipersensibilidade mediada por células (tipo IV)**

**hipertônico** Diz-se de solução contendo uma concentração de material dissolvido maior que a existente no interior de uma célula

**hipótese da seleção clonal** Teoria que explica como a exposição a determinado antígeno estimula a proliferação de um linfócito capaz de produzir anticorpos contra esse antígeno particular, dando origem a um clone de células idênticas produtoras de anticorpos

**hipotônica** Solução contendo uma concentração de material dissolvido menor que a existente no interior de uma célula

**histamina** Amina liberada pelos basófilos e tecidos em reações alérgicas

**histona** Proteína que contribui diretamente para a estrutura dos cromossomos eucarióticos

**histoplasmose** (também denominada doença de Darling) Doença respiratória fúngica, endêmica no centro e leste dos EUA, causada pelo fungo do solo *Histoplasma capsulatum*

**holoenzima** Enzima funcional que consiste em uma apoenzima e uma coenzima ou cofator

**homologia genética** Semelhança das sequências de bases do DNA entre organismos

**hospedeiro** Qualquer organismo que abriga outro organismo

**hospedeiro definitivo** Organismo que abriga a forma adulta e sexualmente reprodutiva de um parasita

**hospedeiro imunocomprometido** Indivíduo com resistência reduzida, mais suscetível à infecção

**hospedeiro intermediário** Organismo que abriga um parasita no estágio sexualmente imaturo

**hospedeiro reservatório** Organismo infectado que torna os parasitas disponíveis para transmissão a outros hospedeiros

**IgA** Classe de anticorpos encontrados no sangue e em secreções

**IgD** Classe de anticorpos encontrados na superfície das células B e raramente secretados

**IgE** Classe de anticorpos que se ligam a receptores nos basófilos do sangue ou em mastócitos nos tecidos; responsável por reações alérgicas ou de hipersensibilidade imediata (tipo I)

**IgG** A principal classe de anticorpos encontrados no sangue; produzidos em maiores quantidades durante a resposta secundária

**IgM** A primeira classe de anticorpos secretados no sangue durante os estágios iniciais de uma resposta imune primária (roseta de cinco moléculas de imunoglobulina) ou encontrados na superfície das células B (como única molécula de imunoglobulina)

**iluminação de campo claro** Iluminação produzida pela passagem de luz visível através do condensador de um microscópio óptico

**iluminação de campo escuro** Na microscopia óptica, a luz que é refletida por um objeto, em lugar de passar através dele, resultando em uma imagem brilhante com fundo escuro

**imidazol** Agente antifúngico que rompe a membrana plasmática dos fungos

**impetigo** Piodermatite altamente contagiosa causada por estafilococos, estreptococos ou ambos

**imunidade** Capacidade de um organismo de se defender contra agentes infecciosos

**imunidade adaptativa** Capacidade do hospedeiro de desencadear uma defesa contra determinados agentes infecciosos por meio de respostas fisiológicas específicas ao agente infeccioso

**imunidade adaptativa adquirida naturalmente** Defesa contra uma doença específica que é adquirida em algum momento depois do nascimento, sem a intervenção ou o uso de produtos sintetizados, como vacinas ou gamaglobulina

**imunidade adaptativa artificialmente adquirida** Quando o sistema imune do indivíduo é estimulado a reagir a algum processo fabricado pelo homem (p. ex., vacina ou soro imune)

**imunidade adquirida** Imunidade obtida de alguma forma diferente da hereditária

**imunidade ativa** Imunidade criada quando o sistema imune do próprio organismo produz anticorpos ou outras defesas contra um agente reconhecido como estranho

**imunidade ativa adquirida naturalmente** Processo em que um indivíduo é exposto a um agente infeccioso e frequentemente apresenta a doença, e seu próprio sistema imune responde de maneira protetora

**imunidade ativa artificialmente adquirida** Quando um indivíduo é exposto a uma vacina contendo organismos vivos, atenuados ou mortos ou suas toxinas, o próprio sistema imune do hospedeiro responde especificamente para defender o corpo (p. ex., pela produção de anticorpos específicos)

**imunidade de rebanho** (também denominada imunidade de grupo ou imunidade coletiva) A proporção de indivíduos em uma população que é imune a determinada doença

**imunidade específica** Defesa contra um microrganismo específico

**imunidade específica** Imunidade inata ou genética inata

**imunidade genética** Imunidade inata

**imunidade humoral** Resposta imune mais efetiva na defesa do corpo contra bactérias, toxinas bacterianas e vírus que não entraram nas células

**imunidade inata** Imunidade à infecção que existe em um organismo, devida a características geneticamente determinadas

**imunidade medida por células** Resposta imune envolvendo a ação direta das células T para ativar as células B ou para destruir células infectadas por microrganismos, células tumorais ou células transplantadas (transplantes de órgãos)

**imunidade passiva** Imunidade criada quando anticorpos já produzidos são introduzidos em um organismo, em vez de serem sintetizados por ele

**imunidade passiva adquirida naturalmente** Produção de anticorpos por outro indivíduo administrados a um hospedeiro (p. ex., no leite materno), sem intervenção do homem

**imunidade passiva artificialmente adquirida** Quando anticorpos produzidos por outros hospedeiros são introduzidos em um novo hospedeiro (p. ex., através do leite materno ou injeção de gamaglobulina)

**imunização ativa** Uso de vacinas para controlar doenças pelo aumento da imunidade de grupo por meio da estimulação da resposta imune

**imunização passiva** Processo de indução de imunidade por meio da introdução de anticorpos já produzidos em um hospedeiro

**imunocitólise** Processo em que o complexo de ataque à membrana do complemento produz lesões nas membranas celulares através das quais o conteúdo das células bacterianas extravasa

**imunocomprometido** Referente a um indivíduo cujas defesas imunes estão enfraquecidas devido à luta contra outra doença infecciosa, ou devido a uma doença por imunodeficiência ou um agente imunossupressor

**imunodeficiência** Defeitos inatos ou adquiridos nos linfócitos (células B ou T)

**imunodeficiência combinada grave (IDCG)** Doença por imunodeficiência primária causada pela incapacidade de desenvolvimento correto da células-tronco, resultando em deficiência das células tanto B quanto T

**imunodifusão radial** Teste sorológico utilizado para fornecer uma medida quantitativa da concentração de antígeno ou de anticorpo pela medição do diâmetro do anel de precipitação em torno do antígeno

**imunoeletroforese** Teste sorológico em que os antígenos são inicialmente separados por eletroforese em gel; em seguida, são deixados reagir com anticorpos colocados em uma cavidade no gel

**imunofluorescência** Referente ao uso de anticorpos aos quais está ligada uma substância fluorescente, com a finalidade de detectar antígenos, outros anticorpos ou complemento nos tecidos

**imunoglobulina (Ig)** (também denominada anticorpo) Classe de proteínas protetoras produzidas pelo sistema imune em resposta a determinado epítopo

**imunoglobulina sérica** (também denominada gamaglobulina) Mistura de amostras de frações do soro contendo anticorpos de muitos indivíduos

**imunologia** Estudo da imunidade específica e de como o sistema imune responde a agentes infecciosos específicos

**imunossupressão** Redução das reações imunes ao mínimo por meio de radiação ou fármacos citotóxicos

**inclusão** Grânulo ou vesícula encontrados no citoplasma de uma célula bacteriana

**índice de refração** Medida da inclinação dos raios de luz quando passam de um meio para outro

**índice quimioterápico** Dose máxima tolerável de determinado fármaco por quilograma de peso corporal dividida pela dose mínima por quilograma de peso corporal que irá curar a doença

**indução** Estimulação de um fago temperado (prófago) para excisar a si próprio do cromossomo do hospedeiro e iniciar um ciclo lítico de replicação

**indução enzimática** Mecanismo pelo qual os genes que codificam as enzimas necessárias no metabolismo de determinado nutriente são ativados pela presença desse nutriente

**induração** Região vermelha, elevada e dura na pele, que resulta de hipersensibilidade à tuberculina

**indutor** Substância que se liga a uma proteína repressora e a inativa

**infecção** Multiplicação de um organismo parasita, geralmente microscópico, no interior do corpo do hospedeiro ou sobre ele

**infecção abortiva** Infecção viral em que os vírus penetram em uma célula, porém são incapazes de expressar todos os seus genes para produzir uma progênie infecciosa

**infecção do trato urinário (ITU)** Infecção urogenital bacteriana que provoca uretrite ou cistite

**infecção endógena** Infecção causada por microrganismos oportunistas já presentes no corpo

**infecção exógena** Infecção causada por microrganismos que entram no corpo a partir do ambiente

**infecção focal** Infecção confinada a uma área específica, a partir da qual os patógenos podem se disseminar para outras áreas

**infecção hospitalar** (também denominada infecção nosocomial) Infecção adquirida em hospital ou outra instalação médica

**infecção inaparente** (também denominada **infecção subclínica**) Infecção que não produz sintomas, devido à presença de um número insuficiente de organismos ou devido às defesas do hospedeiro que combatem efetivamente os patógenos

**infecção local** Infecção confinada a uma área específica do corpo

**infecção mista** Infecção causada ao mesmo tempo por várias espécies de organismos

**infecção primária** Infecção inicial em um indivíduo anteriormente sadio

**infecção produtiva** Infecção viral em que os vírus penetram em uma célula e produzem uma progênie infecciosa

**infecção secundária** Infecção que ocorre após uma infecção primária, particularmente em pacientes enfraquecidos por infecção primária

**infecção sistêmica** (também denominada infecção generalizada) Infecção que afeta todo o corpo

**infecção subclínica** *Ver* **infecção inaparente**

**infecção viral latente** Infecção típica de herpes-vírus, em que uma infecção ocorrida na infância e controlada é posteriormente reativada durante a vida

**infecção viral persistente** Produção continuada de vírus dentro do hospedeiro durante muitos meses ou anos

**infestação** Presença de helmintos (vermes) ou artrópodes dentro de um hospedeiro vivo ou sobre ele

**inflamação** Resposta de defesa do corpo a danos dos tecidos causados por infecção microbiana

**inflamação aguda** Inflamação de duração relativamente curta, durante a qual as defesas do hospedeiro destroem os microrganismos invasores e procedem ao reparo da lesão tecidual

**inflamação crônica** Condição em que há um impasse não resolvido e persistente entre um agente inflamatório e as células fagocíticas e outras defesas do hospedeiro na tentativa de destruí-lo

**inflamação granulomatosa** Tipo especial de inflamação crônica, caracterizada pela presença de granulomas

**influenza** Infecção respiratória viral causada por ortomixovírus que se manifesta como epidemias

**inibição pelo produto final** *Ver* **inibição por retroalimentação (*feedback*)**

**inibição por retroalimentação (*feedback*)** (também denominada **inibição pelo produto final**) Regulação de uma via metabólica pela concentração de um de seus intermediários ou, normalmente, de seu produto final, que inibe uma enzima da via

**inibidor competitivo** Molécula de estrutura semelhante a um substrato, que compete com este substrato pela sua ligação ao sítio ativo

**inibidor não competitivo** Molécula que se liga a uma enzima em um sítio alostérico (sítio diferente do sítio ativo), distorcendo o formato do sítio ativo, de modo que a enzima não possa mais funcionar

**inserção** Adição de uma ou mais bases ao DNA, produzindo geralmente uma mutação por deslocamento do quadro de leitura

**inseto** Artrópode com corpo dividido em três regiões, três pares de patas e peças bucais altamente especializadas

**interferon** Pequena proteína frequentemente liberada de células infectadas por vírus que se liga a células adjacentes não infectadas, levando-as a produzir proteínas antivirais que interferem na replicação do vírus

**intestino delgado** Parte superior do intestino onde a digestão é completada

**intestino grosso** Parte inferior do intestino que absorve água e converte o alimento não digerido em fezes

**intoxicação** Ingestão de uma toxina microbiana, que leva a uma doença

**intoxicação verminosa** Reação alérgica a toxinas nos resíduos metabólicos de trematódeos hepáticos

**íntron** (também denominado região interveniente) Região de um gene (ou mRNA) nas células eucarióticas, que não codifica proteínas

**invasividade** Capacidade de um microrganismo de estabelecer residência em um hospedeiro

**íon** Átomo com carga elétrica produzido quando um átomo ganha ou perde um ou mais elétrons

**isoenxerto** Enxerto de tecidos entre indivíduos geneticamente idênticos

**isolamento** Situação em que um paciente com doença transmissível é impedido de entrar em contato com a população geral

**isômero** Forma alternativa de uma molécula que apresenta a mesma fórmula molecular, porém com estrutura diferente

**isoniazida** Antimetabólito que é bacteriostático contra a micobactéria causadora da tuberculose

**isotônico** Líquido contendo uma concentração de materiais dissolvidos igual à do interior de uma célula; não causa nenhuma mudança no volume celular

**isótopo** Átomo de determinado elemento que contém um número diferente de nêutrons

**isquemia** Redução do fluxo sanguíneo para os tecidos, com deficiência de oxigênio e nutrientes e acúmulo de resíduos

**kuru** Encefalopatia espongiforme transmissível do cérebro humano, doença causada por príons associada a canibalismo e transplantes de tecidos/órgãos

**laringe** Caixa de voz

**laringite** Infecção da laringe, frequentemente com perda da voz

**latência** Capacidade de um vírus de permanecer nas células hospedeiras por longos períodos de tempo, enquanto conserva a sua capacidade de replicação

**leishmaniose** Doença sistêmica parasitária causada por três espécies de protozoários do gênero *Leishmania* e transmitida por mosquitos-palha

**lente objetiva** Lente em um microscópio que se encontra mais próxima da amostra, produzindo uma imagem ampliada do objeto examinado

**lente ocular** Lente do microscópio que aumenta ainda mais a imagem criada pela lente objetiva

**leproma** Lesão cutânea grande e desfigurante que ocorre na forma lepromatosa da doença de Hansen

**lepromatoso** Referente à forma nodular da doença de Hansen (hanseníase), em que a resposta granulomatosa provoca lesões cutâneas grandes e desfigurantes, denominadas lepromas

**leptospirose** Zoonose causada pela espiroqueta *Leptospira interrogans*, que entra no corpo através das membranas mucosas ou abrasões na pele

**leucocidina** Exotoxina produzida por muitas bactérias, incluindo os estreptococos e os estafilococos, que mata os fagócitos

**leucócito** Glóbulo branco do sangue

**leucocitose** Aumento no número de leucócitos circulantes do sangue

**leucoencefalopatia multifocal progressiva** Doença causada pelo poliomavírus JC, com sintomas de deterioração mental, paralisia dos membros e cegueira

**leucostatina** Exotoxina que interfere na capacidade dos leucócitos de englobar microrganismos que liberam a toxina

**leucotrieno** Mediador de reação liberado dos mastócitos após a desgranulação, que provoca constrição prolongada das vias respiratórias, dilatação e aumento da permeabilidade dos capilares, aumento da secreção de muco espesso e estimulação das terminações nervosas, causando dor e prurido

**liberação** A saída de novos vírions da célula hospedeira, o que habitualmente leva à sua morte

**ligação covalente** Ligação entre átomos criada pelo compartilhamento de pares de elétrons

**ligação de alta energia** Ligação química que libera energia quando hidrolisada; a energia pode ser utilizada para transferir o produto hidrolisado para outro composto

**ligação de hidrogênio** Atração relativamente fraca entre um átomo de hidrogênio transportando uma carga positiva parcial e um átomo de oxigênio ou de nitrogênio transportando uma carga negativa parcial

**ligação glicosídica** Ligação covalente entre dois monossacarídios

**ligação iônica** Ligação química entre átomos, resultante da atração de íons com carga oposta

**ligação peptídica** Ligação covalente que une o grupo amino de um aminoácido ao grupo carboxila de outro aminoácido

**ligação química** Interação de elétrons nos átomos que formam uma molécula

**ligase** Enzima que une segmentos de DNA

**linfa** Líquido e proteínas plasmáticas em excesso que são perdidos através das paredes capilares e encontrados nos capilares linfáticos

**linfangite** Sintoma de septicemia em que aparecem estrias vermelhas sob a pele, devidas a vasos linfáticos inflamados

**linfócito B** (também denominado célula B) Linfócito que é produzido e amadurece no tecido equivalente da bursa. Dá origem aos plasmócitos produtores de anticorpos

**linfócito** Leucócito (glóbulo branco do sangue) encontrado em grande número nos tecidos linfoides, que contribui para a imunidade específica

**linfócito T** (também denominado célula T) Célula do sistema imune derivada do timo e agente de respostas imunes celulares

**linfogranuloma venéreo (LGV)** Doença sexualmente transmissível, causada por *Chlamydia trachomatis*, que ataca o sistema linfático

**linfoma de Burkitt** Tumor da mandíbula, observado principalmente em crianças africanas, causado pelo vírus Epstein-Barr

**linfonodo** Estrutura globular encapsulada localizada ao longo dos trajetos dos vasos linfáticos que ajuda a retirar os microrganismos da linfa

**linhagem celular contínua** Cultura de células que consiste em células que podem ser propagadas por muitas gerações

**liofilização** Secagem por congelamento, meio de preservar culturas

**lipídio** Um de um grupo de compostos complexos insolúveis em água

**lipídio A** Substância tóxica encontrada no envoltório celular de bactérias gram-negativas

**lipopolissacarídio (LPS)** (também denominado endotoxina) Parte da camada externa do envoltório celular das bactérias gram-negativas

**líquen** Simbiose tripla de organismos, consistindo em um fungo, uma levedura e uma cianobactéria azul esverdeada ou verde

**lise** Destruição de uma célula pela ruptura da membrana celular ou plasmática, resultando em perda do citoplasma

**lisogenia** Capacidade dos bacteriófagos temperados de persistir em uma bactéria pela integração do DNA viral no cromossomo do hospedeiro, sem a replicação de novos vírus ou lise celular

**lisogênico** Pertinente a uma célula bacteriana no estado de lisogenia

**lisógeno** Combinação de uma bactéria com um fago temperado

**lisossomo** Pequena organela delimitada por membrana encontrada em células animais, que contém enzimas digestivas

**listeriose** Tipo de meningite causada por *Listeria moncytogenes* que representa particularmente uma ameaça aos que apresentam comprometimento do sistema imune

**local privilegiado** Área do corpo que é isolada do sistema imune adaptativo, como o útero, os testículos e a câmara anterior do olho

***locus*** Localização de um gene em um cromossomo

**lodo** Matéria sólida remanescente do tratamento da água que contém organismos aeróbicos que digerem a matéria orgânica

**lofotríquio** Que possui dois ou mais flagelos em uma ou em ambas as extremidades da célula bacteriana

**loíase** Doença ocular tropical causada pelo verme filária *Loa loa*

**luminescência** Processo em que os raios de luz absorvidos são reemitidos em comprimentos de onda mais longos

**lúpus eritematoso sistêmico** Doença autoimune sistêmica amplamente disseminada, que resulta da produção de anticorpos contra o DNA e outros componentes do corpo

**macrófago** Leucócito vorazmente fagocítico encontrado nos tecidos

**macrolídio** Composto com anel grande, como a eritromicina, que é antibacteriano, afetando a síntese de proteínas

**maduromicose** *Ver* **pé de Madura**

**magnetossomo** Vesícula membranosa onde fica armazenada a magnetita ($Fe_3O_4$) sintetizada por bactérias magnetotáticas. Os magnetossomos são de tamanho quase constante e estão orientados em cadeias paralelas, como uma fileira de pequenos magnetos

**malária** Doença parasitária grave causada por diversas espécies do protozoário *Plasmodium* e transmitida por mosquitos

**maligno** Relativo a um tumor que é canceroso

**maltado** Referente a grãos de cereais que são parcialmente germinados para aumentar a concentração de enzimas que digerem o amido

**manchas de Koplik** Manchas vermelhas com pontos azulados centrais que aparecem na mucosa do lado lábio superior nos estágios iniciais do sarampo

**mapeamento cromossômico** Identificação da sequência de genes em um cromossomo

**massa atômica** A soma do número de prótons e de nêutrons de um átomo

**mastigóforo** Protozoário flagelado, como *Giardia*

**mastócito** Leucócito que libera histamina durante uma resposta alérgica

**matriz** Porção interna de uma mitocôndria repleta de líquido

**maturação** Processo pelo qual ocorre montagem de vírions completos a partir de componentes recém-sintetizados no processo de replicação

**meato acústico externo** Parte da orelha externa revestida com pele, que contém numerosos pelos pequenos e glândulas ceruminosas

**mebendazol** Agente anti-helmíntico que bloqueia a captação de glicose por nematódeos parasitas

**mediador endógeno dos leucócitos (MEL)** Substância que ajuda a elevar a temperatura corporal, enquanto diminui a absorção do ferro (aumentando o armazenamento de ferro)

**meio** Mistura de substâncias nutricionais sobre a qual ou dentro da qual os microrganismos crescem

**meio complexo** (também denominado **meio quimicamente não definido**) Meio de crescimento que contém determinados materiais razoavelmente bem definidos, mas que varia ligeiramente na composição química de lote para lote

**meio de enriquecimento** Meio que contém nutrientes especiais para possibilitar o crescimento de determinado organismo

**meio diferencial** Meio de crescimento com um componente que produz uma mudança observável (na cor ou no pH) do meio quando ocorre determinada reação química, tornando possível a distinção entre organismos

**meio quimicamente não definido** *Ver* **meio complexo**

**meio seletivo** Meio que favorece o crescimento de alguns organismos e suprime o crescimento de outros

**meio sintético** Meio de crescimento preparado em laboratório a partir de materiais de composição precisa ou razoavelmente bem definida

**meio sintético definido** Meio sintético que contém tipos específicos e quantidades conhecidas de substâncias químicas

**meiose** Processo de divisão nas células eucarióticas que reduz o número de cromossomos à metade

**membrana celular** (também denominada membrana plasmática) Bicamada de lipoproteína seletivamente permeável que forma o limite entre o citoplasma de uma célula bacteriana e o seu ambiente

**membrana externa** Membrana constituída de bicamada que faz parte do envoltório celular das bactérias gram-negativas

**membrana mucosa** (também denominada mucosa) Cobertura sobre os tecidos e órgãos da cavidade do corpo que ficam expostos ao exterior

**membrana plasmática** (também denominada membrana celular) Bicamada lipoproteica seletivamente permeável, que forma a linha divisória entre o citoplasma de uma célula eucariótica e o seu ambiente

**membrana timpânica** (também denominada tímpano) Membrana que separa a orelha externa da orelha média

**memória** Capacidade do sistema imune de reconhecer substâncias que encontrou anteriormente e de responder rapidamente

**meninges** Três camadas de membrana que protegem o encéfalo e a medula espinal

**meningite bacteriana** Inflamação das meninges, membranas que cobrem o encéfalo e a medula espinal, causada por qualquer uma de várias espécies de bactérias

**meningite viral** Forma habitualmente autolimitada e não fatal de meningite

**meningoencefalite herpética** Doença grave causada por herpes-vírus que pode causar dano neurológico permanente ou morte e que algumas vezes ocorre após infecção generalizada por herpes ou ascende a partir do gânglio trigêmeo

**merozoíto** Trofozoíto da malária encontrado nos eritrócitos ou células hepáticas infectados

**mesófilo** Organismo que cresce melhor em temperaturas situadas entre 25 e 40°C, incluindo a maioria das bactérias

**metabolismo** Soma de todos os processos químicos realizados por organismos vivos

**metacercária** Estágio encistado pós-cercária no desenvolvimento de um trematódeo, antes da transferência para o hospedeiro final

**metacromasia** Propriedade de exibir uma variedade de cores quando corado com um corante simples

**metalização** Revestimento de amostras para microscopia eletrônica com um metal pesado, como ouro ou paládio, para criar um efeito tridimensional

**metanógenos** Um dos grupos de Archaea que produz gás metano

**metastatizar** Relacionado com a disseminação de tumores malignos para outros tecidos do corpo

**método da membrana filtrante** Método para testar a presença de bactérias coliformes na água, em que as bactérias são filtradas através de uma membrana e, em seguida, incubadas na superfície da membrana em meio de cultura

**método de conservação** *Ver* **pasteurização lenta em baixa temperatura**

**método de difusão em disco** (também denominado **método de Kirby-Bauer**) Método usado para determinar a sensibilidade microbiana a agentes antimicrobianos, em que discos de antimicrobianos são colocados em uma placa de Petri inoculada, incubados e observados à procura de inibição do crescimento

**método de diluição** Método para testar a sensibilidade a antimicrobianos, em que os organismos são incubados em uma série de tubos contendo quantidades conhecidas de um agente quimioterápico

**método de espalhamento em placa** Técnica utilizada para preparar culturas puras colocando uma amostra diluída de células sobre a superfície de uma placa de ágar e, em seguida, espalhando uniformemente a amostra sobre a superfície

**método de fermentação em múltiplos tubos** Método em três etapas para testar a presença de bactérias coliformes na água potável

**método de Kirby-Bauer** *Ver* **método de difusão em disco**

**método de semeadura por estiramento** Método utilizado para preparar culturas puras, em que as bactérias são levemente espalhadas sobre a superfície de placas de ágar, resultando em colônias isoladas

**método do papel de filtro** Método para avaliação das propriedades antimicrobianas de um agente químico, utilizando discos de papel de filtro colocados sobre uma placa de ágar inoculada

**método *pour plate*** Método utilizado para a preparação de culturas puras utilizando diluições seriadas, em que cada uma é misturada com ágar derretido e derramado em uma placa de Petri estéril

**metronidazol** Agente antiprotozoário efetivo contra infecções causadas por *Trichomonas*

**miastenia grave** Doença autoimune específica da musculatura esquelética, que acomete particularmente os músculos dos membros e aqueles envolvidos nos movimentos dos olhos, na fala e na deglutição

**micélio** Nos fungos, uma massa de estruturas longas e filiformes (hifas), que se ramificam e se entrelaçam

**micologia** Estudo dos fungos

**micoplasmas** Bactérias muito pequenas com membranas celulares, RNA e DNA, porém sem paredes celulares

**micose** Doença causada por fungo

**microaerófilo** Bactéria que cresce melhor na presença de pequena quantidade de oxigênio livre

**microambiente** Hábitat em que o oxigênio, os nutrientes e a luz permanecem estáveis, incluindo o ambiente imediatamente ao redor do microrganismo

**micróbio** *Ver* **microrganismo**

**microbiologia** Estudo dos microrganismos

**microbiologia farmacêutica** Ramo especial da microbiologia industrial relacionado com a fabricação de produtos usados no tratamento ou na prevenção de doenças

**microbiologia industrial** Ramo da microbiologia que trata do uso de microrganismos para auxiliar a fabricação de produtos úteis ou o descarte de produtos residuais

**microbioma** Todas as espécies de microrganismos e seus genes que habitam o corpo humano

**microbiota** Microrganismos nativos que ocorrem naturalmente no hospedeiro

**microbiota normal** (também denominada microflora normal) Microrganismos que vivem sobre ou dentro do corpo, mas que habitualmente não causam doença

**microbiota residente** (também denominada microflora residente) Espécies de microrganismos que estão sempre presentes sobre um organismo ou dentro dele

**microbiota transitória** Microrganismos que podem estar presentes dentro de um organismo ou sobre ele em determinadas condições e por certos períodos de tempo em locais onde se encontra uma microbiota residente

**microfilamento** Fibra proteica que faz parte do citoesqueleto nas células eucarióticas

**microfilária** Larva microscópica imatura de nematódeos

**micrografia eletrônica** "Fotografia" de uma imagem tirada com microscópio eletrônico

**micrômetro ($\mu$m)** Unidade de medida igual a 0,000001 m ou $10^{-6}$ m; anteriormente denominado mícron ($\mu$)

**micrômetro ocular** Disco de vidro com uma escala inscrita que é colocado dentro da ocular de um microscópio; utilizado para medir o tamanho real de um objeto que está sendo observado

**microrganismo** (também denominado micróbio) Organismo estudado com um microscópio; inclui os vírus
**microscopia** Tecnologia para tornar as coisas muito pequenas visíveis a olho nu
**microscopia confocal** Utiliza feixes de *laser* ultravioleta para excitar moléculas de corante químico fluorescentes para emitir (retornar) luz
**microscopia de contraste de fase** Uso de um microscópio que possui um condensador que acentua pequenas diferenças no índice de refração de várias estruturas dentro da célula
**microscopia de fluorescência** Uso de luz ultravioleta em um microscópio para excitar moléculas, de modo que elas liberem luz de diferentes cores
**microscopia de Nomarski** Microscopia de contraste de interferência diferencial; utiliza diferenças no índice de refração para a visualização das estruturas, produzindo uma imagem quase tridimensional
**microscopia óptica** Uso de qualquer tipo de microscópio que utiliza a luz visível para tornar as amostras observáveis
**microscópio de força atômica (AFM** [*atomic force microscope*]**)** Membro avançado da família de microscópios de varredura de tunelamento, que fornece uma visão tridimensional de estruturas de tamanho atômico até cerca de 1 μm
**microscópio de tunelamento por varredura (STM)** Também denominado microscópio de sonda com varredura; tipo de microscópio em que os elétrons escavam túneis dentro das nuvens uns dos outros; pode mostrar moléculas individuais e amostras vivas e funciona debaixo da água
**microscópio digital** Aquele que tem uma câmera digital incorporada e *software* pré-carregado
**microscópio eletrônico (ME)** Microscópio que utiliza um feixe de elétrons, em vez de um feixe de luz, e eletromagnetos, em lugar de lentes de vidro, para produzir uma imagem
**microscópio eletrônico de transmissão (MET)** Tipo de microscópio eletrônico utilizado para estudo das estruturas internas das células; são utilizadas fatias muito finas de amostras
**microscópio eletrônico de varredura (MEV)** Tipo de microscópio eletrônico utilizado para estudar as superfícies das amostras
**microscópio óptico** *Ver* **microscópio óptico composto**
**microscópio óptico composto** Microscópio óptico com mais de uma lente
**microtúbulo** Proteína tubular que forma a estrutura dos cílios, dos flagelos e de parte do citoesqueleto nas células eucarióticas
**microvilosidade** Projeção minúscula a partir da superfície de uma célula animal
**miíase** Infestação causada por larvas de mosca
**mimetismo antigênico** Autoantígeno semelhante a um antígeno em um patógeno
**mimetismo molecular** Imitação do comportamento de uma molécula normal por um antimetabólito
**miocardite** Inflamação do músculo cardíaco
**miracídio** Larva ciliada de trematódeo no primeiro estágio, de nado livre, que emerge de um ovo
**mistura** Duas ou mais substâncias combinadas em qualquer proporção e não ligadas quimicamente
**mitocôndria** Organela das células eucarióticas que realiza reações oxidativas que capturam a energia
**mitose** Processo pelo qual o núcleo celular de uma célula eucariótica divide-se para formar núcleos idênticos
**modelo em mosaico fluido** Modelo atual da estrutura da membrana em que as proteínas estão dispersas em uma bicamada de fosfolipídios
**mol** (também denominado peso molecular em gramas) Peso de uma substância em gramas igual à soma dos pesos atômicos dos átomos em uma molécula da substância
**molde** DNA utilizado como padrão para a síntese de um novo polímero de nucleotídios na replicação ou transcrição
**molécula** Dois ou mais átomos ligados quimicamente entre si
**molusco contagioso** Infecção viral caracterizada por lesões indolores da cor da pele
**Monera** (também denominado **Prokaryotae**) Reino dos organismos procariontes que são unicelulares e desprovidos de um núcleo celular verdadeiro
**monilíase** *Ver* **candidíase**
**monocamada** Suspensão de células que aderem a superfícies de plástico ou vidro, com espessura formada por uma camada de células
**monócito** Leucócito vorazmente fagocítico, denominado macrófago após migrar para os tecidos
**monocular** Referente a um microscópio óptico que possui uma única ocular
**mononucleose infecciosa** Doença aguda que afeta muitos sistemas causada pelo vírus Epstein-Barr
**monossacarídio** Carboidrato simples que consiste em uma cadeia de carbonos ou um anel com vários grupos álcool e com um grupo aldeído ou cetona
**monotríquia** Célula bacteriana com um único flagelo
**mordente** Substância química que ajuda um corante a aderir à célula ou a uma estrutura celular
**mosto** Líquido extraído da trituração
**movimento ameboide** Movimento por meio de pseudópodes que ocorre em células desprovidas de envoltório celular, como as amebas e alguns leucócitos
**mucina** Glicoproteína no muco que recobre as bactérias e impede a sua fixação à superfície
**muco** Secreção espessa, porém aquosa, de glicoproteínas e eletrólitos, secretada pelas membranas mucosas
**mudança antigênica** Processo de variação antigênica provavelmente causada por reagrupamento de genes virais
**mutação** Alteração permanente no DNA de um organismo
**mutação espontânea** Mutação que ocorre na ausência de qualquer agente conhecido como causador de alterações no DNA; geralmente causada por erros durante a replicação do DNA
**mutação induzida** Mutação produzida por agentes denominados mutagênicos, que aumentam a taxa de mutação
**mutação pontual** Mutação em que uma base é substituída por outra em uma localização específica de um gene
**mutação por deslocamento do quadro de leitura** Mutação resultante da deleção ou inserção de uma ou mais bases
**mutagênico** Refere-se a agente que aumenta a taxa de mutações
**mutualismo** Forma de simbiose em que dois organismos de espécies diferentes vivem em uma relação que beneficia ambos
**NAD** Dinucleotídio de nicotinamida, uma enzima que transporta átomos de hidrogênio e elétrons
**nanômetro (nm)** Unidade de medida igual a 0,000000001 m ou $10^{-9}$ m; anteriormente denominado milimícron (mμ)
**não próprio** Antígenos reconhecidos como estranhos por um organismo
**nascentes frias** Gradientes químicos e térmicos frios ao longo do fundo dos oceanos que emitem metano através de áreas difusas próximo às margens continentais
**néfron** Unidade funcional do rim onde o líquido do sangue é filtrado
**nematelminto** (também denominado nematódeo) Verme com corpo longo, cilíndrico e não segmentado e cutícula espessa
**nematódeo** *Ver* **nematelminto**
**neoplasia** Tumor localizado
**nervo** Feixe de fibras de neurônios que transmite sinais sensoriais e motores por todo o corpo
**neurossífilis** Dano neurológico, incluindo espessamento das meninges, ataxia, paralisia e insanidade, que resulta da sífilis
**neurotoxina** Toxina que atua sobre os tecidos do sistema nervoso
**neutralização** Inativação dos microrganismos ou de suas toxinas por meio da formação de complexos antígeno-anticorpo
**neutralização viral** Ligação de anticorpos aos vírus, que é utilizada em um teste imunológico para determinar se o soro de um paciente contém vírus
**neutro** Referente a uma solução com pH de 7,0
**neutrófilo** (1) (também denominado leucócito polimorfonuclear, LPMN) Leucócito fagocítico. (2) Organismo que cresce melhor em um ambiente com pH de 5,4 a 8,5
**nêutron** Partícula subatômica sem carga elétrica no núcleo de um átomo

**niclosamida** Agente anti-helmíntico que interfere no metabolismo dos carboidratos

**nictúria** Micção noturna, que resulta frequentemente de infecções do trato urinário

**nitrificação** Processo pelo qual a amônia ou íons amônio são oxidados em nitritos ou nitratos

**nitrofurano** Agente antibacteriano que provoca dano aos sistemas respiratórios celulares

**nitrogenase** Enzima das bactérias fixadoras de nitrogênio que catalisa a reação do gás nitrogênio e do gás hidrogênio para formar amônia

**nível de dosagem terapêutica** Nível de dosagem de fármaco que elimina com sucesso um organismo patogênico quando mantido por um período

**nível de dosagem tóxica** Quantidade de um fármaco necessária para causar dano ao hospedeiro

**nocardiose** Doença respiratória caracterizada por lesões teciduais e abscessos; causada pela bactéria filamentosa *Nocardia asteroides*

**nódulo linfoide** Pequena agregação não encapsulada de tecido linfático que se desenvolve em muitos tecidos, sobretudo nos sistemas digestório, respiratório e urogenital, coletivamente denominado tecido linfático associado ao intestino (GALT); constituem os principais locais do corpo para a produção de anticorpos

**nomenclatura binominal** Sistema de taxonomia desenvolvido por Lineu em que cada organismo recebe um nome que designa o gênero e um segundo nome, o epíteto específico

**norovírus** Também denominado *vírus de Norwalk*, causador de enterite aguda e extremamente contagioso

**núcleo celular** Organela distinta envolvida por um envelope nuclear e que contém nucleoplasma, nucléolos e cromossomos (normalmente em pares)

**núcleo das gotículas** Partícula que consiste em muco seco, no qual estão incorporados os microrganismos

**nucleocapsídeo** O ácido nucleico e o capsídeo de um vírus

**nucleoide** *Ver* **região nuclear**

**nucléolo** Área no núcleo de uma célula eucariótica que contém RNA e que atua como local de montagem dos ribossomos

**nucleoplasma** Porção semifluida do núcleo celular nas células eucarióticas que é circundada pelo envelope nuclear

**nucleotídio** Composto orgânico que consiste em uma base nitrogenada, um açúcar de cinco carbonos e um ou mais grupos fosfato

**número atômico** Número de prótons de um átomo de determinado elemento

**número contável** Número de colônias em uma placa de ágar pequeno o suficiente para que se possa claramente distingui-las e contá-las (30 a 300 por placa)

**número mais provável (NMP)** Método estatístico de medição do crescimento bacteriano, utilizado quando amostras contêm um número muito pequeno de organismos para fornecer medidas confiáveis pelo método de contagem em placas

**obrigatório** Que necessita de uma condição ambiental específica

**oftalmia neonatal** Infecção piogênica dos olhos causada por *Neisseria gonorrhoeae* (também conhecida como conjuntivite do recém-nascido)

**óleo de imersão** Substância utilizada para evitar a refração em uma interface vidro-ar quando se examinam objetos em um microscópio

**oligoelemento** Minerais, como íons cobre, ferro, zinco e cobalto, que são necessários em quantidades muito pequenas para o crescimento

**oncocercíase** (também conhecida como cegueira do rio) Doença ocular causada pelas larvas do nematódeo *Onchocerca volvulus*, transmitida por borrachudos; comum na África e na América Central

**oncogene** Gene causador de câncer

**Oomycota (oomicetos)** *Ver* **fungo aquático**

**óperon** Sequência de genes estreitamente associados que inclui tanto os genes estruturais quanto os sítios reguladores que controlam a transcrição

**oportunista** Espécie de microbiota residente ou transitória que habitualmente não provoca doença, mas que pode fazê-lo em determinadas condições

**opsonina** Anticorpo que promove a fagocitose quando ligado à superfície de um microrganismo

**opsonização** Processo pelo qual microrganismos se tornam mais atraentes para os fagócitos por meio de seu revestimento com anticorpos (opsoninas) e proteína C3b do complemento (também denominada imunoaderência)

**orbivírus** Tipo de vírus que causa a febre do carrapato do Colorado

**organela** Estrutura interna envolta por membrana encontrada nas células eucarióticas

**organismo indicador** Organismo como *Escherichia coli*, cuja presença indica a contaminação da água por material fecal

**organismo indígena** (também denominado organismo nativo) Organismo nativo a determinado ambiente

**organismo não indígena** Organismo temporariamente encontrado em determinado ambiente

**origem** Local de um cromossomo onde começa a duplicação

**ornitose** Doença com sintomas semelhantes aos da pneumonia, causada por *Chlamydia psittaci* e adquirida por aves (anteriormente denominada psitacose e febre do papagaio)

**orquite** Inflamação dos testículos; sintoma da caxumba em homens pós-puberais

**ortomixovírus** Vírus de RNA envelopado, de tamanho médio, cujo formato varia de esférico a filamentoso, e que possui afinidade pelo muco

**osmose** Tipo especial de difusão em que as moléculas de água se movem de uma área de maior concentração para uma área de menor concentração através de uma membrana seletivamente permeável

**otite externa** Infecção do meato acústico externo

**otite média** Infecção da orelha média

**ovário** Nas fêmeas, uma das duas glândulas que produzem folículos ovarianos, os quais contêm um óvulo e células secretoras de hormônio

**oxidação** Perda de elétrons e de átomos de hidrogênio

**oxidação do enxofre** Oxidação de várias formas de enxofre a sulfato

**oxiúro** Nematódeo pequeno, *Enterobius vermicularis*, que causa doença gastrintestinal

**panarício** Lesão herpética em um dedo da mão, que pode resultar de exposição ao herpes oral, ocular e, provavelmente, genital

**pandemia** Epidemia que se torna mundial

**panencefalite esclerosante subaguda (PEES)** Complicação do sarampo, quase sempre fatal, que se deve à persistência do vírus do sarampo no tecido cerebral

**papiloma** *Ver* **verruga**

**papiloma laríngeo** Crescimento benigno causado por herpes-vírus, que pode ser perigoso se esses papilomas bloqueiam as vias respiratórias; os lactentes são frequentemente infectados durante o parto por mães que possuem verrugas genitais

**papilomavírus humano (HPV)** Vírus que acomete a pele e as membranas mucosas, causando papilomas ou verrugas

**papovavírus** Pequeno vírus de DNA não envelopado que provoca verrugas tanto benignas quanto malignas nos seres humanos; alguns tipos causam câncer de colo do útero

**par de bases** No DNA, duas bases unidas entre si, por exemplo, adenina e timina ou guanina e citosina

**parainfluenza** Doença viral caracterizada por inflamação nasal, faringite, bronquite e, algumas vezes, pneumonia, principalmente em crianças

**paralisia por picada de carrapato** Doença caracterizada por febre e paralisia devida a anticoagulantes e toxinas secretadas na picada do carrapato por meio da saliva do ectoparasita

**paramixovírus** Vírus de RNA envelopado, de tamanho médio, que possui afinidade por muco

**parasita** Organismo que vive dentro de outro organismo (denominado hospedeiro) ou sobre ele, e à custa deste se mantém vivo

**parasita acidental** Parasita que invade um organismo que não é seu hospedeiro normal

**parasita facultativo** Parasita que pode viver em um hospedeiro ou livremente

**parasita intracelular obrigatório** Organismo ou vírus que pode viver ou multiplicar-se apenas no interior de uma célula hospedeira viva

**parasita obrigatório** Parasita que precisa passar parte do seu ciclo de vida ou todo ele dentro de um hospedeiro ou sobre ele

**parasita permanente** Parasita que permanece dentro do hospedeiro ou sobre ele após invadi-lo

**parasita temporário** Parasita que se alimenta do hospedeiro e, em seguida, o abandona (como um inseto que pica)

**parasitismo** Relação simbiótica, em que um organismo, o parasita, se beneficia da relação, enquanto o outro organismo, o hospedeiro, é prejudicado por ela

**parasitologia** Estudo dos parasitas

**pareamento de bases complementares** Ponte de hidrogênio entre as bases adenina e timina (ou uracila) ou entre as bases guanina e citosina

**parfocal** No microscópio, permanência no foco aproximado, quando são efetuados ajustes no foco menor

**parvovírus** Pequeno vírus de DNA não envelopado

**parvovírus canino** Parvovírus que provoca doença grave em cães

**passagem em animal** Transferência rápida de um patógeno entre animais de uma espécie suscetível à infecção pelo patógeno

**pasteurização** Aquecimento leve para destruir patógenos e outros organismos que provocam deterioração

**pasteurização *flash*** *Ver* **pasteurização rápida em alta temperatura**

**pasteurização lenta em baixa temperatura (LTLT)** (também denominada método de conservação) Procedimento em que o leite é aquecido a 62,9°C durante pelo menos 30 minutos

**pasteurização rápida em alta temperatura (HTST)** (também denominada pasteurização *flash*) Processo em que o leite é aquecido a 71,6°C durante pelo menos 15 segundos

**patogenicidade** Capacidade de produzir doença

**patógeno** Qualquer organismo capaz de causar doença em seu hospedeiro

**pavilhão** Estrutura externa da orelha semelhante a uma aba

**pé de atleta** (também denominado tinha do pé) Forma de dermatofitose em que as hifas invadem a pele entre os dedos dos pés, causando lesões escamosas secas

**pé de Madura** (também denominado maduromicose) Doença tropical causada por uma variedade de organismos do solo (fungos e actinomicetos), que frequentemente penetram na pele através dos pés descalços

**peça secretora** Parte do anticorpo IgA que protege a imunoglobulina da degradação e ajuda a secreção do anticorpo

**pediculose** Infestação por piolhos, resultando em áreas avermelhadas nos locais de picadas, dermatite e prurido

**pele** Único e maior órgão do corpo que apresenta uma barreira física contra a infecção por microrganismos

**película** (1) Fina camada de bactérias que adere à interface ar-água de um caldo de cultura por meio de seus *pili* de fixação. (2) Membrana plasmática reforçada de um protozoário. (3) Filme sobre a superfície de um dente no início da formação da placa

**penetração** Entrada do vírus (ou de seu ácido nucleico) na célula hospedeira no processo de replicação

**penicilina** Agente antibiótico que inibe a síntese do envoltório celular

**pênis** Parte do sistema genital masculino usado para liberar o sêmen no sistema genital feminino durante a relação sexual

**peptidoglicano** (também denominado mureína) Polímero estrutural encontrado no envoltório celular das bactérias que forma uma rede de sustentação

**peptona** Produto da digestão enzimática de proteínas que contêm muitos peptídeos pequenos; ingrediente comum de um meio complexo

**perfil proteico** Técnica para a visualização das proteínas contidas em uma célula; obtido pelo uso da eletroforese em gel de poliacrilamida

**perforina** Citotoxina produzida por células T citotóxicas, que escava orifícios na membrana plasmática das células infectadas do hospedeiro

**pericardite** Inflamação da membrana protetora em torno do coração

**período de eclipse** Período durante o qual os vírus foram absorvidos e penetraram nas células do hospedeiro, porém ainda não podem ser detectados nas células

**período de incubação** Nos estágios de uma doença infecciosa, o tempo decorrido entre a infecção e o aparecimento de sinais e sintomas

**período de latência** Período de uma curva de crescimento de bacteriófago que se estende desde o momento da penetração até a biossíntese

**período ou estágio de convalescença** Estágio de uma doença infecciosa durante o qual ocorrem reparo dos tecidos e cura, e o corpo readquire força e recupera-se

**periodontite** Doença periodontal crônica que afeta o osso e o tecido que sustentam os dentes e as gengivas

**peritríquio** Que possui flagelos distribuídos por toda superfície de uma célula bacteriana

**permeabilidade seletiva** Capacidade de impedir a passagem de moléculas e íons específicos, enquanto possibilita a passagem de outros

**permease** Complexo enzimático envolvido no transporte ativo através da membrana celular

**peroxissomo** Organela repleta de enzimas que, nas células animais, oxida aminoácidos e, nas células vegetais, oxida gorduras

***pertussis*** *Ver* **coqueluche**

**peso molecular em gramas** *Ver* **mol**

**peste bubônica** Doença bacteriana causada por *Yersinia pestis* e transmitida por picadas de pulga, que se dissemina pelo sangue e sistema linfático

**peste pneumônica** Forma habitualmente fatal de peste transmitida por gotículas de aerossóis de um paciente com tosse

**peste septicêmica** Forma fatal de peste que ocorre quando bactérias causadoras da peste bubônica saem dos linfáticos para o sistema circulatório

**petéquia** Hemorragia do tamanho de um ponto, mais comum em dobras da pele, que frequentemente ocorre em rickettsioses

**pH** meio de expressar a concentração de íons hidrogênio e, por conseguinte, a acidez de uma solução

**pH ótimo** O pH em que os microrganismos crescem melhor

**picornavírus** Pequeno vírus de RNA não envelopado; diferentes gêneros são responsáveis pela poliomielite, resfriado comum e hepatite

**pielonefrite** Inflamação dos rins

***pilus*** (plural: *pili*) Projeção minúscula e oca utilizada para fixar as bactérias às superfícies (*pilus* de fixação) ou para conjugação (*pilus* de conjugação)

***pilus* de conjugação** (também denominado *pilus* sexual) Tipo de *pilus* que fixa duas bactérias entre si e fornece um meio para a troca de material genético

***pilus* de fixação** (também denominado fímbria) Tipo de *pilus* que ajuda a bactéria a aderir a superfícies

***pilus* F** Ponte formada entre uma célula F1 e uma célula F2 para conjugação

**pioderma** Infecção cutânea produtora de pus, causada por estafilococos, estreptococos e corinebactérias, isoladamente ou em combinação

**pirimidina** Qualquer uma das bases timina, citosina e uracila do ácido nucleico

**pirogênio endógeno** Pirogênio secretado principalmente por monócitos e macrófagos que circula até o hipotálamo e causa elevação da temperatura corporal

**pirogênio exógeno** Exotoxinas e endotoxinas de agentes infecciosos que causam febre por meio da estimulação da liberação de um pirogênio endógeno

**pirogênio** Substância que atua no hipotálamo para ajustar o "termostato" do corpo a uma temperatura acima da normal

**placa viral** Área clara de uma cultura bacteriana onde os vírus causaram lise das células

**placebo** Substância não medicamentosa e geralmente inócua, administrada a um receptor como substituto de uma medicação ou tratamento ou para testar a eficácia dessa medicação ou tratamento

**Plantae** Reino dos organismos ao qual pertencem todas as plantas

**plaqueta** Fragmento de vida curta de grandes células denominadas megacariócitos, importante componente do mecanismo da coagulação sanguínea

**plasma** Porção líquida do sangue, excluindo os elementos figurados

**plasmídio** (também denominado DNA extracromossômico) Pequeno pedaço de DNA circular de replicação independente em uma célula, que não faz parte de seu cromossomo e pode ser transferido para outra célula

**plasmídio de resistência (R)** (também denominado **fator R**) Plasmídio que carrega genes que proporcionam resistência a vários antibacterianos ou metais tóxicos

**plasmídio F (fertilidade)** Plasmídio de fertilidade contendo genes que dirigem a síntese de proteínas que formam um *pilus* F (*pilus* sexual ou *pilus* de conjugação)

**plasmídio F′ (F linha)** Plasmídio F que foi imprecisamente separado do cromossomo bacteriano, de modo que carrega um fragmento do cromossomo bacteriano

**plasmócito** Grande linfócito diferenciado a partir de uma célula B, que sintetiza e libera anticorpos como os da superfície das células B

**plasmódio** Massa multinucleada de citoplasma que forma um dos estágios no ciclo de vida de um fungo limoso plasmodial

**plasmogamia** Reprodução sexuada nos fungos, em que os gametas haploides se unem, e seus citoplasmas se fundem

**plasmólise** Retração de uma célula, com separação da membrana celular do envoltório celular, em consequência da perda de água em uma solução hipertônica

**platelminto** Verme primitivo, não segmentado, hermafrodita e frequentemente parasita

**platina** Mesa do microscópio que serve de apoio para a lâmina e permite o controle preciso do deslocamento da lâmina

**pleomorfismo** Fenômeno em que as bactérias variam amplamente quanto ao formato, até mesmo dentro de uma única cultura, em condições ideais

**pleura** Membrana serosa que cobre as superfícies dos pulmões e as cavidades que eles ocupam

**pleurite** Inflamação das membranas pleurais que provoca respiração dolorosa; acompanha frequentemente a pneumonia lobar

**pneumonia** Inflamação do tecido pulmonar causada por bactérias, vírus ou fungo

**pneumonia atípica primária** (também denominada pneumonia por micoplasma e pneumonia de ambulatório) Forma leve de pneumonia com início insidioso

**pneumonia brônquica** Tipo de pneumonia que começa nos brônquios e pode se disseminar pelo tecido adjacente em direção aos alvéolos

**pneumonia de ambulatório** *Ver* **pneumonia atípica primária**

**pneumonia herpética** Forma rara de infecção por herpes-vírus observada em pacientes queimados, pacientes com AIDS e alcoólicos

**pneumonia lobar** Tipo de pneumonia que afeta um ou mais dos cinco principais lobos dos pulmões

**pneumonia por *Pneumocystis*** Doença respiratória fúngica causada por *Pneumocystis jirovecii*

**pneumonia viral** Doença causada por vírus, como o vírus sincicial respiratório

**poder de destruição do soro** Teste utilizado para determinar a eficácia de um agente antimicrobiano em que uma suspensão bacteriana é adicionada ao soro de um paciente que está recebendo um antibacteriano e esse conjunto é incubado

**poder de resolução (PR)** Medida numérica da resolução de um instrumento óptico

**polieno** Agente antifúngico que aumenta a permeabilidade da membrana

**polímero** Cadeia longa de subunidades repetidas

**polimixina** Agente antibacteriano que causa ruptura da membrana celular

**polimorfismo de comprimento de fragmentos de restrição (RFLP)** Variações nos comprimentos de segmentos curtos de DNA cortados pelas mesmas enzimas de restrição em diferentes indivíduos da mesma espécie

**polinucleotídio** Cadeia de muitos nucleotídios

**poliomielite** Doença causada por qualquer uma de várias cepas de poliovírus, que atacam os neurônios motores da medula espinal e do encéfalo

**polipeptídio** Cadeia de muitos aminoácidos

**polirribossomo** (também denominado polissomo) Cadeia longa de ribossomos fixados em diferentes pontos ao longo de uma molécula de mRNA

**polissacarídio** Carboidrato formado quando muitos monossacarídios são ligados por ligações glicosídicas

**ponto de morte térmica** Temperatura que mata todas as bactérias em um caldo de cultura de 24 horas em pH neutro em 10 minutos

**porina** Proteína na membrana externa das bactérias gram-negativas que transporta de modo não seletivo moléculas polares para dentro do espaço periplasmático

**poro nuclear** Abertura no envelope nuclear que possibilita o transporte de materiais entre o núcleo e o citoplasma

**porta de entrada** Local por onde os microrganismos podem ter acesso aos tecidos corporais

**porta de saída** Local por onde os microrganismos podem deixar o corpo

**portador** Indivíduo que abriga um agente infeccioso sem apresentar sinais ou sintomas clínicos observáveis

**postulados de Koch** Quatro postulados formulados por Robert Koch no século XIX; utilizados para provar que determinado organismo provoca uma doença específica

***pour plate*** Placa contendo colônias separadas e utilizada para a preparação de uma cultura pura

**poxvírus** Vírus de DNA que é um dos maiores e mais complexos de todos os vírus

**precauções universais** Conjunto de diretrizes estabelecidas pelos CDC para reduzir os riscos de transmissão de doenças em hospitais e laboratórios clínicos

**preparação a fresco** Técnica microscópica em que uma gota de líquido contendo organismos (frequentemente vivos) é colocada sobre uma lâmina

**pressão hidrostática** Pressão exercida pela água parada

**pressão osmótica** Pressão necessária para impedir o fluxo efetivo de moléculas de água por osmose

**primaquina** Agente antiprotozoário que interfere na síntese de proteínas

**príon** Partícula infecciosa extremamente pequena que consiste em proteína sem nenhum ácido nucleico

**procarionte** Microrganismo desprovido de núcleo celular e de estruturas internas envoltas por membrana; todas as bactérias do reino Monera (Prokaryotae) são procariontes

**processamento em temperatura ultra-alta (UHT)** Método de esterilização do leite e produtos derivados do leite pela elevação da temperatura para 87,8°C por 3 segundos

**pródromo** Sintoma que indica o início de uma doença

**produção viral** (***burst size***; também denominada **tamanho da população liberada**) Número de novos vírions liberados no processo de replicação

**produtor** (também denominado autótrofo) Organismo que captura a energia do sol e sintetiza alimento

**prófago** DNA de um fago lisogênico que se integrou ao cromossomo da célula hospedeira

**proglote** Um dos segmentos de uma tênia, que contém os órgãos reprodutores

**Prokaryotae** Nome alternativo para o reino Monera que consiste em todos os organismos procariontes, incluindo as eubactérias, as cianobactérias e as arqueobactérias

**promíscuo** Diz-se de plasmídios que são autotransmissíveis (que possuem genes para a formação de um *pilus* F), que são transferidos para outras espécies que não a sua própria

**próprio** Diz-se de moléculas que não são reconhecidas como antigênicas ou estranhas por um organismo

**prostaglandina** Mediador de reação inflamatória que atua como regulador celular, intensificando frequentemente a dor

**próstata** Glândula localizada no início da uretra masculina, cuja secreção de fluido leitoso forma um componente do sêmen

**prostatite** Inflamação da próstata

**proteína** Polímero de aminoácidos unidos por ligações peptídicas

**proteína antiviral** Proteína induzida pelo interferon que interfere na replicação dos vírus

**proteína de fase aguda** Proteína, como a proteína C reativa ou a proteína de ligação da manose, que forma um mecanismo de defesa inespecífico do hospedeiro durante uma resposta da fase aguda

**proteína de organismos unicelulares (SCP)** Alimento animal que consiste em microrganismos

**proteína estrutural** Proteína que contribui para a estrutura das células e para partes e membranas celulares

**protista** Organismo eucarionte unicelular, membro do reino Protista

**Protista** Reino dos organismos unicelulares, mas que contêm organelas internas típicas dos eucariontes

**próton** Partícula subatômica de carga positiva, localizada no núcleo de um átomo

**proto-oncogene** Gene normal que pode causar câncer em situações descontroladas; com frequência, o gene normal fica sob o controle de um vírus

**protoplasto** Bactéria gram-positiva cujo envoltório celular foi removido

**protótrofo** Organismo não mutante normal (também denominado tipo selvagem)

**protozoários** Protistas unicelulares microscópicos e semelhantes a animais no reino Protista

**provírus** DNA viral incorporado ao cromossomo de uma célula hospedeira

**prurido da ancilostomíase** Infecção bacteriana dos sítios de penetração de ancilóstomo

**pseudoceloma** Cavidade corporal primitiva, típica dos nematódeos, sem o revestimento completo encontrado em animais superiores

**pseudocisto** Agregado de protozoários tripanossomos que se forma nos linfonodos de indivíduos com doença de Chagas

**pseudomembrana** Combinação de bacilos, células epiteliais danificadas, fibrina e células sanguíneas, em consequência da infecção por difteria, que pode bloquear as vias respiratórias, causando sufocamento

**pseudoplasmódio** Massa multicelular composta de células de fungo limoso que se agregaram

**pseudópode** Projeção temporária do citoplasma em forma de pé, associada ao movimento ameboide

**psicrófilo** Organismo com afinidade pelo frio, que cresce melhor em temperaturas de 15 a 20°C

**psicrófilo facultativo** Organismo que cresce melhor em temperaturas abaixo de 20°C, mas que também pode crescer em temperaturas acima de 20°C

**psicrófilo obrigatório** Organismo que é incapaz de crescer em temperaturas acima de 20°C

**psitacose** *Ver* **ornitose**

**purina** Referente às bases adenina e guanina do ácido nucleico

**pus** Fluido formado pelo acúmulo de fagócitos mortos, materiais que ingeriram e restos teciduais

**pústula** *Ver* **foliculite**

**quarentena** Separação de seres humanos ou de animais da população geral quando apresentam uma doença transmissível ou quando foram expostos a uma dessas doenças

**queratina** Proteína impermeabilizante, que é encontrada nas células epidérmicas

**química orgânica** Estudos dos compostos que contêm carbono

**quimioautótrofo** Autótrofo que obtém energia por meio da oxidação de substâncias inorgânicas simples, como sulfetos e nitritos

**quimiocinas** Classe de citocinas que atraem fagócitos adicionais até o local de infecção

**quimio-heterótrofo** Heterótrofo que obtém energia por meio da degradação de moléculas orgânicas já sintetizadas

**quimiosmose** Processo de captação de energia em que um gradiente de prótons é criado por meio do transporte de elétrons e, em seguida, usado para impulsionar a síntese de ATP

**quimiostato** Aparelho para manter o crescimento logarítmico de uma cultura pela adição contínua de meio fresco

**quimiotaxia** Movimento não aleatório de um organismo em direção a uma substância química ou para longe dela

**quimioterapia** Uso de substâncias químicas para tratar vários aspectos da doença

**quinina** Agente antiprotozoário utilizado no tratamento da malária

**quinolona** Agente bactericida que inibe a replicação do DNA

**quinona** (também denominada coenzima Q) Transportador de elétrons lipossolúvel e não proteico na fosforilação oxidativa

**quinta doença** (também denominada eritema infeccioso) Doença normal em crianças, causada por *Erythrovirus* denominado B19; caracterizada por exantema vermelho brilhante nas bochechas e febre baixa

**quitina** Polissacarídio encontrado nas paredes celulares da maioria dos fungos e dos exoesqueletos dos artrópodes

***quorum sensing*** Sistema de comunicação por meio do qual as bactérias se comunicam com outros membros de sua espécie através de moléculas indutoras que sinalizam se há um número suficiente de seu tipo para desencadear uma ação metabólica

**rabdovírus** Vírus de RNA envelopado em forma de bastonete que infecta insetos, peixes, vários outros animais e algumas plantas

**rad** Unidade de energia de radiação absorvida por grama de tecido

**radiação** Raios de luz, como os raios X e os raios ultravioleta, que podem atuar como mutagênicos

**radioimunoensaio (RIA)** Técnica que utiliza um antianticorpo radioativo para detectar quantidades muito pequenas de antígenos ou anticorpos

**radioisótopo** Isótopo com núcleos instáveis, que tende a emitir partículas subatômicas e radiação

**raiva** Doença viral que afeta o cérebro e o sistema nervoso, com sintomas que incluem hidrofobia e aerofobia; transmitida por mordidas de animais

**reação cruzada** Reação imune de um único anticorpo com diferentes antígenos de estrutura semelhante

**reação de aglutinação** Reação de anticorpos com antígenos, que resulta em aglutinação, isto é, agrupamento de células ou outras partículas grandes

**reação de Arthus** Reação local observada na pele após injeção subcutânea ou intradérmica de uma substância antigênica; hipersensibilidade por imunocomplexo (tipo III)

**reação de neutralização** Teste imunológico utilizado para a detecção de toxinas bacterianas e anticorpos contra vírus

**reação de precipitação** Teste imunológico em que anticorpos denominados precipitinas reagem como antígenos para formar redes de moléculas que precipitam da solução

**reação de translocação de grupo** Processo de transporte ativo nas bactérias que modifica quimicamente uma substância, de modo que não possa sofrer difusão para fora da célula

**reação em cadeia da polimerase (PCR)** Técnica que possibilita a rápida produção de 1 bilhão ou mais de cópias idênticas de um fragmento de DNA, sem a necessidade de uma célula

**reação transfusional** Reação que ocorre quando antígenos e anticorpos estão presentes ao mesmo tempo no sangue

**reações da fase clara (dependentes de luz)** Parte da fotossíntese em que a energia luminosa é utilizada para excitar os elétrons da clorofila, que então são utilizados na geração de ATP e NADPH

**reações da fase escura (independentes de luz)** (também denominadas fixação do carbono) Parte da fotossíntese em que o gás dióxido de carbono é reduzido por elétrons do NADP reduzido (NADPH), formando várias moléculas de carboidratos, principalmente a glicose

**reagente** Substância que participa em uma reação química (enzimática)

**reagina** Nome antigo da imunoglobulina E (IgE); muito importante nas alergias

**reator contínuo** Aparelho usado na microbiologia industrial e farmacêutica para isolar e purificar um produto microbiano, frequentemente sem matar os microrganismos

**receptores *toll-like* (TLRs)** Moléculas nos fagócitos que reconhecem patógenos

**recombinação** Combinação do DNA a partir de duas células diferentes, resultando em uma célula recombinante

**rédia** Estágio de desenvolvimento dos trematódeos imediatamente após o estágio de esporocisto

**redução** Ganho de elétrons e de átomos de hidrogênio

**redução do enxofre** Redução do enxofre elementar a sulfeto de hidrogênio

**redução do sulfato** Redução de íons sulfato a sulfeto de hidrogênio

**reflexão** Retorno da luz a partir de um objeto

**refração** Inclinação da luz ao passar de um meio para outro de densidade diferente

**região nuclear** (também denominada nucleoide) Localização central do DNA, do RNA e de

algumas proteínas nas bactérias; não representa um verdadeiro núcleo
**regra dos octetos** Princípio segundo o qual um elemento é quimicamente estável se contiver oito elétrons em sua camada externa
**rejeição de transplante** Destruição do tecido enxertado ou de um órgão transplantado pelo sistema imune do hospedeiro
**renina** Enzima do estômago de bezerros utilizada na fabricação de queijos
**reovírus** Vírus de RNA de tamanho médio, que possui um capsídeo duplo, sem envelope; provoca infecções do trato respiratório superior e gastrintestinais em seres humanos
**reparo na ausência de luz** Mecanismo de reparo de DNA danificado por várias enzimas que não necessitam de luz para a sua ativação; elas eliminam sequências de nucleotídios defeituosas e as substituem por DNA complementar à fita de DNA inalterada
**reparo na presença de luz** (também denominado **fotorreativação**) Reparo de dímeros de DNA por uma enzima ativada pela luz
**replicação do DNA** Formação de novas moléculas de DNA
**replicação semiconservativa** Replicação em que ocorre síntese de um novo DNA de dupla hélice a partir de uma fita de DNA parental e uma fita de DNA novo
**repressão catabólica** Processo pelo qual a presença de um nutriente preferido (frequentemente glicose) reprime os genes que codificam as enzimas usadas para metabolizar algum nutriente alternativo
**repressão enzimática** Mecanismo pelo qual a presença de determinado metabólito reprime os genes que codificam as enzimas utilizadas na sua síntese
**repressor** Proteína em um óperon que se liga ao operador, impedindo assim a transcrição dos genes adjacentes
**reservatório de infecção** Local onde os microrganismos podem persistir e manter a sua capacidade de infecção
**resistência** Capacidade de um microrganismo de permanecer intacto a um agente antimicrobiano
**resistência cromossômica** Resistência de um microrganismo a fármacos devida a uma mutação no DNA cromossômico
**resistência cruzada** Resistência contra dois ou mais agentes antimicrobianos semelhantes por meio de um mecanismo comum
**resistência extracromossômica** Resistência de um microrganismo a fármacos devida à presença de plasmídios de resistência (R)
**resolução** Capacidade de um dispositivo óptico de mostrar dois itens como entidades separadas e distintas, em vez de uma imagem sobreposta imprecisa
**respiração aeróbica** Processo pelo qual os organismos aeróbicos obtêm energia a partir do catabolismo de moléculas orgânicas por meio de ciclo de Krebs e fosforilação oxidativa
**respiração anaeróbica** Respiração em que o aceptor final de elétrons na cadeia de transporte de elétrons é uma molécula inorgânica diferente do oxigênio (p. ex., sulfato, nitrato)
**resposta anamnéstica** (*ver também* **resposta secundária**) Resposta imune imediata devida à "lembrança" por células de memória
**resposta de fase aguda** Resposta a uma doença aguda, que produz proteínas sanguíneas específicas denominadas proteínas de fase aguda
**resposta primária** Resposta imune humoral que ocorre quando um antígeno é reconhecido pela primeira vez pelas células B do hospedeiro
**resposta secundária** Resposta imune humoral que ocorre quando um antígeno é reconhecido pelas células de memória; mais rápida e mais intensa do que a resposta primária (também denominada como **resposta anamnéstica**)
**retículo endoplasmático** Sistema extenso de membranas que forma tubos e placas no citoplasma das células eucarióticas; envolvido na síntese e no transporte de proteínas e lipídios
**retrovírus** Vírus de RNA envelopado que utiliza a sua própria transcriptase reversa para transcrever o seu RNA em DNA no citoplasma da célula hospedeira
**ribossomo** Local de síntese de proteínas, que consiste em RNA e proteína, localizado no citoplasma
**rickéttsias** Pequenos organismos gram-negativos imóveis; parasitas intracelulares obrigatórios de células de mamíferos e artrópodes
**rickettsiose variceliforme** Rickettsiose leve com sintomas que se assemelham à varicela; causada por *Rickettsia akari* e transmitida por ácaros encontrados no rato doméstico
**rifamicina** Agente antibacteriano que inibe a síntese de ácido ribonucleico (RNA)
**rim** Um de um par de órgãos responsáveis pela formação da urina
**rinovírus** Vírus que se replica nas células do trato respiratório superior e causa o resfriado comum
**RNA de sentido negativo (–)** Fita de RNA formada de bases complementares àquelas de um RNA de sentido positivo (+)
**RNA de sentido positivo (+)** Fita de RNA que codifica a informação para a síntese de proteínas necessárias para um vírus
**RNA mensageiro (mRNA)** Tipo de RNA que carrega a informação proveniente do DNA para determinar o arranjo dos aminoácidos em uma proteína
**RNA polimerase** Enzima que se liga a uma fita de DNA exposto durante a transcrição e que catalisa a síntese de RNA a partir do molde de DNA
**RNA *primer*** Molécula à qual uma polimerase pode se ligar para iniciar a replicação do DNA
**RNA ribossômico (rRNA)** Tipo de RNA que, com proteínas específicas, forma os ribossomos
**RNA transportador (tRNA)** Tipo de RNA que transfere aminoácidos do citoplasma para os ribossomos para a sua colocação em uma molécula de proteína
**roséola** Doença de lactentes e crianças pequenas causada pelo herpes-vírus humano 6 (HHV-6). Um termo antigo é exantema súbito
**rotavírus** Vírus transmitido por via oral-fecal que se replica no intestino, causando diarreia e enterite
**rubéola** (também denominada sarampo alemão) Doença viral caracterizada por exantema cutâneo; pode causar lesão congênita grave
**salmonelose** Enterite comum caracterizada por dor abdominal, febre e diarreia com sangue e muco; causada por espécies de *Salmonella*
**sapremia** Condição causada quando saprófitas liberam produtos metabólicos no sangue
**saprófita** Organismo que se alimenta de matéria orgânica morta ou em decomposição
**sarampo** Doença febril com exantema, causada pelo vírus do sarampo, que invade o tecido linfático e o sangue
**sarampo alemão** *Ver* **rubéola**
**sarcina** Grupo de oito cocos em um conjunto cúbico
**sarcoma de Kaposi** Neoplasia maligna frequentemente encontrada em pacientes com AIDS, em que vasos sanguíneos crescem formando massas emaranhadas que ficam repletas de sangue e se rompem com facilidade
**sarna sarcóptica** *Ver* **escabiose**
**SARS (síndrome respiratória aguda grave)** Causada por um coronavírus (SARSCoV), um parente do vírus do resfriado comum, e não um tipo de influenza; transmitido por mamíferos, incluindo gato-de-algalha
***scrapie*** Encefalopatia espongiforme transmissível do cérebro de ovinos, causando prurido extremo, de modo que os animais se esfregam repetidamente contra postes, árvores etc.
**sebo** Substância oleosa secretada pelas glândulas sebáceas
**segmento de iniciação** Parte do plasmídio F que é transferida para a célula receptora durante a conjugação com uma bactéria Hfr
**segundo código do DNA** Um código recém-descoberto inserido acima do código mais familiar. Regula quais os genes devem ser ativados e inativados
**seio** Grande passagem nos tecidos, revestida com células fagocíticas
**seio nasal** Cavidade oca dentro do crânio, que é revestida por uma membrana mucosa
**sêmen** Descarga masculina de fluido por ocasião da ejaculação, contendo espermatozoides e várias secreções glandulares e outras secreções
***sense codon*** Conjunto de três bases no DNA (ou no mRNA) que codifica um aminoácido
**sensibilização** Exposição inicial a um antígeno que leva o hospedeiro a produzir uma resposta imune contra ele

**sensibilizar** A ligação de um antígeno a uma célula B faz com que ela se divida muitas vezes

**separador de células ativado por fluorescência (FACS)** Aparelho que coleta quantidades de um tipo específico de célula em condições estéreis para estudo

**septicemia** (também denominada envenenamento do sangue) Infecção causada pela rápida multiplicação de patógenos no sangue

**septo** Separação transversal de duas células fúngicas

**septo do endósporo** Membrana celular desprovida de envoltório celular que cresce em torno do cerne de um endósporo

**sequela** Efeito posterior de uma doença; observado após a recuperação

**série TORCH** Grupo de testes sanguíneos utilizados para identificar doenças teratogênicas em mulheres grávidas e recém-nascidos

**Shigelose** (também denominada disenteria bacilar) Doença gastrintestinal causada por várias cepas de *Shigella* que invadem as células do revestimento intestinal

**sífilis** Doença sexualmente transmissível causada pela espiroqueta *Treponema pallidum*, caracterizada por um cancro no local de entrada e, com frequência, dano neurológico

**sífilis congênita** Sífilis transmitida a um feto quando os treponemas atravessam a placenta da mãe para o feto antes do nascimento

**simbiose** Vida em conjunto de dois tipos diferentes de organismos

**sinal** Característica de uma doença que pode ser observada ao exame do paciente, como edema ou vermelhidão

**sincícios** Massa multinucleada em uma cultura de células causada, por exemplo, pelo vírus sincicial respiratório

**síndrome** Combinação de sinais e sintomas que ocorrem juntos

**síndrome da fadiga crônica** (anteriormente denominada síndrome por EBV crônica) Doença de origem incerta, semelhante à mononucleose, com sintomas que incluem fadiga persistente e febre

**síndrome da pele escaldada** Infecção causada por estafilococos que consiste em grandes vesículas moles por todo o corpo

**síndrome da rubéola congênita** Complicação da rubéola, causando morte ou dano ao embrião em desenvolvimento infectado pelo vírus que atravessa a placenta

**síndrome de DiGeorge** Doença por imunodeficiência primária causada pela incapacidade do timo de se desenvolver adequadamente, resultando em deficiência de células T

**síndrome de imunodeficiência adquirida (AIDS)** Doença infecciosa causada pelo vírus da imunodeficiência humana, que destrói o sistema imune do indivíduo

**síndrome do choque tóxico (SCT)** Condição causada pela infecção por determinadas cepas toxigênicas de *Staphylococcus aureus*; frequentemente associada ao uso de tampões superabsorventes, porém abrasivos

**síndrome hemolítico-urêmica (SHU)** Infecção pela cepa O157:H7 de *Escherichia coli*, que causa lesão renal e sangramento no sistema urinário

**síndrome pulmonar por hantavírus (SPH)** O hantavírus "Sin Nombre" responsável por doenças respiratórias graves

**sinergismo** Referente a um efeito inibitório produzido por dois antimicrobianos que atuam juntos, que é maior do que aquele que pode ser obtido isoladamente

**síntese** Etapa de replicação viral durante a qual são produzidos novos ácidos nucleicos e proteínas virais

**síntese por desidratação** Reação química que produz moléculas orgânicas complexas

**sintoma** Característica de doença que pode ser observada ou sentida apenas pelo paciente, como dor ou náuseas

**sinusite** Infecção das cavidades sinusais

**sinusoide** Capilar aumentado

**sistema cardiovascular** Sistema do corpo que fornece oxigênio e nutrientes a todas as partes do corpo e remove dióxido de carbono e outros produtos de degradação

**sistema complemento** *Ver* **complemento**

**sistema de 3 domínios** Sistema de classificação dos organismos em um dos 3 domínios seguintes: Bacteria, Archaea, Eukarya

**sistema de 5 reinos** Sistema de classificação dos organismos em um dos seguintes 5 reinos: Monera (Prokaryotae), Protista, Fungi, Plantae e Animalia

**sistema de filtro por gotejamento** Processo em que o esgoto é espalhado sobre um leito de rochas cobertas por organismos aeróbicos que decompõem a matéria orgânica

**sistema de fosfotransferase (SFT)** Mecanismo que utiliza energia do fosfoenolpiruvato para transportar moléculas de açúcar para dentro das células por transporte ativo

**sistema de grupo sanguíneo ABO** Um dos sistemas de tipagem sanguínea que se baseia na presença ou ausência de antígenos dos grupos sanguíneos A e B nos eritrócitos

**sistema de lodo ativado** Procedimento pelo qual o efluente do estágio primário de tratamento de esgotos é agitado, aerado e adicionado ao lodo contendo organismos aeróbicos que digerem a matéria orgânica

**sistema digestório** Sistema do corpo que converte o alimento ingerido em material apropriado para a liberação de energia ou para assimilação nos tecidos corporais

**sistema hiperimune** (também denominado soro convalescente) Preparação de imunoglobulinas séricas contendo títulos elevados de tipos específicos de anticorpos

**sistema imune** Sistema do corpo que fornece ao organismo hospedeiro uma imunidade específica a agentes infecciosos

**sistema linfático** Sistema do corpo estreitamente associado ao sistema cardiovascular, que transporta a linfa nos vasos linfáticos através dos tecidos e órgãos do corpo; desempenha funções importantes nas defesas do hospedeiro e na imunidade específica

**sistema nervoso** Sistema do corpo constituído pelo encéfalo, medula espinal e nervos, que coordena as atividades do corpo em relação ao ambiente

**sistema nervoso central** O encéfalo e a medula espinal

**sistema nervoso periférico** Todos os nervos fora do sistema nervoso central

**sistema reprodutor feminino** Sistema do hospedeiro que consiste nos ovários, tubas uterinas, útero, vagina e genitália externa

**sistema reprodutor masculino** Sistema do hospedeiro constituído pelos testículos, ductos, glândulas específicas e pênis

**sistema respiratório** Sistema do corpo que leva oxigênio da atmosfera para o sangue e retira dióxido de carbono e outros produtos de degradação do sangue

**sistema urinário** Sistema do corpo que regula a composição dos líquidos corporais e remove resíduos nitrogenados e outros produtos de degradação do corpo

**sistema urogenital** Sistema do corpo que (1) regula a composição dos líquidos corporais e remove certos resíduos do corpo e (2) possibilita ao corpo participar da reprodução sexual

**sítio alostérico** Local onde um inibidor não competitivo se liga

**sítio ativo** Área na superfície de uma enzima à qual se liga o seu substrato

**sítio regulador** As regiões promotora e operadora de um óperon

***snottite*** Cordões de colônias bacterianas semelhantes a muco que crescem nas paredes das cavernas; foram criados pelo ácido sulfúrico produzido pelos microrganismos que dissolve a rocha. Essas bactérias alimentam-se de enxofre e liberam ácido sulfúrico

**solução** Mistura de duas ou mais substâncias na qual as moléculas estão distribuídas uniformemente e não se separam em repouso

**soluto** Substância dissolvida em um solvente para formar uma solução

**solvente** Meio no qual as substâncias estão dissolvidas para formar uma solução

**sonda** Fragmento de DNA de fita simples que possui uma sequência de bases que pode ser utilizada na identificação de sequências de bases do DNA complementar

**sonicação** ruptura das células por ondas sonoras

**soro** Parte líquida do sangue após a remoção das células e dos fatores da coagulação

**soro do leite** Porção líquida (produto residual) do leite, resultante da adição de enzimas bacterianas

**soroconversão** Identificação de um anticorpo específico no soro em consequência de uma infecção

**sorologia** Ramo da imunologia que lida com testes laboratoriais para a detecção de antígenos e anticorpos

**sorovar** Cepa; categoria de subespécie

**SROM (Síndrome Respiratória do Oriente Médio)** Infecção viral transmitida a seres humanos por camelos, com alta taxa de mortalidade. Observada pela primeira vez na Arábia Saudita

**subcultura** Processo pelo qual células de uma cultura são transferidas para um meio fresco em novos recipientes

**substrato** (1) Substância sobre a qual atua uma enzima. (2) Superfície ou fonte de alimento sobre a qual uma célula pode crescer ou um esporo pode germinar

**sulfonamida** (também denominada sulfa) Agente bacteriostático sintético que bloqueia a síntese de ácido fólico

**superantígenos** Antígenos poderosos, como as toxinas bacterianas, que ativam grande número de células T, causando uma acentuada resposta imune que pode provocar doenças, como choque tóxico

**superinfecção** Infecção secundária que resulta da remoção da microbiota normal, possibilitando a colonização por microrganismos patogênicos e frequentemente resistentes a antimicrobianos

**superóxido dismutase** Enzima que converte o superóxido em oxigênio molecular e peróxido de hidrogênio

**superóxido** Forma altamente reativa de oxigênio que mata anaeróbios obrigatórios

**surfactante** Substância que reduz a tensão superficial

**surto de fonte comum** Epidemia que surge em consequência do contato com substâncias contaminadas

**talo** Corpo de um fungo

**tanque séptico** Tanque subterrâneo para recebimento de esgoto, onde os materiais sólidos se sedimentam na forma de lodo, que precisa ser bombeado periodicamente

**tártaro** Deposição de cálcio no biofilme dental, formando uma crosta muito dura e rugosa

**taxa de incidência** Número de novos casos de determinada doença por 100.000 indivíduos, observada em um período específico de tempo

**taxa de morbidade** Número de pessoas que contraem uma doença específica em relação à população total (casos por 100.000)

**taxa de mortalidade** Número de mortes por uma doença específica em relação à população total

**taxa de prevalência** Número de pessoas infectadas por determinada doença em qualquer momento

**taxa exponencial** (também denominada **taxa logarítmica**) Taxa de crescimento em uma cultura bacteriana caracterizada pela duplicação da população em um intervalo fixo de tempo

**taxa logarítmica** *Ver* **taxa exponencial**

**táxon** Categoria utilizada em classificação, como espécie, gênero, ordem, família

**taxonomia** Ciência da classificação

**taxonomia numérica** Comparação dos organismos com base na importância quantitativa de um grande número de características

**tecido crepitante** Tecido deformado causado por bolhas de gás na gangrena gasosa

**tecido de granulação** Tecido granuloso, frágil e avermelhado, composto de capilares e fibroblastos que aparece com o processo de cicatrização de uma lesão

**tecido linfático associado ao intestino (GALT)** Nome coletivo para os tecidos dos nódulos linfoides, particularmente os dos sistemas digestório, respiratório e urogenital; principal local de produção de anticorpos

**técnica asséptica** Conjunto de procedimentos usados para reduzir ao máximo a probabilidade de contaminação das culturas por organismos do ambiente

**técnica com carimbo replicador** Técnica utilizada para transferir colônias de um meio para outro

**teleomórfico** Parte sexuada do ciclo de vida de um fungo

**tempo de geração** Tempo necessário para que uma população de organismos duplique em número

**tempo de liberação viral (*burst time*)** O tempo entre a absorção e a liberação os fagos (no processo de replicação)

**tempo de morte térmica** Tempo necessário para matar todas as bactérias em uma cultura particular a uma temperatura específica

**tempo de redução decimal** (**TRD**; também denominado **valor D**) Espaço de tempo necessário para matar 90% dos organismos em determinada população a uma temperatura específica

**tensão superficial** Fenômeno em que a superfície da água se comporta como uma membrana fina, invisível e elástica

**teoria celular** Teoria formulada por Schleiden e Schwann, segundo a qual as células constituem as unidades fundamentais de todos os seres vivos

**teoria endossimbiótica** Sustenta que as organelas das células eucarióticas surgiram a partir de procariontes que começaram a viver, em uma relação simbiótica, no interior da célula eucariótica

**teoria germinal das doenças** Teoria segundo a qual os microrganismos (germes) podem invadir outros organismos e causar doença

**terapia com fagos (bacteriófagos)** Uso de vírus altamente específicos que só atacam as bactérias-alvo e deixam bactérias potencialmente benéficas que, em geral, habitam o sistema digestório humano e outros locais

**teratogênese** Indução de defeitos durante o desenvolvimento embrionário

**teratógeno** Agente que induz defeitos durante o desenvolvimento embrionário

**terçol** Infecção na base de um cílio

**termoacidófilo extremo** Organismo que necessita de ambientes muito quentes e ácidos; habitualmente pertencentes ao domínio Archaea

**termófilo** Organismo que tem afinidade pelo calor e cresce melhor em temperaturas de 50 a 60°C

**termófilo facultativo** Organismo que pode crescer tanto acima quanto abaixo de 37°C

**termófilo obrigatório** Organismo que só pode crescer em temperaturas acima de 37°C

**teste confirmatório** Segundo estágio do teste de fermentação em múltiplos tubos para coliformes, em que as amostras com maior diluição, que demonstram a produção de gás, são semeadas por estiramento em ágar eosina-azul de metileno

**teste cutâneo com tuberculina** Teste imunológico para tuberculose, que consiste na injeção subcutânea de um derivado proteico purificado do *Mycobacterium tuberculosis*, resultando em endurecimento caso tenha ocorrido exposição anterior à bactéria

**teste cutâneo de lepromina** Teste utilizado para detectar a doença de Hansen (hanseníase); semelhante ao teste tuberculínico

**teste da antiglobulina de Coombs** Teste imunológico com a finalidade de detectar anticorpos anti-Rh

**teste de aglutinação em tubo** Teste sorológico que mede o título de anticorpos por meio de comparação de várias diluições do soro do paciente contra quantidades conhecidas de um antígeno

**teste de Ames** Teste para estabelecer se determinada substância é mutagênica, com base na sua capacidade de induzir mutações em bactérias auxotróficas

**teste de diluição** Método de avaliação das propriedades antimicrobianas de um agente químico utilizando preparações padrão de certas bactérias do teste

**teste de fixação do complemento** Teste sorológico complexo usado para detectar pequenas quantidades de anticorpos

**teste de flutuação** Teste para determinar que a resistência a substâncias químicas ocorre espontaneamente, em vez de ser induzida

**teste de imunodifusão** Teste sorológico semelhante ao teste de precipitina, porém realizado em meio de ágar gel

**teste de inibição da hemaglutinação** Teste sorológico utilizado para o diagnóstico do sarampo, da influenza e de outra doenças virais, baseado na capacidade dos anticorpos dirigidos contra vírus de impedir a hemaglutinação viral

**teste de precipitina** Teste imunológico utilizado para a detecção de anticorpos, que se baseia na reação da precipitação

**teste de Schick** Teste para determinar a imunidade à difteria

**teste E (epsilométrico)** Versão mais recente do teste de difusão que utiliza uma tira de plástico contendo um gradiente de concentração de antimicrobianos para determinar a sensibilidade ao antimicrobiano e estimar a CIM (concentração inibitória mínima)

**teste final** Teste final de fermentação em múltiplos tubos para coliformes, em que os organismos das colônias que cresceram em ágar eosina-azul de metileno são utilizados para inocular caldo e ágar inclinado

**teste ONPG e MUG** Teste de purificação da água que se baseia na capacidade das bactérias coliformes de secretar enzimas que convertem um substrato em um produto que pode ser detectado por uma mudança de cor

**teste presuntivo** Primeiro estágio do teste de fermentação em múltiplos tubos, em que a produção de gás no caldo de lactose fornece uma evidência presuntiva da presença de bactérias coliformes

**testículo** Um de um par de glândulas reprodutivas masculinas que produz testosterona e espermatozoides

**tétano** (também denominado trismo) Doença causada por *Clostridium tetani* em que a rigidez muscular progride para a paralisia final e morte

**tétano neonatal** Tipo de tétano adquirido pelo coto do cordão umbilical

**tetraciclina** Agente antibacteriano que inibe a síntese de proteínas

**tétrade** Grupos cuboides de quatro cocos

**tifo endêmico** (também denominado tifo murino) Tifo transmitido por pulgas causado por *Rickettsia typhi*

**tifo epidêmico** (também denominado tifo europeu clássico ou transmitido por piolhos) Rickettsiose transmitida por piolhos, causada por *Rickettsia prowazekii*, observada com mais frequência em condições de superpopulação e saneamento precário

**tifo murino** *Ver* **tifo endêmico**

**tifo rural** (também denominado doença de tsutsugamushi) Tifo causado por *Rickettsia tsutsugamushi*; transmitida por ácaros que se alimentam em ratos

**tilacoide** Membrana interna dos cloroplastos que contêm clorofila

**timo** Órgão linfático multilobado localizado abaixo do esterno, que processa linfócitos em células T

**tinha crural** (também denominada coceira de jóquei) Tinha da virilha, uma forma de dermatofitose que ocorre nas dobras da pele na região púbica

**tinha da barba** Coceira do barbeiro; tipo de dermatofitose que provoca lesões na região da barba

**tinha do corpo** Forma de dermatofitose que provoca lesões em forma de anel, com área descamativa central

**tinha do couro cabeludo** Forma de dermatofitose em que as hifas crescem nos folículos pilosos, deixando frequentemente padrões circulares de calvície

**tinha do pé** *Ver* **pé de atleta**

**tinha ungueal** Forma de dermatofitose que causa endurecimento e despigmentação das unhas dos dedos das mãos e dos pés

**tintura** Solução alcoólica

**tipagem de fago** Uso de bacteriófagos para determinar semelhanças ou diferenças entre diferentes bactérias

**título de anticorpos** Quantidade de um anticorpo específico no sangue de um indivíduo, frequentemente medido por meio de reações de aglutinação

**título** Quantidade de uma substância necessária para produzir uma determinada reação

**togavírus** Pequeno vírus de RNA envelopado que se multiplica em muitas células de mamíferos e artrópodes

**tolerância** Estado em que antígenos não induzem mais uma resposta imune

**tonsila** Tecido linfoide que contribui para as defesas imunes na forma de células B e células T

**tonsilite** Infecção bacteriana das tonsilas

**toxemia** Presença e disseminação de exotoxinas no sangue

**toxicidade seletiva** Capacidade de um agente antimicrobiano de prejudicar microrganismos sem causar dano significativo ao hospedeiro

**toxina** Qualquer substância venenosa para outros organismos

**toxoide** Exotoxina inativada por tratamento químico, mas que conserva a sua antigenicidade e que, por conseguinte, pode ser utilizada para imunização contra toxina

**toxoplasmose** Doença causada pelo protozoário *Toxoplasma gondii* que pode causar defeitos congênitos em recém-nascidos

**tracoma** Doença ocular causada por *Chlamydia trachomatis* que pode resultar em cegueira

**tradução** Síntese de proteína a partir da informação no mRNA

**transcrição** Síntese de RNA a partir de um molde de DNA

**transcrição reversa** Processo em que uma enzima encontrada nos retrovírus copia o RNA em DNA

**transcriptase reversa** Enzima encontrada nos retrovírus, que copia o RNA em DNA

**transdução** Transferência de material genético de uma bactéria para outra por um bacteriófago

**transdução especializada** Tipo de transdução em que o DNA bacteriano transduzido limita-se a um ou alguns genes situados adjacentes a um prófago, que são acidentalmente incluídos quando o prófago é excisado do cromossomo bacteriano

**transdução generalizada** Tipo de transdução em que um fragmento de DNA do cromossomo degradado de uma célula bacteriana infectada é acidentalmente incorporado em uma nova partícula de fago durante a replicação viral e, por conseguinte, é transferido para outra célula bacteriana

**transferência de genes** Movimento da informação genética entre organismos por transformação, transdução ou conjugação

**transferência de virulência** Técnica laboratorial em que o patógeno é passado de seu hospedeiro normal sequencialmente por numerosos membros individuais de uma nova espécie hospedeira, resultando em diminuição ou até mesmo perda total da virulência no hospedeiro original

**transferência lateral de genes** Genes que passam de um organismo para outro dentro da mesma geração

**transferência vertical de genes** Genes que passam dos genitores para a progênie

**transformação** Mudança nas características de um organismo por meio da transferência de DNA desnudo

**transformação neoplásica** Divisão descontrolada das células hospedeiras causada pela infecção por um vírus tumoral de DNA

**transgênico** Estado de mudança permanente das características de um organismo pela integração de DNA exógeno (genes) no organismo

**transmissão horizontal** Transmissão de doença por contato direto, em que os patógenos são habitualmente transmitidos por aperto de mão, beijo, contato com feridas ou contato sexual

**transmissão oral-fecal direta** Transmissão por contato direto de doenças em que patógenos de material fecal são transferidos para a boca por mãos não lavadas

**transmissão oral-fecal indireta** Transmissão de doença, em que patógenos das fezes de um organismo infectam outro organismo

**transmissão** Passagem da luz através de um objeto

**transmissão por contato direto** Modo de transmissão de doenças que exige contato corporal entre pessoas

**transmissão por contato indireto** Transmissão da doença por meio de fômites

**transmissão por contato** Modo de transmissão de doenças que ocorre diretamente, indiretamente ou por gotículas

**transmissão por gotículas** Transmissão por contato por meio de pequenas gotículas líquidas

**transmissão transovariana** Passagem de um patógeno de uma geração de carrapatos para a próxima quando os ovos saem dos ovários

**transmissão vertical** Transmissão por contato direto da doença em que os patógenos passam dos genitores para a prole em um ovo ou espermatozoide, através da placenta ou durante a passagem pelo canal do parto

**transplante** Mudança de um tecido de um local para outro

**transporte ativo** Movimento de moléculas ou de íons através de uma membrana contra um gradiente de concentração; exige gasto de energia do ATP

**transporte de elétrons** Processo em que pares de elétrons são transferidos entre citocromos e outros compostos

**transposição** Processo pelo qual determinadas sequências genéticas em bactérias ou eucariontes podem passar de um local para outro

**transpóson** Sequência genética móvel que contém os genes para transposição, bem como um ou mais outros genes não relacionados com a transposição

**traqueia** Via respiratória

**tratamento primário** Tratamento físico para remover resíduos sólidos de esgoto

**tratamento secundário** Tratamento de esgoto por meios biológicos para remover resíduos sólidos remanescentes após o tratamento primário

**tratamento terciário** Tratamento químico e físico do esgoto para produzir um efluente de água pura o suficiente para ser bebida

**trato respiratório inferior** Bronquíolos e alvéolos de paredes finas onde ocorre a troca gasosa

**trato respiratório superior** Cavidade nasal, faringe, laringe, traqueia, brônquios e bronquíolos maiores

**trematódeo** Platelminto com um complexo ciclo de vida; pode ser parasita interno ou externo

**triacilglicerol** Molécula formada a partir de três ácidos graxos ligados ao glicerol

**tricocisto** Estrutura semelhante a tentáculos nos ciliados para capturar a presa (para fixação)

**tricomoníase** Doença urogenital parasitária, transmitida principalmente por relação sexual, que provoca prurido intenso e corrimento branco copioso, sobretudo em mulheres

**tricuríase** Doença parasitária causada por *Trichuris trichiura*, que provoca dano à mucosa intestinal e causa sangramento crônico

**tricuro** *Trichuris trichiura*, helminto que provoca tricuríase no intestino

**tripanossomíase** *Ver* **doença do sono africana**

**triquinose** Doença causada por um pequeno nematódeo, *Trichinella spiralis*, que penetra no sistema digestório na forma de larvas encistadas em carnes malcozidas, geralmente carne de porco

**trofozoíto** Forma vegetativa de um protozoário, como *Plasmodium*

**tuba uterina** (também denominada oviduto e anteriormente, trompa de Falópio) Tubo que transporta os óvulos dos ovários até o útero

**tubérculo** Lesão solidificada ou granuloma crônico que se forma nos pulmões de pacientes com tuberculose

**tuberculoide** Referente à forma anestésica da doença de Hansen (hanseníase), em que áreas da pele perdem o pigmento e a sensibilidade

**tuberculose (TB)** Doença causada principalmente por *Mycobacterium tuberculosis*

**tuberculose disseminada** Tipo de tuberculose que se dissemina pelo corpo; atualmente observada em pacientes com AIDS e, em geral, causada por *Mycobacterium avium-intercellulare*

**tuberculose miliar** Tipo de tuberculose que invade todos os tecidos, produzindo lesões muito pequenas

**tubo** ou **canhão** Parte do microscópio que conduz a imagem da objetiva para a ocular

**tularemia** Zoonose causada por *Franciscella tularensis*, mais frequentemente associada a coelhos-de-cauda-de-algodão

**tularemia tifoide** Septicemia que lembra a febre tifoide, causada por bacteriemia a partir de lesões da tularemia

**tumor** Divisão descontrolada de células, frequentemente causada por infecção viral

**turbidez** (também turvação) Aparência turva em um tubo de cultura, que indica a presença de organismos

**ulceroglandular** Referente à forma de tularemia causada pela entrada de *Franciscella tularensis* através da pele e caracterizada por úlceras da pele e aumento dos linfonodos regionais

**unidade formadora de colônias (CFU)** Célula bacteriana viva que pode dar origem a uma colônia

**unidade formadora de placa** Placa contada em uma camada de bactérias que só fornece um número aproximado de fagos presentes, visto que determinada placa pode ter sido devida a mais de um fago

**ureaplasmas** Bactérias com envoltórios celulares incomuns, que necessitam de esteróis como nutriente

**ureter** Tubo que transporta a urina dos rins até a bexiga

**uretra** Tubo através do qual a urina passa da bexiga para fora do corpo durante a micção

**uretrite** Inflamação da uretra

**uretrite não gonocócica (UNG)** Doença sexualmente transmissível, semelhante à gonorreia, causada com mais frequência por *Chlamydia trachomatis* e por micoplasmas

**uretrocistite** Termo comum utilizado para descrever infecções do trato urinário que envolvem a uretra e a bexiga

**urina** Resíduo coletado nos túbulos renais

**útero** Órgão piriforme onde um óvulo fertilizado se implanta e se desenvolve

**vacina** Substância que contém um antígeno ao qual o sistema imune responde (*ver também* **imunização**; tipos específicos de vacinas)

**vacina DTaP** Vacina contra difteria, tétano e coqueluche acelular

**vacina Hib** Vacina contra *Haemophilus influenzae* b

**vacina HPV** Vacina contra cânceres de colo do útero, 99% dos quais são causados pelo papilomavírus humano (HPV)

**vacina MMR** Vacina contra sarampo, caxumba e rubéola

**vacúolo** Estrutura delimitada por membrana que armazena materiais como alimento ou gás no citoplasma ou nas células eucarióticas

**vagina** Canal genital feminino que se estende do colo do útero até o lado de fora do corpo

**vaginite** Infecção vaginal, frequentemente causada por organismos oportunistas que se multiplicam quando a microbiota vaginal normal é afetada por antimicrobianos ou outros fatores

**valor D** *Ver* **tempo de redução decimal**

**variação antigênica** Processo de variação antigênica que resulta de mutações em genes que codificam hemaglutinina e neuraminidase

**varicela** Doença altamente contagiosa, caracterizada por lesões cutâneas causadas pelo herpes-vírus varicela-zóster; ocorre geralmente em crianças

**varíola** Doença viral anteriormente mundial e grave que agora está erradicada

**varíola bovina** Doença causada pelo vírus vacínia e caracterizada por lesões, inflamação dos linfonodos e febre; o vírus é usado na produção de vacina contra a varíola humana e de macacos

**varíola do macaco** Doença causada por um ortopoxvírus, que ocorre habitualmente na África ocidental e central, sobretudo no Zaire e no Congo, e algumas vezes confundida com a varíola, visto que as lesões e as taxas de mortalidade são muito semelhantes

**vaso linfático** Vaso que faz retornar a linfa ao sistema circulatório do corpo

**vasodilatação** Dilatação das paredes dos capilares e das vênulas durante uma inflamação aguda

**vegetação** Crescimento que se forma nas superfícies danificadas das valvas cardíacas na endocardite bacteriana; fibras de colágeno expostas provocam depósitos de fibrina, e as bactérias transitórias fixam-se à fibrina

**veículo** Transportador não vivo de um agente infeccioso de seu reservatório para um hospedeiro suscetível

**verruga** (também denominada papiloma) Crescimento sobre a pele e as membranas mucosas causado pela infecção por papilomavírus humano

**verruga dérmica** Verruga resultante da infecção viral das células epiteliais

**verruga genital** (também denominada condiloma) Verruga frequentemente maligna associada a doença viral sexualmente transmissível, que apresenta uma taxa de associação muito alta com o câncer cervical

**verruga peruana** Uma forma de bartonelose; doença crônica da pele não fatal

**vesícula** Inclusão delimitada por membrana em células

**vesícula secretora** Pequena estrutura envolta por membrana, que armazena substâncias provenientes do complexo de Golgi

**vetor** (1) Transportador autorreplicante de DNA; geralmente um plasmídio, bacteriófago ou vírus eucariótico. (2) Organismo que transmite um microrganismo causador de doença de um hospedeiro para outro

**vetor biológico** Organismo que transmite ativamente patógeno que completam parte de seu ciclo de vida dentro do organismo

**vetor mecânico** Vetor em que o parasita não completa nenhuma parte de seu ciclo de vida durante o trânsito

**via alternativa** Uma das sequências de reações na resposta inespecífica do hospedeiro pela qual proteínas do sistema complemento são ativadas

**via anabólica** Cadeia de reações químicas em que a energia é utilizada na síntese de moléculas biologicamente importantes

**via anfibólica** Via metabólica que pode produzir energia ou blocos de construção para reações de síntese

**via catabólica** Cadeia de reações químicas que capturam a energia pela decomposição de grandes moléculas em componentes mais simples

**via clássica** Uma das duas sequências de reações pelas quais as proteínas do sistema complemento são ativadas

**via da lectina** A fagocitose libera citocinas que induzem o fígado a liberar proteínas de lectina que se ligam a padrões de carboidratos em algumas bactérias e vírus. Isso ativa os componentes C4 e C2 do complemento

**via metabólica** Cadeia de reações químicas em que o produto de uma reação serve como substrato para a próxima reação

**vibrião** Bactéria em forma de vírgula

**vibriose** Enterite causada por *Vibrio parahaemolyticus*, adquirida pela ingestão de peixes e mariscos contaminados que não foram totalmente cozidos

**vilosidade** Projeção multicelular da superfície de uma membrana mucosa, que funciona na absorção

**viremia** Infecção em que os vírus são transportados no sangue, porém não se multiplicam em trânsito

**vírion** partícula viral completa, incluindo o envelope se ele tiver um

**virófago** Vírus menor, antigamente denominado Sputnik, que infecta um minivírus gigante, que, por sua vez, infecta uma ameba

**viroide** Partícula infecciosa de RNA menor do que um vírus e desprovida de capsídeo, que causa várias doenças em plantas

**virulência** Grau de intensidade da doença produzida por um patógeno

**vírus** Microrganismo acelular, parasita e submicroscópico, composto de um cerne de ácido nucleico (DNA ou RNA) no interior de uma capa de proteína

**vírus complexo** Vírus, como bacteriófago ou poxvírus, que possui um envelope ou estruturas especializadas

**vírus da imunodeficiência humana (HIV)** Um dos retrovírus responsável pela AIDS

**vírus da panleucopenia felina (FPV)** Parvovírus que causa doença grave em gatos

**vírus da raiva** Rabdovírus contendo RNA transmitido por meio de mordidas de animais

**vírus de DNA tumoral** Vírus de animal capaz de causar tumores

**vírus desnudo** (também denominado vírus não envelopado) Vírus desprovido de envelope

**vírus Ebola** Filovírus que causa febre hemorrágica

**vírus emergente** Vírus previamente endêmico (baixos níveis de infecção em áreas localizadas) ou que apresentava "barreiras de espécies cruzadas" e expandiu a sua gama de hospedeiro para outras espécies

**vírus envelopado** Vírus com membrana em bicamada fora de seu capsídeo

**vírus Epstein-Barr (EBV)** Vírus que provoca mononucleose infecciosa e linfoma de Burkitt

**vírus parainfluenza** Vírus que inicialmente ataca as membranas mucosas do nariz e da garganta

**vírus satélite** Pequenas moléculas de RNA de fita simples, habitualmente de 500 a 2.000 nucleotídios de comprimento, que não têm os genes necessários para sua replicação. Necessitam de um auxiliar ("satélite") para sua replicação

**vírus sincicial respiratório (RSV)** Causa de infecções do trato respiratório inferior que afetam crianças com menos de 1 ano de idade; faz com que células em cultura fundam suas membranas plasmáticas, transformando-se em massas multinucleadas (sincícios)

**vírus tumoral de RNA** Qualquer retrovírus que provoque tumores e câncer

**vírus varicela-zóster (VZC)** Herpes-vírus que causa tanto catapora quanto zóster

**vírus Zika** Vírus transmitido por mosquito que pode causar microcefalia ou síndrome de Guillain-Barré, bem como afetar o desenvolvimento do encéfalo

**virusoide** (também conhecido como **ácidos nucleicos satélite**) Pequenas moléculas de RNA de fita simples, geralmente de 500 a 2.000 nucleotídios de comprimento, que não têm genes necessários para sua replicação. Necessitam de um vírus auxiliar (satélite) para se replicar

**vitamina** Substância necessária para o crescimento que o organismo é incapaz de sintetizar

**volutina** (também denominada grânulo metacromático) Grânulos de polifosfato

***Western blotting*** Técnica utilizada para transferir e identificar proteínas

**xenoenxerto** Enxerto entre indivíduos de espécies diferentes

**yersiniose** Enterite grave causada por *Yersinia enterocolitica*

**zigomicose** Doença em que determinados fungos dos gêneros *Mucor* e *Rhizopus* invadem os pulmões, o sistema nervoso central e os tecidos da órbita ocular

**zigósporo** No bolor de pão, estrutura produtora de esporos, resistente e de parede espessa envolvendo um zigoto

**zigoto** Célula formada pela união de gametas (óvulo e espermatozoide)

**zona de inibição** Área clara que aparece no ágar no método de difusão em disco, indicando onde o agente inibiu o crescimento do organismo

**zoonose** Doença que pode ser transmitida de animais para os seres humanos

**Zybomycota** *Ver* **bolor de pão**

# Índice Alfabético

## A

## B

## E

## F

## G

## J



## K



## L

## M

## N

## W



## X



## Y



## Z

10 1 2 3 4 5 6 7 8 9
2021